DIE NORDISCHEN WASSERKRÄFTE

AUSBAU UND WIRTSCHAFTLICHE AUSNUTZUNG

VON

DR.-ING. DR. TECHN. H. C. **ADOLF LUDIN**
ORD. PROFESSOR AN DER TECHNISCHEN HOCHSCHULE ZU BERLIN

UNTER MITARBEIT VON

DR.-ING. **PAUL NEMENYI**
DIPLOM-INGENIEUR

MIT 1005, ZUM TEIL FARBIGEN ABBILDUNGEN
IM TEXT UND AUF 2 TAFELN

SPRINGER-VERLAG BERLIN HEIDELBERG GMBH
1930

URSPRÜNGLICH ERSCHIENEN BEI VERLAG VON JULIUS SPRINGER, BERLIN

ISBN 978-3-642-52532-2 ISBN 978-3-642-52586-5 (eBook)
DOI 10.1007/978-3-642-52586-5

Vorwort.

Die nordischen Wasserkräfte haben wegen ihrer geographischen Eigenart schon immer die Aufmerksamkeit des Ingenieurs und Wirtschaftlers geweckt. Die intensive Entwicklung der mitteleuropäischen Elektrizitätswirtschaft hat dieses Interesse mit der Zeit nur noch gesteigert, da bedeutungsvolle wirtschaftliche Beziehungen geschaffen und angesichts der Entwicklung der Hochspannungstechnik heute schon so weittragende Aufgaben ins Auge gefaßt werden können, wie die Energieversorgung Norddeutschlands von Skandinavien aus. Den nordischen Wasserkräften wird so eine gegen früher unerwartet große, unmittelbare Bedeutung für die mitteleuropäische Energiewirtschaft zufallen.

Die deutsche technisch-wirtschaftliche Literatur bietet, abgesehen von dem historisch noch heute wertvollen Reisebericht von Holz, keine neuere, zusammenfassende Darstellung des überaus reichen Materials; die sehr wertvolle und vielseitige nordische Spezialliteratur ist aber den meisten schon wegen der Sprachschwierigkeiten verschlossen. So schien es, auf die Gefahr hin, in Einzelheiten manchen Bekanntes zu wiederholen, eine nicht undankbare Aufgabe, eine zusammenfassende, naturgemäß im wesentlichen beschreibende Darstellung der nordischen Wasserkraftwirtschaft und -technik zu versuchen, die als eine neuzeitliche teilweise Ergänzung zu meinem 1913 erschienenen und seither wiederholt neu gedruckten Werk „Die Wasserkräfte" angesehen werden kann.

Der Plan, 1920 gefaßt, wurde 1921 mit einer zweimonatigen Studienreise in den drei nordischen Ländern ins Werk gesetzt.

Die Durchführung dieser Reise in einer wirtschaftlich besonders schweren Zeit wurde ermöglicht durch ein Stipendium der schwedischen Industrie und ein Darlehen des Deutschen Reichsverkehrsministeriums. Hierfür sei auch hier der geziemende Dank ausgesprochen.

Dem gesammelten Originalmaterial wurden weiterhin wertvolle Beiträge auf Grund kürzerer Reisen der Diplomingenieure Dr.-Ing. P. Nemenyi, R. Schaffhauser und Baumgarten hinzugefügt. Weiteres Material wurde durch eine umfassende schriftliche Erhebung bei den nordischen Kraftwerksunternehmungen, Behörden, Ingenieurfirmen usw. gesammelt.

Die Verarbeitung des umfangreichen Materials konnte bei meiner starken beruflichen Inanspruchnahme erst Ende 1925 intensiv aufgenommen werden, nachdem in Dr.-Ing. Paul Nemenyi ein sprachkundiger Mitarbeiter gewonnen war, der sich für 1½ Jahre ausschließlich zur ersten Ausarbeitung des Textes der Leitung des Verfassers unterstellte. Für seine hingebende Arbeit, bei der er auch durch eigene Gedanken zum Aufbau des Buches beitrug, spreche ich meinem Mitarbeiter auch hier den gebührenden Dank aus. Die endgültige Gestaltung des Textes und die Bearbeitung des Hauptteils der Abbildungen habe ich in den letzten zwei Jahren dann allein durchgeführt. Bei dieser Arbeit und der Korrektur wurde ich in dankenswerter Weise durch die Herren Dipl.-Ing. Wenger und Ball, Bastanoff und andere unterstützt; die alphabetischen Verzeichnisse hat Herr Regierungsbaumeister Ball allein aufgestellt.

Den zahlreichen nordischen Stellen und Fachgenossen, die meine Reisen und Studien in oft außerordentlich entgegenkommender und wertvollster Weise förderten, spreche ich meinen ganz besonderen Dank aus, dem ich die Bitte anschließe, etwa stehengebliebene Irrtümer zu berichtigen und Material über neue Ausführungen oder Studien auch weiterhin unaufgefordert zur Verfügung stellen zu wollen.

Der Verlagsbuchhandlung danke ich für die große Geduld, mit der sie die langwierige Fertigstellung des Werkes begleitete.

Montevideo, im Dezember 1929.

Adolf Ludin.

Inhaltsverzeichnis.

Zweiter Teil.

Norwegen.

Dritter Teil.

Finnland.

Vierter Teil.

Einzelheiten.

Einleitung.

Bedeutung und Entwicklung der Nordischen Wasserkraftwirtschaft.

Die begriffliche Zusammenfassung der drei nordischen Länder Norwegen, Schweden, Finnland unter dem Sammelnamen Fennoskandien[1] ist nicht nur physikalisch, durch die große Einheitlichkeit der geologischen Verhältnisse begründet, sondern auch durch weitgehende Ähnlichkeit in völkischer, wirtschaftlicher und kultureller Hinsicht. Die wichtigsten dieser gemeinsamen Züge sind, um mit den negativen Werten zu beginnen:

Die durchschnittliche Kärglichkeit des Bodens, der eine Vollernährung aus eigener Scholle selbst bei der geringen Bevölkerungsdichte der nordischen Länder nicht zuläßt,

große Armut an hochwertigen mineralischen Brennstoffen und — abgesehen vom Erzreichtum der skandinavischen Halbinsel — überhaupt an Mineralschätzen.

An gemeinsamen positiven Zügen sind festzustellen:

die große Ausdehnung der meerbespülten, vorzugsweise in Norwegen reich gegliederten Küste,

die durch die Nähe des Golfstroms bedingte, der hohen nördlichen Lage widersprechende Milde des Klimas, namentlich: Norwegens und Südschwedens (Abb. 1),

der Holzreichtum, dem ein dicht und stark entwickeltes Gewässernetz günstige Transportbedingungen bietet,

eine kulturell hochstehende, lebens- und tatkräftige Bevölkerung, deren Geschichte Kampf mit einer kargen, vielfach großartigen Natur und mit der menschlichen Umwelt war,

hoher Reichtum an Wasserkräften, der schon früh die Grundlage großer Holz- und besonders in Schweden auch: Eisenindustrien abgab, und dann im Zeitalter der Elektrizität geradezu wirtschaftliches Kennzeichen der 3 nordischen Länder wurde.

Wenn auch die Wasserkraftstatistik, selbst in Europa, noch ganz uneinheitlich und keineswegs in allen Ländern der Erde voll zuverlässig ist, so darf doch einer vom United States Geological Survey um 1921 aufgestellten Weltstatistik[2], die von Reischle und Wachter[3] in einzelnen Punkten berichtigt wurde, eine für erste Vergleichszwecke hinreichende Zuverlässigkeit zugesprochen werden. Nach den dort gegebenen Ziffern hat der Verfasser (unter Berücksichtigung der neueren, besser begründeten Zahlen für die drei nordischen Länder) eine vergleichende Darstellung (Abb. 2) aufgetragen. Die dabei angewandte Darstellungsweise gestattet einen unmittelbaren Blickvergleich 1. des absoluten — 2. des auf die Flächeneinheit — 3. des auf den Kopf der Bevölkerung bezogenen Bestandes an Wasserkräften, gemessen in Ausbauleistungseinheiten an der Turbinenwelle bei Einrechnung lediglich der für

[1] Rein geologisch wird auch noch das russische Karelien mit zu Finnland gerechnet.
[2] Siehe „Glückauf" Nr. 16, 1922.
[3] „Energiewirtschaft in statistischer Beleuchtung", Verlag Mahr, München 1922.

wirtschaftlich ausnutzungswürdig erachteten Stufen und eines Ausbaues auf das 1,2- bis 1,6fache der etwa neunmonatigen Wasserführung[1].

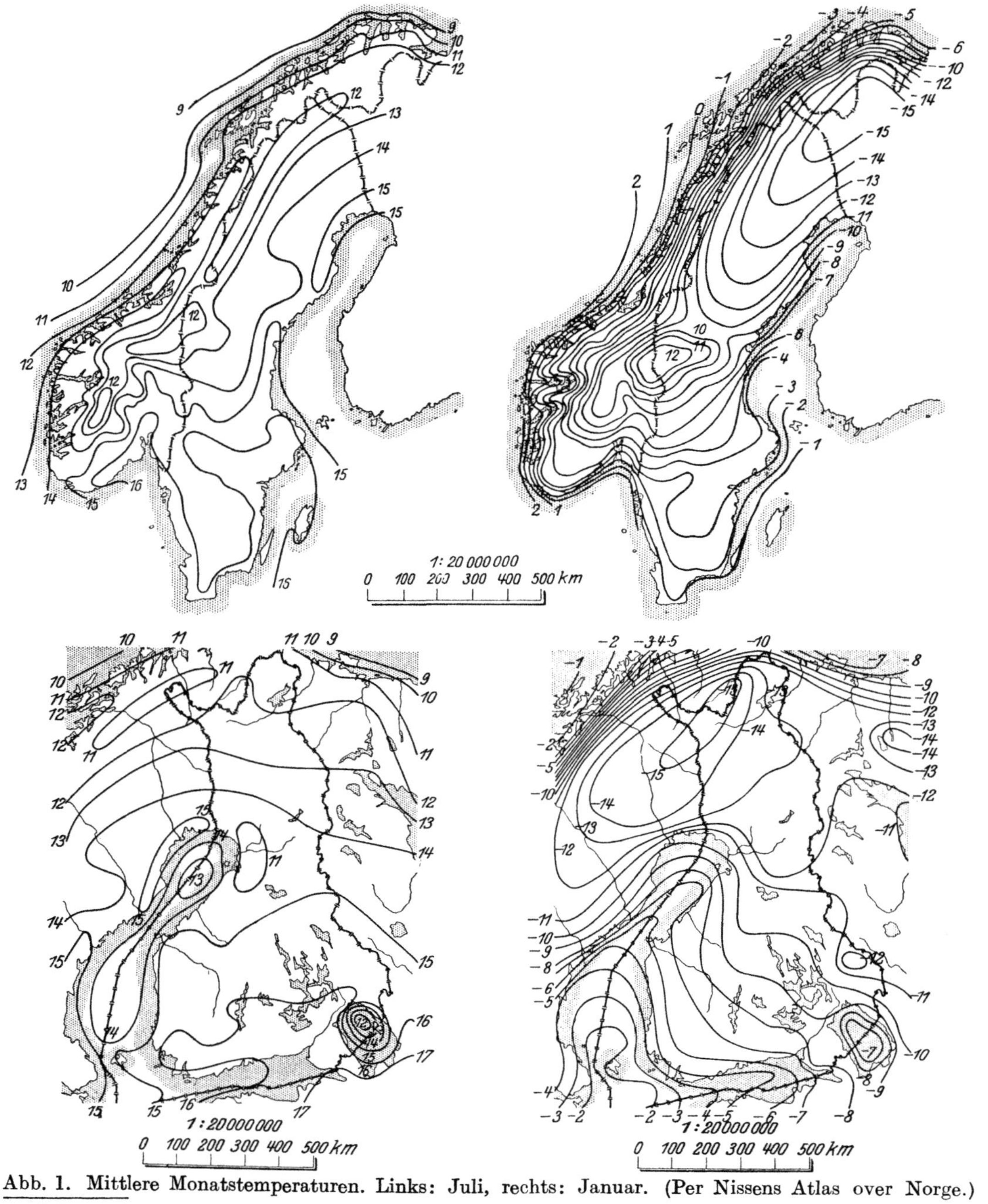

Abb. 1. Mittlere Monatstemperaturen. Links: Juli, rechts: Januar. (Per Nissens Atlas over Norge.)

[1] Die Zahl 16,5 Mio. PS für Norwegen ist von Kloumann mit einer Ausnutzungsziffer von 92,5% aus der mittleren verfügbaren Niederwasserleistung der ausbauwürdigen Stufen bei reguliertem Abfluß nach amtlichen Aufstellungen erhöht geschätzt. Die Zahl 9,2 Mio. PS für Schweden ist von Ekwall mit nur 55% Ausnutzungsziffer errechnet. Beide Zahlen sind also sehr verschiedenartig; doch entspricht dies einigermaßen der voraussichtlichen Verschiedenheit der Anwendung der Energien in beiden Ländern (Elektrochem. Großindustrie in Norwegen überwiegend, Überlandversorgung in Schweden), vgl. Abschnitt 1 und 16. Die Zahl 1,8 für Finnland ist von Blomqvist berechnet und entspricht der 1,4fachen Leistung von 75% (9 Monaten) Überschreitungsdauer. In Abb. 2 ist statt 9,2 nur 8,5 eingesetzt.

Man erkennt, wie sehr auf jeden Fall die drei nordischen Länder von der Natur — absolut und relativ gesehen — bevorzugt sind.

Die wirtschaftsgeographische Verteilung der verfügbaren Wasserkräfte ist bei weitem am günstigsten in Norwegen. Die steilen Abhänge des Hochgebirges sind die Grundlage dafür, daß, laut Nachweisung von J. Kristensen, etwa ²/₃ der gesamten nutzungswürdigen Wasserkräfte weniger als 30 km vom Meere oder von für Seeschiffe zugänglichen Fjorden und damit zugleich in unmittelbarer Nähe der relativ dichtest bewohnten Gegenden liegen. Sehr günstig ist auch der Umstand, daß die Hauptmasse der ausbauwürdigen Wasserkräfte im südwestlichen Teil Norwegens liegt. Von den zwei Abschnitten, in die durch den Oslo-Meridian Norwegen geteilt wird, enthält der größere östliche und nordöstliche kaum ¹/₃ der gesamten Wasserkräfte (Abb. 265). In dieser Beziehung sind die Voraussetzungen für Entwicklung der Wasserkraftindustrie in Norwegen besser als in den beiden anderen nordischen Ländern und auch wohl besser als in den meisten andern Wasserkraftländern der Erde.

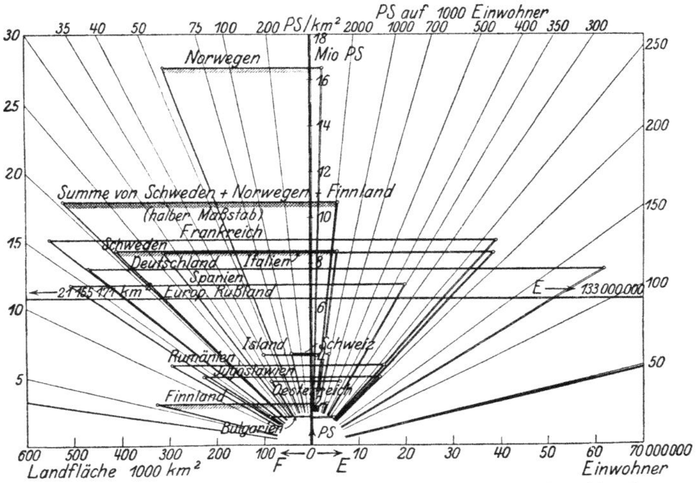

Abb. 2. Ausbauwürdige Wasserkräfte der europäischen Länder. Volleistung absolut, je km² und je Einwohner (Verf.).

Weit weniger günstig ist die Energieverteilung in Schweden (Abb. 45a): Die dicht bevölkerten südlichen Küsten- und Landwirtschaftsgegenden sind von der Natur recht spärlich mit Wasserkräften versorgt, noch spärlicher die (im weitesten Sinne genommene) Umgebung der Hauptstadt. Dagegen besitzt das sehr dünn bevölkerte, ²/₃ von Schweden ausmachende Norrland nahezu 80% der gesamten Wasserkräfte. Auch bezüglich der Lage zur Küste ist die Energieverteilung in Schweden weniger günstig, da die großen Ströme mit wenig Ausnahmen ihre starken Stromschnellen tief im Inlande haben. Ein Blick auf die topographische Karte (Abb. 3) der skandinavischen Halbinsel zeigt sofort in großen Zügen die Eigenart der Verhältnisse: das norwegische Hochgebirge liegt im großen und ganzen im südlichen Teil des Landes, nicht allzu weit von der Hauptstadt, und es tritt ziemlich nahe an die Küsten heran; Schwedens Hochgebirge aber ist im inneren und zugleich nördlichsten Teil des Landes gelegen.

Finnland steht in dieser Beziehung zwischen Schweden und Norwegen, da die als ausnutzungswürdig anzusehenden Wasserkräfte beinah in allen Teilen des Landes in dem dichter bevölkerten südlichen und südwestlichen ebenso wie in dem fast unbewohnten nördlichen Landesteil ziemlich gleichmäßig verteilt sind (Abb. 513).

Die natürliche Gliederung des Wasserkraftschatzes nach Einzelleistung, Fallhöhe und Wassermenge ist in den drei nordischen Ländern in typischer Weise verschieden: Die Wasserkräfte Norwegens sind überwiegend in größeren Einzelfällen konzentriert, und auch in dem in viele kleine Einzugsgebiete gegliederten Küstenstrich lassen die außergewöhnlich hohen Niederschlags- und Abflußzahlen sehr große Einzelwerksleistungen zustande kommen. In Schweden und in Finnland dagegen bilden Stromschnellen und Wasserfälle mit geringerer Fallhöhe und durchweg mittlere, überwiegend sogar niedrige Niederschlagszahlen, allerdings bei z. T. hohem Abflußanteil und oft großen Einzugsgebieten die Regel. Hierbei gelingt es immerhin einer überlegt planmäßigen Ausbautechnik auch noch ziemlich große Einzelwerksleistungen zu erzielen. Naturgemäß entspricht das Bild der Gliederung der verfügbaren Wasserkräfte ziemlich getreu demjenigen der bereits ausgebauten. Somit kann aus der statistisch schon gut erfaßten Gliederung der ausgebauten Wasserkräfte der drei Länder ein ziemlich zuverlässiger Rückschluß auch auf die Gliederung des Gesamtwasserkraftvorrats gezogen werden. Abb. 4 gibt[1] einen vergleichenden Überblick über die ausgebauten Wasserkräfte Finnoskandiens.

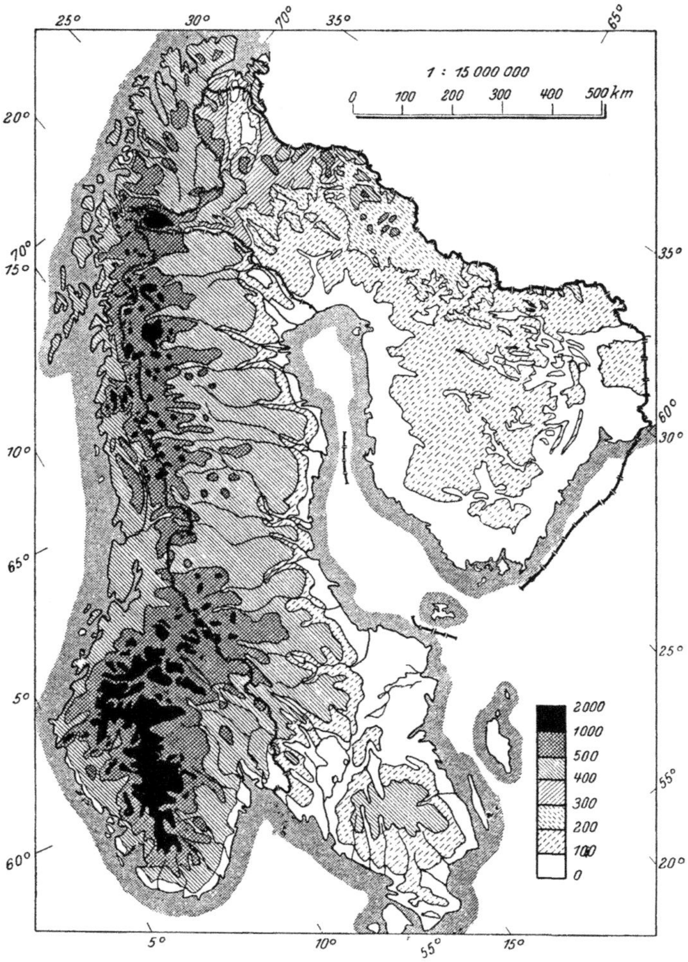

Abb. 3. Höhenverhältnisse Finnoskandiens.

Summarisch stellte sich die tatsächliche Ausnutzung der nordischen Wasserkraftvorräte für Ende 1928 in runden Zahlen in (Tab. 1) dar.

Schweden mit seiner größeren Bevölkerungsdichte, seiner relativ größeren Kapitalkraft und stärker entwickelten Industrie vermochte seine sich von Natur im Vergleich mit Norwegen im Durchschnitt teurer ausbauenden Mittel- und Niederdruckwasserkräfte also absolut fast ebenso weit, in Anteilen des Energievorrates viel stärker, zu entwickeln als Norwegen, das über z. T. außergewöhnlich billige Hochdruckwasserkräfte verfügt. Finnland steht gegen beide Länder nur absolut betrachtet sehr stark zurück, nicht aber relativ; seine Wasserkräfte stehen im Ausbaupreis den schwedischen nahe.

Tabelle 1.

	Norwegen	Schweden	Finnland
1. Nutzungswürdig . . . Mio. PS.	16,5	8,5	1,8
2. Ausgenutzt (Ende 1928) „ „			
a) absolut	1,8	1,625	0,218* (0,344)
b) anteilig:			
(b_1) % (Ziff. 2 zu 1.)	11	19	12 (19)
(b_2) Auf 1000 Einwohner:	670	290	620 (980)

* 0,344 Mio. PS. = 19% einschl. Imatra u. a.

Nach Ermittelungen von Kloumann (Lond. Weltkr. Konf. Bd. I) waren die bisherigen Ausbaukosten der Wasserenergie in Norwegen 100 bis 1400, im Durchschnitt: 375 n. Kronen (= 330 Mark) für 1 PS Volleistung bis Stromerzeuger einschließlich.

[1] Nach der vom Verf. in „Die W.kraft und Wawi.“, München 1929, H. 3 angegebenen Weise aufgetragen.

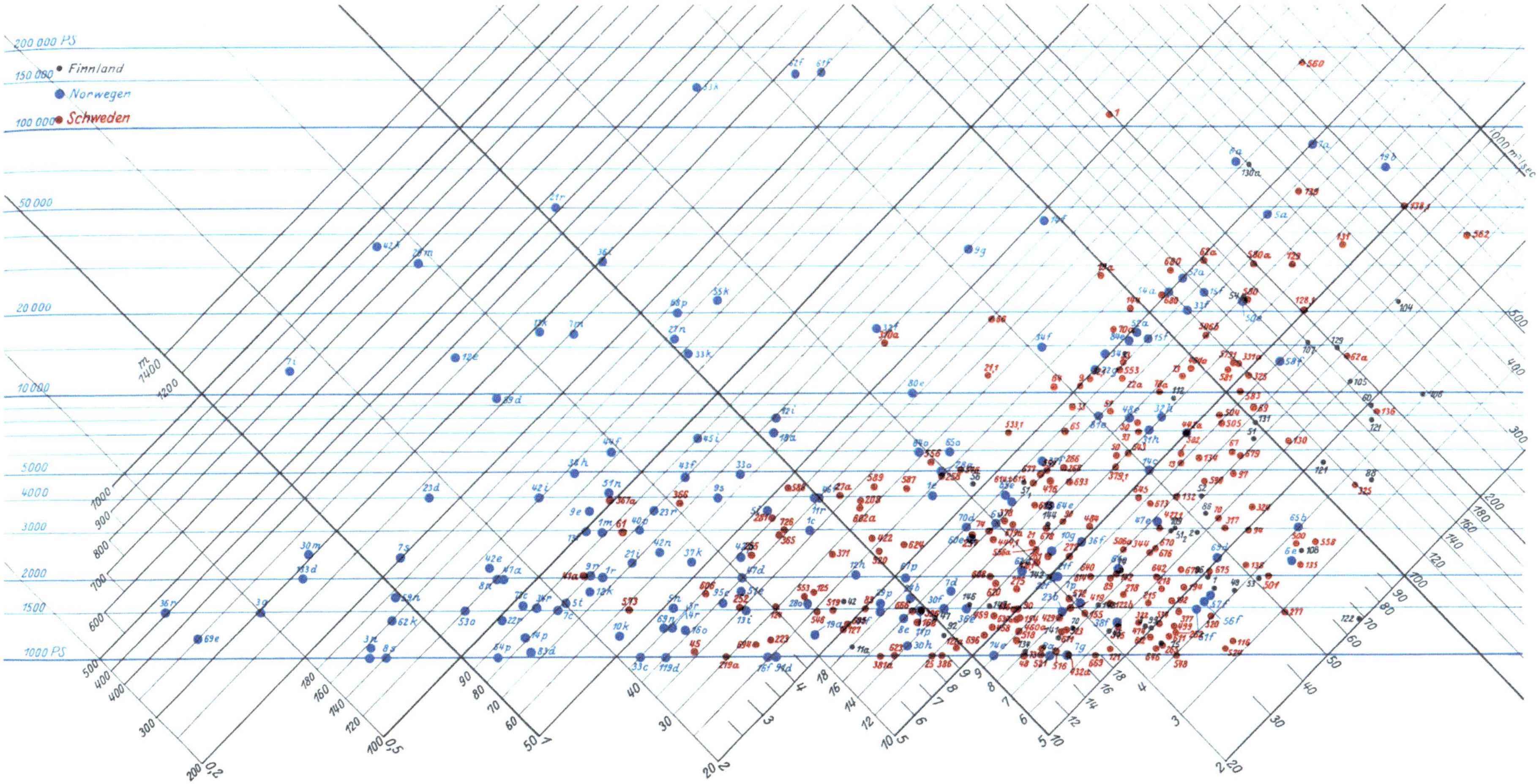

Abb. 4. **Statistisches Q-H-N-Schaubild der ausgebauten Wasserkräfte der drei nordischen Länder.** (Verf.) (Vgl. Tabelle 2.)

Bemerkung: Verzeichnisse der wichtigsten Wasserkraftanlagen siehe bei Abb. 19, 260, 519.

 Verlag Julius Springer, Berlin.

Dabei sind indes nicht sämtliche Anlagen, sondern nur die 36 bedeutendsten von über 1 Mio. PS Gesamtleistung (mit Einschluß der großen, nach dem Weltkrieg erstellten) der Untersuchung zugrunde gelegt. Im einzelnen kamen vor dem Weltkrieg wesentlich geringere Werte vor: 250—200 Kr. für mittlere, 150—100 Kr. für größere Werke. Die Ausbaukosten der noch verfügbaren Wasserkräfte Norwegens lassen sich nur grob abschätzen und dürften nach heutigem Preisstande für die ausbauwürdigsten Werke von über 20000 kW Einzelleistung zwischen 300 und 800 n. Kr./PS liegen. Nach einer Projektsübersicht von Kloumann betragen sie im Durchschnitt für 37 Werke von zusammen 2612000 PS-Volleistung: 415 Kr./PS. Siehe auch Abb. 5.

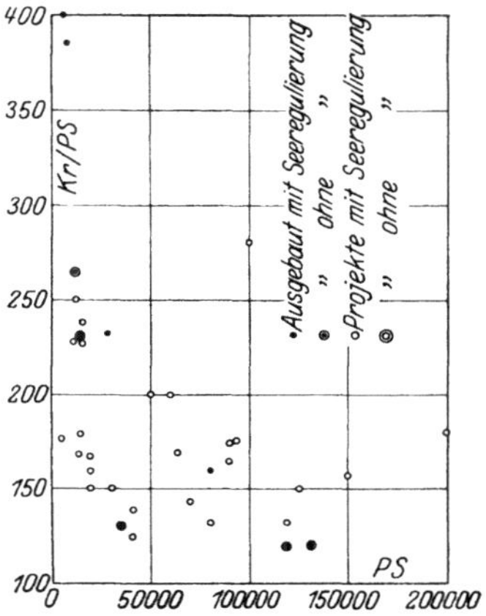

Abb. 5. Ausbaukosten norwegischer Großwasserkraftanlagen bis 1915 (Sv. Vattenkraftföreningen Publ. 64).

In Schweden kann nach den Darlegungen von Hansen (Lond. Weltkr. Konf. Bd. I) der durchschnittliche Ausbaupreis der vor 1918 erschlossenen Wasserkräfte auf etwa 330 schw. Kronen = etwa 380 M. für 1 PS angesetzt werden. Diese Zahl dürfte auch für die noch nicht ausgenutzten, aber ausnutzungswürdigen Wasserkräfte mit entsprechendem Aufschlag für die etwa 90% betragende Nachkriegsteuerung gelten (vgl. hierzu Abb. 6 und 7).

Über Finnland stehen keine näheren Angaben von gleicher Zuverlässigkeit zur Verfügung. Es ist nach geophysikalischen und wirtschaftlichen Kriterien anzunehmen, daß dort die Ausbaukosten nur wenig höher sind als in Schweden.

Im großen und ganzen ist nach obigen Zahlen der Ausbau jener Wasserkräfte, die überhaupt als ausnutzungswürdig anzusehen sind, in allen nordischen Ländern billig.

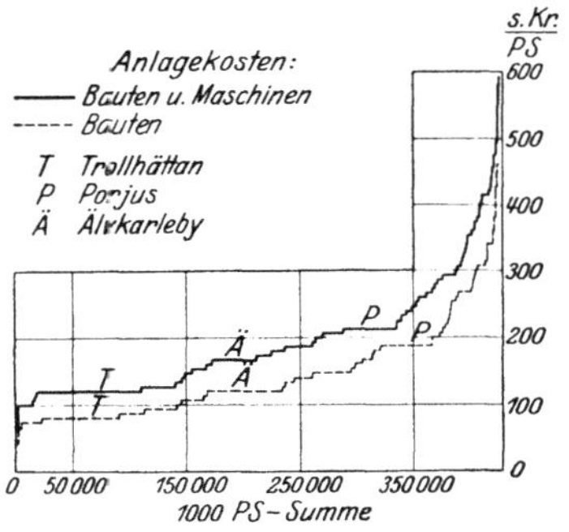

Abb. 6. Ausbaukosten schwedischer Wasserkraftanlagen in Verteilungskurven (bis 1917) (Sveriges Monterade Vattenkr. 1919).

Die günstigen Ausbauverhältnisse in Verbindung mit den großen technischen Fortschritten in der Anwendbarkeit der Wasserkraft und Elektrizität (Großschleifer, Papiermaschine, Hochspannungskraftübertragung, Entwicklung der elektrochemischen und elektrometallurgischen Großindustrie, tiefgehende Elektrifizierung von Haus- und Landwirtschaft) und drittens die oben gekennzeichneten eigenartigen Wirtschaftsgrundlagen der drei nordischen Länder,

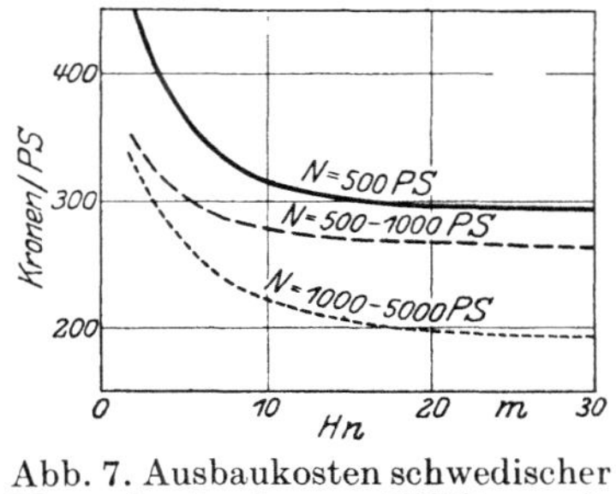

Abb. 7. Ausbaukosten schwedischer Wasserkraftanlagen (1916) als Funktion der Fallhöhe und Werksleistung (Sveriges Monterade Vattenkraft, Stockh. 1919).

die stark auf die Entwicklung von Ausfuhrindustrien hinweisen, bildeten die Grundlage der starken, zeitweise stürmischen

Entwicklung der Wasserkraftnutzung im Norden: In Abb. 8 ist diese Entwicklung graphisch dargestellt. Die Ähnlichkeit des Verlaufs in Schweden und Norwegen fällt auf; die länger zurückhaltende Entwicklung Finnlands erklärt sich hauptsächlich durch die ungünstige Wirkung der politischen Verbundenheit mit Rußland. Die Sonderdarstellung derselben Kurve für Norwegen in Abb. 267 läßt noch die Beteiligung der Hauptverwendungsgebiete elektrischer Energie an der Wasserkraftentwicklung übersehen: während diese Entwicklung in der Holzindustrie schon

Ende des vorigen Jahrhunderts eine gewisse Gleichmäßigkeit erlangte, ist die bürgerliche Eltverwendung erst im ersten Jahrzehnt dieses Jahrhunderts kräftiger in Gang gekommen und hat dann während des Weltkrieges durch die Kohleneinfuhrbeschränkung und gleichzeitige Entwicklung der Elektrotechnik neue starke Antriebe erfahren. Der Stromverbrauch der elektrochemischen und metallurgischen Industrien setzt um 1906 (Kalkstickstofferzeugung durch Birkeland und Eyde) plötzlich mit steilem Anstieg ein, der in der Kriegshochkonjunktur 1916/17 nochmals überboten, umgekehrt aber nach dem unerwartet frühen Kriegsende durch eine krisenhafte mehrjährige Verbrauchseinschränkung abgelöst wird. Diese schwere Nachkriegskrise machte sich in Norwegen und Schweden gleich stark bemerkbar und führte in mehreren Fällen zur Stillegung großer Kraftwerke und Kraftwerksbauten (Tysse, Osa in Norwegen, Harsprånget in Schweden). Dies drückt sich besonders deutlich in der schwedischen Kurve der Abb. 8 aus, die neben den fertig ausgebauten auch noch die jeweils im Bau befindlichen Wasserkraftanlagen ausweist.

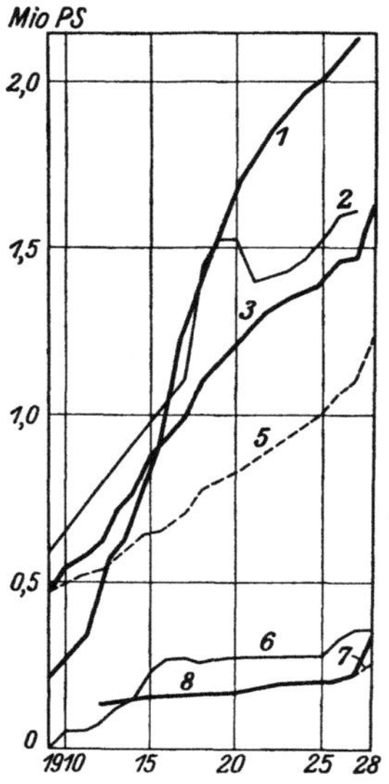

Abb. 8. Entwicklung des Wasserkraftausbaues in den drei nordischen Ländern.
Erläuterung: 1. Norwegen — 3. Schweden. — 8. Finnland. 2. Schweden einschl. im Bau befindlicher Anlagen. — 5. Schwedens private und kommunale Anlagen. — 6. Schwedens staatliche Anlagen. — 7. Finnland ohne —, 8. mit Imatra u. sonstigen erst 1929 fertiggestellten Anlagen.

Der weitere Verlauf der Kurven in den letzten Jahren spricht indes dafür, daß die Krise bereits wieder überwunden ist und ein neuer Aufschwung der Entwicklung im Gange ist. Da die nordische Wasserkraftwirtschaft von Hause aus auf innerlich gesunden, naturgegebenen Grundlagen ruht, darf man dieser Erholung dauernden Bestand voraussagen. Im Hinblick auf die ständige Weiterausbreitung der Anwendungen der Elektrizität an sich und das neuerwachte Interesse Mitteleuropas an den nordischen Wasserkräften, das sich vielleicht über kurz oder lang noch zu realen Großkraft-Ausfuhrplänen verdichten dürfte, wird man sogar an eine über das heutige Maß der Entwicklung noch hinausgehende Zukunft ernstlich denken dürfen. Weitere Einzelheiten hierüber und über die Eltwirtschaft der drei nordischen Länder im einzelnen enthalten die Abschnitte 4, 16 und 23.

Unterlagen:

Lübek: Sveriges Vattenkrafttilganger och Vattenkraftproduktion. — Hansen in Lond. Weltkr. Konf. Bd. I. — Kloumann, Kristensen: Londoner Weltkr. Kongr. Bd. I, S. 1041 ff. — Svenska Tekniska Vetenskapsakademien i Finnland Meddelande 1. — Blomqvist: Finlands Vattenkraft och möjligheten att genom sjö och profil reglingar rationellt utnyttja densamma.

Erster Teil.

Schweden.

1. Abschnitt: Die natürlichen Grundlagen.

Schweden, das die größere, östliche Seite der Skandinavischen Halbinsel einnimmt, hat eine Fläche von 448000 qkm. Es wird von dem Skagerrak, Kattegat, dem Sundkanal und der Ostsee mit dem Bottnischen Meerbusen umspült und ist gegen Finnland durch den Torneå-Älv und Muonio-Älv, gegen Norwegen hauptsächlich durch die Gebirgskette Kjölen abgegrenzt. Die vom 55. bis zum 69. Breitengrade reichende Erstreckung der 300 bis 400 km breiten und 1600 km langen Landfläche bedingt eine große Verschiedenheit der Klima- und Wachstumsverhältnisse. Vom Standpunkte der Wasserkraftindustrie aus ist es wichtig, daß die Gesamtlänge der Küste Schwedens rund 2500 km mißt, und daß dazu noch große Strecken seiner Binnenseeküsten für Seedampfer zugänglich sind. Von den Meeresküsten sind allerdings nur das Skagerrak-, das Kattegat- und Sundkanalufer und an der Ostsee nur die Küste bis etwa Norrtälje (nördlich Stockholm) während des ganzen Jahres eisfrei. Weiter nördlich muß der Seeverkehr einen großen Teil des Winters eingestellt werden und zwar schon in Gäfle durchschnittlich 2,8 Monate, in Sundwall und Härnösand 3,5 Monate, in Umeå 4,7 und in Haparanda 6,4 Monate lang.

In der angegebenen Gesamtfläche sind auch die sehr zahlreichen Inseln (die größten Gotland und Öland) mit eingerechnet; da sie jedoch keine praktisch berücksichtigenswerten Wasserkräfte besitzen, werden sie hier weiter nicht behandelt.

1. Orographische Verhältnisse.

Skandinavien bildet geologisch eine gegenüber den versunkenen Nachbargebieten stehengebliebene, von vielen Bruchlinien durchzogene Urgebirgsscholle, die gegen Nordsee und Atlantischen Ozean außerordentlich hohe und steile Abstürze, gegen die Ostsee und den Bottnischen Meerbusen aber im großen und ganzen sanfte Abdachung und gleichmäßige Übergänge aufweist (Abb. 3). Die höchsten Lagen Schwedens finden sich in dem Grenzgebirge Kjölen, in Norrland (durchschnittliche Höhe der Gebirgskette etwa 600 m, vereinzelte Gipfel bis 2200 m). Von Norrland senkt sich das Gelände einerseits gegen den Bottnischen Meerbusen und die Ostsee, andererseits aber gegen das Gebiet der großen schwedischen Seen hinab. Die Gegend dieser großen Seen, hauptsächlich des Mälar- und Hjalmar- sowie des Wenersees ist ein vergleichsweise niedriges (durchweg unterhalb 100 m bleibendes), jedoch lebhaft modelliertes und sehr zahlreiche kleinere Seen bergendes Hügelland. Südlich von dieser Gegend setzt ein zweites Hochland an, die sogenannte Småland-Hochebene, die wieder Höhen bis nahezu 400 m erreicht und sich nach allen Richtungen gegen die Seen verflacht, am stärksten gegen das südlichste Gebiet des Landes, Skåne (Schonen) genannt. Diese vier orographischen Hauptabschnitte des Landes: das Gebirgsland von Nord- und Mittelschweden mit dem zugehörigen Küstenland, das niedrige Hügelland der großen Seen, die Hochfläche von Småland und die Tiefebene von Skåne, unterscheiden sich auch in dem Regime ihrer Hauptströme in einer ganz charakteristischen Weise. Darauf wird weiter unten näher eingegangen.

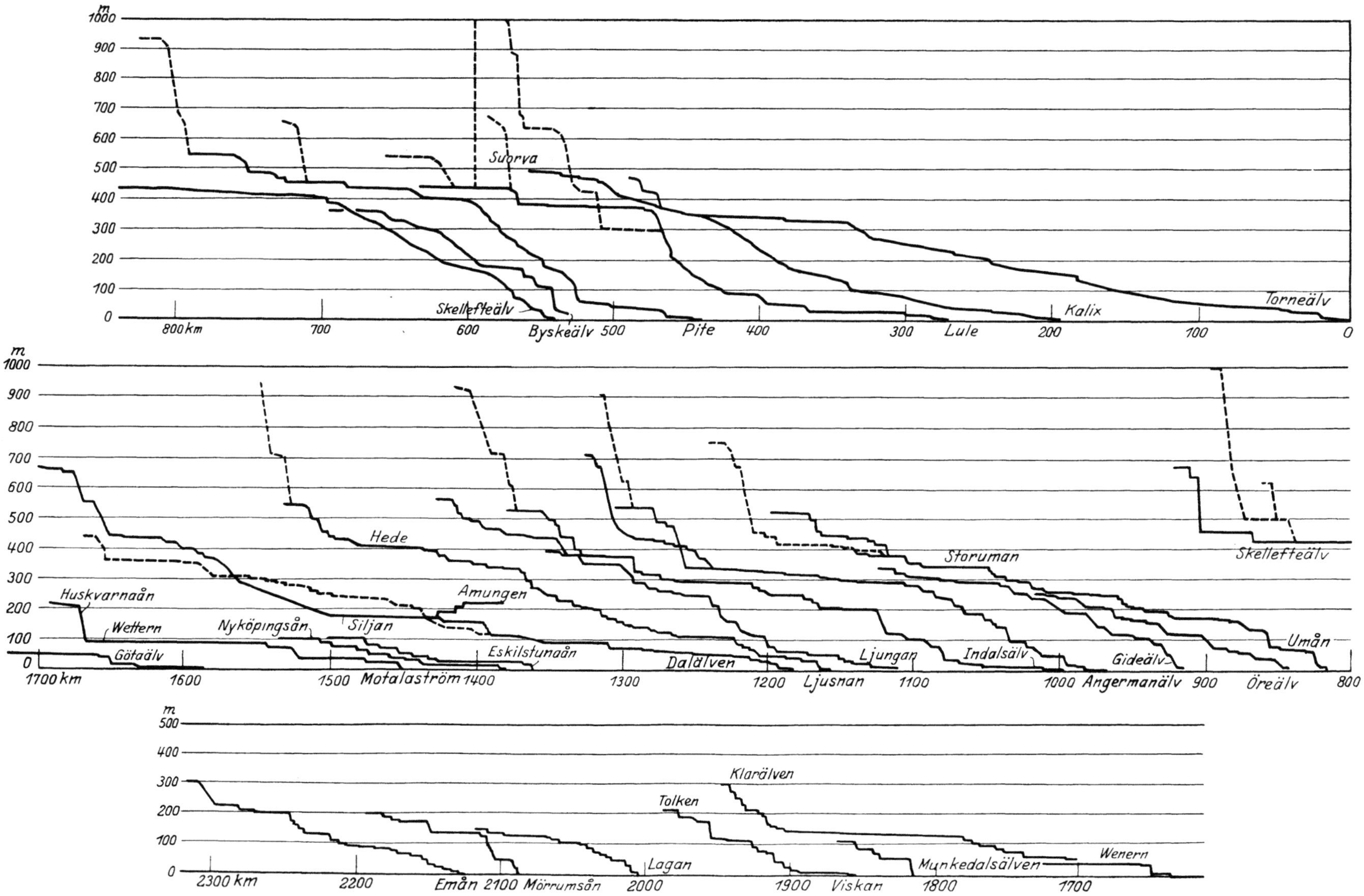

Abb. 9. Längenschnitte schwedischer Wasserläufe (Norlindh).

Im einzelnen trägt das Relief des Landes überwiegend die uralten, durch die Eiszeiten von der Sedimentdecke befreiten, sonst aber kaum veränderten Züge des Grundgebirges. Dadurch ist, wie Norlindh in einer umfangreichen, tiefgründigen Arbeit nachgewiesen hat, eine weit durchgehende Einheitlichkeit in der Höhengliederung der Haupttäler bedingt. Mit auffallender Gleichmäßigkeit treten nämlich ganz bestimmte, durch Bruchlinien abgegrenzte Höhenzonen als Seenplatten hervor; zwischen ihnen vermitteln Talabschnitte mit scharfen, vielfach Stromschnellen- oder gar Falltreppencharakter annehmenden Gefällen den Wasserablauf; vgl. Abb. 9. Norlindh beschränkt sich in seinem Buch: „Den Svenska Vattenkraftens geografiska fördelning i dess beroende av landets morphologie“ (Stockholm 1924) und der weiteren Arbeit: „Sveriges Vattenkraftresurser“ (Linköping 1925) nicht auf die rein geologisch-hydrographische Betrachtung; vielmehr entwickelt er unter gleichzeitiger Berücksichtigung der bevölkerungsgeographischen Verhältnisse auch systematische, beachtenswerte Gedanken zu planmäßiger Zusammenfassung der schwedischen Wasserkraftschätze (vgl. vierten Abschnitt d. B.).

2. Geologische Verhältnisse.

Die geologischen Verhältnisse eines Landes sind in vier Richtungen von großer Bedeutung für die Wasserkraftnutzung: erstens haben sie großen Einfluß auf die Wasserablaufverhältnisse und die Gestaltung des Gewässernetzes, zweitens sind sie ausschlaggebend für die Gründungsbedingungen der Wasserbauten, drittens bestimmen die vorhandenen Gesteine in wesentlichem Maße die für den Bau der Kraftanlagen in Frage kommenden Baustoffe und damit in vielen Fällen den ganzen Charakter der Anlage und Bauwerke. Viertens endlich beeinflussen die geologischen Verhältnisse in tiefgehender und umfassender Weise die gesamten wirtschaftlichen Grundlagen einer jeden Wasserkraftindustrie. Wir behalten die Besprechung der wirtschaftlichen Naturbedingungen dem dritten Abschnitt vor und beschäftigen uns hier mit den geologischen Vorbedingungen der Wasserkraftnutzung in Schweden lediglich im Hinblick auf Baugrund, Baustoffe und Wasserhaushalt. Bezüglich dieser drei Faktoren sind die geologischen Verhältnisse des Nordens als äußerst förderlich für eine günstige Gestaltung der Wasserkraftwirtschaft zu bezeichnen.

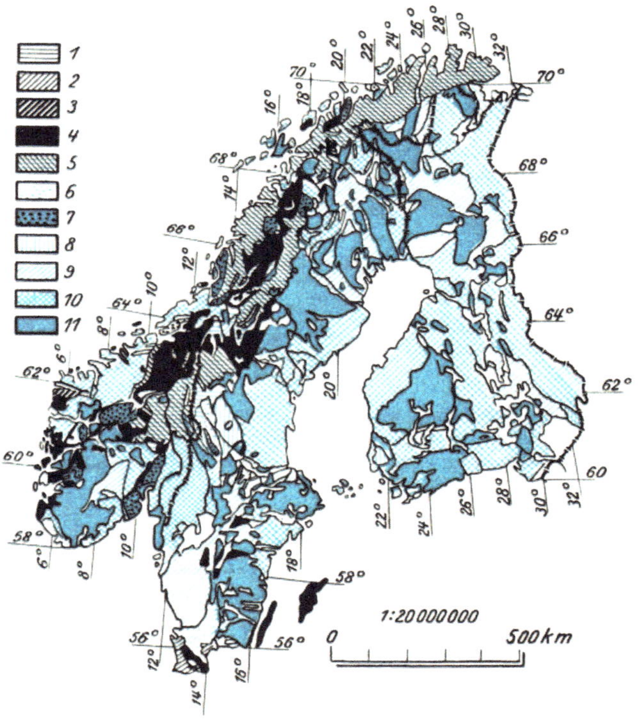

Abb. 10. Gesteinsuntergrund Fennoskandiens (Atlas de Finnlande und Svenska Skolatlas).

Bezeichnungen: *1* Tertiär; *2* Kreide; *3* Devon; *4* Silur und Visingsöformation; *5* Fjällkjeda-Gneis, Amphibolithe, Sparagmite; *6* Dalasandstein; *7* Jüngere Eruptivgesteine; *8* Rapakivigranit und Porphyre; *9* Urschiefer; *10* Gneis; *11* Granit.

Die geologische Spezialliteratur faßt wegen der durchgehenden Einheitlichkeit der nordischen Länder unter dem (schon einleitend, allerdings mit erweiterter Bedeutung, gebrauchten) Begriff Fennoskandien den weitaus größten Teil des Gebietes der drei Länder zusammen, nämlich: Norwegen und Finnland ganz, Schweden mit Ausschluß eines kleinen Teiles seiner Südspitze (südliche Hälfte von Skåne und ein kleiner Teil der Provinz Bläkinge), dazu zählt sie noch das ganze Gebiet der russischen Republiken Kola und Karelien[1]. Dieses große Gebiet hat einen gemeinsamen, sich im Landschaftsbilde unverkennbar ausprägenden Charakterzug: das (fast) völlige Fehlen gewisser geologischer Schichten, und zwar in erster Linie aller Schichten der mesozoischen Gruppe. Außerdem sind auch die Schichten Devon, Karbon, Cambrium und Silur in ganz Fennoskandien wenig, in Schweden überhaupt nicht vertreten. Das charakteristische Fehlen dieser Schichten, die sonst im Norden und Nordosten Europas (Dänemark, Ostpreußen, Westrußland usw.) so stark vertreten sind, erklärt sich dadurch, daß die großen Gletschermassen der Eiszeit die meisten vorglazialen Sedimentschichten völlig abgetragen haben, vgl. Abb. 10 u. 11. Weiter ist auch charakteristisch das relativ spärliche Vorkommen der nacheiszeitlichen Lehm- und Sandablagerungen; und zwar ebenfalls für ganz Fennoskandien, allerdings in noch höherem Grade für Norwegen. In Schweden sind größere Lehmvorkommnisse in den niedrigeren Lagen Mittelschwedens, also in dem Hügellande der großen Seen sowie in den breiten Tälern des Götaälv und des Motalastromes und, nur in viel geringerer Ausdehnung, in verschiedenen anderen Niederungen des Landes (besonders am Unterlauf der großen Ströme im nördlichen Norrland) zu finden. Für Småland und Skåne sind dagegen nacheiszeitliche Sandablagerungen charakteristisch; Lehm kommt hier nur spärlich vor. Diese Lehm- und Sandschichten haben jedoch meist keine große Mächtigkeit, so daß ihre Bedeutung für den Wasserkraftausbau im allgemeinen nicht groß ist. Dasselbe gilt für die Moränenablagerungen, die mit Ausnahme von gewissen Hochgebirgsgegenden fast überall verbreitet sind, jedoch mit sehr zahlreichen Unterbrechungen.

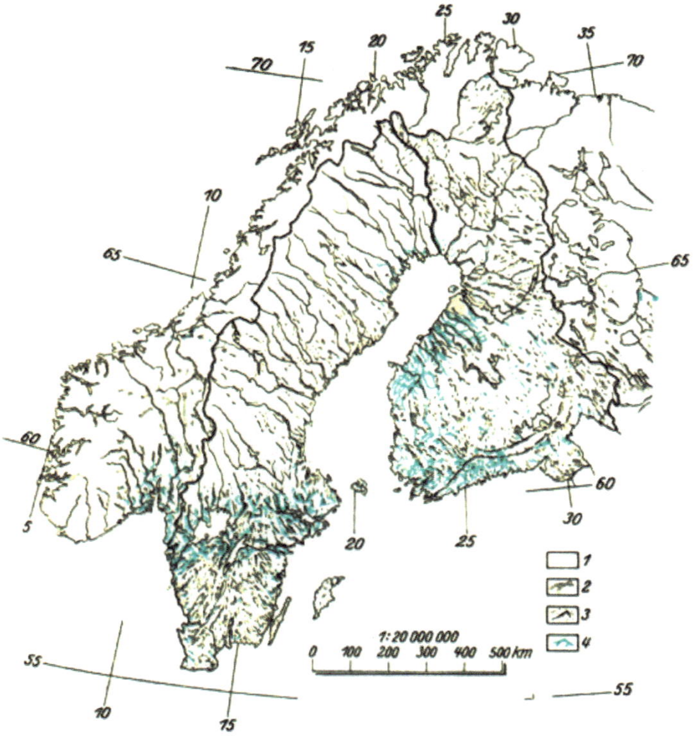

Abb. 11. Quaternäre Ablagerungen Fennoskandiens (Atlas de Finnlande).

Bezeichnungen: *1* Tone; *2* Sande; *3* Ose (Rand- und Endmoränen); *4* Moränenmaterial.

Infolgedessen ist es geradezu kennzeichnend für die schwedische Landschaft, nicht nur im Hochgebirge, sondern auch recht häufig im mittelschwedischen Hügellande, daß der feste Fels häufig entweder unmittelbar zutage liegt oder verhältnismäßig sehr leicht zu erreichen ist. Dabei ist in bautechnischer Hinsicht wichtig,

[1] Der Ausdruck „Fennoskandien“ wurde von W. Ramsay eingeführt. Siehe „Atlas de Finlande“ der Société de la Géographie de Finlande, Helsingfors 1910.

daß es sich durchweg um nicht allein sehr tragfähige, sondern im allgemeinen auch meistens vollständig wasserundurchlässige Gesteine handelt. Unter diesen sind als charakteristisch für Schweden Granit, Granitgneis, Gneisgranit und Dalekarlische Porphyre (alle aus Vorsilurzeiten) und im Hochgebirge nichtmetamorphosierte Silurgesteine hervorzuheben. Die obersten Teile des Urgesteins sind allerdings

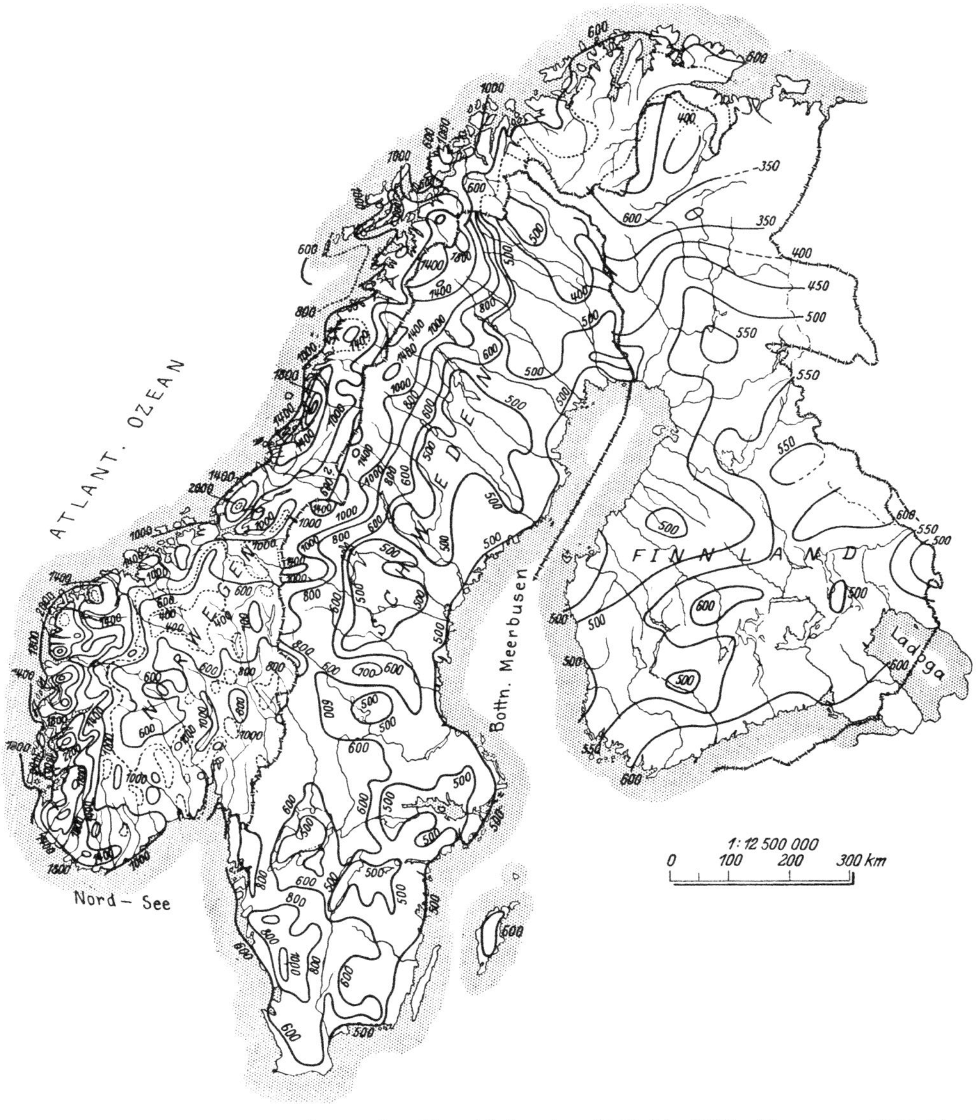

Abb. 12. Niederschlagskarte von Fennoskandien (Schweden 1881 bis 1920, Norwegen 1890 bis 1910, Finnland 1911 bis 1920). (Hydr. Büros.)

stellenweise stark verwittert; doch können trotzdem sehr günstige Gründungsverhältnisse als die Regel für ganz Schweden angegeben werden.

Die reichen Vorkommen an Urgesteinen sind auch für die Baustoffgewinnung außerordentlich wichtig, und die ziemlich schwer zu bearbeitenden festen Bausteine geben vielen schwedischen Wasserkraftanlagen ihr eigenes architektonisches Gepräge.

Für die Wasserablaufverhältnisse haben die geschilderten geologischen Verhältnisse eine große Bedeutung. Sie bedingen erstens das im Durchschnitt bedeutende Verhältnis des Abflusses zum Niederschlag (den sog. Abflußbeiwert). Zweitens erklären sie charakteristische Verschiedenheiten zwischen den einzelnen Hauptgebieten; so sind die hohen Abflußbeiwerte des nord- und mittelschwedischen Hochlandes zum Teil auf das absolute Vorherrschen des Felsuntergrundes zurückzuführen.

Aus dem Fehlen sämtlicher Schichten vom Silur bis zum Quaternär folgt endlich auch, daß in Schweden keinerlei Stein- und Braunkohle zu finden ist (mit Ausnahme der erwähnten mesozoischen Gegend von Skåne, wo in der Nähe von Helsingborg geringe Steinkohlenvorkommen zu verzeichnen sind). Dieser Umstand ist ebenfalls kennzeichnend und für die Entwicklung der schwedischen Wasserkraftindustrie sehr wichtig.

Mit den erwähnten geologischen Verhältnissen hängt schließlich auch die eigenartige Ausbildung des Flußnetzes und der zahlreichen Seen Schwedens zusammen, auf die weiter unten bei Behandlung der Hydrographie näher eingegangen werden muß.

Unterlagen:

Upplysninger till geologisk öfversiktskarta öfver Sveriges berggrund, Stockh. 1910 m. Karte. — Atlas de Finlande u. Erläutg. von Sederholm (Fennia 30). — Westerlind: Några erfarenheter fran konstruktionen av Svenska statens vattenkraftverk.

3. Niederschlagsverhältnisse.

Obwohl ein großer Teil von Schweden gegen die, reichliche Feuchtigkeit führenden, warmen ozeanischen Winde durch das Gebirge abgeschirmt wird, vgl. Abb. 12, haben doch Nordsee und Atlantischer Ozean auf die Niederschlagsverhältnisse von Schweden weit größeren Einfluß als Ostsee und Bottnischer Meerbusen. Allerdings liegt dabei der mittlere Jahresniederschlag für die Hauptfläche Schwedens unter 500 mm. Nur im nord- und mittelschwedischen Hochlande, auf einem Streifen von etwa 100 km längs der norwegischen Grenze, finden sich auf größeren Flächen Jahresniederschläge bis über 1400 mm. Ein zweites Niederschlagsmaximum, aber von absolut wesentlich geringerer Höhe, liegt auf dem Streifen, der sich von Norrland über Mittelschweden an die Ostsee und den Bottnischen Meerbusen herunterzieht und Niederschläge von etwa 500 bis 600 mm/Jahr aufweist, deren relative Höhe offenbar in der Hauptsache auf die unmittelbare Einwirkung dieser östlichen Binnenmeere zurückzuführen ist. Zwischen diesen beiden Streifen höheren Niederschlags liegt ein niederschlagsarmes Gebiet mit nur 400—500 mm jährlicher Regenhöhe, während der nördlichste Teil des Landes sogar Niederschläge unter 400 mm hat.

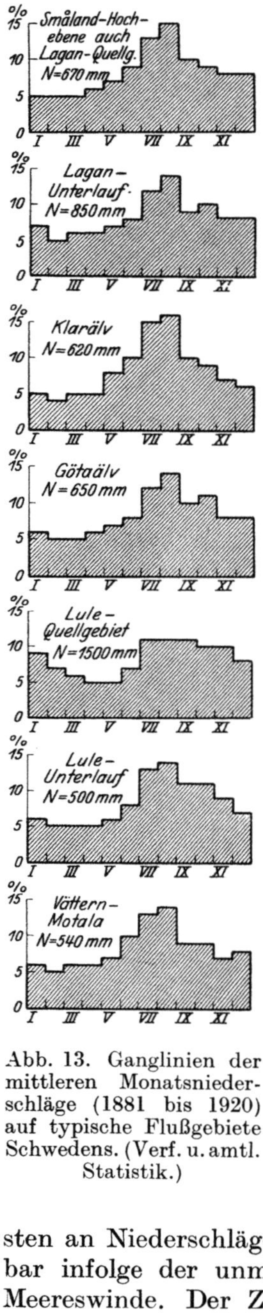

Abb. 13. Ganglinien der mittleren Monatsniederschläge (1881 bis 1920) auf typische Flußgebiete Schwedens. (Verf. u. amtl. Statistik.)

Im Südteil von Schweden lassen sich die Niederschlagsverhältnisse nicht so übersichtlich charakterisieren; am reichsten an Niederschlägen ist hier der Westrand der Smålandschen Hochebene, offenbar infolge der unmittelbaren Einwirkung der von Westen kommenden feuchten Meereswinde. Der Zeitgang der Niederschläge ist für einige typisch verschiedene Stromgebiete durch Abb. 13 gekennzeichnet. Der wichtige Anteil des Schneefalls am Jahresniederschlag ist naturgemäß von Süden nach Norden sehr verschieden, vgl. auch Abb. 14a und 14b.

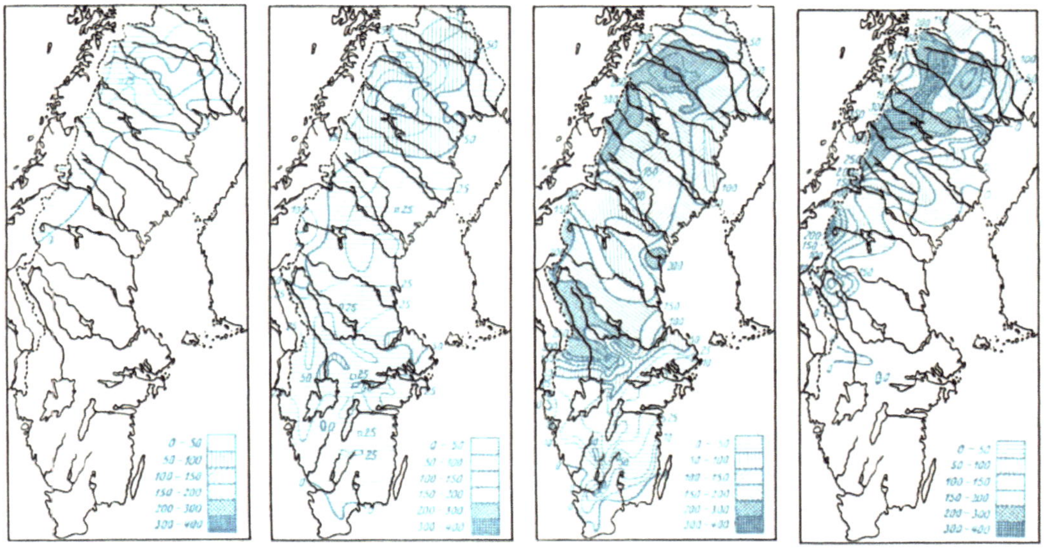

b c d e

Abb. 14a. Schweden. Schnee- und Eisverhältnisse. In Form von Schnee gespeichertes Wasser in Schweden 1909 bis 1910 (Hydrogr. Büro 1922). b = Oktober, c = Dezember, d = März, e = Mai.

4. Abflußverhältnisse.

Neben den geologischen, orographischen und den Niederschlagsverhältnissen sind bestimmend für die Verteilung der Wasserkräfte im Lande die verschiedenen Wasserablaufverhältnisse der einzelnen Gegenden.

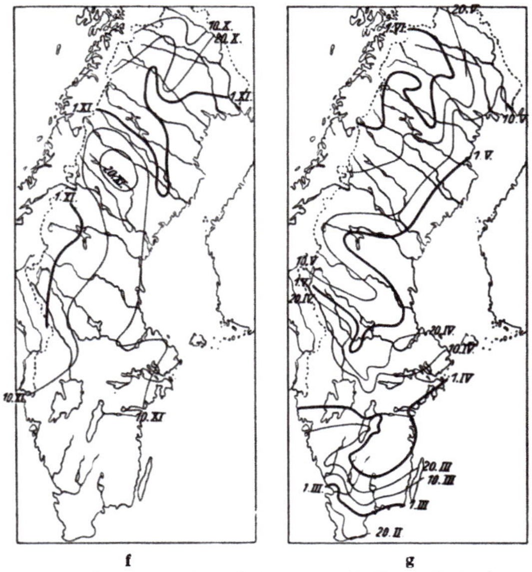

f g

Abb. 14b. Schweden. Schnee- und Eisverhältnisse. f = Beginn der Eisbildung (Herbst 1909) und g = Beginn des Eisaufbruchs (Frühling 1910) (Hydrogr. Büro 1922).

Auch bezüglich der Ablaufverhältnisse sind die Verschiedenheiten der einzelnen Gegenden in Schweden recht groß (Abb. 15, 20). In den Gebirgen Norrlands, wo einerseits die durchlässigen quaternären Schichten fast vollkommen fehlen, wo andererseits die große Kälte die Verdunstung stark herabmindert, ist das Abflußverhältnis hoch, nach den Angaben von Wallén etwa mit 55—75% anzusetzen. In den Küsten- und Waldgebieten von Norrland ist die Verdunstung etwas größer und auch die Bildung von Grundwasser bis zu einem gewissen Maße möglich, da hier die quaternären Schichten schon etwas stärker vertreten sind. Ganz wesentlich niedriger endlich ist das Abflußverhältnis in dem Hügellande der großen Seengegenden, ebenso auch in der Skåneschen Tiefebene, wo es etwa 35 bis 40% beträgt, wogegen es für die Hochebene von Småland von Wallén auf 40—55%

angegeben wird. Als Durchschnittswert für ganz Schweden schätzt Lübek[1] das Abflußverhältnis auf 60%, was vergleichsweise noch recht hoch ist. Einen näheren Einblick vermittelt die Tabelle 1 weiter unten und die Abb. 12 u. 16. Den tieferen Zusammenhang zwischen Niederschlag und Abfluß hat, unter Berücksichtigung des Seerückhaltes, Wallén für elf Flußgebiete Südschwedens in einer wertvollen (auch französisch gedruckten) Abhandlung (Geografiska Annaler 1927, II, 3) festgestellt[2], vgl. Abb. 16a.

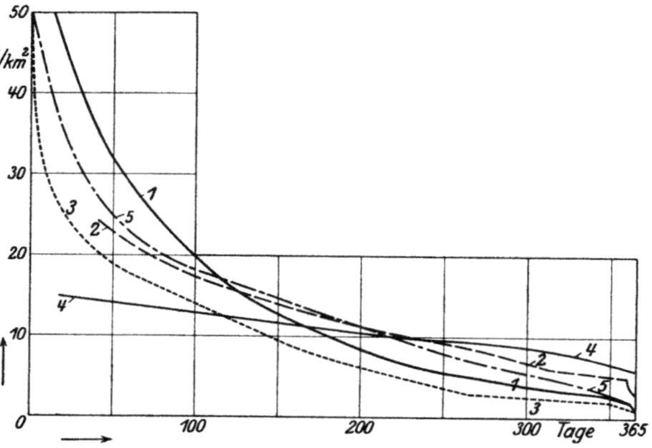

Abb. 15. Vänern-Götaälv (Vattenfallförteckning).

Nr.	Pegelstelle	Beobachtungszeit	Abschnitt	Einzugsgebiet km²	Seeanteil %
1	Edebäck . .	1910—1924	Klarälv	8500	7
2	Timsbron . .	1909—1920	Timsälv	1580	11,9
3	Ullervad . .	1909—1922	Tidån	2000	2
4	Vänersborg .	1901—1924	Götaälv	46750	25
5	Solvind . . .	1898—1924	Saveån	1090	1,25

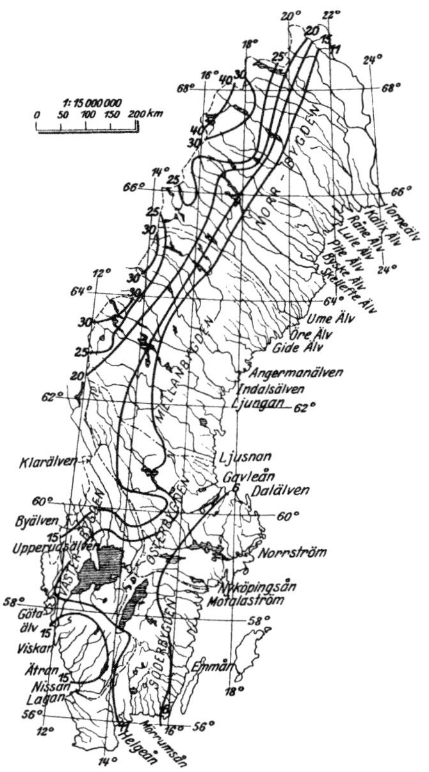

Abb. 16. Karte der Abflußspenden (sl/km²) von Schweden (Norlindh).
Bem.: Die Spenden sind in dieser Karte z. T., namentlich im Hochgebirge, zu niedrig angegeben und daher mit den neueren Angaben von Wallén (Tab. 1) daher nicht ganz im Einklang.

5. Allgemeine Kennzeichnung der schwedischen Gewässer.

Trotz der großen Verschiedenheit in den Niederschlags-, Abfluß- und Klimabedingungen, die uns in der Folge gestatten werden, gewisse, ausgesprochen verschiedene Gruppen von Wasserläufen zu kennzeichnen, findet man immerhin einige gemeinsame hydrographische Merkmale, die über ganz Schweden und bis zu einem gewissen Maße darüber hinaus auch auf ganz Fennoskandien sich erstrecken. Es sind dies Merkmale, die aus der Eigenart der geologischen Entwicklung folgen und somit bis zu einem gewissen Maße für alle Länder, die Eiszeiten durchgemacht haben, also z. B. auch für Kanada und für einen großen Teil des europäischen Alpengebietes gelten.

Die Eiszeit hat in den geologischen Verhältnissen Fennoskandiens so durchgreifende Änderungen hervorgebracht, daß die jetzigen Ströme geologisch als junge Gebilde anzusehen sind, die noch nicht wesentlich umgestaltend auf ihr Tal einzuwirken Zeit hatten. Daher folgen die Wasserläufe noch immer im großen und ganzen dem diluvialen Oberflächenrelief des meist aus Urgestein bestehenden Untergrundes. Daraus

[1] Lübek: Sveriges Vattenkrafttillgångar och Vattenkraftproduktion, Stockholm 1924.
[2] Besprochen von Fischer in Wkr. u. Wawi 1929, H. 5.

erklärt sich das Vorhandensein der zahlreichen Seen und der vielen, starken Stromschnellen und Wasserfälle (Abb. 10, 11, 17, 18, 19, 29, 55, 63, 65, 91a, 91b). Hiermit hängt auch zusammen, daß die einzelnen Stromsysteme (hauptsächlich Norrlands) nicht so scharf voneinander getrennt sind wie in anderen Bergländern; man findet sogar Stellen, wo zwei Hauptstromsysteme (Torneå-Kalix) durch Bifurkation zusammenhängen. Die vielen Seen wirken abflußausgleichend, was ebenfalls ein gemeinsamer Charakterzug sämtlicher schwedischen Stromsysteme ist. (Die Gesamtfläche aller schwedischen Gewässer beträgt mehr als 8% der Fläche des ganzen Landes.) Für den Wasserkrafthaushalt ist allerdings der natürliche ausgleichende Einfluß der Seen und seine Steigerungsfähigkeit durch künstliche Regulierungen wesentlich kleiner, als man auf Grund des Flächenverhältnisses allein denken könnte. Die Seen haben nämlich meistens eine niedrige Lage. Die vier großen Seen des mittelschwedischen Hügellandes zeigen in dieser Hinsicht folgendes Bild:

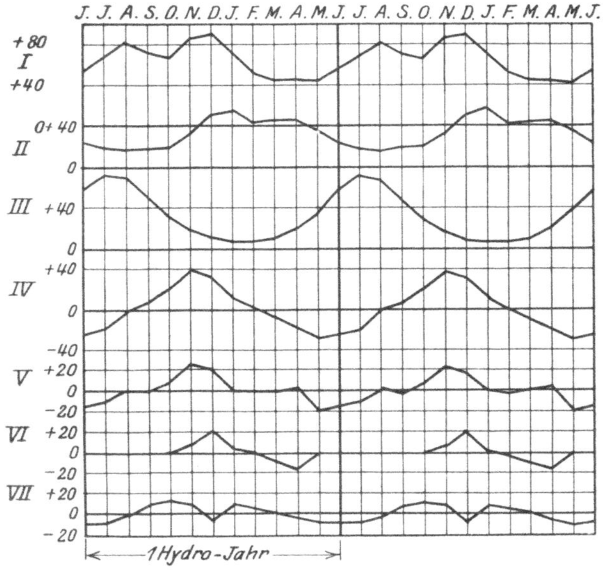

Abb. 16a. Wasserhaushalt des Lagangebietes nach Wallén.
Erläuterung: *I* = Niederschlag. *II* = Abfluß. *III* = Verdunstung. *IV* = *I* — (*II* + *III*). *V* = Seerückhalt. *VI* = Schneerückhalt. *VII* = Moor- und Grundwasserrückhalt.

Wenersee Oberfläche bei M. W.:	5568 qkm, 44 m über dem Meeresspiegel.
Wettersee:	1898 qkm, 88 m über dem Meeresspiegel.
Mälarsee:	1163 qkm, 0,50 m über dem Meeresspiegel.
Hjalmarsee:	480 qkm, 21 m über dem Meeresspiegel.

Diese vier, trotz aller Eigentümlichkeiten hydrographisch weitgehend verwandten Seen stellen etwa ein Viertel der gesamten Süßwasserfläche Schwedens dar.

Eine zweite, an Fläche die eben erwähnte noch etwas übertreffende Gruppe von Seen ist in dem Hochlande von Norrland und dem nördlichen Mittelschweden zwischen 100 und 300 m über dem Meeresspiegel gelegen. Diese Seen, von welchen die bekanntesten und wichtigsten der Torneträsk, Stora-Lulevatten, Udjaur, Storsjön und Siljan sind, haben alle eine längliche Form und werden vielfach als fjordartig bezeichnet. Sie haben für die Großwasserkräfte Norrlands und des nördlichen Mittelschwedens eine außerordentlich große Bedeutung.

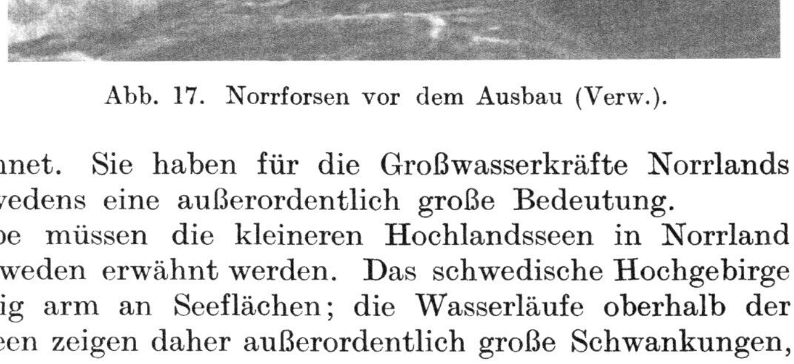

Abb. 17. Norrforsen vor dem Ausbau (Verw.).

Als dritte wichtige Gruppe müssen die kleineren Hochlandsseen in Norrland und dem nördlichen Mittelschweden erwähnt werden. Das schwedische Hochgebirge ist im übrigen verhältnismäßig arm an Seeflächen; die Wasserläufe oberhalb der erwähnten großen Hochlandsseen zeigen daher außerordentlich große Schwankungen, leider bieten sie auch nur geringe Möglichkeiten für künstliche Regulierung. Dies gilt in besonders auffallendem Maße für das Einzugsgebiet des Klarälv und für den Dalälv oberhalb des Siljansees.

Abb. 18. Hellingså-Fälle (nicht ausgebaut). (Svenska Turistföreningen.)

Verhältnismäßig seenreich ist schließlich noch die Smålandsche Hochebene, hauptsächlich deren südlicher und östlicher Teil; die größeren Seen liegen hier überwiegend zwischen 130 und 165 m, die Quellseen sogar 200 bis 250 m über dem Meeresspiegel.

Unter den schwedischen Seen ist durch einen eigentümlichen Inselreichtum der Mälarsee ausgezeichnet; die übrigen großen Seen haben wenig Inseln.

Im obigen wurde nur die Höhenlage und der allgemeine topographische Charakter der einzelnen Seen berücksichtigt, die Wasserstandsverhältnisse werden bei Behandlung der einzelnen Stromgebiete besprochen werden.

Es ist hier noch zu erwähnen, daß die Ströme im allgemeinen arm an Geschieben und Sinkstoffen sind. Darum ist auch die Inselbildung gering und selbst in den Unterläufen findet sich nur an wenigen Stellen die sonst charakteristische, deltaartige Verzweigung. Von diesen wenigen, inselreichen Stromabschnitten ist bei weitem der wichtigste der unterste Lauf des Dalälv, dessen große Wasserkräfte infolge der Unterschiede in der Länge der einzelnen, ein und dieselbe Insel umströmenden Arme besonders vorteilhaft ausnutzbar sind und zum großen Teil auch bereits ausgebaut wurden.

6. Hydrographische Einteilung der schwedischen Stromgebiete.

Wallén, dessen grundlegenden Arbeiten über die Hydrographie Schwedens wir hier im allgemeinen folgen, teilt die schwedischen Ströme in die nachfolgenden Gruppen ein. Die Einteilung berücksichtigt einerseits die Größe der Stromgebiete, andererseits den zeitlichen Gang der Änderungen im Wasserstand und in der Wassermenge. Die sich dabei ergebenden Unterschiede sind in erster Linie durch die klimatischen Verhältnisse bedingt. Der wichtigste Faktor ist die relative und absolute Menge des in Form von Schnee gespeicherten Niederschlages, die den Charakter der Wasserstandsganglinie zum größten Teil bestimmt. Man vergleiche zum folgenden die Abb. 19, Tabelle 2 und Abb. 20, Tabelle 3.

Gruppe A: Die großen Gebirgsströme von Norrland und Mittelschweden.

Es handelt sich hier um 12 große Stromgebiete, die zusammen wesentlich mehr als die Hälfte von ganz Schweden einnehmen. Diese 12 Ströme sind von Norden nach Süden: Torneå-, Kalix-, Lule-, Pite-, Skellefte-, Ume-, Ångerman-, Indals-Älv, Ljungan, Ljusnan, Dal-Älv und Klar-Älv. Da alle diese Ströme ihr Wasser zum größten Teil vom Hochgebirge erhalten, meist von Gegenden, die etwa die Hälfte des Jahres Schneedecke tragen, so ist allen gemeinsam, daß das größte Hochwasser im Frühling bei der Schneeschmelze ziemlich plötzlich eintritt (bei manchen folgen mehrere Hochwasserwellen sehr schnell nacheinander) und daß sie nur eine einzige, meist ziemlich lang anhaltende Niedrigwasserperiode im Winter haben. Selbstverständlich sind die Schwankungen der Wasserstände je nach der Gestaltung und

Tabelle 2. Verzeichnis der Wasserkraftanlagen Schwedens von über 5000 PS Volleistung. (In Klammern sind einige im Text erwähnte Anlagen unter 5000, aber über 1000 PS mit aufgeführt.)

O.-Z. in Abb. 4 und 19	Werksname	Wasserlauf
1	Porjus	Stora Luleälv
4	Sikfors	Piteälv
9	Finnfors	Skellefteälv
10a	Krångfors	,,
18	Klabbölefors	Umeälv
19a	Norrfors	,,
21	(Gideåbruk)	Gideälv
21$_1$	Gideåbacka	,,
22a	Gottne	Moälv
	Ångermanälv	
33	Graningeverk	Faxälv
32$_1$	Edsele	,,
	Indalsälv	
48	Edet	Järpströmmen
50	Mörsil (Äggfors)	Indalsälv
51	Rödön (Hissmofors)	,,
62a	Högbröfors	,,
62b	Hammarfors	,,
64	Alby	Ljungan
65	Ringdalen	,,
66	Ljungaverk	,,
67	Nedansjö	,,
69	Matfors	,,
70	(Vifors)	,,
74	Torpshammar	Gimån
78a	Byfors	Ljungan
	Delangersån	
93	Arbrå	Ljusnån
122a	(Mackmyra)	Gavleån
122b	(Tolvfors)	,,
128$_1$	Forshuvudfors	Dalälv
129	Kvarnsveden	,,
130	Domnarvet	,,
131	Bullerfors	,,
132	(Avesta Storfors)	,,
134	Grytnäs (AvestaStorf.)	,,
138$_1$	Untra	,,
139	Älvkarleby	,,
139a	Lanfors	,,
144	Mockfjärd	Västerdalälv
	Mälaren-Norrström	
194	(Tunafors)	Eskilstunaån
257	(Ludvika)	Kolbäcksån
266—268	Virsbo; Seglingsberg und Ramnäs	,,

O.-Z. in Abb. 4 und 19	Werksname	Wasserlauf
	Vättern-Motala-ström	
310a	Edeskvarna	Vättern-Motalaström
325	(Ljusfors)	desgl.
331a	Bergsbron Havet	,,
366	(Huskvarna)	,,
367a	(Röttle)	Röttleån
371	(Boxholm)	Svartån
377	(Knutsbro)	,,
378	(Öjebro)	,,
379	(Odenfors)	,,
379$_1$	(Svartafors)	,,
442a	Hogsby	Emån
476	(Hemsjö övre)	Mörrumsån
476$_1$	(Hemsjö nedre)	,,
484	(Torsebro)	Helgeån
502	Majenfors	Lagan
503	Bassalt	,,
504	Knäred, Övre	,,
505	Knäred, nedre	,,
506b	Skogaby	,,
533	(Yngeredsfors)	Ätrån
533$_1$	Ätrafors	Ätrån
546	Viskafors	Viskån
551	(Kungsfors)	,,
556	Haby	Slottsån
556a	(Hulta)	,,
	Vänerngebiet	
558	(Vargön, Agbro)	Götaälv
560—561	Trollhättan (Staat)	,,
562—563	Lilla Edet (Staat)	,,
579$_1$	Krakerud	Klarälv
580a	Munkfors	,,
580	Forshult	,,
581	Dejefors	,,
586	(Nain)	Ufån
587	(Malta)	,,
589	(Knon)	Knonån
599	(Frykfors)	Norsälv
645	(Håverud (Håfreström)	Upperudsälv
675	(Blankafors)	Svartälv
677	(Brattfors)	,,
678	(Skråmfors)	,,
679	(Degersfors)	Letälv
679	(Bofors)	,,
680	Gullspång	Gullspångsälv

Beschaffenheit des Niederschlagsgebiets noch verschieden und die Ganglinien zeigen eine Verschiebung in dem Sinne, daß, von je kälteren Gegenden der Strom seine größten Wassermengen erhält, desto später das Frühlingshochwasser eintritt. Norlinch hat außerdem noch eine Unterteilung dieser Stromgruppe in seenreiche und seenarme vorgeschlagen.

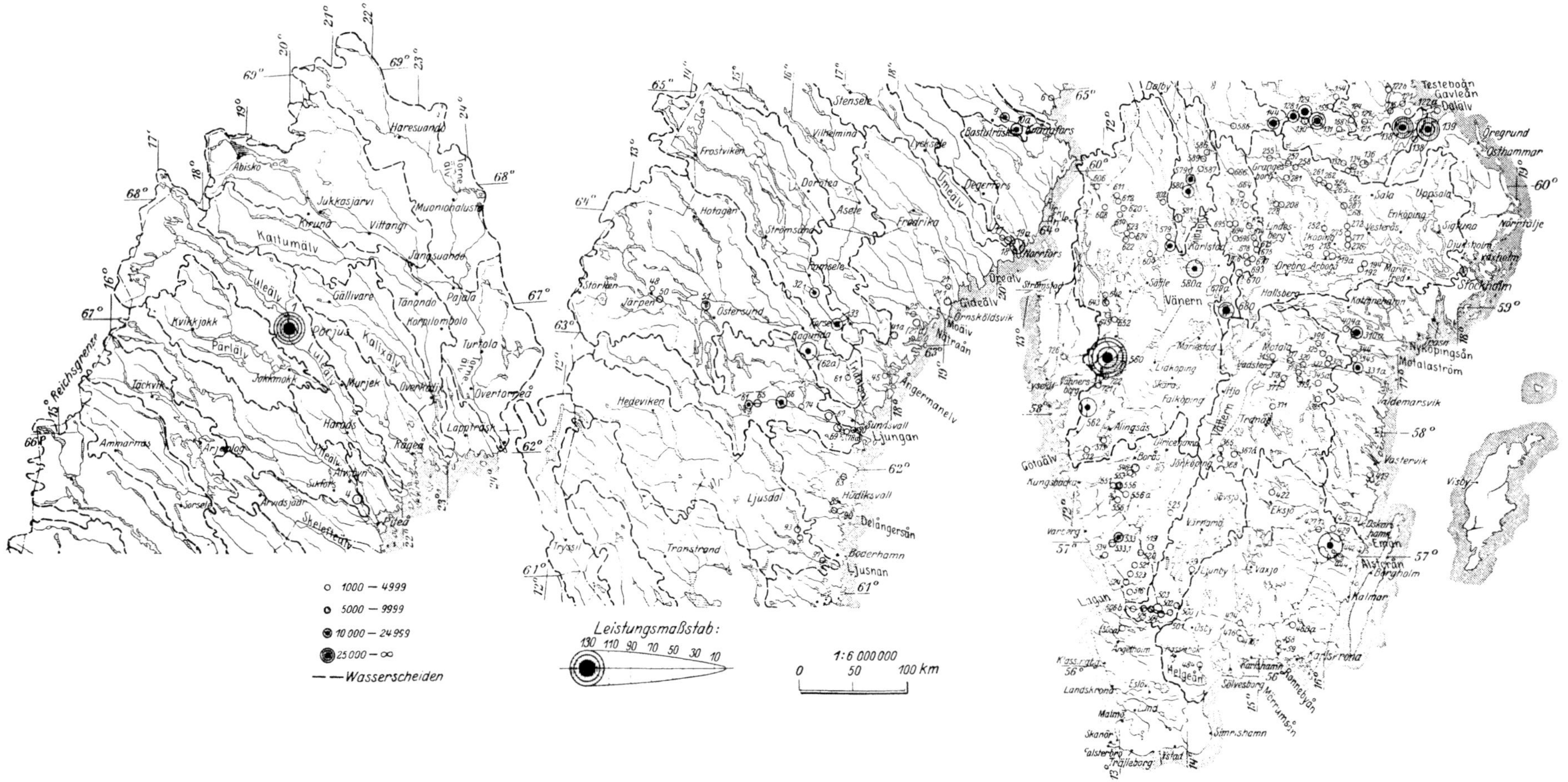

Abb. 19. Hydrographische Karte mit den Wasserkraftanlagen Schwedens über 1000 PS (Hydr. Byrån und Kommerskollegium, ergänzt v. Verf.). Hierzu Tabelle 2.

Gruppe B: Die Wald- und Küstenlandsflüsse in Norrland und dem nördlichen Mittelschweden.

Die Gewässer dieser Gruppe sind meist viel kleiner als die der ersten Gruppe, und ihr Abflußverhalten ist durch absolut und relativ viel geringere Schwankungen gekennzeichnet. Charakteristisch ist auch, daß außer der Frühlingsflut ein zweites etwas geringeres und weniger plötzlich sich einstellendes Hochwasser vorzukommen pflegt: Es sind also 2 Maxima und 2 Minima in der Wasserführung (das zweite Minimum im Hochsommer) zu verzeichnen. Zu dieser Gruppe gehört eine große Anzahl von Wasserläufen; die größten sind: Råne-, Byske-, Öre-, Gide-, Mo-Älv, Harmångers-Ån, Gullspångs-Älv und Delångers-Ån. Auch hier kann man ähnliche Verschiebungen wie bei Gruppe A zwischen den einzelnen Strömen feststellen, gleichfalls in Abhängigkeit von der geographischen Breite.

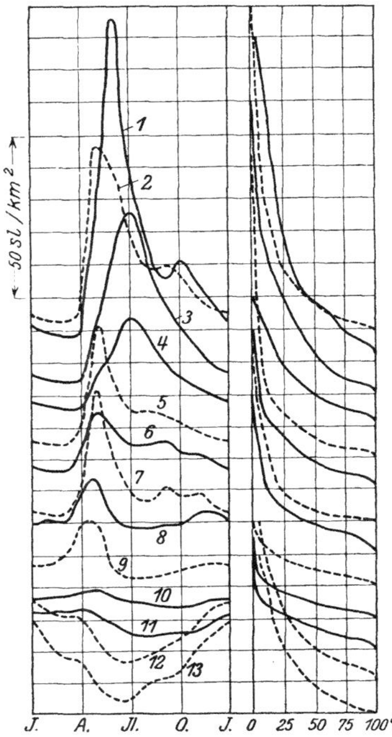

Abb. 20. Abflußspenden-Gang- und Dauerlinien typischer schwedischer Wasserläufe.
Volle Linien: seenreiche W.läufe; gestrichelte Linien: seenarme W.läufe. (Hydr. Byrån.)

1 Ljusnan bei Valmåsen (Hochgebirgsfluß).
2 Järpströmmen unterh. Kallsjö (Hochgebirgsfluß).
3 Luleälv bei Trångfors (nördl. Strom Nordschwedens).
4 Skellefteälv bei Kusfors (nördl. Strom Nordschwedens).
5 Ljusnan bei Edänge (südl. Strom Nordschwedens).
6 Dalälv bei Fäggeby (südl. Strom Nordschwedens).
7 Öreälv bei Nyåker (nördl. Waldfluß Nordschwedens).
8 Gullspångsälv bei Åtorp (südl. Waldfluß Nordschwedens).
9 Vattholmaån bei Vattholma (mittelschwedischer Fluß).
10 Nyköpingsån bei Täckhammar (mittelschwedischer Fluß).
11 Mörrumsån bei Mörrum (südöstl. Fluß).
12 Viskan bei Åsbro (südwestl. Fluß).
13 Bälgeneån bei Klippan (Skånenscher Fluß).

Gruppe C: Die Flüsse des Hügellandes von Mittelschweden.

In diese Gruppe gehören meist vom Standpunkte der Wasserkraft weniger wichtige Wasserläufe. Der größte ist Nyköpings-Ån. Das Kennzeichen dieser Gruppe besteht darin, daß das zweite Maximum des Wasserstandes schon an Bedeutung dem ersten Maximum nahekommt, so daß also die Flüsse noch weniger nördlichen Charakter aufweisen, als die Gruppe B. Auch zwischen diesen Flüssen sind sehr große Unterschiede, je nach dem Seereichtum des Gebietes, festzustellen.

Gruppe D: Die Abflüsse der Smålandschen Hochebene.

In diese Gruppe gehören u. a.: Nissan, Aetran, Viskan, Helge-, Kevlinge-, Mörrums-Ån, Emån, und der bedeutendste und wasserkraftwirtschaftlich wichtigste: Lagan. Diese Ströme haben jährliche Abflußschwankungen von ähnlicher Größe wie die Waldgebietströme (Gruppe B), unterscheiden sich indes in ihren hydrographischen Eigenschaften sonst recht wesentlich von ihnen, hauptsächlich darin, daß das Sommerniedrigwasser viel auffallender zutage tritt und ganz bedeutend niedriger ist als das Winterniedrigwasser und außerdem darin, daß das Frühlingshochwasser bedeutend früher eintritt. Alle diese Unterschiede gegenüber den Waldströmen sind in der Hauptsache durch die südlichere Lage bedingt.

Gruppe E: Die Flüsse der Skåneschen Tiefebene.

Diese Gruppe besteht meist aus weniger bedeutenden, hinsichtlich ihrer Wasserkraft nicht wichtigen Wasserläufen, die in jeder Beziehung einen ähnlichen Charakter wie diejenigen von Dänemark oder Norddeutschland haben; sie haben also ihr Hochwasser im Winter und nur eine einzige ausgesprochene Niedrigwasserperiode im Sommer.

Tabelle 3. Langjährige Abfluß-Spenden (sl./km²) schwedischer Wasserläufe (nach Wallén, Met. Hydr. Büro Nr. 215, 1923).

Gruppe	Wasserlauf	Ort	Einzugsgebiet km²	Einzugsgebiet Seeanteil %	HHq	MHq	Mq	Bei Dauer von 50%	Bei Dauer von 75%	MNq	NNq
A	Torneälv	Torneträsk	3240	13	97	77	20,1	10,8	5,3	3,7	1,7
A	Luleälv	Porjus	9970	12	149	110	26,2	13,6	5,5	3,4	2,2
A	Luleälv	Trångfors	24490	8	106	77	20,0	13,0	5,1	2,8	1,8
A	Piteälv	Älvsby	10580	7	108	57	14,2	9,7	4,2	2,9	1,8
A	Skellefteälv	Kusfors	9640	13	70	43	14,1	9,9	6,3	4,1	1,7
A	Umeälv	Norrfors	26470	7	88	59	14,5	9,6	4,1	2,3	1,6
A	Ångermanälven	Forsmo-Långsele	30000	7	116	66	15,3	8,1	4,4	3,0	2,2
A	Indalsälven	Bomsund	20400	10	83	60	16,6	10,7	5,7	3,5	1,9
A	Ljungan	Torpshammar	11320	8	87	54	11,1	6,9	4,1	2,8	1,9
A	Ljusnan	Ellervik	19810	4	113	62	11,4	6,8	4,2	2,9	1,8
A	Dalälven	Fäggeby	25000	4	93	40	12,4	9,6	5,9	4,3	2,5
A	Klarälven	Edebäck	8500	6	122	68	14,8	9,5	5,1	3,1	1,0
B	Gullspångsälven	Åtorp	4330	11	72	45	12,5	9,5	7,0	3,7	1,4
C	Nyköpingsån	Täckhammar	3600	17	25	14	6,4	5,6	3,1	2,3	0,6
D	Svartån	Sommens	1920	11	27	15	7,3	6,8	4,6	3,6	1,4
D	Mörrumsån	Mörrum	3385	14	29	17	8,0	6,6	4,3	2,3	0,6
D	Helgeån	Hönjebro	2185	8	44	30	10,5	9,2	5,0	3,0	1,4
D	Bälganeån	Klippan	225	0	182	98	15,1	9,3	3,6	0,7	0,3
D	Nissan	Johansfors	2450	4	111	68	15,9	11,9	6,6	2,6	1,1
D	Viskan	Åsbro	2160	6	80	61	15,3	10,6	5,6	2,4	1,7
F	Mälaren	Stockholm	22320	12	.	.	8,4	.	.	.	.
F	Motalaström	Wetternausfl.	6320	35	18	8,9	6,6	6,6	5,2	4,6	2,2
F	Götaälv	Wenernausfl.	46750	25	17	13	11,2	11,2	9,5	9,4	6,3

Gruppe F: Die Abflüsse der großen Seen: Wenern, Wettern, Mälaren, Hjalmaren.

Diese Ströme haben einen ganz eigenartigen Charakter, was daraus zu erklären ist, daß Ströme verschiedenen Charakters die Seen speisen und daß diese Seen eine außerordentlich große Speicherfähigkeit haben. Demzufolge ist die durchschnittliche jährliche Schwankung der Seewasserstände sehr geringfügig, hingegen der Unterschied zwischen den Wasserständen der verschiedenen Jahre sehr bedeutend. Besonders beim Wenern ist eine 11jährige und eine 2jährige Periode bemerkt worden, ohne daß die Ursachen dieser eigenartigen Periodizität schon genügend aufgeklärt wären. Ein wichtiger gemeinsamer Zug dieser Gewässergruppe ist, daß das Hochwasser außerordentlich stark verspätet in Erscheinung tritt (im Mälaren im Mai, im Wenern im Hochsommer und im Wettern noch später). Diese Erscheinung ist in erster Linie der starken Rückhaltekraft der Seen zuzuschreiben, beim Wettern aber auch hauptsächlich dem Umstande, daß er zum größten Teil von unterirdischen Gewässern gespeist wird. Der Wetter-See zeigt außerdem die Eigentümlichkeit starker täglicher Oszillationen, ähnlich den „Seiches“ im Genfer See[1].

Zu obiger Einteilung der Gewässer sei noch ausdrücklich bemerkt, daß die Ströme, die jeweils die einzelnen großen Seen speisen, weder unter sich noch mit ihren Aufnahmeseen zu derselben Gruppe gezählt werden. Beispielsweise wurde beim Wenerngebiet der Klar-Älv zur Gruppe A, Gullspång-Älv und mehrere andere zu Gruppe B, einige kleinere zum Stromgebiet gehörige Flüsse zu Gruppe C und der See selbst samt seinem Abfluß dem Göta-Älv der Gruppe F zugerechnet. Diese Unterteilung ist in der großen Verschiedenheit des hydrographischen Charakters der verschiedenen Gewässer begründet. In der von Wallén gezeichneten farbigen Landkarte der Strom-

[1] Statens meteorologisk-hydrografiska Anstalt: Årsberättelse für 1924 (Stockholm 1925), welcher Schrift auch die nachstehenden kurzen Angaben über die Tätigkeit der Anstalt entnommen sind.

gebiete (in Abb. 19 verarbeitet) sind indes die großen Seen mit ihren gesamten Nebengewässern und Abflußströmen als einheitliche Flußgebiete dargestellt. Das Wenern-Götaälv-Gebiet bildet mit seinen sämtlichen Mutterflüssen das größte Stromgebiet von ganz Schweden und umfaßt 50070 km^2; das gesamte Mälaren-Hjalmaren-Norrström-Gebiet mißt 22300 km^2, das gesamte Wettern-Motala-Gebiet 15500 km^2.

7. Der hydrographisch-meteorologische Dienst in Schweden.

Seit dem Jahre 1919 ist in Schweden der hydrographische und der meteorologische Dienst vereinigt und der Staatlichen Meteorologisch-Hydrographischen Anstalt (Statens meteorologisk-hydrografiska Anstalt) anvertraut. Dieses Institut ist in gewisser Beziehung dem Landwirtschaftsministerium unterstellt, hat jedoch sehr weitgehende Autonomierechte, auch ist der Verwaltungsrat unmittelbar dem König verantwortlich.

Dieser Verwaltungsrat wird durch neun Personen gebildet, von denen fünf, und zwar die Vorstände der Staatlichen Wasserfallverwaltung, der Straßen- und Wasserbauverwaltung, der Hydrographisch-Meteorologischen Anstalt selbst, der Landwirtschaftsverwaltung und schließlich der Geologischen Landesanstalt von Amts wegen Mitglieder sind. Zwei Mitglieder werden vom König ernannt, ein Mitglied wird von der Akademie der Wissenschaften und eines der Hydrographisch-Biologischen Kommission abgeordnet. Der Vorsitzende des Verwaltungsrates wird durch den König bestimmt, der stellvertretende Vorsitzende durch den Verwaltungsrat unter seinen eigenen Mitgliedern ausgewählt. Aufgabe dieses Verwaltungsrates ist die allgemeine Leitung der Hydrographisch-Meteorologischen Anstalt und die Aufstellung von Vorschlägen für die weitere Ausgestaltung derselben.

Das eigentliche Personal, welches für die hydrographisch-meteorologischen Arbeiten der Anstalt zur Verfügung steht, besteht aus dem leitenden Direktor (Överdirektor), zwei Abteilungsdirektoren (der eine für die hydrographischen, der andere für die meteorologischen Arbeiten) und je vier etatmäßig angestellten Staats-Hydrographen und -Meteorologen; ferner aus dem, den jeweiligen Umständen angepaßten Hilfspersonal, welches z. B. im Jahre 1924 aus je fünf außeretatmäßigen Meteorologen und Hydrographen, einem Bibliotheksgehilfen, einem Zeichner, einem Expedienten und 16 weiblichen Hilfskräften bestand.

Die Statuten[1] der Anstalt legen den Wirkungskreis des Verwaltungsrates und des leitenden Direktors, ferner der Abteilungsdirektoren fest. Daneben enthalten sie Weisungen betreffend die Zusammenarbeit mit anderen staatlichen Instituten, und zwar mit der Geologischen Landesanstalt, mit der Hydrographisch-Biologischen Kommission, mit der Staatlichen Marine- und Lotsen-Verwaltung. So werden die notwendigen hydrographisch-geologischen Arbeiten durch die Geologische Landesanstalt, jedoch auf Grund eines gemeinschaftlich mit der Hydrographisch-Meteorologischen Anstalt festgestellten Programmes ausgeführt. Ferner sind Bestimmungen vorhanden, um der Seefahrt die Ergebnisse der meteorologischen Arbeiten zunutze zu machen und andererseits deren Feststellungen für meteorologische Beobachtungen heranzuziehen. Die Anstalt arbeitet außerdem gelegentlich mit den verschiedensten staatlichen und privaten, wissenschaftlichen und praktischen Institutionen zusammen, wie z. T. noch weiter unten gezeigt werden soll.

Die Jahresberichte geben ein gutes Bild über die derzeitige, weit verzweigte Tätigkeit der Anstalt. Aus dem Jahresbericht 1924 sehen wir z. B., daß die Anzahl der Wasserstandbeobachtungsstellen an Binnengewässern 687 war, wovon 368 vom Staate bezahlt, die übrigen privat und unentgeltlich arbeiteten. Außerdem besaß

[1] Die Statuten sind enthalten in der Verordnung vom 22. 12. 1921 (Nr. 798) und deren Ergänzungen bzw. Abänderungen, welche in der Verordnung Nr. 371 vom 6. Juli 1926 gegeben wurden.

die Anstalt an verschiedenen Stellen 36 selbstregistrierende Pegel. Von den erwähnten Stationen haben 235 auch Eismessungen vorgenommen, 42 Wassertemperaturmessungen und bei 13 wurden Wasserproben entnommen. Die Anzahl der Meerespegel war 15, wovon 10 selbstschreibend. Im Laufe des Jahres wurden 246 Wassermengenmessungen vorgenommen und auf Grund bisheriger Wassermengenmessungen 86 Schlüsselkurven ausgearbeitet und veröffentlicht.

Zu den hydrographischen Arbeiten zählen auch die Längenschnitt-Nivellements der einzelnen Ströme, welche im Zusammenhang mit der Ausarbeitung der im nächsten Abschnitt näher zu besprechenden „Förteckning över Sveriges Vattenfall" ausgeführt wurden.

Der Stand an meteorologischen Beobachtungsstationen war im Jahre 1924: 737, wovon 263 unentgeltlich bedient wurden. In die angegebene Zahl sind die zwei meteorologischen Observatorien, nämlich Uppsala und Åbisko, ferner 44 Observatorien II. Klasse eingerechnet. Von den meteorologischen Arbeiten der Anstalt sind von Bedeutung die Wetterberichte und Wettervoraussagen, ferner die Sturmwarnungen. Letztere werden bemerkenswerterweise oft auch an die großen Kraftübertragungsunternehmungen — im Interesse der Fernleitungen — gegeben, ebenso Warnungen vor Frost und Schneestürmen. Die Wettervoraussagen wurden an Hand synoptischer Karten aufgestellt, die täglich unter Benutzung ausländischer Wettermeldungen gezeichnet wurden. Zur Aufnahme dieser Meldungen besitzt die Anstalt zwei eigene Radiostationen. Zwei Drittel der Prognosen erwiesen sich als richtig; die Frage ihrer Zuverlässigkeit wurde näheren wissenschaftlichen Untersuchungen unterzogen.

An weiteren Untersuchungen mögen diejenigen zur Messung der Sonnenstrahlung, ferner der diffusen Strahlung von der Himmelsfläche aus, des Zusammenhanges zwischen Sonnenstrahlung und Lufttemperatur, über die Ausstrahlungsverhältnisse der Erdfläche, sodann aerologische Untersuchungen, ferner Untersuchungen über das Nordlicht, den Erdmagnetismus und die Temperaturverhältnisse des Erdbodens erwähnt werden.

Das Zwischenglied zwischen hydrographischen und meteorologischen Untersuchungen wird durch die Wallénsche Wasserstandsvoraussage gebildet, welche in dem erwähnten Jahre die Hochwasserperiode richtig voraussagte, jedoch für längere Dauer, als sie wirklich eingetroffen ist. Für die meisten Wasserläufe lieferte die von Wallén seit Jahren gepflegte und in grundlegender Weise entwickelte Voraussage auch sonst recht zuverlässige Werte (jedoch bildete der Wenersee eine Ausnahme, da die Prognosen über seinen Wasserstand ständig fehlschlugen). — Es mögen an Spezialuntersuchungen noch diejenigen über die Seiches im Wettersee, ferner über die sog. harten Winde an den schwedischen Küsten erwähnt werden.

Besonders interessant sind schließlich die meteorologischen Arbeiten, die mit der Forst- und Landwirtschaft zusammenhängen. Im Jahre 1924 hat die Meteorologisch-Hydrographische Anstalt für die staatliche Forstuntersuchungsanstalt meteorologische, klimatologische und hydrographische Stationen eingerichtet, die hauptsächlich den Zusammenhang der klimatologischen und meteorologischen Verhältnisse und der Landformen mit dem Wachstum der Waldungen erforschen sollen. Ebenso versucht man Zusammenhänge zwischen den Niederschlagsverhältnissen und der Güte der Ernten festzustellen, um die Grundlage für Ernteprognosen zu gewinnen, jedoch sind diese Arbeiten anscheinend noch weit vom Abschluß.

8. Die verfügbaren Wasserkräfte Schwedens.

Die Frage der verfügbaren Wasserkräfte Schwedens ist von vielen hervorragenden Fachleuten untersucht worden, mit zunächst sehr weit auseinander gehenden Ergebnissen. Die Widersprüche erweisen sich aber als nur scheinbare, sobald die den verschiedenen Feststellungen zugrunde liegenden Maßbegriffe scharf gefaßt und die Voraussetzungen der Berechnungen geklärt werden.

Theodor Koehn hat 1907[1] die neunmonatlich ohne Abflußregulierung verfügbaren Wasserkräfte Schwedens schätzungsweise mit 6,8 Millionen Turbinen-PS angegeben. Wie die nachstehende Besprechung der vier neueren, auf eingehenden Studien beruhenden Berechnungen zeigen wird, kam diese Angabe der Wirklichkeit verhältnismäßig nahe:

1. Serrander nahm in seinen Untersuchungen[2] einen rein praktischen Standpunkt ein, indem er nur die für die Wasserkraftindustrie wertvolleren Wasserläufe berücksichtigte, dagegen die zerstreuten kleineren Wasserkräfte vollständig außer acht ließ. Beispielsweise bezieht sich seine Untersuchung der Norrlandschen Ströme nur auf den Abschnitt von deren Austritt aus den großen Seen bis zum Meer. Bei dieser Beschränkung auf die größeren Gewässer erhielt Serrander für die nach dem damaligen Stande der Wasserkraftwirtschaft innerhalb von 50 Jahren ausbauwürdigen Wasserkräfte eine Ausbauleistung von 3,5 Millionen PS.

Die Gesamtleistung aller überhaupt verfügbaren Wasserkräfte (ohne Rücksicht auf Ausbauwürdigkeit und mit Einschluß der kleineren) schätzte Serrander unter Voraussetzung „mäßiger" Seeregulierungen gleichzeitig auf 6,2 Millionen PS.

Serrander rechnete folgendermaßen: Er bestimmte zunächst nach möglichst vieljährigen Dauerlinien die Wassermengen von 75prozentiger Überschreitung (9monatliche Wm.); er bezeichnet sie als „industrielle durchschnittliche Wassermenge". Hierauf untersuchte er im Dalälv, Lagan, Svartälv-Gullspångälv alle wichtigeren ausgebauten und endgültig geplanten Anlagen auf ihren Ausbaugrad Q voll: Q_{75} und erhielt die Werte: 1,3 — 1,6 — 1,7 als beziehentliche Durchschnittswerte. Demgemäß nahm Serrander dann 1,4 als für ganz Schweden durchschnittlich zutreffenden Ausbaugrad an. (Die neuere Entwicklung der Wasserkraftwirtschaft rechtfertigt bekanntlich wesentlich höhere Werte[3]. Die Leistungen berechnete Serrander mit $\eta = 0{,}75$ aus den so bestimmten Vollwassermengen und den der Generalstabskarte entnommenen und — für Fallverluste und Nichtnutzbarkeit um 10% gekürzten Gesamtfallhöhen.

Serrander hat die geographische Verteilung der ersterwähnten Energiemenge mit Hilfe von Energiebändern übersichtlich dargestellt, unter Hervorhebung der bereits ausgebauten Wasserkräfte durch dunklere Farbe.

2. Bei weitem die eingehendste geographisch-statistische Darstellung von Schwedens Wasserkraftschätzen stellen die noch im Erscheinen begriffenen Hefte des amtlichen Wasserkraftkatasters (Förteckning över Sveriges Vattenfall) dar, die von der Hydrographisch-Meteorologischen Anstalt in Gemeinschaft mit dem Vattenfallstyrelsen herausgegeben werden. Jedes einzelne Heft bezieht sich auf eine Stromstrecke von 40—80 km und besteht aus einem ausführlichen Text und einer Planbeilage. Der Text enthält ziemlich eingehende geographische, geologische, hydrographische und meteorologische Angaben, eine Tabelle der Gefällstrecken und des Energiegehaltes, dann eine kurze Beschreibung der bereits ausgebauten Wasserkräfte, Angaben über Flößerei, Schiffahrt und „Kungsådra[4]", schließlich ein Verzeichnis von Nivellement-Festpunkten und Pegelstationen, die als Grundlage für die Messungen dienten. Die Planbeilage enthält eine Landkarte 1:200000, wasserwirtschaftliche Längenschnitte, enthaltend: die charakteristischen Wasserspiegel und eine graphische Darstellung der Teilflächen des Niederschlagsgebietes, der Wassermengen und Nutzleistungen bei MQ, bei sechsmonatlichem, neunmonatlichem und normalem, d. h. mittlerem Niedrig-Wasser. Die Darstellung erlaubt also, sämtliche Energiedaten für jede einzelne Stromschnelle und Fallstrecke unmittelbar

[1] In Band 13 des Handbuches der Ingenieurwissenschaften S. 111.

[2] Karta öfter Vattenkrafttillgangarna i Sveriges Större Vattendrag und: Sveriges Vattenkrafttillgångar och deras Förmögenhetsvärde (Sv. V. K. För. Nr. 36, 1913 und Nr. 66, 1915) beides von Mauritz Serrander.

[3] Vgl. schon des Verf. „Ausbau der Niederdruckwasserkräfte nach wirtsch. Gesichtspunkten" 1910.

[4] Vgl. Abschnitt 2, S. 29ff.

abzulesen[1]. Die im Jahre 1912 begonnene, große und äußerst wertvolle Arbeit war bis 1926 etwa zur Hälfte abgeschlossen veröffentlicht. Da nur wenige Stromgebiete völlig fertig bearbeitet vorliegen, bietet das Werk vorläufig keine unmittelbaren Anhaltspunkte über die Gesamtwasserkräfte ganzer Gegenden. Indes ist schon die bisher geleistete Arbeit mittelbar auch dem Überblick über die gesamten Wasserkräfte Schwedens von großem Nutzen gewesen, da dieselbe z. T. als Kontrolle, z. T. aber als Unterlage für die gleich zu erörternden, auf ganz Schweden sich erstreckenden Norlindhschen Untersuchungen gedient hat[2].

3. Norlindh hat nämlich aus den erschienenen Heften von „Vattenfalls Förtekning" die Verhältniszahlen zwischen der mittleren (MQ), neun- und sechsmonatlichen Wassermenge für die verschiedenen Regimetypen der schwedischen Gewässer ermittelt und mit Hilfe derselben Schätzungswerte für die entsprechenden Energien der ganzen Gebietsgruppen ermittelt.

Seine Berechnung nimmt dabei ebenso wie die Untersuchung des Vattenfallstyrelsen einen rein hydrographischen Standpunkt ein. Da weiter unten bei Behandlung der einzelnen Stromgebiete gelegentlich auf Norlindhsche Zahlen Bezug genommen wird, soll die Berechnungsweise Norlindhs etwas ausführlicher behandelt werden:

Zunächst berücksichtigt Norlindh weder Seeregulierungen und sonstige Wasserspeicherungen, noch faßt er die technischen Ausbaumöglichkeiten näher ins Auge. Er ermittelt vielmehr auf Grund einer angenommenen, generellen Stufeneinteilung die gesamte Wasserkraftleistung bei MQ. So ist Norlindh wohl der erste, der die im Hochgebirge gelegenen ziemlich zerstreuten Wasserkräfte, z. T. sogar noch unterhalb 500 PS Einzelleistung berücksichtigt. Er geht nach Einteilung des Wasserlaufes in Stufen so vor, daß er 0,07‰ Gefälle als unvermeidlichen durchgehenden Gefällverlust und außerdem an jeder Stufe im allgemeinen noch $^1/_2$ bis $^1/_3$ m in Abzug bringt. Nur wenn der Gesamthöhenunterschied zwischen zwei Seen in einer einzigen Stufe ausgebaut werden kann, fallen diese letzteren Verluste fort. Auf diese Weise erhält Norlindh für die einzelne Stufe die in Frage kommende Fallhöhe; die zugehörige mittlere Wassermenge erhält er durch Multiplikation der in Frage kommenden Einzugsgebietsfläche mit einem Spendenwert. Von der auf solche Weise sich ergebenden (Roh-)Energie zieht er 25% für Verluste in Druckrohren, Turbinen und Saugrohren ab. Dies sind die Grundlagen der von Norlindh veröffentlichten „Tabell över Sveriges Större Vattenfall". Ihre Endsumme ist 15241500 PS oder nach Zugabe eines Zuschlags zur Berücksichtigung der außer acht gelassenen noch kleineren Wasserkräfte: etwa 17,9 Millionen PS (an der Turbinenwelle). Interessant ist es, daß nach Norlindhs Ermittelungen diese verfügbare Leistung infolge der bekannten dauernden Landhebung Skandinaviens jährlich um rd. 500 PS wächst.

Bemerkenswert ist die geographische Verteilung dieser Wasserkräfte. Unter Benutzung der Wallénschen Einteilung der Stromgebiete kann man sagen, daß die zwölf großen Gebirgsströme Schwedens (zehn davon in Norrland und zwei im nördlichen Mittelschweden) nicht weniger als 87% der gesamten Energiemenge des Landes bergen. Von diesen 87% entfallen nur etwa 50% auf die Hauptströme von den großen Seen bis zum Meere (bzw. Klarälv bis zum Wenersee); die übrigen 37% verteilen sich auf zahlreiche Nebenflüsse. Und von diesen 37% sind wiederum etwa 13% des Gesamtwertes im unbewohnten Berglande Norrlands zu finden. Interessant ist hierbei zu bemerken, daß unter diesen letztgenannten 13% einige außerordentlich hohe und leistungsfähige Wasserfälle sind, die mehr an norwegische als an sonstige schwedische Wasserkräfte erinnern. Die von Wallén als Gruppe B bezeichneten Flüsse stellen etwa

[1] In einigen Heften sind diese Energiedarstellungen weniger ausführlich gehalten. Der Vattenfall-Förteckningen ist z. T. zweifarbig ausgeführt, vgl. auch Abb. 12, 68.

[2] Vgl. S. 17 u. 25.

$4^1/_2$% und die Abflüsse der Småland-Hochebene zusammen etwa $3^1/_2$% der gesamten Energie; die restlichen 5% verteilen sich auf die Gruppen C, E, F. Von dem rein hydrographischen Standpunkt aus, den Norlindh einnimmt, ergibt sich somit eine relativ starke Wasserkraftarmut des ganzen großen Gebietes südlich vom Dalälv.

Norlindhs Berechnungen stimmen mit den Ergebnissen der „Vattenfall-Förteckning" vorzüglich überein. Im allgemeinen sind seine Werte für Wasserkraft bei MQ um 5% kleiner als die amtlichen, was einfach darauf zurückzuführen ist, daß die amtlichen Verzeichnisse nur 20% für Verluste in den Turbinen, Druckrohren und Saugrohren in Abzug bringen.

Wie oben erwähnt, nimmt Norlindh im Text seines Buches auch Berechnungen vor, die über den Gegenstand seiner Wasserkrafttabellen hinausgehen. Hierbei geht er aus von den charakteristischen Wassermengenganglinien des Hydrographisch-Meteorologischen Amtes und von den bis dahin vorhandenen „Vattenfall-Förteckningen". Auf Grund dieser Unterlagen stellt er fest, daß die Nutzleistung bei MQ sich zu der bei $Q_{50\%}$, $Q_{75\%}$ und MNQ im Durchschnitt für das ganze Land wie 100 : 59 : 30 : $19^1/_2$ verhält. Diese Verhältniszahlen und sein oben behandeltes Verzeichnis der Nutzleistungen bei MQ genügen zur Feststellung, daß nach Abschluß der Untersuchungsarbeit die „Vattenfall-Förteckningen" ungefähr folgende Gesamtwerte aufweisen werden:

16,0 Mio. PS bei MQ	4,9 Mio. PS bei $Q_{75\%}$
9,5 „ „ „ $Q_{50\%}$	3,1 „ „ „ MNQ,

wobei sich sämtliche Angaben für natürliche Abflußverhältnisse, also ohne künstliche Abflußregulierung, verstehen.

Norlindh versucht sich auch Klarheit darüber zu verschaffen, welche gesamte ausgebaute Turbinenleistung in Schweden in absehbarer Zeit zu gewärtigen sein möge. Da diese Frage mit den Seeregulierungen und anderen technischen und wirtschaftlichen Fragen eng zusammenhängt und diese außerhalb seines Untersuchungsgebietes liegen, kommt er in dieser Beziehung zu keinem scharf gefaßten Ergebnis.

Ausgehend von dem Verhältnis der Gesamtleistung der ausgebauten Wasserkräfte Schwedens zu der den ausgebauten Fallstrecken nach seinen Ermittlungen zukommenden „MQ-Leistungen" spricht er aber die Vermutung aus, daß der „schließliche" Ausbau der schwedischen Wasserkräfte „zuletzt" auf den zehnfachen Wert der Gesamtmaschinenleistung um 1924 (1,4 Mio. PS) steigen werde.

4. Die Untersuchungen des Elektrifizierungsausschusses und von Nils Ekwall, die Anfang 1923 vollendet (und von Norlindh in seinem Buch mitbesprochen) wurden, gehen ähnlich den Serranderschen Untersuchungen vom praktisch-energiewirtschaftlichen Standpunkt aus, sind aber viel ausführlicher und weiter umfassend als die Serranderschen. Ekwall unterscheidet mit lobenswerter Klarheit Leistung (Ausbau) und Energie (Erzeugung) und zielt in erster Linie auf die Erfassung der letzteren ab. Er untersucht, wieviel kWh im Durchschnitt jährlich aus den Gewässern Schwedens „bei rationeller Ausnutzung" und „praktisch mit mäßigen Kosten durchführbaren Seeregulierungen" (Ausbau auf „reguliertes Niedrigwasser") „in absehbarer Zeit" (d. h. nach Ekwalls Annahme in 40—50 Jahren) tatsächlich erzeugbar sind. Dabei kommt er auf $42^1/_2$ Milliarden kWh/Jahr, setzt aber sogleich auf Grund praktischer Überlegungen, hauptsächlich wegen mangelhafter Tagesausgleichmöglichkeiten, diese Ziffer auf 32,5 herab. Auf Grund der weiteren Annahme einer tatsächlichen mittleren Benutzungsdauer von 4800 Stunden im Jahr berechnet Ekwall schließlich die in absehbarer Zeit ausbaufähige Maschinenleistung auf 8,9 bzw. 6,75 Mio. kW (Turb.-W.) oder rd. 12,0 bzw. 9,2 Mio. PS.

Die Ekwallschen Überlegungen gehen somit von energiewirtschaftlichen Grundzahlen aus, deren gegenwärtigen Stand sie berücksichtigen; darin liegt der Vorzug, andererseits auch die Begrenzung dieser Untersuchung. Die Begrenzung ist zunächst eine zeitliche, gewollte, weiter aber auch eine qualitative; denn naturgemäß entbehrt die Ekwallsche Berechnungsweise der mathematischen Zwangsläufigkeit der rein hydrographischen Aussagen Norlindhs und des staatlichen Wasserfallverzeichnisses; sobald man auf schätzungsweise Berücksichtigung einer Seeregulierung „mäßigen Umfanges", einer wahrscheinlichen jährlichen Gebrauchsstundenzahl usw. eingeht, wird ein ziemlich großer Spielraum für mehr oder weniger willkürliche, wenn auch auf Erfahrung gegründete, Annahmen gegeben. Diese Betrachtung soll den hohen Gegenwartswert der Ekwallschen Statistik nicht verkleinern, sondern nur die Zukunftsbedeutung der Norlindhschen Berechnungsweise beleuchten: beide Berechnungsweisen sind richtig und ergänzen sich in wertvoller Weise.

Nicht nur im zahlenmäßigen Gesamtergebnis unterscheidet sich Ekwalls Berechnung wesentlich von der Norlindhschen, weit größer noch ist der Unterschied in der geographischen Verteilung der errechneten Nutzleistungen und Energien über das Land. Interessante Vergleiche nach dieser Richtung findet man im Textteil des Norlindhschen Buches Seite 54. Hier möge nur erwähnt werden, daß bei solchen Flußgebieten, die seenreich sind und in dicht bevölkerten Landesteilen liegen, die von Ekwall als ausbaufähig angegebenen Volleistungen (Turbinen-PS) die Norlindhschen Mittelwasserleistungen wesentlich überschreiten. Bei den die überwiegende Mehrzahl ausmachenden Gewässern ist das Verhältnis dagegen gerade umgekehrt. Nur um ein ungefähres Bild zu geben, sei angeführt, daß die Gruppen A und B, also die Gewässer von Norrland und dem nördlichen Mittelschweden nach Norlindh etwa 91% der gesamten Landesenergie aufbringen, während sie nach Ekwall nur wenig mehr als 80% der ausnutzbaren Gesamtenergie bergen.

Wenn auch auf Grund des jetzigen Standes von Technik und Wirtschaft der Ekwallschen Auffassung große Wahrscheinlichkeit zukommt, so ist doch zu beachten, daß sich bei der Natur der heutigen Technik die Voraussetzungen des Wasserkraftausbaues sehr rasch ändern können und daß Wasserkräfte, deren Ausnutzung heute noch kaum in Frage kommt, in wenigen Jahrzehnten ausnutzungswert erscheinen können. Verschiedene interessante Möglichkeiten für eine stärkere und schnellere Ausnutzung der norrländischen Wasserkräfte erörtert Norlindh auf S. 49 seines Buches. Er erwähnt Vorschläge, die Ungunst der wirtschaftsgeographischen Lage dieser gewaltigen Hochgebirgswasserkräfte dadurch zu mildern, daß man ihnen die nördliche Küste Norwegens als Wirtschaftsgebiet erschließt, die wesentlich näher als die schwedische, zudem nicht eisfreie Küste des Bottnischen Meerbusens liegt. Dafür gibt es technisch noch zwei verschiedene Lösungen: Überleitung der an Ort und Stelle erzeugten Energie an die norwegische Küste, wo sie zur Entstehung elektrochemischer Industrien Anlaß geben könnte; oder: Überleitung des Wassers selbst auf die norwegische Seite der schmalen Wasserscheide. Die zweite Lösung stellt indes wohl einen allzu tiefen und dazu nie rückgängig zu machenden Eingriff in die natürlichen Abflußverhältnisse und die Energiewirtschaft Schwedens dar, als daß man an ihre Durchführbarkeit glauben könnte; um so weniger, als zur Zeit, wo solche hydraulischen Energieüberleitungen praktisch werden könnten, auch die schwedischen Großwasserkräfte an den Mittel- und Unterläufen der norrländischen Ströme zum großen Teil ausgebaut dastehen dürften, und unter einer Ableitung des Hochgebirgswassers schwer leiden würden. Dagegen kann einer elektrischen Energieausfuhr Zukunftsbedeutung wohl nicht abgesprochen werden.

2. Abschnitt: Die rechtlichen Grundlagen.

1. Das Wasserrecht.

Das heute in Schweden geltende Wasserrecht ist am 28. Juni 1918 im Kraft getreten und am 19. Juni 1919 und 11. Juni 1920 durch Hinzufügung der auf Flößerei und Schiffahrt, Entwässerungen und Abwassereinleitungen bezüglichen Teile vervollständigt worden.

Wie wir sehen werden, zeichnet es sich vor den gleichartigen Gesetzen der meisten anderen Länder dadurch aus, daß es besonders eingehend und mit bemerkenswertem technischem und praktisch-wirtschaftlichem Verständnis die Erfordernisse der neuzeitlichen Wasserwirtschaft berücksichtigt. Dies rechtfertigt eine in Teilen etwas eingehendere Darstellung[1].

Das schwedische Wassergesetz von 1918 ist in folgende 14 Kapitel gegliedert:

1. Das Recht am Wasser.
2. Das Bauen im Wasser.
3. Die Wasserregulierung und Wasserregulierungsverbände.
4. Die Wahrung der Interessen der Allgemeinheit bei Ausführung größerer Wasserkraftanlagen und Wasserregulierungen.
5. Die Schiffahrtsstraßen.
6. Die Flößereistraßen.
7. Die Entwässerung durch Ziehen von Gräben, Wasserableitung oder Eindämmung.
8. Die Wassereinleitungen.
9. Die Schadensersatzleistungen.
10. Die Gewässerschauen.
11. Die Gerichte und der Rechtsgang bei Wasserprozessen.
12. Das Wassergrundbuch.
13. Aufsichts- und Strafbestimmungen.
14. Schlußbestimmungen.

Über die Richtlinien für den Entwurf des neuen Wassergesetzes, soweit es sich auf die Wassernutzung bezieht, hören wir am besten die an der Fassung des Gesetzes beteiligten Wasserrechtssachverständigen, die sich im Jahre 1917 u. a. folgendermaßen äußerten:

Einem jeden, dem an der wirtschaftlichen Entwicklung unseres Landes gelegen ist, muß es als ein im höchsten Maße erstrebenswertes Ziel vorschweben, daß unsere Wasserkraftbestände, von denen bisher rund 85% unausgenutzt sind, in größter Ausdehnung so bald wie möglich in den Dienst der Gütererzeugung gestellt werden. Die außergewöhnlichen Verhältnisse, die durch den jetzigen Weltkrieg geschaffen worden sind, haben mehr als alles andere gezeigt, von welch nachteiliger Wirkung es für ein Land ist, in Hinsicht auf seinen Bedarf an Steinkohle und Brennölen für Kraftzwecke von der Einfuhr aus fremden Ländern abhängig zu sein. Darüber, daß wir uns in erheblichem Grade von dieser Abhängigkeit frei machen könnten, wenn das Arbeitsvermögen unserer Wasserfälle in größerem Umfang und in wirtschaftlicherer Weise als bisher nutzbar gemacht würde, kann kein Zweifel bestehen. Aber nicht nur für die Entwicklung unserer Industrie ist eine immer weitere Nutzbarmachung der Wasserkraft von Bedeutung. Für unser Verkehrswesen — Eisenbahnen und Straßenbahnen — spielt eine Erleichterung der Benutzung elektrischer Energie aus Wasserkräften eine große Rolle. Auch die Landwirtschaft und ihr nahe stehende Gewerbezweige machen in immer noch stark zunehmendem Maße von der elektrischen Energie Gebrauch und sind daher gleichfalls in hohem Grade an rationeller Nutzbarmachung der Wasserkraft interessiert. Angesichts der Verbreitung der elektrischen Kraft bis in die einzelnen Häuslichkeiten zur Beleuchtung und zur Anwendung in der Heimarbeit und Kleinindustrie ist es auch von großer sozialer

[1] Diese Darstellung ist mit freundlicher Genehmigung des Herrn Ing. Sven Lübek im wesentlichen dem einschlägigen Kapitel seines Buches „Sveriges Vattenkrafttillgångar och Vattenkraftproduktion“ (Stockholm 1924) gefolgt.

Bedeutung, daß die Kraft in unseren Wasserfällen in größter Ausdehnung nutzbar gemacht wird. Soll indessen die Wasserkraft auf befriedigende Weise allen diesen Zwecken gerecht werden können, so ist es von Bedeutung, daß die Gesetzgebung so gestaltet wird, daß man unter gehöriger Beachtung aller in Frage kommender Interessen den Ausbau der Wasserfälle erleichert und dabei so schnelle und so praktische Formen wie nur möglich für die Behandlung der mit dem Ausbau verknüpften Fragen findet, und daß man vor allem die gesetzlichen Möglichkeiten für die Durchführung von Wasserregulierungen verbessert, um Wasservorräte zu gewinnen, die, soweit möglich, gleichmäßig oder dem zeitlich veränderlichen Bedarf entsprechend in der geeignetsten Weise ausgenutzt werden können.

Wenn so, für schwedische Verhältnisse durchaus mit Recht, die Wasserkraftnutzung im Vordergrund der gesetzgeberischen Erwägungen stand, mußte doch, wie bei jeder Wassergesetzgebung, das Streben des Gesetzgebers darauf gerichtet sein, der außerordentlich vielseitigen Verflechtung der in der Regel sehr zahlreichen und verschiedenartigen Interessen, die sich im ganzen an einen Wasserlauf zu knüpfen pflegen, in möglichst ausgeglichener Weise gerecht zu werden[1].

Jeder Wasserlauf dient ja von Natur in erster Linie als Vorfluter für sein Niederschlagsgebiet. Eine zu weit gehende Einschränkung oder Abschließung des Wasserlaufes bedroht das oberhalb der Baustelle liegende Gelände mit Überschwemmung oder Versumpfung, wodurch unter Umständen wichtige landwirtschaftliche Interessen geschädigt werden können. Umgekehrt kann eine Senkung des Wasserspiegels durch Vertiefung des Bettes, Fortsprengung von Felsschwellen usw. den Abfluß der Wassermassen zum Vorteil der Bodenbenutzung, der öffentlichen Gesundheit, der Siedelung usw. in weitem Bereich verbessern. Häufig bildet das Gewässer gleichzeitig einen Verkehrsweg, dessen Bedeutung für die Volkswirtschaft durch besondere Vorkehrungen zur Erleichterung der Schiffahrt und Flößerei oft weitgehend gesteigert werden kann. Ferner bilden die Gewässer den natürlichen Aufenthaltsort und die natürlichen Wanderungswege der Fische, und schließlich knüpfen sich in ihrer Gesamtheit nicht unwesentliche Interessen an die unmittelbare Benutzung des Wassers für Haushalts- und Bewässerungszwecke.

Wie im Einzelnen die Gesetzgeber die Verwirklichung ihrer vortrefflichen Grundsätze zu fördern bemüht waren, soll die nachfolgende kurze Darstellung zeigen, die sich auf die Behandlung der in dieser Beziehung wichtigsten Kapitel und Paragraphen beschränkt.

1. Kapitel: Über das Recht am Wasser.

Grundsätzlich hat jeder das Recht, frei über das Wasser zu verfügen, das sich auf seinem Grundeigentum befindet. Darin liegt ein wesentlicher Unterschied des schwedischen Wassergesetzes gegenüber der Gesetzgebung vieler anderen Länder, die für die spezielleren Nutzungsarten das Nutzungsrecht grundsätzlich dem Staate zuerkannt haben, von dem es nur durch besonderen umständlichen Verleihungsakt auf Private übertragen werden kann. Dieser Grundsatz des schwedischen Rechtes könnte natürlich auch seine starken Schattenseiten haben (und hat sie unter dem alten Gesetz auch gezeigt); im neuen Gesetz unterliegt er daher gewissen später mitgeteilten Einschränkungen.

Bei fließendem Wasser kommt den Uferbesitzern beiderseits des Wasserlaufes der gleiche Teil der Wassermenge zu, auch wenn die örtlichen Verhältnisse so liegen, daß mehr Wasser über den Flußbettanteil des einen fließt, als über den des anderen. Hierdurch wird indessen ein sich auf altes Herkommen oder auf einen besonderen Rechtstitel gründender Anspruch auf mehr als die Hälfte der Wasserführung nicht aufgehoben.

---

[1] Der Wasserrechtsrichter N. Gärde, früher Sekretär der Wasserrechtssachverständigenvereinigung, hat dies auf dem Elektrisierungskurs in Stockholm vom 27.—30. November 1918 sehr zutreffend ausgeführt in zwei Vorträgen, die in den Veröffentlichungen des schwedischen Wasserkraftvereins abgedruckt und hier benutzt sind.

„Kungsådrå“. Der verschiedene Charakter der Interessen, die mit einem Wasserlaufe verbunden sind, macht sich stark geltend in den Paragraphen 3ff., die nähere Einschränkungen des grundsätzlichen Anliegerrechtes enthalten. Die wichtigste und eigenartigste dieser Einschränkungen ist die aus dem alten schwedischen Wasserrecht übernommene „Kungsådra“ (Königsader), d. h. der grundsätzlich für bestimmte Wasserläufe zu $^1/_3$ festgelegte Besitzanteil des Staates. Das Vorhandensein der Kungsådra wird vom Gesetz allgemein auf solche Wasserläufe oder Teile von Wasserläufen beschränkt, in denen bei normalem Niedrigwasser ein Naturabfluß von mindestens 5 cbm/sec herrscht. Diese Wasserläufe findet man jetzt in einem rechtskräftig gewordenen Verzeichnis aufgeführt, das in die schwedische Verfassungssammlung 1919, Nr. 35 aufgenommen ist (vgl. die Karte der schwedischen Wasserrechtsbezirke Abb. 21). Das Vorhandensein der Kungsådra bildet kein grundsätzliches Hindernis für den Ausbau der betreffenden Gewässerstrecke; in dieser Hinsicht sind die rechtlichen Verhältnisse vielmehr genau die gleichen wie bei einem Gewässer ohne „Kungsådra“. Der Unterschied ist lediglich wirtschaftlichrechtlicher Natur, insofern als bei einem Kungsådra-Gewässer der Grundeigentümer verpflichtet ist, eine gewisse Wassermenge oder Fallhöhe unentgeltlich für bestimmte dem öffentlichen Interesse dienende Zwecke zur Verfügung zu stellen. Die wichtigsten dieser Zwecke sind: Einrichtung, Erweiterung oder Verbesserung der öffentlichen Schiffahrt oder Flößerei, Schutz der Fischerei, Trockenlegung oder Bewässerung des Geländes.

Die Höhe der unentgeltlichen Abgabe wird durch das Gesetz folgendermaßen begrenzt: Bei Abgabe von Wassermenge allein muß bis zu $^1/_3$ der gesamten jeweiligen Wassermenge unentgeltlich abgegeben werden („Kungsådrawassermenge“ im Sinne des neuen Gesetzes). Bei Überlassung von Fallhöhe braucht dagegen nur $^1/_3$ der dadurch verloren gehenden Wasserkraft unentgeltlich abgegeben zu werden. Bei gleichzeitiger Abgabe von Wassermenge und Fallhöhe schließlich ist die unentgeltliche Abgabe auf insgesamt $^1/_3$ der verfügbaren Wasserkraft beschränkt. Sind also, z. B. in einer Gewässerstrecke, wo die mittlere Niederwassermenge 6 cbm/sec beträgt, für öffentliche Schiffahrtszwecke 2 cbm/sec abgeleitet worden und tritt später noch die Frage auf, für Trockenlegungszwecke den Stau um 1 m zu senken, so muß für all die Wasserkraft Ersatz geleistet werden, die der Wasserfallbesitzer durch diese zweite Beschränkung seines Rechtes verliert, da er schon vorher ein volles Drittel für den Schiffahrtsweg abgegeben hat. Hätte dagegen der Schiffahrtsweg nur 1 cbm/sec, also nur $^1/_6$ der Wassermenge und Kraftleistung erfordert, so muß nun an Fallhöhe unentgeltlich so viel abgegeben werden, daß der Gesamtverlust an Wasserkraft sich auf $^1/_3$ beläuft (allgemein: $^1/_3\,QH = QH - (1-x)\,Q\,(1-y)\,H$ oder $^1/_3 = -xy + x + y$, woraus hier mit $x = {}^1/_6$ sich der unentgeltlich abzugebende Fallhöhenanteil y zu $^1/_5$ errechnet). Ist die in Anspruch genommene Teilstrecke unter mehrere Besitzer aufgeteilt, so hat jeder Besitzer einen seinem Anteil an der Gesamtkraft verhältnisgleichen Anteil des Verlustes zu tragen.

Diese Bestimmungen des ersten Kapitels beziehen sich übrigens nur darauf, ob und in welchem Maße der durch Abgabe von Wassermenge und Fallhöhe entstehende Verlust vom Anlieger ohne Entschädigung getragen werden muß. Dagegen wird die primäre Frage, in welchen Fällen der Anlieger überhaupt verpflichtet ist, sich dem Verlust von Wassermenge und Fallhöhe, einerlei ob mit oder ohne Entschädigung, zu unterwerfen, in anderen Teilen des Wassergesetzes, hauptsächlich im 5. und 6. Kapitel, geregelt.

Die abschließenden Paragraphen des ersten Kapitels ergänzen die grundsätzlichen Bestimmungen über die entschädigungslose Inanspruchnahme von Wassermenge und Fallhöhe im öffentlichen Interesse noch durch verschiedene Ausnahmen und Abänderungen, und zwar gelten diese Ausnahmen nicht nur für solche Anlagen, die noch unter älteren Gesetzen ausgebaut wurden, sondern auch dort, wo die nach dem

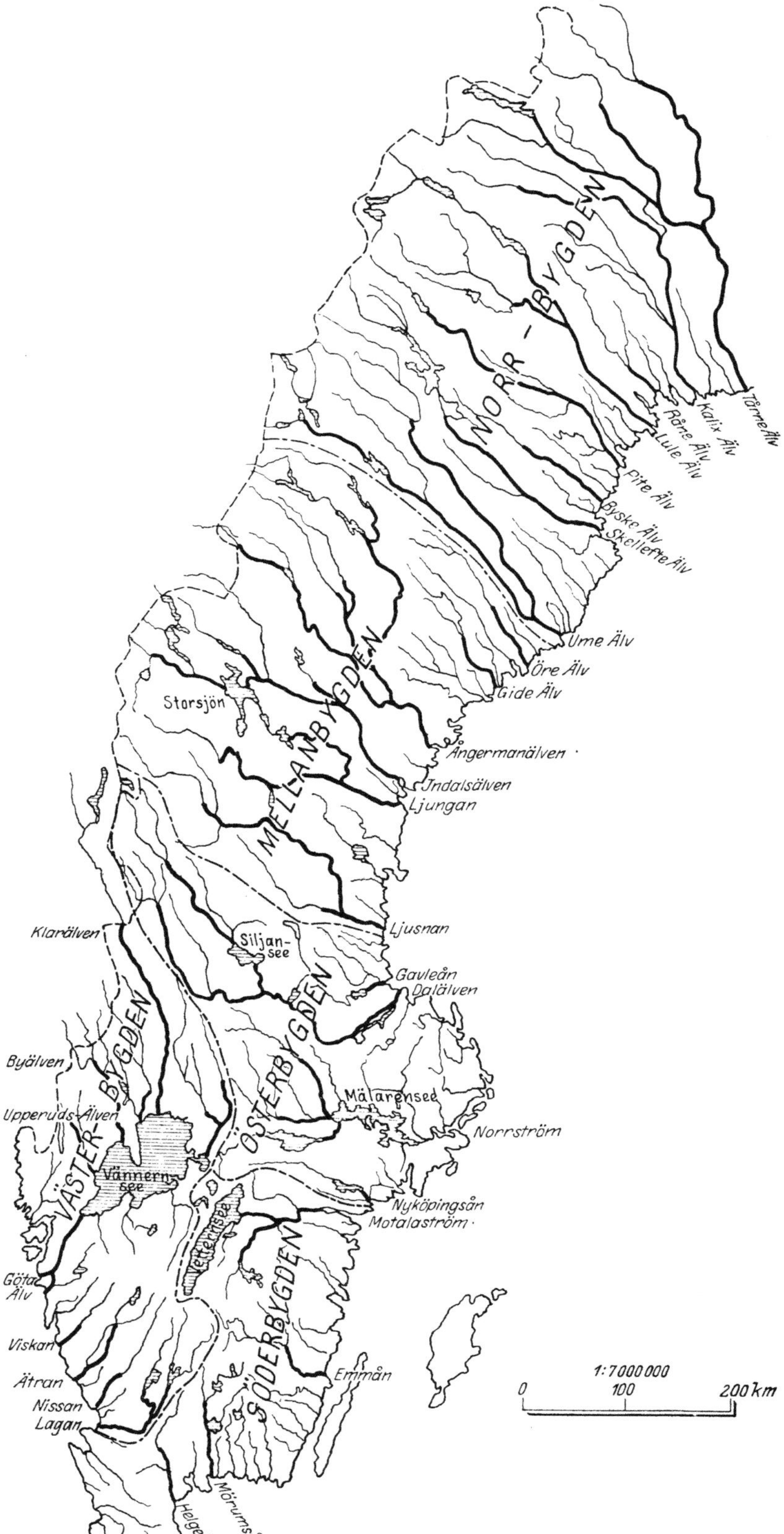

Abb. 21. Wasserrechtsbezirke Schwedens und Wasserläufe mit Kungsådra (starke Linien). (Hydr. Byrån.)

neuen Gesetz zuständige Behörde, das Wassergericht, die Genehmigung zum Ausbau erteilt hat. Es sind weitgehende Erleichterungen zugunsten des Wasserfallbesitzers vorgesehen, die geeignet sind, den grundsätzlichen Bestimmungen über die entschädigungslose Kungsådraabgabe ihre für die Unternehmungslust gefährliche Spitze zu nehmen.

Innerhalb der ersten 20 Jahre nach der für die Vollendung der Anlage festgesetzten Zeit hat der Wasserfallbesitzer hinsichtlich der Abgabe von Fallhöhe unbedingt und überall vollen Anspruch auf Entschädigung. Nach Ablauf dieser ersten 20 Jahre soll die Entschädigung für den Fallverlust jedes Jahr um $^1/_{20}$ vermindert werden. Erst nach Ablauf von 40 Jahren tritt die Verpflichtung ein, ohne Entschädigung Fallhöhe bis zu der vom Gesetz bestimmten Höhe abzugeben.

Hinsichtlich der Abgabe von Wassermenge ist der Wasserfallbesitzer nicht ganz so günstig gestellt. Er ist nach dem Gesetz unter allen Umständen verpflichtet, ohne Entschädigung bis zu $^1/_3$ des „Kungsådrawassers" abzugeben, also $^1/_9$ der gesamten Wassermenge. Erst wenn der Verlust diese Grenze übersteigt, kommen entsprechende Regeln wie bei Abgabe von Fallhöhe in Anwendung. Ferner muß bei Abgabe von Wassermenge der Wasserfallbesitzer ohne Ersatz auch den Begleitschaden auf sich nehmen, der durch den Verlust an Wassermenge, z. B. infolge relativ höherer Anlage- und Betriebskosten, entsteht, während bei Verlust an Fallhöhe für derartige mittelbare Schäden Entschädigung geleistet werden muß — eine Bestimmung, die besonders bei ausgebauten Gefällen von Bedeutung ist.

Die Bestimmungen des Wassergesetzes über die „Kungsådra" sind nach obigem im allgemeinen nicht auf Anlagen anwendbar, die unter älterem Gesetz ausgebaut sind. Eine wichtige Ausnahme bilden indessen jene Anlagen, die auf Grund einer ausdrücklichen Genehmigung des Königs zur Überbauung der „Kungsådra" erstellt sind. Ist diese Genehmigung für den Wasserfallbesitzer unter der Bedingung erteilt worden, sich einer späteren, neuen Gesetzgebung zu unterwerfen, so kommt das neue Gesetz uneingeschränkt in Anwendung. Ist die Genehmigung ohne diese Bedingung erteilt worden, so ist das neue Wassergesetz nur dann anwendbar, wenn der Wasserfallbesitzer nicht binnen 180 Tagen nach Inkrafttreten des Gesetzes beim Wassergerichtshof das Verbleiben unter den älteren Bedingungen beantragt und bewilligt erhalten hat.

2. Kapitel: Über das Bauen im Wasser.

Dieses Gesetzeskapitel behandelt in umfassender Weise die Bedingungen für das Bauen im Wasser oder andere Maßnahmen, die geeignet sein können, die bestehenden Wasserverhältnisse zu beeinflussen.

Als allgemeine Regel für jedes Bauen im Wasser wird im Sinne der dem ganzen Gesetz zugrunde liegenden Richtlinien gefordert, daß der Nutzzweck ohne übermäßige Kosten und unter möglichster Beschränkung der Schadenswirkungen und sonstiger Eingriffe in bestehende Rechte anderer, insbesondere auch der Allgemeinheit, erreicht werde.

Was mäßige und was übermäßige Kosten sind, muß natürlich von Fall zu Fall beurteilt werden, wobei die Kosten nicht allein mit den Interessen, deren Schädigung in Frage steht, zu vergleichen sein werden, sondern auch mit dem Wert und der wirtschaftlichen Tragfähigkeit der zu erbauenden Anlagen.

Im Gegensatz zu anderen Wassergesetzen unserer Zeit beschränkt sich das schwedische nicht auf die formale Aufstellung dieses sehr allgemeinen Grundsatzes, dessen Auslegung im einzelnen Falle anderwärts wohl dem „freien Ermessen" der zuständigen Wasserrechtsbehörde überlassen wird, sondern es gibt noch mehr ins Einzelne gehende Bestimmungen, die geeignet erscheinen, die praktische Durchführung der Absichten des Gesetzgebers zu fördern und dem das Verfahren so häufig verzögernden Streit der Meinungen nach Möglichkeit zu entziehen. Die das Wassernutzungsrecht begründenden Grundeigentumsrechte sind häufig in zahlreiche Hände zersplittert, welcher Umstand bekanntlich bei allen älteren Wasserrechtsformen die einheitliche und planmäßige Ausnutzung der Wasserkraft aufs schwerste behindert hat. Da gleichzeitig die schwedischen Fallstrecken meist bedeutende Längen aufweisen, so ist hier oftmals die Anlage von Wasserumleitungen (Rohrleitungen oder Kanälen) erforderlich, um die Ausnutzung der Wasserkraft zu ermöglichen. Für das Legen dieser Leitungen kann es erforderlich sein, das Eigentum anderer in Anspruch zu nehmen, auch wenn die Uferstrecken selbst ungeteilt Eigentum des Unternehmers sind. Die ebenso wichtige wie schwierige Rechtsfrage, ob und bis zu welchem Maß in ähnlichen Fällen dem Unternehmer das Recht der Benützung fremden Eigentums zugestanden werden soll, hat das schwedische Recht grundsätzlich folgendermaßen gelöst:

Maßnahmen, die auf den Wasserlauf selbst einwirken, wie Stauung, Senkung des Wasserstandes, Änderung des Wasserabflusses oder Wegleitung des Wassers, sind, soweit sie das Eigentum anderer berühren, im allgemeinen zugelassen, wenn der aus ihnen zu erwartende Nutzen sich mindestens auf das Doppelte, bei Schädigung von fremdem Acker- und Wiesland: auf das Dreifache des Schadens beläuft. Unter Nutzen ist dabei ausdrücklich nur der Mehrnutzen zu verstehen, den die fraglichen, das fremde Eigentum berührenden Maßnahmen mit sich bringen; es darf ferner nur der Nutzen für den Erbauer und nicht der gesamte Nutzen der Maßnahmen in Vergleich gesetzt werden; schließlich sind von dem Betrag des Nutzens die Kosten abzuziehen, die mit den Maßnahmen verbunden sind. (Reiner Nutzen.) Abzuziehen ist ferner der Betrag allen Schadens, der etwa gleichzeitig auf den Grundstücken des Unternehmers selbst verursacht wird. Folgendes Beispiel mag die Anwendung dieser Grundsätze verdeutlichen:

Durch einen Stau von bestimmter Höhe möge der Unternehmer 500 PS gewinnen können in einem Kapitalwert von 800 Kr./PS. Der Rohnutzen der Maßnahme in betriebsfertigem Zustand beträgt also 400000 Kronen. Die Kosten der erforderlichen Bauarbeiten mögen 50000 Kronen betragen, der gleichzeitig auf dem Eigentum des Unternehmers entstandene Schaden 20000 Kronen, so daß der Reinnutzen 330000 Kronen ausmacht. Dieser Betrag ist nun mit dem Wert des Schadens zu vergleichen, der durch den Stau auf fremdem Eigentum verursacht wird. Der Schaden auf dem einem anderen gehörigen Acker- und Wiesenland sei auf 50000 Kronen geschätzt; er ist in dem Vergleich mit seinem dreifachen Betrag oder 150000 Kronen einzusetzen. Der Schaden auf dem einem Dritten gehörigen, aber anders gearteten Besitz sei ebenfalls auf 50000 Kronen geschätzt, welch letztere Summe verdoppelt in Rechnung gestellt werden muß. Die Vergleichszahlen sind also einerseits ein Reinnutzen von 330000 Kronen und ein dem Gesetze gemäß vervielfachter fremder Schaden von 250000 Kronen — die Maßnahmen sind somit im angenommenen Falle im Sinne des Gesetzes zulässig.

Indes ist dieser wirtschaftlich-rechnerische Vergleich nicht unbedingt allein entscheidend. Ausnahmen können nach beiden Richtungen hin vorkommen. Das Gesetz sagt darüber wörtlich:

Sollte das Bauen im Wasser zur Folge haben, daß eine absehbare Zahl ansässiger Personen ihrer Wohnstätten beraubt oder daß größere Fabriken oder andere Anlagen, die vielen Menschen den Lebensunterhalt geben, abgebrochen oder im Betrieb wesentlich eingeschränkt werden müssen, oder daß angebautes Land in einem nach den örtlichen Verhältnissen bedeutenden Umfang unter Wasser gesetzt oder sonst wesentlich geschädigt, oder daß ein bedeutendes Fischereigewerbe wesentlich Einbuße erleiden müßte, so darf der Bau, auch falls der Nutzen den oben angegebenen Vergleichswert erreicht oder übertrifft, nicht zugelassen werden. Dasselbe soll gelten auch für den Fall, daß ein Wasserbau eine derartige bleibende Änderung der Naturverhältnisse verursachen würde, die ein wesentlich herabgesetztes Wohlbefinden für die in der Nähe wohnenden Menschen oder wesentliche Verluste für die Tier- und Pflanzenwelt des Landes bedingt oder wenigstens befürchten läßt.

Solche Gegengründe können indessen dadurch wieder aufgehoben werden, daß der Bau für die Gesamtwirtschaft oder für die Umgebung oder sonst irgendwie für die Allgemeinheit überragende Bedeutung besitzt. Das Prüfungsrecht dieser Fragen steht indes nicht dem Wassergerichtshof zu, sondern seiner Majestät dem König. Sollte festgestellt werden, daß der Bau von der eben angeführten großen Bedeutung für das öffentliche Wohl ist, so kann gleichfalls von seiner Majestät dem König auch eine Ausnahme von der oben mitgeteilten Regel des rechnerischen Vergleichs zwischen Nutzen und Schaden gemacht werden.

Weitere wichtige Zwangsbefugnisse sind in den folgenden Paragraphen festgestellt: Zur Förderung einer rationellen Nutzbarmachung der Wasserkraft auf Fallstrecken, die verschiedenen Eigentümern gehören, aber aus technischen Gründen als eine Einheit zu behandeln sind, erkennt das Gesetz im allgemeinen das Initiativrecht, auch die Anteile der anderen Eigentümer nutzbar zu machen, jenem Eigentümer zu, der mehr als die Hälfte des ganzen Komplexes besitzt. Wenn die Ufer einer und derselben Gewässerstrecke verschiedenen Personen gehören, steht das Initiativrecht gemäß besonderen im Gesetz näher angegebenen Regeln dem Besitzer einer Seite zu. Ersatz für die in Anspruch genommene fremde Wasserkraft soll dabei im allgemeinen durch Abgabe eines entsprechenden Energieanteils an die anderen Wasserfalleigner erfolgen. Somit ist in sehr zweckentsprechender Weise die ,,Entschädigung in natura" in den Vordergrund gestellt und gesetzlich festgelegt.

Weiter ist der Eigentümer von Gelände an einem Wasserlaufe oder in der Nähe desselben verpflichtet, das für die Kraftstation selbst nötige Gelände abzutreten, falls auf dem Grundstücke des Bauherrn keine Möglichkeit für die Errichtung dieses Gebäudes mit mäßigen Kosten besteht. Endlich gewährt das Gesetz demjenigen, der einen Wasserlauf nutzbar machen will, auch das Recht, sich für diesen Zweck vorhandener, dritten Personen gehöriger Wasserbauwerke zu bedienen, unter der Bedingung, daß dies ohne wesentliche Störung für den Eigentümer des beanspruchten Bauwerks geschehen kann, und daß ihm ein entsprechender Teil der Anlage- und Unterhaltungskosten ersetzt wird. Das sind sehr weitgehende, aber auch sehr im Interesse der Volkswirtschaft gelegene Einschränkungen des Privateigentumrechtes; die Wassergesetze der meisten anderen Länder schränken — leider — gleichartige Bestimmungen, wenn solche überhaupt vorhanden sind, meist durch umständlich zu beweisende Voraussetzungen oder durch den Ausschluß von privatwirtschaftlichen Erwägungen gleich den oben hervorgehobenen erheblich ein.

Das Kapitel über das Bauen im Wasser enthält auch noch Bestimmungen über die Art der Gestaltung und Ausführung von Wasserbauten im Hinblick auf gewisse allgemeine Interessen, wie Schiffahrt, Flößerei und Fischfang; diese Abschnitte enthalten indes gegenüber dem früheren Wassergesetz nur wenig Neuerungen. Unter diesen mag hervorgehoben werden, daß das neue Gesetz eine besondere Abgabe zum Besten der Fischerei-Interessen eingeführt hat.

Mit den Bestimmungen über das Bauen im Wasser stehen in naher Beziehung die Bestimmungen über den Wasserhaushalt, dessen rationelle Gestaltung ebenso im Interesse des Unternehmers wie der Volkswirtschaft anzustreben und von vornherein durch entsprechende Genehmigungsbedingungen zu sichern ist. Die Zwangsbefugnisse, die dem Wortlaut des Gesetzes nach sich auf das Bauen im Wasser beschränken, umfassen daher tatsächlich auch den sparsamen Wassergebrauch. Und auch dann, wenn weder ein Neubau noch eine Bauveränderung geplant ist, bietet das Gesetz dem Eigentümer bestehender Wasserbenutzungsanlagen die Möglichkeit, für sich Änderungen der Genehmigungsbedingungen oder neue Bestimmungen zu beantragen, die der Verbesserung seines Wasserhaushalts dienen, und dafür wasserrechtliche Zwangsbefugnisse in Anspruch zu nehmen, genau wie beim Bauen im Wasser. Und nicht genug hiermit. Der Besitzer eines Wasserfalls kann zur besseren Ausnutzung seiner Wasserkraft eine Änderung des Wasserhaushalts in der Anlage eines andern erzwingen, auch dann, wenn der bisherige Wasserhaushalt der fremden Anlage an sich vollkommen den gesetzlichen Bestimmungen entspricht. Voraussetzung hierfür ist, daß der zu erwartende Nutzen einer derartigen Maßnahme in jenem Verhältnis zu dem damit verbundenen Schaden steht, das oben in Verbindung mit Bauausführungen als maßgebende Norm mitgeteilt wurde.

Hiermit haben wir eine Zusammenfassung der verschiedenen Zwangsbefugnisse gegeben, die dem Unternehmer gegenüber anderen Grundeigentümern oder Interessenten zustehen. Natürlich legt auch das schwedische Gesetz die Entscheidung über die Anwendbarkeit dieser Zwangsbefugnisse nicht in das Gutdünken des Einzelnen, es macht sie vielmehr abhängig von einer vorhergehenden Prüfung durch eine sowohl rechtlich wie technisch besonders sachkundige Instanz: den zuständigen Wassergerichtshof (vattendomstol).

Die vorherige Zustimmung des Wassergerichtshofes wird unbedingt verlangt für Ausführung oder Änderung von Wehren in Strömen, Flüssen oder größeren Bächen. Auch wo das Gesetz nicht unbedingt vorherige Genehmigung fordert, wird dem Unternehmer anheimgestellt, eine solche einzuholen. Hat er von dieser Möglichkeit keinen Gebrauch gemacht, so ist er im Falle eines späteren Rechtsstreites beweispflichtig hinsichtlich des Zustandes des Wasserlaufes vor Errichtung des Bauwerks.

Die vorhergehende Genehmigung eines Bauvorhabens durch den Wassergerichtshof gewährleistet auch in anderer Hinsicht dem Unternehmer größere Rechtssicherheit, indem sie ihm grundsätzlich Schutz vor Einsprüchen gegen die Gesetzmäßigkeit seiner Anlage und ihres Betriebes bietet. — Durch die Baugenehmigung nicht ausgeschlossen sind Einsprüche gegen das Recht auf Benutzung des Wassers, falls die Voraussetzungen, unter denen die Genehmigung erteilt wurde, sich als nicht zutreffend herausstellen. Die Einspruchsklage ist jedoch an eine Frist von fünf Jahren nach Baugenehmigung, oder zwei Jahren nach Bauvollendung gebunden, sofern der Inhaber der Genehmigung im guten Glauben gehandelt hat. Falls dem Unternehmer infolge rechtzeitig eingereichter Einspruchsklage das Recht auf das Wasser abgesprochen wird, so steht ihm im allgemeinen Ersatz der aufgewandten Kosten zu, auch kann er sich von der Verpflichtung, das Wasser freizugeben, dadurch loskaufen, daß er Ersatz für die Wasserkraft, und zwar im allgemeinen durch Kraftabgabe, leistet.

Eine andere Einschränkung der Rechtsgültigkeit einer Baugenehmigung bezieht sich auf nachträgliche Ansprüche eines Grundeigentümers auf Schadenersatz in den Fällen, wo das Wassergericht bei Ausspruch der Baugenehmigung die Schädigung nicht vorausgesehen und daher auch bei Festsetzung der Entschädigungsleistungen nicht berücksichtigt hat. Für solche Fälle ist die Frist für Anmeldung nachträglicher Ansprüche auf fünf Jahre nach Vollendungstermin festgesetzt; sie kann jedoch vom Wassergericht in der Baugenehmigung auf zwölf Jahre verlängert werden.

3. Kapitel: Wasserregulierungen.

Als Wasserregulierung bezeichnet das Gesetz ein Unternehmen, das auf eine Verbesserung der Ausnutzung des Wassers oder der Wasserkräfte hinzielt. In technischer Hinsicht deckt sich dieser Begriff der Wasserregulierung, soweit Wasserkraftinteressen in Frage kommen, vollkommen mit dem oben bei den Zwangsbefugnissen behandelten des rationellen Wasserhaushalts. Soweit dagegen die Wirkungen von Wasserregulierungen auf die Trockenlegung von Gelände in Frage kommen, sind die Bestimmungen über Wasserableitungsunternehmungen im 7. Gesetzeskapitel geregelt.

In rechtlicher und wasserwirtschaftlicher Beziehung dagegen bringt das 3. Kapitel wesentlich neue und sehr wichtige Bestimmungen; denn es behandelt im wesentlichen den Zusammenschluß der verschiedenen Nutzungsberechtigten und sonstiger Interessenten an einem Gewässer zum Zweck der Durchführung gemeinsamer Regulierungsunternehmungen. In der Regel knüpfen sich an solche Unternehmungen ja nicht nur Wasserkraftinteressen, sondern auch solche der Landwirtschaft, Schifffahrt und Flößerei.

Das Gesetz gibt zunächst einem oder mehreren Interessenten das Recht zu verlangen, daß auch die übrigen von dem Nutzen der geplanten Unternehmung Berührten sich an der Durchführung und Kostenaufbringung beteiligen. Vorausgesetzt, daß mehr als die Hälfte des berechneten Nutzens des Unternehmens auf die Antragssteller fällt, ist für sämtliche Wassergefälle und Grundstücke, die von dem geplanten Unternehmen Nutzen ziehen werden, eine Regulierungsgemeinschaft zu bilden mit der Verpflichtung für die einzelnen Eigentümer, sich an dem Unternehmen in dem Maße des auf ihr Eigentum entfallenden Vorteiles zu beteiligen.

Diese Regel ist indessen zum Schutze der nur zwangsweise an der Gemeinschaft Teilnehmenden gewissen Beschränkungen unterworfen. Zunächst wird der vom Einzelnen zu erlegende Beitrag mit der Höhe des auf sein Eigentum entfallenden Nutzens begrenzt. Etwaige Fehler des Voranschlags fallen also oberhalb dieser Grenze den ursprünglichen Antragstellern zur Last. Eine andere, noch bedeutendere Einschränkung liegt darin, daß die Pflichtbeiträge auf laufende Unterhaltungskosten (nicht auf Anlagekosten) erst dann eingefordert werden können, wenn von den durch die Regulierung geschaffenen Vorteilen tatsächlich Gebrauch gemacht wird.

Da es im praktischen Fall oft sehr schwierig sein kann, festzustellen, ob sich ein Wasserkraftbesitzer der Vorteile der Regulierung bedient oder nicht, so legt das Gesetz dem den Beitrag verweigernden Mitglied die Beweislast seiner gegenteiligen Behauptung auf. Diese Bestimmung gilt insbesondere: wenn nach der Regulierung ein vorher ungenutztes Gefälle ausgebaut wird oder die Anlage für die Ausnutzung des Gefälles geändert wird oder wenn in dem Betrieb der Anlage eine Änderung durchgeführt wird. Der Verteilungsschlüssel für die Aufbringung der Anlage- und Betriebskosten durch die Mitglieder eines solchen Regulierungsverbandes wird vom Wassergerichtshof oder einem besonders beauftragten Beamten bei der Erteilung der Genehmigung festgesetzt.

In diesem Zusammenhang mag erwähnt werden, daß, wenn auch die Teilnahme an Regulierungsunternehmungen im allgemeinen auf Eigentümer von Wassergefällen und Grundstücken beschränkt ist, man doch eine Möglichkeit geschaffen hat, um auch dem Staat, den Bezirken oder Gemeinden, die ein derartiges Unternehmen durch finanzielle Beteiligung fördern wollen, den Beitritt zu gestatten, auch wenn sie nicht Wasserfall- oder Grundeigentümer sind. Die Gewinnbeteiligung dieser Körperschaften wird in derartigen Fällen nach dem Verhältnis der Größe ihrer Einlage zu den berechneten und im Genehmigungsbescheid aufzuführenden Herstellungskosten des Unternehmens bestimmt.

Zwecks Ordnung der Beziehungen, sowohl der Teilhaber untereinander als auch gegenüber dritten Personen, bilden alle Teilnehmer einen Verband mit eigener Verwaltung. Über die Organisation und die Art der Tätigkeit dieses Verbandes sind im Gesetz nähere Bestimmungen gegeben. Die Satzungen müssen von der zugehörigen „Länsverwaltung“ (Bezirksverwaltung) oder, bei umfassenderen Regulierungen: von der Krone geprüft und genehmigt sein. Bei dieser Prüfung soll besonders für Bestimmungen gesorgt werden, um die Rechte der zwangsweise Teilnehmenden zu wahren, die den Nutzen der Regulierung nicht in Anspruch nehmen und daher nicht beitragspflichtig sind. Solchen Teilhabern ist nämlich kein unmittelbarer Einfluß auf die Geschäftsführung des Verbandes eingeräumt; sie dürfen der Regulierungsversammlung lediglich als beratende Mitglieder beiwohnen.

Die im Gesetz aufgenommenen Bestimmungen über die Organisation und die Formen der Tätigkeit der Regulierungsverbände sind zwingender Natur. Es ist also nicht dem freien Belieben der Regulierungsinteressenten überlassen, darüber zu entscheiden, ob und in welcher Form ein Zusammenschluß erfolgen soll. Nur wenn nicht mehr als zwei Teilhaber an einer Regulierungsarbeit interessiert sind, ist eine solche Organisation nicht nötig, vorausgesetzt, daß beide einig sind.

4. Kapitel: Die Wahrung öffentlicher Interessen.

Die Bestimmungen über das Bauen im Wasser und über Wasserregulierungen enthalten, wie wir gesehen haben, recht weitgehende Erleichterungen, die wohl begründet erscheinen im Hinblick auf die große volkswirtschaftliche und soziale Bedeutung einer rationellen und umfangreichen Ausnutzung der Wasserkräfte.

Aber bei aller wohl angebrachten Liberalität hat der Gesetzgeber nicht versäumt, der römischen Rechtsregel „do ut des" („Keine Leistung ohne Gegenleistung") entsprechend, neben die Rechte des Unternehmers auch gewisse, dem öffentlichen Interesse dienende Pflichten zu setzen.

In erster Linie wurde die Notwendigkeit berücksichtigt, für den steigenden allgemeinen Energiebedarf Deckung zu besorgen und damit die möglichst weitgehende Elektrifizierung des Landes zu fördern. Diesem Zweck dienen Bestimmungen über Kraftabgabe an die Umgebung („Ortskraft"), über Neuprüfung und über Ablösung des Wassernutzungsrechtes.

Ortskraft. Die Verpflichtung, Ortskraft zur Verfügung zu stellen, bezieht sich nur auf den Teil der Wasserkraft, der auf die „Kungsådra" entfällt, und beschränkt sich auf Anlagen, deren „Kungsådra"-Anteil mindestens 500 PS bei unreguliertem MNQ beträgt, was nach Kapitel 1 einer Gesamtleistung der Wasserkraft von 1500 PS bei MNQ entspricht. Von der Verpflichtung frei sind Wasserkräfte, die unter älterem Gesetz ausgebaut wurden, und zwar auch im Falle eines Umbaues oder nachträglicher Regulierungen, wenn dabei die ursprüngliche Leistung nicht um mehr als 300 PS überschritten wird. In jedem Fall kann die Verpflichtung, Ortskraft zu liefern, erst 20 Jahre nach Inkrafttreten des Gesetzes geltend gemacht werden, also erst am 1. I. 1939.

Das Wesen der Ortskraftverpflichtung besteht darin, daß der Eigentümer der Anlage einen gewissen Anteil der nach obigem hierfür in Frage kommenden Energie für die Deckung des Kraftbedarfes der umliegenden Gemeinden zwecks Anwendung in Handwerk, Kleinindustrie und Landwirtschaft, ferner zum Hausgebrauch abzutreten hat. Die Größe dieses Anteiles ist im Gesetze nicht angegeben, nur ist als obere Grenze 10% der durch die installierten Maschinen erzeugbaren Energie bestimmt. Die Festsetzung der tatsächlichen Größe des abzutretenden Energieanteiles ist dem Wassergericht überlassen, dem das Gesetz bestimmte Maßstäbe vorgeschrieben hat. Diese Maßstäbe sind: der Umfang des Rechts, an den ursprünglichen Wasserstands- und Abflußverhältnissen Änderungen herbeizuführen; der vorliegende oder in kurzer Zeit zu erwartende Kraftbedarf der Umgebung und andererseits auch für denselben Bedarf sonst vorhandene Deckungsmöglichkeiten.

Die Entscheidung des Wassergerichts über die Größe des abzutretenden Energieanteils gilt 20 Jahre. Danach kann, sowohl von seiten der Gemeinde wie von seiten des Unternehmers, die Nachprüfung der ersten Entscheidung verlangt werden. Eine Überschreitung der gesetzlichen Höchstgrenze kann, wenn überhaupt, nur auf Grund der nachher zu besprechenden Bestimmungen über „Neuprüfung", in besonderem Genehmigungsverfahren herbeigeführt werden.

Die Gemeinden (oder einzelne Gemeindeeinwohner), die Ortskraft in Anspruch nehmen wollen, müssen ein Gesuch beim Wassergericht einreichen. Eine Frist dafür ist nicht gegeben; indes können die Antragsteller die Lieferung nicht früher als zwei Jahre nach der Benachrichtigung des Falleigentümers über die Stellung des Antrages verlangen. Die Energie muß dem Antragsteller entweder ab Kraftstation oder, falls dies in geeigneter Weise geschehen kann, aus den Leitungen des Unternehmers zur

Verfügung gestellt werden. Die weitere Zuleitung der Energie liegt den Bezugsberechtigten ob.

Die Vergütung für die bezogene „Ortskraft" soll den Selbstkosten des Kraftwerkseigentümers mit einem kleinen Zuschlage entsprechen. Bei der Berechnung der Selbstkosten muß natürlich der Wert des Falles nebst den Ausbau- und Einrichtungskosten (gegebenenfalls auch der Leitungen) berücksichtigt werden. Außerdem sind direkte Betriebskosten, Abschreibungen, Ausgaben für Unterhaltung und Verwaltung einzurechnen. Der Gewinnzuschlag des Kraftwerks darf 2% des auf die gelieferte Kraft entfallenden Anlagekapitals nicht übersteigen. Wenn beispielsweise das Anlagekapital 500 Kr./PS ausmacht und der Selbstkostenpreis auf 60 Kr./PS/Jahr oder 12% des Anlagekapitals berechnet ist, so macht der zulässige Gewinnaufschlag von 2% des Anlagekapitals 10 Kr. oder rd. 16,7% des Selbstkostenpreises. Der Gesamtabgabepreis wird hiernach 70 Kr./PS/Jahr betragen.

Neuprüfung. Die rechtlichen Verhältnisse, unter denen eine Wasserkraftanlage entstanden ist oder die sonst mit der Anlage verknüpft sind, können zum Gegenstand einer Neuprüfung (Revision) gemacht werden, jedoch nur hinsichtlich der Beziehungen eines Unternehmers zu den Interessen der Allgemeinheit; die Rechtsverhältnisse zwischen dem Unternehmer und anderen Privatpersonen bleiben in jedem Fall unberührt. Die allgemeinen bei einer Neuprüfung in Frage kommenden Interessen sind durch die zur Zeit der Neuprüfung geltenden Gesetze bestimmt, ebenso das Verfahren und die Grundsätze der Neuprüfung.

Die Einleitung eines solchen Revisionsverfahrens kann entweder von der Allgemeinheit oder vom Krafteigentümer verlangt werden. Der Antrag ist aber nur am Ende gewisser Zeitabschnitte zulässig, das erste Mal im 55. Jahr nach Vollendung der Anlage und dann auch wieder erst in jedem 40. Jahr. Die bei der Neuprüfung beschlossenen Bestimmungen sind nicht vor Ablauf des fünften Jahres nach dem Antragsjahr anwendbar. — Also sehr viel mildere Bestimmungen im Vergleich mit der z. B. in anderen europäischen Ländern in letzter Zeit viel geübten Praxis, eine „Heimfallfrist" von 50 Jahren und weniger festzusetzen!

Einzelbestimmungen des Gesetzes regeln die Lasten, die einem Unternehmer auf Grund der Neuprüfung auferlegt werden können, derart, daß unter allen Umständen gewisse, im Gesetz genau beschriebene, durch Billigkeitsgründe bestimmte Grenzen einzuhalten sind.

Volkswirtschaftlich bedeutungsvoll ist dabei eine Bestimmung, die verhindern soll, daß ein Unternehmer, der willens ist, seine Wasserkraft rationeller auszunützen, durch eine Neuprüfung ungebührlich belastet wird: in diesem Falle kann das Wassergericht bei Genehmigung des Verbesserungsvorhabens bestimmen, daß die damit verbundenen Kosten dem Eigentümer der Anlage bei Bestimmung der Größe der entschädigungslosen Lasten anläßlich einer späteren Neuprüfung angerechnet werden müssen.

Ersatzansprüche für Verluste, die der Besitzer der Anlage infolge einer Neuprüfung erleidet, sind innerhalb einer bestimmten Frist zu erheben und werden von einem fünfköpfigen, paritätisch aus Vertrauensmännern der Allgemeinheit und des Unternehmers zusammengesetzten Schiedsgericht geprüft.

Die Bestimmungen über Neuprüfung beziehen sich (ähnlich wie diejenigen über Ortskraft) im allgemeinen nur auf Anlagen, die unter dem neuen Wassergesetz entstanden sind und die zur Erzeugung von mindestens 500 Turbinen-PS eingerichtet sind. In gewissen genau bezeichneten Ausnahmefällen können diese Bestimmungen aber auch auf ältere Anlagen angewandt werden. Auch Wasserregulierungen mit einem Kraftgewinn von mehr als durchschnittlich 500 Turbinen-PS unterliegen ähnlichen Bestimmungen.

Die Paragraphen über Neuprüfung sind auf die staatlichen und kommunalen Kraftwerke genau so anwendbar wie auf die privaten.

Das Ablösungsrecht der Krone. Das Ablösungsrecht der Krone kann grundsätzlich nur zur Befriedigung allgemeiner Bedürfnisse angewandt werden und nicht vor Ablauf einer „Schonzeit“ von 40 Jahren ab Fertigstellung der Anlage. Dabei muß der Eigentümer der Anlage fünf Jahre vor der Ablösung von der Absicht sie anzuwenden unterrichtet werden. Hat diese Benachrichtigung stattgefunden, so verwandelt sich das Ablösungsrecht in eine Ablösungspflicht; der Eigentümer ist dann berechtigt, von der Krone die Durchführung der angekündigten Ablösung zu fordern.

Für das Verfahren der Ablösung gelten im wesentlichen die entsprechenden Bestimmungen des schwedischen Enteignungsgesetzes. Der Eigentümer der Anlage hat demnach Anspruch auf vollen Ersatz für alles, was er überläßt, ebenso für allen Schaden und Verlust, den er durch die Überlassung erleidet. Er kann auch verlangen, daß sämtliche Grundstücke und Anlagen, die durch die Ablösung der Kraftstation eine wesentliche Wertverminderung erleiden, wie beispielsweise: Reservestationen, Fabriken und Leitungen, ebenfalls abgelöst werden. Es wird also auch mittelbarer Schaden vergütet, eine sehr weitgehende, aber sachlich gerechtfertigte Schutzbestimmung.

Das Ablösungsrecht betrifft im allgemeinen nur diejenigen Bauten, die wasserrechtlicher Genehmigung unterliegen. Die begrenzenden Voraussetzungen hinsichtlich der Größe der Anlage sind die nämlichen wie bei der Regelung der Ortskraftfrage und des Neuprüfungsrechtes. Eine Anlage, die unter älterem Gesetze zustande kam, unterliegt nur dann dem Ablösungsrecht, wenn sie unter dem neuen Recht so erweitert oder umgebaut wurde, daß die gewonnene Wasserkraft sich mindestens verdoppelt hat. Das Ablösungsrecht erstreckt sich in diesem Falle auf die Gesamtanlage. Frei vom Ablösungsrecht sind hingegen selbst Bauwerke in der „Kungsådra“, wenn sie unter älterem Recht entstanden sind, auch dann, wenn bei Erteilung der Baugenehmigung der Vorbehalt der Unterwerfung unter spätere neue Wassergesetze gemacht wurde.

5.—7. Kapitel: Öffentliche Schiffahrts- und Flößereiwasserstraßen, Entwässerungen u. a. m.

Öffentliche Schiffahrts- und Flößereistraßen haben stets in erster Linie Anspruch auf das nötige Wasser. Ob mit oder ohne Ersatzpflicht gegenüber dem Wasserfallbesitzer, hängt von den Umständen ab, unter denen die Schiffahrt oder Flößerei auf dem betreffenden Strom zustande kam und von dem Vorhandensein oder Nichtvorhandensein einer Kungsådra.

Hinsichtlich der Entwässerung von Geländeteilen und damit verbundener Benachteiligung von Wasserkraftinteressen gelten im wesentlichen dieselben Bestimmungen, wie bei dem umgekehrten Vorgang; nur sind die nachzuweisenden wirtschaftlichen Voraussetzungen für Zulässigkeit von Eingriffen in ein Wasserkraftinteresse zugunsten einer Wasserableitungsarbeit etwas milder als im umgekehrten Falle.

8. Kapitel,

das die Rechtsverhältnisse der Abwassereinleitungen behandelt, hat für uns kein unmittelbares Interesse.

9. Kapitel: Ersatzleistungsbestimmungen.

Dieses Kapitel ergänzt im wesentlichen die im zweiten Kapitel enthaltenen Bestimmungen über das Initiativrecht Einzelner auf die Ausnützung einer mehreren Eigentümern gehörigen Fallstrecke. Dem die Initiative Ergreifenden wird die Verpflichtung auferlegt, den übrigen Eigentümern eine ihrem Wasserkraftanteil entsprechende Energiequote zur Verfügung zu halten, unter der Bedingung, daß sie sich nach gewissen Grundsätzen an den Kosten der Ausnutzung der Gesamtkraft beteiligen. Falls diese Beteiligung an den Ausbaukosten verweigert wird, vermindert sich auch die Ersatzkraftlieferung derart, daß der Wert des Naturkraftanteils, dessen die Berechtigten verlustig gehen, die Gewinnungskosten jenes Anteils deckt, den sie erhalten.

Im übrigen enthält das 9. Kapitel ins einzelne gehende Bestimmungen über Ersatzleistung in natura und durch Geld, ferner über Garantien für Kraftlieferung usw., die keine Besonderheiten aufweisen.

10. Kapitel: Besichtigungen.

Das 10. Kapitel erhält in seinem ersten Teil Bestimmungen über Flößereigewässer und in seinen weiteren Teilen Verfahrensvorschriften für Besichtigungen gemäß Kapitel 3, 7 und 8.

11. Kapitel: Wassergerichte.

Die verfahrenstechnischen Bestimmungen des Wassergesetzes beziehen sich einerseits auf die Schaffung einer neuen Gerichtsorganisation, der Wassergerichte, andererseits aber auf eine zum wesentlichen Teil neue Behandlungsweise von Wasserrechtsstreitfällen.

Das fünfköpfige Wassergericht ist erste Instanz für die Behandlung aller wasserrechtlichen Streitigkeiten. Der Vorsitzende („Wasserrechtsrichter“) muß ein gesetzeskundiger, in der Richtertätigkeit bewanderter Mann sein. Ihm sind zwei „Wasserrechtsingenieure“ als Beisitzer und zwei das allgemeine Vertrauen genießende, mit den örtlichen Verhältnissen wohl vertraute Männer, die „Wasserrechtsgeschworenen“ beigeordnet. Von den beiden Wasserrechtsingenieuren muß der eine Spezialist im Wasserbau, der andere Spezialist in Kulturtechnik sein.

Zahl und Wirkungsbereich der Wassergerichte werden vom König bestimmt. Zur Zeit bestehen fünf Wassergerichtsbezirke: Norrbygdens-, Mellanbygdens-, Österbygdens-, Västerbygdens- und Söderbygdens-Vattendomstol genannt, s. Abb. 21.

Die Mittelinstanz der Gerichtsorganisation für Wasserrechtsfragen ist das höhere Wassergericht (Vattenöverdomstol), das im wesentlichen mit „Sveahovrätt“, der höheren Instanz der allgemeinen Gerichtsbarkeit, übereinstimmt.

Auf die Bestimmungen über die Wassergerichte folgen im Kapitel 11 sodann eingehende Vorschriften für den Rechtsgang. Dieser ist insofern bemerkenswert, als er sich in freierer Form als bei den gewöhnlichen Gerichten abwickelt und der Vorsitzende befugt ist, im Zusammenhang mit Wasserprozessen auch Untersuchungen rein zivilrechtlicher Natur anzuordnen. Im ganzen sind diese Bestimmungen so aufgebaut, daß sie eine verhältnismäßig schnelle Erledigung der Wasserprozesse sichern.

Die Schaffung besonderer wasserrechtlicher Gerichtshöfe unter Zusammenfassung der Aufgaben öffentlich-rechtlicher wie privatrechtlicher Natur ist eine Besonderheit des schwedischen Rechtswesens, die vorzüglich geeignet erscheint, die Nachteile zu verhüten, die sich infolge der Schwierigkeit und Eigenart der Rechtsmaterie bei der Behandlung durch die allgemeinen bürgerlichen Gerichte oder die Organe des öffentlichen Rechts (Bezirksausschüsse, Bezirksräte usw.) in der Regel ergeben. Dabei ist in nachahmenswerter Weise der Versuch gemacht, neben Berufsrichter und Geschworene noch technisch-wirtschaftliche Sachverständige, nicht nur als Gutachter, sondern mit richterlicher Befugnis zu stellen. Auch hier drückt sich der oben wiederholt festgestellte fortschrittliche und auf das praktischsachliche gerichtete Geist der schwedischen Wassergesetzgebung in vorteilhafter Weise aus.

2. Die Eigentümer der Wasserkräfte.

Die wirtschaftspolitischen Gesichtspunkte, welche die einzelnen Eigentümer, hauptsächlich den Staat, zum Erwerb und zum Ausbau ihrer Wasserkräfte geführt haben, hängen eng mit den allgemeinen Fragen der schwedischen Volkswirtschaft zusammen und werden im nächsten Abschnitt im Zusammenhang behandelt werden. Hier beschränken wir uns darauf, eine Übersicht der tatsächlichen Eigentumsverteilung an Wasserkräften zu geben. Die Hauptgruppen der Wasserkraftbesitzer sind in Schweden:

I. Der Staat, vertreten durch:
  1. Vattenfallstyrelsen (Wasserkraftdirektion),
  2. Kron- und Staatskirchengutverwaltung;

II. Kommunen und Unternehmungen mit kommunaler Beteiligung, z. B.: Stockholm — Skellefteå — Umeå — Borås — Gävle — Linköping (A. B.) — Knutsbro Kraftstation A. B. Norrköping — Södra Vätterns Kraftstation A. B. — Sydsvenska Kraft A. B. (Konzern) — Stockholms Superfosfat Fabriks A. B. — u. a. m.

III. Private Unternehmungen, z. B.: Kopparbergs Bergslags A. B. — Uddeholms A. B. (Konzern) — Hammarforsen Kraftstation A. B. — Gideå och Husums A. B. — u. v. a. m.

Eine genaue Besitzstatistik kann leider nicht gegeben werden, aber wenigstens eine summarische, der Arbeit von Serrander entnommene: Tab. 4. Die angegebenen Zahlen entsprechen den 1,4fachen 9monatigen Leistungen (Landessumme 3,5 Millionen PS, vgl. S. 23) aller Wasserläufe, soweit sie als „innerhalb von 50 Jahren ausbauwürdig angenommen wurden. Die eingeklammerten Zahlen umfassen auch die nach 50 Jahren ausbauwürdigen.

Tabelle 4. Wasserkraftbesitz in 1000 PS ($14 \cdot Q_{75\%} \cdot H$).

	Staat		Kommunen u. Private
Övre Norrland	310	(646)	593
Nedre Norrland u. Dalarne	89	(101)	1449
Mittelschweden	6,6		77
Östl. Südschweden	28		252
Westschweden	258		422
Schonen	0,4		27
Summe	692	(1040)	2820

Der an Bedeutung alle einzelnen Wasserkraftkonzerne bei weitem übertreffende Besitz der Staatlichen Wasserfallverwaltung ist zum großen Teil in Norrland gelegen. So gehören die meisten ausbauwürdigen Wasserkräfte des Luleälv dem Staate. Davon ist erst ein kleiner Teil im Porjus-Kraftwerk erschlossen. Auch im Indalsälv und Ångermanälv hat der Staat sehr bedeutende Wasserrechte. Von seinem gleichfalls nicht unbedeutenden Anteil am Unterlauf des Daläly ist der größte Teil im Älvkarleby-Kraftwerk bereits nutzbar gemacht. Für die heutige Energiewirtschaft bei weitem am wichtigsten ist jedoch der umfassende Besitz der Wasserfalldirektion am Götaälv, der z. T. erst in den letzten Jahren erworben wurde (Trollhätte- und Lilla-Edet-Kraftwerk). Im Motalastrom besitzt der Staat ebenfalls wichtige, zum großen Teil ausgebaute Wasserkräfte, außerdem weniger bedeutende noch in verschiedenen anderen Strömen.

Die Stadt Stockholm besitzt im Dalälv große Wasserfälle, die im Untra-Werk ausgebaut sind; außerdem hat die Stadt in den letzten Jahren im südlichen Norrland bedeutende Wasserrechte erworben. Die Superphosphatfabrik Stockholm hat Wasserkräfte im südlichen Norrland und im Dalälvgebiet.

Von privaten Unternehmungen ist an erster Stelle der Kopparbergs-Konzern zu nennen. Seine sehr wertvollen Wasserfälle liegen fast ausschließlich im Dalälvgebiet und in dem benachbarten Gävle-Ån. Der Uddeholm-Konzern hat gleichfalls bedeutenden Wasserkraftbesitz, hauptsächlich im Klarälvgebiet.

Auf die großen Rechtsstreitigkeiten, die um die Eigentumsansprüche an einigen wichtigen norrländischen und Dalälv-Wasserfällen entbrannt und erst vor einigen Jahren entschieden sind, wird bei Besprechung der Wasserkraftpolitik noch kurz einzugehen sein.

3. Abschnitt: Die wirtschaftlichen Grundlagen.

Die Entwicklung der Wasserkraftwirtschaft eines Landes hängt im wesentlichen von vier Faktoren oder Faktorengruppen ab:

Erstens: von der Menge, den Eigenschaften und der geographischen Lage der natürlichen Wasserkraftvorräte. Hierüber ist für Schweden im ersten Abschnitt berichtet.

Zweitens: von dem natürlichen Reichtum des Landes an Rohstoffen, die mit Hilfe der Wasserenergie gewonnen, veredelt und verarbeitet werden können.

Drittens: von dem Vorhandensein solcher Naturschätze, die mit der Wasserkraft in Wettbewerb treten können.

Der vierte und wichtigste Faktor ist der Mensch und seine Organisationen im weitesten Sinne — menschliche Siedlungsgemeinschaften, Dörfer, Städte, ebenso wie die Wirtschaftsorganisationen im eigentlichen Sinne, also staatliche, kommunale und private Unternehmungen, Verkehrseinrichtungen, Forschungsstätten, Verbände und sonstige wirtschaftliche Interessengemeinschaften.

Rohstoffe. Bei weitem der wichtigste Rohstoff des schwedischen Wirtschaftslebens wird heute noch durch die Wälder geliefert. Ihr Anteil an der gesamten Landoberfläche wird von der amtlichen Statistik auf 54%, von privater, fachmännischer Seite sogar auf 67% eingeschätzt. Der größte Teil des Moränenbodens ist auch noch heute bewaldet; der Ackerbau macht hier nur langsam Fortschritte.

Der Holzart nach sind die Waldungen Schwedens: an der Grenze der Fjällregion: Birkenwälder; anschließend daran kommt die mächtige, Norrland, Värmland und Dalarne umfassende, sog. nördliche Nadelholzregion; südlich hiervon folgt die südliche Nadelholzregion, welche die Gegend der großen Seen und der Smålandschen Hochebene einnimmt und wo das Nadelholz, hauptsächlich in den niedrig gelegenen Gegenden, stellenweise stark mit Laubholz (Eiche, Buche, Esche usw.) gemischt ist. Die südlichsten Wälder, die sich übrigens auf geringe Flächen des Landes beschränken, sind Buchenwälder. Von diesen vier Waldregionen haben nur die zweite und dritte eine größere industrielle Bedeutung. Allein die nördliche Nadelholzregion liefert mehr als 70% der industriell bearbeiteten Holzmenge (Abb. 23).

Die natürlichen Wachstumsbedingungen in den beiden Nadelholzregionen sind sehr verschieden, und zwar liegt die Verschiedenheit nicht im Boden, sondern im Klima, so daß sich keine scharfen Grenzen ziehen lassen. Die Umtriebszeit sinkt beispielsweise von dem nördlichsten Teil der nördlichen bis zu dem südlichsten Abschnitt der südlichen Nadelholzregion von 160 auf etwa 80 Jahre.

Die Waldungen von Övre Norrland befinden sich im wesentlichen auch heute im Zustand von Naturwäldern. Ihre Ausnutzung im größeren Maßstab erscheint trotz guter Flößereimöglichkeiten vorläufig wenig rentabel, da hier im hohen Norden selbst das Küstenland sehr dünn besiedelt ist. Diese Holzvorräte können daher als die großen Reserven der schwedischen Holzindustrie betrachtet werden.

In Nedre Norrland, Dalarne und Värmland wird der überwiegende Teil jenes Holzes gefällt, das in Sägewerken und Holzschleifereien verarbeitet wird. Diese Industriewerke liegen hauptsächlich in den Strommündungsstrecken oder unmittelbar am Meere (Abb. 22) und arbeiten vorwiegend auf Export. Die bedeutende Entwicklung dieser Art von Holzindustrien in der zweiten Hälfte des 19. Jahrhunderts hat die Vorräte an starken Hölzern sehr gelichtet. Dies hat einen Umstellungsprozeß der schwedischen Holzindustrie hervorgerufen oder doch begünstigt, der auf die überwiegende Nutzung schwächerer Hölzer in einer schon stark entwickelten Holzschliff-Zellulose- und Papierindustrie hinausgeht und der auch heute noch keineswegs abgeschlossen ist. Eine geregelte Forstwirtschaft hat hier erst in den letzten Jahrzehnten Platz gegriffen. Im südlichsten Teil des Gebietes wird ferner ein nicht unbedeutender Teil des gewonnenen Holzes auf Holzkohle für die Hüttenindustrie verarbeitet.

Abb. 22. Skogshallswerk an der Mündung des Klarälv in den Wenersee. (Sv. Turistföreningen.)

Die südliche Nadelholzregion hat schon vollständig den Charakter eines Kulturwaldes, da die Waldungen schon mehr als einmal ausgeholzt sind. Das hier gewonnene Holz dient zum größeren Teil für Hausbrandfeuerung, als Gerüst- und Bauholz im Bedarf des eigenen Landes; nur zum kleineren Anteil wird es, meist in weitgehend veredelter Form ausgeführt.

Einschließlich der in den Wäldern verfaulenden Holzmenge von 2,8 Millionen cbm beträgt die gesamte jährliche „Holzentnahme“ in Schweden rund 45 Millionen cbm. Der jährliche Zuwachs liefert dagegen nach zuverlässigen Berechnungen nur 30 bis 35 Millionen cbm. Dieser starken, auf die Dauer unerträglichen Passivität der schwedischen Holzwirtschaft sucht man allmählich durch Verbesserung der Forstwirtschaft und durch Ausdehnung der Holzgewinnung nordwärts abzuhelfen. Der Umstand, daß für die wichtige Zelluloseindustrie gerade die schwächeren Hölzer entnommen werden können, ist dabei auch für die zukünftige Verbesserung des Waldnachwuchses von Vorteil.

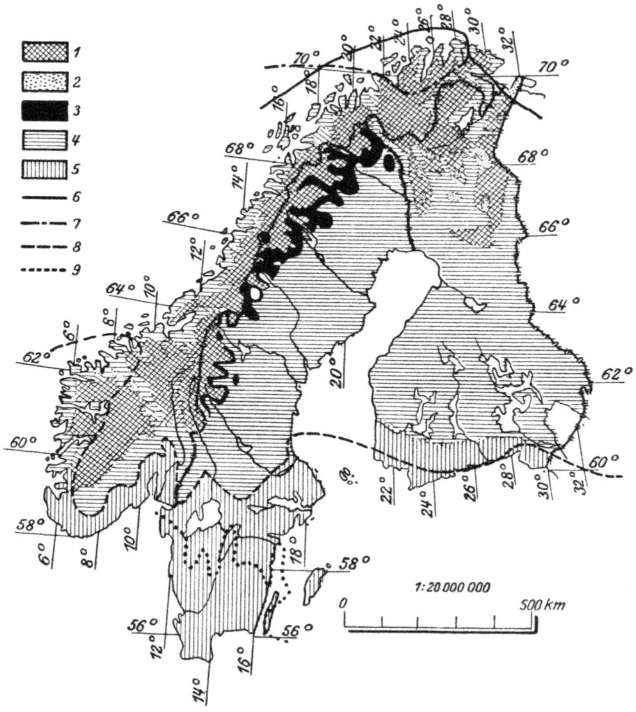

Abb. 23. Vegetationsgrenzen in Fennoskandien.
1 Fjäll; *2* Tundra; *3* Birke; *4* Nadelholzgebiet; *5* Laubholzgebiet; *6* Nadelholzgrenze; *7* Birkengrenze; *8* Eichengrenze; *9* Buchengrenze.

Die zweite Gruppe von Urprodukten wird von Ackerbau und Viehzucht geliefert. Die beschränkte Ausdehnung und geringe Mächtigkeit der marinen und fluvicglazialen Ablagerungen der Quaternärzeit, ferner die geringe Verwitterungsfähigkeit der unter den quaternären Schichten liegenden Felsgesteine, endlich das nördliche und z. T. ziemlich kontinentale Klima Schwedens haben der Ausbreitung der Landwirtschaft und ihrer Ertragsfähigkeit ziemlich enge Grenzen gezogen. Ein Vergleich der Landkarte der landwirtschaftlichen Naturschätze mit jener der quaternären Schichten läßt deren überragende Bedeutung erkennen und zeigt, daß die ackerbaureichen Gegenden Schwedens überwiegend unterhalb der marinen Grenze liegen. Daß aber auch das Grundgebirge von Einfluß ist, sehen wir aus dem großen Ackerbaureichtum von Skånen, ferner der Silurgebiete in der Gegend südlich vom Wettersee und östlich vom Wenersee und um den Storsjön in Jaemtland.

Die klimatischen Verschiedenheiten bedingen ganz gewaltige Unterschiede in dem Ertrag der einzelnen Landwirtschaftsbezirke. Ebenso ist das Verhältnis der tatsächlich angebauten zu der gesamten landwirtschaftlich nutzbaren Fläche sehr verschieden; es beträgt beispielsweise in Skånen 64%, in Norrbotten nur 24%, da die Landwirtschaft im Norden weit mehr als im Süden auf Viehzucht eingestellt ist. Auch die für menschliche Ernährung angebauten Pflanzen sind innerhalb des Landes verschieden. In Skånen ist Weizen, Roggen und Zuckerrübe vorherrschend, in Mittelschweden nur Weizen und Roggen, in Nedre Norrland Roggen, Gerste, Hafer und Kartoffel, wogegen in Övre Norrland im wesentlichen nur noch Hafer und Kartoffeln für den menschlichen Bedarf angebaut werden können.

Die Landwirtschaft lieferte in den letzten Jahrzehnten 78—86% (bei Kalorienberechnung) des eigenen Bedarfs des Landes an Lebensmitteln. Ein Fehlbetrag besteht jedoch nur in pflanzlichen Lebensmitteln, während die Meierei- und Fleischwarenerzeugung nicht nur den Landesbedarf deckt, sondern sogar auf Ausfuhr arbeitet.

Sowohl die Landwirtschaft als auch die Lebensmittelindustrie sind wichtige und sich noch stark vergrößernde Absatzgebiete der schwedischen Energiewirtschaft. Die Frage der Landwirtschaftselektrifizierung wird an anderer Stelle (S. 65 ff.) noch ausführlich behandelt.

An dieser Stelle mögen auch die übrigen alten Zweige der Urproduktion: Jagd, Renntierwirtschaft und Fischfang erwähnt werden. Hiervon ist die Jagd als Erwerbszweig im Aussterben, und die Renntierwirtschaft, die sich zwar gut an die tatsächlichen Wald- und Landwirtschaftsverhältnisse angepaßt hat, bedeutungslos (sie ernährt 7000 Seelen). Die Fischerei ist im nördlichen Schweden der Haupterwerb finnländischer Fischer; im übrigen Inland ist sie meist Nebenerwerb und nur im westschwedischen Küstenland, hauptsächlich an der Küste von Bohuslän, ein wichtiger Erwerbszweig. Von industrieller Bedeutung ist jedoch nur die Hochseefischerei an der Westküste und in der Nordsee. Sie liefert, ähnlich wie in Norwegen, der Anchovis- und der Fischkonservenindustrie den Rohstoff; jedoch spielen diese Industrien in Schweden vorläufig nur eine ganz untergeordnete Rolle. — Die Einwirkung der Fischwirtschaft auf die bauliche Gestaltung der Wasserkraftanlagen wird in dem Teilabschnitt über Fischwege und Fischzuchtanstalten näher behandelt (S. 675ff.).

Die dritte Gruppe der schwedischen Naturschätze sind die Erze. Während die Waldungen für ganz Fennoskandien gleichmäßig charakteristische, durch den moränenbedeckten Boden und durch das Klima bedingte Naturerscheinungen darstellen, sind die Erzvorkommnisse auf Teilgebiete beschränkt und mehr zufälligen Charakters. Der überwiegende Teil der Erzvorkommen Fennoskandiens fällt auf Schweden, und zwar in drei scharf abgegrenzten Erzgebieten (Abb. 25). Das nördliche Erzgebiet Schwedens liegt in Övre Norrland und zwar in Norrbottenslän, in der kältesten Gegend des Landes. Die erzführenden Schichten, meist Quarz und Syenitporphyre, sind recht ausgedehnt. Die mächtigen Erzvorkommen beschränken sich indes auf vier verhältnismäßig kleine Gebiete bei Kirunavaare, Luossavaare, Svapavaare und Gällivare, von denen das wertvollste, dasjenige bei Luossavaare, mehr als die Hälfte des auf 1,2 Milliarden Tonnen geschätzten gesamten Erzvorrates enthält. Der Wert der auf der ganzen Erde nach Größe und Feingehalt unübertroffenen Erzfelder wird noch dadurch erhöht, daß Gewinnung im Tagebau möglich ist. Die Ausnutzung in größerem Maße wurde — wegen Transportschwierigkeiten — erst zu Beginn d. Jahrh. durch den Bau der elektrischen Massengüterbahn Porjus—Ryksgränsen—Narvik (S. 90ff.) möglich. Das gewonnene Erz wird zum überwiegenden Teil unverarbeitet ausgeführt. Leider sind die Erze mit Ausnahme eines Teiles der Gällivareerze stark phosphorhaltig. — Die beiden Eisenhütten, die während des Krieges entstanden sind, eine in Porjus, die andere in Karlsvik bei Luleå, haben durch den Konjunkturrückschlag stark an Bedeutung verloren.

Das zweite Erzgebiet Schwedens ist südwärts anschließend, in den Leptit- und Schieferformationen der Skellefte-Gegend zu suchen. Diese Formationen führen in erster Linie kupferhaltigen Schwefelkies und Kupfererz, ferner auch Arsen-, Antimon-, Blei-, Zink-, Gold- und Silbererze. Die industrielle Ausnützung dieser Vorkommen hat noch beinahe gar nicht begonnen. Die systematische Erforschung, in den Jahren 1920/25 hat die Erwartungen vollauf bestätigt. Nach neuesten Mitteilungen[1] liegt hier das größte Kupferlager Europas vor, das in großer Ausdehnung goldhaltige Arsenkiesschichten mit einem Feingehalt von 40—100—200 g/t enthält. Die wertvollen Erze liegen allerdings tief, so daß bergmännische Gewinnung nötig ist.

Das dritte Gebiet, an Umfang größer als die beiden vorerwähnten, jedoch an Zukunftsbedeutung wohl geringer, ist das mittelschwedische Bergwerksgebiet, dessen größter Teil auch unter dem Namen „Bergslagen“ bekannt ist. Die Erze sind auch hier meist an die Leptit-Formationen gebunden und gleichfalls sehr mannigfaltig. In früheren Jahrhunderten hatten die größte Bedeutung die edleren und edlen Erze; heute dagegen spielt in der ganzen mittelschwedischen Erzwirtschaft das Eisen eine durchaus vorherrschende Rolle. Die Eisenerze Mittelschwedens sind meist, mit Ausnahme der Grängesbergerze, sehr phosphorarm und daher hervorragend zur Herstellung hochwertiger Eisensorten geeignet. Der gesamte Vorrat an Eisenerz wird hier auf 120 Millionen Tonnen (also $^1/_{10}$ des nördlichen Eisenerzvorrates) geschätzt. Unter den übrigen mittelschwedischen Erzen spielt zur Zeit das Kupfererz die wichtigste Rolle. Indes kann der Kupferbedarf des Landes, wenigstens zur Zeit, aus eigenen Erzen nicht voll gedeckt werden.

An dieser Stelle müssen auch die Steinbrüche Schwedens erwähnt werden. Sie liefern hauptsächlich Granit für Monumentalbauten und Straßenpflasterung, großen Teils auch zum Export; auch die Zementindustrie und die Ziegelindustrie finden im Lande gute Rohstoffe. Die Zementindustrie deckt nicht nur voll den einheimischen Bedarf, sondern vermag auch auszuführen.

Die Bedeutung der bis jetzt behandelten Zweige der Rohproduktion für die Wasserkraftwirtschaft liegt in dem bedeutenden Energiebedarf der Abbaustätten, der Transporteinrichtungen und der auf den Erzvorkommen fußenden Veredelungsindustrien.

Brennstoffe. Jetzt müssen noch jene Urprodukte des Landes erwähnt werden, die der Wasserenergie Wettbewerb bereiten können. Die fossilen Brennstoffe sind, wie in ganz Nordeuropa, auch in Schweden verhältnismäßig spärlich. Kohlen gibt es in Schweden, wie wir schon wissen, nur in Skånen, in den Hälsingborger Kohlenfeldern. Trotz Steigerung hat die Gewinnung bis jetzt nur etwa 440000 t/Jahr erreicht. Die gewonnene Steinkohle ist von feuerfesten Tonschichten begleitet, die

[1] Dr. Fritz Kautsky (Wien) im Neuen Wiener Journal 1927.

man ebenfalls verwertet. Der gesamte Vorrat an Kohlen wird auf 100 bis 300 Millionen Tonnen geschätzt.

Größer ist der Energiegehalt des Torfes in den ausgedehnten Mooren, die in fast allen Gegenden Schwedens vorzufinden sind, und die — rein theoretisch — die Menge von 1000 Millionen Tonnen lufttrockenen Torfes in sich bergen (Brennwert etwa wie von 500 Millionen Tonnen hochwertiger Steinkohlen). Die Mächtigkeit der Schichten ist indes meistens so gering, daß der überwiegende Teil der Torflager wirtschaftlich nicht ausnutzbar erscheint. Die Höchsterzeugung war in den Jahren des Brennstoffmangels im Kriege 400000 t/Jahr; sie ist nach dem Kriege auf etwa 100000 t/Jahr zurückgegangen.

Ein dritter inländischer Brennstoff ist in den schwarzen Alaunschiefern enthaltenes Mineralöl. Diese Schiefer sind in Västergötlands und Östergötlands Silurablagerungen vertreten. Sie dürfen indes nur als Reserven der schwedischen Brennmittelwirtschaft betrachtet werden, da die bisherigen in großem Maßstab ausgeführten Versuchsbetriebe die Verwertung als nicht wettbewerbsfähig erwiesen haben.

Bei weitem der größte Brennstoffreichtum Schwedens ist in seinen Wäldern zu suchen. Er wird z. T. als Brennholz in Hausbrandfeuerung, z. T. als Abfallholz der Sägewerke zur industriellen Verfeuerung und Sauggaserzeugung, z. T. schließlich in Form von Holzkohle für Erzreduktion verwendet. In der Heimbeheizung ist Brennholz bei den schwedischen Preisverhältnissen ohne Konkurrenz. In den Küchen dürfte indes aus Gründen der Zeitersparnis und Bequemlichkeit die elektrische Energie das Holz bei wachsendem Wohlstand der Bevölkerung allmählich verdrängen, während die industrielle Verfeuerung von Holzabfällen und Sägespänen bei den wachsenden Holzpreisen und bei der wachsenden Verwendbarkeit der Abfälle für Zelluloseindustrie der Wasserkraftenergie rascher weichen dürfte.

Auf Grund statistischer Daten kann man folgende Verteilung der Brennstoffversorgung (auf Kalorien umgerechnet) schätzungsweise annehmen:

Skånische Kohlenfelder	5%
Torf	1%
Holz, Holzabfälle	rd. 44%
eingeführte Brennstoffe (hauptsächlich Steinkohlen, Mineralöl und Benzin)	rd. 50%.

Nach Auffassung der meisten schwedischen Fachleute dürfte sich die absolute Menge der eingeführten Brennstoffe in keiner Weise vermindern lassen; der weitere Ausbau der Wasserkraft wird im besten Falle den stetigen Zuwachs des Bedarfes decken können.

Im Jahre 1917 hat nach Angaben des Kommerzkollegiums der gesamte Verbrauch an Brennstoffen dem Kalorienwerte nach 11,6 Millionen Tonnen Steinkohlen entsprochen und es sollen 41% hiervon in der Industrie (einschließlich Hüttenwerke) und der Landwirtschaft, 19% für Eisenbahn, Dampfer, Automobile und sonstige Fahrzeuge und die restlichen 40% für Hausbrandfeuerung verwendet worden sein.

Bevölkerung und wirtschaftliche Organisationen. Die Naturschätze und sonstigen Naturverhältnisse des Landes sind etwas absolut Gegebenes, eine „Vorbedingung“ der Wirtschaftsentwicklung und der Wasserkraftindustrie im eigentlichsten Sinne des Wortes. — Die Verteilung der Besiedelung innerhalb des Landes entwickelt sich dagegen in steter Wechselwirkung mit der Industrieentwicklung, indem die Industrie einerseits die vorhandene Besiedelung als etwas Gegebenes ansehen muß, anderseits aber durch ihre Neuanlagen auch „kolonisierend“ wirkt. Norlindh hat nachgewiesen, wie wesentlich die geographische Verteilung der Wasserkräfte die Besiedelung — besonders in Norrland und im mittelschwedischen Bergwerksgebiet — bisher beeinflußt hat und auch noch beeinflußt. Trotzdem ist die Besiedelung in Schweden von Hause aus in erster Linie von der Landwirtschaft und den Naturverhältnissen bedingt gewesen.

Die Dichte der Bevölkerung nimmt von Süden nach Norden und gleichzeitig von den Küsten gegen das Inland hin mit wenigen Ausnahmen stark ab. Als wichtigste Ausnahme von dieser Regel zeigt sich in der Gegend der großen Seen ein umfangreicher Streifen von verhältnismäßig dichter Besiedelung. Die Erklärung dafür ist in dem naturbedingten größeren Ackerbaureichtum einiger Teilgebiete, vor allem aber darin zu suchen, daß die großen Seen durch künstliche Schiffahrtswege mit dem Meere verbunden sind, so daß ihre Umgebung bis zu einem gewissen Grade die verkehrswirtschaftlichen Vorteile der Meeresküste genießt (Abb. 24). Andere Stellen ausnahmsweise dichterer Besiedelung im Landesinnern sind viel enger örtlich begrenzt. So die Gegend an der Vereinigung des Västerdalälv mit dem Österdalälv, der kurze Küstenlandsabschnitt in der Gegend von Sundsvall und Härnösand und die ziemlich dicht besiedelte Landwirtschaftsgegend des Jaemtlandschen Silurgebietes (die weitere Umgebung der Stadt Östersund).

Im einzelnen beschränkt sich die Besiedelung auf die Fluß- und Seetäler, namentlich in Norrland. Norlindh hat das für die nördliche Hälfte Schwedens im einzelnen näher untersucht. Er erkannte und betonte die kulturgeographische Bedeutung der energiereichen Fall- und Stromschnellenstrecken und daneben die der land- und verkehrswirtschaftlich günstigen Stillwasser- und Seestrecken.

Die gesamte Bevölkerung Schwedens war Anfangs 1925: 6136118 Seelen. Hiervon Landbevölkerung 4188766, Stadtbevölkerung aber 1847352 Seelen. Etwa die Hälfte der Städte (darunter die sechs größten) liegt an den Küsten. Dabei haben nur 34 unter den Städten eine Einwohnerzahl oberhalb 10000. Die weitaus meisten schwedischen Städte sind Kleinstädte bis herab zu Einwohnerzahlen von kaum 800.

Die größten Städte des Landes sind:

	Einwohnerzahl Anfang 1925		Einwohnerzahl Anfang 1925
Stockholm	438896	Borås	31439
Göteborg	229638	Eskilstuna	30409
Malmö	116144	Västerås	29920
Norrköping	59917	Jönköping	29874
Hälsingborg	50484	Uppsala	29829
Gävle	39018	Linköping	28705
Örebro	36323	Karlskrona	28021

Von diesen 14 größeren Städten liegen 13 in der südlichen Hälfte von Schweden und nur eine: Gävle, in dem südlichsten Teil von Norrland. Außer Gävle sind weder in Norrland, noch in Dalarne, noch in Värmland irgendwelche größeren Städte zu finden, dagegen haben kleinere Städte in Nordschweden und im nördlichen Mittelschweden eine recht große wirtschaftliche und kulturelle Bedeutung: wie beispielsweise Skellefteå, Östersund in Norrland, Falun, Mora, Rättvik, Leksand in Dalarne.

Verkehrswesen. Für die Wasserkraftindustrie im engeren Sinne, d. h. die enger an den Ort der Wasserkraftgewinnung gebundenen großen Massengutindustrien der Elektrometallurgie, Elektrochemie und die niedrigen Stufen der Holzveredelungsindustrie, sind in erster Linie billige Verkehrswege, also vorzugsweise natürliche Wasserstraßen, von ausschlaggebender Bedeutung.

Eine Sonderrolle spielen hierbei die Floßgewässer, deren Gesamtlänge, ohne die privaten, 31325 km ist. Im überwiegenden Teil des Landes ist der Anfuhrweg bis zu einem floßbaren Gewässer nirgends länger als 10 und durchschnittlich nur 4 km!

Die Flößerei ist ihrer Natur nach ein Saisonbetrieb und es schadet nicht viel, daß die meisten Floßgewässer den Hauptteil des Jahres hindurch entweder zugefroren oder aber (z. B. durch Ableitungen) ausgetrocknet sind. — Dagegen ist es für die übrige Industrie Norrlands eine große Schwierigkeit, daß die Ostsee und der Bottnische Meerbusen einen großen Teil des Jahres ebenso vereist sind wie die schiffbaren Binnenseen und die wenigen in Norrland schiffbaren Stromabschnitte.

In Mittel- und Südschweden sind die Verhältnisse bedeutend günstiger. Einerseits ermöglichten die geringfügigen Höhenunterschiede Mittelschwedens den Ausbau eines nicht unbedeutenden künstlichen Binnenwasserverkehrsnetzes (Abb. 24), anderseits gestatten die klimatischen Verhältnisse die Aufrechterhaltung des Wasserverkehrs sowohl auf der Ostsee als auch auf den Binnenschiffahrtsstraßen während des ganzen Jahres; nur ausnahmsweise muß hier für kürzere Zeit der Wasserverkehr wegen Frost eingestellt werden.

Die wichtigste Binnenschiffahrtsstraße, der ,,Götakanal", besteht aus dem zum Teil kanalisierten Götaälv (der künstlich geschaffene Abschnitt heißt Trollhättankanal), dem Wenersee, dem eigentlichen Götakanal, dem Wettersee und schließlich aus dem kanalisierten Motalastrom (vgl. Abb. 159, 192, 196). Er verbindet also die Ostsee mit dem Kattegatt bei Göteborg. Der zweitwichtigste Kanal ist der Södertäljekanal, der den Mälarensee, unter Umgehung von Stockholm, mit der Ostsee verbindet. Die übrigen sechs künstlichen Schiffahrtsstraßen haben viel geringere Bedeutung; sie liegen alle in Mittelschweden.

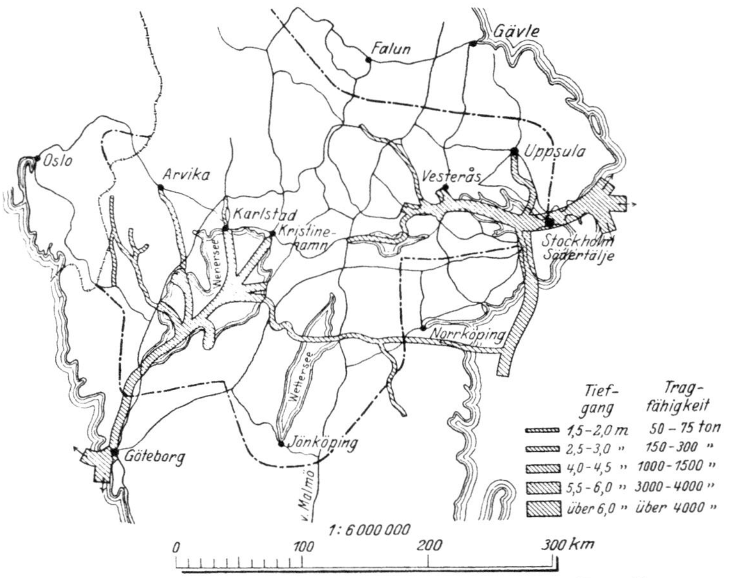

Abb. 24. Binnenschiffahrtsstraßen in Schweden. (Ekwall.)

Da in Nordschweden der Wasserverkehr, vor allem der Verkehr auf dem Bottnischen Meerbusen, auf große, auch durch moderne Eisbrecher nur zum geringen Teil überwindbare Schwierigkeiten stößt, hat die Wirtschaftsentwicklung Nordschwedens den Bau von quer und längs durchgehenden Eisenbahnen gefordert. Die zwei Querbahnen: die Jaemtlandsche und die Norrbottensche (auch lappländische Erzbahn genannt), schließen Norrland an die eisfreie norwegische Westküste und die Weltschiffahrtslinien an, womit ihre wirtschaftliche Bedeutung zur Genüge erläutert ist. Die beiden übrigen Hauptlinien Norrlands, die sogenannte nördliche Stammbahn und die im Bau befindliche ,,Inlandsbahn", haben wirtschaftlich eine viel schwierigere Lage und müssen wohl zum Teil als ,,Kulturbahnen" betrachtet werden. Das Eisenbahnnetz Mittel- und Südschwedens ist viel dichter (am dichtesten in Skåne) und natürlich rein wirtschaftlich bedingt. Ein großer Teil dieses Netzes ist im Privatbesitz.

Die Gesamtlänge der schwedischen Eisenbahnen ist etwa 15000 km, also je qkm des Landes 0,035 km, je Einwohner 4,2 m. Was die letztgenannte Zahl anbelangt, ist Schweden in ganz Europa an führender Stelle.

Die Elektrifizierung der Verkehrswirtschaft wird im 4. Abschnitt, der Zusammenhang zwischen der Wasserkraftwirtschaft und Flößerei im 26. und 30. behandelt.

Industrie. Neben den Rohstoffvorkommen, den Energiequellen und günstigen Verkehrsverhältnissen ist der wichtigste Faktor der modernen Großindustrie eine ausreichende, leistungsfähige Bevölkerung. Die spärliche Besiedelung Nordschwedens ist daher das größte Hindernis in der Entwicklung dieses an sonstigen Hilfsquellen bevorzugten Landesteils. Der Bevölkerungsmangel ist nur schwierig und jedenfalls nicht rasch zu beheben, da für den nördlichen Teil Norrlands sehr schwer schwedische Arbeiter zu gewinnen sind. Die klimatischen Unterschiede zwischen Skåne und Norrbottenslän sind wesentlich größer als etwa diejenigen zwischen der französischen Riviera und Skåne.

Die Dichtigkeit der Bevölkerung und ihre Verteilung innerhalb des Landes kann somit vom Standpunkt der Industrieentwicklung nicht als besonders günstig bezeichnet werden. Dafür sind die ausgezeichneten geistigen und körperlichen Eigenschaften der Bevölkerung hervorzuheben; ihnen ist es hauptsächlich zuzuschreiben, daß die schwedische Industrie ihre Rohstoffe viel weitergehend veredelt, als irgendein anderes Land der Erde mit ähnlichem Klima. Die Bedingungen, welche die Bevölkerung Schwedens auf ihre jetzige Höhe gebracht haben, sind, neben den anthropologischen Vorbedingungen, historischer, kultureller und wirtschaftlicher Art, auf sie kann hier nicht näher eingegangen werden. Nur ein wichtiger Einfluß sei hervorgehoben. Die schwedische Bergwerks-, Hütten- und Metallindustrie hat schon am Ende des Mittelalters und in der Reformationszeit einen für jene Zeiten ungewöhnlich hohen Stand erreicht. Trotz wechselnder Schicksale der einzelnen Erzbergwerke und Metallindustrien konnten sie im Laufe der Jahrhunderte doch die industriellen Überlieferungen erhalten, so daß die moderne Großindustrie in dieser Beziehung ein besonders gutes Menschenmaterial vorfand. Auch das schwedische Schulwesen legt bekanntlich auf handwerksmäßiges Können großen Wert.

Die mitgeteilten Faktoren haben in ihrer Gesamtheit eine sehr vielseitige Industrie entstehen lassen, die mehr als ein Drittel der gesamten Bevölkerung des Landes ernährt. Vor näherem Eingehen auf die Rolle der Wasserkraftausnutzung in der schwedischen Industrie muß daher ein kurzer Überblick über die bedeutendsten Industriezweige gegeben werden.

Mit der üblichen Einteilung nach den verarbeiteten Rohstoffen kann man sechs besonders wichtige Gruppen von Industrien unterscheiden, die den überwiegenden Teil der gesamten Industrie Schwedens umfassen:

Sägewerks- und Holzveredelungs- mit Einschluß der Papier- und Zündholzindustrie;
Lebensmittelindustrie;
Hütten- und Metallindustrie mit Einschluß der Eisen- und Stahlwaren- sowie der Maschinenindustrie;
erd- und steinbearbeitende Industrie;
chemische Industrie;
Textilindustrie mit Einschluß der Bekleidungsindustrie.

Die fünf ersten Gruppen bearbeiten ausschließlich oder überwiegend in Schweden gewonnene Rohstoffe, die sechste dagegen ganz überwiegend ausländische — zum größten Teil überseeische.

Die größte Industriegruppe Schwedens ist jene, die das Erzeugnis der schwedischen Wälder verarbeitet. Diese Gruppe steht an erster Stelle hinsichtlich der Zahl der beschäftigten Arbeiter (mit Einschluß der Buchdruck-Industrien und verwandter Zweige beschäftigt die gesamte Gruppe mehr als $^1/_3$ der Industrie-Arbeiter Schwedens); noch ausgesprochener ist ihre führende Rolle in der schwedischen Handelsbilanz.

In Abb. 25 und 26 ist die geographische Verteilung der größeren Industrieanlagen dargestellt. Die Sägewerksindustrie hat danach ihren Schwerpunkt in Nedre Norrland; aber auch in Övre Norrland ist sie stark vertreten. Die Holzschliff- und Zelluloseindustrie hat ihren Schwerpunkt ebenfalls in Nedre Norrland, dehnt sich aber aus bis zum nördlichen Teil von Övre Norrland und bis nach Mittelschweden. Dagegen ist die Papier- und Möbelindustrie nur in Mittelschweden zu größerer Bedeutung entwickelt. Diese Verteilung erklärt sich durch die oben erörterte Schwierigkeit, solche Industriezweige, in denen menschliche Arbeitsleistung eine ausschlaggebende Rolle spielt, im hohen Norden zur Entwickelung zu bringen.

Die Lebensmittelindustrie, zu der in Schweden hauptsächlich die Zucker-, Mühlen-, Backwaren-, Schokoladen- und Zuckerwaren-, die Margarine- und Fleischwarenindustrie und einige kleinere gehören, umfaßt mit Einschluß von 5000 Saisonarbeitern der Zuckerindustrie nahezu 30000 Arbeiter. Alle diese Industrien, mit Ausnahme von — meist kleineren — Landmühlen, die in der Industrie-Statistik nicht bearbeitet sind, liegen in der südlichen Hälfte von Schweden.

Die dritte Gruppe, der Erze und Metall verarbeitenden Industrien, ist nächst den Holz bearbeitenden Industrien die wichtigste Schwedens. Sie beschäftigt mit Einschluß der Maschinenbau-, Elektromaschinenbau-, Schiffsbau- und Landfahrzeugbau-Industrien, jedoch mit Ausschluß der Bergwerke, über 90000 Arbeiter. Diese

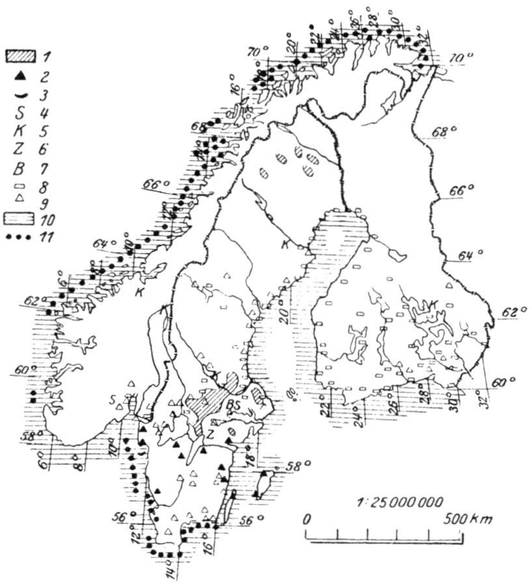

Abb. 25. Roh- und Halbstoffindustrien Fennoskandiens.

1 Eisenerz und Roheisen; *2* Steine; *3* Steinkohle; *4* Silber; *5* Kupfer; *6* Zink; *7* Blei; *8* Sägewerke; *9* Zellulose; *10* Hering; *11* Dorsch.

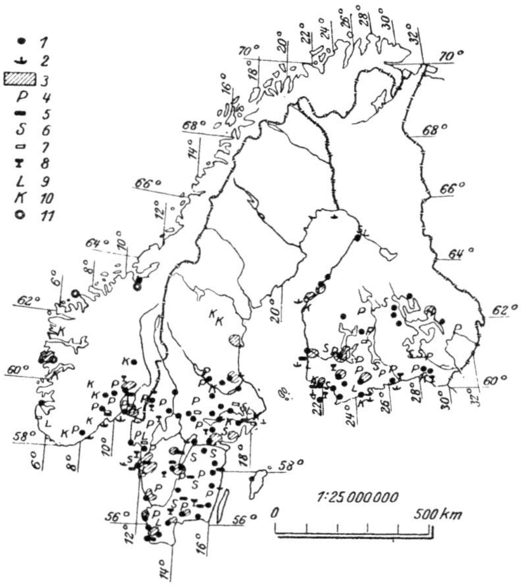

Abb. 26. Verteilung der Fertigwarenindustrien in Fennoskandien.

1 Eisen; *2* Schiffbau; *3* Textil; *4* Papier; *5* Zündhölzer; *6* Holzverarbeitung; *7* Tonwaren; *8* Glas; *9* Leder; *10* Chem. Industrie; *11* Konserven.

Gruppe ist im wesentlichen in Mittelschweden, mit Gävle als nördlichstem und Göteborg als südlichstem Punkt, zusammengedrängt.

Dies gilt besonders für die Hüttenindustrie, die (von den schwer kämpfenden lappländischen Hütten abgesehen) beinahe ausschließlich in Mittelschweden, hauptsächlich in Dalarne und Värmland ihren Standort hat. Die phosphorarmen mittelschwedischen Erze sind vorzüglich für die Herstellung von hochwertigen Roheisensorten mit Hilfe von Holzkohle geeignet. Darauf gründet sich eine umfangreiche Stahl-, Spezialstahl- und Stahlwarenindustrie. Eines der wichtigsten Erzeugnisse sind die bekannten schwedischen Kugellager. Außer Stahl wird auch Flußeisen erzeugt; besonders wichtig sind die Drahtwalzwerke. Auf die sehr umfangreichen Eisen- und Stahlwarenindustrien ist eine äußerst vielseitige Maschinenindustrie, Eisenkonstruktions- und Fahrzeugindustrie aufgebaut. Die Maschinenindustrie versorgt beinahe alle schwedischen Industriezweige mit den nötigen Arbeitsmaschinen. Als Ausfuhrindustrie ist besonders hervorzuheben die Meiereimaschinen-Industrie, hauptsächlich die Erzeugung Lavalscher Milchseparatoren. Besonders entwickelt hat sich in jüngster Zeit ferner der Dampf- und Wasserturbinenbau, der beinahe den ganzen Inlandsbedarf deckt und außerdem auch nicht unbedeutende Ausfuhrziffern aufweist. — Auf der

Eisen- und Metallindustrie beruht ferner die ebenfalls sehr hochstehende Elektromaschinenindustrie, die fast ausschließlich in Stockholm und Västerås konzentriert ist.

Die vierte Gruppe der steine- und erdbearbeitenden Industrien umfaßt die eigentliche Steinindustrie, die Zement-, Ziegel-, Glas- und Porzellanindustrie. Diese Industriezweige beschäftigen etwa 30000 Arbeiter und beschränken sich im wesentlichen auf die südliche Hälfte von Schweden.

Die fünfte Industriegruppe umfaßt die Seifen- und sonstige Fettstoffindustrien, Kunstdünger-, Explosivstoff-, Karbid-, Farbe-, Chemikalien- und Medikamenten-Industrien und beschäftigt rund 9000 Arbeiter. Die Fabriken sind hauptsächlich in der südlichen Hälfte von Nedre Norrland, in Mittel- und Südschweden gelegen.

Die Textilindustrie, die nur zu einem ganz geringen Teil schwedische Schafwolle und Flachs verarbeitet, zum weit überwiegenden Teil aber ausländische Schafwolle, Hanf, Flachs und Baumwolle, beschäftigt mit Einschluß der fabriksmäßigen Bekleidungsindustrie etwa 45000 Arbeiter. Die Einfuhr des Rohstoffes macht es verständlich, daß die Fabriken meist an den südlichen Küsten des Landes konzentriert sind, und zwar um fünf Städte als Mittelpunkt. Es sind dies: Göteborg, Borås, Norrköping, Malmö und Stockholm. Letzteres ist hauptsächlich ein Zentrum der Bekleidungsindustrie.

Vorstehende Übersicht der sechs wichtigsten Industriegruppen Schwedens beruht auf amtlichen Statistiken des Kommerzkollegiums, die kleingewerbliche Betriebe grundsätzlich außer acht lassen. Der größte Industriezweig schließlich: das Baugewerbe, das mangels dauernder Standorte der Arbeiter nicht Gegenstand der Industriestatistiken ist, ist gleichfalls nicht berücksichtigt.

In obigen Aufstellungen wurde stets die Arbeiterzahl als Beurteilungsmaßstab der Bedeutung einer Industriegruppe herangezogen; vom Standpunkte dieses Buches wäre es dagegen von größtem Interesse gewesen, genaue Rechenschaft über den Energiebedarf einzelner Industriegruppen zu geben und womöglich festzustellen, wieviel von dem Energiebedarf der einzelnen Gruppe durch Wasserkraftenergie gedeckt wird. Statistiken, die hierüber genau Auskunft geben, gibt es in Schweden (wie auch in anderen Ländern) nicht. Es ist nur die Zweckbestimmung der einzelnen Wasserkraftanlagen nachgewiesen; bei Anlagen, die Energie für ganze Städte und ganze Landesteile liefern, fehlt aber der Nachweis darüber, wieviel von der erzeugten Energie den einzelnen Industriegruppen zugeführt wird. Indes kann auch schon eine solche Statistik wertvolle Anhaltspunkte über die Wasserkraftwirtschaft des Landes geben.

Nach Norlindh weisen im Jahre 1925 die gesamten ausgebauten und im Bau befindlichen Wasserkraftanlagen Schwedens insgesamt 1606000 Turbinen-PS auf. Auf Grund der statistischen Untersuchungen von Norlindh läßt sich die Verteilung

Tabelle 5.

Bestimmung der Anlage	Ausgebaute und im Bau befindliche Anlagen 1000 PS[1]	%
Holzverarbeitende Industriezweige mit Einschluß der Papier-, Buchdruckerei-Industrie usw.	348	22
Bergbau, Erzverhüttung und metallverarbeitende Industrien	329	20
Chemische Industrien	65	4
Textil- und Bekleidungsindustrie	50	3
Lebensmittel-, stein- und erdbearbeitende und sonstige Fabriksindustrien	13	1
Wasserkraftelektrizitätswerke für Verteilungszwecke	801	50
	1606	100

[1] Bei solchen Werken wie Röttle, Motala usw., bei denen ein wichtiger Teil der Bauarbeiten für eine höhere Installation angeführt ist, als die wirklich ausgeführte, ist der höhere Wert in Rechnung gestellt worden; ebenso sind auch begonnene und z. Z. stilliegende Bauten mit eingerechnet.

der Wasserkraftanlagen auf die am meisten Energie verbrauchenden Industrien (bei anderer Gliederung wie oben) angeben.

Leider gibt diese Übersicht nur ein unscharfes Bild von der energiewirtschaftlichen Bedeutung der einzelnen Industriegruppen. Da nämlich von den 50% der Gesamtleistung, die auf die hydroelektrischen Zentralen entfallen, wohl kaum 7% für Landwirtschaftselektrifizierung, 5% für Eisenbahnen und Straßenbahnen und höchstens 7—8% für bürgerlichen Bedarf mit Einschluß der Haus- und Kleinindustrie, Energie liefern, so arbeiten unter Vermittelung elektrischer Übertragung noch 30% der gesamten nutzbar gemachten Wasserkräfte für fabriksmäßig organisierte Industriezweige, ohne daß man die Verteilung dieser 30% auf die einzelnen Industriegruppen zuverlässig abschätzen könnte.

In den oben erwähnten 1606000 Turbinen-PS Gesamtausbau sind auch die nur teilweise elektrifizierten Kraftwerke (mit unmittelbarem Antrieb von Arbeitsmaschinen) inbegriffen. Diese haben eine Gesamtleistung von etwa 15% des Gesamtbetrages. Dagegen scheinen die noch immer äußerst zahlreichen Wasserräder in Norlindhs Statistiken gänzlich unberücksichtigt geblieben zu sein. Sie hatten im Jahre 1923 eine Gesamtleistung von 6771 PS und davon entfiel mehr als die Hälfte auf die Lebensmittelindustrie (Mühlen).

Die oben vermißte Antwort auf die Frage nach der Verteilung der nutzbaren Erzeugung an Wasserkraftarbeit kann man wenigstens näherungsweise aus Angaben von Generaldirektor Hansen[1] entnehmen (die sich aber auf den Stand v. 1923 beziehen).

An der Gesamtleistung aller privaten und öffentlichen Kraftanlagen: 1950000 PS, waren die Wasserkraftwerke mit 1400000 PS (davon 1202000 elektrifiziert), die Wärmekraftwerke mit 550000 PS (davon 300000 elektrifiziert) beteiligt. Die Gesamterzeugung an elektrischer Energie: 2800000 kWh verteilte sich nach Angabe der Abb. 27 auf die (etwas anders als oben eingeteilten) Industriezweige.

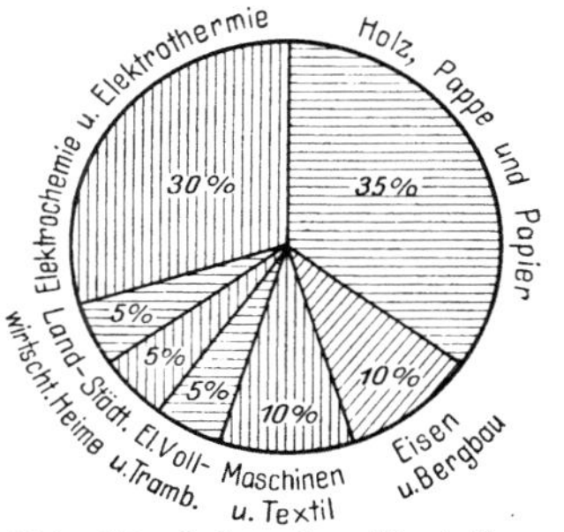

Abb. 27. Schweden. Verteilung der erzeugten elektrischen Energie auf die Anwendungszwecke. (Hansen.)

Die Zahl der Wasserkraftanlagen Schwedens reicht, auch wenn man von den Wasserrädern absieht, mit Einschluß der vielen Zwergkraftwerke an die 3000 heran, wobei indes rd. ²/₃ der Gesamtleistung durch nur rd. 30 Großanlagen von über 10000 PS Einzelleistung gestellt werden, vgl. Abb. 19. Allerdings gibt diese Karte insofern kein vollkommen richtiges Bild der Verteilung der ausgebauten Wasserkräfte, als von den nicht dargestellten kleinen Wasserkraftanlagen die überwiegende Mehrheit in der südlichen Hälfte Schwedens zu finden ist (u. a. in Värmland und Dalarne).

Die Organisationen der schwedischen Wasserkraftindustrie. Wenn nach dem Vorausgeschickten die Naturschätze Schwedens in Verbindung mit den Fortschritten der Holzveredelungs-, Eisenverhüttungs-, der chemischen Industrie und der Elektrotechnik für die starke Entwicklung der Wasserkraftwirtschaft des Landes auch grundlegend waren, so darf daneben doch nicht übersehen werden, daß außer den allgemeinen, volkswirtschaftlichen und kulturgeographischen Vorbedingungen die Wirksamkeit einzelner bedeutender Männer und hochentwickelter Organisationen wesentlich zu dem heutigen hohen und im ganzen sehr gesunden Stande der schwedischen Wasserkraftindustrie beigetragen hat.

Wie in allen anderen bedeutenderen Wasserkraftländern war es auch in Schweden die Privatindustrie, die bahnbrechend vorangegangen ist. Die ersten industriellen Großkraftwerke dienten meist der Zellulose- und Papierindustrie und waren z. T.

[1] Weltkr. Konf. London 1924, Bd. I.

für unmittelbaren Antrieb der Arbeitsmaschinen eingerichtet. Als wichtigstes Beispiel ist das Werk Kvarnsveden der Stora Kopparbergs Bergslags A. B. (18000 PS, erbaut 1897/1900) zu erwähnen. Die mit diesem und anderen industriellen Großkraftwerken gleichzeitig entstandenen Überlandelektrizitätswerke waren anfänglich recht klein und die Übertragungsspannungen waren, vom heutigen Standpunkt aus gesprochen, sehr niedrig. Die allererste nennenswerte Kraftübertragungsanlage ist 1893 entstanden und zwar in dem Bergwerksrevier Grängesberg. Sie hat eine Länge von 14 km und wurde für die Übertragung von kaum 240 kW in einer Spannung von 9500 V erbaut. Die bald danach folgenden Ausführungen waren schon viel bedeutender. Unter diesen ersten größeren Überlandzentralen Schwedens sind jene der Stadt Örebro in Mittelschweden und die große Überlandzentrale der Hissmoforsen A. B. in Nedre Norrland hervorzuheben. — Zahlreiche Städte Schwedens, die sich zu jener Zeit durch die Entwicklung der Glühlampe zum Bau elektrischer Zentralen anregen ließen, haben noch Dampf- oder Dieselzentralen vorgezogen; wieder andere, wie z. B. Skellefteå, haben ihre Projekte auf sehr breiter Grundlage aufgebaut und die Ausführung auf später hinausgeschoben.

Im allgemeinen kann man sagen, daß bis zum Jahre 1903 die Ansätze zur modernen, auf weitreichender Elektrizitätsübertragung und -verteilung beruhender Großwasserkraftwirtschaft vereinzelt blieben. Dabei hatte jedoch die wasserbautechnische Behandlung der vorliegenden Aufgaben schon in den letzten Jahren des 19. Jahrhunderts eine auffallend starke und selbständige Förderung nach weitblickenden Gesichtspunkten erfahren. Das Hauptverdienst daran gebührt einer kleinen Gruppe von Ingenieuren, die, um Professor J. G. Richert geschart, 1902 die größte beratende Ingenieurfirma Schwedens „A. B. Vattenbyggnadsbyrån" gründeten. Sie haben in streng wissenschaftlicher, von jedem Schema freier, selbstschöpferischer Arbeitsweise außerordentlich zur Förderung der Technik des Wasserkraftausbaues in Schweden (und darüber hinaus) beigetragen.

Die erste umfassende Organisation, die für die schwedische Wasserkraftindustrie Bedeutung gewann, ist die im Jahre 1903 begründete Vereinigung schwedischer Elektrizitätswerke (Svenska Elektrisitetsverksföreningen); ihr schlossen sich beinahe alle elektrischen Zentralen Schwedens (Wasserkraft- und Wärmeelektrizitätswerke) an. Dieser Verein hat indes in seinen zahlreichen und wertvollen Untersuchungen und Abhandlungen sich in erster Linie der elektrotechnischen und tarifpolitischen Seite der Elektrizitätswirtschaft gewidmet (Abb. 28).

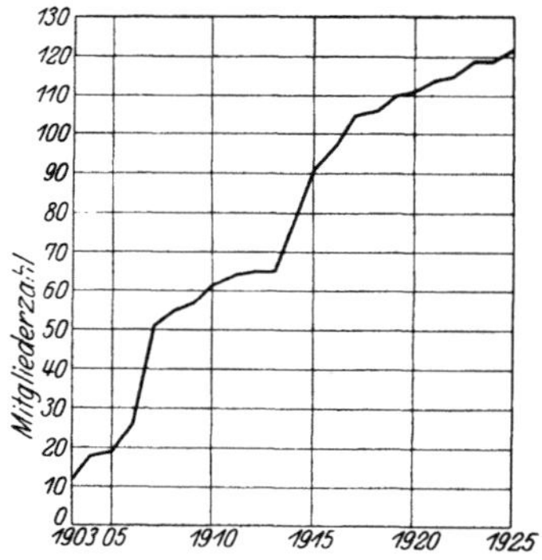

Abb. 28. Entwicklung der Mitgliederzahl von Svenska Elektricitetsverksföreningen.

Die Jahre 1906—1908 sind eine Zeit der besonders raschen Entwickelung in der schwedischen Wasserkraftindustrie und ganz besonders im Bau von großen Überlandzentralen. In dieser Zeit wurden folgende wichtigen Elektrizitätswerke gebaut oder in Angriff genommen: das staatliche Trollhättanwerk (Beginn der später stark entwickelten Betätigung des Staates in der Wasserkraftwirtschaft); ferner an privaten oder interkommunalen Anlagen: das Gullspångwerk, die Wasserkraftanlagen der Sydsvenska Kraft A. B. am Laganfluß, der Hemsjö A. B. in Mörrums- und Helgeån, das Finnforsenwerk der Stadt Skellefteå. Die Anzahl der an den Elektrizitätswerksverein angeschlossenen Werke wuchs in diesen 2 Jahren von 35 auf 77. Auch einige der bedeutendsten Industrie-Wasserkraftanlagen sind in derselben Zeit entstanden, so das größte Kraftwerk des Kopparberg-Konzerns in Bullerforsen und des Uddeholmkonzerns in Forshult. Es ist anzunehmen, daß die Unternehmungslust durch die ersten großzügigen Versuche auf dem Gebiete der elektrischen Metallverhüttung schon damals stark gefördert wurde (Forshult, Elektroofen Trollhättan, Eisenwerk Domnarvet am Dalälv); der wichtigste Faktor war indes die Entwicklung der elektrischen Kraftübertragung. Hand in Hand mit den technischen und wirtschaftlichen Fortschritten vollzog sich die Bildung wichtiger industrieller Großunternehmungen.

Besonders bedeutungsvoll ist für Schwedens gesamte Energiewirtschaft jene behördliche Organisation, die aus der Direktion des Trollhättanwerkes hervorging und die schon im Jahre 1909 unter dem Namen „K. Vattenfallstyrelsen“ (Staatliche Wasserfalldirektion) gebildet wurde. Ihre Aufgabe ist Erstellung und Betrieb staatlicher Wasserkraftanlagen, Verwaltung der staatlichen Wasserfälle und Schiffahrtsstraßen, ferner des unmittelbar angrenzenden staatlichen Grundeigentums. Außerdem hat die Wasserfalldirektion die gesamte Energiewirtschaft des Landes im Interesse der Allgemeinheit zu beeinflussen und endlich die Vertretung des Staates in allen privaten Wasserkraftunternehmungen und Seeregulierungsverbänden, an denen der Staat beteiligt oder interessiert ist, wahrzunehmen.

Diesen umfassenden Aufgaben entsprechend hat das Wasserfallamt einen kollegialen, aus einem Vorsitzenden und vier Mitgliedern gebildeten Verwaltungsrat. Der Vorsitzende ist zugleich Generaldirektor der staatlichen Wasserfalldirektion, die übrigen vier Mitglieder sind dagegen keine ständigen Beamten, werden vielmehr aus dem Kreise außenstehender Fachleute von der Regierung ernannt. Der Verwaltungsrat entscheidet indes nur die allerwichtigsten Fragen; in allen übrigen Fällen: der Generaldirektor. Die Organisation ist also grundsätzlich der einer großen privaten Aktiengesellschaft ähnlich. Zu dem staatlichen Trollhättanwerk sind in rascher Folge die Werke Porjus, Älvkarleby, Motala, Lilla Edet und Norrfors hinzugekommen. Dementsprechend hat die Wasserfallverwaltung zur Zeit die durch Abb. 29 veranschaulichte Gliederung.

Die Wirksamkeit der Wasserfalldirektion in technischer und kraftwirtschaftspolitischer Hinsicht wird weiter unten gewürdigt werden.

Beinahe gleichzeitig mit Vattenfallstyrelsen sind im Zusammenhang mit den erwähnten großen Neubauten mehrere wichtige private und halbkommunale (oder interkommunale) Elektrizitätsunternehmungen entstanden. Die beiden größten Aktiengesellschaften unter diesen sind die (private) Gullspångs-Munkfors A. B., Mariestad und die Sydsvenska Kraft A. B. in Malmö (interkommunale A.-G.), die eigens zum Zwecke der Errichtung der oben erwähnten Großanlagen gegründet sind und sich seitdem bedeutend vergrößert haben. — Die gleichfalls schon erwähnte Stora Kopparbergs Bergslag A. B. und Uddeholms A. B. sind dagegen altbestehende Hütten-, Eisenindustrie- und Holzveredelungs-Unternehmungen gewesen. Sie haben sich indes vom ersten Jahrzehnt dieses Jahrhunderts an besonders eifrig der Wasserkraftausnutzung zugewandt, hierzu eigene Abteilungen gebildet und auch mit der Verteilung der elektrischen Energie für Überlandversorgung begonnen.

Wenige Monate nach der Bildung des Vattenfallsstyrelsen ist in Schweden der Schwedische Wasserkraftverband: „Svenska Vattenkraftföreningen“ entstanden, eine freiwillige lose Vereinigung der ideell und materiell an der Wasserkraftwirtschaft interessierten physischen und juristischen Personen. Dieser Verband hat alsbald eine für die Entwicklung der schwedischen Wasserkraftwirtschaft sehr bedeutungsvolle Tätigkeit entfaltet. Er hat sich unter anderem zur Aufgabe gemacht, die Vorräte des Landes an nutzungswürdigen Wasserkräften möglichst genau zu ermitteln und in anschaulicher Form zu veröffentlichen, die Wege zur rationellen Ausnutzung dieser Wasserkraftschätze zu erforschen; ferner die See- und Profilregulierungen[1] in wissenschaftlicher und organisatorischer Beziehung zu fördern,

[1] Profilregulierungen in Fennoskandien gleichbedeutend mit Stufenaufteilung und Querschnittsregulierung der Wasserläufe (im Gegensatz zur Abflußregulierung = Speicherwasserhaushalt).

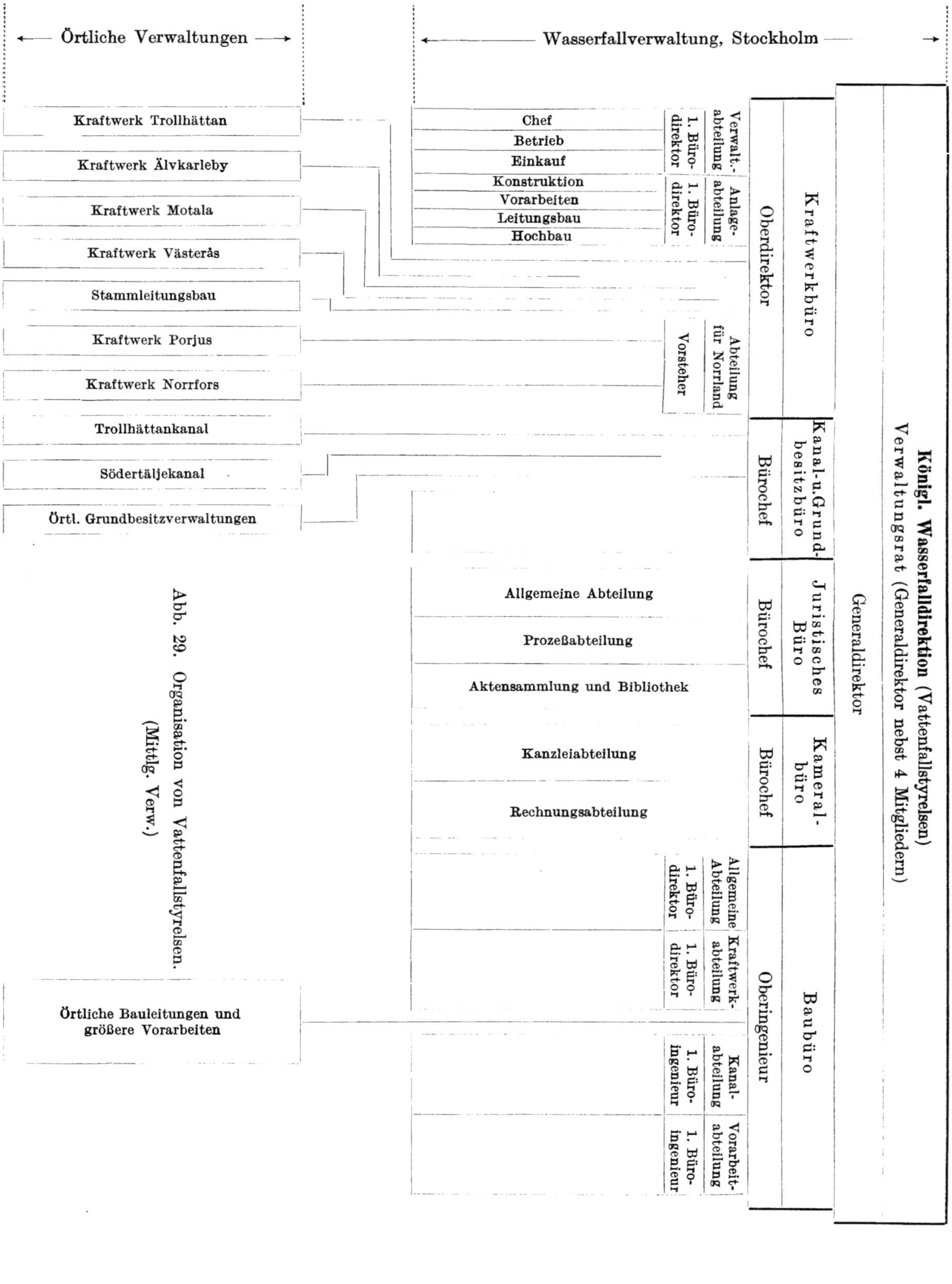

Abb. 29. Organisation von Vattenfallstyrelsen. (Mittlg. Verw.)

und schließlich die allgemeinen Kenntnisse und Erfahrungen auf dem Gebiete der Wasserkraftnutzung und des Wasserbaues in Veröffentlichungen zu verbreiten. Der Verband will außerdem die Wasserkraftinteressen in allen Angelegenheiten, wo sie in Widerstreit mit anderen wirtschaftlichen Interessen geraten, vertreten. Der Umstand, daß die wissenschaftliche und literarische Förderung der Wasserkraftnutzung mit der Interessenvertretung einer leistungsfähigen Wasserkraftindustrie in einem und demselben Verband vereinigt ist, hat vom allgemeinen volkswirtschaftlichen Standpunkte aus überwiegende Vorteile. Über die wertvollen, bis jetzt über 220 Hefte umfassenden Veröffentlichungen der Vereinigung wird im Literaturanhang dieses Buches berichtet. Hier seien nur hervorgehoben die Statistiken über die ausgebauten Wasserkräfte Schwedens (1914) und über die verfügbaren Wasserkraftvorräte Schwedens und ihren Kapitalwert (1914), beide aufgestellt im Auftrage der Vereinigung von Mauritz Serrander (die ersten systematischen Aufstellungen dieser Art in Schweden); ferner: die jährlichen Ergänzungsstatistiken und schließlich die zahlreichen, z. T. neue Wege gehenden Untersuchungen über Seeregulierungen und Energiehaushalt, vgl. Abschnitt 26. Eine sehr wertvolle energiewirtschaftliche Organisationsarbeit hat die zentrale Handelskammer Schwedens durch die Herausgabe einer eingehenden Statistik der bis 1917 ausgebauten Wasserkräfte geleistet: Sveriges monterade Vattenkraft, utgiven av Kommerskollegium, Stockholm 1917. Diese grundlegende, umfangreiche Arbeit enthält auch reiche Angaben über Betrieb, Anlage- und Jahreskosten und eine kartenmäßige Darstellung aller Anlagen bis zu 1000 PS herab.

Zu den erwähnten großen Unternehmungsgebilden des ersten Jahrzehnts dieses Jahrhunderts hat das zweite Jahrzehnt an wichtigen organisatorischen Fortschritten hauptsächlich Zusammenschlüsse der an einem und demselben Stromsystem interessierten Wasserkraftbesitzer zu Regulierungsvereinen gefügt.

Diese Entwicklung wurde durch die weitblickenden Bestimmungen des neuen schwedischen Wassergesetzes sehr gefördert (Abschn. 2). Unter schwedischen Verhältnissen, wo an einem und demselben Wasserlauf (mit wenigen Ausnahmen, wie Luleälv und Götaälv-Hauptstrom) meistens eine große Zahl verschiedener Wasserkrafteigentümer beteiligt ist, gewinnt ein derartiger Zusammenschluß eine außerordentliche Bedeutung für den rationellen Wasserhaushalt. Die beiden größten Regulierungsvereine in Schweden sind „Dalälvens Regleringsföreningen u. p. a.", gegründet im Jahre 1916, dessen Tätigkeit sich auf das gesamte Einzugsgebiet des Dalälv erstreckt; ferner „Motala-Ströms Regleringsföreningen u. p. a.". Außerdem bestehen Regulierungsvereine für Viskan, Ätraån, Ronnebyån, Kolbäcksån und einige andere Flüsse. Bei der Mehrzahl der Gewässer ist indes die Regulierungsfrage erst in Untersuchung oder Vorbereitung. Die größte Schwierigkeit bei den Seeregulierungen besteht meistens nicht in der Einigung der eigentlichen Wasserkraftinteressenten, sondern in der Berücksichtigung der übrigen Interessen, die sich an den See- und Wasserlauf knüpfen (Landwirtschaft, Fischerei, Schiffahrt, Flößerei). Daß die Wasserregulierungsvereine diesen fremden Interessen gegenüber als eine einheitliche Verhandlungspartei auftreten können, ist mit ein Hauptnutzen dieser Organisationen.

Die wirtschaftliche Aufgabe der Seeregulierungsvereine ist sehr umfassend gestellt; sie fassen nämlich ihr ganzes Wassergebiet einheitlich ins Auge und streben mit den vorhandenen oder leicht auszubauenden Wasserspeichern eine möglichst große Gesamterzeugung an Kilowattstunden an. Da bei einer solchen Aufgabestellung manchen Kraftwerken zeitweilig das nötige Triebwasser fehlen muß, bedingen die Seeregulierungen meistens elektrische Verbindung zwecks Zusammenarbeit der einzelnen hintereinander liegenden Wasserkraftanlagen oder wenigstens in ihrer Mehrzahl. Diese „hydroelektrische Wasserregulierung" ist in besonders vollständigem Maße angebahnt durch Dalälvens-Regleringsförening u. p. a., vgl. Abschnitte 8 und 26.

Noch weiter umfassend ist die Aufgabe derjenigen Organisationen, welche die Wasserkraftanlagen und Wasserspeicher verschiedener Stromsysteme — unter Umständen noch: unter Heranziehung einiger Wärmekraftwerke — elektrisch zusammenarbeiten lassen. Das wichtigste Beispiel hierfür ist die größte Kraftverteilungsorganisation in der Bergwerks- und Eisenindustrie Mittelschwedens: „Bergslagens Gemensamma Kraftförvaltning". Hier ist eine große Anzahl in verschiedenen Händen liegender Wasserkraftanlagen in eine energie- und wasserwirtschaftliche Betriebsgemeinschaft zusammengeschlossen, in deren Energiehaushalt Seeregulierungen eine ergänzende Rolle spielen. — Eine noch viel weiter umfassende Organisation dieser Art ist leider vom Stadium der Erwägungen und Untersuchungen noch nicht in das der praktischen Lösung getreten: die geplante Zusammenfassung sämtlicher großen Kraftwerke Mittel- und Südschwedens unter Benutzung des Wenersees als „nationalen Energiespeichers", vgl. Abschn. 26.

Ein anderes Beispiel solcher Zusammenfassung verschiedener Kraftwerke, wo die elektrische Zusammenarbeit das Ausschlaggebende ist und die durchgeführte Seeregulierung nur ergänzend hinzutritt, bietet in Südschweden das Verteilungsgebiet der Sydsvenska Kraft A.B. Diese (s. Abb. 225) hat in den letzten Jahren die Aktienmajorität der Hemsjö Kraft A.B. und der Finsjö Kraft A.B. erworben und dadurch bei weitem das bedeutendste einheitliche Kraftsystem in Schweden geschaffen. Nur, wenn man die zur Zeit noch technisch voneinander getrennten staatlichen Verteilungssysteme Älvkarleby, Motala, Götaälv schon als geschlossene Einheit betrachten wollte (Abb. 47), würden sie ein noch größeres System darstellen.

Die Organisation solcher Zusammenschlüsse, die auf einheitliche Energiewirtschaft gewisser Landesteile hinzielen, konnte hier nur ganz flüchtig erwähnt werden. Bei den nachfolgenden Beschreibungen der einzelnen Flußgebiete und bei Besprechung der Elektrizitätswirtschaft Schwedens und der Seeregulierungen werden die hier gestreiften Fragen eingehender erörtert.

Wenn wir jetzt zu denjenigen Organisationen zurückkehren, welche die Elektrizitätswirtschaft des Landes als Ganzes gefördert haben, so ist es naturgemäß unmöglich, an dieser Stelle einen vollständigen Überblick über alle Vereine der Ingenieure, ferner über das gesamte Vereins- und Verbandswesen der Industrie- und des Bergbaues, der Forst- und Landwirtschaft usw. zu bieten, obschon beinahe alle diese Verbände mehr oder weniger in Berührung mit Aufgaben der Wasserkraftausnützung gekommen sind[1].

Nur der wichtigste der schwedischen Ingenieurvereine: „Svenska Teknologföreningen" sei erwähnt. Er hat schon lange vor dem Entstehen der oben erwähnten wasserwirtschaftlichen Spezialverbände begonnen, den Aufgaben der Wasserkraftausnutzung in seiner Zeitschrift „Teknisk Tidskrift" und auch in anderer Weise zu dienen.

Die Fragen der Landwirtschaftselektrifizierung werden von zwei Vereinen als Sonderaufgabe behandelt. Es sind dies „Lantmännens Elektriska Centralförbund" und „Riksföreningen for Landbygdens Elektrifiering". Der letztere hat unter anderem auch die Einrichtung von Muster- und Versuchsbetrieben angeregt; eine Aufgabe, die hernach von dem weiter unten behandelten Elektrifieringskommittee aufgegriffen wurde[2].

Ferner bestehen in den meisten Regulierungsbezirken „Länsföreningen för Landbygdens Elektrifiering" (Bezirksvereine für Landwirtschaftselektrifizierung).

---

[1] Über die Verbände der Industriellen, die Arbeitgeber und Arbeitnehmerorganisationen der schwedischen Industrie siehe: Svenska Industrien vid Kvartsekelskiftet 1925, Kapitel Industriens Arbetareförhallande von E. Bosäus.

[2] Kort Redogörelse för Elektrifieringskommitténs Verksamhet (Stockholm 1923). Inwieweit diese wichtige Aufgabe schon verwirklicht ist, war nicht festzustellen.

Eine der wichtigsten Spezialorganisationen zur Förderung der Wasserkraftausnutzung und insbesondere der Landwirtschaftselektrifizierung war das im Jahre 1917 auf Grund eines Reichstagsbeschlusses von dem schwedischen Landwirtschaftsministerium aus außenstehenden Fachleuten zusammenberufene „K. Elektrifieringskommittén". Die Aufgabe dieses „Eltausschusses", der seine Tätigkeit im Jahre 1923 abschloß, war eigentlich die Untersuchung der wirtschaftlichen Vorbedingungen und der zweckmäßigen technischen und organisatorischen Maßnahmen für die weitere Landwirtschaftselektrifizierung, ferner: die Aufstellung geeigneter Vorschläge für die Durchführung staatlicher Maßnahmen zur Förderung dieser Entwicklung. Um indes die Landwirtschaftselektrifizierung planmäßig fördern zu können, hatte sich als notwendig herausgestellt, die gesamte Energiewirtschaft des Landes systematisch zu untersuchen, so daß die ursprünglich gestellte Aufgabe des Ausschusses sich sehr bedeutend erweitert hat.

Der Ausschuß hat demgemäß seine Arbeiten im wesentlichen in drei Gruppen geteilt und erstens die allgemeinen energiewirtschaftlichen Verhältnisse des Landes untersucht, ihre Entwicklung bis zum Jahre 1940 schätzungsweise vorausgesagt und im Zusammenhange hiermit die Richtlinien für die Entwicklung der Kraftverteilung im großen festgelegt; bei diesen Untersuchungen hat der Ausschuß eine Einteilung des Landes in sogenannte Kraftdistrikte zugrunde gelegt, für deren Abgrenzung die heutige Ausdehnung größerer Kraftverteilungssysteme maßgebend war. Die zweite Gruppe von Arbeiten des Ausschusses bezog sich auf die grundsäzliche Lösung der Energieverteilungsfragen im kleinen, hauptsächlich für landwirtschaftliche Bezirke, wobei rein elektrotechnische Fragen, wie diejenige der geeignetsten Spannungen, ebenso gründlich untersucht wurden, wie die organisatorischen und tarifpolitischen. Die dritte und umfangreichste Gruppe der Arbeiten des Ausschusses, die erst nach seiner Auflösung von Zivilingenieur Nils Ekwall völlig abgeschlossen werden konnte, sind die bezirksweise geordneten Sonderuntersuchungen über die Landwirtschaftselektrifizierung, die ausführliche Vorschläge und Kostenberechnungen für die Elektrifizierung der einzelnen Bezirke (Läns) geben. Sie erstrecken sich nicht allein auf Entwürfe der Leitungsnetze, sondern umfassen auch solche Vorschläge, die den Stromverbrauch innerhalb der einzelnen landwirtschaftlichen Bezirke (sog. „innere Elektrifizierungsfragen") betreffen. Diese Länsuntersuchungen erstrecken sich auf alle Bezirke mit Ausnahme jener, in denen die Orts- und Landwirtschaftselektrifizierung fast ausschließlich in den Händen der staatlichen Wasserfalldirektion liegt.

An diese drei Gruppen von Untersuchungen, denen auch drei Gruppen von Veröffentlichungen entsprechen (durch die Buchstaben A, B, C unterschieden), schließt sich eine vierte Gruppe von Studien an, deren Gegenstand die aufgetretenen finanziellen Schwierigkeiten einiger Kraftverteilungsunternehmungen und die Möglichkeit einer staatlichen Sanierung bilden. Auch die Möglichkeit staatlicher Subventionierung neuer Eltverteilungsunternehmungen in dünn besiedelten Gebieten wird untersucht. Die ersten drei Gruppen von Arbeiten werden in dem Abschnitt über die schwedische Eltwirtschaft behandelt; dagegen kommen die Subventionierungs- und Sanierungsfragen hier anschließend mit den übrigen kraftpolitischen Fragen zur Sprache.

Wasserkraftpolitik. In der schwedischen Wasserkraftpolitik brachte der Erlaß des neuen Wassergesetzes (1919) eine entscheidende Wendung. Vorher waren wichtige Rechtsgrundsätze, insbesondere die Frage der Ausnutzung der „Kungsådra" ziemlich ungeklärt. Das neue Wassergesetz hat nicht nur diese Frage von Grund aus aufgehellt, sondern auch darüber hinaus den Ausgleich und das Zusammenarbeiten der verschiedensten Interessen in einer sehr weitgehenden, technisch und wirtschaftlich einwandfreien Weise geregelt. Fast gleichzeitig mit der Herausgabe des neuen Wassergesetzes fällt der Abschluß der etwa ein Jahrzehnt lang geführten Kronprozesse, die das Eigentumsrecht an einer ganzen Reihe wichtiger Wasserfälle in Norrland und im nördlichen Mittelschweden betrafen; diese Prozesse wurden zum größten Teil gegen die Krone (d. h.: den Staat) entschieden. Dadurch wurde eine Anzahl wichtiger Wasserfälle für den Ausbau frei, die vorher nur auf Grund einer sog. „bedingten Überlassung" in Ausbau genommen werden konnten. Zur Förderung dieser Entwicklung, auch in finanzieller Beziehung, hat der Reichstag in den Jahren 1918—1919 zwei Anleihefonds geschaffen, und zwar einen Kraftleitungsanleihefonds und einen Wasserkraftanleihefonds. Diese Fonds ermöglichen die Beleihung von Kraftleitungsbauten bis zur vollen Voranschlagshöhe, von Wasserkraftneubauten: bis zu $^2/_3$ des Voranschlags aus Staatsmitteln. Regulierungsunternehmungen sollen gegebenenfalls aus den Mitteln des Wasserkraftanleihefonds beliehen werden. Dabei ist zu erwähnen, daß der Eltausschuß sich ganz ausdrücklich gegen jede staatliche Subventionierung solcher neuen Kraftverteilungssysteme in dünn besiedelten Gegenden gewandt hat, die weder im Augenblick rentabel sind, noch Aussicht haben, es in einigen Jahren zu werden. Während der letzten Jahre des Weltkrieges hat nämlich die gewaltige Brennstoffteuerung zur Elektrifizierung vieler Gemeinden geführt, die viel zu dünn besiedelt sind, um unter normalen Wirtschaftsverhältnissen die Elektrifizierung rentabel erscheinen zu lassen. Daher wird nach der Auffassung des Eltausschusses schon die wirtschaftliche Stützung dieser zahlreichen bereits bestehenden, mit Schwierigkeiten kämpfenden Elektrizitätsgesellschaften das schwedische Wirtschaftsleben schwer belasten, weshalb Elektrifizierungen aus außerwirtschaftlichen, z. B.: kulturellen Gründen, die materielle Leistungsfähigkeit des Landes übersteigen würden. Darüber, in welcher Weise und in welchem Ausmaße die staatliche Subventionierung der bestehenden und in ungünstiger Finanzlage befindlichen Elektrizitätsgesellschaften geschehen soll, hat sich im einzelnen nicht geäußert.

Neben der Finanzierung und der Unterstützung der Wasserkraftindustrie und der Verteilungsunternehmungen ist die elektrizitätswirtschaftliche Betätigung des Staates darauf gerichtet, die Preisbildung der elektrischen Energie zu beeinflussen, um die Allgemeinheit gegen Spekulationen und gegen monopolistische Bestrebungen einzelner privater Industrie- oder Finanzgruppen zu schützen. Es waren auch in Schweden starke Bestrebungen darauf gerichtet, durch Einführung von Konzessionsgesetzen oder andere ähnliche Maßnahmen dem Staat einen unmittelbaren Einfluß auf die Energiewirtschaft zu sichern. Die gesetzgebenden Körperschaften haben indes diesen Bestrebungen nicht nachgegeben, erstens weil man davon eine Gefährdung der Entwicklungsfähigkeit der schwedischen Wasserkraftindustrie befürchtete, zweitens aber, weil man erwartete, daß die Tätigkeit des Vattenfallstyrelsen, als des größten Wasserkraftunternehmens im Lande, in mittelbarer Weise die Interessen der Allgemeinheit genügend sichern werde. Vattenfallstyrelsen hat in Erfüllung dieser mit wichtigsten Aufgabe, damit er seinen Einfluß auf die Strompreisbildung in allen Teilen des Landes sichern kann, zu seinem älteren Besitz an Wasserkräften im Kaufwege noch weitere Nutzungsrechte in den verschiedensten Teilen des Landes erworben. Da anfänglich zu jedem einzelnen Kaufakt ein Reichstagsbeschluß nötig war, was verzögernd und nachteilig wirkte, hat sich Vattenfallstyrelsen im Jahre 1917 vom Reichstag besondere Kredite bewilligen lassen, um aus ihnen frei für Ankäufe unausgebauter Wasserfälle verfügen zu können. In den Jahren 1918 bis einschließlich 1920 hat der Reichstag dem Vattenfallstyrelsen zu diesem Zwecke nach und nach Summen im Gesamtbetrage von acht Millionen schwedischer Kronen zur Verfügung gestellt. Sie wurden für den Ankauf hauptsächlich von nord- und mittelschwedischen Wasserfällen im Umeälv, Indalsälv und Dalälv verwendet. Auch in anderen wichtigeren Finanzfragen erhielt Vattenfallstyrelsen weitere Vollmachten, so z. B. kann er Sekundakraft (unständige Kraft) verkaufen und dabei Schadenersatzverpflichtung für die Unterschreitung einer gewissen Mindestlieferung eingehen. Zur Deckung solcher Risiken hat sich Vattenfallstyrelsen einen besonderen Fonds angelegt.

In dieser Weise hat Vattenfallstyrelsen alle Voraussetzungen geschaffen, um mit der privaten Wasserkraftindustrie erfolgreich in Wettbewerb zu treten und zugleich die Allgemeinheit ausreichend zu mäßigen Preisen[1] zu bedienen (vgl. folgd. Abschn.). Die staatlichen Kraftwerke werfen dabei eine angemessene Verzinsung der angelegten Kapitalien ab, und zwar schwankt dieselbe zwischen 5 und 8% (vgl. Abb. 30—33).

Weiter oben wurde schon angedeutet, daß Vattenfallstyrelsen auch nach Bedarf mit der privaten Wasserkraftindustrie zusammen wirkt. Unter anderem ist dies im Dalälvgebiet der Fall, wo die staatliche

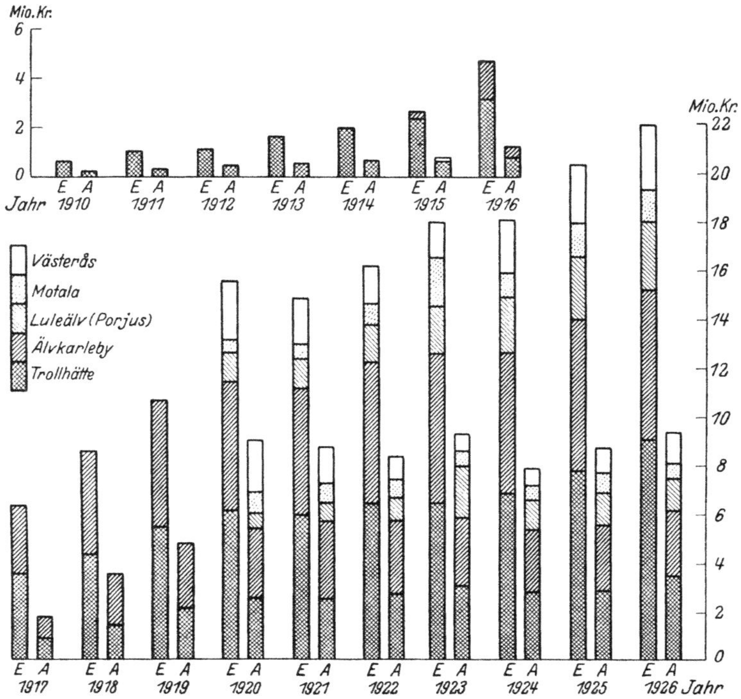

Abb. 30. Betriebskosten und Einnahmen.

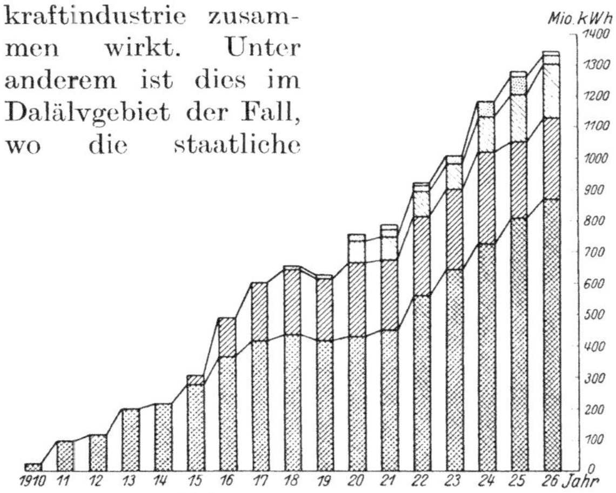

Abb. 31. Stromerzeugung.

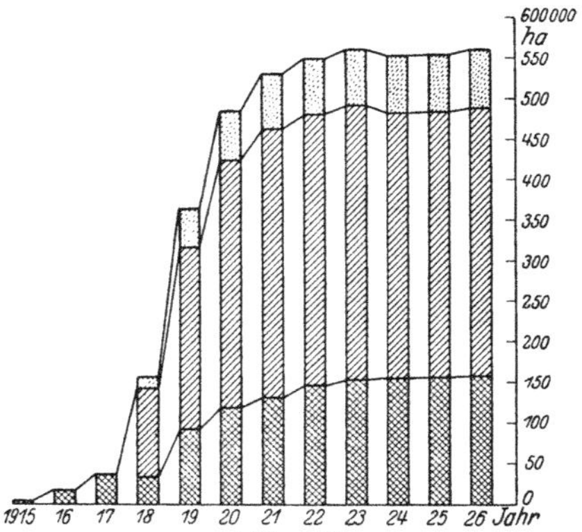

Abb. 32.
Elektrifizierte Anbaufläche.

[1] Das wichtige Kriterium der Preishöhe ist in der zu einem weniger günstigen Urteil gekommenen Abhandlung von Prof. Dorn (Wasserkr. u. Wawi. Münch. 15. 8. 1927) gar nicht berührt, vgl. die ausführliche Widerlegung Marquardts in Deutsche Wawi 1927, H. 3. Die Tarife des staatlichen „Zentralblockes" sind aber, wenigstens für kleinere Abnehmer, trotz ungünstigerer Verteilungsbedingungen niedriger als z. B. vergleichsfähige Schweizer Tarife, vgl. Bulletin Nr. 6 des Schw. El. Ver. 1927, S. 370ff. hier S. 75.

Wasserfalldirektion im Regulierungsverein Mitglied ist und zur Zeit den Vorsitz führt.

Das heutige System der schwedischen Wasserkraftpolitik besteht somit darin, daß die staatliche Wasserfalldirektion als Wasserkraftgroßunternehmer sich im freien Wettbewerb und gelegentlich in Zusammenarbeit mit der privaten Wasserkraftindustrie betätigt, dabei aber stets die Bedürfnisse der Allgemeinheit im Auge behält. — Es besteht theoretisch die Möglichkeit, daß die energiewirtschaftliche Tätigkeit des Staates noch größeren Umfang annehmen und sich allmählich einer Monopolstellung nähern wird. Die Vorbedingungen dazu sind gegeben einerseits durch die oben erwähnten freien Ankäufe von unausgebauten Wasserfällen, andererseits aber durch das in dem neuen Wassergesetz der Krone zugesicherte Recht der Ablösung ausgebauter Wasserkraftanlagen. Allerdings würde bis zu einer auch nur näherungsweisen Einnahme einer Monopolstellung durch den Staat unter den gegebenen Verhältnissen nach sachverständiger schwedischer Schätzung mindestens ein halbes Jahrhundert verstreichen. Es scheint indes, daß eine derartige Monopolstellung von der Wasserfalldirektion zur Zeit nicht angestrebt und daß sie auch von den gesetzgebenden Körperschaften nicht für nötig erachtet wird.

Die dritte Methode, nach welcher der Staat die Energiewirtschaft, insbesondere die Elektrizitätswirtschaft des Landes beeinflußt, ist die Aufstellung von planwirtschaftlichen Vorschlägen und eine auch ins einzelne gehende praktische Betätigung auf dem Gebiete der Planwirtschaft. Diese Aufgabe, die, wie wir sahen, durch den Eltausschuß in umfassender Weise bearbeitet worden ist, wird im Rahmen der gesamten Eltwirtschaft eingehend in einem besonderen Abschnitt besprochen werden.

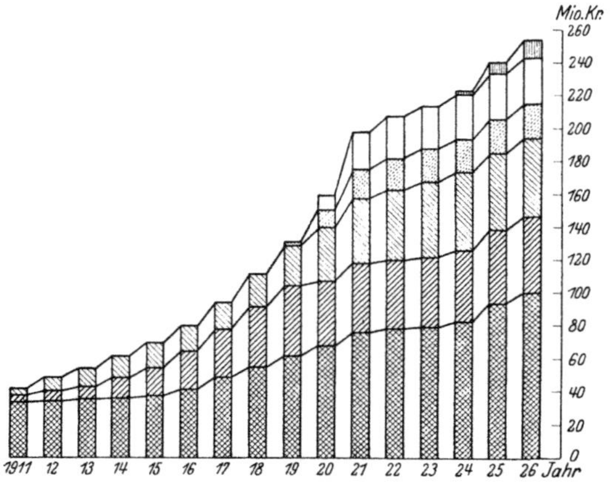

Abb. 33. Gesamtinvestition.
Bemerkung: Das insgesamt investierte Kapital umfaßt u. a. auch: Erneuerungsfonds, Betriebskapital, noch nicht abgelieferte Überschüsse und dergleichen mehr.

Abb. 30—33. Entwicklung der staatlichen Wasserkraftbetriebe Schwedens. (Verf. nach Statistik.)

Unterlagen:

Literatur der schwedischen Rohproduktion und Industrie im allgemeinen: „Svenska Industrien vid Kvartsekelskiftet 1925", herausgegeben von Sveriges Industrieförbund, Stockholm; — „Landschaft und Wirtschaft in Schweden" von W. Credner, Breslau 1926; — Braun, „Die nordischen Staaten, Einführung und Grundlagen", Breslau 1924; — „Statistik Arsbok för Sverige", Stockholm 1925; — „Ahlen und Holms Årsbok", Stockholm 1921 und 1922. — Spezialliteratur der schwedischen Wasserkraftproduktion, Wasserkraftpolitik und Wasserkraftindustrie: „Sveriges Vattenkrafttillgangar och Vattenkraftproduktion" von Sven Lübek, im Auftrage der Sozialisierungskommission ausgearbeitete Untersuchung, Stockholm 1924; — „Sveriges Vattenkraftresurser" von Sven Norlindh, Linköping 1925; — „Var Vattenkraft och des Utvecklingsmöjligheter" von B. Hellström, Vortrag Nr. 2 (1920) der Tekniska Samfundets i Göteborg, Handlingar; — „Svedish Power Resources" von F. V. Hansen, s. Bd. 1, S. 1321 der Verhandlungen der Londoner „World Power Conference"; — „Den hittilsvarande Utveklingen af Statens Kraftverksforvaltning etc." von F. V. Hansen, s. S. 39 der Festschrift „Svensk Vattenkraft Industrie", Stockholm 1920; — „Hydroelektrisk Vattendragsreglering von Mauritz Serrander in der Hyllingskrift. Tillägnad F. V. Hansen, Stockholm 1922; — Veröffentlichungsfolge „Kungl. Elektrifieringskommittėns Meddelanden" hauptsächlich Heft 21; — Sveriges officiella Statistik: Statens Vattenfallsverk 1920—1926. — Vierteljahrsberichte der statist. Abtlg. von Skandinaviska Kredit A. B. Stockh.

4. Abschnitt: Die Elektrizitätswirtschaft Schwedens.

1. Die Verwendungsgebiete der Wasserkraftenergie.

Vor Betrachtung der jetzigen elektrizitätswirtschaftlichen Lage Schwedens und der Pläne für die weitere Entwicklung sollen die Möglichkeiten der Wasserkraftverwendung in den verschiedenen Zweigen der Volkswirtschaft näher ins Auge gefaßt werden. Wir behalten hierbei für den industriellen Verbrauch die Gruppierung der Aufstellung über die Zweckbestimmung der ausgebauten schwedischen Wasserkräfte (S. 50) bei.

1. Holzverarbeitende Industriezweige.

In der Sägewerksindustrie werden (vgl. S. 41) noch immer ziemlich viel Holzabfälle und Sägespäne für Krafterzeugung verfeuert. Der wachsende Wert dieser Abfälle ermöglicht aber Fortschritte in der Anwendung der Wasserkraftelektrizität, wobei jedoch zu bemerken, daß die Sägewerksindustrie langsam, aber unverkennbar zurückgeht. Energiewirtschaftlich wichtiger ist die Zellulose- und Papierindustrie. Diese braucht neben der Energie für motorische Zwecke in viel bedeutenderem Maße Wasserdampf für ihre Herstellungsprozesse, so daß die Verwendung von fabrikeigenen Dampfkraftanlagen mit Abdampfverwertung sich sehr wirtschaftlich gestaltet und die Wettbewerbsfähigkeit der Wasserkraft sehr begrenzt wird. Nur besonders billige Wasserkraft ist trotzdem wettbewerbsfähig; und da ist unter schwedischen Verhältnissen meistens nur unständige Saisonkraft (Sekundakraft) oder: bei unzureichender Tagesregulierung: Nachtkraft genügend billig im Preise. Erschwerend wirkt dabei im Falle der Saisonkraft, daß die Zellulosefabrik außer mit elektrischem Dampfkessel auch mit gewöhnlichem ausgerüstet sein muß, vorausgesetzt, daß nicht der ganze Fabriksbetrieb ein Saisonbetrieb sein darf, was meist nicht der Fall ist. Im Falle der Benutzung von Nachtkraft können die elektrischen Kessel durch Dampfspeicher vorteilhaft ergänzt werden (Abb. 34).

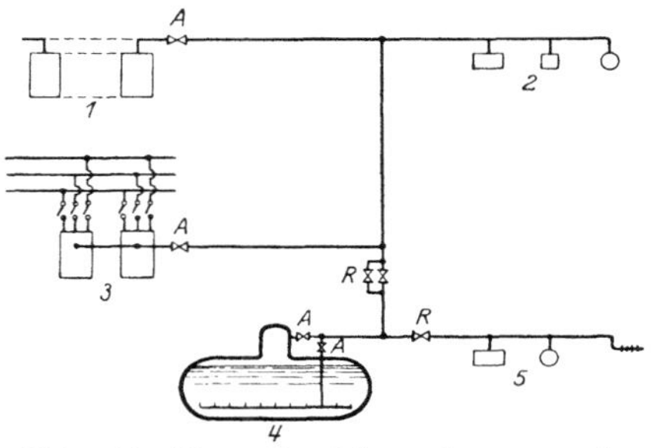

Abb. 34. Dampfspeicheranlage zur Ausnutzung der elektrischen Überschußkraft nach Ruths.

1 Dampfkessel 10 at; *2* Hochdruckdampfverbraucher 10 at; *3* Elektrische Dampferzeuger; *4* Dampfspeicher 10—2 at; *5* Dampfverbrauchende Apparate für max: 2 at. *R* = Reduzierventil; *A* = Absperrventil.

Es sind somit die Möglichkeiten einer fortschreitenden Elektrifizierung der holzbearbeitenden Industrie recht mannigfaltig und zum Teil günstig. Trotzdem wird die gesamte Wasserturbineninstallation, die für die weitere Elektrifizierung der bereits bestehenden Fabriken dieser Industriegruppe noch praktisch zu erwarten ist, von Sven Lübek auf kaum 100000 Turbinen-PS geschätzt. Die daneben zu erwartende Installation für die Versorgung der in den nächsten Jahrzehnten zu errichtenden Neuanlagen ist aber um ein Vielfaches größer.

2. Erzbergbau, Erzverhüttung und metallverarbeitende Industriezweige mit Einschluß der Maschinenindustrie und Elektromaschinenindustrie.

Zu dem erheblichen motorischen Energiebedarf dieser Industrien kommt noch ein sehr bedeutender Stromverbrauch für elektrische Verhüttung. — Bei der elektrischen Eisenverhüttung, die in der schwedischen Wasserkraftindustrie eine außerordentlich große Rolle spielt, werden jene etwa 60% der insgesamt nötigen Brennstoffe, die für die Erreichung der Schmelztemperatur erforderlich sind, durch elektrische Energie ersetzt. Die übrigen 40%, die als Reduktionsmittel nötig sind, müssen nach wie vor in Form von Brennstoffen zugeführt werden. Und zwar wird bei phosphorarmen Erzen Holzkohle verwendet, bei stark mit Phosphor verunreinigten Erzen aber irgendein anderer Brennstoff. Da die zum Schmelzen nötige Energie einen bedeutenden Selbstkostenanteil ausmacht, so kommt — ebenso wie bei der Dampferzeugung in der Zelluloseindustrie — auch hier nur sehr billige elektrische Energie, also meist: Sekundakraft, in Frage. Daher sind die Elektrohütten in Schweden zum großen Teil Saisonbetriebe. Besonders vorteilhaft für die Gesamtenergiewirtschaft ist es dabei, daß die Eisenindustrie ihrer Natur nach Sommerindustrie ist; ihr Hochbedarf an Energie fällt also gut mit dem natürlichen Hochdargebot an Wasserenergie (wenigstens in Nordschweden ganz) und zugleich mit dem Tief des übrigen Energiebedarfs des Landes zusammen.

3. Chemische Industrien.

In den chemischen Industrien ist die Anwendung der Elektrizität sehr mannigfaltiger Art. Der Strom wird z. T. für motorische Zwecke, z. T. für Wärmeerzeugung (Dampferzeugung), zum größten Teil aber wohl in elektrolytischen Prozessen verwendet. Diese Verwendung erfordert, wie die elektrometallurgische, verhältnismäßig große Mengen von Energie zu äußerst billigem Preise, weshalb auch hier vielfach unständige Kraft bevorzugt wird. Es handelt sich meist um Tag- und Nachtbetriebe, die einige Wochen oder Monate des Jahres beim Ausfallen der Sekundakraft eingestellt werden.

4. Textilindustrien.

Hier sind die Verhältnisse im wesentlichen ganz ähnlich wie bei der Zellulose- und Papierindustrie, indem die Energie z. T. für motorische Zwecke, z. T. aber zur Dampferzeugung benötigt wird. Nur überwiegt hier die für motorische Zwecke nötige Energiemenge, wobei gute Preise bezahlt werden können, dafür aber auch ständige (Prima-) Kraft gefordert wird.

5. Elektrische Zentralen.

Für elektrische Zentralen bildet zur Zeit in Schweden beinahe ausschließlich Wasserkraft die Hauptkraftquelle. Nur gering ist die Zahl jener Städte, die noch immer Dampfzentralen betreiben, wie z. B. Visby auf der Insel Gotland und Borgholm auf der Insel Öland. — Jedoch ist als Ergänzung und Reserve für hydroelektrische Zentralen in vielen Städten eine Dampf- oder Dieselanlage vorhanden. Dasselbe gilt auch für größere landwirtschaftliche Überlandzentralen. Lübek weist nach, daß unter schwedischen Verhältnissen etwa 1000 Gebrauchsstunden die Grenze bilden, unterhalb deren Dampfzentralen wirtschaftlicher sind als (wohl nicht speicherfähige) Wasserkraftzentralen; daher eignen sich Dampfzentralen stets für Reserve, Mangelaushilfe und, in Ermangelung regulierbarer Wasserkräfte, auch als Spitzenkraftwerke.

Über den oft mißverstandenen „Wettbewerb" zwischen Wasser- und Wärmekraft ist auch in Schweden viel gestritten worden; Velander hat dabei besonders klar und ausdrücklich darauf hingewiesen, daß von seiten der Verfechter der „Überlegenheit" der Wärmekraft vielfach mit ungleichem Maße gemessen wird, nämlich mit praktisch unerreichten niedrigen Anlagekosten, Paradebetriebszahlen und ungenügenden Sicherheitswerten bei der Wärmekraft und mit zu hohen, veralteten Bauweisen und Ausbaugrundsätzen entsprechenden Anlagekosten bei der Wasserkraft. — Aus konkreten Projektsgrundlagen süd- und mittelschwedischer Wasserkräfte und unter besonderer Berücksichtigung der durch Klein- und Großspeicher auch bei kurzer Benutzungsdauer erzielten vollkommenen Flußnutzbarkeit weist er nach, daß im Gegensatz zu weit verbreiteten Anschauungen viele Wasserkräfte auch bei noch so kurzer Benutzungsdauer wirtschaftlicher arbeiten als Dampfkraft. Seine Zahlenergebnisse zeigt Abb. 36. (Die Wasserkraft ist mit bis zu 40% Kostenzuschlägen für Entschädigungen wegen der Beeinflussung der Unterlieger durch unausgeglichenen Speicherbetrieb berechnet, weitere Einzelheiten s. Unterlage.)

Einen interessanten Einblick in die Entwicklung der Beteiligung von Wasserkraft und Dampfkraft an der Aufbringung der in öffentlichen Eltwerken und einzelnen Fabriken beanspruchten Kraftleistungen gewährt Abb. 272.

Das größte Dampfelektrizitätswerk Schwedens ist das staatliche Västeråswerk am Mälarsee. Über den Verbundbetrieb dieses Werkes mit dem Laufwerk Älvkarleby und dem Speicher- und Spitzenwerk Motala wird in dem Motala-Abschnitt berichtet (S. 197ff.).

Das Werk Västerås hat neben der Aufgabe als Niedrigwasseraushilfe und Höchstbelastungsergänzung auch als Betriebsreserve für Störungen in den Leitungsnetzen oder in den Wasserkraftanlagen zu dienen, schließlich als Spannungsregulierwerk.

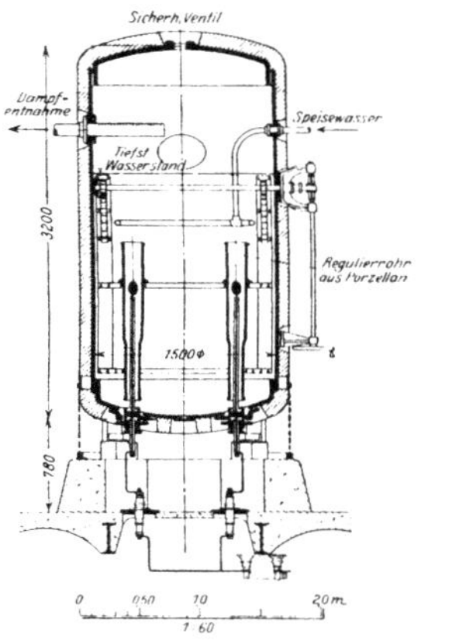

Abb. 35. Elektrokessel der Elektrizitätswerke in Värtån-Stockholm. (Sv. Elektr.-verksfören. Handl. 1923.)

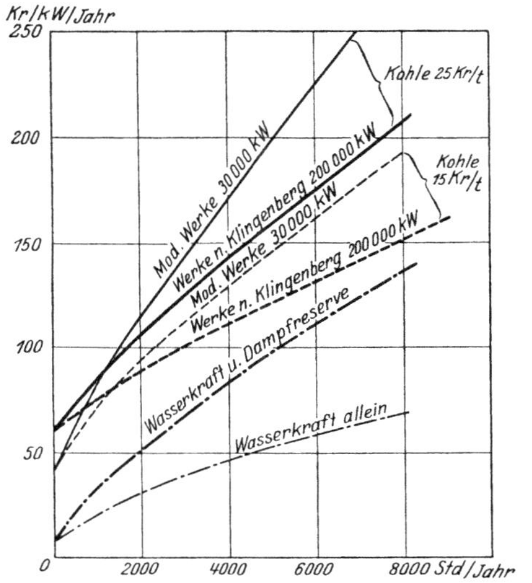

Abb. 36. Kostenvergleich zw. Wasser- und Wärmekraft. (Velander; Sv. V. Kr. För. publ. 1925, 8.)

Es ist zugleich Umspannwerk für den Älvkarlebystrom, besitzt jedoch kein selbständiges Stromverteilungsnetz. Das Werk ist 1915/17 erbaut worden und 1919/22 zu den heutigen Abmessungen (Normalleistung 30000, Höchstleistung 42000 kW) erweitert worden[1].

Die Stadt Stockholm besitzt in Värtan (nördlichsten Stadtteil) ebenfalls eine Dampfzentrale, die mit dem 132 km entfernten Untra-Wasserkraftwerk zusammenarbeitet. Während des größten Teiles des Jahres steht dieses Dampfwerk still und hat nur bei Störungen in der Hochspannungsleitung als Reserve einzuspringen. Der überschüssige Untrastrom wird dabei für ständige Dampferzeugung in elektrischen Reservekesseln des Dampfkraftwerkes verwendet, so daß die Dampfanlage innerhalb 7—8 Minuten ihren Betrieb beginnen kann; der elektrisch erzeugte Dampf wird nebenbei auch noch zur Erzeugung destillierten Wassers für Bad-, Fernheizzwecke usw. verwendet[2] (Abb. 35, vgl. auch Abb. 34).

Eine große Anzahl sonstiger Wasserkraftanlagen hat Dampf-, Diesel-, Rohöl-,

---

[1] Nach dem amtlichen Bericht des Vattenfallstyrelsen „The Västerås Power Plant".

[2] Meddelande om erfarenheter med elektrisk ångpanna vid vartaelektricitetsverk von B. E. Lindblad. Siehe Svenska Elektricitetsverksföreningens Handlingar 1923, Nr. 24, S. 120.

Rohnaphtha- u. dgl. -Maschinen als Reserven[1]. Bemerkt sei aber, daß viele wichtige Hydroeltwerke ohne jegliche Reserveanlagen arbeiten. Das größte Beispiel ist das (speicherfähige) staatliche Porjuswerk.

Wenn bei alledem auch die Gesamtleistung der Wärmekraftmaschinen in den schwedischen Elektrizitätszentralen nicht unbedeutend ist, so ist wegen ihrer Eigenschaft als Reserven die Energieerzeugung aus Wärmekraft doch nur verschwindend im Vergleich zur hydroelektrischen Energieerzeugung. Z. B. hat die jährliche Energieerzeugung von Västerås nie mehr als wenige ‰ der Energieerzeugung der staatlichen Wasserkraftwerke Trollhättan, Älvkarleby und Motala betragen (Abb. 31), denen Västerås als Reserve dient. Im großen und ganzen wird also die Stromerzeugung der elektrischen Zentralen in Schweden ganz überwiegend durch Wasserkraft gedeckt[2].

Bezüglich der Verwendung der in Zentralen erzeugten Energie wurde schon im vorangegangenen Abschnitt (S. 51) festgestellt, daß der größte Teil den verschiedenen Fabrikindustrien zugeführt wird, und zwar z. T. als Primakraft, z. T. als Sekundakraft, für Dampferzeugung, elektrische Erzverhüttung u. dgl.

Der nicht in Fabrikindustrien verwendete Teil der Erzeugung der Wasserkraftelektrizitätswerke dient erstens dem bürgerlichen Bedarf im engeren Sinne, also dem Haushaltsbedarf in den Städten, zweitens dem Haushaltsbedarf auf dem Lande, drittens der Stromversorgung der landwirtschaftlichen Betriebe, viertens kleineren Industrien in Stadt und Land, fünftens der Elektrizitätsversorgung der Eisenbahnen und Straßenbahnen.

Die bürgerliche Elektrizitätsverwendung im engeren Sinne, also die Verwendung in Haushalt und Heimindustrie, ist in schwedischen Städten schon ganz allgemein, beschränkt sich aber noch im wesentlichen auf die Beleuchtung. Die Elektrifizierung der Küche ist in Schweden erst ziemlich vereinzelt eingeführt im Gegensatz zu Norwegen, wo sie schon eine energiewirtschaftliche Rolle spielt. Indes ist auch in Schweden in den letzten Jahren viel auf diesem Gebiete geschehen, und in solchen Städten, wo das Holz besonders teuer und kein Gaswerk vorhanden ist, dürfte sich das elektrische Kochen allgemein verbreiten. In Abb. 37 ist die zu erwartende Verbreitung des elektrischen Kochens als Funktion der Verhältniszahl zwischen Strompreis und Brennholzpreis nach O. Harder dargestellt. Die meisten Elektrizitätswerke bemühen sich, das elektrische Kochen durch besondere Tarife zu fördern. So sind in Stockholm Speicherherde eingeführt, welche die Energie auch in den Nachtstunden aufnehmen (Abb. 38). Trotz all dieser Bestrebungen dürfte indes die vollelektrifizierte Küche sich nur ganz langsam durchsetzen können; dagegen ist eine teilweise Elektrifizierung der Küche

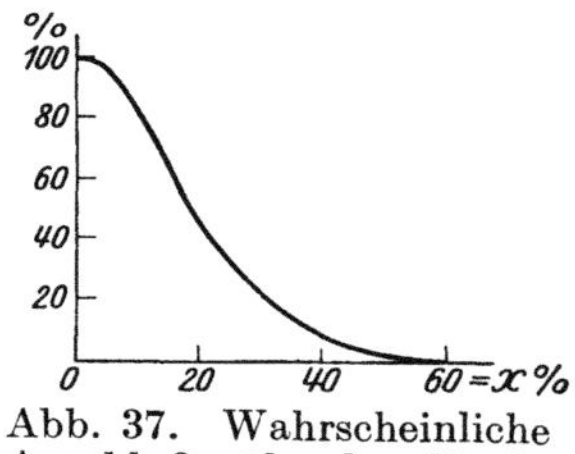

Abb. 37. Wahrscheinliche Anschlußgröße der Kochabonnenten in % der theoretisch möglichen (Ordinate) als Funktion der Verhältniszahl x = Strompreis je kWJ zu Holzpreis je m³ Nadelholz. (Hansenfestschrift.)

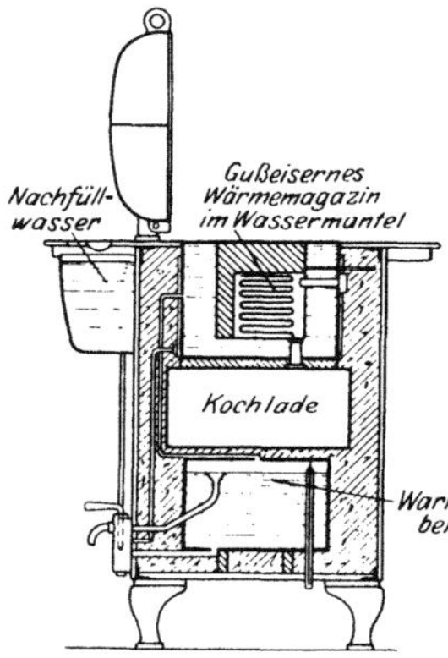

Abb. 38. El. Sevessparherd. (Sv. Eltverksför.)

[1] Über die städtischen Elektrizitätszentralen Schwedens, deren Kraftquellen, Ausrüstung und Organisation, ferner auch Tariffragen siehe den im Auftrage der Sozialisierungskommission ausgearbeiteten Bericht von Lindholm und Borgqvist (auszugsweise erschienen als „Svenska Vattenkraftföreningens Publikationer, Heft 172").

[2] In den rein industriellen Kraftwerken spielt, wie nach obigem erklärlich ist, die Elektrizitätserzeugung aus Dampfkraft eine weit größere Rolle. Für die gesamte Elektrizitätserzeugung, d. h. sowohl diejenige der industriellen Elektrizitätswerke als auch diejenige der Überlandzentralen ist nach Borgqvist im Durchschnitt ein Wärmekraftanteil von 5% der gesamten erzeugten kWh anzunehmen.

in kleinem Ausmaße aus Bequemlichkeitsgründen schon jetzt ziemlich allgemein verbreitet. Auch die übrigen häuslichen Verrichtungen (Staubsaugen, Nähmaschinenarbeit usw.) sind in Schweden noch nicht allgemein elektrifiziert. Bei weitem die meiste Energie würde die Wohnungsbeheizung beanspruchen; nämlich etwa 60% der gesamten überhaupt verfügbaren Energie Schwedens. Schon aus diesem Grunde ist eine allgemeine Verbreitung des elektrischen Heizens unwahrscheinlich. Heute ist die elektrische Beheizung in Schweden noch als ein Luxus zu betrachten und wird dies, trotz der reichen Energiequellen, sogar in Norrland bleiben, zumal hier das Niedrigwasser der Ströme mit dem Hauptbedarf an Heizung fast genau zeitlich zusammenfällt, so daß Sekundakraft für Heizung nicht geliefert werden kann. Im südlichsten Schweden ist der zeitliche Verlauf zwar günstig; jedoch sind hier die Abflüsse soweit reguliert, daß überhaupt nicht viel Sekundakraft anfällt.

Auf dem Lande dürfte sich das vollelektrifizierte Heim im allgemeinen noch schwerer durchsetzen als in den Städten.

Der Energiebedarf der kleineren Industrien, die nicht in der Industriestatistik behandelt, aber auch nicht als eigentliche Heimindustrien zu bezeichnen sind, ist sehr mannigfaltig, aber im ganzen nicht bedeutend; gesonderte Statistiken hierüber gibt es nicht. O. Harder gibt für die Versorgungsgebiete des Vattenfallstyrelsen den kleinindustriellen Energiebedarf (Anschlüsse unterhalb 100 kW) in den Landwirtschaftsgebieten zu etwa 35% des Bedarfes für landwirtschaftliche Betriebe und für den bürgerlichen Bedarf im engeren Sinne an. Hier sei bemerkt, daß zu dieser Gruppe des Energieabsatzes auch der Strombedarf der gesamten, in der Industriestatistik ebenfalls nicht geführten, Bauindustrie mitgerechnet werden muß.

Ein Stromabsatzgebiet, dessen Bedeutung im Verhältnis zu den übrigen Absatzgebieten wahrscheinlich noch wesentlich zunehmen wird, ist die Landwirtschaft. Die derzeitige Elektrifizierung der schwedischen Landwirtschaft beschränkt sich im wesentlichen auf Beleuchtung und motorische Antriebe innerhalb der Höfe.

Wie sich im einzelnen die typische Anwendung der Elektrizität in der Landwirtschaft bei verschieden großen Höfen gestaltet, mag nach O. Harder mitgeteilt werden. Die Angaben beschränken sich allerdings auf die durch Vattenfallstyrelsen elektrifizierten Landwirtschaftsgebiete, dürften aber im großen und ganzen für ganz Schweden kennzeichnend sein: „Beinahe die gesamte für landwirtschaftliche Verrichtungen abgesetzte Energie wird für motorische Zwecke innerhalb der Höfe verbraucht; die Anordnungen variieren je nach der Größe der Höfe. In kleineren Höfen bis etwa 25 ha Ackerboden wird im allgemeinen ein einziger Motor angewendet mit 3—5 PS, der die 1½füßige Dreschmaschine antreibt und außerdem für Holzhacken und Mahlen Verwendung findet. Höfe mit 25—50 ha Ackerboden gebrauchen größere Dreschmaschinen und nehmen dazu meist einen 7½-PS-Motor, welcher ebenso wie bei den kleineren Höfen auch zum Holzhacken und Mahlen verwendet wird. Bei solchen Höfen wird indes außer dem großen Motor auch noch ein kleiner Motor von 1—2 PS für Wasserpumpen verwendet. Bei mittelgroßen Höfen mit 50—100 ha Ackerboden findet man meist drei Motoren: einen zu 10 PS für die Dreschmaschine, einen Pumpenmotor von 1—2 PS und einen Kleinmotor für die verschiedenen Kleinverrichtungen. Bei Höfen von 100—200 ha Ackerboden ist der Dreschmotor 15 PS stark, außerdem sind etwa 3—4 Kleinmotoren von 1—2 PS in Anwendung für die Pumpe, für landwirtschaftliche Kleinverrichtungen und 1—2 Motoren für die Schmiede und Tischlerei. Bei ganz großen Höfen ist die Anzahl der nötigen Motoren meist schon darum wesentlich größer, weil hier meist außer dem Haupthof mehrere Außenhöfe vorhanden sind. Bei solchen Wirtschaften, die nach schwedischen Verhältnissen als Großgüter zu bezeichnen sind, findet man dann schon ziemlich allgemein die elektrifizierte Melkeinrichtung, deren Verbreitung besonders rasche Fortschritte gemacht hat.

Die übrigen Anwendungsmöglichkeiten der Elektrizität in der Landwirtschaft sind vorläufig nur ganz vereinzelt ausgenutzt. Erwähnt sei hier zunächst die Benutzung des elektrischen Stroms zum Futterkochen, zum Wasserwärmen zwecks Reinigung der Melkgefäße, zum Erwärmen der Milch für Kalbfüttern usw. Für diese Anwendungen sind die Aussichten, ähnlich wie bei der Elektrifizierung der Heimküche, am günstigsten in waldarmen Gegenden.

Zwei andere Anwendungsgebiete, die sich (wie auch in anderen Ländern) in der Landwirtschaft Schwedens bis jetzt wenig durchsetzen konnten, sind die elektrische

Grünfutterkonservierung in Silos[1] und die Getreidetrocknung mit Hilfe von elektrischen Kesseln; diese letztere Anwendung scheint insofern günstige Voraussetzungen zu haben, als Nachtkraft dafür verwendbar ist.

Unter jenen landwirtschaftlichen Anwendungen der Elektrizität, die sich in Schweden im Stadium des Großversuchs befinden, sind die wichtigsten das elektrische Pflügen und das Fördern des Wassers zur Bewässerung und Entwässerung von Ackerland. Von elektrischen Pflügen sind zwei Systeme im Gebrauch: das der Elektro-Agrikultur A. B. und das von N. Forssblad, Betriebschef in Västerås. Bei dem Forssblad-System rollt sich ein gut isoliertes Kabel auf einer Trommel automatisch auf und ab, wobei es auf einen großen Teil seiner Länge auf dem Boden aufliegt. Die Entwicklung der Motorpflüge dürfte auch in Schweden trotz seiner Armut an eigenen Brennstoffen dem elektrischen Pflügen starken Wettbewerb bereiten.

Nach den Statistiken des Elektrifizierungskomitees waren im Jahre 1920 rund 9,3% des gesamten Landes Ackerboden, die durchschnittliche Größe der Wirtschaften war etwa 8,9 ha; der elektrifizierte Teil des Ackerbodens betrug 40,2% der gesamten Ackerfläche. Die Elektrifizierung dieses Teiles ist aber nach Auffassung des Elektrifizierungskomitees nur zu 29% der als möglich angenommenen ,,Vollelektrifizierung" durchgeführt.

Das letzte Glied in dem Energieverbrauch, der in den bürgerlichen Bedarf im weiteren Sinne eingerechnet zu werden pflegt, sind die Straßenbahnen und elektrifizierten Eisenbahnen.

In Schweden haben außer Stockholm 10 Städte Straßenbahnen und zwar Göteborg, Malmö, Hälsingborg, Norrköping, Gäfle, Sundsvall, Jönköping, Uppsala, Karlskrona und Lidingö (ein Villenvorort von Stockholm), dazu kommt die Verbindungsstraßenbahn Luossavaara—Kirunavaara; ferner die Straßenbahn, die Stockholm mit der unmittelbaren Umgebung (hauptsächlich Lidingö, Saltsjö und Saltsjöbaden usw.) verbindet. Die Gesamtlänge dieser Straßenbahnen beträgt 374,5 km.

Keine von den Straßenbahnen hat eine eigene hydroelektrische Zentrale, vielmehr kaufen sie den Strom von den staatlichen, kommunalen und halbkommunalen Kraftwerken, wobei die Preise zwischen 7 und 15 Öre/kWh schwanken. Die Straßenbahnen Schwedens haben im Laufe von 12 Jahren sich stark erweitert und ihren Energieverbrauch verdoppelt.

Ein wesentlich schneller sich erweiterndes Absatzgebiet der elektrischen Energie ist die Elektrifizierung der Vollbahnen.

Abzüglich der bei den Straßenbahnen erwähnten kurzen Verbindungsbahnen,

Tabelle 6.
Zusammenstellung der im Betrieb befindlichen elektrischen Vollbahnen Schwedens.

Strecke	System	Länge km	Jahr d. Elektrifizierung
Staatliche Eisenbahnen:			
Lappländische Erzbahn: Svartån—Riksgränsen samt Zweigbahn	Wechselstrom 16000 V, 15 Per.,	434	1915—1922
Stockholm—Göteborg	Wechselstrom, 16000 V, 16²/₃ Per.	458	1922—1925
Private Eisenbahnen:			
Stockholm—Djursholm	Gleichstrom, 600 V	15	1893
Hälsingborg—Raa—Ramlösa	Gleichstrom, 600 V	8	1906
Mittel-Östergötlandsche Eisenbahnen . . .	Wechselstrom, 10000 V, 25 Per.	72	1908—1915
Lund—Bjärred	Wechselstrom, 16000 V, 16²/₃ Per.	11	1916
Nordmark—Klarälven	Wechselstrom, 16000 V, 25 Per.	150	1921—1922
		1148	

[1] Nach mündlicher Mitteilung von Dr. Ekström ist die bis jetzt einzige elektrische Silage in Schweden auf seinem Grundbesitz in Alby-Fitja unweit Stockholm eingerichtet, und zwar nach dem System der Elektrofutter A. G.

die nur teilweise den Charakter von Vollbahnen besitzen, beträgt die elektrifizierte Streckenlänge 1148 km. Somit darf Schweden hinsichtlich der Länge der elektrifizierten Bahnen eine führende Rolle in Europa beanspruchen.

Über die drei wichtigsten unter diesen sieben Eisenbahnen mögen einige nähere Angaben mitgeteilt werden:

Die Svartån—Narvik-Bahn, die den nordschwedischen Erzbezirk mit dem norwegischen Hafen Narvik verbindet, hat mit Einschluß der kurzen Abzweigungen eine Gesamtlänge von 476 km. Die gesamte Eisenbahn — auch der norwegische Abschnitt — wird von der staatlichen Wasserkraftanlage Porjus mit Strom beliefert. Die auf 80000 V umgespannte Energie wird von Porjus aus an 15 Unterstationen geliefert, die in Abständen von je etwa 35 km verteilt sind. Die Gesamtlänge der Hochspannungsleitung ist 505 km. Von den Unterstationen wird der Strom (auf 16000 V herabgespannt) in die Bahnleitung gegeben, die an einem stählernen Tragdraht hängt. Die Bahn besitzt vier Expreß-, eine Personenzug-, 33 Erzzug- und 12 Verschiebelokomotiven. Die gesamten Kosten der Elektrifizierung haben für den schwedischen Abschnitt 47,5 Millionen Kronen betragen, also auf einen Kilometer rund 110000 Kronen. Dabei ist indes zu bemerken, daß ein großer Teil der Arbeiten während der Teuerung ausgeführt wurde.

Während für die lappländische Erzbahn eigens Einphasenstrom erzeugt wird, ist die Stockholm—Göteborg-Hauptlinie der schwedischen Staatsbahnen an die bestehenden staatlichen Drehstromhauptleitungen angeschlossen. Die Stromentnahme erfolgt in den Unterstationen Södertälje, Sköldinge, Hallsberg, Moholm und Alingsås, wo Motorgeneratoranlagen den Dreiphasenstroms in Einphasenstrom umwandeln. Der Einphasenstrom wird in 3000 V erzeugt und auf 16000 V umgespannt. Die Rückleitung des Stromes zu den Unterstationen erfolgt durch isolierte Kupferkabel, die alle 1,4 bzw. 2,8 km an die Schienen angeschlossen sind. Auf halbem Wege zwischen je zwei solchen Verbindungen sind Saugtransformatoren angeordnet. Hierdurch wird eine besondere leitende Verbindung an den Schienenstößen überflüssig und Arbeiten am Gleis sind ohne Gefahr möglich. Die Elektrifizierung dieser Bahnlinie kostete einschließlich der Anschaffung von 50 Lokomotiven 39 Millionen Kronen. Ein Kilometer kostete somit 85000 Kronen. Die Arbeiten sind erst nach dem Abflauen der Teuerung begonnen und 1926 fertiggestellt worden.

Die größte private elektrifizierte Bahnlinie Schwedens ist die Nordmark—Klarälven-Bahn; sie ist dadurch bemerkenswert, daß der Strom nur an einer einzigen Stelle, etwa in der Mitte der Strecke, der Leitung zugeführt wird und von da an der Einphasenstrom durch den Kontaktdraht und den Tragdraht geleitet wird. Eine isolierte Rückleitung findet sich längs der ganzen Linie und an jedem dritten Kilometer ist ein Saugtransformator angeordnet. Die Anordnung hat sich auch von Standpunkte der Einschränkung der Telephonstörungen als sehr günstig erwiesen. Die Kosten der Elektrifizierung haben hier einschließlich der Anschaffungskosten von 15 elektrischen Lokomotiven 6750000 Kronen betragen, also nur 45000 Kronen für einen Kilometer.

Seit 1922 hat sich die Gesamtlänge der elektrifizierten Bahnlinien in Schweden durch die Vollendung der Erzbahnelektrifizierung, der Klarälv- und der Stockholm—Göteborg-Bahn auf mehr als das Vierfache erhöht. Da die Dampflokomotiven in Schweden auf vielen Strecken mit Holz beheizt werden, so hat die Entwicklung des elektrischen Betriebes auch eine große Bedeutung für die Schonung der industriell wertvollen Holzbestände.

2. Die Verteilung des Elektrizitätsverbrauches auf die verschiedenen Verwendungsgebiete.

Statistische Angaben über die Beteiligung der besprochenen Absatzgebiete am Elektrizitätsverbrauch kann man einem Vortrage von F. V. Hansen entnehmen, nur ist dort etwas anders gruppiert; vgl. ferner (in engerer Zusammenfassung) Källströms eingehenden Bericht in Sv. V. K. För. publ. 1928; 9. Hansen trennt von der Gruppe der erz- und metallverarbeitenden Industrien einerseits die viel Kraft verbrauchenden Elektrohütten, also die elektrothermischen Betriebe ab, andererseits aber die feineren Betriebe, die mechanischen Werkstätten. Die Elektrohütten faßt er zusammen mit den elektrochemischen Betrieben und mit der elektrischen Erwärmung und Dampferzeugung, die mechanischen Werkstätten aber mit der Textilindustrie und mit sonstigen mehr menschliche Arbeitskraft und weniger elektrische Energie fordernden Industriezweigen. Diese vom Standpunkt der Industriestatistik willkürlich scheinende Gruppierung ist elektrizitätswirtschaftlich durchaus zweckmäßig, da die in Hansens Aufstellung als letzte eingeführte Gruppe im großen und ganzen hauptsächlich mit „Sekundakraft" beliefert wird.

Tabelle 7. Elektrizitätsverbrauch der Abnehmergruppe in % des Gesamtverbrauchs.

	1923 (Hansen)	1925 (Källströms)	1927 (Källströms)
Sägewerke, Holzschleif-, Zellulose- und Papierindustrie	35	—	—
Bergbau-, Eisen-, Stahlindustrie	10	61,0	61,0
Mechanische Industrie, Textilfabriken	10	—	—
Vollbahnen und Straßenbahnen	5	4,0	5,1
Häuslicher Bedarf in den Städten	5	12,2	12,4
Dorf- und Landwirtschaftselektrifizierung	5		
Elektrochemische, elektrothermisehe (elektrometallurgische) Industrie und elektrische Dampferzeugung	30	22,8	21,5
Gesamtverbrauch Miar. kWh	2,6	3,2	3,9

Die Gesamtstromabnahme (Wasser- und Dampfkraft) des ganzen Landes hat sich in den letzten zehn Jahren von 2,2 (1916) auf 3,9 Milliarden kWh (1927) gesteigert. Dabei war die durchschnittliche jährliche Steigerung von 1916 bis 1920 ungefähr 170 Millionen kWh, aber von 1921 bis 926 das Doppelte, 340 Millionen kWh. In diesen Zahlen ist der Energieverbrauch der direkt von Wasserkraft angetriebenen Werke der Holz- und Papierindustrie nicht inbegriffen.

Die Zahlen zeigen, daß bei allgemeinem starken Steigen des Energieverbrauchs (und nach Abb. 8 auch des Leistungsdargebots) der Anteil der allgemeinen Eltversorgung und des Bahnbetriebs stark zugenommen hat.

3. Die der Stromverteilung dienenden Organisationen und Übertragungsanlagen im allgemeinen.

Von den rund 2500 Wasserkraftanlagen Schwedens dienen etwa 7% ganz oder teilweise der Elektrizitätsverteilung auf Städte, Dörfer und Landwirtschaftsbezirke, in deren Versorgung, hauptsächlich in den weniger entwickelten Teilen des Landes, noch wenig Einheitlichkeit herrscht; viele Stationen sind veraltete, kleine Anlagen mit Gleichstromerzeugung.

Trotz der großen Uneinheitlichkeit lassen sich indes wohl umgrenzte Stromverteilungsbezirke feststellen, innerhalb deren ein einzelnes großes Kraftsystem oder ein Zusammenschluß mehrerer großer Kraftsysteme die ganze Stromversorgung oder doch den überwiegenden Teil in der Hand hat. Dabei müssen allerdings große Gebiete mit ganz lückenhafter Elektrifizierung ausgeschieden werden. Dies gilt besonders für den größeren Teil von Norrland, Värmland und Dalarne. Im nachfolgenden werden die großen Kraftverteilungsbezirke nach F. V. Hansen wiedergegeben. Außerdem wurden zur besseren Veranschaulichung der Bedeutung der Unternehmungen bei den wichtigsten ihre Jahreserzeugung 1925 und 1926 in Klammern angegeben.

Die Versorgungsbezirke der schwedischen Elektrizitätswirtschaft.

1. Staatliches Porjuswerk. (156—172 Mio kWh).
2. Finnforsen-Werk des städtischen Elektrizitätswerkes Skellefteå.
3. Staatliches Norrforsenwerk in Zusammenarbeit mit Mo & Domsjö (Gideå & Husums) A. B.
4. Kraftverteilung durch mehrere große industrielle Wasserkraftanlagen u. a. Kramforsen A. B., Skönvik A. B. usw.
5. Stora Kopparbergs Bergslags A. B., deren eigene große Industriewerke elektrisch zusammenarbeiten und auch eine Anzahl Dörfer und Ackerbaubezirke mit Strom versorgen (272,7—274,2 Mio kWh).

6. „Bergslagens gemensamma Kraftförvaltning", gemeinsamer Stromverteilungsdienst einer Anzahl privater Kraftwerke (24,0—22,6 Mio kWh).
7. Kraftverteilung der Uddeholms A. B., ähnlich wie Ziffer 5 (160—179 Mill. kWh).
8. Staatliches Älvkarlebywerk (242—259 Mio kWh).
9. Staatliches Motalawerk (39—31 Mio kWh).
10. Motalaström Kraft A. B. Öffentliche Stromverteilung.
11. Gullspångs-Munkfors Kraft A. B. und Örebro Elektrizitätswerk, die elektrisch zusammenarbeiten und einen Konzern bilden (82—94 Millionen kWh).
12. Staatliche Götaälvwerke (Trollhättan und Lilla Edet) mit Ziffer 8—9 zusammenarbeitend (810—871 Mio kWh).
13. Yngeredsfors Kraft A. B. (46—52 Millionen kWh).
14. Sydsvenska Kraft A. B. einschließlich Hemsjö A. B. und Finsjö A. B. (240—284 Millionen kWh).

In dieser Übersicht sind Kraftverteilungssysteme unberücksichtigt gelassen, deren Wirkungskreis sich auf eine einzige Stadt und deren Umgebung beschränkt, auch wenn sie sonst noch so bedeutend sind, so z. B. Stockholm (Untrawerk) (143—160 Millionen kWh), Borås u. a.

Die obige Zusammenstellung der wichtigsten Kraftsysteme macht auch die in Abb. 47 dargestellten, wichtigsten Hochspannungslinien verständlich. Die nach und nach zunächst getrennt entstandenen Staatswerke Älvkarleby, Motala, Västerås (Dampfwerk) und Trollhättan (ältestes staatliches Werk) sind seit 1922 miteinander verbunden. Die Hauptleitung Västerås-Trollhättan, welche die höchste Spannung in Schweden, nämlich 132000 V, aufweist, wird als westliche Stammleitung bezeichnet. Sie hat einen jahreszeitlichen Ausgleich zwischen der in sich eng zusammenarbeitenden Kraftwerksgruppe Älvkarleby, Motala, Västerås auf der einen Seite und den Kraftwerken am Götaälv, zur Zeit Trollhättan und Lilla Edet, auf der anderen Seite zu ermöglichen. Diese Gruppe von Kraftwerken mit ihren Hauptleitungen wird als staatlicher Zentralblock bezeichnet. Da die östlichen Kraftwerke dieser Zentralgruppe 50periodigen Strom liefern, das Trollhättanwerk aber noch 25periodigen, so erforderte der Zusammenschluß besondere technische Maßnahmen. Im Trollhättanwerk wurden zwei Generatoren aufgestellt, die sowohl 25- als 50periodigen Strom erzeugen und außerdem ihnen zugeführten fremden Strom je nach Bedarf auf 25 oder 50 Perioden umformen können. — Der Zentralblock hat ein Jahresarbeitsvermögen von nahezu 1 Milliarde kWh.

Das zweitgrößte Kraftverteilungssystem Schwedens, das der Sydsvenska Kraft A.B., ist ein halbkommunales Unternehmen (vgl. S. 56), an dem die angeschlossenen Städte als Hauptaktionäre beteiligt sind. Das Unternehmen ist aus dem Zusammenschluß der ursprünglich kleineren Sydsvenska A. B. mit der Hemsjö- und Finsjö Kraft A. B. entstanden. Die Hauptleitung dieses Systems führt dementsprechend von Finsjö nach Hemsjö und von da nach Malmö (Abb. 225).

Die mittelschwedischen Kraftsysteme 5, 6, 7, 11 sind an die Hochspannungsleitungen des staatlichen Zentralblocks angeschlossen.

Von den nordschwedischen Hochspannungsleitungen ist besonders die von Porjus nach Luleå bemerkenswert. Hier ist nämlich die Einphasenstromleitung der Eisenbahn für die Kraftversorgung der Küstenlandbezirke in der Weise herangezogen, daß Einphasenstrom umgeformt und als solcher von hier aus in einer Drehstromhochspannungsleitung der Küste entlang geführt wird, was darin begründet ist, daß der Bahnstrombedarf weitaus überwiegt.

Die Stammleitung Untra—Stockholm ist mit dem staatlichen Hauptleitungsnetz vorläufig nicht verbunden.

Die Karte enthält ferner noch die für spätere Zeit entworfenen großen Hochspannungsleitungen, die den Indalsälv mit dem staatlichen Zentralblock und Trollhättan mit Helsingborg verbinden sollen. Diese Stammleitung und ihre Bedeutung für die zukünftige energiewirtschaftliche Entwicklung Schwedens wird weiter unten im Rahmen des Energiewirtschaftsplans behandelt.

Wir sahen schon, daß die letzten Jahre in Schweden im Zeichen des Zusammenschlusses verschiedener Kraftverteilungssysteme gestanden haben. Aus dem oben über die mittelschwedischen Leitungsnetze Gesagten geht hervor, daß außer den Zusammenschlüssen, die Bergslagens Gemensame Kraftförvaltning und den heutigen Umfang der Sydsvenska Kraft A. B. entstehen ließen, auch noch eine losere, rein betriebstechnische Zusammenarbeit zwischen verschiedenen an sich wirtschaftlich selbständigen Kraftverteilungssystemen untereinander und hauptsächlich mit dem staatlichen Zentralblock angebahnt wurde. Die Aufgaben einer solchen Arbeitsgemeinschaft werden von Borgqvist in sehr zutreffender Weise folgendermaßen aufgestellt:

1. Gelegentlicher wechselseitiger Verkauf von Energie in Grenzbezirken zweier benachbarten Stromverteilungsunternehmungen.

2. Abgabe von Energie aus einem System an ein anderes unter Benutzung der Leitungen eines dritten Systems,

3. Abgabe von Elektrizität von einem System ins andere zwecks Aufsparung für einen anderen Zeitpunkt.

Dieser dritte Vorgang, von den schwedischen Fachleuten als „elektrizitätswirtschaftlicher Bankbetrieb“ bezeichnet, kann naturgemäß zu größerer Bedeutung erst kommen, wenn entsprechende Möglichkeiten zum Aufsparen der Energie bestehen, die im allgemeinen durch Wasserspeicher gegeben oder ergänzt werden müssen; der staatliche Zentralblock wird sich solcherart zu einer „Bank“ und zu einem „Clearing House“ für Elektrizität für Mittel-, West- und Südschweden entwickeln, sobald die geplante Regulierung des Wenersees durchgeführt sein wird. Die Speicherfähigkeit des Wenern bei dem geplanten Ausmaß der Regulierung von etwa 1,40—1,60 m Stauhöhe entspricht einer Leistung von 700—800 Millionen kWh. Der See soll nicht allein für den Ausgleich innerhalb des einzelnen Jahres, sondern auch für Überjahresregulierung (zum Ausgleich der ungünstigen Wirkung von Trockenjahren) herangezogen werden. Für den Fall der Regulierung des Wenern plant auch das einzige große mittelschwedische Kraftsystem, das bis jetzt noch keine Verbindungsleitung mit dem staatlichen Zentralblock besitzt, Uddeholm A. B., eine Verbindung mit dem Trollhättanwerk.

Hand in Hand mit dem Ausbau der Netzzusammenschlüsse wird wohl auch die jetzt noch bestehende Uneinheitlichkeit der Wechselstromfrequenzen (vorwiegend: 25, 50 und 60 Perioden/sek) allmählich durch Übergang zur 50periodigen Norm beseitigt werden.

Die Gliederung des Gesamtbestandes der schwedischen Hochspannungsleitungen nach Spannungsstufen und Besitzanteil der verschiedenen Unternehmungsformen zeigt nachstehende von Borgqvist um 1925 mitgeteilte Tabelle 8.

Tabelle 8. Gliederung der schwedischen Hochspannungsleitungen über 30 kV.

Spannungsgruppen kV	Anteil in % der Gesamtlänge: Staat	Kommunale Werke	Halbkommunale und interkommunale Gesellschaften	Private Elektrizitätsgesellschaften und Industriefirmen	Gesamtlänge in km
30—50	15	11	17	57	2980
50—70	32	4	31	33	1097
70—100	90	10	—	—	1281
über 100	100	—	—	—	332
über 30	40	9	15	36	5690

Die mit der Spannung zunehmende Bedeutung der öffentlichen, besonders der staatlichen Unternehmungen tritt deutlich hervor.

4. Die rein landwirtschaftlichen Überlandzentralen.

Wir sahen, daß in Schweden neben den großen, der allgemeinen Landesversorgung dienenden Elektrizitätswerken und neben den Zusammenschlüssen solcher Kraftwerke zu großen Kraftverwaltungen noch eine sehr bedeutende Zahl kleiner, z. T. seit Jahrzehnten bestehender Elektrizitätszentralen tätig ist. Diese Klein- und Zwergkraftanlagen haben ihr Versorgungsgebiet vielfach außerhalb des Bereichs der großen Kraftkonzerne, also in den in unserer Landkarte (Abb. 47) nicht umrandeten Gebieten. Vielfach haben sie sich aber auch innerhalb der großen Stromverteilungsgebiete weiter behauptet. Die meisten sind noch Gleichstromanlagen und bereiten mit ihrer begrenzten Reichweite dem systematischen Ausbau und der elektrischen Zusammenarbeit von größeren Gebieten viele Schwierigkeiten.

Tabelle 9.

Die ganz oder überwiegend für Landwirtschaft arbeitenden Kleinzentralen[1].

Kraftquelle	Stromart	Anzahl der Anlagen	%	Aufgestellte Leistung in kVA	Aufgestellte Leistung in %	Mittlere Größe einer Anlage in kVA
Wasserkraft . .	Wechselstrom	637	38,0	53589	79,5	84,1
	Gleichstrom	993	59,1	11648	17,3	11,7
Wärmekraft . .	Wechselstrom	13	0,8	1428	2,1	109,8
	Gleichstrom	35	2,1	769	1,1	22,0
	Insgesamt	1678	100,0	67434	100,0	40,2

Die an Zahl überwiegenden, an Leistung aber so geringen Gleichstromzentralen versorgen meist nur ein einziges Dorf, vielfach aber nur eine ganz kleine Gruppe von Höfen; sie erzeugen die Energie in Gebrauchsspannung, meistens 220 oder 2 mal 220 V.

Auch die überwiegend für die Landwirtschaft arbeitenden Wechselstromstationen sind nach unserer Zusammenstellung meist nur ganz klein. Sie erzeugen den Strom meist nur in der Verteilungsspannung, zwischen 1000 und 20000 V, und spannen in der Regel nur beim Abnehmer um („Zweispannungssystem").

Ein nicht unbedeutender Teil des zur Landwirtschaftsversorgung nötigen Stromes wird im übrigen von den größeren Kraftwerken erzeugt, deren Hauptaufgabe die Versorgung der Industrien, Städte, Eisenbahnen usw. ist und die nur einen geringeren Teil ihrer Stromerzeugung der Landwirtschaft liefern. Zu diesen, in obiger Aufstellung nicht berücksichtigten Werken gehören vor allem sämtliche großen Überlandzentralen, auch jene des Staates und der Sydsvenska Kraft A. B., außerdem auch ziemlich viele größere und kleinere Wasserkraftanlagen des flachen Landes, die für eine einzige Fabrik erbaut sind und nebenbei die benachbarten Dörfer mit Strom versehen. — Die Kraftwerke des staatlichen Zentralblocks versorgen so nicht weniger als 36% des gesamten elektrifizierten Ackerareals. — Der staatliche Zentralblock und auch ein großer Teil der übrigen großen Überlandzentralen schaltet zwischen die Hochspannung und die Gebrauchsspannung eine mittelhohe Spannung (1500 bis 3000 V) ein. Dieses Verteilungssystem wird als Dreispannungssystem bezeichnet. — Die örtlichen Umspannwerke sind meist Freiluftanlagen, vielfach in der (Abb. 39) dem staatlichen Distriktingenieur Edholm patentierten Bauart, die eine bequeme Besichtigung der Transformatoren und ein leichtes Abschalten bei Gewitter ermöglicht.

Über die zweckmäßigste Art der Stromversorgung rein landwirtschaftlicher Bezirke hat der Eltausschuß eingehende Untersuchungen gemacht deren Ergebnisse allgemeines Interesse verdienen. Die Untersuchungen berücksichtigen neben den

[1] Nach Nils Ekwall.

Erstellungs- und Betriebskosten auch als wesentlichen Maßstab die Betriebssicherheit; die Schemata der in Betracht gezogenen Ausbauformen sind aus Abb. 40 bis 43 zu ersehen.

Abb. 42 stellt das Dreispannungssystem für die Gegend von Enköping dar. Dem ward für dieselbe Gegend die Netzgestaltung gegenübergestellt, die sich ergeben würde, falls man die Hochspannung unmittelbar zur Gebrauchsspannung abspannen, also das Zweispannungssystem anwenden würde. Hierfür sind zwei Lösungen möglich, die eine kann als dezentralisierte, die andere als zentralisierte Form bezeichnet werden. Der Eltausschuß kam zu dem Ergebnis, daß in den dichtest besiedelten Gebieten das Dreispannungssystem entschieden das vorteilhafteste ist; in Gegenden mittlerer Bevölkerungsdichte kann, falls die Besiedelung flächenhaft ist, das Dreispannungssystem oder das Zweispannungssystem in zentralisierter Form Anwendung finden; in sehr dünn, wenn auch flächenhaft besiedelten Gegenden und ganz besonders bei nur streifenartiger Besiedelung (Inneres von Norrland mit Ausnahme der Storsjögegend, ferner die gebirgigen Teile von Dalarne und Värmland) stellt endlich das Zweispannungssystem in dezentralisierter Form die zweckmäßigste Lösung dar.

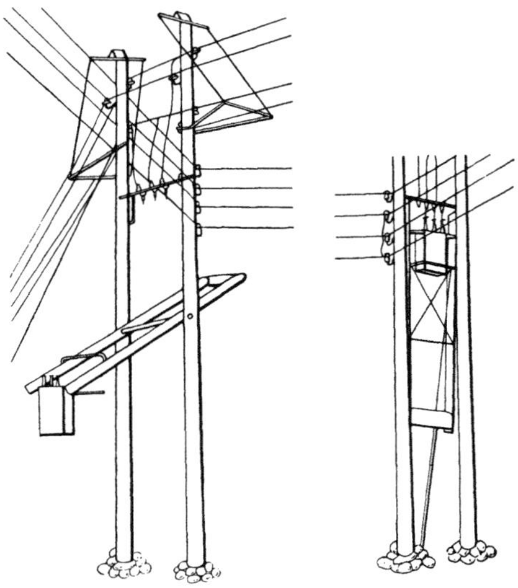

Abb. 39. Schwenkbarer Masttransformator. (Ekwall, Hansenfestschrift.)

Die Gebrauchsspannung, bei Gleichstromanlagen nach obigem meist 220 oder 2 × 220 V, ist bei Wechselstrom beinahe überall entweder 220 oder 380 V für die Beleuchtung und für die Kleinmotoren; die größeren Motoren, also die Dreschmotoren der großen Höfe, werden dagegen vielfach mit ziemlich hoher Spannung betrieben. Bei dem Dreispannungssystem ist die naturgemäße Anordnung die, daß die großen Motoren von der Mittelspannungsleitung (1500 oder 3000 V) unmittelbar gespeist werden; bei dem Zweispannungssystem wird zu den großen Höfen, wo starke Dreschmotoren stehen, außer der Ortsleitung auch die Hochspannungsleitung hingeführt. Ist die Hochspannung für den Zweck des Motors zu hoch, so wird im Hofe selbst ein Umspanner mit einer zweckmäßigen Unterspannung angeordnet. Dieser Umspanner ist in Schweden vielfach auf einem Wagen aufgestellt, so daß er für mehrere Höfe Dienst tun kann.

Wie die Technik, ist auch die Organisation der Stromverteilung in der schwedischen Landwirtschaft sehr mannigfaltig. Man kann im großen und ganzen drei typische Organisationsformen unterscheiden.

Die erste, bei der später in der Sydsvenska Kraft A. B. aufgegangenen Hemsjö Kraft A. B. verwendet, kann als strenger Zentralismus bezeichnet werden. Ihr Wesen besteht darin, daß der Krafterzeuger die gesamten Leitungen — oft sogar bis zu den Einzelhöfen — selbst baut.

Die zweite Form kann als Konzessionsorganisation bezeichnet werden und besteht darin, daß der Krafterzeuger für einzelne Gegenden an Elektrizitätsverteilungsgesellschaften Konzessionen, gegebenenfalls mit Alleinrecht vergibt. Diese Gesellschaften können die Unterleitungen ausbauen und mit dem Bau und Betrieb der zu den einzelnen Höfen führenden Leitungen wieder andere beauftragen, so geht die Energie oft durch eine ganze Reihe von Verteilern, bis sie zu den Verbrauchern kommt. — Vielfach tritt auch an Stelle der Eltverteilungsgesellschaften ein großer Bauernhofsbesitzer, der somit Stromverbraucher und zugleich Stromverteiler ist. Diese

Organisation ist in dem ursprünglichen Tätigkeitsgebiet der Sydsvenska Kraft A. B. vielfach angewendet worden.

Die dritte Lösung ist gleichfalls eine Konzessionsorganisation, jedoch mit dem Unterschied, daß die Konzession immer nur den zu einer Genossenschaft zusammen-

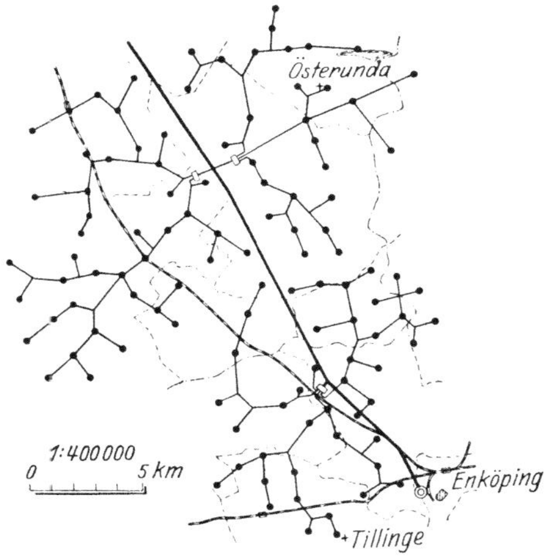

Abb. 40. Zweispannungssystem gewöhnlicher Art.

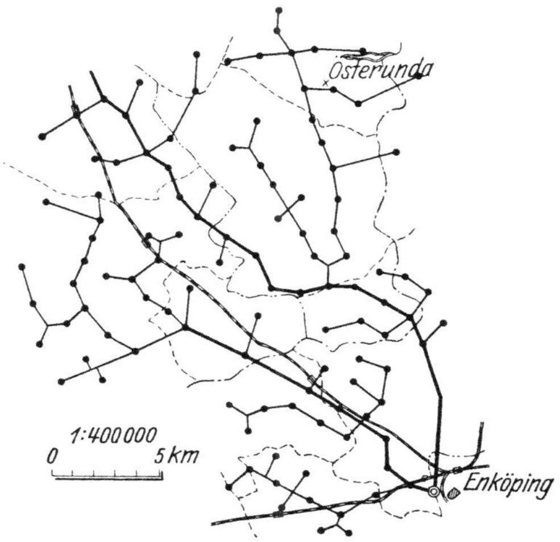

Abb. 41. Zweispannungssystem mit Untergruppen.

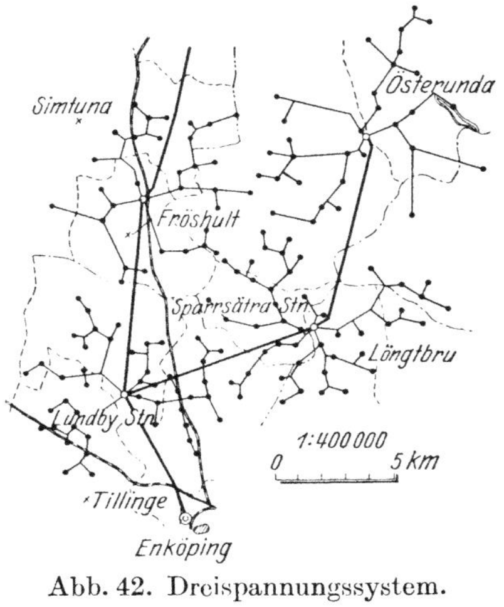

Abb. 42. Dreispannungssystem.

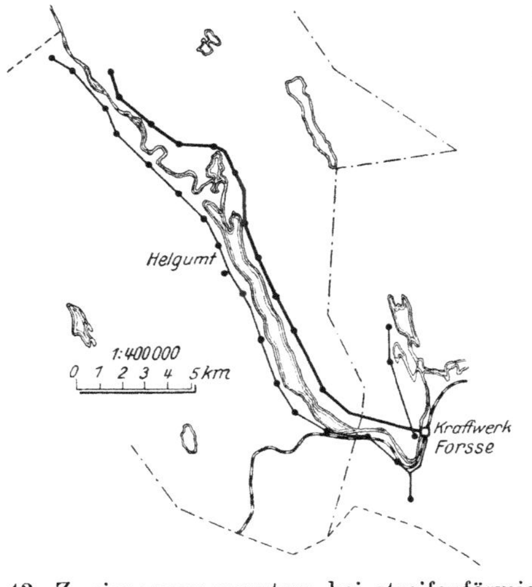

Abb. 43. Zweispannungssystem bei streifenförmiger Besiedelung.

Abb. 40—43. Typische Versorgungssysteme für ländliche Gebiete. (Nach Nils Eckwall.)

◎ Unterstation 70/20 kV.
○ Sekundäre Unterstation 20000/1500 V = Abb. 42.
● Ortsstation 20000/380 V = Abb. 40, 41, 43; 1500/220 V = Abb. 42.
▭ Meßstation 20 kV.
——— Verteilungsleitung 20 kV Hauptstrang.
——— { Verteilungsleitung 20 kV Zweigstrang = Abb. 40, 41; Hauptstrang = Abb. 43.
——— { Ortsleitung 1500 V = Abb. 42.

geschlossenen Verbrauchern erteilt wird, die gemeinsam die Ortsumspanner und Hofleitungen ausbauen und betreiben. Da einem solchen Zusammenschluß von Bauern (zumal bei der Barmittelknappheit der Nachkriegszeit) das nötige Kapital meist fehlt, verlangt diese vielleicht sachgemäßeste Lösung die Bereitstellung entsprechender Kredite. Die staatlichen Kraftleitungskredite, über die schon im 3. Abschnitt berichtet wurde, geben hierzu die Möglichkeit. Bei dieser, in dem staatlichen Zentralblock und auch bei anderen großen Konzernen viel vertretenen Organisation, die der Ausschuß ganz besonders befürwortet, ist die passende Einheit für die Genossenschaftsnetze ein System von mittlerer Spannung (1500 oder 3000 V).

Der Ausschuß hat auch die organisatorischen Fragen einer eingehenden Prüfung unterzogen. Er kam dabei zunächst zu dem Ergebnis, daß es besonders wichtig ist, bei der Inangriffnahme der Elektrifizierung einer Gegend im voraus die Grenzen für die einzelnen Konzessionen festzulegen und den Konzessionär vertraglich zu verpflichten, innerhalb seines Gebietes einheitlich vorzugehen und nicht etwa einzelne ungünstig gelegene Höfe oder Hofgruppen zu übergehen. — Ferner regte der Ausschuß wegen der großen Bedeutung der Elektrifizierung der Drescharbeit die Bildung von besonderen Dreschgenossenschaften mit fahrbaren Dreschmaschinen an, wodurch einerseits die Anschaffung der Maschine erleichtert, andererseits dem Auftreten gehäufter Belastungsspitzen vorgebeugt wird, so daß auch an den Ortsleitungen bedeutende Ersparnisse erzielt werden. — Diesem letzteren Zwecke dient es auch, wenn sich an den Dreschverein auch die größeren, ihre eigene Dreschmaschine besitzenden Höfe anschließen und gewisse Beschränkungen für die Dreschzeit (z. B. daß zu den Stunden des Lichtverbrauches nicht gearbeitet wird) annehmen. Der Ausschuß hat unter Zugrundelegung dieser und ähnlicher Sparmaßnahmen eingehende Berechnungen über den Leistungsbedarf bei der Elektrifizierung eines Landwirtschaftsbezirkes aufgestellt und außerdem die Berechnung der Netze durch Aufstellung geeigneter Tabellen zu erleichtern gesucht[1].

An dieser Stelle sei schließlich hervorgehoben, daß bei jedem „Länsförening" (Bezirksverein für Landwirtschaftselektrifizierung) ein beratender Ingenieur, ein sog. „Länskonsulent", verpflichtet ist. Die Anstellung dieser Fachleute wird durch staatliche Unterstützung der Länsvereine ermöglicht. Während seiner ganzen Tätigkeit hat der Ausschuß, hauptsächlich sein Mitarbeiter Nils Ekwall, sozusagen als zentraler Konsulent für diese Arbeiten fungiert; also neben seinen allgemeinen Arbeiten auch schwierige konkrete Fragen bearbeitet.

5. Preisgestaltung.

Die Tarifformen für elektrische Stromlieferung sind in Schweden so mannigfaltig wie anderwärts und im allgemeinen den anderwärts gebräuchlichen ähnlich. Die beiden einfachsten Lösungen, nämlich Bezahlung nach der in Anspruch genommenen Höchstleistung unter Anwendung von leistungsbegrenzenden Stromunterbrechern und Bezahlung der tatsächlich verbrauchten kWh nach Stromzählern sind nicht allgemein gebräuchlich.

Mit Ausnahme der elektrometallurgischen und elektrochemischen Industrien sind die meist angewendeten Industrietarife von der Form: $x \cdot N + y \cdot A$, wo A die Anzahl der verbrauchten kWh, N die Höchstbelastug in kW bedeuten und wo x und y entsprechende Einheitspreise sind (Grundgebühr nach der Höchstbelastung und Arbeitsgebühr). Vielfach wird außerdem ein dritter Einheitspreis eingeführt, um den Unterschied zwischen dem Wert der Energie in den Hauptverbrauchsstunden (spärrtid) und außerhalb derselben zu berücksichtigen. Dieser „Doppeltarif" hat also die Form: $x_1 N + x_2 N_{\text{Sp}} + y A$. Manchmal wird für Großabnehmer die Leistungsgebühr abgestuft, so daß bis zu einer gewissen Anzahl kW der Einheitssatz je kW geringer ist als nach Überschreitung dieser Grenze.

[1] Kungl. Elektrifieringskommittéens Meddelanden 4. und 5. Utredning beträffande en generell metod för beräkning av distributionsnät for landsbygdes elektrifiering. Utredning beträffande en generell metod för beräkning av Energie- och Effektbehov vid landsbygdeselektrifiering.

Die obige industrielle Tarifform wird in entsprechender Anpassung immer mehr auch für landwirtschaftliche Stromversorgung angewandt, um eine bessere Ausnutzung der Anlagen zu ermöglichen. Vattenfallstyrelsen hat — im Hinblick auf die großen Kosten der Ortsnetze — Tarife folgender Form eingeführt: $xF + yA$, wo F die Anzahl der elektrifizierten Hektar angibt. (Der Beiwert y ist hierbei meistens 10 Öre/kWh, der Beiwert x 6—12 Kronen/ha, je nach den Kosten des Ortsnetzes.) Dieses Tarifsystem ist in zwei Dritteln der Kraftverteilungsgenossenschaften des staatlichen Zentralblocks eingeführt; seine Einführung begegnete, wie nach unseren deutschen Erfahrungen verständlich, lange Zeit hindurch großem Widerstand bei den Verbrauchern. Als weiteren Schritt plant Vattenfallstyrelsen Versuche mit einem Tarif, in dem an Stelle der 10 Öre/kWh 300 Kronen/kW bis zu einer bestimmten Anzahl kW kommen und die 10 Öre/kWh nur für den Verbrauch nach Überschreitung dieser Leistung zu zahlen sind. Von dieser eigenartigen Kombination von Leistungspauschale und Arbeitsgebühr darf man eine Förderung des Stromverbrauchs und der Benutzungsstundenzahl bei Beschränkung der Spitzenhäufung erwarten.

In den Städten sind ebenfalls sehr vielerlei Tarife in Anwendung, wobei für das elektrische Kochen meist Sondertarife und -vorschriften vorgesehen sind.

Die Höhe der Strompreise ist naturgemäß sehr verschieden, je nach den Selbstkosten und je nachdem, ob der einzelne Verbraucher unmittelbar vom Kraftwerk bezieht oder ob ein oder mehrere Zwischenverkäufer den Bezug vermitteln. Über die Selbstkosten schwedischer Wasserkrafteltwerke gibt Abb. 44 einen guten Überblick. Über Tarife hat der Schwedische Eltwerksverband mehrfach reiches Material veröffentlicht, das auszugsweise in Bulletin VI v. 1927 des Schweiz. Elektrot. Ver. wiedergegeben ist. — Größere, unmittelbar von Wasserkraftanlagen die Energie beziehende Abnehmer bezahlen in Süd- und Mittelschweden etwa 50—100 Kr. je kW und Jahr und ½ bis 2 Öre/kWh, so daß sich je nach Benutzungsdauer der beanspruchten Höchstleistung folgende Durchschnittspreise je kW oder kWh errechnen:

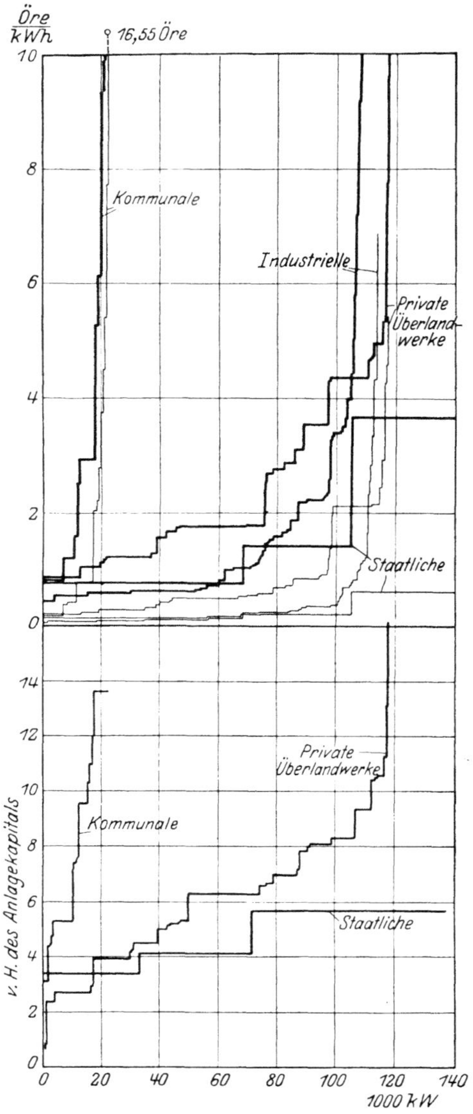

Abb. 44. Betriebsergebnisse schwedischer W.K.Eltwerke. (Sver. Mont. Vattenkraft-Kommerskollegium.) Obere Abb.: Reine Betriebsführungskosten (ohne Zins u. Abschr.): dünne Linien, Gesamte Jahreskosten: starke Linien. Untere Abb.: Brutto-Überschüsse (Einnahmen abzügl. Betriebsführungs- und Abschreibungskosten).

Jährliche Benutzungsdauer	2400	4800	7200	Std.
Durchschnittspreis je kWh	2,6—6,2	1,55—4,1	1,2—3,4	Öre
Durchschnittspreis je kW	62,5—149	74—198	86—245	Kronen.

Ähnliche Preise bezahlen auch viele städtische Elektrizitätswerke an die Unternehmer der Großwasserkraftanlagen.

Selbstverständlich sind die Sekundakraftlieferungen an elektrometallurgische, elektrochemische und ähnliche Industrien viel billiger. Hier wird meist nur ein einziger Preis (kW- oder seltener kWh-Gebühr) bezahlt und zwar etwa 40 bis 60 Kronen/kW, was bei 8000 Gebrauchsstunden 0,5—0,75; bei 6000 Stunden 0,67 bis 1,0 Öre/kWh entspricht. Die Vereinbarungen über große Energielieferungen an Industrien werden meist als Geschäftsgeheimnis behandelt, so daß man nur nach vereinzelten, bekannt gewordenen Angaben urteilen kann. Im Kleinbezug stellt sich Lichtstrom aus den meisten städtischen Werken auf 40 herunter bis 25 Öre/kWh.

Im ganzen genommen sind die schwedischen Strompreise von z. B. deutschen und schweizerischen nicht grundsätzlich und wesentlich verschieden, wenigstens nicht, soweit übertragener Strom in Frage kommt; die geringe Bevölkerungsdichte verteuert naturgemäß die Verteilung und gleicht die Vorteile der wohl in vielen Fällen billigeren Erzeugung aus.

6. Bilanz und Entwicklungsaussichten der schwedischen Elektrizitätswirtschaft.

Als Grundlage für die Lösung seiner engeren Aufgabe, die Energieversorgung der Landwirtschaft zu studieren, hat der Eltausschuß die Energiequellen, den im Jahre 1940 zu erwartenden Gesamtenergiebedarf und die zweckmäßige Entwicklung des Hochspannungslandesnetzes summarisch untersucht.

Kraftdistrikteinteilung. Zu diesem Zwecke hat der Ausschuß das Land ohne Rücksicht auf die politische Einteilung in sog. Kraftdistrikte eingeteilt. Diese Kraftdistrikte entsprechen im wesentlichen den um 1920 wichtigsten Kraftverteilungssystemen, nur mußten naturgemäß in das Schema auch Gebiete einbezogen werden, die vorläufig nicht oder schwach elektrifiziert waren. In solchen Gegenden ohne größere Kraftverteilungssysteme wurde die Abgrenzung der Kraftdistrikte nach den naturgeographischen Verhältnissen, vor allem im Anschluß an die Grenzen der großen Wassereinzugsgebiete vorgenommen. In die energiewirtschaftliche Landkarte (Abb. 47) wurden die vom Eltausschuß gewählten Bezeichnungen der Kraftdistrikte und auch die Bezeichnungen der vorherrschenden Kraftverteilungssysteme eingeschrieben. Die Kraftdistrikte wurden dann in drei Hauptgruppen, sog. Kraftprovinzen, zusammengefaßt, und zwar: die neun südlichsten Kraftdistrikte zur Kraftprovinz „Süd- und Mittelschweden“, die zwei danach folgenden Kraftdistrikte zur Kraftprovinz „Nedre Norrland“ und schließlich die drei nördlichsten Kraftdistrikte zur Kraftprovinz „Övre Norrland“. In jedem einzelnen Kraftdistrikt wurden dann die vorhandenen Wasserkraftvorräte bestimmt (vgl. Abb. 45a und den 1. Abschnitt dieses Buches).

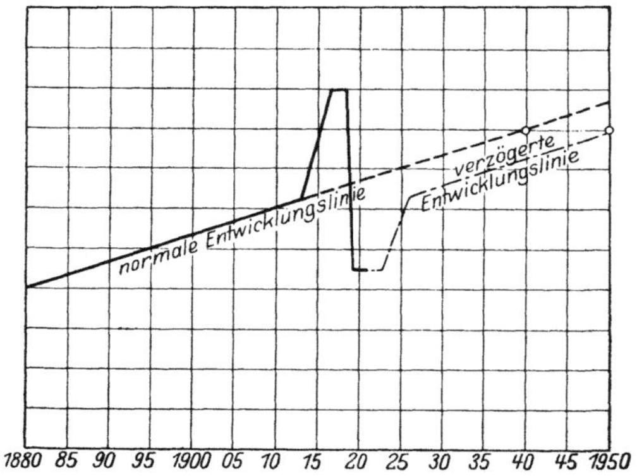

Abb. 45. Schematisierte, angenommene Entwicklung des schwedischen Wirtschaftslebens 1900—1940. (Elektrifieringskommittéens Meddelanden 8.)

Energiebedarf. Der zweite und schwierigste Teil der Untersuchung galt der Voraussage des Energiebedarfs für das Jahr 1940, gesondert für die einzelnen Kraftdistrikte. Hierbei wurde durchweg als erste Voraussetzung angenommen, die Entwicklung der Industriegruppen werde in jedem Kraftdistrikt ihren gleichmäßigen, vor der Kriegshochkonjunktur eingeschlagenen Gang wieder zurückgewinnen (also der in Abb. 45 stark gestrichelten Geraden entsprechen). Der Ausschuß war sich

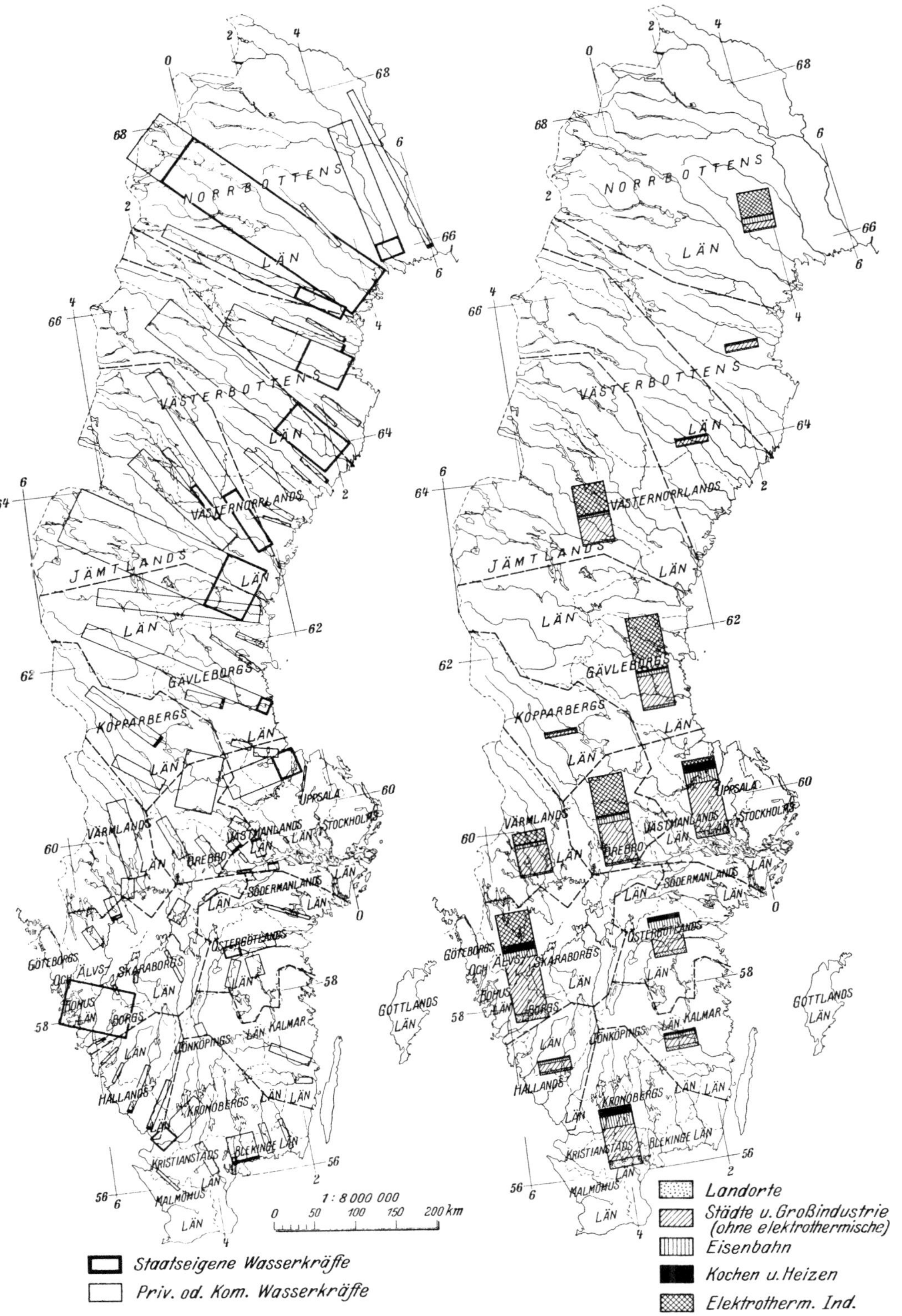

Abb. 45a. Schweden. Energiebedarfsprognose (links) und Wasserkraftvorräte (rechts). (Elektrif.-Kommitté.)

bewußt, daß diese Voraussetzung etwas optimistisch war und daß höchstwahrscheinlich die Erschütterungen der schwedischen Wirtschaft und der Aufnahmefähigkeit des Weltmarktes durch die Hochkonjunktur des Weltkrieges und die danach folgenden Krisenjahre sich noch Jahrzehnte hindurch in einer Verzögerung der normalen Entwicklung geltend machen würden, wie es die strichpunktierte Linie der Abb. 45 darstellt. Dieser Umstand wurde indes nicht berücksichtigt, weil er nur einen zeitlichen Unterschied bedingt und nichts daran ändert, von und nach welchen Landesteilen Überleitung der Energie notwendig sein wird. Die zweite Voraussetzung des Ausschusses bezog sich auf den Grad der Elektrifizierung von Industrie und Landwirtschaft, der im Jahre 1920 etwa 55% betragen hat und für den bis zum Jahre 1940 eine Steigerung auf 100% angenommen wurde. Die beiden grundlegenden Voraussetzungen wurden dann so ausgewertet, daß die für 1940 anzunehmende Produktion der einzelnen Industriezweige in den einzelnen Kraftdistrikten durch geradlinige Extrapolation bestimmt und dann die bei Vollelektrifizierung dafür erforderliche jährliche Energiemenge ermittelt wurde. Offenbar ist diese Berechnungsart, wenn sie auch etwas zu hohe Werte ergeben wird, im großen und ganzen zuverlässig für alle jene Bedarfszweige, deren Entwicklung schon viele Jahre vor dem Weltkrieg eingesetzt hatte. Sie war daher anwendbar auf den meisten bürgerlichen Bedarf, auf die Landwirtschaft, die Kleinindustrie und die Straßenbahnen, jedoch nicht auf die Strombenutzung für Kochen und Heizen und für Vollbahnbetrieb. Denn diese Anwendungszwecke haben im Jahre 1914 in Schweden praktisch überhaupt noch nicht bestanden; im übrigen sind für ihre Entwicklung technische und organisatorische Fortschritte und die Einstellung der maßgebenden Kreise in viel höherem Maße wesentlich als die allgemeine Entwicklungsrichtung der Volkswirtschaft. Dagegen konnten die erwähnten Voraussetzungen als genügend genau zutreffend angesehen werden für den Energiebedarf der gesamten Großindustrie mit Ausschluß der elektrothermischen (elektrometallurgischen), elektrochemischen Industrien und verwandter Großabnehmer, da die Entwicklung dieser besonders viel Kraft verbrauchenden Industrien ebenfalls erst nach 1914 stärker eingesetzt hat und der Weltkonjunktur besonders stark unterworfen ist.

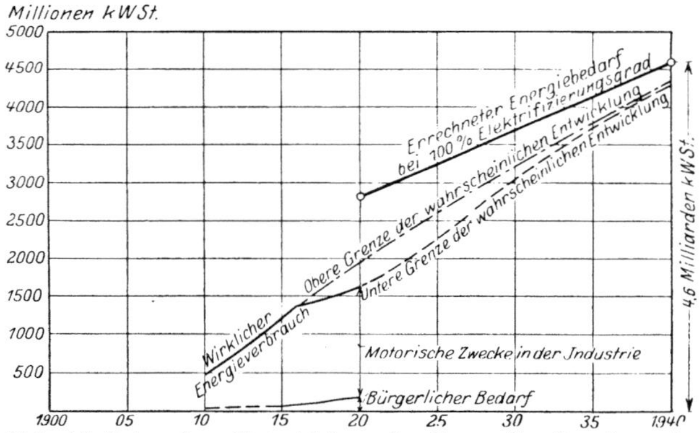

Abb. 46. Schweden. Entwicklung des Gesamtkraftverbrauchs 1910—1940 mit Ausschluß der elektrochemischen, elektrometallurgischen und anderen Sonderverwendungen. (Elektrifieringskommittéens Meddelanden 8.)

Für diejenigen Anwendungszweige, deren Bedarfsvoraussage sich hiernach auf eine einfache statistische Rechenaufgabe zurückführen ließ, wurden diese Berechnungen vom Eltausschuß distriktsweise sorgfältig durchgeführt. Addition über das ganze Land ergab einen voraussichtlichen Energiebedarf von 4,6 Milliarden kWh/Jahr gegen 1,55 Milliarden wirklichen Energiebedarfs für dieselben Zwecke im Jahre 1920 oder, bei Annahme der Vollelektrifizierung: 2,8 Milliarden kWh/Jahr. Abb. 46 zeigt die angenommene Entwicklungslinie für Vollelektrifizierung dieser Absatzzweige, außerdem aber auch die vom Kommitté als wahrscheinlich betrachteten Grenzlinien der Entwicklung in der strichpunktierten und gestrichelten Linie. In der Landkarte (Abb. 45a) wurden indes die Vollelektrifizierungswerte eingetragen, zusammen 4,6 Milliarden kWh/Jahr.

Für die Ermittelung des Zukunftsbedarfes der drei in diesen 4,6 Milliarden kWh

Abb. 47. Schweden. Rechts: Kraftübertragungsanlagen. Links: Energiebilanz der Kraftdistrikte. (Elektrifieringskommittéens Meddelanden 8, ergänzt v. Verf.)

noch nicht inbegriffenen Anwendungszwecke, nämlich das Kochen und Heizen, den elektrischen Vollbahnbetrieb und die elektrometallurgische und elektrochemische Industrie waren weitere Annahmen erforderlich.

Als besonders willkürlich bezeichnet der Ausschuß selbst diese Annahmen bezüglich des Kochens und Heizens. Aber wenn auch in den Absolutwerten vielleicht grobe Fehler nicht zu vermeiden waren, so wurde wenigstens darauf geachtet, daß die Unterschiede zwischen den verschiedenen Kraftdistrikten hinreichenden Ausdruck fanden. Daher wurde in den Städten ohne Gasversorgung und in denjenigen landwirtschaftlichen Bezirken, wo der Ackerbau gegenüber der Forstwirtschaft überwiegt, 25% der Haushalte als mit elektrischer Küche versehen angenommen. In den übrigen, weniger waldarmen Landwirtschaftsbezirken wurden die 25% nur von der nicht land- und forstwirtschaftlich beschäftigten Bevölkerung genommen. Der Strombedarf für elektrische Heizung wurde mit ebensoviel kWh wie derjenige für das Kochen berücksichtigt. Auf diese Weise ergaben sich für die verschiedenen Kraftdistrikte sehr unterschiedliche Werte zwischen 100 Millionen kWh/Jahr im südlichsten Kraftdistrikt und 10 Millionen kWh/Jahr im waldreichen Kraftdistrikt Övre Dalälv. Der gesamte zukünftige Bedarf für Heizen und Kochen ist auf 0,5 Milliarden kWh/Jahr veranschlagt.

Bei der Berechnung des künftigen Energiebedarfs der Vollbahnen hat sich der Ausschuß auf die Untersuchungen des schwedischen Eisenbahnelektrifizierungsrats gestützt. Dieser hat festgestellt, daß im Hinblick auf die Betriebsverhältnisse in absehbarer Zeit nur 65% der Staatseisenbahnen und 20% der Privateisenbahnen (nach Linienlänge gerechnet) mit wirtschaftlichem Vorteil elektrifiziert werden können. Das Elektrifieringskommitté hat nun ermittelt, welche Linien aus wirtschaftlichen Gründen zunächst an die Reihe kommen dürften und hat außerdem noch die Elektrifizierung einiger Bahnen aus nicht wirtschaftlichen Gründen vorausgesetzt. Auch der so ermittelte Energiebedarf der Eisenbahnelektrifizierung verteilt sich naturgemäß sehr ungleichmäßig auf die verschiedenen Kraftdistrikte; er beziffert sich insgesamt auf 875 Millionen kWh/Jahr.

Den letzten und bedeutendsten Posten in der Aufstellung des Elektrifieringskommittés stellt die Gruppe der elektrometallurgischen und elektrochemischen Industrien. Der Voraussage wurde hier in Ermangelung genauerer Berechnungsmöglichkeiten folgender Gedankengang zugrunde gelegt. Die fragliche Industriegruppe hat nach bescheidenen Anfängen ihren ersten Aufschwung 1911 bis 1915 gehabt, worauf die stürmische Entwicklung der Kriegszeit (1915—1918) und danach der plötzliche Rückschlag (1918—1921) eintrat (Abb. 48). Der Ausschuß nahm nun an, daß die Gesamtentwicklung der Industriegruppe günstigstenfalls sich entsprechend der Verlängerung der Entwicklungslinie 1911—1915 gestalten könne. Diese Extrapolation ergäbe für das Jahr 1940 einen Energieverbrauch ven 2,6 Milliarden kWh/Jahr. Nun wurde aber weiter angenommen, daß der bedeutende Zuwachs von nahezu 2 Milliarden kWh/Jahr gegen die 0,65 Milliarden von 1920 sich nicht nach dem 1920 gültigen Verteilungsverhältnis auf die verschiedenen Kraftdistrikte verteilt, sondern daß in Zukunft elektrometallurgische Anlagen überwiegend in jenen Kraftdistrikten entstehen werden, die über besonders billige Wasserkraft verfügen. Denn in den dichter besiedelten Gegenden Schwedens ist der Vorrat an Wasserkräften so viel geringer, daß erhebliche Preissteigerungen der Energie zu erwarten sind, so daß auch beim Vorhandensein der nötigen Rohstoffe die erwähnten energieintensiven Industriezweige kaum Entwicklungsmöglichkeiten haben werden. Auf Grund dieser Gedankengänge wurde eine sehr ungleiche Verteilung des erwarteten Zuwachses von 2 Milliarden kWh/Jahr über die verschiedenen Kraftdistrikte schätzungsweise festgesetzt.

Das Gesamtergebnis der Bedarfsvoraussagen ist in Abb. 45 durch verschiedene Schraffuren für die fünf Hauptverbrauchszweige dargestellt. Für das ganze Land ergibt sich danach ein Gesamtstrombedarf von 8,5 Milliarden kWh/Jahr (ab Kraftwerk in Maschinenspannung). Vergleicht man diese Zahl mit den Entwicklungsergebnissen der letzten 10 Jahre (Abb. 46, 48, 50), so wird man die Veranschlagung des Ausschusses als keineswegs zu hoch anerkennen müssen.

Bedarfsdeckung. Vor der Aufstellung der Energiebilanz mußte weiter festgestellt werden, wieviel von den ausbauwürdigen Kräften im Jahre 1940 voraussichtlich ausgebaut sein werden. Der Eltausschuß hat in jedem Kraftdistrikt die ungünstigsten Kraftquellen und die aus landwirtschaftlichen oder anderen Rücksichten schwierigsten Regulierungen ausgeschieden und dann ermittelt, welche Energiemengen voraussichtlich von den daselbst vorhandenen Kraftquellen geliefert werden können. Die Untersuchung ergab in den süd- und mittelschwedischen Kraftdistrikten durchschnittlich 75% der gesamten als ausbauwürdig betrachteten Kräfte. Hiernach ergibt sich, daß im Jahre 1940 die Kraftprovinz Süd- und Mittelschweden, als ein Ganzes betrachtet, sich nicht mehr voll selbst versorgen kann, sondern auf eine Ergänzung ihrer Energiebelieferung durch die Kraftprovinz Nedre Norrland angewiesen sein wird. Die Kraftprovinz Övre Norrland dagegen bleibt nach wie vor energiewirtschaftlich selbständig und abgesondert. Die innerhalb der südlichsten Kraftprovinz stellenweise vorhandenen, verhältnismäßig geringen Überschüsse (Övre Dalälv und Götaälv) werden zum größten Teil ebenfalls südwärts zu verschieben sein.

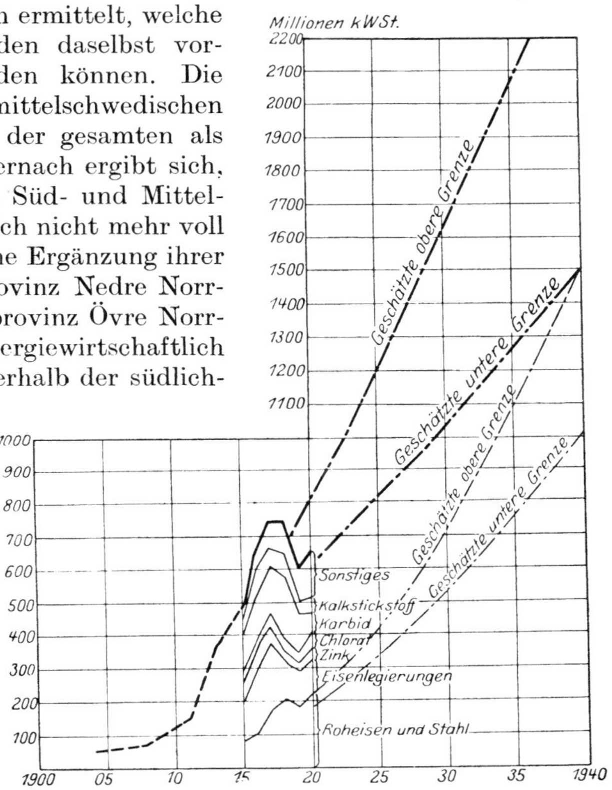

Abb. 48. Schweden. Entwicklung des Eltverbrauchs der elektrochemischen und elektrometallurgischen Industrien (Elektrifieringskommittee Meddelanden 8.)

Die aus der Kraftbilanz sich ergebenden Kraftfortleitungsrichtungen sind in unserer Landkarte durch Pfeile hervorgehoben (vgl. auch die Darstellung durch Energiebänder in Abb. 49).

Dem Kraftfortleitungsplan entsprechen die in der Landkarte Abb. 47 eingetragenen Vorschläge für die zukünftigen Hochspannungsleitungen und Stammlinien (oder Höchstspannungsleitungen). In Övre Norrland ist keine Höchstspannungsleitung geplant, da hier jedes einzelne Stromsystem mit dem angrenzenden Küstenstreifen ein selbständiges Versorgungssystem bildet. Daher sind in Övre Norrland nur Hochspannungsleitungen längs jedem Hauptstrom von dem Austritt aus dem Hauptsee bis zur Küste und abschnittsweise dieser entlang geplant, von deren Umspannstationen aus die berührten Küstenorte versorgt werden. Dagegen muß Nedre Norrland außer diesen Hochspannungssammelleitungen längs der Ströme auch eine unmittelbare Stammlinienverbindung mit Mittelschweden erhalten. Diese schon früher von Vattenfallstyrelsen erwogene Höchstspannungsleitung wird bei 400 km Länge 220 kV führen. Sie wird, der Verbindungslinie der bestkonzentrierten Wasserfälle Nedre Norrlands in annähernd nordsüdlicher Richtung folgend, die staatlichen Wasserfälle am Indalsälv mit dem Landeswärmekraftwerk Västerås verbinden. Den Dalälv wird sie nicht bei Älvkarleby, sondern bei Hedemora kreuzen, wo die Wasserkraftanlagen des Dalälv durch eine längs des Stromes führende Leitung angeschlossen werden. Diese „nördliche staatliche Stammlinie“ hat zunächst den Zweck, dem staatlichen Zentralblock die nötige Dauerkraft zu liefern, so daß die mittelschwedischen Kraftwerke des Zentralblocks in der Hauptsache als Regulier- und Spitzenkraftwerke (mit verschieden langer Benutzungszeit) arbeiten werden. Bei den gewaltigen Kosten der Stammleitung ist es ziemlich wahrscheinlich, daß Stockholm, das in Svarthålsforsen ebenfalls im Indalsälv einen bedeutenden (noch nicht ausgebauten) Wasserfall besitzt, ferner auch die in der „Krångedeforsen A. B.“ zusammengeschlossenen Bergwerke (die Eigentümer des gleichnamigen Wasserfalls — des größten von ganz Nedre Norrland —) an diesem Leitungsbau sich beteiligen werden. Der Anschluß der Stadt Stockholm hat vorläufig gewisse Schwierigkeiten, weil das Untrawerk 25periodigen Strom liefert, während der staatliche Zentralblock in seinen östlichen Kraftwerken mit 50 Perioden arbeitet. Die Schwierigkeit wird man wahrscheinlich so umgehen, daß das Untrawerk nicht an die nördliche Stammlinie angeschlossen wird, sondern nach wie vor auf der bestehenden direkten Linie nach Stockholm 25periodigen Strom (130 kV) liefert, der Svarthålsfors aber auf 50periodigen Strom ausgebaut wird. Die beiden verschiedenen, nach Stockholm gelieferten Stromarten müssen dort ohnehin auf Gleichstrom umgeformt werden.

Abb. 49. Voraussichtliche Energietransporte in Schweden 1940. (El. Komm. Meddelanden 8.) Maßstab der Längen ≈ 1 : 11000000, Maßstab der Energiebänder: 100 Mio.kWh/Jahr = 2 mm Breite.

Die bestehende Stammlinie Västerås-Trollhättan wird ebenfalls auf 220 kV und erhöhte Leistung umgebaut werden müssen, wofür seinerzeit beim Bau dieser Stammleitung die Masten bereits entsprechend konstruiert wurden. Diese beiden Stammlinienprojekte stehen im engen Zusammenhang mit der Regulierung des Wenern als Landesenergiespeicher (vgl. S. 220 und S. 70). Dieser ganze energiewirtschaftliche Aufgabenkreis dürfte innerhalb 10—15 Jahren seine Erfüllung finden.

Die dritte geplante staatliche Stammlinie verbindet Trollhättan mit der Landschaft Skåne. Diese südliche Stammlinie wurde von Vattenfallstyrelsen schon vor einigen Jahren dem Reichstag vorgeschlagen mit der Begründung, daß sie zum größten Teil aus Mitteln der Arbeitslosenfürsorge ausgeführt werden könne. Der Reichstag hat den Vorschlag indes abgelehnt. Tatsächlich dürfte diese Leitung, da in Südschweden noch einige günstige Wasserkräfte unausgebaut sind, erst nach der nördlichen Stammlinie ernstlich nötig werden, vorausgesetzt, daß Kraftüberleitung nach Dänemark die Südlinie nicht schon früher baureif macht.

Außer den besprochenen Linien sind in unserer Landkarte (Abb. 47) auch einige Vorschläge des Elektrifieringskommittés für Hochspannungsleitungen in Mittelschweden eingetragen. Die beiden wichtigsten folgen den Oberläufen des Dalälv und des Klarälv als Sammelleitungen für die zukünftigen Wasserkraftanlagen dieser Ströme.

Interskandinavische Energiepolitik. Der Energiewirtschaftsplan, der bis hierher im wesentlichen auf Grund des Heftes Nr. 8 der Mitteilungen des Elektrifieringskommittés dargestellt wurde, enthält eine stillschweigende Einschränkung, auf die in der Diskussion im Svenska Vattenkraftföreningen hingewiesen wurde. Er behandelt nämlich Schweden als abgeschlossenes Energiewirtschaftsgebiet und geht auf das Elektrifizierungsproblem als interskandinavische Aufgabe nicht näher ein. Dieser erweiterten Betrachtungsart erschließt sich ein außerordentlich vielseitiger Fragenkomplex, dessen Bearbeitung namentlich nach der praktischen Seite hin noch ganz in den Anfängen steckt. Wir müssen uns damit begnügen, die wichtigsten Möglichkeiten hier nur zu erwähnen, ohne in eine nähere Besprechung einzutreten. Die Frage der Energieüberleitung nach Dänemark wird mit der technischen Verbesserung der Hochspannungsunterseekabel immer ernstere Bedeutung gewinnen. Da die südschwedische Energiebilanz in absehbarer Zeit negativ, d. h. zuschußbedürftig werden wird, hängt viel von der Möglichkeit ab, in Südschweden in wirtschaftlicher Weise einen erheblichen Energieüberschuß bereitzustellen. Die Lösung dieser Frage weist auf ein zweites interskandinavisches Hauptproblem hin: den Großexport billiger norwegischer Wasserkraftelektrizität. Rein wirtschaftlich erscheint es nicht ausgeschlossen, daß diese Lösung für West- und Südschweden vorteilhafter ausfiele als die Energieverschiebung mit Hilfe der nördlichen schwedischen Stammlinie. Hierbei ist daran zu erinnern, daß die Vorschläge des Elektrifieringskommittés schon einen äußerst beschränkten Zuwachs im Kraftbedarf der elektrometallurgischen und elektrochemischen Industrie Westschwedens gerade im Hinblick auf die verhältnismäßige Energieknappheit vorsehen, so daß im Falle der Bereitstellung reichlicher und billiger Kraftquellen diese Industrien sich hier viel weiter entwickeln könnten. Wie im Falle einer solchen Lösung die Nutzbarmachung der überschüssigen nordschwedischen Wasserkräfte durch Überleitung nach der norwegischen Küste des Atlantischen Ozeans — das dritte große interskandinavische Problem — vorteilhaft gestaltet werden könnte, wurde bereits auf S. 26 angedeutet.

Von der nationalwirtschaftlichen und gar politischen Seite aus stellen sich diese interskandinavischen Fragen, so interessant sie in technischer und privatwirtschaftlicher Richtung zweifellos sind, natürlich erheblich schwieriger dar. So ist es sehr verständlich, wenn die bisherige tatsächliche Entwicklung der Energiewirtschaft der verschiedenen skandinavischen Länder die Landesgrenzen streng respektiert und in Schweden die Richtlinien des Elektrifieringskommittés eingehalten hat. Vielleicht wird aber die fernere Zukunft auch in Skandinavien ähnliche, vielleicht viel größere Beispiele von Kraftexporten zeitigen, wie sie sich vor allem im Umkreis der Alpen zwischen den verschiedensten Ländern schon erfolgreich entwickelt haben. So wird selbst eine Energieausfuhr skandinavischer Großwasserkraft nach Norddeutschland nicht als außerhalb der Möglichkeiten der Zukunft liegend zu bezeichnen sein.

Innerschwedische Energiewirtschaftsprobleme der nächsten Zukunft. Sven Lübek, selbst Mitglied des Elektrifieringskommittés, teilte durchaus dessen Meinung, daß eine ausgiebige Kraftüberleitung in wesentlich nordsüdlicher Richtung innerhalb Schwedens in den nächsten Jahrzehnten unbedingt stattfinden muß. Er hat indes in einem bemerkenswerten Aufsatz[1] auf die große Bedeutung der richtigen Wahl des Zeitpunktes für den Ausbau der Höchstspannungsstammleitungen hingewiesen. Seiner Auffassung nach wäre z. B. der von Vattenfallstyrelsen vorgeschlagene Ausbau der Trollhättan-Malmö-Stammleitung im Jahre 1920 volkswirtschaftlich verfehlt gewesen; denn wenn sich infolge des billigen Bauens durch Benutzung von Arbeitslosenmitteln die Linie für den Staat auch gut rentiert hätte, so hätte dieser Schritt zu einer vorzeitigen Energieknappheit im westlichen Mittelschweden geführt und dadurch ohne zwingenden Grund den Eintritt der Notwendigkeit eines Ausbaues des Indalsälv und der nördlichen Stammlinie beschleunigt. So hätte letzten Endes ein verhältnismäßig geringer Energiemangel in Südschweden, dem durch Ausbau noch vorhandener örtlicher Wasserkräfte und zugehöriger See-

[1] Framtidsutsikter för Sveriges Vattenkraft in der Hyllningskrift tillägnad F. V. Hansen 1922.

regulierungen, allenfalls unter Ergänzung durch kleinere Wärmekraftanlagen als Spitzenkraftwerke hätte abgeholfen werden können, die vorzeitige Investition vielfach größerer und nicht genügend ausnutzbarer Kapitalien verursacht. Lübek stellt in diesem Zusammenhang den nach seiner Auffassung extensiven Bestrebungen des Vattenfallstyrelsen, die er als „Stammlinienpolitik" bezeichnet, das Programm einer intensiven Entwicklung als „Kraftverwaltungspolitik" gegenüber, die zunächst auf eine rationell ausgebildete, in sich geschlossene Energiewirtschaft der einzelnen Kraftverwaltungsbezirke hinzielen soll.

Wie man sieht, betrifft die Gegensätzlichkeit nicht das Endziel, sondern im wesentlichen nur die Form und das Tempo des Weges dahin, wobei sich interessante Parallelen mit der energiewirtschaftlichen Entwicklung anderer Länder, namentlich auch Deutschlands aufdrängen. Die Lübeksche „Kraftverwaltungspolitik" hat bis zu einem gewissen Grade der Distriktsentwicklung zweifellos primäre Bedeutung, weil Höchstspannungsleitungen von mehreren hundert Kilometer Länge erst bei Übertragung sehr großer Energiemengen unter hoher Benutzungsdauer wirtschaftlich arbeiten können — Bedingungen, die naturgemäß erst in einem recht reifen Entwicklungsstande der Energiewirtschaft der einzelnen größeren Kraftwirtschaftsbezirke vorzuliegen pflegen.

Die nächsten praktischen Aufgaben. Seit dem Abschluß der Arbeiten des Elektrifieringskommittés scheint sich die Energiewirtschaft Schwedens sehr vorteilhaft entwickelt zu haben. Wie nur als günstigster Fall erwartet, scheint sich die Entwicklungslinie des Energieumsatzes auf die verlängerte Vorkriegslinie schon jetzt annähernd eingestellt zu haben. Dies ist daraus zu folgern, daß die Bautätigkeit im Gebiete der Wasserkraftwirtschaft sich in den letzten Jahren ganz wesentlich gebessert hat. Es ist hier besonders hervorzuheben, daß unter den fünf zuletzt im Bau befindlichen Großwasserkraftanlagen Schwedens nur zwei, nämlich Munkforsen am Klarälv und Lanforsen am Dalälv, ausschließlich für Großindustrie ausgebaut werden, wogegen die drei übrigen, Krångforsen (Skellefteälv), Norrforsen (Umeälv) und Hamarforsen (Indalsälv) Überlandzentralen für städtischen bürgerlichen Bedarf, Landwirtschaft und Holzmasse-, Zellulose- und verwandte Industriezweige sind. Es fehlt somit diesen großen Bauten jene einseitig großindustrielle Zweckbestimmung, welche dem Harsprångetbau den gefährlichen konjunkturalen Charakter verlieh und 1921 zu dessen Einstellung beim Konjunkturrückschlag führte (Abb. 8).

Über den Energieverbrauch Schwedens in den letzten Jahren stehen keine ausführlichen Statistiken zur Verfügung. Kennzeichnend für die Erholung der schwedischen Wirtschaft im allgemeinen, ganz besonders aber des Energieabsatzes für bürgerlichen Bedarf sind die in Abb. 50 mitgeteilten Kurven über den Energieabsatz innerhalb des staatlichen Zentralblocks. Es geht daraus hervor, daß die Krisenzeit der schwedischen Wirtschaft — mindestens in Mittelschweden — vollständig überwunden ist. Man sieht dies besonders klar, wenn man den Stromabsatz je Einwohner in den Städten, je Hektar auf dem Lande verfolgt, wie dies Abb. 51 u. 52 für einige süd- und mittelschwedische Kleinstädte und für die Landwirtschaft im Durchschnitt des ganzen Zentralblocks, ferner auch gesondert für das Gebiet des Motalawerks darstellt.

Die bemerkenswerte Steigerung der Gesamtenergieerzeugung des Zentralblocks ist eine um so mehr lehrreiche Erscheinung, als innerhalb des Zentralblocks in den letzten Jahren keinerlei Vermehrung der aufgestellten Maschinenleistung erfolgt ist. Die Steigerung ist demnach nur durch Seeregulierungen, durch Verbesserung des Zusammenarbeitens der Kraftwerke untereinander und hauptsächlich auch mit außerhalb des Blockes stehenden Kraftanlagen ermöglicht worden. Hand in Hand mit diesen auf Steigerung der Erzeugung abzielenden Maßnahmen muß dabei natürlich auch eine planmäßige Tätigkeit zur Intensivierung des Stromabsatzes gegangen sein.

Gerade diese Ingenieuraufgaben, die eine technisch-wissenschaftliche, volkswirtschaftliche und organisatorische Seite haben, werden in den letzten Jahren in Schweden mit besonderer Energie bearbeitet.

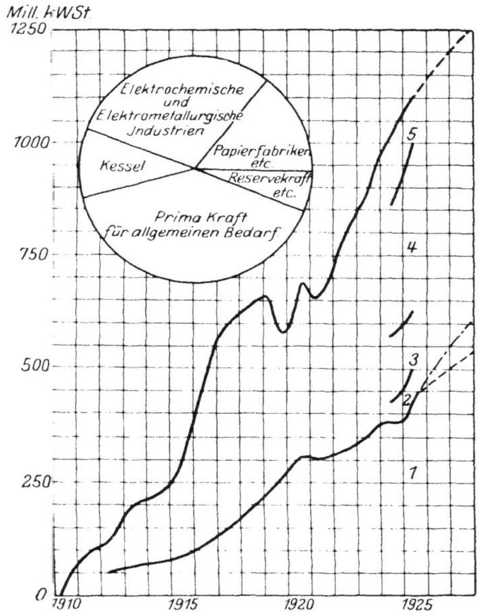

Abb. 50. Entwicklung des Energieabsatzes des staatlichen Zentralblocks. (Teknik Tidskrift El. 1. V. 1926.)

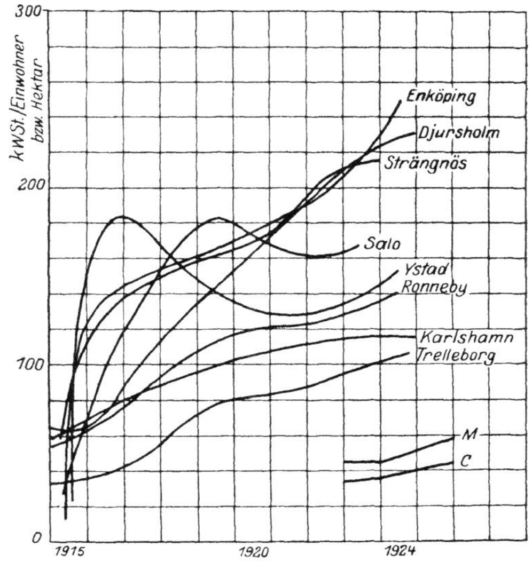

Abb. 51. Entwicklung des Energieverbrauchs auf den Kopf oder Hektar in mittelschwedischen Kleinstädten und Landwirtschaftsgebieten. (Verf. u. Tekn. Tidskr. El. 1. V. 1926.)

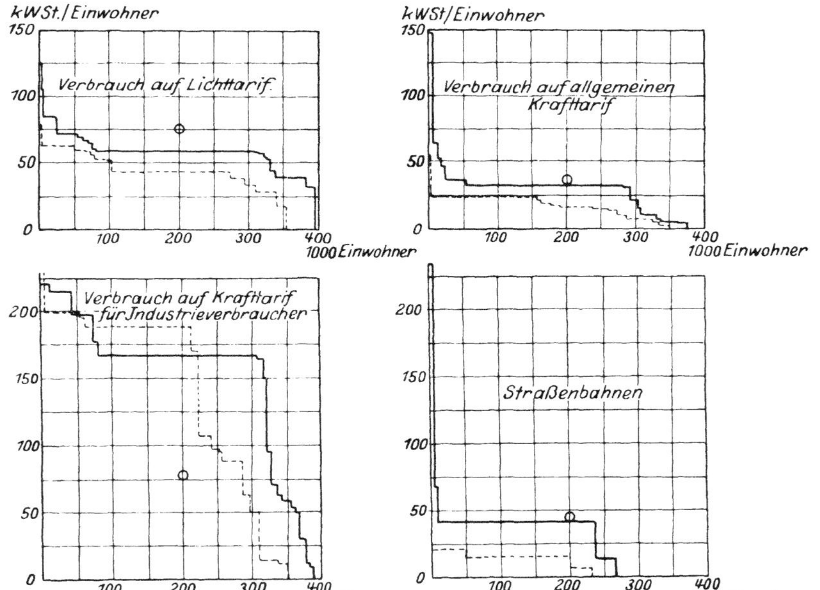

Abb. 52. Elt. Kopfverbrauch im staatlichen Zentralblock um 1920.

Die technisch-wissenschaftlichen Aufgaben auf dem Gebiete der Eltverwendung wurden z. T. schon an anderer Stelle berührt. Im Mittelpunkt des Interesses steht die Anwendung der Elektrizität zur Wärmeerzeugung für Wohnungen und Viehställe. Die größte Schwierigkeit für die Anwendung der Elektrizität zum Kochen und

Wasserwärmen liegt nach Meinung schwedischer Fachleute weniger so sehr in der Höhe der Energiepreise als in der Konstruktion genügend billiger und dabei zweckmäßiger elektrischer Heizkörper[1]. Die Erprobung neuer Konstruktionen elektrischer Kochapparate ist daher eine der wichtigsten technischen Aufgaben. Außerdem stehen auch ganz neue Absatzgebiete für Elektrowärme: hauptsächlich Treibhauskultur mit elektrischer Wärme und elektrischer Bestrahlung in eingehender Untersuchung. Diese und andere Probleme der Elektrowärmewirtschaft werden von dem an die Ingenieurwissenschaftsakademie angeschlossenen Elektrowärmeinstitut (unter Leitung von Otto Stålhane) ferner von Vattenfallstyrelsen und von der Landwirtschaftsakademie bearbeitet.

Untersuchungen über elektrische Getreidetrocknung haben ergeben, daß dieses Verfahren nur ganz ausnahmsweise wirtschaftlich sein wird. Ebenso ungünstig sind nach Versuchen von Vattenfallstyrelsen, von der Zentralanstalt für landwirtschaftliches Versuchswesen und anderen Instituten die Aussichten der Elektrofutterbereitung. Die einzige neuere Anwendung des Stromes für bürgerlichen Bedarf und für Landwirtschaft, die über das Versuchsstadium hinaus ist und — wenigstens in holzärmeren Gegenden — auch schon bei den jetzigen teueren Kochapparaten gute Aussichten hat, ist somit das elektrische Kochen und Wasseraufwärmen. Die wirtschaftlich-organisatorischen Maßnahmen zur Förderung dieser Anwendung sind in Schweden erstens: Propaganda und Aufklärungstätigkeit an geeigneten Landorten. Diese Aufgabe wird hauptsächlich durch „Riksföreningen för Landbygdens Elektrifiering“ in Gemeinschaft mit dem Landwirtschaftsministerium, z. T. auch in Form von Filmvorträgen gepflegt. — Die zweite Gruppe von Maßnahmen bezieht sich auf die Finanzierung der Anschaffung der elektrischen Apparate durch die Kraftwerke, allenfalls auch unter Mitwirkung der elektrotechnischen Fabriken und Einführung passender Teilzahlungssysteme; diese Maßnahmen befinden sich noch im Anfangsstadium. Die dritte Art von organisatorischen Maßnahmen besteht in passender Gestaltung der Tarife (vgl. S. 74 und die unten angegebene Quelle).

Die Verwendung der Elektrowärme in den Wohnungen, die in Schweden im Vordergrund des Interesses steht, ist vom Elektrifieringskommitté, wie wir sahen, als ein gesonderter großer Posten in der Elektrizitätswirtschaft der nächsten zwei Jahrzehnte bezeichnet worden. — Dagegen ist ein anderes viel bearbeitetes Gebiet: die Anwendung elektrischer Akkumulatoren für Kraftfahrzeuge, Traktoren usw. in Schweden noch wenig entwickelt und als Absatzgebiet vom Kommitté auch nicht näher ins Auge gefaßt worden. Die Verwendung des Stromes für Fahrzeugakkumulatoren hat indes in noch höherem Maße als das elektrische Kochen den Vorzug, die Belastungskurven auszugleichen, und schon der jetzige Stand der Technik ermöglicht, mindestens in den Städten, eine vorteilhafte Anwendung, die auch auf dem Lande im wesentlichen schon heute nur noch eine organisatorische Frage ist. Auch für das elektrische Pflügen halten einzelne schwedische Fachleute den Akkumulator für die richtige Lösung. Hier sei bemerkt, daß, sobald die Akkumulatorentechnik weitere Fortschritte macht, neben der Elektrifizierung der Automobile und sonstiger Landtransportmittel auch die der Eisenbahnen mit geringer Verkehrsdichte wirtschaftlich möglich sein wird (die Anschlußbahn des Untrawerks wird schon jetzt mit Akkumulatorentriebwagen befahren). Ob nicht auf dem heute an mehreren Stellen eifrig studierten Wege der elektrolytischen Wasserstofferzeugung mit hohen Drücken zum Antrieb geeigneter Gasmotoren dasselbe Ziel nicht noch früher und vollkommener erreicht wird, muß die Zukunft lehren. Jedenfalls ist sehr wohl denkbar, daß Sven Lübeks Prophezeiung in Erfüllung geht: etwa bis zum

[1] Es wird als ein Beispiel angeführt, daß die Elektrifizierung einer Küche mit wärmespeichernden Kochapparaten mehr kostet als die Anschaffung der gesamten nötigen elektrischen und maschinellen Ausrüstung eines kleineren Bauerngutes.

Jahre 1955 würden sämtliche Landstraßen und Eisenbahnen Schwedens elektrifiziert sein.

Mit Einschluß dieses großen Energiebedarfs für die Vollelektrifizierung des Landverkehrs schätzt Lübek den Jahresumsatz Schwedens für bürgerlichen Gebrauch im weitesten Sinne des Wortes, also mit Einschluß der gesamten, auch fabrikmäßigen Lebensmittelindustrie und sämtlicher übrigen Industriezweige, soweit sie kleinindustriell betrieben werden, zum Jahre 1955 (also 15 Jahre nach dem Stichjahr des Eltausschusses) auf etwa 500 kWh/Kopf, also etwa das Achtfache des entsprechenden jetzigen Wertes.

Unterlagen:

Sven Lübek, „Framtidsuksitter för Sveriges Vattenkraft" in der Hyllningskrift F. V. Hansen tillägnad, „Ökad Avsättning för Elektrisk Energie" von Enström, Körner, Klemann, Borgqvist, Rahm, Staaf, Edholm (Teknisk Tidskrift 1926, Elektrotechnik 5). In dieser wichtigen Veröffentlichung sind außer den oben hervorgehobenen neueren Anwendungszwecken des Stromes für bürgerlichen Bedarf auch die Forschcrarbeiten von Stålhane auf dem Gebiete der elektrischen Dampfkessel erwähnt; ferner ist die große Bedeutung der Eisenindustrie für den Ausgleich der Belastungskurve hervorgehoben, da diese Industrie ihre natürliche Hochsaison im Sommer, also in der Jahreszeit der niedrigsten Belastung der städtischen Elektrizitätswerke, hat. — Industriens förbrukning av elektrisk energi von Källström (Sv. V. K. För. publ. 1928, 9). — Kraftstillgångar, kraftbelov och kraftöverföring för elektrifiering av Sveriges olika kraftdistrikt (1923). — Sammanställning av tariffuppgifter 1925, 1926 (Sv. El. Verksför.).

Borgqvist: Economic and Technical Organisation of Large-Scale Power Distribution in Sweden (Londoner Kongress Bd. III, S. 1052). — F. V. Hansen: The Power Resources of Sweden (Londoner Kongress Bd. I, S. 1321). — Hultqvist: Power Questions Relating to Swedish Tramways (Londoner Kongress Bd. IV, S. 1053). — Ofverholm: Power Problems of the Swedish Railways (Londoner Kongress Bd. IV, S. 1057). — Lübek: Sveriges Vattenkrafttillgangar och Vattenkraftproduktion (Stockholm 1924). — Hillningskrift tillägnad F. V. Hansen (Stockholm 1922) (hauptsächlich die Veröffentlichung von Sven Lübek: Framtidsutsikter för Sveriges Vattenkraft und von Ove Harder: Vattenfallstyrelsens byggdeelektrifiering). — Kungl. Elektrifieringskommittéens Meddelanden. — Svenska Elektricitetsverksföreningens Handlingar. — „Ökad Avsättning för Elektrisk Energie" von Enström, Körner, Klemann, Borgqvist, Rahm, Staaf, Edholm. (Teknisk Tidskrift 1926, Elektrotechnik 5.) — Elektriska Ångpannor, deras driftförhållanden och senaste utveckling von Otto Stålhane (Ingeniörs Vetenskaps Akademien, Meddelanden 1925, No. 41). — Velander: Vattenkraft och Ångkraft; Sv. V. K. För. publ. 1925, 8.

5. Abschnitt: Luleälv und das übrige Nordschweden bis zum Piteälv.

1. Allgemeines.

Die Abgrenzung, vom naturgeographischen Standpunkte ziemlich willkürlich, da die Hauptströme Norrlands von Norden nach Süden keine erheblichen hydrographischen Unterschiede zeigen, hat wirtschaftsgeographische Berechtigung: das Gebiet bildet den Kraftdistrikt XIV der Untersuchungen des Elektrifieringskommittés, als Luleälvkraftdistrikt bezeichnet. Dieser Distrikt erstreckt sich beinahe auf das ganze Gebiet des größten Regierungsbezirks von Schweden, des Norrbottenslän. Nur ein schmaler, südlichster Streifen dieses Läns, von einem Teil des Skellefte-, Vindel-, Byske- und Åbyälvgebietes gebildet, fällt außerhalb dieses Buchabschnittes.

Der zu betrachtende Landstrich umfaßt an Einzeleinzugsgebieten: den schwedischen Anteil des Muonio-Torneälv, den ganzen Kalix-, Lule- und Piteälv sowie kleinere und größere Wald- und Küstenlandsströme, von denen der bedeutendste der Råneälv ist. Alle diese Gebiete haben ein sehr kaltes (bis — 40°), und größtenteils streng kontinentales Klima. Starke Schneeverwehungen und eine übermäßig lange Winternacht machen das ganze Gebiet für die schwedische Bevölkerung wenig anziehend, so daß es überwiegend dem unbesiedelten und nur von wandernden Lappen durchzogenen Teile Norrlands zuzurechnen und kaum ein Dritteil des ganzen Distrikts überhaupt als besiedelt zu betrachten ist. Dieser besiedelte Teil ist vorwiegend norrländische Wald- und Küstengegend mit weit verstreuten wenig bedeutenden Landwirtschaftsbezirken und einigen nicht allzu umfangreichen Holzindustrien. Eingesprengt in diese durch die klimatische Ungunst in ihrer Entwicklung — trotz der reichen Waldungen — stark niedergehaltene und im Vergleich mit anderen Norrlandsgegenden als etwas rückständig zu bezeichnende Gegend tritt dem Besucher überraschend, gleich einem Fremdkörper, die hochentwickelte Erzbauindustrie vor Augen. Ein Kind der neuzeitlichen Verkehrstechnik und der Eisen-Weltwirtschaft wurzelt diese, in amerikanischem Stil und Zeitmaß schnell aufgeschossene Industrie in den reichsten Eisenerzvorkommen der Erde, in der Gällivare- und Kirunavaaragegend. Die Hauptanlagen sind die beiden modernisierten Eisenerzbergwerke von Gällivare-Malmberg und von Kiruna-Luossavaare und zwei neuzeitliche große Eisenhüttenbetriebe (Luleå und Porjus). Hierzu kommt die zur Abfuhr der Eisenerze und der Hüttenprodukte dienende Luleå—Gällivare—Narvik-Eisenbahn nebst den bedeutenden Hafenanlagen in Luleå und Narvik (Norwegen), ferner die Großwasserkraftanlage Porjus. Im Gefolge der Erzindustrie ist ein bemerkenswerter Bevölkerungszuzug von immerhin einigen 10000 Seelen mit der durch die Lebensbedürfnisse sich ergebenden Eigenwirtschaft festzustellen.

Auch das Gesamtbild des nördlichsten Kraftbezirkes von Schweden trägt den gleichen Stempel der Ineinanderlagerung zweier voneinander beinahe unabhängiger Wirtschaftssysteme, einerseits der Erzwirtschaft, andererseits der durch Holzindustrie ergänzten Urwirtschaft. Die Erzwirtschaft im obigen, weiteren Sinne mit ihrem sehr bedeutenden Energiebedarf hat nicht nur den Ausbau der erwähnten staatlichen Großkraftanlage Porjus ermöglicht, sondern auch bereits zur Planung und Inangriffnahme des noch bedeutenderen Hårspranget-Ausbaues geführt, dessen Vollendung dann aber (1921) durch Rückschlag der Erzkonjunktur unterbrochen wurde. Die Urwirtschaft und die Holzindustrie haben ihrerseits in dieser Gegend nur einen sehr geringfügigen Energiebedarf; er wird z. T. ebenfalls vom Porjuswerk, z. T. von einigen unbedeutenden Kleinanlagen und schließlich zum großen Teil durch die Wasserkraftanlage Sikfors am Piteälv befriedigt, die übrigens einen Teil ihrer Erzeugung auch noch der Erzverhüttung zuführt. Die erwähnten Erzlagerstätten liegen alle im Einzugsgebiet des Kalixälv und sogar z. T. (Kirunavaare-Luossavaare) mitten zwischen dem Kalix- und Torneälv. Trotzdem sind die Wasserkräfte sowohl des Kalix- als auch des Torneälv so gut wie gar nicht ausgenutzt.

Die Erklärung dafür gibt ein Blick auf die Niederschlagskarte (Abb. 12), die uns zeigt, daß die Niederschläge innerhalb des betrachteten Kraftbezirkes außerordentlich ungleichmäßig verteilt sind. Während der nördlichste Teil Niederschlagshöhen unter 400 mm hat, finden sich kaum 40—50 km davon entfernt Gebiete mit Niederschlägen über 1800 mm. Dabei sind vermutlich die bisherigen Angaben über die Niederschläge dieser so wasserreichen Gegend sogar noch erheblich zu niedrig; man wird in den Quellgebieten des Luleälv, und z. T. auch des Piteälv, Niederschlagshöhen bedeutend über 2000 mm als wahrscheinlich annehmen dürfen. Darauf ist es zurückzuführen, daß Kalix- und Torneälv trotz der bedeutenden Größe des Niederschlagsgebietes vergleichsweise arm an Wassermenge und Wasserkräften sind, der weit überwiegende Reichtum an Wasserkräften vielmehr im Luleälv liegt, der zugleich an gut regulierbaren Seen reich ist. Diese Tatsachen (und wohl auch die Rücksicht auf die politisch weniger exponierte Lage) haben trotz der größeren Entfernung der Luleälvkräfte von den Erzfeldern bei den einleitenden vergleichenden Untersuchungen die Wahl auf sie fallen lassen.

Ein Blick auf die Übersicht der wichtigsten Stromgebiete des Kraftbezirkes nach Norlindh und Ekwall zeigt die Verteilung der Kraftquellen und der bisherigen Kraftnutzung:

Tabelle 10.

	Einzugsgebiet km²	Seeanteil %	Theor. Mittelwasserleistung (Norlindh) PS	Energie bei rat. Ausnutzung u. Seeregulierung (Ekwall) Mill. kWh	Ausgebaute bzw. aufgestellte Leistung PS
Torneälv[1] und Muonioälv — Insgesamt	40400	?	?	?	?
Torneälv[1] und Muonioälv — Schweden	25000	2[1]	552500	—	500
Kalixälv	17900	4[1]	1325000	2950	300
Luleälv	25200	8	2253200	7500	95900
Piteälv	11000	6,5	587700	1250	5850
Råneälv	4140	geringfügig	85400	200	300
Kleinere Küstenlandsstromgebiete	rd. 6000	geringfügig	16700		400
	100140	—	4820500	11900	103350

Die inzwischen bereits zum größeren Teil durchgeführte Abflußregulierung des Luleälv steigert noch seine schon von Natur aus große Überlegenheit und macht es ziemlich wahrscheinlich, daß Torneå-, Muonio- und Kalixälv in absehbarer Zeit überhaupt mangels der nötigen Absatzmöglichkeiten unausgebaut bleiben werden. Trotzdem müssen wir uns hier, schon wegen der besonderen Eigenart der Naturverhältnisse, kurz mit der Hydrographie auch dieses Stromsystems beschäftigen.

2. Das Stromsystem Torneå-, Muonio- und Kalixälv.

Noch vor 100 Jahren bildeten Muonio- und Torneälv einerseits, Kalixälv andererseits zwei gegeneinander vollkommen abgegrenzte Stromgebiete. Vielfach werden sie auch heute noch als solche dargestellt, doch ist dies seit der vor 100 Jahren erfolgten Ausbildung des Tärendöschen Bifurkationsarmes nicht mehr berechtigt. Durch dieses Tärendötal werden dem Torneälv etwa 60% seines Jahresabflusses entzogen und dem Kalixälv zugeführt. Nach Norlindhs Untersuchungen ist dabei die Verteilung der Wassermengen auf die beiden Ströme zeitlich sehr verschieden und vom Wasserstand abhängig. Die Wassermenge teilt sich bei HW etwa zu gleichen Teilen, wogegen bei NW nur etwa $^1/_5$ der gesamten Wassermenge dem früheren Laufe folgen und $^4/_5$ durch die Bifurkation dem Kalixälv zufließen. Bis jetzt scheint keine eingehende Spezialuntersuchung über die Hydrographie dieses Zwillingsstromgebietes ausgearbeitet worden zu sein, jedenfalls liegen hier Untersuchungen der Vattenfallförteckning vorläufig noch nicht fertig vor. Vom Hydrographischen Amt sind allerdings schon wichtige Ansätze zu der gesamten Hydrographie dieser eigenartigen Gewässer geschaffen im Rahmen der „Einzugsgebietuntersuchungen", die in den Jahren 1914/15 in den Jahrbüchern des Amtes veröffentlicht wurden.

Nach der Übersicht ist unter den beiden Stromsystemen das Kalixälvsystem bei weitem das wasserreichere. Auch die Beschaffenheit der Fälle ist im Kalixälv sehr viel günstiger. Man kann hier nicht allein in den Quellströmen und im Oberlauf, sondern auch bis in den Unterlauf hinein einzelne deutlich hervortretende Fallgruppen unterscheiden. während das Gefälle im Hauptstrom des Torneälv im Vergleich zu anderen norrländischen Strömen ganz auffallend ausgeglichen ist, besonders abwärts der Meereshöhe + 200 m bis zur Mündung. Auch im Hinblick auf die Möglichkeiten zur Abflußregulierung ist der Kalixälv vorteilhafter auszubauen als der Torneälv. Bei einem etwaigen Großausbau dieses Flußgebietes würde man daher sehr wahrscheinlich durch Profilregulierung des Bifurkationsarmes die Ableitung des Torneälvs in den Kalixälv verstärken.

[1] Geschätzt.

Vorläufig sind indes auch die Aussichten des Kalixälv für eine neuzeitliche Großausnutzung gering, und heute ist neben einigen Zwerganlagen erst ein Werk von 300 PS vorhanden, das, als Hilfsanlage für ein vorläufig fallengelassenes größeres Bauvorhaben gedacht, zur Zeit stilliegt. Im Torneälvgebiet findet sich eine kleine Überlandzentrale der Ekfors Kraft A. B. in einem seereichen Waldnebenfluß des Torneälv etwa 50 km nordwestlich von Haparanda; sie gehört der Ekfors Kraft A. B., ist bei 12 m Fallhöhe auf volle Mittelwasserleistung (500 PS) ausgebaut und liefert Elektrizität für Haparanda und andere Ortschaften sowie für Holzindustrie.

3. Das Luleälvgebiet und seine Wasserkräfte.

Der Luleälv ist unmittelbar und auch in bezug auf die Flächeneinheit der wasserkraftreichste Strom von ganz Schweden. Sein Einzugsgebiet greift mit den äußersten Quellgebieten über die norwegische Grenze hinüber. Es verbreitert sich dabei sehr stark von der Küste gegen das Gebirge zu und entwässert einen sehr bedeutenden Teil des schwedischen Fjällandes, d. h. des oberhalb der Vegetationsgrenze liegenden und vollständig unbesiedelten Gebirgsödlandes. Nahezu die Hälfte des Einzugsgebietes (anteilsmäßig mehr als bei jedem anderen schwedischen Stromgebiet) gehört diesem Fjällgelände an, das eine Anzahl der höchsten Berge der Kjölen-Gebirgskette umfaßt, unter anderen: das Sarekgebirge (mit Sarekjokko 2090 m, Pårtelfjällen 2042 m, Pelloreppe 2025 m). Diese Gipfelberge liegen nicht an der norwegischen Grenze, sondern etwa 50 km östlich davon. Schon aus dem bis jetzt Gesagten geht hervor, daß unter den zwölf großen schwedischen Gebirgsströmen der Luleälv den Hochgebirgscharakter am ausgeprägtesten zeigen muß.

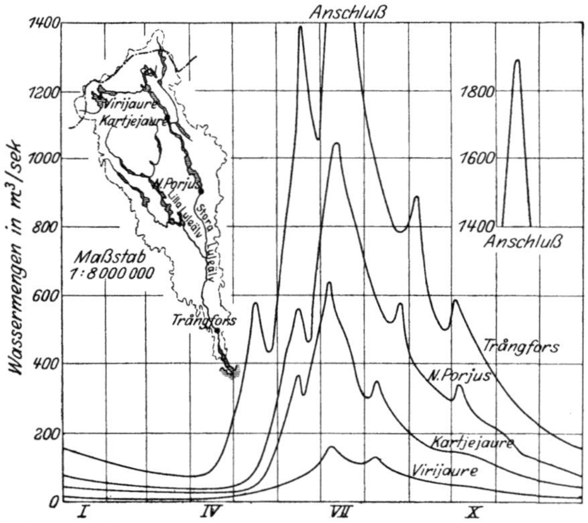

Abb. 53. Luleälv. Gebietsskizze und vergleichende Ganglinien. (Slettenmark.)

Die geologischen Verhältnisse des Luleälvgebietes sind ähnlich wie im übrigen Nordschweden. In den an Norwegen grenzenden Gebietsteilen finden sich hauptsächlich Silurgesteine, vor allem Schiefer mit Kalkschichten; in den höchsten Teilen finden sich dann Eruptivgesteine, hauptsächlich Gabbro und Diabas; weiter östlich von diesen höchsten Gebirgsgegenden folgen die für Schweden charakteristischen Urgesteine Granit, Gneis vorherrschend, daneben auch Porphyre und Leptite. — Von quaternären Ablagerungen überwiegen, wie überall in Schweden, die Moränen, doch reichen marine Ablagerungen (Lehm, Sand und lehmiger Sand) hier etwas weiter von der Küste ins Festland hinein als in anderen Gegenden Nordschwedens. Die marine Grenze schneidet den Lauf des Lule-Hauptstromes in der Nähe der Vereinigung des Stora-Luleälv mit dem Lille-Luleälv. Die Umgebung der uns interessierenden Großwasserkraftanlagen liegt durchweg oberhalb dieser marinen Grenze, und das Urgebirge ist nur durch Moränen geringer Mächtigkeit überlagert (Abb. 53).

Wie der geologische, so ist auch der orographische Charakter des Flußgebietes der uns aus der allgemeinen Beschreibung Schwedens schon bekannte. Überall finden sich langgestreckte Seen und Stillwasserabschnitte abwechselnd mit Stromschnellen und Fällen. In den Hochgebirgsteilen finden wir auch sehr steile Wasserfälle mit

Fallhöhen von mehreren 100 m. Der Seenreichtum ist, wie aus der Übersichtsskizze des Stromgebietes hervorgeht, am größten im Stora-Luleälv, doch ist auch der Lille-Luleälv seenreich. In dem vereinigten Strom begegnen wir dagegen keinem bedeutenderen See mehr. Es ist außerordentlich günstig für die Wasserkraftausnutzung, daß der überwiegende Teil der Seenfläche in ziemlich bedeutender Höhe und inmitten wertlosen Fjällgeländes liegt, so daß Regulierungsarbeiten in keiner Weise durch Rücksicht auf landwirtschaftliche Nutzungen beschränkt werden.

Die hydrographischen Merkmale sind, wie nicht anders zu erwarten, im Gebirgsabschnitt des Einzugsgebietes: große Niederschlagsmenge, großer Abflußbeiwert und hohe Spendenzahl. Bei dem starken Anteil der Fjällfläche am Gesamteinzugsgebiet ist das Gebirgsflußregime auch dem Unterlauf des Stromes deutlich aufgeprägt, vgl. Abb. 53. Die Spende sinkt von Virijaure (Quellgebiet) bis Trångfors (Unterlauf) von 35 auf 23 sl/km².

Die Gefällverhältnisse sind am günstigsten in einigen Hochgebirgsnebenflüssen, wo indes die Wassermengen noch zu gering sind, ferner im Stora-Luleälv vom Austritt aus dem Stora-Lulevatten bis zur Einmündung des Lilla-Luleälv. Hier erreicht das durchschnittliche Arbeitsvermögen den Größtwert des ganzen Stromgebietes mit 6970 PS/km. Dieser Abschnitt ist denn auch für die Wasserkraftwirtschaft der Gegenwart und für die Entwicklung der nächsten Jahrzehnte von hervorragender Bedeutung. Im übrigen gibt über die Verteilung der Wasserkräfte des Luleälv nachstehende, auf Norlindhs Untersuchungen beruhende Zusammenstellung Aufschluß

Tabelle 11.

Leistung bei	2 St. Luleälv von Stora-Lulevatten bis zur Einmündung des Lilla-Luleälv		4 Lilla-Luleälv unterhalb Vaikijaure		5 Luleälv von der Einmündung des Lilla-Luleälv bis zum Meer	
	PS	%	PS	%	PS	%
MNQ	93400	12,3	42000	13,4	37000	11,6
9 monatl. Q . . .	146200	19,2	68000	21,7	75600	24
6 „ „	420600	55	154000	49	197400	62
MQ	766000	100	313000	100	318000	100
MQ-Leistung in PS auf 1 km	6970		6520		2450	

Mittelwasserleistungen des Luleälvgebietes.

1. Stora-Luleälv-Hochgebirgsabschnitt (sog. „Seetal“ von Virijaure bis zum Austritt aus Stora-Lulevatten) . . . . PS 161300
2. Stora-Luleälv-Hauptabschnitt (vom Austritt aus Stora-Lulevatten bis Einmündung des Lilla-Luleälv) . . . . „ 730000
3. Lilla-Luleälv-Hochgebirgsabschnitt (Tjaute-Jaure-Vaikijaure) . . . . . . „ 143300
4. Lilla-Luleälv-Hauptabschnitt (Vaikijaure bis zur Einmündung in den Stora-Luleälv) . „ 308700
5. Luleälv-Unterlauf (Mündung des Lilla-Luleälv bis zum Meer) . . . . . . „ 302000
6. Sämtliche Quellbäche, Nebenbäche und Nebenflüsse . . . . . . „ 607700

Im ganzen PS 2253000

Die Vattenfallförteckning liegen vorläufig nur für den Hauptstrom und für die Hauptabschnitte des Lilla-Lulevatten und Stora-Lulevatten vor, fehlen hingegen noch für die Quell- und Nebenflüsse, so daß wir uns in der obigen Tabelle auf die Wiedergabe der Mittelwasserleistungen beschränken mußten. Für die Hauptabschnitte 2, 5 und 4 liegen indes die Vattenfallförteckning vor, so daß hiernach die Energiedauerverhältnisse folgendermaßen zusammenstellbar sind:

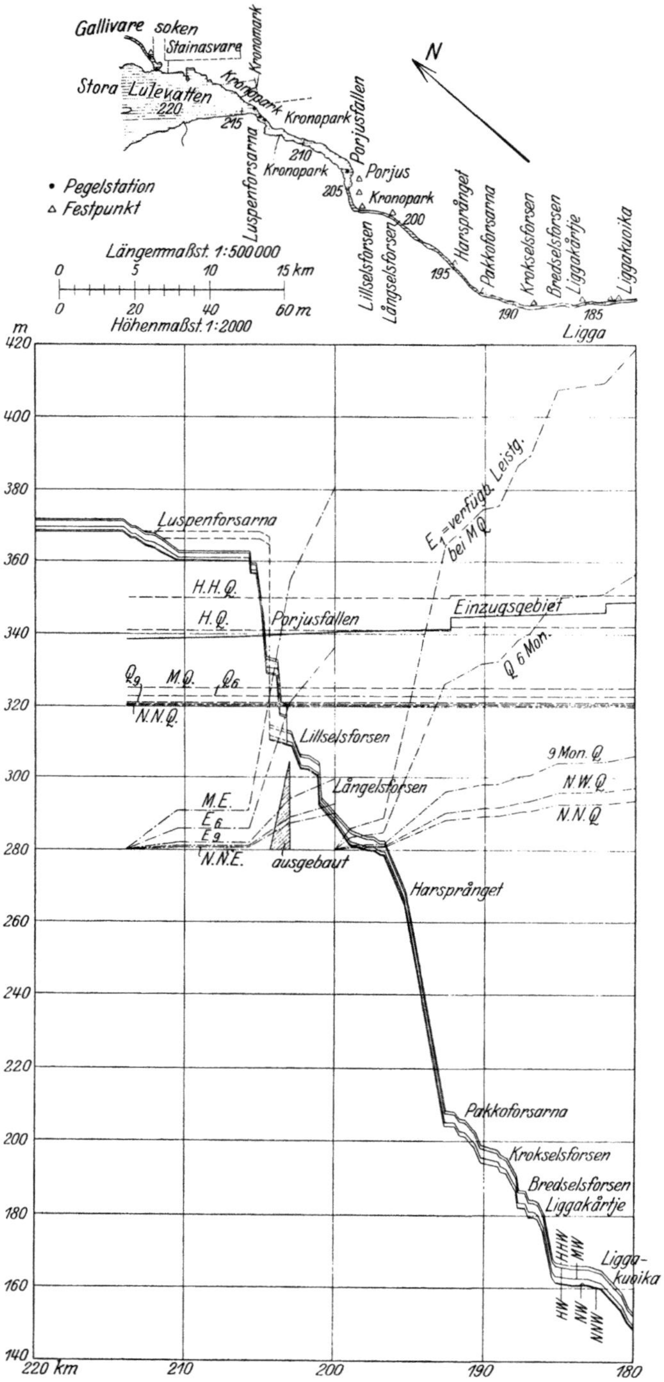

Abb. 54. Luleälv. Lageplan und Längenschnitt Porjus-Harsprånget. (Vattenfallförteckning.)

Tabelle 12. Dauerzahlen der verfügbaren Kraftleistung der Luleälv-Hauptabschnitte.

	Leistung bei MNQ	Leistung bei 9monatl. Q	Leistung bei 6monatl. Q	Leistung bei MQ	MQ-Leistung auf 1 km
	PS	PS	PS	PS	PS/km
2. St.-Luleälv von Stora-Lulevatten bis zur Einmündung des Lilla-Luleälv	93400 (12,3%)	146200 (19,2%)	420600 (55%)	766000 (100%)	6970
4. Lilla-Luleälv unterhalb Vaikijaure.	42000 (13,4%)	68000 (21,7%)	154000 (49%)	313000 (100%)	6520
5. Luleälv von der Einmündung des Lilla-Luleälv bis zum Meer	37000 (11,6%)	75600 (24%)	197400 (62%)	318000 (100%)	2450

Wie man sieht, ist der Stora-Luleälv oberhalb der Einmündung des Lilla-Luleälv am leistungsfähigsten (die Größe der kilometrischen Leistung entspricht beispielsweise den günstigeren Strecken des Oberrheins oberhalb Basel, doch sind die Regulierungs- und Ausbaumöglichkeiten des Luleälv erheblich günstiger). Aus allem erklärt es sich, daß von den, 85% der gesamten Kraftvorräte des Luleälv ausmachenden, staatlichen Fallstrecken gerade dieser Stromabschnitt bei den ersten Bauentschlüssen gewählt wurde und das erste nordschwedische Großkraftwerk bei Porjus im obersten Teil dieses Stromabschnittes angelegt wurde.

Das Porjuskraftwerk nutzt eine Reihe von Fällen und Stromschnellen über einen

Abb. 55. Ruorte-Kortje, die höchste Einzelstufe der Fallstrecke Porjus. (Or. Vattenfallstyrelsen.)

nahezu 10 km langen Stromabschnitt aus, Abb. 54. Die künstliche Fallstufe (gestrichelte Linien) umfaßt durch Einstau den größten Teil des Luspenfors und durch Umleitung (Ober- und Unterwasserstollen) die ganzen Porjusfälle. Das Wehr ist unmittelbar oberhalb der Porjusfälle angelegt und gewährleistet durch Einstau des

Abb. 56. Porjuswerk: Überfall mit aufgestelltem Nadelwehr. (Verf.)

Porjussellet eine günstige Wochen- und Tagesregulierung. Nach Ausweis des Längenschnittes ist die ausgenutzte Fallhöhe: 50 m (Porjusfallgruppe) = 6 m (Luspen), zusammen 56 m (im Durchschnitt). Sie ist bei natürlichem Abflusse nur geringen Schwankungen infolge Wasserstandsänderungen unterworfen. Die Bruttofallhöhe der künstlichen Fallstufe schwankt zwischen 55 und 58 m. Dauerverhältnisse der Wassermengen:

NNQ	24 m^3/sek	(9,5 %)	MQ	253 m^3/sek	(100 %)
MNQ [1].	31 „	(12 %)	MHQ	1050 „	(415 %)
9 monatl. Q . . .	48 „	(19 %)	HHQ	1500 „	(590 %)
6 „ „ . . .	140 „	(55 %)			

Allgemeine Anordnung der Porjusanlage: Abb. 55, 56, 57, 58, 59, 60, 61, 62. Das Wehr besteht größtenteils aus einem Erddamm mit steinernem Böschungsschutz und Eisenbetonkern (Abb. 611/612). Der Überlauf-Abschnitt ist als Ambursenwehr

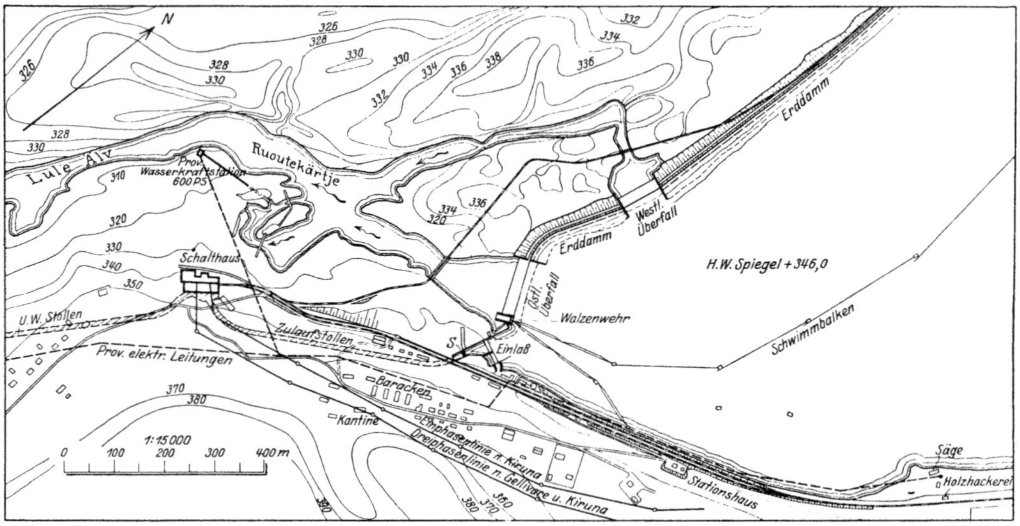

Abb. 57. Porjuswerk: Übersichtslageplan. (Verwaltg.)

in Eisenbeton mit Nadelaufsatz ausgeführt. Eine Öffnung ist für Flößerei- und Regulierungszwecke mit beweglichem Walzenverschluß versehen. Leitender Grundgedanke der ganzen Planung war: das Betriebswasser von der Entnahmestelle an, zu der es mit äußerst geringer Geschwindigkeit beiströmt, durchweg in völlig abgedeckter Leitung weiterzuführen, so daß also alles mit nennenswerter Geschwindigkeit strömende Wasser nirgends mit freier Luft in Berührung kommt, also auch eine Vermengung mit ihr und die Bildung von Nadeleis ausgeschlossen ist. Diesem Grundsatz gemäß wird das Wasser gleich vom Einlauf weg in einem Stollen geführt, der bis zu dem Verteilungsbecken eine Länge von 525 m hat. Das Verteilungsbecken ist offen ausgebrochen, aber mit einer geschlossenen Eisenkonstruktion überdacht, die der kalten Außenluft den Zutritt verwehrt. In dem Verteilungsbecken wird das Wasser auf fünf große, absperrbare Einlaufkammern verteilt. An diese Kammern schließen sich senkrechte, mit Eisenblech und Betonhinterfüllung ausgekleidete Druckschächte. Eine sechste Druckleitung ähnlicher Bauart

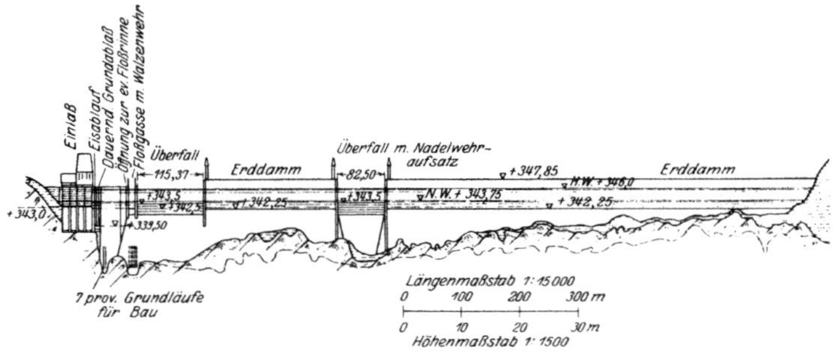

Abb. 58. Porjuswerk: Flußquerschnitt mit Stauanlage. (Verw.)

[1] In den Sonderveröffentlichungen über das Porjuswerk sind dagegen 40 m^3/sek angegeben, wohl mit Rücksicht auf die Aufstauung des Porjussellet, die eine geringfügige Jahresregulierung ermöglicht. Oberhalb Porjus wurde neuerdings der See Stora-Lulevatten teilweise reguliert und hierdurch die Niedrigwasserführung auf 60 m^3/sek erhöht.

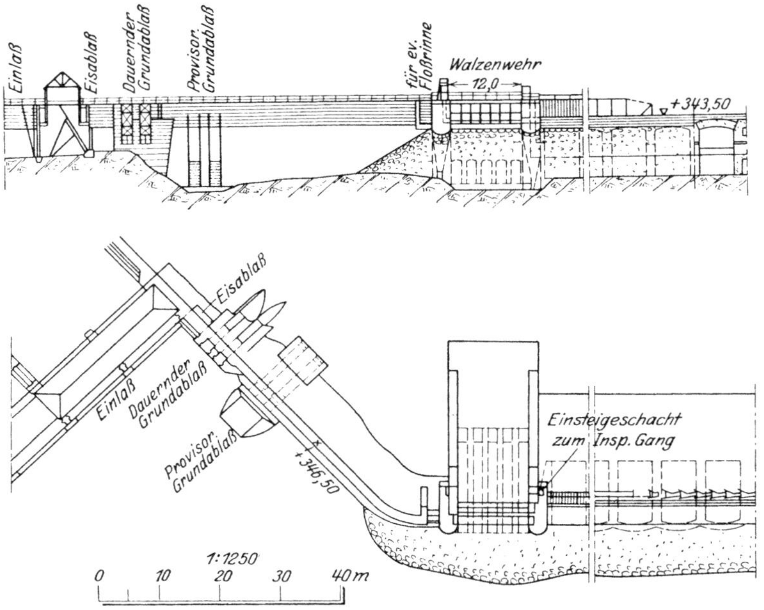

Abb. 59. Porjuswerk: Linker Flügel der Stauanlage mit Einlaß und Walzenwehr. (Verw.)

ist unmittelbar an das Verteilungsbecken angeschlossen. Die Druckschächte sind 50 m hoch und die gesamte Maschinenanlage liegt demgemäß ebenfalls rd. 50 m unterhalb der Erdoberfläche.

Alle sechs Turbinen sind wagerechte geschlossene Franciszwillingsturbinen, drei zu 12500 PS und drei zu 15000 PS mit einem Gesamtwasserverbrauch von etwa 90 m³/sek. Die Stromerzeuger sind ebenfalls unterirdisch in einem den Turbinenschächten benachbarten Maschinensaal angeordnet (Abb. 60 bis 62). Die erzeugte elektrische Energie wird durch Kabel nach dem oberirdisch gelegenen Schaltgebäude übergeführt (Abb. 866). Die Saugrohrkrümmer der Turbinen münden in zwei große, 1,5 km lange Unterwasserstollen, von denen der eine für fünf Turbineneinheiten, der andere vorläufig für eine und später für die etwa noch anzuschließenden weiteren Turbineneinheiten dienen soll. Die Sprengarbeiten wurden bereits 1921 für eine siebente Einheit ausreichend, für weitere Einheiten teilweise ausgeführt. Beide Unterwasserstollen sind miteinander verbunden; zur Milderung der Wasserstöße sind große Erweiterungen (Ausgleichskammern, „Unterwasserschlösser") angeordnet. Auch das aus dem Verteilungsbecken überlaufende Wasser wird durch senkrechte Schächte diesen Ausgleichskammern zugeführt. Außer den erwähnten großen Einheiten enthält die Anlage noch eine kleine Turbine für Erreger- und Eigenstromerzeugung, deren Druckrohrleitung in einem der Hauptturbinenschächte untergebracht ist.

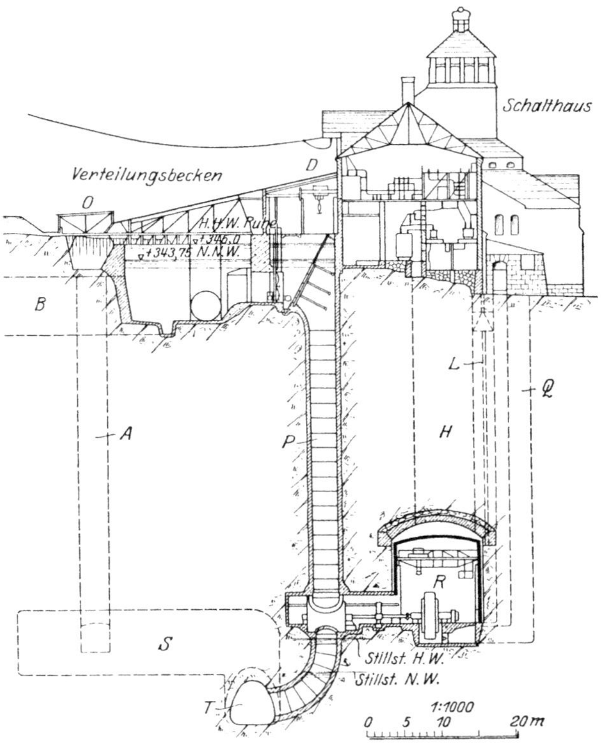

Abb. 60. Porjuswerk: Lotschnitt. (Verw.)

A = Überlauf-Absturzschacht.
A_1, A_2 = Spülschleusen.
B = Zuleitung (Stollen).
D = Werkseinlaß.
L = Aufzug für Personen und Material.
Q = Kabelschacht.
H = Maschinenaufzugsschacht.
R = Maschinensaal.
S = Unterwasser-Schwallraum.
O = Überlauf.
P = Turbinenleitung (Schacht).
T = Ableitung (Stollen).

Die elektromaschinelle Werksausrüstung besteht zur Zeit aus 3 Drehstromerzeugern von je 13500 kVA, 11000 Volt, 25 Perioden und 4 Einphasenstrom-

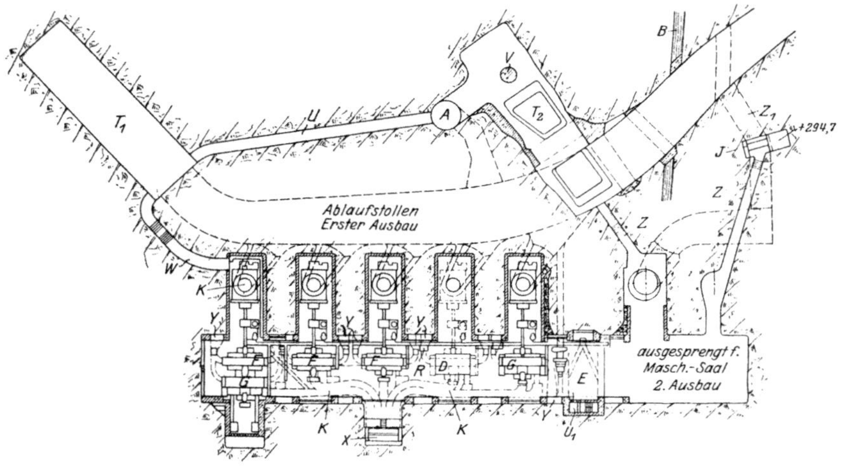

Abb. 61. Porjuswerk: Grundriß der Maschinenanlage. (Verw.)

A = Überlaufschacht.
U = Luftausgleichstollen.
T_1 = Unterwasser-Schwallraum Nr. 1.
T_2 = Unterwasser-Schwallraum Nr. 2.
Z_1 = Verbindung zwischen Ableitungsstollen 1. und 2. Ausbau.
Z = Verbindungsstollen.
Y = Warmluftkanäle und -schächte.
V = Pfeiler für Dachkonstruktion.
U_1 = Aufzug.
X = Schacht für Kabel und Kühl-Frischluft.
K = Frischluft- und Kabelkanäle bzw. Saugrohr.
J = Dammbalkenschacht.
E = Aufzugschacht und Abstellplatz.
G = Drehstromerzeuger.
F = Einphasenstromerzeuger.
K = Kesselturbine.
W = Verbindungsstellen.

erzeugern von je 10000 kVA 4000 V, 15 Perioden. Von diesen Stromerzeugern sind 2 bzw. 3 mit den 5 ersten Turbinensätzen unmittelbar gekuppelt; der 3. bzw. 4. ist zu einem Doppelmaschinensatz mit der sechsten zur Zeit aufgestellten Turbine vereinigt und dient als „Reserve". Die elektrische Ausrüstung des über Tag errichteten Schaltgebäudes umfaßt vier Umspanner für Einphasenstrom zu 2×5000 kVA, 4/80 kV und einen für Drehstrom zu 3×4000 kVA, 11/77 kV, 25 Perioden. Außerdem enthält das Schalthaus die Gesamtschaltanlage mit Betätigungsraum, ferner Pumpen- und Zisternenanlagen für Wasser und Öl, Werkstätten, Lagerräume und Betriebsbüro.

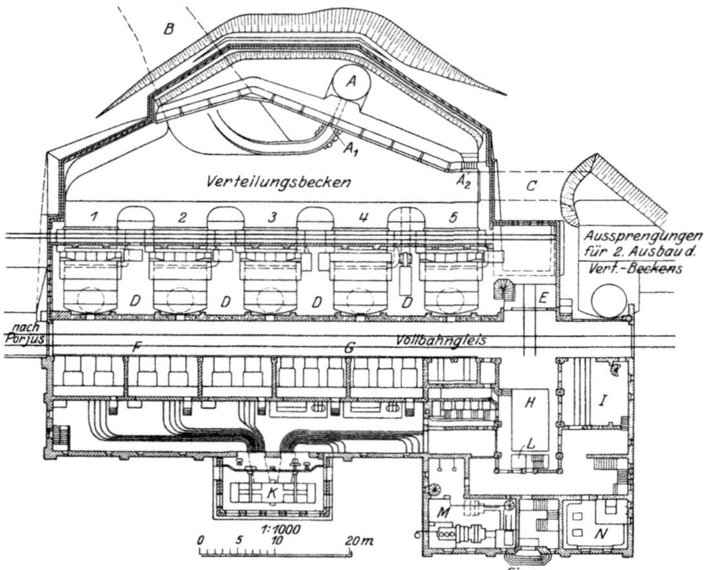

Abb. 62. Grundriß des Verteilungsbeckens. (Verw.)

D = Pfeiler des Stationseinlasses.
C = Verbindungsstollen.
J = Werkstatt.
H = Aufzug für Material.
L = Personenaufzug.
N = Umkleideraum.
M = Dieselmotorenraum.
E = Abstellplatz.
A = Überlaufschacht.
B = Zuleitung (Stollen).
A_1 = Grundablaß.
A_2 = Eisablaß.
F = Einphasenumspanner.
G = Drehstromumspanner.
K = Kühlluftventilatoranlage.

Der erzeugte Einphasenstrom dient ausschließlich für Vollbahnbetrieb. Ursprünglich war nur der Kiruna-Riksgränsen-Abschnitt der Erzbahn elektrifiziert. Heute wird indes mit Porjusstrom die ganze Erzbahn vom Bottnischen Meerbusen (Luleå-Svartön) bis zur Nordsee (Narvik) betrieben und außerdem noch die kurze Eisenbahnstrecke Porjus—Gällivare. Drehstrom war ursprünglich nur für die Kraftversorgung der Erzfelder Kirunavaare—Gällivare bestimmt, ist aber weiterhin auch für die vor einigen Jahren errichteten elektrischen Hüttenbetriebe verwendet worden. Außerdem dient der Drehstrom noch der Energieversorgung anderer Industrien und zur Deckung des bürgerlichen Elektrizitätsbedarfes im Erzbaubezirk wie auch in einem großen Teil des Bottnischen Küstenlandes. So wird unter anderem die Stadt und Festung Boden und ein Teil des Stadt- und Landbezirkes Luleå versorgt. Im Jahre 1925 wurden von den abgesetzten etwa 100 Millionen kWh rund 55% in Form von Einphasenstrom, also für Eisenbahnzwecke, die restlichen 45% als Drehstrom für die eben erwähnten zahlreichen anderen Zwecke verwendet. — Der Eigenbedarf der Kraftwerksanlage wird durch 220 Volt Gleichstrom gedeckt mit Ausnahme des Antriebs und der Beleuchtungsanlage des Stauwehrs, die mit 3000 V Drehstrom bedient werden.

Abb. 63. Harsprångetfall. (Verw.)

Das Porjuswerk ist in den Jahren 1910/14 erbaut worden. Die Turbinenanlage bestand zunächst aus 3 Einheiten mit insgesamt rund 38000 PS. Sie wurde im Laufe weiterer 5 Jahre, also bis 1919, auf eine Leistung von rund 84000 PS ausgebaut. In den letzten Jahren ist einer der Drehstromerzeuger ausgewechselt worden, ferner sind einige bauliche Ausbesserungen und Turbinenüberholungen vorgenommen worden. Eine abermalige Erweiterung ist für die nächste Zeit geplant. Im großen und ganzen hat sich die Anlage in ihrer über 10jährigen Betriebszeit ganz vorzüglich bewährt. Durch die mit Vorbedacht gewählte eigenartige Anordnung sind alle Eisschwierigkeiten vermieden worden; in dieser Beziehung ist das Werk sogar vielen weit südlicher gelegenen Großkraftwerken Schwedens überlegen. Das Porjuskraftwerk ist eines der am weitesten nach Norden vorgeschobenen Großwasserkraftwerke der Erde überhaupt. Nur die norwegischen Großanlagen Bodö und Sulitelma liegen in noch etwas höherer geographischer Breite, dafür aber im Einflußbereich des Golfstromes. Das Porjuswerk hat daher weitaus die strengsten klimatischen Verhältnisse.

Harsprånget. Die reißende Entwicklung der Industrieabsatzmöglichkeiten gegen Ende des Weltkrieges ließ das Projekt einer weiteren Großkraftanlage für das Erzgebiet unerwartet schnell reifen. Von dem Reichstag 1918 wurden der staatlichen Wasserkraftdirektion die nötigen Geldmittel zur Verfügung gestellt. Das neue Kraftwerk sollte die ganze zwischen dem Unterwasser von Porjus und dem Fuß des Harsprånget-Falles liegende Fallstrecke, also die Lillsel- und Langsel-Stromschnellen (über 40 m hoch) und den Riesenwasserfall bei Harsprånget selbst (rund 60 m hoch, Abb. 63), also eine Gesamtfallhöhe von über 100 m umfassen, die sich auf kaum 10 km verteilt. Die Volleistung war zu etwa 100000 (später 200000) PS veranschlagt. Der auf die Hochkonjunktur folgende Rückschlag 1919/22 veranlaßte aber die Energieinteressenten, sich allmählich zurückzuziehen. So kam denn die Arbeit über Projektierungen, vorbereitende Tiefbohrungen, umfangreiche Wohnhausbauten und den Beginn der Sprengarbeiten nicht hinaus. Nachdem zunächst der Arbeiterbestand stark eingeschränkt war, wurde im Frühling 1922 die Arbeit ganz eingestellt.

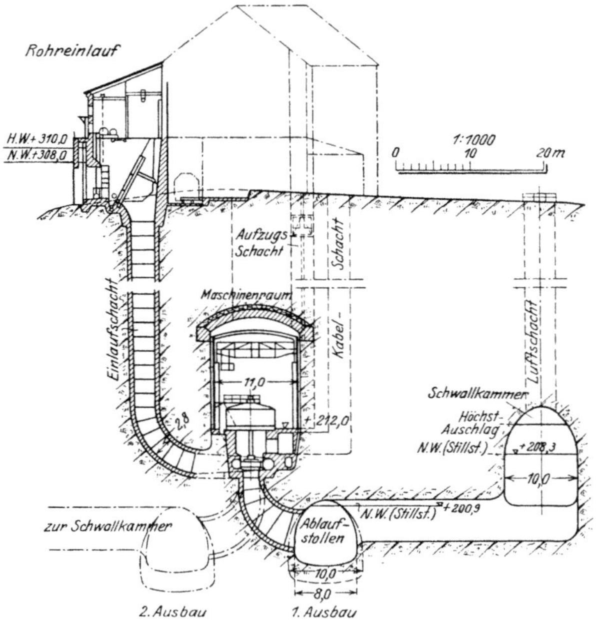

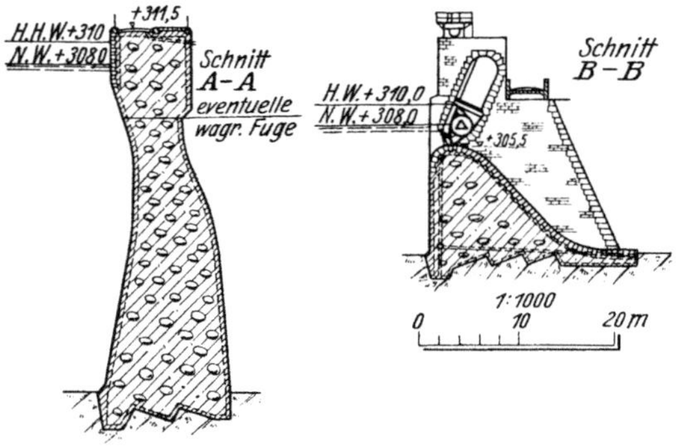

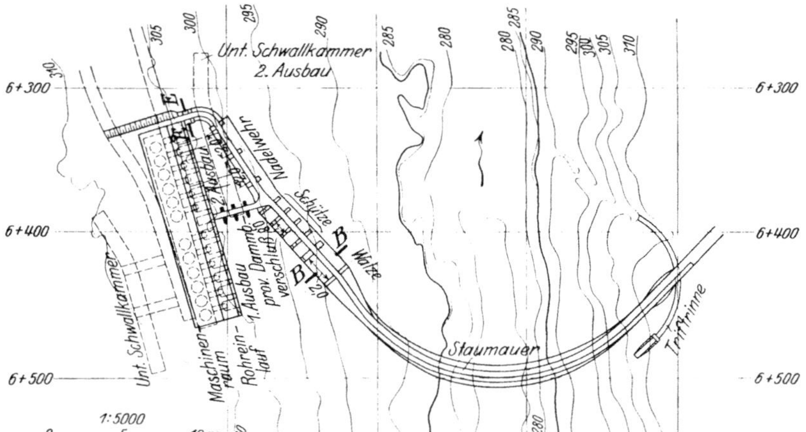

Abb. 64. Harsprångetwerk. Bauentwurf. (Verw.)

Der Längenschnitt (Abb. 54) veranschaulicht die allgemeine Anordnung der geplanten Anlage, welche die zweitgrößte von Schweden geworden wäre. Der Unterwasserstollen von Porjus sollte, verlängert, Oberwasserstollen von Harsprånget werden; an das unterirdische Krafthaus sollte sich ein gleichfalls längerer U.-W.-Stollen anschließen, vgl. Abb. 64.

Die Fallstufe ist, nach den zur Verfügung stehenden Unterlagen zu urteilen, wirtschaftlich eine noch bedeutend günstigere Energiequelle als die Porjus-Fallgruppen. Daß trotzdem die Erzbahnwasserkraftanlage seinerzeit nicht in Harspränget, sondern in Porjus angelegt wurde, erklärt sich daraus, daß Porjus den Schlüssel für die Tages- und Wochenregulierung des ganzen unteren Stromabschnittes bildet und die Regulierungsmöglichkeiten von Harspränget viel weniger günstig sind. Ferner wären für den Anfang Leistung und Baukostenaufwand im Verhältnis zu den Ausnutzungs- und Entwicklungsmöglichkeiten zu groß gewesen. Eine noch wichtigere Begründung für die getroffene Wahl war indes die Rücksicht auf Verhütung der Eisschwierigkeiten durch Ausschaltung aller offenen Fallstrecken. Der weitere Ausbau der Stromstrecke ist so gedacht, daß nach Porjus zunächst Harspränget an die Reihe kommt und dann der Reihe nach immer weiter stromabwärts liegende Kraftquellen, wobei das Triebwasser immer nur in den ausgesprochenen, natürlichen Stillwasserabschnitten lauf belassen wird. Durch den Konjunkturrückschlag ist die Verwirklichung dieses großzügigen Programms auf einige Zeit hinausgeschoben; indes ist kaum anderes zu erwarten, als daß die Luleälvstrecke beim weiteren Ausbau der Energiewirtschaft in Norrbottenslän in erster Linie wieder in Angriff genommen werden wird.

Abb. 65. Suorvasperren, Baustelle, IX. 1921, von unten links (Verf.).

Suorva. Für Porjus und Harspränget, ebenso für die weiter stromabwärts liegenden Großwasserkräfte des Luleälv (Ligga, Porsiforsen Edeforsen) ist die Regulierung der Quellseen von hervorragender Wichtigkeit. Im Jahre 1918 wurde zugleich mit dem Ausbau der Harspränget-Fälle auch die Regulierung der Storaluleälv-Quellseen beschlossen, und zwar sollten diese, voneinander durch Stromschnellen getrennten Seen von unten her soweit aufgestaut werden, daß sie einen einzigen 60 km langen Stausee mit einem Stauraum von 2,2 Milliarden m³ Inhalt bilden. Dies hätte nur eine Stauhöhe von 14 m erfordert. Nach der vorläufigen Aufgabe des Ausbaues von Harspränget hat man auch die Regulierung der Luleälv-Quellseen auf zunächst nur 900 Millionen m³ Stauraum eingeschränkt, wofür eine 8 m hohe Aufstauung genügt.

Die Regulierungsanlage besteht im wesentlichen aus 2 Talsperren, welche die zwei Arme des Luleälv bei ihrem Austritt aus dem Quellsee bei Suorva vollständig durchqueren (Abb. 65). Beide Talsperren sind gleichartig in Eisenbeton ausgeführte Gewölbereihenmauern. Das östliche Stauwerk besteht aus 15 Gewölben und 2 Überfällen, alle mit je 12 m Pfeilerachsenabstand. Das westliche Stauwerk (Abb. 66) hat 11 Gewölbe und 3 Überfälle derselben Spannweite, außerdem noch einen 55 m langen massiven Überfall. Die größte Höhe von der Mauerkrone bis zum Gewölbefuß beträgt etwa 14 m.

Über die statischen Berechnungsgrundlagen und die konstruktive Gestaltung dieser Talsperren wird im Abschnitt „Stauwerke" (S. 63 ff.) ausführlich berichtet.

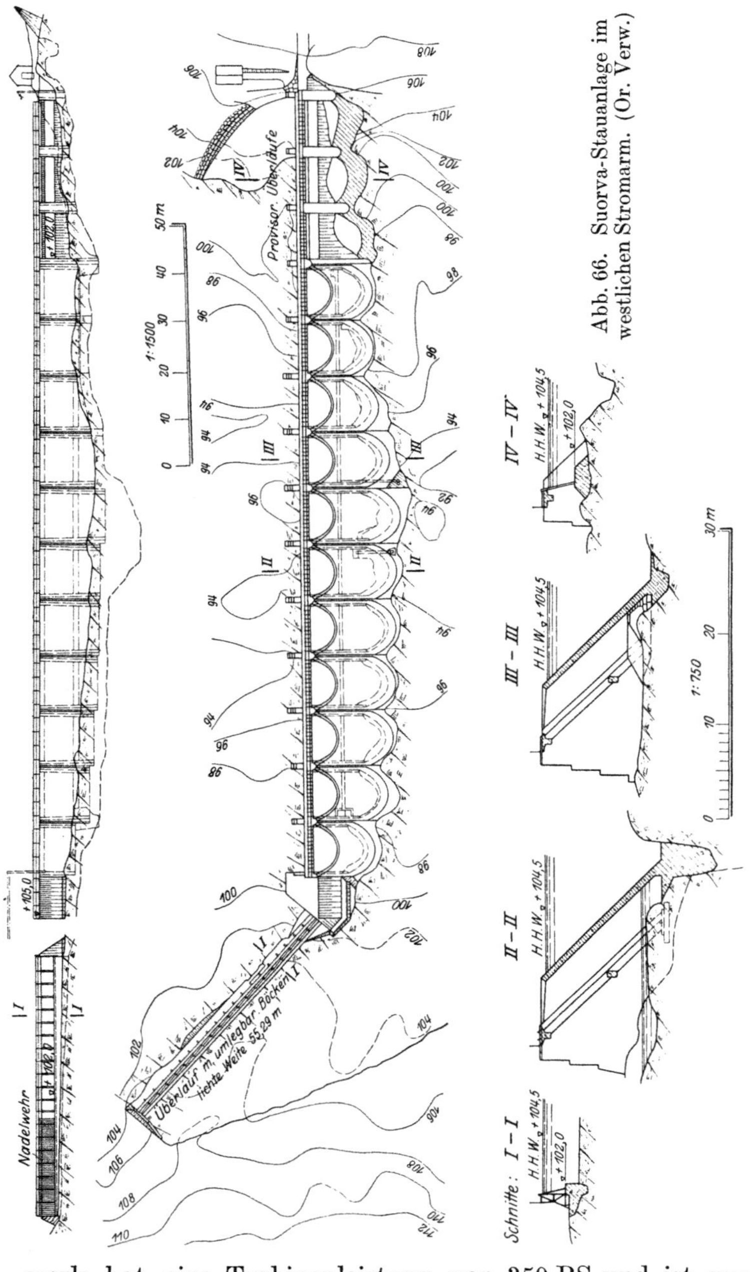

Abb. 66. Suorva-Stauanlage im westlichen Stromarm. (Or. Verw.)

Hier sei nur noch bemerkt, daß die Talsperren ohne weitere Verstärkung um 6 m bei einem etwaigen zweiten Ausbau erhöht werden können; für diesen Zweck sind die Pfeiler mit entsprechenden Abstufungen versehen und vorstehende Anschlußbewehrungseisen angeordnet.

Die Wasserentnahme erfolgt durch 2 Stollen, die beide unter der östlichen Talsperre durchführen (Abb. 67). Der Wasserabfluß wird in jedem Stollen mit einer eisernen Schütze geregelt, deren Antriebsmechanismus in je einem Bedienungshäuschen aufgestellt ist. Bemerkenswert ist die Auslaufanordnung der Stollen, die durch eine Überlaufschwelle das Wasser zwingt, auch bei geringer Abflußmenge den Stollenquerschnitt ganz auszufüllen, damit Eisbildung verhütet werde. — Außer den großen Regulierungs-Wasserentnahmestollen ist noch ein dritter, kleinerer Wasserentnahmestollen angeordnet, der das Triebwasser für das Bau- und Betriebskraftwerk der Talsperranlage entnimmt. Dieses Kraftwerk hat eine Turbinenleistung von 350 PS und ist genau nach denselben Grundsätzen angeordnet, wie die großen Kraftwerke Porjus und Harsprånget, also mit unterirdischer Turbinenanlage.

Der erste Ausbau der Suorva-Regulierung erhöhte die normale Niedrigwassermenge des Storaluleälv, die vorher durch die früher erwähnten geringfügigen Regulierungsarbeiten im Stora Lulevatten auf 60 m³/sek erhöht war, auf etwa

100 m³/sek, der zweite Ausbau würde sie auf 160 m³/sek bringen. Der erste Ausbau hat bei den schon im Hinblick auf den zweiten Ausbau gewählten, stärkeren Abmessungen und baulichen Maßnahmen nahezu 13 Millionen schwedische Kronen (allerdings keine Friedenskronen, da die Bauten zum großen Teil in der Teuerungszeit errichtet wurden) gekostet. In diesem Betrage sind die nicht unbedeutenden Verkehrs-Hilfseinrichtungen, die durch die Entlegenheit der Baustelle bedingt waren, inbegriffen. Die nächste Eisenbahnstation von Suorva ist Porjus; von da mußte die Zufuhr der Baustoffe und Maschinen durch Einrichtung eines Motorschleppverkehrs

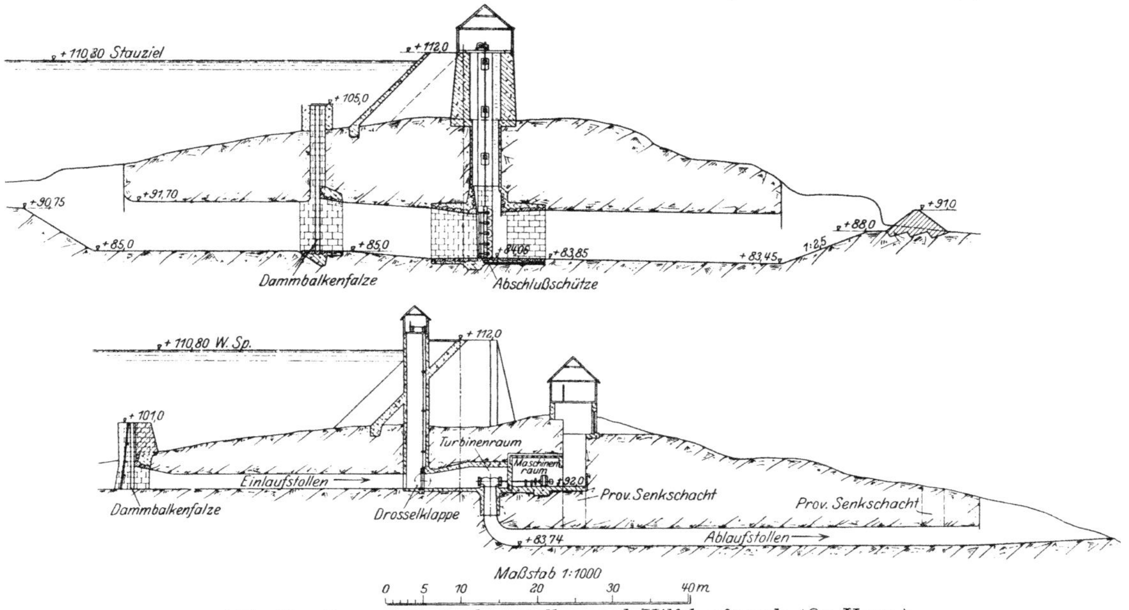

Abb. 67. Suorva: Entnahmestollen und Hilfskraftwerk (Or. Verw.).

auf den Seeabschnitten des Stromes und durch provisorische Eisenbahnstrecken den Stromschnellenabschnitten entlang ermöglicht werden. Außerdem mußte, hauptsächlich aus sozial-hygienischen Rücksichten, zugunsten der Angestellten und Arbeiter ein ständiger Flugzeugpendelverkehr Porjus—Suorva eingerichtet werden (Teil IV). Die Länge dieser Strecke in Fluglinie ist 100 km. Diese wohl nördlichste Luftverkehrsstraße wurde nebenbei für meteorologische und aërologische Forschungen ausgenutzt und durch Einstellung in den sommerlichen starken Touristenverkehr wirtschaftlicher gemacht. Die Nachrichtenübermittelung wurde schließlich noch durch Errichtung einer Radiostation in Suorva verbessert.

Die Suorva-Anlage liegt rd. 400 m über dem Meer, auf 110 km nördlich des Polarkreises und somit wesentlich oberhalb der Baumgrenze in vollkommener Einöde.

4. Das Piteälvgebiet und das Kraftwerk Sikfors.

Über den Piteälv wurden schon einige Zahlenangaben in der Übersicht über den nördlichsten Kraftdistrikt Schwedens mitgeteilt (S. 89). Er hat unter den 12 aus dem Fjäll-Land gespeisten Strömen Schwedens das kleinste Einzugsgebiet und eine etwas geringere durchschnittliche Niederschlagshöhe als der benachbarte Luleälv. Kaum ein Viertel des Einzugsgebietes liegt im Fjäll, so daß der Abflußbeiwert auch sehr viel ungünstiger ist, als beim Luleälv. Die durchschnittlichen Spenden sind demzufolge um etwa ⅓ geringer als im Luleälvgebiet.

An dem Aufbau des Gebietes sind im höchsten Quellgebiet Silurschiefer, dann im weiteren Lauf Granite, Leptite, Porphyre und als charakteristisch für das Gebiet: Syenite beteiligt. Im untersten Teil des Stromgebietes besteht der Untergrund, wie in den meisten Teilen der norrländischen Küstengegend, aus Gneis und Granitgneis. Irgendwelche bemerkenswerten Bodenschätze scheinen in keinem der erwähnten Gesteine vorzukommen; nur die Leptite gehören zu den Ausläufern der noch nicht genügend erforschten Skellefte-Leptite, in denen wahrscheinlich wertvollere Erze vorkommen. Von den quaternären Formationen herrschen wie überall in Norrland die Moränen ganz wesentlich vor. Das Gebiet der marinen Ablagerungen greift hier weniger weit ins Festland hinein, als im nördlichsten Teil von Schweden. Daher ist die Gegend trotz der südlicheren Lage fast ebenso ackerarm wie die übrigen Teile des nördlichsten Kraftbezirkes. Auch Torfmoore gibt es verhältnismäßig wenig. Der größte Teil des Einzugsgebietes (mindestens $^2/_3$) ist von Wäldern bedeckt. Dieser Waldreichtum und die etwas südlichere Lage geben dem zeitlichen Gang des Wasserablaufs einen von dem Verhalten des Luleälv abweichenden Charakter; besonders auffallend ist diese Abweichung im Unterlauf. Hier ist — allerdings nicht jedes Jahr, aber doch in den meisten Jahren — außer dem Frühlingshochwasser und dessen Ausläufern noch in den Spätsommern ein zweites, nicht auf die Schneeschmelze, sondern auf Niederschläge zurückzuführendes Herbsthochwasser zu verzeichnen, wogegen beim Luleälv sich alle Hochwasser um ein einziges sehr starkes Frühlingshochwasser zusammendrängen. Interessant ist dabei, daß, abgesehen von den quantitativen Abflußschwankungen, der Charakter der Abflußganglinie des Piteälv von Jahr zu Jahr stark veränderlich ist, so daß die Ganglinien einzelner Jahre das Verhalten eines mittelschwedischen Stromes, diejenigen anderer Jahre wieder die Charakterzüge des Nordens und des Fjäll-Einzugsgebietes widerspiegeln.

Die meisten Wasserfälle des Stromgebietes liegen im Quellgebiet und im Oberlauf, der Mittellauf enthält nur sehr zahlreiche Stromschnellen, aber keine stärker konzentrierten Wasserfälle. Die energiewirtschaftlich wertvollsten Wasserfälle finden sich aber im untersten Teil des Stromlaufes, wo der 40 m hohe Wasserfall von Storfors mit unmittelbar anschließenden Stromschnellen zusammen zu einer Fallstufe von 80 m mit 87000 PS Mittelwasserleistung ausgebaut werden kann. Weiter unterhalb finden wir schließlich außer mehreren anderen noch unausgebauten Wasserfällen mittlerer Höhe die ausgebauten Sikforsfälle. Wie S. 89 erwähnt, werden die Wasserkräfte des Piteälv von Norlindh mit 587700 PS angegeben. Die Vattenfallförteckning erstrecken sich auch hier nur auf den mittleren und unteren Lauf des Stromes und zwar unterhalb Jäknejaure (390 m ü. M.). Der Energiegehalt dieses Stromabschnittes ist:

Tabelle 13.

Leistung bei	PS	In % der MQ-Leistung
MNQ	79600	19,0
Q_9	112900	27,2
Q_6	262800	63,1
MQ	415300	100

Die Dauerverhältnisse sind demnach trotz des geringeren Seeflächenanteils günstiger als bei dem wichtigsten Abschnitt des Luleälv (S. 91), was dem verhältnismäßig stärkeren Herbstabfluß zuzuschreiben ist.

An Wirtschaftszentren finden sich in dem ganzen Stromgebiet eine einzige Stadt, die kleine Hafenstadt Piteå, und zwei bedeutendere, überwiegend landwirtschaftliche Ortschaften (Älvsby und Sikfors) sowie eine Anzahl weniger bedeutender Dörfer. Die Sägewerksindustrie der Gegend ist ganz und gar auf Piteå und seine unmittelbare Umgebung zusammengedrängt.

Der Kraftbedarf der Gegend ist kein bedeutender und, soweit man die Entwicklung überblicken kann, ist keine allzu schnelle Steigerung desselben zu erwarten.

Sikfors. Die einzige bedeutende Kraftanlage des Einzugsgebietes ist das Sikforswerk bei der eben genannten landwirtschaftlichen Ortschaft Sikfors, 20 km stromaufwärts vom Bottnischen Meerbusen. Das Einzugsgebiet umfaßt hier 10800 km². Die Wassermengendauerverhältnisse bei natürlichem Abfluß sind durch folgende Zahlen gekennzeichnet:

NNQ	20,0	m³/sek	= 13,3%	MQ.	152	m³/sek	= 100 %
MNQ	32,44	„	= 21,5%	MHQ . . .	625	„	= 410 %
9 monatl. Q	105	„	= 69 %	HHQ	970	„	= 640 %
6 „ „	152	„	= 100 %				

Die Vollwassermenge des Werkes beträgt etwa 40 m³/sek, also vorläufig nur etwas über MNQ. Die ausgebaute Fallstufe besteht aus einer einzigen steilen Stromschnelle von rund 13 m Höhe bei etwa ⅓ km Länge.

Das Werk ist in den Jahren 1911/12 gebaut und mit zwei Turbinen zu 2300, zusammen 4600 PS, ausgerüstet worden. Es wurde in den Jahren 1922/23/24 weiter ausgebaut: das Oberwasser des Stausees wurde, auch wohl zur besseren Wochen- und Tagesregulierung, unter Umbau der Wehranlage erhöht; zugleich wurde eine der

Abb. 68. Sikfors: Unterwasseransicht des Stauwehrs. (Vattenbyggnadsbyrån.)

beiden Turbinen und der zugehörige Stromerzeuger auf 3555 PS umgebaut, so daß jetzt eine Gesamtleistung von 5855 PS eingebaut ist. Außerdem sind die nötigen vorbereitenden Maßnahmen getroffen, um das andere Aggregat in derselben Weise umbauen zu können, so daß mit einer endgültigen Volleistung von 7100 PS zu rechnen sein wird. Die Anlage ist mit Einrichtungen für die Flößerei und mit Fischleitern versehen (Abb. 68).

Die Stromerzeugung des Werkes wird in erster Linie dem bürgerlichen Bedarf und der Landwirtschaft, ferner der Holzwirtschaft, zu geringerem Teil aber auch der Erzverhüttung zugeführt. Von der ersten Gruppe von Abnehmern ist vor allem „Luleå Staes Elektricitetsverk" zu nennen, das einen Teil seines Energiebedarfs von Sikfors und einen Teil von Porjus geliefert bekommt; ferner die Umgebung von Piteå und Luleå — die Stadt Piteå selbst deckt indes ihren Bedarf mit anderen Kraftquellen —, ferner die Holzbearbeitungswerke Luleå Träsliperi. Unter der zweiten Gruppe von Kraftabnehmern mögen die Luossavaara-Kirunavaara A. B. Svartön und Luleå Järnverk erwähnt werden. Über die Energieerzeugung steht nur eine Zahl vom Jahre 1921 mit 11,8 Millionen kW zur Verfügung, die wahrscheinlich seitdem bedeutend überschritten wurde.

Die übrigen Wasserkräfte des Piteälv sind im wesentlichen unausgenutzt, nur wenige, ganz unbedeutende sind ausgebaut; es mag die landwirtschaftliche Ortszentrale Älvsby (60 PS) erwähnt werden, die einer Beleuchtungsgenossenschaft der Ortschaft gehört.

Die Seen des Piteälvgebietes sind nicht reguliert.

5. Zusammenfassung.

Wir fanden im nördlichsten Kraftdistrikt Schwedens eine in sich ziemlich abgeschlossene energiewirtschaftliche Einheit, deren größter Kraftabnehmer die Erzwirtschaft und die damit zusammenhängenden Staatseisenbahnen sind. Wir sahen großzügige staatliche Bestrebungen, die Energie des Luleälv in systematischer und umfassender Weise auszunützen zum Teil zur Deckung des vorhandenen Energiebedarfes, zum Teil als Grundlage erst neu zu schaffender industrieller Unternehmungen. Es ist klar, daß der Staat durch diese Schritte innerhalb des Kraftbezirkes sich eine gewisse monopolistische Stellung errungen hat und sie wohl noch mehr befestigen wird, da die günstigsten Kraftquellen des ganzen Kraftbezirkes ihm gehören. Obschon der Staat überall in ganz Schweden die Preisgestaltung der Energie und die Entwicklungsrichtung der privaten Unternehmungen durch seine Wasserkräfte beeinflußt, ist — außer am Götaälv — in keiner Gegend Schwedens die staatliche Wasserfalldirektion ein so entscheidender Faktor der Energiewirtschaft und wohl auch der wirtschaftlichen Entwicklung überhaupt als gerade in Norrbotten.

Unterlagen.

Zu 1. Krafttillgångar, Kraftbehov och Kraftöverföring för Elektrifiering av Sveriges Olika Kraftdistrikt (Kung. Elektrifieringskommittè 8).

Zu 2. Norlindh: Sveriges Vattenkraftresurser. Sonderdruck: De Svenska Vattendrags Arealförhallanden, Heft 1 und 2 (Hydrographisches Amt, Stockholm 1915).

Zu 3. „Die staatlichen Kraftwerke Schwedens 1921“ — Porjus-Kraftwerk och Riksgränsbanans Elektrifiering“, Vortrag von Axel Ekwall, II, S. 308; die Luleälv-Regulierung ist in der Hauptsache bearbeitet auf Grund von unmittelbaren brieflichen Mitteilungen des Vattenfallstyrelsen, ferner einer in Manuskript befindlichen amtlichen Veröffentlichung dieser Behörde („Die Suorva-Dämme“); schließlich aus der Spezialveröffentlichung „Flygleden Porjus—Suorva“ über den Flugverkehr Porjus—Suorva, in welchem auch meteorologische, klimatologische und aërologische Forschungsergebnisse enthalten sind. Die historischen Angaben stammen meist aus der Festschrift „Svensk Vattenkraftindustri“ Stockholm 1920. — An Veröffentlichungen über die Hydrographie des Luleälv-Stromes mögen neben den bereits erwähnten Vattenfallförteckning die besonders eingehenden Tabellen in dem Werke „Den Svenska Flodernas Vattenmängder“ von G. Slettenmark und „Den Svenska Vattendragens Arealforhallanden 3. Luleälv M. Fl.“, beides in den Meddelanden från Statens Meteorologisk-Hydografiska Anstalt erwähnt werden.

6. Abschnitt: Die übrigen Wasserkräfte von Övre Norrland.

1. Allgemeines.

Der im vorigen Abschnitt noch nicht behandelte Teil von Övre Norrland deckt sich mit den Kraftbezirken XII und XIII des Elektrifieringskommittés und umfaßt zwei von den 12 großen ins Hochgebirge hineinreichenden Stromgebieten: Skellefteälv und Umeälv. Außerdem fallen in dieses Gebiet noch zahlreiche Wald- und Küstenlandsflüsse, deren bedeutendste Buskeälv, Rikle-Ån, Öreälv, Gideälv und Mooälv sind. In der politischen Landeseinteilung gehört das Gebiet größtenteils zu Västerbottenslän, zu einem kleinen Teil zu Norrbottenslän. In energiewirtschaftlicher Beziehung sind durch das ganze hier zu behandelnde Gebiet durchgehende Kennzeichen: die Größe der verfügbaren Kraftquellen, der gegenwärtig und wohl auch noch auf längere Zeit bestehende Mangel an Kraftbedarf und das Fehlen der technischen und wirtschaftlichen Möglichkeit, überschüssige Energie anderen Gegenden zuzuführen. Die somit energiewirtschaftlich gerechtfertigte Abgrenzung des

Gebietes wird verschärft durch seine einheitlichen natur- und wirtschaftsgeographischen Züge.

Naturgeographisch ist unser Gebiet ähnlich dem im vorigen Abschnitt behandelten, zunächst gekennzeichnet durch Gesteinsformationen von geringer Verwitterungsfähigkeit bei im großen und ganzen gleicher Gesteinsfolge wie im nördlichen Norrland. Nur ein verhältnismäßig geringer Teil der unteren Gebietsabschnitte, hauptsächlich des Skellefteälvs, wird von Gesteinen gebildet, die sonst in Schweden wenig vorkommen. Diese Gesteinsformationen, die im Laufe der geologischen Forschungen der letzten 2 Jahrzehnte vielfach Namen und Einordnung geändert haben, sind in den neuesten Sonderuntersuchungen als „erzführende Leptite, Porphyre und Schiefergesteine" zusammengefaßt. Ihre Bedeutung liegt auf wirtschaftlichem Gebiet und gründet sich auf ihren Reichtum an außerordentlich hochprozentigem Schwefelkies und Kupfererz nebst Arsen, Antimon, Zink, Gold und Silber. Diese schon S. 44 als wirtschaftlich zukunftsreich erwähnten Erzvorkommen sind besonders reich im Unterlauf des Skellefteälv und Oberlauf des Buskeälv, treten aber auch im Ume- und Vindelälv auf. Bis jetzt sind näher untersucht hauptsächlich die Vorkommen in der unmittelbaren Nähe des Skellefteälv-Hauptstromes.

Wegen der erwähnten geringen Verwitterungsfähigkeit der Gesteinsformationen des Gesamtgebietes sind die eiszeitlichen Moränen und die in der Skellefte-Gegend besonders reichen alluvialen Ablagerungen der Nacheiszeit wenig fruchtbar; deshalb stellen auch hier, ebenso wie im nördlichsten Norrland, im wesentlichen nur die marinen Ablagerungen brauchbare Ackerböden dar. Darum tritt uns hier dieselbe Dreigliederung der Vegetation und Landschaft wie fast im ganzen übrigen Norrland entgegen: das unfruchtbare Fjäll-Land oberhalb der Wachstumsgrenze, das moränenbedeckte Waldland und das zum großen Teil für landwirtschaftliche Zwecke geeignete, von marinen Ablagerungen bedeckte Küstenland; letzteres ist hier indes, von einem fingerartigen Eingriff in das Vindelälv-Tal abgesehen, im Durchschnitt nur 40 km breit. Der Vorgang der Landhebung hat sich ziemlich ungleichmäßig abgespielt, daher liegt auch die marine Grenze an den verschiedenen Stellen des Gebietes recht verschieden hoch.

Das auch in diesem Gebiete noch kalte Klima, die mehrere Wochen dauernde Winternacht und die vergleichsweise schlechten Vorbedingungen für Ackerbau bedingen eine sehr spärliche Besiedelung, so daß der Gesamtcharakter der Wirtschaft sich kaum wesentlich von demjenigen in Norrbottenslän unterscheidet. Wie dort herrscht die Forstwirtschaft mit Sägewerks- und nicht allzu bedeutender Papiermasse-Industrie vor. Aber ebenso wie sich im nördlichsten Övre Norrland die neuzeitliche Erzwirtschaft trotz aller Schwierigkeiten Bahn gebrochen hat, ist auch hier die Entwicklung einer starken Erzabbau-, Erzverhüttungs- und chemischen Industrie in wenigen Jahrzehnten zu gewärtigen. Die mehrfach erwähnten großen und reichen Erzvorkommen bilden dafür eine um so bessere Grundlage, als der Unterlauf des Skellefteälvs, wo die Hauptvorkommen bekannt sind, sehr reich an Wasserkräften ist und ein Teil der Erzvorkommen ziemlich nahe an der Küste liegt. Die Untersuchungen von „Sveriges Geologisk Undersökning"[1] (Geologische Landesanstalt), die zur genaueren Kenntnis der Erzvorkommen geführt haben[2], wurden erst 1920 systematisch begonnen und 1924 veröffentlicht; daher hat die Literatur der schwedischen Energiewirtschaft dieses wichtige Verbrauchsgebiet für die Skellefte- und Umeenergie noch nicht hinreichend berücksichtigt. So erklärt sich, daß in den summarischen Untersuchungen des Elektrifieringskommittés (1923) der zu erwartende Kraftbedarf der elektro-

[1] Tegengrén: Sveriges geol. undersökn. publ. Ser. No. 17, Stockholm 1924.

[2] Schon vor etwa 200 Jahren wurden unbedeutende Versuche zur Kupfergewinnung in der Skelleftegegend gemacht; aber erst die Fortschritte der Erzverhüttung in diesem Jahrhundert ließen umfangreiche Forschungsarbeiten über das Gebiet wirtschaftlich erscheinen.

thermischen Industrie in den beiden Kraftbezirken XII und XIII für das Jahr 1940 noch mit dem Wert Null angesetzt wurde.

Bei der Größe und Güte der Wasserkraftvorräte des Gebietes ist aber auch bei weitgehender Erfüllung der auf die Entwicklung der Erzwirtschaft zu setzenden Hoffnungen noch auf lange Zeit mit einem großen Energieüberschuß zu rechnen.

Die verfügbaren Wasserkräfte sind zahlenmäßig und besonders im Verhältnis zum Flächeninhalt außerordentlich reich. Die unten mitgeteilte Übersicht ergibt als gesamte theoretische Mittelwasserleistung nahezu 2,6 Millionen PS auf einem Gebiet von kaum 50000 km², so daß auf 1 km² 52 PS entfallen gegenüber 36 PS/km² im nördlichsten, XIV. Kraftdistrikt Schwedens. Nur noch der unmittelbar südlich anschließende XI. Kraftbezirk hat einen ähnlichen Reichtum an Wasserkraft aufzuweisen.

Nachstehende Übersicht gibt einen näheren Einblick in die Verhältnisse.

Tabelle 14.

	Einzugsgebiet km²	Seeanteil %	Theor. Mittelwasserleistung (Norlindh) PS	Verfügbare Jahresarbeit bei rationeller Ausnützung und Seeregulierung (Ekwall) Millionen kWh	Bei 4800 Jahresbenutzungsstunden ausbauwürdig (Ekwall) PS	Ausgebaut oder im Bau befindlich PS
Skellefteälv. . . .	11600	12,7	621000	2350	660000	21000
Umeälv	26700	7	1589000	4250	1200000	33000
Gideälv	3480	etwa 3—6	85000	250	70000	12000
Übrige Wald- und Küstenlandströme	10000		325000	400	110000	7000
Insgesamt	51780		2620000	7250	2049000	71000

Wir sehen, daß besonders in der theoretischen Mittelwasserleistung Umeälv alle übrigen Ströme des Gebietes zusammen wesentlich übertrifft. Es ist auffallend, daß beim Skellefteälv die nach Ekwall ausbauwürdige Leistung die theoretische Mittelwasserleistung etwas übertrifft, während sie beim Umeälv wesentlich niedriger ist. Die Erklärung und Begründung dieses Unterschiedes liegt in der großen Verschiedenheit des Seeanteils der beiden Ströme. Skellefteälv ist der seenreichste von allen zwölf Hochgebirgsströmen Schwedens und hat daher schon von Natur verhältnismäßig ausgeglichene Abflußverhältnisse, die zudem durch äußerst günstige Regulierungsmöglichkeiten noch weiter verbessert werden können, so daß ein vergleichsweise hoher Ausbau wirtschaftlich ist. Berücksichtigt man außerdem noch die günstige Lage in bezug auf die Erzvorkommen, so wird man den Skellefteälv an Bedeutung für die zukünftige Wasserkraftindustrie des in Frage stehenden Gesamtgebietes dem wesentlich energiereicheren Umeälv nahezu gleichstellen.

Im nachfolgenden werden Skellefteälv und Umeälv etwas ausführlicher, Gideälv dagegen kürzer behandelt werden; letzterer hauptsächlich im Hinblick auf die technisch sehr interessante Kraftanlage bei Gideåbacka.

2. Der Skellefteälv und die Finforsen-Kraftanlage.

Das Skellefteälvgebiet liegt in Norrbottenslän und Västerbottenslän, und der Hauptstrom bildet auf einer langen Strecke seines Mittellaufes die Grenze zwischen diesen beiden Regierungsbezirken. Der Skellefteälv hat, zum Unterschied von den meisten anderen vom Hochgebirge kommenden Strömen, ein schmales Einzugsgebiet mit beinahe einheitlicher Breite, da gerade der Unterlauf ziemlich reich an Nebenflüssen ist. Die wichtigsten Nebenflüsse, Rebnisån und Malån sind im Vergleich mit dem Hauptstrom seenarm. Die wichtigsten Seen des Skelleftegebietes heißen: Sädvajaure, Hornavan, Uddjaure, Storavan; sie liegen in der Meereshöhe 464, 425, 419 und 404 m und haben eine Gesamtoberfläche von etwa 630 km². Die Höhenunterschiede zwischen den einzelnen Seen werden in drei sehr kurzen Stromschnellen überwunden (nachstehend als Seestromschnellen bezeichnet). Die in der Tabelle S. 106 angegebene Mittelwasserleistung des ganzen Skellefteälv von 621000 PS verteilt sich auf folgende vier Abschnitte:

1. Quellbäche.	rund	50000 PS
2. Drei Seestromschnellen . .	„	15000 „
3. Hauptstrom vom Austritt aus dem Storavan bis zum Meer.	„	496000 „
4. Sämtliche Nebenflüsse und Nebenbäche mit Waldcharakter	„	60000 „
		621000 PS

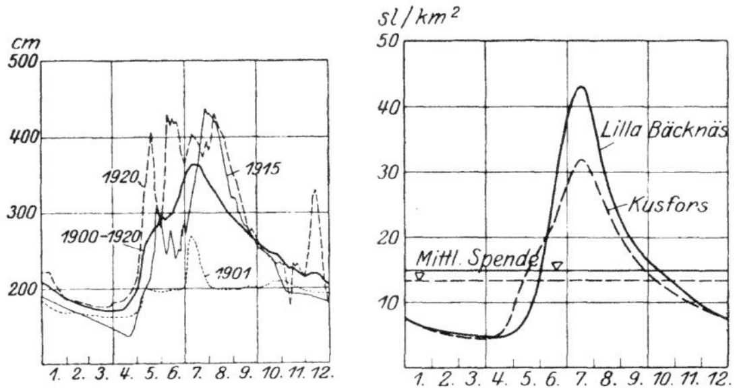

Abb. 69. Ganglinien des Skellefteälv. (Vattenfallförteckning.) Links: Wasserstände einzelner Jahre bei Kusfors. Rechts: Spendenmittel mehrerer Jahre.

In Hinsicht der vorhandenen Mittelwasserleistung wie auch der Ausgeglichenheit und verkehrsgeographischen Verteilung der Wasserkräfte ist der einzige für die nächste

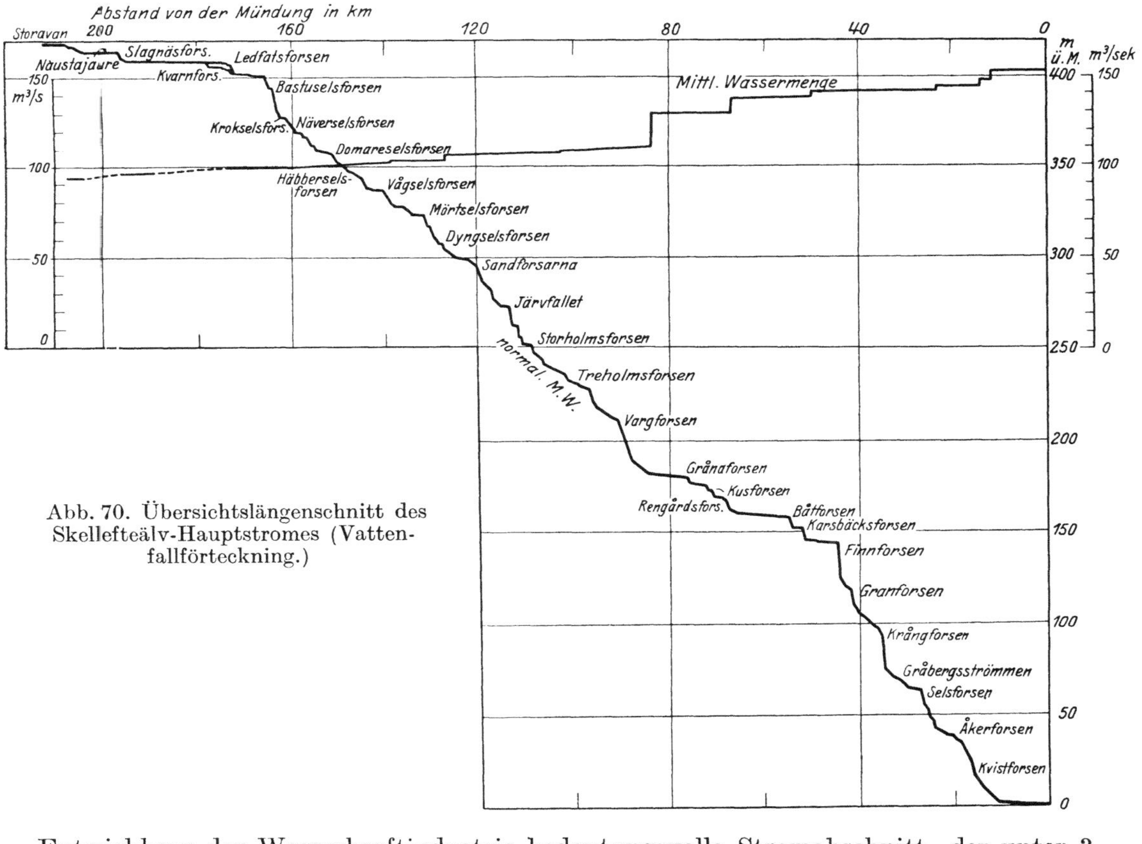

Abb. 70. Übersichtslängenschnitt des Skellefteälv-Hauptstromes (Vattenfallförteckning.)

Entwicklung der Wasserkraftindustrie bedeutungsvolle Stromabschnitt, der unter 3. erwähnte: vom Austritt aus der Kette der großen Seen bis zum Meere.

Dieser Stromabschnitt hat ein weniger ausgeprägtes Hochgebirgsregime als die meisten der zwölf großen schwedischen Hechgebirgsströme; denn, da nur etwa 15% der Einzugsfläche im Fjäll liegen, ist der Abflußvorgang durch die Spätsommerregen stark beeinflußt, und die Ganglinien weichen, besonders für den Unterlauf des Stromes, noch mehr von jenen des Luleälv ab, als die im vorigen Abschnitt besprochenen Ganglinien des Piteälv. Die für diese Art von Strömen charakteristischen zwei Maxima

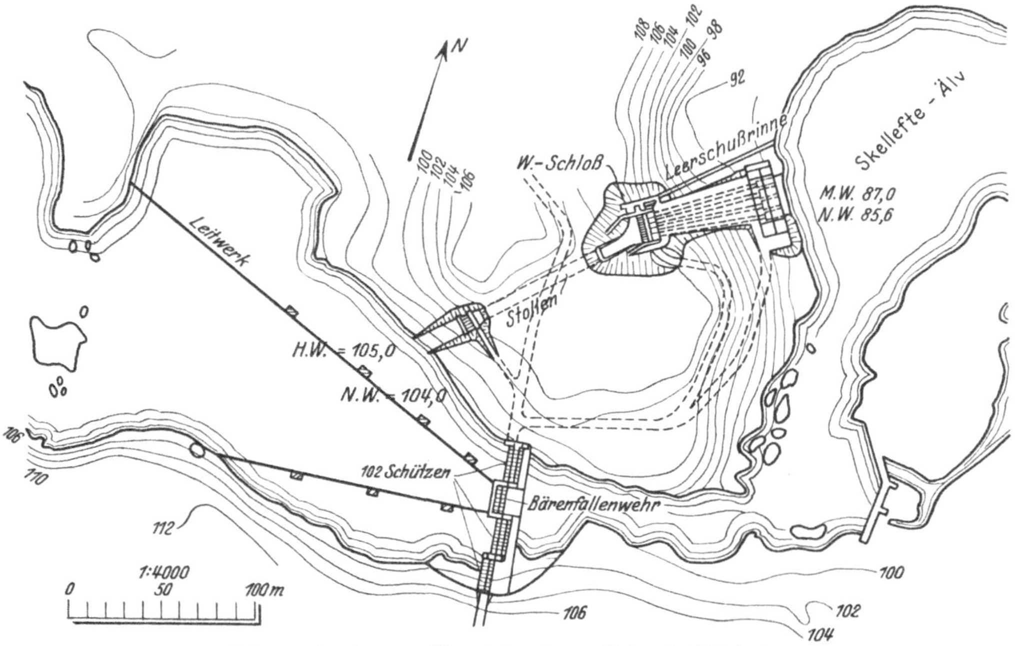

Abb. 71. Finforsen. Übersichtsplan. (Teknisk Tidskr.)

Abb. 72. Finforsen. Ansicht des Stauwerks.

treten beim Skellefteälv fast alljährlich auf, und zwar das eine am Ausgang des Frühlings, das andere im Spätsommer. Da indes der zeitliche Ablauf ziemlich große Verschiedenheiten von Jahr zu Jahr aufweist, verwischt Mittelbildung über eine lange Jahresreihe diese Eigentümlichkeit, und es ergibt sich dabei nur ein einziger Scheitelwert im Hochsommer. Abb. 69 zeigt die Ganglinien für den Skellefteälv bei Kusfors (25 km oberhalb der unten behandelten großen Anlage Finforsen[1]).

Der erwähnte Stromabschnitt ist in einem Vattenfallförteckning ausführlich behandelt, so daß für ihn auch Angaben über die sehr günstigen Leistungsdauerverhältnisse vorliegen:

Abb. 73. Finforsen. Ansicht des Kraftwerks.

Tabelle 15.

Leistung bei:	PS	In % der normalen Mittelwasserleistung
MNQ. . . .	143800	28
9 monatl. Q.	227000	34
6 monatl. Q.	369000	73
MQ.	506000	100

[1] Die Mittelganglinie für Finforsen selbst stand nicht zur Verfügung, dürfte sich aber nur unwesentlich von der wiedergegebenen unterscheiden.

Etwas weniger günstig sind die Gefällsverhältnisse des Hauptstromes. Von den etwa 206 km des behandelten Stromabschnittes sind die obersten rund 40 km ver-

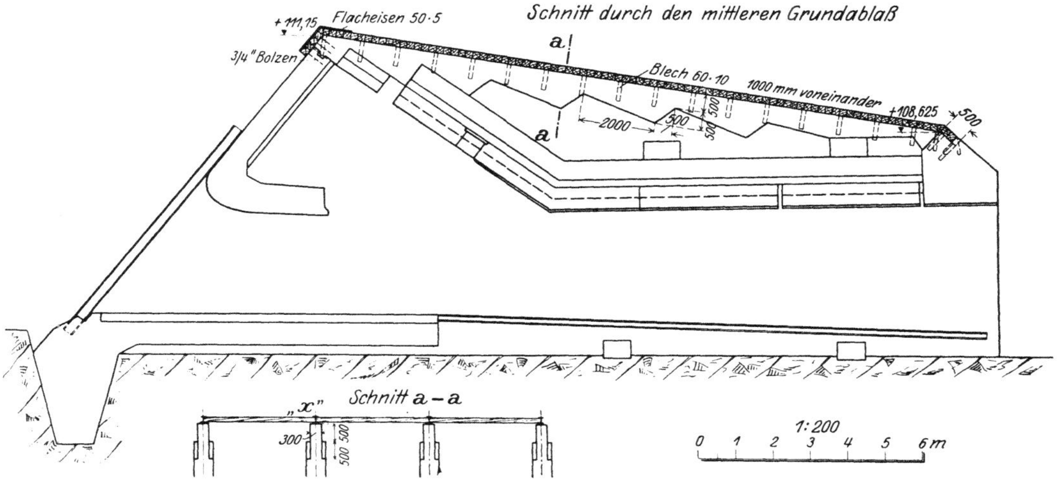

Abb. 74. Schnitt.

gleichsweise arm an Wasserkraft; die übrigen 166 km sind wohl sehr reich, aber die hier durchfallene Höhe von nicht weniger als 400 m ist nicht in einzelnen großen Wasserfällen konzentriert, sondern auf eine äußerst große Anzahl kleinerer Fälle und Stromschnellen verteilt (Abb. 70). Die in bezug auf die Konzentrierung der Fallhöhe günstigsten Stufen sind Finforsen mit rund 20 m Fallhöhe auf wenigen 100 m Länge und der ebenso hohe Krångfors, an den sich nach oben und unten noch ansehnliche Stromschnellen anschließen. Die übrigen Wasserfälle des in Frage stehenden Stromabschnittes sind so wenig ausgeprägt, daß

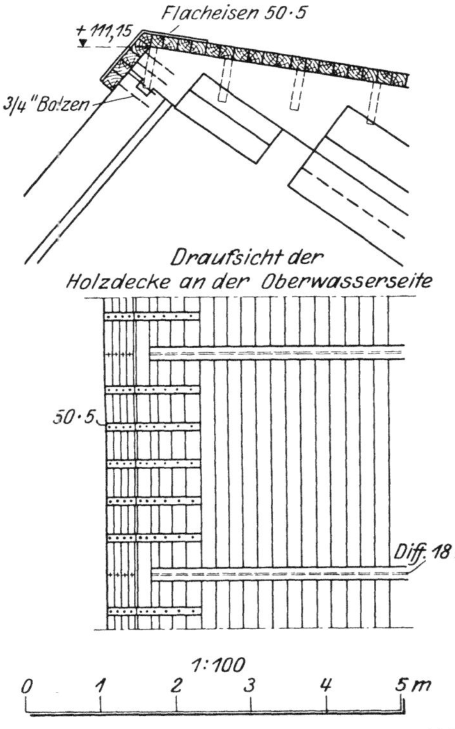

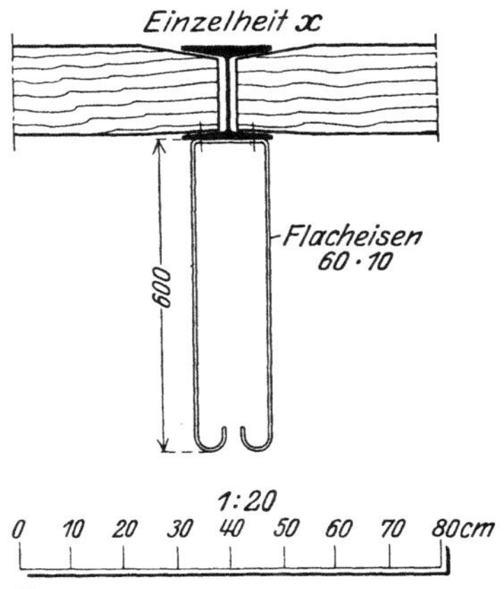

Abb. 75. Einzelheiten.

Abb. 74 und 75. Krångforsen. Vorläufiger Abschluß des Ambursenwehres. (Vattenbyggnadsbyrån.)

die Einteilung in bestimmte Fallstufen von der Natur überhaupt nicht vorgezeichnet, sondern nach wirtschaftlichen und technischen Überlegungen und mehr oder weniger willkürlich vorzunehmen ist. Norlindh hat diese Fallstrecke in 26 Stufen eingeteilt, mit Einzelfallhöhen von 2,7—29,7 m.

Die beiden erwähnten günstigsten Wasserfälle gehören der Stadt Skellefteå. Finforsen ist für die Kraftversorgung der Stadt selbst, für Landwirtschaft, Holzindustrie u. a. m. bereits ausgenützt, während der Ausbau von Krångforsen 1926 begonnen wurde.

Die hydrographischen Kennzahlen für Finforsen sind laut Vattenfallförteckning:

Einzugsgebiet . . . . 11200 km²

Wassermengendauer bei natürlichem Abfluß:

NNQ	18 m³/sek	(12 %)	MQ	145 m³/sek	(100 %)
MNQ	42 „	(29 %)	MHQ	410 „	(283 %)
9monatl. Q	68 „	(47 %)	HHQ.	610 „	(421 %)
6 „ „	108 „	(75 %)			

Die Vollwassermenge des Kraftwerkes war im ersten Ausbaustadium 21 m³/sek; im zweiten kamen hierzu 29 m³/sek. Die ausgenützte Fallhöhe ist normal 20 m, bei

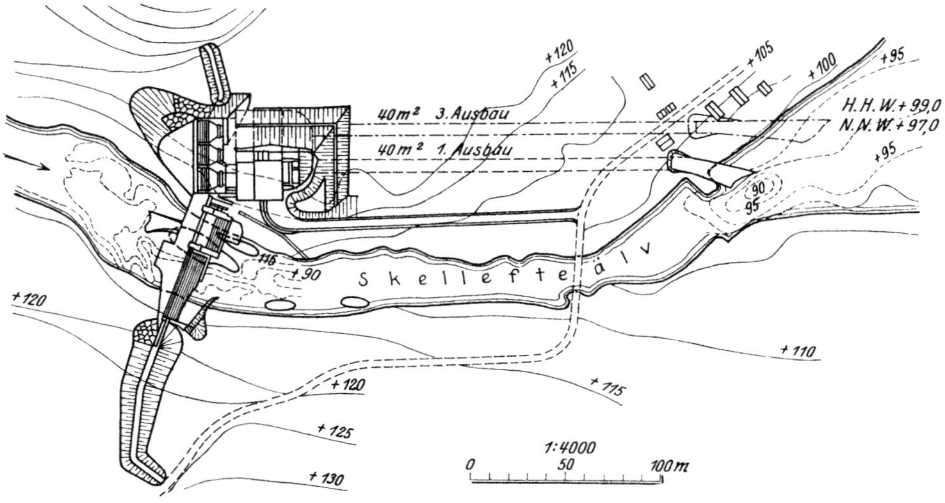

Abb. 76. Krångforsen, Lageplan. (Vattenbyggnadsbyrån.)

Hochwasser 17½ m. Im ersten Ausbau wurden 4 Turbinen zu je 1300 PS, im zweiten eine Turbine mit 5500 PS aufgestellt; daher ist im jetzigen Ausbauzustand die gesamte Turbinenleistung 10 700 PS. Hierzu kommt eine Erregerturbine mit 400 PS. Die fünf Hauptturbinen sind unmittelbar mit Drehstromerzeugern von 9200 kVA Gesamtleistung gekuppelt. Die Erregerturbine treibt einen Gleichstromerzeuger mit 550 kVA.

Die Stromverteilungsanlagen dieses Kraftwerkes, des bedeutendsten unter den in erster Linie für bürgerlichen Bedarf bestimmten Elektrizitätswerken Nordschwedens sind sehr umfangreich. Sie umfassen sechs Sekundärstationen (Hauptumspannstationen), ferner Hochspannungsleitungen (33 000 Volt), Mittelspannungsleitungen (10 000, 3000 und 2200 Volt) und schließlich ein recht umfangreiches Netz von Ortsleitungen. — Die Kraft dient außer dem erwähnten Orts- und Landwirtschaftsbedarf (hauptsächlich der Stadt Skellefteå und der Kirchspiele Skellefteå Byske, Bureå, Lövångers) der Holz- und Sulfitindustrie, und zwar sind die bedeutenderen unmittelbaren Kraftabnehmer die Holzschleifereien Ytterfors träsliperi, Skellefteå träsliperi und die Sulfitfabrik Öhrvikens A. B.

Der Strom für bürgerlichen und landwirtschaftlichen Bedarf wird zum Teil den Stromverbrauchern unmittelbar zugeführt, zum Teil aber an verschiedene kleine Elektrizitätsgesellschaften verkauft, die ihn dann weiter an die einzelnen Abnehmer geben.

Die Vorgeschichte dieser wichtigen Überlandzentrale im hohen Norden geht in die letzten Jahrzehnte des vorigen Jahrhunderts zurück, wo die Fortschritte in der Energieübertragung überhaupt erst die Schaffung einer großen Anlage in einer so dünn besiedelten Gegend wirtschaftlich möglich erscheinen ließen. Nachdem schon im Jahre 1887 die Frage der elektrischen Beleuchtung der Stadt Skellefteå aufgeworfen war, wurde 1896 ihre Lösung durch Wasserkraft vorgeschlagen; nach langen Untersuchungen und Vorverhandlungen über den Energieabsatz wurde schließich 1906 die Nutzbarmachung des Finfors beschlossen. Der erste Ausbau kam 1908 in Betrieb; der zweite wurde 1910/12 durchgeführt, nachdem der Kraftabsatz an die beiden Holzschleifereien gesichert war (Abb. 71, 72, 73).

In den letzten 5—6 Jahren sind umfangreiche Projektierungsarbeiten für eine Erweiterung des Werkes um 10000 PS, also auf beinahe das Doppelte der vorhandenen Leistung bearbeitet worden. Wie aus den mitgeteilten Abflußkennzahlen hervorgeht, ist Vorbedingung dafür naturgemäß eine teilweise Regulierung der großen Seen, eine Frage, die ebenfalls eingehend studiert wurde. Es scheint indes, daß der dritte Ausbau von Finforsen zugunsten des sogleich zu erwähnenden Krångforsenwerkes vorläufig oder endgültig fallen gelassen werden wird. Die Studien über die Seeregulierungen wurden indes im Hinblick auf spätere Ausführung weiter fortgesetzt.

Der Ausbau des **Krångfors** war in den letzten drei Jahren Gegenstand eingehender technischer und wirtschaftlicher Studien, hauptsächlich des Vattenbyggnadsbyrån, das drei Wahlvorschläge für einen Ausbau auf 30000 PS ausgearbeitet hat. Die Ausführung in der billigsten, sehr wirtschaftlich durchgebildeten Ausbauform hätte sich auf nur 6 Millionen Kronen gestellt.

Der ausgeführte Entwurf (Abb. 74—78) sieht ein Stauwehr mit anschließendem Werkwassereinlaß, Oberwasserschächten und tief in den Fels eingeschnittener Turbinenanlage mit zwei anschließenden Unterwasserdruckstollen von je 40 m² vor. Das Stauwehr erhebt sich rund 25 m über Talwegsohle, ist in Ambursenbauweise konstruiert

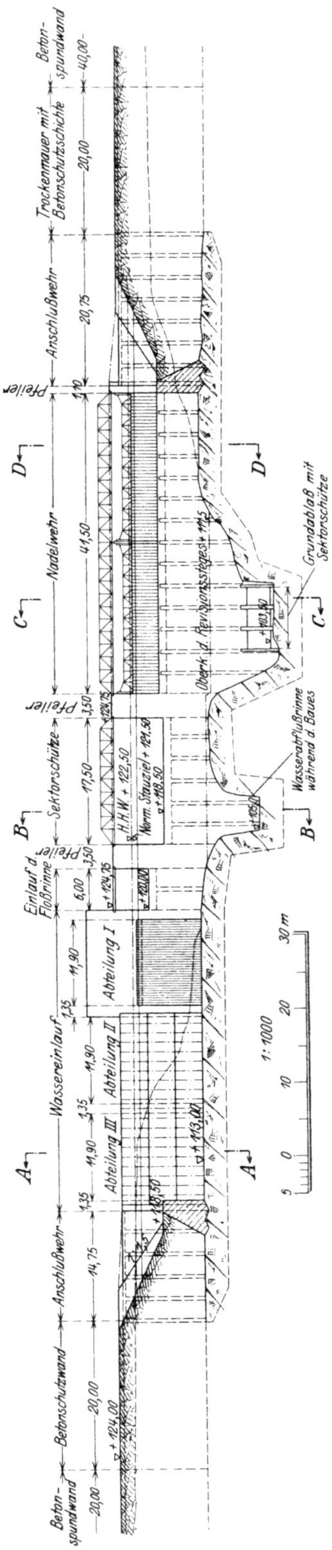

Abb. 77. Krångforsen, Gesamtansicht der Stauanlage. (Vattenbyggnadsbyrån.)

und enthält einen Flutdurchlaß mit Sektorsenkschütze 2,6/17,5 m i. L. und zwei Flutdurchlässe mit einfachen Stoneyschützen je 5,0/17,5 m i. L., außerdem in der einen Öffnung einen Grundablaß mit drei Öffnungen von 2,3/2,5 m mit Segmentverschlüssen. Die Nutzfallhöhe der mit senkrechten Francisspiralturbinen ausgerüsteten Anlage schwankt zwischen 30 und 21,5 m (Abb. 79). Während der Vorarbeiten war das Versorgungsnetz der Skellefteåwerke im ständigen Wachstum begriffen, aber doch eine bindende Abnahmeverpflichtung der in Aussicht stehenden großen Industrieabnehmer noch nicht zu erlangen. Daher mußte bei Baueröffnung (Neujahr 1926) von sofortiger Erstellung der endgültigen Ausbauform und -größe vorläufig abgesehen

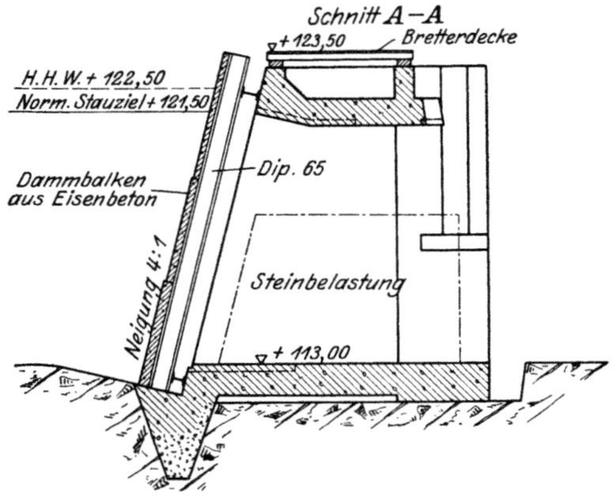

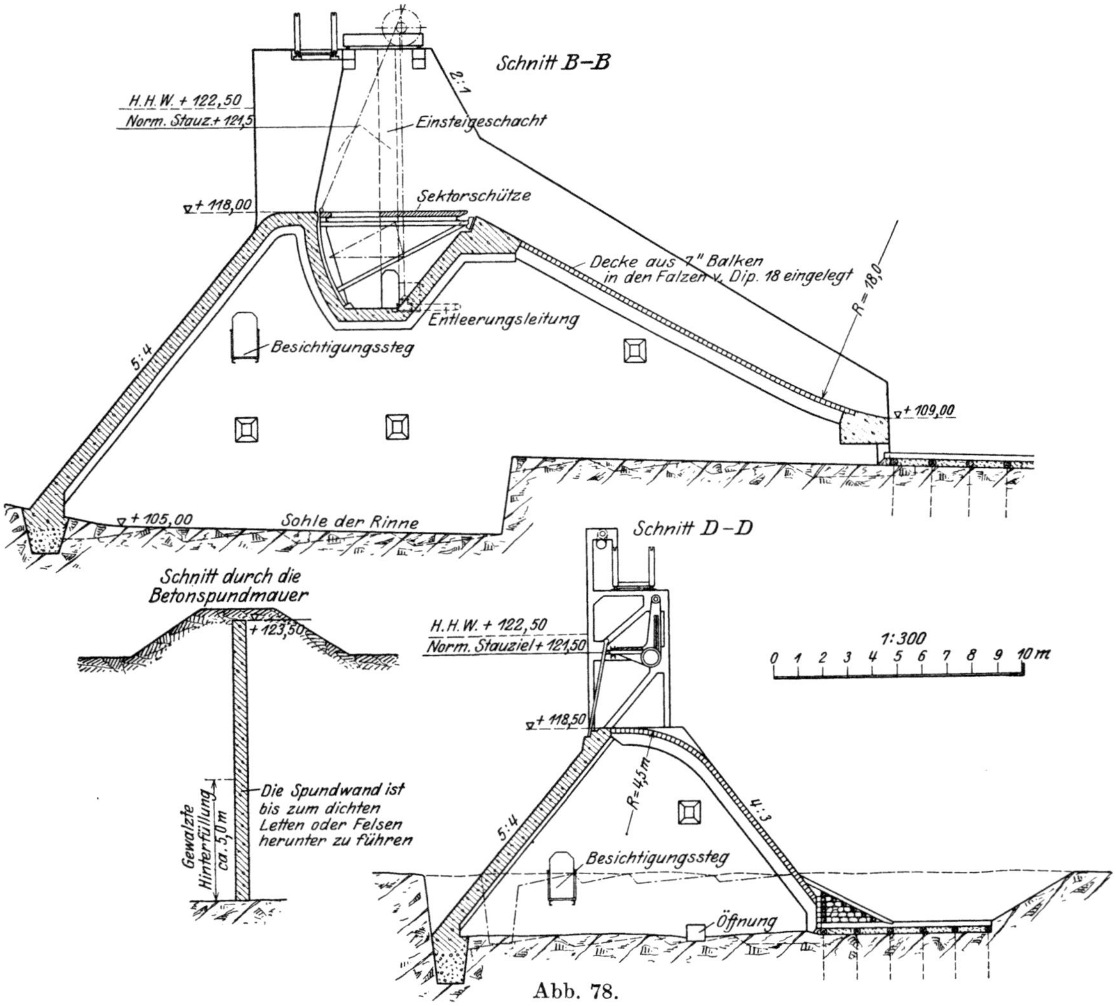

Abb. 78.

und eine stufenweise Annäherung an den endgültigen Ausbau (nach Maschinenzahl und Stauhöhe) ins Auge gefaßt werden. Der erste Ausbau mit 17000 PS Volleistung

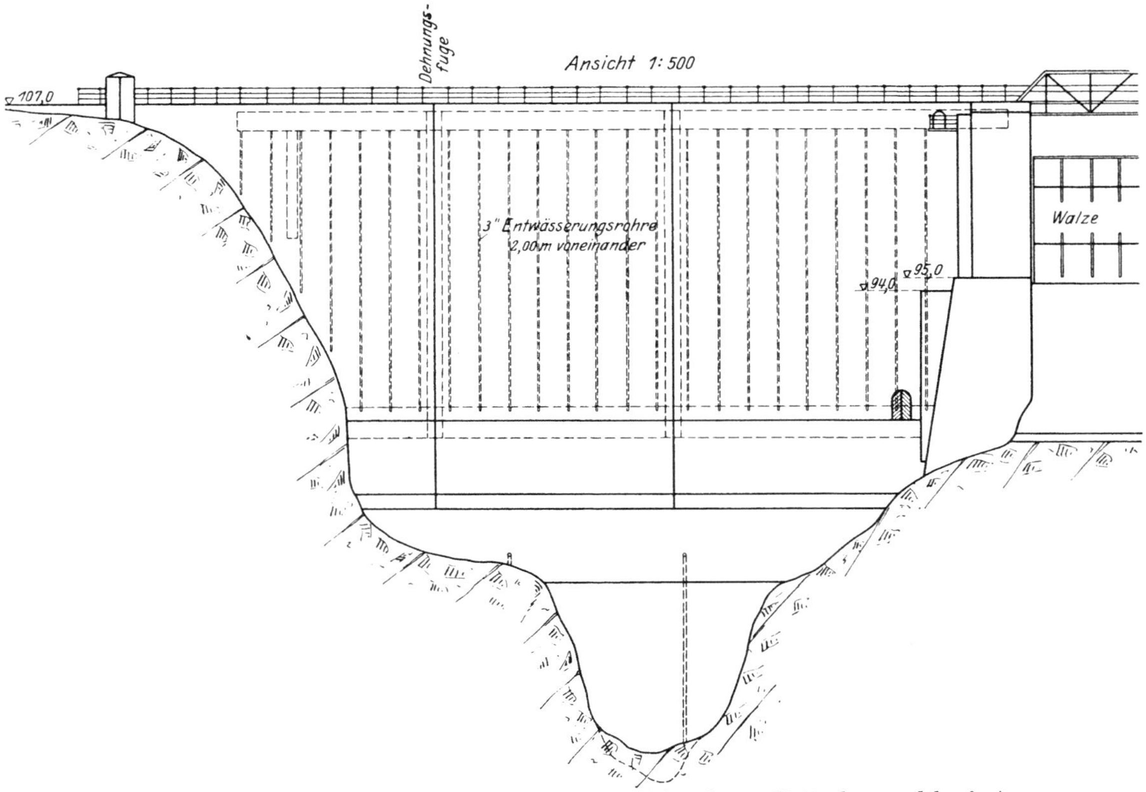

Abb. 78. Krångforsen, Schnittzeichnungen der Wehranlage. (Vattenbyggnadsbyrån.)

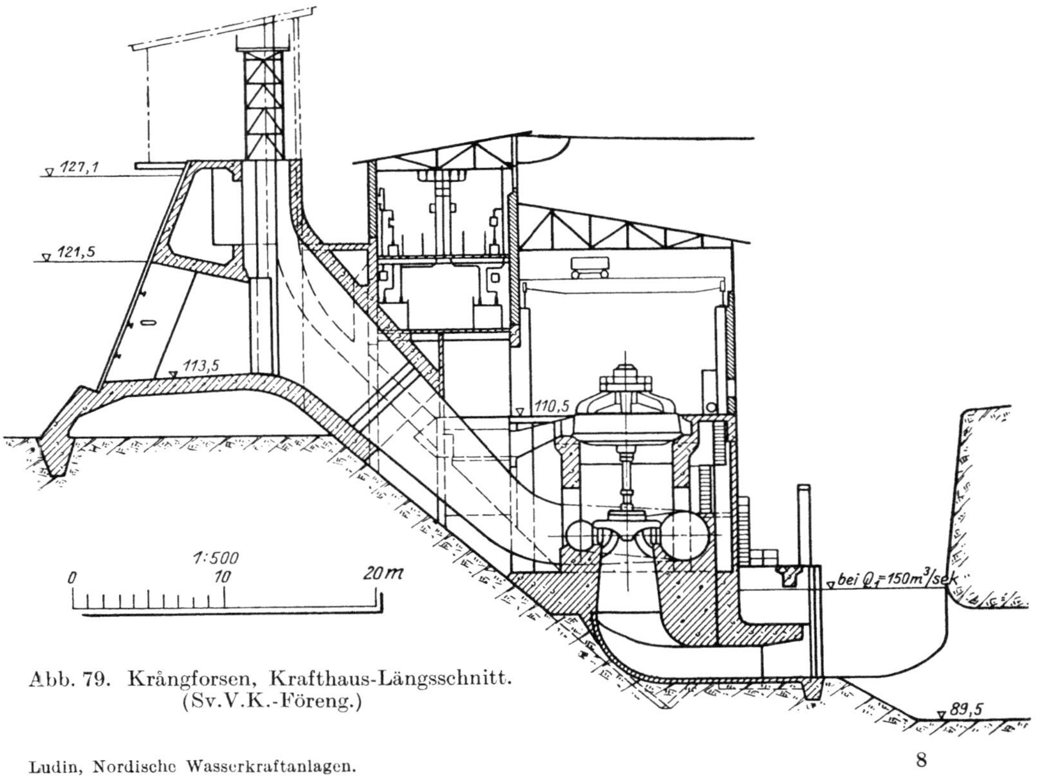

Abb. 79. Krångforsen, Krafthaus-Längsschnitt. (Sv.V.K.-Fören g.)

wurde im Jahre 1928 fertig. Näheres über die bemerkenswerten Einzelheiten der Anlage und der stufenweise geplanten Bauausführung des Werkes siehe Abschnitt 31.

Außer den Großkraftanlagen Finforsen und Krångforsen finden sich im Skellefteågebiet nur ganz unbedeutende Kleinkraftanlagen, meistens für Ortsversorgung.

3. Der Umeälv und seine Wasserkraftanlagen; das staatliche Kraftwerk Norrforsen.

Das Einzugsgebiet des Umeälv liegt vorwiegend (mit Ausnahme eines kleinen Gebietsteiles des Vindelälv, der zu Norrbottenslän gehört) im Västerbottenslän. Es hat eine ganz andere Gestalt wie dasjenige des Skellefteälv. Während dieser arm ist an Nebenflüssen und reich an Seen, ist der Umeälv umgekehrt reich an Nebenflüssen und arm an Seen. Der weitaus größte Nebenfluß des Umeälv ist der Vindelälv; er vereinigt sich mit dem Umeälv etwa 40 km oberhalb von dessen Mündung. Ebenso wie der eigentliche Umeälv ist auch der Vindelälv reich an Nebenflüssen und Nebenbächen, die ihr Wasser vorwiegend schon den Oberläufen der beiden großen Ströme zuführen. Daher ist der Anteil des Fjällgebietes weitaus größer als beim Skellefteälv, nahezu ein Viertel des gesamten Einzugsgebietes.

Schon auf Grund des bisher Gesagten ist zu erwarten, daß die Mittelwasserspende des gesamten Umeälvgebietes etwas höher als diejenige des Skellefteälv sein wird bei gleichzeitig weniger günstigen Wassermengendauerverhältnissen. Dies gilt verstärkt für die Energiedauerverhältnisse des Vindelälv, der einer der seeärmsten Ströme Nordschwedens ist.

Von den Seen des Umeälv ist der bedeutendste der 70 km lange Storuman, mit 351—349 m Meereshöhe. Der Quellsee des Umeälv heißt Umevatten (rd. 520 m ü. d. M.). Der Quellsee und zugleich der größte See des Vindelälv heißt Storvindel (399 m ü. d. M.)[1].

Die weiter oben schon zu 1589000 PS angegebene Mittelwasserleistung des gesamten Umeälvgebietes verteilt sich auf folgende Stromabschnitte.

1. Quellbäche, Quellflüsse und Nebenflüsse des Ume- und Vindelälv mit vorwiegendem Fjällcharakter.
2. Oberlauf des Umeälvhauptlaufes bis zum Austritt aus dem Storuman.
3. Umeälvhauptlauf vom Austritt aus dem Storuman bis zur Aufnahme des Vindelälv.
4. Vindelälvhauptlauf von Storvindel bis zur Einmündung in den Umeälv.
5. Umeälv von der Aufnahme des Vindelälv bis zur Mündung ins Meer.
6. Nebenflüsse und Bäche mit Wald- und Niederungscharakter.

Wie bei allen nordschwedischen Strömen sind von Bedeutung für die heutige Wasserkraftindustrie in erster Linie die Stammstrecken der Hauptströme, d. h. die Abschnitte vom Austritt aus den großen Seen bis zum Meere. Die Quellgegenden sind, wenn überhaupt, vorläufig nur vom Standpunkte der Abflußregulierung von Bedeutung. In den bisher erschienenen Vattenfallförteckningen liegt denn auch nur die Bearbeitung der oben mit 3, 4 und 5 bezifferten Stromabschnitte vor, für die wir folgende Zahlen entnehmen können:

[1] Es sei ein für allemal ausdrücklich betont, daß der in der schwedischen Hydrographie gebräuchliche und von ihr übernommene Ausdruck „Quellsee" eine willkürliche Bezeichnung ist und jenen See bedeutet, unterhalb dessen der Strom seinen eigentlichen Namen trägt. Die meisten der Hochgebirgsströme haben auch noch höher gelegene Seen als die „Quellseen", sie werden aber wegen der geringen Fläche nicht mehr zum Hauptstromlauf gerechnet.

Tabelle 16.

Stromabschnitt	3		4		5	
Länge km	220		280		36	
Leistung bei	PS	%	PS	%	PS	%
MNQ	95100	21	69700	17	44000	16
9monatl. Q	135300	29	101000	26	81000	29
6monatl. Q	319000	69	236200	59	188000	69
MQ	460800	100	399000	100	278000	100
MQ-Leistung je km	od. 2150 PS/km		od. 1400 PS/km		od. 8000 PS/km	

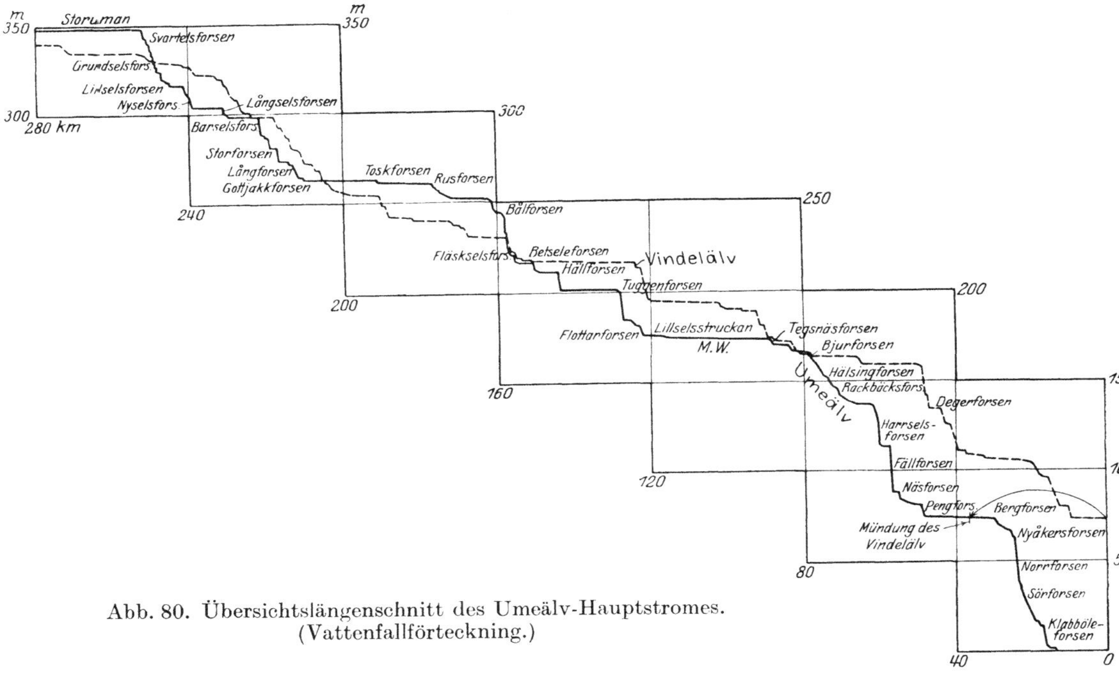

Abb. 80. Übersichtslängenschnitt des Umeälv-Hauptstromes.
(Vattenfallförteckning.)

Am wenigsten günstig sowohl hinsichtlich der Dauerzahlen als auch in bezug auf das kilometrische Arbeitsvermögen steht danach der Vindelälv da. Die wertvollste Strecke ist trotz der ungünstigsten Niedrigwasserleistung der Unterlauf des Umeälv nach Aufnahme des Vindelälv. Auf diesen Abschnitt kommen wir bei Behandlung des Norrforsenwerkes zurück (Abb. 80).

Der Umeälvstammlauf weist oberhalb der Einmündung des Vindelälv eine außerordentlich große Zahl von Stromschnellen auf. Darunter sind die bestkonzentrierten die etwa 20 und 24 km oberhalb der Einmündung des Vindelälv liegenden steilen Stromschnellen Fällforsen und Harrselforsen. Fällforsen, als Energiequelle besonders günstig mit einer auf wenige 100 m verteilten Fallhöhe von etwa 30 m, ist noch unausgenutzt. Harrselforsen ist nur zu einem geringen Teil seiner Leistung und zwar von der Vännäs-Kraft A. B. für Orts- und Landwirtschaftsversorgung ausgebaut. Auch die übrigen, viel weniger günstigen Kraftquellen des Umeälv sind größtenteils überhaupt nicht, zum kleineren Teil mit einem geringen Bruchteil ihrer Leistung ausgebaut.

Der Vindelälv ist auch insofern vergleichsweise ungünstig, als seine Fallstufen meist wenig ausgeprägt sind. Die einzige steile Stromschnellengruppe, im Unterlauf, etwa 50 km oberhalb seiner Mündung in den Umeälv, heißt Renforsen-Degerforsen. Sie hat bei nahezu 25 m Fallhöhe eine Mittelwasserleistung von 40000 PS. Ausgebaut ist hiervon nur ein unbedeutender Bruchteil in einem Kleinkraftwerk von 100 PS, Eigentum der Vindelns Såg och Vattenkraft A. B. Weitere Kraftanlagen sind im Vindelälv nicht vorhanden.

Der Unterlauf des Umeälv abwärts der Mündung des Vindelälv ist, wie Tabelle S. 115 erkennen läßt, einer der wasserkraftreichsten Stromabschnitte Schwedens; dabei ist die Verteilung der Fallstufen innerhalb des Stromabschnittes vergleichsweise günstig. Diese Stromschnellenstrecken lassen sich in drei Gruppen ordnen: die vergleichsweise wenig bedeutenden Bergforsen und Nyåkersforsen, der große Norrforsen mit dem beinahe unmittelbar anschließenden Sörforsen und schließlich der Klabböleforsen. Vom Unterwasser dieser letzten Stromschnelle bis zum Meeresspiegel ist der Höhenunterschied bei Niedrigwasser kaum 2 m, bei Hochwasser etwa 4 m; dieser Höhenunterschied verteilt sich auf 16 km, so daß diese unterste Fallstrecke des Umeälv als Wasserkraftquelle unbedeutend zu nennen ist. Die drei erwähnten Stromschnellengruppen haben eine Gesamtlänge von 14 km und eine Gesamthöhe von über 70 m (Abb. 81).

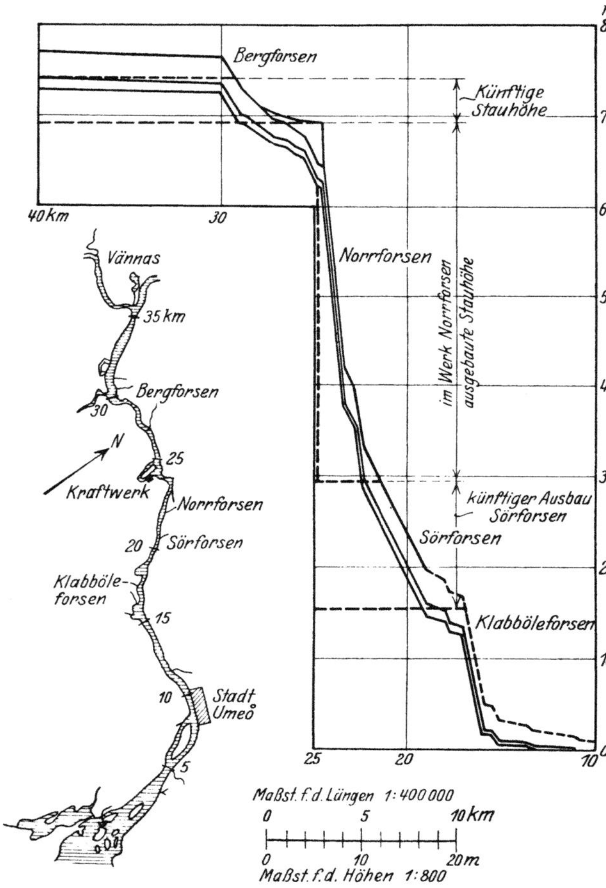

Abb. 81. Norrforsen. Natürlicher Längenschnitt und künstliche Fallstufe. (Verf. u. Vattenfallförteckning.)

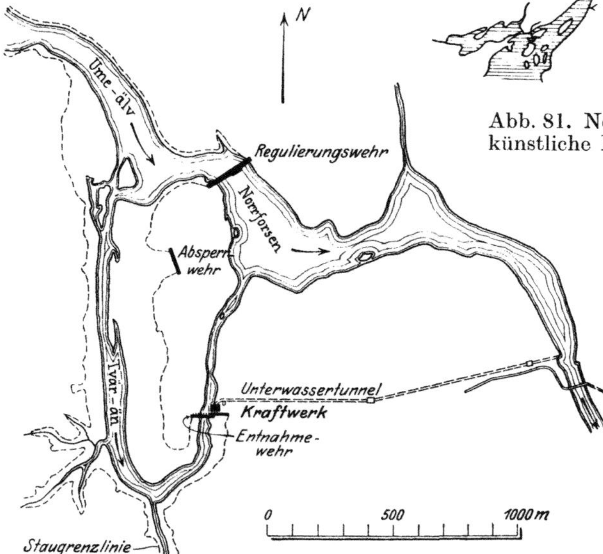

Abb. 82. Norrforsen. Übersichtslageplan. (Verw.)

Norrforsen. Die größte und wertvollste von den drei Stromschnellengruppen ist Norrforsen-Sörforsen mit 58 m Gesamtfallhöhe und einer Gesamtlänge von etwa 5,5 km. Sie ist Eigentum des Staates und untersteht der staatlichen Wasserfalldirektion. Von der Gesamtfallhöhe wird der größere Teil von rund 38 m, umfassend den ganzen Norrfors und ein kleines Stück von Sörforsen, durch das 1924 in Angriff genommene Norrforsenwerk nutzbar gemacht werden.

Die kennzeichnenden Wassermengen bei natürlichem Abfluß sind hier:

NNQ	43 m³/sek	(11 %)	MQ	376 m³/sek	(100 %)
MNQ	61 „	(16 „)	HQ	1585 „	(421 „)
9 monatl. Q	111 „	(30 „)	HHQ	2500 „ *	(665 „)
6 monatl. Q	257 „	(68 „)			

Der Grundgedanke der allgemeinen Anordung des Werkes (Abb. 82, 83, 84) besteht darin, daß ein schmaler, langer Stromarm, der Tvärå, der eine Insel, Tvärö, umschließt, als Oberwasserkanal benutzt und Druckrohrleitung und Unterwasserkanal unterirdisch angeordnet sind. In letzterer Eigenheit stimmt die Anlage demnach mit

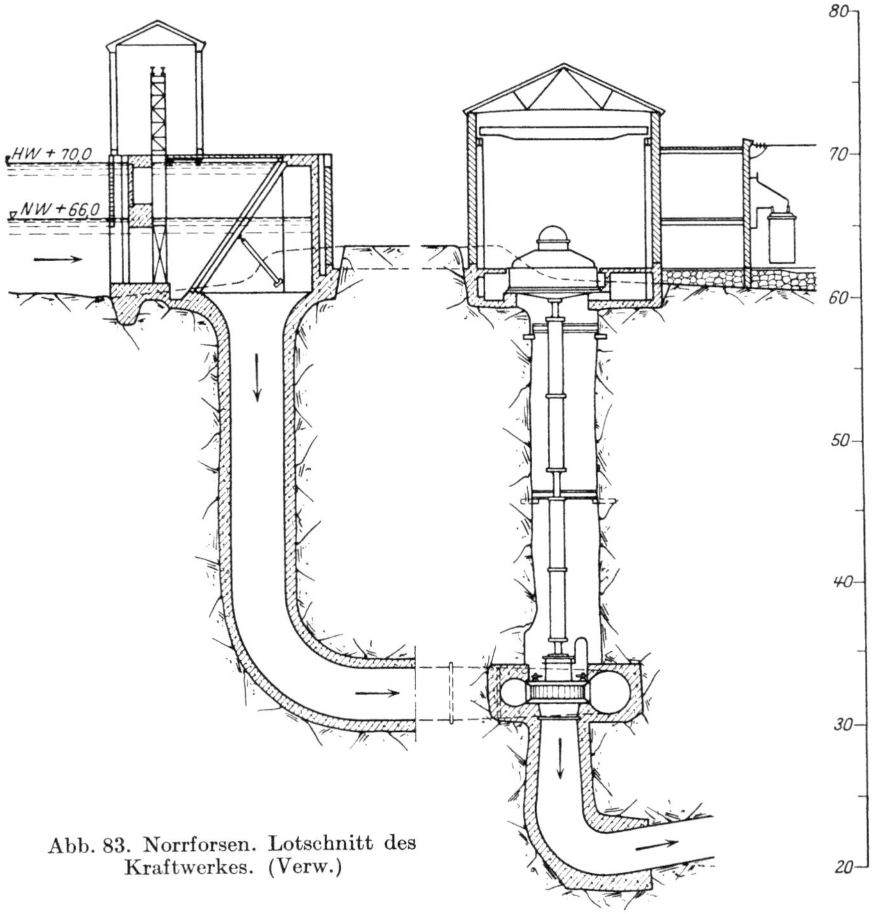

Abb. 83. Norrforsen. Lotschnitt des Kraftwerkes. (Verw.)

Porjus (S. 95) überein. Das Regulierungswehr ist zweckmäßigerweise in dem breiteren Stromarm angeordnet. Das Einlaufwehr dagegen naturgemäß im Tvärå unmittelbar oberhalb des Krafthauses. Die punktierte Linie deutet den Umriß der Stauhaltung an. Die niedrige Lage eines Teils der Insel bedingte die Anlage eines dritten Wehres, das als festes Absperrwehr in Einzelgewölbebauweise aus Eisenbeton ausgeführt ist (Abb. 660). Das Regulierungswehr ist (Abb. 636, 648, 671, 672) mit Ausnahme eines kurzen, mit Grundablaßschützen versehenen Abschnittes ein Überfallwehr in Ambursenbauweise; die beweglichen Aufsätze sind in einem Abschnitt als Schützenwehr, in dem andern als Nadelwehr ausgebildet. Die Wehranlage wird in ihrer ganzen

* Die Rubrik „Eccessives Hochwasser“ ist im Vattenfallförteckning nicht ausgefüllt. In einer brieflichen Mitteilung des Vattenfallstyrelsen ist 2500 m³/sek als „eccessive Hochwassermenge“ angegeben.

Länge von einer Drahtseilbahn bestrichen, die zum Transport der beweglichen Teile dient. Das Einlaufwehr ist als Gewölbereihenmauer ausgebildet; an Auslässen sind hier angeordnet: ein Eispaß und eine eiserne Sektorgrundschütze, die elektrisch betrieben und geheizt werden kann, vgl. auch Abb. 84, 649, 662. Außerdem sind drei

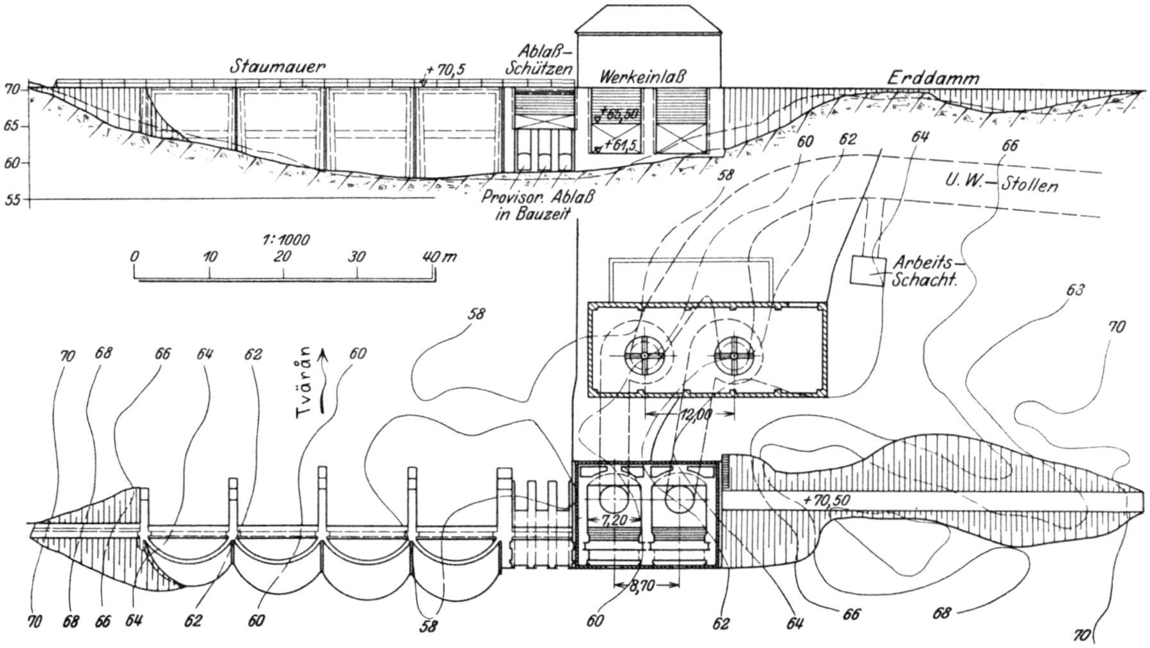

Abb. 84. Norrforsen. Fassungswehr und Kraftwerk. Flußquerschnitt und Grundriß. (Verw.)

Grundablässe zur Verwendung während der Bauzeit vorgesehen. Ebenso wie bei Porjus ist das Verteilungsbecken überdeckt und der Einlauf durch Schützen absperrbar und durch Rechen geschützt. Die beiden Druckrohrleitungen, die senkrecht beginnen und sich dann wagrecht fortsetzen, führen zu je einer Spiralturbine mit lotrechter Welle. In dieser Aufstellungsart der Turbinen liegt der wesentlichste Unterschied gegenüber den beiden älteren, gleichfalls unterirdischen Wasserkraftanlagen Porjus und Mockfjärd. Die lotrechte Turbinenaufstellung bietet — wie beim Niagarawerk — die Möglichkeit, den Maschinensaal oberirdisch anzuordnen und die Kabelverbindung der Stromerzeuger mit den Umspannern, Akkumulatoren, Schalteinrichtungen erheblich zu verkürzen und zu vereinfachen. Die beiden Spiralturbinen sind für einen Wasserverbrauch von normal je 27,5 m³/sek, maximal 32,5 m³/sek entworfen; die zugehörigen Stromerzeuger werden je 7500 bzw. 9000 kW leisten. Demnach beziffert sich die Werksleistung im ersten Ausbau auf rund 25000 PS. [1]

Abb. 85. Norrforsen. Schalthaus. Unterwasseransicht. (Verw.)

[1] In der weiter unten anzuführenden amtlichen Mitteilung sind keinerlei Turbinen-PS-Angaben zu finden, sondern nur kW- und kVA-Angaben; die obigen Turbinen-PS sind danach schätzungsweise ermittelt.

Aufgabe des Norrforsenwerkes ist die weitere Elektrifizierung des nordschwedischen Küstenlandes von Nysätra bis Ådalen; die Kraft soll also für Orts- und Landwirtschaftsversorgung, Sägewerks-, Zellulose- und wahrscheinlich auch chemische (Sulfit- und Sulfat-) Industrien verwendet werden. Schon 1927 war der Absatz für 12000 kW Energie, also 80% der gesamten „normalen" Leistung, durch Verträge gesichert. In unmittelbarer Nähe von Norrforsen befindet sich die sogleich kurz zu behandelnde Anlage der Stadt Umeå, die den Bedarf dieser Stadt nicht mehr voll decken kann; so ist einer der Hauptabnehmer von Norrforsen diese wichtige Hafenstadt. Es wird ein enger Verbundbetrieb zwischen den Umeånetzen und Norrforsen entstehen. Schon 1925 hat die Stadt Umeå eine Leitung nach Norrforsen gebaut und lieferte die Bauenergie. Eine andere wichtige Betriebsverbindung dürfte zwischen dem Norrforsenwerk und der Mo & Domsjö A. B. entstehen. Diese Gesellschaft ist eine der wichtigeren Orts- und Landwirtschaftsversorgungsunternehmungen des Regierungsbezirks; sie betätigt sich als reines Stromvertriebsunternehmen, erzeugt also selbst keine Energie. Indes verfügt Mo & Domsjö A. B. über sehr bedeutende, größtenteils noch nicht ausgebaute Wasserkräfte.

Die von Norrforsen ausgehende staatliche Hochspannungsleitung, durch die also im wesentlichen die Belieferung bereits teilweise elektrifizierter Bezirke mit Zusatzkraft ermöglicht werden soll, wird für 44000 Volt Spannung gebaut und verbindet Nysätra, Umeå, Norrforsen, Gideå, Örnsköltsvik und Ådalen.

Der Bau der Norrforsenanlage ist vom Schwedischen Reichstag 1924 unter Zugrundelegung eines Ausbaues auf etwa 20000 PS genehmigt worden. Schon 1925 ist Vattenfallstyrelsen vom Reichstag ermächtigt worden, den ersten Ausbau mit der oben angegebenen, etwas höheren Maschinenleistung auszuführen; die Anlage wurde 1926 in Betrieb gesetzt.

Wie oben angedeutet, ist die letzte Fallstufe des Umeälv: Klabböleforsen, ebenfalls zum großen Teil schon ausgenutzt. Hier sind zwei Wasserkraftanlagen vorhanden: die eine gehört der Stadt Umeå (Umeå Stads Elektricitetsverk) und dient für Ortsversorgung; sie nützt eine Fallhöhe von 8 m und eine Wassermenge von 58 m^3/sek mit einer Volleistung von 4525 PS aus. Die Anlage umfaßt zwei Kraftstationen, deren erste, wohl eines der ältesten Wasserkraftelektrizitätswerke Schwedens, schon 1899 entstand. Die neue Kraftstation ist 1910 hinzugebaut worden. Die Anlage wurde, wenigstens zum Teil, allmählich erneuert und verbessert. Die letzte dahinzielende Maßnahme war veranlaßt durch die großen Schwierigkeiten, die das Festsetzen des Grundeises in den Leiträdern verursachte; zur Abhilfe wurden die Turbinen mit einer Zuleitung für Wasserdampf versehen. Der nötige Dampf wird in einem elektrischen Heizkessel erzeugt; die Anordnung soll sich bewährt haben und eine viel schnellere Beseitigung des festgepackten Grundeises aus den Turbinenschaufeln ermöglichen, als diese bisher möglich war.

Die zweite Anlage, die am Klabbölefors, hat rund 6 m Fallhöhe und eine Turbinenleistung von 1200 PS. Sie gehört der Holmsunds A. B., ist 1915/16 erbaut und beliefert die Zellulosefabrik von Obbola mit Energie.

Die Energie der Quellbäche des Umeälvgebietes (in unserer obigen Aufstellung: Ziffer 1) ist ganz unausgenutzt; von den Nebenflüssen und Nebenbächen mit Waldabflußcharakter (Ziffer 6) ist nur ein kleiner Teil in Kleinkraftwerken ausgenützt.

Nach Fertigstellung des ersten Ausbaues von Norrforsen beträgt die gesamte ausgebaute Leistung des Umeälvgebietes etwa 33000 PS. Im Zusammenhang mit diesem bisherigen Ausbau sind keinerlei nennenswerte Seeregulierungsarbeiten vorgenommen worden, da die Anlagen für kaum mehr als die mittlere Niedrigwassermenge ausgebaut sind; erst der zweite Ausbau von Norrforsen wird voraussichtlich bedeutende Seeregulierungen nützlich erscheinen lassen.

4. Der Gideälv und seine Wasserkraftanlagen.

Der Gideälv, von den Waldlandströmen Schwedens einer der bedeutendsten, sammelt den Abfluß eines 350 m über dem Meere gelegenen seenreichen Waldgebietes von i. g. 3390 km², wovon 157 km², also 5,7%, Seen sind. Der größte See ist der in einem Seitental liegende Viskasjön, 300 m über dem Meere; aber auch im Unterlauf des Hauptstromes und seinen Nebenbächen finden sich nicht unbedeutende Seeflächen. Trotz des Seenreichtums ist der Abfluß sehr ungleichmäßig, was aus der Kleinheit und Einheitlichkeit des Einzugsgebietes zu erklären ist, die es bedingen, daß im ganzen Einzugsgebiet die Schneeschmelze gleichzeitig eintritt. Den Gang des Abflusses (Abb. 86) kennzeichnet dementsprechend selbst im Unterlauf des Stromes ein einziges stark ausgeprägtes Hochwasser um die Mitte des Mai herum und ein sehr lange anhaltendes, sehr starkes Niedrigwasser, das nur in einzelnen Jahren durch kleinere auf Regenfälle zurückzuführende Hochwasserperioden unterbrochen wird. Dieses Niedrigwasser erstreckt sich in der Regel auf die ganze Zeit zwischen dem Hochsommer (meistens 1. Juli) und dem Frühling (meistens 15. April). Energiewirtschaftlich sind daher die Wassermengen- und Dauerverhältnisse äußerst ungünstig.

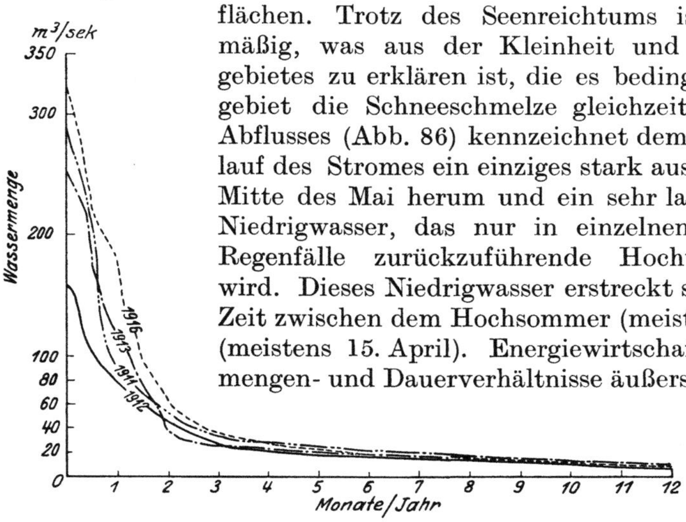

Aus Norlindhs „Sveriges Vattenkraftresurser“ sind mangels Angaben im Vattenfallförteckning folgende Mittelwasserleistungen des Gideälv zu entnehmen:

1. Oberlauf des Hauptstromes bis ausschließlich Björnaforsen . . 30000 PS
2. Unterlauf des Hauptstromes von Björnaforsen 140 m ü. d. M. bis zum Meere . . . 45000 „
3. Nebenflüsse und Nebenbäche . . . . . . 10000 „

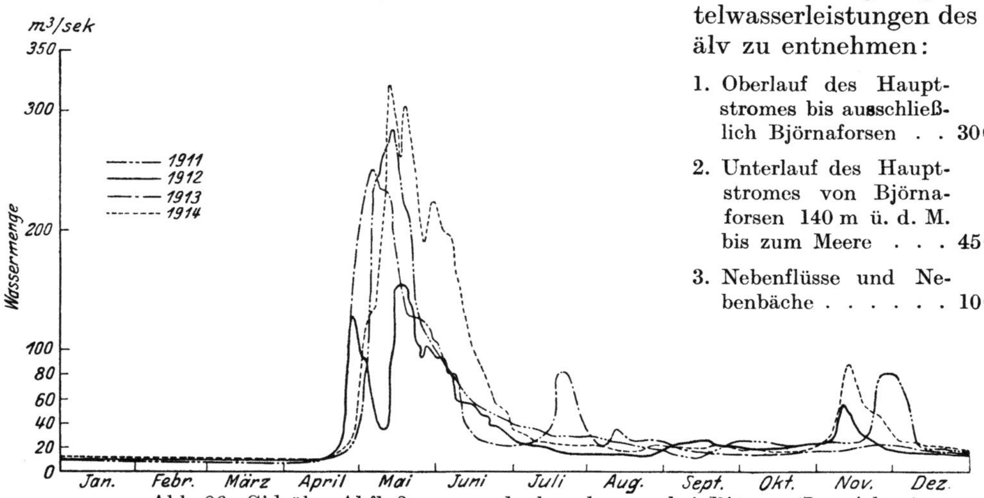

Abb. 86. Gideälv. Abflußgang- und -dauerkurven bei Björna. (Ing. Adner)

Der Unterlauf des Stromes, mit 140 m Fall auf 30 km Länge, enthält demnach mehr als die Hälfte der gesamten Mittelwasserleistung. Da auch hier, wie fast überall in Norrland, die Besiedelung sich in der Hauptsache auf das Küstenland beschränkt, so ist diese Kraftverteilung sehr günstig. Der Wert dieser Wasserkräfte im Unterlauf wird wesentlich dadurch gesteigert, daß sie in ziemlich scharf ausgeprägten Wasserfällen oder Stromschnellen konzentriert sind. Dabei ist ihre vergleichsweise bescheidene Größe vom praktisch-wirtschaftlichen Standpunkte aus wohl auch als ein dem Ausbau förderliches Moment zu bezeichnen. Dies alles erklärt zur Genüge, daß von der unter 1. und 3. erwähnten Energie nur sehr wenig, hingegen von der unter 2. erwähnten schon etwa der vierte Teil bis jetzt nutzbar gemacht ist. Unter den Wasserkräften im Oberlauf des Gideälv (Ziffer 1) ist ein einziger bedeutenderer Fall ausgenutzt: der Gammalbyfors. Hier sind von der Gammalbyforsen-Kraft A. B. etwa 700 PS für Orts- und Landwirtschaftsversorgung ausgebaut.

Die ansehnlichen Wasserkräfte im Unterlauf des Gideälv sind überwiegend Eigentum eines einzigen Holz- und Zellulosekonzerns, der Gideå & Husums A. B. Diese Firma hat ihren Wasserkraftbesitz in den letzten zwei Jahrzehnten allmählich auf Grund weitblickender energiewirtschaftlicher Pläne erweitert und abgerundet. Die gesamte Fallhöhe dieses Stromabschnittes gliedert sich in 2 Unterabschnitte, deren oberer den Björnafall und deren unterer 6 Gruppen kleinerer Fälle oder Stromschnellen umfaßt. Zwischen diesen beiden Hauptabschnitten liegen in Meereshöhe 105 m die für die Regulierung des 2. Abschnittes wichtigen Seen Bodum- und Gidsjö. Der Björnafall ist nur zu einem ganz unbedeutenden Bruchteil seiner Rohleistung ausgenutzt; dagegen sind von den 6 Fallgruppen unterhalb Bodum- und Gidsjö 2 zu bedeutenden Wasserkraftanlagen ausgebaut. Die eine, das Werk Gideå-Bruk, mit 13,5 m Fallhöhe und einer Volleistung von $3 \times 900 = 2700$ PS ist ein typisches Beispiel einer mittelgroßen, mit einfachen Mitteln zweckmäßig angelegten schwedischen Niederdruckanlage mit Wasserumleitung. Die Anlagen umfassen ein einfaches Wehr, einen Zulaufskanal, eine hölzerne Druckrohrzuleitung mit turmförmigem Wasserschloß, das Krafthaus mit Schaltwerksgebäude und den Ablaufkanal. Baulich ist einer der eigenartigsten Teile der Anlage die hölzerne Druckrohrleitung, die auf eine längere Strecke eine buchtartige Erweiterung des Talgrundes überquert und dabei auf Betonsäulen und dazwischen gespannten hölzernen Sprengwerken verlegt ist. Das Werk liegt unterhalb eines „Sel“-artigen Stillwassers, was den Vorteil ausgezeichneter Tagesregulierung und Sicherheit gegen Grundeis bietet. Die 1913/14 erbaute und unmittelbar vor dem Kriege in Betrieb gesetzte Anlage hat seitdem im wesentlichen ohne Betriebsstörungen gearbeitet.

Die zweite, durch die neuzeitliche Großkraftanlage Gideåbacka ausgenutzte Fallgruppe umfaßt die Wasserfälle bzw. Stromschnellen Per Jans, Lars-Lars, America und schließlich die eigentliche Gideåbacka-Schnelle. Diese Fallgruppe ist die unterste Gefällsstufe des Gideälv; ihr Unterwasserspiegel liegt nur wenig höher als der Meeresspiegel. Die gesamte Rohfallhöhe beträgt rund 33 m. Die normale Mittelwasserleistung der Fallgruppe ist etwa 11000 PS; die normale Niedrigwasserleistung bei natürlichem Abfluß dürfte rund $^1/_4$ bis $^1/_3$ davon sein. Der Umstand, daß die Energie großenteils für Sägewerke, also 8-Stunden-Betriebe, bestimmt ist, ließ einen verhältnismäßig hohen Ausbau zweckmäßig erscheinen. Die Schaffung eines 3,5 km langen künstlichen Sees durch Einstau einer Reihe von Stromschnellen hat einen günstigen Tagesausgleich ermöglicht. Zugleich wird dadurch auch hier das Triebwasser durch eine Eisdecke vor Grundeisbildung geschützt, wie überhaupt die ganze Anlage planmäßig so gestaltet ist, daß auch bei größter Kälte keinerlei Eisschwierigkeiten entstehen können. Dieser Grundsatz hat in Verbindung mit eigenartigen geologischen und topographischen Verhältnissen dem Werk eine gewisse Eigenart verliehen (Abb. 88).

Der obere Beginn des langgestreckten Gideåbackafors (1200 m) hat beiderseits steile Hänge mit teilweise zutage tretendem Fels. Einige 100 m weiter stromabwärts dagegen ist das Ufer auffallend flach. Hier fangen sehr mächtige Sandüberlagerungen an. Diesen natürlichen Vorbedingungen entsprechend ist das Stauwerk zu oberst auf dem Nacken der Gideåbacka-Stromschnelle angelegt; es ist eine stark bewehrte Einzelgewölbesperre aus Eisenbeton mit 7 durch hölzerne Kleinschützen abschließbaren Überfallöffnungen. Von dieser Stauanlage weg (Abb. 87 und 655) wird das Wasser einem in den Felsen gesprengten Oberwasserstollen zugeleitet. Wo dann die Abflachung des Talquerschnitts eine Fortsetzung des Stollens unmöglich macht, ist der Oberwasserkanal als offener Felseinschnitt bis vor den Einlauf eines Hauptdruckrohres fortgesetzt. Dieses, ein 4 m weites Eisenbetonrohr, beginnt dort, wo die erwähnten stark wasserdurchlässigen Sandschichten auftreten und ist zur Verhütung ungleichmäßiger Senkungen auf eine durchgehende Betonplatte gebettet und zum Schutz gegen Kälte mit einer 1,5 m starken Erdschicht zugedeckt. Außerdem sind Dehnungsquerfugen angeordnet. Das Hangdruckrohr endet in einem eisernen Turmwasserschloß von trichterförmig-zylindrischer Gestalt, dessen Oberkante 6 m höher liegt als das Stauziel. Das mit Überlauf versehene Wasserschloß ist berechnet für eine plötzliche Mehrbelastung um 600 PS und für plötzliche Entlastung von 100% auf 0% der Volleistung. Sämtliche baulichen Anlagen bis mit zum Wasserschloß sind für die Vollwassermenge des endgültig geplanten Ausbaues („normal" 20, „höchstens" 25 m³/sek) bemessen; erst hinter dem Wasserschloß tritt eine Unterteilung in zwei eiserne Turbinenrohre mit je einer Turbine von 5600 PS, bei $H_n = 31{,}5\ n$, ein. Der in 6300 Volt erzeugte Strom wird zum Teil ohne weiteres nach Husum übertragen, zum Teil auf 40000 V umgespannt und so nach den übrigen Verbrauchsstellen (Hörnefors, Mo, Domsjö) geleitet.

Abb. 87. Gideåbakka. Wehranlage bei Hochwasser. (Vattenbyggnadsbyrån.)

Den Ansprüchen von Fischerei und Flößerei ist beim Bau der Anlage weitgehend Rechnung getragen worden. Im Stauwerk ist eine große hölzerne Lachstreppe nebst Aalbrutleiter eingebaut; außerdem ist eine 1100 m lange hölzerne Floßrinne vom Stauwehr bis ins Unterwasser des Kraftwerks geführt (Abb. 873a, 922).

Das Werk ist mit der erwähnten einen Turbine zur Zeit auf „normal" 10 m³/sek ausgebaut. Der Ausbau mit beiden geplanten Turbinen würde also 20 m³/sek erfordern. Diese Wassermenge ist indes bei natürlichem Abfluß durchschnittlich kaum 6 Monate lang verfügbar. Durch die teilweise Regulierung des Gid- und Bodum-Sees wurde ein Speicherraum von 30 Millionen m³ geschaffen und dadurch die Dauer dieser Wassermenge etwas erhöht. Die technisch leicht durchführbare Regulierung der höher gelegenen kleineren Seen würde einen weiteren Speicher von 40 Millionen m³ schaffen und eine Erhöhung der Niedrigwassergrenze gegenüber dem natürlichen Abfluß um 70% erreichen. Diese letzteren, viel wirksameren Regulierungsarbeiten scheinen indes vorläufig wegen der Schwierigkeiten mit den Angrenzern fallen gelassen zu sein. So würde die zweite Turbine nur einen Saisonbetrieb von etwa 7—8 Monaten ermöglichen, also ausgesprochene Sekundakraft liefern. Da hierfür Interesse fehlte, unterblieb die Aufstellung der zweiten Turbine nebst Druckrohr. Übrigens scheint es, daß der Wettbewerb des Norrforsenwerkes die weitere Entwicklung der Gideälvwerke etwas beeinflussen wird — wenigstens in den allernächsten Jahren bis zur Unterbringung der gesamten Erzeugung des ersten Ausbaues von Norrforsen.

Die einzige im Unterlauf des Gideälv nicht der Gideå- & Husums-Gesellschaft gehörige Fallgruppe, Eigentum der kleinen Industriestadt Öhrnskölsvik, ist noch nicht ausgebaut.

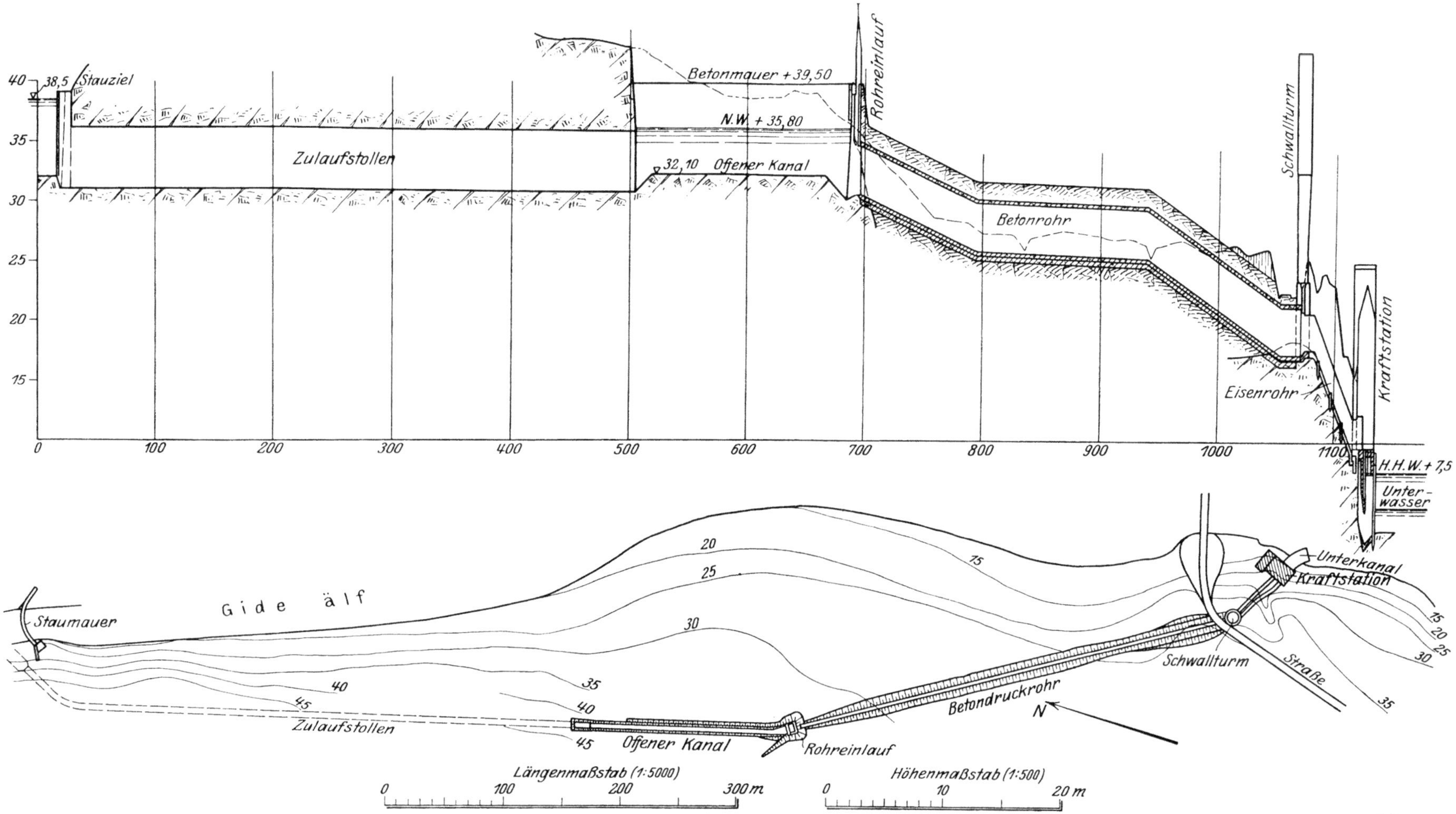

Abb. 88. Gideåbakka. Längenschnitt und Lageplan. (Ing. Adner.)

5. Energiewirtschaftliche Zusammenfassung.

In dem hier betrachteten südlicheren Teil von Övre Norrland besitzt der Staat etwa 30% der Umeälvkräfte und 40% der Skellefteälv-Kräfte; an den Wasserkräften der Wald- und Küstenlandflüsse ist er nur in unbedeutendem Maße, an den meisten davon, darunter an den Gideälvkräften, überhaupt nicht beteiligt. Wir finden in dem ganzen Gebiet neben dem Staat zahlreiche private und kommunale mehr oder weniger bedeutende Wasserkraftbesitzer, von denen indes eine großzügigere Wasserkraftpolitik bisher nur die Stadt Skellefteå und der Gideå- & Husums-Konzern betrieben haben.

In der Skellefteälvgegend scheint die Stadt Skellefteå ihre unumstrittene Vorherrschaft in der Elektrizitätswirtschaft vorläufig behalten zu wollen. In der Gegend des Umeälv und in dem unmittelbar südlich davon liegenden Wald- und Küstenlandsgebiet dagegen gibt die Wasserkraftpolitik des Staates in gewissem Maße die Richtung an, und hier spielt das staatliche Norrforsen-Werk in Zusammenarbeit mit der Stadt Umeå und mit den Gideå- & Husums-, Mo- & Domsjö-Konzernen in der Energiewirtschaft die ausschlaggebende Rolle.

Ob und wann der Staat auch im Skellefteälvgebiet zum Ausbau seiner mächtigen Wasserkräfte schreiten wird, hängt wohl hauptsächlich von der Entwicklung der zukunftsreichen Erzwirtschaft dieses Gebietes ab.

Unterlagen:

Jahresberichte von Skellefteå Stads Elektricitetsverk.

Amtliche Beschreibung in Teknisk Tidskrift Afdelning Elektroteknik vom 7. März 1925, unter dem Titel: Statens nyaste Kraftstationsbygge von Sam Malfors veröffentlicht.

Direktionsjahresbericht 1924 von Umeå Stads Elektricitetsverk. — Jahresstatistik des Svenska Vattenkraftförenengen für das Jahr 1915 und 1916.

„Gideå & Husums Aktiebolags Kraftanlägningar i Gideälv“ von G. E. Adner (Svenska Vattenkraftföreningens Publikationer 114).

7. Abschnitt: Die Wasserkräfte von Nedre Norrland und die Küstenlands-Wasserkräfte Mittelschwedens nördlich vom Dalälv.

1. Allgemeines.

Die Gegend zwischen Övre Norrland (Gegenstand der beiden vorigen Abschnitte) und dem Dalälvgebiet umfaßt die großen Ströme Ångermanälv, Indalsälv, Ljusnan und Ljungan, ferner eine ansehnliche Zahl von Wald- und Küstenlandsflüssen, deren bedeutendste Harmångerån, Delangersån, Testeboån und Gavleån sind. Dieses Gebiet deckt sich, von unbedeutenden Abweichungen an der Südgrenze abgesehen, mit den Kraftdistrikten XI „Indalsälv-Ångermanälv“ und X „Ljusnan-Ljungan“ des Elektrifieringskommittés. Der gesamte Flächeninhalt ist rund 100000 km². Politisch gehört das Gebiet zu einem kleinen Teil zum Västerbottenslän, zum größten Teil aber zu Västernorrlandslän, Jämtlandslän und Gäfleborgslän.

Um dieses große Gebiet, das beinahe ⅓ sämtlicher verfügbaren Wasserkräfte von Schweden enthält, wirtschaftsgeographisch zu kennzeichnen, müssen einige kurze Bemerkungen über die Naturverhältnisse vorausgeschickt werden.

Die klimatischen Vorbedingungen sind hier schon wesentlich günstiger als in Övre Norrland; die Küsten sind nur noch eine kurze Zeit des Jahres durch Eis blockiert.

Die Topographie weist ähnlich wie in Övre Norrland eine starke südöstliche Orientierung auf; alle Ströme verlaufen in dieser Richtung, ebenso das allgemeine Geländegefälle, das von einer Wasserscheidenhöhe von 1200—1400 m ausgeht. Die durchschnittliche Landhöhe über dem Meeresspiegel ist etwas geringer als in Övre Norrland. Die höchsten Punkte liegen in Jämtland, wo einzelne Bergspitzen nahe an 1800 m Meereshöhe heranreichen. Die niedrigere geographische Breite und geringere Meereshöhe bringen es mit sich, daß der Anteil des Fjäll geringer ist als in Övre Norrland.

Für die wirtschaftsgeographische Eigenart unseres Gebietes ausschlaggebend sind aber wiederum die geologischen Verhältnisse. Während in Övre Norrland der Untergrund der Gebiete unterhalb der Wachstumsgrenze aus Urgestein mit sehr geringer Verwitterungsfähigkeit besteht und die Silurformation auf einen Teil des Fjällgebietes beschränkt bleibt, finden sich in Nedre Norrland, hauptsächlich in Jämtland, die Silurgesteine auch in niedrigeren Lagen. In diesem sogenannten Jämtlandschen Silurgebiet, der weiteren Umgebung des Jämtländischen Storsjö, treten die bodenbildenden Gesteine zum Teil als Kambriumgesteine auf. — Wir finden somit, vom Fjäll zum Küstenland wandernd, in der Hauptsache silurische Hochgebirgsschiefer, dann die eben erwähnten Jämtländischen Formationen, endlich in niedrigeren Lagen die auch in Övre Norrland charakteristischen Urgesteinformationen, hauptsächlich Granite, Porphyre, Gneise und Leptite. — Auch quaternäre Formationen sind in der Storsjögegend sehr günstig entwickelt, nämlich als Ablagerungen eines Stausees aus der letzten Periode des Eisrückzuges. Im übrigen sind in unserem Gebiet die Verhältnisse der quaternären Formationen die nämlichen wie in Övre Norrland: wir finden im Küstenland einen Streifen Meeresablagerungen und sonst im ganzen Gebiet nur Moränen neben unwesentlichen Flußablagerungen.

Für die Landwirtschaft sind von größter Bedeutung das Silurvorkommen um den Storsjö und die Eisseeablagerungen daselbst. Sie haben das Jämtlandsche Silurgebiet zu einer ziemlich reichen Landwirtschaftsgegend gemacht. Sonst finden wir ausgesprochen gutes Landwirtschaftsgebiet nur noch im Küstenland und einigen Stromtälern. In der Storsjögegend ist die blühende Viehwirtschaft besonders wichtig.

Während der Landwirtschaft Nedre Norrlands trotz ihrer verhältnismäßig günstigen Grundlagen doch nur eine örtliche Bedeutung beizumessen ist, kommt seiner Waldwirtschaft mit den Folgeindustrien eine wichtige Stelle in der schwedischen Gesamtwirtschaft zu. Die Waldungen Nedre Norrlands sind infolge der günstigeren klimatischen Verhältnisse jenen von Övre Norrland an Bestandsdichte und Nachwuchsgeschwindigkeit überlegen; außerdem sind die Arbeiterverhältnisse — wegen der günstigeren Lebensbedingungen — und die Verkehrsverhältnisse (kurze Vereisungsdauer der Häfen) viel vorteilhafter.

Man schätzt infolgedessen nicht zu hoch, wenn man mehr als die Hälfte der Sägewerksindustrie und der Papiermasseerzeugung Schwedens dem hier behandelten, nicht einmal ein Viertel von ganz Schweden umfassenden Gebiet zuschreibt. Daneben findet sich auch noch die Papierindustrie vereinzelt vertreten, obwohl für den größeren Bedarf dieser Industrie an Arbeitskraft naturgemäß die Bedingungen wesentlich ungünstiger sind als in Mittel- und Südschweden.

Die chemische Industrie, für die billige Energie eine ausschlaggebende Standortsbedingung ist, hat ebenfalls sehr bedeutende Niederlassungen in unserem Gebiet, hauptsächlich ni der Ljungan-Gegend.

Die Bevölkerungsdichte ist schon wesentlich größer als in Övre Norrland. Am dichtesten bevölkert ist auch hier das Küstenland, wo zwischen dem unteren Indalsälv und Ångermanälv die Bevölkerungsdichte über 50 Seelen je km² steigt, allerdings auf einem recht beschränkten Gebiet. Das gesamte übrige Küstenland hat eine Bevölkerungsdichte zwischen 50 und 5 und in der Storsjö-Gegend ist die Bevölkerungsdichte nur etwa 6. Die wichtigsten Städte in der erwähnten dichtest bevölkerten Küstengegend sind die 5 Hafenstädte: Härnösand, Sundsvall, Hundiksvall, Söderhamn und Gäfle. Das Zentrum des Jämtlandschen Landwirtschaftsgebietes ist Östersund an der wichtigen Eisenbahnlinie, die Sundsvall mit Trondhjem verbindet.

Die Nachfrage nach Wasserkraft ist in Nedre Norrland schon heute nicht unbeträchtlich; eine starke Steigerung liegt sehr im Bereich der Möglichkeit, namentlich weil die Sägewerke, die bisher vorwiegend Sägespäne verfeuerten, bei dem wachsenden Wert der Holzabfälle für die Zelluloseindustrie immer mehr zur Ausnützung der Wasserkräfte übergehen werden. Der Energiebedarf unseres Gebietes ist durch das Elektrifieringskommitté für 1940 nahezu viermal höher eingeschätzt als der gesamte Energiebedarf von Övre Norrland. Diesem nicht unbedeutenden und kraftvoll anwachsenden Energiebedarf stehen indes auch außerordentlich reichliche Energievorkommen gegenüber. Unser Gebiet ist, auf 1 km^2 seiner Fläche bezogen, beinah genau so reich an Wasserenergie wie Övre Norrland. Auf die Einwohnerzahl bezogen ist der Energiereichtum allerdings vergleichsweise erheblich kleiner, jedoch wird zweifellos auch hier noch Jahrzehnte hindurch ein bedeutender Energieüberschuß zu gewärtigen sein. Im Gegensatz zu Övre Norrland läßt aber die geographische Lage der Kraftquellen von Nedre Norrland die Übertragung der Energie nach Süden viel eher möglich erscheinen. Da in den nächsten 10—15 Jahren alle ausbauwürdigen Kraftquellen von Süd- und Mittelschweden voraussichtlich ausgenutzt sein werden, ist es sehr wahrscheinlich, daß — ähnlich wie jetzt der Unterlauf des Daläly — in einigen Jahrzehnten auch Mittel- und Unterlauf des Ångermanälv und Indalsälv in der Kraftversorgung von Mittelschweden, hauptsächlich von Upsalalän und Stockholmslän, eine wichtige Rolle spielen werden.

So ist die energiewirtschaftliche Aufgabe der Wasserkräfte unseres Gebietes klar vorgezeichnet: die fortschreitende Energieversorgung der eigenen Landwirtschaft, der Städte und der Industrie mit Einschluß der sich weiterentwickelnden Holz- und Papiermasseindustrie im Wettbewerb mit Dampfmaschine und Sauggasgenerator, die Förderung der Entwicklung der chemischen Industrie und schließlich die Abgabe eines Teiles des noch verbleibenden Energieüberschusses an wasserkraftärmere Gegenden Mittelschwedens. Die letztgenannte Aufgabe ist für den Anfang einem bestimmten Abschnitt des Indalsälv zugedacht; doch wird sehr wahrscheinlich darüber hinaus allmählich ein großer Teil der bestkonzentrierten Wasserkräfte des Gebietes zu Landeskraftwerken zwecks Energieüberführung nach Süden ausgebaut werden.

Über die Energievorkommen der Gegend gibt die folgende allgemeine Übersicht (S. 127) Aufschluß. Zum Vergleiche sind darin auch die bereits ausgebauten und im Ausbau befindlichen Kräfte angegeben.

Die größte Mittelwasserleistung hat demnach der Indalsälv. Da er zugleich die günstigsten Regulierungsmöglichkeiten mit seinem hohen Seeanteil aufweist, ist seine ausbauwürdige Leistung von Ekwall nahezu mit dem vollen Mittelwasserwert angesetzt, während beim Ångermanälv das Verhältnis nur etwa $^2/_3$ beträgt. Vergleichsweise noch niedriger ist die ausbauwürdige Leistung des Ljusnan-Stromes angesetzt, der einer der seeärmsten unter den großen Strömen Schwedens ist.

Daß die reichen Kraftquellen noch nicht stärker ausgenutzt sind, ist u. a. darauf zurückzuführen, daß die einheimische Industrie noch lange nicht vollständig elektrifiziert ist. Vor allem wird die in der Papiermasseindustrie wichtige Dampferzeugung größtenteils noch nicht im elektrischen Kessel bewerkstelligt. Als starkes Hemmnis der bisherigen Entwicklung erwies sich auch die weitgehende Verzettelung des Wasserkraftbesitzes und der Umstand, daß vielleicht gerade infolge des großen Reichtums an Wasserkraft die Notwendigkeit planmäßiger Energiewirtschaft nicht genügend erkannt

Tabelle 17.

Stromgebiet	Einzugsgebiet	Seeanteil	Theoretische Mittelwasserleistung (Norlindh)	Verfügbare Energie bei rationeller Ausnützung und Seeregulierung (Ekwall)	Bei 4800 Jahresstunden ausbauwürdige Leistung (Ekwall)	Ausgebaute und im Bau befindliche Leistung (1925)
	km²	%	PS	Mill. kWh	PS	PS
Ångermanälv . . .	31600	7,4	1652000	3920	1100000	36000
Indalsälv	26600	8,5	1738000	5930	1650000	34000
Ljungan	12800	7,3	485000	1430	400000	110000
Ljusnan	19800	3,5	920000	1710	470000	22000
Gavleån	2490	7,0	25000	270		14000
Übrige Wald- und Küstenlandsflüsse	7000	?	75000		60000	14000
Gesamtgebiet . . .	100290		4895000	13260	3680000	230000

wurde. Am größten ist das Ausbauverhältnis noch im Ljungan und Gavleån. Die mächtigsten und ausbauwürdigsten Energiequellen des Gebietes, im Indalsälv, liegen vorläufig unausgenutzt.

Im folgenden sollen die fünf in der Tabelle besonders hervorgehobenen Ströme und ihre Wasserkraftindustrie nun etwas näher behandelt werden.

2. Ångermanälv.

Der recht bedeutende Seenbestand des Ångermangebietes ist zum großen Teil in den sehr zahlreichen Nebenströmen zerstreut. Die beiden wichtigsten Nebenflüsse sind Faxälven und Fjällälven; sie sind in ihrem Mittellauf durch einen Bifurkationsstrom, den Vängelälv, verbunden. Am seenreichsten ist das Faxälvgebiet, das sowohl im Fjäll als im Mittelgebirge bedeutende Seeflächen aufweist. Der Zahl der Nebenflüsse entsprechend, verbreitert sich das Einzugsgebiet des Ångermanälv gegen das Fjäll hinauf sehr stark; man kann den Anteil des Fjäll am gesamten Einzugsgebiet auf 10—15% einschätzen. Ein Teil liegt in Norwegen.

Trotzdem hat das Fjäll verhältnismäßig wenig Einfluß auf die hydrographischen Eigenschaften des Hauptstromes; ähnlich und noch ausgeprägter als beim Umeälv erzeugen die Herbstniederschläge in den meisten Jahren einen besonderen Scheitelwert. Indes ist dieser zweite Höchstwert nach seiner zeitlichen Lage äußerst unsicher, so daß er in der gemittelten Ganglinie mehrerer Jahre sich nur noch als langgestreckte beinahe wagrechte Stufe im abfallenden Ast darstellt (vgl. Abb. 89).

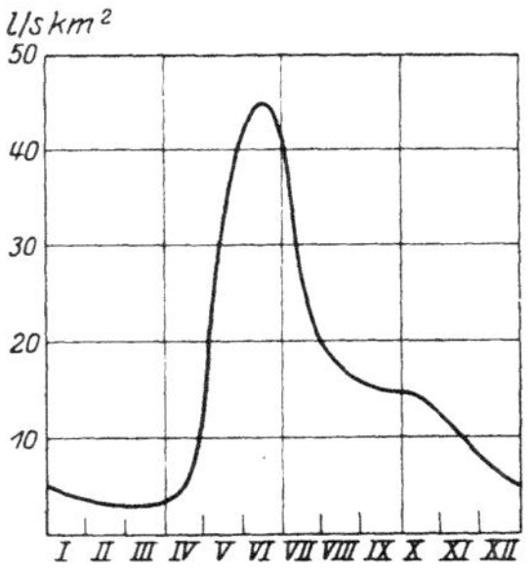

Abb. 89. Ångermanälv. Gemittelte Spendenganglinie bei Forsmo. (Vattenfallförteckning.)

Die Wasserkräfte sind überwiegend in den mittleren und unteren Laufabschnitten des Ångermanälv, Faxälv und Fjällälv konzentriert. Diese drei Ströme enthalten von der Höhe + 500 m bis zum Meere etwa $^3/_4$ der Mittelwasserleistung des Gesamtgebietes.

Von den erwähnten drei Hauptquellströmen ist der Faxälv den beiden anderen infolge seines außerordentlichen Seenreichtums hinsichtlich der Gleichmäßigkeit des Abflusses wesentlich überlegen. Indes ist die Zahlensumme der Mittelwasserleistungen des Faxälv gegenüber derjenigen des Ångermanälv-Hauptlaufes ziemlich unbedeutend. Da jedoch der größte Teil der bis jetzt ausgebauten Wasserkräfte des Ångermanälvgebietes im Hauptstrom des Faxälv liegt, soll dieser zuvörderst betrachtet werden.

Der Faxälv zeigt, wie fast alle nordschwedischen Ströme, drei deutlich unterschiedene Hauptabschnitte. Der erste ist das Quellgebiet, oberhalb + 311 m ü. M., durch Hochgebirgsseen und Hochgebirgsbäche gekennzeichnet; ein bedeutender Teil dieser Hochgebirgsseen liegt im norwegischen Teil des Einzugsgebietes. Der zweite, ebenfalls außerordentlich seenreiche Abschnitt hat wenig Nebenflüsse, seine Seen sind sehr langgestreckt. Dieser Abschnitt heißt (wie auch bei anderen nordschwedischen Strömen) „Seetal“ (Sjödal oder Vattudal), beim Faxälv speziell auch: „Strömsvattudal“; er ist 140 km lang und liegt zwischen + 311 und + 286 m ü. M.

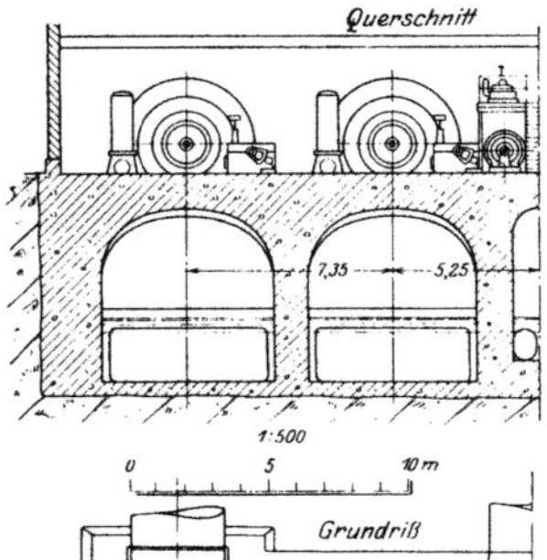

Der dritte Abschnitt reicht bis zur Mündung in den Ångermanälv, + 23 m ü. M., bei Skellefteå. Naturgemäß liegen die Wasserkräfte fast ausschließlich im ersten und dritten Abschnitt, wobei dem letzteren aus naheliegenden Gründen die größte Bedeutung für die jetzige Wasserkraftindustrie sowie für die nächste Entwicklung zukommt. Knapp an der oberen Grenze dieses wichtigen

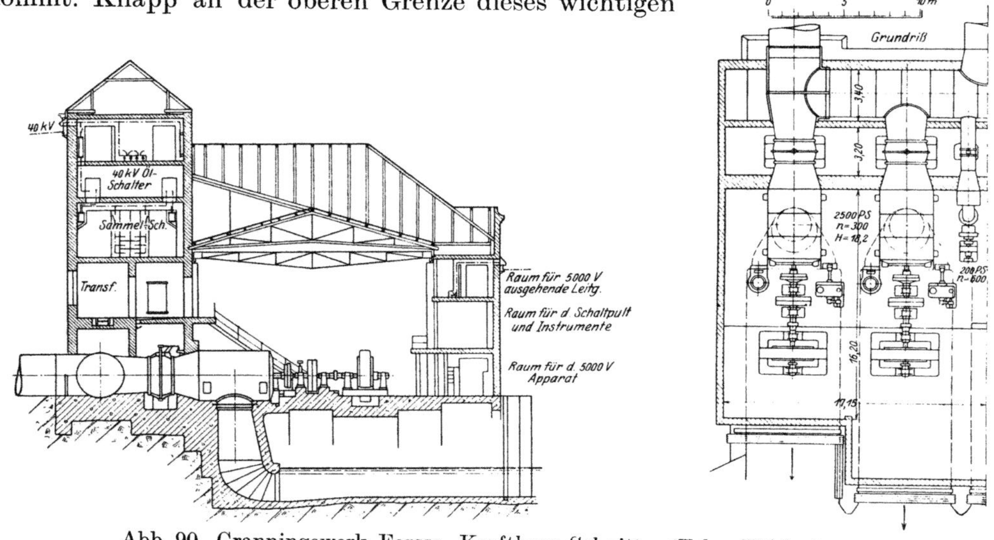

Abb. 90. Granningewerk Forsse, Krafthaus-Schnitte. (Tekn. Tidskr.)

Stromabschnittes entnimmt der Bifurkationsarm Vängelälv im Mittel etwa 18% des Faxälvwassers, um es dem Fjällälv zuzuführen.

Die Energie des dritten Stromabschnittes beträgt:

Bei MNQ	75000 PS	(23%)	Bei 6monatigem Q .	208000 PS	(65%)
„ 9monatigem Q .	110000 „	(35%)	„ MQ	320000 „	(100%)

Die Energiedauerverhältnisse sind demnach beinahe ebenso günstig wie beim Skellefteälv (S. 108). Natürlich ließen sich, worauf Norlindh hingewiesen hat, die Leistungen sämtlicher Wasserfälle unterhalb der Vängelälvabzweigung durch einen Verschluß oder eine Einschränkung dieser Ableitung bedeutend erhöhen.

Die Wasserkraft des dritten Faxälvabschnittes, Fallhöhe: 263 m, ist auf eine außerordentlich große Anzahl von kleineren und größeren Stromschnellen verteilt, die zum Teil recht steil sind und auch als Wasserfälle bezeichnet werden könnten, wie z. B. der wichtigste: Forsseforsen mit einer Fallhöhe von 18 m auf kaum mehr als 100 m Lauflänge. Zum Teil sind diese Stromschnellen aber auch verhältnismäßig langgestreckt, darunter die wichtigste: Ödergårdforsen mit 27 m Fallhöhe auf über 2 km Lauflänge, ferner die Mündungsstromschnelle des Faxälv (Granvågsforsen) mit etwa 47 m Fallhöhe auf 3 km Lauflänge. Zwei von den erwähnten Stufen sind schon zu einem großen Teil ihrer Mittelwasserleistung ausgebaut; die dritte liegt noch im wesentlichen ganz brach.

Der Forsse-Wasserfall (Mittelwasserleistung nahezu 25000 PS) ist von der Granninge Verk A. B. Bållstabruk ausgebaut unter dem Namen: Granningewerk (Abb. 90); die derzeitige Turbinenleistung, 16250 PS, entspricht der natürlichen siebenmonatigen Wasserführung. Die gewonnene Energie wird an eine Anzahl von Sägewerken, Holzmasse- und Sulfitfabriken abgesetzt. Die Kraftleitungen haben bedeutende Länge und kreuzen große Ströme. Die Anlage, 1908/09 erbaut, ist 1917/18 zur heutigen Leistung erweitert worden.

Die andere Großkraftanlage des Faxälv, das Edsele Kraftwerk der Faxe Kraft A. B. in Kvärnfors, nützt den oben erwähnten Ödergårdsfors aus, der eine Mittelwasserleistung von etwa 30000 PS enthält. Die planmäßige Volleistung ist 16000 PS, wovon mit 2 Turbinen zur Zeit erst $^2/_3$, also 10600 PS, ausgebaut sind. Die mittlere Nutzfallhöhe ist rund 19 m, die Vollwassermenge etwa 75 m^3/sek; der Einbau der dritten Turbine würde wohl nicht ohne bedeutende Regulierung der Faxälv-Seen rationell sein[1].

Die Energie wird, wie beim Granningewerk, in der Hauptsache für Zellulose- und Sägewerksindustrie verwendet. — Die Anlage ist 1915/17 erbaut und zunächst eine Maschine von 5300 PS aufgestellt worden; die zweite wurde 1919 eingebaut.

Außer den erwähnten Großanlagen bestehen im Faxälvgebiet einige kleinere und kleinste Wasserkraftanlagen, hauptsächlich für Orts- und Landwirtschaftsversorgung.

Der Fjällälv, im ganzen weniger wasserkraftreich und auch in bezug auf Seeanteil etwas weniger begünstigt als der Faxälv, hat nahe seiner Mündung in den Ångermanälv einen Abschnitt, in dem ein großer Teil seines Gesamtgefälles konzentriert ist. Dieser Abschnitt weist, auf eine Länge von nur 8 km verteilt, eine Reihe von Wasserfällen und Stromschnellen mit einer Gesamthöhe von 90 m auf. Die konzentrierteste Schnelle, Kilforsen ist Eigentum der Staatlichen Wasserfalldirektion und vorläufig noch unausgenützt. Ihr baldiger Ausbau ist aber in Aussicht genommen. Auch alle übrigen Wasserfälle des Fjällälv sind, von unbedeutenden kleinen Anlagen abgesehen, unausgenutzt.

Der Ångermanhauptlauf ist der wasserkraftreichste Teil des Ångermanälvgebietes, und zwar vor allem sein Mittellauf von km 163 (Holaforsen) bis km 38 (Sollefteå), dessen Gesamtfallhöhe nahezu 290 m beträgt. Der Oberlauf weist nur wenige bedeutende Fallstufen, der Unterlauf überhaupt keine ausbauwürdigen auf. Die erwähnten 290 m Fallhöhe des Mittellaufes sind auf eine Anzahl Stromschnellen verteilt, deren günstigste und mächtigste Forsmoforsen ist, mit einer Mittelwasserleistung von etwa 100000 PS. Sowohl diese als auch die übrigen Großwasserkräfte des Stromes gehören zum großen Teil dem Staat. Sie sind ebenso wie die Fjällälvkräfte im großen und ganzen vorläufig unausgebaut, ebenso die privaten Wasserkräfte des Ångermanälv.

Der Ångermanälv hat außer den bisher erwähnten beiden großen Nebenströmen eine Anzahl Nebenflüsse, die zum größten Teil einen mehr ausgesprochenen Gebirgsflußcharakter haben. Der wichtigste von ihnen ist der sehr seenreiche Vojmån, der indes keine bedeutenden Großwasserkräfte aufweist. Einer seiner wichtigeren mittelgroßen Wasserfälle ist ausgebaut von der Vilhelmina Elektriska Kraft A. B. Die Anlage ist für 600 PS Volleistung entworfen und die Wasserbauten sind auch dementsprechend ausgeführt; vorläufig sind indes die Hochbauten und die Maschinen nur

[1] In dem Buche von Norlindh ist die Regulierung verschiedener Faxälv-Seen (Fangsjön, Helgumsjön, Granningesjön) erwähnt; an Stelle der Angaben über Regulierungshöhe usw. finden sich jedoch Fragezeichen, so daß zu vermuten ist, daß die Vorarbeiten noch nicht näher durchgeführt sind.

für 300 PS fertiggestellt. Die Energie wird für den bürgerlichen Bedarf des Ortes Vilhelmina und der naheliegenden Dörfer verwendet. Die Anlage ist als Beispiel einer neuzeitlichen Niederdruckkleinwasserkraftanlage bemerkenswert.

Die Wasserkräfte der kleineren Nebenbäche und Nebenflüsse des Ångermanälv sind ebenfalls zum größten Teil unausgenutzt. Von den vorhandenen, meist ganz kleinen Kraftanlagen möge die Wasserkraftanlage der Stadt Sollefteå in einem Nebenbach des Ångermanälv (300 PS) und die Kleinkraftanlage im Faxån, einem Nebenbach des Faxälv, welche eine Wollspinnerei, wohl die nördlichste mechanische Spinnerei Schwedens, versorgt.

3. Indalsälv.

Der Indalsälv, an Wasserkraftreichtum der zweite Strom Schwedens, ist in der zukünftigen Energiewirtschaft des Landes sogar voraussichtlich an Bedeutung der erste. Im Gegensatz zum Ångerman, der zwei große, dem Hauptstrom nahezu gleichwertige Nebenströme aufweist, sind die Nebenflüsse des Indalsälv sehr zahlreich, aber im einzelnen wenig bedeutend. Der eigentliche, aus dem Fjäll kommende Hauptstrom wird meist erst vom Storsjön an als Indalsälv bezeichnet, während sein Lauf oberhalb des Storsjön von den meisten Verfassern Åreälv genannt wird[1].

Dieser Oberlauf hat einen sehr bedeutenden, ihm an Wassermenge sogar überlegenen Nebenfluß: Järpströmmen, der vom Kallsjön kommt und der seenreichste Fluß im ganzen Indalsälvgebiet ist. Der Storsjön und auch der Indalsälv vom Storsjön bis zum Meer nehmen noch zahlreiche weniger bedeutende Flüsse und Bäche auf; die drei wichtigsten darunter heißen: Långån, Harkån und Ammerån. Diese Flüsse zeigen, obgleich auch ihre Quellen z. T. im Fjäll liegen, weniger Fjällcharakter als der Åreälv, weil das Einzugsgebiet zum weit überwiegenden Teil dem reich bewaldeten Mittelgebirge angehört. Das gilt auch in gewissem Grade für den Indalsälv, insbesondere für seinen Unterlauf; nur etwa 10% des Gesamteinzugsgebietes liegen im Fjäll, das infolgedessen die Abflußverhältnisse des Unterlaufes nicht ausschlaggebend beeinflußt. Im großen und ganzen dürfte das Regime des Indalsälvhauptlaufes ziemlich genau mit dem des Faxälv übereinstimmen.

Dieser Hauptlauf, vom Storsjön bis zum Bottnischen Meerbusen, enthält etwa 65% der Mittelwasserenergie des gesamten Indalsälvgebietes. Auf den Åreälv und den Järpströmmen mit ihren sämtlichen Quellbächen entfallen etwa 10—15%, der Rest kommt auf die übrigen Nebenflüsse und deren Neben- und Quellbäche. Die Aufstellung des Vattenfallförteckning ist abgeschlossen für den Åreälv abwärts des Annsees, für den Järpströmmen vom Kallsee stromabwärts und für den Hauptstrom vom Storsjön stromabwärts.

Järpströmmen bildet auf seinem kaum 9 km langen Laufe zwischen dem Kallsjö und der Einmündung in den Åreälv eine einzige Reihe von Stromschnellen mit einer Gesamtfallhöhe von etwa 70 m; von dieser bedeutenden Wasserkraft ist nur ein geringer Bruchteil in drei Wasserkraftanlagen ausgebaut. Die bedeutendste darunter ist das Kraftwerk Edet mit 1000 PS Turbinenleistung, das der Elektrizitätsversorgung von Ortschaften und von Papiermasse- und Papierfabriken dient.

Die Fallstufen des Åreälv sind z. T. besonders günstig; die bedeutendsten sind die berühmten Ristafälle am Unterlauf des Åreälv, ferner Kvarnforsen, Storforsen und Tännforsen, welch letzterer zu den bestkonzentrierten Großwasserkräften von ganz Schweden zählt (Abb. 91a, b). Alle diese bedeutenden Wasserkräfte sind noch unausgenutzt. Einige der übrigen großen Wasserfälle sind dagegen ausgebaut. Die größte Kraftanlage des Åreälv ist das in den Jahren 1913/15 erbaute Äggforsenwerk der

[1] Norlindh nennt den Strom bereits von dessen Austritt aus dem Annsjön Indalsälv.

Äggfors A. B. Morsil. Äggforsen ist eine ziemlich steile Stromschnelle von 13 m Fallhöhe mit etwa 25000 PS Mittelwasserleistung; sie ist mit 7000 PS nur wenig über die neunmonatige Leistung ausgebaut. Davon dienen 6400 PS zum unmittelbaren Antrieb der Zellulosefabrik in Äggfors und 600 PS zur Lichtversorgung der Ortschaft. Außer dieser Anlage sind noch einige kleinere Kraftwerke im Åreälv für Orts- und Landwirtschaftsversorgung, für Holzmasseindustrie und für Mühlenbetrieb ausgebaut.

Abb. 91 a. Tännfors.

Der Hauptlauf des Indalsälv vom Storsjön bis zum Meer erscheint im Vattenfallförteckning mit einer Mittelwasserleistung von 1072000 PS. Die Energiedauerverhältnisse für „normale" Jahre sind folgende:

NNQ	186000 PS	(20 %)		6monatl. Q . . .	605000 PS	(56%)
MNQ	233000 „	(21,8%)		MQ	1072000 „	(100%)
9monatl. Q	341000 „	(31,8%)				

Nach dem Charakter der Fallstufen (Abb. 92) läßt sich der Indalsälvhauptlauf in folgende Abschnitte einteilen: zu oberst die steile Stromschnelle Hissmofors, hierauf folgt ein 65 km langer Abschnitt, in dem zahlenmäßig zwar sehr bedeutende, aber recht langgestreckte Stromschnellen mit Stillwasserabschnitten abwechseln. Hiernach folgt der etwa 23 km lange Gesundasee. Hinter diesem beginnt ein 50 km langer Abschnitt des Stromes, der zu den wertvollsten Energieträgern ganz Skandinaviens gehört. In diesem Abschnitt, dessen Gesamtfallhöhe 200 — 36 = 164 m beträgt, liegen die berühmten Krångedewasserfälle, eine Fallgruppe, die mit ihren etwa 60 m Fallhöhe bei nur etwa 4 km Länge neben Harsprånget und Trollhättan die bedeutendste Großwasserkraft Schwedens darstellt. Weitere bedeutende Fallgruppen dieses wichtigen Abschnittes sind noch der steile Hammarforsen, Stadforsen und Hölleforsen. Die übrigen Stromschnellen sind zwar zahlenmäßig bedeutend, aber langgestreckt und somit wasserkraftwirtschaftlich nicht gleichwertig. Der unterste Abschnitt des Indalsälv hat auf etwa 80 km Länge noch eine Niedrigwasserfallhöhe von rund 36 m. Er hat ein nahezu gleichmäßig abnehmendes, vergleichsweise geringes Gefälle und ist schiffbar; trotz seines Energiereichtums

Abb. 91 b. Ristafall.

dürfte dieser Stromabschnitt wegen der verhältnismäßig hohen Ausbaukosten noch lange brach liegen.

Ein sehr großer Teil der Wasserkräfte des oben behandelten wasserkraftreichsten Abschnittes des Indalsälv ist Eigentum des Staates, der sie größtenteils erst nach 1918 erworben hat. Auch die Stadt Stockholm hat ansehnliche Teile der mächtigen Kraftvorkommen des Indalsälvhauptlaufes im Hinblick auf die zu erwartende Bedarfsteigerung der Stadt im Laufe der letzten zehn Jahre erworben. Der größte Wasserfall, der bereits gewürdigte Krångedefors, gehört einem privaten Konzern, der Krångede A. B.

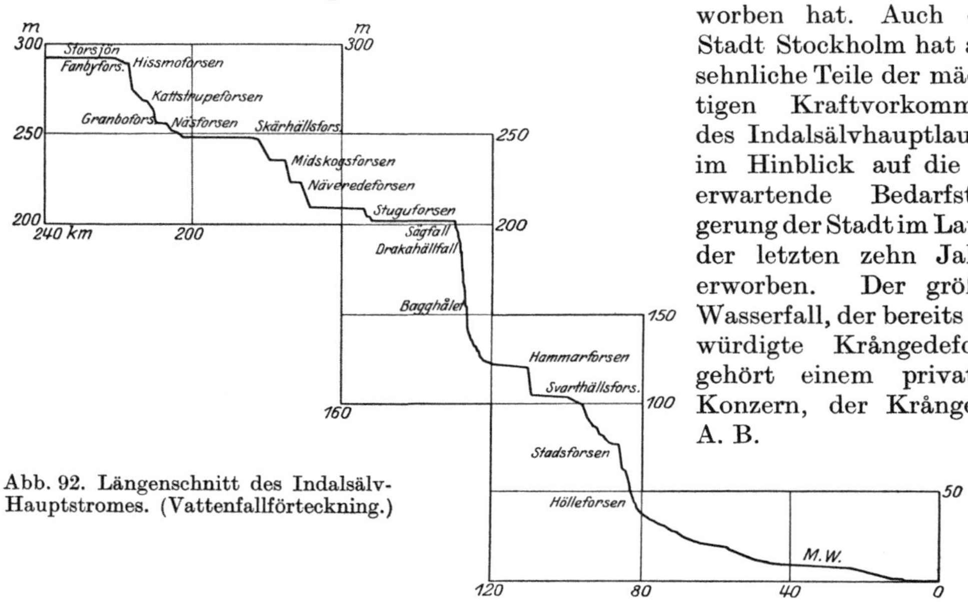

Abb. 92. Längenschnitt des Indalsälv-Hauptstromes. (Vattenfallförteckning.)

Von den Wasserkräften des Indalsälv sind bis jetzt vergleichsweise sehr wenige ausgebaut. Die einzige längere Zeit bestehende neuzeitliche Großanlage befindet sich im obersten Abschnitt des Hauptlaufes, im Hissmofors. Die ausgenutzte Fallstrecke umfaßt eine rund 15 m hohe Stromschnelle von 1 km Länge und eine stromauf anschließende flachere Strecke von rund 0,5 m Fallhöhe. Von der entsprechenden Mittelwasserleistung von etwa 32 000 PS nutzt das Kraftwerk kaum die Hälfte aus. Die Vollwassermenge entspricht etwa der neunmonatigen Wassermenge. Die Werksleistung von rund 13 700 PS verteilt sich auf eine große Anzahl sehr verschiedener Turbinen. Dies erklärt sich daraus, daß der Bau schon 1894 begonnen und erst allmählich zum heutigen Umfange erweitert wurde. Von der erwähnten Leistung werden 5200 PS für unmittelbaren Antrieb von Sägewerken, Zellulose- und Sulfitfabriken, der Rest zur Erzeugung der elektrischen Energie für diese Fabriken und zum kleineren Teil auch für die Stadt Östersund verbraucht. Das Werk gehört der Hissmofors A. B.

Abb. 93. Das provisorische Kraftwerk Stadforsen. (Vattenfallstyrelsen.)

Die mächtigen Wasserkräfte des Indalsälv-Mittellaufes haben bis jetzt keinen neuzeitlichen Großausbau entstehen lassen. Zwei bedeutungsvolle Bauvorhaben sind indes zu verzeichnen.

Das eine betrifft die staatlichen Wasserfälle in Stadforsen, die mit 92 000 PS Mittelwasserleistung eine der günstigsten Kraftquellen des Indalsälv darstellen. Bei dem Ankauf dieses Wasserfalles mußte sich die Wasserkraftdirektion verpflichten, an die Verkäufer alsbald die für ihren Bedarf nötigen geringfügigen Energiemengen zu liefern. Diese Bedingung veranlaßte die Schaffung einer Kleinkraftanlage von

300 PS[1] (Abb. 93), die zweckmäßigerweise sogleich so angelegt wurde, daß sie auch Bauenergie beim späteren Ausbau des Großkraftwerkes liefern kann. Das eigentliche große Bauvorhaben, das anfänglich ernstlich ins Auge gefaßt war, ist zugunsten des unweit Stadforsen gelegenen Hammarfors auf unbestimmte Zeit zurückgestellt worden.

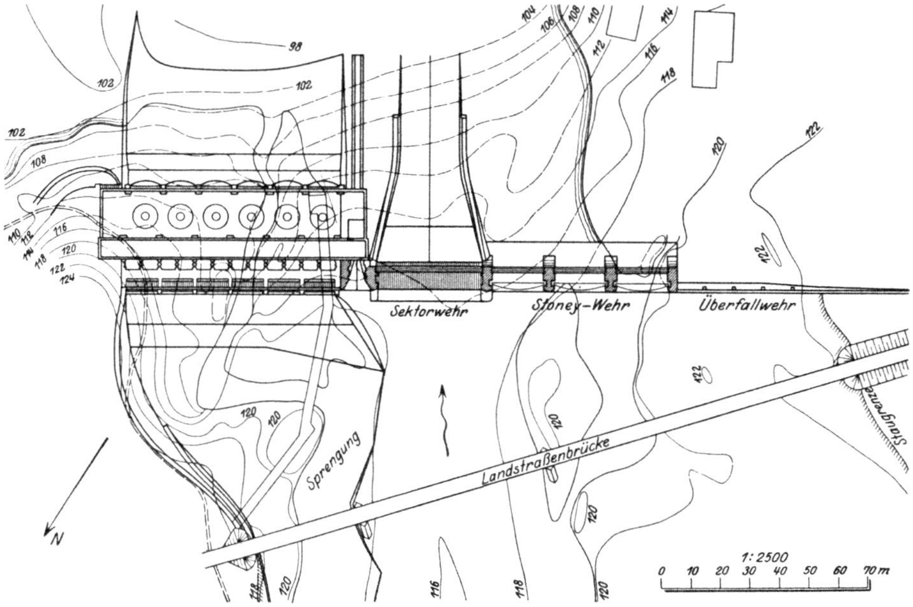

Abb. 94. Hammarforsen, Lageplan. (Vattenbyggnadsbyrån.)

Hammarforsen gehört einem nichtstaatlichen Konzern, an dem die Hafenstadt Sundvall wesentlich beteiligt ist. Das Werk soll im ersten Ausbau nur etwa 8000 PS von den 63 000 PS verfügbarer Mittelwasserleistung ausnutzen. — Die mächtige Stromschnelle (Fallhöhe etwa 13 m auf kaum 1 km) ist erst in geschichtlicher Zeit, im Jahre 1796, entstanden, und zwar dadurch, daß der Strom sein zum Teil durch Endmoränen begrenztes altes Bett zerstörte und sich einen neuen Weg über die Diabasschwelle des Hammarfors bahnte. — Das Bauprojekt sah (wie bei Krångforsen) einen stufenweisen Ausbau (nach Stauhöhe und Zahl der Maschinensätze) vor. (Näheres hierüber im Abschnitt 32, S. 721.) Die Anlage ist ein reines Staukraftwerk (Abb. 95, 97, 849, 954) und besteht aus einem gemischten Wehr mit anschließendem Krafthaus. Das Wehr enthält einen Flutdurchlaß von 35 m Lichtweite mit Sektorverschluß und zwei Regulierüberfälle mit Nadelverschlüssen, die später durch leichter bedienbare, moderne Konstruktionen ersetzt werden sollen. Die Kraftstation wurde zu-

Abb. 95. Hammarforsen. Baustelle des Kraftwerks. (Verw.)

[1] Nach unmittelbaren Mitteilungen des Herrn Westerlind, Direktor im Vattenfallstyrelsen; nach Norlindh soll der derzeitige Ausbau Stadforsen 1400 PS aufgestellte Leistung haben.

nächst für zwei Maschinensätze (Abb. 96) ausgebaut. Später soll die Zahl der Turbinensätze auf fünf erhöht werden. Der Bau wurde im Herbst 1925 begonnen; die Inbetriebnahme des Werkes erfolgte im Winter 1927/28.

Im übrigen sind, soweit festzustellen war, sämtliche Wasserkräfte des Indalsälv-Hauptlaufes unausgenutzt, mit Ausnahme von einigen Zwergkraftwerken (Mühlen usw.).

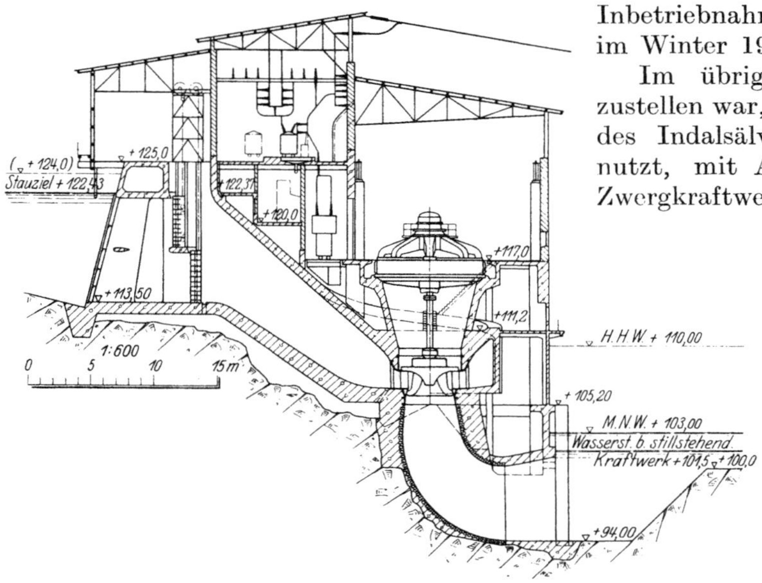

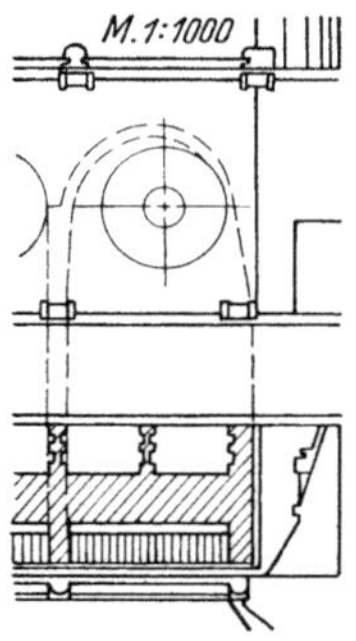

Abb. 96 u. 97. Hammarforsen. Kraftwerk-Schnitte.

In den wichtigsten Nebenflüssen des Indalsälv, nämlich im Harkån und Ljustorpsån finden sich eine Anzahl meist älterer mittelgroßer und kleiner Wasserkraftanlagen, unter welchen als die bedeutendsten die Anlagen der Holzschleiferei in Höffors und die Anlage in Födsleforsen der Sunds A. B. erwähnt werden mögen.

4. Ljungan.

Der Ljungan ist unter den zwölf schwedischen Hochgebirgsströmen einer der kleinsten und steht hinsichtlich des Anteils des Fjäll am Gesamteinzugsgebiet dabei wohl an letzter Stelle. Daher sind seine Niederschlags- und Abflußverhältnisse vergleichsweise wenig günstig und die theoretische Mittelwasserleistung ist die kleinste unter den zwölf Gebirgsströmen. Naturgemäß herrscht im Abflußregime der Waldcharakter gegenüber dem Hochgebirgscharakter stark vor. Der Fluß ist reich an Seen, die beinahe im ganzen Einzugsgebiet verteilt sind. Besonders seenreich ist aber der einzige größere Nebenfluß, Gimån, der mit seinem großen Einzugsgebiet überhaupt nicht ins Fjäll übergreift.

Von der auf S. 127 zu 485000 PS angegebenen Mittelwasserleistung des Ljungangebietes entfallen 65% auf den Hauptstrom unterhalb des 565 m hoch gelegenen Storsjön; 17% entfallen auf den Gimån unterhalb des 321 m hoch gelegenen Plånsjön und die restlichen 18% verteilen sich auf die Neben- und Quellbäche beider Flüsse.

Vorläufig liegt der Vattenfallförteckning nur über den Ljungan-Hauptlauf vom Storsjön bis zum Meer, eine Laufstrecke von 311 km, vor. Die bezüglichen Hauptzahlen sind:

Leistung bei	PS	%	Leistung bei	PS	%
NQ	67000	20	6monatl. Q . .	193000	58
9monatl. Q . .	98000	29	MQ	332000	100

Der Strom ist ein ziemlich typischer sogenannter „Seenstrom", d. h. die Stillwasserabschnitte sind fast alle etwas seeartig verbreitert und der ganze Höhenunterschied zwischen zwei aufeinander folgenden Stillwässern wird meist in einer einzigen Stromschnelle überwunden. Die Stromschnellen sind demgemäß mit wenigen Ausnahmen langgestreckt und viel weniger steil als die Stromschnellen der meisten übrigen Norrlandströme. Spiegelgefälle von 10 m auf 1 km und teilweise noch geringere überwiegen. Doch gibt es auch einige Steilstromschnellen, insbesondere im Unterlauf: Viiforsen und Maatforsen, und im Oberlauf: Ringdalforsen, Källstaforsen und Sälvbackströmmen. Die mächtigsten von den schwach geneigten, langgestreckten Stromschnellen sind Hångstaforsen und Rätanströmmen (Abb. 98).

Im Gegensatz zum Indalsälv ist der Ljungan auch im Unterlauf nicht schiffbar, wegen der gerade hier vorkommenden Steilstromschnellen.

Der Gimån weist die Charakterzüge eines „Seenstromes" noch ausgeprägter auf, als der Hauptstrom Ljungan. Der bedeutendste von allen Gimånwasserfällen ist der Mündungswasserfall mit etwa 120 m Höhe und einer Mittelwasserleistung von rund 50000 PS.

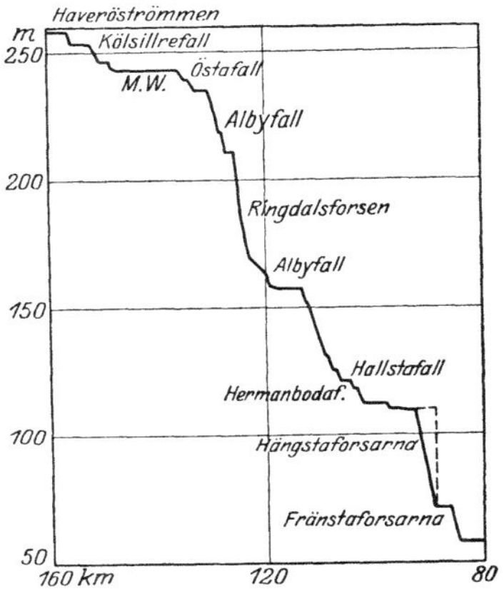

Abb. 98. Ein typischer Abschnit des Ljungan; Längenschnittt. (Vattenfallförteckning.)

Das Verhältnis der ausgebauten zu den brachliegenden Fallstrecken ist beim Ljungan für nordschwedische Verhältnisse hoch (vgl. S. 127). Das Ljungantal ist ein Hauptsitz der chemischen Industrie; auch sind hier viele Sägewerke, Zellulose- und Papierfabriken, die letzteren zwar nicht im selben starken Verhältnis wie in anderen Stromgebieten Schwedens. Leider ist festzustellen, daß von den etwa 110000 PS, die als „ausgebaut" und „im Bau befindlich" in der Tabelle S. 127 aufgeführt sind, tatsächlich nur 60000 der Energiewirtschaft dienstbar sind. Der Ausbau der übrigen 50000 PS wurde auf den Konjunkturrückschlag hin etwa zur selben Zeit, wie der Ausbau des Hårsprangetwerkes, auf bessere Zeiten zurückgestellt, ein Vorgang, der bei der großen Abhängigkeit der chemischen und Zelluloseindustrie von der Weltkonjunktur nicht wundernehmen darf.

Im folgenden sollen von den zahlreichen — etwa 15 — Wasserkraftanlagen des Ljungangebietes von Mittelgröße nur die bedeutenderen kurz beschrieben werden, wobei Kraftwerke unter 2000 PS unerwähnt bleiben sollen.

Die oberste Wasserkraftanlage des Ljunganhauptlaufes ist das Albywerk der Alby Vattenfalls A. B., deren Aktien sich vollzählig in Händen der Stockholms Superfosfatfabrik A. B. befinden. Das Kraftwerk, eines der ältesten Großkraftwerke Schwedens, 1898/99 erbaut, nutzt mit einer Turbinenleistung von 10400 PS die langgestreckte Stromschnelle Alby für Elektrizitätserzeugung aus; die Mittelwasserleistung der benutzten Fallstrecke ist 15400 PS. Die gewonnene Energie wird von verschiedenen chemischen Fabriken (Karbidfabriken Alby und Chloratfabriken Alby), ferner von einer Elektrizitätsversorgungsgesellschaft abgenommen. Die Energieerzeugung hat 1918 etwa 44 Millionen kWh erreicht; die Ausnutzung ist danach jedenfalls sehr hoch.

Das gleichfalls der Alby Vattenfalls A. B. gehörende, weiter stromabwärts liegende Werk Ringdalen nützt den unteren Teil der oben erwähnten mächtigen Ringdalstromschnellen mit einer Turbinenleistung von 7200 PS aus. Die Energie dient ebenfalls zur Stromerzeugung und ist von denselben chemischen Fabriken, für die das Albywerk arbeitet, ab Turbinenwelle gepachtet.

Etwa 40 km stromabwärts treffen wir im Ljungan die zweitgrößte unter den jetzt ausgebauten Wasserkraftanlagen Norrlands, das Ljunganwerk. Diese schon neuzeitlich gestaltete Mitteldruckanlage nützt die Hångsta-Stromschnelle (38 m Fall auf 4 km Länge) aus. Die Dauerzahlen des natürlichen Abflusses sind hier:

NNQ . . .	14 m³/sek	(18,3%)	6monatl. Q .	43 m³/sek	(56,5%)
NQ	18 „	(23,7%)	MQ	76 „	(100%)
9monatl. Q .	28 „	(36,8%)	HHQ	470 „	(620%)

Die Vollwassermenge des Werkes beträgt 50 m³/sek, also bemerkenswerterweise mehr als die sechs Monate lang verfügbare Wassermenge. Die Volleistung ist 18200 PS.

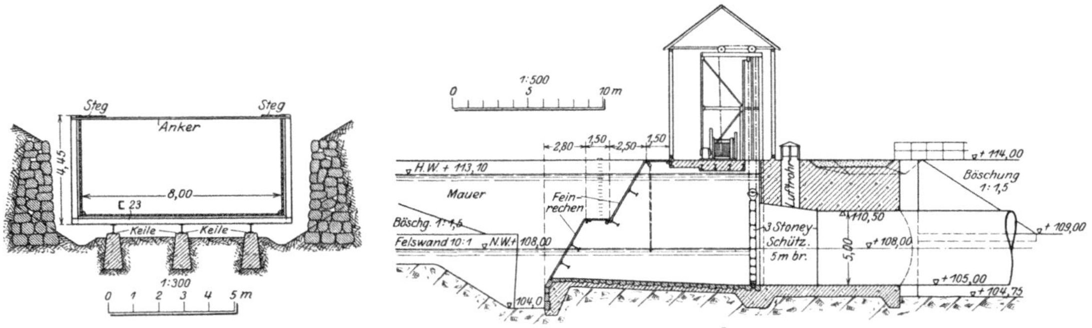

a b

Abb. 99. Ljungawerk. a) Schnitt des Turbinenrohr-Einlasses. b) Schnitt des Werkkanals mit nachträglich eingebautem Holzgerinne. (Sv. Vattenkr. Föreng.)

Die Anlage (Abb. 99, 100) besteht aus einem Zulaufkanal, der das Wasser unmittelbar einem ausgesprochenen Stillwasserabschnitt des Stromes entnimmt. Der Entnahme des Wassers dient ein bewegliches Wehr mit Stoneyschützen. Am Ende des 500 m langen Zulaufkanals folgt der Druckrohreinlauf, ebenfalls mit Stoneyschützen absperrbar. Die Druckrohrleitung, 2400 m lang, ist mit einem vorgeschobenen Standrohrturm und mit einem weiter zurückliegenden großen Turmwasserschloß ausgerüstet (Abb. 101, 742). Die Rohrleitung ist aus Stahlblech hergestellt, stark versteift (ältere Bauweise, vgl. Abb. 754) und auf Betonsockeln mit 6 m Lagerabstand verlegt. Ebenfalls in Eisenkonstruktion ist auch das eigenartige große Turmwasserschloß ausgeführt.

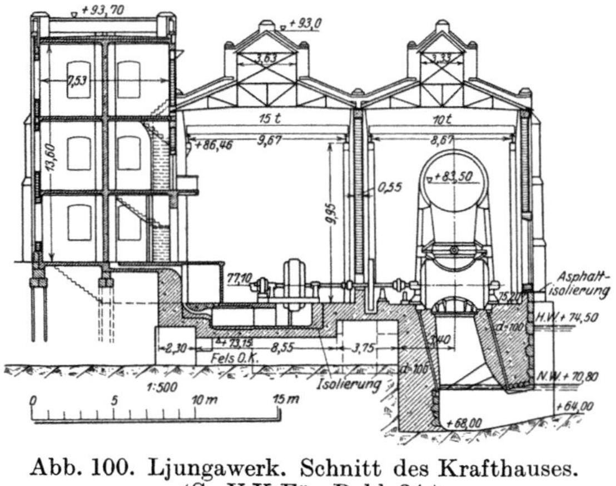

Abb. 100. Ljungawerk. Schnitt des Krafthauses. (Sv.V.K.För. Publ. 34.)

Die Druckrohrleitung verzweigt sich im Krafthaus und speist durch Steigrohre die Turbinen. Deren sind vier zu 3800 PS und zwei zu 1400 PS aufgestellt. Es sind Zwillingskesselturbinen mit wagerechter Welle

Abb. 101. Ljungawerk. Ansicht der Wasserschlösser. (Verf.)

über Betonsaugkrümmern. Der bedeutendste und kostspieligste Teil der Anlage war die große Rohrleitung mit ihrem lichten Durchmesser von 5—4,4 m und einem Kubikinhalt von 48 000 m³ einschließlich der beiden Schwalltürme. Die durch Einrichtungen für die Flößerei und die Fischereiinteressenten ergänzte Anlage ward in den Jahren 1910/12 von Stockholms Superfosfatfabrik A. B. erbaut. Einschließlich sämtlicher Wasserrechtsankäufe, der sehr kostspieligen Regelung der Flößereistraßen usw., der maschinellen und elektrischen Ausrüstung stellten sich die Anlagekosten auf 4458 000 Kronen. Das ergibt, auf die Volleistung bezogen, den ziemlich niedrigen Einheitssatz von 250 Kr./PS (282 M./PS). Nahezu die Hälfte der Gesamtanlagekosten entfiel auf die große Rohrleitung nebst Schwalltürmen. Die Druckrohrleitung erhielt eine so große Länge, weil die Weiterleitung des Wassers im offenen in den Fels gesprengten Gerinne durch die geologischen Verhältnisse unmöglich gemacht wurde.

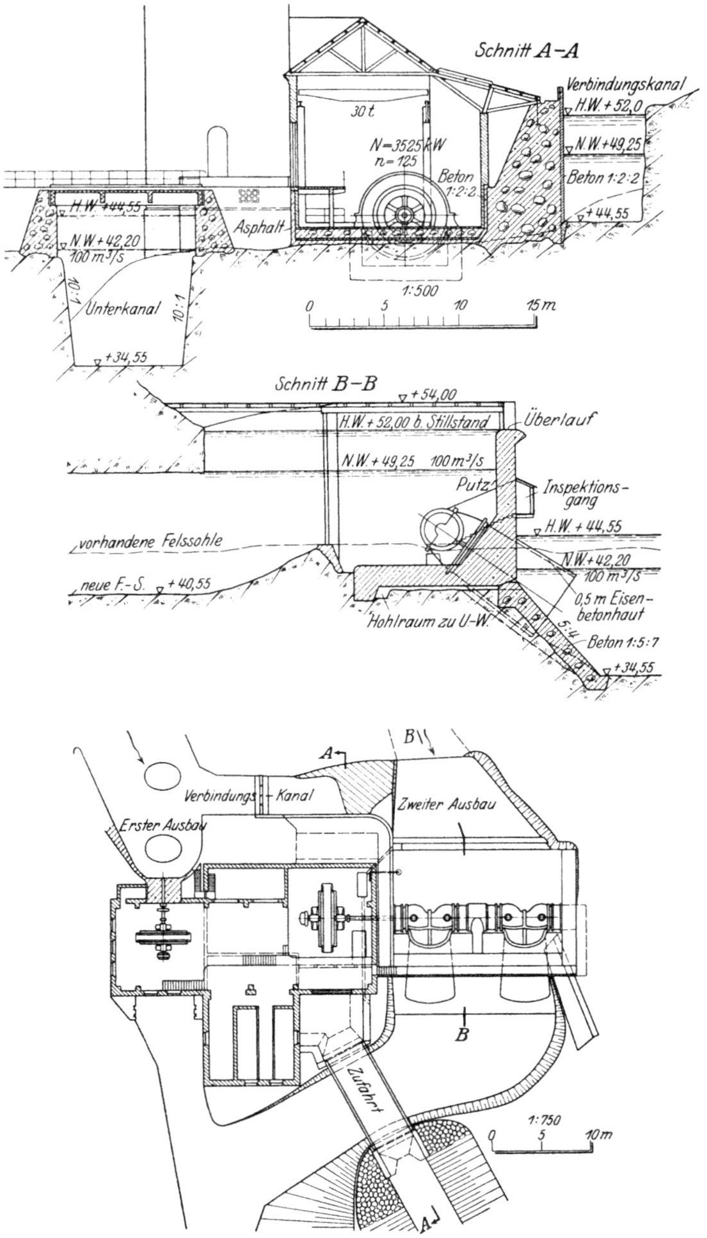

Abb. 102. W. A. Nedansjö. Schnitt und Grundriß. (Vattenbyggnadsbyrån.)

Der im Ljunganwerk erzeugte elektrische Strom dient zur Herstellung von Kalkstickstoff und Karbid. Die Jahreserzeugung 1918 bezifferte sich auf rund 94 Millionen kWh. Das Kraftwerk, durch eine besondere vollspurige Anschlußbahn an das Netz der schwedischen Staatsbahn angeschlossen, ist von der Hafenstadt Sundsvall 74 Streckenkilometer entfernt. Eine „kleine Reserveanlage" von 410 PS, genannt: Ljungan-Lilla-Kraftstation, schließt sich unmittelbar an das große Werk an.

Unmittelbar weiter stromabwärts folgt der Byfors, dessen Ausbau (auf 10 000 PS) 1918 durch Stockholms Superfosfatfabrik A. B. begonnen wurde. Die Energie war für die chemischen Werke in Ljungan bestimmt. 1919 wurde aus Konjunkturgründen die Arbeiterzahl heruntergesetzt und 1920 der Bau vorläufig ganz stillgelegt.

Im Unterlauf des Ljungan finden wir dann das Kraftwerk Nedansjön, das schon im Jahre 1870 entstanden, 1901 völlig umgebaut und 1910 erweitert wurde. Dieses letztere Baustadium bildet den „ersten Ausbau" der jetzigen Anlage. Der „zweite Ausbau", eine besondere Anlage, ist im Jahre 1916/18 entstanden. Der ältere Ausbau war zum direkten Betrieb von Holzschleifereien eingerichtet; jetzt erzeugen aber beide Kraftwerke elektrische Energie, wobei sie in dasselbe Stromleitungsnetz arbeiten. Beide Anlagen sind zur Zeit mit Maschinen von insgesamt 6000 PS ausgerüstet. Sie haben gesonderte Oberwasserkanäle, die indes miteinander verbunden sind, da der Oberwasserkanal des alten Werkes für dieses zu reichlich bemessen war und somit nun z. T. das Triebwasser für den zweiten Ausbau zu führen hat. (Abb. 102).

Das Nedansjöwerk gehört der Skönviks A. B.; die erzeugte Energie wird dem Sägewerk Skönvik, ferner der Sulfitfabrik Ortviken zugeführt und auch für bürgerlichen Bedarf der Ortschaft abgegeben[1].

Die Stromschnelle Maatforsen ist schon seit Jahrhunderten der Holzindustrie dienstbar gewesen. Nach verschiedenen Umbauten hat ein Brandschaden den völligen Neubau der Anlage in den Jahren 1916/17 veranlaßt. Die Sägewerke und die Schmiede, die früher durch Wasserkraft betrieben wurden, sind eingegangen und die neuzeitliche Großanlage nützt 9000 PS (etwa fünfmonatige Leistung) für eine Holzschleiferei und zugehörige Papierfabrik aus. Die gesamte Mittelwasserleistung der Stromschnelle ist rund 13 000 PS.

Das letzte in der Reihe der Großkraftwerke am Ljungan ist das etwa 20 km oberhalb der Mündung in das Meer gelegene Viiforsenwerk. Die Anlage dient der Elektrizitätsversorgung einiger Küstenlandsortschaften. Die Mittelwasserleistung des sehr steilen Viifors ist 9300 PS; ausgebaut sind nur 3300 PS. Die Anlage gehört ebenfalls noch zu den älteren Wasserkraftanlagen Schwedens, ist in den Jahren 1898/1900 erbaut und im Jahre 1907 auf ihren heutigen Umfang gebracht worden.

Im Nebenfluß Gimån sind drei Wasserkraftanlagen zu finden: bemerkenswert ist nur die unterste in dem oben erwähnten Mündungsfall des Gimån, der Torpshammar-Stromschnelle. Die Mittelwasserleistung der Stromschnelle ist 50 000 PS. Ein unbedeutender Teil war davon schon seit langer Zeit für Holzschleifindustrie in einer Kleinkraftanlage ausgebaut. Am Ende des Krieges wurde ein großzügiges Projekt zur Ausnützung der Gesamtfallhöhe von 120 m mit 40 000 PS in Angriff genommen. Ein Lohnkonflikt mit der Bauarbeiterschaft gab den Anlaß zu vorläufiger Einstellung der Arbeit, nachdem ein kleiner Teil der Sprengarbeiten bereits durchgeführt war. Dann kam der Konjunkturrückschlag und ließ eine starke Einschränkung des ganzen Ausbauplanes geboten erscheinen. So wurde dann an Stelle der Gesamtanlage, welche die zweitgrößte von ganz Norrland geworden wäre, nur die vorhandene Anlage erweitert, indem eine 2000-PS-Turbine zum unmittelbaren Betrieb von Holzschleifmaschinen eingebaut wurde. Damit leistet die zur Zeit bestehende Anlage insgesamt 2900 PS, bei einer ausgenutzten Fallhöhe von 15 m.

Während in den meisten anderen Gegenden Schwedens die Wasserkräfte doch nur eines unter mehreren wichtigen Elementen der wirtschaftlichen Entwicklung darstellen, ist ihre Rolle im Ljungangebiet geradezu bestimmend für die Ansiedelung der Großindustrie; eine ganze Reihe von nicht unbedeutenden Ortschaften ist in den letzten Jahrzehnten erst auf Grund der Nutzbarmachung der Wasserkräfte für chemische und sonstige Wasserkraftindustrien entstanden.

---

[1] Die Angaben und die abgebildeten Zeichnungen sind vom Vattenbyggnadsbyrån, das den zweiten Ausbau entworfen hat, zur Verfügung gestellt worden.

5. Ljusnan.

Der Ljusnan ist unter den großen schwedischen Strömen wohl der von der Natur am wenigsten begünstigte. Er erscheint in der Gewässertabelle von Nedre Norrland (S. 127) mit dem geringsten Seeanteil; zudem liegen seine Seen größtenteils in den unteren Laufabschnitten, so daß ihr energiewirtschaftlicher Wert gering ist (Abb. 103). Auch die Gefällsverhältnisse des Stromes sind meist nicht sehr günstig. Ähnlich dem Ljungan hat der Ljusnan als ausgesprochener „Seenstrom" sehr langgestreckte Stromschnellen, die den ganzen Höhenunterschied zweier aufeinanderfolgender Stillwasserabschnitte ausgleichen. Von den außerordentlich zahlreichen Nebenbächen und Nebenflüssen des Ljusnan ist der Voxnaälv der wasserreichste. Er ist ein ausgeprägter Wald- und Niederungsfluß und mündet weit im Unterlauf des Ljusnan.

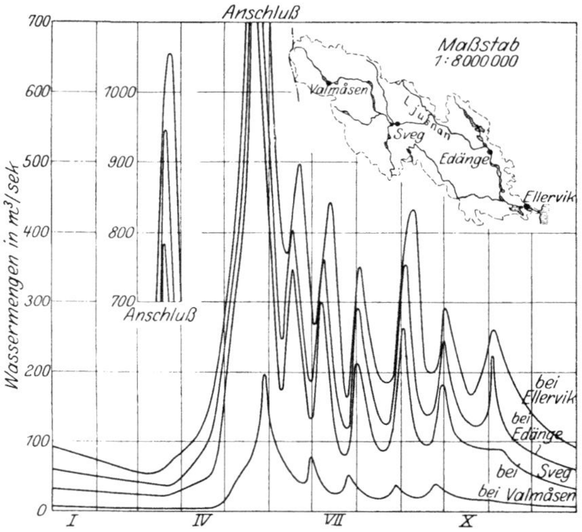

Abb. 103. Spendenganglinie des Ljusnan-Unterlaufs. (Slettenmark.)

Die im Vattenfallförteckning bearbeiteten Fallstrecken (Ljusnanhauptlauf von + 544 m ü. M. abwärts und Unterlauf des Voxnan von + 234 m ü. M. bis zur Mündung) bieten folgende Gesamtenergien dar:

Leistung bei	PS	%	Leistung bei	PS	%
MNQ	160000	22,4	6monatl. Q	431000	60,3
9monatl. Q	238000	33,2	MQ	715000	100

Daß trotz des geringen Seeanteils die Dauerzahlen ziemlich günstig sind, ist auf den Einfluß des von den Strömen durchflossenen Waldgebietes und auf die starken Herbstniederschläge zurückzuführen.

Im Ljusnangebiet sind zur Zeit nur drei Wasserkraftanlagen über 1000 PS für Holzschleiferei-, Sulfit-, Eisenindustrie u. a. m. im Betrieb. Dieselben bieten weder in technischer noch wirtschaftlicher Beziehung Bemerkenswertes. Außerdem finden sich einige kleine Anlagen, die überwiegend der Orts- und Landwirtschaftsversorgung dienen.

6. Gafleån.

Von allen Wald- und Küstenlandsflüssen Schwedens ist der wichtigste und am meisten nutzbar gemachte der Gafleån. Seine beiden Quellflüsse Jädran und Hooån kommen aus Seen von 300 bzw. 200 m Meereshöhe und vereinigen sich im Storsjön (62 m ü. d. M.). Von diesem See ab zählt der eigentliche Hauptabschnitt des Gafleån, der durch gut bevölkerte Gegenden zieht. Der Fluß hat ebenso wie Ljungan mit seinen Wasserfällen zur Entstehung von ganz neuen Ortschaften Anlaß gegeben. Beinahe alle Fallstrecken des Stromes sind, wenigstens mit einem Teil ihrer Mittelwasserleistung, nutzbar gemacht. Die Anwendungszwecke der erzeugten Energie sind viel mannigfaltiger, als bei den übrigen Strömen von Nedre Norrland. Wir finden hier Sulfitfabriken, Sägewerke, Zellulosefabriken, eine Spinnerei, eine Ziegelfabrik usw.; die bei weitem wichtigste vom Gafleån mit Energie versorgte Industrie ist indes die Eisen- und Stahlindustrie; außerdem sind wichtige kleinere Überlandzentralen zu finden.

Die Wasserkraftanlagen des Gafleån sind naturgemäß meist nur mittelgroße und kleine Anlagen. Die zur Zeit bedeutendste ist das Kraftwerk der berühmten schwedischen Kugellagerwerke (Svenska Kugellagerfabrik A. B.) mit 1700 PS. Zwei kleinere Anlagen, Mackmyra und Tollfors, verdienen wegen ihrer neuzeitlichen Einrichtungen hervorgehoben zu werden. Das Werk Mackmyra der Mackmyra Sulfitfabrik nutzt einen Wasserfall von 2500 PS Mittelwasserleistung mit 1070 PS (H_n = 11,3 m) aus. Die Anlage (Abb. 104) besteht im wesentlichen aus einem Entnahmewehr, einem Oberwasserkanal, Rohreinlauf, aus einer Eisenbeton-Druckrohr-

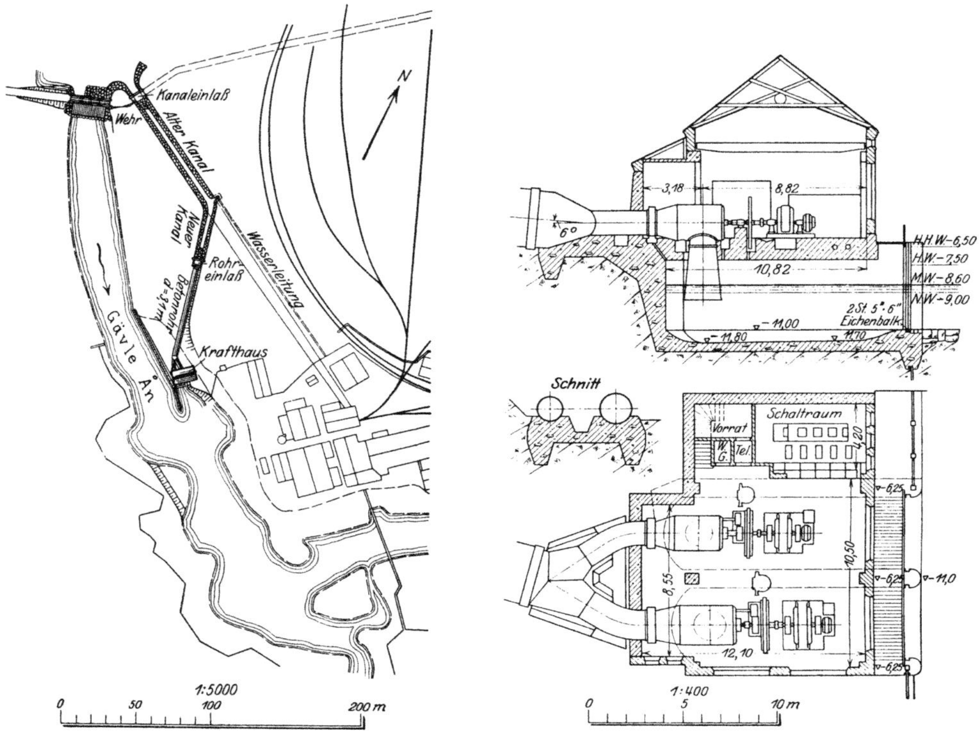

Abb. 104. W. A. Mackmyra. Lageplan, Grundriß und Schnitt. (Verw.)

leitung, die sich in ihrem untersten Abschnitt verzweigt, dann aus den zwei zugehörigen Turbinen von 420 und 650 PS nebst Unterwasserkanal. Beide Turbinen sind unmittelbar mit elektrischen Stromerzeugern gekuppelt. Das Werk Tollfors versorgt die Stadt Gäfle mit Elektrizität und gehört zu der zukunftsreichsten Klasse der unbedienten Anlagen mit automatischen Einrichtungen. Nach Stillegung einer alten Säge wurde diese neue, für 3 Einheiten zu je 700 PS entworfene Anlage begonnen und zunächst mit 700 PS im „ersten Ausbau" fertiggestellt (Kaplanturbine, H_n = 6,5 m; Abb. 815). Die Anlage läuft seit Inbetriebnahme 1925 ständig zu voller Zufriedenheit ohne Wartung, vgl. S. 740, und wurde 1927 durch eine weitere Kaplanturbine (H_n = 7,0; 880 PS) verstärkt.

7. Zusammenfassung.

Wir sahen, daß gerade die mächtigsten und wertvollsten Wasserkräfte in der nördlichen Hälfte von Nedre Norrland noch ganz vorwiegend unausgenutzt sind. Wohl in keiner Gegend Schwedens ist eine größere Entwicklung zu erwarten als in den Hauptabschnitten des Indalsälv und der großen Ströme des Ångermangebietes. Hier findet sich in einem Umkreis von nur einigemal 10 km etwa der siebente Teil des gesamten Wasserkraftvorkommens von Schweden vereinigt. Dieser Umstand ist für die Frage der

Energieübertragung nach weit entfernten Gegenden von größter und förderlicher Bedeutung. Es ist sehr wahrscheinlich, daß in einem späteren Entwicklungsabschnitt Höchstspannungs-Sammelleitungen die Energie dieser mächtigen Fälle aufnehmen und südwärts führen werden. Während so die Hauptbedeutung des Indalsälv und in zweiter Linie auch des Ångermanälv in der Fernübertragung ihrer massierten Energien zu liegen scheint, dürften Ljungan, Ljusnan und Gafleån trotz ihrer südlicheren Lage ihren Energieabsatz in der engeren Umgebung zu suchen haben, wo die weitere industrielle Besiedelung in enger Verbindung mit dem stufenweisen Ausbau dieser auch recht bedeutenden Flußwasserkräfte sich vollziehen wird.

Unterlagen:

Svenska Vattenkraftföreningens Publikationer 195. — Vattenfallförteckning. — Ljunga Kraftverk von B. Stafsing, Svenska Vattenkraftföreningens Publikationer 34. — Jahresstatistiken der Sv. V. K. Föreningen.

8. Abschnitt: Das Dalälv-Gebiet.

1. Geographische Übersicht.

Allgemeines. Das Dalälvgebiet, in gewisser Beziehung das wichtigste von den 12 großen Gebirgsstromgebieten Schwedens, umfaßt 28600 km². Der Seenreichtum ist für schwedische Verhältnisse nicht besonders groß, nur rd. 6% des Einzugsgebietes. Die Seen liegen dafür aber zum Teil ziemlich hoch und sind daher wasserkraftwirtschaftlich besonders wertvoll. Daher liegen gerade hier große Regulierungsaufgaben vor — die z. T. bereits erfolgreich gelöst sind.

Das Stromgebiet des Dalälv (Abb. 105) gehört überwiegend dem Kopparbergslän an, kleine Teile, hauptsächlich am Unterlauf des Hauptstromes, gehören zum Gäfleborgs-, Västermanlands- und Upsalalän, während das Quellgebiet teilweise in das norwegische Hochgebirge hinübergreift. Das gesamte schwedische Dalälvgebiet gehört zu dem großen unter dem Namen „Mittelschweden" (Svealand) bekannten Gebiet, und zwar größtenteils in die Landschaft Dalarne oder im deutschen Sprachgebrauch: Dalekarlien[1].

Geologie. Geologisch ist das Dalälvgebiet eines der abwechslungsreichsten von ganz Schweden; fast alle in Schweden vorkommenden Gesteine sind hier vertreten. Das Quellgebiet des Västerdalälv, im Hochgebirge, gehört zur jotnischen Gruppe (Algonk), die in der Hauptsache aus Sandstein, hier als Dalsandstein bezeichnet, besteht. Eingesprengt in dieses Sedimentgebirge finden sich bedeutende Gabbrozonen. Der Österdalälv kommt ebenfalls aus dem Sandsteingebiet, fließt aber fast auf ganzer Länge bis zum Siljansee im Porphyr, der für Dalarne am meisten kennzeichnend ist. Vom Siljansee abwärts bis zur Vereinigung mit dem Västerdalälv und weiter hinab bis zum Meer besteht der Untergrund durchweg aus Urgestein, und zwar in reicher Abwechslung aus sehr verschiedenartigen Porphyren, Graniten, Leptiten und Gneisen. Der Felsuntergrund besteht also in den Niederungen aus älteren Formationen, meist Urgesteinen, wogegen im Gebirge verhältnismäßig jüngere Sedimentgesteine auftreten. Diese, für ganz Schweden charakteristische Erscheinung wird auf die Wirkung stark bewegter nachsilurischer Meere zurückgeführt, welche die Sedimente des Silur- und Algonkmeeres abgetragen haben. An quaternären Ablagerungen sind im Dalälvgebiet die marinen Sand- und Lehmablagerungen spärlich verbreitet, nur Moränen findet man überall. Daher ist die landwirtschaftlich wertvollere Bodenfläche

[1] Der geschichtliche Landschaftsname „Dalarne" bezeichnet keinen politischen Bezirk der heutigen Landeseinteilung mehr.

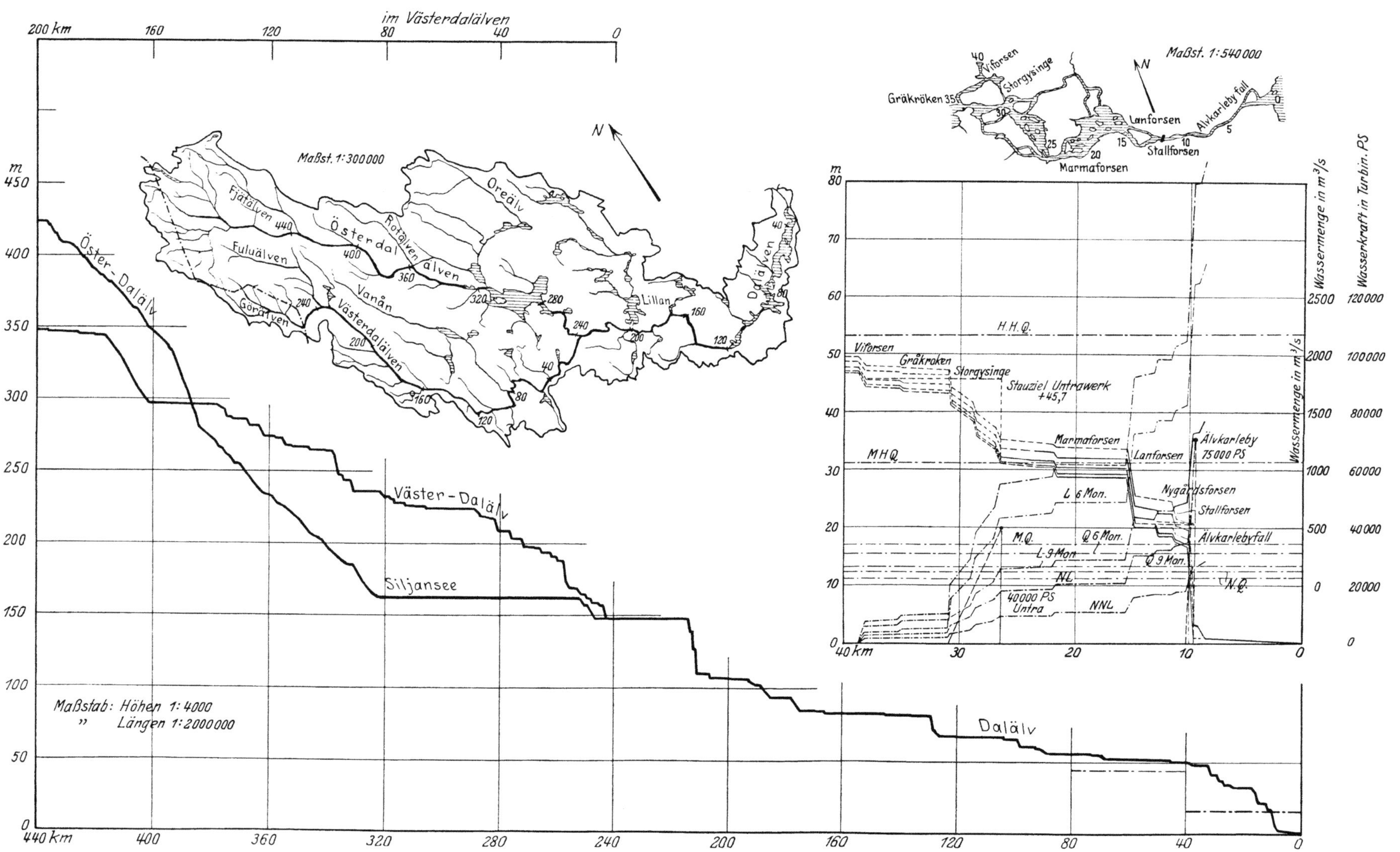

Abb. 105. Dalälv. Übersichtslängenschnitt, Gebietskarte und Wiedergabe eines Blattes des Vattenfall-Förteckning. (Hydr. Byrån.)

nur ein geringfügiger Bruchteil des Gesamtgebietes. Über 80% sind mit Wäldern (überwiegend Nadelholz) bedeckt, außerdem sind einige Prozent Torfmoore, unfruchtbare Niederungsgebiete und Randmoränen vorhanden.

Die Quellgebiete des Väster- und Öster-Dalälv liegen in Höhen zwischen + 700 und + 750 m ü. M. Obschon diese Zone fast durchweg unterhalb der Baumgrenze bleibt, wird sie zum Hochgebirge gerechnet; nach mitteleuropäischen Begriffen wäre indes das ganze Gebiet, mit Ausnahme der Niederungen am Unterlauf des Hauptstromes als Mittelgebirgsland zu bezeichnen.

Orographie. Die große Mannigfaltigkeit der geologischen Formation des Felsuntergrundes prägt sich auch deutlich in den Oberflächenformen aus. Schon in den Hauptströmen ist die Tal- und Bettgestaltung sehr verschiedenartig. Flachere Abschnitte wechseln mit steil, stellenweise sogar kañonartig eingeschnittenen. Die Höhe der Felshänge erreicht dabei stellenweise (z. B. bei Trängslät) gegen 100 m. Auch das Gefälle ist sehr ungleichförmig; Seen und ruhige Stromstrecken wechseln mit starken Stromschnellen ab. Eine ausgesprochen dem Dalälv eigentümliche Bettgestaltung findet sich im Unterlauf, etwa von 180 km oberhalb der Mündung an abwärts. Der Strom ist hier in zahlreiche, unregelmäßig verlaufende Arme (Fjärden) aufgelöst, die auf breitem Talboden ein Gewirr von Fels- und Moräneninseln mit sehr verschiedener Geschwindigkeit durchströmen und mit zahlreichen seeähnlichen Stillwasserabschnitten abwechseln. Wir werden bei den Kraftwerksbeschreibungen sehen, wie wesentlich dieser Umstand die Gesamtgestaltung der in diesem Stromabschnitt geschaffenen Kraftanlagen beeinflußt hat.

Hydrographie. Für die Wasserkraftausnutzung sind die Niederschlags- und Abflußverhältnisse des Dalälvgebietes weit weniger günstig als bei den meisten übrigen großen Strömen Schwedens. Nach der Niederschlagskarte (Abb. 12) ist die mittlere jährliche Niederschlagshöhe des ganzen Dalälvgebietes etwa 600 mm. Die zeitliche Verteilung der Niederschläge bevorzugt die Sommermonate Juli und August; der niederschlagsärmste Teil des Jahres ist im allgemeinen der Spätherbst und ein Teil des Winters. Indes sind die Unterschiede von Jahr zu Jahr auch in dieser Beziehung groß, so daß in einzelnen Jahren wesentliche Abweichungen vom durchschnittlichen Verhalten vorkommen; dies gilt nicht nur für die Niederschläge, sondern auch für die Abflüsse.

Im Durchschnitt des Gesamtgebietes ist der Abfluß etwa 50% des Niederschlags, somit wesentlich geringer als bei den meisten der 10 norrländischen großen Gebirgsströme. Die Erklärung dafür ergibt sich aus dem bisher über die Natur des Dalälvgebietes Gesagten. Zunächst ist der Fjällanteil am Einzugsgebiet sehr klein; weiter bedingt die große Verbreitung der durchlässigen Sandsteinformationen eine stärkere Verzögerung des Abflusses und damit verhältnismäßig größere Verdunstungsverluste; schließlich kommt bei dem wärmeren Klima von Dalarne ein größerer Teil des Niederschlags als Regen und dabei überwiegend als Sommerregen herunter, wodurch erhöhte Verdunstungsverluste, besonders in den großen Waldgebieten, bedingt sind.

Auch innerhalb des Dalälvgebietes selbst sind große Verschiedenheiten im natürlichen Wasserhaushalt festzustellen. Weitaus seine meisten Nebenbäche und Flüsse haben Mittelgebirgscharakter; nur einige Quellbäche sind nach Spendenhöhe und Abflußgang und -dauer (Abb. 105a) als Gebirgsgewässer zu bezeichnen. Nur insofern besteht für alle Dalälvgewässer eine Wesensähnlichkeit mit Norrlandsgewässern, als das größte Hochwasser in der Regel das Frühlingshochwasser ist, vgl. Abb. 591.

Sehr verschieden ist der Seenreichtum der einzelnen Nebenflüsse. Die Mehrzahl der Waldbäche ist ziemlich seenarm. Von dem gesamten, 6 Gebietsprozent ausmachenden Seeflächenanteil entfällt 1% auf die Fjärden im Unterlauf, die wegen ihrer niedrigen Lage und weil sie keine großen zusammenhängenden Flächen darstellen, weder als natürliche noch als künstliche Großspeicher in Frage kommen. Von den restlichen

5 Seeprozent entfällt der überwiegende Teil auf den unteren Öster-Dalälv, wo in erster Linie der Siljansee zu nennen ist (161 m ü. M., 350 km²), und auf den in den Siljan fließenden Öreälv mit dem für die Siljanregulierung wichtigen Skattungen- (199 m) und Oresee (vgl. auch Abb. 710). Der Öster-Dalälv oberhalb des Siljan ist vergleichsweise seenarm, bildet nur sehr schmale, fjordartige Seen, deren wichtigste Idreselet und Särnaselet sind. Eine zweite, besonders seenreiche Gegend im Dalälvgebiet ist das Einzugsgebiet des Lillån, Svärdsjövattendraget u. a. mit den Seen Amungen (+ 227 m), Ljugaren, Balungen und schließlich Runsjö (+ 106 m ü. M.).

Die vergleichsweise geringe Seefläche ist mit die Ursache, daß der Dalälv einer der wildesten Ströme Schwedens ist und zuweilen ungewöhnlich heftige und sehr schädliche Hochwasser bringt. Dies gilt besonders vom Unterlauf, wo mit aus diesem Grunde in den letzten Jahren eine Verbesserung durch Seeregulierungen erstrebt wurde und in verstärktem Maße noch geplant ist. Am unteren Dalälv sind von Natur zwei Hochwasserzeiten festzustellen, die eine sehr ausgesprochene, im Frühling, die andere, in den meisten Jahren sehr wenig auffallende, jedoch sich auf lange Zeit erstreckende, im Spätsommer oder Frühherbst. Dabei war aber wiederholt in einzelnen Jahren der Verlauf auch ganz anders, so daß das Herbsthochwasser ausnahmsweise sogar das Frühlingshochwasser an Größe übertraf. Das Frühlingshochwasser pflegt, ähnlich wie beim Luleälv, mehrere, in den meisten Jahren 3—4, Höchststände aufzuweisen. Bei dem abwechslungsvollen und stark gegliederten Einzugsgebiet hängt Verlauf und Höhe der Hochwasser im Unterlauf sehr von den Zufälligkeiten ab, die den Aufbau der Welle bestimmen. Die Bevölkerung des unteren Dalälvtales unterscheidet in dieser Beziehung ein sogenanntes „Heimhochwasser", das ist das durch Schneeschmelze und Niederschläge in der betreffenden Gegend selbst gebildete Hochwasser, ferner: ein Västerdalälv-Hochwasser, ein Siljan-Hochwasser, welch letzteres sich meist nur in einer unbedeutenden Erhebung des absteigenden Astes der Haupthochwasserlinie ausprägt.

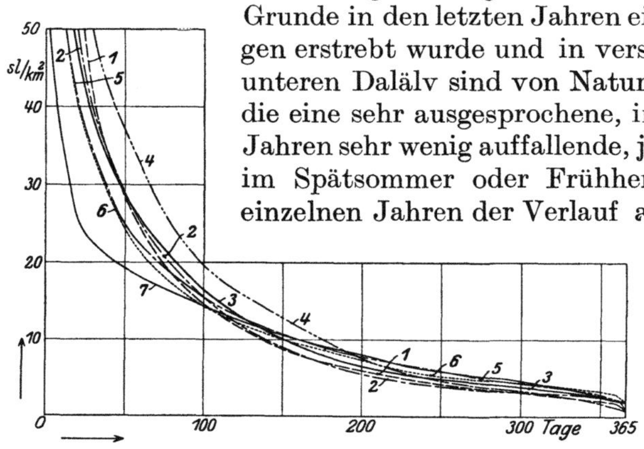

Abb. 105a. Dalälvgebiet. Spendendauerlinien. (Vattenfallfört.)

O.-Z.	Pegelstelle	Beob.-Zeit	Abschnitt	Einz.-Gebiet km²	Seeanteil %
1	Särna	1909–1917, 1921, 1922, 1924	Österdalälv	3830	3
2	Oxberg	1910—1924	,,	6090	2
3	Hansjö	1912—1924	Oreälv	2300	4
4	Transtrand	1910—1923	Västerdalälv	2640	2,2
5	Vanabodarna	1910—1916 1918—1924	Vanån	2280	5
6	Ringforsen	1913/14, 1919—1923	Västerdalälv	8410	3
7	Klingfors	1911—1918	Dalälv	28740	6

In manchen Jahren (z. B. 1916) fallen diese verschiedenen Anschwellungen infolge zufälliger Unregelmäßigkeiten in den Temperaturverhältnissen der einzelnen Gegenden mehr oder minder vollkommen zusammen, wobei dann katastrophale Hochwasser entstehen. Diese richten um so größere Schäden an, als das in ungeheuren Mengen abtreibende Floßholz die zerstörende Kraft des Wassers wesentlich verstärkt. Durch die erwähnten, teils ausgeführten, teils weiter geplanten großen Regulierungsmaßnahmen werden diese Schäden verringert werden (vgl. Abschnitt 26).

Verteilung der Wasserkräfte. Nach Norlindhs Berechnung der Mittelwasserleistungen ergibt sich die Verteilung der Wasserkräfte des Dalälvgebietes aus Tab. 18).

Die meisten Wasserkräfte liegen demnach in den Hauptströmen Österdalälv, Västerdalälv und Dalälv; auf das besonders seenreiche Öreälv- und Lillån-System entfallen nur verhältnismäßig geringfügige Kraftanteile.

Tabelle 18.

Nr.		PS rd.	%
1	Quellgebiet[1] des Österdalälv oberhalb Särna (422 m) hauptsächlich Storå, Sörå, Österdalälv bis Idreselet und Fjätälv)	77000	7,2
2	Österdalälv (Särna + 422 m bis Siljan, + 161 m)[2]	173000	16,2
3	Oreälv mit Nebenflüssen	59500	6,3
4	Dalälv (Siljan, + 161 m bis zur Mündung)	483000	45,3
5	Quellgebiet des Västerdalälv (Fuluälv und schwedischer Teil des Görälv)	29000	2,7
6	Västerdalälv (+ 393 m bis zur Mündung in den Dalälv)	165000	15,5
7	Vanån (Nebenfluß des Västerdalälv) samt Nebenflüssen	32000	3,0
8	Lillån (Nebenfluß des Dalälv) samt Nebenflüssen	25000	2,3
9	Sonstige Nebenflüsse und Bäche mit ausgesprochenem Waldbachcharakter	16500	1,5
		1060000	100,0

Die größte Wasserkraftdichte weist der vereinigte Dalälv vom Siljan bis zum Meer auf, insbesondere der Abschnitt vom Västerdalälv bis zum Lillån und der unterste Lauf. Die bis jetzt fertiggestellten Vattenfallförteckning behandeln die Abschnitte 2, 4 und 6 der oben gewählten Einteilung, für die sich die Dauerzahlen vergleichshalber wie folgt herausziehen lassen:

Tabelle 19.

Abschnitt	2 Österdalälv Särna bis Siljan		4 Dalälv Siljan bis zum Meer		6 Västerdalälv + 393 m bis zur Mündung in den Dalälv	
Leistung bei	PS	%	PS	%	PS	%
MNQ	35900	20	151800	30	38900	23
9monatl. Q	50000	28	218800	44	61400	36
6monatl. Q	84800	48	391100	78	112100	66
MQ	177000	100	502300	100	169600	100

Die Aufstellung zeigt deutlich die großen Unterschiede zwischen den Dauerverhältnissen der einzelnen Abschnitte, die wesentlich auf die Unterschiede in den Seeanteilen zurückzuführen sind. Wir sehen, daß unter den drei wichtigsten Abschnitten des Dalälv einzig der Hauptstrom vom Siljan bis zum Meer einigermaßen günstige Dauerverhältnisse aufweist.

Die Abschnitte 2, 4, 6 enthalten nach Norlindh etwa 70% der gesamten Naturenergie des Dalälvgebietes. Noch wesentlich höher zu werten ist ihre Bedeutung in Hinsicht der in den nächsten 1—2 Jahrzehnten zu erwartenden Entwicklung der Wasserkraftnutzung. Mit aus diesem Grunde wurden die Energieverhältnisse dieser drei Abschnitte noch ausführlicher dargestellt, indem die einschlägigen Beilagen des Vattenfallförteckning in der Abb. 105 vereinigt wiedergegeben wurden[3]. Aus dieser Übersicht geht hervor, daß in den betrachteten drei Hauptabschnitten des Dalälvgebietes nur für Nieder- und Mitteldruckanlagen geeignete Fallstrecken vorkommen. In den Quellflüssen und -bächen des Österdalälv (Abschnitt 1) und vereinzelt auch

[1] Die Bezeichnung „Quellgebiet" ist, wie man aus der Aufzählung der einbegriffenen Flüsse erkennen kann, etwas weiter gefaßt, als es im allgemeinen zu geschehen pflegt.

[2] In der Literatur findet man manchmal als Öster-Dalälv auch den Stromabschnitt Siljan bis zur Vereinigung mit dem Västerdalälv bezeichnet. Indes wollen wir uns an die andere, gebräuchlichere Bezeichnungsweise halten, derzufolge der Strom schon vom Austritt aus dem Siljan an als Dalälv-Hauptstrom bezeichnet wird.

[3] Diese Beilage soll zugleich ein Bild der in den Vattenfallförteckning durchweg angewandten Darstellung geben. Die Darstellung der ausgebauten Anlagen ist nicht auf dem neuesten Stande, da in den 8 Jahren seit dem Erscheinen einige neue Anlagen hinzugekommen sind.

noch in einigen Nebenflußgebieten kommen dagegen sehr steile Abschnitte vor, bei deren Ausbau Hochdruckanlagen in Frage kommen würden.

Die gesamten ausbauwürdigen Wasserkräfte des Dalälvgebietes werden von Nils Ekwall auf Grund seiner im ersten Abschnitt erläuterten Voraussetzungen auf 850000 PS geschätzt, also um nur etwa 30% niedriger als die Mittelwasserleistungssumme von Sven Norlindh.

2. Die wirtschaftlichen Verhältnisse des Dalälvgebietes.

Das amtliche statistische Material liegt nicht nach hydrographischen Gebieten, sondern nach Regierungsbezirken (Läns) geordnet vor. Die nachstehenden Zahlen, soweit sie nicht auf einzelne Läns bezogen sind, sind daher nur geschätzt.

Anfang 1925 war die Bevölkerungsdichte im Kopparbergs-Län 9, im Gäfleborgs-Län 15, im Västermanlands-Län 26 und im Upsala-Län 27 Seelen/km². Da mehr als ¾ des Dalälvgebietes auf Kopparbergs-Län fallen, kann man die Volksdichte für das ganze Gebiet auf 11—13 Seelen/km² einschätzen. Diese somit insgesamt 315 bis 370 Tausend Seelen sind im einzelnen ganz unregelmäßig verteilt. So reichen ansehnliche Teile (hauptsächlich die Quellgebiete des Öster- und Västerdalälv und die Öreälvgegend) in das große nordschwedische Landgebiet mit nur 1—5 Seelen/km² hinüber; anderseits finden wir in dem stärker besiedelten Gebietsteil mit 5—20 Seelen/km² auch geschlossene Bezirke mit 20—50 Seelen/km²; diese Gebiete decken sich im großen und ganzen mit der weiteren Umgebung der beiden wasserkraftreichsten Dalälvabschnitte, nämlich desjenigen vom Västerdalälv bis zum Lillån und des Dalälvunterlaufes. Das erstgenannte Gebiet verdankt seine größere Bevölkerungsdichte neben den Wasserkräften den außerordentlich wichtigen Bodenschätzen.

Das ganze Dalälvgebiet ist sehr arm an Städten; die größte Stadt ist Falun, Hauptstadt von Kopparbergs-Län mit 13340 Einwohnern (1924). Die übrigen wichtigeren Städte sind Leksand, Mora, Rättvik (in der Hauptsache landwirtschaftliche Städte) und Ludvika, Avesta und Krylbå (Industriestädte). Ein großer Teil der Ortschaften ist überhaupt erst mit der Industrieentwicklung in neuester Zeit entstanden; insbesondere gilt dies von den Ortschaften vom Västerdalälv bis zum Lillån (Borlänge und Umgebung).

Da dieses wasserkraftwirtschaftlich wichtigste Gebiet ganz im Kopparbergs-Län liegt, das seinerseits der Fläche nach den überwiegenden Teil des Dalälvgebietes einnimmt, so begnügen wir uns mit einigen Angaben aus der Berufsstatistik dieses Regierungsbezirkes:

Die Wirtschaft des Kopparbergs-Län hat noch immer einen starken landwirtschaftlichen Einschlag, und zwar überwiegt der Kleingrundbesitz, sowohl im Acker- wie im Waldland[1]. Die Bevölkerungsvermehrung ist in Dalarne verhältnismäßig stark, so daß der Boden bei den meist noch rückständigen Bewirtschaftungsmethoden die Bevölkerung immer weniger ausreichend ernähren kann und starke Abwanderung nach den Industriebezirken und auch nach Amerika zu verzeichnen ist. Im Gegensatz zu der stark zersplitterten Landwirtschaft ist die Industrie, namentlich die Bergwerks- und Wasserkraftindustrie, ganz überwiegend in Großbetrieben entwickelt und in den Händen einer kleinen Zahl bedeutender Gesellschaften und Konzerne. Unter diesen ist die älteste und größte Firma: Stora Kopparbergs-Bergslags A/B in Falun, die seit mehreren Jahrhunderten Bergbau und Hüttenindustrie betreibt und in den letzten Jahrzehnten ihre Tätigkeit auch auf die Weiterveredelung ihrer Eisenprodukte, die Herstellung von Eisenkonstruktionen, auf chemische Industrie und Wasserkraftausnutzung für Elektrizitätslieferung ausgedehnt hat. Dieser Kon-

[1] Der Ackerboden im Besitz von schwedischen Aktiengesellschaften betrug im Jahre 1910 nur 13% der gesamten Ackerfläche.

zern ist der größte private Wasserkraftbesitzer Schwedens; ihm gehört neben wertvollen nicht ausgenutzten Wasserfällen ein Viertel der bis jetzt ausgebauten Wasserkräfte des Dalälvgebietes. Der Konzern ist außerdem an der Västerdalälvens Kraft A/B beteiligt. Andere große Bergwerks- und Hüttenkonzerne sind: Horndals Järnverk A/B, Sandvikens Järnverk A/B und Avesta Järnbruk A/B, welch letztere zusammen mit Stockholms Superfosfatfabrik A/B ein Großkraftwerk im Unterlauf des Dalälv besitzt.

3. Übersicht über die wichtigeren Kraftwerke des Dalälvgebietes.

Wir legen dieser kurzen Übersicht dieselbe Einteilung in 9 Teilgebiete wie S. 145 zugrunde und schreiten in jedem Teilgebiet stromabwärts fort, vgl. Abb. 106.

1. In den Quellflüssen des Österdalälv, deren Wasserkräfte früher überhaupt kaum als ausbauwürdig betrachtet wurden, sind mit Ausnahme eines, der Särna-Elektrizitätsgesellschaft gehörigen, Kleinkraftwerkes im Fjätälv keinerlei Wasserkräfte ausgenutzt.

2. Die Großwasserkräfte des Österdalälv von Särna bis zum Siljan sind gleichfalls völlig unausgenutzt.

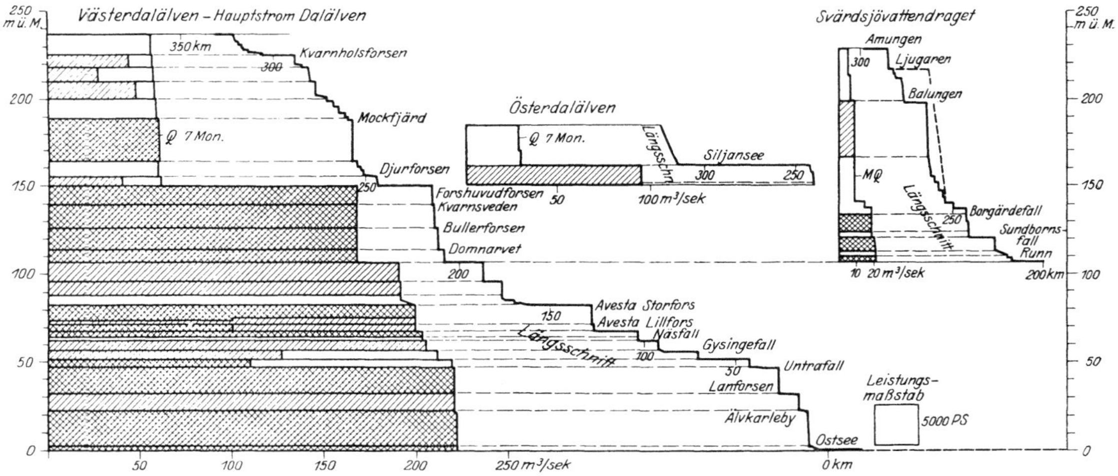

Abb. 106. Abflußregulierungen im Dalälv-Gebiet, wasserwirtsch. Längenschnitt. (Dalälvens Regleringsför. 1924.)

Kreuzschraffierte Flächen: Leistung ausgebauter } Wasserkräfte, die dem Regulierungsverein angeschlossen sind.
Schraffierte Flächen: ,, unausgebauter }
Weiße Flächen: nicht dem Regulierungsverein angeschlossen.
Maßstäbe: Höhen 1 : 4000; Längen 1 : 4000000.

3. Von den Wasserkräften des Öreälvsystems ist nur ein ganz geringer Bruchteil genutzt; insgesamt sind in diesem großen Stromgebiet nur 3 kleine Wasserkraftanlagen für örtliche Stromversorgung ausgebaut.

4. Der Dalälv vom Siljan bis zum Meere ist das bedeutendste Zentrum der Wasserkraftindustrie Mittelschwedens. In dem obersten Teilabschnitt vom Siljan bis zum Västerdalälv findet sich indes nur eine Großwasserkraft, Grådaforsen, die zudem noch nicht ausgebaut ist. Abwärts der Einmündung des Västerdalälv bis zum Lillån (Runsjön) dagegen sind die verfügbaren bedeutenden Wasserkräfte, die vorwiegend der Stora Kopparbergs Bergslags A/B gehören, zum größten Teile ausgenutzt.

Die oberste dieser Kraftstufen, die 1918—1922 ausgebaute Überlandzentrale Forshuvudforsen (24000 PS), wird weiter unten ausführlich beschrieben. Die zweite Stufe ist der Kvarnsvedenfall, der bei mittlerer Wassermenge 37000 PS darbietet, wovon für Papierindustrie, teilweise bei direktem Antrieb, 18000 PS mit $H_n = 13$ m ausgebaut sind. Dieses Werk ist 1897—1900 erbaut, also eines der ältesten Großkraftwerke des Nordens. Die Turbinen wurden im Jahre 1920/21 und 1927 umgebaut.

Weiter stromabwärts folgt Bullerforsen mit einer Mittelwasserleistung von 33000 PS. Zunächst, 1907—10, wurden erst 20000 PS mit 10,5 m Nutzgefälle ausgebaut; im Jahre 1913 wurde die Anlage durch Aufstellung von 2 weiteren 5000 PS-Turbinen auf 30000 PS erweitert und damit zur größten privaten Wasserkraftanlage ganz Schwedens gemacht (Abb. 107, 108). Die Fallhöhe wurde nachträglich auf nahezu 12 m erhöht. 1926 wurde begonnen, die Leit- und Laufräder der Turbinen gegen moderne auszuwechseln, unter Änderung der Drehzahl von 180 in 150 i. d. M.; gleichzeitig werden die Stromerzeuger von 25 auf 50 Per/sek umgewickelt. Nach Durchführung dieser Maßnahmen (1928) ist die Werksleistung bei Wasserführungen zwischen 150 und 210 m³/sek auf rd. 35800 PS erhöht. Die erzeugte Energie wird für elektrische Roheisenerzeugung, für Walzwerk- und Eisenbearbeitungsbetriebe verwendet.

Abb. 107. W. A. Bullerforsen, Unterwasseransicht. (Verf.)

Die letzte unter diesen, voneinander jeweils kaum 1—2 km entfernten Wasserkräften ist Domnarvet, unmittelbar bei der Ortschaft Borlänge, mit einer Mittelwasserleistung von 18000 PS und einer ausgebauten Leistung von 4000 PS [1].

Die Energie dieser Anlage wird unmittelbar von der Turbinenwelle weg für motorische Zwecke der Eisenindustrie verwendet. Das Werk ist die älteste größere Kraftanlage Skandinaviens und 1872—75 erbaut.

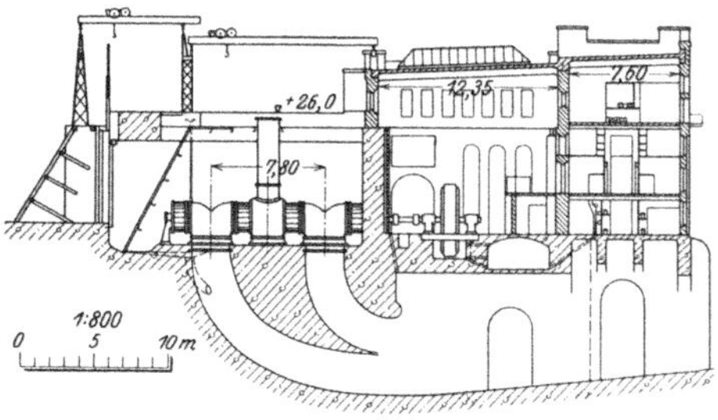

Abb. 108. W. A. Bullerforsen, Krafthausschnitt. (Verw.)

Der Dalälvabschnitt von Borlänge bis Söderfors ist etwas ärmer an natürlichen Wasserkräften und prozentual nur schwach ausgebaut; die größte hier vorliegende Naturwasserkraft ist die Gråda-Asköfors-Avesta-Fallstrecke. Sie ist zu einem Teil von der Avesta Järnbruk A/B in Gemeinschaft mit Stockholms Superfosfatfabrik A/B in dem Werk Avesta Storfors ausgenutzt. Die hier erzeugte Energie wird für elektrische Eisenherstellung und chemische Industrie verwendet. Die Anlage soll in einigen Jahren völlig umgebaut werden. Die nächste bedeutende Stromschnelle ist Avesta Lillfors; in ihr sind 2200 PS ausgebaut. Von hier ab beginnt schon die durch die Fjärden gekennzeichnete breite, inselreiche Stromstrecke. Bis Söderförs finden sich in dieser Strecke nur 3 große Fälle: Näs, Tyttboforsen und Gysinge, von denen der zweite gar nicht, der dritte nur auf einen geringen Teil der Wassermenge von der Stora Kopparbergs Bergslags A/B ausgebaut ist. — Der oberste der drei erwähnten Fälle, der Näs-Fall, bietet bei einer Fallhöhe von rd. 6,0 m eine Mittelwasserleistung von 20000 PS; hiervon sind nur 7900 PS ausgenutzt in einer Anlage der Horndals Järnverks A/B. Die Kraft wird zum Teil im eignen Eisenwerk der Firma verwendet, zum Teil an andere Hüttenindustrien abgegeben. Die Anlage, im Jahre 1898 begonnen, war für Einheiten von 300 PS geplant; indes wurde der Entwurf schon

[1] Nach Svenska Vattenkraft-Publicationer Nr. 152, S. 8. Norlindh gibt dagegen 6500 PS ausgenützte Leistung an.

vor Fertigstellung des ersten Ausbaues wesentlich verbessert und erweitert, so daß 6 Jahre später der Unterbau für 14 Turbinen zu 450 PS und 4 Erreger-Turbinen zu 60 PS angelegt wurde.

Von dem nächsten großen Wasserfall, Söderfors, ist nur ein geringer Leistungsbruchteil — etwa 2400 PS — für Eisenindustrie von der Stora Kopparbergs Bergslags A/B ausgenutzt. Mit diesem Fall beginnt jener Abschnitt des Dalälv, der die größten und bestkonzentrierten Wasserkräfte aufweist. Auf den Söderförs folgt der Untra-Fall, der in dem weiter unten beschriebenen großen Untrawerk voll ausgebaut ist. Wenige Kilometer weit folgen die Fallstufen des Lanforsen, die z. Z. von der Stadt Stockholm und Sandvikens Järnverks A/B ausgebaut werden; der Entwurf wird weiter unten ebenfalls näher behandelt. — Die letzte Stufe vor der Mündung wird durch die gewaltige Älvkarleby-Fallgruppe gebildet; das hier erbaute staatliche Älvkarlebywerk wird ebenfalls noch ausführlich behandelt werden.

Die gesamte ausgebaute Turbinenleistung im Dalälv-Hauptstrom vom Siljan bis zum Meer beziffert sich auf rd. 215 000 PS oder etwa 45% der gesamten verfügbaren Mittelwasserleistung dieses Strom-Hauptabschnittes.

5. In den Quellflüssen und in den Gebirgsnebenflüssen des Västerdalälv bis zur Höhe von 393 m ü. M. sind keinerlei nennenswerte Wasserkräfte ausgebaut.

6. Die Wasserkräfte des Västerdalälv sind, wie wir sahen, im ganzen nicht so bedeutend und auch meist nicht so günstig wie die des Dalälv-Hauptlaufes. Auch an diesen im einzelnen noch sehr großen Wasserkräften ist die Stora Kopparbergs Bergslags A. B. wesentlich beteiligt; ausgebaut ist von eigentlichen Großwasserkräften hier jedoch erst eine, nämlich der Fjärd- oder Mockfjärd-Fall. Das Mockfjärdkraftwerk, Eigentum der Västerdalälv-Kraft A. B., an welcher Stora Kopparbergs Bergslags A. B. hälftig beteiligt ist, wird weiter unten ausführlich behandelt. Neben dieser Großkraftanlage findet sich im Västerdalälv noch eine mittlere Anlage bei Stada Eldfors etwas stromaufwärts von Mockfjärd. Hier werden 2100 PS für Holzschleifindustrie gewonnen. Außerdem finden sich nur noch einige ziemlich unbedeutende Kleinkraftanlagen, z. T. für Holzindustrie, z. T. für Eltversorgung ausgebaut. Die gesamte ausgebaute Turbinenleistung im Västerdalälv-Hauptlauf beträgt kaum 24 000 PS oder 15% der verfügbaren Mittelwasserleistung.

7. Vanån, der größte Nebenfluß des Västerdalälv, mit seinen Nebenbächen ist mit Ausnahme eines kleinen Eltwerkes für örtlichen Strombedarf völlig unausgenutzt.

8. Lillån, oberhalb des Runnsjön auch Svärdsjövattendraget genannt, der größte Nebenfluß des vereinigten Dalälv, der bereits ein ausgesprochenes Waldregime hat, durchfließt eine verhältnismäßig stark bevölkerte Gegend und ist zu etwa 25% seiner gesamten Mittelwasserleistung ausgenutzt. Wir finden in seinem Gebiet etwa 20 kleine und mittelgroße Wasserkraftanlagen, die der örtlichen Elektrizitätsversorgung, ferner verschiedenen Industrien (in erster Linie der Papierindustrie) dienstbar sind. Bei weitem die größte und wichtigste dieser Anlagen ist das Kraftwerk bei Sundborn des Falu-Elektrizitätswerkes mit 1500 PS. Unmittelbar bei der Stadt Falun liegt eine Kleinkraftanlage der Stora Kopparbergs A. B., die Kraft für Grubenbetrieb liefert.

9. Die sonstigen kleineren Nebenflüsse des Dalälv-Hauptstromes und des Västerdalälv mit Waldregime enthalten einen in der Gesamtheit unbedeutenden Kraftanteil; sie sind wenig konzentriert und daher auch bisher nur in geringem Maße ausgenutzt. Für örtliche Elektrizitätsversorgung entlegener und mäßig besiedelter Gegenden haben indes erfahrungsgemäß Kleinwasserkraftanlagen ihre Bedeutung und so finden wir auch in diesen Bächen und Flüssen eine große Anzahl von kleinen, der Stromversorgung dienenden Kraftanlagen. Die größte und modernste dieser Kleinanlagen, das Lindesnäswerk im Äsköfors, einem Nebenfluß des Västerdalälv, wird weiter unten als Beispiel einer neuzeitlichen Kleinwasserkraft beschrieben werden.

Unsere Übersicht über die Gesamtwasserkräfte des Dalälvgebietes ließ große Verschiedenheiten, nicht nur in der Verwendung der Energie, sondern auch in anderen Beziehungen hervortreten. Die größere Wasserkraftindustrie hat sich im Dalälvgebiet ziemlich früh entwickelt; aber auch in den letzten Jahren sind noch bedeutungsvolle Arbeiten fertiggestellt oder in Angriff genommen worden. Auch die Größenverhältnisse der Dalälv-Kraftwerke sind auffallend abwechslungsreich. Neben 7 Großkraftwerken mit 20000 PS und darüber stehen 6 mittlere Anlagen von 2000—20000 PS und zahlreiche (50—60) Kleinanlagen unter 2000 PS. Selbstverständlich geht die weitere Entwicklung in der Hauptsache auf Ausbau immer größerer Anlagen mit immer größeren Turbineneinheiten.

Im Nachfolgenden werden 6 der neuesten von den in der Übersicht erwähnten Anlagen näher beschrieben; 5 dieser Anlagen sind in den letzten 15 Jahren erbaut.

4. Das Kraftwerk Forshuvudforsen.

Forshuvudforsen liegt im Dalälv-Hauptstrom, etwa 7 km stromab der Einmündung des Västerdalälv. Weder in diesen 7 km, noch in den nächsten 10 km des Hauptstromes weiter aufwärts finden sich größere Fallstufen, so daß die Vorbedingungen für Schaffung eines Staubeckens für Tages- und Wochenregulierung außerordentlich günstig lagen. Dieses Staubecken bedeckt bei der zugelassenen Stauhöhe von 10,4 m über dem mittleren Niederwasser rd. 5 km² und ist nicht nur für das Werk Fors-

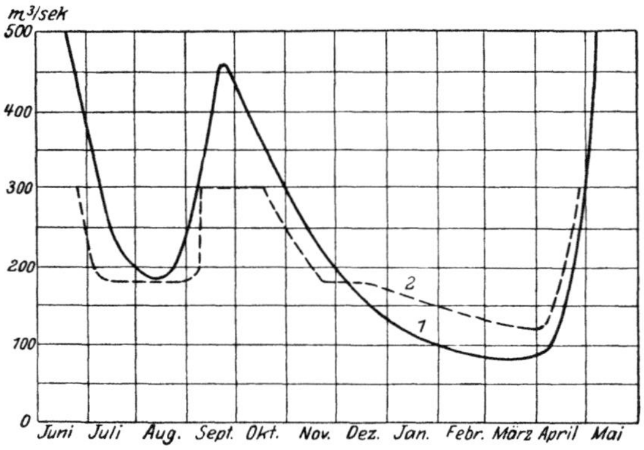

Abb. 109. Ganglinien.

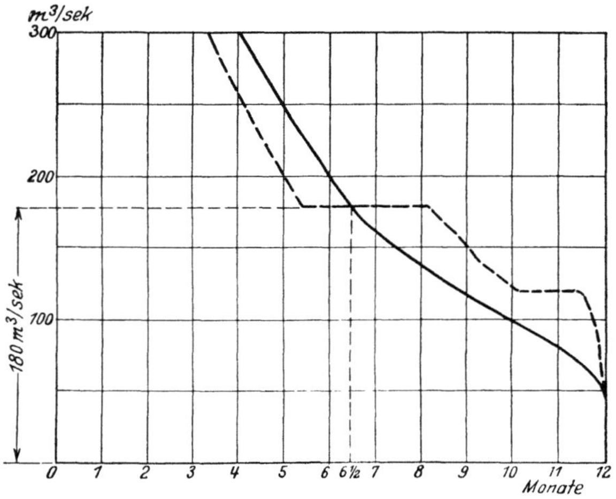

Abb. 110. Dauerkurven.

Abb. 109 u. 110. Forshuvudforsen. Normalwasserführung des Dalälv bei Forshuvud. (Sv. Vattenkr. För. Publ. 152.)

1 natürlicher Abfluß (1903—1922).
2 nach teilweiser Regulierung des Siljan-, Skattungen- und Venjanssees nebst einigen kleineren Seen.
Zu Abb. 110: Ordinaten in zweifachem Maßstab der Abb. 109.

huvudforsen, sondern, wie weiter unten gezeigt wird, auch für die Gesamtwasserenergiewirtschaft des Stora Kopparbergs Berglags Konzerns von sehr großer Bedeutung, ganz besonders solange das große Seeregulierungsprogramm des Dalälvregulierungsvereins noch nicht voll durchgeführt ist.

Das Einzugsgebiet des Dalälv umfaßt bei Forshuvudforsen 21000 km². Die mittlere Wassermenge ist ungefähr 290 m³/sek. Den Wasserhaushalt des Stromes veranschaulicht die nach einem besonderen Verfahren gemittelte Ganglinie (Abb. 109).

Nach der allgemeinen hydrographischen Beschreibung sind die Unterschiede der Wasserführung des Dalälv zwischen den einzelnen Jahren beträchtlich; insbesondere das Spätsommer- oder Herbsthochwasser tritt zu sehr verschiedenen Zeitpunkten, in einzelnen Jahren im August—September, in anderen im Ok-

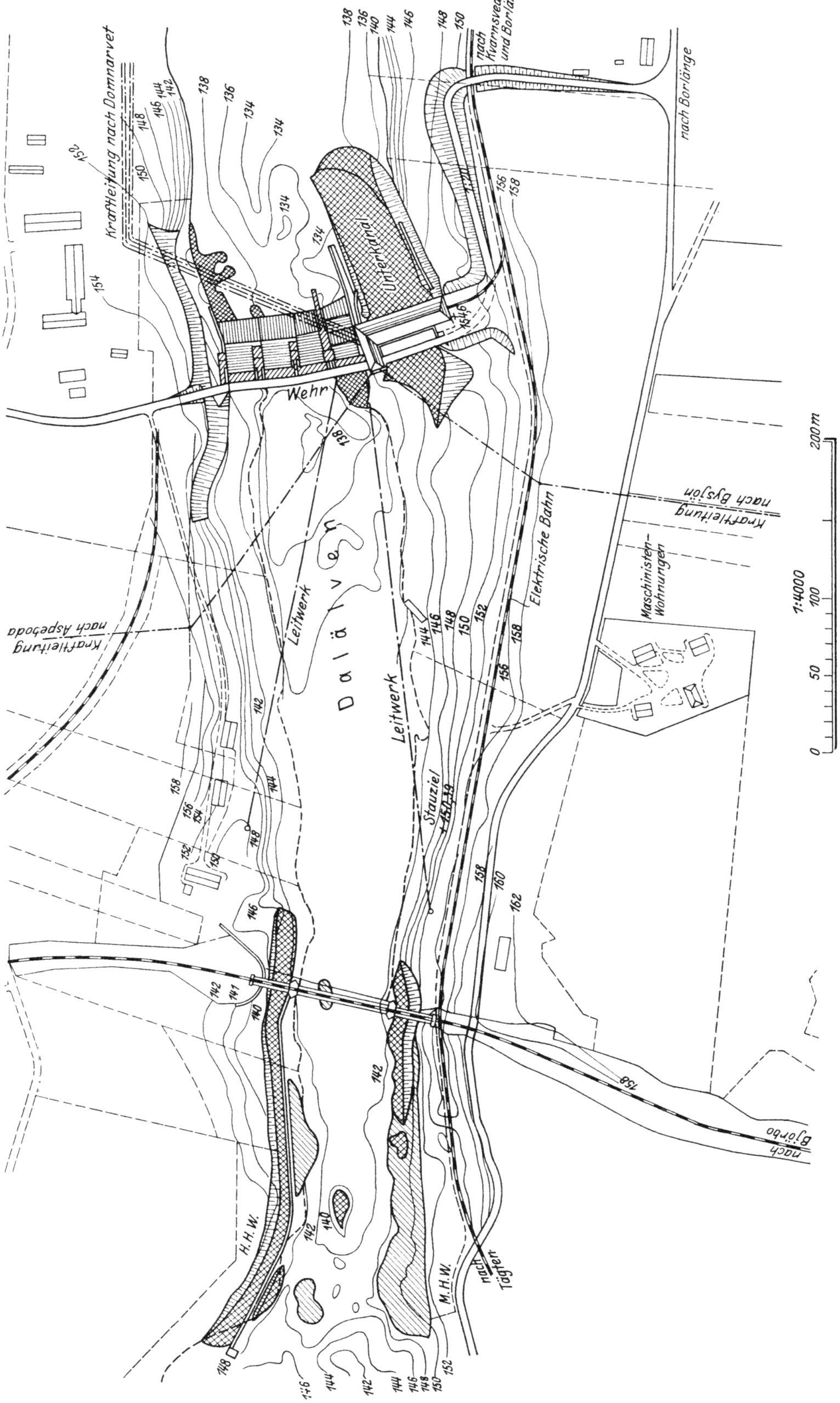

Abb. 111. Forshuvudforsen.
Lageplan (kreuzschraffiert = Felssprengung, schrägschraffiert = Baggerung).

tober—November auf, so daß die Charakterisierung des „normalen“ Ablaufes auf große Schwierigkeiten stößt. Deshalb und wegen der bekannten allgemeinen Mängel einer einfachen Mittelbildung aus den Jahresganglinien wurde von der Wasserkraftverwaltung der Kopparbergs Bergslags A. B. folgendermaßen vorgegangen.

In jeder der 20 Wassermengenganglinien 1903—1922 wurden die 4 kennzeichnenden Punkte: Winterminimum, Frühlings-, Spätsommer- und Herbstmaximum festgestellt. Dann wurde für jede der 4 Gruppen von Punkten der Schwerpunkt ermittelt und im Anschluß an diese 4 kennzeichnenden Schwerpunkte gefühlsmäßig eine „gemittelte“ Ganglinie derart verzeichnet, daß sie sich möglichst gut dem tatsächlichen allgemeinen Verlauf der Wasserführung anpaßte und die gleiche mittlere Wassermenge wie dieser ergab.

Die Dauerverhältnisse kann man in üblicher Weise durch eine gewöhnliche mittlere Dauerlinie erfassen (Abb. 110).

Die gestrichelten Linien der Abb. 109, 110 zeigen Abflußgang bzw. -dauer nach einer Teilregulierung des Siljan und Vollregulierung des Skattungen und Vennjan sowie einiger anderer Seen. Man sieht, daß für etwa 180 m³/sek die Dauerwerte durch die Regulierungsarbeiten unbeeinflußt bleiben, für kleinere Wasserführungen wird die Überschreitungsdauer verlängert, für größere verkürzt.

Das Kraftwerk ist als Überlandzentrale für Orts- und Landwirtschaftsversorgung gedacht, soll daneben aber auch elektrische Energie zur ergänzenden Deckung des Bedarfes der großen Industrien des Kopparbergs Bergslags Konzerns liefern, die bisher vorwiegend von dem auf volle Mittelwasserleistung ausgebauten Bullerforsenwerk versorgt wurden. Da also Forshuvudforsen einerseits Primakraft für allgemeinen Bedarf liefern, andererseits aber die Ständigkeit der Leistung des Bullerforsenwerkes verbessern sollte, erschien es zunächst zweckmäßig, die Vollwassermenge des Werkes wesentlich kleiner als MQ anzunehmen. Demgemäß wurden die baulichen Arbeiten für 3 Turbineneinheiten von je 70 m³/sek ausgeführt. Die Vollwassermenge des Werkes beträgt somit 210 m³/sek und die bei Berücksichtigung der Sonntage im Wochenmittel erforderliche Dauernutzwassermenge 175 m³/sek. Diese Wassermenge ist nach Abb. 110 bei den natürlichen Abflußverhältnissen 7 Monate lang, nach Durchführung der in Arbeit befindlichen und geplanten Seeregulierungen mehr als 8 Monate lang verfügbar.

Die Anlage ist im übrigen so angeordnet, daß ihre Erweiterung um eine vierte Turbineneinheit für 70 m³/sek ohne Schwierigkeiten durchführbar ist, für den Fall, daß man sich zur Einführung weiterer ausgesprochener Saisonbetriebe entschließen sollte.

Die Fallhöhe des Werkes beträgt in der Regel 10 bis 10,5 m, so daß die 3 Turbinen des ersten Ausbaues eine Gesamtleistung von 24000 PS darstellen. Die dritte, im sechsten Betriebsjahre aufgestellte Turbine erhielt größere Leistung als ursprünglich geplant, so daß das Werk heute 230 m³/sek Vollwassermenge aufnimmt (vgl. unten). Nach Abb. 109, 110 ist das durchschnittliche nutzbare Jahresarbeitsvermögen des ersten Ausbaues auf 100 Millionen kWh berechnet, wovon 55 Millionen kWh „Primakraft“ und 45 Millionen kWh „Sekundakraft“ für ausgesprochene Saisonbetriebe sind. Die erwähnten Seeregulierungsarbeiten erhöhen künftig diese Jahresarbeit auf 110 Millionen kWh, also mengenmäßig nicht sehr bedeutend; doch steigert sich dabei die lieferbare „Primakraft“ sehr erheblich, nämlich auf 85 Millionen kWh/Jahr.

Die allgemeine Anordnung des Werkes ist die eines ausgesprochenen Staukraftwerkes mit beweglichem Wehr und angebautem Kraftwerk im natürlichen Flußbett (Abb. 111, 112, 113, 114, 116, 788, 789, 921).

Die Wehranlage. Es kennzeichnet den Fortschritt in der Gesamtanordnung von Niederdruckanlagen, daß noch vor etwa 2 Jahrzehnten in Abb. 115 dargestellte Anordnung dieser Wehranlage zur Sicherung des Hochwasserdurchlasses notwendig erschien mit einer nahezu doppelt so großen Wehrweite, als sie schließlich gewählt worden ist. Das ausgeführte Wehr mit vier durch Walzen bis zu 8,85 m Höhe verschließbaren Öffnungen von je 17 m Lichtweite kommt mit anschließenden festen Überfällen auf eine Gesamtbreite von rd. 100 m.

Der Grundriß des beweglichen Wehrabschnittes zeigt einen schwachen Knick, durch den das Wasser der beiden linken Wehröffnungen etwas gegen die Mitte des Strombettes gelenkt und das linke Ufer geschont wird. Um andererseits den ,,Unterwasserkanal", also den rechts der Wehranlage liegenden Teil des Strombettes, keinen zu starken Angriffen auszusetzen, hat man die beiden an das Krafthaus anschließenden rechten Wehröffnungen mit höheren Schwellen und somit geringerem Durchlaßvermögen ausgestattet (Abb. 116a). Diese beiden Öffnungen sind vorwiegend zur feineren Regulierung des Oberwasserstandes und zum Durchlassen des Floßholzes, die zwei tieferen ,,Flutöffnungen" in erster Linie für die Abführung der Hochwassermengen vorgesehen. Der ganze Regulierungs- und Flößereibetrieb ist so geordnet, daß bei großem Hochwasser die beiden Flutöffnungen, bei geringerem nur eine offen gehalten wird, wobei unter Umständen schon mit der Flößerei durch die offene Flutöffnung begonnen wird. Bei weiterem Fallen des Wassers werden die großen Öffnungen geschlossen und beide Regulierungsöffnungen entsprechend geöffnet, wobei selbstverständlich die Flößerei durch die seichtere der beiden geleitet und die andere zur Regulierung gebraucht wird. Noch weiteres Fallen des Wassers führt zur Schließung der tieferen Regulierungsöffnung, so daß nur noch die seichtere für Werksbetrieb und Flößerei benutzt wird. Bei weiterem Rückgang der Wasserführung kann diese seichte Regulierungsöffnung mit vorgesehenen Aufsatzladen verschmälert und immer noch zum Flößen benutzt werden. Sollte schließlich einmal ungewöhnliches Kleinwasser eine völlige Schließung auch dieser eingeengten Wehröffnung erfordern, so wird das Floßholz durch eine besonders dafür angeordnete Flößereirinne (Abb. 789) abgeführt. (Die Flößerei wird auf dem Dalälv, wie auch sonst in Schweden, überwiegend als Wildflößerei mit losen Stämmen betrieben, vgl. S. 516ff.) Da die wirtschaftliche Bedeutung der Flößerei in diesem Laufabschnitt des Dalälv derjenigen der Kraftgewinnung nahezu gleichkommt (das den Forshuvudforsen passierende Floßgut beträgt im Jahr etwa 8 Millionen Stück), so mußten die Bedürfnisse der Flößerei naturgemäß in Gesamtanordnung und im Wasserhaushaltsplan aufs sorgfältigste berücksichtigt werden. Die besprochenen Maßnahmen dienen ausnahmslos der allgemeinen Flößerei. Das eigene Floßgut der Stora Kopparbergs Bergslags A. B. wird z. Z. bei der Sortierstelle Täkten oberhalb Forshuvudforsen geländet und teils in den Sägewerken und Holzkohlenöfen bei Bysjön verarbeitet, teils mit Schmalspurbahn zu dem Papiermassewerk Kvarnsveden geschafft. Jedoch sind beim Forshuvudwerk alle Vorkehrungen getroffen, daß erwünschtenfalls zu dem unmittelbar unterhalb liegenden Werk Kvarnsveden eine besondere Floßrinne mit verhältnismäßig geringen Kosten erbaut werden kann.

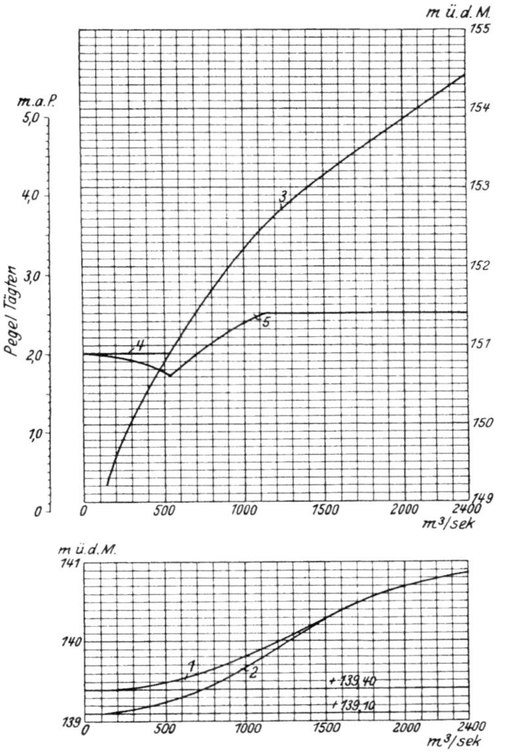

Abb. 112. Stauprogramm von Forshuvudforsen.

Bedeutung der Kurven: *1* Unterwasser Forshuvud bei Stau 139,4 in Kvarnsveden; *2* desgl. bei Stau 139,1 in Kv. (139,4 u. 139,1 sind oberer und unterer Speicherspiegel in Kv.); *3* Ursprüngliche Wassermengen-Pegelstandskurve a. P. Tägten; *4* Gegenwärtig (nach Bau von Forshuvud) zugelassener Wasserstand a. P. Tägten; *5* Zugelassene Stauhöhe von Forshuvudforsen.

Die Wehrverschlüsse sind als ,,Schildwalzen" ausgebildet (Abb. 116, 117). Be-

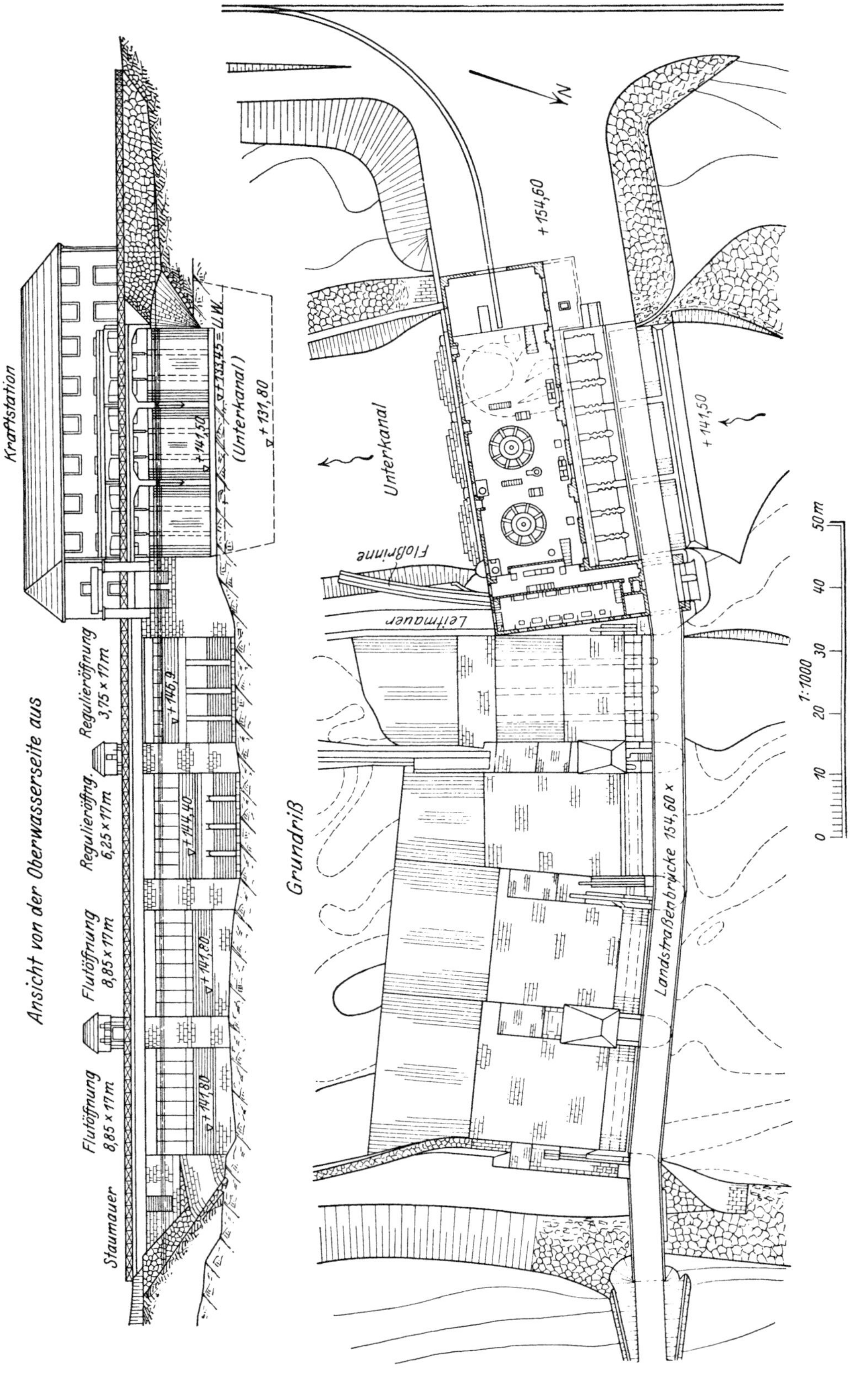

Abb. 113. Forshuvudforsen, Ansicht u. Grundriß. (Sv. Vattenkr. För. Publ. Nr. 152.)

merkenswert ist die Ausführung der sonst als Eisenkonstruktion ausgebildeten Windenböcke in Eisenbeton und ihre offene, architektonisch wirksame Anordnung. Auch die festen Unterbauten dieser bedeutenden Wehranlage sind mit großer Sorgfalt durchkonstruiert; das Mauerwerk ist durch sorgfältige Drainage gegen Frost- und Wasserinnendruckwirkungen gesichert, der statischen Berechnung ist außer dem ordnungs-

Abb. 114. Forshuvudforsen, Unterwasseransicht. (Verw.)

mäßigen Stauziel auch noch eine außergewöhnliche, katastrophale Hochwasserhöhe zugrunde gelegt. Die Quaderverkleidung der Wehrschwellen und der sorgfältig ausgebildeten Abschußböden ist gründlich verankert. Während des Baues waren 2 Grundablässe im Wehrmauerwerk ausgespart; von diesen ist einer bei Bauvollendung endgültig mit Beton, der andere aber nur durch Balkensätze ge-

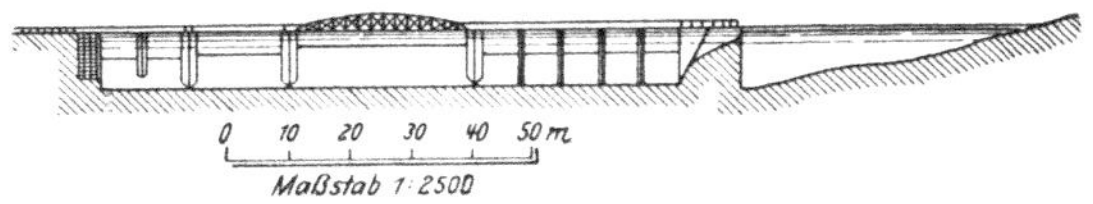

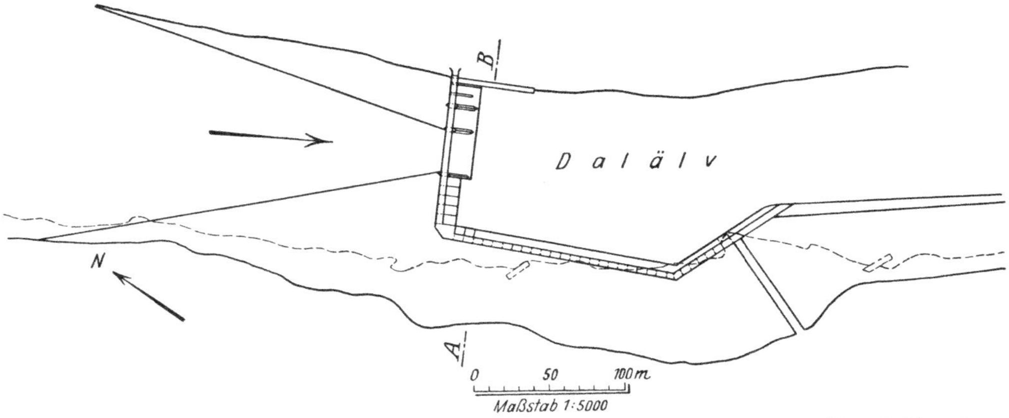

Abb. 115. Forshuvudforsen. Alter Vorschlag für die Anordnung. (Sv. Vattenkr. För. Publ. 152.)

schlossen worden, so daß bei Wiederherstellungsarbeiten am Unterbau des Wehres eine Absenkung des Oberwassers unter die Schwellenhöhe der Flutöffnungen möglich ist.

Das Krafthaus. Das unmittelbar an das Stauwehr angebaute Krafthaus enthält zugleich die Schalt- und Umspannanlage. Die Turbinen sind senkrechte Einrad-Francisturbinen mit Spiralkammern aus Eisenbeton. Bei den vorliegenden Verhältnissen hätten auch wagrechte Francis-Zwillingsturbinen in Frage kommen können. Die senkrechte Einradturbine wurde vorgezogen wegen ihrer Einfachheit, leichteren Zugänglichkeit und hauptsächlich auf Grund der amerikanischen Erfahrungen, wonach ihr tatsächlicher Wirkungsgrad meist wesentlich höher ist, wenn auch die von den Turbinenfabriken gewährleisteten Zahlen für beide Anordnungen nicht so wesentlich

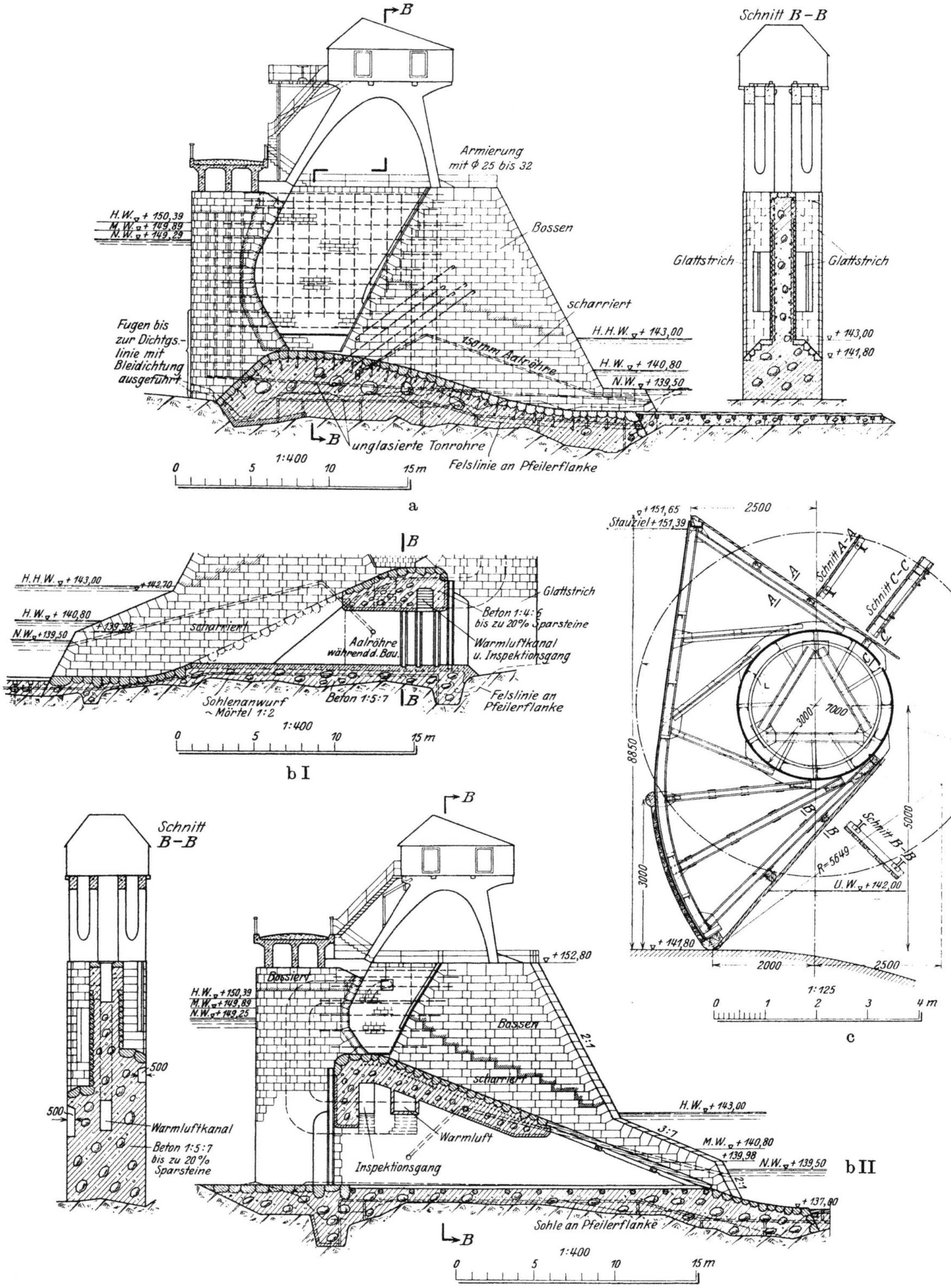

Abb. 116. Forshuvudforsen. Schnitte der Wehröffnungen. a Flutöffnung mit Pfeiler 2. b Regulieröffnungen mit Pfeiler 4. c Walzenverschluß der Flutöffnungen, Schnitt. (Sv. V. Kr. För. Publ.)

verschieden sind. Diese Erwartung wurde durch die beiden zuerst eingebauten Turbinen (die in konstruktiven Einzelheiten verschieden sind) ziemlich gut bestätigt, da ein Teil der gewährleisteten Wirkungsgradwerte stark überschritten wurde, während allerdings an einzelnen Stellen der Kurven (Abb. 118) der festgestellte Wirkungsgrad den gewährleisteten nur knapp oder sogar nicht ganz erreichte. Die Drehzahl beider Turbinen ist $n = 83{,}3$ i. d. M. ($n_s = 400$). Die dritte Turbine, 1927 mit Lavaczeklaufrad ausgeführt, leistet mit $n = 94$: 10200 PS, d. h. 32,5% mehr als die zuerst mit $n = 83{,}3$ eingebaute Type.

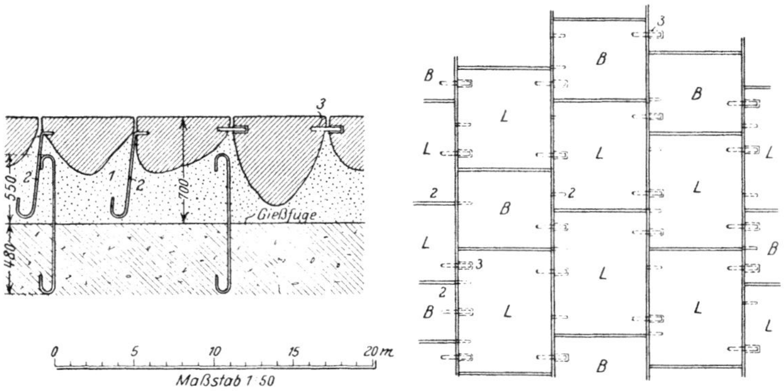

Abb. 117. Forshuvudforsen. Verankerung der Sturzbettverkleidung. (Sv. V. Kr. För. Publ.)

L Läufer; *B* Binder; *1* Längseisen 19 mm; *2* Anker 900 mm lang, 19 mm stark; *3* Dollen.

Die Turbinenkammern und Spiralen (Abb. 790), in armiertem Beton ausgeführt, bilden einen in bezug auf eine wagerechte Ebene genau symmetrischen Hohlraum. Der Einlaufteil ist durch zwei senkrechte Zwischenwände unterteilt. Die Saugrohre sind in Beton ausgeführt.

Die Rechenanlage (Abb. 500 bis 502) besteht aus Grob- und Feinrechen, Einzelheiten s. S. 646.

Zwischen Grob- und Feinrechen sind die Abschlußschützen angeordnet, Einzelheiten s. S. 636.

An Fischwegen wurden von den Behörden ursprünglich sowohl Lachs- als auch Aalleitern gefordert. Da indes in den letzten Jahren vor Baubeginn festgestellt wurde, daß der Lachs nicht so weit aufsteigt, wurde auf die Lachstreppe verzichtet und nur ein Aalweg verlangt. Derselbe ist so angelegt, daß die Aale von verschiedenen Punkten aus aufsteigen können, dabei aber in ein und dasselbe Sammelbecken gelangen müssen, von wo sie dann durch einen Aalweg üblicher Bauart vollends ins Oberwasser aufsteigen.

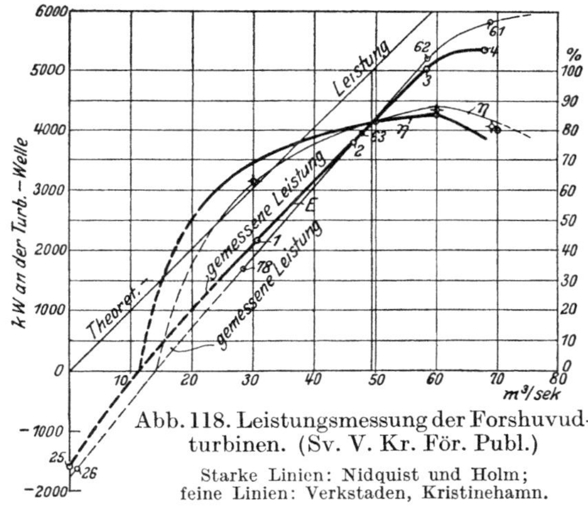

Abb. 118. Leistungsmessung der Forshuvudturbinen. (Sv. V. Kr. För. Publ.)

Starke Linien: Nidquist und Holm; feine Linien: Verkstaden, Kristinehamn.

Der Hochbau des Kraft- und Schalthauses ist als massives Ziegelgebäude mit einem Dach aus Eisenkonstruktion ausgeführt. Eisenbeton ist hier nur in ganz untergeordneter Weise angewandt.

Als letztes Bauwerk der Anlage ist die Straßenbrücke zu erwähnen, die als durchlaufende Eisenbetonbalkenbrücke sich auf Verlängerungen der Wehrpfeiler stützt.

Elektrische Ausrüstung. Der erste Ausbau enthielt 2 Stromerzeuger zu 6500 kVA, 10500 bis 11000 Volt für 50-periodigen Drehstrom, cos = 0,75. Die meisten früheren Anlagen des Konzerns arbeiten mit 60 Perioden; mit dem Übergang auf 50 Perioden in Forshuvudforsen hat der Kopparbergs Bergslags Konzern die technischen Vor-Netzen der staatlichen Wasserfalldirektion geschaffen. Ein solches Zusammenarbeiten ist auch bereits erfolgreich begonnen worden. Ein bedeutender Teil der Energie von Forshuvud wird indes in Maschinenspannung zum Werk Domnarvet überführt.

Baudaten. Der Ausbau wurde 1916 begonnen; Anfang Dezember 1921 kam das Werk in Betrieb. Da der Dalälv jährlich nur eine, unbedingt zuverlässige Niedrigwasserperiode, und zwar im Winter, hat, mußte (wie meistens bei nordischen Wasserbauten) der Schwerpunkt der Bauarbeiten auf die Wintermonate verlegt werden; vgl. S. 704. Die Oberleitung der gesamten Arbeiten war einer Baukommission anvertraut, deren geschäftsführende Mitglieder Generalkonsul Söderberg und Direktor Serrander waren. Diese Kommission hat eine große Anzahl von beratenden Ingenieuren und Architekten für die verschiedenen bedeutenden Sonderaufgaben herangezogen. Von ihnen mögen nur der Architekt des Krafthauses, Oswald Almqvist, und die Entwurfsverfasserin und Beraterin für die wichtigsten Wasserbauten, Vattenbyggnadsbyrån, Stockholm, erwähnt werden.

Wasserhaushalt. Die energiewirtschaftliche Bedeutung des Werkes Forshuvudforsen erschöpft sich nicht mit seiner unmittelbaren eigenen Krafterzeugung. Die vom Kopparbergskonzern ausgebauten Großkraftstufen des Dalälv folgen von Forshuvudforsen angefangen in sehr kurzen Abständen hintereinander, so daß bishin alle Kopparbergs Kraftwerke sehr knapp in den Möglichkeiten der Wochen- und Tagesregulierung waren. Durch die Stauhaltung des Forshuvudforsenwerkes ist für sie alle eine sehr wirksame Wochen- und Tagesregulierung als Durchlaufspeicherung ermöglicht. Der daraus entspringende jährliche Energiegewinn beträgt durchschnittlich 7 Millionen kWh. Stromaufwärts zwischen Forshuvudforsen und dem Siljansee liegt nur eine einzige große Fallgruppe: Grådaforsen, die ebenfalls dem Konzern gehört. Wenn es einmal zum Ausbau dieser Fallstrecke kommt, wird das hier zu schaffende Staubecken die Rolle von Forshuvudforsen als Schlüsselwerk der Wochen- und Tagesregulierung übernehmen.

5. Das Untra-Werk.

Die Stadt Stockholm deckte ihren Elektrizitätsbedarf bis zum Jahre 1919 ausschließlich aus Dampfkraftanlagen. Zwar hatten Verhandlungen schon 1904 zum Ankauf des Untra-Wasserfalles im Dalälv geführt; durch langwierige Rechtsstreitigkeiten wurde indes die Planung ungewöhnlich verzögert. Erst 1911 konnte der Etatsantrag für den Ausbau der Wasserkraft dem Magistrat vorgelegt werden. 1912 wurden die Vorarbeiten eingeleitet; aber infolge der Verzögerung der Bauausführung durch den Weltkrieg konnte das Werk und die 150 km lange Fernleitung erst 1919 in Betrieb genommen werden.

Mit dem Namen „Untra-Fall" wird eine Stromschnellengruppe bezeichnet, deren Hauptabschnitte Storgysingen, Krokforsen und Tongsöforsen sind. Die hydrographischen Verhältnisse sind hier reichlich verwickelt, weil der Strom in dieser ausgesprochenen Fjärdenstrecke durch eine sehr große Anzahl von Inseln zerteilt ist und kleinere und größere seeartige Verbreiterungen aufweist. Dieser Umstand bedingt auch eine dem Untrawerk eigene, im Vergleich mit den oberhalb liegenden Dalälvwerken besonders starke Abhängigkeit der Gesamtfallhöhe (Abb. 123) von der Wasserführung. Der verfügbare Rohfall, der nahezu der Stromstrecke von Söderforsen bis Lanforsen entspricht, schwankt nämlich zwischen 12,35 und 15,3 m. Der maßgebende Wert desselben ist etwa 14 m.

Das gesamte Einzugsgebiet des Untrawerkes umfaßt 28000 km². Die kennzeichnenden Wassermengen sind bei natürlichem Abfluß:

MNQ	rd.	100 m³/sek	MQ	rd.	400 m³/sek
9monatl. Q . . .	rd.	160 „	MHQ	rd.	1100 „
6monatl. Q . . .	rd.	280 „	HHQ	rd.	2170 „

Durch die Regulierungen des Siljan und der übrigen Seen des Dalälvgebietes wird MNQ auf etwa 150 m^3/sek erhöht. Die MQ-Leistung der Untra-Fallgruppe ist (nach Norlindh) 47 500 PS.

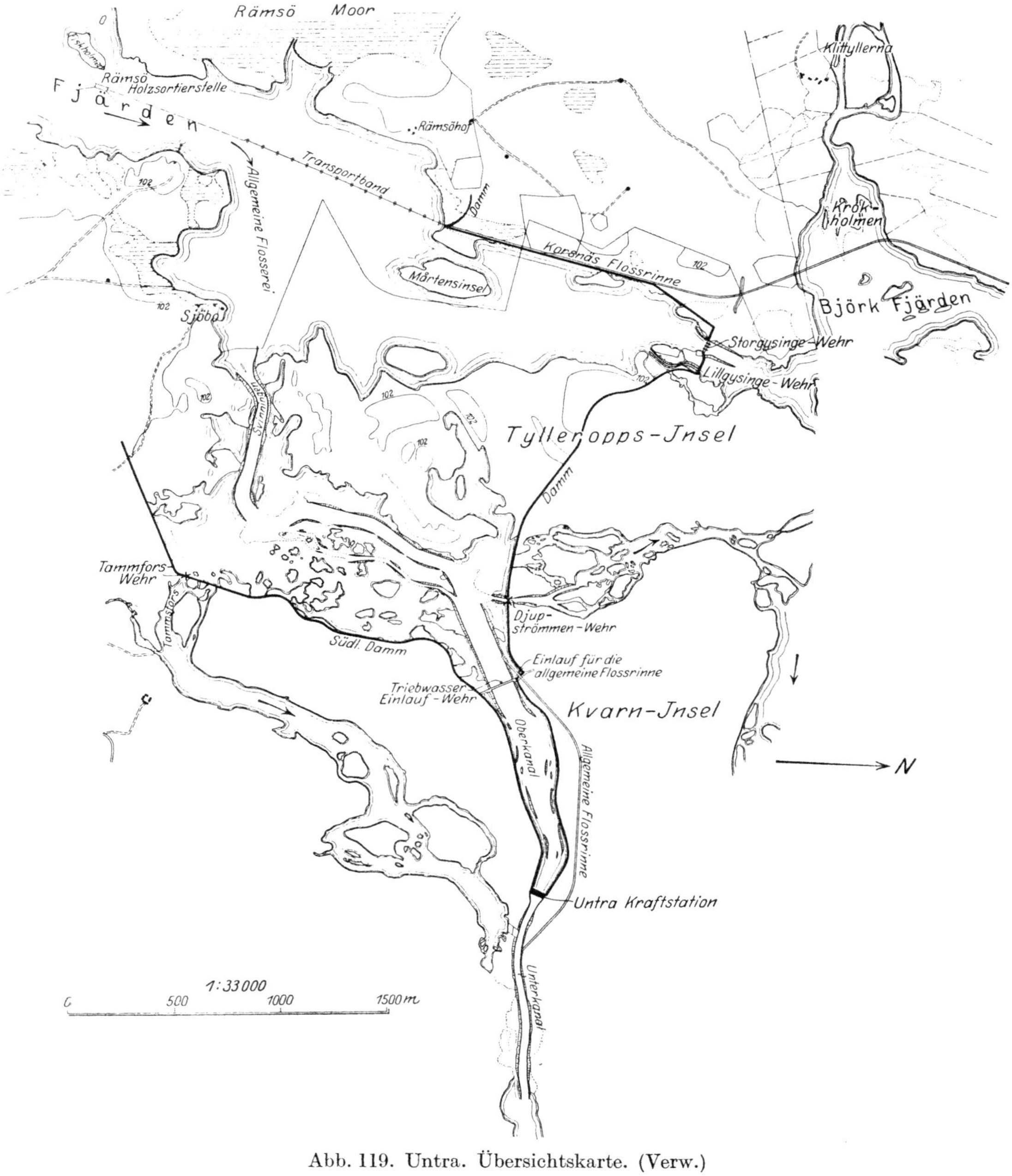

Abb. 119. Untra. Übersichtskarte. (Verw.)

Allgemeine Anordnung. Das weitverzweigte und überall flache Strombett hat ganz ungewöhnlich große und ausgedehnte Dammbauten und zahlreiche Wehranlagen erfordert, um die Vereinigung der Gesamtwassermenge des Stromes in einem einzigen Kraftwerk zu erlauben, Abb. 119. Wehranlagen in den Stromarmen Storgysingen, Lillgysingen, Djupströmmen und Untraälven (Abb. 120) regulieren die Freiwassermengen, und zwar wird dabei im Untrafjärd bis zu einer Wasserführung von 780 m^3/sek ein bestimmtes Stauziel, bei höheren Wassermengen dagegen der natürliche Wasserstand des Fjärd eingehalten. Vom Untrafjärd wird die auszunutzende Wassermenge (zur Zeit: 250 m^3/sek) durch den Svinningen (einen Teil des Stromarmes Untraälven) und die auf höhere Durchflußleistung etwas vertiefte und erweiterte Tylleropstyllern und anschließend daran durch einen im wesentlichen durch Aufdämmung gebildeten Kanal quer über die Insel Kvarnö bis zu der Kraftstation bei Kvarnforsen geleitet. Der Einlauf des Kanals ist durch einen hölzernen Grobrechen geschützt und durch ein dahinter angeordnetes Wehr mit Segmentschützen (Abb. 121, 694, 695) abschließbar. Der Unterwasserkanal im Nävsängforsen ist durch Sprengarbeiten wesentlich vertieft worden, um die nutzbare Fallhöhe zu vermehren, Abb. 119, 122.

Nebenanlagen. Ungewöhnlich umfangreich sind die Flößereieinrichtungen des Untrawerkes. Die allgemeine Flößereistraße, die vor dem Ausbau im Untraälv ver-

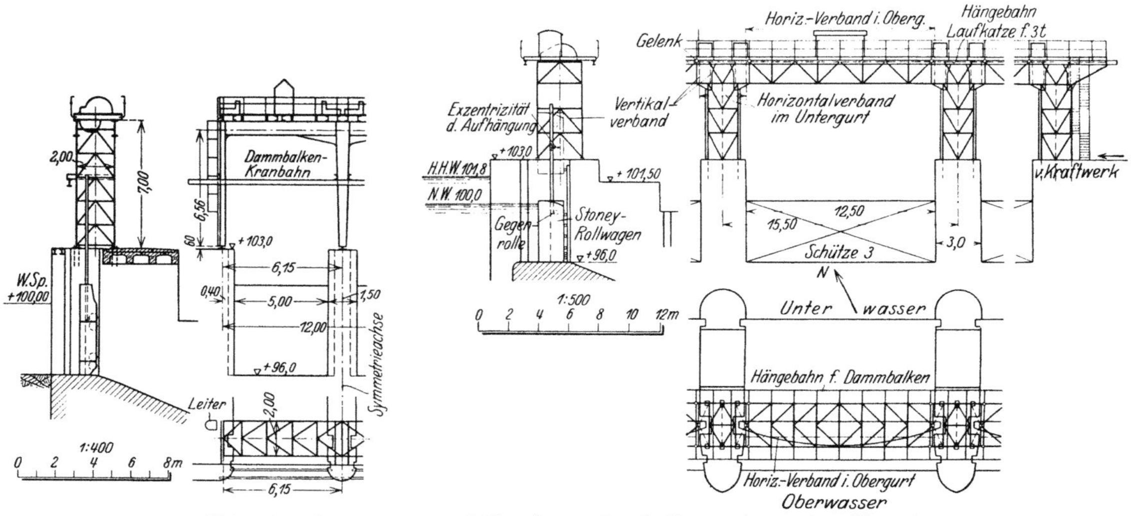

Abb. 120. Untrawerk. a Lillgysingewehr, b Storgysingewehr. (Verw.)

lief, zweigt jetzt, wie Abb. 119 erkennen läßt, aus dem Oberkanal beim Beginn des hohen Dammes ab und erreicht erst im Unterkanal wieder die ursprüngliche Straße. Viel umfangreicher ist die Verlegung der privaten Floßstraße Korsnäs, die schon im Untrafjärden von der alten Linie abzweigt (Abb. 923, 924) und erst nach Durchlaufen von 7 km bei Hyttö den natürlichen Wasserlauf wieder erreicht. Auch die Herstellung der notwendigen Lachstreppe und der Aalwege hat umfangreiche bauliche Arbeiten erfordert.

Das Kraftwerk legt sich quer vor die volle Breite des Oberkanals. Alle baulichen Arbeiten sind so ausgeführt, daß die derzeitige Vollwassermenge von 250 m^3/sek bei späterem Bedarf ohne weiteres auf 375 m^3/sek gesteigert werden kann. Das Werk ist demgemäß schon für 5 Turbinensätze zu 75 m^3/sek ausgebaut. Zur Zeit sind hiervon nur 4 aufgestellt, jede mit einer Höchstleistung von 12000 PS. Die derzeitige Vollleistung des Werkes ist indes kleiner als $4 \cdot 12000 = 48000$ PS, weil bei Vollbetrieb aller Turbinen die Fallhöhe kleiner ist. Nach Einbau der fünften Einheit und bei einem gleichzeitigen Wasserverbrauch von 375 m^3/sek wird sie sich, wie beim natürlichen Hochwasser, auf etwa 12,5 m einstellen, wobei eine Volleistung von etwa 50—55000 PS zu gewärtigen ist.

Für die großen Turbineneinheiten sind wagerechte Zwillingsfrancisturbinen in offenem Schacht mit Saugrohrkrümmern der üblichen Anordnung gewählt worden. Im Gegensatz zum Forshuvudforsenwerk fiel hier der Kostenvergleich zu ungunsten der senkrechten Einradturbine aus (wobei wohl auch die um einige Jahre frühere Zeit der Planfestlegung mitgewirkt hat). Die Laufräder sind von ausgeprägtem

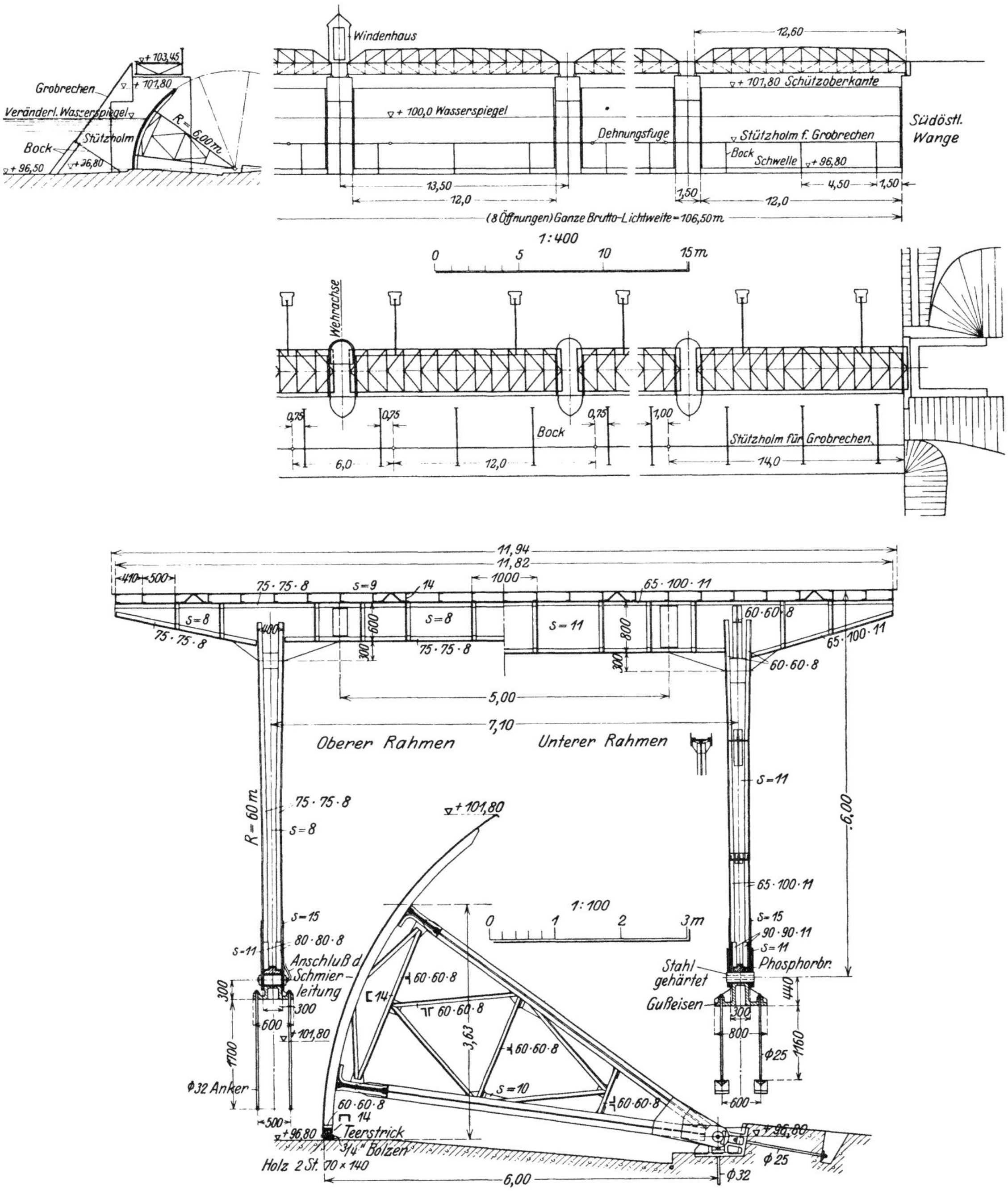

Abb. 121. Untra. Kanalabschlußwehr.

Schnelläufertyp mit stark eingezogener Eintrittskante ($n = 125$, $H_n = 12{,}35$ m, $N = 10\,500$ PS, $n_s = 385$). Die offenen, im Grundriß rechteckigen Turbinenkammern sind durch Einzel-Stoneyschützen von $9{,}5 \times 7{,}4$ m Lichtmaß abschließbar.

Elektrische Ausrüstung. Jede Hauptturbine treibt einen Drehstromerzeuger

von 7300 kW, cos = 0,81, 6800 Volt, 25 Per/sek. Jeder einzelne Stromerzeuger hat seinen Umspanner mit Oberspannung 97700 Volt, der Übertragungsspannung der Linie Untra—Stockholm. Im Stadtteil Stockholm-Värtan befindet sich die Abspannanlage auf die Verteilungsspannungen des städtischen Netzes. Neben den 4 (5) Hauptturbinen enthält das Untrawerk noch drei kleine Turbinensätze zu 110 PS mit Gleichstromerzeugern für Eigenbedarf.

Abb. 122. Untra. Blick vom Kraftwerk auf den Unterkanal. (Verf.)

Die gesamten Erstellungskosten des Untrawerkes, unter Einrechnung des Kaufpreises der Wasserrechte und Grundstücke, und der Anlagekosten der Hochspannungsleitung mit den beiden großen Umspannwerken beziffern sich nach amtlichen Angaben auf nahezu 22 Millionen Kronen oder 24,5 Millionen RM. Dabei ist zu bemerken, daß ein Teil der Arbeiten in die schlimmste Teuerungszeit fiel, so daß der angegebene Betrag etwa 15 bis 17 Millionen Friedenskronen (17 bis 19 Millionen RM.) entspricht. Das ergäbe einen Satz von 340 bis 380 schwedischen Friedenskronen (380 bis 425 RM.) für die Einheit der derzeitigen Volleistung von etwa 44000 PS. Die erzeugte Energie wird nach vollem Ausbau des Werkes, jedoch vor Fertigstellung der gesamten Regulierungsarbeiten im Siljan usw. 200 Millionen kWh/Jahr betragen. Die zur Erzeugung dieser Energie nötigen Kohlenmengen dürften in Stockholm einen Wert von etwa 4 bis 5 Millionen Kronen darstellen, also etwa 18 bis 23% der Anlagekosten der ganzen Wasserkraftanlage einschließlich Übertragung. Diese Angabe beleuchtet zur Genüge die weitgehende wirtschaftliche Bedeutung des Untrawerkes für die Stadt Stockholm.

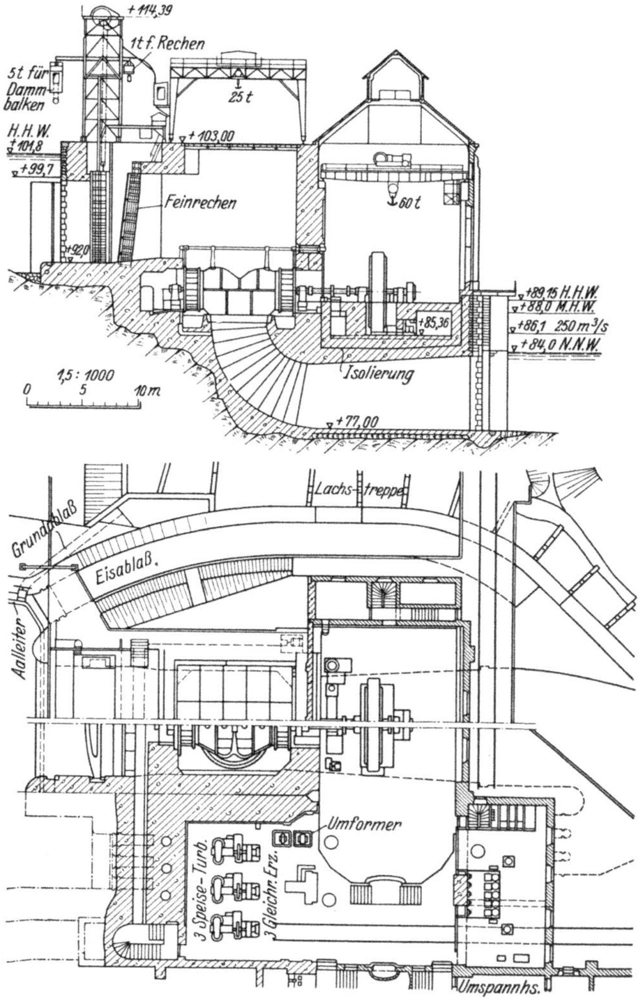

Abb. 123. Untra. Krafthausschnitt und -grundriß. (Verw.)

6. Das Lanforsen-Werk.

Dieser 1928 noch in Ausführung befindliche Bau wurde von Sandvikens Järnverks A. B. für ihren Eisenhüttenbetrieb unternommen. Die Rechtsverhältnisse an der bedeutenden Wasserkraft waren lange Zeit der heiß umstrittene Gegenstand eines der berühmten sogenannten Kronprozesse, der schließlich zuungunsten des Staates entschieden wurde. 1926 gründete die Unternehmerin mit der Stadt Stockholm die Aktiengesellschaft Lanforsen, wodurch Stockholm mit ⅔ am Lanforsausbau beteiligt wurde. Anfang 1927 waren die eingehenden Bauentwürfe

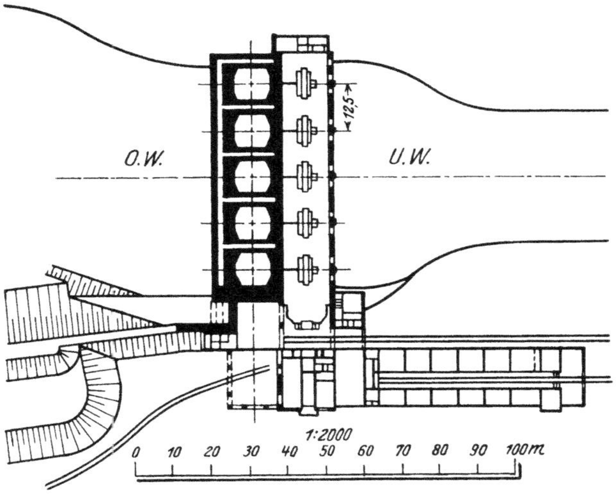

Abb. 124. Untra. Kraft- und Schalthausgrundriß. (Verw.)

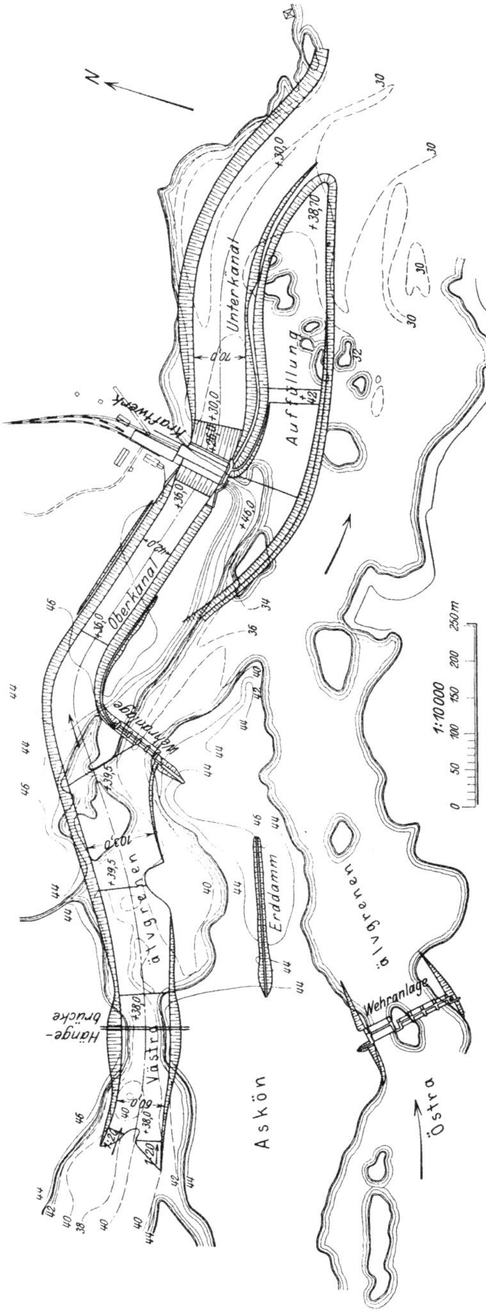

Abb. 125. Lanforsen. Lageplan. (Vattenb.-Byrån.)

noch nicht festgelegt, und von baulichen Arbeiten wurden, auch noch 1928, nur Erd- und Sprengarbeiten ausgeführt.

Das Energievorkommen des Lanfors ist nach Vattenfallförteckning folgendermaßen gekennzeichnet:

Rohfallhöhe: 8,2—8,6 m; Einzugsgebiet: 28520 km²

Leistung bei	PS	(%)
MNQ	9980	(33)
9 monatl. Q	14200	(46)
6 monatl. Q	24000	(78)
MQ	30600	(100)

Diese Angaben beziehen sich auf die natürlichen Abflußverhältnisse, ohne Berücksichtigung künftiger Regulierungsarbeiten in den Dalälvseen.

Abb. 125 zeigt die geplante Anordnung der Anlage. Die Verzweigungen der typischen Fjärdenstrecke bedingen, ähnlich wie beim Untrawerk, die Anordnung mehrerer Stauwerke. Die Konstruktion derselben ist noch nicht endgültig festgelegt. Wahrscheinlich werden im östlichen Stromarm Walzenwehre als Regulierorgane angeordnet werden, im westlichen dagegen ein festes Wehr mit einzelnen Schützöffnungen.

Über die Ausgestaltung der Turbinenanlage ist gleichfalls noch nichts Endgültiges beschlossen. Ursprünglich war ein Ausbau mit wagrechten Francisturbinen auf eine Volleistung von 36000 PS (6 Turbinen zu 6000 oder 4 Turbinen zu 9000 PS) geplant. Wahrscheinlich werden aber drei einfache senkrechte Kaplanturbinen mit einer Gesamtleistung von 28000—23000 PS aufgestellt werden.

An Fischereischutzanlagen sollen sowohl Aalwege als auch Lachsleitern angeordnet werden und zwar im westlichen Stromarm.

7. Das staatliche Kraftwerk Älvkarleby.

Die ursprünglichen Ausbaupläne für dieses wichtigste Landeskraftwerk von Mittelschweden beschränkten sich auf die Ausnützung der großen Wasserfälle bei Älvkarleby (8 km oberhalb der Einmündung des Dalälv in das Bottnische Meer), und schon im Jahre 1893 wurden in dieser Richtung Projektierungsarbeiten eingeleitet. Bald

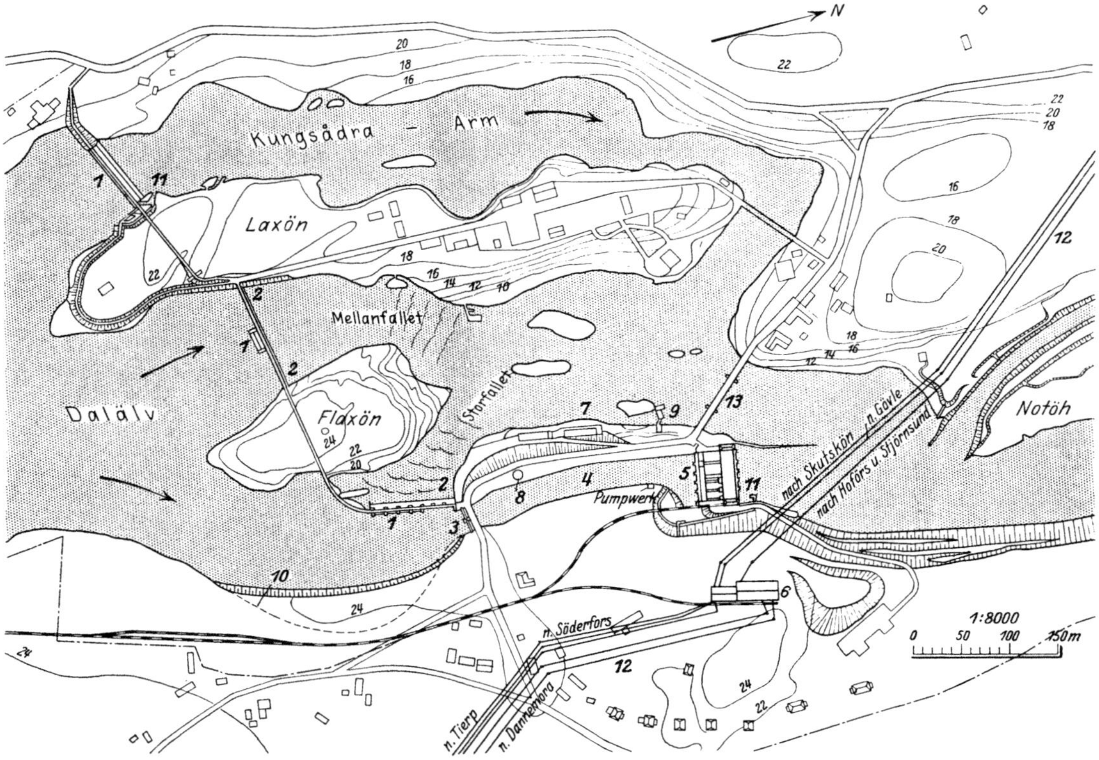

Abb. 126. Älvkarleby. Lageplan. („Die Staatlichen Kraftwerke Schwedens" 1921.)

fand man es indessen vorteilhafter, besonders mit Rücksicht auf die wichtige Wochen- und Tagesregulierung, die Ausnutzung durch Stau noch auf die oben anschließenden Stromschnellen Nygårdforsen und Stallforsen und auch nach unten hin auf einen größeren Stromabschnitt auszudehnen. So umfaßt das Älvkarlebywerk heute das ganze Gefälle vom Unterwasser des Lanforsen bis zum Masurforsen bei der kleinen Insel Notön (Abb. 126 u. 127). Diese unterste Stromschnelle Masurforsen kann durch Sprengarbeiten vertieft und so später noch in das Älvkarlebywerk einbezogen werden. Vorerst umfaßt das Älvkarlebywerk im einzelnen folgende Rohfälle:

Nygårdforsen	1,5 m
Stallforsen	1,75 m
Älvkarlebyfall	15,25 m
Gesamtfallhöhe	18,5 m

Diese Zahlen gelten für Niedrigwasser; bei Hochwasser beträgt die Gesamtfallhöhe nur 16,3 m.

Ein Teil der beiden überstauten kleinen Stromschnellen und auch ein bedeutender Teil der überstauten Grundstücke gehörte ursprünglich nicht dem Staat und wurde ihm von der Söderforsbruk A. B. gegen entsprechende Ersatzstromlieferung abgetreten. — Im Zuge des Älvkarlebyfalles selbst ist der Daläly durch zwei Inseln, Flakön und Laxön, in drei Arme geteilt; der kürzeste davon bildet den Storfall (großen Wasserfall), der mittlere den Mellanfall und der dritte den sogenannten Kungsådra-Stromarm. Dieser dritte Arm ist mehr als doppelt so lang, wie die beiden andern und weist dementsprechend verhältnismäßig flach gestreckte Stromschnellen auf. Nach der Vereinigung dieser drei Stromarme bei der Straßenbrücke Karl XIII. bildet der Strom noch eine starke Stromschnelle, an die sich bis zum Masurforsen ein Abschnitt mit ganz geringem Gefälle anschließt.

Abb. 127. Älvkarleby. Storfall vor dem Ausbau. (Verw.)

Die zulässige Stauhöhe ist abhängig von der Wasserführung; im Zusammenhang mit dem veränderlichen Unterwasserstand ergeben sich folgende Werte der verfügbaren Gesamtfallhöhe (Tab. 20).

Die Wassermengen und ihre Dauerzahlen sind fast genau dieselben wie bei Untra.

Die geologischen Voraussetzungen des Ausbaues erwiesen sich im allgemeinen als ziemlich günstig. Auf dem Ostufer findet sich allerdings feiner Sandboden; doch liegt der feste Fels auch hier nicht allzu tief. In den Stromarmen des Storfall und Mellanfall selbst liegt der Fels größtenteils vollständig bloß. In dem dritten (Kungsådra-)Stromarm dagegen ist der Fels mit Letten und Steingeröll bedeckt; doch konnten alle Bauten auch in diesem Abschnitt ohne ungewöhnliche Schwierigkeiten auf den festen Felsen gegründet werden.

Tabelle 20.

Wasserführung m^3/sek	Höchste zulässige Stauhöhe m ü. M.	Unterwasserstand m ü. M.	Fallhöhe *m*
80	20,58	2,51	18,43
100	20,65	2,31	18,34
250	21,00	2,85	18,15
1300	21,80	4,88	16,95
2100	22,50	6,20	16,30

Die allgemeine Anordnung. Der Nackenlinie der Älvkarlebyfälle folgend sperrt eine Stauanlage den Strom in ganzer Breite ab; östlich von dieser Wehranlage wird das Wasser in einem künstlichen Oberkanal dem Krafthause zugeführt, von wo ein zum Teil ebenfalls künstlicher, kurzer Unterkanal in das natürliche Strombett zurückleitet. Das Schalthaus ist abseits auf einem Hügel angelegt und mit dem Krafthaus in (heute nicht mehr gebräuchlicher) einfacher Weise durch im Boden auf Betonunterlage verlegte Kabel verbunden. Krafthaus und Schalthaus haben eigene Gleisanschlüsse.

Abb. 128. Älvkarleby. Unterwasseransicht des Wehrs im Storfall. (Verw.)

Das Stauwehr, die umfangreichste Bauanlage des Werkes hat teils geknickten, teils bogenförmigen Grundriß und ist in seinen Stromabschnitten als Gewichtsstaumauer, auf den Inseln und Uferabschnitten aber als Erddamm konstruiert, Abb. 128, 129.

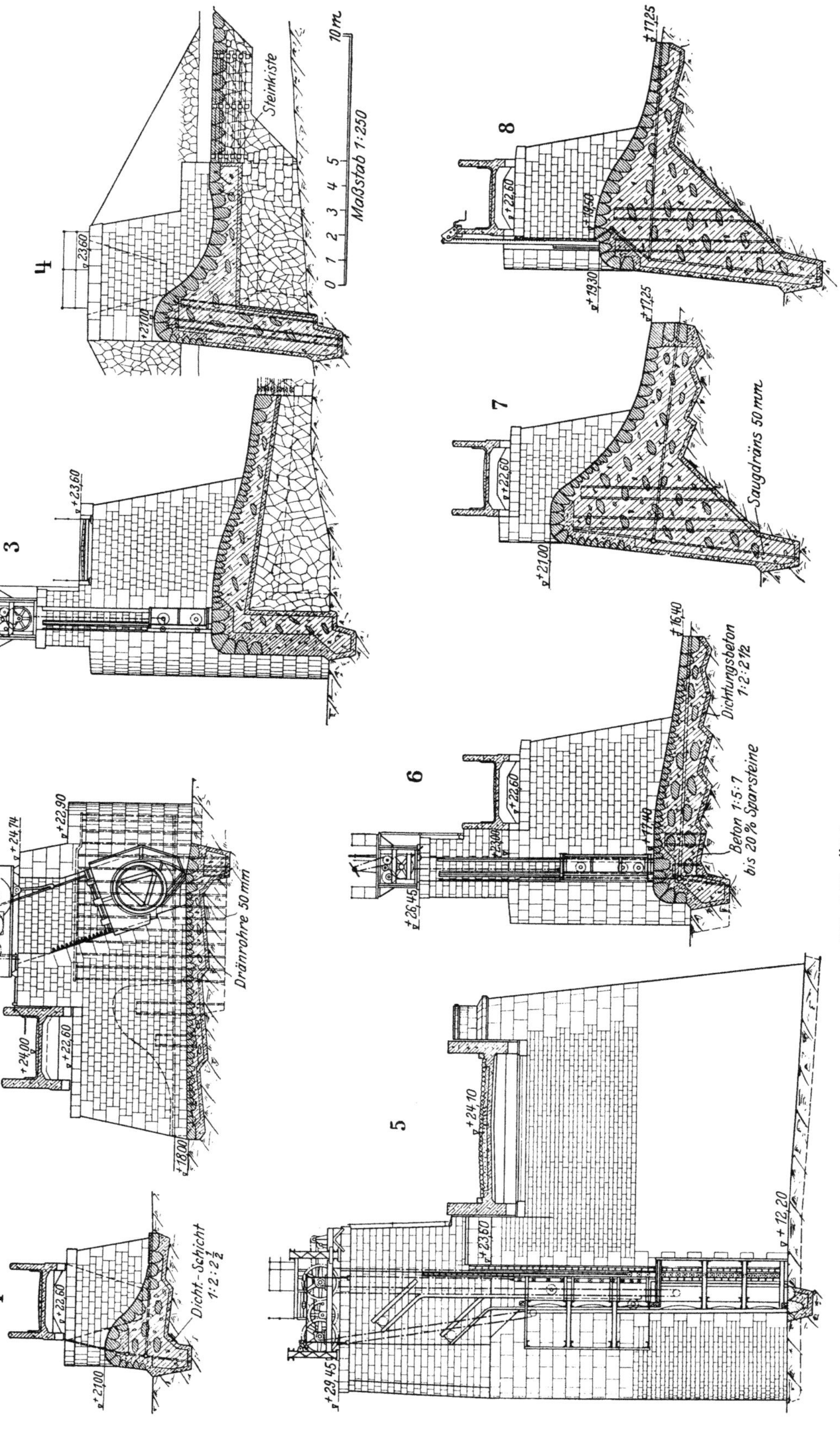

Abb. 129. Älvkarleby. Schnitte der Wehranlagen. (Verw.)
Mellanfall-Wehr: 1 Überlauf beim Ufer; 2 Grundablaßwalze. Kungsådra-Wehr: 3 Flutschleuse; 4 Überlauf. Storfall-Wehr und Einlaß: 5 Einlaßschleuse; 6 Flutschleuse; 7 Überlauf; 8 Eisschleuse.

Die gemauerten Teile sind im allgemeinen massiv und sorgfältig dräniert. Nur im Kungsådra-Stromarm, wo der Fels ziemlich tief lag, ist die Wehrmauer mit Sparöffnungen versehen, die mit Steinsatz ausgefüllt sind. Diese Anordnung hat große Mörtelersparnis ermöglicht und Dränage überflüssig gemacht. Die Erddämme auf dem anschließenden Westufer sind mit einem dichtenden Kern aus Letten zwischen Bohlenwänden versehen.

Was die hydraulische Gliederung der Wehranlage anbelangt, so sind die Stromabschnitte vorwiegend feste Überfallwehre mit Schwellenhöhe + 21. Zur Regulierung des Wasserstandes, ferner zur Eisabfuhr sind verschiedene Ablaßöffnungen angeordnet mit Verschlüssen zum Teil in Eisen (darunter ein Walzenwehr), zum Teil in Holz. Das in erster Linie zum Durchlassen des Eises benutzte Walzenwehr befindet sich in dem Mittelarm; das Eis wird ihm durch kräftige Leitwerke zugeführt.

Die Wehranlage ist bei Öffnung sämtlicher beweglichen Teile imstande, 2200 m^3/sek durchzulassen; entsprechend der bis jetzt beobachteten größten katastrophalen Hochwassermenge (1860) von 2170 m^3/sek.

Das Vorliegen einer Kungsådrastrecke hat die folgenden umfangreichen Vorkehrungen zum Schutze der Fischerei erfordert: 3 Aalbrutleitern zwischen Kanaleinlauf und Wehr des Storfall, am Strande der Insel Flaxön, in dem Stromarm bei Laxön; eine vierte Aalbrutleiter ist in eine Lachstreppe im Kungsådrawehr eingebaut. Der Paß für absteigende Lachse und Aale zweigt von dem Verteilungsbecken oberhalb des Krafthauses ab. Schließlich befindet sich westlich vom Oberkanal ein großes Becken für die Lachskultur und ein Lachsbruthaus; das nötige Wasser wird diesen Anlagen aus dem Oberkanal durch eine besondere Leitung zugeführt.

Von der Flößerei wird die Wehranlage nicht berührt, da das ganze Floßgut durch 2 besondere, völlig abseits verlaufende Floßrinnen geht, die bei Hyttön und Hålldammen den natürlichen Stromlauf verlassen und bei Bomhus und Skutskär in ihn zurückkehren.

Über die ganze Wehranlage führt nur ein Fußweg mit Eisenbeton-, bzw. im Kungsådrawehr: Eisen-Stegen.

Der Oberkanal, rd. 250 m lang, ist mit dem unteren Profilteil in den Fels eingesprengt, oben aber durch massive Mauern begrenzt, Abb. 130, 131. Da oberhalb des festen Gesteins durchlässiger Sand liegt, mußten diese Ufermauern besonders sorgfältig gedichtet und durch umfangreiche Dränage entwässert werden. Der Einlauf des Oberkanals ist mit 2 eisernen Absperrschützen versehen. Von dem Verteilungsbecken am Ende des Oberkanals zweigen die Einläufe der 5 Turbinenkammern und gegen den Strom zu Eis- und Grundablässe ab. Auf der vom Strom abliegenden Seite findet sich noch für eine später einzubauende sechste Turbine eine vorläufig durch Eisenbetontafeln verschlossene Einlaufkonstruktion. Die Turbinenkammern (Abb. 132, 133) zeigen die früher allgemein übliche Einlaufanordnung: Dammbalkenfalze, Rollschützen, schräge, feste Feinrechen im Einlauf und länglichen, hinten durch eine bogenförmige Mauer abgeschlossenen Grundriß. Die Kammern sind in Eisenbeton ausgeführt und dabei in 2 Gruppen zu 2 Kammern und eine Gruppe zu einer Kammer eingeteilt mit Dehnungsfugen zwischen den einzelnen Gruppen. Die 5 Turbinen sind wagerechte Doppelzwillings-Francisturbinen, Höchstleistung je 13000 PS, minutliche Drehzahl 150.

Elektrische Einrichtungen. Die Stromerzeuger, Dauerleistung: je 10000, Spitzenleistung: 12250 kVA bei 50 Per/sek und 10—11 kV sind vollständig gekapselt und luftgekühlt. Nicht nur die den Maschinensaal von den Turbinenkammern trennende Stauwand, sondern auch die Sohle und die luftseitigen Umfassungsmauern mußten wasserdicht und auftriebsicher ausgeführt werden, weil die Maschinenwelle mit Rücksicht auf die spätere Ausnutzung des Masurfors ungewöhnlich tief gegen das derzeitige Unterwasser gelegt werden mußte. Strom für Eigenbedarf und Erregung wird hier durch zwei im Schalthaus aufgestellte Motorgeneratoren geliefert.

Die für Fortleitung bestimmten Hauptstrommengen werden in einer großen Umspannanlage auf Übertragungsspannungen von teils 20, teils 40, teils 70 kV gebracht. Letztere Spannung führen die großen nach Süden ziehenden Fernleitungen, die Älvkarleby mit den übrigen staatlichen Netzen verbinden, vgl. S. 79.

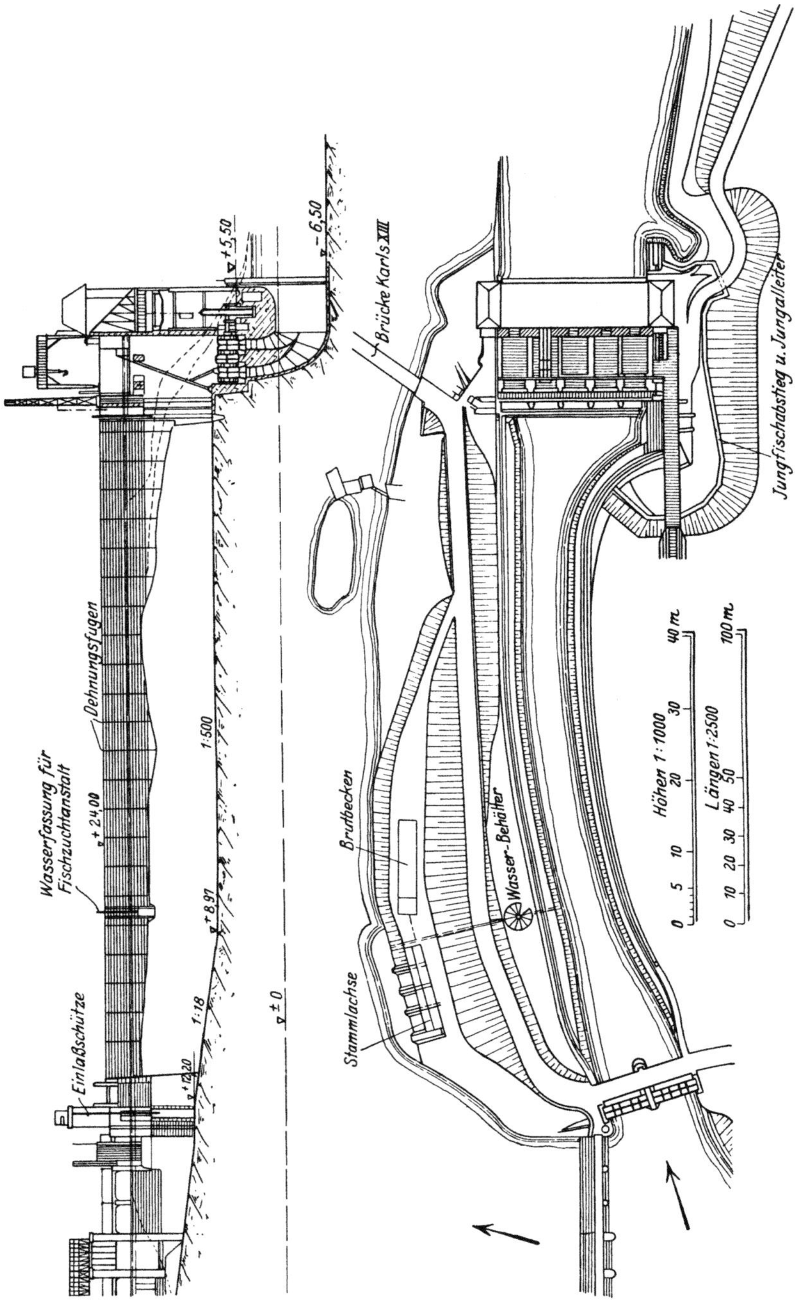

Abb. 130. Älvkarleby. Zulaufskanal: Längsschnitt und Grundriß. (Verw.)

Energiewirtschaft. Das Älvkarlebywerk hatte alsbald nach Fertigstellung (1916) einem stark empfundenen Kraftbedarf zu genügen. Die 4 Regierungsbezirke: Södermanland, Stockholm, Upsala und Westermanland, (also kurz gesagt: die weiteste Umgegend der Städte Stockholm und Upsala), die den östlichen Teil von Mittel-

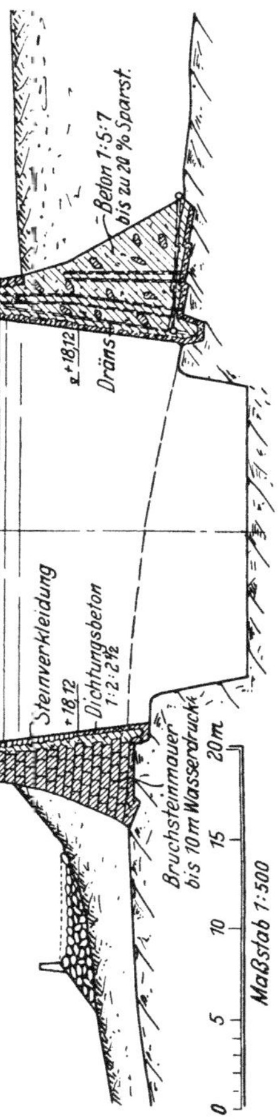

Abb. 131. Älvkarleby. Normalquerschnitt des Oberkanals.
Links: Bruchsteinmauer (bis 10 m Höhe). Rechts: Betonmauer (über 10 m Höhe).

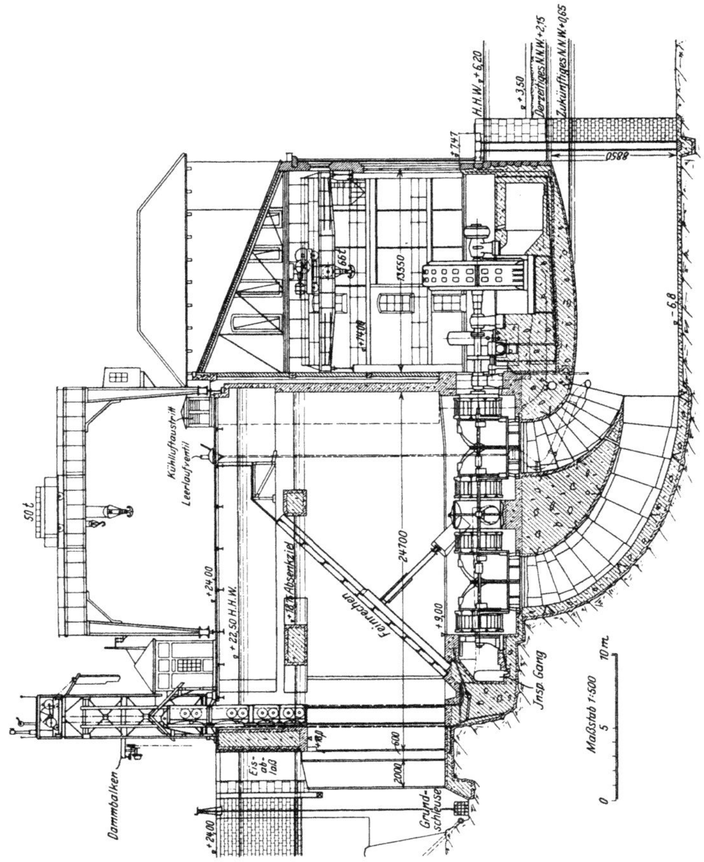

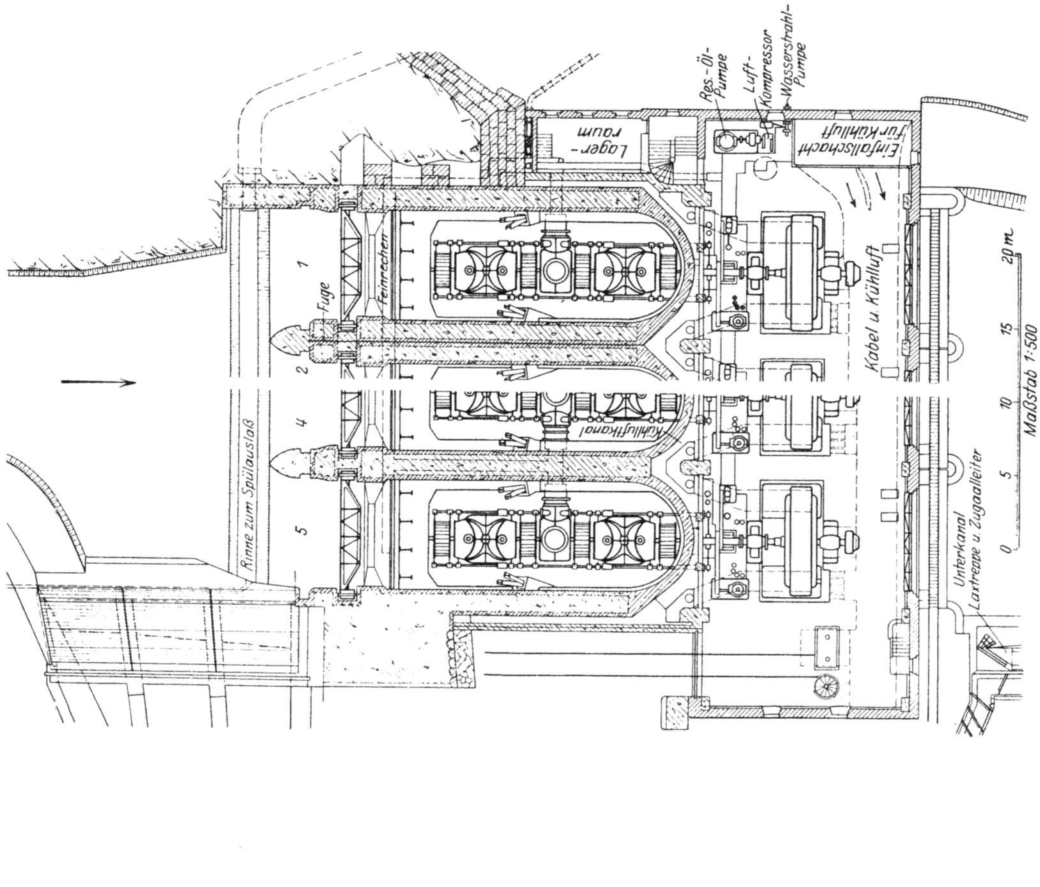

Abb. 132. Älvkarleby. Krafthausgrundriß u. -schnitt. („Die Staatlichen Kraftwerke Schwedens“ 1921.)

schweden bilden und einen für schwedische Verhältnisse ziemlich bedeutenden Kraftbedarf haben, sind verhältnismäßig arm an eigenen Wasserkräften, so daß der größte Teil dieses Gebietes von vornherein als Hauptabnehmer für das neue Großkraftwerk in Frage kam. (Hierbei schied allerdings die Stadt Stockholm mit ihrer näheren Umgebung (Untrawerk) aus; ebenso der südliche Teil des Södermanlands-Län.) Außer den genannten 4 Regierungsbezirken wird noch ein kleiner Teil des Gäfleborgslän und des Kopparbergslän mit Älvkarlebystrom beliefert. Die erzeugte Energie (1927: 298 Mill. kWh) wird zu 65% von der elektrochemischen, elektrothermischen und elektrometallurgischen Industrie, ferner von Holzschleiferei- und Papierindustrie, zu 10% von der Bergwerks- und Eisenindustrie, zu den restlichen 25% vom bürgerlichen Bedarf im weitesten Sinne, mit Einschluß der weniger kraftintensiven, feineren Industriezweige verbraucht.

Ursprünglich war das Älvkarlebywerk auch mit in erster Linie für elektrischen Vollbahnbetrieb bestimmt, doch ist es dazu bisher nicht gekommen.

Abb. 133. Älvkarleby. Unterwasseransicht des Krafthauses. (Verw.)

Bei der Größe des Älvkarleby-Werkes und seiner Bedeutung für die Energiewirtschaft Mittelschwedens war seine Ergänzung durch eine Mangelaushilfe auf die Dauer unumgänglich. Diese Aufgabe erfüllt die staatliche Dampfzentrale Västerås.

Das Werk Västerås enthielt 1925: 8 Stück Babcock-Wilcox-Kessel vom Marinetyp. Fünf davon sind mit Kettenrosten für Kohlenfeuerung, zwei mit Spezialrosten für Torffeuerung und einer mit ausschließlicher Ölfeuerung versehen, während sechs von den für feste Brennstoffe eingerichteten Kesseln zwecks raschen Anheizens sekundär auch noch für Ölfeuerung eingerichtet sind. 1927 wurden 2 weitere Kessel, einer für Öl-, der andere für Kohlenstaubfeuerung mit sekundärer Ölfeuerung aufgestellt. Die Maschinenanlage umfaßt zwei Turbogeneratoren zu dauernd 5000, höchstens 7000 kW und zwei Turbogeneratoren zu dauernd 10000, höchstens 14000 kW. Die Dampfspannung ist 14—19 kg/cm², Dampftemperatur 325° C, Umdrehungszahl 3000 i. d. M., Periodenzahl 50 i. d. sek., Spannung 6,3—7 kV. In dem Umspannhaus sind aufgestellt:

2	Umspanner	zu	15000 kVA,	6,3/70 kV,	50 Per/sek
2	„	„	5000 „	6,3/20/70 „	50 „
1	„	„	6000 „	6,3/20/30 „	50 „

und 1 Phasenschieber von 6000 kVA nebst den nötigen Hilfsmaschinen und Instrumenten. Außerhalb des Umspannhauses sind aufgestellt: 2 Umspanner zu 20000 kVA, 70/126 kV, 50 Perioden und zugehörige Instrumente.

Älvkarleby ist mit Västerås und neuerdings auch mit der weiter südwärts gelegenen staatlichen Wasserkraftanlage Motala (vgl. S. 195) durch eine staatliche Stammleitung verbunden. Über die letztgenannte Kraftanlage kommt das 1925 noch in sich abgeschlossene Versorgungsnetz von Älvkarleby allmählich auch mit den westschwedischen staatlichen Götaälvwerken in Verbundbetrieb (vgl. S. 206).

Die Bedeutung von Älvkarleby wird mit dem in weiterer Folge zu erwartenden Ausbau der Indalsälv- und Ångermanälv-Kräfte noch steigen, da die dortigen zukünftigen Großkraftanlagen des Staates naturgemäß mit Älvkarleby durch Hauptleitungen zu verbinden sein werden. Dadurch wird dem Älvkarlebywerk die Rolle eines Mittelgliedes zwischen den Großkraftwerken des südlicheren Norrland und dem großen Versorgungsgebiet von Mittelschweden zufallen.

Das gesamte dem Älvkarlebywerk zugehörige Leitungsnetz (Abb. 47) umfaßt an Hauptleitungen: 70 kV 377 km; 40 kV 127 km; an Hauptleitungen 2. Ordnung: 40 und 30 kV: 101 km; 20 kV: 1960 km.

Die Vorstudien zum Bau von Älvkarleby greifen in die letzten Jahre des 19. Jahrhunderts zurück; die Ausführung erfolgte indes erst 1911—1916. An den vorbereitenden Arbeiten waren zahlreiche Fachleute, darunter auch Professor J. G. Richert beteiligt; jedoch sind die endgültigen Pläne durch die staatliche Wasserfallverwaltung selbst ausgearbeitet worden, welche die baulichen Arbeiten in eigener Regie ausgeführt hat.

8. Zwei Kraftwerke im Västerdalälvgebiet.

Mockfjärd. Unter den älteren Großwasserkraftanlagen verdient dieses 1907/11 erbaute Werk wegen seiner eigenartigen Gesamtanordnung — es war das erste Werk mit unterirdischem Krafthaus — besondere Erwähnung. Die Anlage ist am Västerdalälv, etwa 17 km oberhalb seiner Einmündung in den Hauptdalälv von der Västerdalälvens Kraft A. B. errichtet. Diese hat ihren Teilbesitz an den Wasserfällen Lillstup und Storstup — kleine Steile und große Steile — durch Pachtung des im Eigentum der Pfarrei Gagnef stehenden Restbesitzes ergänzt und so eine Fallstrecke von 4,5 km Länge und 9,8 + 13,9 = 23,7 m Rohfallhöhe nutzbar gemacht.

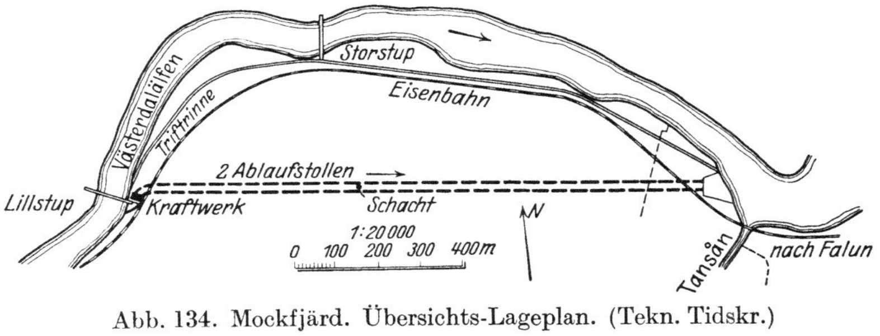

Abb. 134. Mockfjärd. Übersichts-Lageplan. (Tekn. Tidskr.)

Der Einbezug der stromaufwärts noch angrenzenden kleineren Stromschnellen ließe sich durch höheren Einstau unschwer ermöglichen. Diese bei der Anlage des Werkes berücksichtigte Möglichkeit ist indes bis jetzt nicht benutzt worden. Die angegebenen Rohfallhöhen beziehen sich auf normales Niedrigwasser, gelten aber näherungsweise auch für Hochwasser.

Die natürlichen Zuflußmengen der Kraftanlage sind nach Vattenfallförteckning:

Einzugsgebiet	8360 km²		6monatl. Q	41 m³/sek	37,2%
MNQ	30 m³/sek	27%	MQ	110 „	100%
9monatl. Q	28 „	25,4%	MHQ	550 „	500%

Die allgemeine Anordnung des Werkes (Abb. 134, 135, 136) ist sehr eigenartig: Das Krafthaus ist unmittelbar bei dem auf dem Nacken des Lillstup errichteten Wehr unterirdisch angeordnet und durch zwei 1500 m lange Stollen mit dem freien Unterwasser der ausgenutzten Fallstrecke verbunden[1].

Die Wehranlage ist im ganzen, wenn man auch manche Einzelheit heute anders gestalten würde, sehr gut durchgebildet. An einen festen Überfallwehrabschnitt

[1] Diese Anordnung ist in den mitteleuropäischen Kraftwerken Friedingen a. Donau und Partenstein (Oberösterreich) neuerdings wiederholt worden, vgl. auch Porjus und Harsprånget.

schließt sich ein beweglicher Wehrteil mit z. T. eisernen, z. T. hölzernen Schützen. Die Zwischenpfeiler sind in Eisenbeton ausgeführt und auf der Wasserseite mit Eisenblech, auf der Luftseite mit Granit verkleidet. An beweglichen Wehrteilen sind vorhanden:

1. 64 kleine Schützen aus Holz, zwischen eisernen Griesständern, zum Durchlassen der Holzabfälle und auch als Verschluß der Floßrinne.

2. ein großes, tiefliegendes eisernes Grundablaßschütz, das mit Rücksicht auf die Eisschwierigkeiten an der Oberfläche vorzugsweise auch für die Staureguliemng verwendet wird.

Die erwähnte Floßrinne ist 2000 m lang und in Eisenblech ausgeführt. Sie wird nur

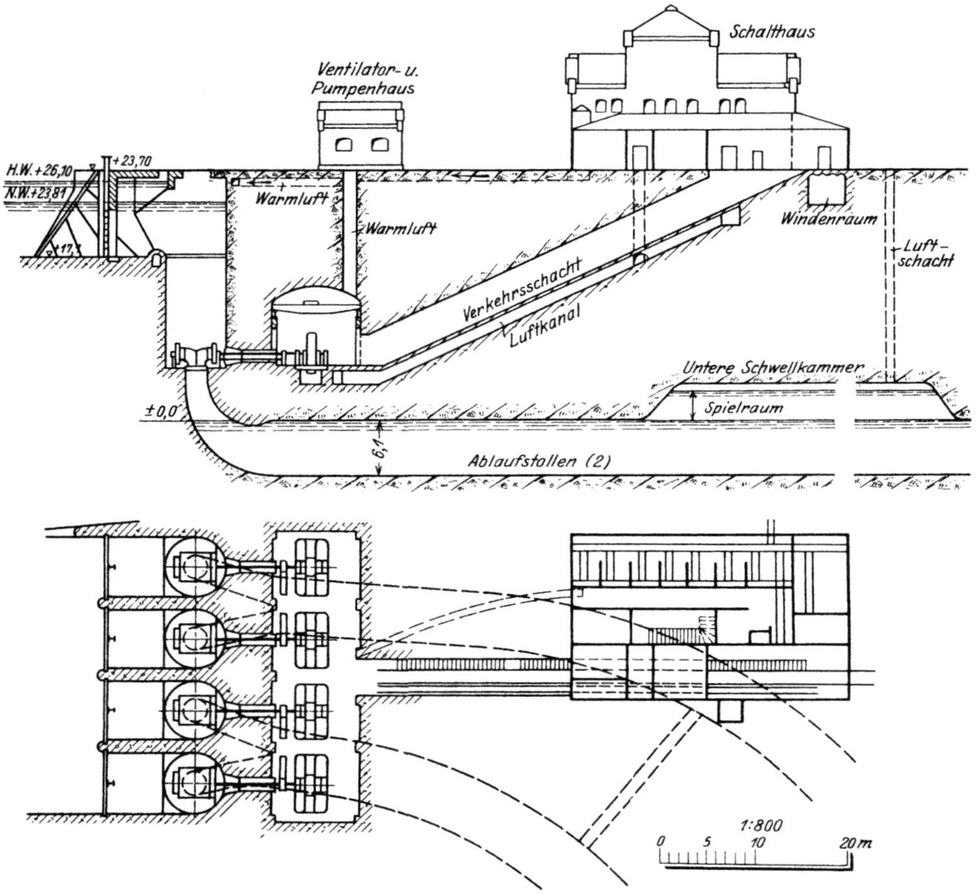

Abb. 135. Mockfjärd. Krafthausgrundriß und -schnitt. (Tekn. Tidskr.)

bei Wassermangel benutzt; bei Wasserführungen oberhalb 80 m³/sek bleibt das Floßholz im natürlichen Flußbett. Die Wehranlage enthält auch Lachstreppen und eine Aalbrutleiter.

Der Werkwassereinlaß am rechten Wehrflügel ist durch 4 eiserne Schützen (für jede Turbine 1 Schütze) verschließbar und dahinter durch Feinrechen geschützt. Ein Teil des Einlaufbeckens ist abgedeckt. wegen der Eisschwierigkeiten. Alle Schützen können von Hand und elektromechanisch betätigt werden.

Die Schächte für die 4 wagerechten Zwillings-Francisturbinen und der Maschinensaal sind aus dem festen Fels herausgesprengt. Ein Verkehrsschacht, sowie Luft- und Kabelschächte verbinden das unterirdische Kraftwerk mit dem oberirdischen

Schalt- und Umspannhaus. Jede Turbine verbraucht etwa 20, das Werk im ganzen daher 80 m³/sek, d. h. beinahe das Doppelte der 6monatigen Wassermenge. Die ursprünglich eingebauten Turbinen leisteten je 5100, also die ganze Anlage: 20400 PS, bei 225 Umdrehungen i. d. M. 1925 wurde ein Maschinensatz gegen einen neuen von 5500 PS Leistung ausgewechselt und somit die Werks-Vollleistung auf 20800 PS gebracht. Der gegenüber den ungünstigen natürlichen Dauerverhältnissen recht hohe Ausbau ist bei Erstellung des Werkes mit Rücksicht auf die in Aussicht genommenen Seeregulierungen gewählt worden. Diese Regulierungen (des Venjan-, Snäsen- und Flatensees) sind in jüngster Zeit der Verwirklichung nahe gerückt (vgl. S. 177). Die bauliche Anordnung erlaubt übrigens eine weitere 20 proz. Erhöhung der Leistung, wenn man sich zum Einbezug der oberhalb Mockfjärd liegenden Stromschnellen entschließt.

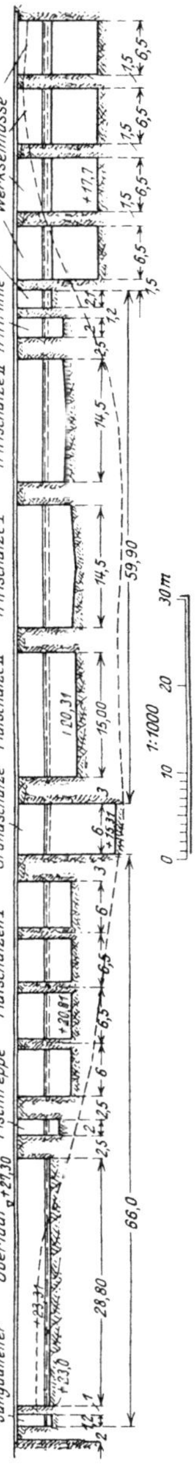

Abb. 136. Mockfjärd. Wehrquerschnitt. (Tekn. Tidskr.)

Die Unterwasserleitung besteht aus zwei unausgekleideten Stollen, der jeder die Saugrohre von zwei benachbarten Turbinen aufnimmt. Diese Stollen liegen so tief, daß sie ständig voll laufen, nur eine kurze Strecke ist höher und breiter ausgebrochen, so daß sie als Unterwasser-Schwallkammer zum Ausgleich der Betriebsstöße wirkt. Die Verbreiterung ist bei beiden Stollen einseitig nach der Mitte und zwar bis zum völligen Verschmelzen in eine einzige große Kammer ausgeführt.

Die gesamte Energie des Werkes wird in Drehstrom umgewandelt und in 50 kV durch Fernleitungen verteilt. In der Hauptsache wird die Kraft den Bergwerken Grängesberg, anderen Bergwerken und Industrien in den Kirchspielen Grangärde, Ludvika und Norrbärke sowie dem großen Eisenwerk der Stora Kopparbergs Bergslags A. B. in Domnarvet zugeführt. Die Jahreserzeugung ist etwa 45 Millionen kWh, wovon mehr als die Hälfte von Domnarvet verbraucht wird.

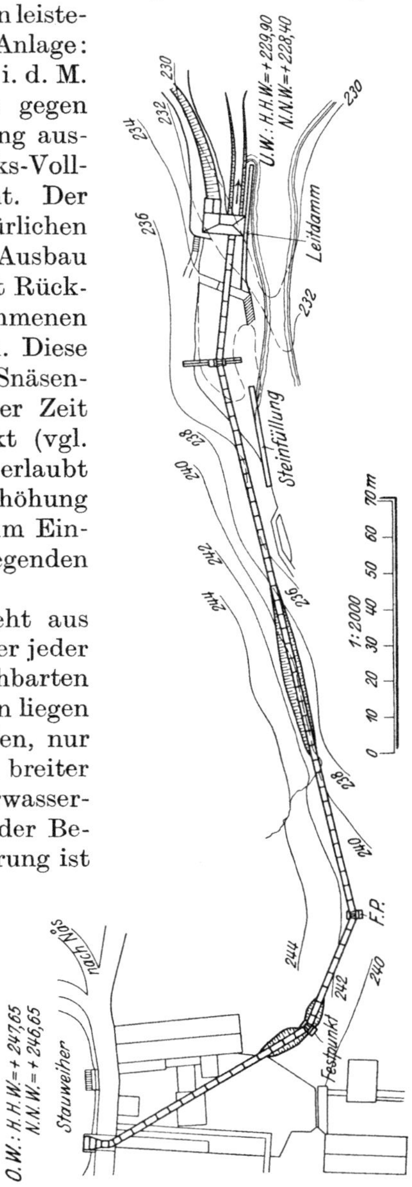

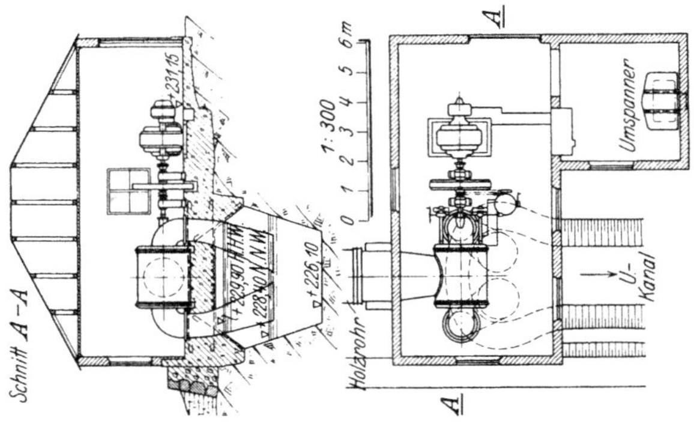

Abb. 137. Kleinwasserkraftanlage Lindesnäs. Lageplan und Krafthausschnitte. (Vattenbyggnadsbyrån.)

Lindesnäs. Das 1920/21 erbaute Lindesnäswerk im Äskan (einem südlichen Nebenfluß des Västerdalälv) ist als Beispiel einer neuzeitlichen Kleinwasserkraftanlage erwähnenswert. Die Anlage (Abb. 137) leistet bei 18,5 m Nutzfallhöhe 600 PS. Die Energie dient der Orts- und Landwirtschaftsversorgung. Wegen einiger bemerkenswerter Einzelheiten kommen wir S. 635 nochmals auf dieses der Stora Kopparbergs Bergslags A. B. gehörige Kleinkraftwerk zurück.

9. Die Seeregulierungen im Dalälvgebiet.

Die Ausdehnung der Wasserkraftnutzung im Dalälvgebiet ließ zu Anfang unseres Jahrhunderts die Bedeutung einer Regulierung seiner zahlreichen Seen immer mehr hervortreten. Naturgemäß machte sich bei den Erörterungen über die zahlreichen damit zusammenhängenden Fragen bald auch das Bedürfnis nach Zusammenschluß der verschiedenen Interessenten geltend. Der bedeutendste Förderer dieses Gedankens war der frühere Leiter des Kopparbergskonzerns, E. J. Ljungberg; unter seiner Leitung bildete sich 1912 ein Ausschuß zur Untersuchung der damit zusammenhängenden technischen und organisatorischen Aufgaben. Schon damals waren in diesem, zunächst rein privaten Studienausschuß, die 4 größten Wasserkraftinteressenten des Dalälvgebietes vertreten, nämlich: der Kopparbergskonzern, die staatliche Wasserfallverwaltung, das städtische Elektrizitätswerk Stockholm und die Sandviken Jernverks A. B. Im Jahre 1916 wurde dann auch in öffentlich-rechtlicher Form der Dalälvregulierungsverein mit Sitz in Falun gebildet, dem sich später noch verschiedene ähnliche, örtlich enger begrenzte Vereinigungen anschlossen. Heute sind naturgemäß alle größeren Wasserkraftinteressenten im Verwaltungsrat des Vereins vertreten.

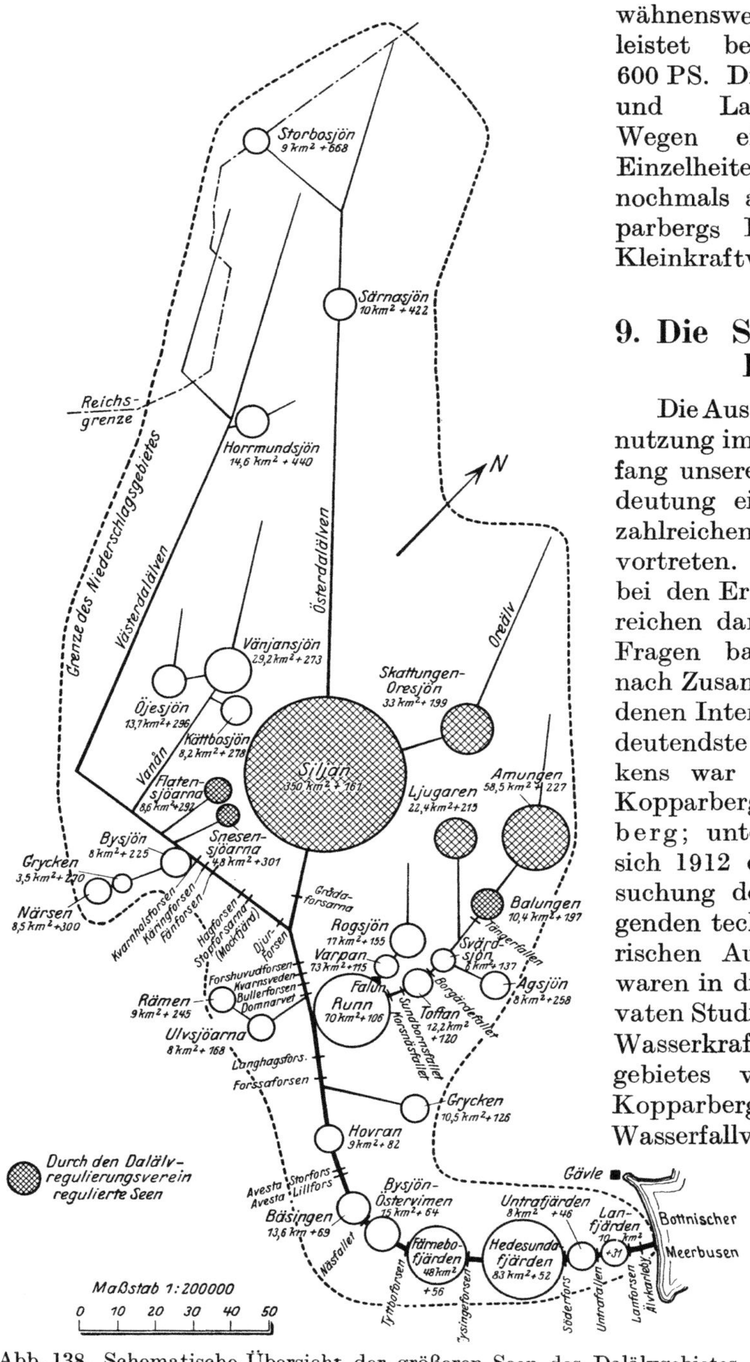

Abb. 138. Schematische Übersicht der größeren Seen des Dalälvgebietes. (Dal. Regl. För.)

Bem.: Die Seen sind annähernd maßstabgetreu an zutreffender Stelle, aber in 4facher Größe eingezeichnet.

Vorsitzender dieses Verwaltungsrates ist F. V. Hansen, Generaldirektor des Vattenfallstyrelsen; Geschäftsführer ist M. Serrander, Direktor der Wasserkraftabteilung der Stora Kopparbergs-Bergslags A. B. Die Mitglieder des Vereins sind zur Zeit lauter freiwillige, so daß bisher von der durch das Wassergesetz gegebenen Möglichkeit, widerstehende Interessenten zur Beteiligung an den Auslagen für Regulierungsarbeiten zwangsweise heranzuziehen, kein Gebrauch gemacht werden mußte.

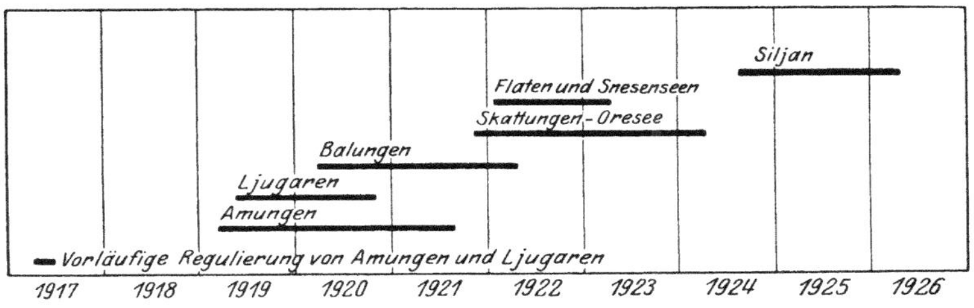

Abb. 139. Graphischer Ausbauplan der Regulierungen im Dalälvgebiet. (Dal. Regl. För.)

Die hydrographische Beschreibung des Dalälv ließ schon erkennen, daß die einzelnen Stromgebietsteile in sehr verschiedenem Grade Seeflächen aufweisen, die zu Regulierungsarbeiten geeignet sind. Vom Österdalälv mit dem Siljansee abgesehen, ist das seenreichste Teilgebiet des Dalälv dasjenige des Lillån, das stromaufwärts vom Runnsee „Svärdsjövattendraget“ heißt. Es umfaßt 2150 km², mit einer Wasserfläche von 220 km², also von mehr als 10%, während das Gebiet des Västerdalälv nicht ganz 5% Wasserfläche aufweist. Neben dem Lillån ist auch noch der Oreälv besonders reich an Seen. Diese ungleichmäßige Verteilung der Seen führte zur Wahl der sogenannten Überregulierung als allgemeinen Entwurfsgrundsatzes. Dies ist so zu verstehen, daß der Wasserabfluß der seenreicheren Nebenströme nicht dem für den Hauptstrom gewünschten zeitlichen Abflußgang verhältnisgleich reguliert wird, sondern wesentlich darüber hinaus, so daß dadurch die Unregelmäßigkeit anderer schwerer vollkommen zu regulierenden Nebenflüsse aufgewogen wird.

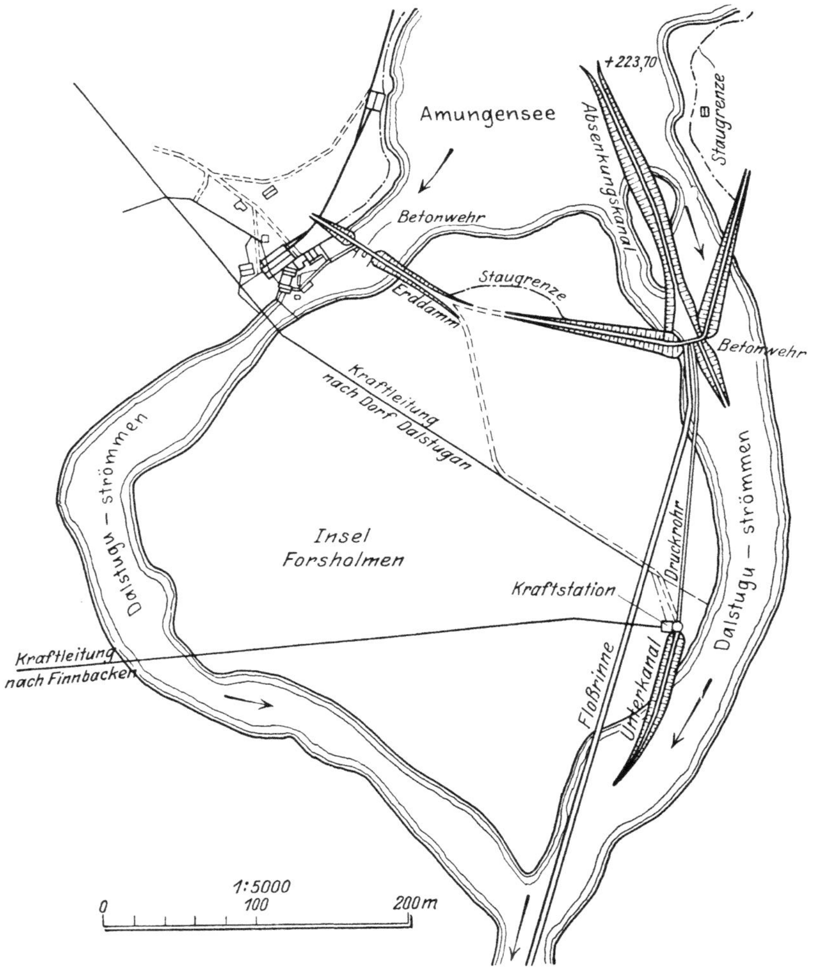

Abb. 140. Übersichtsplan der Regulierungswerke des Amundsees. (Dal. Regl. För.)

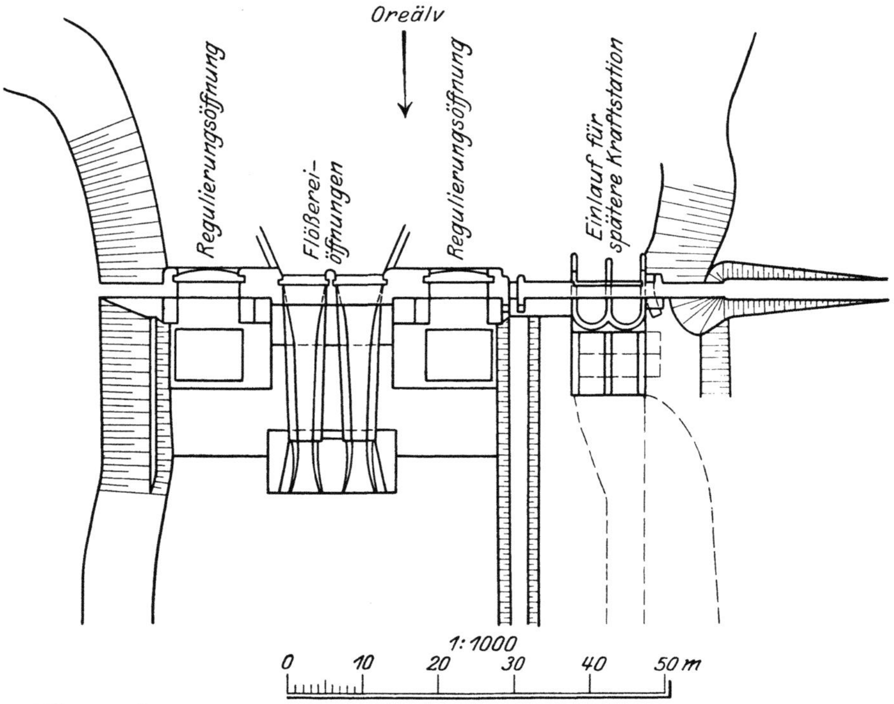

Abb. 141. Grundriß des Regulierungswehrs des Skattungen-Oresees. (Dal. Regl. För.)

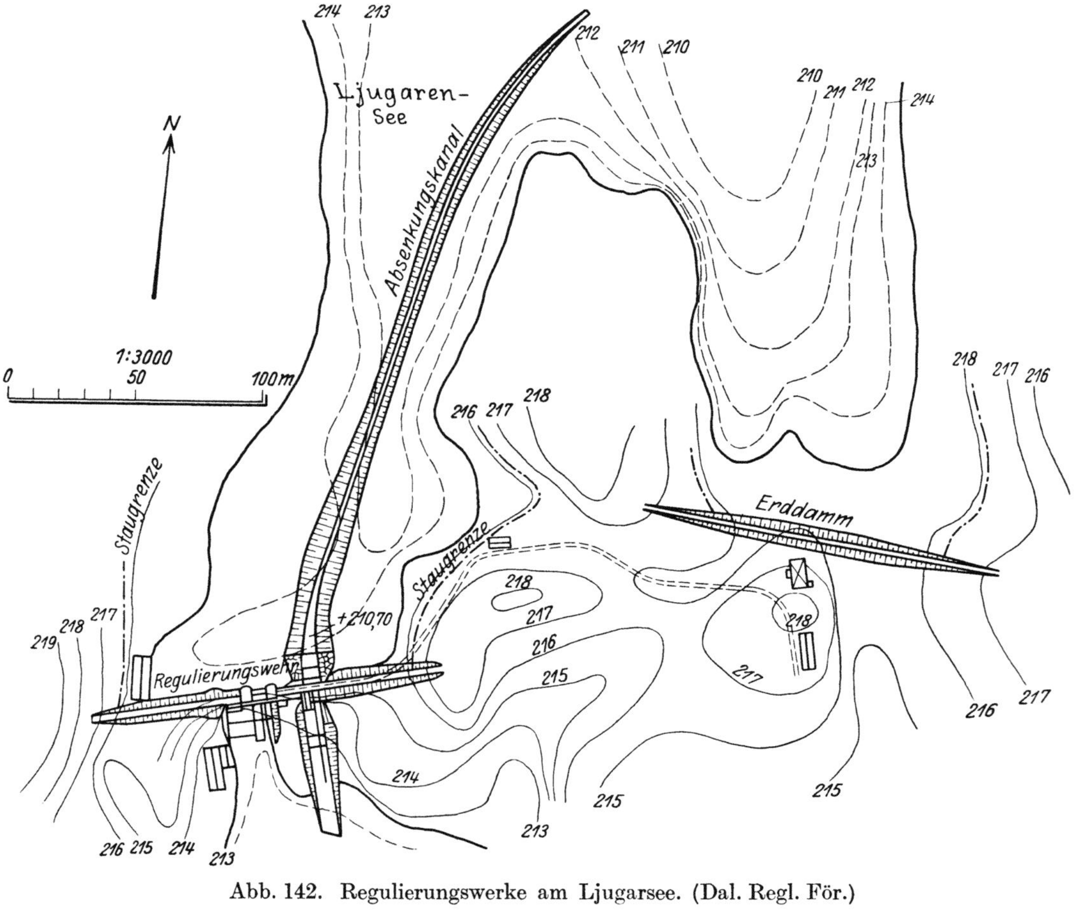

Abb. 142. Regulierungswerke am Ljugarsee. (Dal. Regl. För.)

Abb. 138 und 139 veranschaulichen die Gesamtheit der geplanten und ausgeführten Regulierungsmaßnahmen. Auf das Lillån-Svärdsjö-System mit den 4 Seen: Amungen, Ljugaren, Balungen und Runn entfällt nahezu $^1/_3$ des planmäßigen Gesamtspeicherraums; auf den Siljan etwa die Hälfte und auf die Västerdalälvseen (Vennjan, Flaten und Snäsen) und die Skattungen-Seen im Oreälv nur der unverhältnismäßig kleine Rest von wenig über $^1/_5$ des Gesamtspeicherraums.

Die Regulierung der hochliegenden Särnaseen ist vorläufig nicht in den Plan aufgenommen, der z. Z. einen Gesamtspeicherraum von rd. 1600 hm³ vorsieht. Von diesen bedeutenden Speicherräumen sind bis 1926 bereits $^2/_3$, 1072 hm³, ausgebaut worden (Abb. 139), wobei die Hauptmasse in den Seen des Svärdsjövattendrag und dem Siljan liegt. Die Siljanregulierung ist erst teilweise durchgeführt und soll durch eine weitere Senkung des Niederwasserstandes ergänzt werden. Die Regulierungsarbeiten im Västerdalälv sind fast durchweg erst im Vorbereitungsstadium; hier liegt der Hauptteil der im Dalälv überhaupt noch zu leistenden Arbeiten, s. Abb. 140, 141, 142, 143, 144, 145, 669, 699, 700, 701 (1927/28 kam noch die Regulierung des Vänjansjö hinzu, während die Bauentwürfe für die Regulierung dreier oberhalb des Vänjan liegender Seen aufgestellt wurden).

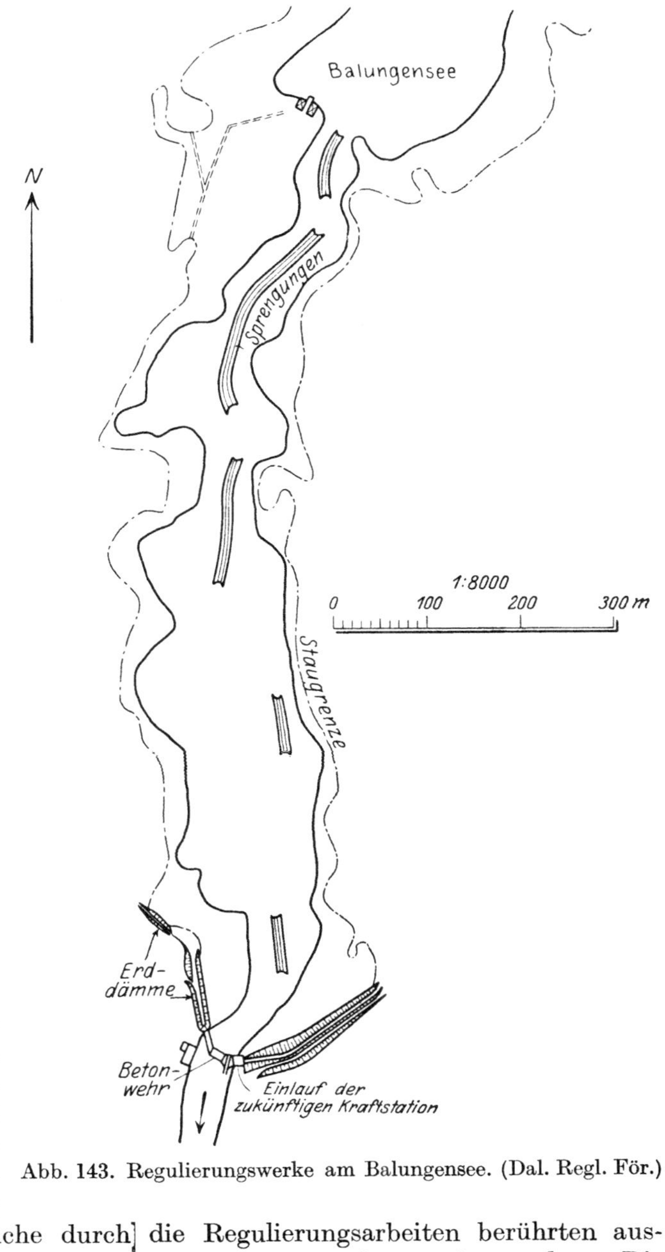

Abb. 143. Regulierungswerke am Balungensee. (Dal. Regl. För.)

Der durch die Seeregulierungen erzielte Energiegewinn ist erheblich: der gesamte Gewinn wird nach Fertigstellung sämtlicher in Abb. 139 angedeuteten Arbeiten 230 Millionen kWh/Jr. erreichen unter der Voraussetzung, daß sämtliche durch die Regulierungsarbeiten berührten ausbauwürdigen Wasserkräfte des Dalälv-Hauptstromes ausgebaut sein werden. Die bis jetzt vollendeten Regulierungsarbeiten gestatten bei dem gegenwärtigen Ausbauzustand der Stromgefälle einen jährlichen Energiegewinn von 90 Millionen kWh, der nach vollendetem Ausbau aller berührten ausbauwürdigen Wasserkräfte auf 130 Millionen kWh/Jr. steigen wird.

Bei der Würdigung dieser Ergebnisse ist nicht nur die Anzahl der unmittelbar gewonnenen Kilowattstunden zu berücksichtigen, sondern auch die Tatsache der damit verbundenen Verwandlung bisher unständiger Energie in ständige.

Abb. 144. Senkungskanal des Ljugarsees. (Dir. Serrander.)

Die Gestehungskosten der durch die Seeregulierungen gewonnenen Energie sind naturgemäß außerordentlich verschieden von See zu See. Wirtschaftlich am günstigsten von allen Regulierungen ist die Siljanregulierung. Eine Zuschuß-Kilowattstunde stellt sich aus ihr beim heutigen Stromausbau auf nur 0,3 Öre und nach vollendetem Ausbau der berührten Stromgefälle sogar auf nur 0,2 Öre. Im Durchschnitt stellt sich die gesamte bis jetzt tatsächlich gewonnene Energie auf den sehr niedrigen Satz von kaum 0,5 Öre/kWh. Vergleichshalber: die Speicher-kWh stellt sich in Norrland auf einige $^{1}/_{100}$ Öre, in Südschweden auf bis zu 1,0 Öre/kWh (nach Samsioe).

Abb. 145. Regulierungswehr des Siljansees (geöffnet). (Dir. Serrander.)

Einzelheiten der hier nur in den Grundlinien dargestellten Regulierungsarbeiten werden in wasserwirtschaftlicher Hinsicht im Abschnitt 26, in bautechnischer im Abschnitt 27 behandelt. Hier sei nur bemerkt, daß bei allen Regulierungsmaßnahmen

Abb. 146. W. A. Skattungby. Regulierungswehr, Unterwasseransicht (Vattenbyggnadsbyrån.)

auf den starken Flößereibetrieb weitgehende Rücksicht genommen werden mußte, was u. a. ein sehr enges Zusammenarbeiten mit dem Flößereiverein des Dalälv notwendig machte. Als Besonderheit sei ferner noch ein Fall erwähnt, wo mit einer Seeregulierung (am Skattungby-Öre) unmittelbar der Ausbau einer Wasserkraft verbunden wurde. Bei Skattungby wird nämlich eines der Regulierungswehre zugleich zur Entnahme von Triebwasser für eine Kleinwasserkraftanlage von 525 PS bei 6,5 m Fallhöhe benutzt. Die Eigentümerin der Wasserkraftanlage ist Skattungsbyfors A. B. Abb. 146 gibt eine Übersicht dieser vereinigten Regulierungs-, Flößereiwehr- und Wasserkraftanlage.

10. Übersicht über die Elektrizitätswirtschaft des Dalälvgebietes.

Da das Dalälvgebiet aus Teilen von nicht weniger als 5 Regierungsbezirken besteht, sind die länsweise aufgestellten ausführlichen Untersuchungen des Elektrifieringskommittés (S. 76ff.) nicht unmittelbar zur Kennzeichnung der Elektrizitätswirtschaft des Stromgebietes geeignet. Dasselbe gilt von anderen, mehr summarischen Untersuchungen des Elektrifieringskommittés, in denen zwar das Dalälvgebiet nach energiewirtschaftlichen Gesichtspunkten eingeteilt ist (und zwar in drei Teile, die den Versorgungsgebieten Älvkarleby, Bergslagen und Övre Dalälven entsprechen) die aber gleichzeitig und ohne Trennung auch die entsprechenden Anteile benachbarter Stromgebiete mitbehandeln (Mälaren u. a.). Angesichts der überwiegenden Größe des Kopparbergslän-Anteiles können wir uns aber damit behelfen, einige Hauptergebnisse der auf diesen Bezirk bezüglichen Sonderuntersuchung des Elektrifieringskommittés als kennzeichnend für die allgemeine Elektrizitätswirtschaft des ganzen Dalälvgebietes anzunehmen.

Die ungewöhnliche Verschiedenheit der Bevölkerungsdichte und Erwerbsverhältnisse macht es erklärlich, daß man abgesehen von kleinen, vom Älvkarlebywerk aus mit Strom versorgten Gebietsteilen innerhalb des Kopparbergsläns eine sehr ungleichmäßige und vielteilige Struktur der Elektrizitätsversorgung feststellen muß. Neben Gebieten, die von großen im Bezirk selbst gelegenen Industriekraftwerken mitversorgt werden, finden sich Gegenden, wo einzelne Ortschaften ihr besonderes kleines Elektrizitätswerk haben (darunter sogar Ortschaften, in denen mehrere Zwergkraftwerke nebeneinander bestehen) und andererseits sehr große, im ganzen wesentlich mehr als die Hälfte der ganzen Bezirksfläche bedeckende Gebiete, die nicht einmal elektrisches Licht besitzen. Unter den genannten großen Industriewerken, die im Nebenbetrieb der Überlandversorgung dienen, sind in erster Linie zu nennen: Kopparbergs Bergslags A. B., Västerdalälvens Kraft A. B., Hellerfors A. B., Horndals Järnverks A. B. und Ludvika Gruvsägara (Grubenbesitzer).

Außer den oben eingehender behandelten Großkraftwerken Forshuvudforsen, Lanforsen, Mockfjärd gibt es noch eine sehr große Anzahl von kleineren (größtenteils schon 10—20 Jahre alten) Wasserkraftanlagen in Besitz von Industriefirmen mehr örtlich begrenzter Bedeutung oder von kleinen kommunalen Genossenschaften oder genossenschaftsartigen Aktiengesellschaften.

Von diesen sind die bedeutenderen: Falu elektriska belysnings A. B., Mora Orsa Elektricitetsverks A. B., Ryssa Elektricitetsverk und Dalajärna elektriska A. B.

Die Wasserkraftanlagen der kleinen Unternehmungen liegen zum größten Teil in den Seiten- und Quellflüssen, deren Regulierungsmöglichkeiten, wie wir sahen, recht ungünstig sind. Da die Anlagen auch entsprechend ihrem Alter meist die naturgegebenen technischen Möglichkeiten nicht rationell genug ausnutzen, arbeitet ein Teil von ihnen wenig wirtschaftlich; einzelne müssen sogar bei besonders trockener Herbstwitterung oft für Wochen die Stromlieferung einschränken.

Der elektrische Teil der erwähnten kleineren und kleinsten Kraftwerke ist überwiegend noch nach dem Gleichstromsystem ausgebaut. Es wurden zuletzt nicht weniger als 65 solcher Gleichstromanlagen gezählt; ihre Gesamtleistung übersteigt knapp 1000 kVA und die Flächensumme ihrer Versorgungsgebiete beträgt nur etwa

7—8% der gesamten elektrifizierten Landfläche von Kopparbergslän. Das übrige versorgte Gebiet wird von etwa 60 Drehstromanlagen bedient. Der überwiegende Teil des Bezirks ist, wie oben bemerkt, überhaupt noch nicht elektrifiziert. Auch in dem kleineren elektrifizierten Teil ist der Ausbau im allgemeinen nicht sehr intensiv, jedenfalls viel weniger als in Südschweden (S. 65ff.). Der Strom wird außer für Beleuchtung, hauptsächlich für Kleinindustrie und Handwerk, in den Bauernhöfen hauptsächlich für Dreschen und Sägen verwendet. Die kleineren Motoren für die vielartigen leichteren Kraftverwendungszwecke (Aufzüge, Häckselschneiden u. a. m.) haben dabei noch kaum Eingang gefunden. 35% des Ackerlandes des Bezirkes sind ganz unversorgt.

Das Elektrifieringskommitté hat folgende allgemeinen Richtlinien für die weitere Elektrifizierung von Kopparbergslän vorgeschlagen: Die zerstreuten Wasserkräfte in den niedriger gelegenen, mittelstark bevölkerten Wald- und Landwirtschaftsgegenden sollen vorläufig in den nächsten Jahrzehnten nicht ausgebaut werden, weil es viel vorteilhafter sei, zunächst die wichtigsten Großwasserkräfte und die Versorgungsnetze der gesamten landwirtschaftlichen Gegenden des Bezirks einheitlich und planmäßig auszubauen. In diesen Gegenden wäre es sogar zweckmäßig, die besonders unwirtschaftlich arbeitenden Gleichstromstationen stillzulegen, oder auf Wechselstrom umzubauen. Ein weiterer Ausbau der örtlichen Wasserkräfte erscheint dem Komitee dagegen angezeigt in den weniger bevölkerten Wald- und Gebirgsgegenden, wo die Landwirtschaft nur sehr spärlich betrieben wird. In diesen Gegenden dürfte für die nächsten Jahrzehnte eine Kraftzuleitung aus den Haupttälern weniger wirtschaftlich sein, als der Bau von örtlichen Kleinkraftanlagen. Die Unternetze sollen dabei von Anfang an nicht allein für Licht, sondern auch für Kraftversorgung angelegt und der Betrieb soll durch kooperative Zusammenschlüsse, etwa von 8—10 Höfen zur gemeinsamen Benutzung je eines mittelgroßen Motors zum Dreschen und Sägen möglichst verbilligt werden. — Die Gesamtaufteilung der gegenwärtig ausgebauten 315000 PS des Dalälvgebietes läßt sich nach Norlindh wie folgt angeben: 42% arbeiten für allgemeine Kraftverteilung (Städte und Landwirtschaft), 3% für Bergwerksbetriebe, 43% für elektrische Verhüttung und Eisenbearbeitung, 10% für Zellulose- und Papierindustrie und die restlichen etwa 2% für elektrochemische und sonstige Industrie.

Unterlagen:

Vårfloden i Nedre Dalälven År 1916. — Statistik Årsbok för Sverige, Tolvte årgången 1925. — Jahresstatistiken des Svenska Vattenkraftföreningen. — Forshuvudforsen-Kraftwerk von Mauritz Serrander und Gottfried Berg, Svenska Vattenkraftföreningens Publikationer 152, Seite 14/15. — Stockholms stads vattenkraftverk vid Untra (Amtliche Mitteilung des Städt. Elektrizitätswerkes von Stockholm) in Svenska Kommunal-Tekniska Föreningens Handlingår Nr. 14. — Untraverkets turbiner, von Prof. Hj. O. Dahl. Teknisk Tidskrift 1919, Heft 12. — Damluckor vid Untraverket, von Ing. Karl J. Karlsson. Svenska Vattenkraftföreningens Publikationer Nr. 138. — Älvkarleby. Zwei vom Vattenfallstyrelsen veröffentlichte Bücher; ferner das einschlägige Kapitel des Buches: Die staatlichen Kraftwerke Schwedens 1921. — Mockfjärd Kraftwerk von C. Landén & R. Nordenström, Teknisk Tidskrift: Väg och Vattenbyggnadskonst 17. April 1912. Ferner Vattenkraftförteckning 53/21/1 Mockfjärd. — Vattenkraftutbyggnaderna i Sverige under År 1922. Svenska Vattenkraft Publikationer 156. — Dalälvens Regleringsförening 10 År, Teknisk Tidskrift, März 1926 und Jubiläumsmonographie. — Vattenkraftutbyggnaderna i Sverige Svenska Vattenkraft Publikationer, zahlreiche Hefte. — Utredning beträffande Planmässig Elektrifiering av Landsbygden inom Kopparbergs Län (Kungl. Elektrifieringskommitteens Meddelande Nr. 12). — Utredning beträffande de Allmänna Forutsättningarna med avseende å Krafttillgangar Kraftbehov och Kraftoverföring för elektrifiering av Sveriges olika Kraftdistrikt (Kungl. Elektrifieringskommitteens Meddelande Nr. 8).

9. Abschnitt: Das Mälarengebiet und die benachbarten Wald- und Küstenflüsse des östlichen Mittelschwedens.

Das hier zu behandelnde Gebiet bedeckt eine Fläche von etwas über 35000 km² und umfaßt alle Zuflüsse der Ostsee südlich vom Dalälv und nördlich vom Motalastrom. Den Hauptteil bildet das Einzugsgebiet des Mälarsees; unter den vielen, sonst im allgemeinen nicht über 1000 km² messenden Wald- und Küstenflußgebieten sind von größerer Bedeutung noch Tämmarån und Nyköpingsån. Sie entwässern zum Teil die südlichsten Ausläufer der großen Nord- und Mittelskandinavischen Gebirgskette; der Hauptteil des Gesamtgebietes aber gehört dem als „Mittelschwedisches Semiplan" bezeichneten Hügelland an, das stark durchschnitten, jedoch niedrig (durchweg unterhalb 100 m ü. d. M. hoch) und wegen seiner durch Eiszeitgletscher abgeschliffenen Felskuppen vielfach auch als „Landhökerlandschaft" bezeichnet wird.

Politisch besteht das Gebiet, das die weiteste Umgebung der Stadt Stockholm umfaßt, aus dem ganzen Stockholms- und Södermanlandslän und aus Teilen von Upplands-, Västmanlands-, Kopparbergs- und Örebro-Län.

Die Gesteinformationen des Gebietes sind größtenteils die gleichen Urgesteine, wie in der benachbarten Dalälvgegend: nämlich verschiedene Granite, Gneise, Gneisgranite, Leptite und Glimmerschiefer. Hauptsächlich die beiden zuletzt genannten Bildungen enthalten die wichtigsten Erzfelder des bereits im Dalälvabschnitt erwähnten Mittelschwedischen Erzgebietes. Nur in der Umgebung des Hjälmarsees besteht der Untergrund teilweise aus jüngeren Bildungen und zwar: Kambrischen Sandsteinen. Das Gebiet liegt größtenteils unterhalb der marinen Grenze. Daher finden sich an quaternären Bildungen außer den Moränen auch in vergleichsweise starker Verbreitung Lehme, Sande und lehmige Sande, welche im Gegensatz zu den bewaldeten Moränen die natürlichen Träger des Ackerbaues sind. Der Ackerboden nimmt daher hier etwas mehr als $1/3$ des Gesamtgebietes ein.

Dieser nicht unbedeutende Ackerbau, die reichen Waldungen mit der Sägewerk-, Zellulose- und Papierindustrie und vor allem die großen Erzfelder mit der bedeutenden Eisen-, Stahl- und Stahlwarenindustrie, schließlich die Hauptstadt und die vielseitigen kleineren Industriezweige, die durch deren Nähe bedingt sind, ergeben einen sehr vielseitigen und bedeutenden Energiebedarf, der — vergleichshalber bemerkt — z. Z. wesentlich größer ist als derjenige des mehr als 4mal so großen Övre Norrland.

Diesem großen Bedarf stehen innerhalb des Gebietes für nordische Verhältnisse recht unbedeutende Wasserkraftvorkommen gegenüber. Die Höhenunterschiede sind gering (die höchsten Teile des Mälarengebietes liegen nur etwa 300 m, die weit überwiegende Fläche aber nur 100 m und weniger über dem Meere). Die Niederschläge sind mit die geringsten in ganz Schweden, und die Abflußziffern sind wegen der reichen Bewaldung und des vergleichsweise ausgedehnten Ackerbaues nieder. Daher ist die Wasserkraftdichte dieser Mittelschwedischen Gebiete nur ein kleiner Bruchteil derjenigen in nördlichen Stromgebieten des Landes. Norlindh berechnet die gesamte Mittelwasserleistung des Gebietes auf 155000 PS, die sich folgendermaßen verteilen:

Tabelle 21.

	Einzugsgebiet	Mittelwasserleistung		
	km²	PS	%	PS/km²
Mälarengebiet	22300	142000	91,6	6,4
Tammarån	1230	2000	1,3	1,6
Nyköpingsån	3640	8000	5,2	2,2
Sonstige Küstenflüsse (geschätzt)	8000	3000	1,4	0,37
Insgesamt	35170	155000	100	4,4

Die ausbauwürdige Leistung beziffert Ekwall nur wenig niedriger als die Mittelwasserleistung und zwar auf 145000 PS.

Die durchschnittliche Energiedichte von 4,4 PS/km² ist also nur etwa $^1/_{10}$ derjenigen von Nordschweden (vgl. S. 91). In früheren Zeiten, wo die Übertragung der Energie auf große Entfernungen noch unbekannt war, wurden die zerstreuten Energiequellen der Gegend durch primitive Wasserkraftanlagen zu einem Bruchteil ausgenutzt; man findet sehr zahlreiche Ortschaften, die ihre ganze Entstehung und Entwicklung dem örtlichen Vorhandensein von Wasserkräften verdanken. Selbstverständlich sind in neuerer Zeit die einheimischen Energien in steigendem Maße der Industrie nutzbar gemacht worden; der derzeitige Turbinenausbau unseres Gebietes erreicht daher mit 90000 PS schon nahezu $^2/_3$ der verfügbaren Mittelwasserleistung. Daneben wird aber heute schon ein sehr bedeutender Teil des Energiebedarfes aus anderen Stromgebieten gedeckt; und in Zukunft wird die Krafteinfuhr sicherlich in der Energiewirtschaft des östlichen Mittelschwedens die Hauptrolle spielen. Da nach Tab. 21 die einzigen wirklich bedeutenden Energiequellen des östlichen Mittelschwedens die Gewässer des Mälarengebietes sind, wird im nachfolgenden nur noch die Wasserkraftwirtschaft dieses Teilgebietes näher behandelt.

Die Wasserkräfte des Mälarengebietes sind stark zertreut auf die verschiedenen Zuflüsse; die meisten und wertvollsten Wasserfälle liegen nördlich vom Mälarsee, hauptsächlich im Kolbäcksån. Die Verteilung der Mittelwasserleistungen des Mälarengebietes ist nach Norlindh:

Tabelle 22.

	PS	%
Kolbäcksån samt Nebenbächen	63000	44,4
Arbogaån samt Nebenbächen	41000	29,0
Gebiet des Hjälmaren Sees (Närkes-Svartån-Eskilstunaån)	15000	10,4
Hedsströmmen	13000	9,2
Sonstige Nebenflüsse des Mälaren	9000	6,3
Norrström (Abfluß des Mälaren)	1000	0,7
	142000	100,0

Die Hydrographie des Stromgebietes ist bis jetzt nicht ausführlich bearbeitet, und die Vattenfallförteckning liegen auch über kein Teilgebiet vor. Die Energiedauerzahlen sind daher nicht bekannt. Besonders seenreich ist der Kolbäcksån und in noch höherem Maße der Eskilstunaån unterhalb des Hjälmaren. Als Seeanteil des gesamten Mälarengebietes werden meist 12% angegeben; doch besagt diese Zahl energiewirtschaftlich nichts, da der große Mälarsee nur noch für den sehr gefällarmen Norrström als Speicher in Frage kommt. Der energiewirtschaftlich maßgebende Wert des durchschnittlichen Seeanteils dürfte etwa zu 6% anzunehmen sein.

Ausbau. Die große Mehrzahl der Gefällstufen der Mälarengewässer ist schon ausgebaut, einige davon höher als auf Mittelwasserleistung. Am weitesten ist wohl der Kolbäcksån ausgenutzt. Die Wasserkraftanlagen des Mälarengebietes, mit ihrer gesamten Ausbauleistung von etwa 85000 PS, dienen entsprechend der angedeuteten wirtschaftlichen Struktur des Gebietes den mannigfaltigsten Zwecken. Die Erzgrubenbetriebe, Hütten-, Eisen- und Stahlwaren, sonstigen Metallwaren- und Maschinenindustrien herrschen mit 78% vor; etwa 14% entfallen auf sonstige Industriezweige, hauptsächlich Papiermasse- und Papierindustrien, und nur die restlichen 8% dienen zur Deckung bürgerlichen Bedarfs. Dies erklärt sich dadurch, daß der ganze große Energiebedarf der Städte Stockholm und Upsala sowie der größte Teil des Energiebedarfs von Örebro und eines großen Teils der Dörfer und Landwirtschaften von Überlandzentralen anderer Stromgebiete gedeckt wird.

Die Wasserkraftanlagen der Mälarengegend dienen also überwiegend für den Betrieb einzelner Bergwerke und Fabriken und sind meist kleinere und mittelgroße

Anlagen; nur 14 unter ihnen haben über 2000 PS. Die größte Einzelanlage ist das Wasserkraftwerk der großen Grubenwerke Grängesberg Gruvor A. B. in Lernbo am Kolbäcksån, mit 5000 PS Volleistung. Weitere erwähnenswerte Mittelkraftanlagen sind die Werke Loforsen und Ludvika des bedeutenden Bergwerkskonzerns A. B. Ludvika Bruksägara, das Werk Trångforsen der Svenska Metallverken (alle drei am Kolbäcksån), das Werk der Bångbro Rörverk am Arbogaån und schließlich die Wasserkraftanlage Tunafors der Tunafors Järnmanufaktur A. B. am Eskilstunaån. Letztere Anlage, die neuzeitlichste unter den größeren Wasserkraftanlagen der Mälarengegend[1], nutzt im Mittel eine Fallhöhe von 5,15 m aus. Das Krafthaus ist nach Abb. 147, 915 für 4 gleiche Francis-Doppelzwillingsturbinen und 2 Dieselmaschinensätze gebaut. Zur Zeit sind erst drei Turbinen von je 600 PS und eine Dieselmaschine von 700 PS aufgestellt. Die erzeugte Energie wird z. T. in dem Eisenwerk selbst, z. T. für Lichtversorgung der Stadt Eskilstuna verwendet. Die Anlage kann nach dem Einbau der beiden noch fehlenden Maschinensätze noch weiter ausgebaut werden; doch setzt dies eine Jahresregulierung der Wasserführung voraus. Die natürlichen Vorbedingungen sind außerordentlich günstig; denn einem Werkseinzugsgebiet von 4200 km² steht im Hjälmarsee eine Regulierungsoberfläche von 480 km² (nahezu 12%) gegenüber.

Energiewirtschaft. Die länsweise und kraftdistriktweise geordneten Untersuchungen des Elektrifieringskommittés lassen auch hier für unser hydrographisch abgegrenztes Gebiet nur schätzungsweise Angaben zu. Der gesamte jährliche Energiebedarf des betrachteten Gesamtgebietes ist auf nahezu 600 Millionen kWh zu schätzen, entsprechend einer aufgestellten Leistung von etwa 160000 PS. Da die ausgebauten Wasserkraftanlagen insgesamt nur etwa 94000 PS leisten, ergibt sich schon jetzt die Notwendigkeit, nahezu die Hälfte des Energiebedarfes von außerhalb zuzuführen. Auf Grund der Untersuchung des Elektrifieringskommittés ist anzunehmen, daß der Energiebedarf in den nächsten 2 Jahrzehnten um etwa 50% steigen wird. Da naturgemäß die bauwürdigsten Gefälle des Mälarengebietes großenteils schon ausgebaut sind, so ist im Ausbau der gebietseigenen Kraftquellen der Gegend kein sehr bedeutender Fortschritt mehr zu erwarten; vielmehr dürfte der ungedeckte Mehrbedarf vorwiegend durch Energieeinfuhr von außen her befriedigt werden.

Die teilweise ja schon heute vorhandene energiewirtschaftliche Unselbständigkeit des Gebietes hat das Elektrifieringskommitté dadurch berücksichtigt, daß es bei seiner Einteilung des Landes in Kraftdistrikte das naturgeographisch einheitliche östliche Mittelschweden in mehrere Teile zerschnitten hat, die es den jeweils benachbarten Kraftdistrikten angliederte. Ein großer nördlicher und nordöstlicher Teil unseres Gebietes mit den Städten Stockholm und Upsala ist dabei dem Älvkarleby-Kraftdistrikt angegliedert, da er schon jetzt Energie von Älvkarleby und Untra zugeführt erhält; in naher Zukunft wird der Bedarf noch durch die schon erwähnte Kraftüberführung vom Indalsälv ergänzt werden (S. 82). Der östliche Teil unseres Gebietes ist dem Motalakraftdistrikt zugeteilt und erhält Energie vom staatlichen Motala-Kraftwerk (S. 195); in Zukunft wird der gesteigerte Bedarf außerdem noch durch Überführung z. T. vom Indalsälv, z. T. vom Götaälv, gedeckt werden. Der westliche, binnenländische Gebietsteil endlich ist dem Einflußgebiete von „Bergslagens gemensamma Kraftförvaltning" zugeteilt, dessen wichtigste Kraftquellen der Mittellauf des Dalälv und der Oberlauf des Gullspångsälv (Svartälv) sind; das Elektrizitätswerk der Stadt Örebro nutzt bereits die Energie des Svartälv aus. In Zukunft dürfte von den bedeutenden noch nicht ausgenützten Wasserkräften des Dalälvoberlaufes ebenfalls elektrische Energie zugeführt werden. Schließlich ist ein kleiner südwestlicher Teil unseres Gebietes dem „Götaälv-Gullspång"-Kraftbezirk angegliedert.

[1] Die Angaben stammen aus den Jahresstatistiken der Vattenkraftföreningen und im wesentlichen aus Mitteilungen des Entwerfenden, Herrn Major Insulander, Stockholm, der auch Pläne und Bilder zur Verfügung gestellt hat.

Der örtlich begrenzten Bedeutung der Mälaren-, Nyköpingsån- u. a. Kräfte entsprechend hat der schwedische Staat keinen nennenswerten Teil derselben erworben;

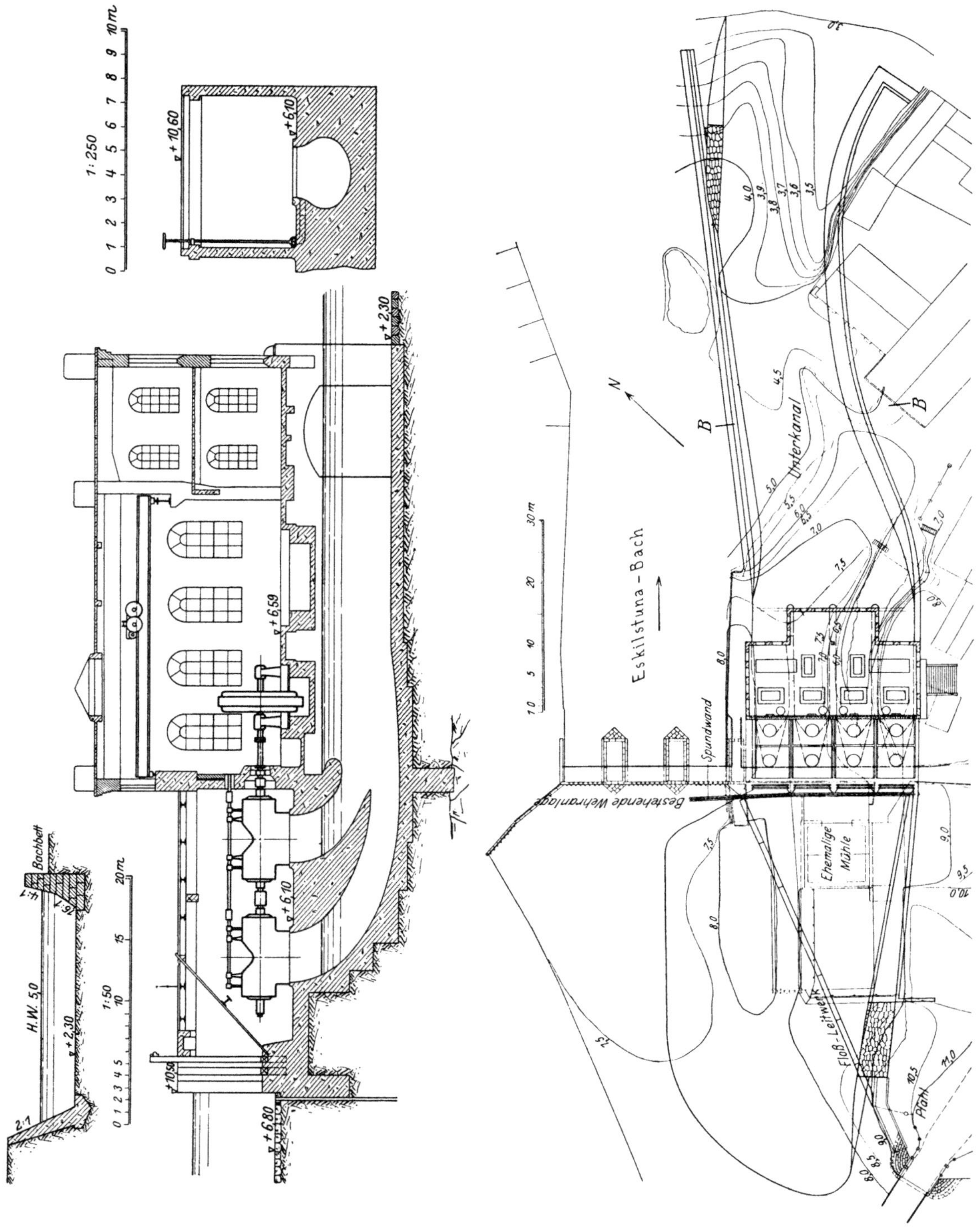

Abb. 147. W. A. Eskilstuna, Lageplan, Kanalquerschnitt, Krafthausschnitt. (Maj. Insulander.)

der vorhandene geringfügige staatliche Besitz an Wasserkraft ist noch meist unausgenutzt.

10. Abschnitt: Wettersee, Motalastrom und die benachbarten ostschwedischen Küstenflüsse zwischen Nyköpingsån und Emån.

1. Allgemeines.

Wir kommen hier (Abb. 19) in ein wichtiges, in den letzten Jahren ziemlich stark entwickeltes Industriegebiet. Die Hauptgewässer sind der Wettersee und sein Abfluß, der Motalastrom; die zahlreichen Küstenflüsse sind im einzelnen meist unbedeutend; der einzig einigermaßen wichtige ist Botorpsströmmen. Dieses ganze Wassergebiet umfaßt etwas über 20000 km² und wird größtenteils von dem politischen Bezirk Östergötland gebildet; nur verhältnismäßig kleine Teile des Gebietes reichen in die Nachbarbezirke, namentlich in Skaraborgs, Örebro-, Jönköpings- und Kalmar-Län hinüber.

Die Wasserläufe entwässern einen Teil der nördlichen Smålandschen Hochebene, einen Teil der südlichsten Ausläufer der nord-mittelskandinavischen Gebirgskette und schließlich einen Teil des ostschwedischen Küstenlandes. Die Erhebungen all dieser Gebiete sind durchweg mäßig; die höchsten, in der Smålandschen Hochebene, reichen bis etwa 300 m ü. d. M. Über die Hälfte des Gebietes liegt indes, wie in Ost-Mittelschweden, unterhalb 100 m.

Auch geologisch ist etwas Ähnlichkeit mit Ost-Mittelschweden: der Untergrund ist größtenteils Urgestein; nahe dem Motalastrom sind aber auch jüngere Sedimentbildungen: Untersilur und Kambrischer Sandstein, ähnlich wie um den Hjälmarensee zu finden. Obwohl der Hauptteil des Gebietes unter der marinen Grenze liegt, überwiegen in der Überlagerung die Moränen bedeutend; unter den marinen Ablagerungen herrschen Sande vor. Landwirtschaftlich am besten gestellt ist die südliche Umgebung des Motalastroms (besonders beim Ausfluß des Wettern), weil hier der Untergrund aus den leichter verwitterbaren Sedimentgesteinen besteht. In den übrigen Gebietsteilen überwiegen die Waldungen weitaus.

Das erwähnte gute Landwirtschaftsgebiet in dem Winkel zwischen Motalastrom und Wettersee bildet mit der Gegend unmittelbar südlich vom Wettern den dichtest besiedelten Teil unseres Gebietes.

Außer durch die Landwirtschaft ist die stellenweise 50 Seelen/km² übersteigende Bevölkerungsdichte durch bedeutende Industrieentwicklung bedingt. Die Gegend um Norrköping ist neben der Umgebung Göteborgs der wichtigste Sitz der schwedischen Textilindustrie (insbesondere der Wollspinnerei und -weberei). Wohl über $^1/_4$ der gesamten schwedischen Textilindustrie sitzt an den Ufern des Wettern und des Motalastromes. Daneben ist noch die Papier-, die Eisen-, Zündholz- und Möbelindustrie von Bedeutung.

Diese Industrien, die zum Teil intensive Landwirtschaft und die dichtere Bevölkerung bedingen einen beträchtlichen Energiebedarf, dem eine sich schnell entwickelnde Wasserkraftindustrie zu genügen sucht. Es gibt wenig Gegenden in Skandinavien, in denen seit dem Weltkrieg die Wasserkraftausnutzung verhältnismäßig so viel zugenommen hat, wie hier.

Die Energiequellen des Gebietes sind in Tab. 23 nach Norlindh und Ekwall zusammengestellt.

Der Motala, als seenreichster unter allen schwedischen Strömen, ist demnach von Ekwall für wesentlich über Mittelwasserleistung hinaus ausbauwürdig angesehen. Die Praxis des bisherigen Ausbaues ist ihm darin gefolgt, und so erreicht die Leistungssumme der bisher ausgebauten Wasserkräfte schon jetzt fast die ideelle Mittelwasserleistung des ganzen Stromes. Hierin ist das Motalagebiet allen anderen großen Stromgebieten Schwedens überlegen.

Tabelle 23.

	Einzugs-gebiet km²	See-anteil %	Mittel-wasser-leistung PS	Energie-dichte PS/km²	Ausbauwürdige Leistung bei rationeller Seeregul. und 4800 Betr.-St. nach Ekwall	Ausgebaute Leistung und 1921 im Bau befindliche PS
Wettern-Motalagebiet . .	15500	20	123000	7,9	165000	117000
Botorpströmmen	—	—	6000	—	—	3000
Storån- und sonstige Küstenflußgebiete . .	6000	?	8000	2,3	20000	5000
Gesamtgebiet	21500	?	137000	6,3	185000	125000

Die Aufstellung zeigt ferner die überwiegende energiewirtschaftliche Bedeutung des Motalagebietes gegenüber den benachbarten Küstenlandflüssen. Wir wollen daher auch nur das Motalagebiet eingehender betrachten.

2. Übersicht über die Gewässer des Wettern-Motalagebietes und ihre Wasserkräfte.

In den Niederschlagsverhältnissen ähnelt das Wettern-Motalagebiet etwas dem benachbarten Mälarengebiet. In den Abflußverhältnissen sind aber größere Unterschiede; die mittlere Spende ist für das ganze Motalastromgebiet 6,6 sl/km², gegenüber 8,4 sl/km² im Norrström (Mälarenausfluß); ferner ist der Abflußgang ziemlich verschieden: während der Mälarsee den Hochstand im Mai erreicht, hat ihn der Wettern im August — September, was mit der starken unterirdischen Speisung des Wettersees erklärt wird. Immerhin ist, da in den Höhenverhältnissen beider Stromgebiete keine großen Unterschiede vorliegen, die Energiedichte nicht sehr verschieden (vgl. die Zusammenstellungen S. 181 und 182). Dagegen ist die vorteilhafte Ausbauhöhe nach Ekwall im Motalastrom wesentlich größer als im Mälaren und ebenso die tatsächlich ausgebaute Wasserkraft. Das kommt daher, daß im Motalagebiet im Gegensatz zum Mälarengebiet die Wasserkraft überwiegend im Abflußstrom des großen Wettersees vereinigt ist; dies ermöglicht die Schaffung von Großanlagen bei gleichzeitig hervorragenden Dauerverhältnissen und Regulierungsmöglichkeiten. Während an der Mündung des Motalastromes in die Ostsee der Seeanteil noch 20% beträgt (Tab. 24), steigt die Ziffer stromaufwärts gar bis 33% am Wetternausfluß. In den einzelnen Zuflüssen des Wettern und des Motalahauptstromes sind allerdings große Unterschiede des Seeanteils festzustellen. Die seenreichsten Nebenflüsse sind Svartån und Röttleån.

Tabelle 24 (nach Norlindh) zeigt die Verteilung der theoretisch verfügbaren und der ausgebauten Wasserkräfte des Motalagebietes. Die namentlich bezeichneten Nebenflüsse kommen alle von Süden; die von Norden kommenden sind energiewirtschaftlich weniger bedeutend.

Im Gegensatz zum Mälarengebiet, wo die kleineren Wasserkraftanlagen überwiegen, herrschen im Motalagebiet die mittleren und großen Kraftanlagen vor. Darunter finden sich mehrere ganz neue und nach Größe und Bauweise sehr bemerkenswerte Anlagen.

Im Gegensatz zu der überwiegend örtlichen Energienutzung im Mälarengebiet dient die Ausbauleistung des Motalagebietes zu über 50% der Kraftübertragung und -verteilung; allerdings dürfte ein erheblicher Teil der verteilten Energie einzelnen Fabriken als Großabnehmern zugeführt werden.

Der Rest der Ausbauleistung (etwas unter 50%) speist in Einzelversorgung die verschiedensten Industrien mit Ausnahme elektrochemischer; darunter nehmen die Textilindustrien etwa den dritten Teil in Anspruch.

Tabelle 24.

	Theoret. Mittelwasserleistung		Ausgebaut oder 1925 im Bau	
	einzeln PS	im ganzen PS	einzeln PS	im ganzen PS
Wettersee:				
Huskvarnaån samt Nebenbächen	8000		9000	
Röttleån ,, ,, ...	2000		6000	
Sonstige Zuflüsse	6000		5000	
Wettern-Einzugsgebiet insgesamt. . .		16000		20000
Motalastrom:				
Svartån samt Nebenbächen	27000		24000	
Stångån ,, ,, ...	14000		5000	
Sonstige Nebenflüsse	7000		5000	
Nebengewässer des Motala-Hauptstromes.		48000		34000
Motala-Hauptstrom		59000		63000
Wettern-Motalagebiet insgesamt . . .		123000		117000

Im nachfolgenden werden, im Anschluß an obige Einteilung der Motalakräfte, die größeren und wichtigeren Wasserkraftanlagen des Gebietes erwähnt und z. T., nach Maßgabe der Größe, neuzeitlichen Einrichtung u. a. auch besprochen.

3. Huskvarnaån.

Der Huskvarnaån kommt vom steilen südlichen Faltungsufer des Wettern aus einem 250 m ü. d. M. liegenden Smålandschen See. Norlindh teilt sein Gesamtgefälle (etwa 170 m) in 4 Stufen ein. Drei dieser Stufen sind bereits ausgebaut, darunter als bedeutendste der Mündungsfall. Diese Anlage gehört der Huskvarna Waffen- und Maschinenfabrik und versorgt außer der Fabrikanlage auch die Städte Huskvarna und Jönköping.

Die ausgenutzte Stufe hat bei 74 m Gesamtfall 4400 PS Mittelwasserleistung. Eingebaut sind bei 71,5 m Nutzfall zur Zeit 3 Turbinen zu 1500 PS ($n = 500$) und eine zu 600 PS ($n = 750$). Die Volleistung, 5100 PS, ist also — der Energieverwendung für 8-Stunden-Betriebe und bürgerlichen Bedarf entsprechend — etwas über Mittelwasserleistung. Die Anlage ist 1912 (Abb. 148) in Betrieb genommen; die dritte 1500-PS-Einheit wurde 1920 eingebaut. Schon lange vor 1912 stand hier eine ältere Kleinanlage, deren Turbine der Neuanlage als 600-PS-Einheit einverleibt wurde.

4. Röttleån.

Der Röttleån ist ein kurzer Bach, dessen Oberlauf bis zum Bunnsee nur unbedeutende Fallhöhe hat. Zwischen Bunn- und Wettersee liegt aber ein für schwedische Verhältnisse bedeutender Höhenunterschied von 108 m, der fast völlig im Röttlekraftwerk ausgenutzt wird. Das Einzugsgebiet von 194 km^2 enthält fast 20 km^2 Seefläche. Dies ist der größte Vorzug der Fallstufe, die sonst — wegen ihrer Längenausdehnung — nicht mehr vorteilhaft wäre. Der hohe Seeanteil bedingt die relativ große mittlere Niederwassermenge 0,5 m^3/sek oder über $\frac{1}{3}$ der mittleren Wassermenge (1,4 m^3/sek). Seeregulierungen werden nach Fertigstellung eine Vollwassermenge von 5 m^3/sek (also ein Ausbauverhältnis von 1 : 3,5 in bezug auf MQ) zulassen. Der jetzige Ausbau ($Q_n = 3{,}3$ m^3/sek) entspricht einer ersten Stufe der Regulierung.

Die Anlage (Abb. 148, 149, 150, 151, 152) umfaßt zwei Regulierungswehre am Bunnsee, einen Einlaufkanal mit Einlaßschleuse bei Bunn, eine Freispiegelzuleitung mit anschließender flacher eiserner Fallrohrleitung und das Krafthaus am Wettersee. Die Freispiegelleitung ist teils als Felsstollen, teils als Einschnittskanal in Moräne ausgeführt. Am Eingang des unteren Stollenabschnittes ist ein Feinrechen, am Ende ein in den Fels gesprengtes Schachtwasserschloß mit Apparatekammer angeordnet. Das Kraft- und Schalthaus liegt bei Gränna.

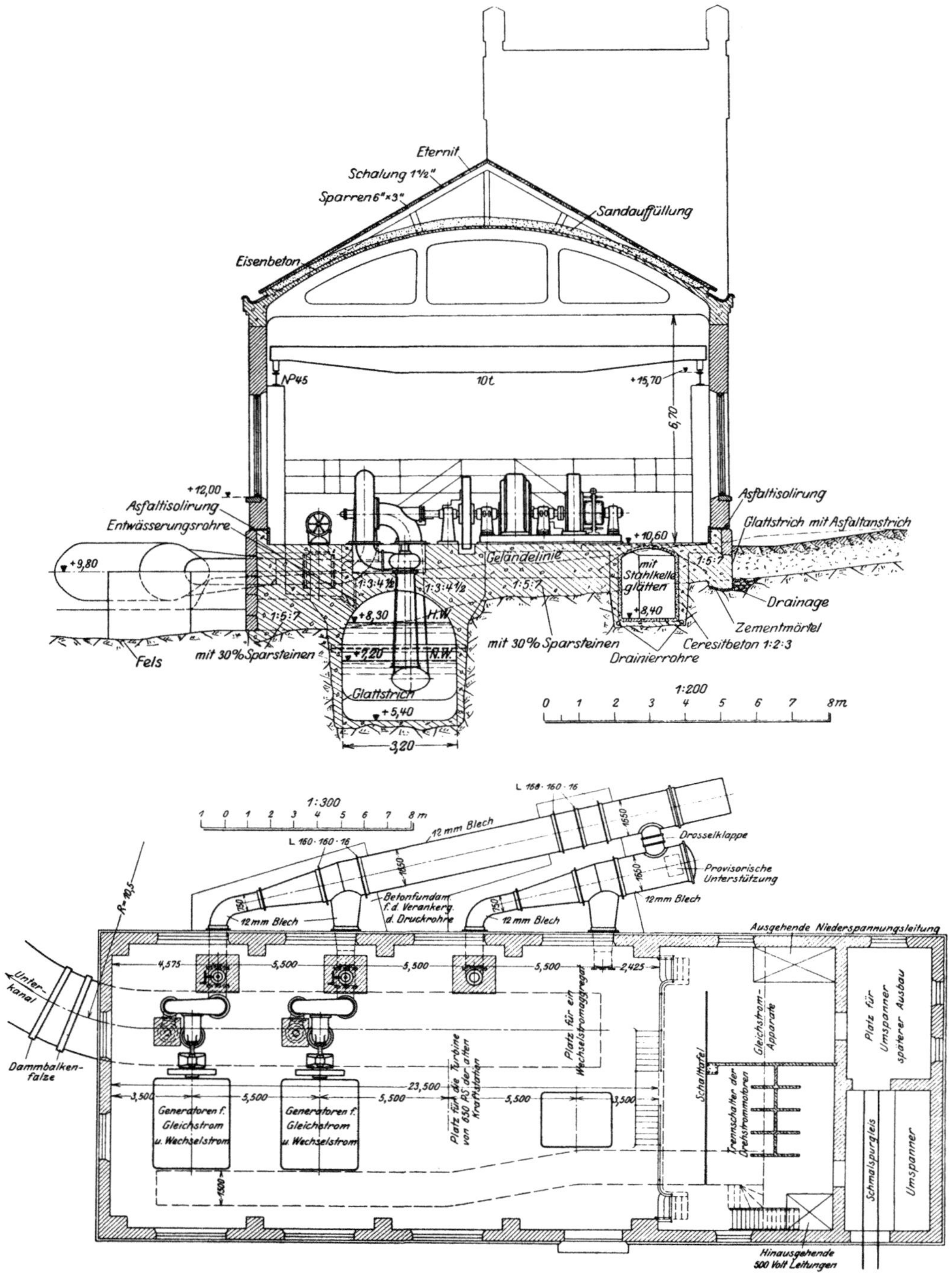

Abb. 148. Huskvarna, Grundriß und Schnitt. Erster Ausbau 1912. (Vattenbyggnadsbyrån.)

Krafthaus und Triebwasserleitung sind für die endgültige Vollwassermenge von 5 m³/sek bemessen, die auf drei Francisspiralturbinen von je 1850 PS verteilt werden soll; z. Z. sind zwei Maschinen eingebaut. Die Gesamtfallhöhe ist 108 m, die Nutzfallhöhe je nach Belastung und Wasserständen des Bunn und Wettern zwischen 108 und 110 m. Jeder Maschinensatz besteht aus Spiralturbine mit gekapseltem Schwungrad und direkt angetriebenem Drehstromerzeuger (1600 kVA, 3300 Volt). Im Schalthaus untergebrachte Umspanner erhöhen die Spannung für Fernleitung auf 40, für Nahverteilung auf 10 kV.

Regulierungsarbeiten sind ausgeführt am Bunnsee, an dem normal 0,2 m höheren Oresee und dem um 0,3 m niederen Kvarusee; alle drei Seen sind zu einem nahezu einheitlichen Speicher ausgebildet. — Die hohe Ausbauleistung ist außer durch die hervorragenden Regulierungsmöglichkeiten in erster Linie durch die geringe Ausnutzungsdauer gerechtfertigt. Das Werk ist das letzte und wichtigste Glied der städtischen Eltversorgung Jönköping, die außerdem Energie von dem noch zu betrachtenden Edeskvarnawerk und von dem oben erwähnten Werk der Huskvarna Waffenfabrik bezieht.

Die Vorstudien für Röttle gehen auf 1905 zurück. Prof. Richert hat damals schon im wesentlichen die jetzt ausgeführte, für jene Zeit wasserwirtschaftlich ungewöhnlich weitgehende

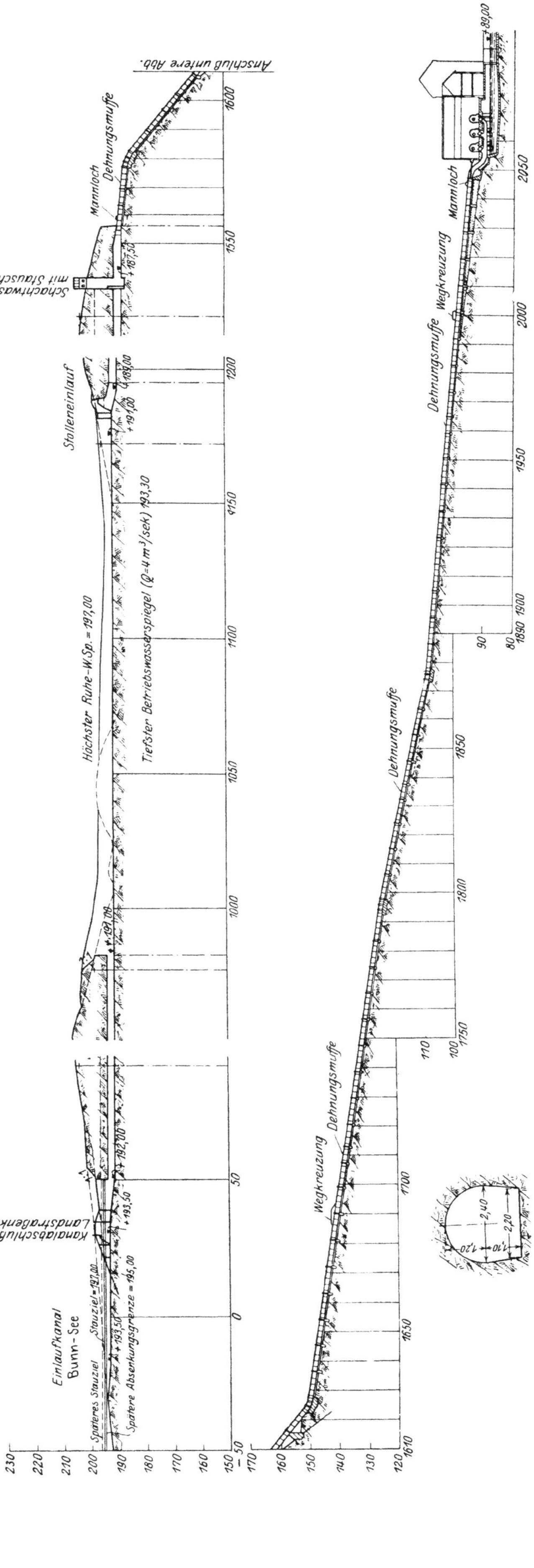

Abb. 149. Röttle, Längenschnitt und Stollenquerschnitt. (Sv. V. Kr. För.)

Lösung vorgeschlagen. Die Verwirklichung scheiterte damals an der Schwierigkeit, alle auf mehrere hundert Besitzer zerstreuten Wasserrechtanteile zu erwerben. Erst über ein Jahrzehnt später wurde das Projekt wieder aufgegriffen, der Gefällbesitz in einen Konzern vereinigt, den Städten Jönköping und Huskvarna verkauft, worauf der Bau 1920 begonnen und 1922 vollendet werden konnte.

Das Röttlewerk hat nächst der Kleinkraftanlage Perserud die größte Fallhöhe unter den schwedischen Wasserkraftanlagen.

5. Die übrigen Zuflüsse des Wettersees.

Von den sonstigen zahlreichen Nebenbächen des Wettern liegen die wichtigsten überwiegend auf dem steileren Südrand des Sees. Alle sind wasserarm und trotz der großen, bis 150 m reichenden Fallhöhen enthält kein einzelner Bach mehr als 700 PS. Etwa die Hälfte dieser Bäche ist durch Wasserkraftanlagen ausgenutzt. Eine dieser, naturgemäß meist unbedeutenden Kleinanlagen ist die ebenfalls der Stadt Jönköping gehörige Kraftstation Edeskvarna. Das Werk liegt wenige Kilometer von Huskvarna (S. 187), also nahe dem Südwinkel des Wettern; es nutzt den Edeskvarnabach ($H = 57$ m), aus (Abb. 153). Die Mittelwasserleistung ist 250 PS, die Ausbauleistung aber das 6fache: 1500 PS. Die Anlage ähnelt in ihrer Gesamtanordnung sehr dem Röttlewerk; sie ist gleich diesem vom Vattenbyggnadsbyrån entworfen und 2 Jahre vor Röttle erbaut.

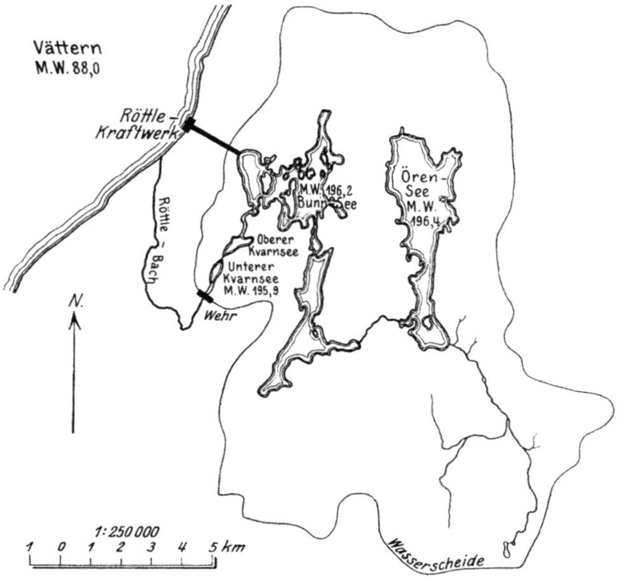

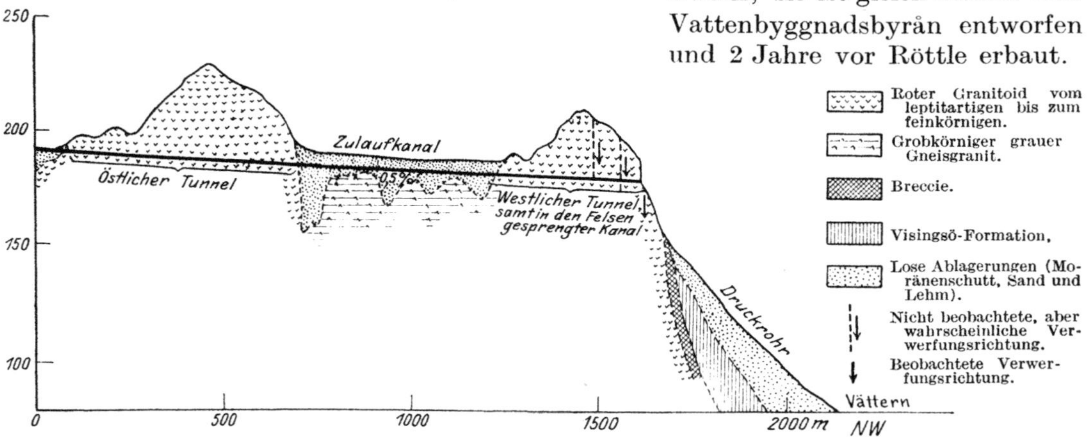

Abb. 150. Röttle. Übersichtskarte und geologischer Längenschnitt. (Sv. V. Kr. För.)

6. Die Wasserkraftanlagen des Svartån.

Der wichtigste Nebenfluß des Motalastromes ist Svartån, Abfluß des Sommensees, 146 m ü. d. M. Dieser See wird von zwei Bächen gespeist, die aus 200 m ü. d. M.

liegenden Seen kommen und deren Wasserkraft großenteils ausgenutzt ist. — Fast restlos ausgenutzt ist indes der wegen seiner guten Regulierungsmöglichkeiten

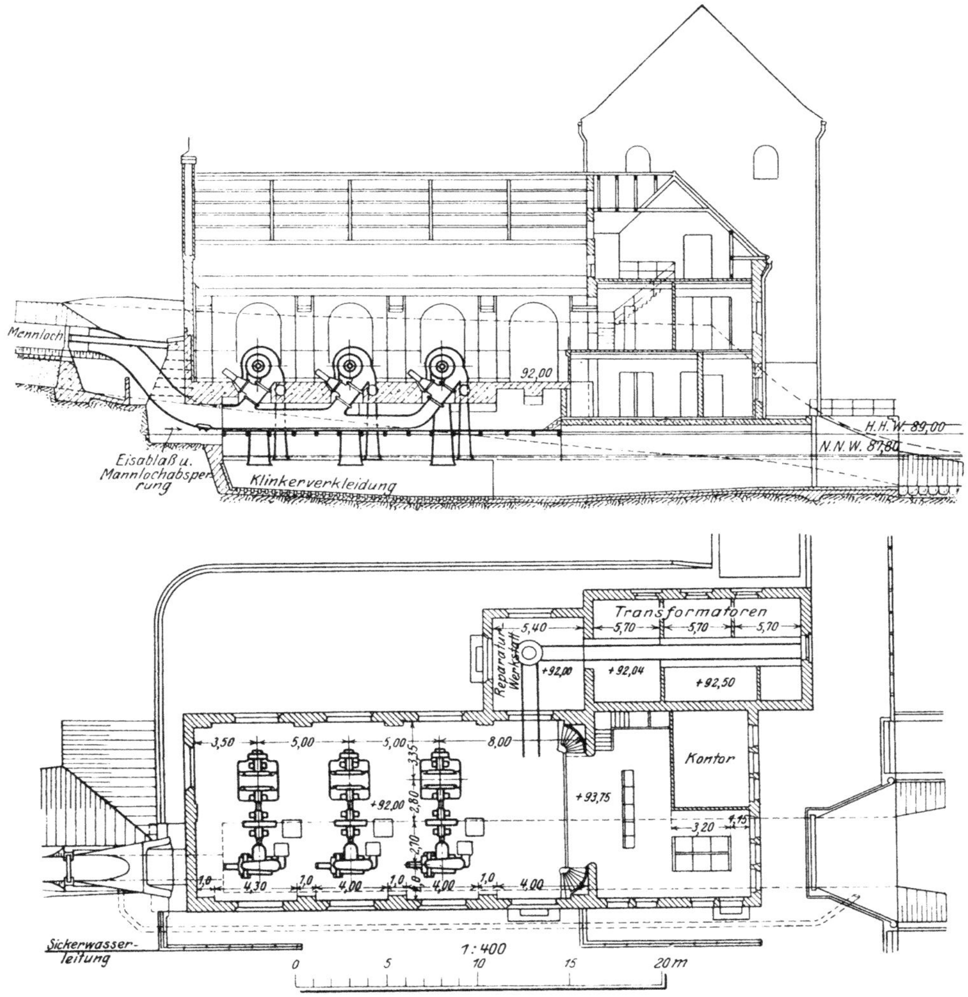

Abb. 151. Röttle, Schnitt und Grundriß des Krafthauses. (Sv. V. Kr. För.)

bevorzugte Svartån selbst, zum großen Teil übertrifft der Ausbau die Mittelwasserleistung.

Norlindh ordnet die Fallstrecken des Svartån in drei Gruppen. Die erste, im Oberlauf gelegene Gruppe gehört den Eisenwerken Boxholm und ist in zwei Wasserkraftanlagen ausgebaut. Eine, das Kraftwerk Flemminge ($H = 4{,}4$ m), hat 2 Doppelzwillingsturbinen von je 600 PS[1], die je einen Stromerzeuger direkt antreiben (Abb. 154). Die Anlage ist 1920 erbaut. Die zweite Fallgruppe, am Rande des Silurgebietes gelegen, hat eine Mittelwasserleistung von 7900 PS. Alle Hauptstufen dieser Gruppe sind ausgenutzt, und zwar drei in wichtigen für bürgerlichen Bedarf arbeitenden Wasser-

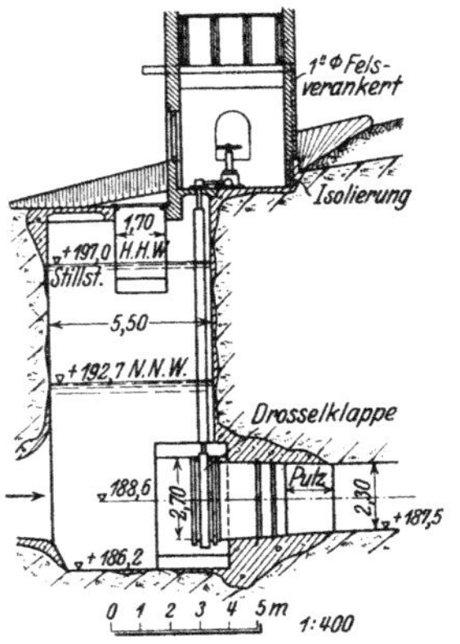

Abb. 152. Röttle, Wasserschloß-Schnitt. (Sv. V. Kr. För.)

[1] Briefliche Angabe vom Vattenbyggnadsbyrån; nach den Jahresstatistiken des Svenska Vattenkraftföreningen soll dagegen die Anlage 2 Maschinensätze zu 800 PS bei $H = 5{,}4$ m haben.

kraftanlagen: Knutsbro und Öjebro des städtischen Eltwerkes Norrköping und: Vågfors der Svartån Dalens Elektriska A. B.

Das Werk Öjebro gehört zu den älteren kommunalen Wasserkraftanlagen Schwedens (entworfen 1909, vgl. Abb. 155, 156); es nutzt eine Fallhöhe von 15 m, hat 2 Tur-

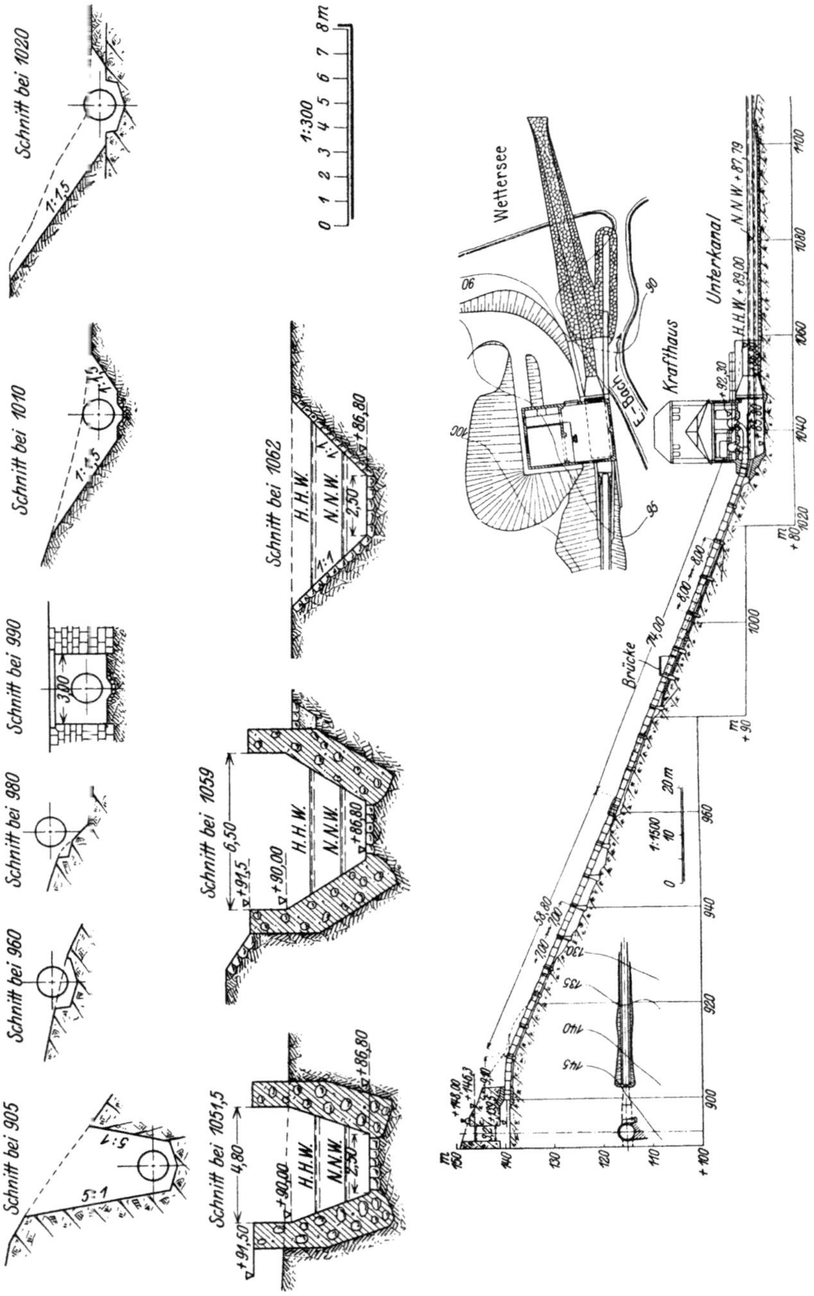

Abb. 153. Edeskvarna. Grundriß und Längenschnitt des Kraftwerkes und Schnitte der Triebwasserleitung. (Vattenbyggn. Byr.)

binen zu 1500 und 1 Turbine von 640, zusammen 3640 PS. Die Mittelwasserleistung der Fallstufe ist nur 3100 PS. Der größte Teil der erzeugten Energie wird der Stadt Norrköping in 40 kV zugeführt.

Einige Kilometer stromabwärts von Öjebro ist kurz nach dem Weltkrieg die neue, im wesentlichen für landwirtschaftliche Stromversorgung bestimmte Niederdruckanlage Vågforsen entstanden. Ihre wasserrechtlichen Verhältnisse sind eigenartig. Obwohl zu Öjebro noch ein etwa ½ km langer Laufabschnitt im Unterwasser gehört und die Fundamente schon für die spätere Ausnützung dieser Gefällstrecke eingerichtet sind, hat das Wassergericht dem Vågforsenunternehmen eine solche Stauhöhe ge-

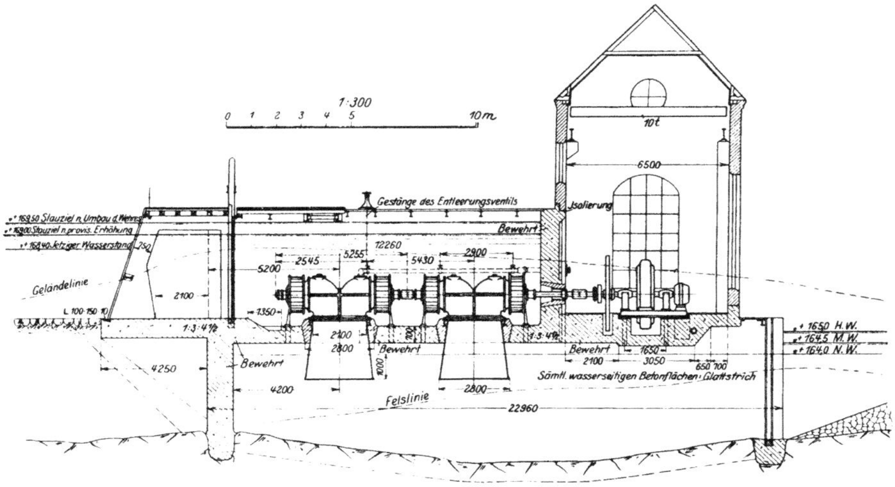

Abb. 154. Boxholm-Fleminge. Krafthausschnitt. (Vattenbyggn. Byr.)

nehmigt, daß nicht nur die noch ungenutzte Fallhöhe von Öjebro, sondern sogar ein kleiner Teil der bereits genutzten Saugfallhöhe eingestaut wird. Das Wassergericht ging dabei von der Überlegung aus, daß der höhere Stau im Vågforsenwerk nicht nur einen Fallhöhengewinn, sondern vor allem auch eine ausreichende Tages- und Wochenregulierung ermöglicht. Die Länge der genehmigten Stauhaltung mißt 8700 m, die Oberfläche 400000 m². Die Gesamtlänge der ausgenutzten sehr flachen Fallstrecke ist 15 km. Als Entschädigung für die Leistungseinbuße und den Entzug der Erweiterungsmöglichkeit hat das Wassergericht Ersatz in natura durch Energielieferung an Öjebro verfügt, deren Umfang durch unmittelbare Messungen vor und nach dem Ausbau des Vågfors bestimmt wurde.

Vågforsen ist eine normale neuzeitliche Niederdruckkleinanlage; es enthält zwei mit Drehstromerzeugern unmittelbar gekuppelte liegende Zwillingsfrancisturbinen von 1300 PS Gesamtleistung ($H_n = 5$ m). Der Entwurf und die umfangreichen energiewirtschaftlichen Berechnungen sind von dem beratenden Ingenieur Gustav Samuelson, Stockholm, aufgestellt.

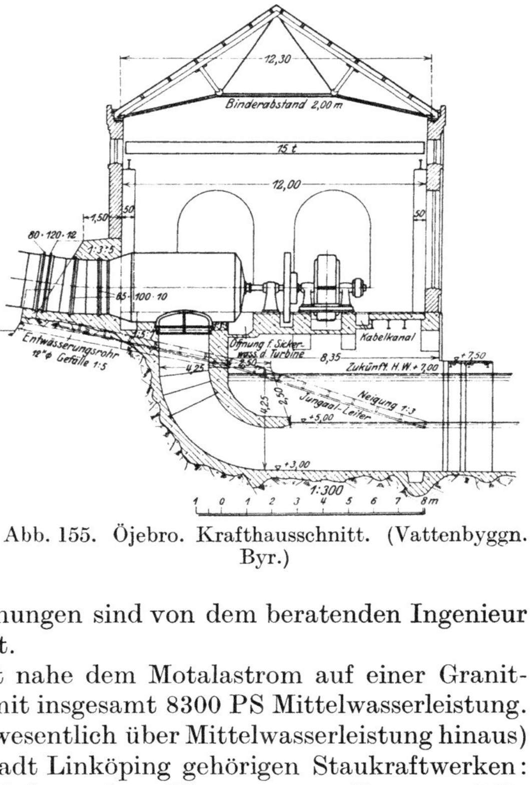

Abb. 155. Öjebro. Krafthausschnitt. (Vattenbyggn. Byr.)

Die dritte Fallgruppe des Svartån liegt nahe dem Motalastrom auf einer Granitschwelle und besteht aus drei Abschnitten mit insgesamt 8300 PS Mittelwasserleistung. Zwei Abschnitte sind ausgebaut (und zwar wesentlich über Mittelwasserleistung hinaus) in zwei dem Eltwerk der benachbarten Stadt Linköping gehörigen Staukraftwerken: Odenfors ($H_n = 12{,}3$ m; $N = 3080$ PS) und Svartafors ($H_n = 10{,}0$ m; $N = 4250$ PS).

7. Stångån.

Dieser Zufluß des Motalastromes, eines der noch am wenigsten genutzten des Gebietes, hat von dem seeartigen Abschnitt Kindavattudal bis zur Mündung etwas über 70 m Fall. Der einzige größere Ausbau liegt im Oberlauf bei Hovetorp (Mittelwasserleistung 5000 PS) und gehört dem E.W. Norrköping. Der derzeitige Ausbau auf MQ nutzt nur einen Teil der Fallhöhe aus mit 2400 PS Maschinenleistung; später soll durch Ausnutzung der Gesamthöhe und Ausbau auf doppelte Mittelwassermenge ein Spitzenkraftwerk von 10000 PS geschaffen werden. Die übrigen Wasserkraftanlagen am Stångån sind unbedeutend und dienen meist dem Betrieb einzelner Fabriken.

Abb. 156. Öjebro. Krafthaus, Unterwasser-Ansicht. (Vattenbyggn. Byr.)

8. Finspångaån.

Dieser drittgrößte und zugleich einzige nördliche Motalanebenfluß fließt durch eine an kleineren Bergwerks- und Eisenindustrien ziemlich reiche Gegend. Seine Wasserkräfte waren daher schon seit langem in primitiven Anlagen zum unmittelbaren Antrieb dieser Kleinindustriewerke ausgenutzt. Auch die jetzigen Wasserkraftanlagen, deren Gesamtausbau, 3400 PS, mehr als die Mittelwasserleistung des Flusses beträgt, dienen beinahe ausnahmslos einzelnen Fabrikbetrieben. Die beiden größten Anlagen, Rämninge (1000 PS) und Finspånga (1500 PS) gehören dem Finspångs-Metallwerk. Rämninge (Abb. 157) nutzt bei 7,5 m Fallhöhe rd. 13 m³/sek in einer wagrechten Vierradfrancisturbine von eigenartigem Einbau aus.

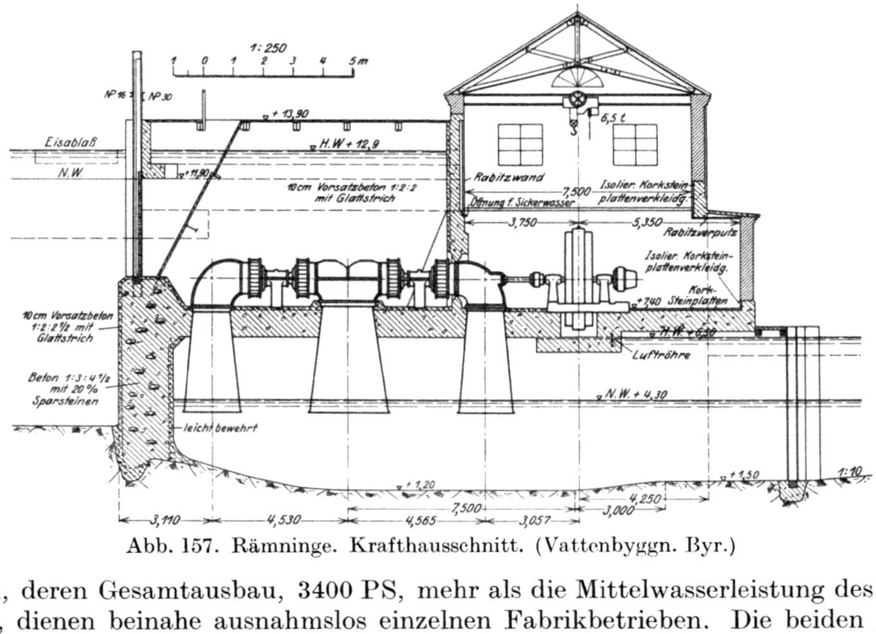

Abb. 157. Rämninge. Krafthausschnitt. (Vattenbyggn. Byr.)

Die Nebenbäche des Finspångaån weisen, wie auch alle übrigen Zuflüsse des Motalastromes, nur unbedeutende Wasserkraftnutzungen von überwiegend örtlicher Bedeutung auf.

9. Der Motalastrom.

Der Motalastrom ist zwar der mittleren Wassermenge (42 m^3/sek) nach nur ein mittelgroßer und der Spendenhöhe von 6,6 sl/km^2 nach sogar nur einer der wasserärmeren Ströme Schwedens, dafür aber ausgezeichnet durch ungewöhnlich günstige Dauerverhältnisse und Größe seiner Wasserspeicher, die ihm verhältnismäßig große energiewirtschaftliche Zukunftsaufgaben eröffnen.

Er kommt aus dem großen Wettersee, der nur den kleineren Teil seines Zuflusses von oberirdischen Wasserläufen, den größeren aber von unterirdischen Quellen empfängt. Dies erklärt, daß die Anschwellung des Sees regelmäßig erst im Spätsommer oder Anfang Herbst (meist August—September) eintritt, während alle übrigen Gewässer dieser Breite 2—3 Monate früher, mit der Schneeschmelze, die höchste Wasserführung aufweisen. Die unmittelbaren Zuflüsse des Motalastromes selbst machen davon natürlich keine Ausnahme und haben so ihr HQ und NQ zu anderer Zeit als der Seeausfluß. Dadurch werden die infolge der großen Speicherfähigkeit des Wettern — 1922 km^2 — ohnehin günstigen Dauerverhältnisse des Motalastromes gegen den Unterlauf in steigendem Maße weiter verbessert: Abb. 167. Die Hydrographie des Motalastromes hat im übrigen noch keine ausführliche Behandlung erfahren, so daß eingehendere Angaben unterbleiben müssen. Der Motala hat vom Wettern bis zur Mündung in die Ostseebucht Braviken etwa 90 km Länge und 88 m Fallhöhe; er wird durch 4 bedeutende Binnenseen: Boren, Norrbysjön, Roxen und Glan in 5 Abschnitte gegliedert.

Der erste Abschnitt (Wettern—Boren) mit über 15 m Fallhöhe wird durch das staatliche Motalakraftwerk ausgenutzt. — Der zweite Abschnitt (Boren—Norrbysjön) hat nur 8 m Fallhöhe. Davon wird ein Teil (5,2 m) durch die ebenfalls staatliche Wasserkraftanlage Näs genutzt ($MQ = 45$; $Q_n = 54{,}2$ m^3/sek; $N_n = 3070$ PS). Der dritte, wasserkraftreichste, Abschnitt (Norrbysjön—Roxen) hat 32 m Fallhöhe und eine Mittelwasserleistung von rd. 15000 PS. An seinen 4 Fallstufen ist der Staat stark interessiert; zur Zeit sind hier nur mittelgroße Anlagen für verschiedene Zwecke erstellt; doch besteht die Absicht, die gesamte Fallhöhe durch große staatliche Überlandzentralen von zusammen etwa 50000 PS auszunutzen. — Der vierte Stromabschnitt (Norrbysjön—Glan) hat 12 m Fallhöhe und eine Mittelwasserleistung von 10800 PS. Hier finden sich 3 Wasserkraftanlagen: Kimstads Kvarn, Skärblacka und Ljusfors (s. u.). — Der letzte Abschnitt des Motalastromes (Glan—Ostsee) ist in mehreren Wasserkraftanlagen in der Hauptsache für Papier- und Textilindustrie ausgenutzt; die größte ist Bergsbron-Havet der „Holmens Bruk A.B." in Norrköping.

10. Das Kraftwerk Motala.

Diese Anlage ist zur Nutzung des ganzen Gefälles zwischen Wetter- und Borensee bestimmt; vorläufig hat aber das Wassergericht Stauung bis auf den Spiegel des Wettern noch nicht gestattet, sondern ein Stauziel etwa 0,75 m unterhalb des „normalen" Wetterseespiegels vorgeschrieben. Daher ist z. Z. die höchste ausgenutzte Fallhöhe 14,5 m, die kleinste infolge Absenkung des Stauweihers bei der Wochen- und Tagesregulierung 13 m. Nach Zulassung des Wetternspiegels als Stauziel werden nicht nur die erwähnten 0,75 m, sondern auch die Absenkung durch die Tages- und Wochenregulierung fortfallen, da der große Wetternspiegel dadurch kaum beeinflußt wird.

Die hydrographischen Kennzahlen der Anlage sind:

Einzugsgebiet	6320 km^2		
(hiervon Wasserfläche über	2000 km^2 = nahezu 33%)		
MNQ	30 m^3/sek	= 4,75 sl/km^2	= 67%
MQ	45 „	= 6,8 „	= 100%
MHQ	50 „	= 7,95 „	= 111%

Die beobachteten Grenzwerte der Wasserführung sind 11 und 110 m³/sek (1,74 und 17,4 sl/km²). Von diesen ganz ausnahmsweisen, übrigens auch noch kleinen Schwankungen abgesehen, sind also die normalen jährlichen Abflußschwankungen außerordentlich gering. Die Angaben beziehen sich auf die Abflußverhältnisse vor Errichtung des Werkes.

Der allgemeinen Anordnung nach ist die Motalaanlage (Abb. 158, 159) ein ausgesprochenes Staukraftwerk. Dem Stau zuliebe wurde auf Kosten des Unternehmens der Hauptabwassersammler der Stadt Motala unter Einschaltung eines in die Moräne getriebenen Parallelstollens von 353 m Länge um 857 m bis unterhalb der Wehranlage verlängert. Das Krafthaus nimmt die ganze Breite des Stromes an einer engen, von steilen Böschungen begrenzten Stelle ein: die Anschlußdämme sind kurz. Die gesamte Krafthausfront ist in 6 Felder zergliedert, von denen nur eines der beiden mittleren für Grundablaß und Flutüberlauf vorbehalten ist, jedes der übrigen 5 Felder aber je einem Turbinensatz. Von diesen Turbinensätzen sollen vier vollständig gleich werden, der fünfte dagegen war als Speichermaschine besonderer Bauart geplant. Von den 5 Turbinen zu 6000 PS sind zunächst nur zwei eingebaut, doch hat man die Kammern für alle fünf gleich fertig ausgeführt, um Baufugen zu vermeiden.

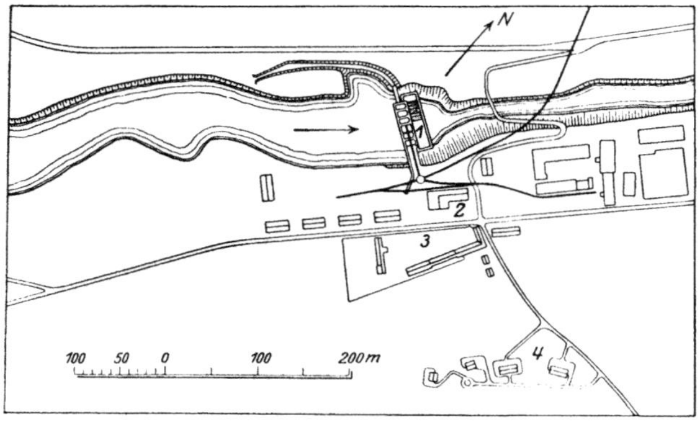

Abb. 158. Motala. Lageplan der Staustufe. (Verw.)

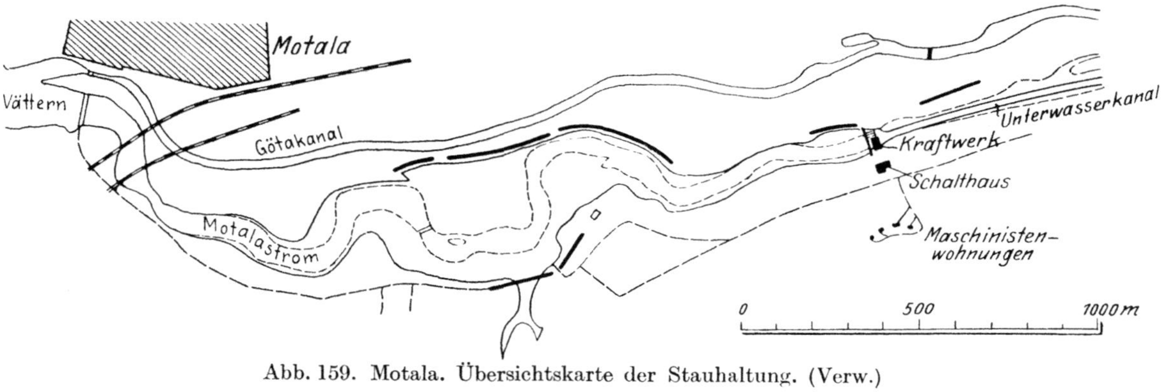

Abb. 159. Motala. Übersichtskarte der Stauhaltung. (Verw.)

Die vier gewöhnlichen Turbinen sind Franciszwillinge, $n = 167$; die fünfte Einheit war als Vierradfrancisturbine gedacht und sollte sowohl als Turbine wie auch als Pumpe arbeiten können, um das Kraftwerk zu befähigen, einen Teil der Sonntags überschüssigen Energie der bestehenden und künftigen nördlichen Staatskraftwerke (Älvkarleby, Norrfors) durch Wasserspeicherung im Wettersee nutzbar zu machen. Zur Ausführung ist es bisher noch nicht gekommen. Jede Turbine treibt unmittelbar einen Drehstromerzeuger von 4200 kW, 6600 Volt.

Abb. 160, 161 zeigen die Anordnung des Flutüberlaufes und des dauernden, durch Grobrechen geschützten und durch eine Drosselklappe abschließbaren Grundablasses; aus Abb. 162 ist zu ersehen (punktierte Linien), daß auch unter den Turbinenkammern während der Bauausführung Grundablässe ausgespart waren, die bei der gleichmäßigen Wasserführung des Stromes völlig zur Wasserableitung ausreichten. Das Unterwasser entspricht (unter Berücksichtigung des Fließgefälles) dem Spiegel des noch 1 km entfernten Borensees. Für diese restlose Nutzung der Fallhöhe waren Baggerungen in der Flußsohle sowie Stützmauern unterhalb des Krafthauses nötig. Auf die ungewöhnlichen Tiefbauaufgaben, ungünstigen Gründungsverhältnisse, Grundwasserzudrang usw. wird S. 549 noch eingegangen; die ganze Anlage steht in Moränenuntergrund mit Sandunterlagerung, vgl. auch Abb. 619, 620, 622.

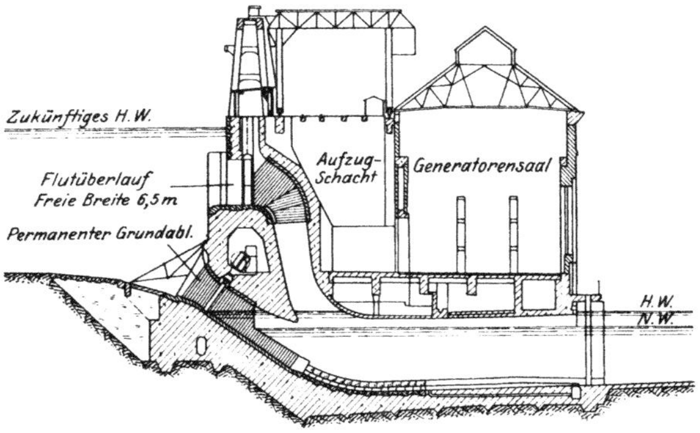

Abb. 160. Motala. Schnitt eines Flutdurchlasses, Maßstab 1 : 700. (Verw.)

Das Schalthaus am rechten Ufer enthält vorläufig 2 Drehstromumspanner 6,6/77 kV von zusammen 11000 kVA. Der Werkleitung sind noch unterstellt 180 km Fernleitungen von 77 kV und über 550 km von 40 und 20 kV, ferner 2 Umspannstationen zweiter und zahlreiche dritter Ordnung.

Die Anlage, auf Grund Reichstagsbeschlusses von 1918 erbaut und Ende 1921 im jetzigen, ersten Ausbau in Betrieb gesetzt, erzeugte 1927 bei 8600 kW Höchstbelastung 44,64 Mio. kWh. Dies sind gegenüber den Leistungen der anderen Staatskraftwerke Schwedens bescheidene Zahlen. Sie beleuchten aber nur ungenügend die Bedeutung des Motalawerkes für die Energiewirtschaft von Ost-Mittelschweden, die auf seiner Eigenschaft als zentral gelegener Aushilfs- und Spitzen-

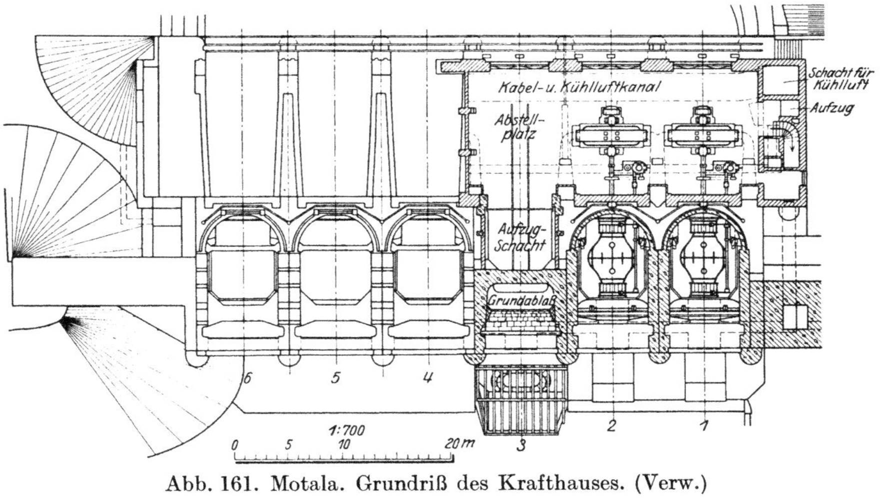

Abb. 161. Motala. Grundriß des Krafthauses. (Verw.)

ergänzungsanlage beruht. — Der eingehendst studierte Ausbau- und Betriebsplan (Abb. 163, 164) legt in mittleren Wasserjahren die Hauptarbeit des Motalawerkes in den Spätsommer und Winter, wo es zusammen mit dem Dampfkraftwerk Västerås den Wasserenergiemangel im Dalälv auszugleichen hat. Ganz streng dürfte dieser Betriebsplan zur Zeit wohl noch nicht durchzuführen sein mit Rücksicht auf die Unterlieger-Kraftwerke am Motala (Norrköping). In trockenen Jahren ist die Arbeit des Motalawerkes gleichmäßiger verteilt und hoch in die Diagrammspitzen hinaufverlegt. In der Tagesbetriebseinteilung fällt im übrigen auf Motala nur (bis zu 12stündige) Tageskraft, während Älvkarleby die unterste Grundkraft (bei Wasserüberschuß jedoch auch 20—4stündige und Västerås 24—12stündige Mittelkraft leistet. Während der Nachtstunden wird das Motalanetz durch Älvkarleby und nötigenfalls Västerås

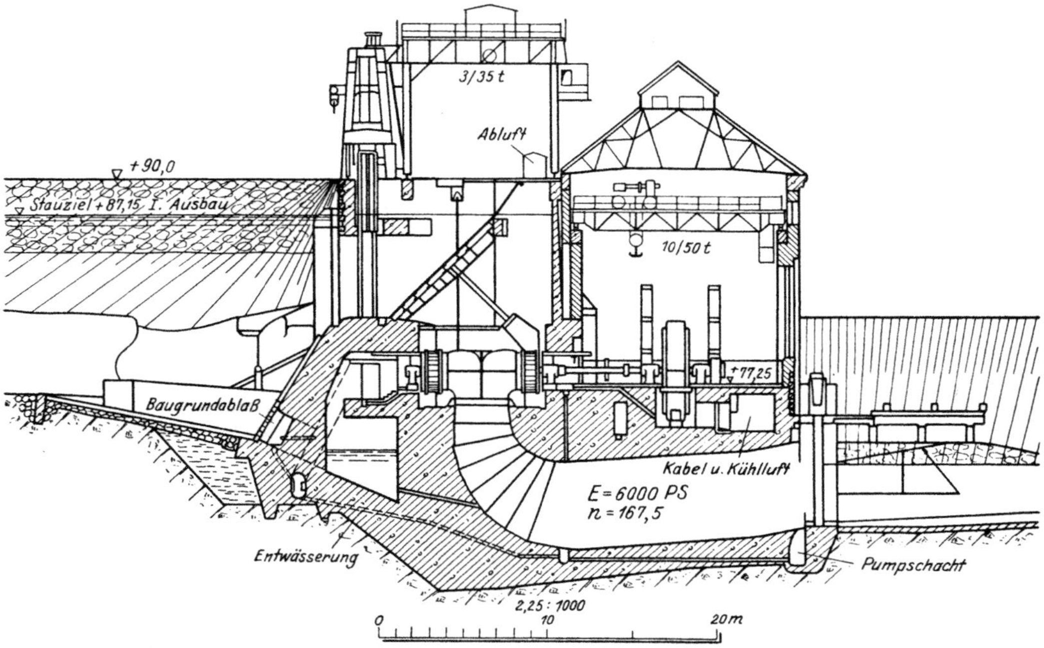

Abb. 162. Motala. Turbinenkammerschnitt. (Verw.) O.-W.: Zukünft. H. W. (Stauziel) = + 89,0. U.-W.: H. W. = + 74,0; N. W. = + 72,9.

gespeist; dabei läuft eine Motalamaschine als Phasenschieber bei geschlossenen Leitschaufeln und belüftetem Saugrohr mit, so zugleich als Betriebsreserve zu raschestem Eingreifen bereit. Nur bei ungewöhnlichem Wassermangel wird daher die betreffende Turbine auch mit der Schütze abgesperrt.

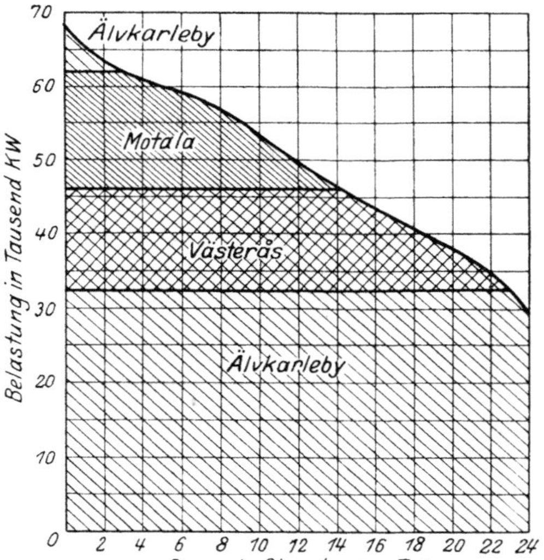

Abb. 163. Motala. Belastungsdauerlinie für einen normalen Januartag bei normaler Wasserführung der mittelschwedischen staatlichen Kraftwerke. (Verw.)

Obige Angaben gelten für den jetzigen Stand der Eltwirtschaft in Ost-Mittelschweden; verwickelter werden die Verhältnisse bei wachsendem Energiebedarf. Vattenfallstyrelsen schätzt, daß in 15—20 Jahren Ost-Mittelschweden die energiewirtschaftliche Selbständigkeit (welche die Gruppe Älvkarleby-Motala-Västerås trotz bestehender Verbindung mit dem Götaälv heute noch in gewissem Grade besitzt) eingebüßt haben wird. Der südlichste Teil von Norrland, ganz Mittelschweden und Südschweden, mehr als die Hälfte des Landes, werden dann, soweit die staatliche Energieversorgung in Frage kommt, eine Einheit bilden. Hierbei übernehmen grundsätzlich die künftigen Indalsälv-Ångermanälvwerke zusammen mit Älvkarleby die Dauerkraftlieferung, während die vergrößerten und wohl durch den Vargönausbau ergänzten Götaälvwerke Trollhättan und Lilla Edet mit dem inzwischen zu regulierenden Wenersee als Überjahresspeicher (S. 531) sich auf Betrieb mit 4500—5000 Jahresstunden umstellen werden. Die höchsten Belastungsspitzen zu übernehmen, wird auch in diesem größeren System dem Motalawerk vorbehalten sein, weil nach eingehenden Untersuchungen die zusätzliche Leistung hier billiger auszubauen sein soll als im Götaälv und auch um 20% billiger als im Dampfkraftwerk Västerås. Das Motalawerk wird dann wohl auf die planmäßige Volleistung von 30000 PS und damit auf etwa 4½fache Mittelwasserleistung ausgebaut sein. Natürlich erfordert diese Inanspruchnahme eine weitgehende Regulierung des Wettern. Der Staat besitzt die Majorität der gesamten Wasserkräfte am Motalahauptstrom und kann daher den Wasserentnahmeplan um

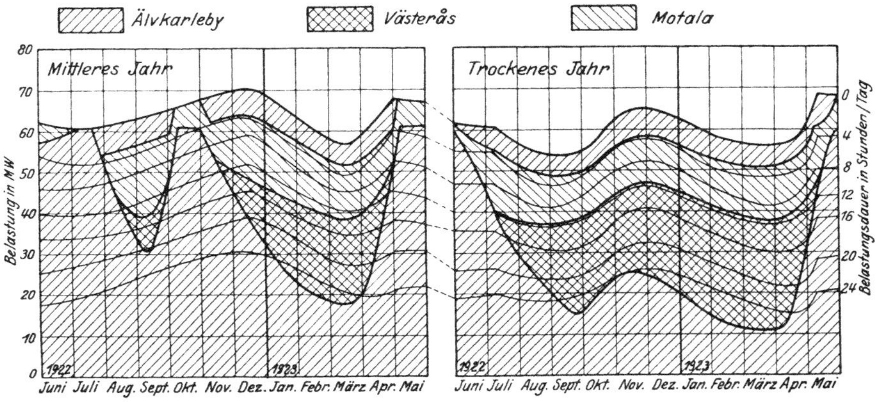

Abb. 164. Motala. Ganglinien von Leistungsdargebot und täglicher Belastungsdauer für ein mittleres und ein trockenes Jahr. (Verw.)

so eher nach seinen Bedürfnissen gestalten, als die kleineren Seen des Motalastromes natürliche Ausgleichbecken wenigstens für die Tages- und Wochenregulierung bilden.

Dieser ganze Ausbau- und Betriebsplan setzt voraus, was allerdings sehr wahrscheinlich ist, daß das Motalawerk weiterhin in erster Linie Glied der allgemeinen Eltversorgung bleibt. Es ist aber möglich, daß der Staat sich zum Ausbau seiner Wasserkräfte im Motalamittellauf für elektrischen Bahnbetrieb entschließt. Dabei müßte das Motalawerk auch mit diesem neuen Kraftwerk als Spitzenkraftwerk zusammenarbeiten. Mit Rücksicht auf diese Möglichkeit ist die Maschinensaalbreite für Doppelmaschinen und auch das Umspannhaus entsprechend größer angelegt.

Die sehr gründlichen, schwierigen energiewirtschaftlichen Untersuchungen und die Bauentwürfe stammen von der Wasserfalldirektion selbst, die auch den Bau in eigener Regie ausgeführt hat.

11. Die Ljusfors-Anlage.

Die Wasserkraftanlage Ljusfors der Papierfabrik Fiskeby A.B., 1923 erbaut, verdient wegen ihrer Eigenart trotz mäßiger Größe besondere Betrachtung. Das Werk liegt an der Mündung des Motala in den Glansee und nutzt eine Fallstufe von 2,2—3,8 m aus, die später durch Höherstau auf 4,3 oder 4,8 m erhöht werden soll. Die mittlere Wasserführung ist hier bei 13250 km² Einzugsgebiet etwa 95 m³/sek, die 9monatige bei den jetzigen Abflußverhältnissen rd. 62, nach Regulierung künftig 80 m³/sek. Möglichkeiten für Wochen- und Tagesregulierung sind durch die Lage zwischen Roxen- und Glansee in hohem Maße gegeben. Dies hat, wie fast durchweg im Motala-Hauptstrom, einen stark über Mittelwasserleistung hinausgehenden Ausbau ermöglicht. In Aussicht genommen sind 90 bis 120 m³/sek, also eine Volleistung von 4500 bis 6000 PS. Vorläufig ist indes nur ein erster und zweiter Ausbau auf 30 + 35 m³/sek und 1350 + 1500 PS ausgeführt mit einer senkrechten Franciseinradturbine mit Spiralzuleitung und Schirmgenerator (Abb. 165 und S. 659ff.) und einer entsprechenden Lavaczekturbine (Abb. 840) von 1500 PS ($Q = 35$). Die erste Anlage war aufs äußerste vereinfacht; so wurde vorläufig kein Servomotor für die Drehzahlregulierung der Turbine aufgestellt und dafür eine mechanische Regulierung mit Riemenübersetzung angewandt. Ferner wurden die Schützen und die Feinrechen der vorherigen Anlage vorläufig beibehalten. Auf diese Weise wurden für den anfänglich kleinen Ausbau und die geringe Fallhöhe doch sehr niedrige Ausbaukosten (230 Kr/PS) erzielt. (Bauentwurf vom Vattenbyggnadsbyrån, Stockholm.)

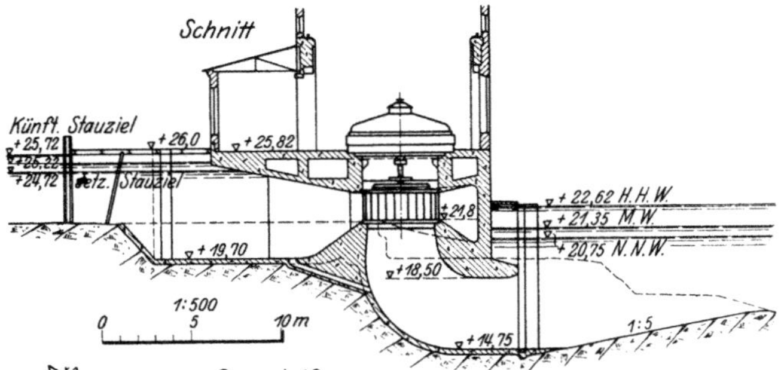

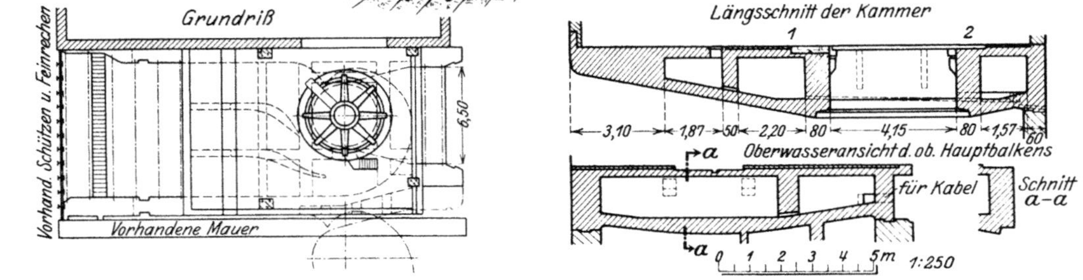

Abb. 165. Ljusfors. Schnitt und Grundriß der Turbinenkammer. (Vattenbyggn. Byr.)

12. Die Wasserkraftanlage Bergsbron-Havet in Norrköping.

Mit Ausnahme der Fallstufe Fiskeby, die in zwei kleineren Wasserkraftanlagen von je 2,2 bis 2,5 m Fallhöhe und 30 bzw. 47 m³/sek Vollwassermenge für Papierindustrie ausgenutzt wird, ist fast das ganze Gefälle des Motala im Abschnitt Glansee—Ostsee in der Hafenstadt Norrköping vereinigt. Hier liegt eine Reihe von Fällen mit insgesamt über 17 m Höhe. Schon im Mittelalter war der Strom in der Stadt für Mühlen (neben Fischerei) ausgebaut. Die Ausnutzung wuchs mit der Zeit stark; im 19. Jahrhundert siedelte sich Großindustrie an. 1914 waren die beiden obersten Fallstufen der Stadt schon in neuzeitlichen Anlagen ausgenutzt, dagegen war die Strecke unterhalb Bergsbron mit 11 m, etwa ⅔ des Gesamtfalles, durch teils kleine, teils unmoderne, nicht elektrische, teilweise auch ganz alte, baufällige Anlagen besetzt. Das Eigentum daran lag verzettelt in den zahlreichen Händen, meistens Industrieller, nur zu einem ganz kleinen Teile der Stadt. In langjährigen Verhandlungen gelang es der Textil- und Papierindustriefirma Holmens Bruks och Fabriks A.B. in Norrköping alle Fallanteile zu erwerben, wobei als Gegenleistung bares Geld, Kraftlieferung oder tauschweise Überlassung von anderwärts gelegenen Kraftquellen vereinbart wurde. Im Jahre 1917 waren die Verträge abgeschlossen, dann wurde die Erlaubnis zum Überbauen der Kungsådra erlangt und endlich 1920 der Bau begonnen (Abb. 166).

Für die durch Nähe der Wohn- und Fabriksgebäude sehr erschwerte Plangestaltung wurden naturgemäß verschiedene Wahllösungen erwogen. Zuletzt entschloß man sich, alle bestehenden Wasserkraftanlagen mit Ausnahme der ziemlich neuzeitlichen Anlage Kråkholmen (2400 PS) zu beseitigen und eine einzige neue, die ganze Fallhöhe von 11 m erfassende Großkraftanlage zu erstellen; die Kråkholmen-Anlage dient als Reserve und wird nur bei Vorhandensein von Überwasser betrieben.

Das Einzugsgebiet ist 15480 km². Auf Grund der günstigen Dauerverhältnisse (Abb. 167) und des Vorhandenseins einer leistungsfähigen Dampfaushilfe wurde die Vollwassermenge entwurfsmäßig auf 125 m³/sek festgesetzt, der vollendete Ausbau gestattet aber tatsächlich 140 m³/sek auszunutzen. Dabei ist die Ausnutzung hoch: 7000 Betriebsstunden

Die allgemeine Anordnung des Werkes ist, entsprechend den besonderen örtlichen Verhältnissen, ganz eigenartig (Abb. 168, 169, 170, 172). An ein massives Überfallwehr von gebrochenem Grundriß schließt sich linksufrig ein durch Mauern eingefaßter Oberkanal an. Ein Dammbalkenabschluß ermöglicht die Entleerung des unteren Kanalabschnittes. In der Trennungsmauer des Kanals ist ein Überlauf und ein Eisablaß angeordnet; außerdem neben der Kraftzentrale eine große Entlastungsöffnung für

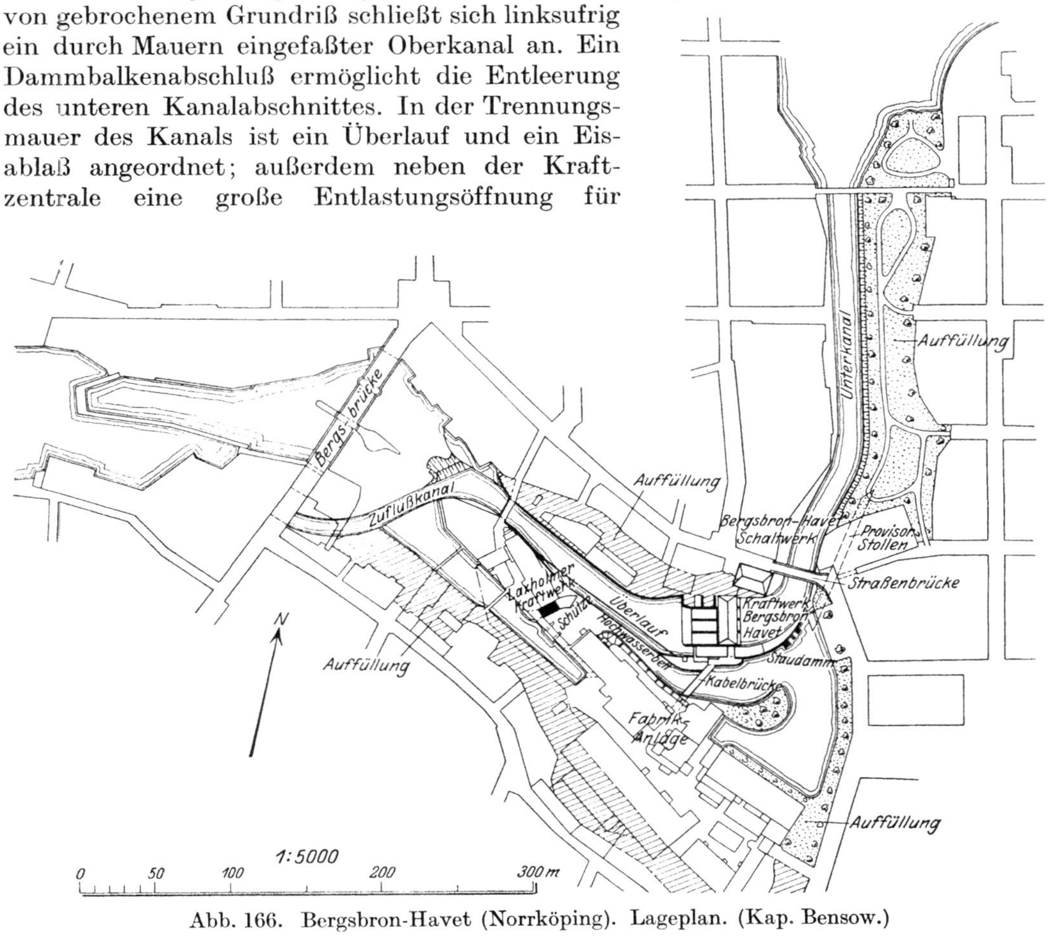

Abb. 166. Bergsbron-Havet (Norrköping). Lageplan. (Kap. Bensow.)

rd. 200 m³/sek mit Walze. Der Querschnitt des eigentlichen Oberwasserkanals ist auf Wirtschaftlichkeit bemessen, wobei sich als vorteilhafteste Strömungsgeschwindigkeit bei Vollwasser der geringe Wert von 0,8 m/sek ergab. An der engsten Stelle ist der Oberwasserkanal von einem „Sandfang" durchquert. Neben der Flutöffnung ist die verbleibende Kanalbreite durch das Krafthaus verbaut. Dieses besteht aus drei voneinander durch Dehnungsfugen getrennten Turbinenkammern, Abb. 171. Die Einläufe werden durch Grobrechen aus Holz und Fischrechen aus Eisen geschützt und jede Turbinenkammer ist einzeln durch eine der Höhe nach unterteilte Schütze absperrbar. Die wagerechten Francisdoppelturbinen leisten je 5000 PS und treiben Drehstromerzeuger, $H_n = 10{,}85$ m, Werkvolleistung: 15000 PS.

Die Gründungsverhältnisse sind zwar im ganzen Werksgebiet nicht ungünstig, da in der Hauptsache der Fels hoch ansteht. Doch erwies sich der angetroffene Gneis als stark gefaltet und sehr klüftig. Daher ist mit größter Vorsicht vorgegangen und

u. a. das Kraftwerk auf eine umgekehrte Eisenbetongewölbereihe gestellt, die dem vollen, theoretisch bei Entleerung eines Saugrohrsatzes möglichen Sohlenwasserdruck standhalten kann. Die den Maschinenhausboden tragende Decke der Saugrohre ist vollständig einheitlich durchgeführt und auch für die Aufnahme der nicht unbedeutenden Temperatur- und Schwindspannungen bemessen und bewehrt. Die Trennungspfeiler der 3 Saugrohre sind gleichfalls in bewehrtem Beton ausgeführt und mit der Decke zu Rahmenwirkung verbunden. Der Unterbau der Maschinenanlage ist mit Kabelgängen, Besichtigungsstegen und -gängen und umfangreicher Dränage versehen.

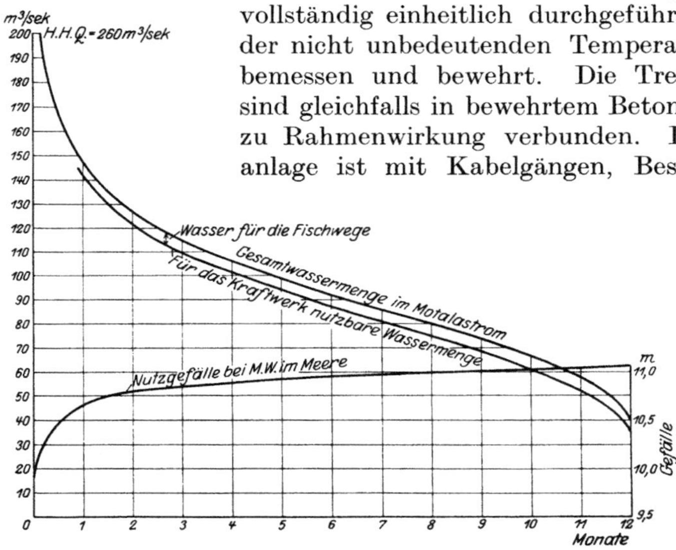

Abb. 167. Bergsbron-Havet. Leistungsdauerplan. (Kap. Bensow.)

Die Schaltanlage ist abseits am Ufer in einem alten Mühlenbau untergebracht.

Die Sohle des Unterwasserkanals verengt sich von 35 m am Krafthaus bis auf 17 m und steigt gegen das Meer allmählich um 0,4 m an. Die Grundrißform der oberen Teile des Unterkanals ist, besonders bei der Flutöffnung auf Grund von Modellversuchen, sorgfältig bestimmt worden, um für den Kraftwerksbetrieb und den Bestand der Bauwerke nachteilige übermäßige Turbulenz der stark zusammengedrängten Wassermengen

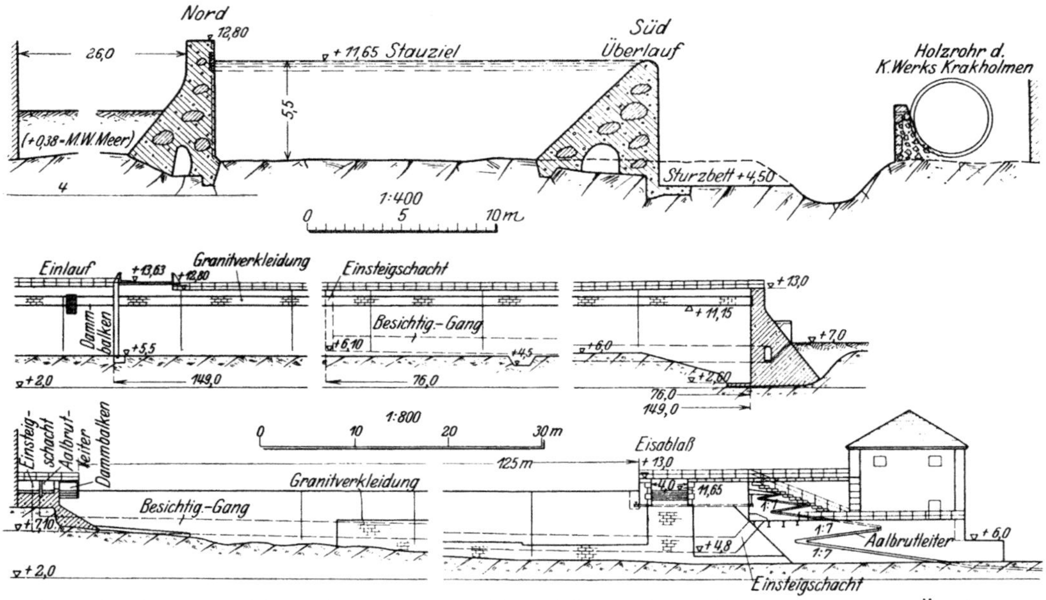

Abb. 168. Bergsbron-Havet. Normalquerschnitt und Längsschnitt des Oberkanals mit Überlauf. (Kap. Bensow.)

zu verhüten. Die Anlage ist, abgesehen von zwei Aalbrutleitern, ohne Fischwege ausgeführt.

Die Bauausführung war sehr erschwert durch die Lage der Baustelle inmitten der Stadt und unter dem Meeresspiegel, ferner durch die Bedingung, daß beinahe während der ganzen Bauzeit alle älteren Kraftwerke bis auf 2 ihren Betrieb aufrechterhalten mußten. Die umfangreichen Arbeiten umfaßten auch die Herstellung eines Umleitungsstollens von 28 m² zur Trockenlegung des schmalen Bettes unter der Järnbrücke. Der 80 m lange Stollen führt unter einem Häuserblock hindurch. Der Zeitersparnis wegen wurde er durch einen senkrechten Schacht in Angriff genommen. Während seiner Fertigstellung wurde der nötige U.-W.-Fangdamm gebaut und schließlich noch der kurze Einlaufsdurchbruch vollzogen.

Das Kraftwerk versorgt die umfangreichen Industrieanlagen von Holmens Bruk. In einem normalen Jahr werden 53 Mio kWh erzeugt. Die Energieausbeute erhöht sich noch, sobald die Wochen- und Tagesregulierung des Glansees vollendet ist. Es wird auch voraussichtlich zu einem engen elektrischen Verbundbetrieb zwischen den Wasserkraftwerken in Norrköping und denen bei Fiskeby kommen. Es sollen dabei u. a. einzelne Maschinensätze bestimmter Werke zeitweilig außer Betrieb gesetzt werden, um den jeweils möglichen höchsten Gesamtwirkungsgrad zu erzielen. (Ein vorbildliches Vorgehen!) Schon bei der Wahl der Maschinenzahl von Bergsbron-Havet wurde auf besten Wirkungsgrad bei verschiedenster Wasserführung abgezielt.

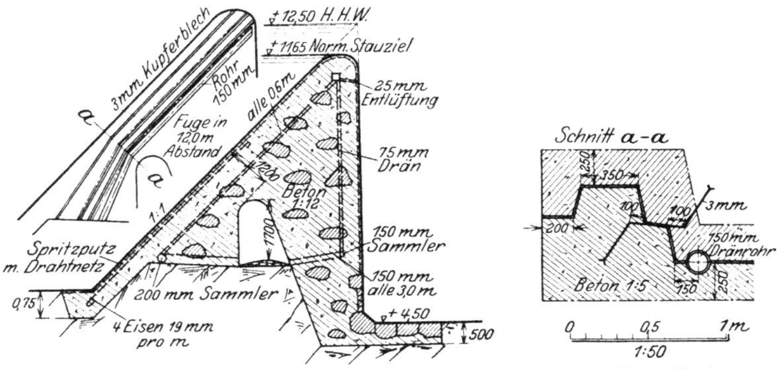

Abb. 169. Bergsbron-Havet. Südmauer des Oberkanals, Einzelheiten. (Kap. Bensow.)

Die allgemeinen Grundlagen des ausgeführten Entwurfes wurden durch die Vorarbeiten von John Ekelund und Vattenbyggnadsbyrån geschaffen. Die Ausführungspläne und das Bauprogramm stammen von dem Bauleiter, Kapten Frank Bensow. Die künstlerische Beratung (Abb. 172) lag in den Händen von Professor Ivar Tengbom. Die Bauausführung besorgte die A/B Armerad-Beton. Ende 1923 kam das Werk in Betrieb.

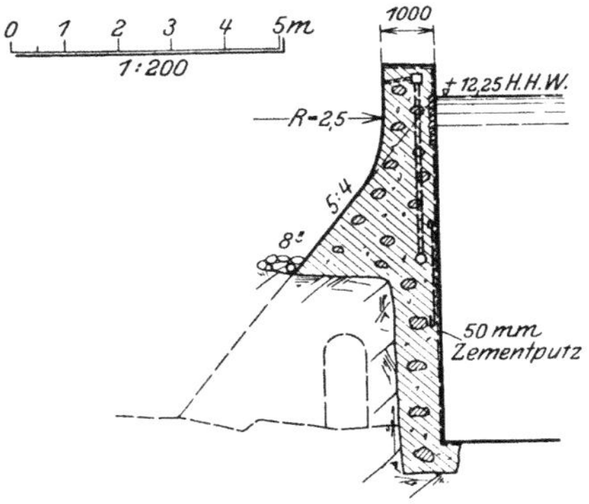

Abb. 170. Bergsbron-Havet. Querschnitt eines abnormalen Abschnittes der Nordmauer des Oberkanals. (Kap. Bensow.)

13. Botorpsströmmen, Storån und die benachbarten kleineren Küstenflüsse.

Botorpsströmmen ist (s. S. 186) zur Hälfte seiner Mittelwasserleistung ausgenutzt. Die einzige größere Kraftanlage: Tovehult dient der ländlichen Eltversorgung ($H = 8{,}0$; $Q = 19{,}3$; 1540 PS, Ausbau auf 4fache mittlere Wassermenge).

Storån ist etwas über gesamte Mittelwasserleistung ausgebaut und zwar vorwiegend in kleinen, der Überlandversorgung dienenden Eltwerken (400 und 580 PS) des Baroniet Adelswärd.

All diese Werke haben nur örtliche Bedeutung; ebenso die noch kleineren zerstreuten Wasserkraftanlagen an den übrigen Küstenflüssen.

14. Energiewirtschaft.

Die energiewirtschaftliche Stellung des staatlichen Motalawerkes ist schon S. 198ff. besprochen. Wir beschränken uns daher auf Betrachtung der Versorgung der Stadt

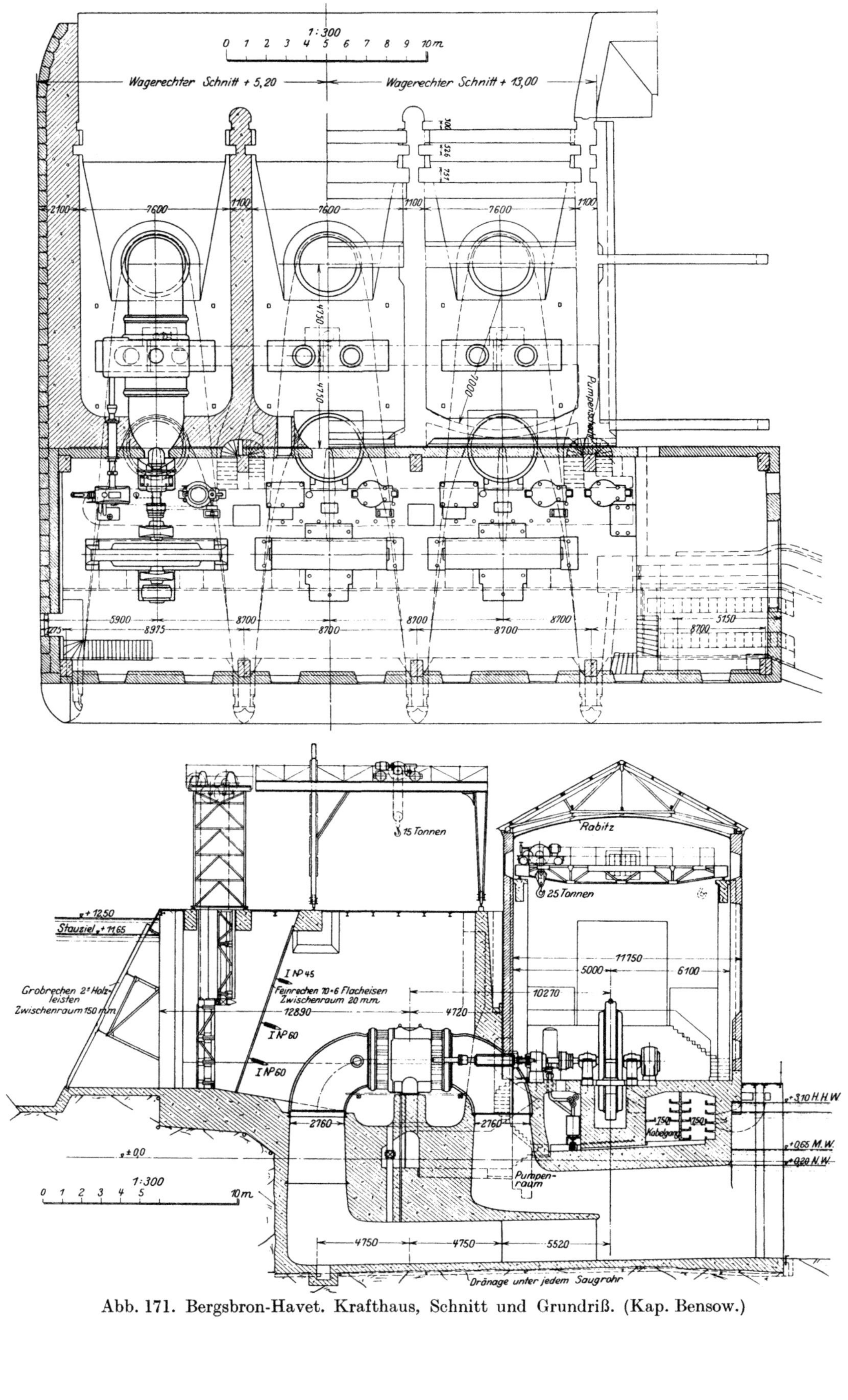

Abb. 171. Bergsbron-Havet. Krafthaus, Schnitt und Grundriß. (Kap. Bensow.)

Norrköping und auf einen kurzen Überblick über die Eltwirtschaft des Gesamtgebietes.

Norrköping, mit 60000 Einwohnern die viertgrößte Stadt Schwedens, hat den Energiebedarf in den letzten Jahrzehnten sehr gesteigert; die Schwierigkeiten der Kriegsjahre verzögerten aber die einheitliche Versorgung. Die jetzige Lösung stützt sich hauptsächlich auf die Wasserkraftanlagen der Knutsbro A.B.: Öjebro, Knutsbro und Hovetorp mit insgesamt 6500 PS. Da die Stadt Norrköping seit 1907 im Besitz der Aktienmajorität des Unternehmens ist, verfügt sie voll über diese Anlagen. Auch einige unausgebaute Wasserkräfte gehören der Knutsbro A.B. Die Energielieferung für das städtische Eltwerk wird nach Bedarf durch eine vorhandene Dampf-Dieselzentrale (5000 und 600 PS) ergänzt, ferner durch Fremdstrombezug, vor allem vom staatlichen Motalawerk mit 3000 PS. Der nächste Schritt dürfte die Erweiterung des Hovetorpwerkes sein im Zusammenhang mit wünschenswerten Regulierungsarbeiten an den Seen des Stångån.

Abb. 172. Bergsbron-Havet. Unterwasseransicht des Krafthauses bei H.W. (Kap. Bensow.)

Überblick des Gesamtgebietes. Der „Motaladistrikt" des Elektrifieringskommittés deckt sich mit unserem Gebiet nicht genau. Er enthält nämlich nördlich anschließend an das Motalaeinzugsgebiet einen Teil von Mittelschweden, hauptsächlich von Södermanland, das vom Motalawerk beliefert wird; dagegen ist ein kleiner Teil des Wetterngebietes ausgeschieden und dem sogenannten Finjökraftdistrikt (um Jönköping) angegliedert. Der „Motaladistrikt" ist heute im wesentlichen noch als eltwirtschaftlich selbstversorgend anzusehen, da der Verbundbetrieb Motalakraftwerk-Älvkarleby auf Gegenseitigkeit beruht. Im Stichjahr 1940 des Elektrifieringskommittés dürfte die Energiebilanz des „Motalabezirks" aber schon ausgesprochen passiv sein, und zwar mit etwa 20%, die vom westlichen Schweden und von Nedre Norrland zu decken sein werden. Es wird also die Energiewirtschaft des Gebietes im ganzen dieselbe Entwicklung nehmen, wie sie für das staatliche Versorgungsnetz oben skizziert ist. Wenn schon jetzt Norrköping einen ansehnlichen Teilbedarf durch Bezug von Staatsstrom deckt, so ist zu erwarten, daß das staatliche, jetzt überwiegend erst kleinere Orte versorgende Netz mit der Zeit auch für die städtische Stromversorgung in der Motalagegend große Bedeutung gewinnen wird, zumal die einzelnen Städten gehörigen unausgenutzten Wasserkräfte verhältnismäßig unbedeutend sind.

Unterlagen:

Huskvarna: Jahresstatistiken des Svenska Vattenkraftföreningen. — Röttle: Petterson, L. H.: „Röttle Kraftverk". Svenska Vattenkraftföreningens Publikationer 173. — Motalawerk: (1) Kurze Übersicht: The Motala Power Plant 1925, Veröffentlichung des Vattenfallstyrelsen. (2) Allgemeine Beschreibung hauptsächlich unter Berücksichtigung der Energiewirtschaft: Borgqvist und Löfroth: Beskrivning över Motala Kraftverk etc. Svenska Vattenkraftföreningens Publikationer 146. (3) Bäckman und Karlson: Jordtunnel (Erdstollen) vid Motala. Teknisk Tidskrift 1922, H. 21. (4) Löfroth und Royen: Über die Turbinenkammern: Turbinkamare av Armerad betong vid Älvkarleby och Motala Kraftverk. Teknisk Tidskrift V.V. 1921, H. 10. (5) Kurze, jedoch reich illustrierte deutsche Beschreibung in „Die staatlichen Kraftwerke Schwedens 1921". Veröffentlichung des Vattenfallstyrelsen. — Petterson, L. H.: Ljusfors Anlage. Tekn. Tidskr. 1924, H. 25 Mek. — Kraftanläggningen Bergsbron-Havet i Norrköping. Beilage 2 der Svenska Vattenkraftföreningens Publikationer 163. — Bensow, Frank: Holmens Bruks Vattenkraftanläggning Bergsbron-Havet. Svenska Kommunal-Tekniska Föreningens, Handlingar Nr. 6. — Hultqvist, A.: Norrköpings kraftfråga. Svenska Kommunal-Tekniska Föreningens 1922, Handlingar Nr. 8.

11. Abschnitt: Der Götaälv und die Küstenflüsse im westlichen Mittelschweden.

1. Allgemeines.

Dieses Gebiet, etwa 57 000 km², hat für Industrie und Wirtschaft ganz Schwedens hervorragende Bedeutung. Die neuzeitliche Wasserkraftnutzung großen Stils faßte hier schon im ersten Jahrzehnt dieses Jahrhunderts Fuß und im Zusammenhang mit ihr entwickelte sich zugleich in diesem westlichen Teil von Mittelschweden mit die erste Großindustrie des Landes.

Hydrographisch umfaßt der Abschnitt (Abb. 19) das Einzugsgebiet des Klarälv mit dem Wenersee und Götaälv, rd. 47 000 km², mit einer Mittelwasserleistung von 855 000 PS, ferner das Küstengebiet nördlich vom Götaälv mit nahezu 10 000 km², aber nur rd. 26 000 PS Mittelwasserleistung. Politisch umfaßt er hauptsächlich die Bezirke Värmlands-, Älfskaraborgs-, Göteborgs-, Borg- und Bohuslän, außerdem ein Stückchen vom Örebrolän. Im südlichsten Zipfel liegt Schwedens wichtigste Hafenstadt: Göteborg. Im Norden greift das Gebiet in das Fjäll hinein, dessen Anteil jedoch unbedeutend ist. Die Hauptfläche ist Mittelgebirgs-, Hügel- und Tiefland und liegt zum überwiegenden Teil unter der 200-m-Höhenlinie.

Das Klima des, im Westen vom Kattegat bespülten, Gebietes ist verhältnismäßig mild, der Niederschlag etwas größer als in Ostmittelschweden.

Der geologische Aufbau des Gebietes zeigt ähnliche Verhältnisse wie das übrige Mittelschweden; Gneise und Gneisgranite herrschen vor. Südlich vom Wenern finden sich indes auch jüngere Bildungen, kambrische Sandsteine und Silurgesteine. Am westlichen Wenernufer sind die zur yotnischen Gruppe gehörigen Dalsandsteine verbreitet und vereinzelt finden sich kleine Inseln postarchaischer Ergußgesteine (Diabas, Gabbro u. a.). Ein Teil der Urgesteinsbildungen gehört mit zu dem als Bergslagen bezeichneten Teil des mittelschwedischen Erzgebietes.

Wohl über ⅔ des Gebietes liegen unter der marinen Grenze; daher sind quaternäre Ablagerungen relativ stark verbreitet, hauptsächlich um den Wenern, wo reiche Lehmböden vorherrschen. Die Landwirtschaft um den Wenern, hauptsächlich am Süd- und Ostufer, ist daher nächst derjenigen von Skåne die reichste in ganz Schweden. Nördlich und westlich vom Wenern und auch im nördlichen Värmland ist die Landwirtschaft weniger entwickelt und mehr zwischen weiten Moränenwaldungen zerstreut.

Unser Gebiet enthält somit als Ganzes alle für Schweden bezeichnenden Naturschätze in reichlichem Maße. Da zudem die Wasserkräfte größer und zum Teil auch günstiger auszubauen sind als im übrigen Mittelschweden, so sind alle Bedingungen für ein intensives, vielseitiges Wirtschaftsleben vorhanden. Die dichtere Besiedelung ließ vor allem jene Industrien gedeihen, die menschliche Arbeitskraft in großem Umfang fordern. So ist unter den Holz verarbeitenden Industrien am stärksten die Papierindustrie vertreten. Neben dieser sind noch besonders wichtig: die Eisenhütten- und Eisenverarbeitungs-, hauptsächlich Maschinenindustrie; diese haben sich naturgemäß in der Nähe der Bergwerksgegend, nördlich und nordöstlich vom Wenern angesiedelt. Die Textilindustrie (vorwiegend Baumwollindustrie) hat neben der im nächsten Abschnitt behandelten Gegend von Borås ihre größte Dichte in und um Göteborg. Endlich gibt es eine ziemlich bedeutende chemische und elektrothermische

Industrie am Götaälv und nordöstlich vom Wenern. Ein großer Teil der erwähnten Industrien kann mehr oder minder ausgesprochen als Wasserkraftindustrie bezeichnet werden, weil billige Energie mit zu ihren Lebensbedingungen gehört.

2. Hydrographische Übersicht; Wasserkraftvorkommen.

Große naturgeographische Unterschiede innerhalb des Götaälvgebietes erklären es, daß die einzelnen Zuflüsse des Wenern untereinander und gegenüber dem Götaälv ganz verschiedene Züge aufweisen. Schon die Niederschläge zeigen beträchtliche Unterschiede (Abb. 12). Westen und Norden des Gebietes haben z. B. wesentlich höhere durchschnittliche Niederschläge als die Gegend südlich des Wenern. Weit größer noch sind die Unterschiede im zeitlichen Gang und im Schneeanteil. Die resultierende Ungleichartigkeit der Abflußverhältnisse wird noch erhöht durch Ungleichartigkeit der Landformen, des Klimas und des Wachstums. (S. 12ff.)

Der größte Zufluß des Wenern, der Klarälv, ist uns schon in der Übersicht bei den Hochgebirgsströmen begegnet. Sein Regime ist vom Fjäll, zum Teil aber auch von den durchquerten großen Waldungen beeinflußt und ähnelt auffallend dem des Dalälv, der im Quellgebiet zum Teil benachbart ist. Die Mehrzahl der übrigen größeren Wenernzuflüsse gehört zu einer anderen Gruppe schwedischer Ströme, nämlich zu den Waldströmen. Sie sind durch etwas niedrigere Durchschnittsspenden und geringere Schwankungen des Abflußganges gekennzeichnet. Alle wichtigeren, von West, Nord und Nordost kommenden Seezuflüsse, also: Gullspångs-, By-, Nors- und Upperudsälv, gehören zu dieser Klasse. Der dritte, dem mittelschwedischen Flach- und Hügelland eigene Typus schwedischer Gewässer ist gleichfalls unter den Zuflüssen des Wenern vertreten. Der bedeutendste Vertreter ist der Tidan; er entwässert zwar die nördlichsten Hänge der Smålandschen Hochebene, empfängt aber seine hydrographische Prägung überwiegend von den ackerbaureichen Niederungen südlich des Wenern. Kennzeichen dieser Klasse, zu der auch Lidan und Mossan gehören, sind: ungünstige Niederschlagsverhältnisse und geringes Abflußvermögen, daher geringe Spendenhöhe; Sommer- und Winterniedrigwasser sind nahezu gleich. Tidan und Lidan, die seenarm sind, haben außerdem schroffe Wasserstandswechsel.

Die Nebenbäche des Götaälv sind unbedeutend und teils als Wald-, teils als Niederungsbäche anzusprechen.

Der Abflußvorgang im Götaälv selbst ist durch die große Verschiedenheit der Zuflüsse und die mächtige Speicherfähigkeit des Wenersees entscheidend beeinflußt. Hierauf und auf die eigenartige Wasserstandsbewegung des Wenern kommen wir noch zurück. Hier sei nur festgestellt, daß der Götaälv unter den drei großen mittelschwedischen Seeabflüssen bei weitem die höchste Spendenzahl, 11,2 sl/km², hat.

Das Götaälvgebiet ist, wenn man die Mittelwasserleistung vergleicht, nach dem Dalälv die wasserkraftreichste Gegend Mittelschwedens; die ausbauwürdige Leistung wird für das Götaälvgebiet sogar höher angesetzt, in erster Linie wohl wegen des großen Seenreichtums, der in vielen Fällen erlaubt, hochausgebaute Regulierkraftwerke zu schaffen. Die Verschiedenheiten im Seenreichtum der einzelnen Teilgebiete sind auch hier erheblich. Besonders arm an Seen sind der Klarälv und die südlichen Wenernzuflüsse, besonders seenreich der Gullspångs-, Upperuds- und Götaälv selbst.

Ein bedeutender Teil der Wasserkraftvorräte ist demnach schon ausgebaut oder im Ausbau. Von der ausgebauten Leistung dienen 55% der Landesstromversorgung, 22% einzelnen Holz-, Zellulose- und Papierindustrien, 17% Bergwerken, Eisenhütten und Eisen verarbeitenden Industrien, 2% Textil- und 4% elektrochemischen Industrien. Auch von den 55% der allgemeinen Versorgung dürfte ein ganz bedeutender Teil der Industrie, in erster Linie der Textil- und elektrochemischen Industrie zugute kommen.

Tabelle 25.
Verteilung der vorhandenen und ausgebauten Wasserkräfte des Götaälvgebietes.

	Einzugsgebiet km²	Seeanteil %	Mittelwasserleistung nach Norlindh PS	Energiedichte PS/km²	Ausbauwürd. Leistung bei 4800 Gebrauchsstunden und rationellen Seeregulierungen (Ekwall) PS	%	Ausgebaute und im Bau befindliche Leistung 1925 (Norlindh) PS
Klarälv und Nebenbäche	11775	6,3	—	—	240000	—	—
Gullspångsälv (im Oberlauf auch Svartälven genannt) und Nebenbäche	4930	11,8	78000	15,8	106000	136	76000
Upperudälv und Nebenbäche	3320	15,7	28000	8,5	40000	143	21000
Norsälv und Nebenbäche	3940	?	65000	16,5	40000	62	10000
Byälv und Nebenbäche	2910	?	50000	17,2	37000	74	27000
Alle übrigen Zuflüsse des Wenersees	19555	?	45000	2,3	50000	110	13000
Einzugsgebiet des Wenersees insges. (bzw. ohne Klarälv)	46430 (34655)	—	— (266000)	— (7,7)	513000 (273000)	— (102)	— (147000)
Nebenbäche des Götaälv			20000		} 420000	175	8000
Götaälv (Hauptstrom)	47150	20	220000	4,65			206000
Gesamtes Götaälvgebiet	47150 (35375)	20	— (506000)	— (14,4)	933000 (693000)	— 138	— (361000)

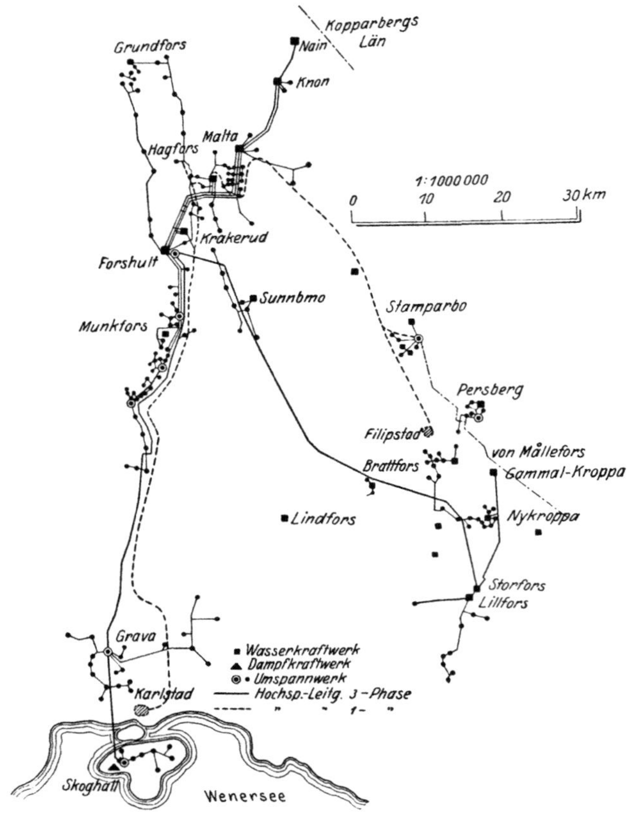

Abb. 173. Kraftverteilungsnetz des Uddeholm-Konzerns. (Uddeh. el. anläggn.)

Ferner enthalten die 55% den bedeutenden Bedarf der elektrischen Vollbahn Stockholm — Göteborg und anderer Linien.

Die Wasserkraftanlagen des Götaälvgebietes sind sehr zahlreich; schon der Mittel- und Großkraftwerke (über 2000 PS) sind es über 30. Wir können daher nur die interessantesten Großkraftanlagen am Klarälv, Gullspångsälv und Götaälv betrachten.

3. Das Klarälvgebiet.

Der Klarälv entwässert 11775 km². Er entspringt im schwedischen Fjäll, in Härjedalen, tritt, noch im Fjäll, nach Norwegen über und erreicht erst wieder nach mehr als 200 km langem Lauf schwedisches Gebiet an Värmlands Nordgrenze mit 5240 km² Einzugsgebiet. Der hier beginnende, bis zum Wenern über 200 km lange Stromabschnitt hat über 500 m Fallhöhe, wovon aber heute nur die untersten etwa 90 m, auf 110 km Lauflänge verteilt, unmittelbar energiewirtschaftliche Bedeutung haben; die übrigen Fallstufen liegen in fast unbesiedelten, armen Gegenden von Nordvärmland, wo bisher nur sehr wenige und unbedeutende Kraftanlagen, hauptsächlich in den Nebenbächen, entstanden sind. Immerhin sind auch hier schmale, an die Flußläufe gebundene Gebietsteile elektrifiziert. Ähnlich wie in den hochliegenden Teilen von Dalarne (S. 141) macht aber die dünne Besiedlung eine Fernversorgung aus größeren Eltwerken unmöglich; die einzige Lösung ist vorläufig örtliche Teilausnutzung der reichen Kraftquellen in Kleinkraftanlagen.

Ganz anders ist die Lage im Klarälvunterlauf und seinen Nebenbächen. Zwar überwiegt auch hier noch die Forstwirtschaft im Landgebrauch, aber Siedlung und Ackerbau beschränken sich doch nicht mehr auf die Haupttäler, suchten vielmehr selbst kleinste Nebentäler auf. Daneben führte die seit Jahrhunderten bestehende große Bergwerks-, Eisen- und Sägewerksindustrie der Gegend zu dichterer Besiedlung, die ihrerseits die naturgegebenen Vorbedingungen der Großindustrie vervollständigt hat. Dieser industriell wichtige Laufabschnitt beginnt etwa bei Edebäck (Einzugsgebiet 8525 km²) und bietet (mit Nebenbächen) schätzungsweise 100000 bis 120000 PS Mittelwasserleistung. Zwei große Industriekonzerne sind an diesem bedeutenden Energievorkommen vorwiegend interessiert: die große und vielseitige Uddeholms A. B. und der Mölnbacka-Trysilkonzern (Zellulose- und Papierindustrie). Uddeholms A. B. besitzt (Abb. 22, 173, 173a, 176) alle Fallgruppen des Klarälvhauptstromes mit Ausnahme der beiden untersten, außerdem fast die gesamte Energie des größten Nebenbaches, Ufån.

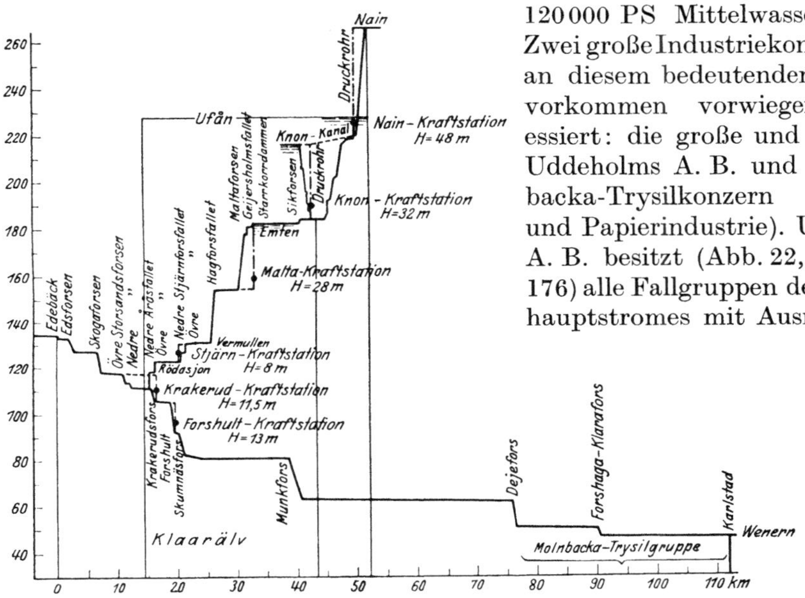

Abb. 173a. Längenprofil des Klarälv mit Ufån. (Uddeh. el. anläggn.)

Erschwerend für die Ausnutzung ist weniger die Gefällentwicklung in langgestreckten, aber kräftigen Stromschnellen, als vielmehr die große Ungleichmäßigkeit des Abflußganges und die Schwierigkeit künstlichen Ausgleichs (wegen der Seearmut des Flusses, 4% für das Gesamtgebiet). Nahezu die halbe Wasserfläche des Gebietes liegt in dem norwegischen See Fämunden (203 km², + 663 m ü. d. M., Einzugsgebiet 1780 km²). Für ausreichende Regulierung dieses Sees bildet der gegenwärtig unvollkommene Ausbau des Klarälv keine genügende wirtschaftliche Unterlage. Wir werden sogleich sehen, wie die Regulierung der Ufånseen allein, in Verbindung mit elektrischem Verbundbetrieb aller Uddeholm-Kraftwerke, eine vorläufig befriedigende Gestaltung der Energiewirtschaft ermöglicht. Die charakteristischen Wassermengen sind bei Edebäck (8500 km², 7% Seeanteil) für 1910—1924: NNQ = 8,5, MNQ = 25, MQ = 132, HHQ = 1037 m³/sek (vgl. Abb. 174).

Zunächst gehen wir die Reihe der bestehenden Wasserkraftanlagen am Klarälv von Edebäck bis zum Wenern durch. Die Ausnutzung dieser 90-m-Fallstrecke ist folgendermaßen geplant und zum Teil durchgeführt (Abb. 173a):

Eds- und Skogaforsen sollen später in einem Kraftwerk von $H = 18$ m und 18000 PS Volleistung (etwas unter Mittelwasserleistung) ausgenutzt werden. Die 1917—1921 ausgebaute Anlage Krakerud (Abb. 175) nutzt durch 5,5 m hohen Einstau die Stromschnellen Övre- und Nedre-Storsandforsen mit aus. Die ausgebaute Leistung von 12500 PS ist auf 3 Turbinen verteilt ($H_n = 11$ bis $11\frac{1}{2}$ m; $Q_v = 2 \times 44 + 1 \times 22$; $N_v = 2 \times 5000 + 1 \times 2500$ PS).

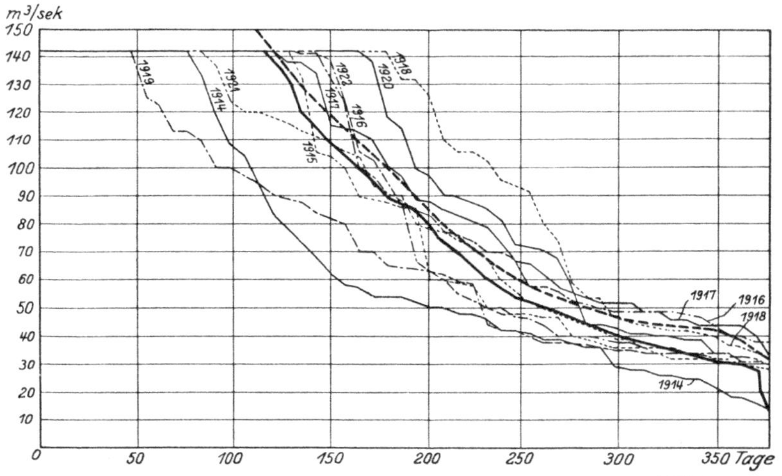

Die **Wasserkraftanlage Forshult** ist bei $H_n = 12,8$ bis 13,7 m annähernd auf Mittelwasserleistung (20800 PS) ausgebaut ($Q_v = 161,5$). Es sind sieben wagerechte Zwillingsfrancisturbinen zu 3000 PS sowie eine Erregerturbine von 400 PS aufgestellt. Die 7 Stromerzeuger haben die im Uddeholmnetz vorherrschende Periodenzahl 25; daneben ist jedoch noch an 2 Turbinen je eine 50periodige Maschine ohne Zwischenlager unterwasserseits auf dieselbe Welle angebaut. Erzeugungsspannung ist 12, Übertragungsspannung 50 kV; das Umspannhaus steht abseits. Die Turbinenanlage (Abb. 177, 178) zeigt bemerkenswerte, wenn auch zum Teil heute überholte Einzelheiten: paternosterartiger, umlaufender Feinrechen; Hohlraum unter der Einlaufschwelle zum Ausziehen der Turbinenwelle; vorbildliche Isolierung des Maschinensaals gegen Wasserzutritt. Das Werk ist als erste der großen neuzeitlichen Anlagen des Uddeholm-Konzerns 1907 bis 1911 erbaut.

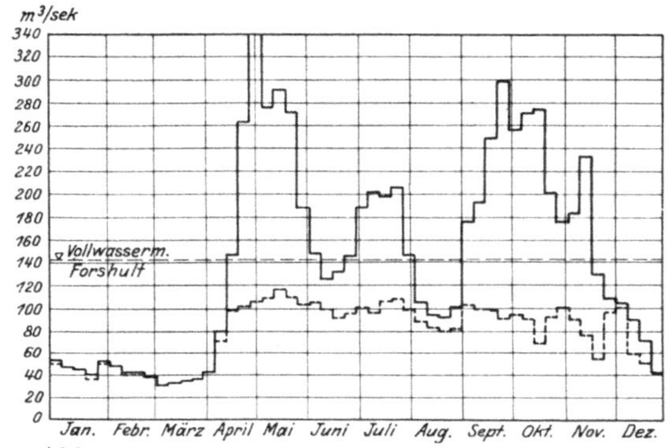

Abb. 174. Wasser- und Energiehaushalt des Klarälv. (Uddeh. el. anläggn.)

Abb. 175. Krakerud. Unterwasseransicht. (Ing. Schmidt.)

Ein viertes Kraftwerk von 11000 PS soll später die Skymnässtromschnellen (H = rd. 10 m) ausnutzen. Die letzte und größte Fallstufe des Konzerns ist **Munkfors**

Abb. 176. Munkforsfabrik, Mittelpunkt der Eisenindustrie des Uddeholmkonzerns. (Sv. Turistför.)

mit der Gesamtfallhöhe 18 m bei N.W. und 13 m bei H.W. Sie ist zur Zeit noch durch kleinere alte Kraftanlagen mit insgesamt 5000 PS, zur Hälfte rein mechanisch, ausgenutzt. Seit 1925 befindet sich aber ein Großkraftwerk von 25000 PS im Bau; bis Ende 1927 waren jedoch nur Erd- und Felsarbeiten ausgeführt (Abb. 179, 180a, 848). Das Werk erhält zwei Kaplanturbinen von je 15000 PS (H_n = 15,4 m, H_{max} = 19,4 m).

Der vorletzte Klarälvfall ist durch die Holzschleiferei Dejefors der Trysil A. B. ausgenutzt. Die Mittelwasserleistung ist 17000, die Ausbauleistung 9530 PS (H = 8 bis 11,5 m; Q_v = 90,8 m³/sek). Die unterste, 7,5-m-Fallstufe Forshaga-Klarafors ist erst in kleineren Kraftwerken zu einem Bruchteil der Mittelwasserleistung ausgenutzt.

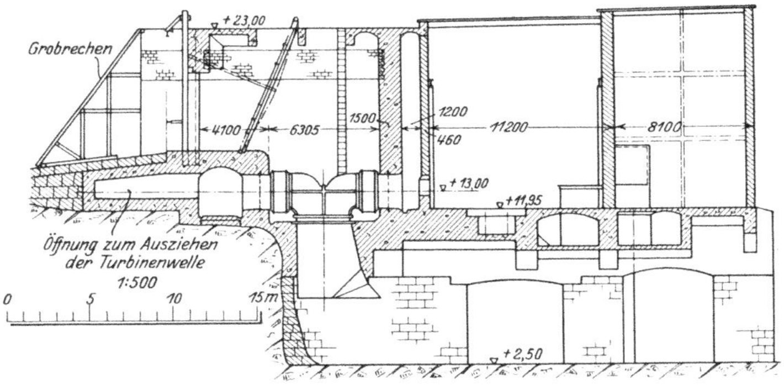

Abb. 177. Forshult. Turbinenkammer-Schnitt. (Uddeh. el. anläggn.)

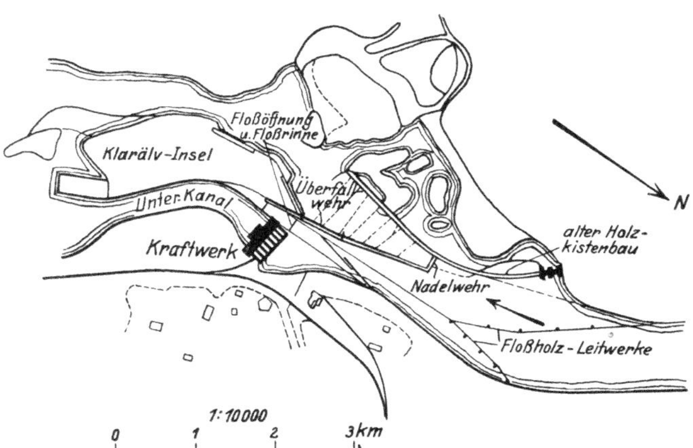

Abb. 178. Forshult. Lageplan (Uddeh. el. anläggn.).

Ufån, bei weitem der bedeutendste Nebenbach des Klarälv, Einzugsgebiet 1750 km², ist sehr reich an Seen, deren wichtigste Kvien, Nain, Knon, Deglunden und Rådasjön sind. Fast alle Ufånseen sind reguliert; im ganzen steht ein Speicherraum von 200 hm³ zur Verfügung. Die Gesamtfallhöhe Nainsee—Klarälv übersteigt 150 m.

Die Ausnutzung der Ufånkräfte ist in folgenden bemerkenswerten Grundlinien geplant und teilweise verwirklicht: Der in Abb. 173a, 180 nicht dargestellte Ufånoberlauf gestattet bei 20 m Fallhöhe die Gewinnung von 2000 PS. Die Nain-

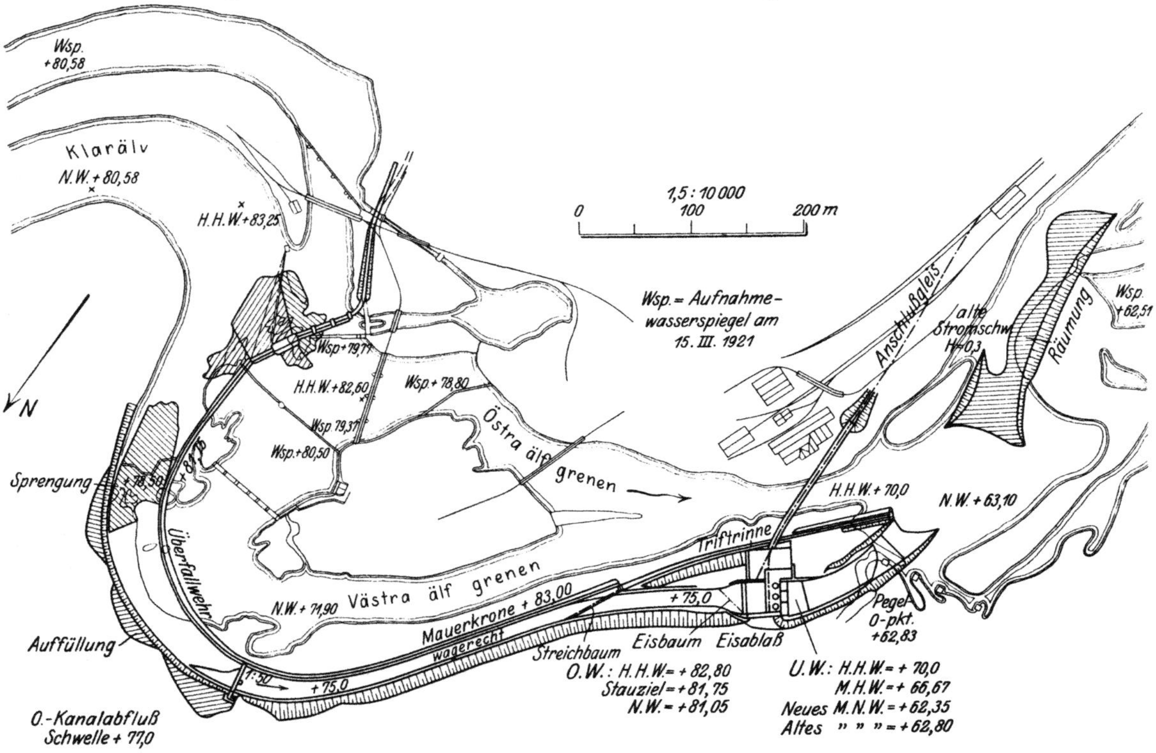

Abb. 179. W. A. Munkfors. Übersichtsplan. (Vattenbyggn. Byr.)

und Knonanlage, 1916 erbaut, nutzen in engster hydraulischer Verbindung sehr geschickt zwei hintereinanderliegende Stufen von 48 und 34 m Rohfall aus. Abb. 173a, 180 zeigen einen zweistufigen Ausbau mit Ober- und Zwischenspeicher. Die Oberstufe ($H_n = 48$ m) nutzt den Nainseeabfluß, die Unterstufe ($H_n = 32$ m) den Knonseeabfluß aus. Durch Zwischenfassung und Freispiegelleitung wird dabei sowohl das Abwasser der Oberstufe wie auch das Überlaufwasser des Nainsees (Einzugsgebiet 564 km²) dem Knonsee zugeleitet, der aus seinem eigenen, zu kleinen Einzugsgebiet (225 km²) oft zu Zeiten, wo der Nainsee Überfluß hat, nur wenig Wasser empfängt.

Die dritte schon 1914 ausgebaute Ufånstufe Malta schließt sich mit 28 m Fallhöhe an das Unterwasser von Knon, im oberen Emtensee, an. Von dem See führt ein 1500 m langer Kanal zum offenen Wasserschloß, von diesem eine 220 m lange

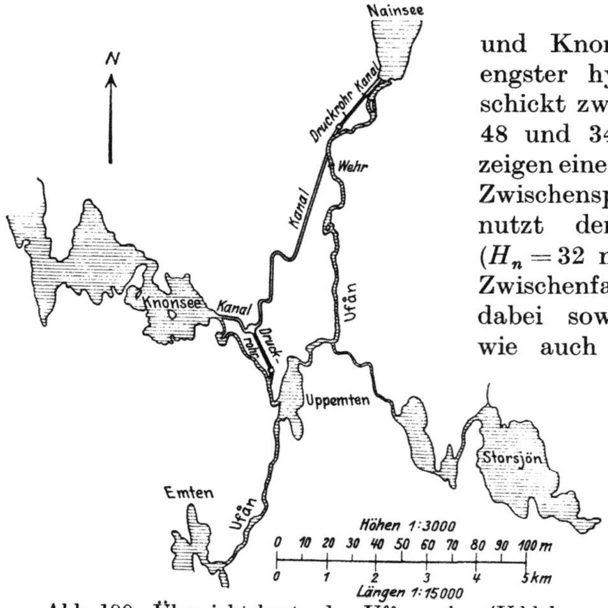

Abb. 180. Übersichtskarte der Ufånwerke. (Uddeh. el. anläggn.)

Fallrohrleitung ($d = 3{,}5$ m) zum Krafthaus und ein Unterkanal von 300 m zurück zum Ufån.

Krafthaus und Einrichtungen sind bei den drei oberen Ufånstufen im wesentlichen ganz gleich gehalten, als ,,Einmannanlagen" aufs äußerste vereinfacht und zu diesem Zweck mit nur je einem Maschinensatz (durchweg 4300 PS) ausgestattet. Die Turbinen, in Gußspiralen, haben Schwungräder; bei ihrer Konstruktion wurde ein besonders flacher Verlauf der Wirkungsgradkurve angestrebt. Die große Länge der Druckrohre verursachte anfänglich Schwierigkeiten bei der Geschwindigkeits- und Druckregelung.

Die drei untersten Ufånstufen, Hagfors ($H = 23$ m, 3500 PS), Stjern ($H = 8$ m, 1000 PS) und Åräs ($H = 6$ m, 1000 PS), nutzen die vorhandene Mittelwasserleistung nur unvollkommen aus. Ihr weiterer Ausbau ist für später vorgesehen.

Betriebsverhältnisse. Von den Kraftwerken des Uddeholm-Konzerns arbeiten Forshult, Krakerud, Stjern, Nain, Knon und Malta parallel, und zwar mit Rücksicht auf die bei Gründung des Unternehmens noch gegebenen Anforderungen der elektrischen Verhüttung: mit 25 Perioden (auch beim Trollhättanausbau kurz vorher angewendet!). Die Gesamtleistung

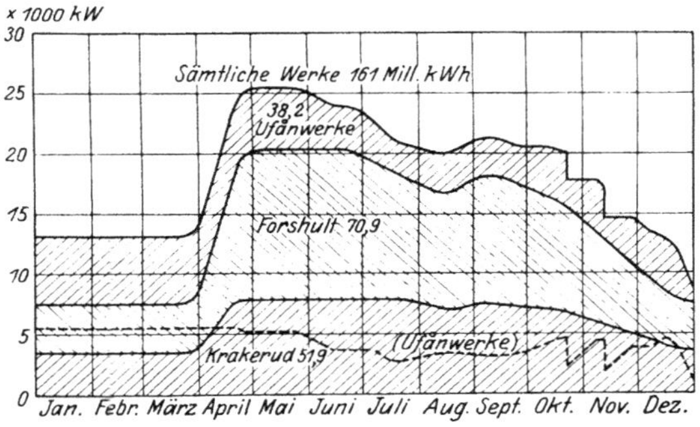

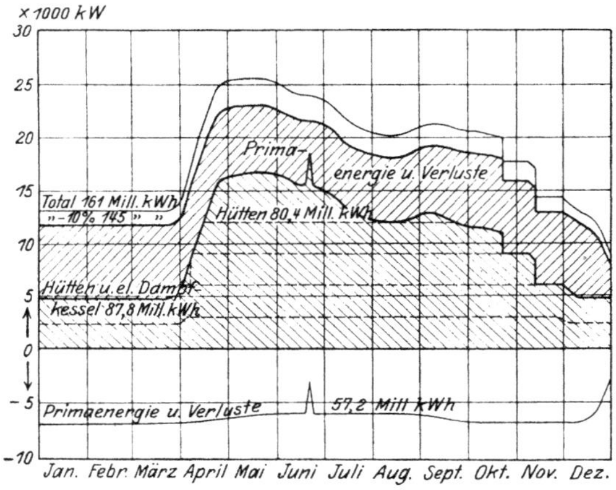

Abb. 181 und 182. Energiedargebot und -verwendung der Kraftwerke des Uddeholm-Konzerns. (Uddeh. el. anläggn.)

dieses Systems ist 48000 PS (Abb. 173). Mit der Zeit wird wohl der in Forshult mit den Doppelmaschinen begonnene allgemeine Umbau auf 50 Perioden kommen. Maschinenspannung ist fast durchweg 12, Fernübertragungsspannung 50 kV. Die übrigen, größtenteils in Nebenbächen gelegenen über 15 Kleinstationen von Uddeholm haben zusammen rd. 6500 PS.

Der Energie- und Wasserhaushalt der sechs zum Hauptsystem gehörigen Wasserkraftanlagen entspricht dem Typus: Verbundbetrieb zwischen Großspeicheranlagen (Ufångruppe) und Laufkraftwerken an einem Wildfluß mit sehr unregelmäßiger (Abb. 174) Wasserführung (Klarälvgruppe). Günstig ist dabei, daß die Laufwerke unterhalb der Ufånmündung liegen, das Abwasser der Speicherwerke also mit ausnutzen und daher teilreguliert sind. Die Klarälvwerke sind deshalb, sehr richtiger Weise, hoch ausgebaut (Forshult z. B. auf 114tägige Wassermenge). Natürlich können die Ufånseen die Unstetigkeit des viel mächtigeren Klarälv nicht völlig ausgleichen, daher kann vorläufig ein großer Teil der angeschlossenen Hüttenbetriebe nur im Saisonbetrieb arbeiten.

Die Ufånspeicherwerke ermöglichen dabei aber eine wesentliche Verlängerung der Arbeitsperiode und außerdem eine zweckmäßige Betriebsführung, nämlich ein rasches, völliges Abblasen der einzelnen Hütten, vgl. dis Abtreppungen der Energieganglinien in Abb. 181, 182. Abb. 181 stellt das in einem ,,mittleren" Wasserjahr zur Zeit verfügbare Arbeitsvermögen in Wochenmittelwerten dar. Die wirklich nutzbare Arbeit bleibt noch um etwa 13% dahinter zurück, da die (zwar bei Forshult weit getriebene) Leistungseinteilung in Einheiten keine genaue Anpassung ermöglicht, ferner Fehler in der Durchführung des Wasserentnahmeplanes vorkommen können usw. Man hofft diese Verluste auf 10% herabmindern zu können. Man beachte die „Überregulierung" (Umkehrung) der Ufånwasserführung. Die größte bis jetzt in einem Jahr wirklich erzeugte Energiemenge war etwa 140 Mio kWh. Die Verteilung der erzeugten Energie auf die verschiedenen Verbrauchszwecke ist in Abb. 182 dargestellt. Der Abfall der Primaenergie Ende Juni und Dezember entspricht der in Schweden weitverbreiteten einwöchigen Betriebseinstellung in der Mittsommer- und Julwoche.

Die Uddeholm-Hütten, auch elektrische Mangan- und Stahlöfen stehen in Hagfors. Eigentliche Eisenhütten sind es vier zu 3000 kW; zwei davon werden im Winter ausgeblasen, zwei mit verminderter Belastung durchgefahren. Mit 80 Mio kWh werden 32000 t Roheisen im Jahr erzeugt. Der in elektrischen Kesseln erzeugte Dampf dient hauptsächlich den Papierindustrien und damit zusammenhängenden chemischen Betrieben des Konzerns. Außerdem wird ein kleiner elektrischer Kessel zum Getreidetrocknen gebraucht. Der Rest der erzeugten Energie wird für die verschiedensten Zwecke in den Papier- und Zellulosefabriken und der chemischen Industrie verwendet, ferner für die elektrische Bahn Karlstad—Uddeholm—Filippstal samt Nebenbahnen nach Edebäck und den Bergwerken Taberg (elektrifizierte Gesamtstrecke 200 km), schließlich für Orts- und Landwirtschaftsversorgung (Abb. 183).

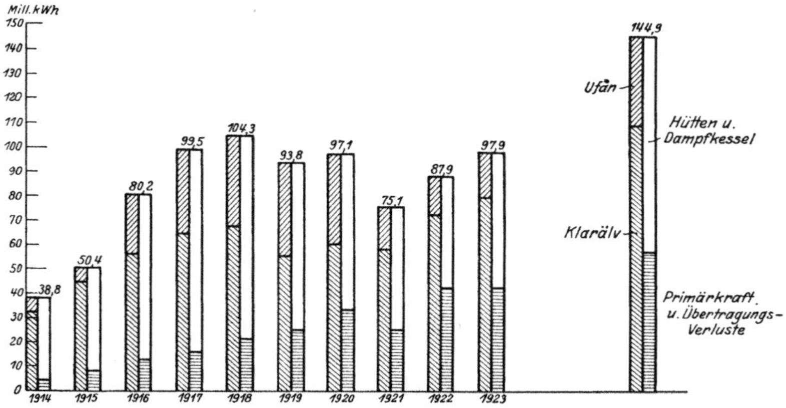

Abb. 183. Uddeholm-Konzern (Klarälv). Energieerzeugung und -verwendung 1914—1923. (Uddeh. el. anläggn.)

Außer dem Ufån hat der Klarälv noch eine Anzahl kleinerer Nebenbäche, die auch meist seenreich sind. Ihre Wasserkräfte sind größtenteils in kleineren Anlagen ausgenutzt für Zellulose-, Textilindustrien und örtliche Eltversorgung.

4. Der Gullspångälv.

Der Gullspång ist nach der Übersicht S. 208 der seenreichste der größeren Nebenflüsse des Wenern. Seine höchsten Seen liegen 330 m, der weitaus größte, der Skagernsee, aber nur 68 m ü. d. M. Der Gullspångälv hat einige bedeutendere Nebenflüsse, deren wasserreichster: Timsälven heißt. Etwa 70% der Wasserkraft des Gullspånggebietes liegt im Hauptlauf; über diesen (einschließlich des, Svårtälv genannten, Oberlaufes) liegen für eine Strecke von 207 km abwärts der höchstgelegenen Seen die Vattenfallförteckning fertig vor. Hiernach können die Energiedauerverhältnisse folgendermaßen dargestellt werden:

Leistungsfähigkeit des Gullspång-Hauptlaufes in PS und (%)[1].

Bei MNQ	23400	(39)	Bei 6 mon. Q . . .	47400	(77)
„ 9 mon. Q. . .	36400	(52)	„ MQ	60900	(100)

Danach hat der Gullspång unter allen vergleichbaren Waldflüssen Schwedens die günstigsten Dauerverhältnisse, was die Ausnutzung seiner Wasserkräfte begünstigt hat.

[1] Bei natürlichem Abfluß vor Regulierung des Skagernsees und anderer kleinerer Seen.

Die Fallstufen sind im mittleren und unteren Abschnitt sehr günstig als Stromschnellen und zum Teil auch als ausgesprochene Wasserfälle ausgebildet. Im obersten Abschnitt überwiegen niedrige langgestreckte, daher weniger ausbauwürdige Stromschnellen. Der Hauptabschnitt des Flusses liegt im mittelschwedischen Bergwerks- und Eisenindustriegebiet in waldreicher Gegend, der Unterlauf, hauptsächlich beim Skagernsee, inmitten blühender Landwirtschaft. Dementsprechend dienen die, schon jetzt auf die Höhe der gesamten Mittelwasserleistung ausgebauten Wasserkräfte in erster Linie der Versorgung von Orten und Landgütern, ferner von Bergwerks- und Eisenindustrien; die Holzveredelungsindustrien spielen als Kraftverbraucher eine geringe Rolle.

Von den 58000 ausgebauten PS des Gullspång-Hauptflusses entfällt nahezu die Hälfte auf die abwärts des Skagern liegende Großwasserkraft Gullspång. Die andere Hälfte verteilt sich auf den Mittellauf zwischen Höhe 225 m und Skagernsee. Der ungünstigere Oberlauf des Flusses ist bis jetzt nicht ausgenutzt. Im Mittellauf treffen wir, stromabwärtsschreitend, folgende wichtigeren Wasserkraftanlagen:

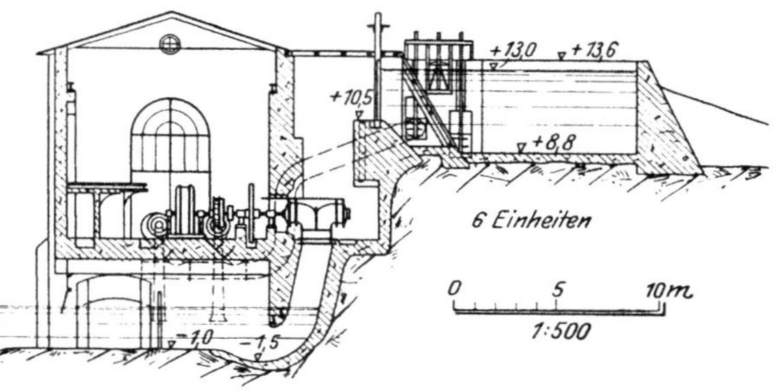

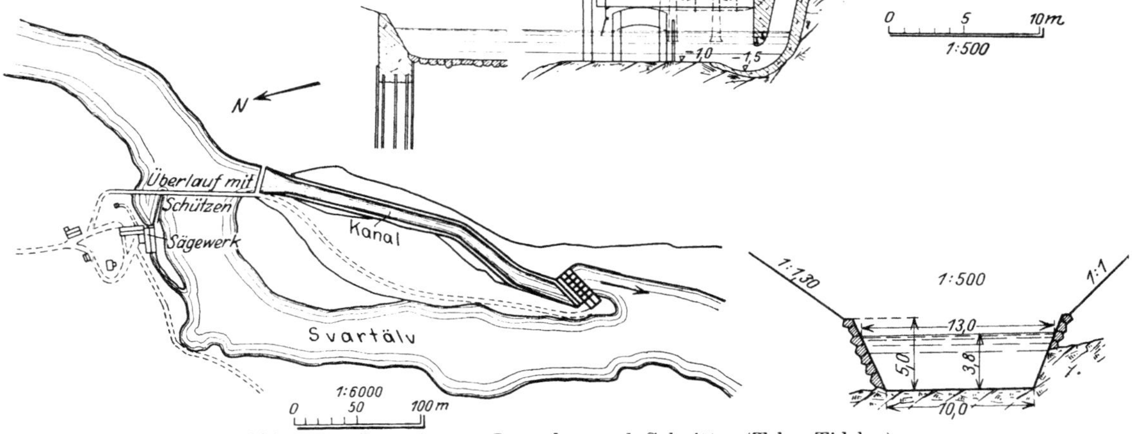

Abb. 184. Skråmforsen. Lageplan und Schnitte. (Tekn. Tidskr.)

6 Werke der Vargön A. B. (Gesamtleistung 5800 PS) mit gemischter Verwendung, wie angegeben; dann Älvestorp mit 2300 PS Mittelwasserleistung, ausgebaut von der Guldsmedshytte A. B. auf 3750 PS ($Q = 43{,}1$, $H = 8{,}7$) und dahinter die Anlagen Rockesholm und Blankafors (je 2100 PS) derselben Gesellschaft; ferner eine ältere, 1922 durch Ausbau der Turbinen von 1500 auf 2500 PS verstärkte Anlage, Västgöthyttefors, der Nora Bergslags Elektriska A. B. Wenige Kilometer stromabwärts beginnen dann die wertvollen, größeren Fallstufen des Flusses: Brattforsen mit dem anschließenden kleinen Skomakareforsen, Skråmforsen und Karåsfallet. Diese vier Fallstufen überwinden fast den ganzen Höhenunterschied zwischen Karlsdalssjön und Mökelnsjön. Brattforsen und Skråmforsen sind vom städtischen E.W. Örebro (Örebro Elektriska A. B.) 1903/06 und 1899 ausgebaut. Skråmforsen: ($H = 10{,}5$ bis $13{,}0$; $Q = 24{,}8$; 3100 PS), typisches Beispiel der älteren Bauweise nordischer Wasserkraftanlagen — altes Überfallwehr, Oberkanal, massives Krafthaus — (Abb. 184). Brattforsen: ($H = 15{,}5$ bis $17{,}0$; $Q = 29{,}5$ bei $MQ =$ rd. $19{,}0$; 4800 PS). Beide Werke sind an die Fernleitungen des Großkraftwerks Gullspång angeschlossen, das den nötigen Ergänzungsstrom für die Versorgung von Örebro und Umgebung liefert. Die beiden übrigen Wasserfälle dieses Laufabschnittes sind noch unausgenutzt.

Die, Letälv genannte, vorletzte Fallreihe des Gullspångälv zwischen den Seen Mökeln und Skagern besteht im wesentlichen aus der steilen Stromschnelle Degerforsen und der flachen Stromschnellengruppe Munkforsen. Degerforsen mit 6 bis 9 m Fallhöhe und 4900 PS Mittelwasserleistung wird in einem älteren Kraftwerk von 5570 PS ($Q = 79{,}6$) ausgenutzt; 3400 PS werden im direkten Antrieb verbraucht, der Rest zur Elterzeugung verwendet, beides für Eisenwerkbetrieb. Die zweite Stromschnellengruppe Munkforsen, vorläufig unausgenutzt, gehört der Kraft A. B. Gullspång-Munkfors.

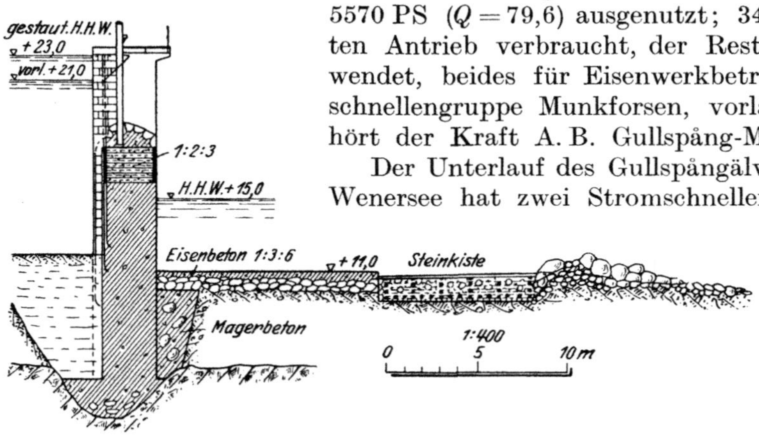

Abb. 185. Gullspång. Schnitt des Stauwehrs. (Tekn. Tidskr.)

Der Unterlauf des Gullspångälv vom Skagern bis zum Wenersee hat zwei Stromschnellen: Gullspångsfallet, unweit hinter dem Skagern, und Åråsfallet, unmittelbar vor dem Wenern. Letztere mit kaum 3 m Fallhöhe ist unausgenutzt. Gullspångsfallet hat die bedeutende Fallhöhe von 21,5 m auf wenig über 2 km Länge. Das Einzugsgebiet umfaßt hier 4950 km² mit 750 km² oder 15,2% Seefläche. Die Wassermengendauerzahlen vor der Regulierung der Seen waren schon sehr günstig, nämlich:

NNQ	14 m³/sek	(18,5)%	6 mon. Q . . .	62 m³/sek	(81)%
MNQ	36 „	(47,5)%	MQ	76 „	(100)%
9 mon. Q . . .	46 „	(60,4)%	HHQ	262 „	(345)%

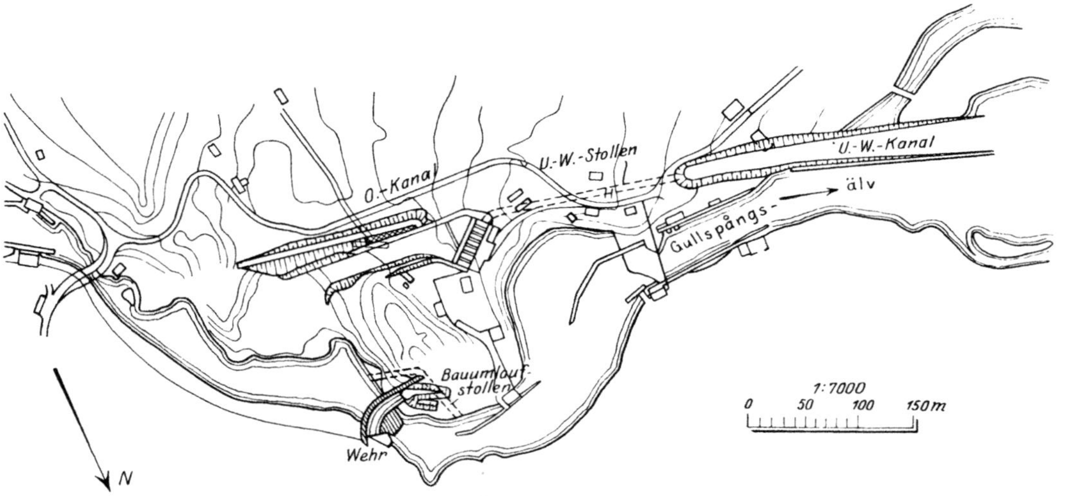

Abb. 186. Gullspång. Übersichtsplan. (Tekn. Tidskr.)

Die Mittelwasserleistung von Gullspångfallet ist rd. 16000 PS[1]. Diese starke und beständige Wasserkraft wurde von der Kraft A. B. **Gullspång-Munkfors** (vgl. S. 53) zu einer großen Überlandzentrale ausgebaut (Abb. 185, 186, 187, 188).

Das Wehr ist teils als Schwergewichts-, größtenteils aber als Eingewölbemauer ausgeführt und mit Flutschützen, Eisablaß und Lachstreppen versehen; es wurde von Anfang an so angelegt, daß es nach Genehmigung der Skagernregulierung höher

[1] Norlindh gibt offenbar irrtümlicherweise, trotzdem er die Åråsschnelle mitrechnet, nur 14000 PS an.

stauen und so zugleich als Regulierungswehr wirken konnte. Die Werkwasserumleitung besteht aus einem kurzen offenen, zum Teil in den Felsen eingesprengten Oberkanal mit Verteilungsbecken und einem längeren Unterkanal, der als Freispiegelstollen beginnt, dann in offenen Felskanal übergeht und sich schließlich noch im Flußbett hinter einer hochwasserfreien Trennungsmauer fortsetzt. Die je rd. 22 m³/sek verbrauchenden Franciszwillingsturbinen stehen im Grunde tiefer, aus Eisenblechzylindern gebildeter Schächte; der Maschinensaal erhielt durch Aufschlitzen der Felsvorlage natürliche Beleuchtung und Belüftung. Der derzeitige Ausbau umfaßt 6 Einheiten mit zusammen 28000 PS und 2 kleine Erregerturbinen.

Die Anlage ist 1906/08 erbaut, 1916/17 und 1919 zur heutigen Leistung erweitert worden. Schon bei der ersten Erweiterung wurde 1916 die Regulierung des Skagern durchgeführt. Dadurch wurde NNQ auf 45 m³/sek erhöht, was bei den Ausnutzungsverhältnissen (1916 rd. 3500 Std.) fast ganz selbständigen Betrieb des Werkes gewährleistet. Zur Ergänzung der ständigen Kraftlieferung, namentlich in Trockenjahren, ist das Werk außer mit Örebro auch mit dem staatlichen Trollhättanwerk verbunden.

Die erzeugte Energie wird in den Orten und Landwirtschaften eines großen Teils von Värmlands-, Skaraborgs- und Örebrolän abgesetzt.

Die Nebenbäche des Gullspångälv sind gleichfalls größtenteils ausgenutzt, mehrere ganz wesentlich über Mittelwasserleistung. Die größte Anlage ist Bofors, 1916/17 ausgebaut mit 4500 PS ($H = 12{,}8$ bis $14{,}1$; $Q = 32{,}9$). Sie dient gleich den meisten übrigen Wasserkraftwerken der Nebenbäche vorwiegend der Eisenindustrie, einige Anlagen arbeiten auch auf Holzschleiferei.

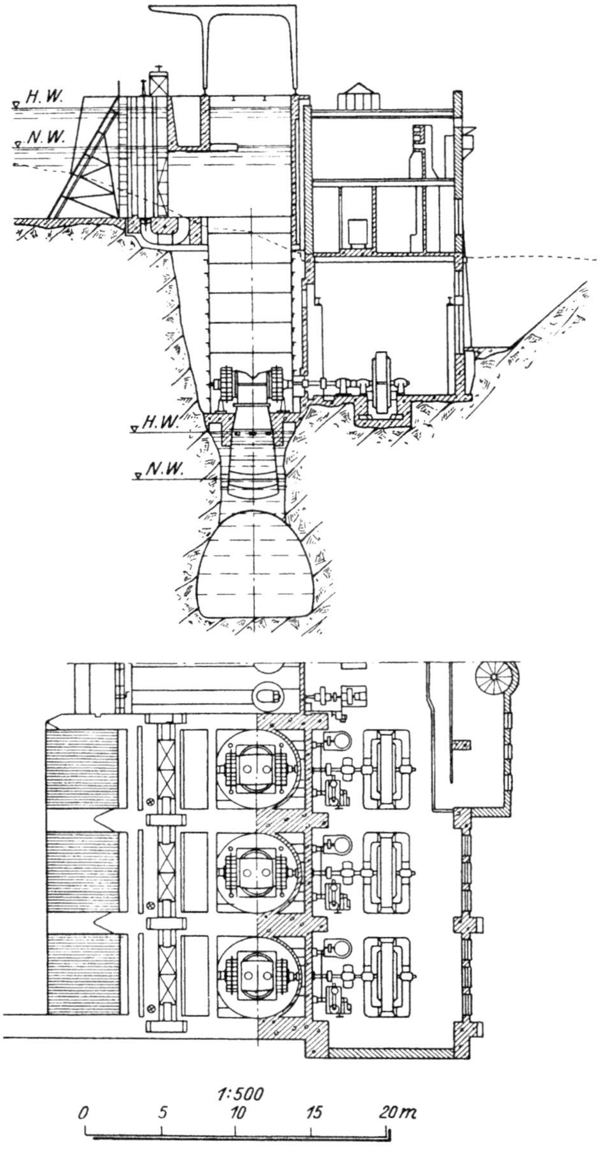

Abb. 187. Gullspång. Krafthausschnitt und -grundriß. (Tekn. Tidskr.)

5. Die übrigen Zuflüsse des Wenern und Götaälv.

Diese übrigen Flüsse sind weniger stark ausgenutzt, auch sind die Wasserkraftanlagen weniger bedeutend; sie dienen großenteils der örtlichen Holzschliff- und Papierindustrie. Die drei größten sind im Norsälv: Frykforsen (4610 PS), im Upperudsälv: Långed (6600 PS) und Häverud (Håfreström) (4400 PS).

Werk Frykforsen der Fr. A. B. (Abb. 189, 190) nutzt 7,5 m von einer 9 m hohen Stromschnelle des Norsälv aus. Die Mittelwasserleistung der ganzen Fallhöhe ist

5000 PS, der ausgenutzten Teilstrecke 4200 PS. Energieverwendung: teils für Holzschleiferei, teils für Stromversorgung der Stadt Karlstad. Den relativ hohen Ausbau ermöglichte eine einschneidende Regulierung der 70 km langen Frykenseen, wodurch die Niedrigwassermenge von 15 auf 25 m³/sek erhöht wurde. Ausbauwassermenge ist etwa 60m³/sek; der Betrieb wird im allgemeinen möglichst so geführt, daß kein Tropfen Wasser ungenutzt bleibt. Das Seeregulierungswehr ist zugleich Fassungswehr des Kraftwerks und kann unmittelbar auch Tagesregulierung übernehmen; da stromabwärts nur noch eine kleinere Anlage derselben Firma liegt, stehen wasserrechtliche Hindernisse freier Verfügung über die Wasserentnahme aus den Frykenseen nicht entgegen. Neben dem 1906/07 erbauten und 1911 erweitertem Wasserkraft-Eltwerk stehen noch einige kleine alte Turbinen für direkten Antrieb. Diese werden jetzt nur noch bei reichlichem Wasserzufluß betrieben und aus den Turbinenkammern der Großanlage durch eine besondere Rohrleitung gespeist. Das im Unterbau alte Wehr hat eiserne Schützenböcke auf fester Schwelle und enthält einen Einlauf zur Floßrinne. Im Jahre 1907 wurde der Stau erhöht.

Abb. 188. Gullspång. Unterwasseransicht. (Verw.)

Die Anlage hat einschließlich des Wehres nur rd. 240 Kr./PS gekostet, allerdings bei etwa 60% höherem Geldwert als heute.

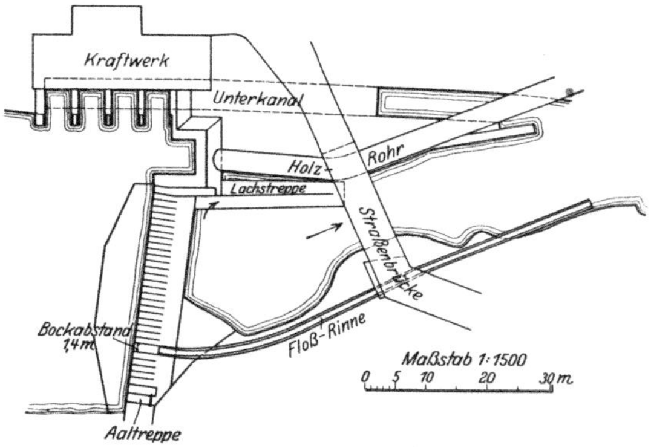

Abb. 189. Frykfors. Übersichtsplan. (Tekn. Tidskr.)

Die **Wasserkraftanlage Håverud** der Hafreströms A. B. im Upperudsälv nutzt dessen vorletzte Fallstufe vor dem Wenern aus. Der ganze Flußlauf zwischen dem Stora Le- und Wenersee ist von einem 1868 erbauten Schiffahrtsweg, dem Dalsandskanal, begleitet. Die Nutzfallhöhe ist 9 bis 9,5 m.

Das Einzugsgebiet hat 3450 km² mit 15% Seefläche und ein mittl. NQ von 25, ein äußerstes von 17 m³/sek. Der Ausbau der Wasserkraft bedingte einen streckenweisen Umbau des Schiffahrtskanals (Abb. 191). Am rechten Ufer wurde ein neuer Kanal ausgehoben, der zu oberst gleichzeitig Schiffahrts- und Werkkanal ist. Von ihm zweigt ein kurzer Werkwasserstollen ab, während der weiterhin nur der Schiffahrt dienende Kanal in einem eisernen Trog mit 30 m Spannweite auf das linke Flußufer übertritt und dort in den alten Schiffahrtskanal wieder einmündet. Das Kraftwerk hat 4 Einheiten zu je 1000 PS und 2 Erregerturbinen. Von der Einlaufkammer der einen Erregerturbine wird außerdem Fabrikationsbrauchwasser in eiserner Druckleitung, die als freitragender Bogen den Fluß kreuzt, zu der linksufrigen Papierfabrik geleitet. Die Anlage ist 1907/08 erbaut und 1914/15 auf heutige Leistung erweitert. Die erzeugte Energie dient auch zum Teil der Überlandversorgung.

Die dritte oben hervorgehobene Anlage (Långed) bietet nichts Bemerkenswertes, ebenso die übrigen meist kleineren Wasserkraftanlagen des Upperuds- und Norsälv, ihrer Nebenbäche und der zahlreichen sonstigen Zuflüsse des Wenern. Keine dieser Wasserkraftanlagen hat über 2500 PS. Nur eine verdient nähere Betrachtung, da sie die größte Druckhöhe in Schweden aufweist:

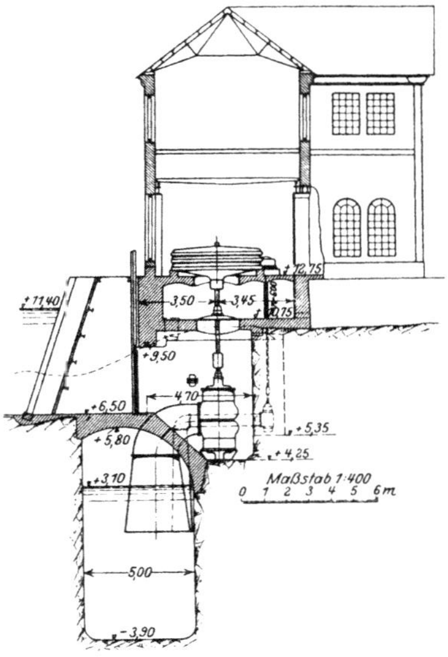

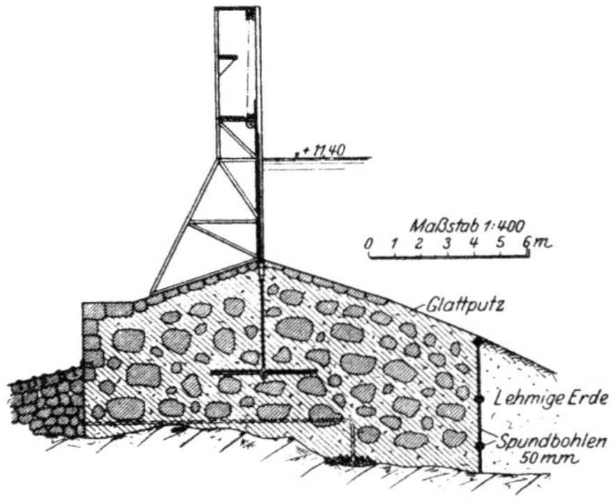

Abb. 190. Frykfors. Schnitt durch Krafthaus und Wehr.

Die **Perserudanlage** der A. B. Arvikaverken an einem Nebenbach des Byälv nutzt von 158 m Höhenunterschied zwischen Alken- und Rakensee 144 m aus. Bei Vollast geht die Nutzfallhöhe bis auf 125 m zurück. Die Lage zwischen zwei Seen ist von größter wasserwirtschaftlicher Bedeutung. Der mittlere Abfluß des Alkensees ist nur 130 sl. Die Seefläche mißt 0,4 km², der Nutzinhalt: 1,68 hm³.

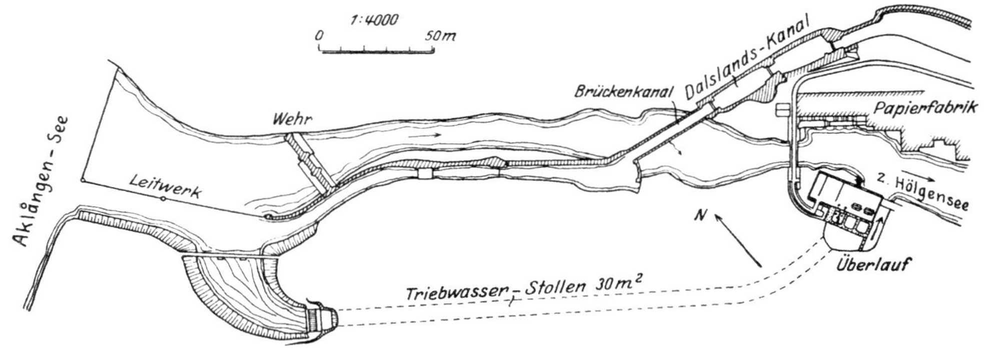

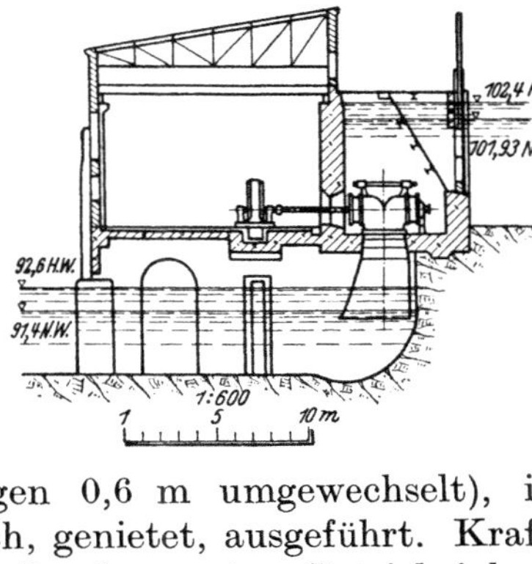

Abb. 191. Håfreström. Lageplan und Krafthausschnitt. (Tekn. Tidskr.)

Der mit 3½ m Stau geschaffene Speicherraum von 140000 m³ auf 1 km² des Einzugsgebietes (12 km²) erlaubt völligen Ausgleich der jährlichen Zuflußschwankungen, und da die kleine Großspeicheranlage mit einem 9 km entfernten Niederdruckwerk (500 PS) derselben Unternehmung in Verbund für 10stündigen Fabrikbetrieb arbeitet, konnte sie auf 450 PS oder 2½ faches MQ ausgebaut werden. Die Druckleitung, 0,45 m weit (neuerdings streckenweise gegen 0,6 m umgewechselt), ist bis 30 m Druckhöhe in Holz, im übrigen in Eisenblech, genietet, ausgeführt. Kraftmaschine ist eine senkrechte Schwammkrugturbine. In den ersten Betriebsjahren der 1908 erbauten Anlage wurde ein Teil der Energie für Versuche über elektrische Verhüttung verwendet; jetzt geht der ganze Strom (7000 V) in die Maschinenfabrik in Arvika (1916: 565000 kWh).

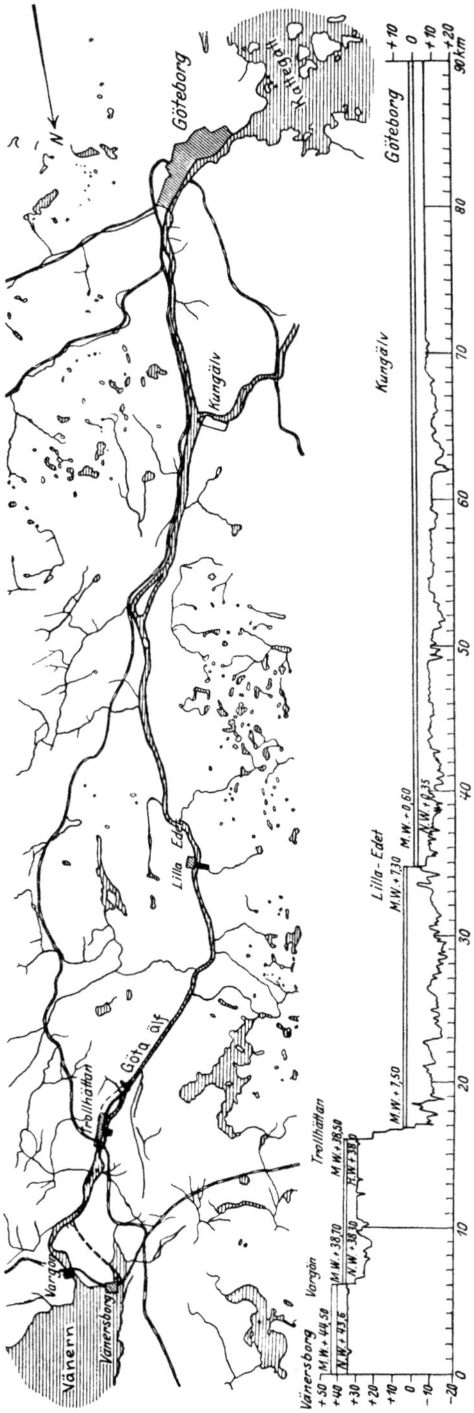

Abb. 192. Übersichtskarte des Götaälv. (Verw.)

Die Nebenbäche des Göta-Hauptstromes sind größtenteils unausgenutzt. Überland-Eltwerke bestehen hier gar keine, wohl aber zahlreiche kleinere Kraftwerke, fast ausnahmslos für einzelne Baumwollspinnereien und Webereien.

6. Der Götaälv. Die Kraftwerke Trollhättan und Lilla Edet.

Hydrographie. Der Götaälv, der einzige Abfluß des Wenern, ist weitaus der wasserreichste Strom Schwedens; er hat bis zum Kattegat auf rd. 85 km Länge 44 m Rohfallhöhe, im wesentlichen auf drei Fallstufen verteilt. Die erste kurz hinter dem Wenern, bei Vargön, hat 3,5 m Rohfall; die zweite, einige Kilometer stromabwärts, enthält die berühmten Trollhättanfälle mit insgesamt etwa 30,5 m Fallhöhe; die dritte Stufe endlich, auf halben Weg zum Meer, ist Lilla Edet mit 6,5 m Fallhöhe; der Rest von 3,5 m verteilt sich auf kleinere Zwischengefälle. Die Trollhättanfälle und die Stufe Lilla Edet sind in staatlichen Großkraftanlagen ausgebaut; dagegen wird Vargön vorläufig nur mit einem Bruchteil der Mittelwasserleistung von einer Papierfabrik ausgenutzt. Auch diese Wasserkraft gehört jedoch dem Staat und soll auch noch im Großen ausgebaut werden (Abb. 192).

Das Einzugsgebiet des Götaälv umfaßt am Wenernausfluß 46430, bei Trollhättan 46600 und bei Lilla Edet 47150 km^2. Die Wasserführung bei Trollhättan und Lilla Edet stimmt daher fast genau mit der des Seeausflusses überein, und die Wasserstände des Wenern sind für das Regime des ganzen Götaälv maßgebend.

Die Wasserstände des Wenern sind seit 1807 sorgfältig aufgezeichnet. An der vieljährigen Pegelganglinie (Abb. 193) fällt auf, daß erstens eine jährliche Periodizität, wie sie den meisten anderen Gewässern eigen ist, nicht, oder doch nicht klar, erkennbar ist; zweitens, daß die Unterschiede zwischen den mittleren Wasserständen verschiedener Jahre ein Vielfaches der mittleren Schwankung innerhalb eines Jahres ausmachen. Bei näherer Betrachtung glaubt man dann, gewisse mehrjährige Perioden feststellen zu müssen; z. B. erkennt man zwischen 1860 und 1877 drei ziemlich regelmäßige Sechsjahresperioden. Es ist auch versucht worden, 2 Perioden, eine 6- bis 7- und eine 11 jährige als gesetzmäßig für gewisse Hauptabschnitte herauszuarbeiten. Die Versuche, aus diesen Beobachtungen eine durchgehende, für die Zukunft aufschlußreiche Gesetzmäßigkeit abzuleiten, sind bis jetzt gescheitert. Die von dem

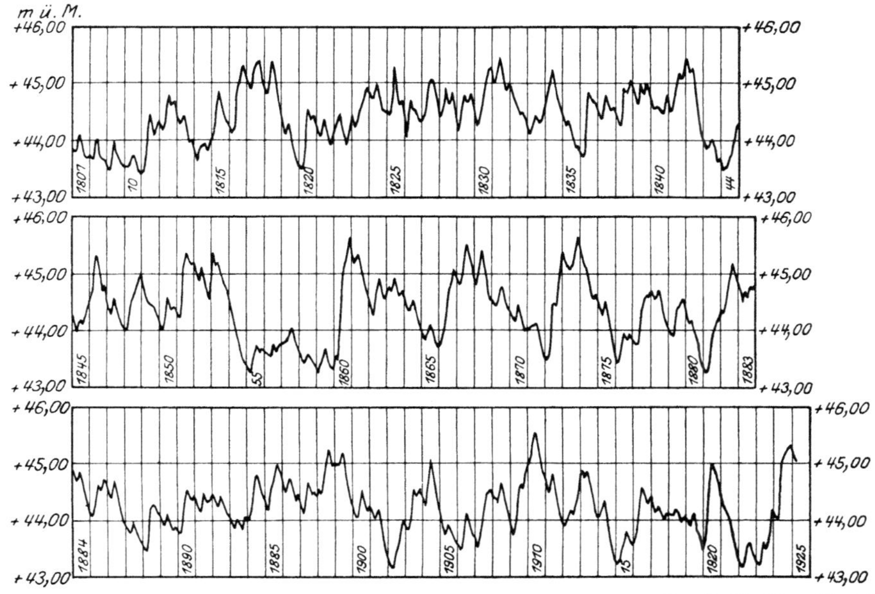

Abb. 193. Wasserstandsganglinie des Wenersees 1807 bis 1925. (Sv. V. Kr. För. Nr. 175.)

schwedischen Hydrographen Wallén in anderen Gebieten (S. 20ff.) mit schönem Erfolg gepflegten Wasserstandsvoraussagen haben beim Wenern selten Erfolg gehabt; in manchen Jahren war der wirkliche Verlauf dem vorausgesagten sogar gerade entgegengesetzt, einzelne Jahre ergaben dagegen sehr gute Übereinstimmung. Um die trotzdem zu vermutende, nur wahrscheinlich durch stärkere Einflüsse verdeckte Periodizität des einzelnen Jahrganges herauszuschälen, hat man für die einzelnen Monate Durchschnittswerte und Grenzwerte ermittelt und sie in Kurven aufgetragen (Abb. 194). Es zeigte sich, daß in einem gedachten Durchschnittsjahr die Schwankung kaum 35 cm beträgt, wobei der Höchstwert im Juni, der Mindestwert im März und weiter kein Nebenscheitel oder -tiefpunkt auftritt. Der Unterschied zwischen dem Tiefpunkt der Höchstkurve und dem Scheitelpunkt der Mindestkurve ist nicht weniger als 7 mal so groß als die Jahresschwankungen der Mittelkurve; man kann also zwischen den beiden Grenzwertkurven leicht andere Jahreskurven einzeichnen, deren Verlauf dem der Mittelkurve geradezu entgegengesetzt ist. Auffallenderweise besitzt die Kurve der oberen Grenzwerte im Gegensatz zu der Mittelkurve 2 Scheitel, einen im Frühling, den anderen im Spätherbst.

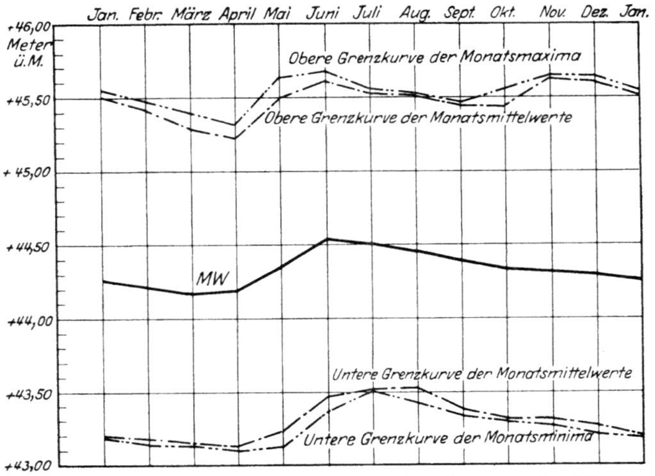

Abb. 194. Wasserstand-Grenz- und Mittelkurven des Wenersees. (Sv. V. Kr. För. Nr. 175.)

Die hier nur kurz skizzierten Eigentümlichkeiten des natürlichen Wasserstandsganges werden in der schwedischen Quelle wie folgt erklärt:

Das Einzugsgebiet des Wenern setzt sich zusammen aus Fjäll, aus großen Wäldern in Värmland und umfangreichen Ackergebieten, schließlich aus den nordwestlichen Ausläufern der Småländschen Hochebene. Das Gebiet hat eine größere Breitenerstreckung als jedes andere nordische Stromgebiet. Das bedingt große Verschiedenheiten im Regime der Nebenflüsse, so daß sich schon im Seezufluß die Anschwellung sehr in die Länge ziehen und an Schärfe verlieren muß. Durch die große Speicherfähigkeit des Sees (5568 km²) wird die Welle im Abfluß noch weiter stark verflacht. Die langjährigen Zuflußschwankungen entbehren dagegen der gebietsweisen Ausgleichung, weil die veranlassenden Witterungserscheinungen meist im ganzen Einzugsgebiet gleichzeitig auftreten, dies gilt nicht nur für Schneefall und -schmelze im Frühjahr, sondern auch für die Spätsommer- und Herbstregen, die in großen Landregenperioden oft das ganze Einzugsgebiet gleichzeitig überziehen (zweiter Scheitel der Höchstwertkurve). — Wir können diesen Erläuterungen noch hinzufügen, daß es eine allgemeine Eigenschaft auch mitteleuropäischer (wenn nicht überhaupt aller irdischen) Gewässer ist, daß in der Abflußsummenlinie die langjährige Schwingung einen viel größeren Ausschlag aufweist als die einzelnen Jahresschwingungen, was bekanntlich unter anderem dazu führt, daß zur Überjahresspeicherung so ungleich viel größere Stauräume nötig werden als zum Einzeljahresausgleich.

Es ist bisher nicht gelungen, alle diesen Verhältnissen zugrunde liegenden vieljährigen Schwankungen der Niederschläge restlos zu erklären (vermutete kosmische Einflüsse); so ist auch eine völlig aufgehende Deutung und gar eine Voraussage der langjährigen Seestandsschwankungen des Wenern bisher nicht gelungen.

Die tatsächlich beobachteten Grenzwerte der Wasserstände des Wenern sind 43,1 und 45,7 m; ihnen entsprechen Seeabflüsse von 295 und 828 m³/sek, also das ungewöhnlich niedrige Schwankungsverhältnis 1:2,8. Die starke Ausgleichskraft des Wenern zeigt ein Vergleich mit dem Schwankungsmaß der Zuflüsse z. B. Gullspångälv 1:19, Klarälv 1:75.

Tabelle 26.
Charakteristische Wassermengen des Götaälv am Ausfluß aus dem Wenersee bei Wenersborg (46750 km², 15% Seeanteil) 1901—1924 (nach Slettenmark).

	m³/sek	sl/km²	%
NNQ	295	6,9	59
MNQ	404	8,6	81
NMQ (Kleinster Jahreswert) . .	367	7,9	73
MQ (Durchschnitt 1901—1924).	500	10,7	100
MHQ	594	12,8	120
HHQ	828	17,8	170

Die Wasserführung des Götaälv ist fast restlos für Wasserkraftnutzung verfügbar. Für Lilla Edet wird z. B. als Nebenbedarf angegeben: für Fischwege einschließlich Undichtigkeitsverluste der Wehrverschlüsse 2,7 m³/sek, für Schiffahrtszwecke (Götakanal) 2,3 m³/sek, insgesamt also nur 5,0 m³/sek.

Das **Werk Trollhättan** ist vorläufig auf 350 m³/sek, d. h. etwas weniger als MNQ ausgebaut. Nach Regulierung des Wenern soll der Ausbau schließlich auf 900 m³/sek getrieben werden, wobei der Wenern zugleich als Tages- und Wochenspeicher wirken wird (Durchlaufspeicherung!). Einen noch höheren Ausbau lassen die Abmessungen des Flußbettes nicht zu.

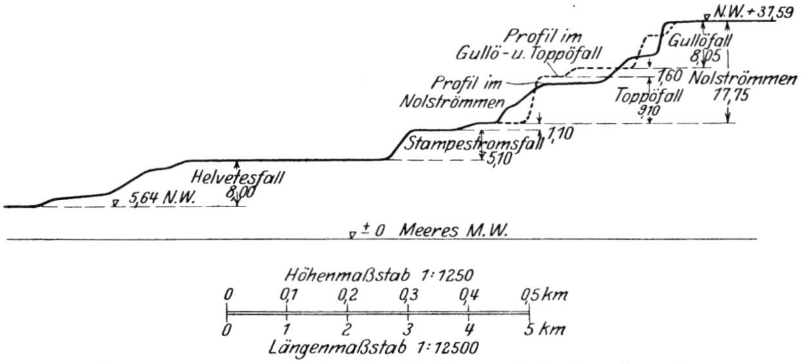

Abb. 195. Längenschnitt der Trollhättanfälle des Götaälv.

Die 24stündigen Wassermengen werden bei Lilla Edet (nach der amtlichen Veröffentlichung) durch die Seeregulierung etwa auf folgende Werte gebracht: NNQ = 405 m³/sek, HHQ = 837 bis 1000 m³/sek, MQ (unverändert) = 512 m³/sek.

Das Trollhättanwerk nutzt eine auch historisch bedeutende Fallgruppe von 30,5 m Rohfall auf nur etwa 1 km Länge aus. Die gesamte einschließlich Stauung nutzbar gemachte Fallhöhe beträgt 32 m. Die wichtigsten einzelnen Wasserfälle der Gruppe heißen: Nolströms-, Gullo-, Toppö-, Tjuf-, Stampeströms- und Helvetesfall (Abb. 195, 196, 197, 198, 199, 200).

Die Hauptteile der großartigen Anlage sind: ein den Strom quer abschließendes Regulierungswehr, ein zum Strom paralleles Einlaßbauwerk, ein in zwei Arme verzweigter Oberwasserkanal mit zugehörigen 2 Verteilungsbecken und Rohreinläufen mit Schützen und Feinrechen, ferner 13 Druckschächte und ebenso viele große

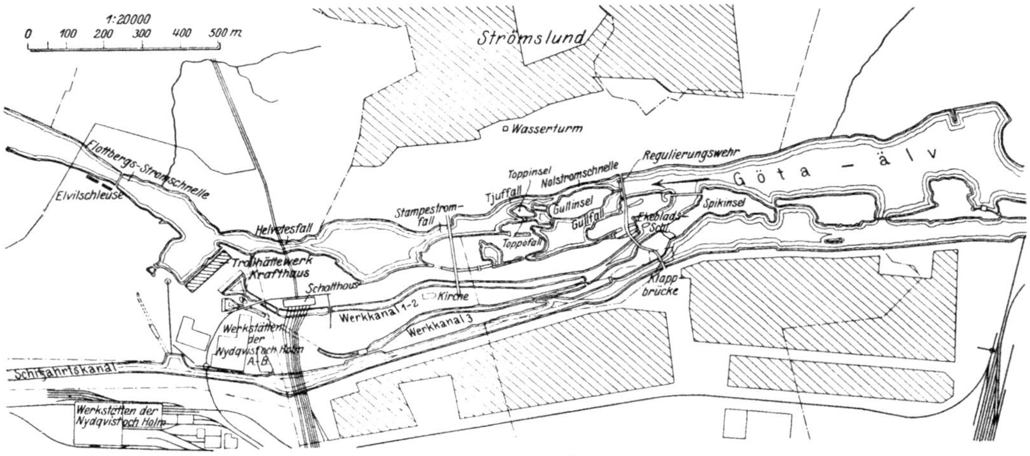

Abb. 196. Trollhättankraftwerk. Übersichtskarte. (Verw.)

Kesselturbinen in einem einzigen langgestreckten Krafthaus mit kurzem, beckenartigem Unterwasserkanal.

Die Wehranlage (Abb. 202, 204, 945, 946), auf festen Felsen gegründet, hat 4 Öffnungen, von denen die beiden mittleren durch Walzen ($b = 20$, $d = 3{,}6$ m), die beiden äußeren durch kleinere Schützen abgeschlossen sind. Walzen und Schützen sind von Hand und auch elektrisch zu betätigen.

Der Oberwasserkanal (Abb. 203, 629) ist zum Teil aus dem Felsen gesprengt, zum Teil durch mächtige Mauern gebildet. Der eine (ältere) Zweig des Kanals führt 350 m³/sek und genügte dem I. und II. Ausbau der Zentrale. Der neuere Zweigkanal führt 200 m³/sek; er ist im oberen Abschnitt ein Teil des alten Trollhättan-Schiffahrtskanals, der im Jahre 1910 durch den Neubau des großen Trollhättankanals (Abb. 196) als Werkkanal für den dritten Ausbau der Wasserkraftanlage frei wurde. Der neue Schiffahrtskanal ist für Schiffe von 4 m Tiefgang, mit Schleusen von 5,5 m Drempeltiefe, 13,7 m Breite und 89 m Länge angelegt. Die Trollhättanstufe wird mit einer Schleusentreppe von 8 m Einzelstufenhöhe überwunden. Den unteren Abschnitt des neuen Oberkanals bildet ein Stollen von 89 m². Der ältere Oberwasserkanal hat hinter dem nur etwas umständlich abschließbaren Einlaufbauwerk (Abb. 204, 205) eine große Stoneyschütze (Abb. 205a, 684) als Notverschluß, das Verbindungsstück zum neueren Oberkanalarm zweigt dicht vor dieser Schütze ab und hat keinen besonderen Abschluß erhalten.

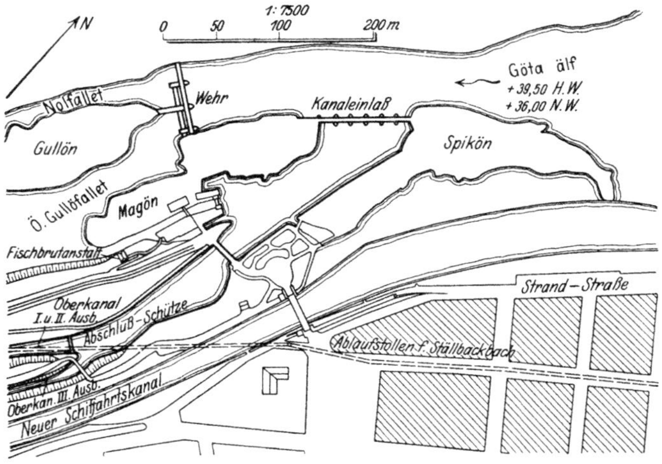

Abb. 197. Trollhättan. Lageplan der Wasserfassung. (Verw.)

Die beiden, zwecks Ausgleich in Verbindung gesetzten Verteilungsbecken-Wasserschlösser sind mit Eisablässen und Entlastungsüberfällen reichlich ausgestattet (Abb. 85, 206, 206a, 206b, 206c, 748, 751, 752). Von hier aus wird das Wasser durch 13 blechverkleidete Druckschächte von 4,25 m l. W. den großen Turbinen und durch drei 1,2 m weite Druckrohrleitungen den Erregerturbinen zugeführt. Die kostspieligen

Abb. 198. Gullö- und Toppöfall des Götaälv bei Trollhättan vor dem Ausbau. (1909, Verw.)

Druckschächte wurden offen verlegten Rohrleitungen mit Rücksicht auf Grundeisgefahr und das harte Winterklima vorgezogen (Abb. 207, 208, 209).

Die 13 Franciszwillings-Kesselturbinen leisten bei 187½ Umdrehungen i. d. Min. je nach Baualter 12500 bis 13500 PS. Die ältesten haben noch verhältnismäßig ungünstigen Wirkungsgrad (Höchstwert 81%), die neuesten erreichen dagegen bis 92%.

Abb. 199. Trollhättan. Blick auf den O.-Kanal stromabwärts. (Verw.)

Die unmittelbar gekuppelten Stromerzeuger liefern durchweg Drehstrom mit 10 bis 11 kV bei 11000 kVA Höchstleistung. Elf dieser Maschinen erzeugen 25periodigen Strom, die beiden letzten aber sind für die wahlweise Erzeugung von 25- oder 50 periodigem Strom gebaut. Auf diese Weise ist ohne Verwendung von Doppelmaschinen die Einfügung des Trollhättanwerkes in den staatlichen Zentralblock ermöglicht (vgl. S. 69ff.).

Der überwiegende Teil des erzeugten 25periodigen und ein kleiner Teil des 50periodigen Stromes wird zur Fernübertragung in dem abseits erstellten Schalthaus auf 50 kV umgespannt. Ein kleinerer Teil des 25-Perioden-Stromes wird in Maschinenspannung an näher gelegene Verbraucher (die Stadt Trollhättan, chemische und andere Industrien) geliefert. Der größte Teil des 50-Perioden-Stromes schließlich wird in die

Abb. 200. Trollhättan. Blick auf den O.-Kanal stromaufwärts. (Verw.)

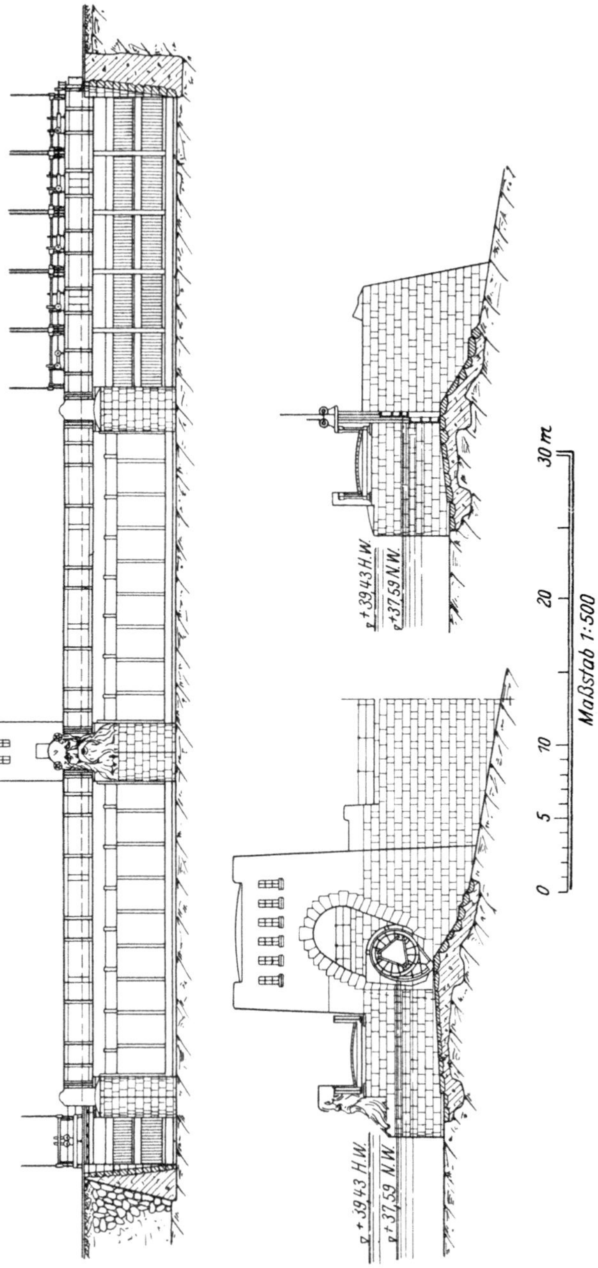

Abb. 201. Trollhättan. Stauwehransicht und -schnitte. (Verw.)

staatliche 120-kV-Stammleitung Trollhättan—Västerås geschickt; die erforderlichen Umspanner stehen in 15000-kVA-Einheiten im Freien. Umfang und Entwicklung der zur Verwaltung des Trollhättanwerkes gehörigen Hochspannungsleitungen zeigt folgende Aufstellung für Ende 1920 und (1926):

Primärleitungen:	130 kV	0 (46,5) km	Sekundärleitungen:	30 kV	(94,7) km
	50 „	348,7 (30,7) „		10 u. 20 „	1276,1 (1357,4) km

Die erzeugte Energie (Abb. 30ff.) dient z. T. bürgerlichem Bedarf in Göteborg, Trollhättan usw., z. T. auch der Landwirtschaftsversorgung; der größte Teil aber

Abb. 202. Trollhättan. Oberwasseransicht des Stauwehrs. (Verw.)

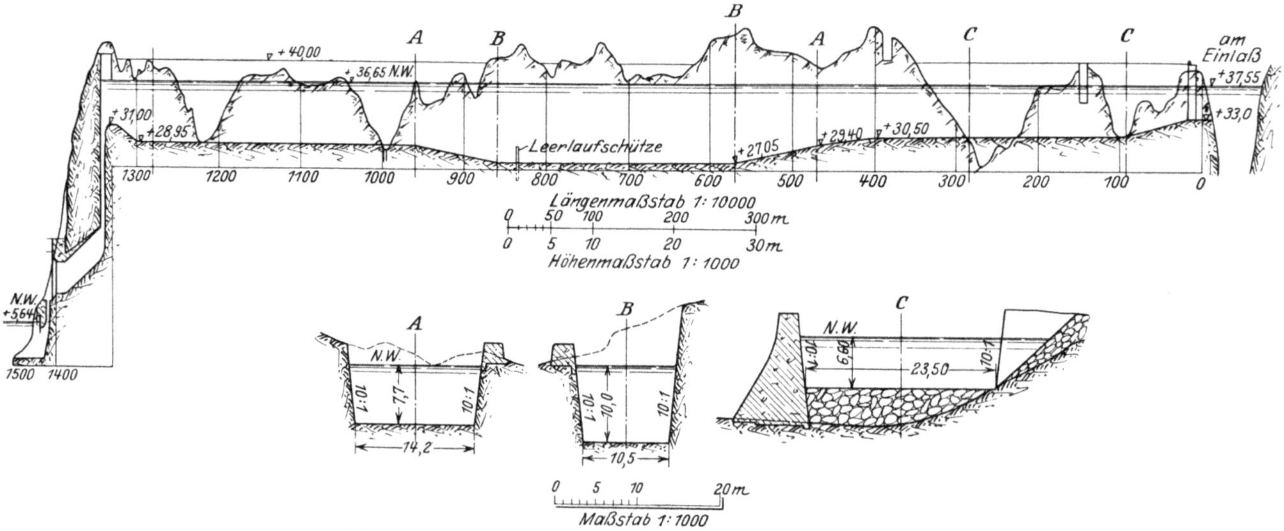

Abb. 203. Trollhättan. Längsschnitt und Kanalquerschnitte (I. Ausbau). (Verw.)

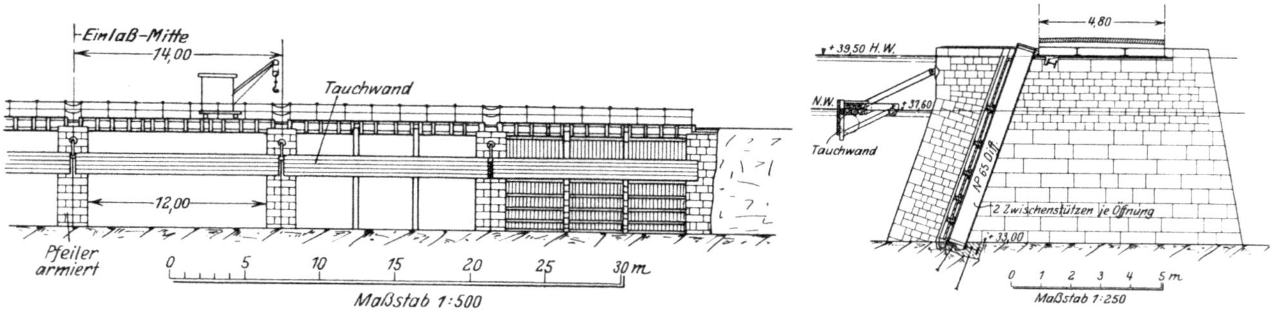

Abb. 204 u. 205. Trollhättan. Kanaleinlaß (I. Ausbau), Ansicht (204) und Schnitt (205). (Verw.)

wird von Großindustrien, meist in direkter Abnahme, verbraucht. Dabei überwiegen der Verbrauchsmenge nach elektrochemische und elektrothermische Industrien, wenn auch in volkswirtschaftlicher Beziehung die abnehmenden Papier- und Textilfabriken

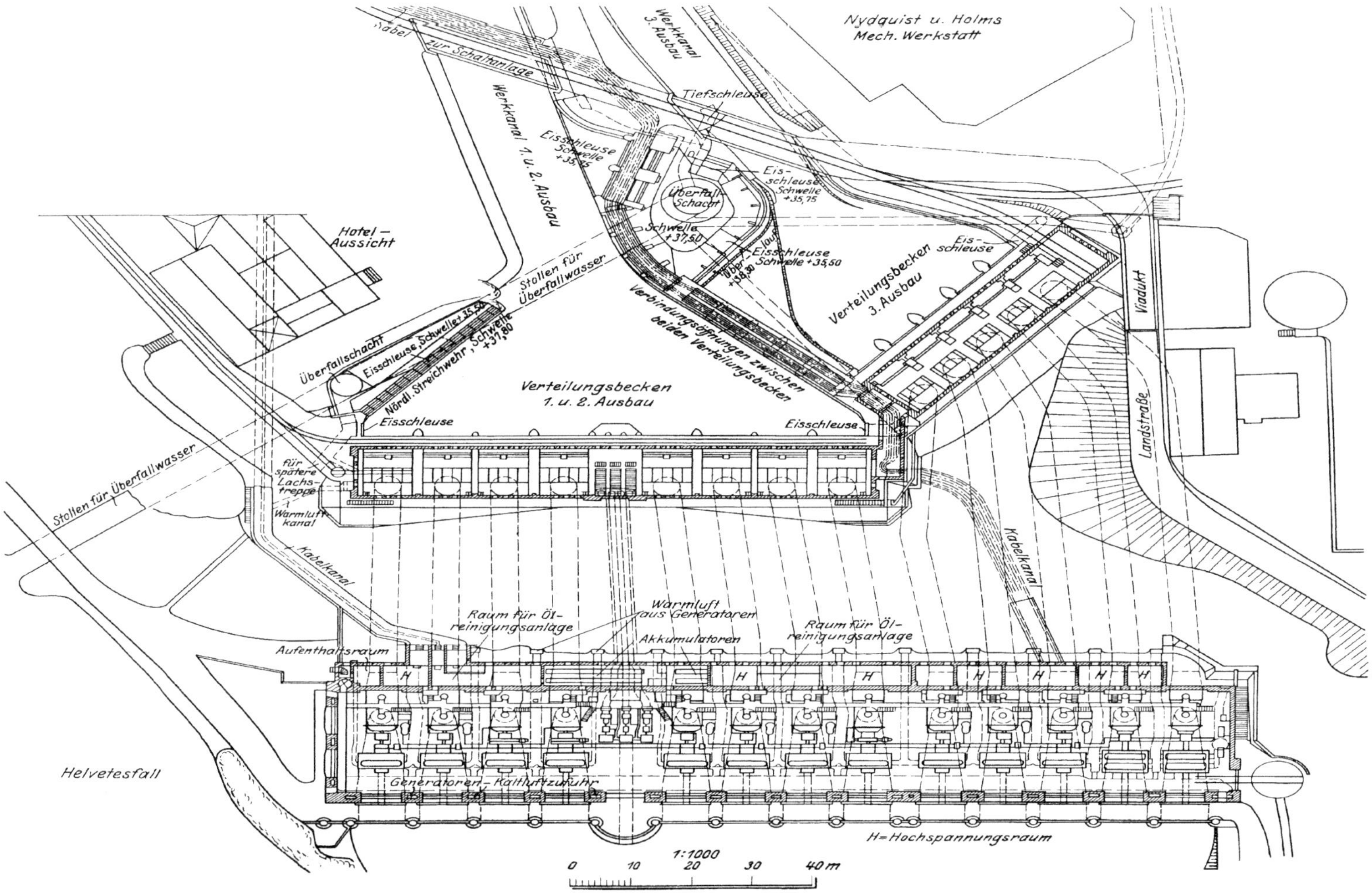

Abb. 206. Trollhättan. Kraftwerk-Grundriß (1928, Verw.).

Verlag Julius Springer, Berlin.

nicht geringer zu werten sind. Die Krise der Exportindustrien, hauptsächlich der elektrochemischen, hat seit dem Weltkrieg das Trollhättanwerk dazu geführt, sich immer mehr auf die Förderung der landwirtschaftlichen Eltversorgung zu verlegen, die ohnedies mit in erster Linie auf dem Programm der staatlichen Wasserkraftverwaltung steht. Die auffallend rasche Entwicklung des Trollhättannetzes nach dieser Richtung zeigt Abb. 30ff. Diese Entwicklung stand zeitweise in auffallendem Gegensatz zu dem krisenhaften Stillstand der ersten Nachkriegsjahre, der die Gesamterzeugung beeinflußte. 1926 haben indes die Stickstoffwerke bei Trollhättan wieder die Errichtung einer neuen Fabrik beschlossen.

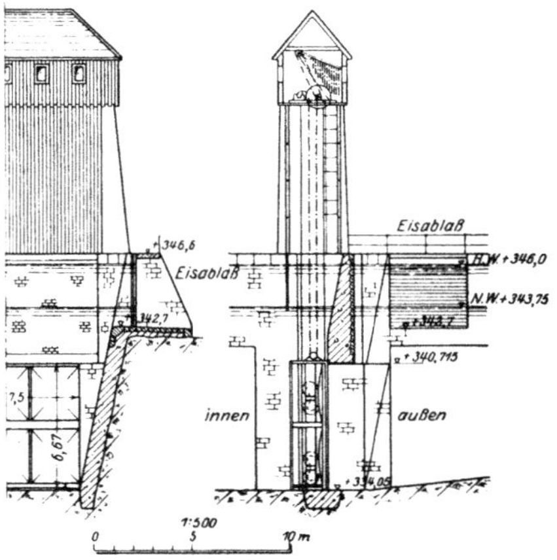

Abb. 205a. Trollhättan, erster Ausbau, Kanalabschlußschütze (Verw.).

Der erste Ausbau des Trollhättanwerkes erfolgte 1906/10, der zweite 1913/14, der dritte 1918/19. Ein weiterer Ausbau ist als spätere Möglichkeit ins Auge gefaßt; zunächst kommt indes neben der Wenernregulierung nur eine geringere Leistungserhöhung durch Auswechselung der drei ältesten Turbinen in Frage. Hierzu ist keine Änderung an den Werkwasserleitungen nötig, sondern nur eine (bereits durchgeführte) Querschnittsregulierung des Götaälv von Vargön bis Trollhättan.

Das **Kraftwerk Lilla Edet** erscheint neben der gewaltigen Leistungskonzentration

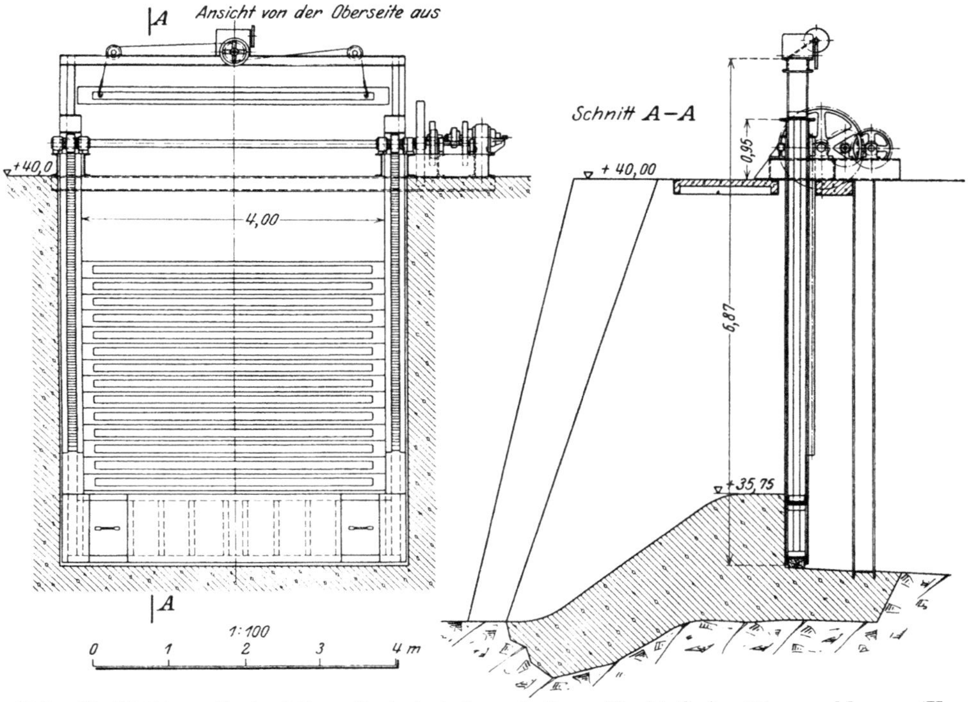

Abb. 206a. Trollhättan. Senkschütz mit Aufsatzdammbalken. Eisablaß des Wasserschlosses. (Verw.)

von Trollhättan mehr als ergänzende Anlage, verdient aber wegen seiner hervorragend fortschrittlichen konstruktiven Durchbildung und seiner ausgesprochenen Niederdruckhöhe besondere Beachtung. Die natürliche Wasserführung ist unbedeutend höher als in Trollhättan (S. 222). Außer den 5 m^3/sek Verlustwasser für

Fischwege usw. waren aber hier im ersten Ausbau noch etwa 60 m³/sek für den Bedarf der bestehenden Wasserkraftanlage der Inlands Nya Pappfabrik A. B. frei zu

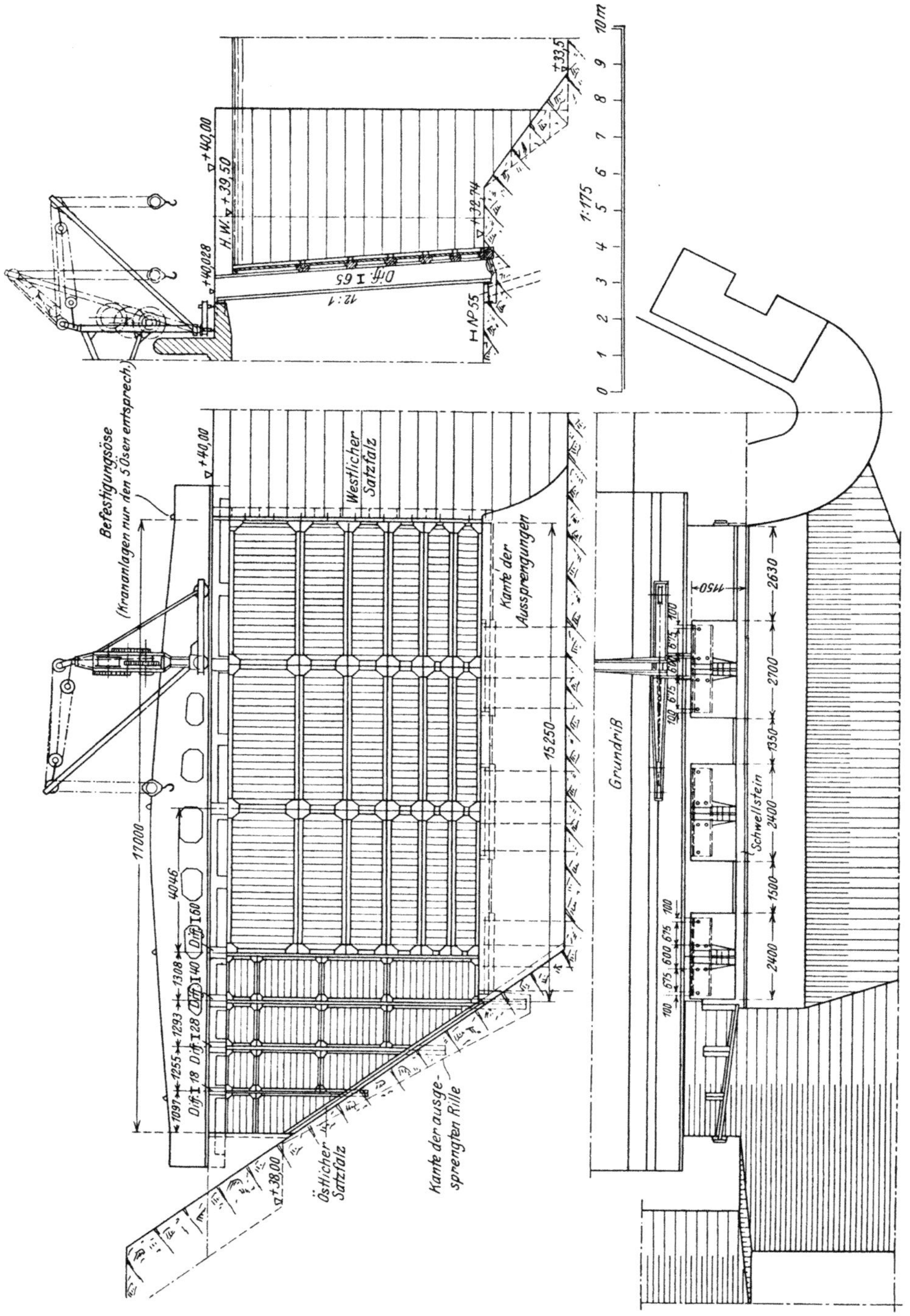

Zu Abb. 206a. Trollhättan, zweiter Ausbau, Kanalnotabschluß an Straßenbrücke. (Verw.)

lassen. Da die Vollwassermenge für den ersten Ausbau mit MNQ—65 = rd. 400 m³/sek gewählt wurde, ist das Werk relativ höher als Trollhättan ausgebaut. Für den künftigen zweiten Ausbau ist nach Ablauf der Pacht des Wasserrechtes von Inlands Nya Pappfabrik und nach erfolgter Wenernregulierung eine zusätzliche Wassermenge von

180 m³/sek, für den dritten und vierten Ausbau insgesamt weitere 320 m³/sek vorgesehen. Der endgültige gesamte Ausbau ist also auf 900 m³/sek geplant, somit noch höher als natürliches HHQ. (Tatsächlich schlucken aber die aufgestellten 3 Turbinen schon jetzt bis zu 500 m³/sek, vgl. unten!)

Die verfügbare Fallhöhe ist klein und stark veränderlich. Das Oberwasser schwankt je nach Stauhöhe zwischen + 6,25 und + 7,30 ü. d. M. Im allgemeinen wird der

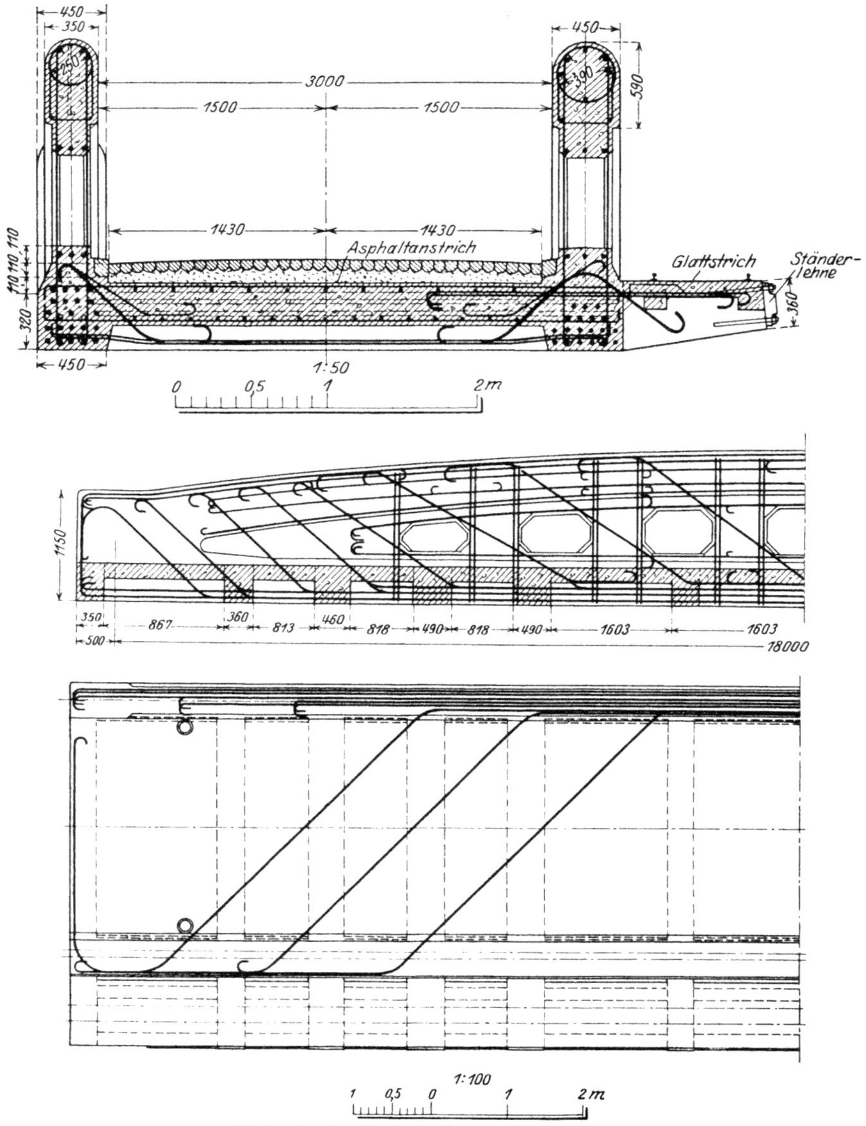

Abb. 206 b. Einzelheiten zu Abb. 206 a.

Stauspiegel in der Nähe der oberen Grenze gehalten. In Zeiten besonders niedriger Unterwasserstände wird indes Nutzfallhöhe und Schluckfähigkeit der Turbinen so groß, daß der Wirkungsgrad der Anlage darunter leidet; man senkt dann den Oberwasserspiegel und verlegt damit einen Teil der Nutzfallhöhe nach Trollhättan (dessen Unterwasser bei hohem Stau von Lilla Edet angestaut wird). Der Unterwasserstand von Lilla Edet ist naturgemäß bedingt einerseits durch den Wasserstand des Kattegat, andererseits durch das Fließgefälle in der rd. 56 km langen Stromstrecke von Lilla Edet bis zum Meer. Die Wasserstandsänderungen sind in mäßigem Grade abhängig von Ebbe und Flut und anderen kosmisch bedingten jährlichen und mehrjährigen Schwingungen, in hohem Grade aber durch den Wind; die dadurch erzeugten

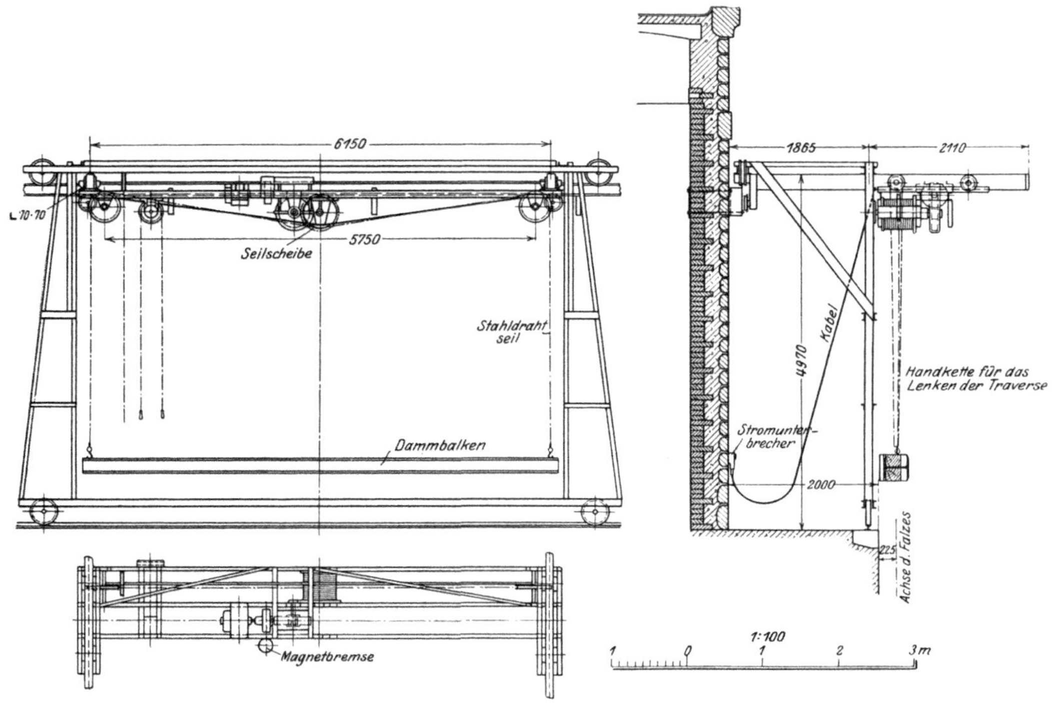

Abb. 206c. Trollhättan, Dammbalkenversatz am Kraftwerkseinlauf (Verw.).

Änderungen betragen + 1,58 m bis — 1,02 m. Die reine Fließfallhöhe von Lilla Edet bis zum Kattegat schwankt mit der Wasserführung zwischen 0,35 und 1,5 m; daher bewegt sich ohne die erwähnten besonderen Einflüsse die Nutzfallhöhe von Lilla Edet

Abb. 207. Trollhättan. Unterwasseransicht des Kraftwerks. (Verw.)

bei MW des Kattegat zwischen (7,3 — 0,35) = 6,95 m und (7,3 — 1,5) = 5,8 m. Im Ausbauentwurf sind als gewöhnliche Grenzen der Nutzfallhöhe 5,6 und 6,8 m zugrunde gelegt und die Konstruktionsfallhöhe mit 6,5 m angenommen; bei der Bauausführung (Fangdammhöhe) wurde aber auch die Möglichkeit kurzer (meist einige Stunden lang dauernder), von Stürmen hervorgerufener außerordentlicher Schwankungen berücksichtigt.

Der erste Ausbau der Anlage (Abb. 210 bis 213) schließt sich an die bestehende Wasserkraftanlage von Inlands Nya Pappfabrik an. Das neuerrichtete bewegliche Wehr hat gebrochenen Grundriß und umfaßt einen aus zwei Walzenwehröffnungen bestehenden Hauptabschnitt und einen zweiten, bestehend aus Schützenwehr mit Lachstreppe, Grundablaß und Eisablässen. An diese schließt sich das frei in den Strom hinaus gebaute Krafthaus,

Abb. 208. Trollhättan. Inneres des Krafthauses. (Verw.)

das außer den Turbinen und Stromerzeugern auch (in dem Unterwasservorbau) die Umspanner nebst Schalteinrichtung umfaßt. Den Landanschluß der freien linken Gebäudestirn vermittelt eine stromauf zurückgebogene Ufermauer, die bei weiterem Ausbau, der nach links hin erfolgen soll, wieder beseitigt und dicht neben das bestehende Eisenbahngleis verlegt werden soll. Das Krafthaus bietet zur Zeit Raum

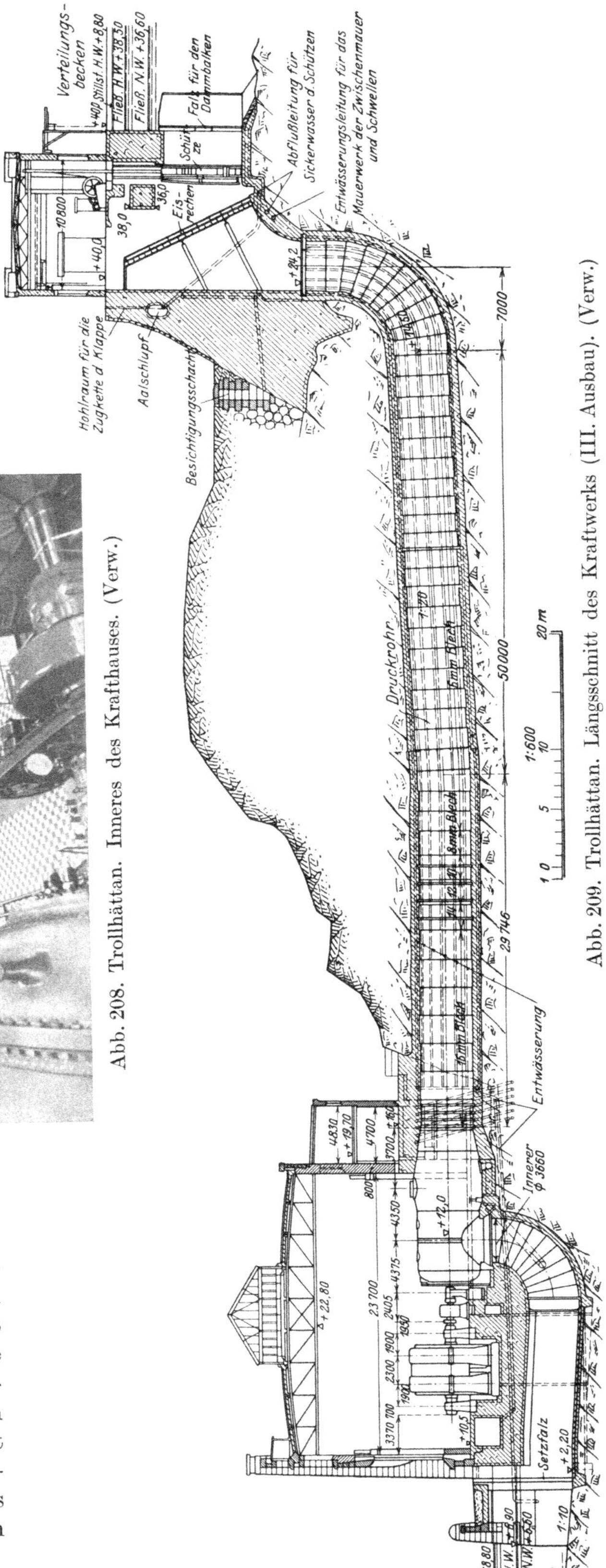

Abb. 209. Trollhättan. Längsschnitt des Kraftwerks (III. Ausbau). (Verw.)

für 3 Maschinensätze von zusammen 36800 PS Volleistung bei 6,5 m Nutzfallhöhe und einem Gesamtwasserverbrauch von 500 m³/sek. Der Achsabstand der

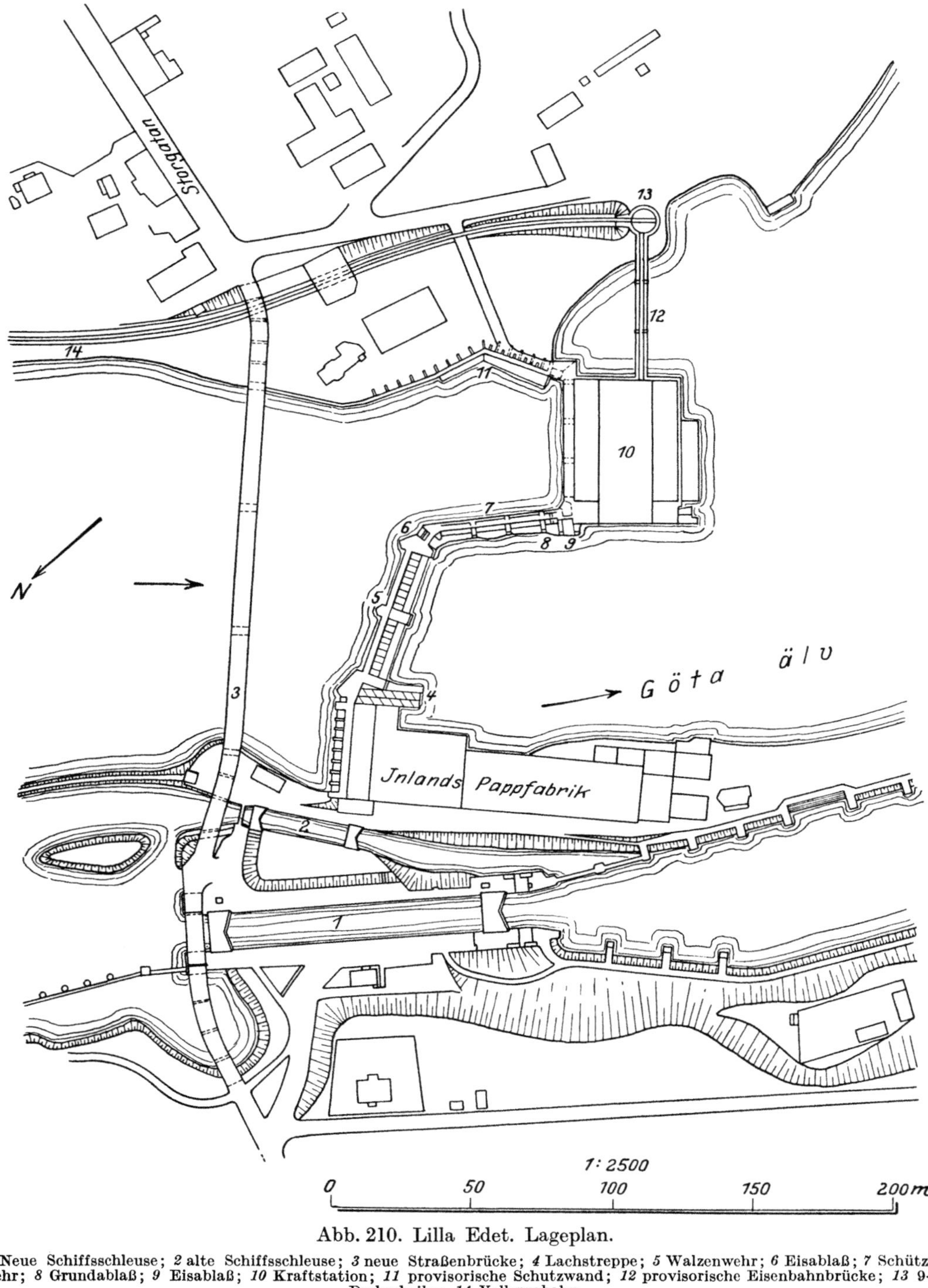

Abb. 210. Lilla Edet. Lageplan.

1 Neue Schiffsschleuse; *2* alte Schiffsschleuse; *3* neue Straßenbrücke; *4* Lachstreppe; *5* Walzenwehr; *6* Eisablaß; *7* Schützenwehr; *8* Grundablaß; *9* Eisablaß; *10* Kraftstation; *11* provisorische Schutzwand; *12* provisorische Eisenbahnbrücke; *13* 9-m-Drehscheibe; *14* Vollspurbahn.

senkrechten Einradturbinen hat das (namentlich für die Zeit der Erbauung (1922 bis 1926) bedeutende Maß von 14,75 m. Die daraus sich ergebenden konstruktiven

Schwierigkeiten für den Kammereinlauf und dessen Verschluß durch Rechen und Schützen löste man durch weitgehende Unterteilung mittels zweier senkrechter und einer wagrechten Zwischenwand (nähere Einzelheiten S. 636).

Abb. 211. Lilla Edet. Unterwasseransicht des Walzenwehres. (Verf. 1926.)

Die drei in Betonspiralen eingebauten senkrechten Turbinen sind ungleich gebaut. Turbine I ist eine Kaplanturbine mit automatisch verstellbaren Laufradschaufeln von Verkstaden-Kristinehamn (Abb. 838, 839); Turbinen II und III sind Lavaczekturbinen von Finshyttan, Nr. III mit kürzerem Saugrohr, Nr. II mit ungefähr gleichem wie Nr. I. Die Kaplanturbine hat 5,8; jede Lavaczekturbine 6,0 m Laufraddurchmesser. Die Drehzahl ist bei allen 3 Einheiten 62,5 i. d. M. Die wichtigsten Kennzahlen sind nach der mit el. Wasserwiderstand ausgeführten Bremsung von Lindström, Dahl und Karlsson:

Tabelle 27.

	Maschine I (Kaplan)		II (Lavaczek)		III (Lavaczek)
Höchstleistung . . . . PS	rd. 14000		11600		11200
Wirkungsgrad . . . . %	82,8		86,0		88,4
Wasserverbrauch . . . . m^3/sek	194		150		146
Die besten Wirkungsgrade wurden erreicht bei:					
Leistung . . . . PS	8000	7500	11000	11700	10750
Nutzfallhöhe . . . . m	5,5	7,0	6,5	7,0	6,5
Wirkungsgrad . . . . %	92,6	92,8	90,5	90,5	92,4
Wasserverbrauch . . . . m^3/sek	100	86,5	140	139	134

Weitere Einzelheiten gehen aus Abb. 214, 215a—c und 793—796, 798 hervor.

Die Kombination mit der „hochelastischen" Kaplanturbine gestattet, die beiden Lavaczekturbinen fast immer mit ihrer jeweils günstigsten Belastung arbeiten zu lassen. Die massiven Saugrohre der drei mächtigen Turbinen zeigen die starke, für Hochschnelläufer inzwischen allgemein üblich gewordene Längenentwicklung. Der Querschnitt geht vom Kreis zum Rechteck mit Korbbogenoberseite bzw. (bei der Kaplanturbine) mit ausgerundeten Ecken über. Nach Absperrung der Saugrohrausläufe durch den vorgesehenen Dammbalkensatz und nach Schließen der O.W.-Schützen können Einlaufkammern, Spiralen und Saugrohre durch in einen Sammelkanal mündende Kanäle und eine Pumpanlage im rechten Flügel des Krafthauses vollständig entleert werden.

Abb. 212. Lilla Edet. Oberwasseransicht des Krafthauses. (Verw.)

Gerippe und Dachkonstruktion des Hochbaues ist aus Eisenbeton. Die durch einfache, klare Gliederung wirkende Architektur ist das Werk der Architekten Erik Josephson und Erik Hahr.

Die großen, unmittelbar auf die Turbinenwelle gesetzten Schirmgeneratoren erzeugen je 10000 kVA Drehstrom von 10 bis 11 kV. Das Gewicht der umlaufenden Teile, 228 t bei Maschine I, 215 t bei II und III, ist z. T. mit Rücksicht auf Schwungmassenbedarf so hoch gewählt. Mit dem hydraulischen Druck zusammen ist die Belastung des Traglagers 420 (I) bzw. 370 (II, III) t. Die durch 12 Stützschaufeln in das Fundament übertragene Gesamtbelastung ist je Einheit etwa 1200 t. Die Kühlluft wird unter Vermeidung besonderer Kanäle dem halboffenen Raum unterhalb

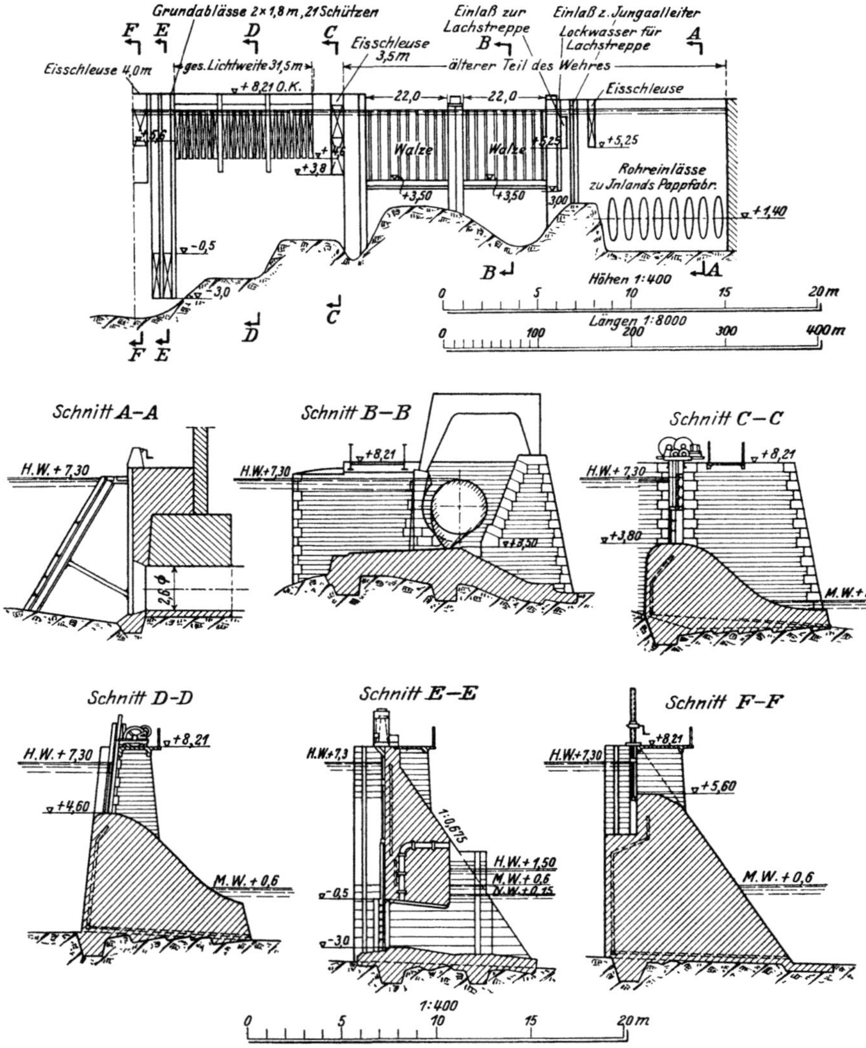

Abb. 213. Lilla Edet. Stauanlage, Ansicht und Wehrquerschnitte. (Verw.)

des Maschinenflurs entnommen, wobei die nötige Ersatzluft dem Maschinen- und Schützensaal durch Stellfenster zugeführt wird. Ein Teil der Ersatzluft kann auch durch die Kabelgänge zugeführt werden, die mit dem Maschinensaal durch vergitterte Öffnungen in Verbindung stehen. Die Frischluftöffnungen unterhalb des Stromerzeugers können bei Maschinenbrand durch leicht zu handhabende Schiebetüren schnell abgesperrt werden. Die Warmluft wird mit Ventilatoren durch besondere Kanäle entfernt und kann ins Freie oder zwecks Heizung in den Maschinen- und

Schützensaal geleitet werden. Die Warmluft einer einzigen Maschine genügt zur Heizung beider Säle, auch bei härtester Kälte.

Der Erregerstrom wird bei den Lavaczekmaschinen durch oberhalb des Traglagers aufgebaute Erregermaschinen (mit Planetengetriebe) erzeugt. Da bei der Kaplanturbine das Reguliergestänge der Laufräder im Wege ist, wurde für diese Maschine ein Umformer mit vorgeschaltetem kleinen Transformator angeordnet Als allgemeine Werksreserve für Erregerstromlieferung ist ein anderer Umformer angeordnet, der von den Ortsumspannern gespeist wird. Als zweite Werksreserve ist die ehemalige Modellturbine der Prüfstation Lilla Edet mit Gleichstromerzeuger vorgesehen. Die Werksumspanner erhöhen die Maschinenspannung auf 50 kV. Ein kleiner Teil der erzeugten Energie wird heruntergespannt für den Eigenbedarf des Kraftwerkes und benachbarte Abnehmer.

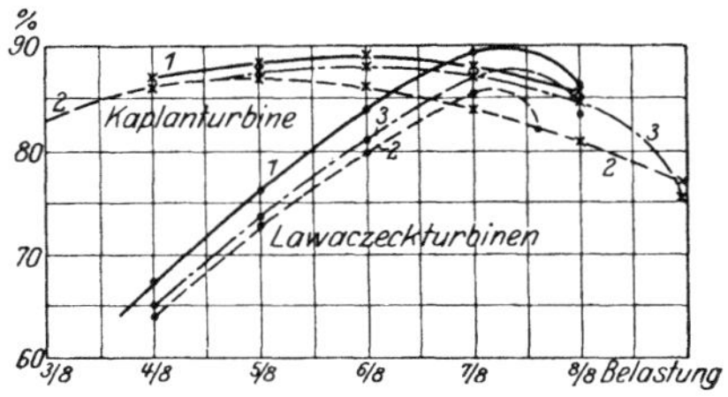

Abb. 214. Lilla Edet. Turbinenwirkungsgrade (Stat. Kr. V. vid L. E.).
1 Berechnet; *2* gemessen an Modellturbine; *3* Garantiert.

Für den weiteren Ausbau des Werkes ist des niedrigeren Preises wegen vorläufig der Einbau von 3 bis 4 Lavaczekturbinen geplant; sollte die, heute noch bedeutende Preisspannung zwischen Kaplan- und Lavaczekturbinen sich bis dahin verringern, so will man dagegen 3 Stück Kaplanturbinen ähnlicher Abmessungen wie die zuerst ausgeführte aufstellen.

Die Anlage wurde wegen der Schwierigkeit der grundlegenden Verhältnisse erst nach langwierigen, sehr eingehenden und bemerkenswerten Projektstudien und Modellversuchen in ihrer endlichen Form festgelegt und von 1918—1925 ausgeführt. Die erste

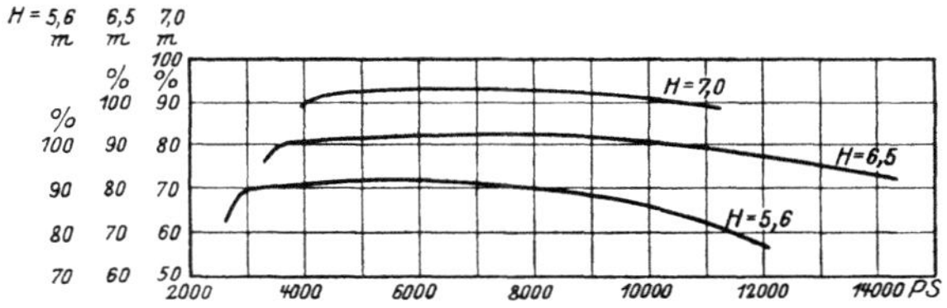

a

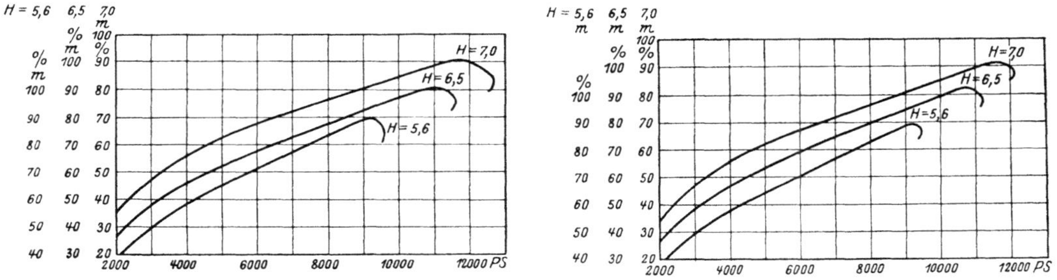

b c

Abb. 215. Lilla Edet. Ergebnisse der Abnahmeversuche an den Turbinen.
a Kaplanturbine (I), b Lavaczekturbine (II), c Lavaczekturbine (III).

Maschine kam im Januar 1926 in Betrieb. Die Baukosten wurden zum großen Teil aus Mitteln der Arbeitslosenfürsorge aufgebracht. Der Bau wurde von Vattenfallstyrelsen in eigener Regie und nach eigenen Plänen ausgeführt. Die erzeugte Energie dient in erster Linie für die Stromversorgung der elektrischen Vollbahn Stockholm—Göteborg.

Der gewiß nicht leichte Entschluß, die erste größere Ausführung einer Kaplanturbine sogleich in solch gewaltigen Abmessungen zu bauen, stellt der Verantwortungsfreudigkeit des Ingenieurstabes von Vattenfallstyrelsen und der ausführenden Maschinenfabrik Verkstaden-Kristinehamn ein glänzendes Zeugnis aus. Das Kraftwerk Lilla Edet ist dadurch zu dauernder Bedeutung in der Geschichte der Wasserkrafttechnik gelangt.

7. Die Regulierung des Wenersees.

Die ersten, weit zurückliegenden Vorschläge zielten lediglich auf landwirtschaftliche Melioration durch Absenkung des Mittel- und Hochwasserstandes; die Ausführung scheiterte an der Unmöglichkeit, eine genügende Rentabilität nachzuweisen. Der Vorschlag von P. Laurell (1902), der in erster Linie Verbesserung der Kraftnutzung und erst in zweiter Verminderung der landwirtschaftlichen Hochwasserschäden bezweckte, war dagegen Ausgangspunkt sehr eingehender Untersuchungen, die nach manchen Wandlungen zu dem endgültigen Vorschlag der staatlichen Wasserkraftverwaltung geführt haben, der 1925 dem zuständigen Wassergericht zur Genehmigung eingereicht wurde. Der Inhalt des Projekts, dessen Ausführung höchstwahrscheinlich zwischen 1930 und 1940 zu erwarten ist, läßt sich bezeichnen als eine nur der Energiewirtschaft dienende Regulierung, die aber Landwirtschafts- und Schiffahrtsinteressen so weit berücksichtigt, daß ihre Schädigung auf einen geringfügigen Betrag eingeschränkt wird. Die Bedeutung des somit aktuellen Regulierungsprojektes liegt in dem einzigartigen Zusammentreffen einer überaus großen, nur von Ladoga- und Onegasee in Europa übertroffenen Seefläche (5568 km²) eines bedeutenden Einzugsgebietes (46630 km²) und Zuflusses (im Mittel 500 m³/sek), einer sehr erheblichen, günstig auszubauenden und größtenteils schon ausgebauten Gesamtfallhöhe und endlich einer energiewirtschaftlich äußerst günstigen zentralen Lage nahe dem Schwerpunkt des schwedischen Energieverbrauchs.

Die Grundlinien des staatlichen Regulierungsprojektes sind: Stauziel + 44,85 m ü. d. M. (also 0,50 m über dem natürlichen MW) mit Ausnahme der Wachstumszeit vom 16. II. bis 15. V., während deren ein 10 cm niedrigeres Stauziel, also 44,75, eingehalten werden soll. Wird infolge großen Zuflusses das Stauziel überschritten, so hat Vattenfallstyrelsen sofort durch Steigerung der Entnahme auf 900 m³/sek entgegenzuwirken, bis das Stauziel wieder erreicht ist; falls ungewöhnlicher Wasserzufluß den See trotzdem weiter steigen läßt, und zwar um mehr als 30 cm über das Stauziel, ist die Entnahme sofort auf 1000 m³/sek zu erhöhen; sie darf erst dann wieder auf 900 m³/sek herabgesetzt werden, wenn die eben erwähnte Grenze wieder erreicht ist (vgl. Abb. 216). Im Interesse der Schiffahrt soll andererseits das bisherige NNW auch nach der Regulierung niemals unterschritten werden, und in der Schiffahrtszeit soll die natürliche Unterschreitungsdauer des „normalen" NW (43,75) durch die Regulierung nicht verlängert werden. Die Einhaltung dieser Vorschrift soll durch ständige rechnerische Rekonstruktion des „natürlichen" Wasserstandes und Vergleich mit dem tatsächlich durch die Regulierung herbeigeführten überwacht werden.

Natürlich läßt dieser Vorschlag für die praktische Durchführung des Regulierungsbetriebes innerhalb der vorgesehenen Grenzen noch weitgehende Freiheit, die zugunsten des eigentlichen Regulierungszweckes, Verbesserung des Energiehaushaltes, ausgenutzt werden kann. Der tatsächliche Wasserentnahmeplan wird naturgemäß vor allem von dem Ausbaustand der Götaälvwerke abhängen, ferner auch davon, ob sie nur mit Älvkarleby und Motala oder aber auch mit den geplanten Indalsälvwerken zusammen arbeiten müssen, schließlich auch von Art und Umfang der Mitarbeit anderer Kraftwerke außerhalb des staatlichen Zentralblocks. Da indes im Dalälv und im Indalsälv die Anschwellung mit Frühlingsende und Sommeranfang eintritt und da außerdem Trockenjahre in Nedre Norrland und Mittelschweden meist gleichzeitig auftreten, so wird bei jeder denkbaren Kombination der Wenern in erster Linie als Winterenergiespeicher und außerdem als Überjahresspeicher zum Ausgleich der schädlichen Wirkung von Trockenjahren wirken müssen. Abb. 217 enthält neben einer Dauerkurve der wahrscheinlichen Seestände bei dem tatsächlich zu erwartenden Regulierungsbetrieb auch diejenigen der natürlichen, sowie der bei ständiger Einhaltung der maßgebenden Stauziele nach den vorgeschlagenen Regulierungsbedingungen eintretenden Seestände. Die Gegenüberstellung zeigt deutlich, daß der energiewirtschaftlich richtige Betrieb der Seeregulierung für die Landwirtschaft viel günstiger ist als die starre Einhaltung der vorgeschlagenen Stauziele.

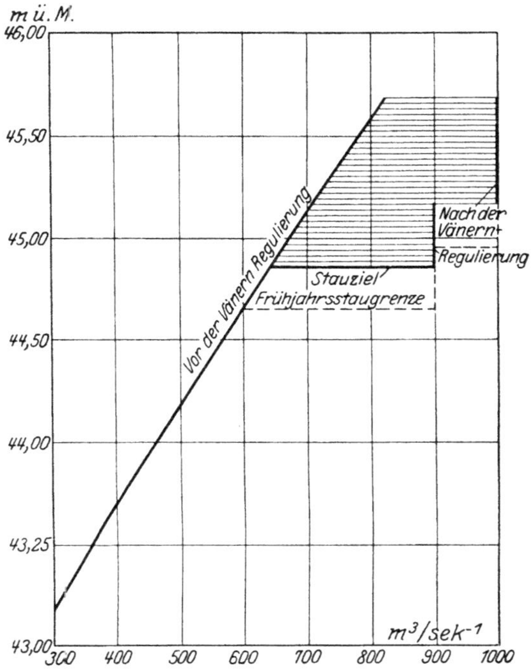

Abb. 216. Zusammenhang zwischen Wasserstand des Wenern und Wasserführung des Götaälv vor und nach Regulierung. (Sv. V. Kr. För. 175.)

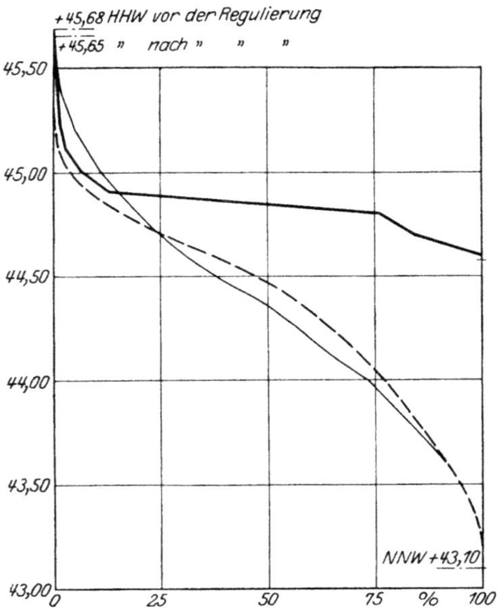

Abb. 217. Wasserstands-Dauerlinien des Wenern vor und nach durchgeführter Regulierung. (Sv. V. Kr. För. 175.)

Dünn ausgezogen: vor der Regulierung; stark ausgezogen: nach der Regulierung ohne Ausnutzung des Speichers; dünn gestrichelt: nach der Regulierung mit Ausnutzung des Speichers.

Die voraussichtliche Wirkung der Wenernregulierung auf die Energiewirtschaft des staatlichen Zentralblocks veranschaulicht Abb. 218. Weit größer ist die wirtschaftliche Bedeutung der Wenernregulierung nach Ausbau des Indalsälv. Die dabei

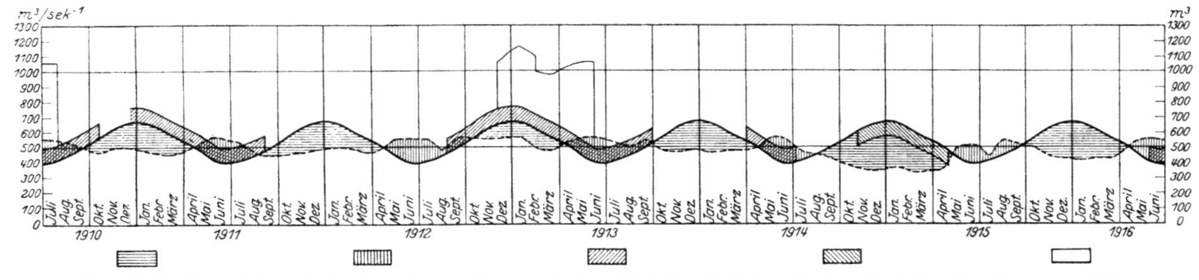

Abb. 218. Energiehaushalt des staatl. Zentralblocks 1910 bis 1916 bei Verbundbetrieb Trollhättan—Lilla Edet—Älvkarleby—Motala ohne und mit Wenernregulierung. (Aufstellung ideell, da Werke Lilla Edet und Motala noch nicht bestanden.) (Verw.)

geplante nördliche Stammlinie würde durch den Wenernspeicher eine viel höhere und gleichmäßigere Belastung erhalten, da bei geringem Kraftverbrauch im engeren Absatzgebiet der nordöstlichen Werke die Überschußenergie dem Trollhättannetz zugeführt und die Wasserentnahme aus dem Wenern zeitweilig eingestellt werden könnte. Es ist daher leicht möglich, daß der Ausbau des Wenernspeichers erst mit dem der Indalsälvwerke zusammen durchgeführt wird.

Die für die Regulierung des Wenern nötigen Baumaßnahmen (Abb. 219) umfassen die Erstellung eines Regulierungswehres am Platze (oder gleich in Verbindung mit) der zukünftigen Vargönkraftanlage und einer Anzahl fester Absperrwehre in den verschiedenen Nebenarmen des Seeausflusses. Ferner sind große Durchstiche, Felssprengungen und Räumungen vorgesehen, um die Gefällverluste zwischen Wehrstau und Seespiegel möglichst zu verringern bzw. die vorgeschriebene Wasserentnahme überhaupt erst zu ermöglichen. Der Ausbau der nur noch 3 bis 4 m Gefälle enthaltenden Vargönfälle kann einem späteren Zeitpunkt nach der Regulierung vorbehalten bleiben.

Die voraussichtlichen Schädigungen der angrenzenden land- und forstwirtschaftlich genutzten und sonstigen Grundstücke, ferner der bestehenden Verkehrsanlagen, Eisenbahnen, Straßen, Brücken und Landungsstege, sind von Vattenfallstyrelsen unter Beizug zahlreicher Spezialfachleute sorgfältig berechnet worden. Sicherheitshalber wurde dabei die obere Grenzdauerkurve der Seestände (in Abb. 217 stark ausgezogen) zugrunde gelegt, was offenbar für den größten Posten, nämlich die Land-

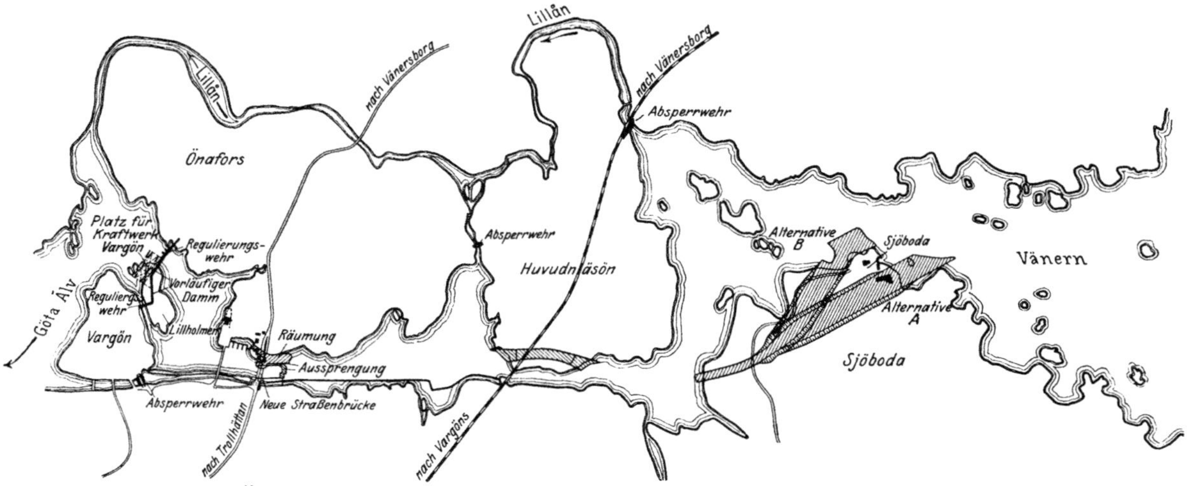

Abb. 219. Übersichtskarte der geplanten Regulierungswerke am Auslauf des Wenersees. (Sv. V. Kr. För. 175.)

wirtschaftsschäden, sehr viel höhere Werte ergibt, als die tatsächlich zu erwartende. Im Zusammenhang mit der besonders eingehenden Untersuchung der landwirtschaftlichen Schädigungen wurde eine allgemein gehaltene Forschungsarbeit über die Wertveränderung des Acker- und Weidebodens in Funktion einer Grundwasserabsenkung geschaffen und der wirtschaftlichen Untersuchung zugrunde gelegt. Diese auch für weitere Kreise wertvolle Grundlage lieferte neben einer sehr zuverlässigen Schadenschätzung als Nebenergebnis neue Ratschläge für die zweckmäßige Nutzung des landwirtschaftlichen Bodens in der Umgebung des Wenern. Da durch die Regulierung die Dauer des HHW verringert werden soll, so werden nur die Ackerböden, die unterhalb 45,3 m ü. d. M. liegen, ungünstig, dagegen jene oberhalb dieser Grenze günstig beeinflußt, wodurch ein großer Teil des Schadens wettgemacht wird. — Inhaltsreich und bemerkenswert sind auch die auf Schäden an Landungsstegen, Wäldern usw. bezüglichen Untersuchungen (vgl. Lit.-Verz. und Abb. 220, 221). Das Endergebnis der Schadensersatzberechnung sind die folgenden (im wesentlichen in Vorkriegswert ausgedrückten) Zahlen:

Landwirtschaft	Kr.	1297963.—
Wälder	„	153649.—
Verkehrs- und andere technische Anlagen	„	325053.—
Sonstige Gebiete und Grundstücke	„	294172.—
Insgesamt:	Kr.	2070837.—

Die Zahlen stellen die einmaligen Ablösungswerte dar. Eine grobe, aber sicher gehaltene Überschlagsrechnung ergibt, daß der durch die Regulierung zu erzielende

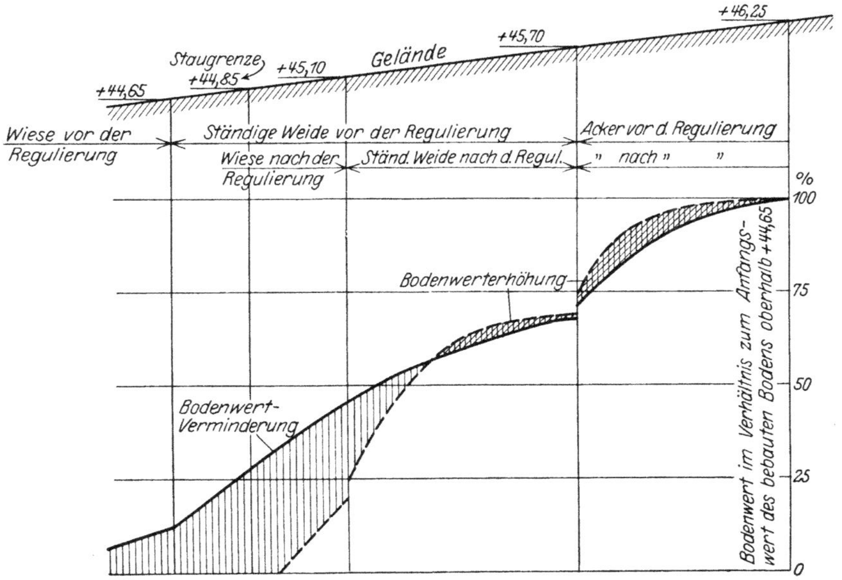

Abb. 220. Wenersee-Regulierung. Einfluß auf den Bodenwert. (Verw.)

jährliche Energiegewinn unter Berücksichtigung des Wertunterschieds zwischen Prima- und Sekundakraft und der Ausbaukosten der Regulierung einen reinen jährlichen Geldüberschuß von mindestens 1 Mill. Kr., wahrscheinlich aber ein Vielfaches

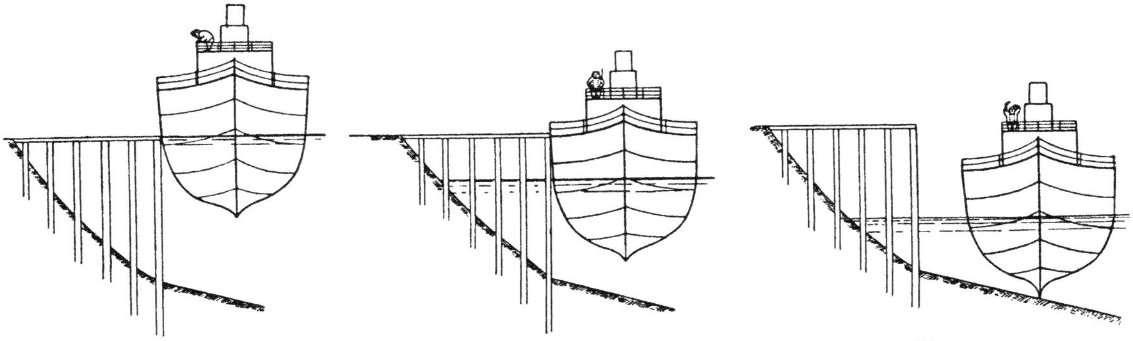

Abb. 221. Wenersee-Regulierung. Beeinflussung der Schiffslandestellen. (Verw.)

davon, ergeben wird. Demgegenüber sind die obigen einmalig zu vergütenden Schadenbeträge als sehr geringfügig zu bezeichnen.

Vattenfallstyrelsen schätzt die vom Wassergericht und Obergericht für die Prüfung des Vorhabens benötigte Zeit auf 6 bis 7 Jahre, die Bauzeit auf 3 Jahre, so daß die Regulierungsanlagen frühestens 1935 fertig sein könnten.

8. Die Küstenflüsse Westschwedens.

Unter den Küstenflüssen zwischen der Mündung des Götaälv und der norwegischen Grenze sind die bedeutendsten Örekilsälv und Munkedalsälv, die sich gemeinsam in einen seeartigen Fjord ergießen und zusammen eine Mittelwasserleistung von etwa 17000 PS aufweisen. Beide Flüsse haben ihre größten Fallstufen von je rd. 5000 PS Mittelwasserleistung an der Mündung; beim Munkedalsälv ist dieser Mündungsfall für eine Papierfabrik ausgebaut ($H = 41$; $Q = 7{,}3$; rd. 3100 PS)[1]. Die übrigen Wasserkräfte des in Frage stehenden Küstengebietes sind größtenteils nicht ausgenutzt.

9. Energiewirtschaft.

Fragen der Energiewirtschaft von Westschweden sind schon an verschiedenen Stellen dieses Abschnittes berührt worden, wobei auch die Zukunftsaufgaben berücksichtigt wurden.

Hier mögen nur noch einige ergänzende und zusammenfassende Angaben über die heutige Eltwirtschaft des Gesamtgebietes gemacht werden. Trotz des großen Wasserkraftreichtums ist bei weitem noch nicht die gesamte landwirtschaftlich genutzte Fläche von Westschweden elektrifiziert; besonders das Gebiet westlich vom Wenern ist noch großenteils unversorgt. Dies ist wohl in erster Linie darauf zurückzuführen, daß hier die Landwirtschaft keine großen zusammenhängenden Flächen (wie südlich vom Wenern) einnimmt, so daß z. B. die Versorgung von Trollhättan aus vorläufig noch unwirtschaftlich erscheint, während andererseits die örtlichen Wasserkräfte dieser Gegend als weniger ausbauwürdig beurteilt werden.

Wenn auch, wie wir sahen, in Westschweden sehr viele verschiedene Stromverteilungsnetze vorhanden sind, kann man doch unser Gesamtgebiet als überwiegend zum Verteilungsgebiet von drei großen Stromverteilungssytsemen gehörig bezeichnen. Diese drei Systeme sind: das der staatlichen Kraftwerke Trollhättan und Lilla Edet, dasjenige des Gullspångwerkes und dasjenige des Uddeholm-Konzerns. Diese Darstellung deckt sich auch mit der Einteilung des Landes in Kraftdistrikte in der summarischen Untersuchung des Elektrifieringskommittés.

Unterlagen:

Gullspångälv: Vattenfallförteckning 27 bis 29/1918 und 69/1922. — Brattforsen- und Skråmforsen: Örebro Elektriska Aktiebolags anläggningar i Svartälven von K. A. Jonsen (Teknisk Tidskrift Väg- och Vattenbyggnadskonst 19. März 1904). — Gullspångwerk: Zahlreiche Veröffentlichungen in Teknisk Tidskrift 1908; Direktionsjahresberichte und Monographie der Gullspångs-Munkfors Kraft A.B. — Frykfors: Dammbyggnader vid Frykfors, verfaßt von A. B. Vattenbyggnadsbyrån (in Tekn. Tidskr. 1908 Väg- och Vattenbyggn., Heft 10). — Frykfors und Dejefors: Det Värmlandska Kraftdistributionssystemet (Tekn. Tidskr.; Elektr. 11. V. 1907. — Perserud: Tillgodogörandet af Vattenkraften i Smärre Vattendrag af Mauritz Serrander (Svenska Vattenkraftföreningens Publikationer 13). — Haverud: Die Wasserkraftanlage zu Håfreström am Upperudälfven in Tekn. Tidskr. 1912 und Jahresstatistiken des Svenska Vattenkraftföreningen. — Götaälv: Vänerns Reglering von Axel Ekwall in Svenska Vattenkraftföreningens Publikationer 175. — Die staatlichen Kraftwerke Schwedens 1921 (amtliche Veröffentlichung). — Trollhättan, (deutsche) Bearbeitung, herausgeg. von der Königl. Wasserfalldirektion Stockholm 1909. — Redogörelse för Arbetena med Trollhätta Kanals ombyggnad, Meddelanden från Kungl. Vattenfallstyrelsen Nr. 5, Stockholm 1911. — Trollhättan, Dess-Kanal- och Kraftverk, III. Teil, 2 Bde. — Trollhätte Kraftverk. — Statens Kraftverk vid Lilla Edet (amtliche Veröffentlichung des Vattenfallstyrelsen). — Lilla Edets Kraftverk och Provning av dess Turbiner, Stockholm 1927. — Betongarbeteners utförande vid Statens Kraftverk Lilla Edet, Stockholm 1926. — Redogörelse för arbetena med Trollhätte Kraftverks Första, andra och tredje uttbyggnader (Tekn. Meddelanden från Kungl. Vattenfallstyrelsen Ser. B, Nr. 12.)

12. Abschnitt. Die Wasserkräfte Südschwedens.

1. Allgemeines.

Dieser letzte Abschnitt über Schweden faßt alle Stromgebiete des südlichsten Landesteils vom Emån im Osten bis zum Viskan im Westen zusammen. Das Relief dieses ganzen etwa $^1/_{10}$ der Gesamtfläche von Schweden umfassenden Gebietes wird durch die 200 bis 400 m hohe, zentral gelegene Småländsche Hochebene beherrscht,

[1] Munkedalsälv wird wohl auch als Nebenfluß des Örekilsälv bezeichnet, wobei der Fjord als Unterlauf des Örekilsälv aufgefaßt wird.

von der das Gelände allmählich zur Ost- und Westküste abfällt, während die südlichen Abhänge der Hochebene in die breite, an Dänemark erinnernde Tiefebene von Skåne übergehen.

Geologisch sind die Hochebene und die östlich und westlich angrenzenden Küstenstreifen wie in Mittelschweden überwiegend aus Graniten und Gneisen aufgebaut; gegen Süden, im Län Blekinge, finden sich auch kambrische Bildungen; außerdem ist aber in kleineren Teilen dieses Läns und im größeren Teil von Skåne das Mesozoikum vertreten, das den Untergrund für die landwirtschaftlich wertvollste Gegend Schwedens bildet. Im übrigen beschränkt sich die Landwirtschaft auf ein ziemlich schmales Küstenland und in der Hochebene auf weit versprengte Inseln in den ausgedehnten Wäldern der Moränenlandschaft.

Alle wasserkraftwirtschaftlich einigermaßen bedeutenden Flüsse Südschwedens kommen aus dem Waldgebiet der Smålandschen Hochebene. Die zahlreichen Abflüsse des Küstenlandes und des Schonenschen Flachlandes haben als Kraftquellen bestenfalls eine ganz beschränkte örtliche Bedeutung. Der größte Flachlandfluß ist der Kävlingeån mit 1230 km² Einzugsgebiet.

Die Niederschlagsverhältnisse sind nach der Niederschlagskarte (Abb. 12) sehr verschiedenartig. Die östliche Hälfte der Hochebene und die anschließende Ostküste liegen im Regenschatten und gehören zu den niederschlagärmsten Teilen Skandinaviens; dagegen ist die westliche Gebietshälfte ziemlich reich an Niederschlägen, die auf große Erstreckung mit über 800 mm Werte erreichen, wie sie in Schweden nur noch in Norrland vorkommen. Das Abflußverhältnis schwankt zwischen 45 und 50%. Die Flüsse haben eine Hauptniedrigwasserperiode, durchweg im Sommer etwa vom Juni bis Oktober, und 2 Hochwasserperioden, die eine im Anfang des Winters (November bis Januar), die zweite und größere im Frühling (März bis April). Zwischen den beiden Hochwasserperioden liegt ein Nebenminimum, das indessen nur wenig niedrigere Wasserführung aufweist, als die Anschwellung des Winteranfangs. Dieses von dem Abflußverhalten der Ströme Nord- und Mittelschweden abweichende Bild wird durch die geringere Speicherung des Winterniederschlags in Schneeform verursacht, die eine ausgesprochene winterliche Niedrigwasserperiode nicht auftreten läßt.

Die Jahresspenden zeigen natürlich ähnliche Unterschiede wie die Niederschläge. Die Westseite der Smålandschen Hochebene hat Spendenzahlen, wie sie selbst die meisten Stromgebiete Norrlands nicht viel höher aufweisen (wobei allerdings auch die ungleich viel bedeutendere Gebietsfläche der nordischen Ströme zu berücksichtigen ist). Beispielsweise hat Nissan eine mittlere Spende von 17,3 sl/km². Die Flüsse der Osthälfte der Hochebene erreichen dagegen nur etwa die Hälfte bis ²/₃ dieser Werte

Die Smålandsche Hochebene ist seenreich; ihre Abflüsse zeigen daher infolge der Speicherwirkung der Seen günstige Dauerverhältnisse (Abb. 222). Mit dem Einfluß der übrigen in Südschweden zusammenwirkenden natürlichen Arten der Speicherung (Schnee, Moore und Grundwasser) hat sich Wallén in mehreren grundlegenden Abhandlungen beschäftigt (s. S. 15).

Kävlingeån und die übrigen südlichen Abflüsse der Tiefebene von Skåne haben ähnliche durchschnittliche Spendenzahlen wie die östlichen Abflüsse der Hochebene. Energiewirtschaftlich sind sie jedoch wenig wertvoll, weil infolge der geologisch bedingten Seenarmut die Änderungen des Abflusses in ihnen viel heftiger auftreten.

Die natürliche Gefällausbildung der südschwedischen Flüsse ist im allgemeinen wenig günstig. Die Fallstufen der Flüsse der Smålandschen Hochebene sind meist recht niedrig, entweder als ziemlich flach gestreckte Stromschnellenabschnitte oder in Gruppen kleiner Stromschnellen entwickelt, vgl. Abb. 9. Die Flußbetten sind im Vergleich mit den meisten übrigen Flüssen Schwedens weniger tief eingeschnitten und die Täler häufig weithin flach ausgebreitet. Daraus erklärt es sich, daß alle größeren südschwedischen Wasserkraftanlagen Niederdruckanlagen sind und daß kaum ausgesprochene Staukraftwerke, dagegen viele, oft recht lang gestreckte Kanalanlagen vorkommen. Die Ausbaukosten der Leistungs- und Arbeitseinheit sind daher hier im Durchschnitt sicher höher anzunehmen als z. B. in Norrland, Dalarne und Värmland.

Die Gesamtleistung der verfügbaren Wasserkräfte und die Energiedichte Südschwedens ist infolge der geringen Ausprägung der Reliefs (und teilweise auch geringen Spenden) vergleichsweise bescheiden: die Mittelwasserleistung beträgt 461000 PS, die ausbauwürdige Leistung nach Ekwall 531000 PS; die Energiedichte ist im einzelnen vorwiegend zwischen 8 und 20, im Gesamtdurchschnitt: 9,6 PS/km².

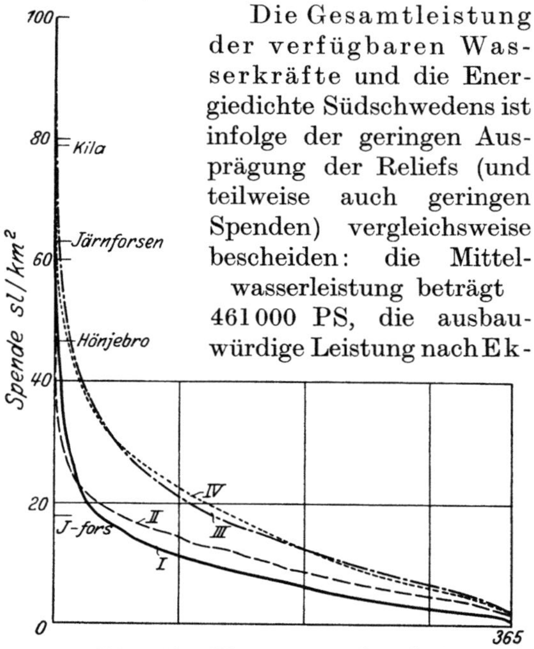

Abb. 222. Wassermengendauerlinien südschwedischer Flüsse. (Slettenmark.)

Bez.	Gewässer	Pegelstelle	Einzugsgebiet km²	Seeanteil %
I	Emån	Järnforsen	1900	8
II	Helgeån	Hönjebro	2130	8
III	Nissan	Johansfors	2440	4
IV	Ätran	Kila	2510	5

Nahezu ²/₃ dieser verfügbaren Wasserkräfte liegen im Westen und nur ¹/₃ im Osten von Südschweden.

Wirtschaftsgeographisch ist neben der schon gestreiften Land- und Forstwirtschaft die Industrie von Bedeutung. In der Holzindustrie herrschen Zellulose- und Papierindustrie vor. Die ebenso wichtige Textilindustrie ist haupt-

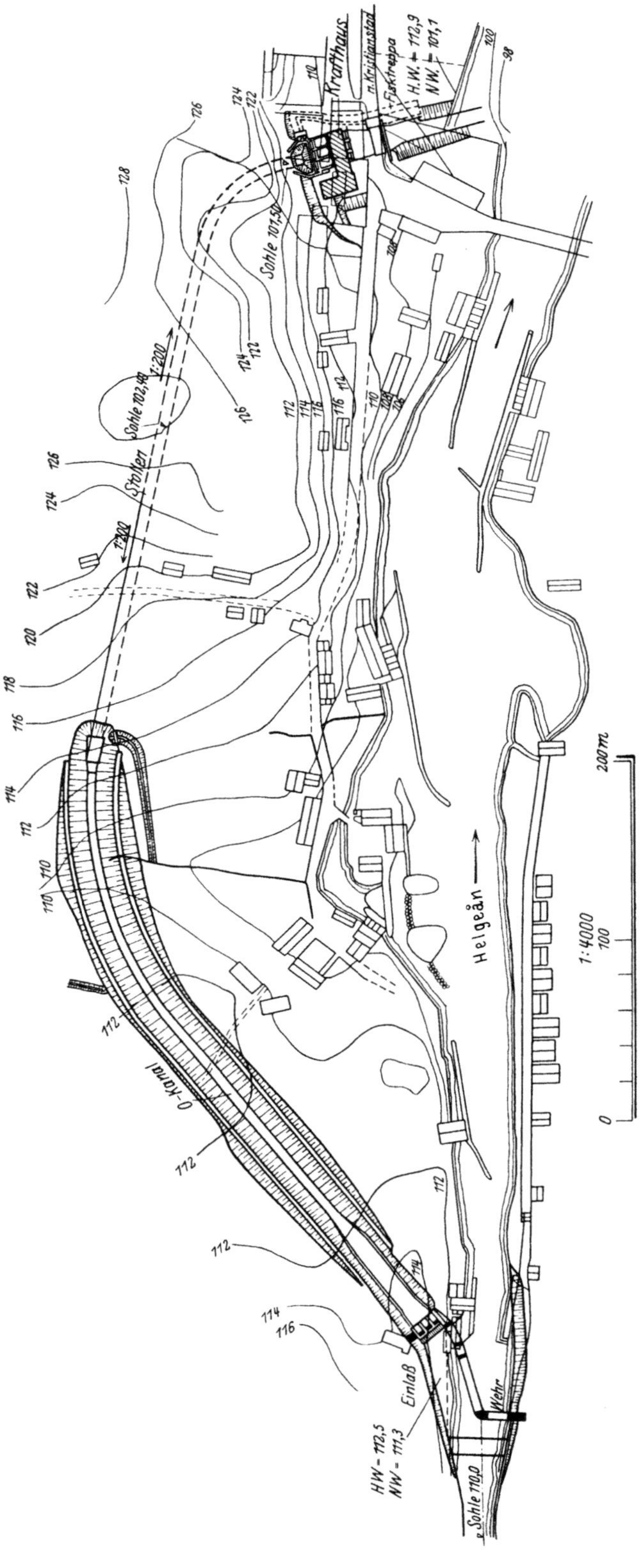

Abb. 223. Torsebro. Lageplan. (Tekn. Tidskr.)

sächlich im Westen und Süden des Gebietes in der Umgebung der Städte Borås und Malmö stark entwickelt. Für diese Industrien ist billige Kraft eine Lebensfrage. Daneben sind noch von Bedeutung die Glasindustrie im Osten des Gebietes und die Lebensmittel-, vor allem: Zuckerindustrie mit Malmö als Zentrum im Süden. Schließlich ist in der Nähe von Malmö auch eine nicht unbedeutende Metall- und Maschinenindustrie vorhanden.

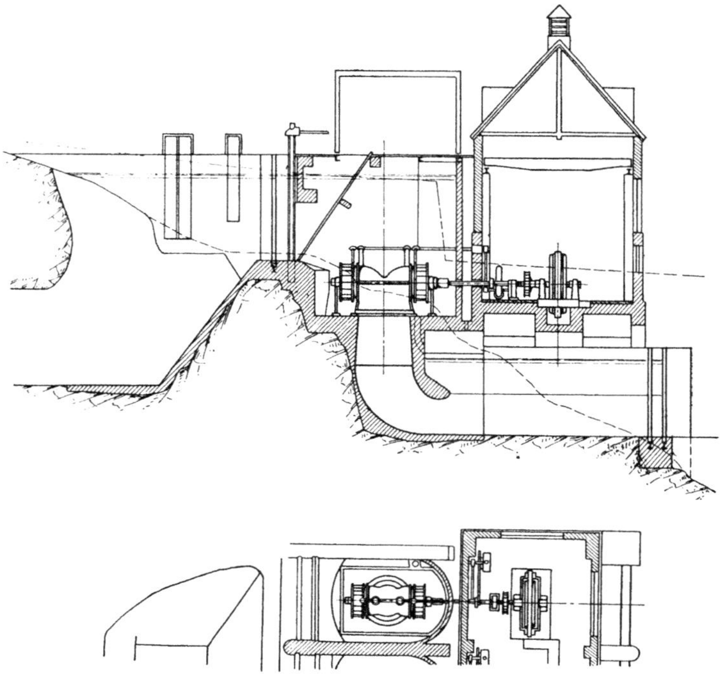

Abb. 224. Torsebro. Krafthausschnitt und Grundriß. Maßstab 1 : 450 (Tekn. Tidskr.)

Die überwiegende Konzentration der Landwirtschaft und der Bevölkerung im Süden des Gebietes ließ Malmö sich zur drittwichtigsten Stadt von ganz Schweden entwickeln und schuf die Vorbedingungen für eine bemerkenswerte, frühzeitige und starke Entwicklung der öffentlichen Eltversorgung in anfänglich privat-, später interkommunal- oder gemischtwirtschaftlich organisierten Überlandzentralen.

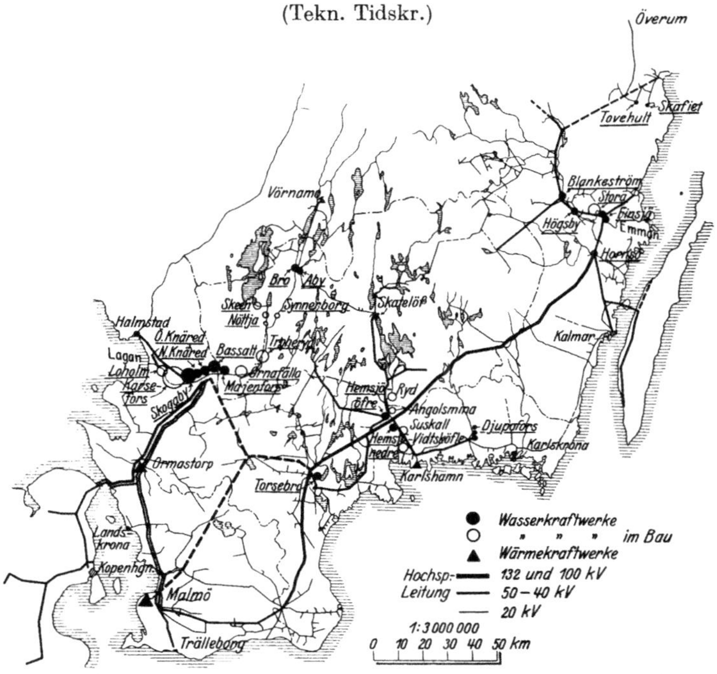

Abb. 225. Stromversorgungsgebiet der Sydsvenska Kraft A. B. (Sv. V. Kr. För. 204, 1928).

Bei der Minderwertigkeit und Geringfügigkeit der in Skåne an sich vorhandenen Kohlenvorkommen gingen diese Unternehmungen sehr richtiger Weise von Anfang an auf Ausnutzung der Wasserkräfte, hauptsächlich derjenigen des Laganstromes und des Mörrumsån aus. Nirgends in Schweden spielen in der gesamten Wasserkraftwirtschaft die Anlagen für die allgemeine Eltversorgung eine so überwiegende Rolle wie in Südschweden (vgl. Tabelle 28 auf S. 246). Industrielle Einzelkraftwerke über 5000 PS sind überhaupt nicht vorhanden; nur unter den Überlandwerken sind einige wenige Anlagen von dieser Größenordnung. Verhältnismäßig am meisten vorgeschritten ist die Wasserkraftnutzung des Lagan.

Unser Gebiet ist im wesentlichen identisch mit den Kraftdistrikten I (Sydsvenska, Hemsjö, Abb. 223, 224, 714, 717), II (Yngeredsfors) und III (Finsjö) des Elektrifieringskommittés. Nur ein kleines Stück des Kraftdistriktes III, die Gegend von Jönköping, ist, als hydrographisch zum Motalagebiet gehörig, bereits dort behandelt worden.

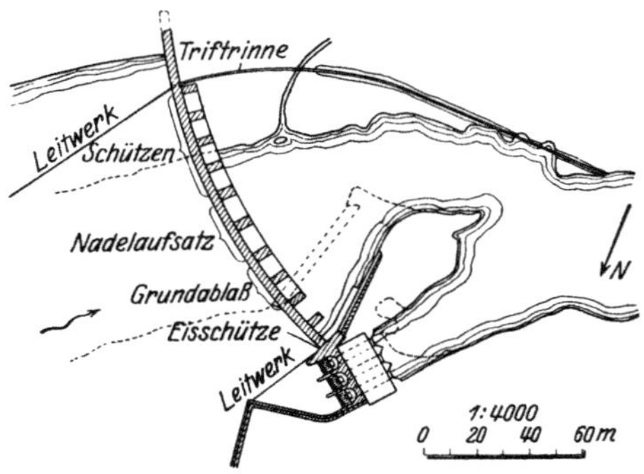

Abb. 226. Yngeredsfors. Lageplan. (Tekn. Tidskr.)

Die Energieversorgung der Kraftdistrikte I und III erfolgt heute im wesentlichen einheitlich durch die Sydsvenska Kraft A. B. Malmö, nachdem diese die beiden anderen bestehenden Gesellschaften, die Hemsjö- und die Finsjökraft A. B. aufgenommen hat. Der Gesamtkonzern besitzt den größten Teil der wertvollen Lagan- und Mörrumsån- Wasserkräfte, sowie kleinere Kraftanteile in vielen Strömen des Gebietes. Er verfügt in seinem außerordentlich ausgedehnten Versorgungsnetz auch über mehrere Wärmekraftzentralen (Malmö u. a., Abb. 225).

Im Kraftdistrikt II ist das bedeutendste Versorgungsnetz das der Yngeredsfors Kraft A. B., die zwei Wasserkraftanlagen im Ätran (Abb. 226, 227, 228) und zusammen mit der Stadt Varberg eine Dampfzentrale von 6650 kVA betreibt. Daneben sind an bedeutenderen Unternehmungen die Werke der Stadt Borås in den Nebenflüssen des Viskan zu erwähnen. Im übrigen spielen hier die Wasserkraftanlagen einzelner Fabriken eine stärkere Rolle als in den beiden anderen Kraftdistrikten (vgl. obige Zusammenstellung).

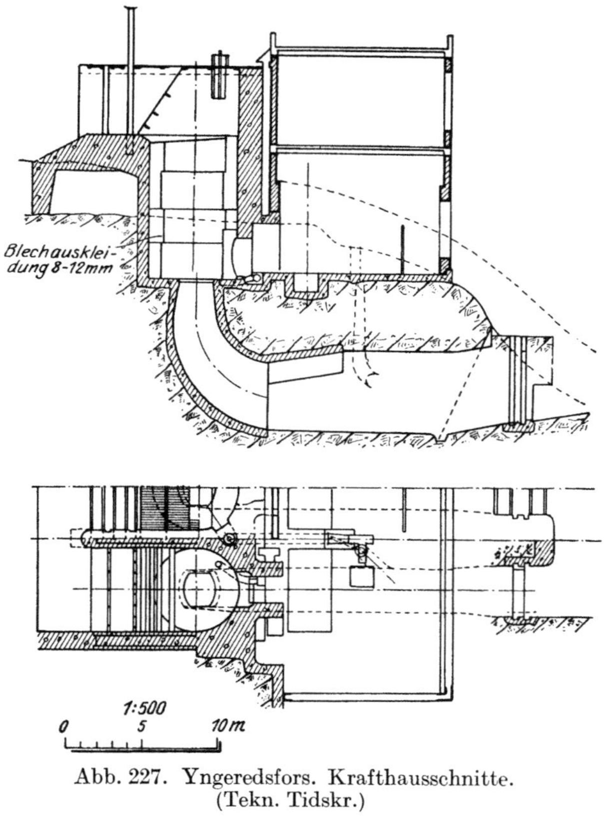

Abb. 227. Yngeredsfors. Krafthausschnitte. (Tekn. Tidskr.)

Der Staat hat, da kommunale und halbkommunale Unternehmungen in Südschweden schon einen großen Teil der Kraftquellen kontrollieren und ihre Netze über das ganze Gebiet ausgedehnt haben, keine Veranlassung, selbst als Energieerzeuger und -Verteiler aufzutreten, wie in Mittel- und Nordschweden. Der einzige staatliche Wasserkraftbesitz von Bedeutung war im Lagan (nahezu ein Drittel der dort verfügbaren Kräfte); der Anteil des Staates an den gesamten Wasserkräften Südschwedens betrug um 1925 dagegen nur 11%; etwa 60% gehörten Stadt- und Landgemeinden oder kommunalen Gesellschaften, der Rest der Privatindustrie. Ausgebaute Wasserkräfte hat der Staat hier überhaupt nicht. Neuerdings hat der Staat den um 1907 erworbenen mächtigen Karsefors im Lagan an die Sydsvenska verkauft, die seinen Ausbau und den des benachbarten mächtigen Laholmsfalles 1929 in Angriff genommen hat.

Im folgenden wollen wir uns nur mit den beiden wichtigsten und bis jetzt am meisten ausgenutzten Flüssen Lagan und Viskan etwas näher befassen.

2. Das Viskangebiet.

Das Einzugsgebiet des Viskan (Abb. 19, 229) ist (S. 246) als Ganzes nicht besonders seenreich. Einzelne Nebenflüsse, darunter vor allem der Slåttsån, sind dafür außerordentlich reich an relativ gut regulierbaren und großen Seen und daher energiewirtschaftlich sehr wichtig. Über die Energiegrundwerte: Fallhöhe und Abflußergiebigkeit im Viskan und seinen wichtigsten Nebenflüssen, Hägån und Slåttsån, gibt die Abb. 231 Aufschluß. Das Viskangebiet ist mit etwa 800 mm durchschnittlicher Niederschlagshöhe eines der niederschlagsreichsten Gebiete von ganz Südschweden. Der Abflußbeiwert ist im Durchschnitt etwa 60%. Die Verteilung der Niederschläge und namentlich der Spende im Jahreslauf ist nicht ungünstig, jedenfalls dem Energiebedarf in großen Netzen besser entsprechend als in nördlicheren Stromgebieten. Für das Gesamtgebiet gelten folgende Spendendauerzahlen sl/km² und (%):

NNQ	2,5 (16,6)	MQ	15 (100)
MNQ	3,3 (22)	HQ	62 (413)
9mon. Q . . .	5,6 (37,4)	HHQ	78 (520)
6mon. Q . . .	11 (73)		

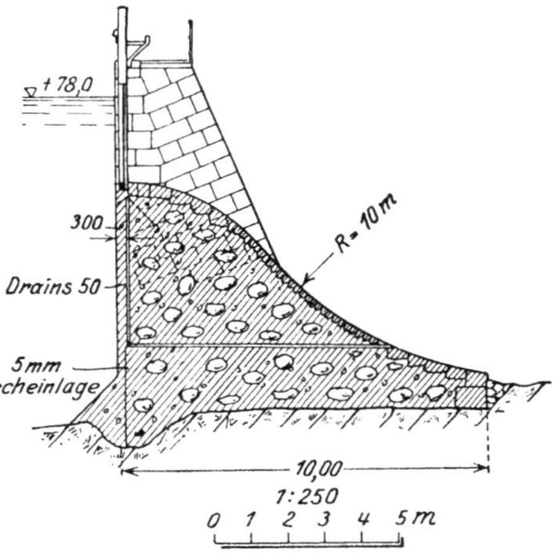

Abb. 228. Yngeredsfors. Wehrschnitt. (Tekn. Tidskr.)

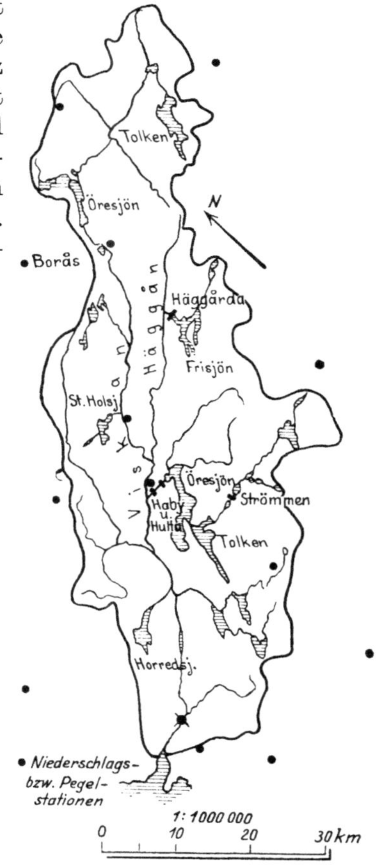

Abb.229. Viskan-Gebietskarte. (Melin.)

Von diesen Durchschnittswerten sind nicht unbedeutende Abweichungen in einzelnen Teilgebieten festzustellen, hauptsächlich infolge der außerordentlichen Verschiedenheit des Seeanteils.

Von der gesamten Mittelwasserleistung des Viskangebietes entfallen $^2/_3$ auf den Hauptfluß vom Tolkensee abwärts[1]. Diese Wasserkräfte sind wegen der Seearmut zwar nicht besonders günstig, aber dennoch größtenteils ausgebaut. Zwei der größten Fallstufen arbeiten für Spinnereien und sind mit Rücksicht auf die kurze Ausnutzungsdauer (8-Stunden-Betrieb) wesentlich über Mittelwasserleistung ausgebaut. Es sind dies die neue Anlage Viskafors der Rydboholms A. B. ($H = 26$ m, Mittelwasserleistung

[1] Gemäß Abb. 229 gibt es zwei Seen „Tolken“ im Viskangebiet; der eine ist Quellsee des Hauptflusses, der andere liegt im Slåttsångebiet.

Tabelle 28. Arbeitsvermögen und Ausbau der wichtigsten Flüsse Südschwedens.

	Wasserlauf	Einzugsgebiet km²	Seeanteil %	Theoretische Mittelwasserleistung und Energiedichte nach Norlindh PS	PS/km²	Ausbauwürdige Leistung nach Ekwall	Ausgebaut und im Bau befindlich 1925 nach Norlindh	Angaben über die wichtigeren ausgebauten Stufen (1925): Werk — Ausbau — Unternehmer
Münden in die Ostsee	Emån	4450	7,0	51000	11,4	49000	16000	Blankeström . . . . . . 2700 PS Högsby . . . . 2100 „ (im Bau 2300 PS) Boholm . . . . 1000 „ } Sydsvenska-Konzern und mehrere Anlagen für Zellulose und Papierfabriken
	Alsterån . . .	1520	?	13000	8,5	18000	3000	Hornsö . . . . 1300 PS (im Bau 1400 PS) Sydsvenska-Konzern und mehrere Industriekraftwerke, hauptsächlich für Holzveredelungsindustrien
	Ronnebyån . .	1080	?	12000	11,1	21000	8000	Verperud . . . . 1200 PS Sydsvenska-Konzern und mehrere Industriekraftwerke, hauptsächlich für Holzveredelungsindustrien
	Mörrumsån . .	3390	13,9	49000	14,4	80000	13000	Hemsjö-Övre (Abb. 230) . 4600 PS Hemsjö-Nedre . . . . . 2500 „ } Sydsvenska-Konzern und mehrere Industriekraftwerke für Holzveredelungs- und Textilindustrie
Münden in Sund und Kattegat	Helgeån . . .	4860	5,2	37000	7,6	32000	5000	Torsebro (Abb. 223, 224, 714, 717). 1500 PS Sydsvenska-Konzern; außerdem einige kleinere Wasserkraftanlagen der Holzveredelungsindustrie
	Lagan	6500	9,1	115000	17,6	170000	58000	Majenfors . . . . 5700 PS Bassalt . . . . 10000 „ Övre Knäred . . . . . . 8000 „ Nedre Knäred . . . . . 7500 „ Skogaby . . . . 16000 „ } Sydsvenska-Konzern (siehe ausführlich weiter unten) Unter den Industriekraftwerken ist die größte Strömsnäs Bruk, Holzschleiferei, Ausbau 2700 PS; die übrigen sind zum Teil kleinere Industriekraftwerke, zum Teil kleine Ortselektrizitätsversorgungsanlagen von geringer Bedeutung
	Nissan	2680	3,7	59000	22,0	43000	15000	Ryddö Bruk, Papierfabrik 4500 PS In Vorbereitung . . . . 1600 „ Die übrigen Anlagen sind kleinere industrielle Anlagen unter anderem der Textilindustrie und eine große Gummifabrik
	Ätran	3350	?	66000	19,7	43000	18000	Yngeredsfors Kraft A. B. Großanlage bei Yngeredsfors (Abb. 226—228) (Fallhöhe 18 m, Mittelwasserleistung 7100 PS) Volleistung 12000 PS; Ätrafors ($H_n = 23{,}5$ m, Volleistung 6740 (später 2×6740) PS; ferner eine Anzahl mittelgroßer und kleiner industrieller Kraftwerke der Eisen- und Textilindustrie usw.
	Viskan	2210	4,0	29000	13,1	40000	23000	Im Hauptstrom: Viskafors Spinnerei 5000 PS Kungfors „ 4700 „ ferner in den Nebenflüssen die Anlagen der Stadt Borås: Häggårda (1700 PS), Haby (5400 PS), Hulta (2500 PS) (s. ausführl. weit. unten). Die übrigen Wasserkraftanlagen sind meistens kleinere Industriekraftwerke von Webereien u. a.
	Sonstige Flüsse und Bäche .	18000	?	30000	1,7	35000	5000	
	Insgesamt . .	48040		461000	9,6	531000	164000	

2500 PS, Ausbauleistung 5000 PS) und das Werk Kungsfors ($H = 16{,}5$ m, Mittelwasserleistung 2600 PS, Ausbauleistung 4700 PS); die übrigen Wasserkraftanlagen des Hauptflusses sind ganz klein.

Von den beiden Hauptzuflüssen des Viskan ist der Häggån ein relativ wasserarmer Bach, der zwar eine für Südschweden ansehnliche Gesamtfallhöhe von rd. 80 m, jedoch eine Mittelwasserleistung von nur 2800 PS hat. Der größte Teil der Gesamtfallhöhe ist in vier Kleinkraftwerken ausgebaut.

Das oberste bei Häggårda ist von der Stadt Borås ausgebaut, deren ältestes Eltwerk diese kleine Anlage ist ($H = 28$ m; Mittelwasserleistung 700 PS, Ausbauleistung 1700 PS).

Viel wichtiger ist der zweite Nebenfluß Slåttsån; sein Unterlauf ist für die Stadt Borås und deren Textilindustrie von größter Bedeutung. Der Bach wird durch zwei große Seen, Tolken und Öre (die nur durch eine Fallstufe von 4 m getrennt sind), in zwei Hauptabschnitte gegliedert. Der obere, längere Abschnitt hat 80 m Gesamtgefälle, ist verhältnismäßig seearm und bis jetzt ganz unausgenutzt. Die zwei er-

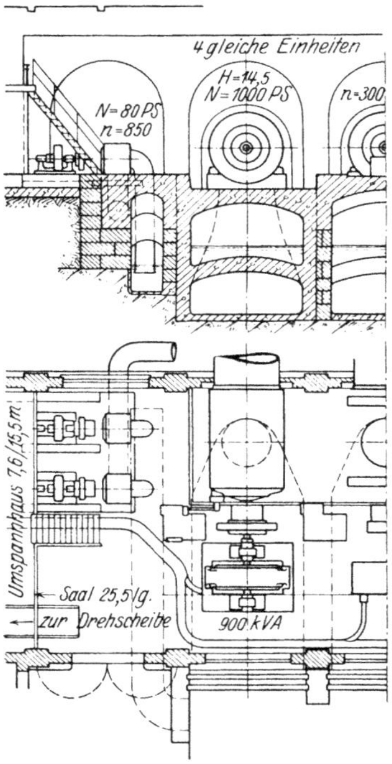

Abb. 230. Hemsjö övre. Krafthausschnitte. (Tekn. Tidskr.)

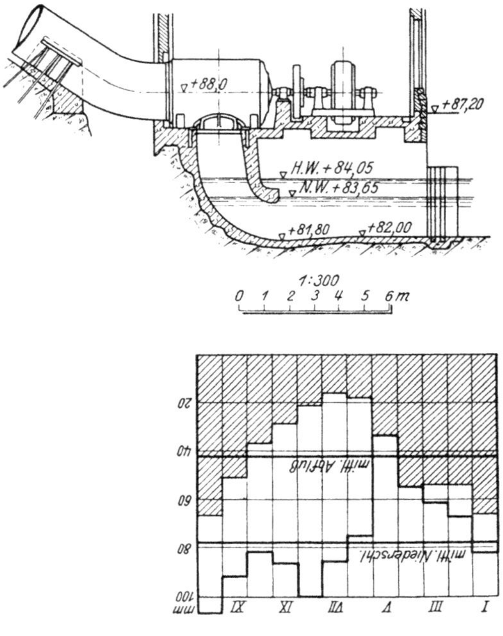

Abb. 231. Niederschlags- und Spendenganglinie des Viskan-Gesamtgebietes. (Melin.)

wähnten Seen bedecken 15,0 und 9,1 km², so daß zusammen mit den kleineren Seen des Oberlaufes der untere Abschnitt des Slåttsån eine Wasserfläche von über 35 km², etwa 9% des Einzugsgebietes, aufweist. Hierdurch ist in normalen Wasserjahren ein vollständiger Jahresausgleich möglich und der ganze Jahresabfluß nutzbar. Das Gesamtgefälle dieses Abschnittes (40 m) ist großenteils in zwei Stromschnellen konzentriert, indes ist auch der übrige Lauf ziemlich gefällsreich, so daß die Einteilung in Fallstufen nicht eindeutig vorgezeichnet erschien. Als die Stadt Borås sich zum Ausbau des Slåttsån anschickte, wurde zuerst erwogen, die Gesamtfallhöhe vom Öresee bis zum Viskan in einer einzigen Stufe auszunutzen; da aber die untere Stromschnelle damals noch nicht der Stadt gehörte, wurde eine Aufteilung in zwei Stufen von 27,8 und 12,0 m gewählt (Abb. 232).

Haby, die obere größere Anlage, verfügt, da die Wasserentnahme unmittelbar aus einem großen See erfolgt, über vollständige Wochen- und Tagesregulierung.

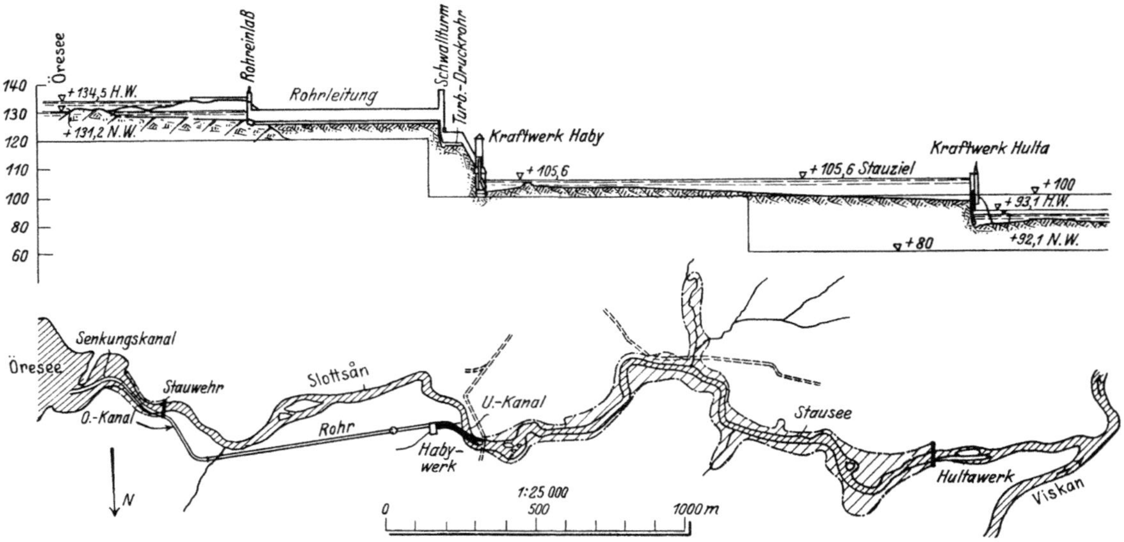

Abb. 232. Haby und Hulta. Übersichtslängenprofil und -karte. (Vattenbyggn. Byr.)

Bei Hulta, der unteren Anlage, wird diese Möglichkeit durch das mit der gewählten Höhenaufteilung gewonnene, etwa 2 km lange Zwischenausgleichbecken gewährleistet.

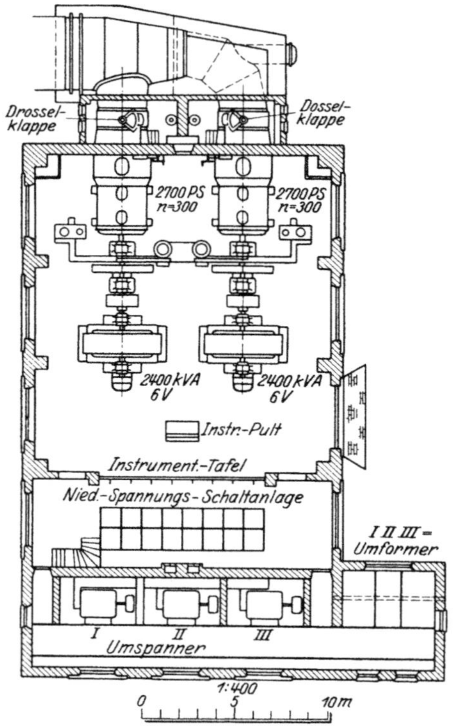

Die vorzügliche Regulierungsmöglichkeit im Tolken- und Öresee gestattete einen hohen Ausbau, entsprechend der niedrigen Ausnutzungsziffer eines städtischen Netzes, auf 3fache mittlere Wassermenge oder 28 m³/sek. Diese Ausbauhöhe erscheint noch bedeutender, wenn man sie mit der Niedrigwassermenge vor der Seeregulierung vergleicht, die kaum ½ m³/sek (1,2 sl/km²) betragen hat. Die baulichen Anlagen des Kraftwerkes Haby umfassen (Abb. 232, 233, 234, 235) einen Senkungskanal und ein Regulierungs- und Fassungswehr im Öresee, den eigentlichen Werkoberkanal, Rohreinlauf, Druckleitung, Krafthaus und Unterkanal. Die Druckleitung ($d = 4{,}0$ m) besteht aus einer oberen wagerechten und einer Fallrohrstrecke, die durch einen kreiszylindrischen Schwallturm (freistehendes Wasserschloß) getrennt sind.

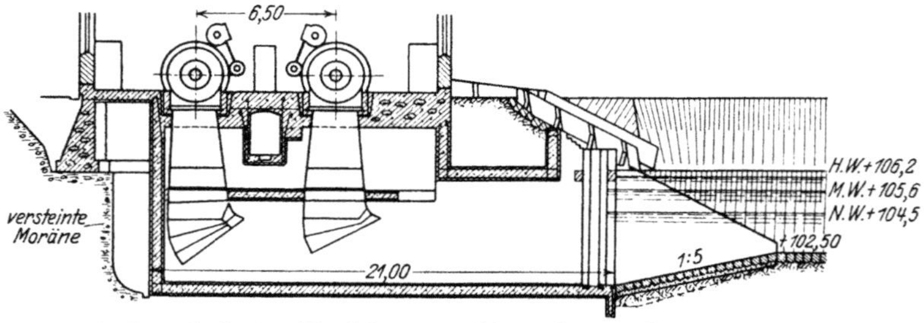

Abb. 233 u. 234. Haby. Schnitt und Grundriß des Krafthauses. (Vattenbyggn. Byr.)

Die Rohrleitung war (zur Erbauungszeit 1913) eine völlig neuartige Konstruktion, da sie nach dem System von Ing. Karlsson als Weitspannrohr in steifen, pendelnd gelagerten Auflagerringen aufgehängt ist (vgl. S. 623). Beachtenswert und für die sorgfältige Entwurfsgestaltung im einzelnen kennzeichnend ist die hydraulisch richtige Formung des Einlaufes des Falldruckrohres. Auf die Schwallturmkonstruktion wird gleichfalls (S. 617) noch näher eingegangen werden.

Die 2 Franciszwillingsturbinen in Blechkesseln (Abb. 233, 234) leisten je 2700 PS ($H_n = 25$ m; $n = 300$ i. M.) und erzeugen Drehstrom, der in Maschinenspannung über Hulta nach Borås geht.

Hulta (Abb. 235), ein reines Staukraftwerk, liegt unmittelbar an dem eben erwähnten Zwischenausgleichsbecken.

Die Anlage ist eines der seltenen Beispiele der quer zum Wasserlauf gelegten Turbinenwelle mit nur einem Stromerzeuger, eine — vor Einführung der Kaplanturbinen — für die vorliegenden Verhältnisse als sehr zweckmäßig anzuerkennende Bauweise. Die beiden liegenden Zwillingsfrancisturbinen (insgesamt 2500 PS) sind auf einer durchgehenden Welle in eine Doppelkammer mit zwei getrennt ausgeführten Saugrohrkrümmern eingebaut (Abb. 236, 237). So kann die vom Stromerzeuger ab-

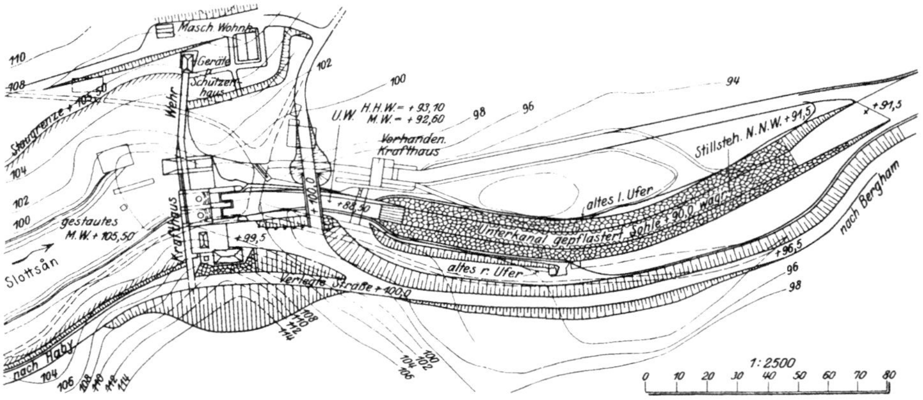

Abb. 235. Hulta. Lageplan. (Vattenbyggn. Byr.)

gelegene Turbine für sich abgeschlossen werden, während die andere allein arbeitet. Das Saugrohr des abzusperrenden Zwillinsgsatzes ist mit einer Luftschleuse versehen, so daß die Laufräder in Luft rotieren können. In der Hinterwand der rechten Kammer ist ein eiserner Rahmen eingelassen, der erwünschtenfalls den Einbau eines Zulaufrohres zu einem kleineren Maschinensatz zuläßt.

Beide Anlagen können in Gesamtdisposition und Einzelheiten als (für ihre Zeit) in vorbildlicher Weise den Orts- und Betriebsverhältnissen angepaßt bezeichnet werden.

Die Seeregulierungsbauten für Haby und Hulta sind: am Auslauf des Öresees (wie erwähnt) ein Regulierungswehr und Absenkungskanal, ferner im Öresee verschiedene Räumungen an seichten Stellen. Der Regulierungsspielraum ist 2,8 m (Regulierungsgrenze + 131,5 und + 134,3). Die Arbeiten im Tolkensee umfassen einen offenen Absenkungskanal und ein Regulierungswehr, das zugleich als Landstraßenbrücke dient. Der Regulierungsspielraum ist 1,5 m (+ 135,8 bis + 137,3). Der gesamte in beiden Seen geschaffene Speicherraum enthält rd. 60 hm³. Es ist geplant, auch die kleineren Seen des Oberlaufes zu regulieren, damit die Wasserkraftanlagen auch noch in außergewöhnlich trockenen Jahren vollbetriebsfähig bleiben.

Neben den drei Wasserkraftanlagen: Häggårda, Haby und Hulta mit insgesamt 9600 PS Volleistung verfügt das städtische E.W. Borås noch über eine Dampfturbinenzentrale mit 1800 PS als Störungsreserve und Aushilfe bei katastrophalem Wassermangel. Diese für eine Stadt von nur etwa 32000 Einwohnern recht hohe Zentralenleistung ist durch die den bürgerlichen Bedarf weit überragende Anschlußgröße der Textilindustrie in und um Borås gerechtfertigt, deren Werke meist keine eigenen Kraft-

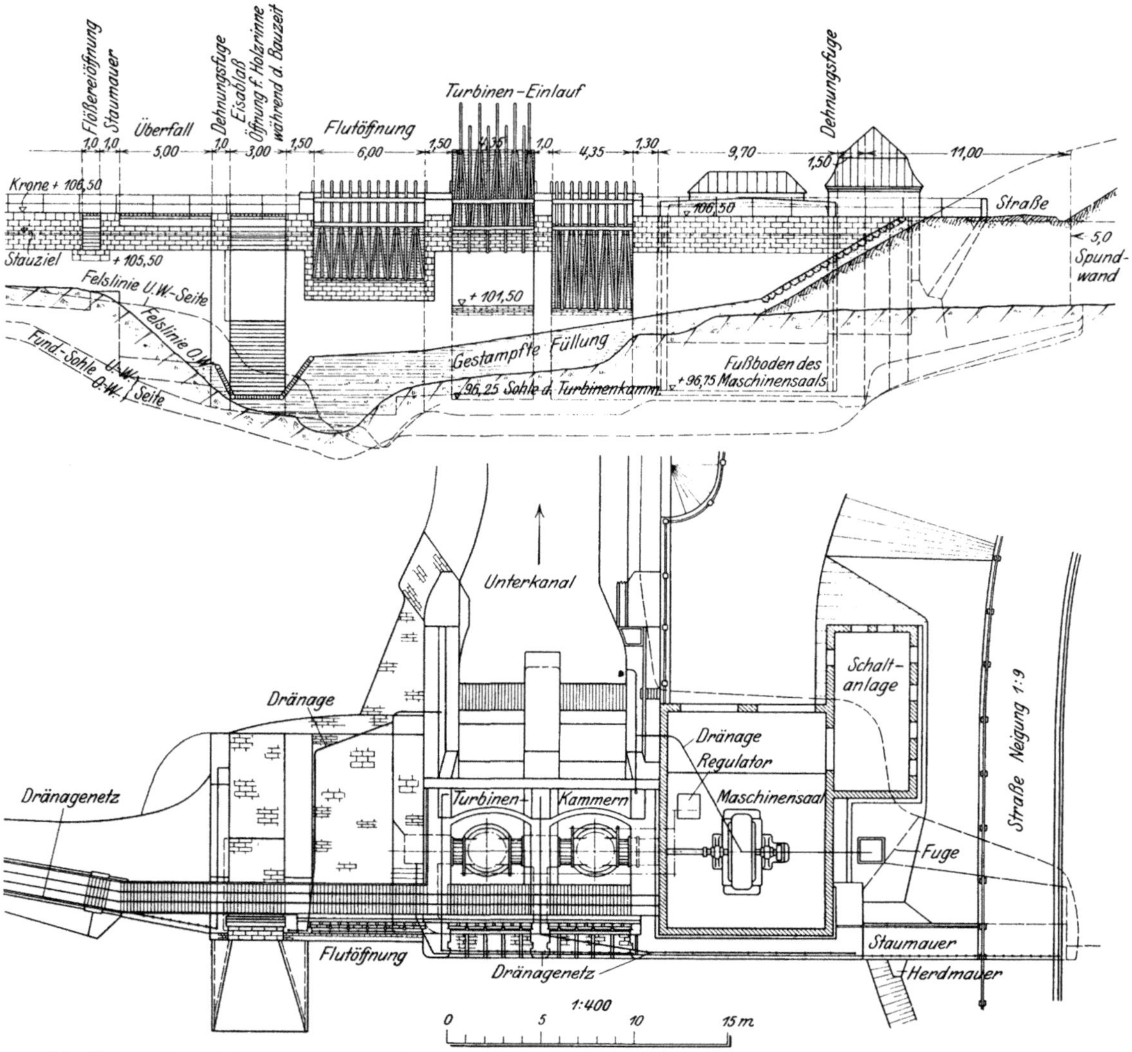

Abb. 236—238. Hulta. Kraftwerk, Grundriß, Ansicht und Querschnitt. (Vattenbyggn. Byr.)

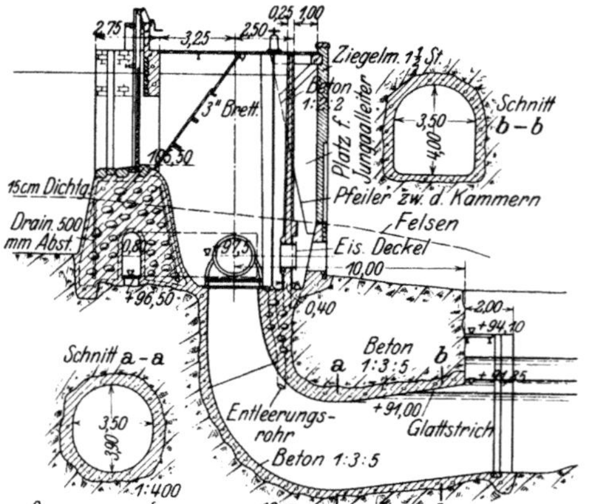

anlagen haben. Der Ausbau der geschilderten Wasserkraftanlagen muß angesichts der Lebenswichtigkeit ausreichender und wirtschaftlicher Energieversorgung für diese Industrie als eine sehr gute Politik der städtischen Verwaltung anerkannt werden. Die kräftige Weiterentwicklung der Industrie wird wohl in Bälde dazu führen, daß das E.W. sich zur Ergänzung seiner Energiequellen Strombezug aus dem staatlichen Trollhättannetz sichert; denn die noch unausgenutzten Wasserkräfte des Viskangebietes sind nicht sehr bedeutend, zudem besitzt Borås selbst nur einen kleinen unausgebauten Wasserfall im Slåttsångebiet; über den Wasserhaushalt vgl. S. 536. Eine Fernleitung vom Trollhättannetz nach Borås besteht schon jetzt, doch liefert Trollhättan vorläufig noch keine wesentlichen Strommengen nach Borås.

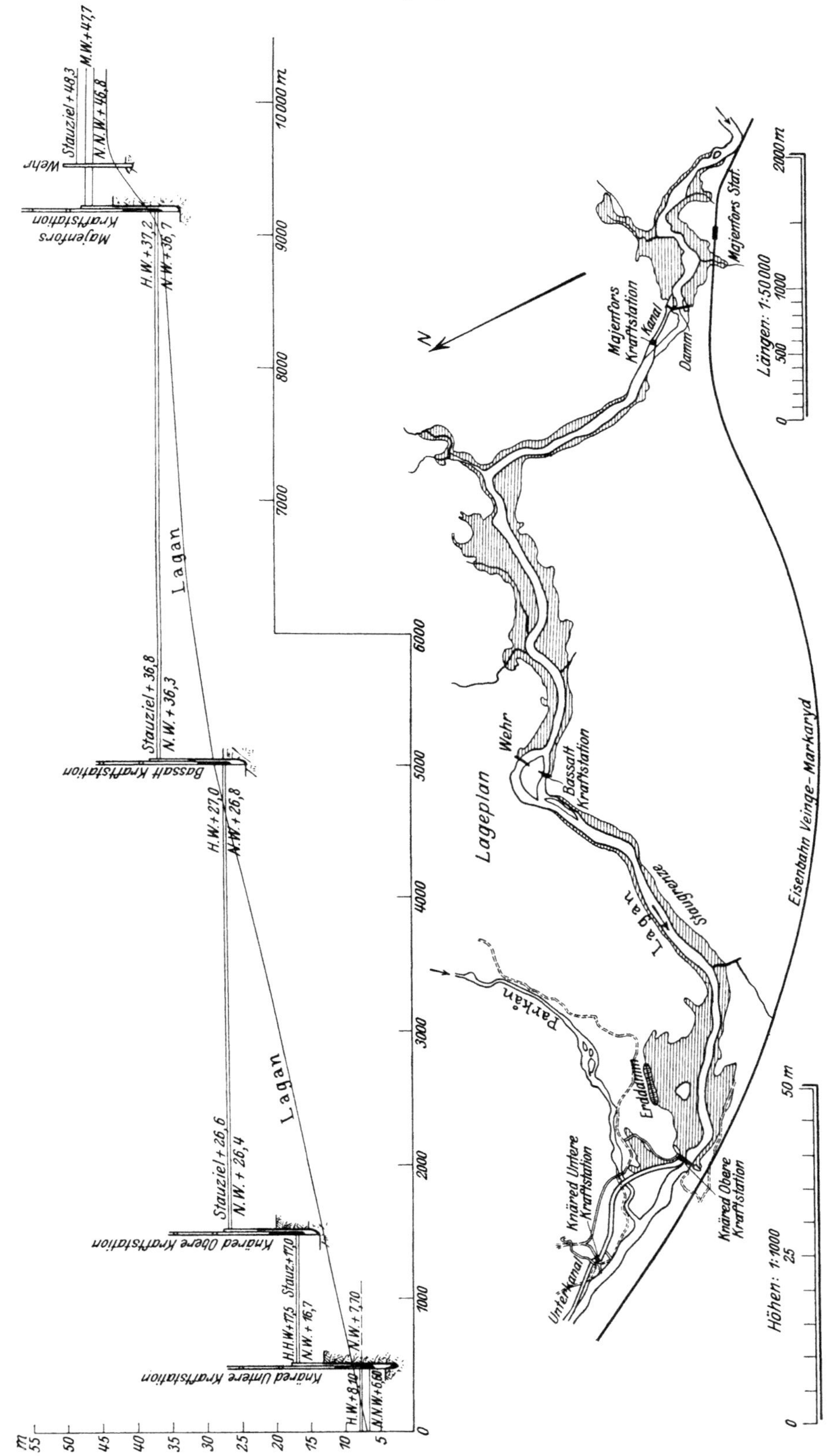

Abb. 239. Lagan. Übersichtslängenschnitt und -karte der Werke Majenfors, Bassalt, övre und nedre Knäred. (Sv. V. Kr. För. 16.)

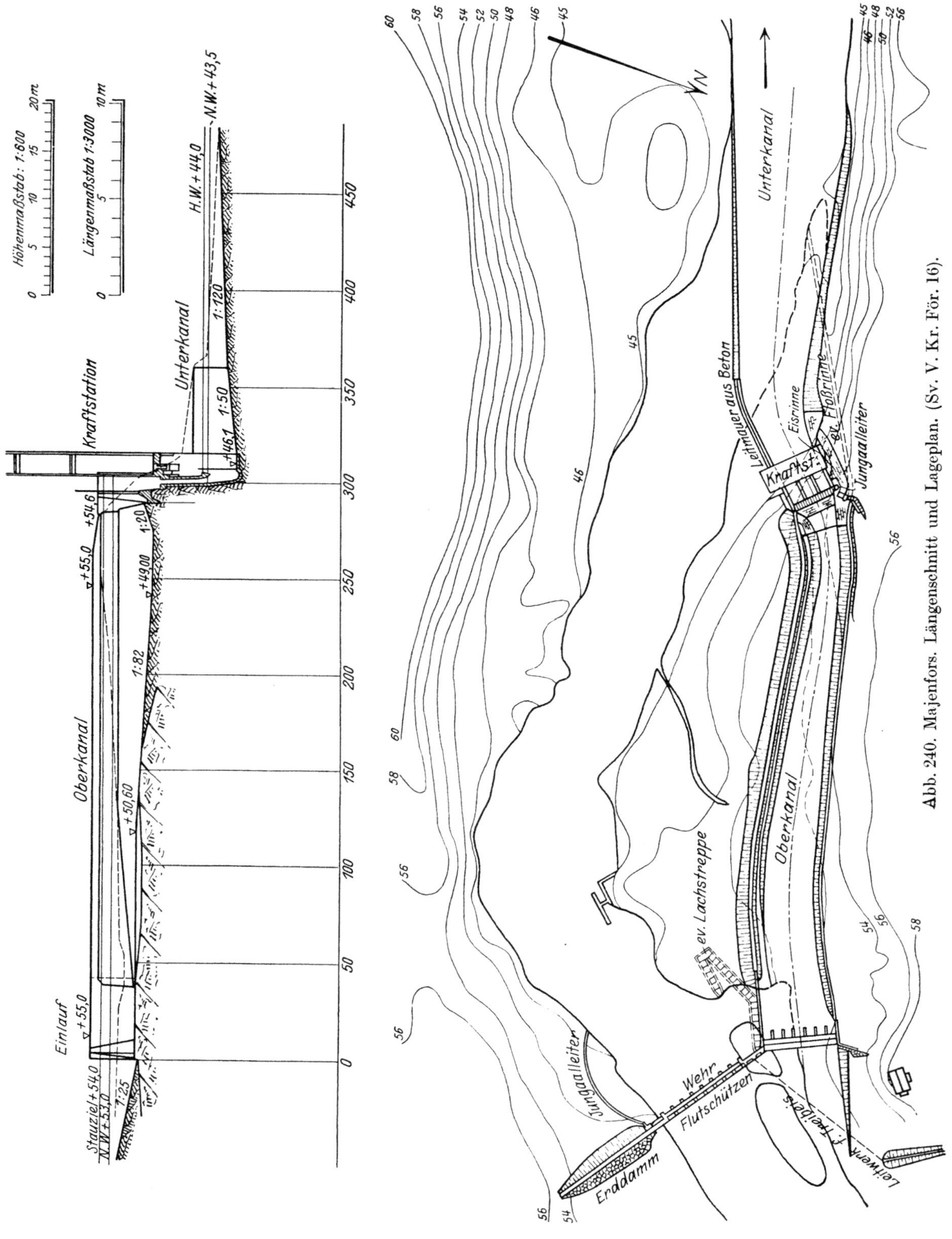

Abb. 240. Majenfors. Längenschnitt und Lageplan. (Sv. V. Kr. För. 16).

3. Das Lagangebiet.

Lagan ist weitaus der größte Fluß Südschwedens, dazu sehr seenreich. Da er außerdem in Nähe des dichtest besiedelten, reichsten Teiles von Schweden strömt, erscheint er von Natur bestimmt eine wichtige Rolle in der Energiewirtschaft zu spielen. Das Mündungseinzugsgebiet des Flusses umfaßt rd. 6500 km^2; auf eine Lauflänge von 244 km durchfällt der Hauptfluß rd. 224 m. Die Gebietskarte (Abb. 19) zeigt, daß der Hauptlauf in seinem oberen und mittleren Abschnitt vier bedeutende Neben-

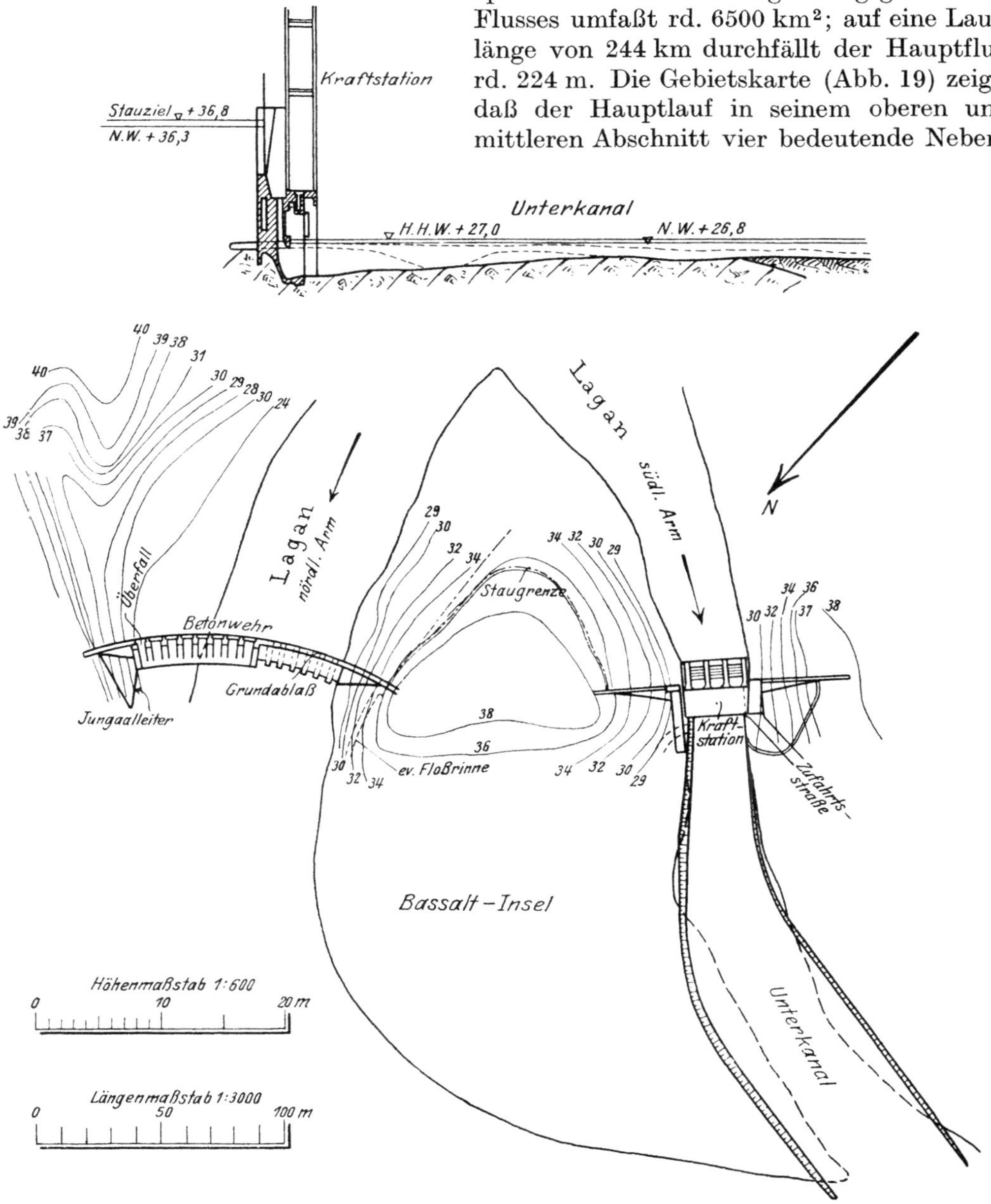

Abb. 241. Bassalt. Längenschnitt und Lageplan. (Sv. V. Kr. För. 16.)

flüsse aufnimmt; und zwar im Oberlauf den seenarmen Häråan (Einzugsgebiet 650 km^2, Höhe + 250 bis + 210 m), im Mittellauf die Flüsse Skålån und Toftaån, beides Abflüsse des Flärensees und im ganzen überaus seenreich (Gesamteinzugsgebiet 1460 km^2, + 290 bis + 135 m ü. d. M., Seeanteil 11,5%) und schließlich weitere 40 km flußabwärts den noch seenreicheren Bolmån (Seeanteil 15%) mit dem großen Einzugsgebiet von 2110 km² (etwa + 270 bis + 125 m ü. d. M.). Diese 4 Nebenflüsse entwässern zusammen rd. 4200 km²; die restlichen etwa 2300 km² des Lagangebietes verteilen sich auf eine große Anzahl meist recht kleiner, seenarmer Zuflüsse, die größtenteils den Hauptstrom erst in seinem Unterlauf erreichen.

Das Lagangebiet ist relativ niederschlagsreich. Nach den außerordentlich ein-

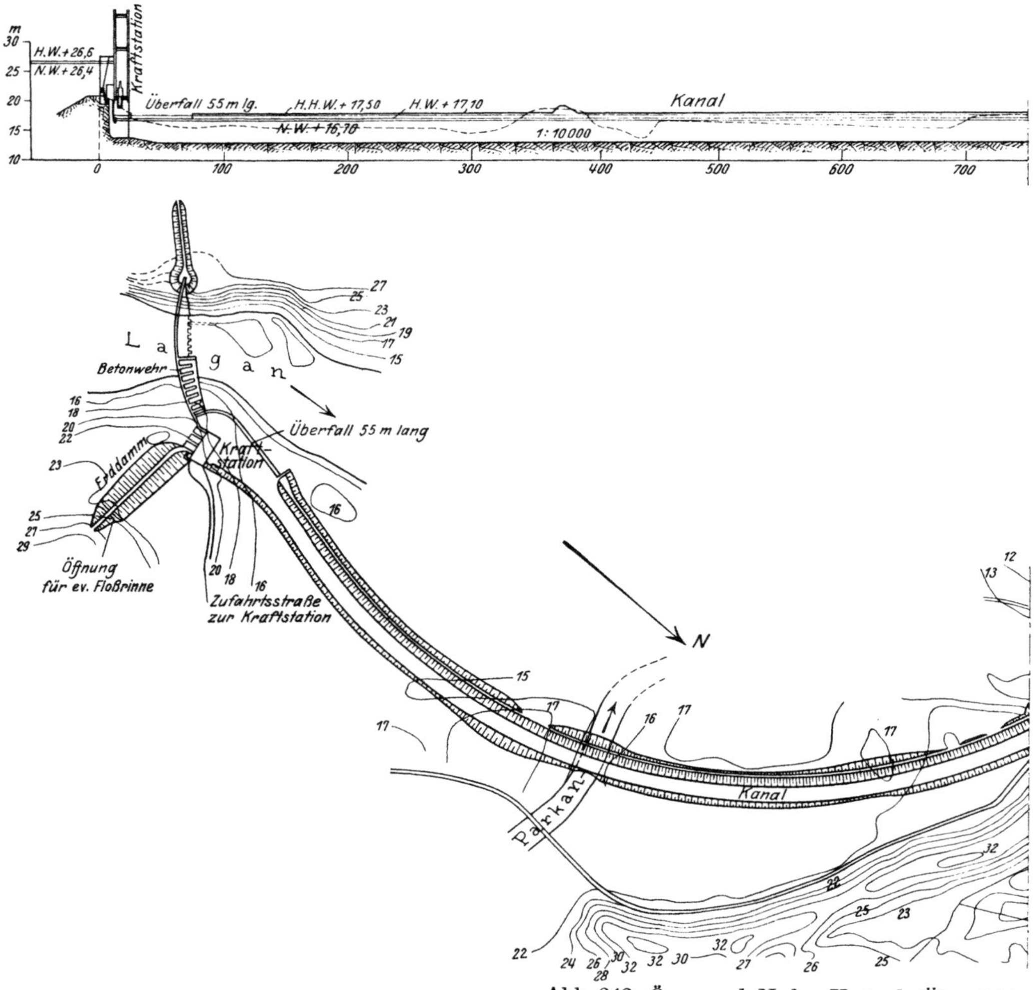

Abb. 242. Övre und Nedre Knäred. Übersichts-

gehenden Untersuchungen Walléns ist die durchschnittliche Niederschlagshöhe im langjährigen Mittel 808[1] mm/Jahr. Für das Gebiet oberhalb Laholm, unweit des Kattegat, Einzugsgebiet 6130 km², ist die Abflußziffer 54,1 %*.

Auf die einzelnen Abschnitte verteilt sich die gesamte Mittelwasserkraft des Lagangebietes folgendermaßen [Angaben in PS und (%)]:

Härångebiet	3000 (2,6)	Kleinere Nebengewässer	4000 (3,5)
Skålån-Toftaån	7000 (6,1)	Hauptsttrom	96000 (83,4)
Bolmångebiet	5000 (4,4)	Gesamtgebiet	115000 (100,0)

[1] W. gibt an: 765, aber ohne Berücksichtigung der Teilflächengrößen ermittelt, die vom Verf. oben berücksichtigt ist.

* Wallén: 51,5, vgl. Anm. 1.

Der Hauptstrom hat also überragende Bedeutung. Die Wasserkräfte der Nebenflüsse sind außerdem auf über 50 Fallstufen verteilt, so daß die Einzelstufen klein und bei der starken Leistungsfähigkeit des die südschwedische Energiewirtschaft beherrschenden Großwasserkraftkonzerns „Sydsvenka" wenigstens zum Teil wirtschaftlich nicht ausbauwürdig zu nennen sind.

Der größte Teil dieser kleineren Kraftquellen ist daher bis jetzt unerschlossen; die einzige nennenswerte Anlage ist hier jene der Stadt Värnamo (Volleistung 1000 PS),

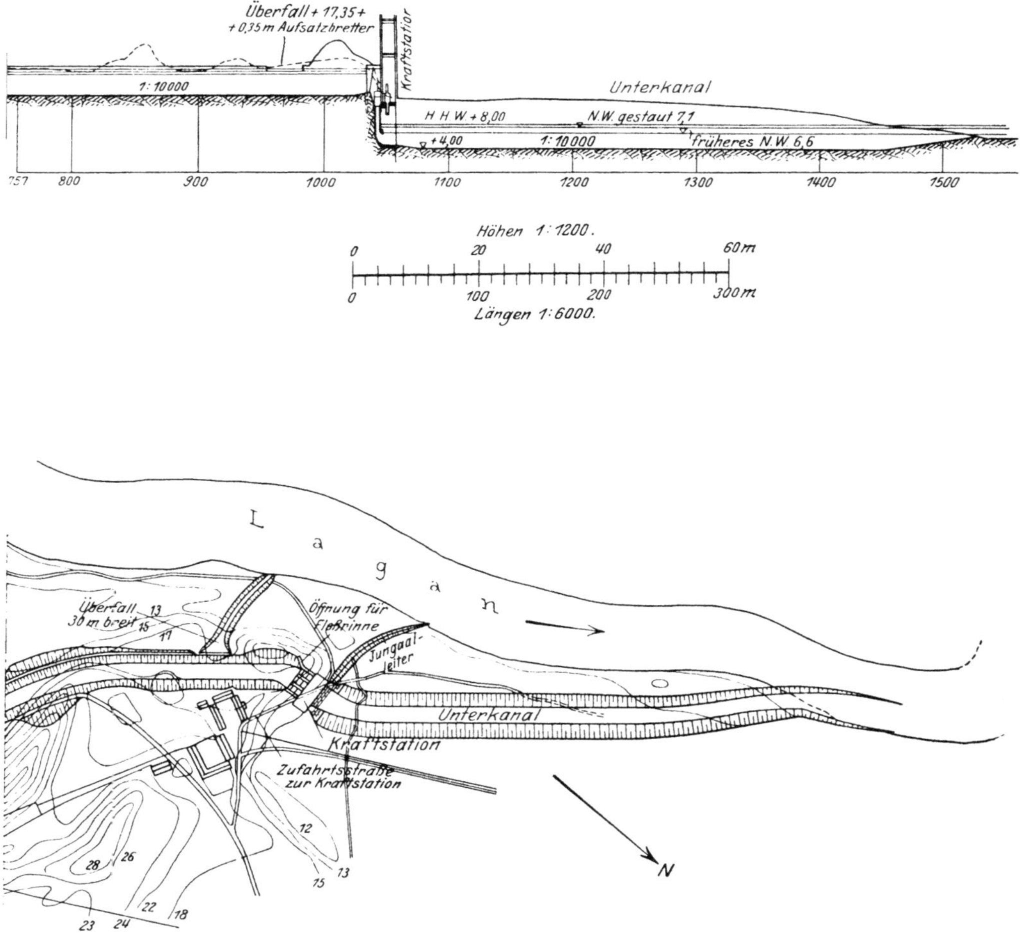

lageplan und Längenschnitt. (Sv. V. Kr. För. 16.)

die einen Teil des Skålån ausnutzt und die unschwer später auf eine größere Wassermenge ausgebaut werden kann, wenn der zweite Abfluß des Flårensees, Toftaån, abgesperrt wird.

Die Wasserkräfte des Lagan-Hauptlaufes, die für das Wirtschaftsleben Südschwedens größte Bedeutung haben, sind in den Heften 31 bis 36 (1918) des Vattenfallförteckning ausführlich beschrieben. Nach dieser Bearbeitung hatte der Hauptstrom, bei den im wesentlichen natürlichen Abflußverhältnissen vor Inangriffnahme der neueren, erst z. T. vollendeten großen Seeregulierungsarbeiten folgende Leistungsdauerwerte [in PS und (%)]:

MNQ	25900 (25,5)	6 mon. Q	94300 (93,0)
9 mon. Q	56100 (55,3)	MQ	101700 (100)

Diese langjährigen Mittelwerte sind recht günstig. Indes sind die Unterschiede zwischen den einzelnen Jahren bedeutend; so geht z. B. in besonders trockenen Jahren die (unregulierte) Niedrigwasserleistung vorübergehend bis auf 10000 PS herunter.

Der Ober- und Mittellauf des Lagan gehört einzelnen Fabriken, Gemeinden, z. T. auch dem Staat und der Sydsvenska; nur der kleinere Teil dieser meist nicht sehr bedeutenden Wasserkräfte ist in kleinen und mittelgroßen Anlagen für Fabrikbetrieb

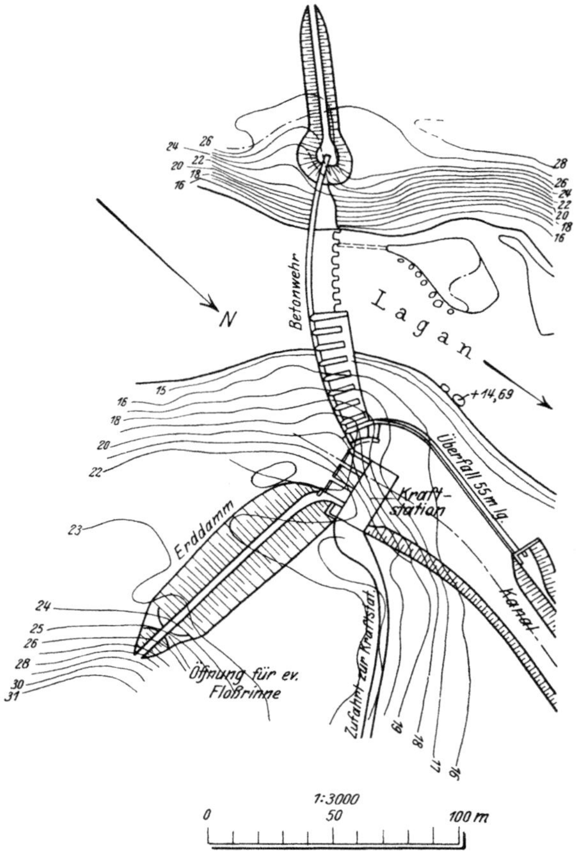

Abb. 243. Övre Knäred. Lageplan. (Sv. V. Kr. För. 16.)

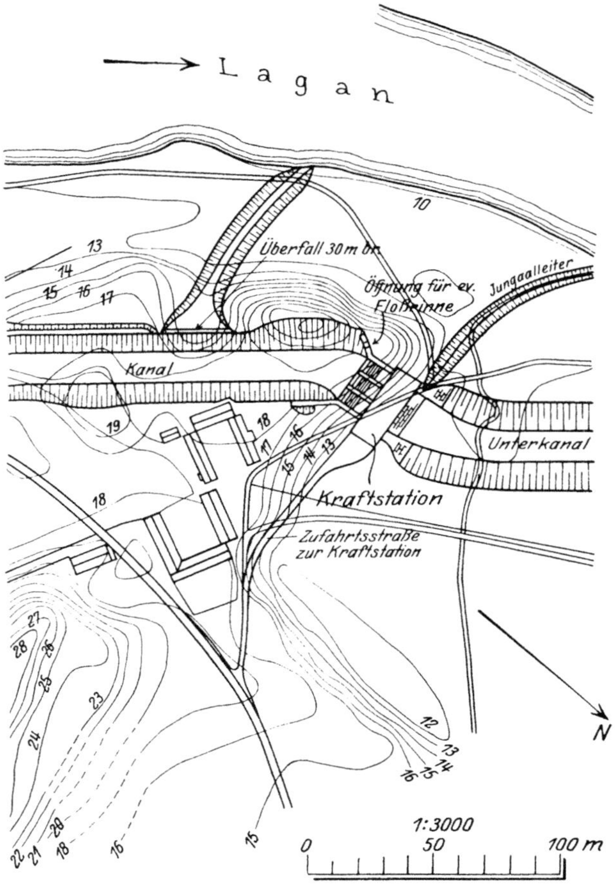

Abb. 244. Nedre Knäred. Lageplan. (Sv. V. Kr. För. 16.)

ausgenutzt. Die bedeutendsten Werke sind jene der Holzschleifereien Strömsnäs Bruk (2700 PS) und Timsfors Träsliperi (1700 PS). Nur die untersten 52 km

Tabelle 29.

Anlage	Fallhöhe m	Anzahl der Haupt-turbinen	Leistung der Hauptturbinen insgesamt PS	Bauzeit
Majenfors	9,80	3	5700	I. Ausbau 1907—1909 (später Erweiterung)
Bassalt	9,80	4	10000	do. do.
Övre Knäred	9,50	3	8000	do. do.
Nedre Knäred	9,00	3	7500	do. do.
Skogaby	14,00	3	16000	1918—1922
			47200	

des Stromlaufes, abwärts Timsfors mit der vergleichsweise großen Gesamtfallhöhe von 95 m sind reich an guten Wasserkräften. Diese Strecke gehört fast ausschließlich der Sydsvenska Kraft A. B. Der Gesamtausbau ist in 8 Fallstufen geplant mit zusammen über 70000 PS Mittelwasserleistung, also nahezu ¾ derjenigen des ganzen Hauptstromes. Die zweite bis einschließlich die sechste dieser Fallstufen sind bereits von der Sydsvenska Kraft A. B. voll ausgebaut. MNQ ist in dieser Stromstrecke oben 17, unten 20 m³/sek; NNQ ist allerdings viel niedriger; doch kann die Wasserführung schon durch geringfügige Regulierungsmaßnahmen dauernd über 20 m³/sek gehalten werden. Im Hinblick auf die beabsichtigten und zum Teil schon durchgeführten Regulierungsmaßnahmen, welche die Mindestwasserführung auf 45 m³/sek erhöhen, und im Hinblick auf die vorzüglichen Tagesausgleichbecken der Anlagen wurde die Vollwassermenge auf 60 bis 80 m³/sek, bei der neuesten Anlage Skogaby sogar auf 110 m³/sek festgesetzt. Die Fallstufeneinteilung und die übrigen Kennzahlen der

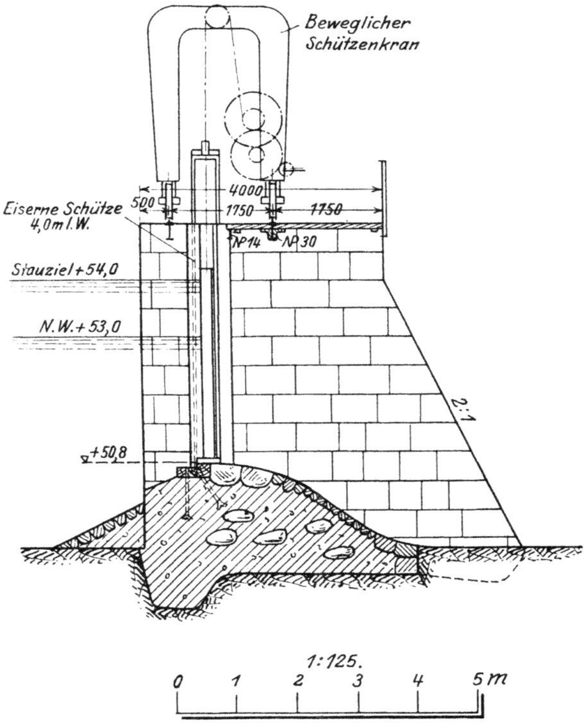

Abb. 245. Majenfors. Schnitt des Flutdurchlasses. (Sv. V. Kr. För. 16.)

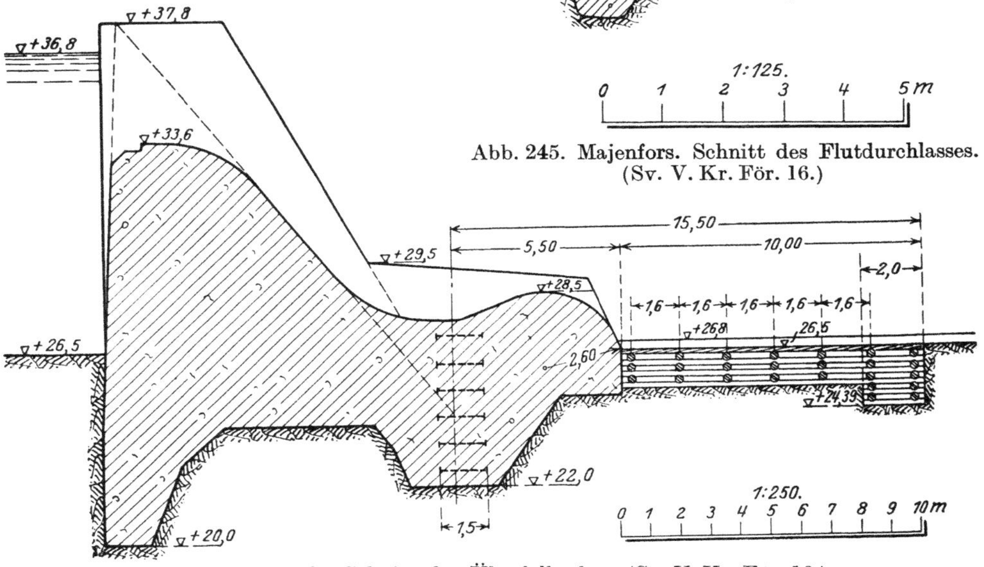

Abb. 246. Bassalt. Schnitt des Überfallwehrs. (Sv. V. Kr. För. 16.)

5 Anlagen sind in Tabelle 29 in der Reihenfolge von oben nach unten zusammengestellt.

Die vier oberen Werke (Abb. 239) nutzen eine Flußstrecke ohne ausgeprägte natürliche Einzelstufen aus (nur Majenfors ist eine stärkere Stromschnelle). Die Gesamtfallhöhe ist mit Stauungen und Kanälen in ungefähr gleiche Werkstufen eingeteilt (Abb. 240 bis 244). Alle Stauwerke sind gemischte Wehre (Abb. 245 bis 248) und bestehen aus hohen Überfällen, Flutdurchlässen und Grundablässen; letztere wurden z. T. nach der Bauausführung zubetoniert oder mit Eisenträgern zugesetzt. Bei Bassalt sind z. B. auch die mit zweiteiligen Gleitschützen bedienbar eingerichteten Öffnungen durch Einrosten usw. nicht funktionsfähig (was indes nach Sachlage keineswegs eine Gefährdung bedeutet).

Das Wehr in Majenfors, dessen Stau nachträglich um 1 m erhöht wurde, sitzt ganz auf Fels. Bei Bassalt steht der Grundablaßteil links auf Fels, wobei eine triebsandgefüllte Furche oben durch eiserne Spundwand abgeschlossen ist. Weiter rechts, so unter dem ganzen Flutdurchlaßteil, bildet Moräne den Baugrund. Als Kolkschutz wurde hier eine Steinkistenschwelle angewandt (Abb. 246). Das Wehr der Knäredanlagen, das durch einen 11 m hohen gewalzten Staudamm verlängert ist, sitzt auf Fels (der im Betrieb Neigung zur Auskolkung gezeigt hat).

Abb. 247. Majenfors. Krafthaus, Unterwasseransicht. (Verw.)

Interessant ist die Gesamtanordnung von Bassalt, wo der eine Stromarm durch das Wehr abgeschlossen, der andere aber, in seiner ganzen Breite mit dem Krafthaus durchbaut, als Oberkanal dient. Die beiden Knäredanlagen sind als Kanaltreppe angelegt, die obere ist ein reines Staukraftwerk mit großem Tagesweiher, ihr Unterwasser ist der Oberkanal des unteren Werkes, das so den oberen Tagesspeicher mitbenutzt. Der Zwischenkanal kann auch unmittelbar durch eine Schützenöffnung des Övre Knäredwehres gespeist werden, wenn das obere Werk wegen Ausbesserung oder dgl. stilliegen muß. Damit auch umgekehrt das obere Werk allein arbeiten kann, sind am Kanalanfang und nahe dem Ende Seitenüberfälle angeordnet, die zusammen die ganze Nutzwassermenge unmittelbar in das Flußbett abführen können. Die Überfälle (Abb. 249, 250) sind sorgfältig durchgebildet und zum Teil mit (veraltetem) Kolkschutz in Steinkistenbau versehen. Die vier Kraftstationen sind im wesentlichen gleich gestaltet; mit ihren massigen Turbinenkammerstirnwänden, die zugleich auch eine Seitenwand des Krafthauses bilden, sind sie heute nicht mehr modern, aber doch interessant durch die Art, wie die Zwischenwände der einzelnen Kammern zu möglichster Platzersparnis ziemlich schlank gehalten sind, was durch eine rahmenartige Armierung (Abb. 251) ermöglicht wurde. Der in der Mauer verborgene schräge Rahmenschenkel stützt sich auf Träger, welche die einzelnen Wände gegeneinander quer aussteifen; die unterhalb des Wasserspiegels angeordneten Balken erhielten zur Verringerung des Strömungswiderstandes elliptischen Querschnitt (Abb. 252).

Abb. 248. Övre Knäred. Wehrunterwasser (mit Kolk) und Krafthaus. (Verf.)

Das Werk Skogaby, schon eine vollkommen moderne Großkraftanlage (Abb. 253, 254, 255, 256), besteht aus einem größtenteils beweglichen Wehr, dem Einlaufkanal, Einlaufbauwerk mit anschließendem Oberkanal, Verteilungsbecken, Krafthaus und schließlich dem tief eingeschnittenen langen Unterkanal (Abb. 716). Das Wehr steht teils auf Granit, teils auf Moräne. Es hat 2 Walzenöffnungen von je 10 m l. W. und 3,5 m Höhe, außerdem noch 4 Flutschützen von je 4 m l. W. und links 6 Grundablässe, wovon 2 dauernd bedienbar eingerichtet sind. Die Landflügel sind Dämme mit Betonkernmauern. Die Nutzfallhöhe schwankt zwischen 14 und 10,5 m. Durch

Absenkung der großen Stauhaltung um 2 m kann ein Tagesbecken von 6,5 hm³ nutzbar gemacht werden.

Bei der Festsetzung des Ausbaus von Skogaby (auf 111 m³/sek) wurden schon die geplanten bzw. im Bau befindlichen, großen Abflußregulierungen berücksichtigt. Die Regulierung der Seen Furen und Flåren (in den Nebenflüssen Skålån-Toftaån) mit einem gesamten Speicherinhalt von 120 hm³ bei 2,5 m Regulierungsspielraum und 48 km² Oberfläche, war 1927 schon großenteils fertig. Geplant oder in Vorbereitung ist die Regulierung des Bolmen im Nebenfluß Bolmån und im Haupttal des Vidöstern, schließlich eines kleineren Sees: des Rusken.

Alle 5 Werke erzeugen bzw. senden Strom von 5/50 kV (nur in Majenfors wird ein Teil der erzeugten Energie für Nahverteilung auf 20 kV umgespannt). Bemerkenswert ist die Freiluftumspannanlage Skogaby.

Der Eigentümer dieser fünf bedeutenden Werke am Lagan, der Sydsvenskakonzern, hat sich unter weitschauender Leitung allmählich zum zweitgrößten Kraftversorgungsunternehmen Schwedens entwickelt. Die ur-

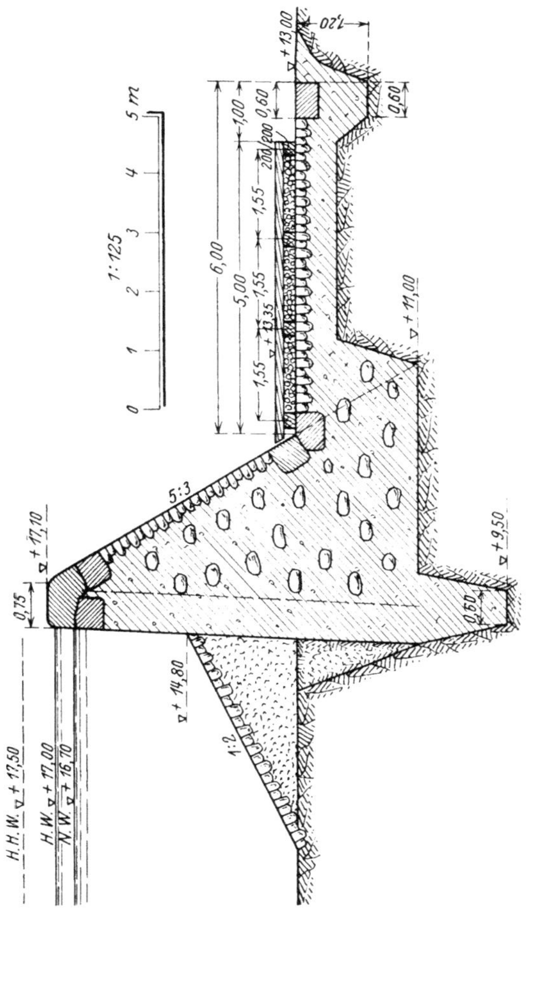

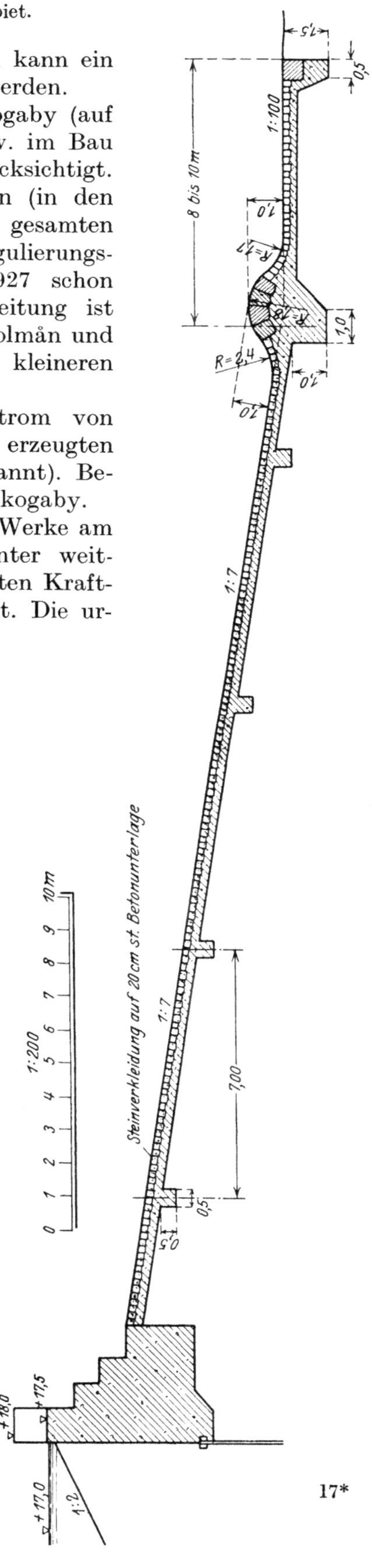

Abb. 249 u. 250. Seitenüberfälle des Werkkanals Övre Knäred—Nedre Knäred. (Sv. V. Kr. För. 16.)

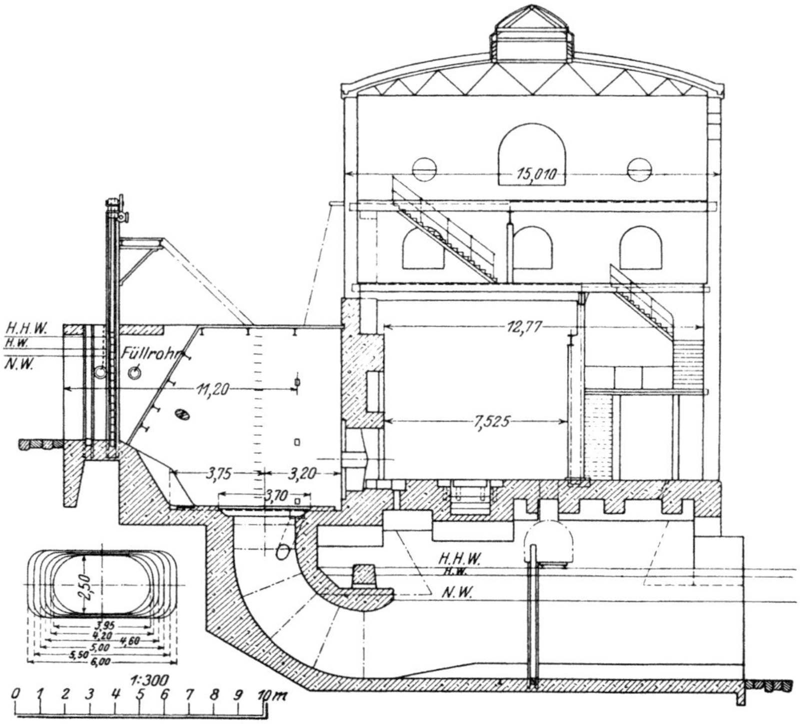

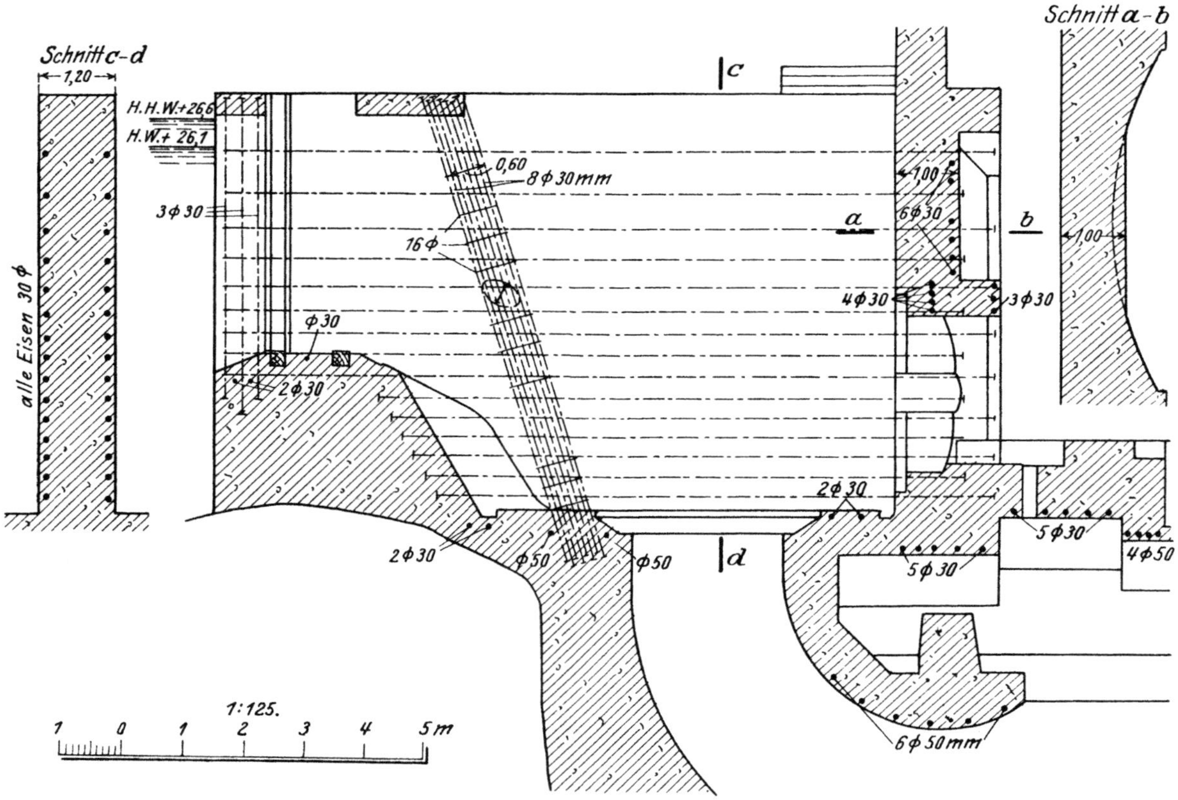

Abb. 251 u. 252. Krafthausschnitte der älteren Anlagen der Sydsvenska Kraft A. B. (Sv. V. Kr. För. 16.)

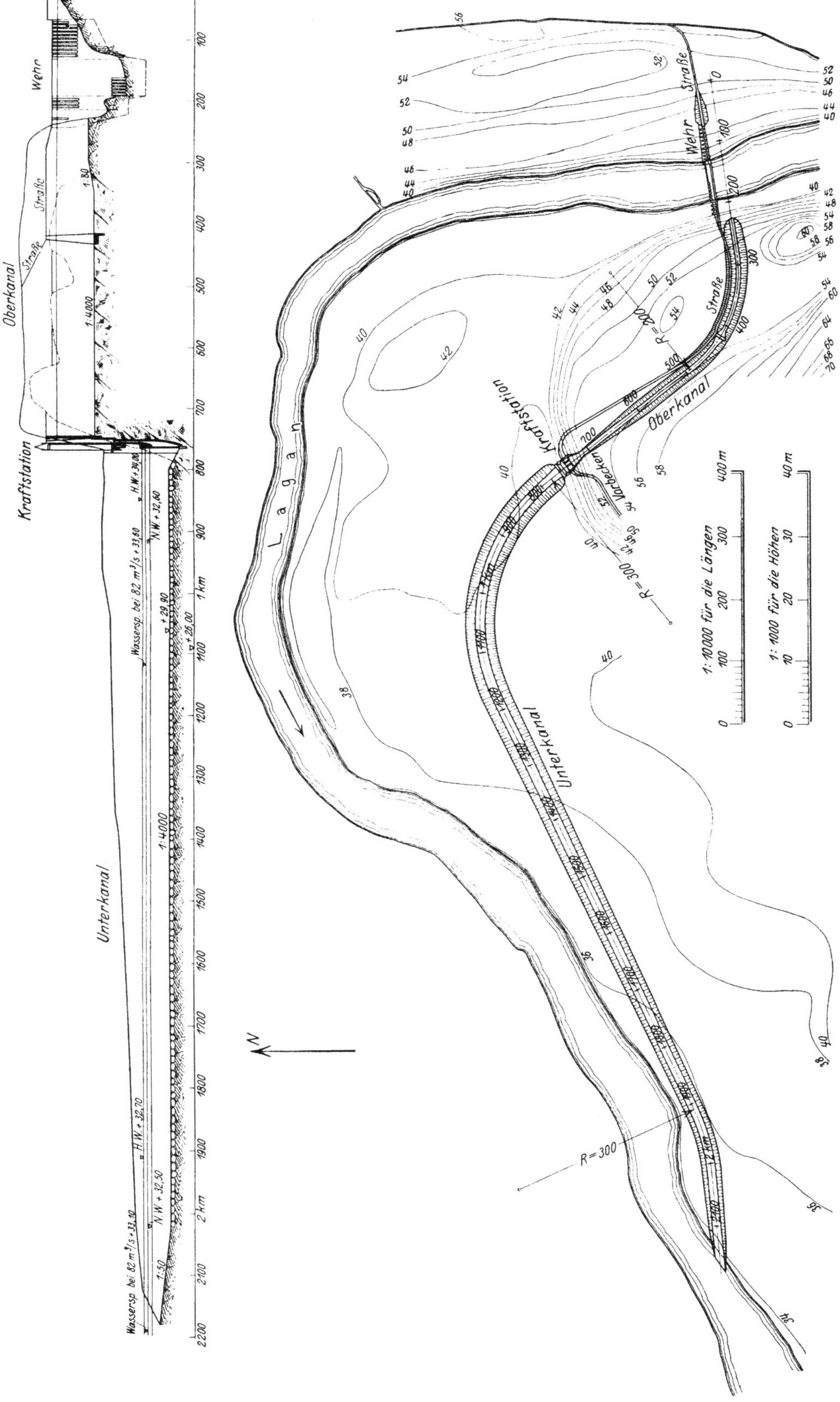

Abb. 253. Skogaby. Lageplan und Längenschnitt. (Verw.)

sprüngliche Sydsvenska Kraft A. B. wurde 1906 von den südschwedischen Städten Malmö, Lund, Lanskrona, Halmstadt und Helsingborg gegründet, welche die Aktienmajorität behielten und zunächst in erster Linie die Eltversorgung der Städte selbst bezweckten. Später nahm dann die landwirtschaftliche Versorgung im Arbeitsprogramm der Gesellschaft einen immer breiteren Raum ein, namentlich seitdem 1920 und 1921 die Hemsjö Kraft A. B. und die Finsjö Kraft A. B. in der Gesellschaft aufgegangen waren.

Abb. 254. Skogaby. Unterwasseransicht des Wehres. (Baumgarten.)

Die Hemsjö Kraft A. B. wurde gleichfalls 1906 durch Landgemeinden der Umgebung von Hemsjö gegründet und bald durch Eintritt südostschwedischer Kleinstädte, darunter Karlskrona und Karlshamn, erweitert. Die Übernahme der Finsjö Kraft A. B. ist 1921 in der Weise erfolgt, daß die Hauptaktionärin dieser Gesellschaft, die Stadt Oscarshamn, ihren gesamten Aktienbesitz der Sydsvenska verkaufte. Die Kraftanlagen des Gesamtkonzerns, mit Einschluß der Dampf- und Dieselzentralen in Malmö und anderen Orten etwa 20 kleinere und größere Werke mit insgesamt rd. 70000 kW und noch rd. 30 kleine fremde Wasserkraftanlagen, werden nach einheitlichen, durchaus modernen Richtlinien betrieben und arbeiten zum Teil ständig, zum Teil nach Bedarf auf das gemeinsame Netz. Der Parallelbetrieb der vielen Einzelzentralen hat bisher keine Schwierigkeiten verursacht (vgl. auch S. 741).

Abb. 255. Skogaby. Unterwasseransicht des Krafthauses. (Baumgarten.)

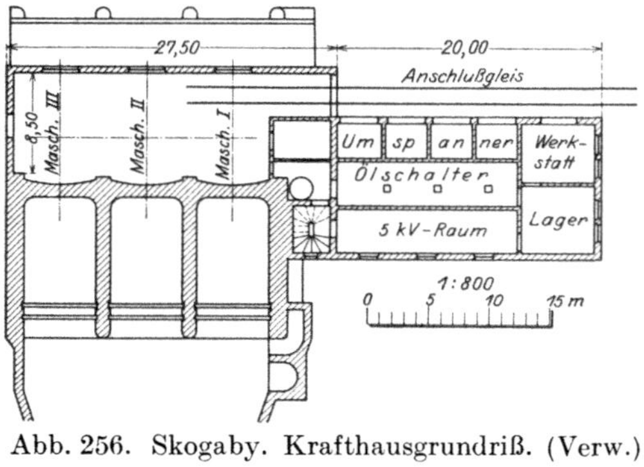

Abb. 256. Skogaby. Krafthausgrundriß. (Verw.)

Unterlagen:

Melin, R.: „Viskadalen. En Geografisk Studie". Stockholm 1922. — Berg, Gottfried: „Haby Vattenkraftverk" (Svenska Vattenkraftföreningens Publikationer Nr. 68). — Borås Stads Kraftanläggningen vid Haby och Hulta, Byggnadsberetelse — Kraftanläggningen Häggårda—Borås, Byggnadsbärettelse. — Jahresberichte von Borås Stads Elektricitetsverk. — Wallén: „Nederbörd, Afrinning och afdunsting i Lagans Vatten omrade" 1—2, Stockholm 1919 und; Niederschlag, Abfluß und Verdunstung südschw. Flußgebiete in Geografiske Annaler 1927, H. 3 und in Wasserkraft u. Wawi 1929. H. 5. — Lübek, Sven: „Sydsvenska Kraft A. B. Vattenkraftanläggningar i Lagan" (Svenska Vattenkraftöreningens Publikationer Nr. 16). — Velander, Sten; Sv. V. K. För. publ. 204 (1927).

Zweiter Teil.

Norwegen.

13. Abschnitt: Natürliche Grundlagen.

1. Allgemeine Geographie.

Norwegen liegt zwischen dem 58. und 71. Breitegrad. Der südlichste Punkt des Festlandes heißt Lindesnäs; der nördlichste (zugleich der nördlichste Punkt des ganzen europäischen Festlandes) Nordkynn; noch etwas weiter nördlich liegt die Insel Nordkap. Die Luftlinie zwischen der südlichsten Stadt des Landes, Lindesnäs, und der nördlichsten, Vardö, mißt nicht weniger als 1800 km (etwa Luftlinie Berlin—Konstantinopel).

Diese große Ausdehnung wäre bei der verhältnismäßig kleinen Oberfläche (325000 km^2) und der geringen Bevölkerungsdichte des Landes ein großes Hindernis für die wirtschaftliche Entwicklung; durch die große Länge und reiche Gliederung der Meeresküste wird indes, was für den inneren Verkehr ein Nachteil ist, zum Vorteil in der Entwicklung des überseeischen Verkehrs. Zahlreiche bis über 100 km tief in das Land hinein schneidende Fjorde bedingen ferner, daß die Landtransportwege an den meisten Stellen des Landes ziemlich kurz ausfallen.

Die größten dieser Fjorde sind: Oslofjord, Boknfjord bei Stavanger, Hardangerfjord, Sognefjord, Nordfjord, Trondhjemfjord und Westfjord.

Die norwegische Festlandsküste hat, in geometrisch stark vereinfachten Umrißlinien gemessen, eine Entwicklungslänge von etwa 2600 km; die tatsächliche Küstenlänge mit Einschluß der Fjord-Inselküsten ist aber nahezu 20000 km. Die meist kleinen, aber sehr zahlreichen Inseln und Inselgruppen, deren wichtigste die Lofoten, Vesterålen, sowie die politisch ebenfalls zu Norwegen gehörenden großen Eismeerinseln sind, sollen hier nicht weiter behandelt werden. Die norwegische Küste wird umspült vom Skagerrak, der Nordsee, dem Atlantischen Ozean und dem Nördlichen Eismeer.

Für die Schiffbarkeit der Küste und nicht minder für das Klima des gesamten Landes ist der Golfstrom von größter Bedeutung. Diese gewaltige, mehrere Kilometer breite und mehrere 100 m tiefe Meeresströmung, ein Zweig des sogenannten Äquatorstromes, bringt warmes Wasser in die nördlichen Meere. Die mit Zeit und Ort veränderliche Wassergeschwindigkeit des Stromes erreicht Höchstweste bis 0,5 m/sek, und die mittlere Wassermenge wird auf 4 bis 5 Mill. m^3/sek geschätzt (d. h. 40- bis 50mal so groß wie jene des größten Festlandsstromes der Erde: des Amazonenstromes). Der Golfstrom hält die Temperatur des Atlantischen Ozeans in der Nähe der norwegischen Küste — von einer Oberflächenschicht von wenigen Metern abgesehen — nahezu konstant; bis zur Tiefe von 400 bis 500 m sinkt sie in der Regel nirgends unter 6 Grad. Einmündende Festlandsströme bedingen allerdings Abweichungen hiervon in der unmittelbaren Nähe der Küste, ebenso eine aus der Ostsee kommende schwächere kalte Meeresströmung, die parallel mit dem Golfstrom dicht an der Küste nordwärts streicht. Dieser sogenannte Baltische Strom verdankt seine Entstehung der relativ geringeren Verdunstung in der Ostsee, durch die ein Teil des Wassers der großen schwedischen Ströme gezwungen wird, sich in Form eines salzarmen kühlen Stromes durch die Sunde in die Nordsee zu ergießen; jedoch kann diese, nur einige 100 m^3/sek führende, Strömung die günstigen Wirkungen des Golfstromes nicht wesentlich beeinflussen. Die norwegischen Häfen sind infolgedessen auch im kältesten Winter stets eisfrei.

Die Festlandsgrenze Norwegens hat eine Länge von etwa 2400 km. Davon entfällt etwa ⅓ auf die finnische, ⅔ auf die schwedische Grenze; die letztere wird im nördlichen Teil durch die Wasserscheide des Kjölengebirges gebildet; vom Fämundensee bis zum Skagerrak fehlen indes solche natürlichen Grenzlinien.

Abb. 3 zeigt deutlich, daß sich das Kettengebirge Kjölen vom Fämundensee an gegen Südwesten zu einer mächtigen Hochfläche ausbreitet. Dieses große Gebirgsmassiv hat gegen die Westküste zu sehr steile Abstürze, während es gegen Osten und Südosten wesentlich flacher abfällt. Auch die eigentliche Kjölenkette hat großenteils recht steile Abhänge (mit Ausnahme des Trondhjemer Beckens). Der nördlichste Landesteil Finnmarken ist dagegen wieder flacher.

Die höchsten Erhebungen (mit über 2400 m ü. d. M.) liegen in der Nähe der Westküste der südlichen Landhälfte. Die durchschnittliche Höhe des ganzen Landes wird auf etwa 500 m geschätzt.

Nur ein geringer Teil des norwegischen Hochgebirges ist von ewigem Eis bedeckt; dagegen liegen trotz des verhältnismäßig milden Klimas außerordentlich große Gebiete oberhalb der Waldgrenze und entsprechen in dieser Beziehung äußerlich dem schwedischen Fjäll (die norwegische Bezeichnung ist „Fjeld"). Allerdings sind diese Gebiete, die in Norwegen einen weit größeren Teil des Landes einnehmen als in Schweden, im allgemeinen nicht durch die geographische oder Höhenlage zur Unfruchtbarkeit verurteilt, sondern durch die geologische Beschaffenheit; sie liegen hauptsächlich in der Inlandgegend des südwestlichen und des nördlichsten Landteils.

2. Geologische Verhältnisse.

Wie schon die allgemeine Besprechung der Geologie Fennoskandiens gelehrt hat, besteht auch Norwegens Untergrund überwiegend aus Urgestein und anderen gleichfalls sehr alten Gesteinsbildungen; jüngere Formationen wie Devon, Kreide und Jura kommen nur auf ganz geringen Flächen, z.B. auf einem Teil der Inseln, vor (Abb. 10, 11).

Von den Urgesteinen sind die wichtigsten Granit und Gneisgranit; sie überwiegen besonders in den südwestlichen Landesteilen und an den Küsten. Zu den Urgesteinen werden auch gewisse sehr alte Sandsteinbildungen gerechnet. Ein großer Teil des Kjölengebirges und ein Teil des anschließenden großen Gebirgsstockes wird durch die zweitälteste Gesteinsgruppe, kambrische und silurische Sedimente, hauptsächlich Sandsteine, ferner durch Ergußgesteine, wie jüngere Granite und (im Trondhjemer Becken) lavaartige Grünsteine gebildet. Schließlich bildet den Felsuntergrund großer Gebiete in der Senke von Oslo eine besondere Gruppe von Ergußgesteinen, die sogenannten „Kristianiafeltets Eruptiva", die ihrem Alter nach z. T. ebenfalls zu der kambro-silurischen Gruppe gezählt werden.

Die Urgesteine sind demnach weniger stark vorherrschend als in Schweden. Die Sedimentgesteine sind vielfach schieferartig geschichtet und stark gefaltet. — Trotzdem sind auch in Norwegen die Gründungsverhältnisse meist gut, auch ist der Fels oft beinahe ganz wasserundurchlässig. So konnten u. a. zwei große Druckstollen mit ziemlich bedeutender Druckhöhe ohne Verkleidung ausgeführt werden, vgl. S. 608.

Von den quaternären Bildungen sind marine Ablagerungen in Norwegen wesentlich spärlicher als im übrigen Fennoskandien. Umfangreichere Lehmbedeckung kommt nur in der südöstlichen Senke vor; ebenso einige an Sandlagern reiche Flußtäler. Auch in der Trondhjemer Senke sind größere Sandablagerungen. Im übrigen sind an der ganzen Westküste Lehme und Sande nur ganz zerstreut auf verhältnismäßig geringen Flächen zu finden. Der nördliche, flachere Teil des Landes ist wieder etwas reicher an quaternären Ablagerungen, hauptsächlich an Sand. In allen übrigen Teilen des Landes wird die Bedeckung des Untergrundes zum kleineren Teil durch Gletscher, zu einem sehr großen Teil durch Moränen gebildet; doch gibt es auch große Flächen, wo der nackte Fels zutage tritt.

Die nördliche Lage, die Höhen- und geologischen Verhältnisse bedingen im übrigen eine große Armut an zum Ackerbau geeigneten Flächen. Der Ackerboden nimmt von ganz Norwegen, mit Einschluß der Weiden innerhalb der Landwirtschaftsbezirke, nur etwa 4% der Fläche ein. Auch der Anteil der Wälder ist mit 22% wesentlich geringer als im übrigen Fennoskandien. Das Restgebiet, also beinahe $^3/_4$ des ganzen Landes, besteht aus Alpwiesen, Gletschern, kahlem Fels, Moor und sonstigen für wirtschaftliche Nutzung nicht oder weniger geeigneten Flächen.

Wasserkraftwirtschaftlich bedeutungsvoll ist der tafellandartige Charakter ausgedehnter Flächen, namentlich im sogenannten Hoifjeld, dem bereits erwähnten Gebirgsmassiv südwestlich des Fämundensees. Auf dem durch diluviale Gletscher flach modellierten Hochlande finden sich verhältnismäßig große oder leicht durch Umleitungen erweiterbare Einzugsgebiete und natürliche oder leicht künstlich zu schaffende Speicherseen in günstigster Nähe und Hochlage zur Meeresküste.

3. Klima, Niederschlag und Abfluß.

Der größte Teil Norwegens hat ein ausgesprochen ozeanisches Klima. Etwas mehr kontinental ist das Klima im Innern des westnorwegischen Hochgebirges und in der südöstlichen Senke. Auch im nördlichsten Norwegen herrscht ozeanisches Klima nur unmittelbar an der Küste. Wie Abb. 257 zeigt, sind selbst zwischen Küstenstädten wie Oslo, Bergen, Hammarfors ziemliche Gradunterschiede der ausgleichenden Meereseinwirkung vorhanden. In land- und forstwirtschaftlicher Hinsicht ist übrigens das weniger ausgesprochen ozeanische Klima der südöstlichen Senke mit seinem ziemlich warmen Sommer weitaus günstiger als das rein ozeanische Klima der kleineren

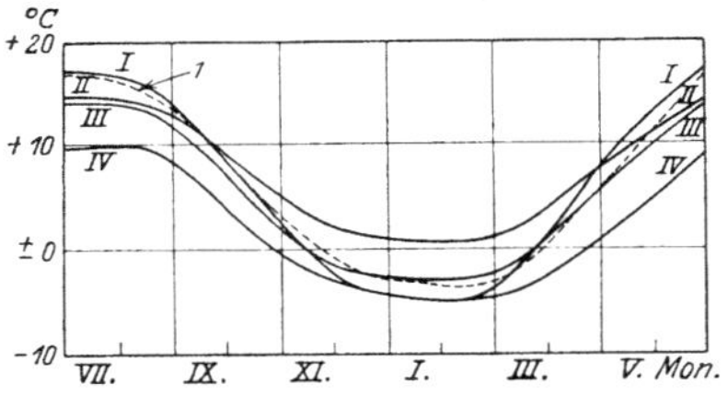

Abb. 257. Temperaturgang norwegischer Städte (Sandberg).

Tabelle 30. Abfluß-Spenden (sl/km²) norwegischer Wasserläufe im Zeitabschnitt 1911—1920 (nach Norges Vassdrags- og Elektrisitetsvesen. Hydrografiske Undersøkelser i Norge. Utarbeidet ved vassdrags- og fløtningsdirektøren. Kristiania 1924).

Wasserlauf	Ort	Einzugsgebiet in km²	HHq	Mq	NNq
Klara	Fæmundseeausfl.	1710	60,0	13,9	3,0
Glomma	Aursunden	850	201,0	21,4	1,5
Glomma	Elverum	15320	191,1	14,8	1,8
Rena	Storsjø	2275	143,0	14,2	2,6
Lågen	Losna	11200	169,0	19,3	1,3
Vinstra	Olstappen	1290	148,0	25,7	2,1
Ådalselv	Killingstryken	4675	151,0	19,0	2,1
Numedalslågen	Tunhøvd	1770	205,0	21,7	1,1
Numedalslågen	Kongsberg	4230	268,0[1]	20,2	2,4[1]
Topdalselv	Flaksvatn	1785	379,0	36,6	0,3
Otra	Byglandsfjord	2685	238,0	43,4	3,7
Fedeelv	Refsti	211	398,0	50,3	2,7
Sira	Flikeid	1920	369,0	59,0	5,2
Ulla	Hauge bro	374	784,0	91,2	1,6
Vossa	Bulken	1030	541,0	63,1	2,5
Flåmselv	Klevevatn	113	735,0	62,9	1,3
Aurlandselv	Vassbygdvatn	714	706,0	49,5	2,4
Breimselv	Breimsvatn	567	435,0	67,9	3,2
Tafjordelv	Onilsavatn	290	403,0	50,3	3,5
Rauma	Horgheim	1075	375,0[1]	31,6	1,6[1]
Aura	Eikisdalsvatn	1035	244,0	34,5	2,2
Todalselv	Todalselv	240	804,0	49,4	1,0
Værdalselv	Grundfoss	876	394,0	39,0	1,7
Namsen	Fiskumfoss	3285	329,0	44,6	1,8
Røså	Tustervatn	1520	238,0	42,6	6,2
Bjerkaelv	Lille Målvatn	266	376,0	56,3	1,5
Barduelv	Bardufoss	2330	330,0	32,8	1,0
Altenelv	Stengelsen	6520	153,0[1]	13,3	1,1[1]

[1] Während der Periode 1916—1920.

Täler des westlichen Küstenlandes; in diesen ist der Sommer für das Wachstum nicht genügend warm, und der mildere Winter kann diesen Nachteil nicht ausgleichen.

Die Niederschlagsverhältnisse zeigen sehr große Unterschiede. Die niederschlagsreichsten Teile Norwegens (Abb. 12) sind die westlichen Hochgebirgsgegenden, die einen ganz großen Teil des Feuchtigkeitsgehaltes der ozeanischen Westwinde als Niederschlag empfangen, während die Gegenden mit mehr kontinentalem Klima ausgesprochen niederschlagsarm sind. Von der Westküste nimmt daher die Niederschlagshöhe landeinwärts zunächst sehr jäh zu und erreicht auf längere Erstreckung an den Gletschern Werte von über 3000 mm jährlich; an einigen eng begrenzten Stellen sogar bis zu 6000 mm. Dagegen gibt es im Inland von Mittel- und Nordnorwegen große Gebiete mit Jahresniederschlägen von nur etwa 400 mm und weniger.

Auch der jährliche Verlauf des Niederschlags weist große Verschiedenheiten auf, wie ein Vergleich der Niederschlagsganglinien für einige norwegische Orte zeigt (Abb. 258). Vom Standpunkte des Wasserhaushalts noch weit wichtiger als

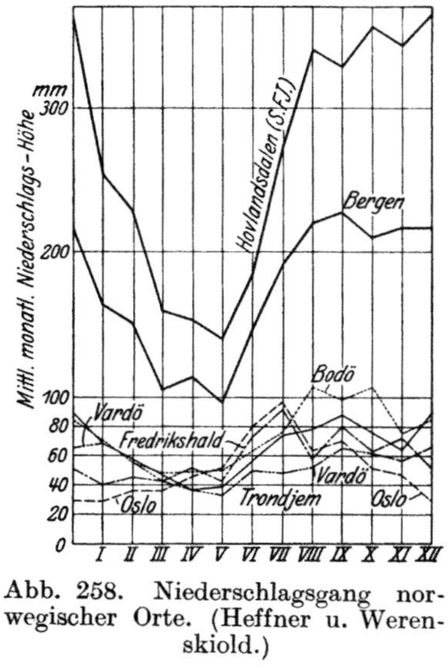

Abb. 258. Niederschlagsgang norwegischer Orte. (Heffner u. Werenskiold.)

diese quantitativen Niederschlagsunterschiede ist die Verschiedenheit in der Zusammensetzung des Jahresniederschlags aus Regen und Schnee. Denn

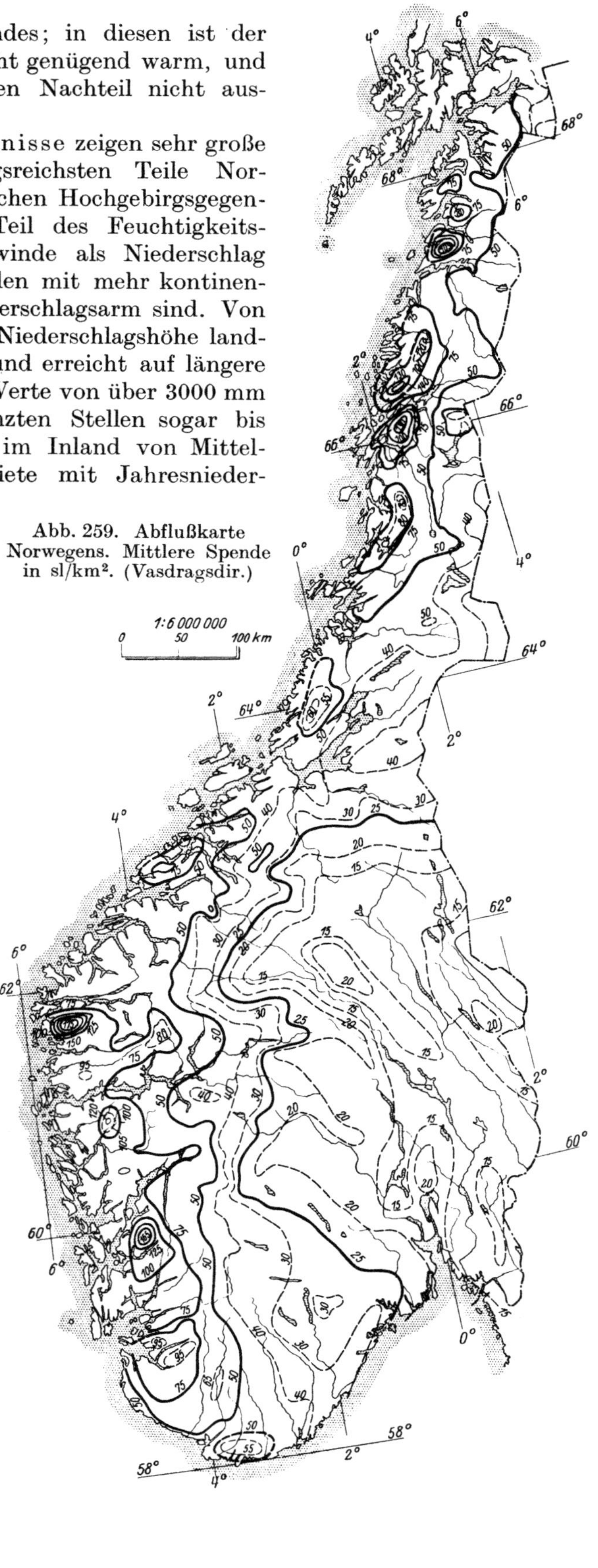

Abb. 259. Abflußkarte Norwegens. Mittlere Spende in sl/km². (Vasdragsdir.)

mit Ausnahme von einigen kleineren Stromgebieten des südwestlichen Küstenlandes, die nur Regenniederschläge haben, spielt im Wasserhaushalt aller ausgedehnteren Einzugsgebiete die Speicherung des Niederschlages in Form von Schnee eine mehr oder weniger wichtige Rolle. Über die Dauer der Schneedecke Norwegens stehen indessen ausgearbeitete Beobachtungen — wie etwa für Schweden und große Teile von Finnland — leider nicht zur Verfügung.

Die Abflußziffern Norwegens sind bei der Größe des Anteils kahler, undurchlässiger Flächen und der Geringfügigkeit der Bewaldung im Durchschnitt größer, aber auch in jeder Beziehung stärker differenziert als in den anderen nordischen Ländern, siehe Tabelle 30.

Die mittlere Spende erreicht im 10jährigen Durchschnitt auf kleineren Gebieten der Südwestküste die außerordentliche Höhe von 100 bis 175 sl/km² (vgl. Spendenkarte, Abb. 259), sinkt aber nach Norden auf 40 bis 13 sl/km² und noch schneller nach Osten (Regen-Schattenwirkung) auf 50 sl/km² in rd. 100 km Küstenabstand und von da weiter bis auf 25 bis 15 sl/km² auf sehr großen Flächen bis zur schwedischen Grenze. Über die zeitlichen Veränderungen des Abflusses geben die „Hydrografiske Undersøkelser" 1924 gutes Material, das deutlich die starken Schwankungen und die Verschiedenartigkeit des Abflußganges in Abhängigkeit von der geographischen Lage sowie dem Seeanteil erkennen läßt. Die winterlichen Niedrigstwasserspenden der mittleren und nördlichen Breiten gehen in der Regel unter 3, vielfach unter 2 und mehrfach sogar unter 1 sl/km² (in einem Einzelfall auf 0,3) herunter. Die 350tägigen Werte (etwa MNQ) sind meist um 30 bis 100%, vereinzelt auch weniger oder mehr, höher, sie liegen in den meisten untersuchten Gewässern zwischen 2,0 und 8,0 sl/km².

Die größten (Hochwasser-) Spenden liegen in der Hauptsache zwischen 200 und 800 sl/km². Grenzwerte sind 60,0 (Fämundseeausfluß) und 1288 sl/km² (Raundalsälv).

Als durchschnittlichen Abfluß für ganz Norwegen gibt Rogstad die hohe Zahl von 200 mm oder 38 sl/km² an.

4. Die Gewässer.

Die Anzahl der energiewirtschaftlich bedeutenden Ströme Norwegens ist sehr groß, obwohl viele von ihnen ganz kleine Einzugsgebiete haben; bei den eigentümlichen Höhen- und Niederschlagsverhältnissen Norwegens ist das leicht verständlich. Die Herausarbeitung bestimmter Typen von Stromsystemen (wie für Schweden durch Wallén) konnte anscheinend für Norwegen bis jetzt noch nicht durchgeführt werden (Abb. 260).

Rogstad weist nur auf zwei charakteristische Abflußgruppen hin, die allerdings ineinander stetig übergehen. Bei der ersten Gruppe, in deren Wasserhaushalt der Schnee eine wesentliche Rolle spielt, hat die Ganglinie eine ähnliche Form wie jene der großen nordschwedischen Ströme (vgl. auch Abb. 20): sie weist eine ziemlich regelmäßig auftretende und äußerst ausgeprägte Flutwelle oder eine Gruppe von solchen im Frühsommer (Schneeschmelze) und ein bis zwei kleinere und weniger regelmäßig wiederkehrende Spitzen im Herbst (Herbstniederschläge) auf (Abb. 261); sie hat ferner meistens nur eine einzige ausgeprägte Niedrigwasserperiode im Winter. Bei der zweiten Gewässergruppe ist der Einfluß des Schnees unbedeutend; ihre Ganglinie wird daher, da die Niederschläge weniger deutlich periodisch sind, als die Temperaturschwankungen, eine über Jahre hinweg viel weniger regelmäßige Form haben und in gewissen Jahren ihren Höchstwert im Frühsommer, in anderen Jahren im Spätherbst aufweisen. Die Flüsse dieser Gruppe, die meistens im südlichen, besonders im südwestlichen Norwegen zu finden sind, erinnern in der Gestalt ihrer Ganglinie an südschwedische Ströme.

Eingehend ist die Eignung norwegischer Gewässer zur Abflußregulierung unter-

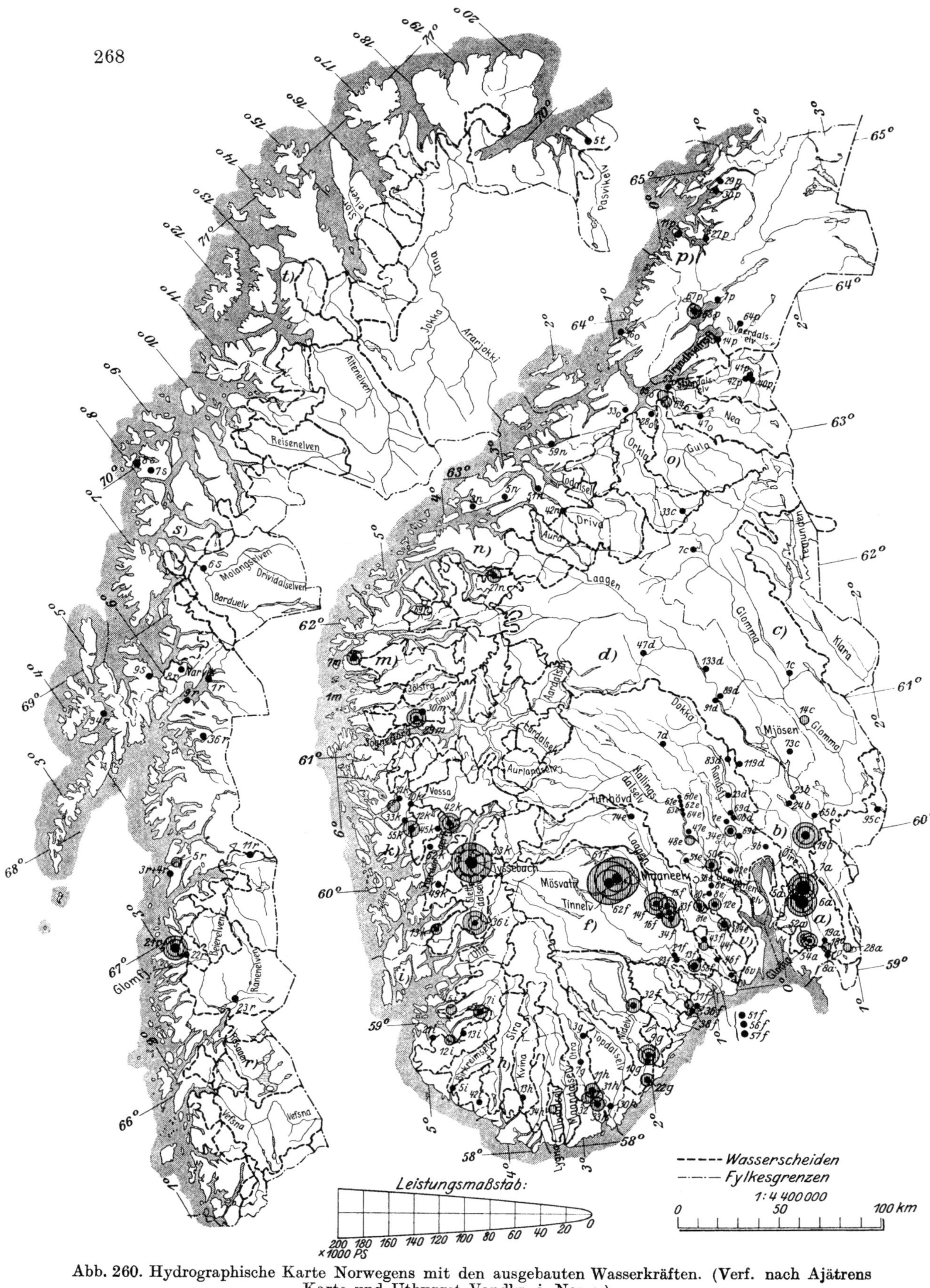

Abb. 260. Hydrographische Karte Norwegens mit den ausgebauten Wasserkräften. (Verf. nach Ajätrens Karte und Utbygget Vandkr. i. Norge.)

sucht worden. Die zahlreichen Seen Norwegens bedecken insgesamt etwa 4% der Gesamtfläche des Landes. Da jedoch der Seeanteil der einzelnen Einzugsgebiete wie auch der Niederschlagsanteil des Schnees sehr verschieden ist, schwankt die relative Niedrigwassermenge (in bezug auf mittlere Wassermenge) stark. Auch die Möglichkeiten einer Erhöhung der Niedrigwasserführung durch künstliche Speicher sind sehr verschieden zu beurteilen. Die staatliche hydrographische Abteilung hat diese Verhältnisse eingehend untersucht und in Form von „Regulierungskurven" (Speicherausbeutelinien[1]) übersichtlich dargestellt.

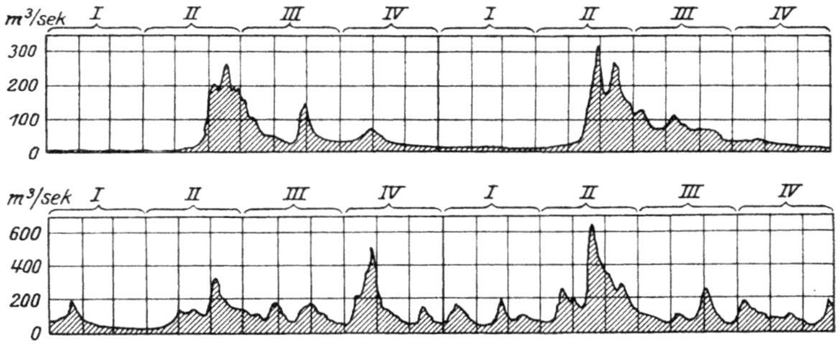

Abb. 261. Typische Abflußganglinien norwegischer Ströme.

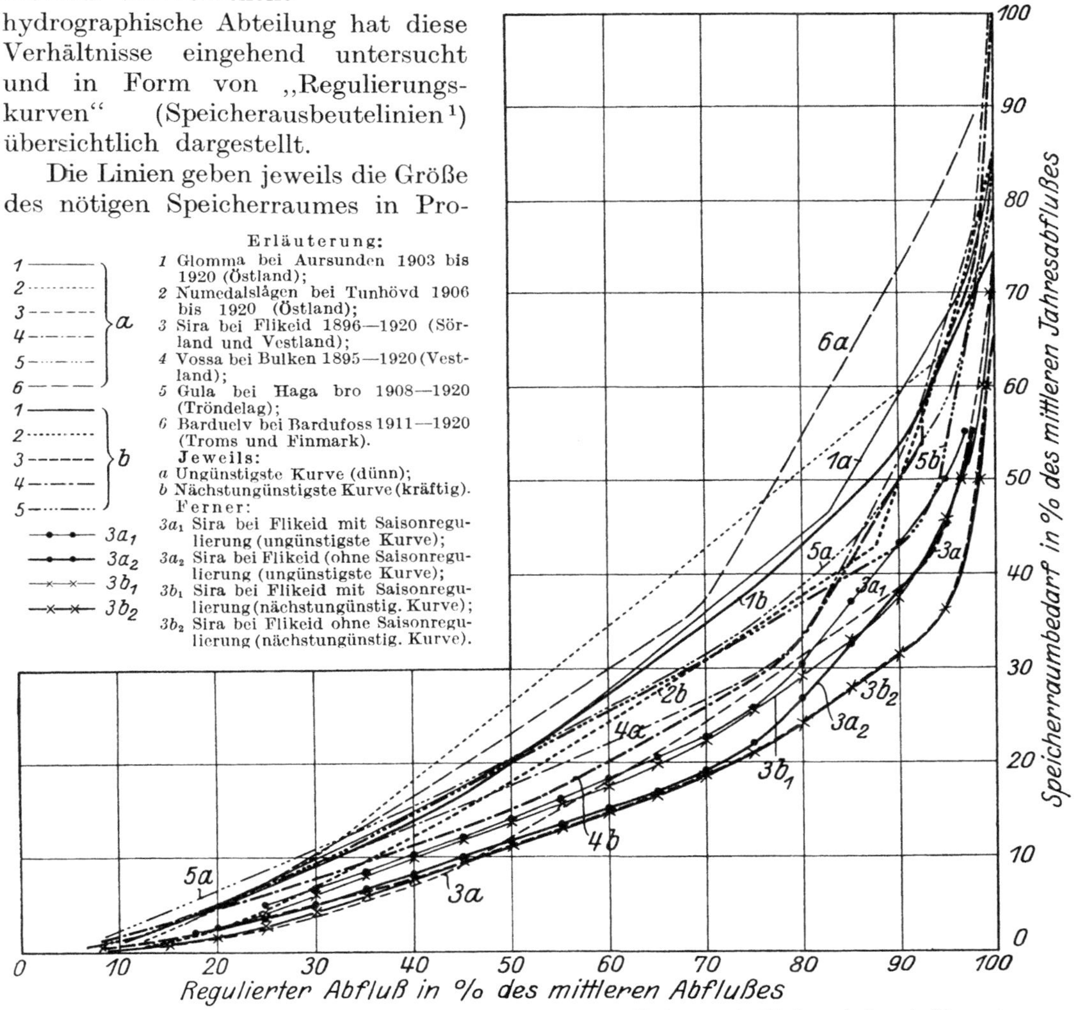

Abb. 262. Speicherbedarfslinien norwegischer Flüsse. (Hydrograph. Undersökelser i. Norge.)

Die Linien geben jeweils die Größe des nötigen Speicherraumes in Prozenten des mittleren jährlichen Gesamtabflusses als Funktion der relativen, d. h.

[1] Vgl. „Die Wasserkräfte", S. 115.

Tabelle 31. Wasserkraftanlagen Norwegens über 5000 PS Volleistung.
Die eingeklammerten Namen bezeichnen Werke unter 5000 PS, die im Text mehrfach erwähnt werden.

O. Z. in Abb. 260 u. 4	Werksname	Wasserlauf	O. Z. in der Abb. 279
	a) Østfold Fylke		
5a	A/S. Glommens Traesliperi Kykkelsrud	Glommen	150
6a	A/S. Vamma Fossekomp.	„	151
7a	Solbergfoss	„	
18a	Saugbrukforening	Fredrikhaldsvasdrag	
52a	A/S. Borregard	Glommen	161
54a	A/S. Hafslund	„	160
	b) Akershus und Kristiania Fylke		
19b	Rånåsfoss	Glommen	140
	c) Hedmark Fylke		
1c	Rena Kraftselskap	Osa Rena-Glommen	
14c	Elverum	Glommen	116
73c	(Stange E. W.)	Vikselv Fosseelv, Mjossa Glommen	111 bis 115
	d) Opland Fylke		
69d	(A/S. Randsfjord Zellul.- u. Papierfabr.)	Randselv (Dramselv)	
70d	(Kistefoss Holzschl.)	Randselv (Dramselv)	
89d	Lillehammer (Städt. E. W.)	Mesna (Mjøsa)	128
	e) Buskerud Fylke		
12e	Hakavik	Hakavikelv	
34e	Hønefoss	Ådalselv (Dramselv)	166
36e	(Kongsberg städt. E. W.)	Numedalslågen	164
48e	Gravfoss elektr. Kraftstation	Dramselv	172
50e	A/S. Embretsfoss	„	
64e	(Follum Holzschl. Follefoss)	Ådalselv	
69e	(Hønefoss E. W.)	Åsaelv (Stensfjord-Dramselv)	
74e	(Nore provisor. Kraftw.)	Numedalslågen	
80e	Drammens E. W. Labro Kraftst.	„	173
81e	Drammens E. W. A.G. Skollenborg Gravenfoss	„	178
84e	Vittingfoss E. W. (Kongsberg)	„	177
	f) Telemarken Fylke		
14f	Svaelgfoss	Tinnelv (Skien)	191
15f	Årlifoss	„ „	185
32f	Aust Agder E. W.	Nisserelv (Nidelv-Arendal)	
33f	Lienfoss	Tinnelv (Skien)	
34f	Tinnfoss	„ „	192

O. Z. in Abb. 260 u. 4	Werksname	Wasserlauf	O. Z. in der Abb. 279
37f	Dalsfoss	Krager vassdrag	193
44f	Hogstad E. W.	Farriselv	180
46f	Kiste E. W.	„	182
58f	Skotfoss Papierfabr. Dammfoss, Klosterfoss	Skienelv	
61f	A/S. Rjukan II Såheim Kraftst.	Måneelv (Skienselv)	153
62f	A/S. Rjukan I Vemork Kraftst.	Måneelv (Skienselv)	153
	g) Aust-Agder Fylke		
9g	A/S. Arendal fossekompani. Bøilefoss	Nidelv (Årendal)	196
22g	A.S. Rygene Zell.-Fabrik, Rygenefoss	„ „	198
	h) Vest-Agder Fylke		
11h	Nomeland E. W.	Otra	
31h	Kringsja E. W. Paulefoss	„	208
32h	Hunsfoss fabrikker	„	
33h	A/S. Vigelands bruk	„	
34h	Mandal Kom. E. W.	Trylandselv (Audna)	211
	i) Rogaland Fylke		
7i	A/S. Flörli Kraftw.	Fløyrlibach	222
12i	Stavanger städt. E. W. Oltedalsfoss	Oltedalselv	219 bis 220
36i	A/S. Saudefaldene. Dalevatn-Storlivt. Holmevt-Dalevt.	Saude-elv	
45i	(A/S. Ryfylke E. W. Tungelandsfoss)	Jörpelandså	
	k) Hordaland Fylke		
10k	(Dale fabrikker)	Bergdalselv	
13k	Etne Kraftanlaeg Haugesund E. W.	Litledalselv	102
33k	Herlandsfoss E. W.	Herlandselv	92
42k	A/S. Bjölvefossen	Bjölvo	
53k	A/S. Tyssefallene	Tyssa (Hardangerfj.)	
55k	Samnanger Kraft-Anl. Frölandsvatn	Kvitingelv	
	m) Sogn og Fjordane Fylke		
7m	Bremanger Kraftselskap Nordgulfjord	Svaelgenvasdrag	
16m	(Eidsfoss Gloppen E. W.)	Breimselv	68
29m	A/S. Høyangfallene	Øyre-og-Jetlandselv	
	n) Møre Fylke		
27n	Tafjord Norddalsfjord	Tafjordelv	

Fortsetzung der Tabelle 31.

O. Z. in Abb. 260 u. 4.	Werksname	Wasserlauf	O. Z. in der Abb. 279
51n	(Skar E. W. Hanheimsvatn Kristiansund)	Skardelv	50
	o) Süd-Trøndelag Fylke		
64o	Övre Lerfoss E. W.	Nidelv	43
65o	Nedre Lerfoss	,,	44
	p) Nord-Trøndelag Fylke		
40p	(A/S. Meraker el. Kr. u. Smeltverk Nedre Koporåfoss)	Koporå (Tevla Stjørdalselv)	
41p	(/AS. Meraker Bruk Nustadfoss Kraftst.)	Stjørdalselv	
42p	(A/S. Meraker Bruk Turifoss Kraftst.)	,,	
68p	Nord-Trøndelag Fylkes E.W. Follafoss	Folla	

O. Z. in Abb. 260 u. 4.	Werksname	Wasserlauf	O. Z. in der Abb. 279
	r) Nordland Fylke		
1r	(Narvik E. W.)	Håkvikelv	11
3r	(Bodo E. W.)	Breivad Bertneselv	12
5r	(Bodin)	Heggmoelv	
11r	(Sulitjelma A.B. grubers Kr.anlegg)	Balmielv	18
21r	Glomfjord Kraftanlegg	Fykanå	9
23r	(Dunderland Iron Ore Co. Kr.anlegg. Illgrubfoss)	Tverå (Ranaelv)	
	s) Troms-Fylke		
7s	(Simavik Troms E. W.)	Tverelv (Simavikelv)	4
8s	(Skarsfjord E. W. Tromsø)	Skardsfjordelv	5
	t) Finnmark Fylke		
5t	(A/S. Sydvaranger E. W. Tårnat Jarfjord.)	Tornelv	3

in Prozenten der mittleren Wassermenge ausgedrückten Niedrigwassermenge nach der Regulierung an. Für einige wichtige Ströme sind in Abb. 262 diese Kurven wiedergegeben.

Wir sehen, daß im Süden unter sonst gleichen Verhältnissen die Wasserführung leichter zu regulieren ist als beispielsweise in den nördlichsten Gewässern, deren Abflußgang infolge der Schneespeicherung und -schmelze außerordentlich ungleichmäßig ist (siehe die Kurve des Barduälv).

Für viele Gewässer wurde außer der Ausbeutelinie für gleichmäßige Energieentnahme eine weitere für sogenannte Saisonregulierung bestimmt, wobei folgende, etwa dem bürgerlichen Energiebedarf entsprechenden Verhältniszahlen zugrunde gelegt wurden: Januar 130, Februar 120, März 107, April 95, Mai 84, Juni 74, Juli 70, August 75, September 90, Oktober 105, Nobember 120, Dezember 131% des mittleren Jahresverbrauchs.

Bei dem in Norwegen vorherrschenden „alpinen" Abflußregime ist natürlich der zur Nutzbarmachung einer bestimmten durchschnittlichen Wasserführung erforderliche Speicherraum bei der „Saisonregulierung" größer als bei durchweg gleichmäßiger Energieentnahme. Einige Ausnahmen finden sich, wie zu erwarten, im südlichsten Norwegen, so z. B. der Fedeälv, dessen Speicherausbeutelinien in Abb. 262 denjenigen des Siraflusses gegenübergestellt sind.

Die Einwirkung von Abflußregulierungen wurde auch für solche Fälle untersucht, in denen die Speicher in größerer Entfernung von den Nutzungsstellen (den größeren Wasserfällen) liegen. Dabei ist zwischen dem regulierten Abfluß des „erfaßten" Einzugsgebietes und dem unregulierten des „unerfaßten" Gebietes unterschieden. Je nach dem Größenverhältnis dieser Abflüsse ändern sich natürlich die Ausbeutelinien und es ergeben sich für einen längeren Stromlauf Kurvenscharen.

Die Seen. Für die praktische Durchführung von Abflußregulierungen bieten zahlreiche Seen günstige Möglichkeiten. Zwar sind diese Seen in der Mehrzahl nicht sehr groß (nur 6 messen mehr als 100 km²); sie haben aber im allgemeinen eine viel höhere Lage als z. B. die schwedischen Seen.

Der größte See Norwegens ist der langgestreckte Mjösen mit 360 km² und Spiegelhöhe + 121 m ü. d. M.; seine Sohle reicht dabei bis auf — 322 m (unter den Meeresspiegel) hinab. Der für die norwegische Wasserkraftwirtschaft äußerst wertvolle See wird von dem Vormen, dem größten Nebenfluß des Glommenstromes, durchflossen. Der zweitgrößte See ist der Fämunden mit 203 km²; er wird vom Klarafluß (in Schweden Klarälv genannt) durchflossen. Dieser große und ziemlich hochgelegene See (+ 663 m ü. d. M.) hat für Norwegens Wasserkraftwirtschaft nur mäßige Bedeutung, da der Klarafluß auf norwegischem Gebiet keine besonders großen Wasserfälle hat; für die Wasserkraftnutzung Westschwedens dagegen könnte dieser See — wie S. 209 angedeutet — größere Bedeutung gewinnen.

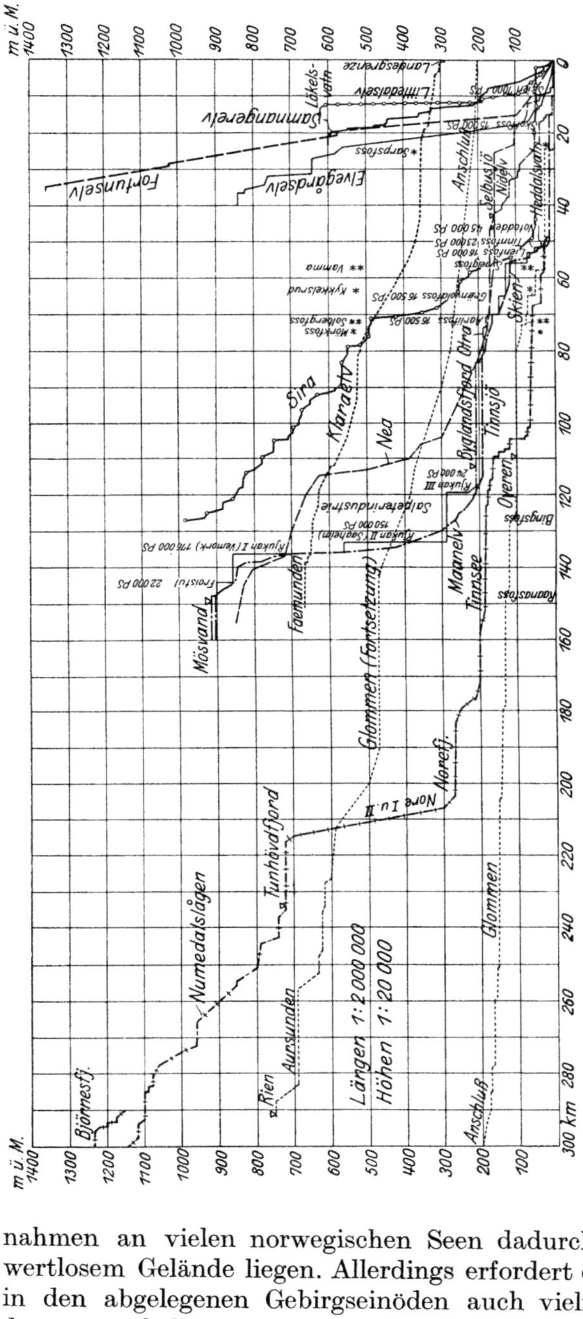

Abb. 263. Längenprofile norwegischer Wasserläufe. (Verf. nach Unterl. v. Prof. Heggstad.)

Der drittgrößte norwegische See ist der Rösvandet (rd. 90 km²) + 374 m ü. d. M. in der nördlichen Hälfte des Landes; er wird von dem ziemlich kurzen, aber recht wasserkraftreichen Röså durchströmt.

Auch viele kleinere Seen haben verhältnismäßig sehr große energiewirtschaftliche Bedeutung. Erwähnt seien Mösvand (55 km², + 915 m ü. d. M.) und Tinnsjö (54 km², + 190 m ü. d. M.) im Skienstrom, welche die Großwasserkraftanlagen Rjukan, Svälgfos usw. regulieren (vgl. S. 415ff.).

Andere wichtige Ströme haben statt solch einzelner, bedeutender Seen eine große Anzahl von ganz kleinen, wie z. B. der Numedalsstrom (Numedalslaagen).

Bei der im allgemeinen hohen Lage der norwegischen Seen kommt ihr gesamtes Speicherarbeitsvermögen wohl demjenigen der viel größeren und z. T. auch größere Gebiete erfassenden schwedischen Seen nahe. Dabei werden durchgreifende Regulierungsmaßnahmen an vielen norwegischen Seen dadurch erleichtert, daß sie in völlig ödem, wertlosem Gelände liegen. Allerdings erfordert die Erstellung der Regulierungsanlagen in den abgelegenen Gebirgseinöden auch vielfach verhältnismäßig höhere Aufwendungen (vgl. S. 701).

Über die Gefällverhältnisse der norwegischen Gewässer, in denen vielfach sehr hohe und steile Fallstrecken vorherrschen, gibt Abb. 263 einen ausschnittweisen Überblick.

5. Der hydrographische und meteorologische Dienst in Norwegen.

Im Gegensatz zu Schweden sind in Norwegen der hydrographische und der meteorologische Dienst nicht in einem Amt vereinigt, indes besteht eine gewisse Zusammenarbeit zwischen den beiden selbständig organisierten Ämtern.

Die Hydrographie gehört zum Aufgabenkreis der Hauptverwaltung für Gewässer- und Elektrizitätswesen (Norges Vasdrags og Elektricitetsvesen), genauer: einer besonderen hydrographischen Abteilung dieses Amtes, deren Arbeitsplan folgendermaßen zusammengefaßt werden kann:

1. Ausführung hydrographischer Untersuchungen und Bearbeitung des eingelaufenen Beobachtungsstoffes.
2. Systematische Untersuchung der Wasserkräfte des Landes.
3. Betrieb von staatlichen Regulierungen mit Ausnahme der unmittelbar mit staatlichen Wasserkraftanlagen zusammenhängenden; Aufsicht über den Betrieb von privaten Regulierungen.
4. Behandlung sonstiger Angelegenheiten wesentlich hydrographischer Natur.

Die Abteilung hat 2 Unterabteilungen: eine für die allgemeinen hydrographischen Untersuchungen und die andere für das Studium der Wasserkräfte. Leiter der hydrographischen Abteilung ist ein Oberingenieur, dem drei Abteilungsingenieure zur Seite stehen, nämlich: je einer für die erwähnten Unterabteilungen und ein dritter im wesentlichen für die Regulierungen und besonderen hydrographischen Arbeiten (Ziffer 3 und 4). Außerdem beschäftigt die erste Unterabteilung noch 3 Ingenieure und 5 technische Assistenten, die zweite 2 Ingenieure und 4 technische Assistenten. Hierzu kommt das Kanzleipersonal mit 3 Personen.

Der hydrographische Außendienst umfaßt ein Netz von etwa 400 Pegeln, wovon 270 dem Staat, die übrigen aber Konzessionären oder sonstigen Privaten gehören. Bei Erteilung einer neuen Wasserkraftkonzession wird dem Inhaber die Pflicht auferlegt, regelmäßig Wasserstandsbeobachtungen anzustellen und die Ergebnisse der hydrographischen Abteilung einzusenden. — Außerdem werden nach Bedarf noch neue hydrographische Beobachtungsstellen eingerichtet. Die Ablesungen erfolgen in der Regel einmal in 24 Stunden; nur in besonders wichtigen Wasserläufen oder bei sprungweiser Änderung der Wasserführung, ferner unterhalb bestehender Wasserkraftanlagen und allgemein auch bei besonders starkem Hochwasser wird täglich mehrmals beobachtet. An einigen Stellen sind Selbstschreiber aufgestellt. Der Ablesedienst wird von der hydrographischen Abteilung durch jährlich 250 bis 300 Kontrollablesungen überwacht.

Wassermessungen werden an den Pegelstellen bei verschiedener Wasserführung vorgenommen, und zwar jährlich 500 bis 600. Etwa die Hälfte dieser Messungen dient der Bestimmung der Winterwasserführung an Gewässern mit Eisgang. Das gewonnene Material wird im Büro gesammelt und zu Schlüsselkurven, Durchschnittsabflußwerten und Speicherausbeutelinien verarbeitet.

Die Ergebnisse werden als „Vandstandiagttagelser i Norge" jährlich veröffentlicht. Nach Ablauf eines jeden Jahrzehntes wird eine zusammenfassende Aufstellung von Durchschnittswerten und Kurventafeln als „Hydrografiska undersökelse i Norge" veröffentlicht.

Zur Untersuchung der Wasserkräfte werden die Längenschnitte sämtlicher bedeutenderen Flüsse aufgenommen und danach die Aufteilungen in Fallstufen und deren Leistungsberechnungen durchgeführt. Für die wichtigsten Wasserläufe sind besonders ausführliche Spezialuntersuchungen ins Auge gefaßt.

Der meteorologische Dienst lag in Norwegen noch vor kurzem in den Händen verschiedener, voneinander ganz unabhängiger wissenschaftlicher Anstalten; erst 1917 bis 1919 kam ein Zusammenschluß zu gemeinsamer Arbeit zustande, und zwar zunächst durch die Gründung eines geophysischen Vereins und Bildung einer ständigen geophysischen Kommission, in der alle in Frage kommenden Anstalten und auch die Hydrographen vertreten sind. 1920 wurde dieser Zusammenschluß noch enger gestaltet durch eine „gemeinsame Verwaltungsordnung“, die zwar den meteorologischen und geophysischen Instituten und Observatorien ihre volle wissenschaftliche Autonomie beläßt, aber dem Osloer Zentralinstitut die administrative Oberleitung sichert. Die wissenschaftlichen Aufgabenkreise der einzelnen Institute sind nämlich ziemlich unabhängig voneinander; da aber einige von diesen Instituten in erster Linie die umfangreichen praktischen Aufgaben der Wettervoraussage und Sturmwarnung zu besorgen haben, war ein enges praktisches Zusammenarbeiten auf jeden Fall sachlich geboten.

Die Arbeitsteilung unter den Instituten ist folgende: Dem Osloer Zentralinstitut („Norske meteorologiske Institut“) liegt neben der administrativen Oberleitung noch der Wettervoraussage- und Sturmwarnungsdienst in dem Küstenbereich von der schwedischen Grenze bis Lindesnäs ob. Außerdem laufen aus dem ganzen Lande die Meldungen der Barometer-, Thermometer- und Niederschlagsstationen bei dem Osloer Institut ein und werden hier einheitlich verarbeitet. An Außenstellen waren im Jahre 1920 vorhanden: 500 Niederschlagsmeßstationen; davon waren über 70 zugleich Barometer-Thermometerstationen, außer mit klimatologischen Spezialapparaten auch mit Niederschlagmessern ausgerüstet, rd. 400 maßen auch die Schneehöhe und 43 den Wasserwert der Schneedecke, 32 starke Regengüsse, und 8 hatten selbstschreibende Geräte. Die Beobachtungen der Barometer- und Thermometerstationen werden in dem „Jahrbuch des Norwegischen Meteorologischen Instituts“ veröffentlicht, die Niederschlagsmessungen in dem Jahrbuch „Nedböriagttagelser i Norge“.

Das Zentralinstitut wird durch 2 „Distriktzentralen“, „Veirvarslingen paa Vestlandet, Bergen und Geofysiske Institut, Tromsø“, unterstützt. Deren Aufgabe ist in erster Linie Wettervoraussage- und Sturmwarnungsdienst in den Küstenabschnitten Lindesnäs-Leka und Leka-finnländische Grenze. Außerdem haben beide ihren eigenen wissenschaftlichen Aufgabenkreis, so das Institut in Tromsø hauptsächlich Erdmagnetismus- und Nordlichtuntersuchungen. Eine gewisse Selbständigkeit haben auch die vier meteorologischen und geophysischen Landesobservatorien in Aas, Bergen, Kaalfjord-Alten und Jan Mayen, die sich jedoch nur z. T. mit rein meteorologischen Aufgaben, in der Hauptsache aber mit Aërologie, Luftelektrizität, Erdmagnetismus und Nordlichtuntersuchungen befassen.

Das wissenschaftlich gebildete Personal dieser insgesamt 7 Institute umfaßt 50 Personen, zum größten Teil Meteorologen und Geophysiker.

Allgemein ist die Haupttätigkeit der meteorologischen Anstalten: in wissenschaftlicher Beziehung die geophysikalische Forschung, in praktischer Hinsicht Wettervoraussage, Sturmwarnung, Beantwortung von Anfragen für Fischerei und Landwirtschaft. — Um auch die Zusammenhänge mit der Hydrographie zu berücksichtigen, wird, wie erwähnt, ein Zusammenarbeiten mit dem hydrographischen Dienst durchgeführt, so vor allem bei Errichtung neuer Niederschlagsstationen durch die meteorologischen Anstalten.

6. Die verfügbaren Wasserkräfte Norwegens.

Auch in Norwegen ist nach Mitteilung der hydrographischen Abteilung der staatlichen Gewässerdirektion eine Bestandsaufnahme und Katastrierung der verfügbaren Wasserkräfte, ähnlich dem schwedischen Vattenfallförteckning in Arbeit. Bis Ende 1926 waren insgesamt etwa 6500 km Lauflänge verarbeitet. Eine Benutzung dieser wichtigen, vorläufig noch nicht veröffentlichten Unterlagen war leider nicht möglich.

Veröffentlicht ist (Ende 1928) erst eine mehr summarische „vorläufige Übersicht" der größeren und besser konzentrierten Wasserkraftstufen, die in 3 Heften von 1919 bis 1922 erschien (vgl. Literaturverzeichnis); ferner 3 starke Hefte: „Ausgebaute Wasserkraft in Norwegen" 1922, „Hydrographische Untersuchungen in Norwegen" 1922, enthaltend für zahlreiche Gewässer die Speicherausbeutelinien und „Wasserlaufnivellements in Norwegen" 1924.

Die „vorläufige Übersicht" der Wasserkraftstufen beruht zu einem erheblichen Teil auf genauen Flußnivellements, im übrigen auf Landkarten, und besonderen Erhebungen. Für die Berechnung der Nutzleistung (nach der Formel $10\,Q\,H$) wurde eine in dem betreffenden Gewässer „wahrscheinlich durchführbare" Regulierung vorausgesetzt und mit der dabei nach Angabe der Speicherungsbeutelinien erzielbaren ständigen Wasserführung („regulierte Wasserführung") und der „nutzbaren Fallhöhe" (deren Ermittelung näher erläutert wird), die (24stündige) Dauerleistung berechnet. Die Fallstufen mit unter 1000 PS (in Finnmark unter 500 PS) Dauerleistung wurden in der Aufstellung nicht berücksichtigt, ebenso nicht diejenigen, deren Ausbaukosten (ohne Regulierungsanlagen und Wasserrechtserwerb) auf höher als 500 Kr./PS eingeschätzt wurden.

Die Größe des der Berechnung zugrunde liegenden Speicherraumes ist jeweils angegeben, ebenso das Niederschlagsgebiet, leider aber nicht die mittlere Abflußmenge, so daß ein Vergleich der errechneten regulierten Dauerleistungen mit der verfügbaren Mittelwasserleistung nicht ohne weiteres möglich ist. Der Verfasser hat daher versucht, an Hand der Spendenangaben in den „Hydrografiske Undersökelser i Norge" den wünschenswerten näheren Einblick zu verschaffen. Für 38, meist größere und überwiegend im südlichen Norwegen gelegene Gewässer und Fallstufen gelang so eine genaue statistische Erfassung des Verhältnisses: Regulierte Wasserführung zur mittleren Wassermenge. Dieser als Ausbaugrad zu bezeichnende Wert beträgt dabei zwischen 23,6 und 100%, im Durchschnitt 62%, und ist im ganzen auffallend gleichmäßig verteilt (Abb. 264). Nimmt man vermutungsweise (aber mit hohem Wahrscheinlichkeitsgrad!) diese Verteilung als auch für die sämtlichen in den Wasserkraftheften zusammengestellten verfügbaren Wasserkräfte ungefähr zutreffend an, so würde der zu insgesamt 12,3 Mill. PS angegebenen regulierten Dauerleistung der dort erfaßten Fallstufen eine Nutzleistung bei mittlerer Wasserführung von rd. 20 Mill. PS entsprechen. Zu berücksichtigen ist dabei, daß die nutzbaren Fallhöhen der Wasserkrafthefte nicht die Gesamtfallhöhe, sondern nur die Nutzfallhöhe der günstigeren Fallabschnitte darstellen; ferner daß alle Einzelkräfte unter 1000 PS (bzw. 500 PS) und von größeren die weniger wirtschaftlichen weggelassen sind, so daß die wirkliche Gesamtsumme der Mittelwasserleistungen von Norwegen noch vielleicht 10 bis 20% höher einzuschätzen sein würde als obige 20 Mill. PS (10% mehr sind überdies noch durch die höheren Turbinenwirkungsgrade von heute gerechtfertigt.)

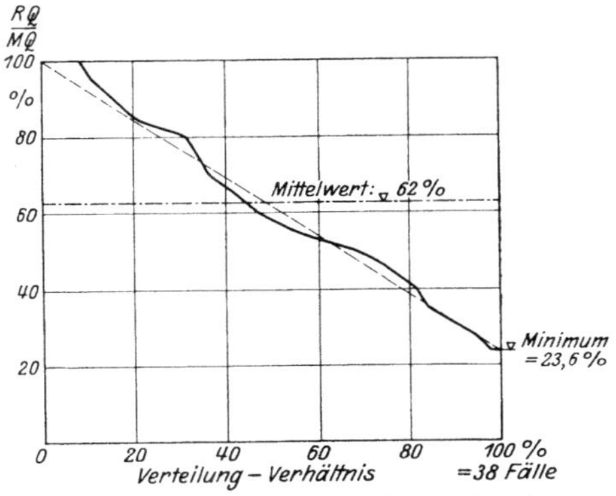

Abb. 264. Statist. Untersuchung des Ausbaugrades der norweg. Wasserkräfte auf Grund d. staatl. „vorläuf. Übersicht" 1919 bis 1922. Zahl der berücksichtigten Großstufen: 38; davon 28 in Sydlige Norge. (Verf.)

Jedenfalls ist die praktisch nutzbare Gesamtleistung der norwegischen Wasserkraft mit 12,3 Mill. PS äußerst vorsichtig und nieder eingeschätzt, denn bei den neuzeitlichen Ausbaugrundsätzen, die mit gewissen Einschränkungen auch für Norwegen gelten, wird man im allgemeinen mit der nutzbaren Dauerleistung meist auf ¾ und mehr von der theoretischen Mittelwasserleistung kommen, so daß man wohl besser

16 Mill. PS und bei 82,5% Turbinenwirkungsgrad sogar rd. 17,5 Mill. PS als nutzbare Summe anzunehmen hätte. Zur noch feineren Abstufung der Nutzbarkeit nach praktisch-wirtschaftlichen Gesichtspunkten hat Kristensen (Vorstand der Wasserfalldirektion) dann in die folgenden drei Gruppen eingeteilt:

I. Großwasserfälle mit über 10000 PS Einzelleistung in Küstennähe,
II. Großwasserfälle mit über 10000 PS Einzelleistung im Inlande,
III. Wasserfälle mit weniger als 10000 PS Einzelleistung in Küstennähe und im Inlande.

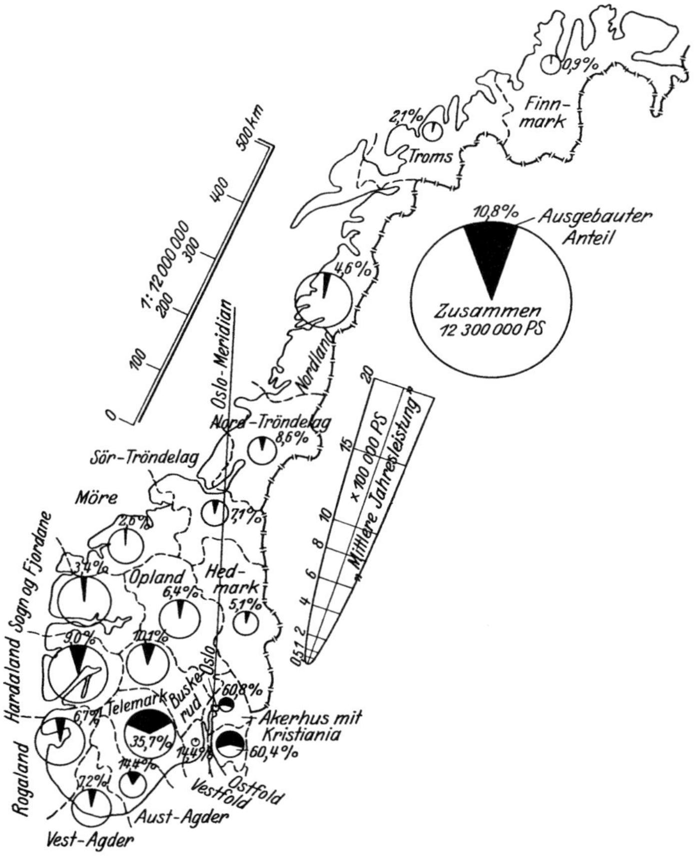

Abb. 265. Geographische Verteilung der ausbauwürdigen und ausgebauten Wasserkräfte Norwegens. (Wasserkraft-Direktion.)

Die „Küstennähe“ wird dabei auf einen 30 km breiten Streifen längs der Meeresküste oder den Ufern der für große Seedampfer befahrbaren Fjords beschränkt.

Bei der Bedeutung der Massengüterherstellung in der norwegischen Wasserkraftwirtschaft ist diese Einteilung nach vorwiegend verkehrswirtschaftlichen Gesichtspunkten zweifellos gerechtfertigt.

Nach Kristensens Aufstellungen entfallen von allen norwegischen Wasserkräften, die in der „vorläufigen Übersicht“ enthalten sind, rd. 43% auf Gruppe I, 32% auf Gruppe II und nur 25% auf Gruppe III.

Von den 43% der stärksten und wirtschaftlich wertvollsten Gruppe I liegen 30% innerhalb eines nur 10 km breiten Küstenstreifens, die übrigen 13% in dem dahinter liegenden 20 km breiten Reststreifen. Der Anteil der Großwasserkräfte an der verfügbaren Gesamtenergie und ihre verkehrswirtschaftliche Lage sind also in Norwegen außerordentlich günstig. Ein beträchtlicher Teil dieser Großwasserkräfte ist dabei in ganz großen Wasserfällen konzentriert; denn nahezu 40 Wasserfälle — meistens noch nicht ausgebaute — haben eine „regulierte ständige Dauerleistung“ von über 50000 PS, 12 darunter eine solche von über 100000 PS. Wie durch die topographischen und Niederschlagsverhältnisse bedingt, ist die Wasserkraftdichte bei weitem am größten in der Nähe der südlichen Hälfte der Westküste und am kleinsten in dem nördlichsten Landesteil. Die beiden großen Landsenkengebiete im Südosten und um Trondhjem liegen der Kraftdichte nach dazwischen. Die Verteilung der Wasserkräfte ist im großen und ganzen sehr günstig, da ihr Schwerpunkt recht nahe dem der Besiedelung liegt, wenn auch einzelne größere Städte die nötigen Kraftquellen nicht in ihrer unmittelbaren Nachbarschaft finden (vgl. Abb. 265).

Im Gegensatz zu Schweden, wo weit mehr als die Hälfte der gesamten Wasserkräfte in Fallstufen unter 25 m gegliedert ist, sind die Wasserkräfte Norwegens großenteils in Form ausgesprochener Wasserfälle mit meist recht bedeutender Fallhöhe entwickelt. Nach den Wasserkraftheften hat der Verfasser die ausgebauten norwegischen Wasserkraftanlagen im Q-H-N-Schaubild mit denen von Schweden und Finnland zusammengestellt. Die „Hochdruckstufen" überwiegen offensichtlich stark. In der südöstlichen Senke finden wir indes auch eine Anzahl sehr wichtiger Wasserfälle mit mittlerer und kleinerer Fallhöhe; hier ist vor allem der mächtige Glommen zu erwähnen (Abb. 4).

S. Kloumann veranschlagt die ausnutzungswürdigen Wasserkräfte Norwegens bei vorsichtigen Annahmen auf mindestens 16½ Mill. PS. In seiner Kritik der amtlichen Aufstellung berücksichtigt er auch kleinere Wasserkräfte unterhalb 1000 PS und diejenigen Großwasserkräfte, die in die vorläufige staatliche Wasserfallstatistik aus irgendwelchen Gründen nicht aufgenommen sind. Ferner rechnet Kloumann mit einer durchschnittlichen Benutzungsdauer von 92,5% (8100 Std./Jahr) und erhöht in umgekehrten Verhältnis die Leistungszahlen. Er stellt also Ausbauleistungen auf und kommt so naturgemäß zu höheren Zahlen als die staatlichen Wasserfallhefte, die lediglich ständige Dauerleistung (Arbeitsvermögen) ermitteln, ohne sich über die Frage der Ausbauleistung auszusprechen. Trotz des starken Überwiegens elektrochemischer und ähnlicher Dauerbetriebe in der norwegischen Wasserkraftwirtschaft ist aber Kloumanns Annahme eines gewissen „Überausbaues" durchaus berechtigt. Schon bei den bisher ausgebauten Wasserkräften beträgt das Verhältnis zwischen Werksvolleistung und der in der staatlichen Statistik angegebenen ständigen Dauerleistung nahezu 1,4. Würde man daher versuchen, unter Zugrundelegung der tatsächlich zu erwartenden Gebrauchsstunden und der wahrscheinlichen Zusammenarbeit verschiedener Kraftwerke die zweckmäßige Ausbauleistung für ganz Norwegen zu ermitteln, wie dies vom Elektrifieringskommitté in Schweden geschehen ist, so würde man wahrscheinlich einen wesentlich höheren Wert als den von Kloumann angenommenen (16½ Mill. PS) erhalten.

Über die Mittelwasserleistungen, ferner über die 6- bzw. 9monatigen Leistungen bei natürlichem Abfluß finden sich leider (mit den erwähnten Ausnahmen bezüglich der Spendenzahlen) keine systematischen Angaben. Erwähnt sei noch, daß die unregulierte Niedrigwasserleistung der bis 1914 erst teilweise statistisch erfaßten Wasserfälle damals auf 1½ Mill. PS geschätzt wurde.

Der entsprechende Wert für ganz Norwegen wäre danach auf etwa 2 bis 2,5 Mill. PS zu veranschlagen gewesen.

Auf die Statistik der ausgebauten Wasserkräfte werden wir im 15. Abschnitt zurückkommen.

Unterlagen.

Nissen, Per: „Fädrelandet", Kristiania 1914. — Nissen, Per: „Ökonomisk Geografisk Atlas över Norge", Kristiania 1921. — Haffner & Werenskiold: „Norges Fysiske og Ökonomiska Geografie", VII. Auflage, Oslo 1925. — Braun, Gustav: „Die nordischen Staaten, Einführung und Grundlagen", Breslau 1924. — Londoner Weltkraftkonferenz: „Den Norske Meteorologiska Institutioners Aarberetning for budgetaaret 1919". — Kloumann: „Future of Norwegian Water Power". — Kristensen: Water Power Ressources of Norway". — Rogstad: „Hydrografie of Norway", alle drei im Band I Lond. W. K. Konf. S. 1041 bis 1092. — Instrukts for Hovedstyret for Vassdrags- og Elektricitetsvesenet, Oslo 1921. — Veröffentlichungen von Norges Vassdrag- og Elektricitetsvesen: Vannkraften i det sydlige Norge, Kristiania 1919. Vannkraften i Trøndelag og Nordland, Kristiania 1920. Vannkraften i Troms og Finmark, Kristiania 1922. Hydrografiska Undersøkelser i Norge, Kristiania 1924. Utbygget Vannkraft i Norge, Kristiania 1923.

14. Abschnitt: Die rechtlichen Grundlagen.

Die norwegische Gesetzgebung über Wasserkraft und Elektrizität unterscheidet sich wesentlich von derjenigen der meisten anderen Länder, nicht zum wenigsten auch Schwedens.

Der ungleich höhere Energiewert der norwegischen Wasserfälle einerseits und die Kapitalarmut der norwegischen Wirtschaft andererseits schienen die Gefahr eines übermäßigen Einflusses des ausländischen Kapitals nahezurücken. Die Geschehnisse des Weltkrieges haben aber neuerdings dazu beigetragen, in Norwegen die Wertschätzung der Unabhängigkeit vor solchen Einflüssen zu steigern. Das Bestreben, dem Staate wirksamen Einfluß und maßgebende Kontrolle gegenüber der Betätigung des ausländischen oder monopolistischen Bestrebungen des inländischen Kapitals zu sichern, hat daher zu den Gesetzen über Erwerb von Wasserkräften, Seeregulierungen usw. vom 14. September 1917 geführt, durch die das allgemeine Wassergesetz vom 1. Juli 1887, soweit es die Wasserkraftnutzung behandelte, wesentlich abgeändert und ergänzt wurde.

Im nachstehenden wird eine kurze Übersicht über die Gesetze gegeben, und zwar in enger Anlehnung an eine 1925 erschienene Schrift von Henry Larssen[1], der auch die große Freundlichkeit gehabt hat, diesen Abschnitt durchzusehen.

Zunächst ist auch im norwegischen Gesetz die allgemeine Grundlage des Wasserrechts — ebenso wie im schwedischen — die, daß der Eigentümer des Grundbesitzes im allgemeinen zugleich Eigentümer sämtlicher auf seinem Grundbesitz befindlichen Gewässer ist, lediglich mit den im Gesetz bestimmten Einschränkungen. Diese Einschränkungen gehen indes viel weiter als im schwedischen Gesetz.

Mit Larssen gliedern wir unsere Betrachtung folgendermaßen:

1. Bestimmungen über Wasserkraft.
2. Bestimmungen über Abflußregulierungen.
3. Bestimmungen über die Abgabe und Fortleitung elektrischer Energie.

1. Die Bestimmungen über Wasserkraft.

Diese Bestimmungen zerfallen in solche über:

1\. 1. Erwerb des Eigentumsrechts an Wasserfällen,
1\. 2. Erwerb des Nutzungsrechts an Wasserfällen,
1\. 3. Erwerb des Pfandrechts an Wasserfällen.

Wir gehen näher nur auf Abschnitt 1. 1. ein; erstens weil er weitestgehende energiewirtschaftliche Bedeutung hat, zweitens aber, weil die in den übrigen Teilen behandelten Bestimmungen eine ziemlich weitgehende Ähnlichkeit in der Auffassung und in der Art der Beschränkungen des privaten Verfügungsrechtes aufweisen.

1. 1. Erwerb des Eigentumsrechts an Wasserfällen.

Erwerb von Wasserkräften durch den Staat. Der Staat kann Wasserkräfte erwerben: durch freien Kauf, durch Enteignung und durch Ausübung seines Vorkaufsrechtes. Das Enteignungsrecht, das sich sowohl auf unausgenutzte wie auch auf ausgenutzte Wasserkräfte erstreckt, kann in allen Fällen angewandt werden, wo das Interesse staatlicher Betriebe oder der Allgemeinheit dies erfordert. Das staatliche Vorkaufsrecht tritt in Kraft, sobald ein Ansuchen auf Erteilung der Konzession zum freien Verkauf eines Wasserfalles vorliegt. Besondere Gesetzesbestimmungen sollen die jeweilige staatliche Erklärung über die Geltendmachung des Vorkaufsrechts

[1] Oversikt Over Norges Vannkrafts- og Elektricitets Lovgivning, Oslo 1925, englisch im Londoner Kongreß Bd. IV, S. 1525.

beschleunigen, damit die Interessen der privaten Bewerber nicht durch Verzögerung der Entscheidung Schaden erleiden.

Erwerb von Wasserkräften durch Gemeinden. Durch freihändigen Ankauf können Gemeinden ohne Konzession Wasserkräfte erwerben. Falls eine Gemeinde eine schon früher konzessionierte Wasserkraft kauft, tritt sie in die Konzessionsbedingungen ein. Soweit indes die erworbene Wasserkraft dem Eigenbedarf der Gemeinde dienen soll, können diese Bedingungen auf Antrag erleichtert werden. Leistet die erworbene Wasserkraft bei rationeller Regulierung mehr als 5000 PS, so muß die ausnutzende Gemeinde jener Gemeinde, auf deren Gebiet die Wasserkraft liegt, auf Wunsch die nötige elektrische Energie nach näheren Bestimmungen der Krone[1] überlassen.

Außer dem freien Ankauf kann eine Gemeinde auch im Wege von Vorkauf und Enteignung Wasserkräfte erwerben. Diese Wege des Erwerbs sind indes starken Beschränkungen unterworfen; außerdem erstreckt sich das Recht der Enteignung nur auf Stadt- und Landortsgemeinden, dagegen nicht auf Landortsbezirke[2].

Erwerb von Wasserkräften durch Private. Ohne Rücksicht auf die Größe der Wasserkraft können norwegische Staatsbürger durch Erbschaft, Ehe oder Allodium ohne Konzession Wasserkräfte erwerben unter Geltung der allgemeinen, für Immobilien maßgebenden Rechtsgrundsätze. Zum käuflichen Erwerb ist dagegen im allgemeinen eine Konzession nötig. Von dieser Regel sind ausgenommen:

a) Wasserkräfte, die allein oder zusammen mit anderen, den Besitz derselben Person bildenden, bei rationellem Ausbau nicht mehr als 1000 PS ergeben. Diese Grenze kann von der Krone auf Ansuchen einer interessierten Gemeindeverwaltung auf 500 PS herabgesetzt werden (was aber bis jetzt nur selten geschehen ist).

b) Wasserkräfte, die zusammengerechnet mit anderen, demselben Besitzer oder dessen Familie innerhalb des ganzen Landes gehörigen, nicht mehr als 5000 PS bei rationellem Ausbau ergeben. Zur Familie des Erwerbers sind Ehefrau und Kinder unter 21 Jahren und, falls der Erwerber unter 21 Jahre alt ist, auch dessen Eltern zu rechnen.

Wasserkräfte, die den Bestimmungen a und b genügen, können von norwegischen Staatsbürgern, rein norwegischen Aktiengesellschaften, norwegischen gemeinnützigen Gesellschaften, ferner noch von einzelnen, im Gesetz besonders benannten Banken, Sparkassen usw. ohne jede Konzession erworben werden. Ausländische Staatsbürger und andere Gesellschaften, als die erwähnten, müssen dazu die Erlaubnis der Krone einholen, wobei ihnen im Allgemeininteresse besondere Bedingungen auferlegt werden können.

Von den strengen Konzessionsbedingungen befreit sind ferner Wasserkräfte auf großen, ins Hochgebirge hinaufreichenden Grundbesitzen, die zwar den Bedingungen a und b nicht genügen, aber bei den heutigen Verhältnissen noch nicht ausnutzungswert erscheinen oder wenigstens unbedeutenden Wert im Vergleich zu dem Gesamtgrundbesitz aufweisen. In solchen Fällen können norwegische Staatsbürger unter milderen Bedingungen Konzessionen zum Ankauf erhalten. Eine solche Ankaufskonzession schließt auch das Recht zur Benutzung dieser Wasserfälle zu eigenem Bedarf des Erwerbers für Licht, Wärme, Landwirtschaft und Kleinindustrie in sich, auch kann die Krone die Ausnutzung der Wasserkräfte zwecks Energielieferung an die Nachbarn zu ähnlichen Zwecken genehmigen. Für jede weitergehende Ausnutzung der fraglichen Wasserkräfte ist aber neuerdings um Konzession nachzusuchen, wobei dann die allgemeinen Konzessionsbestimmungen maßgebend sind.

---

[1] Der norwegische Ausdruck kongen (König) ist hier durchweg mit „Krone" übersetzt.

[2] Es gibt in Norwegen 65 Städte Stadtgemeinden „By" und 645 Landortsgemeinden „Hered". Gruppen der letzteren bilden Landortsbezirke „Fylke". Nach Larssen ist die gesetzliche Bestimmung, daß den Landortsbezirken kein Enteignungsrecht zusteht, veraltet und darauf zurückzuführen, daß die „Fylke" erst in den letzten Jahren sich für die Ausnutzung von Wasserkräften zu interessieren begannen.

Die wichtigsten allgemeinen Bestimmungen über die Erteilung der Konzession, die nach obigem für jeden Erwerb von größeren und wichtigeren Wasserkräften durch Private erforderlich ist, sind die folgenden:

1. Das Gesuch um Erteilung einer Konzession ist bei dem zuständigen Ministerium einzureichen und durch ausführliche Beschreibungen, Landkarten, Pläne u. dgl. zu erläutern. Vor Entscheidung über die Erteilung einer Konzession wird im allgemeinen die Stellungnahme der interessierten Gemeinden eingeholt.

2. Die Konzession wird von der Krone erteilt. Falls es sich um Wasserkräfte handelt, die bei rationeller Abflußregulierung 10000 PS oder mehr abgeben können, oder falls wichtige volkswirtschaftliche Interessen berührt werden, darf die Konzession nur unter Einverständnis des Reichstags erteilt werden. In den besonderen Fällen des weiter unten zu erörternden § 4 des Gesetzes ist die Angelegenheit schon bei einer Konzession auf mehr als 5000 PS dem Reichstag vorzulegen.

3. Konzession kann erteilt werden in erster Linie norwegischen Staatsbürgern, Aktiengesellschaften und sonstigen Gesellschaften mit beschränkter Verantwortung, deren Verwaltungsrat ganz aus Norwegern besteht, deren Sitz in Norwegen liegt und deren Aktienkapital norwegisch ist; ferner Vereinigungen und Stiftungen mit rein norwegischem Verwaltungsrat und mit Sitz in Norwegen, soweit ihre Ziele gemeinnützig sind (§ 2).

§ 4 bestimmt weiter, daß unter besonderen Umständen eine Konzession auch fremden Staatsbürgern, ferner Aktiengesellschaften und sonstigen Gesellschaften, Vereinigungen und Stiftungen, die den oben mitgeteilten Bestimmungen nicht genügen, erteilt werden kann, wenn sie ihren Sitz in Norwegen haben und die Mehrzahl der Verwaltungsratsmitglieder Norweger sind.

Ist der Konzessionär ein Ausländer, so ist er verpflichtet, in der Ortschaft, auf deren Gemarkung die Wasserkraft liegt, einen bevollmächtigten und verantwortlichen Vertreter zu halten. Bei Nichtachtung dieser Bedingung durch den Konzessionär kann das zuständige Gericht einen solchen Bevollmächtigten ernennen.

Für Aktiengesellschaften und sonstige Gesellschaften mit beschränkter Verantwortung gelten folgende näheren Vorschriften:

a) Die Aktien müssen auf den Namen ausgestellt sein.

b) Die Aktien können nur den Besitz des Staates, norwegischer Gemeinden, norwegischer Staatsbürger, der Nationalbank von Norwegen (Norges Bank), schließlich mit besonderer Genehmigung des zuständigen Ministeriums auch anderer norwegischer Banken oder Gesellschaften bilden; sie dürfen auch nicht an andere Personen, als die oben erwähnten, verpfändet werden[1].

Daraus folgt, daß einzelne Aktien von Wasserkraftunternehmungen auch durch die zuletzt erwähnten Gesellschaften erworben werden können, obwohl diese lt. § 2 nicht selbst Konzessionäre werden können.

Wenn ein Aktionär sein norwegisches Staatsbürgerrecht einbüßt oder wenn eine Aktie durch Erbschaft auf Ausländer übergeht, so muß die Aktie innerhalb einer von dem zuständigen Ministerium zu bestimmenden Frist (zwischen ½ und 3 Jahren) wieder in den Besitz einer dazu berechtigten Person zurückgelangen. Die Gesellschaft hat sich allen Bestimmungen zu unterwerfen, welche für notwendig erachtet werden, um der Behörde ständig die Kontrolle über das Verbleiben der Aktien in Norwegen zu erhalten.

c) Das Aktienkapital soll im allgemeinen mindestens ⅓ der Ausbaukosten betragen.

---

[1] Der Begriff einer norwegischen Bank und norwegischen Aktiengesellschaft ist im norwegischen Aktiengesetz vom 4. April 1924 definiert. Diese Begriffe bedeuten nicht etwa, daß Ausländer an den fraglichen Unternehmungen nicht interessiert sein dürfen, sondern nur ein starkes, im Gesetz genau umschriebenes Vorherrschen von norwegischen Personen und norwegischem Kapital.

d) Die Konzession wird nur an eine ganz bestimmte Person oder Gesellschaft erteilt; daher erfordert jeder Besitzwechsel eine neue Konzession, wobei in jedem Falle die alten Konzessionsbedingungen zu übernehmen sind.

Die Übertragung einzelner Aktien einer Wasserkraftgesellschaft erfordert dagegen keinerlei Konzession. Die hiermit zusammenhängende wichtige Frage, wie es sich mit dem Ankauf der Aktienmajorität einer Wasserkraftgesellschaft verhält, wird im § 36 geregelt, dessen wesentlicher Inhalt weiter unten mitgeteilt wird.

e) Die Konzession mit allen daran geknüpften Bedingungen wird bei dem zuständigen Gericht auf das Blatt des betreffenden Grundbesitzes eingetragen. Die hierdurch bedingten Rechte des Staates haben Priorität gegenüber allen Rechtsansprüchen anderer Personen an den Grundbesitz. Die Erteilung einer Konzession ist daher auch abhängig von dem Verzicht der Besitzer etwaiger, schon bestehender Rechte auf ihre Priorität. Eine Ausnahme hiervon bildet die Verpflichtung, dem früheren Eigentümer weiter, auch nach Ablauf der Konzession, Energie für seinen eigenen Hausbedarf zu liefern; ferner können andere auf dem Grundbesitz lastende Verpflichtungen von der zuständigen Behörde als so unbedeutend bezeichnet werden, daß ein Verzicht auf die Priorität überflüssig ist. Die Verpflichtungen, mit denen der Konzessionär während der Zeit der Konzession den Grundbesitz belastet, z. B. Pfandrechte usw., gelten nur während der Dauer der Konzession, fallen also automatisch fort, sobald der Wasserfall in Staatseigentum übergeht.

f) Die Notwendigkeit, eine Konzession nachzusuchen, besteht auch für den Erwerb durch Erbschaft, Ehe oder Allodium, falls dies nach den oben mitgeteilten Bestimmungen nicht ausdrücklich als unnötig bezeichnet ist. Wird eine Wasserkraft durch Erbschaft das Eigentum einer Person, die hierzu ohne Konzession nicht berechtigt wäre, so ist die Angelegenheit innerhalb einer bestimmten Frist (½ bis 3 Jahre) zu regeln. Falls eine Frau eine Wasserkraft besitzt und sie einen Mann heiratet, der ohne Konzession nicht Wasserkraftbesitzer sein kann, so bleibt die Wasserkraft Sondereigentum der Frau.

g) Die Konzession ist Voraussetzung für den Erwerb des Eigentumsrechtes. Verbindliche Kaufvereinbarungen verlieren nach Ablauf von 5 Jahren jede Gültigkeit, falls im Laufe dieser Frist der Käufer nicht die nötige Konzession erhalten hat. Ist die Übertragung gerichtlich eingetragen oder der Käufer in den Besitz des Eigentums eingesetzt, ohne daß die Konzession vorläge, so gilt wieder eine Frist von ½ bis 3 Jahren für gesetzmäßige Regelung der Angelegenheit. Wird diese, ausnahmsweise noch höchstens drei weitere Jahre zu verlängernde Frist überschritten, so wird der Grundbesitz auf Rechnung des Eigentümers öffentlich versteigert.

h) Die Konzession wird nur auf bestimmte Zeit erteilt und zwar auf höchstens 50, äußerstenfalls und nur mit Genehmigung des Reichstages auf 60 Jahre. Nach Ablauf der Konzessionszeit fällt die Wasserkraft im ausgebauten Zustande mit den zugehörigen Maschinen, Einrichtungen usw. dem Staate als Eigentum zu, und zwar ohne jegliches Entgelt. Besitzstücke, die mit der Anlage verbunden sind, ohne ihrer rechtlichen Natur nach dem Staate zuzufallen, können von diesem abgelöst oder es kann ihre Entfernung innerhalb einer bestimmten Frist gefordert werden. Ist die Konzessionsdauer 40 Jahre oder kürzer, so kann in den Konzessionsbedingungen dem Konzessionär das Recht zugesichert werden, auf eine bestimmte Zeit nach Ablauf der Konzession unter den zu jener Zeit üblichen Bedingungen Kraft geliefert zu erhalten.

Die dem Staat auf diese Weise zufallenden Wasserkräfte werden zum Teil und, soweit sie kleiner sind als 1000 PS, ganz den interessierten Gemeinden überlassen.

i) Konzessionsbedingungen. Zum Erwerb von Kleinwasserkräften oder von solchen, die nur Zubehör eines Bauerngutes bilden, werden Konzessionen bedingungslos erteilt. Im übrigen, also in allen Fällen, die unter das eigentliche Konzessionsgesetz fallen, werden dem Konzessionär bestimmte Bedingungen auferlegt, die von der Krone von Fall zu Fall nach den ausführlichen Richtlinien des Gesetzes aufgestellt werden.

Diesen Richtlinien liegen folgende besonderen Überlegungen zugrunde: einerseits ist bei der geringen Bevölkerungszahl Norwegens eine übermäßig schnelle Entwicklung der Großindustrie mit Rücksicht auf die für die Landwirtschaft notwendige Arbeitskraft gar nicht wünschenswert; da andererseits zu erwarten war, daß die Industrie zum Teil in völlig unbesiedelten Gegenden Fuß fassen werde, mußten die Interessen der Bauarbeiter besonders gesichert und die durch die Großindustrie geschaffene Kolonisation geregelt werden. Ein Teil der nachstehend mitgeteilten Konzessionsbedingungen berücksichtigt diese besonderen Verhältnisse und Überlegungen. Im übrigen sind die Bestimmungen gegen monopolistische Bestrebungen, Spekulation usw. gerichtet und unter Beachtung allgemeiner sozialer und volkswirtschaftlicher Gesichtspunkte aufgestellt:

i) 1. Der Wasserkraftkonzessionär hat mit dem Ausbau innerhalb von zwei Jahren zu beginnen, innerhalb von 5 Jahren muß die Anlage in Betrieb gesetzt werden. Zeitverluste durch höhere Gewalt, Ausstände, Aussperrungen u. dgl. werden in diese Fristen nicht eingerechnet. Unter besonderen Umständen kann ein nur teilweiser oder ein stufenweiser Ausbau zugelassen werden.

Außerdem kann die Krone in die Konzessionsbedingungen aufnehmen, daß bestimmte Industrien für die Anwendung der Kraft nicht in Frage kommen dürfen oder es kann umgekehrt sogar die Versorgung ganz bestimmter Industrien vorgeschrieben werden. (Bis jetzt ist nur die erste Art der Einschränkung in Anwendung gekommen.) Die Krone kann Bestimmungen dieser Art in begründeten Fällen nachträglich jederzeit aufheben.

i) 2. Beim Ausbau von Wasserkräften müssen stets nach Möglichkeit norwegische Arbeiter und Angestellte beschäftigt werden. Spezialarbeiten, für die noch nicht die nötigen norwegischen Kräfte zu finden sind, können indes durch Ausländer verrichtet werden. Auch für sonstige Arbeiten können — soweit die allgemeine Arbeitslage des Landes nicht dagegen spricht — Ausländer beschäftigt werden, falls dieselben das ganze vorausgehende Kalenderjahr in Norwegen ansässig waren. Entsprechende Bestimmungen regeln auch die Anwendung norwegischer Baustoffe und Industrieerzeugnisse.

i) 3. Elektrizität darf ohne Genehmigung der Krone nicht ausgeführt werden. Der Konzessionär darf keinerlei Vereinbarungen eingehen, die zur Preiserhöhung der Energie oder der unter Benutzung der Energie erzeugten Waren führen können, soweit diese Waren im Inlande abgesetzt werden. Bei Erzeugnissen, die für die Landwirtschaft wichtig sind, kann die Krone im allgemeinen den Konzessionär verpflichten, die Preise für den Inlandsverbrauch herabzusetzen. (Diese Bestimmung wurde in einigen Konzessionen für Kunstdüngerfabriken dahin ausgebaut, daß die Verbraucher ohne jede Vermittlung des Privathandels durch das Landwirtschaftsministerium zu dem billigen Kunstdünger kommen können. Die Regierung hat indes bis jetzt keinen Gebrauch von dieser Konzessionsbestimmung gemacht.) Entsprechende Bedingungen können auch in bezug auf Erzeugnisse zu konzessionierender Wasserkraftindustrien vorgeschrieben werden, die als Roh- oder Hilfsstoffe für den Inlandsbedarf von großer Bedeutung sind.

i) 4. Zum Schutze der Arbeiterinteressen sind in die Konzessionsbedingungen Vorschriften folgender Art aufzunehmen: Die Löhne sind nicht in Waren, sondern stets in barem Gelde zu entrichten; falls der Konzessionär den Arbeitern Ware verkauft, muß der Reingewinn für gemeinnützige Zwecke zum Besten der Arbeiter verwendet werden. Der Konzessionär hat für einen ständig unmittelbar erreichbaren Arzt und für ein Krankenhaus mit dem nötigen Isolierraum zu sorgen. Falls es erforderlich erscheint, kann dem Konzessionär die Pflicht auferlegt werden, ohne jeden Gewinn den Arbeitern Wohnungen u. dgl. bereitzustellen; bei dorfähnlichen Neuansiedlungen hat er Bebauungspläne auszuarbeiten. Ohne Genehmigung des zuständigen Ministeriums darf der Konzessionär im Falle von Lohnstreitigkeiten u. dgl. seine Arbeiter aus den Mietswohnungen nicht ausweisen.

i) 5. Unter Umständen wird dem Konzessionär die Verpflichtung auferlegt, die von ihm zu erbauenden Brücken, Landungsstege, Straßen usw. auch der allgemeinen Benutzung freizugeben, falls das zuständige Ministerium dies ohne wesentliche Schädigung der Betriebe des Konzessionärs für möglich erachtet. Der Konzessionär hat im allgemeinen zur Sicherung der Mehrauslagen, die er dem Armenfürsorgeamt verursachen kann, von vornherein eine gewisse Summe zu hinterlegen.

i) 6. Der Konzessionär ist zu verpflichten, 10% des Arbeitsvermögens der Wasserkraftanlage der Gemarkungsgemeinde abzugeben. Diese Verpflichtung kann auch zugunsten anderer naheliegender Gemeinden nach Wahl des zuständigen Ministeriums angewandt werden. In gewissen Fällen kann der Staat außerdem noch 5% Energielieferung für sich selbst verlangen. Als Kraftpreis werden bezahlt die Selbstkosten (einschl. 6% Zinsen auf das Anlagekapital) zuzüglich 20%. Das Gesetz gibt die Ausnahmefälle an, in denen an Stelle dieses Preises der „übliche Preis" für den Strom treten kann.

i) 7. Der Konzessionär ist zur Entrichtung einer bestimmten jährlichen Geldabgabe an den Staat und die interessierten Gemeinden zu verpflichten. Diese Abgabe wird je nach den örtlichen Verhältnissen und dem Wert der Wasserkraft für den Staat in der Regel zwischen 0,1 und 3,0, für die Gemeinden zwischen 0,1 und 4,0 Kr. auf die PS der Ausbauleistung festgelegt. Vielfach werden für die verschiedenen Abschnitte der Konzessionsfrist verschieden hohe Abgaben vorgesehen.

i) 8. Falls nicht eine kürzere Frist ausdrücklich in der Konzession angegeben ist, kann der Staat 35 Jahre nach Erteilung der Konzession die ganze Anlage in demselben Umfange, wie sie ihm nach Ablauf der Konzession zufallen würde, durch Ablösung erwerben. Mit besonderer Genehmigung des Reichstags kann diese Frist auch auf 40 Jahre festgelegt werden. Ablösungspreis ist für Grundstücke, Wasserkraft, Wasserbauten und Krafthaus gleich den tatsächlichen Gestehungskosten, abzüglich Abschreibung für den verflossenen Betriebszeitraum; für Rohrleitungen, Maschinen und anderes Zubehör ist der Preis auf Grundlage eines sachverständigen Gutachtens festzustellen. In der Konzession muß angegeben werden, ob und inwieweit bei dieser Ablösung die von dem Konzessionär übernommenen Energielieferungsverpflichtungen auch für den Staat Geltung behalten sollen. — Die Ausübung des Ablösungsrechtes ist dem Konzessionär mindestens 5 Jahre vorher mitzuteilen.

i) 9. Es können besondere Bestimmungen in die Konzession aufgenommen werden, um zu verhindern, daß die Majorität der Geschäftsanteile oder Aktien in die Hände von großen Wasserkraftbesitzern kommt.

i) 10. Für den Erwerb der Aktienmajorität ist nach § 36 des Gesetzes die Genehmigung der Krone oder einer von der Krone bevollmächtigten Person erforderlich. Das Gesetz ist hier sehr ausführlich und fordert diese Genehmigung auch für den Erwerb der Aktienmajorität durch Mitglieder einer und derselben Familie, durch Mitglieder einer und derselben Gesellschaft mit persönlicher Haftpflicht usw. Die Erteilung dieser Genehmigung seitens der Krone kann im Allgemeininteresse mit besonderen Bedingungen verbunden werden. Auch zur Kapitalerhöhung von größeren Wasserkraftaktiengesellschaften ist Genehmigung der Krone erforderlich.

Schließlich gibt das Gesetz jene Maßnahmen an, die gegen den Konzessionär bei Überschreitung der gesetzlichen Bestimmungen ergriffen werden können und auch die Zwangsmaßnahmen zur Einhaltung der Konzessionsbedingungen.

1. 2. Das Ausnutzungsrecht an Wasserkräften.

Nicht allein der Erwerb, sondern auch die mietweise Überlassung einer Wasserkraft ist durch ausführliche Bestimmungen geregelt. Auch diese Bestimmungen sind verschieden, je nachdem der betreffende Wasserkraftbesitzer der Staat, eine Gemeinde oder eine Privatperson ist. — Hier möge nur eine Bestimmung über Wasserkräfte in privatem Besitz angeführt werden, nach der eine mietsweise Überlassung in keinem Fall zulässig ist, wenn zum Verkauf der Wasserkraft eine Konzession erforderlich wäre. Diese strenge Bestimmung soll offenbar die Umgehung der Konzessionsgesetze durch langfristige Pachtverträge verhindern; sie gilt jedoch nur für größere Wasserkräfte, Kleinwasserkräfte unter 1000 PS können dagegen nach ausführlichen Bestimmungen des Gesetzes Gegenstand von Mietsverträgen sein.

1. 3. Verpfändung konzessionierter Wasserkräfte.

Wasserkraftbesitzer können beliebige Kredite aufnehmen und ihre Wasserkräfte als Pfand zur Sicherung der Kreditsumme hypothekarisch belasten, und zwar nach denselben Rechtsregeln wie bei anderen Immobilien. Für den Fall, daß der Hypothekeninhaber zur Vollstreckung seiner Rechte schreiten will, indem er die Wasserkraft in Gebrauch übernehmen oder versteigern will, gelten jedoch besondere Bestimmungen, die sinngemäß aus den für Eigentumserwerb gültigen Rechtsregeln abgeleitet sind. Der Hypothekeninhaber kann jedoch unter bestimmten Bedingungen schon im voraus eine Konzession erhalten, auf Grund deren er im Falle einer Zwangsversteigerung sofort die von ihm beliehene Wasserkraft käuflich erwerben kann.

2. Bestimmungen über Abflußregulierungen.

Diese Bestimmungen können in 2 Hauptgruppen geteilt werden: a) staatliche Regulierungen und b) durch Gemeinden und Privatpersonen auszuführende Regulierungen. Nur über die privaten und gemeindlichen Regulierungen mögen hier einige grundlegende Rechtsregeln mitgeteilt werden.

Jede größere oder wichtigere Abflußregulierung ist konzessionspflichtig, und zwar ist als „größer" oder „wichtiger" eine Regulierung anzusehen:

1. wenn sie bedeutenden Schaden für Ackerboden, Wald oder für irgendein sich an den Wasserlauf knüpfendes allgemeines Interesse hervorruft.

2. wenn die Regulierung die Senkung oder Stauung eines Sees herbeiführt, der nicht in ganzer Fläche Eigentum des Unternehmers ist; in manchen Fällen ist die Entscheidung hierüber sehr schwierig; maßgebend ist im allgemeinen die Größe, die Lage und der allgemeine Gebrauch des Sees; in zweifelhaften Fällen hat das Gericht zu entscheiden.

3. wenn die Regulierung eine Erhöhung der Wasserkraft des ganzen Wasserlaufs um mehr als 3000 PS oder die Erhöhung der Wasserkraft eines einzigen Wasserfalls bzw. einer einheitlich auszunutzenden Fallgruppe um 500 PS ermöglicht. Als Erhöhung der Wasserkraft ist zu verstehen der Unterschied zwischen der Niederwasserleistung nach der Regulierung und der während durchschnittlich 350 Tagen im Jahr zu erwartenden Mindestleistung vor der Regulierung.

Die Bestimmungen über die Erteilung der Konzession und besonders die allgemeinen Richtlinien für die Formulierung von Konzessionsbedingungen sind zum großen Teil sinngemäße Anwendungen der für Wasserkraft (Unterabschnitt 1) mitgeteilten Gesetzesbestimmungen. Ohne Vorgang ist indes eine der Konzessionsbedingungen, die nach den Richtlinien in gewisse Regulierungskonzessionen aufzunehmen ist: wird nämlich durch eine konzessionspflichtige Seeregulierung Ackerboden oder Weide in bedeutendem Umfang unter Wasser gesetzt, so soll der Konzessionär der Gemeinde eine angemessene Summe erstatten, die nur für die Förderung der Landwirtschaft in dem betreffenden Bezirk verwendet werden darf und zwar nur mit Genehmigung der Krone. Auf die Erlangung der Regulierungskonzession hat eine Vereinigung sämtlicher an der Regulierung interessierten Wasserkraftbesitzer das Vorzugsrecht. Durch die Konzession erhält deren Inhaber das Recht zur Enteignung der für die Regulierungsbauten nötigen Grundstücke.

3. Bestimmungen über Abgabe elektrischer Energie.

3. 1. Überlassung von elektrischer Energie.

Durch Wasserkraft erzeugte Elektrizität kann ohne Konzession überlassen werden in folgenden Fällen:

3. 1. 1. Der Staat und norwegische Gemeinden brauchen keine Konzession zur Abnahme von Wasserkraftelektrizität.

3. 1. 2. Ohne Rücksicht auf den Energieabnehmer ist eine Konzession überflüssig, falls die liefernde Wasserkraft bei rationellem Ausbau nicht mehr als 1000 PS leisten kann. Diese Grenze kann auf besonderes Ansuchen einer interessierten Gemeinde auf 500 PS herabgesetzt werden.

3. 1. 3. Ohne Rücksicht auf den Energieabnehmer ist eine Konzession unnötig, falls die Energieüberlassung sich auf höchstens 500 PS beschränkt. Auf besonderes Ansuchen einer interessierten Gemeinde kann diese Grenze auf 200 PS herabgesetzt werden.

Mit Ausnahme dieser Fälle ist stets eine Konzession nötig, und auch hier sind im Gesetz der Vorgang der Erteilung der Konzession und die Konzessionsbedingungen geregelt.

Die Konzession wird stets dem Energieabnehmer erteilt. Die Beschränkungen hinsichtlich der Person des Energieabnehmers sind etwas weniger streng als die entsprechenden Bestimmungen bei Wasserkraft (Unterabschnitt 1).

3. 2. Die Fortleitung elektrischer Energie.

Das Gesetz behandelt nur Starkstromleitungen. Zur Erstellung von Starkstromleitungen ist im allgemeinen eine Konzession nötig, falls die Spannung bei Wechselstrom oberhalb 500 V, bei Gleichstrom oberhalb 250 V liegt. Bei niedrigerer Spannung ist keinerlei staatliche Genehmigung nötig, falls keine Enteignung zur Aufstellung der Leistungsmasten u. dgl. erforderlich ist. Die Konzession wird in der Regel auf 40 Jahre erteilt; gegenüber Gemeinden wird im allgemeinen auf eine Zeitbegrenzung verzichtet. Der Bau muß innerhalb eines Jahres begonnen und 2 Jahre später fertiggestellt sein. Über die üblichen Konzessionsbedingungen sei nur bemerkt, daß auch hier Bargeldabgaben an den Staat, ferner Kraftlieferungen vorgeschrieben werden können wie bei den Wasserkraftkonzessionen. Außerdem werden noch oft rein technische Vorschriften aus allgemeinen Rücksichten auferlegt, beispielsweise über die technische Ausführung von Wegkreuzungen, Kreuzungen mit anderen Leitungen usw.; ferner Vorschriften dahin, daß der Konzessionär auch alle künftig (durch noch zu bauende Wege, Eisenbahnen usw.) erforderlich werdenden Änderungen an der Kraftleitung auf eigene Kosten vornehmen wird. — Eine weitere kennzeichnende und energiewirtschaftlich u. U. sehr wichtige Bedingung ist die Verpflichtung des Konzessionärs, mit anderen elektrischen Anlagen zusammen zu arbeiten, soweit dies im Interesse der allgemeinen Eltversorgung als wünschenswert erscheint. (Diese Bedingung ist in den neueren Konzessionen stets enthalten, doch ist es noch nicht zu praktischen Anwendungen gekommen.)

Die gesetzlichen Bestimmungen über Kraftfortleitung sollen im übrigen demnächst durch ein neues Gesetz wesentlich abgeändert und ergänzt werden. Das neue Gesetz soll hauptsächlich auch ausführliche Weisungen über die Konzessionsbedingungen enthalten.

4. Neuere Vorschläge.

Der 1919 einberufene Eltversorgungsausschuß (vgl. S. 307) hat 1922/23 eine Reihe von Gutachten abgegeben, die auch Vorschläge für die Gestaltung der Rechtsverhältnisse in Energie- und Wasserwirtschaft enthalten. Diese Vorschläge sind zwar noch nicht angenommen, aber doch mitteilenswert:

Gutachten I. Elektrische Starkstromanlagen bedürfen der Konzession. Diese wird für höchstens 50 Jahre erteilt; nach Ablauf steht dem Staat das Recht zum Einlösen der Anlagen zu. Vorschlag bestimmter Richtlinien für die Genehmigungsbedingungen und Empfehlung öffentlicher Kontrolle der Ausführung und Instandhaltung elektrischer Anlagen. Vorschläge hinsichtlich Regelung der Grundenteignung für Leitungen, der Kreuzungen mit Straßen, Eisenbahnen, mit anderen elektrischen Leitungen u. a. m.

Gutachten II behandelt die verwaltungstechnischen Fragen im Zusammenhang mit der Organisation der allgemeinen Eltversorgung des Landes. Grundsätzlich sollen in der Regel Staat, Bezirke und Gemeinden die allgemeine Eltversorgung sichern.

Gutachten III ist im 16. Abschnitt behandelt.

Gutachten IV empfiehlt gesetzliche Regelung des Zusammenarbeitens verschiedener Anlagen, falls davon wirtschaftliche Vorteile zu erwarten. Wenn Zusammenarbeit nicht freiwillig zustande kommt, soll sie zwangsweise einführbar sein, wobei technische Einzelheiten von einem jeweils von der Krone zu ernennenden Ausschuß festgelegt werden sollen. Dieser Ausschuß soll gebildet sein aus einem höheren Richter und zwei technisch-sachverständigen Mitgliedern.

Gutachten V ist das Hauptgutachten und enthält den im Abschnitt 16 eingehender behandelten allgemeinen Landesplan.

Gutachten VI schlägt Regeln vor für die Entscheidung in strittigen Starkstromleitungsfragen (Übertragung des Eigentumrechtes, des Pfandrechtes usw.).

Gutachten VII enthält einen Vorschlag für die Revision der geltenden Gesetze über das Recht der Enteignung von Wasserkräften seitens der Gemeinden.

5. Die Eigentümer der Wasserkräfte.

Aus vorstehendem Abriß der energiewirtschaftlichen Gesetzgebung Norwegens ist zu ersehen, daß sie im Grundgedanken durch starken unmittelbaren Einfluß und weitgehende Kontrolle des Staates gegenüber den größeren energiewirtschaftlichen Unternehmungen gekennzeichnet ist. Dagegen ist in der tatsächlichen Entwicklung der Energiewirtschaft Norwegens der mittelbare Einfluß des Staates auf Grund seines eigenen Wasserkraftbesitzes weniger hervorgetreten als in Schweden, weil der norwegische Staat nicht so frühzeitig und nicht in so großem Umfang wie dort mit eigenen Ausbauten vorangegangen ist. Dies erklärt sich zu einem großen Teil aus der anders gearteten Wirtschaftsstruktur, die, wie wir im nächsten Abschnitt sehen werden, den Ausbau von Großwasserkraft viel enger mit gleichzeitiger industrieller Neugründung im großen verknüpft als in Schweden. Das Eigentum an unausgebauten Wasserkräften ist dagegen beim norwegischen Staat absolut wesentlich umfangreicher als in Schweden und auch relativ kaum kleiner als dort. Von den 12,3 Mill. PS insgesamt als verfügbar berechneter ausbauwürdiger Wasserkräfte der staatlichen Statistik (vgl. S. 275) gehören nämlich 2,75 Mill. PS oder 22,4% dem norwegischen Staat unmittelbar. Außerdem besitzt dieser noch eine Reihe von Wasserkräften, die ihm als Teile des Grundbesitzes verschiedener öffentlicher Verwaltungszweige (Forstverwaltung, Justizverwaltung usw.) zur Verfügung stehen; eine genaue Angabe des Umfangs dieses indirekten Besitzes ist z. Z. nicht möglich.

Der Rest der verfügbaren Wasserkräfte ist Eigentum von Gemeinden, privaten Unternehmungen und Einzelpersonen, besonders des bäuerlichen Grundbesitzes. Zahlenangaben hierüber liegen im einzelnen noch nicht vor.

15. Abschnitt: Wirtschaftliche Grundlagen.

1. Naturschätze.

Norwegen ist verhältnismäßig sehr arm an Rohstoffen. Weder Landwirtschaft noch (im wesentlichen) der Bergbau decken den Eigenbedarf des Landes. Für Ausfuhr kommt neben der Forstwirtschaft und Fischerei nur noch die, allerdings sehr wichtige und entwicklungsfähige, elektrochemische und elektrometallurgische Wasserkraftindustrie in Frage.

Forstwirtschaft. Norwegen steht mit rd. 70000 km^2 Wald in Europa absolut an 5., auf den Kopf bezogen sogar an 3. Stelle; nur Finnland und Schweden haben auf den Kopf größeren Waldanteil. In der westlichen Küstengegend überwiegen Nadelhölzer; an der Grenze des Fjällgebietes die Birke. In den klimatisch günstigsten Gegenden der südlichen Senken sind außerdem auch Laubhölzer mit südlicherem Charakter (Eichen, Eschen und Buchen) zu finden. Mehr als die Hälfte der gesamten Waldfläche liegt in der südöstlichen Senke und den anschließenden Gebirgen.

Die Holzvorräte Norwegens sind (wie in Schweden) in den letzten Jahrzehnten in langsamer Abnahme begriffen, da die Industrie mehr Holz verbraucht als nachwächst. In neuerer Zeit machen sich starke Bestrebungen geltend, dieser auch der Wasserwirtschaft sehr schädlichen Waldverarmung energisch entgegenzuwirken. Die Lage ist in Norwegen besonders gefährlich, weil ein großer Teil der Bestände dicht an der Grenze ihrer natürlichen Wachstumsbedingungen gedeiht und daher ein ausgedehnterer Kahlhieb oft das völlige Ende der Waldvegetation herbeiführen kann. Durch Gesetz ist daher den Gemeinden das Recht verliehen, gegen gemeinwirtschaftlich unrichtige Ausholzungen einzuschreiten. Gleichzeitig sind als aktive Gegenmaßnahme Aufforstungen eingeleitet, auch im Zusammenhang mit Moorkultivierungen.

18% der norwegischen Wälder — allerdings nicht sehr wertvolle — gehören dem Staat, der bestrebt ist, durch Ankauf seinen Besitz auszudehnen.

Ackerbau und Viehzucht. Norwegen ist mit 4% Anteil der Äcker, Wiesen und Weiden das ackerbauärmste Land Europas. Auf die Volkszahl bezogen ist das Bild günstiger, weshalb noch heute norwegische Wirtschaftsgeographen Landwirtschaft und Viehzucht als wichtigsten Erwerbszweig des Landes bezeichnen. Landwirtschaft, Viehzucht, Gartenbau, Forstwirtschaft ernährten 1924 zusammen 33,2% der Bevölkerung. Etwa die Hälfte der Ackerfläche dürfte in der südöstlichen und Trondhjemer Senke liegen. Im übrigen ist der nutzbare Boden in kleine Gebiete zersplittert. Der Getreidebau ist vorwiegend in der Osloer Senke vereinigt. Die relative Milde des Klimas hat allerdings die Anbaugrenze für Roggen und Weizen dem Polarkreis nahe gerückt (viel weiter als in Schweden); jedoch ist im höheren Norden der Ertrag naturgemäß gering, zudem das Ausreifen unsicher. Gartenbau, Obstkultur haben ziemlich untergeordnete Bedeutung. Bemerkenswerterweise wird auch Tabak gebaut: am Sognfjord ist der nördlichste Tabakbau der Erde.

Der Stand der Viehzucht ist ziemlich hoch; der Viehstand auf 1 km^2 landwirtschaftlicher Nutzfläche ist so groß wie in Schweden. Weder Ackerbau noch Viehzucht decken den Eigenbedarf des Landes, ein großer Teil muß durch Einfuhr gedeckt werden. Nur die Kartoffel bringt in besonders guten Jahren sogar einen ausfuhrfähigen Überschuß.

Der Grundbesitz ist noch etwas mehr als in Schweden überwiegend kleinbäuerlich; nur 7% der Höfe haben mehr als 10 ha; das ist bedeutungsvoll für die Eltversorgung.

Der Fischfang beschäftigt direkt mehr als 6% der Bevölkerung und bildet außerdem die Grundlage einer bedeutenden Industrie. Die Fischerei und Fischverarbeitung als Haupterwerb beschränkt sich auf Küste und Hochsee (Hering, Sprotte, Klippfisch, Makrele, Dorsch; Walfischfang). In den Binnengewässern ist die Fischerei meist nur Nebenerwerb. Hier wird hauptsächlich Lachs gefangen, überwiegend in den Seen. Die hohen Wasserfälle lassen aber den Lachs nicht weit aufsteigen.

Bergbau. Norwegens Erzvorkommen sind — im Gegensatz zu den schwedischen — nicht in einzelnen scharf umgrenzten Gebieten vereinigt, sondern punktweise fast über das ganze Land verteilt. Trotzdem werden, nach geologischen Gesichtspunkten, gewöhnlich 3 Hauptgebiete unterschieden. Das erste, „nördliche", enthält hauptsächlich Eisenerz, Kupfer- und Schwefelkies; ihm gehört u. a. auch der bedeutendste Bergwerksbetrieb, Sulitelma, mit einer z. Z. allerdings stilliegenden Kupferhütte, an. Die Erze wurden in letzter Zeit unveredelt ausgeführt. Ein Teil der Schwefelkieserzeugung wird von den Zellstoffabriken verbraucht. Als zweites Bergwerksgebiet wird das Dovrefjeld und das Trondhjemer Becken zusammengefaßt. Hier werden noch hauptsächlich Schwefel- und Kupferkies gewonnen; neuerdings sind auch Eisenvorkommen festgestellt. Das wichtigste Kupferwerk ist das alte Röråswerk im Hochgebirge. Das dritte, ausgedehnteste und vielseitigste Erzgebiet Norwegens, geologisch als Ausläufer des mittelschwedischen Erzgebietes zu betrachten, enthält neben Eisenerzen, Kupfer- und Schwefelkies auch nickelhaltigen Magnetkies, ferner Molybdän, Wolfram und Silber. Ein großer Teil der in früheren Jahrhunderten betriebenen und (infolge der Nachkriegskrise) auch der neueren Gruben liegt heute still.

Die Eisenerzeugung, in allen drei Erzgebieten vertreten, hat im Gegensatz zu der schwedischen in der letzten Zeit an Bedeutung verloren. Das Eisenerz wird zum Teil roh, zum Teil aufbereitet ausgeführt. Nur ein kleiner Teil wird in norwegischen Elektrohütten verarbeitet. Im Jahre 1920 betrug die Eisenerzgewinnung nur 80000 t (Schweden 1919 über 4 Mill. t).

Der norwegische Bergbau weist eine gewisse Unstetigkeit auf, auch der Bergwerksbesitz wechselt stark. — Die neueren Bergwerks- und Hüttenbetriebe sind großenteils in schwedischen Händen. Die Nachkriegskrise hat stark gewirkt; am aussichtsreichsten scheint noch der Kupferabbau zu sein.

Steinbrüche. In Norwegen sind wertvolle, zu Bauzwecken geeignete Steine wie Granit, Syenit, Sandstein und auch Marmor zu finden; außerdem bedeutende für Portlandzementerzeugung geeignete Mergelvorkommen.

Fossile Brennstoffe. Auf dem norwegischen Festland gibt es keine Vorkommen von energiewirtschaftlicher Bedeutung. Auf einzelnen Inseln kommen nur mesozoische Kohlenschichten von nicht abbaulohnender Mächtigkeit vor. Auch die umfangreichen Torfmoore sind für die Brennstoffwirtschaft bedeutungslos. Spitzbergen und Bäreninsel bergen bedeutende tertiäre Kohlenlager. Zu einem größeren Abbau ist es aber bisher nicht gekommen. — Infolge der starken Entwicklung der Holz- und Zellstoffindustrie ist i. a. das Brennholz knapp und teuer; daher sind die Wettbewerbsbedingungen auf dem Energiemarkt für die ohnedies sehr von der Natur begünstigsten norwegischen Wasserkräfte ganz besonders günstig.

2. Besiedelung.

Norwegen hat zur Zeit rd. 2,77 Mill. Bewohner. Der Zuwachs der letzten 100 Jahre war sehr stark (1814: 1 Mill.); nebenher ging eine sehr bedeutende Auswanderung, hauptsächlich nach U. S. A.; die Zahl aller Norweger mit Einschluß der ausgewanderten soll gegen 4 Mill. betragen. Von den 2,77 Mill. Landeseinwohnern wohnen 29% in Städten und 71% in (oft weit verstreuten) Landgemeinden. Allerdings sind viele der 67 norwegischen Stadtgemeinden nach westeuropäischen Maßstäben nur als Dörfer zu bezeichnen, 6 haben weniger als 1000 Einwohner, 45 nur 1000 bis 10000. Die größten Städte sind:

Oslo	256921	Einwohner	Kristiansand	18913	Einwohner
Bergen	96351	„	Ålesund	17999	„
Trondhjem	56597	„	Haugesund	17032	„
Stavanger	46531	„	Skien	16156	„
Drammen	26010	„	Kristiansund	15162	„

Diese Städte liegen sämtlich in der südlichen Hälfte des Landes; Trondhjem ist die nördlichste davon. Die größten nördlich vom Polarkreis gelegenen Städte sind Tromsö (11000), Narvik (7000), Bodö (über 5000).

Alle Städte, bis auf 5, meist sehr kleine, liegen an der See bzw. an Fjorden. Die meisten verdanken ihre Entstehung den kulturellen und wirtschaftlichen Bedürfnissen der Landbevölkerung oder sie sind Ausfuhrhäfen für längere Abschnitte von Fischereiküsten. Ausgesprochene Industriestädte sind in Norwegen, besonders im nördlichen Teil, kaum vorhanden. Die bedeutendste Ortschaft mit rein industrieller Grundlage ist Notodden, in der wasserkraftreichen Skiengegend (S. 413, Abb. 266).

Abb. 266. Nitratwerke Nottodden (Asea).

Noch stärker bestimmend für die Besiedlungsverteilung ist die Landwirtschaft naturgemäß auf dem flachen Lande. Auch die Fischerei ist strichweise sehr maßgebend, z. B. auf den Lofoteninseln, die teilweise dicht besiedelt sind. Mehr als ⅓ der Landbevölkerung wohnt in den südöstlichen Landwirtschaftsgebieten. Hier steigt die Bevölkerungsdichte des flachen Landes stellenweise weit über 50 je km². Gleich hohe Volksdichte haben nur noch Teilflächen der Trondhjemer Senke und der südwestlichen Küste.

Die durchschnittliche Bevölkerungsdichte des ganzen Landes ist nur 8 Seelen/km².

3. Verkehrswesen.

Die gesamte Verkehrswirtschaft ernährt 9% der Landbevölkerung.

Die **Küsten- und Seeschiffahrt** steht an erster Stelle. Ein großer Teil des Inlandverkehrs und fast die ganze Aus- und Einfuhr benutzt den Seeweg. Die Übersee-schiffahrt ist bedeutend und gleicht die starke Passivität der Handelsbilanz aus. In der Binnenschiffahrt überwiegt noch mehr wie in Schweden die Flößerei: Fast alle größeren Gewässer sind von Natur flößbar und nur zur Verminderung des Wasserverbrauches und der Bruchverluste reguliert. Die weitaus wichtigsten Flößgewässer liegen in der südöstlichen Senke, der waldreichsten Gegend des Landes und auf den unmittelbar anschließenden Hochgebirgshängen. Die jährliche Floßholzmenge betrug 1901 bis 1905: 23 Mill. Stämme; hiervon in den beiden großen Strömen der südöstlichen Senke: Glommen und Drammen, allein 6,25 bzw. 5,75 Mill.

Schiffbar sind von Natur nur kurze Strecken der Binnengewässer; allein Tana und Pasvikälv im Norden machen eine Ausnahme. Sie sind auf sehr weite Strecken durch größere Lastboote befahrbar, die Wasserfahrzeuge müssen aber längs der Stromschnellen getreidelt werden. Zur Erleichterung sind am Pasvikälv längs der

Schnellen Hängebahnen gebaut. Im Südosten sind zwei größere Flüsse, Skien und Fredrekshaldsvassdraget, auf größere Längen für kleine Dampfer kanalisiert.

Der um 1810 kanalisierte Abschnitt des Skienflusses, der Norsjö-Skienkanal, verbindet die Hafenstadt Skien mit dem Norsjö, an dem u. a. die wichtigste Industriestadt, Notodden, liegt. Vom Norsjö geht die Wasserstraße durch den kanalisierten Bandakvassdraget nach Dalen weiter. — Die 1852—56 durchgeführte und bis 1887 wesentlich verbesserte Kanalisierung des Fredrikhaldsvassdraget (Fredrikhaldskanal) verbindet den Femsjö mit dem Skulerud und hat 12 Schleusen, davon 4 zur Umgehung der großen Bräkkefälle, deren Wasserkraft ausgebaut ist (S. 471). Der Ausbau erfolgte in erster Linie im Interesse der Flößerei. Wiederholt wurde die Möglichkeit untersucht, den Fredrikhaldsstrom mit dem unmittelbar benachbarten schwedischen Stora Le-See und dadurch mit dem schwedischen Kanalnetz und dem Wenern zu verbinden; zur Verwirklichung dieser Pläne ist es noch nicht gekommen.

Das **Eisenbahnnetz Norwegens** hat eine Gesamtlänge von 3531 km, wovon mehr als ¼ Schmalspurbahnen mit 1067 m Spurweite sind. Das Netz ist somit, auf die Flächeneinheit bezogen, außerordentlich dünn; im Vergleich zur Einwohnerzahl dagegen bedeutend. Fast das ganze Netz entfällt auf die südöstliche Landeshälfte. Nördlich vom Trondhjemfjord sind keinerlei Längsbahnen, nur ganz kurze Querbahnen, gebaut, unter diesen ist die wichtigste die Linie Narvik—Riksgränsen, die Anschlußstrecke der nordschwedischen Erzbahn. Die Landstraßen und Wege mit der ansehnlichen Gesamtlänge von 35000 km haben neben diesem dünnen Eisenbahnnetz große wirtschaftliche Bedeutung. Die norwegischen Eisenbahnen sind größtenteils noch nicht elektrifiziert (vgl. S. 304).

4. Industrie und Wasserkraftausbau.

Industrie und Bergbau nähren mehr als ¼ der Bevölkerung. Der Anzahl der beschäftigten Arbeiter nach stehen die Hauptindustriegruppen in folgender Ordnung: 1. Holzverarbeitende Industrie (einschl. graphische Gewerbe), 2. Eisen- und metallverarbeitende Industrie, Maschinen- und Fahrzeugindustrie, 3. Verarbeitung der Erzeugnisse von Landwirtschaft und Fischerei, 4. Textil- und Bekleidungsindustrie, 5. chemische, elektrochemische und elektrometallurgische Industrie.

Die geographische Verteilung dieser Industrien (Abb. 26) ist natürlich so verschieden, wie die Verteilung der Rohstoffe. Eine ganz andere Reihenfolge ergibt sich bei Gruppierung nach dem Wert ihrer Jahreserzeugung oder nach dem Jahresverbrauch an mechanischer Kraft:

Die norwegischen Industrien, geordnet nach ihrem Anteil an der insgesamt vorhandenen Wasserkraftausbauleistung.

1. Elektrochemische und elektrometallurgische Industrien	42,1%
2. Holzverarbeitende Industrien	12,1%
3. Maschinen- und Fahrzeugindustrie	2,2%
4. Bergbau	1,4%
5. Lebensmittelindustrie	1,3%
6. Textilindustrie	1,2%
7. Sonstige Industrien	0,6%
Summe:	60,9%

Die fehlenden 39,1% sind elektrisch verteilte Energie; ihre Aufteilung auf die verschiedenen Industrien ist (wie in Schweden) leider nicht statistisch erfaßt, so daß jedenfalls die Anteile der weniger auf eigene Kraftanlagen gestellten Gruppen 3, 5, 6, 7 mehr oder weniger zu klein erscheinen. Die grundsätzlich große energiewirtschaftliche Bedeutung der Gruppe 1 und 2 bleibt aber von dieser Verbesserung unberührt. Die Zahlen gelten für 1923, wo die Nachkriegskrise noch nicht ganz überwunden war. Unter Berücksichtigung dieses Umstandes und zugleich der überlegenen Ausnutzungsziffer elektrochemischer und elektrothermischer Betriebe darf man den Energieverbrauch dieser Industriegruppe zu Zeiten ihrer vollen Beschäftigung auf 70% der Gesamtenergieerzeugung des Landes einschätzen. Die elektrochemischen und elektrometallurgischen Industrien sind außerordentlich vielseitig. Die drei Hauptuntergruppen sind:

1. Stickstoff,
2. Karbid und Zyanamid,
3. Elektrometallurgie.

Die Hauptvertreterin der bedeutenden norwegischen Stickstoffindustrie ist die „Norsk Hydro" (Norsk Hydroelektrisk Kvälstof aktieselskab), die 1905 ihre erste kleine Fabrik mit 2500 PS zur Auswertung der Erfindung von Birkeland und Eyde in Notodden errichtete, dann 1907 die erste große mit den 30000 PS der W. A. Svaelgfoss (S. 433) weiterhin vor allem die großen Rjukanwerke in Telemarken ausbaute, so daß sie 1916 über 37500 und 1929 (mit der Anlage Tyin) über 520000 PS verfügte (vgl. Abschnitt 19 und 21). Das Aktienkapital dieses größten norwegischen Industrie-Unternehmens bezifferte sich 1927 auf rd. 58 Mill. Kr., die Jahreserzeugung der Fabriken in Rjukan und Notodden auf 30000 t reinen Stickstoffs, hauptsächlich in Form von 180000 t 13%igem Kalksalpeter („Norgesalpeter"). Die zweite große Vertreterin der Stickstoffindustrie: Odda Smelteverk A. S. (Hardangerfjord) mit 50000 t Jahreserzeugung an Kalziumzyanamid arbeitet mit gemieteter Kraft vom Großkraftwerk Tysse (S. 391).

Nachdem die Badische Anilin- und Sodafabrik, die Vertreterin des wirtschaftlich überlegenen Haber-Bosch-Verfahrens, vergeblich versucht hatte in Norwegen Nutzungsrechte geeigneter Großwasserkräfte zu erwerben und andererseits Versuche der Norsk Hydro zur selbständigen Entwicklung eines neuen gleichwertigen Verfahrens nicht befriedigt hatten, kam um 1927 unter Erhöhung des Aktienkapitals auf rd. 77 Mill. Kr. eine Arbeits- und Interessengemeinschaft Norsk Hydro — I. G. Farbenindustrie zustande, die eine neuartige, starke Fortentwicklung der norwegischen Stickstoffindustrie einleitete (vgl. auch Abschnitt 21).

Die Fabriken und Kraftanlagen in Rjukan wurden zur Hälfte auf das neue Verfahren (Hochdrucksynthese auf Grund elektrolytischer Wasserstofferzeugung) umgestellt, während die übrige Hälfte vorerst noch nach dem alten Lichtbogenverfahren arbeitet. Die Leistungsfähigkeit dieses ersten Ausbaues ist 80000 t/Jr N (Gesamtproduktion der I. G. Farben (1928) 700000 t/Jr). Der überwiegende Teil dieser bedeutenden Produktion wird ausgeführt.

Von ähnlich großer Bedeutung, aber weniger konzentriert sind die elektrometallurgischen Industrien Norwegens, Untergruppe 3. Hier spielt die Aluminiumindustrie die Hauptrolle. Wegen des großen Rohstoffbedarfs (ausländischer Bauxit) sind die Fabriken und Kraftwerke meist unmittelbar an den Fjordküsten angelegt (Abb. 359b). In der Aluminium-Wasserkraftindustrie ist englisches und französisches Kapital von Anfang an (Vigelandsbruk und Stangfjord 1906/08, Abschnitt 19) führend beteiligt gewesen, später auch amerikanisches und norwegisches.

Um 1927 bezifferte sich die Gesamtleistung der für Aluminiumherstellung tätigen Wasserkraftmaschinen auf rd. 120000 PS, die Jahreserzeugung auf rd. 25000 t (Welterzeugung: 187000 t). Hiervon wurden $^4/_5$ ausgeführt. Gleichzeitig waren in Hoyanger-Erweiterung (S. 371) Hougvik und Kinsarvik noch zusammen weitere 120000 PS im Ausbau, entsprechend einer Erhöhung der Erzeugung um 25000 t/Jr [1].

Noch nicht so stark entwickelt, aber sehr entwicklungsfähig ist die elektrische Eisenerzeugung, vor allem wohl auf Grund des vielversprechenden Eisenschwammverfahrens[2] für minderwertige Erze. Erwähnenswert ist auch die elektrothermische Herstellung von Eisenlegierungen, Zink und Silber.

---

[1] Aubert, Teknisk Ukeblad 1. VI. 1928ff. [2] Edwin, Teknisk Tidskrift 12. VI. 1926.

Die elektrochemischen und elektrometallurgischen Industrien haben unter der Nachkriegskrise sehr gelitten (ganz große Werke haben jahrelang stillgelegen, beschlossene Ausbauten wurden eingestellt); die Erholung ist aber stark im Gange. Einige Wasserkraftanlagen, die früher für elektrotechnische Industrien arbeiteten, haben sich inzwischen auf allgemeine Eltversorgung umgestellt.

Die Zweige der Holzveredelungsindustrie sind die gleichen wie in Schweden (S. 61). Die größte Bedeutung hat die Erzeugung von Holzmasse, Papiermasse und Papier.

Fast alle bedeutenderen Wasserkraftanlagen des Landes beliefern elektrochemische und elektrometallurgische Fabriken; nur einige davon sind ausschließlich große Überlandwerke. Die Wasserkraftanlagen der Holzindustrie sind dagegen meistens weniger groß. Abb. 260 gibt eine Übersicht der wichtigsten Großwasserkraftanlagen.

Der gesamte Wasserkraftausbau Norwegens betrug 1922 rd. 1800000 PS (Abb. 265). Die Niedrigwasserleistung war dabei rd. 1300000 PS, also etwa 8% der anzunehmenden (S. 276) verfügbaren und ausbauwürdigen Wasserkräfte des Landes. Am weitesten fortgeschritten ist der Ausbau östlich vom Oslofjord, wo rd. 61% der verfügbaren Wasserkräfte ausgebaut sind; dann folgt die Skiengegend (Telemarken Fylke) mit rd. 36%. An der Westküste sind überall nur einige Prozent, in den nördlichen Landesteilen (in Finmark) noch nicht einmal 1% ausgenutzt.

In der Beteiligung am derzeitigen Gesamtausbau steht Telemarken mit über ⅓ der gesamten Wasserkraftausbauleistung an erster Stelle; die neueste Ausbautätigkeit der Großindustrie bevorzugt aber wieder die Westküste (Abschnitt 21). Die Gesamtausbauleistung war bis 1928 auf rd. 2,1 Mill. PS gestiegen.

5. Organisation der Wasserkraftwirtschaft.

In der Entwicklung der norwegischen Wasserkraftindustrie spielte bisher der Staat als Unternehmer eine geringere Rolle als in Schweden. Den Hauptanteil an der tatsächlich großartigen Entwicklung hatten einige großindustrielle Unternehmungen, Städte und neuerdings auch die Bezirke (Fylke-Einteilung: Abb. 265). Dagegen hat der Staat auf Grund des geltenden Wasserrechts, wie dargetan, große Möglichkeiten für unmittelbar regelnde Beeinflussung.

Die Oberaufsicht über die gesamte Wasserwirtschaft des Landes und die Leitung staatlicher Wasserkraftunternehmungen liegt bei der Hauptverwaltung für Gewässer- und Elektrizitätswesen: „Hovedstyret for Vassdrags- og Elektricitetsvesenet", deren vielseitiger Aufgabenkreis umfaßt: Verwaltung der staatlichen Wasserläufe und Wasserstraßen, Neuerwerb, Planung und Ausführung des Ausbaues von Wasserkräften und Abflußregulierungen für den Staat, — Wahrnehmung der öffentlichen Interessen an allen Wasserläufen, — Ausübung der staatlichen Oberleitung über die Bezirksverwaltungen der Eltversorgung und Beaufsichtigung der Ausführung von Wasserbauten und Eltanlagen, — Beratung der übrigen Staatsbehörden, auch der Steuerbehörden, in wasserwirtschaftlichen Angelegenheiten, — Durchführung und Auswertung hydrographischer Beobachtungen und Veröffentlichung der Ergebnisse. Aufbau und Tätigkeit dieses wichtigen Amtes sind durch Verordnung vom 11. April 1921 und Königliche Entschließung vom 17. Juli 1925, folgendermaßen geregelt:

Die Hauptverwaltung besteht aus dem Generaldirektor und drei Direktoren, die alle vom König ernannt werden, ferner aus fünf vom Reichstag auf drei Jahre gewählten Mitgliedern. Stellvertreter für den Generaldirektor ist einer der Direktoren, für jeden Direktor einer seiner Oberingenieure und für die fünf gewählten Mitglieder fünf ebenfalls vom Parlament gewählte stellvertretende Mitglieder. Jeder der drei Direktoren ist zugleich Vorstand einer der drei Abteilungen der Verwaltung. Die Abteilung für Wasserläufe und Flößerei bearbeitet die allgemeinen

Gewässersachen, Schiffahrt und Flößerei; sie umschließt auch die S. 273 ausführlicher behandelte hydrographische Unterabteilung. Die zweite Abteilung, die Wasserfalldirektion, bearbeitet alle mit den staatlichen Wasserfällen und Wasserkraftanlagen, Eltwerken und Kraftleitungen zusammenhängenden Aufgaben. Die dritte Abteilung, die Elektrizitätsdirektion, regelt allgemeine Eltversorgung, Genehmigungswesen und technische Überwachung der nichtstaatlichen Eltwerke und -leitungen. Die Bestimmungen umschreiben genau, welche Angelegenheiten der Generaldirektor allein entscheidet, welche dem Verwaltungsrat und schließlich: welche dem Arbeitsministerium zur Entscheidung vorzulegen sind.

Der derzeitige Wasserkraftbesitz des Staates ist rd. 2,75 Mill. PS. Hiervon sind etwa 110000 PS (Glomfjord und Hakavik) ausgebaut, im Bau befindlich (1928) 144000 PS (Norewerk). Die staatliche Ausbautätigkeit ist im wesentlichen erst in jüngerer Zeit intensiv betrieben worden (Glomfjord — S. 324 — ist von der Industrie gebaut, vgl. S. 440.

Die überwiegende Rolle in der öffentlichen Eltversorgung spielen die verschiedensten öffentlich-rechtlichen Verbände (Städte, Landgemeinden, Fylke und Gemeindeverbände. Die noch vor kurzem weitgehende wirtschaftliche und verwaltungstechnische Selbständigkeit der Gemeinden ist erst in den letzten Jahren etwas eingeschränkt worden. Diese Selbständigkeit und die Tatsache, daß ein Großteil der Wasserkräfte von jeher im Besitz der Gemeinden war, auch der Staat sich lange Zeit nicht direkt an der Eltversorgung beteiligte, haben (wie auch anderwärts) die Entstehung kommunaler Wasserkraftanlagen begünstigt. Die ersten kommunalen Eltwerke entstanden um 1890 herum in Oslo und Hammerfest. Mit der elektrischen Kraftübertragung entwickelte sich auch die kommunale Selbstversorgung rasch; sie erhielt weiter Antrieb durch die Brennmittelnot der Kriegszeit. Diese neuere Entwicklung war zu rasch, um durchaus gesund sein zu können. Neben hier und da vorgekommenen rein technischen Mißgriffen war der Hauptfehler vielfach, daß die Ausbauleistung zu hoch gewählt ward und die nötigen, meist bedeutenden Kapitalien durch kurzfristige und sehr ungünstige Kredite beschafft werden mußten. Zur Kennzeichnung dieser Entwicklung diene, daß die in Wasserkraftanlagen für öffentliche Eltversorgung angelegten Werte sich von 1916 bis 1923 versechsfacht haben. Zur Zeit haben alle 65 Städte und mehr als die Hälfte der Landorte Elektrizität, und zwar ganz überwiegend aus kommunalen Werken. Wie erwähnt, haben sich in neuester Zeit auch die Fylke der Eltversorgung zugewandt. Hervorzuheben sind die großen Wasserkraftanlagen von Akerhus Fylke: Raanasfoss, von Nord-Tröndelag: Follafoss und die Eltversorgung — nicht aus eigenen Wasserkraftanlagen — von Buskerud Fylke. Der Anlagewert der bis 1923 erstellten Wasserkraftzentralen samt Leitungsnetzen beziffert sich auf 785 Mill. norwegischer Kronen; hiervon entfallen nicht weniger als 83% auf Gemeinden und interkommunale Zusammenschlüsse, 7% auf den Staat und nur 10% auf private Unternehmungen. (Weitere Angaben folgen im Abschnitt 16.)

Ganz anders ist die Lage bezüglich jener Wasserkraftanlagen, die nicht verteilen, sondern im wesentlichen nur eine Fabrik oder eine geschlossene Gruppe von Fabriken versorgen. Von diesen dürften mehr als 90% dem privaten Unternehmertum gehören. Die Fabriken der Holz- und Zelluloseindustrie sind meist mittelgroß, aber zahlreich; dagegen sind die elektrochemischen und elektrometallurgischen Unternehmungen nach Anlage der Fabriken und finanzieller Organisation stark konzentriert. Den größten Wasserkraftbesitz hat die Norsk Hydroelektrisk Kvälstof (Stickstoff-) A. S. (kurz: „Norsk Hydro") mit ihren Tochtergesellschaften: A. S. Svälgfos — A. S. Rjukanfos u. a.; auch die Norsk Aluminium Company steht diesem Konzern nahe. Der Besitz an ausgebauten und im Bau befindlichen Wasserkräften der Norsk-Hydro übertrifft den entsprechenden des Staates ganz erheblich.

Die Seeregulierungen bedeuten in der norwegischen Wasserkraftwirtschaft um so mehr, als der Abfluß meist sehr ungleich und Ausgleich durch Wärmekraft unverhältnismäßig teuer ist. Die Abflußregulierung ist außerdem von Natur oft sehr begünstigt. Organisatorisch vorteilhaft ist es dabei, daß bei manchem kurzen norwegischen Fluß die Wasserkraftausnutzung ganz in der Hand eines einzigen Wasserkraftbesitzers, vielfach einer Gemeinde, liegt. Wichtigstes Beispiel: die Sira (Projekt), an der im wesentlichen nur das städtische E. W. Stavanger interessiert ist. Häufig sind indes doch an einem und demselben Strom mehrere Besitzer interessiert; dann sind zur Durchführung der Regulierung Zusammenschlüsse erforderlich. Solche entwickeln sich oft in Form örtlicher Fabrikbesitzervereinigungen (Brugseierforening), die entweder die Regulierung allein durchführen oder mit den außerhalb der Vereinigung stehenden interessierten Wasserkraftbesitzern Abmachungen treffen. Weitaus wichtigste dieser Vereinigungen ist Skiens Brugseierforening, die zusammen mit Norsk Hydro die zahlreichen Seeregulierungen im Skiengebiet durchführte.

Von den über das ganze Reich tätigen Vereinen, die zur Förderung des Wasserkraftausbaues beitrugen, ist in erster Linie Norske Elektricitetsverkers Forening zu erwähnen. Ein ausgesprochener Wasserkraftverband, ähnlich dem schwedischen (S. 53), besteht nicht; auch erscheinen keine jährlichen Mitteilungen über die Wasserkraftneubauten.

Auch in Norwegen hat die stürmische Entwicklung der Kriegszeit die Frage der Planwirtschaft erstehen lassen und — allerdings erst im Jahre 1919 — die Einsetzung eines „Königlichen Elektrifizierungsausschusses" veranlaßt. Dieser Ausschuß hat seine Arbeiten 1922/23 veröffentlicht; sie werden im nächsten Abschnitt mitgeteilt. Hier seien nur noch kurz die organisatorischen Maßnahmen erwähnt, die der Ausschuß für Sanierung der z. T. in Schwierigkeiten geratenen kommunalen und interkommunalen Eltwerke und für weitere Finanzierung der Eltversorgung des Landes vorgeschlagen hat. Vor allem ist Gründung einer Staatsbank für Gemeindeelektrifizierung vorgesehen, die kurzfristige oder sonst ungünstige Wasserkraftkredite in tragbare umwandeln und Neubauten auf Grund hypothekarischer Belastung der Wasserkräfte finanzieren soll. Etwa trotz dieser Sicherheit eintretende Verluste dieser Bank sollen in erster Linie aus öffentlichen Mitteln gedeckt werden. Die Vorstandsmitglieder der Bank sollen teils durch das Parlament, teils vom König ernannt werden.

Zu ähnlichen Zwecken wurden übrigens auch noch zwei andere Vorschläge gemacht und viel besprochen: der eine zielt auf Gründung einer allgemeinen Gemeindebank, die ausschließlich kommunale Unternehmungen aller Art ohne hypothekarische Sicherstellung finanzieren sollte; der andere betraf Gründung einer allgemeinen Elektrizitätsbank, die nebeneinander staatliche, kommunale, interkommunale und private Wasserkrafteltunternehmungen finanzieren und dabei wie bei dem Vorschlag des Ausschusses sich auf das Hypothekengesetz stützen sollte. Die Bank war dabei als gemeinwirtschaftliche Aktiengesellschaft vorgeschlagen. Keiner der drei Vorschläge ist bisher verwirklicht und die Frage noch offen.

Unterlagen:

Vgl. Abschnitt 13; Statistik Årbok för Norge. — Den Norske Ingeniörforening 1874/1924 (Festkrift), Oslo 1924. — The Financing of Loans for Power Development von B. Stuevold Hansen, Londoner Kongreß Bd. IV, S. 1323. — Utbygget Vannkraft i Norge 1923. — Vannkraften i Sydlige Norge, i Troms og Finmark, i Trøndelag og Nordland (3 Hefte 1919—1922), Hydrografiske Undersökelser i Norge 1924. — Amtliche Veröffentlichungen von Norges Vasdrags- og Elektricitetsvesenet. — Norsk Hydros kraftanlegg i Telemarken, Oslo 1926. — Teknisk Ukeblad, insbes.: 1926, S. 28. — Frankf. Ztg. 14. X. 1928 Nr. 771.

16. Abschnitt. Die Elektrizitätswirtschaft Norwegens.

1. Allgemeines.

Von dem vorausgeschickten Überblick über die Entwicklung der Wasserkraftnutzung in den verschiedenen Industriezweigen wenden wir uns der Entwicklung der Eltwirtschaft ohne Rücksicht auf die Art der Kraftquelle, besonders den Fragen der allgemeinen Landesversorgung zu.

Abb. 267 zeigt die Entwicklung der Gesamtanschlußgröße in der öffentlichen und nichtöffentlichen Elektrizitätsversorgung Norwegens von 1900 bis 1922. Von 1912 an ist die Anschlußgröße der elektrochemischen Industrie, der Lampen, Elektromotoren und sonstigen stromverbrauchenden, hauptsächlich Koch- und Heizeinrichtungen, Elektrokessel u. dgl. gesondert dargestellt. (Bei Würdigung der Darstellung ist Benutzungsdauer und Gleichzeitigkeitswert zu berücksichtigen! Die tatsächlich überschüssige Generatorenleistung ist daher erheblich größer, als dem Unterschied der beiden obersten Kurven entspricht.) Von den besonderen Verbrauchsarten sind die elektrochemischen auf die Großindustrie beschränkt; die Motorenanschlüsse dienen gleichfalls überwiegend industriellen Zwecken; dagegen gehören die beiden zu unterst dargestellten Verbrauchsklassen überwiegend dem bürgerlichen Bedarf an.

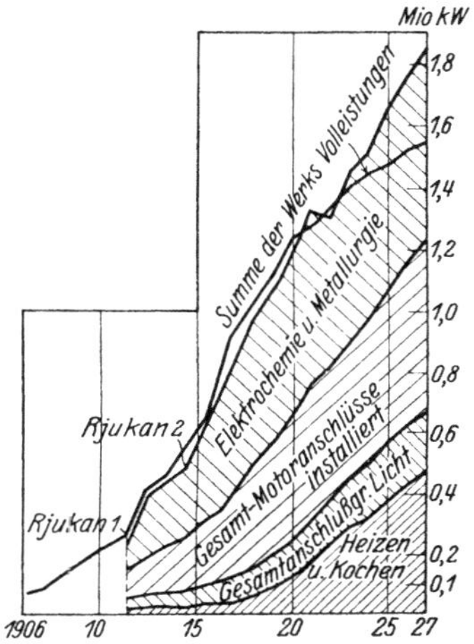

Abb. 267. Leistungsentwicklung der Elt-Erzeugungs- und Verbrauchsanlagen Norwegens. 1900—1922. (Elt-Ausschuß.)

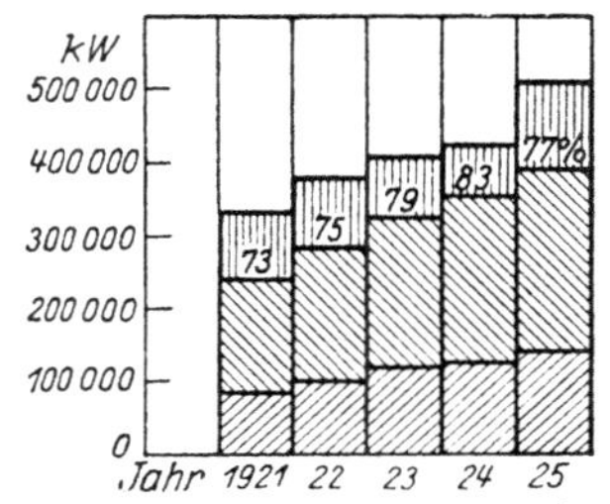

Abb. 268. Entwicklung der Höchstbelastung und verfügbaren Leistung in der allgemeinen Eltversorgung Norwegens. (Verf. v. Norberg-Schulz.)

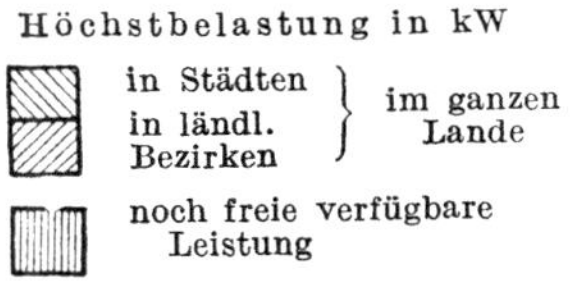

Eine dieser Statistik der Anschlußverteilung entsprechende Aufstellung über die Verteilung des Energieverbrauchs gibt es in Norwegen (wie in den meisten anderen Ländern) nicht. Aber eine Reihe anderer, für die Entwicklung und den Stand der norwegischen Eltversorgung bezeichnender Angaben lassen sich aus den von Norberg-Schulz bearbeiteten Jahresübersichten und der Sandbergschen Statistik entnehmen: Abb. 268 veranschaulicht das Wachstum der Höchstbelastungen und verfügbaren Leistungen der für öffentliche Versorgung arbeitenden Zentralen. Die schnelle Steigerung der Höchstbelastung in verhältnismäßig kurzer Zeit ist bemerkenswert. Die Darstellung umfaßt nur die Energieerzeugung in rein öffentlichen, fast ausnahmslos: kommunalen, interkommunalen, Fylkes- und Staatskraftwerken; die nicht unerhebliche Stromlieferung für allgemeine Elektrizitätsversorgung im Nebenbetrieb aus großindustriellen Kraftwerken (Borregaard, Saudefaldene, Tyssefaldene, Embretsfoß, Bjölvo, Bremanger, in der letzten Zeit auch Rjukan u. a.) ist nicht inbegriffen.

Den Überblick über die Entwicklung des Leistungsbedarfs ergänzt Abb. 269, Darstellung der Zunahme der angeschlossenen Bevölkerungszahl: Während die Städte schon 1916 alle elektrifiziert waren, sind fast $^{2}/_{3}$ der heute versorgten Landbevölkerung erst von 1916 an in die allgemeine Elektrizitätsversorgung einbezogen.

Ende 1925 bot die Eltversorgung der norwegischen Bevölkerung folgendes Bild:

Gesamtbevölkerung:	rd. 2,7 Mill.,	davon versorgt:	1,9 (70%)
Städtische Bevölkerung:	„ 0,85 „	„ „	0,82 (97%)
Ländliche „	„ 1,85 „	„ „	1,08 (58%).

Im einzelnen ist die ländliche Versorgungsziffer bezirksweise noch sehr ungleich: in Östfold, Akershus, Vestfold waren Ende 1925 alle Gemeinden versorgt, in Finmark nur 6,6 Bevölkerungsprozent.

Das fast parallelgehende Wachstum der gesamten Höchstbelastung bei den städtischen und Überlandelektrizitätswerken ist demnach auf verschiedenen Wegen erreicht: in den Städten durch Steigerung des Einzelverbrauchs (intensiv), auf dem Lande durch Ausdehnung der Versorgungsbezirke (extensiv). Dabei erfolgte in den Städten der Ausbau der Versorgungsanlagen überwiegend im Wege der Erweiterung bestehender Werke, fortgesetzter Seeregulierungen u. dgl., und die Finanzierung war auf Grund gesicherter materieller Grundlage leicht und vorteilhaft durchführbar. Auf dem Lande dagegen verlangte die Ausdehnung der Absatzgebiete den Bau umfangreicher Leitungsnetze, meist auch neuer Kraftwerke, und alles mußte unter dem Drucke äußerster Brennstoffnot bei zwei- bis dreifachen Friedenspreisen mit teuerem, kurzfristigem Kredit durchgeführt werden.

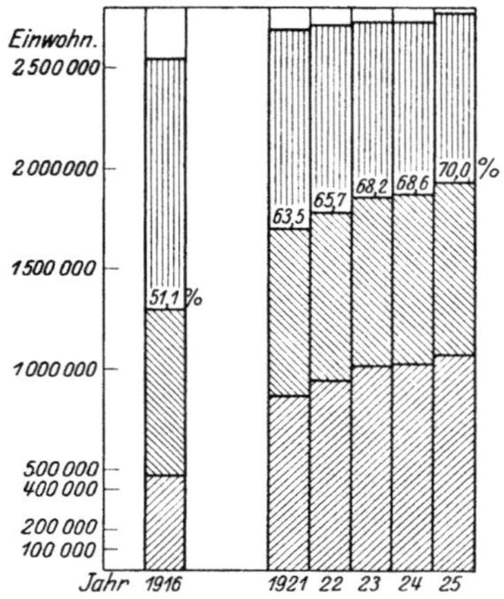

Abb. 269. Wachstum der an Eltwerke angeschlossenen Bevölkerung Norwegens. (Verf. n. Norberg-Schulz.)

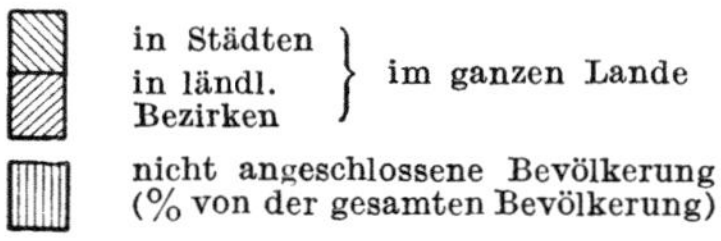

Welche Kopfquoten der Höchstbelastung in der allgemeinen Elektrizitätsversorgung bei dieser Entwicklung in Städten und auf dem Lande erreicht wurden, zeigt Abb. 270. Berücksichtigt man auch, daß in den Werten zu erheblichem Teil noch die Stromversorgung von Fabriken ohne Eigenkraftwerk (keineswegs aber[1] der Wasserkraftgroßindustrie!) miterfaßt ist, so bleiben die Werte doch im Vergleich mit deutschen Durchschnittsverhältnissen sehr hoch. Über das ganze Land sind natürlich auch in dieser Quote große regionale Unterschiede: Finmark 8 W/Kopf und Telemarken 180 W/Kopf in den rein ländlichen Distrikten und 85 W/Kopf in den Städten von Finmark und 580 W/Kopf in denen von Vest-Agder.

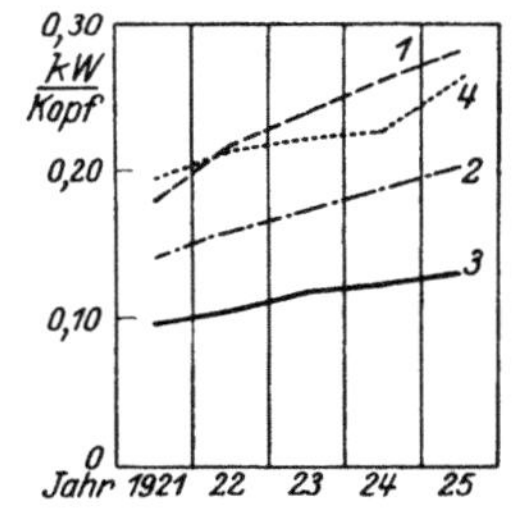

Abb. 270. Kopfquoten der Höchstbelastung in der allgemeinen Eltversorgung bezogen auf angeschlossene Einw.-Zahl. (Verf. n. Norberg-Schulz.)

1 in Städten; *2* im ganzen Lande; *3* in ländlichen Bezirken; *4* verfügbare Höchstleistungen in den angeschlossenen Gebieten.

Tabelle 132.

Werk (vgl. Stichwortverz.)	„a" kWh/Kopf	„b" h/Jr.
Aust-Agder (Bezirkszentrale)	810	4850
Bergen (Städt. El.-Werk)	920	3740
Elverum (Städt. u. Überl.-El.-Werk)	333	5250
Hakavik (Vollbahn-El.-Werk)	—	1245
Lillehammer	3100	5290
Oslo (Städt. El.-Werk)	1300	4870
A/S Ryfylke (Überl.-Zentrale)	—	3230
Stavanger (Städt. El.-Werk)	1160	4130
Tafjord (Überl.- u. Industrie-El.-Werk)	980	5730
Trondhjem (Städt. El.-Werk)	1330	4750
(„ mit Großabnehmern	—	5210)
Vamafoß	—	4770
(„ mit Großabnehmern	—	5294)

Die Kopfquoten der Energieerzeugung und die Benutzungsdauern stellen sich würdig neben diese Zahlen: Nachstehend zur Veranschaulichung zunächst einige Stichproben aus der Statistik von Norske Elektrisitetsverkers Forening für 1925/26 über „a": Energieabgabe ab Werksammelschienen (einschließlich Eigenverbrauch bezogen auf den Kopf der versorgten Bevölkerung), „b" Benutzungsdauer aus „a" und Höchstbelastung des Werkes.

[1] Im Gegensatz zu einer in Deutschland verbreiteten irrigen Annahme, vgl. z. B. Eltwirtschaft 1927, S. 44.

Im Jahre 1915 betrug die Elterzeugung nach Schätzung von Norberg-Schulz etwa 8 Mia. kWh oder 3000 kWh/Kopf. Auf die Großindustrie (elektrochemische und holzveredelnde) entfielen etwa 5,5 Mia.; der Rest von 2,5 Mia. entfiel auf die allgemeine Landesversorgung. Die Zahlen des durchschnittlichen Jahresverbrauchs für Beleuchtung, Hausbedarf, kleineres und mittleres Gewerbe waren 1925: in den Städten (bzw. auf dem Lande) 1500 (bzw. 600) kWh/Kopf. Dieses außerordentlich günstige Ergebnis wird zum großen Teil der überwiegenden Verbreitung des reinen kW-Pauschaltarifs in Verbindung mit Leistungsbegrenzern zugeschrieben. Der Pauschalpreis liegt zwischen 100 bis 300 Kr/kW/Jahr.

Nach Schätzungen verteilte sich die Energieerzeugung folgendermaßen auf die nebenstehenden Hauptverbrauchsgruppen:

	Insgesamt Million kWh	Je Kopf der: gesamten Bevölkerung	Je Kopf der: versorgten Bevölkerung
Für Beleuchtung und Hauszwecke	1500	557	790
Für motorische Zwecke	1000	370	530
Für Großindustrie	5500	2040	2900
Insgesamt	8000	2967	4220

An Elterzeugungs- und Verteilungswerken bestanden Ende 1925 in Norwegen 369 öffentliche von mindestens solcher Größe, daß sie noch für die allgemeine Landesversorgung Bedeutung beanspruchen konnten. Von ihrer Gesamtmaschinenleistung von 410000 kW waren 385000 mit Wasserkraft betrieben. Außerdem standen noch rd. 100000 kW Maschinenleistung aus großindustriellen Wasserkraftanlagen im Wege der Großkraftmiete (65000) oder Staatsbeteiligung im Dienste der öffentlichen Eltversorgung (Rjukan mit 20000 und Mörkfoß-Solbergfoß mit 12000 kW). Die Summe der Höchstbelastungen (also nicht genau die gesamte höchste gleichzeitige Belastung!) war 392000 kW (141500: Dörfer, 243000: Städte und 7500: unmittelbare Belieferung). Von den 369 Werken waren 10 Großkraftlieferanten, 161 unmittelbar an die Verbraucher verkaufende und 198 Wiederverkäufer. Die geringe Volkszahl der Versorgungsbereiche (100000 herab bis 60000) beweist weitgehende Zersplitterung. Norberg-Schulz betont deren wirtschaftliche Nachteile und die Möglichkeit, durch Zusammenschlüsse Verbesserung der Benutzungsdauer zu erzielen. Man darf dem grundsätzlich zustimmen, ohne doch zu übersehen, daß eine stärkere Aufteilung der Eltwirtschaft bei der dünnen Bevölkerung weiter Landstriche und weiten Verbreitung auch kleiner ausbauwürdiger Wasserkräfte in den Verhältnissen, namentlich West- und Nordnorwegens, eine gewisse natürliche Begründung findet.

Ergänzend: Die gesamte in Norwegens Wasserkraftanlagen eingebaute elektrische Maschinenleistung war Ende 1921: 1,3 Mill. kW und der jährliche Zuwachs in den letzten Jahren rd. 30000 kW. Hieraus und aus obigen Zahlen der öffentlichen Versorgungswerke geht wiederum die Größe des Anteils der großindustriellen Eigenanlagen hervor.

Finanzwirtschaftliches: Ende 1925 waren in den Kraftwerken der öffentlichen Eltversorgung (ohne die Großkraftwerke der Wasserkraftindustrie — einschließlich Stauanlagen, Seeregulierungen, Hoch- und Niederspannungsleitungen, Umspannwerken) 870 Mill. Kr. angelegt, davon waren 115 = 13,2% bereits abgeschrieben, und zwar überwiegend in den städtischen Betrieben. Von dem verbliebenen Buchwert von 755 entfallen 335 Mill. Kr. (820 Kr/kW) auf die Erzeugungsanlagen bis einschließlich Krafthaus und 420 (1020 Kr/kW) auf die Übertragungs- und Verteilungsanlagen. Im Vergleich mit den von Großkraftwerken der Wasserkraftindustrie bekannten z. T. sehr niedrigen Ausbaukosten (Abb. 5) sind diese Zahlen hoch, was neben anderem mit der geringen Durchschnittsgröße der öffentlichen Werke und der Kriegsverteuerung der, meist neueren, Anlagen zusammenhängt. (Die Verteuerung gegenüber den Preisen von 1914 bezifferte sich 1919 auf 2,5 : 1 für die Werksbauten und

3 : 1 für elektrische Übertragungsanlagen. Die Preise von 1923 waren wiederum nur noch das 0,8- bis 0,75fache derjenigen von 1919. Im Jahre 1927 war das durchschnittliche Preisverhältnis für Bauten und Übertragungsanlagen gegenüber 1914 noch 1,9 : 1.)

Die Roheinnahmen (1925/26) aus unmittelbarem Verkauf an die Kleinverbraucher betrugen: in Dörfern 31,2, in Städten 52,2, zusammen 83,4 Mill. Kr. oder rd. 11 % der Buchwerte. Im Jahre vorher waren es 11,6 % gewesen, der Rückgang erklärt sich durch Inbetriebnahme mehrerer neuer Werke.

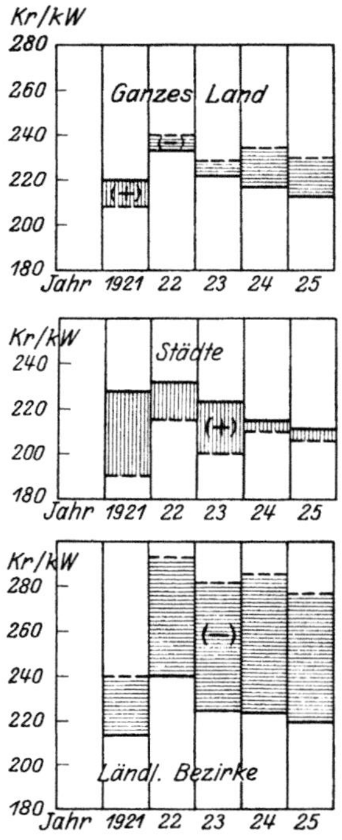

Abb. 271. Wirtschaftliche Ergebnisse norwegischer Eltwerke. (Verf. n. Norberg-Schulz.)
Einnahmen
Ausgaben
Überschuß
Verlust

Die Gesamtausgaben betrugen (Zinsen, Abschreibungen, Verwaltungskosten, Stromeinkauf) 89,9 Mill. Kr., so daß im Durchschnitt ein Überschuß von 6,5 Mill. Kr. oder 0,85 % der Buchwerte verblieb, was recht niedrig ist.

Die in den Verbrauchsanschlüssen angelegten Summen schätzt Norberg-Schulz auf: Beleuchtung 167,5; Kraft 98,5; Heiz- und Kochapparate 29,0; zusammen 295 Mill. Kr. Unter Anrechnung von weiteren 119 Mill. Kr. für anteilige Anlagekosten in den nur z. T. für öffentliche Versorgung arbeitenden großindustriellen Kraftwerken kommt er mit obigen 870 Mill. Kr. auf eine Summe von 989 + 295 oder rd. 1300 Mill. Kr. für die gesamten Kapitalwerte der dem bürgerlichen Eltbedarf dienenden Anlagen.

Der durchgreifende Unterschied im Werdegang der Stromversorgung in Stadt und Land erklärt es (neben den allgemein verbreiteten und bekannten Gründen), daß die Überlandwerke überwiegend (13 von 18) mit Verlusten arbeiteten, während die Versorgung der Städte zwar im Durchschnitt bescheidene, in nicht seltenen Einzelfällen aber bedeutende Überschüsse aufwies (Abb. 271). Ein Zurückgreifen bis 1916 hätte das Bild noch eindrucksvoller gestaltet, war aber mangels genügender Unterlagen nicht möglich. Da die norwegischen Baupreise seit einigen Jahren kräftig zurückgingen (siehe oben) und die finanziellen und technischen Erfahrungen der lebhaften Bautätigkeit in den letzten Kriegs- und ersten Nachkriegsjahren der Wirtschaftlichkeit der neu unternommenen Landeselektrizitätswerke zugute kommen, ist eine Besserung der Durchschnittsrente zu erwarten. Eine vollkommen selbsttragende Gestaltung der ländlichen Stromversorgung ist indes in gewissen Teilen Norwegens bei der geringen Bevölkerungsdichte und der Größe der den Leitungsbau sehr verteuernden Geländeschwierigkeiten wohl nie zu erwarten.

Träger der öffentlichen Eltversorgung sind neben den Städten, vereinzelten Privaten und Gesellschaften, auf dem Lande überwiegend die Bezirke (Fylke) oder Gemeindeverbände (um 1923 waren es 25), die z. T. bis zu 15 Gemeinden als Mitglieder umfaßten. Der Staat beschränkte sich bisher auf überwachende und regulierende Tätigkeit. Mit dem Bau des Großkraftwerkes Nore (S. 440) und dem Ankauf von Glomfjord tritt er aber auch als Großerzeuger auf, wird aber die Kleinverteilung nach wie vor den Gemeindeverbänden und Bezirken überlassen.

Bemerkenswert groß ist die Zahl der allgemein für die Förderung der Eltwirtschaft tätigen Vereine in Norwegen. Die wichtigsten sind: Norsk Landmannsforbund — Den Norske Ingeniørforening — Polyteknisk Forening — Norsk Elektroteknisk Forening — Norske Elektrisitetsverkers Forening — Norske Private Kraftverkers Forening — Den Norske Fellesforening for Håndverk og Industri — Norges Industriforbund — Brukseiernes Landsforening.

Die Erzeugungs- und Abgabepreise je kW weichen in den Einzelwerken außerordentlich stark von den in Abb. 271 dargestellten Durchschnittswerten ab, wie auch in den Anlagekosten sehr bedeutende Unterschiede zwischen den verschiedenen Werken festzustellen sind.

2. Die ländliche Elektrizitätsverwendung.

An das allgemeine Elektrizitätsnetz angeschlossene Industriebetriebe des flachen Landes sind vorwiegend Mühlen, Meiereien, seltener kleine Sägewerke, die meist eigene Kraft haben. Am interessantesten sind die meist weitgehend elektrifizierten Dorfmühlen. Im Gegensatz zu Schweden, wo das Getreide meist lufttrocken verarbeitet wird, und zu Finnland, wo die Getreidetrocknung ganz allgemein, aber nicht elektrisch durchgeführt ist, haben die norwegischen Landmühlen durchgängig elektrische Getreidetrocknung. Eine mittlere, jährlich 40 bis 50 Sack Viehfutter und 800 bis 1000 kg Walzenmehl erzeugende Landmühle ist meist 8 Monate lang im Betrieb und braucht 40 bis 50 kW. In den Gärtnereien führt sich neuerdings elektrische Beheizung der Treibhäuser mit Überschußnachtkraft ein. Die eltwirtschaftliche Bedeutung all dieser Verbrauchsarten tritt aber im ganzen weit zurück hinter dem Stromverbrauch der Wohnungen und landwirtschaftlichen Maschinen. Eine amtliche Erhebung bei einem Teil der im ganzen rd. 100000 elektrifizierten Landwirtschaften gestattet Angaben über die feinere Verteilung des Strombedarfs: Die untersuchten 391 Höfe verbrauchten im ganzen jährlich durchschnittlich 21 kWh/ha, wovon 1,5 bis 3,0 kWh, also rd. 10% für Motoren (Dreschen, Sägen, Häckselschneiden, Hausmahlen, Pumpen, Torfpressen usw.), den überwiegenden Rest aber für den Bedarf der Wohnungen und der Stallungen. Motorische Antriebe außerhalb der Höfe, elektrische Pflüge, Eggen usw. sind in Norwegen nur vereinzelt, mehr versuchsweise angewandt. Die Zukunftsaussichten werden ähnlich wie in Schweden zu beurteilen sein (S. 76). Mit Elektrosilage und Elektrokultur beschäftigt man sich auch in Norwegen. Die auffallende Höhe der Kopfquote des Stromverbrauchs in Wohnungen und Ställen rührt hauptsächlich von der umfangreichen Eltverwendung zum Kochen, Wärmen von Wasser und Milch für das Kalb, z. T. auch zum elektrischen Heizen her. Elektroheizung hat sich auf dem Lande, selbst in holz- und torfreichen Gegenden, gut eingeführt. Der Generalsekretär von Norske Elektrisitetsverkers Forening, Ingenieur Sandberg, meint, daß unter den norwegischen Wirtschaftsverhältnissen das Kochen auch auf dem Lande allmählich ganz auf Elektrizität umgestellt werden kann, das Heizen dagegen nur in holzärmeren Gegenden und da auch nur in der Form, daß eine gewisse mäßige (Grund-) Heizung elektrisch, der Spitzenbedarf dagegen mit Holzöfen bestritten wird.

3. Der städtische Elektrizitätsverbrauch.

In den norwegischen Städten hat sich nach obigem die Eltversorgung sehr günstig und zukunftsreich entwickelt. Alle städtischen Eltwerke haben Wasserkraftanlagen, mit Ausnahme einiger ganz kleinen, meist weit nördlich gelegenen, wie Vardö, Vadsö. Einige unter den Wasserkraftelektrizitätswerken haben Dampf- oder Dieselreserven, die wesentlich nur bei Betriebsstörungen, sonst höchstens für ganz kurze Belastungsspitzen gebraucht werden; die neueren Anlagen benützen indes auch als Reserve Wasserkraftmaschinen. (In Oslo sind elektrische Akkumulatoren für teilweisen Tagesausgleich im Winter im Gebrauch [vgl. Abb. 272a, 272b].) Hier stand auch einmal ein Vorschlag Ing. Kincks zur Pumpspeicherung in einem natürlichen See zur Erörterung, der dann aber hinter andere (organisatorische) Lösungen zurücktreten mußte. Die Gesamtleistung der Wärmekraftmaschinen betrug 1926 nur 25000 kW, diese Zahl hat schon eine Reihe von Jahren her keinen Zuwachs erhalten; der Löwenanteil der allgemeinen Elektrizitätsversorgung liegt bei der Wasserkraft. Da ein großer Teil der Anlagen aller städtischen Eltwerke in den billigen Vorkriegs- und Kriegsanfangszeiten geschaffen ist, konnten diese Betriebe auch in den schlimmsten Teue-

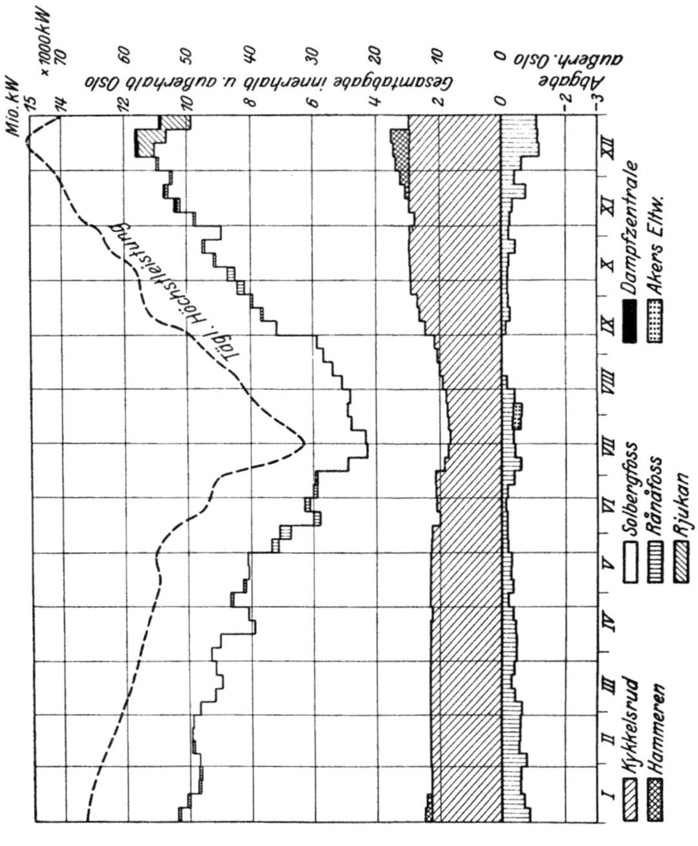

Abb. 272b. Jahresgang der mittleren Wochenleistung (Mio. kW/Wo.) und tägl. Höchstleistung (Umhüllende) (kW).

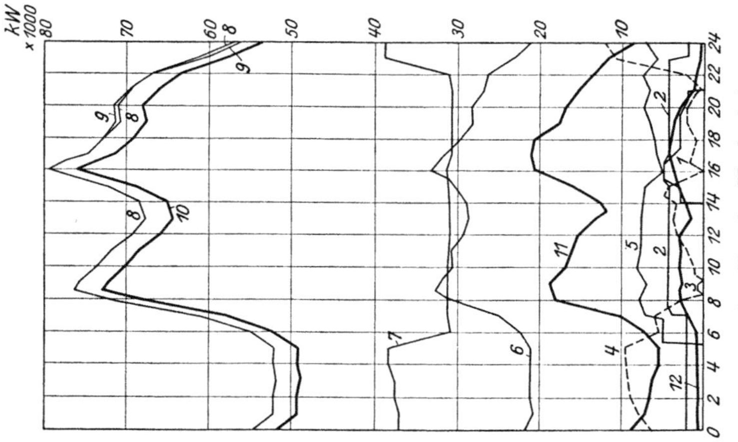

Abb. 272a. Am Tag der Höchstbelastung (17. VII.).

Abb. 272a/b. Eltwerk Oslo. Belastungsverhältnisse 1927. (Jahresbericht.)

Erläuterung: *1* Dampfkraftwerk; *2* W. A. Hammer (kleine ältere Anlage); *3* Bezug von Raanaasfos; *4* Abgabe von Raanaasfos; *5* Bezug von Rjukan und Drammen; *6* Bezug von Kykkelsrud und Solbergfos (Staatsanteil Solbergfos); *7* Solbergfos (städt. ⅔-Anteil); *8* Summe *1–7* Gesamterzeugung; *9* Batterie; *10* Gesamtabgabe ins Stadtnetz 1927; *11* Gesamtabgabe ins Stadtnetz 1917; *12* Gesamtabgabe ins Stadtnetz 1907.

rungsjahren billigen Strom liefern, was naturgemäß sehr zur Erhöhung der Kopfquote und Erweiterung der Werke beitrug. Dieses Beispiel zeigt recht schlagend einen der großen — in der öffentlichen Besprechung in der Regel zu wenig gewürdigten — indirekten Vorteile der Wasserkraft vor Wärmekraft und Gasversorgung! Nach

Sandberg ist in Abb. 273 die Entwicklung des Eltverbrauchs und der Strompreise derjenigen der Gasversorgung gegenübergestellt. Sandberg weist nach, daß dem elektrischen Kochen der einzige ernsthafte Wettbewerb vom Gas bereitet werden kann, sofern die Stadt ein Gaswerk besitzt. Er weist ferner darauf hin, daß Gaskochen in den Städten zwar um ein Geringes billiger kommt als elektrisches Kochen, dieser Unterschied aber gegenüber den praktischen Vorzügen des elektrischen

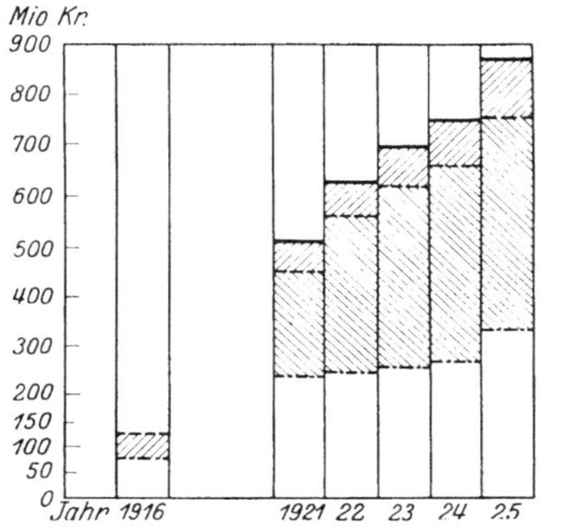

Abb. 273a. Entwicklung des Elektrizitätsverbrauchs in kW, des Elektrizitätspreises je kW, des Gasverbrauches und Gaspreises in norwegischen Städten. (Sandberg.)

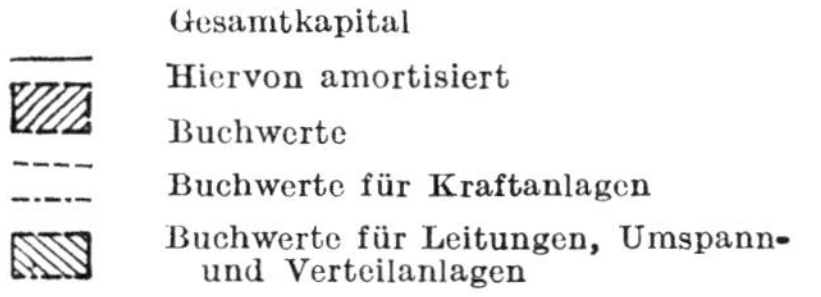

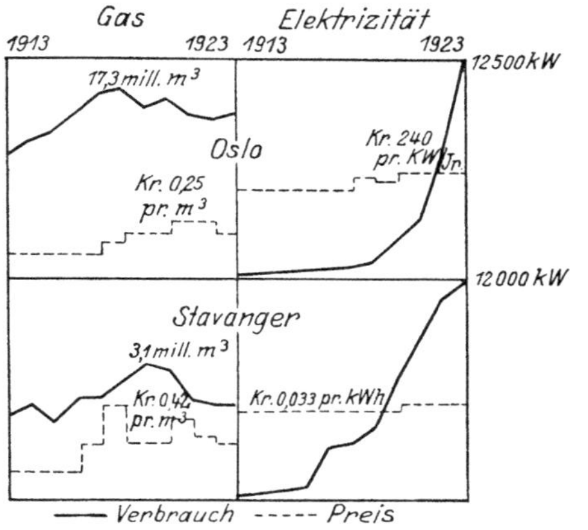

Abb. 273b. Investiertes Kapital der öff. Eltversorgung in Norwegen. (Verf. n. Norberg-Schulz.)

Kochens gering ist und zudem eine steigende Entwicklung zeigt; so daß der vollständige Sieg der elektrischen Küche in den Städten in absehbarer Zeit zu erwarten sei. Tatsächlich hat jetzt schon das elektrische Kochen in norwegischen Städten eine außerordentliche Verbreitung. Sandberg schätzt die gesamte Anschlußgröße der elektrischen Kochgeräte in Norwegen auf 150000kW, wovon etwa $^2/_3$ auf die Städte entfallen dürften, entsprechend einer Kopfquote von über 100 W/Kopf, eine Zahl, die wohl nirgends in Europa auch nur näherungsweise erreicht ist. Weniger günstig beurteilt Sandberg die Aussichten für elektrische Raumheizung, die sich bisher noch nicht allgemein eingeführt hat. In den norwegischen Städten, besonders in denen mit Gaswerk, ist der Koks das wichtigste Heizmaterial, und es ist u. a. eine Frage örtlicher Verhältnisse, wie weit er vom elektrischen Strom verdrängt werden kann. Bei dem ziemlich kontinentalen Klima der Osloer Senkengegend ist dies in dem meistbevölkerten Landesteil nur beschränkt zu erwarten; denn bei den vorherrschenden Pauschal- oder Grundgebührentarifen würde eine intensive Heizung die Stromkosten sehr in die Höhe treiben. Sandberg hat für die klimatischen Verhältnisse der Osloer Senke unter bestimmten Annahmen betreffend Größe der Wohnung auf Grund eines Kokspreises von 5 Kr/hl ein Schaubild (Abb. 274) ermittelt, aus dem die wirtschaftliche Anschlußgröße einer Raumheizung als Funktion des kW-Preises zu entnehmen ist unter Annahme der Deckung des Wärmespitzenbedarfs durch ergänzende Koksheizung. In dem gleichmäßigeren Klima Westnorwegens ist die wirtschaftliche Ausbaugröße der Raumheizung weniger vom kW-Preis abhängig. Die übrigen elek-

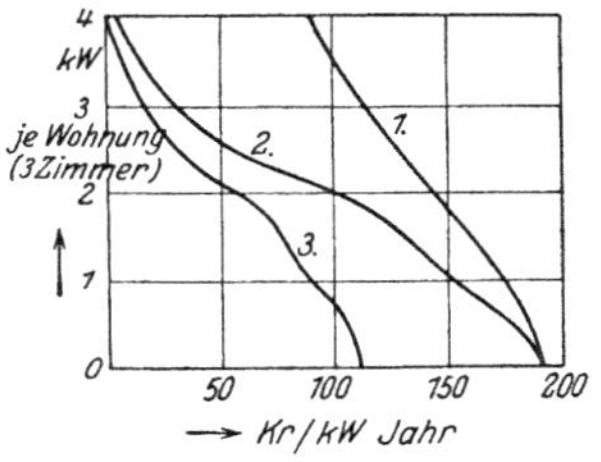

Abb. 274. Grenze der für Heizzwecke mit wirtschaftlichem Vorteil anwendbaren kW als Funktion des kW-Preises für die Osloer Senke. (Sandberg.)

trischen Haushaltsapparate, Staubsauger, Nähmaschinen u. dgl., spielen energiewirtschaftlich keine wesentliche Rolle.

Das Ergebnis seiner Untersuchung über die Aussichten der Haushaltelektrifizierung faßt Sandberg in nachstehende Übersicht der in absehbarer Zeit zu erwartenden Belastungen und Energiemengen zusammen, wobei er Städte und Landorte zusammennimmt.

Anwendungszweck	Beanspruchte Zentralen-leistung kW	Strombedarf Mio. kWh	Benutzungs-dauer Std./Jahr
Beleuchtung	130000	325	2500
Beleuchtung und Kochen	570000	2075	3620
Beleuchtung, Kochen und Heizen	675000	4800	7100
Gesamter Haushaltbedarf	700000	4825	6900

Die (vom Verf. berechneten) Werte der Benutzungsdauer zeigen, daß die Sandbergschen Annahmen über den Strombedarf vergleichsweise hochgegriffen sind. Beim Kochen ist dies durch die Anwendung wärmespeichernder Herde, beim Heizen durch die Beschränkung auf „Grundheizung“ erklärlich. Trotzdem müssen, namentlich im Hinblick auf die Angabe für den Beleuchtungsstrom die Stromverbrauchszahlen als etwas optimistisch bezeichnet werden.

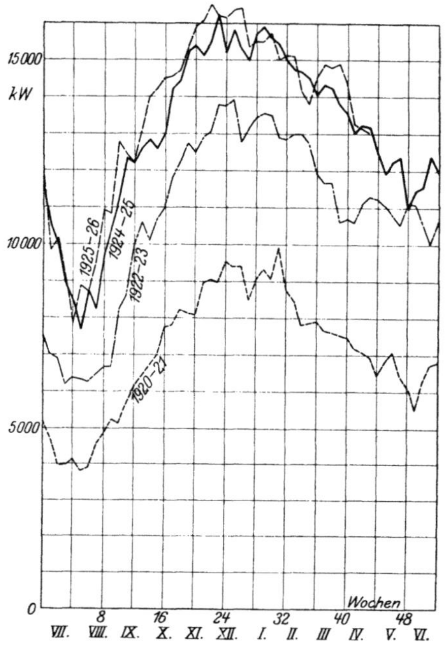

Abb. 275a. Ganglinien der Höchstbelastung des städt. E. W. Trondhjem. (Verw.)

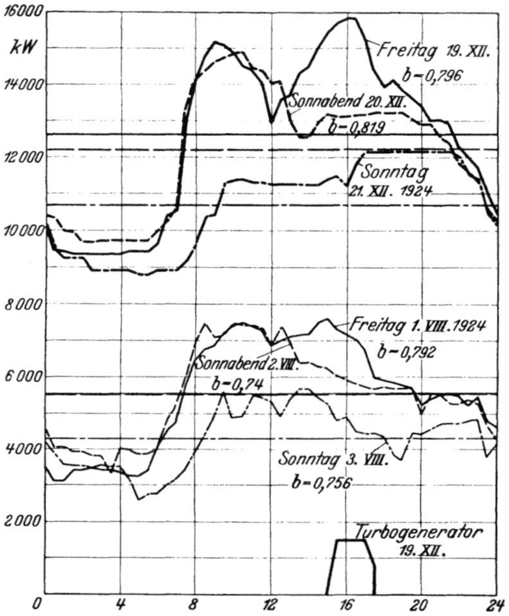

Abb. 275b. Tagesbelastungskurven des E. W. Trondhjem an einem Wochenende im Monat August und Dezember. (Verw.)

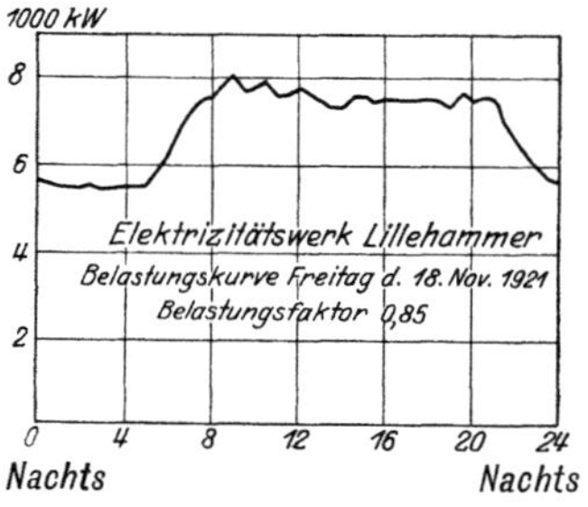

Abb. 276a. E. W. Lillehammer.

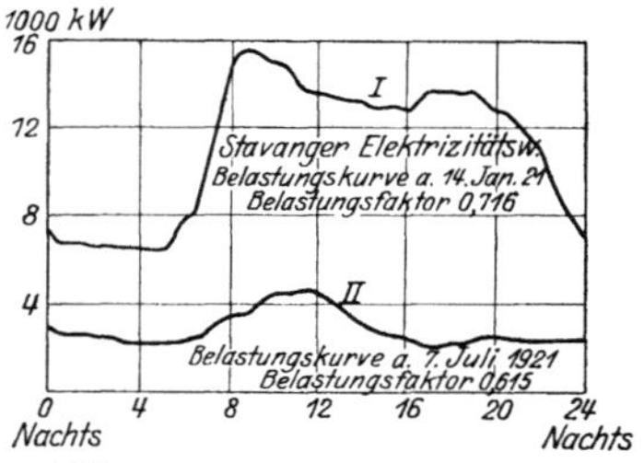

Abb. 276b. E. W. Stavanger. (Haga.)

Abb. 276a/b. Tagesbelastungslinien. (Haga.)

Nach Sandbergs Aufstellung würde sich allein für den Haushaltsbedarf eine Quote von 265 W und 1820 kWh je Kopf ergeben, wobei er anscheinend eine Entwicklungszeit von 2 bis 3 Jahrzehnten im Auge hat und für den Heizstromverbrauch noch eine weitere Steigerung der Kopfquote für möglich hält. Auch wenn man an Sandbergs Veranschlagung kräftige Abstriche vornimmt, bleibt immer noch ein z. B. deutschen Verhältnissen gegenüber hoher Kopfverbrauch der Haushaltselektrifizierung; und damit darf auch nach Ansicht des Eltversorgungsausschusses (S. 307ff.)

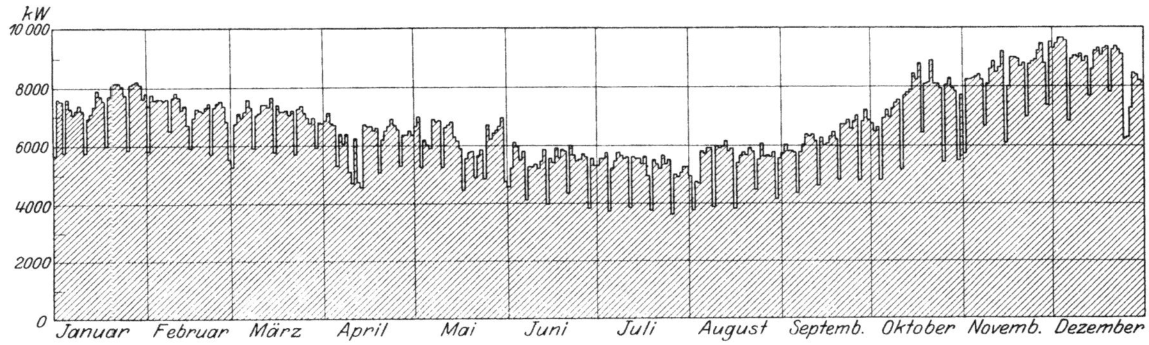

Abb. 277. Aust. Agder E. W. Höchstbelastungsganglinie. (Verw.)

die norwegische Eltwirtschaft tatsächlich rechnen. Man vergleiche die S. 296 gegebenen Zahlen aus der Statistik 1925/26.

Der Einfluß des elektrischen Kochens kommt teilweise noch klarer in der relativ starken Ausgeglichenheit der Tagesbelastungskurven zum Ausdruck, Abb. 275 u. 276. Zum Vergleich ist noch die Jahresbelastungskurve der großen Überlandzentrale Aust-Agder abgebildet; das Herbstmaximum, Folge des Dreschmotorenbetriebes, ist hier (Abb. 277) ausgeprägt.

4. Tarifwesen, Strompreise.

Die anderwärts vielfach übliche und theoretisch gut begründete Tarifform: „feste Leistungsgrundgebühr mit Arbeitsverbrauchgebühr" ist in Norwegen wenig angewandt. Der reine Gebührentarif (kWh-Preis) wird meist nur in besonderen Fällen, bei Sommerwohnungen u. dgl., gewählt. Am beliebtesten scheint der sogenannte kombinierte Tarif, ein Leistungspauschale in Verbindung mit Strombegrenzer für den gesamten Hausverbrauch. Zur Förderung des elektrischen Kochens und Heizens wurde diese einfachste Tarifform dahin verfeinert, daß der kW-Jahrespreis von einer bestimmten Anschlußgröße ab stufenweise sinkt. An vielen Orten ist ein Sondertarif für elektrisches Kochen und Heizen eingeführt, vielfach mit verschiedenem Preis je nach der Tageszeit der Benutzung, natürlich mit wesentlich komplizierterer Anzeigeapparatur. In den meisten Städten bestehen die Tarife für gemischten Verbrauch und die verschiedenen Sondertarife nebeneinander, so daß der Abnehmer wählen kann. (Beispiel bei Elektrizitätsversorgung von Bergen, S. 382.) Hier noch als Beispiele für Tarife des Hausstrombedarfs der von Oslo und der Landbezirkszentrale Aust-Agder:

Tarif Oslo.

Lichtstrom: jährlich für jede 50-W-Lampe 12 Kr, 180 Kr/kW, Mindestgebühr: 12 Kr/Jahr.

Sondertarif Koch- und Heizstrom: 24 Öre/kWh, 3 Öre/kWh in Sommer- oder Winternächten.

Gemischter Verbrauch: 180 Kr/kW/Jahr oder 31 Öre/kWh, Mindestgebühr 12 Kr/Jahr.

Tarif Aust-Agder-Fylke.

Lichtstrom: 210 Kr/kW/Jahr, Mindestgebühr 42 Kr/Jahr.

Koch- und Backöfen: 90 Kr/kW/Jahr, falls der Herd von 14 bis 22 Uhr selbstätig ausgeschaltet wird; für Sommerwohnungen 50 kW/Jahr.

Gemischter Verbrauch: Unter 500 W: 210 Kr/kW/Jahr, von 500 bis 2000 W: 150 Kr/kW/Jahr, oberhalb 2000 W: 120 Kr/kW/Jahr, Mindestgebühr: 42 Kr/Jahr; Sommerwohnungen 12 Öre/kWh, Mindestgebühr 25 Kr/Jahr.

Das aus obigem hervorgehende und vielfach erfolgreiche Bestreben, durch die Tarifform auf hohe Ausnutzung hinzuwirken, ist auch bei den Tarifen für Kleinmotoren, hauptsächlich landwirtschaftliche, festzustellen. Hier finden sich vielfach verschiedene Preissätze für Benutzung der Motoren außerhalb und innerhalb der „Sperrzeit". Ein besonders einfaches Beispiel für ein reines kW-Pauschal für industrielle und landwirtschaftliche Motoren ist der Kraftstromtarif der Überlandzentrale Askim: Kleinindustriemotoren: 109 Kr/kW/Jahr und, falls sie nur bei Tageslicht betrieben werden: 68 Kr/kW/Jahr; Landwirtschaftsmotoren: falls sie nur bei Tageslicht betrieben werden: 35 Kr/kW/Jahr. Viele Elektrizitätswerke haben indes auch viel verwickeltere Motorentarife; vielfach kommt auch kW-Grundgebühr mit kWh-Verbrauchsgebühr verbunden oder kW-Pauschale mit begrenzter Gebrauchsstundenzahl und Zuschlag für deren Überschreitung vor. Meistens ist die Art der Kraftstromverwendung in der Landwirtschaft nicht weiter unterschieden, nur bei einzelnen Elektrizitätswerken ist die Wasserförderung vom billigen kW-Preise ausgeschlossen.

Beispiel für Großabnehmerpreise ab Werk: Bremangerwerk nahm 1926 bei rd. 4000 kW Abnahme 67,5 Kr/kW/Jahr, es kommen aber noch niedrigere Sätze vor.

5. Die Elektrifizierung der Eisenbahn.

Elektrifiziert waren Ende 1927 erst 167 Linienkilometer (oder, mit Berücksichtigung der kurzen zweigleisigen Strecken der Drammenbahnen: 180 Gleiskilometer). An neuen Elektrifizierungen waren im Gang: insgesamt 68 Linienkilometer (Gleislänge 90 km). Vgl. nebenstehende Tabelle und Abb. 279.

Der Bahnstromverbrauch ist relativ gering, von dem gesamten Wasserkraftausbau des Landes beansprucht er zur Zeit kaum 1% der Leistung und wenig über $^2/_3$% der Energieerzeugung. In diesen, nur schätzungsweise angegebenen Zahlen ist der Strombedarf der Ofotenbahn, der nicht in Norwegen erzeugt, sondern aus Schweden bezogen wird, inbegriffen. (Der Strombedarf für Eisenbahnen ist in den Angaben über die öffentliche Elektrizitätsversorgung nicht inbegriffen, wohl aber derjenige der städtischen Straßenbahnen.)

Bei den ersten Eisenbahnelektrifizierungen haben Störungen in Schwachstromleitungen bedeutende Schwierigkeiten gemacht. Bei der Elektrifizierung der Drammenbahn wurden diese Fragen eingehend studiert und besondere, z. T. neuartige Lösungen zur Abhilfe verwendet. — Das Programm für die weitere, allmähliche Elektrifizierung des ganzen Eisenbahnnetzes wird weiter unten besprochen.

6. Die Stromverteilung.

Die Stromsysteme der elektrischen Kraftübertragung sind in Norwegen zwar, wie in den meisten Ländern, der geschichtlichen Entwicklung entsprechend, in den Spannungen uneinheitlich; aber die Periodenzahl ist wenigstens (im Gegensatz z. B. zu Schweden und U. S. A.) fast durchweg in der allgemeinen Elektrizitätsversorgung einheitlich: 50. Drehstrom von 25 Perioden wird ziemlich allgemein in den meisten Zweigen der elektrochemischen und elektrometallurgischen Industrie verwendet. Da indes diese großen Werke nur wenig Strom für die allgemeine Elektrizitätsversorgung liefern, ist die Abweichung unwichtig (z. B. erfolgt um Odda die allgemeine Stromversorgung mit 25 Perioden). Die verbreitetsten Übertragungsspannungen sind 5,6,

10 und 20 kV. Außerdem findet sich in der südöstlichen Senke die sonst nirgends übliche Spannung von 17 kV. Sie ist ursprünglich durch Spannungsverlust aus den 20 kV der Glommens Träsliperi (Holzschleiferei) entstanden und hat durch die damals

Tabelle 33. Norwegische Eisenbahnelektrifizierung.

	Strecke	Eigentümer	Spurweite m	Länge der Linie km	Eingleisig oder zweigleisig	Hauptaufgabe der Bahn	Stromart	Kraftquelle	Jahr der Elektrisierung	Bemerkung
1.	Thamshavnbahn	Salvesen & Tham Kommunikations-A. S.	1,0	26	eingleisig	Pyrittransport vom Bergwerk zum Hafen	Einphasenwechselstrom 6000 V 25 Per.	Skjenaldfoss	1908	
2.	Tinnosbahn (Tinnoset—Notodden)	Ursprünglich: Norsk Hydro Elektrisk Kvälstof A. S. Jetzt: Staat	normal	30	eingleisig	Massengüterbeförderung für Großindustrien	Einphasenwechselstrom 16000 V 16⅔ Per.	Svälgfos	1911	
3.	Rjukanbahn (Rjukan—Rollag)	Norsk Hydro Elektrisk Kvälstof A. S.	normal	16	eingleisig	Massengüterbeförderung für Großindustrien	Einphasenwechselstrom 16000 V 16⅔ Per.	Rjukan	1912	Durch eine Dampffähre über den Tinn-See miteinander verbunden. (3. und 4.)
4.	Drammenbahn (Oslo—Drammen)	Staat	normal	53	40 km eingleisig, 13 km zweigleisig	Hauptstrecke mit ziemlich starkem Betrieb, hauptsächlich Personen	Einphasenwechselstrom 15000 V 15 Per.	Hakavik	1922	
5.	Ofotbahn (Riksgränsen—Narvik)	Staat	normal	42	eingleisig	Eisenerzausfuhr aus Schweden nach Narvik	Einphasenwechselstrom 15000 V 15 Per.	Porjus (Schwed.)	1923	
6.	Hovedbanen, Sektion Oslo—Lilleströme (westliche Verlängerung der Drammenbahn)	Staat	normal	22	zweigleisig	Hauptbahn	Einphasenwechselstrom 15000 V 15 Per.	Hakavik	1928 (6. und 7.)	
7.	Hovedbanen, Sektion Drammen—Kongsberg (östliche Verlängerung der Drammenbahn)	Staat	normal	46	eingleisig	Hauptbahn	Einphasenwechselstrom 15000 V 15 Per.	Hakavik		

sehr große Bedeutung des Werkes Kykkelsrud in der allgemeinen Elektrizitätsversorgung ziemlich weite Verbreitung gefunden. An Höchstspannungen kommen zur Zeit 60 kV vor. Im Zusammenhang mit dem Bau des großen staatlichen Norewerkes wurde der Bau von Stammlinien von 132 oder 154 kV erwogen.

Während hierbei unter norwegischen Verhältnissen die Aufgabe der Normalisierung noch unberücksichtigt bleiben durfte, ist sie für die Hoch- und Mittelspannungen gelöst worden, indem die elektrotechnischen Vereinigungen in Zusammenarbeit mit denen anderer Länder sich auf folgende Reihen geeinigt haben:

3	10	20	45 kV,
6	15	30	60 kV.

Der Eltversorgungsausschuß hat diese Normen in vollem Umfang gutgeheißen und dahin ergänzt, daß bei Wahl zwischen 45 und 60 kV im allgemeinen dem zweiten Wert der Vorzug zu geben sei. Der Ausschuß hat ferner vorgeschlagen, diesen Normen eine gewisse gesetzliche Geltung beizumessen, und zwar derart, daß bei der Erteilung der Baugenehmigung nicht — wie bisher üblich — die höchstzulässige Spannung, sondern die tatsächlich anzuwendende Spannung, und zwar in der Regel eine Normalspannung, vorgeschrieben werden soll. Ebenso sollen für alle Elektrizitätswerke und Stromleitungen, soweit sie die öffentliche Eltversorgung berühren, im allgemeinen 50 Perioden als normal vorgeschrieben werden. Die fabrikatorisch-wirtschaftliche Bedeutung der Normalisierung (Serienfabrikation) hat schließlich die elektrotechnischen Vereine dazu geführt, die Kleinumspannerleistungen zu normalisieren, und zwar mit 5, 10, 20, 30, 50, 75 und 100 kVA.

Der durch die Normalisierung der Spannungen nunmehr bestens vorbereitete Parallelbetrieb verschiedener Zentralen hat sich bis jetzt in Norwegen nicht so weit entwickelt wie in Schweden. Immerhin gibt es einige wichtige Beispiele dafür. Von dem einfacheren Fall des Parallelbetriebes aller Kraftwerke ein und derselben Unternehmung (z. B. Elektrizitätswerk Trondhjem) abgesehen, ist das (S. 382 ausführlicher behandelte) Zusammenarbeiten der Elektrizitätswerke der Stadt Bergen mit benachbarten kleineren Werken, ferner dasjenige einer größeren Anzahl von Elektrizitätswerken in der Osloer Senke hervorzuheben. Durch den Bau der großen Rjukanleitung (Abb. 279) können künftig auch die gewaltigen Rjukanwerke mit den großen Anlagen für allgemeine Elektrizitätsversorgung im Glommenstrom parallel arbeiten. Dieses letztere Beispiel hatte u. a. vorübergehend große Bedeutung, als zur Inbetriebsetzung des Werkes Solbergfoss (S. 454) die Stauhaltung gefüllt wurde, so daß sämtliche stromabwärts befindlichen Werke am Glommen zeitweilig ohne Zufluß waren und Oslo und Umgebung großenteils von Rjukan aus versorgt werden mußte. Auch der Wehrbetriebsstrom von Solbergfoss selbst kam damals von Rjukan. (Im allgemeinen geschieht ja wohl der erstmalige Einstau sonst bei Überwasserführung und sehr allmählich, aber hier lagen besondere Verhältnisse vor.)

Die Stromversorgung der elektrifizierten Eisenbahnen vollzieht sich in verschiedener Weise: Bei der Thamshavnbahn, Tinnosbahn und Rjukanbahn, die von der Großindustrie erbaut und elektrifiziert sind, lag es nahe, die bestehenden Drehstromleitungen zu benutzen. Der Drehstrom wird hier erst an der Eisenbahn durch Motorgeneratoren in Einphasenwechselstrom umgeformt. Jede dieser drei Bahnen hat nur je eine solche Sekundärkraftstation. Dagegen hat der Staat für die Elektrifizierung der Drammenbahn ein besonderes Kraftwerk in Hakavik (S. 449) erbaut, das Einphasenstrom erzeugt und der Sekundärstation Asker (Abb. 279) an der Drammenbahn zuleitet. Ähnlich ist es bei der Ofotbahn im hohen Norden. Der Strom für diese Bahn wird im schwedischen Porjuswerk als Einphasenstrom erzeugt, auf 80 kV hinauf gespannt und mit einer Leitung von nahezu 250 km Länge der Bahn zugeführt, wo er in zwei Sekundärstationen auf Betriebsspannung heruntergesetzt wird. Die Hochspannungsleitung folgt im allgemeinen der Eisenbahntrasse und führt meist durch unbewohnte Gegend mit sehr rauhem Klima. — Die wichtigsten bestehenden Fernleitungen sowohl der allgemeinen Elektrizitätsversorgung als auch der Eisenbahnelektrifizierung sind in der Abb. 279 von den durch den Elektrizitätsversorgungsausschuß neu vorgeschlagenen unterschieden.

7. Die planwirtschaftlichen Arbeiten des Elektrizitätsversorgungsausschusses.

Durch königliche Entschließung vom 24. 1. 1919 wurde der Elektrizitätsversorgungsausschuß („kongelige Elektrisitetsforsyningskommisjon") eingesetzt und bekam durch Verordnung des Arbeitsministeriums im wesentlichen folgende, im Benehmen und mit Unterstützung der technischen Behörden, der Landbezirke, Städte und der staatlichen Eisenbahnverwaltung zu bearbeitenden Aufgaben gestellt:

1. Aufstellung eines grundsätzlichen Planes für die allgemeine Landeseltversorgung mit Einschluß der Staatsbahnelektrifizierung. Die für diesen Zweck wichtigsten Wasserkraftanlagen und Fernleitungen sollten dabei veranschlagt und Vorschläge für ihre Finanzierung entworfen werden.

2. Aufstellung eines allgemeinen Entwurfs des Hauptverteilungsnetzes für das im Bau befindliche große staatliche Nore-Werk. (Diese Aufgabe wurde auf Antrag des Ausschusses später an Norges Vassdrags- og Elektrisitetsvesen übertragen.)

3. Ausarbeitung von Vorschlägen für die Vereinheitlichung der Haupt- und Unterverteilungsleitungen zur Ermöglichung der Zusammenarbeit verschiedener Verteilungsnetze und auch zur Verbilligung der Herstellung elektrotechnischen Materials.

4. Soweit es im Zusammenhang mit den genannten Aufgaben erforderlich erschiene, sollte der Ausschuß auch Gesetzentwürfe ausarbeiten.

Der Ausschuß hat zunächst bei Inangriffnahme seiner Hauptaufgabe, der Ausarbeitung des Landesversorgungsplanes, den Energiebedarf derjenigen Großindustrien, die sich durch eigene Kraftanlagen versorgen werden, ganz ausgeschaltet, indem er von der zweifellos richtigen Erwägung ausging, daß dieser Energiebedarf zu sehr von Konjunktureinflüssen und der Einzelinitiative abhängig sei, während der auf zentrale Energieversorgung eingestellte Teil der übrigen Industrie, auch der Großindustrie, sehr wohl zusammen mit dem allgemeinen bürgerlichen Bedarf berücksichtigt werden könne. Auch die Eisenbahnelektrifizierung hat der Ausschuß aus dem allgemeinen Landesversorgungsplan herausgenommen und für sich in einem besonderen „Landesplan für Eisenbahnelektrifizierung" behandelt.

Die grundlegende Frage bei der Aufstellung eines Eltwiplanes, diejenige nach der Entwicklung des Kraftbedarfs, ist zugleich auch in der Regel die schwierigste, ganz besonders, wenn in den zu elektrifizierenden Gegenden noch keine Eltwerke vorhanden sind und somit keinerlei Material über den derzeitigen Energiebedarf und seine bisherige Entwicklung vorhanden ist; wie es tatsächlich für umfangreiche Gebiete Norwegens 1919 der Fall war. Man ist dabei mehr noch als sonst auf Schätzungen angewiesen, und um diese nach Möglichkeit auf gesicherte statistische Grundlage zu stellen, ging der norwegische Ausschuß folgendermaßen vor: Da Anschlußbewegung und Stromverbrauch in hohem Grade vom Strompreis abhängen, hat man diesen Zusammenhang in den bisher versorgten Gebieten des Landes statistisch erfaßt und gleichzeitig den Einfluß der verschiedenen Bevölkerungsdichte nach Möglichkeit ausgeschaltet, indem man (für 1921 bis 1922) die Verbrauchsquote (gemessen in Zentralenhöchstbelastung auf den Kopf der Gesamteinwohnerschaft des Bezirkes) und den mittleren Strompreis (gemessen als Bruttojahreseinnahme auf die Einheit der Zentralenhöchstbelastung) für die bestehenden Versorgungsnetze graphisch darstellte: Abb. 278. Die stark ausgezogene Kurve stellt die „höchstzulässigen" Durchschnittsgestehungskosten oder umgekehrt ausgedrückt: die günstigstenfalls erreichbaren Einnahmen, bezogen auf 1 kW Zentralenbelastung in Abhängigkeit von der auf den Kopf entfallenden Zentralenhöchstbelastung dar. Der „Landesplan" ist auf Grund dieser Kurve für jeden einzelnen Versorgungsbezirk in der Weise ausgearbeitet worden, daß die Elektrifizierung als jeweils so weit durchführbar betrachtet wurde, daß der mittlere Gestehungspreis des Stromes den an dieser Kurve abgelesenen Grenzwert eben nicht überschritt. Die Gestehungskosten wurden mit 10% der überschläglich veranschlagten Anlagekosten (vgl. S. 311), z. T. auch in eingehenderer Weise ermittelt (einschließlich der Leitungsnetze bis zu den einzelnen Verbrauchern, jedoch ausschließlich des Wertes der rohen Wasserkraft). Die Rechnungen mußten natürlich tastend geführt werden: zunächst wurde für jeden einzelnen Verteilungsbezirk Vollelektrifizierung bis zum letzten Haus untersucht. Ergaben sich dabei — was in Norwegen naturgemäß häufiger vorkam — zu hohe Netz- und Gesamtgestehungskosten, so ließ man die zu ungünstig gelegenen Höfe, nötigenfalls auch Dörfer fort, bis die Wirtschaftlichkeitsgrenze erreicht wurde. Diese Untersuchung wurde für jeden der angenommenen 117 Bezirke einzeln durchgeführt, und zwar jeweils mit Kopfquoten von 50, 100, 150, 200 und 250 W/Kopf. Ähnlich wie beim schwedischen Wirtschaftsplan rechnet man mit einer Verwirklichung des Planes in 15 Jahren, also bis etwa 1935 oder 1940. Der Eltversorgungsausschuß hat aber auch noch vereinzelt überschlägliche Untersuchungen darüber angestellt, welche von den vorläufig ausfallenden Gebieten nach dem Jahre 1940 oder günstigenfalls auch schon etwas früher elektrifiziert werden könnten.

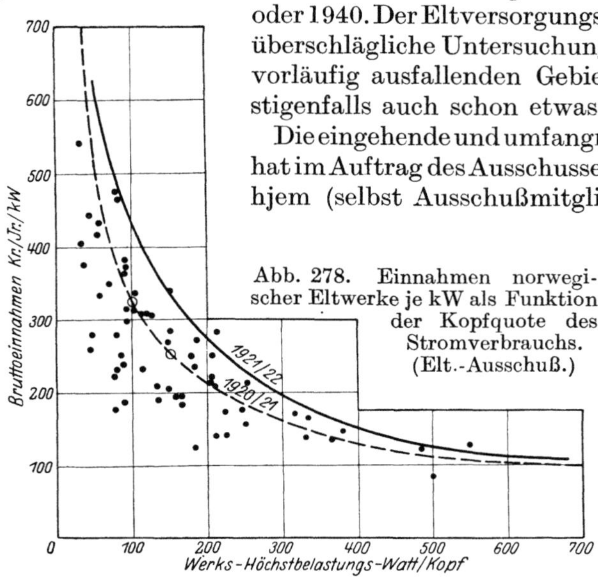

Abb. 278. Einnahmen norwegischer Eltwerke je kW als Funktion der Kopfquote des Stromverbrauchs. (Elt.-Ausschuß.)

Die eingehende und umfangreiche Ausarbeitung des „Landesplans" hat im Auftrag des Ausschusses Professor Olav Heggstad in Trondhjem (selbst Ausschußmitglied) von 1919 bis 1922 durchgeführt. Zuerst wurden auf Grund von Vorbesprechungen mit den Bezirksoberingenieuren die vorzugsweise geeigneten Wasserläufe und Wasserfälle oder bestehenden, zur mietweisen Kraftabgabe geeigneten Wasserkraftanlagen festgestellt. Alle Gewässer wurden, soweit noch nötig, nivelliert, die Wehrbaustellen tachymetrisch vermessen und gründlich geologisch untersucht. Für die neu zu schaffenden Kraftanlagen wurden eingehende Vorentwürfe mit Massenberechnungen und auf Grund allgemeiner Arbeitspreislisten Kostenanschläge aufgestellt. Ebenso wurden die Leitungsnetze, meist nach der Karte, generell entworfen und veranschlagt. Die Kostenberechnungen wurden auf Grund der Preisverhältnisse 1919 und 1923 und zur Kontrolle und vergleichshalber auch 1914 durchgeführt. Die Ankaufskosten der Wasserrechte wurden nicht berücksichtigt. Ebenso nicht die Grunderwerbskosten für die Wasserbauten, wohl aber die für die Leitungsanlagen. Für die Wasserkraftanlagen wurde im allgemeinen ein Ausbau in je 2 Etappen vorgesehen.

Der Heggstadsche Plan wurde mit einigen Bemerkungen und relativ kleinen Abänderungen vom Ausschuß als Grundlage für die planmäßige Eltwirtschaft der nächsten 15 Jahre endgültig festgelegt, in dem Sinne, daß er bei Konzessionierung von Neubauten, bei Bewilligung staatlicher Unterstützungen, bei Beleihung usw. stets als maßgebende Grundlage betrachtet werden soll, von der allerdings auf Grund veränderter Wirtschaftsverhältnisse oder späterer näherer Untersuchungen im Einzelfall bei dringlichen Gründen Abweichungen gestattet sein sollen. Der endgültig angenommene Plan sieht eine Aufteilung des Landes in die (oben erwähnten) 117 Versorgungsgebiete vor, wobei aus praktisch-organisatorischen Gründen die bestehenden Fylkesgrenzen nach Möglichkeit eingehalten wurden. Die Versorgungsgebiete sind sehr verschieden groß, hauptsächlich wegen der Verschiedenheiten der Volksdichte. In den nördlichen und westlichen Landesteilen sind die Gebiete meistens klein, und die Krafterzeugung ist dezentralisiert (z. B. ist Nordland-Fylke in 20 und Hordaland-Fylke in 19 Versorgungsgebiete untergeteilt. Dagegen sind die Gebiete im Trondhjemer Becken (Nord- und Sörtröndelag) wesentlich größer. Die beiden größten Bezirke sind „Sörelandområde" und Östlandområde (Süd- und Südostnorwegen). Sörlandområde umfaßt große Teile von Augst Agder-, Vest Agder- und Rogaland-Fylke; Östlandområde umfaßt Östfold-, Vestfold- und Akershus-Fylke und den südlichen Teil von Buskerud-, Opland- und Hädemark-Fylke. „Östland" enthält etwa 15% der Fläche, 40% der Bevölkerung und wohl fast 25% der Wasserkräfte von ganz Norwegen (vgl. Gebietsbeschreibungen).

Abb. 279 gibt die Grundlinien des Heggstadschen Planes wieder. Wie daraus zu ersehen, ist ein Zusammenwirken einer größeren Anzahl von Kraftwerken hauptsächlich nur in Östland und Sörland, ferner auch in Bergens Umgebung vorgesehen. Die meisten Versorgungsgebiete sind aber vollständig gesondert von den benachbarten,

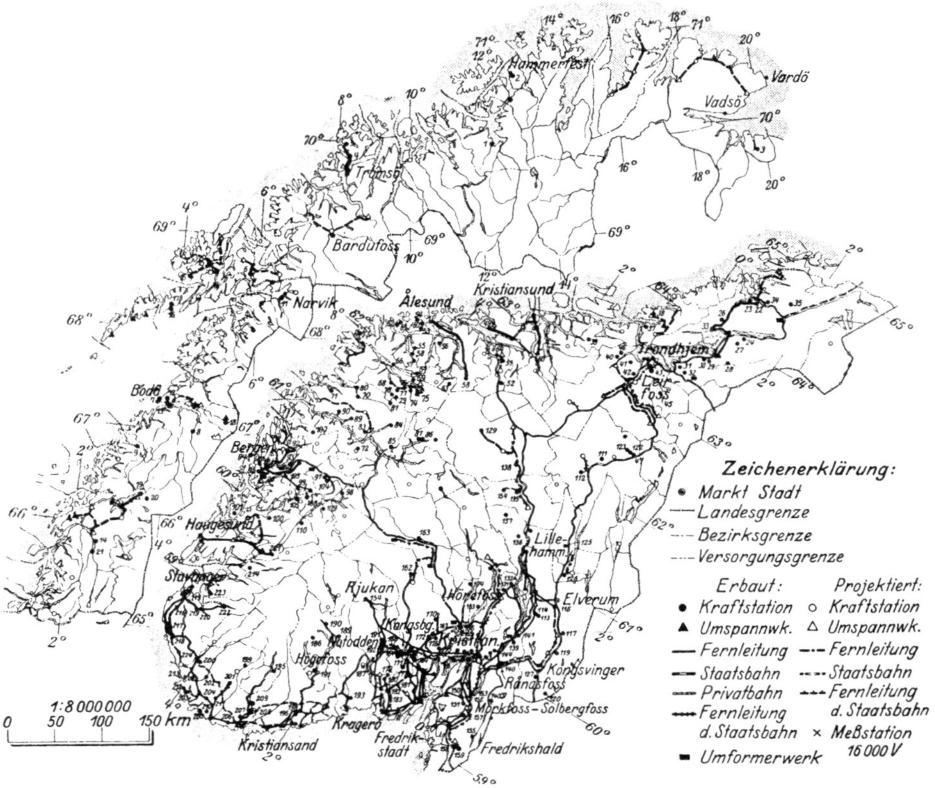

Abb. 279. Heggstads Plan für die allgemeine Eltversorgung Norwegens. (Eltausschuß.)

nur stellenweise ist ein Zusammenarbeiten zwischen mehreren Kraftversorgungsgebieten angenommen, z. B. auch in der Bergener Gegend und der Rjukangegend in Telemarken. Von der im Heggstadschen Plan nicht ins Östlandgebiet einbezogenen Rjukangegend führt schon jetzt (vgl. S. 306) eine staatliche Hauptlinie in das Östlandsche Gebiet nach Oslo[1]. Der Elektrifizierungsplan von Östland hat in den letzten Jahren manche Wandlungen durchgemacht, und manche wichtigen Einzelfragen scheinen noch nicht endgültig abgeklärt. Als feststehend kann aber anscheinend angenommen werden, daß entsprechend dem grundsätzlichen Standpunkt des Hegg-

[1] Es wurde später in Erwägung gezogen, wesentliche Teile von Telemarken enger mit dem Östlandgebiet zusammen arbeiten zu lassen und einen Teil dieses Gebietes ganz dem Östlandgebiet anzugliedern. Der Eltversorgungsausschuß hat es als wahrscheinlich bezeichnet, daß große Teile von Telemarken von der größten Östlandsanlage, Nore, Kraft beziehen, dafür aber die Rjukanwerke enger mit den Wasserkraftanlagen von Östland zusammenarbeiten werden. In diesem Falle wird die von Heggstad vorgeschlagene Großanlage Vrangfoss im unteren Laufe des Bandakstromes (im mittleren Telemarken) wahrscheinlich fortfallen.

stadschen Planes im ganzen „Östlandversorgungsgebiet" in den nächsten Jahrzehnten keine Wasserkraftbauten von nur örtlicher Bedeutung für die allgemeine Elektrizitätsversorgung ausgeführt werden sollen; vielmehr soll nur die schon 1921 begonnene Noreanlage fertiggestellt, die Regulierung des Glommenstromes fortgesetzt und in seinem Unterlauf das Werk Fossumfoss gebaut werden. Diese drei Arbeiten werden — ergänzt durch umfangreiche Leitungsbauten — die Vollelektrifizierung von ganz Östland mit 250 W/Kopf ermöglichen. Das Norewerk ist ein rein staatliches Unternehmen; an der Glommenregulierung wird sich der Staat voraussichtlich beteiligen (vgl. S. 456ff.), so daß also in der weiteren Elektrifizierung von Östland der Staat eine wichtige Rolle spielen wird. Neben ihm stehen dabei als Hauptbeteiligte die Städte Oslo und Fredrikshald, der große Eltversorgungskonzern A. S. Hafslund, ferner ein Teil der Fylkesverbände, hauptsächlich Akershus und Buskerud. Die geplante Fossumfossanlage soll von Oslo erbaut werden.

Während in dem volk- und industriereichen Östland der Staat nur als Beteiligter neben Städten und Bezirksverbänden auftritt, soll er in dem dünn besiedelten und wirtschaftsschwachen Finmark-Fylke im hohen Norden als alleiniger Unternehmer auftreten. Hier, wo bis jetzt keine einzige größere elektrische Zentrale besteht und die allgemeine Elektrizitätsversorgung besonders schwierig und materiell undankbar ist, liegt die Aufgabe um so schwieriger, als die Wasserkräfte Finmarks relativ ungünstig sind. Der Staat besitzt den größten Teil der Kräfte. Der Heggstadsche Plan teilt Finmark in 10 Versorgungsgebiete ein; von ihnen sollen nur die 6 volkreichsten in den 15 Jahren des Elektrifizierungsprogramms versorgt werden, und zwar z. T. aus den bestehenden, teilweise kommunalen Anlagen, z. T. durch neu zu errichtende staatliche.

In Nordland-Fylke liegt gleichfalls ein wichtiges staatliches Projekt vor. In der Nähe der Hafenstadt Narvik soll in Ofoten ein Staatskraftwerk erbaut werden, dessen wirtschaftliche Aussichten insofern günstig erscheinen, als es voraussichtlich nach Ablauf des bestehenden Stromlieferungsvertrages mit dem schwedischen Porjuswerk die Stromlieferung für die Erzbahn Riksgränsen—Narvik (sogenannte Ofotenbahn) und für die Erzzerkleinerungsanlagen bei Narvik übernehmen wird. (Inzwischen hat der Staat das große, von der Privatindustrie unternommene, aber wegen der Nachkriegskrise liegen gelassene Glomfjordwerk erworben, vgl. S. 334.) — Im übrigen ist die Eltversorgung von Nordland im wesentlichen durch Städte und Gemeindeverbände gedacht; einige Kraftversorgungsgebiete läßt der Plan vorläufig unversorgt.

Außer diesen aktiven Beteiligungen an der Elektrifizierung von Östland, Finmark und Nordland hat der Eltversorgungsausschuß auf Grund der Heggstadschen Berechnungen es noch als dringliche Staatsaufgabe bezeichnet, die Elektrifizierung der übrigen Bezirke durch Staatsbeiträge zu beschleunigen. Die Zuschüsse sollen im größten Teil des Landes 10 bis 15% der Bausummen, in den besonders schwer zu versorgenden Gebieten aber noch höhere Sätze, bei Troms- und Nordland-Fylke z. B. 30% erreichen. In den übrigen Landesteilen sind als Träger der Eltversorgung überwiegend die Bezirke (Fylke) gedacht, und zwar entweder so, daß sie selbst große Überlandzentralen bauen (wie hauptsächlich bei Troms und Nordtröndelag der Fall) oder so, daß sie sich an den einzelnen kommunalen Wasserkraftunternehmungen finanziell beteiligten. Letzteres ist der Fall in Sogn og Fjordane-Fylke, wo sich der Bezirk an jedem interkommunalen Wasserkraftausbau mit 20% des Grundkapitals beteiligt. In den wenigen Landesteilen, wo die Bezirke kein Geld zur Verfügung stellen können, sollen sie jedenfalls organisatorisch- und technisch-beratend auf die Tätigkeit der einzelnen kommunalen und interkommunalen Eltunternehmungen Einfluß zu nehmen bemüht sein.

Nach obigem betrachtet der Eltversorgungsausschuß die weitere Elektrifizierung des Landes im wesentlichen als öffentliche Aufgabe, zu deren Lösung die Städte,

Landorte, Landortszusammenschlüsse, Fylke und schließlich — bei besonders umfassenden Aufgaben — der Staat berufen erscheinen. — Diese Auffassung ist auch in den Gesetzentwürfen des Eltversorgungsausschusses ausgedrückt, wenn auch dabei die private Initiative in der allgemeinen Stromversorgung keineswegs ganz abgesperrt werden soll.

Der hier umrissene Elektrifizierungsplan ganz Norwegens mit Ausnahme weniger, zu unrentabler Gebiete bis zur Werksbelastung von 250 W/Kopf) wird nach den Kostenanschlägen 332 Mill. norw. Kr. (Preise 1923) erfordern. Daß diese Summe tatsächlich ausreichen wird, erscheint nach den früher mitgeteilten statistischen Zahlen allerdings nicht ganz zweifellos.

Tabelle 34. Kostenanschlagsummen des Elektrifizierung-Landesplanes[1].

Werks-Höchstbelastung je Einw. W/Kopf	Anlagekosten in Mill. Kr. Preise (1919) und 1923		
	Kraftanlagen[2]	Leitungsnetze[3]	Insgesamt
50	(108,9) 87,1	(202,1) 151,6	(311,0) 238,7
150	(123,1) 98,5	(214,7) 161,0	(337,8) 259,5
250	(180,6) 144,5	(250,1) 187,6	(430,7) 332,1

Wenn der innerhalb von 10 bis 15 Jahren aufzubringende Betrag an sich bedeutend erscheinen könnte, so weist demgegenüber der Eltversorgungsausschuß mit Recht darauf hin, daß von 1916 bis 1922 tatsächlich das Doppelte in der allgemeinen Eltversorgung angelegt wurde. Nahezu ¼ des Gesamtanschlages entfällt (vgl. Abb. 279) auf die drei nördlichsten Fylke (Finmark, Troms, Nordland), in denen nur wenig über $^1/_{10}$ der Bevölkerung Norwegens wohnt; daraus erklärt sich auch, daß gerade hier der Staat z. T. als Bauherr, z. T. durch den Durchschnitt weit übersteigende Kapitalbeiträge die Entwicklung unterstützen muß.

Die Annahme einer allgemeinen gleichmäßigen Elektrifizierung bis zu 250 W/Kopf mit Ausnahme besonders ungünstiger Gebiete, die überhaupt unelektrifiziert gedacht werden, ist eine starke Schematisierung der Aufgabe; daher hat der Eltversorgungsausschuß ein Programm für die erste Ausbaustufe der Elektrifizierung ausgearbeitet, wo die Kopfration unterschiedlich nach den örtlichen Verhältnissen 50, 100 und vereinzelt auch mehr Watt beträgt und im wesentlichen dieselben Gebiete wie im Gesamtprogramm unelektrifiziert bleiben. Dieses ,,erste Verwirklichungsstadium" erstreckt sich auf 2489000 Seelen, also mehr als 90% der Gesamtbevölkerung. Die Kosten desselben wären (wieder nach 1923er Preisen gerechnet) rd. 239 Mill., wovon rd. ⅔ für Leitungsbauten berechnet sind. Der zur Verwirklichung nötige Staatsbeitrag ist mit 35,6 Mill. Kr. veranschlagt. Es soll im allgemeinen, falls nicht der einzelne Fylkeskörper selbst als Bauherr die ganze Aufgabe auf sich nimmt, als Bedingung für die Leistung des Staatsbeitrages ein entsprechender Fylkesbeitrag vorgeschrieben werden. Außer diesen Beiträgen sollen den Gemeinden und Gemeindeverbänden von einer staatlichen Bank langfristige Kredite gewährt werden. Die organisatorische Lösung dieser Finanzierungsfrage sowie die Aufgabe der Sanierung bereits bestehender, mit finanziellen Schwierigkeiten kämpfender Elektrizitätswerke, wohl eine der wichtigsten Aufgaben der Eltwirtschaft Norwegens, ist Gegenstand eingehender Erörterung in Parlament und Öffentlichkeit und tatkräftiger organisatorischer Maßnahmen gewesen.

Der Eltversorgungsausschuß hat auch noch Untersuchungen über die zu erwartende Rentabilität der verschiedenen geplanten Neuanlagen aufgestellt.

[1] Außer obigen Zahlen enthält der Landesplan noch aus dem älteren Ausbauplan für Finmark, Troms, Nordland, Nord-Tröndelag, Hedmark (19,1) Mill. Kr.

[2] Ohne Ankauf der Wasserrechte und Grundstücke. [3] Einschließlich Grunderwerb.

Das Ergebnis läßt sich dahin zusammenfassen, daß sämtliche Neuanlagen ausnahmslos in den ersten 5 bis 6 Jahren mit Verlust arbeiten werden, der überwiegend größte Teil sogar noch einige Jahre weiter. Dieses Ergebnis kann nicht überraschen, da die Grundlage des Versorgungsplanes eine obere Grenzkurve der zu erwartenden Einnahmen gebildet hat: es wurde die Elektrifizierung in jedem einzelnen Versorgungsbezirk so weit bis zu den entlegensten Dörfern ausgedehnt, wie es im günstigsten Falle im Hinblick auf die Rentabilität nach Entwicklung des Absatzes möglich ist. Das schließt natürlich in sich, daß einzelne Werke, die stark mit dem Wettbewerb billigen Holzes oder der Gaswerke oder mit anderen schwierigen Verhältnissen zu kämpfen haben, niemals ganz rentabel sein werden, während die übrigen wohl rentabel werden, aber nur allmählich, bis sie sich zu dem hohen Verbrauch, für den sie ausgebaut sind, emporgearbeitet haben. Um diese „Anlaufverluste" möglichst nieder zu halten, empfahl der Ausschuß, mit allen Anlagen, für die der Bedarf nicht sehr dringend ist, noch eine Zeitlang zu warten, da anzunehmen war, daß die Preise noch weiter sinken werden (was auch eingetroffen ist). Die erwähnten Verluste erklären auch, weshalb neben den Krediten auch Staats- und Fylkesbeiträge vorgeschlagen wurden. Diese stellen nämlich für das einzelne Elektrizitätswerk im wesentlichen zinsfreie Kredite dar, so daß die Wirtschaft der betreffenden Elektrizitätswerke wenigstens buchtechnisch sich verlustfrei ergibt[1].

8. Der Eisenbahnelektrifizierungsplan.

Der Ausschuß hat einen besonderen Plan ausgearbeitet für die Elektrifizierung aller bestehenden und endgültig beschlossenen Staatsbahnen aller in Betrieb befindlichen Privatbahnen und schließlich einiger besonders wichtiger geplanter, aber noch nicht beschlossener Bahnen.

Nach eingehender Untersuchung wurde Einphasenwechselstrom mit 15 Perioden, der jetzt schon bei der Drammenbahn Verwendung findet, als System gewählt. Grundsätzlich wurden im Hinblick auf den verhältnismäßig schwachen Verkehr der norwegischen Eisenbahnen, der sehr starke Belastungsschwankungen bedingt, im allgemeinen, namentlich in den nördlichen Teilen des Landes, besondere Speicherkraftwerke vorgesehen. Für die stärker befahrenen Linien sollen indes auch Wasserkraftanlagen mit weniger vollständiger Tagesregulierungsmöglichkeit als Grundlastwerke herangezogen werden.

Im einzelnen ist vorgesehen, für alle Eisenbahnen westlich vom Oslofjord die Grundbelastung aus dem allgemeinen Drehstromnetz zu decken, unter Umformung auf Einphasenstrom, und die verbleibende Spitzenbelastung vom Hakavikwerk (S. 449) decken zu lassen. Die übrigen Eisenbahnen der südöstlichen Senke (Östland) sollen von Mörkfoss-Solbergfoss, Nore und allenfalls Bräkke Strom erhalten. Auch für einen Teil der letzteren Eisenbahnen ist die Heranziehung des Werkes Hakavik als Spitzenwerk möglich; in diesem Fall würden die staatlichen Maschinensätze in dem gemischtwirtschaftlichen Werk Mörkfoss-Solbergfoss (S. 454) die Grundbelastung und Hakavik die Spitzenbelastung übernehmen.

Für die Eisenbahnelektrifizierung des südlichsten Landesteiles (Sörland) sind 2 Lösungen aufgestellt: entweder wird das geplante Talsperrenwerk Aaensire im Sirafluß (S. 399), das für den Bahnbetrieb sehr geeignet wäre, außer zur allgemeinen Stromversorgung auch zu diesem Zweck herangezogen, oder aber: es wird ein besonderes Staatskraftwerk bei Skjerka im Mandalselv ausschließlich für Bahnbedarf erbaut. Für die Eisenbahnen des nördlichen und westlichsten Teiles Norwegens ist eine Anzahl

[1] In diesem Punkte unterscheidet sich das Programm des norwegischen Eltversorgungsausschusses wesentlich von jenem des schwedischen, der jede Elektrifizierung mit Staatsunterstützung von seinem Programm grundsätzlich ausgeschlossen hat (S. 76).

Speicherkraftwerke entworfen, z. T. solche, die ausschließlich Maschinen für Bahnbetrieb, z. T. solche, die außerdem auch Einheiten für allgemeine Eltversorgung enthalten sollen (vgl. Abb. 279).

Der gesamte jährliche Energiebedarf der geplanten Bahnelektrifizierungen ist vom Ausschuß zu rd. 150 Mill. kWh berechnet. Dieser Betrag scheint auf den ersten Blick im Vergleich zum gesamten Energiebedarf des Landes außerordentlich gering. Zum Vergleich: das E. W. Bergen hat 1925/26 124 Mill. kWh für die Versorgung von Stadt und Umgebung erzeugt. Der Ausschuß weist darum darauf hin, daß eine Wasser-kWh, für Eisenbahnbetrieb verwendet, 2,5 kg Kohle spart; dagegen in der öffentlichen Eltversorgung als Ersatz für eine kalorisch erzeugte kWh nur 1 kg und schließlich, als Ersatz für Hausbrandkohle zum Heizen angewendet, nur 0,165 kg Kohle. Diese Überlegung und eine Überschlagsschätzung führt dann bemerkenswerterweise zur Einsicht, daß in Hinsicht der Brennstoffersparnisse die Bahnelektrifizierung annähernd von derselben Bedeutung ist wie die elektrische Heizung bei dem Ausbau der Landesstromversorgung.

Die Durchführung des Gesamtplanes, der über 4000 Strecken-km umfaßt, wird rd. 200 Mill. Kr. kosten und ist daher nicht wie der allgemeine Eltversorgungsplan für die nächsten 15 Jahre in Aussicht genommen. Der Ausschuß betont die Notwendigkeit, vor Elektrifizierung jeder einzelnen Bahnlinie nähere Rentabilitätsuntersuchungen anzustellen. Der Plan soll nur als allgemeiner Wegweiser für die im gegebenen Fall zu treffende Wahl der Kraftquellen und des Stromsystems dienen.

Bei Erörterung der Bahnelektrifizierungspläne darf nicht unerwähnt bleiben, daß in einem so dünn besiedelten, dabei so durchschnittenen Gelände, wie dem Norwegens, das Eisenbahnnetz auf lange Zeit hinaus dünn und einer Ergänzung durch Straßen für Automobilverkehr bedürftig bleiben muß. Hierbei erhebt sich dann für die Elektrotechnik wieder die volks- und eltwirtschaftlich sehr wichtige Aufgabe der Entwicklung elektrischer Akkumulatoren als schnell auswechselbare Kraftquelle (vgl. Schweden S. 86). Diese auf die Ausnutzung der Abfallwasserkraft hinzielende Aufgabe ist in ihrer Bedeutung auch in Norwegen voll erkannt (vgl. Isachson in T. Ukeblad, Dez. 1925).

9. Interskandinavische Energiewirtschaftsprobleme.

Der schwedische wie auch der norwegische Elektrifizierungsausschuß hat das eigene Land als geschlossenes Versorgungsgebiet behandelt. Dadurch indes, daß einzelne norwegische Einzugsgebiete nach Schweden, einzelne schwedische nach Norwegen über die Wasserscheide hinüberreichen, ergeben sich Probleme, deren restlose Lösung nur durch Zusammenarbeiten beider Länder herbeizuführen ist. Major Johansen[1] teilt diese „interskandinavischen“ Flußgebiete in drei Gruppen nach folgenden gemeinsamen Merkmalen:

1. die interskandinavische Eigenschaft ist praktisch bedeutungslos (21 Fälle),
2. für einen im wesentlichen norwegischen Strom liegen wichtige Speicherungsmöglichkeiten in Schweden (8 Fälle) oder umgekehrt für einen vorwiegend schwedischen Strom liegen sie in Norwegen (10 Fälle),
3. die orographischen Verhältnisse lassen Überleitungen von einem Land nach dem anderen (im wesentlichen nur von Schweden nach Norwegen) wirtschaftlich erscheinen (26 Fälle, die einzeln eingehend an Kartenausschnitten demonstriert werden).

Der zweiten Gruppe kommt die verhältnismäßig größte praktische Bedeutung zu. Neben der im 18. Abschnitt (S. 336) ausführlich behandelten Frage der gemeinsamen Ausnutzung des Namsen- und Faxelvgebietes (das übrigens zugleich in die

[1] De Svensk Norske Gränsevassdrag, Svenska-Vattenkraftföreningens Publikationer 184, S. 44 bis 85.

dritte Gruppe von Grenzfragen gehört) sind hier besonders wichtig die Abflußregulierung des schwedischen Anteils am oberen Nidelv, die für die Wasserkraftanlagen von Trondhjem (S. 340) bedeutungsvoll ist. Ferner: Die Regulierung des Fämundensees im norwegischen Klarafluß, der als schwedischer Klarälv schon weitgehend ausgebaut, aber regulierungsbedürftig ist (S. 208).

Zur Regelung aller Grenzfragen dieser Gruppe ist 1905 in dem Staatsvertrag von Karlstad (Karlstad-Overenkomst) auch ein besonderer Abschnitt über Grenzgewässer aufgenommen worden. Danach sollen die Gesetze jenes Landes maßgebend sein, in dem die örtlichen Maßnahmen getroffen werden müssen, auch dann, wenn diese Maßnahmen den Wasserabfluß im anderen Lande wesentlich beeinflussen. Die Maßnahmen dürfen indes nur dann ohne besondere Genehmigung des anderen Landes durchgeführt werden, wenn sie für dieses keinen nennenswerten Nachteil, hauptsächlich in bezug auf Flößerei, Wasserverkehr und allgemeine Wasserwirtschaft, herbeiführen. Der Staatsvertrag bleibt 50 Jahre (ab 1. 1. 1916 gerechnet) in Kraft und verlängert sich ohne weiteres auf weitere 50 Jahre, falls er nicht 5 Jahre vor Ablauf gekündigt wurde. Die praktische Auswirkung dieses Staatsvertrages hat beide Länder nicht befriedigt, weshalb 1926 ein schwedisch-norwegischer Ausschuß zusammengestellt wurde mit der Aufgabe der Vorbereitung von Gesetzentwürfen zwecks genauerer Regelung der „Grenzgewässerregulierungsfrage". Aus der Erörterung, die sich an den Vertrag von Johansen im schwedischen Wasserkraftverein knüpfte, geht hervor, daß man eine einheitliche gesetzliche Formel für die Regelung dieser Frage ausfindig machen zu können hofft, so daß also nicht für jeden einzelnen Fluß eine besondere Rechtsnorm geschaffen werden müßte. Die Schwierigkeit der Frage liegt u. a. darin, daß in Norwegen die Genehmigung von Regulierungsarbeiten ein Regierungsakt, dagegen in Schweden unabhängigen Wassergerichten anheimgegeben ist (S. 39).

Noch schwieriger sind die vorerst allerdings nicht aktuellen Probleme der dritten Gruppe von interskandinavischen Gewässern: Überleitungen. In Frage kommen vor allem: die gemeinsame Faxelv-Namsen-Ausnutzung, die Überleitung des Umeälv-Quellsees in den norwegischen Dalselv (Abschnitt 18), eines Teils der Piteälv-Quellseen in den Sulitelmavasdrag, verschiedener Luleälv-Quellseen nach zwei norwegischen Fjorden und schließlich die Überleitung des Torneälv-Quellsees nach Norwegen, alles zwecks Wasserkraftgewinnung auf norwegischem Boden in der Nähe eisfreier Häfen. Die letzte Frage überragt an Kompliziertheit alle übrigen, da der Torneälv auf über 150 km Länge auch Finnland berührt und dazu noch eine große natürliche Abzweigung zum Kalixälv hat (S. 89). Wegen dieser rechtlichen Komplikation erscheint dieser Plan wenig aussichtsreich. Er würde auch technisch und wirtschaftlich nicht einfach zu verwirklichen sein, da ein Überleitungsstollen von 28 km Länge ohne die Möglichkeit von Zwischenangriffen auszuführen und die gewaltige Energiemenge von 340000 ständigen PS zu verwerten wäre.

Wir wollen uns darauf beschränken, den noch aussichtsreichsten unter den übrigen Überleitungsplänen zu betrachten: das ist die von Kristen Friis entworfene Umleitung des Sees Sitalsjaure von seinem natürlichen Abfluß zum Luleälv nach dem norwegischen Skjommenfjord. Abb. 280, Schnitt der skandinavischen Halbinsel längs Luleälv und Skjommenälv läßt den Plangedanken unmittelbar erkennen: durch die Umleitung der Abflüsse eines Niederschlagsgebietes von 948 km² wird eine Fallhöhe von 615 m in einer einzigen Stufe nutzbar, die beim natürlichen Ablauf nur durch den Ausbau einzelner des ganzen Luleälv und dann auch (infolge der Unausnutzbarkeit einzelner Fallstrecken) nur teilweise ausgenutzt werden kann. Die erreichbare ständige Dauerwassermenge von 38 m³/sek ergäbe eine ständige Ausbaudauerleistung von 250000 PS. Der Überleitungsstollen vom Sitalsjaure in den Quellsee des Skjommen (Kjaadevatn) würde kaum 2,5 km, der Betriebsstollen vom Kjaadevatn zum Verteilungsbecken 7 km lang. Die Ausbaukosten dieses großzügigen Planes sind zu 250 schw. Kr. (285 Mk.) für 1 PS der ständigen Dauerleistung veranschlagt. — Eine mäßige Umstellung des Betriebes der Suorva-Regulierung (S. 98) soll dem Projekt nach den Einfluß der Wasserentnahme von 38 m^3/sek auf die Niedrigwasserführung im Lule-Mittellauf auf eine Einbuße von 7 m^3/sek bei Porjus abzuschwächen vermögen. Bei weiterem Ausbau von Porjus würde natürlich schließlich der Entzug (von ersparten Verdunstungsverlusten infolge der kürzeren und geschlossenen Wasserführung abgesehen) voll fühlbar werden und die Ausnutzung der in Porjus, Suorva und Harsprånget bereits investierten (und noch zu investierenden) Kapitalien verschlechtern. Infolgedessen hat der rein technisch großartige Vorschlag wohl nur geringe Aussicht auf Verwirklichung.

Dieses und die verwandten, durch „Kombination" zu schaffen gedachten nordskandinavischen Riesenkraftwerke sind in der Hauptsache im Zusammenhang mit dem neuen Eisenschwammverfahren der A. S. Norsk Staal ins Auge gefaßt worden, vgl. S. 291. Die bei diesem Verfahren entstehenden Abgase sollen zur Stickstofferzeugung benutzt und angeblich je PSJr größere Ausbeuten erzielt werden können als bei ausschließlicher Stickstofferzeugung nach den bekannten Verfahren.

Ein viel erörtertes, ganz andersartiges interskandinavisches Problem ist die Elektrifizierung Dänemarks mit Hilfe norwegischer Energie.

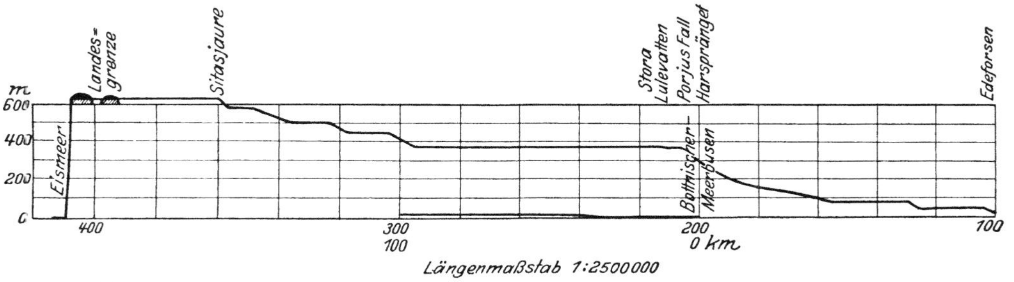

Abb. 280. Überleitung der Sitalsjaure-Wasserführung nach dem Skjommenfjord. (Sv. V. Kr. För.)

Dänemark umfaßt rd. 23000 km^2 und 3,5 Mill. Einwohner. Es entfallen somit auf 1 km^2 rd. 150 Einwohner, mehr als das 10fache des Durchschnittswertes für Fennoskandien und Dänemark zusammen. Diese dichtere Besiedelung verbilligt natürlich die Stromverteilung sehr. Um so teurer ist die Stromerzeugung, da das Land über keinerlei nennenswerte Energiequellen verfügt. Dieser Umstand erklärt die für die kulturelle und wirtschaftliche Entwicklung des Landes erstaunlich geringe Kopfquote der Eltversorgung. Das ganze Land verbraucht etwa 200 Mill. kWh, bedeutend weniger als Oslo (354 Mill. kWh in 1925/26) allein.

Zur Untersuchung der somit recht aussichtsvollen Frage der Überführung elektrischer Energie aus Norwegen haben die drei beteiligten Staaten Norwegen, Schweden, Dänemark einen gemischten Ausschuß eingesetzt[1]. Dieser hat festgestellt, daß bei Vollversorgung der ganzen dänischen Bevölkerung mit Licht und bei voller Elektrifizierung des Kraftverbrauches mit Ausschluß der Vollbahnen, elektrochemischer und -thermischer Prozesse und auch mit Ausschluß elektrischer Wärmeanwendungen der gesamte Energieverbrauch rd. 500 Mio. kWh betragen wird. Die Höchstbelastung ist auf 157000 kW veranschlagt. Der Ausschuß erachtet es für wahrscheinlich, daß die Entwicklung zur Vollelektrifizierung 10 bis 15 Jahre beanspruchen wird, auch wenn die Kraft ziemlich billig zur Verfügung steht. Der Leistungszuwachs zur Erreichung dieses Endzustandes wurde auf 109000 kW veranschlagt. Als erste Stufe wurde die Überführung von nur 42000 kW nach Dänemark ins Auge gefaßt. Als Absatz-

[1] Angelo, A. R. und W. M. Rung: Transmission of Electric Power from Norway to Denmark. Londoner Congreß Bd. 3, S. 472.

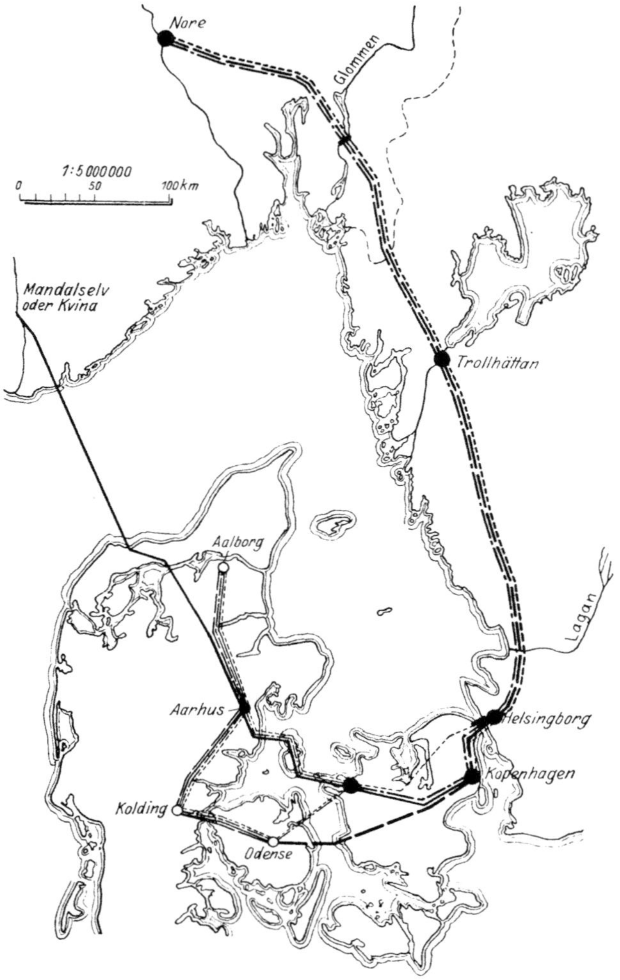

Abb. 281. Vorschläge für Energieübertragung von Norwegen-Schweden nach Dänemark nach Angelo und Rung. (Lond. Kongr. Bd. III.)

Lösung A:
—·—·— 132 oder 220 kV Drehstrom
-·-·-·- 50 kV Drehstrom
● 132 kV oder 220 kV Umspannwerk
○ 50 kV Umspannwerk

Lösung B:
——— 2 × 110 kV Gleichstrom
········ 50 kV Drehstrom
● Umformwerk $\frac{2 \times 110 \text{ kV Gleichstrom}}{50 \text{ kV Drehstrom}}$
○ 50 kV Umspannwerk

Lösung C:
— — — — 2 × 110 kV Gleichstrom
- - - - 50 kV Drehstrom
● Umformwerk $\frac{2 \times 110 \text{ kV Gleichstrom}}{50 \text{ kV Drehstrom}}$
○ 50 kV Unterumspannstation

Lösung D:
— — — — 132 kV Drehstrom
- - - - 50 kV Drehstrom
● 132 kV Umspannwerk
○ 50 kV Umspannwerk

gebiet kommt zu rd. ⅓ die Stadt Groß-Kopenhagen, für den Rest die Provinz in Frage. Vier technische Lösungsmöglichkeiten sind behandelt worden (vgl. Abb. 281):

Lösung A nimmt als Energiequelle das staatliche Norewerk und führt die Fernleitung über Südwestschweden. Die Übertragung soll in hochgespanntem Gleichstrom erfolgen. Der Sund wird mit Unterseekabeln gekreuzt. Lösung B benützt gleichfalls das Gleichstromsystem — aber eine andere im südlichsten Norwegen angenommene Kraftquelle, wahrscheinlich würde der Ausbau eines staatlichen Wasserfalles im Kvina oder im Mandalselv in Frage kommen — und führt die Übertragung auf der langen Strecke von der Südspitze von Norwegen nach Norddänemark in Unterseekabeln aus. Dafür ist allerdings die Gesamtlänge der Trasse wesentlich geringer als bei A. Lösung C und D gehen wieder von Nore als Energiequelle aus, sehen aber Drehstrom von 132 kV vor. Die Trasse führt durch Schweden, wo das System an Trollhättan als Reserve angeschlossen wird. Der Unterschied zwischen C und D besteht im wesentlichen nur darin, daß bei C der Sundübergang durch Kabel, bei D durch Luftleitung geschehen soll. Daher muß bei C in Helsingborg in Südschweden ein Umspannwerk errichtet werden, das den Strom auf Kabelspannung, wofür (1926!) 50 kV angenommen wurden, bringt.

Der Ausschuß hat sich nicht ausdrücklich für eine dieser 4 Lösungen ausgesprochen, und die auf Grund der allgemeinen Pläne angestellten Kostenberechnungen haben keine großen Unterschiede ergeben. Eine überschlägige Berechnung ergab für den ersten Ausbau den Lieferpreis mit 3,5 bis 4 dän. Öre/kWh unter der (nur durch Mitarbeit örtlicher Spitzenwerke erklärlichen) Voraussetzung, daß es möglich sein wird, die Benutzungsdauer auf 6500 Jahresstunden zu erhöhen.

Die große Schwierigkeit der Energieübertragung nach Dänemark liegt auf wirtschaftlichem Gebiet: die bestenfalls zu übertragende Energiemenge ist relativ klein. Deshalb hat Ziv.-Ing. Kloumann angeregt, daß man die Energieüberführung von Norwegen nach Dänemark mit einer solchen nach Norddeutschland kombinieren solle (vgl. S. 83)[1].

Unterlagen:

Norberg-Schulz: Teknisk-økonomisk oversikt over Norges Elektrisitetsforsyning for det Borgerlige Behov. Meddelanden fra Norges Vasdrag og Elektrisitetsvesen Nr. 5 u. 8, Oslo, September 1925 und 1927. — Oversikter over Elektrisitetens Usbredelse i Fylkene 1923. Medd. fra N. Vassdr. og Elektrisitetsvesen Nr. 3. — Elektrisiteten i Landbrukets Tjeneste. Norges Vasdrag og Elektrisitetsvesen, Oslo, Mai 1926. — Elektrisitetsforsyningskomitéen. Innstilling 5, Om en landsplan for elektrisitetsforsyningen, Oslo 1923; Innstilling 2, 3, 4, 6, 7 fra den kongelige elektrisitetsforsynings-kommisjon.

Ferner im Londoner Congreß Bd. 4 folgende Aufsätze:

Sandberg: Electric Power in Norwegian Households (S. 424 bis 447). — Haga: Electricity Rates in Norway (S. 405 bis 423). — Steen: Electricity Supply of the City of Kristiania (S. 449 bis 464). — Bjerke u. Monsen: Electricity Supply of the City and Peninsula of Bergen (S. 391 bis 404). Schreiner: Electrification of Railways in Norway (S. 1032ff.). — Briefliche Mitteilungen und Originalmaterial städtischer Elektrizitätswerke (Trondhjem u. a.). — Norske Elektrisitetsverkers Forening Statistik 1925/26. — Briefliche Mitteilungen von N. Vasdr. og Elektrisitetsvesen, Elt-direktøren.

17. Abschnitt: Die Eismeereinzugsgebiete.

1. Allgemeines.

Als Grenze zwischen Eismeer und Atlantischem Ozean nehmen wir, nicht wie meist gebräuchlich den Polarkreis, sondern den dicht südlich davon liegenden Ranafjord und erfassen damit ein Gebiet von 90000 km², über ¼ von ganz Norwegen. Es enthält die zwei nördlichsten politischen Bezirke des Landes: Finmark- und Troms-Fylke und nahezu Halb-Nordland-Fylke (Abb. 265). Die Volkszahl dürfte kaum über 220000 Seelen, nicht einmal $^1/_{10}$ der Bevölkerung des ganzen Landes, betragen.

Die Wasserkraftdichte des Gebietes ist für norwegische Verhältnisse nicht sehr groß (13 reg. NW-PS/km²). Dies gilt besonders für Finmark und die östliche Hälfte von Troms, deren geographisches Allgemeinbild eher an Finnland erinnert. Die meisten Wasserkräfte sind hier im Grenzstrom Pasvikelv, im Altenelv und Guotje-Jok zu finden. Bedeutender sind die Wasserkräfte in der Westhälfte von Troms, wo im Barduelv, Nebenstrom des Maalselv, drei mächtige Fälle von i. g. fast 150000 reg. NW-PS liegen. Noch größer sind die Wasserkräfte der Nordhälfte von Nordland, wo Elvegårdselv (Skjommen), Kobbselv, Balmielv, Sulitelmavassdraget und Fykanå (Fykanåga) zu nennen sind.

Von diesen Kraftquellen ist in Finmark nur ganz wenig ausgebaut: in einigen kleinen und mittelgroßen Anlagen, die z. T. für Bergwerke, z. T. für Ortsversorgung arbeiten. Die bedeutendste, das Eltwerk Sydvaranger am Torneelv, beliefert Grubenbetriebe. Die wenigen Anlagen in Troms arbeiten überwiegend gleichfalls für Stromverteilung; vier davon haben eine Leistung von über 1000 PS, nämlich: das Eltwerk von Tromsfylke im Barduelv (1200 PS), die interkommunale Anlage Vagsfjord im Gausvikelv (4000 PS), die Anlage des kommunalen Eltwerkes Troms im Simavikelv (2400 PS), die unten ausführlicher behandelte neue Großkraftanlage Skarsfjord im Skarsfjordelv. Sie gehört dem Eltwerk der größten Stadt des Gebietes: Tromsö. Die beiden letztgenannten Anlagen liegen auf der Ringvassöj-Insel.

[1] Kloumann, S.: Export of Electrical Power From Norway, Londoner Congreß Bd. 3, S. 588 bis 597.

Etwas bedeutender ist die Wasserkraftnutzung in der nördlichen Hälfte von Nordland-Fylke. Auch hier entstanden die meisten wichtigeren Anlagen nach dem Kriege; Gruben, elektrochemische und -metallurgische Betriebe haben auch hier eigene Kraftanlagen; doch überwiegen weitaus die öffentlichen Eltwerke, welche die übrigen Fabriken, hauptsächlich die fischverarbeitenden, mit Strom versorgen. Der Zahl nach fast die Hälfte der Wasserkraftanlagen von Nordland liegt auf Inseln. Dies erklärt sich aus einem gewissen Reichtum der Inseln an günstigen Kleinwasserkräften und aus der dichteren Besiedlung hauptsächlich der Lofoten und Västerålen-Inseln. In ihrem Wirtschaftsleben spielt Fischerei die Hauptrolle, danach Landwirtschaft und zuletzt Bergbau, meist Eisenbergbau mit darauf gegründeten wenig bedeutenden Industrien. Von den 16 Wasserkraftanlagen der Nordlandschen Inseln hat nur eine über 1000 PS: die der Ortschaft Fiskefjord. Sie nutzt ein Bachgebiet von 16,7 km^2 mit 90 m Fallhöhe in zwei zusammenarbeitenden Werken aus. Bei 730 PS reg. NW-Leistung ist die Volleistung 1600 PS. Alle übrigen Anlagen der Inseln sind ganz klein und insgesamt kaum 900 PS stark.

Dagegen liegen auf dem Nordlandschen Festland 15 Wasserkraftanlagen, von denen 8 über 1000 PS haben, nämlich: Anlage der Stadt Narvik mit 1850 reg. NW-PS, ausgebaut auf 2010 PS; die Anlagen der Stadt Bodö, zusammen 400 reg. NW-PS, Volleistung: 1300 PS; das Kraftwerk der Zementfabrik Sörfjoden, 1500 reg. NW-PS, Volleistung: 1500 PS; die Anlagen der Bergwerke Ofoten, 900 reg. NW-PS, Volleistung: 2000 PS; die Anlagen der Sulitelma-Bergwerksgesellschaft, der Björkaasenbergwerke, die interkommunale Wasserkraftanlage Bodin und schließlich die bedeutendste Wasserkraftanlage ganz Nordnorwegens: die staatliche Glommfjordanlage. Die vier letztgenannten sind unten ausführlich behandelt.

Tabelle 35.

	Verfügbar regul. NW-Leistung PS	Ausgebaut PS
Finmark	167000	3000
Troms	262000	11000
Nordland nördlich vom Polarkreis	~ 750000	rd. 100000
zusammen:	1179000	114000

Eine Übersicht der verfügbaren und ausgebauten Wasserkräfte Nordnorwegens gibt vorstehende Tabelle[1].

Von den rd. 115000 PS eingebauter Leistung in Norwegen nördlich vom Polarkreis sind etwa 70% für elektrische Metallverhüttung, 14% für öffentliche Versorgung und ebensoviel für Bergwerksbetrieb ausgenutzt, der Rest, kaum 2%, verteilt sich auf einzelne Fabrikwasserkraftanlagen.

Der größte Wasserkraftbesitzer in Nordnorwegen ist der Staat, der hier wohl die Hälfte der gesamten Kraftquellen besitzt. An zweiter Stelle folgen die großen Grubenfirmen und an dritter Stelle die Städte und Gemeinden.

2. Beschreibung der wichtigsten Anlagen.

2. 1. Skarsfjord (Elektrizitätswerk Tromsö).

Die Anlage auf der Insel Ringvassöj nutzt fast die gesamte Fallhöhe des kleinen Skarsfjordelven aus (Abb. 282). Von den planmäßigen 3 Turbinen zu 2400 PS ist erst eine eingebaut. Das Einzugsgebiet enthält Seen, deren höchstgelegener, Kråkvand, am weitesten vom Fjord abgewandt, 156,4 m ü. d. M. liegt. Der größte See ist der rd. 2,6 m niedrigere Svartvand. Im ersten Ausbau wird nur Kråkvand als

[1] Auf Grund der Veröffentlichung „Utbygget Vannkraft i Norge“ ermittelt, es fanden die seit 1922 ausgebauten wichtigsten Anlagen außerdem Berücksichtigung.

Speicher benutzt, indem sein Abfluß gegen Svartvand durch ein provisorisches Wehr gesperrt und der See gegen den Fjord zu angezapft wird. Zum zweiten Ausbau soll der Speicherraum beider Seen durch einen tiefliegenden Stollen vereinigt und der natürliche Ausfluß des Svartvand durch eine Talsperre geschlossen werden. Dabei wird ein Speicherraum von 50 hm³ erreicht, gegenüber einem „normalen“ Jahreszufluß von nur 40 hm³. Diese „Überregulierung“ hat den Zweck, andere z. T. schon bestehende, z. T. geplante Kraftwerke mit weniger guten Regulierungsmöglichkeiten zur besseren Ausnutzung ihrer unständigen (HW-) Kraft instand zu setzen. (Zur Zeit arbeitet Skarsfjord nur mit dem erwähnten kommunalen Werk in Simavik zusammen.)

Der Betriebsstollen des Werkes (Abb. 283) ist nur 300 m lang, Grobrechen und Einlaßschütze sind unweit der Entnahmestelle aus dem Kråkvand angeordnet. Vorläufig führt eine, später zwei Turbinenrohre von dem Felsschachtwasserschloß zum Krafthaus (Abb. 284). Die Rohrleitung ist geschweißt, $D = 850$ bis 750 mm. Die Spiralturbine ($n = 750$) hat 3000 PS tatsächliche Höchstleistung. Der in 6 kV erzeugte Drehstrom wird auf 36 kV umgespannt.

Die Anlage ist vom Eltwerk Tromsö 1919 bis 1921 in eigener Regie erstellt. Entwerfender und bauleitender Ingenieur war Dr. techn. Fredrik Vogt. Die Skarsfjordanlage dürfte mit 70° nördl. Breite die nördlichste Großwasserkraftanlage der Erde sein.

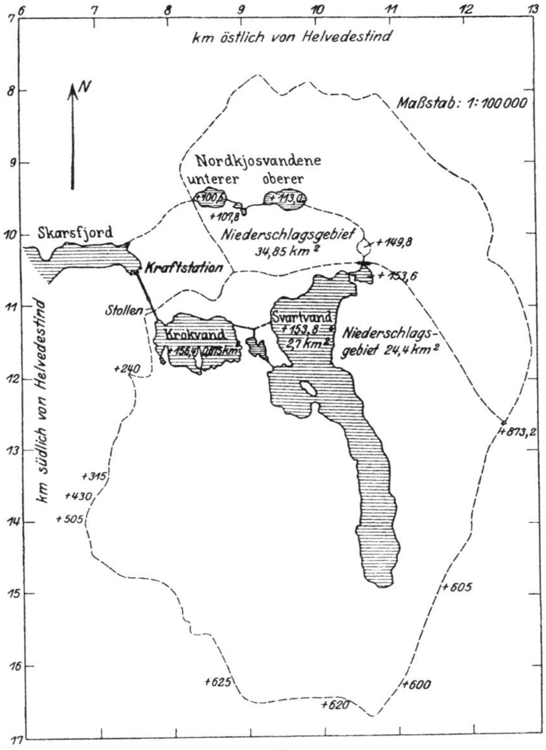

Abb. 282. Skarsfjordwerk samt Fernleitungen, Übersichtskarten. (Verw.)

2. 2. Die Wasserkraftanlage der Björkaasen-Bergwerke

liegt an der Küste unweit der Hafenstadt Narvik auf 68⅓° nördl. Breite. Sie entnimmt das Wasser dem Börsvand und gibt es, statt in den natürlichen Seeabfluß Börsvassdraget, in einen anderen kleinen Wasserlauf, den Ballangsbäk, der es nach dem Ballangenfjord ableitet (Abb. 285). Das ausgenutzte Einzugsgebiet des Börsvand mißt 82,3 km², reg. NQ = 5,0 m³/sek. Die Fallhöhe ist 80 m, daher reg. NW-Leistung 4000 PS.

Der Ausbauplan sieht 3 Turbinen zu 2050 PS (nach Angabe des Planfertigers 2200 PS) vor; zunächst ist eine Maschine aufgestellt, doch sind die baulichen Anlagen für alle drei Turbinen fertig. Die allgemeine Anordnung (Abb. 286, 287) hat mit den durchweg unter Tage geführten Triebwasserleitungen und dem unterirdischen Maschinensaal Ähnlichkeit mit Porjus. Der Maschinensaal (Abb. 288) hat kein tragendes, sondern nur ein Eisenbetonschutzgewölbe; das ursprünglich geplante tragende Gewölbe erwies sich angesichts der guten Felsbeschaffenheit als überflüssig. Erwähnenswert ist, daß aus dem Wasserschloß mit einer Rohrleitung für eine Wasserversorgung Wasser entnommen wird.

Die Anlage ist 1919/21 nach Plänen von Vattenbyggnadsbyrån, Stockholm, erbaut.

2. 3. Die Wasserkraftanlage Bodin

der gleichnamigen Gemeinde liegt auf 67⅓° nördl. Breite, rd. 20 km von der Küste weg. Die Anlage nutzt den Hegmoelv, dessen Einzugsgebiet ins Hochgebirge hinein-

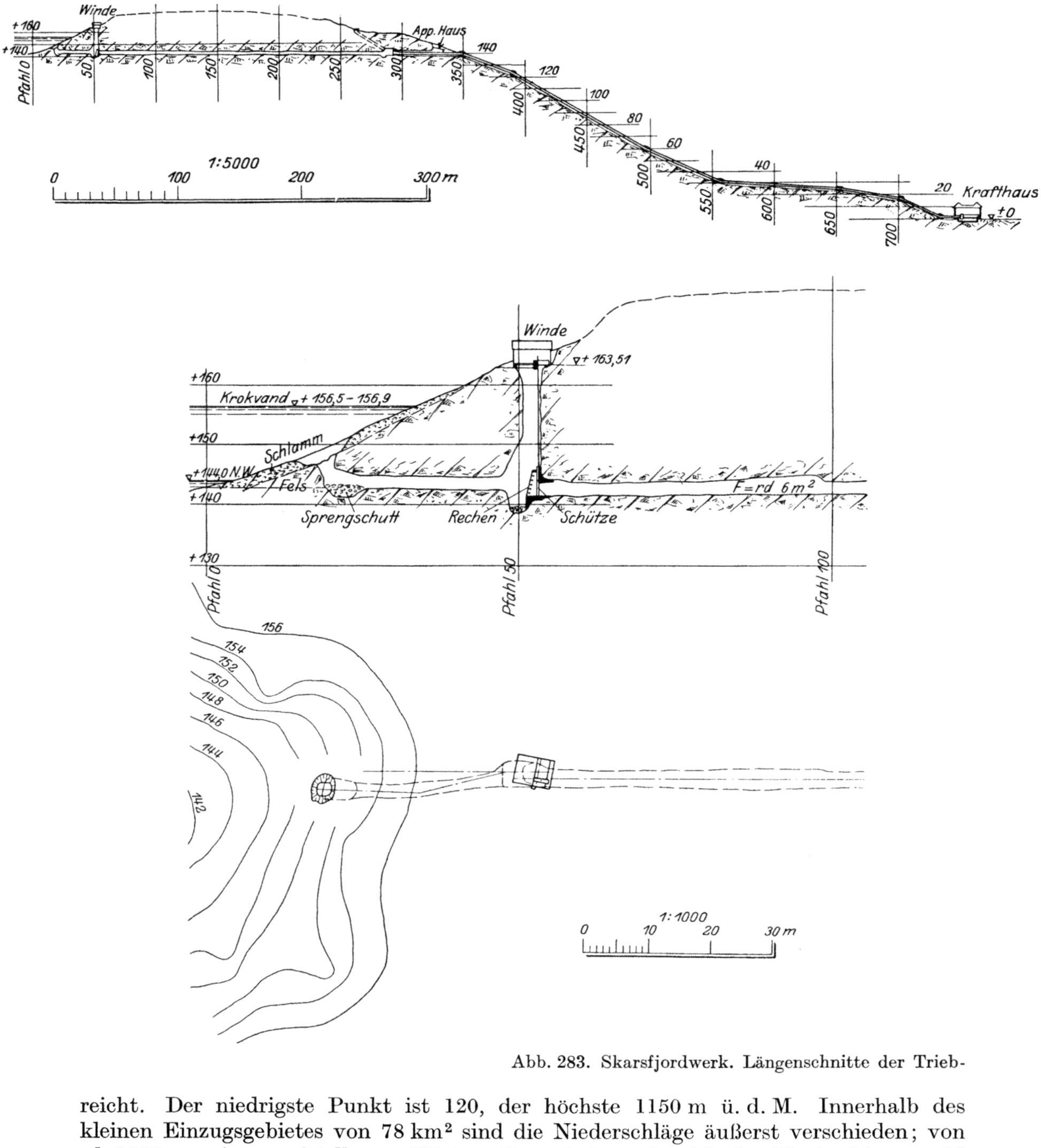

Abb. 283. Skarsfjordwerk. Längenschnitte der Trieb-

reicht. Der niedrigste Punkt ist 120, der höchste 1150 m ü. d. M. Innerhalb des kleinen Einzugsgebietes von 78 km² sind die Niederschläge äußerst verschieden; von rd. 1000 mm in unmittelbarer Küstennähe erheben sie sich im Hochgebirge wohl auf 4000 mm, da durch Abflußmessungen eine durchschnittliche Spende von 82 sl/km², somit eine Abflußhöhe von 2600 mm, festgestellt wurde. Der gewaltige Unterschied in den Niederschlägen erklärt sich dadurch, daß das Gebiet einen nach Westen offenen Kessel bildet.

In der Mitte dieses Kessels liegt auf 120 bis 121 m ü. d. M. der Hegmovand. Un-

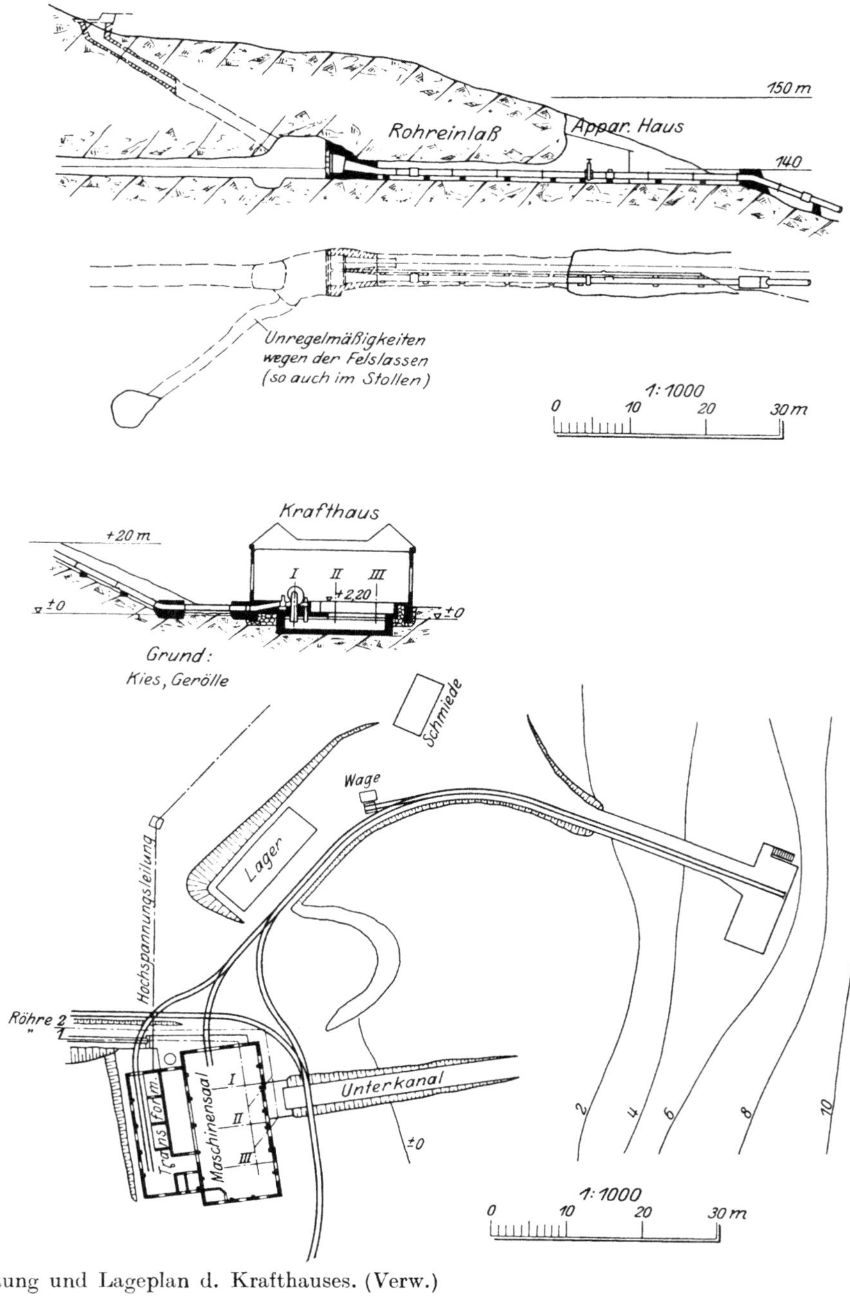

wasserleitung und Lageplan d. Krafthauses. (Verw.)

mittelbar aus ihm wird das Triebwasser entnommen. Durch den Werkstollen kann der Wasserspiegel bis 114,5 m ü. d. M. abgesenkt werden. Am natürlichen Seeauslauf ist vorläufig eine Sperre errichtet, die Stau auf + 121,5 erlaubt. Die 7 m Spielraum liefern einen Speicherraum von 55,9 hm³. Im zweiten Ausbau soll eine dauernde Sperre gebaut werden, die das Stauziel auf 128 bis 129 m ü. d. M. und den Speicher auf 115,8 bis 125,4 hm³ bringen soll. Das UW liegt 3,5 m ü. d. M. Die Gesamtfallhöhe ist also 111 bis 118 m im ersten, 111 bis 125,5 m im zweiten Ausbau. Die Triebwasserleitung steht in ganzer Länge unter Druck und zerfällt in 4 Abschnitte: 2 unausgemauerte Felsstollen und 2 eiserne Rohrstrecken (Abb. 289, 290). Der erste Stollenabschnitt hat 3 Schächte: Dammbalken-, Schützen- und (vor der ersten Rohrstrecke-Flußkreuzung) Wasserschloß- bzw. Überlaufschacht (für Vollausbau). Hier ist auch ein Grobrechen angebracht. Einzelheiten der Flußkreuzung: Abb. 291. Der zweite, längere Stollen endigt in einem zweiten Wasserschloß, das durch Eisenbetonwände in eine Vorkammer und zwei Verteilungskammern geteilt ist. Als Abschluß der von hier ausgehenden langen eisernen Turbinenrohrleitungen sind Rollschützen angeordnet (Abb. 292). Vorläufig liegt erst die eine Rohrleitung.

Abb. 284. Skarsfjord. Ansicht des Kraftwerkes. (Verw.)

Im Krafthaus (Abb. 293) sind entsprechend vorläufig nur 2 Turbinen zu 4000 PS, $H = 103$, $n = 500$, eingebaut. Zum Vollausbau sollen zwei weitere eingebaut werden, so daß die Werksleistung 16000 PS, etwa das Dreifache der regulierten NW-Leistung erreicht. Das Krafthaus ist vorläufig nur auf den Raumbedarf der beiden ersten Maschinen ausgebaut, doch sind die Fundamente für Vollausbau vorhanden. Die später zu entfernende Wand ist in Holz mit Verputz auf Drahtnetz ausgeführt.

Der auf 22 bzw. 38 kV umgespannte Strom dient in erster Linie der Versorgung der Gemeinde Bodin. Ein Teil dürfte wahrscheinlich an die Stadt Bodö geliefert werden, deren zwei oben erwähnte Kraftwerke den wachsenden Bedarf nicht voll decken können; auch einige Fischtrockenanlagen erhalten Strom, ebenso zwei größere Krankenhäuser (auch Heizstrom).

Entwurf und Ausführung der baulichen Teile der 1920/22 erstellten Anlage stammt von dem Ingenieurbureau Gröndahl und Kjörholt (Inhaber Civ.-Ing. Kjörholt) in Trondhjem. Die Turbinen sind geliefert von der A. S. Kvärners Brug, die Rohrleitungen, die genieteten Eisenkonstruktionen und die zugehörige Maschinerie sind durch Myrens Verkstad, Oslo, entworfen und geliefert.

2. 4. Die Wasserkraftanlage der Sulitelma-Bergwerke im Gebiet des Sulitelmavassdrag.

Die Bergwerke in Sulitelma, zur Zeit die bedeutendsten ganz Norwegens, gewinnen in der Hauptsache Schwefelkies (überwiegend mit 3% Cu), der aufbereitet wird. Das Erzeugnis wird an Zellulose- und Schwefelfabriken abgesetzt; dem übrigbleibenden Abbrand wird Kupfer, Silber und Zink entzogen, der Rückstand wird brikettiert und an Eisenhütten verkauft. Die Gruben enthalten auch Kiese mit bis

10% Cu. Diese werden unveredelt ausgeführt; die von früher vorhandenen eigenen Kupferhütten des Bergwerkes sind außer Betrieb.

Die Grube verfügt über sehr bedeutende Wasserkräfte, alle im Einzugsgebiet des Sulitelmavassdrag. Die vorläufig nur ausgebauten 7000 PS dienen für die erwähnten Bergwerks- und Aufbereitungsbetriebe und zur häuslichen Versorgung der Angestellten und Arbeiter. Der Ausbau der sehr viel bedeutenderen ungenutzten Rohwasserkräfte ist während des Krieges zum Zweck des damals beabsichtigten Kupferhüttenbetriebes zu Plan gebracht worden. Infolge des Konjunkturrückschlages unterblieb der Ausbau. Abb. 294 zeigt die bestehenden Werke mit Leitungsnetzen, ferner die drei geplanten Großanlagen. Die zwei bestehenden Werke nützen den größten Nebenfluß: Balmielv, aus; die untere ist eine alte Anlage, schon 1899 begonnen und allmählich erweitert; Gesamtfallhöhe: 41 m, Nutzleistung: 3350 PS in vier verschiedenen Sätzen. Die obere, neuere Station (Abb. 295, 296) entnimmt das Wasser unmittelbar aus einem kleinen See des Balmielv. Die Gesamtfallhöhe ist 32 m. Es ist eine einzige Maschine von 3500 PS ($n = 375$) eingebaut. Beide Werke arbeiten parallel. Trotz der nördlichen Lage (über 67° n. Br.) und des rauhen Klimas sind die Eisschwierigkeiten durch sorgfältige Wartung auf ein geringes Maß herabgesetzt. Unangenehmer wird die starke Sandführung bei Grundeis-

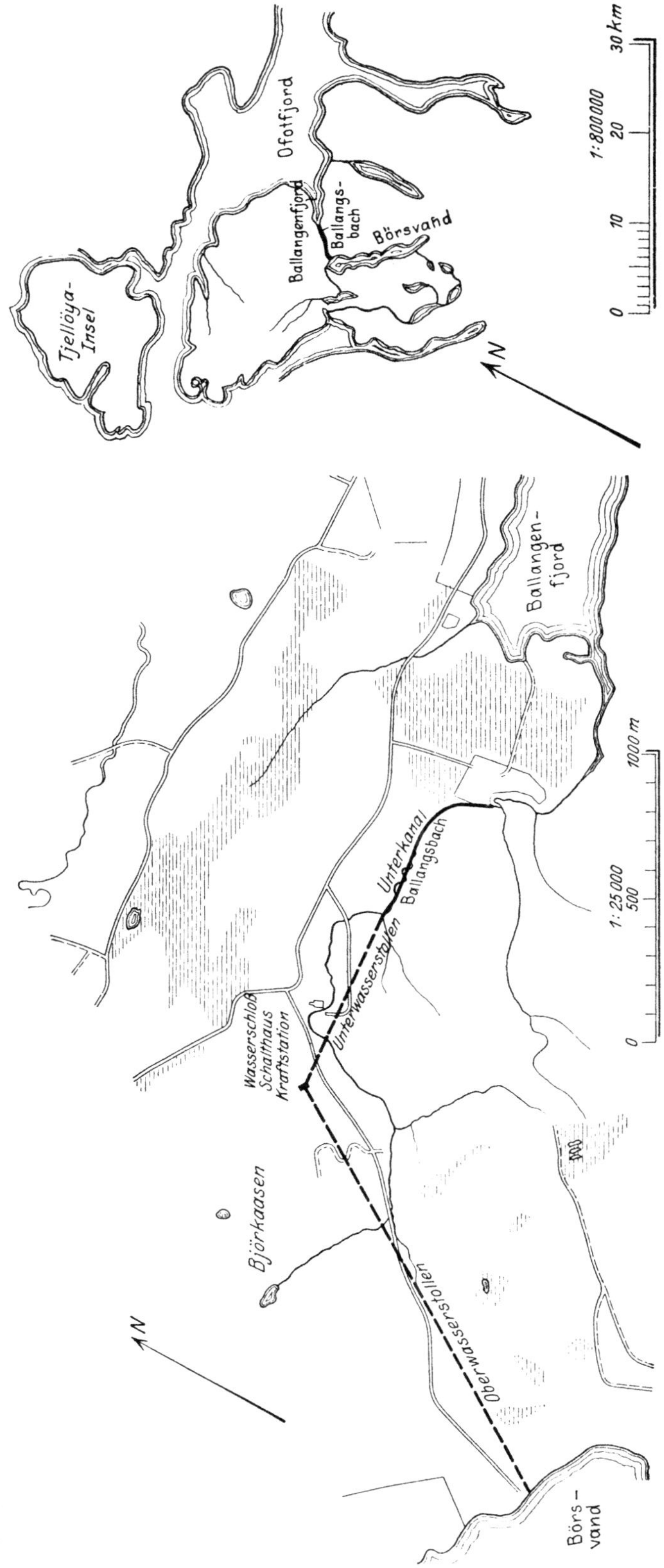

Abb. 285. Björkaasen, Kartenskizze u. Übersichtsplan. (Verw.)

gang empfunden, die beträchtliche Abnutzung der Turbinen verursacht. Man ist dazu übergegangen, das Laufrad durch einen auswechselbaren Verschleißring abzudichten.

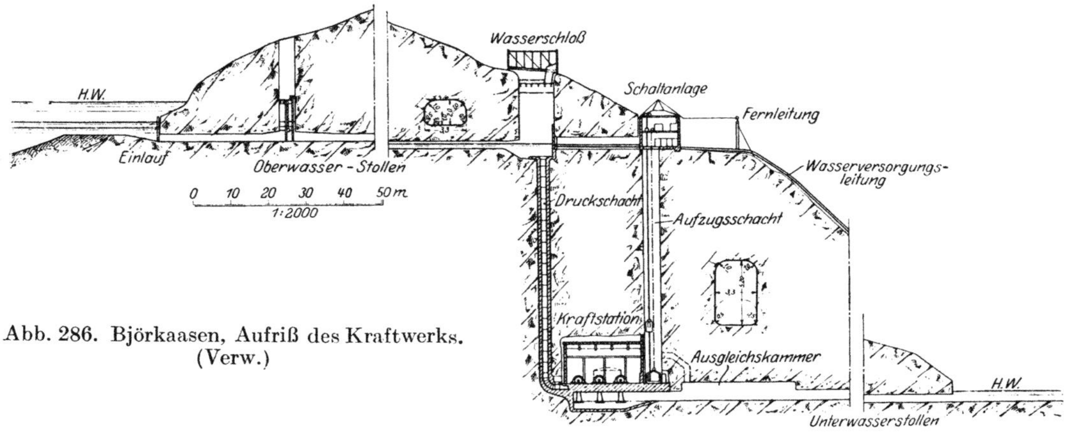

Abb. 286. Björkaasen, Aufriß des Kraftwerks. (Verw.)

Die Energieerzeugung beider Werke (Abb. 297) hat 1925 das Maximum der Kriegskonjunktur (nach Absinken auf die Hälfte in 1920) etwas übertroffen. Von den erzeugten 11,2 Mill. kWh wurden 52% für Kraftbetriebe, 39% in Heizapparaten und der Rest für Beleuchtung verwendet.

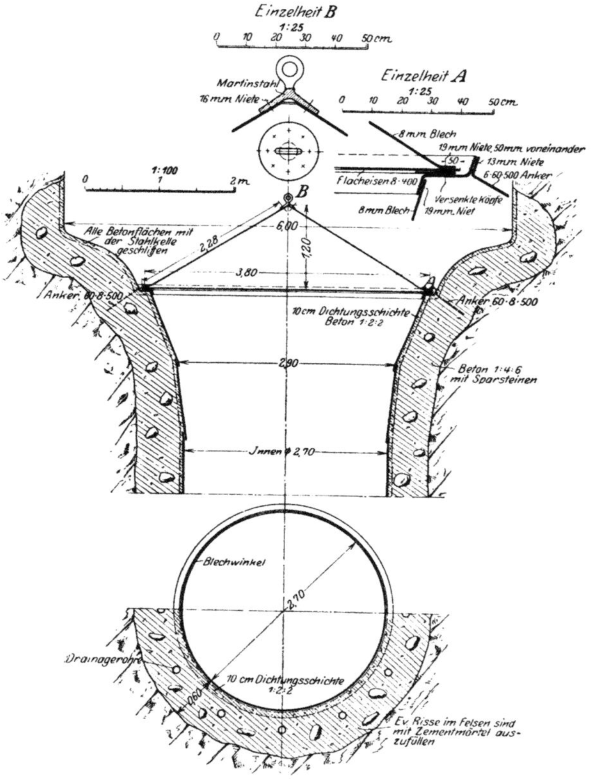

Abb. 287. Björkaasen, Einlauf des Druckschachtes. (Verw.)

Die drei geplanten Großanlagen sind: 1. Balmielvanlage, Gesamtfallhöhe 378,5 m, ausnutzbare Leistung: 350000 PS; der gesamte Höhenunterschied zwischen Kjelvand und Langevand wird hier ausgenutzt. Nach Erstellung dieser Anlage können die beiden bestehenden Anlagen nur noch bei Hochwasser betrieben werden. 2. Laamianlage, soll einen anderen Nebenfluß des Sulitelma, den Laamielv, ausnutzen. Gesamtfallhöhe ist 571 m, ausnutzbare Leistung: 25200 PS. 3. Die unterste Anlage soll eine Stromschnelle des Hauptstromes, der auch Skjönstaaelv genannt wird, ausnutzen; Gesamtfallhöhe: 102 m, ausnutzbare Leistung 120700 PS (Abb. 298).

Alle drei Anlagen sind zur Vermeidung von Eisschwierigkeiten planmäßig durchweg mit geschlossenen Triebwasserleitungen (und zwar nur: Druckstollen und Druckrohren) entworfen.

2. 5. Die Glomfjordanlage

gehört zu den bedeutendsten Anlagen von ganz Norwegen; sie nutzt die Energie der Fykanaa aus (Abb. 299). Von dem ganzen Einzugsgebiet (283 km²) werden im wesentlichen nur die Teileinzugsgebiete des Storglomvand und des Navervand und noch ein kleiner Teil des Fykanaagebietes zwischen Storglomvand und Fykanvand

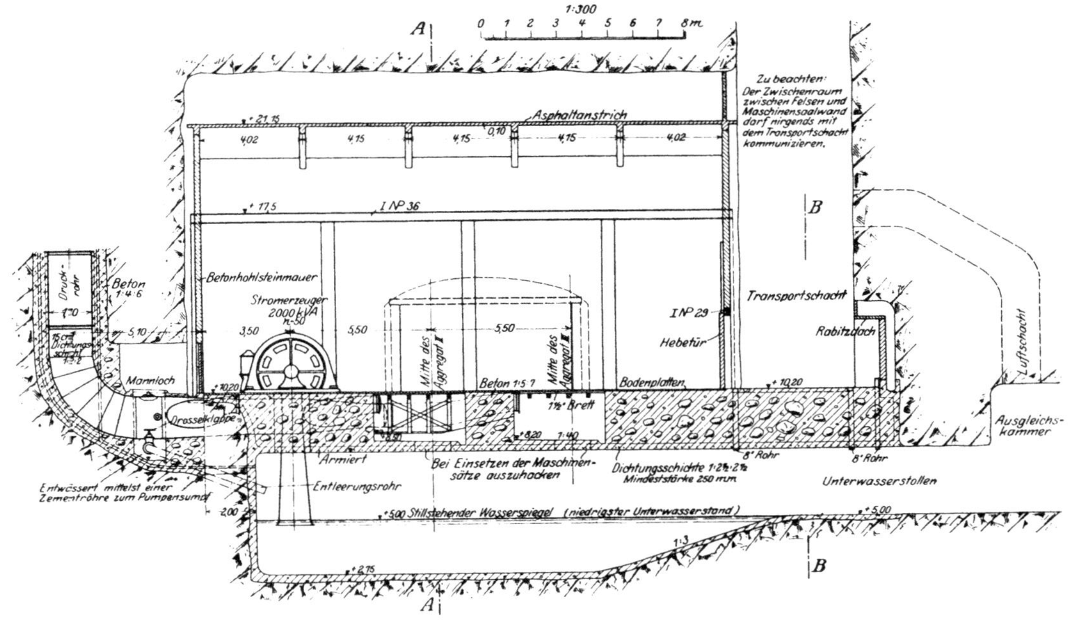

erfaßt. Diese drei Gebiete umfassen 221, 28 und 4, zusammen 253 km² oder 89,4% des Mündungs-Einzugsgebietes.

Die Abflußmengen sind nur am Auslauf des Fykanvand (Einzugsgebiet rd. 283 km²) gemessen, wo sich folgende Kennwassermengen ergaben (m³/sek) (s. Tabelle auf S. 326).

Durch die Beobachtungen von 1913/25 ist MQ = 29,5 m³/sek ermittelt, was die sehr hohe Spendenzahl = 104 sl/km² ergibt; dabei schwanken die Einzeljahresmittel zwischen 78 und 140% des erwähnten langjährigen Mittelwertes. Im Abschnitt 1913/18 war HHQ = 180 m³/sek. Dem Verhältnis der Einzugsgebiete (0,894) entsprechend, ergibt sich für das von der Kraftanlage erfaßte Einzugsgebiet MQ zu rd. 26 m³/sek.

Das Einzugsgebiet besteht überwiegend aus unbewohntem Fjeld. Landwirtschaft ist fast gar nicht vorhanden, auch die Waldungen sind unbedeutend

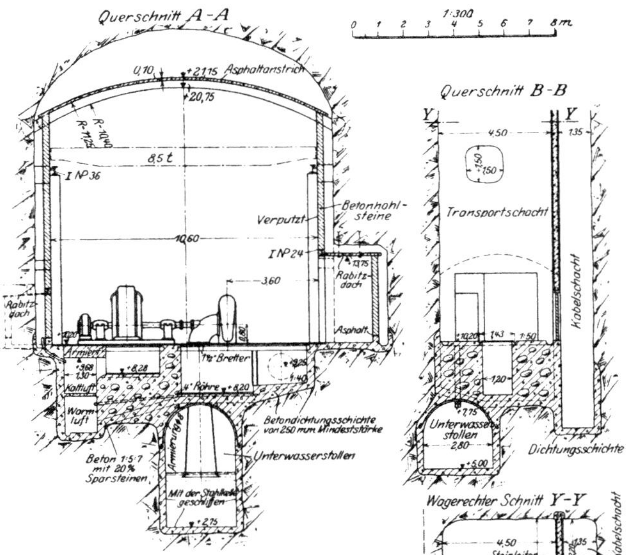

Abb. 288 und 289. Björkaasen, Grundriß und Schnitte des Krafthauses. (Verw.)

(auf der Fykanå wird nicht geflößt). Ein großer Teil des Fjeldgebietes nimmt der Schwarzeisgletscher (Svartisen) (nördliche Hälfte) ein. Das Gebiet ist, mit rd. 12% Seeflächenanteil, sehr seenreich[1].

Überschreitungsdauer	1913/14	1914/15	1915/16	1916/17	1917/18
12 Monate	2,4	2,0	1,7	2,6	4,7
9 „	7,1	2,8	3,2	4,60	6,7
6 „	12,6	7,3	10,3	12,9	13,1

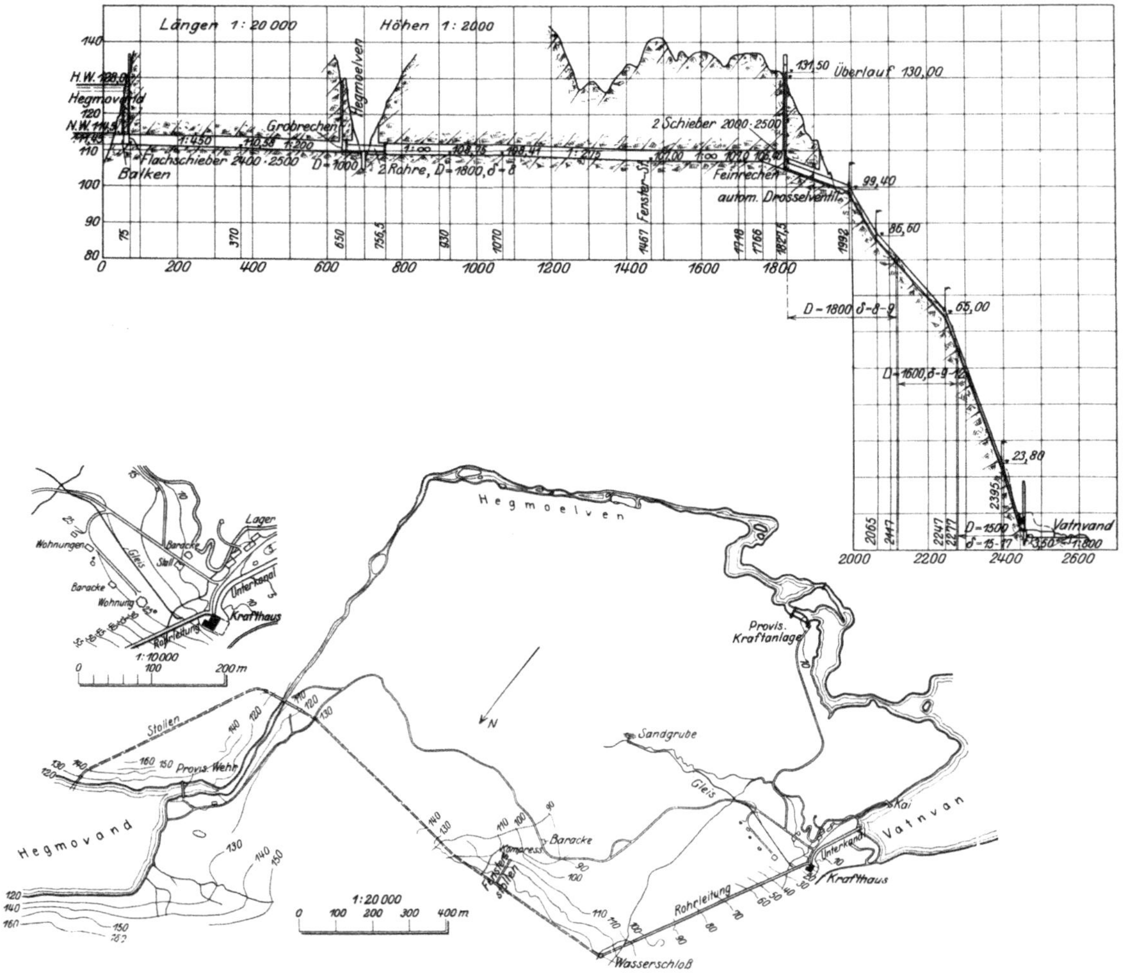

Abb. 290. Bodin-Lageplan und -Übersichtslängenschnitt. (Verw.)

Die **Gesamtanordnung der Anlage** benutzt die beiden Hochgebirgsseen: Storglomvand (512 ü. d. M.) und Navervand (462 ü. d. M.) als hintereinandergeschaltete (nicht kommunizierende) Speicher. Der Storglomvand wird durch Stauung und Absenkung mittels eines tiefliegenden Entnahmestollens reguliert. Sein Abfluß gelangt zunächst

[1] Angaben genau nach Mitt. der Hydrogr. Abt. von Norges Vassdrag och Elektrisitetsvesen. Diese weicht nur unwesentlich von Angaben des Planfertigers ab. In den Angaben über die Abflußregulierungen sind dagegen nicht unwesentliche Abweichungen; da die Angaben des Planfertigers viel ausführlichen waren, wurden bei Widersprüchen sie als maßgebend angesehen.

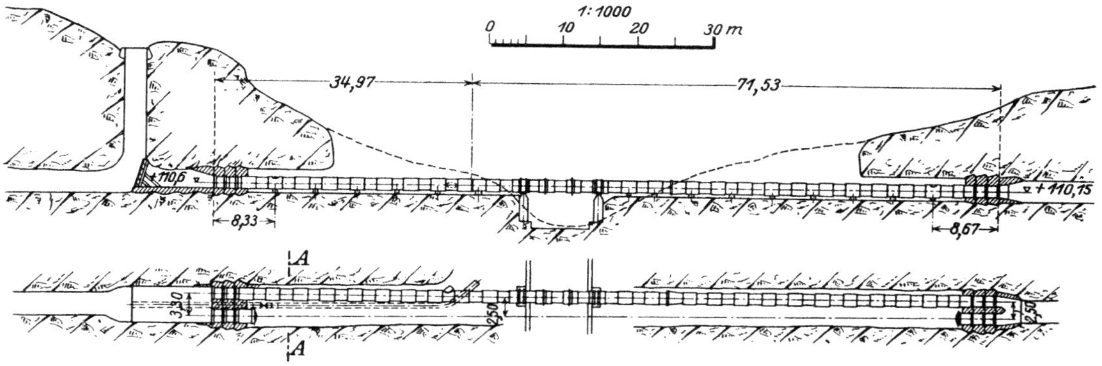

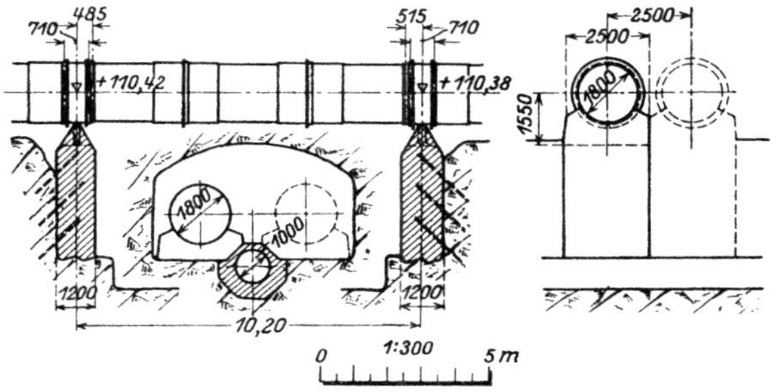

Abb. 291. Bodin. Überführung der Druckrohre über den Hegmoelv. (Myrens Verkstad.)

wieder in das natürliche Flußbett und wird diesem weiter unten von neuem entnommen und durch einen Zubringerstollen dem in einem kleinen Nebental liegenden Navervand zugeleitet. Aus dem Navervand ist dann die eigentliche Werkwasserleitung abgezweigt, bestehend aus Druckstollen mit anschließender Turbinendruckrohrleitung. Das Krafthaus liegt dicht am Fjord mit UW = 3,5 ü. d. M.; als durchschnittliche Nutzabfallhöhe ergaben sich bei dieser Anordnung rd. 450 m.

Die Seeregulierungen. Von den beiden Ausflüssen des Storglomvand (Abb. 299a) wurde der eine durch einen Steinschüttdamm gesperrt, der andere durch ein vorläufig in Holz und Eisen konstruiertes Stauwerk, das teils festes Überfallwehr, teils Nadelwehr ist und einige Grundschützen hat. Zu der so ermöglichten vorläufigen Stauhöhe von 4 m kommen 16 m Absenkung durch den 1500 m langen Entnahmestollen von 16 m² Rohausbruchquerschnitt (Abb. 300, 301). Die in einem Schacht angeordneten zwei Sätze Gleitschützen haben elektrischen Antrieb und können vom Krafthaus aus betätigt werden. Der Regulierspielraum von 4 + 16 m ergab einen Speicher von rd. 470 hm³.

Die Stauanlagen sollten planmäßig nur einige Jahre lang Dienst tun und dann durch zwei um 4 m höher stauende Steinschüttdämme in beiden Armen ersetzt werden, wobei der

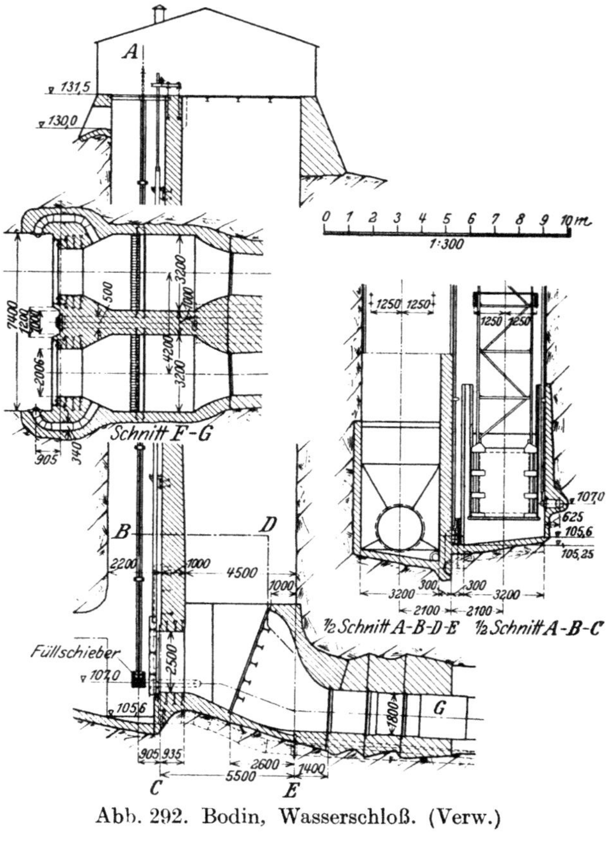

Abb. 292. Bodin, Wasserschloß. (Verw.)

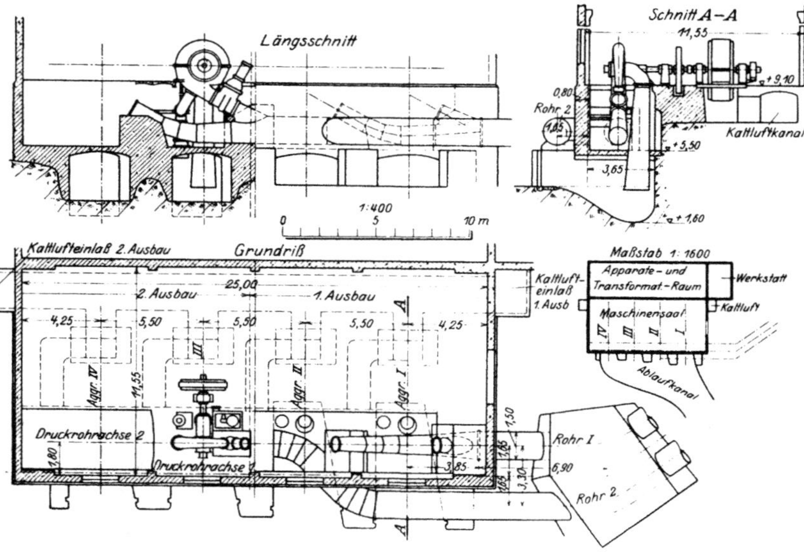

Abb. 293. Bodin. Turbinenanlage, Grundriß und Schnitte. Maßstab 1 : 400. (Verw.)

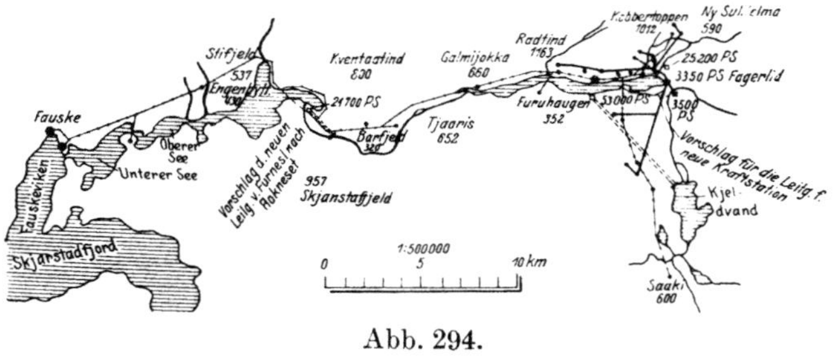

Abb. 294.

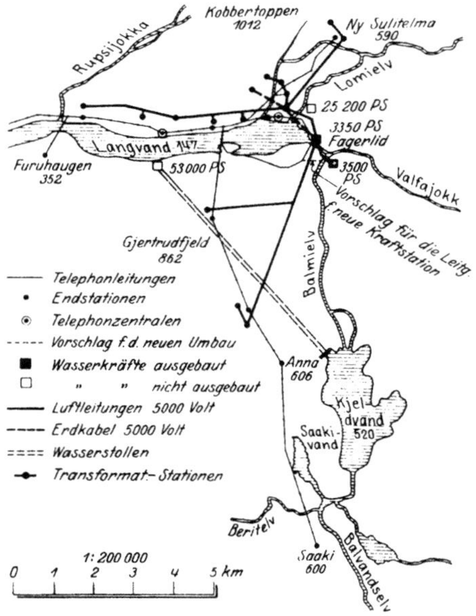

Abb. 295.

Abb. 294 und 295. Kartenskizzen: ausgebaute und geplante Wasserkraftanlagen und Hauptleitungen der Sulitelmabergwerke. (Verw.)

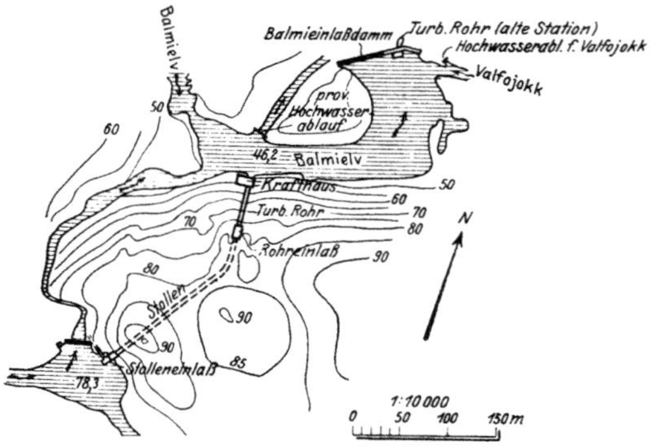

Abb. 296. Balmi, Übersichtsplan.

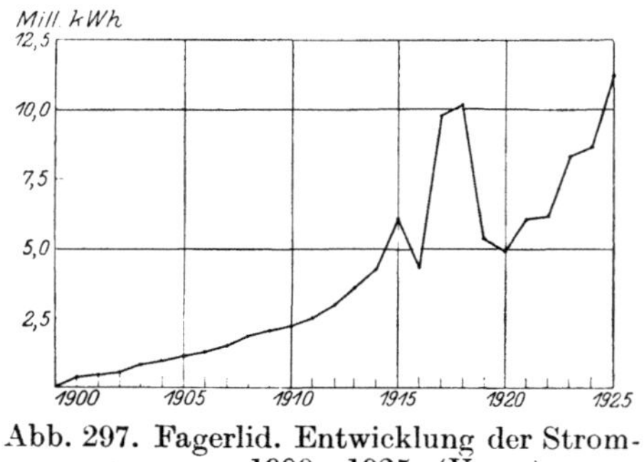

Abb. 297. Fagerlid. Entwicklung der Stromerzeugung 1900—1925. (Verw.)

zwischenliegende Geländerücken als Überfall dienen sollte. Hiernach wird der gesamte Speicherinhalt 570 hm^3 betragen.

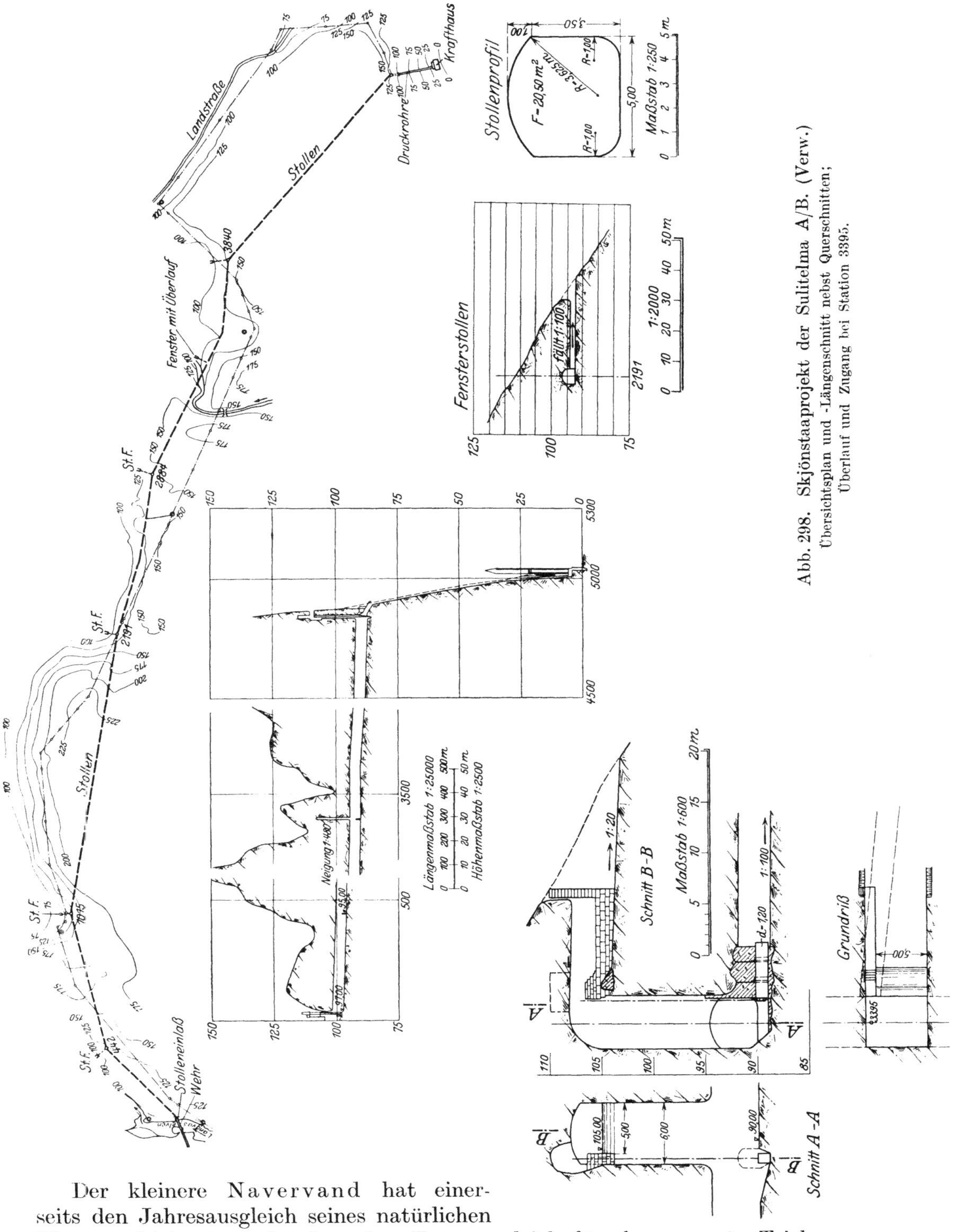

Abb. 298. Skjönstaaprojekt der Sulitelma A/B. (Verw.)
Übersichtsplan und -Längenschnitt nebst Querschnitten; Überlauf und Zugang bei Station 3395.

Der kleinere Navervand hat einerseits den Jahresausgleich seines natürlichen Einzugsgebietes und daneben den Tagesausgleich für das gesamte Triebwasser zu bewältigen. Der Speicher ist geschaffen durch eine Wehranlage mit 4 m Stau; die mit treppenförmiger Verzahnung versehen ist, damit sie um weitere 4 m erhöht

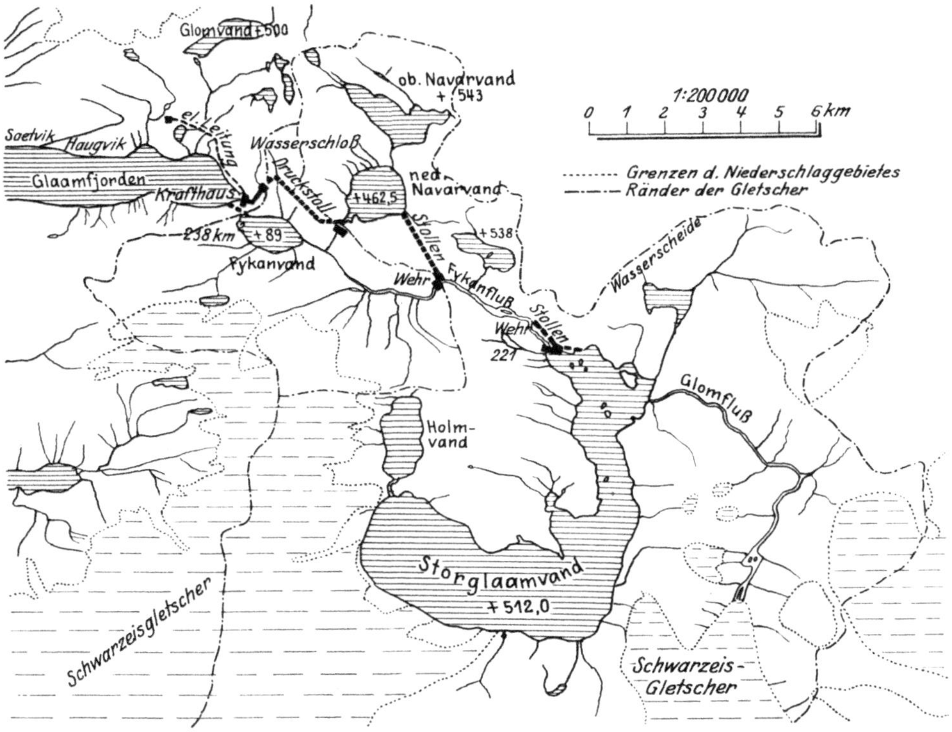

Abb. 299. W. A. Glomfjord, Kartenskizze. (Verw.)

werden kann. Danach, bei einem Spielraum von 8,0 m, wird der hier geschaffene Speicher 15 hm³ fassen. Beide Speicher zusammen geben somit zusammen bei vollem Ausbau 585 hm³ oder etwa 70% ihres mittleren Jahreszuflusses. Die Speicher werden — nach Maßgabe des vorliegenden Beobachtungsstoffes — das ganze Jahr hindurch (lediglich in den ungünstigsten Jahren: mit Ausnahme einiger Tage) eine Nutzwassermenge von 25 m³/sek (24 stündig) bereitstellen. (Zur Ausnutzung der vollen 26 m³/sek auch in den ungünstigsten Jahren sollen nach Angaben der Hydrogr. Abt. 635 hm³ Speicher nötig sein.

Abb. 299a. Storglomvand-Wehrbaustelle. (Norsk Vandb. Kont.)

Triebwasserleitung. Der Absenkungsstollen mündet auf Höhe 494 wieder in das Fykanaabett. Etwa 1,5 km stromabwärts zweigt dann der Überleitungsstollen nach dem Navervand ab ($F = 12$ m², $L = 2150$ m). Der Stollen ist nicht ausgekleidet; nur einige große Klüfte des Kalkgesteins mußten gedichtet werden. Der Stolleneinlauf ist durch elektrisch betriebene Schützen abschließbar. Der Betriebsstollen vom

Navervand zum Wasserschloß ist nur 275 m lang bei 18,0 m² Querschnitt. Der Stolleneinlauf ist durch Dammbalken abschließbar, dahinter befindet sich ein Schacht mit Absperrschützen und Grobrechen. Die eisernen Schützen sind in zwei Teile von je 8 m² unterteilt.

Das Wasserschloß (Abb. 302) ist seitlich vom Stollen aus dem Felsen gesprengt, hat 23 m Höhe und einen wirksamen Grundriß von 85 m². Durch Eisenbetonwände sind drei Rohreinläufe abgeteilt, jeder mit Gleitschützen für sich verschließbar. Der elektrische Schützenantrieb ist oberhalb des Wasserschlosses eingebaut; die Anlasser können auch vom Krafthaus betätigt werden. Jede Kammer hat eine Leerlaufschütze, die das Wasser durch besondere kleine Stollen in das tote Ende des Hauptstollens gelangen läßt, von wo aus ein im Grundriß schräglaufender, durch Schützen abschließbarer Entleerungsstollen ins Freie führt.

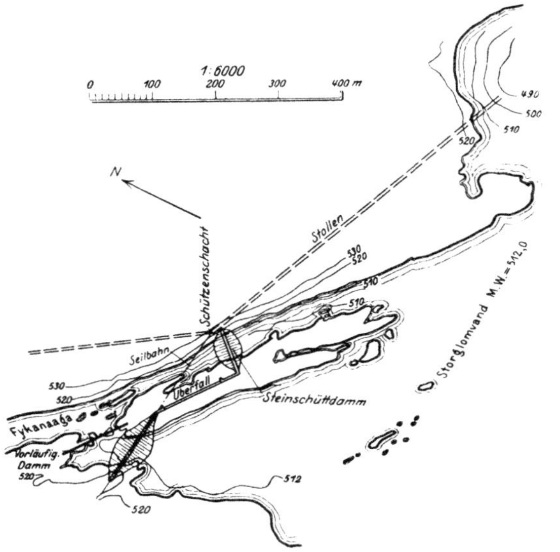

Abb. 300. Glomfjord. Senkungsstollen des Storglomvand, Lageplan. (Verw.)

Jede Kammer enthält zwei hochziehbare Grobrechen. Der eine, korbförmige, ist gewöhnlich im Gebrauch; der Flachrechen wird nur dann heruntergelassen, wenn der Korbrechen zum Reinigen hochgezogen wird. Als Rohrbruchsicherung ist vor jedem Rohreinlauf noch eine Fallklappe angebracht, die mit Ketten an einem Querhaupt hängt und durch eine Sperrvorrichtung gehalten wird. Durch ein automatisch oder durch Druckknopfsteuerung vom Schützen- oder Krafthaus aus elektrisch auslösbares Fallgewicht wird die Sperrvorrichtung ausgehoben. Die Schließbewegung der Klappe wird durch einen Glyzerinzylinder und -kolben gebremst.

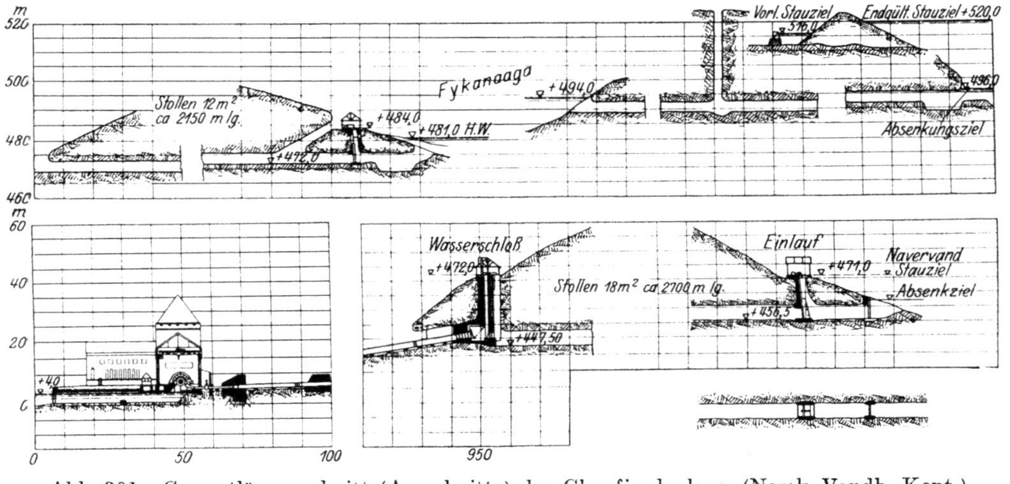

Abb. 301. Gesamtlängenschnitt (Ausschnitte) der Glomfjordanlage. (Norsk. Vandb. Kont.)

Die Turbinendruckleitung ist 980 m lang (Abb. 303, 304). Es sind drei Rohre vorgesehen, für 2 Turbinen. Verlegt sind erst 2 Rohre von 2,0 bis 1,4 m l. W. Bis zur Höhe + 150 sind es gewöhnliche geschweißte Rohre mit Nietmuffenverbindung. Von + 150 bis zur Verzweigung sind dagegen geschweißte und bandagierte Röhren mit Niet-Ringlaschen angewandt. Flanschen sind nur bei den Anschlußstellen der Stahlgußkrümmer und den Abzweigstücken angeordnet. Hinter den untersten Festpunkten mit den Hosenrohren treten die Zweigrohre in ein, dem Maschinenhaus längs angebautes Schieberhaus ein, wo die hydraulischen Absperrschieber aufgestellt sind.

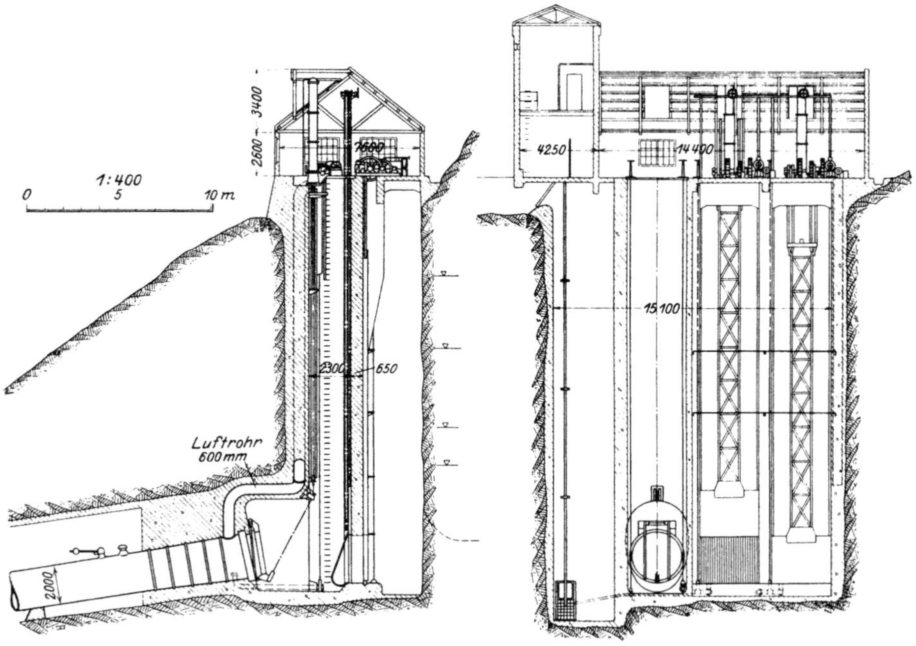

Abb. 302.

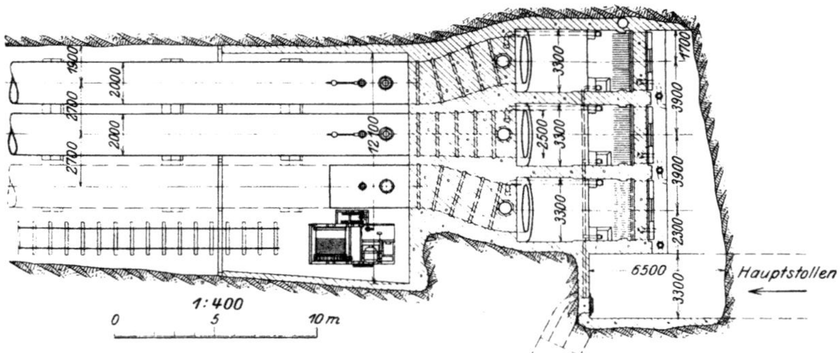

Abb. 302. Glomfjord. Wasserschloß-schnitte. (Norsk Vandb. Kont.)

Abb. 303. Glomfjords Turbinenleitung, Längsschnitt. (Norsk Vandb. Kont.)

Von den vier bis jetzt verlegten Zweigrohren sind nur drei z. Z. mit Schiebern versehen.

Das Krafthaus (Abb. 305, 306, 307) mit dem Schalthaus steht quer zum Bett der Fykanaa. Diese Anordnung ist gewählt, um einen Felsanschnitt zu vermeiden, der wiederum die Unterbringung einer Druckrohrstrecke in einem Stollen bedingt hätte, was man aus Instandhaltungsrücksichten vermeiden wollte. Bei der gewählten Krafthauslage mußte zur Bauausführung ein Hilfswehr und ein Umleitungsstollen von 300 m Länge und 40 m² Querschnitt erstellt werden.

Für die planmäßigen 6 Maschinensätze ist die Gründung bereits ausgeführt; der Hochbau ist dagegen vorläufig nur für 4 Maschinen erstellt.

Maschinen. Die Nutzwassermenge von 25 m^3/sek und Nutzfallhöhe von 450 m ergeben bei 86% Wirkungsgrad eine Leistung von 129000 PS, während aller Stunden des

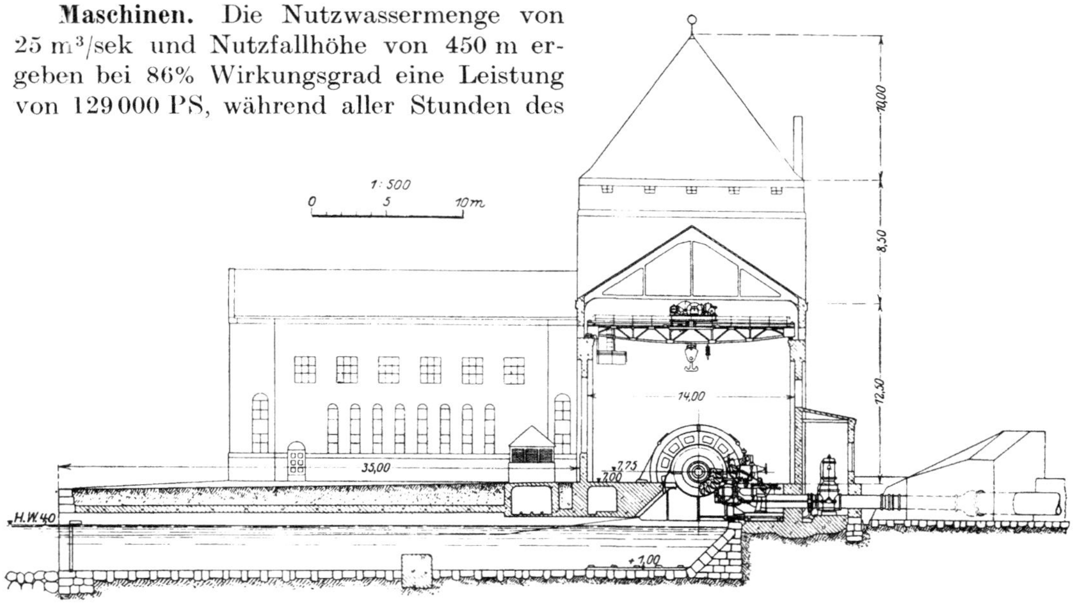

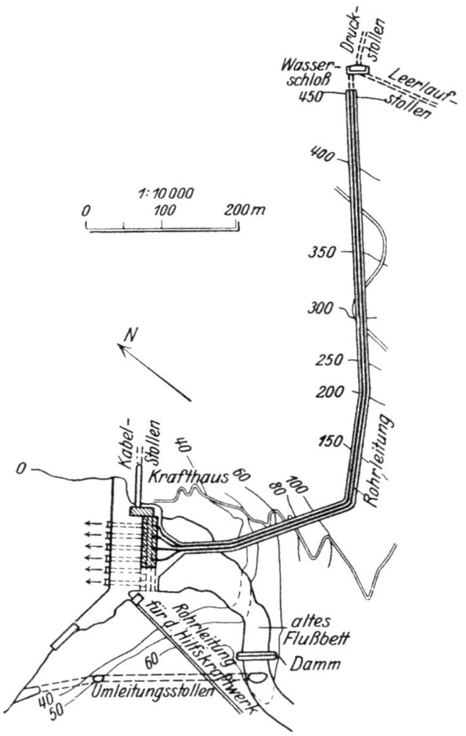

Abb. 304. Glomfjord. Lageplan des Kraftwerks. (J. M. Voith.)

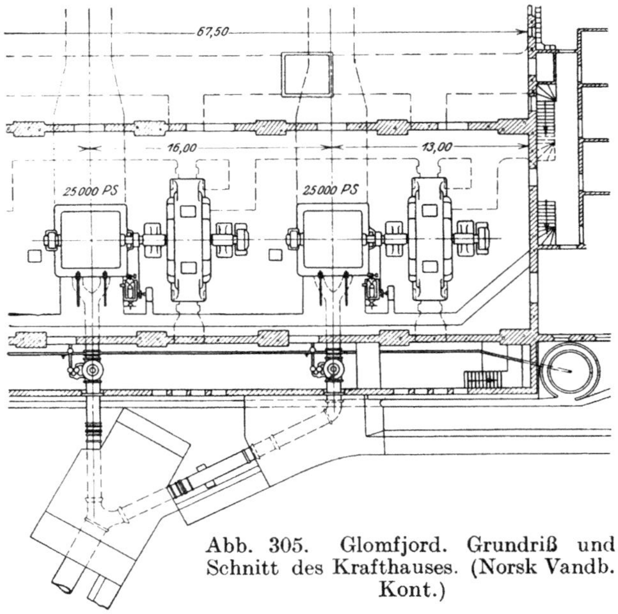

Abb. 305. Glomfjord. Grundriß und Schnitt des Krafthauses. (Norsk Vandb. Kont.)

Jahres oder, bei 90% Benutzungsdauer: 143000 PS. Die Pläne sehen 5 Maschinen mit zusammen 135000 PS und einen „Reservesatz" von 25000 PS vor, doch kann noch ein 7. Satz aufgestellt werden, wenn die Nutzbarkeitsdauer sich niedriger als 90% erweisen und entsprechender Absatz vorhanden sein sollte. Vorläufig sind nur drei Maschinen, zwei zu 25000 und ein „Reservesatz" zu 27500 PS, zusammen also 77500 PS, aufgestellt.

Es sind eindüsige Zweiradfreistrahlturbinen (Abb. 305, $n = 300$) mit Strahlablenkern und besonderen Bremsdüsen. Der nachgewiesene Wirkungsgrad ist 88,2% bei Vollast. Von jeder Turbine führt ein besonderer Unterwasserkanal zum Fjord; parallel zu diesen Kanälen läuft quer unter dem Maschinensaal ein Kanal zur unschädlichen Abführung des Wassers von etwaigen Rohrbrüchen (Abb. 305). Die Stromerzeuger sind unmittelbar mit ihren Turbinen gekuppelt, jeder Maschinensatz hat nur drei Lager. Die Konstruktionszahlen sind: 22000 kVA; cos = 0,8; 25 Perioden; 14 bis 15 kV; direkt gekuppelte Einzelerreger.

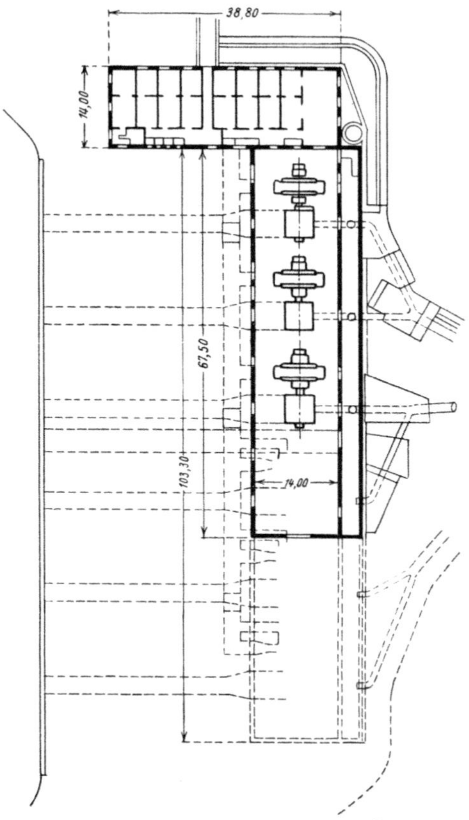

Abb. 306. Glomfjord, Krafthaus. Übersichts-Grundriß. (Norsk Vandb. Kont.)

Das Schalthaus ist quer an das Krafthaus angebaut. Die Schaltanlage ist sehr einfach, da jede Maschine unmittelbar auf eine eigene Kraftleitung arbeitet. In Störungsfällen können mit Hilfe eines Sammelschienensatzes zwei oder mehr Maschinen parallel geschaltet werden. Die Stromleitung (Abb. 982) führt z. Z. nur zu dem Zinkschmelzwerk Haugvig; unweit davon ist aber eine Abzweigstation für späteren Bedarf angeordnet.

Die Anlage ist 1913/18 erbaut; einige ergänzende Arbeiten sind bis 1926 in Gang gewesen. Zur Baudurchführung ward ein Hilfskraftwerk von 1500 PS ($H = 90$ m) errichtet. Die Anlage, ursprünglich einer schwedischen A.-G. gehörig, ging nach Fertigstellung durch Aktienübereignung in den Besitz des norwegischen Staates über. Der Kaufpreis hat 21 Mill. Kr. betragen, also 270 Kr./PS. Mit vollem Ausbau auf 160000 PS wird das Anlagekapital auf etwa 33 Mill. Kr. anwachsen und der Preis einer PS auf 205 Kr. sinken. Den Anlagekosten nach ist das Werk somit außerordentlich günstig; durch die weitentlegene Lage ist aber die Entwicklung des Absatzes für die großen Energiemengen sehr erschwert. Das Werk ist im ganzen nur in den Jahren 1920/23 im Betrieb gewesen und auch nur mit einem Teil seiner Leistung. Infolge Betriebseinstellung des einzigen Stromabnehmers, der Zinkhütte Haugvig, mußte der Betrieb dann ganz stillgelegt werden. 1926 wurden Verhandlungen über Wiederaufnahme des Be-

Abb. 307. Glomfjord. Ansicht des Kraftwerks. (Norsk Vandb. Kont.)

triebes gemeldet, auch über Aluminiumerzeugung im größten Maßstabe[1]. Die bisherige Eigentümerin des Werkes, die (dem Staat gehörige) Glomfjord A. S., wurde 1926/27 liquidiert und das Werk als reines Staatskraftwerk unmittelbar unter die Verwaltung von Norges Vassdrag och Elektrisitetsvesen gestellt.

Die Anlage ist vom Forenede Ingenieurkontoret entworfen. Der allgemeine und bautechnische Entwurf lag in Händen von Civ.-Ing. Ragnvald Lie, die gesamten Bauarbeiten sind von Ingenieur Bernt Lundt geleitet worden. Die Turbinen sind von J. M. Voith-Heidenheim, die Rohrleitungen von Ferrum-Kattowitz, die Eisenkonstruktion, Winden u. dgl. von Myrens Verkstad, Oslo, die Stromerzeuger von A. S. E. A. Västerås geliefert[2].

18. Abschnitt: Die Einzugsgebiete der Atlantischen Küste vom Ranafjord bis zum Becken von Trondhjem.

1. Allgemeines.

Dieser Abschnitt umfaßt die Südhälfte von Nordland Fylke, beginnend mit den Zuflüssen des Ranafjord, ferner Nord- und Sör-Tröndelag Fylke; letzteres: mit Ausnahme eines kleinen südlichen und südöstlichen Teiles der Einzugsgebiete der Triva, die südlich vom Trondhjemfjord mündet und der nördlichsten Teile der Einzugsgebiete von Glommen und Klaraelv.

Dieses Gebiet beherbergt auf 58000 km² (über 1/6 von ganz Norwegen) nur rd. 340000 Seelen (1/8 der Gesamtbevölkerung des Landes). Nur die Gegenden südlich und östlich vom Trondhjemfjord sind dichter besiedelt (stellenweise über 50 Köpfe/km²), dagegen sind die übrigen Teile, mit Ausnahme einiger kleiner Inseln und Halbinseln, außerordentlich dünn besiedelt; mehr als 1/4 des Gebietes ist vollständig unbewohnt.

An natürlichen Wasserkräften weist die amtliche Statistik rd. 1550000 reg. NW-PS nach. Die kraftreichsten Gewässer des Gebietes sind:

Der in den Ranenfjord einmündende Ranafluß mit rd. 3500 km² und 153000 PS, die allerdings auf eine große Zahl, überwiegend staatlicher, Fälle verteilt sind. Von den Wasserkräften des Ranahauptlaufes ist noch nichts ausgenutzt. Dagegen ist von einem größeren, kurz vor dem Fjord einmündenden Seitenbach, Tväraa, die einzige wichtigere Fallstufe von der Dunderland Iron Ore Co. für die Rödfjäll Bergwerke und die Eltversorgung der Ortschaft ausgenutzt. Die NW-Leistung ist 500, Ausbau = 3600 PS.

Wenige Kilometer von der Ranamündung ergießen sich in den Ranenfjord zwei kleinere Flüsse, Anfiskaa und Dalselv. Es liegen verschiedene Vorschläge für den gemeinsamen Ausbau dieser beiden Gewässer auch unter Heranziehung der großen Abflußmengen des norwegischen Anteils am Einzugsgebiet des schwedischen Umeelv vor. Man könnte danach über 130000 PS mit außerordentlich geringen Ausbaukosten gewinnen und, da in der Nähe bedeutende Eisenbergwerke liegen, erscheinen diese Pläne nicht unbedingt aussichtslos. Vorläufig ist indes von diesen Wasserkräften noch nichts genutzt.

In den Ranenfjord münden noch zwei sehr bedeutende Flüsse ein: Bjerka mit 377 km² Einzugsgebiet, wovon 37 km² schwedischer Anteil mit einer regulierten NW-Leistung von 60000 PS, wovon nur ein unbedeutender Bruchteil ausgenutzt ist; und Rösaan, Nordnorwegens wasserkraftreichster Fluß: Einzugsgebiet 2100 km², regulierte NW-Leistung 260000 PS, gänzlich unausgenutzt. Der Ausbau dieses Flusses

[1] Teknisk Ukeblad, 3. September 1926: „Aluminium Industrien in Norge".

[2] Unterlagen zur Beschreibung: Gg. v. Tröltsch: Die Wasserkraftanlage am Glommfjord", in Z. V. d. I. 1921, S. 707ff.; R. Lie: „Glommfjord Kraftanläg" in Teknisk Ukeblad 1921, S. 50ff. Herr Lie hat freundlichst die Hauptpläne zur Verfügung gestellt und Mitteilungen über die neueren ergänzenden Arbeiten gemacht.

ist in der Statistik in nur 5 Fallstufen gedacht. Es ist ferner eine interessante Wahllösung für seinen Ausbau aufgestellt: Fassung des ganzen Wassers kurz unterhalb des 190 km² bedeckenden, 347 m ü. d. M. gelegenen Rösvand und Überleitung in einen kleinen, äußerst günstig abgestuften Bach: Heringelv. Damit würde die Ausnutzung in nur zwei Fallstufen möglich, deren größere eine regulierte NW-Leistung von fast 1 Mill. PS aufweisen und so weitaus die stärkste Einzelstufe ganz Europas ergeben würde. Die Wasserkräfte der Rösaa sind größtenteils staatlich. Vorläufig ist von diesen gewaltigen und äußerst vorteilhaft auszubauenden Kraftquellen noch nichts ausgenutzt.

Südwärts der nächste kraftreichere Strom ist Vefsenelven mit 4200 km² Einzugsgebiet. Seine Wasserkräfte sind indes im Gegensatz zu Rösaaen auf eine sehr große Anzahl mittelgroßer Fälle verteilt; nur ein unbedeutender Teil davon ist z. Z. nutzbar gemacht.

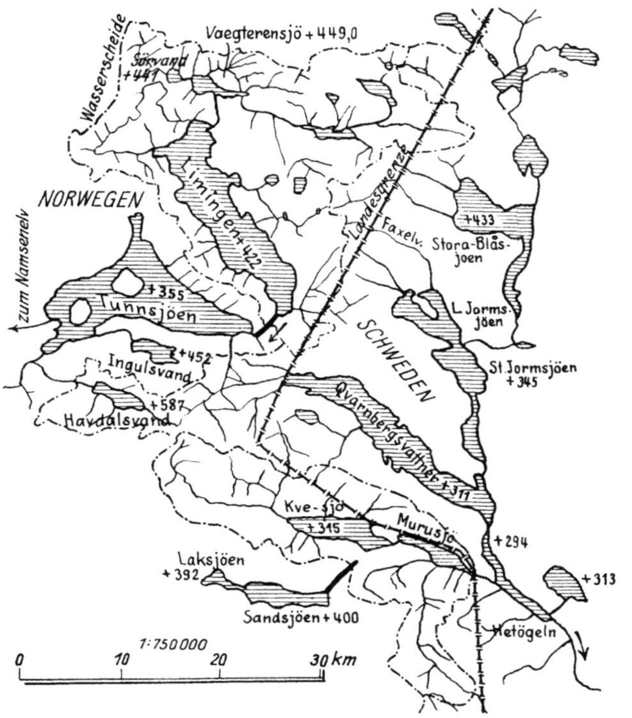

Abb. 308. Glomfjord. Übersichtskarte Vorschlag Johansens zur Anreicherung des Namsenelv. (Sv. V. K. För. 184.)

Mit Außerachtlassung einiger weniger bedeutender Gewässer im südlichsten Nordland gelangen wir zu dem bedeutendsten Fluß von Nord-Tröndelag Fylke: Namsen. Bei einem Einzugsgebiet von 6200 km² enthält er eine NW-Leistung von 225000 PS. Der sehr wasserreiche Fluß hat einen sehr wichtigen Hochgebirgsnebenfluß, Tunsjöelven, mit dem 100 km² bedeckenden Tunsjö (355 m ü. d. M.). Der oberste Hochgebirgsabschnitt des Namsen selbst hat gleichfalls ansehnliche Seeflächen; am wichtigsten ist der dreiteilige (Stor-, Med-, Sör-) Namsvandet (28 km², 441 m ü. d. M.). Zwischen diesen beiden Hochgebirgsbecken ist keilförmig eingesprengt ein Teil des Einzugsgebietes des großen schwedischen Stromes Faxelv, der hier im Oberlauf ebenfalls überaus seereich ist. Seine wichtigsten Seen sind: Vägtern und Limingen. Die stark gekrümmte Form der Hauptwasserscheide und der große Seereichtum der angrenzenden Einzugsgebiete legt eine Verbundausnutzung beider Gewässer nahe. Die hierauf bezüglichen Vorschläge sind, wenn auch nicht unmittelbar aktuell, doch wert, kurz dargestellt zu werden:

Die erste Möglichkeit (Abb. 308) besteht darin, einfach das Wasser vom Limingen zum Tunsjö überzuleiten und den Höhenunterschied von 65 m in einer Anlage von 30000 PS nutzbar zu machen. Die Kraftanlage käme in die Nähe der großen Schwefelkiesfelder von Grong zu liegen. Im Anschluß daran würden natürlich auch die im Mittel- und Unterlauf des Namsen gewinnbaren Leistungen auf Kosten der schwedischen Faxelvstrecke erhöht werden.

Ein zweiter Vorschlag verbindet den Faxelv nicht nur mit Tunsjöelv, sondern außerdem mit dem Oberlauf des Namsen selbst und will es dadurch ermöglichen, die Wasserführung des Faxelv letzten Endes unverändert zu lassen. Diese, bereits in die amtliche Statistik als „Namsen Alternative II“ aufgenommene, Lösung besteht in Überleitung des Namsenhauptlaufes von Stora Namsvatn in den Vägtern. Dadurch werden bei NW 8000 PS gewonnen. Die so angereicherte Wasserführung des 94 km² großen Limingensees soll dann in den Tunsjö überführt werden, wobei weitere 34000 NW-PS gewonnen werden können. Dagegen soll das dem Faxelvgebiet gehörende Wasser in diesen durch eine dritte Wasserkraftanlage mit 8000 NW-PS zurückgeführt werden, so daß nur das vom Namsen-Oberlauf stammende Wasser die Wasserführung des Tunsjöelv vermehren würde. Die Lösung ergibt somit insgesamt 50000 PS in 3 Hochgebirgsanlagen unter Konzentration der von Natur aus auf den Namsenoberlauf und den Tunsjöelv verteilten Wasserkräfte.

Von den bedeutenden, größtenteils privaten, Wasserkräften des Namsengebietes ist heute sehr wenig genutzt.

In dem großen Küstenabschnitt vom Namsenfjord bis zum Trondhjemfjord münden nur ziemlich unbedeutende Flüsse.

Der tief und weit verzweigt ins Festland einschneidende Trondhjemfjord empfängt viele Zuflüsse. Follaelv, unter den von Norden kommenden Zuflüssen der wichtigste, mündet in den Beistadfjord, den nördlichsten Arm des Trondhjemfjord. Er hat bei 290 km² Einzugsgebiet 28000 NW-PS. Die einzige große Fallstufe ist der Mündungsfall mit $H = 17$ m, einer regulierten Niedrigwasserführung von 9,5 m³/sek und 16000 NW-PS. Dieser Wasserfall ist von Nordtröndelag Fylke für allgemeine Eltversorgung ausgebaut, planmäßige Leistung: 20000 PS, Beschreibung folgt.

In diesen nördlichsten Fjordarm münden noch mehrere weniger wasserkraftreiche Flüsse, deren Fälle zum Teil schon genutzt sind (meist für Sägewerke). Insbesondere sind die kleinen Wasserkräfte des sehr seenreichen Byelv schon zum großen Teil ausgenutzt. Von den noch zahlreicheren Flüssen des eigentlichen Trondhjemfjord und seines östlichen und südlichen Armes mögen nur die wichtigsten genannt werden:

Stjördalselv (in Schweden entspringend) mit 70000 reg. NW-PS, wovon 7000 in 3 Anlagen für Bergwerkbetriebe, Hütten- und Holzindustrien genutzt sind[1].

Der bei Trondhjem mündende Nidelv mit 178000 reg. NW-PS, dessen Kräfte überwiegend der Stadt Trondhjem gehören und von ihr zum Teil ausgebaut sind, zum Teil jetzt ausgebaut werden. Dieser Fluß wird weiter unten ausführlich behandelt.

Der Gulaelv (3300 km²) mit bedeutenden Nebenflüssen, hat 65000 reg. NW-PS, wovon nur ein unbedeutender Teil genutzt ist.

In den südwestlichen Arm des Trondhjemfjords, den sogenannten Orkedalsfjord, mündet der seenarme Orkla (3000 km²), der bis jetzt nur wenig, in ganz kleinen Anlagen, ausgenutzt ist; ferner ein kleiner, aber durch außerordentlichen Seenreichtum ausgezeichneter Fluß: Skjenaldselv. Die Wasserkraft des letzteren ist voll ausgenutzt in einer auf 4300 PS (nahezu dreifache NW-Leistung) ausgebauten Anlage. Der größte Teil der Energie wird für Holzveredelungsfabriken verwendet[2].

Vor dem Eingehen auf die Anlagen des städtischen E. W. Trondhjem im Nidelv folgt hier eine zusammenfassende Übersicht der Wasserkräfte des Gesamtgebiets dieses Abschnitts nach Fylke geordnet:

	Verfügbare Leistung regul. NW-PS	Ausgebaute Leistung PS
Nordland südlich vom Polarkreis	800000	4000
Nord-Tröndelag	420000	46000
Sör-Tröndelag	350000	30000[3]
	1570000	80000

[1] Beschreibung der älteren unter diesen Anlagen siehe Kapitel „Wasserkraftanlage am Turifos bei Meraker“ in dem Buch: Neuere Wasserkraftanlagen in Norwegen von E. Dubislav.

[2] Ausführliche Beschreibung dieser Anlage in ihren älteren Ausbaustadien im Kapitel Wasserkraftanlage am Skjenaldfjord bei Thamshavn am Drontheimfjord des Buches: Neuere Wasserkraftanlagen in Norwegen von E. Dubislav.

[3] Die Zahlenangaben in diesem einleitenden Kapitelteil sind den amtlichen Veröffentlichungen „Utbygget Vannkraft i Norge“ und Vannkraften i Tröndelag og Nordland entnommen; nur ein Teil der

2. Die Wasserkraftanlage Follafoss

ist vom Nord-Tröndelag-Fylke zwecks Eltversorgung der Gemeinden und einiger Industrieanlagen 1919—23 erbaut. Der größte Einzelabnehmer (6000 kW), die Holzschleiferei Follafoss, liegt unmittelbar beim Krafthaus am NW-Ufer des Beistadfjord (Abb. 309). Das erfaßte Einzugsgebiet des Follaflusses mißt am Ausfluß des Follavand 255 km² und enthält 9% Seen. Der größte See ist Holden mit 10,7 km².

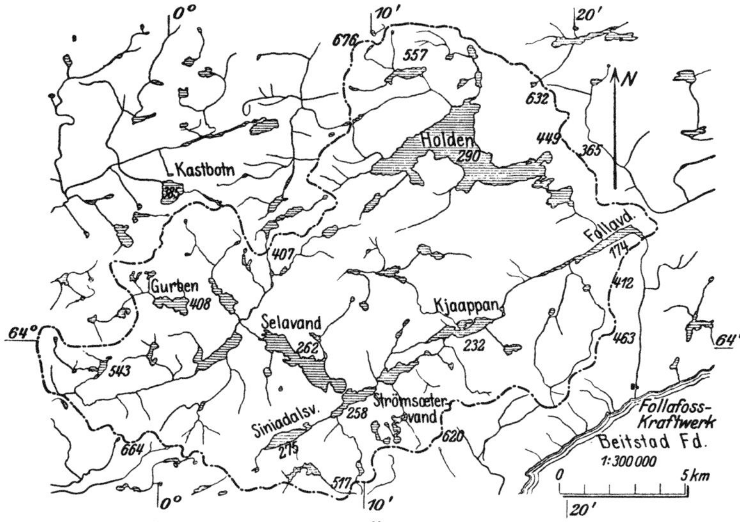

Abb. 309. Follafoss. Übersichtskarte. (Verf.)

Nach Messungen ist der mittlere Jahreszufluß (1908 bis 28) 452 hm³, MQ = 14,3 m³/sek, Mq = 56,1 sl/km² (größter und kleinster Jahresmittelwert: Mq = 33,1 und 84,8 sl/km²). Die größten Niederschläge — auch Winters: meist Regen — liegen im August bis Januar, der größte Zufluß im Mai—Juni und Herbst. Bis jetzt sind die Zuflüsse nur teilreguliert und folgende Seen als Speicher ausgenutzt:

Speicher	Stauhöhe m	Spiegel km²	Stauraum hm³
Holden	6,0	11,54	62,0
Strömsäter-Sela-Kastbotten	7,0	4,48	25,0
Folla	4,0	1,20	4,0
Insgesamt	—	17,22	91,0

Diese Aufspeicherung von 20,1% des mittleren Jahreszuflusses ergibt 9,50 m³/sek ständigen Abfluß. Der Follavand bildet O.W. und Schwellbecken des Kraftwerks. Der Großspeicherinhalt kann nach Bedarf auf 180 hm³ vergrößert werden, wovon allein im Holden 115 hm³. Dadurch würde regul. NQ auf 12,8 m³/sek, $MQ_{XII,I}$ auf 14,5 m³/sek, MQ_{VII} auf 10,6 m³/sek gebracht. Diese Werte würden nur in 1—2 ganz ungünstigen Jahren (von 20) unterschritten.

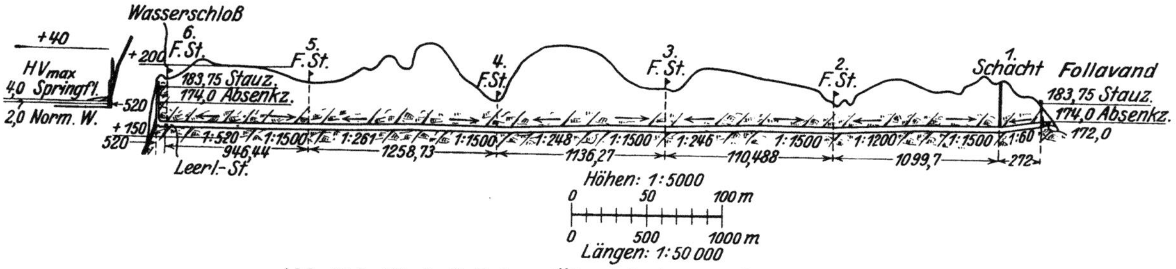

Abb. 310. W. A. Follafoss. Übersichtslängenschnitt. (Verw.)

Das Kraftwerk nutzt die Fallstrecke zwischen Follavand (Stauziel 183,75) und Meer. Vom Follavand führt ein Hangstollen nach dem Wasserschloß im Felsen oberhalb des Krafthauses (Abb. 310).

Angaben über die Ausnutzung von schwedisch-norwegischen Grenzgewässern ist dem Vortrag von H. Johansen, Oslo: „De Svensk Norske Gränsevassdrag" (Svenska Vattenkraftföreningens Publikationer 184, S. 47 bis 85) entnommen.

Der Stollen hat einen planmäßigen Querschnitt von 12, einen wirklichen von etwa 13 m² und ist 5876 m lang. Er liegt ganz im harten dichten Gebirge (nördliche Hälfte: Hornblendeschiefer, südliche: Granit). Ausmauerung oder Abdichtung hat sich an keiner Stelle als nötig erwiesen (größte statische Druckhöhe: 26,15 m). Die Turbinenleitung besteht vorläufig aus 1 Rohr $d = 1850$ bis 1500 mm (später 2), 570 m lang.

Das Kraft- und Umspannhaus (Abb. 311, 312) ist für 4 Maschinensätze bemessen. Bis 1929 waren 2 Einheiten von je 10000 PS aufgestellt (wagr. dopp. Francisturb. von J. M. Voith-Heidenh.), direkt gekuppelt: Drehstromerzeuger 50 Per., 6,6 kV.

Vom Umspannhaus gehen zwei 66-kV-, zwei 22,5-kV-Fernleitungen aus und ein 6-kV-Kabel zur Schleiferei. Nach Vollausbau mit 2 weiteren Maschinen wird die Gesamtleistung 42000 PS betragen.

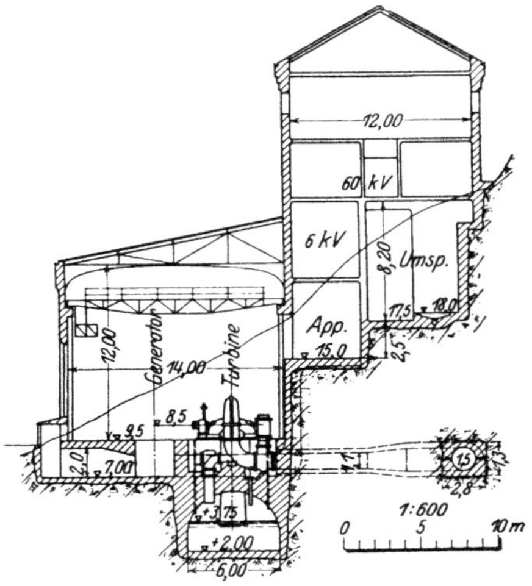

Abb. 311.

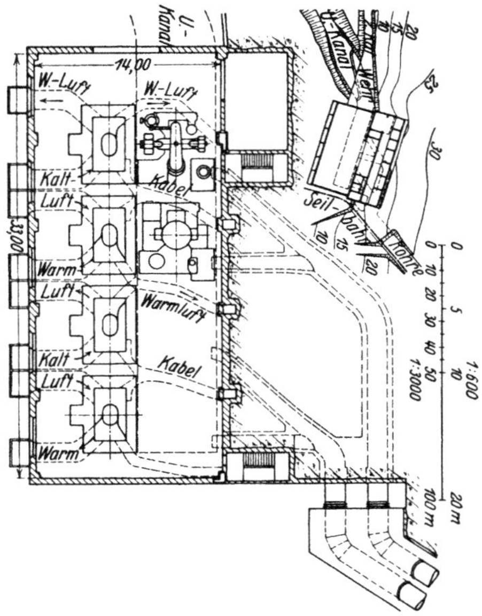

Abb. 312.

Abb. 311 und 312. Follafoss. Grundriß u. Schnitt des Krafthauses. (Verw.)

Die gegenwärtige Werksfallhöhe von 177,75 m wird nach vollem Aufstau des Follavand auf 180,0 m kommen. Bei der dann erreichbaren durchschnittlichen Betriebswassermenge von 12,8 m³/sek werden Belastungsspitzen von 18 bis 20 m³/sek erreicht.

Der Druckhöhenverlust im Stollen wurde gemessen zu:

$$i = 0{,}00664\, Q + 0{,}00656\, Q^2 \text{ m/km}\,.$$

(Dies entspricht annähernd einem Rauhigkeitswert n (Gang d. K.) = 0,047. Verf.)

Der ganze Fallverlust in Stollen, Rohrleitungen und Unterwasser wird bei 12,8 m³/sek: 10,40 (bei 18 m³/sek rd. 19,50 m). Nutzfallhöhe folglich: 169,60 (161,50 m) und Nutzleistung 25500 (34000) PS.

Das Jahresarbeitsvermögen, gegenwärtig etwa 70 Mill. kWh, wird bei Vollausbau von Werk und Speichern auf etwa 150 Mill. kWh kommen. Ein verhältnismäßig großer Teil der Erzeugung (z. Z. 40 Mill. kWh) wird von einigen Großabnehmern (Holzschleifereien, Erzgruben) im Tag- und Nachbetrieb benutzt.

Das Fernleitungsnetz umfaßte 1929: 146 km 60 kV und 261 km 15—20 kV mit 3 Umspannwerken 60/15—20 kV. Die Verteilung besorgen die Gemeinden selbst.

Außer der genutzten Fallstrecke im Follafluß besitzt Nord-Tröndelag-Fylke im Gebiet noch zwei Wasserfälle: Brattingfoss zwischen Holden- und Follavand mit 110 m und Seljenfoss zwischen Kjaappaa- und Follavand mit 45 m Nutzfall. Diese, keine neuen Regulierungsanlagen verlangenden, billig auszubauenden Fälle können im Verbund mit Werk Follafoss 27 + 23 Mio. kWh leisten, so daß die Gesamterzeugung 200 Mio. kWh erreichen kann.

3. Das Nidelv Nea-Gebiet. Wasserkraftanlagen und Seeregulierungen des städtischen Elektrizitätswerkes Trondhjem.

Der Nidelv entwässert 3100 km². Der schwedische Gebietsanteil von 200 km² besteht ganz aus kahlem Fjeld, ebenso ein Teil des norwegischen Gebietes, das im übrigen überwiegend reich bewaldet ist. In der Nähe der größeren Seen und des Stromunterlaufs findet sich auch Ackerbau. Die nicht sehr zahlreichen und meist kleinen Seen des Gebietes liegen mit einer Ausnahme in den oberen Seitentälern des Gebietes zerstreut, rd. 450 und 850 m ü. d. M. (Abb. 313). Die Ausnahme bildet der auf rd. 160 m ü. d. M. liegende 60 km² große Selbusjö, der den Abfluß von 93% des Gesamtgebietes (2881,7 km²) aufnimmt. Auf seinen Hauptzufluß, Nea, entfallen davon rd. 2000 km². Nidelv heißt der nur rd. 30 km lange Abfluß des Selbusjö. Die angedeutete eigenartige Höhengliederung des Gebietes schreibt dem Selbusjö eine hervorragende Rolle im Wasserkrafthaushalt des Gesamtgebietes vor; wir kommen gleich näher darauf zurück.

Die Niederschlagsverhältnisse des Nidelvgebietes sind noch nicht genügend erforscht, da nur an vier Stellen Niederschlagsmessungen vorgenommen sind. Die Abflußverhältnisse sind dagegen, wenigstens an der wichtigsten Stelle, durch sorgfältige, seit 1895 am Ausfluß des Nidelv aus dem Selbusjö angestellte Messungen zuverlässig beobachtet. Auf Grund der gleichzeitig aufgezeichneten Seewasserstände war es auch möglich, den Gesamtzufluß des Sees seinem zeitlichen Verlauf nach zuverlässig darzustellen und als Unterlage für einen umfassenden, mit Abflußsummenlinien durchgeführten Wasserwirtschaftsplan zu benutzen. Für die kleinen Seen der oberen Teilgebiete war man dabei allerdings auf Schätzungsübertragungen angewiesen.

Der kleinste Abfluß im Nidelv wurde mit 6,1 m³/sek gemessen, entsprechend nur 2,1 sl/km². Bezeichnend ist der klare und große Unterschied zwischen Sommer- und Winterwasserführung (Abb. 314). Die Jahresmittel des Nidelvabflusses schwanken zwischen den weiten Grenzen: 68,7 (1910/11) und 152,5 (1893/94) m³/sek (24 und 53 sl/km²).

Die Wasserkräfte des Nidelvgebietes sind in der amtlichen Statistik insgesamt zu 180000 PS veranschlagt. Sie sind vorwiegend zu suchen im Nidelv, also unterhalb des Selbusjö, ferner im Oberlauf von Nea und Tya. Auf dem ganzen Mittel- und Unterlauf der Nea ist das Gefälle sehr ausgeglichen, so daß hier keine in erster Linie ausnutzungswürdigen Wasserkräfte vorliegen. Mit Ausnahme der Tya sind die Nebenflüsse der Nea und des Selbusjö ziemlich arm an Wasserkräften. Ein Teil dieser Flüsse hat daher nur für die Regulierung des Nidelvabflusses Bedeutung. Die Wasserkräfte der Nea und ihrer Nebenflüsse sind bis jetzt ungenutzt; von den kleineren Zuflüssen des Selbusjö ist der Slindelv teilweise für eine kommunale Überlandzentrale ausgebaut.

Der einzige schon jetzt wirtschaftlich sehr bedeutungsvolle Fallabschnitt ist der Nidelv abwärts des Selbusjö mit seinen 160 m Gesamtfallhöhe und einer „bei mäßiger Regulierung erzielbaren ständigen Leistung“ (amtliche Statistik) von 98000 PS. Das städtische E.W. Trondhjem hat in weitschauender Energiewirtschaftspolitik schon seit etwa 1900 den wünschenswerten einheitlichen Ausbau dieser günstigen, sozusagen vor den Toren der Stadt gelegenen Kraftquelle in Fühlung mit dem E.W. der Gemeinde Fjaerefossen vorbereitet. Nachdem 1901 die erste städtische Nidelv-Wasserkraftanlage: Övre Lerfoss, erstellt war, wurden 1906 die ersten generellen Pläne für

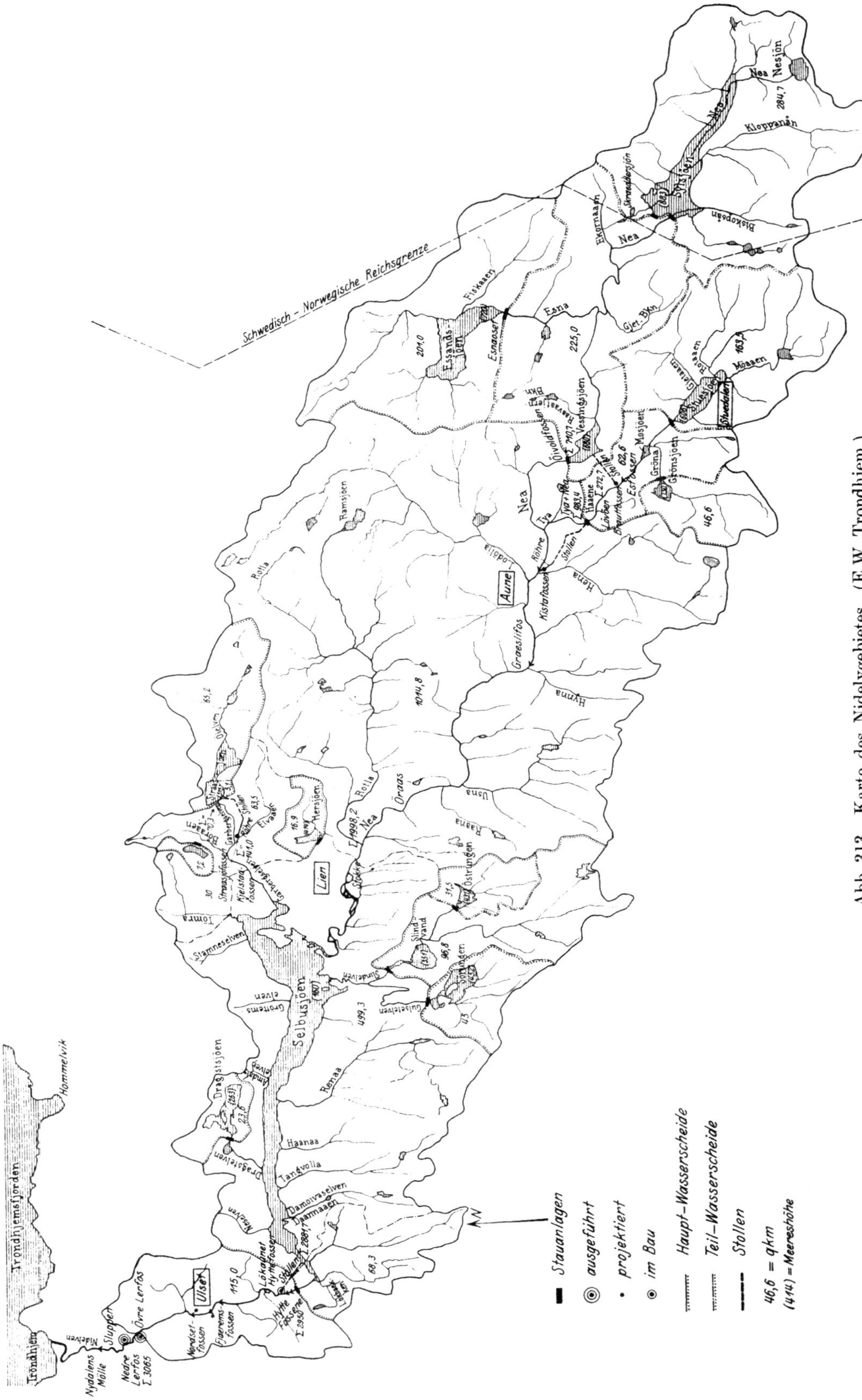

Abb. 313. Karte des Nidelvgebietes. (E.W. Trondhjem.)

die Regulierung des Selbusjö ausgearbeitet und dann im stillen weiter gefördert. 1910 ward ein zweites städtisches Nidelv-Kraftwerk, Nedre Lerfoss, erstellt, und endlich 1917, nachdem Grundstücke und Wasserrechte in ausreichendem Umfang erworben waren, wurde damit begonnen, einen umfassenden Wasserwirtschaftsplan für das ganze Nidelv-Neagebiet und endgültige Bauentwürfe für die Regulierung des Selbusjö und der Nidelvwasserkräfte aufzustellen.

Der Wasserhaushaltplan bezweckt in erster Linie, im Nidelv eine möglichst hohe, der Normalform des ,,bürgerlichen" Jahresbedarfs angepaßte Wasserführung sicherzustellen; in zweiter Linie sollten auch die Abflußmengen der Gewässer oberhalb des Selbusjö möglichst ausgeglichen werden. Auf Überjahresausgleich glaubte man verzichten zu sollen und wählte 68,7 m³/sek, die mittlere Wassermenge des ungünstigsten Jahres, als Regulierungsausbauwassermenge. Hiervon gehen noch 3,5 m³/sek für Flößereibetrieb ab (der auf rd. 14 Tage im Jahr zusammengelegt und dementsprechend mit 64 m³/sek betrieben werden soll), so daß für die Krafterzeugung 65,2 m³/sek bleiben. Die notwendigen

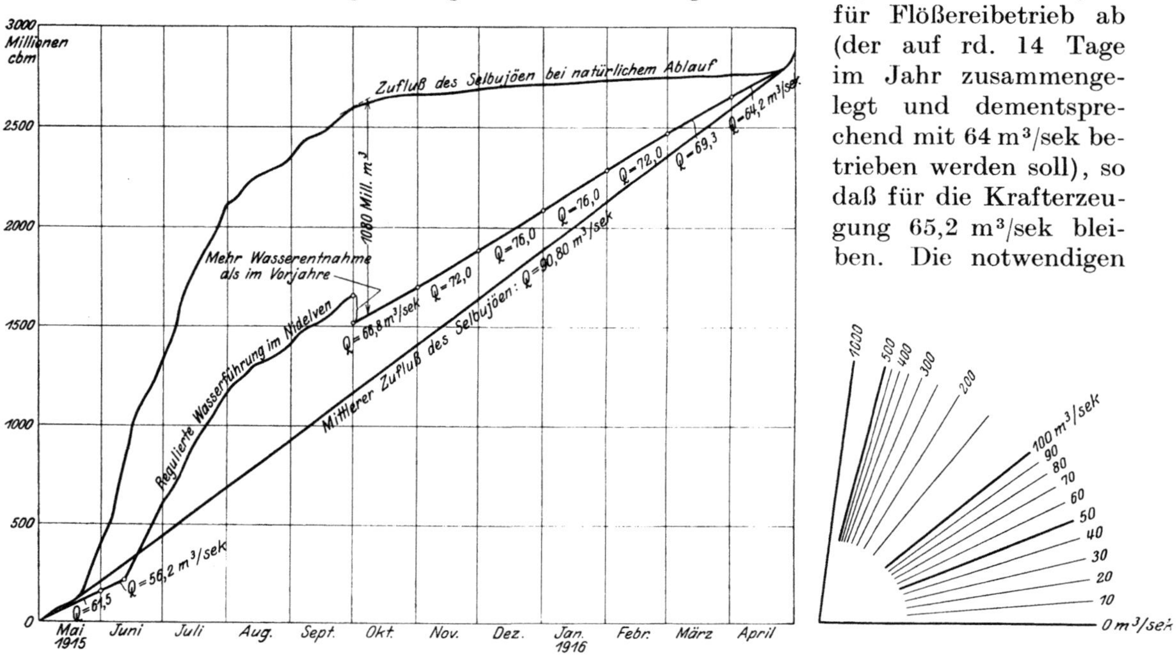

Abb. 314. Wasserhaushalt des Selbusjön 1915/16. (Verw.)

Speicherräume suchte man in erster Linie in höheren Lagen zu schaffen; den dabei noch ungedeckt bleibenden Speicherraumbedarf legte man im Selbusjö an. Abb. 313 und nachstehende Tabelle geben eine Übersicht der vorgesehenen Speicher.

Tabelle 36.

	Regulierte Wasserspiegelhöhen		Regul. Spielraum	Mittlere Spiegelfläche	Nutzbarer Inhalt
	Stauziel	Absenkziel			
	+ m	+ m	m	km²	hm³
Sylsjöen	854,0	833,0	21,0	11,45	240,0
Essandsjöen	730,5	722,5	8,0	17,50	140,0
Vessingsjöen	674,0	659,0	15,0	2,67	40,0
Stuesjöen	608,5	602,0	6,5	6,15	40,0
Grönsjöen	734,0	726,0	8,0	1,25	10,0
Stråsjöen	536,0	512,0	24,0	1,88	45,0
Dragstsjöen	265,5	260,5	5,0	4,00	20,0
Sörungen	453,5	447,5	6,0	4,17	25,0
Selbusjöen	161,3	150,0	11,3	56,60	640,0

Die wasserwirtschaftlichen Untersuchungen hatten einen Gesamtspeicherbedarf von 1080 hm³ ergeben. Der Plan enthält also einen Überschuß von rd. 11%, der als Reserve durchaus gerechtfertigt ist, da unbedingt ständige Energie erzeugt werden soll und sowohl in den Zufluß- wie in den Bedarfsannahmen gewisse Unsicherheiten stecken, schließlich auch die Durchführung des Speicherbetriebes teilweise örtlichen

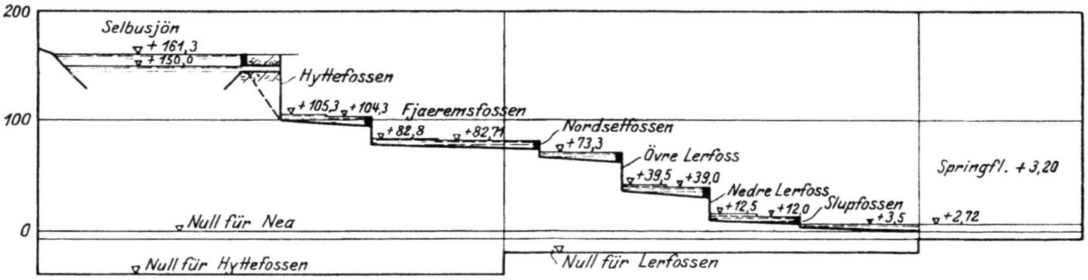

Abb. 315a.

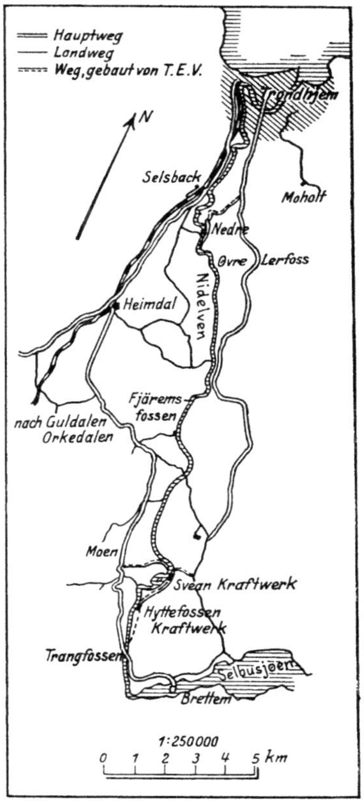

Abb. 315b.

Abb. 315a und b. Nidelv-Ausbauplan. Längenprofil und Übersichtskarte. (E.W. Trondhjem.)

Interessenten zu überlassen gedacht ist, denen man den Ausbau einiger der kleineren, hochgelegenen Speicher überlassen will.

Sylsjöen und Ersandsjöen sollen von Beginn der Schneeschmelze an geschlossen und erst ab Mitte Oktober gleichmäßig abgelassen werden, so daß sie Ende April leer sind („Winterspeicher"). Vessingsjöen nimmt das Wasser dieser beiden Speicher mit auf und gibt eine über das Jahr ausgeglichene Wassermenge durch einen Stollen nach dem Tyatal oberhalb Håene. Stuesjöen und Gröningsjöen werden so abgesenkt, daß bei Håenen in der Tya ein ausgeglichener Jahresabfluß entsteht. Strasjöen, Dragstsjöen und Sörungen werden bei Beginn der Schneeschmelze geschlossen, erst Mitte November wieder geöffnet und dann mit konstantem Abfluß bis Ende April entleert. Dem Selbusjöen endlich soll eine der mittleren Tagesbelastung der im Nidelv zu schaffenden Kraftanlagen entsprechende Wassermenge entnommen werden.

Die Aufteilung des Nidelv ist dabei nach Abb. 315 vorgesehen.

Die auszubauenden Kraftstufen und ihre ständigen mittleren Wassermengen und Jahresleistungen zeigt nachstehende Tabelle.

Die nur etwa ½ Jahr zu betreibenden Werke Nedalsfoss und Stråsjöfoss sind als Winter-Aushilfswerke für einen großen „bürgerlichen" Versorgungsbereich gedacht.

Zunächst kommt in dem ganzen hinteren Einzugsgebiet nur der allmähliche Ausbau der Speicher in Frage.

Der Wasserkraftausbau dürfte sich in den nächsten Jahrzehnten auf den so günstig gelegenen Nidelvlauf beschränken. Hier ist mit Rücksicht auf die größere Entfernung vom Verbrauchsmittelpunkt und die Ausbauform (lange Stollen) dem Werk Hyttefossen die Rolle der Grundlastdeckung zugedacht. Fjaeremfossen soll als selbständiges Werk der Landgemeinden um Trondhjem eine für Tagesspeicherung ge-

Tabelle 37.

Kraftanlage	Höhe O.W.	Höhe U.W.	Gesamt-fallhöhe	Regul. ständ. Wasser-menge	Ständige Jahres-leistung
	+ m	+ m	m	m³/sek	kW [2]
Nedalsfoss (6½ Mon. Ablaß) . .	820,0	720,0	100,0	(14,0)	(10300)[3]
				7,6	5500
Brautfoss	674,0	535,0	139,0	17,0	17400
Kistafoss	630,0	300,0	230,0	22,5	38000
Hegsetfoss	287,0	214,0	73,0	22,8	12300
Stråsjöfoss (5½ Mon. Ablaß) . .	236,0	290,0	246,0	(3,5)	(6300)
				1,6	2900
Hyttefoss	161,3	105,3	56,0	65,2	26900
Fjaeremsfoss	104,3	82,8	21,5	65,2	10300
Nordsetfoss	81,0	73,5	7,5	65,2	3600
Övre Lerfoss	73,5	39,5	34,0	65,2	16300
Nedre Lerfoss	39,0	12,5	26,5	65,2	12700
Sluppfossen	12,0	3,5[1]	8,5	65,2	4000
Summe	—	—	492,0	—	149900

eignete Stauhaltung bekommen. Nordsetfossen soll wieder für Trondhjem Grundkraft erzeugen und erst Övre Lerfoss, Nedre Lerfoss und Sluppfoss sollen, gespeist aus der großen Stauhaltung von Övre Lerfoss, als Tagkraft- und Spitzenwerke im Takt arbeiten („Durchlaufspeicherung")[4]. Die Maschinenleistungen der Werke sind durchweg entsprechend höher zu denken als den ausgeglichenen Jahreszahlen obiger Tabelle entspricht.

Bisheriger Ausbauvorgang. 1920: Übernahme des Sörungen durch die Stadt. Verstärkung des seit 1910 bestehenden Steinkistendammes, vorläufiger Nutzinhalt 12 (planmäßiger: 25) hm³.

Übernahme des Dragstsjö, dessen altes holzverkleidetes Trockenmauerstauwerk 1921 durch Grundbruch zerstört und durch Holzkistenbau 30 m abwärts in Verbindung mit Ausbau eines Senkungskanals ersetzt wird. Vorläufiger Nutzinhalt 10 (planmäßiger 20) hm³.

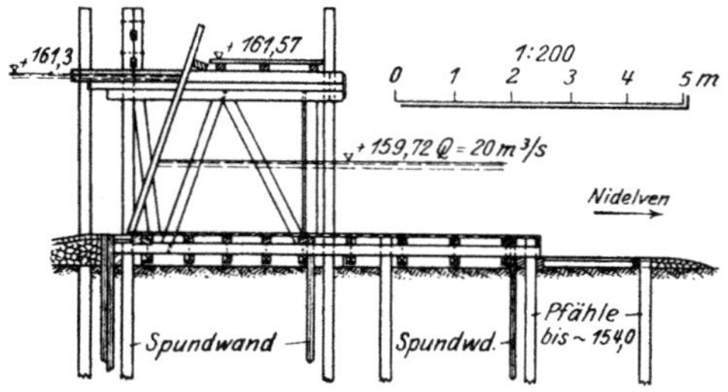

Abb. 316. Schnitt des Regulierungswehrs am Selbusjö. (E.W. Trondhjem.)

1917 Staatsgenehmigung zu einer ersten Ausbaustufe der Regulierung des Selbusjö auf 54 hm³ Nutzraum. 1917/18 Bau eines hölzernen Nadelwehres am Seeauslauf bei Bröttem (Abb. 316) mit Regulierungsspielraum 160,6 bis 159,7.

1921, nach entsprechender Vorbereitung der Besitzgrundlagen: Erhöhung und Verstärkung des Wehrs auf endgültige Stauhöhe, Regulierungsspielraum: 161,3—159,8 mit Nutzraum 90 hm³, kleinste Ablaßfähigkeit 17,5 m³/sek.

1923/25 Anlage eines Senkungskanals bei Bröttem (in Abb. 317 in gerader Verlängerung des Wortes „Selbusjoen" nach SW) mit Auslaßschleuse in Beton zur Senkung bis 159,10, Vergrößerung des Speichers um 42, insgesamt: 132 hm³. Durch Vertiefung des Unterkanals kann später die Senkung bis 158,3 gebracht und der Speicher um weitere 48 hm³ vergrößert werden.

---

[1] +2,720 nach Trondhjems Hafenverwaltungs-Null.

[2] Berechnet: $\frac{78}{75} \cdot 10\,Q\,H \times 0{,}736$. [3] Mittel bezogen auf Ablaßzeit.

[4] Vgl. Ludin, WK S. 525 und Schweiz. Wasserwirtsch. 25. Mai 1924.

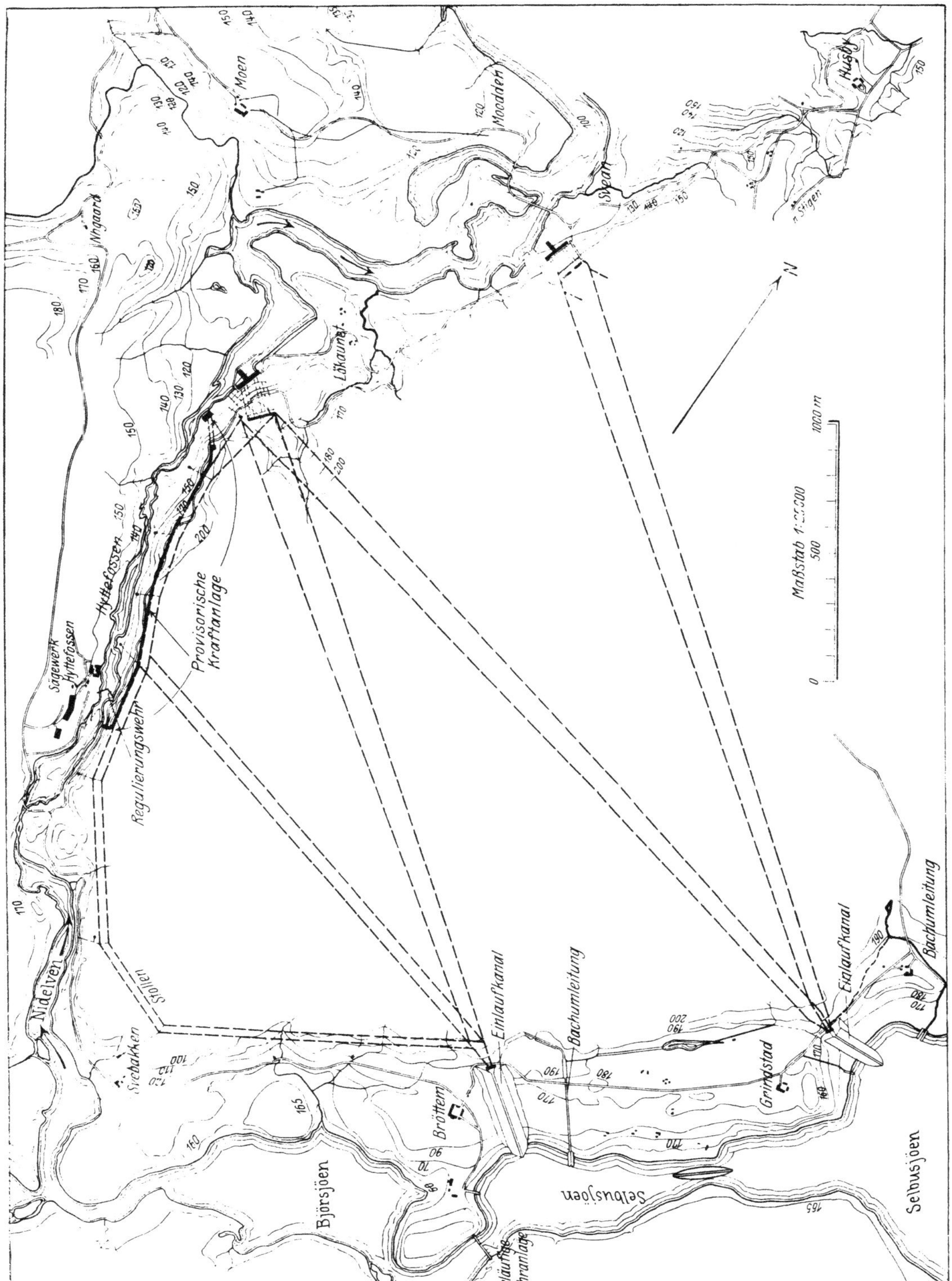

Abb. 317. 7 Wahlentwürfe zum endgültigen Ausbau von Hyttefossen. (E. W. Trondhjem.)

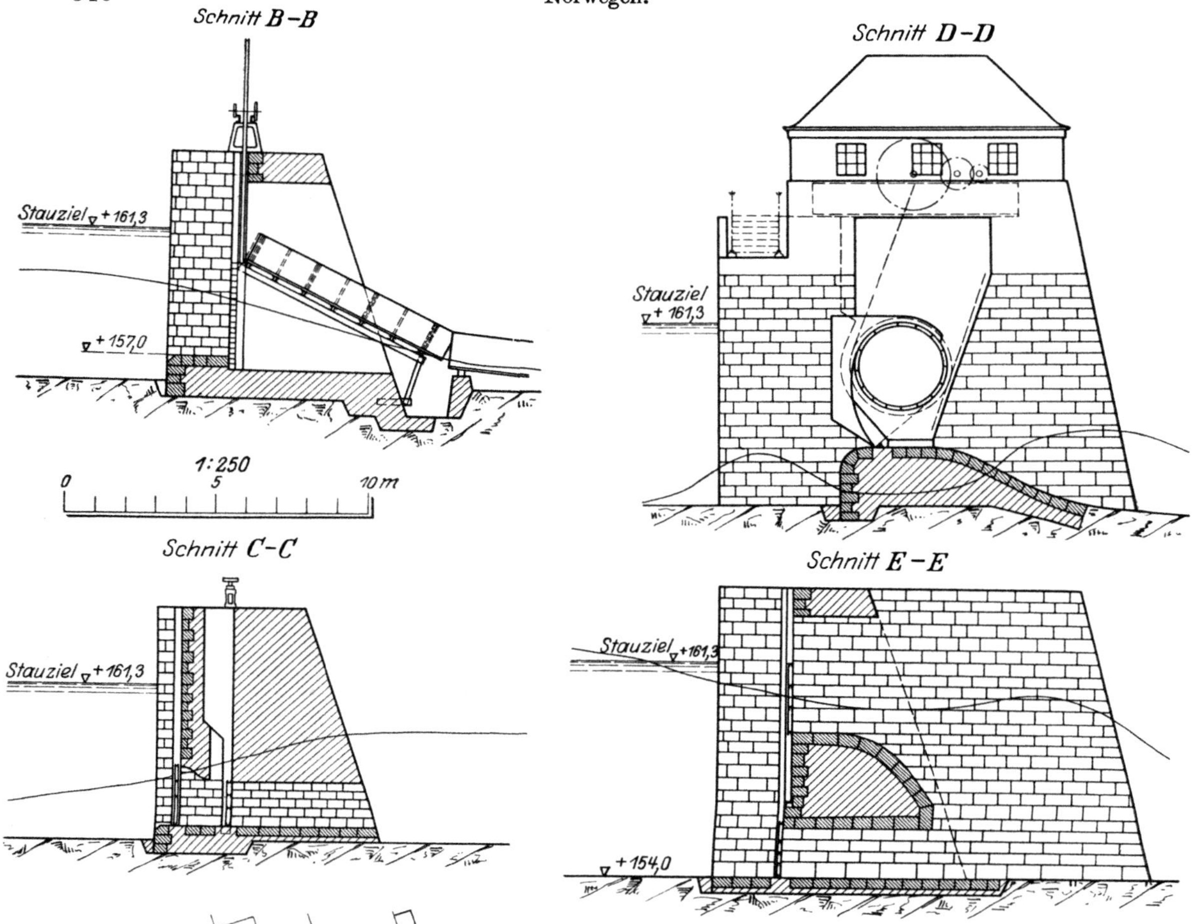

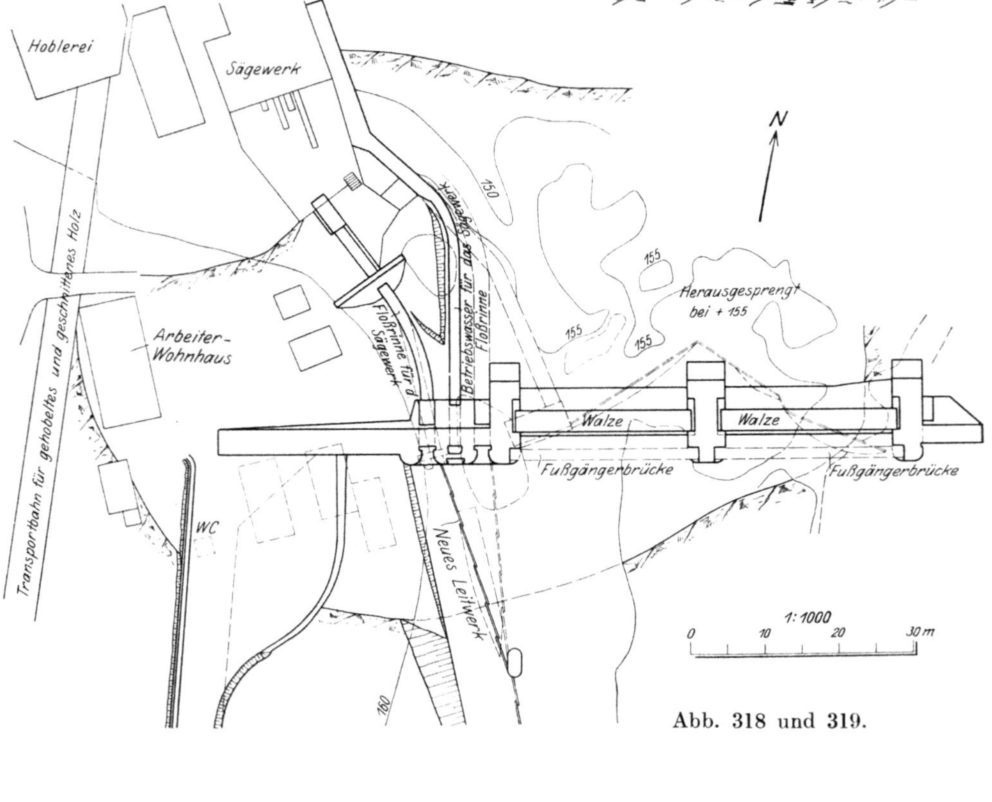

Abb. 318 und 319.

Endgültiger Speicherausbau auf 640 hm³; Senkung bis 150,0 soll später durch 2 Absenkungsstollen, zugleich Oberwasserstollen des Kraftwerk Hyttefossen (Abb. 317 nördlichste Trasse) ermöglicht werden.

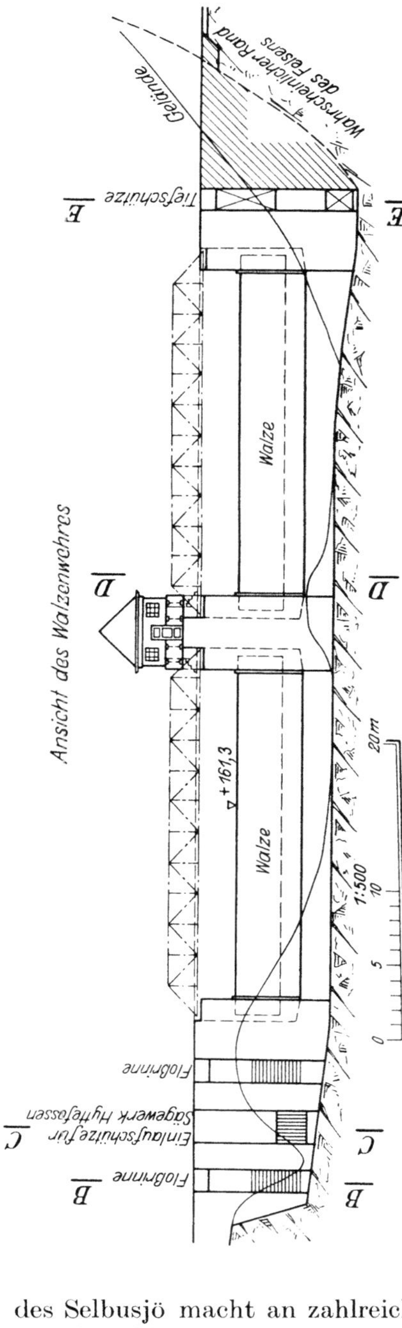

Abb. 318 u. 319. Hyttefossen. Endgültiges Regulierungswehr am Nidelv. (Proj.) Grundriß und Schnitte. (E.W. Trondhjem.)

Ebenfalls später soll schließlich das hölzerne Regulierungswehr bei Bröttem durch ein massiv auf Felsgrund beim Sägewerk Hyttefossen zu errichtendes Walzenwehr gleicher Stauzielhöhe ersetzt werden (Einzelheiten: Abb. 318, 319).

Der endgültige Stollenbau wurde 1921 begonnen, aber mit Rücksicht auf Kapitalbeschaffung und wasserrechtliche Schwierigkeiten 1923 zunächst stillgelegt und zur Deckung des allernächsten Bedarfs ein Teilausbau „Hyttefossen I" beschlossen und 1924/26 ausgeführt.

Die vorläufige Anlage „Hyttefossen I" (Abb. 320 bis 324) nutzt eine Gesamtfallhöhe von 49,5 m (statt 56 des endgültigen Ausbaues) und besteht aus einem unterhalb des Seeauslaufs angelegten festen Wehr (an Stelle eines alten Fabrikwehres) mit Stolleneinlaß bei Båthölen, einem unausgekleideten 1200 m langen Betriebsstollen ($F = 15$ m²) mit Schachtwasserschloß und einer im Stollen frei verlegten Turbinenleitung ($D = 3{,}20$).

Die einzige Maschineneinheit besteht aus einer doppelten Francisspiralturbine von 12000 PS ($H_n = 45$, $Q = 23$) und einem Drehstromerzeuger (11000 kVA, $N = 375$, 6,4/7,0 kV, 50 Per.). Das in Eisenbeton leicht ausgeführte Krafthaus steht auf Fels, ebenso das angebaute Schalthaus mit dem Umspanner (6,4/64 kV). Der größte Teil der Erzeugung geht auf Freileitung in 64 kV nach der Umspannstation Moholt bei Trondhjem, ein kleiner Teil in 6,4 kV zu den Baustellen des endgültigen großen Hyttefossenausbaues bei Svean und Grindstad.

Die Anlage hat rd. 5 Mill. Kr. gekostet.

Die endgültige Anlage Hyttefossen (Abb. 325a/e, 326) wird nach dem aus 7 Wahllösungen ausgesuchten Ausführungsentwurf (14,2 Mill. Kr. Anschlagssumme) zwei rd. 3100 m lange Druckstollen für je etwa 35 m³/sek mit getrennten Wasserschlössern und eiserne Druckleitungen in Schrägschächten erhalten. (Ausbauzahlen siehe Tabelle S. 344.)

Die im Endausbau geplante starke Absenkung des Selbusjö macht an zahlreichen Stellen Regulierungen der Bachmündungen nötig, um Verwilderungen zu verhüten (vgl. Abb. 327), ferner den Bau von Fahrwegrampen, um im Winter den Fuhrwerken nach wie vor den Verkehr über die Eisdecke zu ermöglichen. Endlich werden an Landungsbrücken einige Änderungen und Neubauten vorgenommen werden müssen.

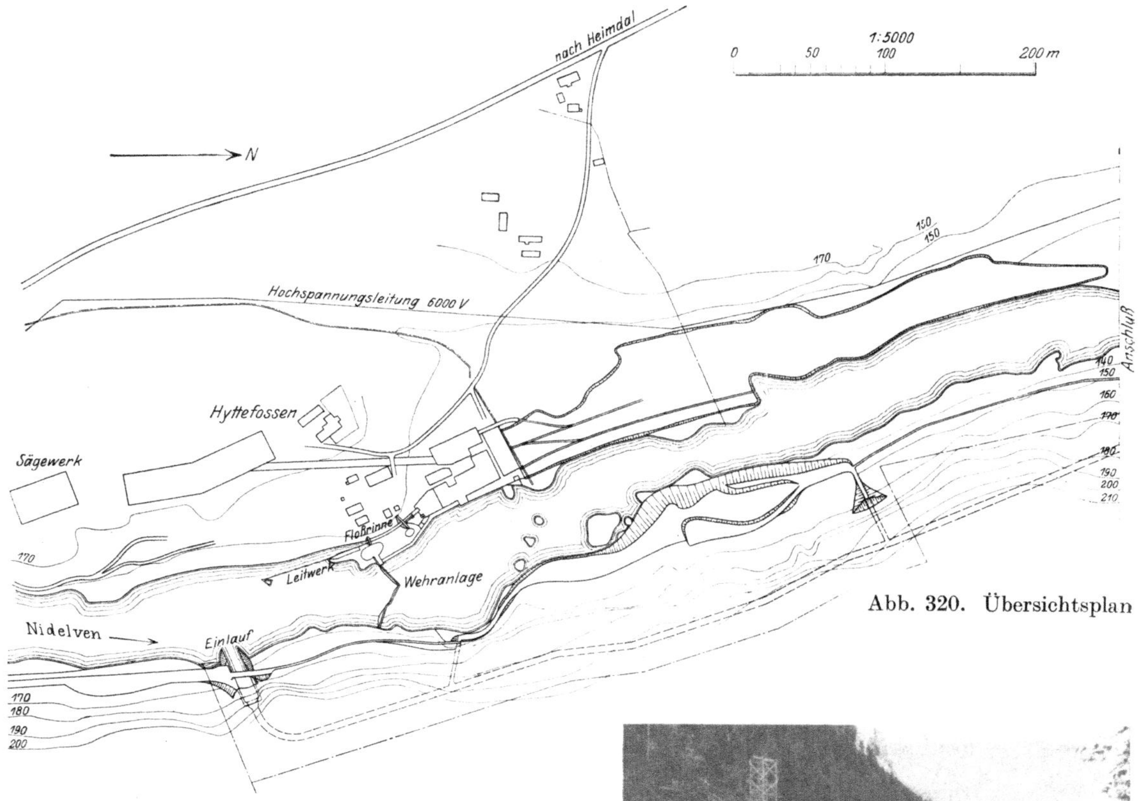

Abb. 320. Übersichtsplan

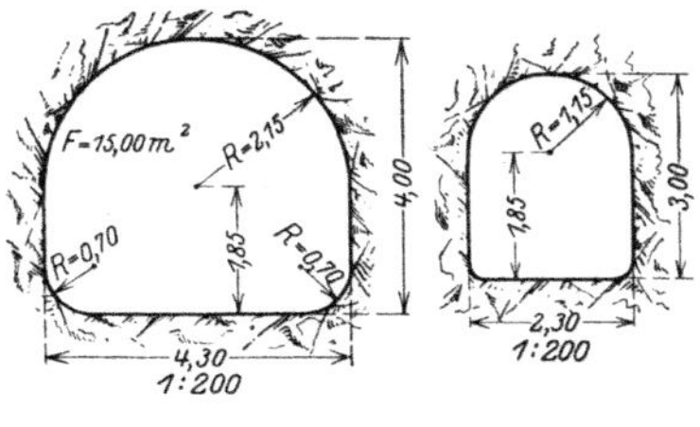

Abb. 321. Krafthaus der vorläufigen Hyttefossen-anlage. (E.W. Trondhjem.)

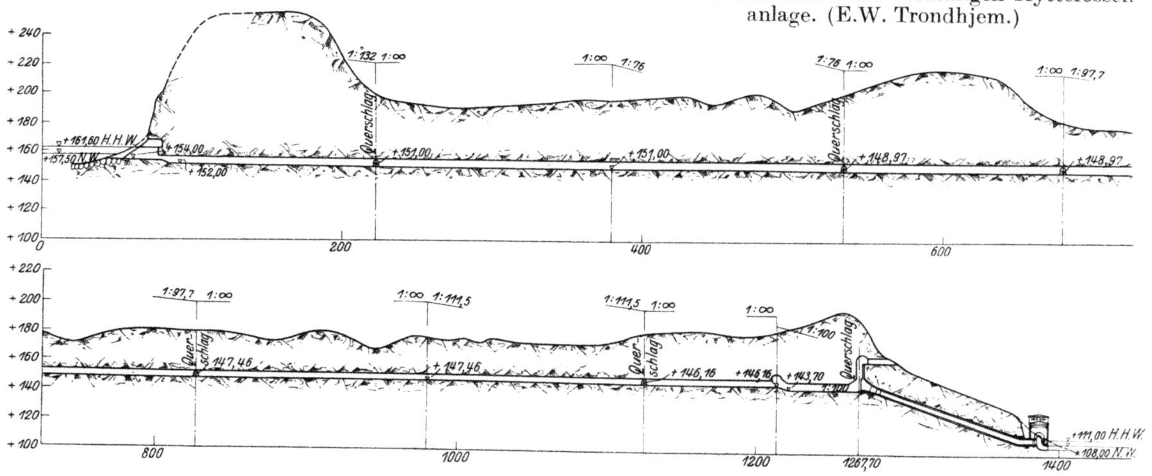

Abb. 322. Hyttefossen. Vorläufige Anlage. Triebwasserleitung-Längenschnitt. (E.W. Trondhjem.)

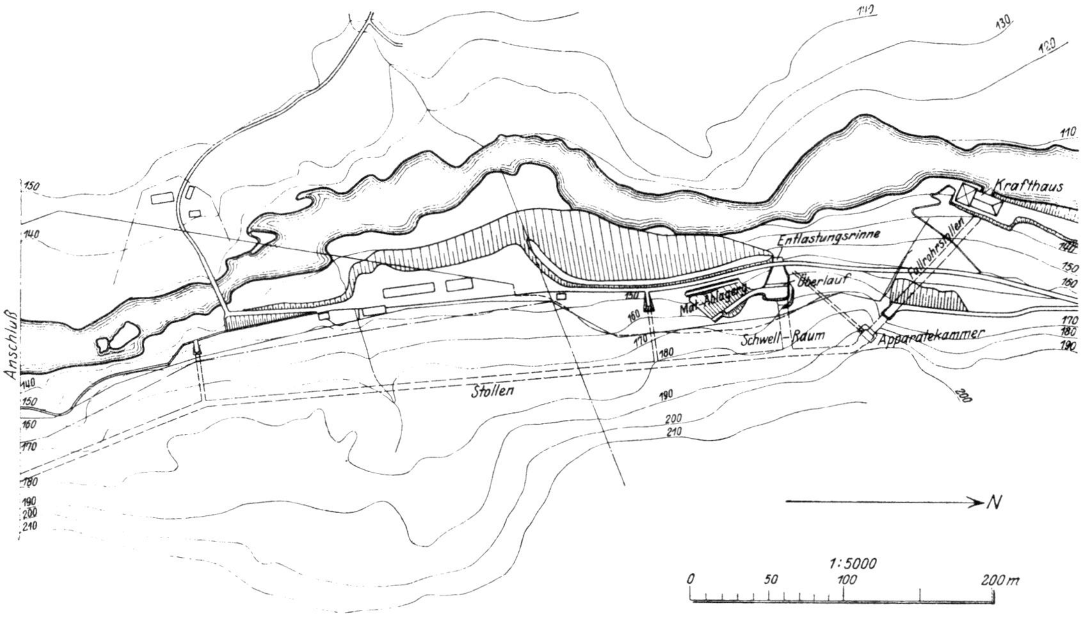

des vorläufigen Ausbaues Hyttefossen. (E. W. Trondhjem.)

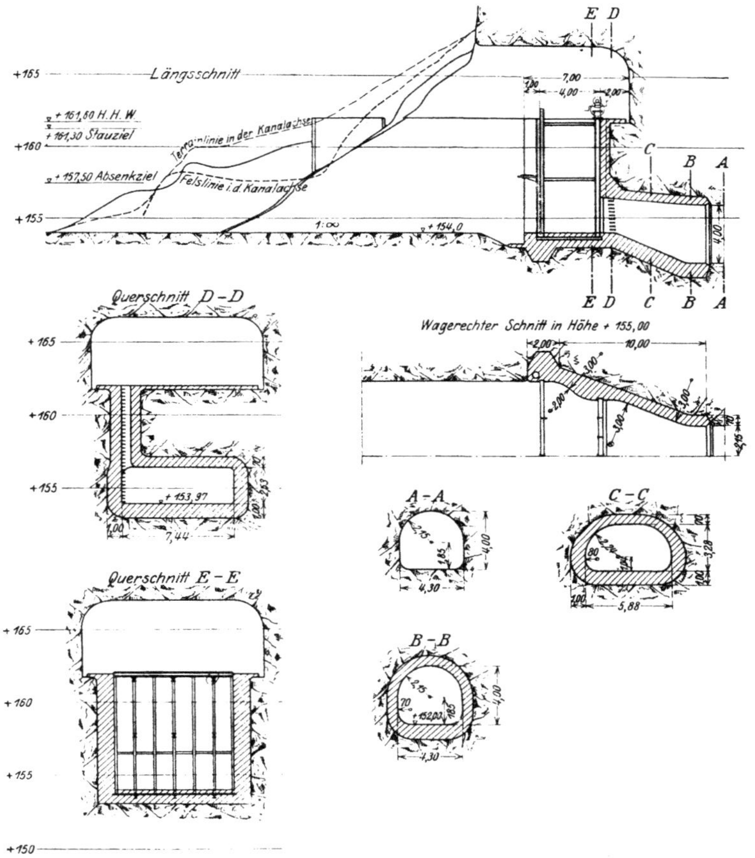

Abb. 323. Hyttefossen. Vorläufige Anlage. Einzelheiten der Triebwasserleitung. (E.W. Trondhjem.)

Die beiden, schon älteren, Lerfossanlagen sind in Druckleitungs- und Maschineneinheiten erweiterungsfähig angelegt. Ihr derzeitiger Stand ist folgender:

Övre Lerfoss (Abb. 328, 329): das feste, ursprünglich hölzerne Wehr (1899/01) wurde 1904/05 durch ein massives Wehr mit einigen Holzschützen ersetzt. 1914/16 wurde der Zulaufkanal im Flußbett ausgehoben, 1919/21 das dritte Turbinenrohr verlegt

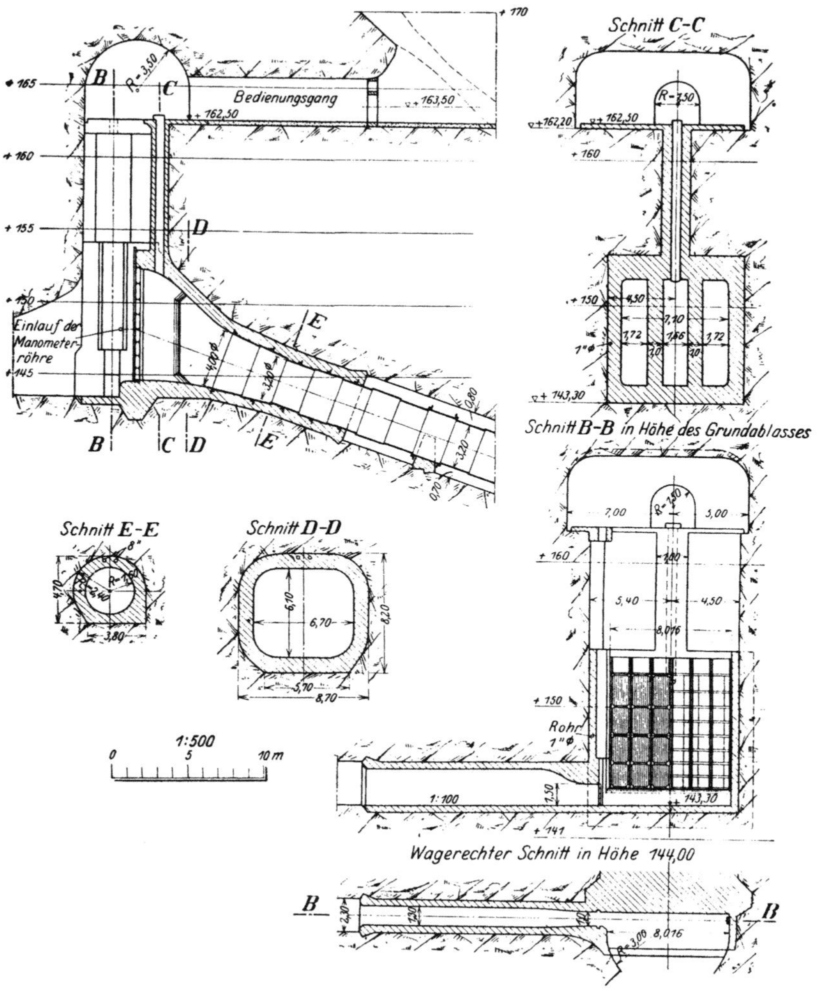

Abb. 324.

und ein Anbau an das Krafthaus zur Aufnahme der fünften Turbine ausgeführt. An Maschinensätzen sind vorhanden: 3 zu 1250, 1 zu 2700 und 1 (Erweiterung) zu 6500 PS.

Nedre Lerfoss (Abb. 330, 331) begann 1910 mit 2 Druckrohren $D = 2{,}3$ und 2 Maschinen zu 2575 PS; 1919/21 brachte der zweite Ausbau noch 1 Rohr und 1 Maschine zu 4390 PS.

Außer diesen Wasserkraftanlagen verfügt Trondhjem über eine Wärmekraftreserve am Fjordufer in Ilsviken bei Trondhjem mit einem Dampfturbinensatz von 3210 und einem Dieselsatz von 1500 PS.

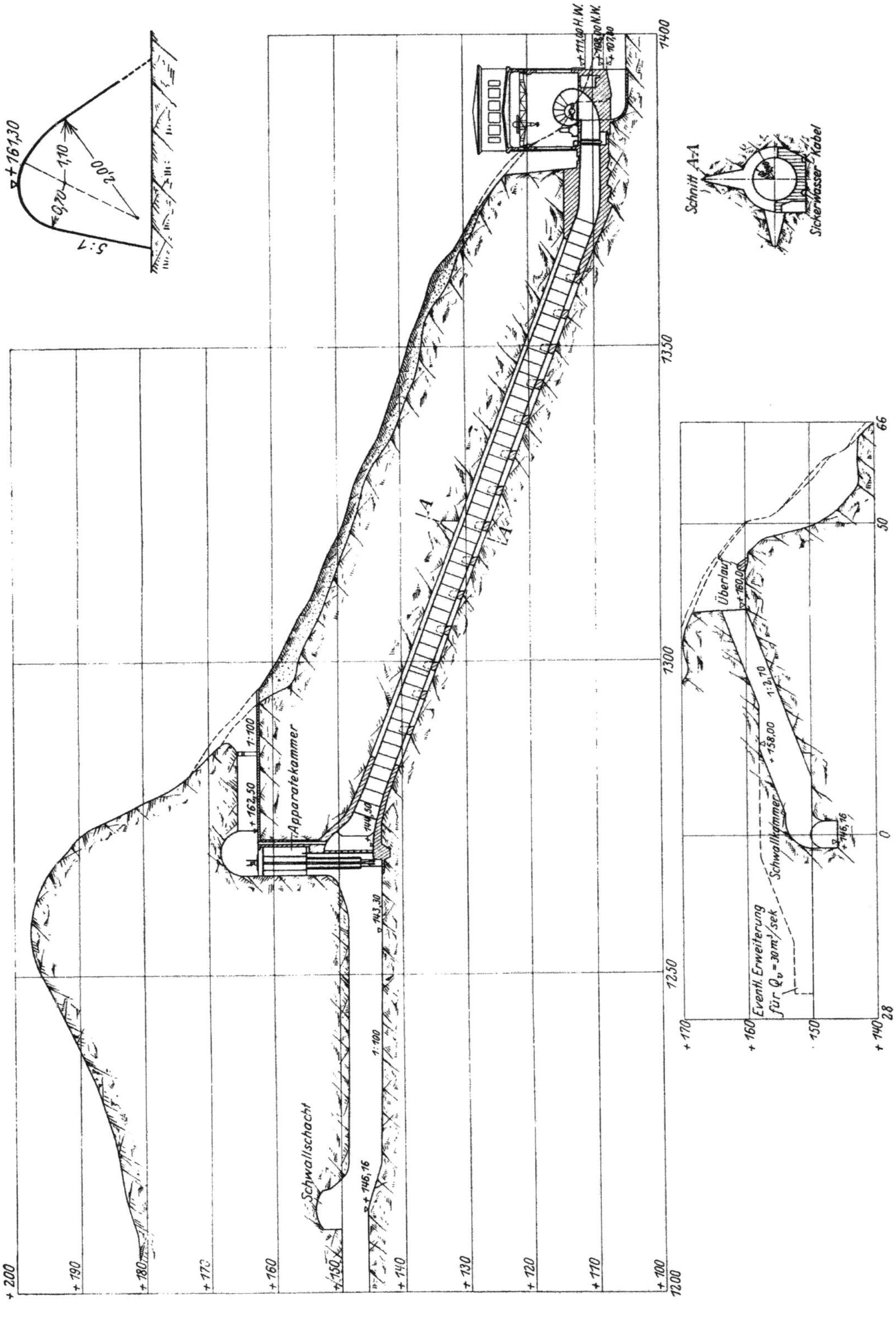
+161,30
0,70
1,10
2,00
5:1
Schwallschacht
+146,16
143,30
1:100
Apparatekammer
+162,50
144,50
A
111,00 H. W.
108,00 N. W.
107,00
Schnitt A-A
Sickerwasser
Kabel
Überlauf
+160,00
+158,00
1:2,70
Schwallkammer
+146,16
Eventl. Erweiterung
für $Q_v = 30\,m^3/sek$
+200
+190
+180
+170
+160
+150
+140
+130
+120
+110
+100
1200
1250
1300
1350
1400
28
0
50
66

Abb. 324.

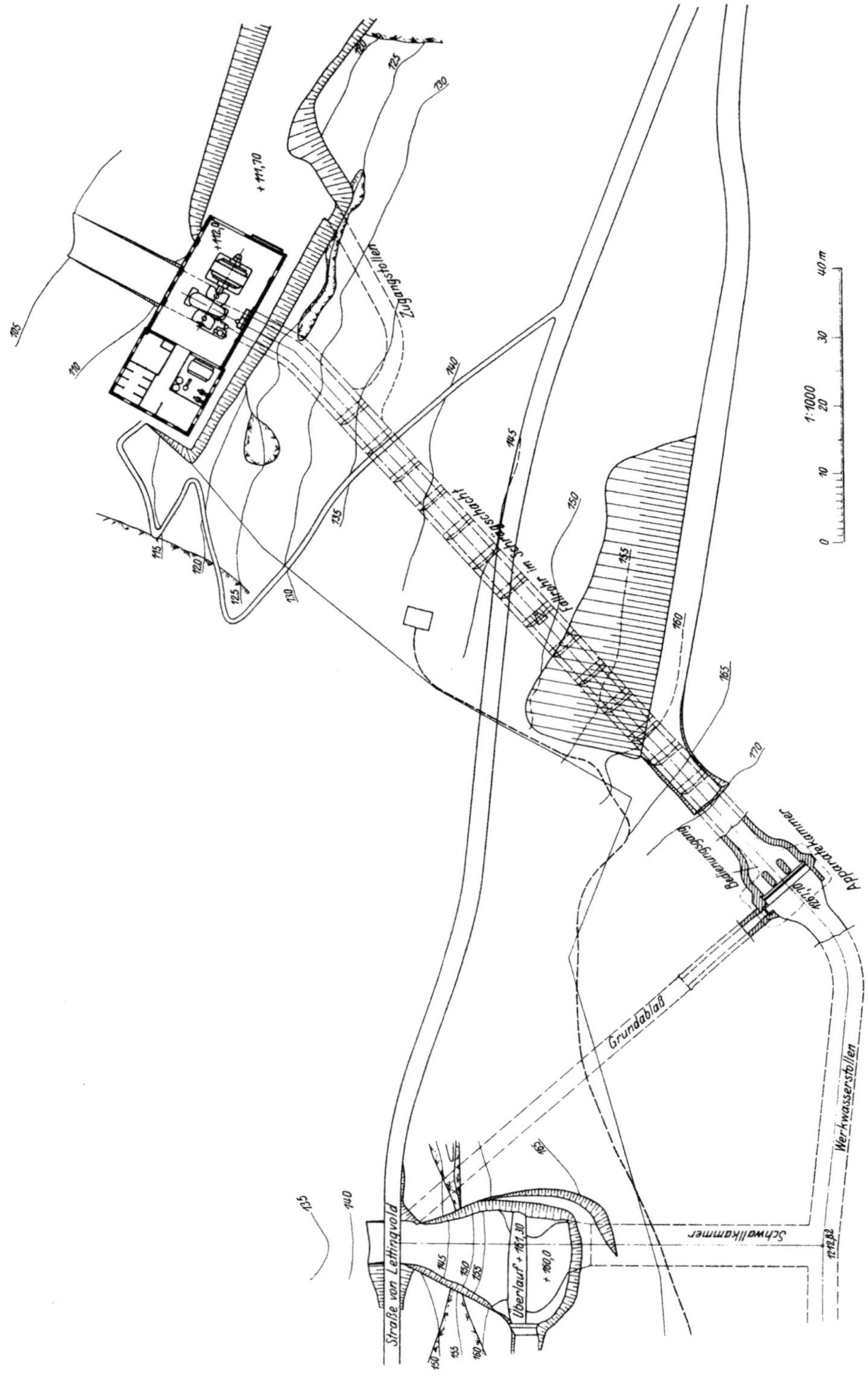

Abb. 324. Hyttefossen. Kraftwerk-Längenschnitt, Grundriß u. Schnitte. (E.W. Trondhjem.)

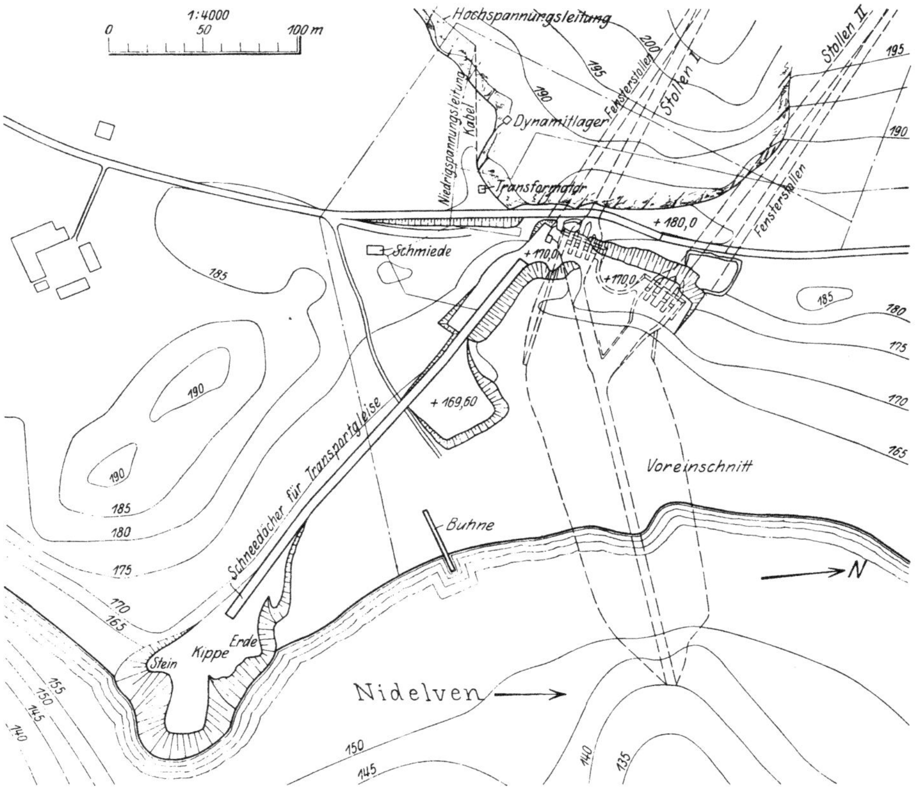

Abb. 325a. Lageplan.

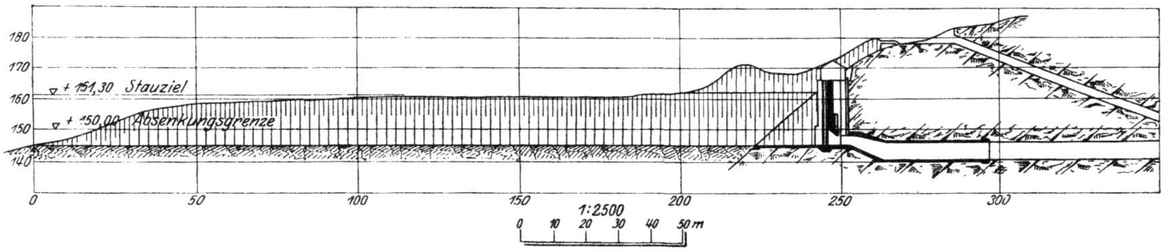

Abb. 325b. Längenschnitt.

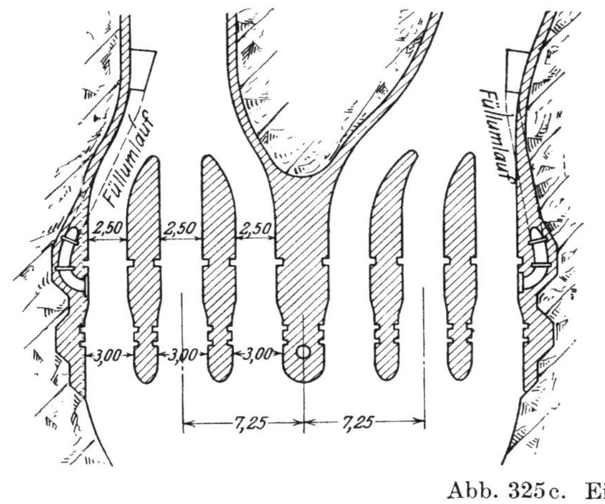

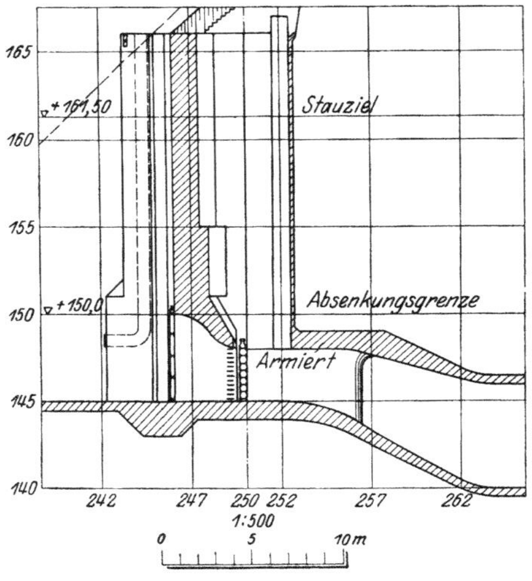

Abb. 325c. Einzelschnitte.

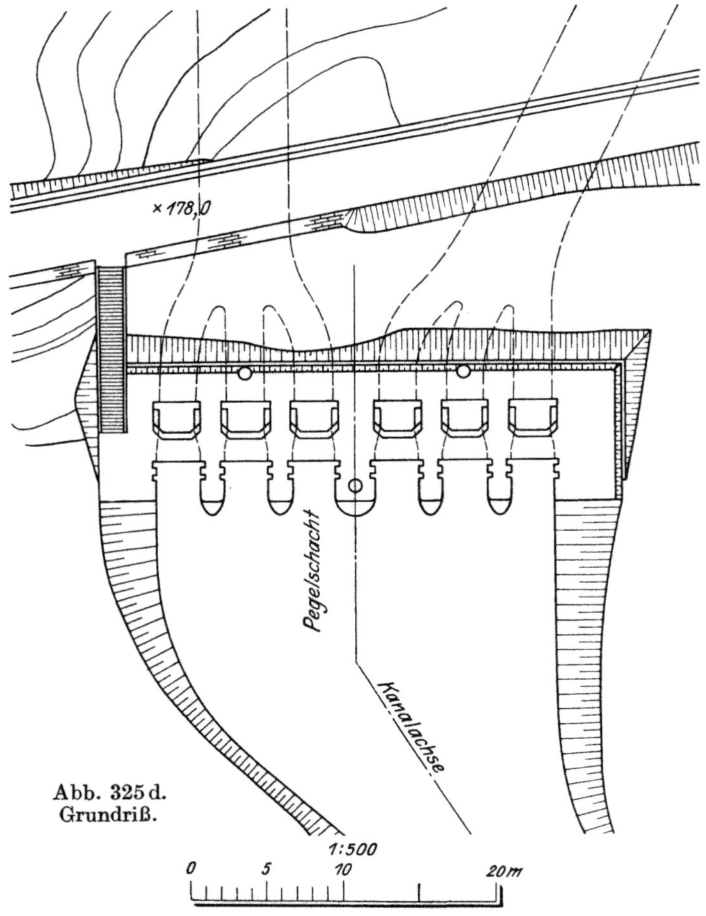

Abb. 325 d. Grundriß.

Alle Anlagen arbeiten parallel. Die zur Zeit verfügbaren Werksleistungen des Trondhjemer E.W. sind nachstehend zusammengestellt.

	Q_{max}	N_{max} kW
Hyttefoss I . .	22,75	8840
Övre Lerfoss . .	39,97	9170
Nedre Lerfoss .	33,24	6670
zus. Wasserkraft	—	24680
Ilsviken Wärmekraft	—	3470
insgesamt	—	28150

Der gesamte vorläufig ausgebaute Speicherraum beziffert sich auf: 12,0 (Dragstsjöen) + 20,0 (Sörungen) + 132 (Selbusjöen) = 164 hm³. Er erhöht die Niedrigwassermenge im ungünstigsten Jahr 1915/16 auf 18,6 m³/sek.

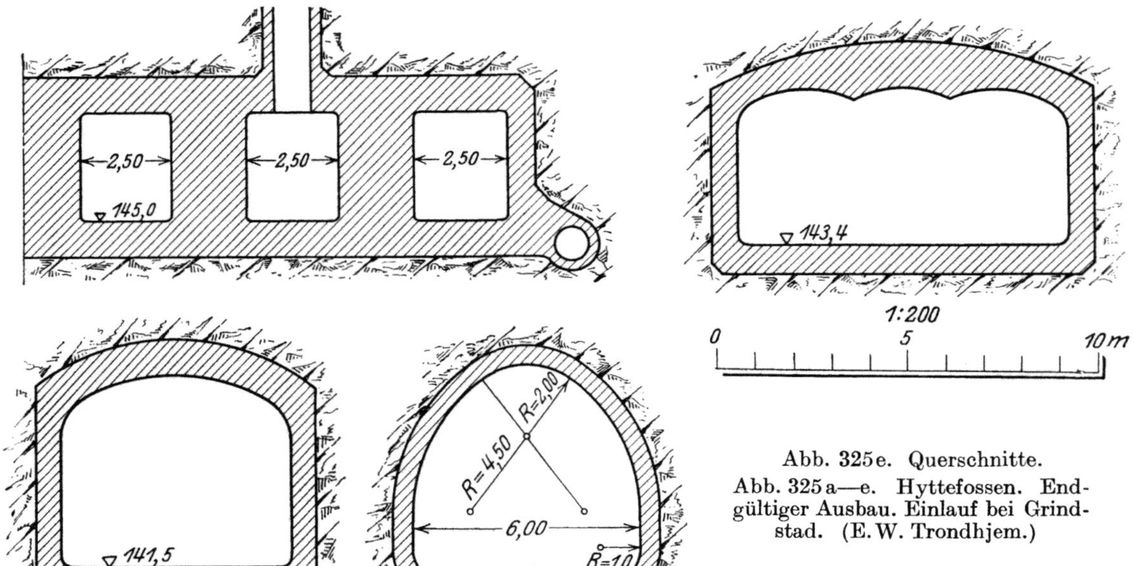

Abb. 325 e. Querschnitte.

Abb. 325 a—e. Hyttefossen. Endgültiger Ausbau. Einlauf bei Grindstad. (E.W. Trondhjem.)

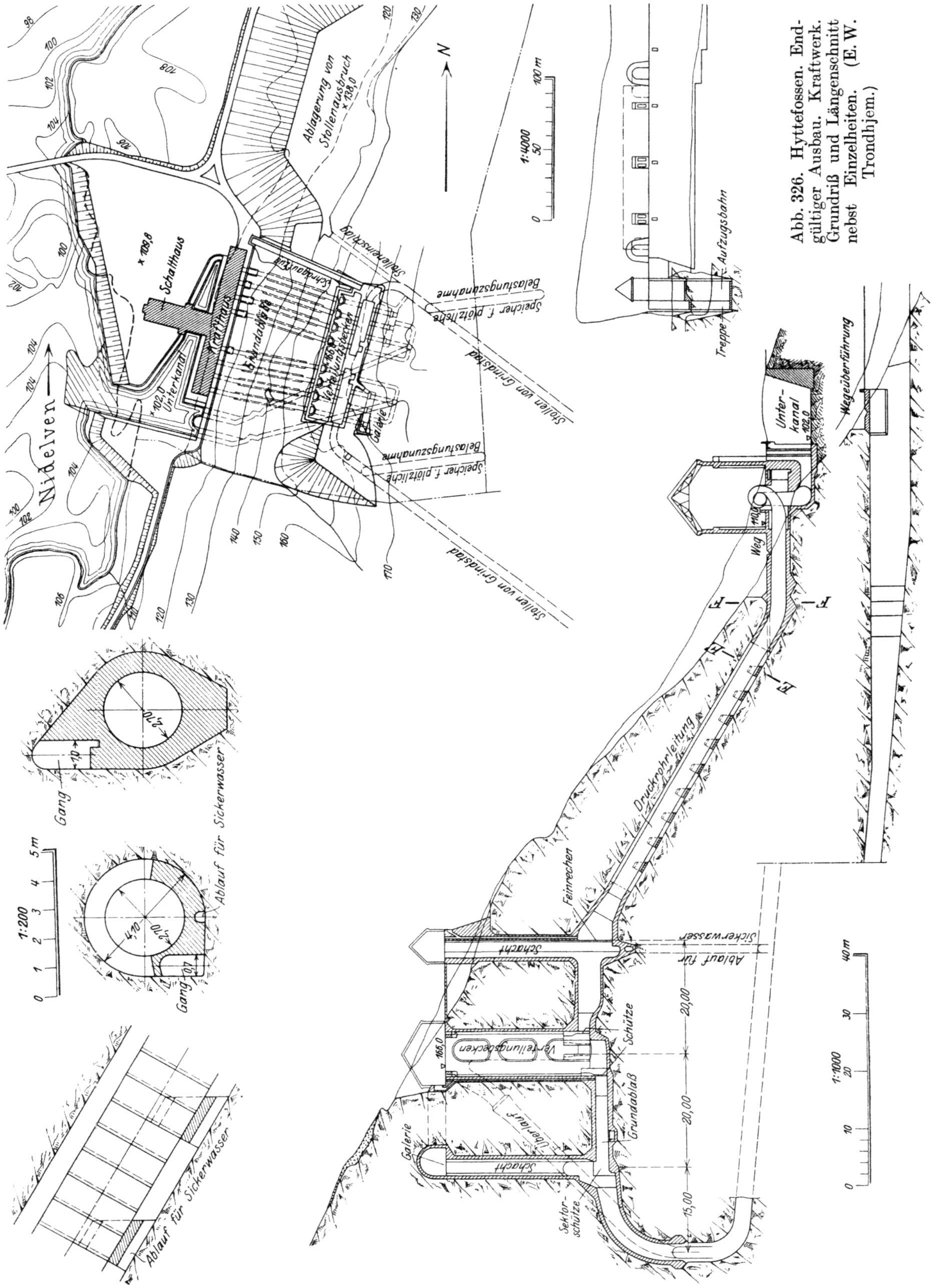

Abb. 326. Hyttefossen. Endgültiger Ausbau. Kraftwerk. Grundriß und Längenschnitt nebst Einzelheiten. (E. W. Trondhjem.)

Bei Angleich an die Jahresschwankung des Konsums ergibt sich in den hochbelasteten Monaten ein mittlerer Abfluß von 20,8 m³/sek bei Stundenhöchstbelastung;

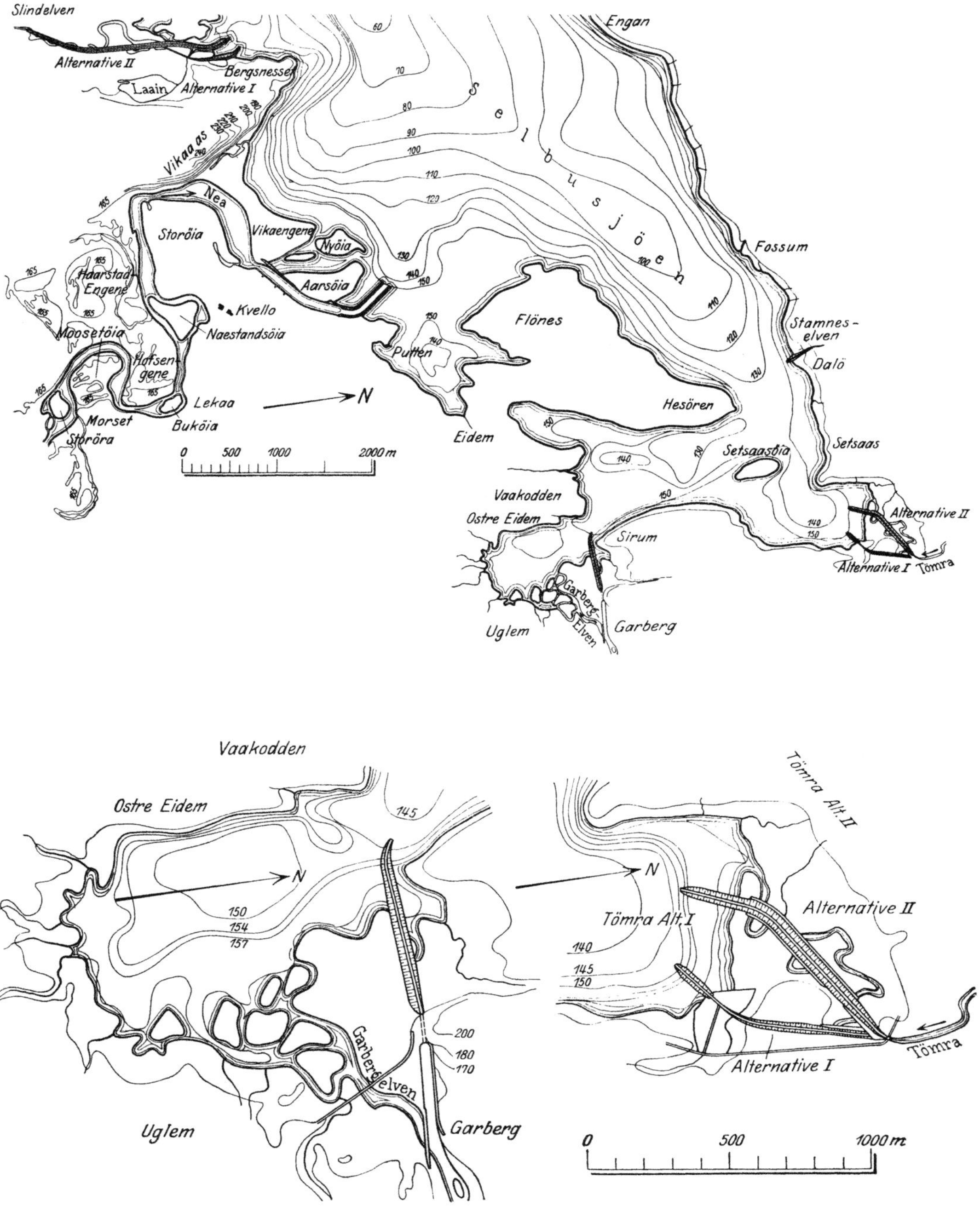

Abb. 327. Regulierung der Flußmündungen in den Selbusjö. (E.W. Trondhjem.)

bei gleichmäßiger Verteilung auf alle Anlagen steigt $Q_{\max}$ auf 24,4 entsprechend 20000 kW z. Z. in Hyttefossen, Övre und Nedre Lerfoss.

Außer den Wasserkraftanlagen des E.W. Trondhjem sind keine nennenswer-

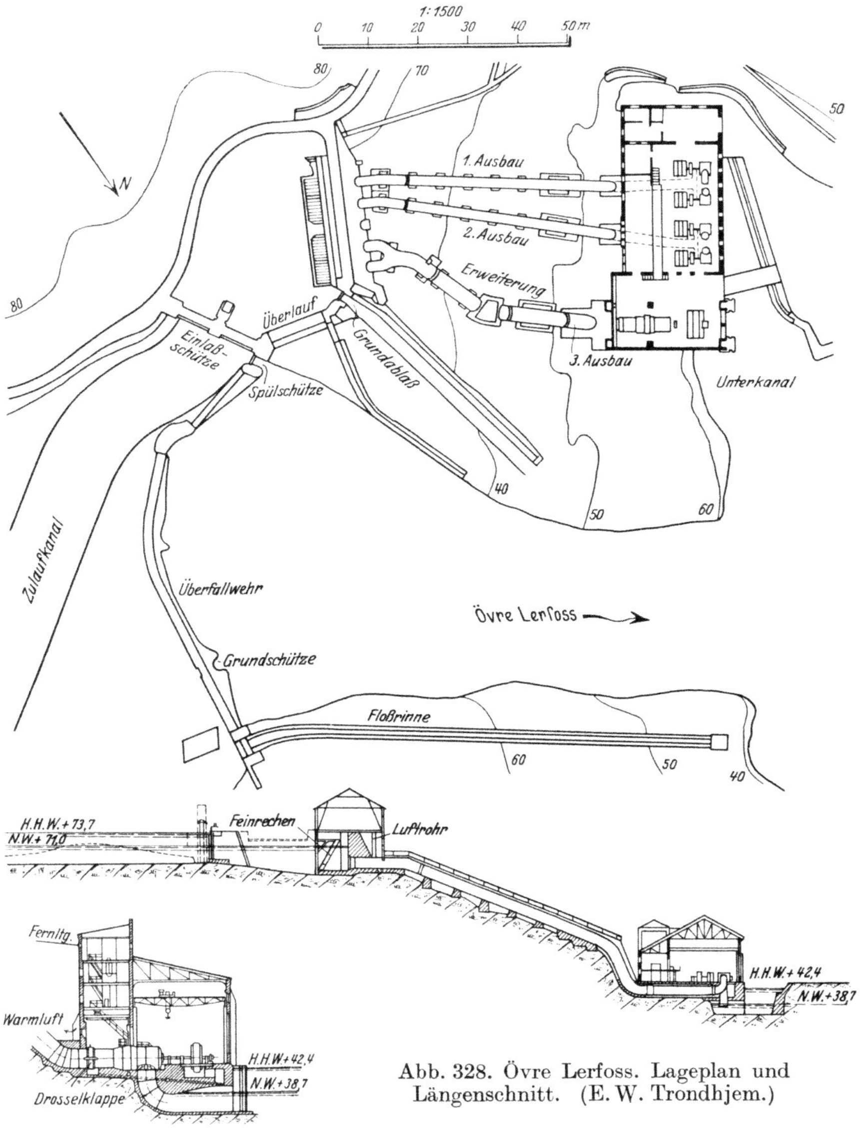

Abb. 328. Övre Lerfoss. Lageplan und Längenschnitt. (E. W. Trondhjem.)

Abb. 329. Övre Lerfoss. U.W.-Ansicht bei H. W. (E.W. Trondhjem.)

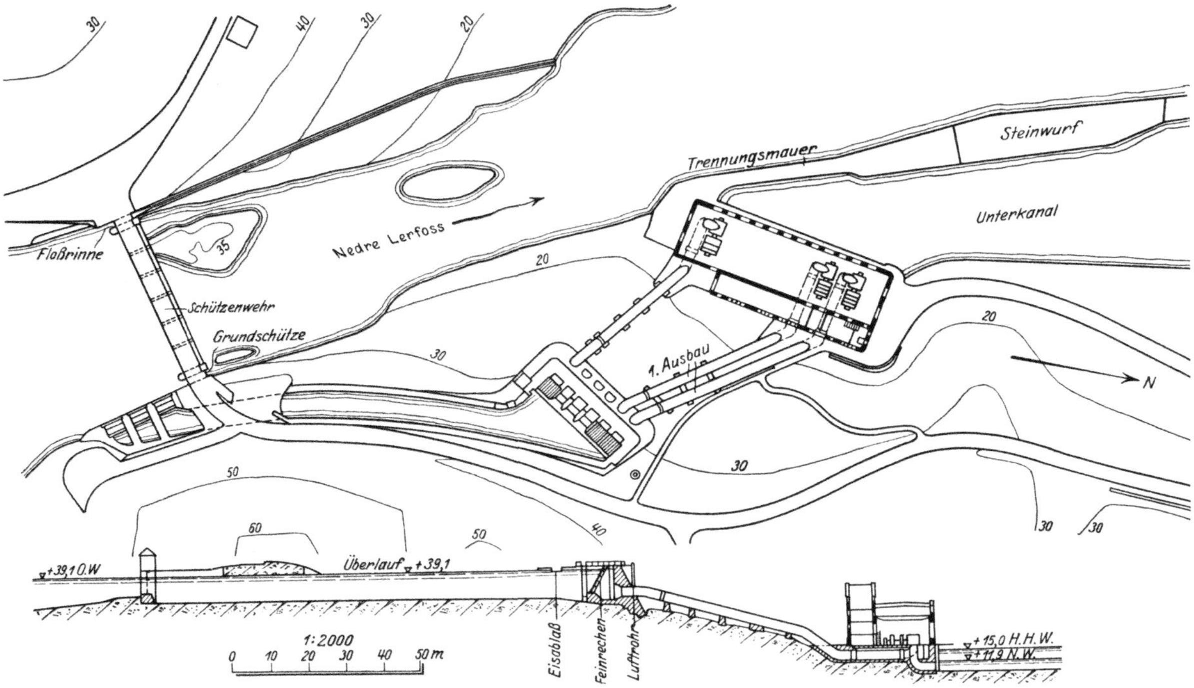

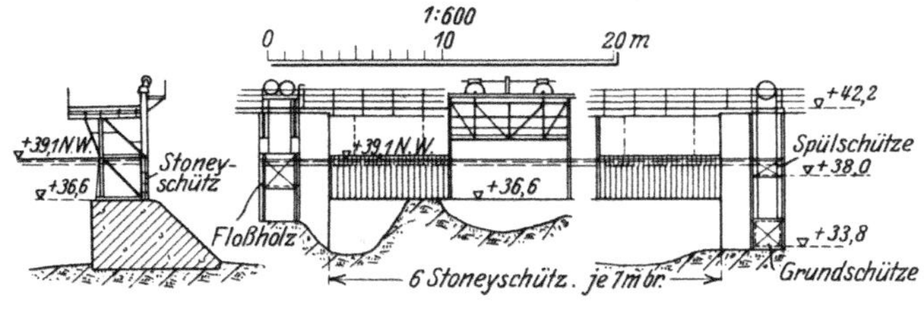

Abb. 330. Övre Lerfoss. Lageplan, Längenschnitt und Wehreinzelzeichnung. (E.W. Trondhjem.)

Abb. 331. Nedre Lerfoss. U.W.-Ansicht bei H.W. (E.W. Trondhjem.)

ten Ausbauten im Nidelv vorhanden. Das Sägewerk bei Hyttefossen hat nur 140 PS Wasserkraft, und die bedeutende Stufe Fjaeremfossen der gleichnamigen Gemeinde ist noch nicht ausgenutzt; dieses E.W. bezieht vielmehr seinen Strom noch von den beiden Lerfossanlagen.

Sämtliche Untersuchungen und Pläne, die hier besprochen wurden, stammen vom technischen Bureau des städtischen E.W. Trondhjem, das auch den größten Teil der Bauarbeiten in Regie ausgeführt hat und noch ausführt.

Unterlagen:

Hyttefossen Kraftanlegg. — Regulering av Selbusjön, Koresksjon av elvenes utlöp i sjön. — Plan for Regulering Nidelvens Vassdrag. — Trondhjems Elektricitetsverks sidste udvidelse. — Zeitungsveröffentlichung in Trondhjems Adressenavis. — Festschrift: Trondhjems Elektricitetsverk og Trondhjems Sporvei 1902/27. — Briefliche Mitteilungen vom E.W. Trondhjem.

19. Abschnitt: Westnorwegen von Trondhjem bis Stavanger.

1. Übersicht.

Die Einzugsgebiete der großen westnorwegischen Fjords südlich vom Trondhjemfjord bis einschließlich zum Bokn- und Stavangerfjord haben neben Telemarken die größte Energiedichte in Norwegen. Das Gebiet umfaßt: Möre-, Sogn-, Fjordane, Hordaland-Fylke, außerdem die nördlichen ⅔ von Rogaland-Fylke, insgesamt rd. 55000 km², ¹/₆ von Norwegen. Orographisch eigenartig und außerordentlich bezeichnend für das Gebiet ist, daß die Fjords meist sehr hohe, äußerts steile Wände haben und sehr tief und vielgliedrig in das Festland eingeschnitten sind. Die Abflüsse des so förmlich zerhackt erscheinenden Massivs sind daher durch geringe Lauflänge und große Fallhöhe ausgezeichnet, so daß der Ausbau der Wasserkraft oft in einer einzigen Fallstufe mit Krafthaus am Fjord erfolgen kann. Die geringe Ausdehnung der Einzugsgebiete findet dabei durch außerordentlich hohe Spenden einen natürlichen Ausgleich, der außerdem oft noch durch Verbindung benachbarter Gebiete mittels Zubringerstollen sehr verbessert werden kann (Abb. 259, 265, 260).

Ein wesentliches Kennzeichen des Gebietes ist die verwickelte Form der Wasserscheiden und der Umstand, daß unmittelbar benachbarte Gewässer vielfach ganz verschiedene Laufrichtung haben. Man vergleiche demgegenüber den Teil von Norwegen südlich vom Stavangerfjord, wo die Fjorde nicht mehr so groß und lang sind; dort laufen die wichtigeren Abflüsse durchweg parallel in annähernd nordsüdlicher Richtung. — Typisch ist ferner für die westnorwegische Fjordlandschaft die große Zahl der vorgelagerten, meist kleineren Inseln, deren Wasserkräfte im Gegensatz zu jenen der viel größeren nordnorwegischen Inseln mit einer einzigen Ausnahme wenig bedeutend sind.

Die geologischen Verhältnisse sind recht abwechslungsreich. Der Untergrund besteht teils aus Urgestein, teils aus etwas jüngeren Ergußgesteinen (vorwiegend jüngeren Graniten, Grünstein und Labrador), aber auch aus Sedimentgesteinen (vorwiegend kambrosilurischen Bildungen; jüngere Sedimente, hauptsächlich Devon, finden sich nur auf enger begrenzten Gebieten). Urgesteine, Granit, Gneisgranit und Gneis nehmen immerhin den größeren Teil des Gebietes ein und fehlen nur nördlich und nordöstlich vom Hardanger- und Boknfjord, wo die jüngeren Ergußgesteine und kambrosilurischen Sedimente vorherrschen. Von quarternären Ablagerungen sind nur Moränen etwas häufiger, alluviale Ablagerungen aber wegen der großen Härte des Grundgebirges nur sehr spärlich vertreten. Auf großen Gebieten tritt das Grundgebirge vollständig nackt zutage.

Für die **Vegetation** sind die geschilderten Verhältnisse äußerst ungünstig und deshalb gehört Westnorwegen zu den wald- und landwirtschaftsärmsten Teilen Nordeuropas. Dazu trägt auch das übermäßig ozeanische Klima bei mit seinen sehr regenreichen und kühlen Sommern. Die wichtigsten der sehr verzettelten Landwirtschaftsflächen liegen um Bergen, in einigen Seitentälern des Sognefjordes und auf einem Teil der Inseln. Bezeichnend ist dabei, daß, zum Unterschied von den meisten anderen nordischen Gegenden, die Ackerböden nicht überall in eine größere Waldregion eingesprengt sind, sondern vielfach unmittelbar an unfruchtbares Fjeld grenzen.

Der Armut des Bodens entspricht die dünne **Besiedelung.** Auf dem Lande leben 420000, in den Städten — von denen nach Bergen Kristiansund die bedeutendste ist — 150000 Seelen (ungerechnet Stavanger), also im ganzen Gebiet 570000 (10,4 je km²). Mehr als ¼ der Landbevölkerung wohnt auf den Inseln, die wieder relativ dicht bevölkert sind.

Die Wasserkräfte des Gebietes sind infolge der angedeuteten natürlichen Grundlagen außerordentlich bedeutend. Ihre Gesamtleistung erreicht nach der amtlichen Statistik nahezu 4½ Mill. regul. NW-PS, mehr als ⅓ der gesamten Wasserkraft Norwegens (82 PS/km²). Die Größe und hohe Ausbauwürdigkeit der Kraftquellen einerseits, die geringe Bevölkerungsdichte andererseits haben stellenweise außerordentlich hohe Kopfquoten in der öffentlichen Stromversorgung und daneben die Entwicklung einer höchst bedeutenden Wasserkraftgroßindustrie hervorgerufen. Von den viel Energie verbrauchenden Industrien hat sich überwiegend die elektrometallurgische (hauptsächlich Aluminium) und die elektrochemische entwickelt. Dagegen nehmen die zahlreichen Holzveredelungsfabriken der Energiemenge nach nur einen unbedeutenden Bruchteil der ausgebauten Wasserkraft auf.

Dasselbe gilt auch für die sehr zahlreichen Textilfabriken mit eigener Wasserkraft.

Insgesamt sind von den vorhandenen Wasserkräften im Durchschnitt des ganzen Gebietes erst etwa 5 bis 6% nutzbar gemacht. Die noch unausgebauten Reserven sind daher gewaltig, so daß hier — im Gegensatz zu manchen anderen Gebieten Skandinaviens — die elektrochemische und elektrometallurgische Industrie wohl immer ein günstiges Entwicklungsfeld finden wird, und eine Inanspruchnahme der gesamten Energiequellen durch allgemeine Stromversorgung und Tagesindustrien kaum denkbar ist.

Die auf S. 362—365 nach Flußgebieten geordnete Zusammenstellung der wichtigeren Wasserkräfte und Wasserkraftanlagen soll zunächst einen zusammenfassenden, etwas näheren Überblick der größeren und wichtigeren Anlagen bieten. Weiterhin werden von den aufgeführten größeren Anlagen zehn ausführlicher beschrieben. Bei ihrer Auswahl war nicht ausschließlich die Größe maßgebend, vielmehr wurden vor allem die neuesten und in technischer Beziehung bemerkenswertesten Werke ausgewählt.

2. Die Wasserkräfte im Tafjord-Vasdrag[1].

Der Tafjordvasdrag vereinigt 3 Hochgebirgsbäche, unweit der Einmündung in den Norddalsfjord. Das Einzugsgebiet (300 km²) ist reich an Seen. Die gesamten auf 40000 ständige NW-PS veranschlagten Wasserkräfte gehören der Tafjord Kraftselskap, an der hälftig die Hafenstadt Aalesund (18000 Einwohner) und 11 Dörfer beteiligt sind.

Den ausgearbeitet vorliegenden Gesamtausbauplan verdeutlicht Abb. 332. Von den drei hintereinander gestaffelten Werken hat die Anlage I 156 bis 125 m Fallhöhe, je nach Speicherfüllung. Nach Regulierung sämtlicher wichtigeren Seen wird eine vollständige Jahreswassermenge von mindestens 13 m³/sek erreicht werden, was bei 140 m mittlerer Fallhöhe einer ständigen Leistung von 20000 PS entspricht. Im Hinblick auf die Verwendung der Energie für bürgerliche, hauptsächlich auch Landwirtschaftsversorgung ist die endgültige Ausbauleistung mit 4 Maschinen zu 10000 PS angesetzt. Die am Onilsavatn geplante Kraftanlage II und die weiter im Hochgebirge geplante Anlage III sind für die Verbundausnutzung je zweier Bäche in je einem Krafthaus geplant. Kraftwerk II soll auf 45000, Kraftwerk III auf 22000 PS ausgebaut werden.

Die Speicherbecken liegen zum Teil im Hochgebirge. Unter den weniger hochgelegenen ist bemerkenswert die Sakariaseeregulierung; die ein enges Tal mit nur 90 m Kronenlänge abschließende Staumauer wird 90 m Höhe haben. Von diesen drei großen Werken ist zur Zeit erst Nr. I erstellt und zunächst mit 2 × 10000 PS besetzt. Entsprechend sind auch die Regulierungen erst zum Teil ausgeführt; u. a. fehlt noch die Sakariaseesperre, die wahrscheinlich als letzte ausgeführt werden wird.

[1] Nach brieflichen Mitteilungen und Zeichnungen von Tafjord Kraftselskap.

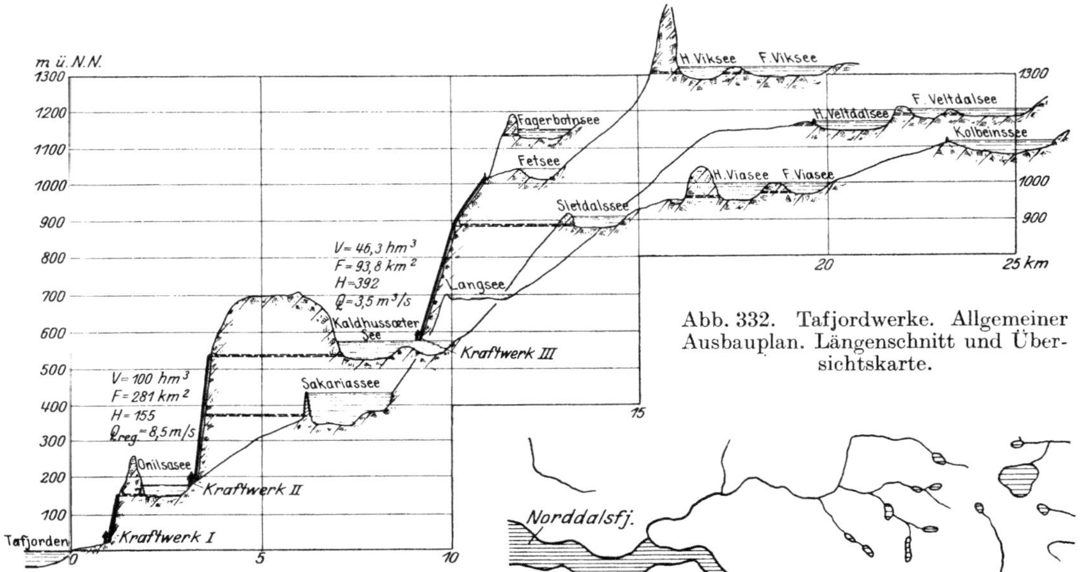

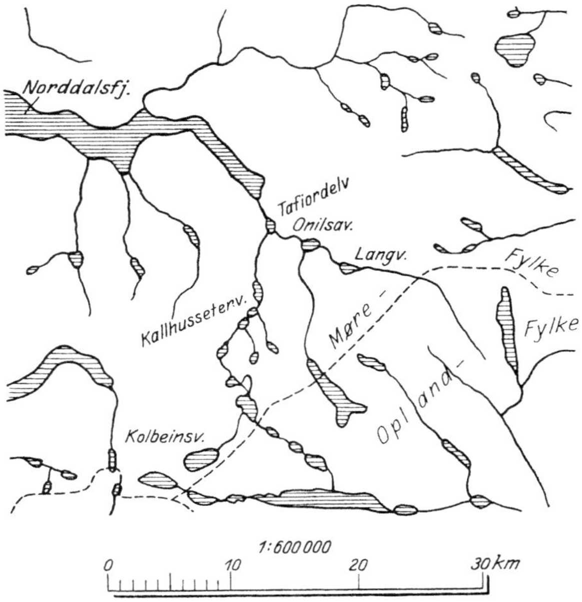

Abb. 332. Tafjordwerke. Allgemeiner Ausbauplan. Längenschnitt und Übersichtskarte.

Die Anlage I (Abb. 333) ist eine Hochdruckspeicheranlage üblicher Anordnung. Die scharf geknickte Linienführung des Stollens ergab sich aus dem Wunsch, einen kurzen Querschlag zu erhalten, aber trotzdem Wasserschloß und Turbinenleitung von der (in der Abbildung angedeuteten) lehmigen Rutschhalde fernzuhalten. Die planmäßige Benutzung des Querschlags zur Geschiebespülung erwies sich (wie zu erwarten) als überflüssig, da das Wasser praktisch vollständig sandfrei ist. Von den zwei planmäßigen Druckrohren ist vorläufig nur eines verlegt. Das Krafthaus (Abb. 334) ist sogleich für alle 4 Maschinen ausgebaut, dagegen ist das Schalthaus vorläufig eingespart, und es sind die 2 Umspanner im unbenutzten Teil des

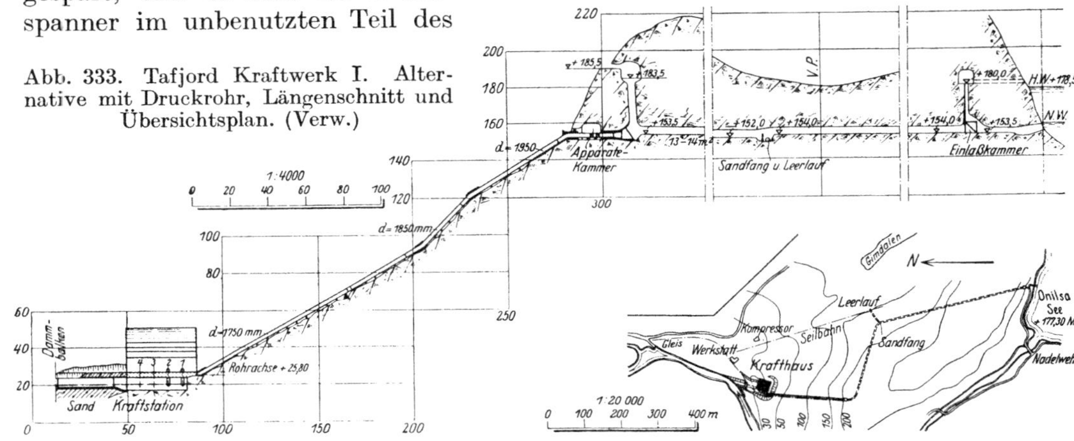

Abb. 333. Tafjord Kraftwerk I. Alternative mit Druckrohr, Längenschnitt und Übersichtsplan. (Verw.)

Tabelle 38. Wasserkräfte und Wasserkraftanlagen Westnorwegens (nach „Vannkraften i det Sydlige Norge“).

O.-Z. in „Vannkr. i. d. Sydl. Norge“	Wasserlauf	Allgemeine geographische Angaben	Zahl der ausbauwürdigen Fallstufen einschl. Nebengewässer	Regul. NW-Leistung PS	Ausgebaut oder im Bau, auch wichtigere Bauentwürfe	Hinweis auf anderweitige Behandlung in dem Buch (vgl. auch noch Ortsverzeichnis)
905/14	Driva	Sundalsfjord	10	129200		
903/04	Lilledalselv . . .		2	92750	Nach „Vannkraften i det Sydlige Norge“ soll beinahe die gesamte Energie (91700 PS) ausgenützt sein, dem entgegen enthält jedoch das amtl. Kraftwerkverz. keine Werke	
916	Skarelv[1]	Halsefjord und dessen Arme	1	1400	106 m	
923/26	Surna		5	45100		
898/99	Aura[2]	Romdalsfjord u. dessen Arme	2	169500	Konzession 1913. Vorläufig ist eine provisor. Station mit 2500 PS	
889/95	Rauma		7	59800		
879/82	Tafjordelv[3] . . .	Norddalsfjord (zum Storfjord)	4	40700	Unterste Fallstufe. Für übrige allg. Entwurf vorhanden	S. 360
852/56	Strynselven . . . Breimselven . . . Gjengedalsvassdraget. . . . . Ålfotvassdragene .	Nordfjord und seine Arme	zus. 18	zus. 140650		
832	Svälgenvassdraget[4]	Halbinsel zwischen Nordfjord und Starfjord	1	26000	Verbund-Ausnützung der Gesamtenergie geplant z. T. durchgeführt	S. 365
828/29	Norddalselven . .		2	25000		
824/25	Nausta	Starfjord (Fördefjord)	2	25700		
816/23	Jölstra[5]	Starfjord (Fördefjord)	8	60500		

[1] Derzeitige regulierte Wasserführung 10,0 m^3/sek; derzeitige regul. NW-Leistung 1060 PS; eingebaut 4200 PS. Versorgung Stadt Kristiansund, kommunales Eltwerk Kristiansund.

[2] Ausbau von 270000 PS geplant. Krafthaus sollte unmittelbar am Fjord stehen; Werk bis jetzt nicht ausgeführt. Salpeter-, Karbid- und Cyanamid-Industrie.

[3] Gesamtfallhöhe 156—125 m, endgültige regulierte Niedrigwassermenge 13 m^3/sek, regulierte Niedrigwasserleistung 20000 PS; ausgebaut für 40000 PS, aufgestellt 20000 PS. Überland-Eltversorgung. Interkommunale Tafjord-Kraftselskap.

[4] Jetzige Turbinenleistung 15000 PS. Stromverkauf an interkomm. Eltges. Aalfoten für Überlandversorgung. Bremanger Kraftselskap A. S.

[5] Nur 1 Großstufe von 37500 PS.

Tabelle 38. Wasserkräfte und Wasserkraftanlagen Westnorwegens (Fortsetzung).

O.-Z. in „Vannkr. i. d. Sydl. Norge“	Wasserlauf	Allgemeine geographische Angaben	Zahl der ausbauwürdigen Fallstufen einschl. Nebengewässer	Regul. NW-Leistung PS	Ausgebaut oder im Bau, auch wichtigere Bauentwürfe	Hinweis auf anderweitige Behandlung in dem Buch (vgl. auch noch Ortsverzeichnis)
797/810	Gaula	Halbinsel zwischen Starfjord und Sognefjord	14	77050		
789	Dyrnäslielv[1] . . .		1	9500	Gesamtfallhöhe mit Bruchteil der ges. Wassermenge	
785/86	Höyangervassdragene (mehrere in den Höyangerfjord, Arm des Sognefjords einmünd. Bäche)[2] .	Sognefjord und dessen Arme	2	57800	A. gesamte Fallhöhe des Oireelv und des Jetlandelv in einer gemeinsamen Kraftstation	S. 371
773/82	Jostedalselv . . .		8	82900		
770/71	Morkrisdalselven .		2	30000		
767/69	Fortunselv mit Granfosta . . .		3	138600		
766	Feigumelv		1	22000		
761/64	Årdalsvassdraget[3].		4	90800		S. 377
751/59	Lärdalselv		9	67000		
747	Aurlandselv . . .		1	200000		
743/46	Flåmselv		4	26900		
742	Undredalselv, Aurlandfjord . . .		1	40000		
736	Arnefjordsvassdraget		1	48000		
722	Matre og Haugsdalvand	Verschiedene Fjords zwischen dem Sogne und Hardangerfjord	1	96000	Nach „Vannkraften i det Sydlige Norge“ sollen 74000 PS ausgenutzt sein, dem entgegen enthält amtl. Kraftwerkverz. kein Werk	
710/12	Eksingdalselv . .		3	81000		
696/705	Vossa[4]		10	102500		
694	Bergdalselv[5] . . .		1	50000	B. Gesamtenergie in Anlage bei Dale	S. 381
679/83	Samnangervassdrag[6]		5	32600	A. unt. Stufe	S. 378

[1] $H = 310$ m; 2500 PS. Elektrochemische Industrie (Vadheims elektrokemiske Fabriker).
[2] Fallhöhe 570 m (Oiere), 700 m (Jetland), regul. NW-Leistung 23300, aufgestellt 30000 PS. Aluminiumerzeugung; Jahreserz. 6500 t. A. S. Höyangerfaldene.
[3] Siehe Beschreibung der begonnenen Anlage.
[4] Nur 3 Großstufen mit 38700 + 41000 + 15000 PS.
[5] Endgült. Ausbauleistung 90000 PS, vorläufig erster Ausbau. Bergens-Halvöens kommunale Kraftselskap; ⅔ für Stadt Bergen; ⅓ Dörfer der Berg. Halbinsel.
[6] A. reg. NW-Leistung 10950 PS; aufgestellt 23000 PS. Städt. Eltwerk Bergen.

Tabelle 38. Wasserkräfte und Wasserkraftanlagen Westnorwegens (Fortsetzung).

O.-Z. in „Vannkr i. d. Sydl. Norge"	Wasserlauf	Allgemeine geographische Angaben	Zahl der ausbauwürdigen Fallstufen einschl. Nebengewässer	Regul. NW-Leistung PS	Ausgeführt oder im Bau, auch wichtigere Bauentwürfe	Hinweis auf anderweitige Behandlung in dem Buch (vgl. auch noch Ortsverzeichnis)
660	Bjölvo[1]	Hardangerfjord	1	43000	A. ges. Fallstufe mit Teil der endgültigen Wassermenge	S. 385
	Herlandselv[2] . .	Insel Öster (Österöen)	1	7000	A. Herlandsfoss-Anlage	S. 358
654	Austdöla[3] . . .	Hardangerfjord, dessen Arme und Nebenfjorde	1	43000		S. 387
649/645/46	Erdalselv, Vendo, Opo		3	56000		
652	Sundalselv . . .		1	45000		
650/51	Eidfjordelv . . .		2	165000		
647	Kinso mit Grytingselv		1	120000		
642/43	Tysse i Odda[4] . .		2	300000	A. untere Stufe	S. 389
638/41	Apovassdraget . .		3	50000		
634	Öiriselv		1	50000		
622	Blåelv		1	80000		
621, 619	Londalselv, Vauleelv. . . .		2	je 20000		
614/18	Etnevassdraget[5] .		5	44000	A. Litledalsfallstufe	
604/08	Saudevassdraget[6]	Bokn-Stavangerfjord und dessen Arme	5	114000	A. mittlere Stufe	S. 392
586/602	Suldalsvassdraget		19	350000		
577	Ulla			175000		
569/74	Vormedalsvassdraget		6	29100	Nur 1 Stufe 17500 PS.	
561/67	Årdalsvassdraget .		7	37700	Nur 1 Stufe 17500 PS.	
555/56	Jörpelandsvassdraget[7]		3	14500	A. die 2 untersten Stufen; $H = 190$ bzw. 90 m	

[1] Reg. NW-Leistung 23100 PS; aufgestellt 36000 PS. Elektrochem. und elektrometallurg. Industrie und Großlieferung an Bergen.

[2] Fallhöhe 130,5 bis 139,5 m, reg. NW-Leistung 7000 bis 8000 PS, 4 Turbinen zu 350 PS. Orts- und Landwirtschaftsversorgung. Interkomm. Gesellschaft Hosanger Haus og Hauers.

[3] B. ges. Energie in einer Anlage (Osa); Bau unterbrochen wegen Konjunktur. Großindustrie.

[4] Reg. NW-Leistung 99360 PS; aufgestellt 141840 PS. Elektrochemischer und elektrometallurgischer Großbetrieb. A. S. Tyssefaldene.

[5] Reg. NQ = 5,1 m³/sek, Fallhöhe 129 m; reg. NW-Leistung 8100 PS, ausgebaut für 15200 PS, aufgestellt 7600 PS. Elektrizitätswerk Stadt Haugesund.

[6] Reg. NW-Leistung 43500 PS; aufgestellt 52300 PS. 40500 PS für elektrochemische und elektrometallurgische Industrien, Rest für bürgerlichen Bedarf, u. a. für E.W. Haugesund. A. S. Saudefaldene.

[7] MQ = 5,5 m³/sek, z. Z. reg. $Q = 3$ m³/sek, reg. NW-Leistung 5700 bzw. 2700 PS, aufgestellt 5200 bzw. 1500 PS. Eltversorgung. A. S. Ryfylke Kraftanlägg. Fast alle Energie an Elektrostahl-Werk Stavanger verkauft.

Tabelle 38. Wasserkräfte und Wasserkraftanlagen Westnorwegens (Fortsetzung).

O.-Z. in „Vannkr. i. d. Sydl. Norge“	Wasserlauf	Allgemeine geographische Angaben	Zahl der ausbauwürdigen Fallstufen einschl. Nebengewässer	Regul. NW-Leistung PS	Ausgebaut oder im Bau, auch wichtigere Bauentwürfe	Hinweis auf anderweitige Behandlung in dem Buch (vgl. auch noch Ortsverzeichnis)
548/49	Skuveåen og Songesandelv		4	25400		
547	Lysevassdraget. .		1	110000		
546	Flörlivassdraget[1] .	Bokn-Stavangerfjord und dessen Arme	1	35000	A. ganze Fallhöhe von 736 m, nur mit Bruchteil der endgült. reg. Wasserführung	S. 397
538/44	Espedalsvassdraget		7	21010	Nur 1 Stufe 11300 PS.	
530/34	Dirdalsvassdraget.		5	17000		
527/29	Oltedalselv[2] . . .		3	7900	A. 2 untere Stufen	

Krafthauses untergebracht. Abb. 335a, b zeigt die endgültige Anordnung. Die wagerechten Francisturbinen treiben Drehstromerzeuger (7 kV). Die Erzeugungsspannung wird auf 110 kV für Fernleitung erhöht. Ein großer Teil der Stromabnehmer wohnt auf kleinen Inseln, so daß ein Teil der Leitungen in Kabel ausgeführt werden mußte. Von der Bauausführung her ist noch das Baukraftwerk als „Reservestation“ vorhanden. Es ist 1918 erbaut und diente bis zur Inbetriebsetzung der großen Anlage (1923) auch für allgemeine Stromversorgung.

Abb. 334. Tafjord I. Kraftwerk, Ansicht. (Verw.)

3. Svälgenvassdraget mit der Wasserkraftanlage der Bremanger Kraftselskap A. S.

Der Svälgenvassdrag ist ein kurzer Zufluß des Nordgulenfjords (etwa 80 km nördlich des Sognefjords). Das in Höhen von 1200 bis 1400 hinaufreichende Einzugsgebiet (Abb. 336) von 59 km² wird zu fast ⅓ von der nördlichen Hälfte des Aalfjordgletschers gebildet. Die 4 großen Seen des Gebietes liegen ziemlich tief. Die Ausnutzung der Wasserkraft ist in der eigenartigen, in diesem Teil Norwegens nicht sehr seltenen Form des Doppelstufenwerkes geplant und so gedacht, daß die obere Druckstufe die Fallhöhe vom Hjelmevand bis zum Meeresspiegel ausnutzt, während die untere Druckstufe die Fallhöhe vom untersten der großen Seen, Svälgdalsvand, bis zum Meere mit den vom Hjelmevand nicht erfaßten Abflüssen in besonderen Turbinen, jedoch im gleichen Krafthaus ausnutzt.

[1] Zur Zeit Wasserführung 1,5 m³/sek, reg. NW-Leistung 11000 PS, aufgestellt 12000 PS. 6000 PS allg. Eltversorgung, 6000 PS elektrische Hütte.

[2] Reg. NW-Leistung 3100 und 1900 PS, aufgestellt 8000 und 1500 PS. Städtisches E.W. Stavanger.

Das Gebiet ist eines der niederschlagsreichsten von ganz Norwegen; die mittlere jährliche Abflußhöhe ist 3660 m (116 sl/km²); die Niederschlagshöhen sind nicht

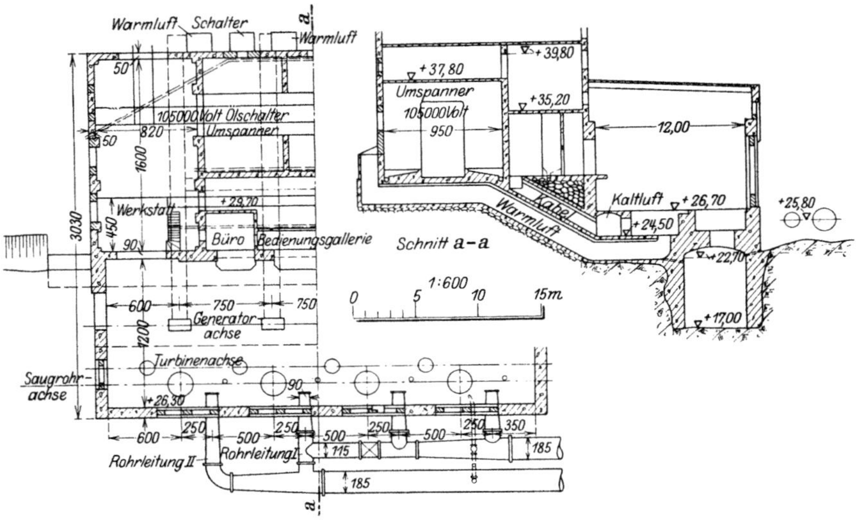

Abb. 335. Tafjord I. Schnitt und Grundriß des Krafthauses. (Verw.)

beobachtet. Die langjährig-mittlere Wassermenge des erfaßten Gebietes, 6,86 m³/sek, soll später voll ausgenutzt werden, wozu Speicherräume von insgesamt 113,3 hm³ nötig

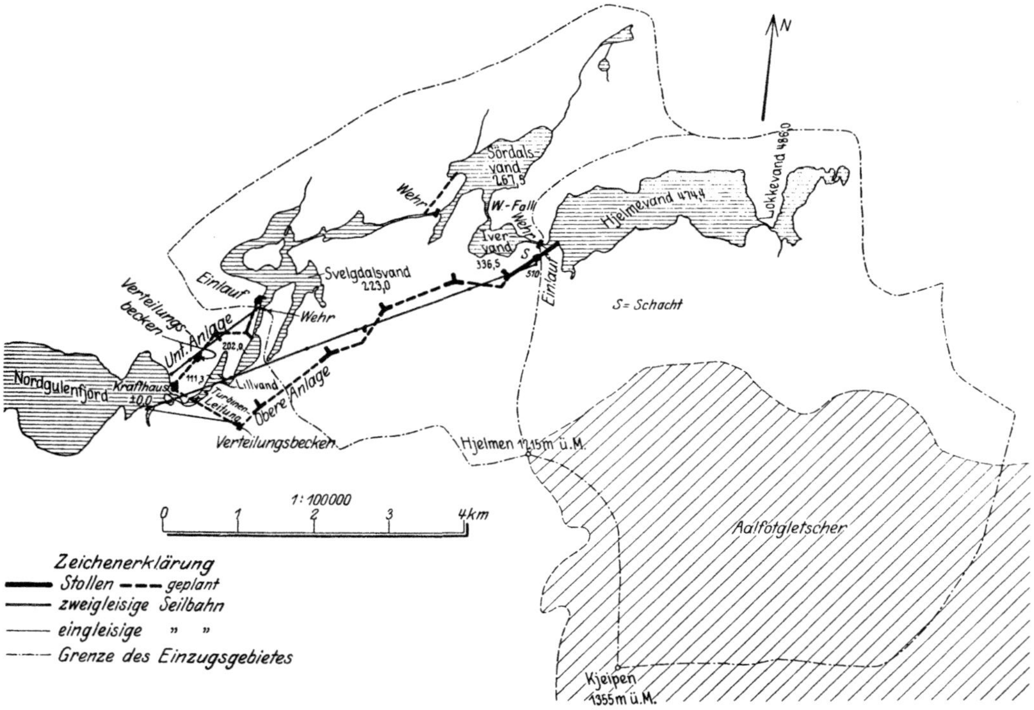

Abb. 336. Bremanger. Kartenskizze. (Verw.)

sind. Von der erwähnten Wassermenge entfallen 2,10 m³/sek auf das Einzugsgebiet der unteren Druckstufe, der Rest, 4,76 m³/sek, auf das Hjelmevand-Einzugsgebiet.

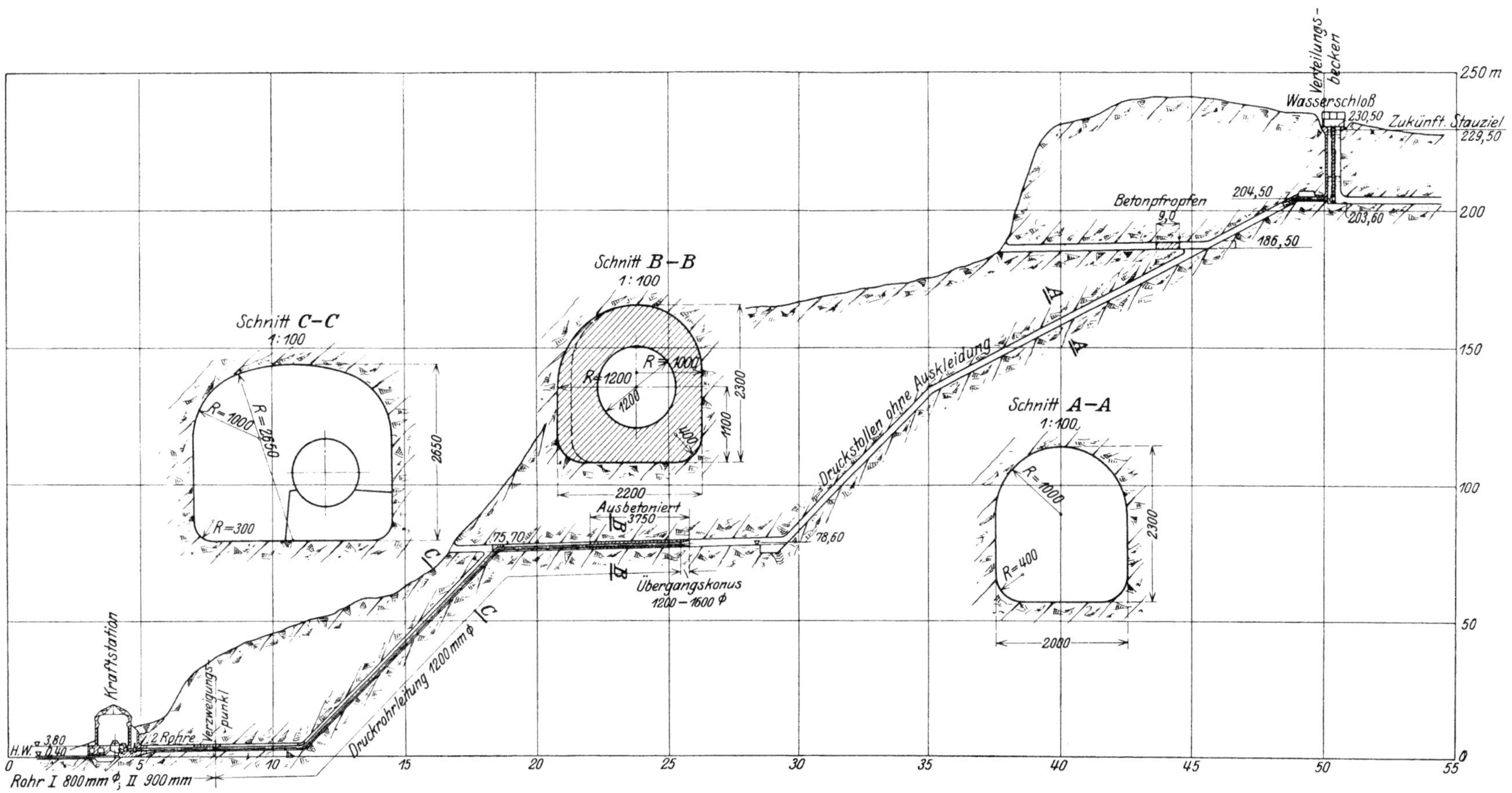

Abb. 337. Bremanger. Untere Stufe. Längen- und Querschnitte. Druckleitung. (Verw.)

Vorläufig sind nur etwa 40% der planmäßigen Speicherräume, rd. 45 hm^3, ausgebaut und damit ist eine regulierte Wasserführung vom ganzen erfaßten Einzugsgebiet von 5,82 m^3/sek gesichert. Bis zur Fertigstellung der oberen Druckstufe kann diese Wassermenge ganz in der unteren genutzt werden. Svälgsvand lag auf 202,6 ü. d. M. und wurde gestaut auf 229,5 mit Absenkziel 213,0. Bei einer durchschnittlichen Nutzfallhöhe von 198,8 m entspricht dieser Wassermenge eine ständige Leistung von 11 930 PS. Die Anlage war ursprünglich zur Stromversorgung

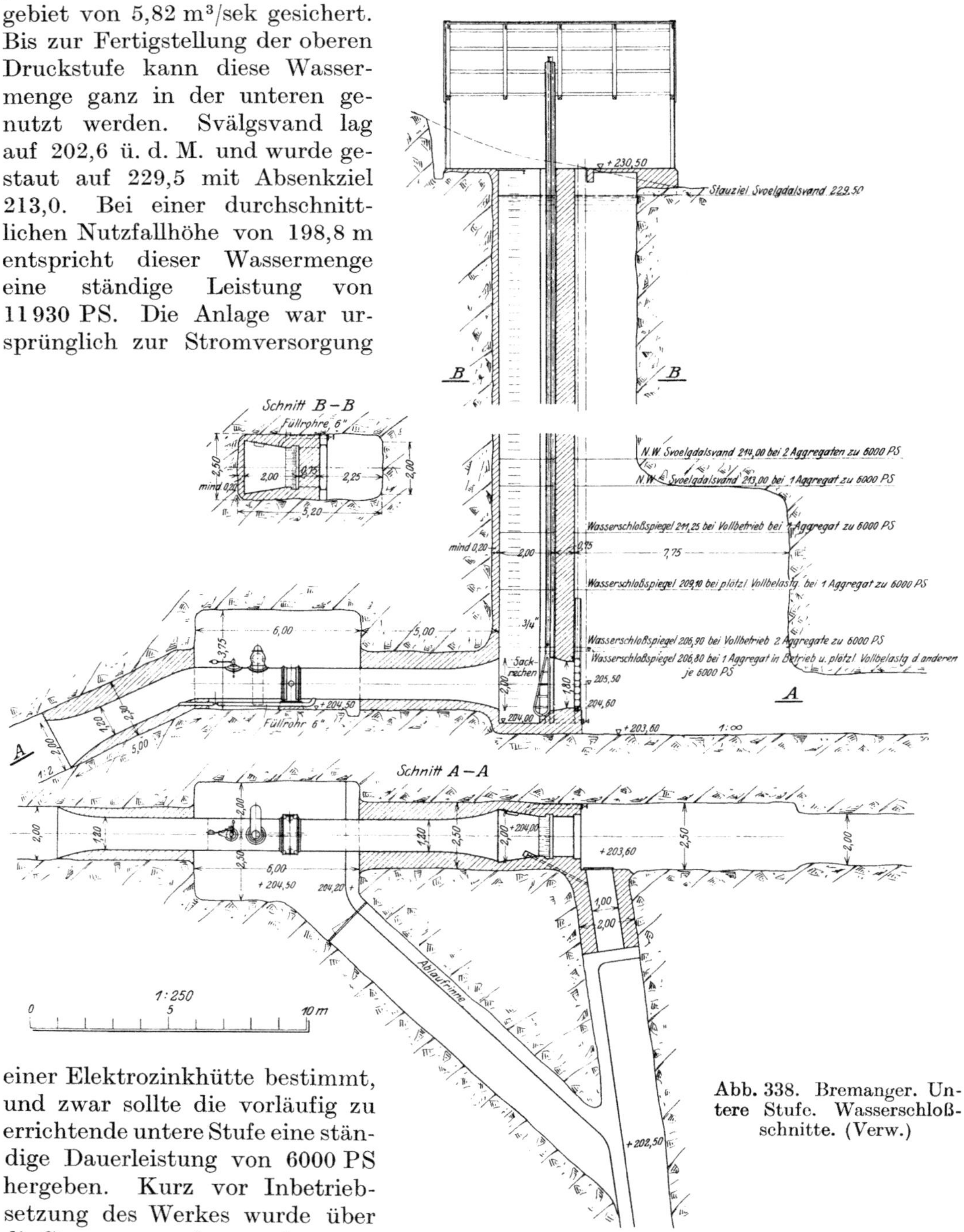

Abb. 338. Bremanger. Untere Stufe. Wasserschloßschnitte. (Verw.)

einer Elektrozinkhütte bestimmt, und zwar sollte die vorläufig zu errichtende untere Stufe eine ständige Dauerleistung von 6000 PS hergeben. Kurz vor Inbetriebsetzung des Werkes wurde über die Stromverwendung anders verfügt und mit der interkommunalen Eltgesellschaft Aalfoten ein Stromlieferungsvertrag auf Lieferung von 4100 kW für bürgerlichen Bedarf abgeschlossen. Da 15 000 PS aufgestellt sind, waren 1927 noch 9000 PS zur Vermietung für industriellen Bedarf frei, nebst Seeverladeanlage und Arbeitsräumen.

Nach Fertigstellung der oberen Druckstufe stehen der unteren bei voller Abflußregulierung nur noch 2,10 m³/sek zu, entsprechend einer ständigen Leistung von 4600 PS. Die obere Stufe wird bei einer durchschnittlichen Nutzfallhöhe von 445 m 22800 ständige PS entwickeln; für sie sind zwei Maschinen zu 13000 PS und, falls auch sie für bürgerlichen Bedarf arbeiten sollte, noch größere Gesamtleistung in Aussicht genommen. Wie dann die beiden Werke zusammen arbeiten werden, ist noch nicht genau bestimmt (naheliegend wäre: die untere hoch ausgebaute Stufe mindestens mit auch Spitzenarbeit leisten zu lassen).

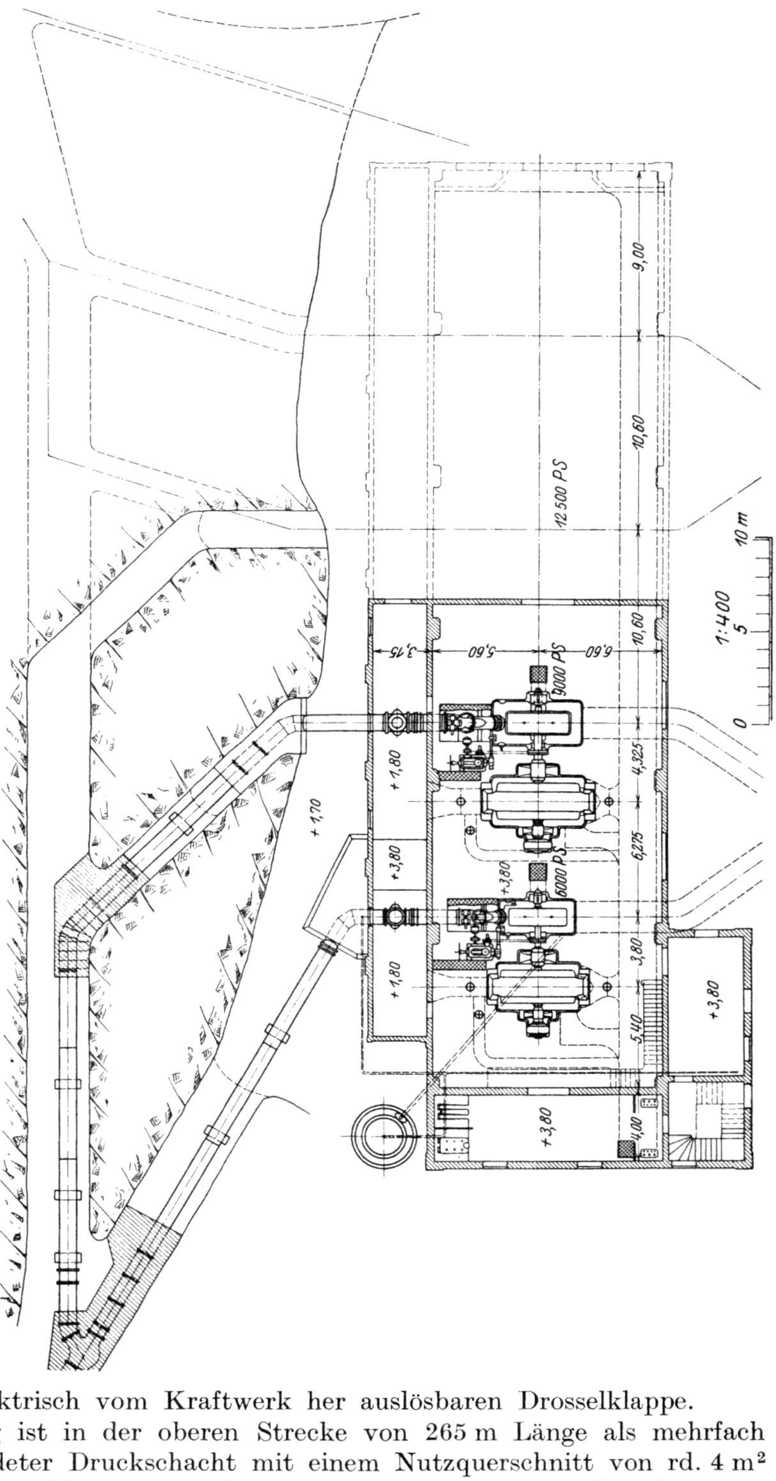

Abb. 339. Bremanger. Krafthausgrundriß. (Verw.)

Einzelheiten der Unterstufe. Der Betriebsstollen ist in dem rechten Talhang geführt und geht in Höhe 202,6 am Svälgsvand ab; der Einlauf hat elektrisch angetriebene Absperrschützen (Abb. 337) mit Grobrechen davor. Der unausgekleidete Druckzuleitungsstollen hat einen planmäßigen Nutzquerschnitt von 4,1 m² und ist rd. 1400 m lang. Das Wasserschloß (Abb. 338), im Felsen ausgesprengt, ist größtenteils unverkleidet. Gleichfalls im Felsen ausgesprengt ist die Apparatekammer mit der selbsttätig und elektrisch vom Kraftwerk her auslösbaren Drosselklappe.

Die Turbinenleitung ist in der oberen Strecke von 265 m Länge als mehrfach geknickter unausgekleideter Druckschacht mit einem Nutzquerschnitt von rd. 4 m² angelegt (Abb. 720). Die Neigung ist oben 1:2, weiter unten 1:1. Die Trasse ist so gewählt, daß oberhalb des Druckschachtes, senkrecht gemessen, durchweg so viel Felsstärke vorhanden ist, daß das Felsgewicht dem Wasserdruck bei höchstem Wasserstand im Svälgdalsvand entspricht (also keine Gewichtsreserve für Druckschläge!). Der Höchstwert dieser Druckhöhe ist 151,5 m. Der einzige Querschlag ist mit einem Betonpfropfen abgeschlossen, der mit Zementeinpressung gedichtet wurde. Eine Verkleidung des Druckstollens hat sich nur an zwei ganz kurzen Strecken von 4 und 10 m Länge notwendig erwiesen. Außerdem ist noch die Übergangsstelle vom Druckschacht zur Druckrohrleitung mit Beton ausgeführt. Die gesamte Anordnung hat sich als genügend dicht gezeigt und die anfänglich beobachteten geringfügigen Sickerungen (2 sl) zeigten infolge der natürlichen Verschlämmung eine entschieden abnehmende Entwicklung. Die Druckrohrleitung ist als geschweißtes Eisenrohr ausgeführt: $D = 1200$ mm, $L = 225$ m bis zum Verzweigungspunkt. Sie ist in ihrer ganzen Länge im Stollen (Schrägschacht) verlegt. Von dem Verzweigungspunkt führen 2 Zweigrohre, 800 und 900 mm weit, zur Turbine I und II.

Das Krafthaus steht dicht am Fjord und ruht in ganzer Ausdehnung auf sehr fester Moräne; es hat keinerlei Setzungen gezeigt. Es ist zunächst für die zwei aufgestellten Maschinen der Unterstufe bemessen. Das Schalthaus ist dagegen gleich für 4 Maschinen ausgeführt, wobei die geplante obere Stufe mit ihren 2 Maschinen berücksichtigt ist (Abb. 339, 340).

Die Maschinensätze (Abb. 339) bestehen aus je einer

Abb. 340. Bremanger. Blick auf das Krafthaus. (Norsk Vandb. Kont.)

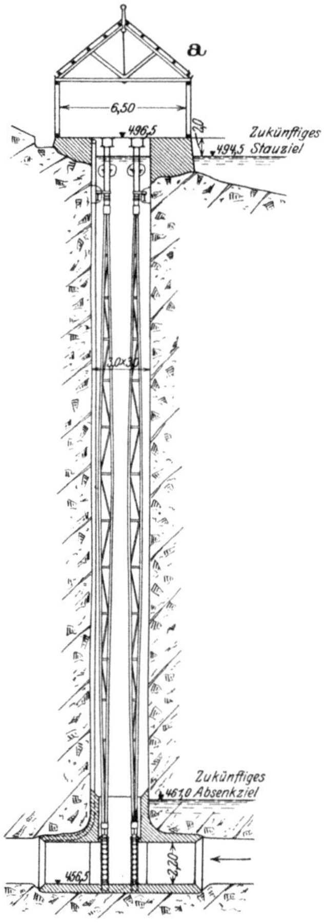

Abb. 341. Aufriß.

Peltonturbine für $H_n = 207$ m, $N = 6000$ und 9000 PS, $n = 300$ bzw. 250 und aus einem Drehstromerzeuger geschlossener Bauweise (50 Hertz, 5000 bzw. 9000 kVA). Die Abfallschächte der mit Strahlablenkern versehenen Turbinen tragen zu oberst Panzer-, weiter unten Granitverkleidung. Der Strom wird in Erzeugungsspannung (12 kV) nach Aalvik geführt; nur ein kleiner Teil wird auf 5 kV umgespannt zwecks Stromversorgung der wenigen Höfe in unmittelbarer Umgebung.

Von der im Bau befindlichen oberen Stufe war Anfang 1927 der Stolleneinlauf am Hjelmevand mit doppelten Absperrschützen im Schacht (Abb. 341, 342), ferner eine anschließende Stollenstrecke und der erste Querschlag fertig. So ist es möglich geworden, den Hjelmevand schon jetzt zur Regulierung der Wasserführung der unteren Stufe abzusenken. Das Wasser läuft aus dem Querschlag in eine Mulde und von da in den Ivervand oberhalb des Svälgsvand. Die Anlage gehört der Bremanger Kraftselskap in Bergen.

Alle hydrographischen und konstruktivon Vorarbeiten sind von Civ.-Ing. Ragenwaldt Lie (Norsk Vannbygningskontor) durchgeführt, örtlicher Bauleiter der bis jetzt ausgeführten Arbeiten war Ing. D. H. Lundt.

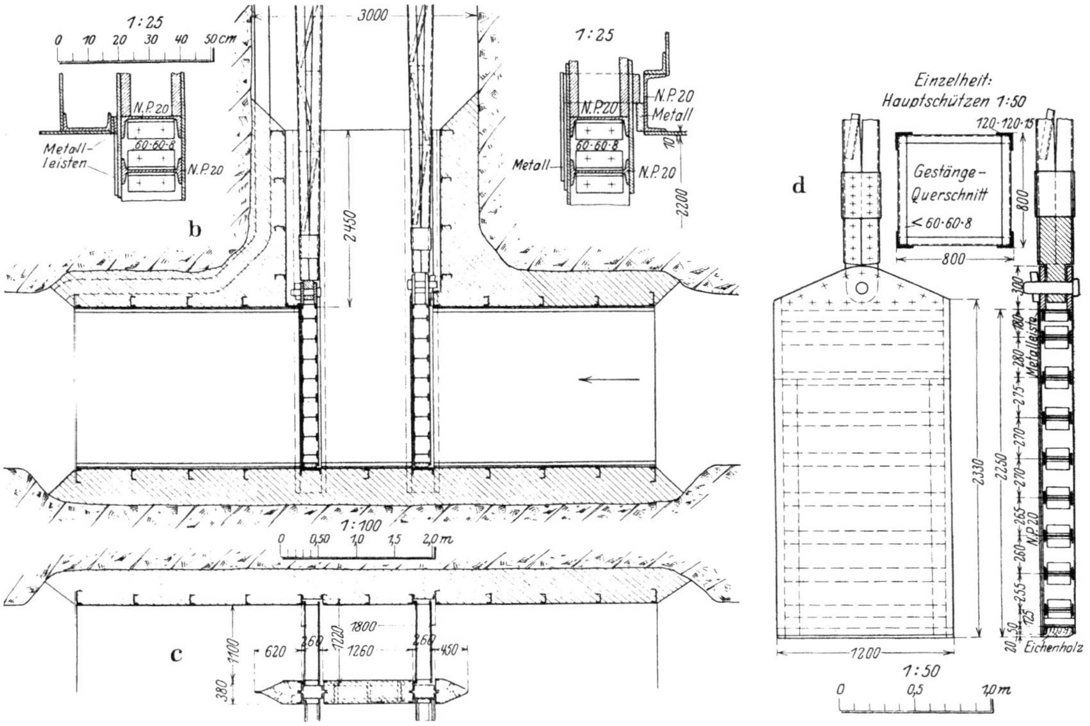

Abb. 342. Einzelheiten. (Norsk Vandb. Kont.)

Abb. 341—342. Bremanger. Schieberschacht am Einlauf der oberen Stufe.

Unterlagen:

Mitteilungen, Pläne und Lichtbilder von Bremanger Kraftselskap. — Civ.-Ing. Lie und Fredr. Vogt: Tryktunneller og Geologie, Kristiania 1922.

4. Die Wasserkraftanlage der A. G. Höyangfaldene.

Das Werk liegt im Hintergrunde des Höyangsfjords, eines nordwärts gerichteten Zweiges des Sognefjords und unmittelbar daneben die Aluminiumhütte der Norsk Aluminium Company und das neuentstandene Fabrikstädtchen „Höyanger“ (1500 Einwohner). Hergestellt wird hauptsächlich Aluminium in Barren und Platten ohne weitere Verarbeitung. Die 27000 ständige PS liefernde Anlage vereinigt als Doppelstufenwerk zwei Wasserkräfte in einem Krafthaus:

die Örestufe mit 578,5 m Gesamtfallhöhe und
die Jetlandsstufe mit 735,5 m.

Die Abfluß- und Regulierungsverhältnisse sind nachstehend zusammengestellt.

	Örestufe	Jetlandstufe
Einzugsgebiet . . . . . . km²	31	23,9
MQ (1892/1923) . . . . m³/sek	2,73	2,03
Entsprechende Spende . sl/km²	88	85 wahrscheinlich sogar 92
HHQ (Spende) . . . . sl/km²	2000	2000

	Speicherseen: Uldalsvand (Kraakosdam)	Speicherseen: Store u. Nedre Bergsvand (Grimsosdamm)	Övre Breidalsvand	Nedre Breidalsvand
Nutzinhalt . . . . . hm³	26,1	15,1	17,25	9,4
Spielraum . . . . m	8,7	12,0	27,3	15,0
davon durch Stau . . .	5,0	12,0	6,0	4,5

Die Absenkung der Speicher beginnt in der Regel Mitte Oktober und endet Anfang Mai mit der Schneeschmelze, die im Juli zum Höchstabfluß führt. In den meisten Jahren folgt dann noch ein Herbsthochwasser, das bei heftigem Regen (24stündiges Maximum: 145 mm) und nach vorangegangenem Neuschneefall das Frühjahrshochwasser übertreffen kann.

Die Arbeiten wurden Mai 1916 begonnen und in der Örestufe zwecks Ausnutzung der Kriegskonjunktur stark gefördert, so daß dieser Teil im wesentlichen im Juli 1917 betriebsfähig war. Im einzelnen umfaßt der endgültige Ausbauplan folgende Arbeiten und Anlageteile (Abb. 343):

Seeregulierungen. Örestufe: a) Kraakosdamm, am Ausfluß des Uldalsvand, 1600 m^3 Bruchstein in Kiesbeton mit Verblendung von roh verhauenen Quadern aus dem Gestein der Baustelle (Abb. 344).

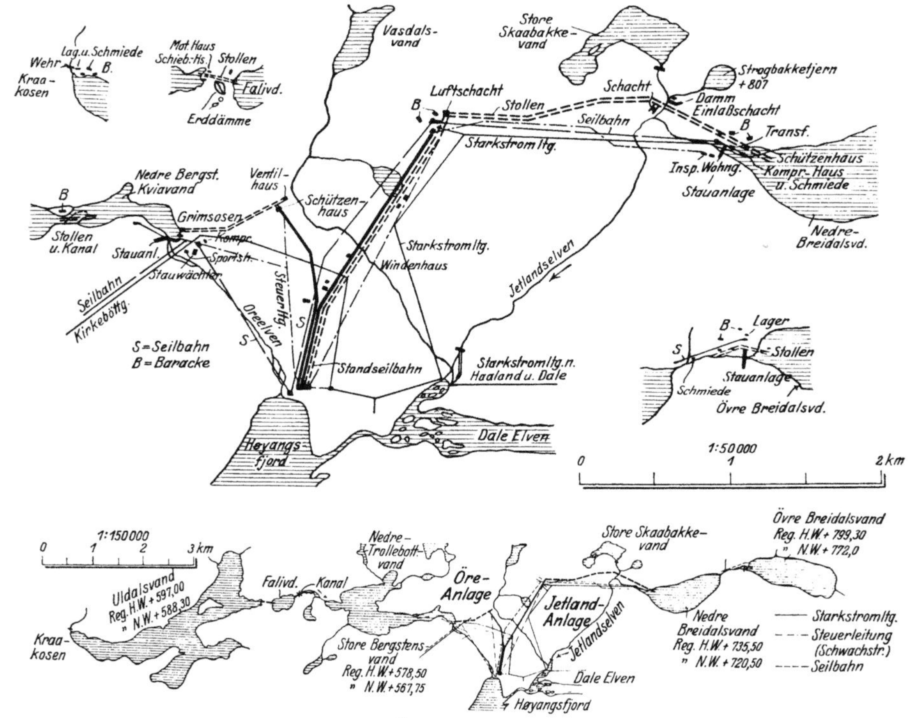

Abb. 343. Höyanger. Übersichtskarte und -plan. (Verw.)

b) Senkungskanal und -stollen ($L = 200$ m; $F = 4$ m^2) am Ostende des Uldalsvand. Verschluß: Hölzerne Gleitschütze in Führungen von Eisen mit Handbetrieb.

c) Ein großer Damm und einige kleinere am Ostende des Uldalsvand, aus Torf und Erde mit Steinbelastung. Dichtung: Erde und z. T. hölzerne Spundwände.

d) Grimsosdamm am Ausfluß des Nedre Bergsvand, 5000 m^3 Mauerwerk wie am Kraakosdamm.

e) Senkungskanal und -stollen zwischen Store- und Nedre Bergsvand (nicht ausgeführt).

Jetlandsstufe. f) Sperre am Övre Breidalsvand provisorisch ausgeführt wie a) mit 1700 m³ Bruchsteinmauerwerk.

g) Senkungsstollen am Övre Breidalsvand $L = 450$ m, $F = 4$ m², Verschluß durch Sektorschütze im senkrechten Schacht, ausgeführt 1921.

h) Sperre am Nedre Breidalsvand provisorisch, ausgeführt 1923/24, 750 m³ Betonmauer mit Sparsteinen (Abb. 345). Zum folgenden vgl. Abb. 346, 347, 348, 349, 350, 351, 352, 353, 354, 355.

Abb. 344. Höyanger. Stauanlage bei Kraakosen.

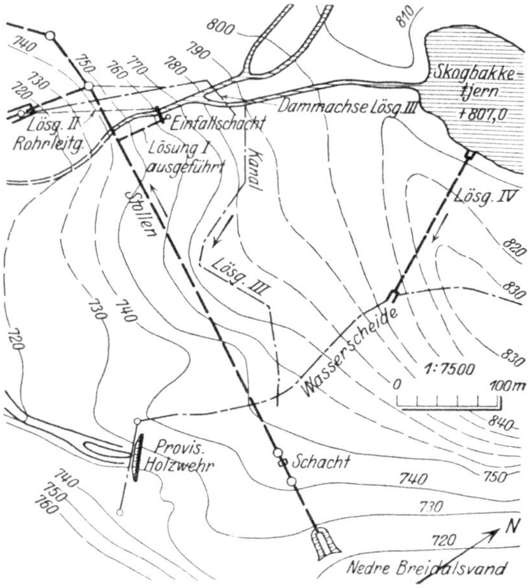

Abb. 345. Höyanger. Überleitungsstollen der Jetlandsstufe. Lageplan. (Verw.)

Zuleitungsstollen und Wasserschlösser. Der Öre-Werkstollen ist 600 m lang, der Jetlandsstollen 2200. Beide Stollen haben Querschnitt 2×2 m, eine Zugschütze

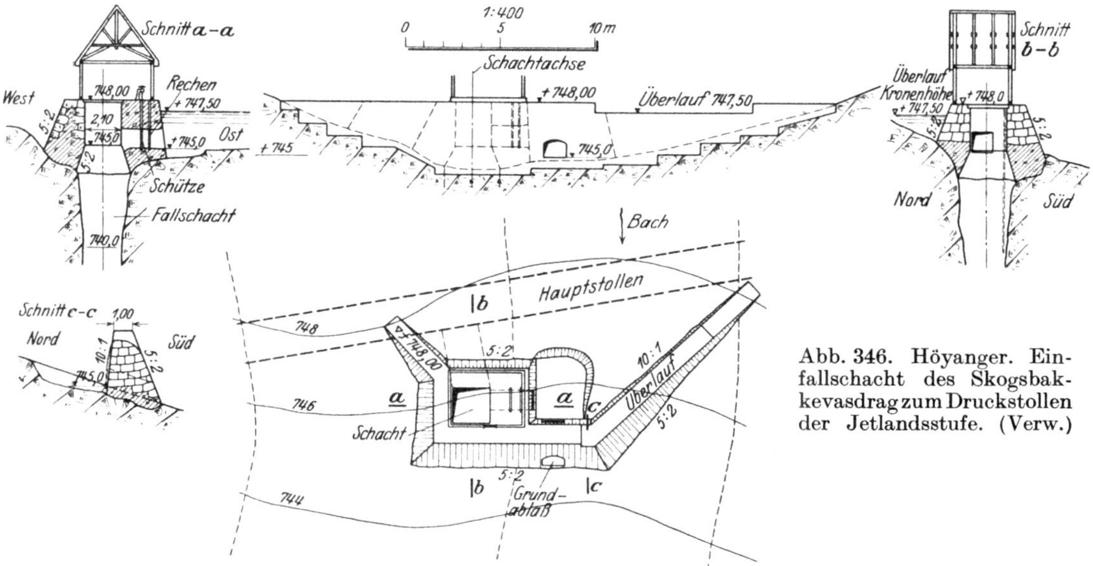

Abb. 346. Höyanger. Einfallschacht des Skogsbakkevasdrag zum Druckstollen der Jetlandsstufe. (Verw.)

(aus Eisen mit Füllschieber) und Rechen im senkrechten Schacht am Einlaß. Schützenantrieb von Hand und Motor. Der Jetlandsstollen hat Entleerung in einem der Querschläge (Eisenrohr mit Drosselklappe). Die Wasserschlösser sind im Felsen ausgesprengt. In der Örestufe ist die Drosselklappe hart vor dem Turbinenrohr angeordnet; in der Jetlandsstufe ist sie hinter dem Rohrpfropfen (Stollenabschluß) im Rohrstollen angebracht. In den Rohrstollen sind außerdem Absperrventile vorgesehen, die elektrisch vom Kraftwerk aus und selbsttätig (durch Schwimmer) bei Überschreitung der normalen Wassergeschwindigkeit im Rohre betätigt werden. Die hierfür nötige Öldruck-Pumpenanlage ist ebenfalls im Rohrstollen untergebracht und elektrisch betrieben. Jede Anlage hat nur eine Turbinenleitung.

Rohrleitungen. Die Öreleitung, 1917 verlegt, ist 1286 m lang; der obere Teil, 761 m, ist mit Nietmuffenverbindungen, der untere Teil aus geschweißten Rohren mit Hochdruckmuffenverbindung ausgeführt. Lichtweite: 1150 bis 800 mm. Die Jetlandsleitung (1921) ist 2095 m lang; l. W.: 1100 bis 750 m. Die ganze Strecke hat

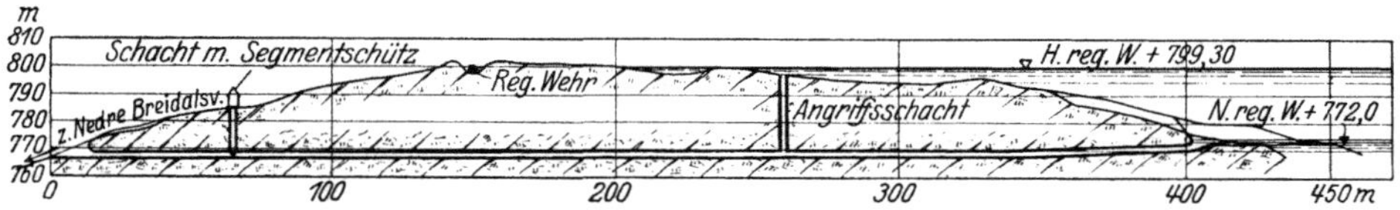

Abb. 347. Höyanger. Überleitungsstollen Skogbakketjern-U.-Breidalsvand. Längenschnitt. (Verw.)

Nietmuffen. Die Öreleitung hat sich als etwas knapp erwiesen für den Betriebsfall, daß 4 Turbinen auf diesen Rohrstrang geschaltet werden. Die Verlegung der offen geführten Rohre ist die übliche auf Betonsockeln.

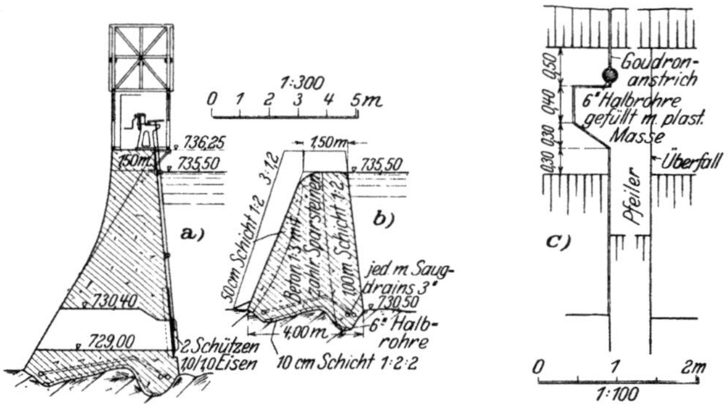

Abb. 348. Höyanger. Staumauer am Nedre Breidalsvand. Schnitt und Fugeneinzelheit. (Verw.)

Turbinen. Jeder Rohrstrang führt normal Wasser für 3 Turbinen zu je 4800 PS ($n = 300$). Von den aufgestellten 7 Peltonturbinen kann die mittlere durch Umstellschieber zwischen den Verteilungsleitungen an die eine oder die andere Rohrleitung angeschlossen werden. Diese „Reserveturbine" hat die gleiche Ausführung wie die Öreturbinen, die mit durchschnittlich etwa 550 m Nutzfallhöhe arbeiten, während die Jetlandsturbinen für etwa 700 m gebaut sind (Abb. 356).

Den 7 Gleichstromerzeugern (3300 kW) stehen nur 6 Ofenreihen gegenüber, so daß 1 Maschine ständig in Reserve ist. An 3 der Maschinen ist noch je 1 Drehstromerzeuger von 200 kW, 5 kV angebaut, während ein vierter Drehstromerzeuger von 125 kW mehr provisorisch mittels einer auf die Gleichstromgeneratorwelle gesetzten Riemenscheibe angetrieben wird. Von den Gleichstrommaschinen, die mit bis etwa je 12000 Amp. belastet werden können, sind 4 als Doppelmaschinen (mit 2 Stromsammlern), 3 nur mit einem Stromsammler ausgeführt. — Die Maschinen sind trotz der verlangten weiten Spannungsgrenzen selbstmagnetisiert und arbeiten tadellos und funkenfrei. Jede Gleichstrommaschine arbeitet auf eine Aluminium-Ofenreihe mit Stromverteilung unmittelbar an der gemeinsamen Wand zwischen Krafthaus und Ofenhaus. Sie werden von der Schaltbühne aus mittels elektrisch betätigter Shuntregulatoren bedient. Der Betrieb geht ununterbrochen Tag und Nacht mit möglichst geringen Abweichungen in der Belastung, hauptsächlich der Stromstärke, durch. Da Unterbrechungen in der Stromlieferung mit empfindlichen Störungen des Ofenbetriebs verbunden sind, müssen solche vermieden und gegebenenfalls auf wenige Minuten beschränkt werden. Dies ist durch einen in den letzten Jahren erfolgten teilweisen Umbau der Maschinen- und Apparatanlage erreicht. Die Belastungskurve ist praktisch eine Gerade. Die ganz vereinzelt auftretenden Abweichungen vom Monatsmittel betragen nur Bruchteile eines Prozents und liegen weit innerhalb der für die Meßinstrumente und Zähler gesetzten Fehlergrenzen. Der Drehstrom dient für den Eigen-, Licht- und Kraftbedarf des Kraftwerks und der Aluminiumfabrik und auch zur öffentlichen Versorgung in Höyanger und den benachbarten Gehöften. Eine 5-kV-Leitung mit etwa 100 PS Belastung ist über das Gebirge in etwa 700 m Höhe nach dem Kirchspiel Kirkebö geführt, wo die Bauern durch freie Stromlieferung neben sonstiger Vergütung Entschädigung erhalten für die bei den Seeregulierungen erfolgte

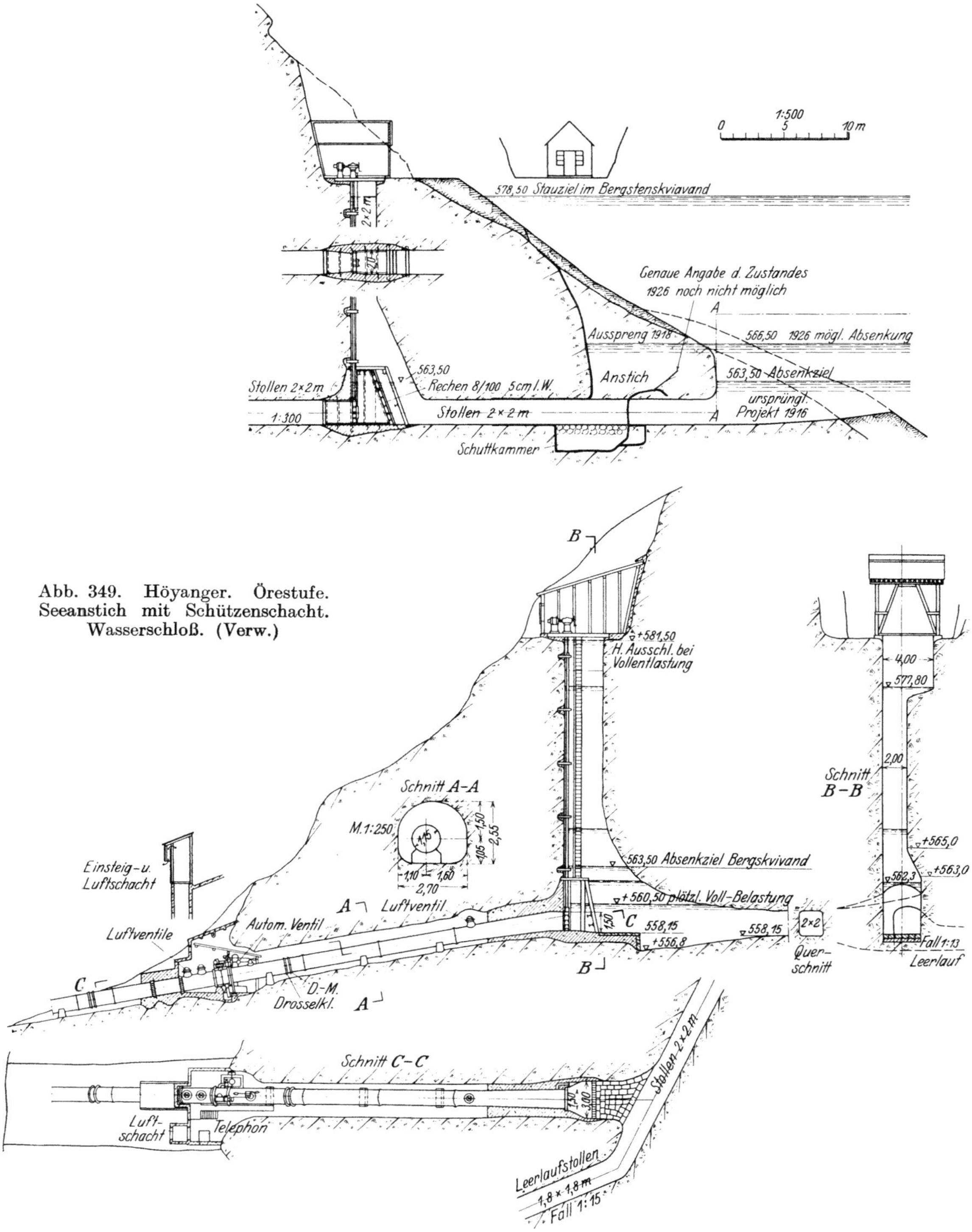

Abb. 349. Höyanger. Örestufe. Seeanstich mit Schützenschacht. Wasserschloß. (Verw.)

Einschränkung ihrer Weideplätze im Gebirge. Die fraglichen Gebirgsstrecken sind sonst öde und meist nur etwa 3 bis 4 Monate schneefrei; Flößereibetrieb kommt also nicht in Frage.

Da der erste Ausbau in großer Eile während des Krieges fertiggestellt werden mußte, sind verschiedene Länder an den Lieferungen beteiligt worden, weshalb namentlich die Maschinenanlage wenig einheitlich ist. Die Turbinen mit Zubehör stammen von der Pelton Water Wheel Co., San Francisco, drei Gleichstromerzeuger von Allis-Chalmers, vier von Aseå, Vesterås. Der oberste, genietete Teil der Öre-Turbinenleitung ist von den American Spiral Pipe Works Chicago, der untere Hochdruck-Flanschenteil von der Pelton Water Wheel Co. Die Jetlands-Turbinenleitung (II. Ausbau) ist von Thyssen & Co., Mülheim-Ruhr, geliefert. Seit Übernahme durch die A. S. Höyangfaldene (1923) und Ausscheidung der Fabrik als selbständiges Unternehmen ist eine Reihe von Ergänzungen durchgeführt, um den Wirkungsgrad,

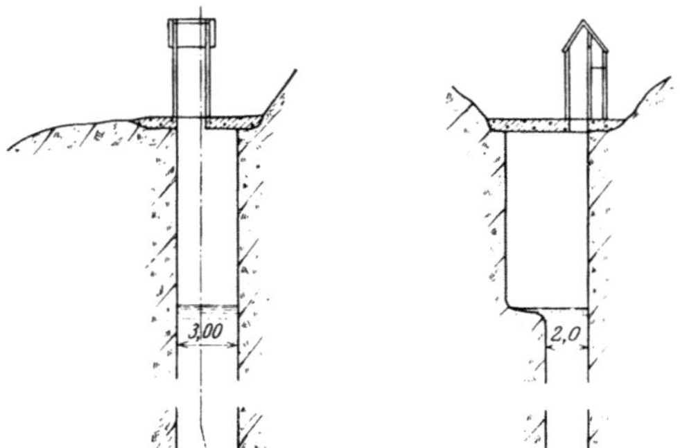
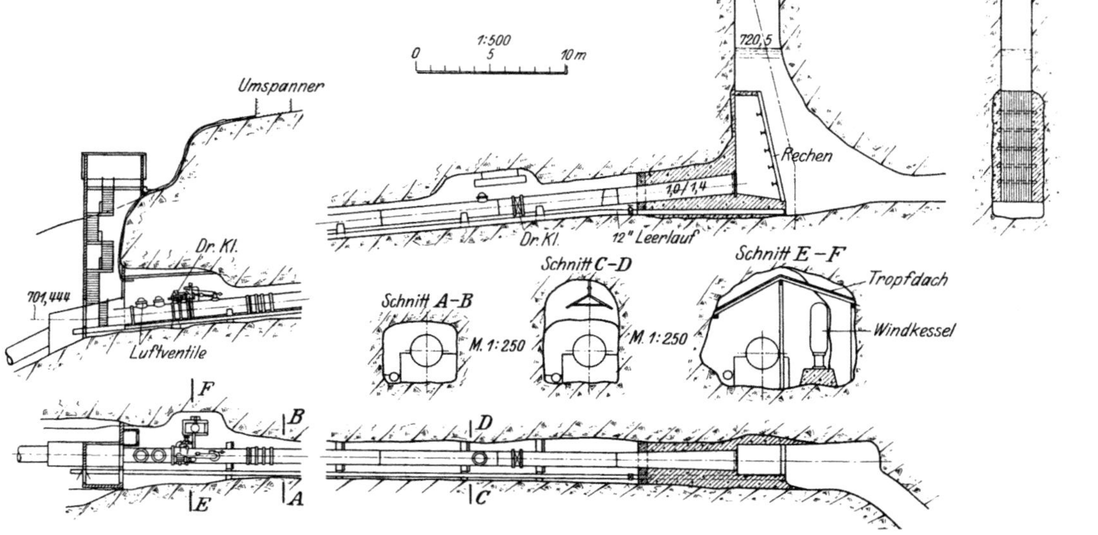

Abb. 350—351. Höyanger. Jetlandstufe. Wasserschloß. (Verw.)

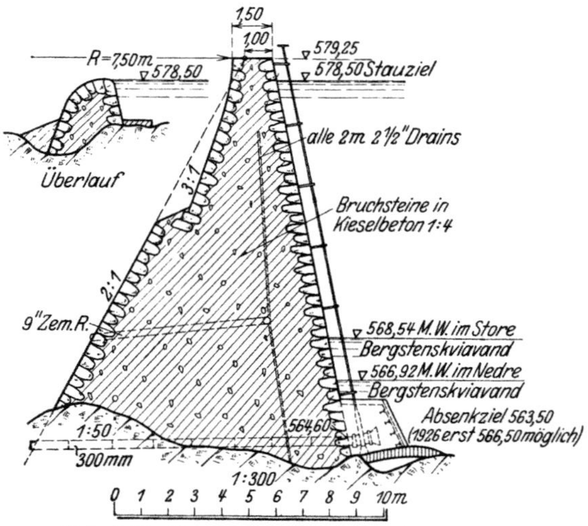

Abb. 352. Höyanger. Örestufe. Staumauer des Bergstenskviavand. (Verw.)

die Leistungsfähigkeit und Betriebssicherheit der Anlage zu heben: So sind die Stromerzeuger nach teilweiser Umwicklung je mit einem etwa 30 pferdigen Ventilator von 460 m³ Luft/min bei 120 mm Gesamtdruck versehen. Die Turbinen erhielten neue Laufräder mit einem um 6% höheren Wirkungsgrad.

Der Vorentwurf der bemerkenswerten Anlage stammt von Ing. Kinck, Oslo; der Bauentwurf wurde während der Ausführung im eigenen Ingenieurbureau der

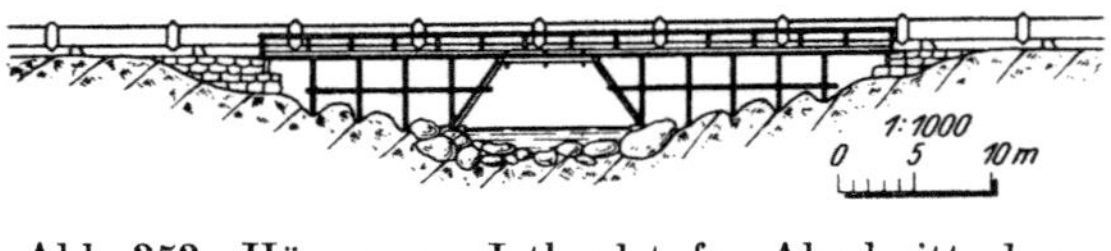

Abb. 353. Höyanger. Jetlandstufe. Abschnitt der Turbinenleitung auf Sprengwerk. (Verw.)

damaligen Kraft- und Fabrikgesellschaft (A. S. Höyangfaldene, Norsk Aluminium Company) in Oslo ausgeführt.

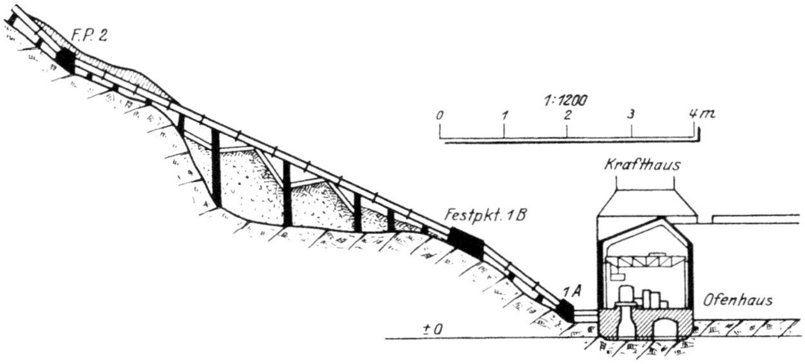

Abb. 354. Höyanger. Jetlandstufe. Turbinenleitung am Krafthaus. Längsschnitt. (Verw.)

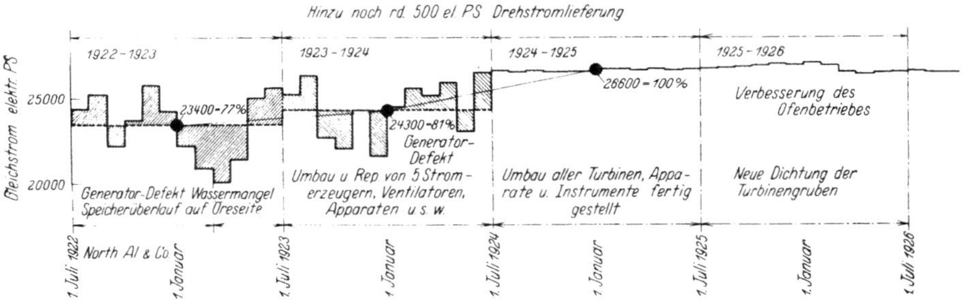

Abb. 355. Höyanger. Betriebsgang 1922—1926. (Verw.)

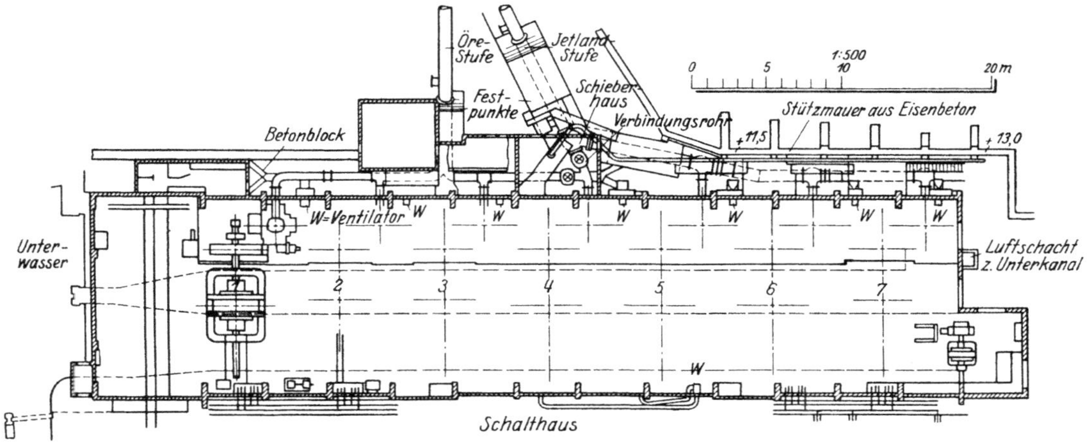

Abb. 356. Höyanger. Krafthaus-Grundriß. (Verw.)

5. Tyin-Wasserkraftanlage.

Die große norwegische Stickstoffindustriegesellschaft Norsk Hydro hat im Zusammenhang mit ihrem Bestreben, das Schwergewicht der Fabrikation aus dem binnenländischen Skiengebiet (S. 417) an die Meeresküste zu verlegen, den Ausbau einer Großwasserkraft im Gebiet des Sognefjords unternommen. Von der Anlage war 1928 erst der Betriebsstollen ausgebrochen; Einzelheiten der Stauwerke und des Kraftwerks waren noch nicht festgelegt; aber ihre Größe rechtfertigt auch so eine kurze Beschreibung:

Im Gebiet des Tyaflusses, der in den inneren Ausläufer des Sognefjords, Aardalsfjord, mündet, liegen zahlreiche Seen in bedeutender Meereshöhe (Abb. 357 I). Der größte: Tyin, soll zum Hauptspeicher ausgebaut werden, wobei die Regulierungsgrenzen + 1072,50 und 1080,40 sind. Durch Beileitung kleiner Quell- und Seitenbäche, die ihrerseits durch Seeregulierungen ausgeglichen werden können, wird das erfaßte Einzugsgebiet auf 265 km² gebracht, so daß eine regulierte ständige Wassermenge von rd. 11 m³/sek verfügbar wird. Die Speichersumme ist dabei rd. 250 hm³.

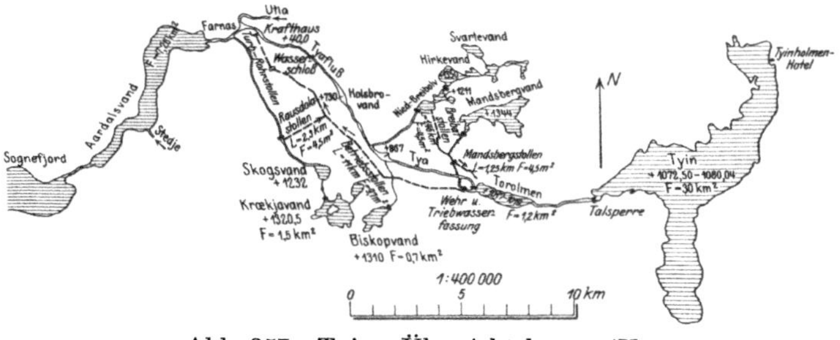

Abb. 357. Tyin. Übersichtskarte. (Verw.)

Das Wasser geht aus der Tyinsperre zunächst frei in einen etwas tiefer gelegenen kleinen See mit nur etwa 2 m Regulierungsspielraum und erst von da in den 11 km langen Betriebsstollen, der auf diese Weise geringen Druck erhält und wohl unausgekleidet bleiben soll ($F = 9{,}9$ m²). Das Kraftwerk wird rd. 1000 m Nutzfallhöhe haben. Der Flur ist rd. 40 m ü. d. M. angenommen mit Rücksicht auf die Geländeverhältnisse (flaches Küstenvorland). Vom Wasserschloß am Ende des Betriebsstollens führen vier Turbinenrohre in einen Rohrschrägschacht von über 2000 m Länge zur Kraftzentrale. In dieser werden 4 oder 8 Turbinen aufgestellt mit direkt gekuppelten Stromerzeugern. Ob Gleichstrom oder Wechselstrommaschinen aufgestellt werden sollen, wird erst noch in Verbindung mit der Entscheidung über die Verwendung der Energie bestimmt werden. Das Kraftwerk ist für eine Nutzleistung von rd. 110000 PS berechnet (Abb. 358).

Abb. 358. Tyin. Kraftwerksgelände. (Verw.)

6. Elektrizitätsversorgung der Stadt Bergen.

Der Samnangervasdrag.

Anders als die typischen Zuflüsse der westnorwegischen Fjorde eignet sich der Samnangerfluß nicht zum Ausbau in einer einzigen Fallstufe; seine Seen liegen auch nicht alle auf der Hochfläche, sondern in langgezogenen Stufen übereinander. In der staatlichen Statistik ist sein Ausbau daher in 4 Fallstufen, daneben die Ausnutzung der Fallhöhe des wichtigsten Nebenbaches in einer besonderen Fallstufe angenommen.

Das Eltwerk der Stadt Bergen, das in durchaus zweckmäßiger Weise seine erste Entwicklung 1900/12 auf eine Dampfkraftzentrale aufgebaut hatte, beschäftigte sich frühzeitig mit Studien über die Nutzbarmachung der Wasserkräfte in der Umgebung, in erster Linie mit den beiden untersten Hauptfallstufen des Samnanger. Die wegen ihrer besseren Entwicklungsfähigkeit zuerst ausgebaute untere Stufe heißt nach der Lage des Krafthauses am Frölandsee „Frölandsprojekt“, die zweite „Grönsdalsprojekt“.

Die Frölandanlage nutzt die ganze Fallhöhe (150 m) zwischen Fiskevand und Frölandsvand aus (Abb. 359, 360, 361). Das Einzugsgebiet von rd. 125 km² liefert eine mittlere Wassermenge von 6,5 m³/sek (52 sl/km²) und eine ständige Leistung von 9400 PS.

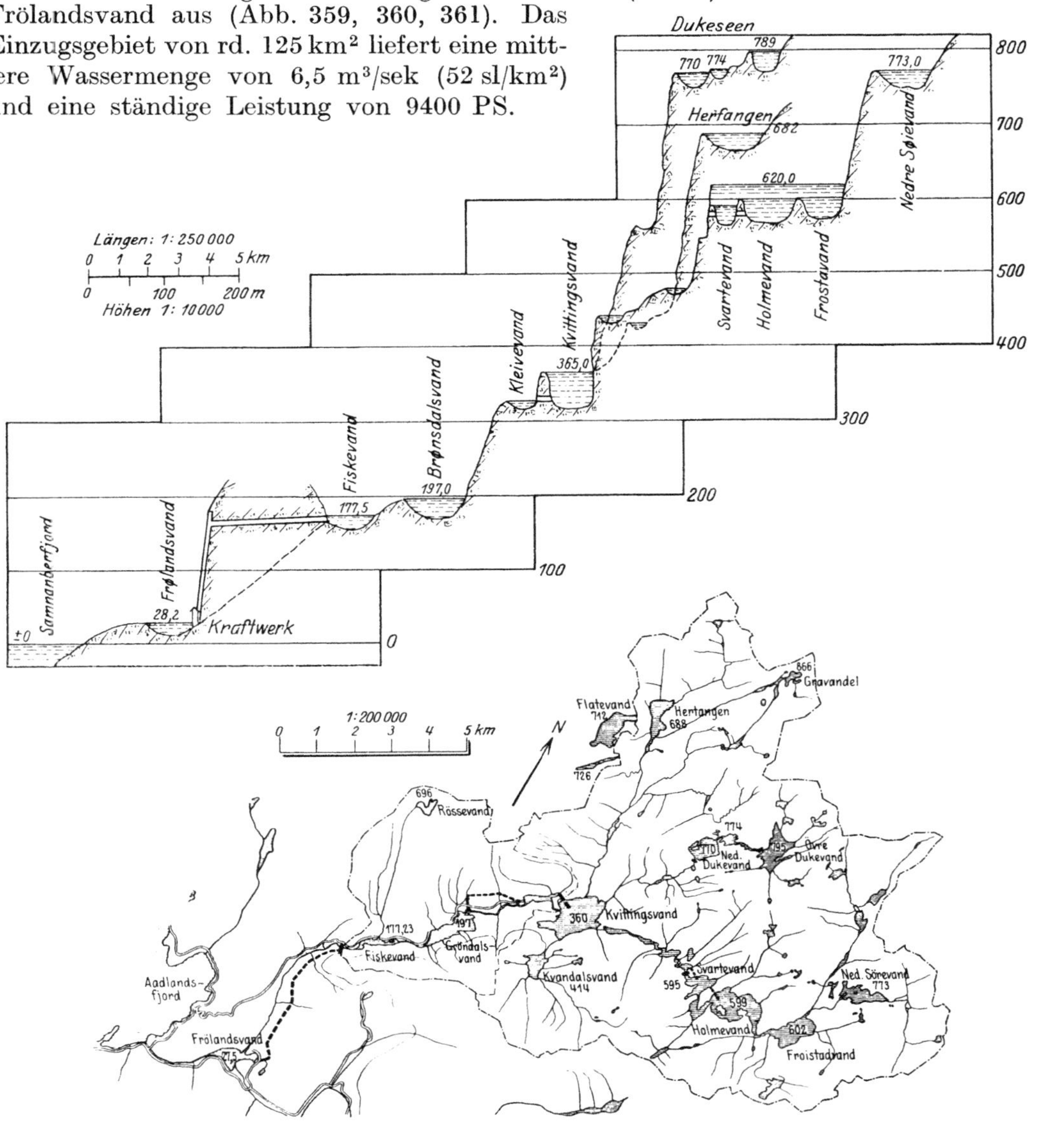

Abb. 359. Fröland. Übersichtskarte und Längenschnitt des Samnangergebietes. (E.W. Bergen.)

Die aus den Abbildungen ersichtlichen Speichermöglichkeiten (insgesamt 92,7 hm³) gestatten (wohl mit Benutzung der Dampfreserve) eine restlose Nutzbarmachung der gesamten Wasserführung. Der größte Speicher wird durch die 1920 begonnene und stufenweise erhöhte Svartvandsperre (Abb. 926, 959, 960) geschaffen, die mit 26 m größter Höhe drei hintereinanderliegende Seen einstaut, während daneben eine Absenkung der natürlichen Seespiegel um 15 m möglich ist. Der jetzige Ausbau, allmählich in 4 Stadien entstanden, umfaßt 20500 kW; eine Reservemaschine (5000 kW) hat noch Platz. Mit Rücksicht auf die vollkommene Tagesregulierung kann das Werk mit einer Spitzenleistung von 35000 PS (Zusammenarbeit mit anderen Werken vorausgesetzt) ausgenutzt werden.

Schon 1918/19, vor Beendigung des 4. Ausbaues, schloß das E.W. Bergen einen Stromlieferungsvertrag mit der A. S. Bjölvefossen, der ihm eine Mindestlieferung von 19000 Gen.-PS aus der Wasserkraftanlage Bjölvo (vgl. S. 385) sicherte. Von diesem ständigen Grundstrom muß Bergen rd. 4000 PS an verschiedene kleinere Ortschaften außerhalb des Versorgungsgebietes der Stadt abgeben. 1925 wurde die Lieferung von Bjölvo auf 20500 ständige Gen.-PS erhöht. Das Frölandwerk spielt daher die sehr wichtige Rolle eines ergänzenden Tages- und Spitzenkraftwerkes.

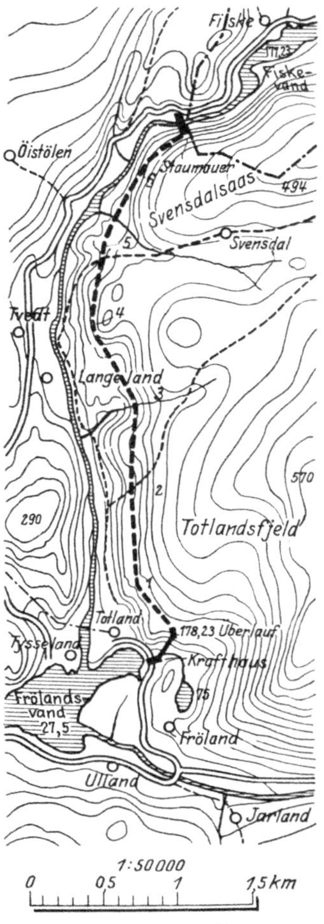

Abb. 360. Fröland. Übersichtslageplan. (E.W. Bergen.)

Das E.W. Bergen hat zur Durchführung dieses Fremdstrombezuges bei Bjölvo ein Freiluftumspannwerk (50 kV) und eine Hochspannungsleitung zum Frölandwerk erstellt. Außerdem hat es mit der interkommunalen Eltgesellschaft Hosanger, Haus und Hamre (Wasserkraftanlage Herlandsfossen, s. Tabelle S. 364) einen Stromlieferungsvertrag auf Gegenseitigkeit zwecks Unterstützung bei größeren Trockenperioden oder Betriebsstörungen geschlossen. Dabei besteht neben dem Parallelbetrieb auf Hauptleitungen noch Zusammenarbeit in Unterspannung (7,5 kV) mit zwei kleineren kommunalen Eltwerken.

Abb. 361. Fröland. Blick auf Kraftwerk. (E.W. Bergen.)

Dem schnellen Steigen des Strombedarfs Rechnung tragend, hat das E.W. Bergen vor kurzem mit anderen Gemeinden unter Übernahme von ⅔ des Grundkapitals und der Strombezugsberechtigung eine große interkommunale Gesellschaft „Bergenshalvöens Kommunale Kraftselskap" gebildet (Abb. 362). Diese Gesellschaft besitzt neben anderen wichtigeren Wasserkräften die gesamten Fälle des Bergdalsvasdrag, eines schon vor 20 Jahren für die Versorgung von Bergen ins Auge gefaßten Flusses, dessen Ausnutzung in einer einzigen Großanlage bei Dale um 1928 vor der Vollendung stand.

Die Wasserkraftanlage Dale nutzt die Fallstrecke des Bergdalsvasdraget abwärts von Storefossen bis nahe der Mündung in den Sörfjord mit 374,5 m Gesamtfallhöhe aus. Das erfaßte Einzugsgebiet mißt 169,8 km². Davon können 67,2 km² durch den zum Hauptspeicher auszubauenden Hamlegrövand reguliert werden. Die nachgewiesene mittlere Abflußspende von 75 sl/km² ergibt 400 hm³ Jahresabfluß. Der endgültige Ausbauplan sieht eine Volleistung von 60000 el. PS mit 6000stündiger Benutzungdsauer vor, die durch Beileitung des Torfinsvand später noch um 30000 erhöht werden könnte. Der ausgeführte vorläufige Ausbau mit 2 Maschinen entspricht 30000 el. PS = 8 m³/sek Vollwassermenge oder 5,5 m³/sek mittl. Nutzwassermenge. Nach den Berechnungen genügt zur Sicherung derselben ein Speicherraum von 60 hm³. Die weit unterhalb des Hauptspeichers liegende Staumauer (mit Grundablaß und Walzenwehr) bietet mit + 404 m Stauziel und 10 m Spielraum ein Schwellbecken von 1,38 hm³ (Abb. 363, 364). Vorläufig ist das Wehr nur bis Höhe 400 ausgeführt. Der Druckstollen führt in 2420,5 m Länge durch dichten Fels und ist fast gänzlich unausgekleidet. Er endet in ein Felsschachtwasserschloß von 50 m² Grundfläche (Abb. 365 a/b). Von den 2 für 60000 PS Volleistung berechneten Turbinenrohren ist erst eines verlegt. Die Rohrstraße ist im oberen Teil offen, im unteren, wegen der Schroffheit der z. T. überhängenden Felswand, als befahrbarer Stollen von 347 m Länge und 22 (unt.) bis 27 m² Querschnitt angelegt.

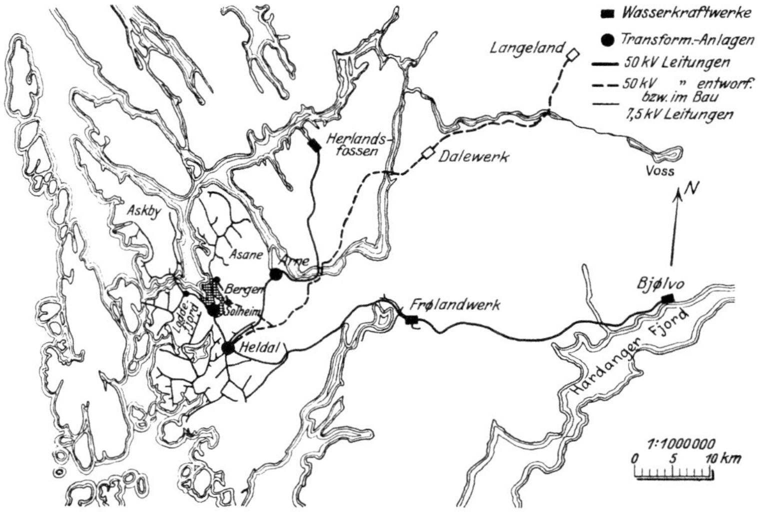

Abb. 362. Fernleitungsnetz des städtischen E.W. Bergen. (E.W. Bergen.)

Die Verteilleitung am Krafthaus ist gleichfalls im Stollen verlegt und auch der 320 m lange Unterkanal auf 270 m Länge unterirdisch. Die Zugangstür des ,,Transportstollens“ ist für mehrere Meter Wasserdruck berechnet. Bei etwaigem Rohrbruch ist durch die Anordnung (Abb. 366) größte Sicherheit gegen Überschwemmung des Maschinensaals geschaffen. Die 694 m lange Rohrleitung hat 2000 bis 1400 mm Lichtweite. Bis + 290 m sind genietete Rohre (Myrens Verkstad, Oslo), darunter glatte geschweißte und von + 180 m abwärts sind bandagierte Rohre (Ferrum-Kattowitz) verwendet. Das Krafthaus, in Beton, steht ganz in Fels. Die Aussprengung ist schon für 4 Maschinen (60000 el. PS) ausgeführt, der Bau erst für 2. Die Turbinen (wagerechte zweiradige Peltonturbinen mit 2×2 Düsen) leisten je 20000 PS; die ,,normale“ der Dauerleistung der Stromerzeuger entsprechende Belastung ist 16250 PS ($n = 375$) (Laufräder aus Stahlguß $d = 2{,}00$ m, Ölregulator, Strahlablenker und 1 Bremsdüse, Lief.: Kvaerner Brug, Oslo). Die elektrische Einrichtung umfaßt 2 Stromerzeuger (7,5 kV; 50 Hertz) von 15000 el. Dauer-PS mit zulässiger dauernder Überlastung der gekapselten Maschinen um 25%, bei Lufttemperaturen unter + 5° C (15300 kVA). Vom Krafthaus gehen zweierlei Spannungen aus: 22 kV für die Umgebung, 50 kV für Bergen und entferntere Gemeinden. Dafür sind je 2 Umspanner zu 5000 kVA bzw. 15300 kVA und 2 Sammelschienen-

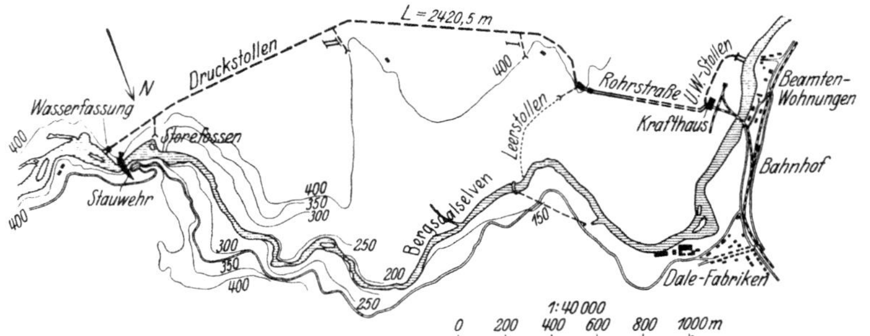

Abb. 363. Dale. Übersichtslageplan. (Verw.)

systeme vorgesehen (Lief.: A. S. Norsk El. und Brown, Boveri, Oslo bzw. A. S. Per Kure, Oslo). Die doppelte 50-kV-Fernleitung nach Bergen (70 mm² Cu auf Stehisolatoren) kreuzt den Sjöfjord mit 1450 m Spannweite (Stahlaluminiumseile mit Stahlkern an Hängeisolatoren). Die Anlage ist Mitte November 1927 in Betrieb gekommen, Entwurf und Bauleitung lag in Händen von Oberingenieur Einar Monsen, der maschinelle Entwurf ist von den beratenden Ingenieuren Nissen und von Krogh, Oslo, aufgestellt. Bauherrin war Bergenshalvöens kommunale Kraft A. S., zu der

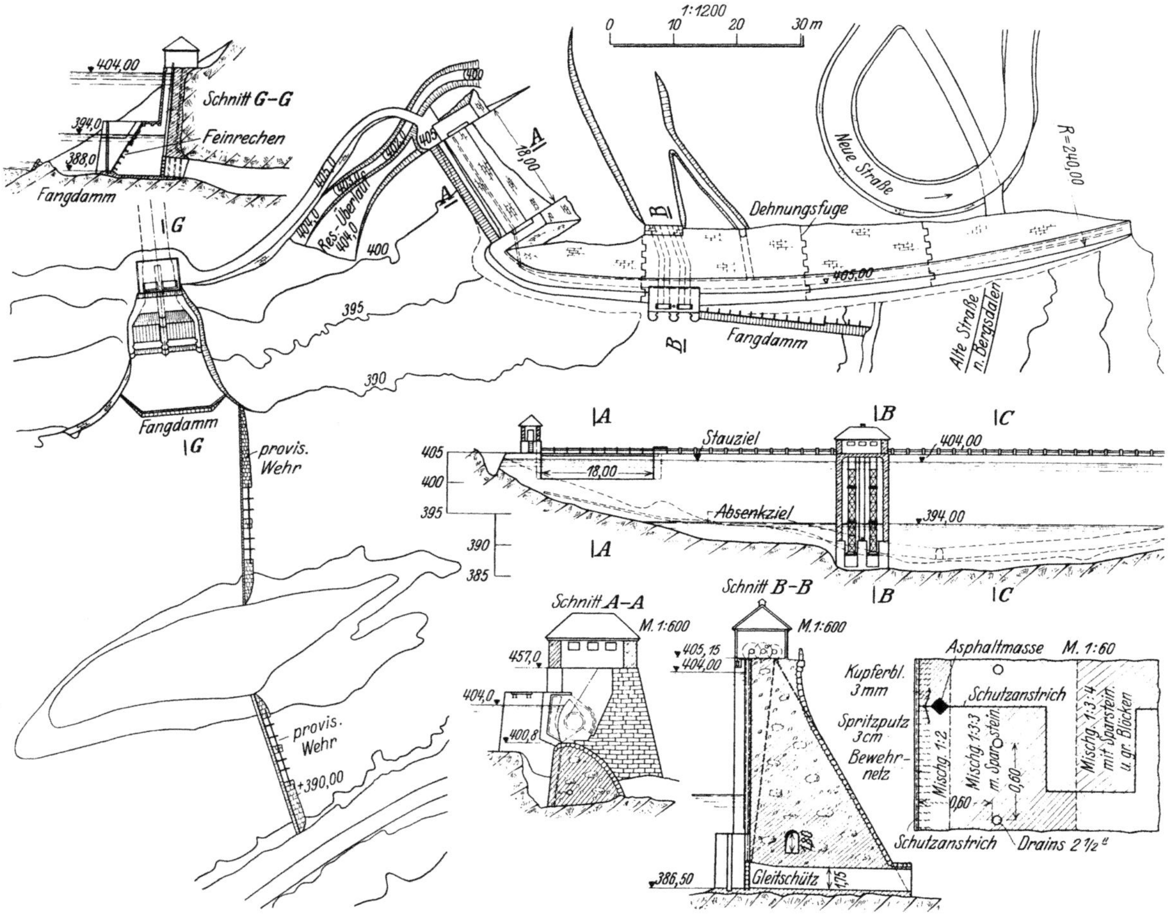

Abb. 364. Dale. Staumauer und Wasserfassung. (Verw.)

sich die Stadt Bergen am 2. Juni 1920 mit 11 Gemeinden der engeren und weiteren Umgebung zusammengeschlossen hat.

Die Entwicklung der Eltversorgung von Bergen und Umgebung (Abb. 367, 368, 369, 370) ist ein hervorragendes Beispiel dafür, wie stark bei Vorhandensein günstiger Kraftquellen durch eine zielbewußte Stromwirtschaftspolitik und eine zweckmäßige Tarifgestaltung der Verbrauch und die Entwicklung der Industrie gesteigert und das Gemeinwohl gefördert werden kann. Beim Ausbau der Frölandanlage hat man zwar, wie üblich, im voraus Stromabnahmeverträge abgeschlossen, gleichzeitig aber die Ausbauleistung wesentlich höher, als dem geworbenen Anschlußwert entsprach, gewählt und das hat sich sehr bewährt. Schon nach dem ersten Kriegsjahr war fast die gesamte Kraftverwendung in Bergen elektrifiziert. Dampf- und Dieselmotoren standen meist nur noch als Reserve, während bis dahin (1922) im wesentlichen nur

Lichtstrom abgesetzt werden konnte. Der Motorenanschluß hat sich in diesem zweiten Entwicklungsstadium der städtischen Eltversorgung ständig, der Entwicklung der Industrie entsprechend erhöht. Ein drittes Entwicklungsstadium ist durch die neueren Fortschritte in der Haushaltelektrifizierung gekennzeichnet. Heute überwiegt der bürgerliche Strombedarf den industriellen Bedarf wieder bedeutend (Abb. 369). Von den etwa 25000 Haushaltungen der Stadt wird in etwa 12000 teilweise oder ganz elektrisch gekocht. Der größte Teil der Plättarbeit wird elektrisch ausgeführt und auch das elektrische Heizen hat schon eine gewisse Verbreitung gefunden.

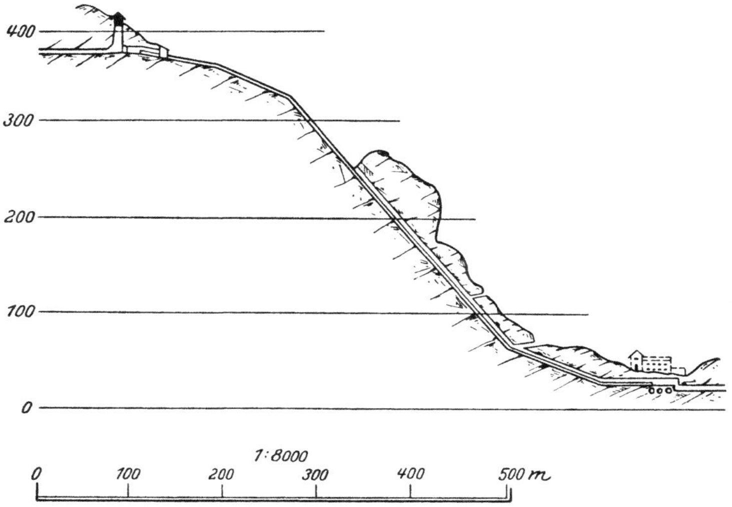

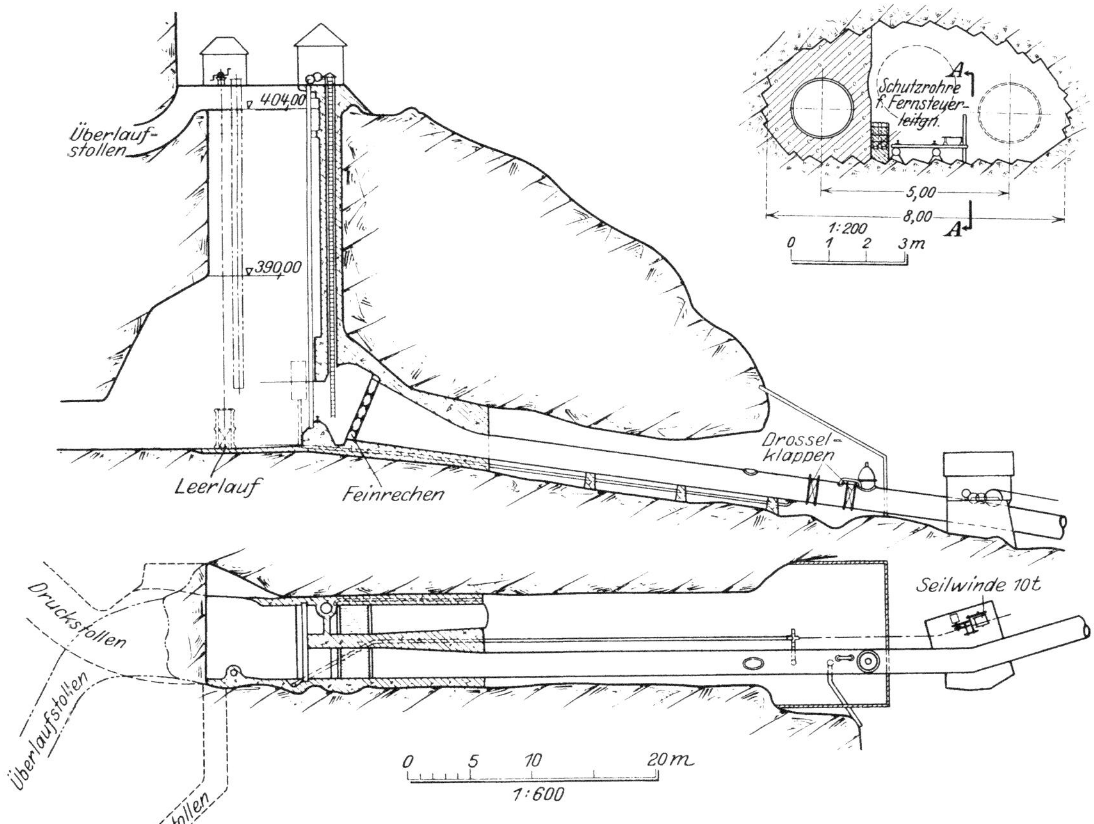

Abb. 365. Dale. Längenschnitt der Turbinenleitung. Schnitte des Wasserschlosses. (Verw.)

Zu dieser, sich in der Benutzungsdauer ausdrückenden günstigen Entwicklung

(Abb. 370) hat namentlich der Tarif „für kombinierten Gebrauch“ viel beigetragen. Im übrigen sind in Bergen auch fast alle übrigen Tarifformen zur Wahl geboten.

Die wichtigsten Bestimmungen folgen ihres Beispielwertes hier:

A. Beleuchtungsstrom:
1. Zählertarif: 30 Öre/kWh oder:
2. Jahrespauschale: 180 Kr./kW/Jahr bei Begrenzung der Anschlußgröße auf 150 W.

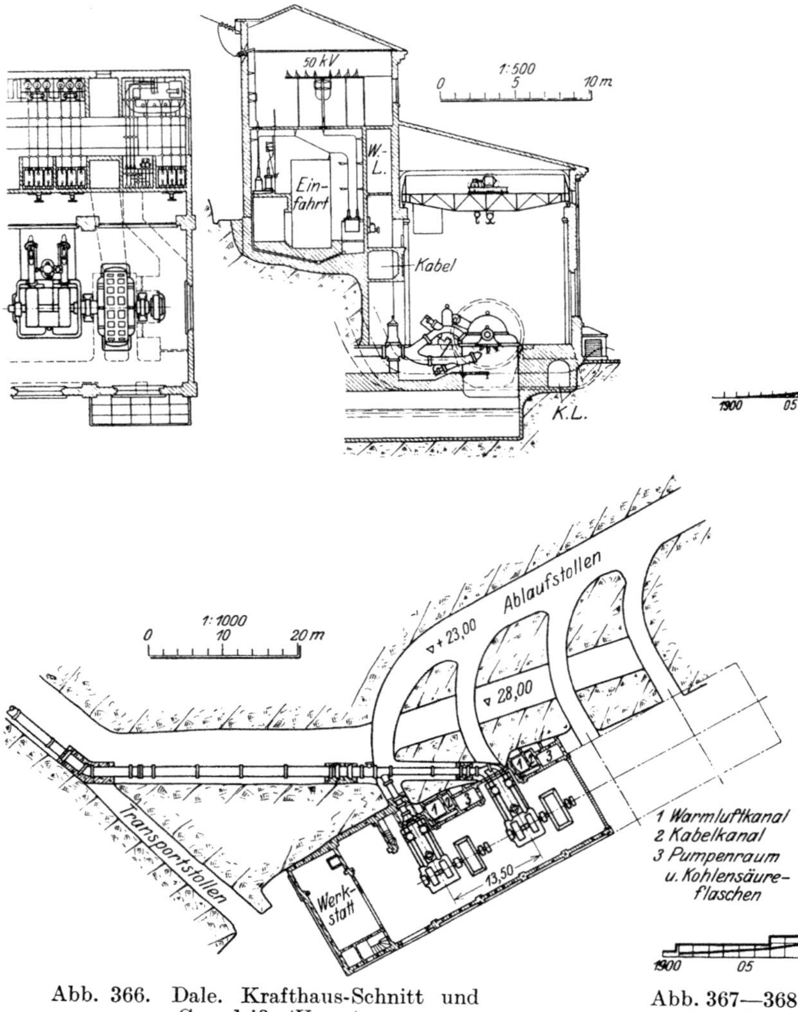

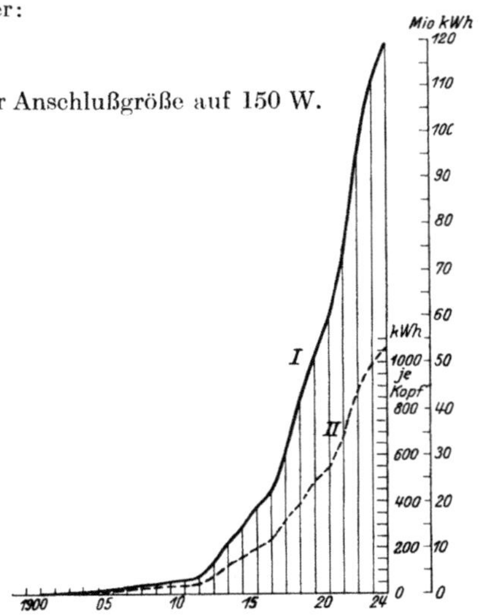

Abb. 367.

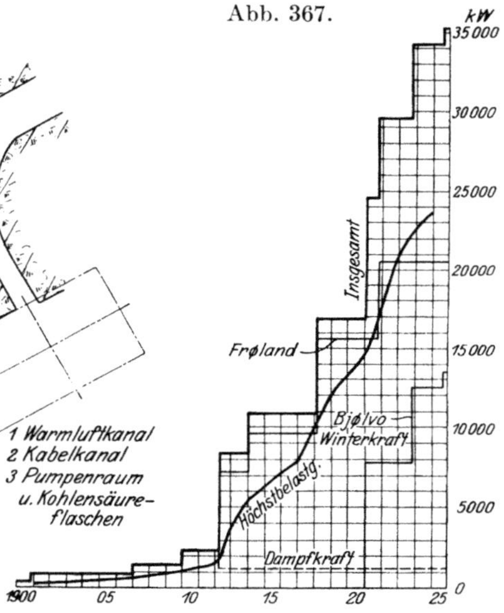

Abb. 366. Dale. Krafthaus-Schnitt und -Grundriß. (Verw.)

Abb. 367—368. Entwicklung des Eltverbrauchs in Bergen. (E.W. Bergen.)

B. Kraftstrom:
1. Zählertarif: 20 Öre/kWh, Mindestzahlung 50 Kr. je kW Anschluß.
2. Zählertarif mit Grundgebühr 50 Kr./kW plus 6 Öre/kWh, jedoch mit Benutzungsdauer-Rabatten.

C. „Strom für kombinierten Gebrauch“ in Privatwohnungen:
1. Lieferung über „Wippe“ oder Überverbrauchsmesser 240 Kr./kW/Jahr oder
2. über „Wippe“ und Zähler zu 100 Kr./kW/Jahr plus 50 Öre/kWh.

D. Koch- und Heizstrom:
4 bzw. 6 Öre/kWh im Sommer- bzw. Winterhalbjahr.

E. Strom für Ladung von Akkumulatoren:
10 Öre/kWh.

F. Leihweise Überlassung der Zähl- und Meßinstrumente:
15% des Wertes.

Für die Versorgung der umliegenden Ortschaften und einiger Großindustrien, ferner für die Lieferung von Saison- und Nachtkraft bestehen besondere Bestimmungen.

Sehr förderlich für die Entwicklung des Verbrauchs hat sich endlich neben einer

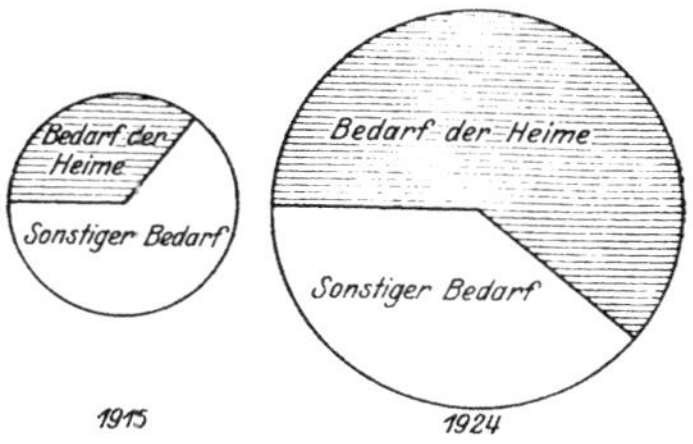

Abb. 369. Relative Entwicklung des Heimbedarfs an Elt. in Bergen. (E. W. Bergen.)

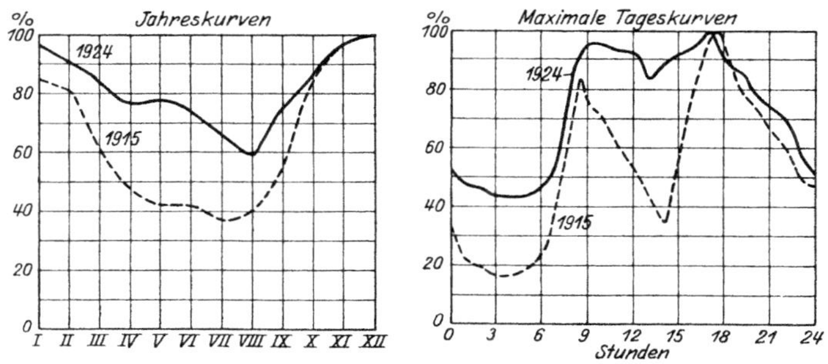

Abb. 370. E. W. Bergen. Entwicklung der Belastungsverhältnisse (E. W. Bergen.)

planmäßigen Propagandatätigkeit die Ausführung von Leihinstallationen mit langer Abzahlungsfrist erwiesen.

Unterlagen:

„Bergens Elektricitetsverk“ 1900—1905, Pläne und die meisten Lichtbilder von Herrn Direktor Bjerke (E. W. Bergen).

7. Wasserkraftanlage Bjölvo.

Die Bjölvoanlage (Abb. 371 bis 374) stellt den reinsten Typus eines einfachen westnorwegischen Hochdruckwerkes dar. Sie nutzt die ganze Energie des Hochgebirgsbaches Bjölvo aus, dessen kleines Einzugsgebiet (41,38 km²) gänzlich auf der kahlen

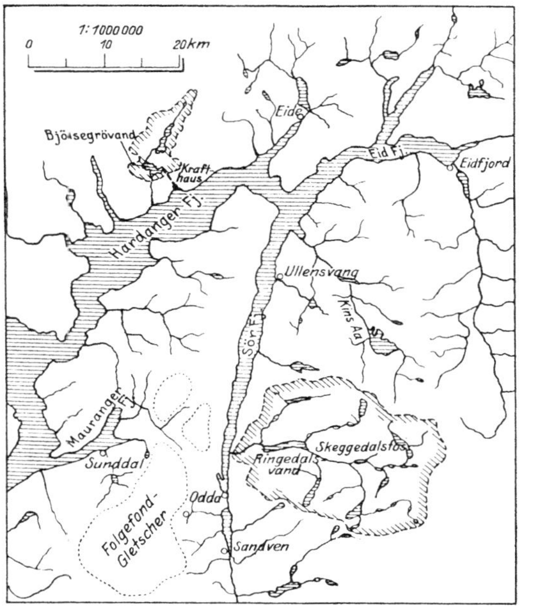

Abb. 371. Kartenskizze des Hardangerfjord. Einzugsgebiete von Tysse (südl.) u. Bjölvo (nördl.). (Verf.)

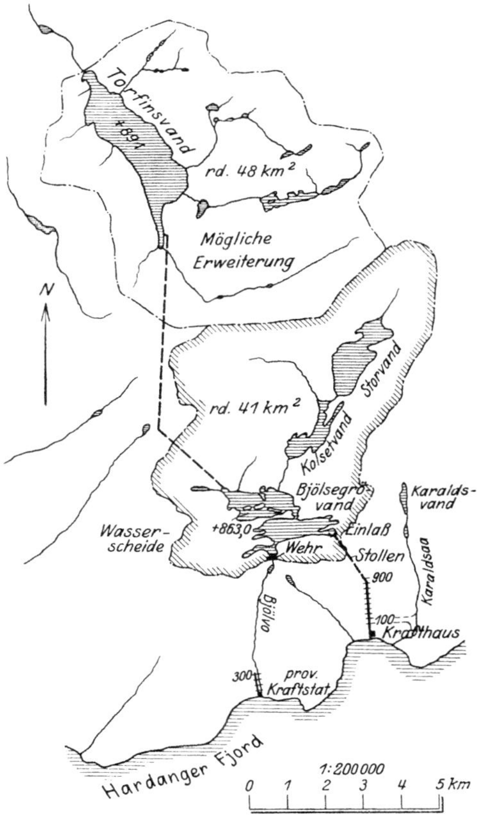

Abb. 372. Bjölvo. Einzugsgebiet. (Verw.)

Abb. 373. Bjölvo. Blick auf Kraftwerk. (Verf.)

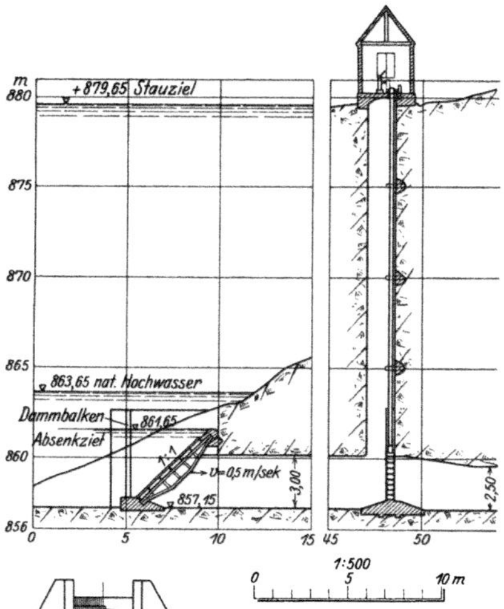

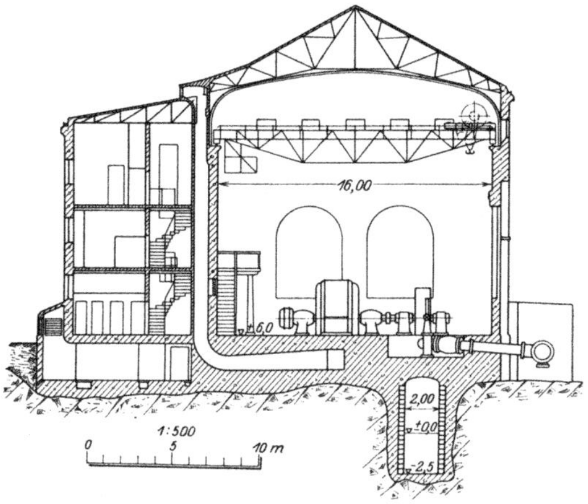

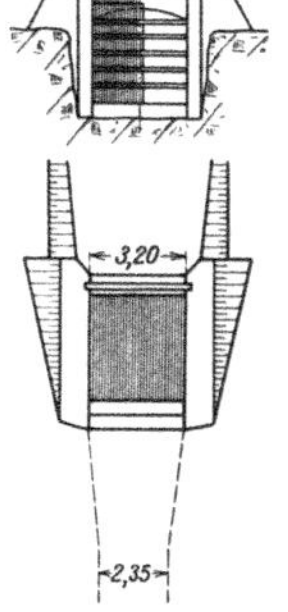

Abb. 374 a.

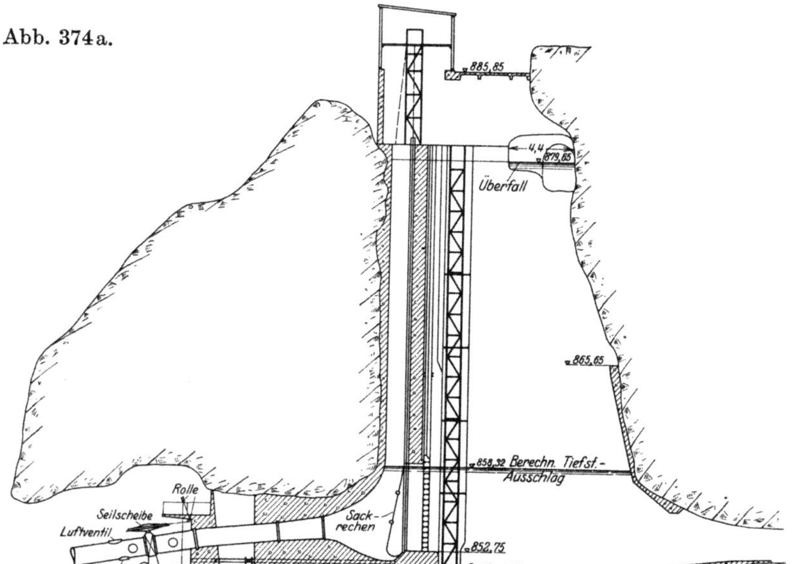

Abb. 374 a—c. Bjölvo. a—b Schnitte vom Einlauf, c Wasserschloß und Krafthaus. (Verw.)

Abb. 374 b.

Hochfläche in Höhe von rd. 1100 m liegt, dabei einen auch für norwegische Verhältnisse außerordentlich hohen Seeflächenanteil und Wasserreichtum aufweist. Die mittlere Abflußmenge (1923/26) von 5,1 m³/sek bedeutet eine mittlere Spende von 124 sl/km²! Durch 16-m-Stau und eine 2-m-Absenkung des Bjölsegrövand gegen natürl. MW (+ 863,16) ist ein Speicher von 89 hm³ (55% der mittleren Jahresmenge) zu schaffen, der eine regulierte Niedrigwasserführung von 4,5 m³/sek sichert. Die derzeit vorhandenen Einrichtungen geben (mit + 4,0 und — 2,0 gegen MW) nur einen Speicher von 25 hm³ (15%) und als regulierte Niedrigwassermenge 2,4 m³/sek. Ein 1500 m langer, unausgemauerter Druckstollen ($F = 5$ m²) führt das Wasser aus dem See zum Wasserschloß, von dem eine (durch vorgekommenen Bruch, S. 625) weiterhin bekanntgewordene Hochdruckrohrleitung zum Krafthaus am Fjord führt. Die planmäßige spätere Gesamtfallhöhe ist 880 m, die heutige 863 m. Vorläufig ist nur eine der planmäßigen 2 Druckleitungen verlegt; die Rohrstraße ist jedoch für beide ausgesprengt. Diese Rohrstraße fällt streckenweise mit 55½° und durchschnittlich mit 40°! Die Rohrleitung ist im ganzen 600 m lang und 1250 bis 850 mm weit.

Die Zweigröhren am Krafthaus führen zu drei Peltonturbinen, eine als „Reserve"; $H_n = 867{,}5$, $n = 375$; $N_n =$ je 12300 PS. Ein zweiter Ausbau mit zwei weiteren Maschinen ist erst geplant.

Ferner ist noch als dritter Ausbau generell geplant ein benachbartes Einzugsgebiet mit dem Torfinsvand (891 m ü. d. M.) durch rückwärtige Anzapfung anzuschließen. Der natürliche Abfluß dieses Sees, der in den Bergenfjord mündende Rundalälv, wäre dabei abzustauen. Da der Torfinsvand 48 km² Einzugsgebiet hat, ist diese Erweiterungsmöglichkeit des Bjölvowerkes sehr bedeutend. Im ersten Ausbau ist die planmäßige Höchstbelastung des der A. S. Bjölvofossen gehörigen Werkes 24000 PS, wovon 20500 PS für die Stromversorgung der Stadt Bergen bzw. Bergenhalvöens komm. A. S., der Rest für elektrometallurgische Zwecke Verwendung findet. Durch den erwähnten Rohrbruch und die Industriekrise der Nachkriegszeit ist das Bjölvounternehmen in eine schwierige finanzielle Lage gekommen, über die fürs erste das Eintreten der Stadt Bergen hinweghalf.

8. Wasserkraftanlage Osa.

Die bedeutende Anlage steht im Typus sehr nahe Bjölvo; doch ist die Höhengliederung des Einzugsgebietes und der Seen reicher und dadurch die Gesamtanordnung noch interessanter (Abb. 375). Das Einzugsgebiet des Baches Austdöla ist unmittelbar anderen kleineren Einzugsgebieten der Hochfläche benachbart, so daß weitgreifende Zusammenfassung möglich ist. Die wichtigsten Nachbarbäche sind der seenreiche Langevand, Norddöla und Sima, von letzteren fließt der eine in denselben Zweig des Hardangerfjord: Osefjord, wie der Austdöla, der zweite aber in einen anderen Zweig. Der Beizug von Norddöla und Sima erfordert besondere Konzession und ist vorläufig um so mehr fraglich, als ein Bruchteil der Norddölaenergie schon im eigenen Bett ausgenutzt ist. Es sind drei verschiedene Wahllösungen durchgearbeitet worden. Die eine nutzt nur Austdöla und Langevand, die zweite außerdem auch Norddöla und die dritte sämtliche genannten Einzugsgebiete. Nachstehend die wichtigsten Kennzahlen der drei Lösungen:

Lösung	Einzugsgebiet km²	Speicherraum hm³ (u. je km²)	Regulierte Niedrigwassermenge m³/sek (u. mm Abfl.-Höhe)
I. Austdöla und Langevand	90 + 26,5 = 116,5	147,2 (1256 mm)	8,2 (2900)
II. Austdöla, Langevand und Norddöla . .	116,5 + 15,1 = 131,6	182,9 (1380)	10,0 (2400)
III. Austdöla, Langevand, Norddöla und Sima	131,6 + 20,8 = 152,4	232,9 (1520)	12,5 (2590)

Die Trassierung des Überleitungsstollen Langevand-Austdöla gestattet später Ausnutzung der Fallhöhe von rd. 220 m zwischen diesen beiden Seen. Alle Stolleneinläufe

Abb. 375. Osa. Gebietskarte und Übersichtsplan. (Verw.)

sind mit doppelten Schützenabschlüssen und Fernbedienung vom Krafthaus aus in Verbindung mit Fernanzeige der Seestände geplant.

Der tiefst gelegene See, der untere Austdölasee, soll die obere Haltung der Kraftanlage bilden. Der natürliche mittlere Seestand wird von 904,5 auf 922,0 m ü. d. M. als Stauziel gebracht; da das Unterwasser 26 m ü. d. M. liegt, beträgt die Gesamtfallhöhe im Grenzfall 896 m und durchschnittlich 888 m.

Die erzielbare ständige Nutzleistung ist berechnet auf:

87 500 PS bei Lösung I,
105 700 „ „ „ II,
130 000 „ „ „ III.

An der allgemeinen Anordnung der Kraftanlage ist bemerkenswert (Abb. 376, 377, 734, 735, 739, 846): der nur rd. 2750 m lange Druckstollen von 7 m² Nutzquerschnitt, der auch bei Entscheidung für Lösung II und III (mit etwas größeren Fallverlusten) genügen kann, ferner die Verlegung der 2 Turbinenrohrleitungen in einen Rohrstollen, die unterirdische Anordnung von Maschinensaal, Umspann- und Schaltanlage. Der Zugangsstollen zum Krafthaus dient zugleich für Lüftung und Kabelausführung; für die Warmluftabfuhr dient ein lotrechter Schacht. Der Maschinensaal ist für 5 Maschinen zu 25 000 PS geplant. Der erste Ausbau ist indes nicht einmal für volle Ausnutzung der Wasserführung der Wahllösung I entworfen, sondern nur für zwei einradige, eindüsige Peltonturbinen, zusammen 50 000 PS.

Abb. 376. Osa. Kraftwerksgelände. (Verw.)

Der Bau ist für elektrochemische Zwecke in den letzten Kriegsjahren begonnen worden, ein großer Teil der Felsarbeit ist fertig. Der Konjunkturrückschlag hat zu einer Unterbrechung der Ausführungsarbeiten geführt, so daß das große Werk heute noch unvollendet daliegt.

Sämtliche Ausbaupläne stammen vom Forenede Ingenieurkontoret, und zwar der allgemeine und wasserbauliche Entwurf von Civ.-Ing. Ragnwald Lie, der die Unterlagen für diese Beschreibung zur Verfügung gestellt hat. Bauherrin ist die Osa Fossekompani.

9. Die Wasserkraftanlage Tysse bei Odda (Hardangerfjord).

Diese zu den allergrößten Wasserkraftanlagen Norwegens (neben Rjukan I und II) gehörige Anlage ist wie die Rjukanwerke auf Anregung des Ingenieurs Samuel Eyde im ersten Jahrzehnt dieses Jahrhunderts zwecks industrieller Nutzbarmachung neuer elektrochemischer und elektrothermischer Verfahren geschaffen worden. Das Werk nutzt die Mündungsfallstufe des Tyssebaches (Abb. 371, 378) aus. Die amtliche Statistik sieht die Ausnutzung dieses Baches in 2 Fallstufen vor; die obere (Abb. 383) ist noch unausgenutzt. Die Kennzahlen der ausgebauten unteren Fallstufe sind nach der Statistik: Einzugsgebiet 374,08 km², derzeitige regulierte Wassermenge: 24,0 m³/sek (= 64 sl/km²!), Fallhöhe: 414,0 m, ständige Niedrigwasserleistung: 99 360 PS, Maschinenausbau: 141 840 PS (s. u.!).

Die Anlage nutzt den Höhenunterschied zwischen einer kleinen seeartigen Erweiterung des Flußbettes, dem Vetleland und dem Fjord aus. Etwas oberhalb liegt der größte See des Einzugsgebietes, Ringedalsvand (5,5 km²); er ist reguliert und

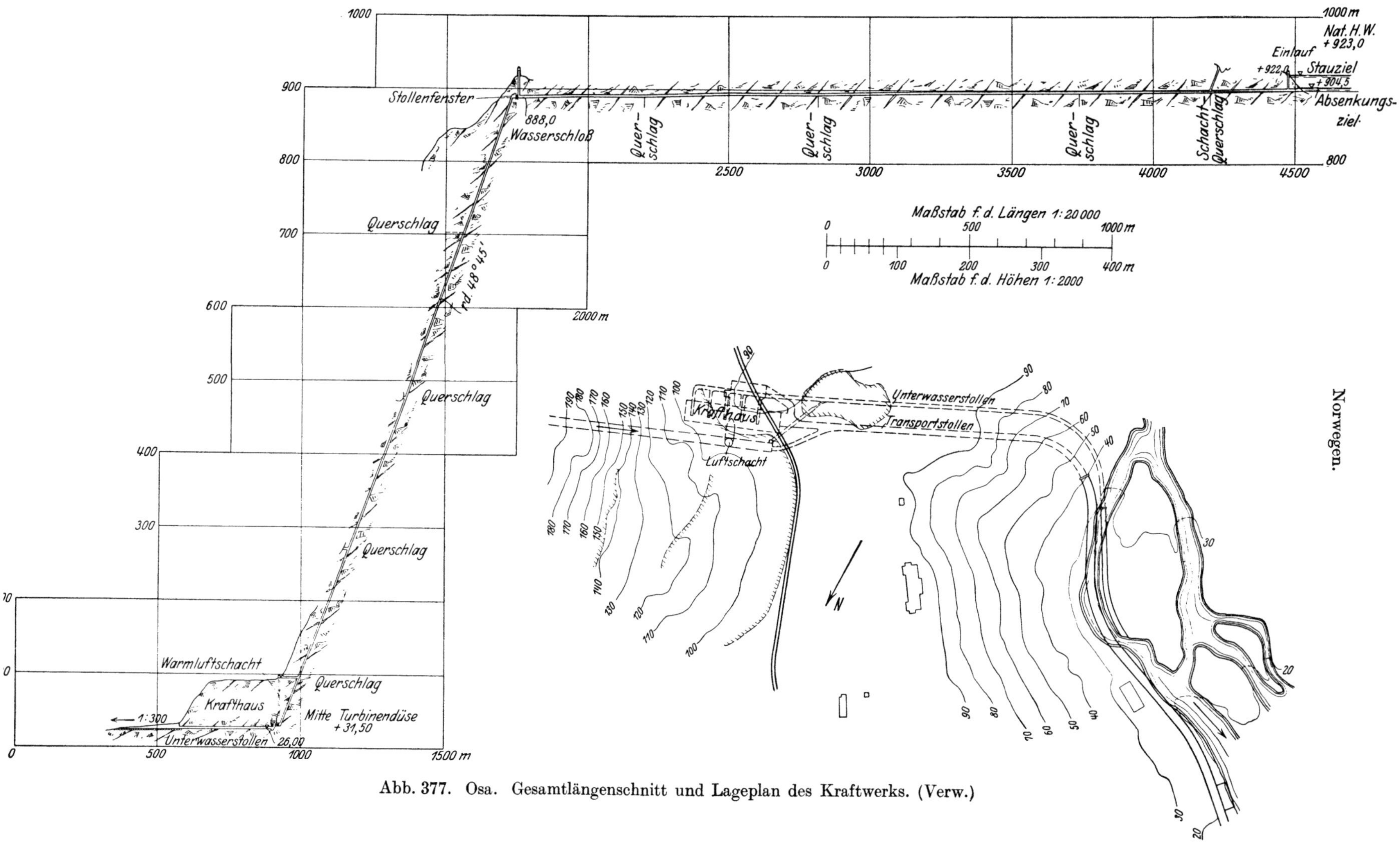

Abb. 377. Osa. Gesamtlängenschnitt und Lageplan des Kraftwerks. (Verw.)

zwar durch Absenkung um 16,5 m und Aufstauung durch eine massive Staumauer um 25 m auf 465,0 ü. d. M. (Abb. 380, 383). Der Regulierungsspielraum von 41,5 m

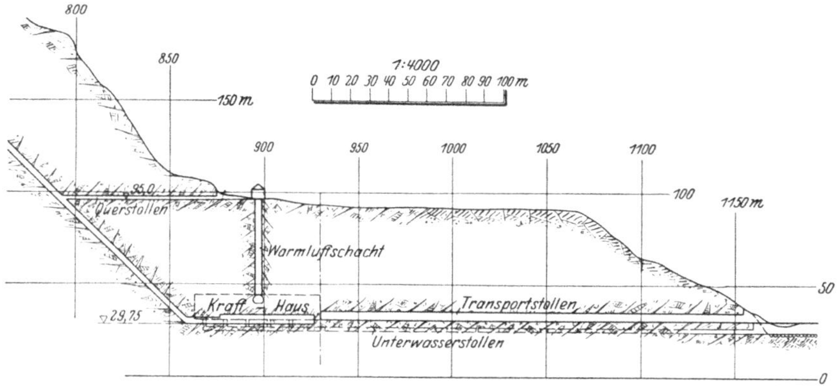

Abb. 377 a. Osa. Kraftwerk, Längenschnitt.

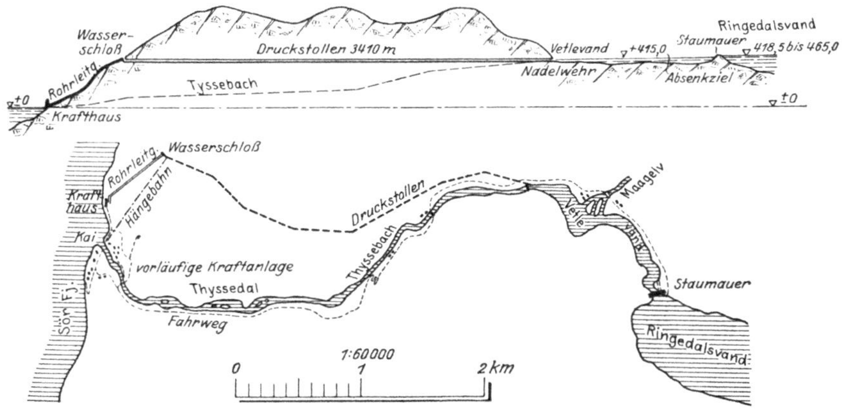

Abb. 378. Tysse. Allgemeine Anordnung. (Prof. Reichel.)

bietet einen Speicher von 250 hm³. Normalerweise wird nur von 465 auf 432 abgesenkt. Die Triebwasserfassung ist, statt unmittelbar an diese Speicheranlage an den etwas tiefer gelegenen Vetlevand gelegt, weil diesem noch ein bedeutender Nebenbach zuströmt, dessen Wasserführung man mit nutzen wollte.

Abb. 379. Tysse. Blick auf Kraftwerk u. Fabrik. (Verf.)

Die Staumauer des Ringedalsvand hat 34 m größte Höhe und ist in zwei Etappen erbaut. Näheres, auch über aufgetretene Undichtigkeit, siehe S. 557. Der Stauspiegel des Fassungsbeckens Vetlevand (415 m ü. d. M.) wird durch ein Nadelwehr gehalten. Der Druckstollen ist unausgekleidet (größter statischer Druck = 17 m; $F = 9{,}5$ m²). Aus dem Wasserschloß (Abb. 732) führen 5 Rohrstränge für planmäßig je 3 m³/sek zum Krafthaus (Abb. 382, 383), das später erweitert wurde. Die Neigung erreicht streckenweise 60⁰ (Abb. 381). An jedes der zuerst verlegten 2 Druckrohre waren anfänglich 3 Peltonturbinen angeschlossen ($H_n = 384$).

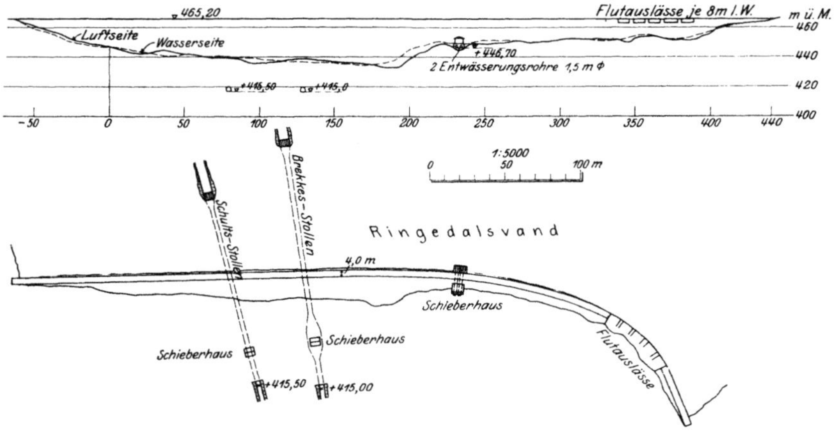

Abb. 380. Tysse. Sperre am Ringedalsee, Grundriß u. Ansicht. (Verw.)

Die erzeugte Energie dient für elektrische Aluminium-, Karbid-, Zyanamid- und Zinkherstellung[1].

10. Die Wasserkraftanlagen der A.-G. Saudefaldene.

Die Aktiengesellschaft Saudefaldene nutzt das Einzugsgebiet des Flusses Storelven aus, der im Hintergrunde des Saudafjord, ungefähr 90 km nordöstlich von Stavanger, mündet. Das Einzugsgebiet des Storlivand im Zuge des Storelven, 282,41 km², ist sehr bergig und liegt oberhalb 250 m ü. d. M. Einer der Speicherseen, der obere Sandvand, liegt auf 1047,5 m; die Wasserscheide erreicht 1650 m (Abb. 384).

Für die Ausnutzung des Abflusses sind 4 Kraftwerke geplant. Kraftwerk I (am Nordende des Storlivand) und II (am Nordende des künstlichen Stausees Dalvand) wurden 1919 und 1922 in Betrieb gesetzt. Kraftwerk III ist im Bau, während über den Ausbau der IV. Stufe bis jetzt noch keine Entscheidung getroffen ist. Die Übersichtskarte (Abb. 384a) und nachfolgende Tabelle enthalten alle wesentlichen Ausbaudaten.

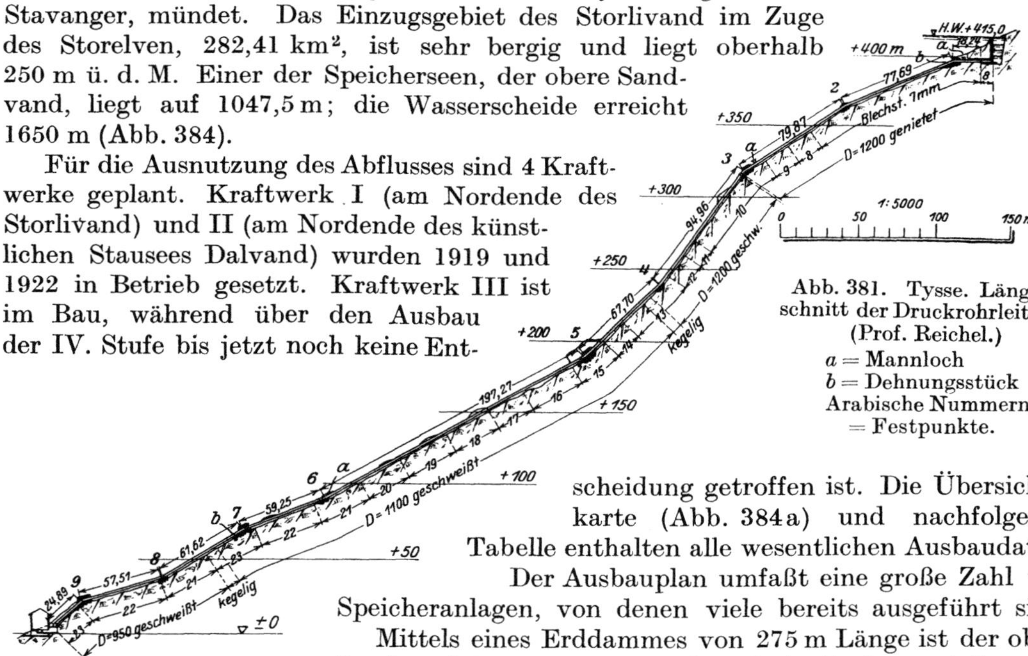

Abb. 381. Tysse. Längenschnitt der Druckrohrleitung. (Prof. Reichel.)
a = Mannloch
b = Dehnungsstück
Arabische Nummern = Festpunkte.

Der Ausbauplan umfaßt eine große Zahl von Speicheranlagen, von denen viele bereits ausgeführt sind. Mittels eines Erddammes von 275 m Länge ist der obere Sandvand 6,5 m gestaut, während ein Senkungsstollen eine Absenkung um 17,5 m ermöglicht. Der untere Sandvand, um 7 m aufgestaut durch eine Bogenmauer in Eisenbeton von 29,5 m Länge, kann um 15 m abgesenkt werden.

[1] Z.V.d.I. 19. August 1911ff. ausführliche Beschreibung von E. Reichel. Bautechnische Unterlagen, namentlich der Talsperre, von dem Entwurfsverfasser Civ.-Ing. Gröner.

Tabelle 39. Übersicht der Speicher im Gebiet der Saudefaldene-Kraftanlagen.

Bezeichnung des Speichers	Einzugsgebiet km²	Kraftwerk II	Kraftwerk I	Kraftwerk IV	Kraftwerk III	Nutzinhalt hm³	Kraftwerk II	Kraftwerk I	Kraftwerk IV	Kraftwerk III	Regulierungsspielraum Gesamt	Aufstau	Absenkung	Spiegelhöhen m ü. d. M. Stauziel	Absenkziel
Övre Sandvand . .	28,620	120,645	144,380			34,791	108,774	145,629			24,0	6,5	17,5	1047,5	1023,5
Nedre Sandvand . .	14,350					9,045					8,5	7,0	1,5	1027,0	1018,5
Svartevand	19,580					38,628					38,5	15,0	23,5	836,5	798,0
Holmevand	58,095					26,310					18,5	15,0	3,5	743,3	724,8
Finflaatvand						1,621					8,5	—	8,5	736,5	728,0
Förstavand Breibotn	18,815					28,962					34,0	4,0	30,0	616,8	582,8
Dalvand	4,920					6,272					14,5	14,5	—	550,3	535,8
Bergdalsvand . . .	34,815			112,62											
Slettedalen	77,805														
Storlivand	25,405				282,405	10,400					12,5	12,5	—	253,15	240,65
Meeresspiegel															

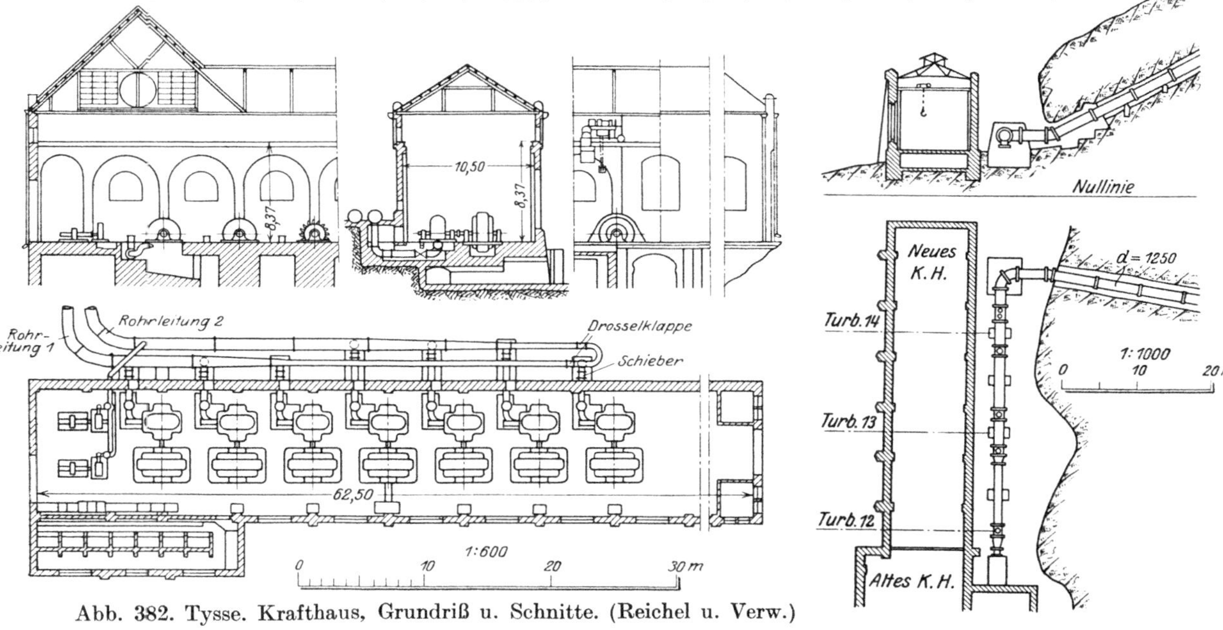

Abb. 382. Tysse. Krafthaus, Grundriß u. Schnitte. (Reichel u. Verw.)

Abb. 383. Tysse. Blick auf Skeggedalsfall (Hintergrund des Ringedalsees) und Staumauer Ringedal. (Verf.)

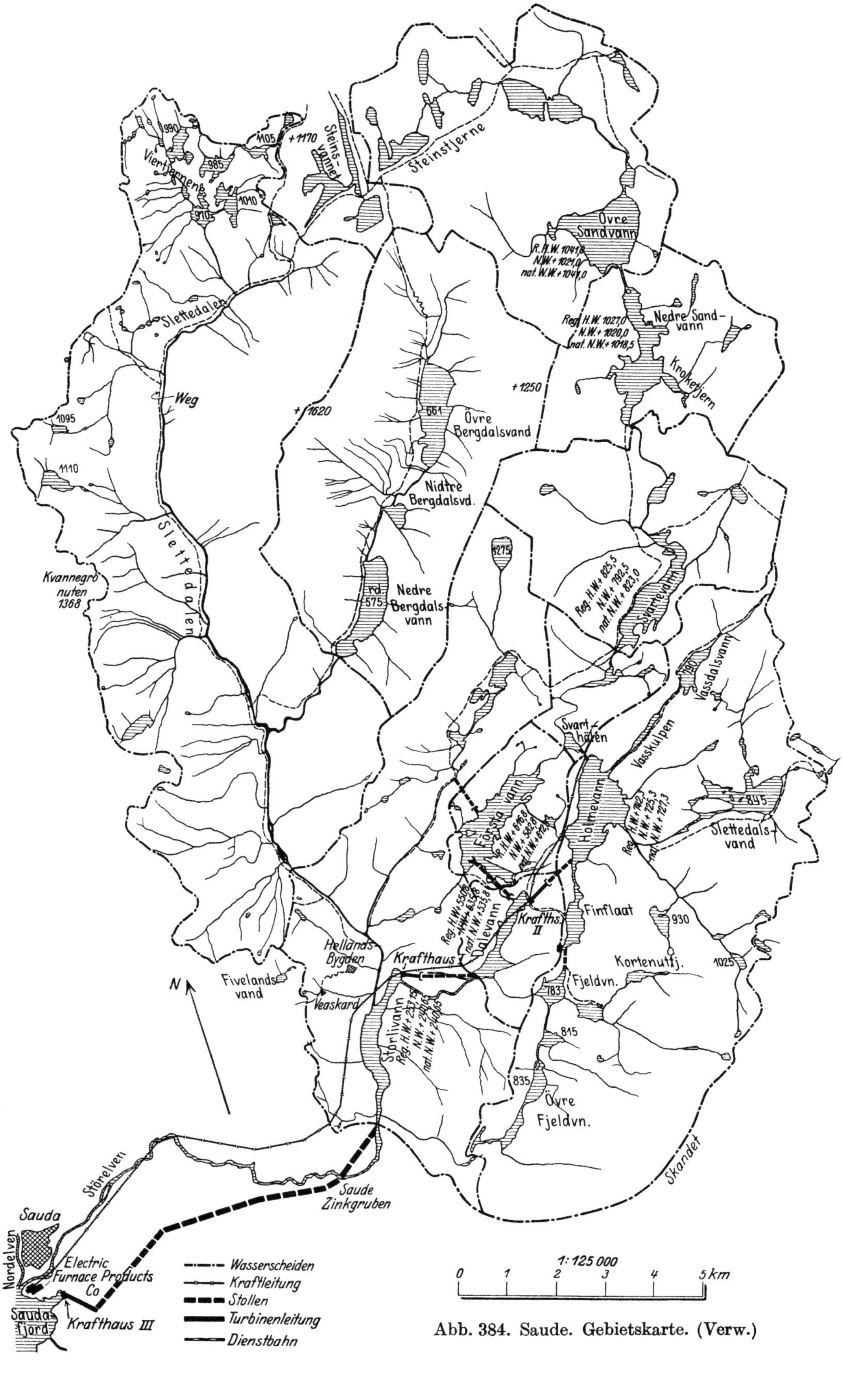

Abb. 384. Saude. Gebietskarte. (Verw.)

1927 wurde eine Ambursenstaumauer für 15 m Stauhöhe, 183 m lang, am Auslaß des Svartevand erstellt, ähnl. Abb. 644. Der See kann um 23,5 m durch einen Stollen mit Sektorschütze und Ablauf nach dem See Svartkulpen und weiter nach dem See Svarthölen abgesenkt werden. Der natürliche Ausbau des Svarthölen nach dem Förstavand wurde durch eine kleine Betonstaumauer geschlossen und dafür ein Stollen nach dem Holmevand geschlagen. Dieser See bildet das Oberwasser für Kraftwerk II, er ist um 15 m aufgestaut durch eine 210 m lange Ambursenstaumauer, ähnlich der von Svartevand (Abb. 385, 644), und kann um 3,5 m abgesenkt werden.

In den Spiegellagen zwischen 736,5 und 743,3 stehen Holmevand und Finflaatvand in offener Verbindung. Der Holmevand wird bis 724,8 abgearbeitet; der Finflaatvand (mit zwei Stauwerken von 78 und 32 m Länge) wird nicht gestaut, sondern nur von 736,5 bis 728 durch einen Auslaß nach dem Dalvand abgesenkt.

Der Dalvand bildet das Unterwasser des Werkes II und das Oberwasser des Werkes I; er empfängt auch den Abfluß des Förstavand mit dem Breibotn. Der Förstavand ist durch drei kleine Betonmauern, die eine gegenüber dem See Lona und zwei gegenüber dem Dalvand, um 4 m gestaut; er kann um 30 m abgesenkt werden durch einen Stollen nach dem Dalvand. Das Wasser des Flusses Breibotn wird durch einen Stollen in den Förstavand geleitet. Der Dalvand ist um 14,5 m durch eine Betonmauer aufgestaut.

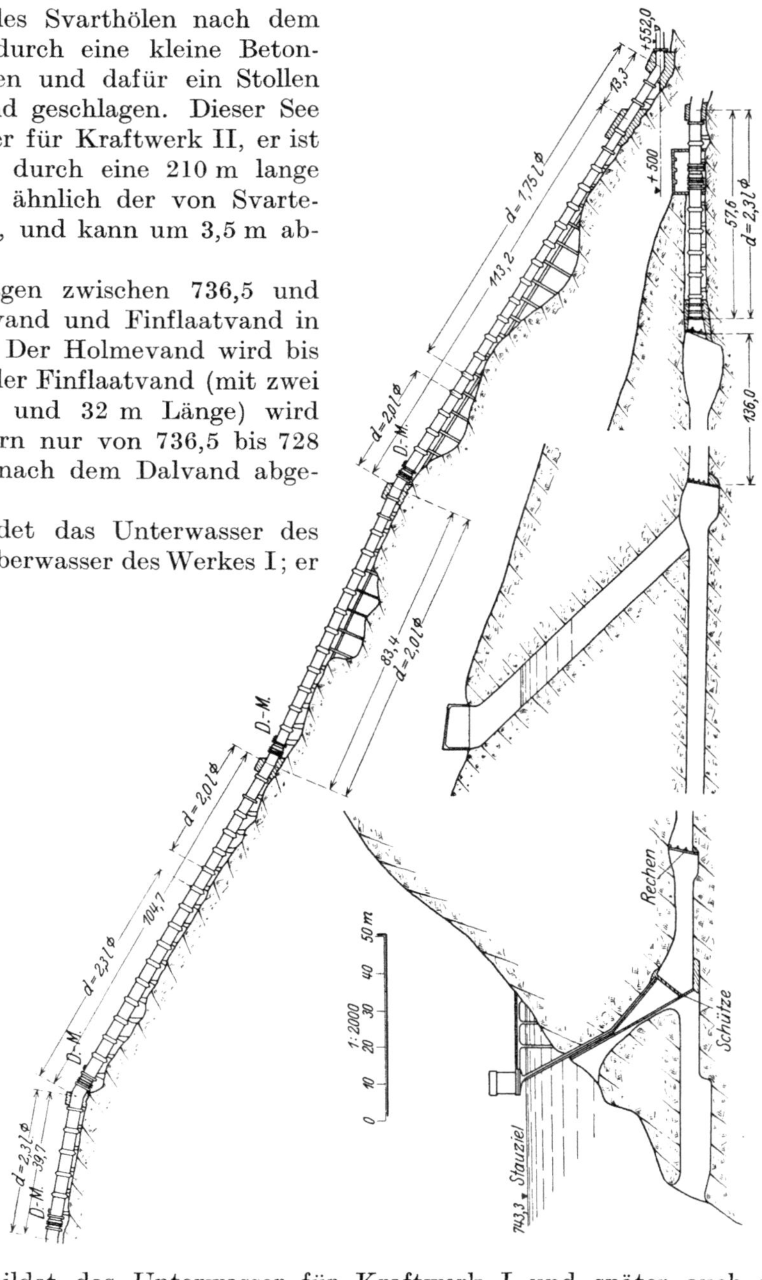

Abb. 384a. Saude. Turbinenleitung, $H = 190$ m. (Thyssenhütte.)

Der Storlivand bildet das Unterwasser für Kraftwerk I und später auch für Werk IV und das Oberwasser für Werk III. In diesen See ergießt sich der Abfluß des Bergdalsvand und der Fluß Slettedalen.

Die Gebiets- und Fallhöheneinteilung der Kraftstufen ist folgende: Kraftwerk I: Fallhöhe zwischen Dalvand und Storlivand, Einzugsgebiet: 144,38 km², Gesamtfallhöhe: 294,85 m, sinkend bei Absenkung des Dalvands bis auf 280,35 m. Vom Dalvand wird das Wasser nach dem Wasserschloß durch einen 908 m langen Druckstollen ($F = 6{,}25\ m^2$) geführt. Das Wasserschloß ist mit Rechen und Schützen ausgestattet. In der Verteilungskammer befinden sich außer einem Leerlaufrohr für den Hauptstollen die Einläufe zu 2 Turbinendruckrohren; letztere sind je 530 m lang und 1500 bis 1100 mm weit. An die Turbinenrohre schließt sich die Verteilleitung von 54 m Länge längs der Hinterseite des Krafthauses. Jede Turbinenleitung ist mit einer selbsttätigen Fallklappe vor der Einlauftrompete, einer selbsttätigen Drosselklappe und 3 Luftventilen ausgerüstet. Im Krafthaus sind 5 Peltonturbinen aufgestellt; je für 7500 PS, $n = 375$, mit Einphasenwechselstromerzeugern.

Abb. 385. Saude. Holmevandsperre. Unterwasseransicht. (Gröner.)

Kraftwerk II nutzt die Gesamtfallhöhe zwischen Holmevand und Dalvand, 193,0 m, sinkend bei Absenkung des Holmevand auf 174,5 m. Vom Holmevand führt ein Druckstollen von 980 m Länge und 6,25 m² Querschnitt zum Wasserschloß. An dieses schließt sich eine Turbinenleitung von 412 m Länge und 2300 bis 1750 mm l. W. Die Verteilrohrleitung ist 33,0 m lang. Im Krafthaus sind 3 wagerechte Francisspiralturbinen, je 8000 PS, mit Einphasenwechselstromerzeugern aufgestellt.

In Werk I und II sind die Stromerzeuger für 25 Per./sek. und 13—14 kV gebaut. Vom Werk II wird die erzeugte Energie nach Werk I durch 2 Aluminiumseile von 240 mm² Querschnitt auf Eisenmasten über 3,5 km Entfernung übertragen. Von Werk I wird die Energie mit 4 Aluminiumseilen, deren je zwei 483 und 340 mm² Querschnitt haben, auf zwei Reihen Eisenmasten nach den Fabriken der Elektric Furnace Products Co. am Saudefjord übertragen. Zwischen die Turbine 5 in Werk I und ihrem Stromerzeuger von 25 Per. ist noch ein Drehstromerzeuger von 50 Per. und 7,5 kV eingebaut. Der erzeugte Drehstrom wird auf einer Fernleitung von 66 kV und 32 km Länge nach Etne in Söndhordaland übertragen. Im Jahre 1927 erzeugten die beiden im Betrieb befindlichen Werke ungefähr 264 Mio. kWh mit einer durchschnittlichen Belastung von 41488 PS und der Höchstbelastung von 59200 PS. Ungefähr 231 Mio. kWh wurden nach den erwähnten Fabriken geliefert.

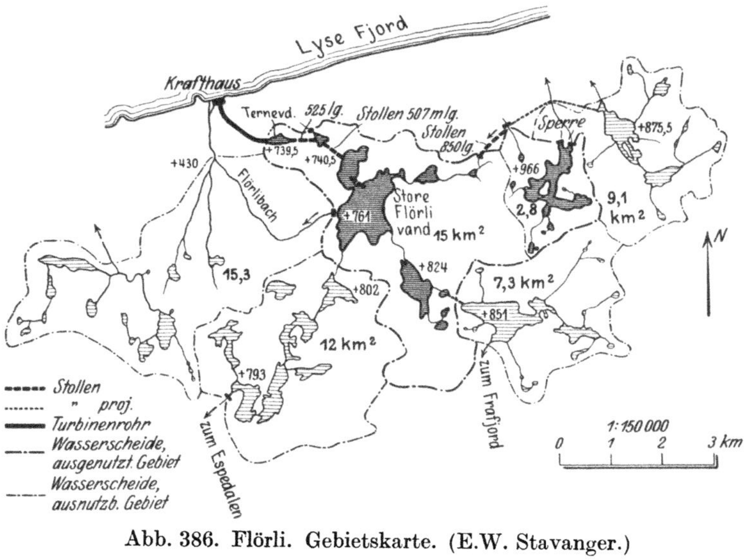

Abb. 386. Flörli. Gebietskarte. (E.W. Stavanger.)

Kraftwerk III, 1928 noch im Bau befindlich, Einzugsgebiet: 282,31 km², nutzt die Gesamtfallhöhe zwischen Storlivand und dem Meere (253,75 bis 239,0 m) aus. Am Südende des Storlivand ist die Erstellung einer Eisenbetonstaumauer in Aussicht genommen, Konstruktion ähnlich wie am Svartevand. Das Wasser fließt durch einen 7360 m langen Stollen nach dem jenseits Soendenaahavn gelegenen Wasserschloß. Der 18-m²-Stollen kreuzt das Tal mit einem Rohrdüker von 3,2 m l. W., der auf eiserner Bogenbrücke verlegt ist. Von der Verteilungskammer fließt das Wasser durch 2 Turbinenrohre, je 757 m lang und 2400/1900 mm weit, nach dem Kraftwerk. Nach Abb. 851—853 ist beabsichtigt, 3 senkrechte Francisturbinen von je 30000 PS, $H_n = 225$ m, $n = 500$, auszubauen, gekuppelt mit je einem Schirm-Drehstromerzeuger von 25 Hertz.

In weiterer Zukunft ist beabsichtigt, eine Staumauer am Bergdalsvand zu bauen und eine am Ausfluß des Slettedalen zwischen Örnenuten und Breiskar. Von dort soll das Wasser durch einen Stollen nach dem Wasserschloß geführt werden, das unterhalb des Veaskard geplant ist. So wird das Werk IV am Westende des Storlivand anzulegen sein. Einzelheiten dieses Planes liegen noch nicht fest.

Nach Vollendung aller aufgezählten Abflußregulierungen ist das Gesamteinzugsgebiet des Storelven ausgenutzt. Der Abfluß der umliegenden Einzugsgebiete kann nicht nach dem Storelvengebiet übergeleitet werden, mit Ausnahme desjenigen des südlich vom Storelvgebiet liegenden Sagelven, das gegebenenfalls nach dem Wasserschloß von Werk III übergeleitet werden kann.

11. Die Wasserkraftanlage Flörli

liegt am Südufer des Lysefjord, rd. 40 km östlich Stavanger. Das Einzugsgebiet des Flörlibaches liegt größtenteils in 800 bis 1100 m Meereshöhe, enthält zahlreiche kleine Seen und kann leicht durch kurze Stollen durch Anschluß benachbarter Bäche vergrößert werden (Abb. 386). Insgesamt können rd. 46 km² auf eine Gesamtfallhöhe von rd. 740 m zusammengefaßt werden. Weitere 15,3 km² könnten noch mit einer Gesamtfallhöhe von 430 im gleichen Krafthaus ausgenutzt werden. Zur Zeit sind erst 17,8 km² an das Werk angeschlossen. Nach langjährigen Beobachtungen in benachbarten Gebieten ist die mittlere Spende zu 100 sl/km² anzunehmen. Durch einen tiefgelegenen Stollen ist eine Absenkung des großen und kleinen Flörlisees um 20 m, entsprechend einem Nutzraum von 22 hm³, ermöglicht. Durch ein niedriges Wehr kann der Speicher nach Bedarf vergrößert werden. Der vorhandene Inhalt sichert eine regulierte mittlere Wassermenge von 1,7 m³/sek, entsprechend 92% von MQ. Vom kleinen Flörlisee führt ein Stollen mit Regulierschützen das Wasser zum Klubbavand, ein weiterer Stollen von dort zu dem als Tagesbecken und Wasserschloß wirkenden Ternevand (0,61 km²).

Dessen festes niedriges Stauwehr enthält als Werkeinlaß 3 Entnahmerohrstutzen, Achsen 3,2 m unter Stauziel. Der Werkeinlaß besteht aus einer vorne durch Tauchwand abgeschlossenen Kammer mit Dammbalkenfalzen, Feinrechen, handbedienter und einer selbsttätig wirkenden Drosselklappe. Verlegt ist bis jetzt nur eine Turbinenleitung, aus Wassergas-geschweißten Stahlrohren (Ferrum Kattowitz) 1010 bis 660 mm weit, 10 bis 30 mm stark und 623 m lang. Die Rohrstraße liegt in ganzer Länge auf dem blanken gewachsenen Felsen, sie enthält noch eine in zwei Abschnitte von je rd. 800 m Seillänge geteilte Seilbahn. Das Krafthaus, 1928 erweitert, liegt senkrecht hinter der Rohrstraße, unmittelbar am Fjord. Aufgestellt sind 2 Peltonturbinen zu 6000 und 7000 PS mit Drehstromerzeugern ($n = 500$, 6 kV). Für die Überführung nach Stavanger wird der Strom auf 55 kV umgespannt.

Die jetzt erfaßte Wasserführung reicht für eine Dauerleistung von 13000 PS, entsprechend rd. 78 Mio. kWh/Jahr. Mit den oben erwähnten Erweiterungen kommt die Anlage auf etwa 190 Mio. kWh/Jahr.

Das in den Jahren 1917/18 von Privatunternehmen für chemische Industrie erbaute Werk liefert seit der Fertigstellung (Herbst 1918) seine Energie ausschließlich an die Stadt Stavanger und wurde am 1. Januar 1927 von der Stadt um 3,75 Mio. Kr. angekauft[1].

12. Zusammenfassendes.

Die genügend gekennzeichneten eigenartigen Ausbaubedingungen Westnorwegens, hohe steile Einzelstufen, hervorragende Speichermöglichkeiten, außerordentliche Abflußzahlen, haben die Eltversorgung der Bevölkerung ohne Zusammenschluß weit entlegener Gebiete möglich gemacht. Ein solcher Zusammenschluß größerer Gebiete wäre überdies durch die dünne Besiedelung und die großen Geländeschwierigkeiten für den Leistungsbau besonders erschwert gewesen. So erklärt es sich zum Teil, daß etwa 40 gesonderte Eltversorgungsgebiete in Westnorwegen festzustellen sind. Die größte Rolle spielen dabei die interkommunalen Zusammenschlüsse. Für die große Wasserkraftindustrie sind die Entwicklungsmöglichkeiten hier besonders günstig, und das dürfte wohl in der weiteren Entwicklung noch mehr hervortreten als es ohnedies jetzt schon der Fall ist. Am wichtigsten ist z. Z. die Aluminiumindustrie, von der Westnorwegen etwa ⅔ des gesamten norwegischen Bestandes enthält, und die Karbid- und Stickstoffindustrie.

20. Abschnitt: Die Wasserkräfte des südlichsten Norwegens.

Der Südzipfel von Norwegen, zwischen der südöstlichen Wasserscheide des Bokn- und Stavangerfjords und der westlichen des Skiengebietes, umfaßt das südliche Drittel von Rogaland-Fylke, ganz Vest- und Aust-Agder-Fylke, ferner einen kleinen Teil von Telemarken. Der Flächeninhalt ist rd. 25000 km². Ein Blick auf die geologische und topographische Übersichtskarte (Abb. 3, 10, 11) zeigt ausgesprochene naturgeographische Einheitlichkeit des Gebietes: Die Küste ist durchweg relativ wenig gegliedert, der Abfall des Gebirgsmassivs ist gleichmäßiger und sanfter als an der fjordreichen Westküste und schließlich baut sich das ganze Gebiet (mit Ausnahme der engeren Umgebung von Stavanger) ausschließlich aus Urgesteinen (Granit, Gneis, Gneisgranit und dem für den mittleren Küstenabschnitt besonders bezeichnenden Labrador) auf. Quaternäre Ablagerungen sind außerordentlich spärlich.

Bis auf den kurzen Küstenlandabschnitt südlich von Stavanger ist daher das ganze Gebiet außerordentlich arm an Landwirtschaft. In der westlichen Hälfte sind dabei auch die Wälder spärlich, während die östliche Hälfte außerordentlich waldreich ist.

Die Bevölkerungsdichte ist recht gering, mit Ausnahme der Gegend bei Stavanger und der gleichfalls landwirtschaftlich entwickelteren kleinen Farsund-Halbinsel, wo die Volksdichte 30 bis 50 ist. Von den kaum 250000 Einwohnern unseres Gebietes lebt nahezu die Hälfte in Städten, was mit der teilweise stärkeren Entwicklung der Industrie zusammenhängt. Die wichtigsten Städte sind: Stavanger (45000), Kristiansand (20000) und Arendal (10000 Einwohner). Die übrigen Städte, ebenfalls alles Küstenlandstädte, sind viel kleiner.

Die Wasserkräfte sind, verglichen mit denen von Nord- und Westnorwegen, geringer und — wie leicht zu verstehen — weniger gut konzentriert; die amtliche Sta-

[1] Schriftliche Mitteilungen von Ing. Haavardsholm. Ferner Teknisk Ukeblad 1926, S. 305.

tistik zählt im ganzen 1150000 regul. NW-PS, die in der Hauptsache auf folgende 9 Flußgebiete verteilt sind:

Bjerkreimselven (3 Stufen über je 10000 PS)	68800 PS
Sogndalselven	11100 „
Sira (5 Stufen über je 10000 PS)	228700 „
Kvina (9 Stufen über je 10000 PS)	207700 „
Lygna	25500 „
Mandalselven (3 Stufen über je 10000 PS)	117700 „
Otra (8 Stufen über je 10000 PS, ausgebaut i. g. 42600 PS)	196900 „
Topdalselven (8 Stufen über je 10000 PS)	63800 „
Arendalsvassdraget (4 Stufen über je 10000 PS, ausgebaut i. g. 60550 PS)	178000 „
	1098200 PS

Ausgebaut ist noch verhältnismäßig sehr wenig: im Bjerkreims-, Sogndals-, Mandalselv und Lygna fast gar nichts, im Topdalselv und der mächtigen, aber in etwa 20 Stufen aufgeteilten Kvina auch nur ein sehr kleiner Bruchteil; dagegen ist der größte Teil des Unterlaufs der Otra und des Mittel- und Unterlaufs des Arendalsvassdrag ausgebaut. Die Sira ist zwar noch nicht ausgenutzt, doch ist ein umfassender Ausbau ihrer sehr günstigen Wasserkräfte in Vorbereitung. Die nähere Betrachtung darf daher auf die drei letzten Flußgebiete obiger Aufstellung beschränkt werden.

1. Sira-Ausbaupläne.

Die Sira, deren Wasserkräfte fast allesamt Eigentum von Stavanger sind, fließt etwa 70 km östlich dieser Stadt. Das Mündungseinzugsgebiet (1920 km²) zeichnet sich durch seine langgestreckte Form aus. Die zahlreichen Nebenflüsse sind daher meist ganz klein. Den größten Teil des ackerlandarmen Gebietes nehmen Waldungen, kahle Felsflächen und Schafweiden ein. Über 600 m ü. d. M. wird auch der Wald spärlich, und von 850 m an aufwärts ist das Gebiet ganz unbewaldet. Die höchsten Teile des Quellgebietes liegen 1100 m ü. d. M. im öden Fjeld. Von den zahlreichen Seen liegen die beiden größten, Sirdalsvand und Lundvand, im Unterlauf. Die übrigen sind kleiner und liegen großenteils im Hochgebirge (hierzu: Abb. 387, 388).

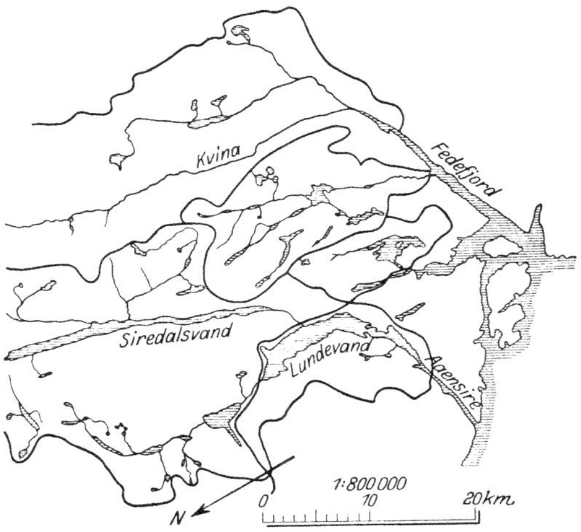

Abb. 387. Übersichtskarte unterer Abschnitt.

Die langgestreckte schmale Form namentlich des oberen Einzugsgebietes bietet Möglichkeiten für eine günstige Verbundausnutzung der Sira mit benachbarten Gebieten: Der hintere Zipfel des Sirdalssees ist von einem, 468 m ü. d. M. liegenden, See der Kvina nur rd. 10 km entfernt, so daß eine Überleitung der Kvina in den Sirdalsvand und die Schaffung einer einzigen Fallstufe von 420 m Höhe möglich wäre. Von der Anreicherung hätte das unterhalb bei Aaensire geplante Großkraftwerk großen Nutzen. Fast die gesamte Wasserführung der Kvina, die im eigenen Bett in etwa 12 Fallstufen ausgenutzt werden müßte, könnte im Siratal in nur 2 Fallstufen mit annähernd gleicher Gesamtfallhöhe ausgenutzt werden. Leider begegnet diese an sich so günstige Lösung großen wasserrechtlichen Schwierigkeiten. — Weiter im Oberlauf bieten eigenartige orographische Verhältnisse eine zweite noch günstigere Gelegenheit

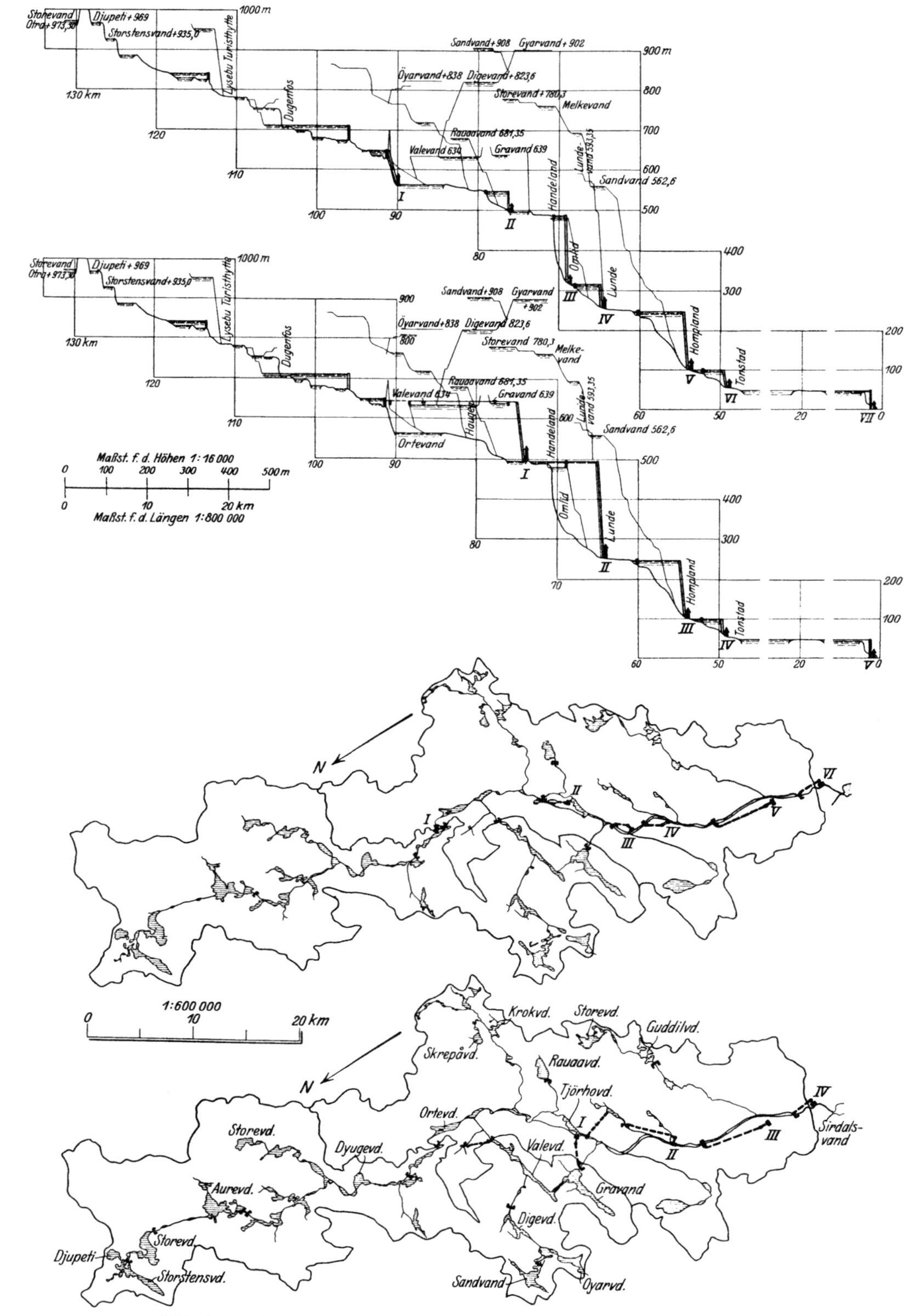

Abb. 388. Gesamtübersichtskarten und Höhenpläne. (2 Varianten.)
Abb. 387—388. Ausbauplan der Sira-Wasserkräfte. (E.W. Stavanger.)

zur Schaffung einer großen Hochdruckanlage: Der kleine Hochgebirgssee Granthellevand der Sira liegt (750 m ü. d. M.) kaum 12 km vom Lysfjord, einem Arm des Bokn-Stavangerfjord. Hier könnte unmittelbar an der Küste ein Hochdruckwerk westnorwegischen Stils geschaffen werden, allerdings mit einer Schwächung des weiteren Siralaufs, die für das geplante Aaensire-Werk eine Leistungsminderung von etwa 20% bedingen würde.

Beide Vorschläge sind noch nicht näher studiert; man hat vielmehr vorläufig nur zwei Wahllösungen für den Ausbau der Sira von + 650 bis zum Meere im eigenen Tal ausgearbeitet. — Die Ausnutzung des Mittel- und Unterlaufs (3 Fallstufen) ist dabei

Abb. 389. Aaensire. Wasserfall u. planmäßige Baustelle der Sirasperre. (E.W. Stavanger.)

jedesmal in derselben Weise gedacht, dagegen unterscheiden sich beide Lösungen in der Ausnutzung des Oberlaufs wesentlich (Abb. 388f.): Für Lösung A ist kennzeichnend die Eingliederung der Seen der Nebentäler als Teile der Triebwasserzuleitung oder als Verteilungsbecken. Ferner die Vereinigung mehrerer Seen durch Freispiegelverbindungsstollen. Bei Lösung B sind dagegen die Seen der Nebentäler nur reguliert, aber nicht als Teile in die Triebwasserleitung einbezogen. Lösung A nutzt insgesamt 635 m Fallhöhe, B aber nur 607 m. Die erzielte Energie ist beidemal fast dieselbe: 295000 und 285000 PS Jahr. Der Maschinenausbau ist zu 443000 und 423000 PS angenommen und der Einheits- und Ausbaupreis im Vollausbau auf 300 (A) und 290 (B) Kr./kW geschätzt[1]. Die dabei zu schaffenden Speicher fassen zusammen 860 hm³, darunter 346 hm³ in den großen Küstenlandseen Sirdalsvand und Lundvand, der Rest in den Gebirgsseen, vor allem in den Seitentälern: Gravvand und Valevand, und im Haupttal: Siravand.

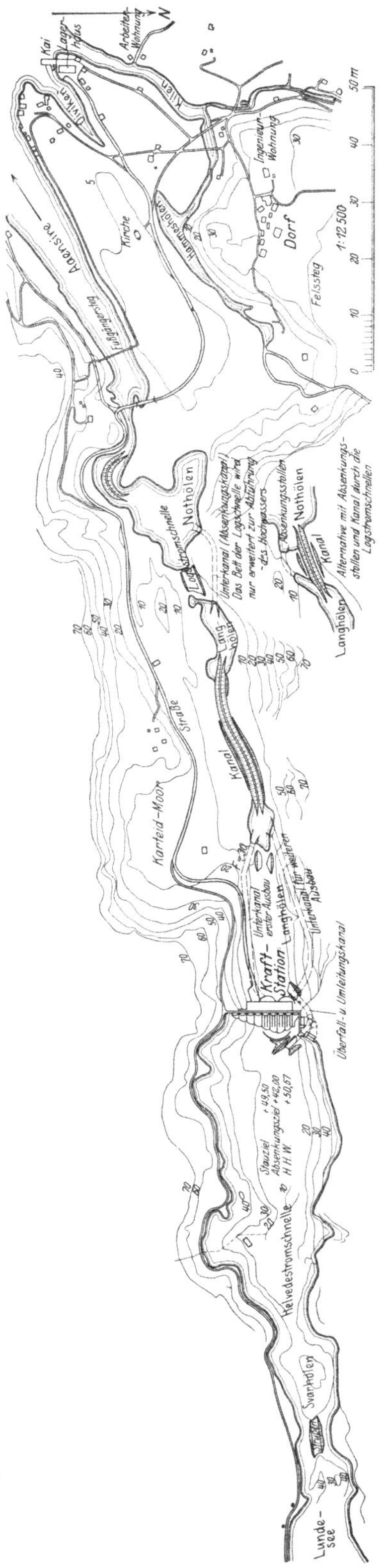

Abb. 390. Aaensire. Endgültiger Ausbauplan. (E.W. Stavanger.)

[1] Diese Preise sind 2,2fache Vorkriegspreise!

Aaensire. Von diesen großen Ausbauplänen ist vorläufig nur derjenige der Mündungsstufe Aaensire aktuell. Die Wasserführung schwankt hier zwischen 7,2 und 930 m³/sek (3,75 und 430 sl/km²); in einem normalen Jahre unterschreitet sie indes während 350 Tagen nicht 18 m³/sek. Der Seenanteil des ganzen Einzugsgebietes ist 6,3% (120 km²). Von

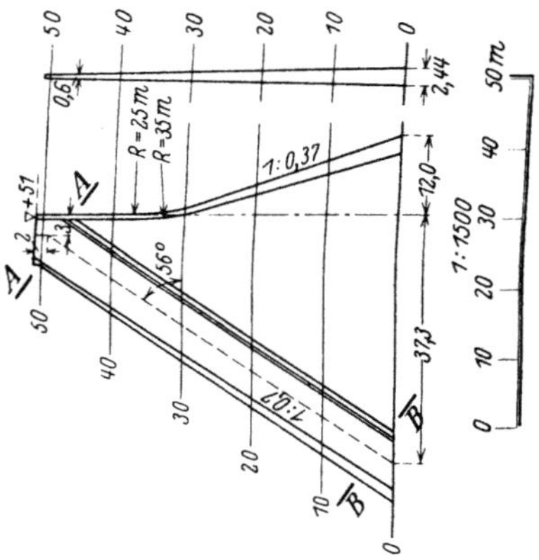

Abb. 392.

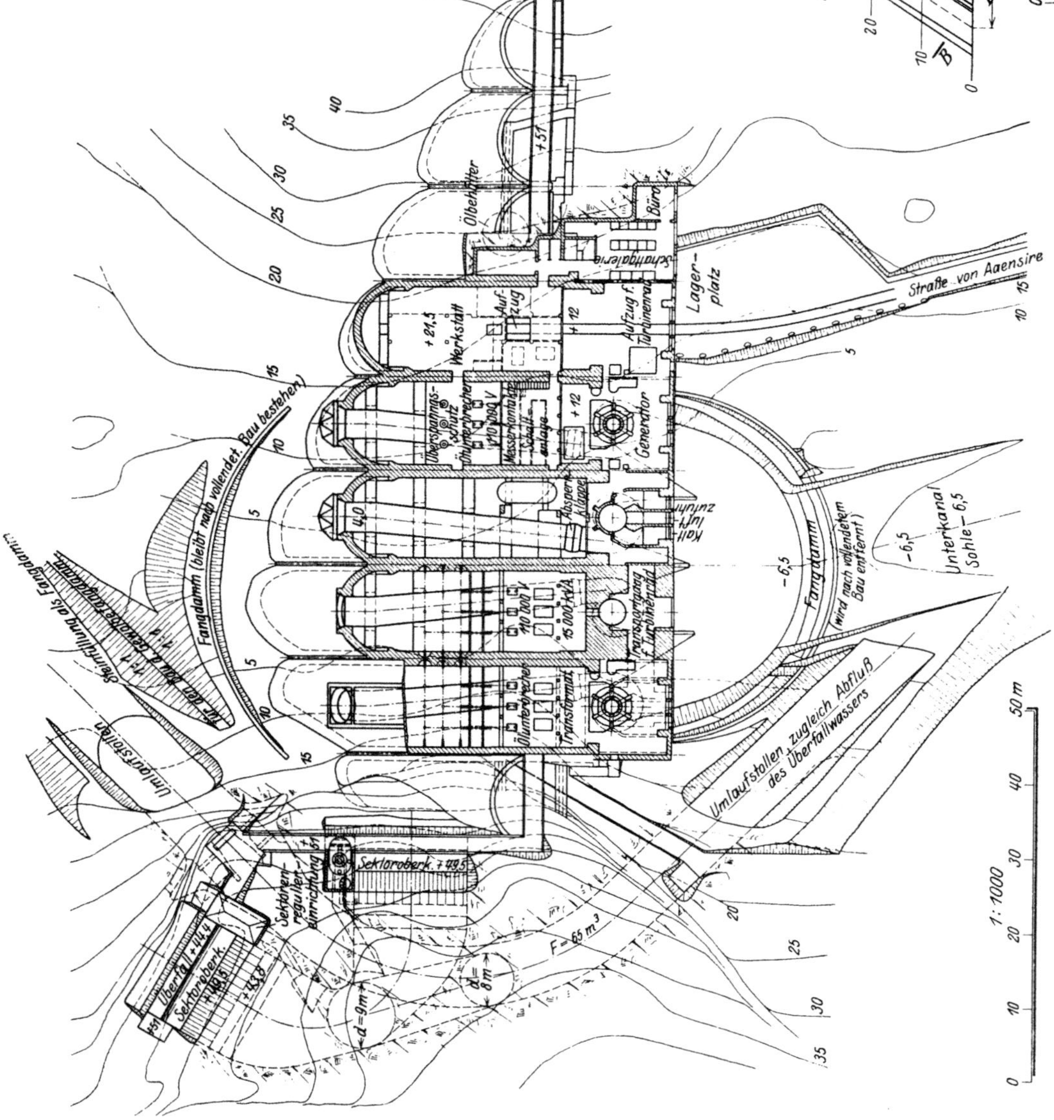

Abb. 391.

dem erwähnten Gesamtspeicherraum von 860 hm³ werden für Aaensire 700 hm³ genügen, um die Niedrigwassermenge auf 90 m³/sek zu steigern. Für den ersten

Ausbau des Werkes soll nur der unterste, Lundensee (28 km²), als Speicher von 206 hm³ ausgebaut werden, er sichert ungünstigenfalls ein NNQ von 41 m³/sek.

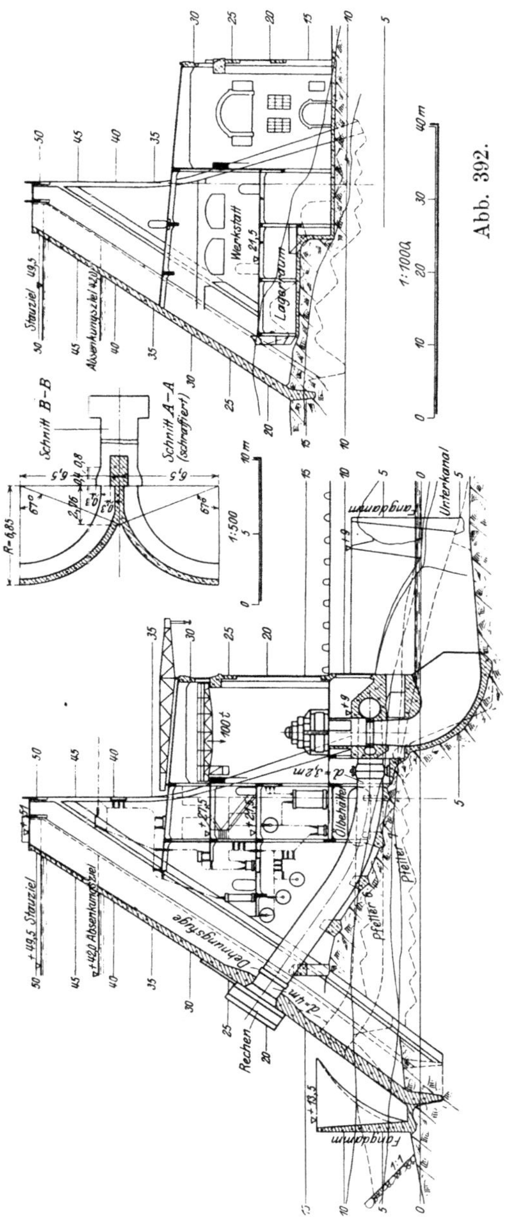

Abb. 392.

Abb. 391—392. Aaensire-Sperren-Grundriß und -Schnitt, endgült. Plan. (E.W. Stavanger.)

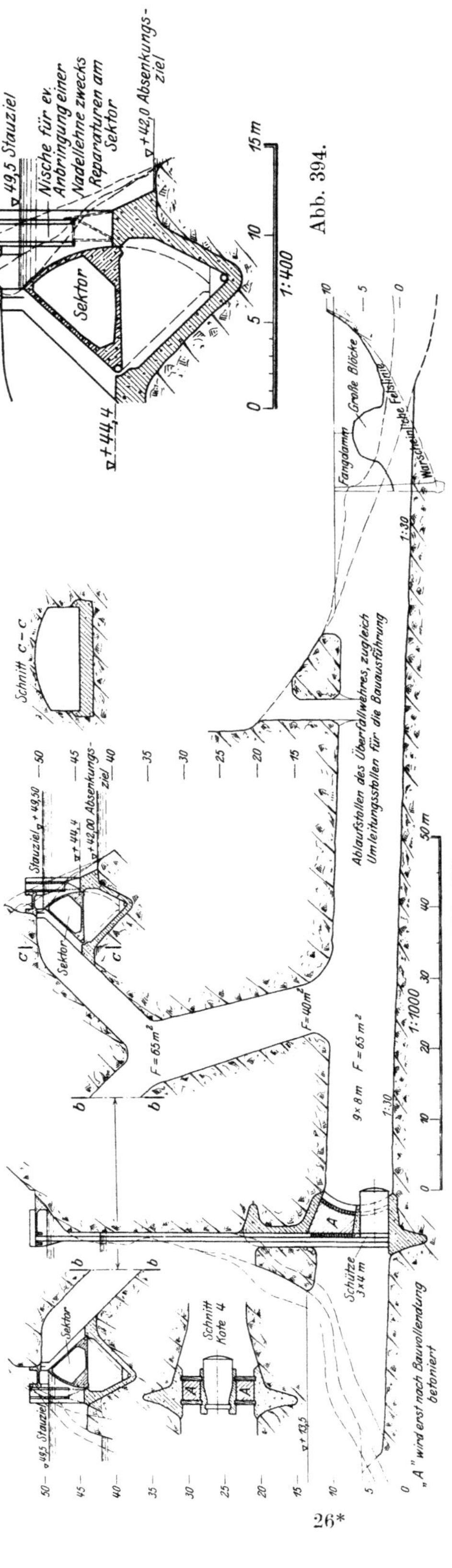

Abb. 394.

Abb. 393.

Abb. 393—394. Aaensire. Endgültiger Ausbauplan. Überlauf- und Regulierungswehr samt Umleitungsstollen. (E.W. Stavanger.)

Der Fluß soll etwa 1 km abwärts vom Lundensee und 1 km oberhalb der Mündung ins Meer durch eine gegliederte Staumauer (Eisenbeton) gestaut werden. Der natürliche mittlere Seespiegel ist +46 m. Die Grenzwasserstände nach der Regulierung sollen + 49,5 und + 42 sein. Die Anlage wird mit regul. NNQ = 41 eine ständige Dauerleistung von 21000 PS geben. Der Maschineneinbau ist mit Rücksicht auf

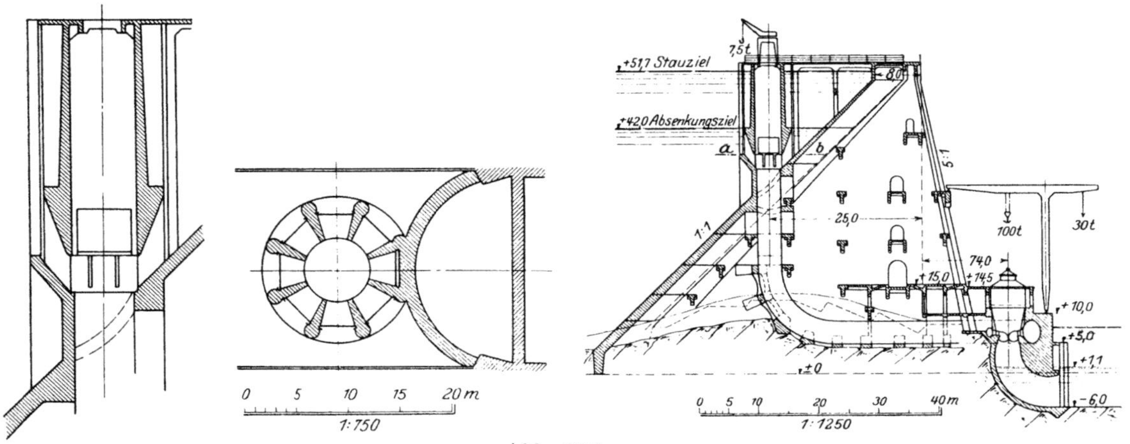

Abb. 395.

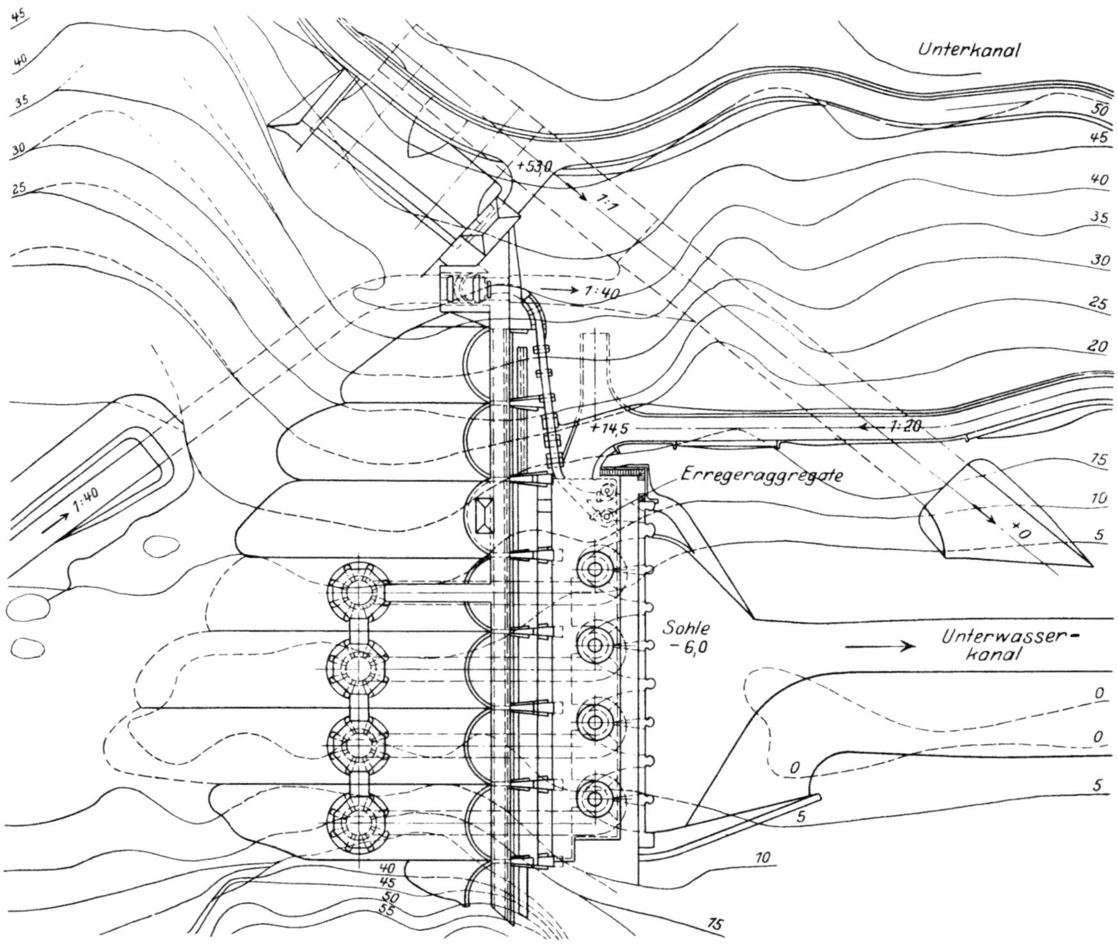

Abb. 396.

Abb. 395—396. Aaensire. Wahlentwurf des Talsperrenkraftwerks mit Einlauftürmen. (E.W. Stavanger.)

die vollkommene Tagesspeicherfähigkeit mit 2×20000 PS geplant. Bei voller Regulierung (700 hm³) soll die ständige Energie 47000 PSJahr und der Maschinenausbau etwa 100000 PS sein.

Abb. 389, 390, 391, 392, 393, 394 zeigten den zur Ausführung bestimmten Entwurf, das Ergebnis sorgfältigen Studiums; die einzelnen Etappen werden nachher kurz skizziert.

Es handelt sich um ein Talsperren-Staukraftwerk in Verbindung mit einer Absenkung des Lundensees und auch des Unterwassers durch einen Unterwasserstollen und anschließenden Felseinschnitt. Die Übersicht zeigt auch den als Einfachbogensperre geplanten Baufangedamm, der nach Vollendung der Arbeit stehenbleiben soll, den Umleitungsstollen mit Voreinschnitt, der sich

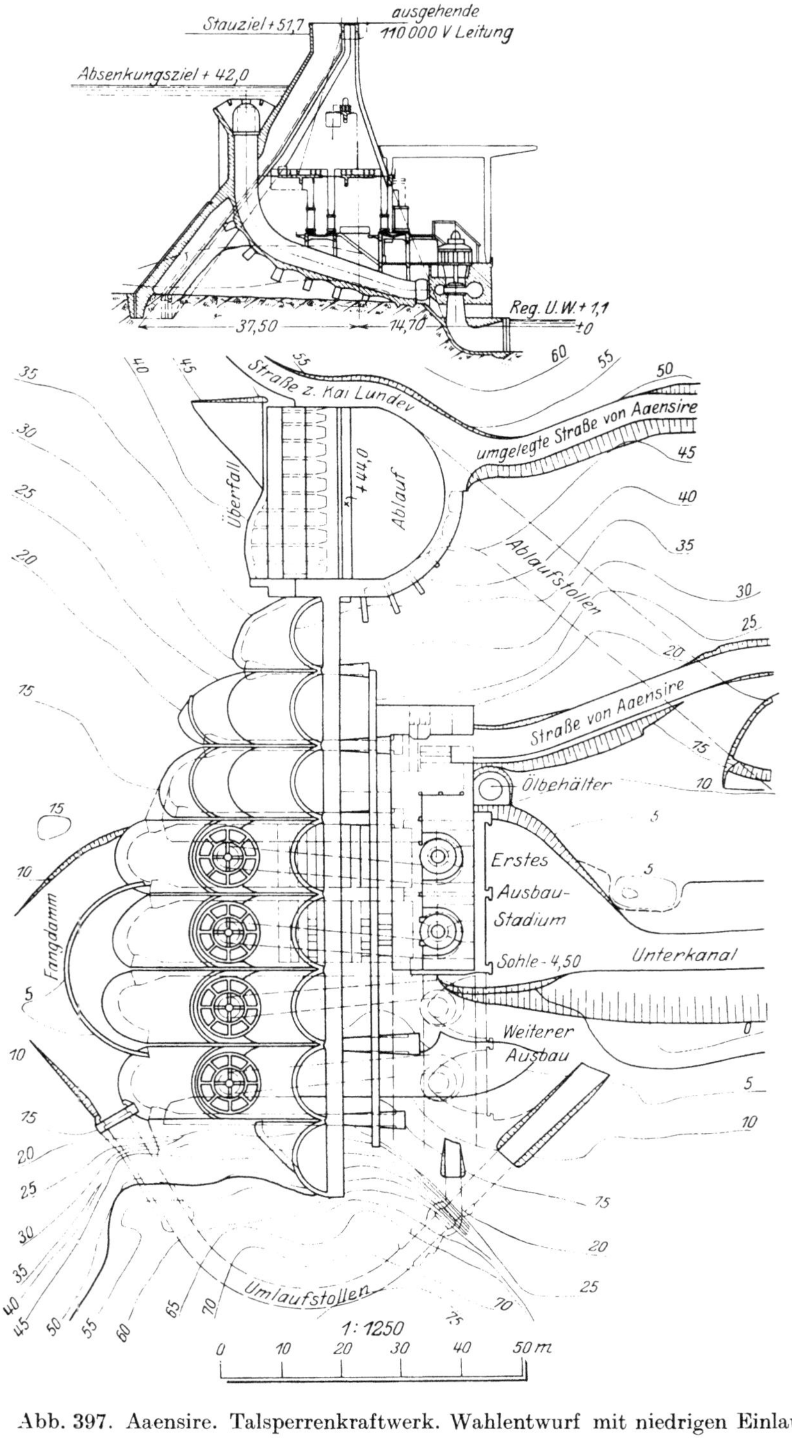

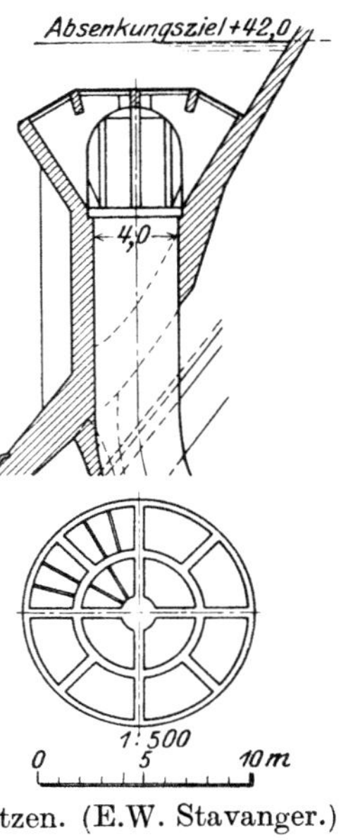

Abb. 397. Aaensire. Talsperrenkraftwerk. Wahlentwurf mit niedrigen Einlaufstutzen. (E.W. Stavanger.)

nach kurzem Lauf mit dem Ablaufstollen des Entlastungsüberfalls vereinigt. Die einzelnen Gewölbe der 50 m hohen Sperre haben kreisförmige Durchbrechungen zur

Durchführung der stählernen Turbinenrohre ($D = 4$ m). Die Kraftstation nebst Umspann- und Schaltanlage (Abb. 392 u. 391) ist unmittelbar an die Talsperre angebaut gedacht. Die Eisenbetondecken und Dachkonstruktionen dienen als Queraussteifung der Staumauerkonstruktion. Die Anordnung der elektrischen Einrichtungen ist so gewählt, daß in jedem einzelnen Felde zwischen je zwei Pfeiler die zu dem betreffenden Maschinensatz gehörigen Umspanner, Öl-, Trennschalter usw. untergebracht sind. Die Umspanner stehen auf Maschinenflurhöhe, von diesem nur durch eiserne Rolläden getrennt, so daß sie durch den Maschinenraum nach der seitlich angebauten Werkstätte befördert werden können.

Nicht minder interessant als der endgültige Entwurf sind die verschiedenen im Laufe der Bearbeitung ausgeschiedenen Wahllösungen: Der erste noch im Krieg verfaßte Plan sah den Bau der Talsperre unmittelbar am Lundensee vor und leitete das Wasser durch Triebwasserstollen, Wasserschloß, Turbinenrohrleitung nach dem weiter abwärts angeordneten Krafthaus. Diese in den Denkschriften kurz als „Stollenentwurf" bezeichnete Lösung hat gegenüber der endgültigen den schwerwiegenden Nachteil geringerer Anpassungsfähigkeit an die Zunahme des Energiebedarfs. Der zweite Ausbau des Stollenentwurfs würde je PS genau soviel kosten als der erste, vorausgesetzt, daß die Triebwasserstollen nicht von Anfang an für die höchste Wassermenge bemessen wären; andernfalls würde natürlich der erste Ausbau unverhältnismäßig teuer und der Zinsverlust in der Anlaufzeit groß.

Nach der grundsätzlichen Entscheidung für ein Talsperrenkraftwerk wurden zwei wahlweise mögliche Lagen der Talsperre untersucht. Die eine entspricht dem oben beschriebenen endgültigen Entwurf; die andere Lösung wählte eine andere Talenge, 600 m flußabwärts. Für die untere Stelle sprach die sehr weitgehende Einschränkung der Arbeiten für die Senkung und Ableitung des Unterwassers, die bei der oberen Stelle sehr wesentlich ins Gewicht fallen. Dafür wurde an der unteren Stelle die Sperre um 16 m höher. Der Kostenvergleich entschied für die obere Baustelle. Diese Wahl erwies sich dann noch ganz besonders glücklich insofern, als die durchgeführten, sehr eingehenden geologischen Aufnahmen hier durchweg nur festen unzerklüfteten Felsen gezeigt haben.

Ähnlich eingehend wurde eine wichtige konstruktive Einzelheit, die Wasserentnahme aus dem Speicher studiert; zunächst war die Wasserentnahme durch besondere Türme (Abb. 395, 396) vorgesehen. Diese Lösung ließ indes eine ungleichmäßige Einströmung und zwischen und hinter den Türmen starke Absenkungen befürchten. Man hat daher die Türme, trotz ihrer sonstigen Vorzüge, fortgelassen, wodurch auch die Staugewölbe etwas entlastet wurden, und sah zunächst einen niedrigen Einlaßaufsatz (Abb. 397) vor. Da dieser Lösung noch der Nachteil der elliptischen Durchbringung zwischen Triebwasserleitung und Staugewölbe anhaftete, hat man im endgültigen Projekt die einfache Lösung nach Abb. 392 gewählt: die Einlauföffnung ist hier kreisförmig, sie ist durch aufziehbare Feinrechen gedeckt und durch oberhalb der Öffnung liegende Fallschützen verschließbar. Vorkehrungen gegen Eis sind überflüssig, da das Werk im milden Küstenstrich liegt, wo die Temperatur selten unter $+15^{0}$ C sinkt.

Die Verwirklichung des Entwurfs befindet sich im Stadium der ausführlichen Bauvorarbeiten. Die gesamten Entwurfsarbeiten, die Baustellen und Laboratoriumsuntersuchungen werden von Civ.-Ing. Haavardsholm, Oberingenieur von Stavangers Kraftanlägg, geleitet.

Von der zu erzeugenden Energie, im ersten Ausbau 127 Mio. kWh, soll mehr als die Hälfte für die Stromversorgung von Stavanger und Umgebung dienen, der Rest aber an eine elektrische Hütte abgegeben werden.

Unterlagen:

Briefliche Mitteilungen und im Manuskript befindliche Aufsätze des Obering. Haavardsholm nebst den endgültigen Plänen und Lichtbildern. Ferner: von den Ingenieuren Karl Baalsrud, August Grunderson og Erling Gjestland: „Betänkning Vedr. Stavanger og Sør-Rogaland Kraftforsyning", April 1923. — Gutachten von Baudirektor Dr. Dr. E. Link-Essen. — Link, E.: „Ein norwegisches Großkraftwerk mit einer Talsperre in aufgelöster Bauweise", Deutsche Wawi. April 1922, S. 46ff.

2. Die Wasserkräfte der Otra.

Das Otraeinzugsgebiet streckt sich ähnlich dem der Sira als schmaler Streifen nach Süden. Die Verteilung der Wasserkräfte ist insofern günstig, als etwa ⅔ davon in den 6 untersten Fallstufen liegen. Der Rest ist allerdings auf sehr viele kleine und mittlere, meist weniger ausbauwürdige Stufen verteilt. Der Wert der 6 untersten, eine Gesamtfallhöhe von rd. 160 m darstellenden Stufen ist dadurch noch erhöht, daß sie unterhalb bedeutender gut regulierbarer Seen liegen. Der wichtigste See ist der 34 km lange Byglandsfjord, 40 km² groß. Diese günstigen natürlichen Verhältnisse und das Vorhandensein der Hafenstadt an der Otramündung haben frühzeitig zur Nutzung dieser Wasserfälle geführt, dagegen sind die viel kleineren Kräfte des Otramittel- und -oberlaufs überwiegend noch ungenutzt.

Abb. 398. Nomeland. Unterwassergesamtansicht. (E.W. Kristiansand.)

Von den 6 Stufen des Unterlaufs sind vier ausgenutzt (allerdings nicht voll), und zwar von oben nach unten: Kattefors, Nomelandsfoss, Röiknes-Fidfefoss: vom städtischen E.W. Kristiansand; Hunsfoss, Vigelandsfoss: von großindustriellen Werken. Das Einzugsgebiet ist hier im Unterlauf sehr schmal, so daß praktisch alle 4 Kraftwerke gleiche Wasserführung haben; die Einzugsfläche ist bei Nomeland 3316 km², bei der Mündung 3560 km². Die natürliche Niederstwassermenge war etwa 10 bis 15 m³/sek.

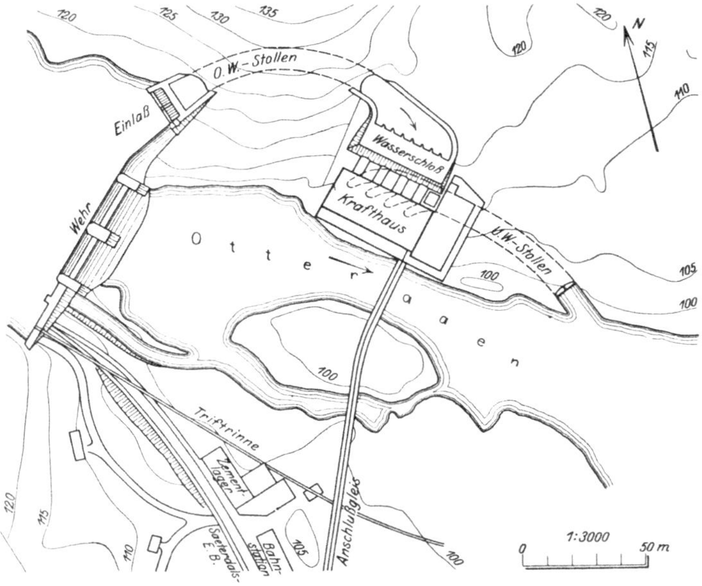

Abb. 399. Nomeland. Übersichtsplan. (Verw.)

Die Regulierung der Seen, hauptsächlich des Byglandsfjord, in mehreren Baustufen von einer Vereinigung der drei interessierten Wasserkraftbesitzer durchgeführt, hat einen Gesamtspeicherraum von 360 hm³ geschaffen, und die Erhöhung der Niedrigstwassermenge auf 55 m³/sek ermöglicht[1]. Die obere der beiden städtischen Anlagen, Nomelandanlage genannt, hat 20 m Fallhöhe (Abb. 398, 399) und ist besetzt mit wagrechten Zweirad-Francis-Frontalturbinen zu 7500 PS. Später soll eine vierte Maschine gleicher Konstruktion eingebaut werden. Der Regulierung und Wasserfassung dient ein Walzenwehr und ein durch Rechen gedeckter Einlauf (Abb. 400). Die Rechentafeln ragen

[1] Brief des E.W. Kristiansand; im staatlichen Kraftwerksverzeichnis abweichend davon 65 m³/sek angegeben.

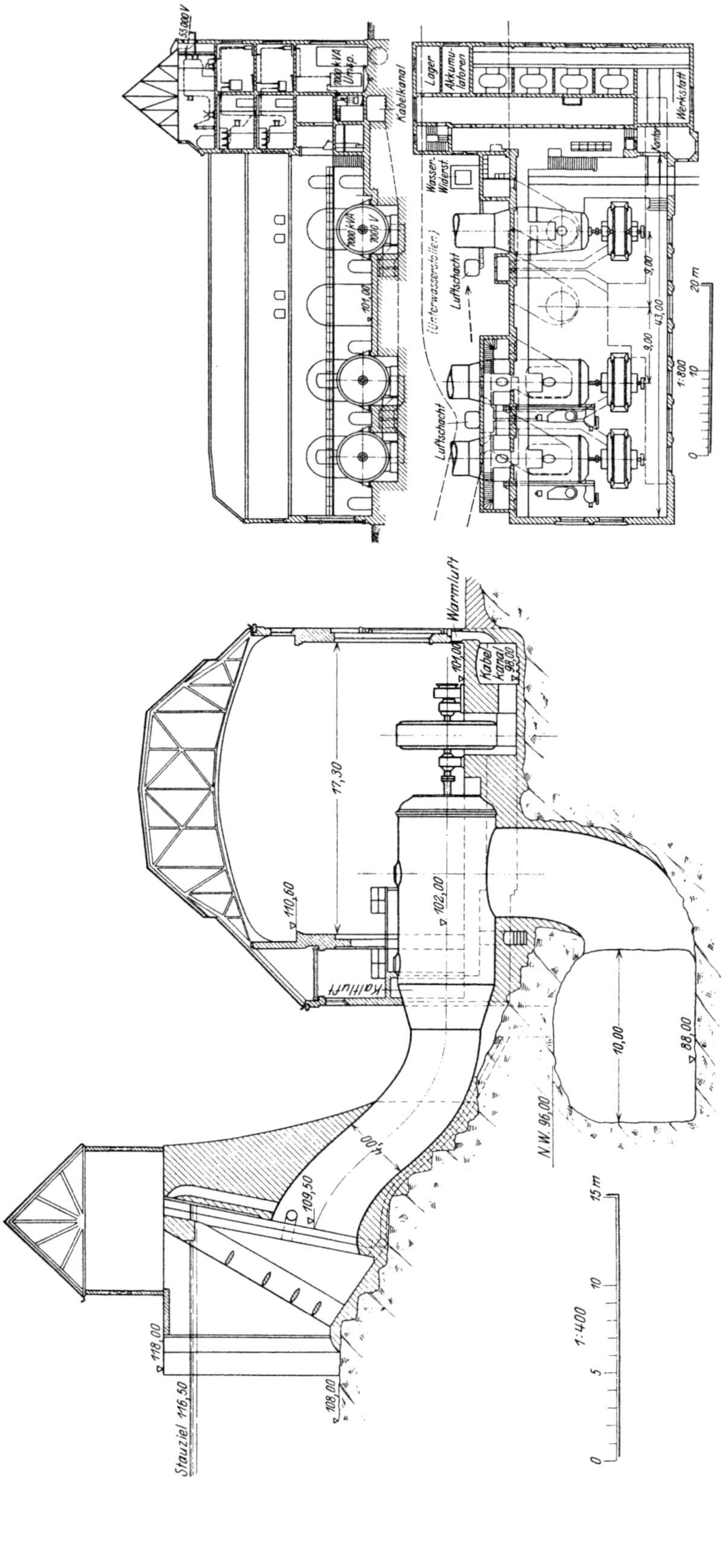

Abb. 400. Nomeland. Kraftwerk. Längsschnitt, Grundriß u. Querschnitt. (E.W Kristiansand.)

nicht aus dem Wasser heraus, was sich als Mittel zur Verhütung der Eisbildung sehr bewährt hat. Das Werk ist 1920 in Betrieb gekommen.

Das andere städtische Werk heißt nach der benachbarten Ortschaft Kringsjåanlage; es nutzt von der ganzen Fallstufe von 57 m nur rd. 13 m aus. Die Turbinenanlage umfaßt 6 Turbinen verschiedener Konstruktionen mit insgesamt 9200 PS. Das Werk ist schon 1900 erbaut und 1907 und 1912 erweitert worden (Abb. 401).

Diese beiden miteinander nach Bedarf parallel arbeitenden Werke liefern Strom für die Stadt Kristiansand und Umgebung, ferner beliefern sie einige große Fabriken, unter denen die bedeutendste, ein Ferrosiliziumwerk, bis 5000 kW abnimmt. Schließlich geben die Werke auch Strom an das Leitungsnetz des E.W. von Vest Agder-Fylke für ländliche Eltversorgung ab.

Wenige Kilometer unterhalb des Werkes Kringsjå nutzt das Hunsfosswerk eine Fallstufe von 12 m mit einer regul. NW-Leistung von 7000 PS aus. Die Turbinen entwickeln 8000 PS. Die Wasserkraftanlage gehört zu einer Holzbearbeitungsfabrik, ist 1884 erbaut, 1913 und 1916 erweitert.

Die unterste Otrastufe, **Vigelandfoss,** hat 18 m Fallhöhe und eine regul. NW-Leistung von rd. 10000 PS (Einzugsgebiet 3800 km² mit 133 m³/sek

= MQ). Sie wurde schon Ende des vorigen Jahrhunderts für Sägewerksbetrieb im Kleinen ausgebaut, dann aber 1910 von derselben Firma durch einen großen Neubau für Aluminiumerzeugung ersetzt, der die Wasserkraft vollkommen ausnutzt. Abb. 402 zeigt die allgemeine Anordnung zwei fester Wehre beiderseits einer kleinen Insel, Nadelwehraufsätze, Einlaß auf dem linken Ufer, kurzen Oberkanal, z. T. im Stollen, für 80 m^3/sek, Wasserschloß, 4 (heute 5) Turbinenrohre, Krafthaus unmittelbar am Flußbett. Die Aluminiumfabrik ist (ähnlich bei Rjukan II) unmittelbar vor dem Krafthaus, dem Gelände angepaßt, erhöht angeordnet (Abb. 403). Die Maschinenanlage umfaßt fünf gleiche Einheiten: Doppel-Francisturbinen in Blechspiralen, je 3000 PS (Bell in Kriens) für $H_n = 18{,}0$, $Q = 15{,}5$, $n = 220$ mit Gleichstromerzeugern zu 2000 kW, 250 V, 8000 Amp. Gleichzeitig mit dem Neubau des Hauptwerkes wurde die auf demselben Ufer vorhandene Wasserkraftanlage der alten Sägemühle umgebaut und auf

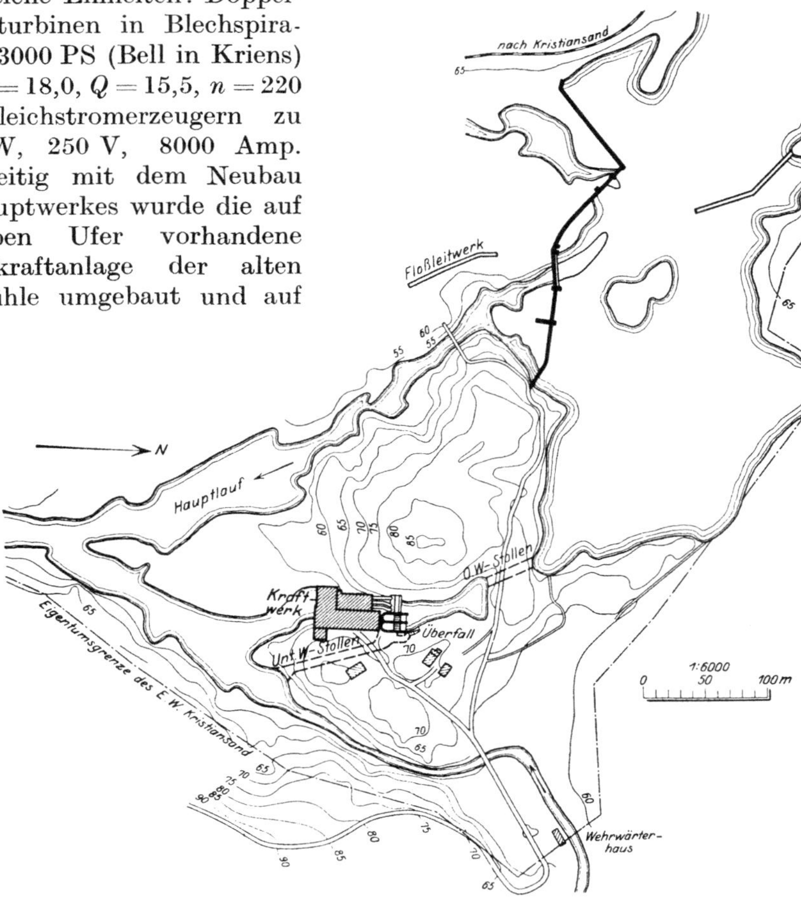

Abb. 401. Kringsjåa. Übersichtsplan. (Verw.)

2000 PS gebracht. Diese sogenannte Hilfszentrale ist mit dem Sägewerk, mit einem Reserveofenhaus und auch mit dem Hauptofenhaus durch Kabel verbunden, so daß die beiden Kraftwerke sich gegenseitig aushelfen können. Die Hilfszentrale enthält eine Francis-Zwillingskesselturbine (Jensen og Dahl-Kristianssand) von 2000 PS, $n = 270$. Mit Rücksicht auf die relative Länge der 2,2 m weiten Druckleitung ($v = 3{,}5$ m/sek!) ist ein Druckregler für die volle Turbinenwassermenge 11 m^3/sek angeordnet. Der Gleichstromerzeuger hat 280 V und 8000 Amp. Das ganze Werk ist für eine Jahresleistung von 2400 t Aluminium bemessen[1]. Der Entwurf der Gesamtanlage stammt

[1] Ausführliche Beschreibung in Schweiz. Bauzg. 1913, S. 1ff. Angaben enthält auch das staatliche Kraftwerksverz., jedoch nicht zutreffend bezügl. der Energieverwendung.

von der englischen Abteilung der Maschinenfabrik Oerlikon. Neuerdings[1] ist geplant, Wasserkraftanlage und Fabrik wesentlich zu erweitern, so daß die Jahresleistung um rd. 1000 t erhöht würde.

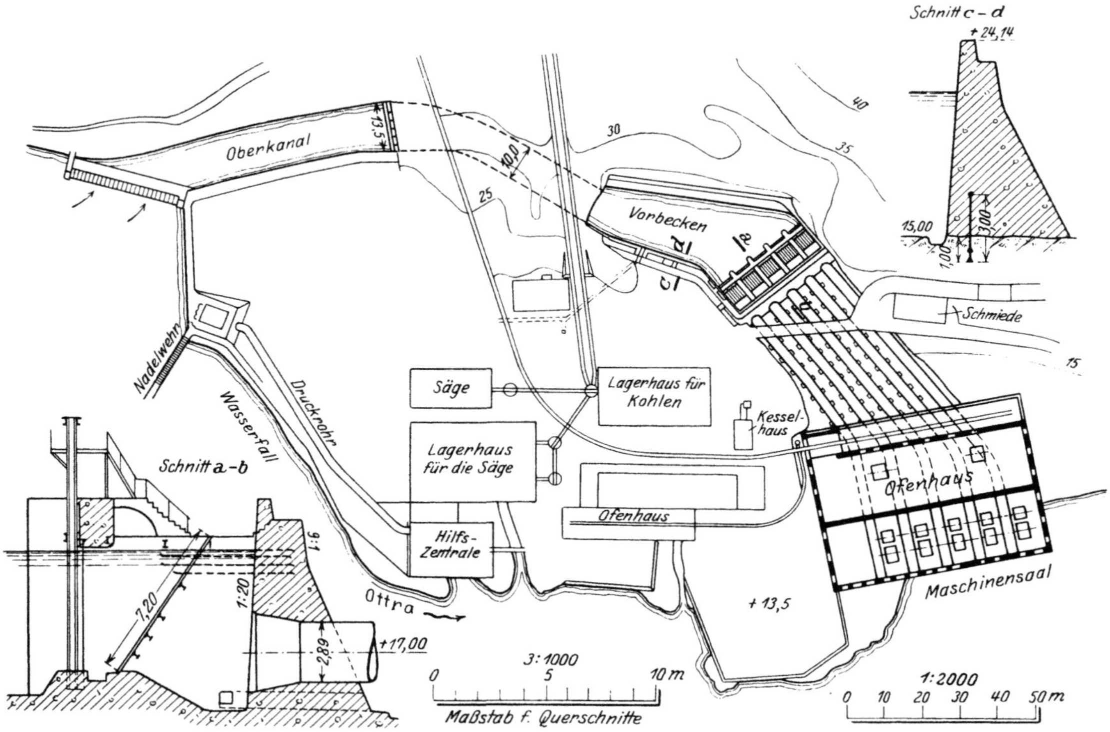

Abb. 402. Vigelandsbruk. Lageplan. (Schweiz. Bzg.)

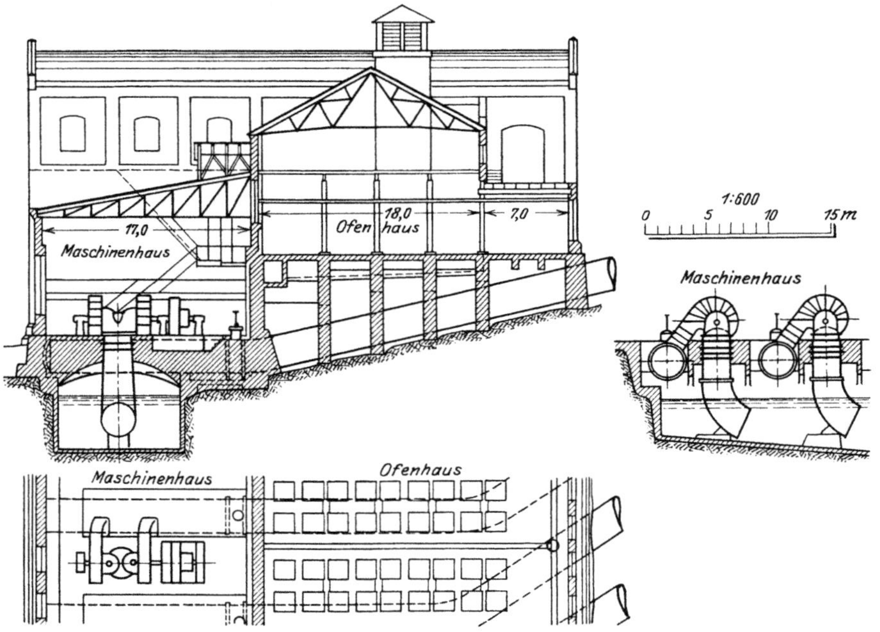

Abb. 403. Vigelandsbruk. Krafthaus-Schnitte, Längsschnitte und Grundriß. (Schweiz. Bzg.)

[1] „Aluminium Industrien i Norge". Tekn. Ukebl. 3. XII. 1926.

3. Arendalsvassdraget.

Unter diesem Namen werden zwei Gebirgsflüsse, Nisserelven und Fyreselven, zusammengefaßt, die sich zu dem wasserreichen Nidelv vereinigen. Nisserelv und Fyreselv, beide im telemarkischen Gebirge entspringend, sind hauptsächlich in den Mittelläufen außerordentlich seenreich. Die größten Seen im Nisserelv sind Nisservand (255 m) und Vraavand (260 m ü. d. M.); beide sind fjordartig, nur durch eine ganz kurze Stromschnelle geringer Höhe getrennt, zusammen 50 km lang und 100 km^2 groß. Der größte See des Fyreselv: Fyresvand, liegt 280 m ü. d. M. und ist 27 km lang, 42 km^2 groß. Im vereinigten Nidelv liegen keine ähnlich großen Seen.

Von den Wasserkräften des ganzen Arendalgebietes liegt rd. die Hälfte im Nidelv, und zwar in seinem Unterlauf. Im ganzen sind schon ziemlich viel Wasserfälle ausgebaut, aber meist nur zu einem Bruchteil der verfügbaren Leistung. Ein nennenswerter Teil der verfügbaren Gesamtenergie ist nur im Unterlauf des Nisserelv und im Nidelv ausgenutzt.

Unter den ausgebauten Wasserkräften sind die drei größten besonderer Erwähnung wert:

1. Das kommunale E.W. Högefoss von Aust Agder-Fylke im Nisserelv, wenige Kilometer oberhalb seiner Vereinigung mit dem Fyreselv,
2. im Nidelv-Unterlauf das große Werk Böilefoss der Arendals Fosse Co.
3. Die Wasserkraftanlage der A. S. Rygene Trämassefabrik nutzt den Rygenefoss aus, hat 10000 regul. NW-PS und eine Maschinenleistung von über 12000 PS, wovon etwa die Hälfte für die Holzmassefabrik am Platze, der Rest für allgemeine Eltversorgung dient.

Die Überlandzentrale Högefoss des kommunalen E.W. Aust-Agder erfaßt das ganze Einzugsgebiet des Nisserelv von 1285 km^2. Wasserführung vor der Regulierung: $NNQ = 2$ bis 3; $HQ = 197$; $HHQ = 350$; $MQ = 35{,}7\ m^3/sek$ (Angaben aus dem Beobachtungsabschnitt 1901/12). Die erwähnten beiden Seen des Nissergebietes wurden reguliert und zu einem Speicherraum von 270 hm^3 (0,24 des mittleren Jahreszuflusses) ausgebaut. Die Regulierung ist in Gemeinschaft mit den Interessenten am Nidelv durch eine Kraftwerksbesitzervereinigung (Arendalsvassdraget Brugseier-Forening) durchgeführt. Die Niedrigwasserführung ist dadurch auf 26 m^3/sek erhöht. Das Werk nutzt die unmittelbar hinter dem kleinen Kjörruldvatn beginnende Stromschnellengruppe mit 65 m Fallhöhe auf 2 km Länge mit einer ständigen regul. NW-Leistung von rd. 17000 PS aus. Abb. 404, 405, 406, 914 zeigen eine Stollenmitteldruckanlage üblicher Anordnung. Die Wehranlage am Auslauf des Kjörruldvatn war ursprünglich als Walzenwehr geplant, doch hat man im Hinblick auf die starke Dämpfung der Wasserführungsschwankungen durch den See sich (mit Recht) für die billigere Anordnung eines Schützenwehrs entschieden. Die Wehranlage enthält noch einen im Hinblick auf die bedeutenden Spiegelunterschiede im Kjörruldsee regulierbaren Einlauf zu einer 2,5 km langen Triftrinne (Abb. 407, 908). Diese ermöglicht eine außerordentliche Wasserersparnis gegenüber der Trift im wilden Bett, da sie nur 1 m^3/sek benötigt. Der Flößereibetrieb ist so eingerichtet, daß im großen Nisservatn bis zu 120000 Stämme gesammelt werden, worauf das Nisserregulierungswehr ganz geöffnet und das Holz mit 80 m^3/sek in 24 bis 36 Stunden bis zum Kjörruldvatn abgeschwemmt wird. Damit diese große Wassermenge für die Kraftnutzung nicht verloren geht, wird

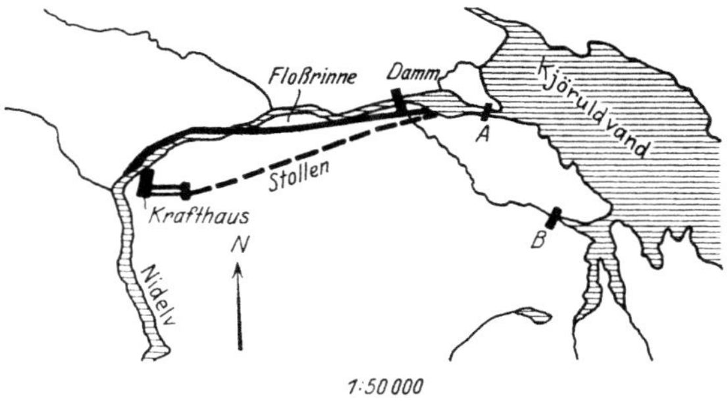

Abb. 404. Högefossen. Übersichtsplan. (Verw.)

sie im Kjörruldvatn durch Aufstau bis zu etwa 2 m wieder gespeichert. Zu dem Zweck richtet man sich vor Beginn des Flößens derart ein, daß der Kjörruldvatn 220 m ü. d. M. gehalten ist.

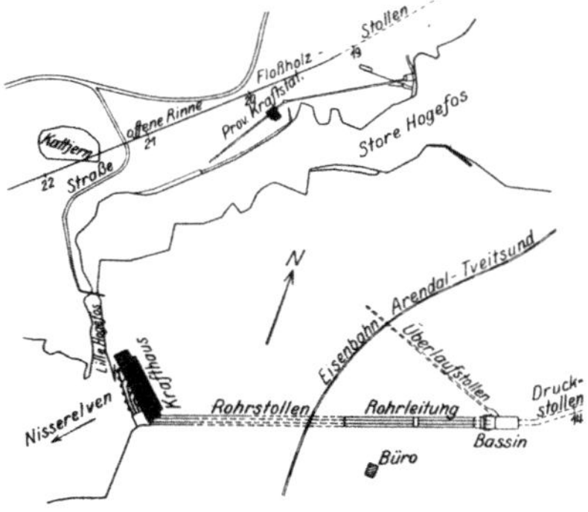

Abb. 405.

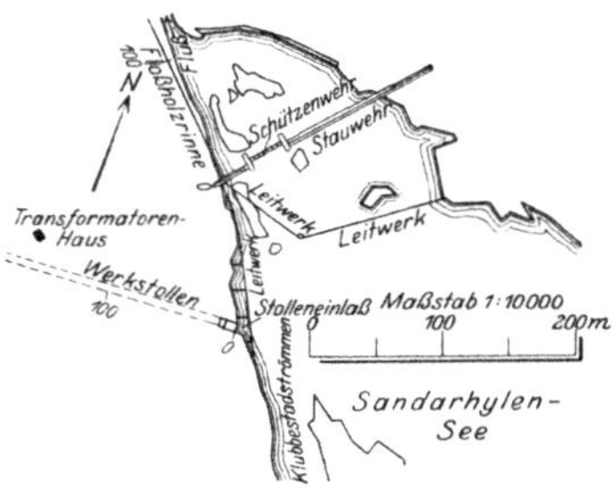

Abb. 406.

Abb. 405—406. Högefossen. Lageplan von Wasserfassung und Kraftwerk. (E. W. Aust-Agder.)

Das Kraftwerk ist für 7 Maschinen zu je 3500 PS erbaut, von denen bis jetzt nur 5 (zusammen 17500 PS) aufgestellt sind (Abb. 408). Der in 6 kV erzeugte Drehstrom wird größtenteils auf 60 kV umgespannt. Das Werk versorgt einen großen Teil der Gemeinden von Aust-Agder-Fylke. Die Hochspannungsleitungen führen teils 60, teils 22 kV. Das Werk ist 1917/19 unter Leitung von Generaldirektor Blakstad erbaut[1].

Die Wasserkraftanlage Böilefoss, 1911/13 erbaut, liegt 20 km oberhalb der Mündung des Nidelv. Durch Seeregulierungen im Oberlauf ist MNQ auf 50 m³/sek gebracht; HHQ = 1000 m³/sek. Das Wasser wird oberhalb der Stromschnellen durch ein 16 m hohes Betonwehr mit luftseitiger Granitverkleidung aufgestaut. Das Stauwerk hat 7 Nadelwehröffnungen von je 24 m² und 4 Schützenöffnungen von je 12 m², außerdem einen Grundablaß von 15 m². Ferner ist noch ein Schütz von 3 m² für das Triften und eine Triftrinne von 0,72 m² 2 km lang vorhanden. Vor dem Einlauf des 1560 m langen Niederdruckstollens sind Grobrechen und Absperrschützen angeordnet; letztere mit 30 m² Gesamtquerschnitt. Das Stauziel liegt auf + 120, und bei 50 m³/sek Wasserführung ist die Fallhöhe 62,0 m. Der Stollen (28 m²) führt zu einem offenen Wasserschloß zwischen Betonmauern und von da gehen drei 250 m lange Siemens-Martin-Stahlrohre zum Krafthaus. 2 Rohre haben 3,5, das dritte 4,0 m Anfangsdurchmesser. Das Krafthaus enthält 5 Turbinen zu 5000 PS und 2 zu 6500 PS nebst Erregerturbinen von je 500 PS. Alle 7 Stromerzeuger haben 4750 kVA, sechs 25, einer 50 Per./sek. Jeder Stromerzeuger bildet mit seinem Umspanner von 4750 kVA eine Einheit. Durch ein Doppelsammelschienensystem können sie beliebig auf die 4 abgehenden Leitungen geschaltet werden (Abb. 409).

Abb. 407. Högefossen. Ansicht der Wasserfassung. (E. W. Aust-Agder.)

Abb. 408. Högefossen. Ansicht des Krafthauses. (E. W. Aust-Agder.)

Die sechs 25 periodigen Stromerzeuger arbeiten parallel mit:

[1] Briefl. Mitteilungen und Pläne von Aust-Agder-Eltwerk.

1. Dem Rykenewerk der Firma Smith und Thomessen (2 Turbinengen. zu 2500 kW). Rykene lieferte 1928 etwa 3700 kW an Böilefoss; die Restenergie wird in eigener (1914 erbauter) Holzschleiferei ausgenutzt.

2. Flatenfosswerk der Arendals Fossekompani (1 Turbinengen. von 4400 kW, $H = 10$ m, $Q = 50\,m^3$/sek), erbaut 1927. Die Energie aus dem 25 per. Betrieb wird geliefert an: Norske Nitridaktieselskap in Eydehavn (19000 kW) für Aluminiumerzeugung und an die A.G. Arendal Smelteverk Eydehavn (5200 kW) für Sika- und Ferrosiliziumerzeugung. Der siebente (50 per.) Stromerzeuger von Böilefoss (3500 kW) arbeitet parallel mit dem 1904 erstellten Kraftwerk des städt. E.W. Arendal (2 Stromerzeug. zu 1250 kW). Ein in der Schleiferei Rykene stehender 1000-kW-Stromerzeuger übernimmt die Spitzenleistungen dieses 50 per. Netzes, dessen Energie an die Städte Arendal, Grimstad, Tvedestrand und Risör geliefert wird, während das umliegende Land vom Aust-Agder-Kraftwerk versorgt wird[1].

Abb. 409. Böilefossen. Ansicht des Krafthauses. (Verw.)

4. Zusammenfassung.

Im ganzen sind die Wasserkräfte des südlichsten Norwegens noch vergleichsweise sehr wenig ausgenutzt. In der bisherigen und nächsten Entwicklung spielt die allgemeine Eltversorgung (mit sehr hohen Kopfquoten) die wichtigste Rolle; aber auch Wasserkraftindustrien sind vereinzelt ziemlich stark vertreten, darunter an erster Stelle die elektrometallurgische, hauptsächlich: Aluminiumindustrie. Die beiden Aluminiumfabrikon dieses Abschnittes liefern nahezu ⅓ der gesamten Aluminiumerzeugung Norwegens.

21. Abschnitt: Das Skienstromgebiet.

1. Allgemeines.

Skien heißt der kurze Abfluß des Norsjö (60 km², 15,0 m ü. d. M.) (Abb. 410). Im Norsjö und dem durch Kanalisierung auf gleiche Höhe gebrachten Hitterdalsvatten vereinigen sich vier Flüsse, der Größe nach geordnet: Tinnelv, Hädöla, Bandakvassdrag oder Eidsfluß und, vom Standpunkt der Wasserkraftwirtschaft ziemlich unbedeutend: Böelv.

Das fast ganz in Telemarken liegende Einzugsgebiet von 10658 km² reicht bis ins westliche Hochgebirge Norwegens. Die Quellen liegen zum Teil in der Nähe des Särfjord, eines Armes des Hardanger, somit unweit der Westküste. Der überwiegende Teil der mächtigen Wasserkräfte liegt aber weder in diesem küstennahen Hochgebirge noch in Strommündungsnähe, sondern ganz im Binnenland.

Die Verkehrsverhältnisse sind infolgedessen der Entstehung der großen, von Samuel Eyde und Birkeland geschaffenen Stickstoffindustrie im vormals fast ganz öden oberen Tinnelvtal bei Rjukan nicht eben günstig gewesen. Zwar ist der Unterlauf des Skien bis Notodden 1854/60 kanalisiert, ebenso um 1890 des Eidsfluß, aber von der jungen Fabrikstadt Notodden nach Rjukan ist Bahntransport nötig

[1] Nach schriftlicher Mitteilung von Arendals Fossekompani.

(bis zum Tinnsjö Eisenbahn, dann Dampffähre über den langen See und wiederum Eisenbahn, elektrische Privatbahn der Norsk Hydro).

Diese wenig günstigen Verkehrsbedingungen wurden aber, wenigstens fürs erste, durch die hervorragend günstigen Naturbedingungen der Wasserkräfte im Tinnelv ausgeglichen.

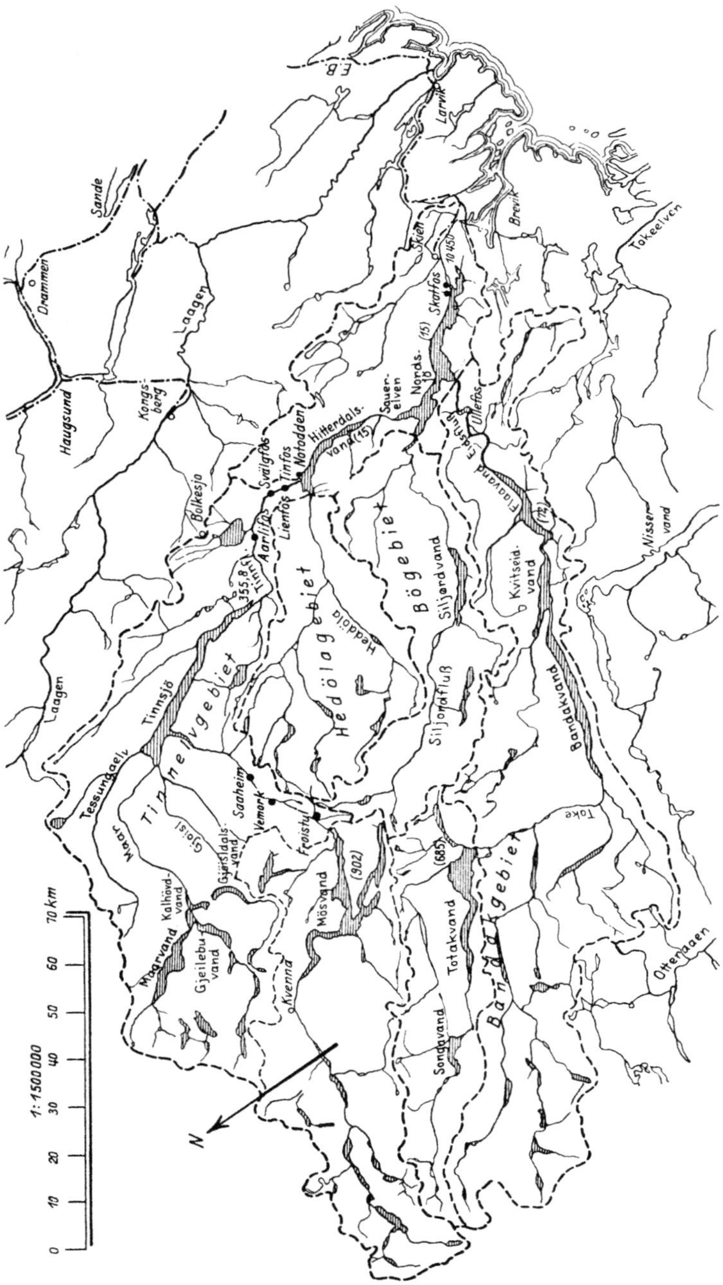

Abb. 410. Einzugsgebiet des Skien-Stromes. (Prof. Reichel.)

Die Verteilung der Wasserkräfte auf die vier Teilgebiete und auf den Hauptstrom ist nach den amtlichen Statistiken etwa folgende:

Skien-Hauptstrom samt Nebenbächen	3%
Tinnelv samt Nebenflüssen	51%
Hädöla samt Nebenbächen	6%
Bandakvassdrag samt Nebenflüssen	39,5%
Böelv samt Nebenbächen	0,5%[1]

Der Reichtum an Wasserkraft und Wäldern ließ früh eine bedeutende Holzindustrie entstehen; Holzveredlungsfabriken bilden auch heute noch die Mehrzahl der Fabrikunternehmungen im Skiengebiet. An Größe und volkswirtschaftlicher Bedeutung wurden sie indes in den letzten 20 Jahren durch die großen elektrochemischen Werke von Norsk Hydro bei Rjukan weit überflügelt.

Ausgenutzt ist etwas über ⅓ der Wasserkräfte; am geringsten ist die Nutzung in Bandakvassdrag, Böelv, Hädöla. Immerhin treiben diese Flüsse etwa 15, aber durchweg kleinere Anlagen unter 1000 PS. Diese Kleinanlagen dienen meist der Holzveredelungsindustrie, einige auch der Eltversorgung kleiner Ortschaften.

Größtenteils ausgenutzt sind dagegen die Wasserkräfte des Tinnelv und des Skien-Hauptstromes, und zwar in 8 Großanlagen von über 10000 PS Einzelleistung. Darunter dienen 5 für elektrochemische Betriebe und Eisenbahnbetrieb, 2 für Papierfabriken, 1 als große Überlandzentrale.

[1] Die einzelnen Flüsse tragen in ihren verschiedenen Abschnitten vielfach verschiedene Namen.

Das ganze Gebiet ist sehr reich an mittleren und kleineren Seen, die zum Teil im Hochgebirge liegen; auch der Tinnelv und seine Nebenflüsse haben zahlreiche Seen: Mösvatn (55 km^2, rd. 900 m ü. d. M.), Tinnsjö (54 km^2, 190 m ü. d. M.), Hitterdalvatn Nordsjö (rd. 15 m ü. d. M.). Der Tinnelv heißt oberhalb des Tinnsjö Maaneelv. Der Tinnsjö hat einen zweiten außerordentlich seenreichen Zufluß: Maarelv, mit den wichtigeren Seen: Store-Maarvatn, Kaldhövdfjord. Mösvatn, Tinnsjö und die erwähnten Seen von Maarvatn sind reguliert und wichtige Energiespeicher. Abb. 263 zeigt etwas schematisiert die Höhengliederung des Maaneelv-Tinnelv-Skien. Das Einzugsgebiet ändert sich innerhalb jedes dieser drei Abschnitte nur unwesentlich, so daß es zweckmäßig ist, zunächst nur die Wasserführung des Maaneelv und ihren Ausgleich durch den Mösvatn zu besprechen, ferner den Ausbau der Wasserkräfte dieses Stromabschnittes. Tinnelv und Skien sollen hinterher in ähnlicher Reihenfolge behandelt werden:

2. Maaneelv und Mösvatn.

Das Einzugsgebiet des Maaneelv mißt bei seinem Austritt aus dem Mösvatn 1475 km^2, bei seiner Mündung in den Tinnsjö 1715 km^2; da es weit in das westliche Gebirge hinaufreicht, ist es sehr niederschlags- und abflußreich. Die bisher beobachteten Spendengrenzwerte, 3,4 und 264 sl/km^2 entsprechen einer Wasserführung im Oberlauf des Maaneelv von 5 und 390 m^3/sek. Die mittlere Wasserführung ist 48 m^3/sek. Die einzelnen Jahresmittelwerte, gerechnet von Beginn des Frühlingshochwassers bis zum Beginn des nächsten, schwanken zwischen 37 und 67,5 m^3/sek.

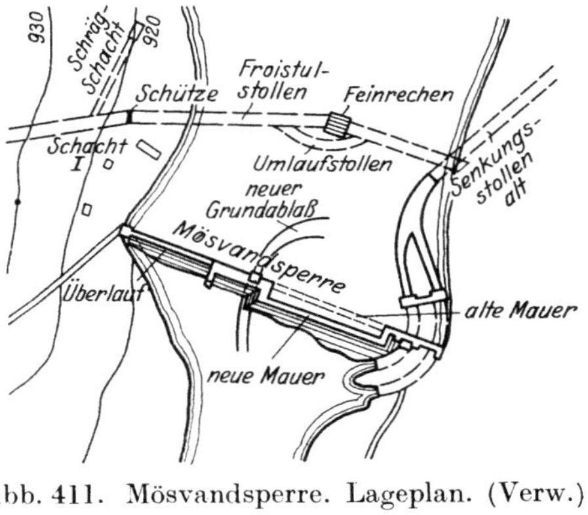

Abb. 411. Mösvandsperre. Lageplan. (Verw.)

Zur Erhöhung der Niedrigwassermenge von Maaneelv, Tinnelv und Skien ist der Mösvatn reguliert. 1903 wurde, hauptsächlich für die Anlagen im Tinnelv und Skien, durch Skiens Brugseier Forening der Bau eines Regulierwehres von 10 m Regulierungshöhe begonnen und 1906 beendet. 1908 wurde dieses Wehr für die Regulierungshöhe 12,5 m erhöht, außerdem wurde durch Anlage eines Entnahmestollens eine Absenkung des Wasserspiegels um 2 m unter den bisherigen Tiefstand ermöglicht. Der gesamte Spielraum von 14,5 m (Grenz-W.Sp. = 900 bis 914,5 m ü. d. M.) ergab einen Speicher von 768 hm^3 (500 mm Abflußhöhe entsprechend). Damit war eine regulierte Niedrigwassermenge zwischen 45 und 54 m^3/sek gesichert.

Die Stauanlage ist 181 m lang und bis zu 25 m hoch (Abb. 411). Sie steht ganz auf Fels. Näheres auch über Umbauten im Abschnitt „Stauwerke". Das Wasser kann durch 4 Öffnungen in das Flußbett abgelassen werden. Bei höchstem Wasserstand wird eine Überfallöffnung von etwa 45 m Länge und Krone auf 912,3 benutzt; sobald sie nicht mehr genügt, wird die mittlere Schützenöffnung (Schwellenhöhe 903,70) benutzt; die durch drei Gleitschützen abschließbar ist. Die Wasserentnahme bei niedrigstem Wasserstand schließlich erfolgt durch 2 Entnahmestollen im Felsufer, deren Schwelle auf 897,5 m liegt; diese zusammen 29 m^2 Querschnitt bietenden, teils ausbetonierten, teils gemauerten Grundstollen sind durch je drei eiserne Rollschützen abschließbar. Seit Inbetriebnahme der nachträglich 1925/27 erstellten Kraftanlage Fröistul dient das Wehr nur noch zum Ablaß überschüssigen Wassers, während das Nutzwasser durch den Druckstollen dieses Kraftwerkes abgezogen wird.

Die Wasserkraftanlagen des Maaneelv.

Von der Gesamtfallhöhe des Maaneelv, rd. 700 m, werden rd. 620 m nutzbar gemacht, und zwar durch die beiden größten Wasserkraftanlagen Skandinaviens: Rjukan I (Vemork) und Rjukan II (Saaheim). In jüngster Zeit ist dazu noch die erwähnte Fröistulanlage gekommen (Abb. 412, 413). Alle drei Anlagen dienen überwiegend der Stickstoffindustrie in Rjukan und gehören der A.S. Rjukan, einer Tochtergesellschaft der Norsk Hydroelektrisk Kvälstof A. S. Der ursprünglich noch geplante Ausbau der untersten Stufe Rjukan III ist neuerdings aufgegeben worden und die planmäßige Entwicklung geht dahin, neue Betriebe in günstigerer Verkehrslage an der Westküste zu eröffnen.

Ursprünglich arbeiteten die Stickstoffabriken Notodden (1907: 30000 PS von Svälgfoss) und Rjukan (1916: 360000 PS von Rjukan I + II, 1926 noch: von Fröistul = 32000 PS) nach dem Lichtbogenverfahren von Birkeland und Eyde, später z. T. auch nach dem von Schönherr (Bad. Anilin- u. S.-Fabr.). Nach der (S. 291 erwähnten) Einigung mit der I. G.-Farben (1927/28) wurde beschlossen, die Rjukanfabriken so umzubauen, daß die Hälfte der verfügbaren Wasserenergie zur elektrolytischen Wasserstoffherstellung für das wirtschaftlichere Haber-Bosch-Verfahren (Hoch-

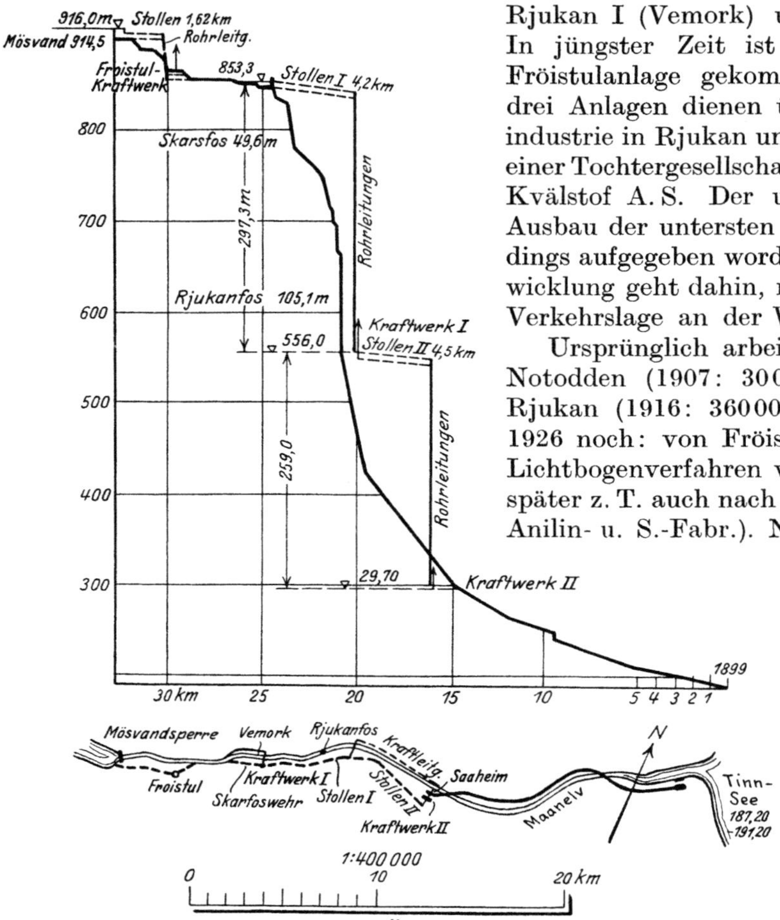

Abb. 412. Rjukanwerke. Übersichtslängenschnitt. (Verf.)

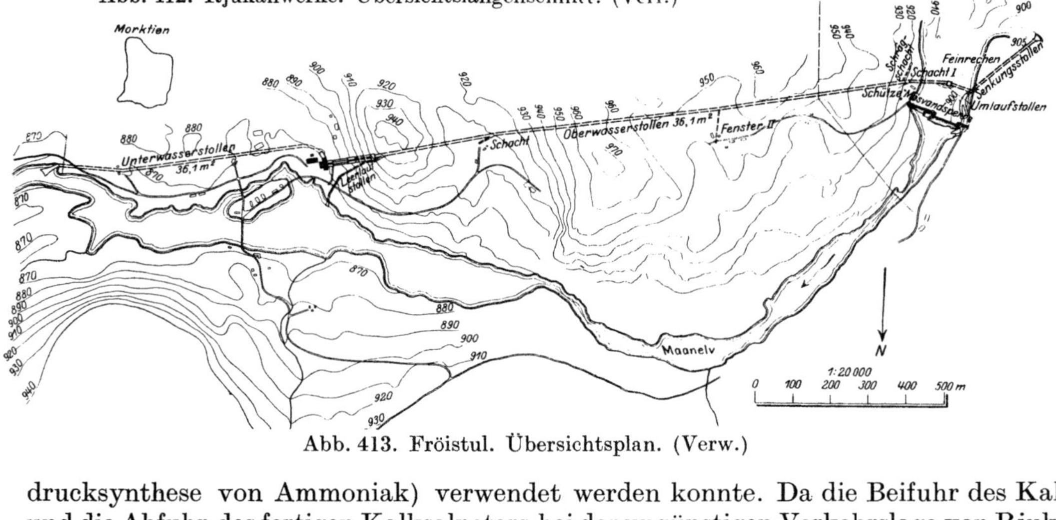

Abb. 413. Fröistul. Übersichtsplan. (Verw.)

drucksynthese von Ammoniak) verwendet werden konnte. Da die Beifuhr des Kalks und die Abfuhr des fertigen Kalksalpeters bei der ungünstigen Verkehrslage von Rjukan die Selbstkosten fühlbar erhöht, ging das Streben des Unternehmens schon lange dahin, das Schwergewicht der Herstellung allmählich an die verkehrs- und wasser-

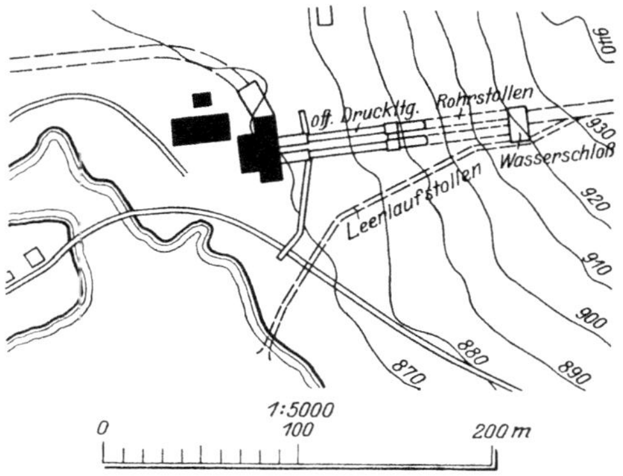

Abb. 414. Fröistul. Lageplan des Kraftwerks. (Verw.)

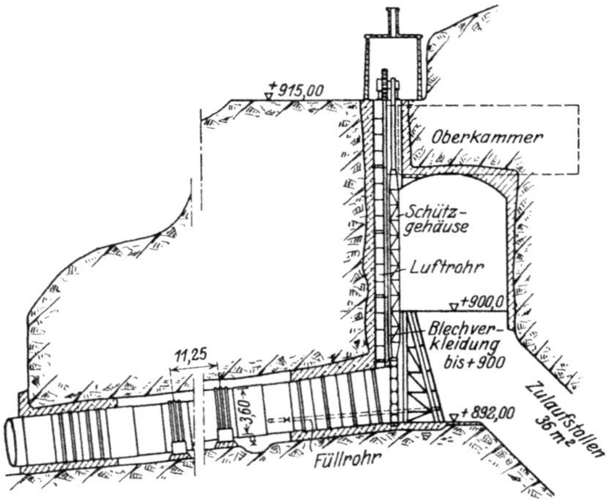

Abb. 415. Fröistul. Wasserschloß, Aufriß. (Verw.)

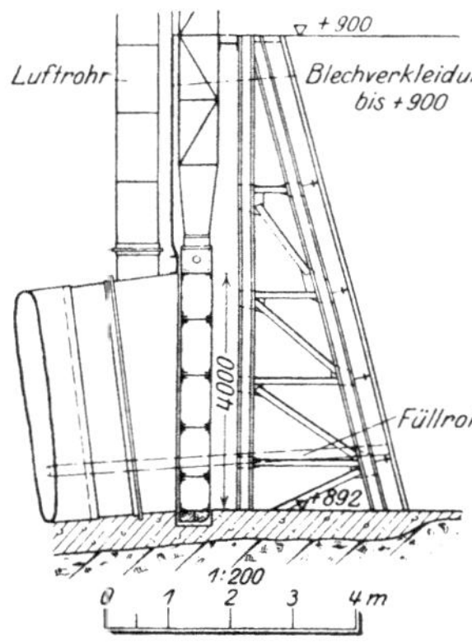

Abb. 416. Fröistul. Wasserschloß, Einzelheiten. (Verw.)

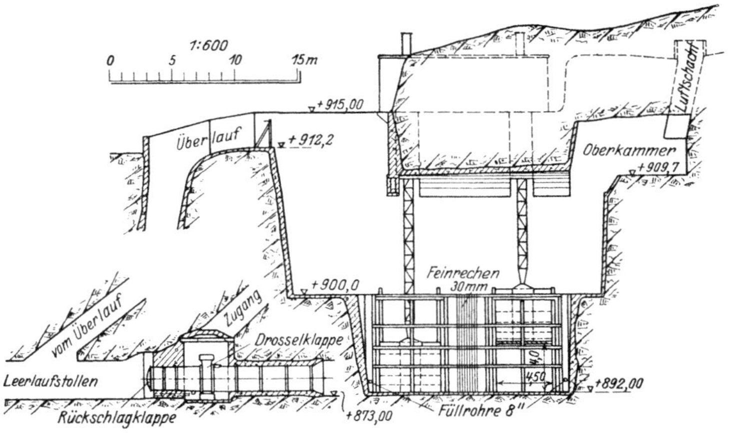

Abb. 417. Fröistul. Wasserschloß, Querschnitt. (Verw.)

kraftwirtschaftlich gleich begünstigte Westküste Norwegens zu verlegen. Darum ward schon vor Jahren bei Porsgrund ein Industriegelände in Heröen von 50 ha angekauft. Statt aber elektrische Energie von Rjukan dorthin zu überführen, fand man es vorteilhafter, flüssiges 100%-Ammoniak von Rjukan in Spezialwagen nach Menstad zu führen und von da weiter in Seeleichtern nach

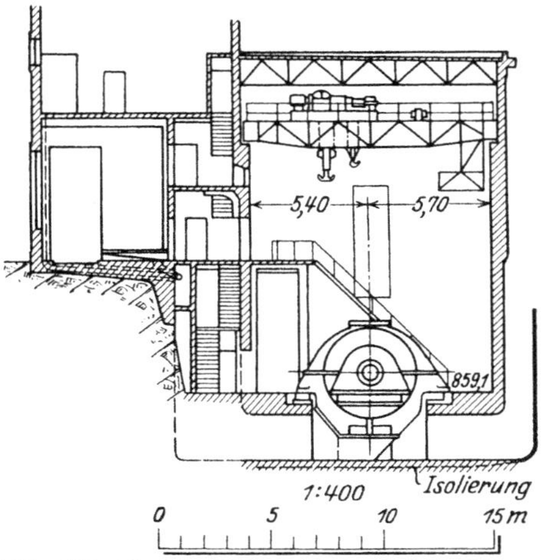

Abb. 418. Fröistul. Krafthaus, Aufriß. (Verw.)

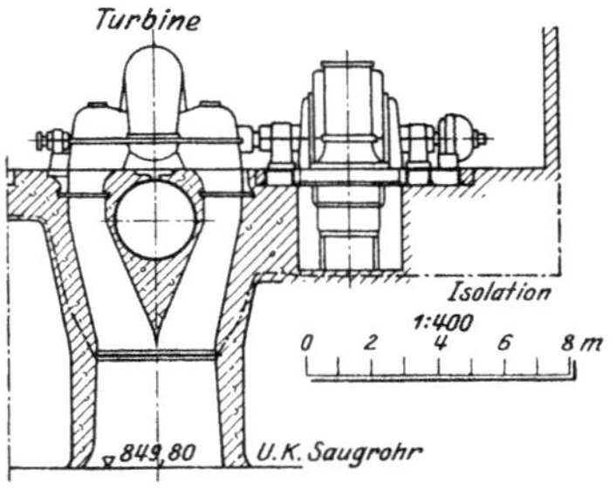

Abb. 419. Fröistul. Krafthaus, Querschnitt. (Verw.)

Heröen. Hier wird das Ammoniak wie in Rjukan zu Salpetersäure oxydiert und auf Kalksalpeter verarbeitet. Der erste Ausbauplan sieht eine Jahreserzeugung von 200000 t 15,5%-Kalksalpeter in Rjukan und 230000 t in Heröen vor, nebst gewissen Mengen von konzentrierter Salpetersäure, Natriumnitrat und dgl. mehr.

Die in Verbindung mit diesem Programm 1928/29 ausgeführten großen Umbauarbeiten werden bei Beschreibung der einzelnen Kraftwerke gestreift.

Das Programm läßt die Frage der Benutzung der Energie der Tyinanlage (S. 377) Sognefjord noch offen. Die hier ab 1929 verfügbare Leistung von 120000 PS kann an Stelle der zweiten Hälfte der Rjukankräfte (die vorläufig noch nach Lichtbogenverfahren arbeiten) zur Wasserstofferzeugung eingesetzt werden; vielleicht wird sie

Abb. 420. Skarsfoswehr. Unterwasseransicht (alte Wasserfassung von Rjukan I). (Verw.)

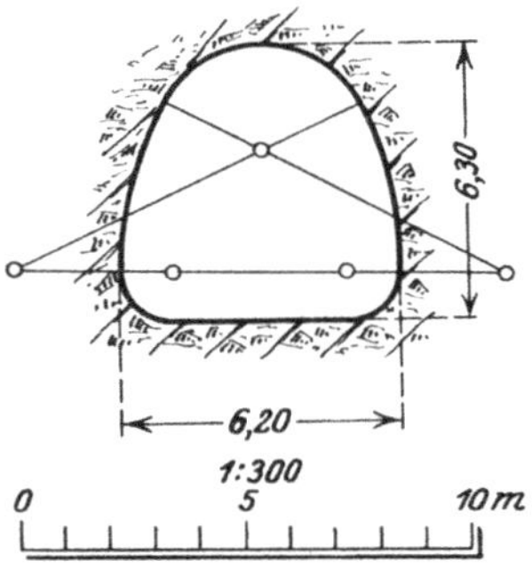

Abb. 421. Rjukan I, Stollenquerschnitt. (Prof. Reichel.)

aber auch zur Herstellung eines kombinierten P-K-N-Düngers unter elektrothermischer Erzeugung der P-Säure verwendet werden.

Fröistul.

Diese Anlage nutzt die oberste Fallstufe zwischen Mösvatn und dem Oberweiher von Rjukan I, dem sogenannten Skarsfossee; sie wurde 1924/27 erstellt. Die ausgenutzte Fallhöhe schwankt mit dem Wasserstand im Mösvatnspeicher zwischen 44,5 und 59 m.

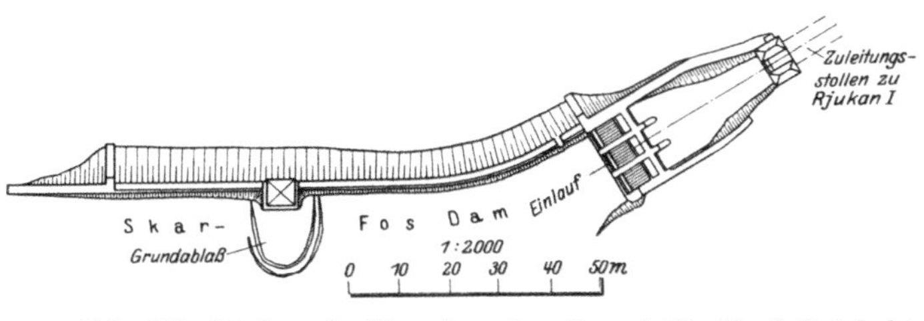

Abb. 422. Rjukan I. Skarsfoswehr, Grundriß. (Prof. Reichel.)

Durch den neu geschlagenen Entnahmestollen von 36 m² und 1620 m Länge wird das Wasser in ein Felsschachtwasserschloß geführt (Abb. 414, 415, 416, 417). Der Entnahmestollen ist am oberen Ende durch eine einzige große Schütze abschließbar; in der Nähe des unteren Endes ist eine ebenfalls durch Schützen abschließbare Abzweigung angeordnet, die bei Betriebseinstellung des Werkes die Weitergabe des Wassers durch einen Umleitungsstollen ermöglicht, so daß die unten folgenden zwei großen Rjukanwerke im Wasserbezug nicht berührt werden. Vom Wasserschloß gehen zwei Druckrohrleitungen ($D = 3600$ bis 3100), beide durch Schützen einzeln abschließbar und durch Grobrechen gesichert, auf 130 m Länge zum Krafthaus.

Die beiden einzigen Turbinen des Werkes sind wagerechte doppelte Spiralturbinen von je 16000 PS. Die je 2 Saugrohre führen in einen Unterkanal von 36 m², der 750 m unterhalb des Krafthauses in den Skarsfos-Stausee mündet (Abb. 418, 419).

Die Stromerzeuger sind gekapselte selbstventilierende Drehstrommaschinen, mit angebauter Erregermaschine (Dauerleistung je 17500 kVA). (6,5 bis 7,1 kV, 50 Per., $n = 375$, $\cos = 0{,}7$.) Die Anlage ist für

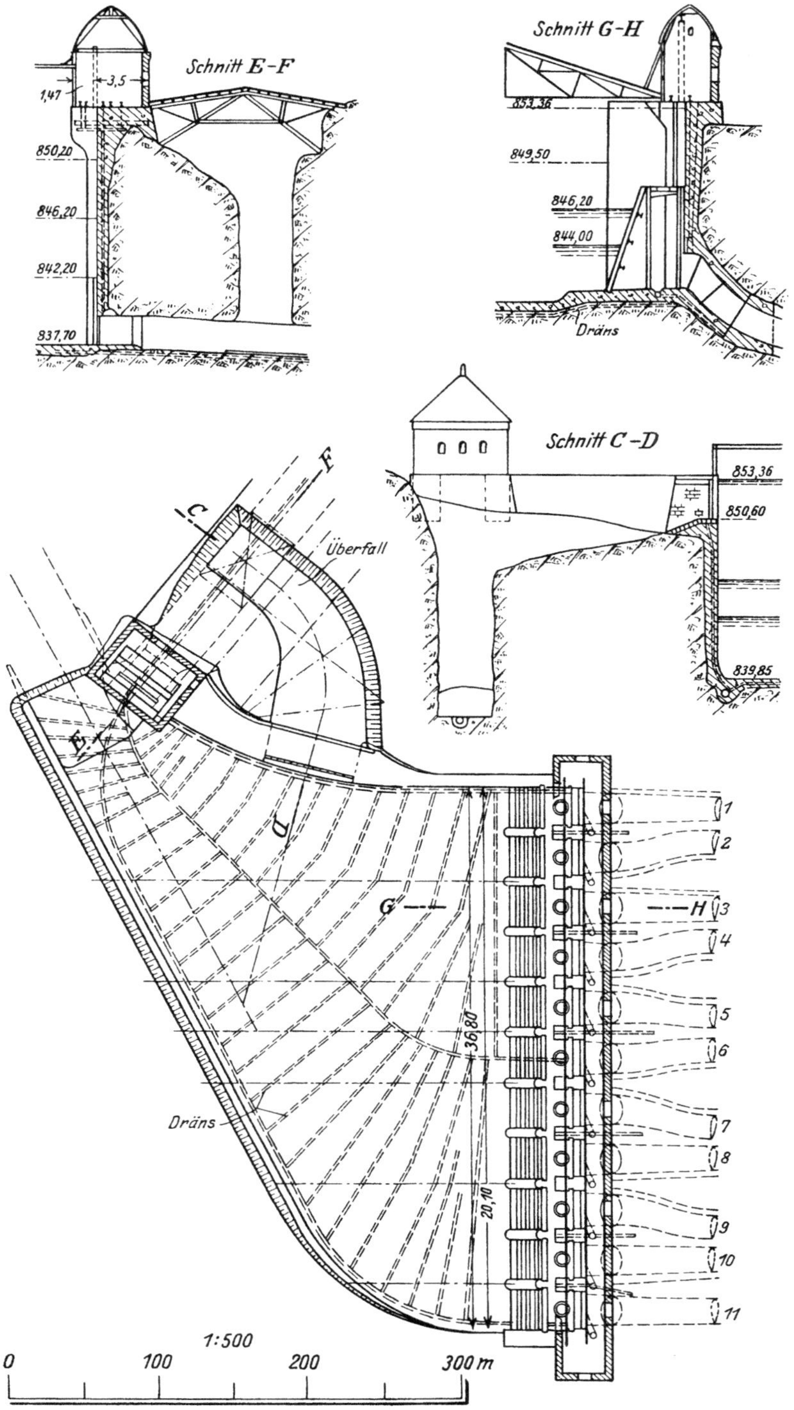

Abb. 423. Rjukan 1 (Vemork). Wasserschloß. (Prof. Reichel.)

automatischen Betrieb eingerichtet, soll indes ständiges Bedienungspersonal erhalten, wohl mit Rücksicht auf die Bedeutung der Anlage als Schlüsselwerk der 2 Großstufen Rjukan. Die Energie wird, auf 66 kV umgespannt, auf einer 14,5 km langen Leitung den Stickstoffwerken Rjukan zugeführt.

Rjukan I und II.

Abb. 412 läßt erkennen, daß der durch die beiden Werke ausgenutzte Flußabschnitt auf etwa 10 km eine Gesamtfallhöhe von 556 m aufweist, also ein Durchschnittsgefälle von nicht weniger als 5%! Davon nutzt Werk I 297, Werk II 259 m aus. Die den Turbinenberechnungen zugrunde gelegten Nutzfallhöhen sind 276 und 250 m.

Rjukan I (Vemork). Die Hauptteile der Anlage sind:

1. Ein Wehr am oberen Ende der Skarsfosschnelle (Krone auf 855,5 m ü. d. M.); die Stauhaltung ist rd. 5,5 km lang und 2 km² groß (Abb. 412, 422).

2. Ein Druckstollen von 26 m² Querschnitt (Abb. 421) 4 km lang. Der Stollen-

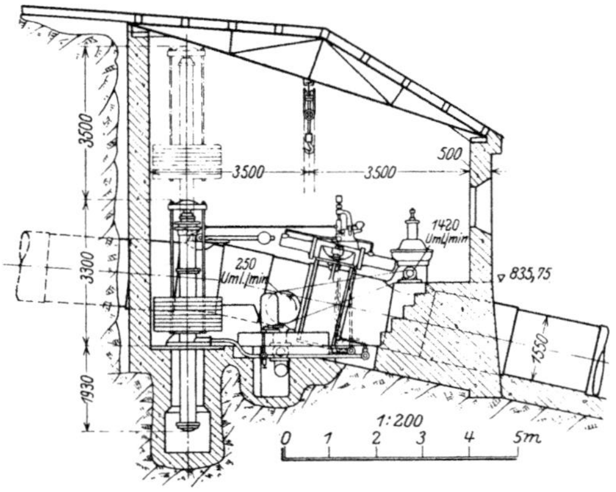

Abb. 424. Rjukan I. Drosselklappenhaus. (Prof. Reichel.)

einlauf ist durch Rechen geschützt und durch große Stoneyschützen abschließbar. Das aus dem Felsen gesprengte (z. T. von Betonmauern umgebene) Wasserschloß (Abb. 423, 424) hat einen Überfall und ist zum Schutze gegen die Kälte ganz überdeckt.

3. Die Turbinenleitung besteht aus 11 Rohren. Der Außendurchmesser der 10 zunächst ausgeführten Rohre nimmt von 2000 bis 1250 mm ab; die Rohre sind im oberen Teil genietet, im unteren geschweißt; die 11. Rohrleitung ist auf ganzer Länge geschweißt. Die oberen Enden

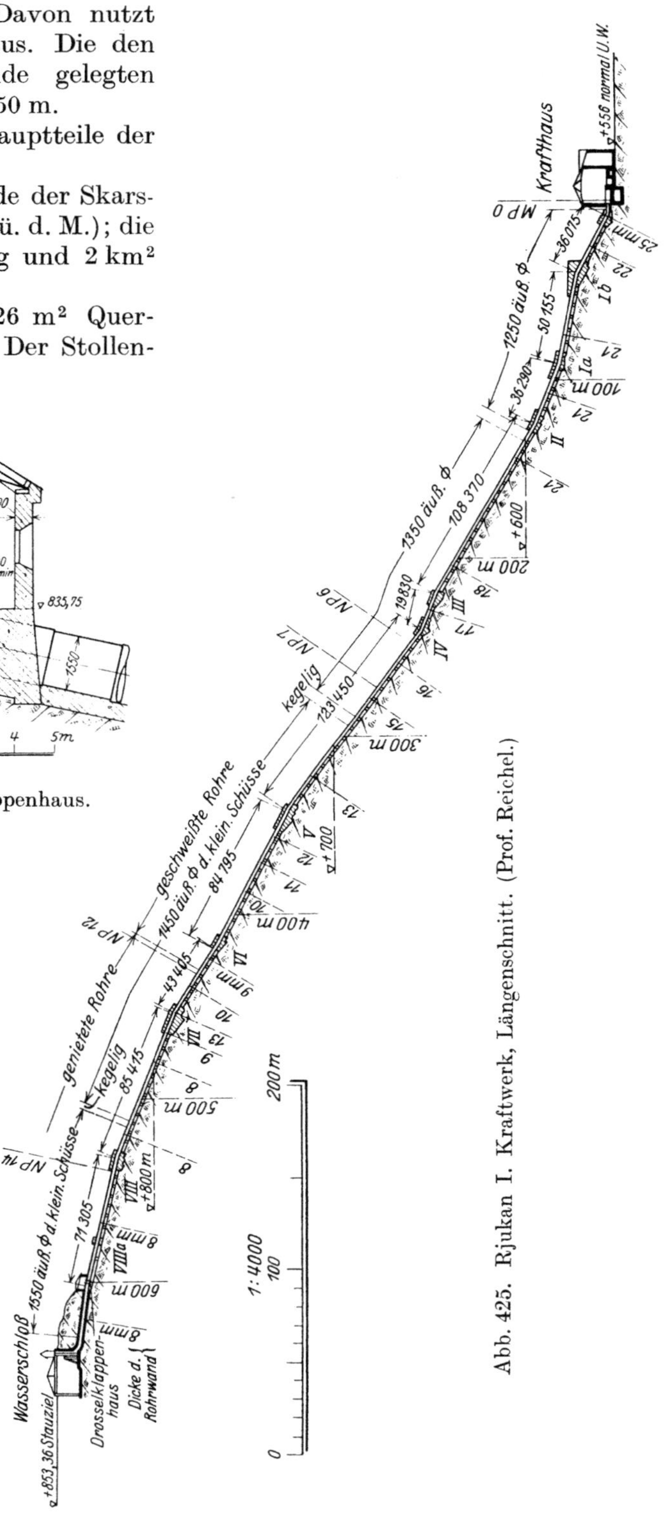

Abb. 425. Rjukan I. Kraftwerk, Längenschnitt. (Prof. Reichel.)

der Druckrohrleitungen liegen paarweise in Stollen, die in Drosselklappenkammern enden. Die Drosselklappen sind am Ort vom Wächter, außerdem automatisch und schließlich auch vom Krafthaus aus auf elektrischem Wege auslösbar (Abb. 425, 426, 770).

4. Das Krafthaus ist auf einer Felsterrasse (vgl. Abb. 426 u. 428) hoch über

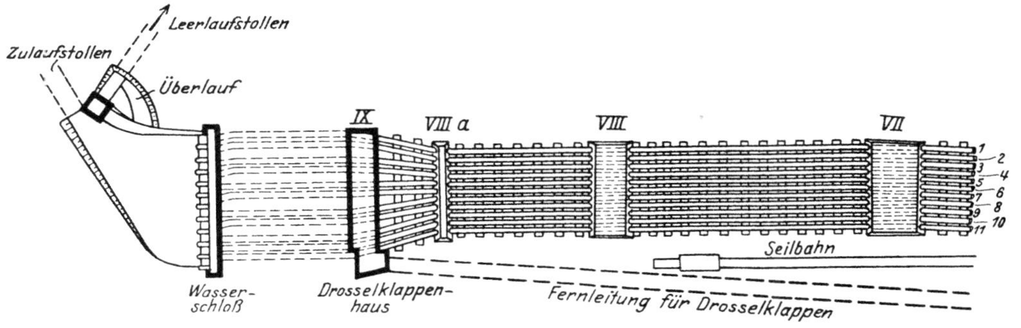

Abb. 426.

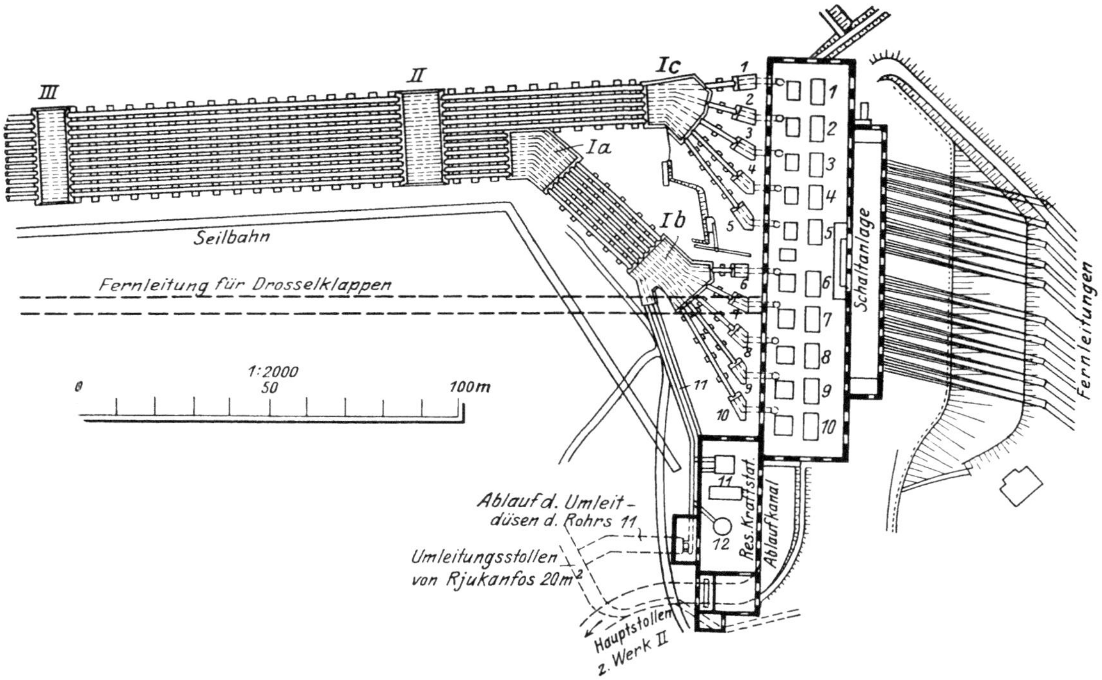

Abb. 427.

Abb. 426—427. Rjukan I. Grundriß der Rohrstraße mit Wasserschloß und Krafthaus.

dem Talgrunde erbaut. Unmittelbar an den 21 breiten, 110 m langen Maschinensaal ist das vierstöckige Schalthaus angebaut. Die 10, zu den 10 ersten Druckrohren gehörigen Turbinen sind Peltonräder von planmäßig je 14500 PS (ausgeführt 1907/11, mit einem Gewähr-Wirkungsgrad 76 und einem tatsächlichen von 80%, durch Escher-Wyß und Voith). 1918/19 wurden die Laufräder teils ausgewechselt, teils mit neuen Schaufeln versehen, die durch Myrens Verkstad in Oslo, Verkstaden in Kristinehamn und Voith in Heidenheim geliefert wurden. Die neuen Turbinen haben bei Höchstlast etwa 87% Wirkungsgrad. Die ursprüngliche Unterschätzung der erzielbaren regulierten Wasserführung hat einen so bedeutenden

Abb. 428. Rjukan I. Blick auf Kraftwerk und Stollenstraße. (Verw.)

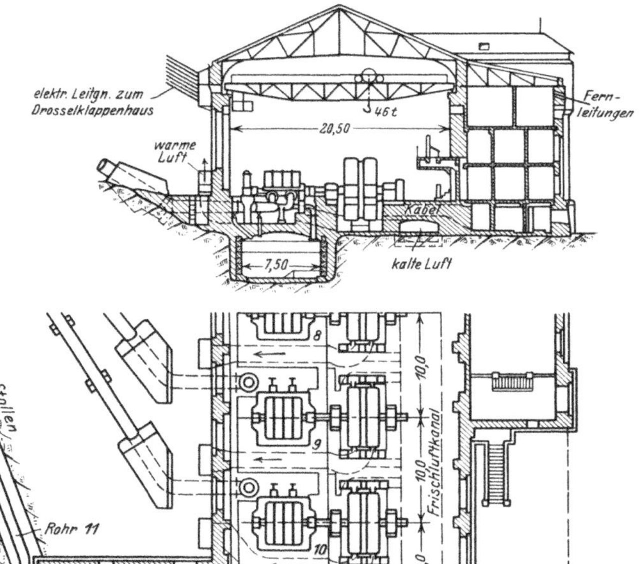

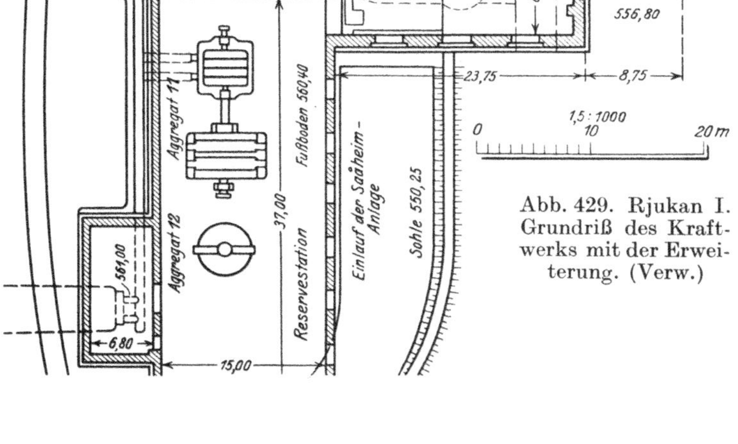

Abb. 429. Rjukan I. Grundriß des Kraftwerks mit der Erweiterung. (Verw.)

Wasserüberschuß ergeben, daß eine Erweiterung des Werkes ins Auge gefaßt werden konnte. Daher wurde die erwähnte 11. Rohrleitung und Turbine erstellt. Die Rohrleitung ist dabei so bemessen, daß sie für eine 12. Turbine auch noch das Wasser liefern kann; dementsprechend wurde das Krafthaus sofort für zwei Maschinensätze erweitert, als 1913 die 11. Maschine beschafft wurde. Diese Maschine hat eine Gewährleistung von ebenfalls 14500 PS und die Bauart der übrigen von Escher-Wyß gelieferten Turbinen (Abb. 429, 430).

Da die Auswechselung der 10 ersten

Hauptturbinen eine weitere Verbesserung des Wirkungsgrades von etwa 7% brachte, die Stromerzeuger aber eine Erhöhung der Leistung nicht zuließen, so ergab sich ein weiterer Wasserüberschuß, und zu seiner Ausnützung ist 1920 die Aufstellung einer 12. Maschine beschlossen worden, und zwar jetzt einer senkrechten Francisspiralturbine neuer Bauart (Escher, Wyß & Co.) mit 90% Wirkungsgrad und einer Höchstleistung von 15000 PS (Abb. 431—432).

Die 11 älteren, wagrechten Peltonturbinen treiben gekapselte, selbstventilierende Drehstromerzeuger von je 17000 kVA, 10 bis 11 kV, 50 Per., cos = 0,6; $n = 250$ mit angebauten Erregermaschinen. Einige sind als Doppelmaschine gebaut. Außer den Hauptmaschinen enthält das Werk noch einen 1000-PS-Hilfsmaschinensatz für örtliche Stromverteilung in Vemork und Umgebung und als Erregerreserve.

Die Gesamtleistung der bedeutenden Anlage erreicht 195000 PS: 144000 kW. Bei der ,,normalen" ständigen Wassermenge von 47 m³/sek ist die Leistung 105000 kW. Die gesamte Energie ward durch zehn

Abb. 430. Rjukan I. Inneres der Maschinenhalle. (Verf. 1921.)

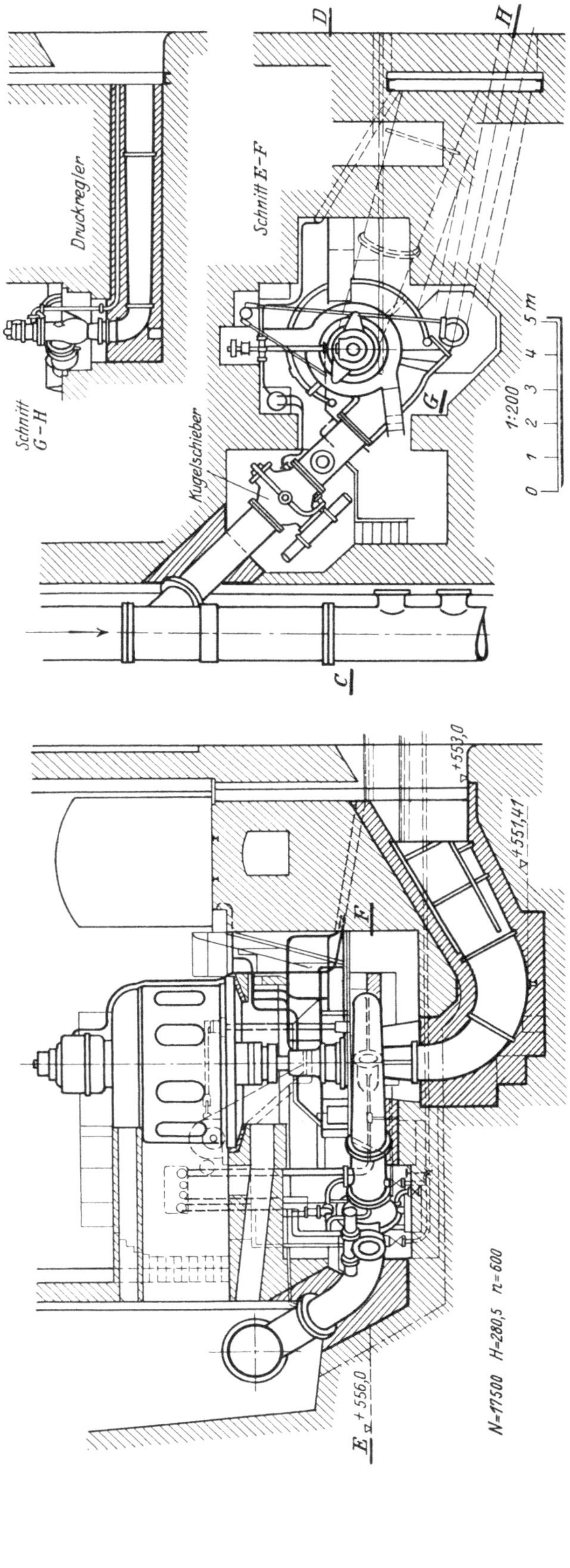

Abb. 431—432. Rjukan 1. Francisturbine. Aggregat 12. (J. M. Voith.)

4,5 km lange Freileitungen (z. T. Kupfer, z. T. Aluminium) in Maschinenspannung den Luftsalpeterwerken Rjukan zugeführt. 1928 wurde in Verfolg der oben erwähnten Betriebsumstellung der Rjukanfabrik unmittelbar talseits des Krafthauses der Bau einer riesigen Fabrik für elektrolytischen Wasserstoff und Sauerstoff und einer kleinen für reines H_2O begonnen, die in Zukunft fast die ganze Energieerzeugung von Vemork aufnehmen werden. 9 Turbinen erhielten statt der alten Drehstromerzeuger doppelte Gleichstrommaschinen von je 2 × 6000 kW = 500 Volt × 12000 Ampere. Ferner wurde eine Kompressorenanlage mit unmittelbarem Wasserturboantrieb geschaffen, um die erzeugten Gase in 3 Rohrleitungen (d = 350 mm auf Eisenmasten montiert) von 4500 m Länge nach Rjukanfabrik zu befördern.

Aus der Vemorkanlage müssen im Bedarfsfall für Zwecke der Kraftversorgung von Östland 22000 kW zur Verfügung gestellt werden. Ein großes Freiluftumspannwerk und ein Teil der Leitungsbauten für diesen Zweck ist bereits vom Staate erstellt.

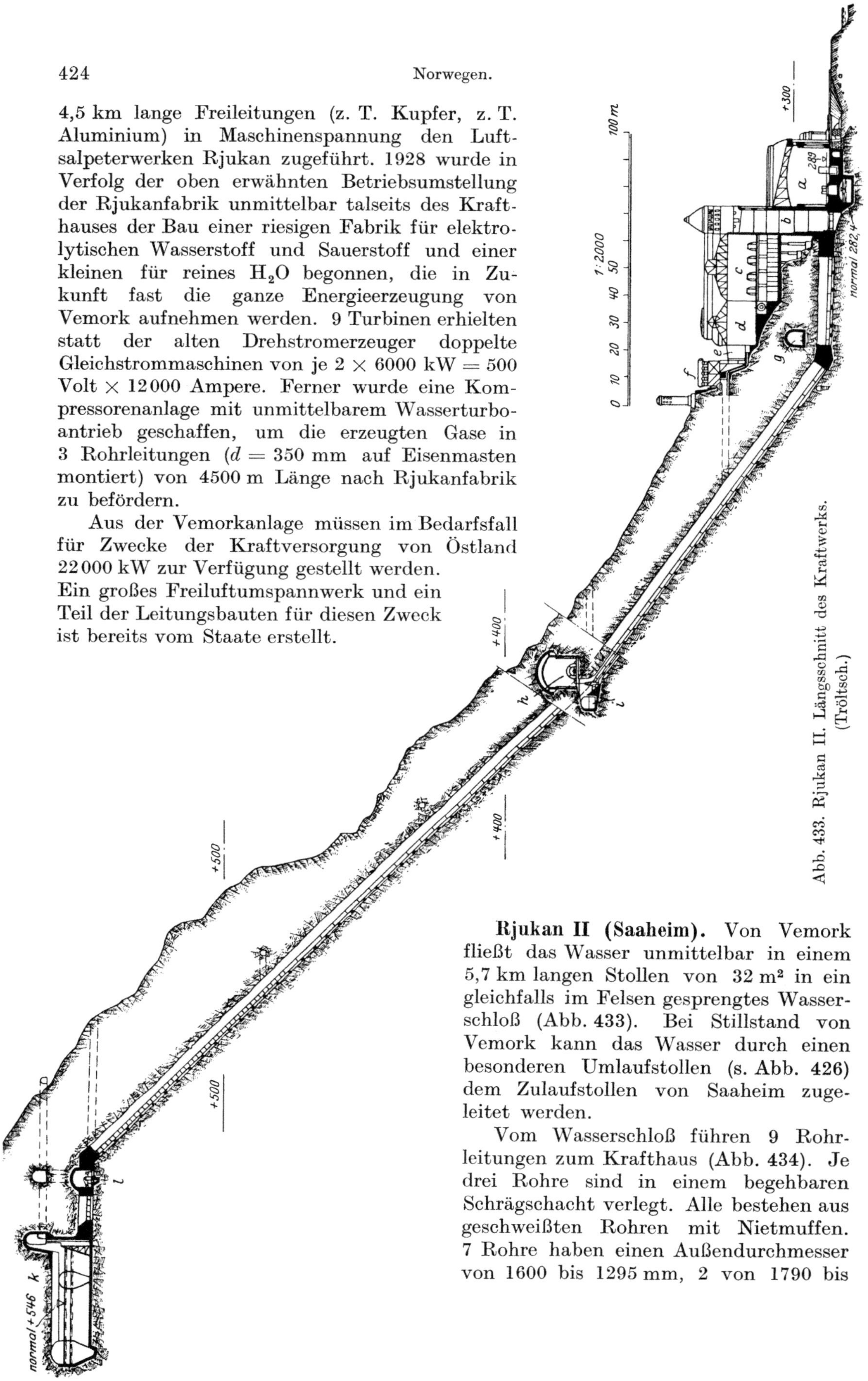

Abb. 433. Rjukan II. Längsschnitt des Kraftwerks. (Tröltsch.)

Rjukan II (Saaheim). Von Vemork fließt das Wasser unmittelbar in einem 5,7 km langen Stollen von 32 m² in ein gleichfalls im Felsen gesprengtes Wasserschloß (Abb. 433). Bei Stillstand von Vemork kann das Wasser durch einen besonderen Umlaufstollen (s. Abb. 426) dem Zulaufstollen von Saaheim zugeleitet werden.

Vom Wasserschloß führen 9 Rohrleitungen zum Krafthaus (Abb. 434). Je drei Rohre sind in einem begehbaren Schrägschacht verlegt. Alle bestehen aus geschweißten Rohren mit Nietmuffen. 7 Rohre haben einen Außendurchmesser von 1600 bis 1295 mm, 2 von 1790 bis

1425 mm. Die 7 erstgenannten speisen je eine Zwillingsfreistrahlturbine mit 4 Düsen. Die gewährleistete Höchstleistung ist 16400 PS, $n = 250$. Der tatsächliche Wirkungsgrad übertrifft den garantierten wesentlich.

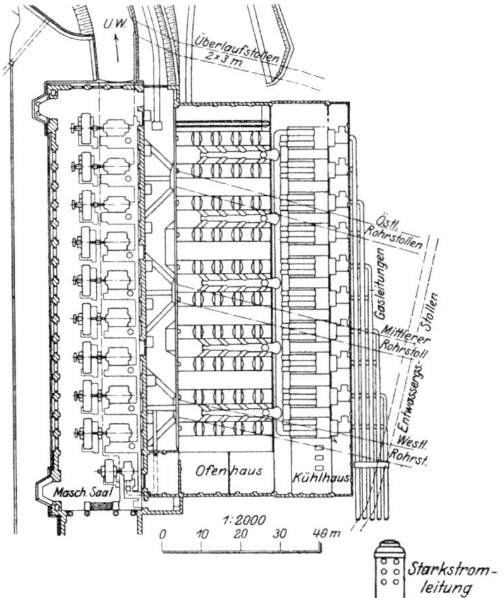

Die zwei größeren Rohrleitungen haben je eine Verzweigung, so daß sie außer 2 Hauptturbinen von ähnlicher Anordnung wie die anderen 7 auch noch 2 kleine Hilfsturbinen speisen können. Die eine dieser beiden Hilfsturbinen ist im Krafthause, die andere aber in einem kleinen, im Felsen ausgesprengten, mit Eisenbeton ausgekleideten Maschinenraum rd. 80 m über dem Hauptkrafthausflur angeordnet. Diese Anordnung ist gewählt, um das Oberwasser der hochgelegten Hilfsturbine für die Ortschaft und Fabrik Saaheim als Trink- und Brauchwasser mit 8 at Druck abgeben zu können. Zu diesem Zweck ist unterhalb der Hilfsturbine ein Wasserbehälter im Felsen ausgesprengt. Der Wasserverbrauch der Hilfsturbine wird nach dem Wasserstand in diesem Behälter geregelt. Der Mehrbedarf an Kraft wird durch die untere

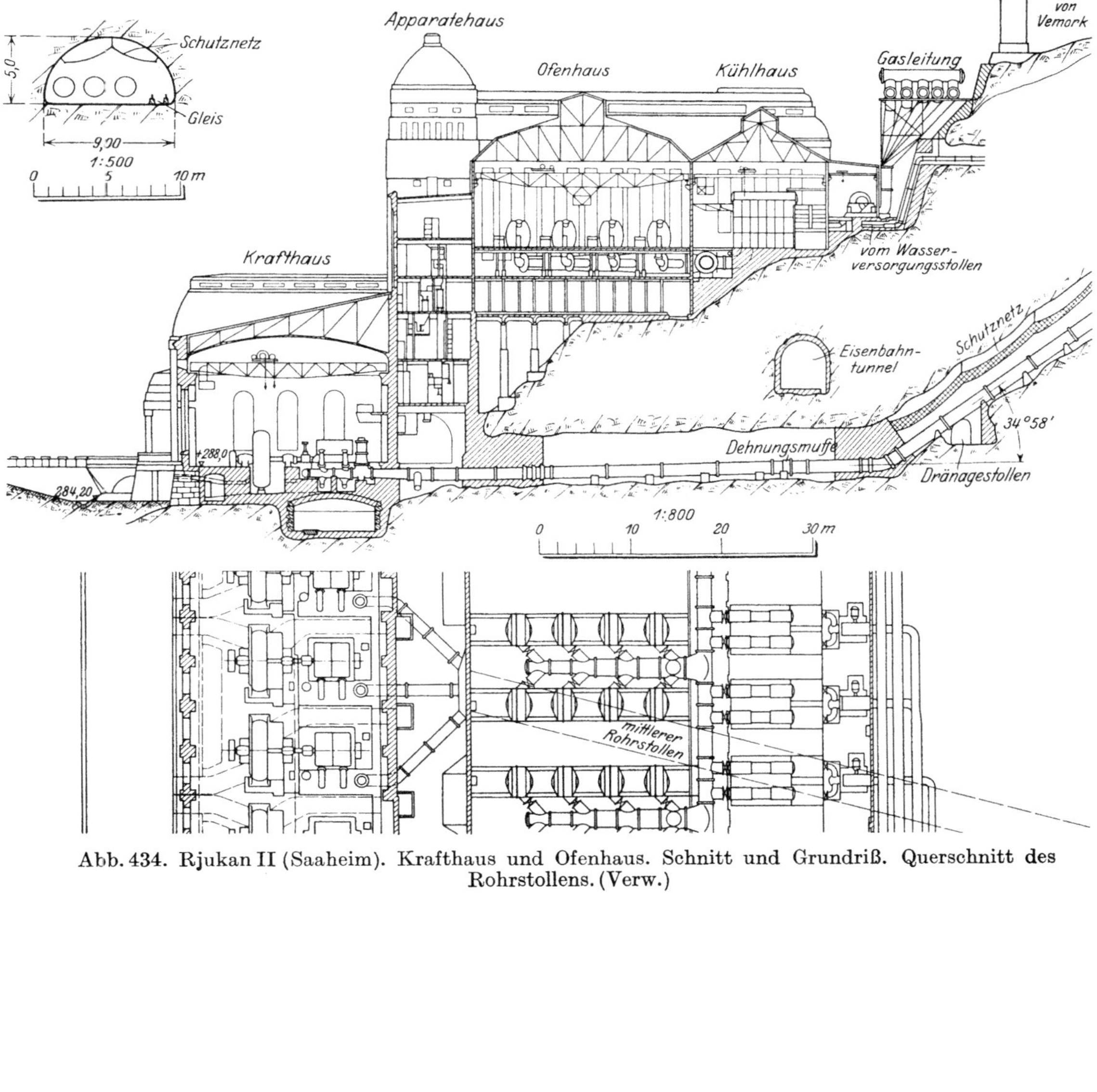

Abb. 434. Rjukan II (Saaheim). Krafthaus und Ofenhaus. Schnitt und Grundriß. Querschnitt des Rohrstollens. (Verw.)

Hilfsturbine geleistet; sinkt der Kraftbedarf der Nebenmaschine so weit, daß die Leistung der unteren ein gewisses Maß unterschreitet, so wird letztere selbsttätig ausgeschaltet und der ganze Energiebedarf durch die obere Hilfsmaschine gedeckt. Der dabei sich ergebende Wasserüberfluß fließt aus dem Wasserversorgungsbecken durch besondere Überläufe ab. Sollte andererseits die obere Turbine nicht genügend Wasser für die Wasserversorgung liefern können, so läßt ein Schwimmerventil die fehlende Wassermenge selbsttätig unmittelbar in den Behälter einströmen. Beide Hilfsmaschinen haben eine Höchstleistung von je 6750 PS; die zugehörigen Stromerzeuger je 6250 kVA (10 kV, 50 Per., $n = 250$). Wegen der selbsttätigen Regulierung, die für die enge Zusammenarbeit der beiden Hilfsturbinen nötig ist, arbeiten die beiden Hilfsgeneratoren parallel.

Abb. 435. Rjukan II. Inneres der Maschinenhalle. (Verf. 1921.)

Die Hauptstromerzeuger sind gekapselte, selbstlüftende Drehstrommaschinen, Höchstleistung je 18000 kVA (9,5 kV, 50 Per., $\cos = 0{,}65$, $n = 250$) mit angebauten Erregermaschinen. Die Maschinen arbeiten, wie auch in Vemork, nicht parallel, sondern einzeln unmittelbar auf eine Gruppe von Lichtbogenöfen. Das Ofenhaus der Ammoniakfabrik ist unmittelbar über dem Krafthaus aufgebaut (Abb. 434, 435, 436, 437). Das erzeugte Ammoniakgas wird in mächtigen Aluminiumröhren (Abb. 434) nach Rjukanfabrik befördert, wo es auf Kalksalpeter verarbeitet wird. Die teilweise Umstellung auf das Haber-Bosch-Verfahren (S. 416) hat in Saaheim vorläufig keine weitere Änderung als den Umbau eines Maschinensatzes auf Gleichstrom zwecks H-O-Elektrolyse mit sich gebracht.

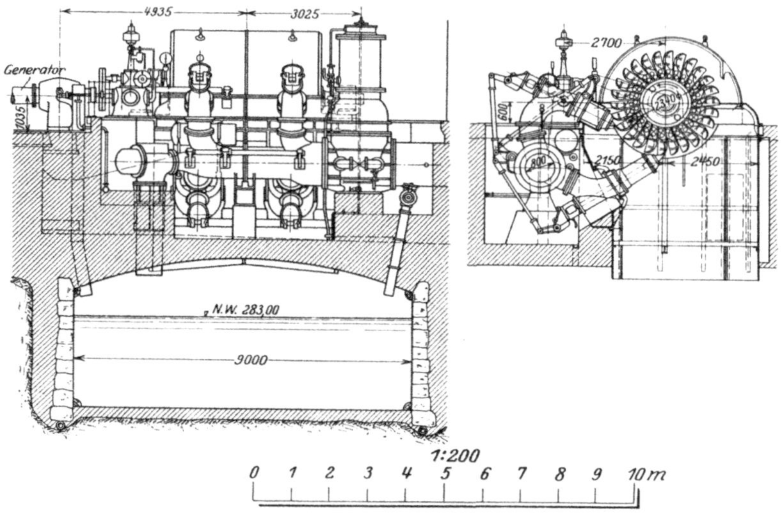

Abb. 436. Rjukan II. Freistrahlturbine. (Tröltsch.)

Bei der „normalen" regulierten Wasserführung von 47 m³/sek leisten die Wasserturbinen von Saaheim rd. 94000 kW. Das Werk ist 1912/16 erbaut; 1927 wurden die Stromerzeuger gegen leistungsfähigere ausgewechselt (Volleistung ist: 165000 PS).

Die gesamte eingebaute Turbinenleistung des Maaneelv beziffert sich nach Fertigstellung von Fröistul und der 12. Maschine von Rjukan I auf 400000 PS, das ist etwa $^1/_5$ der gesamten aufgestellten Wasserkraftmaschinenleistung Norwegens.

3. Der Tinnelv.

Die Regulierung der Seen im Maarvatngebiet und des Tinnsjö.

Der Tinnsjö hat, außer dem Maaneelv und einigen kleineren Bächen noch einen zweiten bedeutenden Nebenfluß: Maarvatn. Dessen Einzugsgebiet von 610 km² liegt beinahe ganz, samt den Seen, im entlegenen Hochgebirge, und die Energie des Flusses ist fast gänzlich an seiner Mündung in den Tinnsjö in einem großen Fall vereinigt. Dieser an Höhe und Stärke dem Rjukanfall nahekommende Fall ist bis jetzt nicht ausgenutzt.

Die natürliche Kleinwasserführung des Maarelv ist 2 m³/sek. Zum Nutzen der Wasserkraftanlagen im Tinnelv und Skien ist eine Regulierung des Maarelv 1903 ausgeführt worden. Reguliert sind der Store Maarvatn zwischen den Spiegeln + 1100,50 und + 1108,50 und der Kalhövdfjord zwischen 1064,56 und 1071,35. Die geschaffenen Speicher sind 145 und 89 hm³. Die Regulierung ist durch Skiens Brugseier Forening, Norsk Hydro und die Papierfabrik Union & Co.

Abb. 437. Rjukan II. Ansicht des Kraft- und Ofenhauses. (Verf.)

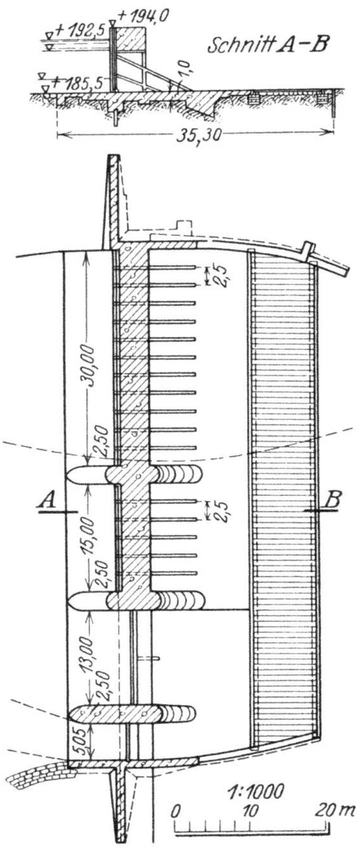

Abb. 438. Tinnoswehranlage.

ausgeführt. Sie erhöhte die Niedrigwasserführung des Tinnelv auf 12 bis 15 m³/sek.

Schon 1889, noch vor den Regulierungen des Maane- und Maarelv ist der Tinnsjö selbst durch Skiens Brugseier Forening reguliert worden. Die alte Wehranlage war ein Steinkistenbau und hatte bei einem Regulierungsspielraum von 2,3 m einen Speicher von 115 hm³ ergeben. Durch die Regulierung des Mösvatn sank der Speicherbedarf naturgemäß stark. Das neue (1905/07 erbaute) Regulierungswehr hat einen Spielraum von 4 m zwischen 187,2 und 191,2 und einen Speicherraum von 204 hm³.

Dieses sogenannte Tinnoswehr (Abb. 438) erhielt eine von sonstigen norwegischen Regulierungswehren etwas abweichende Ausbildung, einerseits, weil unterhalb der Wehranlage fast kein Gefälle vorhanden ist, so daß der Grundablaß sehr breit und tief sein mußte, andererseits, weil z. T. äußerst schwierige Gründungsverhältnisse vorlagen: Das Flußbett besteht links unter der allgemeinen Überlagerung von Kies und großen Blöcken aus weichem, darunter aus hartem Lehm, am rechten Abschnitt aber aus Triebsand von unbestimmbarer Mächtigkeit. Das Wehr hat 4 Felder, einen 5 m breiten Floßdurchlaß mit Balkenversatz; einen Flutüberlauf 13 m breit mit Nadelaufsatz, einen Grundablaß 15 m breit und einen zweiten 30 m breit; die beiden Grundablässe sind durch hölzerne, auf eisernen Böcken laufende Doppelschützen verschlossen. Die ganze Wehrgrundfläche ist mit einer nur 1 m starken Betonplatte bedeckt, die teilweise bewehrt ist. Im Bereich des harten Lehmuntergrundes, d. h. in der 30-m-Öffnung am linken Ufer, ist die in Stromrichtung 25 m lange Platte mit Verstärkungsleisten zahnartig eingelassen und außerdem noch durch eine Pfahlreihe (in Linie der Schützen) verankert. Das unten für die Verankerung der Böcke nicht ausreichend vorhandene Gewicht ist in eigenartiger Weise durch Aufpacken eines durchlaufenden 3,0/4,0 m messenden massiven Betonklotzes auf die Bockköpfe bereitgestellt.

Abb. 439. Lienfos. Unterwasseransicht. (Verf.)

Über dem Triebsand, vom ersten Pfeiler vom linken Ufer ab, wurde eine eiserne Spundwand quer über den Fluß von der Sohle einer möglichst tief getriebenen Ausschachtung aus noch weitere 3 m heruntergeschlagen, worauf die Baugrube mit einem die Spundwandköpfe umfassenden Betonklotz ausgegossen wurde. Die Spundwandunterkante reicht ungefähr 6 m unter Oberkante Wehrsohle. Die Kolksicherung besteht aus 2 Steinkistenschwellen mit Bohlenbelag und einer dahinter eingetriebenen Bohlwand. Außerdem wurden in den dahinter während des ersten Jahres entstandenen Kolk noch einige 1000 m³ große Rollblöcke verstürzt, die teilweise mit Ketten verbunden sind.

Der Tinnelv hat bei seinem Austritt aus dem Tinnsjö ein Einzugsgebiet von 3900 km², das auch abwärts auf dem ganzen Abschnitt keinen wesentlichen Zuwachs erfährt. Von dem Einzugsgebiet liegen beinahe ¾ im Fjeld, so daß die natürliche Wasserführung des Stromes sehr unregelmäßig war. Die niedrigste Wasserführung dürfte kaum 10 m³/sek erreicht haben. Die durchgeführten Regulierungen werden nebenstehend nochmals zusammengestellt.

	Regulierungsspielraum	Speicher hm³
Mösvatn	14,5 m	768
Store Maarvatn	8 „	145
Kalhövdfjord	6,8 „	89
Tinnsjö	4,0 „	204
	Insgesamt:	1206
	oder rd. 320 mm Speicherhöhe.	

Die bedeutenden Speicher erhöhen die Niedrigwasserführung des Tinnelv auf 90 m³/sek; nur in gewissen Jahren mit sehr spät eintretendem Frühlingshochwasser sinkt die Wasserführung etwa 1 Monat lang unter diese Zahl, und zwar bis auf 60 m³/sek[1].

[1] In „Vannkraften i de Sydlige Norge“ sind nicht zwei Grenzen für die regul. NQ, sondern nur eine Zahl: 78 m³/sek angegeben.

Die Wasserkräfte des Tinnelv.

Vom Tinnoswehr bis zur Mündung in den Hitterdalsvatn bei Notodden sind es 30 km. Die gesamte Fallhöhe ist 175 m. Die amtliche Statistik vermerkt hiervon als für Großwasserkraftanlagen ausgenutzt oder ausnutzungswürdig nur 5 Fallstufen mit einer Gesamtfallhöhe von 125 m, und zwar stromab gezählt:

1. Årlifos, 17,2 m, ausgebaut von der weiter unten zu besprechenden großen Überlandzentrale von Skienfjorden Kommunale Kraftselskap.

2. Grönvoldsfoss und Svarthölfes, 17 m, regul. NW-Leistung 13300 PS, noch nicht ausgenutzt[1].

3. Svälgfos, 48 m, ausgebaut in der weiter unten besprochenen Großwasserkraftanlage von Norsk-Hydro.

4. Lienfos (Abb. 439), 17 m, regul. NW-Leistung 13300 PS, aufgestellt: 20400 PS, gehört der A. S. Svälgfos und liefert Energie an die elektrochemischen Werke in Notodden. (Wasserwirtschaftlich ist bemerkenswert, daß die Wehranlage mit einer selbsttätigen Abflußregulierung versehen ist, so daß der gesamte Durchfluß, unabhängig vom Wasserverbrauch der Turbinen, konstant ist.) Das Werk ist 1909/11 erbaut.

Abb. 440. Tinfos. Ansicht des Kraftwerks. (Verf.)

5. Tinfos, nahe der Mündung in der Hitterdalsvatn, ist von der gleichnamigen Papierfabrik ausgenutzt. Es sind Kraftanlagen mit Oberwasserkanälen auf beiden Ufern erstellt mit Fallhöhen von 18 und 28 m. Einer regul. NW-Leistung von insgesamt 18000 PS steht eine eingebaute Leistung von über 24000 PS gegenüber, wovon nur 2000 PS für die Papierfabrik, die übrigen aber vorwiegend für elektrochemische Betriebe, ferner für allgemeine Eltversorgung und Metallindustrie arbeiten. Seit dem ersten Ausbau sind 6 weitere Ausbauten oder Umbauten erfolgt, bis die Anlagen ihren heutigen Umfang erhielten. In nächster Nähe dieser Anlagengruppe ist die alte Sagafos-Wasserkraftanlage mit einer ebenfalls der Papierfabrik Tinfos gehörigen und nur noch zeitweise betriebenen Holzschleiferei (vgl. Abb. 440).

Im nachfolgenden werden die Werke Årlifos und Svälgfos ausführlicher beschrieben.

Årlifos[2]. Diese größte Überlandzentrale Telemarkens verfügt über eine regul. NW-Leistung von rd. 13000 PS. Die Fallstufe von 17,2 m besteht aus einer rd. 2 km langen Reihe Stromschnellen. Mit Rücksicht auf die gegenüber den amtlichen Statistiken tatsächlich fast immer höhere Niederwasserführung des Tinnelv wurde im Entwurf unter genauer Berücksichtigung der Fallverluste eine regul. NW-Leistung von 15750 PS in jedem „normalen" Jahre ermittelt. Im Hinblick auf die Möglichkeit teilweiser Tagesregulierung ist die Ausbauleistung auf $3 \times 6000 + 6000$ Reserve $= 24000$ PS festgesetzt. Zunächst wird allerdings das Werk mit gleichmäßigem Wasserdurchlaß betrieben, so daß es nicht voll ausgenutzt werden kann; erst wenn der unterliegende Grönvoldsfoss (derselben Gesellschaft gehörig) ausgebaut ist, wird die Tagesspeicherung durchführbar, da die untere Stauhaltung dann als Aus-

[1] Diesen und nachfolgenden Angaben über regul. NW-Leistung liegt regul. NQ 78 m³/sek zugrunde gemäß „Vandkr. i de Sydl. Norge". Die andere amtl. Veröffentl. „Utbygget Vannkraft i Norge" gibt noch niedrigere Werte, da in ihr regul. NQ nur mit 75,4 m³ sek angenommen ist.

[2] Nach Manuskript und Hauptplänen der entwerfenden Ingenieurfirma Norsk Vandbygningskontor (Inhaber Civ.-Ing. Lie).

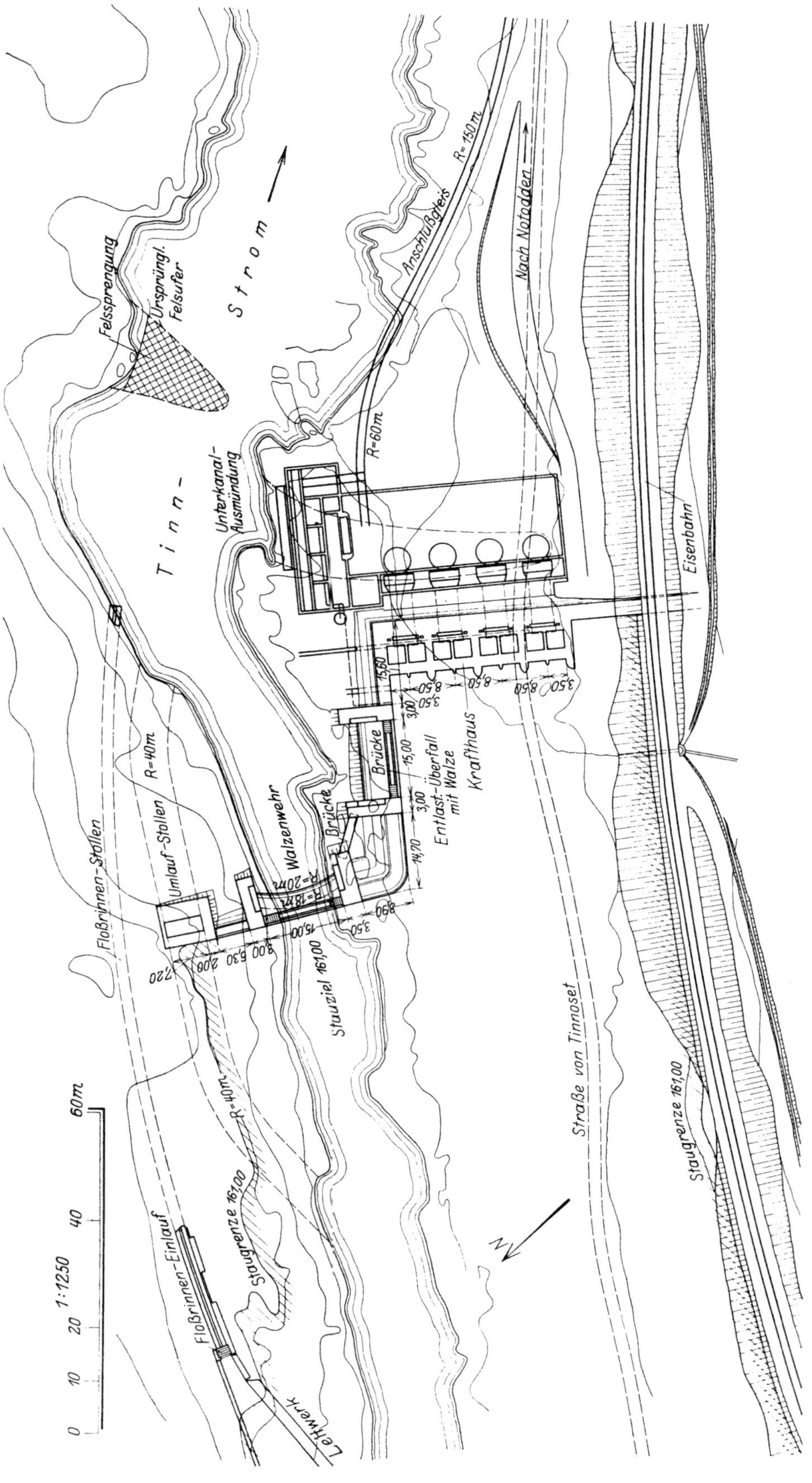

Abb. 441. Aarlifossen, Lageplan. (Norsk Vandb. Kont.)

gleichbecken wirken wird, was mit Rücksicht auf den Dauerbetrieb im Svälgfos unerläßlich ist.

Die Wehranlage (Abb. 441) staut die Stromschnellengruppe vom unteren Ende her völlig ein. Krafthaus und Wehr bilden im Grundriß ein Z, von dem zwei Schenkel Wehrabschnitte sind. Der erste quert den Talweg, der andere aber ist auf einer Bank des Flußbettes, fast parallel mit dem Strom, gebaut. Der erste Abschnitt ist im unteren Teil als Einzelgewölbe ausgebildet und stemmt sich teils gegen Felsen, teils gegen massive Pfeiler. Der Zwischenraum der beiden Pfeiler wird auch in wagrechter Ausdehnung durch ein Gewölbe überbrückt, das die Wehrsohle bildet. Der zweite Wehrabschnitt ist in seinem festen Teil eine Schwergewichtsmauer. Die Hauptöffnungen beider Wehrabschnitte haben Walzenverschlüsse (Abb. 442, 443, 444).

Abb. 443. OW.-Gesamtansicht
Abb. 442—443. Aarlifossen. (Norsk Vandb. Kont.)

Abb. 442. UW.-Ansicht des Stauwehrs im Winter.

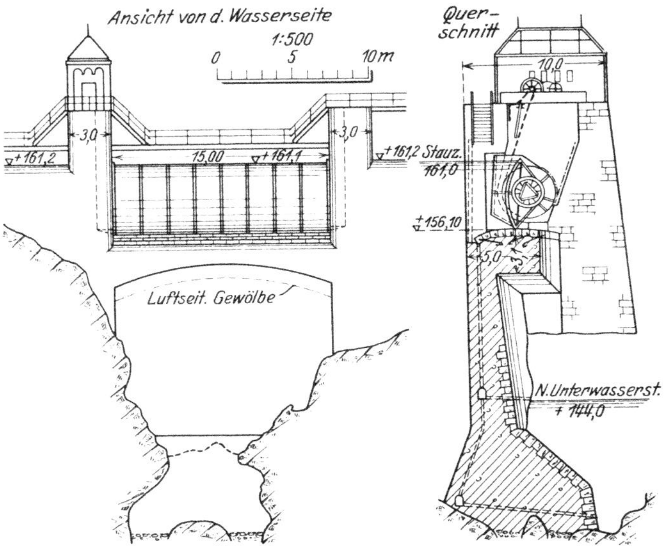

Abb. 444. Aarlifossen, Schnitt und Ansicht des Stauwehrs. (Norsk Vandb. Kont.)

Außerdem enthält das Wehr im Talwegsabschnitt und in den Zwischenpfeilern je eine Überfallöffnung. Der gesamte Wasserdurchlaß der vier Öffnungen beträgt insgesamt rd. 800 m^3/sek, hierzu noch ein Umleitungsstollen mit 300 bis 400 m^3/sek. Das Stauziel ist auf 161,0 m festgesetzt, doch ist der Grunderwerb im Hinblick auf etwaige ausnahmsweise Überstauungen bis 161,45 durchgeführt.

Der zweite längslaufende Wehrabschnitt bildet zusammen mit der Ufermauer einen kurzen Zulaufkanal, der nach hinten durch den Turbinenrohreinlaß abgeschlossen ist (Abb. 445, 446). Die von je einer Rohrleitung gespeisten 4 Turbinen sind doppelte wagrechte Francisturbinen für $H_n = 16{,}5$, $N = 6000$ PS, $n = 187{,}5$.

Zur Anlage gehört noch ein Umleitungsstollen, der für die Bauausführung, für etwaige Ausbesserungsarbeiten und als Reserve für Katastrophenhochwasser vorgesehen

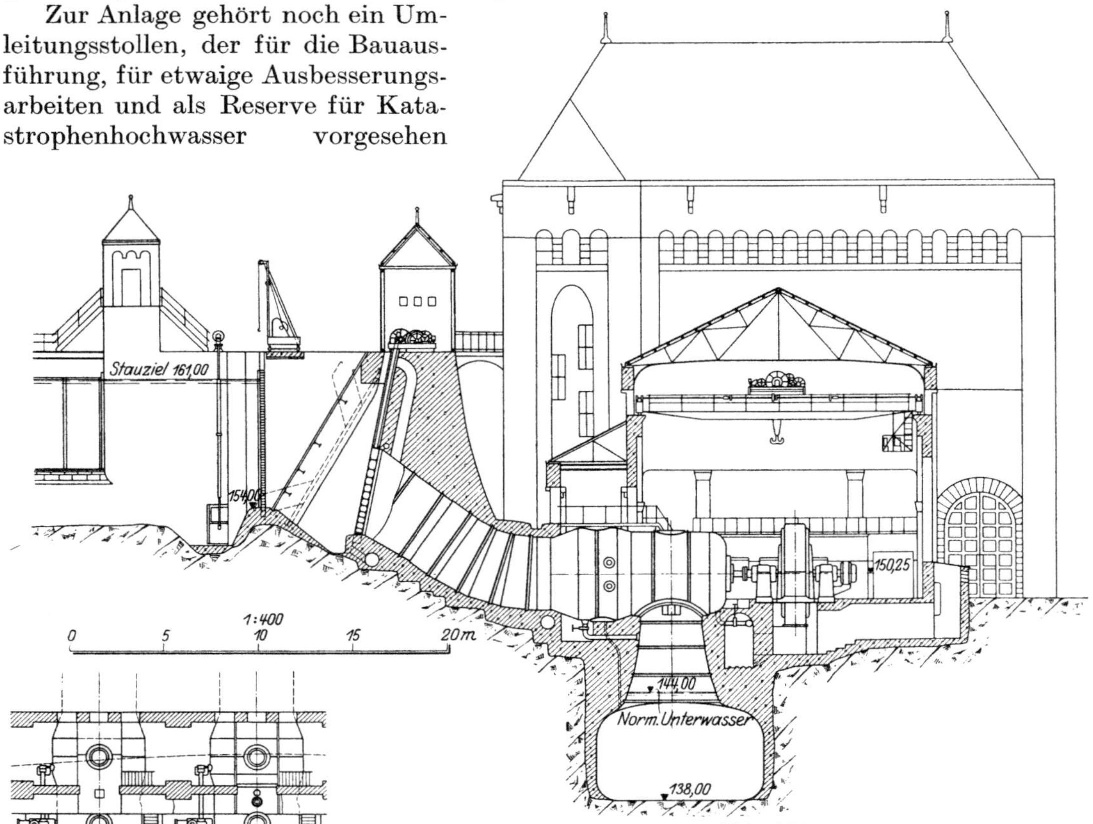

Abb. 445.

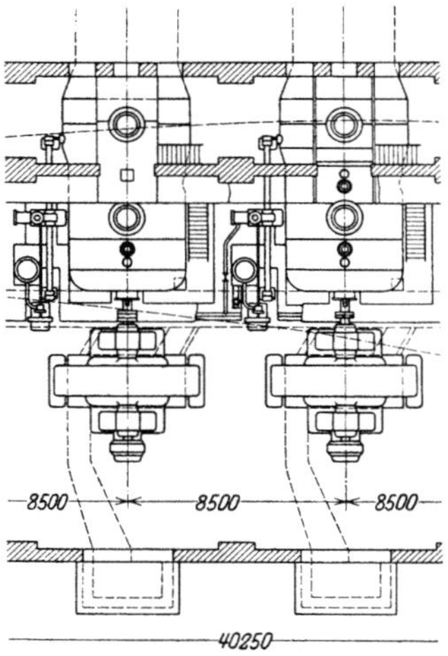

Abb. 446.

Abb. 445—446. Aarlifossen. Schnitt und Grundriß des Krafthauses. (Norsk Vandb. Kont.)

wurde und Schützenverschluß hat (Abb. 447). Ebenfalls zum größten Teil im Stollen angeordnet ist der Floßkanal mit 160 m Länge und 1 : 8 Neigung. Die Rinne selbst ist aus Holz und im untersten wagrechten Abschnitt mit Blech beschlagen.

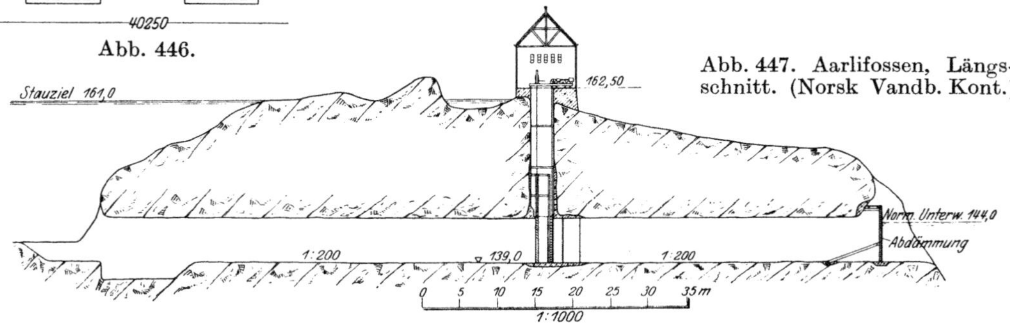

Abb. 447. Aarlifossen, Längsschnitt. (Norsk Vandb. Kont.)

Den 4 Turbinen entsprechen 4 gekapselte, selbstlüftende Drehstromerzeuger zu 6500 kVA (5,4 bis 6 kV, 50 Per., $\cos = 0{,}6$). Die Maschinenkabel gehen durch den

Kabel- und Warmluftkanal in das Umspannhaus auf dem vorspringenden Ufer. Der Strom wird größtenteils auf 65 kV umgespannt und nach der Verteilstation Böle

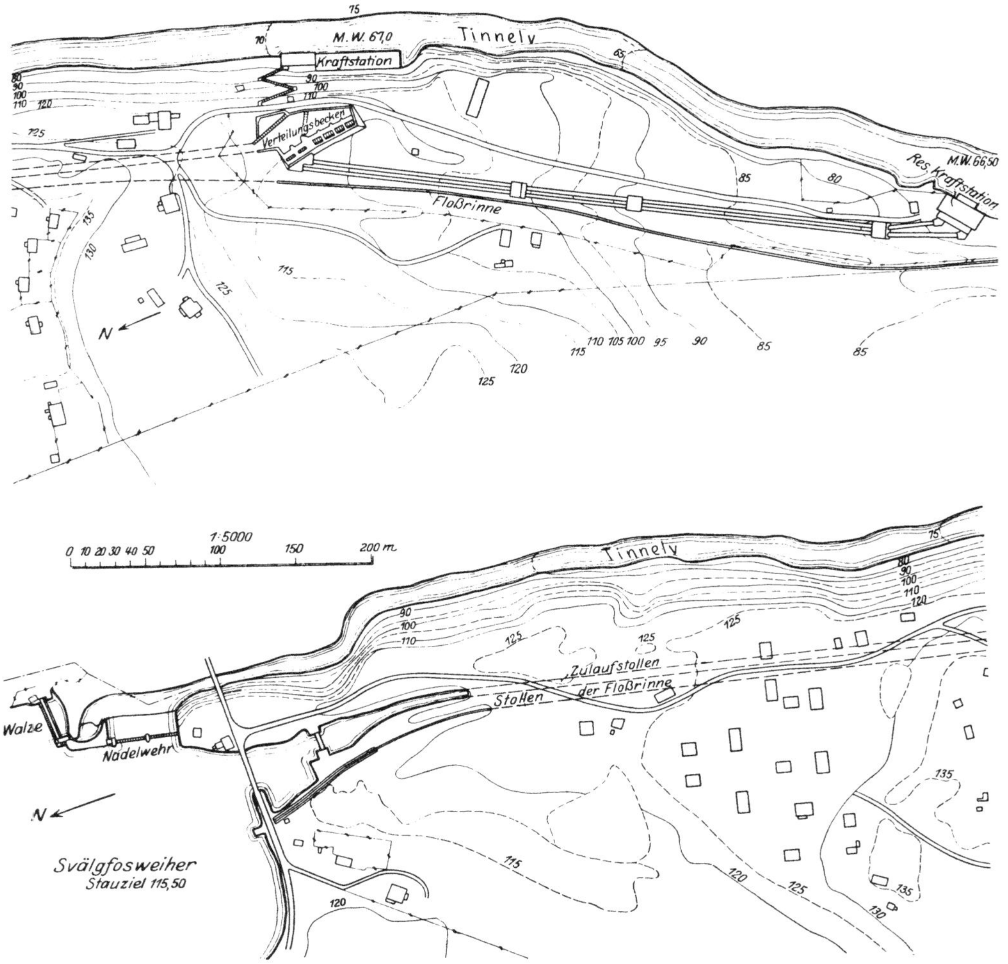

Abb. 448. Svälgfos. Lageplan. (Norsk Hydro.)

überführt zur Versorgung der Ortschaften um den Skienfjord. Drei dieser Ortschaften: Porsgrund, Solum und Gjerben, haben Skienfjordes Kommunale Kraftselskap ge-

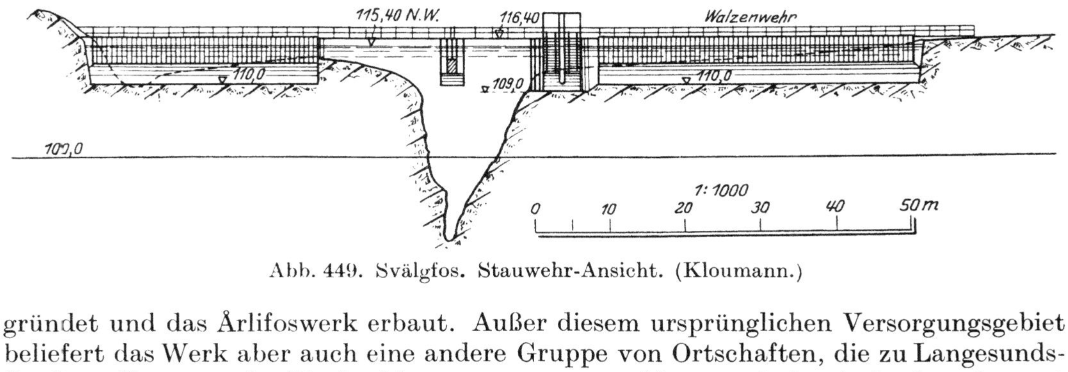

Abb. 449. Svälgfos. Stauwehr-Ansicht. (Kloumann.)

gründet und das Årlifoswerk erbaut. Außer diesem ursprünglichen Versorgungsgebiet beliefert das Werk aber auch eine andere Gruppe von Ortschaften, die zu Langesundsfjordens Kommunale Kraftselskap zusammengeschlossen sind. Außerdem besorgt das Werk noch bedeutende unmittelbare Kraftlieferungen an Fabriken, die insgesamt über $^1/_3$ der gesamten Erzeugung aufnehmen. Hierunter sind Eisen- und Metallindustrien vorherrschend.

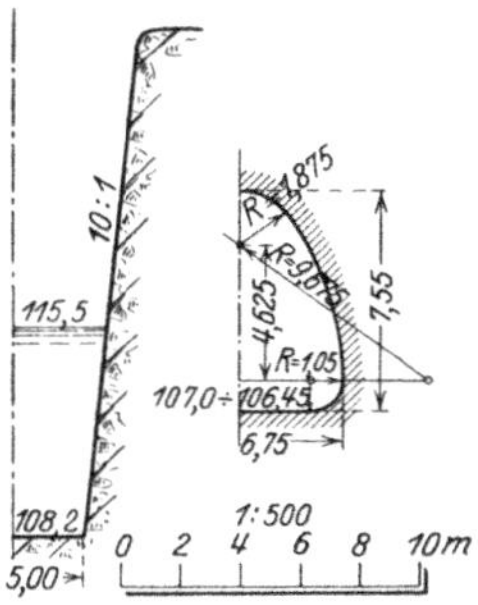

Abb. 450—451. Querschnitte des Oberkanals. (Kloumann.)

Die Anlage ist 1912/15 erbaut; die Organisation der Gesellschaft ist durch Gunnar Knudsen geschaffen. Die Entwürfe sind von Civ.-Ing. Lie gefertigt, die Pläne für die elektrischen Einrichtungen von anderen Beratenden Ingenieuren, die mit Lie in dem Forenede

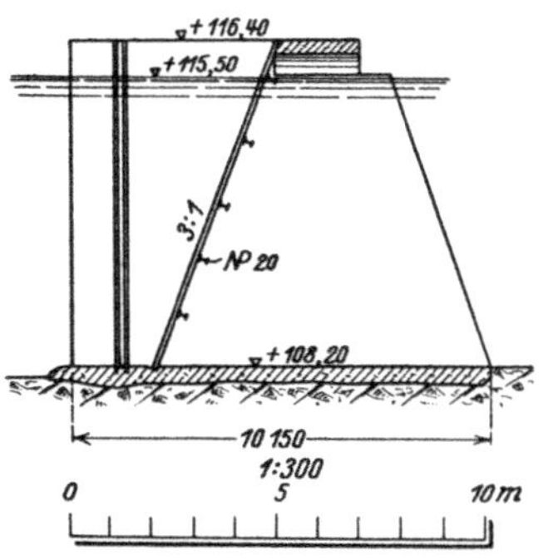

Abb. 453. Svälgfos. Kanaleinlaß. (Kloumann.)

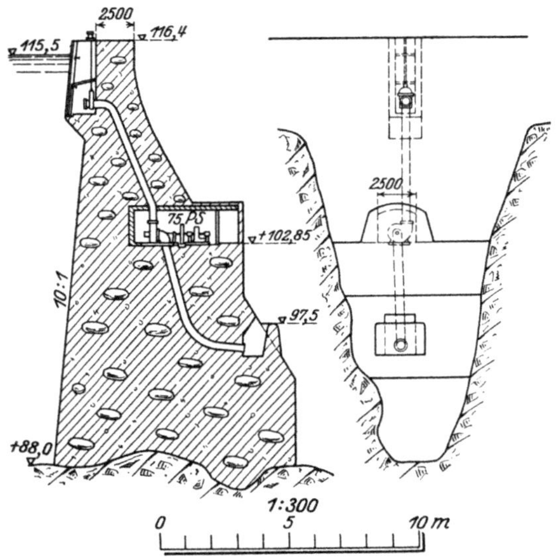

Abb. 452. Svälgfos. Hoher Abschnitt des Wehrs mit eingebautem Hilfskraftwerk. (Kloumann.)

Ingenieurkontoret zusammengeschlossen waren. Die architektonische Gestaltung besorgte Professor Nordhagen.

Svälgfos. Etwa 5 km oberhalb Nottoden ist das Tinnelvtal schluchtartig eng,

Abb. 454—455. Svälgfos. Unterwasseransicht des Stauwehrs. (Norsk Hydro.)

so daß hier der gegebene Ort für die Erstellung des Wehres zur Ausnutzung der unmittelbar stromabwärts und stromaufwärts sich erstreckenden Stromschnellengruppe war (Abb. 448, 449, 450, 451). Die Wehranlage mußte 25 m Höhe erhalten, um einen Stau von 17 m zu schaffen. Die Stauhaltung, Svälgfos genannt, ist 5 km lang. Die

Wehranlage enthält für den Durchlaß der Hochwassermenge von 800 m³/sek 3 Öffnungen, von denen 2, je 20 × 2,7 groß, Nadelverschluß haben, die dritte, 27,7 × 3,2 m groß, durch eine Walze abgeschlossen ist. Von der Stauhaltung wird das Wasser durch einen mit Grobrechen gedeckten

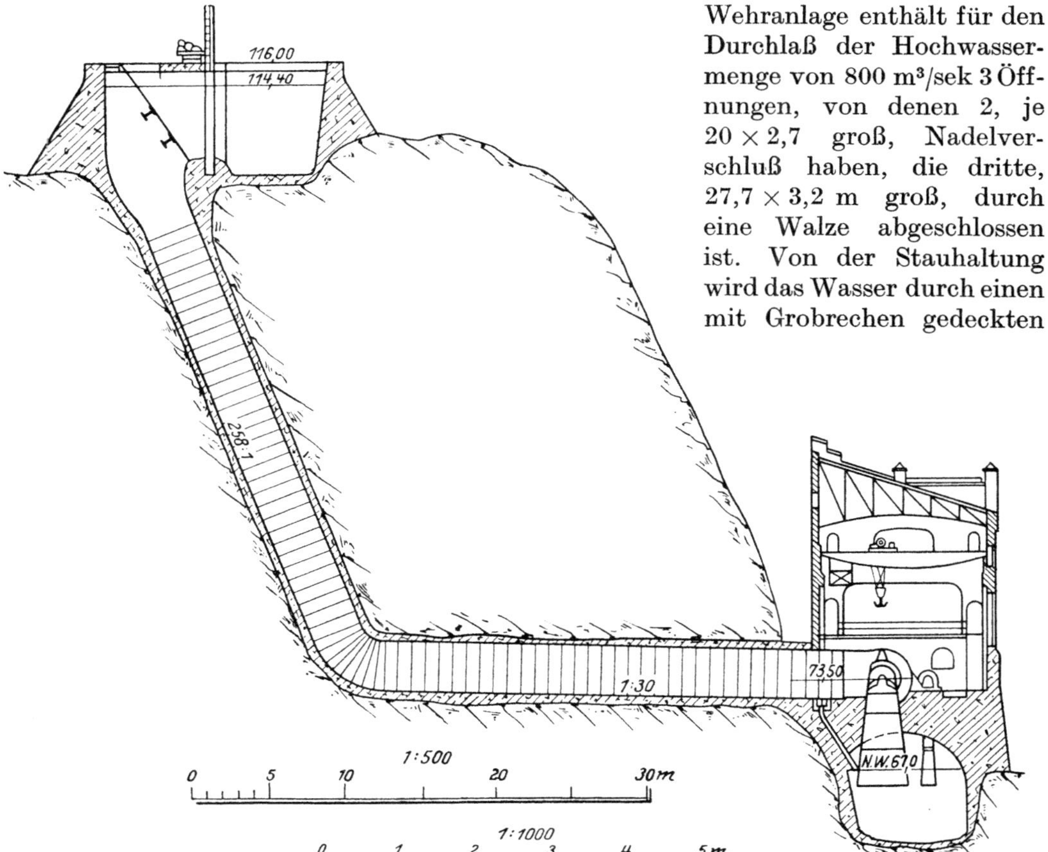

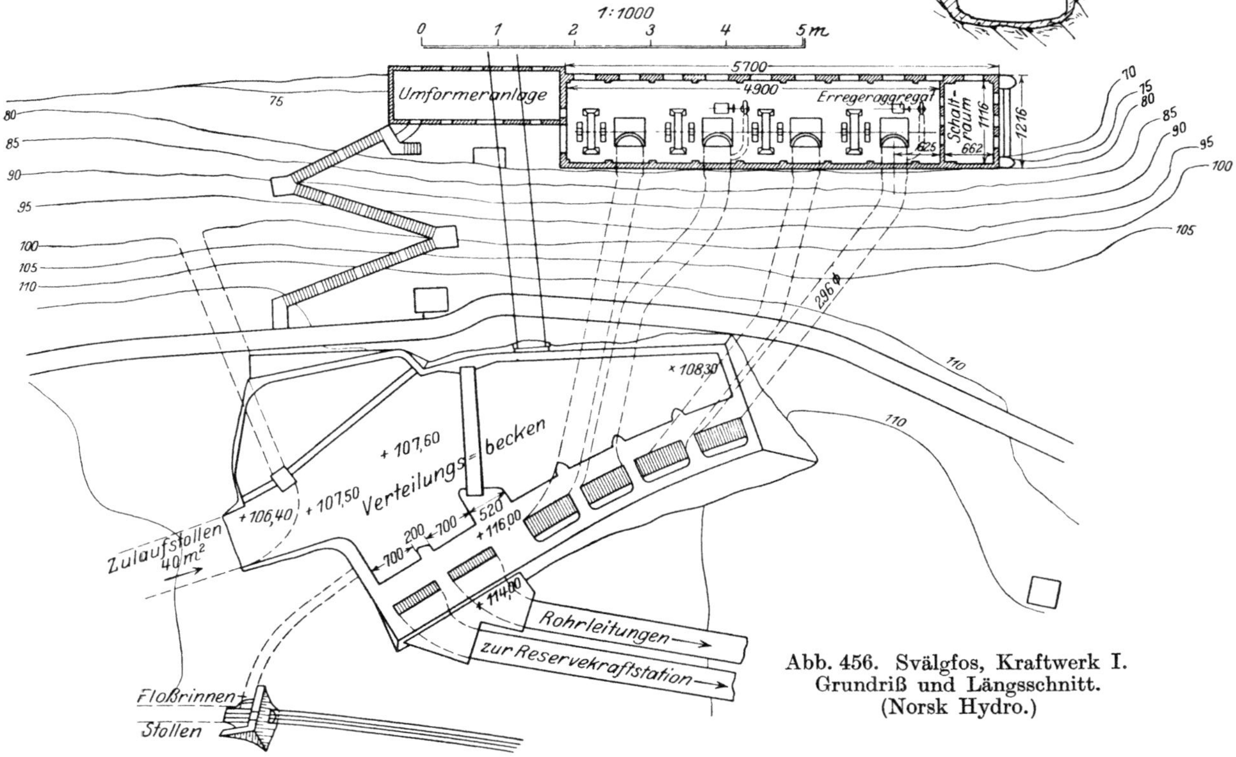

Abb. 456. Svälgfos, Kraftwerk I. Grundriß und Längsschnitt. (Norsk Hydro.)

Einlauf, einen kurzen offenen Kanal und anschließende 500-m-Stollen dem Wasserschloß zugeführt. Am oberen Stollenmund ist eine Stoney-Schütze angeordnet (Abb. 444, 452, 453, 454, 456, 457, 458, 459).

Vom Wasserschloß gehen 6 Rohre aus, deren Einläufe durch je 3 Holzschützen abschließbar sind. Vier Rohre gehen zur Wasserkraftanlage Svälgfos I (oder Hauptstation), die 76 m³/sek ausnutzt. Die an der normalen Regulierungswassermenge noch fehlenden 14 m³/sek werden im ersten Maschinensatz einer rd. 600 m stromabwärtserbauten zweiten Kraftstation, Svälgfos II (auch Svälgfos Reservestation), ausgenutzt. Der zweite Maschinensatz dieser Station gilt als Betriebsreserve für die Hauptstation. Der Unterwasserstand schwankt ein wenig mit der Verteilung der Belastungen auf die beiden Werke; normal ist der Unterschied zwischen den beiden Unterwassern 1,25 m. Die normalen Gesamtfallhöhen der beiden Anlagen sind dementsprechend 47,8 und 49,05 m.

Abb. 457. Svälgfos. Kraftwerk I im Bau. (Kloumann.)

Die Druckleitungen für die Hauptstation sind als gepanzerte Druckschächte ausgeführt, während die Rohre der Reservestation offen geführt sind. In der Hauptstation sind 4 Voithsche doppelte Francis-Kesselturbinen aufgestellt, jede für $Q = 18{,}4$ m³/sek und 11000 PS, $n = 250$. Sie treiben 10500 kW Drehstromerzeuger (10 kVA, 50 Per.). In der Svälgfos-Reservestation sind zwei ähnliche von Kvärner Brug, Oslo, gelieferte Turbinen aufgestellt.

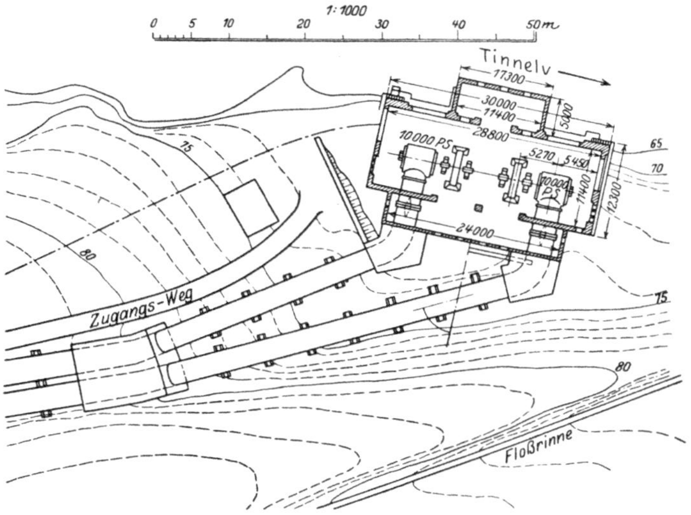

Abb. 458. Svälgfos. Kraftwerk II („Reservestation"). Grundriß. (Norsk Hydro.)

Die höchste Nutzleistung beider Werke zusammen ist rd. 55000 PS.

Für die Flößerei ist eine Rinne gebaut, die teils im tiefen offenen Felseneinschnitt, teils (auf 500 m Länge) im Stollen geführt ist (Abb. 448).

Der größte Teil der erzeugten Energie wird in 10 kV über 5 Leitungen, jede aus 6 Kupferseilen von 120 mm² und einem 50 mm² Nulleiter bestehend, der Stickstofffabrik in Notodden zugeführt. In einem Nebengebäude sind für den Betrieb der elektrischen Bahn Notodden—Tinnoset 3 Motorgeneratoren mit dazugehörigen Umspannern aufgestellt, um Einphasenstrom von 11 kV, 16⅔ Per., zu liefern.

Die Hauptstation ist 1905/07, die Reservestation 1909/13 erbaut. Die zweite Maschine letzterer Station ist 1915 aufgestellt. Das Werk Svälgfos gehört zu den billigsten Anlagen Norwegens, da es ohne das Tinnoswehr und die Fernleitung nach Notodden im ersten Ausbau nur rd. 3 Mill. Kr. oder für 1 PS der Vollleistung 68,5 Kr./PS und mit Tinnoswehr und Fernleitung 4,15 Mill. Kr. oder 94 Kr./PS gekostet hat (1905/07!).

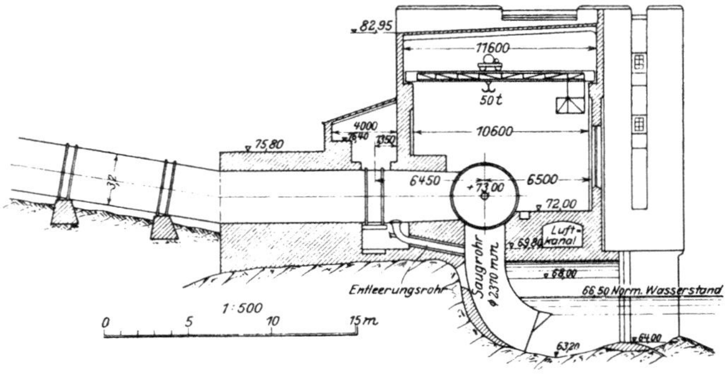

Abb. 459. Svälgfos. Kraftwerk II. Aufriß. (Norsk Hydro.)

Die gesamte aufgestellte Turbinenleistung des Tinnelv ist rd. 130000 PS; etwa ¾ der Energie wird in elektrochemischen Industrien verwandt, der Rest in verschiedenen anderen Industrien, für Eisenbahnbetrieb und Überlandversorgung.

4. Die Wasserkraftanlagen des Skienstromes.

Die 15 m Gesamtfallhöhe des Skien werden in 2 Fallstufen ausgenützt. Die eine gehört der Skotfos-Papierfabrik; Fallhöhe 9 m, eingebaute Leistung rd. 13000 PS[1]. Das Werk ist 1890/91 erbaut, somit eines der ältesten Großkraftwerke Norwegens. Die kleinere, unterste Fallstufe hat 4,4 m Fallhöhe und ist nur teilweise ausgenutzt. Die Stufe umfaßt die Stromschnellen Damfos und Klosterfos.

Die beiden erwähnten Fallstufen liegen unweit vom Austritt des Stromes aus dem Norsjö. Der unterste Lauf des Skien hat kein ausbauwürdiges Gefälle mehr.

5. Zusammenfassung.

Die gesamte aufgestellte Maschinenleistung im Einzugsgebiet des Skien ist etwas über 500000 PS. Nach den Schätzungen von Kloumann (1924) sind in den Wasserkraftanlagen des Skiengebietes und den die Energie benutzenden Fabriken mehr als 300 Mill. Kr. investiert, diese Summe hat sich seit 1925 noch etwas erhöht. Die hoch entwickelte Wasserkraftindustrie hat das Wirtschaftsleben des Gebietes durchgreifend umgestaltet. Die Städte Notodden mit 7000 und Rjukan mit 8000 bis 10000 Einwohnern verdanken ihr Dasein im wesentlichen nur der Wasserkraftnutzung; dasselbe gilt bis zu einem gewissen Grade auch für die Hafenstadt Skien mit ihren 18000 Einwohnern.

Die Gesamtzahl der in Wasserkraftindustrien beschäftigten Arbeiter des Gebietes wird von Kloumann auf 10000 geschätzt und der Wert der alljährlichen Erzeugung auf 150 Mill. norwegische Kronen.

Unterlagen:

Neben den schon angeführten Quellen: Norsk Hydros kraftanlegg i Telemarken, Oslo 1926. — Eyde, S. und S. Kloumann: „Das Kraftwerk Svälgfos der Norsk hydro-elektrisk Kvälstofaktieselskab bei Notodden in Norwegen und die zugehörigen Regulierungsarbeiten“. Z. V. d. I. Bd. 53, Nr. 18. 1909. — Dubislav:

[1] S. Lond. WKKonf. Bd. 1, S. 1052.

„Seeregulierungen und Wasserkraftanlagen im Gebiet des Skienflusses in Norwegen". Z. ges. Turbinenwesen 1909. — Reichel, E.: „Die Turbinen der A.-S. Rjukanfos und deren Untersuchung". Z. V. d. I. S. 1513. — v. Tröltsch, Gg.: „Die Wasserkraftwerke am Rjukanfos und am Glomfjord in Norwegen". Z. V. d. I. 1921, S. 309. — Kloumann, S.: „An Economic Survey of Norways Water Power With a View To Its National Economic Importance and Possible Future Importance To European Industry". Londoner Kongreß Bd. I, S. 1041. — Originalunterlagen und briefliche Mitteilungen von Norsk-Hydro über Fröistul, Rjukan und Svälgfos. — Aufs. von Gen.-Dir. Aubert in T. Ukebl. 1928, Nr. 27.

22. Abschnitt: Die großen Ströme der Osloer Senke.

1. Allgemeines.

Auf der flachen ost-südöstlichen Abdachung des norwegischen Gebirgsmassivs konnten sich im Gegensatz zu den zersplitterten Gebieten der Westküste einige große zusammenhängende Stromgebiete ausbilden. Ihre Abzugsrichtung geht im allgemeinen auf den Oslofjord hin, den natürlichen Mittelpunkt der größten norwegischen Senke. Die Ströme sind (von Westen nach Osten): Numedalslågen (5600 km²), geht in den Larvikfjord, den westlichen Nachbarn des Oslofjords; Drammenvassdraget (17350 km²), geht bei Drammen in den gleichnamigen Arm des Oslofjords, und schließlich Glomma (Glommen) (41800 km²), der bei Fredrikstad am östlichen Rande des Oslofjords mündet. Unweit östlich von Fredrikstad mündet in das Skagerrak noch der Fredrikhaldsvassdrag (rd. 1550 km²) (Abb. 260). Die drei großen Ströme haben ihr Quellgebiet zum Teil in dem öden Hochland von Westnorwegen; die Haupteinzugsgebiete jedoch liegen eben in der großen Senke. Der Fredrikhaldsvassdraget hat dagegen sein ganzes Quell- und Einzugsgebiet im waldreichen Senkengebiet, ebenso die zahlreichen kleineren Küstenflüsse, die indes energiewirtschaftlich wenig bedeutend sind.

Die drei großen Ströme der Senke gleichen sich darin, daß im Mittel- und Unterlauf die einzelnen Fallstufen — mit wenig Ausnahmen — nicht sehr hoch sind; daher sind auch alle bis jetzt ausgebauten Wasserkraftanlagen in dieser Gegend Norwegens Nieder- und Mitteldruckwerke, bis auf Hakavik und Nore, die im Oberlauf der Gewässer errichtet sind. Im ganzen bedecken die Einzugsgebiete der Osloer Senke etwa 70000 km² (mehr als $^1/_5$ von Norwegen). Sie umfassen die politischen Bezirke Östfold, Vestfold, Akershus, Hedmark, Opland und Buskerud, ferner Teile der westlichsten Fylke und von Sör Tröndelag. Ein kleiner Teil des Glommengebietes liegt auf schwedischem Gebiet (Abb. 19).

Der Untergrund besteht im Westen und Osten der Senke aus Urgestein, dagegen in der Mitte und im Norden aus etwas jüngeren Bildungen, teils Ergußgesteinen, größeren Teils aber aus Sedimenten des Unterkambrium und Kambrosilurs. Die größere Verwitterungsfähigkeit dieser Gesteine hat wesentlich zur Entwicklung der Landwirtschaft beigetragen. Dazu kommt, daß die marinen Ablagerungen hier wesentlich weiter ins Inland reichen, als irgendwo sonst in Norwegen. Diese geologischen Verhältnisse, ferner das günstige ziemlich sommerwarme und nicht übermäßig feuchte Klima haben die Osloer Senke zu der besten Landwirtschaftsgegend Norwegens gemacht. Besonders tritt dies in der Umgebung des Oslofjords in Erscheinung, aber auch weiter stromaufwärts in den großen Tälern und hauptsächlich auch an den zahlreichen, meist langgestreckten Binnenseen. Besonders die Umgebung des Mjösensees ist landwirtschaftlich ausgezeichnet. Die Landwirtschaftsgebiete sind in die i. g. viel umfangreichere Nadelwalddecke der Osloer Senke eingesprengt (Abb. 10, 11).

Der Reichtum an Ackerland hat früh eine für nordische Verhältnisse sehr dichte Besiedelung ermöglicht, die Ende vorigen Jahrhunderts durch den Aufschwung der

Holzveredelungsindustrie in der Nähe der Küste noch gesteigert wurde. Die dichtest bevölkerten Fylke sind Westfold, Östfold, Akershus, ferner die südöstliche Hälfte von Buskerud. Der am meisten industrialisierte Bezirk ist Östfold. Die Bevölkerungszahl des ganzen Gebietes ist rd. 750000 in Landorten und rd. 400000 in Städten, also insgesamt rd. 1150000 oder 40% von ganz Norwegen.

Die Wasserkräfte des Gebietes beziffern sich nach den amtlichen Statistiken auf 2350000 PS (vgl. Tabelle unten) oder rd. 1/6 von ganz Norwegen. Die Energiedichte ist also etwas unter dem Landesdurchschnitt; das kommt von der geringeren Stärke der Talgefälle, der Niederschläge und der Abflußziffern.

Die ziemlich weitgehende Gleichartigkeit der geschilderten Natur- und Wirtschaftsverhältnisse läßt das große Senkengebiet auch energiewirtschaftlich als ziemlich ausgesprochene Einheit erscheinen. Während das benachbarte Telemarken mit seinen reichlichen, gut konzentrierten und billig auszubauenden Wasserkräften einerseits und der geringeren Besiedelungsdichte andererseits seine eigenen, energieintensiven Industriezweige schaffen mußte, die dann im Wirtschaftsleben des ganzen Gebietes ausschlaggebende Bedeutung errangen, ist in der Osloer Senke früh die Holzindustrie ein wichtiger Energieverbraucher, um dann allmählich durch die bürgerliche Energieverwendung und hochwertigere Industrien (mechanische Werkstätten, Lebensmittelgewerbe) in den Hintergrund gedrängt zu werden. Auch die jüngsten Großausbauten: Mörkfoss-Solbergfoss, Raanåsfoss sind Überlandwerke; ebenso soll das 1928 vor der Inbetriebnahme stehende Norewerk in erster Linie Landeskraftwerk für bürgerlichen Bedarf, Eisenbahnbetrieb und Tagesindustrien sein. Verschiedene ursprünglich für Holzindustrien bestimmte Kraftwerke sind bei ihren Erweiterungen allmählich auf allgemeine Stromversorgung umgestellt worden. Den Großanlagen unseres Gebietes ist daher auch der Zug gemeinsam, daß neben Jahresausgleich weitgehende Tages- und Wochenspeicherung stattfindet und die Turbinenleistung oft ein Vielfaches der ständigen Leistung ist (vgl. vorstehende Übersicht der nutzungswürdigen und genutzten Energien).

Tabelle 40.

	Regulierte ausbauwürdige NW-Leistung PS	Ausgenutzte regulierte NW-Leistung PS	Aufgestellte Leistung PS
Numedalslaagen	428000	22900[1]	45000[1]
Drammen	727000	58400	70000
Glommen	1165000	235000	380000
Fredrikhaldsvassdraget	21000	10000	20000
Sonstige Wald- und Küstenlandflüsse	8000	4300	rd. 5000
	2349000	330600	520000

2. Numedalslaagen.

Die Stromlänge vom Quellsee bis zur Mündung in den Larvikfjord ist rd. 350 km. Das Einzugsgebiet ist, namentlich im Mittel- und Unterlauf, sehr schmal; bedeutendere Nebenflüsse fehlen, und erst im Oberlauf ist das Gebiet stärker gegliedert. Seen sind viele vorhanden, aber meist ziemlich kleine, so daß der Seeanteil nur 2% beträgt. Trotzdem haben die Seen erheblichen Wert, weil sie überwiegend im oberen Einzugsgebiet, oberhalb der wichtigsten Wasserfälle liegen, der höchste, Nordmannslaagen, auf 1260 m ü. d. M.

Die Wasserkräfte des Numedalslaagen sind fast ganz im Hauptstrom vereinigt. Unter den Nebenflüssen hat nur der kleine Hochgebirgsfluß Odalselv bedeutendere Kräfte. Die Wasserkraft des Hauptstroms verteilt sich auf seine ganze Länge auf viele Wasserfälle und Stromschnellen, deren Ausbau in der amtlichen Statistik in 19 Fallstufen angenommen ist. Drei Fallstufen liegen im Hochgebirge; zwei, näm-

[1] Ohne Nore.

lich die wichtigen Norefälle, bilden den Übergang zwischen der Bergstrecke und dem Senkental, die übrigen 14 Stufen, im seearmen Mittel- und Unterlauf, haben kleinere und mittlere Fallhöhen. Von den Fällen der Nebenflüsse ist nichts ausgenutzt, ebenso von den Hochgebirgsfällen des Hauptflusses. Dagegen sind die Norefälle jüngst aus-

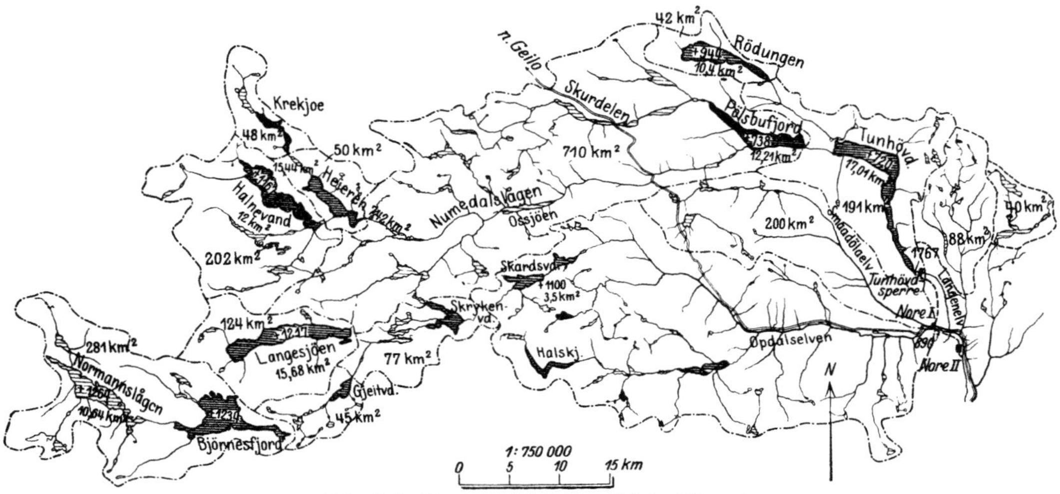

Abb. 460. Nore. Gebietsübersicht. (Verw.)

gebaut und im Mittellauf neben einigen unbedeutenden Anlagen 5 Stufen, nämlich: die 2 Stromschnellen bei Kongsberg, die eine für die staatliche Waffenfabrik, die andere für die Gemeinde Kongsberg; ferner Labrofoss mit einem Ausbau von 10000 und Gravenfoss mit 8250 PS., beide dem städtischen E.W. Drammen gehörig, und neben dem bürgerlichen Bedarf große Holzindustrien versorgend; schließlich die Stufe Vittingfoss, vor einigen Jahren für eine große Überlandzentrale ausgebaut.

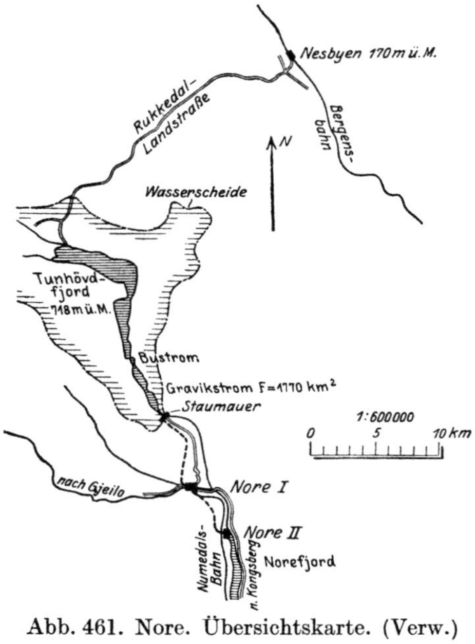

Abb. 461. Nore. Übersichtskarte. (Verw.)

Vor der näheren Beschreibung des Norewerkes und von Vittingfoss sind einige Angaben über die geplante und teilweise durchgeführten Abflußregulierungen zu machen:

Die erste ausführliche Untersuchung der Wasserführung des Numedalslaagen bei Tunhövd und im Mittellauf ward 1907—1910 von dem beratenden Ingenieur, früheren Kanaldirektor Sätren im staatlichen Auftrag durchgeführt. Die Grundlage bildeten Beobachtungen, die 1895—1908 in der Nähe von Tunhövd (1767 km²) und im Mittellauf bei der Wasserkraftanlage Labro (4340 km²) angestellt waren. Entsprechend dem Gesamtcharakter des Abflußvorgangs, regelmäßige Anschwellung im Mai und Erreichung des Scheitelwertes noch im Mai oder Juni wurde das hydrologische Jahr vom 1. Mai bis 30. April gerechnet. Die nachstehenden Kennziffern lassen erkennen, daß die Wasserführung zwischen sehr weiten Grenzen schwankt, was bei der hydrologischen Einheitlichkeit des Einzugsgebietes, namentlich für Tunhövd, leicht zu verstehen ist. Da der Beobachtungsstoff für Labro umfassender war, hat man zur

Ergänzung der Tunhövd-Beobachtungen die Verhältniszahlen der Monatswasserführungen der beiden Stellen benutzt. Am größten fielen diese Verhältniszahlen für April aus (6,4), am kleinsten für Juni 1,6, während der Gesamtdurchschnitt 2,2 ist.

Bei der Ausarbeitung des Wasserhaushaltsplans mußten die Abflußverhältnisse bei Tunhövd und Labro immer nebeneinander untersucht werden, weil unterhalb des Tunhövd keine für Regulierung geeigneten Seen mehr liegen, welche die Regulierung des Tunhövdgebietes hätten ergänzen können. Das Gebiet oberhalb Tunhövd hat, für sich gerechnet, 6% Seeanteil (Abb. 460). Der größte See ist Björnefjord, 19 km², 234 m ü. d. M. Seine 2 Abflüsse führen beide zum Numedalsgebiet. Nach dem Sätrenschen Plan sollten 7 Seen reguliert werden, und zwar soweit, daß am Pegel Stolen oberhalb des Tunhövdsees in „normalen" Jahren ständig 32,5 m³/sek durchflössen (fast volle mittlere Wassermenge). Für Kongsberg ergibt sich dabei natürlich eine relativ geringere Wirkung, da hier die ständige Wassermenge sich nur auf 35 und die 358tägige auf 40 m³/sek erhöht.

Tabelle 41.

	Tunhövd		Labro	
	m³/sek	sl/km²	m³/sek	sl/km²
MNQ	6,6	3,7	19,3	4,45
NNQ	4,0	2,25	8,0	1,4
MHQ	352	200	565	130
HHQ	650	367	800	184
MQ	38,6	22,0	85,5	19,6

An Speicherraum sollte geschaffen werden: im Tunhövdfjord: 386,4 hm³, in den übrigen auszubauenden Seen insgesamt 326 hm³.

Die Tunhövdregulierung. Der Tunhövdfjord, dessen Regulierung die wichtigste und bereits durchgeführt ist, bestand von Natur (Abb. 461) aus drei durch Stromschnellen von „normal" 0,15 und 1,6 m Fallhöhe getrennten Seeabschnitten: der oberste und größte (mit 2 Armen, Bäkkefjord und Storefjord), vielfach auch allein Tunhövdfjord genannt (15,1 km²); der mittlere Tonvikfjord (1,1 km²), der unterste: Öigardsfjord (0,8 km²). Die natürlichen Schwankungen der Seewasserstände betrugen 3 m. Sätrens Entwurf legte die Regulierungssperre (Krone: 737,0) 300 m unterhalb des Seeauslaufs. Der Spielraum wäre in den 3 Seeabschnitten 17,5; 18,0; 18,16 m gewesen. Die Wasserentnahme wäre durch einen Senkungsstollen erfolgt.

Der Sätrensche Plan ist der Ausführung nur in seinen hydrographischen Grundzügen zugrunde gelegt worden; die Seesperre dagegen wurde einige 100 m abwärts verlegt, weil die endgültigen Vorarbeiten ergaben, daß die Moräne an einem Flügel der Sätrenschen Staumauer unerwartet viel größere Mächtigkeit hat. Da die Kronenhöhe unverändert blieb, ward die Mauermasse im Bauentwurf wesentlich größer, dafür der Senkungsstollen überflüssig, da man tiefliegende Ablässe in der Mauer anbringen konnte (Abb. 462, 463, 464).

Die Seesperre ist als Schwergewichtsmauer in Beton mit Granitverkleidung an der Luftseite ausgeführt. Auf der Wasserseite ist eine 30 bis 50 cm starke Dichtungsschicht, Mischung 1 : 2¼ angewandt, die noch eine 1 cm starke Putzschicht 1 : 1 trägt. Die Mauer ist durch verzahnte Dehnungsfugen in Abschnitte von 12,5 m abgeteilt. Zur Abdichtung der Fuge ist ein mit Asphaltkomposition ausgegossener Schlitz ausgespart. Zur Entwässerung sind nahe der Wasserseite 2 senkrechte Reihen 2zölliger Dränröhren eingebaut, die in Längssammler münden. Letztere haben schräge Ausläufe in den durch die Mauer laufenden Besichtigungsstollen. Für die tiefer als der Auslaufstollen liegenden Dränrohrstrecken ist eine besondere Grunddränage nach dem tiefsten Punkt der Luftseite ausgeführt.

Zur Nutzwasserentnahme bis zur Inbetriebnahme des Norekraftwerks sind in der Mauer 2 Durchlässe in verschiedener Höhe angeordnet worden, außerdem noch ein dritter Durchlaß als Grundablaß. Der untere der beiden Betriebsablässe ist mit Reserveschütze und Grobrechen ausgerüstet, alle drei Durchlässe haben Gleitschützen mit Bronzeleisten. Für den Flößereibetrieb mußten verschiedene Vorkehrungen getroffen werden (Abb. 462): bei höherem Wasserstand als + 734 dient eine Floßrinne

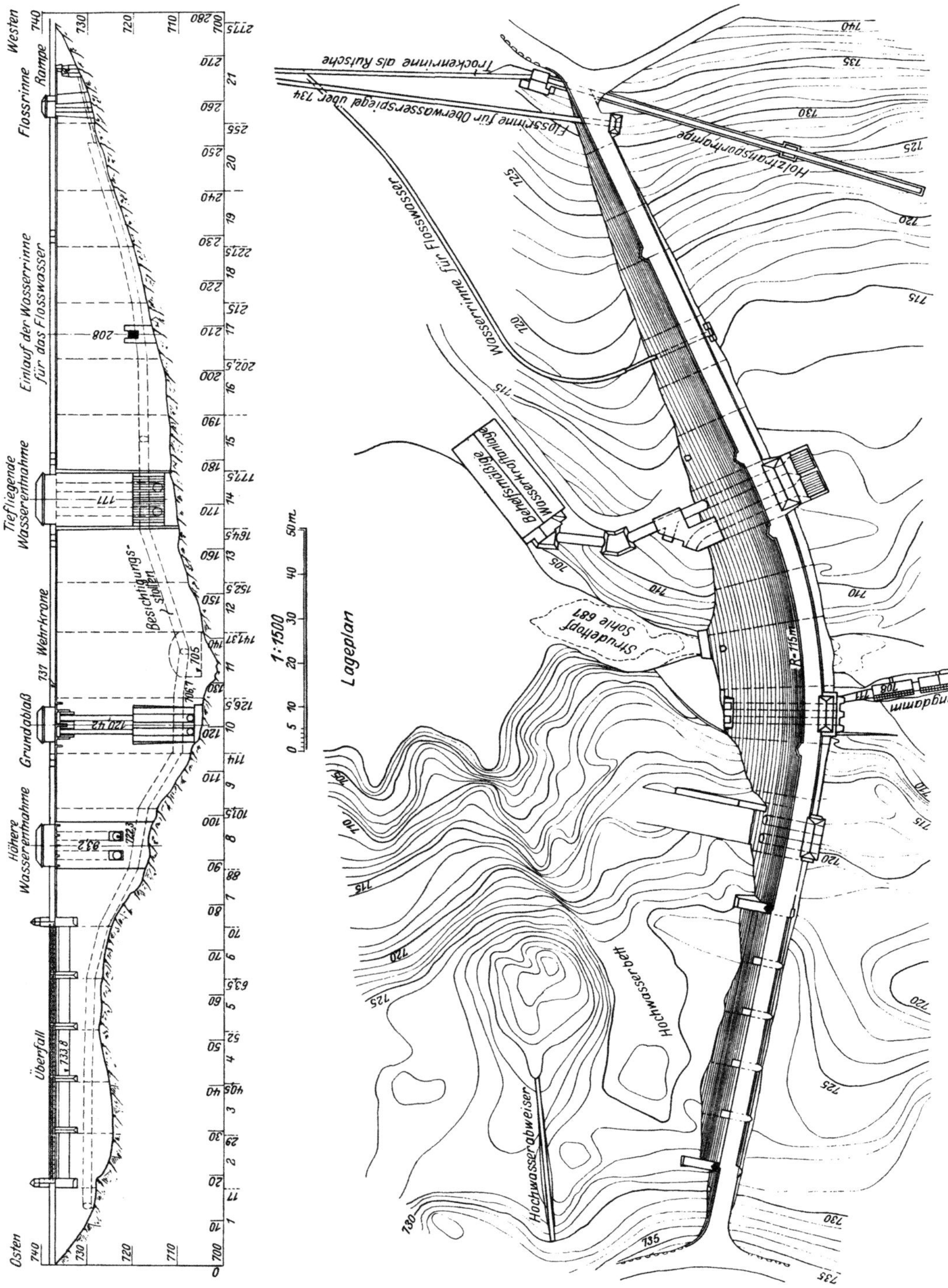

Abb. 462. Nore. Tunhövdsperre. Aufriß und Grundriß. (Baalsrud.)

üblicher Anordnung; bei tieferen Wasserständen dagegen eine Rampe zum Aufziehen des Holzes bis zur Kronenhöhe mit anschließender Trockenrinne zum Ablassen. Der

Trockenrinne wird in ihrem weiteren Verlauf durch ein besonderes Gerinne Wasser aus dem See zugeführt, so daß sie etwa 55 m von der Sperre entfernt in eine gewöhnliche Triftrinne übergeht. Am anderen (linken) Flügel der Sperre sind durch Nadeln regulierbare Überfälle. Nadellehne ist eine Eisenbetonbrücke für den Straßenverkehr.

Die Tunhövdsperre ist 1914/20 von der staatlichen Wasserkraftverwaltung nach eigenen Plänen in Regie erbaut worden. Aus der Bauzeit stammt die auf der rechten Talseite angeordnete kleine Hilfskraftanlage. Um eine ausreichende Spiegelsenkung zu ermöglichen, mußte man die Stromschnellen Buström und Gravikström regulieren und vertiefen.

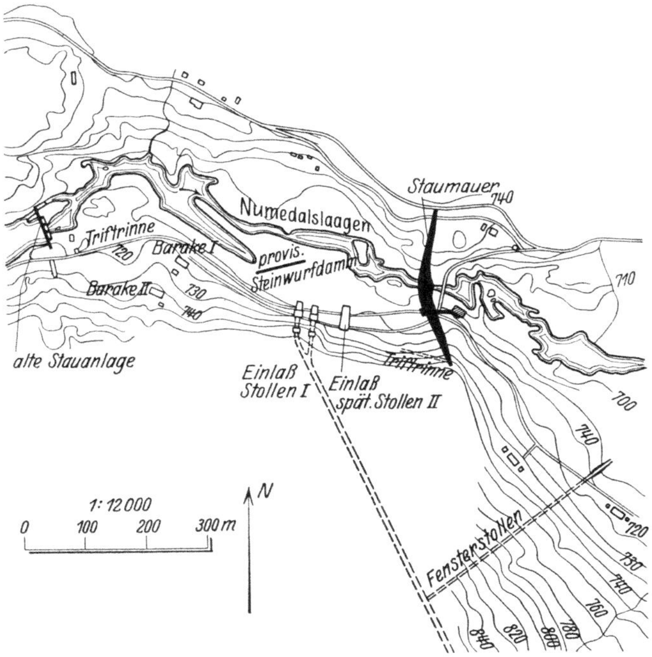

Abb. 463. Nore. Tunhövdsperre und Stollenanfang. Lageplan. (Verw.)

Die erstgenannte Regulierung wurde in größter Eile bei Beginn des ganzen Baues durchgeführt, da der Sandtransport von der Station Nesby der Bergensbahn, nördlich vom Tunhövdsee, in der Endstrecke zu Schiff über den See geleitet werden mußte. Der gesamte Bau mit Einschluß der Stromschnellenregulierungen, Grunderwerbe und Entschädigungen hat 6,2 Mill. Kr. (darunter 150000 Kr. für Fischereischäden) gekostet. Außerdem mußte ein Fischbrutbecken eingerichtet werden. Der ursprüngliche (Vorkriegs-) Kostenanschlag der Anlage wurde um 87% überschritten.

Die durchgeführte Tunhövdregulierung erhöht NQ für Nore auf 19,2 m³/sek. Wird die Wasserentnahme dagegen nach den Bedürfnissen der Kongsberg-Kraftwerke vorgenommen, so erhöht sich die Wasserführung dort auf 36 m³/sek.

Abb. 464. Nore. UW.-Ansicht der Tunhövdsperre mit Baukraftwerk und Floßrinnen. (Verf. 1921.)

Die Nore-Kraftanlage. Kurz hinter dem Tunhövdsee beginnt eine Reihe steiler Wasserfälle und Stromschnellen „Norefossene", die auf 12,5 km Länge eine Gesamtfallhöhe von 450 bis 461 m (je nach dem Wasserstand des Tunhövd) ergeben. Am Ende dieser Steilstrecke tritt der Fluß in einen längeren, schmalen Stillwasserabschnitt, den Norefjord. Der Ausbau dieser dem Staate gehörigen mächtigen Wasserkraft war im Sätrenschen Plan in einer einzigen Stufe von 420 m gedacht. Bei diesem an sich großzügig gedachten Plan wäre also der unterste, etwas weniger steile Abschnitt ungenutzt geblieben (Abb. 465). Die eigenartige Führung der Triebwasserstollen ist durch die örtlichen und geologischen Verhältnisse bedingt. Am Ende der Stollen vorgesehene Ablagerungsbecken sollten gegen die Geschiebeführung (?) und die von den Stollenwänden sich etwa lösenden Steine Schutz bieten. Sätren hatte sich die Ausführung in 2 Ausbaustadien gedacht, von welchen jedes besondern Triebwasserstollen nebst Wasserschloß enthalten sollte.

Der im Jahre 1921 begonnenen Ausführung wurde ein anderer Ausbauplan zugrunde gelegt, der die Nutzbarmachung der vollen Fallhöhe von Norefossene ermöglicht, allerdings in 2 Stufen, und eine wesentlich kürzere, billigere Turbinenrohrleitung für die zunächst in Angriff genommene obere Stufe und eine größere Fallhöhe für die untere, mehr Wasser benutzende Stufe ergab, als sie der Reststufe im Sätrenschen Plan zur Verfügung gestanden hatte. Nachstehend die Hauptzahlen dieses staatlichen Ausbauplans (Tabelle 42).

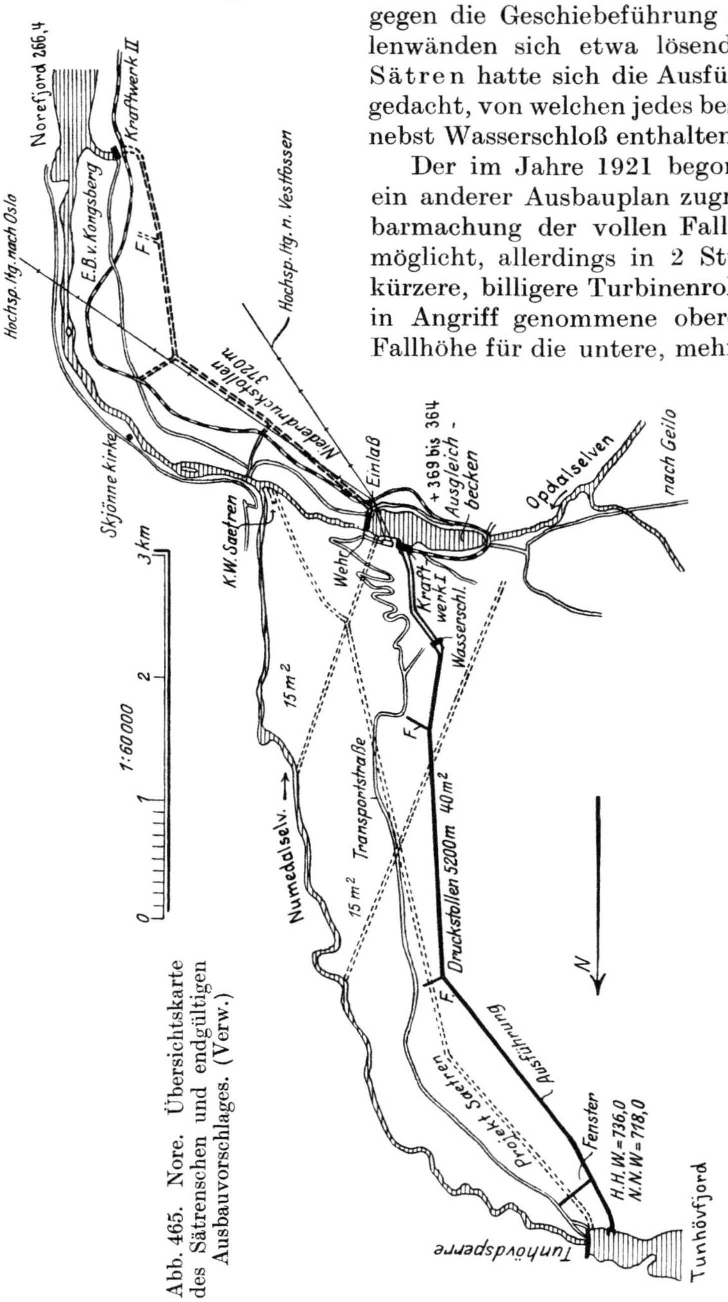

Abb. 465. Nore. Übersichtskarte des Sätrenschen und endgültigen Ausbauvorschlages. (Verw.)

Der Grundgedanke des neuen Planes (Abb. 463, 465, 466, 467) besteht darin, das Triebwasser für das obere Werk unmittelbar aus dem Tunhövdspeicher durch 2 Druckstollen zu entnehmen und aus den Wasserschlössern durch steile, aber sicher auf blankem Fels verlegte Druckleitungen dem Krafthaus bei Rödberg, im Tal des ziemlich bedeutenden Nebenflusses Smaadöla, zuzuführen. Unterhalb des Krafthauses wird das Unterwasser mit dem Zufluß des Smaadölagebietes durch eine zweite kleinere Sperre in einem Regulierungsspeicher von 1 hm³ aufgestaut. Aus diesem Weiher führt ein Stollenzug das Wasser der zweiten Werkstufe unmittelbar am

Tabelle 42.

Stufe	Einzugsgebiet km²	Planmäßiger Speicherraum hm³	Regul. NQ bei vollem Speicherausbau m³/sek	Verfügbare Fallhöhe m	Regulierte NW-Leistung (24stündig) PS
Oberstufe (Nore Övre) .	1770,0	1040,0	39,0	359	144000
Unterstufe (Nore Nedre)	2660,0	1110,0	51,0	102	53000

Norefjord zu. Damit Betriebsstörungen des oberen Werkes das untere nicht berühren, ist eine Reservefassung im Numedalslaagen in Höhe des Rödbergbeckens und ein Verbindungsstollen geplant. Bei Betriebsstörungen der Oberstufe würde das Wasser durch die Ablässe der Tunhövdsperre in das natürliche Flußbett abgegeben und von da durch die Hilfsfassung dem Rödbergweiher zugeleitet.

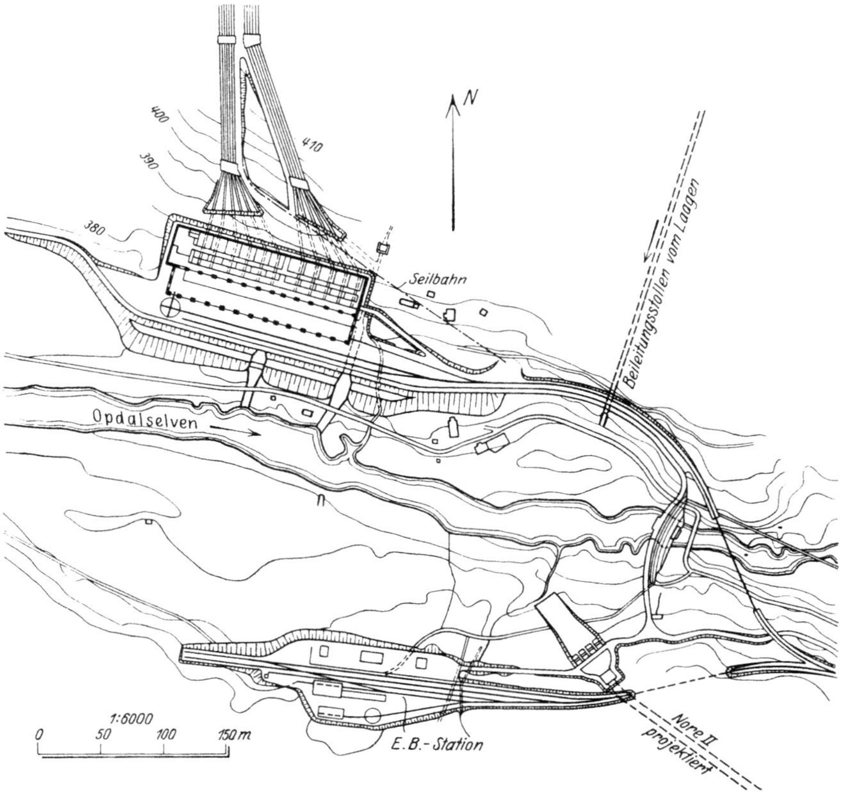

Der Norefjord soll als Ausgleichbecken für die Tagesspeicherung der Norewerke wirken, was ohne bedeutende Kosten zu ermöglichen sein wird.

Die obere Noreanlage, zunächst nur mit 4 Maschinen besetzt, ist 1928 in Betrieb genommen worden[1].

Die Wasserkraftanlage Vittingfossen hat ein Einzugsgebiet von 4900 km² und 20 m Gesamtfallhöhe. Beim derzeitigen Regulierungszustande ist die ständige NW-Führung = 45 m³/sek, nach Durchführung der noch geplanten Regulierungen wird sie wesentlich höher sein. Die derzeitige regul. NW-Leistung ist 8800 PS; im Hinblick auf die vorzügliche Tagspeicherfähigkeit und die Belastungsverhältnisse (bürgerl. Versorgung) hat man die Turbinenanlage (einschl. Betriebsreserve) auf rd. das Dreifache: 24800 PS zu ausgebaut, in 4 gleichen Maschinen (Abb. 468, 469, 470).

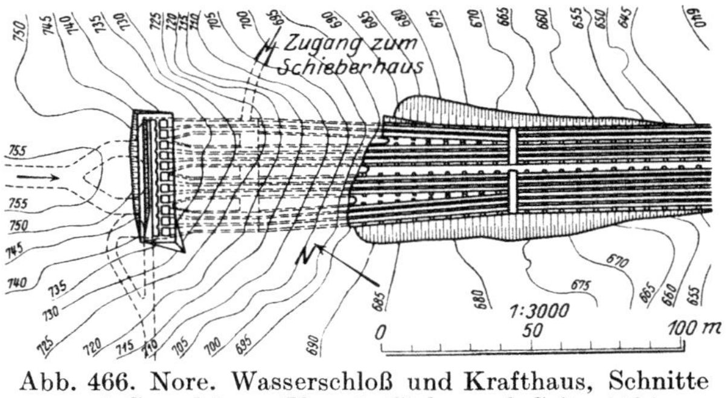

Abb. 466. Nore. Wasserschloß und Krafthaus, Schnitte und Grundrisse. (Verw.) (Siehe auch Seite 446.)

Das Werk ist errichtet an Stelle einer alten für eine Holzindustrie arbeitenden Wasserkraftanlage, von der nur die Wehranlage beibehalten wurde, jedoch unter Ersatz der Nadelverschlüsse durch eine Walze. Der Oberkanal ist durch Verbreiterung des alten Zulaufgerinnes geschaffen. Der Werkeinlaß ist in Eisenbeton ausgeführt, enthält Grobrechen und Schnellschlußschützen in 4 gleichen Kammern und ist

[1] Unterlagen: Sätren, G.: Numedalslaagens Regulering Nore Kraftanläg. — Baalsrud, K.: „Tunhövd Dammen". Tekn. Ukeblad, 6. Dezember 1924. — Eger: Über den neuen Ausbauplan. Zentralbl. Bauverw. 1920, S. 440. — Briefliche Mitteilungen vom Direktor der Wasserkraftabteilung von Norges Vasdrag og Elektrisitetsvesen und Denkschrift: Nore Kraftanläg av Vasdragsdirektören 1917.

durch eine massive Staumauer hinten abgeschlossen, welche die Schützenantriebe trägt und im unteren Teil das Fundament für eine Längswand des Schaltgebäudes

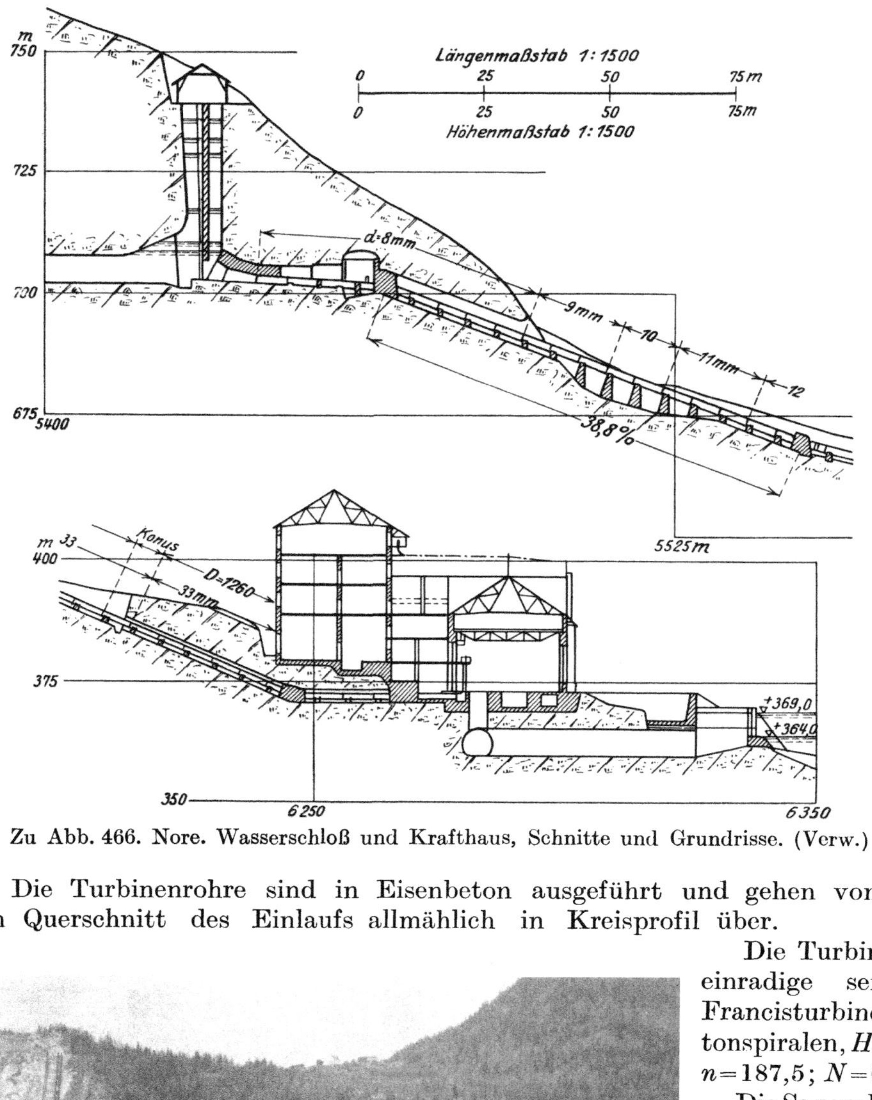

Zu Abb. 466. Nore. Wasserschloß und Krafthaus, Schnitte und Grundrisse. (Verw.)

bildet. Die Turbinenrohre sind in Eisenbeton ausgeführt und gehen vom rechteckigen Querschnitt des Einlaufs allmählich in Kreisprofil über.

Abb. 467. Nore. Blick auf das Kraftwerk. (Verw.)

Die Turbinen sind einradige senkrechte Francisturbinen in Betonspiralen, $H_n = 19$ m, $n = 187{,}5$; $N = 6200$ PS. — Die Saugrohre münden in einen gemeinsamen Unterwasserstollen von 64 m Länge. Die gekapselten Stromerzeuger mit angebauten Erregermaschinen entwickeln 4800 kVA (5 kV, 50 Per.).

Das den Zwischenraum zwischen Werkeinlaß und Maschinensaal ausfüllende Schalthaus enthält die Umspanner zur Erhöhung der Spannung auf 50 kV zwecks Überführung des größten Teils des erzeugten Stromes nach Tönsberg, wo er für bürgerlichen Bedarf und kleinere Industrien verbraucht wird. Ein kleinerer Teil des Stromes wird in Erzeugungsspannung von unmittelbar am Kraftwerk gelegenen holzindustriellen Anlagen aufgenommen.

Das Werk ist 1918/20 nach Plänen des Forenede Ingeniörkontoret Oslo (Civ.-Ing. Lie) erstellt. Eigentümer ist die Stadt Tönsberg.

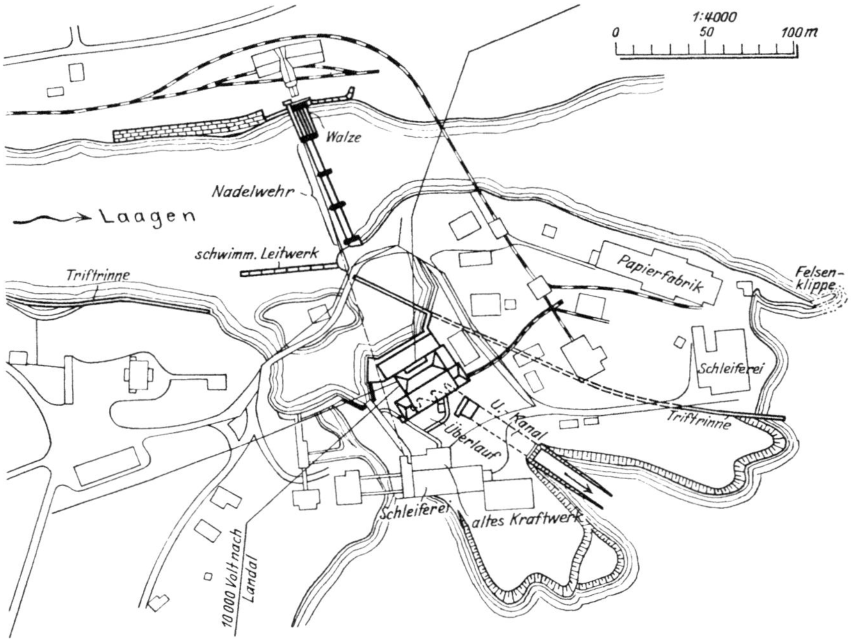

Abb. 468. Vittingfossen. Gesamtlageplan. (Verw.)

3. Drammenelv.

Der Drammen unterscheidet sich in wesentlichen Grundzügen sehr vom Numedalslaagen. Sein Einzugsgebiet ist sehr verzweigt und die Nebenflüsse sind z. T. so mächtig, daß es nicht ohne Willkür ist, wenn ein einzelner, nämlich der Randsfjordenvassdrag als Hauptstrom bezeichnet wird. Der Randsfjordenvassdrag ist der seereichste, aber keineswegs der wasserkraftreichste Strom des Gebietes; sein größter See heißt: Randsfjord (136 km², 134 m ü. d. M.). Einige Kilometer unterhalb dieses Sees nimmt der hier vielfach kurz Randselv genannte Fluß den Aadalselv, weiter aufwärts Valdresvassdrag genannt, auf, der selbst viele kleinere Nebenflüsse und Seen hat. Kurz nach der Vereinigung mündet der jetzt Storelv genannte Fluß in den Tyrifjord (134 km², 63 m ü. d. M.). Unmittelbar hinter dem Tyrifjord nimmt der „Drammenvassdrag“ den dritten und wasserkraftreichsten Fluß des ganzen Einzugsgebietes, Snarumselv, im Mittel- und Oberlauf Hallingsdalsvassdrag genannt, auf. Dieser hat nur im Oberlauf einen

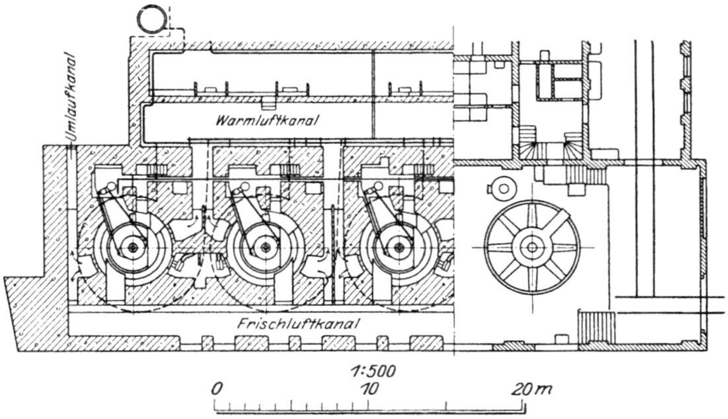

Abb. 469. Vittingfossen. Krafthaus-Grundriß. (Verw.)

bedeutenden Nebenfluß und die fjordartigen Seen seines Teilgebietes sind nicht sehr groß, der größte heißt: Krödernfjord.

Alle drei großen Teilgebiete: Randsfjordensvassdrag, Valdresvassdrag und Hallingsdalsvassdrag reichen in die Birkenregion und das Hochgebirge hinauf, wenn sie auch überwiegend Nadelwaldgebiet sind; alle Flüsse dagegen, die in den eigentlichen Drammenelv münden, sind ausgesprochene Wald-

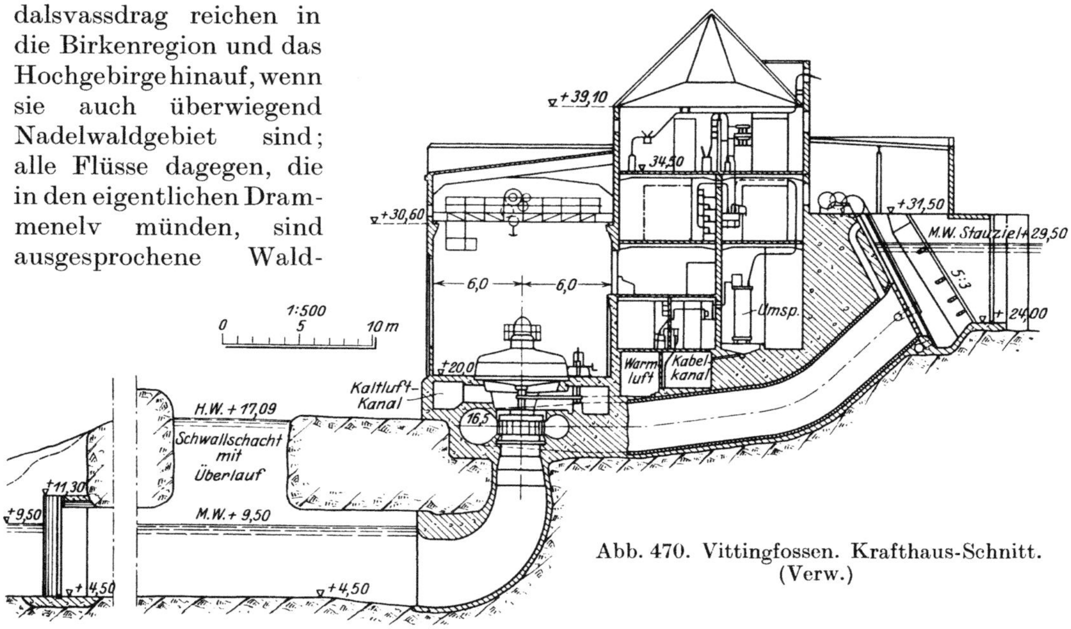

Abb. 470. Vittingfossen. Krafthaus-Schnitt. (Verw.)

und Niederungsströme. Unter ihnen sind nur zwei von Bedeutung: der seearme Simoa und der seereiche Eikeren.

Die Seen des Drammengebietes machen 3 bis 4% der Gesamtfläche aus. Im Gegensatz zu den Seen des Numedalgebietes liegen die allermeisten tief, in der Senke selbst.

Die Wasserkräfte sind größtenteils an den Übergängen der drei großen Gebirgsströme vom Hochgebirge in die Senke zu

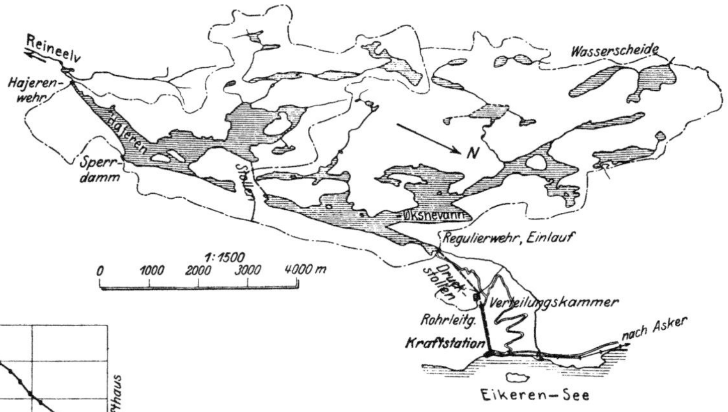

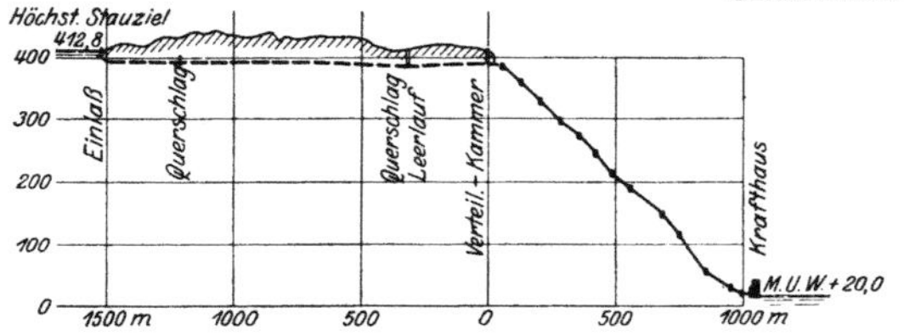

Abb. 471. Hakavik. Einzugsgebiet und Längenschnitt. (Verw.)

finden. Sie sind somit ausgesprochene Binnenwasserkräfte in weniger günstiger Lage zu den Hauptgegenden des Energieverbrauchs. Von dem sehr bedeutenden Bestand ist erst ein geringer Bruchteil ausgenutzt. Dagegen sind die viel niedrigeren Fallstufen der Niederung schon großenteils ausgebaut; hauptsächlich die Wasserfälle des Randselv, des Aadalselv und des Drammenhauptstroms unmittelbar hinter dem Tyrifjord. Alle hier vorhandenen Wasserkraftanlagen dienen der Holzveredelungsindustrie oder der allgemeinen Stromversorgung; die beiden bedeutendsten dienen beiden Zwecken zugleich. Es sind dies:

Hönefoss: nutzt den Mündungsfall des Aadalselv mit 20,5 m; regul. NW-Leistung: 4570 PS, Maschinenausbau auf 14500 PS, wovon 7600 PS für allgemeine Eltversorgung, der Rest für die Zellulosefabrik am Ort. — Embretsfoss im eigentlichen Drammenelv, Fallhöhe: 13,8 m, regul. NW-Leistung: 10610 PS und Maschinenausbau: 16000 PS, wovon 6000 PS für allgemeine Stromversorgung, der Rest für Holzbearbeitungsindustrie am Ort. Im Drammenhauptstrom liegt auch die ziemlich bedeutende Wasserkraftanlage Gravfossen der Vestfoldkraftselskap (kommunale Eltversorgung von Vestfold-Fylke). Die Anlage liegt bemerkenswerterweise in einem anderen Bezirk: Buskerud-Fylke. Sie ist auf rd. 8000 PS, und zwar von 1903—1918 in 4 Ausbaustadien, ausgebaut; 1923/24 wurden 2 von den älteren Turbinen umgebaut, indem Laufrad und Saugkrümmer umgestaltet wurden, womit eine wesentliche Erhöhung des Wirkungsgrades erzielt wurde.

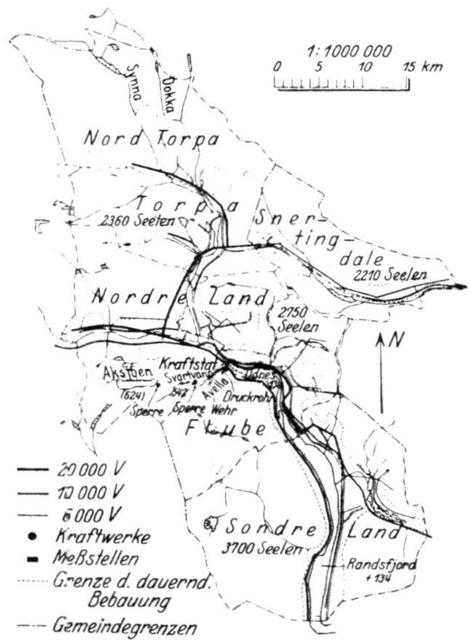

Abb. 472—473. Aavella. Übersichtskarte des Versorgungsgebietes. (Verw.)

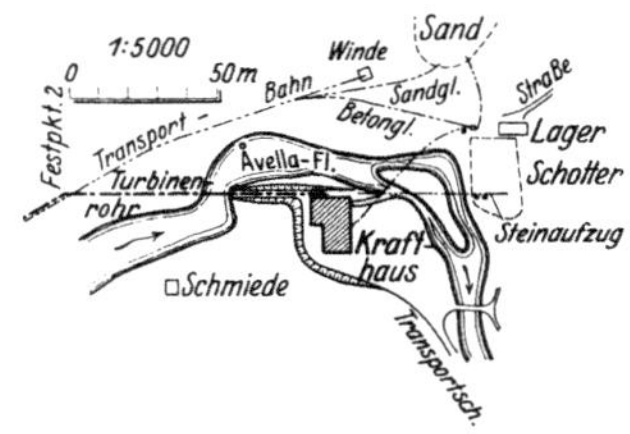

Abb. 474—475. Aavella. Kraftwerk, Lageplan. (Verw.)

Die Wasserkräfte des Simoa sind bis jetzt fast nicht ausgenutzt, dagegen diejenigen im Einzugsgebiet des Eikern fast ganz, und zwar durch das staatliche Hakavikwerk.

Die Wasserkraftanlage Hakavik nutzt die Fallhöhe zwischen dem Öksne- und Eikerensee (Abb. 471) und außer dem Wasser des Hakavikbaches noch das durch einen Verbindungsstollen beigeleitete des Hajerensees aus, der von Natur seinen Abfluß Reineelv nach dem Numedalsgebiet entsandte. Das natürliche Einzugsgebiet des Hakavikbaches war knapp 20, dasjenige des Reineelv 15 km²; außerdem ließen sich noch unschwer einige ebenfalls seenreiche Seitenbäche des Eikeren in den Öksnevand überleiten, so daß an die Fassung des Hakavikwerkes im ganzen 40 km² angeschlossen sind. Später wird man wahrscheinlich noch einige dem Hajeren unmittelbar benachbarte kleinere Reineelvzuflüsse mit insgesamt weiteren 7 km² durch Überleitung in den Hajeren nutzbar machen. Um die Überleitung zu ermöglichen und einen Speicher zu schaffen, errichtete man im alten Auslauf des Reineelv eine Seesperre aus Bruchsteinmauerwerk. Ein höher liegender älterer Abfluß des Hajerensees mußte gleichfalls abgesperrt werden; hier errichtete man eine Sperre in Bruchsteinmauerwerk mit Torfkern. Der Abfluß des Öksnevand wurde durch ein bewegliches Wehr verbaut. Die Überfallkrone sowohl der Hajerensperre als des Öksnewehres liegt 412,8 m ü. d. M., die Absenkungsgrenze ist 403,0 m. Der durch die Verbindungsstollen und Seesperren geschaffene Speicherraum faßt 30 hm³ und erhöht NNQ auf 1,2 m³/sek (30 sl/km²).

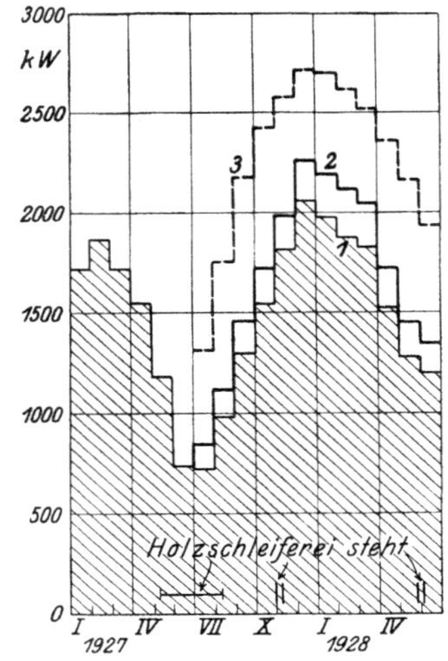

Abb. 476. Aavella (Vest-Oplands komm. Kraft A. S.). Betriebsdiagramme. (Verw.)
1 = Mittl. Monatsbelastung (Freileitung.)
2 = Mittl. Monatsbelastung (Maschinen)
3 = Größte Belastung im Monat (Masch.)

Der Eikerensee liegt 19 m ü. d. M.; somit ist die regulierte Fallhöhe 393,8 bis

384 m und die ständige Energie im ungünstigsten Jahr rd. 5000 PS. Das Werk ist ausschließlich zur Stromlieferung für Bahnbetrieb bestimmt und muß mit der niedrigen Belastungsziffer 0,2 rechnen, so daß es schon bei der jetzigen Wasserführung auf 25000 PS ausgebaut werden kann. Die bisherigen Betriebserfahrungen haben gezeigt, daß auch im strengen Winter eine Vereisung der Turbinenrohre bei vorübergehendem Rückgang der Belastung nicht eintritt, so daß die Benutzung des

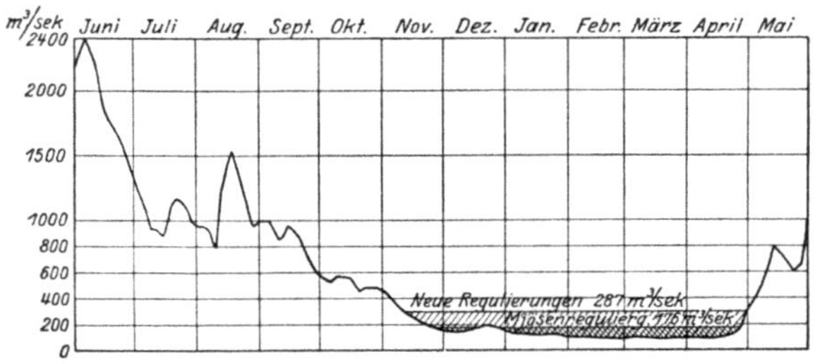

Abb. 478. Glommen. Natürlicher und regulierter Abfluß bei Langnes 1908—1909. (Furuholmen.)

Werkes als Bahnspeicherwerk ganz uneingeschränkt möglich ist. Im endgültigen Ausbau durch Heranziehung der erwähnten 7 km² Einzugsgebiete und Schaffung weiterer Speicherräume wird die Höchstleistung des Werkes auf 30000 PS gesteigert werden können. Dementsprechend ist der Ausbau für 6 Maschinen von

Abb. 479. Hafslund. Unterwasserblick. (Kloumann.)

5000 PS (eine zunächst als Reserve) geplant; vorläufig sind 3 aufgestellt. Das Werk dient zur Zeit nur dem Betrieb der Hauptbahn Oslo-Drammen; dabei ergab sich die mittlere Belastungsziffer nur zu 0,15.

Das in einer engen Schlucht des Hakavikbaches 500 m hinter dem Seeausfluß errichtete Regulierwehr ist eine Schwergewichtsmauer aus Beton, wasserseitige Neigung: 15:1; luftseitige: 3:2, Kronenbreite 3 m. Die größte Höhe über Bachsohle ist 15 m. Der Untergrund ist stellenweise von lettenartiger Beschaffenheit; daher ist das Fundament sehr tief gelegt worden, und zwar zum Teil der normalen Mauerstärke entsprechend; stellen-

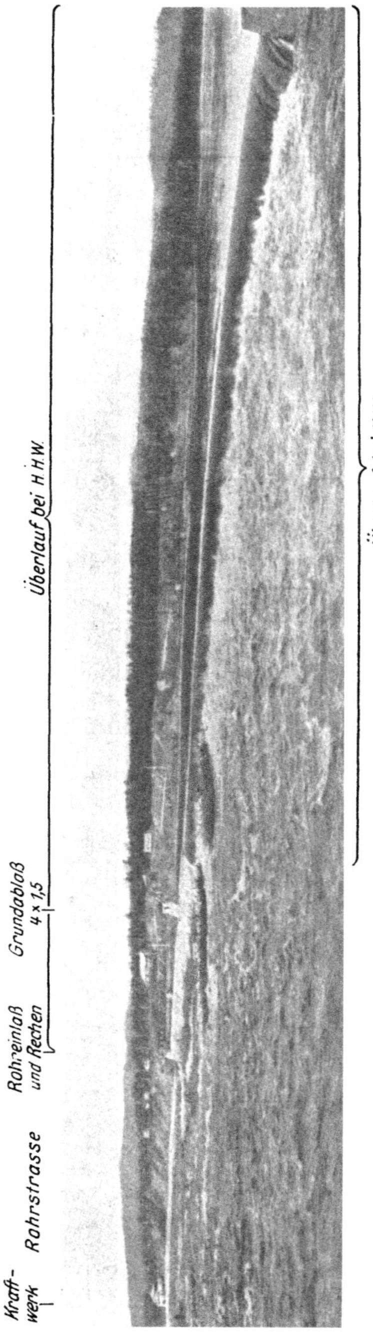

Abb. 477. Elverum. Panorama der Anlage. (Ing. Kinck.)

weise aber in abgestuftem Querschnitt (also herdmauerartig). Die größte Höhe von Unterkante Herdmauer bis Mauerkrone hat nahezu 35 m erreicht. Die Staumauer ist durch drei Fugen untergeteilt. Diese Fugen gehen nur bis Höhe 393,5 (9,5 m unter Absenkziel), das Fundament ist also ohne Fugen. Die Dichtung der Fugen ist mit Kupferblech und Goudron bewerkstelligt, die in zylindrische Höhlungen hinter der Kupferplattendichtung vergossen wurde. Die Mauer hat Dränage und Besichtigungsgang üblicher Anordnung. Am rechten Flügel ist ein Überlauf, Kronenhöhe 412,8 angeordnet. Außerdem ist ein Grundablaß angeordnet, der später auch die Anordnung einer Triftrinne ermöglichen soll, Schwellenhöhe: 398 m ü. d. M. Nahe dem rechten Flügel der Sperre ist der Einlauf des Triebwasserstollens in Eisenbetonkonstruktion, Schwellenhöhe am oberen Mund: 399, angebracht. Der nach hinten stark zusammengezogene Einlauf ist durch einen Pfeiler in zwei Felder geteilt und durch Grobrechen geschützt. Von der auf + 400 liegenden Schützenschwelle ab erweitert sich der Einlauf wieder bis zum Feinrechen, hinter dem der Triebwasserstollen beginnt. Vor dem Einlaufmund ist ein zweiter Grundablaß (Schwellenhöhe + 398) angeordnet.

Der 1,5 km lange Druckstollen (Nutzquerschnitt: 6 m²) ist entsprechend der wechselnden Beschaffenheit des Gebirges z. T. unverkleidet, z. T. mit Beton, an einzelnen Stellen sogar mit Eisenbeton im Kreisprofil ausgekleidet.

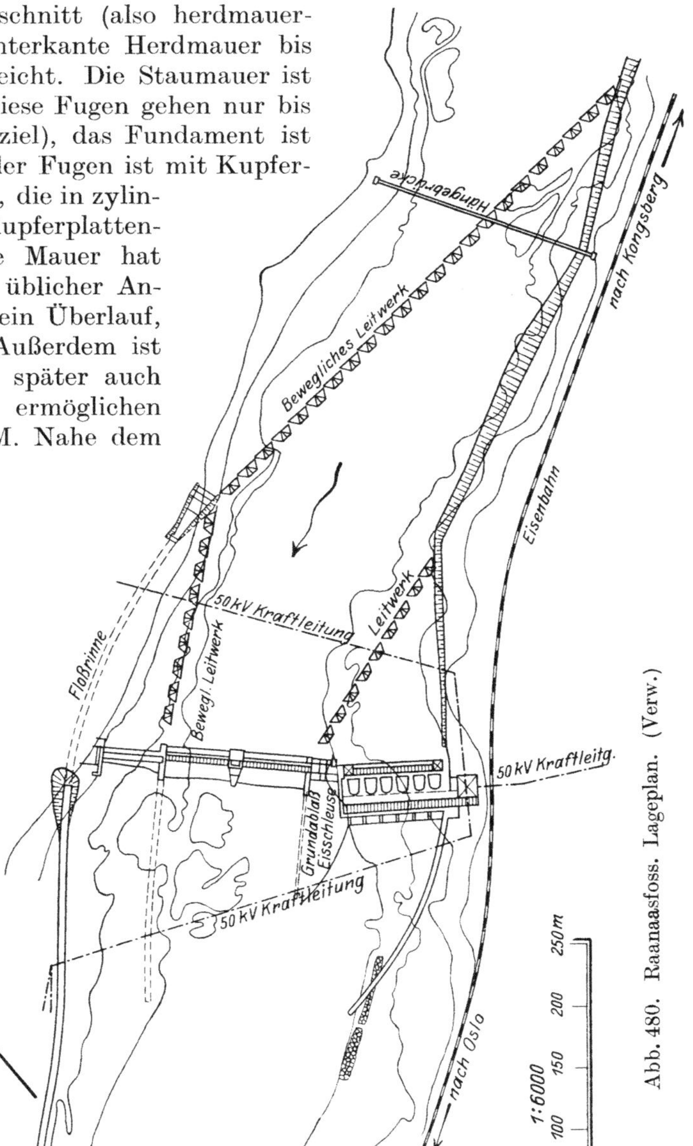

Abb. 480. Raanaasfoss. Lageplan. (Verw.)

Das Wasserschloß ist im Fels ausgebrochen; es mußte wegen der klüftigen Felsbeschaffenheit ganz ausbetoniert und gründlich dräniert werden.

Vom Wasserschloß gehen, gedeckt von Feinrechen, durch einen 11 m langen Betonpfropf drei Turbinenrohre aus; zunächst sind sie im gemeinsamen Stollen verlegt. Das eine Rohr endet vorläufig blind in diesem Rohr-

Abb. 481. Raanaasfoss. Unterwasserblick. (Verf.)

stollen, die beiden anderen sind hier durch je eine automatische und vom Krafthaus fernsteuerbare sowie eine handbediente Drosselklappe abschließbar. Vom Ende des

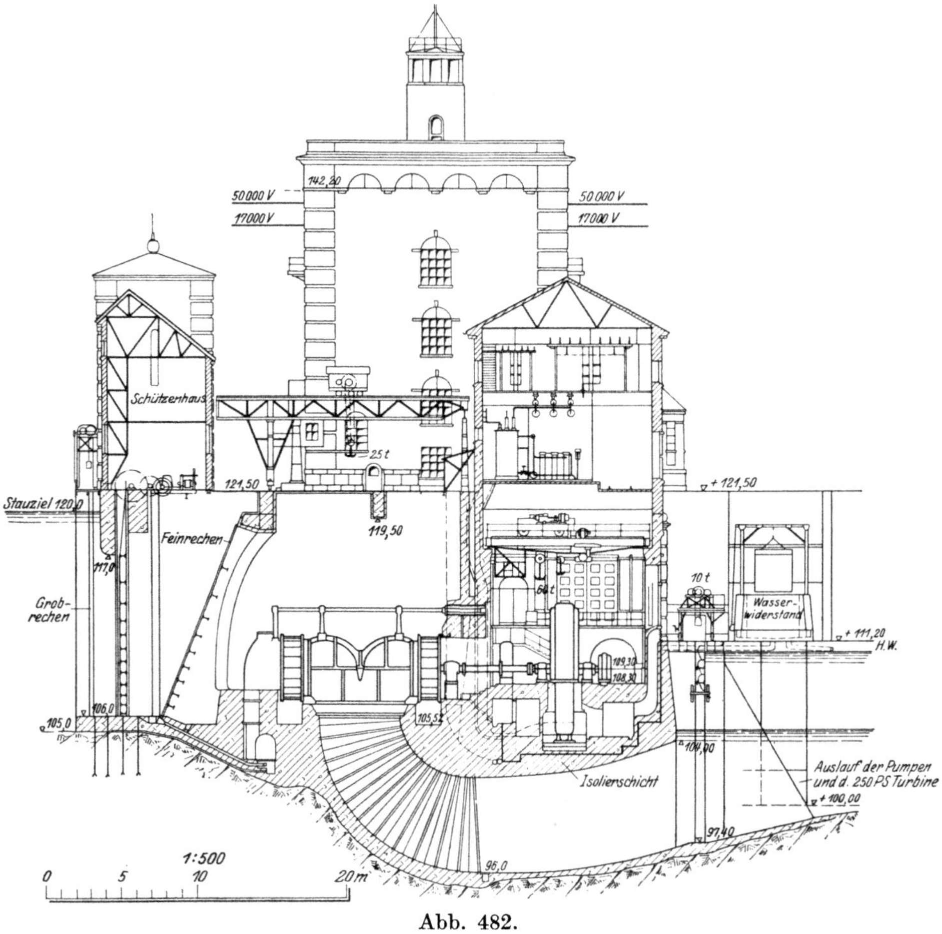

Abb. 482.

Rohrstollens laufen die beiden Rohrleitungen in rd. 1100 m Länge vorwiegend im Freien weiter zum Krafthaus, wo sie sich verzweigen. An dem Krafthaus sind die Röhrenabzweigungen angeordnet.

Das Krafthaus ist für 4 Maschinen ausgebaut; jede Turbine (Pelton) treibt einen Einphasenstromerzeuger für 2700 kVA Dauerleistung und 4500 kVA ½-Stunden-Leistung. Die normale Drehzahl 300 kann nach den Bedürfnissen des Bahnbetriebes in den Grenzen 333⅓ und 270 geändert werden. Der in 5 bis 6 kV erzeugte Strom wird zur Fernleitung auf 60 kV umgespannt. Für Eigenbedarf ist noch eine 200-PS-Turbine mit Drehstromerzeuger vorhanden.

Die Fernleitung führt nach Askern, wo das Umspannwerk der Oslo-Drammen-Bahn steht; von da wird der Strom drei Speiseunterwerken zugeleitet.

Das Werk Hakavik ist auf Grund Reichstagsbeschlusses vom Juni 1916 von da bis 1922 errichtet worden. Die allgemeinen

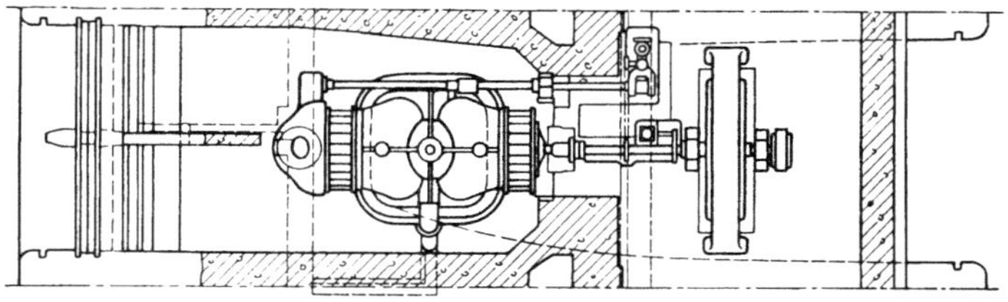

Abb. 483.

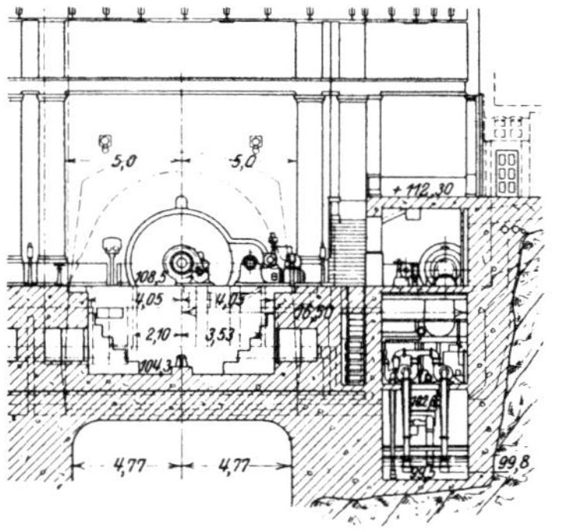

Abb. 484.

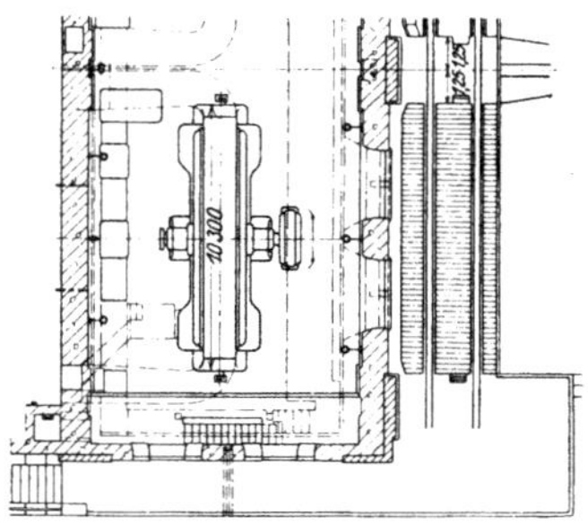

Abb. 485.

Abb. 482–485. Raanaasfoss. Krafthaus, Schnitte und Grundrisse. (Verw.)

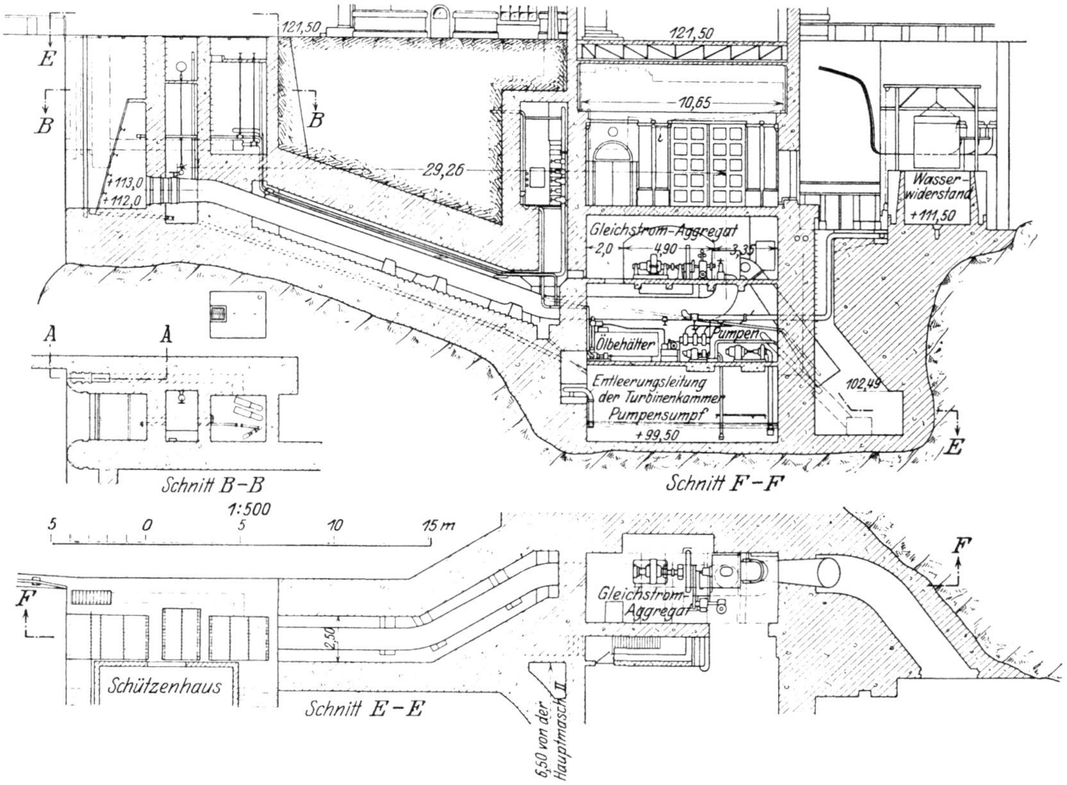

Abb. 486—487. Raanaasfoss. Krafthaus. Schnitte des linken Flügels mit Hilfsbetrieben. (Verw.)

wasserbaulichen Pläne stammen von der staatlichen Wasserkraftdirektion; die Turbinen wurden von Myrens Verkstad, Oslo, die Rohrleitungen von August-Thyssen-

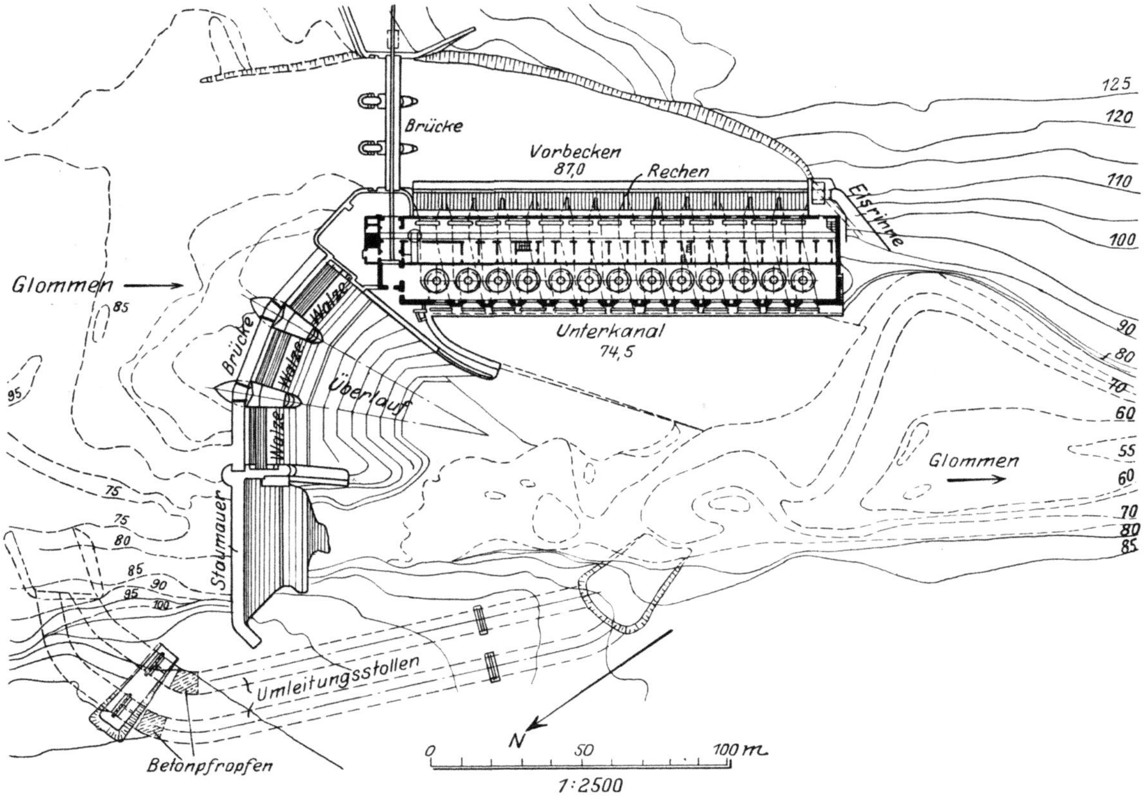

Abb. 488. Mörkfoss-Solbergfoss. Lageplan. (Verw.)

Hütte, Mülheim a. Ruhr, geliefert[1]. Im Betriebsjahr 1925/26 wurden 9 Mill. kWh erzeugt; die Höchstbelastung war in Hakavik 6800 Gen.-kW.

Die Wasserkraftanlage Aavella nutzt das Gefälle des Aavellaflusses oberhalb des Randsfjord (Abb. 472, 473). Wasserhaushalt: Die Kraftanlage hat 51,5 km² Einzugsgebiet in Höhenlage 336 bis 700 ü. M. mit unregul. NNQ = 100 sl. Die Niederschläge (nur etwas über 600 mm/Jr) fallen von X. bis IV. fast nur als Schnee. Der unerläßliche Abflußausgleich ist durch Regulierung der Seen Aksjö und Svartvand geschaffen; die übrigen Seen des Gebiets waren zu klein.

Abb. 489. Mörkfoss-Solbergfoss. Flieger-Panorama. (Im Hintergrund: Öjerensee.) (Verw.)

Aksjö mit $O = 3{,}5$ km² Oberfläche; $F = 24$ km² Einzugsgebiet; $h = 3{,}44$ m Regu-

[1] Unterlagen: Autografie von Direktor Kristensen, Wasserkraftabteilung Norges Vassdrag og Electricitetsvesen. — Mitteilungen der genannten Lieferfirmen.

lierungsspielraum, also $V_n = 12\ hm^3$ Nutzinhalt, wird bei völliger Winterabsenkung in normalen Jahren nicht mehr voll, ist also ein Überjahresspeicher.

Svartvand dagegen, mit $O = 0{,}35\ km^2$; $F = 23{,}5\ km^2$; $V_n = 0{,}7\ hm^3$ wird im Sommer mehrmals entleert und gefüllt, während gleichzeitig der Aksjö meist gesperrt bleibt. In einzelnen Jahren mußte Speicherwasser für Flößereizwecke ins Flußbett zwischen Aksjö und Svartvand abgegeben werden, daher ist der Bau einer wassersparenden Triftrinne vom Svartvand bis zum Randsfjord geplant. Für Kraftzwecke ist auch schon jetzt auf jeden Fall ein Nutzraum von 10 hm³ verfügbar. Die regulierte Niedrigstwassermenge ist 420 sl; die regulierte Hochwassermenge 700 sl. — Später kann dem Aksjö durch einen 2950 m langen, zu nur 18500 Kr. veranschlagten Zubringerkanal von der Flesa noch ein Gebiet von 11 km² angeschlossen werden.

Die verfügbare Gesamtfallhöhe der Kraftanlage ist 336,2 m, die entsprechende verfügbare mittlere Jahresleistung 1725 Gen.kW. Wegen der großen Netzspitzen sind im Kraftwerk 3400 kVA (2650 Gen.kW) eingebaut.

Bauten: Der Aksjö wird um 2,44 m gegenüber dem früheren Sommer-W. gestaut und um 1 m gesenkt. Seine zwei Ausläufe vereinigen sich dicht hinter den Stauanlagen. In dem der Flößerei zugewiesenen Ostarm sind ein 4 m breites Nadelwehr, drei Schützen 1,35/1,40 mit Schwelle 1 m über Absenkziel sowie ein 9 m langer Überlauf angeordnet. Im Westarm ist ein 105 m langer Senkungsgraben ausgehoben mit zwei Schützen 0,75/1,0 m, Schwelle 0,7 m unter Absenkziel. Die niedrigen Dämme zwischen den beiden Wehren sind aus Torf mit Steinbekleidung hergestellt.

Das Svartvann-Wehr, im Auslauf des unteren Svartvann, ist 130 m lang und teils in Bruchsteinmauerwerk und Beton, teils in Bruchsteinen mit Torfdamm davor ausgeführt. Im linken Flügel ist ein 17,5 m breiter Flutdurchlaß in 6 Feldern mit Dammbalkenverschluß, der Kraftwasserablaß mit 2 Schützen 0,8/1,0 m und der Einlaß für die geplante Triftrinne angeordnet.

Etwas unterhalb des Svartvannspeicherwehrs liegt ein besonderes Wasserfassungswehr aus Beton. Es besteht aus 12 m breitem Flutlauf und einem Grundablaß 0,8/0,8 m. Neben dem Wehr liegt der Rohreinlaß (Schütze 1,1/1,25 m) mit dahinter liegenden Feinrechen und Spülschütz 0,3/0,3 m. Der Rechen ist wegen der Frostgefahr ganz unter Absenkziel gelegt. Die Wasserfassung dient, da der Spiegel absenkbar ist, zugleich als Tagesschwellbecken ($V_n = 7650\ m^3$).

Der 1 m weite Rohreinlaß enthält eine selbsttätige Drosselklappe. Die anschließende 1000 bis 680 mm weite Rohrleitung besteht im oberen Teil (bis 4,45 m Überdruck, $l = 361{,}4$ m) aus Holzdauben, im übrigen (bis 336,3 m Überdruck, $l = 2077{,}5$) aus Eisen (bis 17,8 at: genietet, Rest: geschweißt mit Nietmuffen). Mit der Gesamtlänge von 2438,9 m ist es die längste norwegische Turbinenleitung (Näheres siehe S. 632).

Am Krafthaus gabelt sich die Rohrleitung für zwei Turbinen von je 1960 PS ($H_n = 308$; $n = 500$, Abb. 474, 475).

Organisation und Betrieb: Das Werk ist als ländliche Überlandzentrale von einem Gemeindeverband geschaffen worden; die einzelnen Gemeinden bezogen vorher einzeln Kraft von den EW. Lillehammer und Hadeland. In Verbindung mit dem Bau der Aavellaanlage wurden 2 Hauptfernleitungen (Abb. 472, 473) erstellt; die übrigen (auch Haupt-) Leitungen gehören den Gemeinden einzeln. Die Unternehmung liefert seit 1925 auch Energie an 2 Holzschleifereien bei Fall; hierdurch wurde alsbald nach der im Nov. 1924 erfolgten Betriebseröffnung die volle Belastung des Werkes erzielt (Abb. 476)[1].

4. Glommen.

Der Glommen ist der größte Strom Norwegens und wird in Skandinavien nur noch vom Götaälv übertroffen. Mit diesem hat er manche Charakterzüge gemeinsam, vor

[1] Unterlagen von Herrn Ing. Möhmen.

allem die große nord-südliche Erstreckung des Einzugsgebietes und die Vielartigkeit der Teileinzugsgebiete, in denen Fjeld, Birkenregion, Tannenwald und Ackerboden vertreten sind. Das Glommengebiet ist dabei insofern ungünstiger gestellt, als das Fjeld einen größeren Anteil am Gesamtgebiet hat und der Seeanteil viel geringer ist als im Götaälv. Daher sind die Schwankungen der Wasserführung groß (Abb. 260).

Der Glommenunterlauf wird von zwei großen Strömen gespeist; der östliche, vielfach auch Österdale genannt, heißt auch im Oberlauf Glommen, während der west-

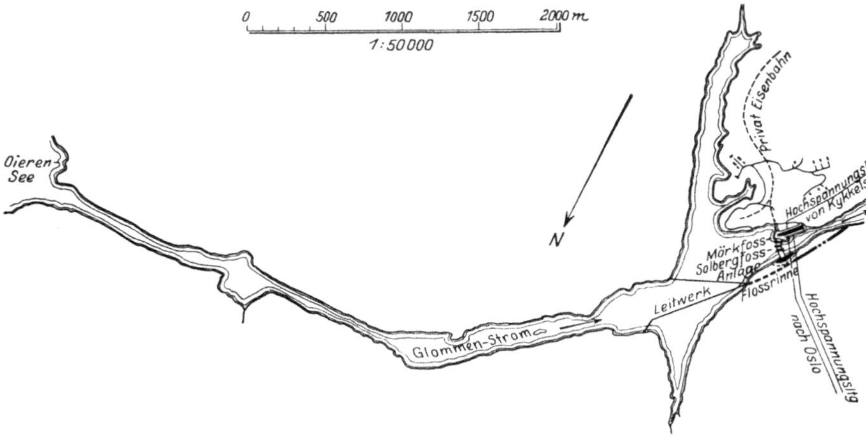

Abb. 490. Mörkfoss-Solbergfoss. Übersichtskarte. (Verw.)

liche, viel bedeutendere, aber nach einer vielfach anzutreffenden Willkür als Nebenfluß angesehene, zu unterst Vormen, im Mittel- und Oberlauf aber Gudbrandsdalslaagen und im ganzen auch Vesterdalen genannt wird. Der Vormen vereinigt sich mit dem Oberglommen 130 km aufwärts der Mündung in das Skagerrak. Die Quellen des (östlichen) Glommen liegen in Tröndelag-Fylke, unterhalb der Wasserscheide gegen den Trondhjemfjord. Der Oberglommen ist bis zur Aufnahme des Vormen arm an Nebenflüssen und Seen; seine Fallhöhe ist nur 300 m, so daß die verfügbaren Wasserkräfte relativ gering sind. Es ist auch noch nicht viel hier ausgebaut. Das einzige Werk über 1000 PS ist die

Abb. 491. Mörkfoss-Solbergfoss. Unterwasserblick. (Verw.)

Wasserkraftanlage der Stadt Elverum. Das Werk nutzt 9 km abwärts der Stadt am Oberglommen eine Gesamtfallhöhe von 11 bis 8 m aus. Das Einzugsgebiet ist 14630 km²; NNQ = 36; HHQ = 2500 m³/sek. Durch ein mit Rücksicht auf Eisgang und Flößerei ohne jegliche beweglichen Einbauten angelegtes Überfallwehr von insgesamt 312 m Länge (Abb. 477) sind die auf 2 Arme verteilten flacheren Fälle Knappfoss und Haugsfoss eingestaut, während der steilere Skjefstadfoss durch einen kurzen Oberkanal mit anschließender 417 m langer doppelter Rohrleitung (Abb. 776) aus Eisenbeton, $D = 3{,}6$ m, mit Schwallturm (Abb. 774) umgangen wird. Ausgeführt waren zunächst (1909) 1 Rohr; und von den planmäßigen 5 Turbinen zu 1380 PS nur 3 (wagr. Franciszwillingsturbinen in Blechspiralen, $n = 187{,}5$; $Q = 10{,}5$ m³/sek). Der in 5 kV erzeugte Drehstrom wird z. T. in Maschinenspannung, z. T. in 22 kV (2 Umspanner vorhanden) nach Elverum, Hamar und kleineren Gemeinden übertragen. Die Anlage ist 1909/11 nach Entwurf und unter Bauleitung von Ziv.-Ing. J. Kinck von der Stadt Elverum errichtet. Später wurde die zweite Rohrleitung erstellt und die Maschinenanlage auf 5000 PS erweitert.

Der westliche Strom, Gudbrandsdalslaagen, kommt vom westnorwegischen Hochgebirge. Der Stammfluß ist einer der beiden Abflüsse des Gebirgssees Lesjeskogens Vand (5 km²), der, auf der atlantischen Wasserscheide gelegen, zum kleineren Teil durch die Rauma nach Nordwesten in den Romsdalsfjord entwässert. Der Gudbrandsdalslaagen nimmt schon im Oberlauf viele Nebenflüsse auf, darunter die gletschergespeiste seenreiche Odda und die gleichfalls recht seenreiche Vinstra und Sjöa.

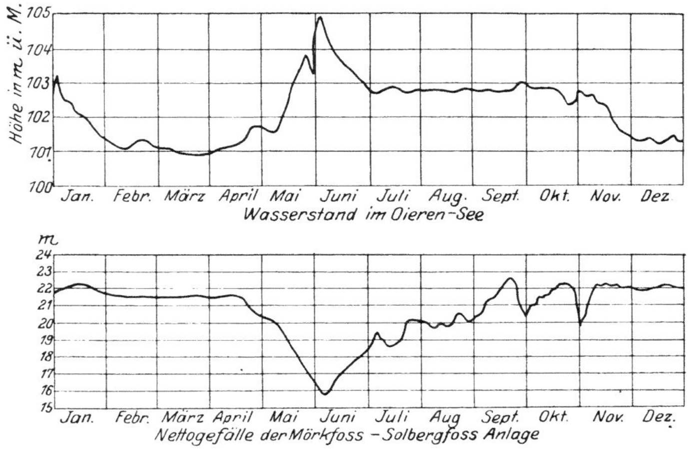

Abb. 492. Mörkfoss-Solbergfoss. Ganglinie von Öieren-Wasserstand und Nutzfallhöhe. (Verw.)

Sjöa und Gudbrandsdalslaagen durchmessen fast ihre ganze Fallhöhe in je einer mächtigen Fallstufe von mehreren 100 m ähnlich den Norefällen, am Übergang vom Hochgebirgstal in die Niederung. Die Vinstra vollzieht diesen Übergang in zwei Fallstufen. Diese vier großen Stufen zusammen enthalten fast ¼ der gesamten Wasserkräfte des Glommengebietes. Wegen ihrer Entlegenheit (in der Mitte von Opland Fylke) sind sie nicht ausgenutzt. Der an der Vinstramündung beginnende Niederungslauf des Laagen enthält nur noch kleinere und mittlere Fallstufen; nach 80 km langem Lauf verbreitert sich der Strom zu Norwegens größtem See: Mjösen (360 km², 110 km lang, 120 m ü. d. M.). Dieser nimmt außer dem Laagen viele Bäche auf, deren bescheidenere Wasserkräfte schon großenteils für örtliche Versorgung genutzt sind. Die einzigen größeren Anlagen darunter sind die

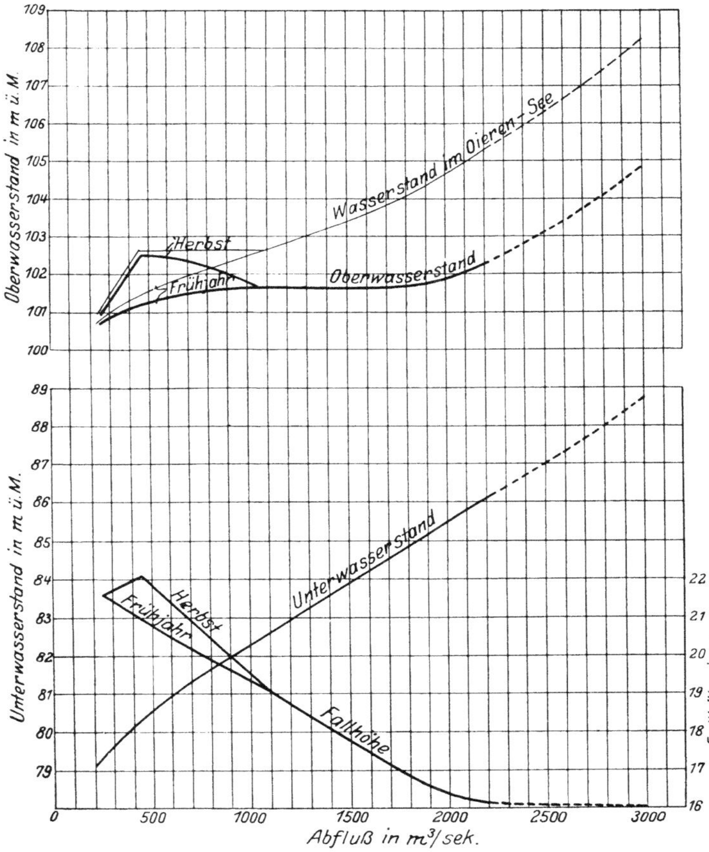

Abb. 493. Mörkfoss-Solbergfoss. Wasserstand und Fallhöhe als Funktion der Abflußmenge. (Verw.)

zwei Mesnastufen der Stadt Lillehammer, die von der verfügbaren ständigen NW-Leistung von 13500 PS zusammen 9500 ausnutzen. Die eine Anlage ist eines der ältesten Wasserkrafteltwerke überhaupt (erster Ausbau 1895). Bemerkenswert ist auch, daß Lillehammer die höchste Kopfquote der Stromabgabe unter allen norwegischen Städten hat.

Vom Mjösensee ab heißt der Strom Vormen; er hat bis zur Mündung in den Glommen keine ausbauwürdigen Fälle.

Der eigentliche Glommen, von der

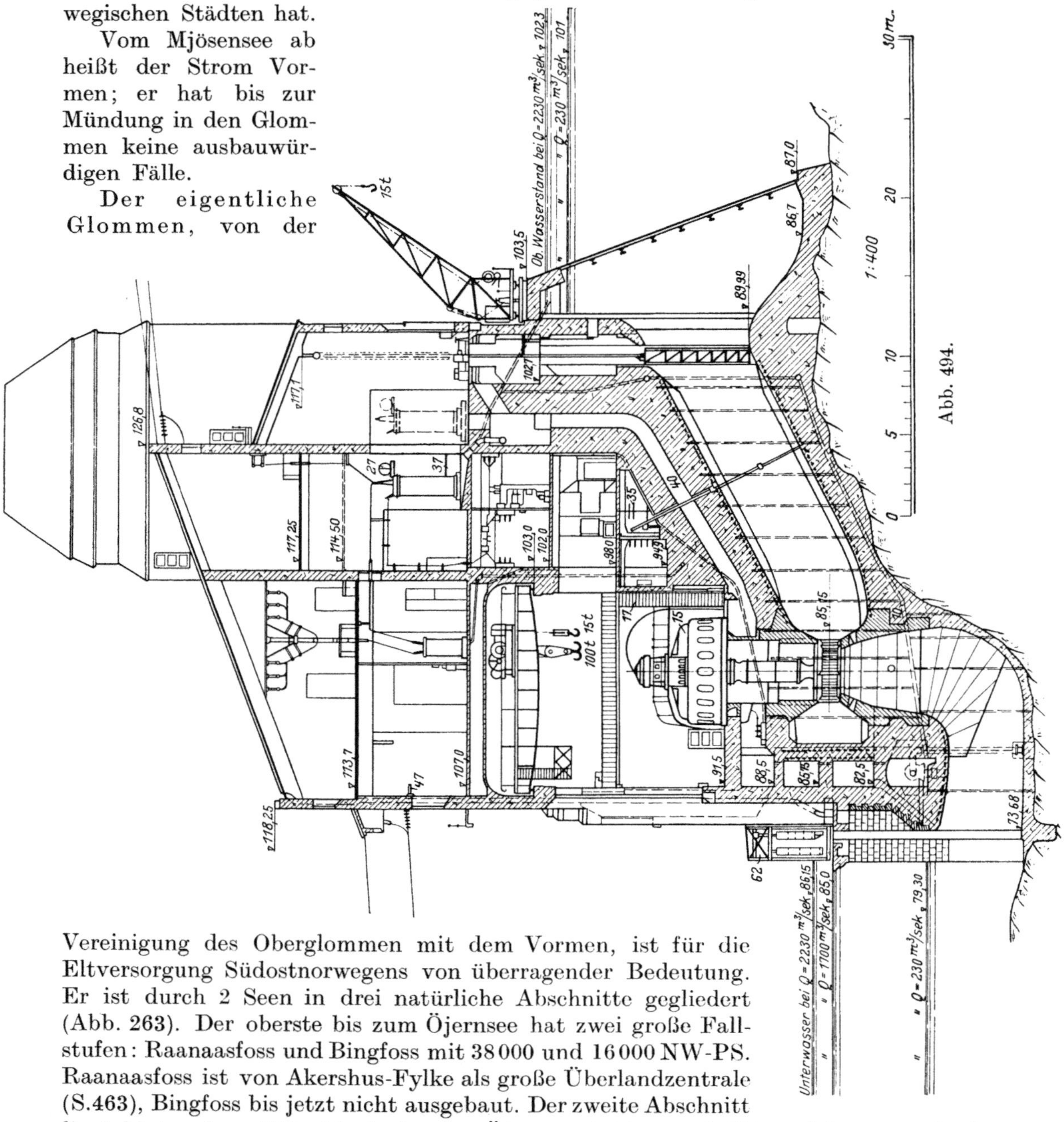

Abb. 494.

Vereinigung des Oberglommen mit dem Vormen, ist für die Eltversorgung Südostnorwegens von überragender Bedeutung. Er ist durch 2 Seen in drei natürliche Abschnitte gegliedert (Abb. 263). Der oberste bis zum Öjernsee hat zwei große Fallstufen: Raanaasfoss und Bingfoss mit 38000 und 16000 NW-PS. Raanaasfoss ist von Akershus-Fylke als große Überlandzentrale (S.463), Bingfoss bis jetzt nicht ausgebaut. Der zweite Abschnitt liegt hinter dem 87 km² bedeckenden Öjernsee (102 m ü. d. M.) und ist wasserkraftwirtschaftlich weitaus der wichtigste. Er hat vier große Stromschnellengruppen: die sogleich am Seeauslauf beginnende besteht aus 4 einzelnen, ziemlich niedrigen Stromschnellen und ist in der Mörkfoss-Solbergfoss-Anlage ausgenutzt (der Name ist von der obersten und untersten der 4 Stromschnellen genommen. Das Werk gehört zu ⅓ dem Staat und zu ⅔ der Stadt Oslo, Beschreibung S. 463ff. Die zweite Fallstrecke, Fossumfoss, ist noch nicht ausgebaut. Nur einige Kilometer weiter folgt die Kykkelsrudschnelle mit 18 m Fallhöhe und z. Z. 42000 NW-PS.

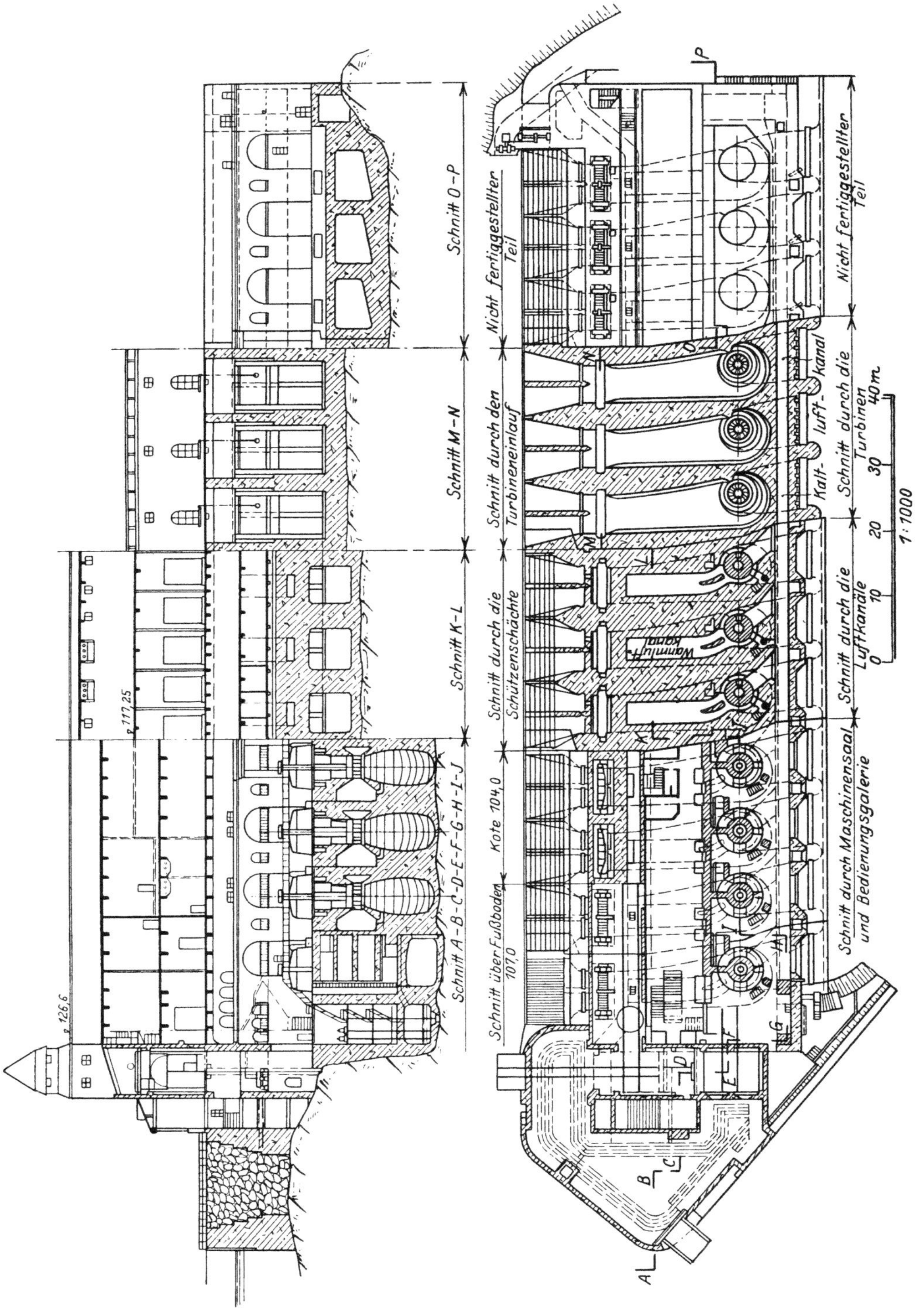

Abb. 494. Mörkfoss-Solbergfoss. Schnitte und Grundriß des Kraftwerks. (Verw.)

Sie ist auf 46000 PS ausgebaut, zu etwa ⅔ für bürgerlichen Bedarf, zum Rest für große Fabriken der Eisen- und Holzindustrie (S. 462 ff.). Die größte Fallstufe dieses zweiten Stromabschnittes ist Vammafoss, die zu einer Überlandzentrale von z. Z. 93000 PS ausgebaut ist (S. 469ff.).

Nach einem längeren fjordartigen Stillwasserabschnitt folgt der dritte Abschnitt des Glommenhauptlaufes mit einer einzigen Fallstufe von rd. 25 m: Sarpsfoss. Diese ist durch zwei große Anlagen ausgenutzt, die sich auf beiden Ufern gegenüberliegen und je die Hälfte der verfügbaren Wassermenge ausnutzen. Die eine Anlage gehört der A. S. Borregaard (Nachfolgerin der englischen Firma: The Kellner Partington, die andere (Abb. 479) der norwegischen A. S. Hafslund, die auch Kykkelsrud und Vamma kontrolliert. Die derzeitige regulierte NW-Leistung jeder Anlage ist 23400 PS, die Ausbauleistung ist bei beiden etwas höher. Die gewonnene Energie wird zum Teil für allgemeine Stromversorgung in Östfold-Fylke, zum weitaus größeren Teil aber für Großindustrie verwendet. Diese Anlagen gehören zu den ältesten Großkraftanlagen und sind im ersten Ausbau schon 1898/99 entstanden. Abb. 479 zeigt die am linken Ufer gelegene Hafslundanlage.

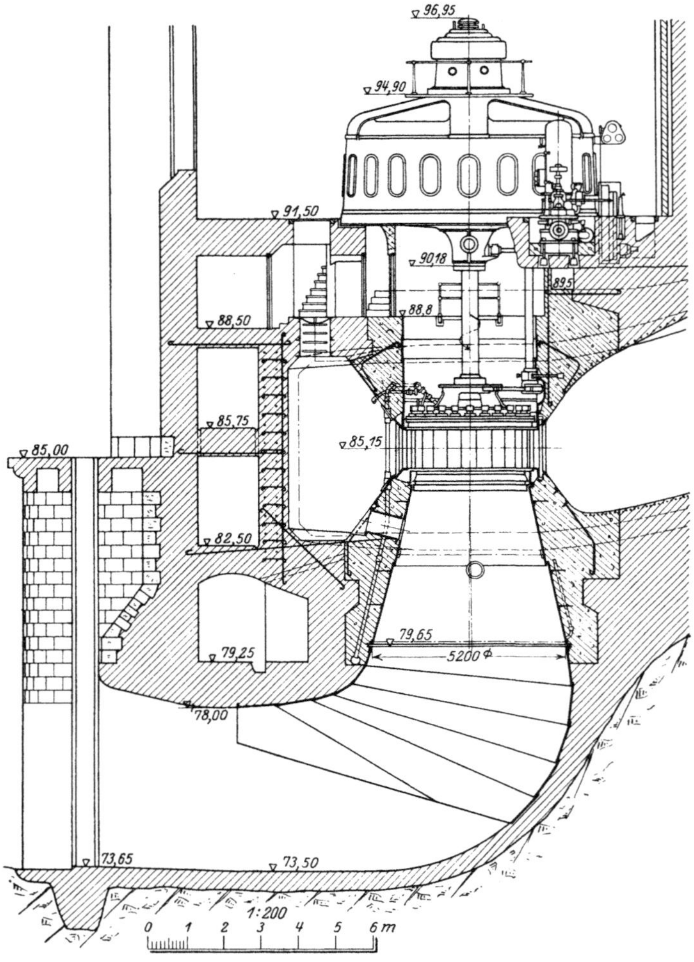

Abb. 495. Mörkfoss-Solbergfoss. Aufriß der Turbinenkammer. (Verw.)

Den Einzelbeschreibungen der großen Kraftwerke im Unterglommen müssen einige Worte über die **Regulierungsprobleme** dieser mächtigen Kraftader vorausgeschickt werden: Der natürliche Abflußvorgang im Glommen weist außerordentliche Unterschiede sowohl innerhalb des einzelnen Jahres wie von Jahr zu Jahr auf. Dies gilt auch für den Unterglommen. Die großen Hochwasser sind immer im Mai-Juni; sie haben wiederholt (zuletzt 1928!) schwere Katastrophen über weite fruchtbare und wirtschaftlich sehr wichtige Gebiete gebracht. Das zweite, Spätsommer-, Hochwasser ist meist viel niedriger. Die Seeflächen sind absolut bedeutend, insgesamt über 1200 km², aber anteilig nur 3%.

Abb. 478 zeigt den Abfluß im Unterglommen im besonders wasserarmen Jahr 1908/09. Da das Einzugsgebiet auf dieser Strecke nur wenig zunimmt, sind die Wassermengen auf den ganzen 130 km Stromlänge fast genau die gleichen. In dem dargestellten Jahr ist die Hochwasserspitze 2400 m³/sek; in manchen Jahren steigt sie noch weit höher; man darf annehmen: auf 4000 m³/sek. Die Fluthöhe ist in dem vielfach engen Tal bedeutend, bei Kykkelsrud z. B. 13 m. Die langjährige Spende ist unterhalb des Öjernsees 15 sl/km², MQ also = rd. 600 m³/sek mit Ausschlägen der einzelnen Jahre bis ± 33% Vor jeglicher Regulierung war MNQ = 120 bis 150 und NNQ = 100 m³/sek.

Die erste Regulierung des Glommenabflusses bestand in einer Regulierung des Mjösen (1910) durch Erstellung eines Wehres bei Svanfoss, 10 km unterhalb einer

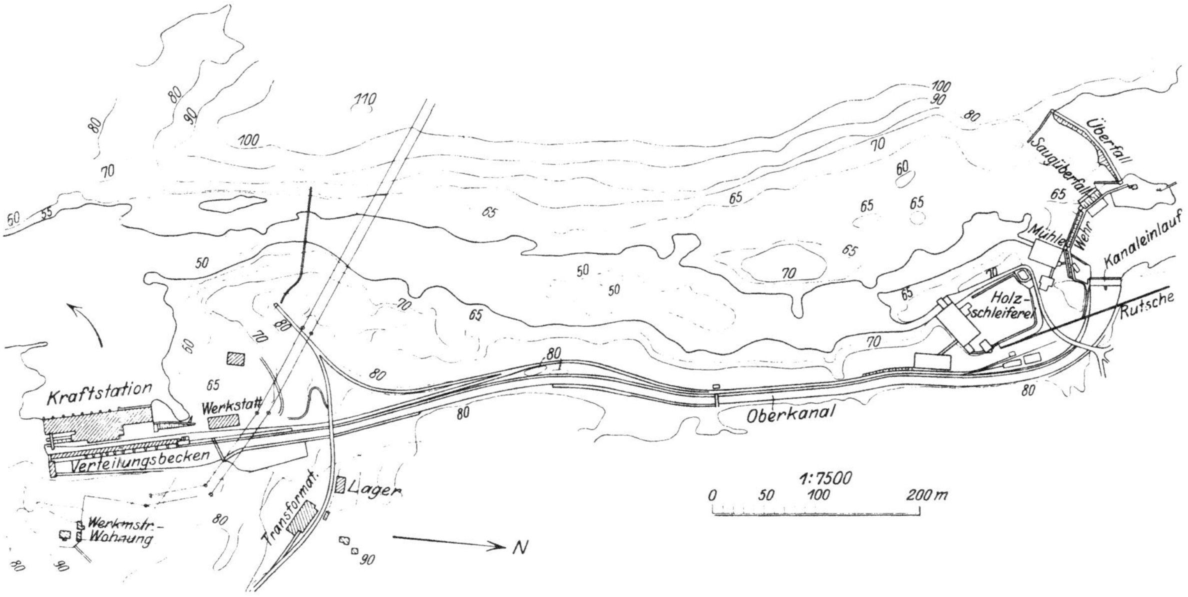

Abb. 496. Kykkelsrud. Übersichtsplan. (Verw.)

viel älteren hölzernen Wehranlage bei Lundfoss. Nach der Konzession darf Glommens Brukseierforening den See von 0,7 m über früheres reg. HHW stauen und 1,5 m darunter senken (Stauraum: 800 km³). Die erreichte Steigerung der Niedrigwasserführung ist 60 bis 70 m³/sek. Die Ermäßigung der Hochwassermengen erwies sich als ungenügend. Das Hochwasser von 1910 hat besonders in der Öjerngegend außerordentlichen Schaden angerichtet. Es wurde daraufhin ein Ausschuß zur Untersuchung der Regulierungsfrage in erster Linie: im Hinblick auf Hochwasserschutz, eingesetzt, der 1915 sein Gutachten abgab und umfassende Seeregulierungen forderte. Der Reichstag bewilligte danach die erforderlichen Mittel für ausführliche Planbearbeitung, mit der Norges Vassdrags- och Electrisitetsvesen beauftragt wurde. Der Regulierungsentwurf für die Seen des Oberglommen war 1919, für Gudbrandsdalslaagen 1921 fertig. Für den Oberglommen wurde ein Speicherbedarf von 1300 hm³, für Gudbrandsdalslaagen von 2200 hm³ angegeben. In letzterer Zahl war auch die weitere Regulierung des Mjösen mit 400 hm³, dagegen nicht die des Öjernsees (die von der Stadt Oslo selbständig bearbeitet wurde) inbegriffen. Die gewaltigen Speicherräume würden eine Absenkung des HHW im Öjernsee um mehr als 1 m ermöglichen und eine Erhöhung des Niedrigwasserabflusses im Unterglommen um mehr als 150 m³/sek gestatten. Die Höhe der auf 45 Mill. Kr. veranschlagten Ausführungskosten dieser durchgreifenden Regulierung ließ es indessen geraten erscheinen, eine Einschränkung der Maßnahmen auf die am günstigsten regulierbaren Seen des Gebietes ins Auge

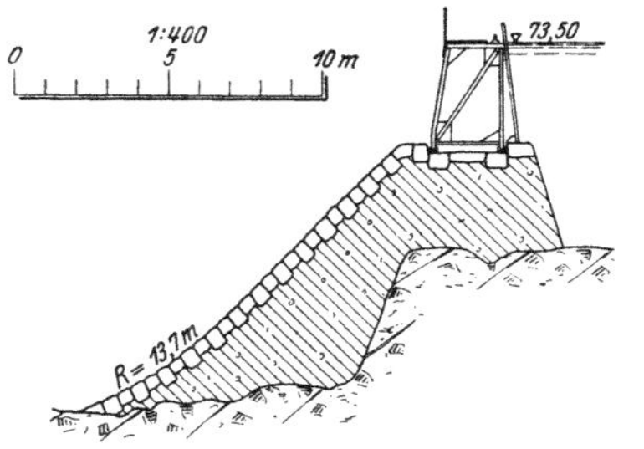

Abb. 497. Kykkelsrud. Wehrschnitt. (Verw.)

zu fassen. Der demgemäß neu bearbeitete Regulierungsplan umfaßt nur die Hochgebirgsseen Bygdin, Vinstren, Gjenden, Besvand und Tessevand, alle im Gudbrandsdalslaagen, ferner Osa im Oberglommen und schließlich wieder den Mjösen, jedoch mit geringerem Regulierungsgrad. Dieser zweite Entwurf sieht außer den inzwischen durch vorläufige Regulierungen der Seen Bygdin und Osa geschaffenen 200 hm³ insgesamt 1517 hm³ Speicherraum vor; die Niedrigwasserführung des Unterglommen wird dabei in normalen Jahren um 90 m³/sek erhöht. In besonders wasserarmen Jahren soll sich die Regulierung weit stärker fühlbar machen und

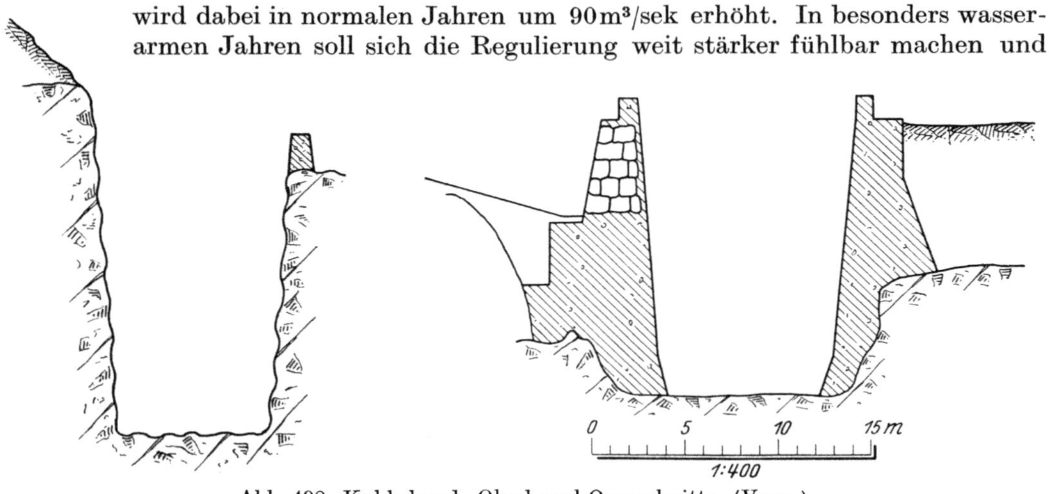

Abb. 498. Kykkelsrud. Oberkanal-Querschnitte. (Verw.)

der Zuwachs der Niedrigwasserführung 200 m³/sek erreichen, so daß (gemäß Abb. 478) selbst in besonders ungünstigen Jahren mit einer regulierten Wasserführung von 280 bis 300 m³/sek gerechnet werden darf.

Diesen eingeschränkten Regulierungsplan, dessen Einheitsbaukosten auf nicht ganz 1 Öre je 1 m³ Nutzspeicherraum berechnet sind (ohne die zu 5 Mio. Kr. geschätzten

Abb. 499. Kykkelsrud. Blick auf Kraftwerk und O.-Kanal. (Verf.)

Entschädigungen), will der Staat unter Heranziehung der Fabrikbesitzervereinigungen allmählich verwirklichen. Durchgeführt sind bisher erst die vorläufigen Regulierungen der Seen Bygdin, Osa (s. oben), sowie des Aurund (200 hm³), wodurch die Niederwasserführung des Glommen um rd. 20 m³/sek „normal" erhöht wurde. Als derzeitiges regul. NQ des Unterglommen gibt das amtliche Verzeichnis „Utbygget Vannkraft i Norge" 234 m³/sek an.

Der schon erwähnte Regulierungsplan des Öjernsees will, unter Einhaltung des Regulierungsspielraumes von 1,85 m einer schon lange bestehenden primitiven Wehranlage, den Absenkungsverlauf so umgestalten, daß mit 160 hm³ Nutzraum eine durchschnittliche Niedrigwasservermehrung von 10 und in den Monaten der Höchstbelastung (Dez. bis Jan.) eine solche von 20 m³/sek erreicht wird. Bei Durchführung dieses, hauptsächlich von der Stadt Oslo verfolgten, Planes würde das inzwischen errichtete Wehr von Mörkfoss-Solbergfoss (S. 465) ohne weiteres als Regulierungswehr dienen können.

Die großen Interessengegensätze zwischen den Anrainern der Gebirgsseen und denjenigen des Unterglommen haben von all den erwähnten großen Regulierungsplänen bisher nur kleinere Teilausbauten zustande kommen lassen, und es ist noch nicht abzusehen, wann die Fragen von neuem aufgegriffen werden.

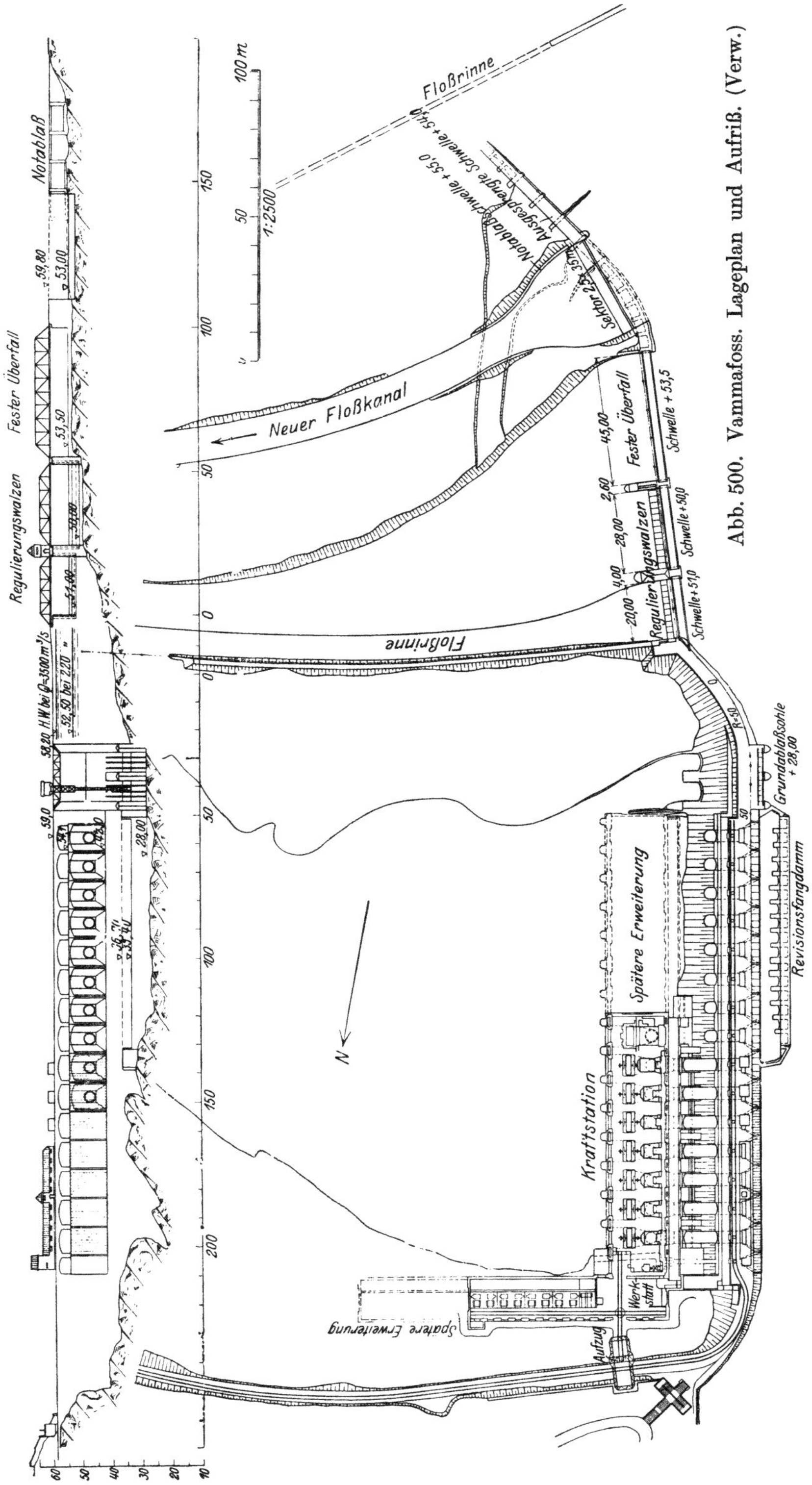

Abb. 500. Vammafoss. Lageplan und Aufriß. (Verw.)

Die Wasserkraftanlage Raanaasfoss liegt etwa 15 km unterhalb der Vereinigung von Vormen und Oberglommen. Sie ist erst 1922 fertig geworden und daher ganz auf der Grundlage der geschilderten weitgehenden Regulierungspläne entworfen; man hat sogar zuerst die Möglichkeit einer späteren Erhöhung des regulierten NQ auf 400 m³/sek in Erwägung gezogen, ist dann aber doch bei den Grundlagen des eingeschränkten Regulierungsplans mit 300 m³/sek geblieben und hat noch 60 m³/sek für Tagesspeicherung zugeschlagen.

Diese 360 m³/sek wurden auf 4 Turbinen von je 90 m³/sek Schluckfähigkeit verteilt. Mit Rücksicht auf den starken Rückgang der Fallhöhe bei Hochwasser (um etwa 40%) und auf die etwaige Möglichkeit der Abgabe unständiger Energie wurden aber noch zwei weitere Maschinensätze derselben Größe hinzugefügt. Alle 6 Maschinen sind schon aufgestellt.

Die Werkfallhöhe der als reines Staukraftwerk angeordneten Anlage schwankt zwischen 13,85 m bei NW und 10,0 m bei Hochwasser. Der Stau des Wehres (Abb. 480) bedeckt nicht nur die 4 km langen Raanaas-Stromschnellen (einschließlich Sundfoss), sondern er reicht noch über die Vormenmündung hinauf im Vormen bis zum Fuß des Svanfoss und im Oberglommen bis zum Fundenfossen. Der Stauspiegel bedeckt 10 km², so daß schon eine geringe Absenkung eine ziemlich starke Tagesregulierung ermöglicht.

Die W e h r a n l a g e (Abb. 481, 690, 692) enthält: Eisschleuse, Grundablaß, zwei Hauptüberläufe mit großen Sektorverschlüssen und einen dritten Hauptüberlauf mit Walzenverschluß. Das Stauziel 118,25 (Abb. 690, 692) darf bei HW zur Verbesserung der Werksfallhöhe bis zu 120,0 angespannt werden, daher ist die Walzen-O.K. höher als Sektor-O.K. Die Wehranlage kann so 4000 m³/sek abführen. Die Eisschleuse soll

Abb. 501. Vammafoss. Unterwasserblick. (Verf.)

nur dasjenige Platteneis, Holz usw., das sich trotz des Schutzes durch die planmäßig angewandten schwimmenden Leitwerke an die Kraftanlage heranpressen sollte, durchlassen.

Der aus 6 Öffnungen mit eisernen Schützen bestehende Grundablaß wurde in erster Linie für die Wasserabführung beim Bau angelegt und für gelegentliche Absenkung des Oberwassers zwecks Revisionen und Ausbesserungen im Betrieb. Die Walze ist in erster Linie als Regulierverschluß gedacht, weshalb sie an ihren Anschlagflächen mit elektrischer Wärmeinrichtung versehen ist. Die beiden großen, eine Regulierhöhe von 3,75 m zulassenden Sektorwehre sollen vor allem der in unregelmäßigen Zeiträumen (bei Überwasser) stattfindenden Flößerei dienen. Auf ihrem breiten Zwischenpfeiler ist außer der Betätigungseinrichtung der Sektoren noch ein kleiner Dampfkessel untergebracht, um nötigenfalls den ausnahmsweisen Gebrauch der Sektoren auch in der Winterzeit zu ermöglichen. Um Nachschau an den Sektoren und Maschinen bei NW zu ermöglichen, sind auf der Wehrschwelle die Böcke für ein Nadel-Hilfswehr angebracht. Zum Flößen bei Wasserführung zwischen 450 und 300 m³/sek ist eine 800 m lange Floßrinne am rechten Ufer erbaut. Sie vermag bei 35 m³/sek Wasserverbrauch, der durch eine besondere Regulierungsanordnung (Abb. 910, 911) bis auf 15 m³/sek vermindert werden kann, große Holzmengen bis zur Höchstleistung von 20000 Stämmen in 24 Stunden durchzulassen. Die Rinne ist z. T. in Beton, z. T. als Felsstollen angelegt. Der bewegliche Einlauf der Rinne kann durch Vorstellen von Nadeln (ganz links in Abb. 911) zu Ausbesserungen trockengelegt werden.

Das Kraft- und Schalthaus am linken Ufer enthält in 6 offenen Kammern (Abb. 482, 486, 483, 485, 484, 487) die wagerechten Franciszwillingsturbinen (Voith-Heidenheim) von je 14000 PS Höchstleistung. Der Feinrechen hat elektrische Wärmeinrichtung. Die Aufzugswinden der zwischen Grob- und Feinrechen angeordneten Schützen sind in einem durch die Abluft der Stromerzeuger heizbaren Schützenhaus untergebracht. Sie können auch elektrisch vom Schalthaus her betätigt werden. Die gekapselten, selbstlüftenden Drehstromerzeuger leisten je 12000 kVA. Im turmartigen Obergeschoß des Kraftwerks (Abb. 481) sind die 6 Umspanner 7,5/50 kV nebst Schaltzubehör, außerdem 4 kleine Umspanner, die einen Teil des Hochspannungsstromes sofort wieder auf 10 bzw. 17 kV zwecks Nahverteilung abspannen; schließlich 2 Eigenbedarfs-Umspanner 7500/250 V untergebracht.

Die eingebaute Gesamtleistung des Werkes ist somit 84000 PS oder 65000 Gen.-kW. Beim derzeitigen regul. NQ = 234 m³/sek ist die ständige Dauerleistung nur 27000 kW; die Tagesspeicherung ermöglichte indes schon 1925 die Entwicklung einer Spitzenleistung bis etwa 40000 kW.

Die Energie wird größtenteils auf ausgedehnten Fernleitungen nach Norden und Süden über ganz Akershus-Fylke verteilt. Das Werk ist von diesem großen Landbezirk in erster Linie zum Zweck der umfassenden Dorf- und Landwirtschafts-Eltversorgung erstellt.

Da die Wasserführung dem Bedarf schon 1925 nur noch knapp entsprach, hat sich die Verwaltung vom Staat als dem Teileigentümer der benachbarten Wasserkraftanlage Mörkfoss-Solbergfoss die Abgabe der gesamten dort anfallenden staatlichen Energiequote auf 10 Jahre gesichert. Als Nebenauflage übernahm Akershus-Fylke dabei die Verpflichtung, von Raanasfoss aus einige kleinere Strommengen an andere Fylke abzugeben.

Das Werk, 1918/22 erbaut, ist seither anstandslos im Betrieb. Entwurf und Regiebau erfolgte unter der Oberleitung von Oberingenieur Civ.-Ing. A. Paus[1].

Die Wasserkraftanlage Mörkfoss-Solbergfoss nutzt die 4 Stromschnellen unmittelbar unterhalb des Öjernsees aus (Abb. 488, 489, 490). Die Gesamtanordnung ist die eines reinen Staukraftwerkes mit parallel zum Talweg abgeschwenktem Krafthaus und im Strombett ausgesprengtem Unterwassergerinne. Die etwas eigenartige und hinsichtlich der Triebwasserzu- und -abführung nicht sehr günstige Anordnung ist bedingt durch die außerordentliche Enge des Felsbettes und die große Länge des Krafthauses, die wieder mit der Wahl der Turbinengröße zusammenhängt. Der Stau des hohen Wehres (Abb. 491, 492, 493, 626, 627, 705) reicht bis in den Öjernsee, so daß die alte primitive Wehranlage am Seeauslauf, mittels deren mit wechselndem Erfolg die Milderung der schlimmsten Hochwasserschäden angestrebt worden war, überflüssig wurde. Der Dampferverkehr des Öjernsees erstreckt sich jetzt bis zum Kraftwerk, ausgenommen zu Zeiten besonders reißender Hochwasserführung. Die Gesamtfallhöhe der eingestauten 4 Stromschnellen beträgt je nach der Wasserführung des Stromes 22 bis 16 m (Abb. 492, 493).

Der Turbineneinbau ist vorläufig auf 300 m³/sek als „normale Vollwassermenge" angelegt (238 m³/sek plus durch Tagesregulierung zu deckende weitere 60 m³/sek). Vorhanden sind 7 Maschinen von je 50 m³/sek Schluckfähigkeit; die siebente als „Reserve". Das Krafthaus und der übrige Wasserbau sind dagegen für 13 Maschinen (einschl. 1 als „Reserve"), also für einen Wasserverbrauch von 600 m³/sek bemessen. Dieser hohe Endausbau, nahezu das Doppelte der ständigen Dauerwassermenge nach Durchführung des Regulierungsplanes (300 m³/sek), ist im Hinblick auf sehr günstige Möglichkeiten einer weitgehenden Tagesregulierung — unter Umständen eines Verbundbetriebes mit Grundlastwerken — gewählt.

[1] Unterlagen: Paus: Akershus El. Verk, Oslo 1925 Verl. Gröndahl & Söns. — Briefl. Mittlgn. der Betriebsltg.

Die Wehranlage ist in verschiedener Beziehung bemerkenswert. Der rechte Flügel, der die tiefste Rinne sperrt, ist als Schwergewichtsmauer von 35 m größter Höhe ausgeführt. Das anschließende Regulierungswehr, im Grundriß bogenförmig, besteht

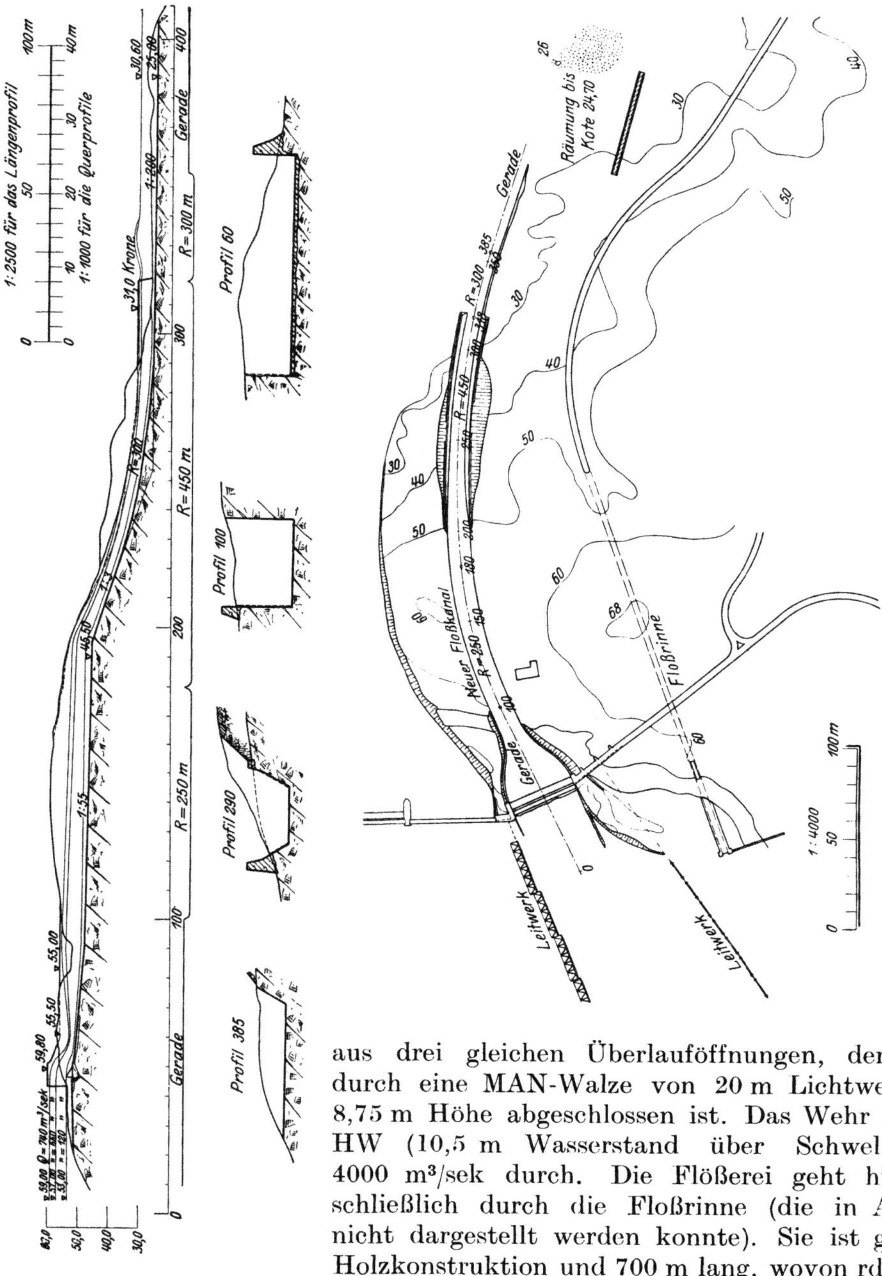

Abb. 502. Vammafoss. Neue Flößereirinne. Lageplan und Längenschnitt. (Verw.)

aus drei gleichen Überlauföffnungen, deren jede durch eine MAN-Walze von 20 m Lichtweite und 8,75 m Höhe abgeschlossen ist. Das Wehr läßt bei HW (10,5 m Wasserstand über Schwellenhöhe) 4000 m³/sek durch. Die Flößerei geht hier ausschließlich durch die Floßrinne (die in Abb. 488 nicht dargestellt werden konnte). Sie ist ganz aus Holzkonstruktion und 700 m lang, wovon rd. 400 im Stollen. Die Leistungsfähigkeit ist 12000 Stück/Std. Man hat berechnet, daß bei jeweilig voller Ausnutzung dieser hohen Leistungsfähigkeit der Rinne das Flößen kaum ½ Öre der Stamm kostet.

Das vereinigte Kraft- und Schalthaus ist durch eine Vollbahnbrücke mit dem Ufer verbunden, so daß die Lasten unter die Krane gefahren werden können. Die Anordnung ist möglichst gedrängt, um am Ausbruch zu sparen und lange Kabelführungen zu vermeiden. Das Gebäude hat bei 32 m Grundbreite und 150 m Länge, die bedeutende Höhe, Saugrohrunterkante bis First, von 63 m. Der Einlauf der Turbinenrohre ist durch Schützen abschließbar und durch Grobrechen (von 14 m Wassertiefe) geschützt. Auf elektrische Rechenwärmung ist hier verzichtet, weil man bei der unmittelbaren Entnahme aus dem großen Öjernsee verhältnismäßig geringe Eisschwierigkeiten erwarten durfte. Das Schützenhaus hat Abluftheizung. Der Maschinensaal ist zunächst für 10 Maschinen ausgebaut worden. Von den zunächst aufgestellten 7 gehören 4 der Stadt Oslo, 2 dem Staat, die „Reservemaschine" ist gemeinsam. Die senkrechten einradigen Francisturbinen in Betonspiralen (Abb. 494, 495) entwickeln bei $H_n = 21$ m eine Höchstleistung von 11500 PS; gesamter Einbau somit im 1. Ausbau: 80500, im 2. Ausbau: 150000 PS. Die gekapselten, selbstlüftenden Drehstromerzeuger geben maximal 11000 kVA (10,5 kV), sie haben aufgebaute Einzelerreger.

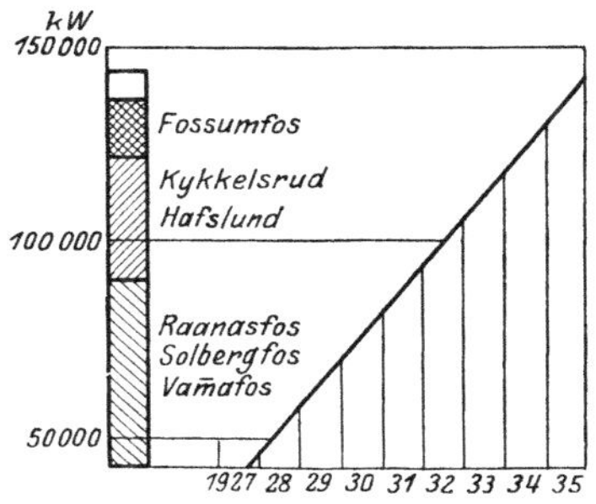

Abb. 503. Darstellung der zu erwartenden Fortschritte in der Glommenausnutzung. (Furuholmen.)

Die gesamte Erzeugung der 4 Maschinen von Oslo wird auf 60 kV umgespannt und nach der Hauptstadt übertragen, während die 2 staatlichen Maschinen ihren Strom an Akershus abgeben. Als weitere Aufgabe ist dem Werk zugedacht, in engster Zusammenarbeit mit anderen Zentralen Südostnorwegens den steigenden Bedarf der Stadt Oslo und der großen Überlandnetze zu decken, außerdem auch für elektrischen

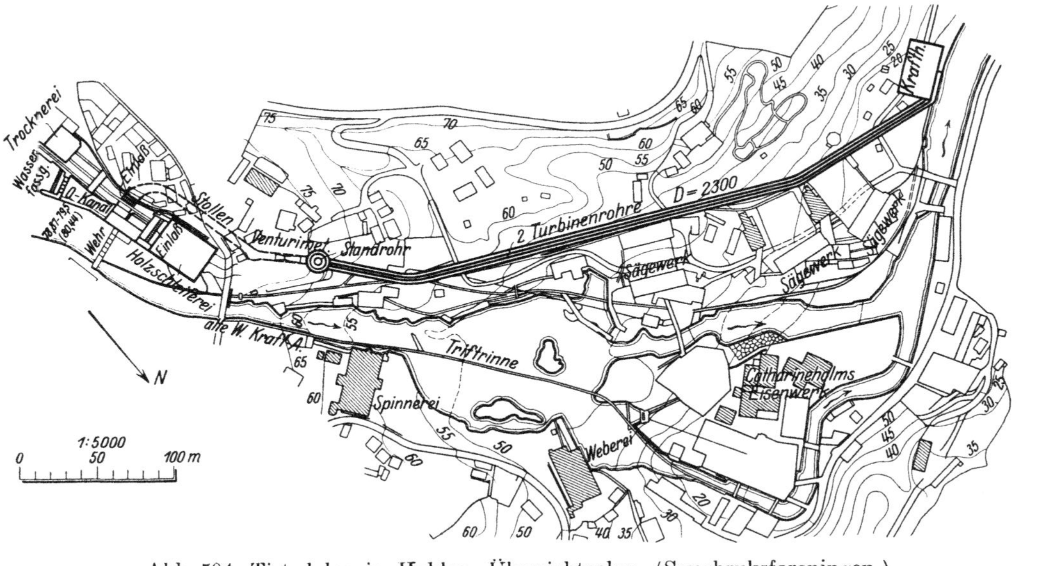

Abb. 504. Tistedalen in Halden. Übersichtsplan. (Saugbruksforeningen.)

Bahnbetrieb Energie zu liefern. Die Lage des Werkes, nur 40 km von der Hauptstadt entfernt, ist äußerst günstig zu nennen.

Der Bau wurde 1919 nach langwierigen Verhandlungen über die gemeinsame Ausnutzung der dem Staat und der Stadt Oslo gehörigen Stromschnellen eingeleitet. Einzelentwurf und Oberbauleitung lagen in den Händen von Civ.-Ing. Sohlberg, örtlicher Leiter des Regiebaues war Oberingenieur Berdal. Die künstlerische Gestaltung besorgte der Architekt Bredo Gräve. Die Turbinen sind von Myrens Verkstad und von Kvärners Bruk entworfen und gebaut.

Die Wasserkraftanlage Kykkelsrud nutzte ursprünglich (1903 Inbetriebnahme) eine Gesamtfallhöhe von 19 m unterhalb des Fossumfoss aus, der später durch einen (im ersten Ausbauplan schon vorgesehenen) beweglichen Wehraufsatz (Abb. 496, 497) angestaut wurde. Jetzt ist die Nutzfallhöhe 19 bis 15,5. Der Strom wird an einer Insel mit älterer Wasserkraft (Holzschleiferei und Mühle) durch ein mehrteiliges Wehr aufgestaut (links: Staumauer, rechts: Überfall- und Grundwehr, nachträglich ergänzt durch einen großen Saugüberfall in Eisenbeton). Durch einen mit mehrteiligen Schützen verschließbaren, durch Schwimmsteg und Hochwasserschild gesicherten Einlauf wird das Triebwasser dem in den Felsen gesprengten, für 200 (nach Wehrerhöhung: 260) m³/sek ausreichenden Oberkanal zugeführt. Das schmale und 16,5 m tiefe Profil (Abb. 498, 715) ($v = 2{,}5$, nach Wehrerhöhung nur noch 1 bis 1,5 m/sek) wurde mit Rücksicht auf Enge des Tales und beim Bau sehr beschwerliche starke Überlagerung des Felsens mit blauem Ton gewählt; es ist fast durchweg unverkleidet gelassen. Der Werkeinlaß und das dicht dahinter liegende Turbinenhaus sind seitlängs an das hechtkopfförmige Kanalende angebaut (Abb. 499). Der erste Kraft-

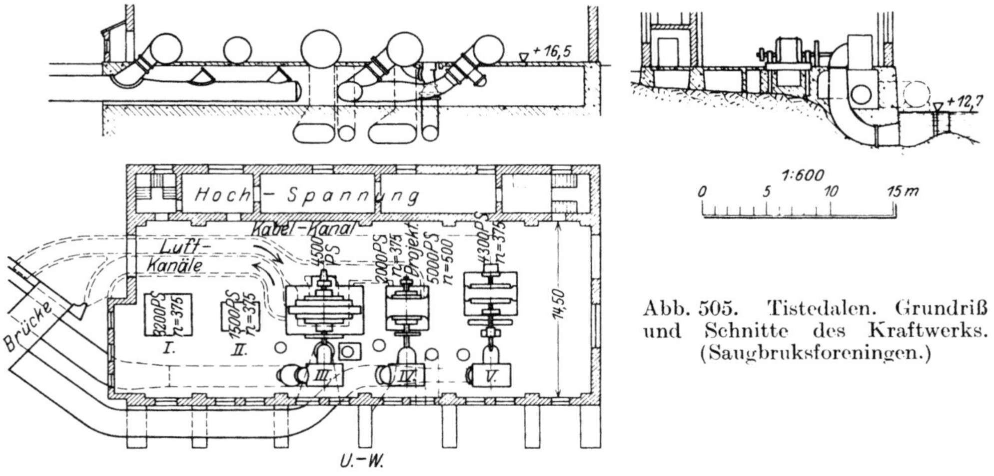

Abb. 505. Tistedalen. Grundriß und Schnitte des Kraftwerks. (Saugbruksforeningen.)

hausausbau war für 4 (ausgeführt: 2) Turbinen zu 3000 PS (Voith und Escher Wyss) (stehende, einradige Francisspiralturbinen) und 3 (2) Erregerturbinen zu 280 PS bemessen und eine Erweiterung durch Anbau von 8 Einheiten zu 5000 PS vorgesehen. Die heutige Maschinenanlage (9 senkr. einr. Fr.-Turb. von 3500 bis 7500 PS) leistet i. g. 46000 PS, wobei nur 220 m³/sek ausgenutzt werden können. Die senkrechte Bauart (zur Zeit der Erstellung der Anlage für Gehäuseturbinen sehr ungewöhnlich) wurde bedingt durch die starken Schwankungen des Unterwassers. Der erzeugte Drehstrom wurde anfänglich nur über Kristiania nach einer Fabrik bei Stenstad geleitet, heute arbeitet das Werk mit andern Großanlagen parallel auch für Überlandversorgung.

Die heute in Gesamtanlage und Einzelheiten veraltete Anlage hat als eine der ersten großen Eltwasserkraftanlagen Norwegens große historische Bedeutung. Sie wurde von der El. A. G. vorm. Schuckert & Cie. in Nürnberg unter Mitwirkung von Direktor Saetren geplant und dann in Generalunternehmung ausgebaut unter Leitung des norwegischen Ingenieurs Furuholmen und des deutschen Ingenieurs Dietz.

Da das Werk in seinem gegenwärtigen Zustande nicht mehr als 220 m³/sek, noch nicht die volle reg. NQ (= 234 m³/sek) ausnutzen kann, ist ein Entwurf aufgestellt worden, der die Vollwassermenge erhöhen und gleichzeitig die Fallhöhe des oben anschließenden Fossumfoss in das Werk einbeziehen soll. Der Entwurf sieht den Neubau eines etwa 7,5 m höher stauenden Wehres oberhalb des bestehenden Krafthauses und die Verstärkung und Erhöhung der Umfassung des Verteilungsbeckens vor. Die ganz alten Maschinen sollen beseitigt, die neueren umgebaut und 80000 PS insgesamt eingebaut werden (Vollwassermenge 300 m³/sek). Da der Fossumfoss der Stadt Oslo gehört, könnte dieser Umbau nur im Einvernehmen von Oslo und Hafslund A. S. ausgeführt werden. Da ein Einzelausbau des Fossumfoss kostspielig ist, andererseits das skizzierte Projekt in der vergrößerten Stauhaltung von Kykkelsrud ein großes Ausgleichbecken für die oben liegende (Oslo gehörige) WA. Mörkfoss-Solbergfoss schaffen würde, scheinen auch die Interessen der Stadt für diesen interessanten Ausbaugedanken zu sprechen.

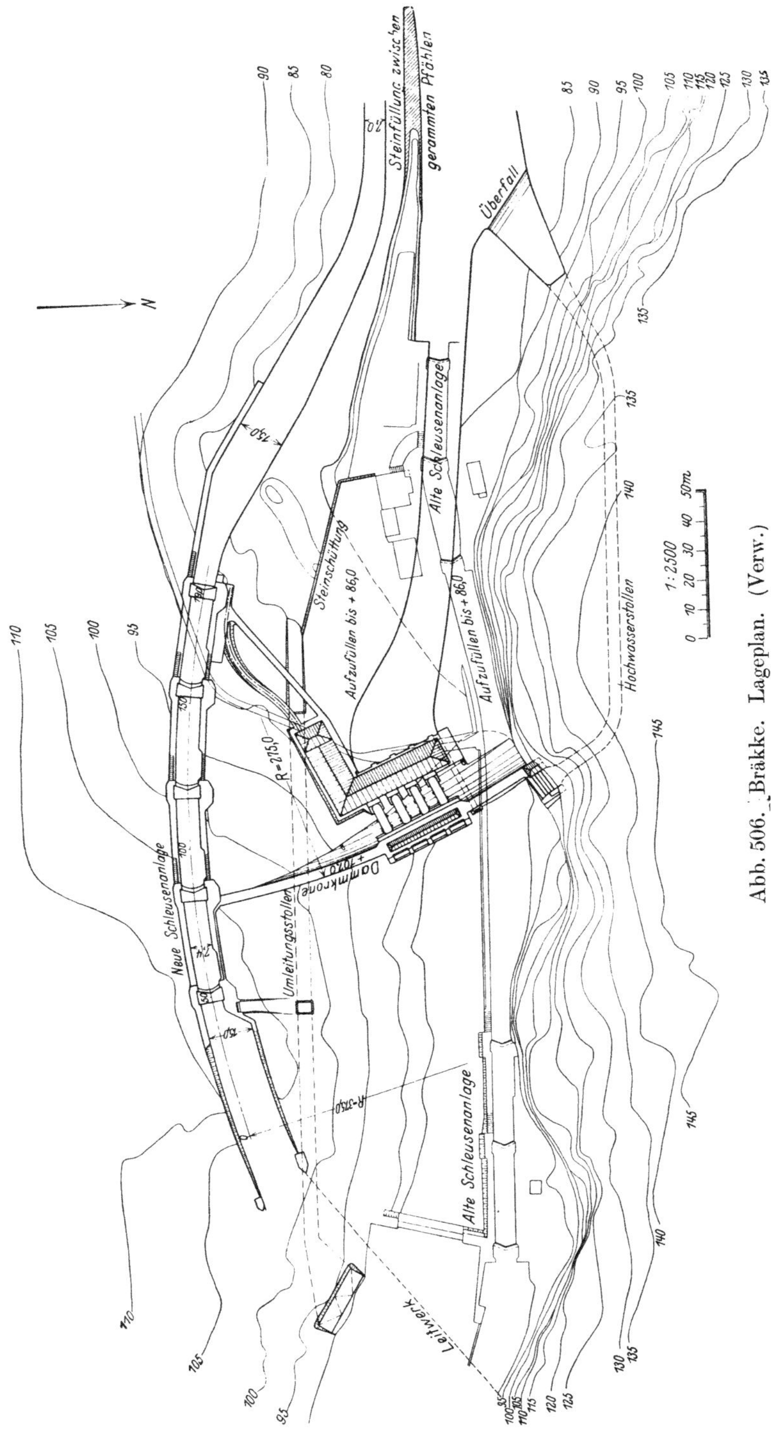

Abb. 506. Bräkke. Lageplan. (Verw.)

Die Wasserkraftanlage Vammafoss nutzt die Fallstrecke zwischen U.W. Kykkelsrud und dem erwähnten schmalen Stillwasserabschnitt restlos aus mit 27,0 bis 24,9 m Gesamtfallhöhe, je nach Wasserführung. Der ursprüngliche Ausbauplan sah 15 völlig gleiche Maschinensätze für den Endausbau vor, der eine Vollwassermenge von 600 m³/sek verarbeiten sollte. Diesem Plan entspricht, mit einigen noch zu erwähnenden Änderungen, der vorläufige Ausbau (Abb. 500). Das ziemlich breite Flußbett ist in ganzer Ausdehnung durch ein hohes Wehr abgesperrt; der längere linke Abschnitt bildet den Werkeinlauf, der kürzere rechte das Regulierungs-

und Flößereiwehr. Das Wehr hat 2 Walzenöffnungen (Abb. 501), einen festen Überfall und ein Sektorschütz, das nachträglich besonders für die Flößerei bei Übervollwasser erstellt wurde (Abb. 502), weil die ursprünglich dafür bestimmte kleinere (nicht senkbare Walze) zu viel Wasser verbrauchte. Für die Zeit unter Vollwasser dient eine Floßrinne mit wassersparendem Verschluß am rechten Ufer. Zur Trockenlegung sind zwei Grundablaßschützen 7×8 m vorgesehen. Das Krafthaus ist unmittelbar hinter der massiven Einlauf-Staumauer geordnet (Abb. 634), die Turbinendruckrohre sind frei heraus- und in Stahlbech ausgeführt. Die auf der Mauer angeordneten Rechen und Drosselklappen können durch besondere Wärmeluftschächte vom Maschinenraum aus geheizt werden. Die 4,2 m weiten Rohre haben in der Mitte Dehnungsmuffen.

Das Krafthaus wird nach endgültigem Ausbau für 15 Maschinen 180 m lang sein; z. Z. ist es nur für 8 Maschinen ausgebaut. Von diesen sind nur 2 planmäßig mit 12000 PS ausgeführt, alle übrigen haben höhere Leistungen, und zwar bzw. 13000, 14000 und 16000 PS ($n = 214$ bzw. 300). Die Veranlassung dieser Abweichung war z. T., daß entsprechend große Stromerzeuger im Gelegenheitskauf besonders

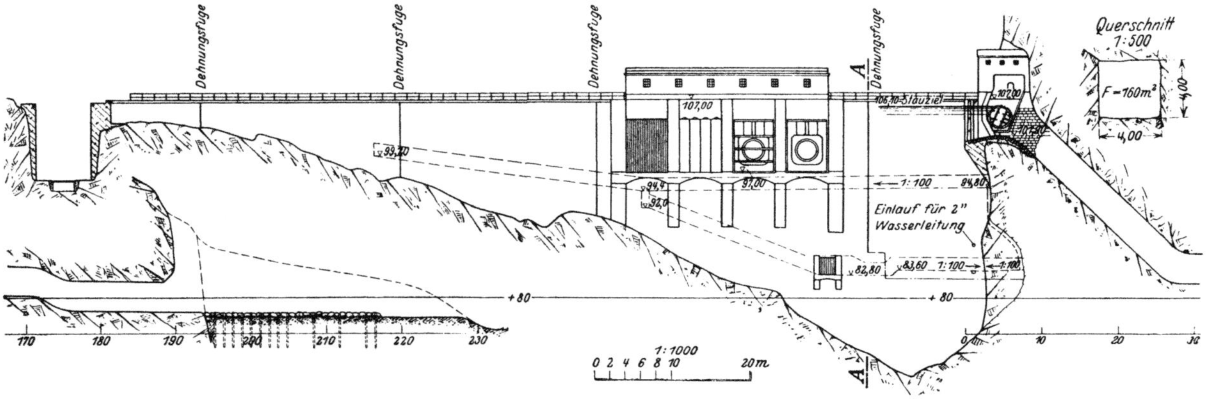

Abb. 507. Bräkke. Wasserseitige Ansicht der Staumauer und Wasserfassung. (Verw.)

billig in Deutschland erworben werden konnten, weil sie für Übersee bestimmt und infolge des Weltkrieges nicht ablieferbar waren. Da die Saugrohre indes schon nach dem ursprünglichen Plan fertiggestellt waren, waren dabei schwierige turbinentechnische Aufgaben zu lösen[1]. Alle Hauptturbinen sind frontale wagerechte Zwillingsfranciskesselturbinen mit Außenregulierung. Die gesamte Turbinenaufstellung umfaßt z.Z. 103000 PS, dazu noch zwei kleine Gleichstromhilfsmaschinen. Das Schalt-Umspannhaus ist rechtwinklig zum Maschinenhaus am Ufer angeordnet; der Strom wird von 5 auf 50 kV umgespannt.

Das Werk ist von der Vammafosse Co., einer Tochtergesellschaft der A. S. Hafslund (S. 460), in den Jahren 1912/19 mit 6 Maschinen erbaut, die siebente Maschine ist erst 1926 bestellt worden. Die Turbinen sind von Kvärners Brug und Myrens Verkstad entworfen und ausgeführt.

Entwicklungsaussichten im Glommen.

Der derzeitige gesamte Turbineneinbau im Unterglommen leistet rd. 350000 PS. Es erscheint nach den Darlegungen von Dir. Furuholmen zweifellos, daß in den allernächsten Jahren keine neuen Großwasserkräfte im Glommen ausgebaut werden; dagegen soll der Regulierungsplan (in seiner eingeschränkten Form) durchgeführt

[1] Kobberstad, A.: Vannkraftmaskinenes Utvikling i Vort Land. Tekn. Ukeblad S. 401 ff., 434.

werden. Die damit gewonnene höhere Wasserführung kommt ganz ohne Erweiterung der Bauten oder Maschinenanlage (Raanasfoss), z. T. lediglich mit Erweiterung der Maschinenanlage (Solbergfoss) oder gleichzeitiger geringer Bauergänzung (Vammafoss) der Leistungsfähigkeit der drei großen noch im Teilausbau stehenden neuesten Glommenkraftwerke zugute. Man darf so rechnen, noch im Laufe dieses Jahrzehnts eine Erhöhung der ständigen Dauerleistung von im ganzen 47500 Gen.-kWJr. verwirklicht zu sehen, natürlich verbunden mit einer entsprechend höheren Steigerung der Spitzenleistung.

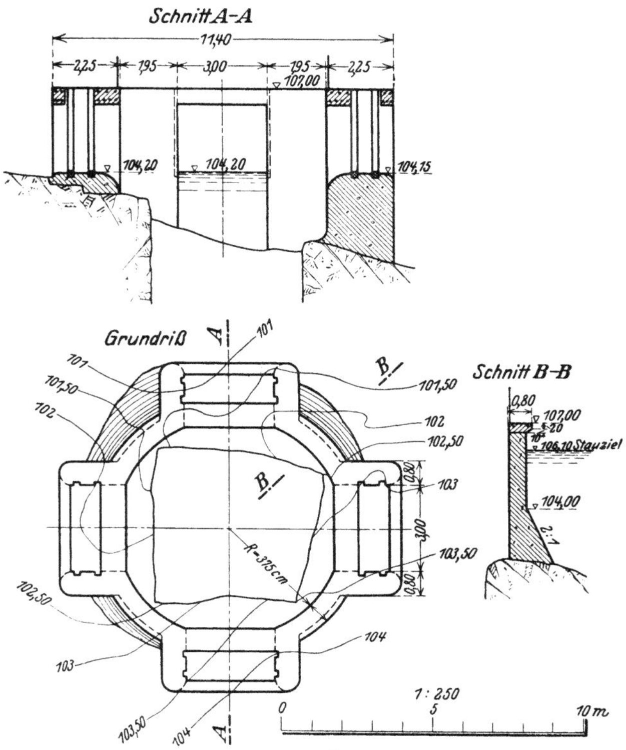

Abb. 508. Bräkke. Überfall. (Verw.)

In den beiden älteren Großkraftwerken (Kykkelsrud und Hafslund) kann die erhöhte Wasserführung nicht ohne weiteres nutzbar gemacht werden; hier müßten die Bauten wesentlich erweitert oder ganz umgebaut werden; auf welchem Wege allerdings noch eine Leistungserhöhung um 31000 kWJr möglich wäre. Als drittnächster Ausbau ist schließlich der des Fossumfoss (S. 459) zu erwarten.

Der gesamte durch die Regulierung und die verschiedenen Erweiterungs- oder Ausbaumaßnahmen zu erzielende Energiezuwachs beziffert sich somit auf 94000 kWJr. Nach dem bestehenden Ausbauprogramm (Abb. 503) würden die gesamten Arbeiten bei Zugrundelegung eines Bedarfszuwachses von jährlich 12000 kWJr für das in Frage kommende Absatzgebiet etwa 1935 fertig stehen müssen.

Unterlagen:

„Glommenreguleringen" von Direktor Furuholmen in der Broschüre „Foredrag om Östlandets kraftforsyning, Holdt for Stortingets medlemer", 25. Oktober 1923. — „Akershus Electrisitetsverk", Oslo 1925. — „Mörkfoss-Solbergfossanlägget". Tekn. Ukeblad 17. Juli 1925, S. 273. — „Das Kraftwerk an der Vamma-Fällen in Norwegen". Schweiz. Bauzg. 11. Mai 1908. — Werbeschrift der A.S. Myrens Verkstad „Vamma Kraftanläg". — Kinbach, J. H.: Wasserkraftanlage Kykkelsrud am Glommen. Z. V. d. I. 23. IV. 1904 und Zodel: Schweiz. Bauzg. 25. X. 1905. — Kinck: Tekn. Ukeblad 1913 (Elverum). — Amtliche Statistiken. — Schriftl. Mittlgn. von A. S. Hafslund. — Bericht von Bardal: Weltkr. Konf. Basel 1926.

5. Fredrikhaldsvassdraget.

Die Wasserkräfte dieses Flusses sind, obwohl vergleichsweise klein (S. 438), doch wirtschaftlich recht wichtig wegen ihrer günstigen Lage im industriereichsten Teile Norwegens. Alle Fallstrecken des Flusses, ausnahmslos kleine oder mittlere Fallhöhen aufweisend, sind ganz oder teilweise ausgenutzt. Die 10 bestehenden Anlagen sind meist private Kraftwerke der verschiedensten Industrien; nur wenige sind Überlandzentralen. Anlagen in der Größenordnung von 10000 PS und darüber sind es nur 2.

Die eine ist **Tistedalsfoss** im Unterlauf mit rd. 9000 PS Maschinenleistung. Sie ist durch Zusammenlegung von drei getrennten alten Kraftwerken entstanden, von

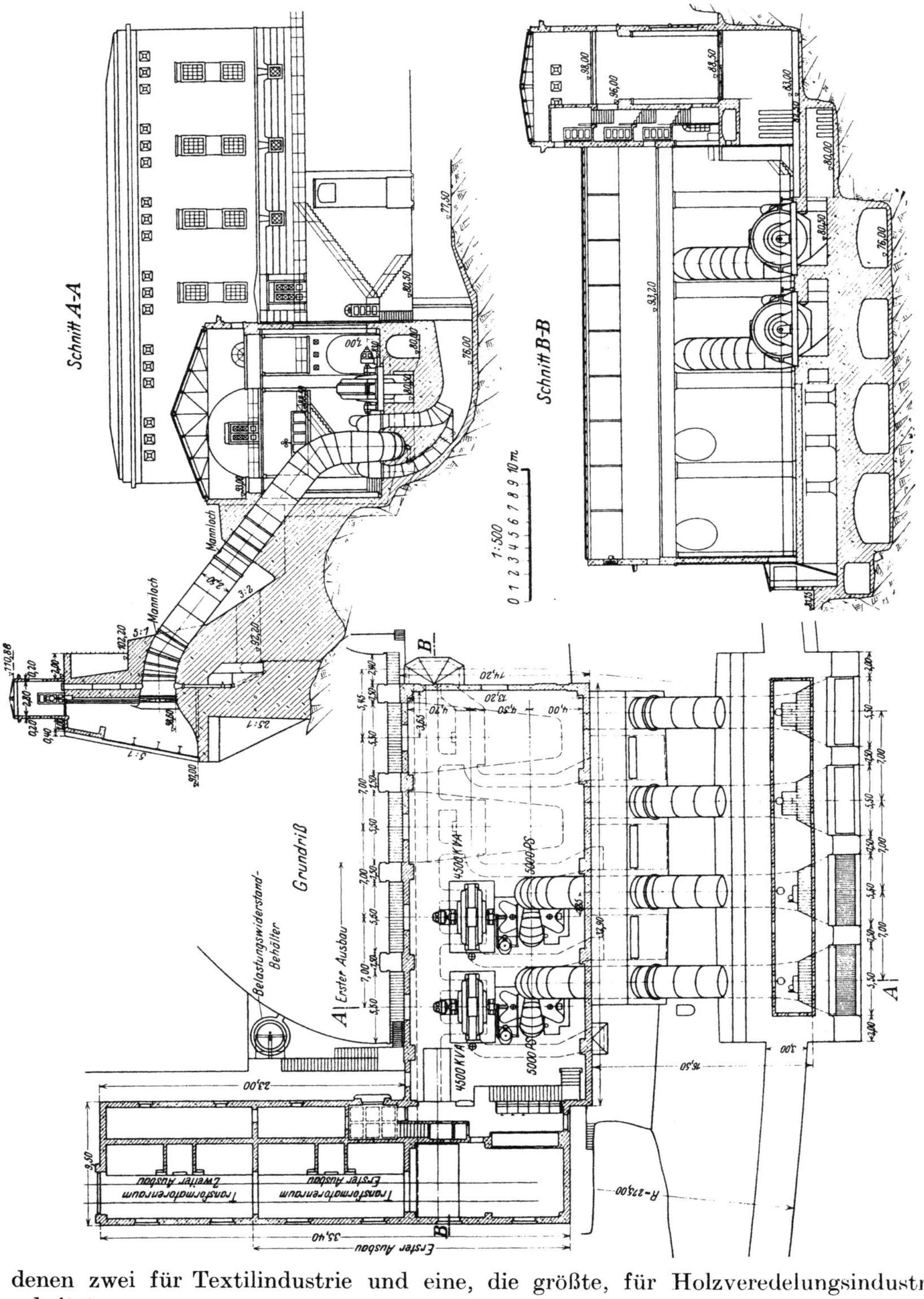

Abb. 509—510. Bräkke. Schnitte und Grundriß des Kraftwerks. (Verw.)

denen zwei für Textilindustrie und eine, die größte, für Holzveredelungsindustrie arbeitete.

Das Werk gehört der Firma Saugbruksforeningen, deren erste Anlage, 1907 erstellt, seither in verschiedenen Etappen vergrößert und verbessert wurde. Der letzte Ausbau (Abb. 504, 505) ist 1923 vollendet und verfügt zufolge Einigung mit den andern Nutzungsberechtigten (am r. Ufer) über die ganze Wassermenge des 1550 km² großen Einzugsgebietes. Die Gesamtfallhöhe ist rd. 65 m. Planmäßige Vollwassermenge ist 18 m³/sek (wenig über reg. NNQ). In Turbinen sind eingebaut: 5000; 4300; 3200; 2000 und 1500, zus. 16000 PS. Die Erzeugung wird, abgesehen von gewissen vertragsmäßig den andern Anliegern der Fallstrecke zustehenden Energiequanten, ganz im eigenen Holzveredelungs-Betrieb des Unternehmens verwendet.

Kurz oberhalb dieses bedeutenden Industriekraftwerkes liegt die zweite Großwasserkraftanlage, die Überlandzentrale des Städtischen E.W. Fredrikhalds. Die Anlage nutzt die Stromschnellengruppe **Bräkke**-Krappeto aus, über die das amtliche Kraftwerksverzeichnis folgende Angaben macht: Einzugsgebiet 1366,5 km², regul. NQ = 9,4 m³/sek, Fallhöhe 25,5 m, regul. NW-Leistung 2400 PS; regul. NW-Leistung nach völliger Durchführung der möglichen Abflußregulierungen: 5200 PS.

Der allgemeinen Anordnung nach (Abb. 506, 507, 511, 628) ist die Anlage ein reines Talsperren-Staukraftwerk, verbunden mit einer Schleusentreppe für Schiffahrt und Flößerei. In der Schwergewichtsmauer ist für gelegentliche Entleerung ein Grundablaß angeordnet; die betriebsmäßige Regulierung und die HW-Ableitung sind nicht auf die Mauer verlegt, sondern unter Verwendung von Umleitungsstollen in die beiden Hänge: der Hauptablaß rechts ist für Ableitung des beobachteten HHQ = 150 m³/sek bemessen. Die Öffnung ist durch Grobrechen geschützt, durch Balkensätze abschließbar und mit einem Walzenwehr verschlossen. Für den Fall eines die beobachteten noch überschreitenden Katastrophenhochwassers oder nicht rechtzeitiger Öffnung des Walzenverschlusses ist am linken Hang ein zweiter Überfall angeordnet. Die Schwellen der 4 um einen Abfallschacht herumgebauten Überfallöffnungen liegen 1,9 m unter dem Stauziel (Abb. 508); diese Öffnungen sind mit Dammbalken bis zur Kronenhöhe der Staumauer zugesetzt (eine selbsttätige Entlastung besteht also überhaupt nicht, was nur wegen der Nähe des Krafthauses und der sicheren Felsgründung des Ganzen als allenfalls zulässig angesehen werden konnte).

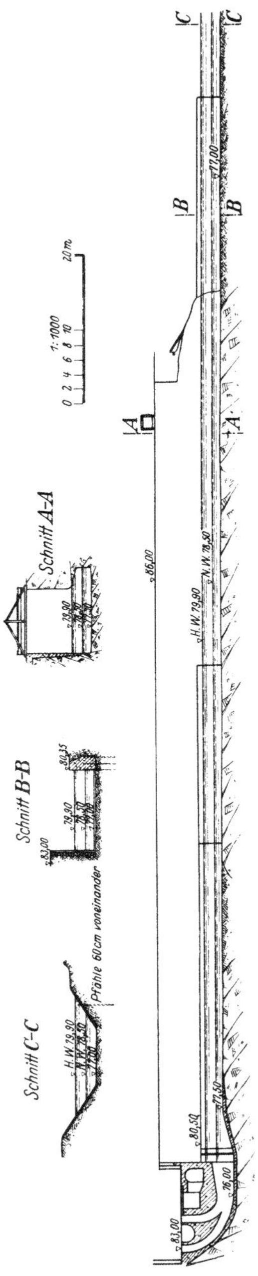

Abb. 511. Bräkke. Unterkanal, Längen- und Querschnitte. (Verw.)

Das Krafthaus (Abb. 509, 510) ist für 4 Maschinen zu 5000 PS angelegt; eingebaut waren 1927 erst zwei. Die Höhe der endgültigen Maschinenleistung (einschl. 1 Reservemaschine!) ist bemerkenswert, aber durch den Bedarf nach Tagesspeicherung und die gute Möglichkeit dazu — da sich oberhalb der Anlage ein See vorfindet — begründet. Die Turbinen (von Kvärners Brug) sind wagerechte Zweiradfrancisturbinen in Blechspirale. Bei Konstruktionsfallhöhe von 25,5 m wiesen sie bei Abnahme den hohen Wirkungsgrad 93,5% auf. Der erzeugte Drehstrom wird umgespannt und der Hafenstadt Fredrikshald zugeleitet.

Das in Gesamtanordnung und Einzelheiten sorgfältig durchgebildete Werk ist 1921/24 nach Entwurf und unter Bauleitung der Ingenieure der Fredrikhalds Lysverker unter Oberleitung von Oberingenieur Romar Frogstad erbaut worden.

6. Zusammenfassung.

Wie eingangs angedeutet, hat das Gebiet ,,Osloer Senke", obwohl zunächst nur nach naturgeographischen Grundsätzen abgegrenzt, doch auch energiewirtschaftlich gewisse einheitliche Züge: Das durchgehende Überwiegen der Energieerzeugung für bürgerlichen Bedarf einschließlich der viele Menschen beschäftigenden, weniger energieintensiven Maschinen-, Fahrzeug-, Lebensmittelindustrien. Die für solche Zwecke arbeitende Turbinenleistung des Gebietes ist auf etwa ⅔ der insgesamt vorhandenen zu veranschlagen. Das restliche Drittel gehört den Wasserkraftindustrien, unter denen in diesem Teil Norwegens nicht die elektrochemische und -metallurgische, sondern die vorzugsweise im Drammengebiet vertretene Holzveredelungsindustrie (vor allem Zelluloseindustrie) überragt.

Der zweite durchgehende Charakterzug des Gebiets in energiewirtschaftlicher Beziehung ist sodann: daß die öffentliche Eltversorgung einer starken Vereinheitlichung zustrebt, ähnlich wie in Südschweden oder im schwedischen staatlichen Zentralblock. Das als ,,Östland" bezeichnete Gebiet, dessen einheitliche Energieversorgung in Norwegen Gegenstand eingehender Vorarbeiten und lebhafter Aussprache ist, deckt sich im wesentlichen mit dem in diesem Abschnitt behandelten. Außerhalb ,,Östlands" liegen nur das Hallingdal vom Drammengebiet und der nördlichste Teil des Glommeneinzugsgebietes; andererseits ist anzunehmen, daß ein Teil der Skienanlagen an der Energieversorgung Östlands beteiligt sein wird (vgl. S. 300 über Hereinarbeiten von Rjukan). Einzelheiten über die Anordnung der Hauptstromleitungen und über das Zusammenarbeiten der Kraftwerke sind schon im Abschnitt über die allgemeine Elektrizitätswirtschaft (S. 309ff.) mitgeteilt (vgl. Abb. 279).

Dritter Teil.

Finnland.

23. Abschnitt: Wasserkraftvorkommen und Wasserkraftnutzung in Finnland.

1. Geographische Grundlagen.

Finnland steht mit seinen 388000 km² (einschl. des Anteils am Ladogasee) der Fläche nach zwischen Schweden und Norwegen. Mit seinen ausgedehnten Küsten wird es auf zwei Seiten von der Ostsee: dem Bottnischen und Finnischen Meerbusen bespült und im hohen Norden vom Eismeer. Der kurze Küstenabschnitt hier ist seit dem Weltkrieg mit dem eigentlichen früheren Finnland durch einen „Korridor" verbunden. Die Festlandsgrenzen Finnlands einerseits gegen Norwegen und Schweden, andererseits gegen Rußland übertreffen die Seeküsten erheblich an Länge. Südnördlich reicht Finnland vom 60. bis zum 70. Grad, sein Schwerpunkt liegt noch nördlicher als jener von Skandinavien (Abb. 10, 11, 12, 23).

In geologischer Hinsicht zeichnet sich Finnland dadurch aus, daß die für Fennoskandien im ganzen kennzeichnenden Züge in ihm besonders scharf und umfassend ausgeprägt sind. Somit überwiegen vorkambrische Bildungen, unter denen hauptsächlich massige Urgesteine (Granite und Gneisgranite) neben den selteneren Urgesteinsschiefern vorherrschen. Im südlichen Finnland sind die nur hier vorkommenden Rapakivigranite, porphyrische Granite, die später emporgedrungen und deckenartig ausgebreitet sind, weit verbreitet, ferner Diorite, Diabase, Gabbro und Syenit. Im nördlichsten Finnland finden sich Formationen, die nicht zu den Urgesteinen gezählt werden, auf großen Flächen, hauptsächlich Metabasite der sog. Kalevischen Periode. Darunter faßt man verschiedenartige vorkambrische Bildungen zusammen, die auf metamorphosierte basische Gesteine, hauptsächlich Diabase, zurückgeführt werden. Auch Sedimente vom selben Alter fehlen nicht. Kambrische und nachkambrische Formationen (Silur) kommen dagegen im Untergrunde Finnlands kaum vor, sie sind durch spätere Vorgänge (lange vor der Eiszeit) wieder abgetragen worden.

Das Überwiegen sehr harter kristalliner Urgesteine in der südlichen Hälfte Finnlands ist für die Oberflächengestaltung und die Ausbildung des Gewässernetzes sehr bedeutungsvoll (Abb. 3).

Die Höhenunterschiede sind im allgemeinen sehr gering. Mit Ausnahme sehr unbedeutender hoch-nördlicher Gegenden liegt das ganze Land unterhalb +500 m, der überwiegende und zudem wichtigste Teil aber durchwegs unterhalb +250 m. Die große Seenplatte im Innern der südlichen Hälfte Finnlands liegt fast restlos zwischen +70 und 150 m. Diese fast ganz aus Ur-Ergußgesteinen bestehende Fläche trägt besonders auffallend die Züge der nordischen Landschaft. Das Wasser hat die in den Eiszeiten abgerundeten Felskuppen nicht gestalten können, so daß hier wie im schwedischen Mälarengebiet eine stark modellierte Fastebene vorliegt, deren gegensätzliche

Formenelemente nicht Berg und Tal, sondern Hügel (Inseln) und Mulden (Seen) sind. Deshalb sind auch die einzelnen Einzugsgebiete nicht scharf gegeneinander abgegrenzt, gehen vielmehr häufig fast unmerklich durch Sumpfgegenden ineinander über oder sind durch Bifurkationen hydraulisch miteinander verbunden.

Auf dieser ganzen Seenplatte finden sich außer Moränen fast keine quaternären Ablagerungen. Die (baltische) Grenze der marinen Ablagerungen liegt auf den Abdachungen dieser Seenplatte. Dem vorgelagerten Küstenlandsstreifen längs des Finnischen und Bottnischen Meerbusens geben diese marinen Ablagerungen, hauptsächlich Lehme, das Gepräge, so daß hier die Eigenart der nordischen Landschaft nicht so scharf hervortritt und der Seenreichtum wesentlich kleiner ist.

Im ziemlich gebirgigen Norden finden wir Geländeformen, die ebenfalls von der typischen Fastebene stark abweichen und schon eher an das nördliche Schweden erinnern. Nordfinnland ist — mit Ausnahme des mittleren Pasvikelv — auch verhältnismäßig seenarm.

Die Bodenkulturverhältnisse Finnlands ähneln den schwedischen: der größte Teil des Moränenbodens ist bewaldet, die unterhalb der baltischen (marinen) Grenze liegenden Landesteile aber sind großenteils für Ackerbau geeignet und teilweise auch genutzt. Von der Gesamtfläche Finnlands (388483 km²) sind 12,5% Seen (einschl. Ladogaanteil), 65% Wald (Fichte, Kiefer, Birke, Espe vorherrschend), etwa 9% Acker, Wiese, Weide, der Rest, 14%, ist Ödland, Moore und zum geringeren Teil: Fjäll. Das Fjäll, d. i. das wegen seines kalten Klimas unbewaldete Gebiet, dürfte kaum 3% ausmachen. Über den Wald- und Mooranteil sind in der Literatur widersprechende Angaben zu finden. Dies erklärt sich z. T. dadurch, daß viele sehr kümmerliche Waldbestände auf Moorboden stehen.

Die gesamte Moorfläche (einschl. der bewaldeten) macht etwa 26% der Gesamtfläche aus. Die Ausbreitung und praktische Nutzbarkeit der Ödländer wird jetzt durch eine besondere Forschungsgesellschaft untersucht.

Im Jahre 1922 betrug die Brenntorfproduktion 20000 t, während das Gesamtvorkommen von lufttrockenem Brenntorf auf 2 Milliarden t geschätzt wird.

Von den Flächen unterhalb der baltischen Grenze ist besonders die Küstengegend am Bottnischen Meer reicher an Ackerböden, wogegen an der Südküste ebenso wie überwiegend auf der Seenplatte die Wälder vorherrschen; im Norden ist überhaupt kaum Ackerbau, sondern durchweg eine mächtige Waldregion mit geringen Fjälleinsprengungen. Beinahe die Hälfte der Waldfläche gehört dem Staat, namentlich in den Forsten Nord- und Ostfinnlands.

Das Klima Finnlands steht, ähnlich dem Schwedens, zwischen dem rein ozeanischen Westnorwegens und dem rein kontinentalen Rußlands. Nach den Januar-Isothermen Nordeuropas (Abb. 1) ist der finnische Winter im Durchschnitt auf gleicher Breite noch etwas härter als in Schweden. Die Zugänglichkeit des flachen niedrigen Landes für ozeanische Einflüsse über die Ostsee herauf wirkt stark mildernd ein. Die Statistik der Dauer der Schneedecke (Abb. 512) zeigt, daß selbst in Küstennähe und auf den Inseln die Schneedecke sich etwa 3 bis 4 Monate, auf der Seenplatte aber noch bedeutend länger hält.

Auch die Niederschlagsverhältnisse Finnlands erinnern stark an die schwedischen. Die mittlere Niederschlagshöhe Finnlands dürfte etwa nur 500 mm (also etwas niedriger als in Schweden) sein. Ähnlich wie in Schweden ist auch in Finnland die West- und Südküste des Landes relativ niederschlagsreicher, weil auch hier vorwiegend westliche Winde Niederschlag bringen. Besonders niederschlagsarm ist der Norden, hauptsächlich das Torneelvgebiet. Nach Abb. 512 wird ein bedeutender Teil des Jahresniederschlags in Schneeform gespeichert: auf der Seenplatte etwa ein Viertel. Die in Schneeform gespeicherte Wassermenge erreicht beinahe in ganz Finnland ihren Höchstwert um den 25. März herum. Der starke Schneeanteil wirkt sehr günstig auf die Höhe der Abflußziffer ein. In derselben Richtung wirkt auch die geologische Beschaffenheit des Landes; dagegen wirkt die Ausdehnung der Wälder und Moore sehr kräftig entgegen.

Ein Vergleich der Niederschläge mit den Spendenzahlen (Tabelle 43) ergibt, daß die Abflußziffern zwischen 0,35 und 0,50 liegen, im Osten der Seenplatte dem oberen Grenzwert nahekommen, während im Küstenland der Versickerungs- (Vegetations-

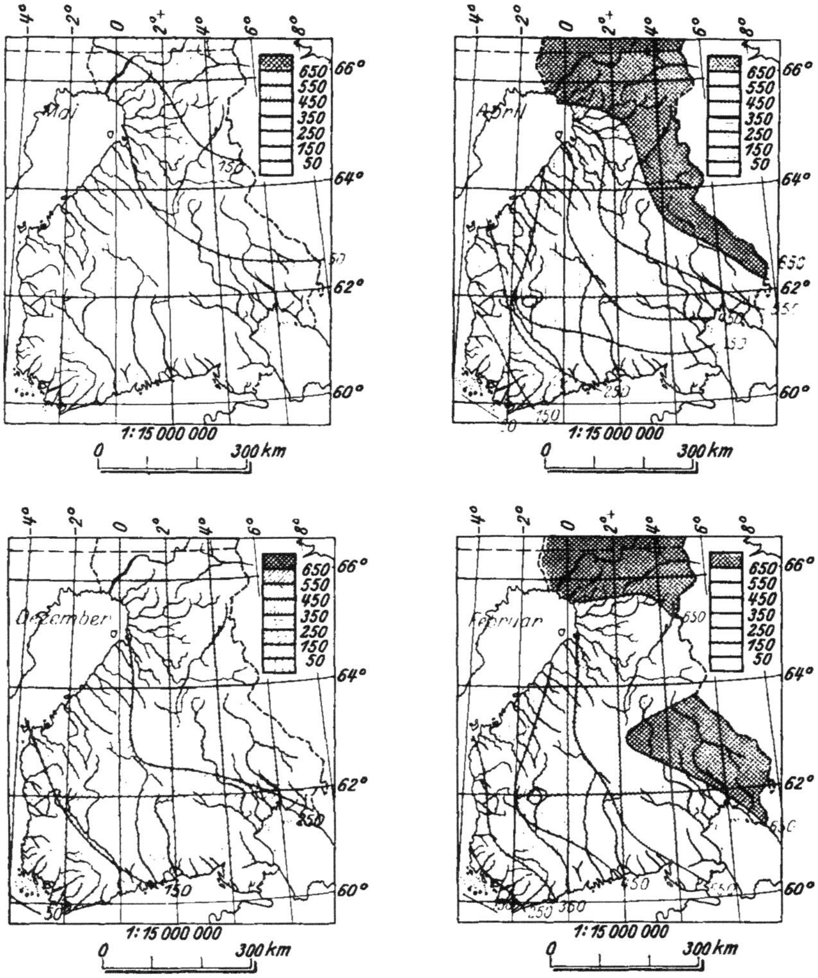

Abb. 512. Schneehöhen in Finnland. Durchschnitt 1896—1905.

Verlust in den quaternären Schichten bedeutend ist, so daß hier stellenweise sogar die angegebene untere Grenze unterschritten wird. Die mittlere Abflußziffer für ganz Finnland dürfte etwa 0,40 bis 0,45 sein, also bedeutend niedriger als in Schweden, wo ein großer Teil des Niederschlags undurchlässiges Fjäll trifft. Dem finnischen Gewässernetz gibt der sprichwörtlich gewordene Seenreichtum („Land der tausend Seen") — man zählte deren 35500 — ein ganz eigenartiges Gepräge.

2. Die Gewässer Finnlands.

Die Seen sind meist flach und miteinander durch oft kurze Stromschnellen — oder Stillwasserstrecken verbunden, so daß manche Wasserläufe auf längere Strecken mehr als Seenketten zu bezeichnen sind. Die Gesamtheit der finnischen Gewässer

Tabelle 43. Abflußverhältnisse Finnlands.

Nr.	Wasserlauf	Einzugsgebiet km²	Seeanteil %	HHQ m³/sek sl/km²	MHQ m³/sek sl/km²	MQ m³/sek sl/km²	MQ mm	MNQ m³/sek sl/km²	NNQ m³/sek sl/km²	Verhältnis HHQ/NNQ und MQ/MNQ
1a	Wuoksen bei Imatra. . .	60220	20,8	886	669	570	298	470	320	2,8
				15	*11*	*9,5*		*7,8*	*5,3*	*1,2*
1b	„ „ „ . . .	60220	20,8	765	620	569	298	464	331	2,3
				13	*10*	*9,4*		*7,7*	*5,5*	*1,2*
2a	Kymmeneälv bei Perno .	36017	20,7	565	432	297	260	166	87	6,5
				16	*12*	*8,2*		*4,6*	*2,4*	*1,8*
2b	„ „ „ .	36107	20,7	530	410	286	250	166	96	5,5
				15	*11*	*7,9*		*4,6*	*2,7*	*1,7*
3	Karisâ bei Landsbro . . .	1975	9,7	72,1	47,4	19,9	318	10,7	8,8	8,2
				37	*24*	*10,1*		*5,4*	*4,5*	*1,9*
4	Kumoälv bei Harjavalta .	25160	10,7	840	540	220	276	103	60	14,0
				33	*21*	*8,7*		*4,1*	*2,4*	*2,1*
5	Kyröälv bei Skatila . . .	4810	0,9	433	306	37,3	245	1,8	1,1	333,1
				90	*64*	*7,8*		*0,4*	*0,3*	*20,7*
7	Lestijoki bei Kannus . .	1400	6,3	200	146	9,5	214	1,1	0,4	500,0
				143	*104*	*6,8*		*0,3*	*0,3*	*8,6*
9a	Uleälv bei Vaala	20110	11,8	696	482	226	354	86	50	13,9
				35	*24*	*11,2*		*4,3*	*2,5*	*2,6*
9b	„ „ „	20110	11,8	696	456	213	334	92	63	11,0
				35	*23*	*10,6*		*4,6*	*3,1*	*2,3*
	Kimingiälv bei E. B. Br.	4000	1,8	374	315	50	394	6,5	5,8	64,5
				93	*79*	*12,5*		*1,6*	*1,4*	*7,7*
10	Ijoälv	14083	3,6	977	731	165	369	40,1	28,7	34,0
				69	*52*	*11,7*		*2,8*	*2,0*	*4,1*
11	Kemiälv bei Taivalkoski .	49303	1,5	3190	2396	550	352	162	157	20,3
				65	*49*	*11,2*		*3,2*	*3,2*	*3,4*
	Torneälv bei Torneå. . .	40180	4,6	2510	2145	350	275	110	77	32,6
				62	*53*	*8,7*		*2,7*	*1,9*	*3,2*
12	Pasvikälv bei Björnsundet	18832	12,7	777	495	169	283	71	61	12,7
				41	*26*	*9,0*		*3,8*	*3,2*	*2,4*

Beobachtungszeit: 1. XI. 1900 bis 31. X. 1920: Nr. 1a, 4 und 9a.
1. I. 1901 bis 31. XII. 1919: Nr. 2a.
1. I. 1912 bis 31. XII. 1920: Nr. 1b, 2b, 3, 5, 7, 9b, 10, 11 und 12.

löst sich bei näherer Betrachtung in einzelne in verschiedener Beziehung gegeneinander abgegrenzte Gruppen auf (Abb. 513).

Die erste und wasserkraftwirtschaftlich weitaus wichtigste Gruppe umfaßt die vier großen Abflüsse der Seenplatte: Wuoksen, Kymmene, Kumo- und Uleälv. Insgesamt bedecken die 4 Einzugsgebiete rd. 160000 km². Alle vier sind ganz außerordentlich seenreich (vgl. die Übersicht in Tabelle 43). Darum ist die ganze Stromgruppe durch eine hervorragende Gleichmäßigkeit der Wasserführung gekennzeichnet. Bei weitem am günstigsten in dieser Beziehung ist Vuoksen. Die durch Abb. 514 und 515 noch eingehender beleuchteten günstigen Dauerverhältnisse des Wuoksenhauptstromes beruhen, neben der zahlenmäßigen Größe des Anteils der Seenflächen, besonders auch auf deren günstiger Verteilung: der überwiegende Teil des ganzen Einzugsgebietes liegt oberhalb des größten Sees: Saima; unterhalb dessen der Strom keine bedeutenderen Nebenflüsse mehr aufnimmt. Beim Kymmeneälv, wo die Verteilung der Seenflächen bei annähernd gleichem Anteil eine ganz andere ist, sind die Abflußverhältnisse merklich weniger günstig, bei Kumo- und Uleälv noch weniger. Die mittlere Spende ist am kleinsten im Kymmene (rd. 8), am größten im Ule (rd. 11). der Durchschnittswert für die ganze Seenplatte ist rd. 9 sl/km² (also an sich ein niedriger, an nordostdeutsche Gebiete erinnernder Wert!). Die Hauptseen, sogenannten Zentralseen liegen mit Ausnahme des Uleträsk durchweg auf + 75 bis + 80 m, Uleträsk dagegen auf etwa 123 m. Im ganzen ist, wie man sieht, die nutzbare Fallhöhe

Tabelle 44. Finnlands nutzbare und ausgenutzte Wasserkraft. (Beob. Abschnitt: 1. XI. 1900 bis 31. X. 1920.)

Bezeichnung des Flußgebietes	Mündungs-Einzugsgebiet	Finnischer Teil	Verfügbare Nutzleistung in Turbinen-PS bei			Aufgestellte Turbinenleistung 1922 und (1929)			
							% der Nutzleistung		
	km²	km²	MNQ	9 Monate lang verfügbarer Wassermenge(Q_9)	MQ	PS	bei Q_9	bei 1,4 Q_9	aller aufgestellten Turbinen des Landes
Gruppe I. Stromsysteme der Seenplatte	155000	148000	698300	858600	1247900	149950			
Wuoksen Hauptstrom . . .	68000	61500	318000	322000	386000	32850	8,2	5,85	17,3
Nebenflüsse des Wuoksen .			50000	78000	112000	(122150)			
Kymmene Hauptstrom . .	36700	36700	111500	141600	195500	70400	41,7	30,0	37,2
Nebenflüsse des Kymmene .			15500	27000	52000	(96364)			
Kumo Hauptstrom	26700	26700	58000	80000	115500	42400	39,00	27,8	22,3
Nebenflüsse des Kumo . . .			21000	29000	58400	(69903)			
Ule Hauptstrom	23600	23100	105000	153000	273000	4300	2,4	1,7	2,3
Nebenflüsse des Ule			19300	28000	55500	(4430)			
Gruppe II. Kleinere Einzugsgebiete (Küstenflüsse) des Ladoga, des Finnischen und Bottnischen Meerbusens: . .	rd. 110000	rd. 110000	77400	106400	355100	39700			
Karisâ samt Nebenflüssen .		rd. 2000	3200	4600	6100				
Kyrö samt Nebenflüssen . .		rd. 5000	700	1100	14000	22200 (28500)	—	—	11,7
Sonstige Küstenflüsse, die in den Finnischen und Bottnischen Meerbusen münden, einschl. Anteil am Torneälv			50500	75700	293000				
Küstenflüsse des Ladogasees			23000	25000	42000	17500 (22102)	70,0	50,0	9,2
Gruppe III. Große seearme Flüsse, die in den Bottnischen Meerbusen münden	64000	64100	214000	238000	712000	—	—	—	—
Ijo samt Nebenflüssen . . .	14000	rd. 14100	25000	35000	110000	—	—	—	—
Kemi samt Nebenflüssen . .	50000	50000	181000	203000	602000	—	—	—	—
Gruppe IV. Pasvikälv .			54700	71000	135500	—	—	—	—
Hauptstrom	rd. 18900	17000	44700	56000	102000	—	—	—	—
Nebenflüsse			10000	15000	33500	—	—	—	—
Gruppe V und VI . . . . Sonstige Einzugsgebiete des Eismeeres; finnischer Teil der Weißmeereinzugsgebiete		rd. 26000	31000	40000	90000	—	—	—	—
Insgesamt		rd. 380000[1]	1059400	1314000	2540500	189650	14,4	10,3	100,0

nicht sehr bedeutend. Die Gefällsverhältnisse, insbesondere die Stufentalformen gehen aus Abb. 516, 518, 529 hervor.

Eine zweite Gruppe bilden die Küstenflüsse mit Einzugsgebieten, die ganz oder überwiegend unterhalb der baltischen Grenze liegen. Hierher gehören Flüsse und Bäche, die teils in den Bottnischen oder Finnischen Meerbusen, teils in den Ladogasee münden.

Beinahe alle haben kleinere Einzugsgebiete unterhalb 5000 km². Die Gesamtfläche ist aber bedeutend, wohl weit über 100000 km². Die Gewässer dieser Gruppe haben meist geringere Abflußziffern und daher trotz der namentlich im Süden größeren Höhe der Niederschläge im allgemeinen etwas niedrigere Spenden. Auch

[1] Ohne Ladogaanteil.

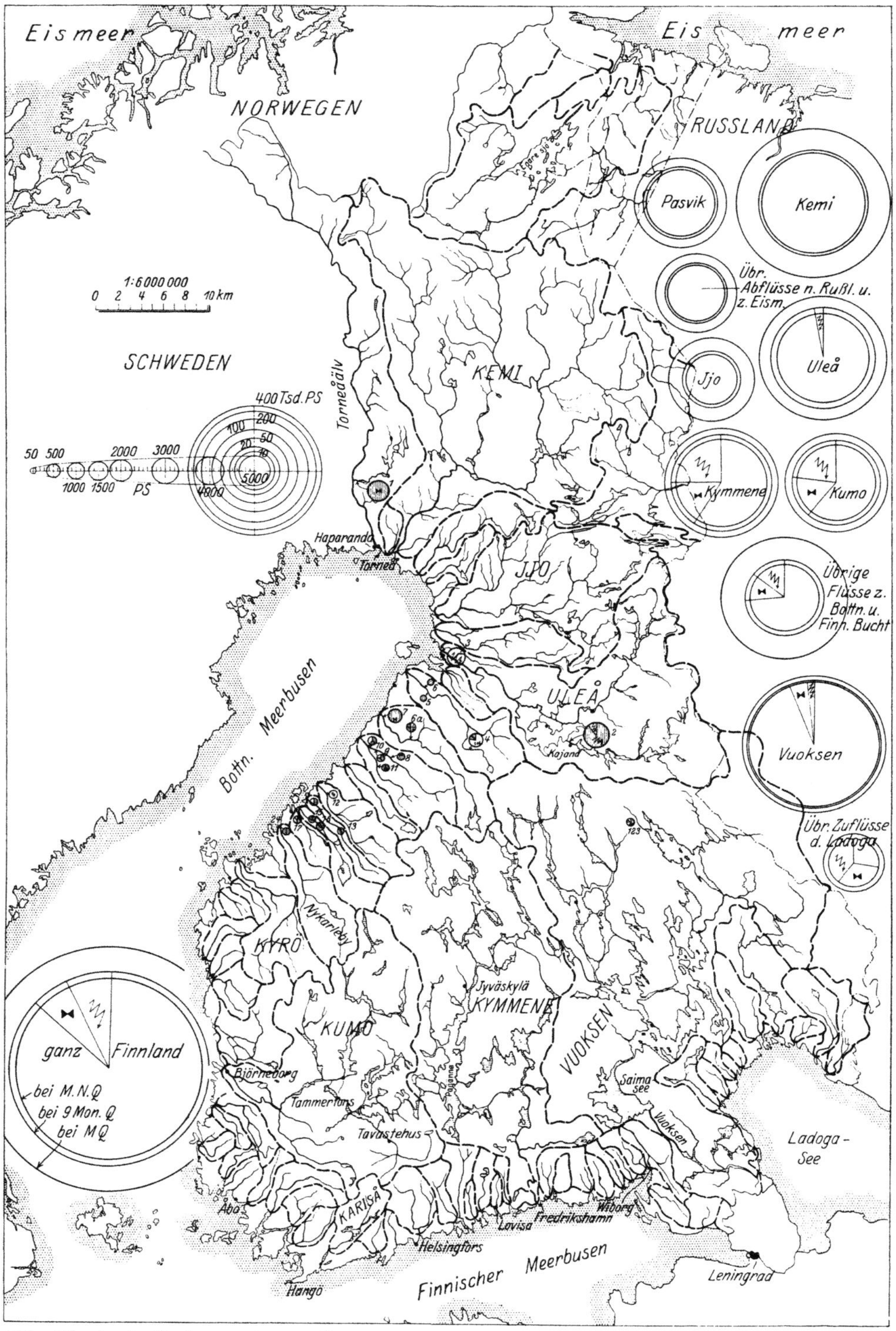

Abb. 513. Finnland. Hydrographische Übersichtskarte mit Angaben über Wasserkraftausbau. (Sjögren.)

der Seenreichtum ist vielfach weit geringer als in der ersten Gruppe, wobei allerdings große Unterschiede vorkommen. Grenzfälle stellen in dieser Hinsicht der größte

Küstenfluß: Kyrö mit weniger als 1% und der viel kleinere Karisâ mit beinahe 10% Seenanteil vor. Die Wirkung der Seenflächen kommt in den („mehrjährig gemittelten") Ganglinien (Abb. 514) klar zum Ausdruck. Beim Kyröälv ist das Verhältnis der oberen und unteren Scheitelwerte der Durchschnittsganglinie 170, bei Karisâ kaum 4,5. Die meisten Glieder dieser Gruppe stehen aber der ungünstigsten Kyrö-Wasserführung näher. Deshalb und wegen der Geringfügigkeit der Gesamtfallhöhe und der vielfach ungünstigen Gefällausbildung haben diese kleinen Flußgebiete meist nur örtliche Bedeutung für Kleinwasserkraftnutzung, zum Teil sind sie überhaupt wenig ausbauwürdig. Viele — besonders die nördlicheren — Küstenflüsse sind bisher nicht eingehender hydrographisch untersucht.

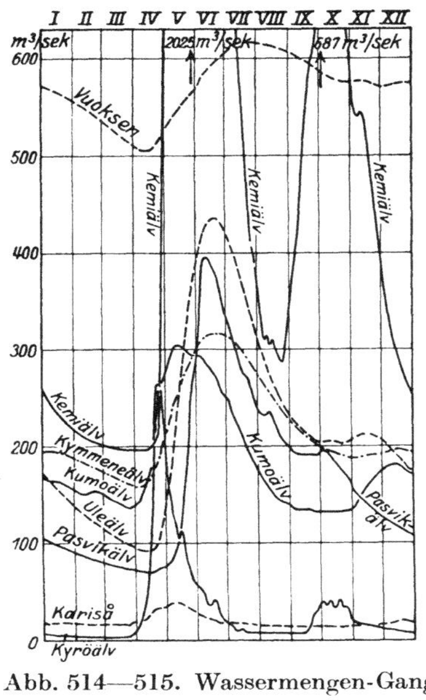

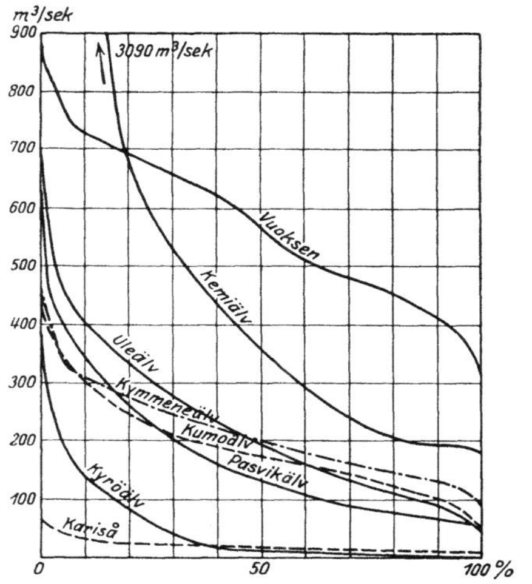

Abb. 514—515. Wassermengen-Gang- und Dauerlinien finnländischer Ströme. (Blomqvist.)

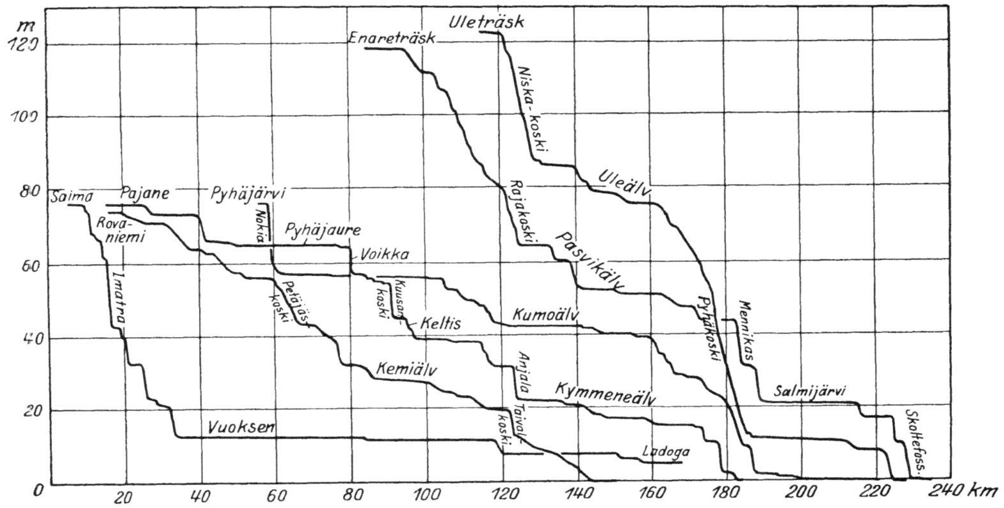

Abb. 516. Längenschnitte finnländischer Ströme. (Blomqvist.)

Die dritte Gewässergruppe wird von 3 großen, in den nördlichen Teil des Bottnischen Meerbusens mündenden seearmen Strömen gebildet, die weit ins Inland hineingreifen und mit ihren Wasserscheiden großenteils ziemlich hohe Gebirge umfassen.

Es sind: Ijoälv (Einzugsgebiet rd. 14000 km², Seeanteil 3,6%), Kemiälv (49000 km², 1,5%), Torneälv (40000 km², davon 25000 schwedisches Hoheitsgebiet, 4,6%). Alle drei Ströme kommen in der Spendenhöhe den Strömen der Seenplatte nahe, unterscheiden sich von ihnen aber durch ihre wesentlich ungünstigeren Dauerzahlen. Das Verhältnis der oberen und unteren durchschnittlichen Scheitelwerte ist bei allen drei etwa 10 bis 20.

Abb. 517. Pasvikälv unterhalb des Harefos. (Blomqvist.)

Die vierte Gruppe bildet der Pasvikälv allein; er ist durch hohe nördliche Lage und durch großen Seenreichtum ausgezeichnet (19000 km², wovon etwa 1000 km² norwegisch, Seenanteil 127%). Die Dauerverhältnisse sind trotzdem ziemlich ungünstig, weil infolge der nördlichen Lage die Herbstanschwellung noch mehr als bei anderen finnischen Strömen zurücktritt und die Aufspeicherung der Niederschläge in Schneeform sehr zeitig einsetzt, so daß das Winterniedrigwasser sehr klein ausfällt.

Die fünfte Gruppe umfaßt jene nordfinnischen Gewässer, die Teile ihres Einzugsgebietes oder den Unterlauf außerhalb der finnischen Landesgrenzen liegen haben. Dies sind: der Tanaelv (Einzugsgebiet 16000 km², nur zu ⅓ finnisch), der große Oulankojoki mit nur 6000 km² finnischen Gebietanteils und der Koudaelv mit 11000 km² finnischen Einzugsgebiets. Diese drei in das Eismeer bzw. das Weiße Meer mündenden Ströme haben für die finnländische Kraftwirtschaft schon wegen ihrer Entlegenheit nur geringe Bedeutung.

Abb. 518. Mennikasfall (Männikkökoski) im Pasvikälv. (Blomqvist.)
$H = 11{,}8$ m, $L = 630$ m.

Als sechste Gruppe wären noch die unbedeutenden Einzugsgebiete der Eismeerküstenflüsse zu nennen, die zum Teil erst auf norwegischem Boden das Eismeer erreichen und keine nennenswerten Wasserkräfte enthalten.

3. Die Wasserkräfte Finnlands.

Die Wasserkräfte Finnlands sind von Blomqvist systematisch untersucht. Seine wesentlichsten Feststellungen sind in Tabelle S. 479 der obigen Einteilung der Stromsysteme nach geordnet, mitgeteilt. Blomqvist befolgte bei seinen Berechnungen, die von maßgebenden finnischen Wasserkraftfachleuten, darunter auch der staatlichen Wasserkraftdirektion, als zuverlässig anerkannt sind, beifolgende Grundsätze:

Es sind sämtliche ausgeprägten Stromschnellen, auch solche, die wegen ihrer geringen Fallhöhe nicht selbständig ausnutzbar sind, berücksichtigt; dagegen sind die Fallhöhen der Laufstrecken mit ausgeglichenem Gefälle ganz unberücksichtigt geblieben. Dabei werden einerseits vielfach isolierte niedrige Stromschnellen (zwischen Seen), die kaum je ausgebaut werden können, das Gesamtergebnis zu günstig gestaltet haben, während andererseits die Vernachlässigung der ausgeglichenen Gefälle, namentlich an Stellen, wo sie mehrfach mit kleineren Stromschnellen abwechseln und somit wohl ausbaufähig sind, das Gesamtergebnis ungünstig beeinflußt. Im ganzen wird daher das Ergebnis doch der Wirklichkeit bis auf weiteres genügend nahe gekommen sein. Die Zusammenstellung zeigt (was nach dem Vorausgeschickten nicht überraschen kann), daß in den Stromsystemen der Seenplatte jeweils ein auffallend großer Teil der Wasserkräfte auf den Hauptlauf abwärts des „Zentralsee" und nur wenig auf die Nebenflüsse entfällt. Daher sind die Zentralseen für die Regulierung des Wasserkrafthaushalts außerordentlich wichtig. Die Verhältnisse sind mutatis mutandis grundsätzlich die gleichen wie in Westnorwegen (S. 359).

Die Tabelle zeigt weiter, daß die erste Gewässergruppe über ⅔ der gesamten Wasserkräfte enthält. Auch dieser Umstand ist für die Entwicklung der finnischen Wasserkraftnutzung und besonders der Landeseltversorgung günstig, da die betreffenden Stromgebiete in mäßiger Entfernung von den wichtigsten Landwirtschaftsgegenden liegen; außerdem sind diese Ströme als wichtige Floßgewässer auch für die Holzveredelungsindustrien von Bedeutung.

An zweiter Stelle steht die nordfinnische Stromgruppe III mit nahezu 20% der gesamten verfügbaren Wasserkräfte. Die übrigen Gruppen treten demgegenüber der Größe der Kräfte nach ganz zurück; einige Ströme von Gruppe II haben indes für die örtliche Kleinwasserkraftnutzung vermöge ihrer besonders günstigen Lage eine nicht unerhebliche Bedeutung.

Die Bemessung der wahrscheinlich ausbauwürdigen Maschinenleistung auf das 1,4fache der 9-Monats-Leistung ist natürlich sehr willkürlich und mag bei den vielfach guten Möglichkeiten der Speicherung im Laufe der Zeit wohl vielen Orts stark überschritten werden (die Zahl 1,4 ist von den Serranderschen Untersuchungen über Schwedens ausbauwürdige Wasserkräfte übernommen). Eine Untersuchung der Ekwallschen Art unter Berücksichtigung der Verwendungsmöglichkeit der Energien fehlt für Finnland vorläufig; nur für einzelne wichtige Stromstrecken sind ausführliche Ausbaupläne vorhanden und die mit wirtschaftlichem Vorteil ausbaufähige Turbinenleistung bestimmt. Bemerkenswert und vorteilhaft sind die relativ geringen Unterschiede zwischen den Leistungen für NQ, Q_9 und MQ.

4. Die rechtlichen Grundlagen der Wasserkraftnutzung in Finnland.

4. 1. Staatliche Behörden und Anstalten der Wasserwirtschaft.

Das finnische Wasserrecht ist im wesentlichen durch die Gesetze von 1902 gegeben, die durch die Gesetze von 1915, 1919 und 1925 nur in einigen unwesentlichen Punkten geändert oder ergänzt wurden. Das finnländische Wasserrecht hat in den geschichtlichen Grundlagen starke Verwandtschaft mit dem schwedischen; doch fehlt noch die zeitgemäße Umgestaltung des Rechtsverfahrens, die in Schweden im Jahre 1919 durchgeführt wurde.

Ebenso wie in Schweden steht grundsätzlich die Wassernutzung dem Grundbesitzer zu. Liegt ein Wasserlauf zwischen zwei Grundbesitzern, so steht jedem das Verfügungsrecht über die Hälfte der Wassermenge zu.

Die grundsätzlichen, das private Verfügungsrecht einschränkenden, Bestimmungen sind in den beiden ersten Paragraphen des Wassergesetzes enthalten und besagen:

In den Strömen und Flüssen ist eine Kungsådra (vgl. S. 29) offenzulassen für des Wassers freien Lauf, für See- und Bootsfahrt, Flößerei und die Fischwanderung. Dieselbe soll ⅓ der Strombreite bei mittlerem Wasserstand erreichen und an der Stelle gewählt werden, wo das Bett am tiefsten ist; jedoch braucht die Kungsådra nicht breiter zu sein, als es ⅓ der Wassermenge entspricht. Wo Schiffahrt oder Flößerei betrieben wird, darf indes die Breite der Kungsådra 7 m nicht unterschreiten; auch in Seen ist für Schiffahrt und Flößerei eine entsprechende Breite frei zu lassen.

Der Eigentümer des Wasserlaufes darf auf seinem Gebiet keine baulichen Maßnahmen vornehmen, welche den Besitz anderer Wasserbesitzer, die Fischerei, Schiffahrt, Flößerei oder die Kungsådra an anderer Stelle zu verschlechtern geeignet sind.

Es folgen dann besondere Bestimmungen, die unter Festlegung bestimmter Schadensersatzleistungen doch die Möglichkeit einer Wasserkraftnutzung geben. Dabei wird die Wasserkraftnutzung als ein rein privates Interesse behandelt gegenüber den sonstigen Interessen am Wasserlauf, denen eine gemeinwirtschaftliche Bedeutung zugeschrieben wird. Diese Auffassung erklärt sich aus der Entstehungszeit des Gesetzes, zu der Wasserkraftnutzung in Finnland noch fast ausschließlich für einzelne Holzindustrien betrieben wurde.

Der Rechtsvorgang zur Erlangung der Erlaubnis zu einem Wasserkraftausbau besteht darin, daß ein Gesuch an den Vorsteher des betreffenden Bezirks eingereicht wird. Hierauf hört der Bezirksvorsteher sämtliche interessierten Personen und läßt die Angelegenheit durch den ihm untergeordneten Bezirksingenieur der staatlichen Oberdirektion für Straßen- und Wasserbau untersuchen. Auf Grund des Berichtes dieses Ingenieurs wird die Entscheidung vom Bezirksvorsteher gefällt. Gegen diese Entscheidung kann Rekurs beim höchsten Verwaltungsgericht in Helsingfors eingereicht werden.

Die rechtlichen Grundlagen für den Wasserkraftausbau sind somit, wenn auch nicht in jeder Beziehung befriedigend, im finnischen Wasserkraftgesetz gegeben. Dagegen fehlt eine systematische Regelung der Abflußregulierungen (hauptsächlich der Seeregulierungen) vollständig. Ein Kapitel des Wassergesetzes behandelt „Seeabsenkungen und Stromabsenkungen" und regelt u. a. den an Eigentümer von Wasserkraftanlagen zu leistenden Schadenersatz bei Durchführung von See- und Stromregulierungen zum Nutzen der Landwirtschaft und andere verwandte Fragen. Umgekehrt fehlt aber eine gesetzliche Regelung der Seeregulierungen im Interesse der Wasserkraftnutzung gänzlich. Bis jetzt sind, mit Ausnahme der staatlichen Wuoksenregulierung im Rahmen des Imatrawerkes, solche Unternehmungen in Finnland in nennenswertem Umfange auch nicht ausgeführt worden. Die Ausfüllung dieser Lücke dürfte eine der wichtigsten Aufgaben der Gesetzgebung auf dem Gebiete des Wasserrechts in Finnland sein.

4. 2. Staatliche Pflege der Wasserwirtschaft.

Die dem Ministerium für Verkehr und öffentliche Arbeiten unterstellte Oberdirektion für Straßen- und Wasserbauwesen (Väg och Vattenbyggnadsstyrelsen, finnisch: Tieja vesira kennus hallitus) hat die allgemeine Oberaufsicht über sämtliche Angelegenheiten des Wasserbauwesens, der Wasserstraßen- und Wasserkraftnutzung; dagegen ist die Nutzbarmachung der dem Staate gehörigen Wasserkräfte, die etwa 40% der gesamten Wasserkräfte Finnlands umfassen, einer besonderen Behörde, der staatlichen Wasserkraftdirektion, anvertraut.

Der hydrographische Dienst bildet die Aufgabe einer im Jahre 1908 gegründeten Behörde, die eine mit gewisser Selbständigkeit ausgestattete Abteilung der Oberdirektion für Straßen- und Wasserbau bildet. Die hydrographische Abteilung steht unter einem Direktor und hat außerdem einen ständigen Hydrographen, 4 Hilfshydrographen und das nötige Hilfspersonal, ferner im Lande verteilt die Beobachter.

Der meteorologische Dienst gehört nicht zum Tätigkeitsbereich der hydrographischen Abteilung, wird vielmehr von der staatlichen meteorologischen Zentralanstalt (statens meteorologiska Centralanstalt, auf finnisch: Valtion meteorologinen keskuslaiton) in Helsingfors besorgt. Diese Anstalt ist von der meteorologischen Zentralanstalt der finnländischen wissenschaftlichen Gesellschaft zu einem selbständigen wissenschaftlichen Institut im Jahre 1918 umgebildet worden. Die meteorologische Zentralanstalt untersteht nicht einem Ministerium, sondern dem Landeshaushaltsbureau des Senates. Die Leitung der Anstalt übt z. T. der leitende Direktor persönlich, z. T. ein meteorologischer Ausschuß aus, dessen Vorsitzender der leitende Direktor und dessen Mitglieder die Abteilungsvorsteher des Institutes und ein nicht zur Verwaltung gehöriges beratendes Mitglied sind. Zur Zeit liegt die Leitung sowohl der hydrographischen Abteilung als auch die der meteorologischen Zentralanstalt in einer Hand, so daß eine gute Zusammenarbeit dieser beiden Stellen gewährleistet ist. Die Personalunion beider Stellen ist indes gesetzlich nicht vorgeschrieben.

5. Die natürlichen Hilfsquellen Finnlands.

Volkswirtschaftliche Übersicht.

Wasserkraftwirtschaft. An Bodenschätzen im eigentlichen Sinne des Wortes ist Finnland verhältnismäßig recht arm. Fossile Brennstoffe kommen überhaupt nicht vor. Die umfangreichen Torfmoore sind großenteils nicht abbauwürdig, und auch die wenigen, die ausnutzungswürdig sind, haben zur Zeit keine praktisch-wirtschaftliche Bedeutung. Dagegen besitzt Finnland einige Erzlagerstätten, und zwar vorwiegend Eisenerze, Schwefelkies und Kupferkies. Die Eisenerzvorkommnisse sind indes nach Menge und Güte im Vergleich mit den schwedischen ganz unbedeutend[1] und die Erzwirtschaft spielt im finnischen Wirtschaftsleben nur eine untergeordnete Rolle. Die Anzahl der Bergarbeiter war im Jahre 1920 nur 112 oder 1‰ der gesamten Industriearbeiterschaft. Einige Bedeutung haben gewisse vorzügliche Gesteinsvorkommen Finnlands, und zwar nicht nur die für Bauzwecke besonders geeigneten Hartsteine, besonders: Granit und Syenite, sondern auch die hier und da vorkommenden wertvollen Talgsteine (Tälgsten), die vorläufig hauptsächlich als Bausteine Verwendung finden, jedoch für höherwertige Zwecke, unter anderem als halbfeuerfestes Material im Ofenbau, nutzbar scheinen[2].

Weitaus die wichtigsten Naturschätze Finnlands neben den oben schon ausführlich dargestellten Wasserkräften sind die Wälder und die landwirtschaftlich nutzbaren Flächen. ⅔ der Gesamtbevölkerung Finnlands (1925: rd. 3500000 Seelen) sind in der Landwirtschaft tätig, etwas über 15% industriell. Dabei ist zu bemerken, daß fast in ganz Finnland zu den einzelnen Bauernwirtschaften Waldflächen gehören, die, meistens für den Hausbedarf völlig genügend, vielfach darüber hinaus noch Holzverkauf zulassen, so daß die Forstwirtschaft auch im Erwerbsleben der Bauernbevölkerung eine ziemliche Rolle spielt. Besonders die südfinnischen Landwirtschaftsgegenden verfügen über wertvolles industriell verwertbares Holz. Die Landwirtschaft als solche ist namentlich in der Nachkriegszeit betriebstechnisch gut entwickelt und durch eine 1922 durchgeführte große Bodenreform auch in sozialer Beziehung gesund.

Über die relative Bedeutung der verschiedenen Wirtschaftszweige in der Handelsbilanz können die nachstehenden, allerdings vom Jahre 1913 stammenden Indexzahlen ein Bild geben[3].

Tabelle. 45. Handelsbilanz Finnlands in Mio. FM.

	Einfuhr FM	Ausfuhr FM
Lebende Tiere und tierische Eßwaren	20	86
Getreide	99	1
Kolonialwaren	54	—
Textilwaren	36	7
Erzeugnisse der Holz- und Papierindustrie	7	298
Mineralische Rohstoffe, Metalle, Metallwaren, Fahrzeuge, Maschinen usw.	113	14

Die aus dieser Tabelle hervorgehende überragende Bedeutung der Holz- und Papierindustrie hat nach dem Weltkriege noch weiter zugenommen; 1926 waren diese Industrien schon mit 84,9% an der Gesamtausfuhr beteiligt! Finnland besitzt doppelt soviel Waldfläche als Deutschland; die jährliche Holzerzeugung betrug um 1926 rd. 40 Mill. Fm, der Zuwachs aber 45 Mill. Fm, so daß (im Gegensatz zu Skandinavien) sogar noch eine Steigerungsfähigkeit ohne Gefahr des Angriffs der Substanz besteht. Von dem Holzertrag gehen allein in Form von Schnittholz 6 Mio. Fm ins Ausland.

[1] Jahreserzeugung rd. 3000 t (meistens gewonnenes sog. See- oder Sumpferz); 1928 war ein el. Eisenwerk zur Verarbeitung von 10000 t jährlich im Bau.

[2] Frosterus, Dr. Benj.: Tägstens och Besläktade Bergortens Tekniska Betydelse för Finsk Industrie. Svenska Tekniska Vetenskapsakademien i Finland. Helsingfors 1926, Meddelanden Nr. 4.

[3] Nach Braun: Die nordischen Staaten. Breslau 1924.

Der gesamte Holzvorrat wird auf etwa 1,6 Milliarden m^3 geschätzt.

Die gesamte finnische Industrie beschäftigte an Arbeitern um 1926 in 3317 Einzelbetrieben 141000 Mann und erzeugte Waren im Werte von rd. 1 Milliarde RM. Daran war die Sägerei mit 712 Betrieben, 47877 Arbeitern und einem Herstellungswert von rd. 260 Mio. RM führend beteiligt. Nach ihr kam die Nahrungsmittelindustrie (einschl. Holzschliff-, Zellulose- und Pappeindustrie mit 181 Betrieben, 15888 Arbeitern und 190 Mill. RM Herstellungswert.

Die großen Sägewerke und Holzschleifereien usw. sind überwiegend durchaus neuzeitlich eingerichtet und vorzüglich organisiert. Ebenso ist die Beförderung des Holzes vom Stock zur Fabrik und weiter bis aufs Seeschiff durchgehend mechanisiert (was für den Kraftbedarf wichtig ist!).

Die Textilindustrie ist auch nicht unbedeutend und vermag wenigstens großenteils den einheimischen Bedarf zu befriedigen.

Die Bedeutung der Getreideerzeugung ist aus der Tabelle nicht zu ersehen, da das erzeugte Getreide ganz überwiegend im Inland verbraucht wird. Der größte Teil des finnischen Getreidebedarfs wird tatsächlich im Inland erzeugt, so daß die Landwirtschaft einen im Range gleichwertigen Faktor neben der Holzwirtschaft darstellt.

Unter den geschilderten Umständen ist für die Verteilung der Besiedelung überwiegend die Verteilung des landwirtschaftlichen Kulturbodens maßgebend. Bergbau und darauf gegründete Industriezweige haben keinen nennenswerten Einfluß; die holzveredelnden Industrien haben hier und da neue Besiedelung veranlaßt, doch ist naturgemäß die Bedeutung der industriellen Ansiedelungen in Finnland im allgemeinen geringer als auf der skandinavischen Halbinsel. Bevölkerungsdichte ist in ganz Südfinnland 17,2; in Nordfinnland 2,3 Seelen/km², wobei aber innerhalb dieser beiden Gebiete noch große örtliche Verschiedenheiten vorkommen; die größte Dichte hat der Regierungsbezirk Nyland mit der Hauptstadt Helsingfors: rd. 35 S/km², andererseits sind große Gebiete, hauptsächlich in Nordfinnland ganz unbesiedelt. Die durchschnittliche Volksdichte für das ganze Land ist 9,1 Seelen/km².

Von den Städten Finnlands haben 9 mehr als 10000 Einwohner.

Einwohnerzahl der Städte (1921):

Helsingfors (Helsinski)	200000
Åbo (Turka)	59000
Tammerfors (Tampere)	48000
Wiborg	31000
Wasa	24000
Uleåborg (Ouli)	22000
Kuopio	19000
Björneborg (Pori)	17000
Kotka	12000
	432000

Die berufliche Gliederung der Bevölkerung ist in großen Zügen: Landwirtschaft 65,1%, Industrie und Handwerk 14,8%, Handel, freie u. a. Berufe 20,1%[1]. Die Industrie ernährt somit über ½ Mill. Einwohner.

Auf diesen Grundlagen spielt in Finnlands Energiewirtschaft die wichtigste Rolle die Holzveredelungsindustrie und die öffentliche Eltversorgung. Im engen Zusammenhang mit der Bergbauindustrie, mit dem Bedarf der Landwirtschaft an Kunstdünger, der Papier- und Textilindustrie an verschiedenen chemischen Produkten wäre in Finnland wohl die Möglichkeit für eine stärkere Entwicklung der elektrochemischen und elektrometallurgischen Industrie gegeben. Diese Entwicklung ist bisher wegen Mangel an Kraft nicht in Gang gekommen. Der Staat hat in Kotka eine Schwefelsäure- und Superphosphatfabrik errichtet und im Zusammenhang mit dem Ausbau des Imatrafalles ward deren Erweiterung und die Gründung einer Luftstickstoffabrik geplant. 1928 wurde der Bau eines elektrischen Eisenwerkes für 10000 t Jahresleistung eingeleitet. Bei diesen Industrien ist die Bereitstellung billiger Energie Hauptvoraussetzung der Entwicklung. Auch in den holzveredelnden Industrien hat sich Mangel an genügend billiger Betriebskraft störend bemerkbar gemacht. Die tiefere Ursache

[1] Bank of Finland, Monthly Bulletin, Mai 1924.

dieser Schwierigkeiten liegt im wesentlichen in der Kapitalarmut des Landes und in den wirtschaftlichen Schädigungen, die der Weltkrieg mit sich gebracht hat. Trotz äußerster Brennmittelknappheit konnte während des Krieges — im scharfen Gegensatz zu Skandinavien — die Wasserkraftnutzung in Finnland keine größeren Fortschritte machen und der Ausbau von Wärmekraftanlagen hat noch bis vor kurzem ständig mit dem langsamen Wasserkraftausbau Schritt gehalten.

Ohlmüller hat 1922 Leistung und Arbeitserzeugung der in Finnlands Industrien zum unmittelbaren Antrieb von Arbeitsmaschinen aufgestellten Kraftmaschinen wie folgt angegeben:

Wasserkraft	74051 PS	mit	450 Mill. kWh/Jahr
Dampfkraft	75927 „	„	260 „ „
el. Motoren	178961 „	„	— „ „
Summe:	328939 PS	mit	710 Mill. kWh/Jahr

(Diese Angaben stimmen annähernd mit der nachstehend mitgeteilten Sjögrenschen Statistik zusammen.)

Die Verteilung der Ende 1923 nutzbar gemachten Wasserenergie auf die verschiedenen Stromgebiete zeigt die Tabelle S. 479. Wie sich die Wasserenergienutzung auf die verschiedenen Anwendungszwecke verteilte, geht aus der Sjögrenschen Statistik vom Jahre 1922/23 hervor (Abb. 335, 519). Seither ist in den Verhältnissen (abgesehen vom Imatraausbau S. 493) noch keine sehr wesentliche Änderung eingetreten. Nach Sjögrens Untersuchungen dienten von den Anfang 1923 aufgestellten rd. 190000 PS (1926 waren es i. g. rd. 207000, Abb. 8) 47% (1926: 44,8%) zum unmittelbaren Antrieb von Arbeitsmaschinen und nur 53% (1926: 55,2%) trieben elektrische Stromerzeuger. Dies ist daraus erklärlich, daß die Wasserkräfte zu einem sehr großen Teil schon im ersten Jahrzehnt dieses Jahrhunderts ausgebaut wurden, also zu einer Zeit, wo die Elektrifizierung der Holzveredelungsindustrie noch nicht durchgedrungen war. Anfang und Ende 1929 waren 244000 bzw. 343000 PS ausgebaut (Zuwachs hauptsächlich: Imatra), wovon für Elterzeugung 60 bzw. 68,3% dienten.

Tabelle 46. Ausgebaute Wasserkräfte in Finnland von über 5000 PS Werks-Volleistung[1].

O. Z. (vgl. Abb. 4 u. 519)	Werksname	Wasserlauf
1	(Haapakoski)	Torneälv
2	(Ämmäkoski)	Uleåälv
3	(Merikoski)	Uleåälv
51	(Tammerfors övrefall)	Kumoälv
52	(Tammerfors mellanfall)	Kumoälv
53	(Tammerfors nedrefall)	Kumoälv
54	Emäkoski	Kumoälv
60	Peevolankoski	Kumoälv
75	(Åminnefors)	Karisâ
88	(Kuhankoski)	Kymmeneälv
92	(Patalankoski)	Kymmeneälv
96	(Kissakoski)	Kymmeneälv
99	(Verlafors)	Kymmeneälv
104	Voikankoski	Kymmeneälv
105	Kuusankoski	Kymmeneälv
106	Myllykoski	Kymmeneälv
107	Anjalafors (Ingerois)	Kymmeneälv
108	(Klåsaröfors)	Kymmeneälv
112	Högfors	Kymmeneälv
121	Ammäkoski	Kallavesi-Unnuka Hankivesi
124	Pankakoski	Lieksanjoki
129	(Tainionkoski)	Wuoksen
130a	Imatra	Wuoksen
131	Räikölänkoski (Enso)	Wuoksen

Sjögrens statistische Untersuchungen haben auch über die Fallhöhen der nutzbar gemachten Wasserkraft genauen Aufschluß gegeben (Abb. 4) und u. a. gezeigt, daß die bis 1924 ausgebauten Wasserkräfte durch das ganze Land eine mittlere Fallhöhe von 5 bis 6 m ergaben. Die Vorkriegspreise des Ausbaues waren im Durchschnitt bei 5 m Fallhöhe 570 RM, bei 10 m Fallhöhe 425 RM, bei 20 m Fallhöhe etwa 315 RM/kW. Diese Angaben verstehen sich ausschließlich des Ankaufspreises der rohen Wasserkraft, der zwischen 20 und 100 RM/kW schwankt, und ohne Bauzinsen, ferner ohne die Leitungsnetze. Neuerdings hat Sjögren seine Untersuchung auch auf die heutigen Verhältnisse ausgedehnt und für 5, 10, 20 m Nutzfallhöhe 485, 400,

[1] Die eingeklammerten Namen bezeichnen auswahlweise Werke unter 5000 und über 1000 PS.

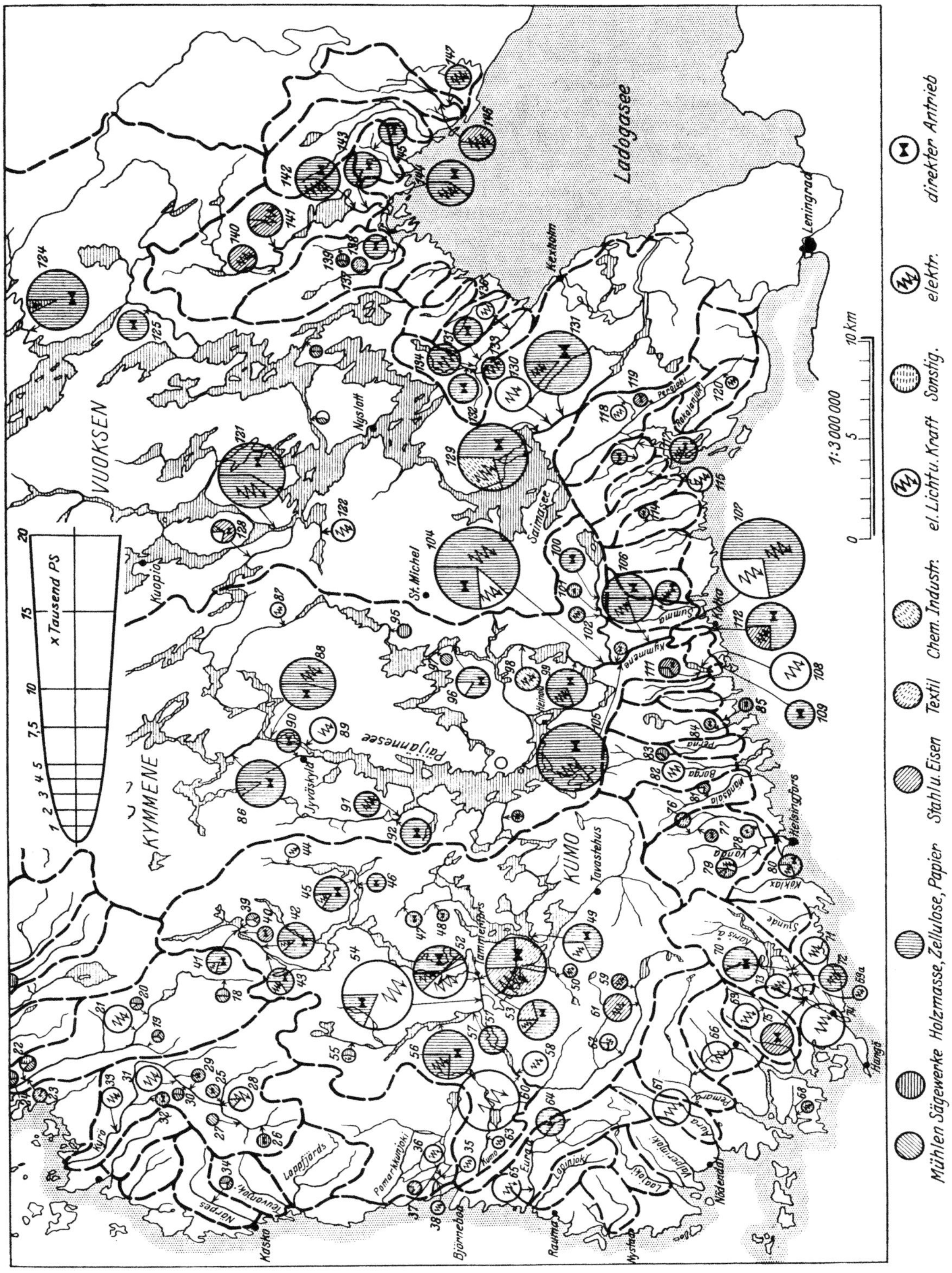

Abb. 519. Süd-Finnlands Wasserkräfte. (Sjögren.)

300 RM/kW erhalten (Inflation!). Er wies ferner auf Grund Angaben von Ekwall nach, daß diese Zahlen nur 1,5 bis 4% höher sind als bei großen staatlichen Anlagen Schwedens. (Hierbei ist Ausbau auf neunmonatige Wassermenge und Anwendung moderner Einrad-Kaplanturbinen von mehr als 3000 PS Gesamtleistung pro Anlage vorausgesetzt. Die Finnmark galt Anfang 1929 rd. 0,105 RM.)

Die für elektrothermische Großindustrie, namentlich im Vergleich mit Norwegen, etwas hohe Preislage hat bisher den Ausbau erschwert; auch das Vorhandensein alter, ganz allmählich erweiterter Anlagen, die vielfach nur einen Bruchteil der verfügbaren Fallhöhe nutzbar machen, erschwert oft sehr einen neuzeitlichen systematisch durchgreifenden Ausbau.

Die öffentliche Elektrizitätsversorgung war vor kurzem noch, mit Ausnahme größerer Städte, sehr wenig entwickelt (Abb. 520). Die ländliche Eltversorgung ist nur im Süden und Westen des Landes von einiger Bedeutung. Die hier angebaute Fläche umfaßt 20000 km² = $^9/_{10}$ der Gesamtanbaufläche Finnlands. Trotz der vergleichsweise auch hier geringen Anbaudichte (vereinzelt 42%, überwiegend aber nur 5 bis 10% der einzelnen Gemarkungen) hatten 1923 schon 200 Gemeinden mit $^6/_{10}$ der Gesamtanbaufläche und 20% der Gesamtfläche des Landes eine Eltversorgung. Eine Statistik vom Jahre 1918 schätzt die Jahresverbrauchsdichte auf 10 kWh/ha von der Anbaufläche, so daß der jährliche Energieverbrauch der Landwirtschaft im ganzen nur etwa 25 Mill. kWh betrug, wovon etwa 80% aus Wasserkraft stammten. Von dem Gesamtverbrauch Finnlands wird heute noch ein nicht unbedeutender Teil von Wärmekraftanlagen gedeckt, namentlich in den Städten. Von den rd. 220000 PS, die 1922 in Finnland in Wärmekraftanlagen vorhanden waren, sind 37% in Elektrizitätswerken, rd. 29% in holzveredelnden und 34% in sonstigen Industrien im Betrieb gewesen.

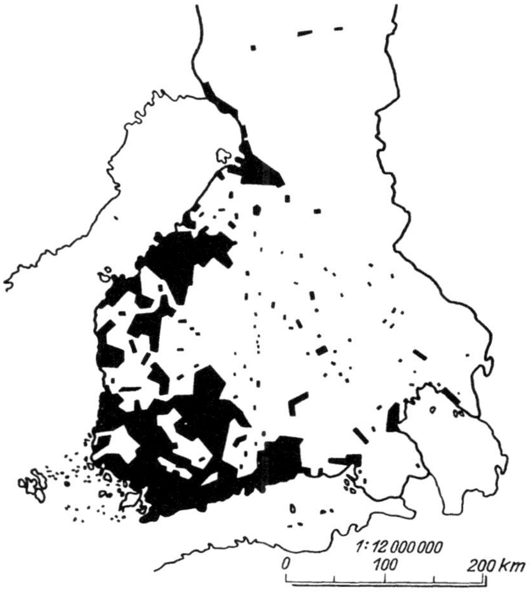

Abb. 520. Elektrifiziertes Landwirtschaftsgebiet Finnlands. (Malmi, 1923.)

Während die Brennmittelversorgung der öffentlichen Elektrizitätswerke naturgemäß auf Einfuhr beruht, wird die Betriebskraft der Zellulose- und Sägereiindustrie vorwiegend durch Verfeuerung von Holzabfall gewonnen. Das Holz ist infolgedessen naturgemäß neben der Wasserkraft bei weitem der wichtigste Faktor der finnischen Energiewirtschaft; es ist auch in der häuslichen Wärmewirtschaft fast ausschließlich im Gebrauch. Die Brennmitteleinfuhr (rd. 240000 t Kohlen und Koks, 20000 t Erdöl und 10000 t Benzin und Naphtha) wird vorwiegend für zentrale Dampfelektrizitätswerke, für Eisenbahnbetrieb und Straßenfahrzeuge verwendet. Dem Heizwerte nach sind diese Mengen ziemlich geringfügig im Vergleich zu den großen Mengen verfeuerten Holzes, die 19 Mill. m³, nahezu die Hälfte der gesamten Holzerzeugung des Landes erreichen. Diese Holzmengen entsprechen 3,5 Mill. t Steinkohle, also dem Heizwert nach mehr als dem 10fachen der gesamten Brennstoffeinfuhr.

Die Eisenbahnen (4000 km Streckenlänge) sind überwiegend staatlich und z. Z. noch ganz mit Dampf betrieben (Brennstoffverbrauch 1922: 1,42 Mill. m³ Holz). Im Zusammenhang mit dem Imatraausbau ist die Elektrifizierung folgender Linien für weitere Zukunft ins Auge gefaßt: Helsingfors—Riikimäki 71 km, Helsingfors—Kyrslätt (Lokalb.) 38 km, Riikimäki—Wiborg 242 km, vgl. Abb. 525.

Die jährlich erforderliche Energieerzeugung zum Betrieb dieser Linien war für die Verkehrsverhältnisse von 1923 auf 30 Mill. kWh mit 12000 kW Spitzenlast veranschlagt. Bei Elektrifizierung aller vorhandenen Eisenbahnlinien würden in Südfinnland 80 Mio. kWh/Jahr mit 30000 bis 35000 kW Spitze und im ganzen Lande 140 Mio. kWh/Jahr bei 50000 bis 55000 kW Spitze erforderlich.

Eine kräftige Entwicklung der Wasserkraftelektrizitätswirtschaft kann dennoch umfangreiche Aufgaben erfüllen. Zunächst wird die Eltversorgung auf die noch nicht elektrifizierten Landwirtschaftsgebiete auszudehnen sein; die Brennmitteleinfuhr wird durch Stillegung der dampfelektrischen Zentralen durch wasserkraftelektrische, ferner auch durch allmähliche Elektrifizierung der Eisenbahnen wesentlich einzuschränken sein. Die Holzwirtschaft hofft man wesentlich zu verbessern dadurch, daß durch Bereitstellung billiger Wasserkraftelektrizität der Zelluloseindustrie neue Möglichkeiten eröffnet werden und so die jetzt als Roherzeugnis exportierten Holzmengen und wohl auch ein großer Teil des in holzveredelnden Industrien bisher verfeuerten Holzes auf Zellulose verarbeitet werden kann. Schließlich erwartet man die Eröffnung der Entwicklungsmöglichkeit für im wesentlichen neue Betriebe der chemischen und elektrometallurgischen Industrien, vor allem auch der Kunstdüngerindustrie. Schließlich würde billige und reichlich verfügbare Betriebskraft auch allen übrigen Industriezweigen und dem Handwerke zugute kommen. Dagegen kann als ziemlich sicher angesehen werden, daß eine so weitgehende Erhöhung der Kopfquote des Stromverbrauches für bürgerlichen Bedarf wie in Norwegen und zum Teil auch in Schweden hier in Finnland kaum zu erhoffen ist, da für das elektrische Kochen der Strom in Finnland auch bei rationellstem Ausbau im Vergleich zu dem billigen Holz auf lange Zeit hinaus viel zu teuer sein wird.

Ein großer Schritt zur Lösung der angedeuteten Aufgaben ward im Jahrzehnt 1920/30 durch Inangriffnahme oder Vollendung folgender Arbeiten getan: Ausbau des Imatrafalles (Abschnitt 24), Fortsetzung des planmäßigen Ausbaues des Kymmene-Oberlaufes, systematische Nutzbarmachung der obersten und untersten Strecke des Kumohauptstromes (siehe Abschnitt 25) und (1928) Beschluß, mit einem Aufwand von 6,2 Mill. RM einen Kanal vom Finnischen Meerbusen nach dem Ladogasee zu bauen, durch den große Gebiete Ostfinnlands dem Weltverkehr erschlossen werden.

Unterlagen:

Mitteilungen und Originalmaterial von Herrn Prof. Blomqvist. — Braun: Die nordischen Staaten. Breslau 1924. — Kerp, H.: Landeskunde von Skandinavien und Finnland, Sammlung Göschen Bd. 202 und 908. — Zienau, O.: Finnland. VDI-Nachrichten 23. XI. 1927. — Blomqvist: Om Finnlands Vattenkraft och mögliheten att genom sjö och profilregleringar rationellt utnyttja densamma. Svenska Tekniska Vetenkapsakademien i Finland, Meddelande Nr. 1. 1922 — Finlands Monterade Vattenkraft av Bror Sjögren. Tekniska Föreningens i Finland Förhandlingar, September 1923. — Malmi: Les ressources d'énergie en Finlande et leur exploitation. Helsinski 1924. — Bank of Finland, Monthy Bulletin May 1924. — Lag om Vattenrätten. Lilla Lagsammlingen Nr. 20. — Ohlmüller: Die Kraftquellen und die Kraftversorgung Finnlands. ETZ 1925. — Sjögren: Användbarheten av Finlands Vattenkraft för elektrokemisk industri, Helsingfors 1927. — Sjögren: Finlands monterade vattenkraft 1928/29, Helsingfors 1929.

24. Abschnitt: Der Wuoksenstrom.

1. Übersicht.

Das Einzugsgebiet des Wuoksen ist mit seinen 68000 km² (wovon 6500 km² russischer Boden) das größte Einzelstromgebiet Nordeuropas. Seine Wasserkräfte liegen ganz überwiegend in dem Hauptabschnitt zwischen Saima und Ladogasee, dessen Gesamtfallhöhe bei MW 70,6 m beträgt (Abb. 516). 66,6 m oder 94,5% dieser

Fallhöhe liegen in zusammenhängenden Stromschnellen und 61 m dieser Stromschnellen wiederum liegen in den oberen 23 km, während in der 124 km langen Reststrecke nur 5,6 m Stromschnellenhöhe liegen (Abb. 521). Die Abflußmengen des oberen Wuoksen sind nach Blomqvist (beob. Abschnitt 1899 bis 1920):

NNQ = 320 (bis 650),
MNQ = 470,
Q_9 = 475 (364 bis 716),
MQ = 570 (419 bis 787),
MHQ = 669,
HHQ = (von 491 bis) 1200 (Jahr 1899).

Die Unterschiede zwischen den einzelnen Jahren sind recht bedeutend, wie die in Klammern beigesetzten Einzeljahreswerte zeigen. Hiernach berechnet sich (mit 75% Wirkungsgrad) die potentielle Energie des Wuoksenhauptlaufs auf 386000 PS bei MQ (wovon im oberen Wuoksen: 353000), auf 322000 PS bei Q_9 (ob. W.: 295000) und auf 318000 bei MNQ. Im wasserärmsten Jahre sinkt die Energie auf 217000 PS bei NNQ und auf 257000 bei Q_9. Von den

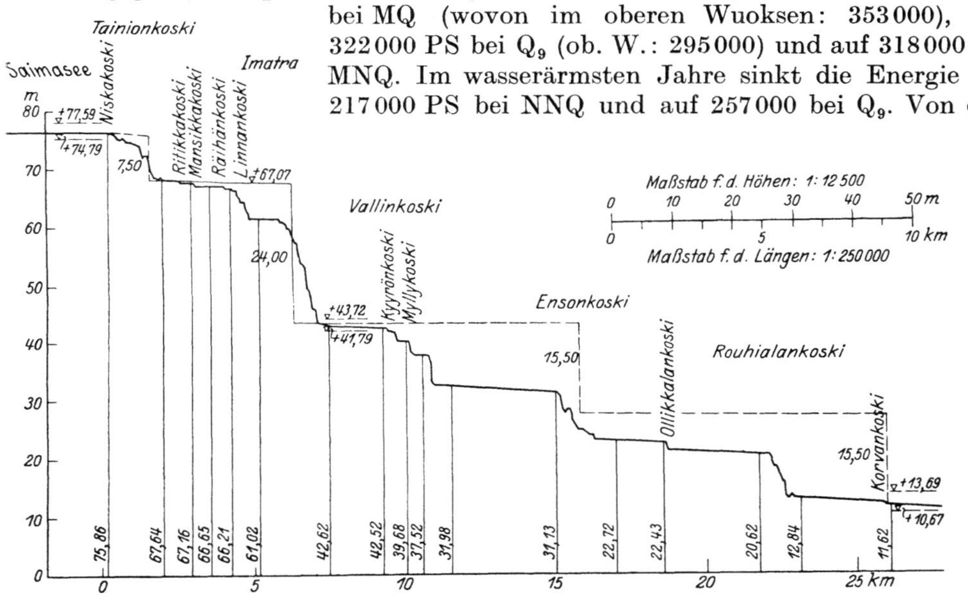

Abb. 521. Wuoksen-Hauptstrom, Längenprofil. (Malmi.)

Zuflüssen des Saimasees hat der Pielisälv 17 m Gesamtfallhöhe, davon 14,1 in Stromschnellen, und bei MNQ und MQ bez. 20000 und 34000 PS. Ebenso hat der Koidaälv 52 m Stromschnellenfallhöhe und 14000 bzw. 36000 PS. Von diesen großen und zum Teil sehr günstigen Wasserkräften im Wuoksengebiet ist bis jetzt nur wenig ausgenutzt. In den Nebenflüssen auf der Seenplatte sind mehrere Anlagen, hauptsächlich von der Holzindustrie, erbaut.

Im Wuoksenhauptstrom finden sich in der ,,oberen" Strecke zunächst drei Wasserkraftanlagen, die den Tainiankoski, Räihänkoski und Linnankoski teilweise ausnutzen. Die bedeutendste ist die Tainiankoskianlage, der A.B. Tornator gehörig (Abb. 521). Sie hat eine Maschinenleistung von 10500 PS, wovon 7500 für holzveredelnde, 3000 für elektrochemische Industrien dienen. Das Werk hat nicht weniger als 23 Turbinen. Die zweitgenannte Stromschnelle wurde für allgemeine Elektrizitätsversorgung teilweise in Anspruch genommen mit einem Ausbau auf 1400 PS. Die dritte Stromschnelle dient ganz für holzveredelnde Industrie und hat 7700 PS Maschinenleistung, überwiegend zum unmittelbaren mechanischen Antrieb. Alle drei Anlagen sind teils alt, teils während der Kriegszeit auf Spekulation rasch (in Holzkonstruktion) errichtet und wenig rationell. Sie gehören drei verschiedenen Gesellschaften.

Außer diesen sind dann aber noch verschiedene andere Grund- und Wasserkraftbesitzer an der überaus wichtigen Stromstrecke beteiligt; darunter ist, auch dem Besitzanteil nach, der bedeutendste: der finnische Staat.

Die staatliche Wasserkraftdirektion hat, nachdem schon in den letzten Jahrzehnten von privaten Seiten verschiedene Projekte aufgestellt waren, unter Heranziehung

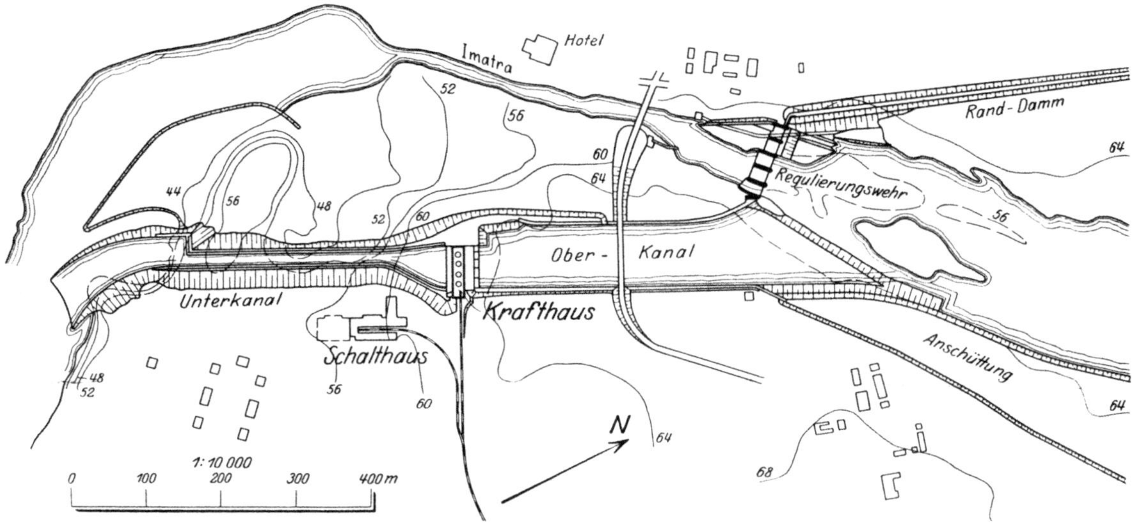

Abb. 522. Imatrawerk. Lageplan. (Verw.)

außenstehender Fachleute einen generellen Ausbauplan für die Nutzbarmachung des ganzen oberen Wuoksen ausgearbeitet. Dieser Plan (Abb. 521) sieht, neuzeitlichen Gesichtspunkten Rechnung tragend, eine möglichst vollkommene Fallhöhen- und Abflußmengennutzung in ganz wenigen großen Stufen unter Einstauung der Stillwasserstrecken vor. Gleichzeitig ist im Endziel die Nutzbarmachung des Saimasees als Großspeicher zur völligen Anpassung der Energieerzeugung an den Verlauf des Bedarfs vorgesehen. Inwieweit die Stufeneinteilung tatsächlich den Ausführungen zugrunde gelegt werden wird, steht naturgemäß dahin, zumal die Größe der Einzelstufen für finnische Wirtschaftsverhältnisse etwas übergroß sein dürfte.

Abb. 522a. Imatra. Unterwasserblick auf Stauwehr bei Betriebseröffnung (1929). (Poutianien, Helsingfors.)

Die Regulierung des Saimaausflusses wird natürlich auch eine weitgehende Tages- und Wochenregulierung ermöglichen, die sich im Wege der „Durchlaufspeicherung"[1] über die ganze Kraftwerkstreppe hinab voll auswirken wird. So ist es eine durchaus wahrscheinliche, vielleicht sogar noch zu niedrige Schätzung, wenn der staatliche Ausbauplan die endgültige Volleistung des oberen Wuoksen auf 700000 PS veranschlagt. Die der Durchführung der Saimaregulierung entgegenstehenden Schwierigkeiten werden sich allerdings unter dem bestehenden finnischen Wasserrecht kaum überwinden lassen. Auch die Durchführung des weiteren Fallstufenausbaues ist da-

[1] Vgl. Ludin, WK S. 525 und Schweiz. Wasserwirtsch. 1924, S. 1.

nach nur im Wege teilweiser Zusammenarbeit der Anlieger möglich. Dagegen war ein erster Ausbau der größten Fallstufe, Imatra, schon auf der gegenwärtigen Rechtsgrundlage mit geringeren Schwierigkeiten zu verwirklichen; denn die eigentliche Imatraschnelle gehörte von jeher dem Staate und der Ankauf der stromaufwärts anschließenden kleineren Stromschnellen war schon vor einigen Jahren gelungen.

2. Das Imatrawerk.

Die endgültigen Feldvorarbeiten wurden 1921 durchgeführt und der Bau begonnen. Die Inbetriebnahme des ersten Ausbaues erfolgte im Frühjahr 1929 (Abb. 522a). Die Gesamtanordnung des endgültigen Bauentwurfs (Abb. 522, 522a, 523, 524) ist

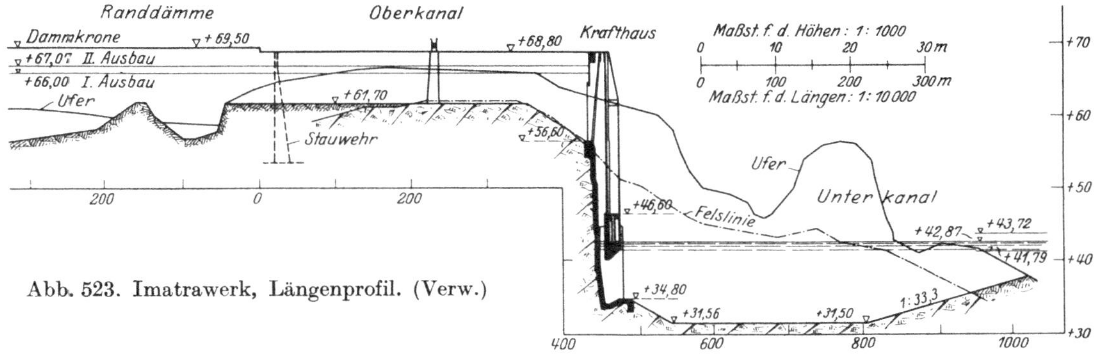

Abb. 523. Imatrawerk, Längenprofil. (Verw.)

das Ergebnis sorgfältiger Erwägungen und sehr interessant. Die im Rahmen des Gesamtplanes erforderliche Einstauung bis an den Fuß des Tainiankoski bedingte die Anordnung hoher Randdämme mit entsprechenden Entwässerungseinrichtungen zum Schutze umfangreicher tiefliegender Flächen rechts und links oberhalb des Nackens der Imatraschnelle. Das Stauwehr ist auf den gesunden Granit reichlich oberhalb des eigentlichen Beginns der berühmten Fallstrecke gesetzt; auf die auch in Betracht gezogene Einstauung von unten her durch ein Staukraftwerk ist (u. a. im Interesse der Erhaltung des Landschaftsbildes) verzichtet und eine Umleitung von rd. 1 km Länge angeordnet. Diese besteht zur Hälfte aus einem tiefen, größtenteils in schwerem blauem Letten ausgehobenen Oberkanal und einem tief in den Fels gesprengten Unterkanal. Das Krafthaus, dessen mehrfach umgearbeiteter Entwurf der neuesten Entwicklung des Turbinenbaues in bemerkenswerter Weise gerecht wird, ist zunächst für 4 Einheiten von je 26300 PS (insgesamt: 105000 PS) bemessen, von denen vorerst nur drei mit einer elektrischen Leistung ab Umspannhaus von zusammen 55000 kW aufgestellt werden.

Abb. 524. Imatrafall bei MQ. (Verf.)

Die Kosten dieses ersten Ausbaues waren einschließlich Umspannwerk am Krafthaus auf 170 Mill. Finnmark (18 Mill. RM insgesamt) oder 3080 Finnmark (rd. 325 RM) für ein aufgestelltes Oberspannungs-kW veranschlagt. Der endgültige, in mehreren Zwischenstufen gedachte Ausbau soll nach vollendeter Saimaregulierung und nach Erhöhung des vorläufigen Stauziels um 1,00 m etwa das Doppelte des jetzigen oder rd. 210000 PS (etwa 150000 Hochspannungs-kW) bieten und 2200 Finnmark (rd. 232 RM) für ein Oberspannungs-kW kosten. Das wären, wenn sie nicht wesentlich überschritten sein sollten, außerordentlich niedrige Sätze, nicht nur für finnische

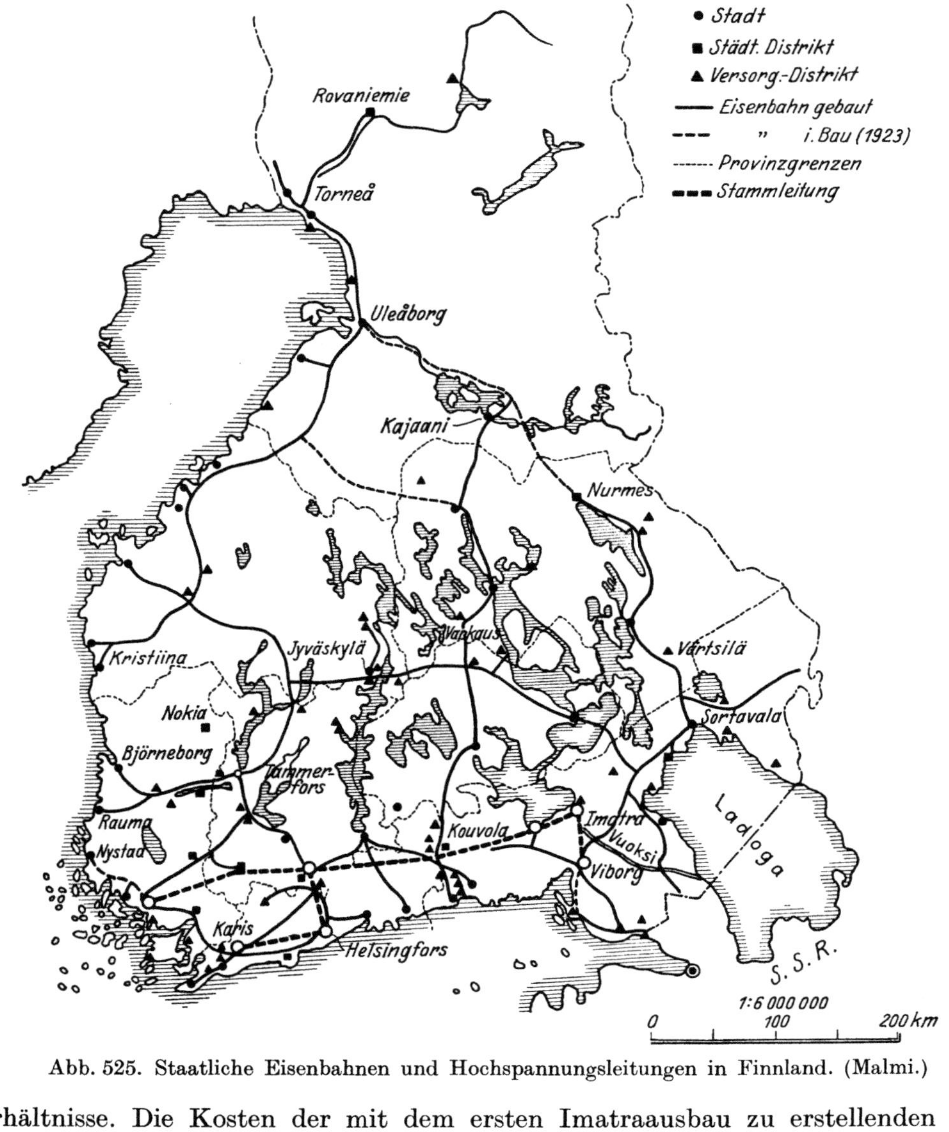

Abb. 525. Staatliche Eisenbahnen und Hochspannungsleitungen in Finnland. (Malmi.)

Verhältnisse. Die Kosten der mit dem ersten Imatraausbau zu erstellenden Fernleitungen und der Hauptverteilwerke werden nach dem Voranschlag rd. 160 Mill. Finnmark (16,8 Mill. RM) betragen, so daß sich ab den Hauptverteilungswerken ein Ausbau-kW auf 6000 Finnmark (rd. 630 RM) stellen wird.

Die Energie von Imatra soll zunächst auf Hochspannungsleitung nach Wiborg und über Riikimäki nach Helsingfors bzw. nach Åbo übertragen werden (Abb. 525 bzw. 520), so daß also in erster Linie das dichter besiedelte und am meisten krafthungrige Südfinnland versorgt wird. Dieser Landesteil, begrenzt durch die Verbindungslinie Sortavala-Bottnischer Busen, beherbergt 50% der gesamten und 80% der städtischen Bevölkerung Finnlands und umfaßt nahezu 50% der landwirtschaftlich genutzten Fläche und über 70% der Industrie des Landes. Die Wasserkraftdirektion nimmt, wohl mit Recht, an, daß nach Inbetriebnahme des Imatrawerkes bald ein erheblicher Teil der in diesem Gebiet arbeitenden Wärmekraftwerke stillgelegt werden wird, da der Bezug von Imatrastrom wirtschaftlicher sein wird. Die bisherige Entwicklung des finnischen Eltverbrauches läßt außerdem einen neu hinzukommenden Bedarf von 80000 PS bis 1930 und von 115000 PS bis 1935 erwarten. Dabei ist der Bedarf etwa zu elektrifizierender Bahnlinien oder neuer durch die Bereitstellung billiger Energie ins Leben gerufener Großindustrien noch nicht berücksichtigt. Mit der Zeit denkt man das Umspannungsnetz zu einem Landesnetz vervollständigen zu können, das die größeren bestehenden Kraftwerke Südfinnlands zum Verbundbetrieb oder gegenseitiger Aushilfe zusammenfaßt.

3. Ensonkoski.

15 km unterhalb des Saimaausflusses liegt diese 1900 m lange Stromschnellenstrecke mit 60 bis 190 m Strombreite. Am Westufer wurde schon vor rd. 40 Jahren eine Holzschleiferei-Wasserkraftanlage von der Enso A.B. angelegt und später unter

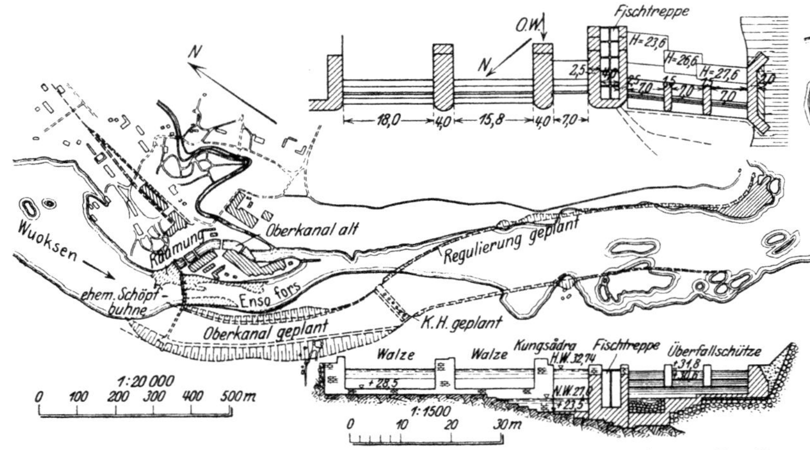

Abb. 526—527. Enso. Lageplan und Wehrschnitte. (Professor Juselius.)

Angliederung einer Zellulose- und Pappefabrik erweitert. Der Oberkanal war größtenteils in den Felsen eingesprengt; die Vollwassermenge betrug 100 m³/sek; ein Wehr war nicht vorhanden. In 18 Turbinen wurden insgesamt (mit 7,65 m Fallhöhe) 7700 PS erzeugt.

Zur vollständigeren Nutzbarmachung der bedeutenden Rohwasserkraft wurde 1909/11 ein massives Wehr ausgeführt (Entwurf und Bauleitung: Prof. Juselius). Es enthält u. a. 2 Walzen $d = 3{,}3$ m; $B = 18{,}0$ und 15,8 m (Abb. 526, 527, 528). Am rechten Ufer liegt ein Überfall mit Dammbalkenaufsatz. Das Wehr steht auf Granit mit Ausnahme der rechten Wange und von zwei Dritteln der Länge des Überlaufs, welche Teile auf Kies stehen. Im Jahre 1917 wurde dann der Entwurf zu einem durchgreifenden Umbau in ein Großkraftelektrizitätswerk aufgestellt mit folgenden Kennziffern:

$Q_v = 570$ m³/sek (MQ ist 591);
$H = 8{,}87$ m bei HW; 8,41 bei NW; 8,18 bei Q_v;
$H_n = 8{,}15$ m „ „ ; 7,97 „ „ ; 7,65 „ „ .

Die Volleistung (= 82%) ist zu 47500 PS berechnet.

Das Krafthaus ist an das rechte Ufer, die einzige Felsstelle im näheren Umkreis, gelegt (6 Turbinen zu 9200 PS). Der Oberkanal liegt in Kiesmoräne, hat ein Einlaßbauwerk mit 5 Öffnungen zu 15,4 m l. W. und 51 m Sohlenbreite (Sohle auf: 23,5 m) mit Eisenbeton verkleidete Böschungen 1:1. Der Unterkanal ist mit 170 m Sohlenbreite (Sohlenhöhe: + 20,0) und schwer abgelegten Böschungen 1:1,5 entworfen. Der Ausbau steht noch aus.

Rouhialankoski. Auch für diese bedeutende und sehr günstige Rohwasserkraft

Abb. 528. Enso. Unterwasserblick auf Wehr. (Prof. Juselius.)

(Abb. 529), die sich überwiegend in einer Privathand befindet, sind seit langem Ausnutzungsbestrebungen am Werke; aber die Aufbringung der erforderlichen bedeutenden Mittel war bei der Unsicherheit des Energieabsatzes noch nicht möglich. Die Aussichten auf Verwirklichung haben aber in jüngster Zeit durch das Auftreten einer für Stickstofferzeugung interessierten Finanzgruppe festere Gestalt angenommen.

Abb. 529. Rouhialankoski. (Verf.)

Unterlagen:

Civ.-Ing. Hugo Malmi, Direktor der staatl. Wasserkraftdir.: „The Water Power Plant at Imatra“ in „Bank of Finnland Monthly Bulletin“ Mai 1924 — und „Redogörelse över Finnlands Vattenkraft och dess Utnyttjande samt över Imatrakraftverksföretag“ in Veröffentlichung des Vattenkraftkomittés 1922, Nr. 2. — Bror Sjögren vgl. vor. Abschnitt. — Mittlgn. von Prof. Jusélius u. a.

25. Abschnitt: Die übrigen Einzugsgebiete der finnischen Seenplatte.

1. Kymmeneälv.

Die hydrographischen Kennzahlen dieses nächst Wuoksen bedeutendsten finnischen Stromes sind in Tabelle 44 S. 479 zusammengestellt. Der Zentralsee Päijäne liegt (MW) 78,2 m ü. d. M. Auf dem gegen 200 km langen Lauf des Hauptstromes wechseln sehr lange, zusammenhängende Stillwasser- und Seenabschnitte mit Stromschnellen-

Abb. 530. Ylä-Kuhankoski. Unterwasserblick. (Vattenb. Byrån.)

strecken, die durch kurze Stillwasserstrecken unterbrochen sind. Bis Perno, wo, 169 km vom Päijäne entfernt, sich der Strom in Mündungsarme teilt, sind 52,9 m Fallhöhe in Stromschnellen und 7,3 m in Stillwassern. In der Mündungsstrecke kommen 16 m auf Stromschnellen und 2 m auf Stillwasser. Die bedeutenden Wasserkräfte waren noch Ende 1928 (vor Imatraausbau) weiter ausgebaut als in irgendeinem anderen finnischen Stromgebiet. Die ausgebauten 93 564 PS waren 37,5% der im Kymmenegebiet verfügbaren MQ-Energie und 38,5% der in ganz Finnland ausgebauten Wasserkraft. Drei Viertel der ausgebauten Wasserkraft liegen im Hauptstrom unterhalb des Päijäne.

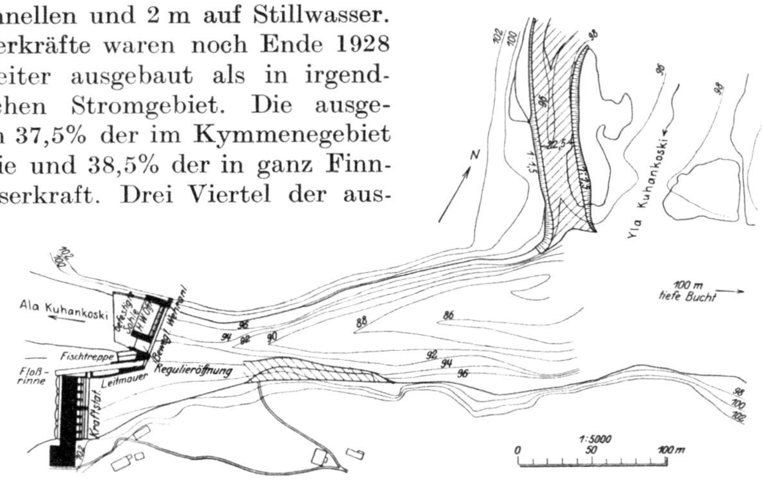

Abb. 531. Ylä-Kuhankoski. Übersichtsplan. (Vattenb. Byrån.)

Die Wasserkraftausbauten in den Zuflüssen auf der Seenplatte dienen fast ausschließlich der holzveredelnden Industrie.

Die bemerkenswerteste Anlage hier ist **Ylä-(Ober-)Kuhankoski,** unweit oberhalb des Päijäne (Abb. 530, 913). Sie nutzt eine regulierte Wassermenge von 132 m³/sek. Die unregulierte 9monatige Wassermenge war nur 74 m³/sek. Die sehr niedrige Fallhöhe von 3,3 m bedingte, da man sich 1921 noch nicht zur Anwendung von Kaplanturbinen entschließen wollte, die Anwendung von Citroenrädergetrieben 1: 6, wobei je 2 der senkrechten Francisturbinen einen zwischen ihnen stehenden Stromerzeuger antreiben (Abb. 531, 532 bis 533, 534). Der Einlauf ist mit Rücksicht auf den starken Flößereibetrieb und die Eisgänge besonders stark konstruiert. Jede Turbine leistet mit $Q = 35$ 1150 PS bei $n = 50$. Die Anlage ist von der Papierfabrik Kangas Pappersbruk 1921/23 nach den Plänen von Vattenbyggnadsbyrån, Stockholm, erbaut (Turbinen: Voith).

In dem Hauptlauf des Kymmene unterhalb des Päijäne ist die Mehrzahl der Stromschnellen schon ausgebaut, allerdings vielfach noch in alten, nicht mehr rationellen Anlagen. Es ist indes im oberen Abschnitt des Hauptlaufes eine wichtige Strecke, für die systematische Ausbaupläne ausgearbeitet und die Neubauten bzw. Umbauten z. T. schon durchgeführt sind. Unweit unterhalb des Päijäne liegen nämlich im Kymmenestrom 2 kleinere Seen; unterhalb des Austrittes aus dem zweiten dieser Seen, Pyhäjärvi, beginnt eine etwa 20 km lange Stromstrecke von rd. 25 m Gesamtfall. Innerhalb dieser Strecke empfängt der Kymmenestrom einen größeren Nebenfluß (Abb. 535), der unweit seiner Mündung den See Lappalanjärvi bildet. Diese Stromstrecke ist nach und nach durch 3 verschiedene Gesellschaften, vorwiegend für holzindustrielle Zwecke, teilweise genutzt worden. 1904 wurden die drei Gesellschaften zur **Kymmene A.B.** verschmolzen, deren Fabriken sich stark entwickelten und z. B. 1927 eine Jahreserzeugung von 120000 t hatten (25000 t Holzmasse, 32000 t Zellulose, 63000 t Pappe). Kymmene Bruk nahm damit in der Pappe- und Holzmasseindustrie Europas die erste Stelle ein; der immer noch steigende Energiebedarf ließ den Plan einer systematischen Nutzbarmachung der Gesamtfallstrecke reifen.

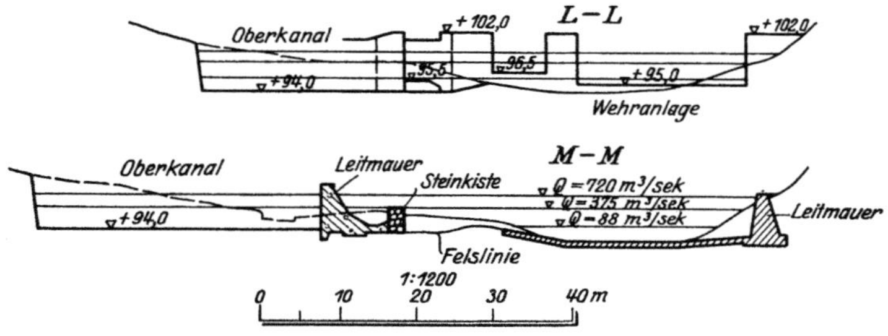

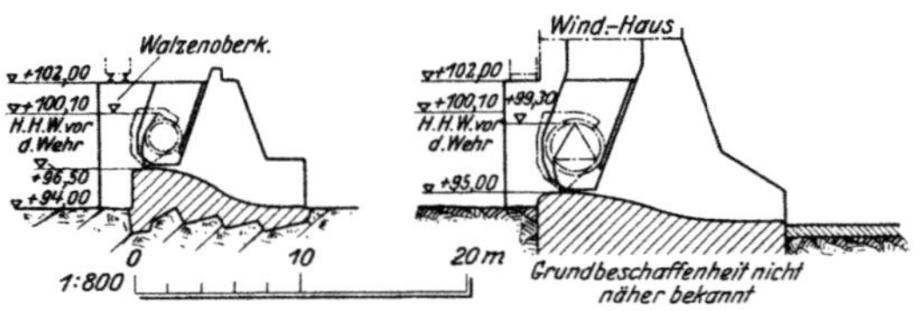

Abb. 532. Ylä-Kuhankoski. Schnitte der Wehranlage. (Vattenb. Byrån.)

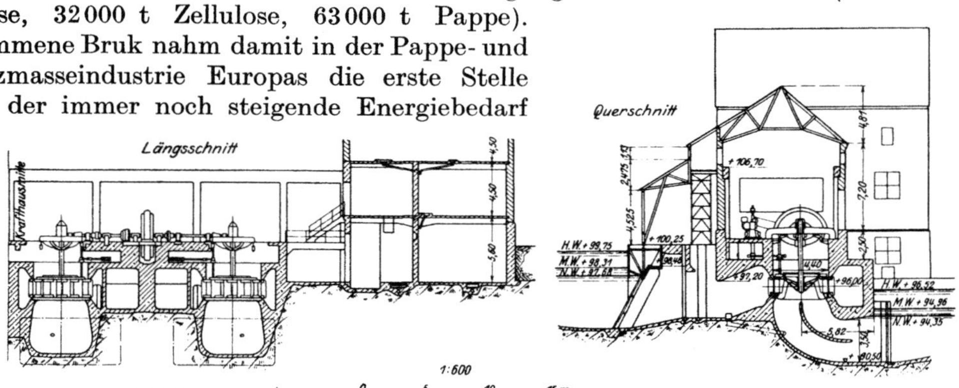

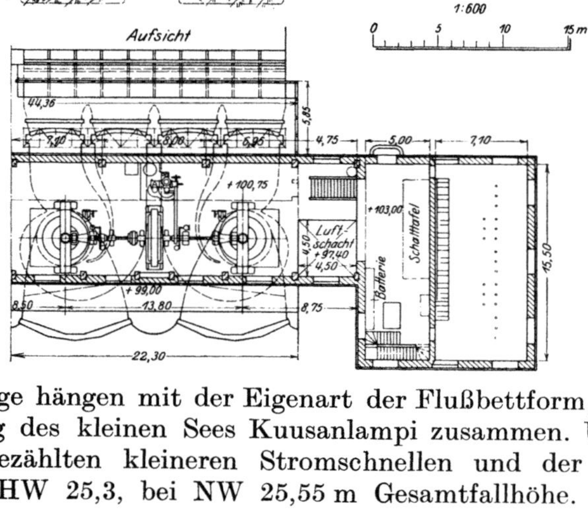

Abb. 533—534. Ylä-Kuhankoski. Krafthaus-Schnitte. (Vattenb. Byrån.)

Nachstehende Tabelle veranschaulicht die Fallverhältnisse der 5 Stromschnellen der Strecke.

Die eigentümlichen Änderungen der Fallhöhen mit der Wassermenge hängen mit der Eigenart der Flußbettform, hauptsächlich auch mit der Wirkung des kleinen Sees Kuusanlampi zusammen. Unter Einrechnung der oben nicht aufgezählten kleineren Stromschnellen und der Stillwasserabschnitte erhält man bei HW 25,3, bei NW 25,55 m Gesamtfallhöhe. Unter verschiedenen Vorschlägen für die Einstufung der Stromschnellen wurde der Entwurf von Professor Juselius zur Ausführung bestimmt, der die ganze Strecke in 3 Stufen ausnutzen will.

Die erste — Voikka-Stufe — wird gebildet durch Einstau über die Voikkaschnelle hinauf bis zum See Pyhäjärvi und Absenkung des Unterwassers von Voikka durch Aussprengung des Pessankoski. Diese Anordnung bietet vorzügliche Möglichkeiten für spätere Tagesspeicherung, wobei Pyhäjärvi und Lappalanjärvi die Schwellbecken, Kuusanlampi aber das untere Ausgleichbecken abgeben. Die Stromschnelle Lappakoski (zwischen Pessankoski und dem See Kuusanlampi) würde dabei als „Fallhöhenregulierung" wirken. Die zweite Fallstufe würde im wesentlichen den Kuusankoski und sämtliche Kleinstromschnellen bis zum Flusse des Lappakoski nutzbar machen. Ob und wie weit später auch der Lappakoski durch Stauerhöhung zusammen mit dem Kuusankoski ausgenutzt werden soll, ist noch offen. Die Ufer der Kuusankoskistrecke sind flach und zum Teil bebaut, so daß die Stauerhöhung bedeutende Eindämmungen erfordern würde. Die dritte Fallstufe faßt die Keltisstromschnelle zusammen mit einigen kleineren bis zum Unterwasser von Kuusankoski zusammen. — Aus der großen Zahl der vorher untersuchten Wahllösungen sei Interesses halber noch die auf einen gemeinsamen Ausbau von Kuusankoski und Keltis abzielende erwähnt. Hier sollte durch Sprengarbeiten das Unterwasser von Kuusankoski bis auf den jetzigen Unterwasserstand von Keltis abgesenkt werden. Dabei hätte die Papierfabrik Kuusankoski später unmittelbare Kanalverbindung zum Finnischen Meerbusen erhalten können, da eine geplante Schiffahrtsstraße Päijäne—Finnischer Meerbusen—Kymmenestrom unterhalb Keltis kreuzten. Daß dieser, auch sonst sehr zweckmäßige, Ausbauplan schließlich doch in zweite Linie gestellt wurde, liegt an seinen höheren Baukosten und der Ungeklärtheit der Kanal-

Tabelle 47.

Stromschnelle	Fallhöhe bei HW m	Fallhöhe bei 7 ½ monatiger Wassermenge m	Fallhöhe bei NW m
Voikka . .	7,11	6,51	7,13
Pessankoski	0,44	1,16	1,84
Lappakoski	2,22	0,75	0,10
Kuusankoski	7,89	9,49	10,49
Keltis . . .	4,68	5,08	4,88
	22,34	22,99	24,44

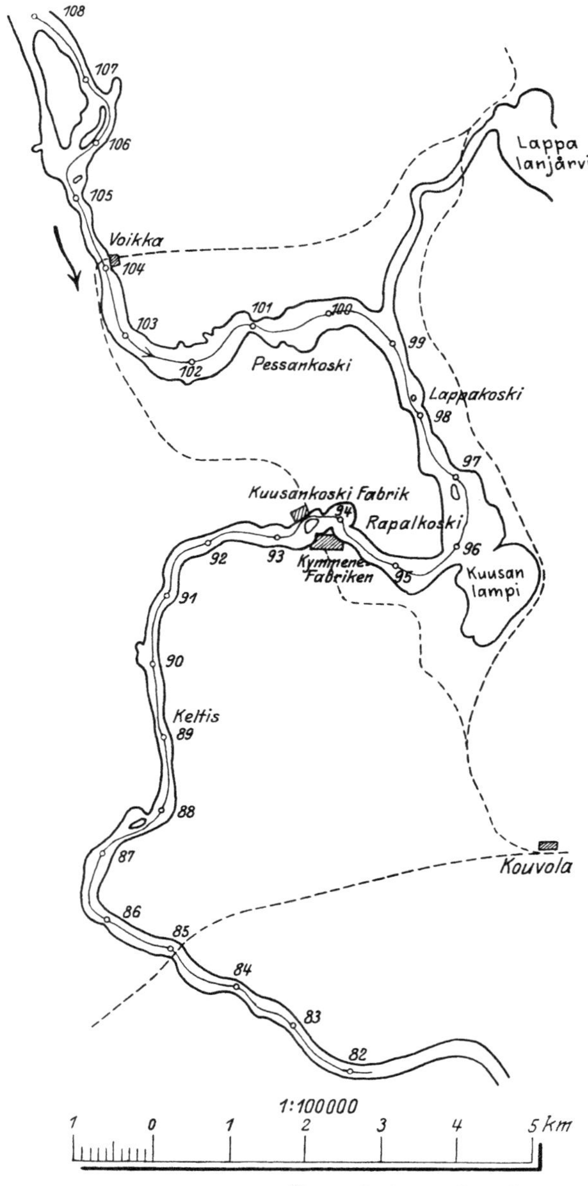

Abb. 535. Kymmenestrom, Übersichtskarte der oberen Fallstrecke. (Juselius.)

frage. Die Einzelentwürfe der drei zur Ausführung bestimmten Stufen sind besonders deshalb beachtenswert, weil die Kraftwerksanlagen, z. T. unter Schwierigkeiten, in die bestehenden Fabrikanlagen eindisponiert werden mußten.

Bei der (bisher allein ausgeführten) Anlage **Voikka** (Abb. 536, 537) wurde das alte Wasserkrafteltwerk ganz aufgegeben und dafür ein neues größeres Werk daneben erstellt. Auch wurde die am linken Ufer vorhandene alte Holzschleifwasserkraftanlage

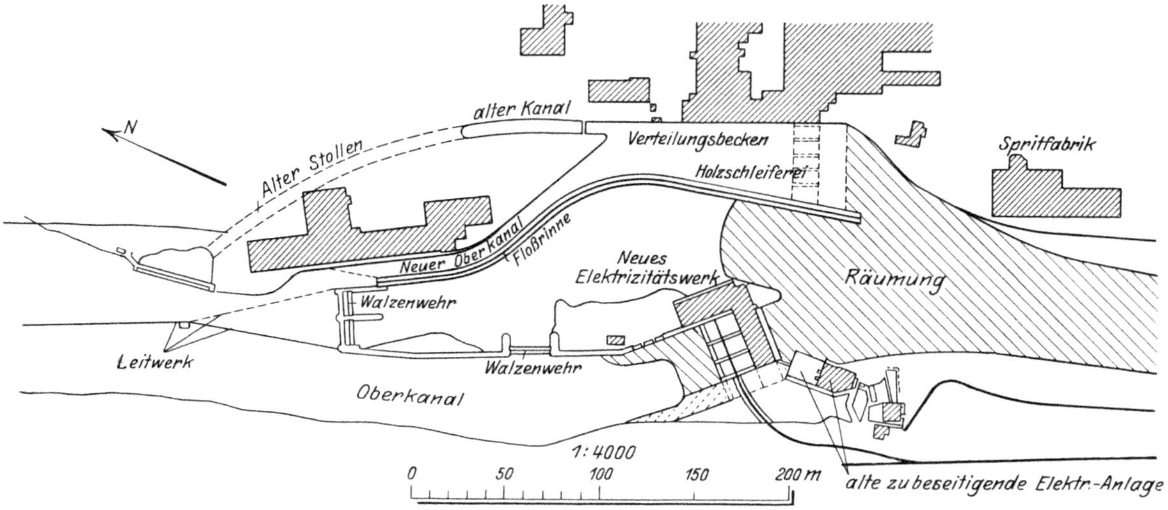

Abb. 536. Voikka. Lageplan. (Juselius.)

durch eine Neuanlage ersetzt. Das neuerstellte Wehr umfaßt 3 Walzen von 12,5; 12,5; 20,8 m l. W. und 2 bis 3 m Durchmesser. Die Konstruktionsfallhöhe der Turbinen ist 6,9 m, die gesamte Vollwassermenge 325 m³/sek und die ausnutzbare Leistung insgesamt 25400 PS. Hiervon entfallen 15800 PS auf die neue, elektrische Zentrale, wo 7 Maschinen aufgestellt sind (Abb. 538). Die Holzschleiferei am anderen Ufer enthält 15 Turbinen für direkten Antrieb mit zusammen 9600 PS. Um eine längere Betriebsunterbrechung der Fabrik zu vermeiden, hat man die Erweiterung dieser Kraftanlage durch Erstellung einer zweiten Triebwasserzuleitung in Form eines offenen Kanals bewerkstelligt, der sich mit dem bestehenden Stollen in einem großen Verteilungsbecken vereinigt. Die alten Turbinen sollen entfernt und durch 5 neue größere für je 20 m³/sek ersetzt werden.

Abb. 537. Voikka. Krafthaus und UW. (Juselius.)

In **Kuusankoski** sollen von der 7monatigen Vollwassermenge von 260 m³/sek 200 in der geplanten hydroelektrischen Zentrale (4 Turbinen zu 5600 PS, $H = 6{,}45$ bis 10,88), der Rest aber in der bestehenden Anlage der Kymmene-Papierfabrik und Holzschleiferei A.B. nutzbar gemacht werden (Abb. 539). Einschließlich dieser alten Anlage ist der planmäßige Ausbau 29000 PS. Zur Zeit sind außer der beizubehaltenden Wasserkraftanlage der Kymmene A.B. noch in einer zweiten älteren, früher der Kuusankoski A.B. gehörigen Anlage Turbinen aufgestellt. Diese soll aber, da die Turbinen für die neue, größere Fallhöhe nicht passen, aufgegeben werden. Die Neubauten waren Ende 1928 noch nicht begonnen; vielmehr waren noch die beiden alten Anlagen mit insgesamt 28 unmittelbar an Holzschleifer und 10 an Stromerzeuger gekuppelten Turbinen mit einer Gesamtleistung von 11500 PS aufgestellt.

Bei **Keltis** bestand bisher noch keine Wasserkraftanlage. Mit dem Ausbau der geplanten elektrischen Großanlage (Abb. 540) $Q_7 = 260\,m^3/sek$, $H = 4{,}85\,m$ bis 4,26, $N = 14700\,PS$ — ist noch nicht begonnen.

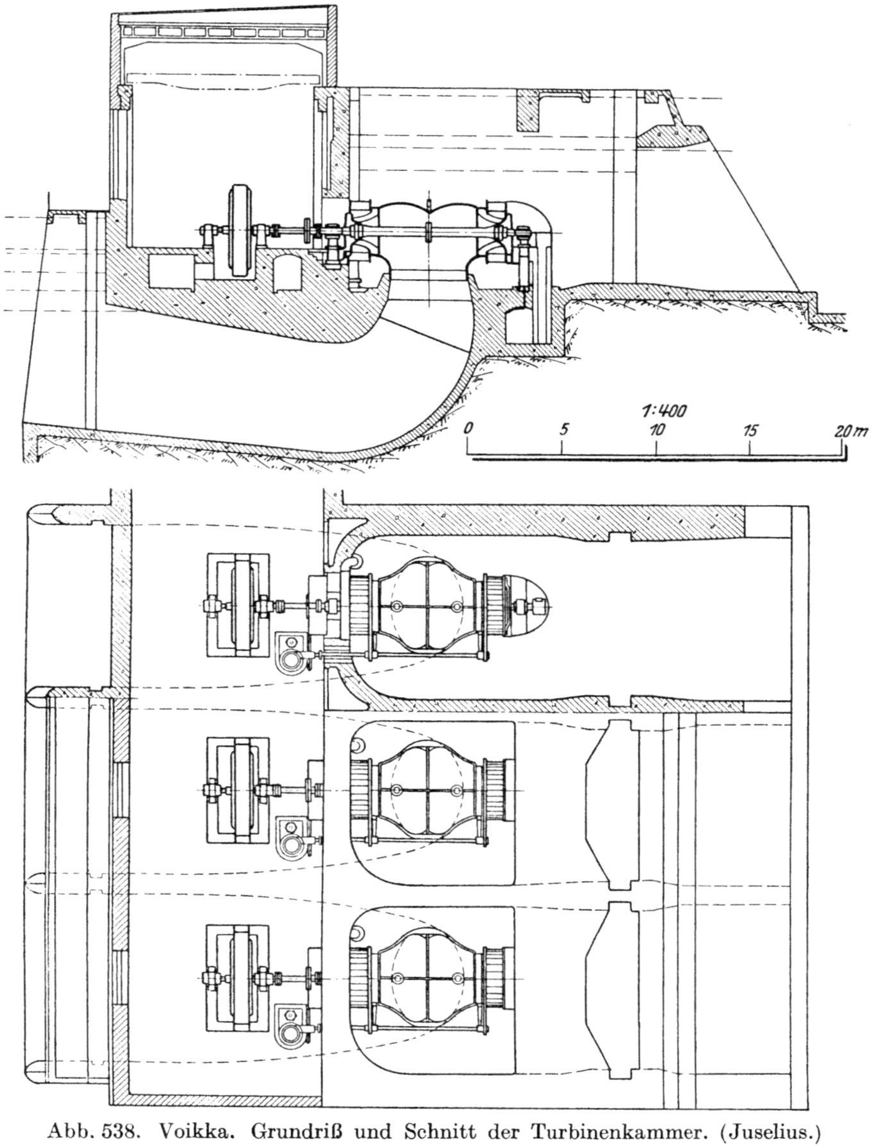

Abb. 538. Voikka. Grundriß und Schnitt der Turbinenkammer. (Juselius.)

Die gesamte zur Verfügung der Kymmene A.B. stehende Wasserkraft wird nach völliger Durchführung des Ausbauplans 67000 PS betragen, wovon 48000 PS elektrische Leistung.

Unterhalb dieser wichtigen Fallstrecke sind im mittleren Kymmenestrom noch 6 mehr oder minder wichtige Wasserkraftanlagen, die alle überwiegend für holzveredelnde Industrien erstellt wurden. Bemerkenswert darunter ist die Wasserkraftanlage **Myllikoski** der Yhtyneet Paperitehtaat O. Y., die 246 m³/sek unter $H_n = 4{,}1$

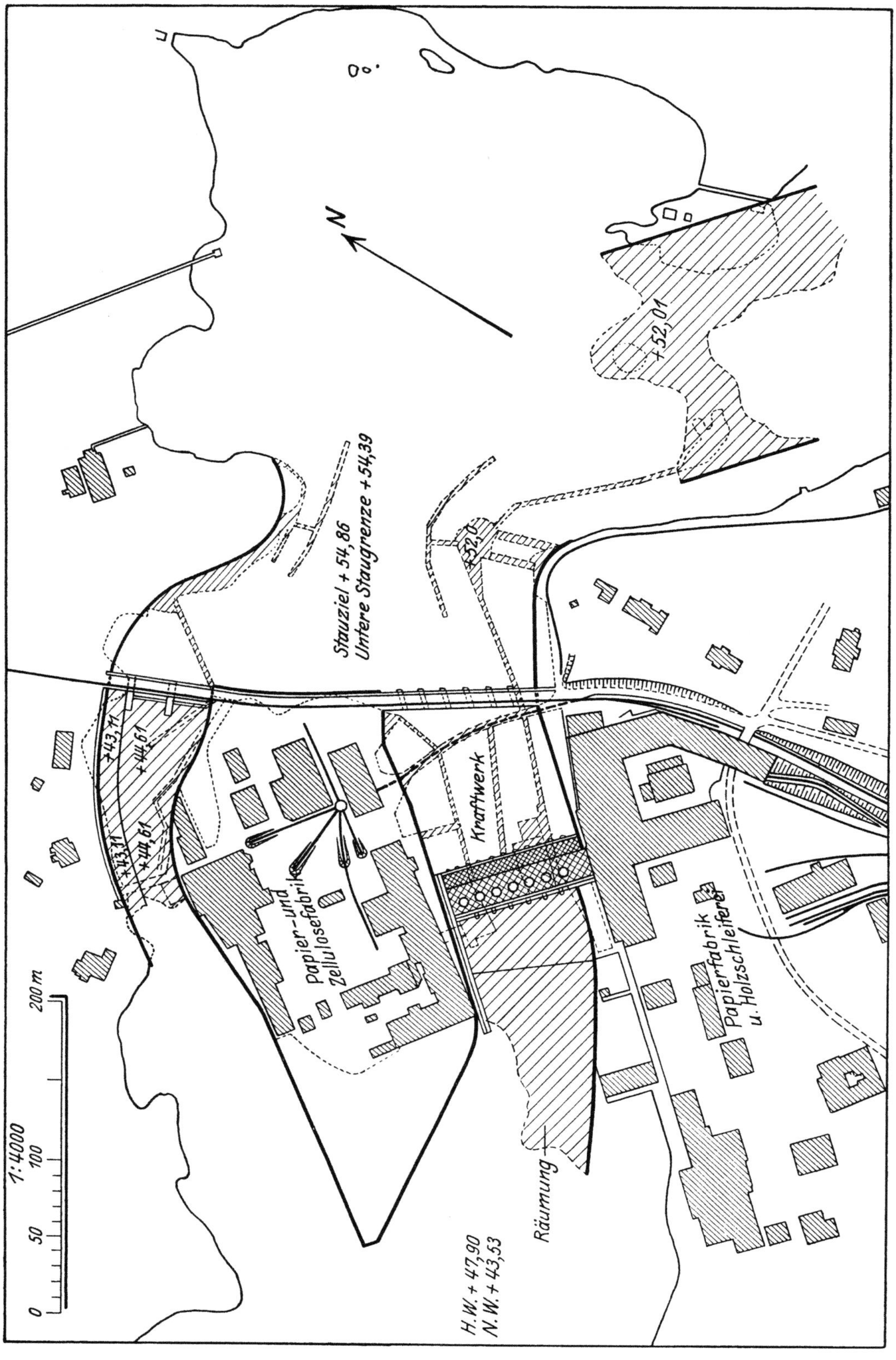

Abb. 539. Kuusankoski. Lageplan. (Juselius.)

in 18 Turbinen (17 für direkten Antrieb) verarbeitet und 10950 PS leistet. Ein 1928 begonnener Umbau enthält die größte Turbine Finnlands (Einrad-Kaplanturbine $D = 4{,}1$ m), daneben 4 wagerechte Zweirad-Francisturbinen für direkten Schleiferantrieb.

Die größte Wasserkraftanlage im mittleren Kymmenestrom, zugleich neben Voikka

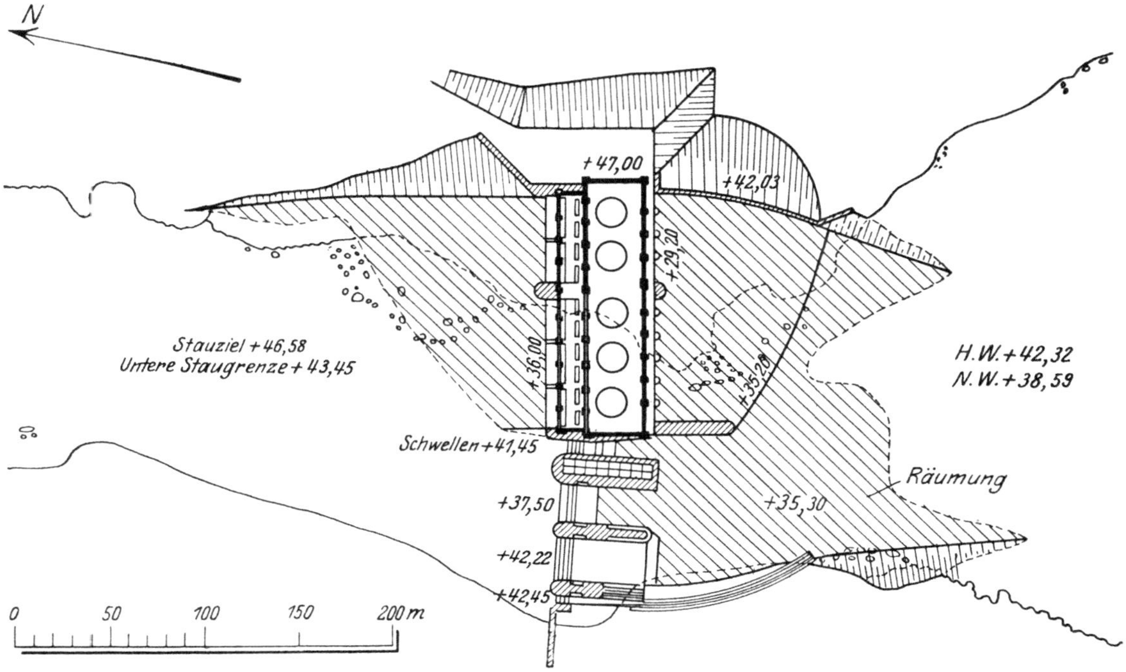

Abb. 540. Keltis. Lageplan, 1 : 2000. (Juselius.)

(und Imatra) die größte Wasserkraftanlage Finnlands, ist **Ingerois.** Sie nutzt den Anjalankoski, eine kurze Stromschnellenreihe von 8,7 m Fallhöhe. Das derzeitige regulierte NQ ist 150 m³/sek, HHQ = 750. Das Werk ist an Stelle älterer unratio-

Abb. 541. Ingerois, Krafthaus, Unterwasserblick. (Frosterus und Gripenberg.)

neller Anlagen mit vielen (zuletzt 32 direkt antreibenden) Turbinen 1920/22 nach Entwurf und unter Regiebauleitung von Ing. Sandsund erbaut (Abb. 541). Die architektonische, bemerkenswerte Gestaltung stammt von den Architekten Frosterus und Gripenberg, Helsingfors.

Auf dem Nacken der unteren Stromschnelle ist ein Wehr mit zwei verschieden großen Walzenöffnungen angeordnet. Ein kurzer Oberkanal führt von da zwischen den Fabrikgebäuden hindurch nach dem Krafthaus. Dieses enthält 4 wagerechte Franciszwillingsturbinen von je 4200 PS mit Drehstromerzeugern. Drei davon arbeiten für die Zellulose- und Papierfabrik, die vierte für öffentliche Eltversorgung (77 kV). Der an der Fallstrecke mit 54% beteiligte Staat will später ein eigenes Werk am anderen Stromufer schaffen. Dann soll erst die geplante Floßrinne erstellt werden, während jetzt das Floßholz durch die kleinere Walze gelassen wird (Abb. 542—544).

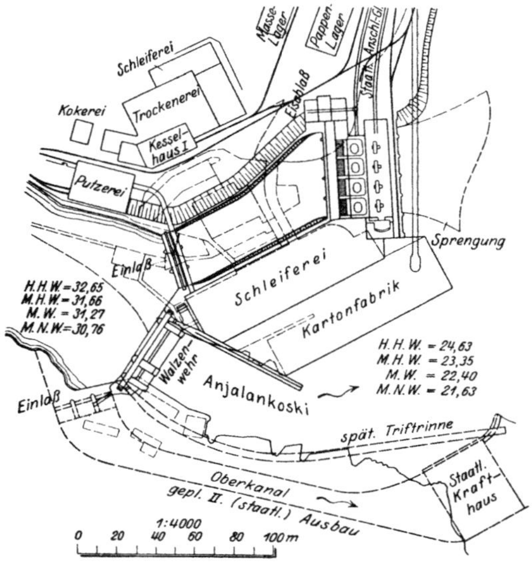

Abb. 542. Ingerois. Lageplan. (Verw.)

Etwa 10 km hinter Anjalankoski folgt dann die erwähnte Stromspaltung in zwei Arme, deren Energie auch seit langem teilweise nutzbar gemacht ist, aber nur in weniger bedeutenden Anlagen. Doch ist in jüngster Zeit eine große und technisch besonders bemerkenswerte Anlage hier geschaffen worden, das

Högforswerk bei Karhula. An der Stromspaltung bei Perno liegt der Kymmenestrom noch auf etwa 18 m ü. d. M. Von dem östlichen Hauptarm zweigt bei Parikka der Högforsarm ab und bildet, nach Südosten strömend, zunächst als „Vuoltastrom“ zwei, 1,8 und 2 m hohe, Schnellen (Petäjäkoski und Osolankoski). In breitem Bett weiterströmend, bildet er dann bei Högfors einen der wenigen höheren Fälle des Landes. Die Wasserkraft hier war in drei selbständigen Anlagen ausgebaut (ein z. T. bewegliches Wehr auf dem felsigen Fallnacken und zu beiden Seiten Triebwasserkanäle für zwei Holzschleifkraftwerke links und ein Eltwerk rechts). Die drei Anlagen mit

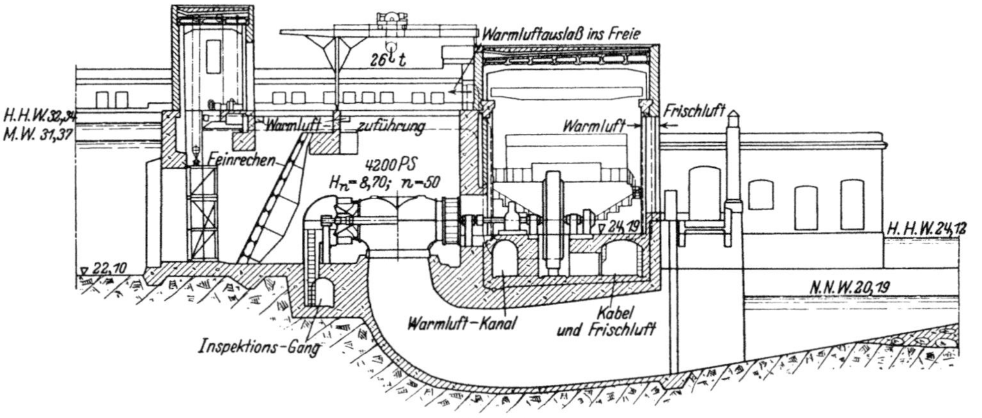

Abb. 543.

zusammen 3150 PS nutzten eine Gesamtfallhöhe von 8,5 m bei ganz unzulässig hohen Fallverlusten in den Triebwasserleitungen. Ende 1925 entschloß sich die Karhula-Gesellschaft zu einem einheitlichen Umbau, bei dem auch die beiden kleineren Stromschnellen weiter aufwärts mit genutzt werden sollten. Studien hierfür hatte die Gesellschaft schon 1920 mit Unterstützung des Beratenden Ingenieurbüros „Konsulting“, Helsingfors, begonnen. Die von 1925/27 ausgeführte einheitliche, elektrische Wasserkraftanlage ist aus einer großen Zahl wesentlich verschiedener Wahllösungen nach sorgfältigen Kosten- und Leistungsvergleichen hervorgegangen.

Der Stau konnte bis an die Abzweigung des Högforsarmes ausgedehnt werden, weil die dafür erforderliche Höherlegung der Eisenbahnbrücke oberhalb des Petäjäkoski von der Verwaltung anläßlich laufender Verstärkungsarbeiten übernommen wurde. So konnte eine durchschnittliche Nutzfallhöhe von 12,5 m bei Meeres-MW erreicht werden (das UW liegt zeitweilig im Mündungsrückstau). Der Wasserstand des Meeres bei Kotka ist periodischen Änderungen unterworfen, die z. T. einjährige, z. T. mehrjährige Periodizität aufweisen. Die jährliche Periodizität ist äußerst regelmäßig mit ausgeprägtem Minimum März und April, Maximum November und Dezember, und der Spielraum dieser Periode erstreckt sich von 16 cm unter bis 18 cm

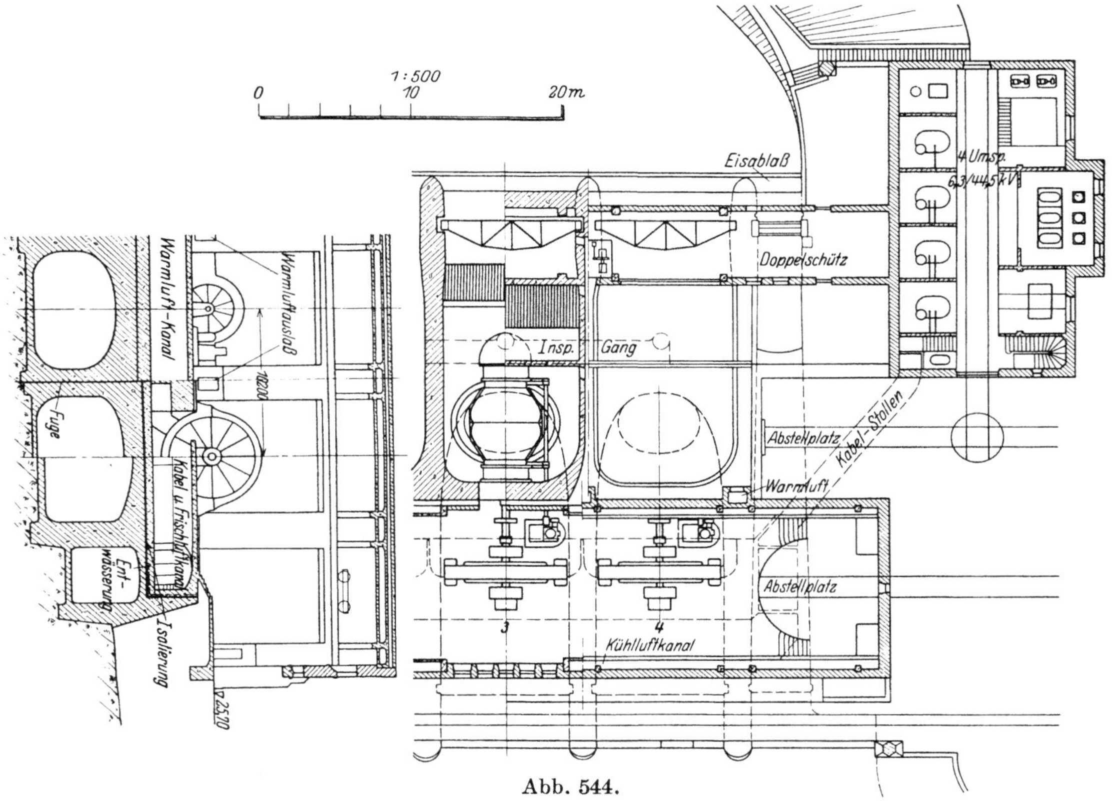

Abb. 544.

Abb. 543—544. Ingerois. Grundriß und Schnitte. (Verw.)

über den normalen Wasserstand. Heftige Stürme können indessen bei Kotka Abweichungen von nicht weniger als 200 cm herbeiführen, deren Einwirkung auf das Kraftwerk dadurch gemäßigt wird, daß bei niedrigem Meeresstand der Fallverlust Högfors-Kotka sich erhöht, bei hohem sich verringert. Auf der Oberwasserseite wurden Eindämmungen von Högfors bis Oselankoski (Erddämme mit dichtender, inwendiger Holzspundwand) nötig.

Die Bauausführung mußte den Betrieb der alten Anlagen ungestört lassen. Diese Bedingung führte, in Verbindung mit örtlichen und Untergrundverhältnissen dazu, das neue Krafthaus oberhalb des Wasserfalls nahe dem linken Ufer anzuordnen. Die Raumknappheit veranlaßte weiter die Verlegung des Hauptflutdurchlasses in die Mitte des Krafthauses (Abb. 545) unter den Abstellplatz und die Schalträume. Vorläufig ist nur die stromseitige Hälfte des Krafthauses für 2 Turbinen ausgeführt.

In engem Zusammenhang mit der Anordnung des Kraftwerkes war die Regelung des bedeutenden Flößereibetriebes zu behandeln. Die neue Triftschleuse wurde unmittelbar neben dem westlichen Giebel des Kraftwerkes angeordnet und mit wassersparender, veränderlicher Schwellenhöhe konstruiert. Die anschließende neue hölzerne Triftrinne ist neben der Mauer der alten Kraftstation in einer Länge von 170 m ins Unterwasser bis unterhalb der Kaianlage der Gesellschaft geführt. Neben der Triftschleuse gegen das Westufer zu ist die Eisschütze angeordnet. Am Ostufer ist eine Leitmauer erbaut und teilweise als Streichwehr ausgebildet. Um Treibeis und Triftholz bequem an Eis- und Triftschleuse heranzubekommen, sind die Oberwasserseite des Krafthauses und die anschließenden Leitmauern in einheitlicher Neigung und in ungebrochener Linie bis an diese Durchlässe herangeführt.

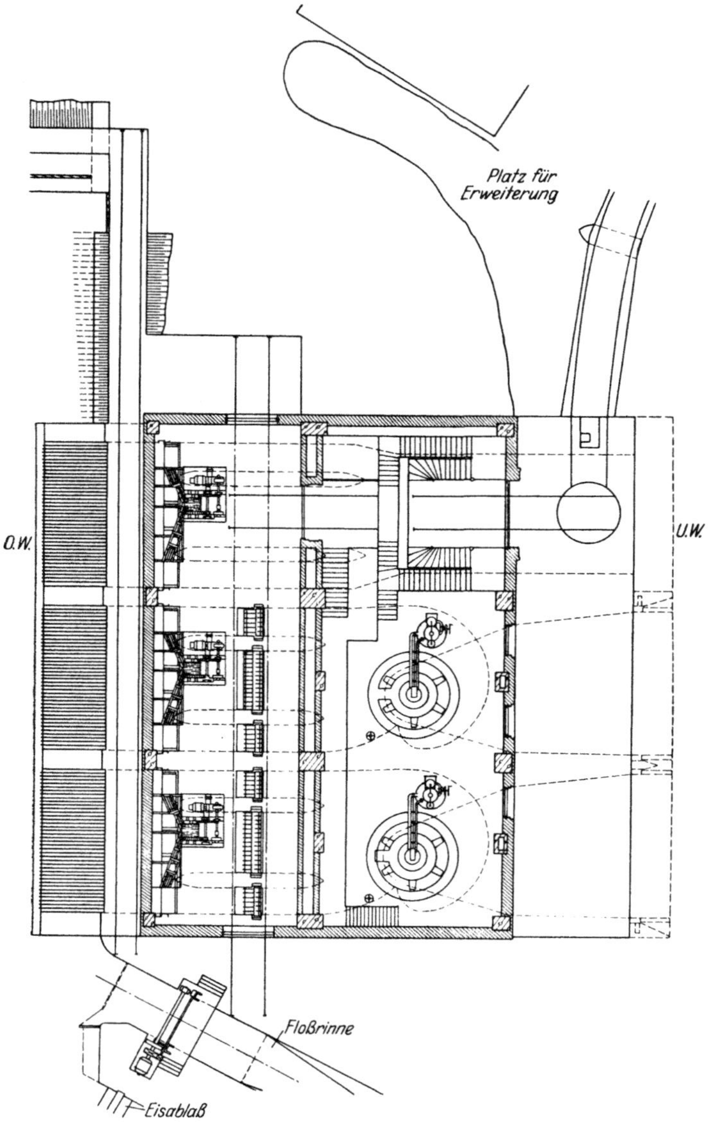

Abb. 545.

Das Krafthaus (Abb. 545, 546) ist sorgfältig auf Grund der neuesten finnischen und schwedischen Erfahrungen (Lilla Edet!) durchgebildet. Der Einlauf ist durch offenstehende Grobrechen geschützt. Auf dem Steg vor dem Schützenhaus läuft ein Schmalspurgleis für einen Greifer, der halb gesunkene, vor den Rechen treibende Stämme zur Triftschleuse ziehen kann. Im Schützenraum (dem Maschinensaal vorgelagert und durch Warmluft beheizbar) sind OW-Schützen und Feinrechen angeordnet. Die Schützen sind denen von Lilla Edet nachgebildet (vgl. Abschnitt Krafthaus).

Jeder Turbineneinlauf ist der Breite nach in drei ungleiche Öffnungen geteilt; die 0,8 m starken Zwischenpfeiler sind so angeordnet, daß das negative Stützenmoment und das positive Mittenmoment der Mittelstütze gleich ausfällt, Trag- und Leitschienen sind nur auf den Zwischenpfeilern angeordnet. Dichtung der Außenkanten: gegen Anschlageisen und in der Sohle: gegen eiserne Schwellen; Dichtungsmittel: ein Hochdruckschlauch mit Baumwollgewebe. Die Schützen laufen auf 2×2 Rädern. Für seitliche Führung sind die zwei Räder einer Seite mit Flansch versehen, der in einer Rille der Auflagerschiene läuft. Tragkonstruktion jeder Schütze: zwei wagerechte Hauptbalken, zwei lotrechte, durchlaufende Riegel, in denen die Achsen der Tragräder gelagert sind, zwei senkrechte Endriegel und weitere senkrechte Riegel zweiter Ordnung. Beplattung: zylindrische, auf den senkrechten Riegeln festgenietete Bleche. Jede Schütze hat zwei Fülldrosselklappen und hängt in zwei 5fachen Flaschenzügen, die am oberen wagerechten Balken senkrecht über den Rädern angeordnet sind; jede Schütze hat besonderen Antrieb (elektrisch und von Hand). Ablassen: mit ferngesteuertem Bremsmagnet und selbsttätiger Senkbremse. Beim Durchgehen der Turbine kann die Schütze durch einen Schaltgriff von der 200 m entfernten Dampfzentrale und Schaltanlage aus abgelassen werden. Hochheben in 5, Senken in 2½ Minuten. 3 gleiche Schützen sind vorhanden, 2 für die 2 Turbinen, die dritte für den Flutdurchlaß. Der Feinrechen jeder Kammer hat ein Mittel- und 2 Seitenfelder. Die lotrechten Rechen sind durch Laufkran aushebbar. Jedes Feld besteht aus einem genieteten Rahmen mit eingelassenen senkrechten Bulbeisenstäben. Zwischen die Bulbeisen sind abnehmbare Rechentafeln aus beiderseits abgerundeten Flacheisen eingezogen. Zur Reinigung wird der Rechen hochgezogen, das Gut in einen darunter geschobenen Schmalspurwagen mit Klappboden abgestreift, auf eine Plattform am Westgiebel des Schützensaales gefahren und in den Strom gekippt. Bei Eisstand oder Grundeisgang erlaubt das Gesetz die Beseitigung der Feinrechen; dann werden die Lamellensätze abgenommen, so daß nur die Bulbeisengitter als „Reserve"-Grobrechen verbleiben.

Zur Erleichterung der Rechenbedienung ist im Krafthausunterbau ein Röhren- und Pegelsystem mit registrierendem Anzeiger im Maschinensaal eingebaut. Bei Absinken des Wasserstandes hinter einem der Rechen unter eine bestimmte Höhe ruft ein Glockensignal den Wärter. Die Glocke ertönt auch bei Überschreitung eines bestimmten Wasserstandes, damit die Flutschütze gezogen wird. Auch die Gesamt- und Nutzfallhöhe am Werk wird mit Hilfe besonderer, vor dem Feinrechen endender Röhren und im Unterwasser angebrachter Schwimmer laufend aufgezeichnet.

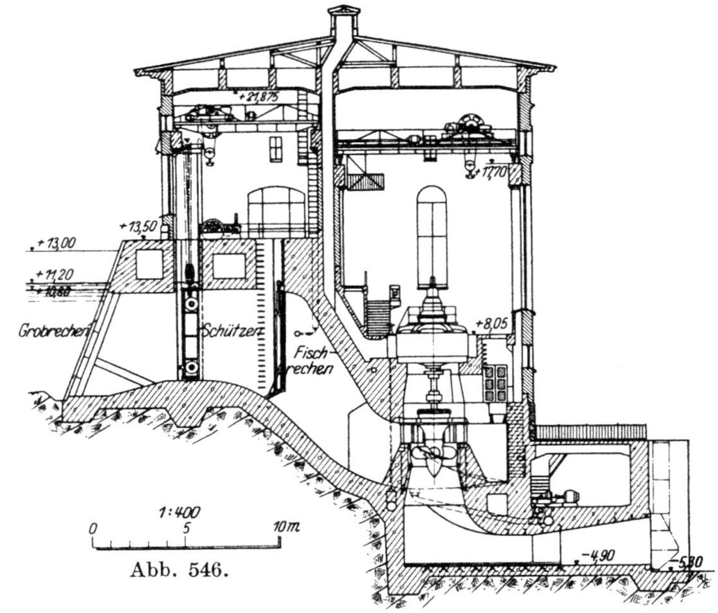

Abb. 546.

Abb. 545—546. Högfors. Kraftwerk-Grundriß und Schnitt. (Konsulting.)

Turbinen. Damit die Industrieanlage Karhula die Wasserkraft vollständig ausnutzen kann, mußte das Kraftwerk Belastungsspitzen und -stöße von mindestens 1000 PS anstandslos aufnehmen können. Diese Bedingung und Rücksicht auf Gesamtwirkungsgrad und spätere Stauerhöhung, deren Zeitpunkt bei Bestellung der Turbinen nicht festlag, führte zur Anordnung zweier senkrechten Kaplanturbinen ($n = 214$), die bei endgültiger Fallhöhe je 4200 PS leisten. Nach Stauerhöhung soll die Dampfkraftanlage erweitert werden und die Deckung der Spitzen übernehmen. Dann wird die Wasserkraftanlage bei Übervollwasser ständig mit Höchstbelastung fahren. Die getroffene Anordnung sichert bei jedem beliebigen Wasserabfluß einen Gesamtwirkungsgrad von mehr als 86% und als Höchstwert 87% (Garantiewerte).

Die Betonspiralkammer ist für konstante Wassergeschwindigkeit ausgebildet; der Ablauf ist ein Kaplansaugrohr mit scharfem Knick, in ganzer Länge mit Blech verkleidet. Die Turbinen sind die größten Kaplanturbinen, die bis 1927 für relativ so große Fallhöhe ausgeführt wurden.

Die selbstventilierenden Schirmgeneratoren sind zwecks möglichst vollständiger Nutzbarmachung der Warmluft für Heizzwecke so eingebaut, daß der Fußboden in Höhe der Armkreuzfußplatten liegt. Im Winter: innere Zirkulation mit Rückführung der abgekühlten Luft vom Schützenraum durch Kaltluftkanäle und vom Generatorensaal durch Einlaßöffnungen unter den Fensternischen der Unterwasserwand. Im Sommer: Entnahme der Kaltluft durch besonderen Einlauf im Westgiebel, und Zufuhr zu den Stromerzeugern durch den Kabelgang; Ausblasen der Warmluft durch eine Auslaßtrommel im Dach.

Die Schaltanlage in der Dampfzentrale ist durch Kabel mit der Wasserkraftanlage verbunden, in der nur die Meßinstrumente der Stromerzeuger und die Unterbrecher angebracht sind. Als Erregerstromreserve ist zwischen den beiden Stromerzeugern ein Umformer aufgestellt, der den Wechselstrom der Kartonfabrik in Gleichstrom umformt.

Die Pumpenzentrale, über den Saugrohren eingebaut, 3 m unterhalb des Unterwasserspiegels, umfaßt 2 Kreiselpumpen, 1 für Sickerwasser mit 2000 und 1 für Entleerung mit 12000 l/min.

Als UW-Abschluß des Saugrohrauslaufs dient ein eisernes Schwimmschütz mit eingebautem Pumpensatz. Diese (erstmals im Prinzip in Chèvres, Rhône, angewandte) Absperrung ist im Betrieb den üblichen Dammbalken überlegen und nicht viel teurer. Das Schütz enthält 4 wasserdichte Abteilungen, 2 untere, ganz mit Wasser gefüllte, und 2 obere zur Regulierung der Schwimmlage beim Heben und Senken. Die Schützkonstruktion besteht aus 2 wagerechten Blechhauptträgern, die zugleich die 4 Abteilungen begrenzen. Das Schütz stellt sich selbsttätig mit Hilfe von 4 Laufrädern und vor der Öffnung befindlichen Leitböcken richtig vor die Öffnung, die Dichtung bilden am Schütz befestigte Dichtungsleisten und entsprechende Anschlußleisten aus U-Eisen an der Saugrohrmündung.

Ins Krafthaus führt vom Ufer über eine unterwasserseitige Brücke und Drehscheibe über dem Flutdurchlaß ein Zweiggleis der Vollbahn Kouvola—Kotka. Für den Schützenraum bestimmte Bestandteile werden auf besondere Plattform im Maschinensaal abgesetzt, und auf Rollwagen eingefahren. Eine zweite auf der OW-Seite angeordnete Zufahrtsbrücke für leichtere Güter und Personenverkehr ist von der Landstraße zugänglich.

Konstruktives: Die Fundament- und tragenden Teile des Krafthauses sind teils in bewehrtem, teils in unbewehrtem Beton ausgeführt. Die Grundplatte ist oberwasserseits der Schützen für vollen Sohlenwasserdruck berechnet; von da abwärts nur für Sohlenwasserdruck abzüglich der Auflast. Die Hochbaukonstruktion ist als dreistieliger eingespannter Rahmen berechnet. Diese Rahmen tragen die gleichfalls in Eisenbeton ausgeführten Kranbahnen. Die bedeutende Höhe der Unterwasserseite von 20 m und der Kranlaufbahn über dem Säulenfußpunkt bedingte so große Biegungsmomente, daß ein geschlossener Rahmen angeordnet wurde. Die wagerechten Riegel des dreistieligen Rahmens tragen Eisenbetonlängsbalken, Unterzüge der hölzernen Dachkonstruktion und der Eisenbetondecke. Wegen der geringen Länge des Krafthauses waren im allgemeinen Dehnungsfugen entbehrlich; nur der Maschinenflur um die Maschinen herum, die Luftkanäle und Gänge erhielten mit Rücksicht auf die Erwärmung im Betrieb Dehnungsfugen. In den übrigen Teilen wurde die Schwindung mit -15^{0} C und Temperaturschwankung mit $\pm 15^{0}$ C berücksichtigt.

Entwurf und Bauleitung lagen in Händen des Beratenden Ingenieurbüros „Konsulting", Helsingfors. Die architektonische Gestaltung besorgte Architekt Carl Lindahl.

2. Kumoälv.

Der Kumoälv hat von seinem „Zentralsee" Pyhäjärvi bis zur Mündung bei Björneborg 160 km Lauflänge und 76,8 m Fallhöhe (Abb. 516). 63,1 m dieser Fallhöhe liegen in Stromschnellen und 13,7 in Stillwasserstrecken. Die Stromschnellen sind vielfach

Abb. 547. Nokia. Oberwasserblick. (Juselius.)

flach oder so klein, daß sie kaum wirtschaftlich ausnutzbar sind. Die Abflußverhältnisse und auch die Regulierungsmöglichkeiten sind nach der Übersicht S. 478 weniger günstig als beim benachbarten Kymmene. Von den vorhandenen Wasserkräften sind etwa 40% ausgebaut (Tab. 44 S. 479). Etwa ⅓ der natürlichen Wasserkraft liegt in den Nebenflüssen des „Zentralsees" und des Hauptstromes. Ein großer Teil der Wasserkräfte in den Nebenflüssen ist für Holz- und Textilindustrie ausgenutzt. Der wichtigste unter den Zuflüssen des Zentralsees ist der Abfluß des Sees Näsijärvi (94,6 m ü. d. M.); fast der ganze Höhenunterschied der beiden Seen ist in der Stromschnellengruppe **Tammerfors** enthalten und auch bereits in 7 älteren Wasserkraftanlagen, überwiegend für Holz- und Textilindustrie, daneben auch für allgemeine Eltversorgung

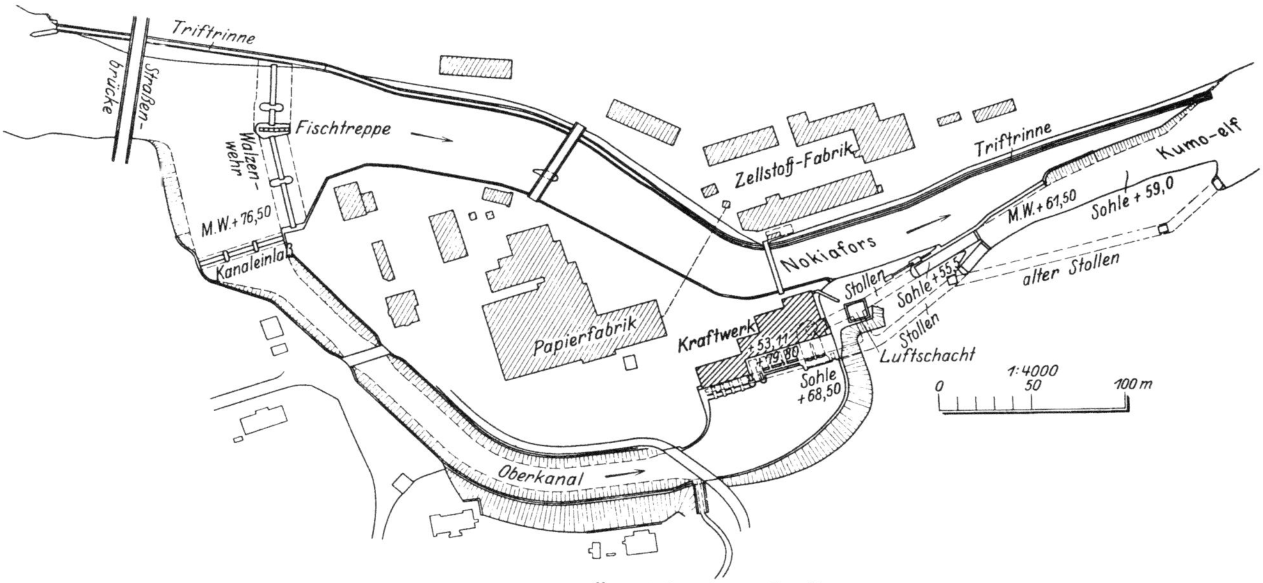

Abb. 548. Nokia. Übersichtsplan. (Juselius.)

ausgenutzt. Die gesamte, in den 7 Anlagen aufgestellte Leistung ist etwa 12000 PS; bei rationellem, einheitlichem Ausbau dürfte wohl bedeutend mehr herauszuholen sein.

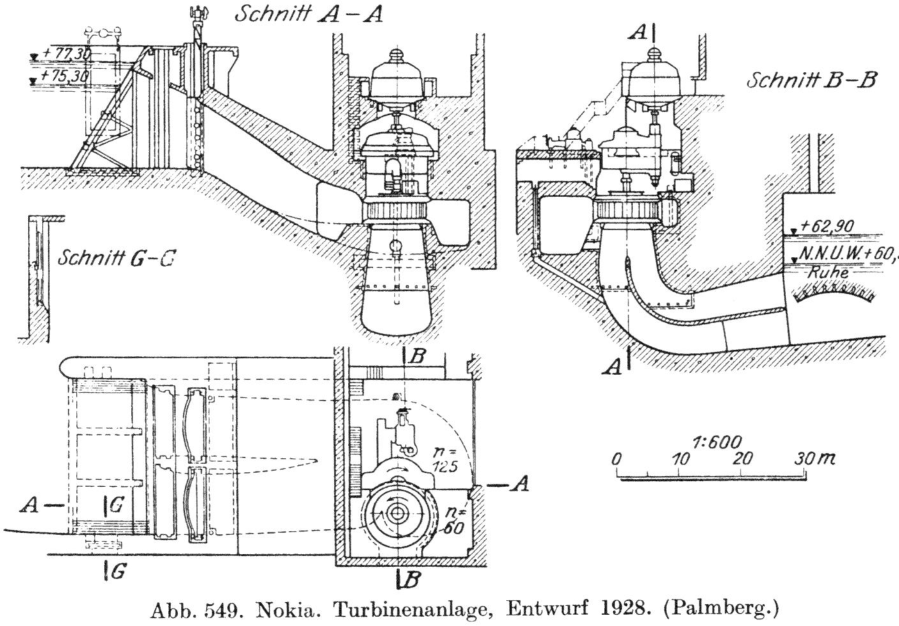

Abb. 549. Nokia. Turbinenanlage, Entwurf 1928. (Palmberg.)

Die übrigen Anlagen auf der Seenplatte sind noch wesentlich kleiner als die von Tammerfors.

Die Wasserkräfte des Hauptstromes vom Pyhäjärvi bis Björneborg liegen im wesentlichen in 4 Fallstrecken (Abb. 516). Die erste ist Nokia mit 19,5 m Fallhöhe;

die zweite eine Gruppe kleinerer, durch kurze Stillwasserabschnitte getrennter Stromschnellen mit insgesamt 13,5 m Fall auf 16 km Länge; die größten darin sind Äetsankoski und Meskalankoski; die dritte und vierte Stromschnellengruppe hat rd. 12,9 und 27 m Fallhöhe auf 23 und 22 km Länge. Unterhalb der letzten Stromschnellengruppe ist das Gefälle des Stromes nur 1:10000 und nicht nutzungswürdig. Von den gesamten Stromschnellengruppen ist bis jetzt noch keine in ihrer Gesamtheit ausgenutzt.

Nokia: die Hauptschnelle, rd. 1000 m lang und 16 m hoch, ist schon sehr lange für mechanischen Antrieb holzverarbeitender Werke unvollkommen und wenig rationell ausgenutzt gewesen. Am Anfang des Jahrhunderts war auf dem Nordufer eine Pappefabrik, auf dem Südufer eine Schleiferei und eine Sulfatzellulosefabrik (noch bestehend!) und 1900 kam auf dem Nordufer ein (gleichfalls noch bestehendes) elektrisches Kraftwerk dazu. Das Triebwasser wurde beiderseits in Holzgerinnen (für die Schleiferei z. T. im Stollen) geführt, flußaufwärts waren Schöpf-Leitwerke in Steinkistenbau an Stelle eines Wehres ausgeführt. Wachsen des Kraftbedarfs und Schwierigkeit der Wasserfassung bei NW führten zu einem durchgreifenden Umbau (1911/13) durch die Nokia A.B. nach Plänen von Prof. Juselius (Abb. 548, 549). Dabei wurde ein massives Wehr mit Spundwanddichtung und 4 Walzenverschlüssen ($2 \times 21{,}7/2{,}60$ und $2 \times 23{,}3/2{,}09$ m) über den aus Moräne bestehenden Nacken der Schnelle geführt (Abb. 547). Die Wasserumleitung erfolgt nur noch auf dem Nordufer in einem Einschnittskanal von 13,15 m Sohlenbreite in Fels und (ausbetoniert) sandigem Lehm.

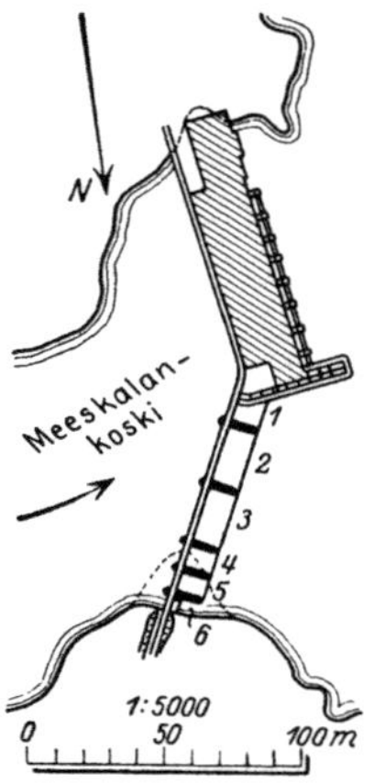

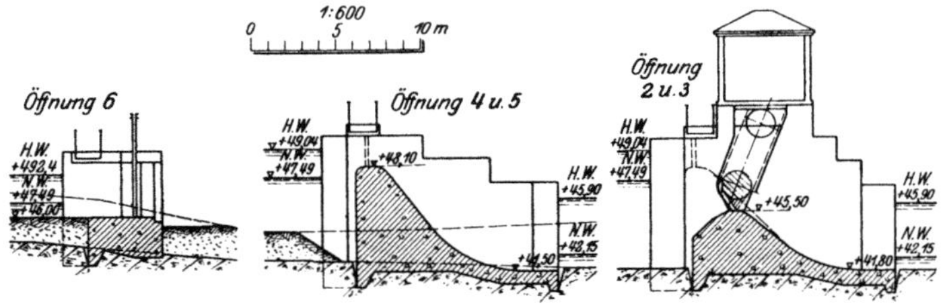

Abb. 550—551. Aetsae. Lageplan und Wehrschnitte. (Verw.)

Die verfügbaren Wassermengen sind: NNQ = 62; MNQ = 84; $Q_9 = 123$; $Q_6 = 148$; MQ = 162 m³/sek. Da alte Privilegien die Nokia A.B. berechtigten, bei einem Wasserstand im Pyhäjärvi von + 77,0 (entsprechend Q = 184 m³/sek) 123 m³/sek zu benutzen und da man für die Zukunft mit Sicherheit auf Benutzung des Pyhäjärvisees zur Tagesspeicherung rechnet, wählte man als Vollwassermenge $84 + 2 \cdot (123 - 84) = 162$ m³/sek. Das Kraftwerk wurde in Verlängerung der 1900 errichteten Schleiferei ausgeführt und unter Berücksichtigung der verbleibenden älteren Turbinen für 138,5 m³/sek in 5 Einheiten für $H = 14{,}89$ geplant. Aufgestellt wurden zunächst nur 2 Einheiten zu planmäßig 4200 PS, die aber vorerst nur zus. 6700 PS leisten, weil als Wasserableitung vorerst noch der 1900 ausgeführte UW-Stollen dient, der großen Fallverlust verursacht.

Für später war ursprünglich Führung zweier tiefliegender langer UW-Stollen bis in das Stillwasser unterhalb der Stromschnelle geplant, von denen der eine durch Erweiterung des alten UW-Stollens auf 7,2 m Breite und 7 m Tiefe gewonnen werden sollte. Der neueste Entwurf von Juselius (Abb. 548, 549) sieht moderne Turbinenaufstellung und eine wesentlich kürzere Ableitung bei im übrigen ähnlichen Abmessungen und nicht viel kleinerer Fallausnutzung vor. Für seine baldige Ausführung bestand 1928 gute Aussicht.

Von den Stromschnellen des Mittellaufes sind bisher erst Äetsänkoski, Pevolankoski und Meskalankoski mit einer Gesamtfallhöhe von rd. 5 m 1919/22 von Björneborgs Kraft A.B. in dem **Kraftwerk Äetsä** ausgebaut.

Der natürliche Abfluß ist hier NNQ = 50; MNQ = 100; MHQ = 300; HHQ = 1000; MQ = 220 und Q_9 = 140 m³/sek.

Die Anlage (Abb. 550, 551—552) ist ein ausgesprochenes Staukraftwerk auf Felsgrund. Zur Verbesserung der Fallhöhennutzung sind im felsigen Strombett weiter oberhalb ausgedehnte Sprengarbeiten, großenteils hinter Fangdämmen ausgeführt worden. Eine weitere Vergrößerung der geringen Fallhöhe um 0,5 m kann außerdem noch durch Aussprengung einer Stromschnelle im UW (rd. 30000 m³ Felsausbruch

Abb. 552. Aetsae. Unterwasserblick. (Frosterus und Gripenberg.)

nötig) erzielt werden. Von den 6 Öffnungen des Wehrs (Abb. 680) sind drei als Hauptflutdurchlässe durch Walzen verschlossen, zwei bilden Überfälle und die letzte den Einlauf für eine kurze in Eisenbeton ausgeführte Triftrinne. Das Krafthaus hat sieben gleiche, je mit einer Eisenbetonwand unterteilte Turbinenkammern. (Die große Zahl der Einheiten zeigt mittelbar, welchen wirtschaftlichen Fortschritt die in der Bauzeit der Anlage eben erst sich vorbereitende Einführung der Kaplanturbine für solche ausgeprägten Niederdruckwerke bedeutete.) Die Rechen sind mit Rücksicht auf die schweren Eisverhältnisse hinter den Dammbalken und Schützen angeordnet und alles eingebaut und überdacht. Die senkrechten Francisspiralturbinen leisten je 1450 PS bei $H_n = 4{,}70$, $n = 88$. Eine Straßenbrücke führt über Wehr- und Krafthaus. An das Krafthaus ist das Schalt-Umspannhaus angebaut.

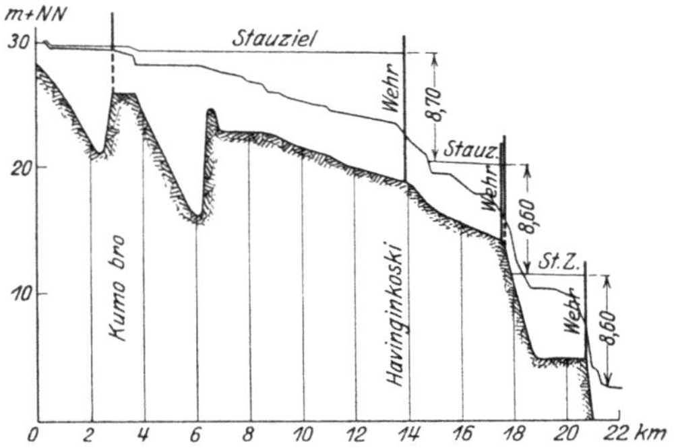

Abb. 553. Aetsae. Längenprofil des Kumoälv mit Ausbauplan. (Blomqvist.)

Der erzeugte Strom wird größtenteils für allgemeine Eltversorgung und hauptsächlich für den Energiebedarf der Zellulose- und Papierfabriken der Firma Rosenlew & Co. nach Björneborg geleitet. Die Anlage ist unter Leitung von Ing. Brandt erbaut. Die in ihrer Einfachheit und der bewußten Betonung der Wagrechten bemerkenswerte Backstein-Architektur des Kraftwerks ist von Frosterus und Gripenberg-Helsingfors.

Die übrigen bis jetzt erbauten Werke im Kumo-Hauptstrom sind weniger bedeutend. Beachtung verdient dagegen die Nutzbarmachung des untersten und wichtigsten Fallabschnittes von rd. 30 m und 21 km Länge (Abb. 553). Die Fallstrecke gehörte bis vor kurzem der Åbo Kraft A.B., der Eltversorgungsunternehmung der zweitwichtigsten Stadt Finnlands, Åbo. Es war eine systematische Ausnutzung der ganzen Fallstrecke nach einem Entwurf von Vattenbyggnadsbyrån, Stockholm (Abb. 553), beabsichtigt. Die teilweise schon eingeleiteten Arbeiten mußten wegen Schwierigkeit der Kapitalbeschaffung unterbrochen werden, und als dann noch die staatliche Wasserkraftdirektion beschloß, ihr Versorgungsnetz bis Åbo auszudehnen, ließ Åbo-Kraft A.B. das Bauvorhaben ganz fallen und verkaufte ihre Wasserrechte an die Nokia A.B. So wird die Nutzbarmachung des Stromabschnittes wohl nicht für allgemeine Eltversorgung, sondern im wesentlichen für großindustrielle Zwecke erfolgen.

Die Nokia A.B. hat außerdem die stromaufwärts (etwa bis zur Höhe + 40 in Abb. 516) anschließende Fallstrecke von etwa 10 m Fallhöhe erworben und ganz neue Ausbaupläne für die Gesamtfallstrecke von nahezu 40 m ausarbeiten lassen. MQ ist hier rd. 240 m^3/sek und die nutzbare Gesamtenergie daher gegen 100000 PS (bei MQ). Die Stadt Åbo bezog nun bis zum Beginn der staatlichen Stromlieferung von Imatra 4000 kW von dem großen Dampfeltwerk der Pargas Kalkbergs A.B.

3. Uleälv.

Das nördlich gelegene Uleälvgebiet wird wegen seines teilweise schon etwas gebirgigen Charakters vielfach nicht mehr zu den Einzugsgebieten der Seenplatte gerechnet. Trotzdem ist das Gebiet in morphologischer und hydrologischer Hinsicht den nach Süden entwässernden Teilen der Seenplatte noch recht ähnlich. Wie jene weist es großen Seenreichtum und die allen eigentümliche blattförmige Grundrißgestalt mit der starken Verengung unterhalb des dadurch in seiner beherrschenden Wirkung gesteigerten „Zentralsees" auf. Dabei ist das Uleälvgebiet indes vor den anderen durch die wesentlich höhere Lage seines Zentralsees Uleträsk (122 m ü. d. M.), ausgezeichnet; wogegen allerdings die geringere Gebietsgröße, die geringe Gleichmäßigkeit des natürlichen Abflusses (Tab. 44, S. 479) und die nördliche Lage als Nachteile zu verzeichnen sind. In der Hauptfallstrecke vom Uleträsk bis zur Mündung, deren Anfang schon 87% des Einzugsgebietes erfaßt, liegen 80% der Wasserkräfte des ganzen Gebietes.

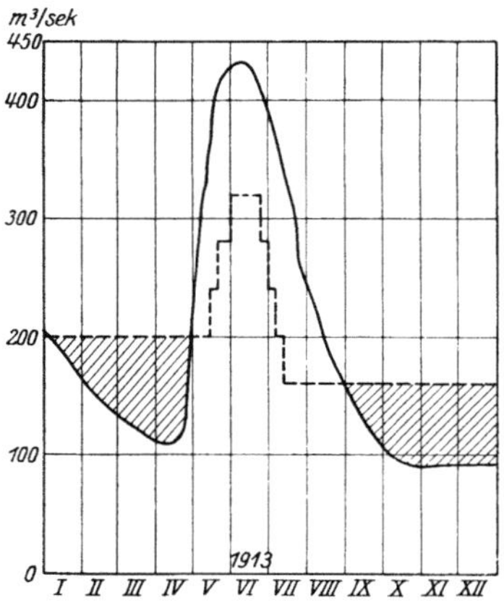

Abb. 554. Uleälv. Vorschlag Lönnfors zur Abflußregulierung. (Blomqvist.)

Die Gefällausbildung der Fallstrecken des Hauptlaufes ist anders, als bei den anderen großen Strömen Finnlands. Der Uleälv fließt fast in ganzer Länge auf weniger harter Gesteinsunterlage, meist auf Schiefern. Daher zeigt der Längenschnitt an Stelle nur niedriger oder mittelhoher, dafür im einzelnen aber sehr steiler Stromschnellen im wesentlichen zwei mächtige, aber vergleichsweise flachere Stromschnellenstrecken, Niskokoski 7 km lang, 35 m hoch und Pyhäkoski 18 km lang und 56 m hoch, die sich wohl weniger gut zu mittelgroßen Einzelausbauten eignen und deren systematischer Großausbau bis auf weiteres wohl zu hohe Ansprüche an die Kapitalkraft und die Aufnahmefähigkeit des Energiemarktes stellen würde. Keine dieser großen Fallstrecken ist daher bis jetzt ausgenutzt. Außerdem sind nur noch wenige kleine Stromschnellen und im übrigen ziemlich stille, lange Stromstrecken da. Von den 122 m Gesamtfall liegen 115 m in Stromschnellen und 7 m in Stillwasserstrecken.

Die Tatsache, daß im Hauptlauf noch fast nichts ausgebaut ist, läßt die Möglichkeit einer vollkommen systematischen Gesamtausnutzung in späterer Zukunft frei.

Dazu liegt für die größere untere Fallstrecke Pyhäkoski ein bemerkenswerter Vorentwurf vor: auf Höhe + 70 m (Abb. 516) liegt im Stromlauf ein 2 km² großer See, Sotkajärvi, und an diesen schließt ein viele Kilometer langes Stromknie an, unterhalb dessen etwa auf + 10 m der flache Nebenfluß Muhosjoki einmündet. Der Vorschlag will nun den Strom am Austritt aus dem See Sotkajärvi durch ein Regulierungswehr fassen und durch einen das Stromknie abschneidenden Kanal nach einem unterirdischen Schachtkraftwerk und von diesem weiter durch Stollen und Kanal nach dem zu regulierenden Nebenfluß Muhosjoki umleiten. Die Gesamtlänge der Wasserumleitung wäre 12,5 km, die Nutzfallhöhe 55 m. Da mit einer Dauerwassermenge von gegen 200 m³/sek zu rechnen wäre (vgl. Tab. 43, S. 478 und unten), so würde die Anlage ein mächtiges Grundkraftwerk abgeben. Die Ausbaukosten waren vor dem Kriege auf 300 Gold-FM/PS geschätzt. Für die bei diesem Plan jedenfalls voraus-

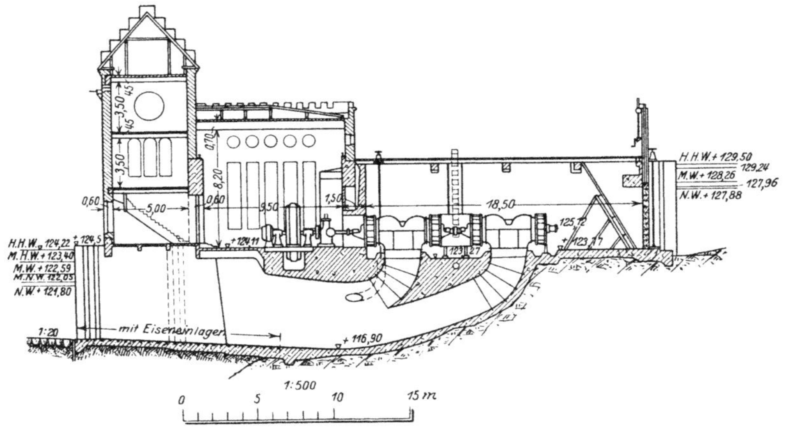

Abb. 555. Kajaane. Kraftwerk-Schnitt. (Malmi.)

zusetzende Regulierung der Wasserführung des Uleälvs liegt ein Vorschlag von Lönnfors vor, der einen Regulierungsspielraum von 1,65 m im Uleträsk vorsieht und dabei die Niedrigwassermenge um 63 m³/sek erhöhen will (Abb. 554).

Ausgebaut ist im Uleälvhauptlauf vorläufig nur eine Überlandzentrale von 1300 PS ($H_n = 5{,}2$, $Q_v = 25$), die einen Bruchteil der Energie der kleinen untersten Stromschnelle **Merikoski** bei Uleåborg nutzt. Daher ist auch die erwähnte Abflußregulierung noch nicht aktuell.

Die Wasserkräfte der Teileinzugsgebiete oberhalb des „Zentralsees" sind gleichfalls noch unausgenutzt bis auf die Stromschnelle Ämmäkoski bei Kajaane. Die hier von einer Industriefirma genutzte Wassermenge ist rd. 48 m³/sek, die Fallhöhe 5½ bis 7 m. Es sind zwei wagrechte Doppelzwillings-Francisturbinen (Abb. 555, 556) mit angekuppelten Stromerzeugern, je 1500 PS stark aufgestellt. Von der erzeugten Energie werden 2700 PS für Holzschleiferei, der Rest für allgemeine Eltversorgung verwendet. Die Anlage wurde im Kriege erbaut und wegen Werkstoffmangel mußten für die Wehrverschlüsse an sich veraltete Konstruktionen verwendet werden. Es sind drei Öffnungen mit Schützen, eine mit Dammbalken und zwei durch Nadelwehre abschließbar, außerdem ist noch eine kleinere Schütze

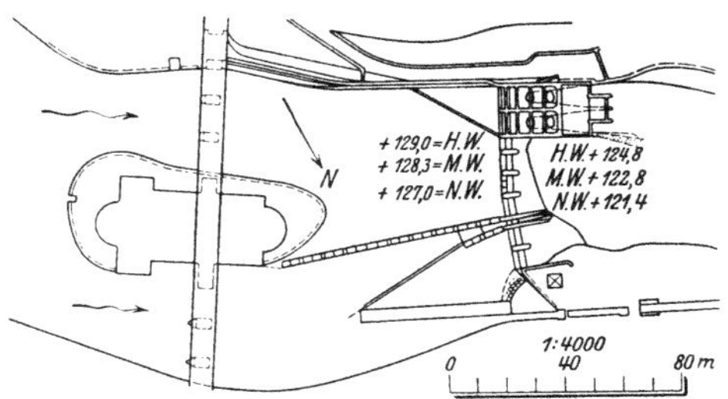

Abb. 556. Kajaane. Lageplan. (Malmi.)

für den Triftrinneneinlauf angeordnet. Diese Kombination der Verschlußarten hat sich ziemlich gut bewährt. Zur Minderung der Grundeisbildung hat man die Flußsohle durch Entfernen der größeren Steine möglichst eben gemacht.

Unterlagen:

Blomquist, Sjögren vgl. Abschnitt 23. — Voikka, Kuusankoski und Keltis: Veröffentl. von Gunnar Bonsdorff, Prof. Juselius und K. J. Wilkmann in Tekniska Föreningens i Finland Förhandlingar Dez. 1923, S. 256—264. — Äetsä: Mitteilungen der Baufirma Skanska Cementjuteriet, Filiale Helsingfors, und Björneborgs Kraft A.B. — Högfors: Aufs. von Bror Sjögren und Karlo Tawast; Mittlgn. vom Büro Konsulting. — Unterer Kumoälv: Mitteilungen von Ing. Wiese in Åbo. — Uleälv: Mitteilungen von Civ.-Ing. Malmi. — Nokia, Voikka u. v. a. briefl. Mitt. von Prof. Juselius.

Vierter Teil.

Einzelheiten.

26. Abschnitt: Nordische Wasserhaushaltsfragen.

1. Berührung der Wasserkraftnutzung mit anderen Wasserwirtschaftszweigen.

In vielen kürzeren Wasserläufen, die aus dem Hochgebirge oder sonstigem Ödland kommen, wo die Umgebung holzarm ist oder der Lauf für das Flößen zu steil, wo die Seen von kahlen Felsen umgeben sind und wo die Wanderfische nicht weit stromauf vordringen, ist die Kraftnutzung tatsächlich der einzige Wirtschaftszweig von Bedeutung, der Ansprüche an den Wasserlauf stellt. Beispiel: Glomfjordwerk, Nordnorwegen, S. 324). Weit häufiger ist indes auch in Nordeuropa der Fall, daß an Wasserlauf und Tal neben der Kraftnutzung noch andere Wirtschaftszweige interessiert sind: Forstwirtschaft und Flößerei, Landwirtschaft und Siedelung, Schiffahrt und Fischerei.

1. 1. Forstwirtschaft und Flößerei.

Die **Forstwirtschaft,** wie wir sahen, in Nordeuropa einer der wichtigsten Zweige der Rohproduktion, wird von Wasserkraftnutzung nur insofern unmittelbar beeinflußt, als die Wasserstände der Seen und einzelner Flußabschnitte durch Seeregulierungen und Schaffung von Tagesweihern in den Flußläufen verändert werden. Die Beeinflussung von Waldungen durch Wasserstandsregulierungen ist im Zusammenhang mit dem Plan der Vänerregulierung in Schweden von Prof. Hässelmann im Auftrag von Vattenfallstyrelsen eingehend untersucht worden. Die Untersuchung erstreckt sich einerseits auf die Wirkung des außergewöhnlichen Hochstandes des Vänersees 1910, andererseits aber auch auf die Wirkung der mit 1917 begonnenen starken Regulierung des Amungsees (Dalälvgebiet). Die Wachstumsveränderungen wurden durch Anbohren der Bäume in Brusthöhe beobachtet; neben der Änderung der Jahresringstärke konnte dabei an gefällten Probebäumen auch eine wesentliche, verhältnisgleiche Änderung des Höhenwachstums der Bäume nachgewiesen werden (m. a. W.: im Gegensatz zur Durchforstung, die im Durchmesser viel stärkere Wachstumsteigerung ergibt als der Höhe nach, wirkten die Wasserhaushaltsänderungen des Bodens auf Stärken- und Höhenwachstum gleichmäßig ein).

Die Hauptergebnisse der außerordentlich umfangreichen Untersuchungen mögen, da die Frage wohl anderwärts noch nie so eingehend untersucht wurde und da den Ergebnissen eine gewisse allgemeine Gültigkeit zukommen dürfte, in Kürze mitgeteilt werden. Es sei vorausgeschickt, daß unter mittelschwedischen Verhältnissen Wasserspiegelsenkung keinen ungünstigen Einfluß auf die Waldvegetation ausübt, da die Absenkung der Seen mit Jahresregulierung meist im Winter oder Vorfrühling stattfindet, also zu einem Zeitpunkt, wo entweder der Wasserbedarf der Bäume gering oder aber der Boden durch die beginnende Schneeschmelze verhältnismäßig stark durchnäßt ist. Dagegen ist eine Hebung des Wasserstandes und eine damit Hand in Hand gehende Erhöhung des Grundwassers durch die teilweise Luftabsperrung des Wurzelnährbodens stets schädlich. Die hierauf bezügliche Untersuchung hat im einzelnen ergeben, daß Wald auf Flächen unter dem Stauziel früher oder später unbedingt vollständig ausstirbt Die absterbenden Bäume werden von Insekten angegriffen, die auf den gesunden Wald übergehen und auch ihn schädigen können. Es ist daher empfehlenswert, vor Inbetriebsetzung einer Stauanlage das ganze unter dem Stauziel liegende Waldgebiet auszuholzen (dies geschieht in Mitteleuropa, nicht immer in Amerika, regelmäßig; das kostspielige Ausstocken wird aber oft unterlassen, d. Verf.). Oberhalb des Stauziels folgt eine von der Stauung durch Vermittlung des Grundwassers beeinflußte Zone, die als Reaktionszone bezeichnet wird. Sie besteht aus zwei Teilen: Der untere, der Höhe von 40—50 cm entsprechende Teil wird ungünstig, der obere Teil aber günstig beeinflußt. Im unteren Teil sterben die Bäume hier und da aus und der Rest wird im Wachstum ungünstig beeinflußt; im oberen ist dagegen ein beschleunigtes Wachstum zu verzeichnen. Diese bemerkenswerte Einwirkung ist bei der Aufstauung des Amungen und bei einer außergewöhnlichen, vorübergehenden Überschwemmung des Vänersees im wesentlichen in genau derselben Weise zu beobachten gewesen. Dagegen hatte die vorübergehende Vänerüberschwemmung auf den direkt überfluteten Waldboden eine etwas andere Wirkung als die auf einen sehr großen Teil jeden Jahres sich erstreckende Stauerhöhung des Amungen. Die außergewöhnliche Überflutung verursachte kein ausnahmsloses Absterben der Bäume in den überschwemmten Waldflächen, sondern nur ein teilweises Zugrundegehen; bei den überlebenden Bäumen trat eine einjährige kräftige Wachstumssteigerung und eine darauf folgende mehrjährige wesentliche Wachstumsverminderung ein. Es wurde auf Grund anderweitiger Beobachtungen noch nachgewiesen, daß die Dauer der Überschwemmung für das Maß des Schadens von großem Einfluß ist. Diese Beobachtung kann wieder mittelbar auch für Seeregulierungen unter Umständen Bedeutung gewinnen; dabei kommt aber überhaupt nur jener Teil der Dauer in Frage, der in die Wachstumszeit der Bäume hineinfällt. — Sämtliche beobachteten Wälder waren überwiegend Nadelwälder.

Im allgemeinen geht aus Obigem hervor, daß die Schädigung von Wäldern durch Seeregulierungen im ganzen genommen wegen der teilweise ausgleichenden, günstigen Einwirkungen in der „oberen Reaktionszone“ wirtschaftlich nicht so schwer wiegen, wie man vor der Untersuchung Hässelmanns anzunehmen genötigt war. Seine Arbeiten sind aber auch hauptsächlich deshalb bemerkenswert, weil sie zeigen, wie im Einzelfall der Nachweis des Schadens geführt werden kann, so daß grobe, oft weit über das wirkliche Maß hinausgehende Schätzungen künftig vermeidbar sind. Selbst bei der früher üblichen, mehr willkürlich-schätzungsweisen Schadenermittlung waren übrigens Ersatzbeträge die an die Forstwirtschaft zu leistenden, im Ausbauetat von Regulierungs- und Kraftanlagen ein recht untergeordneter Posten.

Viel mannigfaltiger sind die Berührungspunkte der Kraftwirtschaft und der Abflußregulierungsinteressen mit der Flößerei. Ein guter Ausgleich der beiderseitigen Ansprüche auf diesem Gebiet ist eine der umfassendsten Aufgaben der nordischen Wasserbautechnik und Wasserwirtschaft. Flößerei kommt in allen Teilen Nordeuropas vor, mit Ausnahme der Einzugsgebiete der norwegischen Westküste (südlich der Driva) und von Skåne (Schweden); außerdem ist ihre Bedeutung recht untergeordnet im südlichsten Teil von Norwegen (wegen der Geringfügigkeit der Waldbestände) und in ganz Südschweden (Småland), wo der natürliche Wasserhaushalt für Flößereibetrieb ungünstig ist. In allen anderen Teilen Nordeuropas sind die Ströme beinahe durchweg auf ganze Länge oder wenigstens streckenweise als Flößereiwege ausgebaut und intensiv benutzt. Besonders günstig sind vom Flößereistandpunkte die Gegenden mit kräftigem Frühlingshochwasser, unter anderem alle Gewässer Norrlands (Nordschweden) und die meisten von Dalarne und Värmland, wo vielfach ganz kleine Bäche, die im Winter vollständig einfrieren oder austrocknen, im Frühling für Flößereizwecke genügende Wasserführung aufweisen.

Zur Beleuchtung der volkswirtschaftlichen Bedeutung der nordischen Flößerei können folgende Angaben über schwedische Verhältnisse dienen (nach Smedberg und Kinnman): 30% der schwedischen Ausfuhr bestehen aus Erzeugnissen, die geflößtem Holz entstammen.

Die Länge der schwedischen Floßwasser ist mehr als das Doppelte von derjenigen der Eisenbahnen. Die Anlagekosten eines km Eisenbahn betrugen zur Zeit der Einrichtung der heutigen Floßwege 65000 bis 70000 Kr., die eines km Floßweg 5000 Kr. Die jährlich in öffentlichen Floßwassern geförderte Holzmenge beläuft sich auf 116 Mio. Stämme oder 12 Mio. Fm. Die mittlere Transportweite des Floßholzes ist 120 bis 160 km, und die durchschnittlichen Flößkosten stellen sich dabei auf 2,45 Kr. Fm, welcher Betrag auf der Eisenbahn nur eine Transportentfernung von 40 km decken würde.

Die Flößerei wird in den nordischen Ländern ganz überwiegend mit losen einzelnen Stämmen (als sogenannte Wild- oder Scheitholzflößerei, Triftung) ausgeübt. Das Stammholz wird in den verschiedensten Stärken und meist in Längen nicht über 10 m nach dem Winter in die Flüsse geworfen (nachdem es mit Eigentümerbrandzeichen versehen ist) und sich selbst überlassen. Nach mehreren 100 km langem Lauf wird es nahe den Strommündungen an sinnreich angelegten „Sortieranstalten" aufgefangen, nach Eigentümern verteilt und in Bündel oder Flöße gebunden oder durch Umgeben mit einer schwimmenden „Stammkette" zu einem Floßholzfeld vereinigt und so über Seen oder seeartige Mündungsstrecken an die riesigen Sägewerke (Abb. 22) geschleppt.

Der Ausbau eines Wasserlaufes für Flößereizwecke geschah seit Alters in der Weise, daß an den hochgelegenen Seen kleinere Regulierungswehre erbaut wurden mit der Aufgabe, die Dauer des Frühlingshochwassers etwas zu verlängern und seine Höhe entsprechend zu verringern. Der eigentliche Flußlauf wurde daneben durch Räumungen an seichten Stellen, durch Herstellung seitlicher Leitwerke und dgl. für das Flößen verbessert; an besonders reißenden Stromschnellen wurden vielfach auch Umgehungsrinnen gebaut. Die Abb. 905, 914, 916, 917, 918, 919 geben nur einige Proben aus dem außerordentlich reichen Schatz der nordischen Flößereitechnik, zu deren näherem Studium auf die einzigartige, wertvolle Sonderliteratur verwiesen werden muß.

Seeregulierungen für Flößereizwecke waren meistens ohne tiefere hydrographische Vorarbeiten und ziemlich knapp bemessen, so daß an vielen Stellen, besonders in wasserarmen Jahren, das Niedrigwasser früher einsetzte, als das Floßgut zum Bestimmungsort gelangen konnte; das Flößen wurde dann im nächsten Frühjahr fortgesetzt, dort, wo das Holz liegen geblieben war (Zweijahrsflößerei). Die bessere Erkenntnis der hydrographischen Verhältnisse hat in den 2 letzten Jahrzehnten große Verbesserungen auf dem Gebiete des Floßwasserhaushaltes gebracht. Besonders in solchen Gegenden, wo die Wasserkraftnutzung eine große Rolle zu spielen begann, fand man in den letzten Jahren Wege, die Abflußregulierung zum Besten beider Interessen in rationeller Weise durchzuführen. Hierbei wird der Flößerei eine genau vorbestimmte ständige Wassermenge während rd. 2 Monaten (z. B. Juni-Juli) zugesichert (s. das weiter unten mitgeteilte Regulierungsschema des Amungen); außerdem wird unter Umständen für den Abschluß der Floßsaison (Slutrensning = Schlußreinigung) in gewissen Fällen noch eine ganz kurzdauernde aber sehr hohe Wasserabgabe vorgeschrieben. Das ist wohl zum erstenmal bei der Regulierung des Skattungsees geschehen (Dalälvgebiet).

Serrander hat nachgewiesen, daß bei einem streng planmäßigen Wasserhaushalt es beispielsweise bei den Bewaldungs- und Wasserverhältnissen von Nedre Norrland möglich ist, den Wasserbedarf der Flößerei auf etwa 2% des gesamten jährlichen Abflusses herabzudrücken. Diese Zahl stellt indes einen idealen Grenzwert dar, da die Berechnungsweise voraussetzt, daß ein und dieselbe Wasserfülle das Floßgut bis zum Bestimmungsort trägt, daß also durch Anordnung geeigneter Stauanlagen dafür gesorgt ist, daß beim Auftreten von Behinderungen im Flößereibetrieb kein Wasser nutzlos durch die Triftgerinne abfließt. Der jetzige Stand ist im allgemeinen noch weit von diesem Ideal entfernt. Beim Ausbau des Nidelv und Selbusjö (Norwegen, Trondhjem) sind z. B. 5% vorgesehen. Die Anordnung wassersparender Wehröffnungen und Floßrinnen macht sich im Kraftwasserhaushalt besonders bei hochgradig regulierten Seen und weitgehend ausgebauten Flüssen bezahlt. Bei niedrigerem Regulierungs- und Ausbaugrad sind solche kostspieligeren Einrichtungen kaum wirtschaftlich (vgl. Abschnitt: Stauwerke).

Durch den Ausbau von Kraftwerken entstehen nun weiter Stauhaltungen mit geringer Strömung, andererseits konzentrierte Fallstufen, beides Hindernisse für die

Flößerei. Zu ihrer Überwindung werden entweder besondere Floßrinnen angeordnet, die Stauweiher und -stufen umgehen, oder aber es werden einzelne Wehröffnungen dem Flößereizweck entsprechend breit und nieder und der Wehrkörper an der Unterwasserseite im Hinblick auf stoßfreie Abführung des Holzes gestaltet; im letzteren Fall muß außerdem das Holz durch besondere Leitwerke von den Turbinen ferngehalten und der Triftöffnung zugeführt werden, auch müssen besondere Maßnahmen zur Sicherung einer entsprechenden Geschwindigkeit des Holzes auf dem Stauspiegel getroffen werden. Hierfür wird entweder die Windkraft (Segelschleppboote) benutzt, oder es werden „Warpenboote“ verwendet mit Benzinmotoren oder elektrischen, vom Kraftwerk in der Nacht geladenen Akkumulatoren. Mehrfach wurden auch in neuester Zeit besondere stationäre Verholeinrichtungen angewandt (siehe S. 699). Flößereirinnen und Flößereiwehröffnungen finden sich oft nebeneinander bei ein und derselben Kraftanlage: bei reichlichem Wasserzufluß wird durch das Wehr (Abb. 857), bei Wasserknappheit durch die Rinne getriftet. Auch kommt es öfter vor, daß für den allgemeinen Flößereibetrieb große Wehröffnungen, für irgendein privates Sägewerk aber eine besondere Floßrinne angeordnet wird. Über Bau und Betrieb von Kraftwerksfloßrinnen und Kraftwerksflößereiwehren bringt Abschnitt 30 Näheres

1. 2. Landwirtschaft.

Die als Acker benutzten Talböden der Wasserläufe sind in Nordeuropa um so wertvoller, als hier in vielen, großen Gebieten (z. B. ganz Inner-Norrland und Småland) der Ackerbau sich überhaupt auf die größeren Flußtäler und besonders die Umgebung der Binnenseen beschränkt. Bewässerung und ihr Wasserbedarf spielt in den nordischen Ländern keine nennenswerte Rolle; um so wichtiger ist dagegen die Entwässerungs- und Grundwasserfrage, die großen Einfluß auf die Festlegung der Stau- und Absenkziele und die zeitliche Einteilung der Regulierungspläne von Seen und Sammelbecken hat.

Früher wurden, namentlich in Finnland und Schweden, außer den kleinen Regulierungen zugunsten der Flößerei, Seeregulierungen meist im Interesse der unmittelbar um die Seen liegenden Landwirtschaften, somit ausschließlich in Form von Seesenkungen ausgeführt. Bei den neuzeitlichen Seeregulierungen im Interesse der Kraftwirtschaft wird häufig auch gestaut und daher meistens die unmittelbar umgebende Landwirtschaft ungünstig beeinflußt. Angesichts der Bedeutung der landwirtschaftlichen Interessen wird meistens in guten Landwirtschaftsgegenden nur eine ziemlich geringe Stauhöhe zugelassen (das Stauziel wird meistens gleich oder etwas unter einem natürlichen Hochwasserstand festgelegt), außerdem wird vielfach eine noch niedrigere Staugrenze für die Vegetationszeit („Sommerstauziel“ im Gegensatz zum „Herbststauziel“ oder „Stauziel“ schlechthin) vorgeschrieben, da es wohl bekannt ist, daß Stauschäden durch hohen Sommerwasserstand ein Mehrfaches der bei einem gleichhohen Herbstwasserstand ausmachen (die quantitativen Beziehungen sind allerdings im einzelnen noch nicht erforscht). Abb. 557 gibt nach Nils Jakobson die Wasserstandsganglinie eines flößereiregulierten und eines flößerei- und wasserkraftregulierten Sees in einem ackerbaureichen Tal. Wir sehen die beiden Stauziele

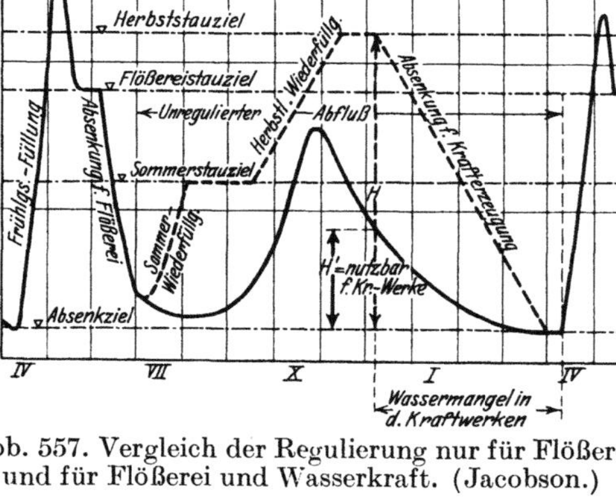

Abb. 557. Vergleich der Regulierung nur für Flößerei und für Flößerei und Wasserkraft. (Jacobson.)

und sehen, daß im Vorfrühling vorübergehend auch das Herbststauziel wesentlich überschritten werden darf. Nach den Ausführungen von Jakobson erscheint eine solche (auch in Norddeutschland wohl bekannte) kombinierte Art der Staugenehmigung in den meisten Fällen volkswirtschaftlich richtig. — Wie im Götaälvabschnitt gezeigt, wurden auch im Regulierungsvorschlag für den Vänersee zwei Stauziele vorgesehen.

Die starke Begrenztheit der mit Rücksicht auf die Landwirtschaft zugelassenen Stauziele, die dabei trotzdem sich ergebenden bedeutenden Schadensersatzbeträge, nicht zuletzt auch die Verlangsamung, die der ganze Rechtsgang durch die Verhandlung mit den vielen einzelnen Grundbesitzern erfährt, sind in vielen Gegenden Nordeuropas (z. B. Mittelschweden, große Teile von Südschweden, Südfinnland) die größte Erschwernis für einen billigen und rationellen Ausbau der Wasserkräfte und zugehörigen Abflußregulierungen. Es gibt aber Fälle, wo die Regulierung außer den Kraftinteressen auch dem Hochwasserschutz des weiter stromabwärts gelegenen Gebietes zu dienen hat, so daß die Festlegung des Wasserentnahmeplans die Berücksichtigung einer noch umfangreicheren Interessenmannigfaltigkeit erforderte. Das größte Beispiel hierfür ist die Regulierung des Glommen im Gebiet der Osloer Senke.

Hinsichtlich der Schadenhöhe scheinen die neueren nordischen Untersuchungen und Erfahrungen ähnlich wie bei den Waldschäden auch hier darauf hinzudeuten, daß die bisher üblichen Berechnungen zu Überschätzungen geführt haben. Die Frage ist indes noch keineswegs geklärt, und man konnte noch vor kurzem recht weit auseinandergehende Auffassungen finden. Beispielsweise ergab die Begutachtung der Schäden aus der ersten Skagernregulierung durch zwei unabhängige Sachverständige die in Abb. 558 dargestellten verschiedenen Werte.

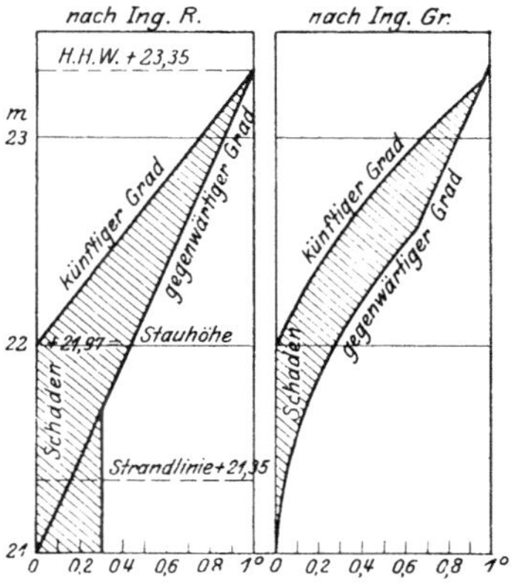

Abb. 558. Skagernregulierung. Wertverlustkurven für Ackerboden nach zwei Sachverständigen. (Sv. V. Kr. För. 130.)

Die erste umfassende wissenschaftliche Untersuchung der Ackerbauschäden ist ebenso wie die der Waldschäden bei den Voruntersuchungen für die Vänerseeregulierung von Vattenfallstyrelsen veranlaßt worden. Über diese Untersuchung ist im Götaälvabschnitt berichtet (S. 238).

Da häufig der Wasserhaushaltsplan (wegen weiteren Ausbaues der Kraftanlagen des Einzugsgebietes, der Einführung elektrischen Verbundbetriebes mit anderen Kraftwerken oder schließlich Änderung der Energieverwendung) im Laufe der Zeit stark umgestaltet werden muß, so wird es (ganz einfache Fälle ausgenommen) für stets zweckmäßig erachtet, die dauernde Einhaltung des höchsten Stauziels (bzw. der jahreszeitlich verschiedenen höchsten Stauziele) der Schadensersatzberechnung zugrunde zu legen. Dabei werden etwas höhere Ersatzleistungen, als unbedingt erforderlich wäre, in Kauf genommen, um für den Betrieb der Seeregulierungen vollkommen freie Hand zu sichern. Dieser sehr beachtenswerte Grundsaz ist u. a. auch bei dem Plan der Vänerregulierung von Vattenfallstyrelsen angewandt.

Ein anderer Grundsatz von einer gewissen allgemeinen Gültigkeit, auf den Sven Lübek ausdrücklich hinweist, ist es: in relativ ackerbaureichen und stark besiedelten Gebieten die Stauziele von Anfang an (bei stufenweisem Ausbau) endgültig festzulegen, damit Ackerbau und Siedelung sich sogleich danach einrichten können; die Höhe der insgesamt zu leistenden Entschädigungen wird dadurch ganz wesentlich vermindert.

1. 3. Siedelung.

Städte, Dörfer, Einzelgehöfte werden unter nordischen Siedelungsverhältnissen nur selten durch Wasserkraftausbauten wesentlich beeinträchtigt. Beispiele wie

Gäfle und Norrköping, wo Kraftwerke mitten in einer Stadt erbaut wurden, sind vereinzelt.

Seeregulierungen werden, abgesehen von direkter Überstauung, unter Umständen einzelnen Häusern mit hölzernen Fundamenten durch die Grundwasserabsenkung schädlich. Vereinzelt hat man schon zu umfangreichen Einwallungen in Verbindung mit Pumpwerken gegriffen, um wertvolles Siedelungsgelände vor Einstau zu schützen oder umgekehrt: den höheren Stau zu ermöglichen (Imatra, Högfors, Siljan).

1. 4. Schiffahrt.

Die überwiegende Mehrzahl der nordischen Ströme ist nicht auf längere Strecken schiffbar. Künstliche Großschiffahrtswege haben in Mittelschweden, Südfinnland und Südostnorwegen eine z. T. große volkswirtschaftliche Bedeutung; sie kommen aber mit den Interessen der Wasserkraftwirtschaft nicht wesentlich in Berührung. Wie gering verhältnismäßig die von der Schiffahrt beanspruchten Wassermengen sind, zeigt beispielsweise der Fall von Lilla Edet, wo die Umgehungsschleuse nur 2,3 m^3/sek beansprucht, also nicht einmal ½% der Gesamtwasserführung.

Eine viel allgemeinere Verbreitung hat die Schiffahrt auf manchen der zahlreichen und großen Binnenseen, und hier muß sie natürlich beim Entwurf von Seeregulierungen gründlich berücksichtigt werden. Die Landungsbrücken werden z. B. durch Stauerhöhung über und durch Absenkung unter eine gewisse Grenze in ihrem Nutzungswert beeinflußt (vgl. Vänerregulierung im Abschnitt Götaälv) oder bei Holzbau in ihrem Bestand bedroht. Die Beschränkungen der Landungsmöglichkeiten fallen natürlich nur in der Schiffahrtszeit in Rechnung; die überwiegende Mehrzahl der nordischen Seen ist nur etwa die Hälfte des Jahres, vielfach noch kürzere Zeit, schiffbar.

Als Gegenstück ist übrigens hier eine nordische Eigentümlichkeit zu erwähnender Verkehr über die Eisdecken der Seen mit Fuhrwerken. Dieser muß unter Um: ständen bei Seeregulierungen durch Anlage tief herabführender Rampen berücksichtigt werden (z. B. beim Selbusjön, S. 356).

1. 5. Fischerei.

Von den Fischen der nordischen Gewässer sind vor allem die Wanderfische Aal und Lachs von großer Bedeutung.

Die Jungaale wandern aus dem tropischen Teil des Atlantischen Ozeans, wo sie ausgeschlüpft sind, im Golfstrom zu den Strömen und Binnenseen Nordeuropas, um nach Erlangung der Laichreife nach dem Ozean zurückzukehren. Die Wanderungen des Lachses sind kürzer; von den nordeuropäischen Meeren steigen die laichreifen Tiere bis zu den Binnenseen der Ströme auf, laichen dort und bleiben auch dort zurück. Die jungen Lachse suchen nach 2—3 jähriger Entwicklung den Ozean auf, um sich dort zur Laichreife zu entwickeln. Beide Fischarten machen die Wanderung nur ein einziges Mal in ihrem Leben.

Der Schutz des Aalbestandes erfordert die Anordnung einer Jungaalrinne, die dem jungen Fisch die Wanderung stromaufwärts ermöglicht. Der Wasserbedarf dieser Jungaalrinnen ist gering, im Höchstfalle etwa 100 sl. Zum Schutze des stromabwärts wandernden erwachsenen Aales und des ebenfalls stromabwärts wandernden Junglachses müssen vor den Kraftwerkseinläufen Rechen angeordnet werden. Das schwedische Gesetz schreibt Rechen von höchstens 2 cm lichter Stabentfernung vor. Diese Rechen sollen nach Nordqvist bei Werken mit langem Oberkanal auf keinen Fall erst am Turbineneinlauf (vielmehr schon am Einlaß) angeordnet werden, da sonst der Fisch nicht mehr den Weg zurück zum Strom findet und von der starken Strömung an das Gitter gepreßt wird und zugrunde geht. Über erfolgreiche neuere Versuche, die Feinrechen bei Niederdruckanlagen völlig durch Grobrechen zu ersetzen, vgl. S. 645. Schlupfpässe für die stromabwärts wandernden Aale werden anscheinend in Nordeuropa kaum angeordnet, da im Frühling und Sommer, wo diese Wanderung vor sich geht, ohnehin an den Wehren Überschußwasser abgelassen wird.

Auf die konstruktive Anordnung der Jungaalleitern wird im Abschnitt 30 ausführlich eingegangen. Hier sei nur darauf hingewiesen, daß in gewissen Fällen (hauptsächlich bei besonders hohen Fallstufen) die Jungaalleiter zweckmäßigerweise durch einen Jungaalsammler im Unterwasser der Stufe ersetzt werden kann. Die jungen Aale werden hier gesammelt und per Bahn (in besonderen Behälterwagen) oder mit

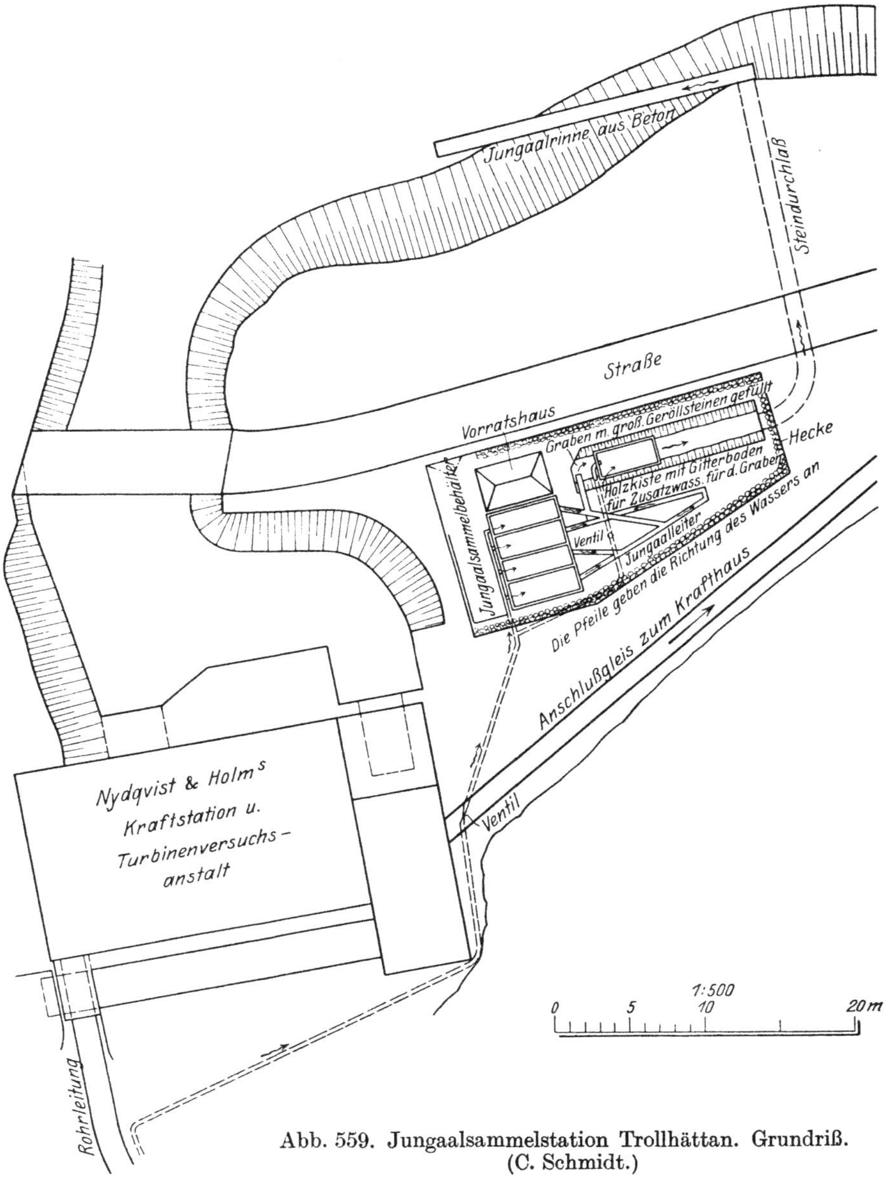

Abb. 559. Jungaalsammelstation Trollhättan. Grundriß. (C. Schmidt.)

sonstigen Transportmitteln zu weiter stromaufwärts liegenden geeigneten Seen befördert und dort eingesetzt. Solche Jungaalsammler sind an mehreren Stellen in Schweden angeordnet; weitaus das bedeutendste Beispiel ist die Jungaalsammelstation Trollhättan (Abb. 559, 560, 561). Die eigentliche Sammelstation besteht aus 4 gesonderten Betonbecken, die einen regulierbaren breiten Grundauslaß besitzen. Die Regulierung geschieht nach dem Wasserstand im Becken und ist auf eine konstante mäßige Geschwindigkeit gerichtet, da eine zu große Geschwindigkeit die

Jungaale schädigen könnte. Der größte Teil der Anlage wird indessen von der als Zugang zu diesem Becken dienenden Aalleiter gebildet. Am natürlichen Stromlauf beginnt dieser Zugang mit zwei offen angeordneten steingefüllten Rinnen mit Schwellen,

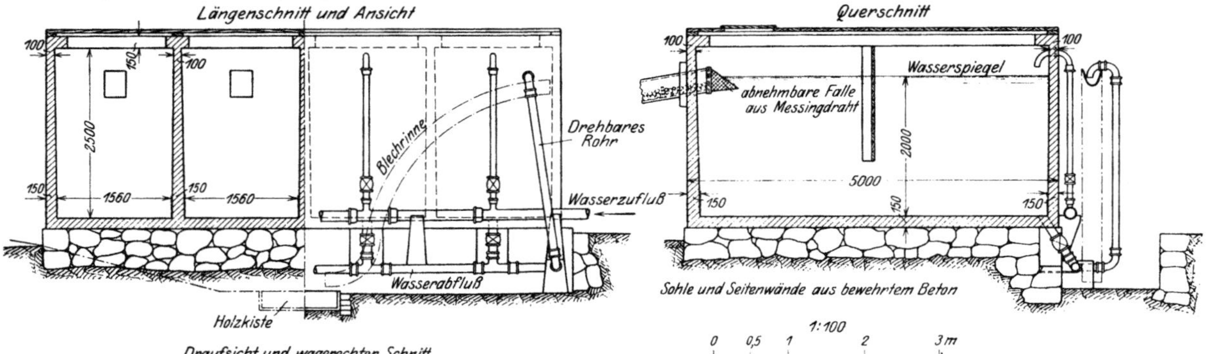

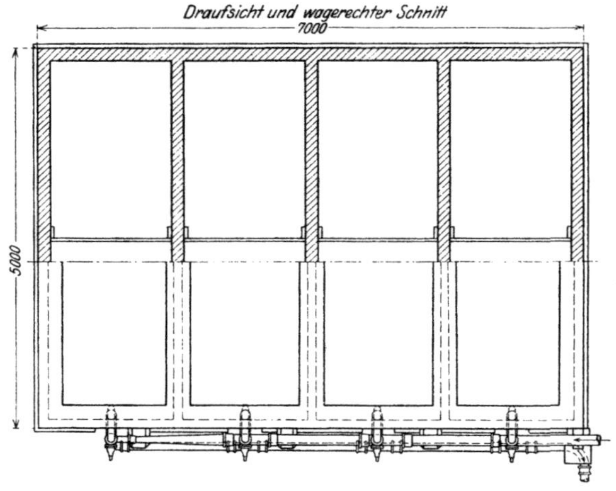

Abb. 560. Jungaalsammelstation Trollhättan. Grundriß und Schnitte des Sammelbehälters. (C. Schmidt.)

die dann durch einen gewölbten Durchlaß unter einer Landstraße und Parkanlage in ein steingefülltes Becken münden, dem von oben Wasser zugeführt wird. Von diesem Becken beginnt eine Holzrinne mit Steinfüllung und mit Querwänden, die sich weiter oben verzweigt, um die Jungaale den oben erwähnten 4 eigentlichen Sammelbecken zuzuführen. Der Einlauf dieser 4 Röhren in ihre Becken ist natürlich mit je einer Falle versehen, da die Aale am Umkehren verhindert werden müssen. Es werden in dieser Jungaalsammelstation jährlich rd. 5000—6000 kg Jungaale gesammelt, von denen aber nur etwa die Hälfte in die Seen des Götaälvgebietes eingesetzt wird als Ersatz für

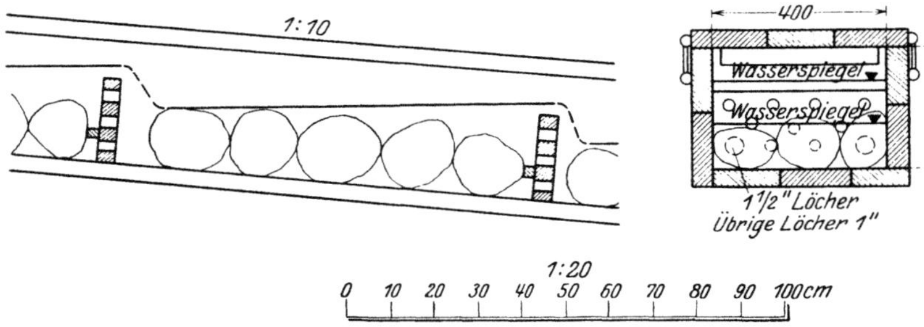

Abb. 561. Jungaalsammelstation Trollhättan. Normalabschnitt der Jungaalleiter. (C. Schmidt.)

die natürliche Wanderungsmöglichkeit der Jungaale in diesem Strom. Der Rest kann verkauft werden zum Einsetzen in verschiedene andere Seen des Landes.

Viel größer sind die Schwierigkeiten der Aufrechterhaltung der Lachsbestände in den nordischen Strömen. Die Schwierigkeit beruht darin, daß die bestkonstruierten Lachstreppen (Einzelheiten im Abschnitt 30) noch immer ein gewisses Hindernis für den Aufstieg bilden, so daß nur ein Teil der Lachse tatsächlich aufsteigt. Eine noch größere Schwierigkeit entsteht dort, wo nicht nur einzelne Fälle sondern fast alle Stromschnellen eines Stromes nutzbar gemacht werden. Hierdurch werden die Laich-

und Aufwuchsplätze des Lachses Stellen mit lebhaft strömendem, ½—2 m tiefem Wasser beinahe restlos zerstört. Durch den systematischen Ausbau eines Stromes durch Stauhaltungen abwechselnd mit völligen Wasserumleitungen werden die Bedingungen für die Fortpflanzung und die Entwicklung der jungen Tiere tiefgehend verschlechtert. Die vielfach angewendete Maßnahme: im Unterlaufe verschiedener Ströme künstliche Brutplätze zu schaffen, von wo die jungen Lachse im zartesten Alter in den Stromlauf oder besser in entsprechende noch nicht ausgebaute Gewässer des Stromgebietes ausgesetzt werden (der schwedische Staat hat eine solche Station in Älvkarleby), hat sich nicht vollauf wirksam erwiesen, da die Gebirgsgewässer meistens nicht genügend reich an entsprechender Fischnahrung und die ausgebauten Hauptgewässer voll größter Gefahren für den Jungfisch sind. Nordqvist hat daher vorgeschlagen, viel umfangreichere Lachskulturstationen einzurichten, wo der junge Lachs 2—3 Jahre lang mit entsprechender Nahrung versehen wird, bis er seine Wanderung stromabwärts unternehmen kann. Zu diesem Zweck soll das Aussetzen des jungen Lachses in den Strom unterhalb des untersten Wehres erfolgen. Eine solche auf dem Kontinent ganz ungewöhnliche, bis jetzt wohl nur in England und Amerika versuchsweise angewandte Lachsstation sollte nach dem erwähnten Vorschlag im Dalälvunterlauf bei Älvkarleö Bruk (unweit Älvkarleby) eingerichtet werden. Eine Vorstufe zur Verwirklichung dieses Nordqvistschen, von Schmidt technisch durchgearbeiteten Vorschlages bilden die bereits bestehenden schwedischen staatlichen Versuchskulturstationen im Motalastrom und in Kälarna (Jämtland), wo die Junglachse versuchsweise während des ersten Sommers oder während noch längerer Zeit ernährt werden, bevor sie in den Stromlauf ausgesetzt werden. Demnächst sollen größere Versuchsstationen dieser Art bei Hyttö Bruk (Dalälv-Unterlauf) und im untersten Ljungan eingerichtet werden, wo auch untersucht werden soll, wieweit es möglich ist, den Junglachs sich aus der vorhandenen oder eingepflanzten Flora und Fauna (also ohne dauernde künstliche Zufuhr von Nährtieren) ernähren zu lassen. Wenn eine befriedigende Auffütterung des Lachses bis zur Wanderreife sich als biologisch und wirtschaftlich durchführbar erweist, wird dies für das ganze Land eine völlige Umstellung der bisherigen Lachswirtschaft bedingen, da der Fang sich natürlich auf die untersten Stromabschnitte beschränken wird. Dem einzelnen Fischereibesitzer im Mittel- und Oberlauf des Stromes soll dabei Ersatz für den ihm völlig entzogenen Lachsfang entweder in barem Gelde oder durch Kultur von Standfischen (Bachforellen u. a. m.) zu bieten versucht werden. Beim Ausbau der Wasserkräfte brauchte dann den Unternehmern künftig nicht mehr der Bau und die Unterhaltung kostspieliger Lachstreppen auferlegt zu werden; vielmehr wären lediglich Barbeiträge für die Einrichtung von Lachskulturanstalten und für die erwähnte Schadloshaltung der stromaufwärtigen Fischereibesitzer zu leisten. Vorläufig werden indes in Schweden und Finnland noch überall, wo die Wanderung des Lachses beobachtet wird, Lachstreppen gefordert; außerdem werden aber schon jetzt geringe Barbeiträge zur Förderung der Fischerei (hauptsächlich auch des Versuchswesens) erhoben. Der Wasserverbrauch der Lachstreppen ist nicht unbedeutend und beträgt in Schweden 0,3 (in kleineren Wasserläufen) bis 1,2 m^3/sek, die bei Berechnung der verfügbaren Nutzwassermenge zu berücksichtigen sind. Dazu kommt oft noch ein Zuschuß von bis zu 1 m^3/sek, zur Füllung des trockengelegten Flußbettes zwischen Krafthaus-UW und Wehr. Die Lachstreppen bleiben gewöhnlich nur vom Frühlings-HW bis Ende der Laichzeit (Oktober) offen. In der Hauptniederwasserzeit (Winter) wird also Wasser gespart (oft erhalten die Fischereiberechtigten eine Geldentschädigung für den dadurch entstehenden, wegen der geringen Fischbewegung im Winter mäßigen Schaden.

Der Fischfang wird außer von dem eigentlichen Wasserkraftausbau auch durch Seeregulierungen beeinflußt, und zwar hauptsächlich mittelbar, da die Änderung der Wasserstände einen nachweislichen, sehr wesentlichen Einfluß auf die Nährfauna der Fische ausübt. Beispielsweise ist bei der Regulierung des Gebirgssees Tunhövd (Norewerk, S. 441), in dem nur Forellen gefangen wurden, zur Aufrechterhaltung des Fischfanges eine Forellenbrutanstalt eingerichtet worden, die jährlich rd. 30000 Jungforellen aussetzt. (Ob diese Maßnahme zur vollständigen Erhaltung des früheren, blühenden Forellenfanges dieses Sees genügen wird, ist heute noch nicht genau feststellbar, da gewisse ungeklärte Rechtsfragen in der ersten Regulierungszeit zu umfangreichem Raubfischfang Gelegenheit geboten haben, so daß noch eine große Unstabilität in den Fischverhältnissen herrscht. Ebenso wurde bei der im Jahre 1914 dem Dalälvregulierungsverein erteilten Genehmigung zur Regulierung des Siljansees die Einrichtung einer Fischkulturanstalt (in Söllerön) verlangt.

Die Industrialisierung der Wasserläufe hat übrigens nicht nur durch den Wasserkraft- und den Seeregulierungsausbau einen schädlichen Einfluß auf die Fischerei; auch die Flößerei, ferner die abwässererzeugende Industrie (im Norden in erster Linie: die sehr schädliche Sulfitindustrie) wirken schädlich.

1. 6. Heimatschutz.

Die ästhetischen Interessen, die sich an Wasserläufe knüpfen, werden noch unter anderen Gesichtspunkten behandelt werden (S. 673); hier sei daher nur erwähnt, daß das schwedische Gesetz auch für rein ästhetische Schädigungen von Grundbesitztümern Schadensersatzleistungen vorsieht; solche werden tatsächlich in recht bedeutendem Umfange von den schwedischen Wassergerichten den Grundbesitzern zugebilligt (z. B. zweite Regulierung des Skagernsees).

Unterlagen:

Prof. Hässelmann: Om Sjöregleringars Inverkan På Omgivande Skogsmarker. Svenska Vattenkraftföreningens Publikationer 140. — Lübek, Sven: Nyare Erfarenheter om Planläggning och Utförande av Vattenreglingar. Svenska Vattenkraftföreningens 140. — Smedberg, R.: Vattenkraftens och Flottningens Förhållande Till Varandra. Svenska Vattenkraftföreningens Publikationer 153. — Kinnman, Gunno: Om Flottleder och Flottning. Stockholm 1919. — Näslund, O. J.: Flottningsteknik. Stockholm 1915. — Serrander, Mauritz: Flottning och Vattenkraft. Svenska Vattenkraftföreningens Publikationer 135. — Hedin, Aspergen und Insulander: Vattenregleringar och skadevärderingar enligt Vattenlagen. Svenska Vattenkraftföreningens Publikationer 130. — Nordqvist und Carl Schmidt: Vattendragens Öfverbyggande och Fiskeri Intressets Tillvaratagande. Svenska Vattenkraftföreningens Publikationer 90. — Prof. Dahl: Undersökningar vid Tunhövd-Fjorden Angående Fiskens Näringsförhallånden före och Efter Regleringen. Svenska Vattenkraftföreningens Publ. 185. — Schmidt, Carl: Abhandlungen über die Fischerei-Frage. Richertfestschrift, Stockholm 1917 und Festschrift der schwedisch-staatlichen Weg- und Wasser-Bauingenieure, Stockholm 1926. — Briefliche Mitteilungen des Herrn Ziv.-Ing. Schmidt: Vattenbyggnadsbyrån. Stockholm. — Kinnman: Die Schwedischen Flößwasser (Skandin. Kredit A. B. Stockholm 1929).

2. Aufgaben des Kraftwasserhaushalts, insbesondere Abflußregulierungen.

Beim einstufigen Speicherausbau ganzer Wasserläufe, vornehmlich in West- und Nordnorwegen, wo die Wasserentnahme aus größeren Seen geschieht und das Unterwasser ein großer Strom oder Fjord bildet, ist der Wasserhaushalt einheitlich und einfach. Die Wasserentnahme paßt sich bei unmittelbarem Seeanstich sogar selbsttätig dem im Laufe des Tages und der Woche wechselnden Energiebedarf an. Wesentlich anders ist die Lage, wenn (wie im größten Teile von Schweden, in Südnorwegen und vielfach in Finnland) auf einer längeren Stromstrecke eine Reihe von Fallstufen folgt, ohne daß dazwischen Seen von nennenswerter Fläche vorkommen. In diesem Falle spaltet sich die Aufgabe des Wasserhaushaltes ganz naturgemäß in zwei Teile: der Ausgleich der Belastungsschwankungen des Einzeltages und der Woche wird unmittelbar an jedem einzelnen Kraftwerk oder, wo mehrere Werke knapp hintereinander folgen und einheitlich geleitet werden: für jede solche Kette von Kraftwerken durch einen besonderen Tages- oder Wochenweiher vermittelt, dessen Anordnung in engem Zusammenhang mit der Fallstufeneinteilung steht. Die Anpassung an die Belastungs- und Zuflußschwankungen im Laufe des Jahres dagegen wird an die großen Seen oder Seengruppen verlegt (Jahresregulierung). Hierbei wird angestrebt, möglichst jeden einzelnen oder wenigstens jeden größeren Zufluß für sich durch Seeregulierungen zu beherrschen, welche Forderung in Westnorwegen (Abschnitt 19) vielfach auch auf dem Wege der Wasserüberleitung von einem Tal in ein benachbartes, in Schweden neuerdings mit Vorliebe auf dem Wege der elektrischen Verbundwirtschaft oder hydroelektrischen Regulierung erfüllt wird.

2. 1. Tages- und Wochenregulierung.

An verschiedenen Stellen d. B. sind einschlägige Fragen schon an praktischen Beispielen berührt; hier sollen nur die allgemeinen Richtlinien nach vorwiegend nordischen Erfahrungen und Überlegungen angedeutet werden.

Der Ausbau- und Betriebsplan eines einzelnen Tagspeicherwerkes, bei dem i. d. R. der Speicherspiegel zugleich Werks-Oberwasser ist, muß bekanntlich der Tatsache Rechnung tragen, daß durch die Speicherung Spiegelschwankungen im Ober- und Unterwasser und damit Fallhöhen- und Energieverluste verursacht werden. Auch die sonstigen Energieverluste in Wasserleitungen, Rechen, Maschinen und Leitungen pflegen beim Speicherbetrieb größer auszufallen als beim Laufbetrieb. Am wichtigsten sind, wenigstens bei Mittel- und Niederdruckwerken, die Spiegelschwankungsverluste. Fransén hat gezeigt, daß sich für den Einfluß der Oberwasserschwankungen allgemeingültige Regeln ableiten lassen: Damit die Verluste durch Absenkung nicht den Energiegewinn aus Aufspeicherung des Nachtwassers aufwiegen (Abb. 562), muß die Spiegelfläche des Speichers einen gewissen Mindestwert übertreffen. Dieser ist um so größer, je länger die jährliche Speicherperiode und je größer das Verhältnis: Betriebswassermenge zu Fallhöhe. Die verschiedenen Speicherwasserschichten sind ihrer Höhenlage nach energiewirtschaftlich ungleichwertig, besonders noch bei flachen Beckenwandungen (Abb. 563). Berechnet man unter Zugrundelegung verschiedener Werte der verfügbaren (24stündigen) Triebwassermenge die dem Speicher zugeführte Energie (E_a) und trägt die dabei je nach Absenkungsmaß entnehmbare Speicherungsenergie (E_n) als Funktion von E_a auf (Abb. 564), so entsteht ein aufschlußreiches Bild: Der gesamte Speicherwirkungsgrad $\eta_S = E_n/E_a$ kann unmittelbar als Steigungsmaß eines Fahrstrahls entnommen werden, ebenso der Wirkungsgrad der einzelnen Wasserschichten $\left(\eta_P = \frac{\Delta E_n}{\Delta E_a}\right)$, den Fransén „partiellen Speicherwirkungsgrad" nennt, als Steigungsmaß der Kurventangente.

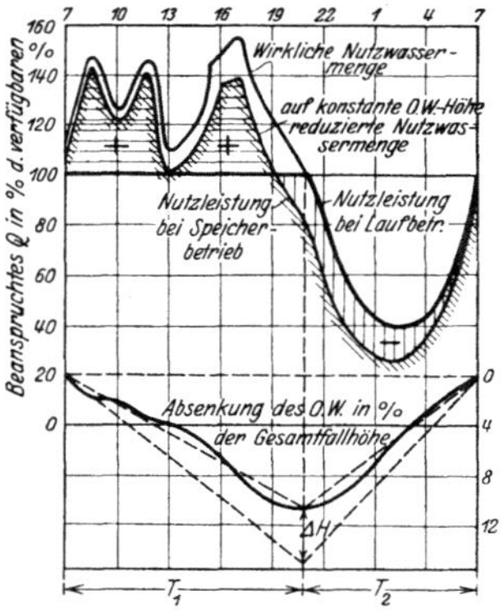

Abb. 562. Tagesspeicherung, Spiegelsenkung und wirklicher Energiegewinn (+ und —) gegenüber Laufbetrieb. (Fransén.)

Unter den durch Abb. 562 (unten) veranschaulichten vereinfachenden Betriebsannahmen läßt sich für ihn außerdem die allgemein gültige Näherungsformel ableiten:

$$\eta_P = \frac{F \cdot H - 3600\, f_1\, T_1\, Q}{F \cdot H + 3600\, f_2\, T_2\, Q}$$

[F = Spiegelfläche der „letzten" Wasserschicht (m²), H = Gesamtfallhöhe für diese Schicht (m), Q = Verfügbare Triebwassermenge (m³/sek)] unter der Voraussetzung, daß der Speicher in T_1 Stunden gleichmäßig entleert und ebenso in T_2 Stunden gefüllt werde, wobei f_1 und f_2 die betreffende mittlere Spiegelschwankung in Bruchteilen der vollen bezeichnen und näherungsweise je = ½ sind, Abb. 565 gibt den partiellen Speicherwirkungsgrad als Funktion der kleinsten Beckenfläche, wobei letztere in Einheiten von Q/H ausgedrückt ist. (Dabei ist für Tagesbetrieb $T_1 = 10$ und $T_2 = 14$ Stunden, für Wochenbetrieb $T_1 = 60$ und $T_2 = 108$ Stunden angenommen.) Die ideelle Mindestgröße des abgesenkten Spiegels ist danach für ein Tagesbecken: 25000 Q/H m², für ein Wochenbecken 225000 Q/H m². Mit Rücksicht auf die erwähnten übrigen Speicher-

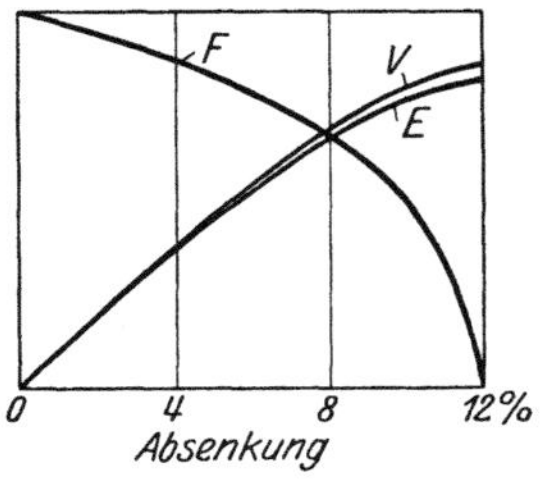

Abb. 563. Speicher-Kennlinien (Fläche, Inhalt, Arbeitsvermögen als Funktion der Absenkung, in % der Gesamtfallhöhe. (Fransén.)

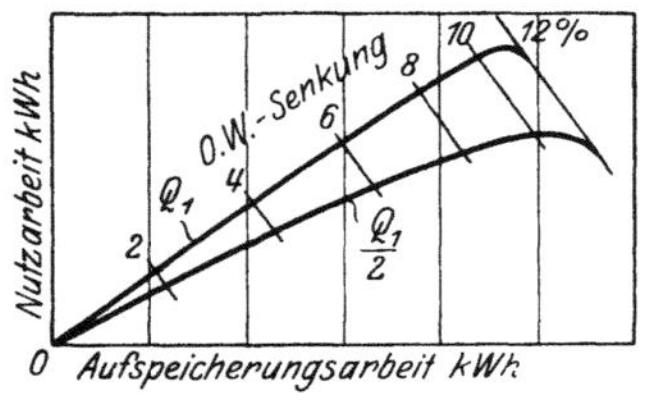

Abb. 564. Nutzbares Arbeitsvermögen eines Tagspeichers als Funktion der Aufspeicherungsarbeit. (Fransén.)

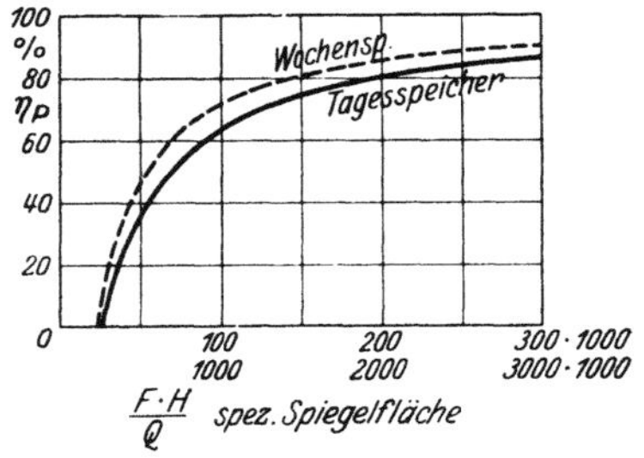

Abb. 565. Hydraulischer Speicherwirkungsgrad η_P als Funktion der spezifischen Spiegelgröße (F: Q/H) für Tages- und Wochenbetrieb. (Fransén.)

Energieverluste bezeichnet Fransén als praktisch maßgebende Werte: 70000 und 500000 Q/H. [Wirtschaftliche Betrachtungen (Speicherausbaukosten!) werden tatsächlich noch höhere Grenzwerte ergeben.]

Ein anderer wichtiger Fragenkomplex ergibt sich beim Vorhandensein mehrerer Kraftwerke an demselben Fluß aus der Beeinflussung der Unterlieger durch den Schwellbetrieb der Oberlieger. Von der Größe der Fließzeit von Werk zu Werk und dem Unterschied des Bedarfsverlaufs hängt es bekanntlich[1] ab, ob ein „Ausgleichbecken" unterhalb des oberen mit einem „Schwellbecken" versehenen Werkes nötig oder entbehrlich ist. Ein großes Beispiel ist Nore (S. 444). Mehrfach hat man im Norden die Möglichkeit, hintereinander liegende Kraftwerke elektrisch parallel arbeiten zu lassen, dazu benutzt, die Zwischenbecken auszuschalten, so daß ein Schwellbecken oberhalb und ein Ausgleichbecken unterhalb einer „Werkskette" genügt (Durchlaufspeicherung[2]). Beim Folgen elektrisch gekuppelter Werke in größeren Abständen hintereinander findet man Untergruppierungen der Art, daß die Tages- und Wochenregulierung ausschließlich jenen Werken zugewiesen wird, die eine geschlossene Kette bilden, während die einzeln, oder sonst ungünstiger, gelegenen Werke Tag und Nacht gleichmäßig durcharbeiten. Beispiel: Der endgültige Ausbauplan der Nidelvwasserkräfte des städt. E.W. Trondhjem (S. 342). Von bedeutenden Beispielen der Durchlaufspeicherung oder ihrer Anfänge in Nordeuropa sind die Betriebsverhältnisse am Glommen (Nord), Dalälv (Forshuvud-Domnarvet), Götaälv (Trollhättan-Lilla Edet) und Lagan (Sydsvenska Kraft A.B.) erwähnenswert.

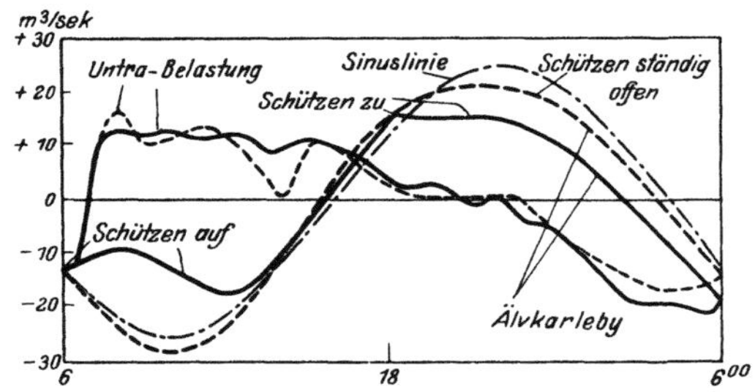

Abb. 566. Schwankungen der Belastung des Untrawerkes, des beobachteten Zuflusses in Älvkarleby und einer Sinuslinie. (Ljungdahl.)

Carl Schmidt veröffentlichte Betriebserfahrungen und Vorschläge, die darauf

[1] Vgl. Ludin: Betriebsplan und Ausbauentw. f. W.K.-Werke mit Tagesspeichern. Z. f. B. Bd. 67, S. 387ff.

[2] Vgl. Ludin: Wasserkräfte 1913, S. 525 und Schweiz. Wasserwirtschaft 1924, S. 1—10.

hinauslaufen, den elektrischen Parallelbetrieb zwischen den Kraftwerken oder Netzen verschiedener Unternehmer planmäßig in derselben Richtung auszubauen, also hydraulischen Abflußausgleich durch elektrischen zu ersetzen. Im Hinblick auf die in dieselbe Linie weisenden Ansätze und Bestrebungen in der festländischen Wasserkraftwirtschaft sind diese hier nur andeutbaren Ausführungen voller Beachtung wert.

Ljungdahl hat wertvolle Beobachtungen und theoretische Untersuchungen über die bei Schwellbetrieb in Kraftwerksketten auftretenden tatsächlichen Abflußverhältnisse angestellt:

Nach Inbetriebnahme des Untrawerkes im Dalälv (S. 159) traten in Älvkarleby (S. 164) Zuflußschwankungen auf, die annähernd einer 24stündigen Sinusschwankung mit $\pm 25\,m^3/sek$ Amplitude (⅓ der ursächlichen Ausschläge im Untrawerk) bei einer Phasenverschiebung von nicht ganz 6 Stunden entsprachen. Durch Einbau eines mit Schützenöffnungen versehenen Spundwandwehres oberhalb des (damals noch nicht ausgebauten) Lanfors wurde die natürliche Rückhaltefähigkeit der Fjärdenstromstrecke gesteigert und wenigstens grob regulierbar gemacht. Dabei ergaben sich die Abflußverhältnisse von Abb. 566. Im Anschluß an diese Beobachtungen hat Ljungdahl gezeigt, daß es zulässig ist, die Belastungslinien als einfache oder zusammengesetzte Sinuslinien zu behandeln, wobei etwa am Ausgangswerk vorhandene Oberschwingungen vernachlässigt werden dürfen, da sie bei einigermaßen großen Ausgleichspiegelflächen rasch abklingen.

Er entwickelt dann mit zulässiger Vereinfachung die allgemeine Retentionsgleichung:

$$Q_o\,dt = Q_u\,dt + F\,dh = f(h)\,dt + F\,dh \approx (A + b\,h)\cdot dt + F\,dh$$

(Q_o = Abfluß ins Ausgleichbecken, Q_u = Abfluß aus demselben, F = Spiegelfläche, dh = Wasserstandsänderungen darin) zu:

$$\frac{dh}{dt} + \frac{bh}{F} = \frac{Q_0}{F} - \frac{A}{F}.$$

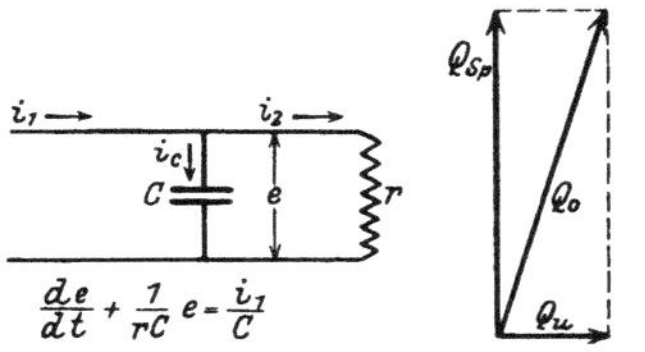

Abb. 567. Elektr. Stromkreis, Analogie mit Retentionsgleichung nach Fransén und entsprechendes Vektordiagramm. (Ljungdahl.)

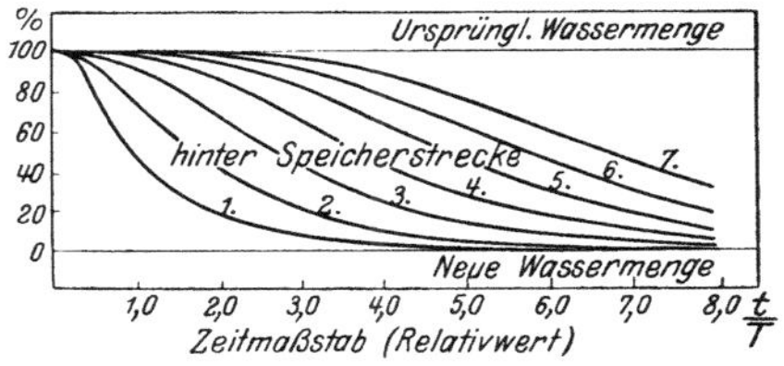

Abb. 568. Zeitgang der Q-Schwankung in einer Speicherkette bei plötzlicher Ablaßänderung am obersten Speicher 1. (Ljungdahl.)

Diese Differentialgleichung stimmt nach Fransén der Form nach überein mit derjenigen eines elektrischen Stromkreises nach Abb. 567. Daher kann das vorliegende hydraulische Problem nach der Wechselstromtheorie und mit Vektoranalyse behandelt werden. Für sinusförmigen Zeitgang von Q_0 ist die Lösung der Differentialgleichung:

$$h = \frac{Q_0}{\sqrt{b^2 + (\omega F)^2}}, \quad Q_u = b\,h, \quad Q_{\mathrm{Speich}} = \omega F h,$$

worin $\omega = 2\pi\nu$ und ν = Frequenz.

Die Auswertung im Vektordiagramm ergab unter Berücksichtigung der zwischen Untra und Älvkarleby vorhandenen 4 Fjärden (Stromerweiterungen) gute Übereinstimmung mit den beobachteten Erscheinungen.

Der Gedankengang ist auch auf den Fall anwendbar, daß statt konzentrierter Becken lediglich längere normalbreite Stromstrecken zwischen den Werken ausgleichend wirken (Abb. 568), und endlich auch sehr vorteilhaft auf kombinierte Fälle (Abb. 569). Aus Abb. 570, die zwei, getrennten Unternehmungen gehörige, am selben Fluß liegende Kraftwerksgruppen umfaßt, geht z. B. hervor, daß eine elektrische Kupplung zwischen den beiden in sich einzeln elektrisch verbundenen Werksgruppen entbehrlich ist, weil die resultierenden Arbeitsvektoren der beiden Gruppen phasengleich liegen. Wegen näherer Einzelheiten muß auf die umfangreiche Originalarbeit von Ljungdahl verwiesen werden.

Neben oder auch an Stelle der in Nordeuropa oft nur beschränkt möglichen unmittelbaren Wasserspeicherung als Mittel der Tages- und Wochenregulierung wird die Speicherung der erzeugten Energie in jeder anderen neuzeitlichen Form sorgfältig ausgenutzt, so in erster Linie die von vielen industriellen Kraftabnehmern gepflegte Anwendung elektrischer Dampfkessel in Verbindung mit Ruthsschen Dampfspeichern; ferner elektrische Akkumulierung, die in zentralisierter Form größeren Maßstabes wohl nur beim Elektrizitätswerk Oslo angewandt, im übrigen besonders aussichtsvoll für Automobilbetrieb ist. Auch die wärmespeichernden Apparate der Haushaltelektrifizierung sind hier zu nennen. Da die Anlagekosten der speichernden Apparate verhältnismäßig hoch sind, bieten diese selten einen vollständigen Ersatz für ein teilweises Fehlen der Wasserspeicherung in Schwellbecken; infolgedessen benutzen noch ziemlich viele Elektrizitätswerke der öffentlichen Versorgung Dampf- oder Dieselmaschinen nicht nur als Reserve für Leitungsstörungen, sondern auch für die Aufnahme der täglichen Belastungsspitzen, hauptsächlich natürlich im wasserarmen Winterhalbjahr. Besonders ist dies bei schwedischen und finnländischen Werken der Fall, während in Norwegen starke Bestrebungen zur vollständigen Ausschaltung der (einzuführenden) Brennstoffe aus der Eltwirtschaft bestehen. Als lehrreiches Beispiel für die wichtige Rolle von Dampfzentralen als solche Ergänzung von Wasser-

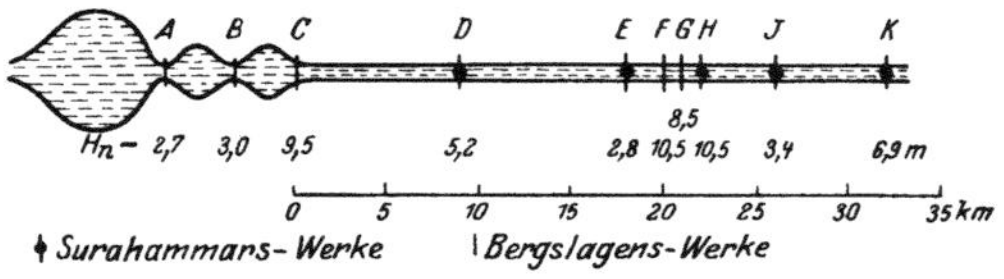

Abb. 569. Übersichtsschema des unteren Kolbäcksån. (Ljungdahl.)

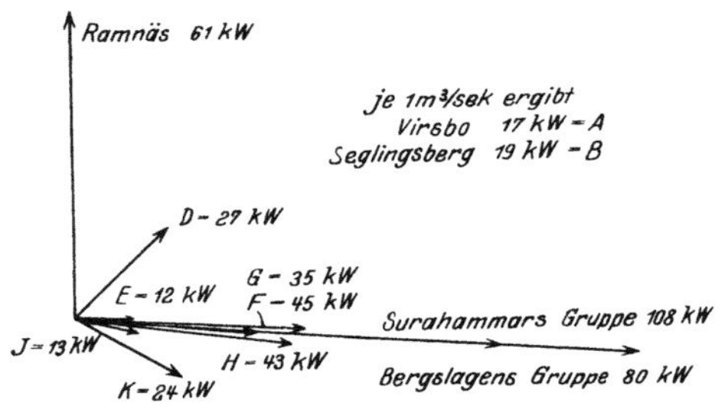

Abb. 570. Erzeugungsvektoren der Werke am unteren Kolbäcksån, bezogen auf 1 m³/sec Abflußmenge von Ramnäs. (Ljungdahl.)

kraftwerken sei das Untrawerk erwähnt: in Trockenjahren liefert dies große Laufwerk im Winter kaum mehr als ¼ der in Stockholm beanspruchten Höchstleistung, dennoch deckt es durchschnittlich im Jahr etwa 90% des gesamten Energiebedarfes. Daß indes die Deckung von kurzdauernden Spitzen durch Dampfkraft unwirtschaftlich und meist zweckmäßiger von tagspeicherfähigen Wasserkraftwerken zu übernehmen ist, wurde auch in Nordeuropa vielfach erkannt und beherzigt. Am gründlichsten vielleicht in dem ausgedehnten Netz der Sydsvenska Kraft A.B., aus deren Betrieb Velander wertvolle Mitteilungen und Anregungen in dieser Richtung veröffentlicht hat.

Pumpenspeicherung ist im Norden noch nirgends ausgeführt, wohl aber an verschiedenen Stellen geplant oder vorgeschlagen worden. Beim Motalawerk dachte man daran, es als jahreszeitliches und Nachtpumpwerk für den Wettersee zu benutzen. Für Oslo hat Ing. Kinck einen Plan ausgearbeitet, die Überschußenergie zum Aufpumpen in einen hochliegenden Binnensee zu benutzen. Dieser Plan ist wegen Änderung der Dispositionen über die Energieverwendung nicht verwirklicht worden.

2. 2. Jahresregulierung.

1. Allgemeines. Die Aufgabe der Abflußregulierung über längere Perioden hat in allen nordischen Ländern immer große Aufmerksamkeit gefunden. Es ist, mindestens in Schweden und Norwegen, geradezu Regel, daß ein auf Wasserkraft auszubauendes Gewässer auch mehr oder minder weitgehend Abflußregulierung erfährt („reguliertes NW"). Der natürliche Seenreichtum einerseits, die Armut an landeseigenen Brennstoffen andererseits haben begreiflicherweise starken Anteil an dieser Einstellung. Neben der, vielfach großartigen, praktischen Lösung des Problems versäumten die nordischen Ingenieure keineswegs seine theoretische Erforschung und Vertiefung:

Neben der wertvollen in den Speicherausbeutelinien des nordischen Gewässeramtes (Abb. 262) niedergelegten hydrographischen Arbeit sind vor allem die tiefschürfenden plan- und wasserkraftwirtschaftlichen Studien schwedischer Ingenieure hervorzuheben. Aus der umfangreichen einschlägigen Literatur, die besonders durch die starke Betonung der Aufgaben der praktischen Speicherhaushaltsführung ausgezeichnet ist, lassen sich (unter Mitbenutzung eigener z. T. unveröffentlichter Arbeiten des Verf.) folgende Hauptrichtlinien für die Gestaltung der Ausbau- und Betriebspläne von Speichern und speicherbeeinflußten Fallstrecken herausstellen:

Verlauf und Maß der in der Mangelzeit einer einzelnen ,,Regulierungsperiode" vorzunehmenden Absenkung eines Wasserspeichers ist vornehmlich bedingt von:

1. dem Verlauf des Energiebedarfs, den das vom Speicher beeinflußte Kraftwerk zu befriedigen hat, und der u. a. auch von der Ausbauhöhe des Kraftwerks abhängt,
2. dem natürlichen Zufluß des Kraftwerks aus dem vom Speicher nicht erfaßten (,,ungespeicherten") Teil des Werkseinzugsgebietes,
3. dem natürlichen Zufluß des Speichers,
4. dem Zeitpunkt des Eintritts der Mangelzeit in den unter Ziffer 2 und 3 erwähnten Einzugsgebieten und der voraussichtlichen Dauer der Mangelperiode,
5. der Größe des bei Eintritt von Werkwassermangel verfügbaren Speichernutzinhaltes.

Bei gegebenem Bedarfsverlauf, auch gegebener Ausbauhöhe des Kraftwerkes und gegebener Größe und Form des natürlichen Gesamtzuflusses zum Kraftwerk hängt die Gestaltung des Betriebs- und Ausbauplanes noch in erster Linie ab:

a) von der relativen Lage des Speichers zum Kraftwerk oder: der relativen Größe des vom Sp. erfaßten oder: ,,gespeicherten" Einzugsgebietes zum gesamten Einzugsgebiet des Kraftwerks; dieses Größenverhältnis wird zweckmäßig als ,,Gebietserfassungsgrad" bezeichnet.

b) von der relativen Größe des Speichernutzraumes gegenüber dem mittleren Jahreszufluß des gespeicherten oder auch: des gesamten Werkseinzugsgebietes. Dieses Größenverhältnis wird zweckmäßig als ,,Speicherausbaugrad" bezeichnet.

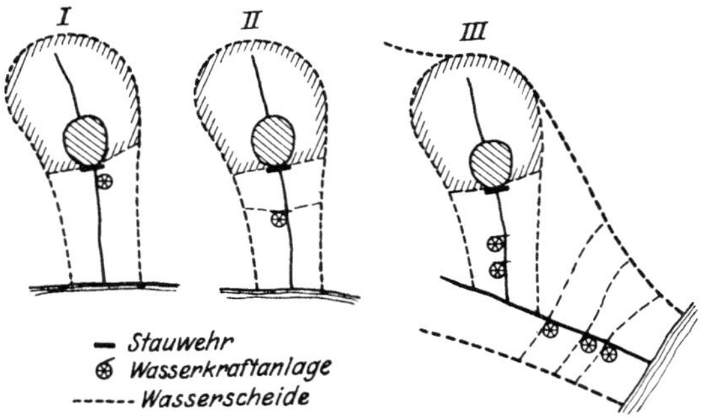

Abb. 571. Relative Lage von Speichern und Kraftwerken. (Jacobson.)

Der Gebietserfassungsgrad. Seine Bedeutung wird durch Abb. 571 erläutert. (Der hier schematisch gezeichnete ,,Speicher" kann natürlich auch auf mehrere Seen oder Talsperren desselben oder anderer Nebenflüsse verteilt sein.)

Im Falle I ist der Gebietserfassungsgrad = 1; die Gesamtabgabe aus dem Speicher (natürlicher Zufluß + Entnahme) stimmt mit der Werkwassermenge überein und ist der Verlaufsform des Energiebedarfs möglichst anzupassen: ,,zusammenhängender" (kontinuierlicher) Wasserhaushalt.

Im Falle II ist der Gebietserfassungsgrad etwas kleiner als 1, die Gesamtabgabe aus dem Speicher wird mit Rücksicht auf den unausgeglichenen Werkszufluß aus dem speicherlosen Gebietsteil ungleichmäßiger als im Falle I, sie bleibt aber so lange immerhin noch ,,zusammenhängend", bis das speicherlose Gebiet solche relative Größe erreicht, daß sein natürlicher Abfluß in wasserreicher Zeit allein zur Deckung des Werksbedarfs ausreicht. Dann wird es vorteilhaft, den Speicher (soweit andere Wirtschaftsinteressen dies zulassen) ganz abzuschließen, um in der wasserarmen Periode eine um so größere Zuschußgabe ablassen zu können: ,,aussetzender" (,,periodischer") Wasserhaushalt.

Fall III stellt das in der Praxis häufige Verhältnis dar, daß zahlreiche Kraftwerke auch im Hauptstrom des mit Speicher versehenen Nebenflusses zu berücksichtigen sind. Der Gebietserfassungsgrad des Speichers ist in bezug auf die einzelnen Werke verschieden und namentlich für die im Hauptstrom gelegene „maßgebende Fallstrecke" recht klein. Der letzteren würde also mit einer äußerst ausgeprägten „aussetzenden" Entnahme aus dem Speicher am besten gedient sein, während die Werke am Nebenfluß selbst unter einer solchen um so mehr leiden würden, je kleiner (relativ) ihr speicherloses Einzugsgebiet ist. Wenn die Nebenflußwerke nicht ganz unbedeutend sind, muß also ein Kompromiß angestrebt werden, etwa in dem Sinne, daß eine ständige Mindestabgabemenge aus dem Speicher festgesetzt wird, die billigerweise kleiner als die bei stetigem Speicherhaushalt abzulassende Menge anzusetzen sein wird, wenn die Eigentümer der Kraftwerke am Hauptstrom an der Kostenaufbringung entsprechend beteiligt sind. Das dabei ersparte Speicherwasser kommt der im Interesse der Hauptstromwerke zu übersteigernden Entnahme in der Mangelzeit zugute.

Der angedeutete, rein wasserwirtschaftliche Kompromiß in der Berücksichtigung der Werke mit verschiedenem Gebietserfassungsgrad bleibt naturgemäß von dem anzustrebenden Ideal einer restlosen Ausnutzung der potentiellen Energie des Zufluß- und Speicherwassers noch mehr oder minder fern. Eine vollkommene Lösung stellt daher in der Regel der „hydroelektrische Ausgleich" dar. Sein Wesen besteht darin, daß der Speicherhaushalt ohne Rücksicht auf den Wasserhaushalt des Nebenflusses (abgesehen etwa noch von Flößerei und anderen nicht ablösbaren Wassernutzungen) und ausschließlich nach den Bedürfnissen der Hauptstromwerke geregelt wird; diese haben ihrerseits die Energieausfälle der Werke im Nebenfluß durch Lieferung elektrischer Energie auszugleichen. Dieses System läßt sich auch zwischen Werken verschiedener Unternehmungen durchführen, wenn entsprechende Vereinbarungen wirtschaftlicher und technischer Art (letztere namentlich in bezug auf Vereinheitlichung der Periodenzahl, Spannung und Ausbau der Verbindungsleitungen) getroffen werden. — Im Dalälvgebiet ist für die weitere Zukunft ein derartiger vollkommenerer hydroelektrischer Abflußausgleich vorgesehen, wofür noch ergänzende Leitungsbauten durchzuführen sein werden.

Wenngleich die angedeuteten Richtlinien auch für einfachen Jahresausgleich zutreffen, so liegt ihre Hauptbedeutung doch naturgemäß auf dem Gebiete des Überjahresausgleichs.

Der Speicherausbaugrad wurde oben als Verhältnis des nutzbaren Speicherfassungsraumes (Inhalt zwischen Stauziel und Absenkziel) zum mittleren Jahreszufluß des Speichers definiert; er ist dann eine unbenannte Zahl, und so rechnet ihn z. B. auch Norwegen. In Schweden dagegen bezieht man den Speicherinhalt auf das erfaßte Einzugsgebiet und rechnet mit m^3/km^2 als Maßeinheit der bezogenen Speichergröße. Da diese Dimension eine Länge ist, empfiehlt der Verf. für sie die Bezeichnung „Speicherungshöhe" (entsprechend: Abfluß- und Niederschlagshöhe). Die Anwendung dieser zweiten Maßeinheit als Ausdruck des Speicherausbaugrades ist naturgemäß nur zulässig, wenn die Vergleiche sich in Gebieten annähernd gleicher Abflußspenden halten.

Der Ausbaugrad bildet ein erstes wesentliches Unterscheidungsmerkmal für die grundsätzliche Gestaltung des Wasserhaushaltes:

Bei niederem Speicherausbaugrad (Jahresspeichern) kann man jedes Jahr ziemlich sicher mit der Möglichkeit völliger Wiederauffüllung des in der Mangelperiode entleerten Beckens rechnen; daher ist es zwecks wirtschaftlich vorteilhaftester Ausnutzung des Speichers und seiner Zuflüsse geboten, das Becken in jeder Mangelzeit möglichst vollkommen zu entleeren. Der ausgeglichene Abfluß ist von Jahr zu Jahr verschieden. (Als obere Grenze eines niederen Speicherausbaues betrachtet man jene Speicherungshöhe, die einen annähernd vollkommenen Ausgleich innerhalb der einzelnen Jahre gestattet. Dafür kann man z. B. nach Jakobson in mittelschwedischen Stromgebieten 100000 bis 200000 m³/km² (100 bis 200 mm Speicherungshöhe) rechnen. Für den Dalälv bei Bomsarvet (wenig oberhalb Forshuvudfors, Einzugsgebiet 20970 km²) wo die mittlere Abflußspende 13 sl/km², die Abflußhöhe also rd. 400 mm/Jahr ist, ergibt dies einen Ausbaugrad von 25 bis 50%.

Bei hohem Speicherausbaugrad (Überjahresspeicher, „Überregulierung") ist der nutzbare Speicherinhalt so groß, daß er nach Entleerung nicht oder jedenfalls nicht sicher in einer Hochwasserperiode wieder aufgefüllt werden kann. Daher darf er auch normalerweise nicht in einer gewöhnlichen Mangelperiode ganz entleert werden. Es ergibt sich vielmehr ganz natürlich eine Unterscheidung zwischen dem, alljährlich (mehr oder minder) voll auszunutzenden „Jahresspeicherraum" und dem nur in den Jahren außerordentlicher Wasserarmut anzubrechenden Notvorrats oder eisernen Bestand. Die mittleren Abflußmengen der einzelnen Jahre werden durch hoch ausgebaute Speicher weitgehend ausgeglichen: „Überjahresausgleich". Die Ausnutzung des Gesamtspeicherraumes ist verringert, diejenige der Zuflußmengen gesteigert.

Bei hohem und auch bei niedrigem Speicherausbaugrad lassen sich für die wirtschaftlich günstigste Wasserhaushaltsführung, wenn auch nicht einfache und direkte Rechnungsformeln, so doch allgemeine Leitgedanken und Näherungsmethoden entwickeln, deren Beachtung System in die jedenfalls anzustellenden Berechnungen zu bringen und den Weg zur günstigsten Lösung wesentlich abzukürzen vermag. In dieser Richtung enthält die schwedische Literatur besonders wertvolle grundlegende, hier auszugsweise wiedergegebene Arbeiten:

2. **Bei niedrigem Speicherausbaugrad** ist für die jeweilige Entnahme der zu erwartende (abzuschätzende) natürliche Zufluß und die Jahreszeit fast allein entscheidend (während bei hohem Ausbaugrad der augenblickliche Beckeninhalt eine überwiegende Rolle spielt). Dabei ergeben sich noch zwei wesentlich verschiedene Lösungen, je nachdem man in energiewirtschaftlicher Hinsicht abzielt auf:

a) höchste Energieausbeute oder, was ziemlich gleichbedeutend: größtmögliche Dauer der „normalen" oder Volleistung

b) höchste, unbedingt ständige Leistung („Primakraft"), allenfalls mit der Einschränkung, daß in außerordentlich trockenen Jahren eine kleine, jedoch genau begrenzte Erniedrigung derselben zulässig sein soll.

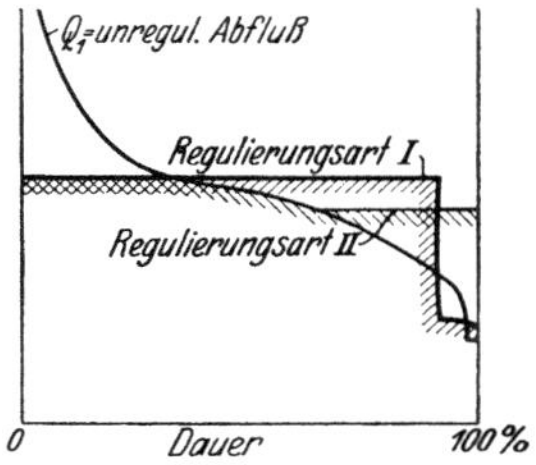

Abb. 572. Schematische Darstellung (Dauerlinien) zweier Regulierungsgrundsätze. (Verf.)

Abb. 572 verdeutlicht in schematischer Darstellung das grundverschiedene Wesen beider Betriebsformen.

a) Die Betriebsführung auf höchste Energieausbeute muß im allgemeinen eine (womöglich: mehr als einmalige) völlige alljährliche Entleerung und entsprechende Wiederfüllung des Speichers anstreben und wird dabei naturgemäß häufig zu vorzeitiger Entleerung des Speichers führen. Das ist nur erträglich, wenn die vom Speicher gespeisten Wasserkraftwerke mit Wärmekraft- oder anderen Wasserspeicherwerken in elektrischem Verbundbetrieb stehen (elektrischer oder hydroelektrischer Ausgleich) oder wenn die versorgten Gebiete sich Belieferungseinschränkungen gefallen lassen können („Wahlstrom" gegenüber „Pflichtstrom"). — Von dem Sonderfall, daß die Speicherfüllungshöhe als Nutzfallhöhe eines unmittelbar angebauten Kraftwerkes wesentlichen Einfluß auf die Energieerzeugung gewinnt, soll dabei abgesehen werden, weil dies für nordische Verhältnisse mehr zu den Ausnahmen gehört; vgl. hierzu Ludin WK S. 556ff. und hier S. 615.

b) Die Betriebsführung auf höchste ständige Leistung (höchste Pflichtstromerzeugung) verlangt ein vorsichtigeres Haushalten mit dem Speicherinhalt, derart, daß ständig, bis ans Ende der Mangelzeit der Restinhalt etwas größer gehalten wird, als im Falle des Arbeitens auf höchste Energieausbeute. Bei früherem Abschluß der Mangelperiode ist dann ein Restinhalt vorhanden, der später nicht mehr (Überlaufen) oder nur geldlich unvollkommen (Überschußenergie) genutzt werden kann.

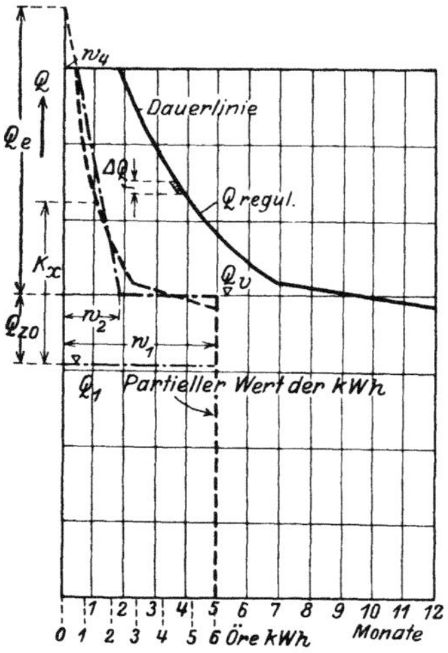

Abb. 573. Wert der kWh als Funktion der Dargebotsdauer. (Jakobson.)

Für die energiewirtschaftliche Bewertung der Speicherentnahmen unter den verschiedenen eben angedeuteten Verhältnissen ist davon auszugehen, daß im allgemeinen der Wert der Energieeinheit (kWh) steigt mit der Zuverlässigkeit und Dauer des Dargebotes. Dieser Zusammenhang kann nach Maßgabe der näheren Verhältnisse des Einzelfalles durch eine Kurve oder einen Linienzug ähnlich Abb. 573 und 585 zahlenmäßig dargestellt werden. Diese Darstellung gestattet dann, an Hand einer wenn auch vorläufigen Dauerlinie des ausgeglichenen Abflusses übersichtliche Schlüsse auf die wirtschaftlichen Folgen bestimmter ins Auge gefaßter Änderungen im Wasserhaushalt, wie noch näher unten ausgeführt wird.

Die Gestaltung des Wasserhaushalts wird besonders schwierig bei Gewässern, deren Mangelzeit in manchen Jahren durch eine größere Zwischenflut (in Mittelschweden z. B.: Herbstflut) unterbrochen wird (Abb. 574), ohne daß das Ausbleiben oder Eintreffen der Herbstflut an sich oder gar der Zeitlage nach sicher vorauszusagen ist. Äußere Nebenbedingungen wie: Beschränkung der höchsten zulässigen Ablaßmenge durch Rücksichten auf die Aufnahmefähigkeit des Flußschlauches oder Forderung einer Mindestablaßmenge u. a. m. können die Durchführung eines wirtschaftlich vollkommenen Wasserhaushalts noch weiter erschweren.

Die rechnerische Bestimmung der Grundzüge des wirtschaftlichsten Speicherhaushaltes hat Jakobson gezeigt:

Klare Analysierung des Zuflusses in Mangelzeit ist erstes Erfordernis. Im Dalälvgebiet z. B. zwei Typen von Wasserjahren: I: mit Zwischenflut, II: ohne solche.

In nassen Jahren (regenreiche Sommer) manchmal auch: einheitliche Flutperiode von Frühjahr bis Winteranfang (auch Typ I). Nötig: möglichst zuverlässige Voraussagen über den Mangelzeitzufluß zu

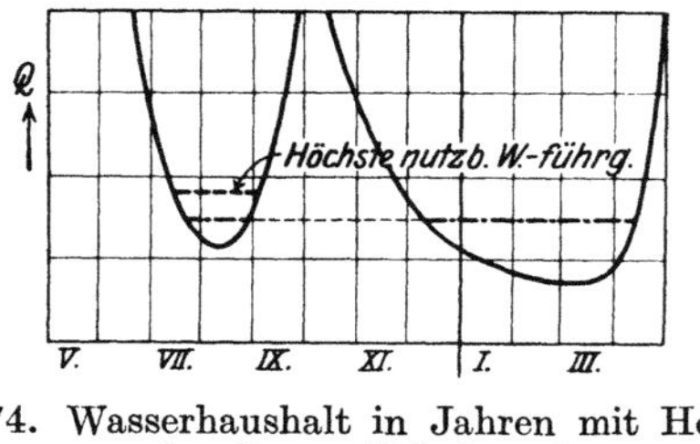

Abb. 574. Wasserhaushalt in Jahren mit Herbstanschwellung. (Jakobson.)

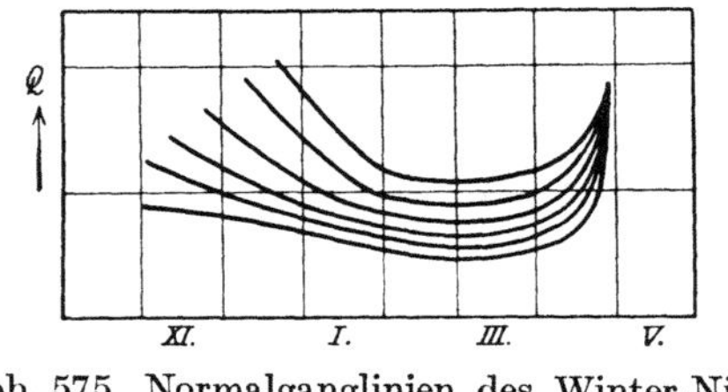

Abb. 575. Normalganglinien des Winter-Niederwasserzuflusses. (Jakobson.)

machen. Für die mehr gleichartige winterliche Mangelzeit lassen sich dafür leicht Normalabflußganglinien aufstellen (Abb. 575), wobei unsicher im wesentlichen nur der Endpunkt: Eintritt der Frühjahrsflut. Im Sommer- und Herbstabfluß größere Unsicherheit; Normalganglinien daher zu entwickeln nach Jahren ohne Herbstzwischenflut (Abb. 576), wobei aber Sommerwasserhaushalt mit Rücksicht auf möglicherweise doch eintreffende Herbstflut und deren möglichst vollkommene Ausnutzung zu führen. Schwierigkeit dabei: starke Entnahme im Sommer erhöht gesamte Energieausbeute, gefährdet aber bei Ausbleiben der Herbstflut die Deckung des Winterbedarfs. Bei gegebenem, hier der Einfachheit halber gleichmäßig angenommenen, Bedarfsgang und von der Jahreszeit unabhängiger Energiewertkurve (Abb. 585) ist für Wasserjahre ohne Herbstflut eine durchweg gleichmäßige Entnahme (gestrichelt in Abb. 577), für solche mit Herbstflut eine stark abgestufte (strichpunktiert) vorteilhaft. Die Unsicherheit der Voraussage bedingt den Mittelweg der ausgezogenen Linien. Für Festlegung wirtschaftliche Erwägungen anzustellen:

Sommerentnahme: Erhöhung der Sommerentnahme um dQ verschafft in den vorkommenden n_1 Jahren mit Herbstflut (volle Ersatzmöglichkeit vorausgesetzt!) einen absoluten Mehrertrag an Nutzwasser: $V_1 = n_1 \cdot t_1 \cdot dQ$. In den n_2 Jahren ohne Herbstflut jedoch lediglich eine Verschiebung von Nutzwasser im Jahresbetrage $t_2 dQ$ von Winter auf den Sommer; dabei entsteht Geldverlust, weil Verschiebung aus (in der Gang- und Dauerlinie) tieferen in höhere Energiebedarfsschichten mit den bezgl. Energie-

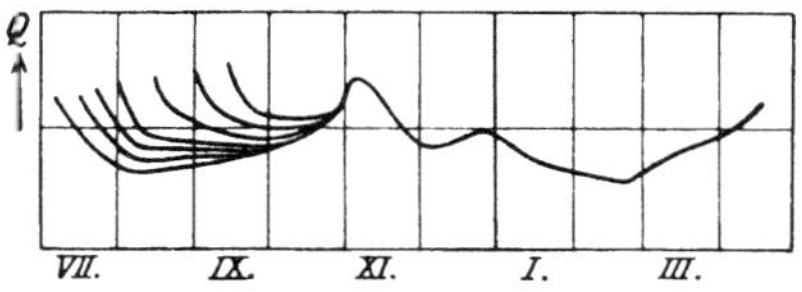

Abb. 576. Normalganglinie des Sommer-Niederwasserzuflusses. (Jakobson.)

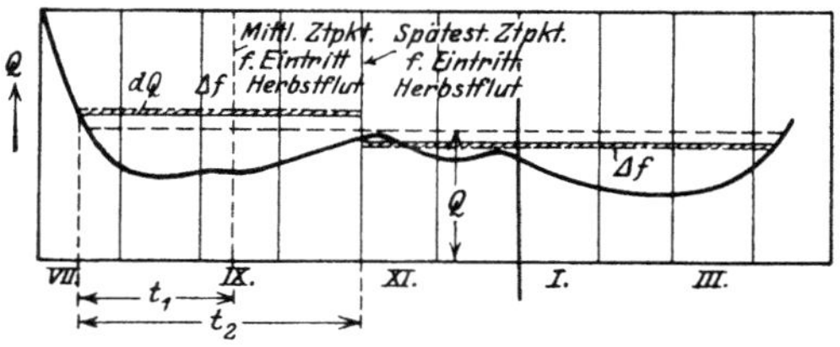

Abb. 577. Wasserhaushalt in einem Jahr ohne Zwischenanschwellung im Herbst. (Jakobson.)

Einheitswerten $\mathfrak{w}_1$ und $\mathfrak{w}_2$ erfolgt (Abb. 578). Wirtschaftliche Grenze dort, wo Gewinn und Verlust sich die Wage halten, das heißt: wo

$$\mathfrak{w}_1 \cdot n_1\, t_1\, dQ = (\mathfrak{w}_2 - \mathfrak{w}_1) \cdot n_2\, t_2\, dQ^*$$

oder

$$\frac{\mathfrak{w}_2 - \mathfrak{w}_1}{\mathfrak{w}_1} = \frac{n_1\, t_1}{n_2\, t_2} \quad \text{oder} \quad \frac{\mathfrak{w}_2}{\mathfrak{w}_1} = \frac{n_1\, t_1 + n_2\, t_2}{n_2\, t_2}.$$

Lösung auf Grund eines Wertigkeitsdiagramms und eines vorläufigen Wasserhaushaltplans, der für die Jahre, die überhaupt Mangel im Sommer aufweisen, für n_1, n_2, t_1, t_2 Näherungswerte liefert. Die Untersuchung des Siljansees ergab z. B.: $n_1 = 4\, n_2$; $t_1 = 0{,}55\, t_2$, somit $\frac{\mathfrak{w}_2}{\mathfrak{w}_1} = 3{,}2^*$.

Aus dem Rechnungsverfahren ergeben sich wichtige Richtlinien für den Sommerhaushalt des einzelnen Jahres! z. B.: bei Verspätung des sommerlichen Mangelzeitbeginnes ist im betreffenden Jahr eine Erhöhung der Entnahme über die normale angebracht. Für das Verteilungsverhältnis dieser Erhöhung auf Sommer und Winter ist obige Gleichung maßgebend.

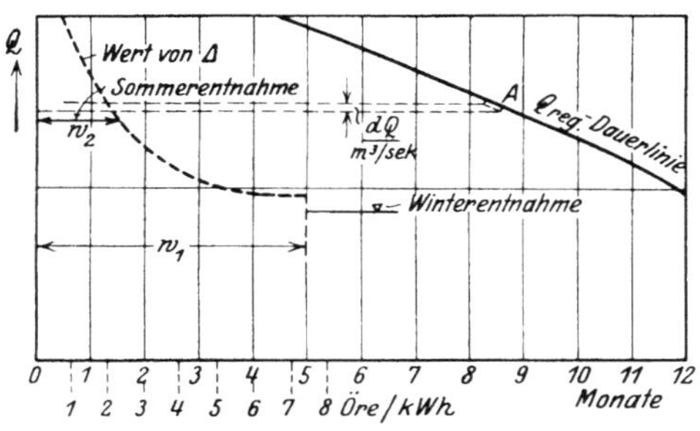

Abb. 578. Bestimmung des günstigsten Wasserhaushalts. (Jakobson.)

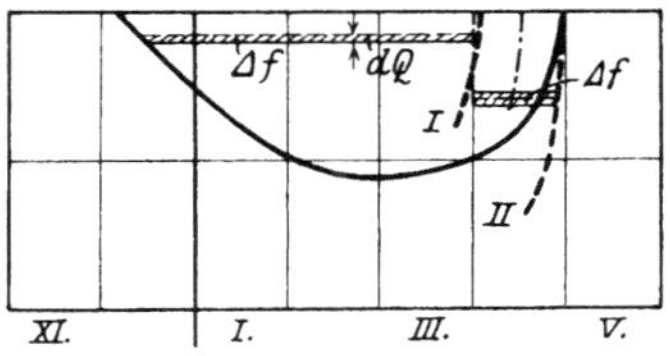

Abb. 579. Absenkung im Winter. (Jakobson.)

Winterentnahme (im Norden die wichtigere Seite des W.-Haushaltes!). Schwierig hier nur Berücksichtigung der Unsicherheit im Zeitpunkt des Eintritts der Frühjahrsflut. Im Dalälvgebiet fällt dieser Zeitpunkt zwischen die Kurven I und II in Abb. 579. Bemessung der Entnahme so, daß sie unbedingt bis zur Zeitgrenze II reicht, würde oft schlechte Ausnutzung von Speicher und Zufluß ergeben. Bemessung auf Zeitgrenze I dagegen oft: vorzeitiges Versagen. Richtig ist der Mittelweg: Ausreichende Entnahme vor, Ermäßigung nach Überschreitung der Zeitgrenze I. Abstimmungsgrundsätze: Erhöhung der Winterentnahme vor Grenze I um Δf (kWh) entzieht der Spätwinterentnahme (nach I) höchstens die gleiche Energiemenge, im Durchschnitt aber nur die halbe. Berücksichtigt man noch die verschiedenen Wertigkeiten, so lautet die, mit Hilfe der Dauerkurven zu lösende, Bestimmungsgleichung für das Verhältnis der beiden Entnahmestärken:

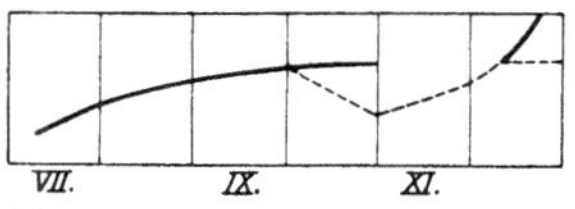

Abb. 580. Normale Anfangsentnahmemengen. (Jakobson.)

$$(\mathfrak{w}_1 - 0{,}5\, \mathfrak{w}_2)\Delta f = 0 \quad \text{oder:} \quad \mathfrak{w}_1 = 0{,}5\, \mathfrak{w}_2\,.$$

Die Entnahmemenge ergibt sich durch Division von Δf in die resp. Dauer.

Bei Bestimmung der Entnahmemengen für Sommer und Winter nach den angegebenen Methoden ergeben sich die wahrscheinlich richtigsten Anfangsentnahmemengen als Funktion der Zeit, wie Abb. 580 (Dalälvgebiet) veranschaulicht. Sobald die natürliche Zuflußganglinie des maßgebenden Ausgleichspunktes diese Normallinie von oben nach unten schneidet, ist mit der Absenkung zu beginnen. Danach muß von

* Jakobson hier irrtümlich: $\mathfrak{w}_2 \cdot n_2\, t_2\, dQ$ bzw. 2,2.

Zeit zu Zeit eine Berichtigung der Entnahme nach Maßgabe der Abweichung des wirklichen Zuflusses und Speicherinhalts vom angenommenen Normalverlauf vorgenommen werden.

Samsioe hat für diese Aufgabe eine vollständige graphische Hilfstafel aufgestellt: Abb. 581, 582, 588. Der wirkliche Verlauf des Wasserstandes als Ganglinie eingetragen, gibt in den Schnittpunkten mit den Grundkurven das Zeichen für Umstellung des Wehrablasses auf die jeweilige Kennzahl (m³/sek) der geschnittenen Grundkurve. Der erste Entwurf solcher Tafeln wird nach den Erfahrungen mit anderen

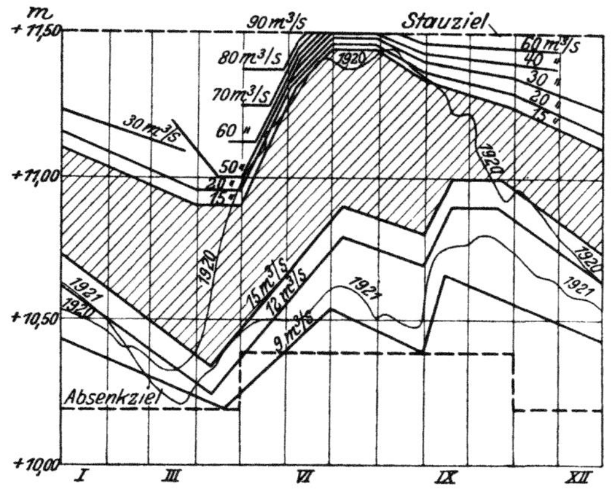

Abb. 581. Regulierung eines schwedischen Sees, Wasserentnahmediagramm. (C. Schmidt.)

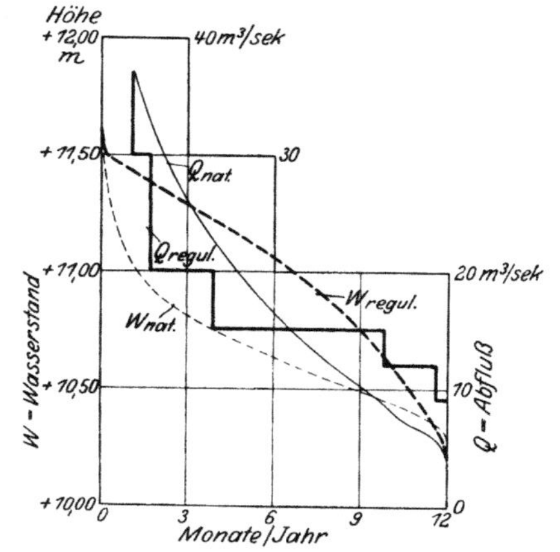

Abb. 582. Dauerplan zum Wasserentnahmediagramm Abb. 582. (C. Schmidt.)

Seeregulierungen gefühlsmäßig oder auf Grund von Überlegungen nach Jakobson aufgestellt, dann an der graphischen Wiederherstellung des Regulierungsvorganges einiger verflossener Jahre überprüft, verbessert, und späterhin nach den weiteren Erfahrungen umgestaltet. Es erscheint wünschenswert und auch nicht aussichtslos, den Versuch zu machen, den Einfluß der Schneemenge durch Aufstellung von solchen Tafeln für schneereiche, mittlere und schneearme Jahre besonders zu berücksichtigen. Ebenso besteht die Möglichkeit, Korrekturen auf Grund der Wallénschen Prognosen vorzunehmen.

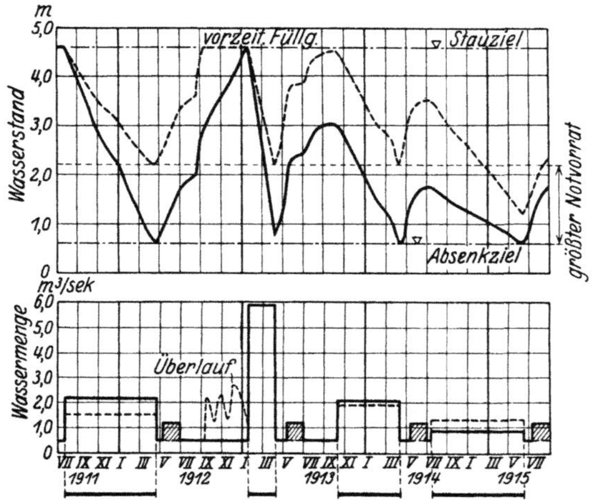

Abb. 583. Speicherhaushalt mit und ohne Notvorrat. (Jakobson.)

Mangelzeiten — ohne Notvorrat

---- mit Notvorrat — für Flößerei

3. Bei hohem Speicherausbaugrad und Überjahresregulierung ist neben der richtigen Führung des einzelnen Jahreshaushaltes das Augenmerk vor allem auf die

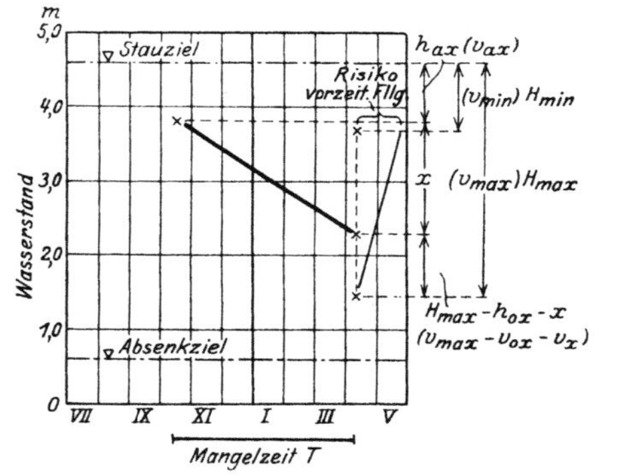

Abb. 584. Diagramm n. Jakobson.

Erhaltung eines genügend großen — jedoch auch nicht zu großen — Notvorrates, auf seinen rechtzeitigen Einsatz und seine möglichst vollkommene Ausnutzung in außerordentlichen Trockenperioden zu richten. Schwankungen im Zufluß des einzelnen Jahres sind für die Führung des Wasserhaushaltes in einer einzelnen Mangelzeit von untergeordneter Bedeutung, ausschlaggebend ist dagegen der jeweilige Restinhalt, also: der Wasserstand im Speicher.

Abb. 583 verdeutlicht den Unterschied des Wasserhaushalts ohne Notvorrat und mit solchem. Im ersten Falle (ausgezogene Linien) ist die Speicher- und Zuflußausnutzung groß, aber in besonders trockenen Jahren versagt der Speicher. Im zweiten Falle treten wohl in besonders nassen Jahren Überlaufverluste ein, aber in den trockenen Jahren wird dafür um so besser durchgehalten.

Die Form der Wasserhaushaltsführung hat somit auch hier Einfluß auf:

1. die Größe der Gesamtausbeute an Energie,

2. den energiewirtschaftlichen Wert (die Stetigkeit) der Ausbeute mit Rücksicht auf die Lage der einzelnen Energiequoten im Leistungsdauerplan des allgemeinen Bedarfs und die zugehörige Wertigkeitslinie (vgl. Abb. 573, 585).

Aufgabe ist: den Betrieb so zu führen, daß der Verlust durch Überlaufen des Speichers möglichst vermindert, zugleich aber die Notwendigkeit, Energie zu ungünstiger Zeit abzusetzen, möglichst eingeschränkt wird. Beide Forderungen widerstreiten sich in gewissem Umfang und es muß ein möglichst vorteilhafter Zwischenweg gesucht werden. Bei der Beurteilung spielen u. a. besonders auch die Lage des Speichers im Flußnetz (der Gebietserfassungsgrad) und die Ausbauverhältnisse der maßgebenden Fallstrecke (s. o.) eine äußerst wichtige Rolle.

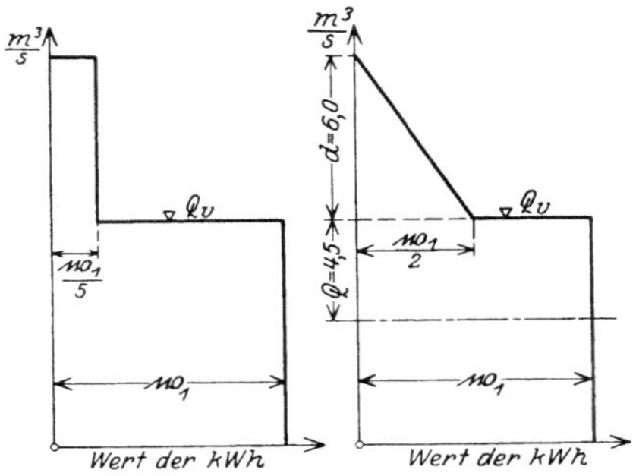

Abb. 585. Zweierlei Zusammenhang zwischen kWh. Wert und Wassermenge. (Jakobson.)

Jakobson hat auch für die hochausgebauten Speicher eine wegleitende Näherungsrechnung entwickelt, um den Umfang der Bearbeitung ausführlicher Vergleichspläne einzuschränken. Er faßt zu dem Zweck die Aufgabe dahin zusammen: für jedes Jahr die günstigste Aufteilung eines angenommenen Gesamtspeicherraums (Abb. 584) von dem ein Teil V_{ax} (Spiegelabsenkung h_{ax}) bei Beginn der Mangelperiode bereits aufgebraucht zu denken ist, in eine Jahresabsenkung V_x (weitere Spiegelabsenkung x in Abb. 584 und einen Notvorrat $V_{max} - V_{ax} - V_x$ („$H_{max} - h_{ax} - x$) zu suchen. H_{max} und H_{min} (V_{max}, V_{min}) bezeichnen die größte und kleinste in einer Füllperiode mögliche Wiederauffüllung.

Den zum Maximum zu machenden Gewinn setzt Jakobson damit an zu:

$$G = \underbrace{k_1 V_x}_{\substack{\text{unmittelbarer}\\ \text{Gewinn aus Ent-}\\ \text{nahme von } V_x}} + \underbrace{k_2 (V_{max} - V_{ax} - V_x)}_{\substack{\text{Gewinnvorsorge für nach-}\\ \text{folgende Jahre durch Auf-}\\ \text{füllung des Notvorrates}}} - \underbrace{k_3 (V_{max} - V_{ax} - V_x)}_{\substack{\text{Verlust durch Überlauf-Risiko bei}\\ \text{Erhaltung des Notvorrates}}} = \text{Maximum!}$$

Bestimmung der Beiwerte $k \ldots$:

1. k_1 = Einheitswert der bei einfacher Speicherentleerung in der Mangelzeit gewonnenen Energie bestimmt sich aus Dauer- und Wertigkeitslinie (Abb. 573), wenn die Entnahme zwischen die Leistungsstufen Q_1 und Q_2 zu liegen kommt:

$$k_1 = \frac{T}{V_x}\left(Q_{zo}\,\mathfrak{w}_1 + \mathfrak{w}_2 \cdot \frac{2\,Q_e - \frac{V_x}{T} + Q_{zo}}{2\,Q_e} \cdot \left(\frac{V_x}{T} - Q_{zo}\right)\right)$$

$\mathfrak{w}_1$ = Einheitswert von Primakraft,
T = Dauer der Absenkperiode,
Q_{zo} = Wassermenge, um den Zufluß in Absenkperiode unterhalb oberer Grenze (Q_v) der Primakraft bleibt.
Q_e = Obere Grenze im vereinfachten Wertigkeitsdiagramm, wo Wert der kWh = 0 wird.

2. k_2 = Einheitswert des Notvorrates. Unter gut zutreffender Annahme, daß Notvorrat nur in außergewöhnlich trockenen Zeiten (n Jahren von der Gesamtzahl N) eingesetzt wird, ist $k_2 = \frac{n}{N} \cdot \mathfrak{w}_1$.

3. k_3: Das Überlaufrisiko entspricht direkt der Auffüllungsmöglichkeit zwischen zwei Entnahmeperioden. Untersuchung auf Grund gegebener Zuflußganglinie von 20 Jahren im Dalälvgebiet ergab, daß die nach der Größe geordneten einzelnen Auffüllungen meist eine Gerade zwischen V_{max} und V_{min} ergeben. Daher bei einer Entleerung des Jahresausgleichraumes um V_x das Überlaufrisiko

$$= \frac{V_{max} - V_{ax} - V_x}{V_{max} - V_{min}} = r_x\,.$$

Ist k_4 der Einheitswert der bei vorzeitiger Füllung überlaufenden Energie, so ist

$$k_3 = k_4 \cdot r_x .$$

Da die überlaufende Energie, wenn man sie aufhalten könnte, überwiegend in Zeiten höherer W.-Führung nutzbar würde, ist ihr Mittelwert etwa $= \frac{\mathfrak{w}_2 + \mathfrak{w}_4}{2} = k_4$. Daher:

$$k_3 = \frac{\mathfrak{w}_2 + \mathfrak{w}_4}{2} \cdot r_x .$$

Zusammenfassung:

$$G = T \cdot \left(Q_{zo}\,\mathfrak{w}_1 + \mathfrak{w}_2\,\frac{2\,Q_e - \frac{V_x}{T} + Q_{zo}}{2\,Q_e}\left(\frac{V_x}{T} - Q_{zo}\right)\right) + \frac{n}{N}\,\mathfrak{w}_1 \cdot (V_{\max} - V_{ax} - V_x) - \frac{(V_{\max} - V_{ax} - V_x)^2}{V_{\max} - V_{\min}} \cdot \frac{\mathfrak{w}_2 + \mathfrak{w}_4}{2} .$$

Ableitung nach V_x, Nullsetzung und Kürzung liefert:

$$0 = V_x\left(\frac{\mathfrak{w}_2\,V_x}{T\,Q_e} + \frac{\mathfrak{w}_2 + \mathfrak{w}_4}{2\,(V_{\max} - V_{\min})}\right) - \mathfrak{w}_2\,\frac{Q_e + Q_{zo}}{Q_e} + \frac{n}{N}\,\mathfrak{w}_1 - \frac{V_{\max}\,(\mathfrak{w}_2 + \mathfrak{w}_1)}{2\,(V_{\max} - V_{\min})} + \frac{V_{ax}}{2}\,\frac{\mathfrak{w}_2 + \mathfrak{w}_4}{2\,(V_{\max} - V_{\min})} .$$

Beispiele für Abhängigkeit des Notvorrats von den Voraussetzungen: Zweierlei Annahmen der Energiewertkurve: Abb. 585; Q_v bedeutet obere Grenze der Primakrafterzeugungsmöglichkeit; Werte der übrigen Gleichungskonstanten: s. Abb. 586. In Gruppe A der Beispiele (Wertverlauf nach Abb. 585 links, $Q_e = \infty$ wird V_x und damit x unabhängig von Q_{zo} und von T, d. h. vom mittleren Zufluß in der Absenkungsperiode und der Länge der Absenkungsperiode. In Gruppe B ist das nicht der Fall. Z. B. ergeben in Abb. 586 angegebene Grundwerte im Falle:

$$A_1 : x = 2{,}27 - h_{ax}$$

$$B_1 : x = 1{,}5 - 0{,}136\,h_{ax}\,[1].$$

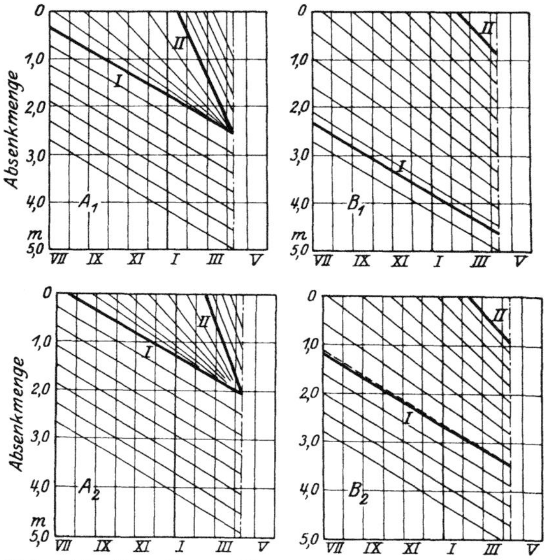

Abb. 586. Günstigste Absenkung bei Überjahresausgleich. (Jakobson.)

Grundwerte	Fall A_1A_2	B_1B_2
$H_{\min}$	0,90	0,90
$H_{\max}$	3,15/2,5	3,15/2,5
N	8	8
n	2	2
Q_e	8	6,0
v_2/v_1	0,2	0,5
v_4/v_1	0,2	0
$k = \frac{V_x}{x_T}$	—	3,9
Q_{zo}	—	4,5

Die starke Linie I im Falle A_1 gibt den durchschnittlich einzuhaltenden Absenkungsverlauf an, der volle Primakraftleistung (Q_v) ermöglicht. Linie II entspricht dem durchschnittlichen Absenkungsverlauf, wenn die größte aus örtlichen Rücksichten zulässige Wassermenge abgelassen wird. Liegt der „Anfangswasserstand" (h_{ax}) über Linie II, so verläuft die Absenkung parallel zu II; liegt er unter I, so wird ständig die der vollen Primakraft entsprechende Menge Q_v abgelassen (‖ zur I). Liegt der Anfangswasserstand zwischen I und II, so ist nach den konvergierenden dünnen Linien dort abzusenken. Allgemein: Je höher der Anfangswasserstand, um so größer die Ablaßmenge, doch mit der Einschränkung, daß gleichfalls zunehmend der Notvorrat geschont wird. Minderung der Auffüllungsmöglichkeit nach der Mangelperiode (Fall A_2 mit $H_{\max} = 2{,}5$ statt 3,15 in A_1) ergibt eine Vergrößerung des Notvorrates. Erhöhung des Zuflusses in der Mangelzeit (Q_{zo}) bedingt Erhöhung des eisernen Bestandes usw.

4. Ausführungs-Beispiele. Ein typischer Wasserhaushalt auf höchste Energieausbeute wird mit den regulierten Seen Öre und Tolken für die Kraftwerke Haby und Hulta im Slottsån (EW. Borås, Abb. 587) durchgeführt. Diese 2 WA. arbeiten mit der kleineren WA. Häggårda und der bedeutenden Dampfzentrale in Borås parallel. Dabei läßt man die beiden Slottsån-Werke voll arbeiten, so lange die Speicher-

[1] Jakobsons Werte scheinen falsch berechnet; obige sind berichtigt.

inhalte vorhalten; die Belastungsspitzen, welche die Höchstleistung der Wasserkraftanlagen übersteigen, werden dabei von der Dampfzentrale bestritten. Ist der Speicherinhalt bis auf einen bestimmten kleinen Rest erschöpft, so wird der Betrieb so umgestellt, daß die Dampfzentrale voll (in Grundkraft) eingesetzt und nur die Belastungsspitze, oberhalb der Höchstleistung des Dampfwerkes, von den Wasserkraftanlagen gedeckt wird, wofür der natürliche Mindestzufluß der Seen und der kleine Restbestand der Speicher unbedingt genügen. Sobald der Wasserstand in den Seen durch reicheren Zufluß wieder auf eine bestimmte Höhe gebracht ist, wird der Betrieb wieder auf die erste Form umgestellt.

Neben vielen anderen Beispielen niedrig-regulierter Gewässer finden sich im Norden auch nicht selten mehr oder minder vollkommene Überjahresregulierungen. So zeigt der Sommensee (Abb. 588, 589) ziemlich hohen Speicherausbaugrad; das Haushaltschema ist für eine regelmäßige Wasserentnahme von 13 und eine kleinste von 6 m³/sek (= 2 · NNQ) ausgearbeitet.

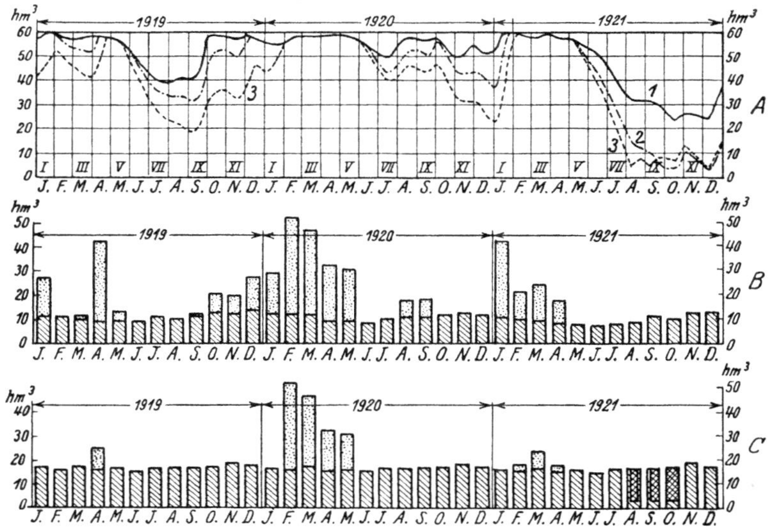

Abb. 587. Wasserhaushalt der Seen Öre und Tolken. (Samsioe.)

Überlauf
Nutzwasserabzug
Durch Dampfkraft ersetzte Wassermenge

A Beckeninhalt und Wasserentnahme für Werk Haby und Hulta.
1. bei der tatsächlichen Entnahme, 2. bei einer jährlichen Energieerzeugung von 16,5 Mio. kWh in den Kraftwerken von Borås, 3. desgl. bei 19,5 Mio. kWh/Jr. (jeweils einschl. Wärmekraft).
B Monatliche Nutzwassermenge in Haby und Hulta beim tatsächlichen Betriebsverlauf.
C Planmäßige monatliche Nutzwassermengen bei einer Gesamterzeugung von 19,5 Mio. kWh/Jr. in Borås.

Die Regulierung des Torrö im Indalsälvgebiet (Abb. 590) zeigt noch weit höheren Speicherausbaugrad in bezug auf das eigene Einzugsgebiet des Sees; doch ist maßgebender Ausgleichspunkt hier der

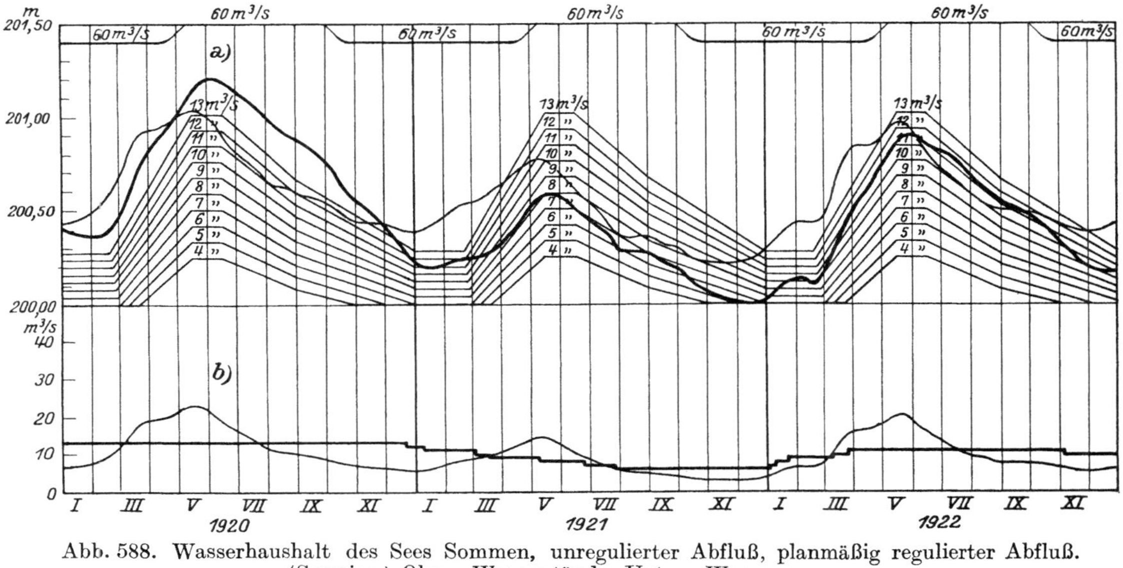

Abb. 588. Wasserhaushalt des Sees Sommen, unregulierter Abfluß, planmäßig regulierter Abfluß. (Samsioe.) Oben: Wasserstände. Unten: Wassermengen.

Ausfluß des weit unten liegenden, größeren Kallsjö. Die Entnahme aus dem Torrö wird während des Frühlings-HW gesperrt (aussetzender Wasserhaushalt) und ist in der übrigen Zeit um so höher, so daß sich zusammen mit dem Abfluß der von der Torröregulierung nicht erfaßten Teile des Kallsjögebietes am „Ausgleichpunkt“ gerade ein richtig ausgeglichener Gesamtabfluß einstellt.

Für umfassenden Abflußausgleich eines vielgliedrigen großen Einzugsgebietes das bedeutendste Beispiel ist die Dalälvregulierung durch Dalälvens Regleringsförening (gegr. 1916). Über den Umfang der geplanten und ausgeführten Regulierungsbauten siehe Abschnitt „Dalälv"; hier nur einige Angaben über den Wasserhaushaltsplan: Unter den vom Verein regulierten Seen des Gebietes haben Siljan und Skattungen-Öre (Abb. 138, 139) niedrigen Speicherausbaugrad; dagegen alle übrigen regulierten Seen ziemlich hohen, besonders im Svärdsjögebiet, also hauptsächlich: Amungen und Ljugaren, ferner in geringerem Maße auch einige Seen des Västerdalälv. Da die Wasserkräfte im Svärdsjötale noch vergleichsweise niedrig ausgebaut sind, wurde der Wasserhaushalt folgendermaßen geordnet: Die niedriger regulierten Seen haben in wasserreichen Jahren den Ausgleich der Wasserführung unterhalb des Siljansees größtenteils allein sicherzustellen. Aus den „überregulierten" Seen wird in solchen Jahren nur so viel entnommen, als für den Energiebedarf der Kraftwerke an dem betreffenden Nebenfluß erforderlich ist, der Rest wird als „Notvorrat" für besonders wasserarme Jahre zurückgehalten. Da zwischen Amungen und dem obersten Kraftwerk des Svärdsjö ein erhebliches „speicherloses" Einzugsgebiet liegt, konnte statt der ursprünglich beabsichtigten dauernden eine aussetzende Wasserentnahme durchgeführt werden, die den Speicher Amungen viel besser nutzbar macht und die Bereitstellung eines Vorrats für Trockenjahre ermöglicht. Dieser Notvorrat im überregulierten Amungen (und z. T. im Ljugaren u. a.) bot erst die Möglichkeit,

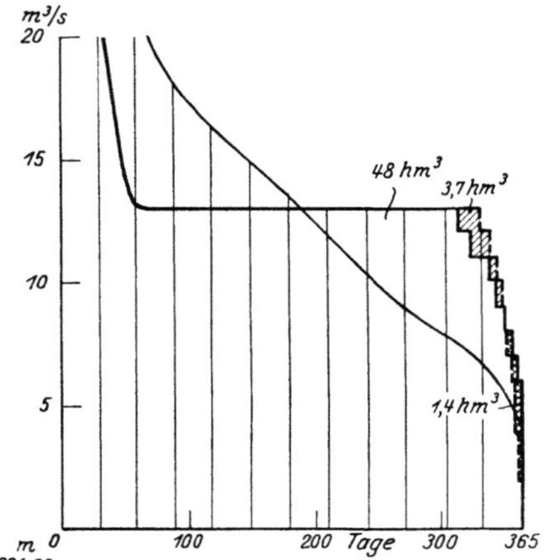

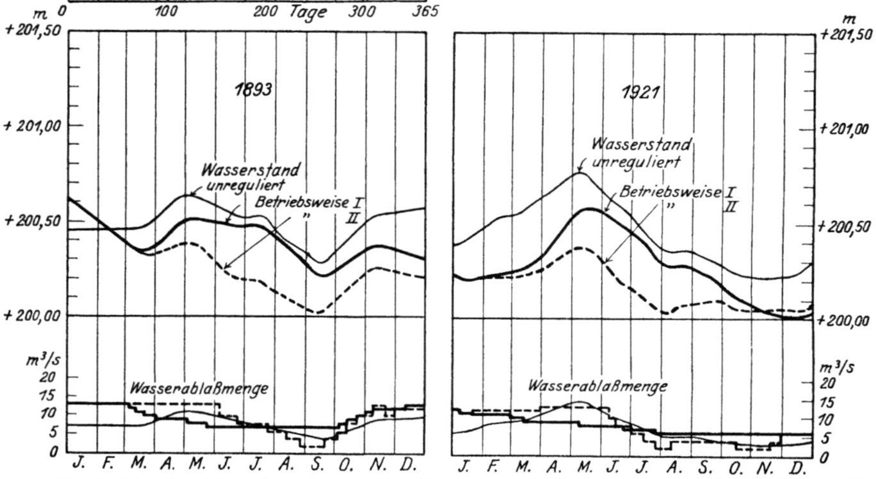

Abb. 589. Vergleich der Energieausbeute der Sommenregulierung bei Betrieb auf I. möglichste Erhöhung des Mindestabflusses, II. größte Energieausbeute. (Samsioe.) Unten: Ganglinien der Wasserstände u. Ablaßmengen. Oben: Dauerlinien der natürlichen und regulierten Abflußmengen.

die Seen mit niedrigem Ausbaugrad im wesentlichen auf höchste Gesamtenergieausbeute zu bewirtschaften und einen Speichernutzungsgrad in Siljan- und Skattungsee von 95% zu erzielen. Die sehr hoch ausgebauten Västerdalälvseen, Flaten und Snesen, haben — wenn auch minder ausgeprägt — eine ähnliche Aufgabe wie Amungen und Ljugaren. Für später, bei weiter gewachsenem Energiebedarf ist elektrische Verbundarbeit der Kraftwerke im Svärdsjögebiet mit jenen des Dalälv-Haupttales geplant; dadurch wird viel ausgeprägter aussetzende Abmahlung des Amungen und so noch höhere Wasserausnutzung ermöglicht. Abb. 591 stellen der ursprünglich geplanten gleichmäßigen Wasserentnahme (gewöhnlich 7,0, vorübergehend nötigenfalls 3,5 m³/sek), die für später vorgesehene vollkommene hydroelektrische Regulierung gegenüber, bei der die Wasserentnahme während des ganzen Sommers mit Ausnahme der Flößereizeit auf kaum ½ m³/sek verringert wird, und die Werke des Svärdsjötales elektrischen Aushilfsstrom von den Werken des Haupttales erhalten. Der um 1927 tatsächlich durchgeführte Wasserhaushalt liegt zwischen den beiden extremen Möglichkeiten, dürfte aber in einigen Jahren ganz auf die letztere umgestellt werden. Abb. 591 a zeigen das Regulierungsergebnis bei dem jetzigen Betrieb für ein gedachtes „normales Durchschnittsjahr", bezogen auf Djurås (am Hauptstrom unmittelbar nach Aufnahme des Västerdalälv) und auf Älvkarleby (Hauptstromunterlauf). — Nach den Angaben im Abschnitt „Dalälv" weichen die wirklichen Abflußganglinien einzelner Jahre außerordentlich stark vom „Normaljahr" ab; oberhalb der Aufnahme des überregulierten Svärdsjöflusses ist diese Verschiedenheit der einzelnen Jahre auch im regulierten Abfluß fast unverändert vorhanden, wie die rekonstruierten wirklichen Ganglinien bei Djurås (Abb. 592) für einige charakteristische Jahre zeigen.

Solch hydroelektrische Verbundarbeit zahlreicher Kraftwerke eines Einzugsgebietes, wie sie im Dalälv erst geplant, ist z. B. im Klarälv schon durchgeführt: zwischen den Werken des Uddeholmkonzerns (S. 208). Hier sind aber die Verhältnisse einfacher als bei der geplanten Regulierung des Dalälv; denn nur die Seen des Ufån-Nebentales sind reguliert; außerdem ist die Wasserentnahme in den verschiedenen Jahreszeiten nicht so sehr verschieden wie beim geplanten hydroelektrischen Ausgleich des Dalälvgebietes, weil die Örtlichkeit keine so hohe Regulierung der Ufånseen zuließ.

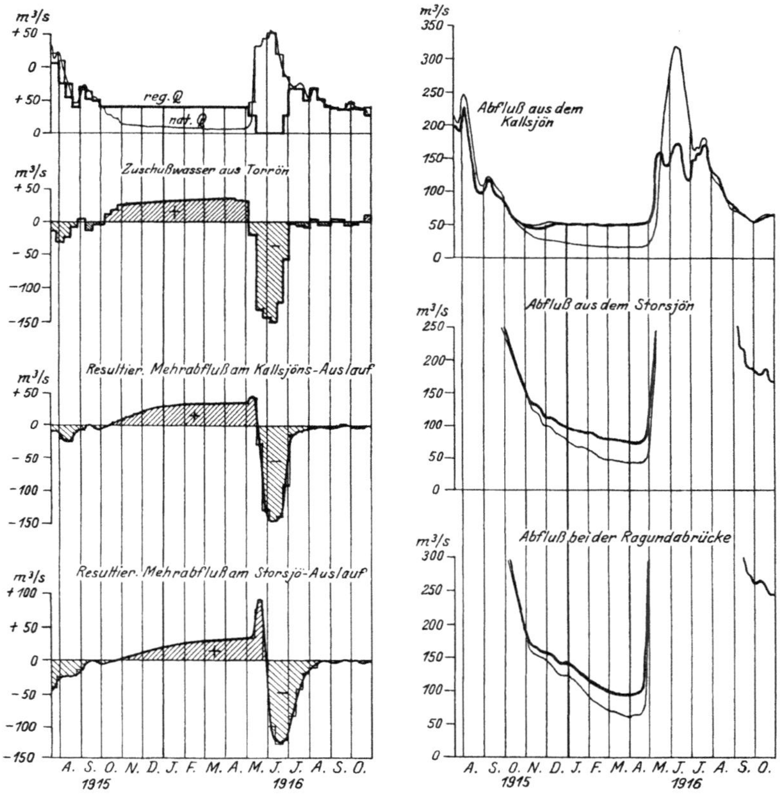

Abb. 590. Umwandlung der Abflußganglinien durch die Regulierung eines Quellsees. Beispiel: Torrön (Indalsälv). (Samsioe.)

Durchschnittlicher jährlicher Gewinn an nutzbarem Ablaß:

am Torrönausfluß 588 hm³	am Storsjönausfluß 350 hm³
,, Kallsjönausfluß 450 ,,	bei Ragundabrücke 305 ,,

Noch weit größere Vorteile können u. U. erreicht werden mit elektrischer Verbundarbeit mehrerer Gewässer mit verschieden geartetem Abflußgang und verschiedenen Speichermöglichkeiten. Ein hervorragendes Beispiel ist der etwa 1940 zu erwartende Verbundbetrieb des schwedischen staatlichen Zentralblocks mit den bis dahin auszubauenden Großkraftanlagen im Indalsälv einerseits und den südschwedischen Werken der Sydsvenska andererseits. Hierbei werden die Seen Wenern und Wettern als Hauptspeicher auf einen bedeutend höheren Regulierungsgrad ausgebaut sein, als zum internen Ausgleich der Wasserkräfte ihrer Abflüsse (Göta und Motala) erforderlich (S. 197). Von diesem großen Ausbauplan sind heute erst zwei Teilstücke verwirklicht: die Verbundarbeit der staatlichen Kraftwerke Mittelschwedens ohne Wenern- und mit unvollständiger Wetterseeregulierung und der Zusammenschluß der Sydsvenska Kraft A.B. mit der Hemsjö Kraft A.B. und Finsjö Kraft A.B. zum Sydsvenskakonzern, in dem nun fast alle Eltwerke Südschwedens, im ganzen etwa 50 Wasser- und Dampfkraftwerke, zusammenarbeiten (Abb. 225).

Die Wasser- und Energiewirtschaft des Sydsvenskakonzerns hat den praktischen Beweis für die Nützlichkeit der Zusammenfassung kleiner Netze zur planmäßigen Verbundwirtschaft erbracht. Borgqvist und Velander weisen im einzelnen folgende Vorteile nach:

a) Leistungsersparnis durch Überlagerung der verschiedenen Belastungskurven. Die Größe der Ersparnisse gegen den gedachten Zustand, wo jedes der 50 Werke gesondert arbeiten würde, läßt sich aus

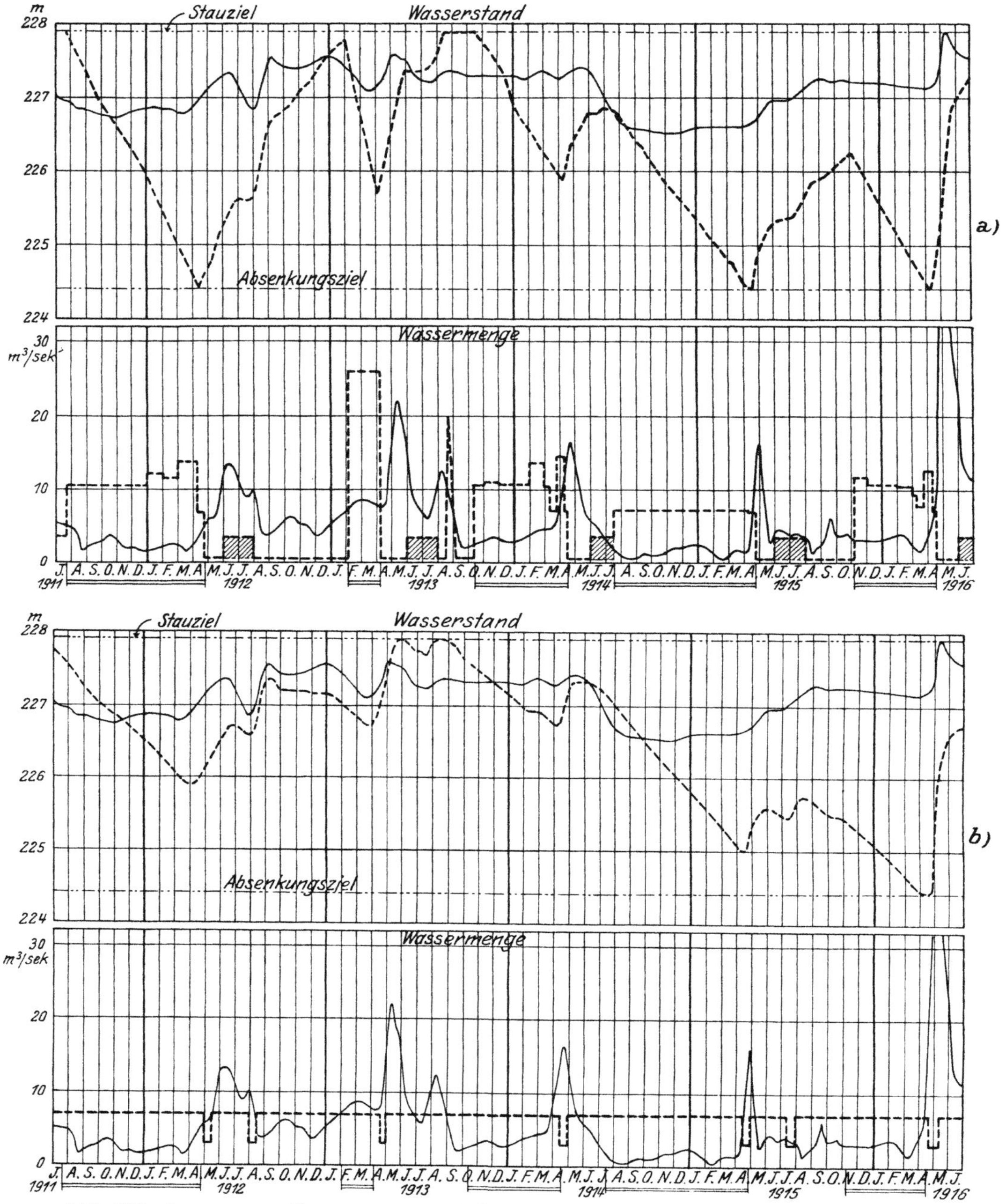

Abb. 591. Amungenregulierung, ursprünglicher Wasserentnahmeplan und hydroelektrischer Regulierungsplan. (Dalälvreg. Verein.)

vor der Regulierung
nach „ „
Zeit des Wassermangels im Dalälv
Wasserentnahme für Flößerei

naheliegenden Gründen überhaupt nicht genau bestimmen. Velander schätzt die mit der Zusammenfassung der erwähnten drei Netze tatsächlich erzielte Ermäßigung der Höchstleistung auf 5—10%, was ziemlich gut zusammenstimmt mit einer von Lundholm nach den Erfahrungen von Vattenfallstyrelsen aufgestellten Überlagerungstafel (Abb. 593). Setzt man schätzungsweise die Belastung von Sydsvenska = 7, Hemsjö = 2, Finsjö = 1 und nimmt man für alle drei eine Ausnutzungsziffer = 50% an, so ergibt die Lundholmsche Tafel rd. 8% Leistungsersparnis.

b) Gegenseitiger Ausgleich der verschiedenen Abflußganglinien der zusammengefaßten Gewässer. Innerhalb Südschwedens sind allerdings diese Verschiedenheiten mäßig und auf kleine Verschiebungen im Eintritt des NNQ beschränkt.

c) Verbesserung der Ausnutzung der Speicherseen und unregulierten Wasserkräfte mit entsprechender Verringerung des Brennstoffaufwandes. Da die Erniedrigung der Belastungsspitze den Bedarf an Aushilfsleistung herabsetzt, können die im Gesamtnetz vorhandenen Dampfreserven benutzt werden und eine wesentlich bessere Ausnutzung der vorhandenen Wasserspeicher herbeiführen. (Annäherung an den Wasserhaushalt auf „höchste Gesamtenergieausbeute".)

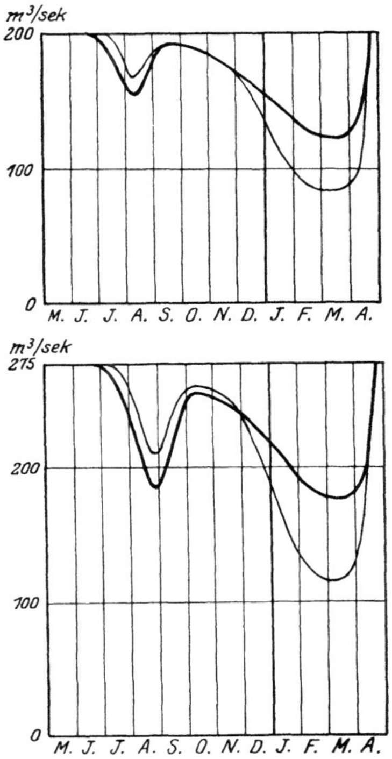

Abb. 591a. Oben: Normalganglinie für den Dalälv bei Djuås bei natürlichem Abfluß (dünne Linie) und bei dem bis 1926 erreichten Regulierungsstande (starke Linie). Unten: desgl. bei Älvkarleby.

d) Durch die Verbesserung der Nutzbarkeit der Speicher- und auch der Laufwasserkräfte ist das Wasser während des größten Teils des Jahres genau so wertvoll wie Kohle; es ist somit nicht nur bei Kleinwasser, sondern fast immer der Mühe wert, auf Ausnutzung der Turbinen mit höchstem Wirkungsgrad zu achten. Es hat sich als möglich erwiesen, gleichzeitig jede einzelne Turbine mit im schlimmsten Falle ±5% Abweichung von jener Belastung zu betreiben, die dem besten Wirkungsgrad entspricht. Diese Möglichkeit ist gegeben, weil eine sehr große Anzahl von Turbinen auf ein gemeinsames Netz arbeiten; Velander hat besondere, größtenteils graphische Methoden zur möglichst vollständigen Ausnutzung dieser Ersparnismöglichkeiten ausgearbeitet. Ergebnis dieser planmäßigen Betriebsleitung ist, daß der durchschnittliche Gesamtwirkungsgrad aller Turbinen ständig nur wenige Prozent unter dem höchsten Wirkungsgrad der besten Turbine liegt.

e) Der Zusammenschluß gestattet endlich bei relativ geringem Aushilfsleistungsbedarf nur jene Dampfwerke arbeiten zu lassen, die den besten Wirkungsgrad haben (im Sydsvenskanetz: die moderne Großdampfzentrale Malmö). (Außerdem wird es durch die Wassertagesspeicher möglich, die geringere eingesetzte Aushilfsleitung längere Zeit gleichmäßig durchlaufen zu lassen! d. Verf.) — Durch den Zusammenschluß wird also der Durchschnittswirkungsgrad der Wasser- und der Dampfwerke verbessert.

f) Dadurch, daß gewisse Verbrauchsmittelpunkte von verschiedenen Seiten aus gespeist werden können, entfällt ein großer Teil der Stromunterbrechungen wegen Revisionen und Störungen der Hauptlinien. Dies ist für den Verbraucher und den Eltlieferanten vorteilhaft, weil dadurch die Sicherheit ständiger Stromlieferung und damit die Wertschätzung des Anschlusses gesteigert, auch die Ausnutzungszeit der Verteilungsleitungen etwas verbessert wird.

Auch in Finnland ist die Wichtigkeit der Abflußregulierung erkannt. Der große Seenreichtum und die natürliche Gleichmäßigkeit der Wasserführung der wichtigsten Ströme wird hier mit der Zeit wohl vielfach das Ideal eines Ausgleiches auf langjähriges MQ erreichen lassen. Dabei spielen Rücksichten auf Land- und Forstwirtschaft sowie Flößerei neben den Ansprüchen der Wasserkraftwirtschaft eine sehr maßgebende Rolle. Homén hat (1918) mit eingehenden Nachweisen (u. a. für den Kymmenestrom mit dem großen Päijännesee) die großen vorliegenden Aufgaben nachdrücklich dargelegt.

Unterlagen:

Lübeck: Sjöregleringars nationalekonomiska betydelse och några fakta rörande sjön Skagerns reglering. T. T. 15. III. 1913. — Samsioe: Sambandet mellan tappning från ett sjöregleringsmagasin och därav förorsakad avrinning längre ned vattendraget. T. T. V. o. V. 1923. — Fransén, H.: Några allmänna synpunkter på regleringsmagasin vid vattenkraftstationer (Svenska Vattenkraftföreningens Publ. 194. — Serrander, M.: Siljans Reglering. Svenska Vattenkraftföreningens Publ. 196. — Serrander, M.: Några synpunkter på sjöregleringsproblemet. Hansen-Festschrift 1922. — Jakobson, N.: Tappningsplaner för sjöar med hög regleringsgrad. Festschr. schwed. Ingenieurkorps. — Jakobson, N.: Tappningsplaner för sjöar med låg regleringsgrad. T. T. V. o. V. 27. VI. 1925. — Lübeck: Nyare erfahrenheter om planläggning och utförande av Vattenregleringar. Svenska Vattenkraftföreningens Publ. 140, S. 81. Mit Diskussion. — Samsioe: Några synpunkter rörande rationell utnyttjande av sjöregleringsmagasin. Svenska Vattenkraftföreningens Publ. 163. Mit Diskussion. — Jakobson, Nils: Vattenhus-

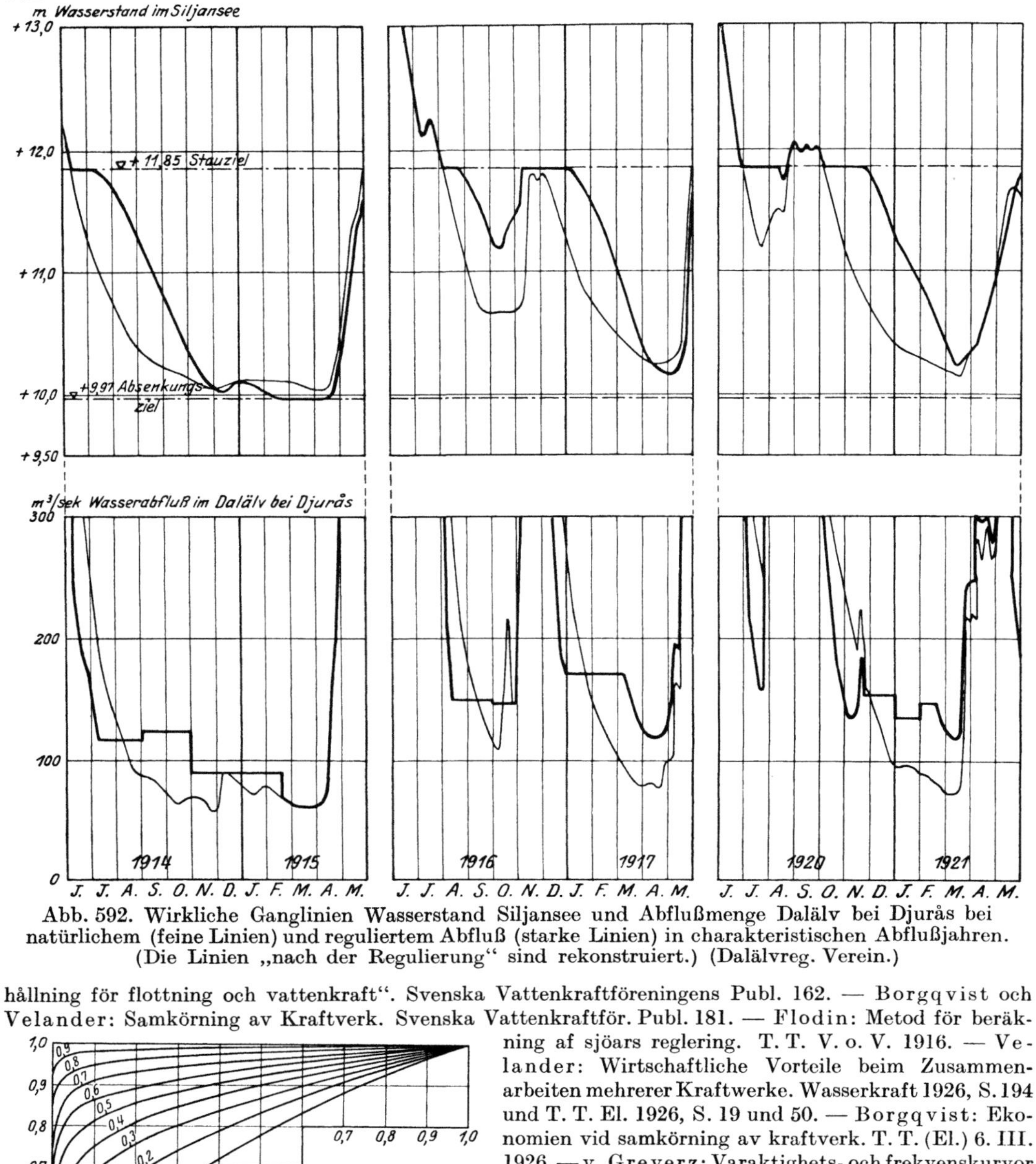

Abb. 592. Wirkliche Ganglinien Wasserstand Siljansee und Abflußmenge Dalälv bei Djurås bei natürlichem (feine Linien) und reguliertem Abfluß (starke Linien) in charakteristischen Abflußjahren. (Die Linien „nach der Regulierung" sind rekonstruiert.) (Dalälvreg. Verein.)

hållning för flottning och vattenkraft". Svenska Vattenkraftföreningens Publ. 162. — Borgqvist och Velander: Samkörning av Kraftverk. Svenska Vattenkraftför. Publ. 181. — Flodin: Metod för beräkning af sjöars reglering. T. T. V. o. V. 1916. — Velander: Wirtschaftliche Vorteile beim Zusammenarbeiten mehrerer Kraftwerke. Wasserkraft 1926, S. 194 und T. T. El. 1926, S. 19 und 50. — Borgqvist: Ekonomien vid samkörning av kraftverk. T. T. (El.) 6. III. 1926. — v. Greyerz: Varaktighets- och frekvenskurvor för spillvattenavrinning. T. T. V. o. V. 28. IX. 1923. — Westerberg: Om beräkning af sjöars reglering och sänkning. T. T. V. o. V. 1910, H. 7—9. — Schmidt, C.: Some principles of lake storage with special reference to Swedish conditions. Weltkraftkonf. Basel 1926, Nr. 28. — Vattenbyggnadsbyrån, Stockholm: Förslag till reglering af sjön Sommen i och för utjämnande af vattenföringen i Svartån och nedre delen af Motala-ström. Stockholm 1910. — Homén, Th.: Våra skogar och vår vattenhushållning, 290 S. Helsingfors 1917 bei Söderström. — Homén, Th.: Förslag beträffende vår vattenhushållning. Ekon. Samfundets Tidskr. Helsingfors 1918, H. 1—8. — Holmgren, T.: Allmänna intryck beträffande Kraftdistributionsteknikens nuvarande läge och utvecklingstendenser. Svenska Vattenkraftför. Publ. 167. — Velander, St.: Vattenkraft och Ångkraft. Svenska Vattenkraftför. Publ. 176.

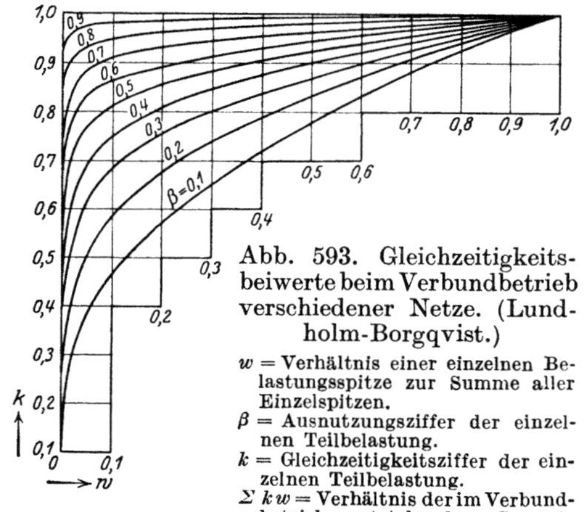

Abb. 593. Gleichzeitigkeitsbeiwerte beim Verbundbetrieb verschiedener Netze. (Lundholm-Borgqvist.)

w = Verhältnis einer einzelnen Belastungsspitze zur Summe aller Einzelspitzen.
β = Ausnutzungsziffer der einzelnen Teilbelastung.
k = Gleichzeitigkeitsziffer der einzelnen Teilbelastung.
$\Sigma\, kw$ = Verhältnis der im Verbundbetrieb entstehenden Gesamtspitze zur Summe aller Teilspitzen.

27. Abschnitt: Die Stauwerke.

1. Talsperren und feste Wehre.

Dämme und dammartige Wehrbauten. Bei kleineren Stauanlagen kommen an Stelle von Mauerkonstruktion auch im Norden selbst auf festem Felsgrund vielfach Dämme und dammartige, gemischte Bauweisen vor. In entlegenen Gegenden, wo Sand fehlt, Zement und Maschinen äußerst schwierig hinzuschaffen sind, besonders z. B. bei der Regulierung norwegischer Hochgebirgsseen, haben diese einfachen Bauweisen auch heute noch ziemliche Bedeutung und Berechtigung. Hier können aus der großen Mannigfaltigkeit nur einige typische, besonders interessante Konstruktionen beschrieben werden.

Ausführung in Trockenmauerwerk mit wasserseitiger Fugendichtung durch Zementmörtel (sog. Speckfugen) ist in Norwegen weitverbreitet. Bei weniger sorgfältiger Ausführung ist meist ein Dammquerschnitt mit beiderseitigen Böschungen angewandt, während bei sorgfältiger Ausführung in richtigem Steinverband die Wasserseite der Trockenmauersperre ganz oder nahezu lotrecht angeordnet wird, so daß das Bauwerk schon eher in die Gruppe der Schwergewichtsmauern, als in die der Dämme zu rechnen ist. Als Beispiele seien genannt:

1. die kleine Morvandsperre: größte Höhe: 5 bis 6 m (Abb. 594) Untergrund: Phyllit, schlechte Mauersteine im Steinbruch, kein brauchbarer Mauersand, Speckfugen 10 bis 15 cm tief, teilweise Lehmanschüttung an der Wasserseite. Becken: 2 hm³. Hat sich gut bewährt.

2. Überfallwehr bei Kvilesten 893 m ü. M. mit ähnlichem Querschnitt, bei dem zur Dichtung eine hölzerne Spundwand angeordnet ist (Abb. 595) Untergrund: Phyllit, Lehm und Grus, kein Sand, schlechte Mauersteine.

Beide Ausführungen gehören zu kleinen ländlichen Wasserkraftelektrizitätswerken in Westnorwegen (Sognfylke). Das Wehr bei Kvilesten ist nur provisorisch und soll später durch eine 20 m hohe Gewölbereihe ersetzt werden. — Durch größere Höhe bemerkenswert ist der Trockenmauerdamm bei Tarlebö (Abb. 596, 597, 598, 599, 600) mit Dichtung

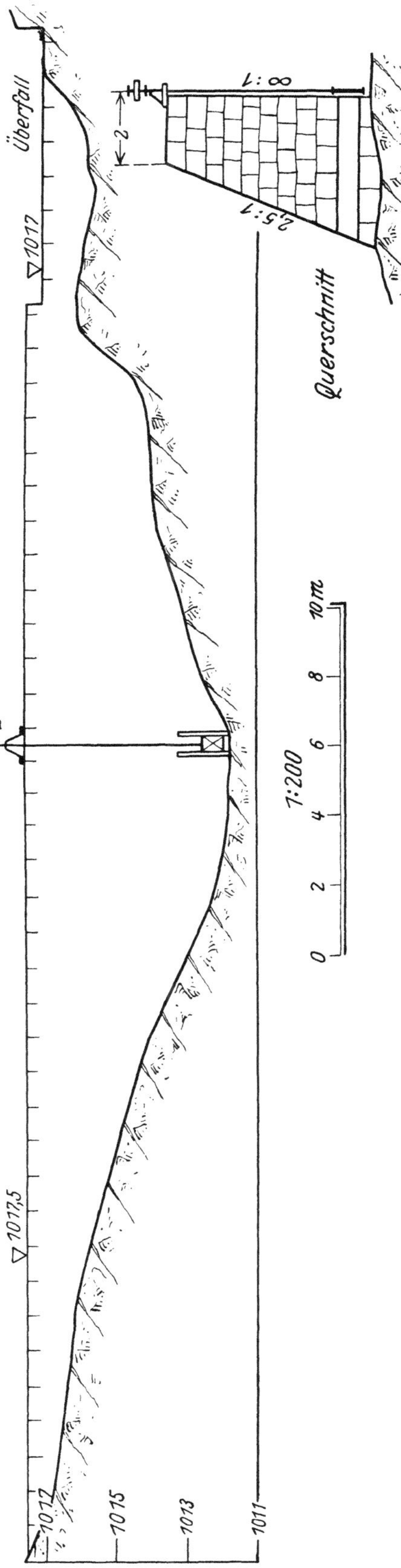

Abb. 594. Morvandsperre. (Bonde.)

durch „Speckfugen". Ganz neuzeitlich gebaut ist die 10 m hohe Trockenmauersperre des Hardelandsvattn (Abb. 601, 602) für die WA Littledals; Eisenbetondichtung (Ingenieur: Prof. Heggstad-Trondhjem).

Ziv.-Ing. Bonde, Bergen, hat sich mit der Weiterbildung der Trockenmauersperre befaßt. Er will u. a. die Rückseite der Dichtungsplatte zu Kontroll- und Ausbesserungszwecken zugänglich machen und schlägt daher vor, auf den fertigen Trockenmauer-

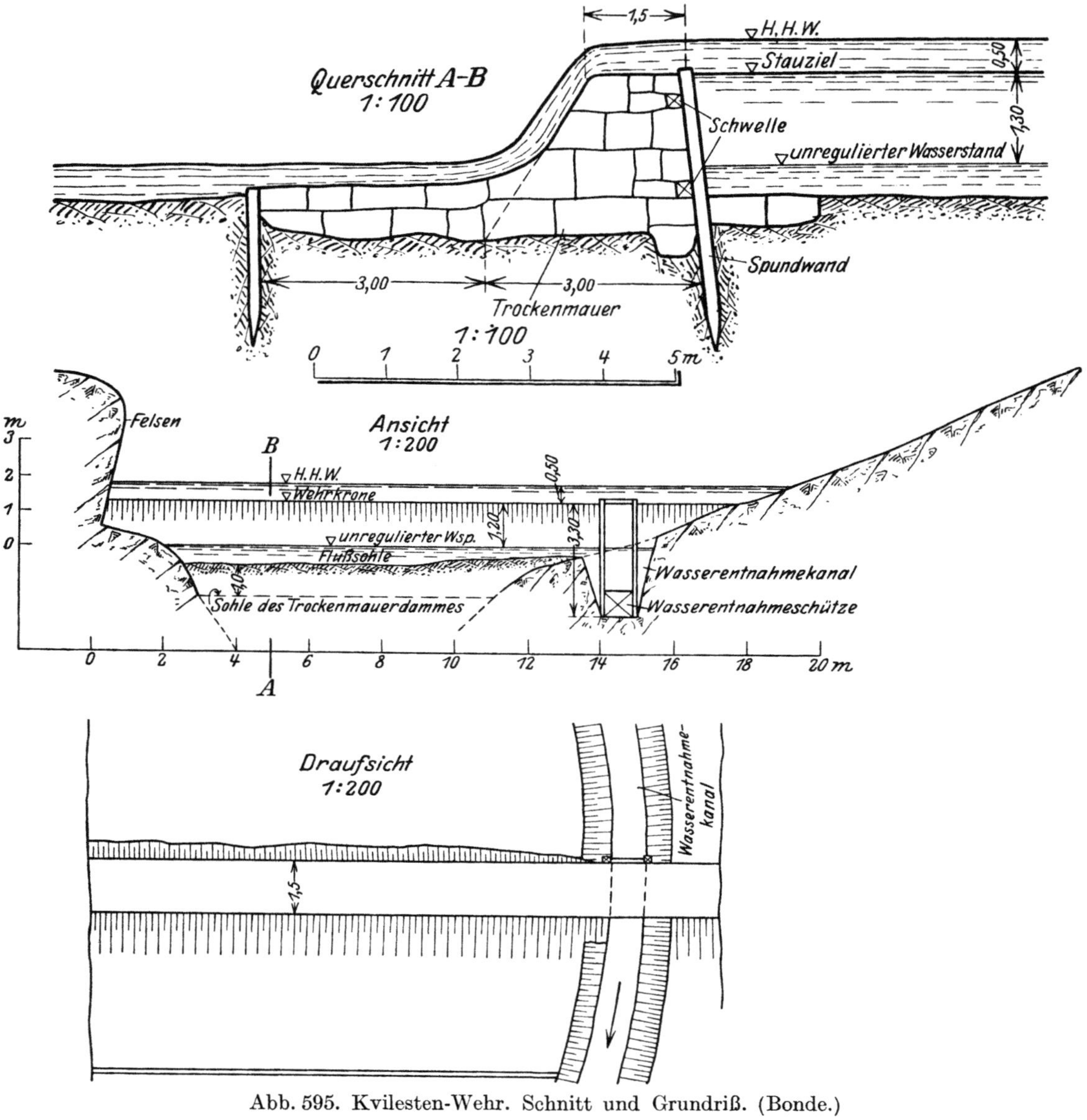

Abb. 595. Kvilesten-Wehr. Schnitt und Grundriß. (Bonde.)

dämmen eine wasserdicht verputzte Eisenbetonrippenplatte so anzubringen, daß die Zwischenräume der Rippen beschlupfbar bleiben. Ob diese technisch sehr saubere aber kostspieligere, an die Ausführung der Mouche-Sperre[1] und die Ambursenwehre erinnernde Anordnung sich gegenüber der einfachen, dünnen, in geringem Grade auch schmiegsamen, Eisenbetondecke durchzusetzen vermag, muß dahingestellt bleiben.

[1] Ludin: Wasserkräfte S. 942.

Primitiver, aber bei mäßiger Stauhöhe gut bewährt sind Steinfüllungs- und Trockenmauerdämme mit Torfkern, die zu den ältesten Formen der Stauanlagen gehören und ihren Ursprung im Harz haben. Sie wurden in Norwegen durch deutsche Bergleute eingeführt (in der Umgebung von Kongsberg stößt man heute noch auf deutsche Schachtbezeichnungen wie „Gotteshilfe“, Gottesgabe“ usw.). Schon im Anfang des 18. Jahrhunderts sind zur Wasserspeicherung für die Wasserräder der

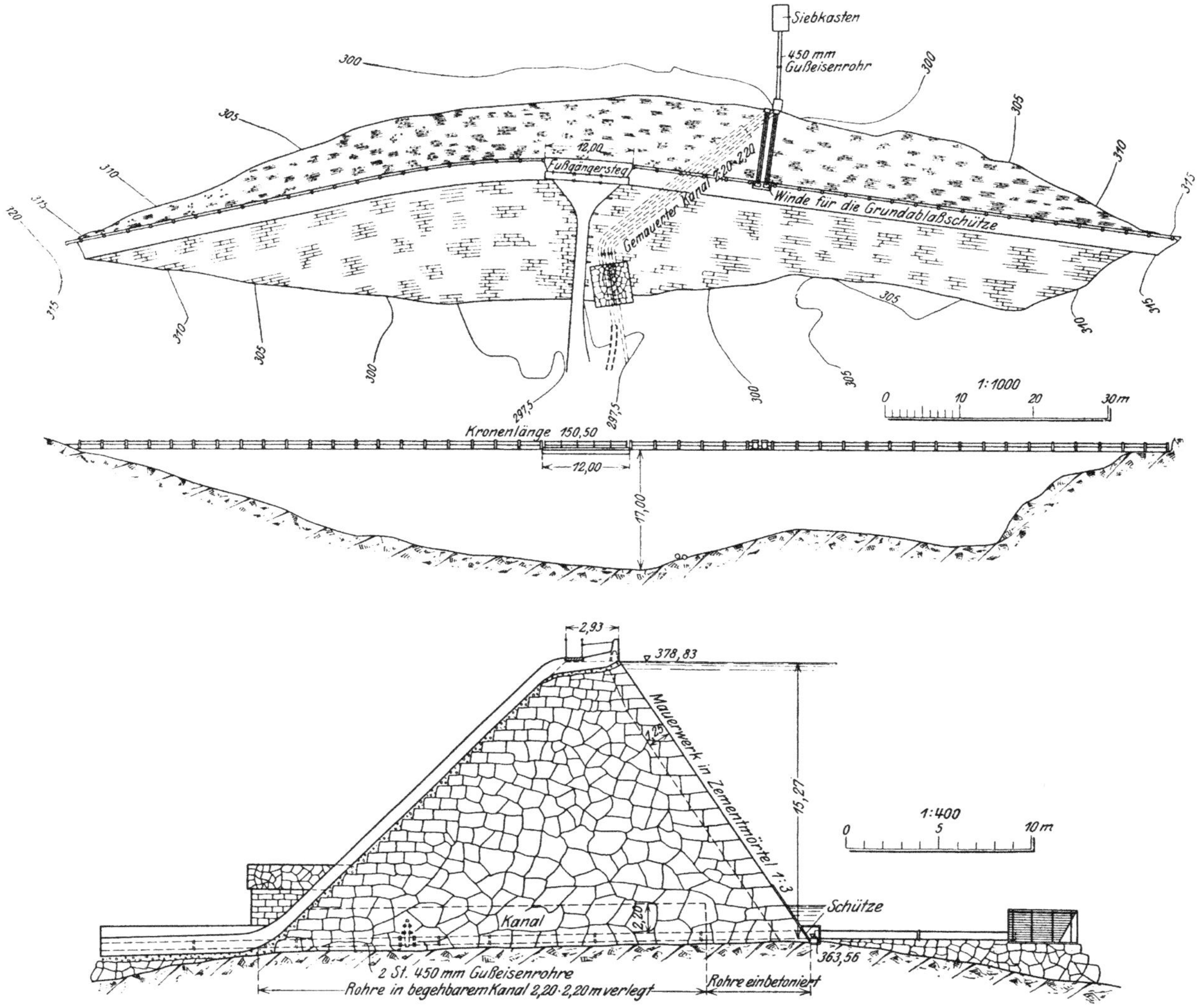

Abb. 596—598. Tarlebö Talsperre. Ansicht, Grundriß und Schnitte. (Bonde.)
(s. auch nächste Seite.)

Kongsberger Silbergruben mehrere Speicherdämme in dieser Bauweise errichtet worden, wobei zunächst der Torf nicht nur als Dichtungsschicht, sondern zugleich als tragender Teil im Trapezprofil mit Böschungen 1,3:1 eingebracht und nur mit lose aufgesetzten Steinen beschwert und oberflächlich geschützt war (Abb. 603 oben). Diese Bauweise ergab ungleichmäßige Setzungen und ungenügende Dichtung. Man ging daher auch zu der heute noch in Norwegen verwandten Bauweise nach Abb. 603 unten über, bei welcher der 1 bis 4 m starke Torfkern zwischen zwei, innen wegen des Setzens des Torfes ganz glatt gestaltete Trockenmauern eingeschlossen wurde.

Solche (und ältere) Dämme sind bei Kongsberg 28 Stück gezählt. Der längste ist

156 m; 11 sind über 100 m lang. Ihre Gesamtlänge ist 2200 m. Die Unterhaltungskosten betragen für alle zusammen nur einige Hundert Kr./Jahr. (Bemerkenswert: den Becken mit zusammen 1,5 hm³ Inhalt wird das Wasser wie im Harz durch kleine Hanggräben von 14 km Gesamtlänge zugeführt). Zahlreiche ähnliche, allerdings kleinere Dämme sind seit mehreren Menschenaltern bei Bergen für Trinkwasserversorgung

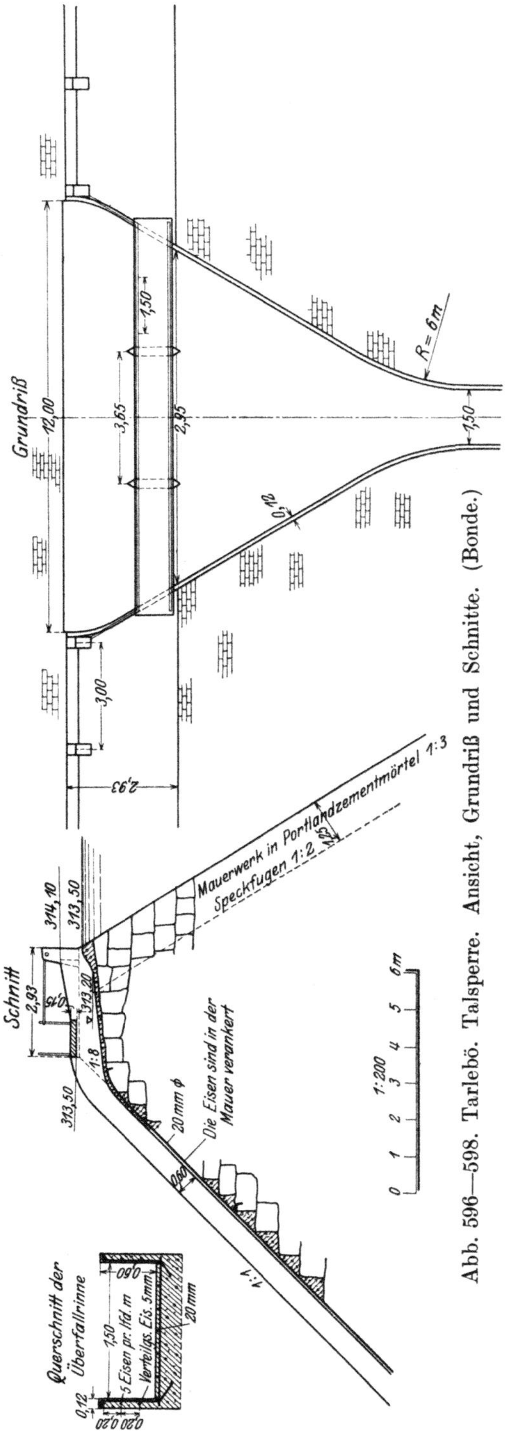

Abb. 596—598. Tarlebö. Talsperre. Ansicht, Grundriß und Schnitte. (Bonde.)

Abb. 599. Überblick nach Fertigstellung.

Abb. 600. Herstellung des Trockenmauerwerks.
Abb. 599—600. Tarlebömauer. (Bonde.)

in Benutzung. Dort ist 1910 für Salhus-Fabriker eine 12 m hoch stauende Trockenmauersperre (Abb. 604, 605, 606) erstellt. Wichtig ist, daß der Kern und beide Mauern bis auf gewachsenen Felsen geführt werden. Der Überlauf ist bei den kleineren, derartigen Sperren manchmal über die ganze Mauer, meist aber nur über einzelne, dann in Zementmörtel gelegte, Abschnitte geführt. Mißerfolge sind bei dieser Bauweise bei nicht genügend sachkundiger Ausführung leicht möglich und auch vorgekommen.

Im Gebirge kann solch einfache Bauweise gegenüber einer modernen Schwergewichtsmauer unter den nordischen Verhältnissen trotz größeren Steinaufwandes wirtschaftlich überlegen sein. Nachher noch zu berührende eigenartige Schwierigkeiten mit Mörtel zerstörendem Moorwasser geben ihr auch eine gewisse technische Überlegenheit.

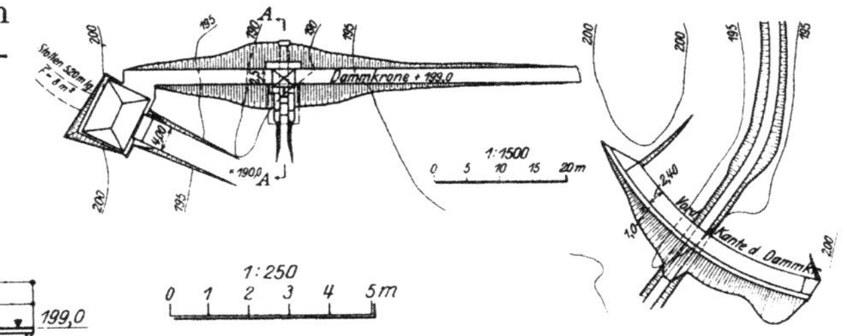

Abb. 601. Grundriß.

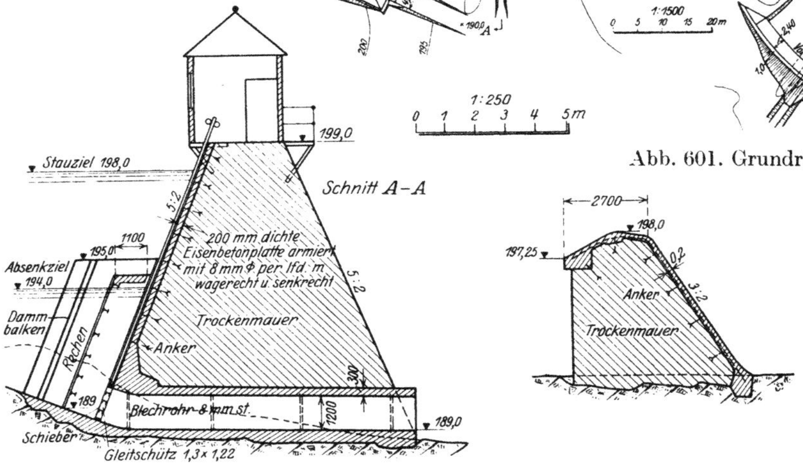

Abb. 602. Schnitte.

Abb. 601—602. Hardelandsperre. (Bonde.)

Ein mehr neuartiger Steinfüllungsdamm mit Eisenbetonhaut auf Trockenmauerböschung ist der Vikvatndamm (Abb. 607—609).

Neben den erwähnten neuen und alten, heute noch im Norden nebeneinander verwendungswerten Bauweisen von Steindämmen ist schließlich als höchstens noch als Provisorium in Frage kommend die Steinkistenbauweise zu nennen; Ausführungsbeispiel auf Moränengrund mit Torf als Fußdichtung (Abb. 610).

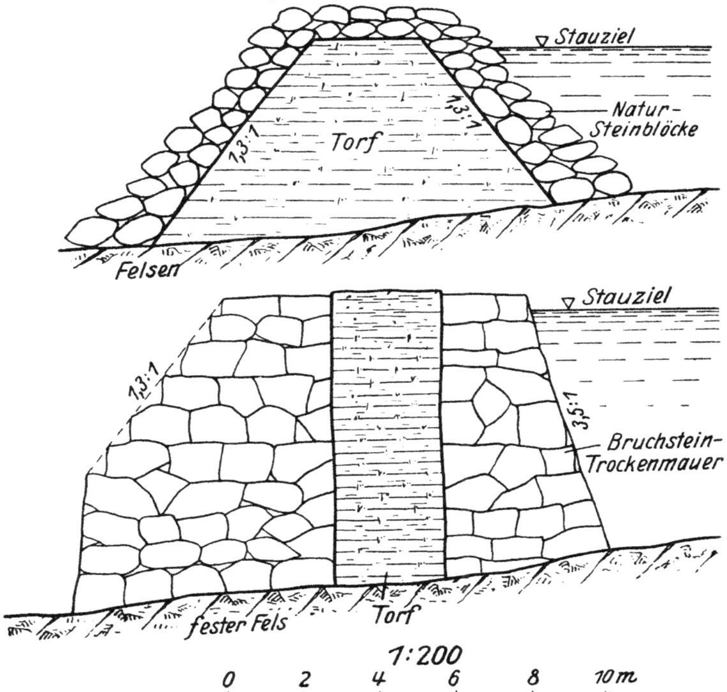

Abb. 603. Ältere und neuere Querschnittsform von Trockenmauerdämmen mit Torfkern. (Bonde.)

Moränen- und Erddämme sind namentlich bei kleineren Wasserkraftanlagen und alten Triftsperren sehr verbreitet. Bei sorgfältigerer Ausführung wird, namentlich auf Felsgrund, gern eine Kerndichtung (Abb. 611, 612, 613) angewandt. Als Baustoffe für den Kern findet man hauptsächlich Torf, Lehm, Spundwände, neuerdings auch Beton.

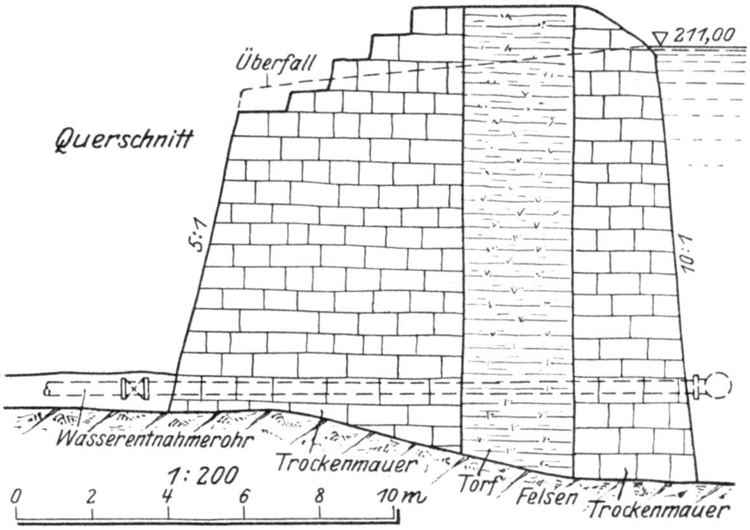

Abb. 604. Querschnitt.

Abb. 605. U.W.-Blick.

Abb. 606. Seitenblick auf Krone.

Abb. 604—606. Salhustalsperre. (Bonde.)

Torf als Dichtungsmittel wird hier unter Umständen zweckmäßiger nicht in der Mitte, sondern an der Wasserseite angeordnet (Abb. 614) und zum Schutz gegen mechanische Angriffe mit einer Steinschicht abgelegt. Einen aus Stein- und Erdschüttung kombinierten Damm mit Torfkern und innerer Spundwand hat die Großwasserkraftanlage Höyangfaldene (Norw.) (Abb. 615). Manchmal ist zur weiteren Sicherheit neben dem Beton- oder Spundwandkern noch eine Dichtung mit Lehm (Abb. 616) oder — zugleich als Böschungsschutz: mit ausgefugtem Steinpflaster angewandt; letzteres z. B. bei den ausgedehnten Stau- und Kanaldämmen des Untrawerkes, deren Wasserseite (Abb. 713) sorgfältig mit Zementmörtel ausgefugt wurde neben einem an die Felssohle mittels Betonfußkernes dicht angeschlossenen Lehmkern. Beispiel eines großen Staudammes mit Eisenbetondichtungskern: der Damm von Porjus (Abb. 611, 612). Der Querschnitt dieses (nicht zur Überströmung bestimmten) Wehrflügeldammes ist in wohl durchdachter Weise kombiniert aus einem bewehrten Betonkern mit davor gelegtem Lehmschlag und einer wasserseitig dichten feinerdigen und luftseitig durchlässigen, steinigen Schüttung. Die wasserseitige Schüttung ist durch starke Steinfüllung, die oberflächlich als Zyklopenpflaster verlegt ist, beschwert und geschützt. Eigenartig ist die Anordnung einer 0,6 m starken „Torfschicht“, die als elastisches Polster zur Entlastung vom Eisschub gedacht war; die luftseitige Steinfüllung enthält eine künstlich hergestellte „Gleitfuge“, die eine eindeutige Kräfteverteilung, entsprechend den bei der Berechnung des Eisenbetonkernes gemachten Annahmen bezweckt. Der Eisenbetonkern hat senkrechte Dehnungsfugen. Dieser Damm hat sich tadellos gehalten.

Dämme finden sich im Norden mehrfach auch zur seitlichen Einwallung von Stauhaltungen zum Schutz tiefliegender Kultur- oder Siedelungsflächen verwandt. Diese

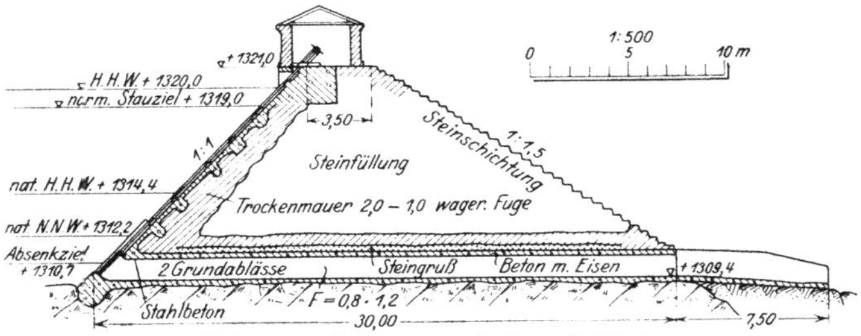

Abb. 607. Schnitt und Grundablaß.

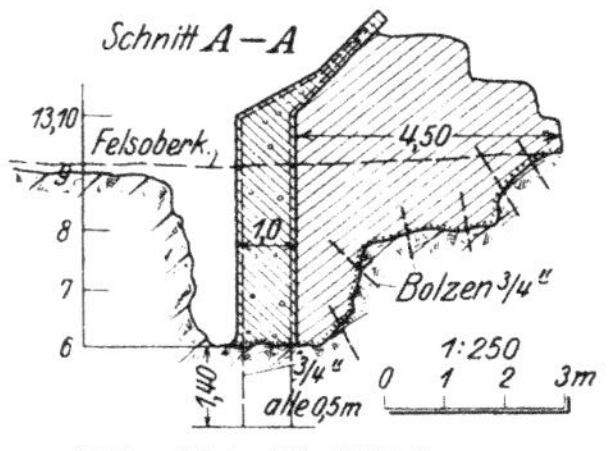

Abb. 608. Fußdichtung.

eingepolderten Flächen werden dabei entweder durch Vorflutstollen (Motala: städtische Kanalisation! S. 196) oder Pumpwerke (Imatra, S. 745) entwässert. Eigenartig ist die Verwallung des Ufers am Werk Motala (Abb. 617, 618, 619, 620, 622) ausgefallen, weil eine durchlässige Kiesschicht von großer Mächtigkeit und Tiefenlage durch den Schlitz des anfänglich geplant gewesenen Lehmkerns aufgefahren wurde: Man begnügte sich danach damit, die Uferböschung des Stromes bis zum NW mit Lehmpuddel abzudecken und den aufgesetzten Damm mit der Böschungsdichtung durch eine flache Puddeldeckschicht in Verbindung zu setzen. Die Infiltration durch den Ausbiß der Kies- und Sandschicht im Flußbett nahm man bewußt in Kauf, nachdem man sich durch sorgfältige Beobachtung der Grundwasserverhältnisse und Berechnung die Überzeugung gebildet hatte, daß weder Ausspülungen noch übermäßiger Wasserverlust zu befürchten seien. Für das zu erwartende Sickerwasser verlegte man einen rd. 130 m langen Sammeldrän aus unterseits gelochtem Zementrohr, der durch die dichten Erdschichten als Eisenrohr in starkem Gefäll weitergeführt wurde. Die beobach-

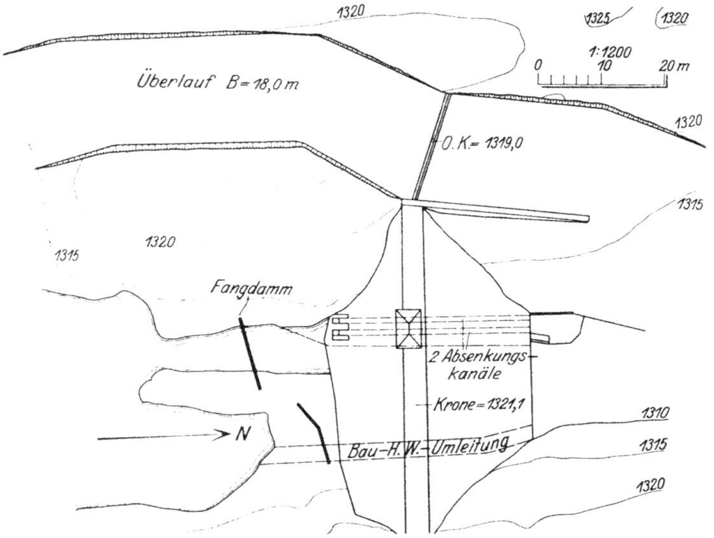

Abb. 609. Lageplan.
Abb. 607—609. Vikvatndamm. (Bonde.)

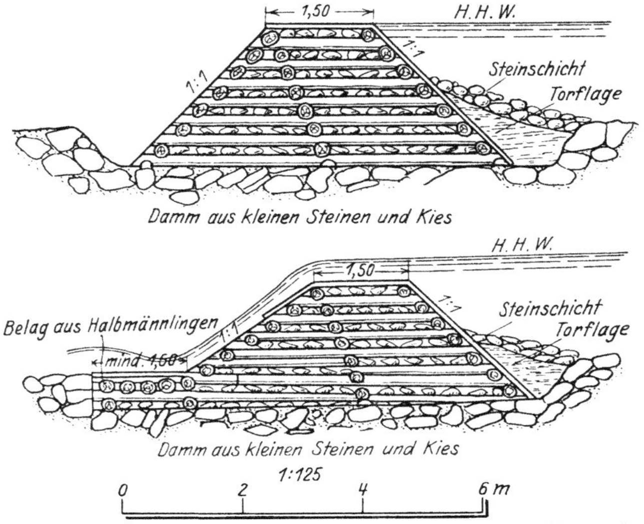

Abb. 610. Überfallwehr u. Damm in Steinkistenbau. (Utnyttelse av Mindre Vandfald.)

teten Sickerwassermengen (Abb. 621) stimmten gut mit den erwarteten überein, so daß man für zukünftigen vollen Stau keine Überschreitung der veranschlagten 60 sl erwartet.

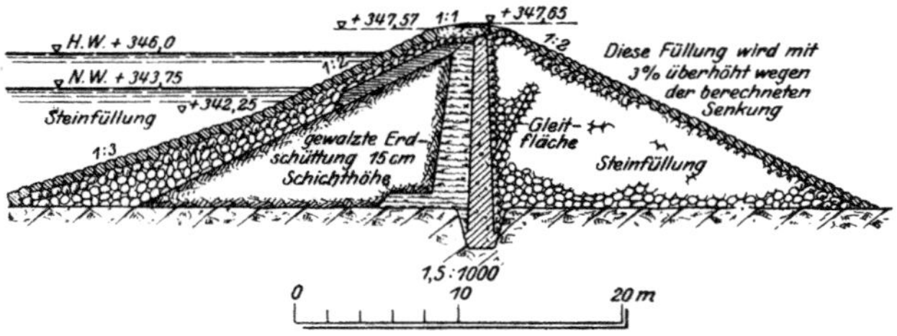

Abb. 611. Gesamtquerschnitt.

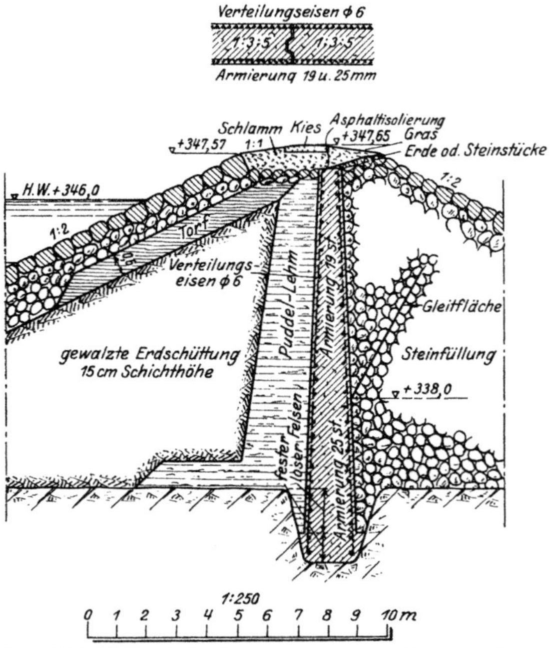

Abb. 612. Schnitt des Kerns. (Bewegungsfugen in 5 m Abstand.)

Abb. 611 u. 612. Porjuswerk. (Verw.)

Unfälle dammartiger Stauwerke. Der große Belehrungswert von Bauschäden rechtfertigt die Anführung einiger der auch im Norden nicht fehlenden Fälle von Dammzerstörungen, wenn auch naturgemäß die Ursachen hier im wesentlichen dieselben sind, wie anderwärts auch: Ungenügende Gründung hat unter mehreren anderen die kleine, kaum 4 m hohe Indviksperre durch Unterwaschung zugrunde gehen lassen. — Überflutung eines dafür nicht eingerichteten Dammes war neben mehreren anderen Fehlern die Hauptursache der Budalskatastrophe in Westnorwegen (unweit der Bergenbahn). Dieser Steingerölledamm mit schwach bewehrtem Eisenbetonkern (Abb. 613, 623), für eine kleine bäuerliche Wasserkraftanlage ausgeführt, staute einen See, 1023 m ü. d. M. von ⅓ km² Fläche um 6 m an, wobei die Seefläche um das Dreifache vergrößert wurde (Speicherraum 4,1 hm³). Ein besonderer Überfall war nicht angeordnet; das Wasser sollte einfach über die durch Steinpflasterung notdürftig geschützte Luftseite strömen. Wie zu erwarten und von Fachleuten warnend vorausgesagt, trug die überströmende Flut die luftseitige

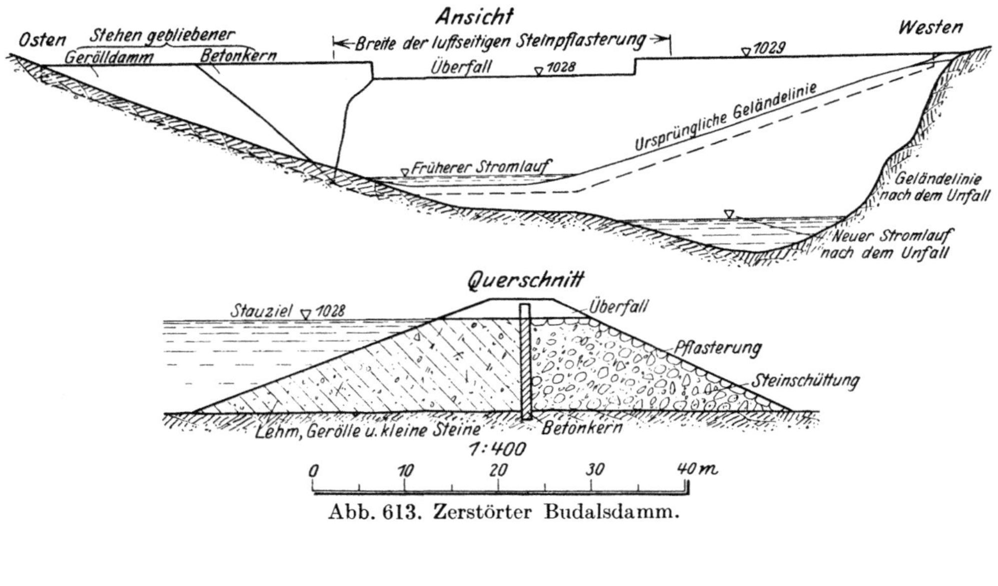

Abb. 613. Zerstörter Budalsdamm.

Böschung Stein für Stein ab. Der dadurch überlastete, zudem ungenügend gegründete Eisenbetonkern brach durch; der Sachschaden im Tale war ein Vielfaches des Wertes der Wasserkraftanlage samt Stauwerk.

Wirkten bei diesem Unfall mehrere Fehler zusammen, so ist die Katastrophe

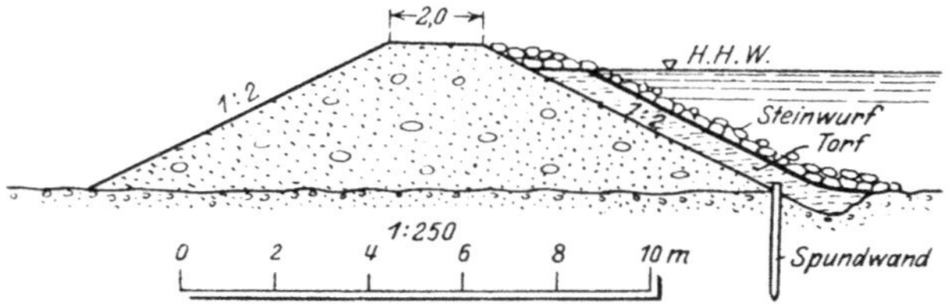

Abb. 614. Erddammquerschnitt mit steingeschützter, wasserseitiger Torfdichtung. (Utnyttelse av Mindre Vandfald.)

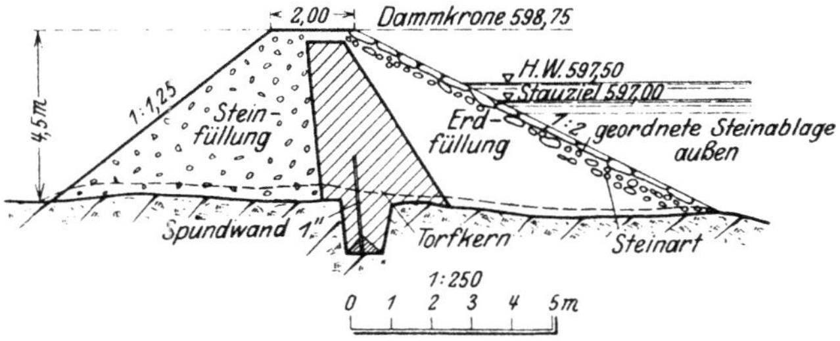

Abb. 615. Höyanger. Dammquerschnitt. (Norsk. Vandb. Kont.)

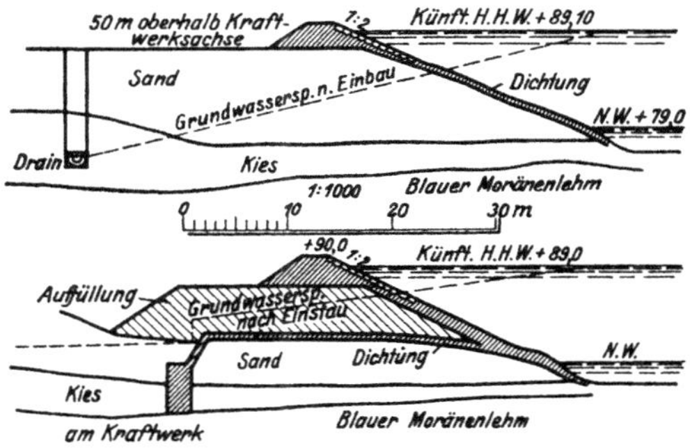

Abb. 617 u. 618. Erster Vorschlag. (Westerberg in T. T. 26. I. 24.)

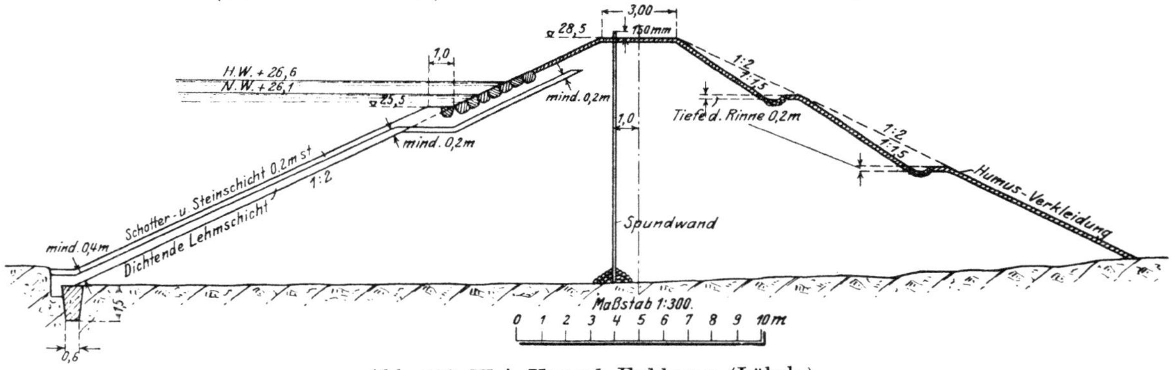

Abb. 616. W.A. Knäred. Erddamm. (Lübek.)

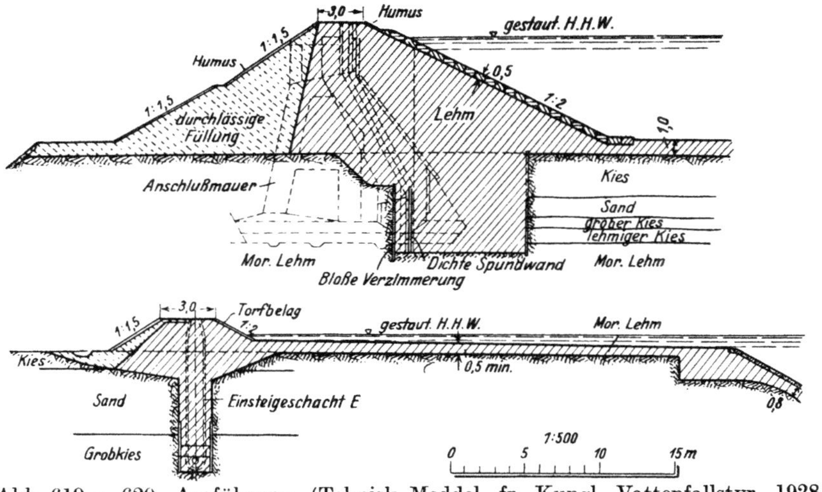

Abb. 619 u. 620. Ausführung. (Teknisk Meddel. fr. Kungl. Vattenfallstyr. 1928.)

Abb. 617—620. Verwallung des linken Ufers oberhalb Stauwehr Motala.

der Osasperre[1] im Renatal (Südostnorwegen) einem kleinen, dem System des Glommen-Österdalen angehörenden Nebental, allein durch Versagen des Überfalles verursacht. Der Unfall ereignete sich bei dem für die ganze

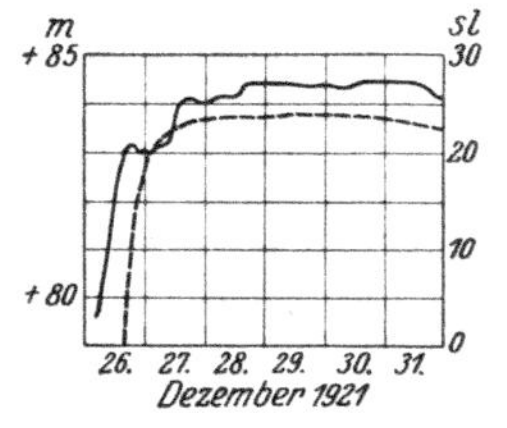

Abb. 621. Verwallung Motala. Stauhöhe und Dränwassermenge (gestrichelt). (T. T. V. o. V. 26. I. 1924.)

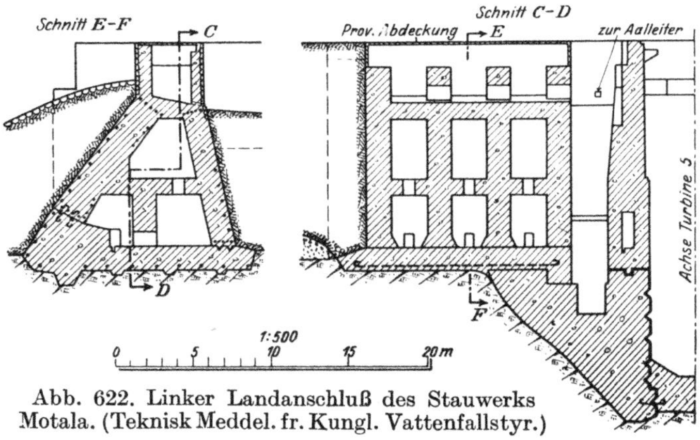

Abb. 622. Linker Landanschluß des Stauwerks Motala. (Teknisk Meddel. fr. Kungl. Vattenfallstyr.)

Österdalengegend katastrophalen Hochwasser Mai 1916. Die Talsperre bestand aus 2 Abschnitten, von denen einer, eine Eisenbetonkonstruktion in Ambursenbauweise als Überlauf gedacht, der andere als Staudamm aus Kies geschüttet war; dieser Teil wurde durch Überflutung zerstört. Der Überfall war mit 2 Verschlüssen, einer selbsttätigen Klappe und einem bedienten Schütz verschlossen. Im Vertrauen auf die Klappe hatte der Wärter das Schütz geschlossen gelassen; als dann in der Nacht die Hochflut kam, genügte die Klappenöffnung allein nicht mehr. (Es lag also im Gegensatz zu anderen, irrigen Darstellungen, kein Versagen der selbsttätigen Klappe vor!).

Abb. 623. Budalsdamm. Bruchstelle. (Bonde.)

Die Tiefe des entstandenen Kolkes nötigte zur Verlegung der Sperre nach weiter oben im Flusse, wo überall Felsgrund erreichbar war.

Gewichtsstaumauern sind im Norden in sehr großer Zahl und schon in ansehnlichen Abmessungen ausgeführt; daß die Höhenmaße durchweg mäßig (nur vereinzelt über 35, bis zu 48 m) sind, liegt in den Geländeformen begründet. Die bedeutendsten Beispiele sind die Tunhövdseesperre im Numedalsgebiet (Abb. 462, 624), die Ringedalsseesperre im Tyssebachgebiet (Abb. 380, 625), das Wehr von Mörkfoss-Solbergfoss (Abb. 626, 627, 627a), von Bräkke (Abb. 628), endlich die kleinere Mösvandsperre im Måneelv (Skiengebiet), alle in Norwegen. In Schweden sind zu nennen: die Staumauer im Porjuswehr und verschiedene große Kanalmauern, die wegen ihrer sorgfältig durchdachten Ausführung und entwicklungsgeschichtlichen Bedeutung vorausgestellt sein sollen:

Ausführung der Mauern am Trollhättankraftkanal (1906/10) (nach Teil III Bd. I des großen amtlichen Werkes über den Trollhättankanal).

a) Bruchsteinausführung: Mit Rücksicht auf den reichen Anfall von guten

[1] Zu unterscheiden von der gleichnamigen im Bau befindlichen westnorwegischen Großanlage.

Ausbruchsteinen hat man die Mauer (Abb. 203) in den Strecken unter 7 m Höhe aus Bruchsteinmauerwerk ausgeführt. Unter Verzicht auf Entwässerungsleitungen

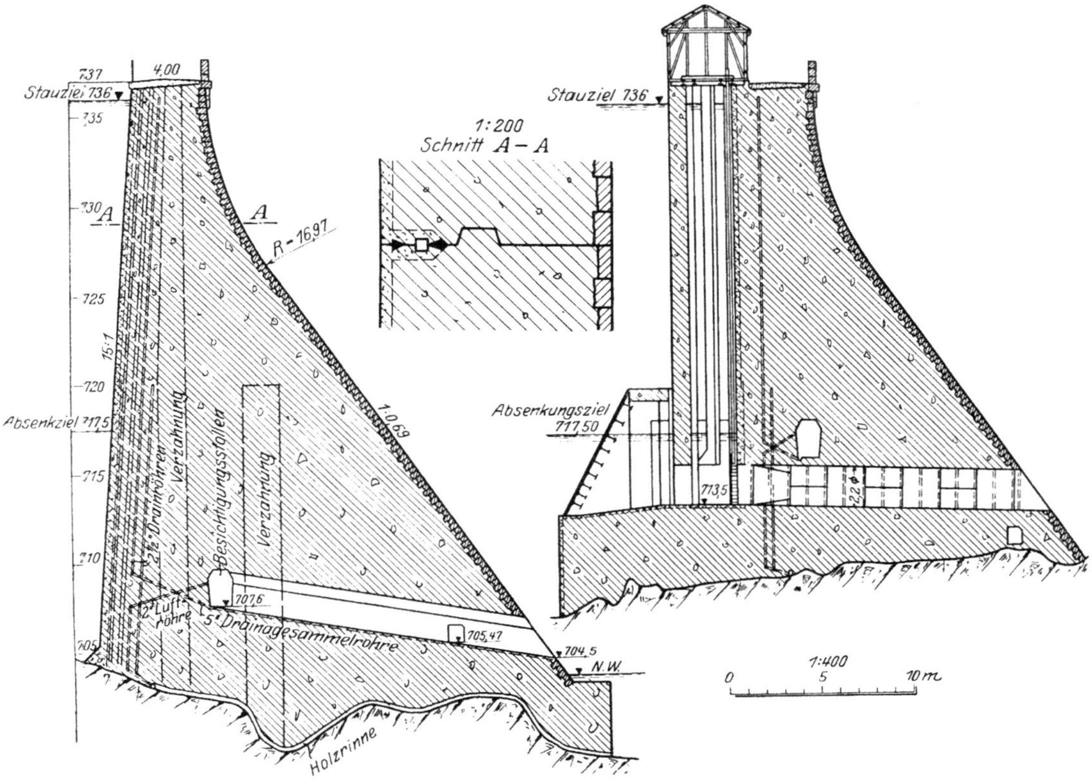

Abb 624. Norc. Tunhövdsperre, Schnitte und Bewegungsfuge. (Balsrud.)

hat man bei der mit $\gamma = 2{,}2\ t/m^3$ aufgestellten statischen Berechnung einen Sohlen- und Fugenwasserdruck berücksichtigt (wasserseits voll, luftseits = 0).

Zuerst wurde auf die gereinigte Felssohle 2 cm Zementmörtel 1 : 1½ aufgebracht, darauf 10 cm Feinbeton 1 : 2 : 2½ als Dichtungsschicht. Das Mauerwerk wurde in Zementmörtel 1 : 3 in gutem Verband aus nach Bedarf bearbeiteten Steinen von ¼ bis ½ m^3 unter sorgfältigem Auszwicken ausgeführt. Wasserseits ward eine Verkleidungsschicht aus Schichtsteinen in Mörtel 1 : 1½ vorgelegt; Schichthöhe: 20 cm, Tiefe: 18—22 cm, Bindertiefe: 28—32 cm; größte Steinlänge: 60 cm, so daß ein Mann den Stein handhaben konnte, Fugenstärke 12 mm. Hinter die Verkleidung wurde eine 10 cm starke Dichtungsschicht aus Beton 1 : 2 : 2½ eingebracht und zwischen dieser und derHauptmauermasse: Beton 1 : 3 : 5 zum Abgleichen, so daß die ganze Verkleidungsschicht rd. 0,5 m stark war, ungerechnet die Verzahnungen, die in die Hauptmauer eingelassen sind. Dehnungsfugen hat

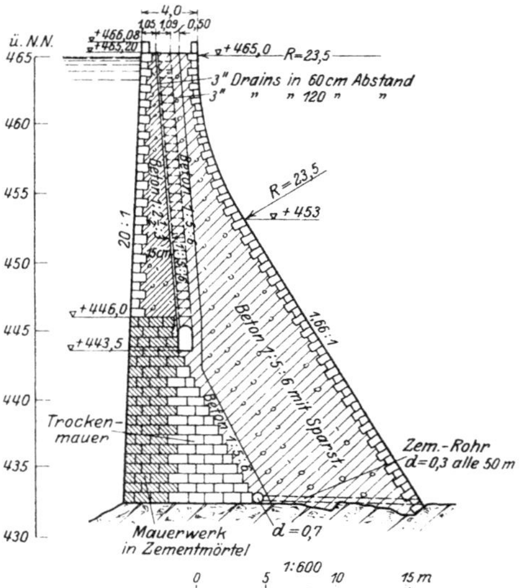

Abb. 625. Tysse. Ringedal-Sperre. Querschnitt. (Verw.)

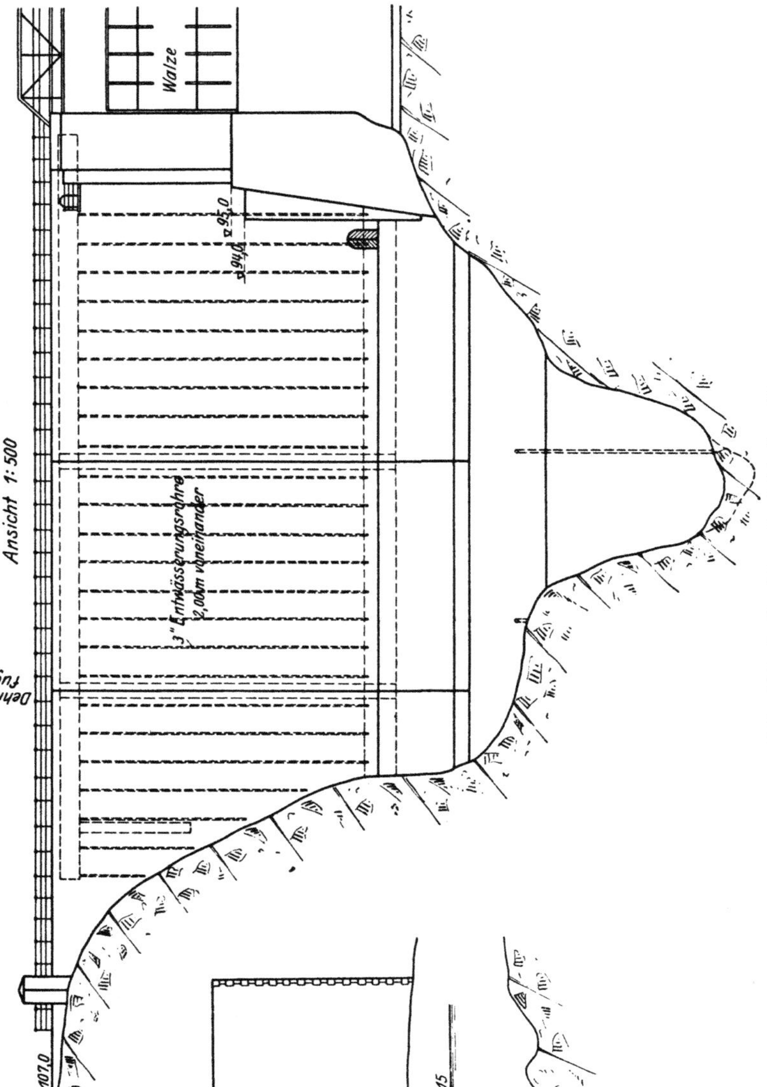

Abb. 626. Luftseitige Ansicht der Staumauer.

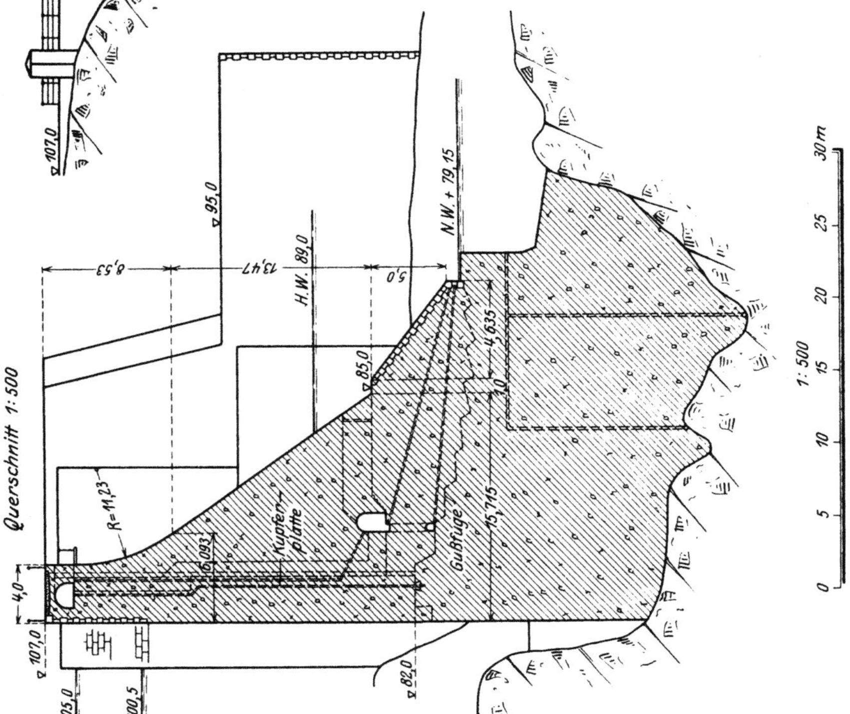

Abb. 627. Schnitt der Staumauer.

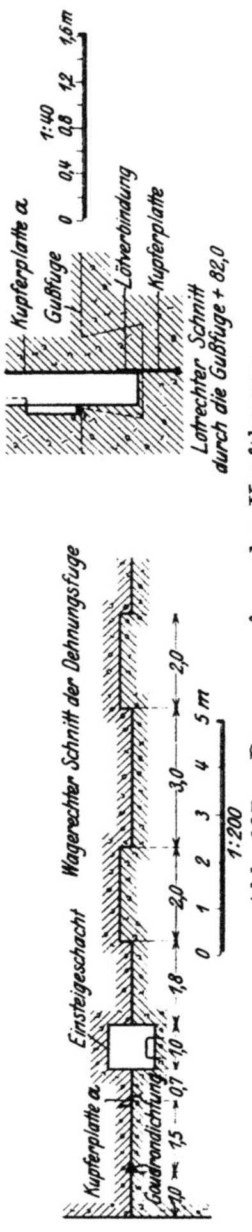

Abb. 627a. Bewegungsfuge des Krafthauses.

Abb. 626—627a. Mörkfoss-Solbergfoss. (Verw.)

man nicht angebracht, in der Annahme, daß die Dehnungen sich auf die zahlreichen Mauerfugen verteilen würden. Die Mauer ist luftseits mit Steinschutt hinterfüllt. Bei Älvkarleby (Abb. 601), wo man (1911—17) mit der Bruchsteinausführung bis zu 10 m Mauerhöhe ging, wurde festgestellt, daß sich doch entgegen vorstehender Annahme deutliche Einzelrisse in je 12—15 m Abstand bildeten.

b) Betonausführung (Abb. 169, 629, 630; vgl. auch Älvkarleby Abb. 126, 130, 131): Die statische Berechnung berücksichtigt weder Sohlen- noch Fugenwasserdruck, da reichlich Dränagen angeordnet wurden. Alle 10 m (in Älvkarleby alle 10—15 m)

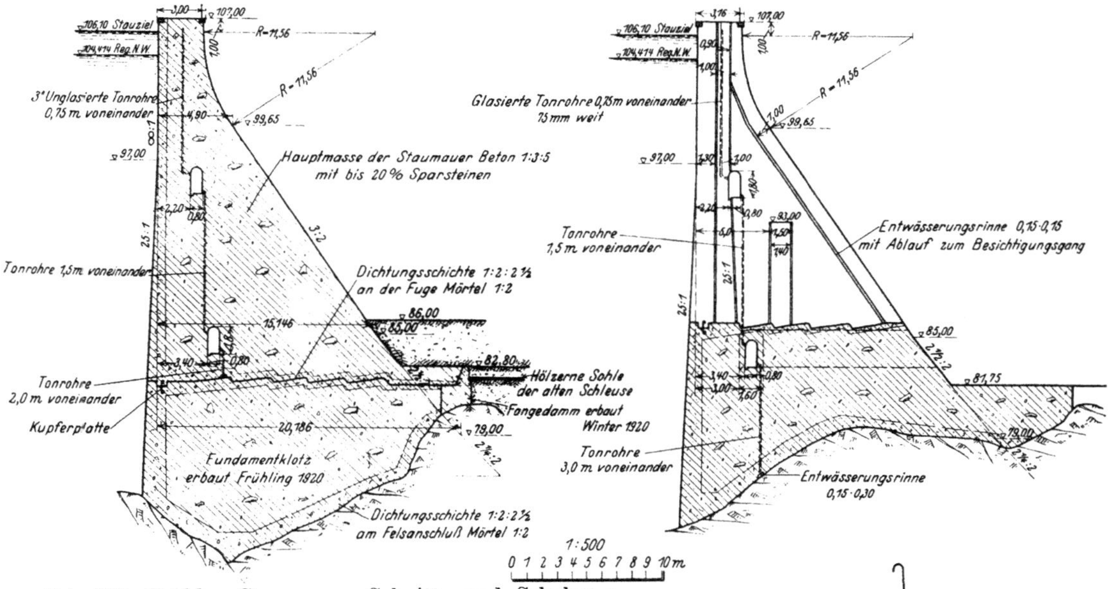

Abb. 628. Bräkke. Staumauer. Schnitte und Schalungseinzelheit der Bewegungsfuge.

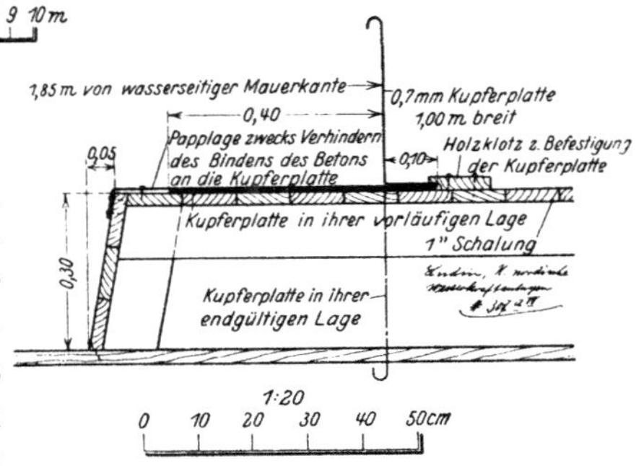

ist eine Dehnungsfuge (Abb. 631) angeordnet. Am wasserseitigen Fuß wurde eine Rinne bis in guten Fels gesprengt und mit Beton 1 : 2 : 2½ ausgefüllt. Die übrige Sohlenfläche wurde mit einer Dichtungsschicht wie bei der Bruchsteinausführung abgedeckt. Der aufgehende Beton erhielt zunächst auf 1 m Höhe Mischung 1 : 3 : 5, im übrigen 1 : 5 : 7. In beide Mischungen wurden Sparsteine (50—100 kg) eingebettet. Auf der Wasserseite und an den Dehnungsfugen wurde 15 cm stark Fettbeton 1 : 2 : 2½ verwandt und auf der Wasserseite darüber noch stahlgeschliffener Putz von unten auf bis 3,45 m unter Stillstandwasserspiegel. In den Strecken, wo die Wassertiefe vor der Mauer bei Stillstand über 9 m beträgt, ist die Dichtung verstärkt durch Einlassen einer Eisenblechhaut 5 mm st. in den Beton der Herdmauer bis zur Höhe von 9 m unter Stillstandwasserspiegel. (In Älvkarleby, wo die Mauerhöhe 16 m erreicht, ist darauf verzichtet.) Als Strömungs- und Frostschutz ist nahe der Wasserlinie eine Schichtsteinverkleidung wie bei den Bruchsteinmauern, aber mit Beton 1 : 3 : 5 hinterfüllt, angeordnet. Diese Blendmauer ist durch Eisenanker mit der Hauptmauer verbunden. Wegen der Gefahr der Ablösung durch Temperatureinwirkung wurde der Beton gleichzeitig mit der Verkleidung eingebracht.

Die Entwässerung ist in 2 Systeme aufgeteilt: ein oberes (bis 4 m unter Krone) und ein unteres. Jedes besteht aus 5-cm-Tonröhren in 50 cm gegenseitigem Abstand

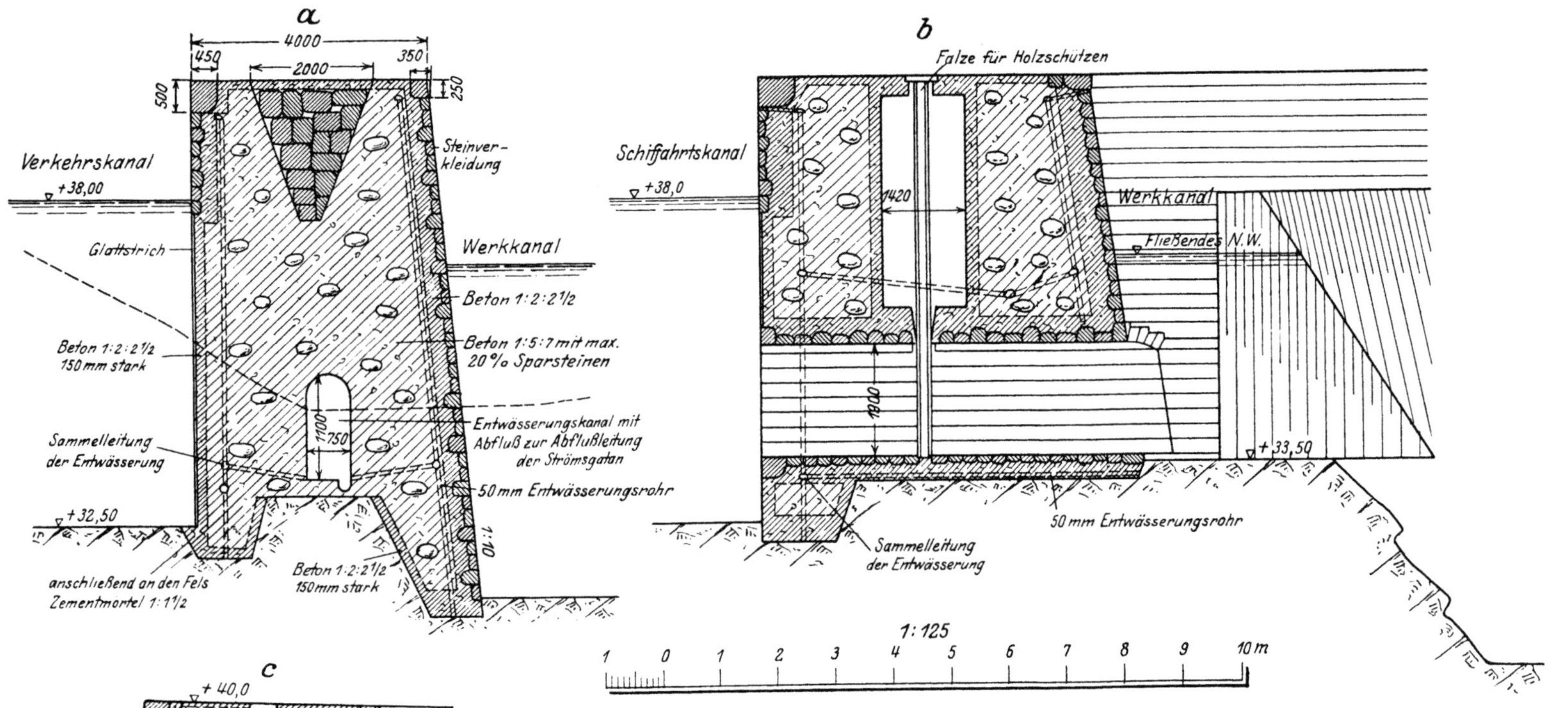

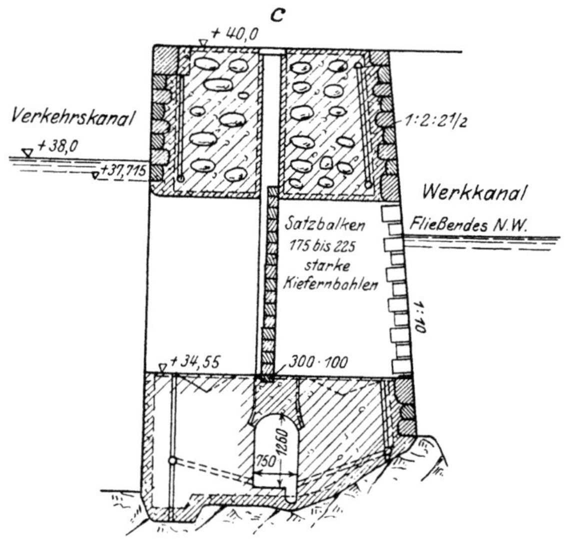

Abb. 629 u. 630. Kanalmauern Trollhättan.

Querschnitt I. Ausbau. III. Ausbau untere Trennungsmauer zwischen neuem Werkkanal u. Schiffsfahrtskanal. *a* normaler Querschnitt. *b* Entnahmeöffnung für 30 m³/sec aus d. Schiff.-Kanal. *c* Schnitt durch den Reserveeinlauf.

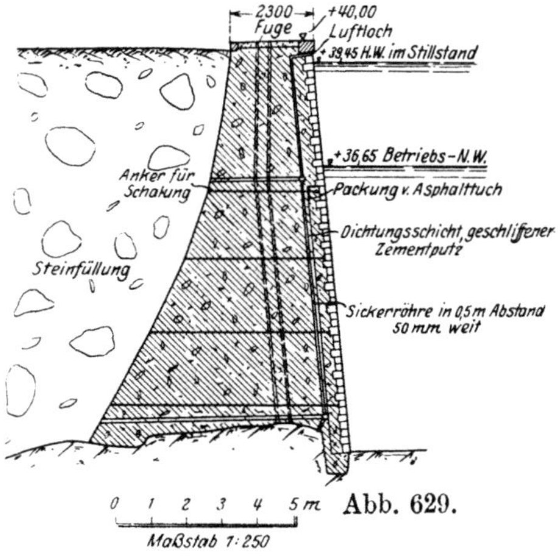

Abb. 629.

und 30 cm hinter Flucht mit Sammlern aus 10-cm-Zementröhren, die in jedem 10-m-Block mehrere Ausläufe nach der Luftseite haben. Beide Rohrsysteme stehen durch 25 mm weite galvanische Eisenröhren mit der Außenluft in Verbindung.

Die Dehnungsfugen (Abb. 631) haben Feder und Nut und sind mit einer doppelten, heiß auf den Kellenputz einer Seite aufgebügelten Asphaltfilzlage ausgelegt. Die Fuge ist nach Eintreiben eines Teerstrickes außen glattgeputzt, und schließlich ist eine Asphaltleiste in den keiligen Abschluß der Fuge ventilartig eingelegt. Zuletzt ist dann eine 30 cm breite Bahn von Asphaltfilz vorgelegt und vermauert. Diese Ausführung hat sich in über 20 Jahren in jeder Hinsicht bewährt.

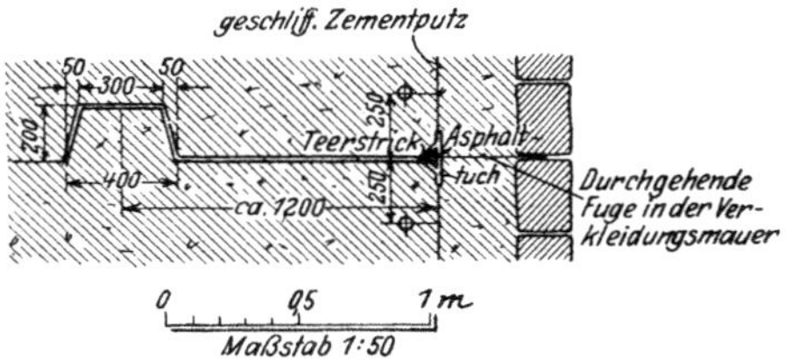

Abb. 631. Bewegungsfuge.

Verschiedenartige andere Dehnungsfugenausbildungen an nordischen Staumauern zeigen die Abb. 624 (Tunhövd); 168, 169 (Bergsbron-Havet); 628 (Bräkke), mit Ausführungseinzelheit Abb. 169; 364 (Dale); 822 (Gullspång); 820, 821 und 830 (an Turbinenkammern); 758 (an Rohr).

Betonausführung wird für Kanal- und Staumauern seitdem allgemein bevorzugt. Ähnlich wie die beschriebene Betonmauer sind solche bei Gullspång (Abb. 186); Bassalt und Knäred (Abb. zu 241, 240) ausgeführt.

Staumauer Porjus: Diese kurz nach Trollhättan (1910/14) ausgeführte Gewichtsstaumauer hat 15,5 m größte Höhe und bildet einen Teil der Stauanlage Abb. 59. Sie ist ähnlich der Trollhättanmauer ausgeführt. Die Hauptmasse ist Stampfbeton 1 : 5 : 7 mit Sparsteinen. Wasserseits ist eine mindestens 15 cm starke Betondichtung 1 : 2 : 2½ mit 3 cm Vorsatzmörtel 1 : 2 aufgebracht. Nach Ausschalung bestrich man die Betonfläche mit Asphaltfarbe, nachdem Kiesnester mit Mörtel ausgefüllt waren. Von 1,5 m Stauziel, 4,5 m untere Krone, an aufwärts bekleidete man jedoch die Mauer mit 25 cm hohen Schichtensteinen (Granit) in Zementmörtel 1 : 1½ mit Hinterfüllung, aus Dichtungsbeton 1 : 2 : 2½. Jeder Block zwischen zwei Fugen (10 m) wurde für sich einheitlich hergestellt. Konnte Unterbrechung nicht vermieden werden, so hackte man den Beton bei Fortsetzung auf, reinigte und bestrich mit Zementmörtel 1 : 2. Bei Anwendung von Sparsteinen ließ man diese immer herausragen, um guten Verband zu sichern. Diese Mauer ließ an Dichtigkeit, namentlich im oberen Teil, zu wünschen übrig. In den meisten Fugen der Granitverkleidung waren Haarrisse sichtbar. Erklärung: Die Mauer hat bis zum Einstau 2 Jahre trocken gestanden. Danach quoll der Beton, während die Steine ihr Volumen behielten. Daher entstanden Risse in der Verkleidung und der verhältnismäßig dünnen Betonschicht dahinter. Eine Neuausfugung der ganzen Verkleidungsfläche brachte keinen vollen Erfolg [1].

Wir wenden uns jetzt zu einer Reihe vorwiegend norwegischer Staumauern, an denen zum Teil typische lehrreiche **Betonschäden** aufgetreten sind:

Die Tunhövdsperre, seit ihrer Fertigstellung (1921) in jeder Beziehung vorzüglich bewährt, ist S. 442ff. behandelt. Die Staumauer am Ringedalsvand dagegen ist von besonderem Interesse wegen der aufgetretenen Schwierigkeiten, die für den älteren norwegischen Staumauerbau etwas Typisches haben. Das durch seine Länge von 520 m bedeutende Bauwerk steht durchweg auf gutem Felsen (meistens Granit). Es ist nicht in einem Zuge erstellt, sondern stufenweise, um den Nutzinhalt nach Bedarf zu vergrößern. Der unterste (1910 ausgeführte) Teil ist eine Trockenmauer mit wasserseitiger Dichtung von rd. 3 m Stärke aus Quadern in Zementmörtel. Die Erhöhung wurde von 1915—18 im Betrieb in Beton ausgeführt und luft- und wasserseits mit einer einfachen Quaderschicht in Zementmörtel verkleidet. Hinter der wasserseitigen Stein-

[1] Vgl. hierzu: Royen: Erfahrungen mit Steinbekleidung von Wasserbauten. Beton 1927. 3.

verkleidung ist eine als Dichtungsschicht gedachte Lage Beton 1:2½:3, 1 bis 3 m stark, angeordnet. Die im Norden auch bei viel niedrigeren Staumauern fast nie fehlenden Entwässerungsrohre sind hinter dieser Dichtungsschicht in Beton 1:5:6 verlegt. Der Rest der Betonmasse wird ebenfalls von Beton 1:5:6, jedoch mit Sparsteinen gebildet. Als Betonzuschlag wurde bei Erstellung der neuen Mauer ausschließlich aus Granit gequetschter Schotter und Sand verwendet. Die Ausführung hat in bezug auf Dichtigkeit von Anfang an nicht sehr befriedigt. Die Versuche, die starke von Anfang an vorhandene Undichtigkeit durch Ausbessern der wasserseitigen Verblendungsfugen und ihren Anstrich mit einer Asphaltschutzmasse zu beheben, waren ziemlich erfolglos. Da die Wasserseite nach Süden liegt, ist sie im Frühjahr, wo das Becken leer ist, starker Sonnenbestrahlung ausgesetzt. Dies und die schroffe Abkühlung bei Nacht führt zu starken Wärmespannungen gegenüber den innern, ziemlich gleichmäßig temperierten Massen und zu Rissebildungen, wodurch die Undichtigkeit gesteigert wurde. Den in Besichtigungsgängen verlegten beiden Hauptsammlern des Dränagenetzes entströmten bei etwa 3 m unter Stauziel gefülltem See bei Besuch des Verf. 1921 schätzungsweise 40 (!) sl. Die weiche Beschaffenheit und der Humussäuregehalt des Seewassers haben den Auswaschungsvorgang beschleunigt und auch auf den Beton übergreifen lassen. Man sah sich daher 1928 veranlaßt, obwohl nach den ausgeführten Bohrungen noch keinerlei unmittelbare Gefahr für den Bestand des Bauwerks vorlag, eine durchgreifende Sanierung der Mauer ins Auge zu fassen (Zementeinpressung in den „Dichtungsbeton" oder Vorlage einer Eisenbetonplatte auf Rippen vor die ganze Wasserseite waren zunächst ins Auge gefaßt). Mitte 1928 war ein endgültiger Beschluß noch nicht gefaßt (Abb. 632).

Abb. 632. Tysse. Ringedalsperre. Sinterungen an der Luftseite. (Verw.)

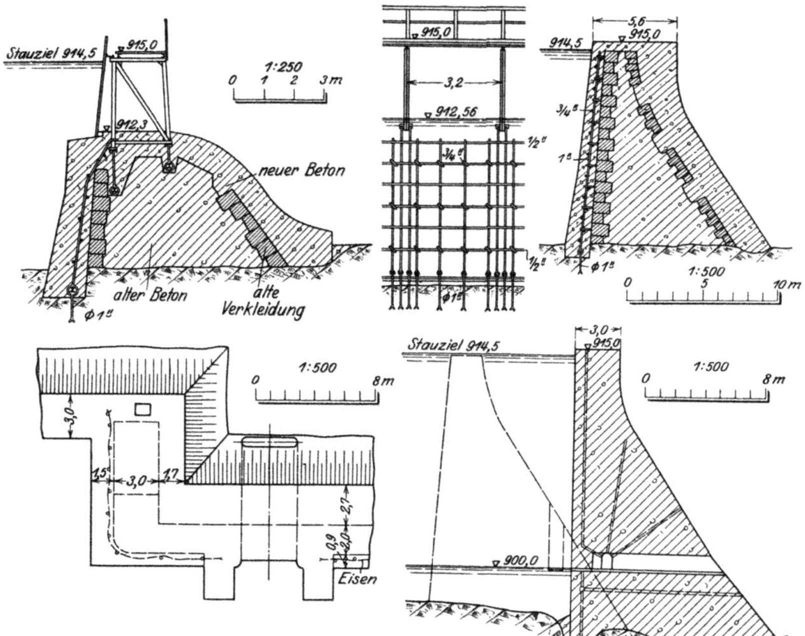

Abb. 633. Rjukan. Mösvandsperre. Verstärkungen der angegriffenen Betonmauer. (Verw.)

Zahlreiche andere Staumauern in Norwegen haben ähnliche oder noch ungünstigere

Erscheinungen gezeigt; der wichtigste und auch schon etwas allgemeiner bekanntgewordene Fall ist derjenige der Mösvandsperre in Telemarken (Teil der großen Rjukanwerke, Abb. 411, 633). Diese in 900 m Meereshöhe gelegene, 180 m lange und 25 m hohe, in Beton mit Steinverkleidung aufgeführte Sperre zeigte kaum ein Jahr nach Inbetriebnahme (1908) Sickerverluste, die sich in starker Wasserführung des Entwässerungskanals, augenfälligem „Rinnen" der Mauerluftseite und den bekannten Kalkablagerungen äußerten.

Zur Abhilfe wurde wasserseitig eine Schutzmauer vorgelegt. Eine nähere Untersuchung der alten Mauer zeigte aber, daß die Wasserführung des Entwässerungskanals keineswegs allein aus dem Droännetz kam, daß vielmehr die ganze Betonmasse um den Entwässerungskanal herum wasserdurchlässig und z. T. zermürbt war. Da somit die Standfestigkeit des Bauwerks gefährdet erschien, entschloß man sich, die Mauer auf die Länge der Zerstörungen (etwa die Hälfte der Gesamtlänge) ganz neu aufzuführen, während der übrige Teil durch eine bewehrte Betonschicht verstärkt wurde (Abb. 633). (So erklärt sich der gebrochene Grundriß, Abb. 411.) Neue, 1927 begonnene Untersuchungen zeigten indes, daß die Betonzerstörungen noch nicht zum Stillstand gekommen waren, und man erwog daher einen völligen Neubau, über dessen Einzelheiten Anfang 1928 noch nicht entschieden war.

Bei der weiten Verbreitung ähnlicher Vorkommnisse hat die Frage der Herstellung dauernd dichter Mörtelmauern grundsätzliche Bedeutung für die norwegische Wasserwirtschaft und sie wurde daher lebhaft erörtert. Zwei Vorträge, von Ziv.-Ing. Bonde, Bergen und Ziv.-Ing. C. F. Gröner, Oslo (Teknisk Ukeblad 3. und 17. IV. 1925) geben einen Überblick über alle bekanntgewordenen Schäden und wertvolle Hinweise zur Erklärung und Abhilfe. Gröner kommt in seinen, namentlich die mörteltechnische Seite des Problems gründlich behandelnden Ausführungen zu dem Schluß, daß bei der weiten Verbreitung angreifender Eigenschaften der norwegischen Wässer die Herstellung dauernd wasserdichter Betonkonstruktionen außerordentlich schwierig sei. Er weist wie auch Bonde auf die aussichtsvolle Entwicklung der hochwertigen tonerdereichen Zemente und die dichtenden und kalkbindenden Zusätze hin, von denen Si-Stoff als Nebenprodukt der Aluminiumerzeugung in Norwegen ja billig herzustellen wäre. Auch auf die große Bedeutung richtiger Zusammensetzung der Zuschlagstoffe, genügend reichlicher Zementbeigabe und sachgemäßer Ausbildung der wasserseitigen Abdichtung (am besten in Form einer dichten Betonschicht, u. U. ergänzt durch Spritzputz) weist er zutreffend hin. Zugleich betont er die grundlegende Wichtigkeit der intensiven Überwachung, wobei er den bemerkenswerten Vorschlag macht, den unteren, nur äußerst selten trocken zu legenden Teil der Stauwand durch Anordnung dauerhafter Betonfangedämme bequemer zugänglich zu machen. (Ausführung: Vammafoss, Abb. 634.) In der Unzugänglichkeit der großen Masse einer massiven Mauer erblickt er (nicht mit Unrecht), abgesehen von wirtschaftlichen Verhältnissen, einen Hauptmangel der massiven Bauweise gegenüber der gegliederten, welch letztere noch den Vorteil der ohnehin auch in der Masse dichteren Betonmischung habe. Er tritt daher warm für die Anwendung der gegliederten Bauweise in Norwegen ein.

In der an den Grönerschen Vortrag anschließenden Aussprache ist Ing. S. Kloumann, der als Erbauer der großen Kraftanlagen im Skiengebiet (S. 413ff.) über große Erfahrungen verfügt, dieser Anschauung beigetreten. Er meint, daß bei den eigenartigen nordischen Verhältnissen, wo meist wegen der Abflußverhältnisse im Winter gebaut werden muß, der innerste Teil massiver Staumauern nie zum vollständigen Abbinden komme, so daß die massive Bauweise für nordische Verhältnisse weniger empfehlenswert sei. Wenn schon bei besonderer Umsicht wohl auch Schwergewichtsmauern einwandfrei herzustellen seien, so dürften diese doch unter Berücksichtigung der Herstellungs- und besonders der Instandhaltungskosten nur äußerst selten gegenüber den neuzeitlichen gegliederten Bauweisen den Vorzug verdienen.

Ähnliche, wenn auch nicht so weitgehend ungünstige Erfahrungen wie in Norwegen hat man auch in Schweden gemacht (vgl. die Arbeiten von Baudirektor Ekwall und

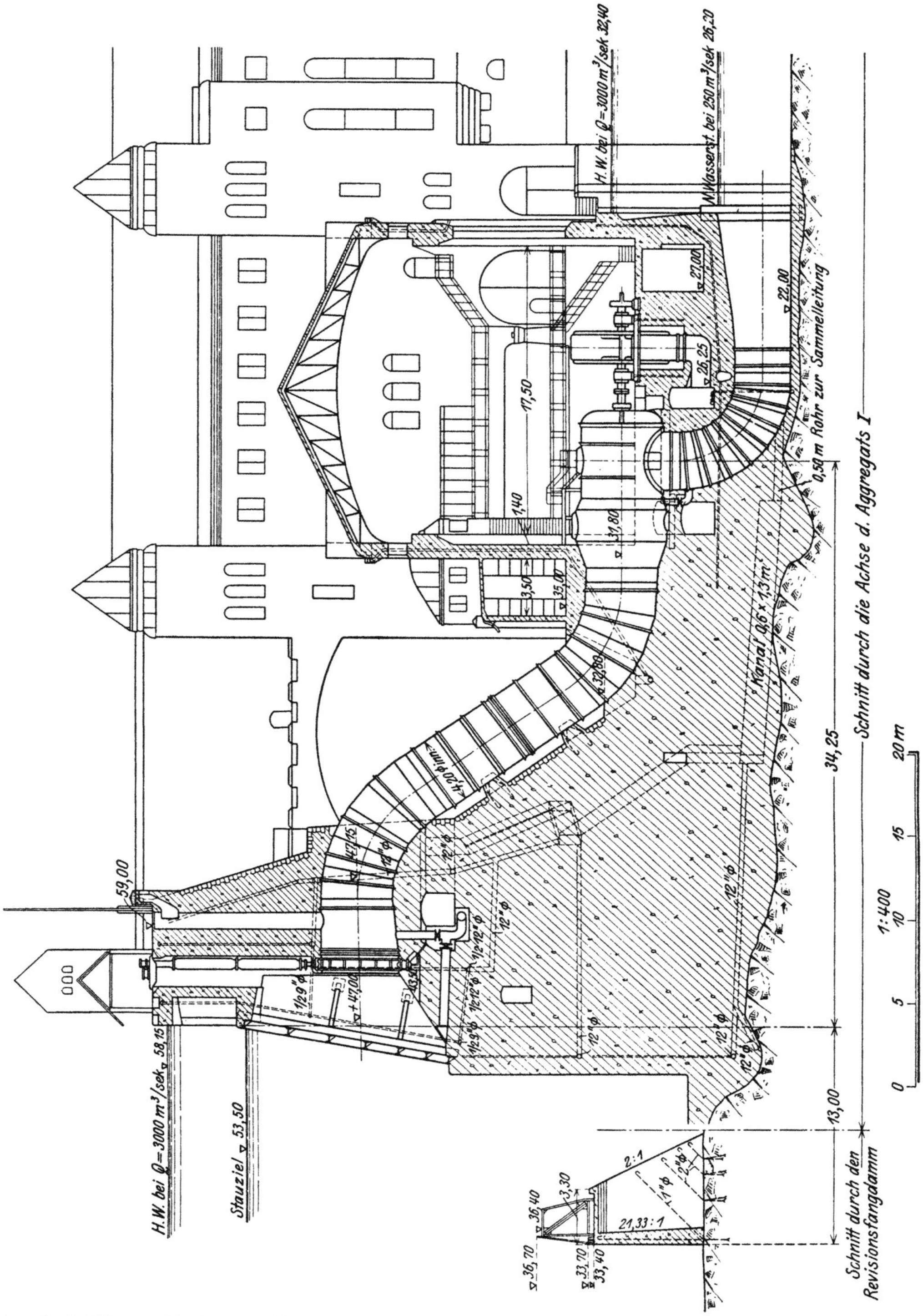

Abb. 634. Vamma. Kraftwerksschnitt. (Verw.)

Bürochef Westerlind von Vattenfallstyrelsen). Ekwall berichtet eingehend über chemische Untersuchung des Sickerwassers von Betonmauern und Nutzanwendung der

Ergebnisse. Das beim Abbinden des Betons u. a. entstehende Kalkhydrat wird vom Sickerwasser leicht gelöst und fortgeführt. Bei Berührung mit der kohlensäurehaltigen Außenluft fällt ein Teil des gelösten Kalks als Kalziumkarbonat aus, weil dieses im alkalischen Leckwasser nicht und auch in saurem nur schwer löslich ist. Da diese bekannten Kalziumkarbonatausblühungen an der Luftseite von Betonwasserbauten, Haftvermögen und Festigkeit zeigen, folgert Ekwall, daß man durch künstliche Belüftung eines durch Kalkhydratlösungen alkalisierten Sickerwassers verstärkte Ausfällung von Kalziumkarbonat und Dichtung der Betonaußenfläche hervorrufen kann. Eine Betonmauer war so undicht, daß die Finger daran benetzt wurden und das Wasser an der Mauer herabrieselte, nachdem ein warmer Luftstrom so intensiv, daß alles Wasser wegdunstete, drei Monate lang aufgeblasen war, blieb das Sickerwasser dauernd weg. Ein Schnitt durch die Luftseite der Mauer zeigte deutlich einen dünnen Belag, der sich auch in die Oberflächenporen des Betons hineinzog.

Ekwall betont auf Grund seiner Feststellungen die Wichtigkeit der Herstellung wasserdichten Betons und bezeichnet als meist genügende Mischung 1:4½ und als äußerste Grenze: 1:6. Obwohl erdfeuchter Beton theoretisch dichter ist, empfiehlt auch er Gußbeton als unter praktischen Bauverhältnissen dichter. Aus der Notwendigkeit, aus Dichtigkeitsgründen fettere Betonmischungen anzuwenden, deren hohe Festigkeiteigenschaften in massiven Mauern nicht ausgenutzt werden können, folgert er weiter, daß gegliederte Konstruktionen wirtschaftlich den Vorzug verdienen, zumal sie wegen der besseren Belüftung auch größere Beständigkeit gegen Auswaschung haben.

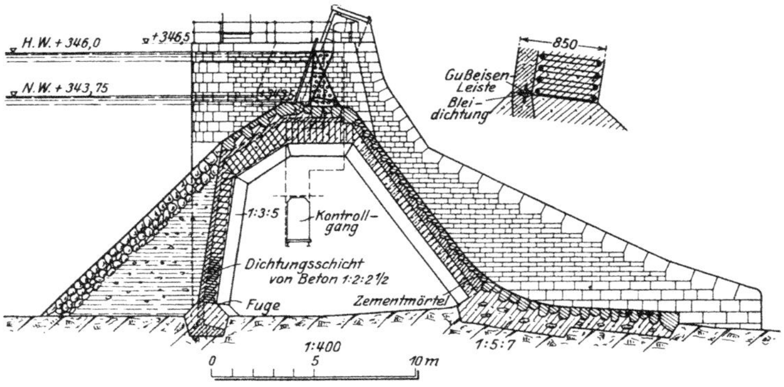

Abb. 635. Porjus. Schnitt des Eisenbetonwehrs. (Verw.)

Die neueren, z. Z. noch weitergehenden Untersuchungen (siehe Verzeichnis der nordischen Literatur S. 763) des Vattenfallstyrelsen haben in breit angelegter, auch den Zustand zahlreicher Wasserbauten einbeziehender Forschung folgende in Frage kommende Einflüsse auf die Dichtigkeit des Betons (die als ausschlaggebend für seine Widerstandsfähigkeit gegen Auslaugung erkannt wurde) erfaßt:

1. Zementbeschaffenheit, 2. Sandverunreinigung durch Humus, 3. Reinheit des Anmachewassers, 4. Mischungsverhältnis, 5. Korngröße und Mischung, 6. Zusätze (Kalk, Traß usw.).

Die Untersuchungen ergaben, daß Ziff. 3 geringen Einfluß auf die Dichtigkeit ausübt, dagegen Ziff. 2, 5, 6 und besonders 4 einen großen. Die Beschaffenheit des die fertigen Betonbauten berührenden Wassers erwies sich bei genügender Dichtigkeit des Betons als wesentlich weniger einflußreich, als gewöhnlich angenommen wird. Es bestätigte sich, daß massige, in magerer Mischung erstellte, mit Dichtungsschichten aus Putz usw. versehene Betonbauten unter gleichen Bedingungen weniger widerstandsfähig sind als dünne, in einheitlichen fetten Mischungen ausgeführte Konstruktionen.

Obige Urteile hervorragender norwegischer und schwedischer Fachleute sind, auch wenn man in der ungünstigen Beurteilung der massiven Bauweise nicht ganz soweit gehen will, jedenfalls sehr beachtenswert, u. a. deshalb, weil z. B. in Deutschland noch vielfach gegen die gegliederte Bauweise unter Hinweis auf vereinzelte, mit schlechter Arbeit zusammenhängende Frostschäden (Gem Lake U. S. A.) der Einwand besonderer Ungeeignetheit für kaltes Klima erhoben wird. Zur Frage der Erklärung des Umfangs der in Norwegen auftretenden Schäden nimmt Verfasser im übrigen auf Grund anderweitiger Erfahrungen und Mitteilungen folgende Stellung ein: Die Wahl von Hausteinverblendungen als Dichtungsschicht (an Stelle einer zusammenhängenden Putz- oder Vorsatzbetonschicht) ist (mit Gröner) als von vornherein ungeeignet und mitverantwortlich für die Schäden zu bezeichnen. Zweifellos ist ferner die chemische Zusammen-

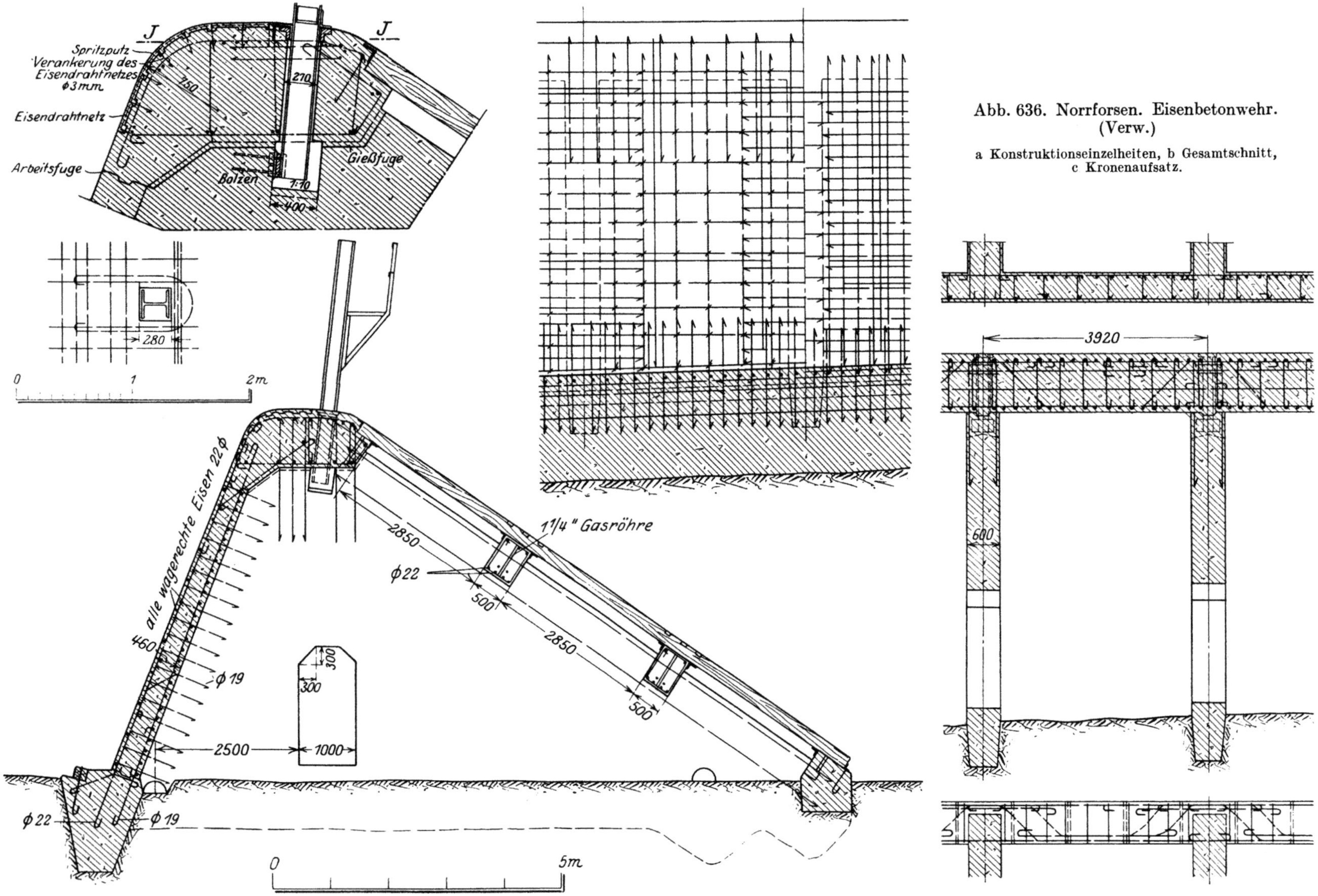

Abb. 636. Norrforsen. Eisenbetonwehr. (Verw.)

a Konstruktionseinzelheiten, b Gesamtschnitt, c Kronenaufsatz.

setzung der vielfach sehr weichen, kohlensäurereichen und mit Moorsäuren (Schwefelsäure, Humussäure) versetzten Wässer des norwegischen Hochgebirges eine wesentliche Vorbedingung der Schäden. Außerdem müssen aber wohl auch noch Ausführungsmängel, namentlich für den schnellen Fortschritt und Umfang der Zerstörungen verantwortlich gemacht werden. Es wurde früher offenbar im Norden häufig zu sehr an Zement gespart (vgl. auch Gröner). Eine Be-

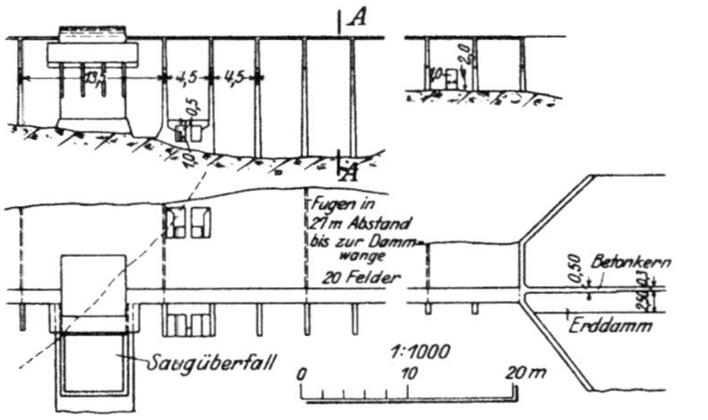

Abb. 637. Übersichtszeichnungen.

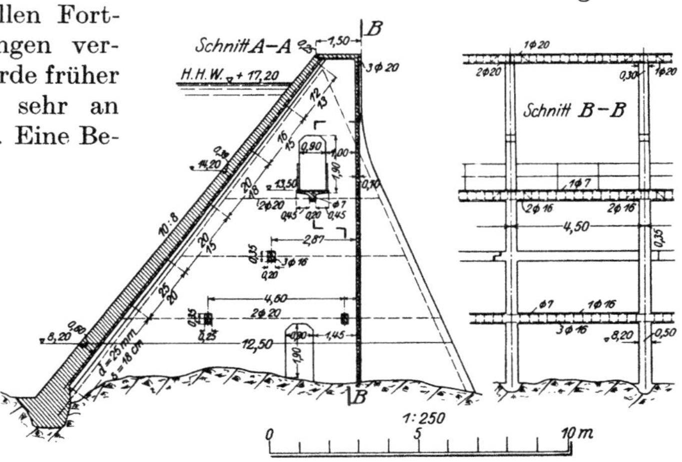

Abb. 638. Schnitt und Ansicht.

tonmischung 1:2,5:3, wie früher meist als „Dichtungsschicht" verwendet, ist zu knapp an der Dichtigkeitsgrenze, um genügende Sicherheit gegen Verarbeitungsmängel zu bieten. Die manchmal angewandte große Stärke solcher Dichtungsschichten bietet keinen Ausgleich; eine dünnere, reichlich fette Schicht ist wirtschaftlich und technisch vorzuziehen. Die auch oben erwähnten Zusätze und Schutzanstriche (Bonde) sind bei angreifenden Wassereigenschaften

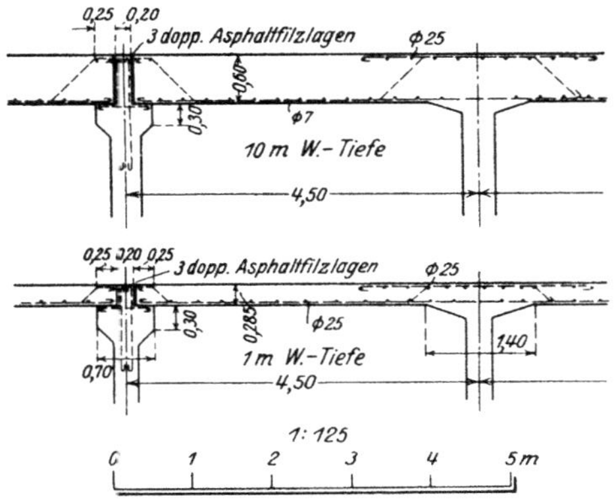

Abb. 639. Bewehrung.

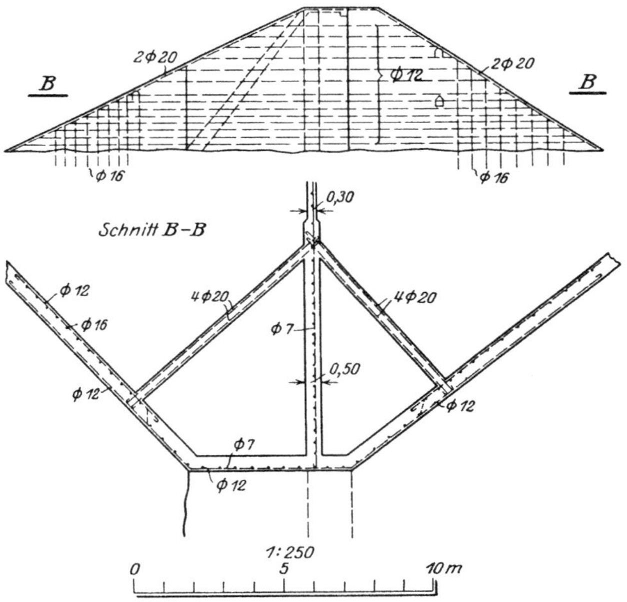

Abb. 640. Dammwange.

Abb. 637—640. Fjergentalsperre. (Gröner.)

mehr oder minder unentbehrlich. Der von Intze in den deutschen Talsperrenbau eingeführte Mauermantel von 80 bis 100 cm Stärke ist in so schwierigen Fällen wie beim Ringedalsvand ein sicherer Schutz der wasserseitigen Dichtungsschicht gegen Temperaturschäden. Die Wassereigenschaften sind z. B. im Urgebirge des Badischen Schwarzwaldes den norwegischen sehr ähnlich und doch sind hier nur ganz vereinzelt größere Betonschädigungen beobachtet worden. Eine nicht unwesentliche Rolle bei den norwegischen Mißerfolgen dürfte auch ungeeignete Sandzusammensetzung und vielleicht unnötiges (Quetschsand) oder zu weit gehendes, das Feinkorn zu sehr ausspülendes Waschen des Sandes gespielt haben. Verfasser weiß von einer sehr bedeutenden norwegischen Wasserkraftanlage, daß im Turbinenhaus der Beton des Saugschlauches das Wasser „wie ein Sieb" durchließ.

Abb. 641. Fjergentalsperre. U.W.-Blick. (Gröner.)

Die oben angeführten Beispiele sind übrigens auch insofern von allgemeinerem Interesse, als sie zeigen, daß die Anordnung der an sich bei großen Mauern immerhin gewisse Vorteile bietenden Begehungsstollen an sich keine Gewähr dafür bietet, daß man frühzeitig genug das Auftreten, den Charakter und Umfang von Betonzerstörungen feststellen kann, um der Notwendigkeit umfassender Erneuerungsarbeiten vorbeugen zu können.

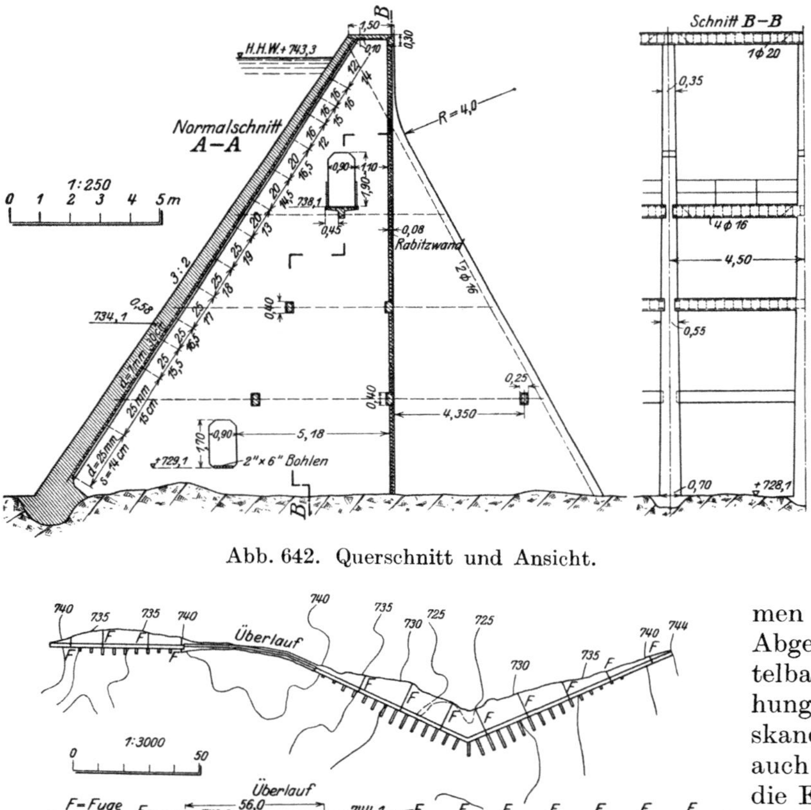

Abb. 642. Querschnitt und Ansicht.

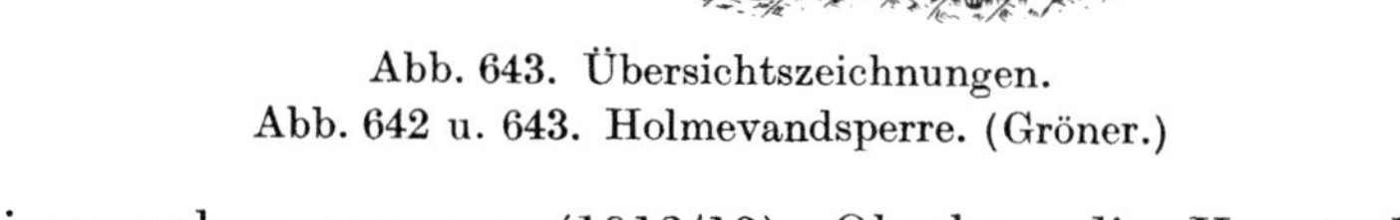

Abb. 643. Übersichtszeichnungen.
Abb. 642 u. 643. Holmevandsperre. (Gröner.)

Ebenwandige Staumauern gegliederter Bauweise. Die Grundform der neueren gegliederten Staumauern ward in Nordamerika durch den Norweger Ambursen entwickelt; man darf annehmen: entwickelt aus den im Norden sehr verbreiteten dachförmigen Holzfangedämmen (Abb. 940, 941, 942). Abgesehen von dieser mittelbaren und inneren Beziehung haben sich aber die skandinavischen Ingenieure auch im eigenen Lande um die Einführung und weitere Ausgestaltung der Eisenbetonhohlmauern verdient gemacht. Wohl die erste nordische Ausführung ist das Überfallwehr des Porjuswerkes gewesen (1912/13). Obschon die Konstruktion (Abb. 635) nach dem heutigen Stande der Technik nicht mehr als besonders wirtschaftlich bezeichnet werden kann, muß sie für die damalige Zeit als sehr fortschrittlich anerkannt werden. Außerlich eine einfache Nachahmung der Ambursenbauweise, ist diese Wehrmauer tatsächlich schon eine Gewölbereihe mit, allerdings außerordentlich flachen, Kappen; so ist sie auch von ihren Erbauern, den Ingenieuren von Vattenfallstyrelsen, berechnet. Die Stauwand ist an der Außenseite eben; ihre Innenseite aber gewölbt. Der dadurch in der Längsrichtung des Wehres entwickelte Gewölbeschub wird beiderseits durch einen als massive Gewichtsstaumauer gestalteten Abschnitt des Wehres aufgenommen. Um ein möglichst klares Kräftespiel zu erhalten und zur Vermeidung von etwaigen Temperaturlängsrissen hat man am Fuße der Stauwand eine längslaufende Dehnungsfuge mit Bleidichtung angeordnet. Die Eiseneinlagen waren eigentlich nur für die Erhärtungszeit des Betons nötig; denn rechnungsmäßig erhält dieser auch nach völligem Abrosten der Eiseneinlagen nicht mehr als 20 kg/cm² Druckbeanspruchung. Die Konstruktion hat sich bisher durchaus bewährt; nur ist die Dichtigkeit stellenweise mangelhaft, was dem Eindruck bei der Besichtigung nach auf örtliche betontechnische Ausführungsmängel (Stampfbeton mit Bewehrung!) zurückzuführen ist. Die Undichtigkeiten traten ein Jahr nach Einstau auf und haben seither nicht merklich zugenommen. Die Gewölbe sind in Mischung 1:3:5 ausgeführt mit einer 20 cm starken wasserseitigen Dichtungsschicht 1:2:2½, welche die Bewehrung birgt. Vor der Dichtungsschicht liegt noch eine 3 cm starke Putzmörtelschicht 1:2 mit Asphaltaufstrich. Die Pfeiler haben Mischung 1:5:7 und tragen in den Stirnen Dränrohre.

Abb. 644. Holmevandsperre vor Einstau. (Gröner.)

In jüngster Zeit hat Vattenfallstyrelsen das Regulierungswehr der Norrforsanlage im Umeälv wieder als hohles Dachwehr unter abermaliger Weiterbildung des Ambursentyps ausgeführt. Hier ist (Abb. 636, 672, 673) die Überfallschwelle als kräftiger Eisenbetonbalken ausgebildet, so daß die Stauwand als eine über die Pfeiler durchlaufende, in die Fußherdmauer eingespannte und oben auf dem Überfallbalken aufliegende Platte kreuzweis bewehrt werden konnte. Der normale Pfeilermittenabstand ist 3,92, in den Dehnungsausgleichfeldern aber 1,96 m. Die Dehnungsfugen, in rd. 17 m Abstand angeordnet, sind mit gefalteten Kupferblechen, 2 mm st., gedichtet. (Vergleiche die ähnliche Ausführung der Landanschlüsse des Staukraftwerks Motala, Abb. 622 und das Krångforsenwehr, Abb. 77, 78.)

Die beschriebenen schwedischen Eisenbetonstauwerke sind Wehre an Kraftwasserfassungen. Für Talsperren ist die gegliederte ebenwandige Eisenbetonmauer bis jetzt in Norwegen in drei Fällen mit bestem Erfolg verwendet worden. Diese drei, von Ziv.-Ing. Gröner entworfenen Bauwerke sind: die Fjergensperre (1916/17) 12 m hoch, Kronenlänge 195 m, die den drei Wasserkraftanlagen der A. S. Meraker Bruk dient; ferner: die Holmevandsperre und die Finflaatsperre (1919/20), beide zur Saudefaldene-Kraftanlage in Westnorwegen gehörig. Beide haben eine größte Höhe von 18 m.

Die Fjergensperre (Abb. 637, 638, 639, 640, 641) ist eine regelrechte Ambursenmauer mit 4,5 m Pfeilerachsenabstand und einer Dehnungsfuge an jedem dritten Pfeiler. Auf der Luftseite ist eine dünne Eisenbetonwand zum Frostschutz der Stauplatte vorgesehen. Die Betonmischung ist: in der Platte 1:2½:3, in den Pfeilern 1:3:5. Es wurde Natursand und Quetsch-Schotter als Zuschlag benutzt. Die Platte ist mit Zementmörtel verputzt. Sie soll in den über 10 Jahren ihres Bestehens sehr gut dicht gehalten haben. Die Eisbildung an der Wasserseite ist durch die Isolierwand verhütet, da die Temperatur

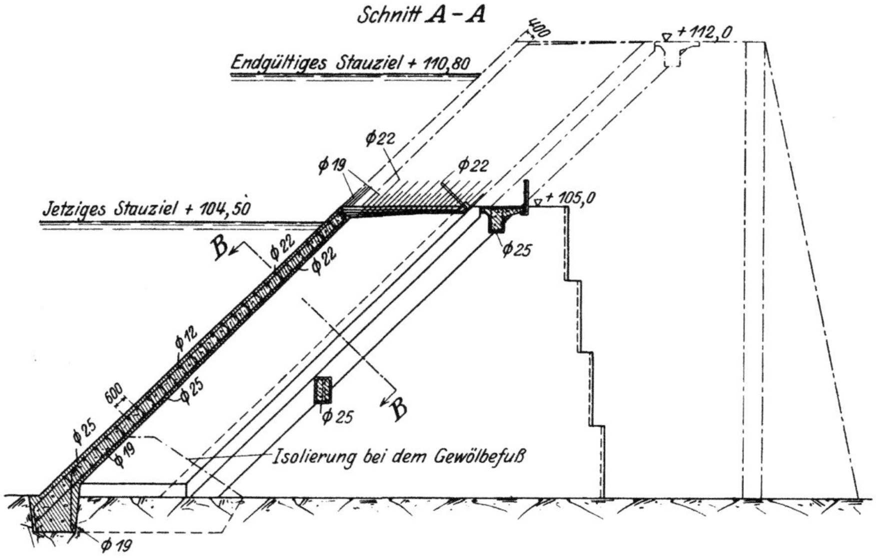

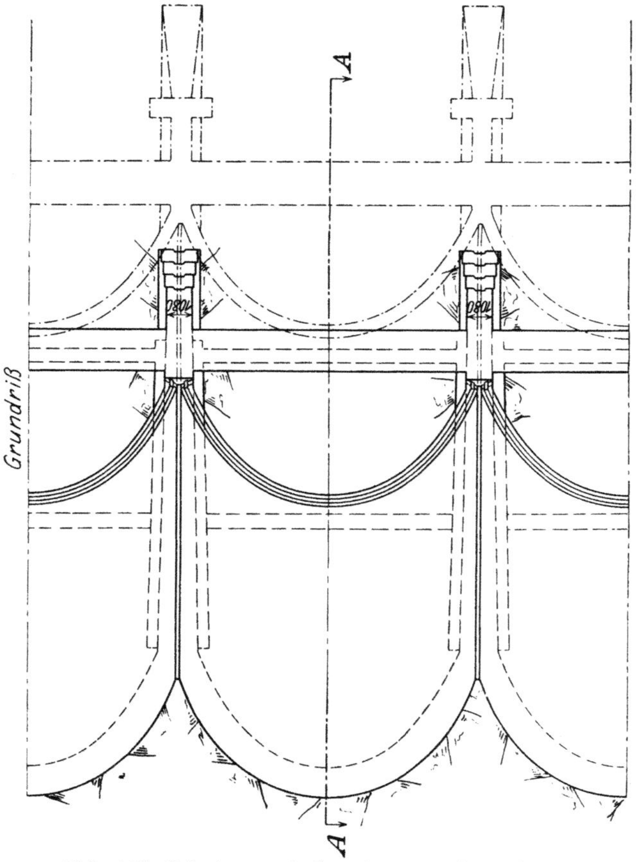

Abb. 645. Schnitte und Grundriß der Gewölbereihe.

in dem Hohlraum zwischen Stauplatte, Kopfplatte und Schutzplatte kaum je unter 0° sinkt.

Die anderen zwei, 740 m ü. M. liegenden Grönerschen Talsperren sind nach denselben Grundsätzen entworfen; bei der Holmevandsperre (Abb. 385, 642, 643, 644) wurde auch der Sand aus Granit durch Mahlen gewonnen. Es wurden eigens Versuche angestellt, um die dichteste Mischung herauszufinden. Der wasserseitige Putz ist mit Protektol gestrichen. Obwohl aus nebensächlichen Gründen bei den beiden letztgenannten Talsperren die Schutzwand noch nicht ausgeführt ist, haben sie sich bisher vollständig bewährt. Vorsichtshalber wird man trotzdem die Schutzwand noch anbringen, was in Anbetracht der klimatischen Verhältnisse nur gutzuheißen ist.

Gewölbereihensperren. Die ersten Gewölbereihensperren Skandinaviens waren zugleich mit unter den ersten in Europa überhaupt. Es sind die beiden genau gleichartig ausgebildeten Sperren bei Suorva, erbaut von Vattenfallstyrelsen 1921/23 für die Regulierung der Quellseen des Stora Luleälv in Nordschweden jenseits des Polarkreises (Abb. 66).

Die größte Höhe der Sperren (Abb. 645, 646, 647) ist vorläufig 14 m (über Fels O.-K.); Gewölbe und Pfeiler sind bereits für die geplante spätere Erhöhung des Stauziels um

7 m bemessen. Da der Granituntergrund stellenweise tief verwittert war, mußte bis zu 10 m tief ausgesprengt werden. Die Gewölbe sind nach einem Korbbogen gestaltet und unter 45° (mit Rücksicht auf Eisschub so ungewöhnlich flach) geneigt. Die Pfeiler sind in Gußbeton 1:4:6, die Gewölbe in 1:2½:3 ausgeführt. Eigenartig ist gegenüber anderen Ausführungen, daß die Pfeiler nicht durch drucksichere Querbalken gegeneinander abgesteift sind, sondern daß der Schub jedes einzelnen Gewölbes durch 2 Eisenbetonzugbänder aufgehoben ist. Die etwa aufzunehmenden Seitenschübe werden auf die Zugbänder mittels Verstärkungsleisten der Pfeiler an den Gewölbekämpfern übertragen. Die Anordnung soll die einzelnen Felder voneinander ganz unabhängig machen, so daß bei ungleichmäßigem Eisdruck oder bei böswilliger Zerstörung eines der Gewölbe die übrigen dadurch nicht beeinträchtigt werden. Die erwähnten Verstärkungsleisten der Pfeiler sind bewehrt, und zwar nicht nur für die Biegungsspannungen aus den Gewölbeschubkräften, sondern zugleich so, daß die Eisen die auf der Wasserseite der Pfeiler auftretenden schrägen Hauptzugspannungen aufnehmen können. Im übrigen sind die Pfeiler nicht bewehrt. Der statischen Berechnung

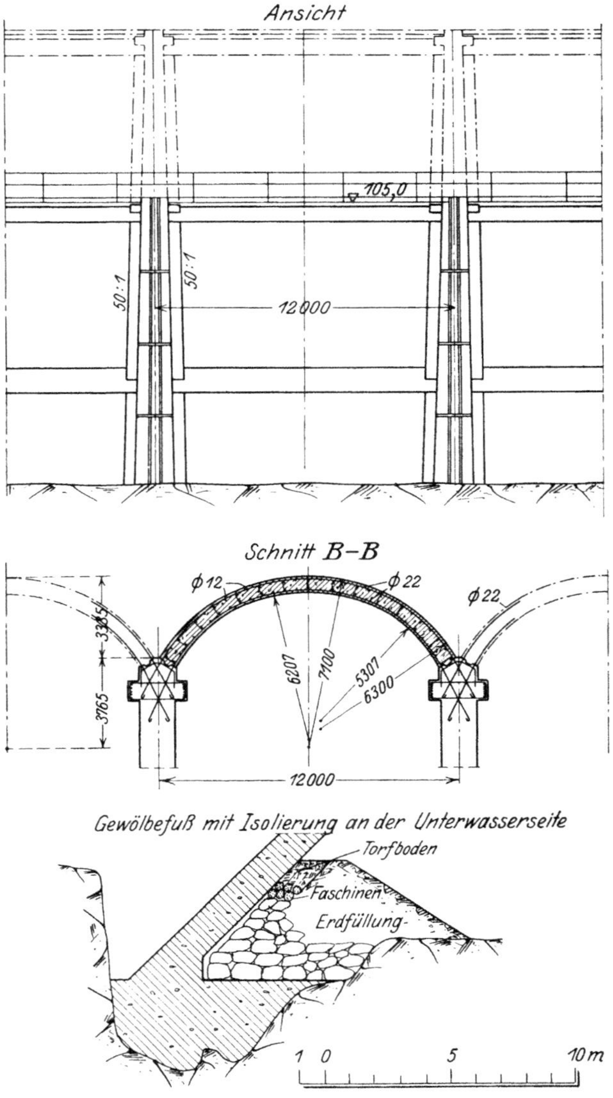

Abb. 645. Schnitte und Grundriß der Gewölbereihe.

Tabelle 48.

		Mitteltemperatur				Temperaturunterschied zwischen stromaufwärts und stromabwärts liegender Gewölbeleibung
		Horizontalschnitt in Höhe + 112		Horizontalschnitt in Höhe + 98		
		Sommer	Winter	Sommer	Winter	
Gewölbe ohne Erdüberschüttung	Leeres Becken	+ 25°	— 25°	+ 17,5°	— 17,5°	—
	Gefülltes Becken	+ 25°	— 6°	— 7,5°	— 6°	12,5°
Gewölbe mit Erdüberschüttung	Leeres Becken	—	— 6,5°	+ 7,5°	— 6,5°	—
	Gefülltes Becken	—	— 6°	+ 7,5°	— 6°	12,5°
	Zugbänder	+ 20°	— 20°			

Bautemperatur: + 4° C (die Ausführung erfolgte im Winter in geheiztem Holzhaus unter Vorwärmung des Wassers (30—50°) und der Zuschlagstoffe mit einer Betontemperatur beim Einbringen von + 10° C und Lufttemperaturen von 0 bis + 12° C).

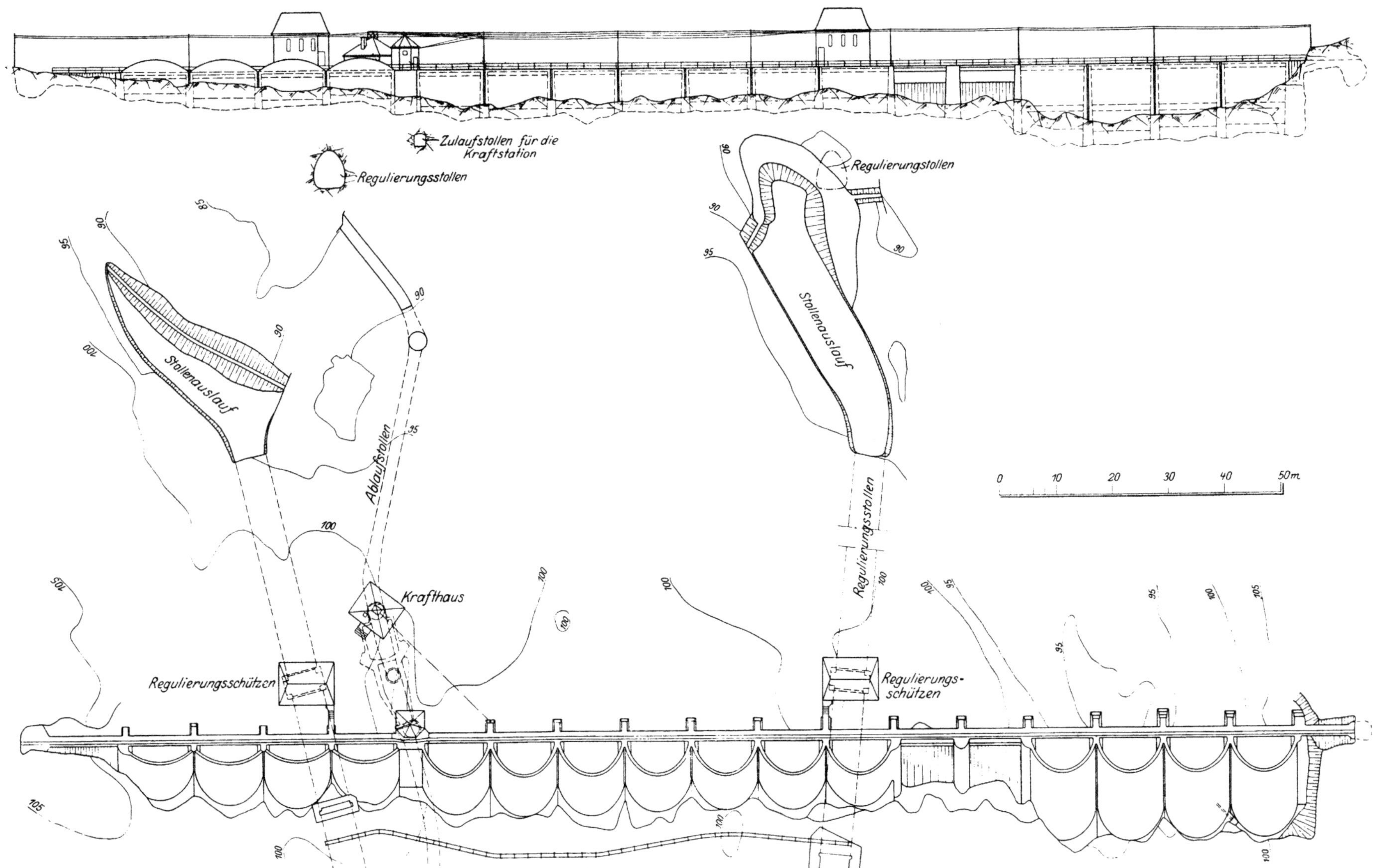

Abb. 646. Übersichtszeichnungen.

wurde neben Wasserdruck noch Eisdruck (60 t/m) zugrunde gelegt, und zwar: je nachdem, ob die ursprünglich für später in Aussicht genommene wasserseitige Erdüberschüttung bereits ausgeführt oder nicht, auf 6 bzw. 3 Höhe verteilt.

Als „gewöhnliche" Beanspruchung, durch Eigengewicht und Wasserdruck allein, wurden zugelassen: Beton: Biegungsdruckspannung + 35, gleichmäßig verteilte Druckspannung: 30, Eisen: Zug 1000 kg/cm². Bei Hinzukommen von Temperatur- und Schwindspannungen wurden um 50% höhere Spannungen zugelassen. Bei weiterem Hinzukommen des Eisdrucks wurde eine Erhöhung der gewöhnlichen Spannungen um 60% in den Gewölben und um 100% in den Pfeilern zugelassen.

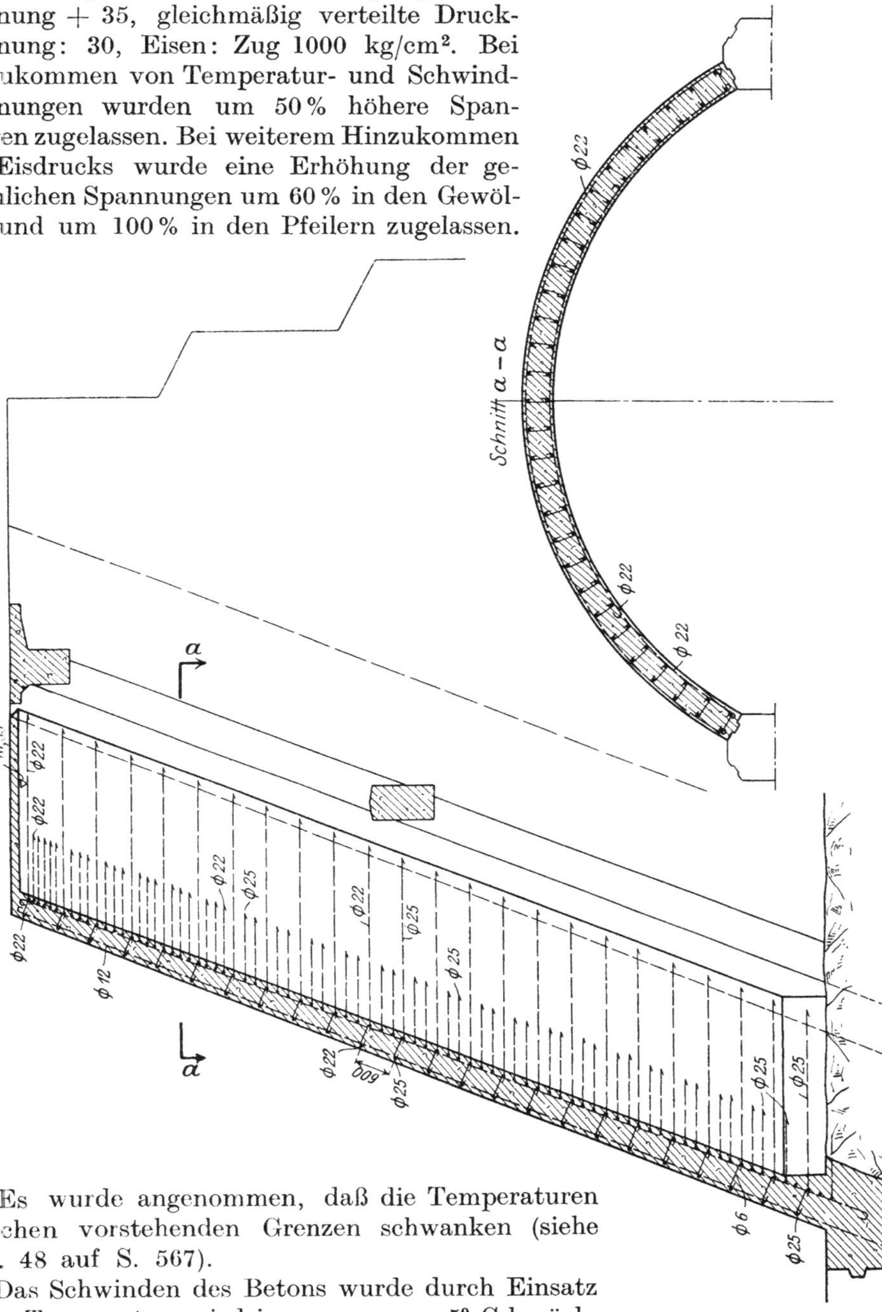

Abb. 647. Einzelkonstruktion des Gewölbes.
Abb. 645—647. Suorvatalsperre. (Verw.)

Es wurde angenommen, daß die Temperaturen zwischen vorstehenden Grenzen schwanken (siehe Tab. 48 auf S. 567).

Das Schwinden des Betons wurde durch Einsatz einer Temperaturerniedrigung um nur 5° C berücksichtigt mit Rücksicht darauf, daß der Beton während der ersten 2 bis 3 Monate durch reichliches Begießen naß gehalten wurde. Durch diese Behandlung wird erstens das gesamte Schwindmaß etwas herabgemindert, vor allem aber entwickelt sich das

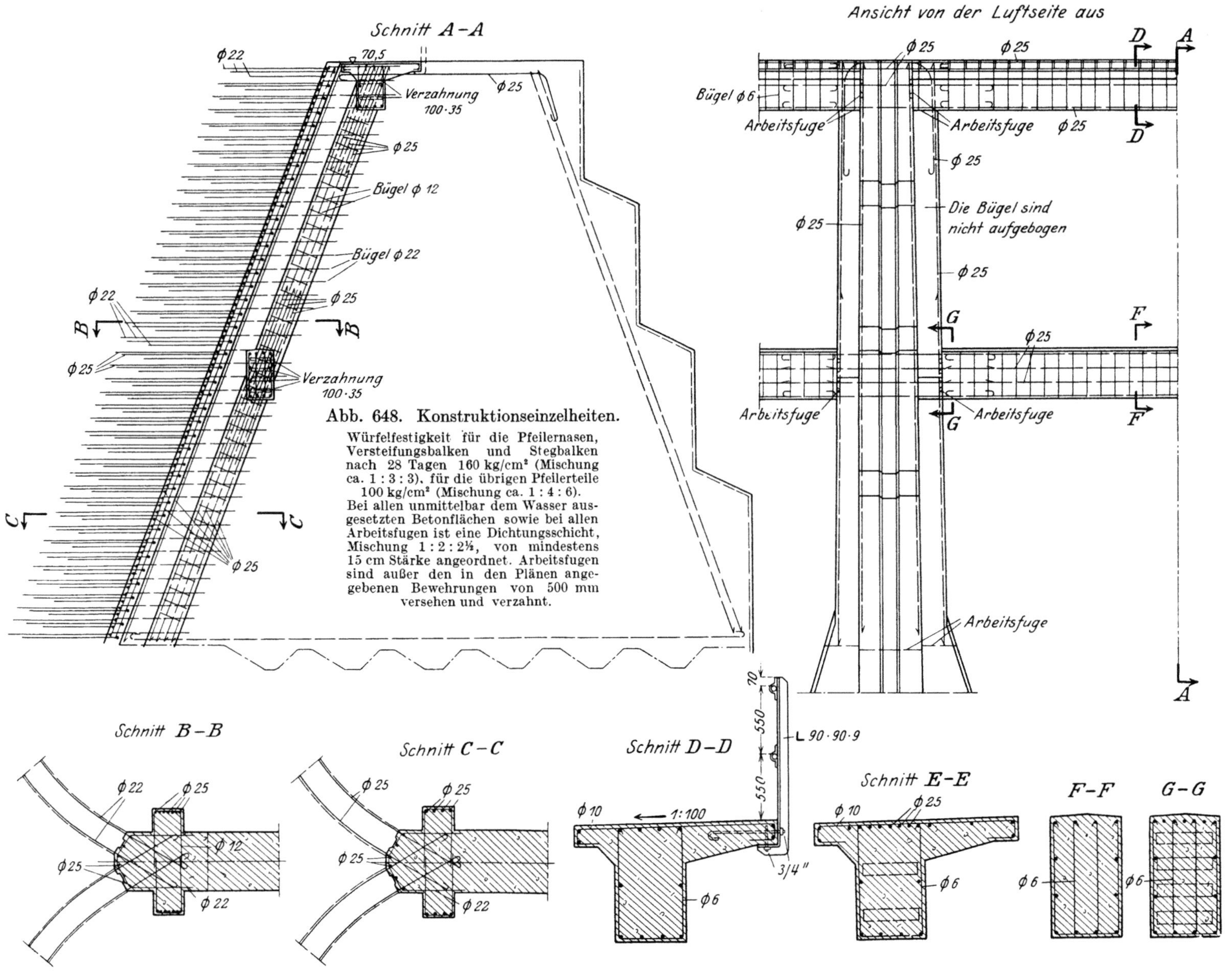

Abb. 648. Konstruktionseinzelheiten.

Würfelfestigkeit für die Pfeilernasen, Versteifungsbalken und Stegbalken nach 28 Tagen 160 kg/cm² (Mischung ca. 1 : 3 : 3), für die übrigen Pfeilerteile 100 kg/cm² (Mischung ca. 1 : 4 : 6). Bei allen unmittelbar dem Wasser ausgesetzten Betonflächen sowie bei allen Arbeitsfugen ist eine Dichtungsschicht, Mischung 1 : 2 : 2½, von mindestens 15 cm Stärke angeordnet. Arbeitsfugen sind außer den in den Plänen angegebenen Bewehrungen von 500 mm versehen und verzahnt.

Schwinden bei dieser Behandlungsart langsamer und das volle Schwindmaß kann erst eintreten, nachdem der Beton eine wesentlich über der 28tägigen liegende Zugfestigkeit erlangt hat. Zur Erreichung vollständiger Dichtigkeit ist die Wasserseite mit 2 je 10 mm starken Lagen Spritzputz 1:1 überzogen. Da die Betonoberfläche bei der fetten Mischung glatt ausgefallen war, wurde sie vor Anbringung des Spritzputzes mit Sandstrahlgebläse aufgerauht. Obschon die Temperaturschwankungen nach obigem genügende Berücksichtigung fanden, ist der eingespannte Fuß der Talsperre durch einen niedrigen Schutzdamm aus Steinen, Erde und Torf gegen zu starke Abkühlung luftseitig geschützt. Seit ihrem Bestehen hat sich nach Mitteilungen die Talsperre praktisch vollständig dicht und an der Luftseite trocken erwiesen. An wenigen Punkten finden sich Haarrisse mit etwas Feuchtigkeit, aber der Durchtritt ist im allgemeinen nicht schneller als die Verdunstung. Wenige merkliche Risse sind durch Frost vor dem Abbinden der betreffenden Stellen entstanden.

1926 hat die Wasserkraftdirektion neben dem Einlauf der Norrforsanlage ein Wehr in Gewölbereihenbauweise (Abb. 84, 648, 649) nach ganz ähnlichen Grundsätzen errichtet wie bei Suorva. Da bei Suorva das Einbringen des Betons bei der verhältnismäßig flachen Gewölbeneigung ziemlich umständlich war und sich die Anbringung der dort geplanten wasserseitigen Auffüllung als überflüssig erwies, hat man bei Norrfors die wirtschaftlichere, größere Gewölbeneigung, von etwa 60° zur Wagerechten, gewählt; der Horizontalschnitt des Gewölbes ist ein Kreisbogen mit 120° Mittelpunktwinkel. Die Ringbewehrungen sind hier, der einfacheren Ausführung zuliebe, in wagrechten Ebenen verlegt. Der statischen Berechnung sind hinsichtlich Temperatur- und Schwindspannungen fast dieselben Annahmen wie bei Suorva zugrunde gelegt; dagegen ward die Eispressung, obschon das Klima beinahe so hart ist wie dort, auf Grund neuerer Versuche wesentlich geringer, mit nur 20 t/m, angenommen. In der im allgemeinen sehr ähnlichen Durchbildung ist ein Fortschritt insofern zu vermerken, als Steifen statt Zugbänder angeordnet und durch (der Länge nach abgetreppte) Fugen vom Gewölbebeton abgetrennt sind, damit Zugrisse (wie sie nach Mitteilungen in Suorva vereinzelt aufgetreten sind) mit Sicherheit verhütet werden. Der Innenteil der Pfeiler ist auch hier ohne Bewehrung ausgeführt, jedoch sind außer den rechnerisch erforderlichen Eiseneinlagen der Verstärkungsleiste an der Wasserseite auch in der Sohle und luftseitigen Stirn des Pfeilers aus konstruktiven Gründen einige Eisen angeordnet.

Abb. 649. O.W.-Blick.
Abb. 648 u. 649. Norrforsen. Gewölbereihenmauer. (Verw.)

Außer diesen von der schwedischen staatlichen Wasserkraftverwaltung erbauten Gewölbereihenstauwerken ist noch die Fassungssperre der Wasserkraftanlage Melby in Südschweden (Abb. 650, 651, 780) zu erwähnen. Länge: 78 m, Höhe: 8 m, Neigung der Gewölbeerzeugenden 2:1 (63½°). Die Konstruktion ist sehr kräftig bewehrt; die Gewölbe sind in die Pfeiler eingespannt. Weder Zugstangen noch Versteifungsbalken sind zwischen den Pfeilern angeordnet, was bei so niedrigen Talsperren wohl das Beste ist. Gegen übermäßige Temperaturwirkungen ist auch hier der Fuß durch eine Erdfüllung geschützt. Entwurf und Bauleitung: Vattenbyggnadsbyrån 1921.

In Norwegen und Finnland sind bis jetzt keine Gewölbereihensperren ausgeführt,

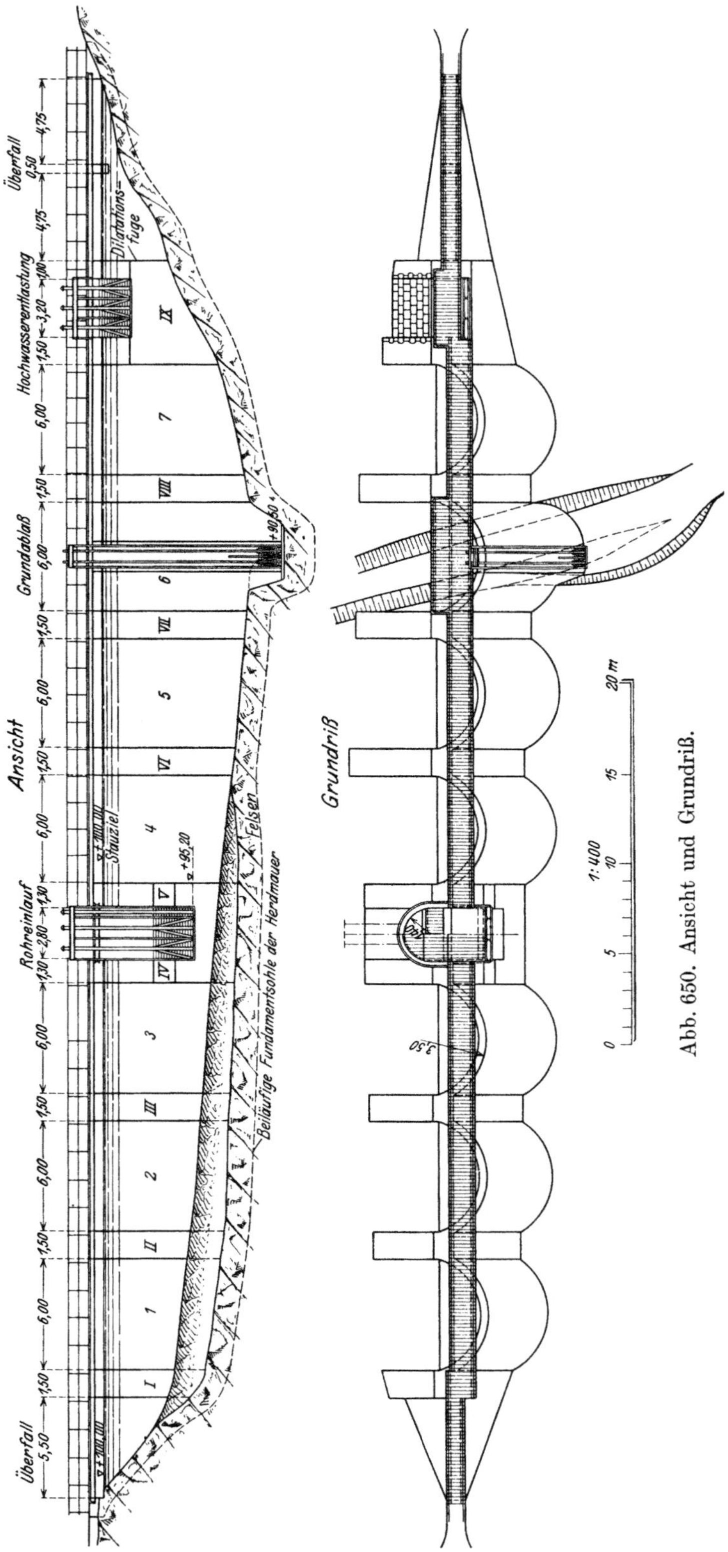

Abb. 650. Ansicht und Grundriß.

doch liegen mehrere große Entwürfe vor. Unter diesen sei der von den Sachverständigen der Stadt Stavanger befürwortete Vorschlag einer Gewölbereihensperre für das Aaensire-Kraftwerk in Südnorwegen hervorgehoben. Die ganze Anlage ist im norwegischen Buchteil (Seite 402ff.) ausführlich besprochen, so daß hier nur ergänzend die Grundannahmen der statischen Untersuchung mitzuteilen sind:

Das Klima ist dort verhältnismäßig mild; daher sind als normale Grenztemperaturen $+ 20^0$ und $- 10^0$ C angenommen. Wegen der Möglichkeit starker Strahlungswirkung am oberen Mauerteil sind für die obersten 9 m weitere Grenzen: $+25$ und -15^0 C, eingesetzt. Die Bautemperatur ist zu $+ 8^0$ C angenommen. Für die Wassertemperatur wurden folgende Überlegungen angestellt: Hätte man die Sperre unmittelbar am Lundansee erbaut, so hätte die Wassertemperatur nach angestellten Messungen zwischen der Kurve *A—B—C* und *D—E—F* in Abb. 652 geschwankt. Die ungünstigste Annahme ist nun: daß nur die höchste Wasserschicht durch das Staubecken dem Talsperrenkraftwerk zufließt. Dieser Annahme entsprechend wurden der Berechnung $+ 16^0$ und $- 0^0$ als äußerste Grenzen zugrunde gelegt. Dagegen ist die Ersatztemperaturschwankung für das Schwinden von oben nach unten wesentlich abnehmend angenommen, da der untere Teil mit seiner großen Gewölbestärke viel langsamer abbindet und austrocknet als der dünne Oberteil.

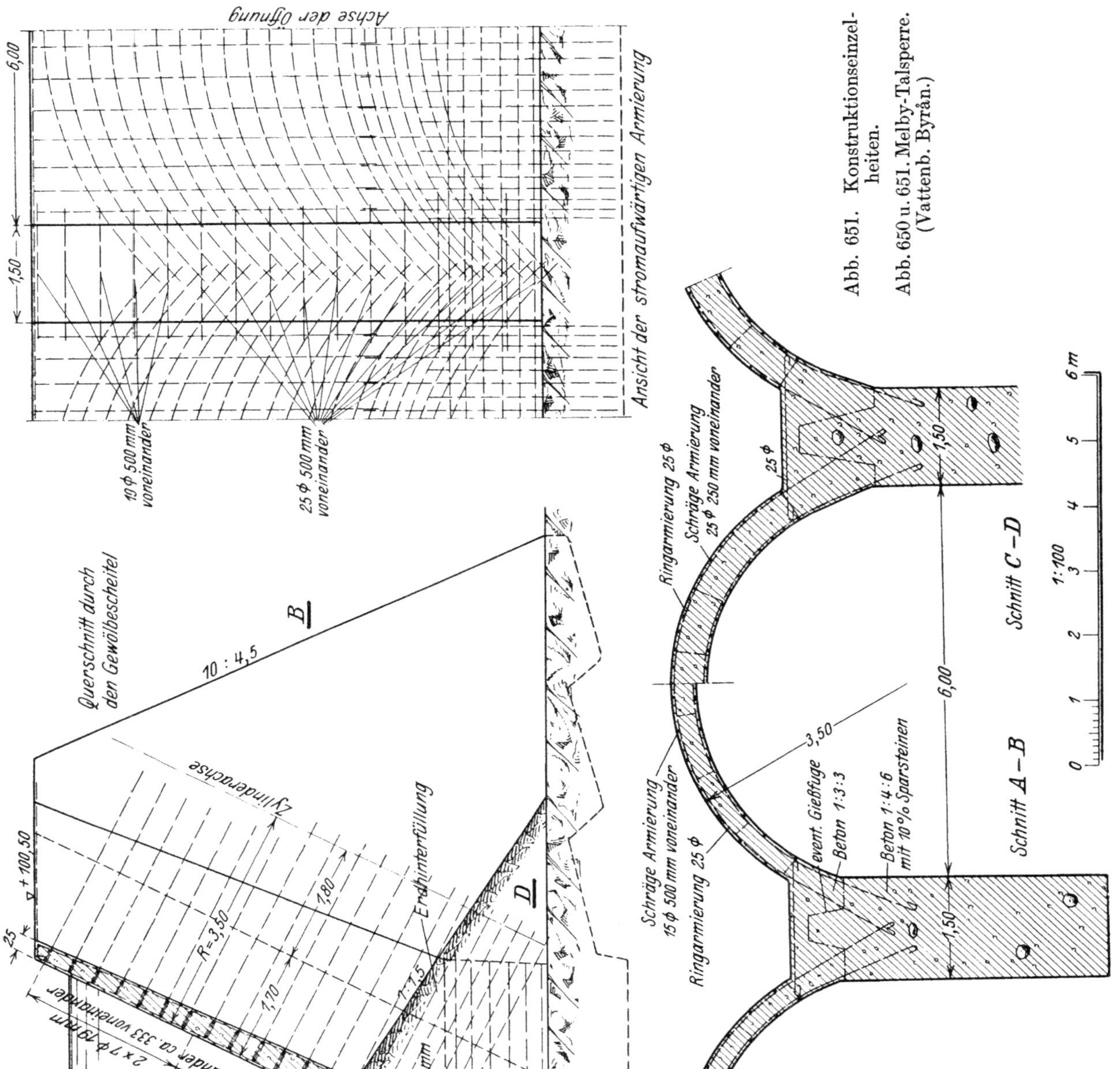

Abb. 651. Konstruktionseinzelheiten.

Abb. 650 u. 651. Melby-Talsperre. (Vattenb. Byrån.)

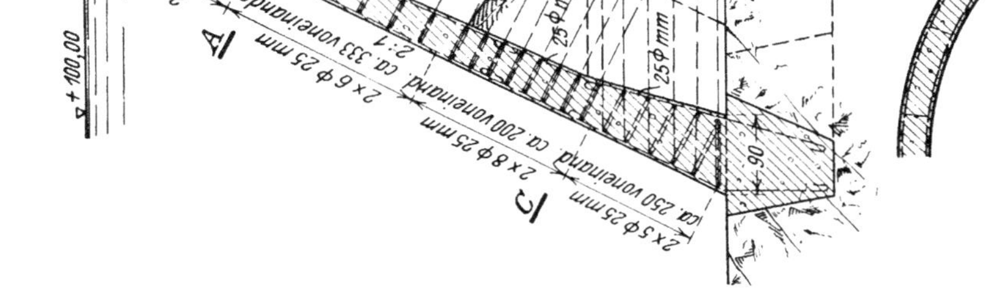

Die angenommenen günstigen Schwundverhältnisse setzen die ständige Feuchthaltung des Betons während des Abbindens voraus. In derselben Darstellung, welche die tatsächlichen Temperaturverhältnisse des Lundensees veranschaulicht, wurden sämtliche erwähnten Annahmen über Temperatur- und Schwundverhältnisse graphisch dargestellt. — Eisdruck kommt für diese Talsperre kaum in Frage und wurde in der Berechnung nicht berücksichtigt.

Einzelgewölbesperren. Das älteste Einzelgewölbestauwerk Nordeuropas ist die Wehranlage von Gullspång in Schweden (Götaälvgebiet). Das Gewölbe stemmt sich auf der einen Seite gegen gewachsenen Felsen, auf der anderen gegen eine massive Staumauer. Die Bogenspannweite ist 40, der Halbmesser 36 m. Die Konstruktion ist nur im obersten Teil kräftig bewehrt; das Mischungsverhältnis ist hier 1:2:3. Die Bewehrung ist mit Rücksicht auf die Einspannung der Schützenzwischenpfeiler so stark ausgeführt. Der untere Teil der Gewölbemauer ist ohne Eisen im Mischungsverhältnis 1:3:5 ausgeführt. Die Sperre ist 1907 erbaut. Der Bau wurde bei sehr ungünstigem Wetter ausgeführt, und der Beton hat sich bald als ungenügend dicht erwiesen. Mit der Zeit wurde der Zement weiter ausgewaschen, so daß man sich 1921 zu einer umfassenden Wiederherstellung entschließen mußte, wobei folgende eigenartige Methode angewandt wurde: auf der Wasserseite wurde eine mit Callendrit (eine Art Asphaltpappe) gedichtete Schalung etwa 10 cm von der Gewölbeleibung entfernt aufgestellt (Abb. 653, 654); der Zwischenraum wurde mit einem sehr wasserreichen Zementmörtel ausgegossen, der auch in die Hohlräume der schadhaften Betonmauer eindrang. Auf diese Weise ist eine völlige Dichtigkeit erreicht worden. Es soll jetzt noch eine luftseitige Ummantelung mit eisenbewehrtem Beton in ähnlicher Weise angebracht werden; die Schalung soll stehen bleiben, da sie einen Schutz gegen Kälte bildet.

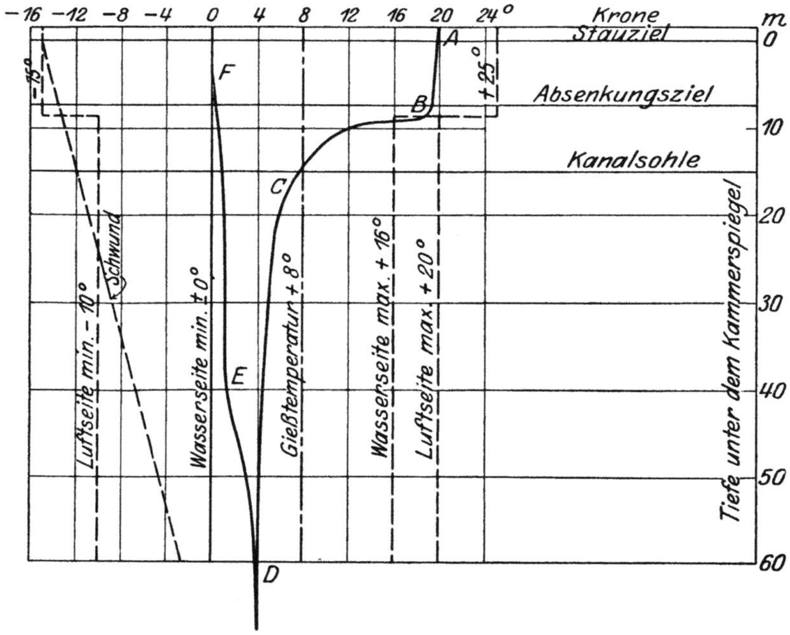

Abb. 652. Aaensire-Talsperre. Berechnungsgrundlagen. (Verw.)

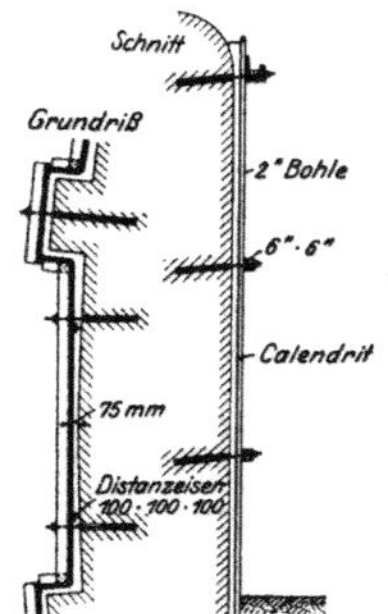

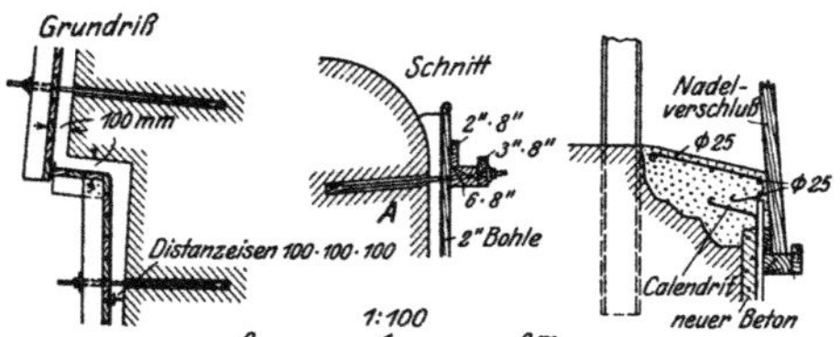

Abb. 653. Lotschnitt. Abb. 654. Einzelheiten an der Mauerkrone.

Abb. 653 u. 654. Bogenmauer-Nachdichtung. (Vattenbyg. Byrån.)

Das Gideåbackawehr (Abb. 87, 655, 656, 657, 658, 659), in Nordschweden 1916/18 erbaut, ist schon eine ganz neuzeitliche Gewölbesperre. Wie bei Gullspång ist auf die feste Wehrkrone eine durchlaufende Reihe von Schützen zwischen bewehrten und eingespannten Pfeilern aufgesetzt. Das Gewölbe ist im wesentlichen nach dem Festwinkelprinzip geformt; doch mußte aus örtlichen Gründen wesentlich von dem als theoretisch richtig angenommenen Mittelpunktswinkel von 134^0 abgewichen werden[1], so daß sich Winkel zwischen 74 und 78^0 ergaben. Der Halb-

[1] Über den tatsächlichen, allgemein konstruktionswirtschaftlich günstigsten Winkel vgl. Kelen: „Die Staumauern", Berlin: Julius Springer 1926.

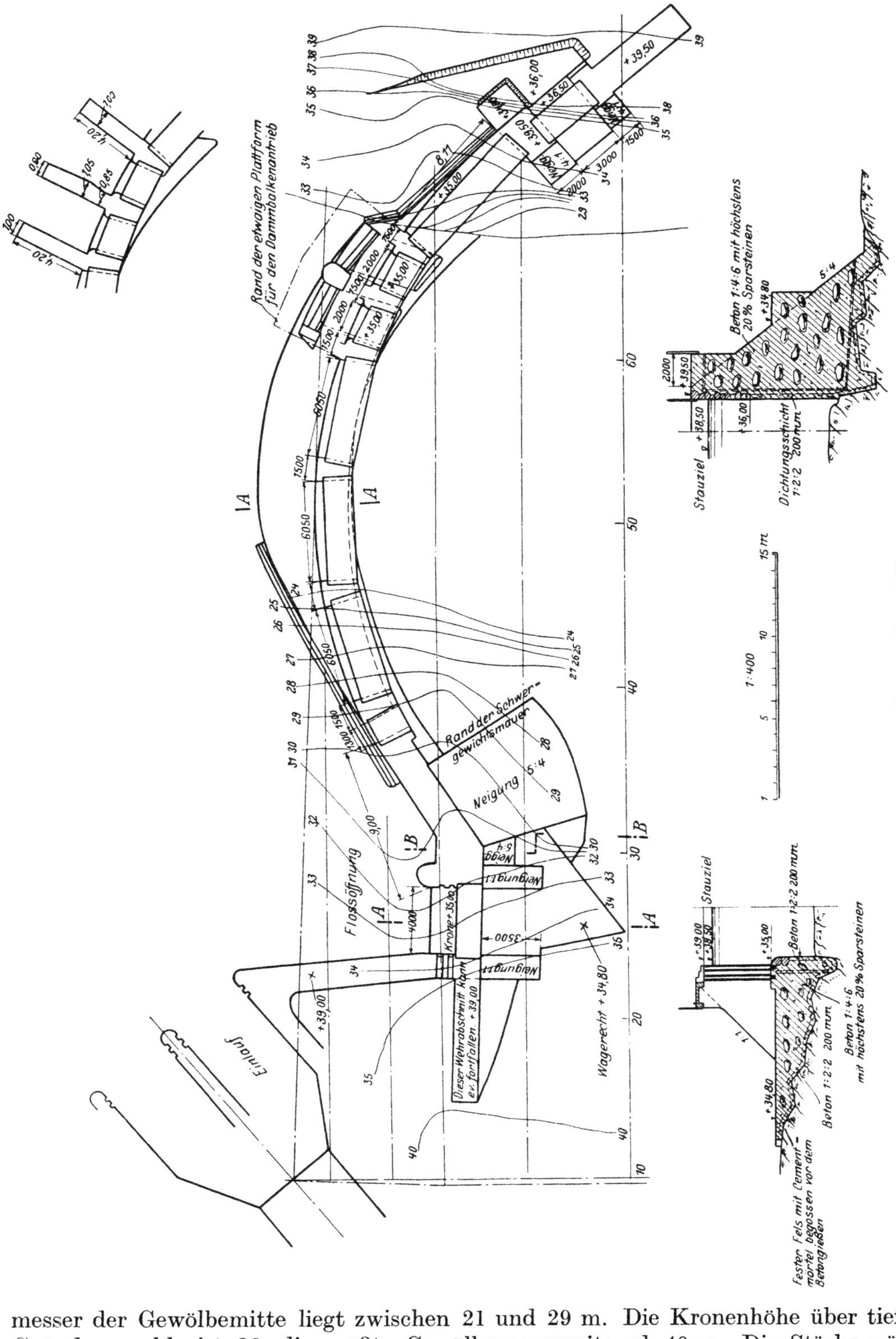

Abb. 655. Grundriß.

messer der Gewölbemitte liegt zwischen 21 und 29 m. Die Kronenhöhe über tiefster Gründungssohle ist 26, die größte Gewölbespannweite rd. 40 m. Die Stärke wächst von 2 auf rd. 5 m. Die ganze Konstruktion ist mit Ausnahme der Fundamente kräftig bewehrt. Von den Annahmen der statischen Berechnung sei nur hervorgehoben, daß der Eisdruck mit 15 t/m und auf die obersten 4 m des Gewölbes verteilt angenommen wurde; doch wurde der Höhe nach keine gleichmäßige Verteilung, sondern solche nach einem Dreieck mit Spitze unten angenommen.

Da es unmöglich schien, eine vollständige Einspannung im Felsen zu gewährleisten, entschloß man sich, wasserseitig lotrechte, gedichtete Fugen anzuordnen, um hier eine schädliche wilde Rißbildung mit Sicherheit zu verhüten. Luftseitig wurde keine solche Fuge angeordnet, da hier in den maßgebenden Belastungsfällen Druck entsteht. Die Konstruktion ist somit ein Zwischending zwischen dem beiderseits eingespannten und dem Zweigelenkbogen. Sie ist als Zweigelenkbogen berechnet; aber bei Bewehrung der Kämpfer wurde der in Wirklichkeit vorhandenen teilweisen Einspannung Rechnung getragen. Die Betonmischung ist 1:3:4, in der Nähe der Oberfläche 1:2:2. In konstruktiver Beziehung ist die Gideåbacka-Talsperre noch insofern bemerkenswert, als, abweichend von vielen Gewölbesperren, ein Drännetz angeordnet ist (zur Verhütung einer schädlichen Saugwirkung oben mit Belüftungsröhren versehen). Die Abdichtung der Mauer ist durch eine mit der Stahlkelle geschliffene Zementputzschicht erreicht.

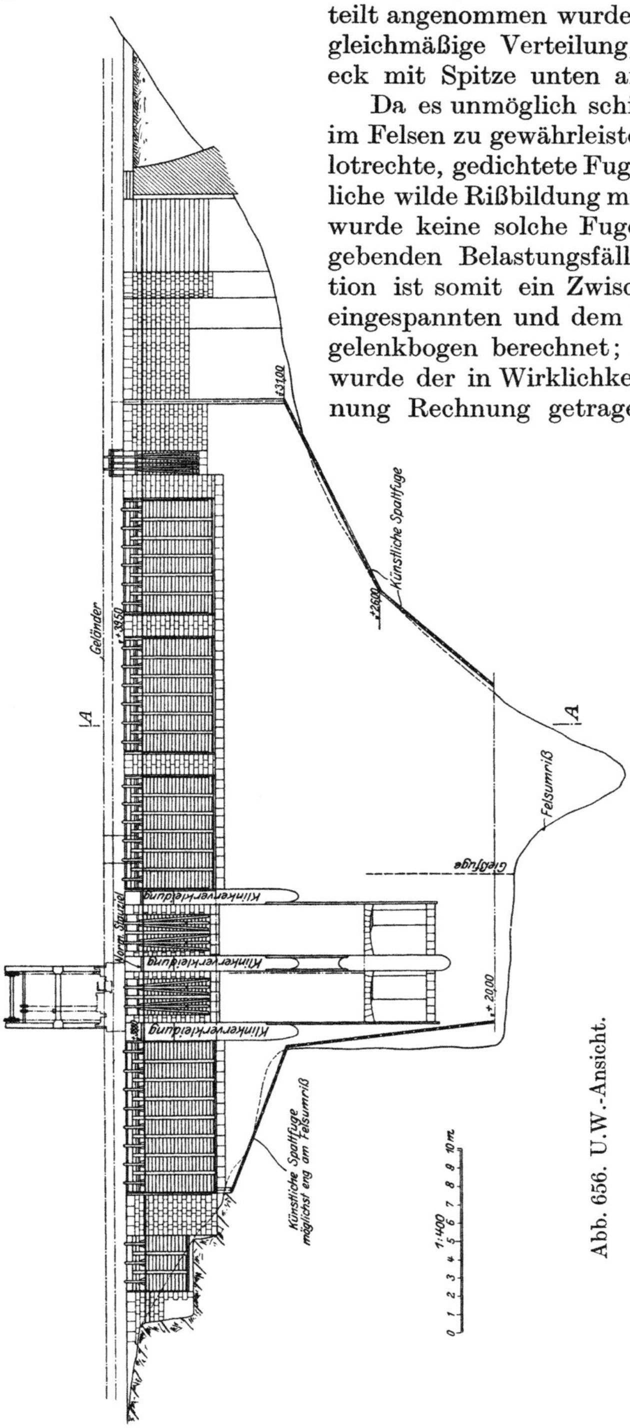

Abb. 656. U.W.-Ansicht.

Eine Eingewölbestaumauer ist auch von Vattenfallstyrelsen beim Werk **Norrfors**, wo alle Typen gegliederter und gewölbter Eisenbetonstauwerke vertreten sind, ausgeführt, und zwar als Abschlußwerk einer Mulde auf der Insel Tvärön (Abb. 660, 661, 662).

Größte Spannweite: 48, größte Höhe: anfangs 11 später 16 m, Halbmesser 30 m, Zentriwinkel: 106^0, Gewölbestärke: 0,45 bis 1,2 m. Auch hier wurden der Berechnung des Gewölbes in verschiedenen Höhen verschiedene Temperaturschwankungen zugrunde gelegt. Das verhältnismäßig dünne Gewölbe (Gußbeton 1:2,6:2,6) ist kräftig bewehrt und wasserseitig mit zwei Torkretputzschichten von je 10 mm versehen. Der Fuß der Mauer ist luftseitig mit einer 2 m hohen Erdschüttung geschützt. Bei der Bauausführung wurde in zweckmäßiger Weise dem Entstehen von Schwindspannungen durch Ausführung des Gewölbes in drei, voneinander durch 1 m weite Fugen getrennten Teilen begegnet. Die Fugen wurden erst drei Monate später, als der größte Teil des Schwundes schon eingetreten war und die Mauer einige Wochen bei 0° C gestanden hatte, ausgegossen.

Die größte Zugspannung (Eigengewicht, Wasserdruck, Temperatur mit + 15 bis — 8° C) ist rechnungsmäßig 28 kg/cm², die größte Druckspannung in den Gewölberingen 37, in den Stützmauerscheiben 63 kg/cm².

In Norwegen sind an zwei Stellen Staumauern als Einzelgewölbe ausgeführt. Die eine ist das Aarlifoßwehr im Skiengebiet (S. 431). Da ein Walzenverschluß von großer Lichtweite vorgesehen war, mußte die feste Wehrkonstruktion einen in statischer Beziehung unerwünscht kleinen Zentriwinkel erhalten, außerdem mußte ein zweites Gewölbe mit wagrechten Erzeugenden zum Tragen der Überfallschwelle angeordnet werden. Es spricht für die hohe Wirtschaftlichkeit der Einzelgewölbesperre, daß trotz dieser verteuernden Umstände diese Konstruktion einer massiven Wehrmauer noch überlegen war.

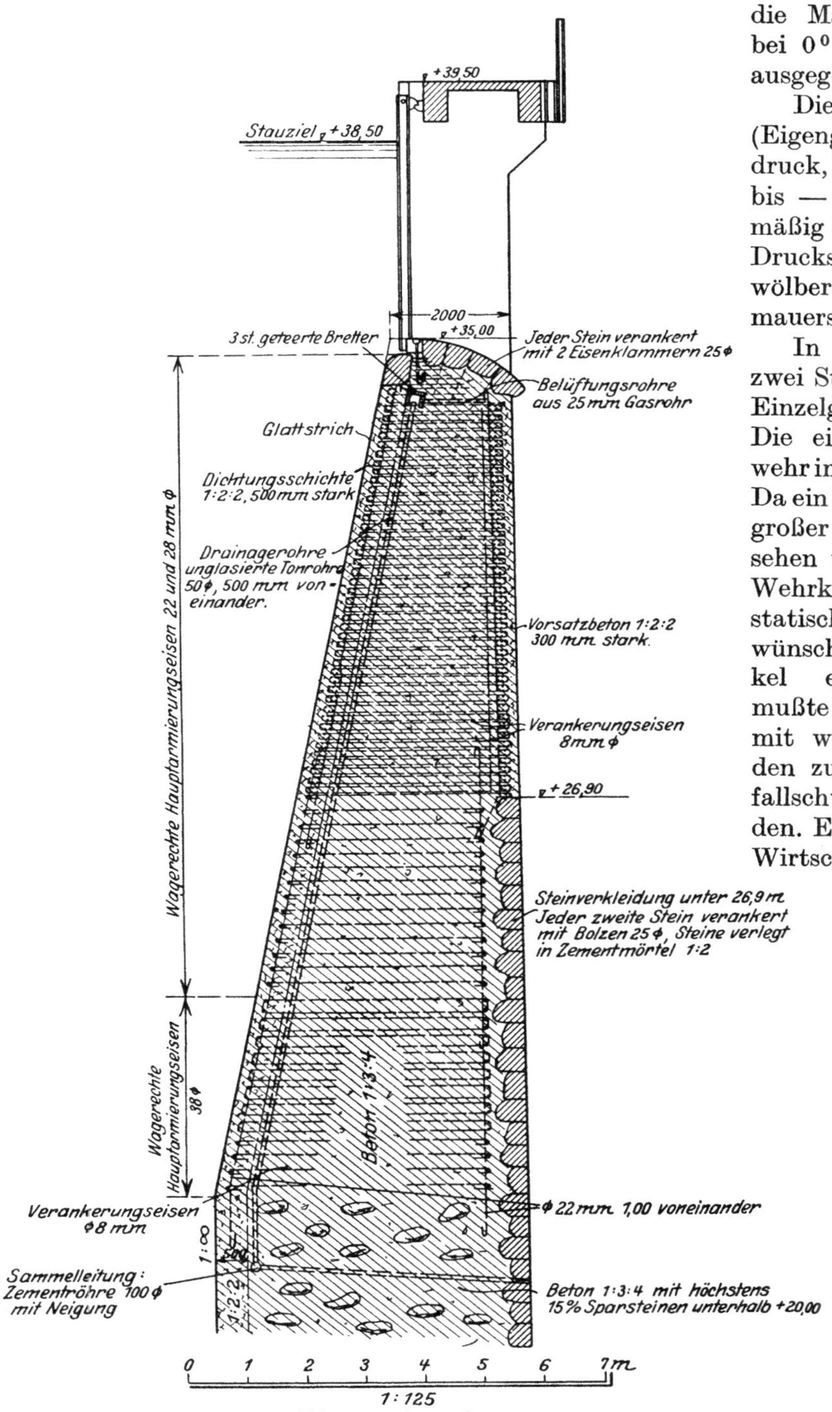

Abb. 657. Querschnitt.

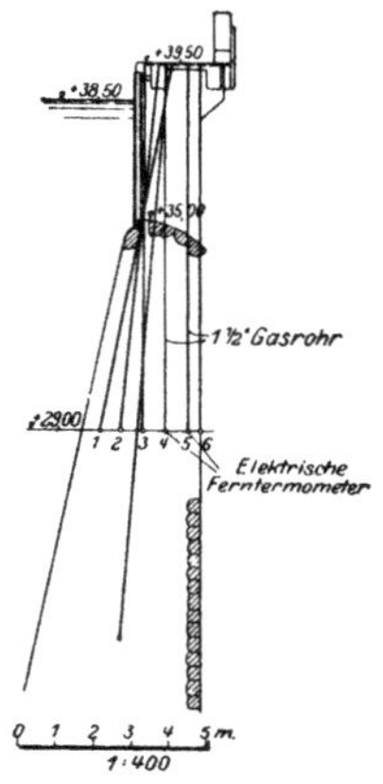

Abb. 658. Thermometeranordnung.

Ein anderes Eingewölbestauwerk ist als Regulierungswehr eines Hochgebirgssees im Gebiet von Saudefaldene Sommer 1924 erbaut. Höhe: 10, Halbmesser der Krone: 15,5, Spannweite: 25 m, Zentriwinkel 110°, Halbmesser 15,5 m, somit größte Spannweite 25 m. Stärke des Eisenbetongewölbes 0,5 bis 0,8 m. Die von Ziv.-Ing. Gröner erbaute Sperre hat sich seither als völlig dicht erwiesen.

Damit ist die Reihe der Eingewölbesperren im Norden erschöpft; von einschlägigen Projekten sei die 90 m hohe Gewölbesperre für den Sakariassee im Tafjordgebiet (Norw.) erwähnt, deren Ausführung indes nicht spruchreif; ferner die von Vattenfallstyrelsen als Eingewölbemauer geplante Wehranlage Harspränget, größte Höhe: 35 m (Abb. 64).

Abschließend ist noch etwas über die **Berechnungsgrundlagen** der im Norden erbauten gegliederten Staumauern zu sagen. Wir sahen, daß in den meisten Fällen sehr weite Temperaturgrenzen zu berücksichtigen sind. Diese Grenzen lassen sich be-

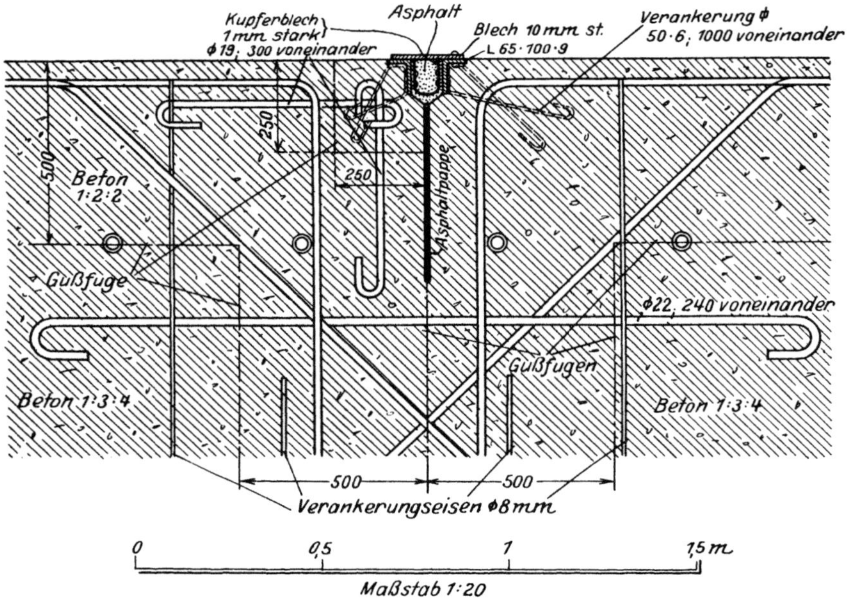

Abb. 659. Widerlager.

Abb. 655—659. Gideåbacka-Talsperre. (Vattenb. Byrån.)

deutend enger stecken, wenn zur Isolierung entweder wasserseitig eine Überschüttung (die aber andere, praktische Nachteile hat!) oder luftseitig eine Schutzwand angeordnet wird. Eine andere bereits berührte Eigenheit der Berechnungsunterlagen ist die Berücksichtigung des Eisschubs. Hier sind große Unterschiede festzustellen: bei Porjus wurde der Eisdruck lediglich durch niedrige Festsetzung der zulässigen Spannung, schätzungsweise aber reichlich berücksichtigt; bei Suorva wurden 60 t/m zugrunde gelegt; bei den neueren Eingewölbesperren Gideåbacke und Norrfors sind auf Grund neuerer Forschungsergebnisse (s. unten) wesentlich geringere Belastungen (15 und 20 t/m) gerechnet; schließlich wurde bei dem ebenwandigen gegliederten Wehr von Norrfors der Eisdruck ganz außer acht gelassen und eine neuartige Einrichtung zur Verhütung der Eisbildung angeordnet, die zugleich — neben einer Dampfheizung (Abb. 663, 664, 665) — die Betätigung des aufgesetzten Nadelwehres erleichtern soll (nachträglich auch in Porjus angeordnet!). Es ist in Anlehnung an die Ausführung bei Keokuk (Mississippi) ein System von Druckluftröhren mit kleinen Ausblasöffnungen angeordnet, durch das man Luft unter Wasser unmittelbar vor den oberen Teil der Stauplatte ausstößt, um eine das Zufrieren verhindernde senkrechte Wasserzirkulation herbeizuführen.

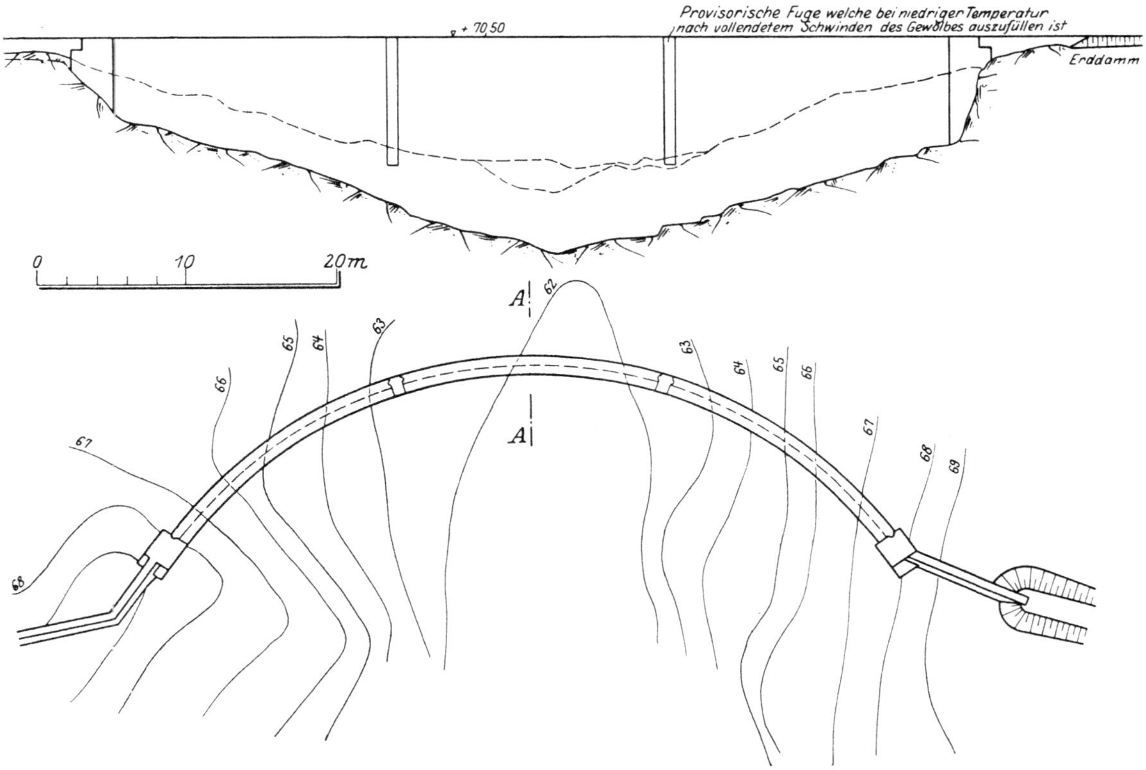

Abb. 660. Ansicht und Grundriß.

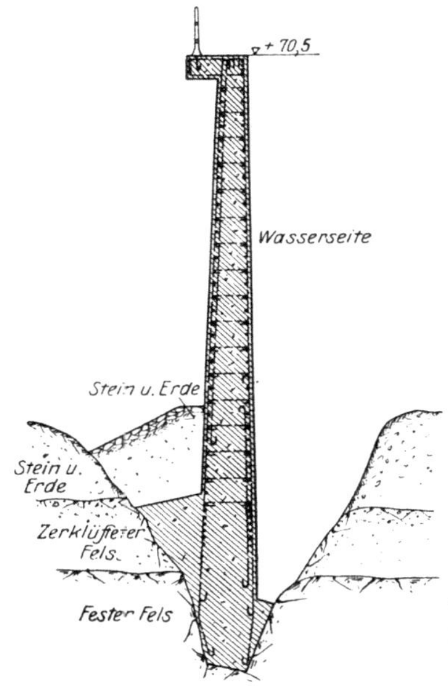

Abb. 661. Schnitt.

Abb. 662. O.W.-Blick.

Abb. 660—662. Norrforsen. Bogenmauer.

In Norrfors hat man auch Versuche mit zwei elektrisch erwärmten in 10 mm Abstand in das Eis eingelegten senkrechten Platten gemacht. Diese an sich wirksame Einrichtung war 1928 noch nicht abschließend erprobt.

Die besprochenen großen Gewölbemauern Schwedens liegen alle in dem besonders rauhen Norrland; in vielen andern Gebieten Nordeuropas kommt Eisdruck entweder gar nicht oder nur in geringerem Maße in Frage (vgl. Aaensire oben).

Die Angaben über die Größe des zu berücksichtigenden Eisdruckes bewegten sich

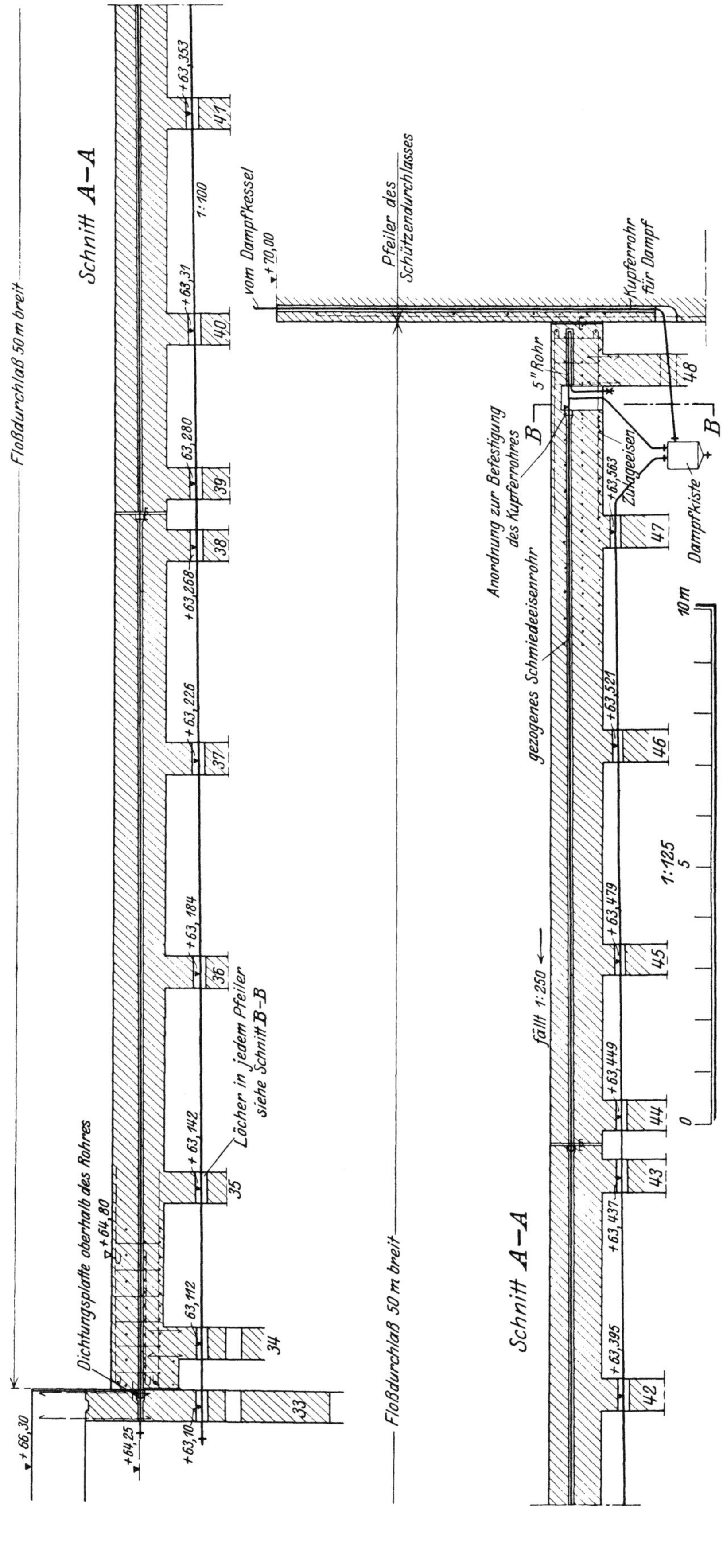
Schnitt A–A
Floßdurchlaß 50 m breit
1:100
+63,353
+63,31
+63,280
+63,268
+63,226
+63,184
+63,142
+63,112
+63,10
+64,25
+64,80
+66,30
41
40
39
38
37
36
35
34
33
Löcher in jedem Pfeiler siehe Schnitt B–B
Dichtungsplatte oberhalb des Rohres
vom Dampfkessel
+70,00
Pfeiler des Schützendurchlasses
Kupferrohr für Dampf
5" Rohr
Anordnung zur Befestigung des Kupferrohres
B
Zuleiteeisen
Dampfkiste
gezogenes Schmiedeeisenrohr
fällt 1:250
1:125
0
5
10 m
+63,563
+63,521
+63,479
+63,449
+63,437
+63,395
48
47
46
45
44
43
42

Abb. 663.

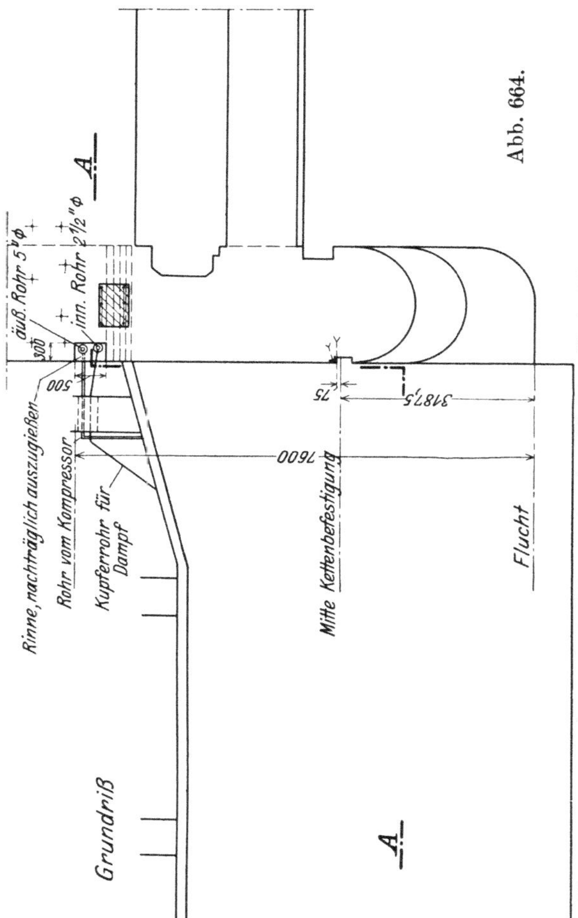

Abb. 664.

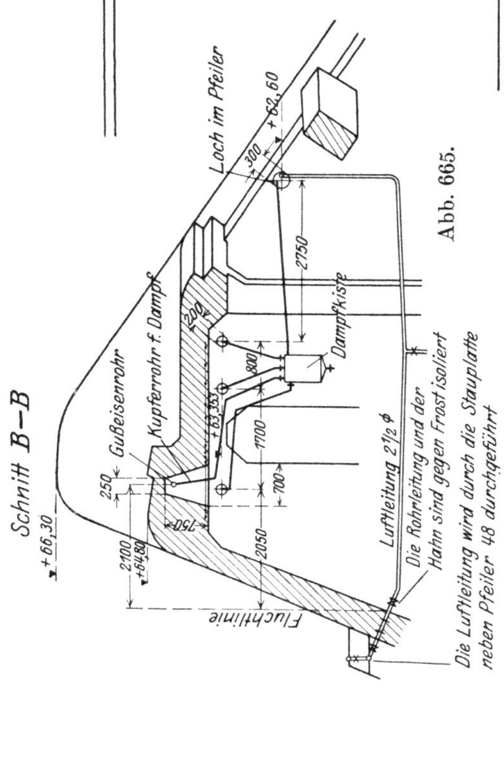

Abb. 665.

Abb. 663—665. Norrforsen. Regulierungswehr im Hauptstromarm. Anwärmeeinrichtung für den Floßdurchlaß. (Verw.)

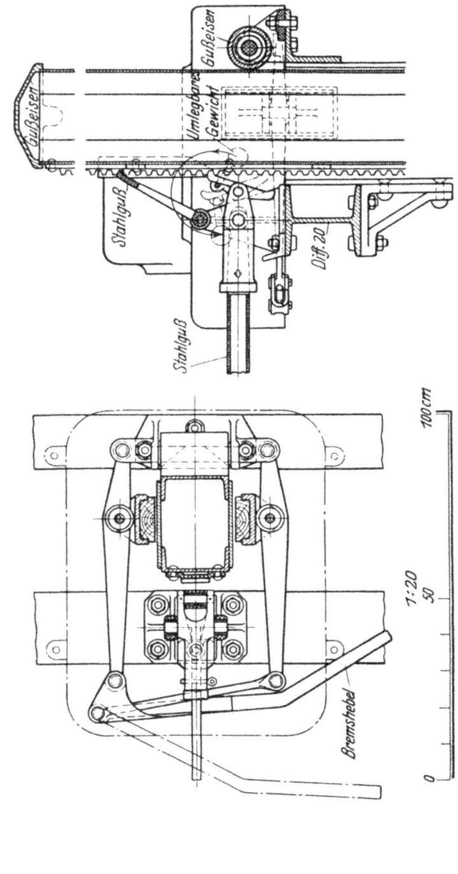

Abb. 666. Schützenhebelade am Wehr Torsebro. (Tekn. Tidskr.)

Abb. 667. Bauernschützenwehr mit fahrbarem Motor. (Verf.)

Abb. 668. Seeregulierungswehr oberhalb Gideåbacka mit Bauernschützen, Laufkatze mit Flaschenzug. (Verf.)

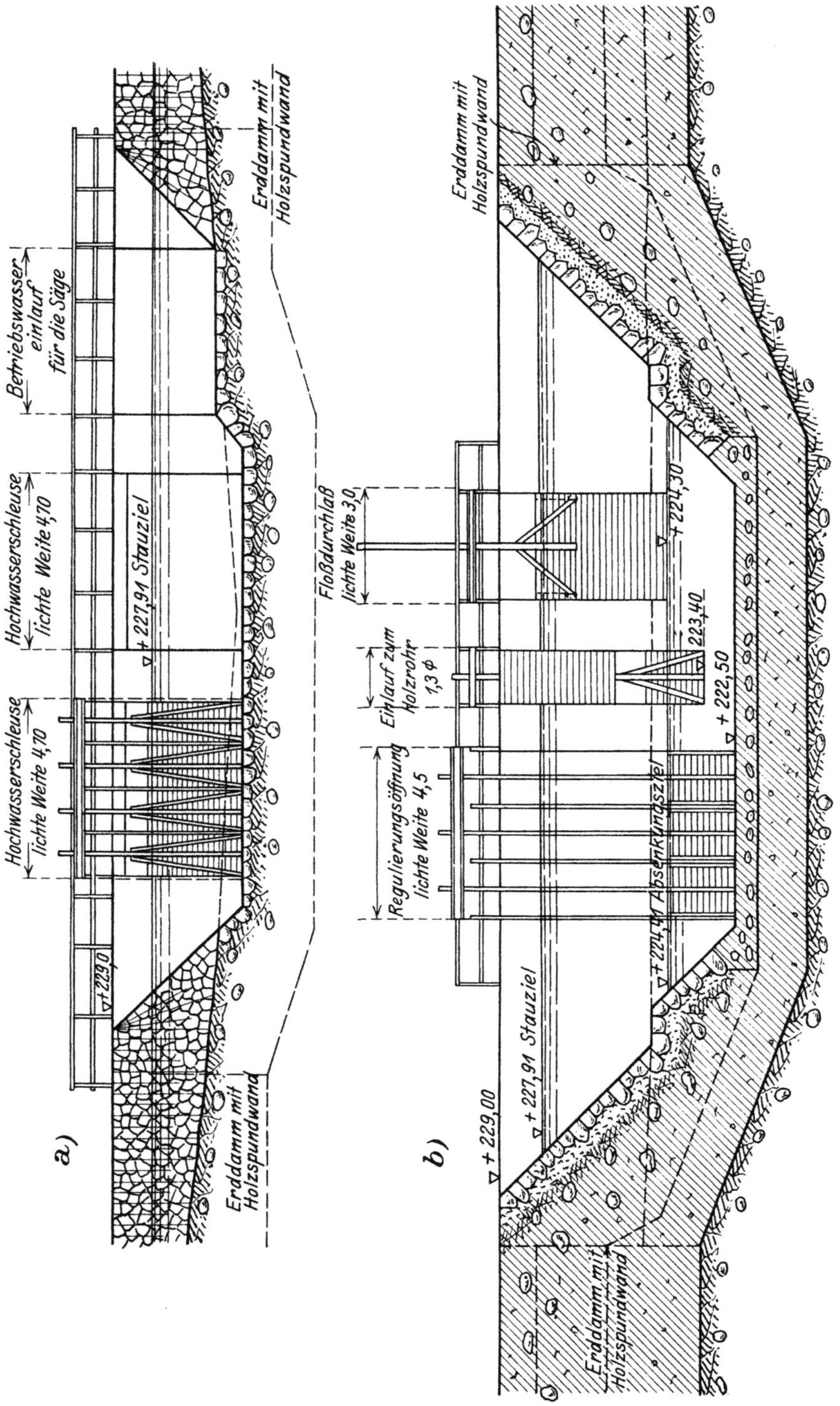

Abb. 669.

(über die ganze Welt genommen) noch vor kurzem in sehr weiten Grenzen (zwischen 70 t/m und 0). Es ist mit das Verdienst der schwedischen Wasserkraftverwaltung, durch Förderung von Versuchen zur Klärung der Frage wesentlich beigetragen zu haben. Royen, der die Versuche durchgeführt und unter Benutzung der Arbeiten anderer Forscher ausgewertet hat, entwickelt in der Hansenfestschrift eine zusammenhängende Theorie des Eisdrucks, in der neben Druckfestigkeit, Knickwiderstand und Elastizität des Kerneises vor allem seine Plastizität als Funktion von Druckspannung, Temperatur und Fließzeit, ferner sein Wärmeaufnahme- und Leitvermögen berücksichtigt werden. Er kommt zu dem sehr wichtigen Ergebnis, daß der unter ungünstigsten Verhältnissen auftretende Eisschub nicht höher als 30 t/m bei 1 m Eisstärke und 22 t/m bei 0,75 m werden kann (während die Druckfestigkeit des Eises quer zum Wasserspiegel zwischen 450 und 800 t/m² liegend gefunden wurde!).

In der Beurteilung der zulässigen Beanspruchung des Betons ist im letzten Jahrzehnt eine starke Entwicklung zu verzeichnen: das dachförmige Überfallwehr Porjus (Abb. 635), ist (vor bald 20 Jahren) als reine Betonkonstruktion berechnet, mit einer zulässigen Betondruckspannung von 20 kg/cm² ohne Berücksichtigung der nur als Sicherheitsmaßnahme aufgefaßten Bewehrung. Die Betonmischung war 1:3:5. Ein solches Über-

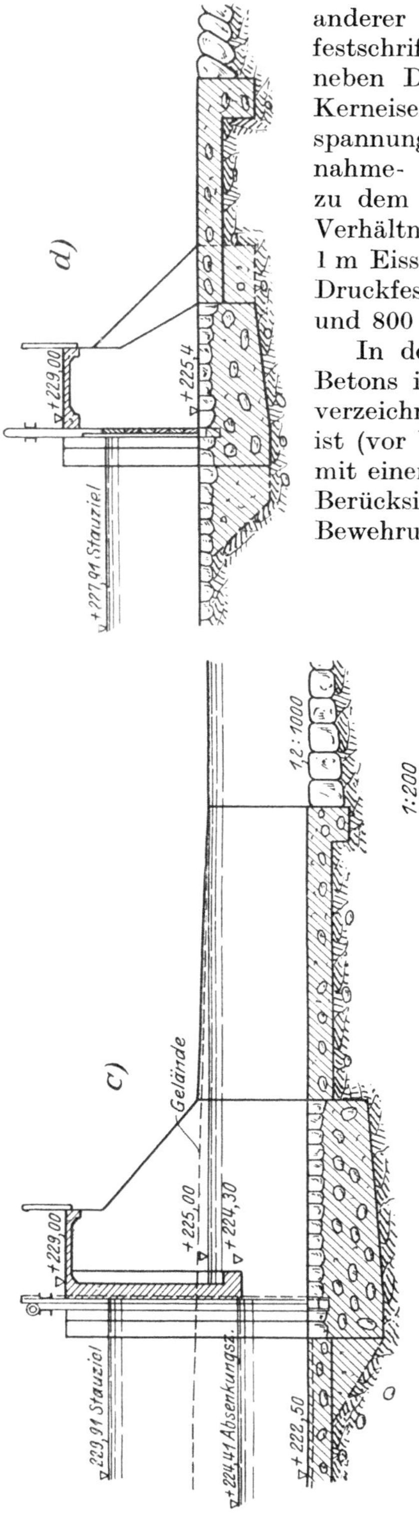

Abb. 669. Regulierungswehr des Amungsees, Dalälv. (Vattenbyg. Byrån.)

Abb. 670. Porjus. Nadelwehrböcke aus Stahlblech gepreßt. (Baumgarten.)

maß an Sicherheit war bei dem damaligen Stande der Statik, Konstruktion und vor allen Dingen auch: Ausführung von gegliederten Betonstaumauern (im hohen Norden) wohl begründet. Bei den Fortschritten in der rechnerischen Erfassung der tatsächlichen Beanspruchungen vor allem: durch Schwinden und Temperaturunterschiede, liegt keine Veranlassung mehr vor, wesentlich niedrigere Spannungen als bei anderen Eisenbetonbauwerken zu- oder gar die Eisenbewehrung ganz außer acht zu lassen. Berücksichtigt man alle, auch die außergewöhnlichen, denkbar ungünstigsten Belastungs- und Temperaturzusammenstellungen, so erscheint es sogar ganz berechtigt, einen Schritt weiter zu gehen und für verhältnismäßig unwahrscheinliche, schlimmstenfalls nur kurze Zeit anhaltende Zustände höhere Beanspruchungen, als die regelmäßigen, zuzulassen: vgl. die Berechnungsgrundlagen der Suorva-Sperren. Bei den Eingewölbesperren Norrfors und Gideåbacke sind ebenfalls für die verschiedenen Beanspruchungszustände wesentlich verschiedene Spannungen zugelassen. Bei Norrfors steigt bei dem ungünstigsten Zustand die Betonpressung auf 63, der Zug in den Eisen auf 1500 kg/cm^2; bei Gideåbacke die Betonpressung auf 60, der Eisenzug auf 1800 kg/cm^2.

Unter der — ja ohnedies unerläßlichen Voraussetzung, daß in konstruktiver Durcharbeitung und Bauausführung die Grundlagen der statischen Berechnung in sorgfältiger Weise gewahrt werden, beeinträchtigen diese Festsetzungen die tatsächliche Sicherheit des Bauwerks durchaus nicht; andererseits sind entbehrliche, zu weitgehende Sicherheitsforderungen geeignet, die Anwendung der auf anderen Gebieten längst eingeführten Gewölbebauweise zum Nachteil der Wirtschaft künstlich abzudrosseln.

In die Zukunft weisen verschiedene Abhandlungen: über den Einfluß der Temperaturänderung der Umgebung auf Temperatur- und Spannungszustand von Gewölben[1] über Temperaturänderungen in Beton[2] und über die Formänderung der Felssohle von Staumauern[3].

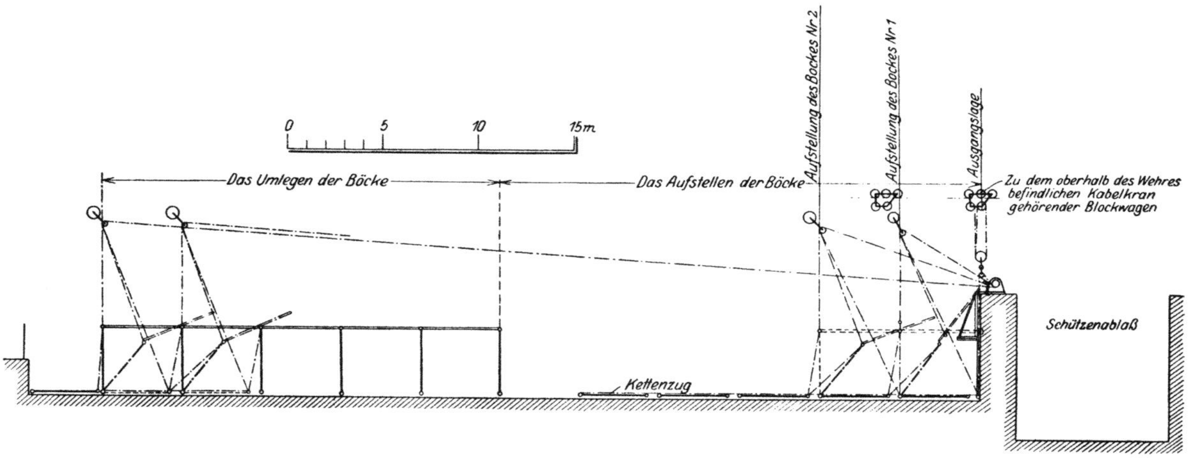

Abb. 671. Norrforsen. Nadelwehr. Bedienungseinrichtung. M. 1 : 400. (Verw.)

Saugüberfälle seien als Übergang zu den beweglichen Wehren auch kurz erwähnt. Sie sind im Norden nur in wenigen, dafür aber sehr bedeutenden, Ausführungen vertreten. Die älteste und größte ist die von Gregotti in Eisenbeton ausgeführte Batterie von 7 Hebern am Kanaleinlauf von Kykkelsrud (S. 461), die mit 7,5 m Fallhöhe 250 m^3/sek abführt. Eine neuere Ausführung ist an der Fjergentalsperre (Abb. 641).

Unterlagen:

„Recent Swedish Arch-Dam Designs“ von Bo Hellström, Londoner Congress, Bd. II, S. 667. — „Valvdamm av Armerad Betong vid Gideåbacke“ von Ziv.-Ing. Bo Hellström. — „Porjus Kraftverk och Riksgränsbanans Elektrifiering“ (amtliche Mitteilung von Vattenfallstyrelsen). — „Construction of Dams at the Norrfors power Plant in Sweden“ von Sundblad und Plass, Baseler Congress, H. 29. — „Die Suorva-Dämme“, amtliche Mitteilung vom Baubüro von Vattenfallstyrelsen. — Ferner briefliche Mitt. und Pläne von Vattenfallstyrelsen, Vattenbyggnadsbyrån Stockholm, Ziv.-Ing. Bonde, Bergen; Ziv.-Ing. Gröner, Oslo; A. S. Höyangfaldene, Prof. Heggstad-Trondhjem. — „Über die Berechnung der Fundamentdeformation“ von Fredrik Vogt, Oslo 1925. — Några erfarenheter från konstruktionen av Svenska Statens Vattenkraftverk von Albert Westerlind, Stockholm 1928. — „Sydsvenska Kraft A. B. Vattenkraftanläggningar i Lagan“ von Sven Lübek (Svenska Vattenkraftföreningens Publikationer 16). — „Forshuvudforsens Kraftwerk“ von Mauritz Serrander und Gottfried Berg

[1] Berwald-Hellström und Sven Nycander: T. T. V. o. V., 1916, H. 11.
[2] Kreüger in der Hansenfestschrift 1922, S. 325 bis 355.
[3] F. Vogt in Abhandlungen der Nordischen Wissenschaftsakademie in Oslo 1925.

(Svenska Vattenkraftföreningens Publikationer 152). — „Konstruktion, Ausführung und Unterhaltung von hohen Stauwerken in Schweden von Baudirektor Ekwall-Stockholm in Svenska Vattenkraftföreningens Publikationer 206, 1928. — Berwald und Hellström: „om temperaturvariationer och temperaturspännigar i betongkonstruktioner, Stockholm 1921, Nr. 119.

2. Bewegliche Wehre.

Die alten im Norden heimischen Verschlüsse, Nadelwehre vor festen Stegen (Abb. 235 III) und eigenartig schmale Holzschützen mit starken Vierkanthubstangen zwischen hölzernen feststehenden Ständern oder Böcken („Bauernschützen", Abb. 236,

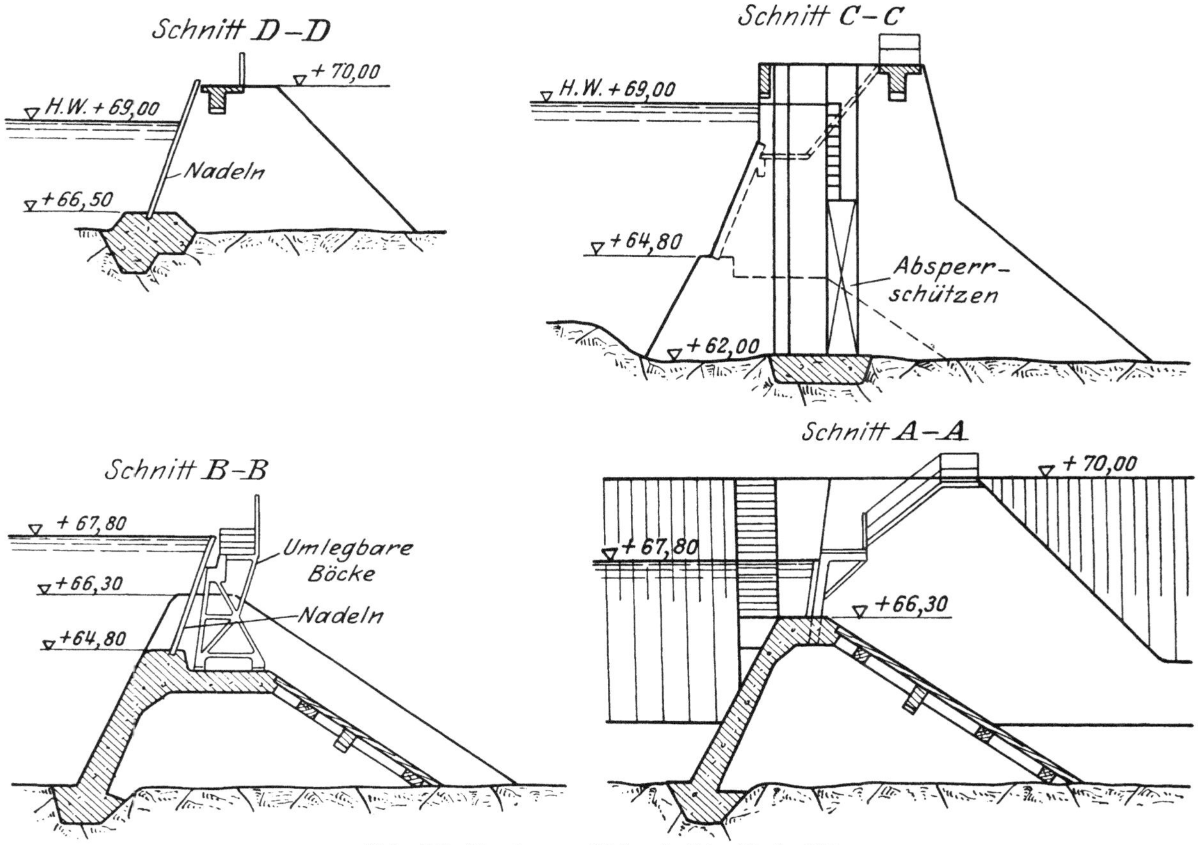

Abb. 672. Norrforsen. Wehrschnitte. M. 1 : 200.

237, 814) entsprechen den Anforderungen neuzeitlicher Großwasserwirtschaft selten mehr. Dies gilt besonders von den großen, bedeutende Mengen von Eis und Floßholz führenden Strömen. Nur in kleineren Wasserläufen findet man auch noch bei Neuanlagen diese alten, billigen Bauweisen verwendet, oft mit neuartigen wohldurchdachten Verbesserungen: Bauernschützen, früher mit einfachen Hebeeisen (oder Hebeladen Abb. 732) bewegt, werden jetzt meist mit kleinen laufkatzenartig verfahrbaren Winden oder Laufkranen betätigt (Abb. 190, 245, 247a, 667, 668, 709, 776a). Gesamtanordnungen siehe Abb. 650, 655 bis 657, 669.

Ein besonders geeignetes Anwendungsfeld dieser älteren Bauweisen sind die zahlreichen kleineren Seeregulierungen, wo weder in bezug auf Schnelligkeit des Hochwasseranstiegs, noch der geforderten Wasserdichtigkeit so strenge Bedingungen vorliegen wie an Strömen und andererseits die naturgegebene große Länge des oft niederen Abschlußbauwerkes besondere Sparsamkeit zur Pflicht macht. Neuzeitliche Nadel-

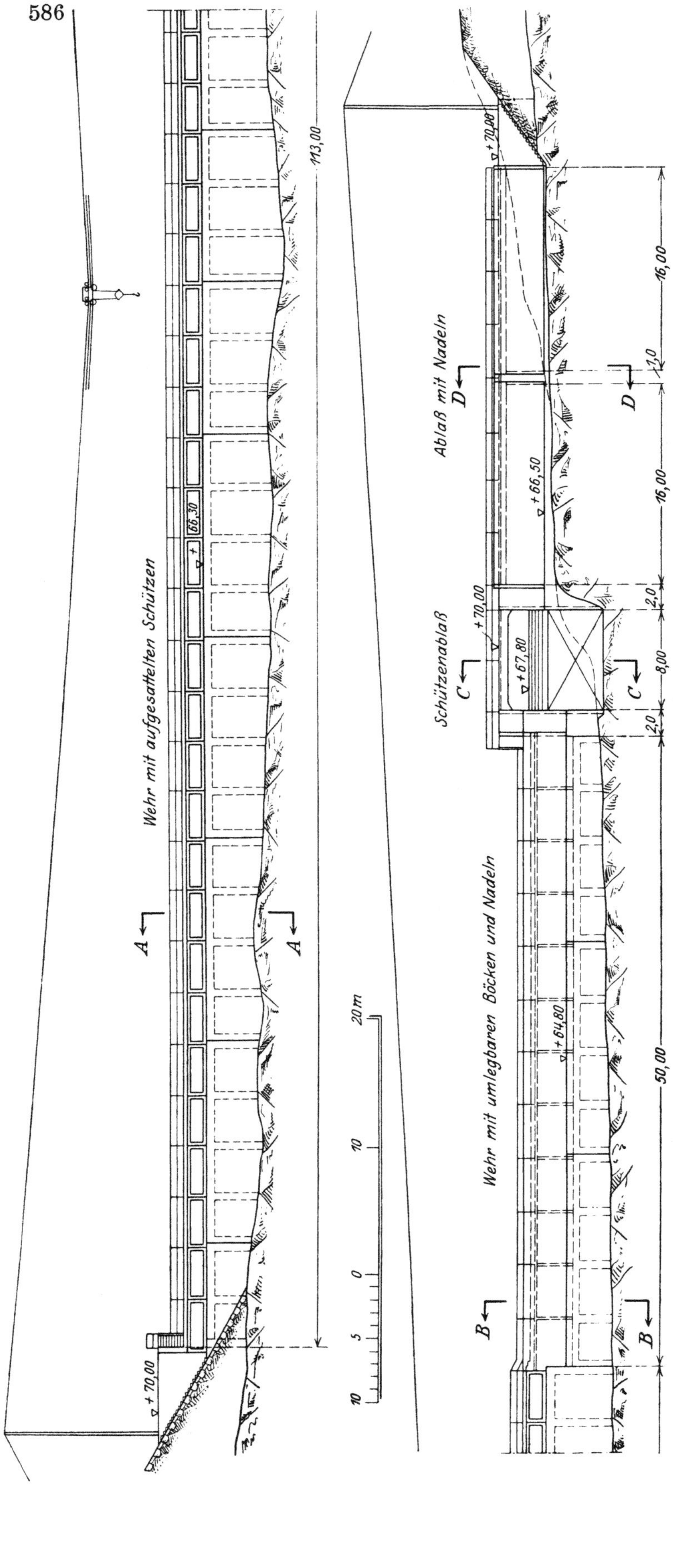

Abb. 673. Norrforsen. Wehransicht. M. 1 : 500.

wehre werden indessen auch bei Kraftwerkstauwehren in größeren Strömen manchmal angewendet, dann allerdings nur neben größeren Schützen oder Walzenverschlüssen, welche die tägliche Regulierung übernehmen.

So hat z. B. Vattenfallstyrelsen bei Norrfors, wieder wie früher bei Porjus (Abb. 56, 670), das lange Regulierungswehr mit einem Nadelaufsatz versehen. Bei beiden Anlagen ist bemerkenswert die wirtschaftliche Ausbildung der umlegbaren Böcke, die aus Stahlblech gepreßt sind; zahlreiche etwa 10 cm große kreisrunde Stanzlöcher verringern das Gewicht und den Bewegungswiderstand der Böcke im Wasser. Neuartig ist die Einrichtung zum Abschlagen und Aufstellen der Böcke mit Hilfe eines Kabelkrans (Abb. 671, 672, 673). Ein anderes neuzeitlich durchkonstruiertes Nadelwehr mit umlegbaren Böcken ist bei Vilhelmina in Nordschweden (Abb. 674, 675).

Die Zwischenböcke durch Einführung einer langen, zwischen zwei Massivpfeilern freitragenden Nadellehne zu vermeiden, diese wesentliche Verbesserung ist z. B. bei dem, für die Regulierung des Wasserabflusses im Tafjord (Norwegen) um 2 m aufzustauenden Onilsavatn (175 m ü. M.) angewandt. Hier sind nur die Pfeiler und Wehrwangen auf Fels fundiert, die Wehrsohle und untere Nadellehne ist als freitragender Eisenbetonbalken konstruiert; obere Nadellehne ist ein Differdinger Träger. Als Sohlendichtung ist eine Betonherdmauer unter der Sohlenschwelle in den Moränengrund eingelassen. Die, lediglich wegen der geringen Tiefe dieser Herdmauer etwas gewagte, Konstruktion scheint sich zu bewähren (vierjährige Betriebserfahrung). Eine verwandte Konstruktion, jedoch nicht als Flußwehr, sondern als Kanalnotverschluß, findet sich am Trollhättanwerk: Bouléschütze vor frei versetzbaren Ständern und Riegeln (Abb. 206b).

In neueren Fällen werden die Nadellehnen mit einem heb- oder ausschwenkbaren

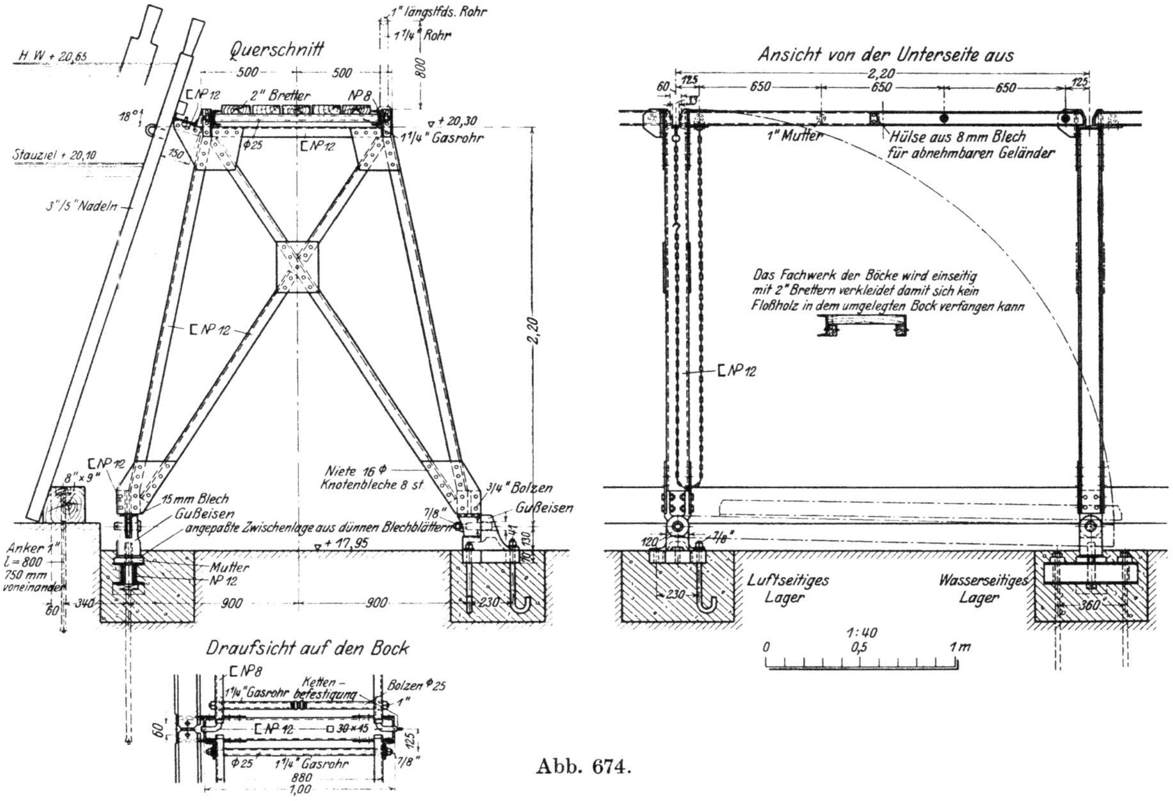

Abb. 674.

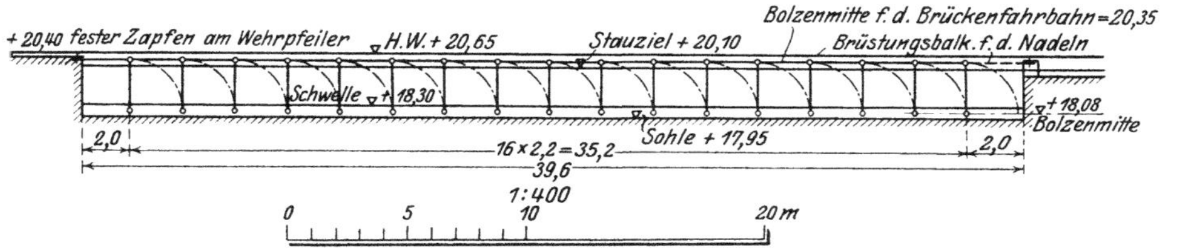

Abb. 675.

Abb. 674—675. Sikfors. Nadelwehr. (Vattenb. Byrån.)

Steg verbunden. Vorteil: daß in Staulage die Lehne unter O.-W. liegen kann, ferner, hauptsächlich bei Hubanordnung: daß bei Stauerhöhung die Lehnenkonstruktion beibehalten werden kann. Bei der um 1927 erbauten Krångforsenanlage ist von Vattenbyggnadsbyrån ein Nadelwehr mit um eine Längsachse schwenkbarer und aufhängbarer Nadellehne vorgeschlagen worden (Abb. 78, 676). Bei Hammarforsen hat Vattenbyggnadsbyrån für die später mit Rollschützen abzuschließenden drei Wehröffnungen zum vorläufigen Abschluß eine hochhebbare torsionsteife Nadellehne entworfen. Bei der späteren Erhöhung des Stauziels um etwa 1,60 m und nach erfolgtem Einbau der

Schützen wird die um 2,5 m über ihre jetzige Staulage hochgezogene Brücke als Lehne für den Notverschluß dienen (Abb. 96, 677, 678, 679).

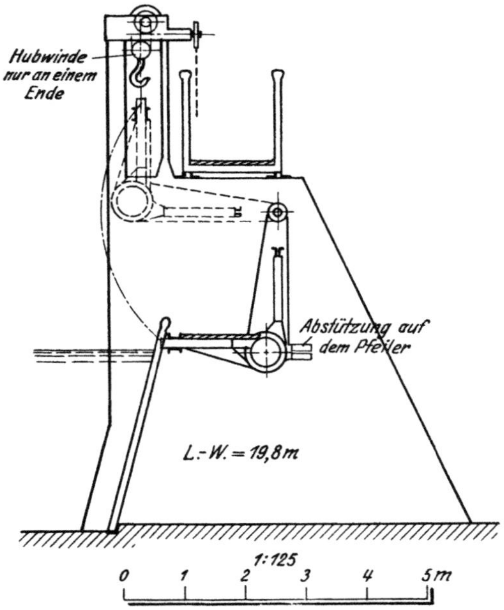

Abb. 676. Hammarforsen. Nadelwehr mit aufklappbarer Nadellehne. (Karlsson.)

Von solchen, doch auf ein engeres Verwendungsgebiet beschränkten, Anordnungen abgesehen, ging indes die allgemeine Entwicklung auch im Norden dahin: größere, einheitliche Abschlußorgane von bedeutender Lichtweite und vielfach auch: Höhe, nach dem mitteleuropäischen, vor allem: schweizerischen und deutschen Vorbild zu verwenden. So findet man überwiegend eiserne Großschützen mit schwebenden oder festen Rollen, Sektor- und Segmentschützen und vor allen Dingen: Walzenwehre „M. A. N." eingebaut. Die Vorbilder wurden aber nicht einfach übernommen, sondern alsbald selbständig im Ganzen oder in Einzelheiten weiter entwickelt, wobei ein starkes Streben nach wirtschaftlichster Gestaltung hervortrat, und vor allem: den besonderen nordischen Eisschwierigkeiten Rechnung getragen wurde.

Bei starkem Frost bildet sich, besonders an den Falzen der Grießständer und Pfeiler Eis aus Spritzwasser, ebenso an der Oberfläche des überfallenden Wassers (Abb. 442 und 680). Gleitschützen und Schleifdichtungsbalken frieren an den Anschlagblechen an, Rollensätze der neueren Großschützen vereisen. Freiliegende Eisbildungen sind, wenn sie die Bewegung der Schützen hindern, leicht mit Stangenmeißeln zu beseitigen, nicht so das Eis in den Falzen, unter den Schützen usw. Die ersten derartigen Erfahrungen mit nordischen Großschützen wurden wohl in Trollhättan gemacht. Versuche, mit einem beweglichen Rohr Dampf aus einem eigens aufgestellten Kessel auf die vereisten Stellen aufzuleiten, mußten alsbald als aussichtslos abgebrochen werden. Neuere Schützenwehre erhalten darum im Norden nach der Tiefe reichlich bemessene gut zugängliche Nischen, so daß überallhin Dampf oder Heißwasser zum Zermürben des Eises

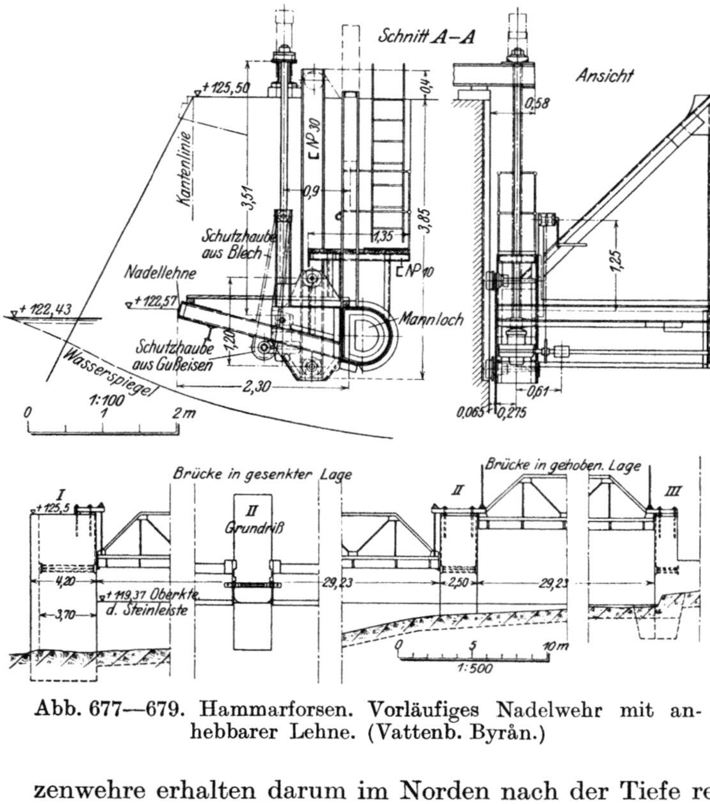

Abb. 677—679. Hammarforsen. Vorläufiges Nadelwehr mit anhebbarer Lehne. (Vattenb. Byrån.)

zugeführt werden kann. Gleitanschlagflächen werden meist elektrisch geheizt. Um das Vereisen der Stauwand im OW zu verhüten, wird die Luftseite durch Verkleidung

Abb. 680. Aetsae. Vereistes Wehr. U.W.-Blick. (Verw.)

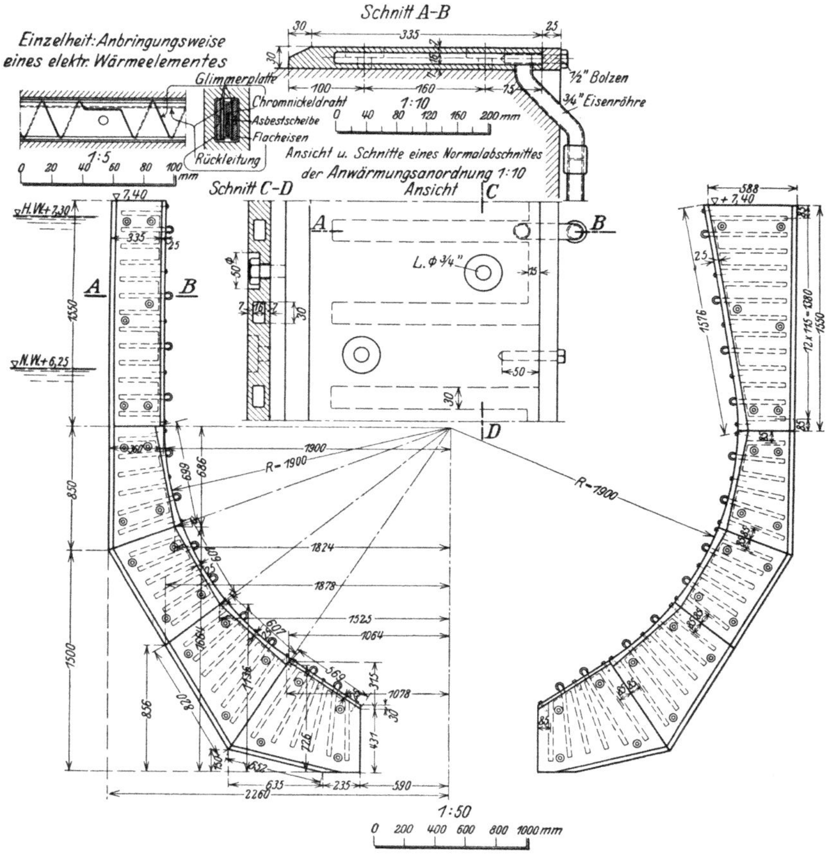

Abb. 681. Lilla Edet. Walzenwehr. Elektrische Wärmeeinrichtung der Seitendichtungen der östlichen Walze. (Verw.)

mit Holz gegen kalte Luft geschützt und der Zwischenraum etwa noch mit Koksöfen oder elektrischen Öfen geheizt.

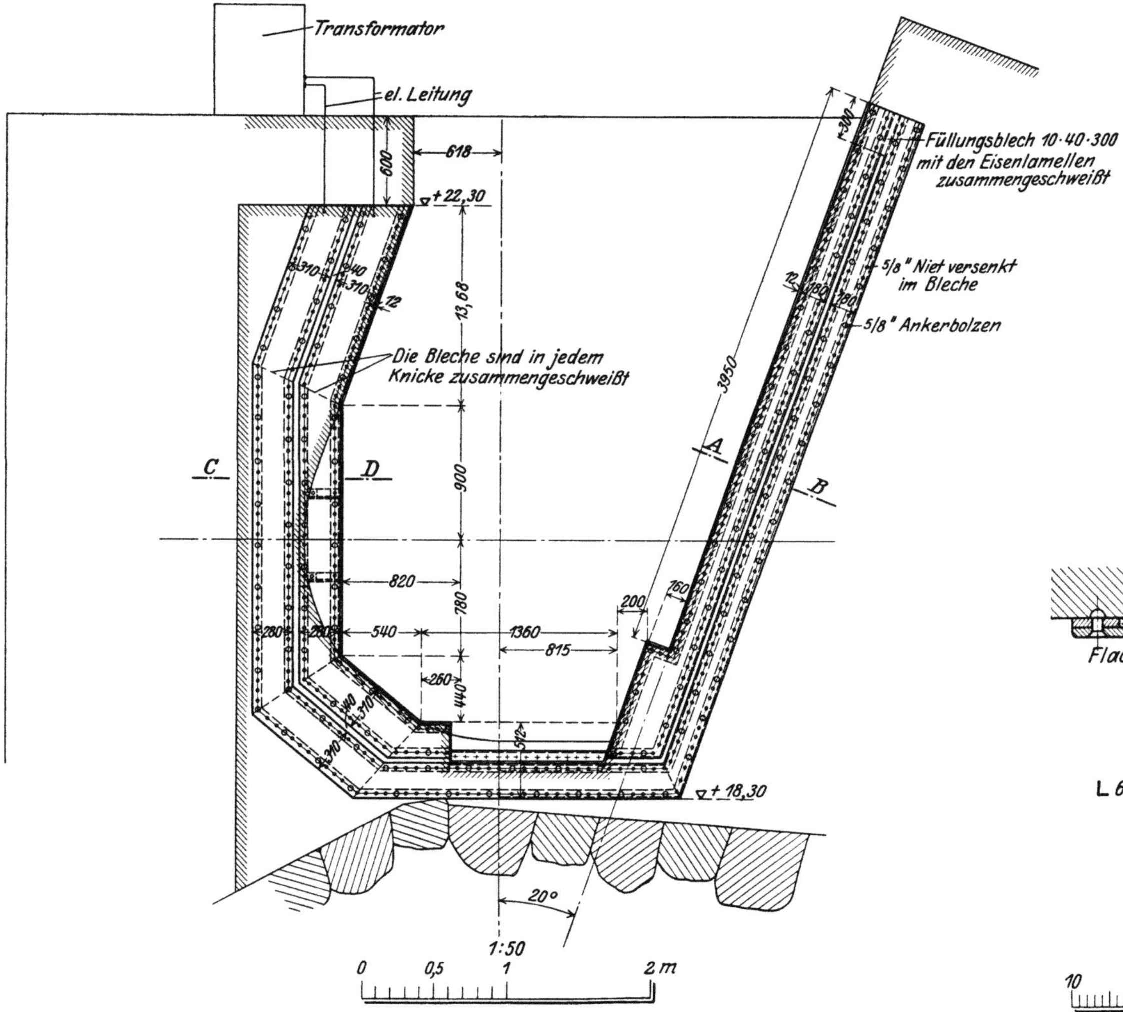

Abb. 682.

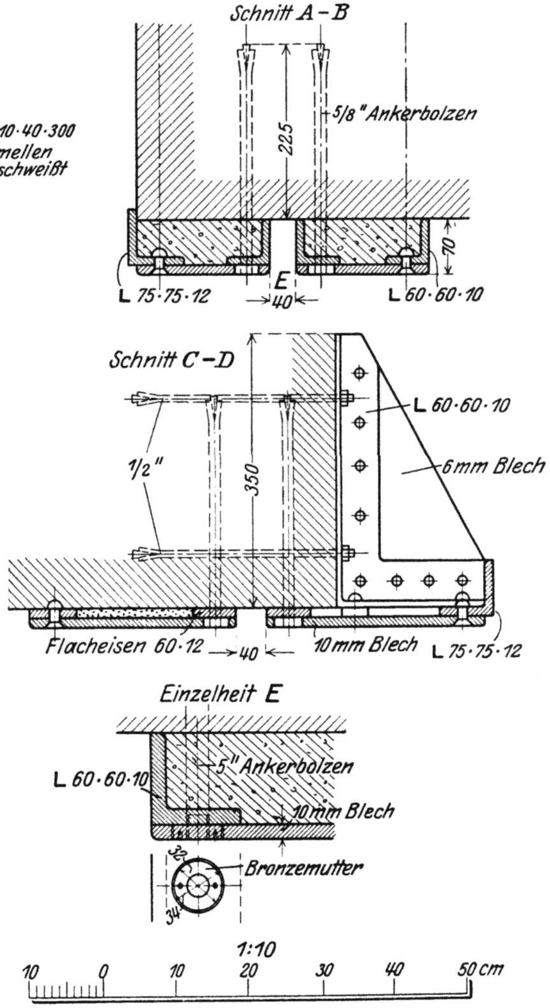

Abb. 683.

Abb. 682—683. Älvkarleby. Walzenwehr. Elektrische Wärmeeinrichtung der Anschlagdichtung. (Verw.)

Im übrigen wird aber der Walzen- (neuerdings auch der Segment- oder Sektorverschluß) bei schweren Frostverhältnissen vorgezogen, nachdem sich in Enso (Finnl.) und später: Trollhättan, die unter Berücksichtigung der erwähnten Gesichtspunkte gebauten Walzenwehre glänzend bewährt hatten. Durch in die Walzen frei schwingend eingehängte Koksöfen, Aufleiten von Dampf, warmem Wasser oder Krafthauswarmluft (Forshuvud) und Nachhelfen mit Stangenmeißeln vermag man das Eis vor Bewegen der Walze in weniger als 2 Stunden zu entfernen. Die Zahnkränze und Zahnstangen sind so profiliert, daß das Eis leicht ausgequetscht wird, die modernen Schleifbalkendichtungen verminderten die Spritzwassermengen, und die hier noch verbliebenen Schwierigkeiten wurden durch elektrische Anwärmung der mit Eisen verkleideten Dichtungsanschlagflächen der Pfeiler (Erfindung von Obering. Holmgren in Trollhättan) völlig überwunden. In der ersten Ausführungsform (bei Trollh. Abb. 681) verwendete man gußeiserne Verkleidungsplatten, in denen Kanale ausgespart waren (ursprünglich zur Durchleitung heißen Wassers bestimmt, was sich nicht bewährte). In diese Kanäle wurden Wärmeelemente, gut isoliert, eingebaut, die mit Wechselstrom von 110 oder 190 V in verschiedener Schaltung gespeist, gestatten, 4 Stufen der

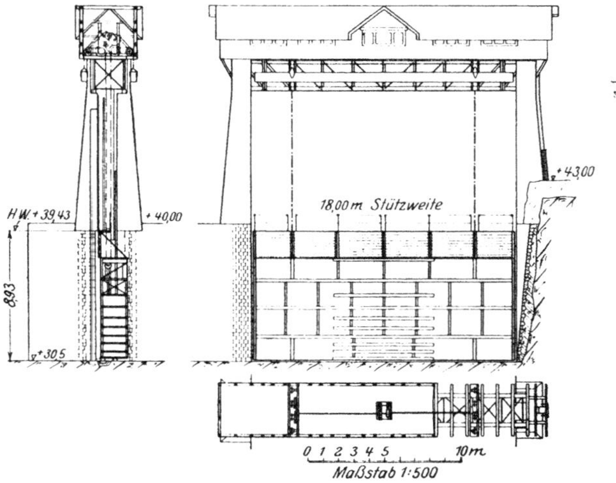

Abb. 684.

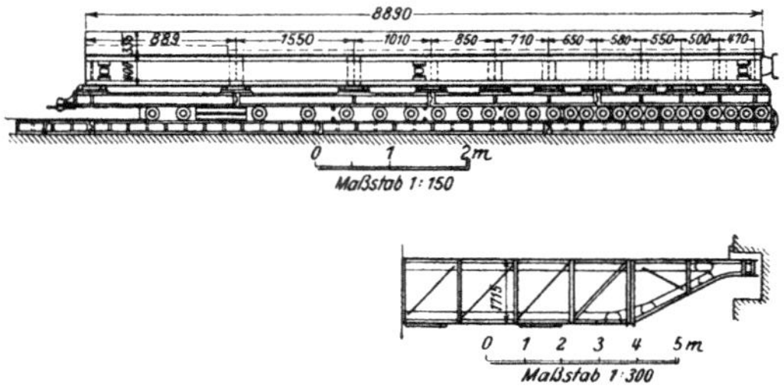

Abb. 685.

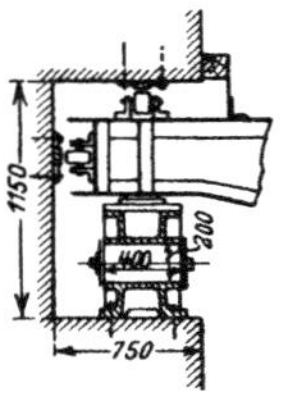

Abb. 686.

Abb. 684—686. Trollhättan. Stoneygroßschütze alter Bauart an O.K.-Sicherheitstor. (Verw.)

Wirkung zu erzielen und nach Bedarf nur bestimmte Teile der Anschlagfläche (am Wasserspiegel oder darüber) zu wärmen. Es erwies sich als möglich, die Anschlagfläche bei — 20° C Lufttemperatur und Wind mit einem Leistungsverbrauch von 1,7 kW/m² eisfrei zu halten. Die Elemente bestehen aus 0,35 mm Chromnickeldraht mit Glimmerisolierung zwischen Flacheisenlamellen und sind bei neueren Ausführungen von der Nische aus auswechselbar. Die neueren nordischen Walzenwehre erhielten von vornherein elektrische Wärmeeinrichtung. Bei Älvkarleby und Porjus hat man die Eisenbekleidung des Mauerwerks selbst als Heizelement ausgebildet, indem man sie in zwei isolierte Streifen von 30 bis 46 cm² Querschnitt auflöste (Abb. 682, 683), die, hintereinander geschaltet, einen Stromkreis bilden. Der Strom wird von einem am Wehr aufgestellten Umspanner in 13; 15 oder 17 Volt, entsprechend 22,5; 30; 38,5 kVA abgezapft. Beide Anordnungen haben sich voll bewährt. Selbst ganz eingefrorene Walzen lassen sich mit den angegebenen Einrichtungen und Mitteln in 2 Stunden bewegungsfähig machen.

Bei Nadelwehren hat sich die Schwierigkeit ergeben, daß das an den Nadeln anfrierende OW-Eis bei steigendem Wasserspiegel die Nadelwand anhebt und so auslöst. Daher hält man oberhalb solcher Wehre, und mit Rücksicht auf Eisdruck auch bei andern Wehren mit ebener senkrechter Stauwand, eine Rinne frei, und zwar durch Aufhauen oder Erwärmung durch Druckluft (erstmals in Keokuk, U. S. A.).

Zur Kennzeichnung der schweren nordischen Betriebsbeanspruchungen sei hier noch ein Ausschnitt aus dem Jahresbericht 1923 von Skellefteå Stads El. Verk gegeben:

Anfang November 1923 veranlaßte starke Kälte und großer Schneefall eine ungewöhnlich schwere Eis- und Schneeschlammversetzung in der Stauhaltung des Werkes Finnforsen (S. 106). Die schwimmenden Leitwände zerrissen, und das Wehroberwasser füllte sich mit Schneeschlamm, ebenso z. T. der Stolleneinlauf. Der starke Druck und anscheinend einzelne Schwimmkörper, die gegen die Scharniere der Bärenfallenklappe drückten, ließen den Wehrverschluß zusammenklappen. Nach dem Fallen des O. W. häufte die dadurch verstärkte Strömung nun Eis und Schneeschlamm zu solcher Mächtigkeit auf, daß der Betrieb nicht mehr aufrechterhalten werden konnte und das ganze Werk von 10 bis 16 Uhr zwecks Freimachung des Einlaufs stillgelegt werden mußte. Die starke Grundeisbildung machte noch 2 Wochen lang die Aufrechterhaltung des Betriebes äußerst schwierig. Nach Abspundung der Wehröffnung wurde mit großem Kosten- und Zeitaufwand ein neuer Verschluß, ein Sektorschütz, eingebaut, der sich bewährt hat.

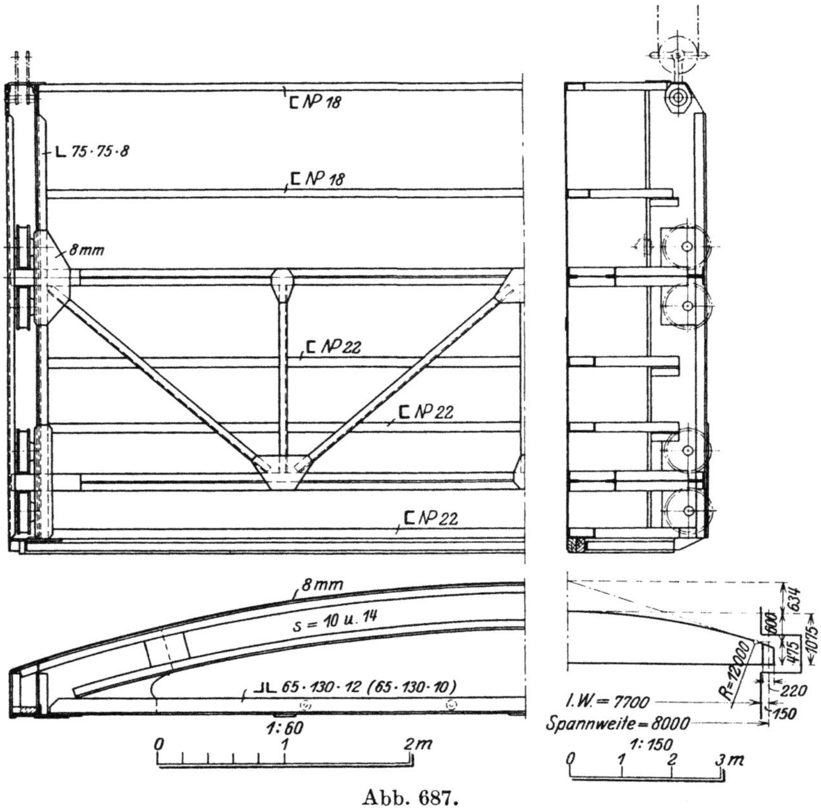

Abb. 687.

Hinsichtlich der **Konstruktion** von **Großschützen** fällt die geringe Verbreitung der statisch bestimmten und auf festen Rollen gelagerten Weitspannschützen auf; während die Vermeidung von Doppelschützen wohl aus den Eis- und Floßholzbedingungen nebst im allgemeinen kleineren beweglichen Stauhöhen zu erklären ist. Bezüglich der Großschützen mit festen Rollen scheinen die Auffassungen der schwedischen Ingenieure noch stark auseinander zu gehen. Vattenfallstyrelsen hat mit Stoneyschützen (lose Rollen) bei dem Kanalabschluß des ersten Ausbaues von Trollhättan (also nicht im Wehr selbst) wenig günstige Erfahrungen gemacht. Die Ursache liegt erstens in dem bekannten Umstand, daß Stoneyschützen sich nur bei außerordentlicher Genauigkeit der Ausführung der Rollen und Laufbahnen bewähren und sonst große Abnutzungen zeigen, andererseits aber in der Tatsache, daß die Stoney-Rollensätze bei hochgezogener Schütze ungeschützt dem Eis und der Wasserströmung ausgesetzt sind. Auch traten starke Vibrationen der Schütze nahe der Schlußstellung auf, anscheinend, weil nur der unterste Riegel in Fachwerk ausgeführt war (Saug-

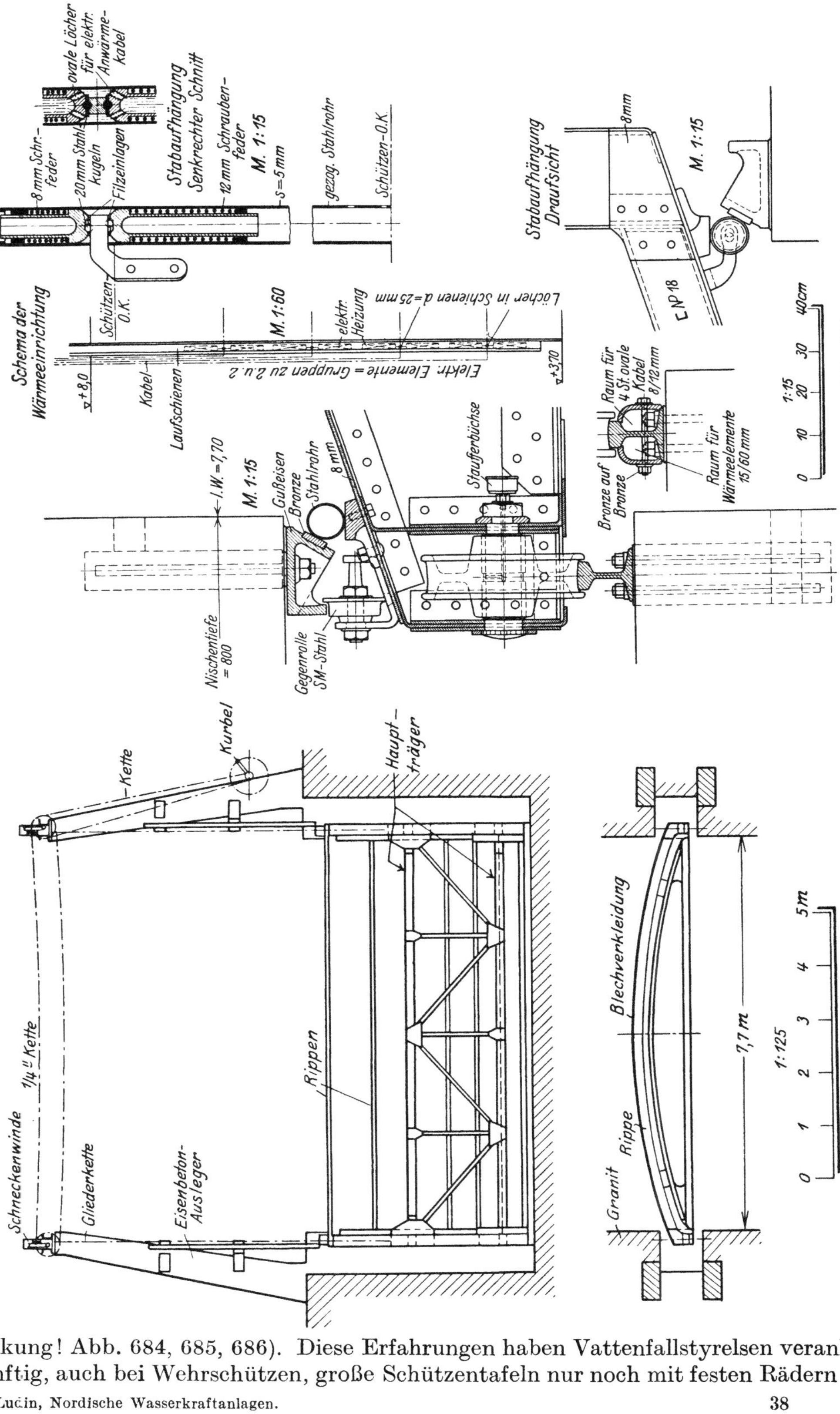

Abb. 688. Abb. 689.

Abb. 687—689. Skattungseewehr. Neuere Großschützenkonstruktion. (Vattenb. Byrån.)

wirkung! Abb. 684, 685, 686). Diese Erfahrungen haben Vattenfallstyrelsen veranlaßt, künftig, auch bei Wehrschützen, große Schützentafeln nur noch mit festen Rädern (wie

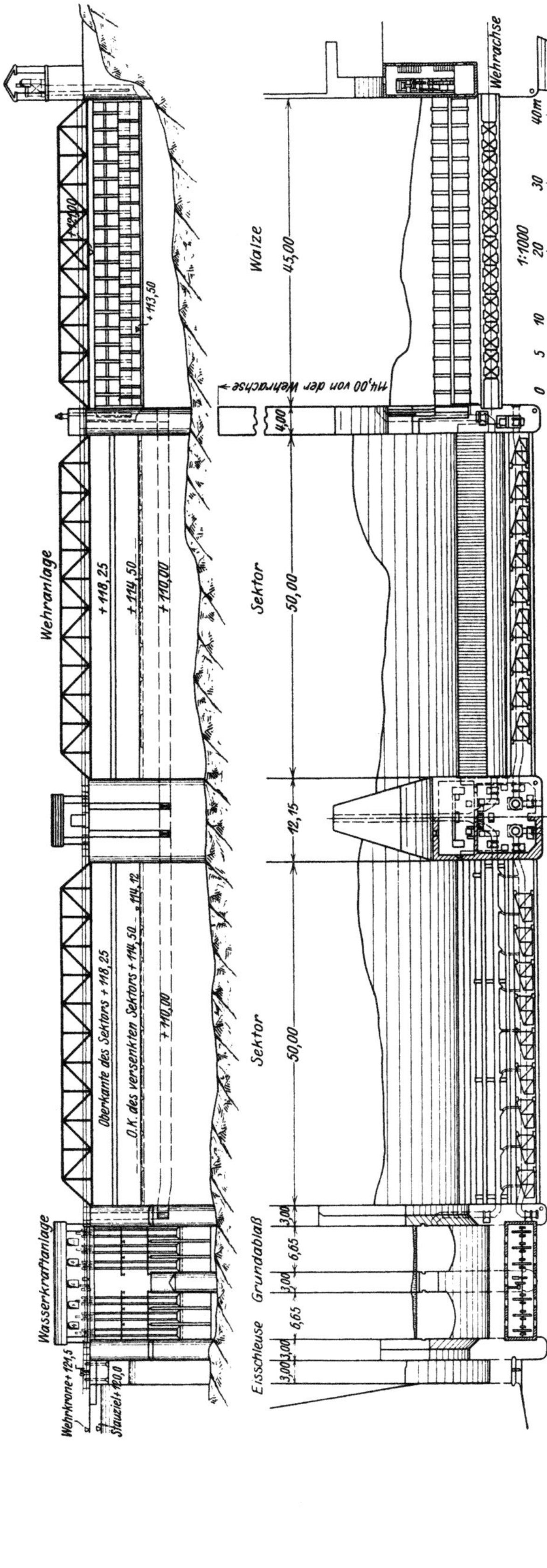

Abb. 690.

im deutschen Großschützenbau) anzuwenden. Die Abmessungen der ausgeführten nordischen Großschützen blieben übrigens bisher wesentlich kleiner als bei neueren Wehranlagen in Süddeutschland. Vattenfallstyrelsen hat eigene Grundsätze für den Bau seiner Großschützen entwickelt, über die unter: Krafthaus-Einlauf berichtet ist. Vattenbyggnadsbyrån, insbesondere dessen Schützenspezialist, Ing. Karlsson, hat dagegen versucht, das Stoneysystem zu verbessern, und zwar dadurch, daß er das unterste Rollenpaar so hoch anordnet, daß es in geschlossener Lage um mindestens $^1/_6$ der Schützenhöhe über der Wehrschwelle liegt; bei geschlossener Schütze hat dabei das Spritzwasser reichlich Platz abzurinnen, ohne die Rollbahn und die Rollen zu berühren. Wenn die Schütze hochgezogen wird, verbleibt das jeweils um den halben Weg gehobene untere Rollenpaar über dem abschießenden Wasser, bis die Schütze etwa halb geöffnet ist, wobei schon fast die volle Wassermenge, für welche die Schütze gebaut ist, durchfließen kann. Hand in Hand mit dieser hochliegenden Anordnung des unteren Rollenpaares ist auch die Zahl der Rollen weitgehend vermindert, und was nach obigem besonders wichtig: wurden die Nischen geräumig und gut zugänglich angeordnet. Karlsson meint, daß bei dieser Konstruktion in vielen Fällen, zumal bei beschränkter Nischenlänge, die Stoneyschütze sich weiter behaupten könne. Nach den entwickelten neuen Grundsätzen sind neben zahlreichen Werkeinlaufschützen auch mehrere Wehrverschlüsse erbaut worden, darunter die Stoneyschützen von Sikfors ($B = 16{,}2$ m; $H = 5{,}7$ m). Hier sind nur 4 Wälzrollen $D = 0{,}4$ m (!) auf jeder Seite angeordnet; neben den hervorgehobenen Gesichtspunkten wurde auf eine möglichst starke Konstruktion des Rollenwagens Gewicht gelegt. Trotz des äußerst strengen Klimas hat der Betrieb die Erwartungen bisher bestätigt.

Übrigens hat Karlsson selbst in vielen anderen Fällen feste Rollen zugelassen, so u. a. beim Lillgysinge-Wehr (Abb. 119, 120) (Ausführung Eilers, Hannover), ferner bei den Einlaufschützen von Bergsbron-Havet in Norrköping. Wie bei solchen Schützen elektrische Heizung angeordnet werden kann (bei den angeführten Beispielen ist es nicht geschehen), zeigt Abb. 687, 688, 689: der Strom wird durch Kupferstäbe geleitet, die unmittelbar neben dem Dichtungsstab und der Rollenlaufschiene angeordnet sind.

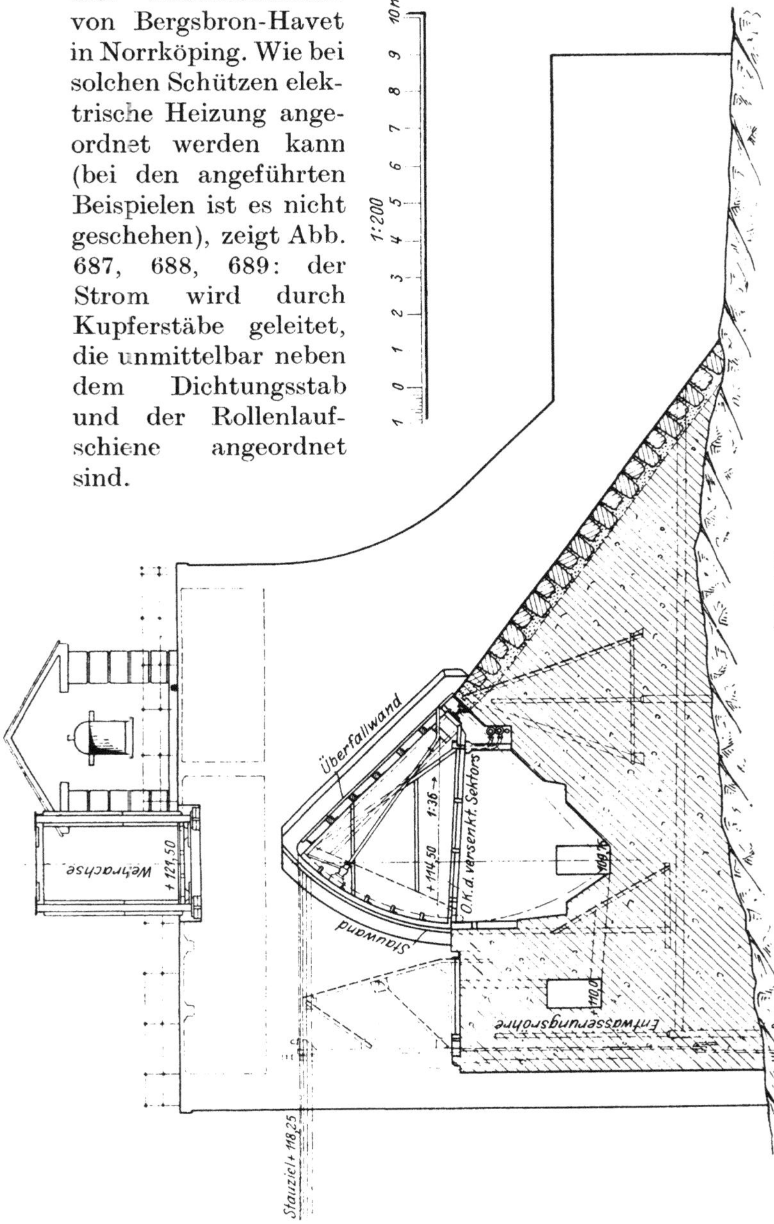

Abb. 691.

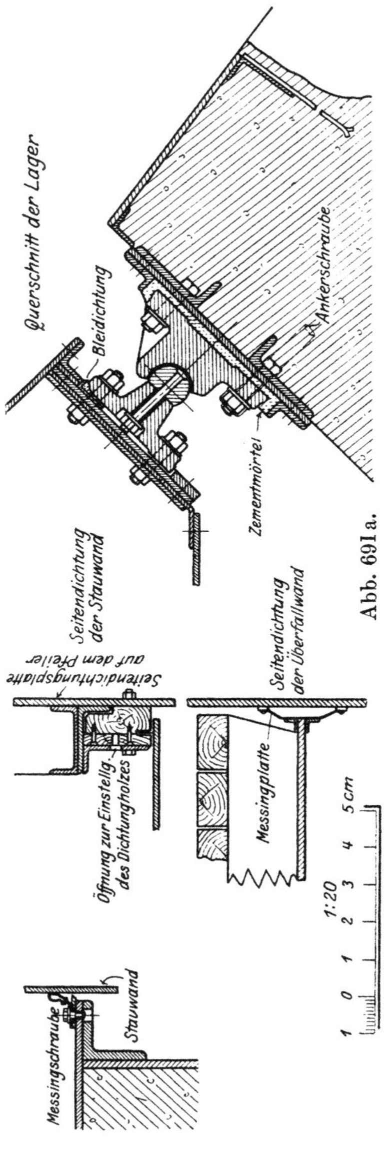

Abb. 691 a.

Sektorschützen von bemerkenswerter Größe (Länge 50 m, Regulierhöhe 3,75) sind in 2 Öffnungen des Wehres Raanasfoß (Abb. 690, 691) verwendet, in erster Linie zwecks möglichst wassersparender Durchführung der Triftflößerei bei Überwasser. Dabei ist auf Einrichtungen zum elektrischen Heizen verzichtet und [im Hinblick auf Vorhandensein des benachbarten Walzenverschlusses (Abb. 692) Regulierungshöhe 6,5 m] mit der Möglichkeit gerechnet, daß der Verschluß während der Winterzeit still gesetzt oder sogar trocken gelegt werden muß (zu welchem Zweck ein Not-Nadelwehr angeordnet ist). Nach den Betriebserfahrungen kann indes der Winterbetrieb der Sektoren ohne Schwierigkeit aufrechterhalten werden. Diese ersten norwegischen Sektoren sind nach dem Vorbild des gleichartigen Wehres in der Weser bei Bremen[1] entworfen, dessen Erbauer, Oberbaurat Kölle, als beratender Ingenieur bei Raanasfoß wirkte.

Ähnlich günstige Erfahrungen wie bei Raanasfoß wurden auch bei dem Wehr von Nedansjö in Schweden (Nedre Norrland) gemacht (Abb. 693). Dieses ist im Ljunganstrom 1921 nach Entwurf von Vattenbyggnadsbyrån erstellt, $B = 15$; $H = 3{,}9$ m. Durch die Gesamtanordnung auf hoher hohler Schwelle ist bemerkenswert das Krångforsenwehr (Abb. 77, 78); vgl. auch Abb. 954. Ein Sektorwehr aus Eisenbeton ist im Aaensireentwurf (Abb. 253b) vorgesehen.

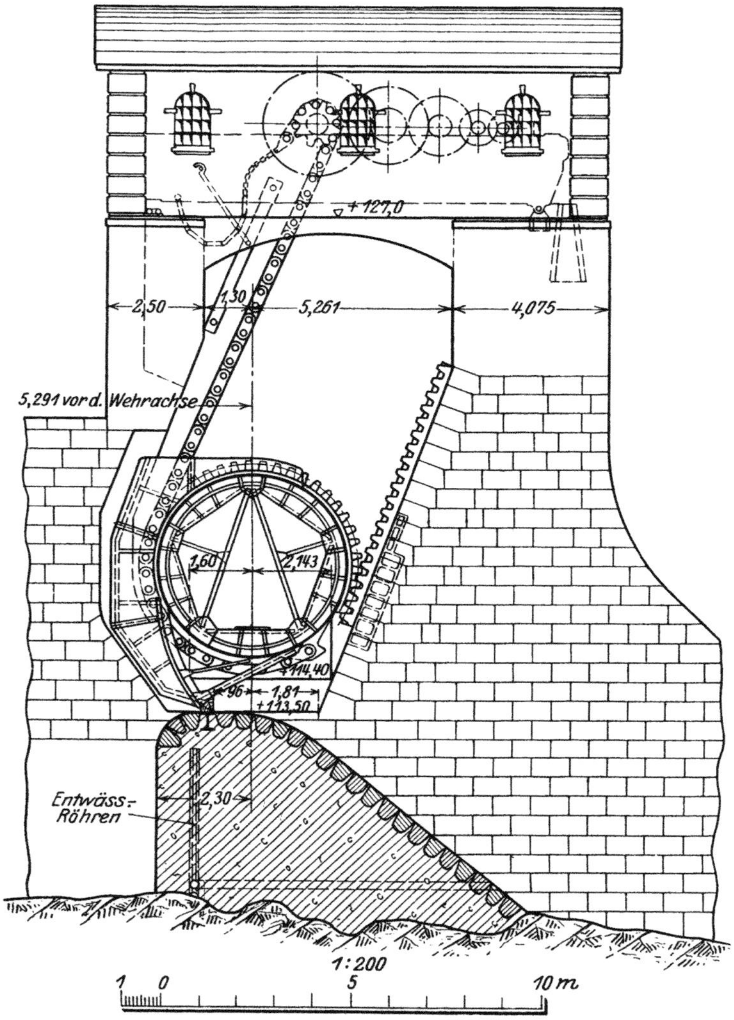

Abb. 692.

Abb. 690—692. Wehrverschlüsse. Raanasfoß. Übersicht. Schnitte, Einzelheiten. (Verw.)

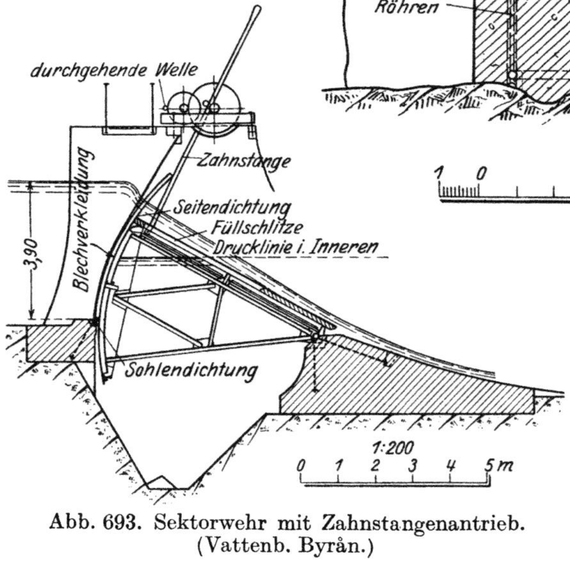

Abb. 693. Sektorwehr mit Zahnstangenantrieb. (Vattenb. Byrån.)

Segmentschützen sind bis vor kurzem nur für bescheidene Lichtweiten gebaut worden, daher sind sie im Norden seltener. Für ihre Zeit sehr große und bemerkenswert leichte Segmentschützen ($B = 11{,}94$, $H = 5{,}0$ m) sind von Karlsson für den wehrartigen Kanaleinlaß des Untrawerkes (Abb. 119, 121, 694, 695) entworfen worden. Die hammerartige Ausbildung des Rahmenschenkels beibe-

[1] Ludin: Wasserkräfte S. 837/838.

haltend, hat er dann eine statisch besonders günstige Ausgestaltung der Schützkonstruktion für Viforsen vorgeschlagen (schräge Rahmenschenkel, Abb. 696, 697). Ein elektrisch fern gesteuertes Segmentschütz ($H = 3{,}0$; $B = 5{,}0$ m) ist im Ljusnan bei Arbrå eingebaut[1].

Karlsson meint, die bisherigen Erfahrungen bestätigen, daß von allen Verschlußformen — falls man nicht elektrische Anwärmung anordnen wolle — für den Winterbetrieb in hartem Klima die Segment- und Sektorschützen die günstigsten sind; sie seien nicht allein sämtlichen Systemen von Hubschützen, sondern auch den Walzen weitaus überlegen. Mit deutschen Erfahrungen stimmt diese Anschauung insofern überein, als auch hier in statisch-konstruktiv-wirtschaftlicher Beziehung das Segmentwehr neuerdings dem Walzenwehr erheblich Boden abgewonnen hat. Ob im Verhalten

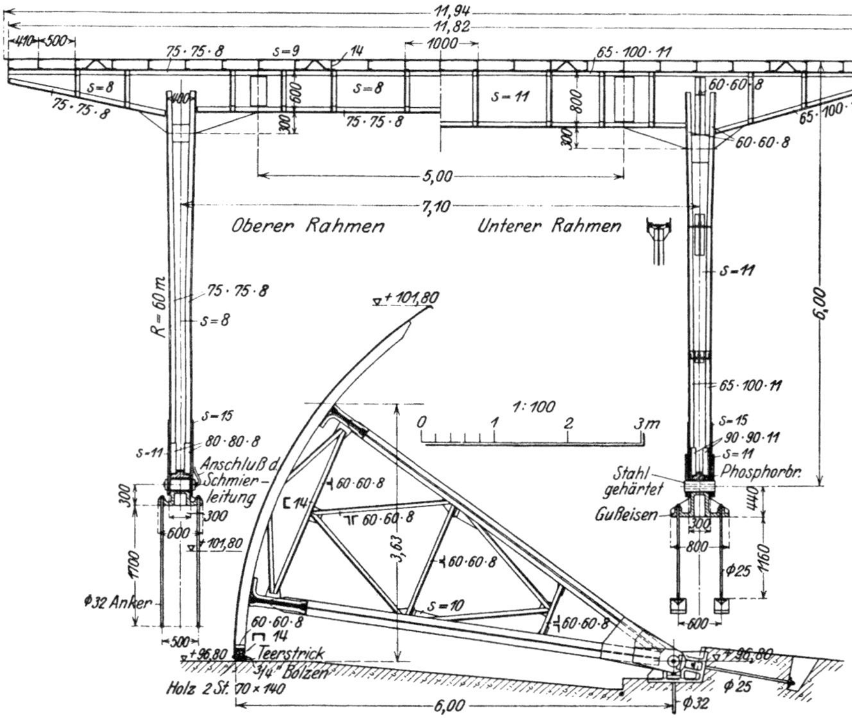

Abb. 694—695. Untra. Segmentschütze des Kanaleinlaufes. (Verw.)

gegenüber schweren Eisbedingungen die in dieser Beziehung durch ihre Robustheit so sehr bewährte Walze noch übertroffen wird, ob vor allem das Segmentschütz im Gegensatz zur Walze ohne Anwärmung auskommen kann, erscheint dagegen zweifelhaft.

Alle bisher mitgeteilten Neuerungen sind konstruktive Weitergestaltungen deutscher, amerikanischer und schweizerischer Wehrverschlußformen. Eine ganz neue und in gewissen Fällen sicherlich sehr zweckmäßige Verschlußkonstruktion hat dagegen Verkstaden Kristinehamn für das neue Wehr von Gullspång in Westschweden vorgeschlagen und 1926 ausgeführt. Es handelt sich um die Absperrschütze des großen Oberkanals, die samt den Seitenmauern bei vollem Betrieb erstellt werden mußte. Außerdem wurde verlangt, daß bei geöffneter Schütze die ganze Konstruktion zugänglich sein sollte. Diese Bedingungen wurden durch Konstruktion einer sozusagen umgewendeten Segmentschütze mit oben liegenden Tragzapfen und mit der Hohlseite gegen das Oberwasser erfüllt (Abb. 698). Der Zapfendruck ist hier abwärts in das Mauerinnere gerichtet, was für die Beanspruchung der Pfeiler und den Massenbedarf

[1] T. T. 1926 V. o. V. S. 57.

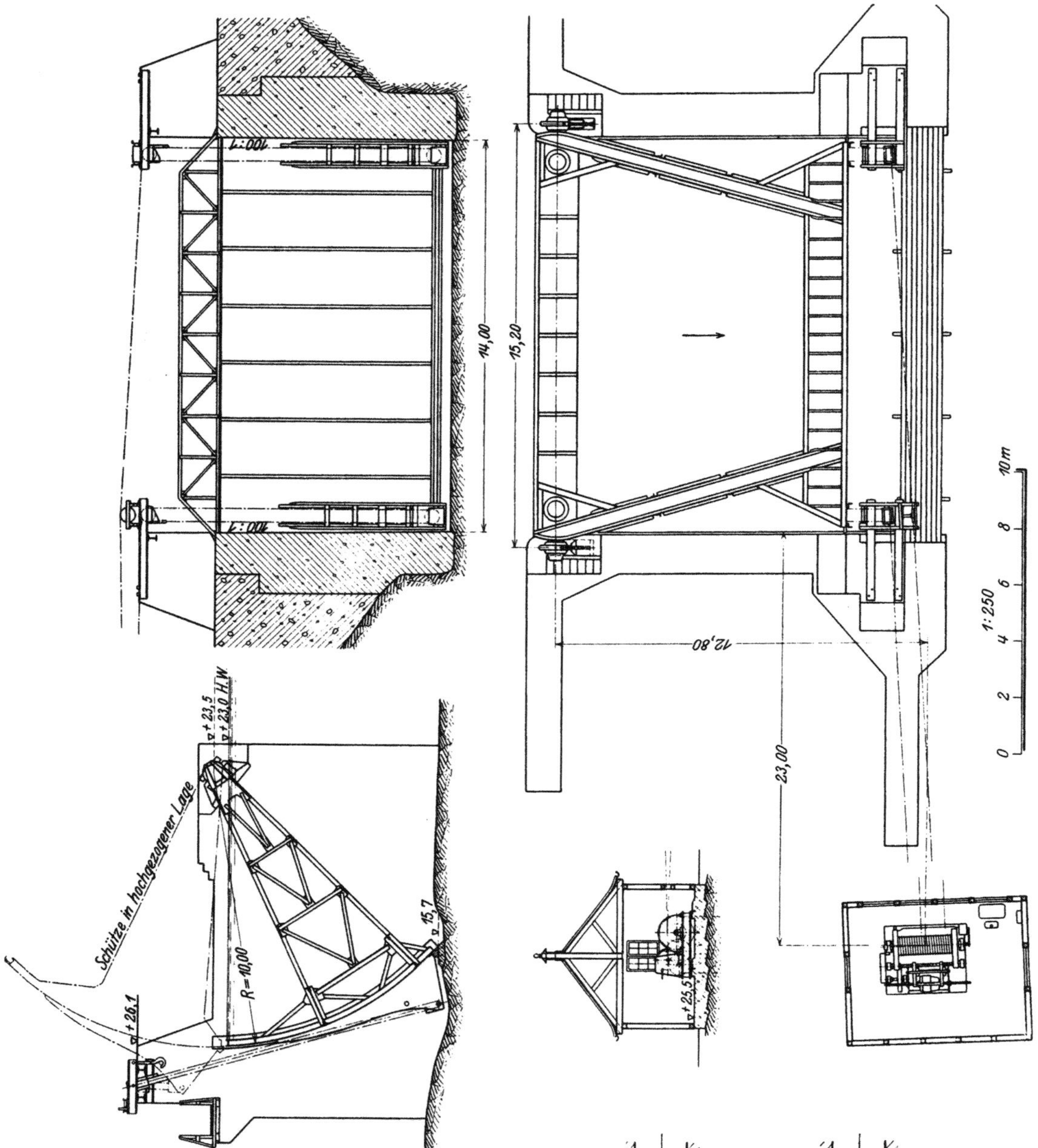

Abb. 697.

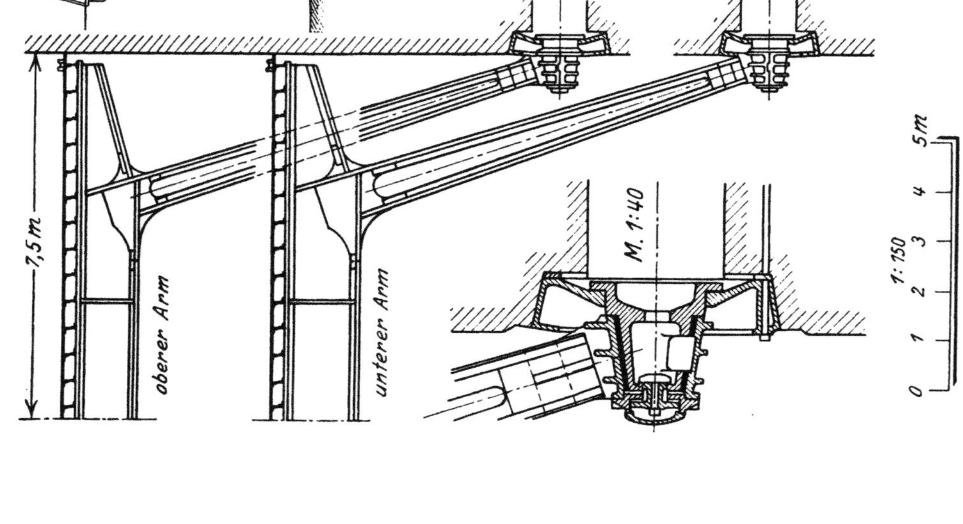

Abb. 696.

sehr günstig ist. Der Zapfendruck ist etwa 460 t, das Gewicht der 14,0/7,3 m großen Schütze 50 t. Als Aufzugmittel dienen Stahltaue und ein elektrisches Windwerk. In geöffneter Stellung wird der Verschluß an zwei Haken aufgehängt. Als Dichtungsmittel dient ein Hanfschlauch. — Ein bemerkenswerter Fortschritt in der Werkstoffauswahl für Wehre ist die Verwendung nickelreichen rostfreien Stahls für Rollschienen und Rollen bei der Anlage Hegmofors.

Klappenwehre (im Norden: „Klappschützen") finden sich selten, meist nur in kleinen Abmessungen. Die Abb. 699, 700 und 701 zeigen eine Ausführung in Holz bei einer neueren schwedischen Seeregulierung. Einige eiserne Klappen (mit felderweise elektrisch heizbarem Wangenblech) finden sich am Eisablaß des Trollhättan-Oberkanals (Abb. 702, 703).

Abb. 698.

Abb. 696—698. Segmentschütze Gullspång. (Vattenbyg. Byrån.)

Unterlagen:

„On the Design of Movable Dams" von Karlsson, Vattenbyggnadsbyrån, Stockholm. — „Dammluckor vid Untraverket" von Karl J. Karlsson (Svenska Vattenkraftföreningens Publikationer Nr. 138). — A. Westerlind (in der Hansenfestschrift) „Några Erfarenheter Från Konstruktionen av Svenska Statens Vattenkraftverk". — Briefliche Mitteilungen, Pläne, Lichtbilder von Vattenbyggnadsbyrån, von Verkstaden Kristinehamn, Ing. Albert-Trollhättan, Maschinenfabrik Augsburg-Nürnberg, Werk Gustavsburg, Louis Eilers, Hannover.

Wehrunterbau und Sturzbetten. Die größeren nordischen Wehranlagen stehen mit selteneren Ausnahmen (z. B. im Lagan, Abb. 245, 248, 249, Motala, Abb. 622, 944a, und bei Långed — wo ein 9 m hohes Wehr unterwasserseits unterspült wurde[1]) auf festem Felsgrund. Dabei waren wohl vereinzelt auch tiefe Ausschachtungen erforderlich (Suorva 10 m), aber doch die Gründungsbedingungen klar und sicher. Bemerkenswert die Sorgfalt, die meist auf Dränierung der Sohle verwandt wird (Forshuvud, Abb. 116, Älvkarleby, Abb. 213). Auch die aufgehenden Bauteile werden meist sorgfältig dräniert. Eine eigenartige Ausbildung zeigt das Tinnoswehr in Norwegen (Abb. 438). Der Untergrund ist tiefgründige Moräne. Die wichtige Gleitsicherheit ist durch mehrfache Verzahnung der Sohlenplatte mit dem Untergrund, die Kippsicherheit — mit Rücksicht auf Wasserhaltungsschwierigkeiten — durch Aufbringen eines als Beschwerung dienenden Betonklotzes auf den Köpfen der Schützenböcke erreicht. (Vorbild: Fangdamm!) Am Regulierwehr des Selbussjö (Trondhjem) hat man unter den Sturzboden jedes Feldes Druckanzeigeröhren verlegt, deren Beobachtung die

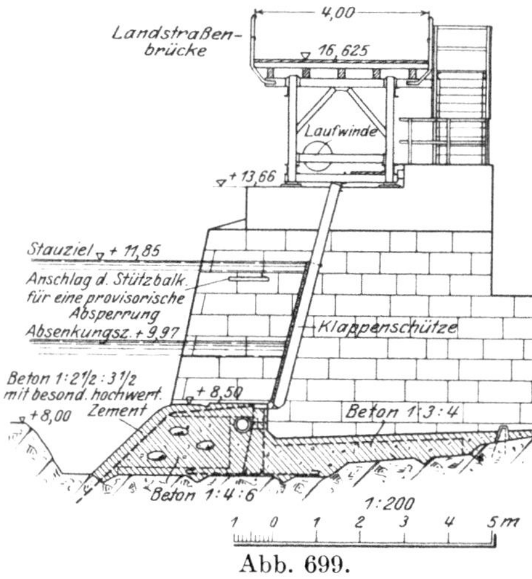

Abb. 699.

[1] Beschreibung der Ausbesserung in T. T. 28. IV. 1928.

beruhigende Gewißheit brachte, daß durch die drei vorgelagerten Spundwände jeglicher Sohlenwasserdruck ausgeschlossen wird.

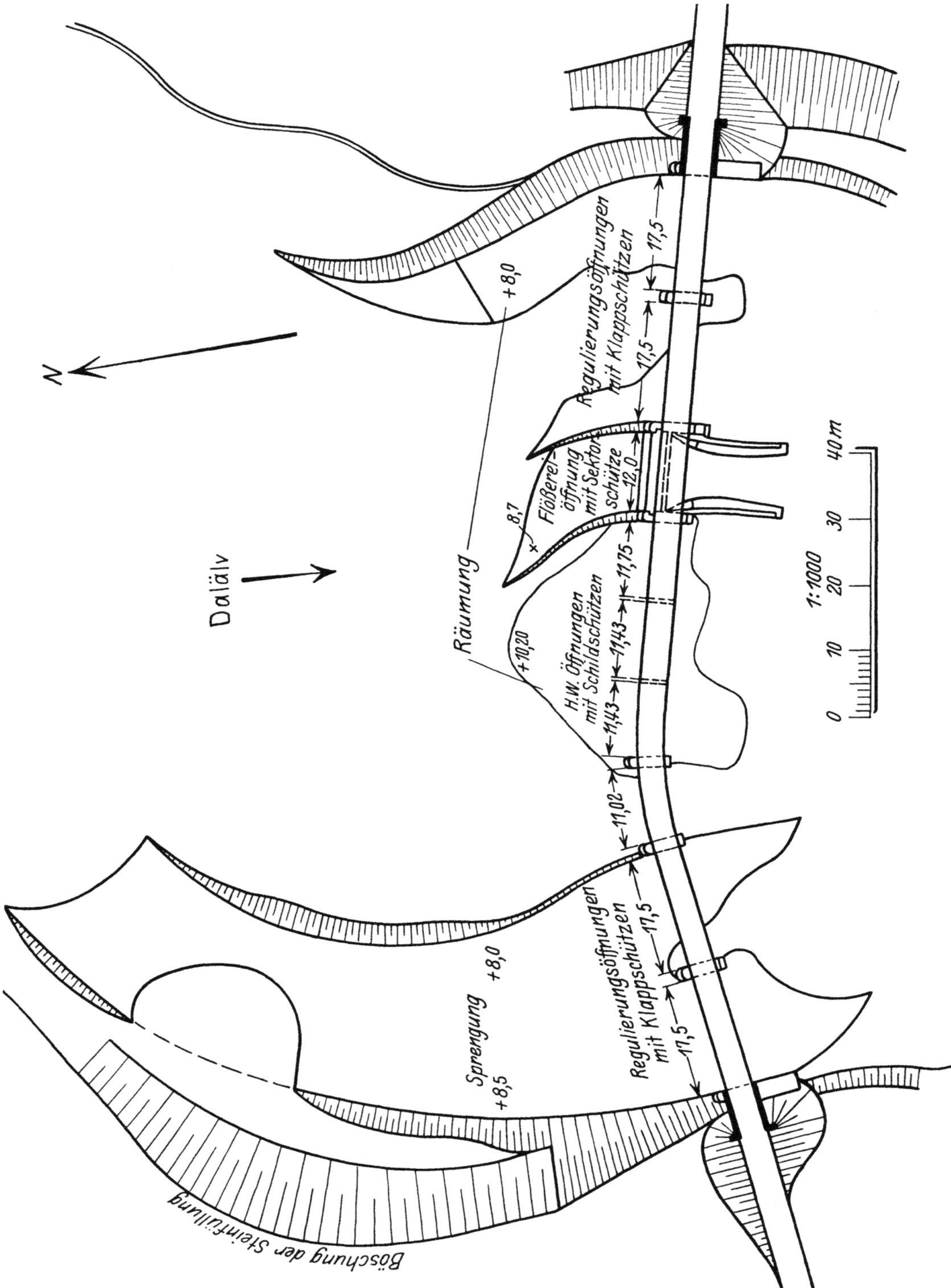

Abb. 700.

Die **Oberflächen der Wehrsohle** und auch der aufgehenden Pfeiler, Wangen, Überfallschwellen werden zum Schutz vor dem Angriff von Geschiebe und Floßholz bzw.

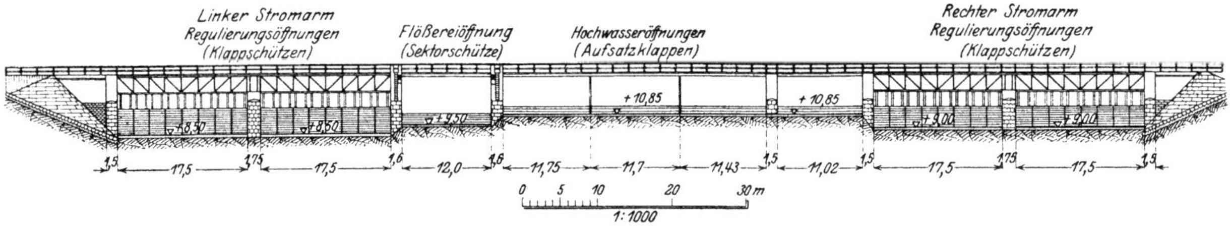

Abb. 701.

Abb. 699—701. Regulierwehr des Siljansees. (Dalälv Regl. För.)

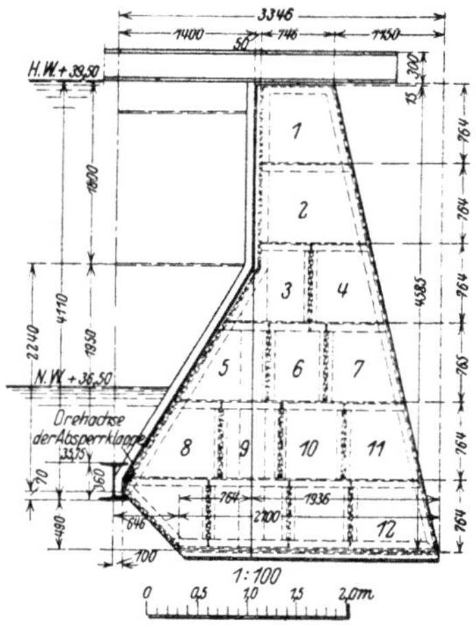

Abb. 702.

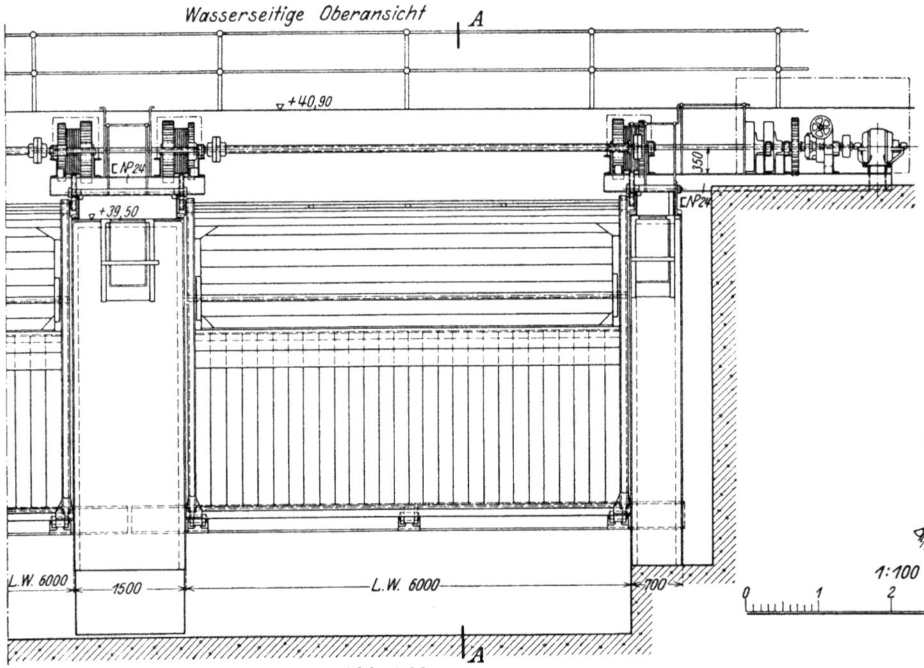

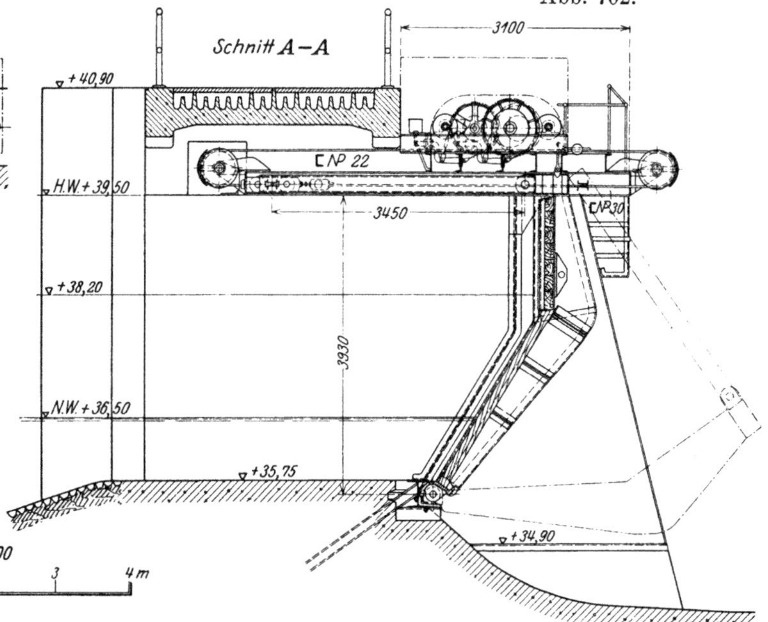

Abb. 703.

Abb. 704.

Abb. 702—704. Trollhättan. Klappschützen des Eisablasses mit el. heizbarem Wangenblech. (Verw.)

des Frostes sehr häufig mit dem reichlich vorhandenen guten Haustein verkleidet, der sorgfältig verankert wird (Abb. 117, 705). Nach alten bewährten Erfahrungen ausgebildete Holzverkleidungen finden sich auch bei neueren Ausführungen (vgl. unten). Gelegenheit, ihre Widerstandsfähigkeit gegen Wasser- und Geschiebedurchgang unter hoher Geschwindigkeit zu studieren, ergab sich beim Wehrbau Krångfors (Abb. 706) und Lilla Edet[1].

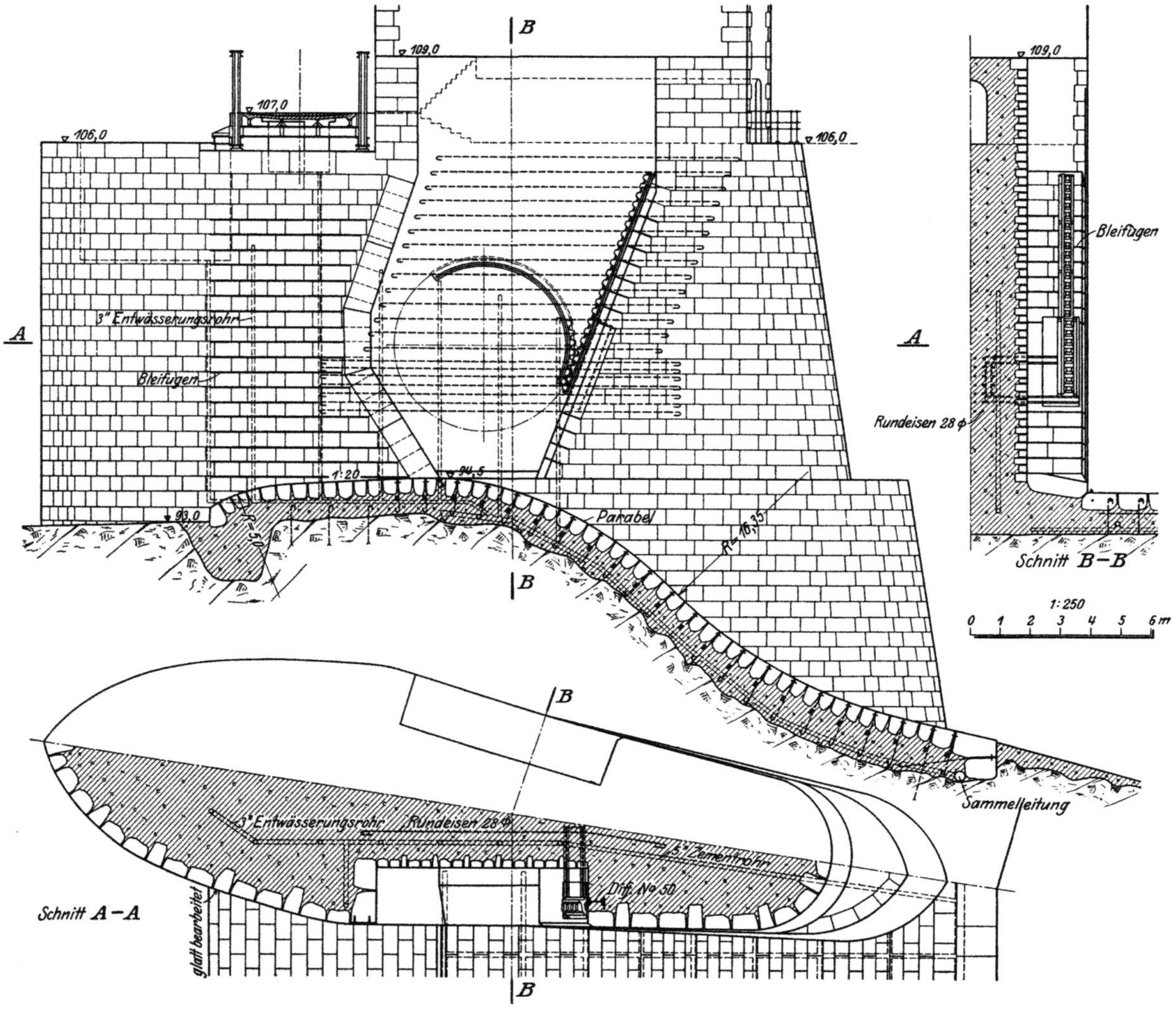

Abb. 705. Mörkfoss-Solbergfoss. Walzenwehrpfeiler und -sohle. (Verw.)

In bezug auf Dichtigkeit und damit auch: Frostsicherheit haben indes naturgemäß die Steinbekleidungen nicht durchweg befriedigt, zudem sind sie recht kostspielig. Darum ist man neuerdings (ähnlich wie in Mitteleuropa) zu reinen Betonausführungen mit geeigneter Flächenbehandlung übergegangen. Die starker Strömung ausgesetzten Flächen werden dabei mit Stahlblech verkleidet.

Bemerkenswert selbständig aus den Möglichkeiten der Eisenbetonbauweise entwickelte Konstruktionen sind die Windenböcke von Forshuvud (Abb. 116) und die vorkragenden Schützenständer von Abb. 146, 688. Daneben finden sich häufig

[1] T. T., 1926, S. 81.

eiserne Fachwerktürme als Träger der Windenbrücke von Schützenwehren, eine gegenüber der mitteleuropäischen Bauweise mit massiven Pfeileraufsätzen wohl billigere, aber weniger schön wirkende Anordnung (Abb. 68, 120).

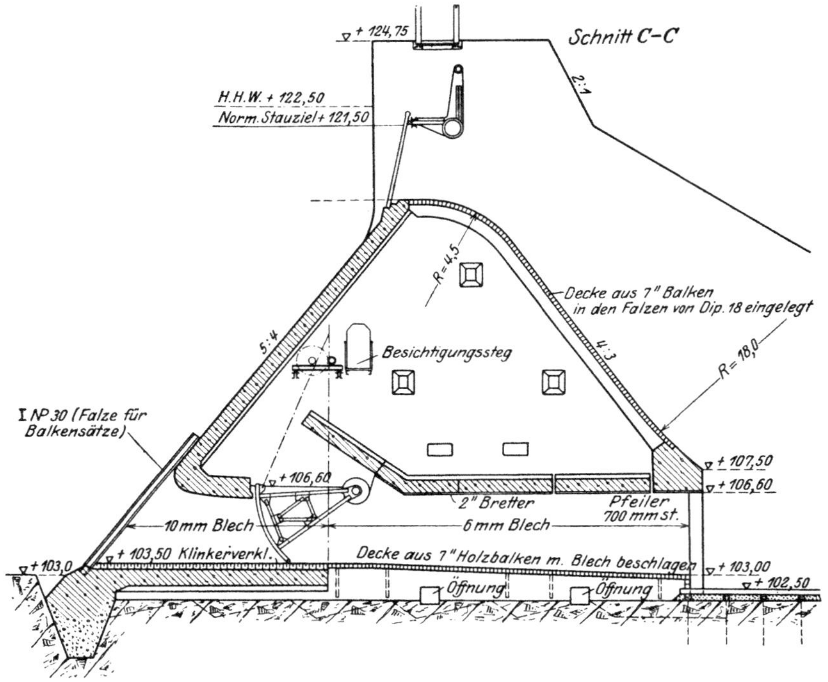

Abb. 706. Krangforsen. Wehrschnitt. (Vattenbyg. Byrån.)

Die Frage der Trockenlegung zu Ausbesserungszwecken ist verschiedentlich in umsichtiger Weise durch Offenhaltung einzelner Baugrundablässe, die dann nur mit Dammbalken statt Beton geschlossen werden, Rechnung getragen (Abb. 74,

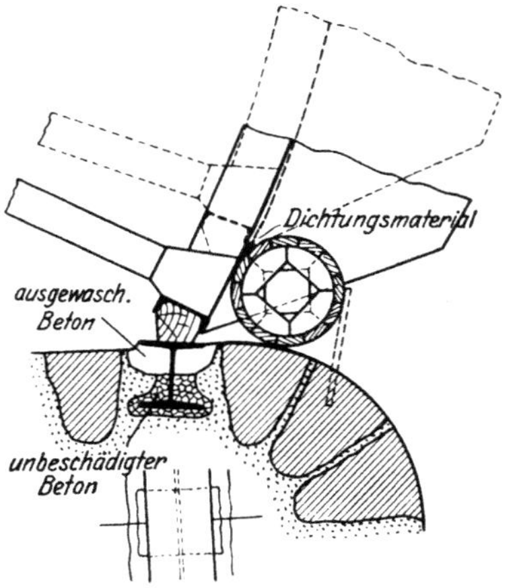

Abb. 707.

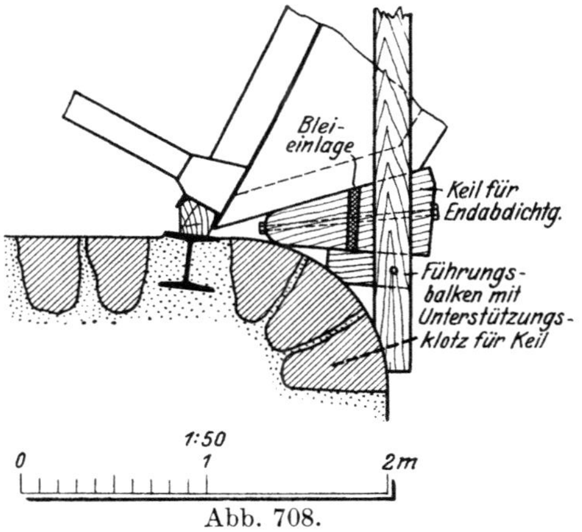

Abb. 708.

Abb. 707—708. Raanasfoß. Zerstörung und Ausbesserung der Wehrschwelle. (Teknisk Ukeblad.)

77, 116, 690). Eine sinnreich improvisierte Trockenlegung der durch Wärmedehnungen und Frost stellenweise beschädigten Schwellenkrone des 45 m weiten Walzenwehrs Raanasfoß veranschaulicht Abb. 707, 708. Durch 5 m lange, auf einem Floß eingebrachte, dann mit Sandfüllung versenkte und an den Stirnen vom Taucher angedichtete Holzrohre wurde die beim Anheben der Walze entstehende Fuge selbsttätig unter Aufrechterhaltung des Staues gedichtet, so daß die Ausbesserung der Schwelle von der Luftseite her möglich war.

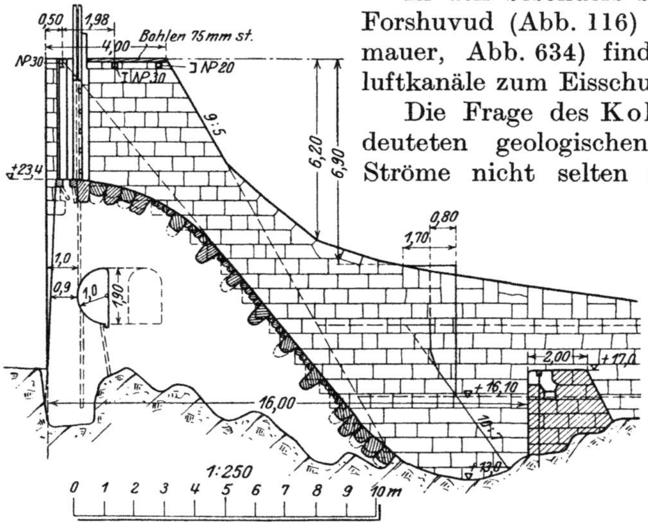

Abb. 709. Knäred. Wehrabschnitt mit Kolkschutzmauer. (Lübek.)

In den besonders sorgfältig durchgebildeten Wehren Forshuvud (Abb. 116) und Vamma (mehr schon: Staumauer, Abb. 634) finden wir Begehungs- und Warmluftkanäle zum Eisschutz der Verschlußorgane.

Die Frage des **Kolkschutzes** spielt bei den angedeuteten geologischen Verhältnissen der nordischen Ströme nicht selten eine weniger wichtige Rolle als anderwärts. Aber vereinzelt, im Lagan z. B., finden sich Anlagen mit umfangreicheren, meist nachträglichen Schutzmaßnahmen. Bei einer Schützöffnung von Knäred ist hinter dem Wehrfuß eine niedrige Schwelle aufgemauert, um ein möglichst tiefes (allerdings zu kurzes!) Tosbecken zu bilden. Bei dem seitlichen Kanalüberfall oberhalb Övre Knäred ist eine ähnliche niedrige Mauer vor dem Eintritt des Überfallwassers in das natürliche Flußbett angeordnet (Abb. 250, 711). Das Sturzbett der Bassaltanlage ist mit Holzkistenverlängerung gesichert (Abb. 246, so auch Abb. 185). Trotz Berücksichtigung des Gesichtspunktes des Kolkschutzes ist bei den Wasserkraftanlagen im Lagan hier und da doch bedeutende Kolkbildung zu beobachten. So fand Verfasser bei Bassalt an einer Stelle des Wehres, wo keine besonderen Sicherungsvorlagen sind, einen ziemlich bedeutenden, sich auf 30 bis 40 m Länge erstreckenden Kolk, aus dem schwere Steinblöcke des Moränenbodens vom Wehrfuß bis zum Ende des Kolkes verschleppt waren (Abb. 248). Über Ausbesserung einer gefährlichen Unterkolkung des Wehres Långed (Dalsland) mit 17 jähriger Bewährung vgl. S. 599, ferner steinkistenartige Kolkschutzböden: Abb. 78 und 710. **Modellversuche**

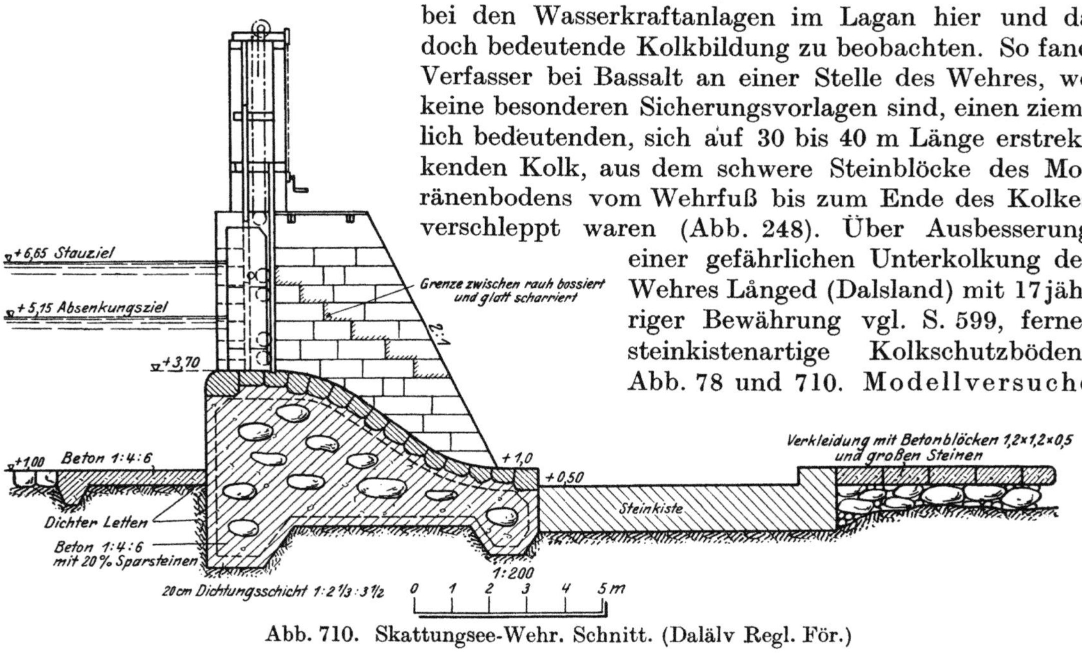

Abb. 710. Skattungsee-Wehr. Schnitt. (Dalälv Regl. För.)

über Fragen des Kolkschutzes sind u. a. im Wasserbaulaboratorium der Technischen Hochschule Stockholm von Fellenius und Lindboe durchgeführt. Die vom Verf. empfohlene Keilschwelle[1] ist von Vattenbyggnadsbyrån neuerdings bei größeren Entwürfen vorgeschlagen worden (Abb. 711).

[1] Mitteilung 1 des Wasserbaulaboratoriums der Technischen Hochschule Berlin 1927.

Außer der kolkenden Wirkung des Wassers ist bei gewissen nordischen Wasserkraftanlagen die Wirkung des geflößten Holzes zu berücksichtigen, wobei sowohl auf die Schonung des Flußbettes als auch auf die Schonung des Floßgutes Wert zu legen ist. Wie wir an anderer Stelle schon sahen, muß auf letzteren Gesichtspunkt besonderes Gewicht gelegt werden; man wird z. B. in vielen Fällen das Sturzbett durch stromabwärts zusammenlaufende Wände begrenzen, damit eine hinreichende Wassertiefe hinter dem Wehr entsteht (vgl. Hammarforsen (Abb. 954), Vamma (Abb. 500). Unterhalb des eigentlichen Sturzbeckens, welches in massivem Beton in einem Guß mit dem eigentlichen Wehr erbaut und gut verkleidet wird, findet man in vielen Fällen noch eine flache Verlängerung, die im Hinblick auf die Wirkung des Floßholzes sehr solide ausgeführt werden muß, wobei, abgesehen von der Massenwirkung, die rein örtlichen Anstrengungen und Stöße zu berücksichtigen sind. Man hat beobachtet, daß bei starkem Flößereibetrieb, wenn z. B. im Magerbeton nach oben gekehrte alte Schienen eingebettet und auch noch so gut verankert werden, diese trotzdem auf die Dauer den Stößen des Floßholzes nicht standhalten können. Es ist daher bei Forshuvud die besondere Anordnung Abb. 116, 712 gewählt worden. Der Flacheisenbeschlag der Holzbalken ist allerdings nur bei jenen Wehröffnungen angebracht, wo das Floßgut bei Wasserknappheit durchgeführt werden soll. Die ja auch in mitteleuropäischen Gebirgsflüssen vielbewährte Vereinigung von Eisen, Holz und Beton ist im Norden vielfach anzutreffen: Abb. 75, 78.

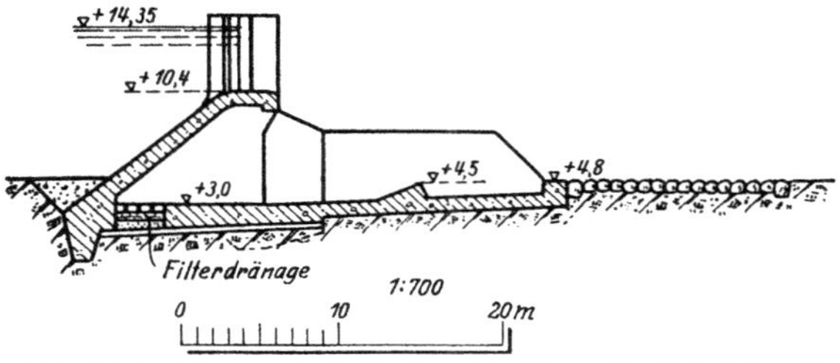

Abb. 711. Wehr mit Keilschwelle (Bannfl., Schottland). (Sv. V. K. För. 195.)

Die hydraulische Belastung der Wehröffnungen ist oft sehr hoch, z. B. bei Mörkfors-Solbergfos: 66,7 m²/sek (3 Öffnungen je $B = 20$, $T = 10,5$ m).

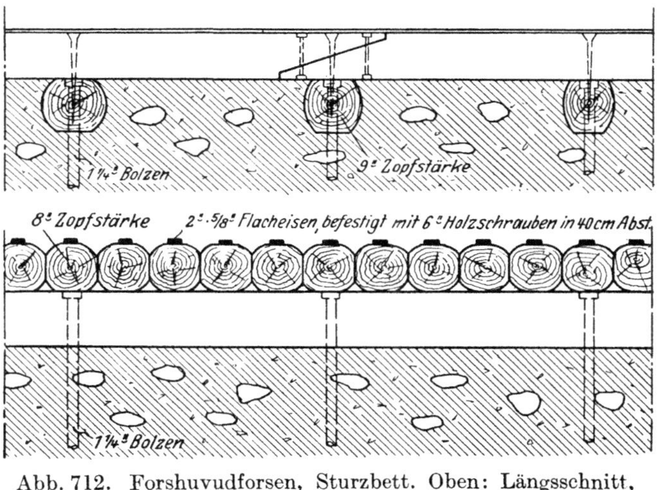

Abb. 712. Forshuvudforsen, Sturzbett. Oben: Längsschnitt, unten: Querschnitt (Serrander.)

28. Abschnitt: Triebwasserleitungen.

1. Kanäle.

Die örtlichen Verhältnisse der größeren nordischen Ströme begünstigen im allgemeinen den Ausbau der Niederdruckwasserkräfte in der vergleichsweise billigen Form des mehr oder minder reinen Staukraftwerks; daher sind größere Umleitungen ziemlich selten (Beispiele von Staukraftwerken sind: Lilla Edet, Forshuvud, Raanaasfos, Vamma, Solbergfos, Aetsae).

Eine gewisse Zwischenstellung nehmen die nicht ganz seltenen Anlagen ein, bei denen das eingebaute Strombett durch umfangreiche Maßnahmen (Räumungen,

Sprengungen, Eindämmungen) zu einer halb-künstlichen Triebwasserleitung ausgebaut ist. Ein hervorragendes Beispiel ist Untra. Hier wird der größte Teil der Wasserbauten durch umfangreiche Dämme gebildet, die eine bedeutende Vergrößerung des natürlichen Tages- und Wochenbeckens Untra-Fjärden und zugleich eine trichterförmige Triebwasserleitung mit anschließendem aufgedämmten OW.-Kanal ergeben. Ein Teil des Flußbettes im O. und UW. ist dabei durch Baggerungen vertieft. Abb. 713 zeigt die den örtlichen Verhältnissen gut angepaßten Regelquerschnitte der Dämme, die im wesentlichen aus und auf Moränenboden hergestellt werden mußten. Die Dämme sind durch Befahren mit Lokomotivzug verdichtet worden; nennenswerte Setzungen haben sich nachher nicht mehr gezeigt.

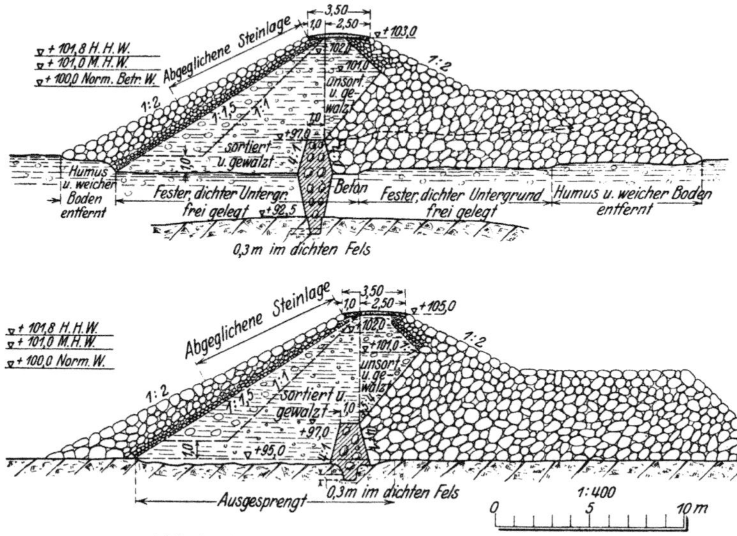

Abb. 713. Untra. Dammquerschnitte, Oberkanal.

Die wasserseitigen gröberen Steinlagen wurden in sorgfältiger Schlichtung ausgeführt, die größeren Zwischenräume zwischen den großen Steinen mit kleineren ausgefüllt und die bleibenden Fugen mit Beton 1 : 4 : 4 geschlossen. Zu Abb. 713 ist zu bemerken, daß die obere Schicht der Moräne im Dammlager entfernt wurde; die unteren Schichten hatten recht große Wasserdichtigkeit, so daß der verhältnismäßig dünne Beton unverputzt zur Abdichtung genügte. Die Dämme von Untra haben 6 km Gesamtlänge und haben sich bewährt.

Ein anderer großer Kanaldamm am Oberkanal von Ringedalen in Norrland ist dagegen nicht befriedigend ausgefallen. Er ist aus feinsandigem Material gebaut und mit einer hölzernen Kernspundwand versehen (ähnlich Abb. 714). Da es nicht gelang, ihn dicht zu bekommen, entschloß man sich, ein hölzernes Gerinne (Entwurf von Vattenbyggnadsbyrån) einzubauen (ähnlich Abb. 99). Über die verwandte Ausführung Abb. 223, 714 ist dagegen nichts Nachteiliges bekannt geworden (besserer Boden, bessere Grunddichtung).

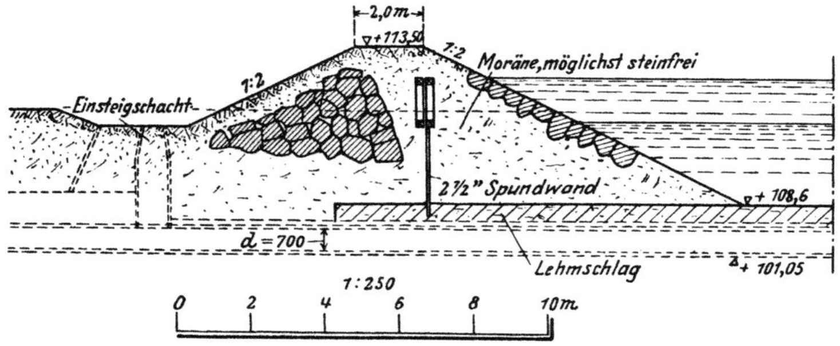

Abb. 714. Oberkanal Torsebro, Kreuzung mit Entwässerungsrohr. (Tekn. Tidskr.)

Mehrfach finden sich nach Höhe und Länge bedeutende Ausführungen von Stau- und Futtermauern an Oberkanälen (Bergsbron-Havet [Abb. 166], Älvkarleby, Abb. 131, Trollhättan, Abb. 199, 203, 629). Abb. 168, 169, 170 zeigen die aus Beton erstellte, teilweise als Überlauf ausgebildete Kanalmauer von Bergsbron-Havet. Der Felsgrund ist verhältnismäßig schlechter, glimmerhaltiger, in spätgeologischer Zeit stark gefalteter Gneis mit geringer Kohäsion. Zur Verhütung von Wasserverlusten und Sohlenwasserdruck sind die Mauern fast auf ganze Länge mit einem tief in die Sohle eingreifenden Sporn und bei größerer Mauerhöhe als 6 m mit einem Revisionsgang versehen, der auch die Besichtigung des Felsens gestattet. Bezüglich Betonmischungen

Abb. 715. Kykkelsrud. Oberkanal, Blick stromaufwärts. (Verf.)

Abb. 716. Skogaby. Unterkanal, Blick stromab. (Verf.)

und Schutz der Außenflächen sind diese Mauern ähnlich behandelt wie diejenigen von Trollhättan, vgl. unter „Stauwerke", S. 552.

Einschnittskanäle in Erde und Fels finden sich u. a. in Skogaby, Abb. 253, Knäred, Abb. 242, Älvkarleby, Abb. 131, Munkfors, Abb. 179, Imatra, Abb. 522, Kykkelsrud, Abb. 496, 498, 715. Bei Älvkarleby ist bemerkenswert, daß die Kante der Ufermauer gegenüber der des Felseinschnittes zur Verbesserung der Dichtigkeit versetzt ist. Die beiden Ufermauern sind, soweit sie höher als 10 m sind, in Beton ausgeführt, durch Dehnungsfugen in 10—15 m lange Blöcke eingeteilt und dräniert. Dichtung und Frostschutz der Stauwand sind ähnlich wie bei Trollhättan (S. 552) ausgeführt. Die im unteren Teil angewandte dichtende Vorsatzbetonschicht mit Glattputz ist auch an der Felswand angebracht, soweit sie umfangreich zerklüftet war. Im übrigen wurden nur die einzelnen Klüfte abgedichtet und dräniert. Die mächtige Einschnittsfuttermauer war nötig, weil man dem angetroffenen sehr feinen Sand keine Standfestigkeit, etwa unter einem Böschungsbelag, zutrauen konnte.

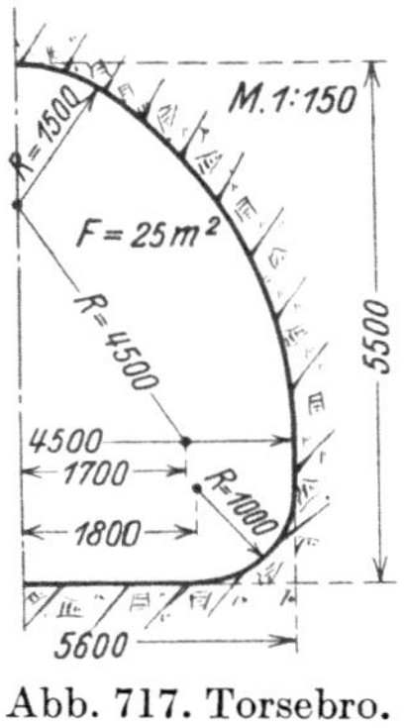

Abb. 717. Torsebro. Stollenquerschnitt. (Tekn. Tidskr.)

Kanäle in Erde erhielten im Norden bisher meist eine Auskleidung mit schwerem Natursteinpflaster, meist ohne Mörtel verlegt, als Böschungsschutz bei höheren Strömungsgeschwindigkeiten. Beachtenswert durch seine Größe (900000 m³ Aushub), die frühe Anwendung von Absetzgroßgerät (Abb. 947, deutsches Fabrikat) und die Art der Pflasterherstellung (Abb. 716) mit verrückbarem Auslagerkran ist der Unterkanal von Skogaby (Südschweden 1921). Bemerkenswerte Stützmauerformen am Krafthausanschluß zeigt der kleine Unterkanal Abb. 768 u. „zu 768".

2. Stollen.

Freispiegelstollen sind im Norden als Oberkanal nur vereinzelt ausgeführt, z. B. am Werk Håfreström (S. 219, Abb. 191), öfter als Unterkanal: Abb. 64, 135, 547, 646 auch bei Björkaasen, Osa, und zwar meistens ohne jede Verkleidung.

Druckstollen sind namentlich in Norwegen sehr häufig, dabei oft (auch in Schweden) in großen Abmessungen ausgeführt. Außer als Oberwasserzuleitung kommen sie vielfach bei Seeregulierungen auch als reine, sogenannte Senkungsstollen vor. Meist vereinigen sie aber beide Aufgaben. Die Druckhöhe ist meistens 20 bis 30 m, manchmal auch mehr. Dabei sind die Druckstollen im guten Fels, namentlich in Norwegen überwiegend ohne jede Verkleidung ausgeführt und nur an besonders schlechten Stellen ausgemauert oder ausbetoniert. Z. B. der Hauptstollen von Skarsfjord (Nordnorwegen, S. 318) bei 20 m Druckhöhe in ziemlich zerklüftetem Granit mit einem Wasserverlust von nur $^1/_4$ sl*. Der höhere Druckverlust in unverkleideten Stollen wird (in Übereinstimmung mit kalifornischen Erfahrungen, d. Verf.) mit wirtschaftlichem Vorteil durch entsprechenden Mehrausbruch wettgemacht. Druckverlustgleichung siehe S. 339. Eigenartig ist der aus Ausführungsgründen mehrfach gebrochene Längenschnitt des Stollens Follafoss, dessen „Luftsäcke“ aber anscheinend nicht zu Betriebsschwierigkeiten Anlaß geben (Abb. 310).

Daß Stollen bei solchen Druckhöhen ziemlich allgemein ohne Verkleidung gebaut und zufriedenstellend betrieben werden konnten, liegt natürlich an den meistens besonders günstigen geologischen Verhältnissen Nordeuropas.

Bemerkenswert in diesem Zusammenhang ist die erfolgreiche Ausführung eines Preßluftbehälters (für eine Fabrik) in unverkleidetem dichten Gebirge (Entwurf: Professor Forssel-Stockholm).

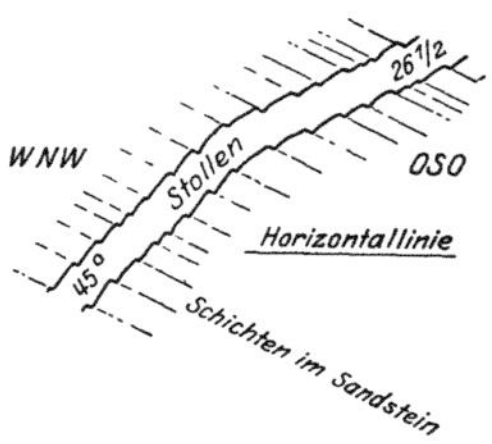

Abb. 718. Schichtenverlauf, Längsschnitt des oberen Knickpunktes.

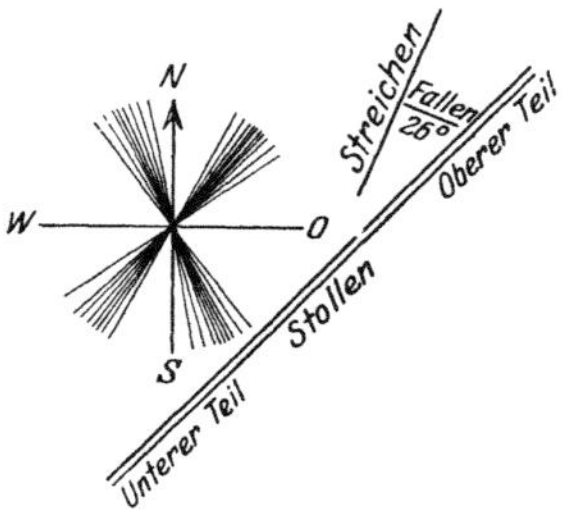

Abb. 719. Streichen, Fallen und Kluftsysteme.

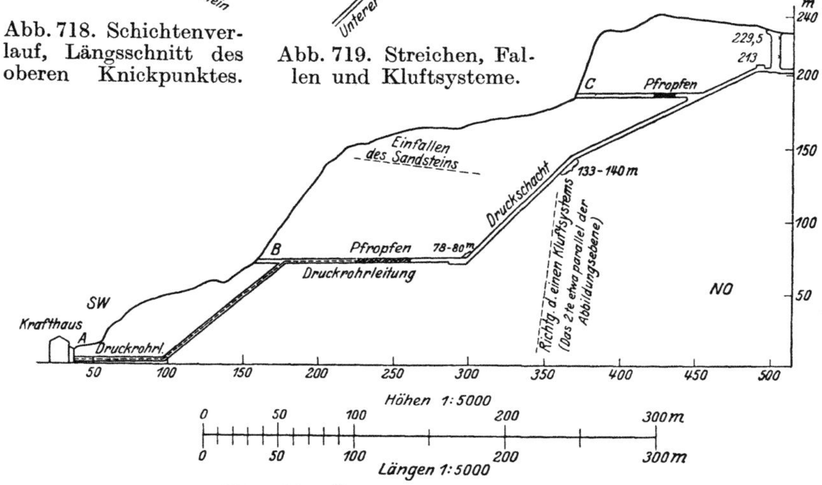

Abb. 720. Übersichtslängenschnitt.
Abb. 718—720. Bremanger. Druckschacht.

Der Querschnitt ist bei diesen Mitteldruckstollen fast immer und ohne wesentlichen Nachteil im übrigen, nach stollenbautechnischen Zweckmäßigkeitsgründen annähernd rechteckig oder hufeisenförmig gestaltet worden (Abb. 223, 298a, 322, 356, 421, 717). Ausgesprochene Hochdruckstollen und -schächte (über 60 m Wasserdruck) sind nur vereinzelt, in Norwegen, erbaut, und zwar an drei Stellen, jedesmal zunächst aus Gründen der Kriegsschwierigkeiten in der Beschaffung eiserner Druckrohre: ohne Auskleidung. Die damit gemachten Erfahrungen haben allgemeinen Wert. Von den drei Ausführungen ist die eine (Bremanger) vollständig, die zweite (Herlandsfossen) teilweise gelungen, die dritte (Skarfors) aber vollständig mißglückt.

Nachfolgende Darstellung stützt sich u. a. hauptsächlich auf die wertvolle kritisch zusammenfassende Veröffentlichung des Geologen Professor J. H. L. Vogt und des Ing. Dr. Fredrik Vogt, Trondhjem.

Der Erstgenannte hat im Auftrag der norwegischen geologischen Landesanstalt 1921 eine örtliche Untersuchung der drei Hochdruckstollen vorgenommen. Seine

* Briefliche Mitt. von Ing. Dr. Fredrik Vogt, Trondhjem.

Feststellungen wurden von dem Ingenieur durch statische Überlegungen allgemeiner Art ergänzt.

Die Bremangeranlage (Svälgenvasdrag, S. 366) liegt in dem verhältnismäßig kleinen Teil Skandinaviens, der von nachsilurischen Gesteinen gebildet wird; und zwar steht bei Bremanger ein als „Devonformation des Bremangergebirges" bezeichneter Sandstein an. Der Schichtenverlauf ist (Abb. 718, 719, 720) gleichmäßig, faltungsfrei und flach, durchschnittlich 26° gegen OSO einfallend bei N 23° O Streichen. Der charakteristisch graugrüne Sandstein ist ziemlich grobkörnig, kompakt und fest; er besteht aus Quarzkörnern und ausfallend gut erhaltenen Felsspatkristallen, enthält Muskovit und einzelne Körner Magnetit und Titanit. Er enthält einzelne gleichgelagerte sehr dünne Schichten eines sandhaltigen Tonschiefers, der dicht, hart und kompakt ist.

In den Sandsteinschichten findet man feine Spalten in Ebenen fast senkrecht zu den Sandsteinschichten und um zwei konjugierte Richtungen gruppiert. Nahe der Oberfläche ist der Sandstein nach diesen Spalten durch Verwitterung in einzelne Quader zerlegt, im Innern ist er aber trotz der Spalten kompakt. Die Spalten haben sich beim Stollenausbruch durch kleine Abstufungen verraten.

Beim Bau des Stollens wurde aus einer der erwähnten Tonschieferschichten der Lehm ausgekratzt und mit Zement ersetzt, da sonst Aufweichung des Tonschiefers zu befürchten war. Außer dieser unbedeutenden Zementierung ist der Stollen aber nur in zwei kurzen Abschnitten mit Beton verkleidet worden, und zwar nachträglich. Bei der ersten Druckprobe war der Stollen ganz unverkleidet, und es ergaben sich schon da nur kleine Sickerverluste (9 bis 10 sl = $1^1/_2$ ‰ der Nutzwassermenge). Der größte Teil dieser Verluste entstand in dem Abschnitt von 133 bis 140 m ü. M., wo bei 100 m Wasserdruck der Abstand von der Erdoberfläche nur rd. 35 m ist. Etwas Wasser drang hier den Spaltklüften entlang zur Oberfläche hinauf. Die Quelle des Restes der Verluste wurde dicht oberhalb des Überganges der Stollenneigung in die Wagrechte gefunden. Bei der nachträglichen Betonierung dieser Sickerstellen wurde ähnlich wie bei der Ausführung des Pfropfens (S. 370) hinter das 0,5 m starke, gegen äußeren Wasserdruck bewehrte Betongewölbe Zementbrei unter 7 at eingepreßt. Die Druckprobe nach Vollendung dieser Arbeit ergab nur noch 2 sl Sickerverlust, und die nachfolgende Stollenbesichtigung zeigte, daß alles in Ordnung war und keine Steine sich losgelöst hatten. Zwei Tage darauf wurde die Anlage endgültig in Betrieb gesetzt und hat seither ständig anstandslos gearbeitet.

Es sei noch bemerkt, daß ursprünglich die ganze Turbinendruckleitung bis an das Kraftwerk als Druckstollen mit 225 m größter Druckhöhe geplant war. Nur die schlechten Erfahrungen, die man inzwischen in Herlandsfossen gemacht hatte, haben zu der gewählten vorsichtigeren Anordnung geführt. Im übrigen war die Druckschachtordnung in Bremanger um so wirtschaftlicher, als die stellenweise sehr steile Trasse eine offene Verlegung der Druckleitung ausgeschlossen erscheinen ließ.

In Herlandsfossen waren die geologischen Verhältnisse wesentlich anders als in Bremanger; ihre ungenügende Kenntnis hat umfangreiche nachträgliche Änderungen der Turbinenleitung nötig gemacht. Das Gestein ist durchweg Schiefer, und zwar überwiegend Hornblendeschiefer; nur einige Schichten sind Glimmerschiefer. In der Stollenzone ist die Lagerung sehr regelmäßig, Streichen durchschnittlich W 48° N und Einfallen 46 bis 48° SW (Abb. 721 und 722).

Schräger und wagerechter Stollenschenkel liegen in einer Lotebene, die einen Winkel von 25° mit der die Fallinie der Schichten enthaltenden Lotebene bildet. Das geologische Längenprofil ist als Projektion des Stollens auf die letztgenannte Lotebene konstruiert. Die Schichten schneiden die Geländeoberfläche ziemlich genau nach Höhenkurven; der geologische Schnitt ist also zugleich auch ein Normalschnitt durch das Gelände.

Die Beschaffenheit der beiden abwechselnden Gesteine (Hornblende- und Glimmerschiefer) ist hier außerordentlich verschieden. Der Glimmerschiefer ist dünn geschichtet und selbst tief im Gebirge sehr schiefrig und so wenig fest, daß man fast überall mit den Fingern leicht dünne Platten abblättern kann. Dagegen ist der Hornblendeschiefer sehr fest und in seinen Schichten stark zusammengewachsen. Es hat senkrecht zu den Lagerschichten 2 Spaltrichtungen im Winkel von $+35^0$ mit der Schichtenfallrichtung. Die Teile sind aber gut verwachsen, vielfach verkittet durch sekundär abgelagerten Kalkspat und Chlorit, so daß die Spalten selbst an der Oberfläche nirgends offen sind.

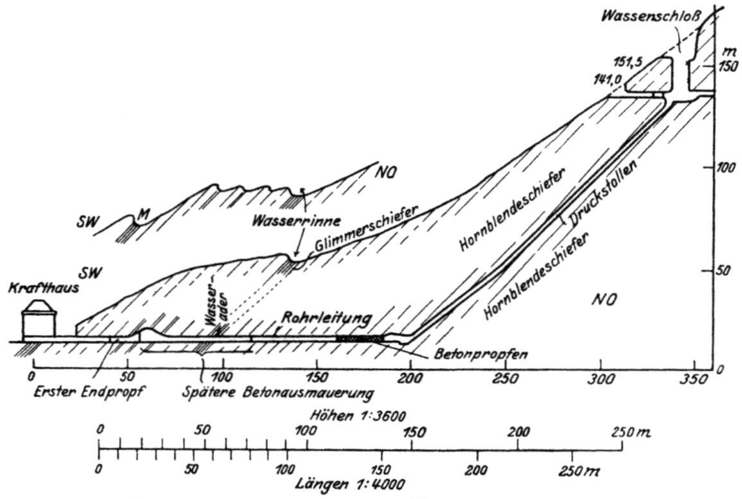

Abb. 721. Herlandsfossen. Übersichtslängenschnitt.

Die Druckfestigkeit des Hornblendeschiefers quer zum Lager wurde später zu rd. 2100 kg/cm², bei einem Probestück nur zu 1300 kg/cm², festgestellt. Bei Druck parallel mit der Schieferebene ergab sich 1089, 920 und 780 kg/cm². Das Raumgewicht ist 3,08, das spezifische 3,11. Über den Glimmerschiefer fehlen nähere Angaben.

Nach Abb. 721 läuft oberhalb des wagrechten Stollenabschnittes querüber eine kleine Talrinne. Der hier aus-

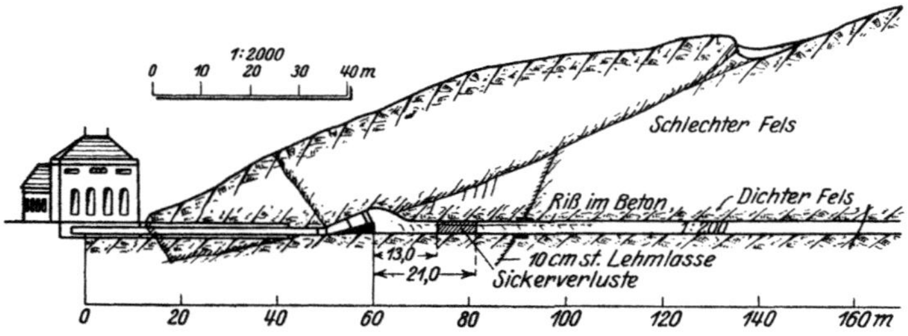

Abb. 722. Erklärung Prof. Kolderup.

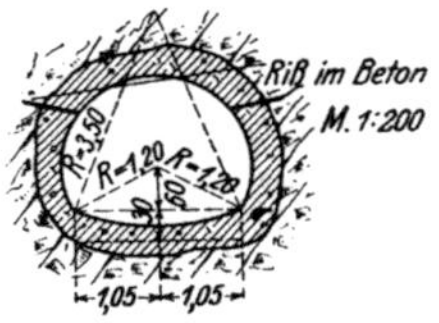

Abb. 723. Gerissener Stollen-Betonmantel.

streichende Glimmerschiefer ist außerordentlich verwittert. Ursprünglich wurde der Stollen beinahe bis zur Kraftstation durchgeführt; vor der eisernen Rohrleitung war ein Steinfang angeordnet. An verdächtigen Stellen war die Aussprengung gleich für etwaige Eisenbetonverstärkungen entsprechend größer vorgenommen.

April 1919 war die Anlage zur Druckprobe bereit. Dem Stand der Seeregulierung entsprechend, wurde ein Wasserdruck von 123 m aufgegeben. Dabei wuchsen in wenigen Stunden die Sickerverluste sehr schnell an, und 5 Stunden nach Erreichung des Volldruckes trat in der erwähnten Talrinne Wasser aus. Die Sickerverluste waren so groß, daß der Wasserdruck bald zu fallen begann. Der Stollen, entleert und besichtigt, wies unmittelbar hinter dem Rohreinlauf einen langen, etwa 5 mm klaffenden Riß auf, der sich allmählich wieder schloß und bald nur noch als Linie sichtbar war.

Man verkleidete darauf den von vornherein als etwas unsicher betrachteten, etwa 59 m langen Abschnitt oberhalb des Rohreinlaufes mit Eisenbeton. Der Bemessung legte man einen statischen Druck von 139,5 m zugrunde und berechnete die Spannungen nach der vielfach angewandten Näherungsannahme, daß der Unterschied zwischen

Wasserdruck und Schalenwiderstand durch die Gebirgsauflast aufzunehmen sei. Die Schalenstärke wurde zu 50 cm, an Stellen, wo Risse im Felsen festgestellt

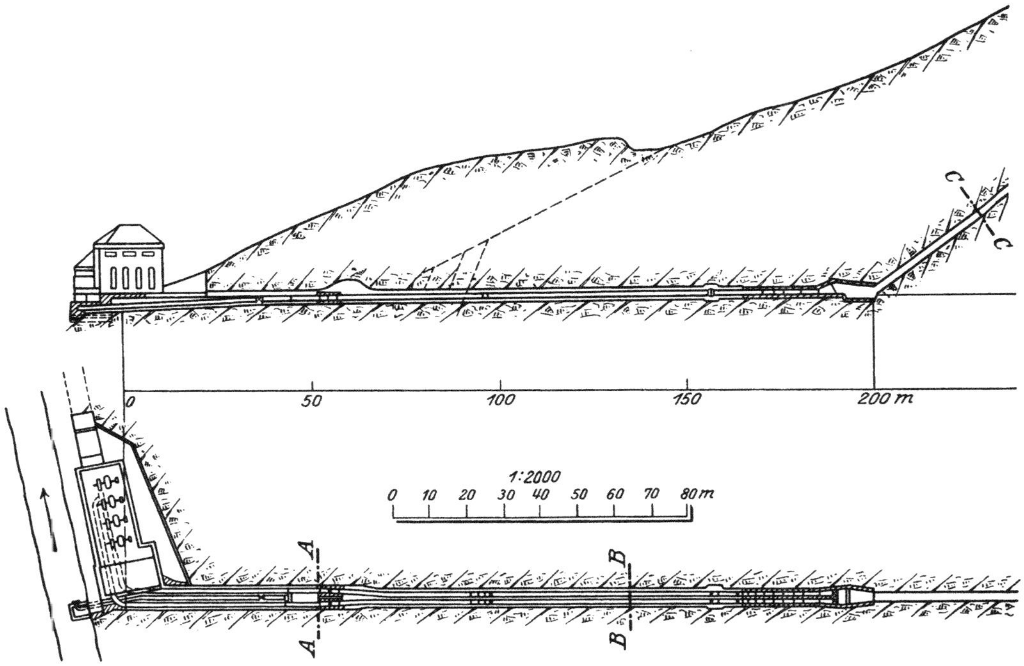

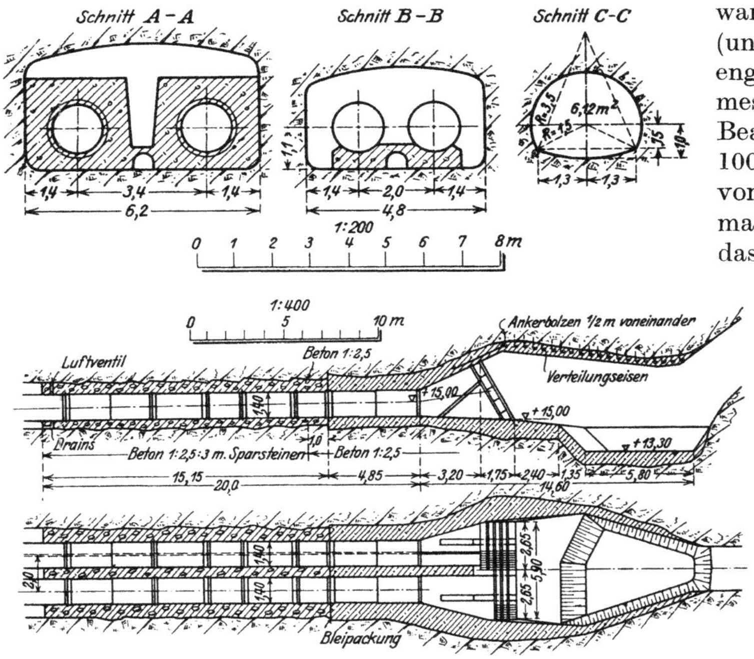

Abb. 724—727. Endgültige Ausführung der untersten Strecke.

Abb. 721—727. Herlandsfossen, Druckschacht (Vogt u. Schjerven).

waren, zu 75 cm festgesetzt (unter entsprechender Verengerung des lichten Raumes). (Betonmischung 1 : 3; Beanspruchung der Eisen 1000 kg/cm².) In Erwartung von Sickerverlusten hatte man Dränagen, zugleich für das aus dem Gebirge kommende Wasser angeordnet. Die wasserberührte Betonfläche wurde mit abwechselnden Putz- und Schutzanstrichschichten sorgfältig gedichtet, ebenso der Anschluß am Rohreinlaß. Die Hohlräume zwischen Gebirge und Betonschale wurden mittels eingelassener eiserner Rohre mit Zementmörtel unter 20 at ausgepreßt.

Nach Vollendung der Arbeiten (mit Ausnahme eines Teils der Verputzarbeiten) wurde am 17. August 1919 Druck auf den Stollen gegeben, bis 120 m erhöht und 1 Tag lang bei unbedeutenden Sickerverlusten belassen. Nach einer zweiten einmonatigen

Probezeit wurde der Stollen wieder entleert und geringfügige Reparatur und restliche Verputzarbeit vorgenommen. Am 15. Oktober wurde der Betrieb begonnen; bei geringfügigen Wasserverlusten (5 bis 6 sl) blieb das Werk bis 22. Dezember ununterbrochen mit einem Druck von 119 bis 128 m im Betrieb. Eine am 21. Dezember vorgenommene Druckerhöhung brachte zunächst keinerlei bedenkliche Erscheinungen; aber am Tage darauf machte sich früh 6 Uhr ganz plötzlich ein auffallend großer Wasserverlust bemerkbar; zugleich trat im Gelände oberhalb der ausbetonierten

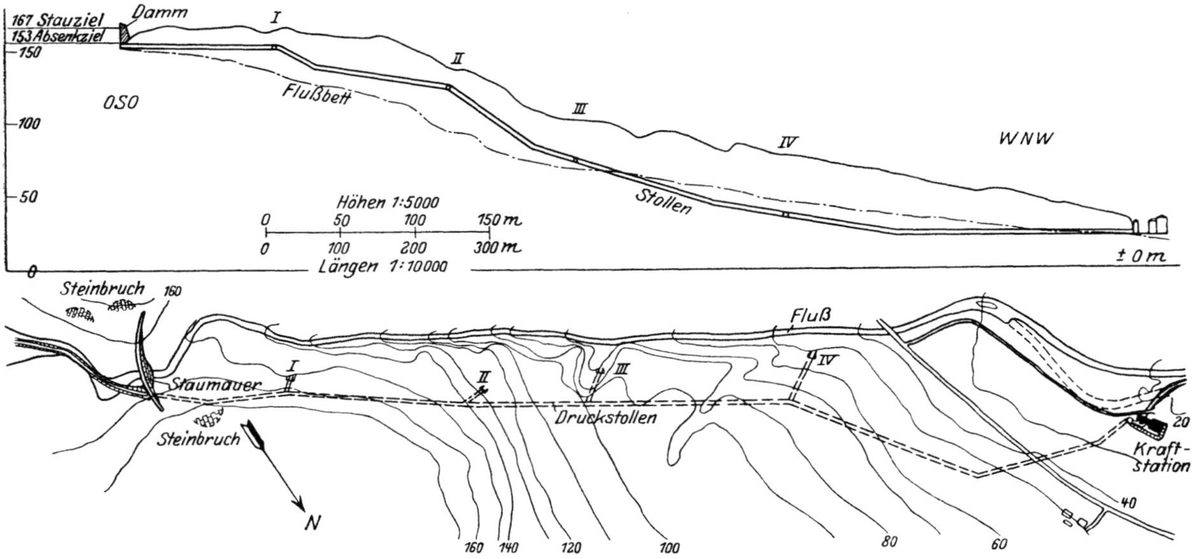

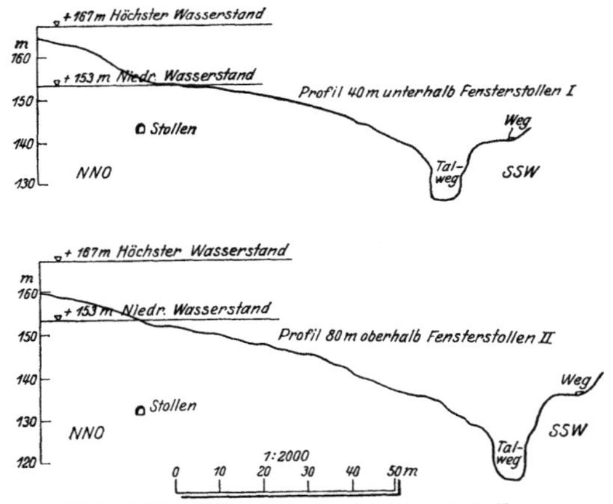

Abb. 728—729. Skarwerk. Druckstollen, Längenprofil, Lageplan und Geländeschnitte. (Vogt.)

Strecke Wasser aus. Eine daraufhin vorgenommene Senkung des Druckes auf 115 m ergab eine auffallende Abnahme der Wasserverluste, und bei weiterer Druckminderung auf 90 m hörten die Sickerverluste fast ganz auf. Man betrieb daher das Werk mit 90 m Druck bis zum 1. Juni 1920 und entleerte dann den Stollen zu durchgreifender Wiederherstellung. Von den bedeutenden Wasseraustritten war stets die Hauptmenge an der quer zum Stollen laufenden Talrinne aufgetreten. Als augenfällige Quelle der großen Verluste bei 132 m Druckhöhe waren zwei mächtige, 10 bis 20 cm aufgeklaffte Längsrisse festzustellen, die (Abb. 722, 723) beiderseits in etwa $^2/_3$ der Scheitelhöhe verliefen.

Die obige Darstellung des Tatbestandes folgt den ausführlichen Mitteilungen von Oberingenieur Schjerwen[1]. Die Darstellung der geologischen Verhältnisse dagegen gründet sich auf die erwähnte Abhandlung von Professor Vogt. Der beratende Ingenieur des Werkes, Professor Kolderup, hat über die geologischen Verhältnisse und über die Ursache des Stollenbruches eine etwas abweichende Theorie entwickelt. Nach ihm ist die kleine Talrinne auf eine geologische Verschiebung

[1] Tryktunnellen ved Herlandsfossen. Teknisk Ukeblad 1923, S. 387.

zurückzuführen und der Bruch dadurch zu erklären, daß während des Probebetriebes mit nicht ausbetoniertem Stollen der Materialzusammenhang in dieser Verwerfung so weit geschwächt wurde, daß später nach Ausbetonierung des Stollens nur noch die Scholle unterhalb der Verwerfungsebene mit ihrem Gewicht dem Wasserdruck entgegenwirkte, so daß die nur unter Berücksichtigung der ganzen Höhe als Auflast genügend bewehrte Betonschale überanstrengt wurde. Diese Theorie verträgt sich gut mit dem Aufhören der Sickerungen bei Herabsetzung des Druckes auf 90 m. Professor Kolderup führt übrigens das plötzliche Einsetzen der starken Wasserverluste auf ein kleines Erdbeben am 21. Dezember nachmittags zurück.

Dabei bleibt übrigens noch die wichtige Frage offen, ob die vorangegangene Zementeinpressung voll wirksam oder ob sie vielleicht sogar durch den angewandten hohen Druck für das Gebirge schädlich geworden war.

Jedenfalls zeigt dieses Beispiel, daß die Inanspruchnahme des Unterschiedes zwischen Innenwasserdruck und Gewicht der Gebirgsüberlagerung bei Vernachlässigung der Festigkeits- und Dichtigkeitsverhältnisse des Gebirges zu Trugschlüssen führen kann.

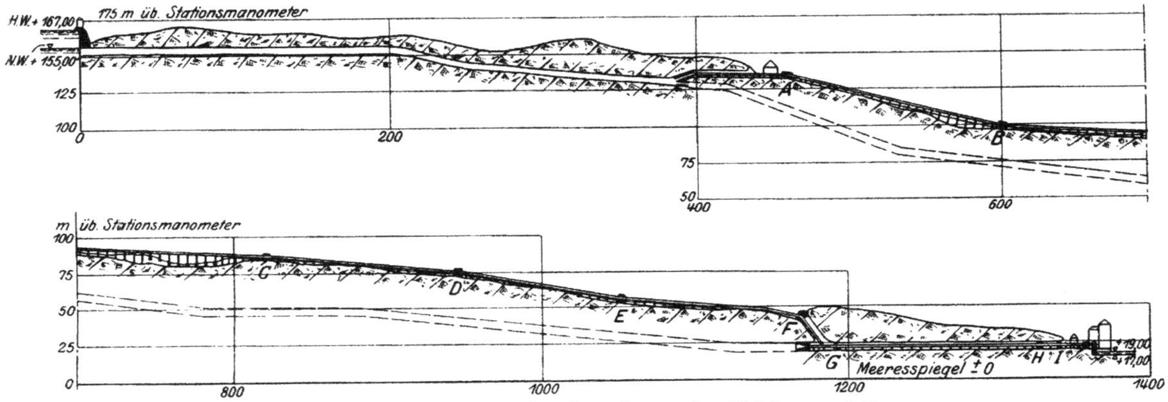

Abb. 730. Skaranlage. Jetzige Anordnung der Triebwasserleitung.

Die Wiederherstellung bestand in völliger Aussprengung des Eisenbetonmantels und Ersatz desselben durch gewöhnliche eiserne Druckrohre auf nahezu volle Länge der wagrechten Strecke (Abb. 724, 725, 726, 727). Aus Sparsamkeitsgründen hat man die dritte, nämlich die Leerlaufleitung nicht verlängert, sondern durch eine besondere Schieberanordnung mit den Hauptrohren verbunden, allerdings unter Verzicht auf völlige Entleerungsmöglichkeit. Bemerkenswert ist der Dichtungspfropfen am Beginn der endgültigen Rohrleitung. Er ist etwa 20 m lang; die wasserseitige Hälfte ist im Mischungsverhältnis 1 : $2^1/_2$, die luftseitige in 1 : $2^1/_2$: 3 mit Sparsteinen ohne Bewehrung ausgeführt und dräniert. Zwischen beiden Hälften ist eine Eisenblechmembran eingebaut, deren innerer Rand an den Röhren angenietet, deren äußerer aber genau in eine in den Fels gesprengte Rille eingelassen wurde.

Alle Maßnahmen haben sich voll bewährt, Wasserverluste haben sich bis zum Bericht von Prof. Vogt (Januar 1919/22) (und wohl später auch) nicht mehr gezeigt.

Die Skaranlage war mit einem Druckstollen von maximal 150 m Druckhöhe ausgeführt; die gewöhnliche Druckhöhe war etwa 142 m, die Wasserführung 1 m^3/sek. Der Stollen geht durch Gneisgranit, der tief, stellenweise bis 25 m und mehr unter Oberfläche mehr oder weniger stark, vielfach bis zur Zermürbung, verwittert ist. Die Druckfestigkeit wurde zwischen 1280 und 1980 für die meisten Probestücke, bei einem aber nur zu 345 kg/cm^2 festgestellt. Die Wasseraufnahmefähigkeit in Gewichtsprozent ward für die meisten Probestücke zu 0,14 bis 0,28%, für das erwähnte besonders zermürbte aber zu 4,4% festgestellt. Der Fels war also schon an sich nicht recht geeignet für einen Druckstollen. Besonders ungünstig war dabei die Linienführung in zu engem Anschluß an das Gelände (Abb. 728, 729, 730). Selbst im untersten Abschnitt bei gegen 150 m Wasserdruck ist die Felsmächtigkeit über dem Stollen kaum 30 m. Als der Stollen mit 80 m Wasserdruck ohne jede Ausmauerung geprüft wurde, zeigten sich bedeutende Sickerverluste. Hierauf wurde er mit schwach eisenarmierten Holzrohren ausgekleidet und der Zwischenraum gegen den Felsen ausbetoniert. Wie vorauszusehen, traten wieder sehr bedeutende Sickerverluste ein.

Nach diesem zweiten Mißerfolg entschloß man sich, die Turbinen mit nur 100 m Druck zu betreiben und den Druckstollen nur noch im Bereich der oberen 37 m Druckhöhe beizubehalten, in der übrigen Fallstrecke aber durch eine eiserne, z. T. im Freien verlegte Rohrleitung zu ersetzen. Seit dieser durchgreifenden Maßnahme ist das Werk in ununterbrochenem Betrieb.

Professor Vogt bezeichnet zusammenfassend als für die Dichtigkeit eines Druckstollens maßgebend folgende Einflüsse:

1. Kapillare Gesteinsporosität.
2. Verwitterungszonen.
3. Risse längs Schichtungs-, Verwerfungs- und Überschiebungsflächen.
4. Chemische Angriffe des Wassers (Auslaugung).
5. Statische Druckwirkung des Wassers.
6. Ungenügende Abmauerungen an Querschlägen und Rohranschlüssen.

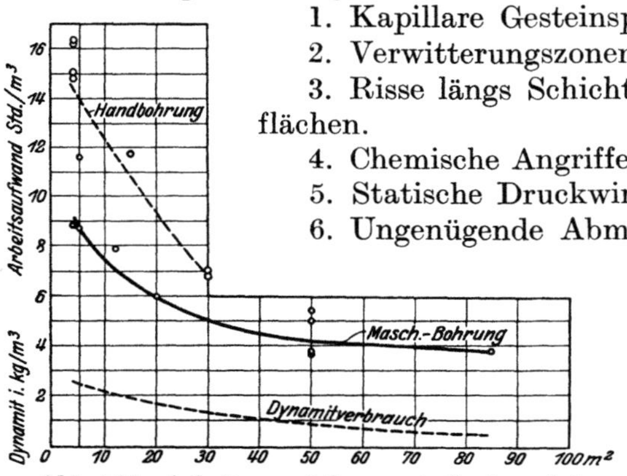

Abb. 731. Arbeits- und Sprengstoffaufwand im schwed. Stollenausbruch. (Festschr. Ing.-Korps.)

Als geologisch von grundlegender Wichtigkeit bezeichnet er (gewiß mit Recht) die Punkte 2, 3, 4, indem er noch als Beispiel unerwartet tief reichender Verwitterungszonen den Orklatunnel der Dovrebahn anführt.

Der viel erörterten wichtigen Frage der statischen Wirkung des Wasserdrucks auf geologisch einwandfreies Gebirge hat Ing. Fredrik Vogt eingehende Studien gewidmet. Zur Gewinnung eines Ansatzes für die in einem unverkleideten Druckstollen auftretenden Zugspannungen setzt er homogen isotropes Material und ein lineares Elastizitätsgesetz, mit verschiedenem Elastizitätsmodul für Druck und Zug voraus. Bei kreisförmigem Stollenquerschnitt findet er die Zugspannung σ_t: a) im Stollenscheitel $= 0{,}7\,(p - \gamma \cdot h)$ und b) in mittlerer Querschnittshöhe: $0{,}7\,(p - \gamma \cdot v)$ ($\gamma =$ spez. Gesteinsgew., $v =$ senkrechte Überlagerungshöhe, h eine von Gebirgsform und -druck abhängige Größe, jedenfalls kleiner als v, $p =$ Wasserdruck.

Jede Abweichung von der Kreisform bedingt wesentliche Spannungserhöhung.

Bei Untersuchung des ausgekleideten Stollens kommt Dr. Vogt zu dem Ergebnis, daß man u. U. die Eisenbetonschale als Teil des Gebirges betrachten und somit ihre Bewehrung auf Grund der für die Spannungsverteilung in homogenem Gebirge aufgestellten Gleichung:

$$\sigma_t = 0{,}7\,p\left(\frac{r_0}{r}\right)^{1,7}$$

berechnen dürfe ($r_0 =$ lichter Radius.)

(Im festländischen Stollenbau legt man vor ähnlichen formelmäßigen Ermittlungen das Hauptgewicht auf den vorgängigen Abpreßversuch einzelner Probestrecken, Verf.)

Hinsichtlich der Grenze der zulässigen Druckhöhe wird man der Auffassung Dr. Vogts, daß Stollen mit und ohne Betonverkleidung selbst bei günstigsten geologischen Vorbedingungen keinesfalls über das bisher erreichte Maß von 151 m WS. beansprucht werden sollten, durchaus beipflichten (größte festländische Druckhöhe in unverkleidetem Stollen: 75 m — Barberinestollen).

Vogt befürwortet für sehr große Druckhöhen bei günstigen geologischen Verhältnissen die Anwendung ganz dünner Eisenblechrohre als Futter und Ausfüllung des Zwischenraumes am Felsen durch Beton, wobei die wesentlichste Voraussetzung ist, daß dieser Beton vollständig entwässert werde, da im Beton angesammeltes Druckwasser bei Entleerung des Stollens das Blechfutter eindrücken könnte (gleiche Entwicklungen im festländischen Stollenbau, Druckschacht Handeck $H > 500$ m, Blechfutter ohne Berücksichtigung des Felswiderstandes auf ½ der Bruchfestigkeit beansprucht).

Eine im wesentlichen ähnliche Bauweise ist von der schwedisch-staatlichen Wasserkraftdirektion bei Trollhättan, Porjus und Norrfors angewandt, allerdings bei kleineren Druckhöhen. Formal wurde die volle Druckhöhe der Blechbemessung zugrunde gelegt, jedoch der Mitwirkung des Felsens bei den neueren Druckrohrleitungen durch Annahme hoher zulässiger Spannungen Rechnung getragen. Beispielsweise wurden bei Porjus (Druckhöhe 55 m) bei den älteren Druckrohren 1250 kg/cm², bei den neueren aber z. T. schon 2000 kg/cm² zugelassen[1]. Die Notwendigkeit dieser Entwässerung und einer guten Verankerung der Futterbleche im Beton beweist der ursprüngliche

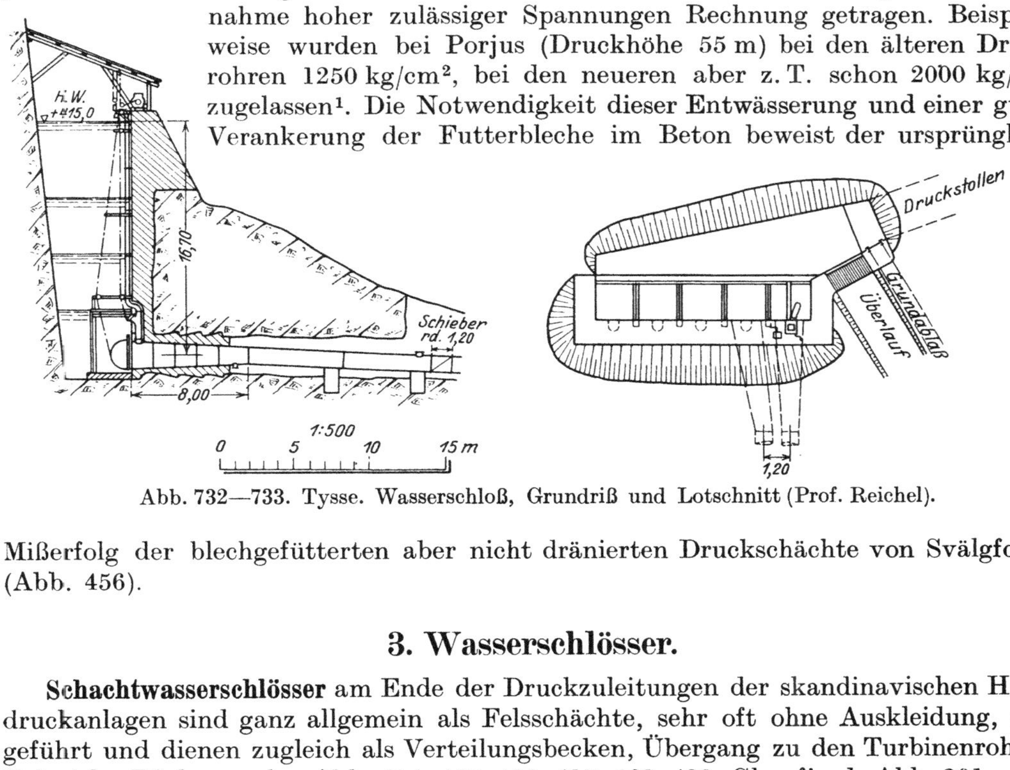

Abb. 732—733. Tysse. Wasserschloß, Grundriß und Lotschnitt (Prof. Reichel).

Mißerfolg der blechgefütterten aber nicht dränierten Druckschächte von Svälgfoss I (Abb. 456).

3. Wasserschlösser.

Schachtwasserschlösser am Ende der Druckzuleitungen der skandinavischen Hochdruckanlagen sind ganz allgemein als Felsschächte, sehr oft ohne Auskleidung, ausgeführt und dienen zugleich als Verteilungsbecken, Übergang zu den Turbinenrohren. Beispiele: Rjukanwerke, Abb. 414, 415, 416, 417, 423, 433, Glomfjord, Abb. 301—303, Tysse, Abb. 732, 733.

Im Gegensatz zu festländischen Ausführungen wird in Norwegen häufig der Feinrechen im Wasserschloß angeordnet, meist als Sackrechen, wobei eine eingebaute Zwischenwand (Abb. 292, 302, 374) mit Schützöffnung leicht eine ungünstige hydraulische Wirkung bei plötzlicher Belastung ausüben kann. In der Regel werden Überläufe angeordnet (Abb. 298, 326, 338, 734, 735, 736, 737, 738, 739). Bemerkenswert sind die verschiedenen Anordnungen des Apparateraumes (Abb. 349—351, 365).

Ganz- oder halbfreistehende Schachtwasserschlösser in Eisenbeton oder Eisen finden sich (naturgemäß meist bei kleineren Anlagen) mehrfach, in Schweden z. B.

[1] Westerlindh: Londoner 1. Weltkr.-Konf. Bd. II, S. 347.

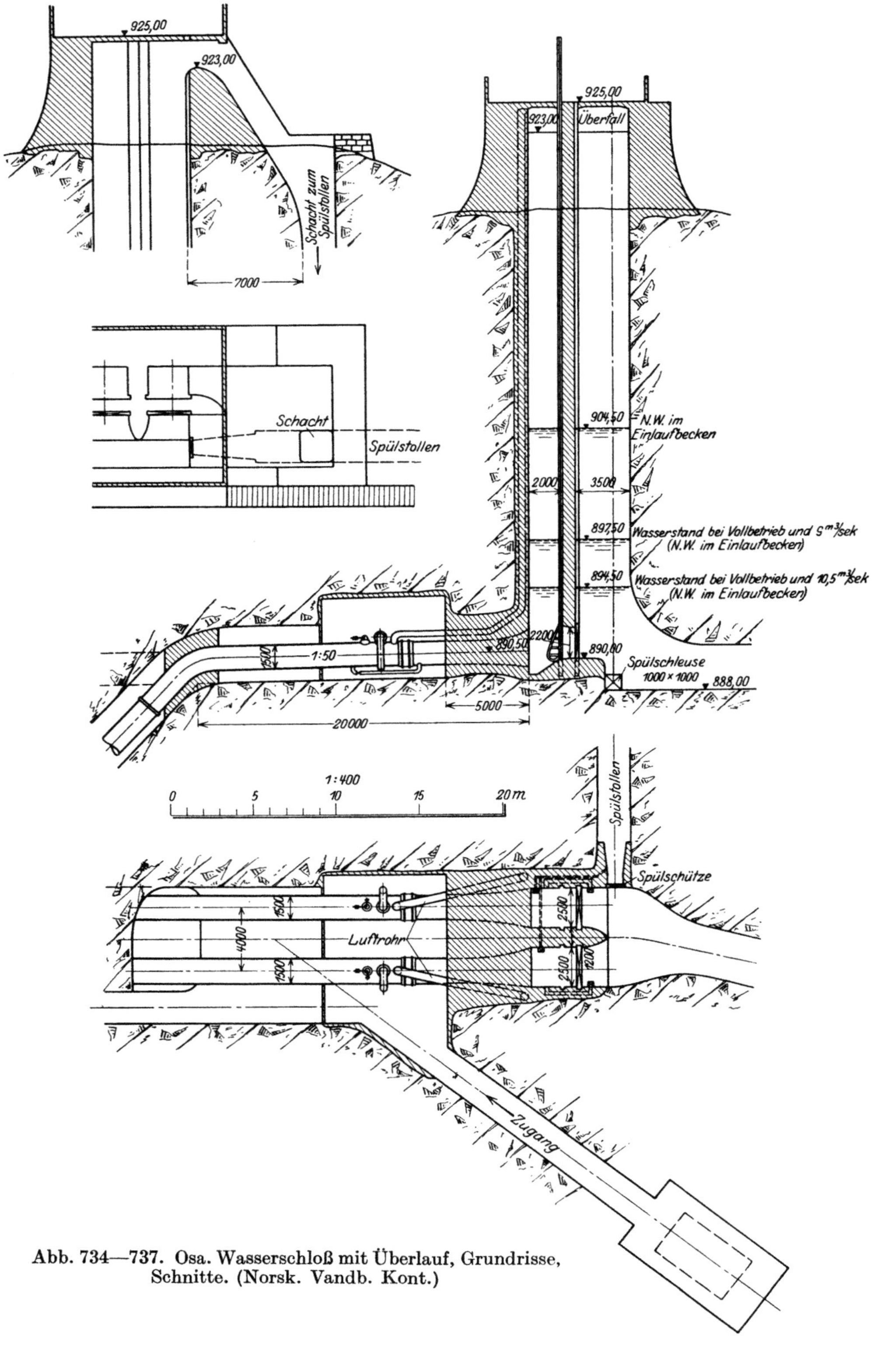

Abb. 734—737. Osa. Wasserschloß mit Überlauf, Grundrisse, Schnitte. (Norsk. Vandb. Kont.)

bei Haby (Abb. 739, 740, 741, 758). Der zylindrische Blechmantel ist an der Sohle nur mit einem Winkel und nur am oberen Ende durch einen Fachwerkring ausgesteift.

Bei großer Werkwassermenge und bedeutender Länge der Turbinenleitung genügt die übliche Anordnung eines Schwallschachtes am Übergang vom Flachabschnitt zum Steilabschnitt der Zuleitung nicht zur Sicherung des gleichmäßigen Laufes der Turbinen; es muß dann noch ein hydraulisches Ausgleichorgan in nächster Nähe der Turbinenanlage angeordnet werden. Schweden mit seinen zahlreichen Mitteldruck-Umleitungskraftwerken bietet eine Anzahl von Beispielen dieser Anordnung:

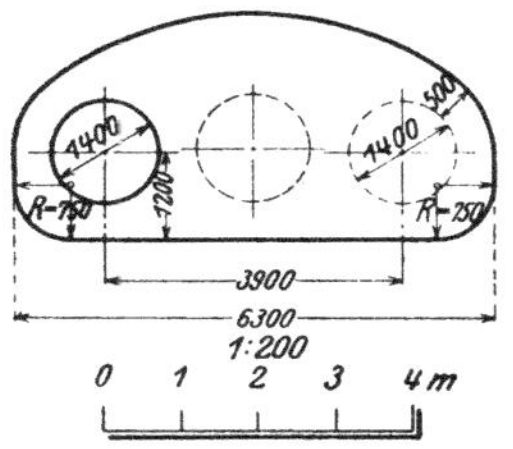

Abb. 738. Osa. Querschnitt des Rohrschachtes. (Norsk. Vandb. Kont.)

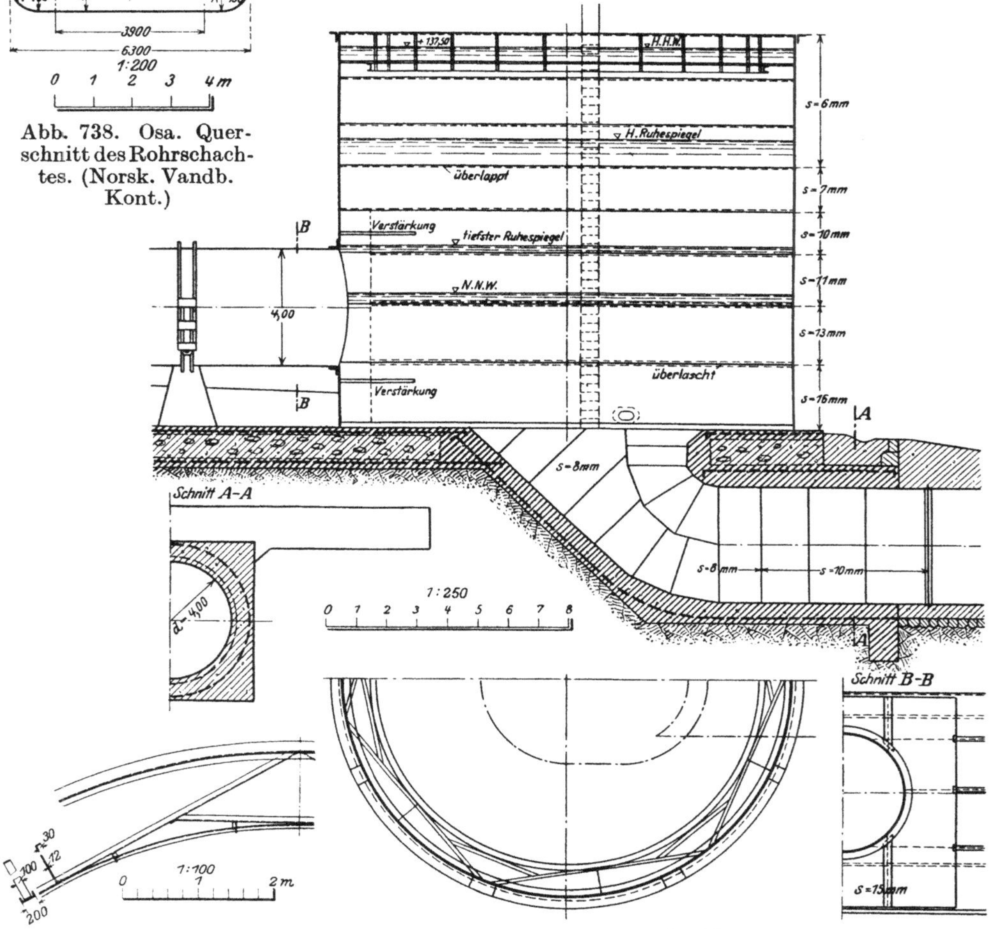

Abb. 739—741. Haby. Wasserschloß. (Verw.)

Das Ljungawerk (S. 136) hat eine Druckrohrleitung von nahezu 2500 m, wovon rd. 1800 m Flachleitung und 700 m Fallrohrleitung ist. Am Ende der Flachstrecke ist ein Wasserschloß in eigenartiger kastenförmiger Eisenbauweise mit Überfall (Abb. 101) angeordnet; am Krafthaus ein weiteres in Turmbauweise (Abb. 101, 742). Der größte Durchmesser des trichterförmigen Hochbehälters ist in den häufigsten Spiegelhöhen angeordnet. Die Fachwerkabstützung dieses Oberteils dient zugleich zur Aussteifung des Unterteils des Behälters. Der Überlauf ist als zentrales Trichterrohr angeordnet. Da bei der außerordentlichen Kälte der Gegend das Wasser im Schwallturm einfror und das Überfallrohr eindrückte, wurde der ganze Turm nachträglich mit Holz ummantelt; außerdem wurde um den unteren Teil des Steigrohres eine

Dampfschlange herumgelegt. Nach ähnlichen Grundsätzen, nämlich mit dämpfender Drosselanschlußöffnung und Überlaufzentralrohr, ist der Schwallturm von Sikfors angeordnet (Abb. 743), nur die konstruktive Gestaltung ist im einzelnen ganz anders.

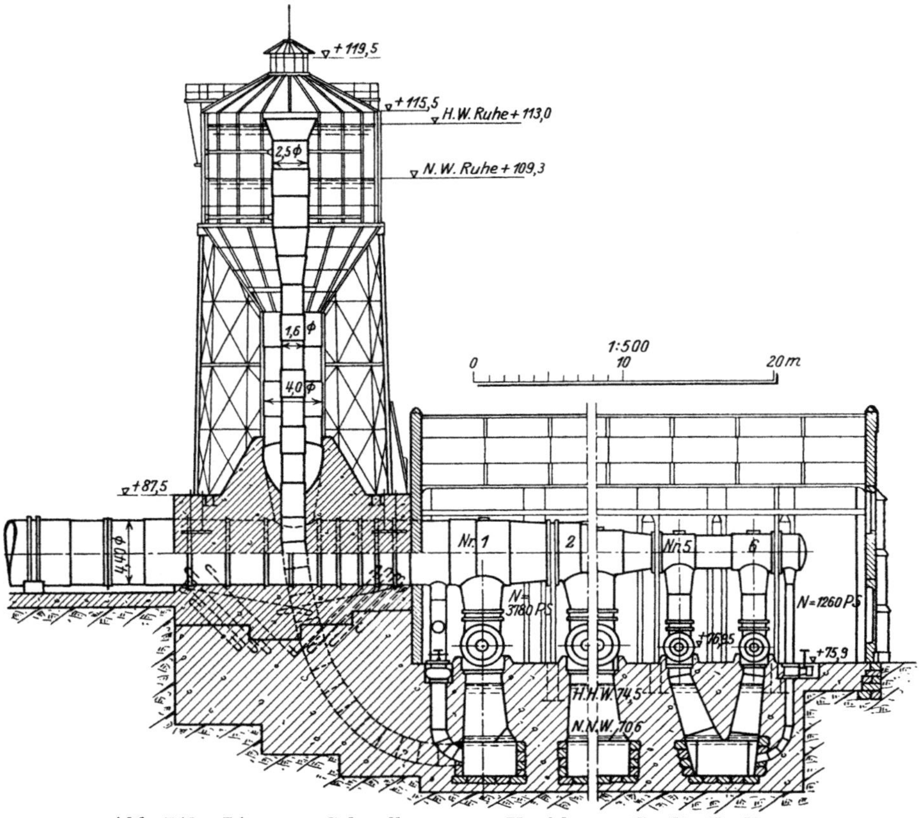

Abb. 742. Ljungan. Schwallturm am Krafthaus. (Sv. V. Kr. För.)

Der Schwallturm Elverum (Abb. 477, 744) steht unmittelbar vor der Rohrverzweigung. Der Überfall ist auch hier als zentrales Rohr angeordnet, aber so, daß man den obersten Teil heben und senken kann, um die Überfallhöhe dem Oberwasserstand anzupassen.

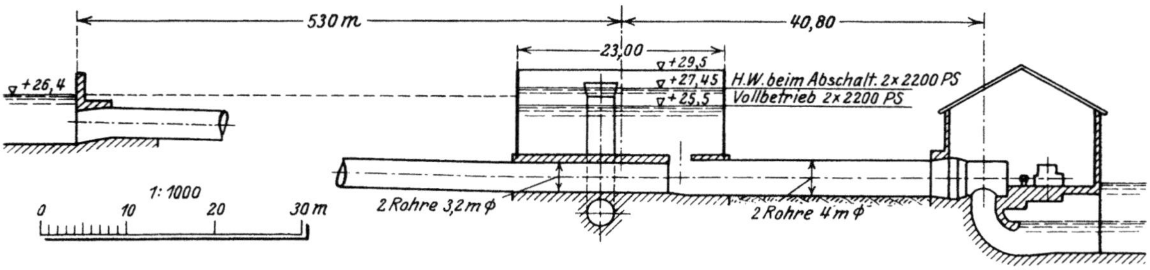

Abb. 743. Sikfors. Schematische Übersicht der Triebwasserleitung mit Schwallturm. (Holm.)

Unterwasser-Schwallräume sind als Gegenstück zu den Wasserschlössern nötig, wenn die Triebwasserableitung ein Stollen oder Rohr ist. Die nordischen Anlagen bieten manche Beispiele. Am bedeutendsten das Porjuswerk (Abb. 60, 61) mit zwei riesigen in den Fels gesprengten seitlichen Kammern, wobei der Stollenquerschnitt vor und hinter Kammer II auf das Doppelte vergrößert ist mit beiderseitigem stetigem Übergang in den normalen Querschnitt von 50 m².

Bezüglich vieler interessanter Einzelheiten ist auf die Unterlagen zu verweisen (S. 620). Schwingungskurven von Wasserstand und Fallhöhe bei „normaler“ Belastungsänderung von 70 auf 100 m³/sek (bei welcher der vorhandene Überfall noch nicht wirkt) zeigt Abb. 753. Bei Mockfjärd ist mit befriedigendem Erfolg an Stelle einer seitlichen Unterwasserkammer einfach eine Aufschlitzung des Stollenscheitels mit einem für beide Stollen gemeinsamen Freispiegelschacht ausgeführt (Abb. 135). Bemerkenswert ist die Gesamtanordnung der verschiedenen Ausgleichorgane in den Triebwsserleitungen der provisorischen und endgültig geplanten Hyttefossenanlage (S. 350).

Als Merkwürdigkeit ist die ganze ohne Wasserschloß ausgeführte Skaranlage zu erwähnen, deren eigenartige Entstehungsgeschichte die Erklärung dafür abgibt.

„Offene“ Wasserschlösser am Ende von Freispiegelstollen und Kanälen finden sich unter anderem in Trollhättan, Abb. 206, Svälgfos, Abb. 456, Kykkelsrud, Abb. 499; Tinfos, Abb. 745. Bei ihnen ist die Ableitungsmöglichkeit des Oberflächeneises besonders wichtig und beachtenswert die in Trollhättan getroffene Anordnung zur nachträglichen Verbesserung der Strömungsverhältnisse (bzw. der ungünstigen Grundrißanordnung der Eisschütze im toten Raum des zu schnell erweiterten Verteilungsbeckens:

Gemäß Abb. 746—751 hat man teils windschiefe, teils schiefgestellte ebene Leitschirme an Wänden und Sohle so eingebaut, daß sie das zuströmende Triebwasser in Drehung versetzen, so daß an der Oberfläche Wasser und Eis nach der gewünschten Seite gelenkt werden; Abb. 752.

Zuerst waren[1] 4 Leitschirme (*a*, *b*, *c* aus Eisen und *d* aus Holz) angebracht. Diese hatten schon bewirkt, daß

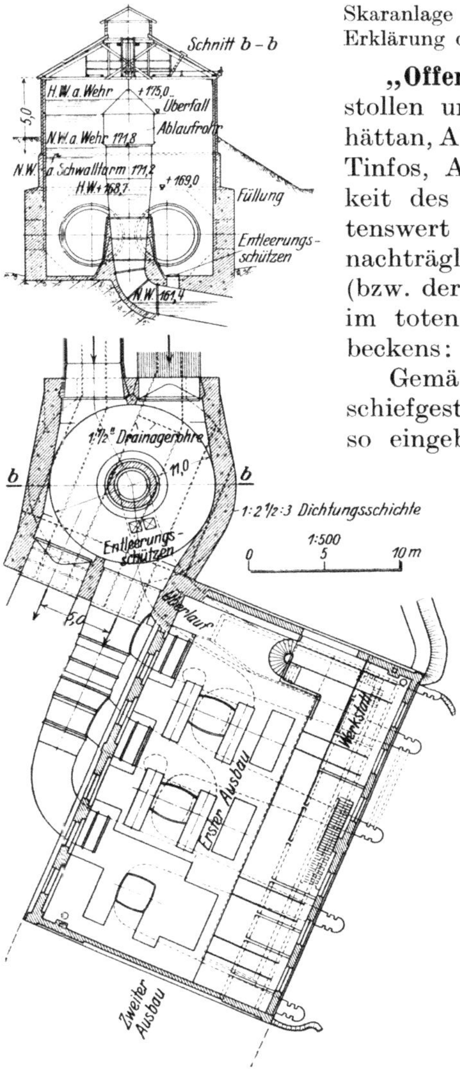

Abb. 744. Elverum. Schwallturm am Krafthaus. (Ing. Kinck.)

Abb. 745. Tinfos. Werkeinlaß am Wasserschloß mit leichter Schützenanlage (J. M. Voith) (linksufriges Werk).

das Oberflächenwasser hauptsächlich im linken Breitendrittel nahe den Eisschützen abfloß. Zur Verstärkung der Wirkung hat man noch 5 neue Sohlenschirme (1—5) eingebaut, und zwar Nr. 1 aus Alzement 1:3 gelegentlich einer Trockenlegung ganz, von Nr. 2—5 aber nur die Fundamente, auf die dann die eisernen Schirme selbst bei gefülltem Kanal vom Taucher mittels im Fundament vorbereiteter Befestigungsbolzen aufgeschraubt wurden. 1927 war beabsichtigt, bei Bewährung der Sohlenschirme, die seitlichen wieder wegzunehmen.

[1] Tekniska Meddelanden Ser. B Nr. 12, S. 114 (Vattenfallstyrelsen u. schriftl. Mittlgn.).

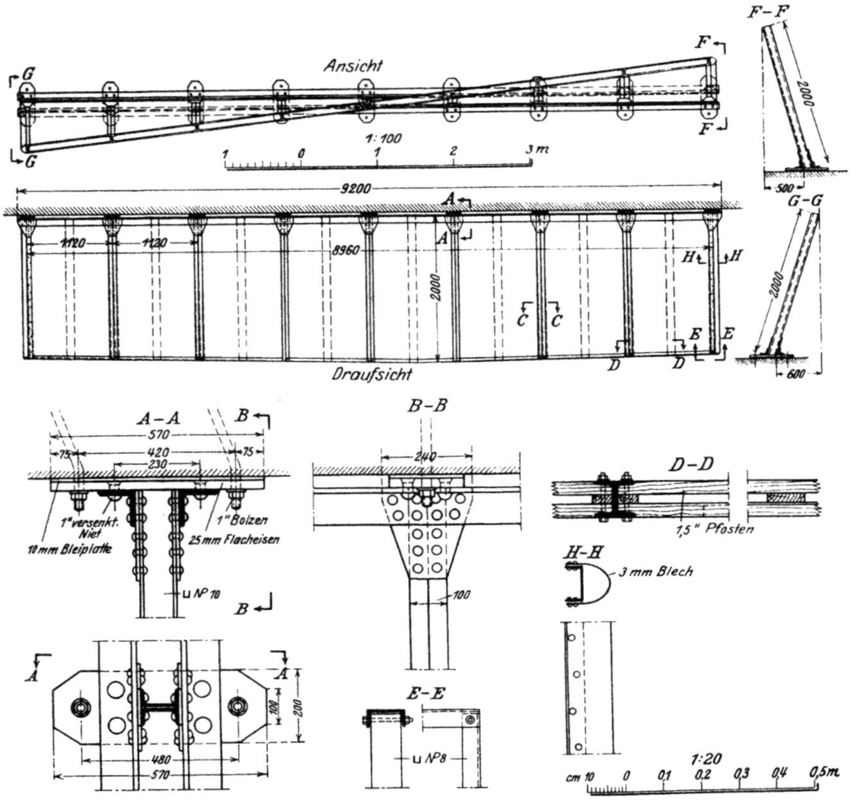

Abb. 746—747. Seitliche eiserne Leitschirme (*a*—*c*).

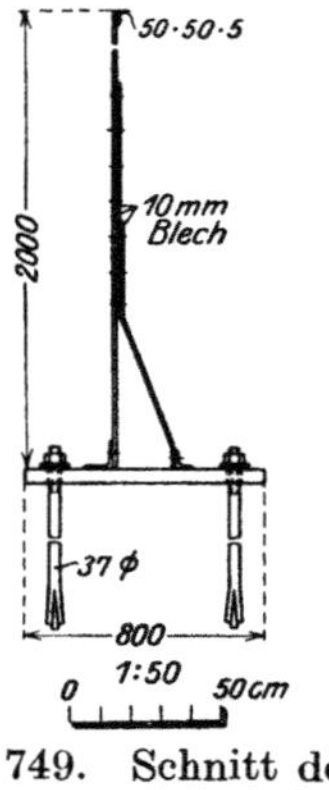

Abb. 749. Schnitt der Schirme = *2, 3, 4, d, 5*.

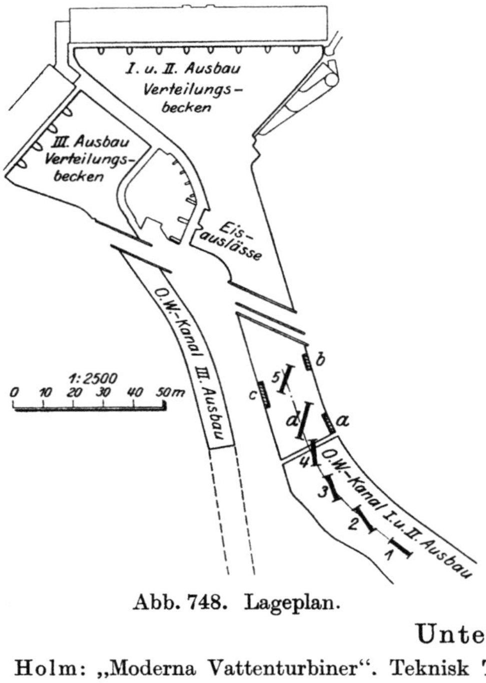

Abb. 748. Lageplan.

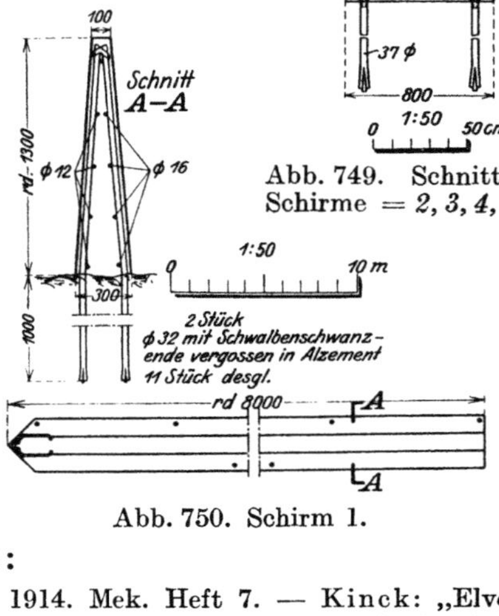

Abb. 750. Schirm 1.

Unterlagen:

Holm: „Moderna Vattenturbiner". Teknisk Tidskrift 1914. Mek. Heft 7. — Kinck: „Elverums Elektricitetsverks Vandkraftanläg i Glommen". — „Porjuskraftwerk og Riksgränsbanans Elektrifiering". Teknisk Ukeblad 1913, H. 14/15. — Veröffentlichung von Vattenfallstyrelsen.

4. Rohrleitungen.

Eiserne Druckleitungen. Die Erkenntnis des wesentlich verschiedenen statischen Verhaltens der Nieder- und Hochdruckleitungen ist im Norden, namentlich dank schwedischer Forschungsarbeiten früh zu praktischen Ergebnissen gereift. Bekanntlich kann bei Niederdruckrohren die teilweise Füllung maßgebender Belastungsfall sein,

Abb. 751. Blick in den entleerten O.-Kanal beim Einbauen.

und als wichtiger Grenzfall ist die „Niveau-Druckleitung" mit Drucklinie annähernd im Scheitel hervorzuheben. Bei ihr ist die Ungleichmäßigkeit des Wasserdruckes in der statischen Berechnung ausschlaggebend.

Abb. 752. Eistreiben, Wirkung der Leitschirme.

Abb. 746—752. Trollhättan. Verbesserung der Eisabführung im O.-Kanal durch Leitschirme. (Verw.)

Für die ausgesprochenen Niederdruckrohre ist in Schweden hauptsächlich durch Professor Karlsson (Vattenbyggnadsbyrån-Stockholm) im Zusammenhang mit eingehenden statischen Forschungsarbeiten eine neue äußerst wertvolle Konstruktionsform, die Weitspannrohrleitung, durchgebildet worden[1]. Die wesentlichen Grundgedanken dieser Konstruktion sind: die ungünstigsten Beanspruchungen treten an den Auflagerstellen auf, weshalb hier kräftige Versteifungen nötig sind. Zwischen zwei Auflagerquerschnitten soll die Röhre möglichst wenig starr konstruiert werden,

[1] Ungefähr gleichzeitig wurde derselbe Fortschritt auch in Deutschland gemacht, vgl. Aufsatz von D. Thoma in Zeitschrift f. T. 20. II. 1920.

damit die Biegungsspannungen möglichst klein werden. Teilweise Füllung gibt indes besonders ungünstige Beanspruchungen, weshalb leichte Versteifungen der Rohrwand zwischen den Auflagern doch nicht ganz zu vermeiden sind.

Genaue elastizitätstheoretische Untersuchung ergab als günstigste Abstützungsart diejenige durch vollkommen steife Vollringe, in denen die, im übrigen nur durch leichte Winkelringe etwas versteifte, Rohrhaut freigespannt hängt. Der Stützring wird am vorteilhaftesten in zwei

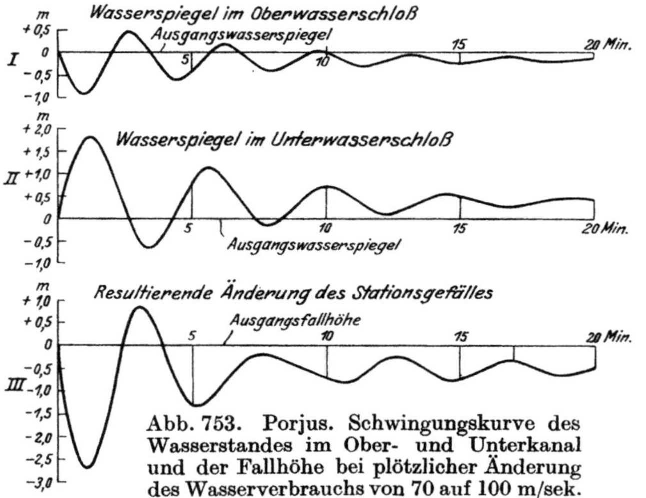

Abb. 753. Porjus. Schwingungskurve des Wasserstandes im Ober- und Unterkanal und der Fallhöhe bei plötzlicher Änderung des Wasserverbrauchs von 70 auf 100 m/sek. (Verw.)

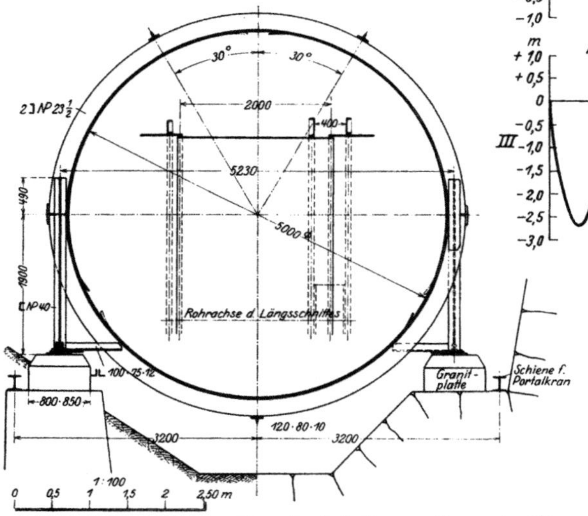

Abb. 754. Ljunga. Druckrohrleitung, Querschnitt (Verw.).

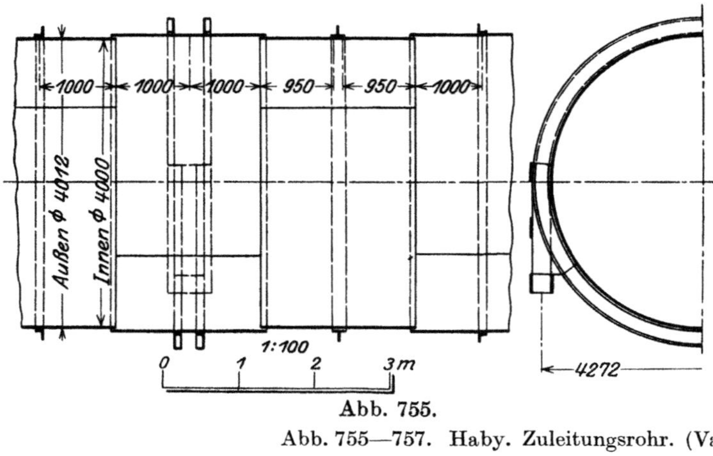

Abb. 755.

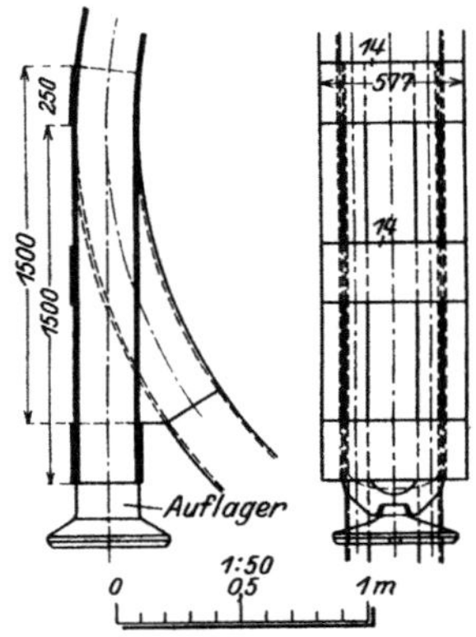

Abb. 756.

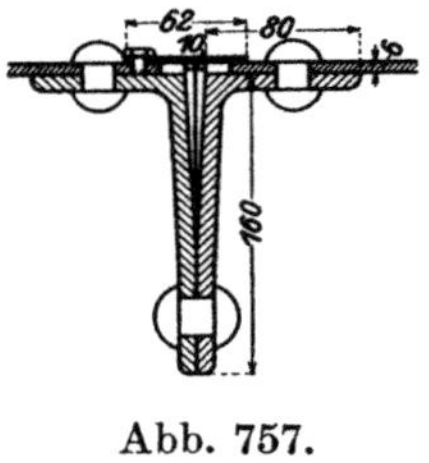

Abb. 757.

Abb. 755—757. Haby. Zuleitungsrohr. (Vattenb. Byr.)

symmetrisch zur senkrechten Mittelebene liegenden Punkten aufgelagert. Diese Punkte erhalten weiter am besten eine geringe Exzentrizität gegenüber der Schwerelinie des Stützrahmenquerschnitts. Diese, Anwendung großer Stützenabstände und geringer Blechstärken gestattende, Bauweise hat noch den großen konstruktiven Vorteil, daß die ganze Außenfläche der Eisenkonstruktion zugänglich und die Anstricherneuerung auch an den Auflagern leicht ist.

Versuche, die für das große Rohr des Ljungawerkes von Verkstaden-Kristinehamn ausgeführt wurden, zeigen, daß die aussteifende Wirkung der Stützringe sich sehr

Abb. 758. Haby. Weitspannrohrleitung. (Vattenb. Byrån.)

Abb. 759. Haby. Weitspannrohrleitung. Auflagerung der Stützringe. (Vattenbyg. Byrån.)

Abb. 759a. Kungfors. Weitspannrohrleitung. (Prof. Karlsson.)

weit erstreckt, so daß bei nicht ganz großen Spannweiten Zwischenaussteifungen überhaupt nicht nötig sind. Bei dieser 5 m weiten Rohrleitung von Ljunga (Abb. 754) wurden indes noch Zwischenaussteifungen angeordnet.

Eine noch reinere Durchführung des konstruktiven Gedankens zeigt die 4 m weite Rohrleitung Haby in Südschweden, ebenfalls nach den Grundsätzen von Professor Karlsson vom Vattenbyggnadsbyrån-Stockholm entworfen und von Verkstaden Motala ausgeführt (Abb. 755, 756, 757, 758, 759, 759a). Hier sind die Stützrahmen mit Kipplagern versehen. Die Stützweite ist 10 m.

Besonders bemerkenswert sind die Rohrleitungen Kungsfors. Die erste ist 1900 erbaut, ohne Versteifungen an den Pfeilern; sie wies infolge der Unzugänglichkeit der Auflager und örtlichen Verformung trotz Vergrößerung der Auflagerfläche ständig Undichtheit und Rostbildung auf. Der notwendige Umbau wurde nach Karlssons Grundsätzen von Vattenbyggnadsbyrån entworfen. Später wurde hier noch eine zweite 3,3 m weite Rohrleitung mit 12,5 m Stützweite erbaut. Die Blechstärke ist

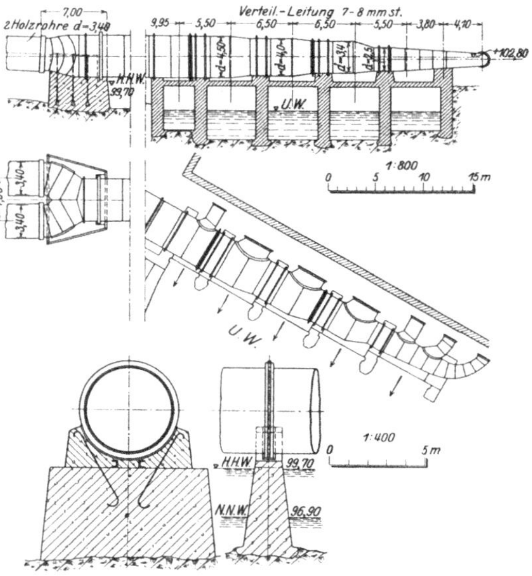

Abb. 760. Äggforsen. Druckrohr-Stromübergang. (Verkstaden.)

nur 6 mm, Zwischenversteifungen fehlen vollkommen, die Stützringe sind durch zwei U-Eisen, N. P. 22, gebildet.

Bei der Rohrleitung von Äggforsen (Nedre Norrland, Abb. 760) ist der **Grundgedanke** der kräftigen Aussteifung am Auflager durchgeführt, nicht jedoch die freie

Abb. 760a. Glomfjord. Bandagenrohr (Ferrum 1917).

Abb. 760b. Ryfylke. Oberes Werk. (Verw.)

Auflagerung des Versteifungsringes, wohl wegen der Größe der Last. Die zwei Turbinenleitungen des Werkes sind zur Überführung eines 60 m breiten Flusses zu einer einzigen 4,5 m weiten vereinigt. Die Feldweite ist zu 19 m gewählt, so daß jeder Zwischenpfeiler etwa 350 t zu tragen hat. Die Rohrwandstärke ist 10—12 mm. An den Stützen ist das Rohr mit U-Eisen ausgesteift, die so zusammengenietet sind, daß sie

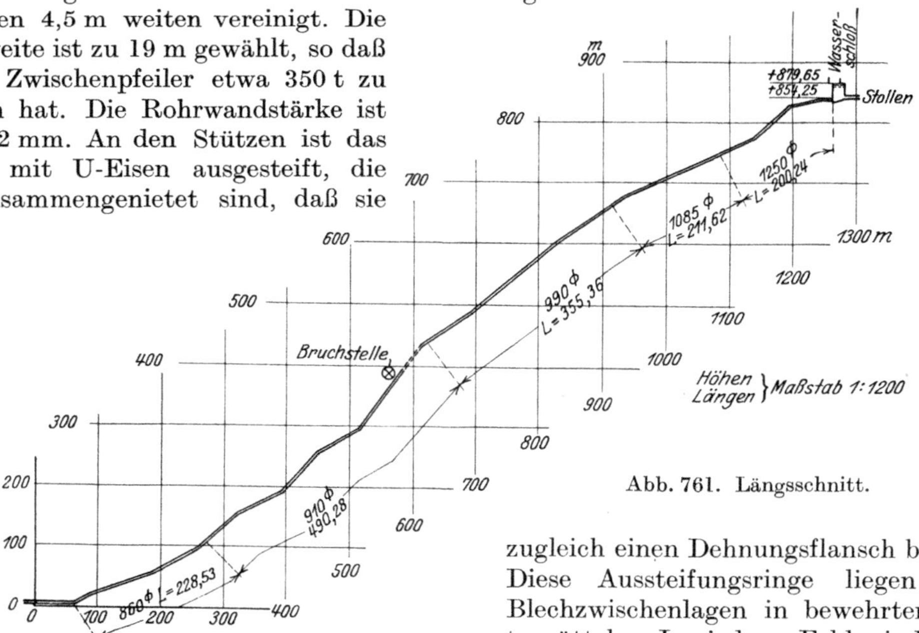

Abb. 761. Längsschnitt.

zugleich einen Dehnungsflansch bilden. Diese Aussteifungsringe liegen auf Blechzwischenlagen in bewehrten Betonsätteln. In jedem Feld sind drei Zwischenaussteifungen angeordnet. Die von Verkstaden-Kristinehamn entworfene und ausgeführte Konstruktion hat sich seit 1914 als dauernd dicht vollkommen bewährt.

Als Beispiel einer bewährten ähnlichen, wenn auch der Theorie nicht so voll entsprechenden Weitspannkonstruktion ist noch die Bodinanlage (Norwegen) zu erwähnen. Das den Stromübergang zwischen zwei Stollen vermittelnde 1,8 m weite Rohr, Spannweite 9 m, hat Versteifungen aus je 2 Winkeleisenringen, die zu beiden Seiten des Betonsattels außen auf das Rohr aufgenietet sind. Gerade die örtlich am stärksten beanspruchte Teilfläche ist somit nicht unmittelbar versteift (Abb. 291).

Hochdruckrohrleitungen unterscheiden sich in den nordischen Ausführungen nicht wesentlich von denen anderer Länder. Für die größeren Druckhöhen, wo geschweißte Rohre nötig werden, sind die ausführenden Firmen meist ausländische, vorwiegend deutsche Firmen (Abb. 760a, 760b). Dabei haben aber die besonderen nordischen Geländeschwierigkeiten einige für die Entwicklung der Rohrbautechnik wichtige Rohrbrüche veranlaßt. Der bedeutendste war derjenige der Bjölvoanlage (S. 385), die zugleich mit rd. 875 m statischer Druckhöhe mit die höchste Kraftstufe in Nordeuropa darstellt.

Abb. 762. Unmittelbar nach dem Bruch (20. V. 1919).

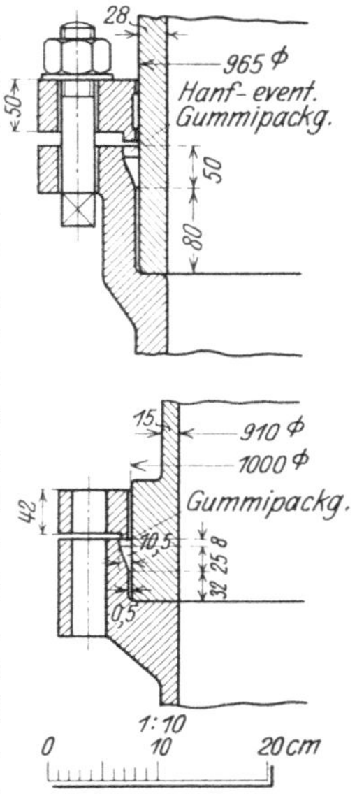

Abb. 763. Hochdruckmuffen der glatten und der bandagierten Rohre.

Die 1518 m lange Leitung (Abb. 761, 762) besteht aus 6 m langen geschweißten, unterhalb der Höhe 391 bandagierten Rohren, 1250 bis 850 mm weit. Als Querverbindungen sind auf freier Strecke Hochdruckmuffen Patent Ferrum (Abb. 761, 762, 763) angeordnet. Als Packungsmaterial ist bei den bandagierten Röhren Gummi, bei den glatten ein präpariertes Hanftau verwendet.

Die bandagierten Rohre ruhen im allgemeinen unverschieblich auf ihren Unterstützungsklötzen, so daß die Längenänderung infolge Temperaturänderungen sich gleichmäßig auf alle Muffen aufteilen muß.

Nur in den steilsten Strecken: VI, VII, VIII und IX wird die Gesamtdehnung von Knick zu Knick in einer besonderen Stopfbüchse aufgenommen; die Röhren sind in eisernen Sätteln gelagert, die auf T-Längsträgern ruhen. Diese 6 m langen Längsträger waren mit Langlöchern gestoßen (Abb. 764, 765, 766). Der angestrebte Erfolg: zu verhindern, daß die Längenänderung der Träger Ausknickung verursachen könne, wurde dadurch vereitelt, daß die Verbindungsschrauben zu stark angezogen wurden. Noch fehlerhafter war die Verwendung zu schwacher (10 mm) Flacheisenklauen zur Sicherung der Lage der U-Eisensättel auf den Längsträgern und die ungenaue Montage dieser Klauen mit seitlichem Spielraum, auf einer Seite nicht weniger als 30 mm, obschon nur 1 mm vorgeschrieben war. Zudem ist gerade an derselben Stelle die Lage der einzelnen Sattelfundamente abweichend vom Plan ausgeführt. Ein schwerwiegender grundsätzlicher Entwurfsfehler war schließlich bei der Steilheit der Rohrstraße und der Anwendung von Muffenverbindungen die große Entfernung (168 m) von Festpunkt VI zu VII.

Zu diesen Fehlern in Anordnung, Konstruktion und Ausführung kam noch eine zweifelsfrei festgestellte Mangelhaftigkeit des Werkstoffes (Kriegs- und Nachkriegszeit) und der Umstand, daß bei Ausrichtung geringfügiger seitlicher Ausweichungen, die nach Inbetriebnahme bemerkt wurden, Verstärkungen willkürlich angebracht wurden, so daß das ohnehin nicht klare Kräftespiel noch unklarer wurde. Alle mit Untersuchungen befaßten Sachverständigen waren sich über diese Fehler einig, nur über die Rolle derselben bei der Einleitung der Katastrophe und über deren Hergang besteht Uneinigkeit. Professor E. Reichel betrachtet als Hauptursache die Werkstoffmängel, die er für das primär angenommene Bersten der Muffe 150a verantwortlich macht, danach, meint er, hat der aus dem Gleichgewicht gebrachte Wasserdruck und (wie wir wohl hinzufügen können) heftige Vibration beim Ausströmen des Wassers die Rohrleitung zum Ausknicken gebracht und damit ganz auseinander gezogen.

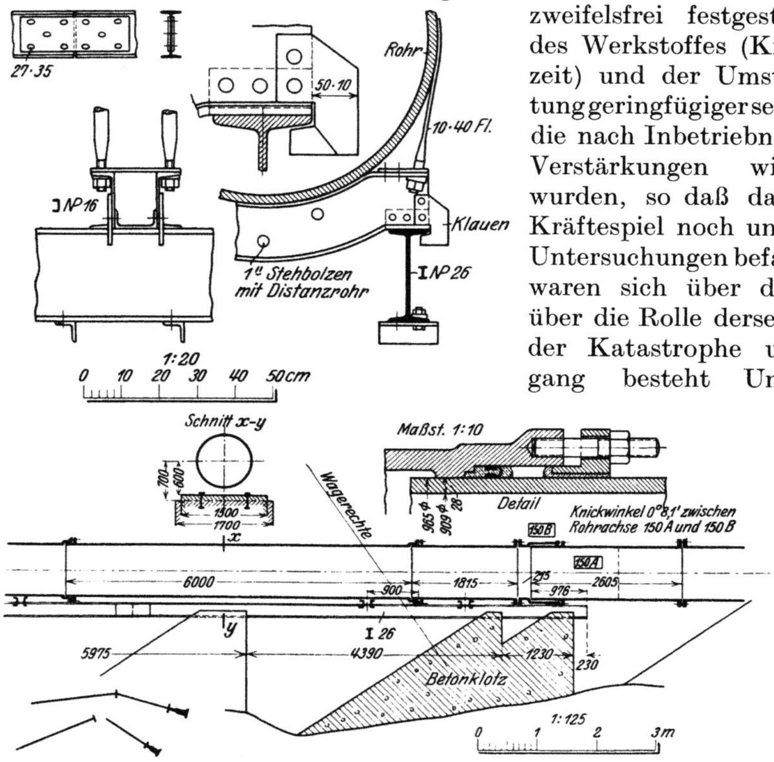

Abb. 764—766. Auflagerung in Steilstrecken und Fixpunkt.

Die Sachverständigen Fleicher und Sörbye dagegen sahen die primäre und hauptsächliche Ursache in den Konstruktionsfehlern, vor allem in

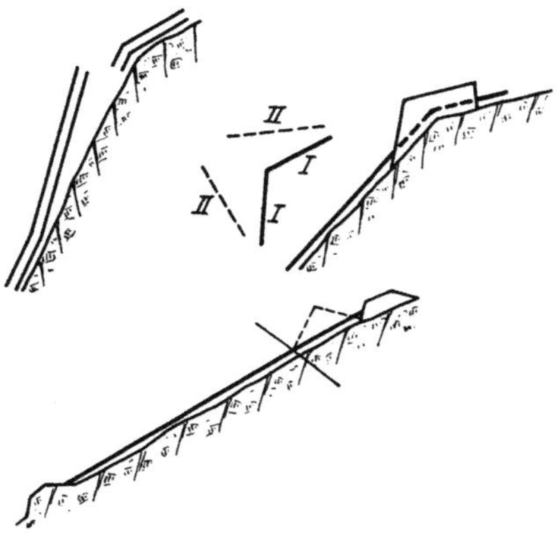

Abb. 767. Brucherklärungsversuch.

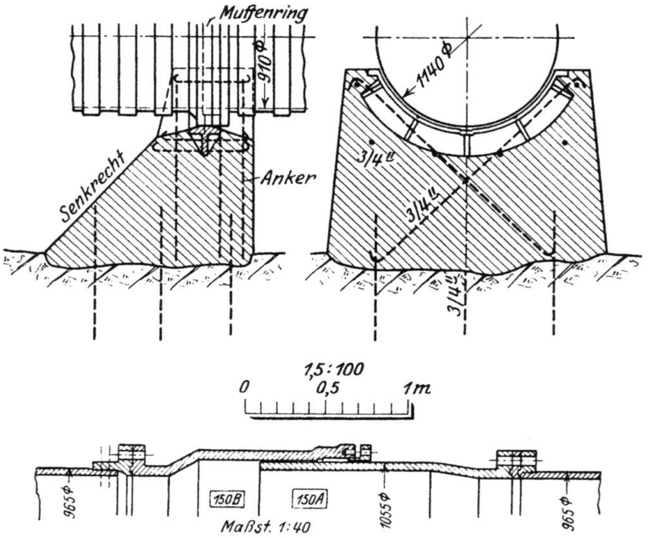

Abb. 768—769. Verbesserte Auflagerung und Dilatation.

Abb. 761—769. Bjölvo. Druckleitung. (Tekn. Ukeblad.)

der fehlerhaften Auflagerung und deren ungenauen Montage. Nach ihnen ist ein von Muffe 150a etwa 100 m abwärts liegender Abschnitt der Rohrleitung infolge einer ursprünglich geringen Montageungenauigkeit durch Einwirkung des Wasserdruckes wesentlich seitlich ausgewichen, was durch die unrichtige Konstruktion und ungenaue Montage der Auflager ermöglicht wurde; eine plötzliche starke Temperaturabnahme hat dabei bewirkt, daß das Rohr aus der Muffe 150a herausschlüpfen konnte (Abb. 767).

Wenn auch die Reichelsche Erklärung viel für sich hat, so ist die Darstellung der anderen Sachverständigen doch mindestens insofern voller Beachtung wert, als sie wichtige Fingerzeige für die in konstruktiver Beziehung an ähnliche Rohrleitungen zu stellenden Forderungen gibt.

Die Folgen des Rohrbruches sind übrigens erst dadurch besonders groß geworden, daß die Drosselklappe im Apparatestollen nicht schloß: die Schwachstromleitung zur Betätigung vom Krafthause aus wurde nämlich sofort zerstört und die automatische Vorrichtung (Pendelautomat) hat im kritischen Moment versagt, sie war unrichtig konstruiert.

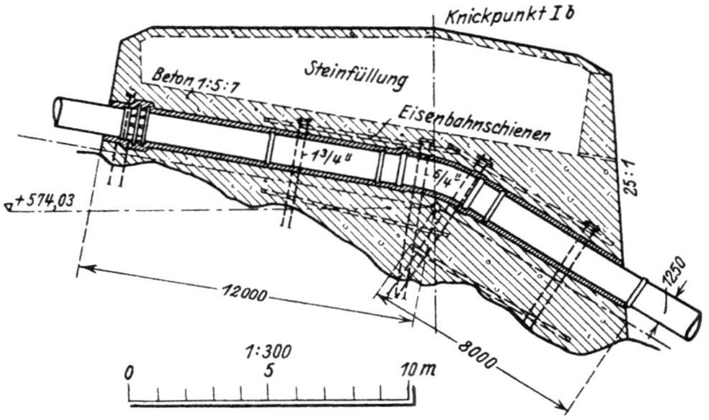

Abb. 770. Rohrfestpunkt von Rjukan I. (Verw.)

Bei der Wiederherstellung ist die Auflagerung der Dehnungsmuffen in neuer ein seitliches Ausweichen ausschließender Weise ausgebildet worden (Abb. 768, 769).

Die Drosselklappe wurde mit einem neu konstruierten Automaten versehen, die Fernsteuerleitung wurde neu längs sicherer Trasse erbaut und schließlich wurde als dritte Sicherheit eine automatische Ruhestrombetätigung eingerichtet, deren Leitung dicht neben der Rohrleitung liegt, so daß bei Rohrbruch diese Leitung zerreißt und das Ausbleiben des Stroms den Schluß der Drosselklappe herbeiführt.

Ein ähnlicher Rohrbruch ist auch bei der Anlage Flörli (S. 397) vorgekommen. Die Rohrleitung von der Firma Ferrum, wassergasgeschweißtes Stahlblechrohr $s = 30 - 10$ mm, Weite $= 660$ bis 1010 mm, Rohrverbindung: Hochdruckmuffen Ferrum, normale Konstruktion mit keilförmigem Paragummiring, ist 1623 m lang und wiegt ca. 600 Tonnen. Sie ist unten mit einem größten statischen Druck von 736 m beansprucht. In allen Knickpunkten sind in üblicher Weise Verankerungsklötze betoniert, auf welche der oberhalb liegende Rohrstrang abgestützt ist, während er gegen den oberen Klotz in einer Dehnungsbuchse mit Mannlöchern endigt.

Etwa 2 Jahre nach Inbetriebnahme fand am 6. 6. 1920 ein Rohrbruch kurz unterhalb Knickpunkt 6 und 208 m ü. d. M. statt. 2 Rohre wichen seitlich aus, vielleicht infolge Ausblasens eines Teiles der Gummidichtung. Das Rohrende wurde ganz aus der Muffe herausgezogen. Die selbsttätige Drosselklappe schloß sofort ab, so daß die Verheerungen sich auf die Wirkungen der auslaufenden Rohrfüllung beschränkten. Der Unfall war die Veranlassung, daß jedes Rohr einzeln bis zu 80 m Druckhöhe (von unten nach oben) in einem oder mehreren Bügeln in den Auflagern fest verankert wurde, so daß eine Dehnung in jeder Muffe stattfinden muß. Vom Entnahmebecken bis auf 80 m statischen Druck herunter ward nur jedes sechste bis vierte Rohr verankert.

Wohl veranlaßt durch die Bjölvokatastrophe hat man auch bei der Örewerksrohrleitung (S. 371) nachträglich die Stützklötze bis fast zur Rohrmitte erhöht. Außerdem sind hier möglichst knapp an die Muffen heran rundeiserne Bügel um jedes Rohrende gelegt. Zu Zeiten besonders rascher Temperaturschwankungen (Winterausgang) wird die Leitung täglich auf abnormale Verschiebungen in den Muffen mittels eines Meßhakens, der in Körnerschläge beiderseits der Muffe eingesetzt wird, untersucht. Die Höyanger-Leitung weist sonst nichts technisch Bemerkenswertes auf. Nur ist sie, mit Ausnahme von Krümmern und Dehnungsmuffen, wo Flanschen verwendet sind, überall statt mit Hochdruckmuffen mit Nietmuffen versehen. Sämtliche Betonklötze sind auf ihrer bergwärtigen Seite, die dem Schnee- und Kondenswasser besonders ausgesetzt ist, und auf der Oberfläche mit einem Schutzanstrich aus Goudron versehen, um Frostschäden zu vermeiden.

Die Druckleitung von **Fröistul**, vgl. S. 417, ist bemerkenswert, weil sie die erste nordische

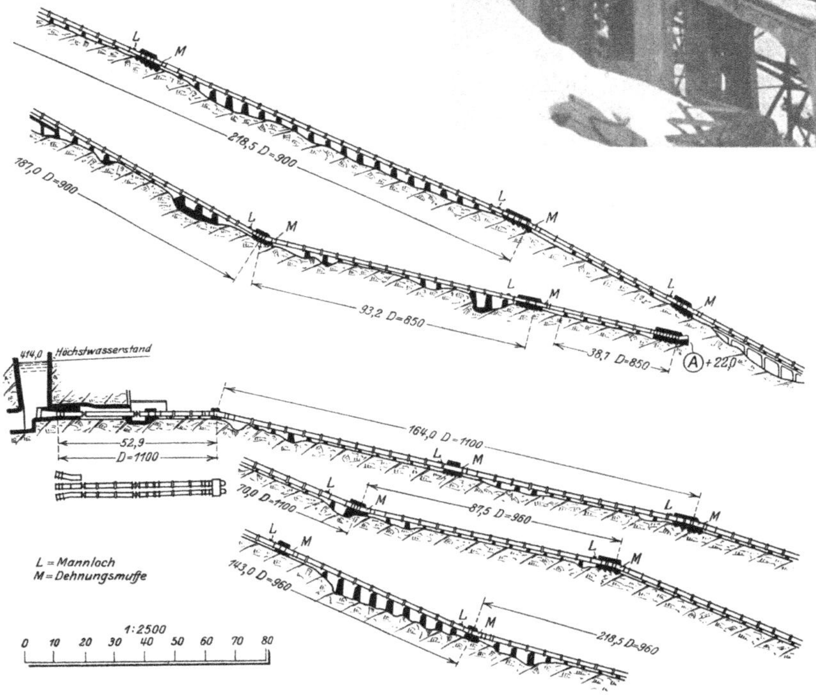

Abb. 771—772. Hakavik. Turbinenleitung. (771: Verw., 772: Flyssenhütte.)

Hochdruckleitung mit Auflagerung nach dem bisher nur bei Niederdruckrohren angewandten Weitspannsystem ist, vgl. auch Abb. 759.

Die **Rohrbettung** auf der meist unverkleideten, roh abgeglichenen Fels-Rohrstraße zeigt wenig Besonderheiten gegenüber den festländischen Bauweisen: Festpunkte werden häufig zur Zementersparnis in Steinfüllkasten-Bauweise ausgeführt (Abb. 770). Die Schwierigkeiten des Geländes werden umgangen (Abb. 304, 307) oder durch Verlegung der Rohre in Stollen ganz (zugleich zum Kälteschutz), Abb. 739 oder in Teilstrecken unterfahren oder endlich durch Sprengwerke (Abb. 353, 354), Eisenbetonrahmen (Abb. 384, 771, 772, 773), Eisengerüste (Abb. 774) überwunden.

Unterlagen:

Über Schwerkraftspannungen in Rohrleitungen von großem Durchmesser und deren rationelle Konstruktion, von Karlsson (Manuskript). — Fleicher und Sörbye: Röhrbrudet ved Bjölvo Kraftanläg. —

Rästed: „Fröistul Kraftanläg". Teknisk Ukeblad 1926, S. 376—378. — Ferner briefliche Mitteilungen von Verkstaden Motala, Verkstaden Kristinehamn, Civ.-Ing. Gröndahl und Kjörholt in Trondhjem, A.S. Bjölvefossen und A.S. Höyangfaldene. — Grange: „Bidrag till kännedom om tubers beräkning (Sonderdr. aus T. T.).

Eisenbetonrohre. Im Vergleich zu Stau- und Kraftwerksbauten ist Eisenbeton im Norden für Rohrleitungen wenig angewandt, wenn man nicht die immer häufiger werdenden Eisenbetondruckeinläufe der Mitteldruckwerke hierher rechnen

Abb. 773. Saude. Turbinenleitung auf Rahmenstellungen. (Verw.)

Abb. 774. E. W. Kristiansund. Rohrbrücke. (Verw.)

will: Vittingfoss (Abb. 470), Hammarforsen (Abb. 96); u. W. sind nur 3 große nordische Anlagen mit Eisenbetondruckrohren ausgerüstet.

Die Anlage der Mackmyra Sulfitfabrik im Gäflebach (S. 140, Abb. 775) hat ein 3,1 m weites Eisenbetondruckrohr bei 11 m Gesamtfallhöhe. Das Rohr ist durch Schwund- und einfache Dehnungsfugen in Abschnitte von rd. 12 m zerlegt und verzweigt sich kurz vor dem Krafthaus. Das Rohr ruht durchweg in einem Stampfbetonbett, hat inneren Kellenglattputz und zweimaligen Innertholanstrich. Dieses Rohr hat sich seit Erstellung (1921) vollauf bewährt.

Abb. 774a. Kristiansund. Abspannmast. (Verw.)

Eine Eisenbetonrohrleitung von 417 m Länge und 3,60 m Lichtweite hat die Anlage Elverum (Glommen, Norwegen, S. 457). Die größte statische Druckhöhe ist 10 m. Das Rohr ist ohne bleibende Dehnungsfugen durchweg in Stampfbeton gebettet, derart, daß Rohr und Rohrbett einen einheitlichen Körper bilden. Die starke Längsbewährung vermag alle Wärme- und Schwindspannungen aufzunehmen. Mit Rücksicht auf das harte kontinentale Klima bei Elverum wurde das Rohr vollständig eingedeckt (z. T. auch zum Schutz gegen Hochwasser). Die Dichtung ist dieselbe wie bei Mackmyra.

Die beschriebene Rohrleitung ist 1909 gebaut. Flußseitig von ihr ist 1916 eine zweite Rohrleitung, 4,0 m weit, erbaut worden (Abb. 776). Über die konstruktive Gestaltung der zweiten Rohrleitung fehlen nähere Angaben. Die ältere Leitung zeigte 6 Jahre nach Herstellung außen umfangreiche Beschädigungen, die auf Ansammlung schwefelhaltigen Oberflächenwassers infolge ungenügender Entwässerung der Eindeckung zurückgeführt wurden. Der schlechte Beton wurde sorgfältig weggehackt und neuer aufgegossen; die Entwässerungsanlage wurde gründlich ausgebessert. Vor einigen Jahren, nach etwa 14—15jährigem Betrieb haben sich an derselben Rohrleitung andere Schäden gezeigt, und zwar an der Innenseite, an Stellen, wo die Außenfläche noch gesund war. Dieser Schaden wurde darauf zurückgeführt, daß das Wasser von innen in den Beton eindringt, die Einlagen zu rosten beginnen und den Beton absprengen. Die Undichtigkeit der Innenfläche wird darauf zurückgeführt, daß die Röhren ausschließlich aus erdfeuchtem Beton (mit Traßzusatz) ausgeführt wurden, wogegen — wie wir heute wissen — für stark bewehrte Teile wasserreichere, breiige Betonmischung erforderlich ist.

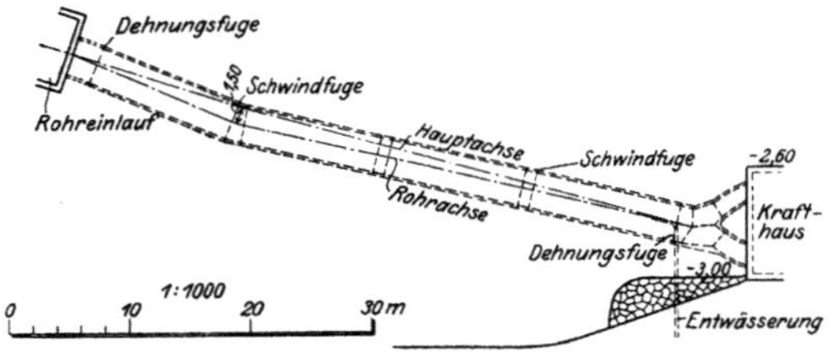

Abb. 775. Mackmyra. Turbinenleitung, Grundriß. (Myrens Verkst.)

Die dritte größere Eisenbetonrohrleitung im Norden ist die 1916/18 erbaute Flachzuleitung von Gideåbacka (S. 123), Länge: 376 m, Lichtweite 4,0 m; Druckhöhe: am Einlauf 6 m, am Wasserschloß 20 m statisch plus 6 m Entlastungsausschlag. Der Ausführung bereiteten die Untergrundverhältnisse große Schwierigkeiten. Die Röhre mußte nämlich auf feinen, stellenweise mit Lehmschichten abwechselnden Sand gelegt werden, der ziemlich viel Wasser enthält. Nach Ausschachtung wurde eine Makadamschicht eingebracht und nach deren Probebelastung eine dränierte Magerbetonschicht gestampft. Erst hierauf wurde das Druckrohr betoniert. Es hat einen kreisförmigen Querschnitt mit 35 cm Wandstärke und alle 8 m eine Schwindfuge. Zum Schutze gegen Temperaturschwankungen ist es außerdem bis 1½ m über Scheitel mit Sand eingedeckt (Abb. 88).

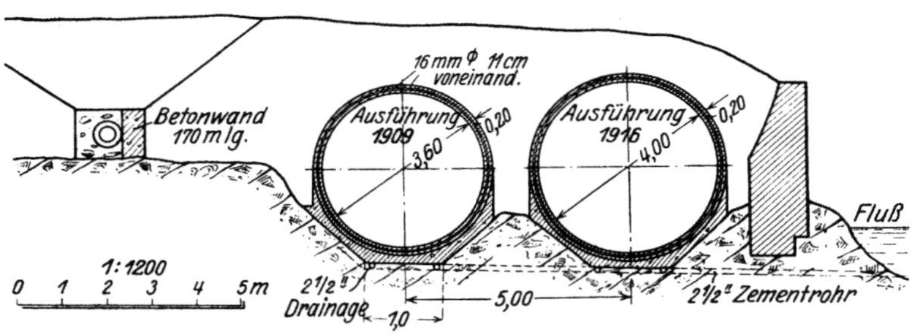

Abb. 776. Elverum. Eisenbetondruckleitung. (Verw.)

Bemerkenswert wegen rechteckigen Querschnitts ist der kurze Druckkanal von Abb. 859.

Unterlagen:

Briefliche Mitteilung der Mackmyra Sulfitfabrik. — Zeitschrift „Betong". — Kinck: „Elverums Electricitetsverks Vandkraftanläg i Glommen". Teknisk Ukeblad 1913, H. 14/15. — Briefliche Mitteilungen von Elverums Electricitetsverk. — Gideå & Husums A.B. Kraftanlägningar i Gideälv von Adner. Svenska Vattenkraftför. Publ. 114.

Holzrohre. Holzdaubenröhren haben im waldreichen Norden beim Bau von Wasserkraft- und Wasserversorgungsanlagen schon seit 3 bis 4 Jahrzehnten ziemliche Verbreitung gefunden; die älteren Bauweisen sind heute durch die von Nordamerika übernommenen, exakt und wirtschaftlich durchgebildeten verdrängt. Schwedische und norwegische Ingenieure haben sich dabei Verdienste um die konstruktive Verbesserung und die wissenschaftliche Vertiefung der Grundlagen des Holzrohrbaues erworben. Kontinuierliche und maschinengewickelte Holzrohre finden sich zahlreich, meist in kleineren Lichtweiten, aber auch hinauf bis 2,0 m,[1] z. B. Viforsen (Nedre Norrland) mit hölzernem Wasserschloß, Abb. 766a, 776b (Wasserkraftanlage des Elektrizitätswerks Bodö, Innendurchmesser 2,0, Druckhöhe 20 m).

[1] Vgl. Ludin: Z. f. d. g. W. 1921 H. 6. 1920 und Gesundheitsingenieur 1928, H. 26.

Die Druckleitungen mit bedeutenden Abmessungen kommen überwiegend in Norwegen vor, dagegen hat man in Schweden bei ähnlichen Abmessungen meistens eiserne Rohre verwendet. Als bedeutendere Ausführung des nordischen Unternehmens: SkandinaviskTräror A.S. Oslo, sei noch jene der Wasserkraftanlage Reykjavik in Island genannt; Innendurchmesser 1,5 m, Fallhöhe 40 m, Länge 1,1 km.

Im folgenden werden einige Erfahrungen mit Holzrohren üblicher Bauweise mitgeteilt und dann einige ausgeführte oder vorgeschlagene Neuerungen beschrieben.

Die Druckleitung der provisorischen Wasserkraftanlage der interkommunalen Tafjord Kraftselskap hat 68 m Druckhöhe, 0,6 m Lichtweite; kontinuierliche Bauart. Die oberen 8 m der Fallhöhe liegen auf 230 m Länge, die restlichen 60 m auf nur 100 m Länge. Dieser Fallrohrabschnitt liegt stellenweise sehr steil. Am Hauptknickpunkt ist sicherheitshalber ein 11 m hohes Steigrohr angeordnet mit dem Querschnitt des Druckrohrs. Das Verbindungsstück zwischen der Flach- und Steilstrecke nebst Steigrohr wird durch eine Eisenbetonkammer gebildet. Die Rohre sind in die Anschlußöffnungen dieser Kammer mit Hanf eingedichtet, damit das quellende Holz den Eisenbeton nicht sprengen kann.

Abb. 776a u. b. Kleinwasserkraftanlage Viforsen. Holzdruckrohrleitung, $d = 1{,}40$. (Verf.)

Das Nachspannen der Spannschlösser geschah nach vorsichtiger Füllung des Rohrs und es haben sich nur ganz vereinzelt im untersten Teil kleine Wasserverluste gezeigt, die durch Risse oder sonstige Fehler in den Dauben verursacht waren. Sie wurden durch außen aufgelegte mit Eisenblech überdeckte und mit Draht festgeschnürte Gummipackung gestoppt. Die Druckleitung war von 1918 bis Inbetriebsetzung der endgültigen Kraftanlage (S. 350) 1923 ständig in Betrieb, ohne Nacharbeiten zu erfordern. Jetzt dient sie nur als Reserve und ist somit nur gelegentlich in Betrieb[1].

Da (auch nach Erf. d. Verf.) die obere Grenze der empfehlenswerten Anwendung von Holzrohren zwischen 50—60 m Wasserdruck, bei größeren Lichtweiten noch niederer, zu liegen pflegt, findet man vielfach eine Kombination von hölzernen und eisernen Rohren nach Druckzonen. Beispielsweise hat die Melbyanlage (Abb. 777, 778, 779, 780) eine Druckleitung, die nur bis 22 m Druckhöhe in Holz, im übrigen bis 34 m Druckhöhe aber in Eisen ausgeführt ist. Der Anschluß von Holz an Eisen (Abb. 781) wird im Norden meist einfach mit Holzkeilen und Teer gedichtet, nachdem das übergeschobene Holzrohrende verstärkt umschnürt ist.

[1] Briefl. Mitt. von Tafjord Kraftselskap.

Aavellawerk (Norwegen). Die obere sehr flachliegende Rohrstrecke (S. 455) ist aus 42 mm starken Bohlen mit 5/8″-Eisen in 18 cm Abstand hergestellt. Die 3 m auseinander gesetzten Rohrlager sind aus Holz 4 × 6″. Wegen der ungünstigen Form des Längenschnittes (Knick am unteren Ende des Holzrohrs) treten leicht bei starken Belastungen Saugwirkungen ein, und mehrfach wurde eine Bohle eingedrückt. Zur Verstärkung hat man in der unteren halben Länge über jeden Unterstützungssattel einen Rahmen von Bohlen gelegt, der die Abplattung verhindert. „Ein Wasserturm im Gefällbruchpunkt wäre besser gewesen“ (vgl. oben Tafjordanlage!).

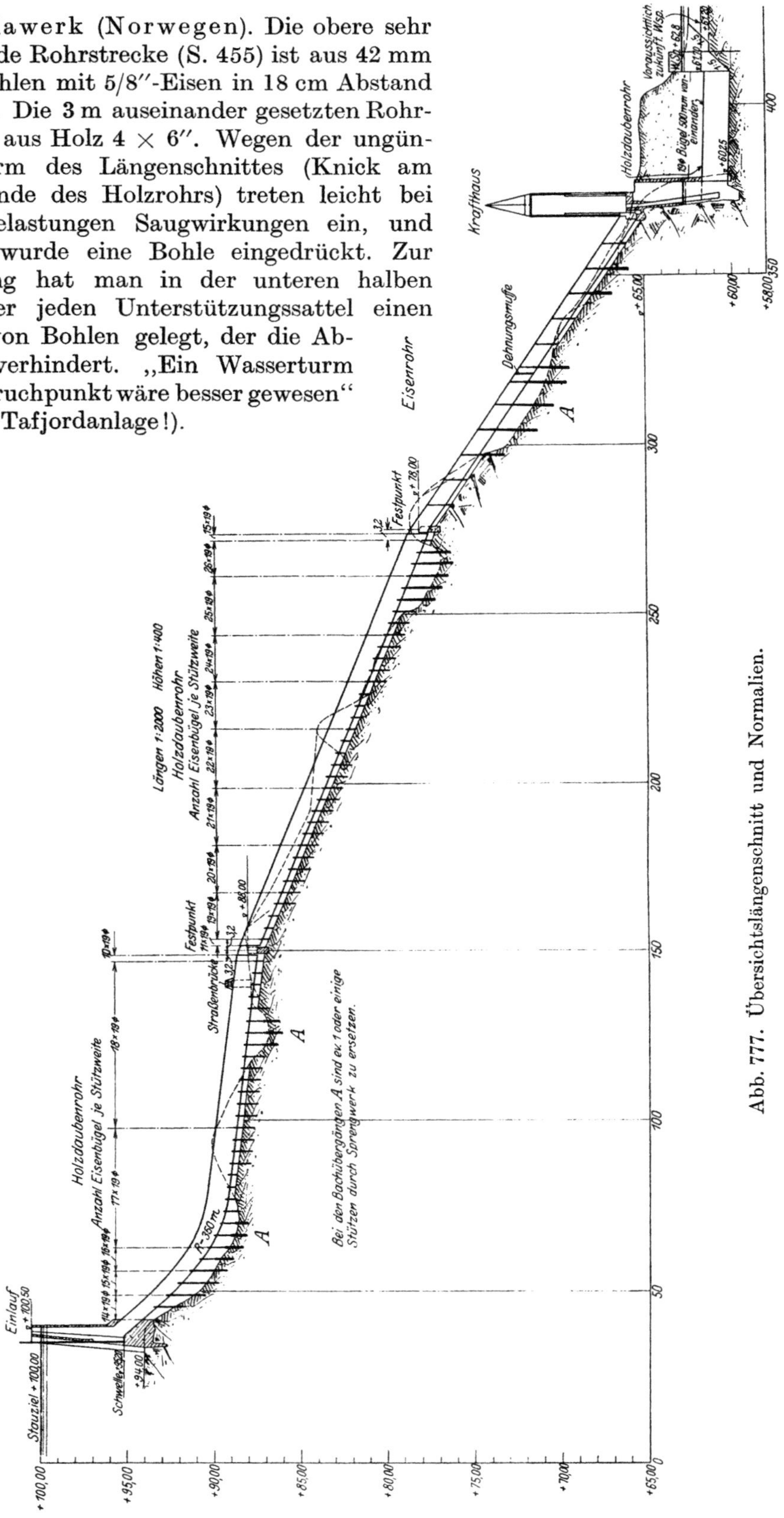

Abb. 777. Übersichtslängenschnitt und Normalien.

Die Auflagerung der Holzrohre ist in Melby mit wagerechten Holzbalken auf Betonfundament gelöst, gleich dieser bietet eine andere in Norwegen gebräuchliche Konstruktion (Abb. 785) nichts wesentlich Neues.

Einen wesentlichen Fortschritt stellt dagegen die aus dem Karlssonschen Weitspannsystem entwickelte schwebende Ringauflagerung von Vattenbyggnadsbyrån (Abb. 782, 783) dar.

Alle besprochenen Holzrohrleitungen waren nur in einzelnen Querschnitten unterstützt. Für durchlaufende Beton- oder Makadambettung ist kein Ausführungsbeispiel bekannt. Mit ihr und, im Zusammenhang damit, mit den grundlegenden Festigkeitseigenschaften des Holzes überhaupt beschäftigt sich eine wertvolle Forschungsarbeit von Civ.-Ing. Samsioe (Vattenbyggnadsbyrån) auf Grund seiner Untersuchungen im Festigkeitslaboratorium der Technischen Hochschule Stockholm:

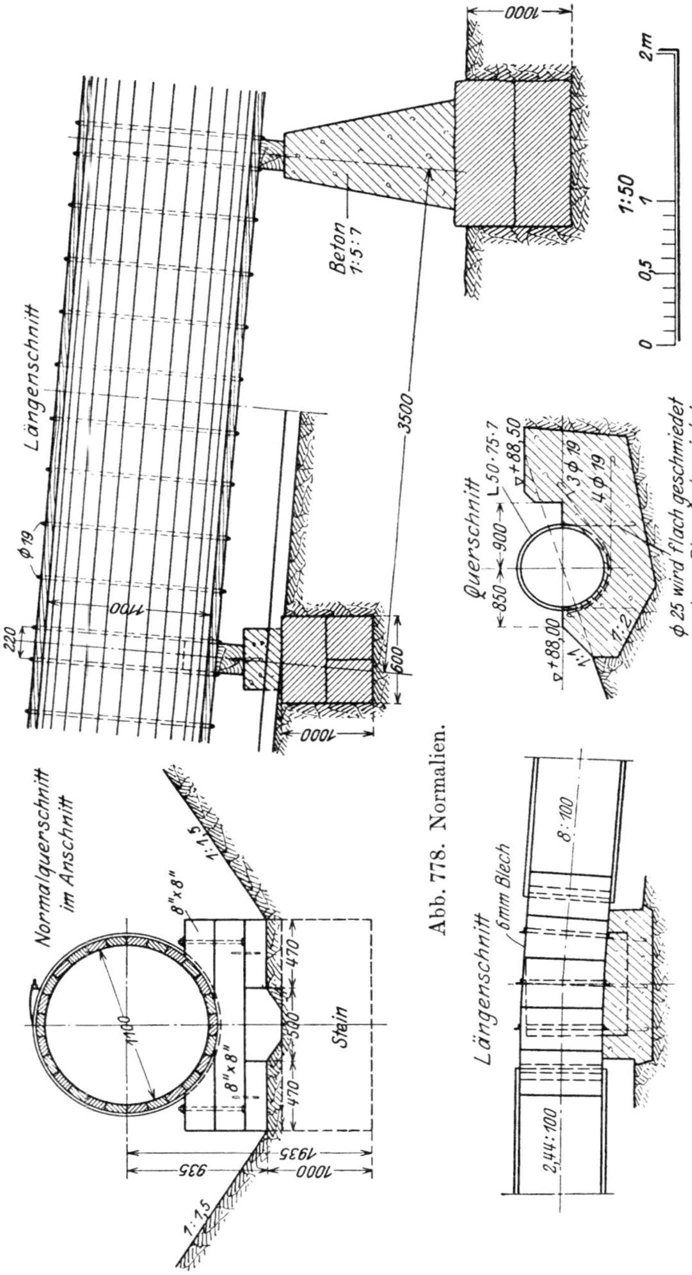

Abb. 778. Normalien.

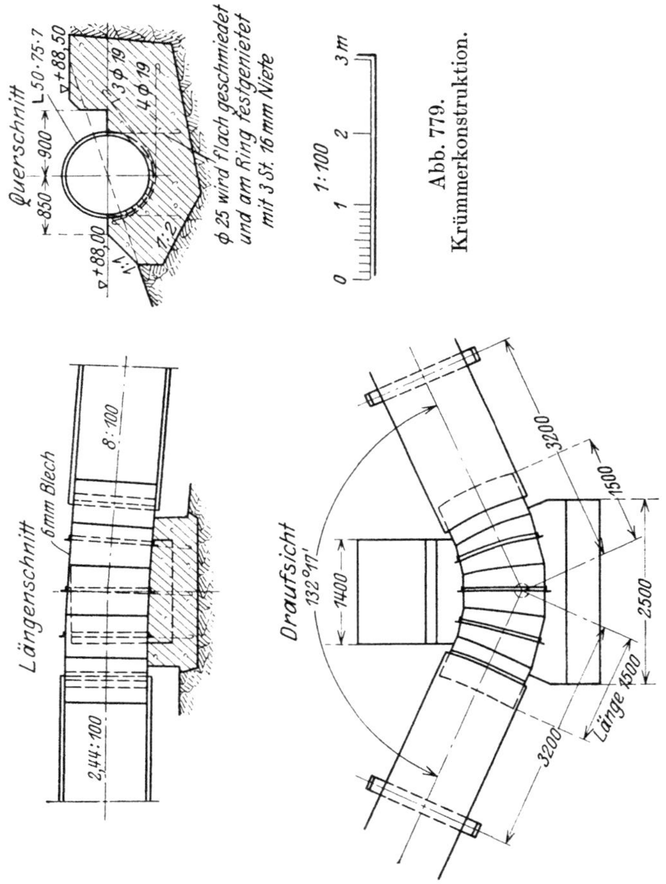

Abb. 779. Krümmerkonstruktion.

Ergebnisse: Die Festigkeit des Holzes quer zur Faser ist recht gering und nimmt besonders stark bei Durchnässung ab (Abb. 784). Die Steifigkeit eines Holzrohres auf

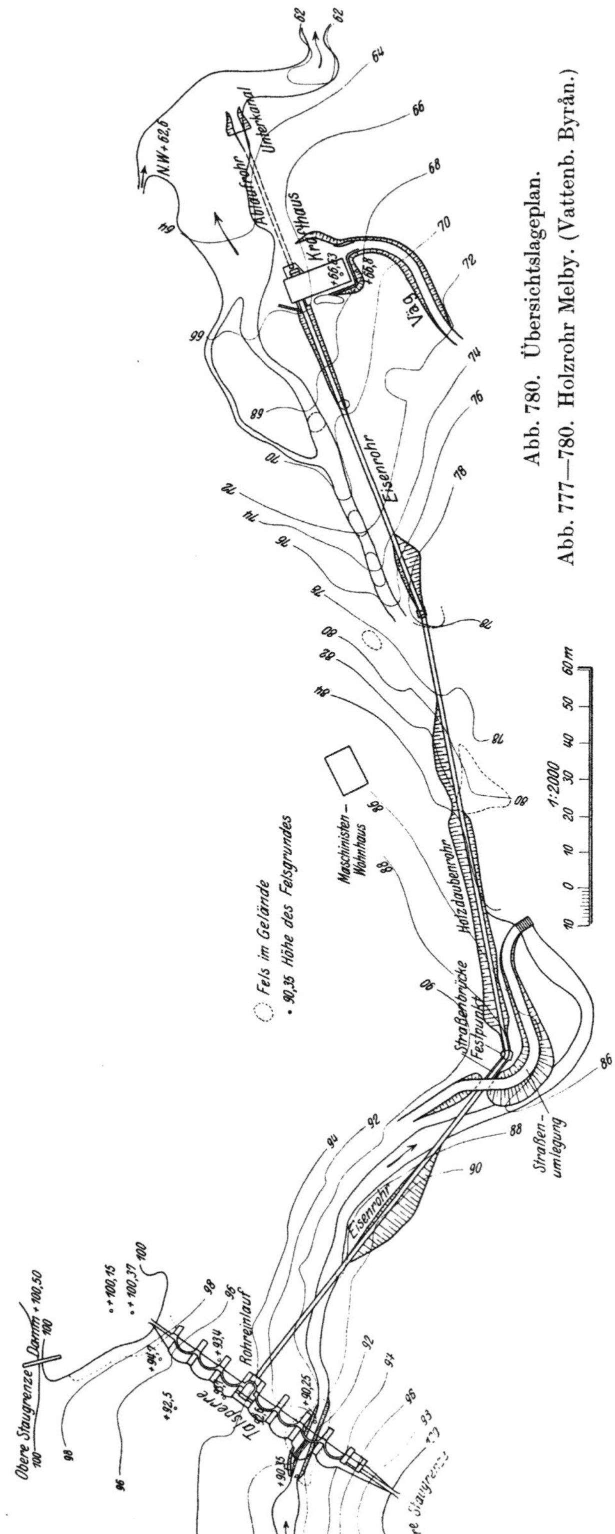

Abb. 780. Übersichtslageplan.

Abb. 777—780. Holzrohr Melby. (Vattenb. Byrån.)

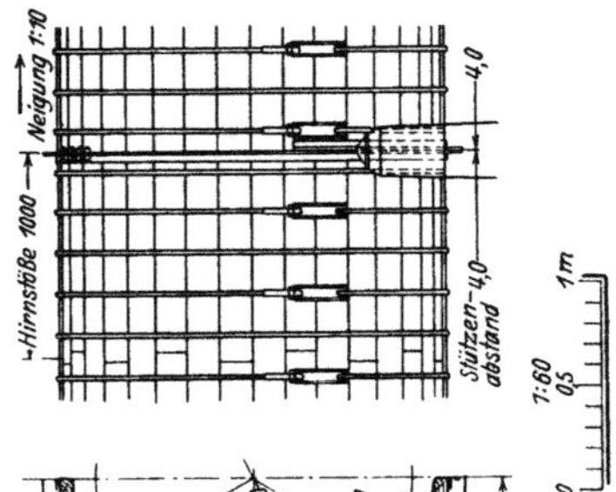

Abb. 782.

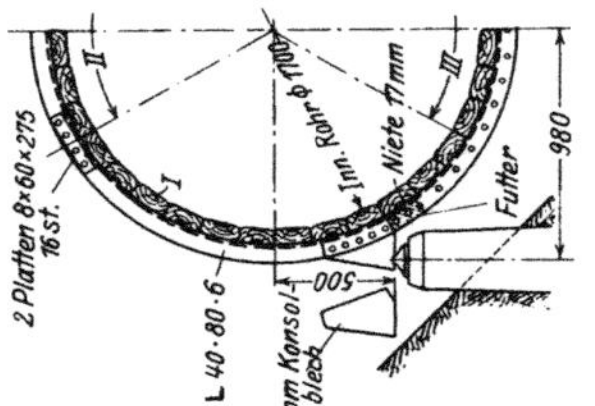

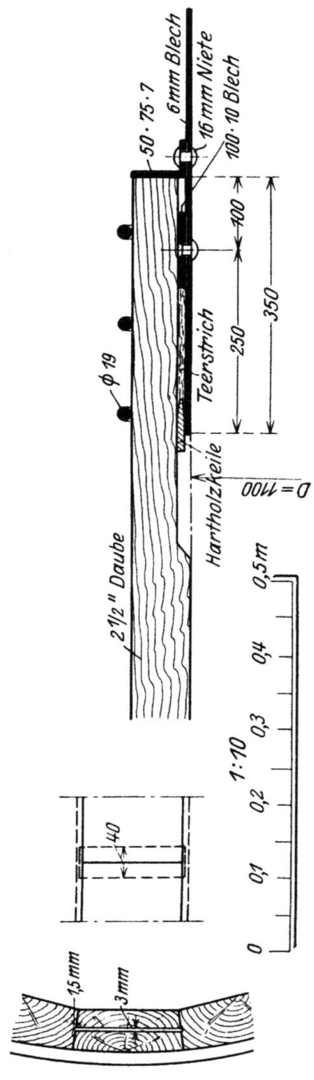

Abb. 781. Anschluß an eiserne Rohrleitung.

durchlaufender Bettung ist daher im wesentlichen die Folge der Deformation des Kreisquerschnittes und der daraus sich ergebenden günstigen Spannungsverteilung. Für große Niederdruckrohre schlägt Samsioe vor, in Abständen Versteifungsringe in Holz (?) oder Eisen anzuordnen, was wieder als eine zweckentsprechende Übertragung des Karlssonschen Vorschlages anzusehen ist (Abb. 786). Auch die Möglichkeit, dem Rohr eine geringe anfängliche Abplattung, also einen schwach-elliptischen Querschnitt zu geben, um von Anfang an eine günstige Momentenverteilung zu erzielen, wird dargelegt (natürlich nur für durchlaufende Bettung).

Abb. 783.

Abb. 782—783. Lindesnäs. Holzrohr in Ringrahmen aufgelagert. (Vattenb. Byrån.)

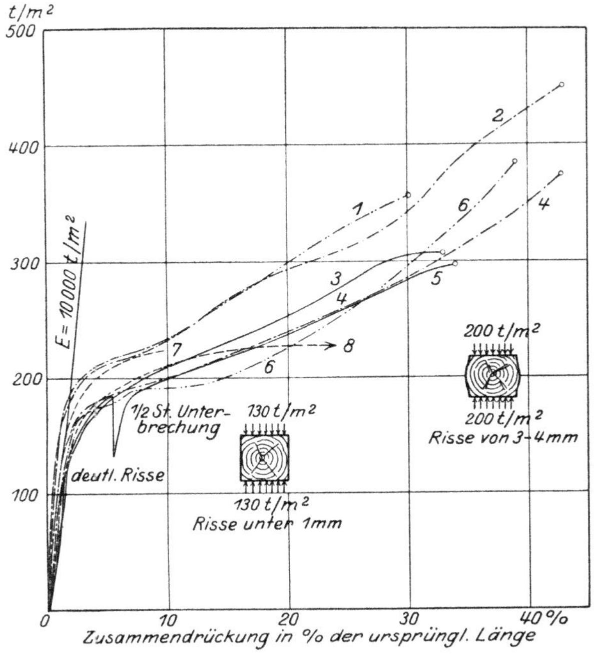

Abb. 784. Druckversuche an Holzwürfeln von 20 cm Kantenlänge, rechtwinklig zur Faser (½ jähr. Fichte). (F. Samsioe.)

1	60 Tage wassergelagert	5	1 Tage wassergelagert
2	21 „ „	6	60 „ „
3	1 „ „	7	7 „ „
4	21 „ „	8	7 „ „

(Bruch bei 690 t/m² und 55% Zusammendrückung.)
Ringe bezeichnen den Bruch.

Abb. 785. Ältere Auflagerung auf Holzsattel.

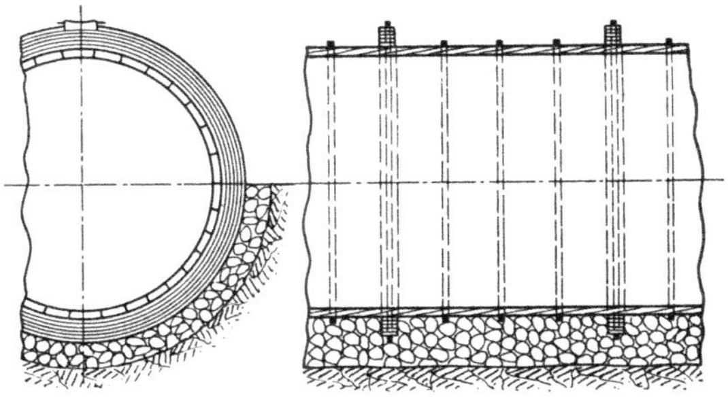

Abb. 786. Holzrohr auf kontinuierlicher Bettung mit Versteifungsrahmen. (Vorschlag Samsioe.)

Unterlagen:

Briefl. Mitt. und Originalmat. von Tafjord Kraftselskap, Norwegen; Vattenbyggnadsbyrån Stockholm. — Samsioe: „Om Trätuber". — „Om Utnyttelse av Mindre Vandfald" von Obering. Enger, Dipl.-Ing. Gregersen und Hiorth, Oslo. — Mittlgn. d. Dir. des Kraftw. Aavella u. v. Prof. Heggstad.

29. Abschnitt. Kraftwerke.

1. Einlaufkonstruktion der Niederdruckanlagen.

Für die typisch nordische **Gesamtanordnung** des Einlaufs bieten gute Beispiele die Abb. 132, 445, 482, 793, 861 ff. Der Rechen liegt, auch bei der älteren Bauweise mit stark geneigter Rechenfläche, meist, mit Rücksicht auf die Eisschwierigkeiten, hinter dem Not- und sogar oft hinter dem Betriebsverschluß und alles oft im Schutze eines mit Generatorwarmluft heizbaren Hauses.

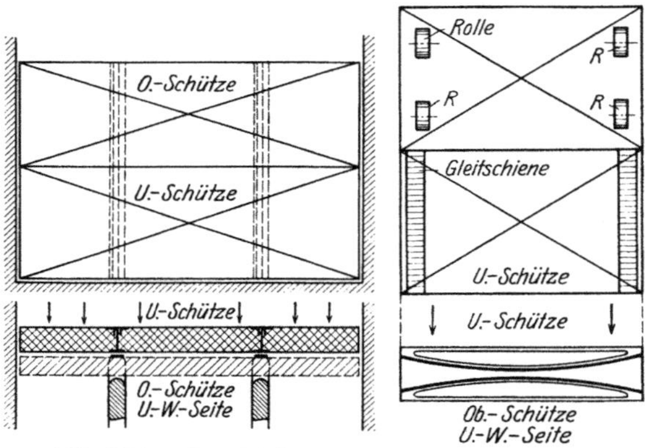

Abb. 786a. Vergleichendes Schema der Einlaufanordnung Forshuvudforsen und Lilla Edet.

Baustoff der **Einlaufschützen** größerer Anlagen ist auch im Norden fast ausschließlich das Eisen (Ausnahme: Aetsae [Finnl.], wo die Oberschützen aus Holz bestehen. Abb. 847); daher bestände an sich kein Hindernis, so große Einzelschützen zu verwenden wie bei manchen neueren großen Anlagen, z. B. in Deutschland gebräuchlich. Man findet aber bei den vergleichbaren größten nordischen Niederdruckanlagen (Forshuvud, Lilla Edet) Unterteilung bevorzugt, weil sie leichtere Hubwerke und erheblich geringeres Schützgewicht ergibt. Im allgemeinen werden die einzelnen Schützen als Rollschützen (feste Rollen) und konstruktiv möglichst leicht ausgeführt (zulässig, weil sie im Gegensatz zu Wehrschützen nie längere Zeit in Drosselstellung und damit wechselnden Stoßwirkungen strömenden Wassers ausgesetzt sind). Elektrische Anwärmung ist auch im Norden bei Krafthausschützen, bei Anordnung eines Rechenhauses, nicht nötig. Wie verschiedenartig unter Wahrung dieser gemeinsamen Grundsätze im einzelnen die Konstruktion bei verschiedenen Betriebsbedingungen noch ausfällt, lehrt nähere Betrachtung von Forshuvud und Lilla Edet (S. 155, 233 und Abb. 786a, 787, 788, 789, 790, 791, 792 gegen 793, 798ff.). In Forshuvud sind wagrecht dreiteilige und senkrecht zweiteilige Schützen in leichtester Gewölbebauweise

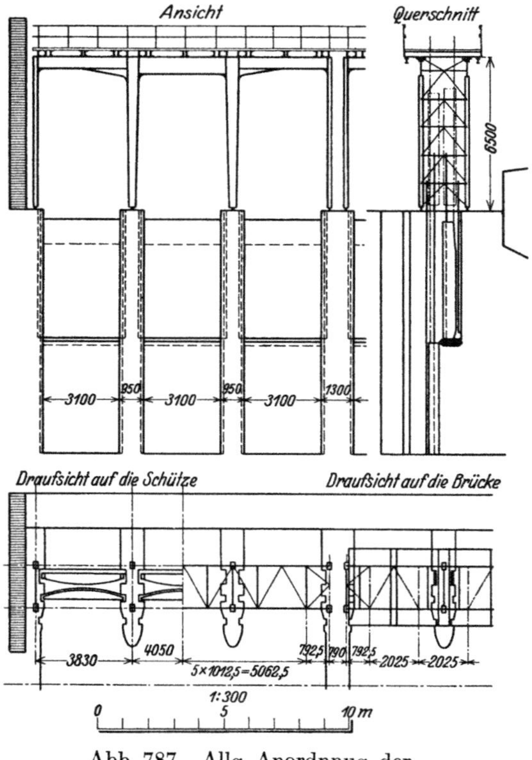

Abb. 787. Allg. Anordnnug der Einlaufschützen.

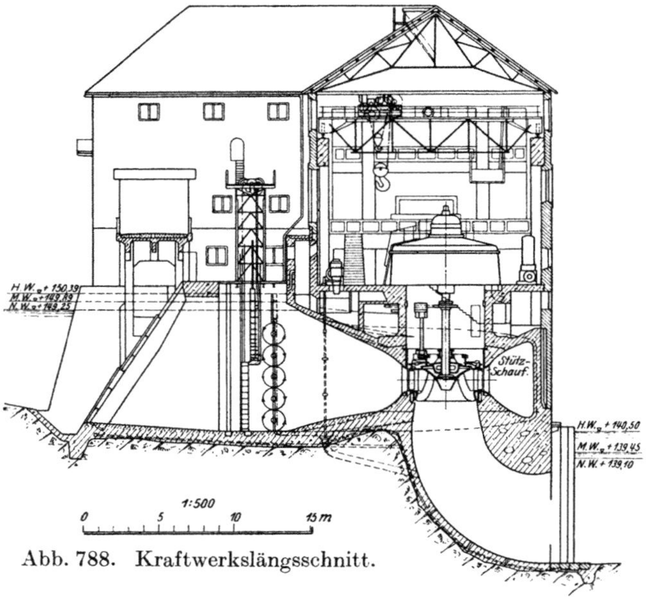

Abb. 788. Kraftwerkslängsschnitt.

mit Zug- bzw. Drucksteg verwendet. Zwischen dem Scheitelpunkt der beiden gegenläufigen Wölbflächen ist Spielraum gelassen und die Dichtung der Fuge durch einen wagerechten, kräftigen Querbalken hergestellt. Die Anordnung gestattete, beide Teil-

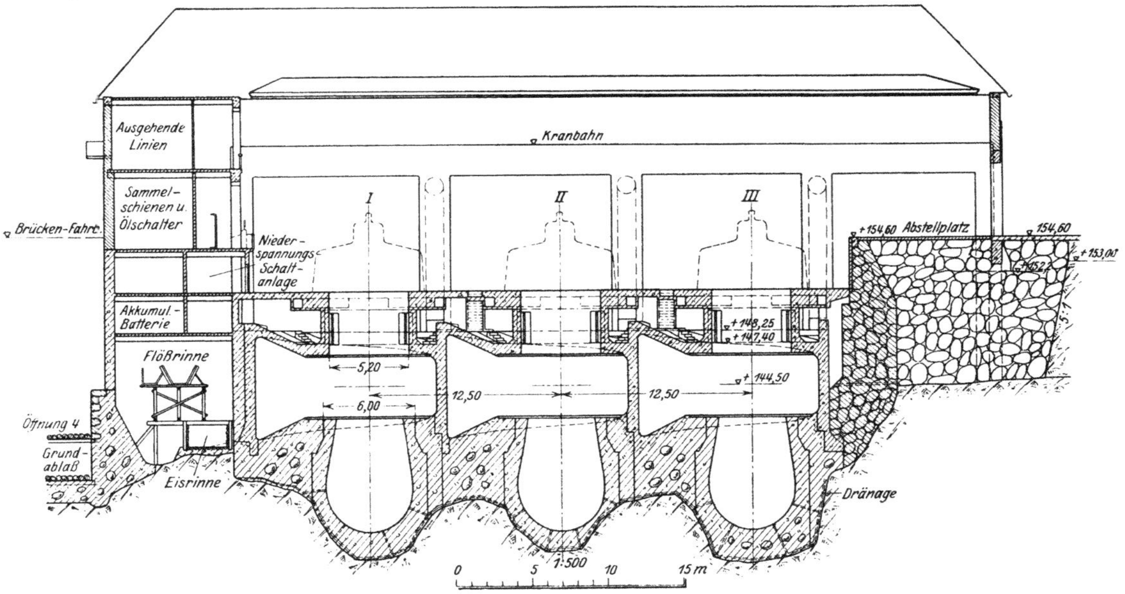

Abb. 789. Kraftwerksquerschnitt.

schützen in völlig getrennte und daher flache Falze zu legen, somit die Zwischenpfeiler besonders schmal zu halten. Für die Unterschützen ist auf Bewegungsmöglichkeit unter

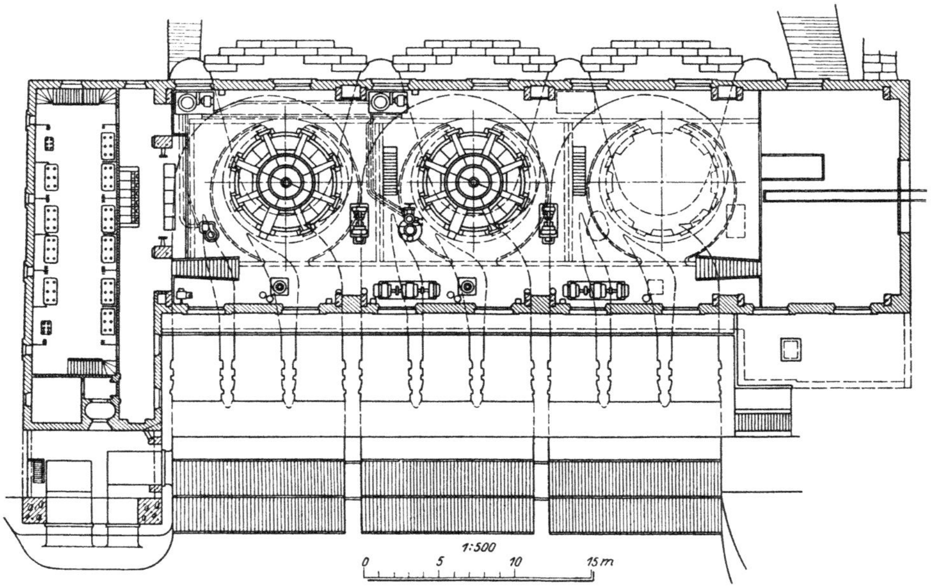

Abb. 790. Grundriß über Maschinenflur.

Wasserdruck verzichtet; daher konnten sie einfach als Gleitschützen ausgebildet werden. Die Oberschützen dagegen haben feste Rollen und können unter Wasserdruck (zugleich als „Füllschützen") betätigt werden. Die Anordnung erlaubt das Abwerfen der Schützen zum Schnellschluß bei Durchgehen einer Turbine allerdings nicht. Da aber

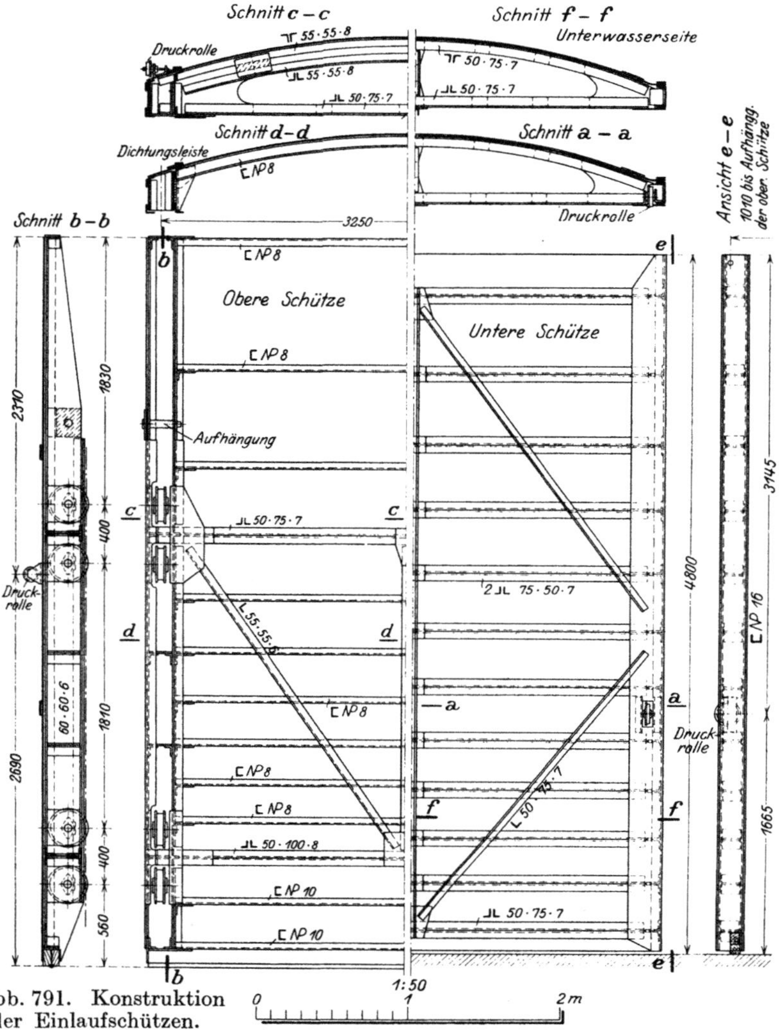

Abb. 791. Konstruktion der Einlaufschützen.

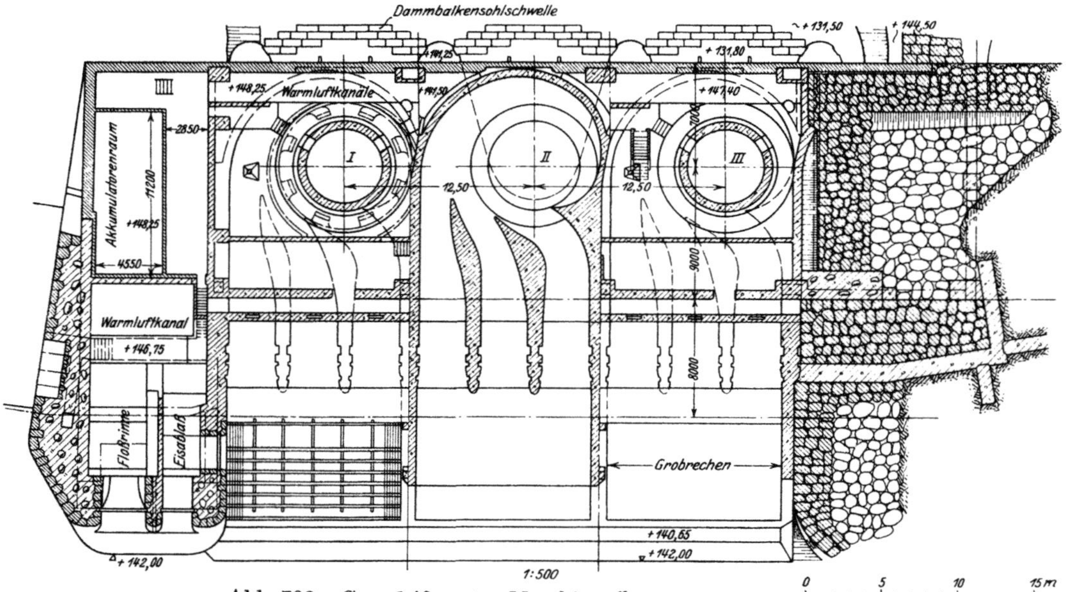

Abb. 792. Grundriß unter Maschinenflur.

Abb. 787—792. Forshuvudforsen. Kraftwerk. (Vattenb. Byrån.)

keine hochschnelläufigen Turbinen verwandt sind, bleibt die Durchgangsdrehzahl erträglich.

In Lilla Edet sind Kaplan- und Lavaczekturbinen verwandt, deren Durchgangsdrehzahl die doppelte normale übersteigt, was die Schnellschlußbedingung unerläßlich machte. Dies und das bedeutend größere Kammerausmaß führte zu einer grundsätzlich abweichenden Lösung: Auch hier war zunächst erwogen, die z. T. baukonstruktiv bedingte Unterteilung der Turbinenkammern durch zwei senkrechte und eine wagrechte Zwischenwand zur Anordnung mehrerer voneinander unabhängiger Schützen in jedem Einlauf zu benutzen. Sowohl diese Lösung als noch drei andere mituntersuchte wurden aber verworfen und die ganze Breite des Turbinenkammereinlaufs durch

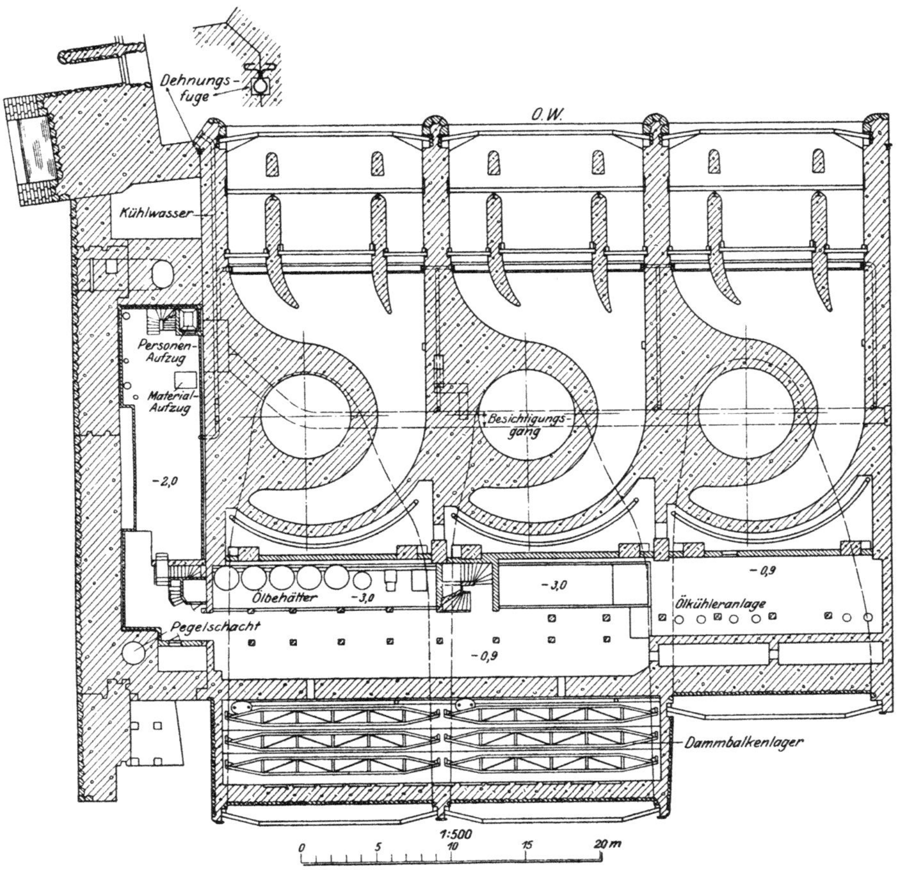

Abb. 793. Wagrechter Schnitt in Laufradhöhe.

eine nur noch der Höhe nach einmal unterteilte Schützwand abgedeckt. Diese Doppelschütze wurde aber, um sie leicht und einfach und die Trennungspfeiler der einzelnen Turbinenkammern möglichst dünn zu halten, als einfacher Träger mit überstehenden Enden lediglich auf zwei senkrechte Zwischenwände des Einlaufs abgestützt. Die untere, zuerst zu ziehende Tafel geht vor der oberen vorbei und stützt sich dabei mit ihren Laufrollen auf entsprechende Tragschienen der oberen. Wenn beide Schützen in gleicher Höhe liegen, tritt selbsttätig Verriegelung ein, so daß die untere Tafel nun die obere mitnimmt. (Abb. 794, 795, 796, 797, 798, 799, 800).

Die Konstruktion ist durch große Abmessungen der festen Rollen gekennzeichnet. Diese Rollen (vier an jeder Schütze) haben keilförmige mittlere Spurkränze, denen eine passende Mittenrille in der Laufschiene entspricht. Die Keilform bezweckt die leichtere

Zerpressung etwaigen Eisbelags. Zur Sicherung eines ruhigen Ganges sind vor den Rollen Gegenführungsschienen angeordnet. Der einzelne Schützdruck beträgt bei H. H. W. an der Unterschütze 802, an der Oberschütze 485 t. Die ungewöhnliche Größe der Rollenbelastung hat die Wahl des großen Durchmessers und besondere Ansprüche an die Werkstoffbeschaffen-

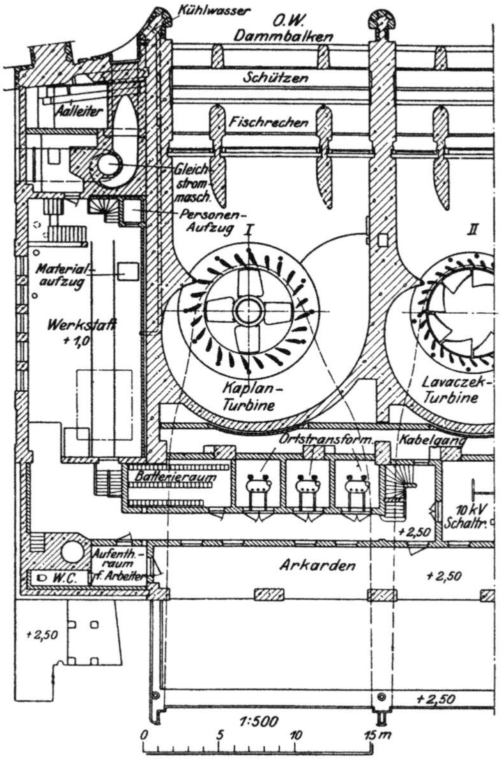

Abb. 794. Wagrechter Schnitt in Höhe + 3,50.

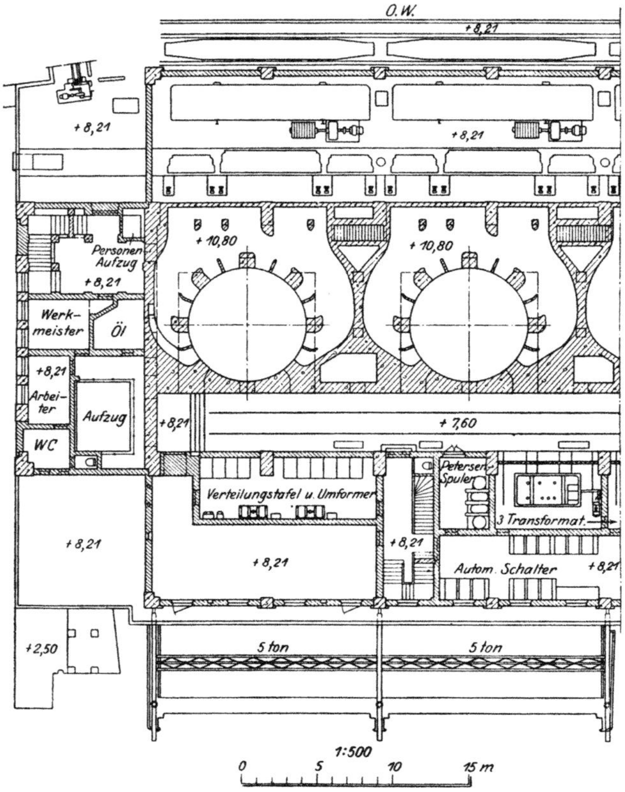

Abb. 795. Wagrechter Schnitt in Höhe + 11,0.

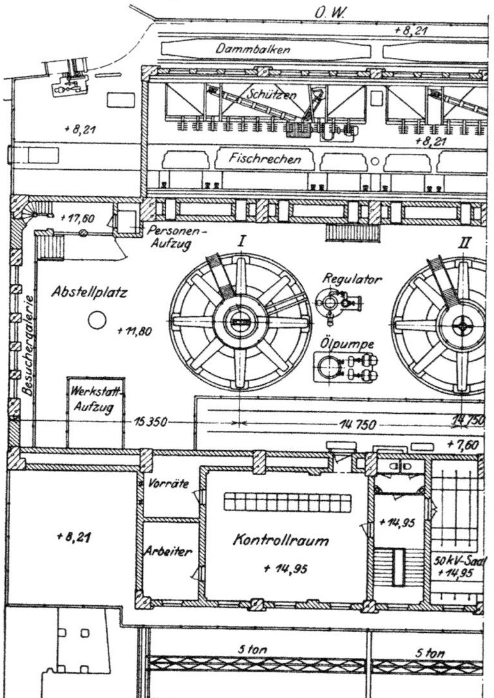

Abb. 796. Wagrechter Schnitt in Höhe + 19,0.

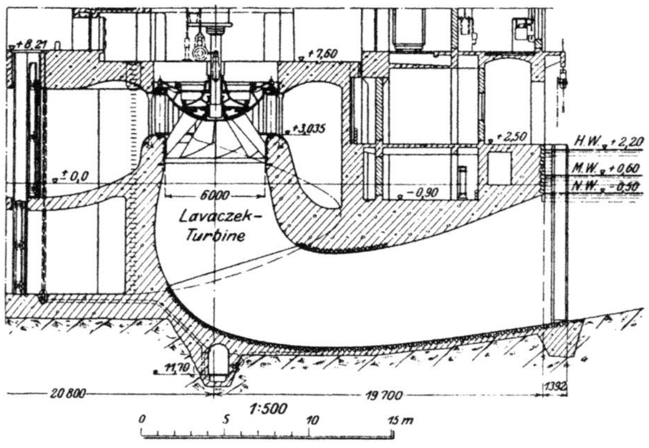

Abb. 798. Längsschnitt.

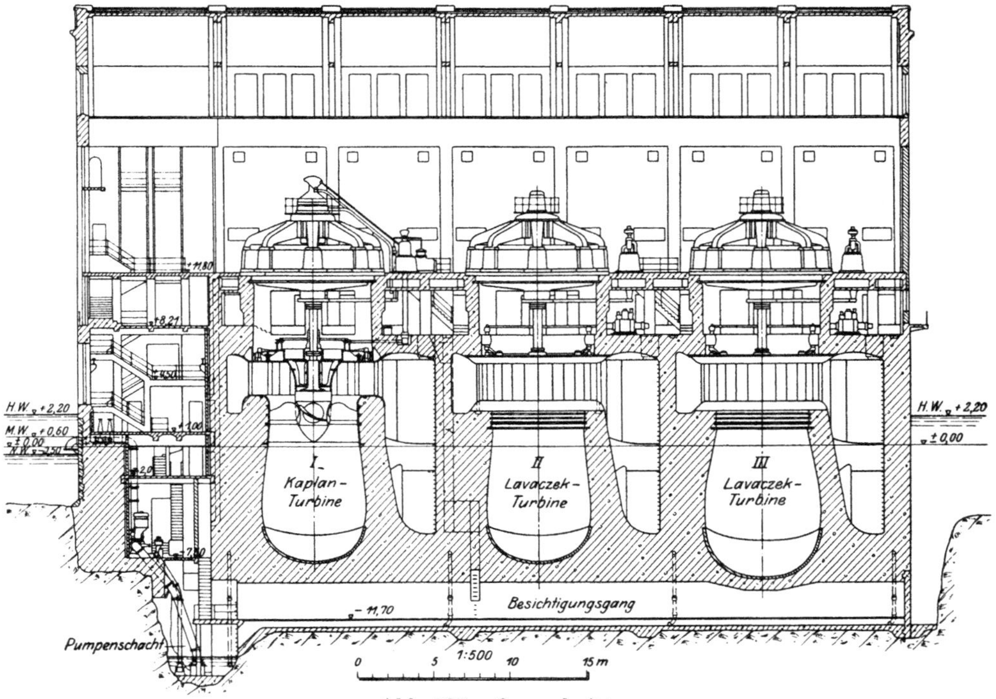

Abb. 797. Querschnitt.

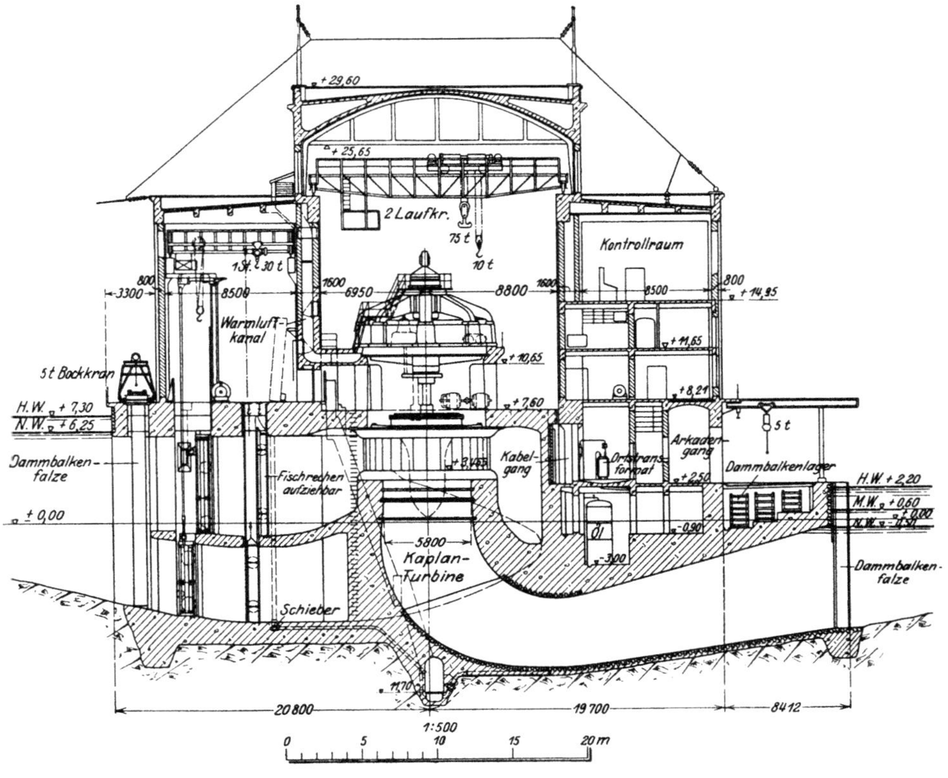

Abb. 798. Längsschnitt.

Abb. 793—798. Lilla Edet Kraftwerk. (Verw.)

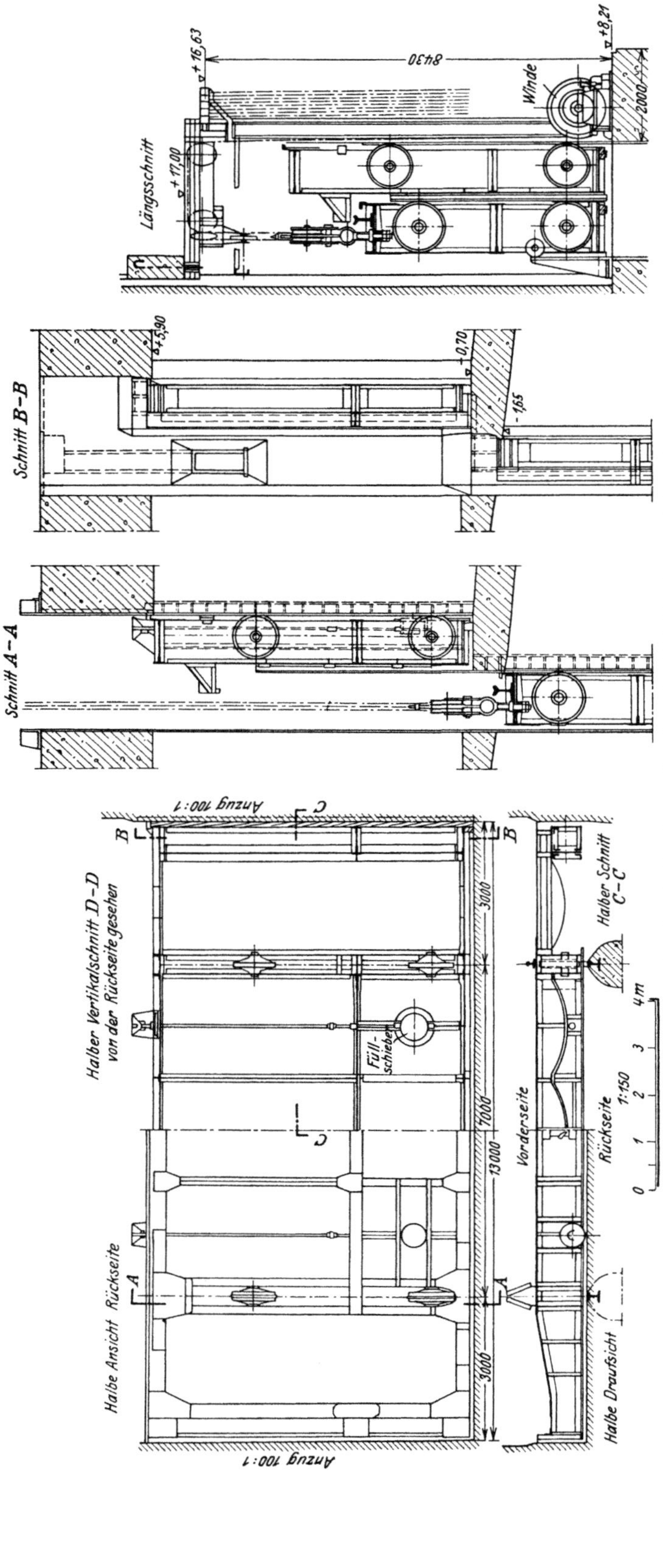

Abb. 799. Lilla Edet. Kraftwerk OW.-Schützen. (Verw.)

heit veranlaßt (die indes keine wesentliche Preiserhöhung verursacht haben). Die Dichtung besteht in einer Grobdichtung durch auf die Schützen aufgeschraubte Holzbalken mit noch 10 mm Spalt, der dann durch eine Feindichtung aus Gummi mit Gewebeeinlage vollends geschlossen wird. Diese Gummidichtung wird erst an Ort und Stelle an die Schütze angepaßt (Abb. 801). Für das Senken der Schützen ist nach mehrfach von Vattenfallstyrelsen angewandtem Grundsatz Fernsteuerung mit großer Betriebssicherheit ermöglicht. Ein vom Schalthaus aus zu betätigender Bremsmagnet lüftet ein Sperrorgan, worauf die Schützen nur durch die Schwerkraft mit vorausbestimmter bei Annäherung an die Endlage abnehmender Geschwindigkeit gesenkt werden; starkes Aufschlagen auf die Schwelle ist ausgeschlossen. Die Anfangsgeschwindigkeit (2 bis 2,75 m/sek) nimmt nach unten sehr schnell ab, da das überschüssige Schützgewicht beim Eintauchen abnimmt, und zugleich die Reibungswiderstände mit dem sich ausbildenden Wasserdruck zunehmen. Zum Heben der Schützen sind Elektromotoren angeordnet, die eine Hubgeschwindigkeit von 1 m/min. erzeugen; das Heben kann auch von Hand geschehen. Bei dem selbsttätigen Senken der Schütze wird der Motor mitgenommen, weshalb seine Festigkeit für die wesentlich höhere Senkgeschwindigkeit bemessen ist. Eine Bremse gestattet schließlich ein Festhalten der Schützen in jeder beliebigen Lage; bei Überschreitung der zulässigen Geschwindigkeit greift die Bremse selbsttätig ein.

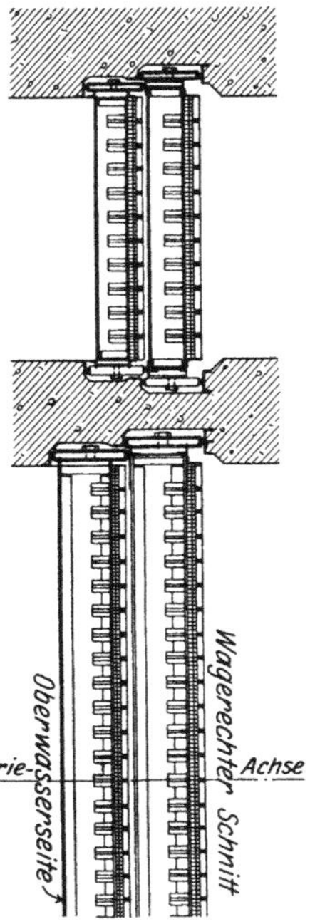

Bei dem O.-W.-Notverschluß ist auf Unterteilung verzichtet; er erhielt daher mit 13,60 m etwas ungewöhnlich große Spannweite und ist eine schwere und teure Konstruktion geworden. Die Zahl der vorgesehenen Dammbalken gestattet (wie üblich) nur einen Turbineneinlauf auf einmal abzuschließen. Zur Vermeidung von Taucherarbeit beim Versetzen ist ein geführter Zangenbalken angeordnet (Abb. 802). Zur Erleichterung des Ausbauens der Dammbalken sind in den Trennungspfeilern der einzelnen Kammern durch Schützen abschließbare Füllöffnungen angeordnet. Der alte Gedanke: ein Schwimmtor als Unterwasser-Notabschluß zu verwenden, ist im Högforswerk (Finnl.) in verbesserter Form neu aufgenommen (Abb. 545); auf die sonstigen bemerkenswerten Konstruktionseinzelheiten dieses Krafthauses ist S. 506 näher eingegangen.

Der Rechen hat in den nordischen Kraftwerken früher die größten Betriebsschwierigkeiten bereitet, da er bei den langanhaltenden, harten Kälteperioden ständig durch breiiges Grundeis oder Nadeleis versetzt wurde, so daß zeitweise der Betrieb stillstand. Diese schwierigen Verhältnisse haben zunächst einmal dazu geführt, daß, im Gegensatz zu den meisten neueren Anlagen in Mitteleuropa, der Rechen nicht frei durchgehend vor das ganze Krafthaus, sondern unterteilt ins Innere der einzelnen Turbinenkammern unter das „Rechenhaus" gelegt wird. Außerdem hat man aber auch im Norden vor allem gesucht, durch zweckmäßige Einzelanordnungen die eisernen Rechenstäbe vor Berührung mit der kalten Außenluft zu schützen und sie darüber hinaus noch künstlich zu erwärmen.

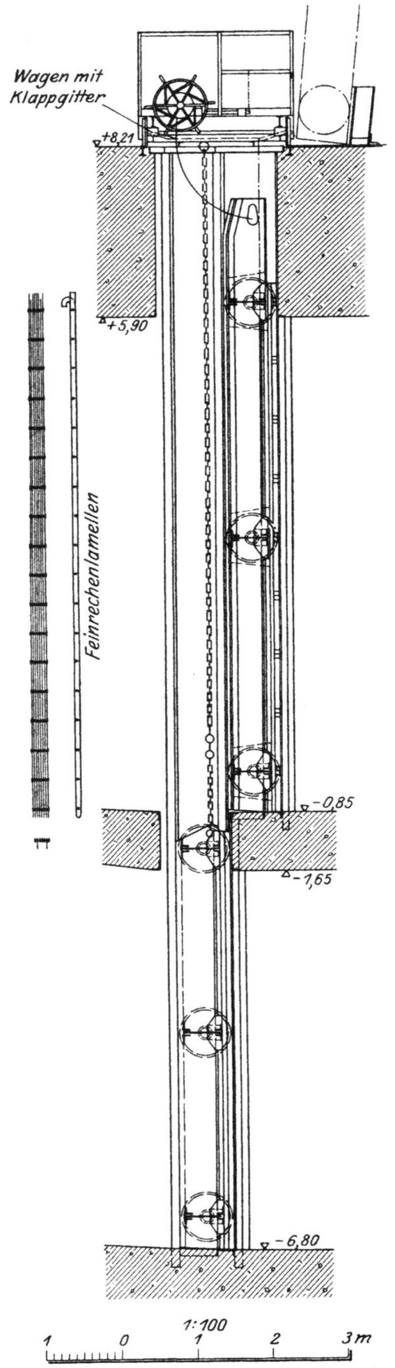

Abb. 800. Lilla Edet. Kraftwerk-Rechen. (Verw.)

Erfahrungsgemäß genügt eine Erhöhung der Temperatur um wenige Zehntelgrade über den Nullpunkt, um jegliches Ansetzen von Eis zu verhüten. Anfänglich hat man wohl, wie in Kykkelsrud, versucht, einen mit Hohlstäben versehenen Rechen durch eingeleiteten Dampf zu erwärmen, dies mißlang aber; ebenso die alleinige Verwendung von Rechenkratzmaschinen. Vollen

Erfolg dagegen erzielte die elektrische Widerstandsheizung der Rechen nach dem Vorgang des Trollhättanwerkes, wo Oberingenieur Holmgren damit erstmals einen einwandfreien Winterbetrieb ermöglicht hat.

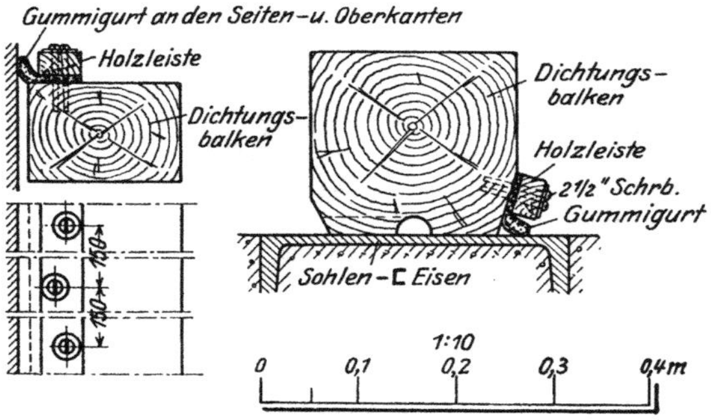

Abb. 801. Lilla Edet. Kraftwerk. Dichtungsbalken der OW.-Schützen. (Verw.)

Zu dem Zwecke wurden die Rechenstäbe zu schmalen Bündeln zusammengefaßt, die gegeneinander isoliert und nur abwechselnd oben und unten leitend verbunden wurden, so daß eine mäanderartige Stromführung entstand.

Die Spannung des verwendeten Heizstromes wird meist zwischen 125 und 225 V gewählt. Der Stromverbrauch ist nicht unbedeutend und schwankt nach den Auskünften, bezogen auf 1 qm der Rechenfläche je nach Anordnung, örtlichen und klimatischen Verhältnissen und je nach Dichte und Bauart des Rechens zwischen 0,7 und 5 kW; auf 1 m^3/sek Triebwasser bezogen entspricht dies 1 bis 8 kW oder für die Gesamtanlage: 0,15 bis 1,2 m der Nutzfallhöhe[1].

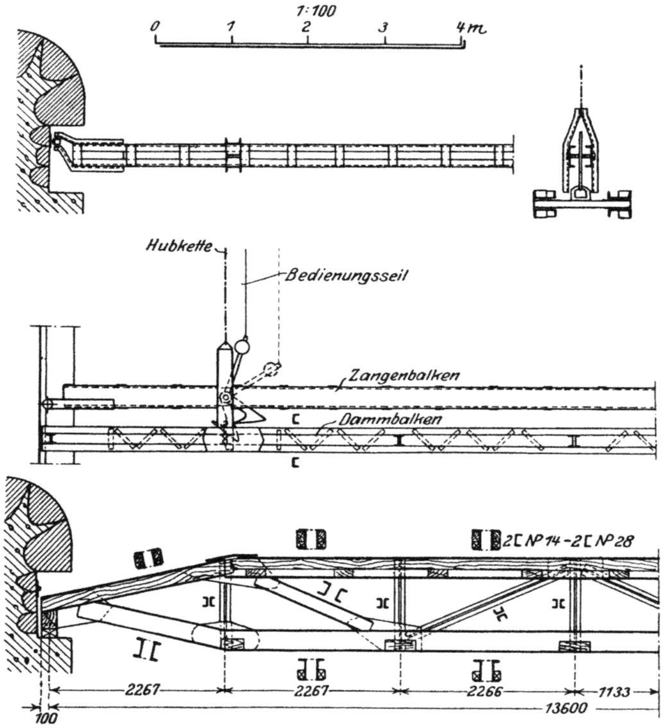

Abb. 802. Lilla Edet. Kraftwerk. OW.-Dammbalken. (Verw.)

Die größten Schwierigkeiten treten immer dort auf, wo das Wasser in Stromschnellen oder großen offenen Werkkanälen einer intensiven Mischung und Auskühlung ausgesetzt ist (vgl. S. 732). Wo es dagegen unmittelbar aus größeren Stillwasserbecken entnommen werden kann, hat sich auch im rauhesten nordischen Klima eine künstliche Rechenheizung als unnötig erwiesen. Das wird z. B. von Porjus berichtet, wobei als wesentlich die durchweg unterirdische Führung des Wassers hervorzuheben ist. So hat beispielsweise auch Nomeland (Südnorwegen) trotz Fehlens der Rechenanwärmung keine großen Eisschwierigkeiten, weil das Werk nahe unterhalb eines Sees liegt und im übrigen die angedeuteten konstruktiven Gesichtspunkte eingehalten sind (Abb. 400).

[1] Die Angaben beruhen auf Mitteilungen von Ruths über Eisschwierigkeiten bei norwegischen und Samsioe über Eisschwierigkeiten bei schwed. Wasserkraftanlagen, vgl. auch I. Weltkraftkonf. Lond. Bd. II, S. 785 bzw. S. 808; ferner auf brieflicher Mitt. vom Aetsaewerk (Finnl.). Angaben in Veröffentl. von Vattenfallstyrelsen, wonach elektrische Rechenanwärmung bei Lilla Edet etwa 15000 kW in Anspruch genommen hätte, also auf 1 m^3/sek Wasserverbrauch etwa 40 kW, wurden bei der (schätzungsweisen) Feststellung der oben mitgeteilten Grenzen als unwahrscheinlich hoch außer acht gelassen, zumal ein Teil der Werke, auf die sich die obigen Angaben beziehen, wie z. B. Lerfoß im Trondhjemer Becken, wohl ähnlich hartes Klima haben, wie die Götaälvgegend (Lerfos: 60 kW für 2 Turbinen von zusammen 2500 PS = 3,5% oder 1,06 m Fallhöhe bei Q_v = 10,5 m^3/sek).

Neuerdings hat man mehrfach wegen des namentlich für Niederdruckwerke sehr empfindlichen Energieverbrauchs der elektrischen Anwärmung einen anderen Weg eingeschlagen und Generatorenwarmluft zur Erwärmung benutzt. Bei Forshuvdforsen ist zu dem Zweck auf der Oberwasserseite des Krafthauses ein Längskanal angeordnet, aus dem die Warmluft teils zum Schalthaus, teils zu den Wehrnischen und unter die Bohlendecke des Turbineneinlaufes geblasen wird, wodurch Rechen und Schützen gegen Eisbildung geschützt werden. Auch in Vamma- und Mörkfoß-Solbergfoß gelingt es, außer bei sehr schlechtem Wetter, durch Aufblasen der Generatorenwarmluft auf den Wasserspiegel vor dem Rechen das Deckeis auf 4,5 bis 7,5 m vor dem Rechen zu schmelzen, so daß man ohne elektrische Anwärmung auskommt.

Daneben sucht man neuerdings die Eisschwierigkeiten radikal durch Wegnahme der Feinrechen zu beseitigen. Die Grundlage für diese Entwicklung gab die Einführung immer größerer Turbinen mit „schaufellosem" Zwischenraum, die gegen kleinere Eis- und Holzstücke unempfindlich sind und an sich Rechenspaltweiten von 10 bis 25 cm zuließen. Der ausgesprochene Feinrechen (25 bis 35 mm Spaltweite) hat bei solchen Turbinen nur noch die Bedeutung einer Einrichtung zum Schutz der Fische; er wird darum im Norden auch „Fischrechen" genannt. Da das schwedische Fischereigesetz solche Fischrechen nur im Sommer, zur Zeit der Fischwanderung, fordert, ging man hier dazu über, die Feinrechentafeln leicht herausnehmbar einzurichten und außer ihnen noch einen Grobrechen anzuordnen. Letzterer wird mit strömungstechnisch gut profilierten Stäben und Riegeln gebaut und so berechnet, daß er bei hoher Werkstoffbeanspruchung vollen einseitigen Wasserdruck aushalten kann. Die Feinrechen dagegen, als bloße Fischrechen, werden leicht, nur für wenige Dezimeter Überdruck, berechnet.

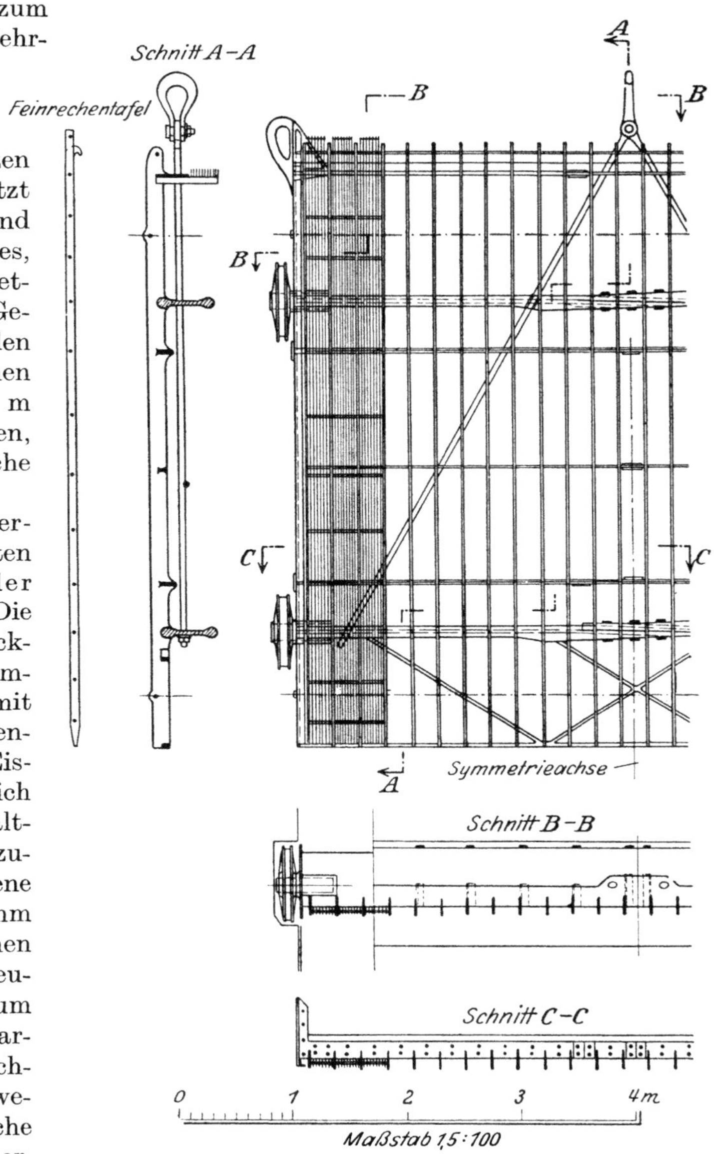

Abb. 803. Lilla Edet. Aufziehbarer Grobrechen mit einzuhängenden Feinrechentafeln. (Verw.)

Die Art der Unterteilung in Grob- und Feinrechen ist noch nicht einheitlich: In Lilla Edet (ohne el. Rechenheizung) sind beide kombiniert (Abb. 800, 803). Der Grobrechen aus Bulbeisen bildet die Unterlage für lose einzuhängende Feinrechentafeln. Vor jeder Turbine sind der wagerechten und lotrechten Einteilung des Einlaufquerschnittes entsprechend 3 × 2, also 6 gesonderte senkrechte Grobrechentafeln angeordnet, die einzeln auf je 4 Rädern ruhen und hochgezogen werden können. Die einzelnen Feinrechenlamellen können bequem vom Grobrechen abgenommen und gründlich gereinigt werden. Sie werden dabei an besonderen, auf dem Windengerüst der Schützen angebrachten Haken aufgehängt. Die Grobrechen bleiben zum Schutz der Turbinen vor göberem Schwemmgut auch im Winter im Wasser stehen, werden aber mit ihrer Spaltweite von 23 cm keine gefährliche Vereisung erleiden, zumal sie unter dem gut heizbaren Schützenhause stehen. — In Forshuvud sind Grob- und Feinrechen getrennt und nur der Feinrechen aufziehbar. Das am Grobrechen entnommene Schwemmgut wird durch eine Öffnung in einen besonderen (als „Eisrinne" bezeichneten) kleinen Kanal und weiter in den Unterwasserkanal gespült.

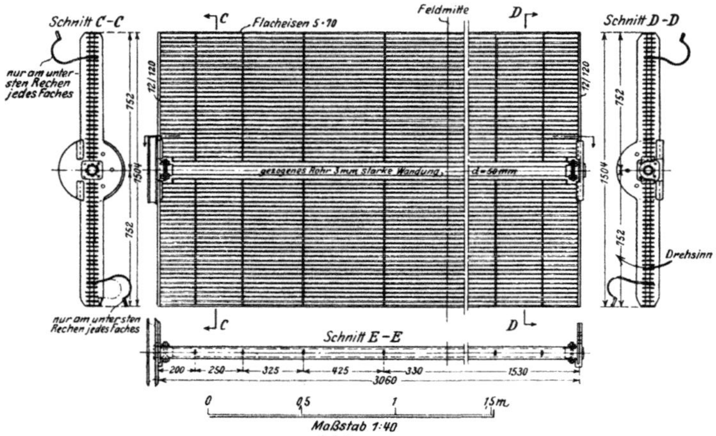

Abb. 804.

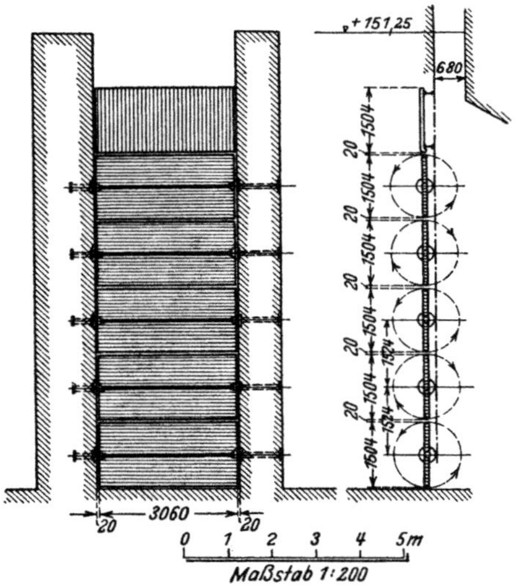

Abb. 805.

Abb. 804—805. Forshuvudforsen. Drehbare Feinrechentafeln. (Verw.)

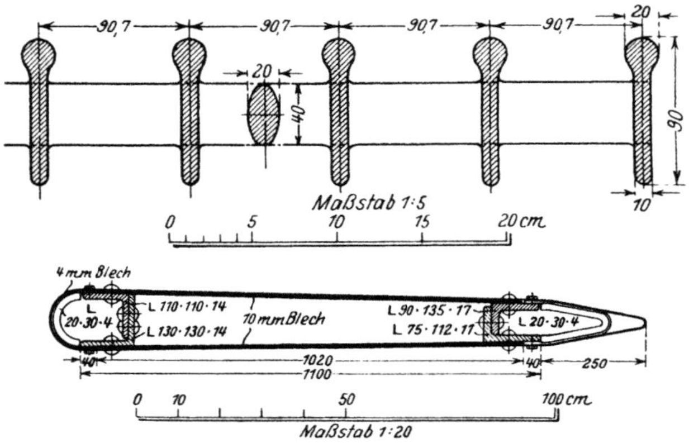

Abb. 806. Forshuvudforsen. Grobrechenträger, Grobrechenstäbe und Feinrechenlamellen. (Verw.)

Der einzelne Feinrechen ist in eine Reihe von drosselklappenartig um 180° drehbaren Tafeln unterteilt, die man durch einfache Drehung von dem angesammelten Feinrechengut befreien kann, das durch die Turbinen in den Unterwasserkanal geht (Abb. 804, 805, 806). Diese Neuerung hat sich bisher durchaus bewährt. In Högfors (Abb. 400) ist der Feinrechen lediglich als Ganzes aufziehbar, der Grobrechen ist vor den Einlaufpfeilerköpfen wie in Forshuvud fest eingebaut (Rückwendung zu der mitteleuropäischen Rechenanordnung!).

Der nächste Schritt in der Entwicklung dürfte die dauernde Weglassung der Feinrechen bei größeren Nieder- und Mitteldruckwerken sein. Fangversuche und ergänzende Druckwechselversuche an Fischen, die in das O.-W. bzw. einen besonderen Druckwechseltank bei Lilla Edet (Abb. 807, 808) eingesetzt wurden, haben (in guter

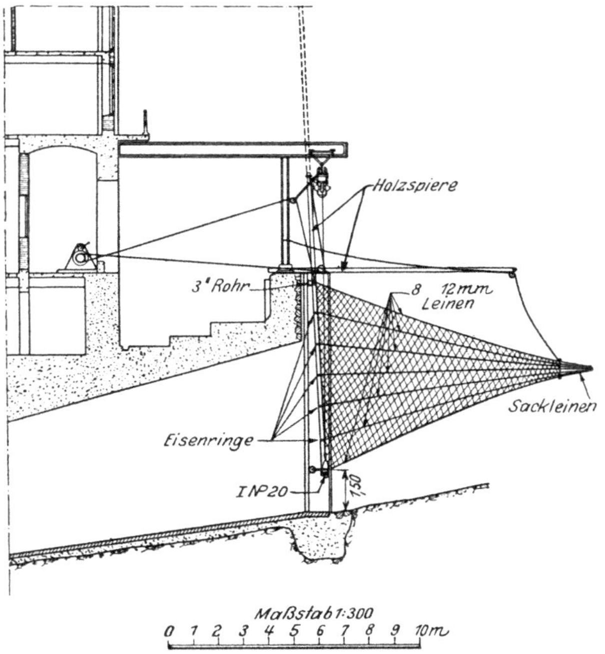

Abb. 807. Fangversuch am Turbinenauslauf Lilla Edet.

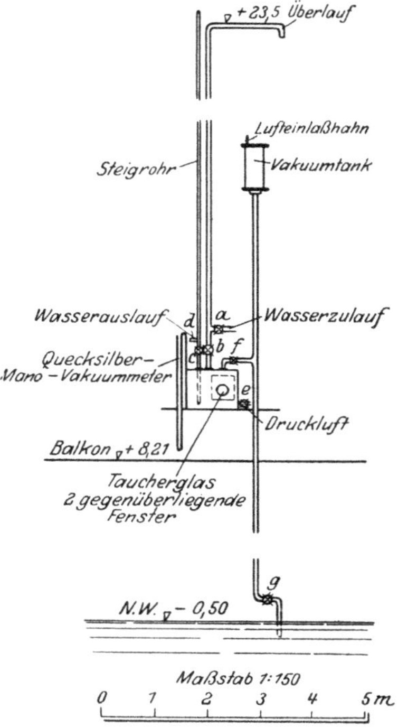

Abb. 808. Druckwechselversuche an Fischen in Lilla Edet. (Verw.)

Abb. 809. Rechengut (Avestawerk). (Vattenb. Byrån.)

Übereinstimmung mit ähnlichen deutschen und schweizerischen Versuchen) gezeigt, daß, mindestens bei großen Propellerturbinen und Fallhöhen von unter 20 m, selbst große Fische nur in seltenen Fällen beim Durchgang durch Turbinen beschädigt werden. Das schwedische Landwirtschaftministerium hat daraufhin gestattet, daß in

Lilla Edet die Feinrechen auch im Sommer nicht eingesetzt werden und daß die Neuanlagen Krångfors und Hammarfors ohne Feinrechen ausgeführt wurden[1].

Da Rechen im übrigen um so leichter von Eis frei zu halten sind, je besser sie gegen Abgabe ihrer Wärme an die kalte Außenluft geschützt sind, legt man im Norden die Grobrechen möglichst ganz unter Wasser, oder man verwendet (wie in den Alpenländern) hölzerne Rechen, wo die mechanische Beanspruchung es gestattet. Z. B. hat Hyttefoß I (S. 347) einen Grobrechen aus 40/150 mm-Bohlen mit 200 mm Spaltweite.

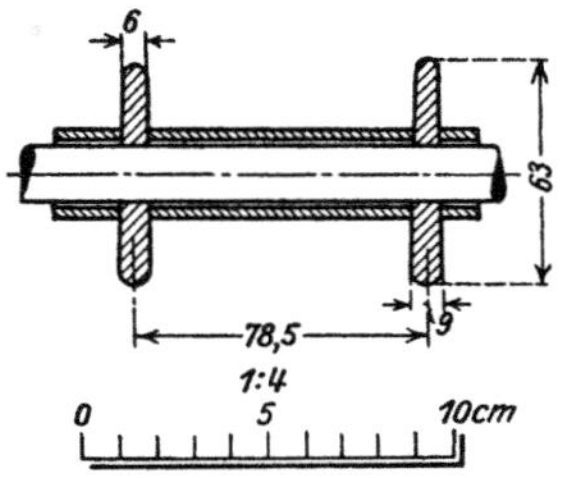

Abb. 810. Recheneinzelheit, Svälgfos. (Kloumann.)

Rechenreinigung durch Maschinen fand man (im Gegensatz zu Mitteleuropa) in den nordischen Ländern bisher kaum. Wo der Rechen für die Handharke zu hoch ausfällt, hilft man sich wie in Lilla Edet oder in besonders eigenartiger Weise in Forshuvud (s. ob.). Andere, auf Erleichterung der Rechenreinigung abzielende besondere Einbauweisen der Rechen sind: ein rotierender Feinrechen in Forshult (ohne nähere Angaben) und ein segmentwehrartig geformter und aufdrehbarer Rechen mit nach außen vorstehenden Fanghaken, die angeschwemmtes Floßholz hoch zu nehmen erlauben, in Ingerois (Finnl.). Die Schwierigkeit der Reinigung von Hand, zumal bei der starken Holzführung nordischer Wasserläufe, führt auch hier häufig zu unerwünschter Verlegung des Rechens (Abb. 809); Verf. fand selbst am Lagan einen Rechen so verkrautet, daß der Fallverlust über 0,5 m betrug. In Mörkfos-Solbergfos wird ein Laufkran zur Rechenreinigung benutzt (Abb. 494); der Rechen hat die ungewöhnliche Höhe von 14 m.

Der strömungstechnisch richtigen Profilgebung der Einzelteile der Rechen wird neuerdings im Norden viel Aufmerksamkeit gewidmet, (Abb. 470, 806, 810). Am Grobrechen Forshuvud, Vittingfos u. a. sind die Hauptträgerquerschnitte „tropfenförmig", die einzelnen Rechenstäbe sind, wie in Lilla Edet, Bulbeisen. Die Feinrechenstäbe in Forshuvud haben symmetrischen Querschnitt (Abb. 804 und 806), in Lilla Edet ist zur Schonung der Fische, die oft an den Feinrechen angepreßt werden, die scharfe Vorderkante durch halbkreisförmiges Stirnprofil ersetzt, die Hinterkante ist auch hier keilig.

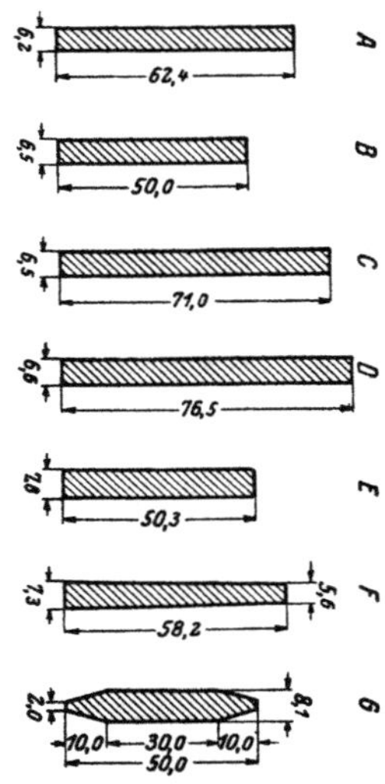

Abb. 811. Versuchsrechenstabprofile. (Fellenius.)

Stabquerschnitt	Spaltweite mm	$k_{90°}$	$\frac{K_{75°}}{K_{90°}}$	$\frac{K_{60°}}{K_{90°}}$	$\frac{K_{45°}}{K_{90°}}$
A	19,2	2,29	0,944	0,826	0,700
B	19,8	2,66	0,964	0,870	0,711
C	19,7	2,48	0,880	0,775	0,621
D	19,7	2,27	0,895	0,785	0,648
E	19,8	2,46	0,983	0,830	0,614
F	19,9	1,79	0,883	0,777	0 643
G	19,9	1,18	0,966	0,865	0,678

Über die Abhängigkeit der Fallhöhenverluste im Rechen von der Querschnittsform hat 1923 Professor Fellenius (Stockholm) Versuche angestellt, deren wesentliche Ergebnisse hier mitgeteilt werden (Abb. 811):

Die Versuche wurden in natürlichem Querschnittsmaßstab und bei Wassergeschwindigkeiten von 0,5 bis 1,5 m/sek ausgeführt. Die Rechen wurden teils lotrecht, teils unter verschiedenen Neigungswinkeln (75°, 60° und 45°) aufgestellt.

Aus dem beobachteten Aufstau wurde mit der Formel:

$$h = k \cdot a \cdot \frac{v^2}{2g}$$

[1] Vgl. Ref. d. Verf. in ETZ. 1928.

die „Stoßziffer“ k berechnet (siehe vorstehende Tabelle) (a = Verbauungsverhältnis nach Rehbock = Stabbreite geteilt durch Stabachsabstand und v = Wassergeschwindigkeit in dem Gerinne vor dem Einsetzen des Rechens).

Auf Grund dieser Versuche sind einige Berechnungen über die wirtschaftlichen Verhältnisse bei Neubauten und bei Austausch unvollkommener Rechen angestellt worden. Die Versuche werden von Professor Fellenius fortgesetzt und erweitert[1].

2. Anordnung und Aufstellung der Turbinen.

Neben der althergebrachten Aufstellung der Niederdruck-Francisturbinen im offenen Schacht hat sich auch im Norden mit der senkrechten einradigen Bauart der Einbau in geschlossene Spiralgehäuse sehr eingeführt. Dabei sind Eisenbetongehäuse bevorzugt, etwas im Gegensatz zu Amerika und Mitteleuropa, wo man häufiger auch stählerne Spiralgehäuse als Ganzes einbetoniert, um die Bauausführung zu vereinfachen, freilich bei großen

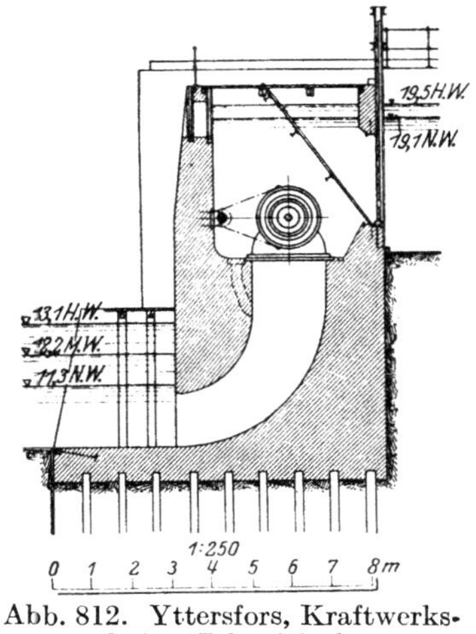

Abb. 812. Yttersfors, Kraftwerksschnitt (Tekn. Tidskr.)

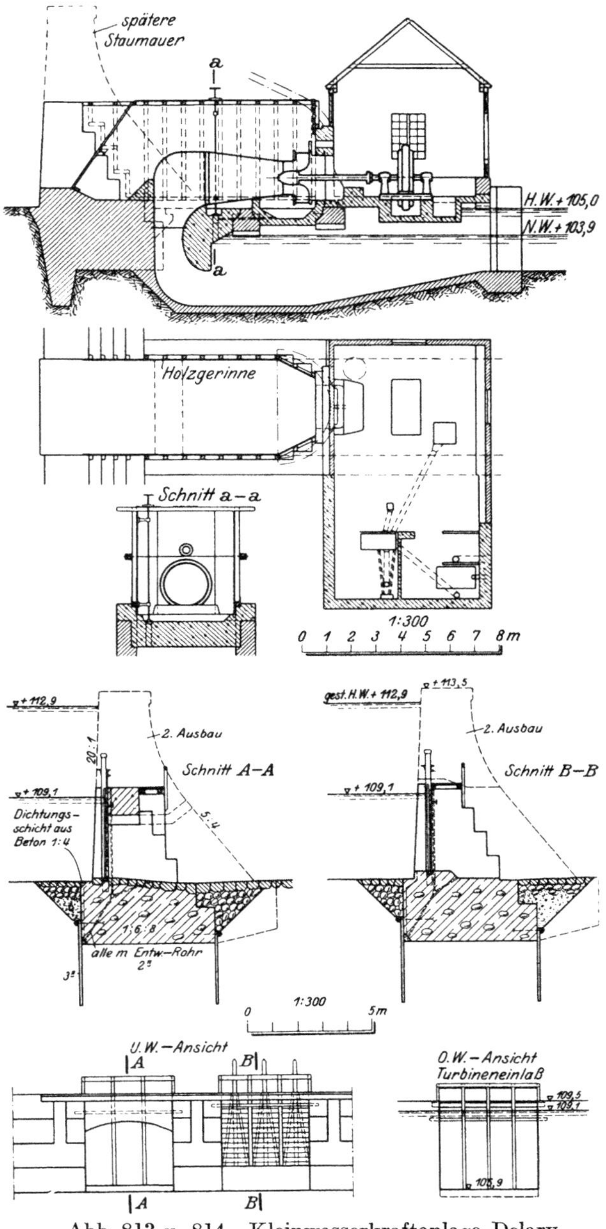

Abb. 813 u. 814. Kleinwasserkraftanlage Delary. (Ing. Samuelson.)

Einheiten: auf Kosten der Wirtschaftlichkeit. Sven-Lübek hat vorgeschlagen, die neue Bauweise, wo der Krafthausunterbau zum Teil als Gehäuse der zu gewaltigen Abmessungen gesteigerten Turbine entwickelt ist, als „halboffene“ zu bezeichnen im Gegensatz zu der „geschlossenen“ Bauweise der reinen Gehäuseturbinen älterer

[1] Vgl. auch „Die Wasserbaulaboratorien Europas“ von G. de Thierry und C. Matschoss, S. 401 bis 402. Berlin 1926; ferner Ludin, WK. 1913, S. 1235.

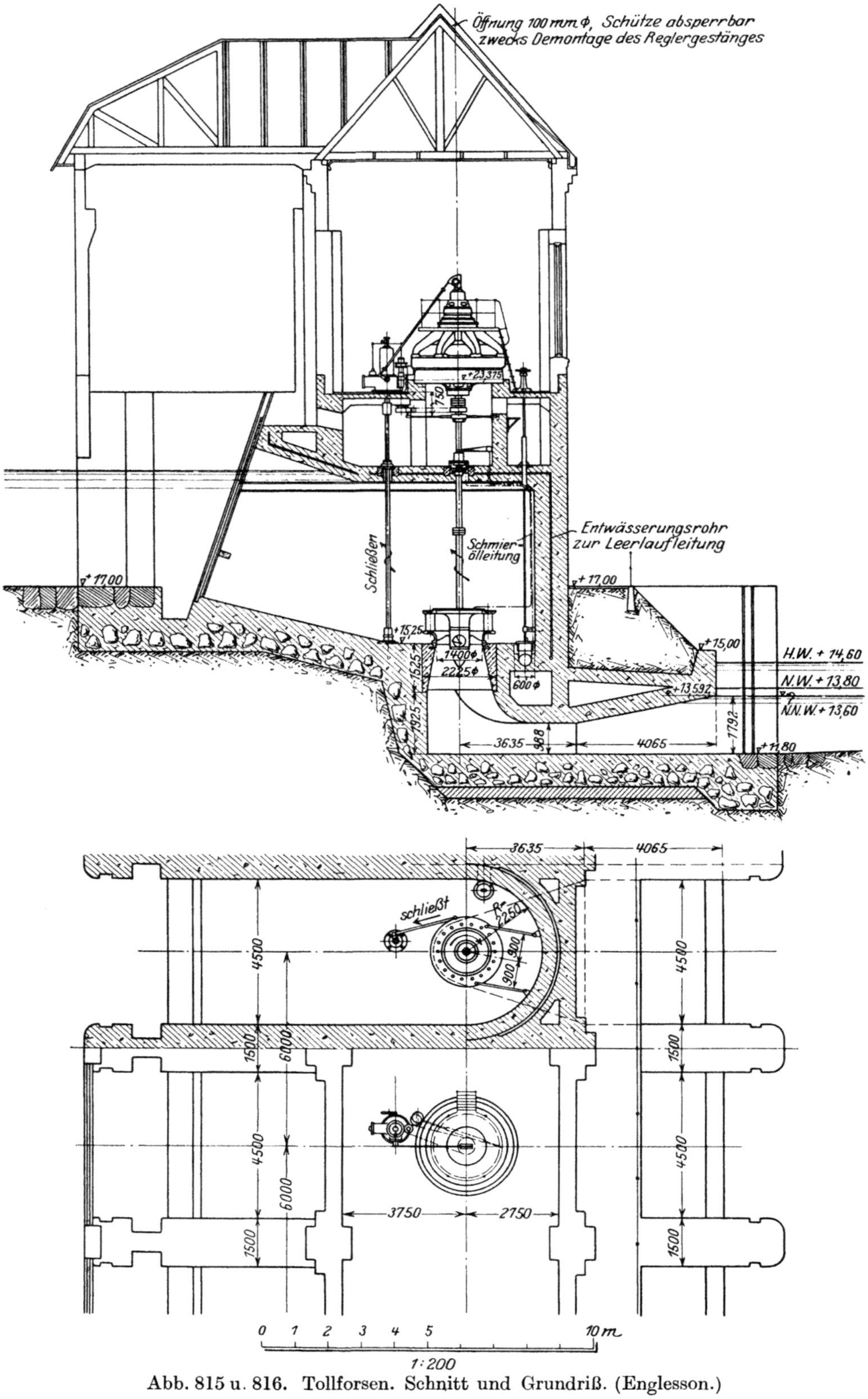

Abb. 815 u. 816. Tollforsen. Schnitt und Grundriß. (Englesson.)

Art, die als Ganzes frei auf dem Krafthausboden stehen (Hochdruckanlagen). Diese Bezeichnung sei hier beibehalten.

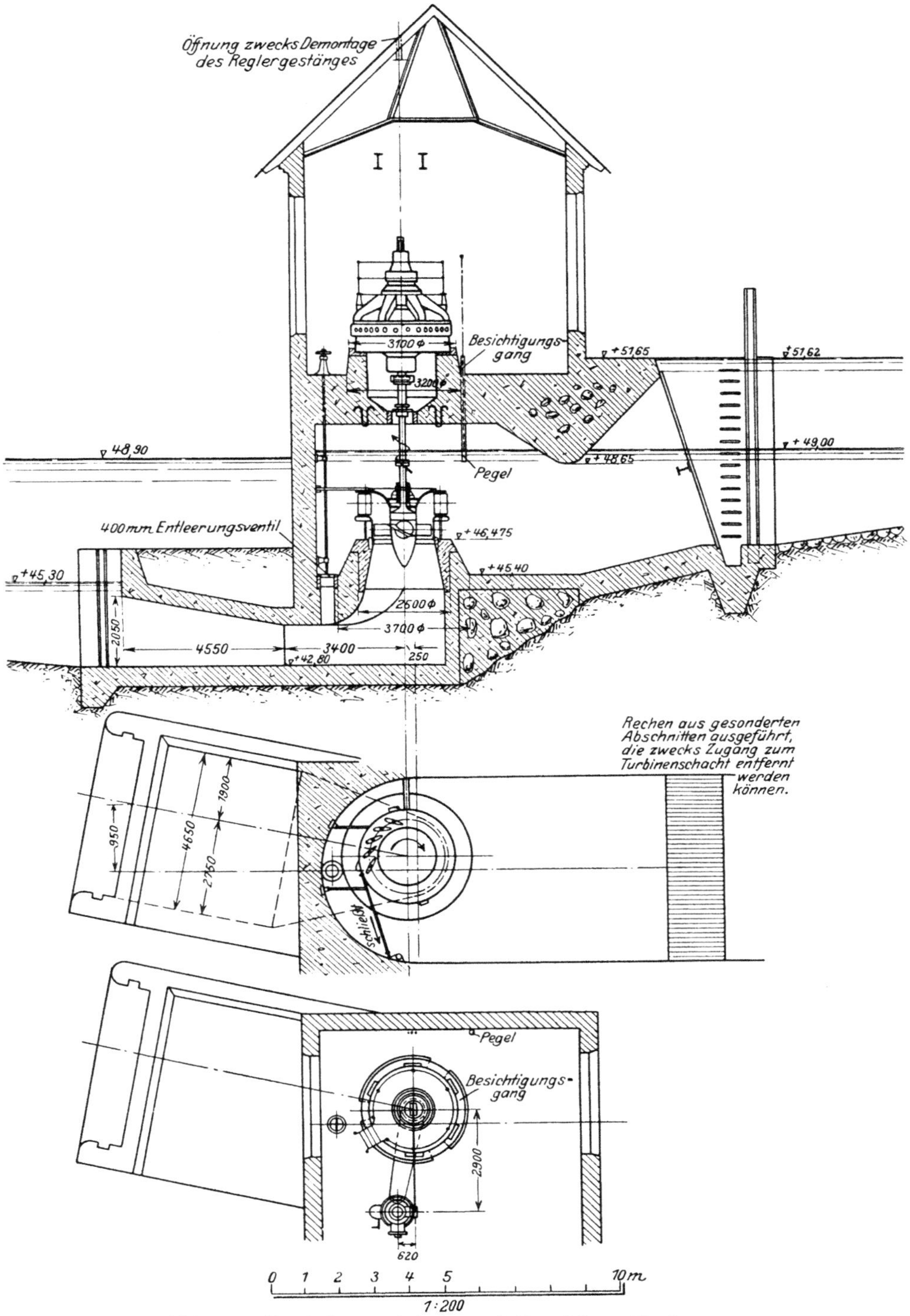

Abb. 817. Landaforsen. Schnitt und Grundrisse. (Englesson.)

In der Anwendung der offenen Bauweise ist man in nordischen Großanlagen bis zu bedeutenden Fallhöhen gegangen (Gullspång und Älvkarleby rd. 20 m). Ähnliche und noch etwas größere Fallhöhen sind auch mit halboffener Aufstellung erreicht; bedeutende Beispiele sind Hammarfors (Abb. 96, $H = 20$), Munkfors (Abb. 848) u. a. m. Bei noch größeren Druckhöhen wird auch im Norden neuerdings geschlossene Aufstellung (Druckrohr oder -Schacht und Eisengehäuse) vorgezogen (Norrfors, Abb. 83 im Gegensatz zum älteren Porjus, Abb. 60, vgl. Harsprånget, Abb. 64).

Bei Druckhöhen über 150 bis 200 m wird auch im Norden der Francisturbine das Feld durch die Freistrahlturbine streitig gemacht, wobei auch hier die Neigung zu bestehen scheint, das Gebiet der Francisturbine nach obenhin zu erweitern. Die zwölfte Einheit von Rjukan I (Abb. 429, 431, 432) ist eine Francisspiralturbine: $H = 280{,}5$ bis 290; $N = 17500$ PS; $n = 600$, $n_s = 70$ (Escher, Wyss & Cie.)[1].

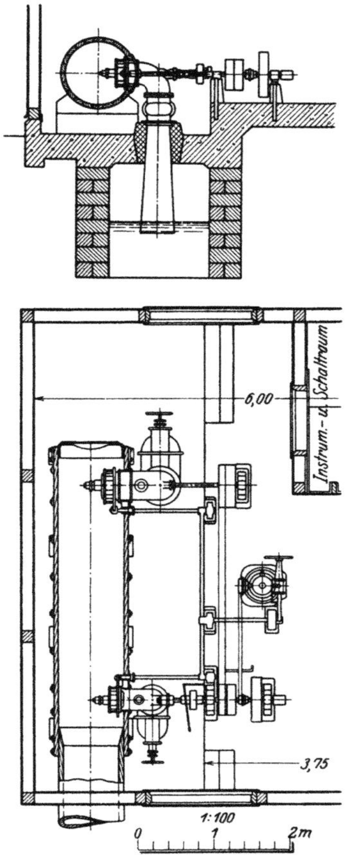

Abb. 818. Klein-WA. der Hökedalens A. B. (Ing. Eliasson.)

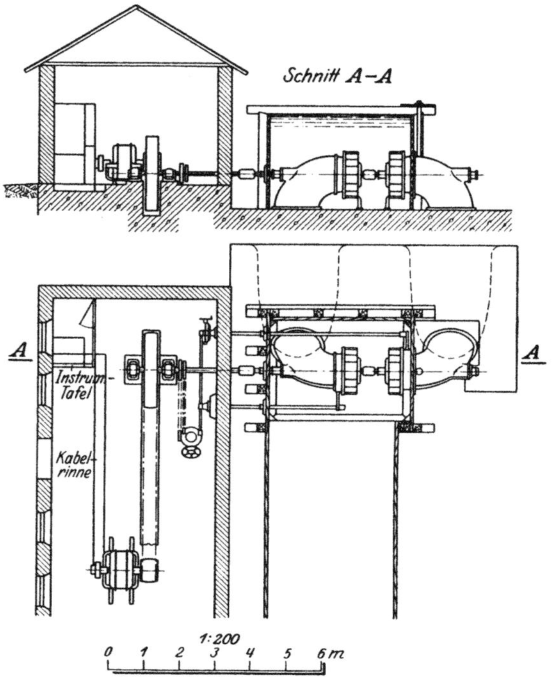

Abb. 819. Klein-WA. der A. B. Tranas. (Ing. Eliasson).

Einzelheiten der Anordnung. In nordischen Nieder- und Mitteldruckanlagen wurde die wagrechte Mehrfachturbine offener Aufstellung, wegen der einfacheren Ausführung von Maschinen und Baukonstruktionen nicht so schnell und unbedingt durch die senkrechte Einradturbine offener oder halboffener Aufstellung verdrängt wie anderwärts. Noch im Jahrzehnt 1916/1926 sind sehr bedeutende Großanlagen mit wagrechten Zwillingsturbinen in offener Wasserkammer erbaut, in Schweden: Untra (Abb. 132), Bergsbron-Havet (Abb. 171) und Motala (Abb. 162), in Norwegen: Raanaasfoss (Abb. 482) und von Anlagen mittlerer Größe, z. B. Hulta (Abb. 236, 237). Die Turbinenanordnung ist meistens die normale, also: Welle parallel zur Kammersymmetrieebene. Es findet sich aber auch nicht selten in Anpassung an besondere Verhältnisse die quergestellte Welle, so Abb. 812, wo eine angebaute Fabrik unmittelbar angetrieben wird, oder Hulta (Abb. 236, 237). Überhaupt ist die Geschick-

[1] Vgl. Oesterlen in Z.V.d.J. 1928, Nr. 48.

lichkeit in der Anpassung des Turbineneinbaues an schwierige örtliche Verhältnisse hervorzuheben (Abb. 102, 818, 819, 859). Die Zahl der Laufräder auf einer Welle ist meistens 2 oder (bei kleineren Fallhöhen Abb. 132, 147, 154, 553) 4. Hierbei werden die Räder meistens paarweise mit einem Saugrohrschacht verbunden (Doppelzwilling); ausnahmsweise kommt es auch vor, daß die äußersten Laufräder gesonderte Saugrohre erhalten und die beiden mittleren ein gemeinsames (Rämninge, Abb. 157). Bei der kleinen finnischen Anlage Varkaus ist eine sechsradige Francisturbine (Voith) in dreifacher Zwillingsanordnung eingebaut ($H = 4{,}7$ m; $N = 1000$ PS). Einradige Turbinen mit wagrechter Welle kommen in offener Aufstellung naturgemäß nur ausnahmsweise vor. Hierfür ist ein, besonders in historischer Hinsicht, interessantes Beispiel die kleine Delary-Anlage im Hegeån (Südschweden). Die vorläufige Fallhöhe von 4,8 m soll später durch Stauerhöhung auf 8,6 m gebracht werden unter Austausch des Laufrades. Diesem teilweise provisorischen Charakter entsprechend ist zunächst ein einziges Kaplanlaufrad mit wagrechter Welle (Abb. 813) eingebaut. Die für Kaplanräder an sich weniger geeignete wagrechte Aufstellung ist im vorliegenden Falle nur gewählt, weil ursprünglich der Einbau einer wagrechten Francisturbine beschlossen und das Fundament schon zum Teil fertig war, als man auf Grund der günstigen Erfahrungen mit Kaplanturbinen, besonders bei so stark veränderlicher Nutzwassermenge, sich zur Verwendung eines Kaplanrades entschloß. Zur Vermeidung von Kavitation mußten die Laufradschaufeln von jenen der senkrechten Kaplanturbinen wesentlich abweichend gestaltet werden. Die eigenartige Saugrohrkonstruktion ist durch die geschilderten besonderen Umstände bedingt[1]. Auch für offene Aufstellung senkrechter Einradturbinen finden sich hervorragend schöne Beispiele, allerdings nur bei ziemlich kleinen Anlagen, z. B. Tollfors, Abb. 815, 816 (Kaplanturbine $H = 6{,}5$ m, 700 PS) und Landafors, Abb. 817 (Kaplanturbine $H = 4{,}2$ m, 600 PS).

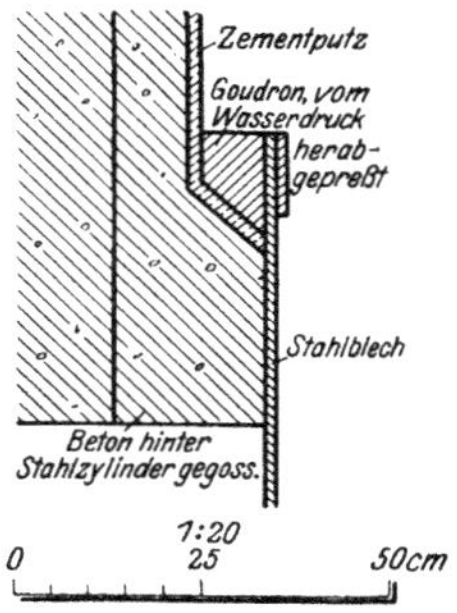

Abb. 820. Fugendichtung zwischen Blechzylinder und Beton.

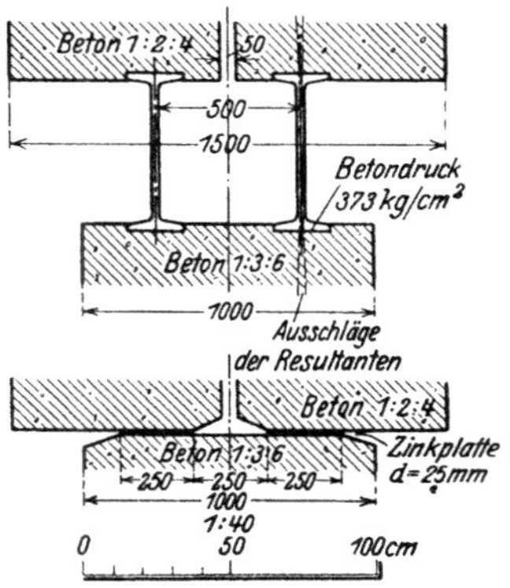

Abb. 821. Auflagerung der Kammerwände. Oben: Kipplager, Pressung max. 373 kg/cm². Unten: festes Auflager.

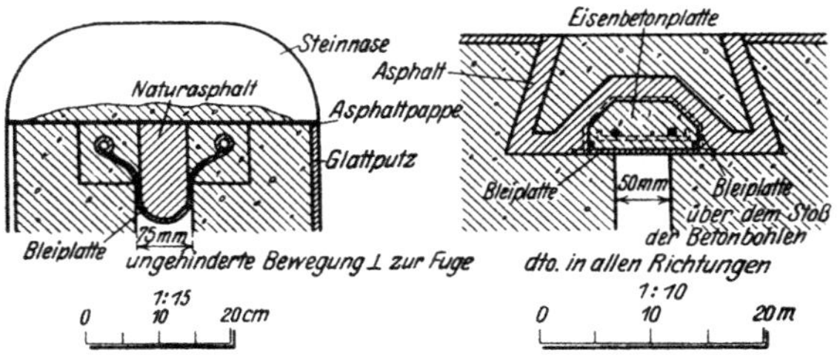

Abb. 822. Bleiplattenfuge mit Beweglichkeit senkrecht zur Fuge und Fuge mit gleitender Dichtung und Beweglichkeit in allen Richtungen.

Abb. 820—822. Krafthaus Gullspång. (Tekn. Tidskr.)

In baukonstruktiver Beziehung ist bei den Turbinen offener Aufstellung die wichtigste Frage die Durchbildung der Umfassungswände der Turbinenkammern oder -schächte. Die Zwischenwände der Mehrkammeranlagen müssen einseitigen Wasserdruck aushalten können. Dies führte schon früh zur Anwendung von Eiseneinlagen und Gliederung in Rippen und Platten. Eigenartige Anordnung mit „versteckter" Rippe zeigt Abb. 251. Die Rückwand der Kammer wird bei kleinen Anlagen auch noch in neuester Zeit zugleich als Krafthauswand angeordnet und außen sorgfältig gedichtet;

[1] Allgemeiner Entwurf der Anlage von Civ.-Ing. Samuelson, Nyköping; Turbine von Verkstaden, Kristinehamn.

der höhere Teil der aufgehenden Gebäudemauer wird sicherheitshalber von diesem unteren Teil aber meist besonders isoliert (Rämninge, Abb. 157). Bei größeren Werken wird diese einfache Anordnung seit längerer Zeit vermieden; erstens wegen der Schwierigkeit einer vollendeten Dichtung oder Isolierung, zweitens aber und hauptsächlich: wegen der ungünstigen statischen Beanspruchung, die in mitteleuropäischen Anlagen zur Anwendung starker Eiseneinlagen geführt hat. Man suchte im Norden früh und in vorbildlicher Weise die Konstruktion der Turbinenkammer möglichst unabhängig von jener des Krafthauses zu gestalten. Bemerkenswerte Stufe der dahin gerichteten Entwicklung ist Gullspång (Abb. 187). Hier ist die Turbine in einen tiefen, durch Winkeleisen ausgesteiften kreiszylindrischen Blechschacht gesetzt, der oben in Höhe der Flußsohle durch Vermittlung eines Eisenbetonringes in eine an der Zulaufseite offene Eisenbetonkammer übergeht. Eine Fußeinspannung der gewölbten rückwärtigen Wand der Eisenbetonkammer ist dabei vermieden, so daß statisch einfache Verhältnisse vorliegen. Sorgfältig durchdachte Einzelheiten der Dehnungsanordnungen

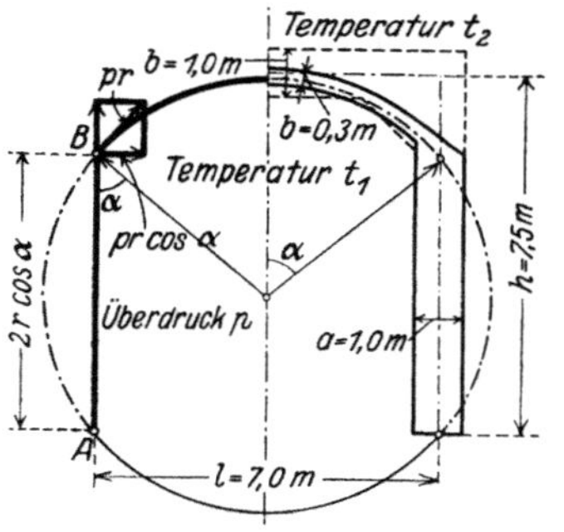

Abb. 823. Eisenbetonturbinenkammer. Konstruktion des Vattenbyggnadsbyrån, Systemskizze. (Hellström.)

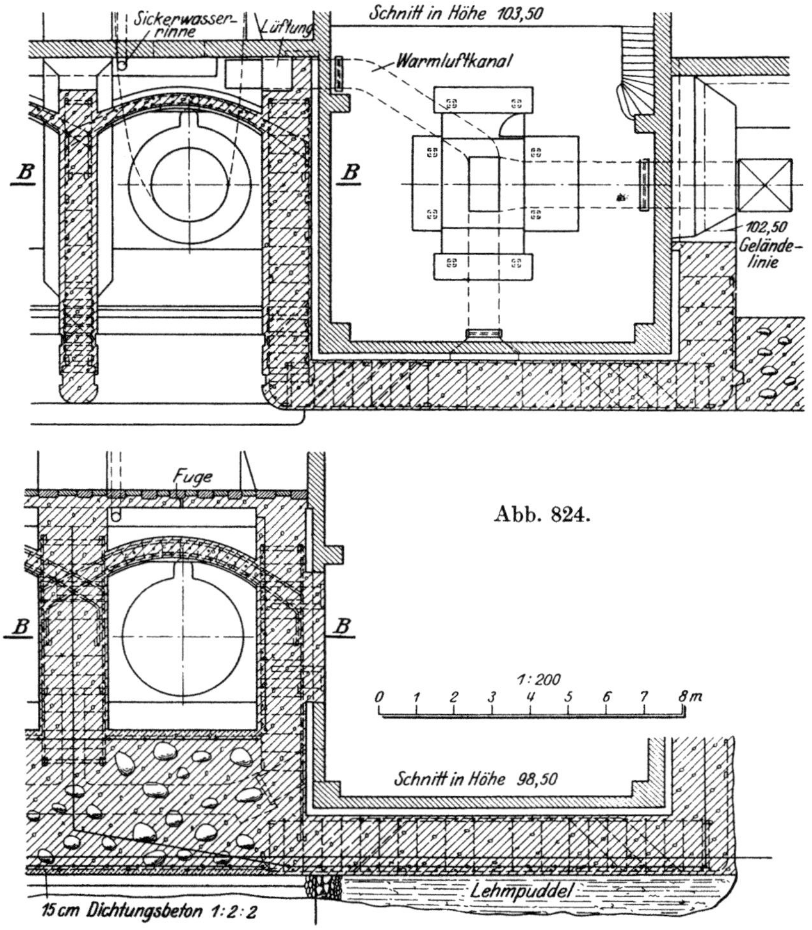

Abb. 824.

(Abb. 820, 821) verdienen heute noch Beachtung. Die Anordnung war durch besondere örtliche Verhältnisse bedingt (Abb. 186, Unterwasserstollen!).

Eine Anordnung, die eine viel allgemeinere Anwendungsmöglichkeit hat, ist neuerdings (ebenfalls vom Vattenbyggnadsbyrån) ausgebildet worden (Abb. 823, 824,

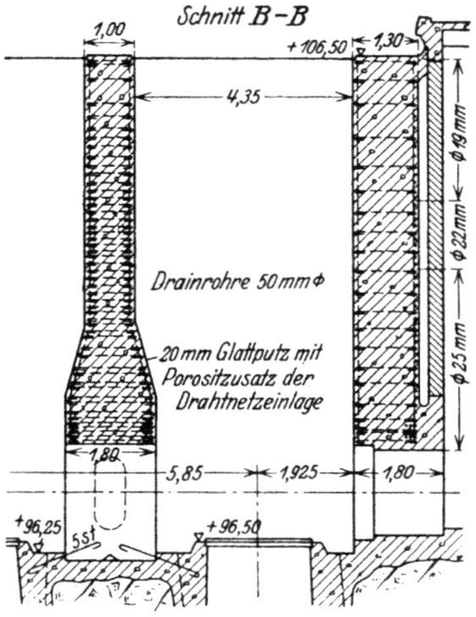

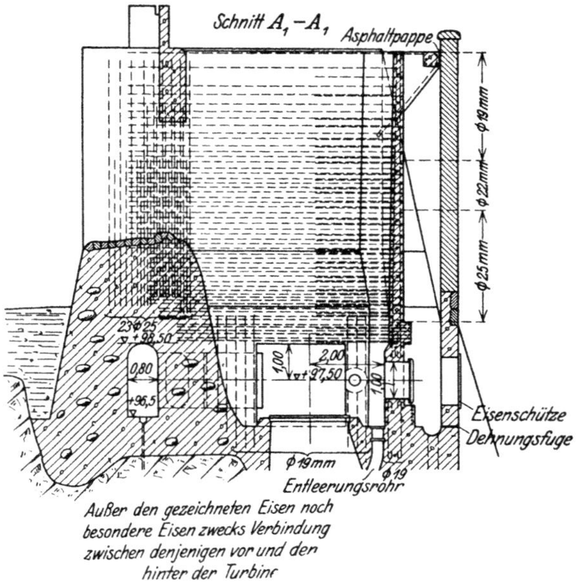

Abb. 825.

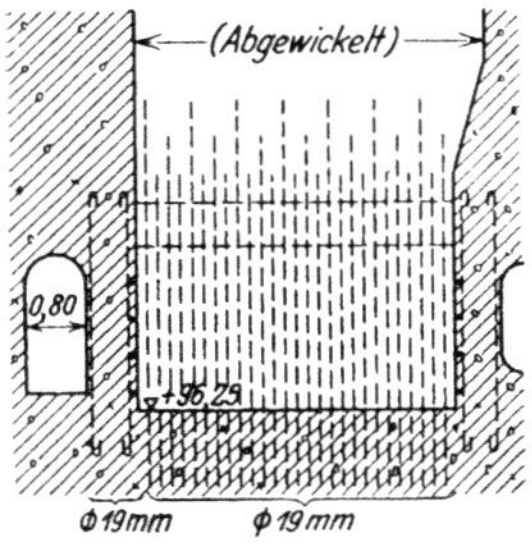

825, 826). Die Grundform ist aus statischen Überlegungen erwachsen: Seitenwände und Vordergrund der Kammer sind im Grundriß als Rahmen mit Fußgelenken und Zugband betrachtet. Um dabei ein für die Rückwand günstiges Kräftespiel zu erhalten, wird diese als Zylinder über einem Kreise gebildet, der durch die Fußgelenke hindurchgeht. Hierbei wird die Rückwand in wagrechter Ebene auf reinen Zug, ohne Biegung, beansprucht. Dieses Prinzip ist schon bei einer großen Zahl von Niederdruckanlagen angewandt. Selbstverständlich wird neben der Kräfteübertragung in wagrechter Ebene eine „senkrechte" Einspannung im Fundament vorhanden und durch entsprechende Bewehrung zu berücksichtigen sein[1].

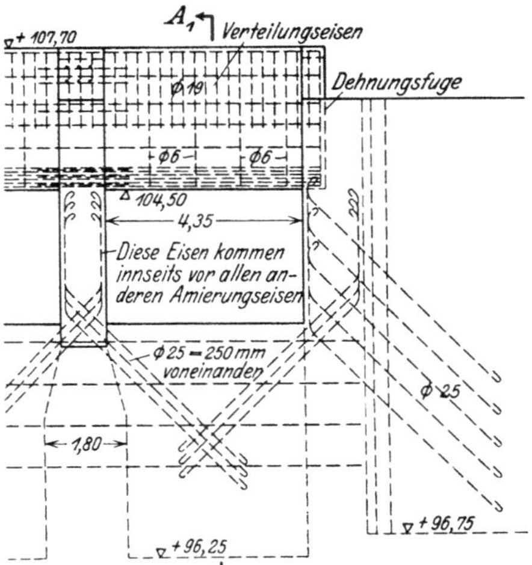

Abb. 826.

Abb. 824—826. Hulta-Kraftwerk. Einzelheiten der Eisenbetonkonstruktion. (Vattenb. Byrån.)

Derselbe statisch-konstruktive Grundgedanke läßt sich auch anwenden, wenn die Turbine selbst nicht in der Zulaufkammer, sondern in einem unterhalb derselben liegenden Schacht untergebracht ist. Die kreiszylindrische Schachtwand geht dabei nach oben in die bogenförmige Rückwand der Kammer über, die somit am Fuße elastisch eingespannt ist. Es entsteht so ein interessantes Gegenstück zu der nur äußerlich ähnlichen Anordnung von Gullspång (Abb. 187), wo Kammerrückwand und Schacht voneinander möglichst unabhängig konstruiert sind.

[1] Turbinenkamrar av armerad betong von Bo Hellström.

Solche zusammenhängende Konstruktion von Turbinenkammer und -schacht ist bei Hornsö (Alsterbån, Südschweden) ausgeführt (Abb. 827, 828, 829, 830, 831, 832). Bei dieser Anlage ist neben der Schachtanordnung auch die Aufstellung der Turbine auf einem beiderseits eingespannten Gewölbe, ferner die Saugrohranordnung bemerkenswert.

Bei halboffener Aufstellung müssen den statisch-konstruktiven Überlegungen wichtige Untersuchungen über die hydraulisch günstige Form der Spiralzuleitung voraus gehen. In den meisten Fällen werden diese Untersuchungen überwiegend experimentell geführt. Besonders umfangreiche Modellversuche gingen z. B. der Gestaltung der Turbinenkammern von Lilla Edet und Mörkfoß-Solbergfoß voran. Dagegen ist die in bezug auf eine wagrechte Ebene genau symmetrische Spiralkammer von Forshuvud auf vorwiegend rechnerischem Wege durch eine Untersuchung von Prof. K. J. Karlsson festgelegt worden. Der Meridianschnitt der von Karlsson konstruierten Spirale ist ein symmetrisches Trapez (mit abgerundeten Ecken), dessen obere und untere Begrenzung nicht geradlinig, sondern nach einer Hyperbel geformt ist. Der Mittelpunkt dieser Hyperbel liegt auf der Turbinenachse. Karlsson weist nach, daß dieser Meridianform nach Prasil-Lorenzschen Untersuchungen als günstigste Grundrißform die Kreisvolvente entspricht[1] (Abb. 788; vgl. auch Hammarfors, Abb. 96, 97 und 833).

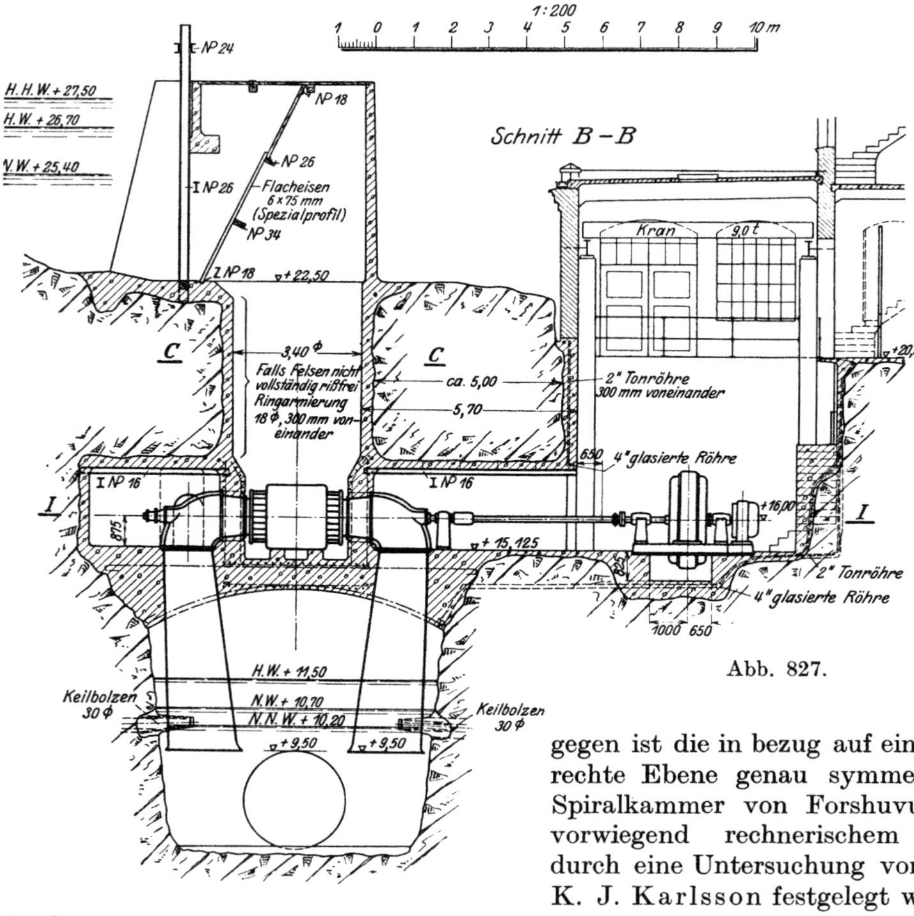

Abb. 827.

Die statisch-konstruktive Ausgestaltung dieser Spiralen bietet dem Bauingenieur interessante Aufgaben. Die Decke der Spiralkammer hat außer dem Wasserdruck und

[1] Tekn. Tidskr. Mechanik 1920, H. 6.

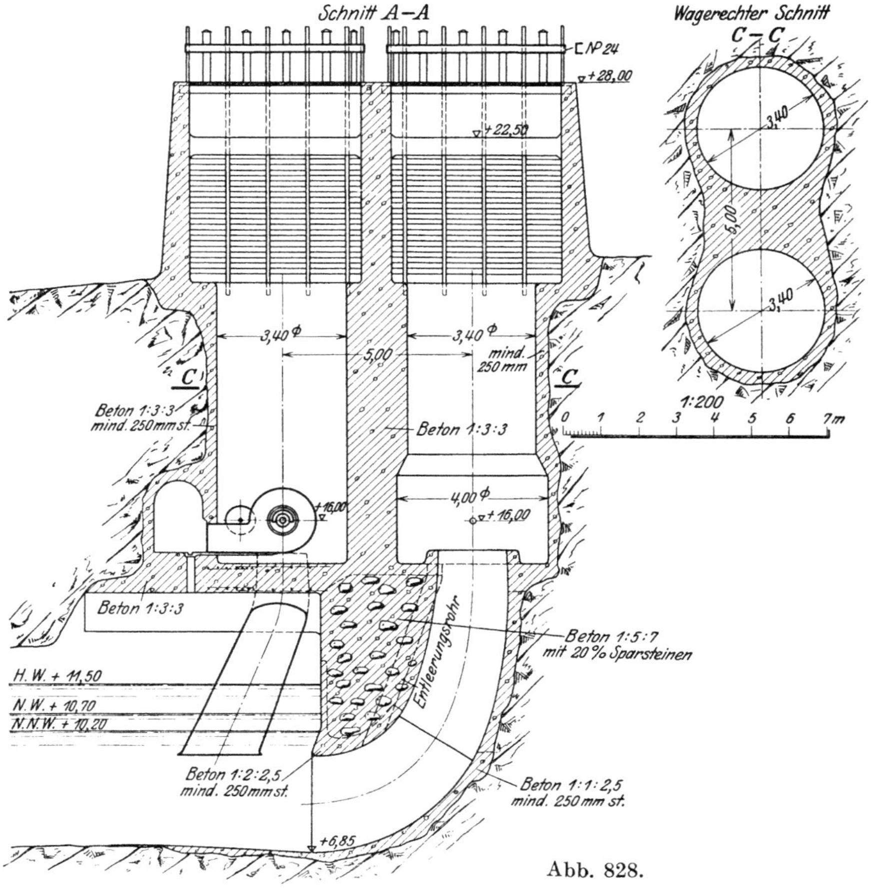

Abb. 828.

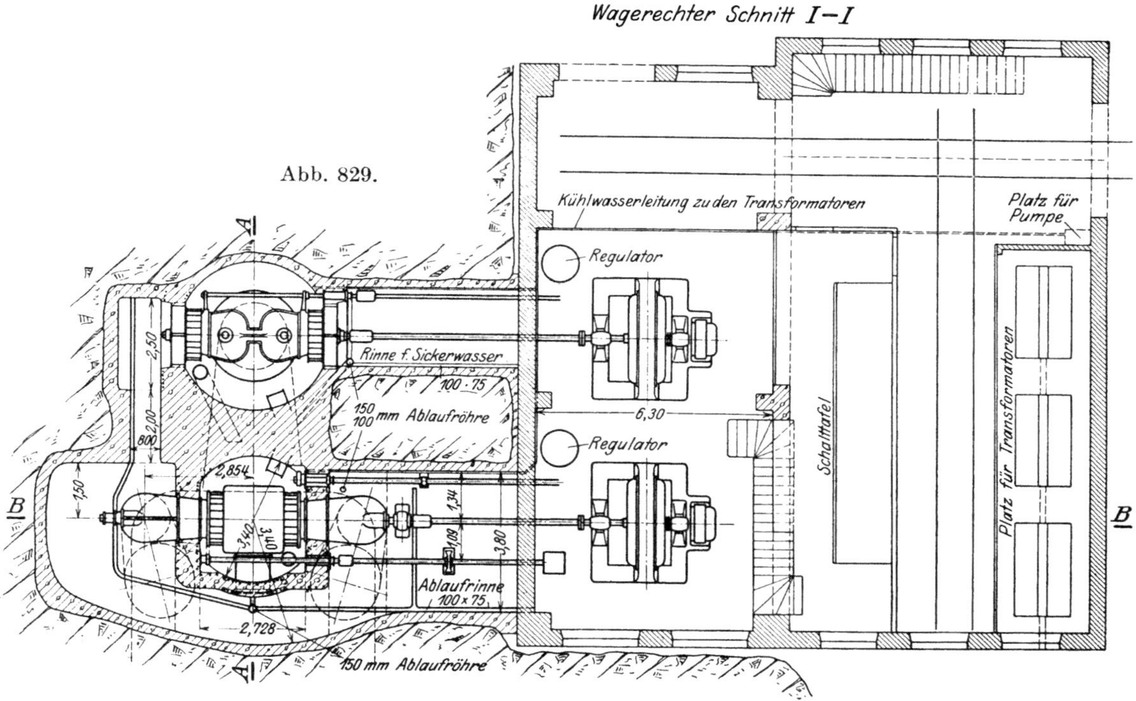

Abb. 829.

Eigengewicht die schwere Last des Stators und der umlaufenden Teile nebst einem Teil der Fußbodenbelastung des Maschinensaales aufzunehmen und in die Funda-

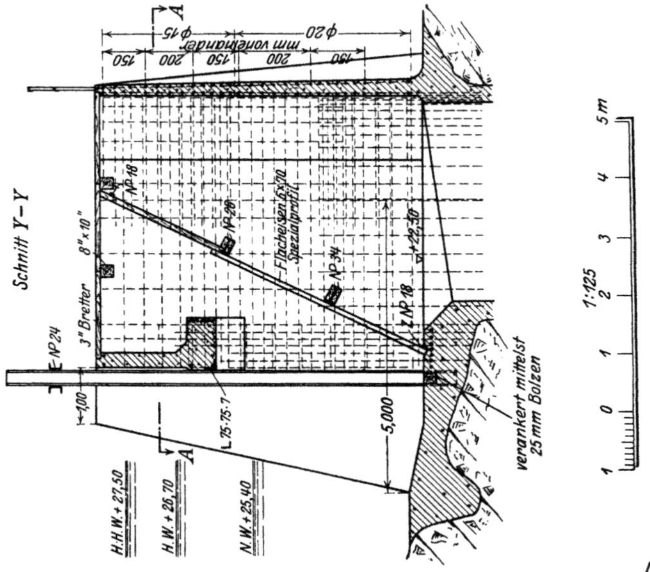

Abb. 832.

Abb. 827—832. Hornsö. (Alsterbach) Kraftwerk. (Vattenb. Byr.)

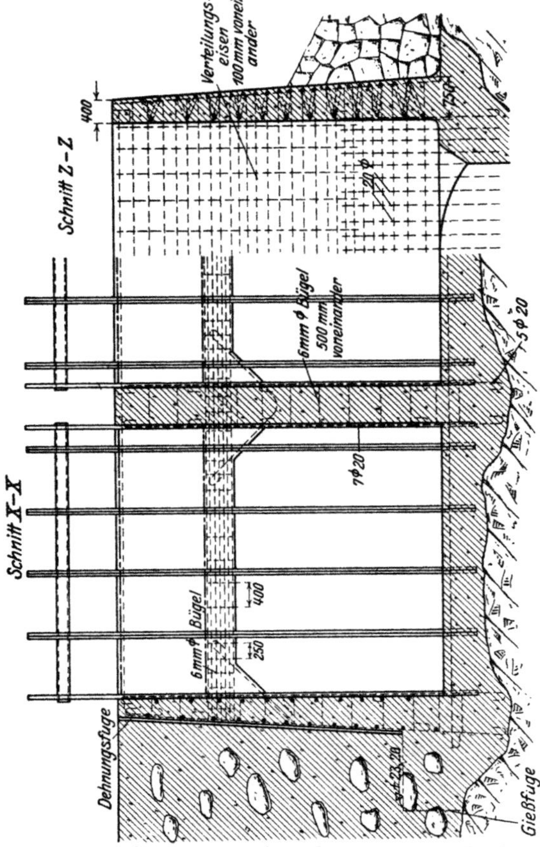

Abb. 830.

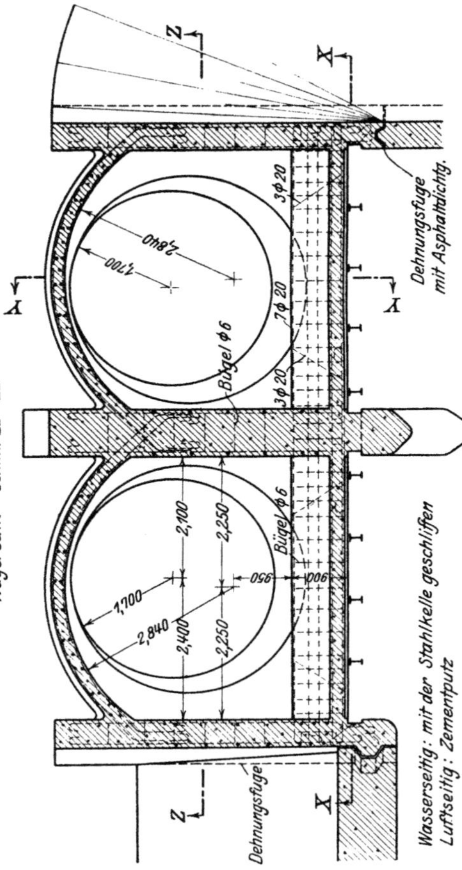

Abb. 831.

mente zu übertragen. Da die Kammerdecke oberhalb des Turbinendeckels aus Gründen der Zugänglichkeit unterbrochen sein muß, ist es nötig — damit die Deckenstärke nicht übermäßig ausfällt — die Decke entweder am Umfang des Leitrades an einzelnen Punkten zu unterstützen oder aber durch Träger zu entlasten. Bei den ganz großen Anlagen ist bis jetzt im Norden der erste Weg gewählt worden. Die Stützen, die dabei den größten Teil der Generatorenlast ohne Inanspruchnahme der Deckenschale der Spirale auf die Fundamente übertragen und andererseits als Zuganker gegen den Innenwasserdruck wirken müssen, werden zwecks Verminderung des Querschnittes stets in Stahl ausgeführt und können entweder eine tropfenähnliche Form erhalten wie bei Forshuvudforsen („Stützschaufeln") oder aber zur Not auch einfach kreiszylindrisch sein. Sie werden so angebracht, daß sie stets hinter eine Leitschaufel zu stehen kommen und somit zusammen mit derselben eine strömungstechnisch möglichst günstige Lage einnehmen, vgl. Abb. 495, 794, 834.

Die andere Anordnung, nämlich die Abfangung der Last durch Unterzüge (z. B. in Deutschland beim Kachletwerk: zahlreiche genietete eiserne Blechträger) ist bei Ljusfors unter Verwendung von Eisenbetonrippen ausgeführt (Abb. 165). Bei kleinen Turbinen kann auch die Deckenplatte der Spirale selbst, ohne Trägerverstärkung, die Generatorlast aufnehmen und auf die Seitenwände übertragen (Kangankoski, Finnland, Abb. 835).

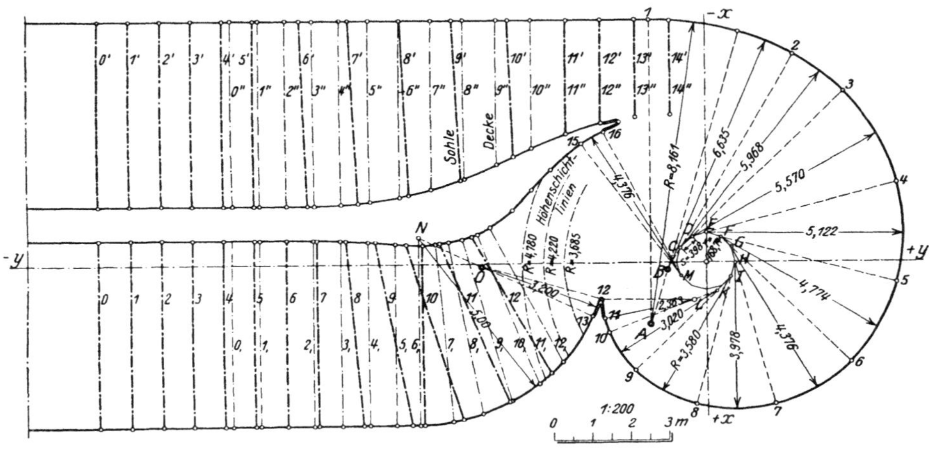

Abb. 833. Hammarforsen. Werkplan der Turbinenkammer (Vattenb. Byr.).

Turbinen. Bei senkrechtem Einbau in Spirale ist die Einradturbine wie sonst in Europa ganz allgemein gebräuchlich. Zwillingsturbinen mit Spiralkammern sind im Norden nicht anzutreffen, für Lilla Edet waren sie anfänglich in Voruntersuchung gezogen (Abb. 995ff.). Unter den einradigen Turbinen werden hauptsächlich schnelllaufende Francisturbinen bevorzugt (Forshuvud, Mörkfoß-Solbergfoß, Kuhankoski). In neuester Zeit werden Propeller- und Kaplanturbinen, ferner Lavaczekturbinen angewandt. In einer vergleichenden Untersuchung[1] findet Ing. Englesson die Vorzüge der einradigen Turbine mit senkrechter Achse und Spiralzuleitung gegenüber den Zwillingsturbinen in der Möglichkeit der Erreichung eines etwas, und zwar (wie er meint, nur um rd. 1%) höheren Wirkungsgrades (bedingt durch größere Radabmessungen und bessere Strömungsverhältnisse, namentlich im Saugrohrkopf), ferner und hauptsächlich darin, daß senkrechte Turbinen mit Spiralzuleitung auch bei stark veränderlichem Oberwasserstand gut verwendbar sind, wogegen die wagrechte Doppelzwillingsturbine der Gefahr der Lufteinsaugung unterliegt. In Untra z. B. treten große Wirbel auf, die man durch Einlegen eines Schwimmrahmens aus Balken in jede Kam-

[1] Vertikal Enkelturbine eller Horisontal Dubbelturbine. Tekn. Tidskr. Mechanik 1920, S. 73.

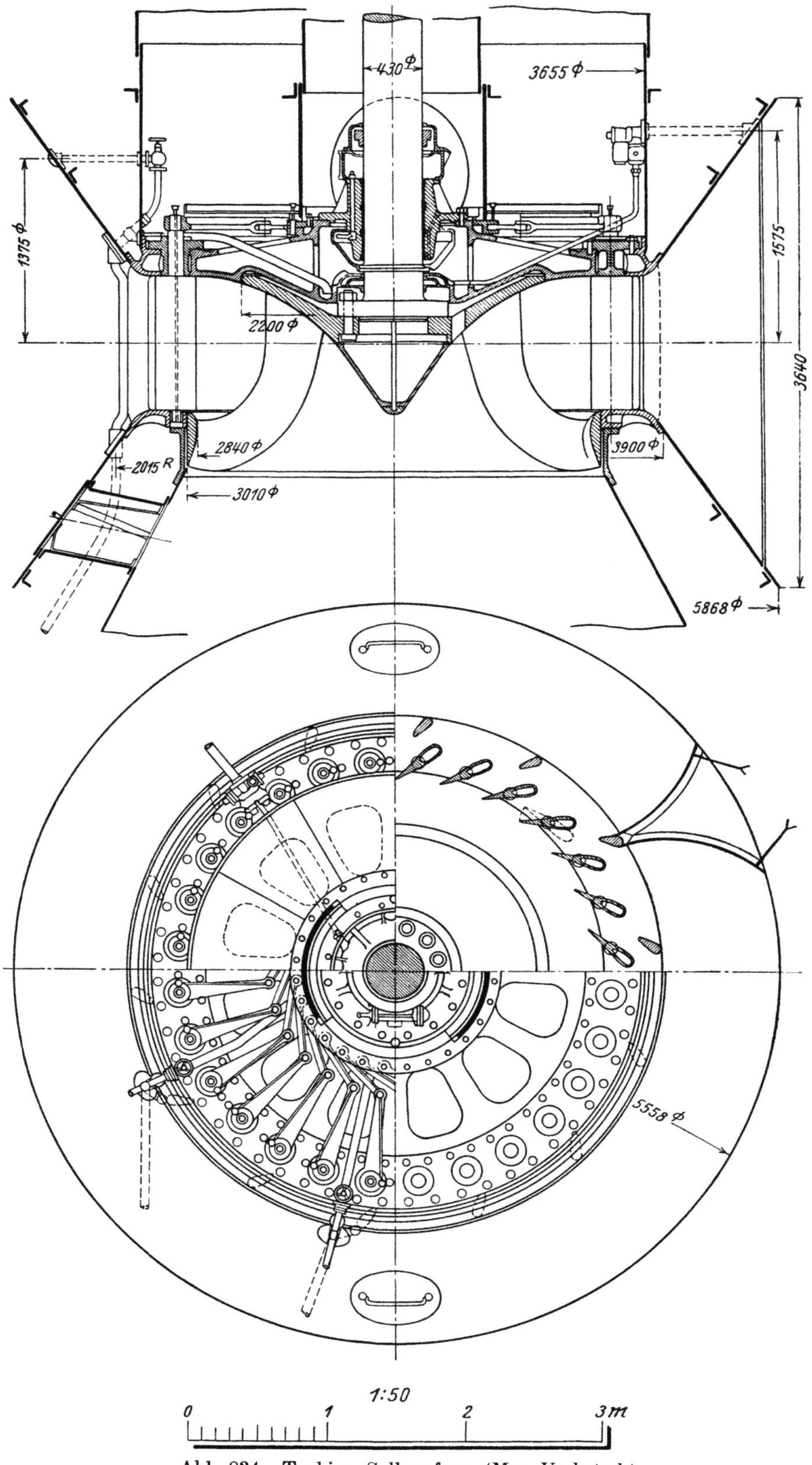

Abb. 834. Turbine Solbergfoss. (Myr. Verkstad.)

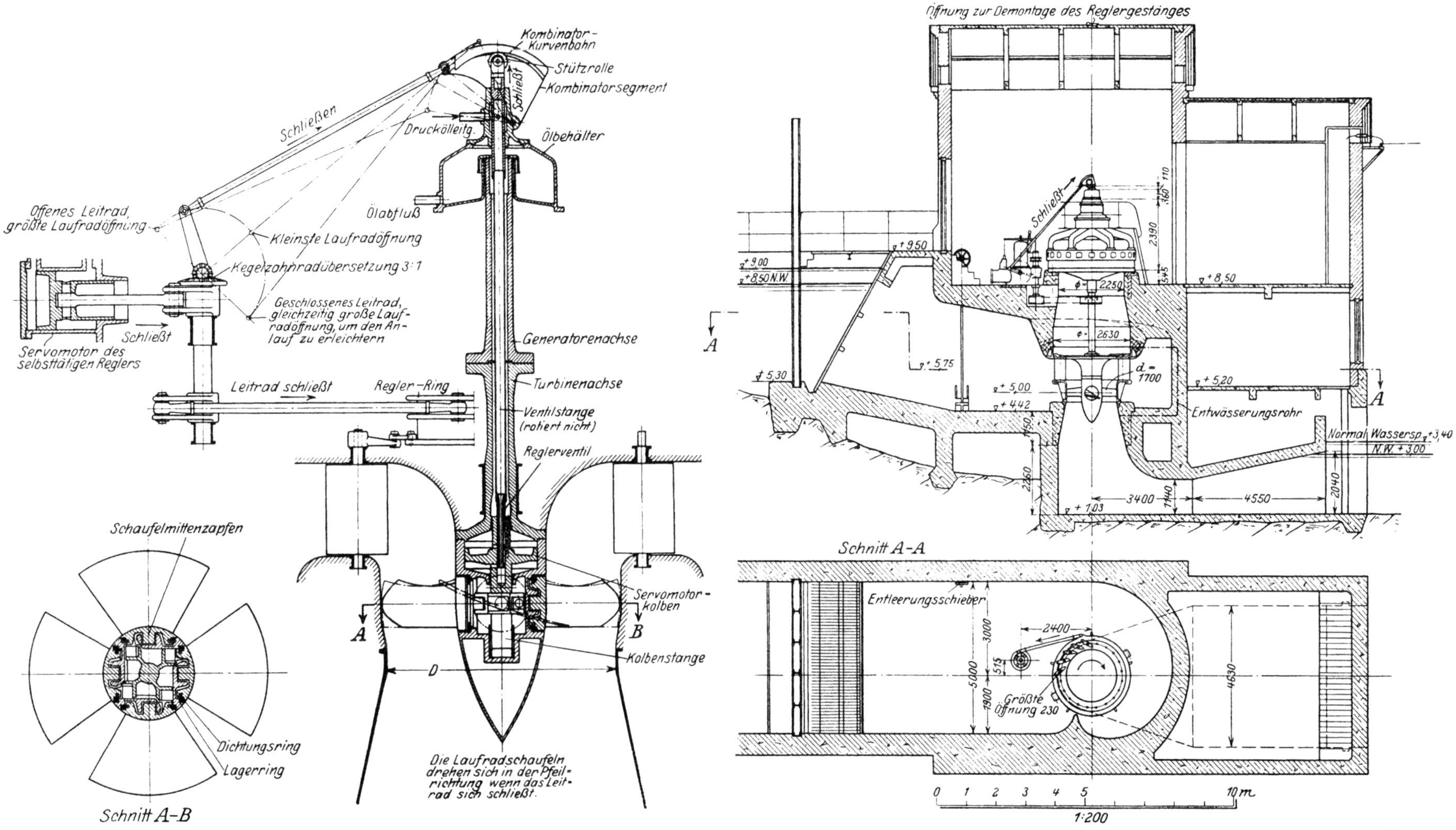

Abb. 835. Kangankoski. Kraftwerk. (Englesson.)

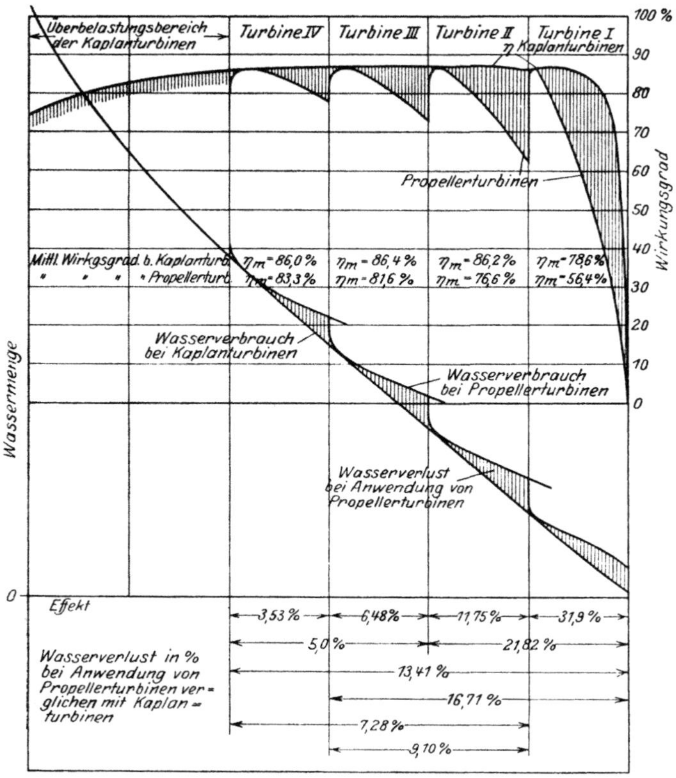

Abb. 836. Vergleich Wirkungsgrad und Wasserhaushalt einer WA. mit nur Kaplan- und nur Propellerturbinen.

mer ziemlich wirkungsvoll bekämpft hat. Bemerkenswert in der Bauart der Untraturbine ist die Teilspirale unter dem Leitrad (Abb. 123) zur Verbesserung der Wasserzuführung. Da der von E n g l e s s o n angenommene relativ geringe Unterschied im Wirkungsgrad, kapitalisiert, in den meisten Fällen den Unterschied in den Anlagekosten nicht voll aufwiegt, ist die senkrechte Einradturbine nach E n g l e s s o n im allgemeinen nur dann unbedingt vorzuziehen, wenn starke Oberwasserschwankungen vorhanden sind. Diese Ausführungen sind dahin zugunsten der Einradturbine zu ergänzen, daß wesentlichen Einfluß auf die Baukosten noch die Abmessungen des Turbinenhauses haben, die zwar der Gründungstiefe nach bei der Einradturbine meist größer, dafür der Kammerlänge nach kleiner auszufallen pflegen, zumal bei dieser der hintere Saugrohrteil durch Aufbau des Hochspannungshauses vorteilhaft ausgenutzt werden kann; der Unterschied im Wirkungsgrad wird außerdem meist um 1 bis 1,5% größer, als angenommen, sein.

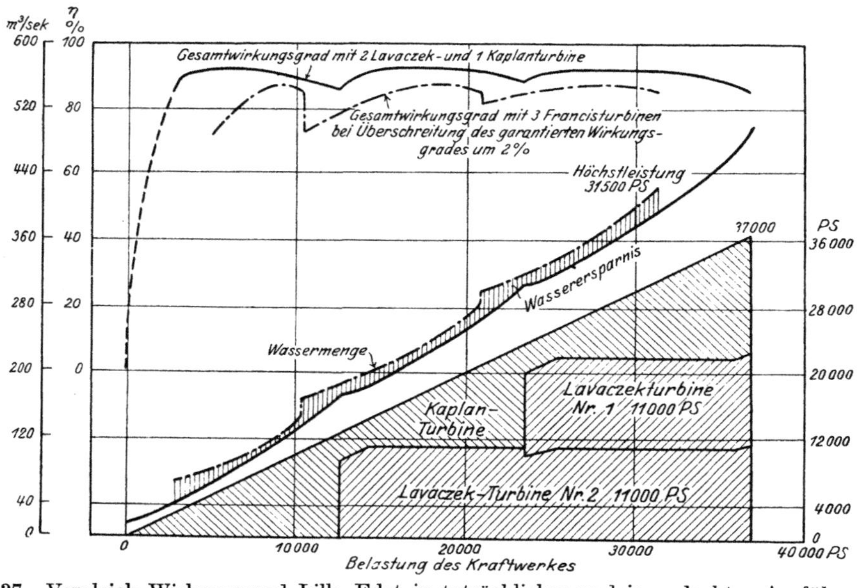

Abb. 837. Vergleich Wirkungsgrad Lilla Edet in tatsächlicher und in gedachter Ausführung mit wagrechten Francisturbinen. (Ekwall.)

Die Kaplanturbine, um deren raschere Einführung und Ausbildung im großen sich die schwedische Wasserkraftverwaltung und Turbinenindustrie ein unbestreitbares Verdienst vor der ganzen Welt erworben haben, zeichnet sich ganz besonders durch ihre große Anpassungsfähigkeit bei Schwankungen der Nutzfallhöhe und -wassermenge aus. Der Wirkungsgrad ist z. B. bei wechselnder Wassermenge in weiten Grenzen (infolge der Verstellbarkeit der Laufradschaufeln) nahezu unveränderlich: Abb. 835, 836, 837. Je kleiner die Maschinenzahl, um so größer die Überlegenheit der Kaplanturbine; Durchschnittswirkungsgrad eines Einmaschinenwerkes mit Kaplanturbine 78,6%, mit Propellerturbine: 56,4%. Die Kurven sind von Englesson auf Grund vereinfachender Voraussetzungen allgemein abgeleitet; bei Verfolgung der tatsächlichen Betriebsgestaltung bestimmter Werke hat Englesson noch größere Unterschiede im Wirkungsgrad der beiden Turbinengattungen nachgewiesen, was dadurch zu erklären, daß bei vorübergehender Abnahme der Belastung nicht sogleich ein Maschinensatz abgeschaltet wird. Vereinigung von Kaplanturbinen mit den billigeren andersartigen Einradturbinen derart, daß auf 2 bis 3 Kaplanturbinen 1 Turbine anderer Bauart kommt, ergibt nach Englesson einen praktisch ebenso guten Gesamtwirkungsgrad wie die ausschließliche Verwendung von Kaplanturbinen. Praktisch wird man meist den Kaplananteil noch stärker reduzieren. So sind z. B. in Lilla Edet neben einer Kaplanturbine (Abb. 838, 839) zwei Lavaczekturbinen angeordnet mit sehr befriedigenden Wirkungsgradverhältnissen (Abb. 837, Vergleich mit wagrechten Zwillingsturbinen). Außerdem sind neuerdings Lavaczekturbinen in Ljusfors (Abb. 840) und Forshuvudfors eingebaut worden.

Abb. 838—839. Kaplanturbine f. Lilla Edet. (Verkstaden.)

Durch die Einführung der Kaplanturbine und Lavaczekturbine sind die Ausbaumöglichkeiten der in Schweden und besonders in Finnland nicht seltenen niedrigen

Fallhöhen sehr verbessert worden. Als einen historisch interessanten mittelbaren Beleg dafür kann man die Turbinenanlage Kuhankoski, Finnland ansehen, wo gewöhnliche, schnelläufige Francisturbinen mit Citroëngetrieben paarweise je einen wagrechten Stromerzeuger antreiben (Abb. 533, 534, vgl. auch S. 498).

Abb. 840. Lavaczekturbine Ljusfors. (Finshyttan A. B.)

Gehäuse-Turbinen sind im Norden bei mittleren Fallhöhen meist wagrechte Kesselturbinen, im übrigen: Spiralturbinen, meist gleichfalls wagrecht. Senkrechte Gehäuseturbinen waren bis 1928 Ausnahmen (z. B. Reinfossen-Anlage in Nordnorwegen, Abb. 841), in Zukunft dürften sie häufiger werden (Abb. 851, 852, 853).

Das Saugrohr. Wegen des besseren Wirkungsgrades wird vielfach auch bei wagrechten Turbinen statt des in den Unterwasserkanal hineinhängenden eisernen Saugrohrs der Betonsaugkanal mit geschlossen-kontinuierlicher Wasserführung gewählt, der bei halboffen oder geschlossen aufgestellten großen Turbinen allgemein angewandt wird. Beispiel der Anwendung dieser Saugrohrform bei wagrechten Zwillingsturbinen ist Motala (Abb. 198). Doppelzwillinge und Doppelsaugrohr finden sich noch in Älvkarleby. Eine grundsätzlich ähnliche, jedoch in der Form abweichende Saugrohranordnung zeigt die Bräkkeanlage (Abb. 509, 510) (wagrechte Doppelfrancisturbine mit Spiralzuleitung). Die Schutzauskleidung des oberen Saugrohrteils wird bei großen Mitteldruckanlagen häufig aus Klinkern (Abb. 96, 848, 952) hergestellt.

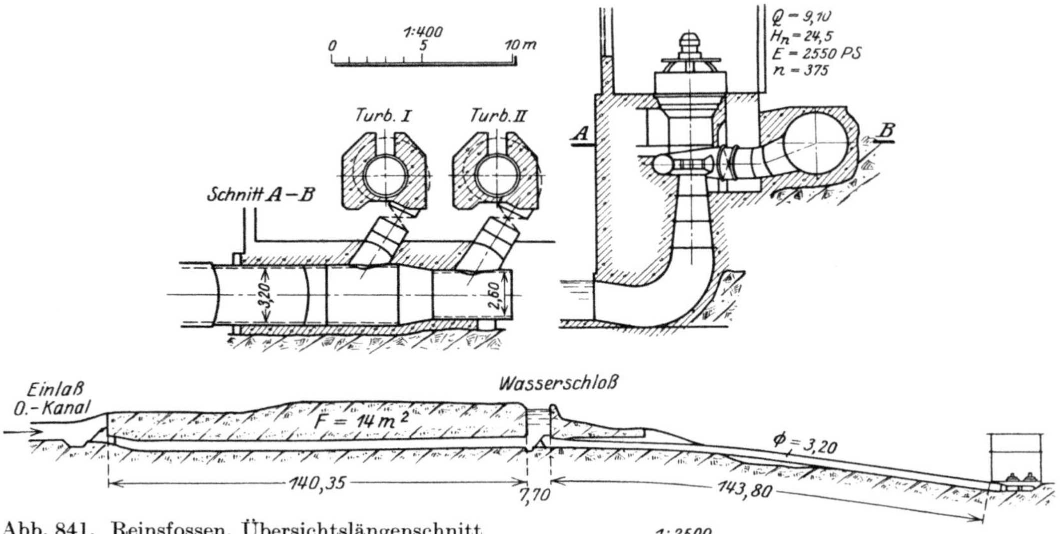

Abb. 841. Reinsfossen. Übersichtslängenschnitt und Kraftwerkschnitt. (Prof. Sundberg.)

Die Formgebung der Saugrohre bei sehr niedrigen Fallhöhen ist auch im Norden noch umstritten. Lilla Edet zeigt den flachgekrümmten Längenschnitt, der auch in Deutschland (Kachlet), allerdings meist: mit Zwischenleitwand (Abb. 533, 534), bevorzugt wird. Dagegen wurden bei Bergsbron-Havet (Norrköping) für die wagrechten Doppelfrancisturbinen scharf abgewinkelte Saugkrümmer gewählt, die eine geringere Bauhöhe haben. Die ähnlichen reinen „Kaplan"-Saugrohrformen sind bei den Kaplanturbinen Tollfors-Kangankoski-Landafors-Högfors angewandt (Abb. 545, 817, 835).

Freistrahlturbinen sind hauptsächlich in Norwegen mit sehr bedeutenden Abmessungen ausgeführt. An besonderen Aufgaben, die dabei dem nordischen Turbinenkonstrukteur gestellt wurden, seien die Bedingungen der Hakavikanlage (S. 449) erwähnt. Die Turbinen dieses Bahnkraftwerkes (je 5000 PS) $H_n = 357 - 387$, $n = 300$ oder 333) laufen häufig mit geringer Belastung, weshalb der Punkt höchsten Wirkungsgrades bei verhältnismäßig niedrigen Belastungen verlangt wurde (Abb. 842).

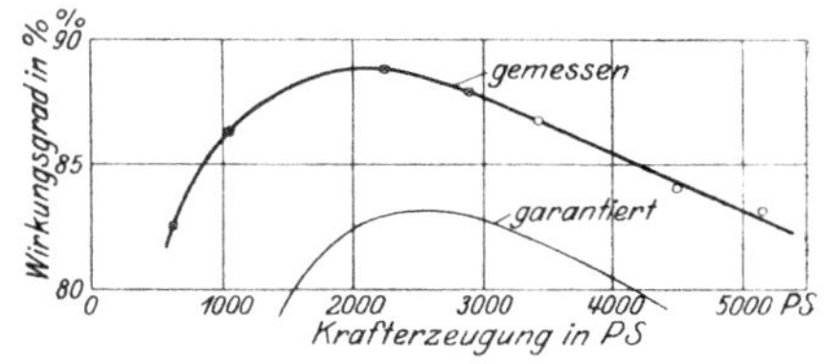

Abb. 842. Hakavik. Wirkungsgradkurve. (Myrens Verkst.)

Im Zwillingsstufenwerk der Höyangfaldenegesellschaft ist die mittlere (7.) Peltonturbine an die Druckrohre sowohl der Örestufe (550 m) wie der Jetlandsstufe (700 m) angeschlossen und wird je nach Wasservorrat abwechselnd mit beiden Fallhöhen betrieben.

Abb. 843.

In der Frage der Maschinenzahl geht auch im Norden die Entwicklung auf Anordnung möglichst großer Einzelsätze, wodurch besonders bei Niederdruckanlagen die Baukosten bedeutend ermäßigt werden; Beispiele: Lilla Edet, Tyin, Norrforsen, Högfors. Bei starker Veränderlichkeit der Belastung, dann: wo ein stufenweiser Ausbau wichtig, ferner: wo kein Anschluß an ein Landesnetz mit seinen vielartigen Kraftreserven vorhanden ist, kann man aber unter Umständen veranlaßt sein, trotzdem eine größere Zahl kleiner Einheiten anzuordnen. Damit ist es wohl u. a. zu erklären, daß auch einzelne moderne Werke verhältnismäßig kleine Turbinensätze aufweisen, z. B. Hyttefossen (S. 355), wo 8 Francisturbinen von nur je 5000 PS, die neue Anlage der Stadt Gäfle bei Tollfors, wo 3 Maschinen zu je 700 PS eingebaut werden sollen.

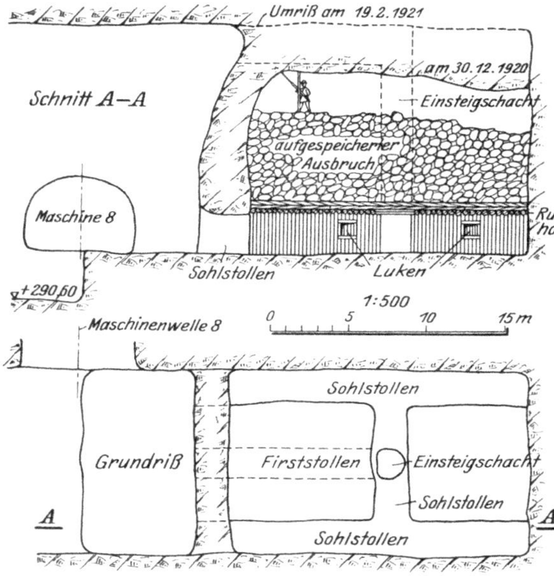

Abb. 844.

3. Die Gesamtanordnung des Krafthauses.

Hier ist zunächst als charakteristische nordische Besonderheit die schon bei 5 bedeutenden Anlagen angewandte unterirdische Turbinenaufstellung zu erwähnen. Sie findet sich sowohl bei offener Turbinenaufstellung (Mockfjard, Abb. 135) als auch bei halboffener (Porjus, Abb. 60, Norrforsen, Abb. 83) und geschlossener (Björkaasen, Abb. 288). Bei der im Bau befindlichen Osaanlage (Abb. 377, 846) in Westnorwegen sind die unterirdischen Turbinen Freistrahlturbinen. Bei Porjus (Abb. 60, 61, 62, 843, 844, 845, 866) ist die Baukonstruktion des Maschinensaales bemerkenswert: Das kräftige tragende Betongewölbe ruht unmittelbar auf dem Felsen; tragende Seitenwände waren infolge der guten Felsbeschaffenheit nicht erforderlich; dagegen ist für Zwecke der Wärme- und Feuchtigkeitsisolation eine innere gewölbte „Staubdecke" in Eisenbeton angeordnet, die sich auf ebenfalls mit Luftzwischenraum angeordnete, sogenannte „Effektivwände" stützt. Sowohl der Zwischenraum zwischen Traggewölbe und Staubdecke als auch ein Teil der Zwischenräume zwischen den Effektivwänden und dem Felsen ist als Kanal für Warmluftfortleitung ausgenutzt. Diese Anordnung ergab vollkommen trockene Maschinensaalwände; doch kann das Kanalsystem in den kältesten Wintermonaten nicht benutzt werden, da zu dieser Zeit die Generatorenwarmluft zur Vermischung mit der Frischluft verwendet werden muß. Daher mußte für den Winter ein anderes System von Kanälen vorgesehen werden. Im ersten Ausbau des Krafthauses wurde das Deckengewölbe durchweg so stark ausgeführt, daß es den Schlag einzelner von der Felsdecke sich lösender Blöcke auszuhalten vermag. Da diese Ausführung sehr teuer kam und der Belastungs- und Gefahrfall ziemlich unwahrscheinlich, hat man im zweiten Ausbau den erhöhten Schutz lediglich über den Maschinen zonenweise angeordnet, im übrigen aber eine leichtere Dachkonstruktion ausgeführt. Neuerdings ist man zu der (schon im Niagarawerk angewandten) Bauweise zurückgekehrt, unter Verwendung der senkrechten Welle die Stromerzeuger oberirdisch anzuordnen (Norrforsen, Abb. 83, 84).

Abb. 845.

Abb. 843—845. Porjus. Unterirdisches Kraftwerk. (Verw.)

Eine andere eigenartige und ziemlich verbreitete Krafthausanordnung ist jene, wo das Krafthaus im engsten Anschluß an ein hohes Stauwerk (Talsperre) angeordnet ist. Die bedeutendsten nordischen Beispiele sind: Vammafoß, Abb. 634, Bräkke, Abb. 509, 510: Druckrohrkraftwerke hinter Gewichtsstaumauern. Das geplante Sirawerk (S. 402) zeigt ein in eine Gewölbereihensperre eingebautes Krafthaus besonders eigenartiger Bauweise. Bemerkenswert die verschiedenen versuchten Lösungen für die Triebwasserleitung und deren einwandfreie Abstützung (Abb. 392, 395, 397).

Die Verschmelzung der Wasserfassung mit dem Druckrohr und Turbinenfundament ist am engsten im „Mitteldrucktyp" des Krafthauses. Hierfür bieten viele neuere nordische Anlagen sehr schöne Beispiele: Abb. 96, 97, 400, 470, 494, 512, 848, 849, 850, 854. Die Druckschlauchkonstruktion wird meist (nach amerikanischem Vorgang) als Unterbau der Hochspannungsräume ausgenutzt.

Der statisch konstruktive Gesamtaufbau der modernen Turbinenhäuser für senkrechte Turbinen nutzt dabei, wie schon die letzten Beispiele zeigten, in weitest-

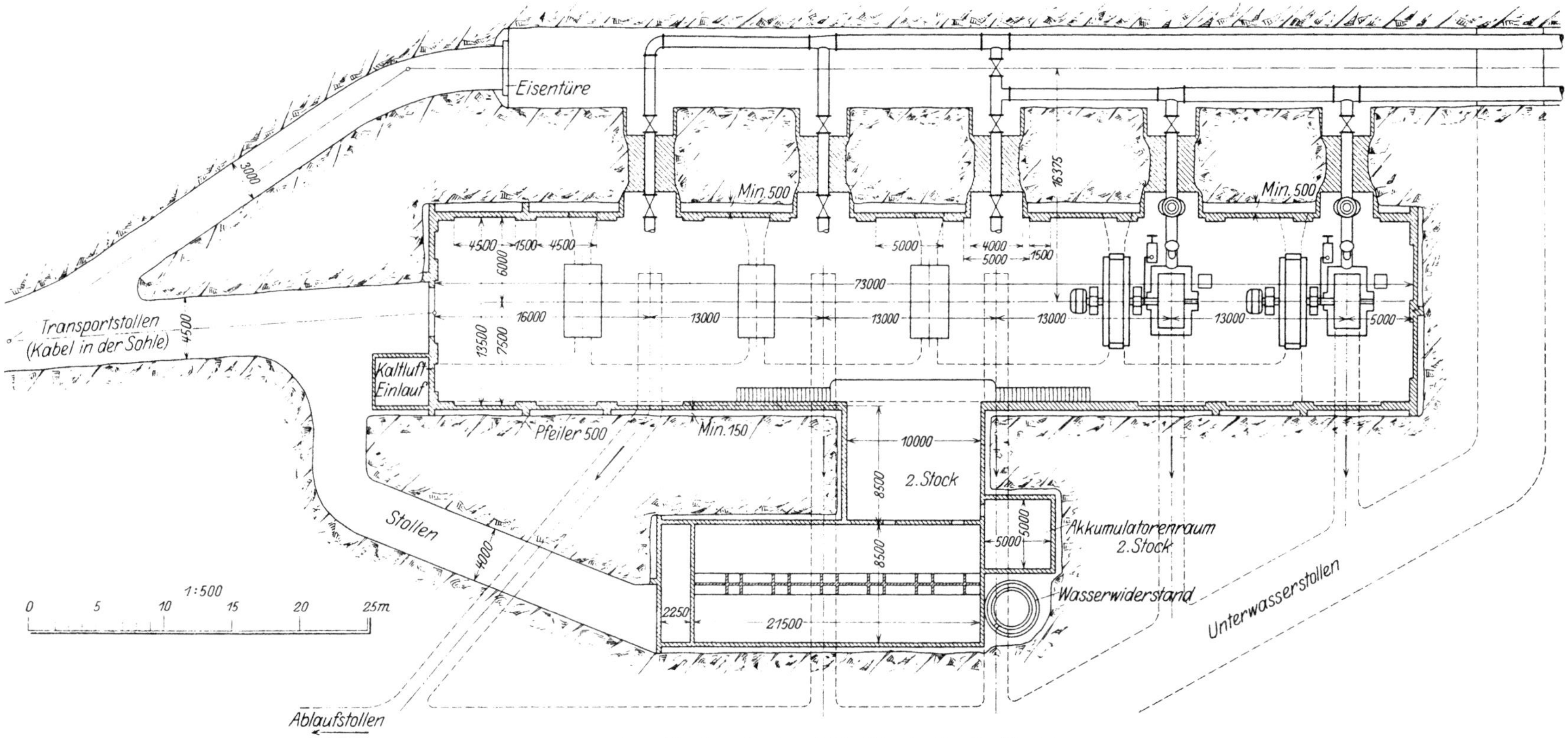

Abb. 846. Osa. Kraftwerk-Grundriß. (Norsk Vandb. Kont.)

gehendem Maße die Möglichkeiten unserer hochentwickelten Eisenbetontechnik aus. Ganz besonders bei den neuen Niederdruckwerken mit großer Einzelmaschinenwassermenge (Abb. 788, 793, 847), aber auch bei Hochdruckwerken, wie Tyin, Fröistul u. a. (Abb. 419, 849, 850, 851, 852, 853, 854, 855, Gegenbeispiel: 208).

Bei Lilla Edet ist zunächst die Flurabstützung des Maschinen- und Umspannraumes bemerkenswert. Für die Umgebung der Turbinen ist die Übertragung der Lasten auf die Fundamente mit Hilfe von Stützschaufeln gelöst (s. oben). Vor dieser Zone, also über dem Spiraleneinlauf, muß die Lastübertragung natürlich ganz anders bewerkstelligt werden. Hier sind, schon mit Rücksicht auf die Schützen- und Rechen, lotrechte Zwischenwände, und zwar zwei in jedem Turbinenzulauf angeordnet, außerdem, z. T. wegen der Rechen, z. T. aus hydraulischen Gründen: eine wagrechte Trennungswand. Die Zwischenpfeiler der benachbarten Turbinenkammern, die Decken, die Kammer-

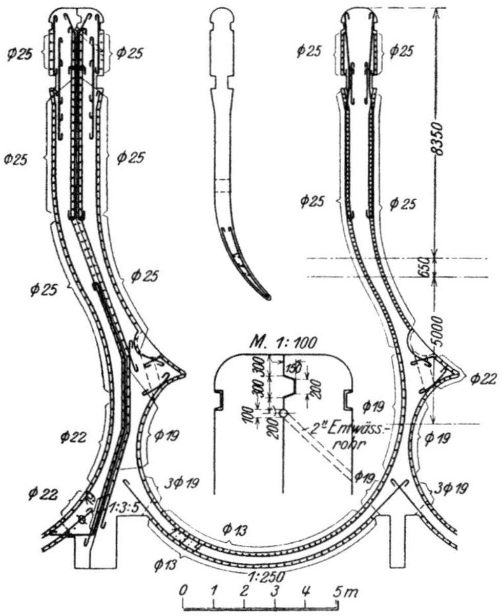

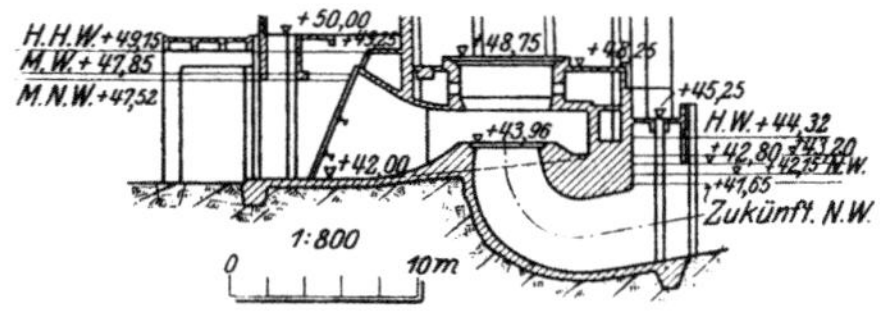

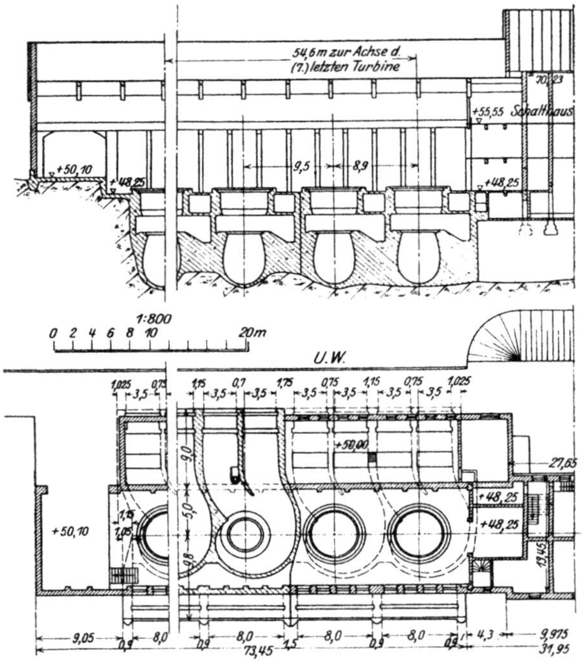

Abb. 847. Äetsä. Kraftwerk. (Verw.)

sohlen und schließlich die erwähnten Zwischenwände sind zu einem Rahmentragwerk zusammengefaßt. Dabei wurden (Systemskizze, Abb. 856) sämtliche Zwischenwände rechnungsmäßig als gelenkartig gelagerte Glieder aufgefaßt. Wieder in anderer Weise erfolgt die Lastübertragung des Generatorensaales bei den Saugrohren, die aus hydraulischen Gründen durch keine Zwischenwände unterbrochen werden durften. Hier ist die Last der Decke und der Zwischenpfeiler der aufgehenden Maschinensaalwand mit Sprengwerken auf die Hauptkammerpfeiler übertragen. Das Zugband dieses Sprengwerkes ist in der Saugrohrdecke untergebracht. Die Lasten einer leichteren Zwischendecke werden dagegen durch zahlreiche Säulen auf die gewölbte Saugrohrdecke übertragen (Abb. 857).

Andere bemerkenswerte Eisenbeton-Tragkonstruktionen (auch bei wagrechter Maschinenanordnung) enthalten die Anlagen: Motala, Abb. 162, 171, 206; Bergsbron-Havet u. a. (Abb. 859, 860).

Bau- und dauernde Dehnungsfugen werden, namentlich bei Gußbetonfundamenten, reichlich und sachgemäß angeordnet (Abb. 132, 789, 820, 821, 822, 831, 952, 954a, vgl. Abschnitt 31.

Der **Hochbauteil** der kleineren Werke ist meist in Bruchstein- oder Ziegelmauerwerk, z. T. in Eisenbetonrahmenwerk, vereinzelt auch in Holz (Abb. 93, 818, 859, 860) ausgeführt. Bei großen Kraftwerken überwiegt gegliederte Eisenbetonkonstruktion (die amerikanische Bauweise — Eisenrahmen — ist noch selten).

Die **Dachkonstruktion** ist meist bei kleinen Werken: Holz oder Eisen, bei großen: Eisen oder (seltener) Eisenbeton (Lilla Edet, Abb. 858; Mörkfoß-

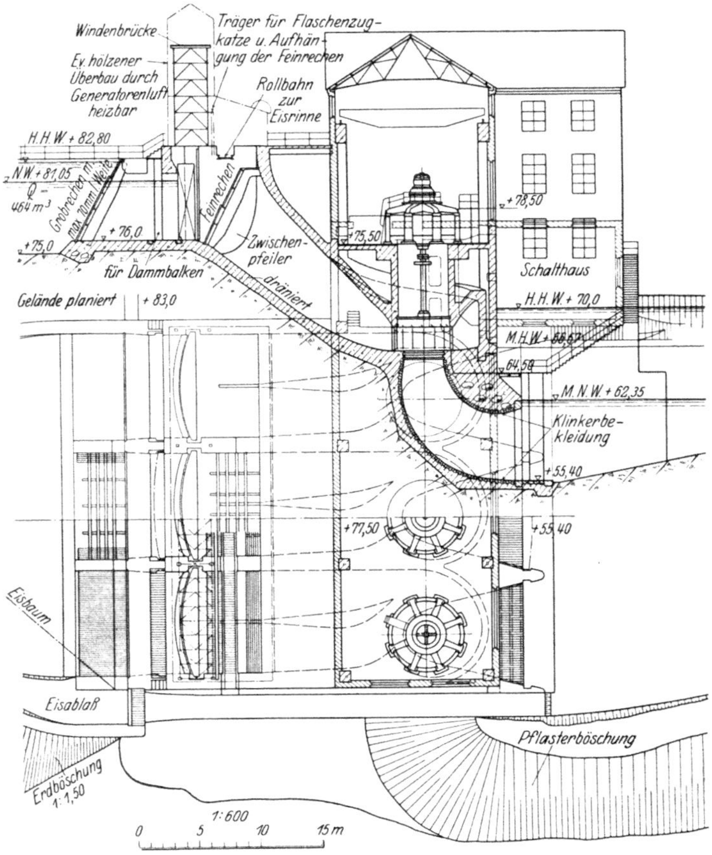

Abb. 848. Munkfors. Kraftwerk. (Vattenb. Byr.)

Abb. 849. Hammarforsen. Kraftwerk, Baustelle. (Verw.)

Abb. 850. Forshuvudforsen. Kraftwerk, Baustelle. (Verw.)

Solbergfoß, Abb. 494 und Entwurf Enso, Abb. 861). Der im Norden besonders wichtigen Wärmeisolierung der Decke wird volle Aufmerksamkeit geschenkt (Zwischen-

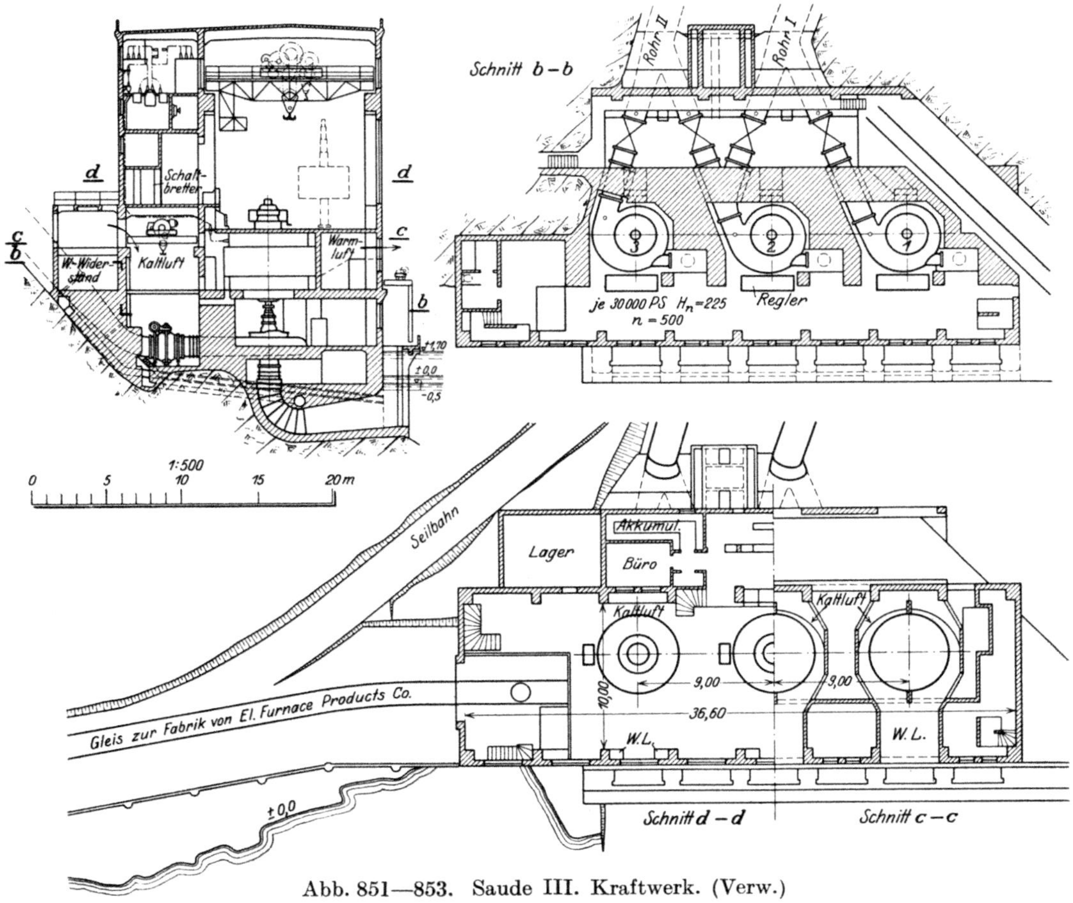

Abb. 851—853. Saude III. Kraftwerk. (Verw.)

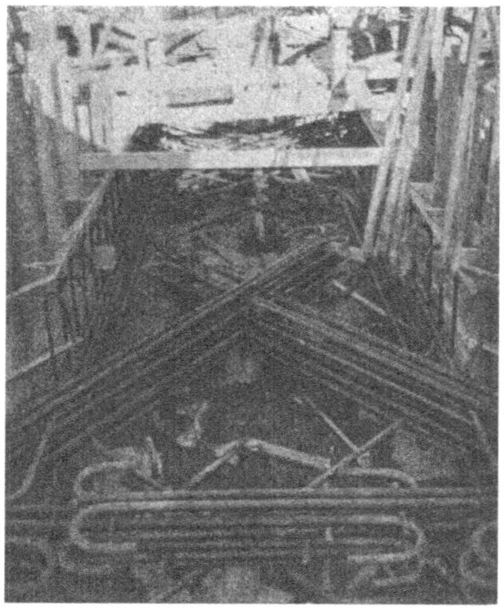

Abb. 854. Motala. Bewehrung eines Kraftwerkpfeilers. (Verw.)

Abb. 855. Forshuvudforsen. Maschinensaal. (Verw.)

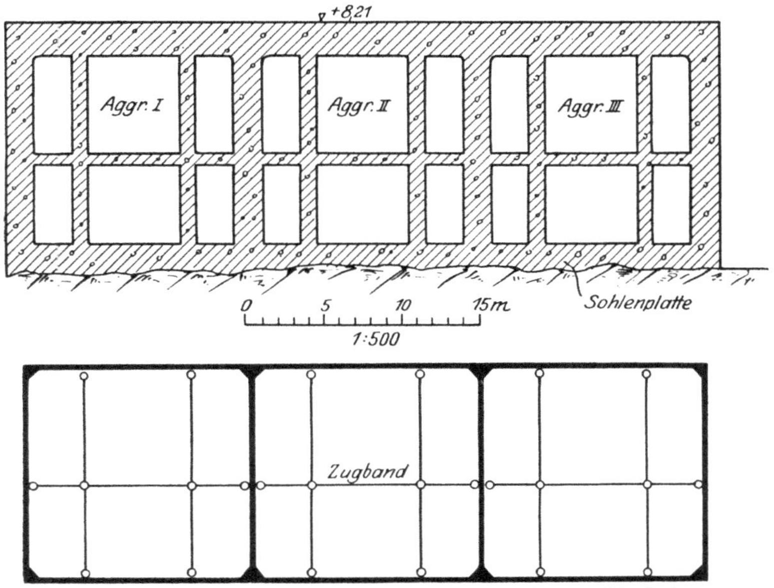

Abb. 856. Lastübertragung vom Generatorflur auf Bausohle bei den Turbineneinläufen.

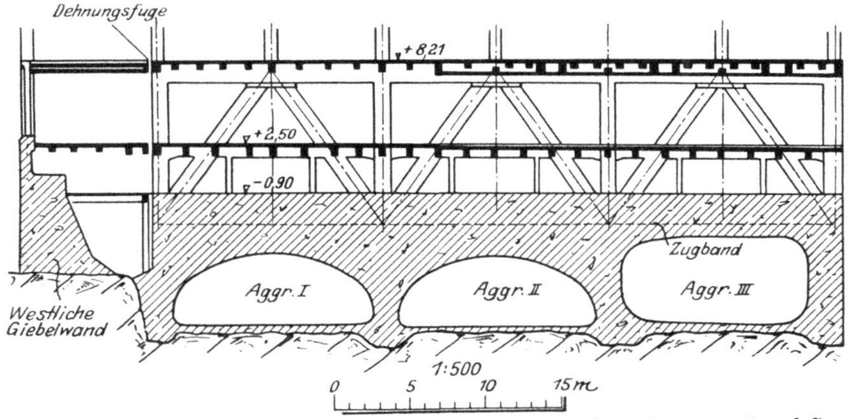

Abb. 857. Lastübertragung von den Zwischenpfeilern der Maschinenhaus-Längswand auf Saugrohrsohle.

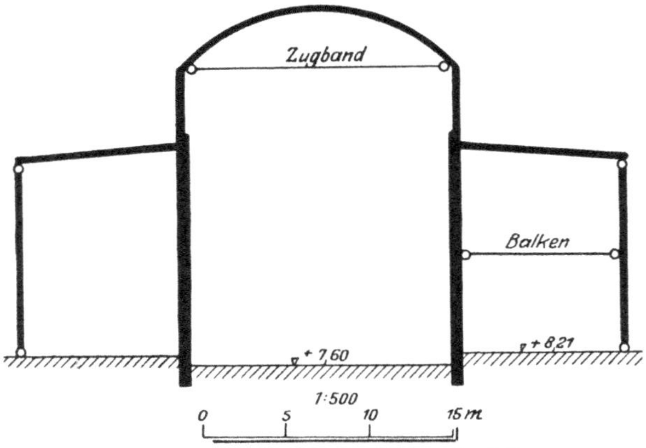

Abb. 858. System der Dachkonstruktion.

Abb. 856—858. Lilla Edet. Kraftwerk, Konstruktionen. (Verw.)

decken, Abb. 148, 798 oder Hohldecken, Abb. 538, 861). Beispiel eines Eisendachstuhles: Abb. 862, 863, 864.

Die Grundrißanordnung der Niederdruckkrafthäuser unterscheidet sich im Norden in neuen bedeutenden Beispielen von der in der Schweiz und Deutschland bis vor kurzem (Schwörstadt am Oberrhein!) vorherrschenden dadurch, daß von der Anlage einer durch Rechen oder Einlaßbauwerk abgeschlossenen Oberwasserbucht oft abgesehen wird. Das Krafthaus wird mit Vorliebe frei, auch ohne „Kiesschwelle", an oder in den Strom hineingebaut, was wesentlich billiger und im Interesse der fallverlustfreien Wasserführung gelegen ist (Abb. 210, 480, 921). Treibeis und Floßholz werden dabei durch an Stahlseilen verspannte frei schwimmende Leitbalken oder Tauchwände (Abb. 913, 984, 985) vom Einlauf planmäßig abgelenkt (Modellversuche: Abb. 991!) Die Notwendigkeit, bei den großen Einzelgewichten der Maschinen das Krafthaus un-

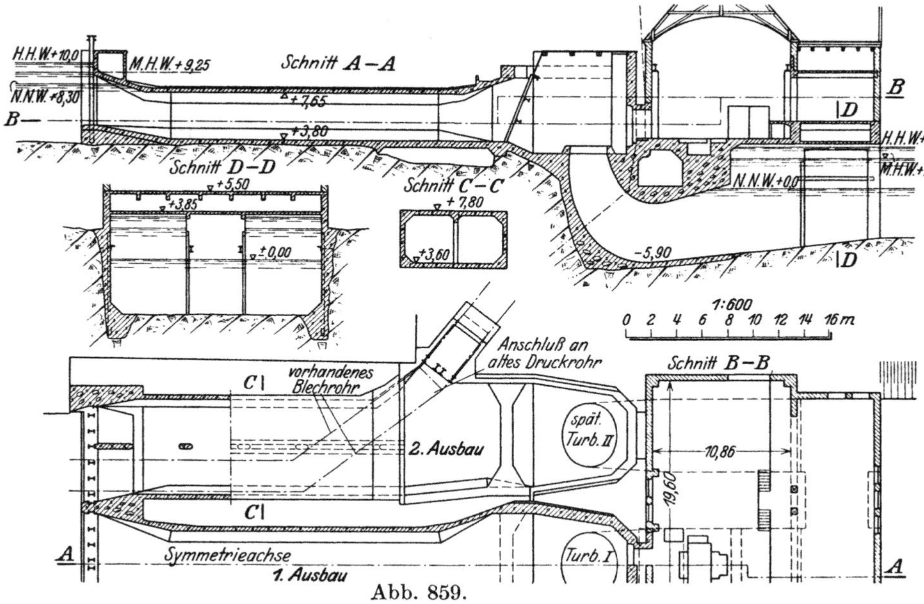

Abb. 859.

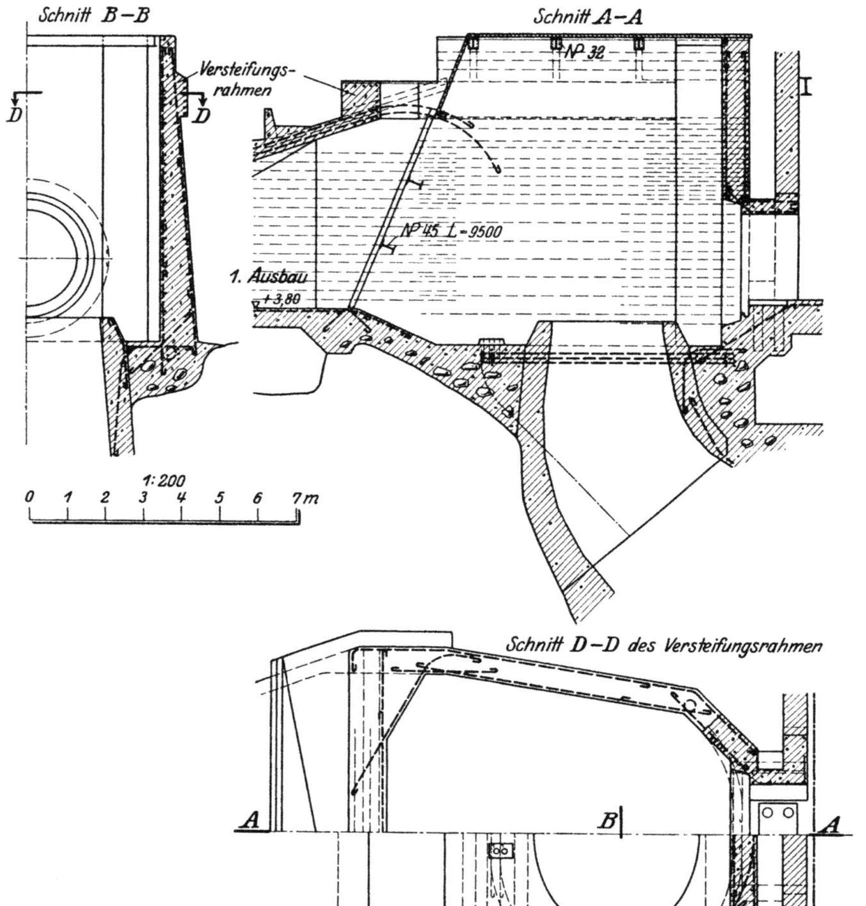

Abb. 859—860. Avesta Storfors. Kraftwerk, Konstruktionen. (Vattenb. Byr.)

mittelbar für Großlastzufuhr zugänglich zu machen, führt, wo Vollspuranschluß nicht möglich, wohl zu Wasserstraßenanschluß (Abb. 865).

4. Die künstlerische Gestaltung der Wasserkraftanlagen.

Die eigenartigen nordischen Umweltbedingungen in den Bauformen der Wasserkraftanlagen zur Geltung zu bringen ist in manchen Werken in hervorragender Weise gelungen: Trollhättan (Abb. 207), Herlandsfoß, Talsperren und Krafthäuser in Telemarken (Abb. 307, 420, 443), das Schalthaus Porjus, Abb. 866 u. a. m.

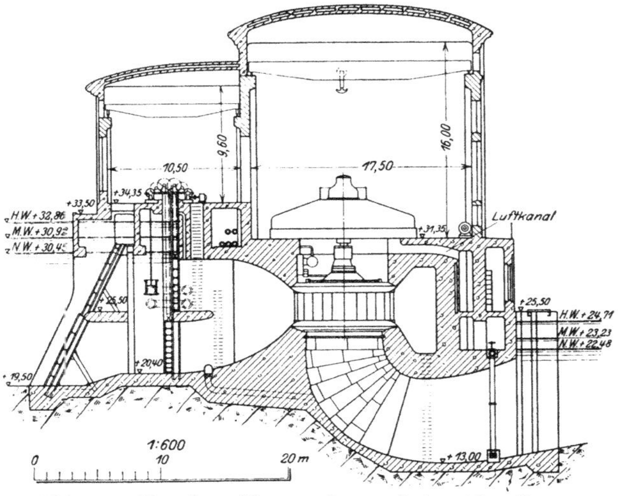

Abb. 861. Ensofors. Kammerlängsschnitt. (Juselius.)

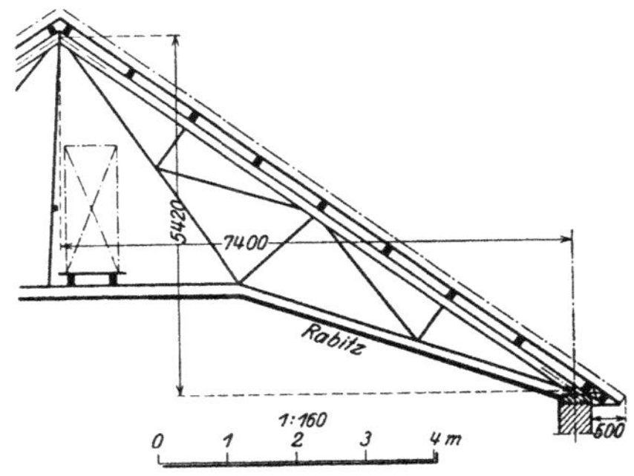

Diesen etwas älteren Bauwerken (und vielen anderen) gibt zunächst äußerlich die Benutzung von großen, nur grob bearbeiteten Natursteinen das Gepräge. Neuere

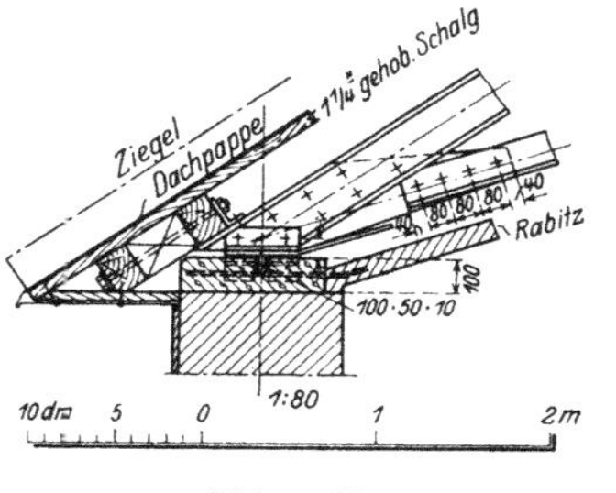

Abb. 863.

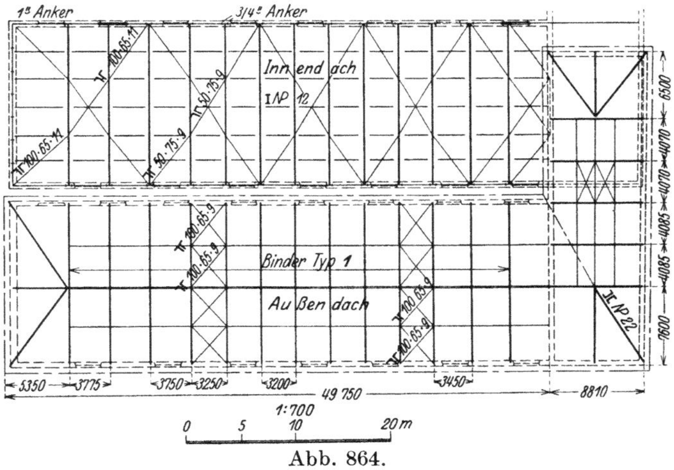

Abb. 864.

Abb. 862—864. Forshuvudforsen. Dach- und Deckenkonstruktionen. (Forsell.)

Ausführungen erreichen mit dem einfacheren und der Konstruktion klaren Ausdruck verleihenden Mittel straffer Gliederung von roh belassenen oder nur verputzten Betonflächen große und tiefe Wirkungen (Lilla Edet, Abb. 215, Bergsbron-Havet, Abb. 172). Bei kleineren Kraftwerken kommen naturgemäß leichtere, vielfach dem nordischen Wohnhausbau in Holz entlehnte Bauformen zur Anwendung (Abb. 867). Bei Niederdruckanlagen werden mit großem Vorteil Krafthaus und Wehr zu einer architektonischen Einheit verschmolzen, was auch bei Verwendung der verschiedensten Baustoffe nebeneinander gelingt (Abb. 114, 541, 550, 921). Schwieriger ist die künstlerische Gestaltung der Hoch- und Mitteldruckanlagen, wo leicht die Turbinenrohre als fremdes Element im Naturbild wirken. Bei Trollhättan, auch bei der provi-

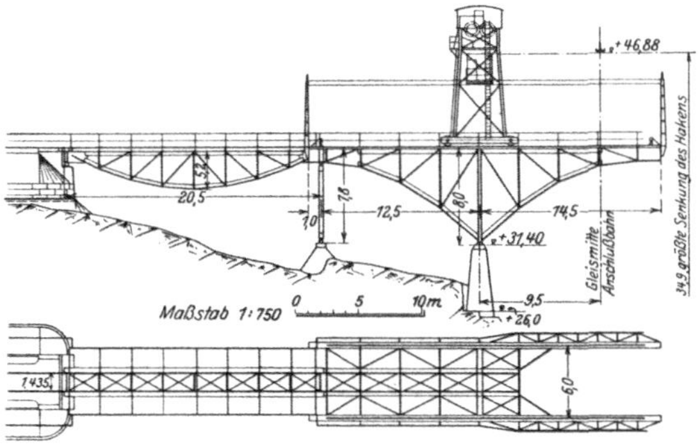

Abb. 865. Trollhättan. Kranbahnbrücke. (Verw.)

Abb. 866. Porjus. Schalthaus. (Verw.)

Abb. 867. Viforsen. Krafthaus. (Verf.)

sorischen Hyttefoßanlage war diese Rücksicht für die unterirdische Anordnung der Rohrleitung mit bestimmend (Abb. 207, 321).

Aber darüber hinaus bleibt ein Nachteil jeglicher längeren Wasserumleitung und -stauung, daß sie gerade dem nordischen Naturbild in dem Anblick der früher wildschäumenden oder aus riesigen Höhen frei herabstürzenden Wassermassen einen seiner wesentlichsten Züge raubt. Selbst die vollendetste künstlerische Gestaltung der Bauwerke kann die frühere Schönheit der ungefesselten Natur nicht vollkommen ersetzen. Diese Erwägung führte schon vielfach in Gebirgsgegenden zur Bekämpfung der Seeregulierungen durch die Bevölkerung, die, anscheinend nicht ganz ohne Grund, über den Rückgang des Wandererverkehrs infolge der Zerstörung von Naturschönheiten besorgt ward. Es ist also im Norden neben rein ästhetisch-ethischen Gesichtspunkten ein nicht zu unterschätzendes Wirtschaftsinteresse, das sich in verschiedenen Tälern z. B. der Gebirgs-

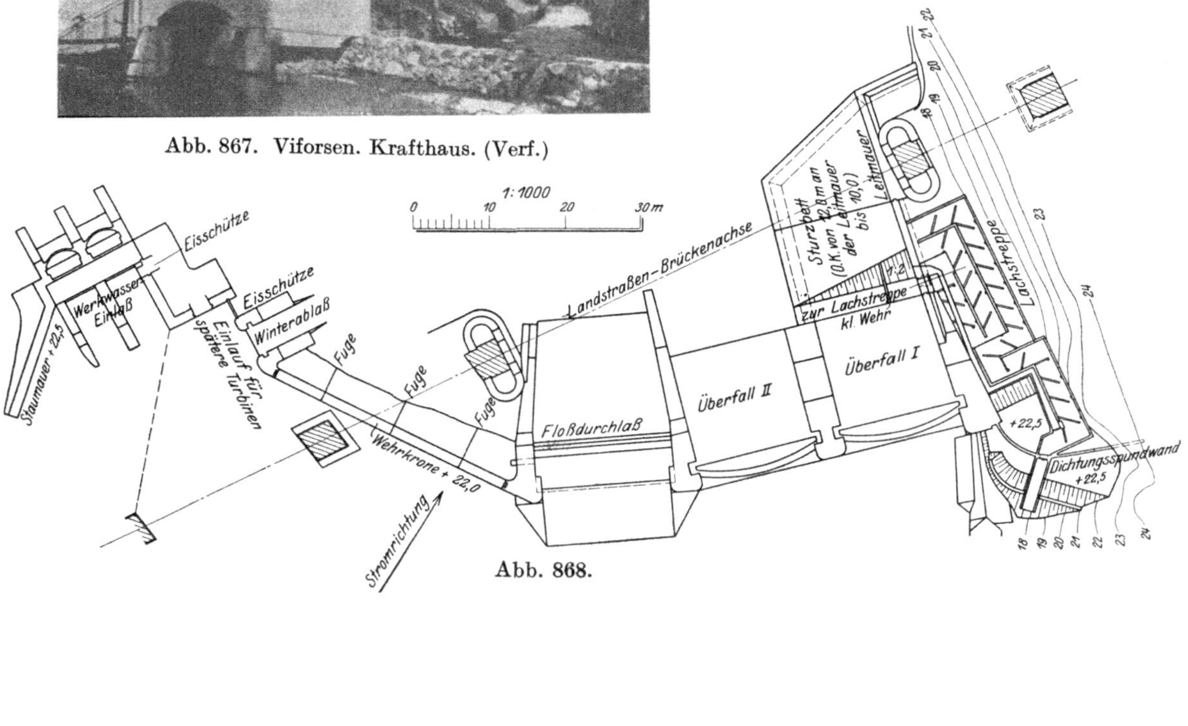

Abb. 868.

nebenflüsse des östlichen Glommen (Österdalen) an das Wort Heimatschutz knüpft.

Es wird vielfach die Frage aufgeworfen, ob es zweckmäßig ist, hier willkürlich von Fall zu Fall vorgehen zu lassen, oder ob es nicht richtiger wäre, wenn bestimmte Seen und Wasserfälle oder besser: eine Anzahl von ganzen, kleineren Gewässern ein für allemal als unantastbar für jede größere Ausnutzung erklärt würden.

30. Abschnitt.

Fischwege und Flößereieinrichtungen an Wasserkraftanlagen.

1. Fischwege.

Das neben literarischen Quellen benutzte umfangreiche Originalmaterial über Fischwege bezieht sich größtenteils auf Schweden und wurde vom staatlichen Fischereiingenieur Carl Schmidt (Vattenbygnadsbyrån) zur Verfügung gestellt. In Schweden werden die Fischwege ganz überwiegend in Holz erstellt. Von den verschiedenen Bauweisen findet sich für Lachswege die Denilsche Steilrinne nur selten (z. B. mitten im kleinen, niederen Wehr, vgl. Abb. 884). Meist wird die Beckentreppe angewandt, eine einfache Rinne von etwa 1:8 bis 1:12 Gefälle, unterteilt durch parallele, zur Rinnenachse schräggestellte, etwa $^4/_5$ der Rinnenbreite einnehmende Querwände, die vereint mit seitlich der Schlupfe angebrachten dreieckigen Ablenkhölzern die Wasserströmung verlangsamen und kleine Fallstufen entstehen lassen.

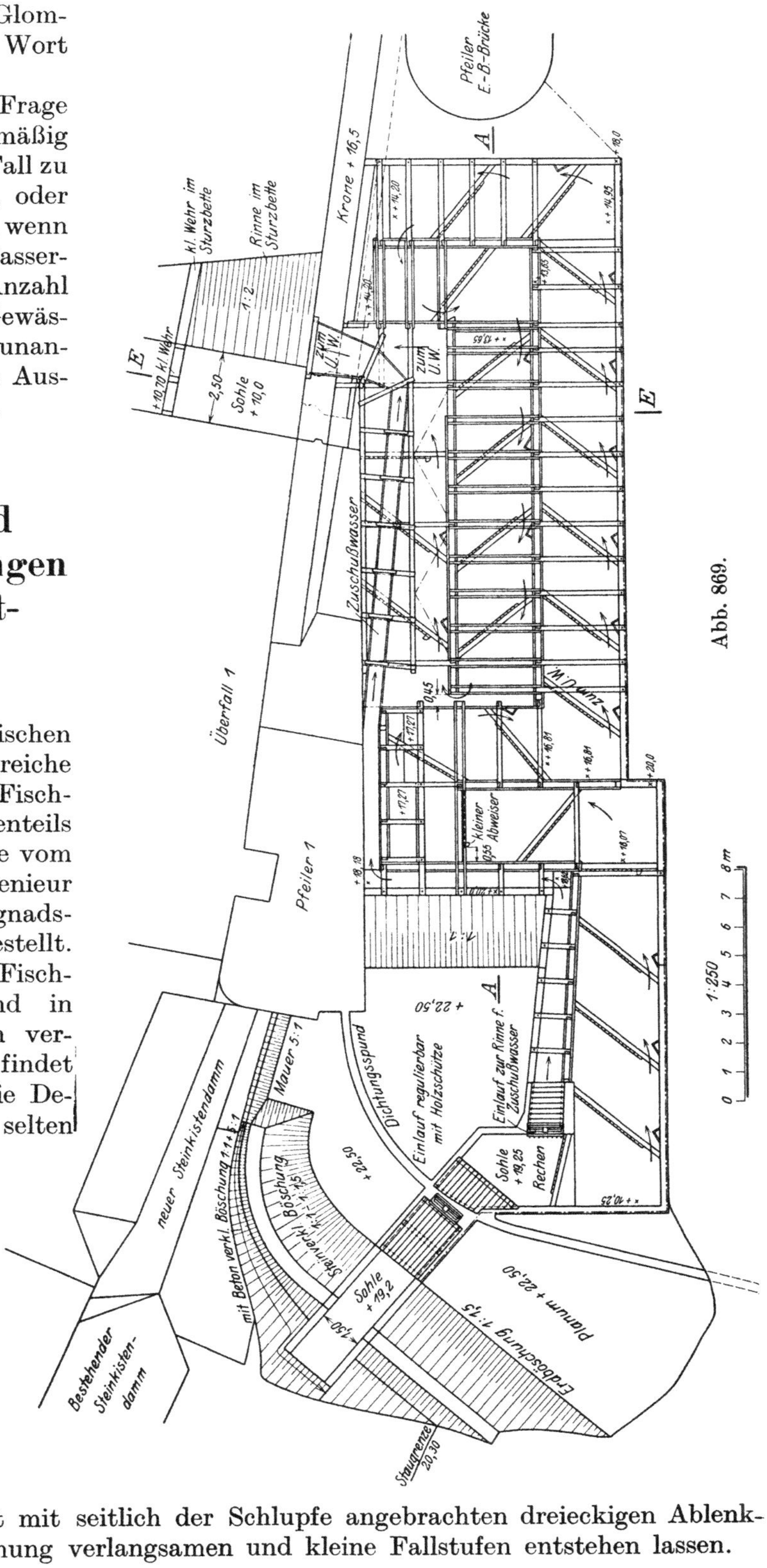

Abb. 869.

Nachstehend einige gute Beispiele so ausgeführter **Lachswege.** Über die mit diesen Einrichtungen zusammenhängenden allgemein-wasserwirtschaftlichen Fragen vgl. 26. Abschnitt.

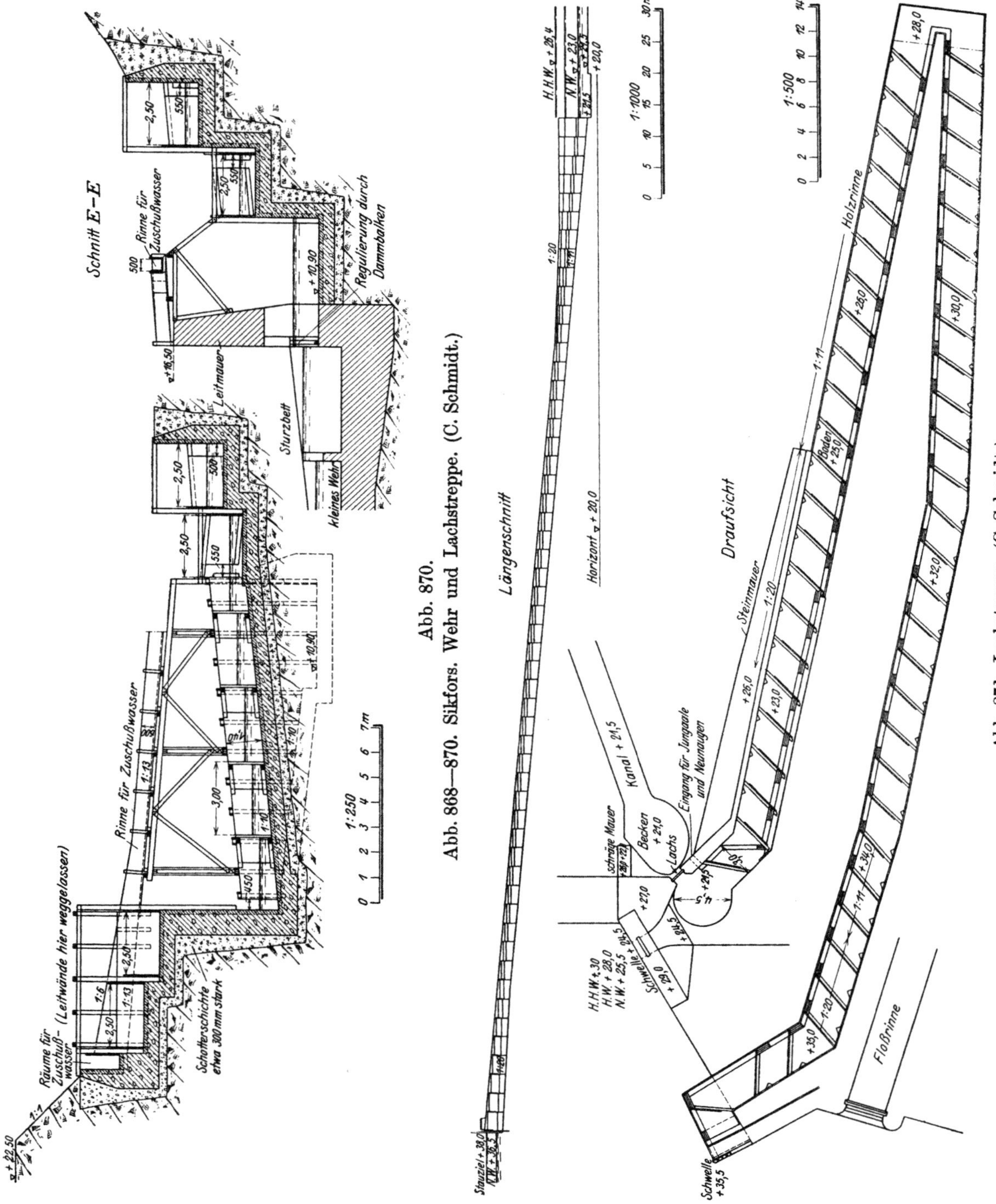

Abb. 870.

Abb. 868—870. Sikfors. Wehr und Lachstreppe. (C. Schmidt.)

Abb. 871. Lachstreppe. (C. Schmidt.)

Bei Sikfors (Piteälv, Övre Norrland, Abb. 68a bis c, 868, 869, 870) war nur die vom Wehre selbst geschaffene Fallstufe zu überwinden, da in der Wanderungszeit das Strombett zwischen Wehr und Unterkanalmündung nie trocken liegt. Wenn der Lachs Anfang Juli am Wehr anlangt, ist die Anschwellung so weit zurückgegangen, daß das Überschuß-

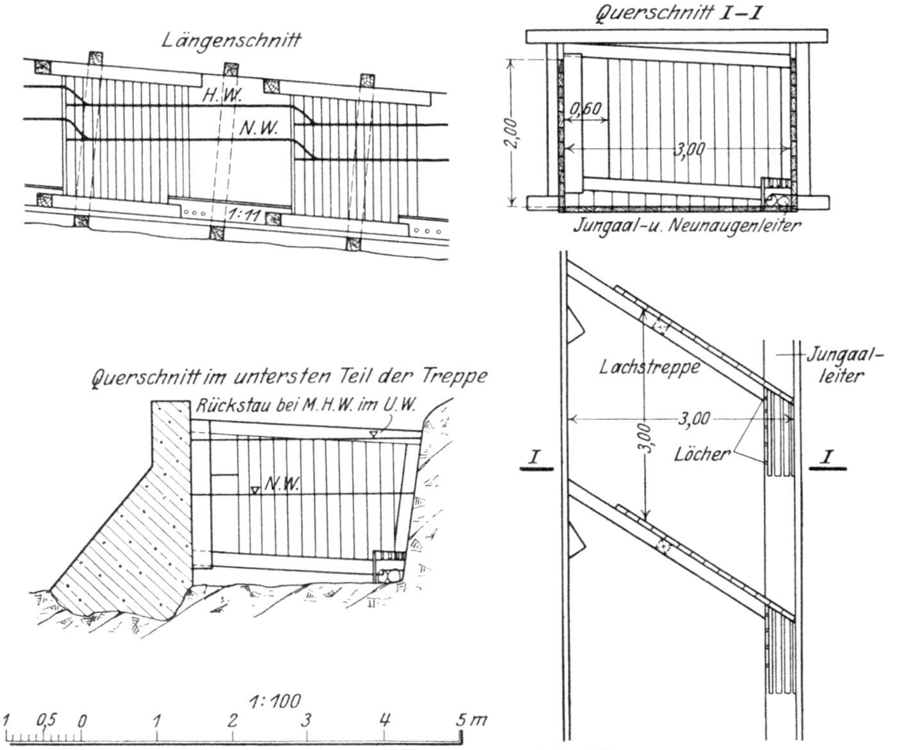

Abb. 872. Lachstreppe. (C. Schmidt.)

Abb. 873. Blick vom Wehr auf Lachstreppe und Triftrinne. (Verf.)

Abb. 871—873. Gideåbacka.

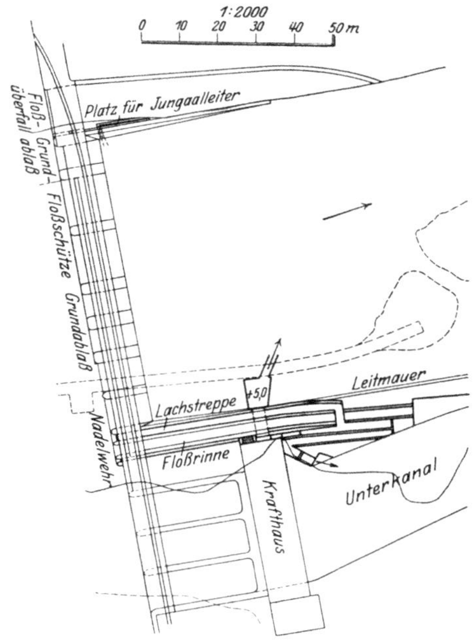

Abb. 874.

wasser nur noch durch die Sektorschütze am linken Ufer abgelassen wird. Dabei entsteht vor dem rechten, mit Stoneyschützen verschlossenen Wehrabschnitt ein Stillwasser, in dem die Lachse sich sammeln und die Lachstreppe um so leichter bemerken, als dem untersten Becken und einem Überfall am Auslauf durch eine besondere Zulaufrinne Lockwasser zugeführt wird. Die konstruktive Lösung der Unterstützung dieser Zulaufrinne durch ein räumliches Sprengwerk ist bemerkenswert. Die

Beschränktheit der zur Längenentwicklung verfügbaren Grundfläche zwischen dem bestehenden Eisenbahnbrückenpfeiler, dem Landpfeiler des Wehrs und dem Ufer hat

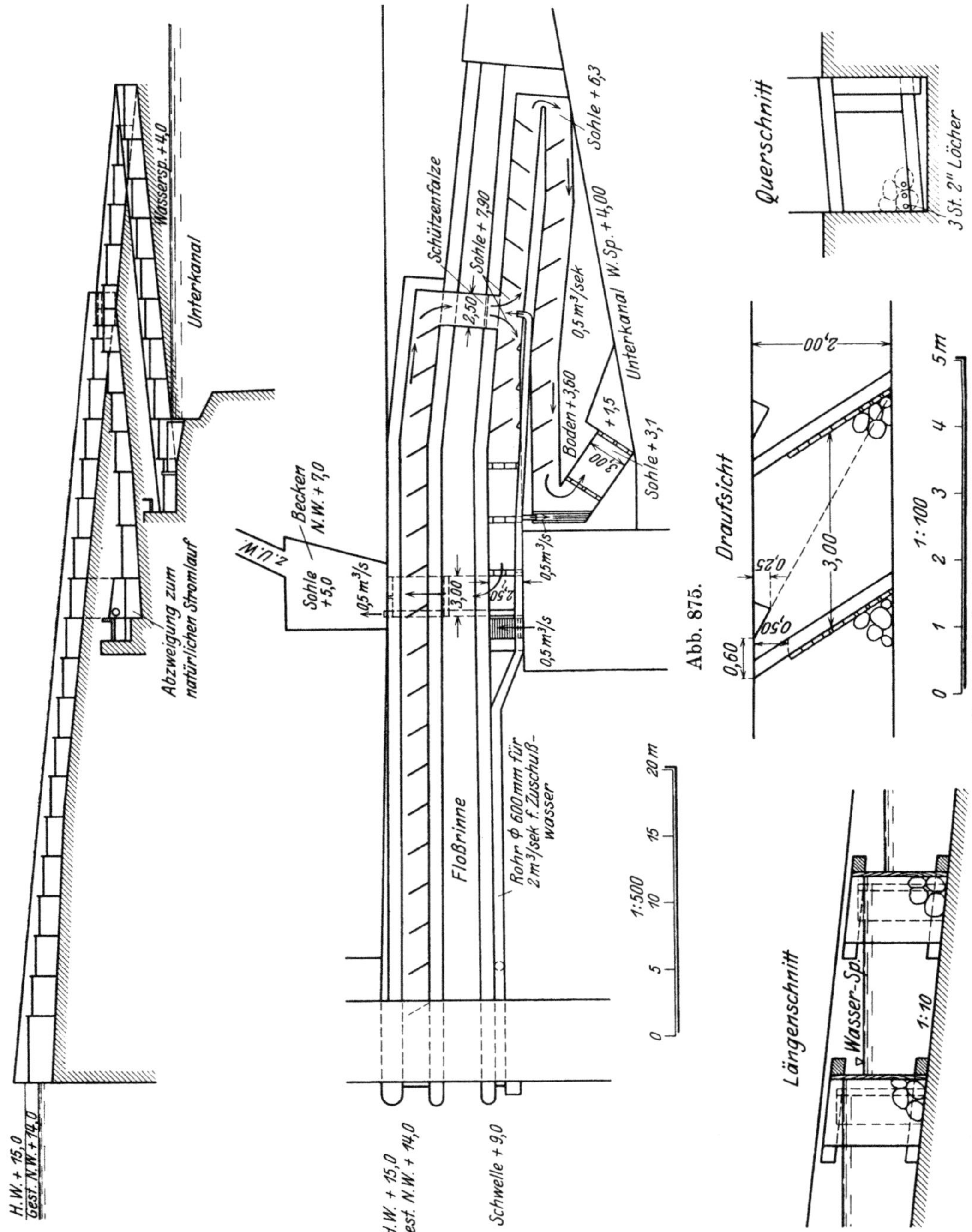

Abb. 874—876. Krakerud. Lachstreppe. (C. Schmidt.)

eine vielfach geknickte Linienführung im Grundriß bedingt, die indes den Aufstieg der Lachse keineswegs zu erschweren scheint.

Bei Gickeåbacka (Abb. 87, 871a, b, 872a bis d, 873a) war reichlich Platz zur Verfügung, weshalb ein einfacherer, nur einmal geknickter Grundriß möglich war. Infolge der gleichmäßigen, schlauchartigen Form des Flußbettes kann der Lachs die Treppe

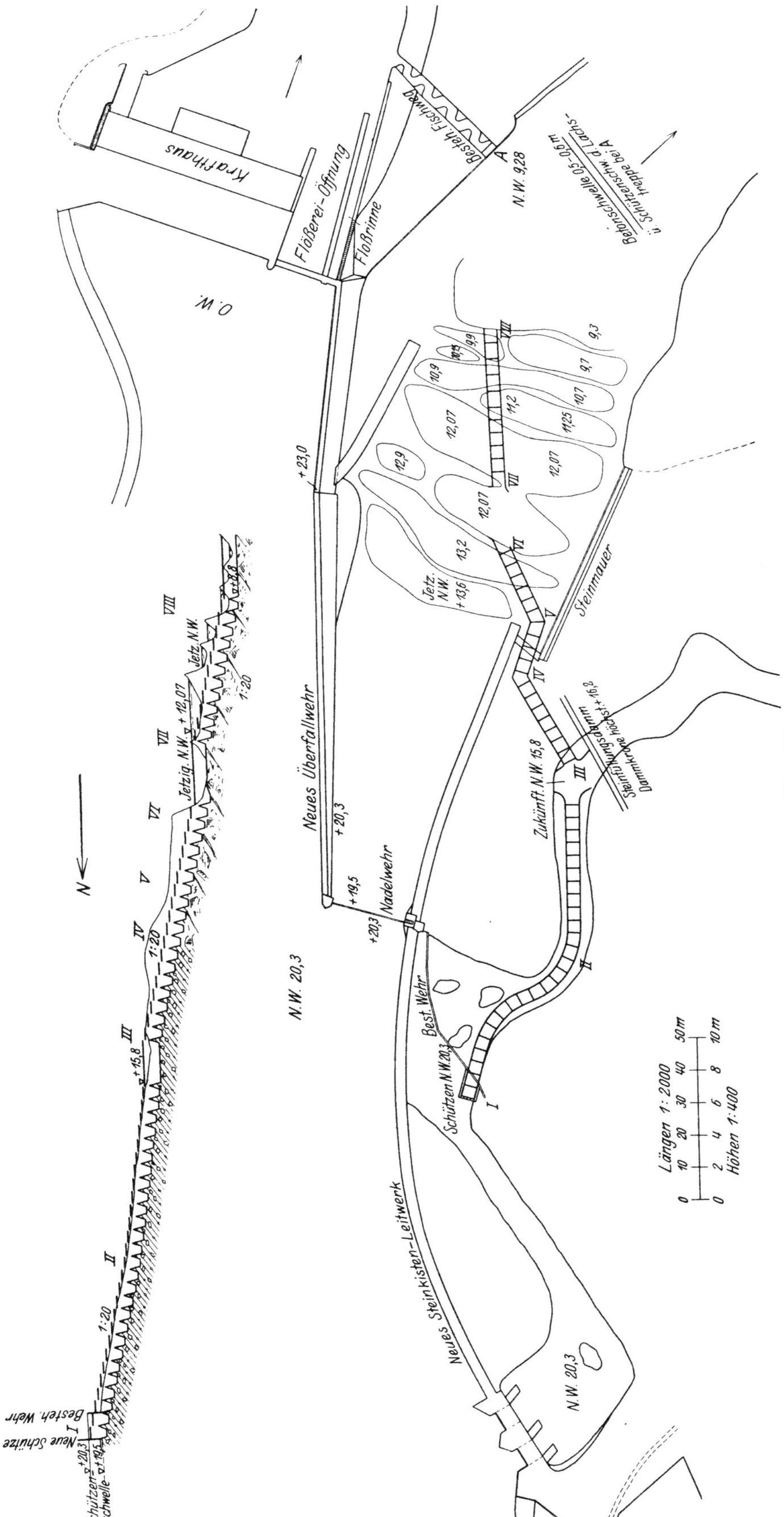
Krafthaus
Flößerei-Öffnung
Floßrinne
Besteh. Fischweg
O.W.
N.W. 9,28
Betonschwelle 0,5–0,6 m u. Schützenschw. d. Lachstreppe bei A
Neues Überfallwehr
Nadelwehr
Best. Wehr
Schützen N.W. 20,3
Neues Steinkisten-Leitwerk
Steinmauer
Zukünft. N.W. 15,8
Steinführungsdamm
Dammkrone höchst + 16,8
N.W. 20,3
Längen 1: 2000
Höhen 1: 400
N
Schützen-schwelle
Neue Schütze
Besteh. Wehr
Jetzig. N.W.
Jetz. N.W.
1:20

Abb. 877.

leicht finden, so daß kein Lockwasser erforderlich schien. In einer Ecke des Rinnenquerschnittes ist hier noch eine Jungaalleiter (Abb. 872, 885) angeordnet; vgl. später.

Bei Krakerud (Klarälv, Värmland) ist seitlich vom Strombett ein Unterkanal vorhanden; daher mußte, um den Aufstieg der Lachse zu sichern, die Rinne unten verzweigt werden (Abb. 175, 874, 875a, b, 876). Die als geschlossenes Rohr ausgeführte Lockwasserleitung speist sowohl den Verzweigungs-

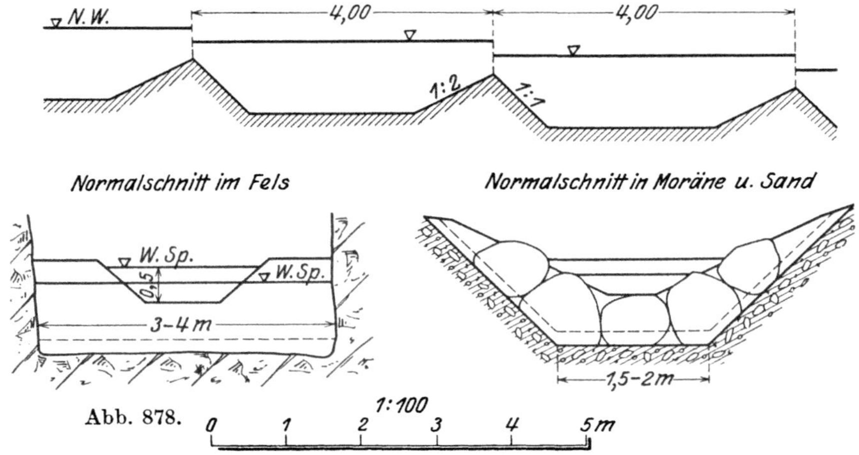

Abb. 878.

Abb. 879.

Abb. 877—879. Forshult. Lachstreppe, Wildbachsystem. (C. Schmidt.)

punkt, als auch die beiden Ausläufe. An dem Auslauf in das freie Strombett wird das Lockwasser durch ein Mundstück zerstreut, damit es durch die Lachse leichter bemerkt wird. Neben der allgemeinen Anordnung ist auch die Durchbildung der Rinne bemerkenswert: die schrägen Querwände unterscheiden sich von jenen der beiden ersten Beispiele dadurch, daß sie durchbohrt und die Löcher mit runden Steinen geschützt sind.

Bei Forshult liegen die Vorbedingungen des Lachsaufstieges ganz anders als bei den obigen Beispielen, da das Strombett zwischen Wehrfuß und Unterkanalmündung in der Wanderungszeit i. d. R. ganz trocken liegt. Hier wurde daher für die Anordnung der Lachstreppe vom Unterkanal bis zum Oberwasser größtenteils das natürliche Strombett benutzt (Abb. 178, 877, 878, 879). Der Lachsweg besteht

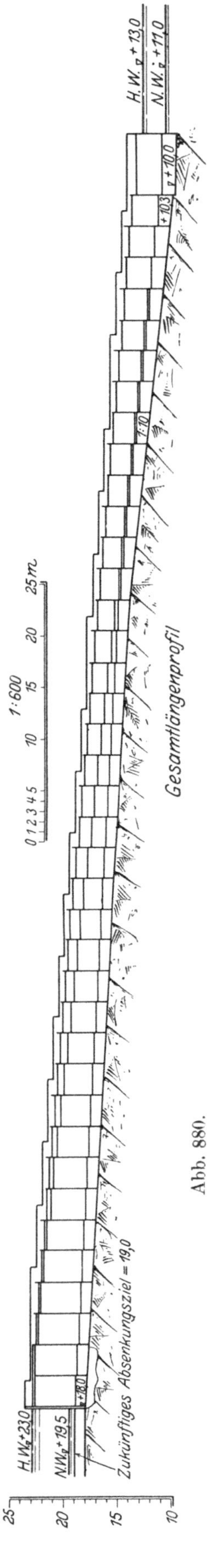

Abb. 880.

aus einer trapezförmigen Rinne mit Unterteilung durch V.- und U.-Überfälle. Die Treppe ist z. T. ganz in den Felsen eingesprengt, z. T. ist die Rinne im Gerölle ausgehoben, und die Querschwellen sind aus Moränensteinen trocken aufgemauert.

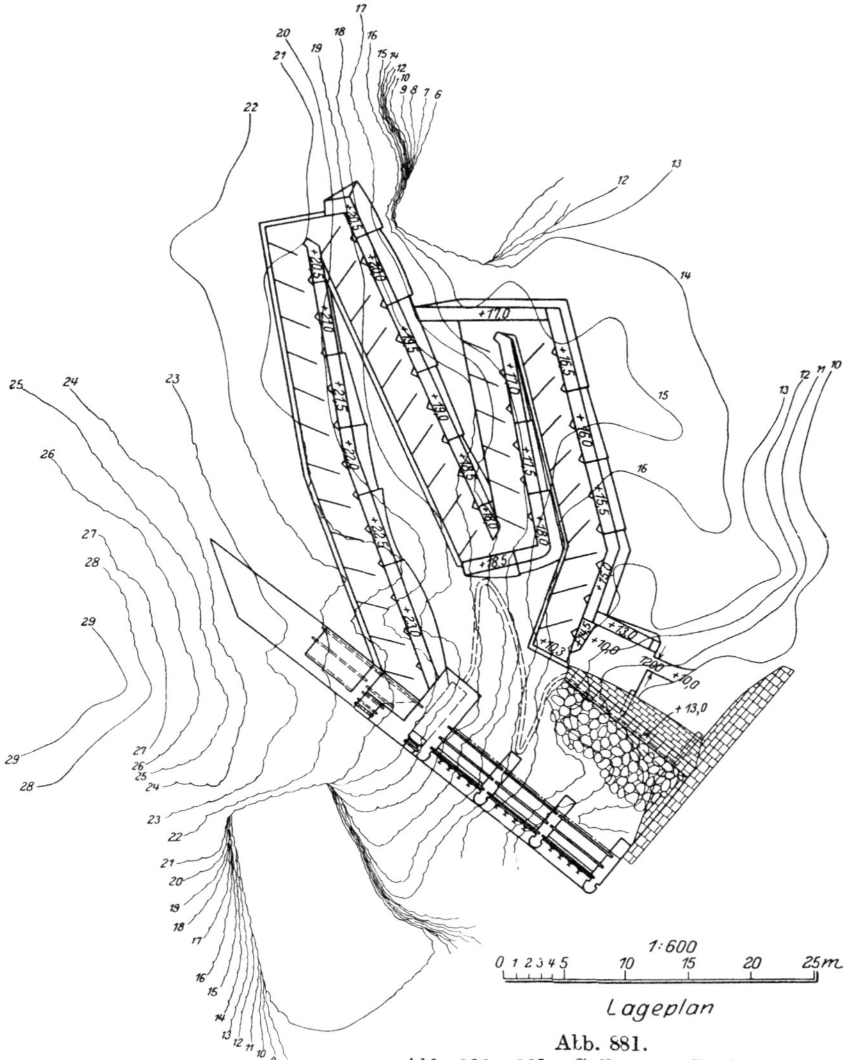

Abb. 881.

Abb. 880—881. Gullspång. Lachstreppe. (C. Schmidt.)

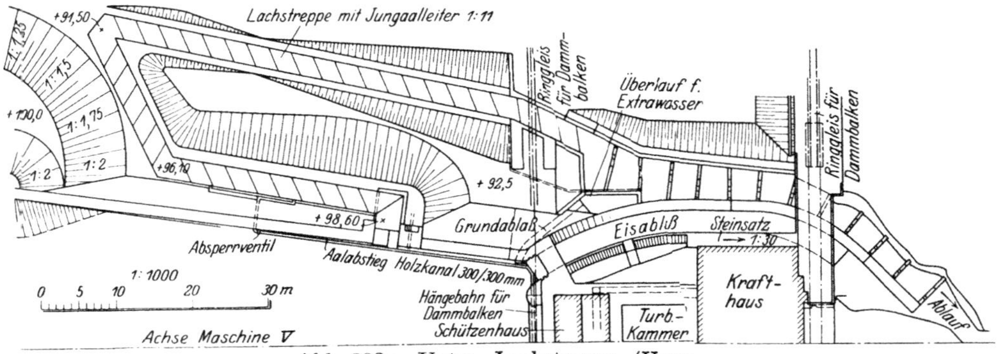

Abb. 882 a. Untra. Lachstreppe. (Verw.

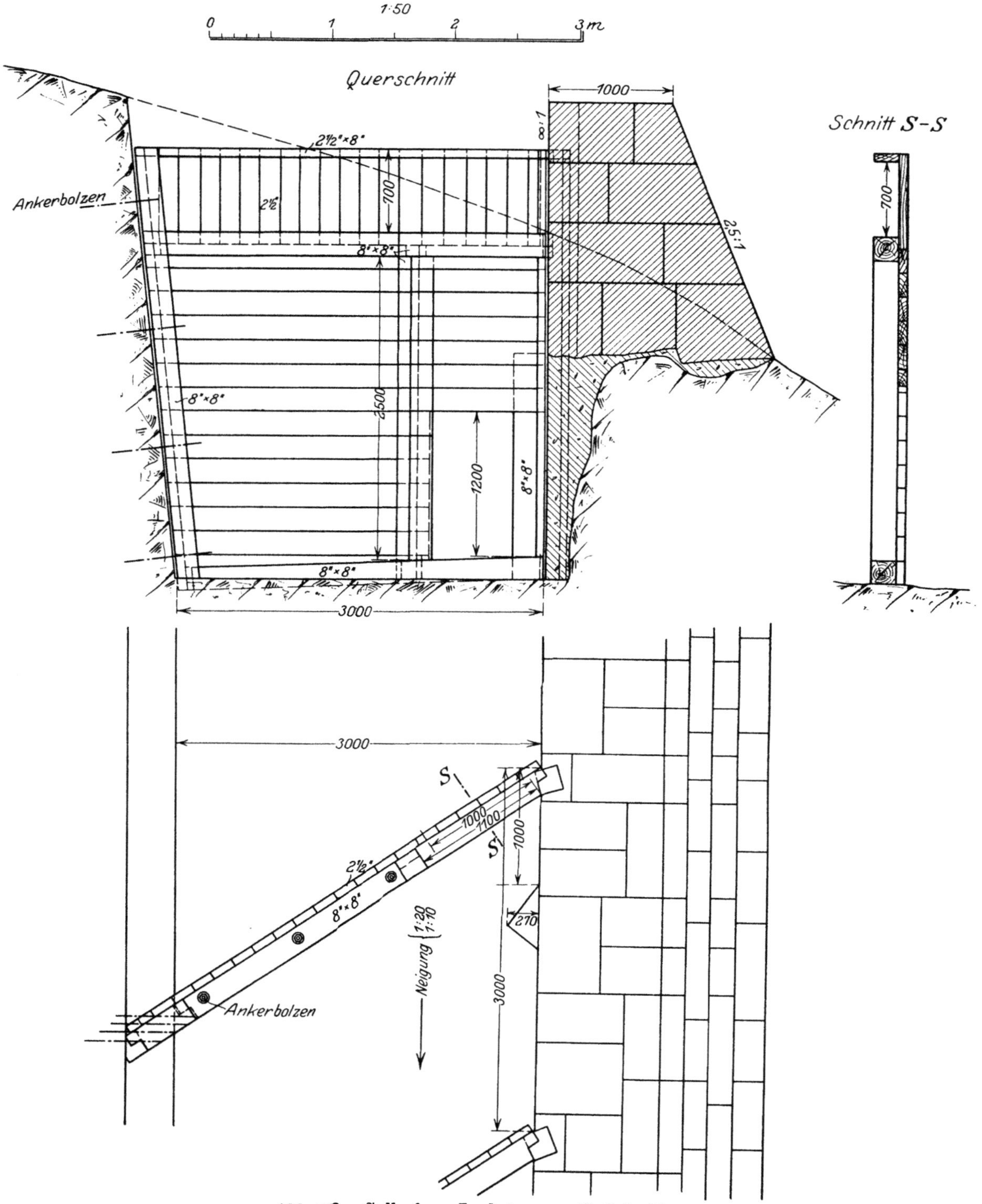

Abb. 882. Gullspång. Lachstreppe. (C. Schmidt.)

Bei Gullspång (Abb. 880, 881, 882) ist der zwischen dem Wehrfuß und der Unterkanalmündung liegende Abschnitt der Lachstreppe in ähnlicher Anordnung ausgeführt, indem hier das natürliche Flußbett durch in Mörtelmauerwerk ausgeführte niedrige Überfallwehre mit U-förmigen Überfallkanten abgestuft ist. Das Untrawerk (Abb. 123, 882a) hat eine am Kraftwerkflügel auf engem Raum untergebrachte Lachstreppe in massiver Bauweise.

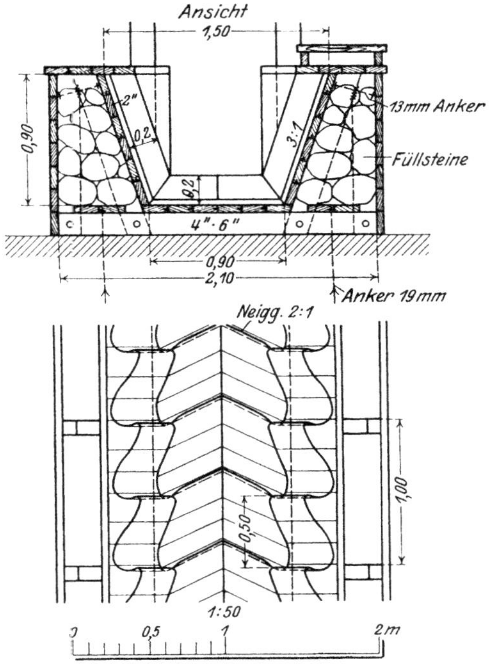

Abb. 883.

Bei niedrigen Fallhöhen kommen manchmal auch Denilsche Lachstreppen vor, und zwar in Holz ausgeführt, wie bei Jonsered im Säveån (Westschweden) (Abb. 883, 884).

In Finnland sind vielfach gewöhnliche Lachstreppen (sogenannte englische ,,System Cail") ausgeführt, die in einen Wehrpfeiler eingebaut werden. Beispiele: Ensowehr, erbaut 1910 und die geplante Keltis-Anlage (Abb. 526, 527, 540).

Jungaalleitern. Falls außer einer Jungaalleiter auch eine Lachstreppe vorhanden ist (was viel seltener der Fall), so können u. U. beide vereinigt werden. Die oben erwähnte Anlage bei Gideåbacka (Abb. 872, 885) ist typisch dafür. Die Strömung in der Jungaalleiter wird in ähnlicher Weise verlangsamt wie in der Lachstreppe selbst, nämlich durch Schrägwände; nur sind diese hier nicht alle parallel, außerdem sind in üblicher Weise rundliche Steine eingelegt. Dabei ist die Jungaalleiter abschnittweise völlig geschlossen (mit abnehmbarem Deckel) und dazwischen wieder mit der Lachsrinne oben durch Gitter,

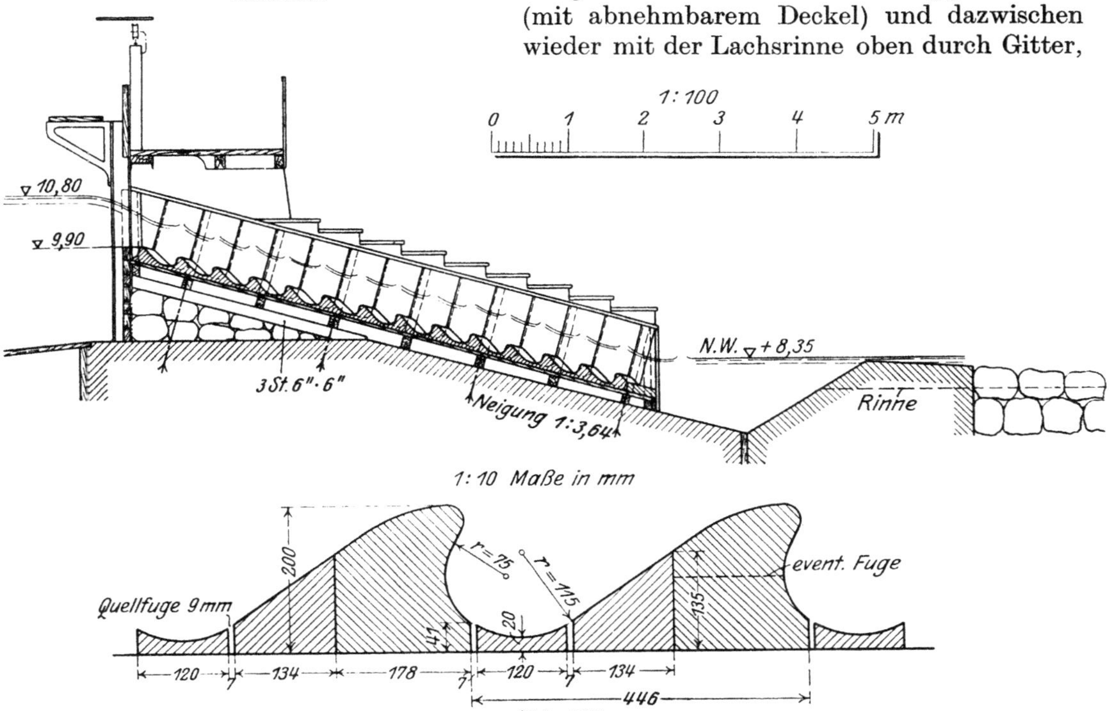

Abb. 884.

Abb. 883—884. Jonsered. Denilpaß. (C. Schmidt.)

seitlich durch gelochte Bretter in Verbindung, damit nicht etwa ein der Stauhöhe entsprechender Wasserdruck entstehen kann.

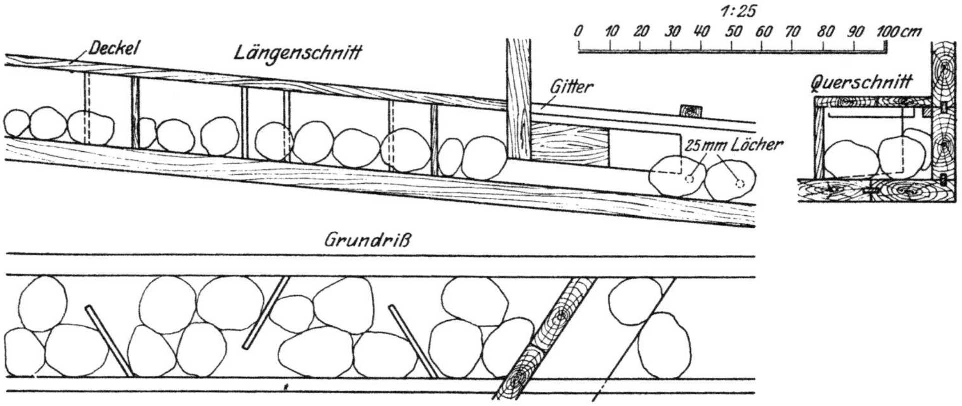

Abb. 885. Gideåbacka. Jungaalleiter in Lachstreppe eingebaut (Abb. 872). (C. Schmidt.)

Selbständige Jungaalleitern werden natürlich anders konstruiert. Als Baustoff dient auch meistens Holz (geteerte Bretter), seltener Beton. Ein normales Beispiel ist die Jungaalleiter des Mühlenwehres Vexbo (Dalarne, Abb. 886). Die 1:5 geneigte Rinne ist durch gelochte Querwände unterteilt. Zum Ausgleich der Oberwasserschwankungen wird der oberste Abschnitt der Leiter als eine höhere, unten wagrechte, oben offene Ausgleichskammer gestaltet, wobei in den Querwänden größere Löcher angebracht sind.

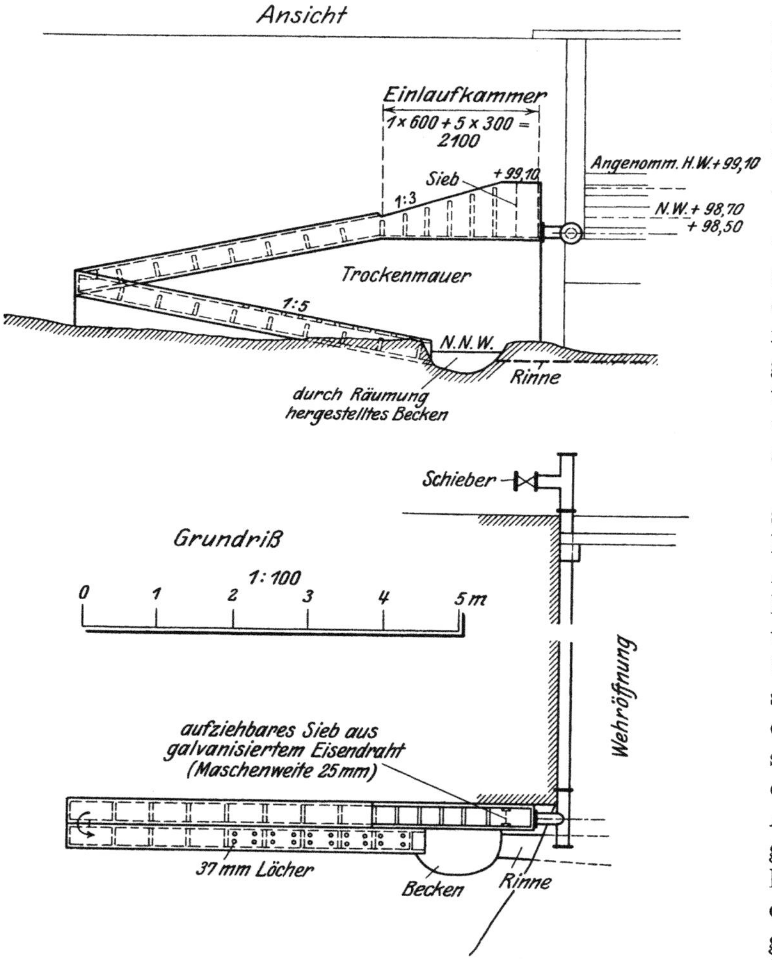

Abb. 886. Vexbo. Jungaalleiter. (C. Schmidt.)

Wenn das Oberwasser hoch ist, steht natürlich das Wasser in der Ausgleichskammer auch hoch und stürzt über die unteren Querwände. Sind die Wasserstandsschwankungen besonders groß, wie bei Jahresspeicherstauen, so werden zweckmäßig zwei Ausgleichkammern angeordnet, von denen bei höheren Wasserständen die größere, höher liegende, bei niedrigeren Wasserständen die untere mit dem Oberwasser in Verbindung gesetzt wird. Diese Anordnung zeigt z. B. die Jungaalleiter des Seeregulierungswehres im Skålån, bei dessen Austritt aus dem Flårensee (Lagangebiet,

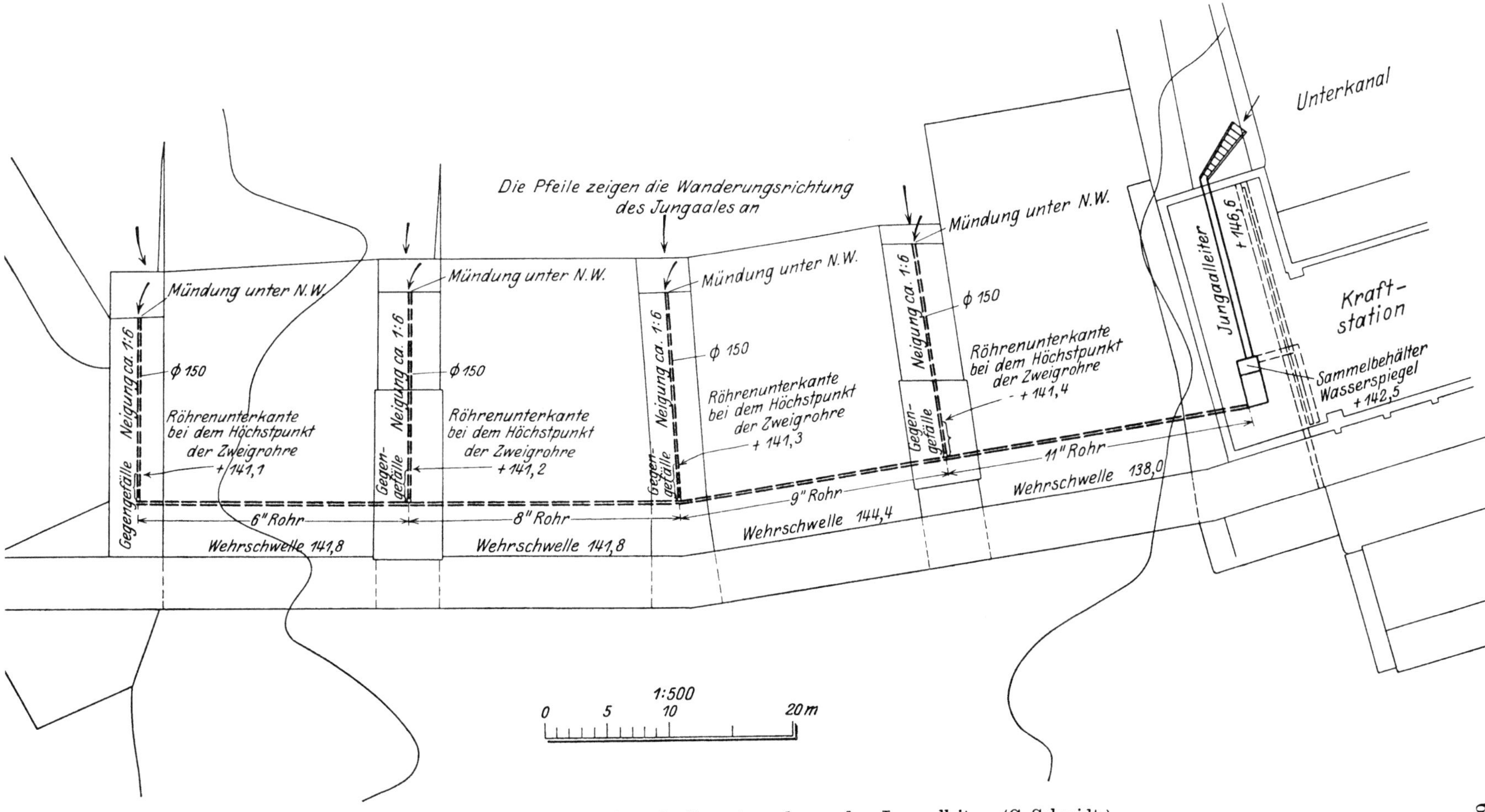

Abb. 887. Forshuvud. Gesamtanordnung der Jungaalleiter. (C. Schmidt.)

Abb. 888, 889). Hier ist auch die Zuleitung von Lockwasser vorgesehen, die in vielen Fällen erforderlich ist. Bemerkenswert die Gesamtanordnung von Forshuvud, Abb. 887.

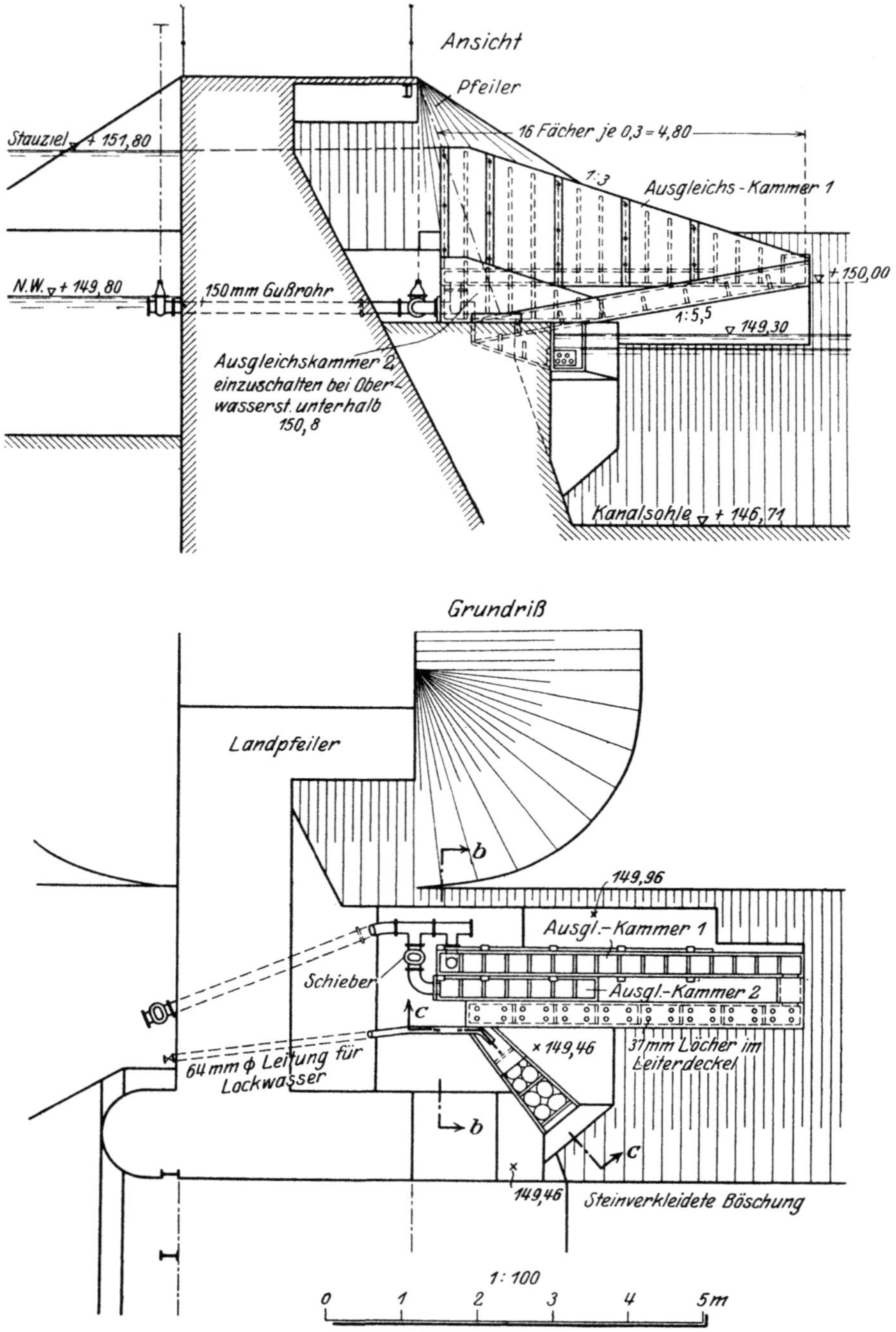

Abb. 888.

Fischkulturstationen. Die im Abschnitt 26 (S. 522) berührten Erwägungen haben auch im Norden höchst beachtenswerte Stimmen gegen die Anlage von Fischtreppen und für ihren Ersatz durch planmäßige Pflege der Fischbestände sich erheben lassen. Diese Pflege setzt bekanntlich die Schaffung von Fischkulturanstalten voraus, in denen die dem gefangenen Mutterfisch entnommenen Eier ausgebrütet und die jungen Fische bis zur Aussetzreife herangefüttert werden können. Auf diesem Wege sind besonders in Schweden große planmäßige Vor- und Versuchsarbeiten geleistet und auch teilweise schon erfolgreich verwirklicht, über die Abb. 559, 560, 561, 890, 891, 892, 893, 894, 895, 896, 897, 898, 899, 900, 901, 902 ohne weitere Erläuterung genügend Aufschluß geben.

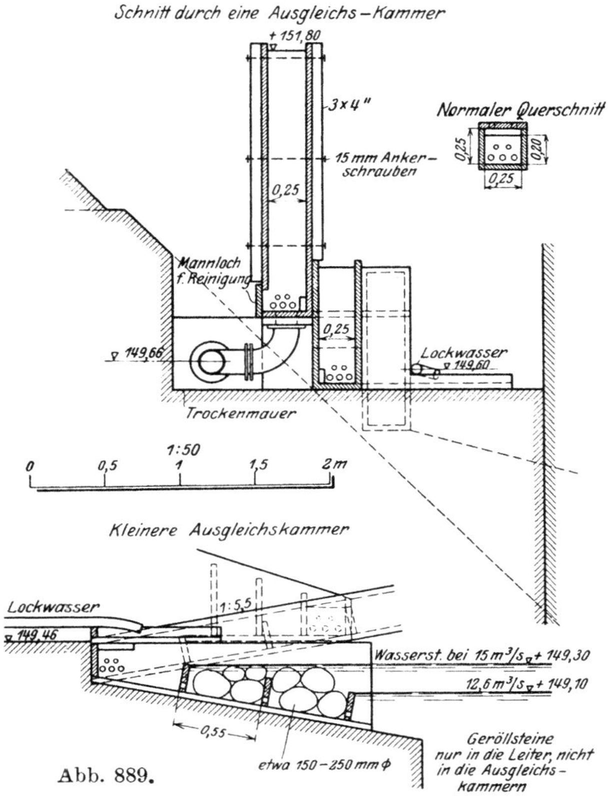

Abb. 889.

Abb. 888—889. Skålån. Jungaalleiter. (C. Schmidt.)

2. Flößereianlagen und Floßbetrieb an Wasserkraftanlagen.

Die nordische Flößerei ist nach S. 517 im wesentlichen Triftflößerei mit großen Stämmen. In Strömen mit großer jährlicher Holzfracht muß die Ausbildung der Wehranlagen sich den Anforderungen der Flößerei in bezug auf sichere und rasche Abwicklung des Triftbetriebes in weitgehendem Maße anpassen. Die Rücksicht auf den Wasserkraftbetrieb führte dabei naturgemäß zur Ausbildung wassersparender **Floßdurchlässe** in mannigfaltigen Formen. Einfache, große Beispiele sind Forshuvudfors und Raanasfoß.

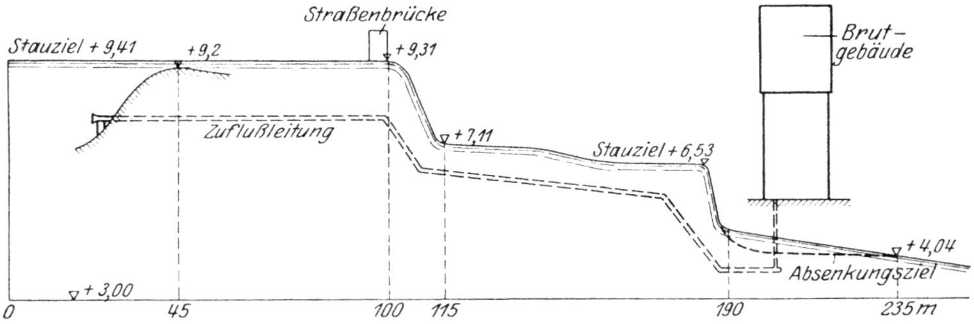

Abb. 890. Längenschnitt.

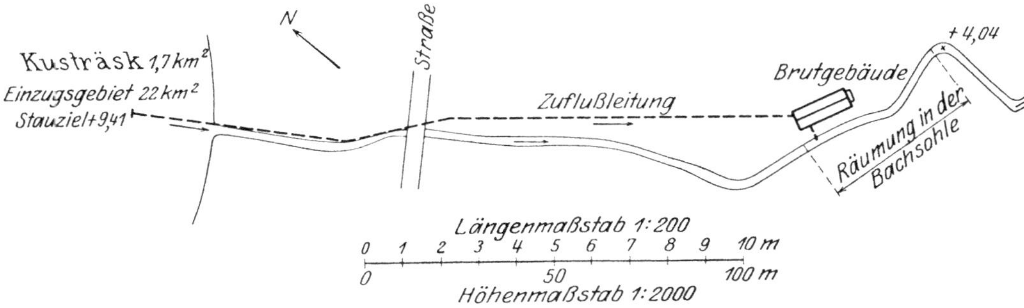

Abb. 891. Lageplan.

Bei Forshuvudfors werden in erster Linie die großen HW-Öffnungen (Walzenwehre) zum Flößen benutzt (Abb. 111, 113, 114, 116, 903). Bei abnehmender Wasserführung wird das Flößen nach und nach zu den seichteren sogenannten Regulieröffnungen

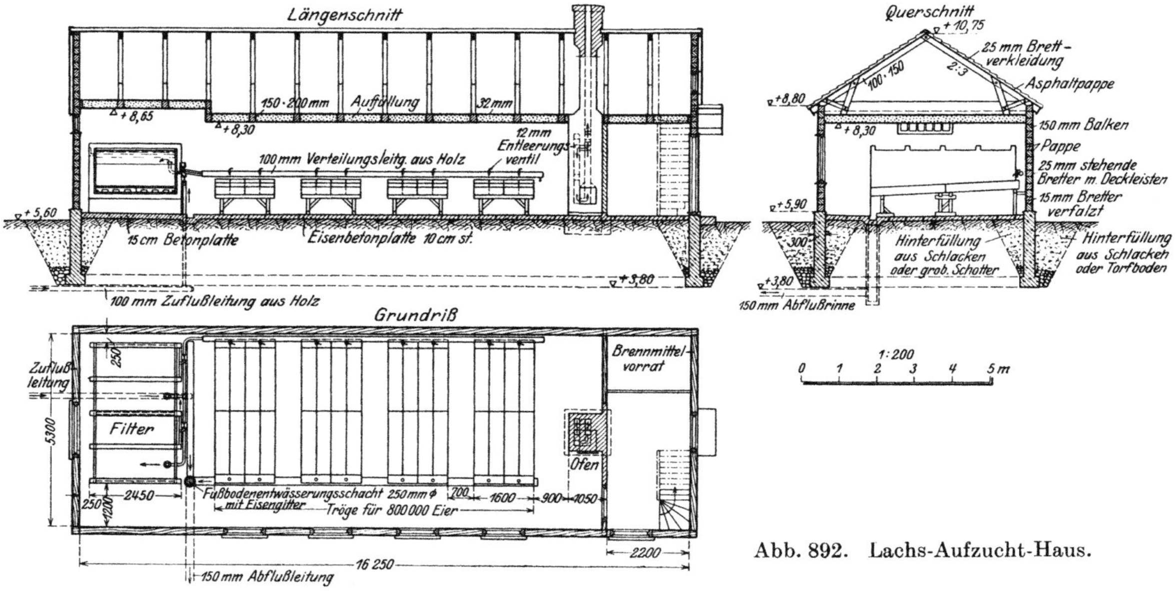

Abb. 892. Lachs-Aufzucht-Haus.

verlegt, wobei von den beiden Regulierwalzen die nicht zum Flößen benötigte Feinregulierung verwendet wird. Bei Eintritt von Wasserknappheit wird die seichtere der beiden Regulieröffnungen durch seitlich aufgerichtete Stautafeln eingeschränkt. Schließlich wird die ganze Wehranlage geschlossen und das Flößen durch die seitlich durch das Krafthaus hindurchgeführte Triftrinne (Abb. 789, 792) fortgesetzt. Alle erwähnten Flößereiöffnungen von Forshuvudfors dienen der sogenannten allgemeinen Flößerei; daneben ist noch durch Anordnung eines zweiten Triftrinneneinlaufes im Wehr gegenüber dem Schalthaus die Möglichkeit geschaffen, einen privaten, der Besitzerin des Kraftwerks allein zur Verfügung stehenden Triftweg auszubauen.

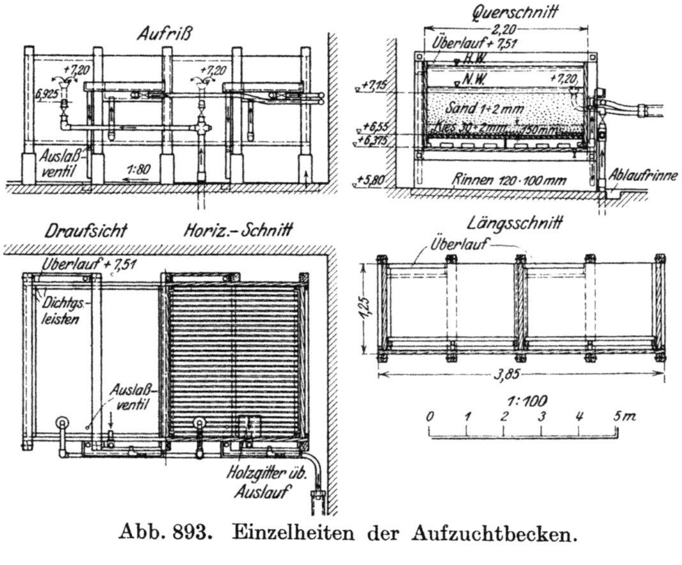

Abb. 893. Einzelheiten der Aufzuchtbecken.

Bei Raanaasfoß spielt das Flößen gleichfalls eine große Rolle; hier ist der Betrieb etwas anders und einfacher geregelt: bei hohem Wasserstand im Frühling treiben hier enorme Holzmengen heran, so daß die ganze Oberfläche mit Stämmen bedeckt ist. Dann werden die drei großen Wehröffnungen (Abb. 480, 690) alle zum Flößen freigemacht. Bei etwas sinkender Wasserführung wird zuerst nur die Walze, dann auch einer der Sektoren geschlossen und die Feinregulierung mit der Walze durchgeführt.

Somit dienen im wesentlichen als Flößereiöffnungen die beiden Sektoren. Sinkt die Wasserführung bis auf 450 m^3/sek, so wird das Triften ganz auf die Floßrinne verwiesen, wo es so lange möglich ist, bis die Wasserführung auf 300 m^3/sek gesunken ist. Die Betriebsdauer dieser Rinne wird dabei sehr lang, und daher hat man sie mit

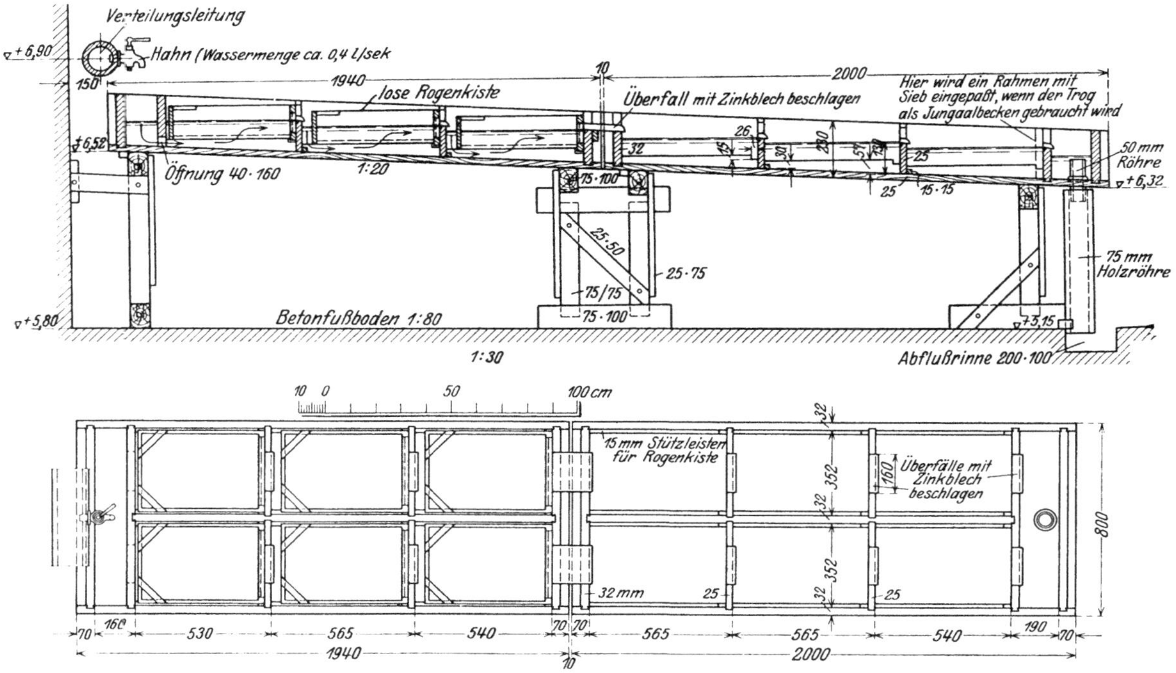

Abb. 894—95. Bruttröge.

Abb. 890—895. Lachskultur Kusträsk für den Luleälv. (C. Schmidt.)

einem regulierbaren wassersparenden Einlauf (Abb. 910, 911) versehen. Die Sektoren wurden hier hauptsächlich mit Rücksicht auf die Flößerei (und daneben: den Eisgang) gewählt, weil sie den Ablaß in geringerer Strahlstärke gestatten als eine Walze. Wegen ihrer leichten Beweglichkeit leisten sie dabei auch gelegentlich zu

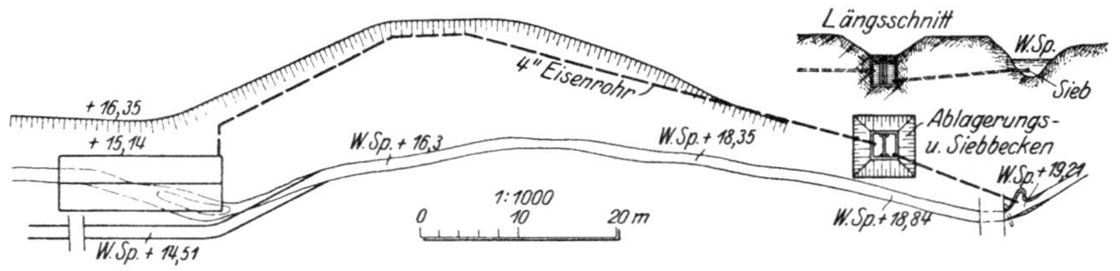

Abb. 896. Lachskultur Kvärnbäcken f. d. Indalsälv. (C. Schmidt.)

nur vorübergehender Freilegung für Flößereizwecke gute Dienste. Die Betriebserfahrungen sind günstig; die Schläge der Millionen von Stämmen auf die Rückenfläche der Sektoren verursachen allerdings einige Beschädigungen, so daß alljährlich nach der Herbstflut Ausbesserungen am Belag nötig sind.

Ähnlich sind die Verhältnisse in Sikfors (Schweden) geordnet, wo die halbe Wehrbreite beweglich und mit 2 Stoneyschützen und 1 Sektor ausgebaut ist. Eine Triftrinne erschien bei dem derzeitigen Werksausbau hier entbehrlich; lediglich das Einlaufbauwerk dafür wurde fürsorglich erstellt (Abb. 868).

Für die **konstruktive Gestaltung und Bemessung** der Flößereiwehre bilden die angeführten Beispiele treffliche Vorbilder. Sehr wichtig ist, daß die feste Wehr-

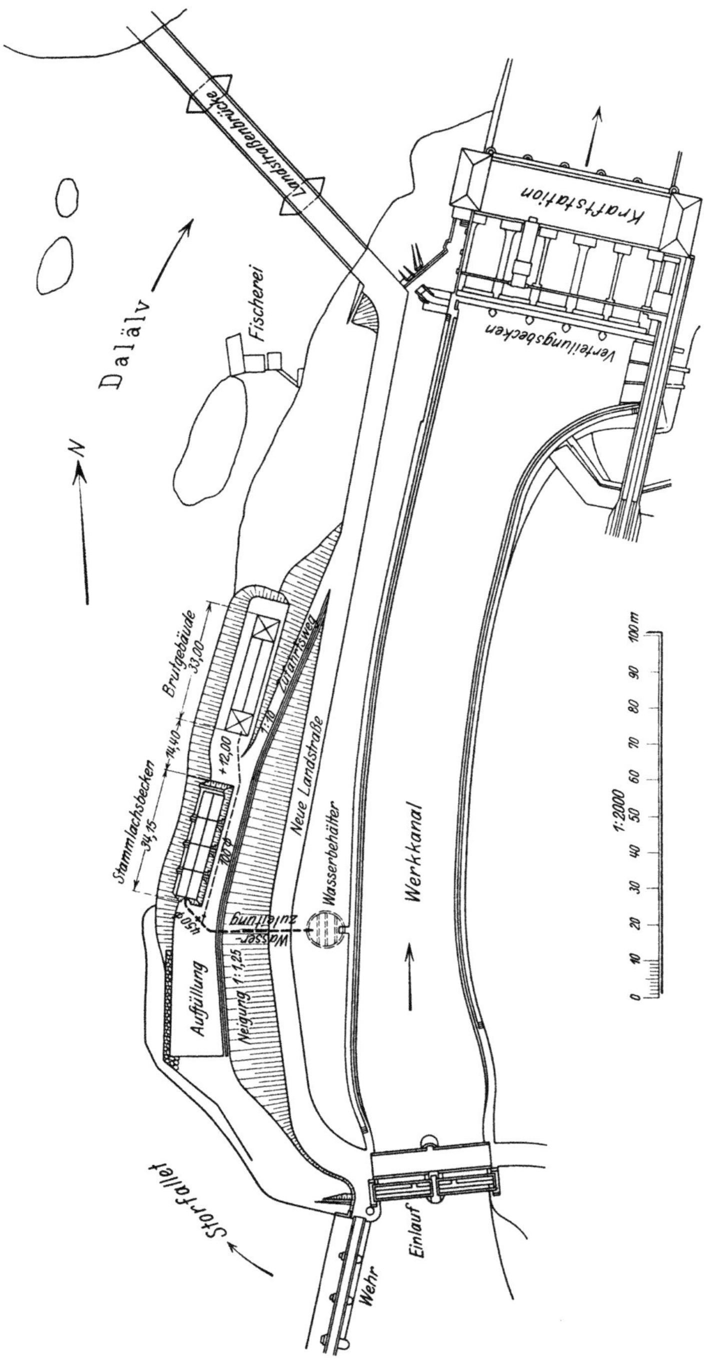

Abb. 897. Übersichtsplan.

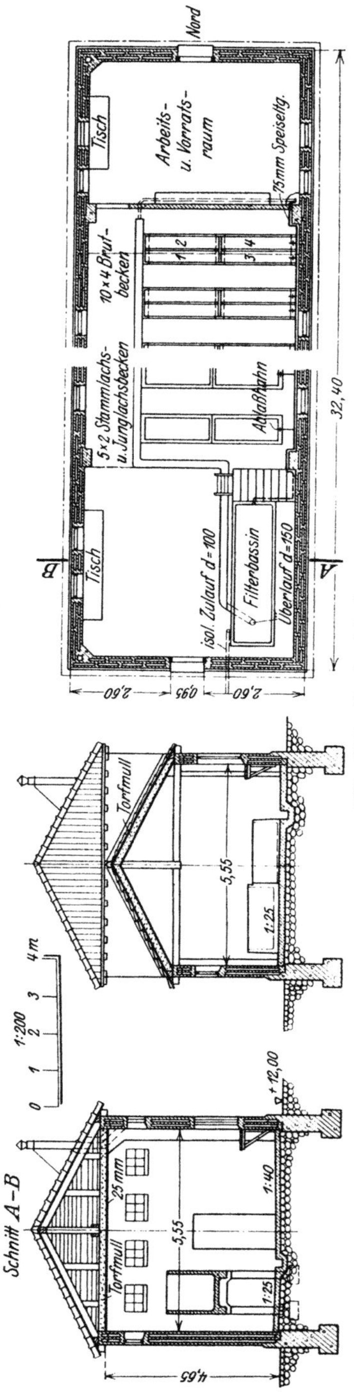

Abb. 898. Brutgebäude.

schwelle unterwasserseitig so gestaltet werde, daß das Holz beim Absturz möglichst geschont wird. Bei Forshuvudfors soll dies so vollständig geglückt sein, daß der Bruchverlust jetzt wesentlich geringer ist als beim Flößen im natürlichen Strombett, was bemerkenswert ist, weil der Forshuvudfors im natürlichen Zustande schon eine

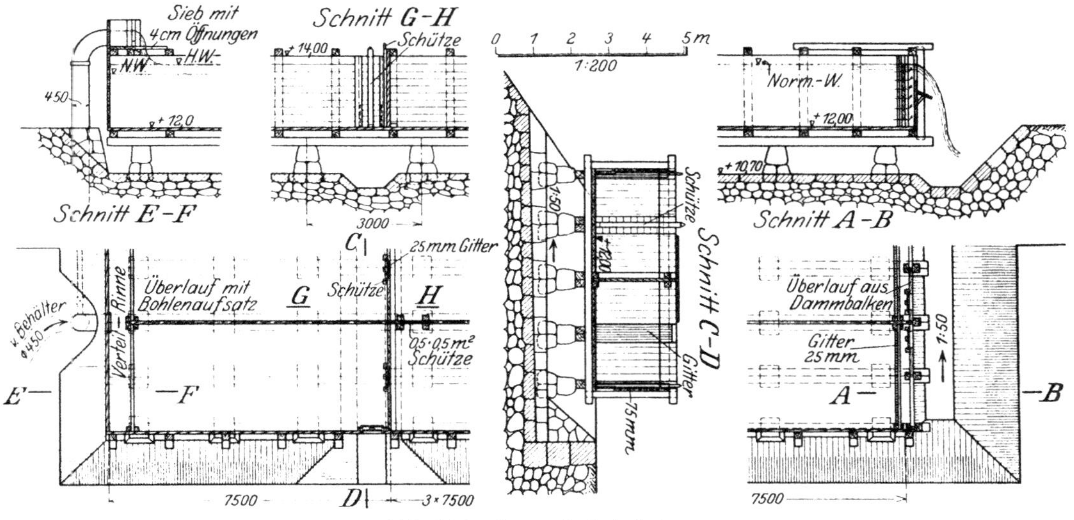

Abb. 899. Stammlachsbehälter.

ziemlich flache Stromschnelle war. Der zweite in den Beispielen ebenfalls deutlich ausgeprägte Grundsatz ist der, daß, sobald mit dem Wasser einigermaßen hausgehalten werden muß, sofort verhältnismäßig seichte Wehröffnungen anzuordnen sind.

Die Bemessung der Wehröffnungen ist natürlich besonders wichtig, wenn nur eine einzige bewegliche Wehröffnung vorhanden ist, wie meist bei kleineren Anlagen. Natürlich muß das Wassersparen schon bei den Seeregulierungswehren beginnen, und, wie S. 517 gezeigt, lohnt es sich z. B. bei nordschwedischen Verhältnissen, besonders bei hochgradig regulierten Seen sehr, trotz der etwas höheren Anlagekosten, sparsame, also recht breite und seichte Wehröffnungen anzuordnen. Es wäre durchaus irrig, anzunehmen, daß durch eine Wehröffnung nur so viel Stämme durchgehen, als an der Oberfläche nebeneinander liegend Platz haben; andererseits ist aber festgestellt, daß mit der Vergrößerung der Tiefe einer Wehröffnung bei ungeänderter Breite ihre Durchlaßfähigkeit für Holz nur ganz langsam steigt. Walo Finné[1] hat diese eigenartige hydraulische Aufgabe formelmäßig zu lösen versucht. Er findet z. B., daß eine 0,6 m tiefe Wehröffnung, falls die Triftleistung um 50% erhöht werden soll, der Tiefe nach um 75 cm vergrößert werden müßte, was einen Wassermehrverbrauch von 240% bedeuten würde; bei Verbreiterung würden naturgemäß nur rd. 50% der ursprünglichen Breite und somit ein Wassermehrverbrauch von

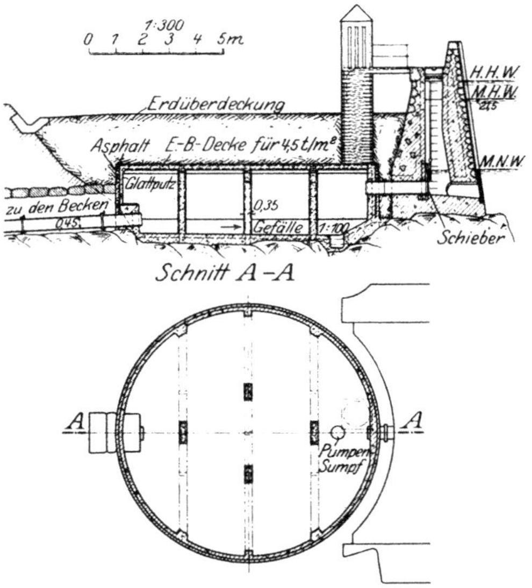

Abb. 900. Wasserbehälter.

Abb. 897—900. Lachskultur Älvkarleby. (C. Schmidt.)

[1] Tekn. Tidskrift V. o. V.

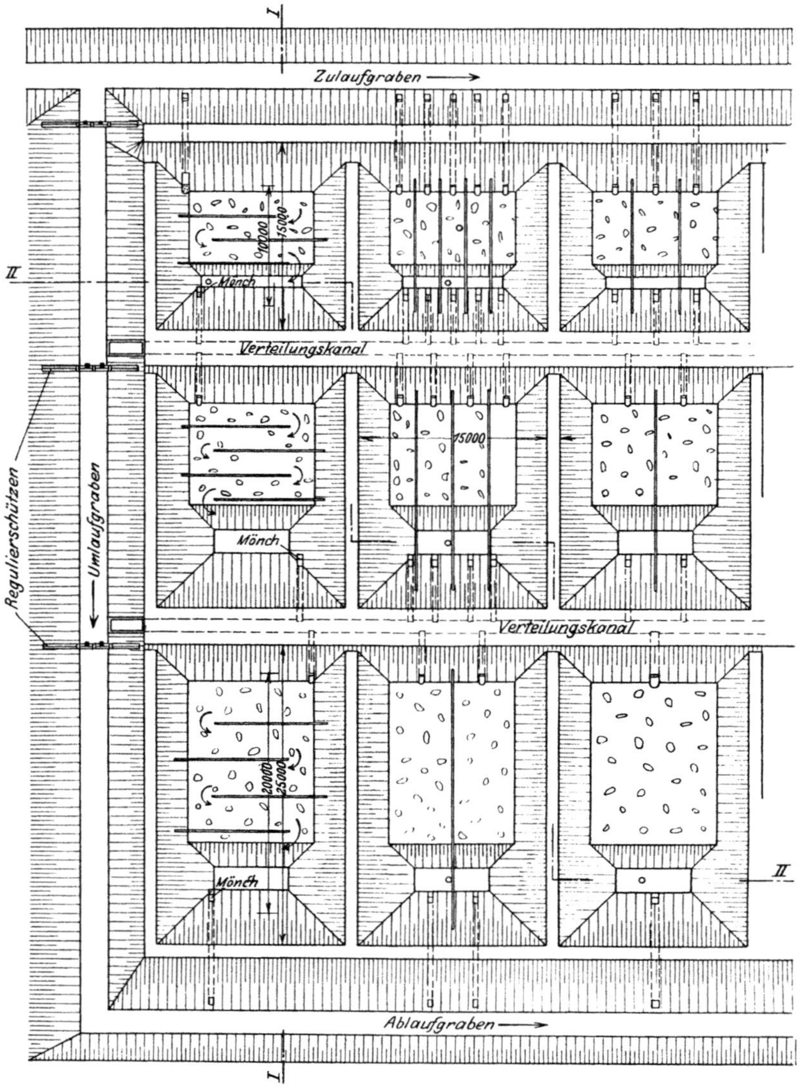

Abb. 901.

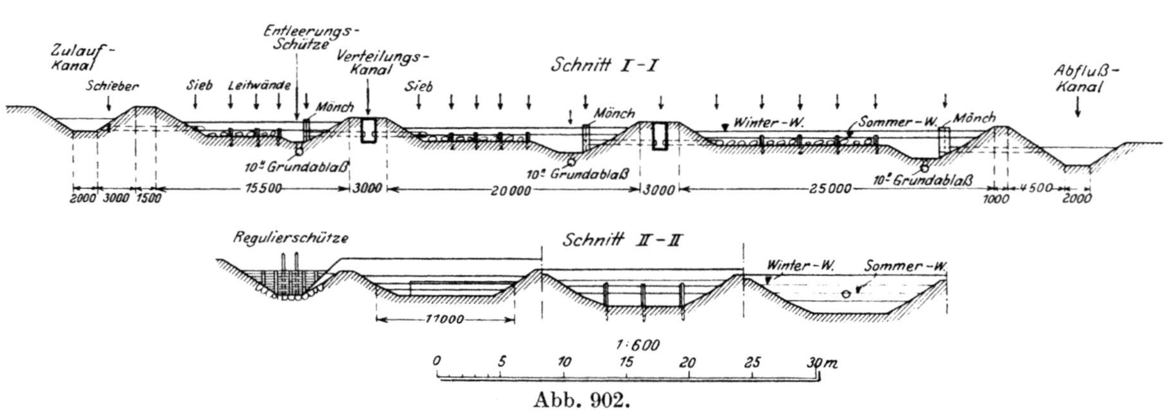

Abb. 902.

Abb. 901—902. Große Lachskultur Älvkarleö für den Dalälv. (Nordqvist-Schmidt.)

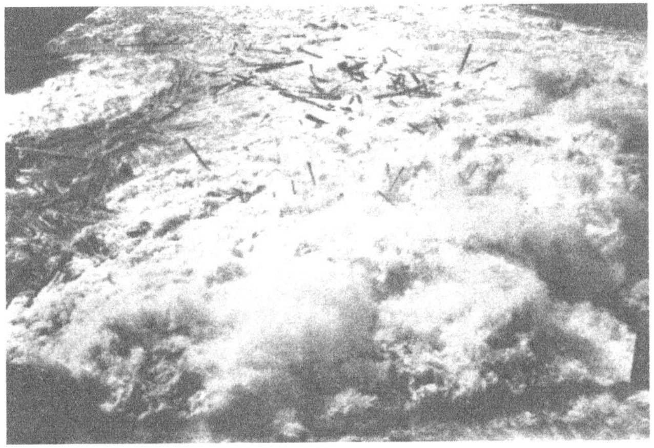

Abb. 903. Forshuvud. Blick auf Toswasser mit Triftholz unterhalb des geöffneten Wehrs. (Verw.)

Abb. 904–905. Amungensee. Regulierungswehr. Floßöffnung und -Rinne. (Dalälv Regl. För.)

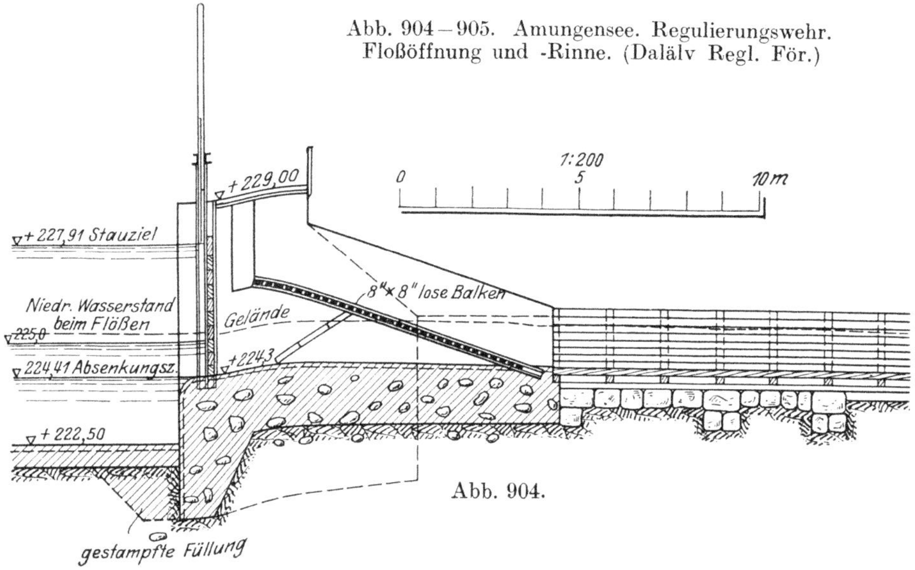

Abb. 904.

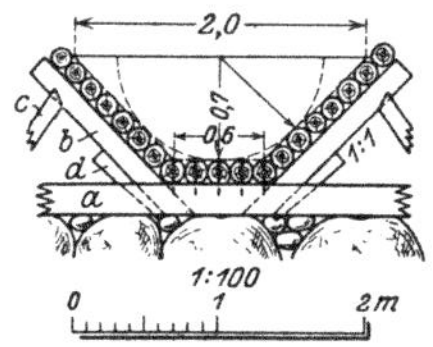

Abb. 905.

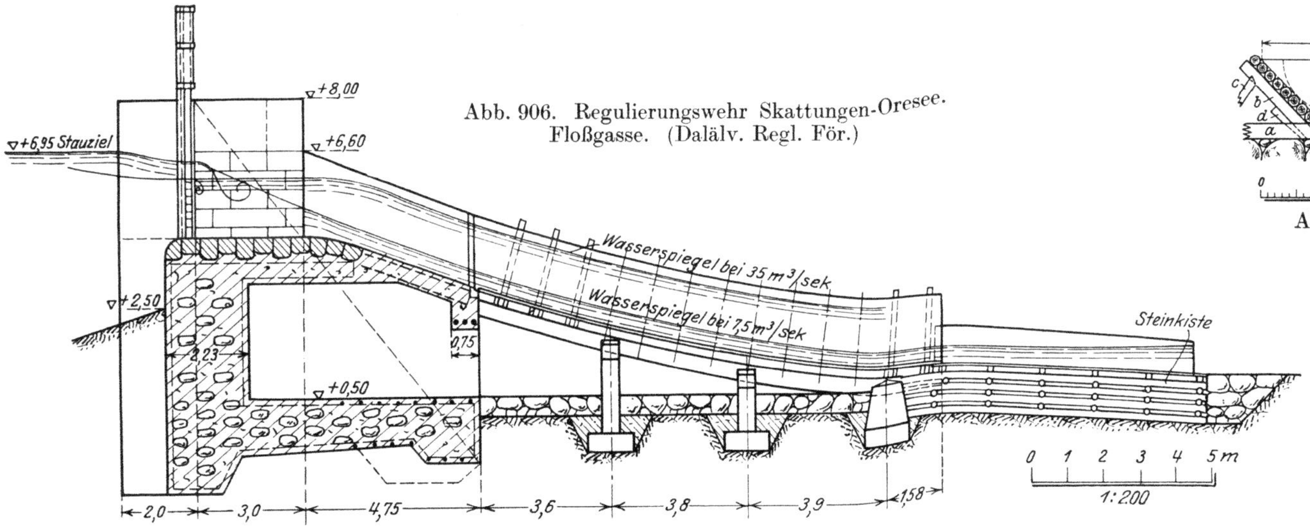

Abb. 906. Regulierungswehr Skattungen-Oresee. Floßgasse. (Dalälv. Regl. För.)

nur 50% nötig sein: Außerdem weist Finné nach, daß auch an Bedienungspersonal wesentliche Ersparnisse, beinahe bis zur Hälfte, durch breite Wehröffnungen möglich sind. Solche wassersparenden Öffnungen für Seeregulierungen werden u. a. auch vom Flößereichef des Dalälvgebietes, Karl Estberg, angewandt und empfohlen. Besondere wassersparende Einlaufkonstruktionen finden sich bei den für Flößerei und Wasserkraft regulierten Seen des Dalälvgebietes, und zwar nicht nur bei

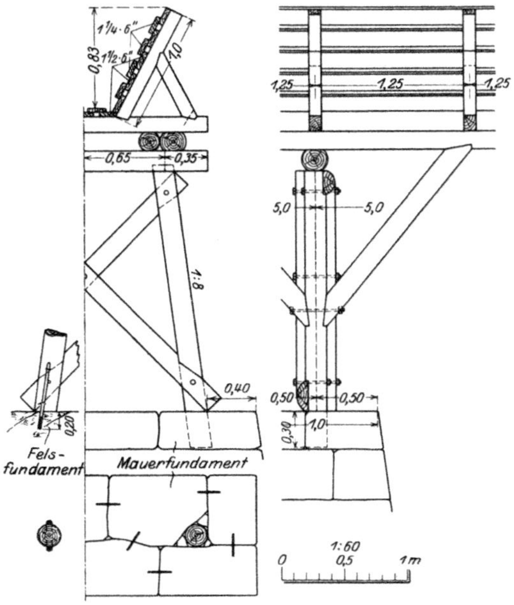

Abb. 907.

Abb. 908.

Abb. 907—908. Högefoss. Flößrinne. (EW. Aust-Agder.)

den überregulierten Seen Amung, Skattung usw., sondern auch bei den einzelnen Seen mit niedrigerem Regulierungsgrad. Beim Amung ist die Anordnung nach Abb. 140, 141, 700, 701, 904 angewandt. Der Durchfluß wird dem wechselnden Wasserstande entsprechend mit Dammbalken und im obersten Teil mit einer Holzschütze geregelt; die Abfallwand ist ebenfalls auf verschiedene Höhe einstellbar, da sie aus Balken besteht, die in einem schrägen Falz gelagert sind. Anders ist die Konstruktion beim Skattung, Abb. 141, 146, 710, 906. Hier sind zur Wasserersparnis zwei Triftöffnungen angeordnet, außerdem ist der Durchfluß wieder durch Dammbalken regelbar. Da aber die Abfallwand des Wehrkörpers zwecks Schonung des Holzes eine sanft geneigte und gekrümmte Form erhalten sollte, wurde sie sehr lang, und somit entstand eine floßrinnenartige Anordnung, die konstruktiv z. T. durch Holzkonstruktion auf Betonsäulen gelöst wurde.

Abb. 909. Schwedische Triftrinnen-Hängebrücke.

Triftrinnen. Die eigentlichen, nicht in den Wehrkörper eingebauten, sondern das Flußbett auf größere Länge umgehenden Rinnen wurden im Norden bisher meist in Holz ausgeführt. Früher wurde, besonders in Övre Norrland, bei dem Überfluß an Holz einfach Rundholz verwendet (Abb. 905). Heute aber herrscht die wirtschaftlichere Ausführung in Schnittholz vor. Die Bohlenwände, mit oder ohne Verfalzung verlegt

(Abb. 907), werden häufig auch mit Blech ausgeschlagen, wie bei Mörkfoß-Solbergfoß (Abb. 912). Dort hat die auf einem großen Teil ihrer 700 m Länge im Stollen geführte

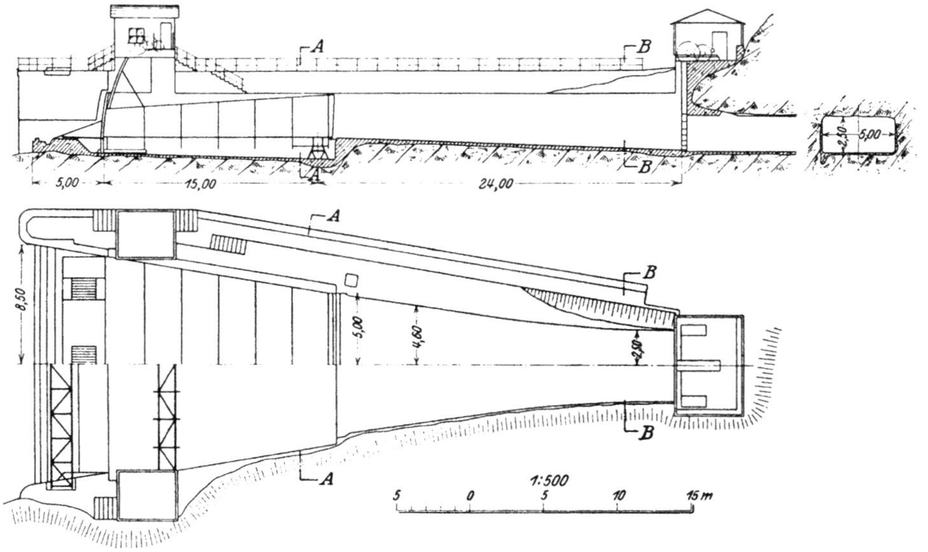

Abb. 910.

Floßrinne eine Stundenvolleistung von 12000 Hölzern, wobei die Kosten des Flößens kaum ½ Öre/Stamm betragen sollen. Sehr eigenartige und solide Querschnittsausbildung einer fast 3 km langen „Pfostenrinne" finden wir bei der Wasserkraftanlage vom Aust-Agder in Südnorwegen (Abb. 907). Bei dem bemerkenswerten Stromübergang ist diese Rinne als versteifte Hängebrücke konstruiert (Abb. 407, 408, 908, vgl. auch Abb. 909): Auf einer Seite ist das Tragseil auf einer hohen Felsklippe verankert, auf der anderen über einen hölzernen Pendelpfeiler gelegt und dahinter im Felsgrunde verankert. In einem anderen Abschnitt ist diese Rinne als mit Beton verkleideter Stollen mit eiförmigem Querschnitt ausgeführt. Beton ist durchweg für die Floßrinne Raanasfoß verwendet. Diese mehrfach bemerkenswerte Rinne ist rd. 800 m lang, der Querschnitt ist am Einlauf rechteckig, geht aber sogleich in ein Trapez mit angerundeten Ecken über. Der Längenschnitt ist dadurch eigenartig, daß die Rinnenneigung von 1:100 nach unten hin bis 1:70 zunimmt; die Steigerung der Strömungsgeschwindigkeit verhindert ein Einholen und Stauen der Hölzer. Etwa ¾ der Rinne liegen

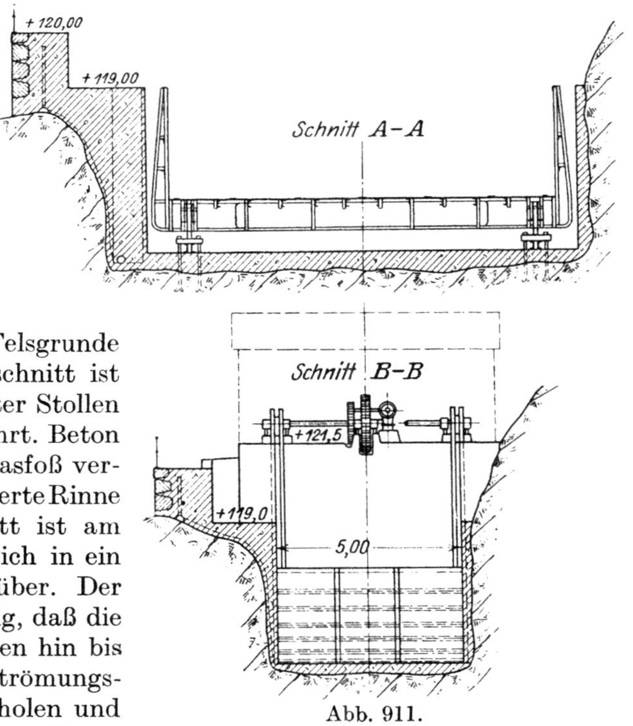

Abb. 911.

im Freien, der Rest im Stollen unter im wesentlichen unveränderter Durchführung des benetzten Querschnittes. Bemerkenswert ist der wassersparende Einlauf der Rinne, Patent Ing. Mayer-Granninge, Abb. 910, 911, I bis III. Der in Eisenkonstruktion ausgeführte Schnabel gestattet Feinregulierung des Wasserverbrauchs zwischen 15 und 35 m³/sek. Die Abdichtung wird an der Hinterkante durch Holz,

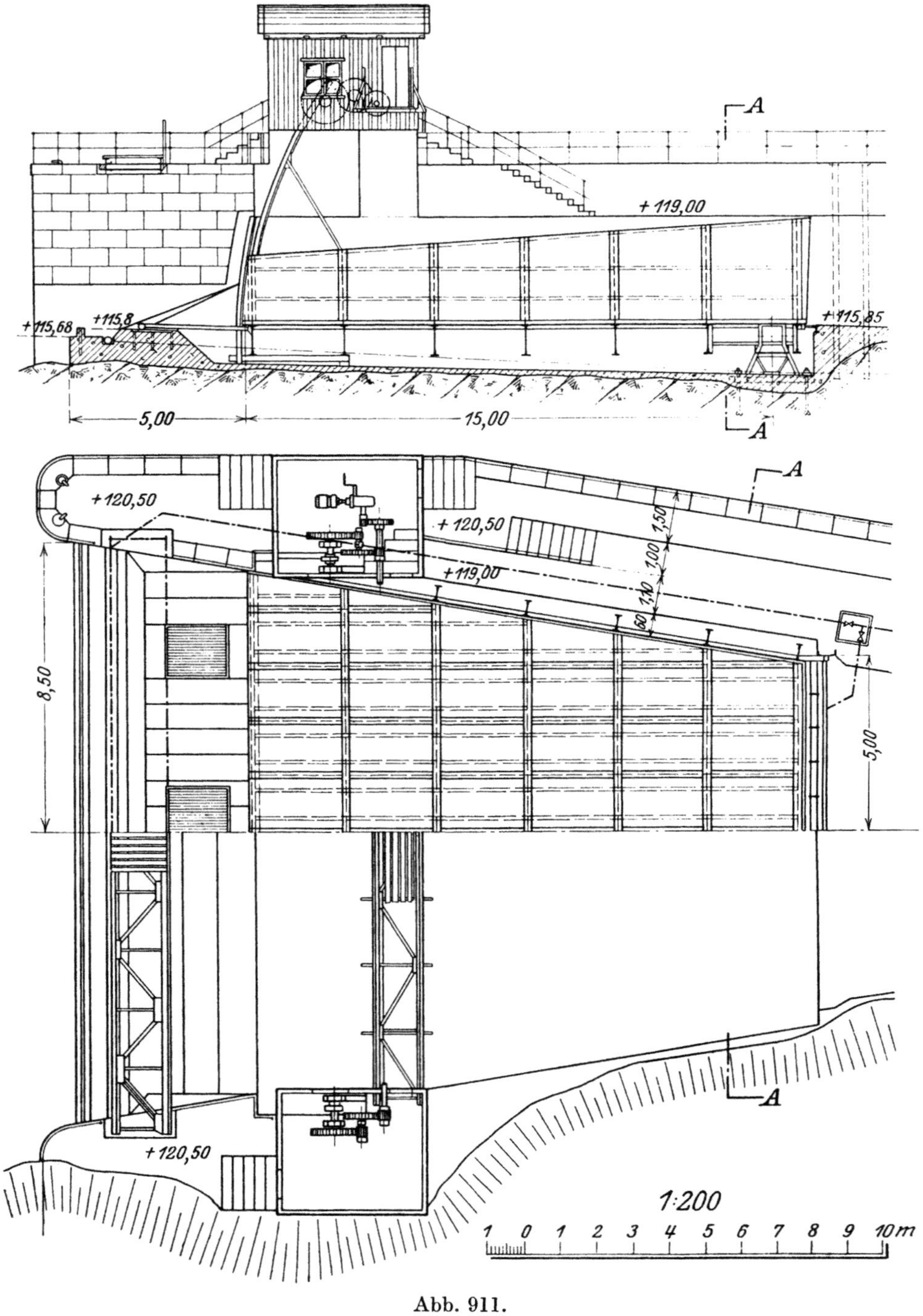

Abb. 911.

Abb. 910—911. Wassersparender Triftrinneneinlauf.

an den Seiten durch Eisenrohre bewirkt, die vom Wasserdruck gegen die Betonwand gepreßt werden. Der Raum unter der Rinne kann nach Einsetzen eines Nadelver-

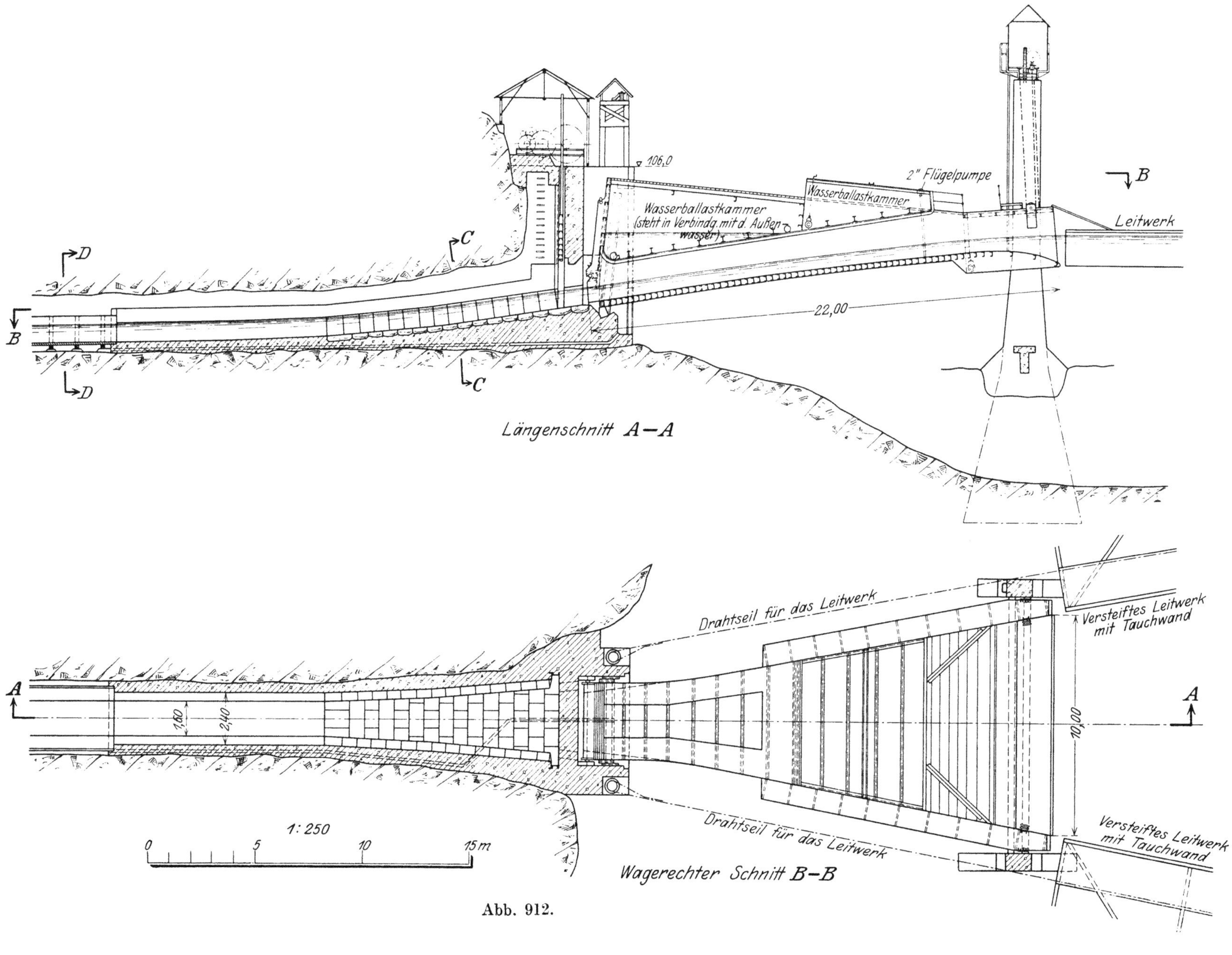
106,0
2" Flügelpumpe
B
Leitwerk
Wasserballastkammer
Wasserballastkammer
(steht in Verbindg. mit d. Außen-
wasser)
C
D
B
D
C
22,00
Längenschnitt A–A
A
1,60
2,40
Drahtseil für das Leitwerk
Versteiftes Leitwerk
mit Tauchwand
10,00
A
Drahtseil für das Leitwerk
Versteiftes Leitwerk
mit Tauchwand
1:250
0
5
10
15 m
Wagerechter Schnitt B–B

Abb. 912.

schlusses trocken gelegt werden. Das 6zöllige Entwässerungsrohr ist mit einer isolierten Leitung umwickelt und kann im Winter elektrisch angewärmt werden. Ein Floßrinnen-

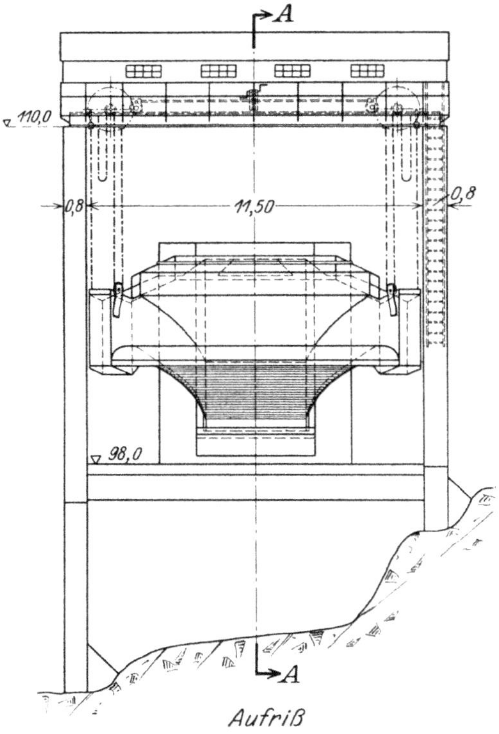

Abb. 912. Wassersparender Triftrinneneinlauf Solbergfoss (Pat. Meyer-Granning). (Verw.)

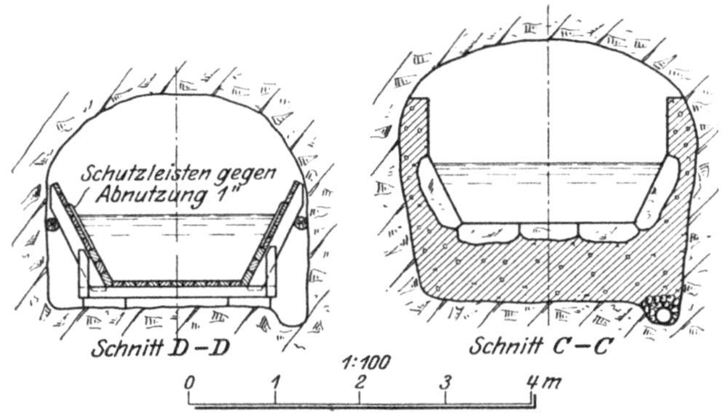

einlauf ähnlicher Art ist auch bei Mörkfoß-Solbergfoß ausgeführt (Abb. 912). Die gleichartige Ausführung bei Hyttefossen (S. 347, Abb. 318) hat den besonderen Zweck der Anpassung an einen stark veränderlichen Oberwasserstand (Wasserentnahme unmittelbar aus einem großen Jahresspeicher).

Neuerdings (1926) ist bei Rottnerås (Schweden) eine 175 m lange Triftrinne über 31 m Fallhöhe ganz in Eisenbeton ausgeführt worden. Smedberg weist darauf hin, daß die Holzrinnen zu ihrer Erhaltung ständig bis zum Winterfrost mit Wasser beschickt werden müssen, somit Wasserverschwendung verlangen.

Abb. 913. Floßholzleitwerke im OW. Kuhankoski.

Vereinzelt wurden Triftrinnen auch in reiner Eisenkonstruktion ausgeführt.

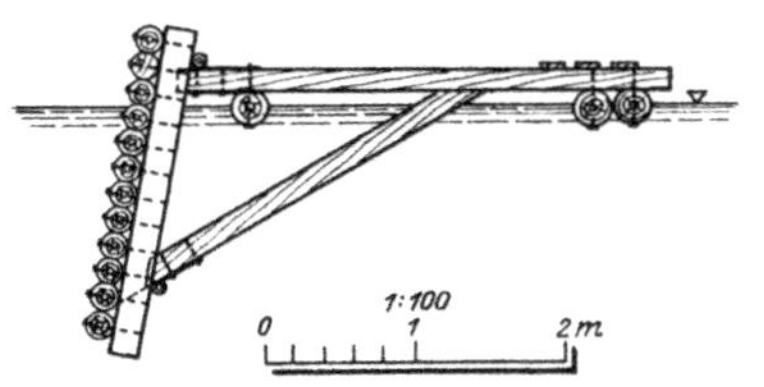

Abb. 914. Schwimmende Tauchwand (Vattenb. Byrån). (Kinman.) Flachschwimmendes Leitwerk von Högefoss (vgl. Abb. 406).

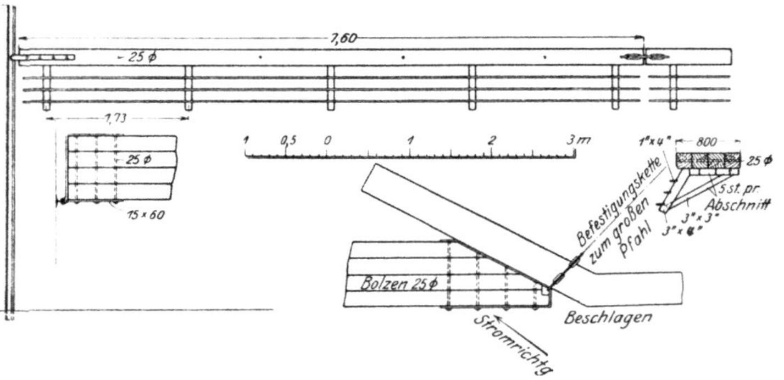

Abb. 915. Leitwerk Eskilstuna. (Maj. Insulander.)

Die Umgehungstriftrinnen erreichen häufig bedeutende Längen (Gideåbacka Abb. 873a, Hönefoss Abb. 405, Untra, S. 159, Abb. 119, 924).

Leitwerke für Floßholz sind im Norden außerordentlich umfangreich verwendet. Insbesondere sind sie fast immer oberhalb der Flößereidurchlässe in Wehren und der Floßrinneneinläufe unentbehrlich, um ein selbständiges ununterbrochenes Einschwimmen der Stämme sicherzustellen (vgl. Abb. 111, 913, 921). Als Beispiel dieser meist schwimmend ausgeführten Leitwerke sei das vor der Floßrinne von Raanaasfoß verlegte beschrieben: Es besteht aus einzelnen

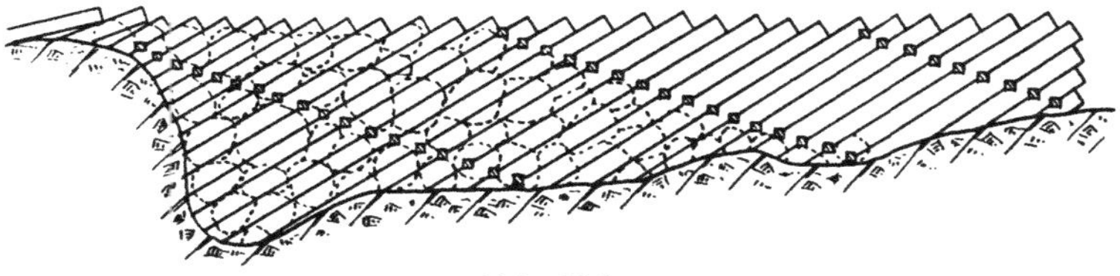

Abb. 916.

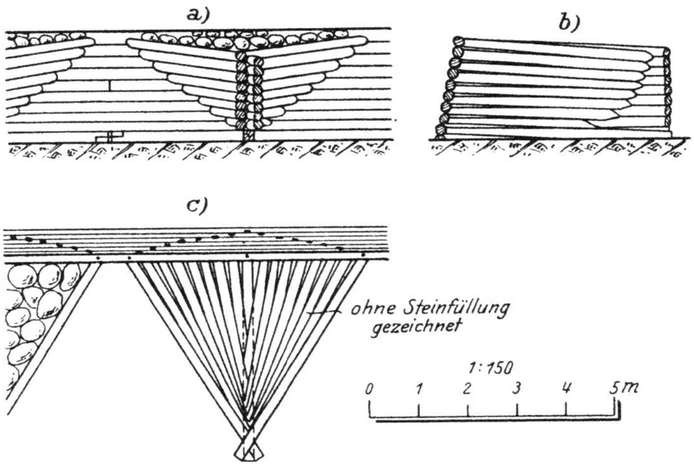

Abb. 917.

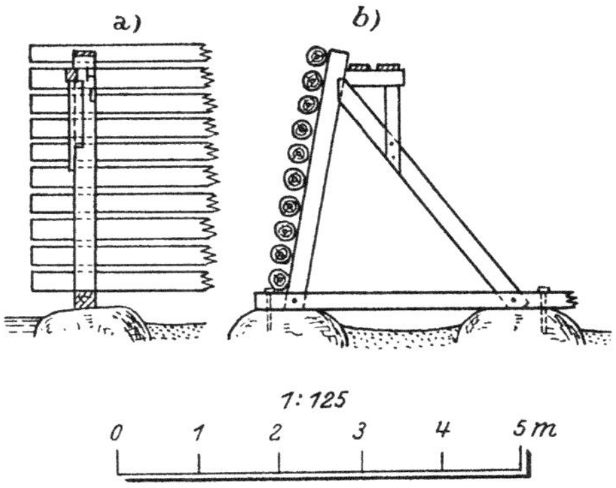

Abb. 918.

Abb. 916—918. Typische feste Leitwerksbauten. (Näslund.)

20 m langen, in sich steifen hölzernen Fachwerken (Fachwerkebene ist die Wasserfläche), mit einer 1½ m tief ins Wasser hinunterreichenden Stirnwand, die etwas geneigt ist, um das Durchpressen der Floßhölzer unter dem Leitwerk zu erschweren.

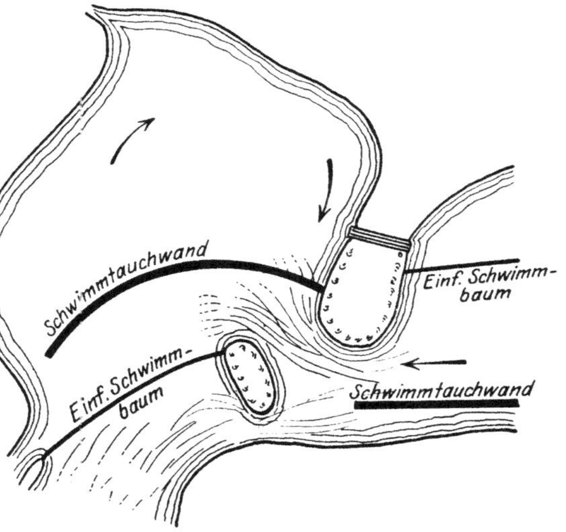

Abb. 919. Schwimmbäume im Kymmenestrom bei Kuusankoski. (Näslund.)

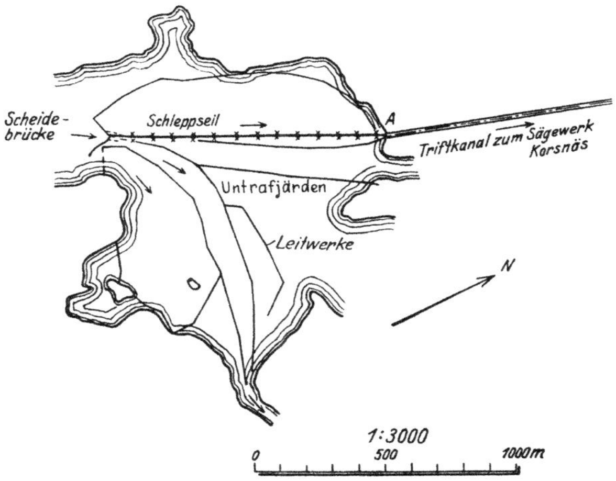

Abb. 920. Untra. Flößereieinrichtungen (Übersichtskarte). (Verw.)

Vgl. den Leitwerkquerschnitt von Kuusankoski (Abb. 98a, 914). Die 20 m langen Glieder sind an einem durchgehenden Stahltau von 60 t Zerreißfestigkeit befestigt.

Dieses Tau ist an der Wand des Rinneneinlaufes so befestigt, daß es leicht losgemacht werden kann, so daß bei Eintreffen größerer Holzmengen der Weg gegen die Flößerei-

Abb. 921. Forshuvud. Fliegerbild, Holztrift zwischen den Leitwerken. (Verw.)

Wehröffnungen freigelegt werden kann, wobei das Tau des Leitwerkes am östlichen Ufer befestigt wird. Typen fester Leitwerke siehe die Abb. 916, 917, 918; Einbauweisen: Abb. 919, 920, 921, 922.

Abb. 922. Gideåbacka. Einmündung der Triftrinne in das Kraftwerks-U.-W. (Verf.)

Eine besondere Art von Leitwerken stellen die auf großen Stauhaltungen vorkommenden mechanischen Verholeinrichtungen dar.

Mit Recht weist Ziv.-Ing. Ribbning (Falun) darauf hin, daß es wichtig ist, die Dispositionen der Flößereieinrichtungen nicht schematisch zu behandeln, sondern sorgfältig den Verhältnissen des Einzelfalles (Beeinflussung der Strömungsverhältnisse durch die Stau- und Kraftanlagen) anzupassen.

Abb. 923. Holzschleppseile im Untrafjärd. Blick stromauf. (Verf.)

Unterlagen:

„Forshuvudforsens Kraftverk“ von Serrander und Berg (Svenska Vattenkraftföreningens Publikationer 152). — Akershus Elektrisitetsverk og utbygningen av Raanaasfoss Kraftverk, Oslo 1925. — Dalälvens Regleringsförening U. P. A. 1916—26. — Briefliche Mitteilungen, Zeichnungen und Lichtbilder von Ing. Carl Schmidt (Vattenbyggnadsbyrån, Stockholm), Prof. Axel Juselius, Helsingfors, und Aust Agder Elektrisitetsverk. — Nordqvist und Schmidt: Vattendragens öfverbyggnade och fiskeriintressets tillvaratagande, Svenska V. K. För. Nr. 90. — Näslund: „Flottningsteknik“, Stockh. 1915, eine sehr wertvolle, umfassende Darstellung! — Kinnmann: „Om Flottleder och Flottning“, Stockh., mit vielen Lit.-Ang.

31. Abschnitt. Die Bauausführung.

1. Die Zugänglichkeit der Baustellen; Transporteinrichtungen.

In dünn besiedelten Ländern mit schwach entwickeltem Straßen- und Eisenbahnnetz — wie es weite Gebiete der nordischen Staaten sind — ist das Transportproblem oft die erste und wichtigste Frage beim Ausbau von Wasserkraftanlagen, Seeregulierungen und Starkstromleitungen. Am größten sind die Schwierigkeiten im Fjällgebiet von Schweden und Norwegen, und sie kommen um so häufiger vor, als im größten Teil von Skandinavien Gebiete von etwa 600 m Meereshöhe klimatisch und kulturgeographisch durchaus Hochgebirgscharakter zeigen und somit ebenso große Transportschwierigkeiten bieten wie z. B. die Hochalpen.

Abb. 924. Triftkanal anschließend an Abb. 923. Blick stromab. (Verf.)

Bei kleineren Regulierungsarbeiten im Hochgebirge trachtet man daher mit allen Mitteln, die Transportarbeiten überhaupt auf ein Minimum einzuschränken (vgl. 27. Abschnitt); für die dennoch unvermeidlichen Transporte werden vielfach ganz einfache Hilfsmittel, u. a. Tragtiere, verwendet.

Bei größeren Bauten in solchen entlegenen Gegenden begnügen sich natürlich auch die nordischen Ingenieure nicht mit einfachem Tragtier- oder Fuhrwerktransport; vielmehr werden, gerade wegen der schwachen Entwicklung auch des Wegenetzes, häufig Sondertransporteinrichtungen geschaffen, wobei Luftseilbahnen und Schmalspur-Bremswege naturgemäß eine bevorzugte Rolle spielen.

Abb. 925—926. Fiskevandsperre. Schwebebahn von unterer Endstation aus. (Verf.)

Beispielsweise wurde die Fiskevand- und Svartvandtalsperre in Westnorwegen (E.W. Bergen) für Zwecke des Transportes nicht nur der Baustoffe, sondern auch der Bauarbeiter, Ingenieure und Besucher durch eine rd. 4 km lange Luftseilbahn mit der (sehr schmalen und kurvenreichen) Küstenstraße verbunden (Abb. 925, 926); hierbei wurden an die Schwindelfreiheit der „Insassen" des geländerlosen Plattformwägelchens (bei 700 m größter Spannweite und 100 m Höhe über den Binnenseen) keine geringen Anforderungen gestellt. Beim Bau der Noreanlage (S.-O.-Norwegen) ward ebenso für Material- und Personenbeförderung eine streckenweise sehr steile Seilstandbahn verwendet, die eine Höhe von 350 m überwindet und von der Kraftstation bis zum Einlaufbauwerk an der Tunhövdsperre führt. Die Trasse hat einen bei c und d der Abb. 927 konkaven Längenschnitt. Das Neuartige liegt hierbei in der Sicherung der Punkte c, d gegen Seilabhebung durch eine eigenartige Spannvorrichtung (Abb. 928). Auf eisernem Gerüst war in einem Lager drehbar ein zweiarmiger Hebel befestigt, dessen längerer Hebelarm die Seilscheibe, dessen kürzerer ein Gegengewicht aus Beton trug. Das Gegengewicht erlaubte ein Ausschwenken des Hebels beim Vorbeifahren an c und d, um das Lichtraumprofil für die Durchfahrt freizulegen. Dieses Ausschwenken erfolgte von Hand durch einen Wächter, was einer selbsttätigen Einrichtung aus Gründen der Einfachheit und Betriebssicherheit vorgezogen wurde.

Bei den Hochgebirgs-Seeregulierungen der Tafjordanlage (norweg. Westküste) lagen die Verhältnisse so, daß die Anwendung der allereinfachsten Transportmittel, nämlich der Tragtiere, in zweckmäßiger Weise mit neuzeitlichen Luftseilbahnen und mit einer eigens ausgedachten standseilbahnartigen Transporteinrichtung kombiniert werden mußte. Der in Frage stehende See Veltdalsvatn liegt 1165 m hoch; der höchste Punkt der mit Fuhrwerken befahrbaren Straße ist 430 m ü. d. M. Die Talmulde oberhalb dieser Höhe, durch die der Transport vor sich gehen mußte, hat das Längenprofil einer Treppe mit Stufen von bis zu 400 m Höhe; die wagrechten Abschnitte (Flachabschnitte) der Treppe sind meistens von Seen eingenommen. Auf dem untersten Steilabschnitt wurde der Transport mit einer Luftseilbahn besorgt; auf dem anschließenden Flachabschnitt ist der Transport z. T. mit Renntieren, z. T. mit Pferden bewältigt worden auf Pfaden, die ihre Gestalt von Tag zu Tag je nach den Eis- und Schneeverhältnissen änderten.

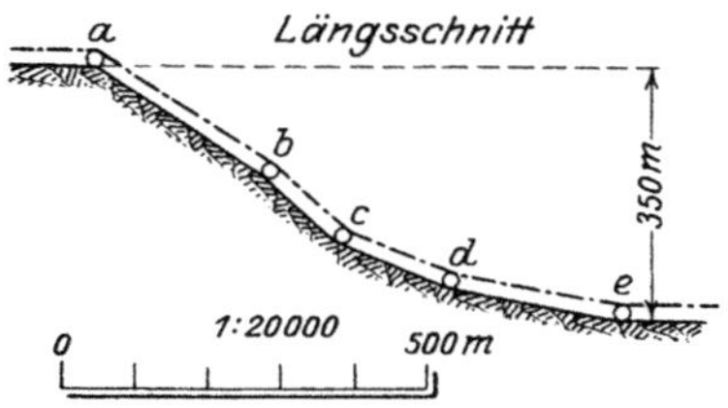

Abb. 927.

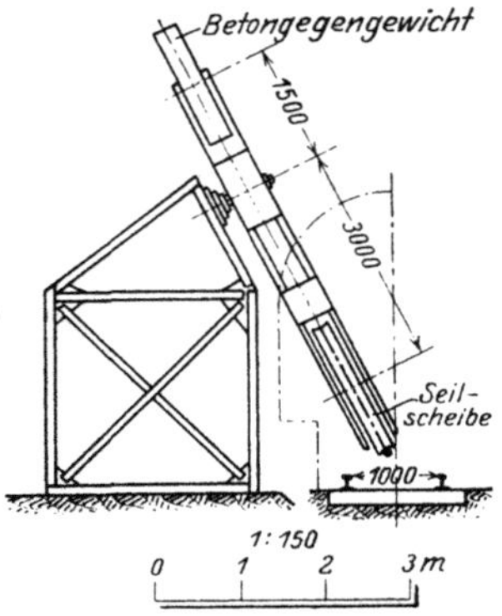

Abb. 928.

Abb. 927—928. Nore. Bremsberg, Längsschnitt und Seilspannvorrichtung. (Z. d. Br.)

Von der Stelle an, wo die Erbauung von Seilbahnen infolge des Vorhandenseins von Gletschern nicht mehr möglich schien, ist die Überwindung der Steilstrecken folgendermaßen durchgeführt worden: Auf einen Holzrahmen wurde ein 3½PS-Rohölmotor gesetzt von der Konstruktion, wie sie in Norwegen auf kleinen Motorschiffen üblich ist. Dieser Motor war mit einer Winde gekuppelt. Der ganze Rahmen wurde auf einen leichten Schlitten mit breiten Kufen aufgesetzt. Nachdem das Seil vorgelegt war, arbeitete sich der Schlitten mit Hilfe der Winde selbst in die Höhe, wo an einer passenden Stelle der Rahmen vom Schlitten abgenommen und teilweise im Gletscherschnee eingegraben wurde. An jeder einzelnen einspringenden Ecke des Rahmens wurden Pfähle eingeschlagen, und rund um diese und um den Rahmen selbst wurde Schnee eingestampft. Dieser Schnee fror bald vollständig fest, so daß die Winde genügend verankert war, um die eigentliche Transportarbeit, das Aufziehen von mit Baumaterial und Lebensmitteln beladenen Schlitten vornehmen zu können. Wenn alles heraufgezogen war, wurde der Rahmen um eine Strecke höher versetzt usw. Auf der Winde hatten rd. 700 bis 800 lfd. m Seil Platz. Diese Länge konnte vielfach voll ausgenutzt werden, doch war dazu eine seitliche Führung für das Seil nötig. Die Verhältnisse lagen nämlich nicht so, daß die Beförderung nach den Fallinien des Geländes vorgenommen werden konnte, so daß an vielen Stellen der Schlitten das Bestreben hatte, seitlich auszugleiten. Daher mußte beim Aufziehen der ersten Ladungen der Schlitten von Arbeitern gestützt und geführt werden, bis er sich ein entsprechend tiefes Gleis im Schnee geschafft hatte und dieses festgefroren war. Großen Umfang hatten die Luftseilbahnanlagen u. a. auch bei den ausgedehnten

Baustellen der Höyangfaldene-Unternehmung angenommen, vgl. Abb. 343, 345 (6 km Seilbahn, 3 km Rohrtransportbahn für 20 t für eine Stufe).

Obschon nicht im Fjäld auszuführen, hat auch der Bau der Wasserkraftanlage Hyttefossen schwierige Transportaufgaben gezeitigt. Die nächste Eisenbahnstation, Heimdal, liegt 14 km entfernt. Um den Bau einer Anschlußbahn zu ersparen, verbesserte man die vorhandene Straße, was z. T. bedeutende Verbreiterungen erforderte. Teilweise mußten auch neue Wege angelegt werden (Abb. 315). Zur Durchführung der Transporte wurde ein Spezialkraftwagen „Gigant" von Austro Daimler beschafft (ein Fahrzeugtypus, der bei einem österreichischen Großwasserkraftbau schon erfolgreich gearbeitet hatte). Dieses Fahrzeug hat sich für die außerordentlich schweren Transporte, z. T. auf schneebedeckter Straße, sehr bewährt. Wichtig war dabei, daß der Wagen Kurven von 10 m Radius nehmen konnte, ohne dazu eine größere Wegbreite als die normale Spurweite zu beanspruchen, Abb. 929.

Der häufige Wechsel von Stillwasser- und abhäldigen Landflächen hat mehrfach zu bemerkenswerten Verbindungen von Wasser- und Landtransporteinrichtungen geführt: Bei dem Bau der Bodinanlage im hohen Norden von Norwegen lagen die Hauptanfuhrstrecken auf dem Wasser. Der kurze Zwischenabschnitt zwischen Fjord und dem Binnensee Vatnvand wurde durch eine doppelspurige schiefe Ebene und Schiffseisenbahn bewältigt, eine sehr zweckmäßige Anordnung, die jegliche Umladearbeit vermied (Abb. 930). Transporte auf dem Wasserwege haben auch beim Bau der Tunhövdsperre eine wichtige Rolle gespielt; damals war die Standseilbahn (S. 187) von Eisenbahnstation Nore bis zum Tunhövdfjord noch nicht erbaut, und man zog es vor, den steilen Zugang durch das Numedaltal zu vermeiden, also die Transporte nach der Eisenbahnstation Nesby (170 m ü. d. M., NO von Zahl 720, Abb. 460) zu leiten, von da das Material auf dem Landweg zum See heranzuschaffen und zu Wasser der Baustelle zuzuführen.

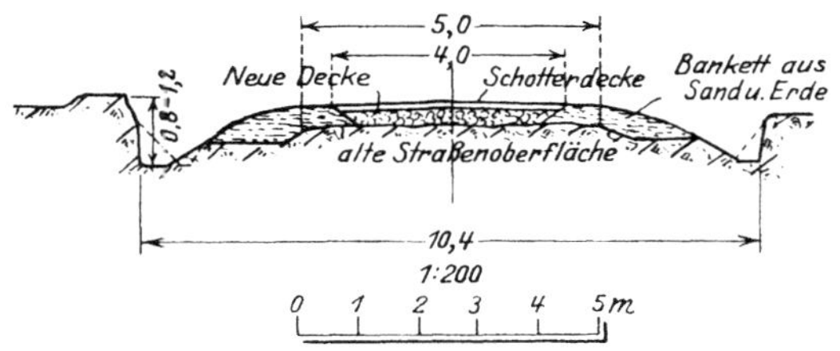

Abb. 929. Hyttefossen. Straßenverbreiterung für Bautransporte. (A. Rode.)

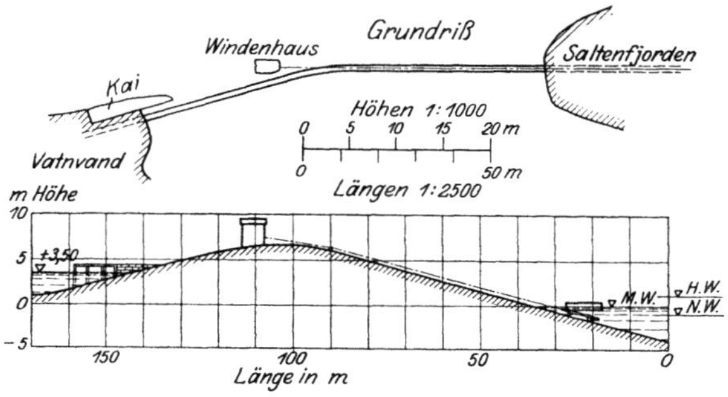

Abb. 930. Bodin. Transportanlage bei Hopsfossen. (Grondahl u. Kjörhold.)

Besonders schwierig — nach Bodenbeschaffenheit (Fels), Entfernung und Klima — lag die Transportfrage bei den Suorvatalsperren oberhalb des Porjuswerkes in Nordschweden bei einer Luftlinienentfernung von der Eisenbahnstation Porjus von 75 km (Abb. 53). Die umfangreichen Baustoffmassen wurden durch Motorboote über die langgestreckten Seen des Luleälv geschleppt und an den zwischenliegenden Stromschnellen jeweils auf provisorische Eisenbahnen umgeladen und so weiter befördert. Für den Personenverkehr und die Postbeförderung wurde daneben (wohl das erstemal in der Geschichte des Bauwesens) durch Organisation einer ständigen Flugverbindung gesorgt. Die beiden am Ufer des Porjusstausees untergebrachten Flugzeuge erhielten im Winter an Stelle der sommerlichen Schwimmer schneeschuhartige Kufen, die sich sehr bewährten.

Die meist geringe Besiedelung der Baustellenumgebung hat häufig zur Schaffung umfangreicher Barackendörfer geführt, um die Ingenieure und zahlreichen Arbeiter mit ihren Familien unterzubringen. Das nordische Klima, die langen Bauzeiten und der hohe nordische Lebensstand haben es veranlaßt, daß diese provisorischen Siedelungen häufig in überraschend hausähnlicher und wohnlicher Holzbauweise angelegt und mit umfangreichen Wohlfahrtsanlagen verbunden wurden. Muster solcher Anlagen sind vor allem die Baustellen der staatlichen Wasserkraftdirektionen, für die als hervorragendes Beispiel die Baustellenstädtchen bei Porjus, Suorva, Harsprånget, Nore, Imatra erwähnt seien.

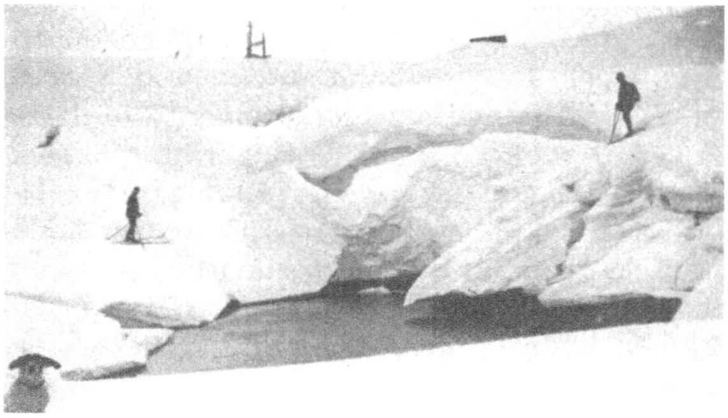

Abb. 931. Nedre Breidalsvand, Einlaß.

Abb. 932. Övre Breidalsvand 31. 5. 1924. Schnee- und Sandtransport. Baufläche zur Beschleunigung der Schneeschmelze mit Erde bestreut.

Abb. 933. Övre Breidalsvand. Baugrube 17. 6. 1924 inmitten weggeräumten Schnees; erst im August völlig schneefrei.

Abb. 931—933. Höyanger-Baustellen im Winter. (Norsk Vandb. Kont.)

2. Bauprogramm.

Die nordischen Besonderheiten auf diesem Gebiet sind hydrographisch und klimatisch bedingt. Mit Ausnahme Südskandinaviens haben fast alle Ströme ihr Hauptniederwasser im Winter, wo man mit einer je nach den örtlichen Verhältnissen 4 bis 7 Monate anhaltenden Niederwasserzeit mit unbedingter Sicherheit rechnen kann. Viele Ströme von Mittelschweden und auch einige von anderen Teilen Skandinaviens haben allerdings auch eine zweite Niederwasserperiode im Spätsommer oder im Herbst, jedoch ist diese nach Zeitpunkt des Eintritts und nach Dauer ganz unzuverlässig; in sehr regenreichen Jahren fällt sie gänzlich aus. Dieser Umstand erklärt es, daß für die überwiegende Mehrzahl der nordischen Ströme als Baujahreszeit für Wasserbauten fast ausschließlich der Winter in Frage kommt, und daß die Kunst des Bauens im Winter daher hier seit langem aufs höchste und eigenartigste entwickelt ist. Bei der Rauheit des nordischen Winters verlangt dabei die Ausführung von Wasserbauten aus Mauerwerk und Beton natürlich weitergehende Vorsichtsmaßregeln als in Gegenden mit weniger strengem Winter.

Als hervorragendes Beispiel des Umfanges der Frost- und Schutzmaßnahmen kann die neue staatliche Wasserkraftanlage Norrfors am Umeälv gelten. Über dem

Wehrbau war hier ein besonderer Schuppen errichtet, in dem Koksöfen aufgestellt waren, um Eis und Schnee am Felsboden vollständig aufzutauen und die Lufttemperatur ständig mindestens einige Grade über Null zu halten. Außerdem wurde natürlich Wasser und Sand vorgewärmt und darauf geachtet, daß stets frisch gequetschter Schotter zur Verfügung stand. Für die Temperatur des Gemisches wurden als Grenzen

Abb. 934. Mörkfoss-Solbergfoss. Betonblock-jeté. OW-Blick. (Verf.)

+5 und +20° C zugelassen. Ähnliche Maßnahmen trifft man bei so rauhem Klima überall; auch die Suorvasperren sind (nachdem das ursprünglich vorgesehene Zelt dem Sturm nicht standgehalten hatte) unter geschlossenem Schuppen erbaut worden. Bei Höyangfaldene wurde das Krakoswehr (5000 m³ Bruchsteine in Grobmörtel mit rohen Quadern verblendet) während des Winters mit Zelt überbaut und mit Koks-

Abb. 935. Mörkfoss-Solbergfoss. Unterwasserfangedamm in Eisenbeton. (Verw.)

öfen geheizt. Einen Eindruck von den Winterschwierigkeiten norwegischer Fjäll-Baustellen geben Abb. 931, 932, 933.

In weniger kalten Teilen Skandinaviens sind dagegen so weitgehende Maßnahmen nicht nötig. Beispielsweise wurden bei Forshuvudfors in Mittelschweden im Winter Betonarbeiten im Freien ohne besondere, von den bei uns üblichen abweichende Maßnahmen durchgeführt, ebenso in Lilla Edet. Daß die Frostschwierigkeiten, zu denen auch wesentlich die bedeutende Verlangsamung des Abbindens und Erhärtens größerer Betonmassen gehört, mit zu einer weit verbreiteten Abneigung gegen massive Staumauern und zur Bevorzugung dünnwandiger, gegliederter Konstruktionen geführt haben, wurde bereits im 27. Abschnitt ausgeführt.

3. Gründungen und Wasserhaltung.

Die nordischen Ingenieure haben eine große Vorliebe für das Bauen in offener Baugrube hinter Fangdämmen. Die Luftdruckgründung und andere neuere Verfahren werden möglichst vermieden. Die Gründe dafür liegen, abgesehen von den neuerdings auch im mitteleuropäischen Wehrbau wieder mehr gewürdigten[1] allgemeinen Vorzügen dieser Bauweise, z. T. in der Art des Untergrundes (überwiegend Fels oder dichte Moräne), z. T. sind sie technisch-historischer Natur oder durch die eigenartige Struktur der nordischen Bauwirtschaft (S. 722) gegeben. In jüngster Zeit ist auf anderen Gebieten des Wasserbaues in Sonderfällen ein Eindringen neuerer Methoden im Zusammenhang mit dem Auftreten ausländischer Bauunternehmungen in Schweden festzustellen gewesen —

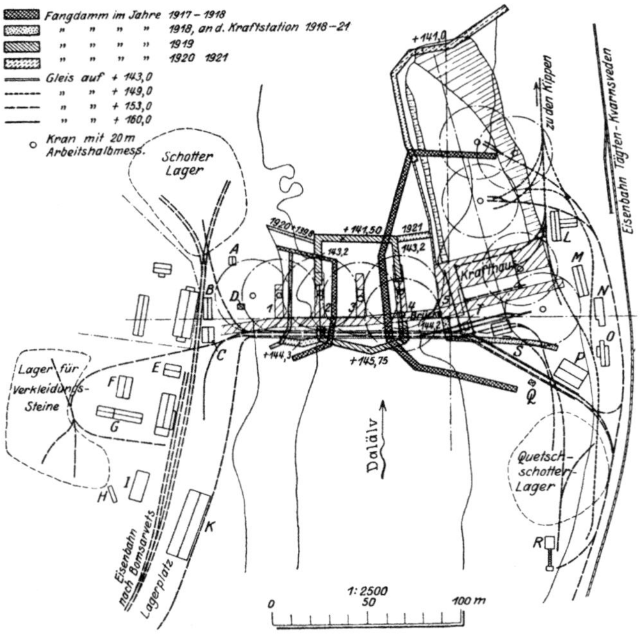

Abb. 936. Forshuvudforsen. Arbeitsplan und Anordnung der Fangdämme. (Verw.)

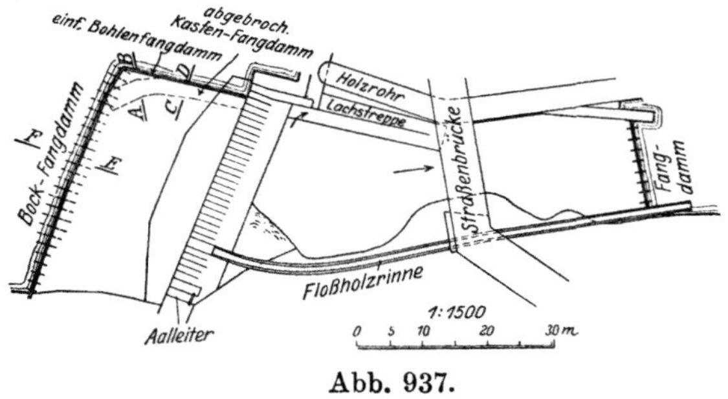

Abb. 937.

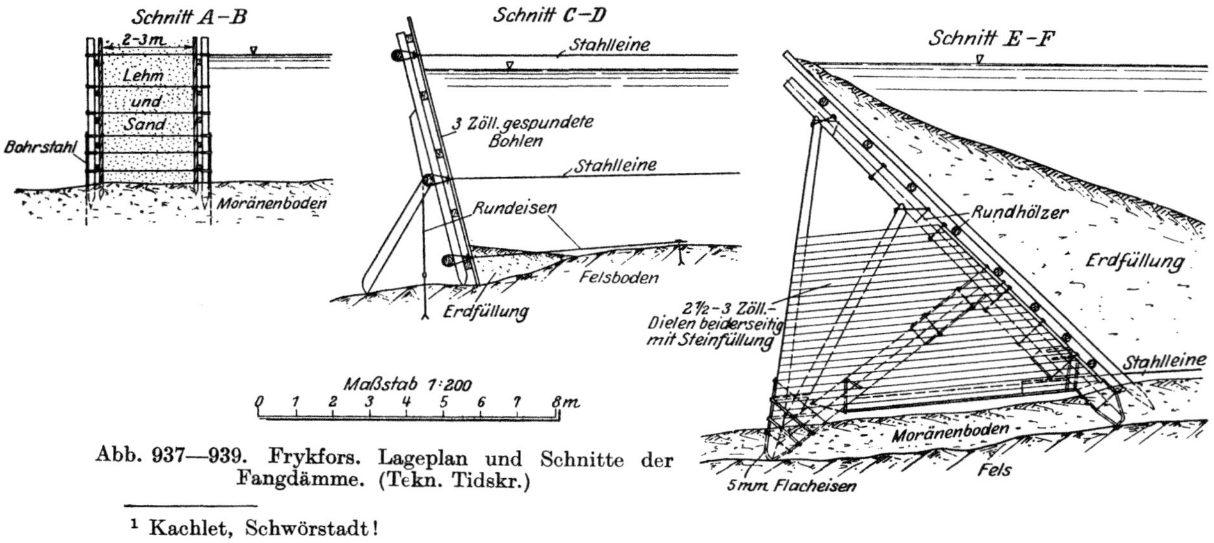

Abb. 937—939. Frykfors. Lageplan und Schnitte der Fangdämme. (Tekn. Tidskr.)

[1] Kachlet, Schwörstadt!

Grundwasserabsenkung bei der Schleuse Södertälje, Eisenbetonspülpfähle bei der Lidingöbrücke (Stockholm).

Erstaunlich ist, zu welcher Höhe die Technik des Fangdammbaues aus Holz hinsichtlich Bauweise und Abmessungen überall im Norden entwickelt ist, wobei in großem Umfang Taucherarbeit zur Überwindung der häufig durch Fels- oder Blockuntergrund bedingten Schwierigkeiten herangezogen wird.

Das bei allen Wehrbauten auftretende Problem der Anlage offener Baugruben im Flußbett wird, wie auch anderwärts, durch räumlich-zeitliche Unterteilung in einzeln abzudämmende Baugrubenabschnitte gelöst (Abb. 95, 934, 935, 936, 956). Eigen- und in gewissem Grade neuartig dabei ist die vorgekommene Anpassung der Konstruktion der Turbinenkammern an die Aufgabe der Abfuhr des Bauhochwassers, das z. B. in Motala (Abb. 160) unter der Turbinenkammer durchgeleitet wurde. Vielfach spart man in höheren Wehrschwellen Grundablässe aus, die nach Bauvollendung mit wegnehmbaren Dammbalken geschlossen oder auch dauernd vergossen werden (Abb. 76, 77, 116).

Eine ältere, unter schwierigen Verhältnissen ausgeführte Fangdammkonstruktion ist die beim Wehrbau Frykfors in Westnorwegen im Jahre 1907 angewandte. Die allgemeine Anordnung zeigt die Übersichtsskizze (Abb. 189 und 937). Das reißende Wasser hatte den zuerst ausgeführten (punktiert angedeuteten) Kastenfangdamm (Abb. 938, 939 links) stark beschädigt, so daß eine kräftigere Bauweise nötig war, vgl. Abb. 938, 939 Mitte u. rechts. Bemerkenswert ist die Anordnung des oberen Querfangdammes: für diesen wurden kräftigere, sprengwerkartige Holzböcke konstruiert, die zur weiteren Aussteifung beiderseits mit Bohlen beschlagen und durch Füllung des Zwischenraumes der Bohlen mit Steinen beschwert sind. Die so 7½ t wiegenden Böcke wurden in Abständen von 1,5 m bis zum festen Felsen in den Boden eingelassen. Die größte Wassertiefe bei dieser Arbeit betrug 3,5 m und die Strömungsgeschwindigkeit 3 bis 3,5 m/sek. Auf die Böcke stützten sich Längsholme und auf diese die eigentliche, aus Rundhölzern gebildete Stauwand. Vor letztere kam als Dichtung eine Faschinen- und Erdschüttung. Der ganze Fangdamm hat trotz der reißenden Strömung und der Druckhöhe (bis zu 10 m) gut und genügend dicht gehalten.

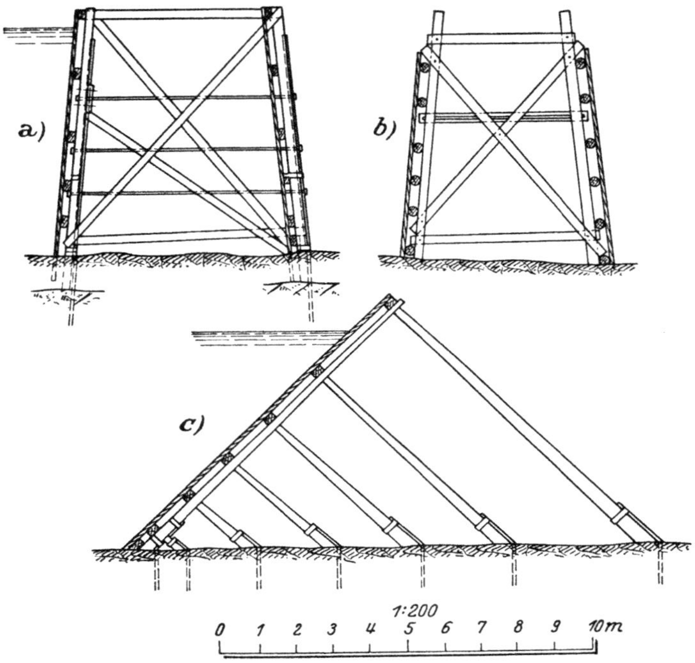

Abb. 940. Fangdammquerschnitte Forshuvudforsen. (Verw.)

Im folgenden seien noch einige bedeutende Fangdammausführungen der jüngsten Zeit erwähnt: Der Ausbau des Forshuvudfors (S. 150) erfolgte in 4 Baujahren mit mehrfacher Unterteilung der Baugrube gemäß Abb. 936. Die einzelnen Fangdämme wurden je nach Untergrundverhältnissen und maßgebendem Wasserdruck verschieden konstruiert (Abb. 940). Im Gegensatz zu den in sich steifen und schweren Böcken bei Frykfors sind hier alle Fangdämme, die bedeutenden Wasserdruck (bis zu 9 m) auszuhalten hatten, mittels zweizölliger Rundeisenanker in den festen Felsen verankert worden, so daß ihre Standsicherheit von dem Reibungswiderstand der Moränenüberlagerung unabhängig war. Die Bohrungen für die Anker wurden unter dem Schutze von 4- bis 6zölligen Eisenröhren ausgeführt, die dort, wo eine dicke Moränenschicht auf dem Felsen lag, mit Druckluftspülung bis zum Felsen heruntergeführt wurden.

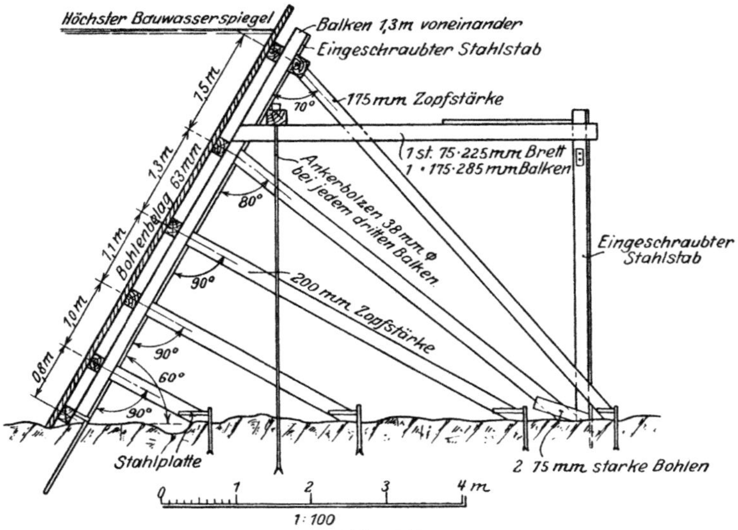

Abb. 941.

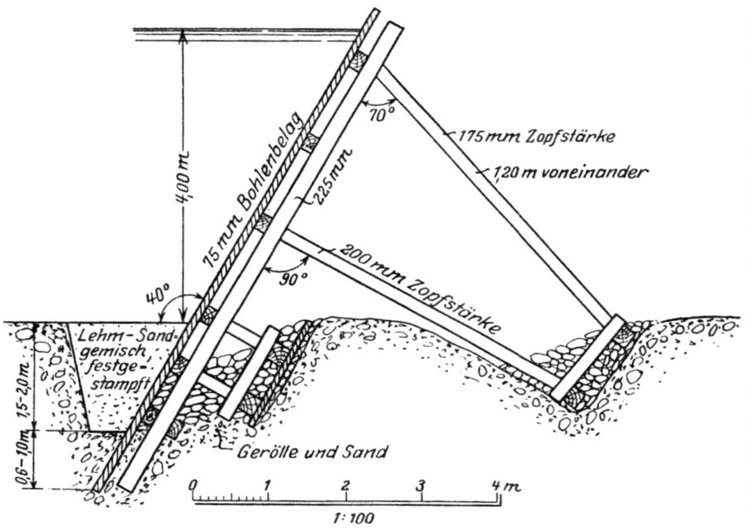

Abb. 942.

Abb. 941—942. Norrforsen. Fangdammquerschnitte. (Verw.)

Dachförmige Fangdämme nach Abb. 941 wurden auch bei Norrfors verwendet. In den Felsen verankert wurden sie aber nur dort, wo er in geringem Maße von Moräne bedeckt war. Bei stärkerer Überlagerung wurde dagegen die Abstützung und Abdichtung des Fangdammes gegen den Moränenboden selbst vorgenommen (Abb. 942). Der Wasserdruck wird bei dieser Konstruktion von der geneigten Stauwand durch hölzerne Streben auf zwei schrägliegende Balkenroste übertragen und so auf eine genügend große Fläche verteilt. Wasserseitig ist eine Fußdichtung aus sorgfältig gestampftem, mit Sand vermischtem Lehm angebracht. Die nicht ganz zu vermeidenden Durchsickerungen durch und unter diesem Fangdamm wurden durch die Steinfüllung der Gräben, in denen die tragenden Holzroste lagen, ohne Nachteil abgeleitet. Die dachförmigen Fangdämme sind sehr altes Gut der nordischen Bautechnik und weit verbreitet.

Die höchsten bis jetzt im Norden ausgeführten Fangdämme (wohl die höchsten Holzfangdämme überhaupt) kamen beim Bau des Kraftwerkes Lilla Edet im Götaälv vor. Der größte in Ausnahmefällen auftretende Wasserdruck erreichte hier in einzelnen Fangdammabschnitten 12 m. Der Fangdamm wurde durch bis 8 m mächtige Moränenschichten bis auf den gewachsenen Felsen niedergebracht. Der Querschnitt (Abb. 943), im wesentlichen der eines stark abgesprießten Kastenfangdammes, zeigt bemerkenswerte Einzelheiten. Zwischen zwei Holzspundwänden von 75 mm Stärke ist unten auf etwa 2 m Höhe eine Füllung aus Beton, darüber bis zur Höhe des normal zu erwartenden Hochwassers eine dichtende Erdfüllung eingebracht. Die Spundwände stützen sich gegen wagrechte Holme, und diese leiten den Druck auf die lotrechten Stützen, die ihrerseits durch Zugeisen zusammengehalten werden. Die binnenseitige Stützenreihe stützt sich auf ein weiteres System wagrechter, kräftiger Holme, die den Druck durch schräge Streben auf den festen Flußboden, nach Möglichkeit auf Felsen, übertragen. Die binnenseitige Stützenreihe trägt eine durchlaufende Kopfschwelle, die durch Zugdiagonalen aus Rundeisen in den Felsen verankert ist. Diese Verankerung nimmt (an Stelle des sonst angewandten Steinballastes) die nach oben gerichtete Seitenkraft des

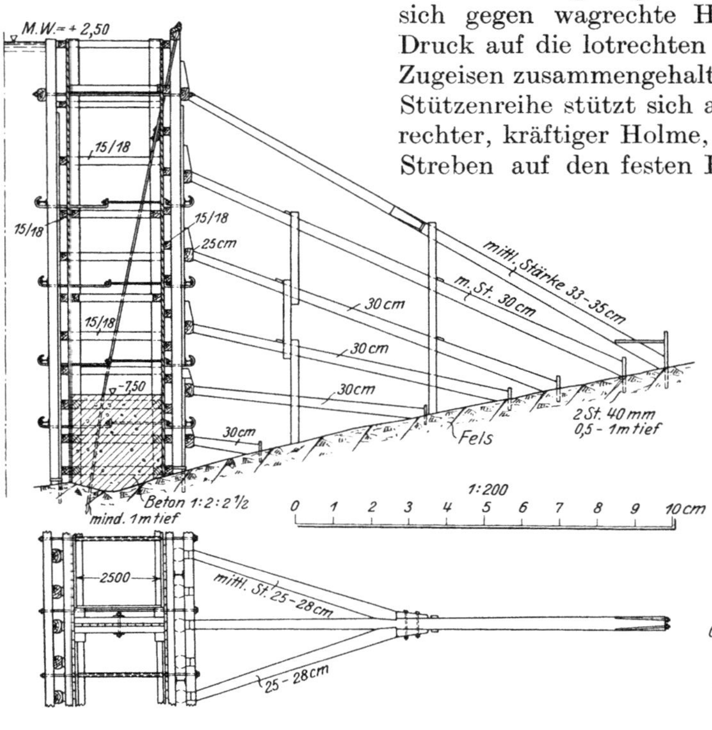

Abb. 943.

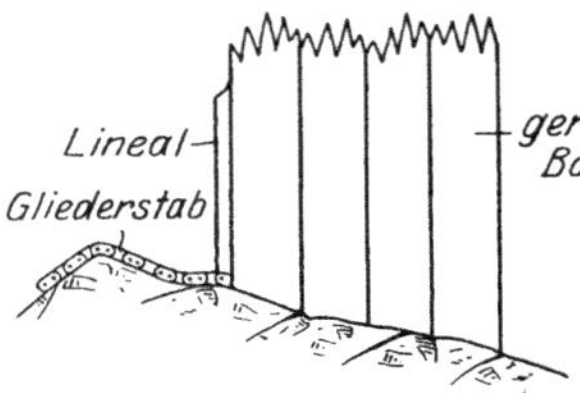

Abb. 944.

Abb. 943—944. Lilla Edet. Fangdammquerschnitt und Ausführungseinzelheit. (Verw.)

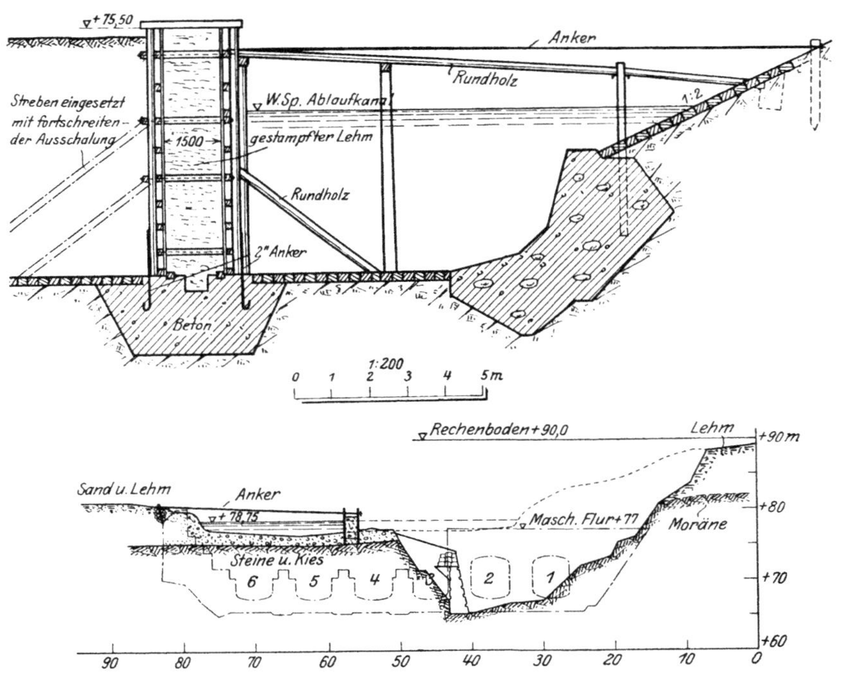

Abb. 944a. Motala. Längs-Fangdamm auf Betonschwelle im Unterkanal. (Verw).

Strebendruckes auf und versteift zugleich den Fangdamm während der Erstellung, solange die Streben noch nicht angebracht sind. Als Füllmaterial wurde Letten oder, wo solcher nicht genügend vorhanden war, ein Gemisch von Schotter und Lehm gewählt. Die Sohlendichtung wurde in der im Norden üblichen Weise durch genaue Anpassung des Fußendes jeder einzelnen Spundbohle an den Längenschnitt

Abb. 945. Trollhättan-Wehrbau. Freies Vorstrecken der Fangdämme. (Verw.)

des Felsens erzielt, zu welchem Zweck ein Taucher mit einer gelenkkettenartigen, durch Schrauben steif einstellbaren Schablone abschnittsweise Abdrücke des Felsprofils herzustellen hatte (anderwärts dient ein Kupferblechstreifen als Schablone, Abb. 944). Bei der größten Höhe von 12 m erreichten die Kosten dieses Fangdammes 6000 schw. Kr. (rd. 7000 RM) je lfd. m.

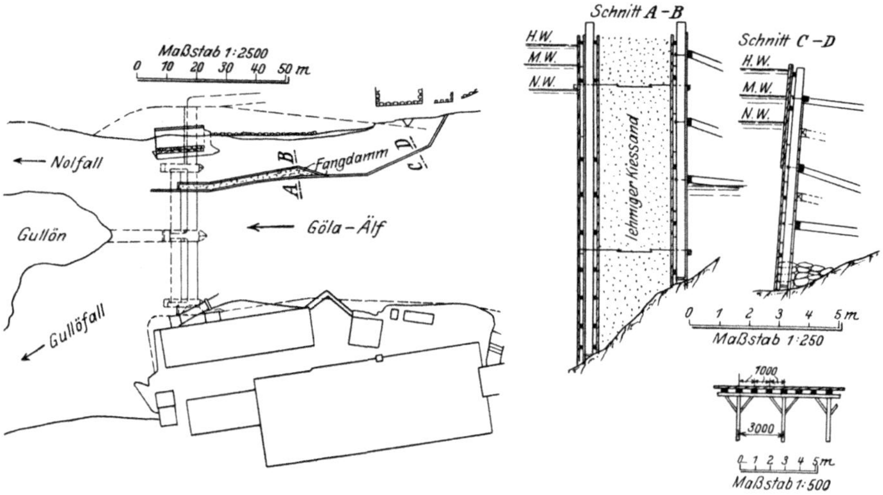

Abb. 946. Trollhättan-Wehrbau. Anordnung der Fangdämme. (Verw.)

Oft werden die Fangdämme an oder gar quer gegen strömendes Wasser frei vorgebaut, ungeachtet der Schwierigkeiten aus den großen Stromgeschwindigkeiten und bedeutenden Wassertiefen vieler nordischer Flüsse (Abb. 945, 946). Dabei bedient man sich meist eines mehr provisorischen Vorbaues von Leitwänden oder Hilfsfangdämmen, um die Strömung abzuhalten. Einen solchen Hilfsfangdamm aus einfacher Spundwand in Dachform hat man z. B. beim Fangdammbau der Stromregulierungen des Werkes Äetsae in Finnland (S. 510) verwendet, um dahinter einen Kastenfangdamm zu errichten. Bei dem durch die Enge des felsigen Flußbettes besonders erschwerten Bau Solbergfoss (S. 465) hat man als Hilfsdamm ein „jeté“ aus großen, mit dem Kabelkran verstürzten Betonblöcken benutzt, das, ohne völlig wasserdicht zu sein, doch genügend ruhiges Wasser zu schaffen vermochte, um dahinter den jeden Winter abschnittsweise zu wiederholenden Bau der Fangdämme für die Wehrbaugruben zu ermöglichen (Abb. 934). Wenn man auch der Kühnheit und dem großen Stil solcher Arbeitsmethoden seine Bewunderung zollen muß, so wird man doch gestehen, daß in solchen extremen Fällen die Einführung der Luftdruckgründung eine wesentliche Verbesserung und Beschleunigung des Bauvorganges bringen würde. An derselben Baustelle wurde übrigens auch ein ganz neuzeitlicher Unterwasserfangdamm aus Eisenbeton zum Abschluß der im Ufer eingesprengten Krafthausbucht verwendet (Abb. 935). Als bemerkenswerte Einzelheit der Wasserhaltung sei noch die Ausnutzung der meist starken Baustellengefälle zur betriebskostenlosen Wasserhaltung mittels Wasserstrahlpumpe erwähnt. In Kajane (Finnland) z. B. war ein Holzrohr von rd. 0,8 m l. W. zu diesem Zweck von O. W. durch die Spundwand geführt.

4. Erd- und Felsarbeiten.

Die nordischen Besonderheiten dieses Gebietes sind u. a. durch die Eigenart des Untergrundes (viel Fels, schwerer Moränenboden mit zahlreichen Großblöcken) bedingt. Darum ist meistverwendeter Baggertyp: der Löffelbagger, Sprengarbeit umfangreich. Da Reichtum an guten Bruchsteinen und Härte des Klimas auch zu umfassender Anwendung der Steinverkleidung mit großen Formaten für Betonmauern, Kanalufer usw. geführt haben (Abb. 180a, 716), fand man den in Deutschland z. B. erst später eingedrungenen, vorteilhaften Auslegerkran schon seit langem in umfangreicher und bemerkenswert geschickter Anwendung. Neuerdings traten dazu bei Stauwerksbauten oft auch Kabelkrane (Abb. 960). Die in dichter besiedelten Ländern nicht so leicht wiederzufindende Möglichkeit: 900000 m³ Aushub eines tief eingeschnittenen Unterkanals von nur etwa 1200 m Länge in Seitenablagerung innerhalb des Profils unterzubringen, führte im Falle von Skogaby früh zu der fortschrittlichen Anwen-

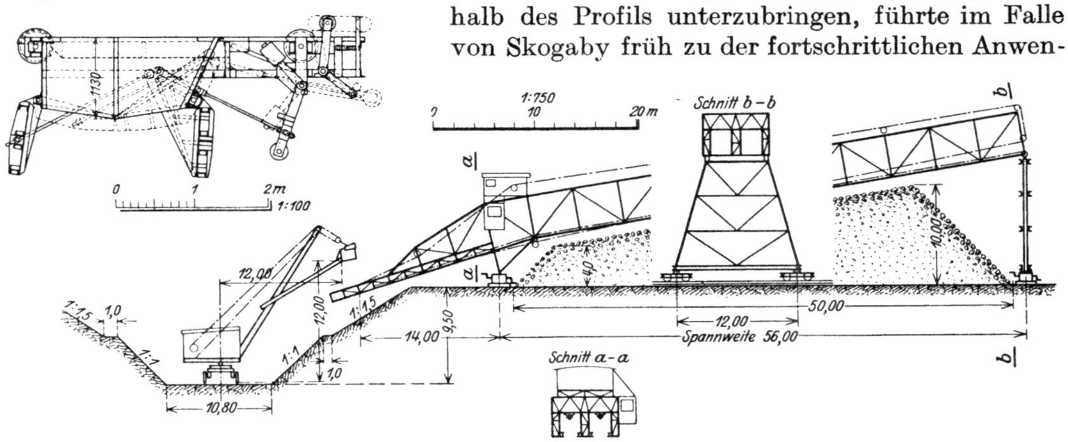

Abb. 947. Absetzgerät (deutscher Herkunft) beim Aushub des Unterkanals Skogaby. Einzelheit: einer der beweglichen Füllrümpfe.

dung von Absetzgroßgerät (deutscher Herstellung, Abb. 253, 947) mit zwei großen querfahrbaren Schüttkästen; normale Tagesleistung: 1500 m³ (maximal 2700) bei zwei 8-Stunden-Schichten.

Die wichtigen Sondiervorarbeiten werden regelmäßig mit großer Sorgfalt betrieben, wobei wohl sogar Diamantbohrungen bei großen Anlagen (Imatrawerk) nicht gescheut werden, nach dem für solche Vorarbeiten zutreffenden Grundsatze, daß hier ein Zuviel bedeutend weniger nachteilig sein kann als ein Zuwenig. Die

Schwedische Diamantbergborrnings A. B. hat diese Vorarbeiten und die Hochdruckzementeinpressung als Spezialgebiet entwickelt und sich u. a. auch im Ausland (Wäggitalsperre) schon betätigt.

An Ausbrucharbeiten unter Tage ist als nordische Besonderheit (neben den großen Wasserschloßbauten) die Herstellung der gewaltigen Hohlräume für unterirdische Maschinenanlagen hervorzuheben (S. 665). Den gut durchdachten Ausbruchplan des Porjuswerkes zeigt Abb. 844.

Der nordische Stollenbau zeigt keine wesentlich abweichenden Züge gegenüber dem mitteleuropäischen, außer dem Streben nach größter Einfachheit. Hierfür kennzeichnende Einzelheiten: die bedenkenlose Anwendung des gebrochenen Längenschnittes des Follawerk-Stollens und die handlichen, soliden Flachmuldenkipper mit festen Radsätzen des Norestollens (Abb. 948).

5. Betonarbeiten.

Im Norden wird schon seit längerer Zeit flüssiger oder doch breiartiger Beton vorzugsweise verwendet. Beispielsweise wurde (1918 bis 1922) bei Forshuvudfors (S. 150) Gußbeton schon in erheblichem Umfang angewandt, und zwar beim Bau der Spiralkammern und anderer stark bewehrter Teile. Der Beton wurde hier von Kippwagen unmittelbar in die Schalung gegossen und mit Holzstäben unter gleichzeitigem Klopfen der Schalung umgerührt. Es gelang so, ohne jede Oberflächenbehandlung einen außerordentlich dichten Beton herzustellen. Daneben wurden allerdings bei Forshuvudfors noch andere Betonierungsmethoden, darunter in ziemlich großem Umfange Stampfen angewandt.

Dagegen war in der ungefähr gleichzeitig entstandenen norwegischen Anlage Solbergfoß eine einheitliche große Betonbereitungsanlage und Gießeinrichtung (amerikanisches Fabrikat) in Verwendung für den Bau des Krafthauses (Abb. 934). Der Beton wurde hier in Rollwagen beigefahren und aus diesen in die aufziehbaren Füllrümpfe von 3 (!) Gießtürmen gestürzt. Die umfangreichen Rüstungen mögen diese Anlage recht verteuert haben. Die technische Leistung war aber durchaus befriedigend. Eine ganz moderne Gießeinrichtung (Abb. 949, 949a, 950, 951) ward wenige Jahre danach (1923) in Lilla Edet verwendet: Hier war eine einzige große Betonmischmaschine (Smith Mixer Nr. $2^1/_2$) aufgestellt mit einem Aufzugturm und einem einzigen großen Gießkran mit offenen Betongießrinnen. Die tägliche Leistung betrug normal 100 m³, bei angestrengter Arbeit wurden auch 120 m³ erreicht. Ein gleicher Betonmischer stand ständig in Reserve, damit eine Störung an der in Betrieb befindlichen Maschine keinen nennenswerten Zeitverlust verursachen konnte. Das zu gießende Bauwerk wurde in einzelne „Monolithe" untergeteilt (Abb. 952, 953), die ohne Fuge, in einem Guß, herzustellen waren. Die Einteilung wurde so getroffen, daß eine etwaige Rißbildung an den Rändern der einzelnen Monolithe keinen wesentlichen Schaden (an der Einrichtung des Krafthauses) hervorrufen konnte. Außerdem wurden die Gußfugen mittels besonderer Eiseneinlagen und Verzahnungen nach Möglichkeit rißsicher ausgebildet (Abb. 954). Die äußersten Blöcke wurden zuerst ausgeführt; erst 3 Monate später, nach erfolgtem Schwinden wurden die Zwischenblöcke gegossen. Eine Ausnahme von dieser Ausführungsart bildete der

Abb. 948. Nore-Stollenbau. Flachmuldenkipper. (Verf.)

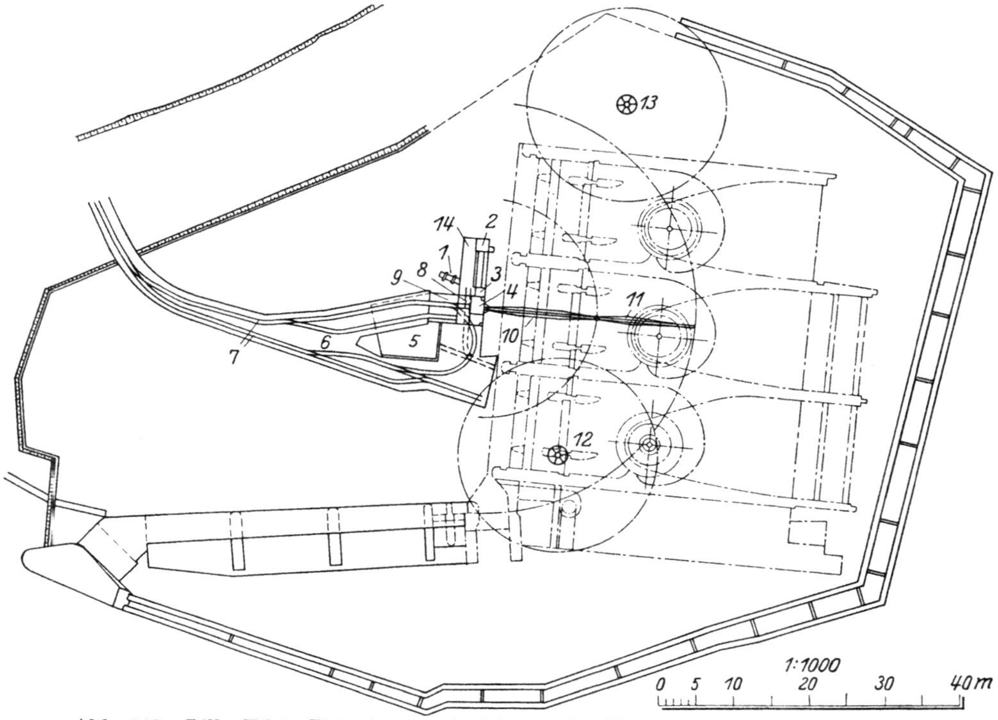

Abb. 949. Lilla Edet. Betonierungseinrichtung des Krafthauses. Grundriß. (Verw.)

1 Winde für Rinnenbewegung
2 Windenhaus
3 Motor
4 Aufzugsturm
5 Zementsilo
6 Brücke + 7,80
7 Gleis zum Schotter- und Sandlager
8 Taschen für Sand, Steinmehl, Kies, Schotter
9 Betonstation
10 Ausleger
11 Betonrinne
12, *13* Auslegerkran
14 Brücke — 3,0

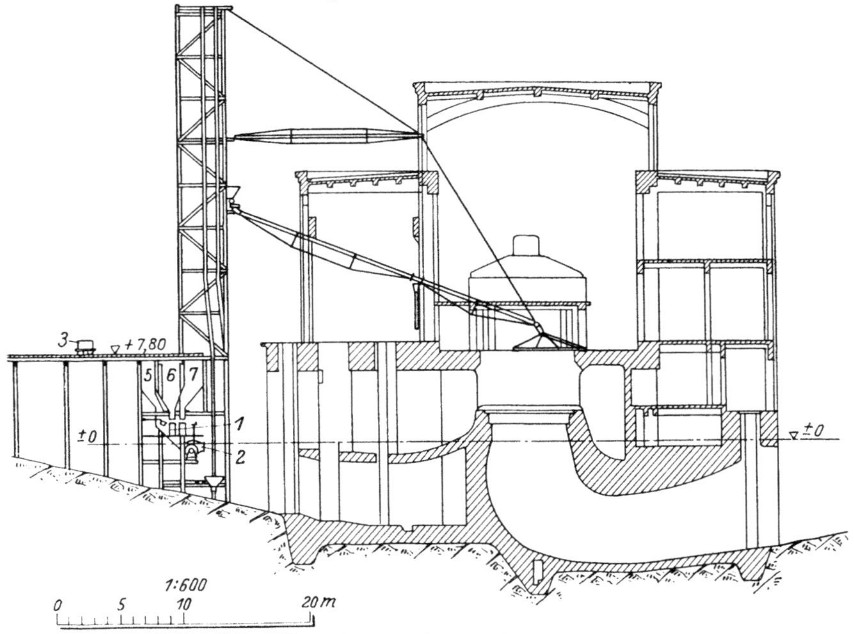

Abb. 949a. Lilla Edet. Betoniereinrichtung des Krafthauses. Aufriß. (Verw.)

1 Meßgefäß
2 Smith Mixer Nr. $2\frac{1}{2}$
3 Transportgleis
4 Zement
5 Grus
6 Schotter

Abb. 949—949 a. Lilla Edet. Betongießanordnung. (Verw.)

Boden des Maschinensaales, wo auch die reinen Temperaturdehnungen wegen der großen, mit dem Generatorenbetrieb verbundenen Wärmeschwankungen zu große Beanspruchungen hervorgerufen hätten. Man fand es daher für richtiger, hier auf eine Vereinigung der 3 Monolithe durch die erwähnten konstruktiven Maßnahmen zu verzichten und im Gegenteil frei wirksame gedichtete Dehnungsfugen anzuordnen. Ebenso wurden Dehnungsfugen in der Dachkonstruktion des Mittelschiffes angebracht. Den Erscheinungen des Schwindens und Quellens des Betons wurde große Aufmerksamkeit geschenkt und durch sorgfältige und reichliche Benetzung Rechnung getragen (diesbezügl. Forschungen vgl. Ende d. Abschn.). An dieser Stelle interessieren die Erfahrungen von Vattenfallstyrelsen mit Baugießfugen: Die hier besonders oft auftretenden Sickerungen führt Baudirektor Ekwall auf drei Gründe zurück: Schwindspannungen zwischen altem und neuem Beton — verschiedene Beschaffenheit der benachbarten Betonkörper (z. B. weil die Arbeiter an der zuerst herzustellenden und sichtbar werdenden Fugenfläche sich besondere Mühe geben, an den andern aber nicht,

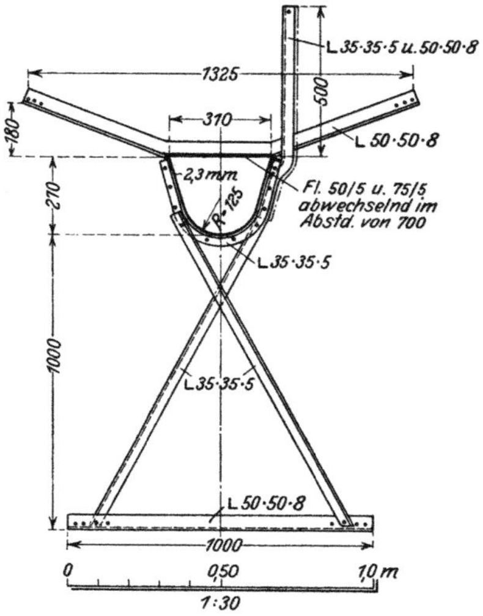

Abb. 950. Lilla Edet. Gießrinnenquerschnitt. (Verw.)

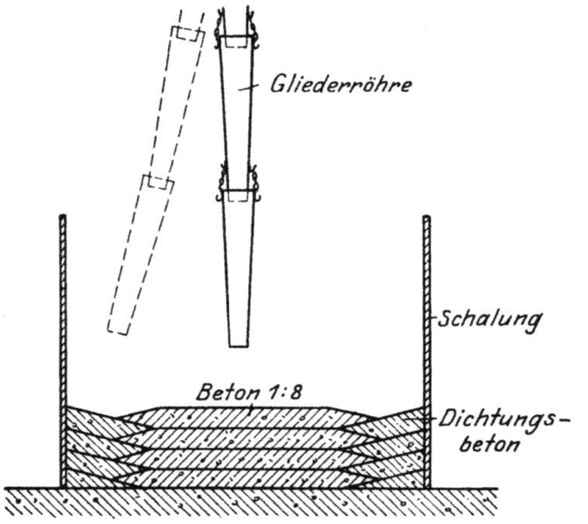

Abb. 951. Lilla Edet. Gießen von Dichtungsschichten mittels Kettenröhren. (Verw.)

oder weil ein „Fettsatz“ oder eingestreuter Zement angewandt wurde, was beides verwerflich ist) — Schwierigkeit guter Reinigung der zuerst hergestellten Fugenfläche. — Darum sollen nur planmäßig festgelegte Fugen zugelassen und besondere Bewehrungen und Verzahnungen angeordnet werden, um den Fugenteilen gleiche Stärke wie der übrigen Masse zu geben.

Bei sämtlichen Bauteilen, auch bei einem großen Teile jener, deren Wasserdichtigkeit von größter Bedeutung ist, hat man von der Anwendung nachträglich anzubringender Dichtungsschichten ähnlich wie bei den Spiralen von Forshuvudfors, vollständig abgesehen. Es wurde vielmehr einfach die zur Abdichtung dienende fettere Betonschicht zusammen mit der übrigen Masse gegossen, und zwar mit einer Anordnung, die eine gute Verbindung und einen gewissen Übergang zwischen dem fetten und mageren Beton mit Sicherheit gewährleistete. Gehobelte Schalung wurde reichlich angewandt. Nur kleinere, besonders stark mechanisch beanspruchte Flächen und Saugrohre wurden mit Klinkern verkleidet. Teile dem Wasser ausgesetzter Betonflächen wurden mit Spritzputz versehen und andere ganz ähnlich beanspruchte Flächen ohne jegliche Oberflächenbehandlung in Betrieb genommen. Man wollte damit nach einigen Jahren durch unmittelbaren Vergleich eine endgültige Klärung darüber erhalten, ob der Spritzputz tatsächlich ein Mehr an Dichtigkeit und Dauerhaftigkeit von Betonflächen im Vergleich mit einer unberührten Gußhaut gewährleistet. — Die Außenfassade des Gebäudes wurde mit einem Mörtel, der außer Portlandzement und Quetschsand: Steinmehl, Kalziumchlorid und Farbenzusätze enthielt, in üblicher Weise verputzt. Bemerkenswerterweise hat man in Lilla Edet die anfangs auch hier noch verwandte Dränierung hinter den wasserberührten Gründungsflächen in der Hauptsache weggelassen mit der Begründung, daß sie: 1. leicht durch Mörtel bei der Ausführung oder später durch Inkrustationen unwirksam werde oder: 2. bei ihrer

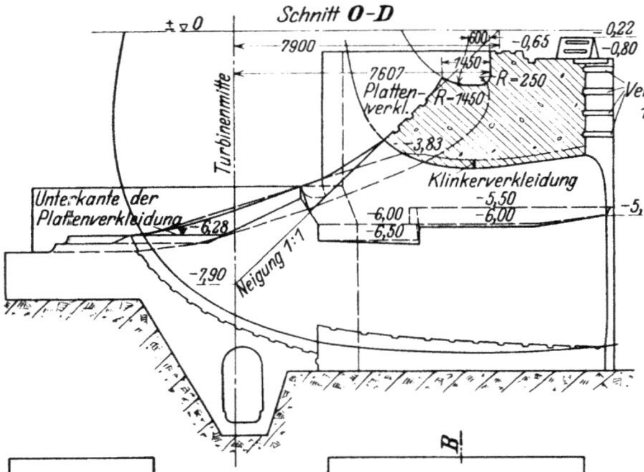

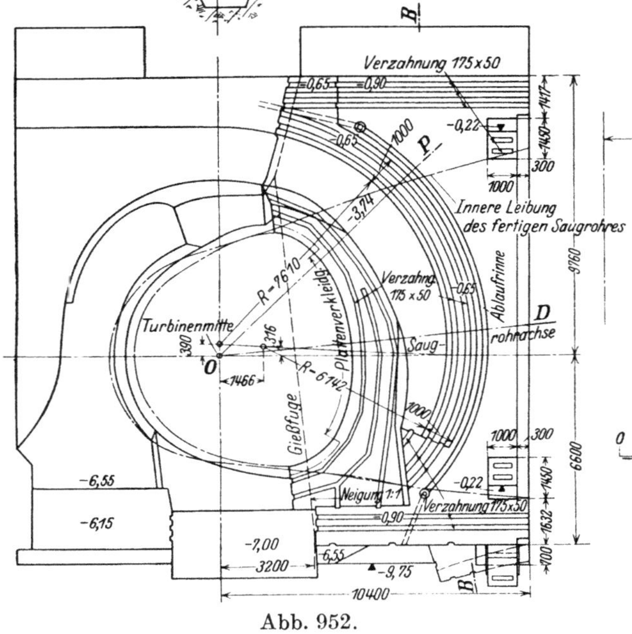

Abb. 952.

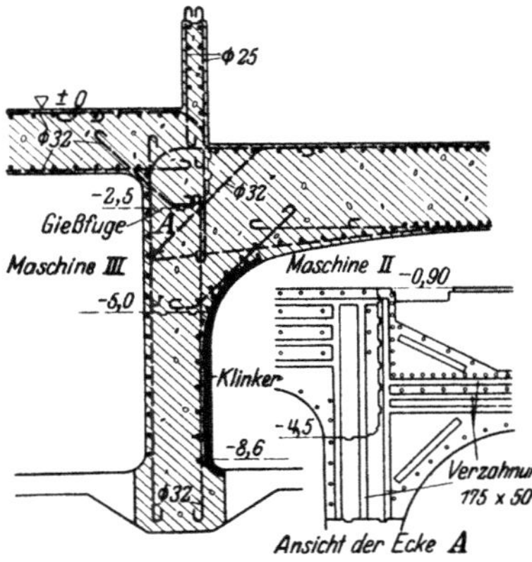

Abb. 953.

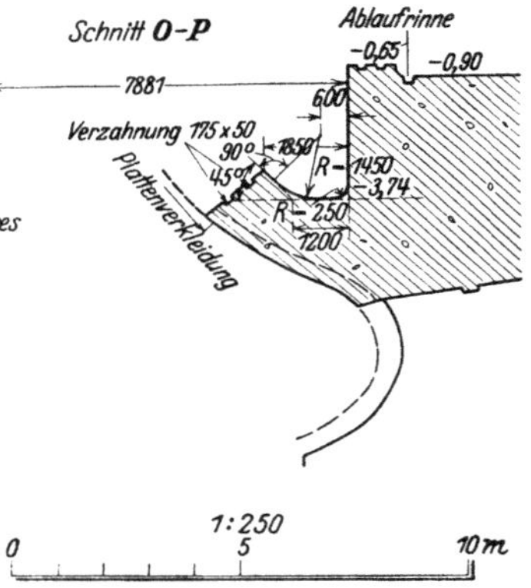

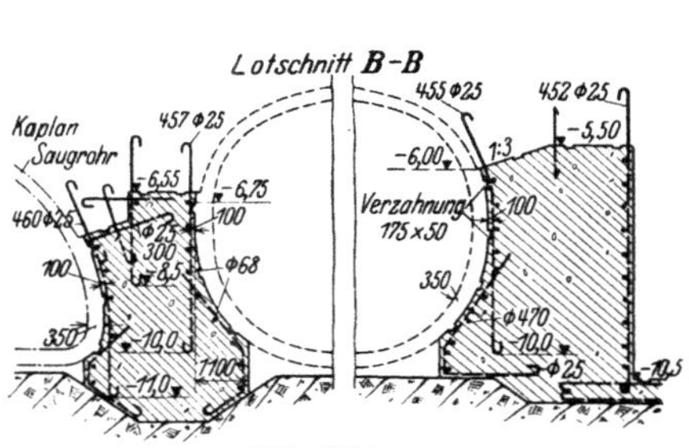

Abb. 952—954. Lilla Edet. Anordnung von Gießfugen und Bewehrung am Saugrohr III. (Verw.)

Abb. 954.

geringen Entfernung von der Außenfläche (meist 50 bis 60 cm) zu starker Durchströmung und Auslaugung der relativ dünnen Dichtungsschicht führen könne. (Diese für den vielgliedrigen und stark mit Eisen durchzogenen Kraftwerksbau wohl zutreffenden Erwägungen, dürften nicht ohne weiteres auf die einfache massive Staumauer zu übertragen sein. Verf.)

Von neuzeitlichen maschinellen Betoniermethoden wurde auch die Zementeinpressung im Norden schon vielfach angewandt (vgl. S. 557 ff. bei Staumauerausbesserungen). Besonders eigenartige Anwendung bei Lilla Edet: Bei den Gründungsarbeiten entstand die Aufgabe, eine zwischen zwei Gneisschichten eingelagerte, 5 bis 15 cm starke wasserführende Sandschicht abzudichten, um Setzungen des Ge-

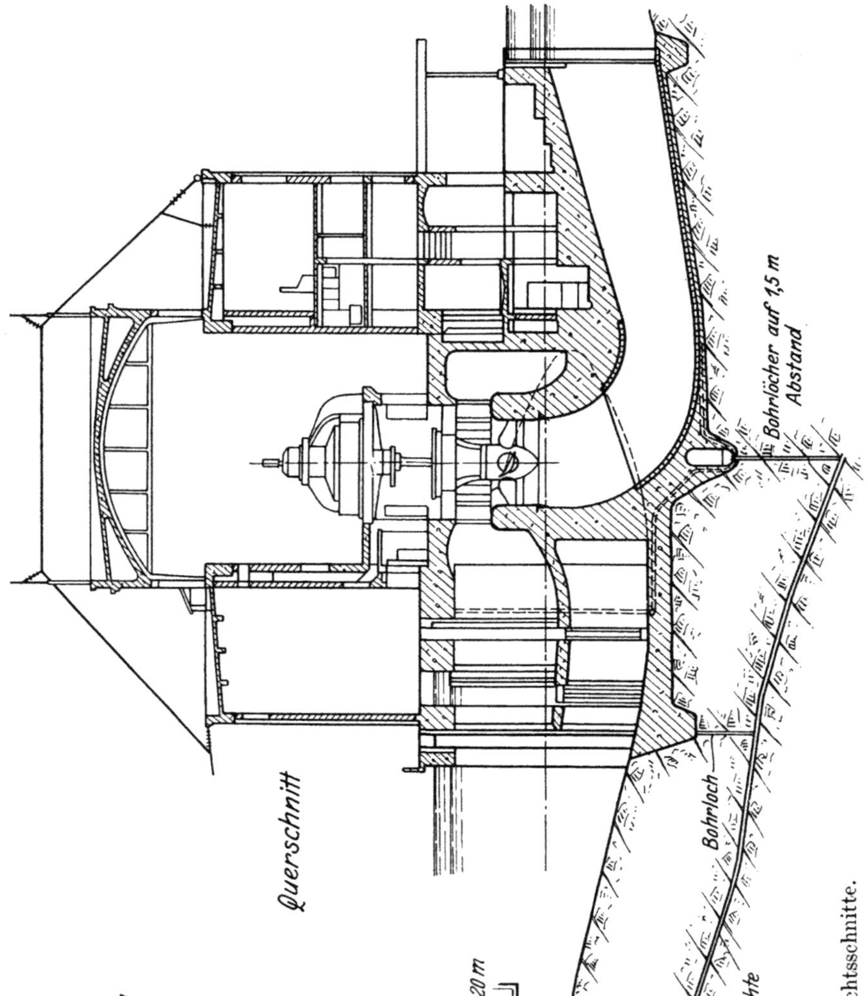

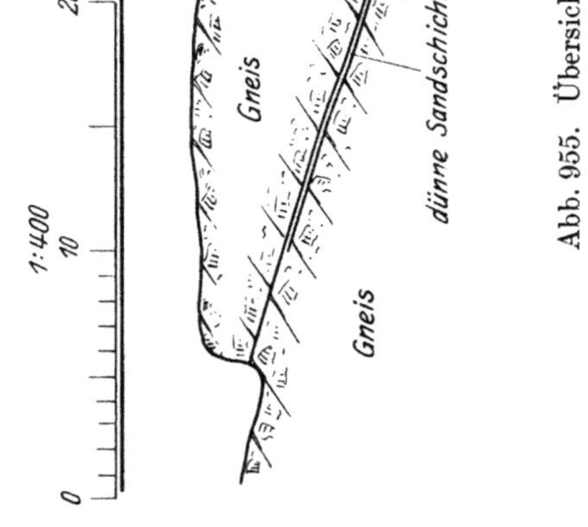

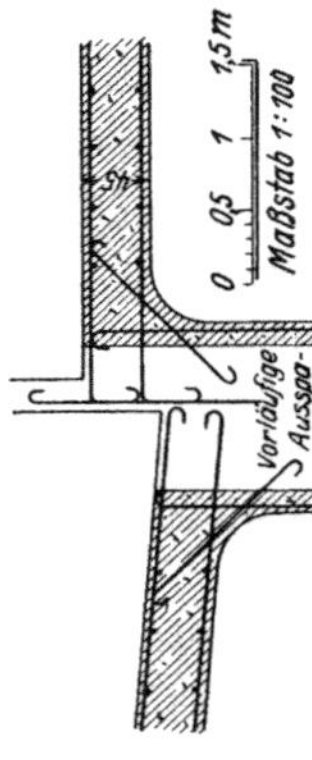

Abb. 954a. Forshuvudforsen. Vorläufige Fugenaussparung an der Turbinenkammer zur Verhütung von Schwindrissen. (Verw.)

Abb. 955. Übersichtsschnitte.

bäudeuntergrundes infolge Ausfließens der stellenweise in Anschnitt kommenden Sandschicht zu verhüten (Abb. 955, 956, 957). Zunächst wurden zwei Reihen Bohrlöcher (Lochabstand: 1,5 m) bis auf die Sandschicht niedergebracht (eine unter dem Einlaufteil der Anlage, die andere unter der Maschinenhausmitte). Hierauf wurde schrittweise, von einem Loch zum benachbarten unter jeweiligem Verschluß der übrigen mit Holzpfropfen, längs jeder Lochreihe ein schmaler Streifen der Sandschicht mit Preßluft ausgespült. In ähnlicher Weise wurde dann jeder Streifen mit Zementbrei (10 Rtl. Zement + 1 Rtl. Sand) ausgefüllt. Durch diese sinnreiche Anordnung wurde das bekannte Versagen der von einzelnen Punkten im Sand strahlenförmig ausgehenden Zementeinpressung vermieden. Eine Probeschürfung zeigte, daß nicht allein die erwähnten Streifen zuverlässig imprägniert wurden, sondern daß der Zementbrei von da aus auch in viele kleine Risse des Gneises eingedrungen ist. An einer Stelle (der tiefreichenden Pumpengrube) schnitt die Ausschachtung die wasserführende Sandschicht selbst an. Hier half man sich mit einer entsprechend abgeänderten kegelförmigen Anordnung der Bohrlöcher gemäß Abb. 958.

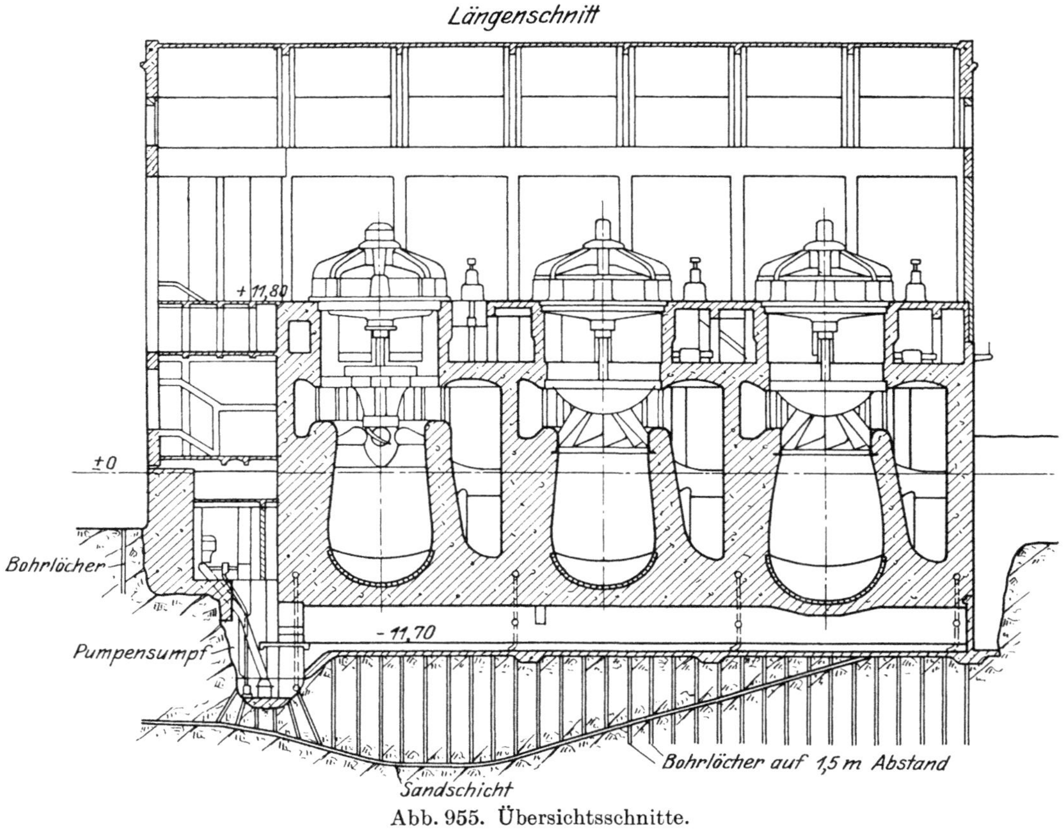

Abb. 955. Übersichtsschnitte.

Die verwendete amerikanische „Grouting"-Maschine wurde von Vattenfallstyrelsen auch bei anderen Wasserbauten — u. a. bei der Ausbesserung des Turbinenrohreinlaufes von Trollhättan — erfolgreich verwandt. In kleinerem Maßstab wurden auch in Norwegen Zementeinpressungen vorgenommen, z. B. zur Abdichtung von Auskleidungen oder Pfropfen im Druckstollen (Bremanger, Herlandsfossen).

Das Betonspritzen (Torkretieren) ist in Nordeuropa verhältnismäßig wenig zur Anwendung gekommen. Neben den Suorvatalsperren und der Eingewölbesperre bei Norrfors (S. 568) ist das Verfahren von Vattenfallstyrelsen hauptsächlich bei Kanalbauten benutzt worden. Von anderwärtigen Anwendungen sei die Torkretierung der Staumauer bei Bräkke und der Wehranlage in Norrköping hervorgehoben. Letztere Arbeit ist insofern bemerkenswert, als der Spritzputz hier in Stärke von 50 mm über einem im Mauerkörper gut verankerten Drahtnetz aufgebracht wurde. Diese

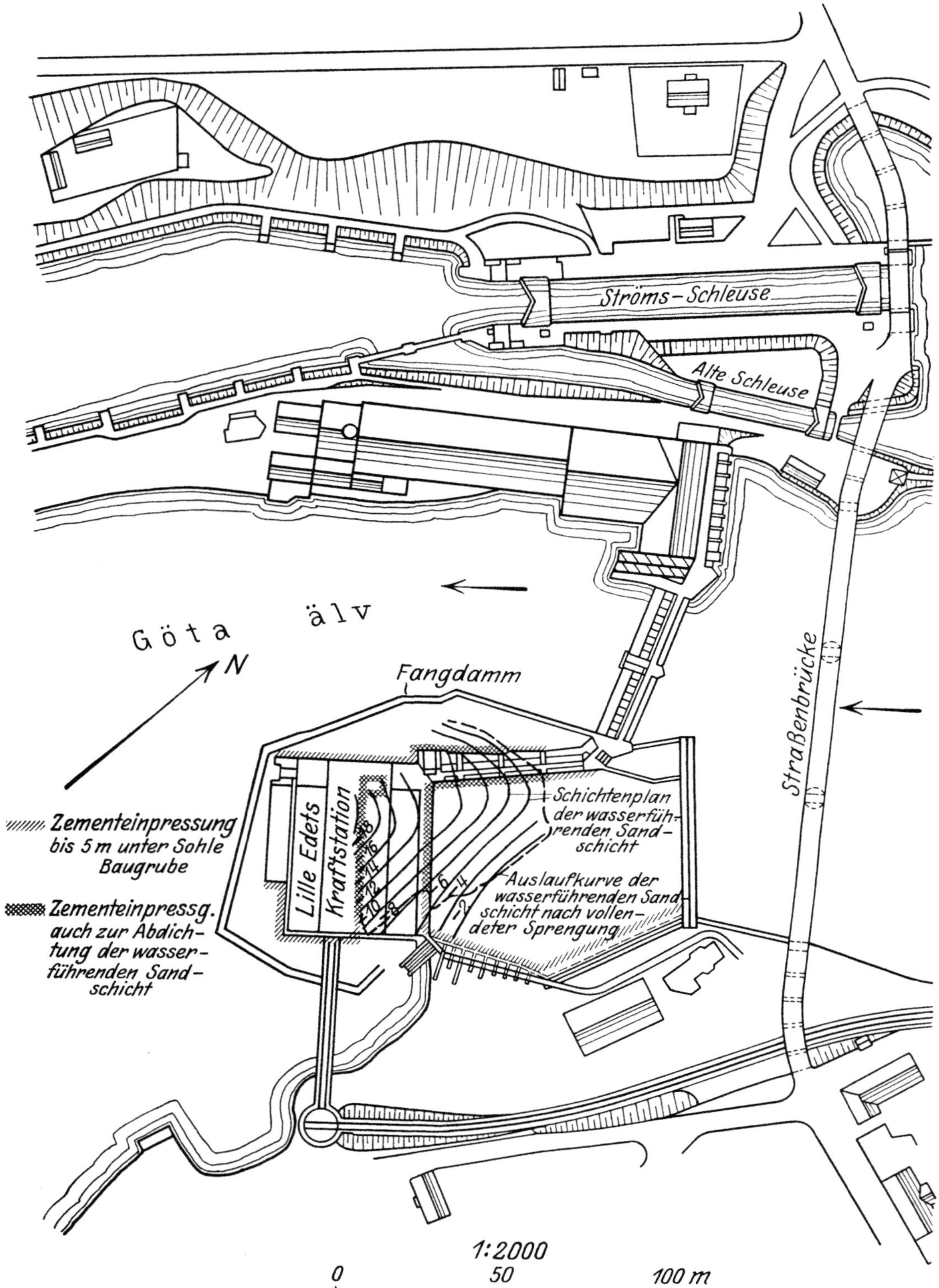

Abb. 956. Grundriß.

kostspielige Maßnahme wurde als nötig erachtet, weil bei dem Bau der Wehrmauer eine vollwertige Schottermischung nicht zur Verfügung stand, so daß die sonst beliebte Herstellung eines dichten Vorsatzbetons nicht möglich war.

6. Maßnahmen zur Erleichterung späterer Ausbauerweiterung.

Die Notwendigkeit, auf spätere Erweiterungsmöglichkeit der Anlagen (hinsichtlich Nutzwassermenge, Stauhöhe, Speichergröße) Rücksicht zu nehmen, liegt im Wasserkraftausbau allgemein häufig vor. Für west- und nordnorwegische Verhältnisse besonders bezeichnend sind die Möglichkeiten eines stufenweisen Ausbaues von Regulierungs- und Kraftanlagen durch Angliederung benachbarter Einzugsgebiete mittels Beileitungen. Auf den Fjällflächen mit ihren zahlreichen, oft annähernd gleich hoch liegenden Seen baut man entweder kurzerhand die Staumauer sogleich zu endgültiger Höhe aus und beschränkt die Erweiterungsarbeiten zur Nutzung einer größeren Wassermenge auf den Anschluß benachbarter Seen und Einzugsgebiete durch Stollen (Bjölvo in Westnorwegen, Hakavik in Südostnorwegen und, ein besonders eigentümliches Beispiel, Skarfjord in Nordnorwegen). In der Mehrzahl der Fälle ist aber auch im Norden bei der stufenweisen Erhöhung der Triebwassermengen eine entsprechende Erhöhung der für die Abflußregulierung dienenden Talsperren er-

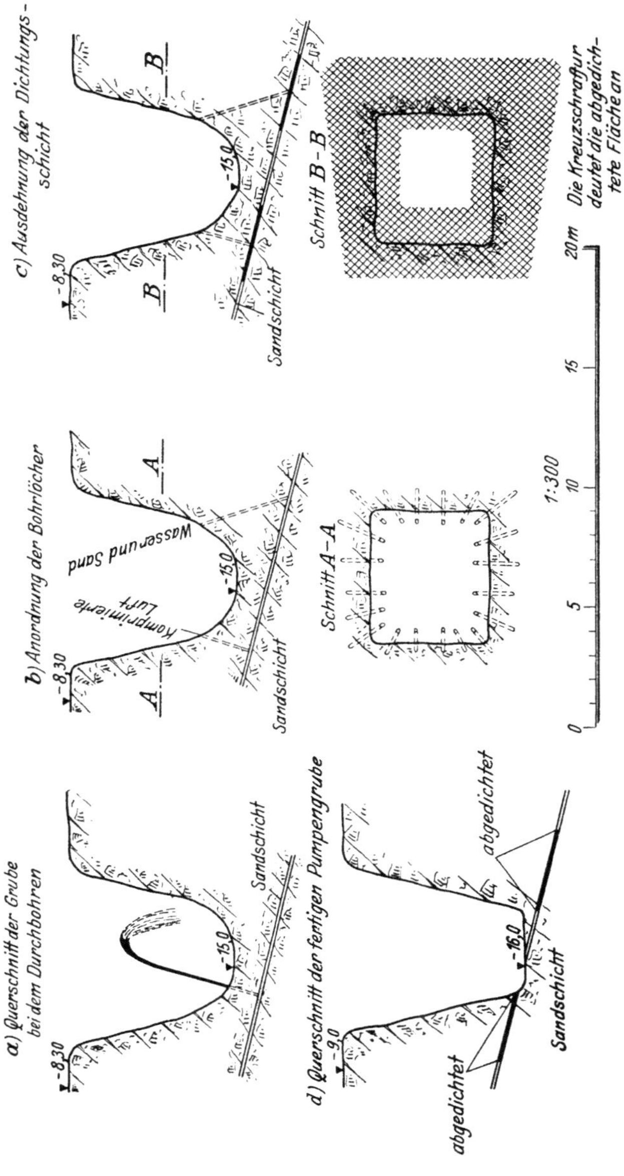

Abb. 958. Ausführung der unter die Lasse reichenden Pumpenschachtbaugrube

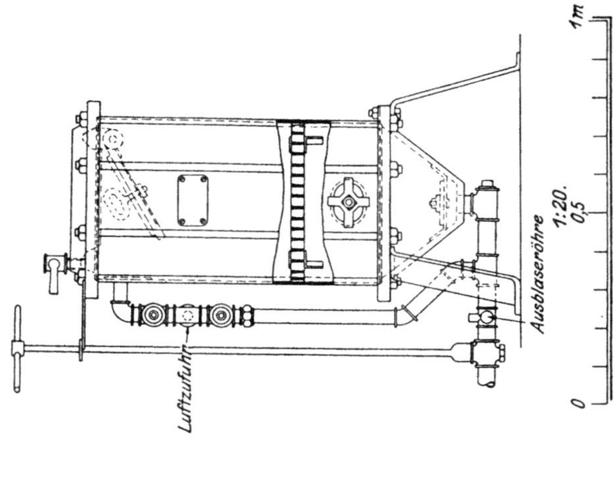

Abb. 957. Preßkessel.

Abb. 955—958. Lilla Edet. Zementeinpressung in die Sandlasse des Felsuntergrundes. (Verw.)

forderlich bzw. wirtschaftlich. Beispielsweise ist die Fiskevandsperre des städtischen E. W. Bergen, eine Schwergewichtsmauer aus großen, in Beton gebetteten Steinen, in drei aufeinanderfolgenden Etappen von je 1 bis 2 Jahren stufenweise hochgeführt worden. Um dabei trotz Enge der Baustelle und klimatisch eng begrenzter Bauzeit jeweils einen möglichst schnellen Hochstau zu erreichen, gab man dem Mauerquerschnitt jeweils nur die nach dem Mindestdreieck erforderliche Grundbreite. Die Verbindung der bei diesem Bauvorgang sich ergebenden einzelnen Lamellen hat man in etwas primitiver, aber bei der mäßigen Mauerhöhe wohl noch zulässiger Weise dadurch hergestellt, daß man einfach auf der Luftseite zahlreiche Einlagesteine herausstehen ließ, die dann bei der Fortsetzung der Arbeit in das neu vorgelegte Mauerwerk mit eingebunden wurden (Abb. 959, 960).

Als ein Gegenbeispiel seien die bei den Gewölbereihensperren von Suorva für deren spätere Erhöhung getroffene Maßnahmen erwähnt: der bereits erbaute Teil des Gewölbes ist von vornherein dem später zu erwartenden Wasserdruck entsprechend bemessen und zur Verbindung mit der später aufzusetzenden Erhöhung stehen in

Abb. 959—960. Fiskevandsperre. Bauausführung 1921. Überblick und Nahansicht der Luftseite. (Verf.)

Richtung der Gewölbeerzeugenden Eisen heraus, die zum Schutz gegen Rost mit Zementmilch bestrichen wurden. Die Pfeiler sind luftseits stufenförmig verzahnt, wobei die senkrechten Flächen der Stufen einen einspringenden Falz erhielten (Abb. 645—647).

Der häufige Fall, daß lediglich eine Vermehrung der Vollwassermenge ohne Stauerhöhung vorzusehen ist, hat im Norden sehr bemerkenswerte Lösungen gezeigt. Zunächst behalf man sich bei Staukraftwerken auch im Norden meist so, daß man die vorläufig nicht zu benutzenden Turbinenkammern im Fundament zwar fertig, aber im übrigen möglichst nur gerade so weit ausführte, daß der Ergänzungsbau später ohne größere Betriebsstörung auszuführen war.

So hat man beim staatlichen Motalawerk in Mittelschweden sich nicht damit begnügt, die Wasserbauten für die drei später aufzustellenden Maschinen in solchem Umfang fertigzustellen, daß sie mit Hilfe der Schützen den Wasserdruck aufnehmen können und somit vorläufig als Stauwehr wirken, sondern hat einen Teil jener Betonkonstruktionen, die hierfür zunächst gar nicht erforderlich sind, hauptsächlich Zylinderstauwände der Kammern, schon gleich ausgeführt. Hierfür war maßgebend, daß bei einer mehrjährigen Unterbrechung in der Betonierung dieser wichtigen Bauteile die einwandfreie Ausführung in Frage gestellt erschien. Wenn die Frist für die Ausbauerweiterung weiter gesteckt ist, so laufen die Zinsen für die unausgenutzten

Fundamentkosten unangenehm hoch auf. Daher hat man neuerdings immer mehr auf weitergehende Einschränkung der „unausgenutzten Vorbereitungskosten“ gesonnen. Verhältnismäßig einfach ist die Lösung bei einer Mitteldruckanlage vom Typ Vammafos, wo zunächst nur ein Teil des endgültigen Krafthauses, die Staumauer dagegen ganz mit Einschluß der Druckrohreinlässe und -krümmer schon im ersten Ausbau ausgeführt wurde (Abb. 501). Aber auch bei reinen Niederdruckkrafthäusern hat man neuerdings den Fundamentausbau zurückgestellt, z. B. bei Lilla Edet (S. 232), Högfors (S. 507). Man erstellt im ersten Ausbau gerne die am weitesten vom Lande abgelegenen Turbinenzellen zuerst und schließt die Lücke zwischen ihnen und dem Lande durch ein gegliedertes Stauwerk. Dieses richtet man womöglich so ein, daß es später den Kopf des Turbineneinlasses bildet und, vorläufig mit Dammbalken geschlossen, die spätere Ausführung der Turbinenfundamente erlaubt.

Bei neuesten schwedischen Kraftwerksausführungen ist man noch weiter gegangen und hat zum Schluß der Lücken provisorische Holzwände eingebaut. Dabei hat man ferner in das Ausbauprogramm außer der Erhöhung der Vollwassermenge auch den stufenweisen Ausbau der Stauhöhe einbezogen. Man ging dabei von der häufig zutreffenden Beobachtung aus, daß die Anlagekosten von Nieder- und Mitteldruckanlagen nach Überschreitung einer gewissen Mindesthöhe zunehmend und so stark wachsen, daß sie nur in Verbindung mit gleichzeitig hohem Ausbau der Wassermenge wirtschaftlich tragbar bleiben. Indem man mit der Durchführung dieser Leitsätze noch den weiteren verband: die beweglichen Wehrverschlüsse im ersten Ausbau in einer billigen Konstruktion auszuführen und später, bei der Stauerhöhung, erst gegen kostspieligere, dafür aber im Betrieb einfachere und in der Unterhaltung sparsamere auszuwechseln, erreicht man das bemerkenswerte Ergebnis, daß die Ausbaueinheitskosten (Kr/PS) im ersten Ausbau nicht höher ausfielen als im endgültigen[1].

Die Eigenart dieser Ausführungen rechtfertigt eine nähere Beschreibung:

Bei Krångfors (unterirdisches Kraftwerk mit Unterwasserschwallraum) waren ursprünglich 4 Ausbaustufen geplant (Abb. 77, 78):

1. Stau + 118,0. Einbau 1 Maschine, Lücke gegen Nordufer mit Holzwand geschlossen.
2. Stauerhöhung auf + 121,5 (= + 3,5 m), dauerhafter Einlaß der Gesamtanlage ausgebaut.
3. Durchführung von Seeregulierungen; Einbau der 2. Maschine; Schwallschacht im O. W. erweitert und 2. Stollen nördl. des ersten gebaut.
4. Stauerhöhung auf (endgültig) + 127,5 (= + 6,0 m); Einbau der 3. Maschine; Umbau der Laufräder der zwei ersten Maschinen auf die größere Fallhöhe; Auswechselung der Nadel- und Kleinschützenverschlüsse des Wehrs gegen Sektor- und Walzenverschlüsse.

Um die Ausführung der Ergänzungen möglichst einfach zu gestalten, wurden die festen Wehrteile in Ambursenbauweise entworfen. Die Erweiterung geschieht im Schutz von Nadeln ohne Betriebsunterbruch. Nur am Sektor ist ein besonderer Fangedamm nötig; während des Einbaues erfolgt die Wehrregulierung durch den Grundablaß (Abb. 74), der zu diesem Zweck mit elektromechanisch betätigter Segmentschütze versehen und durch Holzbelag gegen Ausschleifen geschützt ist. Der über den Grundablaß gelegte schwere Holzzwischenboden soll die Wasserbewegung im Innern des Wehrs dämpfen. Bei der Ausführung (Frühjahr 1926 begonnen) wurde wegen guten Fortschritts des Kraftabsatzes beschlossen, den ersten Ausbau zu überspringen und sofort zum zweiten überzugehen.

Bei Hammarfors (S. 133): stufenweiser Ausbau mit Stauerhöhung um 1,6 m. Wehrverschlüsse: 1 Sektor B = 35 m und 2 Öffnungen mit hebbaren Nadelschützen. Letztere bei Ausbau durch Großverschlüsse zu ersetzen. Kraftwerk zuerst für 2 Maschinen, später bis zu 5. Die ersten 2 Maschinenzellen werden durch provisorische Holzwand ans linke Ufer angeschlossen. Anbau der drei weiteren Maschinenzellen kann unschwer ohne Betriebsstörung erfolgen.

Bei beiden Anlagen wurde die Bauzeit (1. Ausbau) durch gute Organisation für europäische Verhältnisse ungewöhnlich stark verkürzt (auf wenig mehr als 2 Jahre).

Bei Umleitungskraftwerken ist der am meisten ins Gewicht fallende Teil der Ausbauerweiterung oft nicht anders als durch Neubau eines zweiten Kanals, weiterer Druckrohrstränge usw. zu lösen. Ein hervorragendes Beispiel dafür ist Troll-

[1] Verf. hat unabhängig von den erwähnten Vorgängen nach gleichen Grundsätzen und mit gleichem Erfolg 1927 sein Projekt einer Drauanlage für die Stadt Marburg (Maribor) gestaltet.

hättan, wo die erste Vergrößerung noch durch Erweiterung allein des Wasserschlosses bewerkstelligt werden konnte, während die zweite Vergrößerung die Anlage eines selbständigen zweiten Kanals und Untertunnelungsarbeiten am Wasserschloß erforderte (S. 230ff.). Ein anderes sehr großes Beispiel ist Rjukan I (S. 420).

7. Organisation der nordischen Bauwirtschaft.

Für die nordische Bauwirtschaft kennzeichnend ist das nach Zahl und Größe der Bauobjekte bedeutende Hervortreten des Regiebaues gegenüber dem Bau durch Unternehmer. Erst in den letzten 15 Jahren sind einzelne inländische Bauunternehmungen von mehr als rein örtlicher Bedeutung entstanden, deren Tätigkeitsgebiet indes hauptsächlich Wohn- und Industriebau und nur in geringerem Maße Kraftwerks- und Talsperrenbau ist. In Schweden sind die größten Bauunternehmungen Kreuger & Tollsbyggnads A. B., A. B. Skånska Cementgjuteriet, A. B. Contractor, Tekniska Byggnadsbyrån, Stockholm, A. B. Armerad Betong, Malmö; sie unterhalten meist auch Filialen in anderen Städten und in Norwegen und Finnland; Arcus A. B. pflegt als Spezialität den Massivbrückenbau. Von einheimischen Bauunternehmungen Norwegens ist A. S. Höyer Ellefsen, Oslo, von solchen Finnlands neben den Tochtergesellschaften der schwedischen Großunternehmungen: A. B. Constructor und A. B. Ingeniörbyrå Alfred A. Palmborg in Helsingfors zu nennen. Auch haben sich vereinzelt ausländische (namentlich deutsche) Großbauunternehmungen, meist anläßlich der Ausschreibung besonders schwieriger Spezialarbeiten (außerhalb des Wasserkraftgebietes) in nordischen Ländern betätigen können.

Nicht nur die staatlichen Verwaltungen aller drei nordischen Länder bevorzugen, gestützt auf einen großen, wohlorganisierten Stab beamteter Ingenieure, das Bauen in eigener Regie, sondern auch zahlreiche kommunale und z. T. große private Betriebe der Elektrizitätswirtschaft und der übrigen Industrien. Diese eigenartige Struktur der nordischen Bauwirtschaft entwickelte sich in enger Wechselwirkung mit der Entstehung eines Standes leistungsfähiger und z. T. zu größeren Firmen zusammengeschlossener beratender Ingenieure. Diese befassen sich nicht nur mit der Planung und Veranschlagung der baulichen und maschinellen Anlagen, sondern auch in großem Maßstab mit der Leitung der Bauausführung.

Die bedeutendste dieser Ingenieurfirmen (mit einem technischen Personalbestand von zeitweilig über 50) ist Vattenbyggnadsbyrån A. B. in Stockholm (S. 52), die Gründung von Professor Richert und Sven Lübek; sie arbeitet häufig Hand in Hand mit dem vorwiegend den konstruktiven Ingenieurhochbau pflegenden Byggnadskonstruktionsbyrån (gegründet von Professor Forssel). Mit Ausnahme der staatlichen Anlagen sind die Wasserkraftbauten Schwedens überwiegend vom Vattenbyggnadsbyran geschaffen worden, das mit seiner streng wissenschaftlichen, dabei von Überlieferungsgebundenheit freien Arbeitsweise sich neben der staatlichen Wasserkraft-Baudirektion in richtunggebender Weise um die Entwicklung der Konstruktion und Bauausführung der nordischen Wasserbauten verdient gemacht hat. Daneben sind aber auch verschiedene andere beratende Ingenieure mit selbständigen und achtunggebietenden Leistungen auf dem Gebiete des schwedischen Wasserbaues hervorgetreten: Ing. Samuelson, Nyköping; Ziv.-Ing. Insulander, Stockholm u. a.[1]

Die große Entwicklung der Wasserkraftwirtschaft in Norwegen hat auch dort in den letzten 20 Jahren einige beratende Ingenieurfirmen mit bedeutenden Arbeiten hervortreten lassen: „Norsk Vandbygningskontor“ (Inhaber: Ziv.-Ing. R. Lie) (früher längere Zeit mit dem elektrotechnischen Büro von Eivind Hanssen zur Firma „Förenede Ingenieurkontorer“ zusammengeschlossen und nun mit diesem

[1] Vgl. Jubiläumsschrift von Svenska Consulterande Ingenjörers Förening 1910/20.

Büro oder demjenigen von Ing. Nissen und von Krogh fallweise zusammenarbeitend). Ziv.-Ing. Gröner, Oslo, und die Ingenieure Gröndal und Kjörholt, Trondhjem, ferner Professor Heggstad, Trondhjem, sind namentlich auf dem Gebiet des Talsperrenbaues hervorgetreten. Ingenieur Knick (Vandbyggningskontor), Oslo, und Ingenieur Bonde-Bergen haben sich gleichfalls im Wasserbau betätigt.

In Finnland wurden noch bis vor kurzem große Regiebauten in der Weise durchgeführt, daß die Bauherrin einen Ingenieur zu diesem Zweck vorübergehend anstellte. Auch betätigte sich hier wie in Norwegen das schwedische Vattenbyggnadsbyrån lebhaft. Doch haben sich auch in Finnland zuletzt einige selbständige beratende Ingenieurfirmen für Wasserkraftbau entwickelt, so: „Consulting" (Ingenieur Sjögren u. a.) und Ingenieurbüro A. B. Axel Juselius, Helsingfors.

Unterlagen:

Briefl. Mitt. von Tafjord Kraftselskap, Aalesund. — „Flygleden Porjus-Suorva" (amtl. Veröff. von Vattenfallstyr). — Briefl. Mitt. und Bilder vom Ing.-Büro Gröndal und Kjörholt, Trondhjem. — „Landveiestransport av Tunge Kolli", Trondhjems Elektrisitetsverks Transporter med Gigantvogn" von Rode (Meddelelser fra Veidirektoren, April 1926). — „Eine bemerkenswerte Seilspannvorrichtung", von Ramge, Die Bautechnik, H. 43, Oktober 1926. — „Forshuvudforsens Kraftverk" von M. Serrander und G. Berg Svenska Vattenkraftföreningens Publikationer 152. — „Betongens Krympning och Svällning" von Royen, 1924. — „Kort Beskrivning av Betongarbetanans Utförande vid Lilla Edet Kraftverksbyggnad" von G. Westerberg, 1926. — „Cementinpressningsmetoden vid Statens Vattenfallverks Byggnadsföretag" von G. Westerberg, 1926. — Nr. 3, 7, 8 der Serie B der Tekniska Meddelanden von Vattenfallstyrelsen, Stockholm. — Briefl. Mitt. von Ziv.-Ing. Bensow, Chefingenieur von Holmens Bruk und Torkretgesellschaft m. b. H. Berlin. — „Dammbyggnader vid Frykfors" von Vattenbyggnadsbyrån. — „Construction of Dams at the Norrfors Power Plant in Sweden" von Sundblad und Plass (Weltkraftkonferenz Basel, H. 29). — „Fangdammsbyggnad for Kraftstationen vid Lilla Edet" von Westerberg (Tekn. Tidskr. V. o. V., 23. Juni 1923).

32. Abschnitt. Die Fernleitungsbauten.

Im nachstehenden wird, dem allgemeinen Charakter d. B. entsprechend, der nordische Fernleitungsbau vorwiegend vom Standpunkt des Bauingenieurs, also des Mastkonstrukteurs, aus behandelt.

Von allen nordischen Kraftunternehmungen hat das bedeutendste Leitungsnetz sowohl nach der Gesamtlänge als auch nach der Höhe der Übertragungsspannungen die schwedische staatliche Wasserkraftverwaltung[1]. Die Abb. 961—967 geben typische Bilder der im Lauf der Zeit entstandenen Mastbauten der staatlichen Netze. Bemerkenswert ist die Verwendung von Holzmasten noch bei so bedeutenden Spannungen wie 40, 50 und 70 kV (Abb. 420). Dabei sind aber die Holzmasten meist nicht in den Boden eingelassen, sondern — wie eiserne — auf Betonklötzen frei (gelenkartig) gelagert. Bemerkenswert auch die 50-kV-Leitung Trollhättan—Göteborg mit ihren eigenartigen eisernen Masten, 1909 erbaut und 1917—1921 auf die dargestellte Form umgeändert.

Die Notwendigkeit des Baues einer weiteren Leitung Trollhättan—Göteborg hat die Verwaltung 1915 veranlaßt, umfangreiche Untersuchungen einzuleiten über eine möglichst wirtschaftliche und betriebssichere Bauweise von Hochspannungsleitungen überhaupt und insbesondere für die genannte Linie. Mit den Untersuchungen wurden außenstehende Sachverständige betraut: der inzwischen verstorbene Prof. Gullander, Prof. Kreüger und Civ.-Ing. Velander. Ihnen wurde das Erfahrungsmaterial der Verwaltung und anderer bestehender Eltwerke zugänglich gemacht. Die Ergebnisse der umfangreichen Arbeit sind einerseits 9 selbständige Abhandlungen, teils Versuchsberichte, teils theoretische Entwicklungen über Fragen des Fernleitungsbaues. Die Forschungen sind z. T. ganz, z. T. aber nur vorläufig abgeschlossen. In

[1] Vgl. hierzu auch das im Abschn. Stromverbrauch und Stromfortleitung des I. Buchteiles über die Rolle der staatlichen Hochspannungsleitungen Gesagte.

Abb. 961. Tragmast der 70-kV-Leitung Älvkarleby—Västerås. (Verw.)

Abb. 962. Tragmast der 132-kV-Linie Trollhättan—Alingsås. (Verw.)

Abb. 963. Abspannmast der 132-kV-Linie Trollhättan—Alingsås. (Verw.)

Abb. 964. Tragmast der 40-kV-Linie Alvkarleby—Hedemore für $2 \times 35 + 2 \times 70$ mm² Cu, Erdseil 35 mm² Fe, norm. Spannweite 150 m. (Verw.)

Abb. 965. Abspannmast (nach Umbau auf Hängeisolatoren 50-kV-Linie Alingsås — Sjörmarken; $2 \times 3 \times 35$ mm² Cu, Erdseil 26 mm² Fe, norm. Spannw. 150 m). (Verw.)

Verbindung damit wurden Normen für die Berechnung und Konstruktion der neuen Hochspannungslinie Trollhättan—Göteborg mit allen Einzelheiten ausgearbeitet. Eine Aufstellung allgemeiner Normen für Hochspannungsleitungen wurde von den Sachverständigen als unmöglich bezeichnet, so lange die erwähnten grundlegenden Forschungsarbeiten noch nicht abgeschlossen sind; hauptsächlich ist die Frage des Winddrucks noch weit davon entfernt, für das ganze Land endgültig geklärt zu sein.

Abb. 966. Betonmast neuer Bauart mit Betonquerträgern, 220-kV-Linie Trollhättan—Västerås (vorl. nur mit 132 kV im Betrieb).

Von der wertvollen in den Abhandlungen niedergelegten Forscherarbeit seien nur einige Hauptgesichtspunkte hervorgehoben: Auf Grund eingehender Prüfung aller Fälle von Störungen an den damals bestehenden Leitungen kamen die Gutachter zu dem Ergebnis, daß die Brüche meistens nicht ohne weiteres durch die gleichzeitige Einwirkung von Windlast und Rauhreif veranlaßt wurden, sondern meist dadurch, daß Rauhreif (oder durch angefrorenen Schnee vermehrter Rauhreif) allein oder zusammen mit der Windwirkung Seilberührungen innerhalb einer und derselben Leitung verursachen, und damit Lichtbogenbildung und größere örtliche Schädigung

Abb. 967. Spezialmast für Unterfahrung der Älvkarlebyleitung bei Alt-Upsala durch die Linie Untra—Stockholm.

des Leitungsseiles herbeiführen. Nach dieser Schwächung kann dann der Wind allein, oder Rauhreiflast allein, den Bruch des Seils veranlassen. Hinsichtlich der Entstehung dieser Seilberührungen wurde nachgewiesen, daß sie nur in geringem Umfang durch Schwingungen und sonstige dynamische Erscheinungen, vielmehr ganz überwiegend einfach statisch zu erklären sind: sehr häufig haben die beiden Seile nicht die gleiche Eislast zu tragen, was besonders beim Abbröckeln des Eises bei einsetzendem Tauwetter eintritt.

Für die Berechnung der Mindestentfernung der Seilaufhängungspunkte wurden danach unter Annahme einer Seiltemperatur von -1^{0} nur bestimmte Unterschiede in der Stärke der Reifkruste und der Höhe des Winddruckes zugrunde gelegt und so die Aufgabe auf eine rein statische zurückgeführt. Bei der Lösung wurde auch noch berücksichtigt, daß der Elastizitätsmodul eines Leitungsseiles nur bis etwa 2000 kg/mm² als konstant angesehen werden kann und sich weiter nach einer Kurve ändert (Abb. 968). Der größte in Verbindung mit ungünstigsten Reifverhältnissen zu berücksichtigende Winddruck auf die vereiste Leitung wurde zu 37,5 kg/m² festgelegt (für die vereisten Gittermaste wurden 62,5 kg/m² gerechnet — die langgestreckte Leitung wird durch örtliche Windstöße im ganzen weniger beansprucht als der Mast!). Es wurde vorgeschlagen, die auf solcher Grundlage errechneten Mindestentfernungen der Seilaufhängungen um bestimmte Maße zu erhöhen, je nach der Größe der zu gewärtigenden zusätzlichen dynamischen Ausschwingungen und der Möglichkeit der Entstehung von Überschlägen ohne unmittelbare Berührung. Zur Beurteilung der oben erwähnten niedrigen Winddruckzahl (37,5 kg/m²) ist noch zu bemerken, daß nachweislich bei den bisher erbauten Hochspannungsleitungen im allgemeinen die Seilbefestigungen so ungünstig angeordnet wurden, daß schon bei 10 bis 20 kg/m² Winddruck ein Zusammenschlagen der Seile möglich ist.

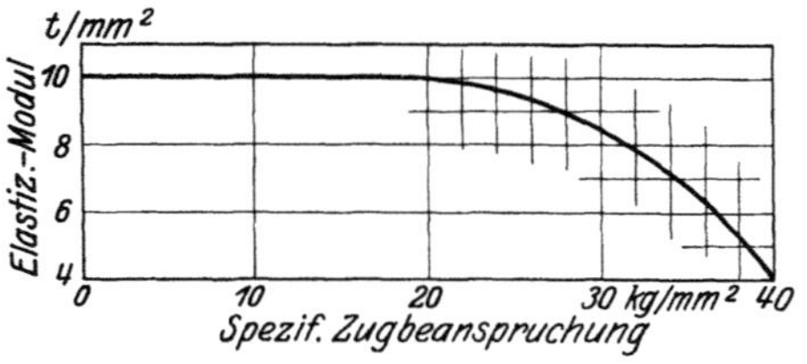

Abb. 968. Elastizitätsmodul von Kupferleitungsseilen als Funktion der Zugspannung. (Verw.)

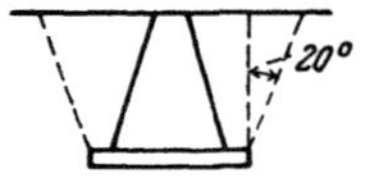

Abb. 969. Wirksame Erdauflast an den Füßen von Vierkant-Turmmasten nach Versuchen des Sachverst.-Ausschusses. (Vattenfallstyr.)

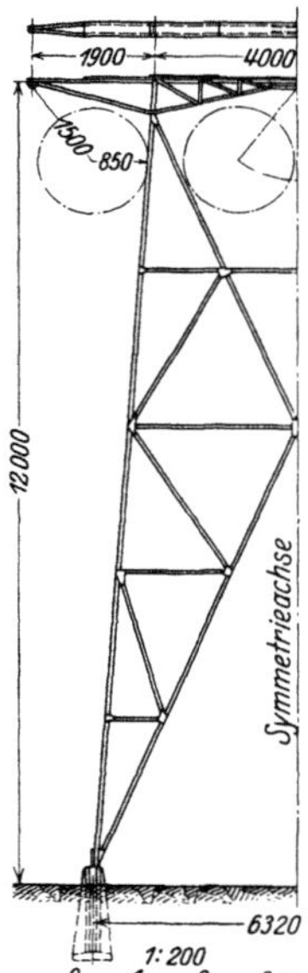

Abb. 970. Tragmast für 3 × 70 mm² Cu-Seil und 2 × 28 mm² Verspannungsseile, 225 m größte Spannweite. (Verw.)

Im Anschluß an diese Feststellungen haben die Sachverständigen auch Vorschläge gemacht, um die Betriebssicherheit bestehender Leitungen mit ungenügenden Abständen der Seilbefestigungen zu erhöhen: einzelne zweckmäßig ausgewählte Seile einer Leitung sollen nachträglich stärker gespannt werden. Eine andere Untersuchung der Sachverständigen hat nämlich bewiesen, daß die Mehrbeanspruchung, die hierdurch in die Seile kommt, nicht gefährlich ist, da die Fernleitungsseile bei Belastung über die Elastizitätsgrenze hinaus eine bedeutende Verfestigung erfahren, so daß die größeren Spannungen ohne nennenswerte Gefahr in Kauf genommen werden dürfen. (Inwieweit der bemerkenswerte Vorschlag in die Praxis umgesetzt und bewährt ist, konnte nicht festgestellt werden.)

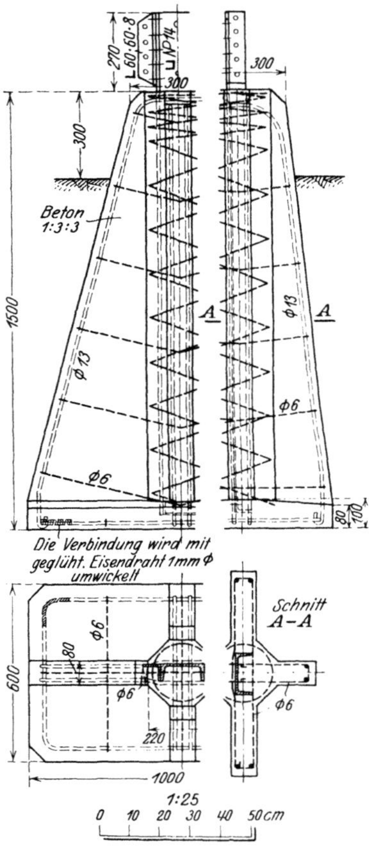

Abb. 971. Norm für Mastfundament der neuen Trollhättan—Göteborg-Leitung (Verw.)

Auf Grund der zuletzt erwähnten Forscherarbeit sind als gewöhnlich zulässige

Spannung für Kupferseile 15—17 kg/mm² und für ausnahmsweise ganz ungünstige Belastungsfälle 32 kg/mm² vorgeschlagen.

Umfangreiche, überwiegend theoretische, aber teilweise auch experimentelle Forscherarbeiten der Sachverständigen über die Festigkeits- und Elastizitätsverhältnisse der Eisenmaste können hier nur erwähnt werden. Dagegen sei kurz das Ergebnis der bemerkenswerten Versuche skizziert, welche die Grundlagen für Anordnung und Berechnung der Mastfundamente geliefert haben. Die Versuche ergaben, daß für Mastsockel mit einem Absatz (Abb. 969) die nützliche Erdauflast unter Zugrundelegung eines Böschungswinkels von 20⁰ zum Lot gerechnet werden kann, vorausgesetzt, daß das Füllmaterial nicht feiner Sand oder loser Lehm ist; andere Füllmaterialien sind zulässig, doch bietet Steinbeigung einen Überschuß an Sicherheit gegenüber den übrigen. Abb. 970, 971 geben die von den Sachverständigen ausgearbeiteten Normen für die Trollhättan—Göteborgleitung wieder.

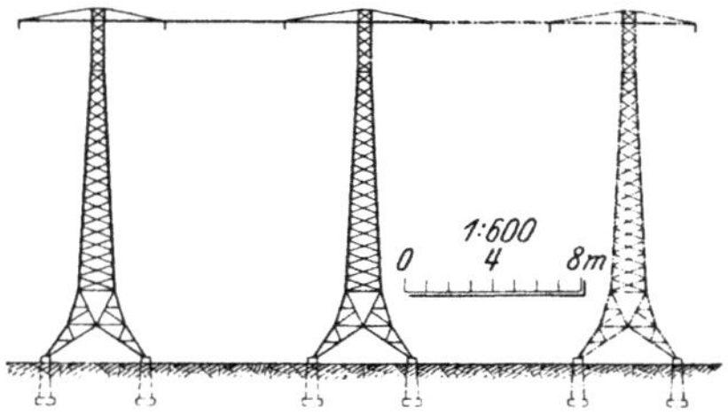

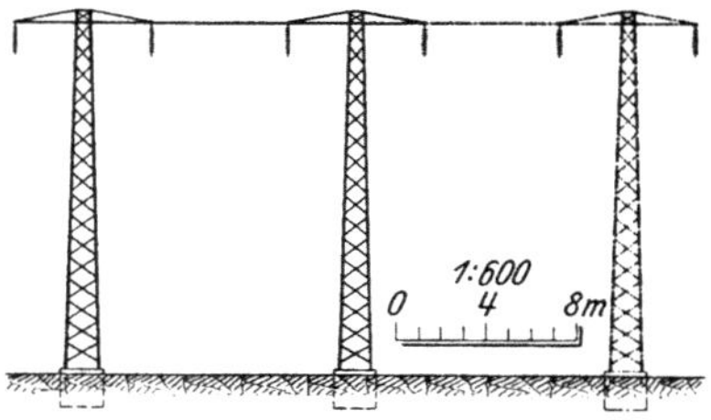

Ein Teil der allgemeinen Ergebnisse dieser Untersuchungen konnte noch für die 1918—1921 geplante und ausgeführte staatliche Höchstspannungsleitung Trollhättan – Västeråsnutzbar gemacht werden. Diese sogenannte westliche Stammleitung ist für die Spannung 120 bis 130 kV erbaut. Der Querschnitt eines jeden Seils ist vorläufig 100 mm² Kupfer von Trollhättan bis Hallsberg und 70 mm² von Hallsberg bis Västerås; die Maste sind indes gleich für den später aufzulegenden Querschnitt von 300 mm² Kupfer bemessen. Später, nach Ausbau des Indalsälv, soll nämlich die Übertragungsspannung auf 220 kV erhöht werden. Die Maste sind überwiegend in eiserner Gitterkonstruktion (Abb. 972) ausgeführt; für einen Teil wurden indes Schleuderbetonmaste angewandt (Abb. 973). Zunächst wurden nur 4 Seile angeordnet und ein zweiter Ausbau durch Verlegung weiterer Seile vorgesehen. (Alle drei Umspannwerke sind als Freiluftanlagen ausgeführt.)

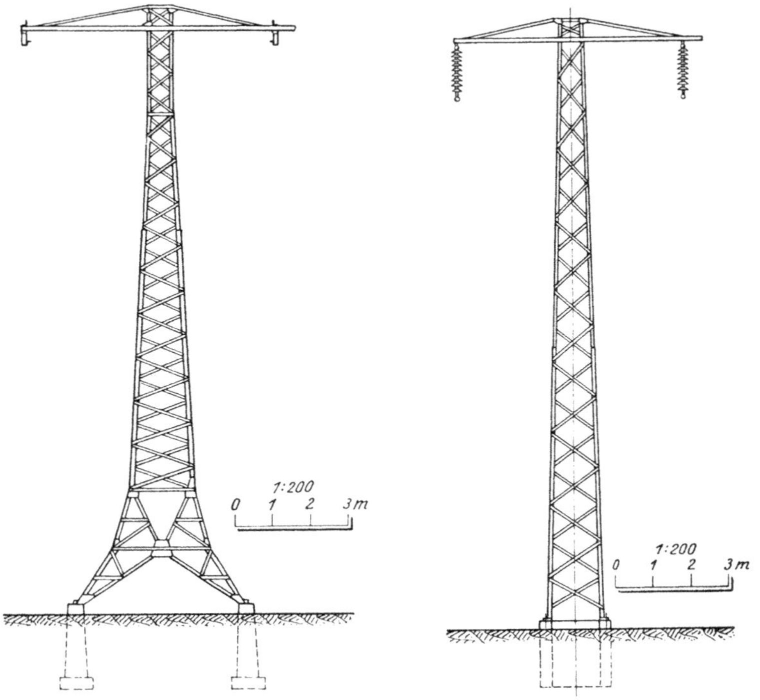

Abb. 972. Normaler Trag- und Abspannmast der staatlichen Höchstspannungsleitung Trollhättan—Västerås. (Verw.)

Eine andere bemerkenswerte Hochspannungsleitung ist die 100-kV-Leitung Untra-Värtan des städtischen E.W. Stockholm, zur Zeit ihrer Erbauung (1915/18) die mit der höchsten Spannung betriebene Fernleitung Nordeuropas. Die 132,6 km lange Leitung besitzt sechs 7drähtige hartgezogene Kupferseile zu 50 mm² an Hängeisolatoren. Über den 6 Kupferseilen sind zwei 7drähtige Stahlseile von 50 mm² zum Schutz gegen atmosphärische Entladungen und als Erdleitung angeordnet. Die mittlere Spannweite ist 180 m, die größte 300 m. Die Leitung liegt durchweg auf Eisenmasten (Abb. 975, 976) und enthält u. a. eine 300 m weit gespannte Schiffahrtsöffnung mit 30 m Mindesthöhe bei der Kreuzung des Stocksunds, ferner eine Kreuzung mit der staatlichen Älvkarleby-Leitung (Abb. 967).

Eigenartig waren die Verhältnisse, unter denen die Verlegung ausgeführt wurde. Die Stadt hatte 1917 eine provisorische Leitung von Stockholm-Värtan nach Hagby (16 km nördlich von Stockholm) gebaut, so daß von der staatlichen 70-kV-Leitung Strom bezogen werden konnte. Ein Teil der Masten dieser Leitung war vom endgültigen Modell der Untraleitung, für einen Teil mußten aber provisorische Holzmasten genommen werden. Diese wurden dann bei der Aufstellung der Eisenmasten als Montagegerüst benutzt. Beispielsweise wurde bei der Aufstellung der erwähnten hohen Masten der Stocksundkreuzung die unter Strom befindliche Leitung vorübergehend auf halber Höhe der provisorischen Masten angebracht;

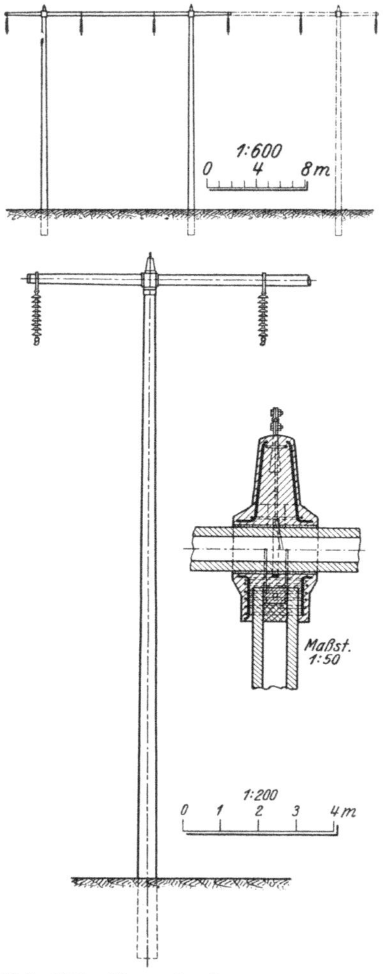

Abb. 973. Normaler Schleuderbeton-Tragmast der staatlichen Höchstspannungsleitung Trollhättan—Västerås. (Verw.)

Abb. 974. Skogaby. Bahnkreuzung bei Knäred (im Hintergrund: ältere Bauart, im Vordergrund: neuere Bauart). (Verw.)

an anderen Stellen wurden die Leitungen für die Bauzeit auf eigens aufgestellte provisorische Masten verlegt. Natürlich mußten besondere Vorsichtsmaßregeln getroffen werden, um Überschläge zwischen der 70-kV-Leitung und den im Bau befindlichen Eisenmasten zu verhüten.

Während am Stocksund die Überführung mit 300 m Spannweite einfach durch Verwendung besonders hoher Masten bewerkstelligt ist, führte bei der Angermanälvkreuzung der Leitung Graninge—Svanö die mit Rücksicht auf große Dampfer und Segelschiffe geforderte bedeutende Lichthöhe von 40 m und freie Stützweite von 330 m zur Anordnung einer Kabelaufhängung (Abb. 977). Jeder Stützmast trägt zwei große Seilscheiben; auf diesen ruhen einzöllige Stahlkabel, die, unter Einschaltung federnder Zwischenstücke im Fels verankert, die Aufgabe haben, den größten Teil der durch Temperaturwechsel und Winddruck verursachten Änderungen des Durchhanges auszugleichen. An den Kabeln hängen in Abständen von 47 m Winkeleisen-

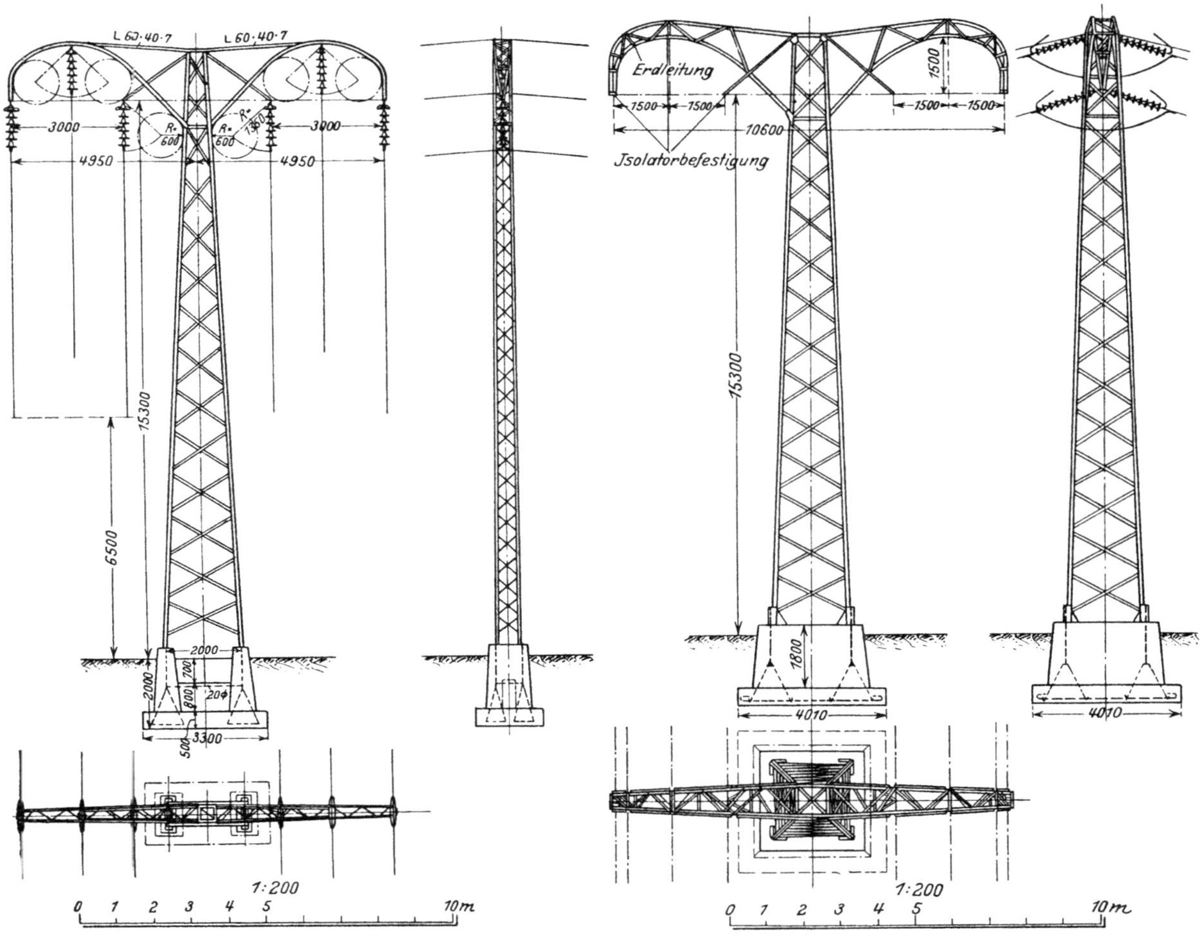

Abb. 975—976. Normaler Trag- und Winkelmast der 100-kV-Leitung Untra—Stockholm. (Laurell.)

rahmen, auf denen die Isolatoren für die stromführenden Kupferseile befestigt sind. Einzelheiten der Aufstellung der bemerkenswerten Aufhängekonstruktion sind in der Studie von Malm (s. Unterlagen) nachzulesen.

Auch in Norwegen entwickelten die Ingenieure beim Ausbau der zahlreichen Fernleitungen (hauptsächlich kommunaler Anlagen) beachtenswerte eigene Lösungen. So hat Buskerud Fylke neben sorgfältig wirtschaftlich durchkonstruierten Gittermasten (Weitspannsystem mit Spannweiten bis zu 320 m) versuchsweise (1923) auf seiner Hönefossanschlußleitung einen eisernen, sehr leichten und billigen dünnwandigen Rohrmast verwendet, der nach Aufstellung ganz mit Beton ausgegossen wurde. Die Bruchlast wurde dadurch um 30—40% erhöht, da die Betonfüllung das Ausknicken der Wand verhindert. Diese Masten tragen 3×25 mm² Cu-Draht; durchschnittliche

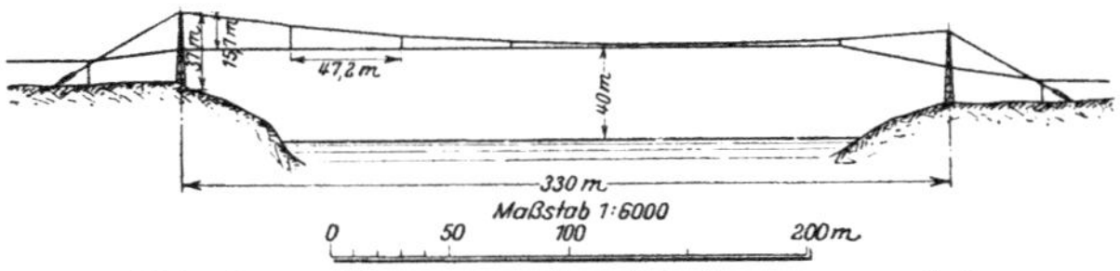

Abb. 977. Kreuzung der Hochspannungsleitung Graninge—Svarnö mit dem Ångermansälv. (Malm.)

Spannweite: 155, größte: 285 m, Höhe von Fundament O. K. bis unterste Leitung: 8—16 m. Die Masten sind mit Steigeisen versehen (vgl. Abb. 774a). Auf Zweigstrecken wurde in der Geraden ein 9,2 m von Erde bis Spitze hoher Mast aus 6,5 mm Stahlblech, in U-Profil gepreßt und mit ausgestanzten Fußtritten versehen, angewandt; Gewicht: 210 kg; Hersteller: Fredrikstads mek. Verkstad; mittlere Spannweite: 92,5, größte: 150 m; Belastung: 6 × 16 mm Cu-Draht. Das Linienentwurfsbüro von Buskerud-F. hat in vorbildlich wissenschaftlicher Weise gearbeitet und u. a. neue graphische Hilfstafeln für die Lösung aller bei der statischen Berechnung von Leitungen, Masten und Mastfundamenten auftretenden Einzelfragen ausgearbeitet (vgl. „Unterlagen“).

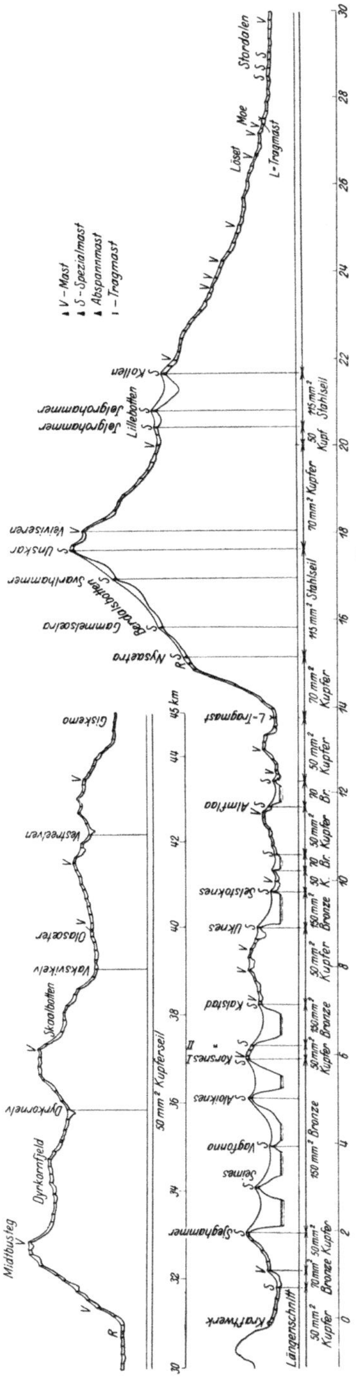

Abb. 978. Hochspannungsleitung Tafjord—Aalesund. Übersichtlängenprofil. (Verw.)

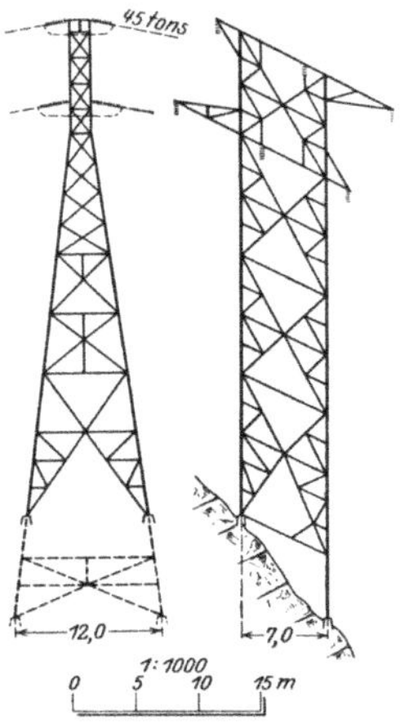

Abb. 979. Tafjord-Kraftselskap. Spezialmasten für Tafjordüberspannung von 1000—1100 m 6 × 150 mm² Bronze galvanisiert. (Verw.)

In Norwegen hat der Leitungsbau im übrigen noch erheblich größere Geländeschwierigkeiten zu überwinden als in Schweden. So liegen nach S. 318ff. in Nordnorwegen viele der besten Wasserkräfte auf Inseln, von denen der Strom dem Festlande zugeleitet werden muß, während in Westnorwegen umgekehrt zahlreiche kleine, wasserkraftarme Inseln vom Festlande aus mit Strom versorgt werden müssen. Bei der großen Zahl der sich dabei ergebenden breiten Fjord- und Meeresarmkreuzungen spielt daher die Verwendung hochvoltiger Unterseekabel in Norwegen eine größere Rolle als irgendwo anders auf der Erde. Bei den Seekabeln waren bis 1925 Spannungen

Abb. 980. Spezialmaste für große Spannweiten im Hochgebirge, Linie Tafjord—Aalesund. (Verw.)

von 20—22 kV wiederholt angewandt und solche von 30 kV bereits in Erwägung gezogen[1]. Beispielsweise hat die Tafjord Kraftselskap 22-kV-Kabel von 27 km Gesamtlänge. Bei der intensiven Arbeit aller Länder auf dem Gebiete der Hochspannungskabel und der Größe der damit verbundenen Energieausfuhrmöglichkeiten gerade Norwegens (S. 53), wurde schon damals mit Recht mit großen Fortschritten bezüglich der Betriebsspannungen und Kreuzungsweiten gerechnet. Häufig kreuzen übrigens in Norwegen Fernleitungen die Fjorde auch oberirdisch. Beispielsweise sind in der 100-kV-Leitung der Tafjord Kraftselskap von Tafjord nach Aalesund (Abb. 978) die großen Fjordkreuzungen mit Bronzeseilen ausgeführt, die unter den normalen Voraussetzungen berechnet sind. Abb. 979 zeigt die dabei angewandte Mastkonstruktion. Im Gegensatz hierzu sind die großen Spannweiten des Hochgebirgsabschnittes derselben Leitung im Hinblick auf Lawinengefahr alle mit Abspannmasten ausgeführt,

Abb. 981. Spezialmast der Linie Tafjord-Aalesund für besonders steile Hänge.

Abb. 982—983. Glomfjord. Eisenbeton-Trag- und Abspannmast. (Verw.)

so daß die Masten (Abb. 980) auch beim Bruch aller Seile einer Öffnung standhalten. In besonders steilem Hanggelände dieser großen Hochspannungsleitung ist ein Spezialmasttyp mit eigenartiger Auskragung verwendet (Abb. 981). Alle Masten dieser Linie sind warmgalvanisiert mit Ausnahme der Spezialmaste im Hochgebirge, die nur im Oberteil galvanisiert sind.

In Norwegen werden auch Eisenbetonmaste für Hochspannungsleitungen verwandt. Eine ältere Ausführung ist die Vemork-Rjukan-Leitung, eine neuere (Glomfjordwerk-Zinkhütte, S. 327) zeigt Abb. 982, 983.

Unterlagen:

Amtl. Veröff. d. Vattenfallstyrelsen: „Trollhättan". — „Älvkarleby Kraftverk". — „Porjus Kraftverk och Riksgränsbanans Elektrifiering". — „Die staatlichen Kraftwerke Schwedens 1921". — „Utredningar och Förslag Till Normer för Elektriska Linjebyggnader". — „Några Bilder och Konstruktionssuppgifter Från Kraftledningen Untra-Stockholm", von Ing. K. J. Laurell. (Sv. El. Verksfören. Handlingar 1920, Nr. 25.) — Originalunterlagen und Mitteilungen von Civ.-Ing. Lie und Tafjord Kraftselskap. — Elektricitetsforsyningen i Buskerud Fylke, Drammen 1925. — Fjernledningsmaster, Rationelle Konstruktionen von Claudi. Sv. El. Verksfören. Handl. 1922, S. 158.)

[1] Om en Landsplan for Elektrisitetsforsyningen Instilling 5 des Elektrifierungskomitées, S. 80.

33. Abschnitt. Betriebserfahrungen nordischer Wasserkraftanlagen.

1. Die spezifisch nordischen Betriebsschwierigkeiten.

An verschiedenen Stellen, hauptsächlich dieses 4. Teiles d. B. sind typisch nordische Ursachen von Betriebsstörungen und Maßnahmen der Abwehr gestreift. Hier ist daher nur eine zusammenfassende und ergänzte Darstellung der natürlichen Störungsursachen und der Bekämpfungsmethoden zu geben.

Eisbildung in Triebwasser. Allgemein tritt das Eis in Gewässern in zwei Formengruppen auf: Oberflächeneis und Roheis (Nadel-, Schlamm-, Grundeis).

Oberflächeneis bildet sich bei merklicher Strömung vom Rande aus und durch Zusammenwachsen einzelner treibender Tafeln zu einer geschlossenen Decke von „Kerneis" aus, die beim Auftauen sich wieder in Treibeis auflöst. Auf ruhendem Wasser entsteht von vornherein eine geschlossene nur allmählich stärker werdende Decke, und wegen der den Vorgang begleitenden Temperaturschichtung kühlt sich die übrige Wassermasse im wesentlichen nicht viel unter $+4^0$ C ab.

Roheis. Schnell fließendes, nicht durch eine Eisdecke geschütztes und durch die Turbulenz an der Temperaturschichtung verhindertes Wasser kühlt, ehe es zu größerer Eisbildung kommt, erst in der ganzen Masse bis nahe an 0^0 aus. Bei klarem Himmel und einer Lufttemperatur unter -12^0 C bilden sich nahe der Oberfläche Eisnadeln (langgestreckte Kriställchen), die vom wirbligen Wasser im ganzen Querschnitt verteilt werden. In Verbindung mit Unterkühlungserscheinungen treten sie auch manchmal gleich im ganzen Querschnitt, schlagartig in großer Menge, auf. Sie ballen sich, weiterwachsend, zu körnig-breiigen, an die Oberfläche auftreibenden Massen (Schlammeis, Sulzeis) zusammen, oder sie frieren beim Tauchen an der durch Ausstrahlung unterkühlten Fußsohle an, das Grundeis bildend. Dieses kann zu solchen Massen anwachsen, daß sie, aufschwimmend, Steine und selbst Eisenteile schwimmend forttragen.

Schneeschlammeis entsteht durch starken Schneefall bei Lufttemperaturen unter -4^0 C, auch durch abrutschende Schneemassen vom Ufer. Gefährlich wird der Schneeschlamm besonders dann, wenn z. B. aufkommender Wind die auf einem großen See liegenden gewaltigen Massen in den Abfluß und einen dort abzweigenden Werkkanal treibt (Trollhättan).

Tritt Nadel- oder Schlammeis unter eine Standeisdecke, so kann es durch Stopfung und Anfrieren als Packeis selbst große Querschnitte schnell versperren und den Abfluß zeitweilig fast ganz hemmen. —

Die Oberflächeneisformen bereiten dem Betrieb von Wasserkraftanlagen noch die geringsten Schwierigkeiten. Die feste Eisdecke übt, nachdem sie bei großer Kälte Temperaturrisse erhielt, die sich mit gefrierendem Wasser gefüllt haben, bei etwas nachlassendem Frost natürlich einen Druck auf die angrenzenden festen Körper, also auch auf Stauwerke und Kanalmauern aus. Dieser „Eisdruck" darf unter ungünstigen Verhältnissen nicht unberücksichtigt bleiben, vgl. S. 583. Es handelt sich dabei aber um eine rein statische Belastung, die bei richtiger Bemessung der Bauwerke weiter keinen nachteiligen Einfluß gewinnt. Eisaufbruch und Eisgang haben schon andere Wirkungen; ihre Gefahren für die Kraftwerke (Rechenverlegung) können aber nach nordischen Erfahrungen meist unschwer durch Anordnung von Leitwerken (S. 698), die das Treibeis vom Kanaleinlaß (Abb. 984) oder Krafthaus (Abb. 985) ablenken, in Verbindung mit richtig angeordneten und reichlich bemessenen Eisschleusen in der Wehranlage und am Kraftwerk abgewendet werden. Die Einführung neuzeitlicher Großverschlüsse im nordischen Wehrbau an Stelle der alten Grießständer-, Schützen- und Nadelwehre bedeutete für die Eisabführung am Wehr einen gewaltigen

Fortschritt (Großschützen, Segmente, Walzen und besonders Senksektoren — die neuen senkbaren Walzen [Patent MAN] sind bisher im Norden noch nicht angewandt). Bei kleiner Anlage und großer Gefährlichkeit des Eisstoßes hat man sich wohl, wie in Elverum (S. 456) durch Anordnung eines niedrigen, billigen, festen Wehres von großer Kronenlänge zu helfen gesucht. Im Trollhättankanal hat man die ungünstige Lage der Eisschleusen durch neuartige Leitwände im Kanalende ausgeglichen (S. 621).

Gegen Grund-, Schlamm- und Nadeleis kann die Wasserkraftanlage viel weniger leicht geschützt werden. Der wirksamste Schutz dagegen und gegen die damit verbundene Gefahr der Vereisung der Rechen und Turbinen besteht nach allgemeiner nordischer Erfahrung in einer sorgfältig überlegten Gesamtanordnung der Anlage, die von vornherein die Bildung dieser Eisarten ausschließt. Diese Forderung ist ohne weiteres dort erfüllt, wo die Wasserentnahme aus einem großen, schon im Spätherbst zufrierenden See in genügender Tiefe, am besten durch Stollen, erfolgt. Voraussetzung für den Erfolg ist natürlich, daß auch in der Triebwasserzuleitung keine Gelegenheit zur Eisbildung ist. In dieser Beziehung sind z. B. Turbinenrohre aus Holz den eisernen überlegen (S. 631). Eiserne werden mit aus diesem Grunde gern in Rohrstollen verlegt oder eingedeckt. Die Wasserentnahme aus Seen durch Absenkungsstollen ist in Westnorwegen außerordentlich verbreitet; über beinahe alle Wasserkraftanlagen solcher Anordnung lauten die eingezogenen Auskünfte sehr günstig. Auch wenn die Wasserentnahme nicht unmittelbar aus dem See erfolgt, sondern ein kurzer Flußabschnitt oder Oberkanal zwischen See und Stollen liegt, ist manchmal keine oder nur unbedeutende Eisbreibildung festzustellen; eine Anlage dieser Art mit sehr günstigen Betriebserfahrungen ist die provisorische Hyttefossenanlage bei Trondhjem (S. 347ff.).

Abb. 984. Eisabweis-Schwimmwände vor dem Einlaß des Trollhättanwerkes (oberhalb Wehrs). (Verw.)

Abb. 985. Eisabweissteg und Eisschützen im Wasserschloß Trollhättan. (Verw.)

Aber nicht selten liegen auch hier die Verhältnisse weniger günstig wie z. B. im Aavellawerk (vgl. S. 449). Bei — 15° C beginnt der Fluß zwischen dem regulierten See und der Wasserfassung zu rauchen (Ausfrieren!); danach bildet sich in der langen Holz- und Eisenrohrleitung Eis, ebenso an den Wänden des Unterkanals und Flußbettes. Manchmal wird über Nacht im Flußbett oberhalb der Wasserfassung so viel Wasser durch Eisbildung zurückgehalten, daß das Becken über Nacht leer wird. Nach Bildung einer geschlossenen Eisdecke werden die Verhältnisse besser.

Die Eisbildung in der Rohrleitung ist abhängig von der Beaufschlagung, Luft- und Wassertemperatur und der Lage des Rohrs im Gelände. Das an der Rohrwand haftende Eis löst sich bei mildem Wetter und wird in die Turbine geschwemmt, in deren Düse es sich festklemmen kann, was schwere Druckschläge hervorruft. Bei Fließgeschwindigkeiten im oberen Teil des Eisenrohrs über 1 m/sec bleibt der Eisbelag dünn, so daß er unmerkbar abgeht. In den in Erde verlegten Rohrstrecken ist die Eisbildung erschwert. Zum Schutz der freiliegenden Flachstrecken wird das Holz- und das Eisenrohr mit Schnee überstampft. Auch Schneefall schützt das unbedeckte Rohr. Da der Schnee aber, selbst bei — 5° C Lufttemperatur, am Rohr leicht schmilzt, erwies es sich vorteilhaft, das Rohr mit Tannenzweigen abzudecken, damit der Schnee die Rohrwand nicht unmittelbar berührt. Bei kleiner Belastung öffnet man einen Leerlaufschieber, sobald die Temperatur unter — 15° C sinkt.

Wird eine längere Stromstrecke mit mehreren Stromschnellen ohne zwischenliegende Seen ausgenutzt, so kann Nadel- und Sulzeisbildung nur verhütet werden, wenn die Geländeverhältnisse die Ausbildung der Anlagen als Staukraftwerke (ohne längere offene Umleitung) gestatten. In diesem Falle bildet die Eisdecke der Stauhaltung den Schutz vor Auskühlung. Wo aber längere Umleitung des Triebwassers nicht zu vermeiden ist, ist der Ausbau in geschlossener Stufenkette in der beim Porjuswerk durchgeführten und für das anschließende Harsprangetwerk geplanten Form imstande, allen Eisschwierigkeiten vorzubeugen (S. 94ff.).

Auch bei Anlagen mit langem offenen Oberkanal kann jede Eisschwierigkeit vermieden werden, wenn der Kanal so reichlich bemessen wird, daß eine ruhige Strömung frühzeitige Bildung der schützenden Eisdecke erlaubt. Ein bemerkenswertes Beispiel hierfür ist die Jaarnetanlage der A. S. Sydvaranger im äußersten NO Norwegens, wo trotz längeren Anhaltens von Lufttemperaturen von — 40° keinerlei Eisschwierigkeiten auftreten sollen; dies wird mit der reichlichen Bemessung des Oberkanals und damit erklärt, daß die Druckrohrleitung in Holz ausgeführt und außerdem eingegraben ist.

Die rechtzeitige Bildung der so wichtigen Eisdecke wird auch im Norden durch Einlegen von schwimmenden Querbalken oder von ganzen Balkenketten in die Kanäle und ruhigeren Stromstrecken planmäßig gefördert. Auch durch Einhängen von Rauhbäumen zunächst vom Ufer aus, dann fortschreitend nach der Mitte von den Rändern der dabei entstehenden Eisdecke aus, erreicht man denselben Zweck. Unter einer ausgedehnten Eisdecke lösen sich auch etwa von oben herbeigeführte Eisnadeln wieder auf, wenn sie nicht in allzu großer Menge auftreten.

Wird freilich das Triebwasser durch eine längere offene Umleitung mit großer Wassergeschwindigkeit geführt, wie z. B. in Kykkelsrud am Glommen, so ist die Entstehung von Nadel- und Grundeis unvermeidlich. Noch mehr ist dies der Fall bei Niederdruckanlagen mit nur kleiner Stauhaltung unmittelbar unterhalb einer längeren unausgenutzten Stromstrecke mit Schnellen. Diese Verhältnisse werden sich auch bei planmäßig vollständiger Fallausnutzung im Entwicklungszwischenstadium nicht vermeiden lassen, wenigstens nicht, wenn die Einzelstufen von unten her ausgebaut werden. Bedeutende Beispiele solcher, hinsichtlich der Eisabwehr z. Z. noch ungünstig liegender Anlagen sind: Trollhättan in Westschweden, Älvkarleby in Mittelschweden, Kringsjaa in Südnorwegen, Aetsae in Finnland, Hafslund, Vamma in Südnorwegen u. a. m.

Die erheblichen Eisschwierigkeiten dieser Werke treten hauptsächlich als Vereisung der Rechen auf. Mit Ausnahme von Kringsjaa, wo nur ab und zu plötzliche Eisbildung zwischen den einzelnen Rechenstäben zu merken ist, die sich durch Abklopfen beseitigen läßt, bekämpfen die erwähnten Anlagen die Eisschwierigkeiten durch elektrische Anwärmung der Rechen nach dem Vorschlag von Obering. Holmgren (Trollhättan). Gegen Verlegung durch Platteneis hilft Anwärmung nichts, bei Eisschlammtreiben muß sie durch intensives Kratzen unterstützt werden, gegen Nadeleis ist sie am wirksamsten. (In allerneuester Zeit will man festgestellt haben, daß intensive Belichtung des Wassers die schwebenden Eisnadeln zum Schmelzen bringt.)

Mit die ungünstigsten Eisverhältnisse herrschen nach den eingelaufenen Fragebogen beim Aetsaewerk im Kumoälv (S. 511, Abb. 550); die hier beobachteten Erscheinungen sind sehr lehrreich: Sulzeis belästigt das Werk überwiegend nur im

November und Dezember, da im übrigen Winter die inzwischen auf der oberen Flußstrecke gebildete Eisdecke den Eisschlamm größtenteils festhält. Dieser Umstand erklärt, warum gerade der ungewöhnlich milde Winter 1924/25 sowohl für Aetsae wie auch für andere Werke am Kumoälv besonders große Schwierigkeiten brachte. Die einzige Maschine in Aetsae, die keine elektrische Rechenheizung hatte (Nr. 1), ist im Laufe einer Beobachtungsfrist von 10 Tagen im März 12 mal (insgesamt 37 Stunden) gestanden und hat kaum ⅔ der Erzeugung jeder der 3 übrigen, fast ununterbrochen im Betrieb gebliebenen Maschinen hervorgebracht. Der durchgehende Betrieb war ungeachtet elektrischer Anwärmung nur dadurch aufrechtzuerhalten, daß die Rechen zeitweilig mit Kratzwerkzeugen gereinigt wurden. Wenn es so auch glückt, die Rechen von Eis genügend freizuhalten, kann es bei anhaltend starkem Frost trotzdem vorkommen, daß das Wasser zwischen den Leitradschaufeln festfriert und die Anlage zum Stillstand bringt; am 4.—5. Dezember 1924 ist so das

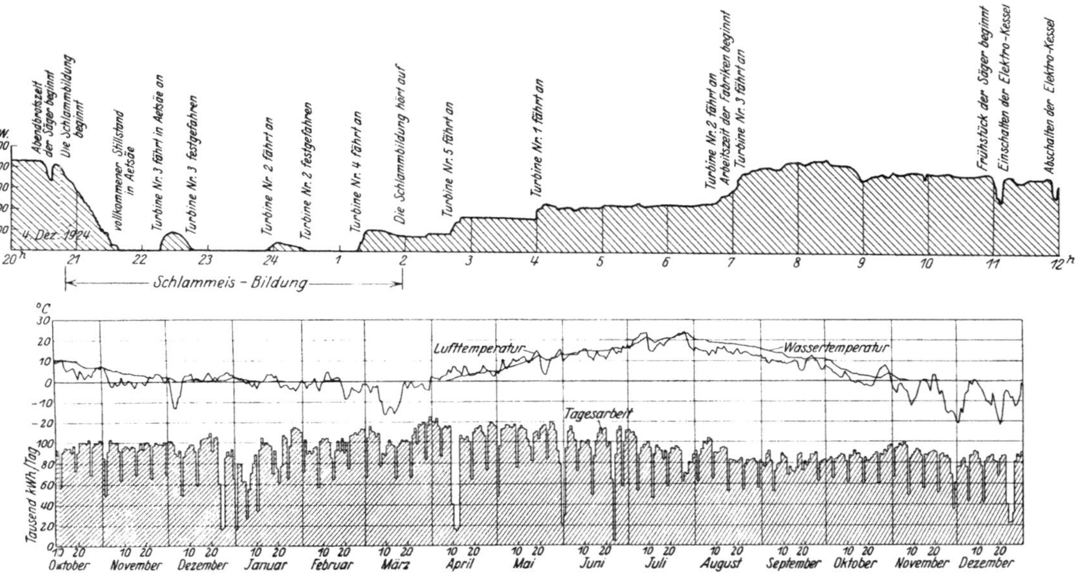

Abb. 986—987. Ätsae. Temperatur, Leistung, Eisverhältnisse. (Verw.)

ganze Werk in 24 Stunden 3 mal zum Erliegen gekommen. Das Betriebsdiagramm, (Abb. 986, 987) zeigt sehr klar, wie plötzlich die Störung einsetzt und wieder verschwindet.

Stromerzeugung und Verbrauch für Rechenheizung betrugen vom 8. bis 17. März 1925 bei Lufttemperatur zwischen — 8,9 und — 15,9 ° C:

	Stillstand Std.	Erzeugung kWh	Heizverbrauch kWh
Maschine I 25-mm-Rechen ohne Anwärmung	37,4	141 000	
„ II 50 „ „ mit „	4,5	207 900	14 400
„ III 50 „ „ „ „	3,25	197 900	
„ IV 50 „ „ „ „	1,40	202 100	
„ V 25 „ „ „ teilweiser Anwärmung	28,05	167 800	
		916 700	

Seither sind überall noch lichtere und el. wärmbare Rechen angebracht worden. Auffällig und nur zum Teil durch verschiedene Intensität der Heizung erklärbar ist der rel. geringe Stromverbrauch für die Rechenheizung gegenüber den schwedischen Angaben, wonach 1—3 m Fallhöhe für die Anwärmung draufgehen. In Schweden ging daher die Entwicklung dahin, die Feinrechen ganz wegzulassen (Lilla Edet: 230 mm Grobrechenspalt, ähnlich Forshuvudfors u. a. vgl. S. 644). Unter günstigen klimatischen und örtlichen Verhältnissen, wie z. B. bei Jörpeland (SW-Norwegen), vermag man das nur in mäßiger Menge auftretende Schlammeis durch Ziehen der Eisschützen des im übrigen geschlossenen Wehrs abzuleiten, ehe es den Rechen erreicht, so daß elektrische Heizung auch bei engen Rechen entbehrlich ist.

Ein weiterer Komplex von Eisschwierigkeiten ergibt sich bei Bedienung der beweglichen Wehrverschlüsse, falls nicht auf ihre Betätigung während des Winters verzichtet werden kann. Die Eisschwierigkeiten werden hier z. T. durch Eisschlamm verursacht, aber auch durch Schnee und Rauhreif, besonders aber durch das Gefrieren des Spritzwassers an der Luftseite der Pfeilernischen und Wehrschwellen. Die Unempfindlichkeit eines Wehrverschlusses gegen Eisschwierigkeiten ist naturgemäß um so größer, je geringer die Anzahl der vom Festfrieren bedrohten Auflager- und Dichtungsstellen und je besser ihre Zugänglichkeit ist. Daher sind Nadeln und kleine Schützen zwischen Böcken am wenigsten, einheitliche, von einer massiven Stütze zur andern weit gespannte Verschlüsse am besten zur Winterregulierung geeignet. Beispielsweise werden bei Porjus (Abb. 57ff., 670) die auf dem größten Teil der Überfallöffnungen angeordneten Nadelwehre überhaupt nicht zur Winterregulierung benutzt, sondern ausschließlich die einzige, zu diesem Zweck eingebaute, Walze. Langjährige Erfahrungen mit den zahlreichen in nordischen Ländern eingebauten Walzenwehren beweisen, daß es möglich ist, die ganz vereisten Verschlüsse in zwei Stunden bewegungsfähig zu machen und sie auch im Bedarfsfalle dauernd bewegungsfähig zu erhalten.

Die Erfahrungen an der ersten nordischen Walzenwehrausführung, Trollhättan, waren hierfür grundlegend (vgl. S. 597).

Zusammenfassend kann man neben einer richtigen konstruktiven Durchbildung folgende im Norden mit mehr oder minder großem Erfolg angewandte Schutzmaßnahmen gegen die Eisstörungen von Großverschlüssen feststellen:

a) Heizung mit Koksöfen (sie werden in die Walzen eingehängt, bei Schützen zweckmäßig in einen an der Luftseite angebauten Schuppen gestellt).

b) Dampfzuleitung aus einem in der Zentrale aufgestellten Dampfkessel zum Auftauen festgefrorener Anschlagflächen,

c) dauernde Beheizung der Pfeilernischen mit Warmluft (Abluft der Stromerzeuger).

d) Elektrische Erwärmung der Dichtungs- und sonstigen Anschlagflächen.

Die elektrische Wehranwärmung, in den letzten 15 Jahren immer allgemeiner verbreitet (S. 597ff.), hat sich in der großen Mehrzahl der Anwendungsfälle vorzüglich bewährt. Die Dauerheizung mit Warmluft ist bis jetzt nur bei Forshuvudfors angewandt. Heizung mit Koksöfen, seit langem auch in Mitteleuropa angewandt, ist wirksam, aber teuer und nicht überall ausreichend (S. 597). Anwendung von Dampf endlich hat sich in der anfänglich versuchten Form, Aufblasen eines Dampfstrahls mit Schlauch aus einem transportabeln Dampfkessel, meist nicht bewährt. Dagegen wird in Aetsae, wo die elektrische Erwärmung infolge örtlicher Umstände versagt haben soll, bei besonders starkem Frost als Ergänzung zur Koksofenheizung Dampf aus einem im Krafthaus eingebauten Kessel durch wärmeisolierte Röhren in die Hohlräume hinter dem Dichtungsbelag der Wehrpfeiler (wo früher elektrische Wärmeelemente eingebaut waren) geleitet. — Das Verfahren hat sich bei den besonders schwierigen Eisverhältnissen von Aetsae vorzüglich bewährt; es wird aber auch hier aus Sparsamkeitsgründen nur eine der Walzen zur Winterregulierung eisfrei gehalten (Abb. 680). Eine ähnliche Einrichtung ist in dem Wehr Norrfors (S. 580) ausgeführt worden. In Raanaasfos (Norwegen) hat die Walze elektrisch gewärmte Dichtungsflächen; dagegen ist für das Auftauen der Sektorwehre ein Dampfkessel beschafft (S. 464).

Unreines Wasser. Ebenso kennzeichnend wie die Größe und Verbreitung der Eisschwierigkeiten in den nordischen Wasserkraftanlagen ist umgekehrt das nahezu vollständige Fehlen von Belästigungen durch Geschiebe und Sinkstoffe. Diese Tatsache ist aus den naturgeographischen Bedingungen (widerstandsfähige, vielfach flache Geländeformen, wenig Überlagerung, zahlreiche Seen) leicht erklärlich. — Unter den zahlreichen Werken, die über ihre Betriebsverhältnisse ausführlich berichtet haben, hat nur Sulitelma A. B. Gruber, in Nordnorwegen Geschiebeschwierigkeiten erwähnt; hier führt das Grundeis Schlamm und Erde mit sich, die eine rasche Abnutzung der Turbinenachsen verursachen (S. 324).

Eine „Wasserverunreinigung" eigener Art bilden nach Mitteilung von Kolbenstvedt[1] die Larven gewisser fliegender Insekten aus der Gattung Trichoptera, die z. T. ruhiges, z. T. schnell fließendes Wasser lieben und sich, außer an Steinen, mit Vorliebe an Eisenteilen in großen Mengen anheften. Sie vegetieren hier in halbhaselnußgroßen Beulen, die Eisenhydrate, Sand und fadenförmige Sekrete enthalten und z. B. in Solbergfoss den Rechenquerschnitt erheblich verengten, die Turbinenschaufeln rauh machten (1 Stück auf 2 cm^2) und angriffen. Abwehrmittel sind noch nicht gefunden.

Betriebsstörungen an Fernleitungen werden (S. 725) durch Rauhreif und festfrierenden Schnee verursacht. An einer so beschwerten Leitung veranlassen schon verhältnismäßig kleine Windstöße Drahtberührungen, die zunächst Kurzschluß und somit Betriebsstörung, außerdem aber zunehmende Schädigung des Leitungsmaterials durch den Lichtbogen bedingen, so daß schließlich auch mäßige Windkräfte Seilbruch hervorrufen. Dieser kann aber auch ohne vorgegangene Seilberührung bei starkem Winddruck auf die durch Vereisung übermäßig vergrößerte Widerstandsfläche verursacht werden. Solche besonders starken Windkräfte können auch die Masten zu Bruch gehen lassen.

Die Höchstwerte der Windbelastungen sind noch nicht für alle Gegenden Nordeuropas genügend festgestellt, und infolge der großen Verschiedenheiten auch sehr schwer feststellbar. Die gefährlichsten bisher in Schweden beobachteten Belastungen kamen bei dem katastrophalen Rauhreifsturm am 23. Oktober 1921 vor. An allen Leitungen des mittelschwedischen staatlichen Zentralblocks, namentlich im Trollhättannetz und hier wieder besonders nahe der Westküste, wurde außerordentlich großer Schaden angerichtet, u. a. sehr viele Mastbrüche (siehe: Unterl.). Als größte augenblickliche Geschwindigkeit maßgebend für Mastbruch wurde gemessen: nahe der Westküste 32 m/sek; als Mittelgeschwindigkeiten (maßgebend für Seilbruch) 22 m/sek. Auf Grund der Prandtlschen Versuche wurde der entsprechende Winddruck (auf die Flächenprojektion) zu 125 und 36 kg/m^2 berechnet. Die Eiskruste der Seile hatte streckenweise bis 100 mm Durchmesser. Die Hauptlinien von Trollhättan wiesen (mit Außerachtlassung besonders geschützter Strecken) im Durchschnitt 75 mm Eisdurchmesser auf. Die angegebenen Stärken ergeben für ein durchschnittliches spezifisches Gewicht von 0,55 eine Eislast von 4,4 und 2,65 kg/m. Noch größere Abmessungen der Eiskruste wurden nur vereinzelt in Westnorwegen beobachtet; Kristiansunds Elektrizitätswerk berichtet, daß auf seiner 60-kV-Leitung eisiger Schneebelag von 5″ (127 mm) Durchmesser beobachtet wurde, verursacht durch nassen Schneefall bei ruhigem Wetter mit nachfolgendem Frost. Auch starke Stürme sind hier häufig, weshalb die Masten allmählich durch Verankerungstaue verstärkt werden mußten. Auch andere nord- und westnorwegische Werke berichten über die Notwendigkeit umfassender Verstärkungen ihrer Leitungen, da zur Zeit der Erbauung noch nicht genügend Erfahrungsmaterial über die zu erwartenden Belastungen vorlag.

[1] In El. Tidskr. Oslo 11. Februar 1928.

2. Die Wartung der Wasserkraftanlagen — Bedienungslose Werke.

Die Betriebsführungskosten[1] der erzeugten elektrischen Energieeinheit in schwedischen Wasserkraftwerken wurden von Lübek auf Grund statistischer Angaben von 233 Werken verschiedenster Art und Größe untersucht. Er fand die grundsätzlich bekannte starke Abhängigkeit von der Größe der Anlage, und zwar als Durchschnittswert für Werke unterhalb 500 PS Volleistung: 35 Kr/Jahr/PS und für Werke über 10000 PS: 7 Kr/Jahr/PS, für die allergrößten Werke: herunter bis zu 4 Kr/Jahr/PS. Die Aufstellung der Personalkosten allein würde sicherlich eine relativ noch schnellere Steigerung mit abnehmender Werksgröße ergeben. Besonders bei ganz kleinen Anlagen bildet das Personalkonto einen sehr großen Teil, nicht nur der Betriebsführungs-, sondern auch der Gesamtjahreskosten.

Die Entwicklung geht nun zwar auch im Norden im allgemeinen schon aus anderen Gründen auf Errichtung immer größerer Werke. Daneben gibt es aber doch viele Gegenden, wo die Verhältnisse (dünne Besiedelung, weite Verbreitung günstiger Kleinwasserkräfte) auch kleinere Kraftwerke als wirtschaftlich daseinsberechtigt erscheinen lassen; auch liegt allgemein in kapitalärmeren Ländern die untere Leistungsgrenze der Ausbauwürdigkeit von Kleinwasserkräften wesentlich tiefer als in kapitalstarken Ländern. Besitzt z. B. eine Stadt in ihrer Umgebung mehrere kleinere Wasserkräfte, so ergibt sich ganz zwanglos eine schrittweise Erweiterung der städtischen Eltversorgung durch Ausbau eines Kraftwerkes nach dem anderen, dann durch Regulierung der Seen und entsprechende Verstärkung der Wasserwerke. Belege hierfür finden sich besonders in Schweden und Norwegen zahlreich, in Nedre Norrland z. B. die Eltversorgung der Stadt Gäfle aus drei kleinen Fallstufen des Gäfleån. Ebenso häufig ist auch jetzt noch im Zeitalter der Landeselektrizitätswerke, daß einzelne Industrieunternehmungen ihre örtlichen Kleinkraftquellen ausbauen, statt sich an die Großanlagen der allgemeinen Eltversorgung anzuschließen; hierbei spielt vielfach auch die Überlegung mit, daß der Besitz eigener Kraftquellen die Industrie vor Preiserhöhungen des wichtigen Selbstkostenanteils: „Betriebskraft" zu sichern geeignet sei.

Bei solch kleinen Kraftwerken ist es dann aber sehr wichtig, die Personalkosten einzuschränken. Zachrisson weist treffend drei Wege zu diesem Ziel nach:

1. Beschränkung der Betriebszeit der einem größeren System eingeordneten Kleinkraftwerke auf z. B. eine Schicht (nur bei weitgehender Abflußregulierung wirtschaftlich!).

2. Man gestattet dem Werkswärter Ausübung eines Nebenberufes auch während der Schicht oder baut Maschinistenwohnung und Kraftwerk zusammen und überläßt es dem Wärter, die Überwachung der Maschinen in Gemeinschaft mit seiner Familie nach Gutdünken zu regeln. Das setzt indes eine über das übliche hinausgehend betriebssichere Ausführung der Maschinen voraus. Ensfors in Südschweden (Abb. 988) ist ein Beispiel dieser Ausbau- und Betriebsart, das sich sehr bewährt haben soll, aber doch in der weiteren Entwicklung zurücktreten dürfte.

3. Der wichtigste, sehr allgemein gangbare Weg zu Einsparungen an Personalkosten besteht in einer mehr oder weniger vollkommenen Automatisierung. Dabei wird in der Regel zugleich eine Verbesserung des Betriebs erzielt, was, sogar bei großen Zentralen, gegenüber der Kostenersparnis in den Vordergrund tritt. Da für kleine Werke (etwa unter 100 kW) die Einrichtungskosten für „vollautomatischen" Betrieb zu hoch kommen, entstanden im Norden bis 1928 nur „halbautomatische" Werke.

Halbautomatischer Betrieb verlangt nur vorübergehend kurze Anwesenheit des Wärters einigemal im Tage und gestattet so die Bedienung mehrerer benachbarter

[1] „Direkte" Betriebskosten einschließlich Steuern, Versicherungen, Unterhaltung.

Werke durch nur einen Mann. Außer dem Anlassen, Abstellen, Synchronisieren, Prüfen der Maschinen, kann dieser leicht auch andere rasch zu erledigende Aufgaben übernehmen, wie Schützen- und Rechenbedienung, deren Automatisierung bei Kleinanlagen unter 100 kW zu hohe Anlagekosten ergäbe. Allgemein unterscheidet man zwei Grundtypen von (voll- oder halb-)automatischen Anlagen: selbständige und fernüberwachte und -gesteuerte.

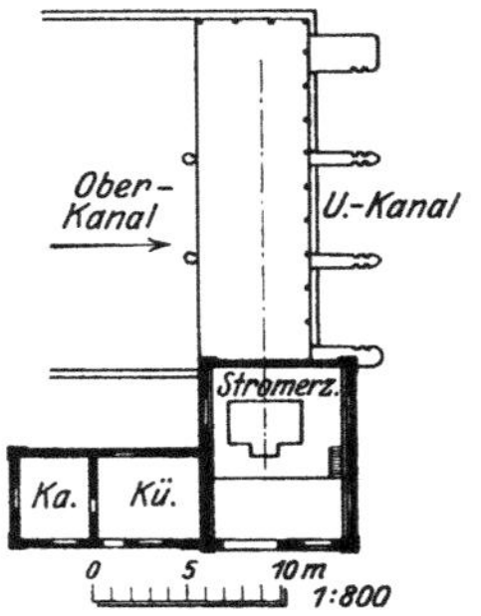

Abb. 988. Ensfors. Kraftwerk mit angebauter Maschinistenwohnung. (Sv. V. Kr. För. 163.)

Die selbständigen automatischen Kraftwerke Schwedens sind alle halbautomatisch, d. h.: Anlassen, Synchronisieren, Abstellen muß von Hand an Ort und Stelle vorgenommen werden, der durchlaufende Betrieb wird automatisch reguliert, und bei Störungen treten automatische Abstellvorrichtungen in Wirkung. Beispiele sind: Verperyd, Brantafors (Ronnebyån), Ställberg övre (Gavleån), Majenfors (Lagan).

Die ferngesteuerten automatischen Werke werden durch Fernzeiger von einem benachbarten Werk aus überwacht und, mehr oder minder umfassend, auch ferngesteuert, oder auch zum Teil von Hand an- und abgestellt und synchronisiert. Beispiele: Hemsjö nedre (Mörrumsån), Ställberg nedre, Strömsborg und Tolffors (Gavleån), Thyfors, Bro (Lagan). (Eine große ganzautomatische Anlage war 1928 durch Aseä in Vorbereitung für Surahammar [Schweden]. Diese 1400-PS-Kaplanturbinen-Anlage wird von ungeschultem Personal mit Druckknopf-Fernsteuerung von einer älteren Zentrale aus betätigt. Dabei regelt sich die Leistungsabgabe selbsttätig nach dem jeweiligen Zufluß. Das Werk arbeitet mit anderen Kleinwerken und mit Älvkarleby parallel. In Norwegen ist Fröistul eine halbautomatische Großstation, s. u.; automatische Anlagen in Finnland waren nicht festzustellen.) Die technische Einrichtung der automatischen Werke ist noch stark in Entwicklung, weshalb große Verschiedenheiten festzustellen sind.

Die erste halbautomatische Wasserkraftanlage Schwedens ist (von Hemsjö A.B. 1916 erbaut), Hemsjö nedre im Mörrumsån (jetzt bei Sydsvenska). Dieses Einmaschinenwerk (2500 PS), 4-Radturbine, ist auf Fernsteuerung von dem 1,2 km stromauf liegenden Werk Hemsjö övre eingerichtet. Die Fernbedienung erstreckt sich nicht auf Inbetriebsetzung und Abstellung, sondern nur auf den laufenden Betrieb derart, daß die Anlage jede unzulässige Erhöhung der Lagertemperatur, jede Überschreitung der oberen und unteren zulässigen Grenze des Öldrucks im Regulator und das Stehenbleiben des Pendels selbsttätig der oberen Anlage anzeigt. Die Turbine hat einen selbsttätigen Regler, dessen Verstellungsmotor vom oberen Werk ferngesteuert wird. Eine selbsttätige Ausschaltvorrichtung ist nicht vorhanden; das Ausschalten und Ingangsetzen der Maschine muß vom Maschinisten besorgt werden. Dieser geht zum Werk auf telephonischen Anruf von der oberen Station. Er hat neben dem Abstellen und Ingangsetzen der Maschine die Revisionen und Reparaturen auszuführen. Da nach obigem ein sofortiges Abstellen der Maschine nicht möglich ist, hat naturgemäß die Überwachung und Instandhaltung eine größere Bedeutung als bei anderen Elektrizitätswerken; daher ist dem Maschinisten vorgeschrieben, auch die geringfügigsten Fehler, die er bei der Revision bemerkt, sofort zu beseitigen. Das Werk, seit 1917 im Betrieb, hat sich vorzüglich bewährt. Die Hemsjö A.B. hat auf Grund dieser günstigen Erfahrungen eine ganze Anzahl kleinerer Kraftanlagen im Ronnebyån mit teilweiser Fernsteuerung und teilautomatisiert nach ähnlichen Grundsätzen eingerichtet, darunter

Verperyd und Brantafors (Ronnebyån). Da diese beiden Werke nicht von einer benachbarten größeren Anlage aus ferngesteuert werden konnten, hat man, um die Regulierungseinrichtung möglichst einfach zu gestalten, den Betrieb so eingerichtet, daß die Stationen nur einen Teil des Tages und mit konstanter Leistung arbeiten, wobei die feinere Anpassung an die Belastungsänderungen von den größeren auf das Netz arbeitenden Werken übernommen wird. Der Wächter hat je nach Wasserführung und Tageszeit eine oder alle zwei Maschinen in jedem Werk in Gang zu setzen. Ungewöhnliches Steigen oder Fallen des Wasserstandes im Oberspeicher alarmiert (durch Schwimmer) den Wächter.

Die größte halbautomatische Anlage Schwedens (eine Zeitlang auch: Europas) Majenfors (Lagan) kann als Vertreterin einer Anzahl von der Sydsvenska um 1927 nachträglich automatisierter Werke angeführt werden. Das Werk vereinigt in drei Maschinen 4500 kW und verfügt über reichliche Wasserspeicher (S. 257). Die Turbinenregler behielten daher ihre früher besonders angeordneten Ausschlagbegrenzer zur Erzwingung eines Betriebs mit nur bestem Wirkungsgrad. Der Speicher erlaubt es, nachts mit einer Maschine ganz durchzufahren, ohne daß der Wächter wegen nachteiliger Fallhöhenminderung infolge Absenkung des Speichers alarmiert werden müßte.

Außer dem durch Riemen betriebenen gewöhnlichen Turbinenregler ist noch ein direkt mit der Turbinenwelle verbundenes Abstellpendel als Durchgehschutz angeordnet. Bei Sinken des Öldrucks erfolgt ein Alarmsignal und Abstellung der Turbine; Überwachung der Temperatur aller Lager und Transformatoren (Siemens). Die völlig umgebaute Schaltanlage enthält an automatisierenden Apparaten hauptsächlich solche für Unterbrechen der Erregung bei Abschalten des Ausschalters auf der 50-kV-Seite, Signal für Erdungsfehler im Erregungsstromkreis, Kontaktrelais für Spannungskontrolle, Maximal- und Rückstromautomaten für die Erregereinheiten, ferner Batterien und Umspanner für die Steuer- und Signalstromkreise der Apparate. Die Anlage hat dauernd tadellos gearbeitet. Die Besatzung konnte auf einen Maschinisten und einen Wehrwärter beschränkt werden, so daß die ganzen Umbaukosten in einem Jahr durch die Betriebskostenersparnis getilgt werden konnten.

Als weitere Beispiele ferngesteuerter Wasserkraftanlagen seien die des städt. E.W. Gävle im Gävleån genannt: Die Stadt Gävle hat drei Wasserkraftanlagen: Tolffors, vorläufig 1800 PS eingebaut, Strömsborg 400 PS, Strömdalen 1100 PS. Strömsborg ist in den Wasserbauten schon 50 Jahre alt, im maschinellen Teil aber 1923 neu eingerichtet und für 2 Einheiten zu 400 PS angelegt, wofür aber der alte Kanal erst erweitert oder neu gebaut werden müßte. Tolffors ist 1926 in Betrieb genommen. Strömdalen, die mittlere und allein ständig besetzte Anlage, enthält die gesamten Schaltapparate; die beiden kleineren Stationen werden von hier aus nicht nur kontrolliert, sondern, im Gegensatz zu obigen Beispielen, auch synchronisiert. Das Abstellen geschieht nicht durch Fernbedienung, sondern im Gefahrfalle vollständig selbsttätig. Die Turbine von Strömsborg ist ohne Regler, da die kleine Maschine nie allein zu laufen hat. Um das Anlassen und Abstellen regeln zu können, hat man an dem auf die Welle des Leitapparates aufgekeilten Segment eine Ausgewichtung angebracht, bestehend aus einem 500-kg-Gewicht einerseits und einem Druckölkolben andererseits, der durch eine elektrisch betriebene Ölpumpe bedient wird.

Um die Maschine zu schützen, mußte die Einrichtung so getroffen werden, daß bei Versagen des Ölpumpenmotors sie sich selbsttätig abstellt, was durch das Gegengewicht bewirkt wird. Zugleich muß aber auch die elektrische Abschaltung bewirkt werden. Der Stromkreis des Pumpenmotors wird automatisch unterbrochen, wenn Spannungslosigkeit in dem Hochspannungskabel zwischen Strömdalen und Strömsborg eintritt, wenn die Turbine überschnell läuft, die Lagertemperatur eine gewisse Grenze überschreitet usw. Eintritt einer solchen Störung wird in Strömdalen mit Licht- und Lautsignalen angezeigt. Außerdem wird der Wasserstand elektrisch fernangezeigt. An Apparaten sind in Strömsborg nur Hochspannungsausschalter und Sicherungen untergebracht.

Das Werk Tolffors muß seiner Größe wegen zeitweilig auch allein laufen können. Die Turbinen sind daher mit selbsttätigen Reglern versehen, und die Anordnung von Strömsborg war nicht anwendbar. Indes war automatische Abstellung hier mindestens ebenso notwendig. Sie wird durch ein Fallgewicht in Gang gesetzt, das funktioniert: bei Überhitzung des Stromerzeugers, bei Bruch des Reglertreibriemens oder Überschreitung der zulässigen Drehzahl; dagegen wird das Fallgewicht nicht durch Stromlosigkeit betätigt, da es wünschenswert sein kann, die Turbine bei nur zufälliger Unterbrechung in Gang zu halten. Das Fallgewicht betätigt seinerseits den elektrischen Hauptschalter, der den Strom unterbricht und dies in Strömdalen mit Laut- und Lichtsignalen anzeigt; zugleich schaltet das Fallgewicht einen Widerstand in den Erregerstromkreis und unterbricht den Stromkreis für die Ölpumpe des Reglers. Schließlich wirkt das Gewicht auch mittels des Reglers auf den Leitapparat und schließt ihn. Fernanzeiger für Wasserstand sind wie in Strömsborg angeordnet. Lautsignal zeigt ferner in Strömdalen an, wenn eine von den Druckölpumpen infolge Riemenbruchs zu funktionieren aufhört. In diesem Fall ist kein augenblickliches Abschließen erforderlich, sondern man kann das Werk so lange in Betrieb halten, bis ein Wärter dort eintrifft. Wenn das Fallgewicht gewirkt hat, kann die Maschine nicht in Gang gesetzt werden, ehe der Wärter das Werk besucht und die Störung beseitigt hat.

Tolffors ist im Gegensatz zu Strömborg mit eigenen, einfachen Apparaten versehen, so daß dieses Werk von dem Maschinisten auch an Ort und Stelle bedient werden und unabhängig von den anderen Werken laufen kann.

Beide automatischen Stationen haben bisher zu voller Zufriedenheit gearbeitet.

Von der Größe der durch Automatisierung erzielbaren Ersparnisse gibt einen Begriff die Überlegung, daß für eine bediente Kleinanlage, die Tag und Nacht in Betrieb ist, drei Mann erforderlich sind; dies bedingt unter schwedischen Verhältnissen eine jährliche Ausgabe von rd. 10000—12000 Kr., die bei teilweise automatisiertem Betriebe oder Fernbedienung fast ganz eingespart werden. Bei Strömsborg ist z. B. überhaupt kein Maschinist — auch kein nebenamtlicher — angestellt, vielmehr wird täglich 3 mal eine Nachschau durch den Maschinisten von Strömdalen vorgenommen; man kann somit die Netto-Ersparnis an Betriebspersonalkosten auf mindestens 8000 Kr./Jahr schätzen, denen nur ziemlich unbedeutende einmalige Anlage-Mehrkosten (bei Strömsborg: 7000 Kr.) gegenüberstehen.

Um auch ein Beispiel für Automatisierung und Fernsteuerung industrieller Wasserkraftanlagen zu geben, seien die beiden Kleinanlagen der Ställberg-Grufve A.B. angeführt. Die eine hat 450 PS, die andere einen Maschinensatz von 280 und einen noch kleineren für die Beleuchtung der Gebäude und Wohnungen. Die beiden größeren Maschinen arbeiten parallel für den Motorenbetrieb des Bergwerks. Die Automatisierung und Fernsteuerung ist hier folgendermaßen geregelt (Abb. 989): Beide Anlagen haben zusammen nur einen Maschinisten, der unmittelbar bei der größeren, oberen Anlage wohnt. Beide Werke können im normalen Betrieb ohne ständige Bewachung sein, da Sicherheitsanordnungen vorhanden sind, um die Maschinen bei Fehlern selbsttätig abzustellen, und da alle drei Maschinen selbsttätige Turbinen- und Spannungsregler besitzen. Nur während jener Stunden des Tages, wo die Motoren des Bergwerks in vollem Betrieb sind und somit eine zeitweise Überlastung der Stromerzeuger vorkommt, kann die Anwesenheit des Maschinisten in der oberen Anlage erforderlich sein. Von da aus hat er durch selbsttätige Fernsignale auch Kontrolle über die größte Maschine der unteren Anlage. Außerhalb der Hauptbetriebsstunden hat der Mann nur die Instandhaltung der Maschinen zu besorgen, ferner mit Hilfe der selbstregistrierenden Wasserstandszeiger die Belastung auf die beiden Werke entsprechend zu verteilen und schließlich bei Störungen sofort an Ort und Stelle zu gehen. Zu letzterem Zweck sind in der Maschinistenwohnung Signalglocken, die das selbsttätige Stillsetzen einer Maschine infolge einer Störung anzeigen, auch das Auftreten eines zu hohen oder zu niedrigen Wasserstandes zwischen den beiden Werken. Somit ist also für die zwei Kraftanlagen zusammen nur ein einziger Maschinist erforderlich, der allerdings nicht neben-, sondern hauptamtlich beschäftigt ist.

Im vorstehenden sind nur solche Automatisierungen berücksichtigt, die Ersparnisse am Bewachungsdienst bezwecken und somit hauptsächlich für kleine und mittelgroße Anlagen wichtig sind. Weitgehende Automatisierung wird aber auch unabhängig von diesem letzten Ziel bei Großanlagen durchgeführt mit dem Zwecke: die Betriebssicherheit zu erhöhen. Beispielsweise werden bei der neuen großen Fröistulanlage (Norwegen), die an sich ständig bewacht werden soll, eine ganze Reihe von automatischen Sicherheitseinrichtungen angeordnet (darunter — wohl zum erstenmal in Nordeuropa — der Siebenmannsche Generatorenbrandschutz, der, außer der von einem Thermometer abhängigen selbsttätigen Wirkung, auch vom Wachtpersonal mit Druckknopfsteuerung in Tätigkeit gesetzt werden kann. Die Schutzwirkung wird bekanntlich durch gleichzeitiges Schließen der Klappen zum Warm- und Kaltluftkanal und Einlassen von Kohlensäure durch ein besonders gegen Zufrieren beim Ausströmen der Kohlensäure geschütztes Ventil ausgeübt).

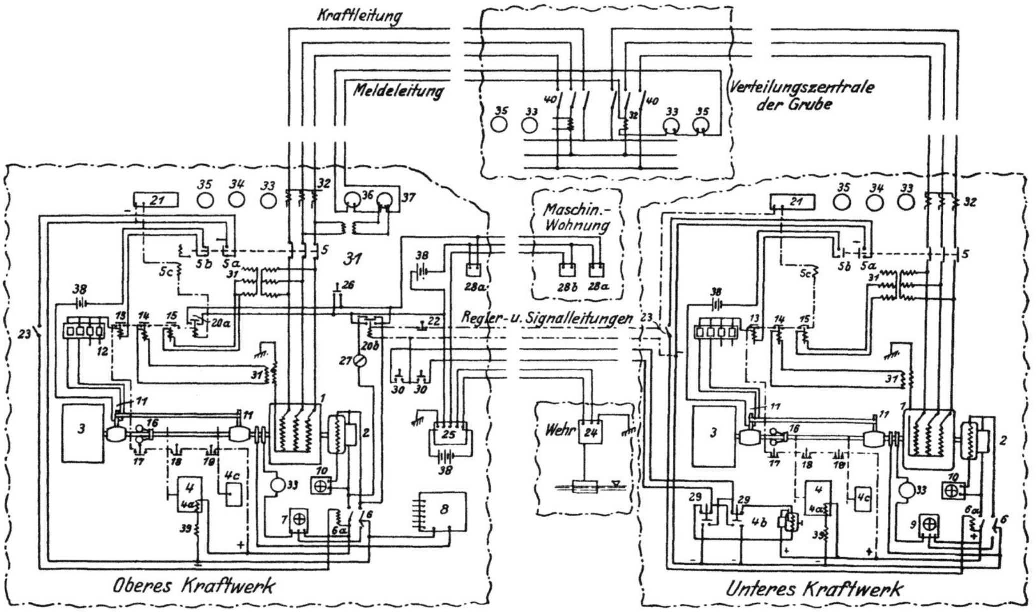

Abb. 989. Ställberg-Gruben. Schaltschema für automatisierten Betrieb der W. A. (Sv. V. Kr. För. 163.)

1 Drehstromerzeuger
2 kW-Messer
3 Wasserturbine
4 Geschwindigkeitsregler der Wasserturbine
4a Elektromagnet für Ruhestrom, beim Ausschalten des Stromes werden die Leitschaufeln geschlossen und die Bremse in Tätigkeit gesetzt
4b Motor für Geschwindigkeitsreglung im unteren Werk
4c Ölpumpe für den Regler
5 Ölschalter
5a Hilfskontakt zu *5*; ist geschlossen, wenn *5* offen
5b Hilfskontakt zu *5*; ist geschlossen, wenn *5* geschlossen ist
5c Spule für Nullspannungsauslösung von *5*, wird unterbrochen, wenn *5* stromlos
6 Magnetstromschalter
6a Auslösungsspule für *6*, schaltet, wenn *6a* Strom erhält
7 Magnetwiderstand
8 Automatischer Spannungsregler der oberen Station (Thury-Schnellregler mit Magnetwiderstand)
9 Magnetwiderstand in der unteren Station, gesteuert vom Turbinenregler
10 Magnetwiderstand des kW-Messers
11 Kontaktthermometer für die Lager
12 Nummerntafel, zeigt die Nummern der warmgelaufenen Lager
13 Relais für die Kontaktthermometer
14 Relais für Erdschluß
15 Relais für Überspannung
16 Zentrifugalgewichte
17 Druckknopfschalter für Wasserandrang
18/19 Druckknopfschalter für Bruch des Regler- und Pumpenriemens
20a Signalrelais, setzt die Alarmglocken *28a* in Bewegung beim Ausschalten der oberen Station
20b Zweiwegiges Signalrelais, beeinflußt die Alarmglocke *28* beim Ausschalten der unteren Station, hält aber die Lampe *27* leuchtend bei normalem Betrieb dieser Station
21 Maximalzeitrelais für Kurzschluß
22 Druckknopf für Stillegung der unteren Anlage durch die obere Anlage
23 Hilfsschalter (in der wirklichen Ausführung kombiniert mit Phasenstecker), wird geöffnet gehalten beim Ingangsetzen der Station, damit der Magnetstromunterbrecher *6* nicht von dem Hauptschalter *5* bzw. Hilfskontakt *5a* geöffnet wird, bevor die Synchronisierung hergestellt ist, sonst immer geschlossen
24 Wasserstands-Fernanzeiger
25 Wasserstands-Empfangsapparat mit Registrierungsanordnung für den Wasserstand
26 Druckknopf zur Herbeirufung des Maschinisten
27 Signallampe
28a Signalglocke, meldend die Abschaltung irgendeiner der Stationen
28b Signalglocke, meldend die äußerste Lage des Wasserstandes
29 zweiwegiger Druckknopf der unteren Station zur Erhöhung und Verminderung der Turbinendrehzahl in der Station
30 einwegiger Druckknopf der oberen Station zur Erhöhung und Verminderung der Turbinendrehzahl der unteren Station
31 Spannungswandler
32 Stromwandler
33 Amperemeter
34 Voltmeter
35 kW-Messer
36/37 Amperemeter und kW-Messer in der oberen Station, anzeigend Stromstärke und ungefähre Leistung der unteren Station
38 Galvanisches Element
39 Kupplungswiderstand
40 Linientrennschalter

Unterlagen.

Zachrisson, E.: Vattenkraftstationer utan ständig tillsyn. mit Diskussion. Sv. V. K. För. publ. 163. — Briefl. Mitt. von Verkstaden-Kristinehamn über Tolffors. — Rästed, Christian: Fröistulkraftanlägg. Tekn. Ukeblad 1926, S. 376—378. — Isbarkstormen den 23. Oktober 1921 samt des verkningar, Vattenfallstyrelsen Lynjebygnader von Nordell. — Briefl. Mitt. nord. Werke. — Westerlind: „Nagrå Erfarenheter från Konstruktionen av Statens Kraftverk". Hansenfestschr. S. 85. 1922. — Ruths, A.: Ice Troubles in Norwegian Water Power Plants, Eng. 11. Juli 1924. — Samsioe: „Measures taken in

Sweden, against ice troubles at water power plants. W. K. Konf. London II, S. 771 und 806. — Karlsson: On the design of movable dams. W. K. Konf. Basel H. 30. — Eisschwierigkeiten bei Kraft- und Wehranlagen mit besonderer Berücksichtigung der Walzenwehre, Manuskript der MAN. — Sundblad: Eisverhältnisse bei schwedischen Wasserkraftwerken. Wasserkr. u. Wawi. 1928, H. 17. — Berggren, Ing. August: Einiges über Eisbildung in fließendem Wasser und seine Einwirkung auf Kraftwerksanlagen. T. T. 3. Januar 1927. — Velander und Zachrisson: Automatisk drift av Svenska vattenkraftstationer. Sv. V. K. För. publ. 202 (1928). — Berggren: Über Eisverhältnisse bei Trollhättan. T. T. V. o. V. 1927 und briefl. Mitteilungen.

34. Abschnitt. Das technisch-wissenschaftliche Forschungswesen der nordischen Länder in Beziehung zur Wasserkraftwirtschaft.

1. Schweden.

Die frühzeitig hohe Entwicklung von Bergbau, Hüttenwesen, Stahl- und Holzindustrie hat schon im XVIII. Jahrhundert zu einer bemerkenswerten Forschertätigkeit auf diesen Gebieten (besonders in Hüttenwesen und Stahlindustrie) geführt. Schon 1747 gründete die schwedische Eisenindustrie den noch heute bestehenden Verband „Jernkontoret", gleichzeitig kaufmännische Interessengemeinschaft und technisch-wissenschaftliche Forschungsgesellschaft. Später sind dann z. T. vom Staat weitere Forschungsinstitute auf verschiedenen anderen Fachgebieten gegründet worden, von denen die schon im Jahre 1815 gegründete Lantbruksakademien (Landwirtschaftsakademie) und die erst in den letzten Jahrzehnten begründeten: Pappersmassekontoret (Zellulosekontor), metallographisches Institut, geologische Landesanstalt, Brennmittelforschungsinstitut, Materialprüfungsamt hervorgehoben werden mögen. Die Schwedische Akademie der Wissenschaften und die Lunder Wissenschaftliche Gesellschaft haben durch Förderung der Mathematik und Naturwissenschaften mittelbar auch die Entwicklung der technischen Wissenschaften gefördert. Eine besondere Bedeutung kommt der Tätigkeit der Technischen Hochschule Stockholm zu. Auch in Schweden wie überall in Europa pflegen die Lehrstühle neben der Unterrichtstätigkeit Forschungsarbeiten. Hierfür stehen z. T. eigene Institute zur Verfügung, wie: das Wasserbaulaboratorium und das hydraulische Laboratorium an der Technischen Hochschule Stockholm, auf die weiter unten eingegangen wird[1].

Außer der Stockholmer Technischen Hochschule besitzt Schweden in dem „Challmers Tekniska Institutet" in Göteborg eine Ingenieurschule, die, formell noch nicht als Technische Hochschule anerkannt, doch im wesentlichen annähernd dieselbe Ausbildung gibt wie Technische Hochschulen, und an der auch Forschertätigkeit ausgeübt wird[1].

Ein sehr wichtiger Schritt in der Entwicklung des technisch-wissenschaftlichen Forschungswesens in Schweden war die Errichtung der Akademie der Ingenieur-Wissenschaften („Ingeniörvetenskapsakademien") im Jahre 1921. Die Statuten dieser Akademie wurden von der Regierung festgelegt, die auch die 40 ersten Mitglieder ernannt hat; dieselben ergänzten und ergänzen sich durch Zuwahl bis zur statutenmäßigen Mitgliederzahl von 60 bis 80. Erreicht ein Mitglied das 65. Lebensjahr, so wird es ohne weiteres Ehrenmitglied unter Aufgabe seines Stimmrechtes. Jedes Mitglied gehört einer der 7 Abteilungen der Akademie an; diese sind: Abteilung für Mechanik, Elektrizität, Bauwesen, Chemie, Bergbau, Hüttenwesen und Psychologie nebst Hilfswissenschaften. — Jede dieser Abteilungen ist zugleich auch Forschungs-

[1] Der Dr.-Ing.-Grad und die damit zusammenhängende Forschertätigkeit des Ingenieurnachwuchses ist noch nicht eingeführt; manche Ing.-Kandidaten erhalten indes zur Diplomarbeit neue wissenschaftliche Aufgaben zur Behandlung gestellt. (Der von der Technischen Hochschule erteilte akademische Grad: „Civil Ingenieur" entspricht dem deutschen Diplom-Ingenieur.)

institut; außerdem kann die Akademie für besonders wichtige Sonderaufgaben weitere Forschungsinstitute gründen.

Das unten besprochene Elektrowärmeinstitut ist eine solche Gründung. Außer der Forschertätigkeit innerhalb der 7 Abteilungen und der Tochterinstitute wird auch vielfach Forschertätigkeit außerhalb des Rahmens der Akademie von ihr veranlaßt und materiell unterstützt; sie arbeitet dabei vielfach mit den übrigen Forschungsstätten, darunter hauptsächlich: der geologischen Landesanstalt zusammen. — Die finanziellen Grundlagen der Tätigkeit der Akademie wurden in erster Linie durch die von der Gesetzgebung zur Verfügung gestellten staatlichen Mittel gegeben, die z. T. mit, z. T. ohne nähere Zweckbestimmung überwiesen wurden, ferner durch von der Industrie zur Verfügung gestellte Mittel; schon bei der Gründung hat die Industrie 2000000 Kr. beigesteuert.

Neben den unten eingehender zu behandelnden wichtigen Forschungsarbeiten des Elektrowärmeinstitutes über Wärme- und Dampferzeugung durch Elektrizität mögen aus der umfangreichen Tätigkeit der Akademie besonders die sehr eingehenden Brennmittelforschungen (u. a. die Arbeiten über Energiewirtschaftsfragen der Holzindustrie, über Ölschiefer- und Torfverwertung) hervorgehoben werden. Von dem Gebiete des Bauingenieurwesens mögen — obschon teilweise abseits von dem Gegenstand dieses Buches liegend — die wichtigen Arbeiten über Lehm und Gründung in Lehm, über Wärmeisoliervermögen der Baustoffe, zweckmäßige Wohnungsbauweisen in Holz, über Schalldichtigkeit und Bauakustik, über wetterbeständige Ausführung von Gebäudeaußenflächen erwähnt werden. Von den Arbeiten auf dem Gebiete der technischen Chemie sind besonders jene über Verwertung der Nebenprodukte der Sulfitindustrie hervorzuheben. — Die experimentellen Forscherarbeiten werden z. T. als Abhandlungen (Handlingar), z. T. als Mitteilungen (Meddelanden), veröffentlicht. In letzteren finden sich vielfach auch Untersuchungen, die nicht als Forscherarbeiten im engeren (experimentellen) Sinne bezeichnet werden können; unter diesen Schriften sei die an anderer Stelle schon angeführte Arbeit über Eisenbahnelektrifizierung in Schweden hervorgehoben.

Als ein von der Ingenieurwissenschaftsakademie unabhängiges, ebenfalls in neuester Zeit entstandenes Institut ist das Straßenbauforschungsinstitut „Svenska Vägforskningsinstitutet" zu nennen, das vom Staate unter Mitwirkung des Automobilklubs gegründet wurde.

Neben der Tätigkeit der bisher erwähnten Forschungsstätten sind noch jene Forscherarbeiten zu erwähnen, die im unmittelbaren Zusammenhange mit Aufgaben des praktischen Lebens von technischen Staatsbehörden, Ingenieurfirmen und schließlich von einzelnen industriellen Großfirmen geleistet werden. — Von den Behörden, die gelegentlich technisch-wissenschaftliche Forscherarbeiten ausführen oder veranlassen, ist in Beziehung zur Wasserkraftwirtschaft weitaus die wichtigste „Vattenfallstyrelsen". Die Wasserkraftdirektion hat zunächst auf dem Gebiete des Turbinenbaues sehr wertvolle Versuche im Laboratorium für Wasserkraftmaschinen der Technischen Hochschule Stockholm veranlaßt, und ist im Jahre 1921 selbst zur Einrichtung einer großen, halbprovisorischen Versuchsstation bei Lilla Edet geschritten, die weiter unten besprochen wird. Außerdem hat Vattenfallstyrelsen sehr wichtige, umfangreiche Untersuchungen gemacht oder veranlaßt: auf dem Gebiete verschiedener neuer Anwendungen der Elektrizität, auf dem Gebiete des Leitungsbaues — unter Heranziehung außenstehender Sachverständiger — vgl. 32. Abschnitt, und auf dem der Betontechnik (S. 714, 723).

Sehr wertvolle, für die z. Z. in Entwicklung begriffene Wissenschaft der Erdbaumechanik grundlegende und richtunggebende Untersuchungen hat die schwedische Staatsbahnverwaltung über die Ursachen zahlreicher großer Damm- und Einschnittsrutschungen angestellt. Hier kann auf die in einem stattlichen Band veröffentlichten Ergebnisse der 10jährigen, groß angelegten Arbeiten nur hingewiesen werden. Als wichtige Einzelheit daraus sei die Schaffung neuer leistungsfähiger Probebohrgeräte, darunter eines Zylinderbohrers zur Entnahme von Bodenproben in ungestörter Lagerung erwähnt[1].

Von Ingenieurfirmen hat hauptsächlich Vattenbyggnadsbyrån wichtige Leistungen auf dem Gebiete der Wasserbauforschung aufzuweisen. Neben den bekannten, außerhalb des Rahmens d. B. fallenden Richertschen Arbeiten über Trinkwasserreinigung sind hier beispielsweise zu nennen: die wichtige Arbeit von Samsioe über Holzrohrleitungen (S. 635), die Karlssonschen Arbeiten über Weitspannrohre (S. 621), die Arbeiten von Hellström über statisch-konstruktive Fragen (S. 655), von Westerberg über wirtschaftliche Aufgaben, von Schmidt über hydrographische und fischereiwissenschaftliche Fragen. Auf dem Gebiete der Elektrotechnik führt die Göteborger Ingenieurfirma Karl G. Eliasson nicht nur Prüfungsarbeiten, sondern auch Untersuchungen über Neukonstruktionen im eigenen Laboratorium aus.

Von den großen Industrieunternehmungen, die wichtige Forschungsarbeiten und bedeutungsvolle Neuerungen auf ihren Fachgebieten gebracht haben, sei in erster Linie Elektrometall A. B. erwähnt. Das Gebiet der elektrotechnischen Metallverhüttung verdankt der Forschungsarbeit der schwedischen Ingenieure wesentliche Fortschritte. Im Wasserkraftwesen ist besonders hervorzuheben die Forschungstätigkeit der großen Turbinenfirmen, die alle eigene Prüfstationen besitzen. Die ausgeführten Arbeiten verdienen ganz besonders bei Verkstaden-Kristinehamn und bei Finnshyttan die Bezeichnung von Forscherarbeiten im höheren Sinne. Verkstaden hat u. a. besonders an der Entwicklung der Kaplanturbine, Finnshyttan an derjenigen der Lavaczekturbine durch umfangreiche Untersuchungen sich Verdienste erworben.

Die Darstellung des schwedischen Forschungswesens wäre unvollständig, wenn nicht auch der Tätigkeit verschiedener großer Vereinigungen gedacht würde, die zwar in erster Linie wirtschaftliche Aufgaben haben, dabei aber weitblickend genug sind, wissenschaftlichen Untersuchungen einen breiten Raum in ihren Verhandlungen einzuräumen. Uns interessieren hier vor allem: Svenska Vattenkraftföreningen, Svenska Electricitetsverksföreningen und Svenska Teknologföreningen. Wegen Einzelheiten ist auf die Übersicht der Technisch-wissenschaftlichen Literatur im Anhang d. B. zu verweisen. Auch die rein wissenschaftlich gerichtete „Schwedische Gesellschaft für Anthropologie und Geographie“ brachte in ihren „Geografischen Annalen“ schon wertvolle geophysikalische Arbeiten, die sich mit den natürlichen Grundlagen der Wasserkraftwirtschaft direkt oder indirekt beschäftigen, z. B. eine Arbeit von Wallén über Niederschläge im schwedischen Hochgebirge.

Das Wasserbaulaboratorium der Technischen Hochschule Stockholm nimmt das Erdgeschoß des einen Flügels eines größeren Laboratoriumbaues in dem neuen Gebäudekomplex der Technischen Hochschule am Valhallavägen ein. Es besteht aus zwei Räumen von $66{,}6 \times 6{,}0$ m und $23{,}3 \times 9{,}1$ m Grundfläche. Im ersteren Raum befinden sich (Abb. 990): große Rinne, vorwiegend für hydrometrische Arbeiten dienend, mit Laufwagen versehen, Rücklaufrinne, Pumpenkammer mit Pumpen und Hochbehälter mit Rohrleitungen. Im kleineren, von der langen Halle durch eine Pfeilerreihe getrennten Raum befinden sich: hydraulisches Gerinne und Wasserbaugerinne mit zugehörigen Zulaufskammern; dazwischen ist Platz für gelegentlich benötigte Versuchsrinnen und sonstige Versuchsaufbauten. Das Laboratorium wird durch zwei Amtszimmer und einen Werkstatt- und Lagerraum ergänzt.

Von ausgeführten Forschungsarbeiten seien hervorgehoben: Wellenerosion an Seeufern und Einfluß von Wasserstandsregulierungen, Wellendruckmessungen, Einfluß

[1] Vgl. auch Olsson: T. T., V. o. V. 28. Februar 1925.

der Mälarenregulierung auf die Strömungsverhältnisse im Stockholmer Hafen, Gefällverluste an Eisrechen (S. 648), Druck des Eises gegen Stauwerke (als Diplomarbeit ausgeführt); dann: über die Regulierung des Götaelvbettes zwecks Verminderung der Fallverluste und über die zu wählenden Anordnungen bei Lilla Edet zwecks Zuführung des Treibeises zu den Eisschleusen (Abb. 991). Für die letzten beiden wichtigen Arbeiten wurden die entsprechenden Versuchseinrichtungen von Vattenfallstyrelsen zur Verfügung gestellt. Weitere Arbeiten betreffen den Überfall an Wehren, Kolkerscheinungen und -verhütung, ferner Modellregeln u. a.

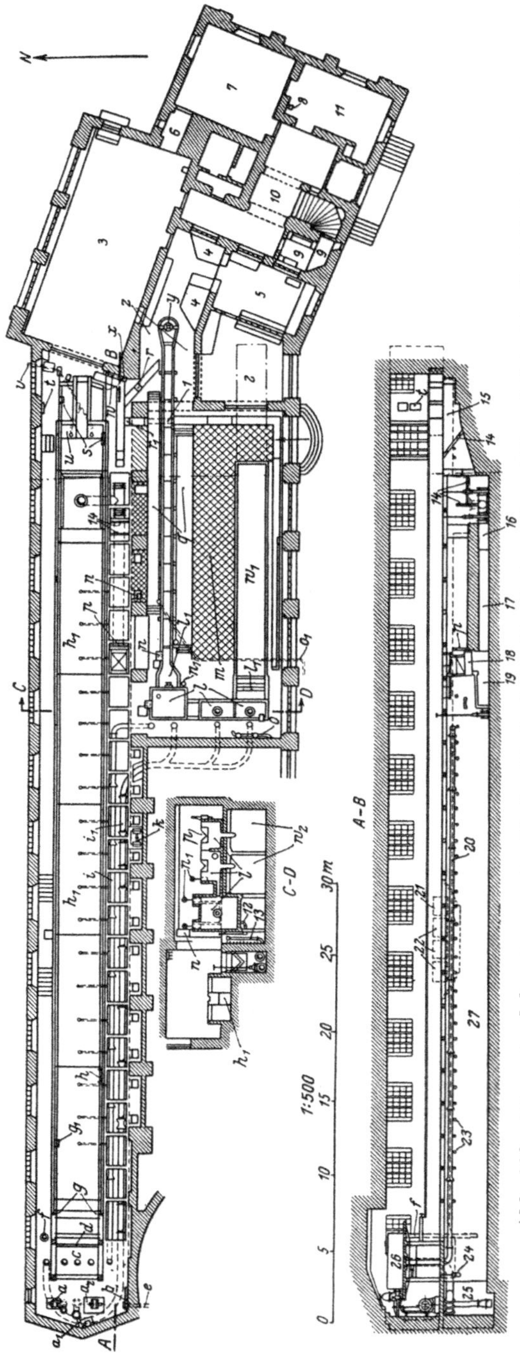

Abb. 990. Wasserbaulaboratorium der Techn. Hochschule Stockholm. Grundriß und Schnitt. (Prof. Fellenius.)

Abb. 991. Lilla Edet. Bestimmung der erforderlichen Eisauslässe im Wasserbaulaboratorium der Techn. Hochschule Stockholm. (Prof. Fellenius.)

Schließlich sind zu nennen: Forschungen auf dem Gebiete der Hydrometrie, z. B. eine Arbeit über die Einwirkung der Größe des Eichgerinnes, die Lage des Flügels in demselben und der Schrägstellung des Flügels bei der Eichung.

Es ist unmöglich, auf all diese Arbeiten, obschon sie gerade für das Wasserkraftwesen z. T. sehr wertvoll sind, näher einzugehen. Sie sind z. T. schon in dem Werk „Die Wasserbaulaboratorien Europas" von de Thierry und Matschoss (1926) Seite 386ff. (engl. erweiterte Ausgabe von Freeman 1929 S. 533ff.) eingehend von dem verdienstvollen Vorstand des Laboratoriums, Prof. W. Fellenius, beschrieben. Über die neueren Arbeiten liegen Veröffentlichungen seines Mitarbeiters und Betriebsleiters Ziv.-Ing. Lindboe vor; s. u.

Das Turbinenlaboratorium der Technischen Hochschule Stockholm. Die interessanteste Versuchsreihe ist ein Teil der experimentellen Untersuchungen über Lavaczekturbinen, die auf Veranlassung von Vattenfallstyrelsen im Zusammenhang mit dem Entwurf der Wasserkraftanlage Lilla Edet ausgeführt wurden. — Im Hinblick auf die bescheidenen Abmessungen des Turbinenlaboratoriums hat man sich entschlossen, demselben die in kleinem Maßstabe auszuführenden, vorwiegend qualitative Ergebnisse anstrebenden Vorversuche zur Bearbeitung zuzuweisen und die quantitativen Hauptversuche der weiter unten zu besprechenden halbprovisorischen Probeanlage der Wasserkraftdirektion vorzubehalten.

Zum Zwecke der Vorversuche war im Turbinenlaboratorium durch provisorische Erweiterung und Umbau eine Einrichtung zu schaffen, die für das Ausprobieren einer Modellturbine mit 200 mm Durchm. geeignet war; geometrische Ähnlichkeit der Saugröhren des Modells mit jener der geplanten Kraftanlage wurde im Hinblick auf die oben umrissene Aufgabe nicht angestrebt. Den Probestand (Abb. 992) bildeten drei Wasserbehälter aus Eisenblech, von denen der oberste, mit Wasserberuhiger versehene, das Oberwasserbecken, der mittlere, mit einem Meßschirm versehene, den Unterkanal darstellt, während der unterste ein Eichgefäß bildet. Von hier wird das Wasser in einen Tiefbehälter geführt und nach oben zurückgepumpt.

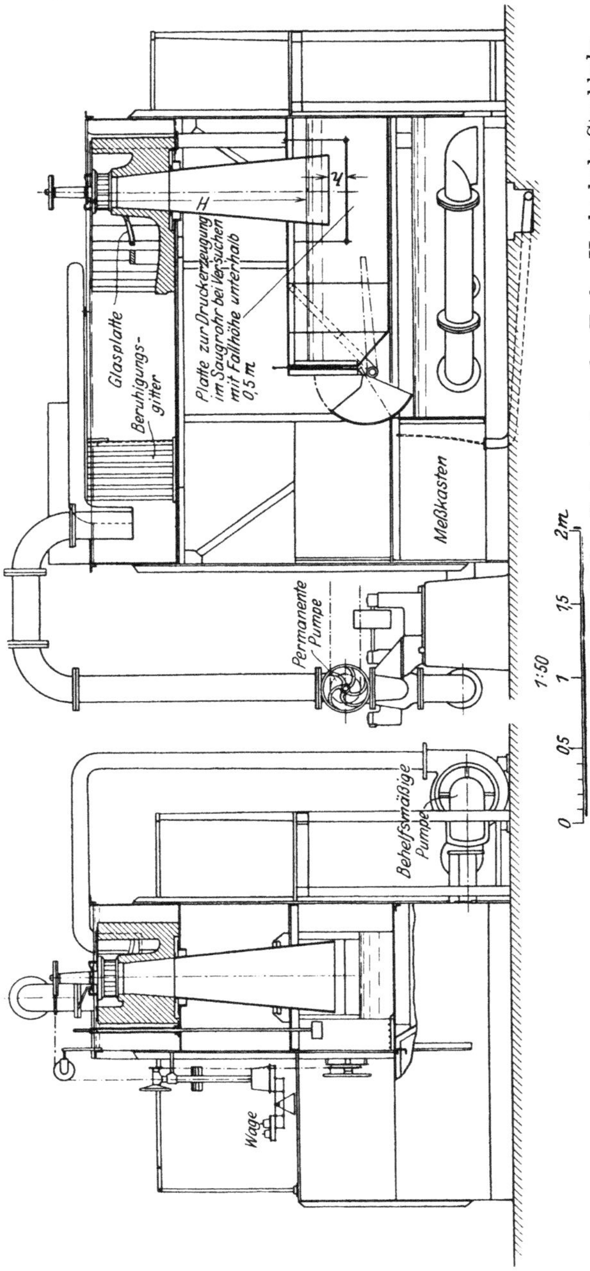

Abb. 992. Versuchseinrichtung für Lavaczekturbinen im hydraulischen Laboratorium der Techn. Hochschule Stockholm. (Vattenfallstyr.)

Neben dem Studium verschiedener Lavaczek-Modellräder wurden Untersuchungen der Strömungsverhältnisse in der eigenartig geformten Zulaufspirale durchgeführt. Dabei ergab sich eine sehr günstige, ziemlich wirbelfreie, Geschwindigkeitsverteilung (Abb. 993). Dipl.-Ing. Munding (Vattenfallstyr.) und Prof. Dahl (T. Hochsch.) haben darüber eingehend berichtet in der amtlichen Veröffentlichung „Statens Kraftverk vid Lilla Edet".

Schon vor dem Aufkommen der neuen Schnelläufertypen (Propeller, Kaplan, Lavaczek) hat das Laboratorium sich intensiv mit der konstruktiven Gestaltung schnellaufender Francisturbinen für niedrige Fallhöhen befaßt.

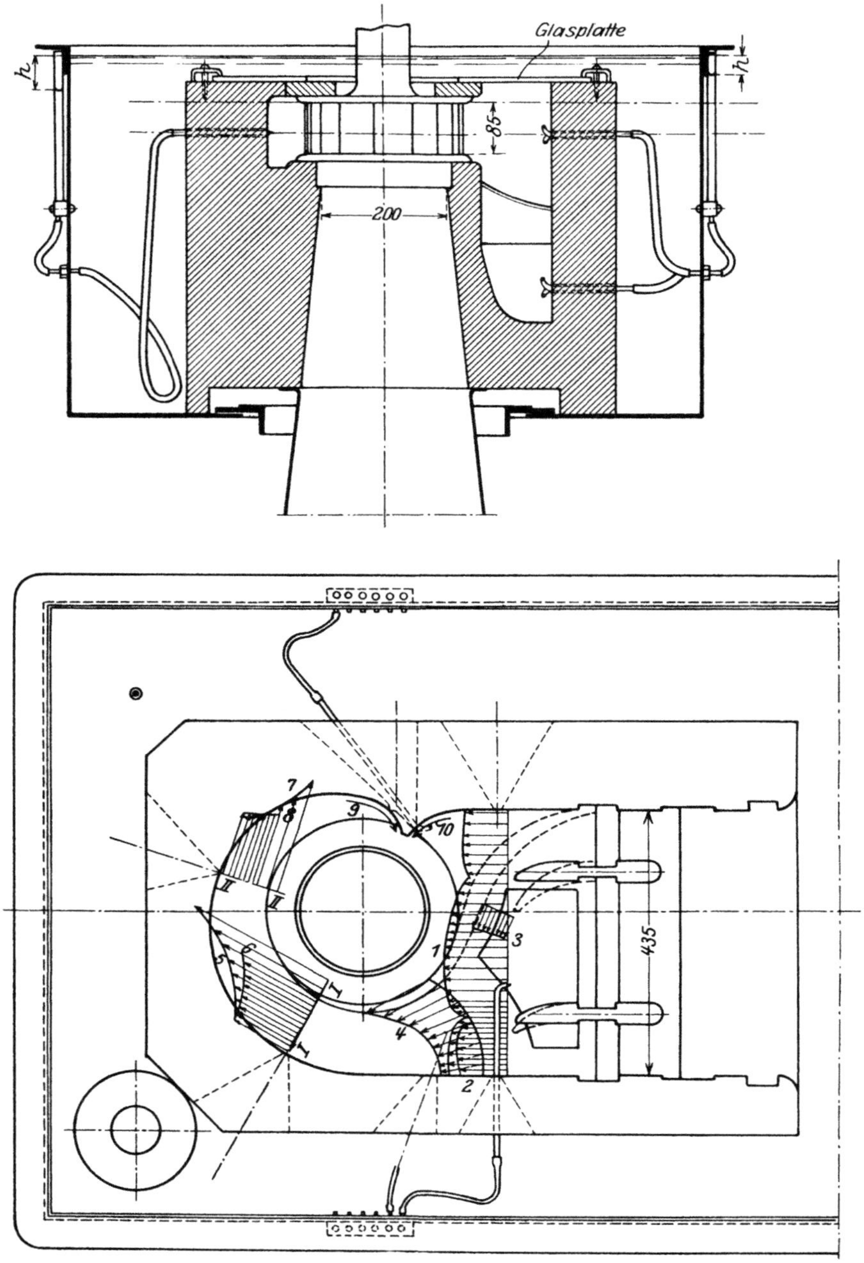

Abb. 993. Geschwindigkeitsverteilung in Lavaczekturbine nach Untersuchung im hydr. Lab. der T. Hochschule Stockholm. (Vattenfallstyr.)

Geschwindigkeitsmaßstab der Kraftwerksturbine
0 1 2 3 4 m/sek

Die Turbinenversuchsanstalt des Vattenfallstyrelsen bei Lilla Edet für die Untersuchung der zahlreichen Fragen hinsichtlich der Wahl des Turbinensystems, der Turbinenanordnung und -größe, der Gestaltung von Wasserzuleitung und Saugrohr wurde in der alten Schleusenanlage daselbst erbaut, die nach dem Umbau des Trollhättankanals (S. 223) überflüssig geworden war. Man hatte schon damals auch andere Forschungen im Zusammenhang mit den im Bau befindlichen Werken Motala und Harspränget im Auge und hat dementsprechend die kleine Versuchsanstalt sogleich, wenn auch nicht ganz permanent, so doch für eine Baustellenanlage ungewöhnlich solide ausgeführt. Das Gebäude, in Holz erstellt, wurde dadurch sehr verbilligt, daß den Schleusenmauern wagerechte Seitenkräfte zugemutet werden konnten. Abb. 994 zeigt die Versuchstation im ursprünglichen Zustande, wie gerade eine Probeturbine für Lilla Edet eingebaut ist. Als Maßstab der Versuche für Lilla Edet ward 1 : 6 gewählt und, soweit Doppelturbinen mit Zwillingsanordnung in Frage kamen, wurde immer nur die untere Hälfte eines ganzen Satzes der Prüfung unterzogen. Die für die Probeturbinen verfügbare Fallhöhe war nicht die Gesamtfallhöhe von Lilla Edet, da von dieser nahezu 2 m durch den Meßüberfall in Anspruch genommen wurden; es blieben somit nur rd. 4 m für die Turbinen, und deren Höchstleistung war rd. 70 PS.

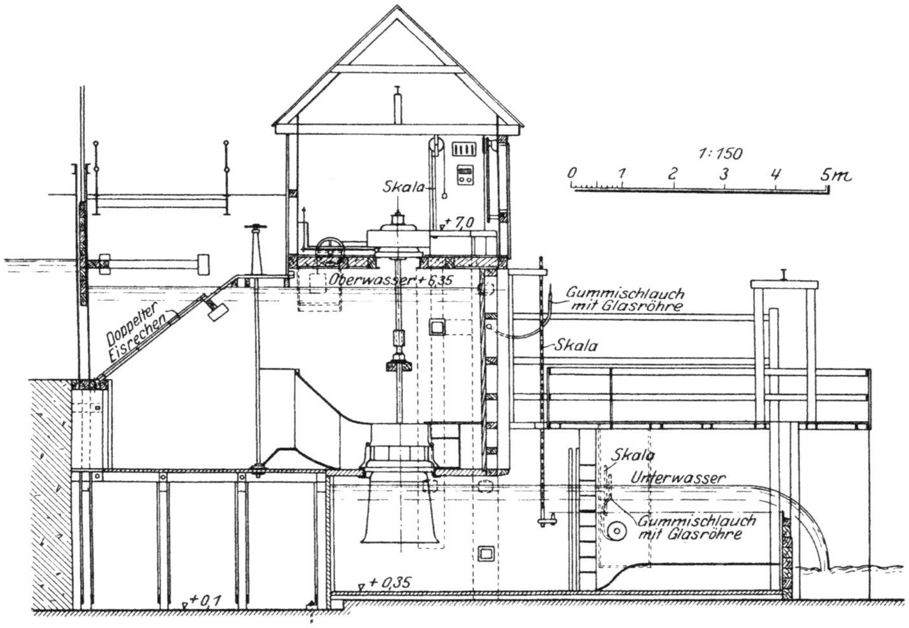

Abb. 994. Turbinen-Versuchsstation Lilla Edet. (Vattenfallstyr.)

Die Anordnung des Versuches bei der ursprünglichen Versuchsanlage bietet nichts Neuartiges; die Fallhöhe wurde mit Schwimmern, die Wassermenge mit Überfall unter Benutzung der Rehbockschen Formel für den Beiwert μ ermittelt. Mit dieser Anordnung der Prüfanstalt wurden die in Abb. 995 schematisch dargestellten Zwillingsmodelle (wie gesagt: nur die untere Hälfte eines jeden Satzes) geprüft, und zwar mit vollständig genügenden Ergebnissen, da es im wesentlichen nur auf einen qualitativen Vergleich ankam.

Als aber im Jahre 1922 auf Grund des Vergleichs der erhaltenen Ergebnisse mit bekannt gewordenen neueren Ergebnissen von Einradturbinen beschlossen wurde, den Ausbau nicht mit Doppelzwillingsturbinen, sondern mit Einradturbinen von 10000 PS auszuführen, wurde (da man den Maßstab 1 : 6 beibehalten wollte) der Durchmesser des Versuchsrades bedeutend größer, was schon Änderungen in der Versuchsanstalt erforderte. Hauptsächlich mußte sie aber deshalb abgeändert werden, weil die weiter vorzunehmenden Versuche einen quantitativen Charakter erhalten sollten und somit die Wassermengenmessung mit wesentlich erhöhter Genauigkeit vorzunehmen war. In der umgebauten Versuchsanstalt (Abb. 996) erfolgte die Wassermessung mit Schirm (Anlaufstrecke: rd. 4 m, Meßstrecke: 8 m). Die Wasserstandsmessung erfolgte bei der neuen Anordnung mit Wasserstandsröhren; in die Verbindungsleitungen zwischen den Wasserstandsröhren und Unterkanal war ein Ausgleichbecken zur Dämpfung der vom Unterwasser übertragenen Schwankungen eingeschaltet.

Mit dieser neuen Anordnung wurden Versuche für die Kaplanturbine und hauptsächlich für die Lavaczekturbinen ausgeführt, und eben auf Grund dieser Versuche wurde die Anordnung zweier Lavaczek- und einer Kaplanturbine wegen der günstigen Ergänzung der Wirkungsgradeigenschaften beschlossen (vgl. S. 662).

Nach Abschluß der Lilla Edet-Versuche wurde in der Anstalt noch eine Untersuchung der für Motala in Aussicht genommenen (aber bisher nicht ausgeführten) zur Speicherpumpe umkehrbaren Turbine durchgeführt.

Die Versuchsanstalt wurde von Dipl.-Ing. Munding (Turbinenspezialist beim Vattenfallstyrelsen) eingerichtet und geleitet.

Die Turbinenlaboratorien der A. B. Karlstads Mekaniska Verkstad, Werk Kristinehamn. Verkstaden Kristinehamn besitzt folgende Versuchseinrichtungen: für die Ausführung der Turbinenproben und Versuche eine Prüfanstalt, die ausschließlich für Kontrollbremsungen der besten Modellturbinen in größerem Maßstab dient. Die eigentliche Forschungsarbeit daneben ist hauptsächlich drei Laboratorien zugewiesen, von denen das eine für Niederdruckturbinen im allgemeinen, das zweite für Sonderuntersuchungen auf

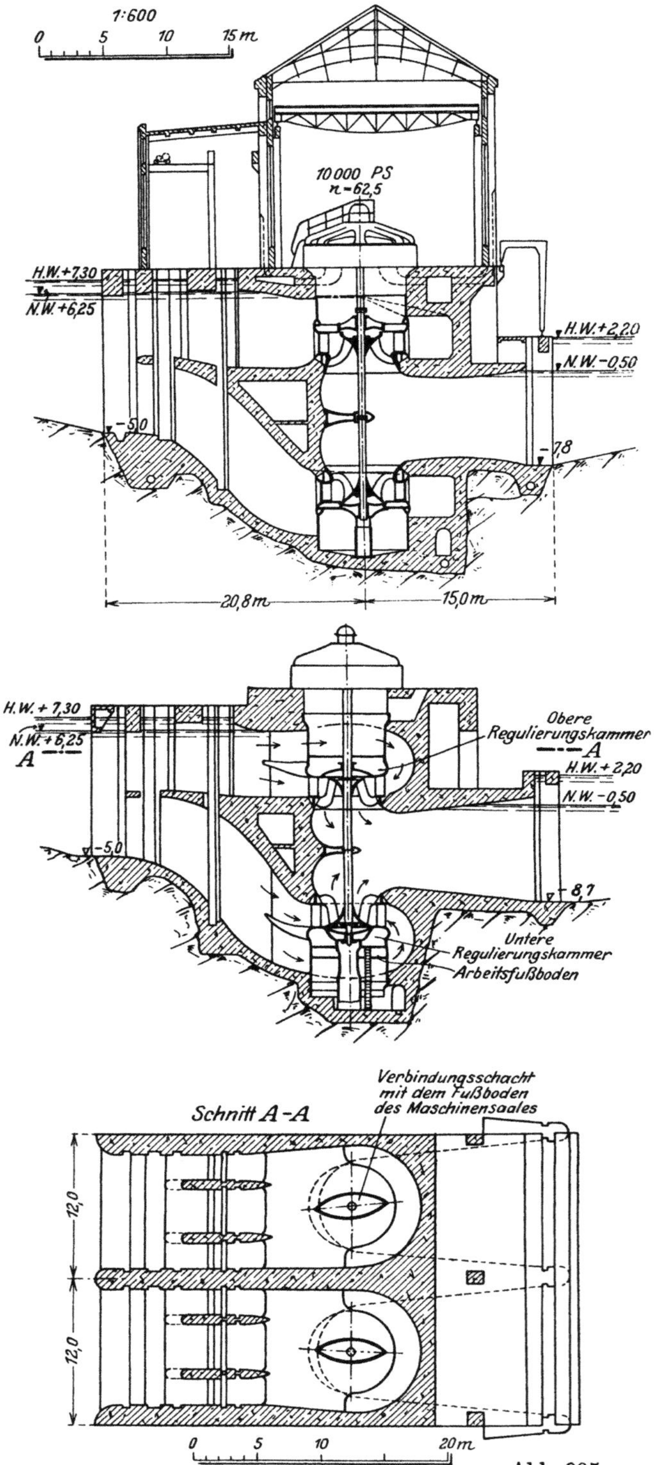

Abb. 995.
Lilla Edet. Die ersten in der Versuchsstation untersuchten

dem Gebiete der Kavitation, das dritte aber für Hochdruckanlagen dient.

Die Prüfanstalt, 1906 erbaut, 1915 umgebaut und erweitert, ist für alle vorkommenden Typen von Reaktions-

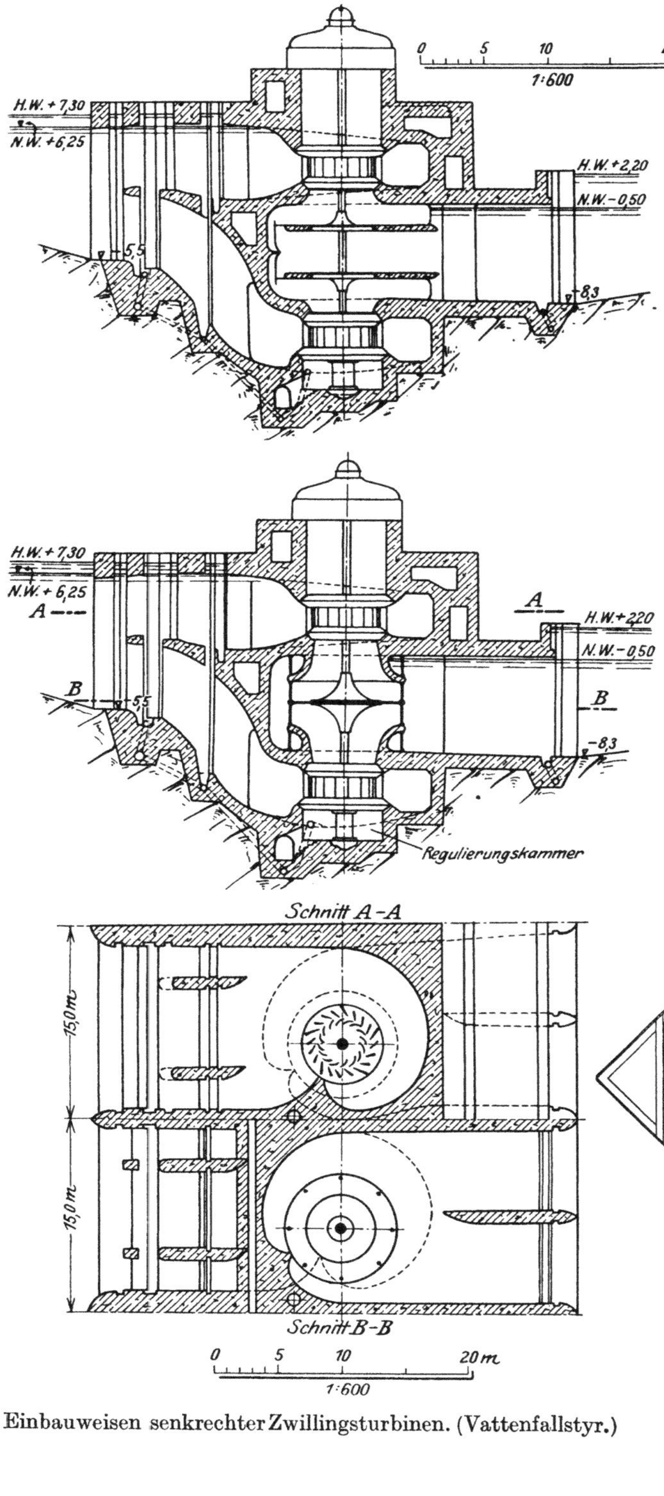

Einbauweisen senkrechter Zwillingsturbinen. (Vattenfallstyr.)

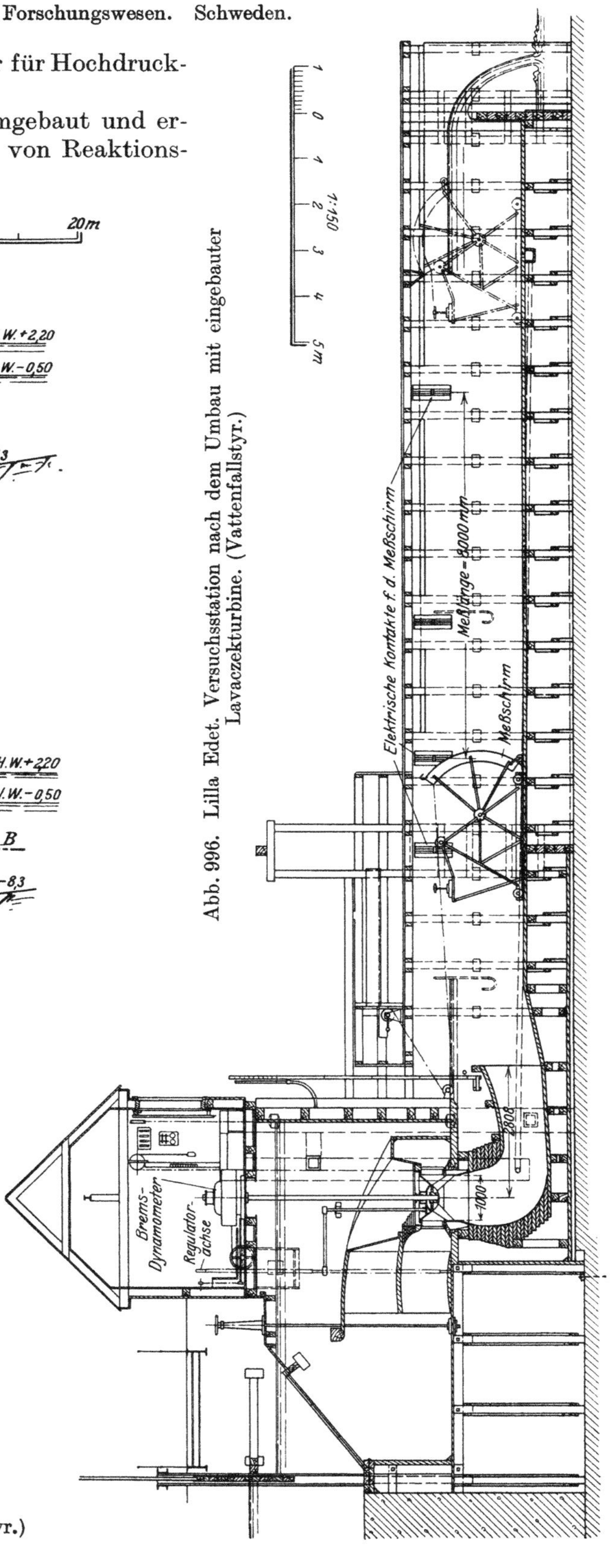

Abb. 996. Lilla Edet. Versuchsstation nach dem Umbau mit eingebauter Lavaczekturbine. (Vattenfallstyr.)

turbinen geeignet. Die Anlage nützt einen unmittelbar bei den Werkstätten befindlichen Wasserfall aus (Abb. 997). Das oberhalb liegende Stauwehr ist mit Schützen und einer beweglichen Öffnung zwecks Regulierung des Wasserstandes versehen.

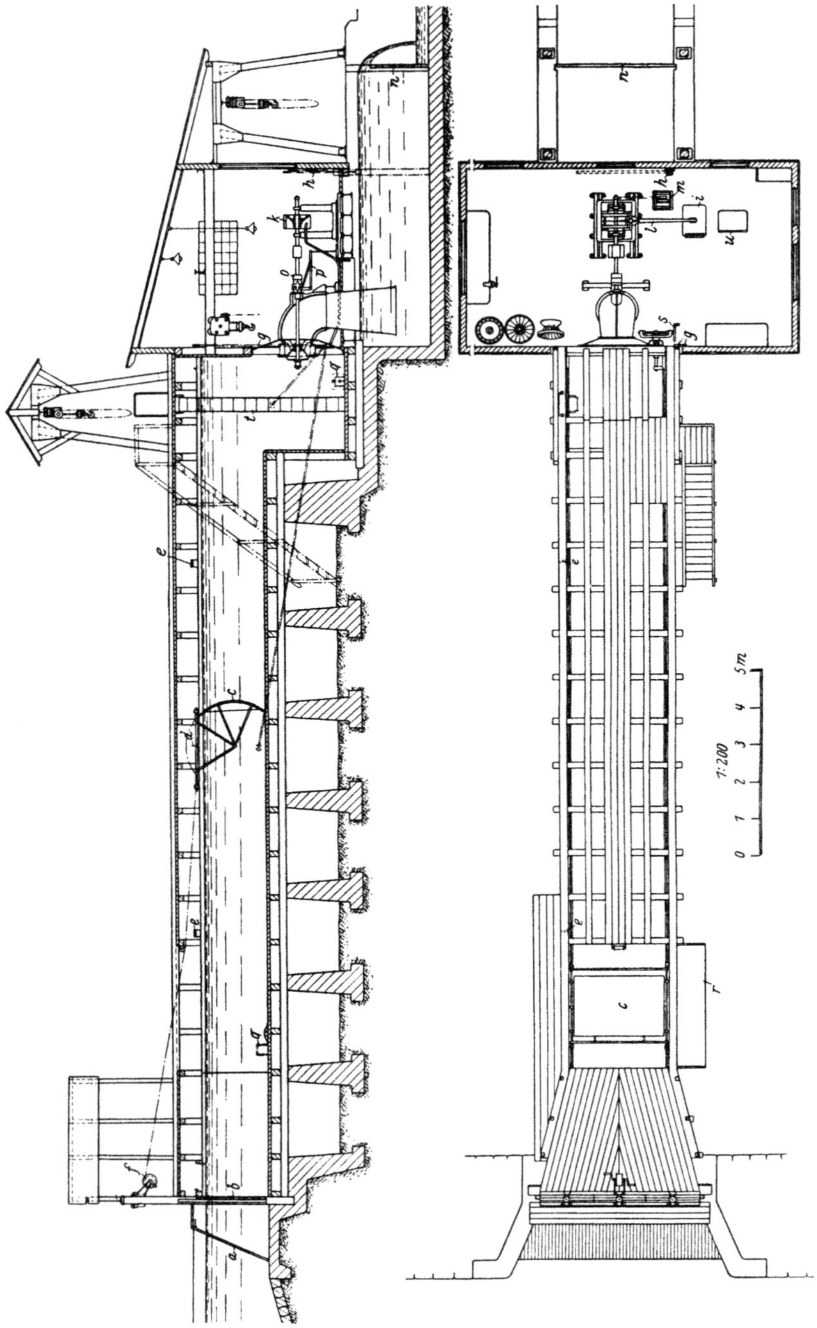

Abb. 997.

Außer der in Abb. 997 angedeuteten Prüfanordnung für Turbinen mit wagrechter Welle ist auch die Einrichtung zur Prüfung von senkrechten Einradturbinen vorhanden. Zu diesem Zweck wird die Einradturbine in einem Druckkessel aus Eisenblech aufgestellt, der im Maschinenraum an einen gußeisernen, am Rand der Turbine angeordneten Rahmen angeschlossen werden kann. Die Meßanordnungen sind: für Wassermengenmessung ein Meßschirm üblicher Anordnung mit Schwingkontakten, Magnetapparat und Stoppuhr; für Wasserstandsmessung im O.W.: Wasserstandsröhre; im U.W.: Schwimmer mit Zeiger auf der Spindel; für die Umlaufzahl ein Tachometer nach Horn und zur Kontrolle ein an die Turbinenwelle gekuppelter Tourenzähler, der durch eine elektrische Kontaktanordnung ebenfalls mit der Stoppuhr in Verbindung steht.

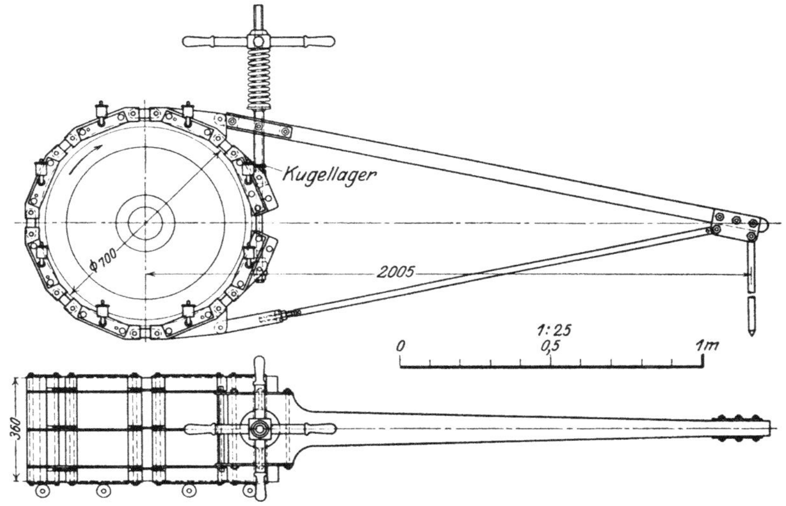

Abb. 998.

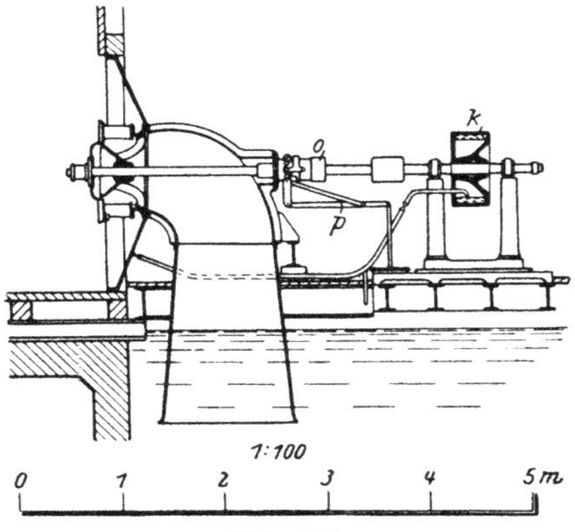

Abb. 999.

Abb. 997—999. Turbinenlaboratorien von Verkstaden Kristinehamn. Turbinenprüfanstalt.

a Rechen
b Schützen
c Meßschirm
d Schlagstift für Kontakte
e Kontakte
f Winde für den Schirm
g Wasserstandsrohr für OW.
h Schwimmer für UW.
i Wage
k Bremsscheibe
l Bremsdynamometer
m Tachometer
n Dammbalken-Überfallwehr
o Axialdrucklager
p Hebel zur Wiegung der Axialkraft
q Entleerungsklappe
r Streichwehr
s Reguliergetriebe für den Leitapparat
t Leiter
u Schreibtisch

Zur Messung des Drehmomentes dient ein Bremszaum neuer Konstruktion (Abb. 998, 999), so leicht gebaut, daß er auch für die höchsten Drehzahlen der Schnelläufer verwendbar ist.

Er besteht aus einer Kette von 8 Bremsklötzen, die durch gelenkige Flacheisenlaschen miteinander verbunden sind. An Stelle einer dieser Laschen ist eine Schraubenspindel zur Regulierung der Bremskraft angeordnet, wodurch eine gleichmäßige Zugkraft in die Gelenkkette hineinkommt, was gleichmäßige Pressungen und gleichmäßige Erwärmung gewährleistet. Auf dem mit Gewinde versehenen Ende der Spindel sitzt das Handrad, dessen Nabe auf einem Kugellager gegen eine Spiralfeder läuft, die auf ein in dem einen Bremsklotz gelagertes Querstück drückt. Das andere Ende der Spindel ist an dem Querstück des benachbarten Bremsklotzes befestigt. Die Anordnung von Spiralfeder und Kugellager erlaubt eine sehr feine Einstellung der Drehzahl. Die Bremskraft wird auf die Wage mit Hilfe von Hebel und Druckspindel übertragen. Die Schmierung vermitteln die auf jedem einzelnen Klotz angeordneten Öltöpfe. Die Dochte und Schmiernuten sind so angeordnet, daß das Öl auf die ganze Breite der Scheibe gleichmäßig verteilt ist. Die Scheibe wird durch zuströmendes Wasser gekühlt. Bei 700 mm Durchm. und einer Breite von 360 mm ist die Bremse für Leistungen bis 90 PS und Drehzahlen von 100 bis 1000 ohne Schwierigkeiten anwendbar.

Das Niederdrucklaboratorium (Abb. 1000a—d) dient für Vorversuche in kleinem Maßstab und für Forschungsarbeiten im eigentlichen Sinne. Es wurde in

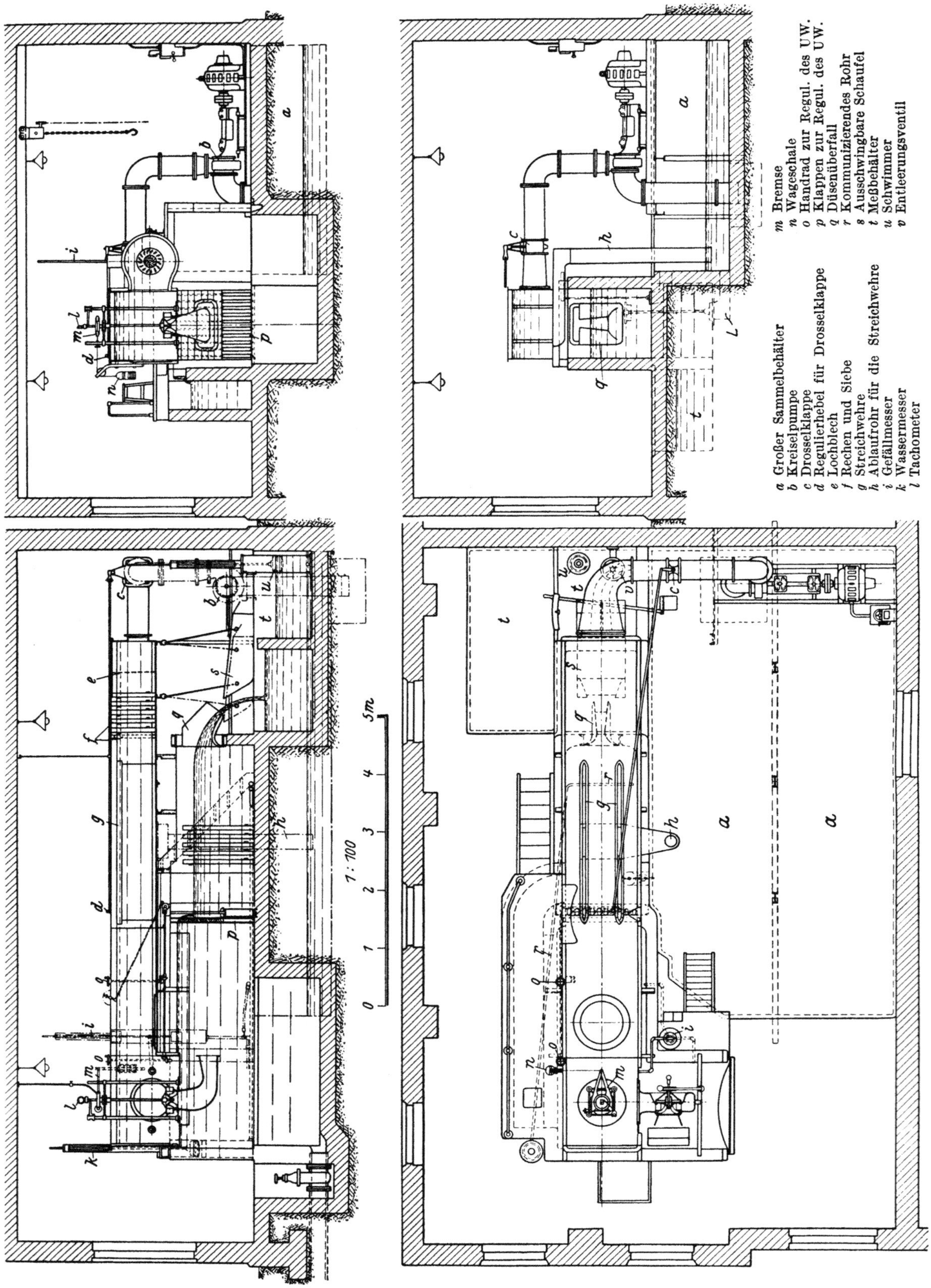

- *a* Großer Sammelbehälter
- *b* Kreiselpumpe
- *c* Drosselklappe
- *d* Regulierhebel für Drosselklappe
- *e* Lochblech
- *f* Rechen und Siebe
- *g* Streichwehre
- *h* Ablaufrohr für die Streichwehre
- *i* Gefällmesser
- *k* Wassermesser
- *l* Tachometer
- *m* Bremse
- *n* Wageschale
- *o* Handrad zur Regul. des UW.
- *p* Klappen zur Regul. des UW.
- *q* Düsenüberfall
- *r* Kommunizierendes Rohr
- *s* Ausschwingbare Schaufel
- *t* Meßbehälter
- *u* Schwimmer
- *v* Entleerungsventil

Abb. 1000. Turbinenlaboratorien von Verkstaden Kristinehamn. Niederdrucklaboratorium.

einem schon vorhandenen Gebäude des Werkes eingerichtet und gestattet Prüfung von Turbinen-Modellen von 0,8—1,5 PS. Die Fallhöhe wird durch eine Pumpenanlage mit Tiefbehälter künstlich erzeugt. Auf seinem Wege durch das Oberwasserbecken geht das Wasser durch ein System von Beruhigungsrechen und -sieben. Der Oberwasserstand wird durch 2 längliche Überfallöffnungen von 12 m gesamter Kantenlänge praktisch genau konstant erhalten.

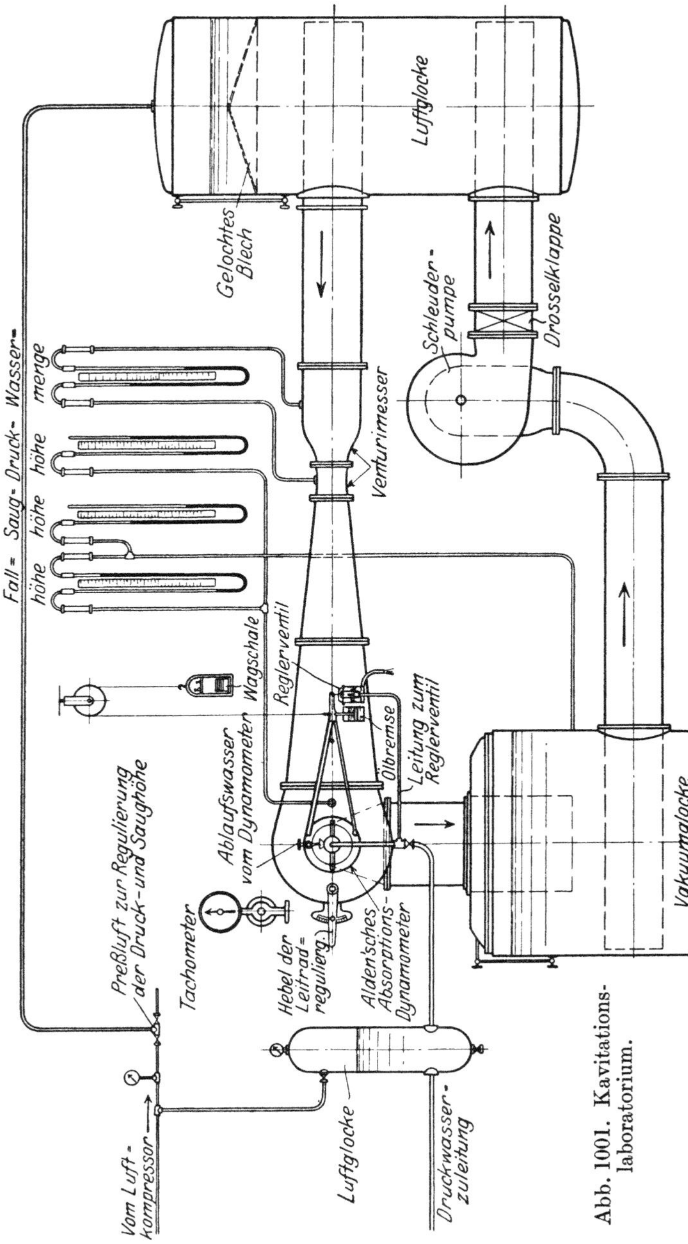

Abb. 1001. Kavitations-laboratorium.

Von Meßeinrichtungen ist die Wassermeßeinrichtung besonders bemerkenswert: Sie besteht aus einem Überfall, der eine verbesserte Form des rechteckigen Spaltüberfalls darstellt und als Düsen- oder Mundstücküberfall bezeichnet werden könnte. Die Anordnung hat gegenüber dem Spaltüberfall den Vorteil, daß die Strömung völlig stabil ist. Das vom Überfall kommende Wasser wird durch eine ausschwingbare Schaufel nach einem Eichgefäß geleitet. Die Schaufel betätigt bei ihrem Aus- und Einschwingen elektrisch in bekannter Weise eine Stoppuhr, die zugehörige Wassermenge ist an dem Schwimmer des Eichbehälters abzulesen. In diesem Laboratorium werden für alle Aufträge des Werkes die Vorversuche, hauptsächlich auch für Saugrohre ausgeführt. Trotz des kleinen Maßstabes haben sich die Meßergebnisse als ein nicht nur qualitativ, sondern auch quantitativ zuverlässiger Anhalt für die Beurteilung der geplanten Anlagen erwiesen, wobei für die Umrechnung vom Modell auf die Wirklichkeit die Formeln von Camerer benützt werden, die sich als gut brauchbar erwiesen haben, solange die Strömung kontinuierlich ist.

Für das Studium der Grenze, bis zu der die Strömungserscheinungen in der Turbine kontinuierlich sind, also zum Studium der Kavitationsgrenze, ist ein besonderes Laboratorium, anschließend an das eben erwähnte Niederdrucklaboratorium, eingerichtet. Dieses Laboratorium (Abb. 1001, 1002) ist nicht wie das erste Niederdrucklaboratorium für eine bestimmte Fallhöhe, sondern für jede beliebige Fallhöhe bis 11 m und für jede beliebige Saughöhe geeignet. Die Modellaufräder müssen einen Durchmesser von 250 mm haben. Das Eintreten der Kavitation macht sich auf zwei Arten bemerkbar: 1. durch plötzliches Fallen des Wirkungsgrades, 2. durch unmittelbare Beobachtung an dem durch Oszilloskop beleuchteten und optisch stillstehend gemachten Laufrad. Mit Hilfe des Oszilloskops ist hier ein neues Glied in den Kavitationsvorgängen, die sogenannte Spaltkavitation, entdeckt worden; sie entsteht dadurch, daß das Spaltwasser hinter dem Laufrad sich von der Spaltwandung lostrennen will und bei hinreichend großer Fall- und Saughöhe Kavitation veranlaßt. Die Versuche haben gezeigt, daß Kaplan- und Propellerturbinen bis 15 m Fallhöhe unter Voraussetzung mäßiger spezifischer Umdrehungszahl und niedriger Saughöhe bei zweckmäßiger Gestaltung der Schaufeln gut anwendbar sind.

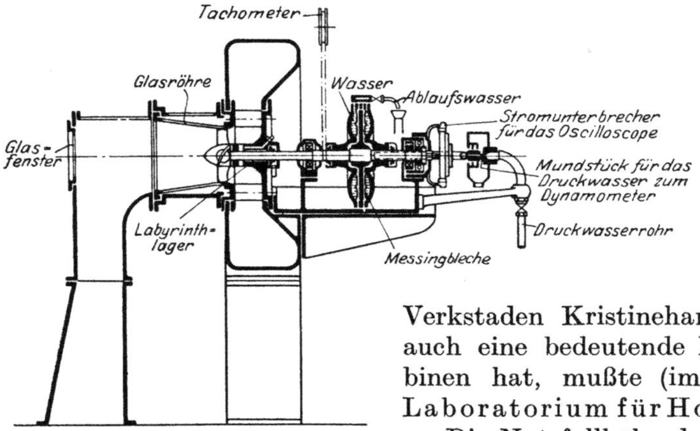

Abb. 1002. Kavitationslaboratorium.

Abb. 997–1002. Turbinenlaboratorien von Verkstaden Kristinehamn.

Die oben beschriebenen drei Versuchseinrichtungen dienen ausschließlich für Reaktionsturbinen. Da indessen Verkstaden Kristinehamn, vorwiegend für Ausfuhr, auch eine bedeutende Fabrikation von Freistahlturbinen hat, mußte (im Jahre 1917) ein besonderes Laboratorium für Hochdruck eingerichtet werden.

Die Nutzfallhöhe der Versuchsturbinen, hier normal 60 m, wird mit 2 Präzisionsmanometern gemessen. Die Messung der Wassermenge geschieht mit ausschwingbarer Schaufel und Eichgefäß. Für längere Untersuchungen mit ein und derselben Düse wird vielfach die Düse geeicht, um an Meßarbeit zu sparen. Die Anordnungen für die Drehzahl- und Leistungsmessung sind ähnlich wie beim Niederdrucklaboratorium. Die Höchstleistung des Hochdrucklaboratoriums ist 35 PS. Auch hier wird für Untersuchung der Wasserströmungsverhältnisse relativ zur Schaufel das Oszilloskop benutzt. Die Untersuchungen haben bei der Verbesserung der Gestaltung der einzelnen Teile, bei Bestimmung der günstigsten Schaufelzahl u. a. m. wichtige Dienste geleistet.

„Elektrovärmeinstitutet". Schweden ist wohl das erste Land, in dem für wissenschaftliche Untersuchung der Fragen der wirtschaftlichen Wärme- und Dampferzeugung durch Elektrizität ein besonderes Institut gegründet wurde. Die Tätigkeit des Instituts ist für Schweden, hauptsächlich Mittel- und Südschweden, wo die Regulierungsmöglichkeiten der Wasserführung meist ziemlich unzureichend sind, von außerordentlich großer Bedeutung, da sie die bekannten (S. 62) Möglichkeiten weitergehender Nutzung von Überschußenergie wesentlich verbessert und auch neue Möglichkeiten eröffnet hat. Das Institut ist eine Gründung der Ingenieurvetenskapsakademie, die es durch kostenlose Hergabe der Räumlichkeiten (zwei Laboratoriumsräume nebst Lagerräumen) im Gebäude der Akademie, elektrischer Energie u. dgl., ferner durch einen festen Jahresbeitrag unterstützt; ein zweiter, gleicher Jahresbeitrag wird vom Vattenfallstyrelsen gegeben, wogegen das Institut sämtliche Untersuchungen für Vattenfallstyrelsen kostenlos auszuführen hat. Für alle übrigen Behörden, auch für private Industrien, führt das Institut Untersuchungen gegen Bezahlung aus. Das Nettoeinkommen dieser beratenden Tätigkeit und die erwähnten festen Beiträge setzen das Institut in die Lage, auch Forscherarbeiten ohne unmittelbare praktische Veranlassung zu fördern. Das Personal des Instituts besteht vorläufig aus dem Leiter — z. Z. Ziv.-Ing. Stålhane — und drei Mitarbeitern.

Von den im Auftrag ausgeführten Arbeiten seien die für Vattenfallstyrelsen ausgeführten Untersuchungen über Haushaltselektrifizierung, die für die Armeeverwaltung ausgeführten Untersuchungen über Elektrifizierung von Mannschaftsküchen, Mannschaftsbacköfen, Kasernenheizung, die für das Gesundheitsamt ausgeführte Untersuchung für elektrische Backöfen für Krankenhäuser, die für die Eisenindustrie ausgeführten Forschungen über elektrische Glüh- und Härtöfen hervorgehoben. Die wichtigsten selbständigen Arbeiten des Institutes dürften die 1926 aufgenommene Ausarbeitung einer neuen Methode für die Haushaltselektrifizierung und die Forschungen über elektrische Dampfkessel sein. Die Aufgabe der letztgenannten Arbeiten ist die Schaffung einer Konstruktion für Elektrokessel, die erstens je kW möglichst wesentlich billiger sind als die bisher gebräuchlichen, zweitens aber so beschaffen sind, daß sie den Strom, so wie er von der Hochspannungsleitung kommt, ohne Erniedrigung der Spannung gebrauchen können. Beide Bedingungen sind wichtig: nur der Gebrauch wohlfeilen, nicht-umgespannten Stromes und billige Bauart kann die Aufstellung von möglicherweise nur 2—3 Monate lang (in der Hochwasserzeit) arbeitenden Kesseln in Papier- und Zellulosefabriken wirtschaftlich machen. Ziv.-Ing. Stålhane hat für diese Aufgabe eine sehr originelle Anordnung ersonnen (Abb. 1003, 1004). Da die Spannung um so höher sein darf, je länger der Weg und je kleiner der Querschnitt der elektrischen Strömung in Wasser ist, verwendet Stålhane einen freien Wasserstrahl, wobei eine Stromspannung von bis zu 30 kV unmittelbar zur Dampferzeugung angewendet werden kann. Nach diesem System waren schon 1925 einige Kessel in Betrieb, darunter 2 Stück zu 2000—3000 kW mit 20 kV Betriebsspannung. — Gleichzeitig war ein weiterer, neuer Typ in Bearbeitung, für Betriebsspannung von 30—60 kV.

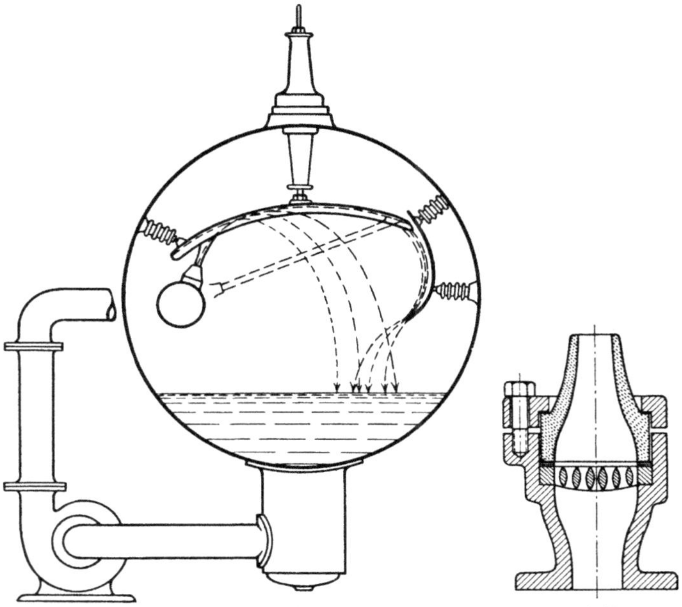

Abb. 1003—1004. Freistrahlelektrokessel (Stålhane) und Düse.

2. Norwegen.

In Norwegen scheint das technisch-wissenschaftliche Forschungswesen auf nicht so lange Entwicklung zurückzublicken wie in Schweden, und die jetzigen Organisationen sind auch noch nicht ganz so umfangreich; jedoch ist das bisher Geleistete schon außerordentlich vielversprechend.

Die Technische Hochschule Trondhjem besteht erst seit 1910 und ist auch jetzt noch in starker Entwicklung. An Laboratorien besitzt sie vorläufig nur ein Laboratorium für Dampf-, Öl- und Wasserkraft-, ferner eines für Materialprüfung, für Werkzeugmaschinen, für Chemie, Physik, Elektrotechnik und schließlich: Hüttenwesen. Ein besonderes Wasserbaulaboratorium ist vorläufig nicht eingerichtet; das

Wasserkraftlaboratorium wird unten besprochen. Die Privatindustrie hat recht bedeutende technisch-wissenschaftliche Forscherarbeiten durchgeführt. Neben den Arbeiten der Hütten auf elektrometallurgischem Gebiet sind hauptsächlich die Arbeiten der Turbinenfabriken hervorzuheben, deren es in Norwegen zwei große gibt: A. S. Myrens Verkstad und A. S. Kvärner Brug. Diese beiden Werke haben eigene Laboratorien, und zwar, bemerkenswerterweise, teilweise gemeinschaftlich. Auf das Niederdrucklaboratorium von Myrens Verkstad und das gemeinsame Mittel- und Hochdrucklaboratorium wird unten ausführlicher eingegangen. Erwähnt seien noch die im Maßstab 1:25 im Freien durchgeführten Modellversuche zur Gesamtdisposition der Anlage Mörkfoss-Solbergfoss[1].

Aus der technisch-wissenschaftlichen Vereinstätigkeit sind hervorzuheben: die Arbeiten der Kommission des norwegischen Ingenieurvereins zur Erforschung der Betonprobleme (S. 561) und die Verhandlungen von Norske Elektrisitetsverkers Forening. Auch die Norske Videnskapsakademie in Oslo hat den wissenschaftlichen Fragen der Wasserkrafttechnik ihr Interesse zugewandt; so finden wir in ihren Abhandlungen[2] die wertvolle deutsch geschriebene Arbeit von Fr. Vogt „Über die Berechnung der Fundamentdeformation" (im Hinblick auf Staumauern!)[3].

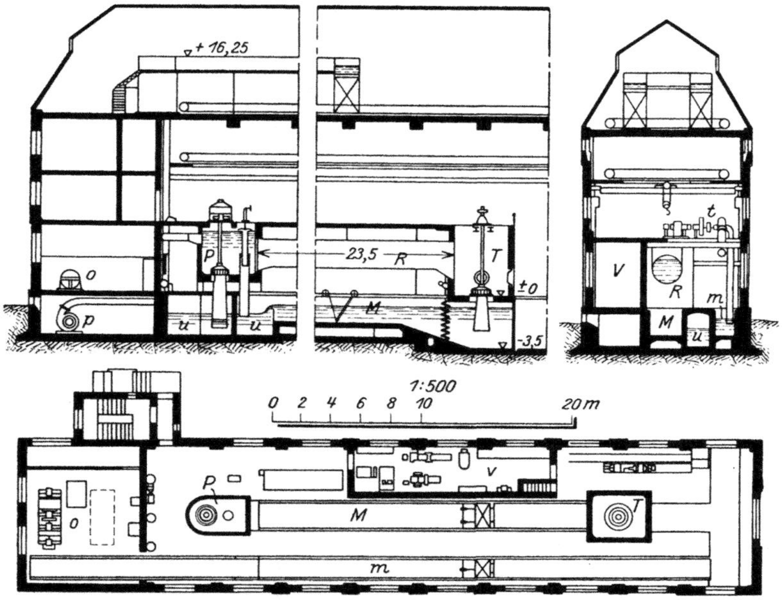

Abb. 1005. Wasserkraftlaboratorium der Techn. Hochschule Trondhjem. (Norg. T. Höiskole.)

Das Wasserkraftlaboratorium der Technischen Hochschule, in einem besonderen Gebäude der Technischen Hochschule eingerichtet, dient für die Prüfung von Turbinen, Pumpen und Turbinenreglern, auch sind Einrichtungen vorhanden zum Studium der Druckänderungen in Rohrleitungen. Außer den mit Wasserkraftmaschinen enger zusammenhängenden Einrichtungen besitzt das Laboratorium auch solche für sonstige hydraulische Arbeiten, unter anderem zur Bestimmung von Ausflußbeiwerten und hydraulischen Widerständen.

Nach Abb. 1005 sind im wesentlichen drei voneinander unabhängige hydraulische Versuchssysteme mit verschiedenen Wassermengen und Fallhöhen angeordnet.

Das eine für 4,8 m Fallhöhe, 1600 sl Wassermenge, das zweite für 16 m, 450 sl und das dritte für 100 m und bis 70 sl. Sämtliche Versuchsanordnungen benützen elektrisch betriebene Pumpen zur Erzeugung des Betriebsdruckes. Das erste System ist erst 1918 in Betrieb gesetzt worden. Inzwischen sind bis Ende 1926 schon die gesamten Einrichtungen mit Ausnahme eines Teils der Nacharbeiten an der Hochdruckversuchsanordnung fertiggestellt worden. Die Anordnung des Laboratoriums ist so gewählt, daß im wesentlichen alle Einrichtungen und Apparate, die je nach dem

[1] T. Ukebl. 17. 7. 1925. [2] Math.-naturw. Kl. 1925 Nr. 2. [3] Oslo 1925, Verlag Dybwald.

auszuprobierenden Turbinenmodell ausgewechselt werden müssen, in der großen mit Kran versehenen Halle untergebracht sind. Mit dem Kran können aber auch Gegenstände in die Werkstatt auf der einen Seite unterhalb der Halle heruntergelassen werden. Außer dem eigentlichen Versuchsraum und den Werkstätten sind Bürozimmer und im Keller Lagerräume angeordnet. Das Laboratorium steht unter der Leitung des Professors für Wasserkraftmaschinen, G. Sundby; das ständige Personal besteht aus einem Laboratoriumsingenieur, 2 Assistenten, 1 Techniker und 3 Arbeitern.

Da das Hochdrucksystem ganz neu ist, haben sich bis 1927 die Untersuchungen, neben den laufenden Arbeiten für Unterrichtszwecke, hauptsächlich auf Francisturbinen beschränkt, und zwar wurden für die Turbinenindustrie Modelle der Mörkfos-Solbergfos-, Fröistul-, Hyttefos-, Arapuni- und anderer Turbinen ausgeführt. Dabei wurden nicht nur Bremsungen, sondern auch Druck- und Geschwindigkeitsmessungen vorgenommen.

Die Niederdruckversuchsanstalt von Myrens Verksted und die gemeinsamen Mittel- und Hochdrucklaboratorien von Myrens Verksted und Kvärners Brug nutzen alle drei natürliche Fallstufen aus und liegen an verschiedenen Stellen in der Umgebung Oslos.

Die Niederdruckanstalt liegt dicht bei der Fabrik. Die Fallhöhe ist 3,5—4 m, die verfügbare Wassermenge 2 m^3/sek. Das Wasser wird durch ein offenes Gerinne der Turbinenkammer zugeleitet. Die Wassermessung erfolgt mit Überfall oder Meßflügel.

Die gemeinsame Mitteldruckanstalt nutzt eine Fallstufe des Loälv aus, größte Fallhöhe: 14 m und größte Wassermenge: 0,8 m^3/sek. Das Wasser wird durch eine Rohrleitung einer Eisenblechkammer zugeführt, in der die Turbinenmodelle nach Belieben wagrecht oder senkrecht, in offener oder geschlossener Aufstellung eingebaut werden können. Die Wassermessung erfolgt hier mit 10 geeichten, einzeln abstellbaren Düsen.

Die gemeinsame Hochdruckanstalt am Maridalsee, 8 km von Oslo, wurde 1920 erbaut. Nettofallhöhe: 95 m, Höchstleistung: 140 PS. Die Wassermessung erfolgt hier mit Eichgefäß. Das Gehäuse der Turbine gestattet durch ein Fenster die Beobachtung der Strömung. Dabei dient eine mit Schauloch versehene, wenig schneller als das Laufrad umlaufende Stroboskopscheibe dazu, die relative Bewegung des Wassers gegen die Schaufeln zu beobachten (wenn auch nicht ganz so vollkommen wie beim Oszilloskop). Außer diesen Beobachtungen und den üblichen Wirkungsgradmessungen werden auch Messungen über den Luftwiderstand, ferner Untersuchungen über die günstigste Form des Turbinengehäuses und Abflußkanals ausgeführt.

3. Finnland.

In Finnland besteht eine **Ingenieurwissenschaftsakademie** (Svenska Tekniska Vetenskapsakademien i Finland), die schon eine Reihe wichtiger technisch-wissenschaftlicher und wirtschaftlicher Arbeiten veröffentlicht hat. Darunter für uns besonders bemerkenswert: K. A. Ahlfors: Beitrag zur Bemessung des Spiralgehäuses für Wasserturbinen und Pumpen (nach der eindimensionalen Strömungstheorie), Helsingfors 1925. — H. J. Tallqvist: Untersuchungen über Spannungslinien und -flächen, Formänderungslinien und -flächen (1925). — E. Blomqvist: Wasserstandsänderungen und Strandverschiebungen in finnischen Seen seit 1600 (1926).

Einrichtungen für Versuchsforschung besitzt die Akademie nicht. Die naturwissenschaftliche und technisch-wissenschaftliche Forscherarbeit findet aber an der Universität und Technischen Hochschule in Helsingfors mannigfaltige Förderung.

An Behörden mit wissenschaftlicher Aufgabe sind die Anstalten für Meteorologie und die mit der Wasser- und Straßenbauverwaltung verbundene Hydrographische Anstalt zu nennen, die zahlreiche, sorgfältige und umfangreiche Untersuchungen zur Gewässerkunde Finnlands veröffentlicht haben.

An Organisationen technisch-wirtschaftlich-wissenschaftlicher Richtung ist vor allem eine Vereinigung der Elektrizitätswerke zu erwähnen.

Eine ganz eigenartige Organisation des Forschungswesens stellt das von der Industrie in Form einer A.-G. um 1916 gegründete „Zentrallaboratorium" (Keskuslaboratorio O. Y.) dar. Es befaßt sich, der Struktur der finnischen Industrie entsprechend, vorwiegend mit Problemen der angewandten Chemie. Das Institut besitzt heute, nach einigen Jahren Hospitierens in der Universität Helsingfors, in seinem dreigeschossigen Eigenhaus u. a. Räume für: Papierprüfung, chemische und physikalisch-chemische Untersuchungen, Holzdestillation. Nach dem Statut soll das im öffentlichen Interesse arbeitende Institut neben den internen Forschungsarbeiten auch: „Untersuchungen in andern Instituten und industriellen Werken durchführen, leiten oder überwachen." Es arbeitet nicht auf Gewinn, soll sich aber selbst unterhalten. Die Arbeiten sind nicht auf die Beantwortung von der Praxis gestellter Fragen beschränkt; ein wesentlicher Teil der Tätigkeit besteht vielmehr auch im selbständigen Aufgreifen entwicklungsfähiger Gedanken und Hinausgabe der erzielten Ergebnisse an die Industrie, die sich ihrer zum Fortschritt bedienen will.

Unterlagen:

Schieldrop, Edgar B.: Norges Tekniska Höiskole, Beretning om Virksomheten 1910—1920. Trondhjem 1920. — Mitteilungen der Herren Prof. Sundby und Heggstad. — Ståhlhane, O.: Angpannor, deras driftförhallanden och senare utveckling. Ing.-Vetensk.-Akad. Meddelanden Nr. 41, 1925 und briefl. Mitteilg. des Verf. — Lind, Ing. Hadar: „Die Versuchseinrichtungen für Wasserturbinen von Verkstaden Kristinehamn." (Als Manuskript überlassen.) — Englesson, E.: „Kaplanturbinen oder Propellerturbinen." Tekn. Tidskr. 1925, H. 33. — Jahresberichte, Verhandlungen und Einzelmitteilungen der im Text genannten Verwaltungen und Vereine. — Bergmann: The Finnish Industrie's Central Laboratory (10-Jahres-Jubiläum). Helsingfors 1927. — Vgl. auch Anhang — Literaturübersicht.

Literaturübersicht.

Eine möglichst vollständige Quellenangabe ist am Ende jedes einzelnen Abschnittes angefügt, daher braucht hier kein vollständiges Literaturverzeichnis gegeben zu werden. Erwünscht dürfte aber eine zusammenfassende Übersicht über die periodischen und einzelnen Veröffentlichungen von besonderer Bedeutung sein, wobei auch einige zur Bearbeitung dieses Buches nicht benutzte, aber für den Leser interessante Arbeiten berücksichtigt werden könnten.

Zur Gliederung der Übersicht sei bemerkt, daß unter „Deutsche Veröffentlichungen" nur in Deutschland und in der Schweiz erschienene Veröffentlichungen erwähnt sind, wogegen deutschsprachige Veröffentlichungen schwedischer Verfasser, die in Skandinavien erschienen sind, unter dem betreffenden Land angeführt werden. Die meisten hier und bei den Abschnitts-„Unterlagen" angeführten Veröffentlichungen sind in der Bücherei des Verfassers vorhanden.

Deutsche Veröffentlichungen.

Braun, G.: Die nordischen Staaten. Eine soziologische Länderkunde. Einführung und Grundlagen Breslau 1924.

Kerp, H.: Skandinavien und Finnland I, II. Sammlung Göschen 908. Berlin und Leipzig 1924.

Baedeker: Schweden und Norwegen. Leipzig 1914.

Högbom, A. G.: Fennoskandia. Erschienen als Heft 13 des Sammelwerks „Handbuch der regionalen Geologie".

Flemmings: Generalkarte Nr. 38 „Skandinavien".

Credner, W.: Landschaft und Wirtschaft in Schweden. Breslau 1926.

Dubislav: Neuere Wasserkraftanlagen in Norwegen. Berlin 1909.

Holz: Über Wasserkraftverhältnisse in Skandinavien und im Alpengebiet. Berlin 1901.

Kahn: Die Wasserkräfte Skandinaviens, ihre Bedeutung und Verwertung. Frankfurt 1912.

Zahlreiche Einzelberichte in Z. V. d. I., Schweiz. Bauz., Z. Bauw., Bautechnik, Die Wasserkraft u. Wasserwirtschaft, Dt. Wasserwirtschaft, ETZ und anderen Zeitschriften sowie im Wasserkraftjahrbuch.

Schwedische Veröffentlichungen.

(Titel ins Deutsche übertragen! d. Verf.)

Bücher allgemein — geographischen und statistischen Inhaltes:

Årbrink: Ein Buch über Schweden. Herausgegeben vom schwedischen Verkehrsverband, Stockholm 1926.

Söderlund: Schwedischer Schulatlas 3. Stockholm 1925.

Statistisches Jahrbuch für Schweden. XII. Jg. Stockholm 1925. Herausgegeben von Kön. Stat. Zentralbüro (Text schwedisch, französisch).

Åhlen & Holms Årsbok: Stockholm 1922. (Ein Jahrbuch mit wirtschaftsstatistischen Abhandlungen und Landkarten.)

Schwedens ausgebaute Wasserkräfte (Spezialuntersuchung des Kommerskollegium). Stockholm 1919.

Festschriften u. dgl.

Die schwedische Industrie am Beginn des neuen Vierteljahrhunderts. Herausgegeben von Sveriges Industrieförbund, Stockholm 1926.

Petterson und Gunnar: Die Arbeiten des baltischen Ingenieurkongresses in Malmö vom 13.—18. Juli 1914. Stockholm 1915. (Text schwedisch und deutsch.)

Svenska Elektricitetsverksföreningen 20-Jahres Jubil.-Schrift 1923.

Schwedische Wasserkraftindustrie. Aufsätze herausg. von Svenska Vattenkraftföreningen aus Anlaß des 10jährigen Bestehens. Stockholm 1920.

Huldigungsschrift für F. Vilh. Hansen, gewidmet zum 60. Geburtstag. Stockholm 1922.

Huldigungsschrift für I. Gust. Richert zum 60. Geburtstag. Stockholm 1917.

Wege- und Wasserbau-Ingenieurkorps 1851/1926.

Die vier letzten, umfangreichen Jubiläumsschriften, enthalten zahlreiche wertvolle Arbeiten, die sich z. T. auf Wasserkrafttechnik und Wasserkraftwirtschaft, z. T. auf andere damit mehr oder weniger zusammen hängende Wissensgebiete beziehen; u. a. sind auch wichtige Abhandlungen über meteorologische, klimatologische, geologische und arbeitsphysiologische Einzelprobleme darin enthalten.

Ferner: Dalälvens Reglerings Förening U.P.A. 1916—1926. Stockholm 1926.

Einzelwerke.

Näslund: Flössereitechnik. Stockholm 1915; inhaltreiches Mappenwerk.

Elektrifizierung der schwedischen Landwirtschaft. Vortr. gehalten beim Elektrifizierungskursus. Stockholm 1919.

Norlindh: Geographische Verteilung der schwedischen Wasserkräfte und ihre Abhängigkeit von der Morphologie des Landes mit Beitrag zu Norrlands Bevölkerungsgeographie. (Mit besonderen Landkarten.) Stockholm 1924. Wertvolle Schrift, enthält neben natur- und wirtschafts-geographischen Untersuchungen eine vollständige Tabellenübersicht über die Mittelwasserleistungen schwedischer Wasserläufe und ausgebauter Wasserkraftanlagen. Die Tabelle ist von einer kürzeren Abhandlung begleitet, auch noch erschienen unter dem Titel:

— Schwedens Wasserkraftquellen. Linköping 1925.

Melin: Viskadalen. Stockholm 1922. Wirtschaftsgeographische Monographie.

Lübeck: Schwedens Wasserkraftquellen und Wasserkrafterzeugung. Stockholm 1924.

Veröffentlichungsfolgen (z. T. halbperiodisch).

A. „Svenska Vattenkraftföreningens Publikationer". Jährlich erscheinen 10—15 Hefte in zwangloser Folge. Bis jetzt (Mitte 1929) sind über 200 Hefte erschienen. — In jedem Jahrgang bringt ein Heft die Wallénsche Wasserstandsprognose, ein Heft eine kurze illustrierte, statistische Übersicht über den letztjährigen Wasserkraftausbau in Schweden, ein Heft schließlich den Sitzungsbericht der Jahresversammlung der Vattenkraftförening mit den Fachsitzungsvorträgen und Diskussionen. Alle übrigen Hefte erscheinen in zwangloser Auswahl und bringen Kraftwerksbeschreibungen, wichtigere Entscheidungen der Wassergerichte, Abhandlungen technisch-wissenschaftlichen und wirtschaftlichen Inhaltes aus verschiedenen mit den Aufgaben des Vereines zusammenhängenden Gebieten. Von diesen Abhandlungen seien außer den schon an den Abschnittsenden aufgeführten, einige in den letzten Jahren erschienene hervorgehoben:

Nr. 142. Traneus, B.: Entwicklung der Elektrifizierung der schwedischen Industrie und deren Zukunftsmöglichkeiten.
„ 143. Ericson, T.: Etwas über Verbundbetrieb elektrischer Kraftwerke.
„ 145. Ur Ostkustbanekommitténs betänkande: Zukunftsaussichten der Nieder-Norrlandischen Küstenindustrie.
„ 147. Järnvägselektrifieringskommitténs betänkande: Kraftversorgung bei allgemeiner Eisenbahnelektrifizierung.
„ 151. Holmgren, F.: Elektrische Energie als Wärmequelle.
„ 162. Jakobson, Nils: Wasserhaushalt für Flösserei und Wasserkraft.
„ 165. Melin, Ragnar: Nordschwedische Wasserlauf-Längenschnitte.
„ 167. Holmgren: Allgem. Eindrücke über die gegenwärtige Lage der Energieverteilungstechnik und ihrer Entwicklungstendenzen.
„ 169. Körner, J.: Die Kraftfrage bei Elektrifizierung einzelner mittelschwedischer Bahnen.
„ 172. Borgqvist und Lindholm: Kraftversorgung der Städte.
„ 174. Dieselben: Landwirtschaftselektrifizierung bei Sydsvenska Kraftaktiebolaget.
„ 176. Velander, Sten: Wasserkraft und Dampfkraft.
„ 181. Borgqvist und Velander: Verbundbetrieb von Kraftwerken.
„ 182. Öfverholm, I.: Elektrifizierung der Staatsbahn: Stockholm—Göteborg.
„ 185. Dahl, Knut: Untersuchungen im Tunhövdfjord über die Ernährungsbedingungen der Fische vor und nach der Seeregulierung.
„ 196. Serrander, M.: Regulierung des Siljan-Sees.
„ 201. Ericson, Th.: Kraftversorgung der mittelschwedischen Eisenindustrie und verwandte Fragen.
„ 202. Zachrisson, E.: Über elektrischen Verbundbetrieb mit Industrie-Eigenkraftwerken.
„ 205. Beseitigung der Fischrechen.
„ 211. Alrutz, Serrander, Kleman: Wertschätzung von Kraftwerken.
„ 213. Die neuen Entschädigungsgesetze und ihre Bedeutung für die Wasserkraftindustrie.
„ 217. Almqvist: Architektonische Ausgestaltung neuerer Kraftwerksanlagen.

B. Veröffentlichungen der „Svenska Elektrizitätsverksföreningen". Jährlich erscheinen 1—2 Bände Abhandlungen (Handlingar), mit den Vorträgen auf den Jahresversammlungen. Die Abhandlungen erscheinen z. T. auch in einzelnen Heften und behandeln Gegenstände vorwiegend aus: Elektrotechnik, Energiewirtschaft, insbesondere: Elektrizitätswirtschaft und Tarifpolitik. — Außerdem veröffentlicht der Verein jährlich eine umfangreiche Statistik über die Elektrizitätswerke Schwedens (Svenska Electricitetsverksföreningens Statistik).

Aus Sv. El. V. Föreningens Handlingar:

Decker und Velander: Über Kostenvergleich von Wasserkraft und Dampfkraft. 1925.
Laurell: Fünfjährige Betriebserfahrungen mit Hochspannungsisolatoren der Untraleitung. 1923.
Dahlberg: Bedeutung des Elektrobils für das Eltwerk. 1921.
Ekström, Alf.: Grundlegende Gesichtspunkte für rationelle Landwirtschafts-Eltversorgung.

C. Hydrographisch-meteorologisches Amt veröffentlicht ein Jahrbuch nebst Karten der Niederschläge und der in Schneeform gespeicherten Wassermengen. Außerdem ist eine Veröffentlichungsreihe „Gebietsgrößen der schwedischen Gewässer" begonnen, von denen bisher 1 Heft (Luleälv und einige kleinere Flüsse) erschienen ist. Ferner veröffentlicht das Amt auch Einzelarbeiten über schwedische Verhältnisse und auch solche allgemeinen Inhalts, von denen genannt seien:

Ahlmann: Karte der Verteilung der Jahresniederschläge auf der skandinavischen Halbinsel.
Wallén, Axel: Niederschlagskarte von Schweden.
Slettenmark: G.: Wassermengen der schwedischen Flüsse.
Westman, J.: Stärke der Sonnenstrahlung im mittelschwedischen Ostseegebiet, März 1918 bis Mai 1919.
Erickcon, J. V.: Eisbildung und Eisaufbruch auf den schwedischen Binnenseen.
Östman, C. J.: Recherches sur les grands vents pres de la côte suédoise du Golfe de Botnie.
Köhler, Hilding: Untersuchungen über die Elemente des Nebels und der Wolken. (Mit 3 Taf.)
Wallén: Unser Niederwasserbegriff.
Bergström: Über Wasserstandsbeziehungen.
Wallén: Niederschlag, Abfluß und Verdunstung im Einzugsgebiet des Lagan.
Bergstöm: Ausgleichung bei bekannter Funktionsform.

Außerdem gibt das Amt zusammen mit Vattenfallstyrelsen das umfangreiche Katasterwerk „Vattenfallförteckning" heraus, über das im 1. Abschnitt d. B. berichtet ist.

D. Vattenfallstyrelsen. Vattenfallstyrelsen hat ausführliche Beschreibungen sämtlicher bis jetzt erstellten staatlichen Großkraftwerke Schwedens veröffentlicht; außerdem eine zusammenfassende, auch in Deutsch erschienene Übersicht: „Die Wasserkräfte Schwedens und deren Ausnutzung", Stockholm 1910, ferner „die staatlichen Kraftwerke Schwedens 1921" (schwedisch, deutsch, englisch und französisch). Ferner hat Vattenfallstyrelsen eine große Anzahl wertvollster technischer Einzelabhandlungen aus verschiedenen Gebieten des Bauingeneurwesens und der Elektrotechnik veröffentlicht: „Tekniska Meddelanden Från Kungl. Vattenfallstyrelsen". Darunter:

Norinder: Untersuchungen über das luftelektrische Feld bei Gewittern.
Gullander, Kreüger und Velander: Erörterungen und Vorschläge zu Normen für elektrische Leitungsbauten ausgeführt nach besonders eingesetzten Sachverständigen.
Bericht über Vattenfallstyrelsens Arbeiten bezügl. Torffabrikaten und Torffeuerungen in den Jahren 1916—21.
Rossander, Lindmark und Hubendick: Untersuchungen über Erzeugung elektrischer Energie und Wärmemotoren.
Nordell: Beobachtungen über den Rauhreifsturm vom 23. Okt. 1921 und seine Einwirkungen auf die Leitungsbauten von Vattenfallstyrelsen.
Lundholm: Nullpunktserdung mit Petersenspulen und Erwärmung von in der Erde verlegten Kabeln.
Royen: Schwinden und Quellen des Betons.
Ekwall, Axel: Kanäle und Eisenbahnen.
Westerberg, G.: Einige Anwendungen des Zementinjektionsverfahrens bei den staatlichen Wasserkraftbauten.
— Ausführung der Betonarbeiten beim Bau des Kraftwerkes Lilla Edet.
Schwedens amtliche Statistik: Das staatliche Wasserkraftunternehmen (alljährlich).
Untersuchungen über die Ursachen von Betonzerstörungen im Wasserbau. 1929.

E. Ingeniör Vetenskaps-Akademien veröffentlicht Forscherarbeiten (Handlingar) und kürzere Aufsätze (Meddelanden); hier seien hervorgehoben:

Handlingar:

Ågren, Ernst M.: Über die Gefahr der Drahtberührung in elektrischen Kraftleitungen.
Lundberg, A.: Eine symbolische Temperaturkurve für Schweden und ihre Verwertung.
Enström: A. F.: On periodicities in climatic and economic phenomena and their covariation.
Samsioe, Frey: Die Spannungen in einem auf mehreren Stützen in gleicher gegenseitiger Entfernung aufgelegten und zur Hälfte mit Wasser gefüllten Rohr.

Meddelanden:

Grewin, Fr.: Anwendung von Wärme und Kraft in der Papierindustrie.
Enström, A. F., Körner und Holmgren: Fragen der Eisenbahnelektrifizierung.
Stålhane: Elektrische Dampfkessel, ihre Betriebsverhältnisse und neueste Entwicklung.
Wuolle, B.: Aktuelle finnische Kraftfragen.
Härlin, A.: Kraft- und Brennstoffbedarf der Papiermasseindustrie.

F. Elektrifieringskommittéens Meddelanden, nebst Fortsetzung unter dem Titel „Ing. Nils Ekwals Utredningar“ enthalten: Einzelhefte über die Landwirtschaftselektrifizierung der einzelnen Reg.-Bezirke („Länsutredningar“); ferner auf das ganze Land bezügliche elektrizitätswirtschaftliche Vorschläge, z. B.: Verzeichnis über elektrische Kraftanlagen in Schweden im Jahre 1923. Stockholm 1924.

Bericht über eine Studienreise nach Dänemark. Untersuchung über die Zweckmäßigkeit der Spannungen 380/220 V für Landwirtschaftselektrifizierung. Untersuchung über eine allgemeine Methode der Berechnung landwirtschaftlicher Stromverteilungsnetze. Untersuchung über eine allgemeine Methode für Energie für Arbeits- und Leistungsbedarf in der Landwirtschaftelektrifizierung. Untersuchung betreffend ein geeignetes Verteilungssystem für Landwirtschaftselektrifizierung. Untersuchung über die allgemeinen Voraussetzungen bezüglich Kraftdargebot, Kraftbedarf und Kraftübertragung für Elektrifizierung der einzelnen Kraftdistrikte von Schweden. Kurzer Bericht über die Tätigkeit des Elektrifizierungsausschusses.

Jahrbücher.

Geographische Annalen. — Jahrbuch der Vereinigung der schwedischen Flößereibezirksvorstände. — Jahresschrift der Schwed. Touristenvereinigung.

Zeitschriften.

Teknisk Tidskrift. — Skogsvårdsföreningens Tidskrift. — Flottnings Tidskrift. — Skandinaviska Kreditaktiebolaget: Vierteljahresberichte der Statistischen Abteilung.

Norwegische Veröffentlichungen.

Jubiläumsfestschriften.

Den Norske Ingeniörförening 1874/1924.
Norges Tekniske Höiskole 1910/1920.
Bergens Elektricitetsverk 1900/1925.
Trondhjems Elektricitetsverk.

Zusammenfassende Werke geographischen und statistischen Inhalts.

Nissen, Per: Wirtschaftsgeographischer Atlas über Norwegen.
— Fädrelandet (Vaterland).
Norn: Norsk Höifjeld.
Haffner und Werenskiold: Norges Geografi for Gymnasiet.
Statistik Årsbok for Kongeriket Norge, Oslo (erscheint jährlich).
Elektrisk Industrie- & Handelskalender (erscheint jährlich).

Einzelwerke über Kraftanlagen, Elektrizitätswerke, Regulierungsunternehmungen, zusammenfassende technische Handbücher.

Akershus Elektricitetsverk og Utbyggningen av Raanaasfos Kraftverk. Oslo 1925.
Elektrizitätsversorgung in Buskerud-Fylke. Drammen 1925.
Skiens Fabrikbesitzvereinigung. Oslo 1924.
Sätren: Numedalslaagens Regulering, Nore Kraftanläg.
Vasdragvesenets Kraftanläg. Jubiläumsutstillingen 1924.
Enger, Gregerson und Hiorth: Über Ausnutzung kleiner Wasserkräfte.

Veröffentlichungsfolgen (z. T. halbperiodisch).

A. Norges Vasdrag och Electricitetsvesen.
Ausgebaute Wasserkraft in Norwegen.
Vannkraften i Tröndelag og Nordland.
Vannkraften i det sydlige Norge.
Vannkraften i Troms og Finnmark.
Hydrografische Untersuchungen in Norwegen.
Vasdrags Nivellementer i Norge.
Technisch-wirtschaftliche Übersicht über Norwegens Eltversorgung für bürgerlichen Bedarf (erscheint jedes zweite Jahr; die Tabellenbeilagen sind auch englisch beschriftet).
Elektrizität im Dienste der Landwirtschaft.

Außerdem hat die Wasserlaufdirektion die Herstellung eines ausführlichen Wasserkraftkatasters begonnen.

B. Norske Meorologische Institutet.
Niederschlagsbeobachtungen in Norwegen (erscheinen jährlich, manchmal mit Sonderabhandlungen).
Jahrbuch des norwegischen Meteorologischen Instituts.

C. Norges Geologiske Undersökelser. Hefte erscheinen in zwangloser Folge.
Vogt, I. H. L. und Fredrik Vogt: Druckstollen und Geologie.

D. Avhandlingar Utgit av det Norske Videnskap-Akademi i Oslo.
Vogt, Fredrik: Über die Berechnung der Fundamentformänderungen. 1925, H. 2.

E. Videnskabsselskabets Skrifter.

F. Geofysiske Publikationer.

G. Elektricitetsforsyningskommisjons Instillings. Hauptvorschlag (Instilling 5) über einen Landesplan für Elektrizitätsversorgung.

Zeitschriften.

Teknisk Ukeblad.
Elektroteknisk Tidskrift.
Naturen.

Finnische Veröffentlichungen.

Allgemeine geographische Werke.

Finnland im Anfang des XX. Jahrhunderts. (Herausgegeben im Auftrage des Ministeriums der auswärtigen Angelegenheiten.)
Atlas de Finlande 1920. (Herausgegeben von der Finnländischen geographischen Gesellschaft; 2 Bde. Text und 1 Bd. Landkarten.) Landkartenüberschriften: finnisch, schwedisch und französisch.

Veröffentlichungsfolgen (z. T. regellos, z. T. halbperiodisch).

A. Wege- und Wasserbauverwaltung und das angegliederte Hydrografiske Byrån. Jahrbücher (erscheinen vielfach für mehrere Jahre zusammengefaßt).
Große zusammenfassende Werke über einzelne Stromsysteme, bis jetzt erschienen: Kymmeneälv (1 Bd. Text und 1 Bd. Tafeln), Vuoksen, Helsingfors 1914 und Kumoälv (1928).
Wasserstandsbeobachtungen an den Küsten von Finnland.
Das Präzisionsnivellement Finnlands 1892—1910.
Renqvist: Über Sommerregen und ihre hydrologischen Folgen.
Blomqvist: Ein Blick auf die Entwicklung der Süßwasserhydrographie in Finnland.
— Wasserwege in Finnland.

B. Veröffentlichungen der staatlichen Wasserkraftverwaltung (in zwangloser Folge).
Nr. 2. Bericht über Finnlands Wasserkräfte und ihre Ausnutzung sowie über das Imatra-Kraftwerksunternehmen. Helsingfors 1922.
„ 6. Les ressources d'énergie en Finlande et leur exploitation. Helsinki 1924.

C. Svenska Tekniska Vetenskapsakademien i Finland. Die Veröffentlichungen (Meddelanden) rescheinen in zwangloser Folge. Hervorzuheben:
Nr. 1. Blomqvist: Finnlands Wasserkräfte und Möglichkeiten ihrer rationellen Ausnutzung mittels See- und Profilregulierungen. Helsingfors 1922.
„ 2. Derselbe: Möglichkeiten der Wasserstandsvoraussage für die finnischen Wasserläufe. Helsingfors 1923.
„ 3. Sandholm: Über Stickstoffindustrie. Helsingfors 1924.

D. Geologiska Kommission i Finland. Geotekniska Meddelanden:
Nr. 4. Söderholm: Über Grundwasser in Finnland, Vorkommen, Menge und Bewegung.

Zeitschriften.

Teknillinen Aikakauslentes (finnisch).
Finnish Trade (englisch).
Tekniska Föreningens i Finland Förhandlingar (schwedisch).
Bank of Finland, Monthly Bulletin (englisch).

Eine Anzahl wichtiger Veröffentlichungen über nordische Kraftquellen, Wasserkrafttechnik, Wasserrecht und Kraftwirtschaftspolitik finden sich schließlich in den Veröffentlichungen der Weltkraftkonferenz.

Namen- und Sachverzeichnis.

Das Namen- und Schlagwortverzeichnis ist dem Inhalt nach in folgende Abschnitte eingeteilt: 1. Entwurf und Bau. 2. Verwaltung, Wirtschaft, Betrieb und Unterhaltung. 3. Geographische (Orts- und Werks-) Namen. 4. Namen von Gewährsmännern aus Wissenschaft und Praxis.

1. Entwurf und Bau.

2. Verwaltung, Wirtschaft, Betrieb und Unterhaltung.

3. Geographische (Orts- und Werks-) Namen.

4. Namen von Gewährsmännern aus Wissenschaft und Technik.

GPSR Compliance

The European Union's (EU) General Product Safety Regulation (GPSR) is a set of rules that requires consumer products to be safe and our obligations to ensure this.

If you have any concerns about our products, you can contact us on ProductSafety@springernature.com

In case Publisher is established outside the EU, the EU authorized representative is:

Springer Nature Customer Service Center GmbH
Europaplatz 3
69115 Heidelberg, Germany

Batch number: 10684808

Printed by Printforce, the Netherlands